数学指南

——实用数学手册

Teubner-Taschenbuch der Mathematik

〔德〕埃伯哈德·蔡德勒 等 编

李文林 等 译

科学出版社

北京

图字：01-2007-3722

内 容 简 介

本书是一部畅销欧美的数学手册，内容全面而丰富，涵盖分析学、代数学、几何学、数学基础、变分法与优化、概率论与数理统计、计算数学与科学计算、数学史. 书中收录有大量的无穷级数、特殊函数、积分、积分变换、数理统计以及物理学基本常数的表格；此外还附有极为丰富的重要数学文献目录.

本书适合广大科学工作者、工程技术人员、经济领域从业者、理工科大专院校师生等常备案头、参考查阅.

图书在版编目(CIP)数据

数学指南：实用数学手册=Teubner-Taschenbuch der Mathematik/(德)蔡德勒(E. Zeidler)等编；李文林等译. —北京：科学出版社，2012

ISBN 978-7-03-032540-2

Ⅰ. 数… Ⅱ. ①蔡… ②李… Ⅲ. 数学-指南 Ⅳ. O1-62

中国版本图书馆 CIP 数据核字(2011) 第 207746 号

责任编辑：顾英利 房 阳 / 特邀编审：张鸿林

责任校对：张凤琴等 / 责任印制：霍 兵 / 封面设计：耕 者

科学出版社 出版

北京东黄城根北街 16 号

邮政编码：100717

http://www.sciencep.com

北京中科印刷有限公司印刷

科学出版社发行 各地新华书店经销

*

2012 年 1 月第 一 版 开本：890×1240 1/32

2024 年12月第十七次印刷 印张：41 5/8

字数：1 678 000

定价：168.00 元

(如有印装质量问题，我社负责调换)

主要作者

埃伯哈德·蔡德勒（E. Zeidler）

德国马普学会莱比锡数学所前所长，德国国家科学院院士

沃尔夫冈·哈克布什（W. Hackbusch）

德国马普学会莱比锡数学所所长，柏林科学院院士

汉斯-鲁道夫·施瓦茨（H.-R. Schwarz）

瑞士苏黎世大学教授

译　　者

第 0 章　胡俊美　李文林

第 1 章　陆柱家　杨　静

第 2 章　朱尧辰

第 3 章　胥鸣伟

第 4 章　程　钊

第 5 章　冯德兴

第 6 章　王丽霞

第 7 章　余德浩　李　金

辅　文　李文林　胡俊美　潘丽云

译者序

在汗牛充栋的数学手册中添加一部有什么必要性? 这是编译出版每一部数学手册时必须直面的问题, 也是本书译者开始承担翻译任务前的疑虑. 然而当仔细阅读特别是译毕全书之后, 这方面的疑虑可以说完全消除: 本书是一部值得翻译出版、推介给国内读者的数学工具书.

本书最原始的底本是 I. N. Bronstein 和 K. A. Semendjajew 主编的俄文《数学手册》, 由 Viktor Ziegler 译成德文后曾多次再版, 成为经典的德文数学手册. 特别是 20 世纪末的全面修订、改版, 不仅涉及具体内容, 而且包括知识广度和类型的更新, 以致引起著名的牛津大学出版社 (Oxford University Press, OUP) 的关注, 决定出版英译本, 且将书名改成《牛津数学指南》(*Oxford User's Guide to Mathematics*), 并由牛津大学教授、国际数学联盟前主席约翰 · 波尔作序.

牛津的眼光没错, 书名的更改也可以说是画龙点睛. 英文版《牛津数学指南》很快流行全球, 并拥有范围广阔的读者群 —— 从高中生、大学本科生到大、中学教师; 从数学专业的研究生和研究人员到其他需要数学的科学 (包括社会科学) 工作者和工程技术人员等. 这应该归功于本书区别于一般数学手册的若干特色:

1. 本书不仅仅是数学公式、定理与概念的罗列, 对于数学各主要学科的全貌有清晰、准确同时较为通俗的介绍;

2. 新增的内容涵盖了数学理论前沿、数学的应用与交叉以及科学计算, 使本书富有时代气息;

3. 贯穿全书的历史评注和背景介绍, 构成了本书特具文化韵味的风景线;

4. 书中含有大量的例子, 这些精心编选的例子对于帮助读者了解、学习相关的数学内容 (概念、理论、应用等) 具有典型意义, 是本书的重要组成部分;

5. 本书内容的取舍, 兼顾了不同层次读者的基本需求, "从初等的事实到高度成熟的现代结果与方法", 但避免生僻和过于专门. 这是本书具有较高可读性的重要原因.

总之, 本书可以说是一部多功能的数学工具书, 既是一本完备实用的数学手册, 同时又是了解数学科学及其应用的入门概览.

科学出版社出版的这个中译本定名《数学指南 —— 实用数学手册》, 是在德文原版与 OUP 英译本相互参校的基础上完成的. 中译本是集体贡献的成果. 从功利主义的眼光看, 数学工具书的编译或许是 "替他人做嫁衣" 的劳作. 然而每一位译者, 都以敬业的精神和科学的态度, 义无反顾地承担了这项任务. 正如英译者所指出的, 英译本纠正了德文原版的一些错误. 但英译本也产生了新的错误, 有的还是比较本质的, 这增加了中译工作的复杂性. 凡此, 译者们都严肃认真地进行了比较、分析与研究, 尽力确保中译文的科学性. 希望我们的劳动, 能向国内读者呈献一部新型、实用同时有一定理论深度的数学工具书, 一件科学的 "嫁衣裳".

由于工作量巨大, 涉及面广泛, 以及译者水平所限, 中译本错误与疏漏也在所难免, 欢迎读者批评指正.

中国科学院数学与系统科学研究院

李文林

2011 年 10 月

第二版前言

把理论和实践联系起来.
G. W. 莱布尼茨 (1646—1716)

《托伊布纳数学手册》第一版取得了良好的反响. 编纂这两卷参考书的宗旨主要在于, 明确数学的统一性与丰富性, 阐明理论与实际之间的联系; 不只是枯燥地罗列公式和结果, 而是要详尽地讲述历史根源, 以此来激发读者的兴趣. 一系列的读者来信与建议表明, 这样的尝试产生了积极的反响. 在此, 衷心地向所有提出意见和建议的读者表示感谢, 他们的提议在新版中均得以采纳.

有这样一个古希腊神话, 克里特岛上的一个迷宫中生活着牛头人身的怪兽弥诺陶洛斯. 雅典人每九年都必须用七位年轻姑娘与小伙来祭祀它. 雅典王子忒修斯自愿前往, 成为献祭者之一. 他得到了克里特国王弥诺斯的女儿阿里阿德涅的青睐, 两人成为恋人. 阿里阿德涅给了忒修斯一个线团, 他进入迷宫后将线团一路展开. 忒修斯杀死了弥诺陶洛斯, 并借助展开的线团从迷宫中顺利返回. 阿里阿德涅线团帮助这个年轻人逃离了怪兽的魔爪. 我们的工作需要运用阿里阿德涅线团进行启发, 帮助每一位读者在知识的迷宫中找到出口. 阿里阿德涅线团在编纂《托伊布纳数学手册》时起到指导性作用.

希望这部作品今后能对在中学和高校学习的读者有所帮助, 对广大读者的日常生活与实际工作有所裨益, 并随着时间的推移, 使读者对相关的数学领域产生兴趣.

编　者
2003 年 8 月于莱比锡

第一版前言

1958 年, 莱比锡托伊布纳出版社 (B.G.Teubner Verlag) 出版了 I.N.Bronstein 和 K.A.Semendjajew 原编 (俄文)、V. Ziegler 翻译成德文的《数学手册》. 至 1978 年该书已出到第 18 版, 1979 年又出了经过修订的第 19 版, 修订工作由 G. Grosche 和 V. Ziegler 负责并得到了莱比锡大学和德国中部地区其他一些高等院校的协助. 三十多年来, 经过在工程师、自然科学家以及数学家中的广泛使用, 同时凭借其质量以及托伊布纳出版社对这部著作进行的不断完善, 这本工具书已成为科学专业文献中的经典之作. 这里再次感谢所有编辑及作者为此做出的贡献.

过去一些年来, 数学阔步前进, 飞速发展. 促成这种进步的一个重要因素, 是功能越来越强、速度越来越快的计算机的制造与应用. 另一方面, 现代技术向工程师和科学家提出的极为复杂的问题, 其解决需要高深的数学: 在这里, 一般的知识已不敷需求; 在这里, 纯粹数学与应用数学开始相互融合, 边界逐渐变得模糊.

由于数学学科在信息科学中的渗透, 以及数学与自然、工程学科日益密切的关系, 对这本手册再次进行全面编纂成为迫切需求. 目前这本《托伊布纳数学手册》适应了新发展所提出的高标准需求. 本书描绘了一幅生动的现代数学图景, 并且面向广泛的读者群, 他们包括:

- 高中学生和大学本科生;
- 数学专业的研究生;
- 工程科学、自然科学、经济学以及其他需要数学背景的学生;
- 在上述领域里工作的实践者;
- 教师, 包括中学教师和大学教师.

本书的编写充分考虑了如此广泛的读者需求, 内容顾及不同的层次: 从初等的事实到高度成熟的现代结果与方法, 同时尽量涵盖不同的数学研究领域. 这样, 本书在纵、横两方面都有相当的深度. 与此同时, 我们努力做到选材有的放矢, 对基本概念的解释深入准确. 相对技术细节而言, 本书对这两点赋予了更多的关注. 另外, 数学概念与方法的应用在发展中起着重要作用.

书中插有许多关于数学成果历史背景或更一般地关于数学成果产生时代的评注. 除了这些遍布全书的评注, 书末还附有一篇详细的数学历史概要. 这些史实说明, 数学并非一堆枯燥乏味的公式、定义、定理和符号游戏. 相反, 数学是我们的文化的组成部分, 是人类思维与探索的绝妙工具. 数学使我们能在诸如现代基本粒子和宇宙理论这样一些前沿领域取得进展, 这些领域远离人们的常识范围, 不借助数学模型是不可能理解的.

作为引论的第 0 章收集了基本的数学概念和事实, 这些概念和事实往往是大学生、科学家及其他方面的工作者需要参考的. 例如, 一个医学院的学生可以在这里找到关于数理统计方法的基本介绍, 而这很可能对他撰写学位论文的统计部分不无帮助. 随后的三章介绍数学的三大基石:

— 分析,

— 代数,

— 几何.

接下来一章是关于

— 数学基础 (逻辑和集合论),

该章的设置考虑了低年级学生的需要和困难. 最后三章涉及最重要的数学应用领域, 即

— 变分理论与最优化,

— 随机数学 (概率论与数理统计),

— 科学计算.

现代超级计算机提供的机遇彻底改变了科学计算的面貌. 今天的科技工作者们, 不论是数学家、工程师还是自然科学家, 无不在计算机上进行广泛的实验, 这使人们有可能在那些发展尚未成熟的数学领域中通过大量实例来积累经验, 对理论数学的发展提出全新的问题, 给予新的刺激. 本书最后一章即涉及现代科学计算理论, 这方面的内容出现在数学手册中当属首次, 而正如前述, 现代科学计算已给工程科学带来革命性的变化.

近年来随着软件系统的迅猛发展, 所有日常数学任务均可借助个人计算机获得解决. 这在书中相应之处都有说明. 参考文献中在关键词 "计算机数学" 下, 读者可以找到有效运用软件系统及数据网的现代文献.

书末精心编制的参考文献, 便于读者对所涉及问题查阅现代文献, 根据需求从中选取普及性抑或对专业程度有更高要求的著作.

对于希望深入探讨数学及其在信息论、运筹学和数学物理方面的应用的读者, 我们推荐《托伊布纳数学手册 · 第 II 卷》, 该卷包含有下列章节:

— 数学与信息论,

— 运筹学,

— 高等分析,

— 线性泛函分析及其应用,

— 非线性泛函分析及其应用,

— 动力系统 —— 时间的数学,

— 自然科学中的非线性偏微分方程,

— 流形论,

— 黎曼几何与广义相对论.

— 李群、李代数与基本粒子 —— 对称的数学,

— 拓扑学 —— 定性的数学,

— 弯曲、拓扑与分析.

编者衷心感谢托伊布纳出版社的同事们在本书出版过程中给予的合作. 特别要感谢 Dorothea Ziegler 女士细心内行的编辑工作. 编者还愿向莱比锡大学数学与信息系的学生 Steffi Wiessner, Adreas Berning, Daniel Didt, Christian Ralf Mueller 等表示衷心感谢, 他 (她) 们认真校读了本书的初稿并提出了修改意见.

编　者

1996 年 1 月于莱比锡

使 用 说 明 [1)]

1. 如非特殊说明, 本书中所有角都为弧度制.
2. 原版书在正文中提到 x.x 节或 x.x.x、x.x.x.x 等小节时, 大多数情况下未加“节” 或 “小节”; 提到公式 (x.x) 时也未加 “式”. 原文版这样的表述非常简洁. 在不影响阅读的前提下, 中文版予以沿用.
3. 原版书还有一些与国内习惯用法不尽相同的情况, 例如: 乘号不用 × 而用 ·, 在不引发歧义的情况下, 中文版也予以沿用.
4. 本书设有数学历史概要、参考文献、数学符号、基本物理量纲、基本物理常数、SI 词头构成表、希腊字母表、人名译名对照表等实用附录.
5. 书末设有按汉语拼音排序的详细索引, 可供读者查检.

1) 此使用说明为本书中文版出版者所加. —— 编者

目　录

引　　言

最伟大的数学家如阿基米德、牛顿和高斯，
都能将理论与应用融为一体.
菲力克斯 · 克莱因 (1849—1925)

数学已有 5000 余年的历史. 它是人类思维最强有力的工具, 能精确地表述自然的规律. 人们借此得以探索自然的奥秘, 遨游不可思议的广袤宇宙. 数学的基本分支是

— 分析,

— 代数,

— 几何.

代数学探讨 (至少是按其原来的形式) 方程的解. 从汉谟拉比王时代 (公元前 18 世纪) 以来的楔形文书显示, 巴比伦人的实用数学思维带有很强的代数倾向. 另一方面, 以欧几里得《原本》(公元前 300 年左右) 为巅峰的古希腊数学思维则受到几何学的强烈影响. 以极限为基础的分析思维直到 17 世纪牛顿和莱布尼茨发明微积分之时才获得系统发展.

重要的应用数学分支可以适当概括如下：

— 常微分方程与偏微分方程 (描述自然、工程和社会系统随时间的变化),

— 变分法与最优化,

— 科学计算 (在功能越来越强大的计算机上进行过程逼近或模拟).

数学基础研究：

— 数理逻辑,

— 集合论.

这两个分支在 19 世纪以前并不存在. 数理逻辑研究数学证明的可能性及局限性. 由于其本质上非常形式的发展, 数理逻辑成为描述纯客观的计算机算法过程的有力武器. 集合论则是普遍适用的基本数学语言. 本书不涉及集合论的形式方面, 而是强调数学的生命力与广泛性, 许多世纪以来, 数学的这种特性使人们为之痴迷倾倒.

现代数学的发展存在着两个明显相反的倾向. 一方面, 人们看到数学专门化程度的日益增强. 另一方面, 基本粒子理论、宇宙学以及现代技术领域提出的大量高度复杂的未决问题, 只有通过不同数学领域的综合才有可能获得解决. 这导致了数学的统一和纯粹与应用数学之间的人为割裂的消除.

数学的历史充满了新思想和新方法的发现, 可以肯定地说, 这一趋势在未来必将继续下去.

第 0 章　公式、图和表

凡事应尽可能简单, 但不能过于简单.

A. 爱因斯坦(1879—1955)

0.1　初等数学中的基本公式

0.1.1　数学常数

表 0.1　一些经常使用的数学常数

符号	近似值	记号
π	3.141 592 65	鲁道夫数 pi
e	2.718 281 83	欧拉 [1] 数 e
C	0.577 215 67	欧拉常数
ln10	2.302 585 09	10 的自然对数

本手册的末尾对非常重要的科学常数 (或常量) 给出了一个列表.

阶乘　通常用符号

$$\boxed{n! := 1 \cdot 2 \cdot 3 \cdots n}$$

表示, 称为n的阶乘. 另外, 我们定义 $0! := 1$.

例 1: $1! = 1,\ 2! = 1 \cdot 2,\ 3! = 1 \cdot 2 \cdot 3 = 6,\ 4! = 24,\ 5! = 120,\ 6! = 720.$

在统计物理学中, 要求 n 为 10^{23} 左右时 $n!$. 对这样的天文数字有一个很好的近似, 即斯特林公式(参看 0.7.3.2)

$$\boxed{n! = \left(\frac{n}{\mathrm{e}}\right)^n \sqrt{2\pi n}.} \tag{0.1}$$

π 和 e 的无穷级数　π 的精确值可以表示成收敛的莱布尼茨级数:

$$\frac{\pi}{4} = 1 - \frac{1}{3} + \frac{1}{5} - \frac{1}{7} + \cdots. \tag{0.2}$$

1) L. 欧拉 (Euler, 1707—1783) 是至今最多产的数学家, 共有全集 72 卷和 5000 多封书信. 他一生不朽的工作对现代数学的大部分内容都有着决定性的影响. 本书末尾有一个数学史列表, 有助于我们了解数学史以及数学史上一些最重大的贡献.

由于这些项的正负号交替出现, 因此截断级数的误差总是由下一项给出. 这样, (0.2) 等号右边的项确定出了 π 的近似值, 其误差至多为 1/9. 然而, 因为这个级数的收敛速度很慢, 计算机并不用它作实际计算. 目前 π 的近似值已经精确到小数点后面 20 多亿位 (关于 π 的更详细的讨论参看 2.7.7). e 的值等于下面的收敛级数

$$\mathrm{e} = 2 + \frac{1}{2!} + \frac{1}{3!} + \frac{1}{4!} + \cdots .$$

当 n 很大时, 近似地有

$$\mathrm{e} = \left(1 + \frac{1}{n}\right)^n . \tag{0.3}$$

更精确地说, (0.3) 右边的部分随着 n 的增大而趋近于 e, 也可以写成

$$\boxed{\mathrm{e} = \lim_{n\to\infty}\left(1 + \frac{1}{n}\right)^n .}$$

用文字表述就是: 随着 n 趋近于无穷, 数列 $\left(1 + \frac{1}{n}\right)^n$ 的极限为 e. 利用 e, 可以定义数学中最重要的函数:

$$\boxed{y = \mathrm{e}^x .} \tag{0.4}$$

这就是欧拉 e 函数 (指数函数, 参看 0.2.5). 它的反函数是自然对数

$$\boxed{x = \ln y}$$

(参看 0.2.6). 特别地, 对于 10 的幂, 有

$$\boxed{\ln 10^x = x \cdot \ln 10 = x \cdot 2.302\ 585\ 09,}$$

其中 x 可以是任意实数.

π 和 e 的连分数表示 为了更深入地研究数的结构, 我们不再用十进制数而是用连分数来表示那些数 (参看 2.7.5). 表 2.7 用连分数将 π 和 e 表示了出来.

欧拉常数 C C 的精确值由如下公式给出:

$$\boxed{\mathrm{C} = \lim_{n\to\infty}\left(1 + \frac{1}{2} + \frac{1}{3} + \cdots + \frac{1}{n} - \ln(n+1)\right) = -\int_0^{\infty} \mathrm{e}^{-t} \ln t \mathrm{d}t.}$$

当 n 较大时, 有近似公式

$$1 + \frac{1}{2} + \frac{1}{3} + \cdots + \frac{1}{n} = \ln(n+1) + \mathrm{C}.$$

欧拉常数 C 出现在大量数学公式中 (参看 0.7).

0.1.2 量角

度数 图 0.1 给出了几个以度为度量单位的最常用的角, 90° 角称为直角. 4000 多年前, 幼发拉底河和底格里斯河流域的古苏美尔地区使用了一种以 60 为基底的数系. 关于这种重要的使用方法, 可以追溯到度量时间和角时所使用的 12, 24, 60 和 360. 角的度量单位除了度以外, 还有其他的, 例如在天文学中使用了如下更小的度量单位:

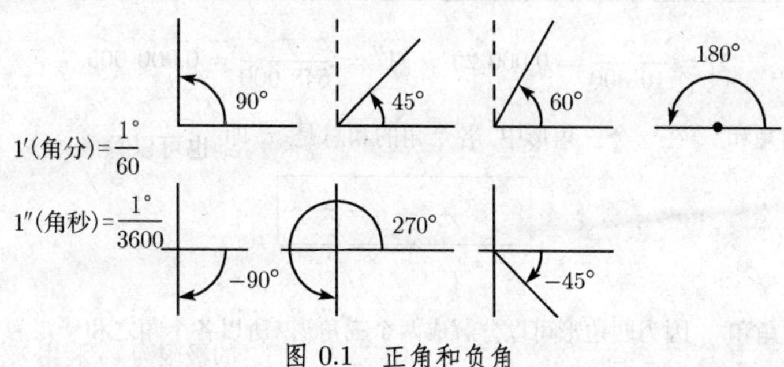

图 0.1 正角和负角

例 1(天文学): 日面位于天空大约 30′(半度) 的位置. 因为地球和太阳的运动, 恒星在天空中的位置不断变化. 每年最大变化的一半称为视差, 它等于角 α, 即当日地距离最大时, 恒星与二者的夹角 (参看图 0.2 和表 0.2).

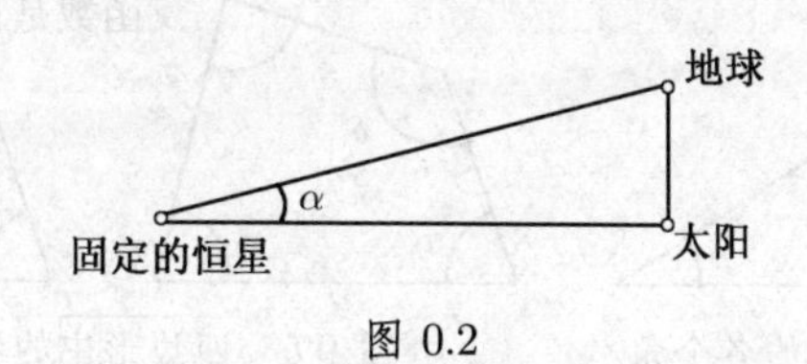

图 0.2

表 0.2 视差与距离

恒星	视差	距离
毗邻星 (最近的恒星)	0.765″	4.2 光年
天狼星 (最亮的恒星)	0.371″	8.8 光年

一角秒的视差相当于 3.26 光年的距离 ($3.1 \cdot 10^{13}$km), 这个距离也称为秒差距.

弧度 α 度 ($\alpha°$) 的角对应弧度

$$\alpha = 2\pi\left(\frac{\alpha°}{360°}\right),$$

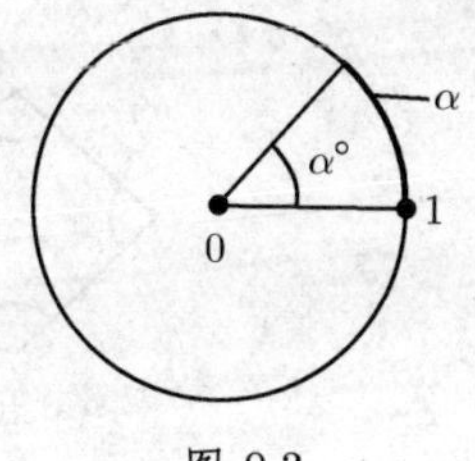

图 0.3

其中 α 是单位圆上 $\alpha°$ 角对应的弧长 (图 0.3). 表 0.3

列出了这一度量单位的几个常用值.

约定　如非特殊说明, 本书所有角都为弧度制.

表 0.3　角度与弧度

角度	$1°$	$45°$	$60°$	$90°$	$120°$	$135°$	$180°$	$270°$	$360°$
弧度	$\frac{\pi}{180}$	$\frac{\pi}{4}$	$\frac{\pi}{3}$	$\frac{\pi}{2}$	$\frac{2\pi}{3}$	$\frac{3\pi}{4}$	π	$\frac{3\pi}{2}$	2π

$$1' = \frac{\pi}{10\ 800} = 0.000\ 291,\quad 1'' = \frac{\pi}{648\ 000} = 0.000\ 005.$$

三角形内角和　在一个三角形中, 各个角的和总是 π, 即

$$\boxed{\alpha+\beta+\gamma=\pi}$$

(图 0.4).

四边形内角和　因为四边形可以分解成两个三角形, 所以各个角之和一定为 2π, 即

$$\boxed{\alpha+\beta+\gamma+\delta=2\pi}$$

(图 0.5).

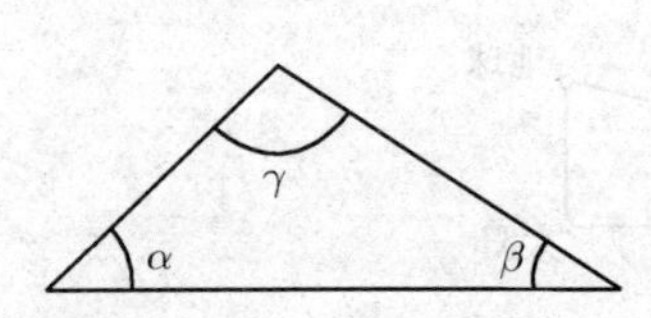

图 0.4　三角形中的各个角

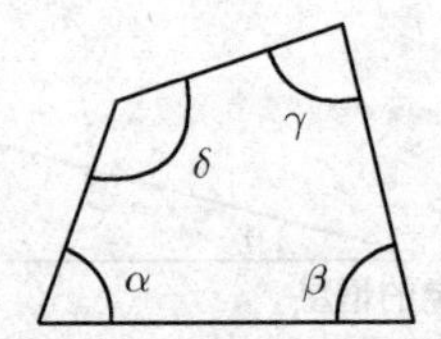

图 0.5　四边形中的各个角

n 边形内角和　一般而言, 有

$$\boxed{n\ \text{边形的内角和} = (n-2)\pi.}$$

例 2: 五边形(和六边形)的内角和为 3π(和 4π)(图 0.6).

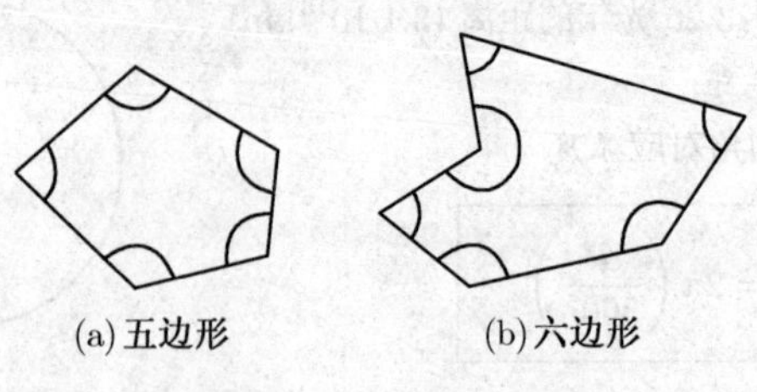

(a) 五边形　　(b) 六边形

图 0.6　五边形和六边形

0.1.3 平面图形的面积与周长

表 0.4 阐明了最重要的平面图形. 0.2.8 中详细解释了三角函数 $\sin\alpha$ 与 $\cos\alpha$ 的含义.

表 0.4 多边形的面积与周长

图形	图	面积 A	周长 C
正方形		$A=a^2$ (a 为一边的长度)	$C=4a$
矩形		$A=ab$ (a,b 为边长)	$C=2a+2b$
平行四边形		$A=ah=ab\sin\gamma$ (a 为底长, b 为边长, h 为高)	$C=2a+2b$
菱形 (等边平行四边形)		$A=a^2\sin\gamma$	$C=4a$
梯形 (有两个边相平行的四边形)		$A=\frac{1}{2}(a+b)h$ (a,b为两平行边的长度, h 为高)	$C=a+b+c+d$
三角形		$A=\frac{1}{2}ah=\frac{1}{2}ab\sin\gamma$ (a为底长, b,c 为其他两边的长, h为高, $s:=C/2$) 面积的海伦公式为 $A=\sqrt{s(s-a)(s-b)(s-c)}$	$C=a+b+c$
直角三角形		$A=\frac{1}{2}ab$ 边角关系: $a=c\sin\alpha,\ b=c\cos\alpha,\ a=b\tan\alpha$ (c为斜边 [1]), a 为对边, b 为邻边) 毕达哥拉斯定理 [2]): $a^2+b^2=c^2$ 高的欧几里得关系: $h^2=pq$ (h 为斜边上的高, p,q 为线段长)	$C=a+b+c$

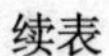
续表

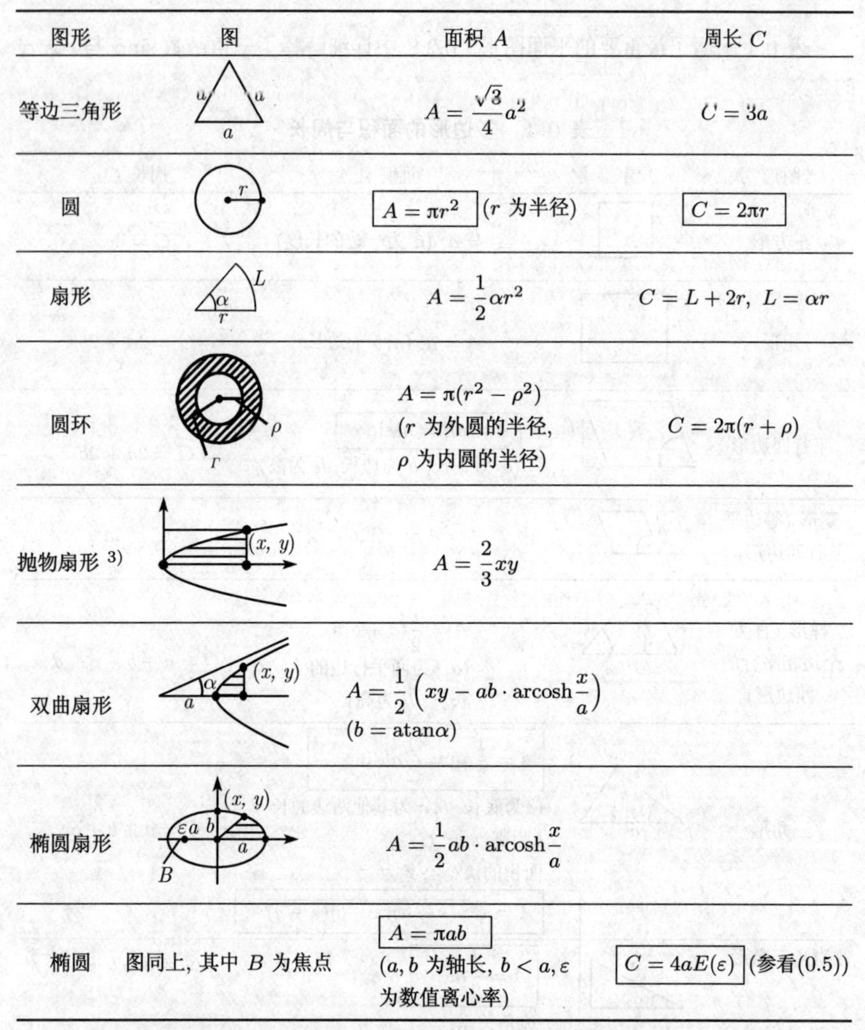

图形	图	面积 A	周长 C
等边三角形	a, a, a	$A=\frac{\sqrt{3}}{4}a^2$	$C=3a$
圆	r	$\boxed{A=\pi r^2}$ (r 为半径)	$\boxed{C=2\pi r}$
扇形	L, α, r	$A=\frac{1}{2}\alpha r^2$	$C=L+2r,\ L=\alpha r$
圆环	ρ, r	$A=\pi(r^2-\rho^2)$ (r 为外圆的半径, ρ 为内圆的半径)	$C=2\pi(r+\rho)$
抛物扇形 3)	$(x,\ y)$	$A=\frac{2}{3}xy$	
双曲扇形	$(x,\ y)$, α, a	$A=\frac{1}{2}\left(xy-ab\cdot\operatorname{arcosh}\frac{x}{a}\right)$ ($b=a\tan\alpha$)	
椭圆扇形	$(x,\ y)$, εa, b, a, B	$A=\frac{1}{2}ab\cdot\operatorname{arcosh}\frac{x}{a}$	
椭圆	图同上, 其中 B 为焦点	$\boxed{A=\pi ab}$ (a,b 为轴长, $b<a,\varepsilon$ 为数值离心率)	$\boxed{C=4aE(\varepsilon)}$ (参看(0.5))

1) 直角三角形中直角的对边称为斜边, 其他两条边称为直角边或侧边.

2) 即勾股定理. 人们认为萨摩斯岛的毕达哥拉斯 (Pythagoras, 公元前 500 年) 是古希腊最著名的学派 (毕达哥拉斯学派) 的创立者. 然而早在距那时大约 1000 年之前, 汉谟拉比 (Hammurapi, 公元前 1728 — 前 1686) 国王统治下的巴比伦人就知道了毕达哥拉斯定理.

3) 0.1.7 中将考虑抛物线、双曲线和椭圆; 0.2.12 中介绍函数 arcosh.

用于计算椭圆周长的椭圆积分的含义　椭圆的数值离心率 ε 表示如下:

$$\boxed{\varepsilon=\sqrt{1-\frac{b^2}{a^2}}.}$$

ε 的几何解释来自于椭圆焦点到椭圆中心的距离 εa. 对圆而言, 有 $\varepsilon = 0$. 椭圆越扁, 数值离心率 ε 越大.

早在 18 世纪, 人们就已经注意到不可能用初等方法计算出椭圆的周长. 椭圆周长公式为 $C = 4aE(\varepsilon)$, 其中记号

$$E(\varepsilon) := \int_0^{\pi/2} \sqrt{1 - \varepsilon^2 \sin^2 \varphi} \mathrm{d}\varphi \tag{0.5}$$

表示勒让德第二类完全椭圆积分. 本书给出了这个积分的表值 (参看 0.5.4). 对椭圆, 总有 $0 \leqslant \varepsilon < 1$. 作为所有这些值的近似, 有级数

$$\begin{aligned} E(\varepsilon) &= 1 - \left(\frac{1}{2}\right)^2 \varepsilon^2 - \left(\frac{1 \cdot 3}{2 \cdot 4}\right) \frac{\varepsilon^4}{3} - \left(\frac{1 \cdot 3 \cdot 5}{2 \cdot 4 \cdot 6}\right) \frac{\varepsilon^6}{5} - \cdots \\ &= 1 - \frac{\varepsilon^2}{4} - \frac{3\varepsilon^4}{64} - \frac{5\varepsilon^6}{256} - \cdots. \end{aligned}$$

19 世纪创立了椭圆积分的一般理论(参看 1.14.19).

正 n 边形 一个 n 边形称为正 n 边形, 若它的所有边和角都相等 (图 0.7).

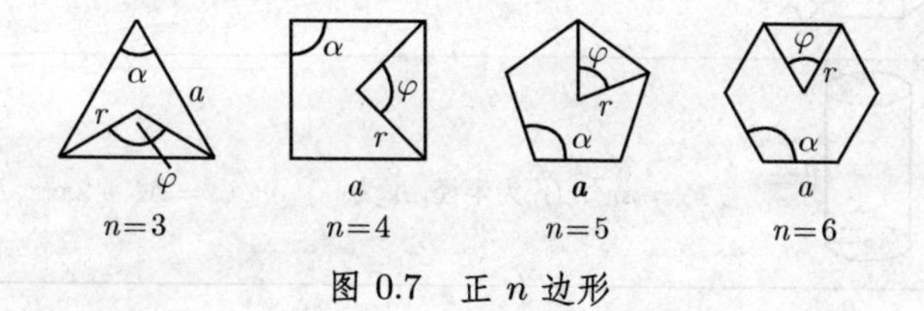

图 0.7 正 n 边形

若把正 n 边形的中心到各个角的距离记作 r, 则下面的结果确立了正 n 边形的几何关系:

中心角	$\varphi = \dfrac{2\pi}{n}$,
补角	$\alpha = \pi - \varphi$,
边长	$a = 2r \sin \dfrac{\varphi}{2}$,
周长	$C = na$,
面积	$A = \dfrac{1}{2} n r^2 \sin \varphi$.

高斯定理 一个 $n(n \leqslant 20)$ 边形可以用尺规作出, 当且仅当

$$n = 3,\ 4,\ 5,\ 6,\ 8,\ 10,\ 12,\ 15,\ 16,\ 17,\ 20.$$

特别地, 当 $n = 7,\ 9,\ 11,\ 13,\ 14,\ 18,\ 19$ 时, 不可能由尺规作出正 n 边形. 该结果是伽罗瓦理论的一个推论, 2.6.6 中将更详细地讨论它.

0.1.4 立体图形的体积与表面积

表 0.5 中列出了最重要的三维图形.

表 0.5 某些立体图形的体积与表面积

立体图形	图	体积 V	表面积 O, 侧面积 M
立方体	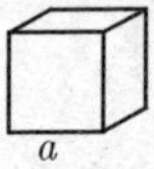 a	$V=a^3$ (a 为边长)	$O=6a^2$
长方体	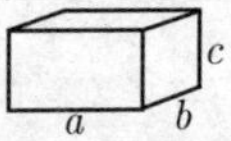 a b c	$V=abc$ (a,b,c 为边长)	$O=2(ab+bc+ca)$
球	 r	$V=\frac{4}{3}\pi r^3$ (r 为半径)	$O=4\pi r^2$
棱柱	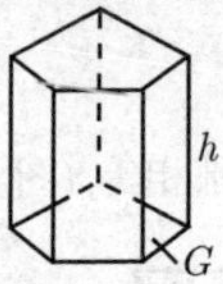 h G	$V=Gh$ (G 为底面积, h 为高)	
圆柱	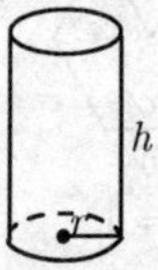 h r	$V=\pi r^2 h$ (r 为半径, h 为高)	$O=M+2\pi r^2, M=2\pi rh$
立体圆环	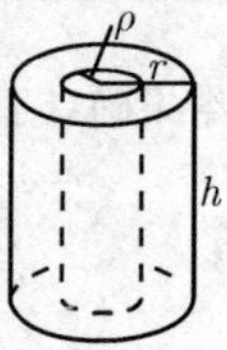 ρ r h	$V=\pi h(r^2-\rho^2)$ (r 为外半径, ρ 为内半径, h 为高)	
棱锥	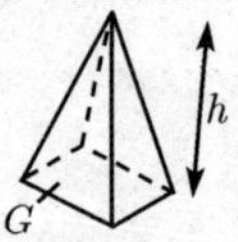 h G	$V=\frac{1}{3}Gh$ (G 为底面积, h 为高)	
圆锥	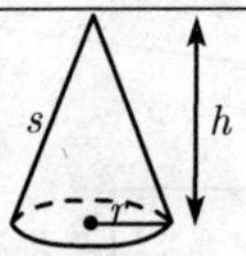 s h r	$V=\frac{1}{3}\pi r^2 h$ (r 为半径, h 为高, s 为母线长)	$O=M+\pi r^2$, $M=\pi rs$
棱台	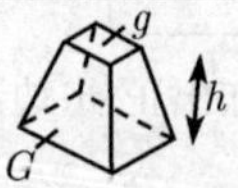 g h G	$V=\frac{h}{3}(G+\sqrt{Gg}+g)$ (G 为下底面积, g 为上底面积)	

续表

立体图形	图	体积 V	表面积 O, 侧面积 M
圆台		$V=\frac{\pi h}{3}(r^2+r\rho+\rho^2)$ (r,ρ 为半径, h 为高, s 为母线长)	$O=M+\pi(r^2+\rho^2)$, $M=\pi s(r+\rho)$
方尖形		$V=\frac{1}{6}(ab+(a+c)(b+d)+cd)$ (a,b,c,d 为边长)	
楔形 (侧面为等边三角形)		$V=\frac{\pi}{6}bh(2a+c)$ (a,b 为底边长, c 为上边, h 为高)	
(由纬线所界定的) 球冠		$V=\frac{\pi}{3}h^2(3r-h)$ (r 为球的半径, h 为高)	$O=2\pi rh$ (顶部)
(由两条纬线所界定的) 球台		$V=\frac{\pi h}{6}(3R^2+3\rho^2+h^2)$ (r 为球的半径, h 为高, R 和 ρ 为两条纬线圈的半径)	$O=2\pi rh$ (中部)
圆环		$V=2\pi r^2\rho$ (r 为圆环的半径, ρ 为截面半径)	$O=4\pi^2 r\rho$
桶形 (圆形截面)		$V=0.0873h(2D+2r)^2$ (D 为直径, r 为顶的半径, h 为高; 这是一个近似公式)	
椭球		$V=\frac{4}{3}\pi abc$ (a,b,c 为轴长, $c<b<a$)	对于 O, 见勒让德公式 (L)

用于计算椭球表面积的椭圆积分的含义 我们不可能用初等方法计算出椭球的表面积, 还需要用到椭圆积分, 为此, 有勒让德公式

$$O=2\pi c^2+\frac{2\pi b}{\sqrt{a^2-c^2}}(c^2F(k,\varphi)+(a^2-c^2)E(k,\varphi)), \qquad \text{(L)}$$

其中

$$k=\frac{a}{b}\frac{\sqrt{b^2-c^2}}{\sqrt{a^2-c^2}},\quad \varphi=\arcsin\frac{\sqrt{a^2-c^2}}{a}.$$

椭圆积分公式 $E(k,\varphi)$ 和 $F(k,\varphi)$, 见 0.5.4.

0.1.5 正多面体的体积与表面积

多面体 多面体是以初等图形 (平面图形) 为边界的立体图形.

正多面体(也称为柏拉图立体)的每个面都是全等的边长为 a 的正 n 边形, 且在所有顶点处相交平面的个数相同. 共存在 5 种正多面体, 如表 0.6 所示.

表 0.6 5 种正多面体 [1)]

正多面体	图	面	体积	表面积
四面体	a	4 个等边三角形	$\frac{\sqrt{2}}{12}\cdot a^3$	$\sqrt{3}a^2$
立方体	a	6 个正方形	a^3	$6a^2$
八面体	a	8 个等边三角形	$\frac{\sqrt{2}}{3}\cdot a^3$	$2\sqrt{3}\cdot a^2$
十二面体	a	12 个正五边形	$7.663\cdot a^3$	$20.646\cdot a^2$
二十面体 [2)]	a	20 个等边三角形	$2.182\cdot a^3$	$8.660\cdot a^2$

1) 在这个表中, 边的公共长度记为 a. 正十二面体和正二十面体的体积和表面积公式取的是近似值.

2) 德国数学家 F. 克莱因(Felix Klein) 关于正二十面体的对称性以及它与五次方程的关系写了一本名著 (参看 [22]).

欧拉多面体公式 对正多面体, 下列关系式成立: [1)]

$$\boxed{\text{顶点数 } c - \text{边数 } e + \text{面数 } f = 2.}$$

表 0.7 证明了这一公式.

表 0.7 正多面体的一些关键数字

正多面体	c	e	f	$c-e+f$
四面体	4	6	4	2
立方体	8	12	6	2
八面体	6	12	8	2
十二面体	20	30	12	2
二十面体	12	30	20	2

0.1.6 n 维球的体积与表面积

下面的公式在统计物理学中必不可少, 其中 n 大约为 10^{23}. 对这么大的 n, 我们用斯特林公式作为 $n!$ 的近似值 (参看 (0.1)).

球的不等式刻画 中心在原点, 半径为 r 的 n 维球 $K_n(r)$ 可以定义成满足如下不等式的所有点 $(x_1, \cdots, x_n)$ 的集合:

$$\boxed{x_1^2 + \cdots + x_n^2 \leqslant r^2,}$$

其中 $x_1, \cdots, x_n$ 为实数, $n \geqslant 2$. 球面由满足下式的所有点 $(x_1, \cdots, x_n)$ 的集合构成:

$$\boxed{x_1^2 + \cdots + x_n^2 = r^2.}$$

对于 $K_n(r)$ 的体积 V_n 和表面积 O_n, 有如下雅可比公式:

$$\boxed{\begin{gathered} V_n = \frac{\pi^{n/2} r^n}{\Gamma\left(\dfrac{n}{2}+1\right)}, \\ O_n = \frac{2\pi^{n/2} r^{n-1}}{\Gamma\left(\dfrac{n}{2}\right)}. \end{gathered}}$$

1.14.16 中考虑了 Γ 函数. 对所有 $x > 0$, 它满足递归公式

$$\Gamma(x+1) = x\Gamma(x),$$

1) 这个公式是一般拓扑情形的一个特例. 因为正多面体表面的同胚象都是球, 所以它们的亏格为 0, 欧拉示性数为 2.

其中 $\Gamma(1)=1, \Gamma\left(\frac{1}{2}\right)=\sqrt{\pi}$. 由此对 $m=1,2,\cdots$, 有如下公式:

$$V_{2m}=\frac{\pi^m r^{2m}}{m!}, \quad V_{2m+1}=\frac{2(2\pi)^m r^{2m+1}}{1\cdot 3\cdot 5\cdots(2m+1)}$$

且

$$O_{2m}=\frac{2\pi^m r^{2m-1}}{(m-1)!}, \quad O_{2m+1}=\frac{2^{2m+1}m!\pi^m r^{2m}}{(2m)!}.$$

例: 特别地当 $n=3, m=1$, 对于半径为 r 的 3 维球的体积 V_3 和表面积 O_3, 有著名公式

$$V_3=\frac{4}{3}\pi r^3, \quad O_3=4\pi r^2.$$

0.1.7 平面解析几何学中的基本公式

解析几何学利用坐标方程描述诸如直线、平面和圆锥曲线这样的几何对象, 通过不等式研究它们的几何性质. 几何学中不断使用算术与代数的这种思想可以追溯到哲学家、科学家和数学家 R. 笛卡儿 (1596—1650), 笛卡儿坐标系正是以他的名字命名的.

0.1.7.1 直线

下面所有公式都是根据笛卡儿坐标系得到的, 其中 y 轴与 x 轴相互垂直. 点 (x_1, y_1) 的坐标如图 0.8(a) 所示. y 轴左边一点的 x 坐标为负值, x 轴下方一点的 y 坐标也为负值.

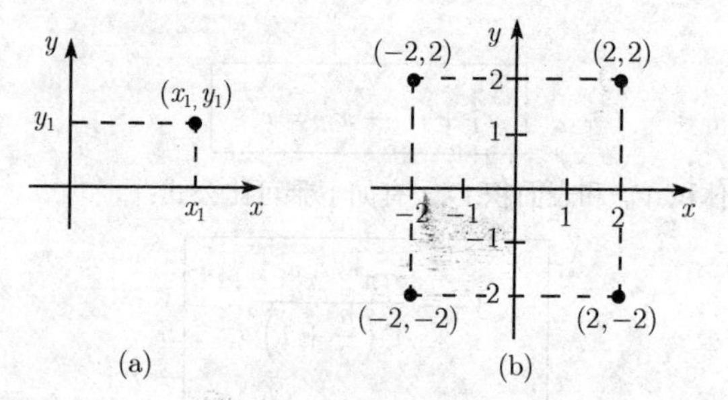

图 0.8 笛卡儿坐标

例 1: 点 (2,2), (2,−2), (−2,−2), (−2, 2) 如图 0.8(b) 所示.

两点 (x_1, y_1) 和 (x_2, y_2) 间的距离

$$\boxed{d=\sqrt{(x_2-x_1)^2+(y_2-y_1)^2}}$$

(图 0.9). 这个公式对应毕达哥拉斯定理.

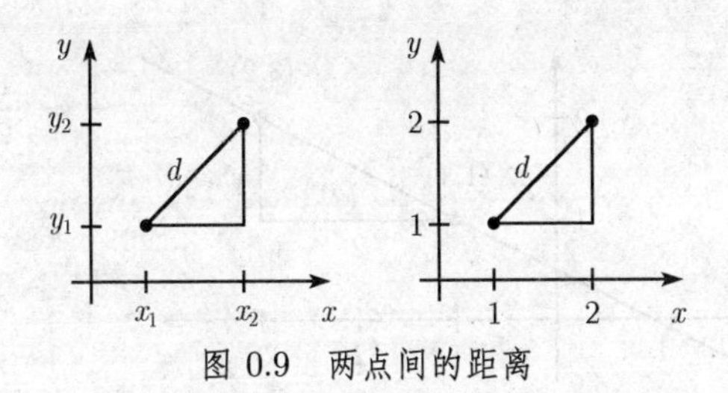

图 0.9 两点间的距离

例 2: 点 (1,1) 和 (2,2) 间的距离是

$$d=\sqrt{(2-1)^2+(2-1)^2}=\sqrt{2}.$$

直线方程

$$\boxed{y=mx+b,} \tag{0.6}$$

其中 b 是直线在 y 轴上的截距(y截距), 直线的斜率是 m(图 0.10). 对于倾斜角α, 有如下关系:

$$\boxed{\tan\alpha=m.}$$

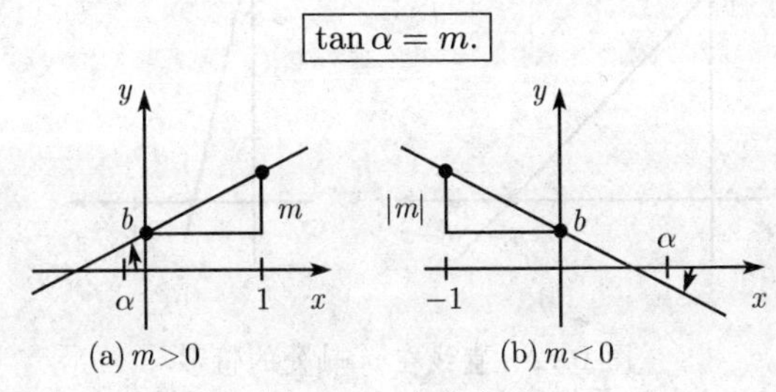

图 0.10 直线方程

(i) 若已知直线上一点 (x_1,y_1) 和斜率 m, 可以求出 $b=y_1-mx_1$.

(ii) 若已知直线上两点 (x_1,y_1) 和 (x_2,y_2), 且 $x_1\neq x_2$, 则有

$$\boxed{m=\frac{y_2-y_1}{x_2-x_1},\quad b=y_1-mx_1.} \tag{0.7}$$

例 3: 过 (1,1) 和 (3,2) 两点的直线方程是

$$y=\frac{1}{2}x+\frac{1}{2},$$

这是因为由 (0.7), 有 $m=\dfrac{2-1}{3-1}=\dfrac{1}{2}$ 和 $b=1-\dfrac{1}{2}=\dfrac{1}{2}$ (图 0.11).

直线的 x 轴方程* 若用 b 除直线方程 (0.6), 并令 $\dfrac{1}{a}:=-\dfrac{m}{b}$, 就得到

$$\boxed{\frac{x}{a}+\frac{y}{b}=1.} \tag{0.8}$$

* 即直线的截距式方程. —— 译者

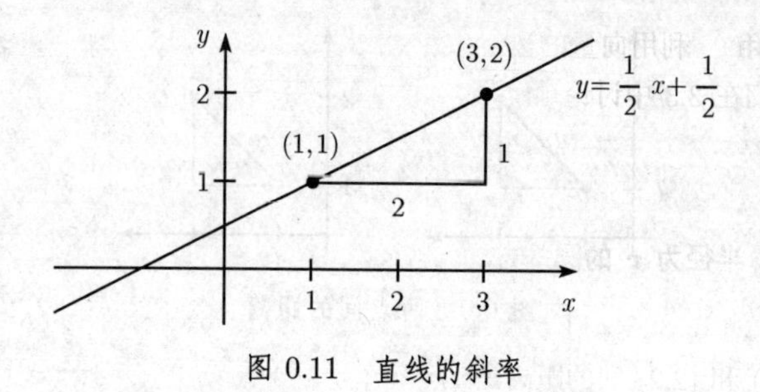

图 0.11 直线的斜率

当 $y=0(x=0)$ 时, 可以口算得出直线在点 $(a,0)$ 处与 x 轴相交 (在点 $(0,b)$ 处与 y 轴相交)(图 0.12(a)).

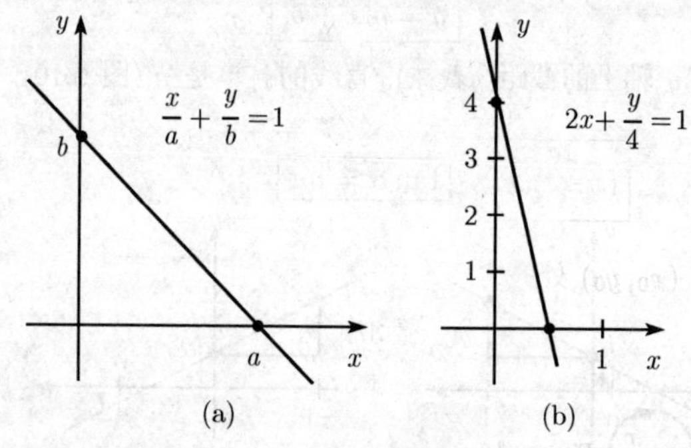

图 0.12 直线在 x 轴处的情形

例 4: 若用 4 除直线方程

$$y=-8x+4,$$

就得到 $\frac{y}{4}=-2x+1$, 因此

$$2x+\frac{y}{4}=1.$$

若令 $y=0$, 则有 $x=\frac{1}{2}$. 因此直线与 x 轴在 $x=\frac{1}{2}$ 处相交 (图 0.12(b)).

y 轴的方程

$$\boxed{x=0.}$$

这个方程不是 (0.6) 的特例. 它在形式上对应斜率 $m=\infty$(无穷斜率) 的情况.

直线的一般方程 所有直线都可以定义成满足如下方程的点的集合:

$$\boxed{Ax+By+C=0,}$$

其中 A,B,C 为常数, 满足条件 $A^2+B^2\neq 0$.

例 5: 当 $A=1$, $B=C=0$ 时, 我们得到 y 轴方程 $x=0$.

线性代数的应用 利用向量的语言 (线性代数), 解析几何学中的一系列问题都能迎刃而解. 我们在 3.3 中讨论这一点.

0.1.7.2 圆

中心在 (c,d)、半径为 r 的圆的方程

$$\boxed{(x-c)^2+(y-d)^2=r^2} \tag{0.9}$$

(图 0.13(a)).

例: 中心在原点 (0,0)、半径 $r=1$ 的圆的方程 (图 0.13(b)):

$$x^2+y^2=1.$$

圆的切线方程

$$\boxed{(x-c)(x_0-c)+(y-d)(y_0-d)=r^2.}$$

这是圆 (0.9) 在点 (x_0,y_0) 处的切线的方程 (图 0.13(c)).

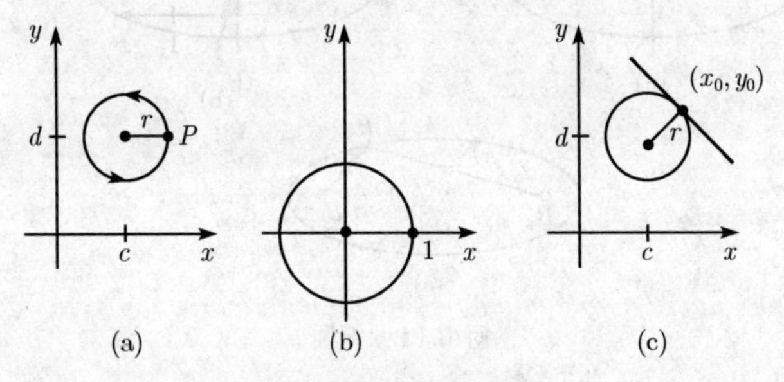

图 0.13 平面中的圆

中心在 (c,d)、半径为 r 的圆的参数方程

$$\boxed{x=c+r\cos t, \quad y=d+r\sin t, \quad 0\leqslant t<2\pi.}$$

如果把 t 理解成时间, 那么起点 $t=0$ 就对应图 0.13(a) 中的点 P. 当时间由参数 $t=0$ 过渡到 $t=2\pi$ 时, P 将以恒速逆时针 (数学上的正方向) 跨过整个圆周.

半径为 R 的圆的曲率 K 由定义, 有

$$\boxed{K=\frac{1}{R}.}$$

0.1.7.3 椭圆

中心在原点的椭圆方程

$$\boxed{\frac{x^2}{a^2}+\frac{y^2}{b^2}=1,} \tag{0.10}$$

我们假设 $0<b<a$. 椭圆关于原点对称, 长半轴和短半轴* 的长度分别等于 a 和 b(图 0.14(a)). 另外, 也可以引入下面的量:

$$\text{线性离心率 } e=\sqrt{a^2-b^2},$$

$$\text{数值离心率 } \varepsilon=\frac{e}{a},$$

$$\text{半参数} \quad p=\frac{b^2}{a}.$$

两个点 $(\pm e,0)$ 称为椭圆的焦点$B_\pm$(图 0.14(a)).

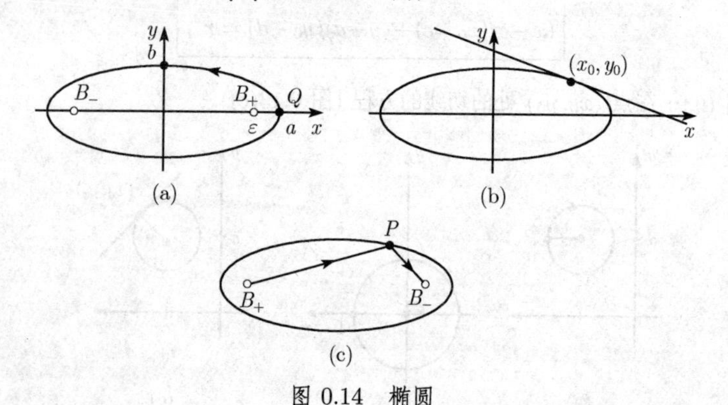

图 0.14 椭圆

椭圆的切线方程

$$\boxed{\frac{xx_0}{a^2}+\frac{yy_0}{b^2}=1.}$$

这是椭圆 (0.10) 在点 (x_0,y_0) 处的切线的方程 (图 0.14(b)).

椭圆的参数方程

$$\boxed{x=a\cos t,\quad y=b\sin t,\quad 0\leqslant t<2\pi.}$$

当参数 t 从 0 变化到 2π 时, 椭圆 (0.10) 上的一点 Q 沿逆时针方向运动一周. 起点 $t=0$ 对应椭圆上的点 Q(图 0.14(a)).

椭圆的几何刻画 椭圆是到两定点 B_- 与 B_+ 的距离之和等于定长 $2a$ 的点 P 的集合 (图 0.14(c)). 这两个点称为焦点.

---

* 原文中 a,b 分别为长轴和短轴有误, a 应为长半轴, b 为短半轴. —— 译者

作图 为了作出一个椭圆, 我们要固定两个点 B_- 与 B_+ 作为焦点, 然后用图钉把一根绳的两端固定在这两个焦点上, 使绳拉紧让笔沿绳运动, 笔所画过的轨迹就是一个椭圆 (图 0.14(c)).

焦点的物理性质 从焦点 B_- 发出的光线经椭圆反射之后过另一焦点 B_+(图 0.14(c)).

椭圆的周长与面积 见表 0.4.

极坐标中的椭圆方程、准线性质和曲率半径 见 0.1.7.6.

0.1.7.4 双曲线

中心在原点的双曲线方程

$$\boxed{\frac{x^2}{a^2}-\frac{y^2}{b^2}=1,} \tag{0.11}$$

其中 a 与 b 为正常数.

双曲线的渐近线 双曲线与 x 轴相交于两点 $(\pm a, 0)$. 两直线

$$y=\pm\frac{b}{a}x$$

称为双曲线的渐近线. 当离原点越来越远时, 这两条直线逐渐趋近于双曲线的两支 (图 0.15(b)).

焦点 定义

$$\text{线性离心率 } e=\sqrt{a^2+b^2},$$

$$\text{数值离心率 } \varepsilon=\frac{e}{a},$$

$$\text{半参数 } \quad p=\frac{b^2}{a}.$$

两点 $(\pm e, 0)$ 称为双曲线的焦点 $B_\pm$(图 0.15(a)).

双曲线的切线方程

$$\boxed{\frac{xx_0}{a^2}-\frac{yy_0}{b^2}=1.}$$

这是双曲线 (0.11) 在点 (x_0, y_0) 处的切线的方程 (图 0.15(c)).

双曲线的参数方程[1)]

$$\boxed{x=a\cosh t, \quad y=b\sinh t, \quad -\infty<t<+\infty.}$$

当参数 t 取遍所有实数时, 图 0.15(a) 中双曲线右支上的点按箭头所示方向遍及双曲线的右支. 起点 $t=0$ 对应双曲线上的点 $(a, 0)$. 类似地, (图 0.15(a)) 双曲线的左支上的点依参数方程

$$x=-a\cosh t, \quad y=b\sinh t, \quad -\infty<t<+\infty$$

遍及双曲线的左支.

1) 0.2.10 详细讨论了双曲函数 $\cosh t$ 和 $\sinh t$.

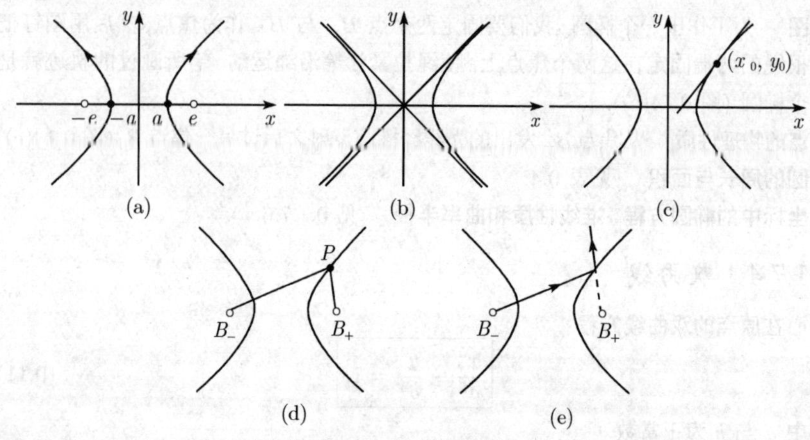

图 0.15 双曲线的性质

双曲线的几何刻画 双曲线是到两定点 B_- 与 B_+ 的距离之差等于定长 $2a$ 的点 P 的集合 (参看图 0.15(d)). 这两个点也称为焦点.

焦点的物理性质 从焦点 B_- 发出的光线经双曲线反射之后其反向延长线过另一焦点 B_+(图 0.15(e)).

双曲扇形的面积 见表 0.4.

极坐标中的双曲线方程、准线性质和曲率半径 见 0.1.7.6.

0.1.7.5 抛物线

抛物线方程

$$\boxed{y^2 = 2px,} \tag{0.12}$$

其中 p 是一个正常数 (图 0.16), 我们定义:

$$线性离心率\ e = \frac{p}{2},$$

$$数值离心率\ \varepsilon = 1.$$

点 $(e, 0)$ 称为抛物线的焦点(图 0.16(a)).

抛物线的切线方程

$$\boxed{yy_0 = p(x + x_0).}$$

这是抛物线 (0.12) 在点 (x_0, y_0) 处的切线的方程 (图 0.16(b)).

抛物线的几何刻画 抛物线是到定点 B(焦点) 与到定直线 L(准线) 距离相等的点 P 的集合 (图 0.16(c)).

焦点的物理性质 (抛物镜像) 平行于 x 的光线射到抛物线上时其反射光线过焦点 (图 0.16(d)).

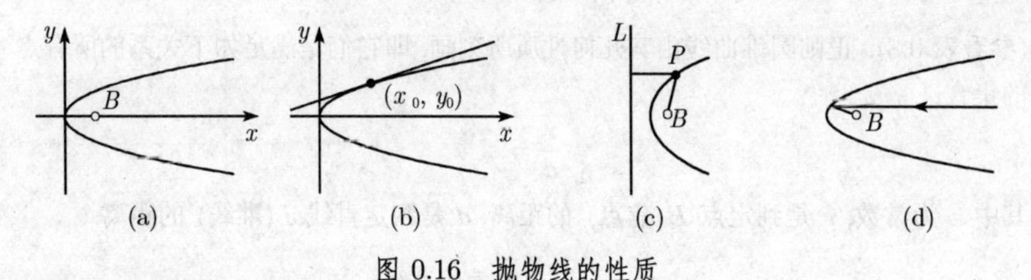

图 0.16 抛物线的性质

抛物扇形的面积 见表 0.4.

极坐标中的抛物线方程和曲率半径 见 0.1.7.6.

0.1.7.6 极坐标与圆锥曲线

极坐标 在某些问题中, 为了利用方程的对称性, 常常用极坐标系代替笛卡儿坐标系. 平面中点 P 的极坐标 (r,φ) 如图 0.17 所示, 它是由点 P 到原点的距离 r 和线段 OP 与 x 轴所成的角 φ 给出的. 点 P 的笛卡儿坐标 (x,y) 与极坐标 (r,φ) 存在如下关系:

$$x=r\cos\varphi,\quad y=r\sin\varphi,\quad 0\leqslant\varphi<2\pi. \tag{0.13}$$

另外, 我们有

$$r=\sqrt{x^2+y^2},\quad \tan\varphi=\frac{y}{x}.$$

圆锥曲线 一个平面截对顶圆锥时产生的截线就是圆锥曲线 (图 0.18). 用这种方法能得到如下两组图形:

(i) 正则圆锥曲线: 圆、椭圆、双曲线或抛物线.

(ii) 退化圆锥曲线: 两条线、一条线或一个点.

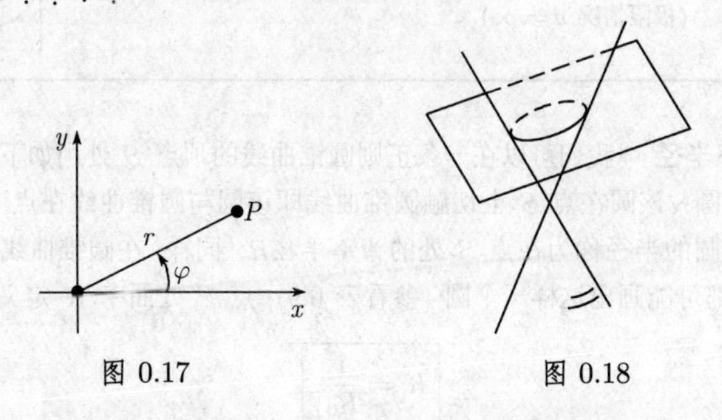

图 0.17　　图 0.18

极坐标中的正则圆锥曲线方程

$$r=\frac{p}{1-\varepsilon\cos\varphi}$$

(参看表 0.8). 正则圆锥曲线由其几何性质所刻画, 即它们是满足如下关系的所有点的集合:

$$\frac{r}{d} = \varepsilon,$$

其中 ε 为常数, r 是到定点 B(焦点) 的距离, d 是到定直线 L(准线) 的距离.

表 0.8 正则圆锥曲线

圆锥曲线	数值离心率 ε	线性离心率 e	半参数 p	准线–性质 $\frac{r}{d} = \varepsilon$
双曲线 [1]	$\varepsilon > 1$	$e = \frac{\varepsilon p}{(1-\varepsilon)^2}$	$p = \frac{b^2}{a}$	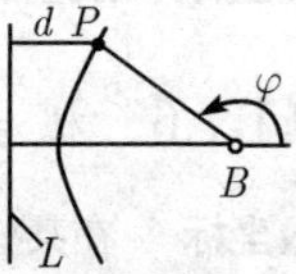 d P φ B L
抛物线	$\varepsilon = 1$	$e = \frac{p}{2}$		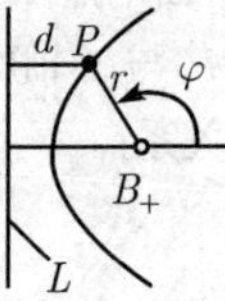 d P r φ B_+ L
椭圆	$0 \leqslant \varepsilon < 1$	$e = \frac{\varepsilon p}{1-\varepsilon^2}$	$p = \frac{b^2}{a}$	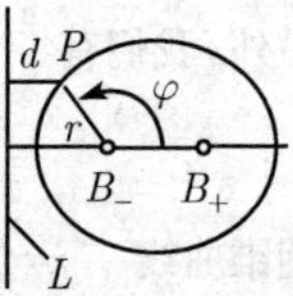 d P r φ B_- B_+ L
圆	$\varepsilon = 0$ (极限情况 $d = \infty$)	$e = 0$	$p =$ 半径r	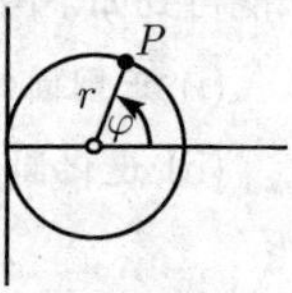 P r φ

垂直圆与曲率半径 我们可以在一条正则圆锥曲线的顶点 S 处用如下方法画出一个圆, 即垂直圆: 该圆在点 S 上切触圆锥曲线即该圆与圆锥曲线在点 S 有相同切线. 这个垂直圆的半径称为在点 S 处的曲率半径R. 同样, 在圆锥曲线的任意一点 $P(x_0, y_0)$ 上都可能画出这样一个圆 (参看表 0.9), 点 P 处曲率 K 定义为

$$\boxed{K = \frac{1}{R_0}.}$$

1) 由不等式 $\varepsilon > 1$, $\varepsilon = 1$ 和 $\varepsilon < 1$, 希腊数学家阿波罗尼奥斯 (约公元前 260— 前 190) 引进术语 $\bar{\upsilon}\pi\varepsilon\rho\beta o\lambda\acute{\eta}$(双曲线, 意指超出), $\pi\alpha\rho\alpha\beta o\lambda\acute{\eta}$(抛物线, 意指相等) 和 $\tilde{\varepsilon}\lambda\lambda\varepsilon\iota\psi\iota\zeta$(椭圆, 意指不足).

表 0.9 内切圆

圆锥曲线	方程	曲率半径	图
椭圆	$\dfrac{x^2}{a^2}+\dfrac{y^2}{b^2}=1$	$R_0=a^2b^2\left(\dfrac{x_0^2}{a^4}+\dfrac{y_0^2}{b^4}\right)^{3/2}$, $R=\dfrac{b^2}{a}=p$	
双曲线	$\dfrac{x^2}{a^2}-\dfrac{y^2}{b^2}=1$	$R_0=a^2b^2\left(\dfrac{x_0^2}{a^4}+\dfrac{y_0^2}{b^4}\right)^{3/2}$, $R=\dfrac{b^2}{a}=p$	
抛物线	$y^2=2px$	$R_0=\dfrac{(p+2x_0)^{3/2}}{\sqrt{p}}$, $R=p$	

0.1.8 空间解析几何学中的基本公式

空间中的笛卡儿坐标 空间笛卡儿坐标系如图 0.19 所示: 它有三个相互垂直的坐标轴 —— 记为 x 轴、y 轴和 z 轴, 分别与右手大拇指、食指和中指的方向相同 (右手系). 空间一点的坐标 (x_1, y_1, z_1) 由到轴的垂直投影确定.

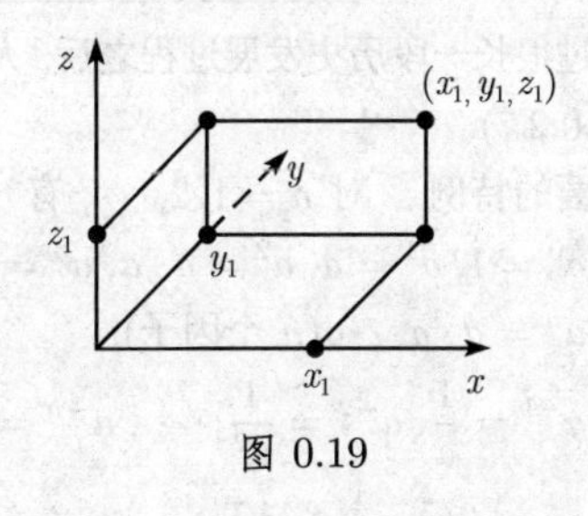

图 0.19

过点 (x_1, y_1, z_1) 和 (x_2, y_2, z_2) 的直线方程

$$x=x_1+t(x_2-x_1),\quad y=y_1+t(y_2-y_1),\quad z=z_1+t(z_2-z_1),$$

参数 t 遍及所有实数, 可以理解为时间 (图 0.20(a)).

两点 (x_1, y_1, z_1) 和 (x_2, y_2, z_2) 间的距离 d

$$d=\sqrt{(x_1-x_2)^2+(y_1-y_2)^2+(z_1-z_2)^2}.$$

平面方程

$$\boxed{Ax + By + Cz = D.}$$

实常数 A, B, C 应满足条件 $A^2 + B^2 + C^2 \neq 0$(图 0.20(b)).

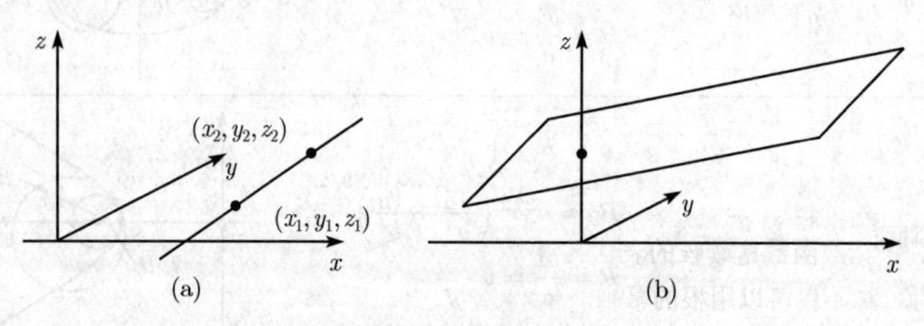

图 0.20 三维空间中的直线与平面方程

向量代数在三维空间中的直线和平面上的应用 见 3.3.

0.1.9 幂、根与对数

幂法则 对所有正实数 a, b 和所有实数 x, y, 有

$$\boxed{\begin{gathered} a^x a^y = a^{x+y}, \quad (a^x)^y = a^{xy}, \\ (ab)^x = a^x b^x, \quad \left(\frac{a}{b}\right)^x = \frac{a^x}{b^x}, \quad a^{-x} = \frac{1}{a^x}. \end{gathered}}$$

经过很长一段历史发展过程之后, 人们才认识到用幂 a^x 表示*任意实指数*的观念 (参看 0.2.7).

重要的特例 对 $n = 1, 2, \cdots$, 有

1. $a^0 = 1, a^1 = a, a^2 = a \cdot a, a^3 = a \cdot a \cdot a, \cdots$.
2. $a^n = a \cdot a \cdots a$(n 个因子).
3. $a^{-1} = \dfrac{1}{a}, a^{-2} = \dfrac{1}{a^2}, \cdots, a^{-n} = \dfrac{1}{a^n}$.
4. $a^{\frac{1}{2}} = \sqrt{a}, a^{\frac{1}{3}} = \sqrt[3]{a}$.

n 次根 若给定一个正实数 a, 则 $x = a^{1/n}$ 是下列方程的唯一解:

$$\boxed{x^n = a, \quad x \geqslant 0.}$$

以前的文献常常用 $\sqrt[n]{a}$(n 次根) 表示 $a^{1/n}$, 在处理关于这样的根式表达式时, 最好使用 $a^{1/n}$ 这种表示方法, 因为那样我们就能利用幂的一般法则, 而不再局限于"根式法则"之中.

例 1: 由 $(a^{\frac{1}{n}})^{\frac{1}{m}} = a^{\frac{1}{mn}}$, 得到根式法则 $\sqrt[n]{\sqrt[m]{a}} = \sqrt[nm]{a}$.

一般幂的极限关系 对 $x = \frac{m}{n}$, 其中 $m, n = 1, 2, \cdots$, 下面关系成立:

$$a^x = (\sqrt[n]{a})^m.$$

另外有 $a^{-x} = 1/a^x$. 因此, 对任意有理幂x, a^x 的计算都可以化简成根式计算. 现在假设给定任意有理实数 x, 我们选择实数 x_k 的一个序列 (x_k), 满足 [1)]

$$\lim_{k\to\infty} x_k = x,$$

那么有

$$\boxed{\lim_{k\to\infty} a^{x_k} = a^x.}$$

这是关于指数函数连续性的表达式 (参看 1.3.1.2). 特别地, 若选择一个有理数序列 x_k, 则 a^{x_k} 不仅可以用根的幂来表示, 且随着 k 的逐渐增加越来越趋近于 a^x.

例 2: π 的近似值是 $\pi = 3.14\cdots$, 因此我们有

$$a^{3.14} = a^{314/100} = (\sqrt[100]{a})^{314}$$

是 a^π 的近似值. $\pi = 3.141\ 592\cdots$ 的小数位越多, 得到的值就越精确.

对数 令 a 是一个固定的正实数且 $a \neq 1$, 那么对每个给定的正实数 y, 方程

$$\boxed{y = a^x}$$

都有唯一实数解 x, 写作

$$\boxed{x = \log_a y,}$$

读作以 a 为底 y 的对数 [2)].

对数法则 对所有正实数 c, d 和所有实数 x, 有

$$\boxed{\begin{gathered}\log_a(cd) = \log_a c + \log_a d, \quad \log_a\left(\frac{c}{d}\right) = \log_a c - \log_a d,\\ \log_a c^x = x\log_a c, \quad \log_a a = 1, \quad \log_a 1 = 0.\end{gathered}}$$

由 $\log(cd) = \log c + \log d$, 我们得到对数的基本性质: 两个数的乘积的对数等于这两个数的对数的和.

历史评注 1544 年, M. 施蒂费尔在其专著《整数的算术》(*Arithmetica Integra*) 中指出: 通过对比

$$\begin{matrix} 1 & a & a^2 & a^3 & a^4 & \cdots \\ 0 & 1 & 2 & 3 & 4 & \cdots \end{matrix}$$

1) 1.2 中考虑了实数序列的极限.

2) 对数这个词源于希腊语, 意思是指“比数”.

可以把第一行中两个数的乘积化简成第二行中幂的和. 这正是用对数进行计算的基本思想. 施蒂费尔评论道:“虽然有人可以就这些奇妙的数的性质写一部著作, 但是我对此不得不持保留态度, 视而不见.” 1614 年, 苏格兰贵族 J. 纳皮尔发表了第一批不完全的对数表 (底是与 1/e 的比), 后来它们不断得到改进. J. 纳皮尔在与 H. 布里格斯(Henry Briggs) 讨论之后, 同意以 10 为底表示所有对数. 1617 年, H. 布里格斯发表了一个对数表, 一直精确到小数点后 14 位 (以 10 为底). 这些表的出现对 J. 开普勒1624 年完成著名的“鲁道夫表”大有帮助 (参看 0.1.12). 他以饱满的热情向世人宣告这种新的强有力的计算方法的优点.

在计算机盛行的今天, 这些表不再像以前那么重要了, 这标志着一个历史时期的结束.

自然对数 以 e 为底的对数 $\log_e y$ 称为*自然对数*, 记为 $\ln y$. 如果 $a > 0$ 是任意一个底, 那么对所有实数 x, 有

$$\boxed{a^x = e^{x \ln a}.}$$

如果知道自然对数, 就能用如下公式得到任意底的对数:

$$\boxed{\log_a y = \frac{\ln y}{\ln a}.}$$

例 3: 对 $a = 10$, 有 $\ln a = 2.302\ 585\cdots$, $\dfrac{1}{\ln a} = 0.434\ 294\cdots$.

在 1.12.1 中, 我们借助放射性衰变与成长过程的微分方程, 给出函数 $y = e^x$ 的应用. 这些例子说明欧拉数 $e = 2.718\ 283\cdots$ 是指数函数的自然的底. 由 $y = e^x$, 得到 $x = \ln y$. 这激发了术语“自然对数”的产生.

0.1.10 初等代数公式

0.1.10.1 几何级数与算术级数

求和符号与求积符号 定义

$$\sum_{k=0}^{n} a_k := a_0 + a_1 + a_2 + \cdots + a_n$$

和

$$\prod_{k=0}^{n} a_k := a_0 a_1 a_2 \cdots a_n.$$

有限几何级数

$$\boxed{a + aq + aq^2 + \cdots + aq^n = a\frac{1 - q^{n+1}}{1 - q}, \quad n = 1, 2, \cdots.} \tag{0.14}$$

对所有实数或复数 $a, q, q \neq 1$, 上述公式都成立. 几何级数 (0.14) 是由相邻两项的商为常数这一性质来描述的. 我们利用求和符号可把 (0.14) 写成

$$\sum_{k=0}^{n} aq^k = a\frac{1-q^{n+1}}{1-q}, \quad q \neq 1, \quad n = 1, 2, \cdots.$$

例 1: $1 + q + q^2 = \dfrac{1-q^3}{1-q} \quad (q \neq 1)$.

算术级数

$$a + (a+d) + (a+2d) + \cdots + (a+nd) = \frac{n+1}{2}(a + (a+dn)). \tag{0.15}$$

算术级数 (0.15) 是由相邻两项的差为常数这一性质来描述的, 用文字表达就是

算术级数的和等于首项与尾项之和乘以总项数的一半.

利用求和符号, 公式 (0.15) 可写成

$$\sum_{k=0}^{n}(a+kd) = \frac{n+1}{2}(a + (a+nd)).$$

我们可以在巴比伦和埃及时期 (约公元前 2000 年) 的古文本中找到算术级数, 可以在欧几里得的《原本》(*Elements*)(约公元前 300 年) 中找到几何级数及求和公式.

例 2: 据说 C. F. 高斯 (Gauss, 1777—1855)9 岁时, 有一天老师想使学生们放松一下, 让他们从 1 一直加到 40. 他刚说完, 小高斯 (至今最伟大的数学家之一) 就拿着写有结果 820 的石板走到老师的讲桌前. 原来, 这个小孩并不是马上就按照最原始的方法让 1 加上 2, 再加上 3, $\cdots$, 一直加到 40, 而是考虑

$$\begin{array}{ccccc} 1 & 2 & 3 & \cdots & 40 \\ 40 & 39 & 38 & \cdots & 1. \end{array}$$

这样就 (在上面的列中) 得到 40 组数, 每组数的和均为 41. 因此第一个级数的和是总组数之和的一半, 即 $20 \cdot 41 = 820$. 这是数学灵感产生的一个时刻! 最初看起来相当复杂的一个问题, 通过巧妙的处理之后, 就变成了一个不同的、解决起来容易得多的问题.

0.1.10.2 带有求和与求积符号的计算

求和符号 常常使用如下运算性质:

1. $\displaystyle\sum_{k=0}^{n} a_k = \sum_{j=0}^{n} a_j$ (改变求和下标).
2. $\displaystyle\sum_{k=0}^{n} a_k = \sum_{j=N}^{n+N} a_{j-N}$ (变换求和下标; $j = k + N$).

3. $\displaystyle\sum_{k=0}^{n} a_k + \sum_{k=0}^{n} b_k = \sum_{k=0}^{n}(a_k + b_k)$ (加法法则).

4. $\displaystyle\left(\sum_{j=1}^{m} a_j\right)\left(\sum_{k=1}^{n} b_k\right) = \sum_{j=1}^{m}\sum_{k=1}^{n} a_j b_k$ (分配律).

5. $\displaystyle\sum_{j=1}^{m}\sum_{k=1}^{n} a_{jk} = \sum_{k=1}^{n}\sum_{j=1}^{m} a_{jk}$ (交换律).

求积符号 与求和符号类似, 求积符号有如下性质:

1. $\displaystyle\prod_{k=0}^{n} a_k = \prod_{j=0}^{n} a_j$.

2. $\displaystyle\prod_{k=0}^{n} a_k = \prod_{j=N}^{n+N} a_{j-N}$.

3. $\displaystyle\prod_{k=0}^{n} a_k \prod_{k=0}^{n} b_k = \prod_{k=0}^{n} a_k b_k$.

4. $\displaystyle\prod_{j=1}^{m}\prod_{k=1}^{n} a_{jk} = \prod_{k=1}^{n}\prod_{j=1}^{m} a_{jk}$.

0.1.10.3 二项式公式

三个典型的二项式公式

$$\begin{aligned}(a+b)^2 &= a^2 + 2ab + b^2 \quad (\text{第一个二项式公式}),\\ (a-b)^2 &= a^2 - 2ab + b^2 \quad (\text{第二个二项式公式}),\\ (a-b)(a+b) &= a^2 - b^2 \quad (\text{第三个二项式公式}).\end{aligned}$$

对所有实数或复数 a, b, 这些公式都成立. 第二个二项式公式实际上是第一个二项式公式的一个推论, 只需用 $-b$ 代替 b.

第三个二项式公式的一般形式 对所有 $n = 1, 2, \cdots$ 以及所有实数或复数 a, b, 其中 $a \neq b$, 有

$$\sum_{k=0}^{n} a^{n-k} b^k = a^n + a^{n-1}b + \cdots + ab^{n-1} + b^n = \frac{a^{n+1} - b^{n+1}}{a-b}.$$

二项式系数 对所有 $k = 1, 2, \cdots$ 以及所有实数 α, 令

$$\binom{\alpha}{k} := \frac{\alpha}{1} \cdot \frac{(\alpha-1)}{2} \cdot \frac{(\alpha-2)}{3} \cdot \cdots \cdot \frac{(\alpha-k+1)}{k}.$$

另外, 令

$$\binom{\alpha}{0} := 1.$$

例 1: $\binom{3}{2} = \frac{3 \cdot 2}{1 \cdot 2} = 3, \binom{5}{3} = \frac{5 \cdot 4 \cdot 3}{1 \cdot 2 \cdot 3} = 10.$

第一个二项式公式的一般形式 (二项式定理)

$$(a+b)^n = a^n + \binom{n}{1} a^{n-1}b + \binom{n}{2} a^{n-2}b^2 + \cdots + \binom{n}{n-1} ab^{n-1} + b^n. \tag{0.16}$$

对所有 $n = 1, 2, \cdots$ 以及所有实数或复数 a, b, 初等数学的这一基本公式都成立. 利用求和符号, 可以把 (0.16) 写成

$$(a+b)^n = \sum_{k=0}^{n} \binom{n}{k} a^{n-k} b^k. \tag{0.17}$$

第二个二项式公式的一般形式 由 (0.17), 用 $-b$ 代替 b, 马上就得到

$$(a-b)^n = \sum_{k=0}^{n} \binom{n}{k} (-1)^k a^{n-k} b^k.$$

帕斯卡三角形* 在表 0.10 中, 每个系数都是在它上面的两个系数的和, 由此很容易计算一般二项式公式中的系数.

表 0.10 帕斯卡三角形

二项式公式的系数											
$n=0$						1					
$n=1$					1		1				
$n=2$				1		2		1			
$n=3$			1		3		3		1		
$n=4$		1		4		6		4		1	
$n=5$	1		5		10		10		5		1

例 2:

$$(a+b)^3 = a^3 + 3a^2b + 3ab^2 + b^3,$$
$$(a+b)^4 = a^4 + 4a^3b + 6a^2b^2 + 4ab^3 + b^4,$$
$$(a+b)^5 = a^5 + 5a^4b + 10a^3b^2 + 10a^2b^3 + 5ab^4 + b^5.$$

帕斯卡三角形是以 B. 帕斯卡 (Pascal, 1623—1662) 的名字命名的. 他在 20 岁时就

* 即贾宪三角形. —— 译者

制造了第一台加法机, 为了纪念他, 现代计算机语言 Pascal 也以他命名. 我们也可以从 1303 年朱士杰(Chu Shih-Chieh) 写的中文著作《四元玉鉴》中找到 $n=1,\cdots,8$ 时的帕斯卡三角形.

牛顿的实指数二项级数 I. 牛顿 (Newton, 1643—1727)24 岁时, 凭直觉推理发现下面级数的一般公式:

$$(1+x)^\alpha = 1 + \binom{\alpha}{1}x + \binom{\alpha}{2}x^2 + \binom{\alpha}{3}x^3 + \cdots = \sum_{k=0}^{\infty}\binom{\alpha}{k}x^k. \tag{0.18}$$

对 $\alpha = 1,2,\cdots$, 无穷级数 (0.18) 实际上正是二项式公式.

欧拉定理 (1774) 对所有实指数α 和所有复数 x, 其中 $|x|<1$, 二项级数收敛.

为了证明该级数收敛, 人们花费了很长时间, 直到牛顿发现这个级数 100 多年之后, 67 岁的欧拉才获得成功.

多项式定理 该定理对二项式定理进行了推广, 使其不再限于两个被加数. 特别地, 有

$$(a+b+c)^2 = a^2+b^2+c^2+2ab+2ac+2bc,$$
$$(a+b+c)^3 = a^3+b^3+c^3+3a^2b+3a^2c+3b^2c+6abc+3ab^2+3ac^2+3bc^2.$$

对任意非零的实数或复数 $a_1,\cdots,a_N$ 以及自然数 $n=1,2,\cdots$, 这个定理的一般形式是

$$(a_1+a_2+\cdots+a_N)^n = \sum_{m_1+\cdots+m_N=n}\frac{n!}{m_1!m_2!\cdots m_N!}a_1^{m_1}a_2^{m_2}\cdots a_N^{m_N},$$

其中被加数取遍从 0 到 n 这些自然数中和为 n 的所有 N 元组 $(m_1,m_2,\cdots,m_N)$. 另外, $n! = 1\cdot 2\cdot\cdots\cdot n$.

二项式系数的性质 对自然数 $n,k(0\leqslant k\leqslant n)$ 以及实数或复数 α,β, 有

(i) 对称法则

$$\binom{n}{k} = \binom{n}{n-k} = \frac{n!}{k!(n-k)!}.$$

(ii) 加法法则 [1)]

$$\binom{\alpha}{k} + \binom{\alpha}{k+1} = \binom{\alpha+1}{k+1}, \tag{0.19}$$

1) 公式 (0.19) 是帕斯卡三角形的基础

$$\binom{\alpha}{0}+\binom{\alpha+1}{1}+\cdots+\binom{\alpha+k}{k}=\binom{\alpha+k+1}{k},$$

$$\binom{\alpha}{0}\binom{\beta}{k}+\binom{\alpha}{1}\binom{\beta}{k-1}+\cdots+\binom{\alpha}{k}\binom{\beta}{0}=\binom{\alpha+\beta}{k}.$$

例 3: 如果在最后一个方程中, 我们令 $\alpha=\beta=k=n$, 那么由对称法则, 有

$$\binom{n}{0}^2+\binom{n}{1}^2+\cdots+\binom{n}{n}^2=\binom{2n}{n}.$$

对 $a=b=1$ 以及 $a=-b=1$, 根据二项式定理, 有

$$\binom{n}{0}+\binom{n}{1}+\cdots+\binom{n}{n}=2^n,$$

$$\binom{n}{0}-\binom{n}{1}+\binom{n}{2}-\cdots+(-1)^n\binom{n}{n}=0.$$

0.1.10.4 幂和 (乘方和) 与伯努利数

自然数的和

$$\sum_{k=1}^{n}k=1+2+\cdots+n=\frac{n(n+1)}{2},$$

$$\sum_{k=1}^{n}2k=2+4+\cdots+2n=n(n+1),$$

$$\sum_{k=1}^{n}(2k-1)=1+3+\cdots+(2n-1)=n^2.$$

平方数的和

$$\boxed{\sum_{k=1}^{n}k^2=1^2+2^2+\cdots+n^2=\frac{n(n+1)(2n+1)}{6},}$$

$$\sum_{k=1}^{n}(2k-1)^2=1^2+3^2+\cdots+(2n-1)^2=\frac{n(4n^2-1)}{3}.$$

三次幂与四次幂的和

$$\sum_{k=1}^{n}k^3=1^3+2^3+\cdots+n^3=\frac{n^2(n+1)^2}{4},$$

$$\sum_{k=1}^{n}k^4=1^4+2^4+\cdots+n^4=\frac{n(n+1)(2n+1)(3n^2+3n-1)}{30}.$$

伯努利数 雅各布 · 伯努利(1645—1705) 在为自然数的幂和 (乘方和)

$$S_n^p := 1^p + 2^p + \cdots + n^p$$

求经验公式时遇到了这些数. 对 $n = 1, 2, \cdots$ 和指数 $p = 1, 2, \cdots$, 他得到了一般公式

$$\boxed{\begin{aligned} S_n^p = & \frac{1}{p+1} n^{p+1} + \frac{1}{2} n^p + \frac{B_2}{2} \begin{pmatrix} p \\ 1 \end{pmatrix} n^{p-1} \\ & + \frac{B_3}{3} \begin{pmatrix} p \\ 2 \end{pmatrix} n^{p-2} + \cdots + \frac{B_p}{p} \begin{pmatrix} p \\ p-1 \end{pmatrix} n. \end{aligned}}$$

他也注意到系数之和总等于 1, 即

$$\frac{1}{p+1} + \frac{1}{2} + \frac{B_2}{2} \begin{pmatrix} p \\ 1 \end{pmatrix} + \frac{B_3}{3} \begin{pmatrix} p \\ 2 \end{pmatrix} + \cdots + \frac{B_p}{p} \begin{pmatrix} p \\ p-1 \end{pmatrix} = 1.$$

由此, 对 $p = 2, 3, \cdots$, 我们得到一系列的伯努利数 $B_2, B_3, \cdots$. 另外, 我们令 $B_0 := 1$, $B_1 := -1/2$(见表 0.11). 对奇数 $n \geqslant 3$, 有 $B_n = 0$. 其递归公式可以写成

$$\boxed{\sum_{k=0}^{n} \begin{pmatrix} p+1 \\ k \end{pmatrix} B_k = 0.}$$

如果对方程的左边进行乘法运算, 用 B_n 代替 B^n, 就有

$$(1+B)^{p+1} - B_{p+1} = 0.$$

表 0.11 伯努利数 $B_k (B_3 = B_5 = B_7 = \cdots = 0)$

k	B_k	k	B_k	k	B_k	k	B_k
0	1	4	$-\frac{1}{30}$	10	$\frac{5}{66}$	16	$-\frac{3617}{510}$
1	$-\frac{1}{2}$	6	$\frac{1}{42}$	12	$-\frac{691}{2730}$	18	$\frac{43\,867}{798}$
2	$\frac{1}{6}$	8	$-\frac{1}{30}$	14	$\frac{7}{6}$	20	$-\frac{174\,611}{330}$

例:

$$\begin{aligned} S_n^1 &= \frac{1}{2} n^2 + \frac{1}{2} n, \\ S_n^2 &= \frac{1}{3} n^3 + \frac{1}{2} n^2 + \frac{1}{6} n, \\ S_n^3 &= \frac{1}{4} n^4 + \frac{1}{2} n^3 + \frac{1}{4} n^2, \\ S_n^4 &= \frac{1}{5} n^5 + \frac{1}{2} n^4 + \frac{1}{3} n^3 - \frac{1}{30} n. \end{aligned}$$

此外, 有

$$\frac{S_n^p}{p!} = \frac{B_0(n+1)^{p+1}}{0!(p+1)!} + \frac{B_1(n+1)^p}{1!p!} + \frac{B_2(n+1)^{p-1}}{2!(p-1)!} + \cdots + \frac{B_p(n+1)}{p!1!}.$$

伯努利数与无穷级数 对所有复数 x, $0 < |x| < 2\pi$, 有

$$\frac{x}{\mathrm{e}^x - 1} = \frac{B_0}{0!} + \frac{B_1}{1!}x + \frac{B_2}{2!}x^2 + \cdots = \sum_{k=0}^{\infty} \frac{B_k}{k!}x^k.$$

另外, 伯努利数也出现在下列函数的幂级数展开中 (参看 0.7.2):

$$\tan x,\ \cot x,\ \tanh x,\ \coth x,\ \frac{1}{\sin x},\ \frac{1}{\sinh x},\ \ln|\tan x|,\ \ln|\sin x|,\ \ln\cos x.$$

伯努利数在自然数的幂的倒数求和中也发挥着重要作用. 1734 年, 欧拉发现著名公式

$$1 + \frac{1}{2^2} + \frac{1}{3^2} + \cdots = \sum_{n=1}^{\infty} \frac{1}{n^2} = \frac{\pi^2}{6}.$$

更一般地, 对 $k = 1, 2, \cdots$, 欧拉发现 [1)]

$$1 + \frac{1}{2^{2k}} + \frac{1}{3^{2k}} + \cdots = \sum_{n=1}^{\infty} \frac{1}{n^{2k}} = \frac{(2\pi)^{2k}}{2(2k)!}|B_{2k}|.$$

甚至在更早些时候, 约翰·伯努利(1667—1748) 和雅各布·伯努利兄弟就曾花费很多时间确定这些级数的值.

0.1.10.5 欧拉数

定义关系 对所有复数 x, $|x| < \dfrac{\pi}{2}$, 无穷级数

$$\frac{1}{\cosh x} = 1 + \frac{E_1}{1!}x + \frac{E_2}{2!}x^2 + \cdots = \sum_{k=0}^{\infty} \frac{E_k}{k!}x^k$$

收敛. 该级数中的系数 E_k 称为欧拉数(参看表 0.12), 我们有 $E_0 = 1$, 对所有奇数 n, $E_n = 0$. 如果施行乘法运算之后用 E_n 代替 E^n, 则欧拉数满足符号方程

$$(E+1)^n + (E-1)^n = 0, \quad n = 1, 2, \cdots.$$

---

1) 为此, 欧拉使用了自己发现的对所有复数 x 都成立的积公式

$$\sin \pi x = \pi x \prod_{m=1}^{\infty} \left(1 - \frac{x^2}{m^2}\right),$$

这实质上是把代数基本定理 (参看 2.1.6) 推广到正弦函数上.

这为 E_n 提供了一个便利的递归公式. 欧拉数与伯努利数之间的关系再次以符号形式给出就是

$$E_{2n} = \frac{4^{2n+1}}{2n+1}\left(B_n - \frac{1}{4}\right)^{2n+1}, \quad n = 1, 2, \cdots.$$

表 0.12 欧拉数 $E_k(E_1 = E_3 = E_5 = \cdots = 0)$

k	E_k	k	E_k	k	E_k
0	1	6	−61	12	2 702 765
2	−1	8	1385	14	−199 360 981
4	5	10	−50 521		

欧拉数与无穷级数 欧拉数出现在下列函数的幂级数展开中:

$$\frac{1}{\cosh x}, \quad \frac{1}{\cos x}$$

(参看 0.7.2), 另外, 对 $k = 1, 2, \cdots$, 有公式

$$1 - \frac{1}{3^{2k+1}} + \frac{1}{5^{2k+1}} - \cdots = \sum_{n=0}^{\infty} \frac{(-1)^n}{(2n+1)^{2k+1}} = \frac{\pi^{2k+1}}{2^{2k+2}(2k)!}|E_{2k}|.$$

0.1.11 重要不等式

1.1.5 中介绍了不等式的运算规则.

三角不等式[1)]

$$||z| - |w|| \leqslant |z - w| \leqslant |z| + |w|, \quad z, w \in \mathbb{C}.$$

另外, 对 n 个复数项 $x_1, \cdots, x_n$, 有三角不等式

$$\left|\sum_{k=1}^{n} x_k\right| < \sum_{k=1}^{n} |x_k|.$$

伯努利不等式 对所有实数 $x \geqslant -1$, $n = 1, 2, \cdots$, 有

$$(1+x)^n \geqslant 1 + nx.$$

二项不等式

$$|ab| \leqslant \frac{1}{2}(a^2 + b^2), \quad a, b \in \mathbb{R}.$$

均值不等式 对所有正实数 c 和 d, 有

1) “$a \in \mathbb{R}$”, 意思是指这个公式对所有实数 a 都成立; “$z \in \mathbb{C}$”, 意思是指对所有复数都成立. 注意每个实数同时也是一个复数, 1.1.2.1 中介绍了实数或复数的绝对值 $|z|$.

$$\boxed{\frac{2}{\dfrac{1}{c}+\dfrac{1}{d}} \leqslant \sqrt{cd} \leqslant \frac{c+d}{2} \leqslant \sqrt{\frac{c^2+d^2}{2}}.}$$

这里的平均值从左到右依次为调和平均值、几何平均值、算术平均值和二次平均值. 它们都介于 $\min\{c,d\}$ 和 $\max\{c,d\}$ 之间, 证实了其平均性.[1)]

一般均值不等式　对正实数 $x_1,\cdots,x_n$, 有

$$\boxed{\min\{x_1,\cdots,x_n\} \leqslant h \leqslant g \leqslant m \leqslant s \leqslant \max\{x_1,\cdots,x_n\}.}$$

在该公式使用了记号:

$$m := \frac{x_1+x_2+\cdots+x_n}{n} = \frac{1}{n}\sum_{k=1}^{n} x_k \quad (\text{算术平均值}),$$

$$g := (x_1x_2\cdots x_n)^{1/n} = \left(\prod_{k=1}^{n} x_k\right)^{1/n} \quad (\text{几何平均值}),$$

$$h := \frac{n}{\dfrac{1}{x_1}+\cdots+\dfrac{1}{x_n}} \quad (\text{调和平均值})$$

和

$$s := \left(\frac{1}{n}\sum_{k=1}^{n} x_k^2\right)^{1/2} \quad (\text{二次平均值}).$$

杨氏不等式

$$\boxed{|ab| \leqslant \frac{|a|^p}{p} + \frac{|b|^q}{q}, \quad a,b \in \mathbb{C},} \tag{0.20}$$

另外所有的实指数 p 和 q 都满足 $p,q>1$, 且

$$\frac{1}{p}+\frac{1}{q}=1.$$

特别地, 当 $p=q=2$ 时, 杨氏不等式就变成了二项不等式. 若 $n=2,3,\cdots$, 则一般杨氏不等式成立:

$$\boxed{\left|\prod_{k=1}^{n} x_k\right| \leqslant \sum_{k=1}^{n} \frac{|x_k|^{p_k}}{p_k}, \quad x_k \in \mathbb{C},} \tag{0.21}$$

另外所有实指数 $p_k>1$, 且 $\displaystyle\sum_{k=1}^{n}\frac{1}{p_k}=1$.

施瓦茨不等式

$$\boxed{\left|\sum_{k=1}^{n} x_k y_k\right| \leqslant \left(\sum_{k=1}^{n} |x_k|^2\right)^{1/2} \left(\sum_{k=1}^{n} |y_k|^2\right)^{1/2}, \quad x_k, y_k \in \mathbb{C}.}$$

---

1) $\min\{c,d\}(\max\{c,d\})$ 表示 c 和 d 这两个数中最小 (最大) 的一个.

赫尔德不等式[1)]

$$\boxed{|(x|y)| \leqslant \|x\|_p \|y\|_q, \quad x, y \in \mathbb{C}^N.}$$

另外所有实指数 p 和 q 都满足 $p, q > 1$, 且 $\frac{1}{p} + \frac{1}{q} = 1$. 前面使用的记号定义如下:

$$(x|y) := \sum_{k=1}^{N} \overline{x_k} y_k, \ \|x\|_p := \left(\sum_{k=1}^{N} |x_k|^p\right)^{1/p} \quad \text{且 } \|x\|_\infty := \max_{1 \leqslant k \leqslant N} |x_k|,$$

记号 $\overline{x_k}$ 表示 x_k 的复共轭 (参看 1.1.2).

闵可夫斯基不等式

$$\boxed{\|x + y\|_p \leqslant \|x\|_p + \|y\|_p, \quad x, y \in \mathbb{C}^N, \quad 1 \leqslant p \leqslant \infty.}$$

延森 (Jensen) 不等式

$$\boxed{\|x\|_p \leqslant \|x\|_r, \quad x \in \mathbb{C}^N, \quad 0 < r < p \leqslant \infty.}$$

积分不等式 若实系数 $p, q > 1$ 满足条件 $\frac{1}{p} + \frac{1}{q} = 1$, 且不等号右边的积分存在 (因此有限), 则下列不等式成立 [2)]:

(i) 三角不等式

$$\boxed{\left|\int_G f \mathrm{d}x\right| \leqslant \int_G |f(x)| \mathrm{d}x.}$$

(ii) 赫尔德不等式

$$\boxed{\left|\int_G f(x) g(x) \mathrm{d}x\right| \leqslant \left(\int_G |f(x)|^p \mathrm{d}x\right)^{1/p} \left(\int_G |g(x)|^q \mathrm{d}x\right)^{1/q}.}$$

特别地, 当 $p = q = 2$ 时, 就变成了施瓦茨不等式.

(iii) 闵可夫斯基不等式$(1 \leqslant r < \infty)$

$$\boxed{\left(\int_G |f(x) + g(x)|^r \mathrm{d}x\right)^{1/r} \leqslant \left(\int_G |f(x)|^r \mathrm{d}x\right)^{1/r} + \left(\int_G |g(x)|^r \mathrm{d}x\right)^{1/r}.}$$

(iv) 延森不等式$(0 < p < r < \infty)$

$$\boxed{\left(\int_G |f(x)|^p \mathrm{d}x\right)^{1/p} \leqslant \left(\int_G |f(x)|^r \mathrm{d}x\right)^{1/r}.}$$

---

1) “$x \in \mathbb{C}^N$”是指“对复数 x_k 的所有 N 元组 $(x_1, \cdots, x_N)$”.

2) 这些公式在非常一般的假设下都成立. 我们可以利用经典的一维积分 (黎曼积分) $\int_G f \mathrm{d}x = \int_a^b f \mathrm{d}x$, 含有几个变量的经典积分或者是现代的勒贝格积分. 函数 $f(x)$ 的取值是实数或复数.

延森凸性不等式 令 $m=1,2,\cdots$, 若实值函数 $F:\mathbb{R}^N\to\mathbb{R}$ 是凸函数, 则对所有 $x_k\in\mathbb{R}^N$ 和所有满足 $\sum\limits_{k=1}^{m}\lambda_k=1$ 的非负实系数 λ_k, 有

$$\boxed{F\left(\sum_{k=1}^{m}\lambda_k x_k\right)\leqslant\sum_{k=1}^{m}\lambda_k F(x_k)}$$

(参看 1.4.5.5).

延森的积分凸性不等式

$$\boxed{F\left(\frac{\int_G p(x)g(x)\mathrm{d}x}{\int_G p(x)\mathrm{d}x}\right)\leqslant\frac{\int_G p(x)F(g(x))\mathrm{d}x}{\int_G p(x)\mathrm{d}x}.}\qquad(0.22)$$

它满足如下假设:

(i) 实值函数 $F:\mathbb{R}\to\mathbb{R}$ 是凸函数.

(ii) 函数 $p:G\to\mathbb{R}$ 是非负函数, 在 $\mathbb{R}^N$ 的开集 G 上可积, 且满足 $\int_G p\mathrm{d}x>0$.

(iii) 函数 $g:G\to\mathbb{R}$ 具有性质: (0.22) 中的所有积分都存在 [1)].

例如, 我们可以令 $p(x)\equiv 1$.

重要凸性不等式 令 $n=1,2,\cdots$, 对所有非负实数 x_k 以及满足 $\lambda_1+\lambda_2+\cdots+\lambda_n=1$ 的 λ_k, 有

$$\boxed{f^{-1}\left(\sum_{k=1}^{n}\lambda_k f(x_k)\right)\leqslant g^{-1}\left(\sum_{k=1}^{n}\lambda_k g(x_k)\right).}\qquad(0.23)$$

它满足如下假设:

(i) 函数 $f,g:[0,\infty[\to[0,\infty[$ 是增函数和满射函数, 它们的逆记为 $f^{-1},g^{-1}:[0,\infty[\to[0,\infty[$.

(ii) 函数的合成 $y=g(f^{-1}(x))$ 是区间 $[0,\infty[$ 上的凸函数.

由 (0.23), 我们可以得到除三角不等式之外的所有不等式. 这之后所潜藏的思想就在于凸性的丰富内涵.

例 1: 若令 $f(x):=\ln x$, $g(x):=x$, 则 $f^{-1}(x)=\mathrm{e}^x$, $g^{-1}(x)=x$. 由 (0.23), 对所有

---

1) 若 $G:=]a,b[$ 是一个有界的开区间, 则 p 和 g 在 $[a,b]$ 上连续 (更一般地, 几乎处处连续和有界). 在这种情况下, 有

$$\int_G\cdots\mathrm{d}x=\int_a^b\cdots\mathrm{d}x.$$

若 G 是 $\mathbb{R}^N$ 中的 (非空) 有界开集, 则 p 和 g 在闭包 $\overline{G}$ 上连续 (或者更一般地, 几乎处处连续和有界).

非负实数 x_k 和满足 $\sum_{k=1}^{n} \lambda_k = 1$ 的 λ_k, 有加权平均值不等式

$$\boxed{\prod_{k=1}^{n} x_k^{\lambda_k} \leqslant \sum_{k=1}^{n} \lambda_k x_k.} \tag{0.24}$$

该不等式等价于杨氏不等式 (0.21).

特别地, 若对所有 k, $\lambda_k = 1/n$, 则不等式 (0.24) 正好是关于几何平均数 g 和算术平均数 m 的不等式 $g \leqslant m$.

对偶不等式

$$\boxed{(x|y) \leqslant F(x) + F^*(y), \quad x, y \in \mathbb{R}^N.} \tag{0.25}$$

其中, 函数 $F : \mathbb{R}^N \to \mathbb{R}$ 已知, 对偶函数 $F^* : \mathbb{R}^N \to \mathbb{R}$ 由下面关系给出:

$$F^*(y) := \sup_{x \in \mathbb{R}^N} (x|y) - F(x).$$

例 2: 令 $N = 1$, $P > 1$, 且对所有 $x \in \mathbb{R}$, $F(x) := \frac{|x|^p}{p}$, 那么对所有 $y \in \mathbb{R}$, 有

$$F^*(y) = \frac{|y|^q}{q},$$

其中 q 由方程 $\frac{1}{p} + \frac{1}{q} = 1$ 确定. 在这种特殊情况下, 方程 (0.25) 就变成了杨氏不等式 $xy \leqslant \frac{|x|^p}{p} + \frac{|y|^p}{q}$.

标准文献 关于更多的不等式参看标准文献 [19] 和 [15].

0.1.12 在行星运动中的应用——数学在太空中的一次胜利

如果我们不完全了解在我们之前的其他人拥有什么,
就不可能真正地了解自己拥有什么.

J. W. 歌德 (1749—1832)

准确地说, 前几节的结果在今天看来当属初等数学. 但事实上, 这一点是人类在解决大自然所赋予我们的重要问题的过程中, 经历数世纪的辛勤耕耘与思索之后才获得的. 我们不妨以行星运动为例详细说明.

人们在古时候就对圆锥曲线作了深入研究. 为了描述行星在天空中的位置, 古代天文学家使用了珀加的阿波罗尼奥斯(Appolonius, 约公元前 260—前 190) 的**周转圆** (epicycles)* 的思想. 根据这一理论, 行星沿一个小的圆形轨道运动, 而小的圆形轨道反过来又沿着一个更大的圆形轨道运动 (图 0.21(a)).

* 周转圆又称**本轮**. —— 译者

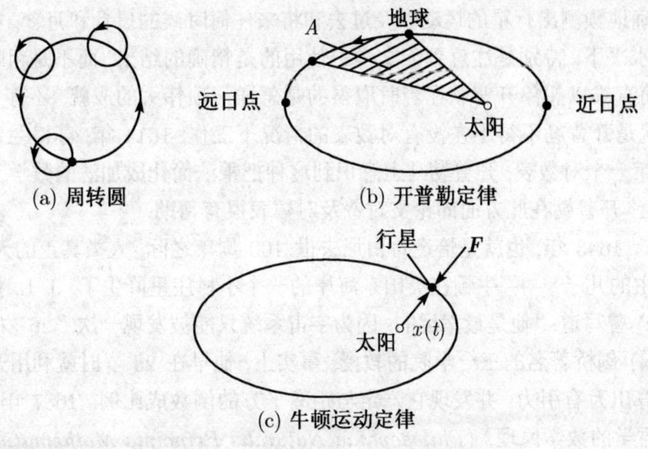

(a) 周转圆 (b) 开普勒定律

(c) 牛顿运动定律

图 0.21 历史上圆锥曲线的出现

周转圆理论比较准确地描述了行星每年在天空中看似非常复杂的运动. 它生动地印证了: 试图让理论符合观察结果的这种做法可能会使我们得到一个完全错误的模型.

哥白尼的世界观 1543 年 N. 哥白尼 (Nicolaus Copernicus, 1473 年生于波兰的托伦城) 去世, 同年, 他的划时代之作《天体运行论》(*De revolutionibus orbium coelestium*) 发表. 这部著作打破了古代传统的世界观 —— 托勒密 (Ptolemy) 宣称的地心说. 哥白尼指出地球绕太阳旋转, 但仍认为其轨道为圆形的.

开普勒三定律 在丹麦天文学家第谷(Tycho Brahe, 1546–1601) 的大量观测资料的基础上, J. 开普勒 (Kepler, 1571—1630, 生于德国威尔) 经过诸多计算之后发现下面的行星运动三大定律(图 0.21(b)):

1. 行星沿椭圆轨道运动, 且太阳位于椭圆的一个焦点上.

2. 行星在椭圆轨道上运动时, 在相等的时间内扫过的面积相等 (图 0.21(b) 中的 A).

3. 所有行星的公转周期 T 的平方与椭圆长半轴 a 的立方的比都是一个常量:

$$\boxed{\frac{T^2}{a^3} = \text{常量.}}$$

1609 年, 开普勒在《新天文学》(*Astronomia nova*) 中发表了前两条定律, 10 年后, 在《宇宙和谐论》(*Harmonices mundi*)[1] 中发表第三条定律.

1624 年, 开普勒完成了 1601 年德国皇帝鲁道夫二世交给他的绘制“鲁道夫表”的大部分工作. 在接下来 200 年的时间里, 天文学家一直沿用这些表. 借助它们, 也

1) 开普勒在“三十年战争”的导火索 ——“掷出窗外事件”发生五天前, 也就是 1618 年 5 月 18 日, 发现第三条定律.

许可以精确地预测出行星的运动以及过去和将来任何时候的日食和月食. 在当时计算器计算水平下, 特别是注意到天文学中使用的是精确的结果, 而不是粗略的近似值, 我们简直难以想象开普勒在当时取得的是怎样一项伟大的成就. 还有一点值得一提, 那就是开普勒不得不在没有对数表的情况下工作. 1614 年, 苏格兰贵族纳皮尔发表了第一个对数表, 开普勒马上意识到这种把乘法简化成加法的数学工具的威力. 事实上, 开普勒在此方面的论文对普及对数表很有帮助.

牛顿力学 1643 年, 也就是恰逢哥白尼去世 100 周年之际, 人类真正的天才之一, 一个农庄主的儿子 —— 牛顿在英国东海岸的一个小村庄里降生了. J. L. 拉格朗日 (Lagrange) 曾写道:"他是最幸运的, 因为宇宙系统只能被发现一次."26 岁时, 牛顿成为 (英国) 剑桥著名的三一学院的教授, 事实上, 他早在 23 岁时就利用开普勒第三定律估算出万有引力, 并发现它一定与距离平方的倒数成比例. 1687 年, 他的名著《自然哲学的数学原理》(*Philosophiae Naturalis Principia Mathematica*) 问世, 其中讲述了经典力学, 得到并应用了著名的运动定律

$$\boxed{\text{力} = \text{质量} \times \text{加速度}.}$$

同时, 他还创立了微积分理论. 牛顿的定律用现代符号写出来就是行星运动的微分方程

$$\boxed{m\boldsymbol{x}''(t) = \boldsymbol{F}(\boldsymbol{x}(t)).} \tag{0.26}$$

向量 $\boldsymbol{x}(t)$ 表示行星在 t 时刻的位置 1)(图 0.21(c)), 时间的二阶导数 $\boldsymbol{x}''(t)$ 对应行星在 t 时刻的加速度向量, 正常数 m 表示行星的质量. 按照牛顿的说法, 太阳的万有引力是

$$\boxed{\boldsymbol{F}(x) = -\frac{GmM}{|\boldsymbol{x}|^2}\boldsymbol{e},}$$

其中单位向量

$$\boldsymbol{e} = \frac{\boldsymbol{x}}{|\boldsymbol{x}|}.$$

$\boldsymbol{F}$ 的负号表示引力的方向与 $-\boldsymbol{x}(t)$ 一致, 即由行星指向太阳. 另外, M 表示太阳的质量, G 是自然的万有常量, 称为万有引力常量:

$$G = 6.6726 \cdot 10^{-11}\text{m}^3 \cdot \text{kg}^{-1} \cdot \text{s}^{-2}.$$

牛顿发现 (0.26) 的解是椭圆 (以极坐标形式表示)

$$r = \frac{p}{1 - \varepsilon\cos\varphi},$$

其中数值离心率 ε 和半参数 p 由如下方程确定:

1) 1.8 中将会详细讨论向量演算.

$$\varepsilon = \sqrt{1 + \frac{2ED^2}{G^2m^3M^2}}, \quad p = \frac{D^2}{G^2m^3M^2}.$$

能量 E 和角动量 D 由行星在某一时刻的速度和位置决定. 轨道运动 $\varphi = \varphi(t)$ 通过解如下关于角 φ 的方程得到:

$$t = \frac{m}{D}\int_0^{\varphi} r^2(\varphi)\mathrm{d}\varphi.$$

高斯重新发现谷神星 1801 年新年之夜, 巴勒莫天文台发现了一颗暗淡的 8 等星, 它运动相对很快, 不久就消失了. 这对当时的天文学家来说是一次不可思议的挑战, 因为已知的轨道只有 9 度. 所有用于天体计算的方法都失败了. 然而, 24 岁的高斯用一种全新的方法克服了求解第 8 度轨道所满足的方程的困难, 1809 年, 他将其发表在《行星沿圆锥曲线的绕日运动理论》(*Theoria motus corporum coelestium in sectionibus conicis Solem ambientium*) 中.

根据高斯的计算结果, 谷神星应该在 1802 年的新年之夜再次出现. 它是人类观察到的第一颗小行星. 据估计, 在火星与木星之间的区域, 还存在约 50 000 颗这样的小行星, 但其总质量只及地球质量的几千分之一. 谷神星的直径是 768 km, 是目前知道的最大的小行星.

海王星的发现 1781 年 3 月的一个晚上, W. 赫歇尔 (Herschel) 发现一颗新行星, 后来称为天王星, 其绕日公转周期为 84 年 (表 0.13). 剑桥的 J. 亚当斯 (Adams, 1819—1892) 和巴黎的 J. 勒维耶 (Leverrier, 1811—1877) 这两位年轻的天文学家彼此独立地确定出了天王星的轨道, 并从观测到的天王星轨道的扰动中判断出存在一颗新的行星, 根据勒维耶所说, G. 伽勒 (Galle) 早在 1846 年在柏林天文台就观察到了这颗行星并命名为海王星. 这是牛顿力学的一次胜利, 同时也是天体运行论中的一项实际计算.

通过观察海王星运动过程中的扰动, 随后人们又推断出在距离太阳非常遥远的地方还存在一颗光线暗淡的行星, 1930 年人们发现了它, 以罗马冥王的名字命名为

表 0.13 太阳系模型 (1m 表示 10^6km)

天体	距日距离	公转周期	数值轨道离心率 ε	天体直径	相对大小
太阳	—	—	—	1.4m	—
水星	58 m	88d	0.206	5 mm	豌豆
金星	108 m	255d	0.007	12 mm	樱桃
地球	149 m	1a	0.017	13 mm	樱桃
火星	229 m	2a	0.093	7 mm	豌豆
木星	778 m	12a	0.048	143 mm	椰子
土星	1400 m	30a	0.056	121 mm	椰子
天王星	2900 m	84a	0.047	50 mm	苹果
海王星	4500 m	165a	0.009	53 mm	苹果
冥王星 [1)	5900 m	249a	0.249	10 mm	樱桃

1) 根据 2006 年国际天文学联合会大会通过的决议, 冥王星不再被称为行星. —— 编者

冥王星 (表 0.13).

水星的近日点运动 行星的轨道计算起来非常复杂, 因为不仅要说明来自太阳的引力, 还要说明来自其他行星的引力. 此外, 它还要在数学的扰动理论的背景下来解决, 一般地, 扰动理论考虑的是方程 (的系数) 在微小扰动下解的取向. 尽管已经有了非常精确的计算, 距离太阳最近的行星 —— 水星的轨道还是沿椭圆的长轴有一个旋转, 其速度大约为一世纪 43 角秒, 这真的无法理解. 直到 1916 年爱因斯坦的广义相对论问世, 这一现象才得以解释.

大爆炸的背景微波辐射 广义相对论方程存在一个解, 刻画了不断膨胀的宇宙. 这一膨胀的起点称为大爆炸. 1965 年, 美国物理学家彭齐亚斯 (Penzias) 和威尔逊 (Wilson) 在新泽西的贝尔实验室发现一种极其微弱的 (微波)、方向完全一样的辐射, 如今我们认为它们是 150 亿年前宇宙大爆炸的残余物与实验证据. 这是科学史上的一次轰动, 他们两个因此荣获诺贝尔奖. 因为在 3K 时 (绝对零度以上) 这种辐射可以看成光子气体, 所以我们可说成是 3K 辐射. 另一方面, 在很长一段时间内很难理解这种辐射的方向为什么完全一样, 它显然与宇宙中银河系的形成相矛盾. 1992 年, 经过几年的大量准确工作之后, G. 史莫特 (Smoot) 设计的人造卫星 COBE最终在背景微波辐射中观察到了错综复杂的各向异性. 这也有望使我们很快知道在大爆炸 300 000 年之后宇宙的质量分布情况, 并了解大约 100 亿年前银河系的形成过程.[1)]

天体物理学、微分方程、数值计算、快速计算机与太阳的毁灭 由于暗物质的吸引与压缩, 50 亿年前, 我们的生命之源 —— 太阳与其他行星形成了. 现代数学的一个目标就是描述出太阳的生存与毁灭过程, 这需要用到由复杂的微分方程组构成的太阳模型, 而这个模型是几代天文学家的劳动成果. 虽然我们不可能得到这个复杂的微分方程组的精确解, 但是借助巨型电子计算机的计算能力, 数值计算中的现代方法为计算近似解提供了有效工具. 慕尼黑工业大学 R. 布利尔施 (Bulirsch) 教授进行了这项计算. 他用动画描述了按这种方法所发现的解, 整个过程活灵活现. 这些解展现了太阳在 110 亿岁的时候会向金星轨道扩张, 那时, 地球上的所有生命将会由于这一扩张所产生的难以想象的热量而不复存在. 稍后, 太阳开始毁灭, 进而成为一个灰色的侏儒, 不再发光.

0.2 初等函数及其图示

基本思想 实值函数[2)]

$$\boxed{y = f(x)}$$

---

1) 著作 [28] 中讲述了现代宇宙论与 COBE 计划的迷人故事.

2) 实值函数是特殊的映射. 4.3.3 中讨论了通常映射的定义与性质. 为简便起见, 实值函数也简称实函数.

对每个实数 x 都指定唯一一个实数 y. 我们必须要知道, 函数 f 表示一个指定或分配, 而 $f(x)$ 表示函数在实数 x 处的取值.

(i) 在其上定义该指定或分配的所有 x 的集合称为函数 f 的定义域$D(f)$.

(ii) 对所有 $x \in D(f)$[1], 象点 y 的集合称为函数 f 的值域$R(f)$.

(iii) 所有点对 $(x, f(x))$ 的集合, 称为函数 f 的 图像$G(f)$.

可以用数表或图示来定义函数.

例: 对函数 $y = 2x + 1$, 数表是

x	0	1	2	3	4
y	1	3	5	7	9

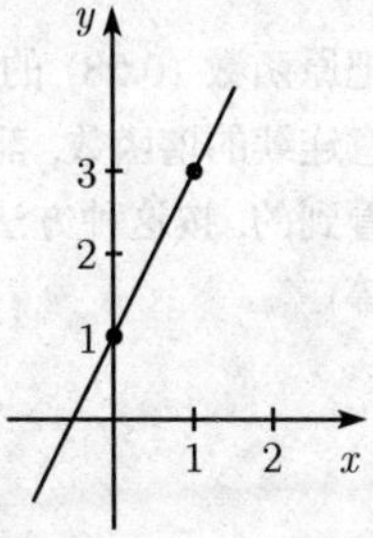

图 0.22

$y = 2x + 1$ 的图示 (图 0.22), 即 f 的图像, 是点 (x, y) 的集合, 也就是过点 (0,1) 和 (1,3) 的直线.

增函数和减函数 函数 f 称为 (严格)增函数, 若

$$\boxed{x < u \Rightarrow f(x) < f(u).} \tag{0.27}$$

若把 (0.27) 中的符号"$f(x) < f(u)$"依次用

$$f(x) \leqslant f(u), \quad f(x) > f(u), \quad f(x) \geqslant f(u)$$

代替, 则函数 f 分别称为非减函数、减函数和非增函数(参看表 0.14).

表 0.14 函数的性质

增函数 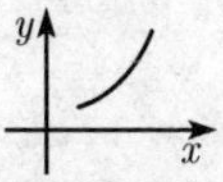	非减函数 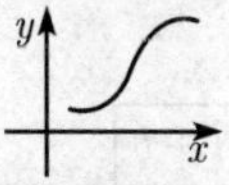	减函数 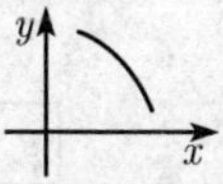	非增函数 
偶函数 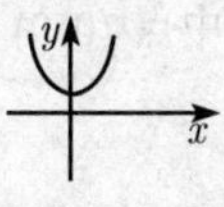	奇函数 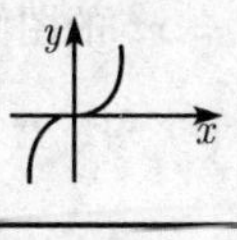	周期函数 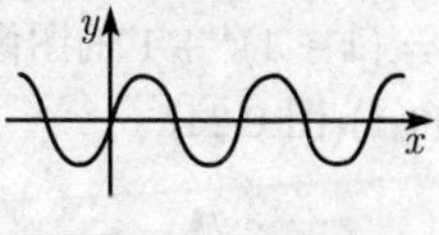	

反函数的基本思想 考虑函数

$$\boxed{y = x^2, \ x \geqslant 0.} \tag{0.28}$$

对任意 $y \geqslant 0$, 方程 (0.28) 恰好有一个解 $x \geqslant 0$, 它可以用 $\sqrt{y}$ 表示:

1) 符号 $x \in D(f)$ 表示 x 是集合 $D(f)$ 中的元素.

$$\boxed{x = \sqrt{y}.}$$

在形式上互换 x 和 y, 我们得到平方根函数

$$\boxed{y = \sqrt{x}.} \tag{0.29}$$

把原函数 (0.28) 的图像沿对角线反射就得到反函数 (0.29) 的图像 (图 0.23). 对任意连续的增函数, 都可以这样作出它们的反函数 (参看 1.4.4). 正如我们在随后几节看到的, 按这种方法能够得到许多重要的函数 (如 $y=\ln x$, $y=\arcsin x$, $y=\arccos x$ 等).

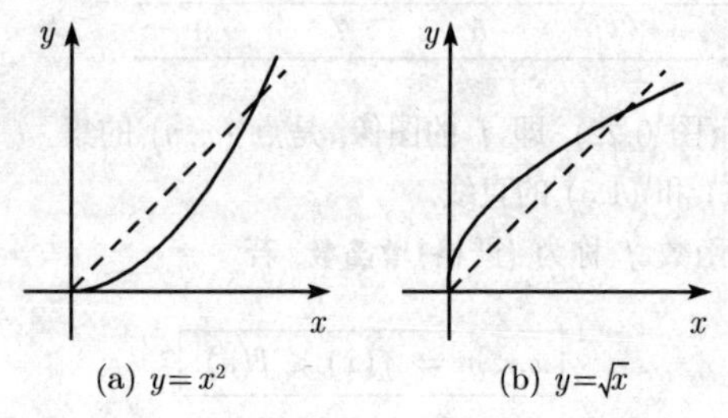

(a) $y=x^2$　　(b) $y=\sqrt{x}$

图 0.23　幂函数

具有 Mathematica 的函数图示　软件包 Mathematica 中包含一系列固定的重要数学函数, 它们可以通过数表或图示表示出来.

0.2.1　函数的变换

实际上, 我们只需知道某些函数的标准形式就够了. 由这些标准形式, 通过平移、伸缩和镜射, 能够得到其他有趣的函数图示.

平移　函数

$$\boxed{y = f(x-a)+b}$$

的图像可以通过把 $y=f(x)$ 图像上的每个点 (x,y) 平移到点 $(x+a, y+b)$ 得到.

例 1: $y=(x-1)^2+1$ 的图像可通过平移 $y=x^2$ 的图像得到, 其中点 $(0,0)$ 平移到了点 (1,1)(图 0.24).

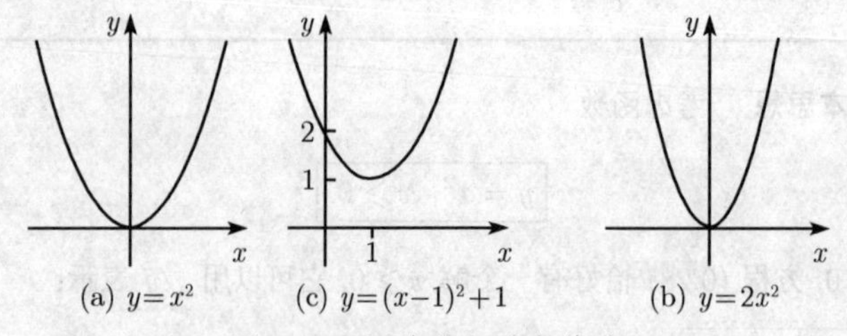

(a) $y=x^2$　　(c) $y=(x-1)^2+1$　　(b) $y=2x^2$

图 0.24　图像的平移与伸缩

沿 x 轴伸缩 对于固定的 $a>0, b>0$, 函数

$$\boxed{y=bf\left(\frac{x}{a}\right)}$$

的图像可由 $y=f(x)$ 的图像沿 x 轴拉伸 a 倍, 沿 y 轴拉伸 b 倍得到.

例 2: 把 $y=x^2$ 的图像沿 y 轴拉伸 2 倍, 就得到 $y=2x^2$ 的图像 (图 0.24).

例 3: 把 $y=\sin x$ 的图像沿 x 缩短 1/2, 就得到 $y=\sin 2x$ 的图像 (图 0.25).

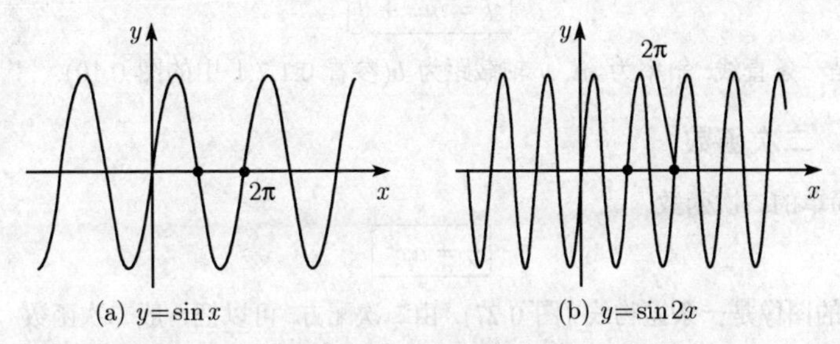

图 0.25 正弦曲线波

镜射

$$\boxed{y=f(-x)} \quad 和 \quad \boxed{y=-f(x)}$$

的图像可由 $y=f(x)$ 的图像分别经 y 轴和 x 轴镜射得到.

例 4: $y=\mathrm{e}^{-x}$ 的图像由 $y=\mathrm{e}^x$ 的图像经 y 轴镜射得到 (图 0.26).

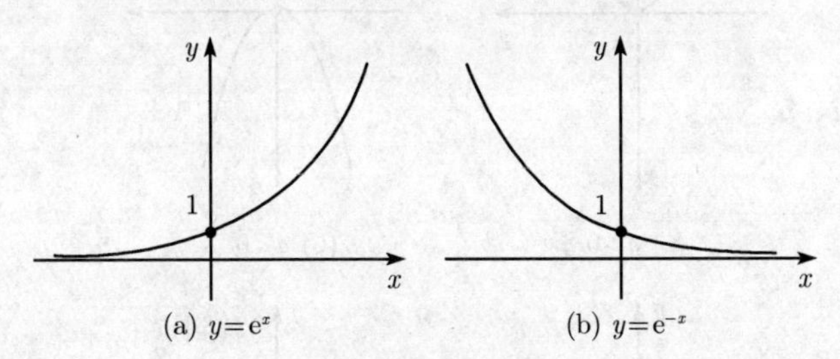

图 0.26 指数函数

偶函数和奇函数 对所有 $x\in D(f)$, 函数 $y=f(x)$ 称为偶函数(奇函数), 若

$$f(-x)=f(x) \quad (f(-x)=-f(x))$$

(表 0.14).

偶函数的图像关于 y 轴对称; 奇函数的图像关于原点对称.

例 5: 函数 $y=x^2$ 是偶函数, 而 $y=x^3$ 是奇函数.

周期函数 函数 f 的周期为 p, 若

$$\boxed{f(x+p)=f(x), \quad x\in\mathbb{R},}$$

即若对所有实数 x, 该关系成立, 则函数 f 的周期为 p. 当沿 x 轴平移 p 个单位时, 周期函数的图像不变.

例 6: 函数 $y=\sin x$ 的周期为 2π(图 0.25).

0.2.2　线性函数

线性函数

$$\boxed{y=mx+b}$$

的图像是一条直线, 斜率为 m, y 轴截距为 b(参看 0.1.7.1 中的图 0.10).

0.2.3　二次函数

最简单的二次函数

$$\boxed{y=ax^2} \tag{0.30}$$

$(a\neq 0)$ 的图像是一条抛物线 (图 0.27). 由二次配方, 可以把一般二次函数

$$\boxed{y=ax^2+2bx+c} \tag{0.31}$$

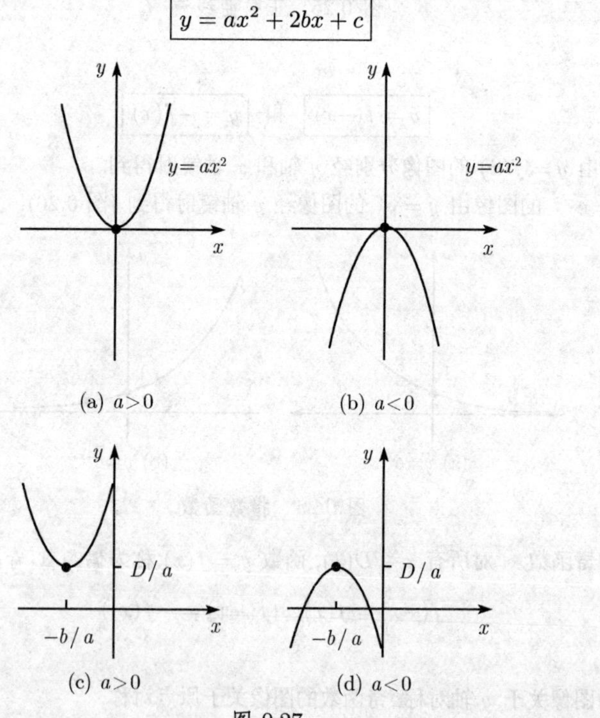

(a) $a>0$　(b) $a<0$　(c) $a>0$　(d) $a<0$

图 0.27

写成

$$y=a\left(x+\frac{b}{a}\right)^2-\frac{D}{a}, \tag{0.32}$$

其中判别式 $D := b^2 - ac$. 因此 (0.31) 的图像可以通过把 (0.30) 的图像的顶点 (0,0) 平移到 $\left(-\dfrac{b}{a}, -\dfrac{D}{a}\right)$ 得到.

二次方程 方程

$$\boxed{ax^2 + 2bx + c = 0}$$

(系数 a, b, c 为实数, $a > 0$) 的解为

$$\boxed{x_\pm = \frac{-b \pm \sqrt{D}}{a} = \frac{-b \pm \sqrt{b^2 - ac}}{a}.}$$

情形 1: $D > 0$. 存在两个不同的实零点 x_+ 和 x_-, 它们分别对应抛物线 (0.31) 与 x 轴的两个不同交点 (图 0.28(a)).

情形 2: $D = 0$. 存在一个实零点 $x_+ = x_-$, 抛物线 (0.31) 与 x 轴相切 (图 0.28(b)).

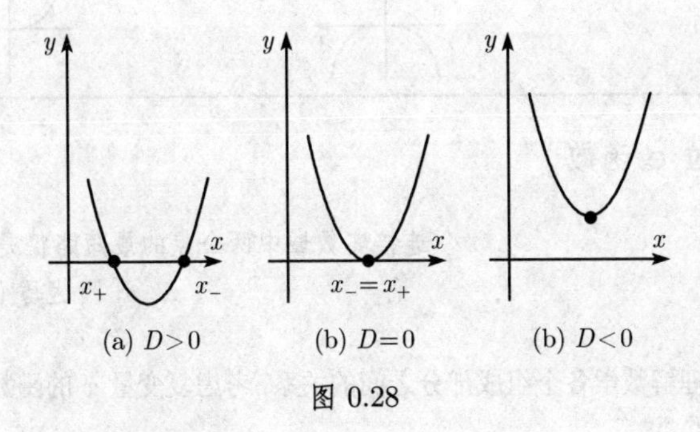

(a) $D>0$ (b) $D=0$ (b) $D<0$

图 0.28

情形 3: $D < 0$ 存在两个复零点

$$x_\pm = \frac{-b \pm \mathrm{i}\sqrt{-D}}{a} = \frac{-b \pm \mathrm{i}\sqrt{ac - b^2}}{a},$$

其中 i 是虚数单位, 满足 $\mathrm{i}^2 = -1$(参看 1.1.2). 在这种情况下, (实) 抛物线 (0.31) 与 x 轴不相交 (图 0.28(c)).

例 1: 方程 $x^2 - 6x + 8 = 0$ 有两个零点

$$x_\pm = 3 \pm \sqrt{3^2 - 8} = 3 \pm 1,$$

即 $x_+ = 4$, $x_- = 2$.

例 2: 方程 $x^2 - 2x + 1 = 0$ 的零点为

$$x_\pm = 1 \pm \sqrt{1 - 1} = 1.$$

例 3: 方程 $x^2 + 2x + 2 = 0$ 的零点为

$$x_\pm = -1 \pm \sqrt{1 - 2} = -1 \pm \mathrm{i}.$$

0.2.4 幂函数

令 $n = 2, 3, \cdots$, 函数

$$\boxed{y = ax^n.}$$

当 n 为偶数时, 它与 $y = ax^2$ 的图像类似, 当 n 为奇数时, 它与 $y = ax^3$ 的图像类似 (表 0.15).

表 0.15 幂函数 $y = ax^n$

$n \geqslant 2$	偶	奇
$a > 0$	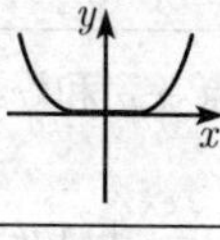	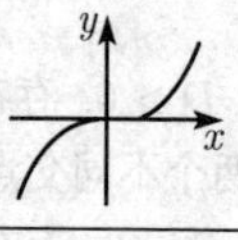
$a < 0$	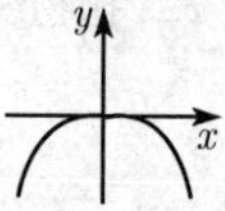	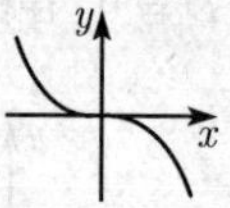

0.2.5 欧拉 e 函数

连接实数域中两个点的最短路径是通过复数域.
J. 阿达马 (1865—1963)

为了深入理解数学各个组成部分之间的关系, 考虑复变量 x 的函数 e^x, $\sin x$ 以及 $\cos x$ 非常重要.

1.1.2 中详细讨论了形如 $x = a + b\mathrm{i}$ 的复数, 其中 a, b 为实数. 只需注意虚数单位 i 满足

$$\boxed{\mathrm{i}^2 = -1.}$$

每个实数同时也是一个复数.

定义 对所有复数 x, 下面无穷级数 [1)]收敛:

$$\boxed{\mathrm{e}^x := 1 + x + \frac{x^2}{2!} + \frac{x^3}{3!} + \cdots = \sum_{k=0}^{\infty} \frac{x^k}{k!}.} \tag{0.33}$$

这样, 对所有的复变量 x, 就定义了指数函数$y = \mathrm{e}^x$, 事实证明, 它是所有数学学科中最重要的函数. 关于实变量 x, 牛顿早在 1676 年自己 34 岁时就引入了这个函数 (图 0.29(a)).

加法定理 对所有复数 x 和 z, 有基本公式

$$\boxed{\mathrm{e}^{x+z} = \mathrm{e}^x \mathrm{e}^z.}$$

1) 1.10 中详细讨论了无穷级数.

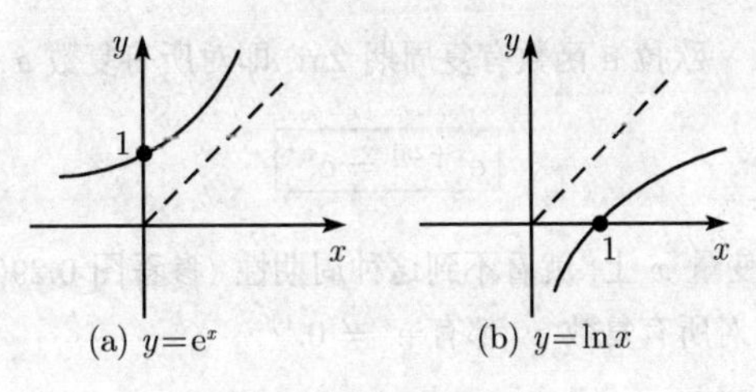

图 0.29

继牛顿的工作约 75 年之后, 欧拉作出了惊人的发现: 他认识到 (复变量的)e 函数与三角函数密切相关 (参看 0.2.8 中的欧拉公式 (0.35)). 因此, 称指数函数$y = \mathrm{e}^x$ 为欧拉 e 函数. 当 $x = 1$ 时, 有

$$\mathrm{e} := 1 + 1 + \frac{1}{2!} + \frac{1}{3!} + \cdots .$$

此外, 对所有实数 x, 欧拉极限公式成立 [1]:

$$\boxed{\mathrm{e}^x = \lim_{n\to\infty}\left(1 + \frac{x}{n}\right)^n .}$$

我们有 $\mathrm{e} = 2.718\ 281\ 83$.

递增性质 对所有实变量, 函数 $y = \mathrm{e}^x$ 严格递增且连续.

在无穷远点的性状[2]

$$\boxed{\lim_{x\to+\infty} \mathrm{e}^x = +\infty, \qquad \lim_{x\to-\infty} \mathrm{e}^x = 0.}$$

对绝对值很大的负的变量, $y = \mathrm{e}^x$ 的图像渐近趋向 x 轴 (图 0.29(a)). 极限关系

$$\boxed{\lim_{x\to+\infty} \frac{\mathrm{e}^x}{x^n} = +\infty, \quad n = 1, 2, \cdots}$$

表明随着变量的增大, 指数函数的增长速度远远大于任何幂函数.

计算机算法的复杂性 如果计算机算法依赖于自然数 N(例如 N 是方程的数目), 而且计算时间的图像形如 e^N, 那么随着 N 的增加, 计算时间将会激增, 导致该算法无计可施. 此项研究是在现代复杂性理论的背景下进行的. 特别地, 计算机代数中使用的许多算法都具有高度复杂性.

导数 对所有实数或复数 x, 函数 $y = \mathrm{e}^x$ 一般无穷可微, 其导数 [3] 为

$$\boxed{\frac{\mathrm{d}\mathrm{e}^x}{\mathrm{d}x} = \mathrm{e}^x.}$$

1) 1.2 中介绍了数序的极限.
2) 1.3 中研究了函数的极限.
3) 1.4.1(1.14.3) 中介绍实函数或复函数的导数概念, 这是分析学中最基本的概念之一.

复数域中的周期性 欧拉 e 函数有复周期 $2\pi i$, 即对所有复数 x, 有

$$\boxed{e^{x+2\pi i} = e^x.}$$

如果我们限制在实变量 x 上, 就看不到这种周期性 (参看图 0.29(a)).

e 函数的非零性 对所有复数 x, 都有 $e^x \neq 0$.[1)]

0.2.6 对数

e 函数的反函数 因为对所有实变量, e 函数都严格递增并连续, 所以对任意 $y > 0$, 方程

$$\boxed{y = e^x}$$

都有唯一实数解 x, 记为

$$\boxed{x = \ln y,}$$

它称为自然对数. 从形式上互换 x 和 y, 得到函数

$$\boxed{y = \ln x,}$$

它是函数 $y = e^x$ 的反函数. $y = \ln x$ 的图像可通过 $y = e^x$ 的图像沿对角线反射得到 (图 0.29(b)).

由加法定理 $e^{u+v} = e^u e^v$, 对所有正实数 x 和 y, 有对数的基本性质: [2)]

$$\boxed{\ln(xy) = \ln x + \ln y.}$$

对数法则 参看 0.1.9.

极限关系

$$\boxed{\lim_{x\to+0} \ln x = -\infty, \quad \lim_{x\to+\infty} \ln x = +\infty.}$$

对任意实数 $\alpha > 0$, 有

$$\boxed{\lim_{x\to+0} x^\alpha \ln x = 0.}$$

由此得到函数 $y = \ln x$ 在 $x = 0$ 附近极其缓慢地趋近于负无穷.

导数 对所有实数 $x > 0$, 有

$$\boxed{\frac{d\ln x}{dx} = \frac{1}{x}.}$$

1) 更确切地说, 映射 $x \mapsto e^x$ 是从复平面 $\mathbb{C}$ 到 $\mathbb{C} \setminus \{0\}$ 的满射.

2) 若令 $x := e^u$, $y := e^v$, 则 $xy = e^{u+v}$. 由此得到 $u = \ln x$, $v = \ln y$, $u + v = \ln(xy)$.

0.2.7 一般指数函数

定义 对每个正实数 a 和实数 x, 令

$$\boxed{a^x := \mathrm{e}^{x\ln a}.}$$

由此, 一般指数函数能够化简成 e 函数 (图 0.30).

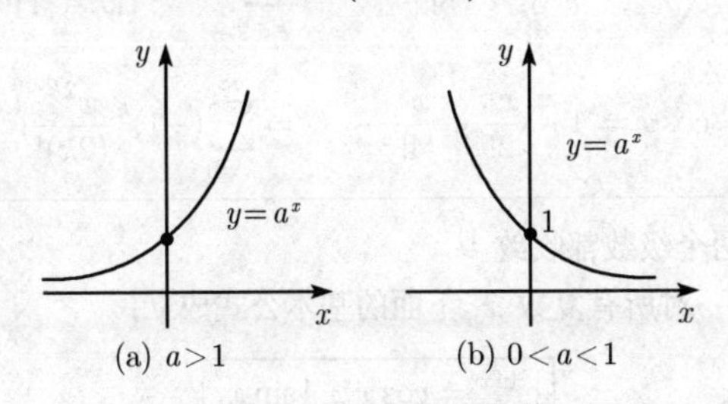

图 0.30 一般指数函数

幂法则 参看 0.1.9.

一般对数 令 a 是一个固定的正实数, 且 $a \neq 1$, 则对每个正实数 y, 方程

$$y = a^x$$

有唯一实数解 x, 记为 $x = \log_a y$. 在形式上互换 x 和 y, 就得到 $y = a^x$ 的反函数:

$$y = \log_a x.$$

由此, 如下关系成立:

$$\boxed{\log_a y = \frac{\ln y}{\ln a}}$$

(参看 0.1.9). 当 $a > 1$ 时, 有 $\ln a > 0$; 当 $0 < a < 1$, 有 $\ln a < 0$.

两个重要的函数方程 令 $a > 0$.

(i) 连续函数 [1] $f : \mathbb{R} \to \mathbb{R}$ 若满足

$$\boxed{f(x+y) = f(x)f(y), \quad x, y \in \mathbb{R}}$$

和 $f(1) = a$, 则它是唯一的, 即为指数函数 $f(x) = a^x$.

(ii) 连续函数 $g :]0, \infty[\to \mathbb{R}$ 若满足

$$\boxed{g(xy) = g(x) + g(y), \quad x, y \in]0, \infty[}$$

且 $g(a) = 1$, 则它是唯一的, 即为对数函数 $g(x) = \log_a x$.

这两个命题说明了指数函数和对数函数都是非常自然的、有用的函数, 因此以前的数学家迟早会遇到它们.

1) 1.3.1.2 中介绍了连续性的概念.

0.2.8 正弦与余弦

分析的定义 从现代观念来看, 利用无穷级数展开, 很容易定义函数 $y=\sin x$ 和 $y=\cos x$.

$$\begin{aligned}\sin x &= x-\frac{x^3}{3!}+\frac{x^5}{5!}-\cdots=\sum_{k=0}^{\infty}(-1)^k\frac{x^{2k+1}}{(2k+1)!},\\ \cos x &= 1-\frac{x^2}{2!}+\frac{x^4}{4!}-\cdots=\sum_{k=0}^{\infty}(-1)^k\frac{x^{2k}}{(2k)!}.\end{aligned}\tag{0.34}$$

对所有复数 x, 这两个级数都收敛 [1].

欧拉公式 (1749) 对所有复数 x, 下面的基本公式成立:

$$\mathrm{e}^{\pm \mathrm{i}x}=\cos x\pm \mathrm{i}\sin x.\tag{0.35}$$

这个公式支配着三角函数的整个理论. 由 $\mathrm{e}^{\mathrm{i}x},\cos x,\sin x$ 的幂级数展开 (0.33) 和 (0.34), 马上就能得到关系 (0.35), 注意, 这时 $\mathrm{i}^2=-1$. 我们可以在振动理论中找到它的重要应用. 由 (0.35), 有

$$\sin x=\frac{\mathrm{e}^{\mathrm{i}x}-\mathrm{e}^{-\mathrm{i}x}}{2\mathrm{i}},\quad \cos x=\frac{\mathrm{e}^{\mathrm{i}x}+\mathrm{e}^{-\mathrm{i}x}}{2}.\tag{0.36}$$

由这个公式和加法定理 $\mathrm{e}^{u+v}=\mathrm{e}^u\mathrm{e}^v$, 很容易得到下面关于正弦和余弦的重要加法定理.

加法定理 对所有复数 x 和 y, 有

$$\begin{aligned}\sin(x\pm y)&=\sin x\cos y\pm\cos x\sin y,\\ \cos(x\pm y)&=\cos x\cos y\mp\sin x\sin y.\end{aligned}\tag{0.37}$$

偶性与奇性 对所有复数 x, 有

$$\sin(-x)=-\sin x,\quad \cos(-x)=\cos x.$$

在直角三角形上的几何解释 考虑一个直角三角形, 其中角 x 的单位为弧度 (参看 0.1.2), 那么 $\sin x$ 和 $\cos x$ 能表示成边的比, 如表 0.16 所示.

---

1) 对比一下 0.2.5 开头对复数作出的评论.

符号“$\sin x$”读作“x 的正弦”, 符号“$\cos x$”读作“x 的余弦”. 拉丁语 *sinus* 表示凸出. 以前文献中也使用函数

$$\text{正割}: \sec x:=\frac{1}{\cos x},\quad \text{余割}: \operatorname{cosec} x:=\frac{1}{\sin x}.$$

表 0.16 根据直角三角形对三角函数的解释

直角三角形	正弦	余弦
(三角形: 斜边 c, 对边 a, 邻边 b, 角 x) $0 < x < \dfrac{\pi}{2}$	$\sin x = \dfrac{a}{c}$ (对边 a 与斜边 c 的比)	$\cos x = \dfrac{b}{c}$ (邻边 b 与斜边 c 的比)

在单位圆上的几何解释 利用单位圆, 量 $\sin x$ 和 $\cos x$ 就变成了图 0.31(a)~(d) 中所示的线段长. 由此我们立即可知当旋转 2π 时, $\sin x$ 和 $\cos x$ 的取值不变. 这是对这两个函数的周期为 2π 的几何解释:

$$\boxed{\sin(x + 2\pi) = \sin x, \quad \cos(x + 2\pi) = \cos x.} \tag{0.38}$$

对所有复变量 x, 这些关系都成立. 重新看一下单位圆, 对 $0 \leqslant x \leqslant \pi/2$, 我们会发现如下对称性:

$$\boxed{\sin(\pi - x) = \sin x, \quad \cos(\pi - x) = -\cos x.} \tag{0.39}$$

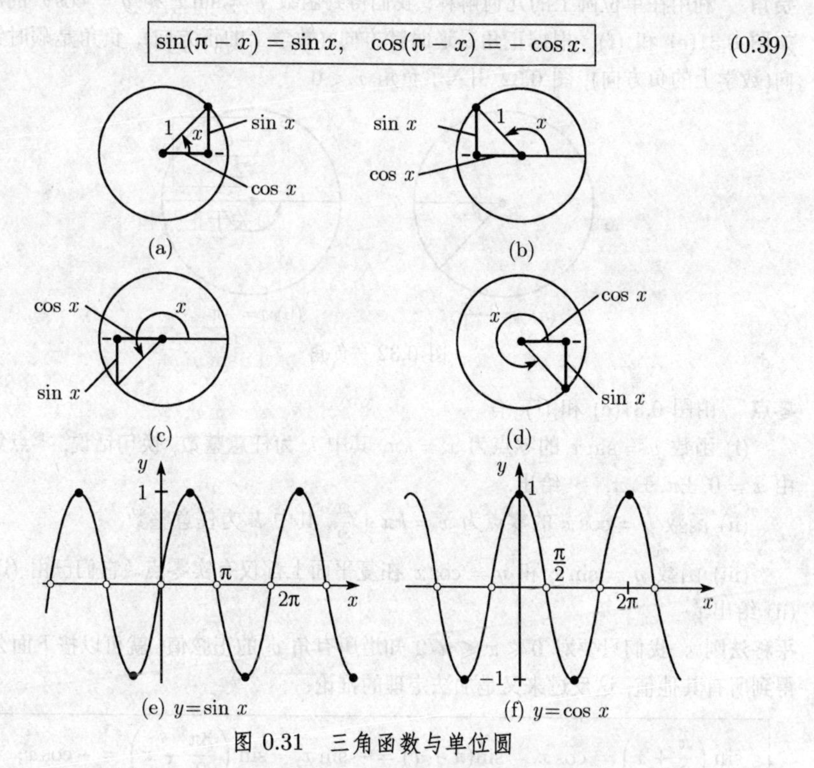

图 0.31 三角函数与单位圆

事实上, 对所有复数 x, 这些关系都成立. 最后, 由图 0.31(a) 和毕达哥拉斯定理, 有

$$\boxed{\cos^2 x + \sin^2 x = 1.} \tag{0.40}$$

该关系不仅对实变量 x 成立, 对所有复变量 x 也成立. 同样地, 我们由毕达哥拉斯定理可以得出表 0.17 表示的 $\sin x$ 与 $\cos x$ 的值 (参看 3.2.1.2).

由加法定理 (0.37), $\sin 0 = \sin 2\pi = 0$ 和 $\cos 0 = \cos 2\pi = 1$, 很容易得到 (0.38), (0.39) 和 (0.40) 对所有复数都成立.

表 0.17 一些重要角的正弦与余弦函数的精确值

x	0	$\frac{\pi}{6}$	$\frac{\pi}{4}$	$\frac{\pi}{3}$	$\frac{\pi}{2}$	$\frac{2\pi}{3}$	$\frac{3\pi}{4}$	$\frac{5\pi}{6}$	π	(弧度)
	0	$30°$	$45°$	$60°$	$90°$	$120°$	$135°$	$150°$	$180°$	(角度)
$\sin x$	0	$\frac{1}{2}$	$\frac{\sqrt{2}}{2}$	$\frac{\sqrt{3}}{2}$	1	$\frac{\sqrt{3}}{2}$	$\frac{\sqrt{2}}{2}$	$\frac{1}{2}$	0	
$\cos x$	1	$\frac{\sqrt{3}}{2}$	$\frac{\sqrt{2}}{2}$	$\frac{1}{2}$	0	$-\frac{1}{2}$	$-\frac{\sqrt{2}}{2}$	$\frac{-\sqrt{3}}{2}$	-1	

负角 利用在单位圆上的几何解释, 我们得到函数 $y = \sin x$ 和 $y = \cos x$ 的图像如图 0.31(e) 和 (f). 根据正角是逆时针方向 (数学上的正方向), 负角是顺时针方向(数学上的负方向), 图 0.32 引入了负角 $x < 0$.

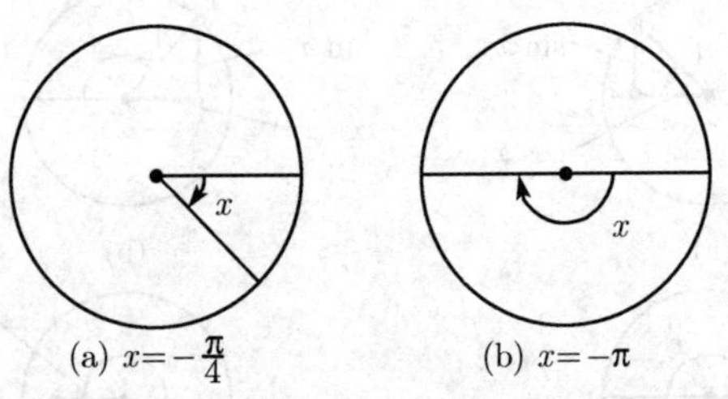

(a) $x=-\frac{\pi}{4}$ (b) $x=-\pi$

图 0.32 负角

零点 由图 0.31(e) 和 (f), 有

(i) 函数 $y = \sin x$ 的零点为 $x = k\pi$, 其中 k 为任意整数, 换句话说, 零点集合由 $x = 0, \pm\pi, \pm 2\pi, \cdots$ 给出.

(ii) 函数 $y = \cos x$ 的零点为 $x = k\pi + \frac{\pi}{2}$, 其中 k 为任意整数.

(iii) 函数 $y = \sin x$ 和 $y = \cos x$ 在复平面上都仅有实零点。它们已由 (i) 和 (ii) 给出.

平移法则 我们只要对 $0 \leqslant x \leqslant \pi/2$ 知道所有角 x 的正弦值, 就可以按下面公式得到所有其他值, 这反过来又是加法定理的推论:

$$\sin\left(\frac{\pi}{2} + x\right) = \cos x, \quad \sin(\pi + x) = -\sin x, \quad \sin\left(\frac{3\pi}{2} + x\right) = -\cos x,$$

$$\cos\left(\frac{\pi}{2} + x\right) = -\sin x, \quad \cos(\pi + x) = -\cos x, \quad \cos\left(\frac{3\pi}{2} + x\right) = \sin x.$$

倍角的棣莫弗公式[1)] 令 $n=2,3,\cdots$, 则对所有复数 x, 有

$$\boxed{\cos nx+\mathrm{i}\sin nx=\sum_{k=0}^{n}\mathrm{i}^k\binom{n}{k}\cos^{n-k}x\sin^k x.} \tag{0.41}$$

把这些复数的实部和虚部分离开来, 有

$$\cos nx=\cos^n x-\binom{n}{2}\cos^{n-2}x\sin^2 x+\binom{n}{4}\cos^{n-4}x\sin^4 x-\cdots, \tag{0.42}$$

$$\sin nx=\binom{n}{1}\cos^{n-1}x\sin x-\binom{n}{3}\cos^{n-3}x\sin^3 x+\binom{n}{5}\cos^{n-5}x\sin^5 x-\cdots.$$

特别地, 当 $n=2,3,4$ 时, 有

$$\boxed{\begin{aligned}&\sin 2x=2\sin x\cos x, &&\cos 2x=\cos^2 x-\sin^2 x,\\ &\sin 3x=3\sin x-4\sin^3 x, &&\cos 3x=4\cos^3 x-3\cos x,\\ &\sin 4x=8\cos^3 x\sin x-4\cos x\sin x, &&\cos 4x=8\cos^4 x-8\cos^2 x+1.\end{aligned}}$$

半角公式 对所有复数 x, 有

$$\sin^2\frac{x}{2}=\frac{1}{2}(1-\cos x),\quad \cos^2\frac{x}{2}=\frac{1}{2}(1+\cos x),$$

$$\sin\frac{x}{2}=\begin{cases}\sqrt{\dfrac{1}{2}(1-\cos x)}, & 0\leqslant x\leqslant\pi,\\ -\sqrt{\dfrac{1}{2}(1-\cos x)}, & \pi\leqslant x\leqslant 2\pi,\end{cases}$$

$$\cos\frac{x}{2}=\begin{cases}\sqrt{\dfrac{1}{2}(1+\cos x)}, & -\pi\leqslant x\leqslant\pi,\\ -\sqrt{\dfrac{1}{2}(1+\cos x)}, & \pi\leqslant x\leqslant 3\pi.\end{cases}$$

求和公式 对所有复数 x,y, 有

1) A. 棣莫弗 (de Moivre, 1667—1754) 得到的这个公式, 受此启发, 欧拉发现著名公式

$$\mathrm{e}^{\mathrm{i}x}=\cos x+\mathrm{i}\sin x.$$

如今, 反过来说更方便利用

$$\cos nx+\mathrm{i}\sin nx=\mathrm{e}^{\mathrm{i}nx}=(\mathrm{e}^{\mathrm{i}x})^n=(\cos x+\mathrm{i}\sin x)^n$$

和二项式公式 (参看 0.1.10.3), 棣莫弗公式 (0.41) 便是欧拉公式的推论.

$$\sin x \pm \sin y = 2\sin\frac{x\pm y}{2}\cos\frac{x\mp y}{2},$$
$$\cos x + \cos y = 2\cos\frac{x+y}{2}\cos\frac{x-y}{2},$$
$$\cos x - \cos y = 2\sin\frac{x+y}{2}\sin\frac{y-x}{2},$$
$$\cos x \pm \sin x = \sqrt{2}\sin\left(\frac{\pi}{4}\pm x\right).$$

两个因子之积的公式

$$\sin x\sin y = \frac{1}{2}(\cos(x-y)-\cos(x+y)),$$
$$\cos x\cos y = \frac{1}{2}(\cos(x-y)+\cos(x+y)),$$
$$\sin x\cos y = \frac{1}{2}(\sin(x-y)+\sin(x+y)).$$

三个因子之积的公式

$$\sin x\sin y\sin z = \frac{1}{4}(\sin(x+y-z)+\sin(y+z-x)+\sin(z+x-y)-\sin(x+y+z)),$$
$$\sin x\cos y\cos z = \frac{1}{4}(\sin(x+y-z)-\sin(y+z-x)+\sin(z+x-y)+\sin(x+y+z)),$$
$$\sin x\sin y\cos z = \frac{1}{4}(-\cos(x+y-z)+\cos(y+z-x)+\cos(z+x-y)-\cos(x+y+z)),$$
$$\cos x\cos y\cos z = \frac{1}{4}(\cos(x+y-z)+\cos(y+z-x)+\cos(z+x-y)+\cos(x+y+z)).$$

方幂公式

$$\sin^2 x = \frac{1}{2}(1-\cos 2x), \qquad \cos^2 x = \frac{1}{2}(1+\cos 2x),$$
$$\sin^3 x = \frac{1}{4}(3\sin x-\sin 3x), \qquad \cos^3 x = \frac{1}{4}(3\cos x+\cos 3x),$$
$$\sin^4 x = \frac{1}{8}(\cos 4x-4\cos 2x+3), \qquad \cos^4 x = \frac{1}{4}(\cos 4x+4\cos 2x+3).$$

利用棣莫弗公式 (0.42), 我们可以得到关于 $\sin^n x$ 和 $\cos^n x$ 的更一般的公式.

三个被加数的加法定理

$$\sin(x+y+z)=\sin x\cos y\cos z+\cos x\sin y\cos z+\cos x\cos y\sin z-\sin x\sin y\sin z,$$
$$\cos(x+y+z)=\cos x\cos y\cos z-\sin x\sin y\cos z-\sin x\cos y\sin z-\cos x\sin y\sin z.$$

根据 (0.36), 把 $\cos x$ 和 $\sin x$ 表示成 $\mathrm{e}^{\pm\mathrm{i}x}$ 的线性组合, 便能证明上述所有公式. 接下来只需证明一些初等的代数恒等式. 我们也可利用加法定理 (0.37).

欧拉乘积公式[1] 对所有复数, 有

$$\sin \pi x = \pi x \prod_{k=1}^{\infty}\left(1-\frac{x^2}{k^2}\right).$$

在这个正弦函数的零点处, 即当 $x = 0, \pm1, \pm2, \cdots$ 时, 我们能立即验证这个公式. 另外, 这些零点为单零点(参看 1.14.6.3).

部分分式分解 对所有复数 $x, x \neq 0, \pm1, \pm2, \cdots$, 有

$$\frac{\cos \pi x}{\sin \pi x} = \frac{1}{x} + \sum_{k=1}^{\infty}\left(\frac{1}{x-k}+\frac{1}{x+k}\right).$$

导数 对所有复数 x, 有

$$\frac{\mathrm{d}\sin x}{\mathrm{d}x} = \cos x, \quad \frac{\mathrm{d}\cos x}{\mathrm{d}x} = -\sin x.$$

借助三角函数表示的单位圆的参数方程 参看 0.1.7.2.

三角函数在平面三角学 (土地测量) 与球面三角学 (航海与空中运输) 中的应用 参看 3.2.

历史评论 自古时起, 三角学的发展就与测量技术、航海、建筑、历法的使用以及天文学密不可分地联系在一起, 公元 8 世纪, 阿拉伯人将其推向顶峰. 1260 年, 三角学领域最著名的伊斯兰数学家图西 (at-Tusi) 写成《论完全四边形》(*Treatise on the complete quadrilateral*), 它使三角学逐渐成为一门独立数学分支的开端. 15 世纪, 欧洲最重要的数学家是雷乔蒙塔努斯 (1436—1476), 他的本名是 J. 缪勒 (Müller), 其著作《论各种三角形》(*De triangulis omnimodis libri quinque*)[2]直到他去世很长时间之后, 也就是在 1533 年才发表, 其中全面讲述了平面与球面三角学, 使三角学成为现代数学的一个分支. 遗憾的是, 这部著作中所有的公式都是用蹩脚的文字表示的.[3] 因为雷乔蒙塔努斯并没有使用十进制数[4], 所以他在表 0.16 的意义下使用了公式

$$a = c\sin x, \text{ 其中 } c = 10\ 000\ 000.$$

其 a 的值相当于把 $\sin x$ 精确到小数点后第 7 位. 欧拉首次使用了 $c = 1$. 16 世纪末, F. 韦达(1540—1603) 在其专著《应用于三角形的数学定律》(*Canon mathematicus seu ad triangula*) 中从角分和角秒出发计算了一个三角函数表. 在如今的计算机时代, 三角函数表就好像对数表一样, 已经化成了历史的尘埃.

---

1) 1.10.6 中介绍了无穷乘积.

2) 题目翻译成英文是"*Five books about all kinds of triangles*"

3) 公式的使用可以追溯到韦达 1591 年发表的《分析方法入门》(*In artem analyticam isagoge*).

4) S. 斯蒂文1585 年在其著作《论十进》(*La disme*) 中引入十进制数, 最终使得欧洲大陆在十进体系下使用统一的度量方法.

0.2.9 正切与余切

分析的定义 对所有复数 x, $x \neq \dfrac{\pi}{2} + k\pi, k \in \mathbb{Z}$, 令 [1]

$$\boxed{\tan x := \frac{\sin x}{\cos x}.}$$

进一步地, 对所有复数 x, $x \neq k\pi, k \in \mathbb{Z}$, 定义函数

$$\boxed{\cot x := \frac{\cos x}{\sin x}.}$$

平移性质 对所有复数 x, $x \neq k\pi, k \in \mathbb{Z}$, 有

$$\boxed{\cot x = \tan\left(\frac{\pi}{2} - x\right).}$$

因此, 余切函数的所有性质都能从正切函数直接得出.

直角三角形中的几何解释 我们考虑一个直角三角形, 其中角 x 的单位为弧度 (参看 0.1.2), 那么 $\tan x$ 和 $\cot x$ 能表示成已知边的比, 如表 0.18 所示.

表 0.18 根据直角三角形对三角函数的解释

直角三角形	正切	余切
(直角三角形: 角 x, 对边 a, 邻边 b)	$\tan x = \dfrac{a}{b}$	$\cot x = \dfrac{b}{a}$
$0 < x < \dfrac{\pi}{2}$	(对边 a 与邻边 b 的比)	(邻边 b 与对边 a 的比)

单位圆上的几何解释 利用单位圆, $\tan x$ 和 $\cot x$ 就变成了图 0.33(a)~(b) 中所示的线段长, 由此我们得到表 0.19 所列的特殊值.

零点与极点 对所有复变量 x, 函数 $y = \tan x$ 的零点为 $k\pi, k \in \mathbb{Z}$, 极点为 $k\pi + \dfrac{\pi}{2}, k \in \mathbb{Z}$. 所有的零点与极点都是单的 (图 0.33(c)).

对所有复变量 x, 函数 $\cot x$ 的零点为 $k\pi + \dfrac{\pi}{2}, k \in \mathbb{Z}$, 极点为 $k\pi, k \in \mathbb{Z}$. 所有的零点与极点也都是单的 [2](图 0.33(d)).

部分分式分解 对所有复数 x, $x \notin \mathbb{Z}$, 有

$$\boxed{\cot \pi x = \frac{1}{x} + \sum_{k=1}^{\infty}\left(\frac{1}{x-k} + \frac{1}{x+k}\right).}$$

1) 符号 $\mathbb{Z}$ 表示由所有整数 $k = 0, \pm 1, \pm 2 \cdots$ 构成的集合.

2) 1.14.6.3 中定义了单零点和单极点的概念.

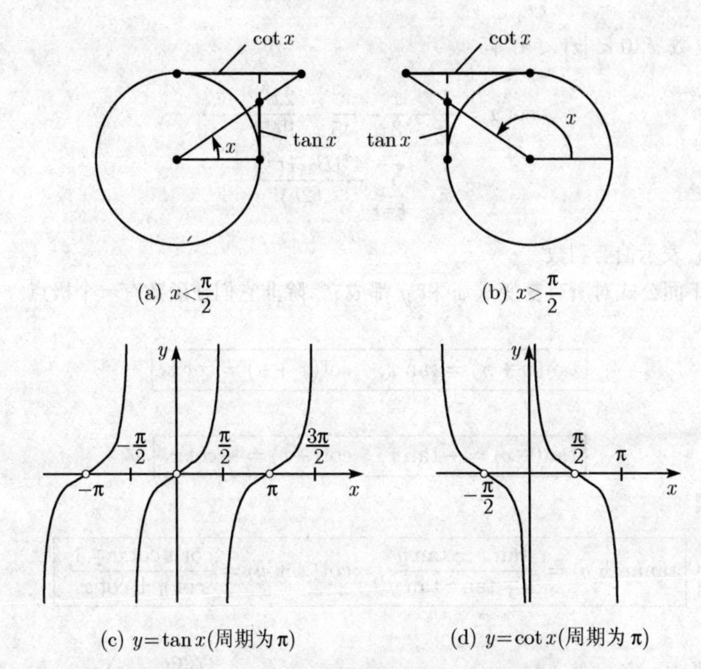

(a) $x<\frac{\pi}{2}$ (b) $x>\frac{\pi}{2}$

(c) $y=\tan x$(周期为 π) (d) $y=\cot x$(周期为 π)

图 0.33 正切与余切函数的几何解释

表 0.19 一些重要角的正切与余切函数的精确值

x	0	$\frac{\pi}{6}$	$\frac{\pi}{4}$	$\frac{\pi}{3}$	$\frac{\pi}{2}$	$\frac{2\pi}{3}$	$\frac{3\pi}{4}$	$\frac{5\pi}{6}$	π	(弧度)
	0	$30°$	$45°$	$60°$	$90°$	$120°$	$135°$	$150°$	$180°$	(角度)
$\tan x$	0	$\frac{\sqrt{3}}{3}$	1	$\sqrt{3}$	—	$-\sqrt{3}$	-1	$-\frac{\sqrt{3}}{3}$	0	
$\cot x$	—	$\sqrt{3}$	1	$\frac{\sqrt{3}}{3}$	0	$-\frac{\sqrt{3}}{3}$	-1	$-\sqrt{3}$	—	

导数 对所有复数 $x, x \neq \frac{\pi}{2}+k\pi, k \in \mathbb{Z}$, 有

$$\boxed{\frac{\mathrm{d}\tan x}{\mathrm{d}x}=\frac{1}{\cos^2 x}.}$$

对所有复数 $x, x \neq k\pi, k \in \mathbb{Z}$, 有

$$\boxed{\frac{\mathrm{d}\cot x}{\mathrm{d}x}=-\frac{1}{\sin^2 x}.}$$

幂级数 对所有复数 $x, |x|<\pi/2$, 有

$$\tan x = x+\frac{x^3}{3}+\frac{2x^5}{15}+\frac{17x^7}{315}+\cdots=\sum_{k=1}^{\infty}4^k(4^k-1)\frac{|B_{2k}|x^{2k-1}}{(2k)!}.$$

对所有复数 x, $0<|x|<\pi$, 有

$$\begin{aligned}\cot x &= \frac{1}{x}-\frac{x}{3}-\frac{x^3}{45}-\frac{2x^5}{945}-\cdots\\ &= \frac{1}{x}-\sum_{k=1}^{\infty}\frac{4^k|B_{2k}|x^{2k-1}}{(2k)!},\end{aligned}$$

其中 B_{2k} 表示伯努利数.

约定　下面公式对所有复变量 x 和 y 都成立, 除非它们使函数有一个极点.

周期性

$$\boxed{\tan(x+\pi)=\tan x,\quad \cot(x+\pi)=\cot x.}$$

奇性

$$\boxed{\tan(-x)=-\tan x,\quad \cot(-x)=-\cot x.}$$

加法定理

$$\boxed{\tan(x\pm y)=\frac{\tan x\pm\tan y}{1\mp\tan x\tan y},\quad \cot(x\pm y)=\frac{\cot x\cot y\mp 1}{\cot y\pm\cot x}.}$$

$$\tan\left(\frac{\pi}{2}\pm x\right)=\mp\cot x,\quad \tan(\pi\pm x)=\pm\tan x,\quad \tan\left(\frac{3\pi}{2}\pm x\right)=\mp\cot x,$$

$$\cot\left(\frac{\pi}{2}\pm x\right)=\mp\tan x,\quad \cot(\pi\pm x)=\pm\cot x,\quad \cot\left(\frac{3\pi}{2}\pm x\right)=\mp\tan x.$$

倍角公式

$$\tan 2x=\frac{2\tan x}{1-\tan^2 x}=\frac{2}{\cot x-\tan x},\quad \cot 2x=\frac{\cot^2 x-1}{2\cot x}=\frac{\cot x-\tan x}{2},$$

$$\tan 3x=\frac{3\tan x-\tan^3 x}{1-3\tan^2 x},\qquad \cot 3x=\frac{\cot^3 x-3\cot x}{3\cot^2 x-1},$$

$$\tan 4x=\frac{4\tan x-4\tan^3 x}{1-6\tan^2 x+\tan^4 x},\qquad \cot 4x=\frac{\cot^4 x-6\cot^2 x+1}{4\cot^3 x-4\cot x}.$$

半角公式

$$\tan\frac{x}{2}=\frac{\sin x}{1+\cos x}=\frac{1-\cos x}{\sin x},$$

$$\cot\frac{x}{2}=\frac{\sin x}{1-\cos x}=\frac{1+\cos x}{\sin x}.$$

和

$$\tan x\pm\tan y=\frac{\sin(x\pm y)}{\cos x\cos y},\quad \cot x\pm\cot y=\pm\frac{\sin(x+y)}{\sin x\sin y},$$

$$\tan x+\cot y=\frac{\cos(x-y)}{\cos x\sin y},\quad \cot x-\tan y=\frac{\cos(x+y)}{\sin x\cos y}.$$

积

$$\tan x\tan y=\frac{\tan x+\tan y}{\cot x+\cot y}=-\frac{\tan x-\tan y}{\cot x-\cot y},$$

$$\cot x\cot y=\frac{\cot x+\cot y}{\tan x+\tan y}=-\frac{\cot x-\cot y}{\tan x-\tan y},$$

$$\tan x\cot y=\frac{\tan x+\cot y}{\cot x+\tan y}=-\frac{\tan x-\cot y}{\cot x-\tan y}.$$

平方

$\sin^2 x$	—	$1-\cos^2 x$	$\dfrac{\tan^2 x}{1+\tan^2 x}$	$\dfrac{1}{1+\cot^2 x}$
$\cos^2 x$	$1-\sin^2 x$	—	$\dfrac{1}{1+\tan^2 x}$	$\dfrac{\cot^2 x}{1+\cot^2 x}$
$\tan^2 x$	$\dfrac{\sin^2 x}{1-\sin^2 x}$	$\dfrac{1-\cos^2 x}{\cos^2 x}$	—	$\dfrac{1}{\cot^2 x}$
$\cot^2 x$	$\dfrac{1-\sin^2 x}{\sin^2 x}$	$\dfrac{\cos^2 x}{1-\cos^2 x}$	$\dfrac{1}{\tan^2 x}$	—

0.2.10　双曲函数 sinh x 和 cosh x

双曲正弦和双曲余弦　对所有复数 x, 定义函数

$$\sinh x:=\frac{\mathrm{e}^x-\mathrm{e}^{-x}}{2},\quad \cosh x:=\frac{\mathrm{e}^x+\mathrm{e}^{-x}}{2}.$$

函数"sinh"读作"sinch","cosh"读作"cosh". 对实变量 x, 其图像如图 0.34 所示.

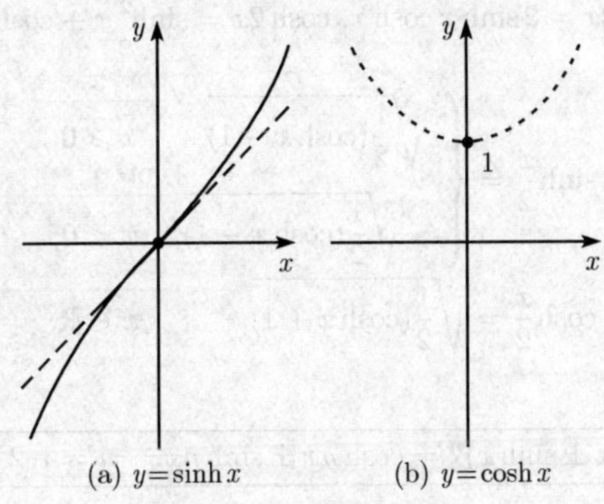

(a) $y=\sinh x$　　(b) $y=\cosh x$

图 0.34　双曲函数

与三角函数之间的关系　对所有复数 x, 有

$$\sinh \mathrm{i}x=\mathrm{i}\sin x,\quad \cosh \mathrm{i}x=\cos x.$$

因此, 关于双曲正弦和双曲余弦的每个公式都能由正弦和余弦函数得到. 例如, 由对任意复数 x, 有 $\cos^2 \mathrm{i}x+\sin^2 \mathrm{i}x=1$, 能得到下面公式:

$$\boxed{\cosh^2 x - \sinh^2 x = 1.}$$

双曲函数这个术语来自于函数 $x = a\ \cosh t, y = b \sinh t, t \in \mathbb{R}$ 是双曲线的参数方程 (参看 0.1.7.4).

对所有复数 x 和 y, 下面公式均成立.

偶性与奇性

$$\sinh(-x) = -\sinh x, \quad \cosh(-x) = \cosh x.$$

复数域中的周期性:

$$\sinh(x + 2\pi\mathrm{i}) = \sinh x, \quad \cosh(x + 2\pi\mathrm{i}) = \cosh x.$$

幂级数

$$\boxed{\sinh x = x + \frac{x^3}{3!} + \frac{x^5}{5!} + \frac{x^7}{7!} + \cdots, \quad \cosh x = 1 + \frac{x^2}{2!} + \frac{x^4}{4!} + \frac{x^6}{6!} + \cdots.}$$

导数

$$\boxed{\frac{\mathrm{d}\sinh x}{\mathrm{d}x} = \cosh x, \quad \frac{\mathrm{d}\cosh x}{\mathrm{d}x} = \sinh x.}$$

加法定理

$$\boxed{\begin{aligned} &\sinh(x \pm y) = \sinh x \cosh y \pm \cosh x \sinh y, \\ &\cosh(x \pm y) = \cosh x \cosh y \pm \sinh x \sinh y. \end{aligned}}$$

倍角公式

$$\sinh 2x = 2\sinh x \cosh x, \cosh 2x = \sinh^2 x + \cosh^2 x.$$

半角

$$\sinh\frac{x}{2} = \begin{cases} \sqrt{\frac{1}{2}(\cosh x - 1)}, & x \geqslant 0, \\ -\sqrt{\frac{1}{2}(\cosh x - 1)}, & x < 0, \end{cases}$$

$$\cosh\frac{x}{2} = \sqrt{\frac{1}{2}(\cosh x + 1)}, \qquad x \in \mathbb{R}.$$

棣莫弗公式

$$\boxed{(\cosh x \pm \sinh x)^n = \cosh nx \pm \sinh nx, \quad n = 1, 2, \cdots.}$$

和

$$\sinh x \pm \sinh y = 2\sinh\frac{1}{2}(x \pm y)\cosh\frac{1}{2}(x \mp y),$$

$$\cosh x + \cosh y = 2\cosh\frac{1}{2}(x + y)\cosh\frac{1}{2}(x - y),$$

$$\cosh x - \cosh y = 2\sinh\frac{1}{2}(x + y)\sinh\frac{1}{2}(x - y).$$

0.2.11 双曲函数 tanh x 和 coth x

双曲正切和双曲余切 对所有复数 $x \neq \left(k\pi + \dfrac{\pi}{2}\right)\mathrm{i}, k \subset \mathbb{Z}$, 定义函数

$$\boxed{\tanh x := \frac{\sinh x}{\cosh x}.}$$

对所有复数 $x \neq k\pi\mathrm{i}, k \in \mathbb{Z}$, 定义函数

$$\boxed{\coth x := \frac{\cosh x}{\sinh x}.}$$

对实变量 x, 图 0.35 给出了这两个函数的图像. 对于所有使函数没有极点的复变量 x 和 y, 下面公式都成立 [1].

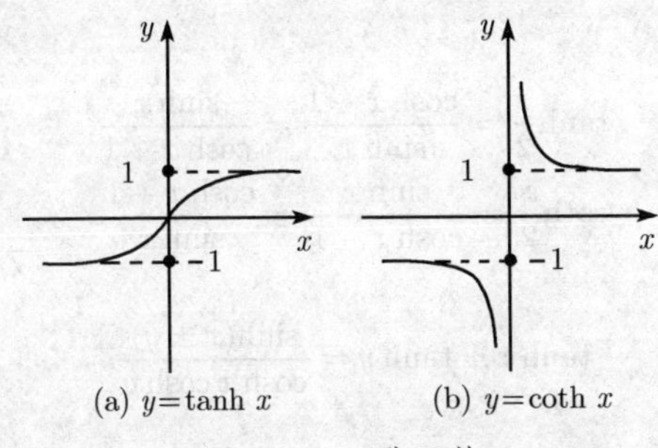

(a) $y=\tanh x$ (b) $y=\coth x$

图 0.35 双曲函数

与三角函数的关系 (参见表 0.20)

$$\boxed{\tanh x = -\mathrm{i}\tan \mathrm{i}x, \quad \coth x = \mathrm{i}\cot \mathrm{i}x.}$$

导数

$$\boxed{\frac{\mathrm{d}\tanh x}{\mathrm{d}x} = \frac{1}{\cosh^2 x}, \quad \frac{\mathrm{d}\coth x}{\mathrm{d}x} = -\frac{1}{\sinh^2 x}.}$$

加法定理

$$\tanh(x \pm y) = \frac{\tanh x \pm \tanh y}{1 \pm \tanh x \tanh y}, \quad \coth(x \pm y) = \frac{1 \pm \coth x \coth y}{\coth x \pm \coth y}.$$

倍角公式

$$\tanh 2x = \frac{2\tanh x}{1 + \tanh^2 x}, \quad \coth 2x = \frac{1 + \coth^2 x}{2\coth x}.$$

---

1) 以前文献中也使用下面的函数 (双曲正割和双曲余割):

$$\operatorname{cosech} x, := \frac{1}{\sinh x} \quad (\text{双曲余割}),$$

$$\operatorname{sech} x, := \frac{1}{\cosh x} \quad (\text{双曲正割}).$$

表 **0.20** 双曲函数与三角函数的零点与极点 (所有零点和极点都是单的)

函数	周期	零点 ($k \in \mathbb{Z}$)	极点 ($k \in \mathbb{Z}$)	奇偶性
$\sinh x$	$2\pi i$	$\pi k i$	—	奇
$\cosh x$	$2\pi i$	$\left(\pi k+\frac{\pi}{2}\right)i$	—	偶
$\tanh x$	πi	$\pi k i$	$\left(\pi k+\frac{\pi}{2}\right)i$	奇
$\coth x$	πi	$\left(\pi k+\frac{\pi}{2}\right)i$	$\pi k i$	奇
$\sin x$	2π	πk	—	奇
$\cos x$	2π	$\pi k+\frac{\pi}{2}$	—	偶
$\tan x$	π	πk	$\pi k+\frac{\pi}{2}$	奇
$\cot x$	π	$\pi k+\frac{\pi}{2}$	πk	奇

半角公式

$$\tanh\frac{x}{2}=\frac{\cosh x-1}{\sinh x}=\frac{\sinh x}{\cosh x+1},$$
$$\coth\frac{x}{2}=\frac{\sinh x}{\cosh x-1}=\frac{\cosh x+1}{\sinh x}.$$

和

$$\tanh x\pm\tanh y=\frac{\sinh(x\pm y)}{\cosh x\cosh y}.$$

平方

$\sinh^2 x$	—	$\cosh^2 x-1$	$\frac{\tanh^2 x}{1-\tanh^2 x}$	$\frac{1}{\coth^2 x-1}$
$\cosh^2 x$	$\sinh^2 x+1$	—	$\frac{1}{1-\tanh^2 x}$	$\frac{\coth^2 x}{\coth^2 x-1}$
$\tanh^2 x$	$\frac{\sinh^2 x}{\sinh^2 x+1}$	$\frac{\cosh^2 x-1}{\cosh^2 x}$	—	$\frac{1}{\coth^2 x}$
$\coth^2 x$	$\frac{\sinh^2 x+1}{\sinh^2 x}$	$\frac{\cosh^2 x}{\cosh^2 x-1}$	$\frac{1}{\tanh^2 x}$	—

幂级数展开 参看 0.7.2.

0.2.12 反三角函数

反正弦函数 对任意实数 $y, -1 \leqslant y \leqslant 1$, 方程

$$y=\sin x, \quad -\frac{\pi}{2}\leqslant x\leqslant\frac{\pi}{2}$$

有且仅有一个解, 记为 $x=\arcsin y$. 从形式上互换 x 和 y, 得到

$$y=\arcsin x, \quad -1\leqslant x\leqslant 1.$$

该函数的图像可通过函数 $y=\sin x$ 的图像沿对角线反射得到 [1](参看表 0.21).

表 0.21 反三角函数图像

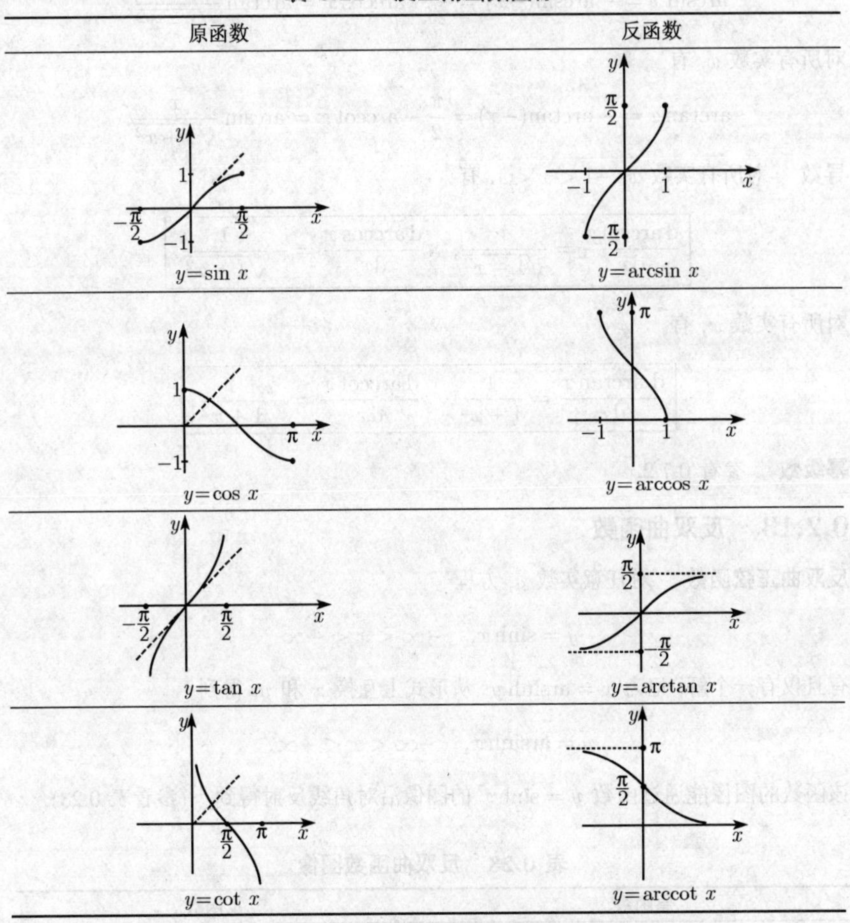

表 0.22 反三角函数公式

方程	y 的边界	解 $x(k\in\mathbb{Z})$
$y=\sin x$	$-1\leqslant y\leqslant 1$	$x=\arcsin y+2k\pi$, $x=\pi-\arcsin y+2\pi k$
$y=\cos x$	$-1\leqslant y\leqslant 1$	$x=\pm\arccos y+2k\pi$
$y=\tan x$	$-\infty<y<\infty$	$x=\arctan y+k\pi$
$y=\cot x$	$-\infty<y<\infty$	$x=\operatorname{arccot} y+k\pi$

1) 以前文献中也使用函数 $y=\arcsin x$ 的主枝和旁枝, 然而这样可能会导致对 (多值) 公式的误解. 为此, 本书只使用一对一的反函数, 它对应于以前文献中的主枝 (参看表 0.21 和表 0.22). 记号 $y=\arcsin x$ 的意思是说: y 表示角的大小 (弧度), 其正弦值为 x(拉丁文为: arcus cuius sinus est x). 我们并不说 $\arcsin x$, $\arccos x$, $\arctan x$, $\operatorname{arccot} x$, 而是说 (x 的) 反正弦函数、反余弦函数、反正切函数和反余切函数.

变换公式 对所有实数 x, $-1 < x < 1$, 有

$$\arcsin x = -\arcsin(-x) = \frac{\pi}{2} - \arccos x = \arctan \frac{x}{\sqrt{1-x^2}}.$$

对所有实数 x, 有

$$\arctan x = -\arctan(-x) = \frac{\pi}{2} - \operatorname{arccot} x = \arcsin \frac{x}{\sqrt{1+x^2}}.$$

导数 对所有实数 x, $-1 < x < 1$, 有

$$\boxed{\frac{\mathrm{d} \arcsin x}{\mathrm{d}x} = \frac{1}{\sqrt{1-x^2}}, \quad \frac{\mathrm{d} \arccos x}{\mathrm{d}x} = -\frac{1}{\sqrt{1-x^2}}.}$$

对所有实数 x, 有

$$\boxed{\frac{\mathrm{d} \arctan x}{\mathrm{d}x} = \frac{1}{1+x^2}, \quad \frac{\mathrm{d} \operatorname{arccot} x}{\mathrm{d}x} = -\frac{1}{1+x^2}.}$$

幂级数 参看 0.7.2.

0.2.13 反双曲函数

反双曲正弦函数 对任意实数 y, 方程

$$y = \sinh x, \quad -\infty < x < +\infty$$

有且仅有一个解, 记为 $x = \operatorname{arsinh} y$. 从形式上互换 x 和 y, 得到

$$y = \operatorname{arsinh} x, \quad -\infty < x < +\infty.$$

该函数的图像能通过函数 $y = \sinh x$ 的图像沿对角线反射得到 [1](参看表 0.23).

表 0.23 反双曲函数图像

原函数	反函数
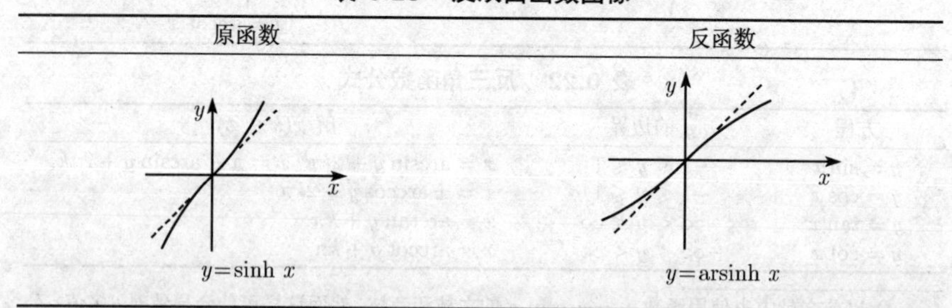	

1) 反双曲函数的拉丁文名称是 (x 的) area sinus hyperbolicus(反双曲正弦函数)、area cosinus hyperbolicus(反双曲余弦函数)、area tangens hyperbdicus(反双曲正切函数) 和 area cotangens hyperbelicus(反双曲余切函数). 这里所使用的记号源于这些函数给出了双曲函数的变量值.

续表

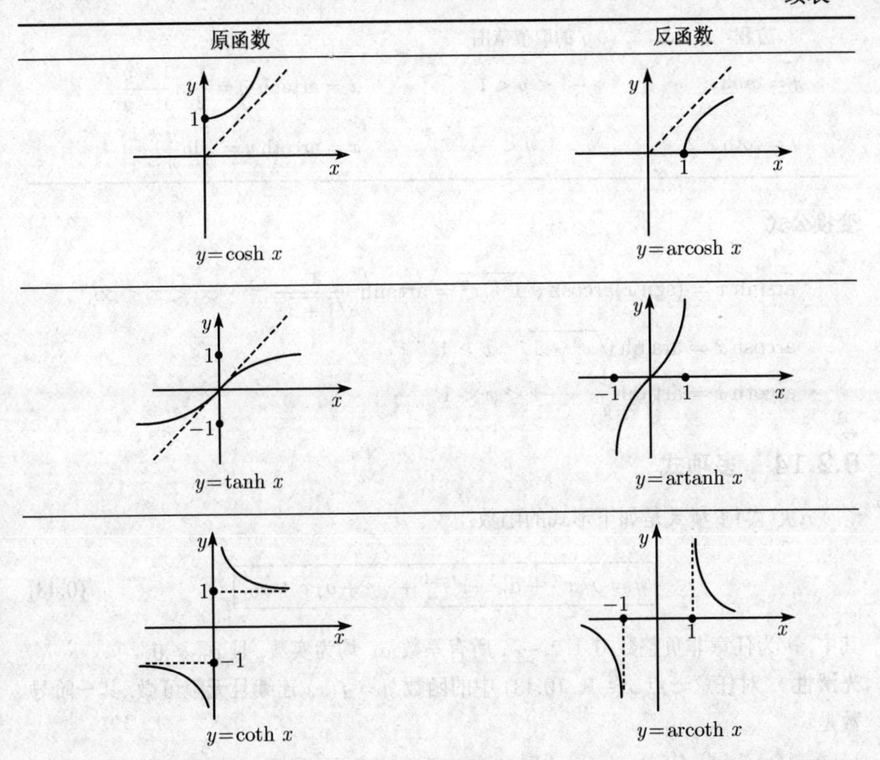

导数

$$\frac{\mathrm{d}\,\mathrm{arsinh}\,x}{\mathrm{d}x}=\frac{1}{\sqrt{1+x^2}},\quad -\infty<x<\infty,$$

$$\frac{\mathrm{d}\,\mathrm{arcosh}\,x}{\mathrm{d}x}=\frac{1}{\sqrt{1-x^2}},\quad x>1,$$

$$\frac{\mathrm{d}\,\mathrm{artanh}\,x}{\mathrm{d}x}=\frac{1}{1-x^2},\quad |x|>1,$$

$$\frac{\mathrm{d}\,\mathrm{arcoth}\,x}{\mathrm{d}x}=\frac{1}{1-x^2},\quad |x|<1.$$

幂级数 参看 0.7.2.

表 0.24 反双曲函数公式

方程	y 的取值范围	解 x
$y=\sinh x$	$-\infty<y<\infty$	$x=\mathrm{arsinh}\ y=\ln(y+\sqrt{y^2+1})$
$y=\cosh x$	$y\geqslant 1$	$x=\pm\mathrm{arcosh}\ y=\pm\ln(y+\sqrt{y^2-1})$

续表

方程	y 的取值范围	解 x
$y=\tanh x$	$-1<y<1$	$x=\operatorname{artanh} y=\frac{1}{2}\ln\frac{1+y}{1-y}$
$y=\coth x$	$y>1, y<-1$	$x=\operatorname{arcoth} y=\frac{1}{2}\ln\frac{y+1}{y-1}$

变换公式

$$\operatorname{arsinh} x=(\operatorname{sgn} x)\operatorname{arcosh}\sqrt{1+x^2}=\operatorname{artanh}\frac{x}{\sqrt{1+x^2}}, \quad -\infty<x<\infty,$$
$$\operatorname{arcosh} x=\operatorname{arsinh}\sqrt{x^2-1}, \quad x\geqslant 1,$$
$$\operatorname{arcoth} x=\operatorname{artanh}\frac{1}{x}, \quad -1<x<1.$$

0.2.14　多项式

n次(实)多项式是如下形式的函数:

$$\boxed{y=a_nx^n+a_{n-1}x^{n-1}+\cdots+a_1x+a_0,} \tag{0.43}$$

其中, n 为任意非负整数 $0,1,2,\cdots$, 所有系数 a_k 均为实数, 且 $a_n\neq 0$.

光滑性　对任意一点 $x\in\mathbb{R}$, (0.43) 中的函数 $y=f(x)$ 连续且无限可微, 其一阶导数是

$$f'(x)=na_nx^{n-1}+(n-1)a_{n-1}x^{n-2}+\cdots+a_1.$$

在无穷远点的性状　当 $x\to\pm\infty$ 时, (0.43) 中的函数 $y=f(x)$ 的性状与函数 $y=ax^n$ 的相同. 也就是说, 当 $n\geqslant 1$ 时, 有 1)

$$\lim_{x\to+\infty} f(x)=\begin{cases}+\infty, & a_n>0,\\ -\infty, & a_n<0,\end{cases}$$

$$\lim_{x\to-\infty} f(x)=\begin{cases}+\infty, & a_n>0\text{且}n\text{为偶数},\text{或}a_n<0\text{且}n\text{为奇数},\\ -\infty, & a_n>0\text{且}n\text{为奇数},\text{或}a_n<0\text{且}n\text{为偶数}.\end{cases}$$

零点　若 n 为奇数, 则 $y=f(x)$ 的图像与 x 轴至少有一个交点 (图 0.36(a)). 交点对应方程 $f(x)=0$ 的解.

全局极小值　若 n 为偶数且 $a_n>0$, 则 $y=f(x)$ 存在全局极小值, 即存在一点 a, 满足对所有 $x\in\mathbb{R}$, 有 $f(a)\leqslant f(x)$(图 0.36(b)).

若 n 为偶数且 $a_n<0$, 则 $y=f(x)$ 存在一个全局极大值.

---

1) 1.3.1.1 中解释了极限符号 "lim" 的含义.

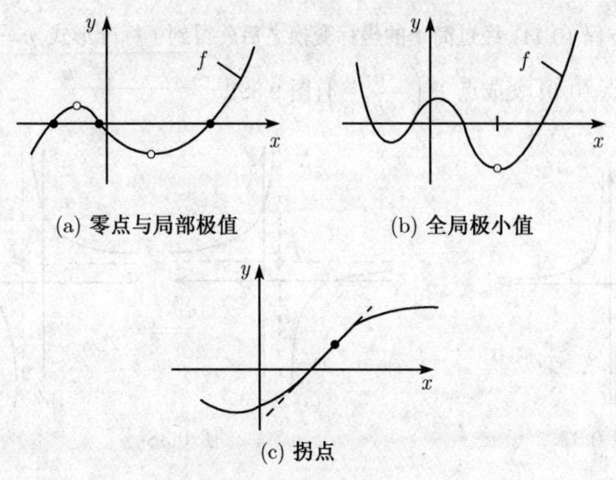

(a) 零点与局部极值　　(b) 全局极小值

(c) 拐点

图 0.36　多项式的局部性质

局部极值　令 $n \geqslant 2$, 则函数 $y = f(x)$ 至多有 $n-1$ 个局部极值, 其中局部极小值和局部极大值交替出现.

拐点　令 $n \geqslant 3$, 则 $y = f(x)$ 的图像至多有 $n-2$ 个拐点 (图 0.36(c)).

0.2.15　有理函数

0.2.15.1　特殊有理函数

令 $b > 0$ 是一个固定的实数. 函数

$$\boxed{y = \frac{b}{x}, \quad x \in \mathbb{R},\ x \neq 0}$$

表示以 x 轴和 y 轴为渐近线的等轴双曲线, 其顶点为 $S_\pm = (\pm\sqrt{b}, \pm\sqrt{b})$(图 0.37).

在无穷远点的性状　$\lim\limits_{x\to\pm\infty} \dfrac{b}{x} = 0.$

在点 $x = 0$ 的极点　$\lim\limits_{x\to\pm 0} \dfrac{b}{x} = \pm\infty.$

0.2.15.2　具有线性分子和分母的有理函数

令 a, b, c, d 是已知的实数, 且 $c \neq 0$, $\varDelta := ad - bc \neq 0$, 则函数

$$\boxed{y = \frac{ax+b}{cx+d}, \quad x \in \mathbb{R} \text{ 且 } x \neq -\frac{d}{c}} \tag{0.44}$$

通过坐标变换 $x = u - \dfrac{d}{c}, y = w + \dfrac{a}{c}$ 可以化简成

$$w = -\frac{\varDelta}{c^2 u}.$$

因此, 一般方程 (0.44) 经过简单的坐标变换之后就得到了标准形式 $y=-\frac{\Delta}{c^2x}$, 该坐标变换把点 $(0,0)$ 变成点 $P\left(-\frac{d}{c},\frac{a}{c}\right)$(图 0.38).

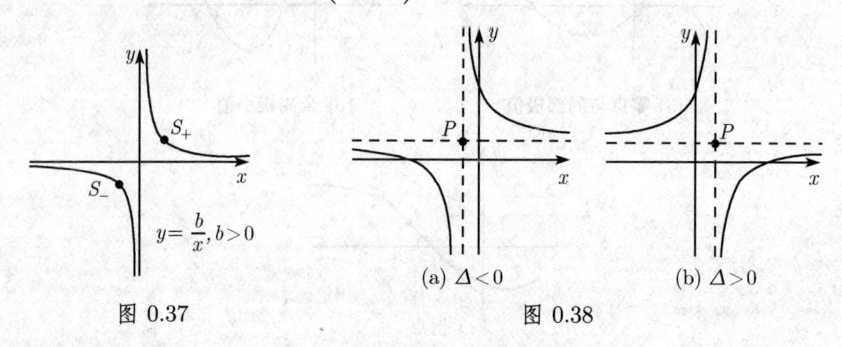

(a) $\Delta<0$ (b) $\Delta>0$

图 0.37 图 0.38

0.2.15.3 具有 n 次分母的特殊有理函数

已知 $b>0$, $n=1,2,\cdots$, 则函数

$$\boxed{y=\frac{b}{x^n},\quad x\in\mathbb{R} \text{ 且 } x\neq 0}$$

如图 0.39 所示.

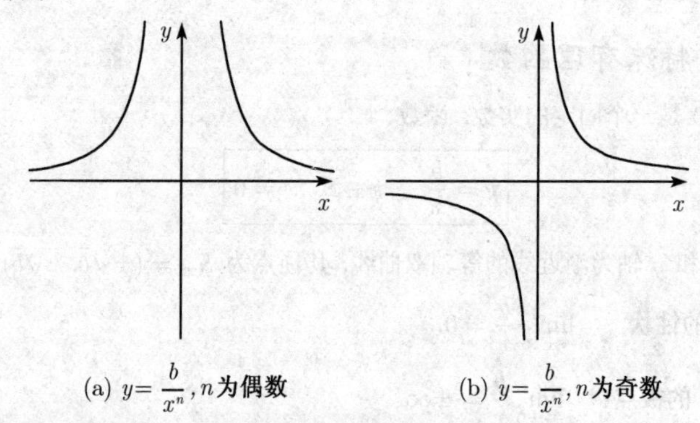

(a) $y=\frac{b}{x^n}$, n为偶数 (b) $y=\frac{b}{x^n}$, n为奇数

图 0.39

0.2.15.4 具有二次分母的有理函数

特例 1 已知 $d>0$, 则函数

$$\boxed{y=\frac{1}{x^2+d^2},\quad x\in\mathbb{R}}$$

和

$$\boxed{y=\frac{x}{x^2+d^2},\quad x\in\mathbb{R},}$$

如图 0.40 所示.

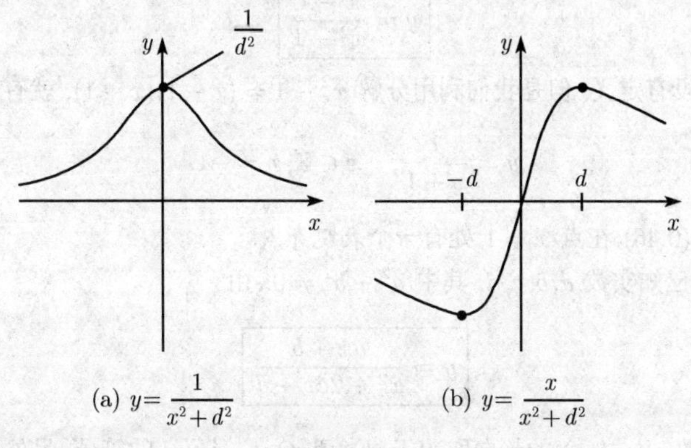

(a) $y=\dfrac{1}{x^2+d^2}$ (b) $y=\dfrac{x}{x^2+d^2}$

图 0.40

特例 2 已知两个实数 $x_{\pm}$, 其中 $x_- < x_+$, 则由

$$\boxed{y = \frac{1}{(x-x_+)(x-x_-)}} \tag{0.45}$$

给出的函数 $y = f(x)$ 可以变成

$$y = \frac{1}{x_+ - x_-}\left(\frac{1}{x-x_+} - \frac{1}{x-x_-}\right).$$

这是所谓的部分分式分解的一个特例 (参看 2.1.7). 我们有

$$\lim_{x\to x_+\pm 0} f(x) = \pm\infty, \qquad \lim_{x\to x_-\pm 0} f(x) = \mp\infty,$$

$$\lim_{x\to\pm\infty} f(x) = 0.$$

因此函数的极点在点 x_+ 和 x_-(图 0.41).

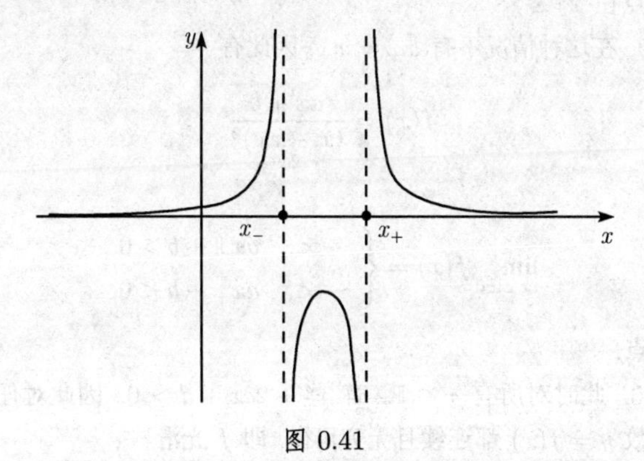

图 0.41

特例 3 尽管函数

$$\boxed{y = \frac{x-1}{x^2-1}} \tag{0.46}$$

在 $x=1$ 处没有定义, 但是我们利用分解 $x^2-1=(x-1)(x+1)$, 就有

$$y = \frac{1}{x+1}, \quad x \in \mathbb{R}, x \neq -1.$$

我们说函数 (0.46) 在点 $x=1$ 处有一个*表观奇点*.

一般情况 已知实数 a, b, c, d, 其中 $a^2+b^2 \neq 0$. 由

$$\boxed{y = \frac{ax+b}{x^2+2cx+d}} \tag{0.47}$$

所定义的函数 $y=f(x)$ 的趋向取决于*判别式* $D := c^2-d$ 的符号. 另外, 我们有

$$\boxed{\lim_{x\to\pm\infty} f(x) = 0.}$$

下面就 D 的符号逐一进行分析:

情形 1: $D>0$. 有

$$x^2+2cx+d=(x-x_+)(x-x_-),$$

其中 $x_\pm = -c \pm \sqrt{D}$. 这就得到了部分分式分解

$$f(x) = \frac{A}{x-x_+} + \frac{B}{x-x_-}.$$

常数 A 和 B 可通过计算如下极限求得:

$$A = \lim_{x\to x_+}(x-x_+)f(x) = \frac{ax_+ + b}{x_+ - x_-}, \quad B = \lim_{x\to x_-}(x-x_-)f(x) = \frac{ax_- + b}{x_- - x_+}.$$

这些函数的极点在 $x_\pm$.

情形 2: $D=0$. 在这种情况下有 $x_+ = x_-$, 因此有

$$f(x) = \frac{ax+b}{(x-x_+)^2}.$$

这就得到

$$\lim_{x\to x_+\pm 0} f(x) = \begin{cases} +\infty, & ax_+ + b > 0, \\ -\infty, & ax_+ + b < 0, \end{cases}$$

即点 x_+ 是极点.

情形 3: $D<0$. 此时对所有 $x \in \mathbb{R}$, 有 $x^2+2cx+d>0$. 因此对任意点 $x \in \mathbb{R}$, (0.47) 中的函数 $y=f(x)$ 都连续且无穷可微, 即 f 光滑.

0.2.15.5 一般有理函数

(实)有理函数是形如

$$y=\frac{a_nx^n+\cdots+a_1x+a_0}{b_mx^m+\cdots+b_1x+b_0}$$

的函数 $y=f(x)$, 其中分子和分母上都是多项式 (参看 0.2.14).

在无穷远点的性状 令 $c:=a_n/b_m$, 有

$$\lim_{x\to\pm\infty}f(x)=\lim_{x\to\pm\infty}cx^{n-m}.$$

由此, 我们讨论所有可能情况.

情形 1: $c>0$.

$$\lim_{x\to+\infty}f(x)=\begin{cases}c, & n=m,\\ +\infty, & n>m,\\ 0, & n<m,\end{cases}$$

$$\lim_{x\to-\infty}f(x)=\begin{cases}c, & n=m,\\ +\infty, & n>m\text{且}n-m\text{为偶数},\\ -\infty, & n>m\text{且}n-m\text{为奇数},\\ 0, & n<m.\end{cases}$$

情形 2: $c<0$. 此时我们必须用 $\mp\infty$ 代替 $\pm\infty$.

部分分式分解 由部分分式分解能够得到有理函数的清晰结构 (参看 2.1.7).

0.3 数学与计算机——数学中的革命

有人说我们生活在数学时代, 我们的文化已经“数学化”了. 计算机的普遍使用无疑证实了这一点.

A. 杰夫 (Jaffe)(美国坎布里奇市哈佛大学)

在解数学问题时 (至少) 要用到四种重要技巧:

(i) 数值算法的使用;

(ii) 分析、代数以及几何问题的算法处理;

(iii) 参考表和公式集;

(iv) 状态的图示.

现代软件编程能在计算机上有效地使用这四种技巧:

(a) 要想解决标准的数学问题, 我们建议使用 Mathematica 系统.

(b) 要想解决复杂的科学计算问题, 将 Maple 和 Matlab 结合在一起往往是最好的选择.

(c) 许多软件包也包含程序库 Imsl math/stat/sfun library(国际数学与统计库).

为解决所给的数学问题, 我们应该首先检查一下这个问题是否可以利用 Mathematica 中的程序, 事实上, 本书所讲的许多问题都符合要求. 如果不合要求, 我们再借助 (b) 和 (c).

在本书参考文献的开头, 就这一课题列有许多文献, 其中关于使用 Mathematica 的手册写法巧妙, 教法得当, 适用于大众读者. 经验表明, 要想熟练应用这些程序, 我们要花很多时间去熟悉它们. 这项时间投资还是很划算的, 因为其收获可能颇丰.

不断完善的现代软件系统能使用户从大量日常工作中解放出来, 从而有机会参加其他活动. 尽管如此, 数学基础知识还是不可能完全代替人类. 这就好像是说, 尽管我们今天在建筑工地看到的大型起重机为人类做出了大量的工作, 但还需要人类去决定建什么和怎样建. 我们可以要求人具有想象和创造能力, 但却不能指望一台机器能够这样.

0.4 数理统计表与标准过程

本节目标是想让大多数读者了解一下数理统计的基础和实际应用. 为此, 我们假定他们以前对这部分数学内容几乎一无所知. 6.3 将讨论数理统计的基础.

计算机上的数理统计 许多初等的标准过程都可以通过 Mathematica 实现. 今天普遍使用的更专业的统计包是 SPSS 和 SAS.

0.4.1 测量 (试验) 序列的最重要的试验数据

工艺、科学和医药中的许多测量值都具有一个特征, 那就是每次与每次的测量结果都不同. 我们说测量具有随机性成分, 想要测量的量 X, 称为*随机变量*.

例 1: 一个人的身高 X 是随机的, 即 X 是随机变量.

测量序列 当我们测量随机量 X 时, 就得到测量值

$$\boxed{x_1, \cdots, x_n.}$$

例 2: 表 0.25 和表 0.26 是测得的 8 个人的身高 (单位: cm).

表 0.25

x_1	x_2	x_3	x_4	x_5	x_6	x_7	x_8	$\bar{x}$	Δx
168	170	172	175	176	177	180	182	175	4.8

表 0.26

x_1	x_2	x_3	x_4	x_5	x_6	x_7	x_8	$\bar{x}$	Δx
174	174	174	174	176	176	176	176	175	1.07

经验均值与经验标准差 测量序列 $x_1,\cdots,x_n$ 的两个基本特征量是经验均值

$$\bar{x}:=\frac{1}{n}(x_1+x_2+\cdots+x_n)$$

和经验标准差 Δx, 后者的平方为 [1]

$$(\Delta x)^2:=\frac{1}{n-1}[(x_1-\bar{x})^2+(x_2-\bar{x})^2+\cdots+(x_n-\bar{x})^2].$$

例 3: 由表 0.25 中的值, 有

$$\bar{x}=\frac{1}{8}(168+170+172+175+176+177+180+182)=175.$$

由此, 这些人的平均身高为 175cm. 同样, 表 0.26 中人的平均身高也是 175cm. 但比较一下, 我们会发现表 0.25 中各个值的变化程度要比表 0.26 中的大得多. 由表 0.26, 有

$$\begin{aligned}(\Delta x)^2&=\frac{1}{7}[(174-175)^2+(174-175)^2+\cdots+(176-175)^2]\\&=\frac{1}{7}[1+1+1+1+1+1+1+1]=\frac{8}{7},\end{aligned}$$

即 $\Delta x=1.07$. 表 0.25 的标准差的平方为

$$\begin{aligned}(\Delta x)^2&=\frac{1}{7}[(168-175)^2+(170-175)^2+\cdots+(182-175)^2]\\&=\frac{1}{7}[49+25+9+1+4+25+49]=23,\end{aligned}$$

即 $\Delta x=4.8$.

拇指法则

经验标准差越小, 测量值相对平均值 $\bar{x}$ 的变化幅度越小.

其极限情形是 $\Delta x=0$, 也就是所有的测量值都等于 $\bar{x}$.

测量分布 —— 直方图 为了得到测量分布的一般思想, 特别是当测量组很大时, 我们用图示表示, 称为*直方图*.

(i) 把测量值分成几类 $K_1,K_2,\cdots,K_s$, 它们是邻区间.

(ii) 令 m_r 表示类 K_r 中测量值的数目.

---

1) 这里的分母为 $n-1$, 而不是像许多读者希望的那样为 n, 估计理论说明这完全是合理的. 事实上, 量 Δx 是随机变量 X 的理论标准差 ΔX 的一个*期望忠实估计*(参看 6.3.2). 当 n 很大时, n 与 $n-1$ 之间的差别可以忽略.

量 $(\Delta x)^2$ 称为*方差*.

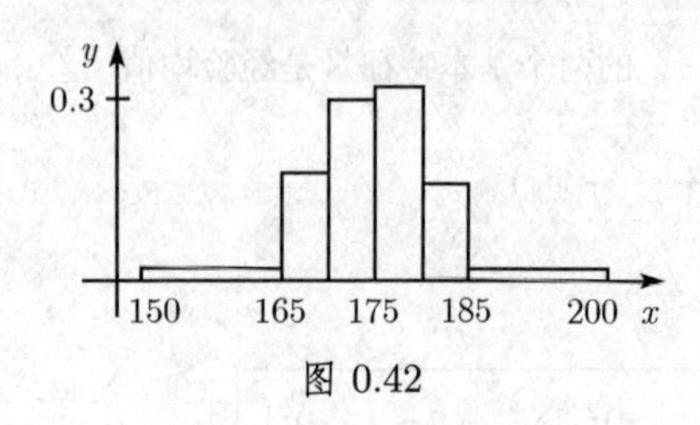

图 0.42

(iii) 若记 n 个测量值为 $x_1, \cdots, x_n$, 则量 $\dfrac{m_r}{n}$ 称为类 K_r 的相对测量频率.

(iv) 画出类 K_j, 其中第 K_r 类所在的矩形的高度 $\dfrac{m_r}{n}$.

例 4: 表 0.27 给出了 100 个人的身高 (单位: cm), 根据这些数据画出的直方图如图 0.42 所示.

表 0.27

类 K_r	测量值	频率 m_r	相对频率 $\dfrac{m_r}{100}$
K_1	$150 \leqslant x < 165$	2	0.02
K_2	$165 \leqslant x < 170$	18	0.18
K_3	$170 \leqslant x < 175$	30	0.30
K_4	$175 \leqslant x < 180$	32	0.32
K_5	$180 \leqslant x < 185$	16	0.16
K_6	$185 \leqslant x < 200$	2	0.02

0.4.2 理论分布函数

随机变量 X 的试验序列往往随着试验的不同而不同. 例如, 测量一个家族、一个城市或一个国家的人时, 人的身高往往各不相同. 为了建立随机变量理论, 理论分布函数的概念必不可少.

定义 随机变量 X 的理论分布函数 Φ 定义如下:

$$\Phi(x) := P(X < x).$$

也就是说, $\Phi(x)$ 的值等于随机变量小于已知数 x 的概率.

正态分布 许多测量值都服从正态分布. 为了对此加以说明, 考虑一条高斯钟形曲线

$$\varphi(x) := \frac{1}{\sigma\sqrt{2\pi}} \mathrm{e}^{-(x-\mu)^2/2\sigma^2}. \tag{0.48}$$

这样一条曲线在 $x = \mu$ 处有极大值. 正数 σ 越小, 曲线就越向点 $x = \mu$ 处集中. 我们称 μ 和 σ 分别为正态分布的均值和标准差 (图 0.43(a)).

图 0.43(b) 中阴影部分的面积等于随机变量属于区间 $[a, b]$ 的概率.

图 0.43(d) 给出了正态分布 (0.48) 的分布函数 Φ. 图 0.43(d) 中的值 $\Phi(a)$ 等于 a 左边钟形线下的曲边图形的面积. 差

$$\Phi(b) - \Phi(a)$$

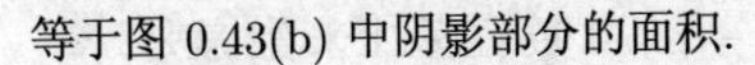
等于图 0.43(b) 中阴影部分的面积.

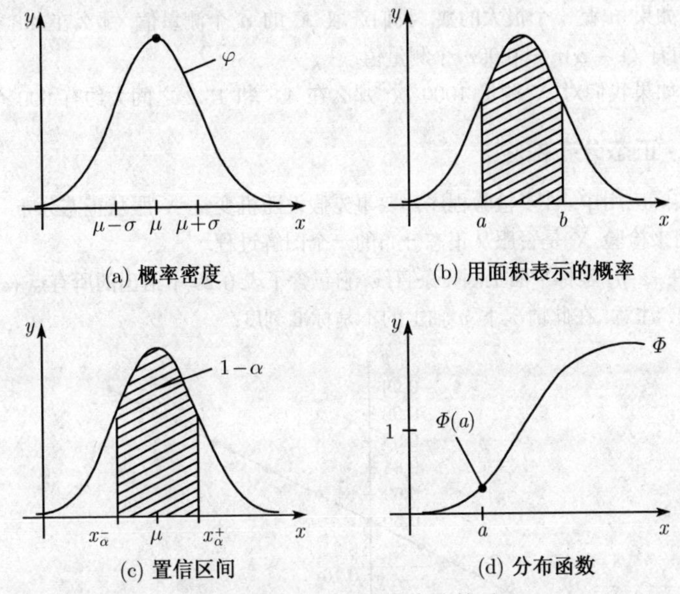

图 0.43 高斯正态分布的性质

置信区间 置信区间的概念在数理统计中异常重要, 随机变量 X 的 α 置信区间 $[x_\alpha^-, x_\alpha^+]$ 定义如下: X 的所有测量值中属于这个区间的概率为 $1-\alpha$, 即 x 满足不等式

$$x_\alpha^- \leqslant x \leqslant x_\alpha^+$$

的概率是 $1-\alpha$. 图 0.43(c) 中区间终点 x_α^- 和 x_α^+ 满足: 关于均值 μ 对称, 且阴影部分的面积等于 $1-\alpha$. 我们有

$$x_\alpha^+ = \mu + \sigma z_\alpha, \quad x_\alpha^- = \mu - \sigma z_\alpha.$$

对实际应用中的许多重要情况, 即 $\alpha = 0.01$, 0.05 和 0.1 时, 表 0.28 给出了 z_α 的值.

表 0.28

α	0.01	0.05	0.1
z_α	2.6	2.0	1.6

随机变量 X 属于 α 置信区间的概率为 $1-\alpha$.

例: 令 $\mu = 10$, $\sigma = 2$, 则当 $\alpha = 0.01$, 有

$$x_\alpha^+ = 10 + 2 \cdot 2.6 = 15.2, \quad x_\alpha^- = 10 - 2 \cdot 2.6 = 4.8.$$

因此, 测量值 x 在 4.8 到 15.2 之间的概率为 $1-\alpha=0.99$. 直观上来看, 就是:

(a) 如果 n 是一个很大的数, 我们选取 X 的 n 个测量值, 那么在 4.8 到 15.2 之间大约有 $(1-\alpha)n=0.99n$ 个测量值.

(b) 如果我们对 X 测量 1000 次, 那么在 4.8 和 15.2 之间大约有 990 个值

0.4.3　正态分布检验

在实际应用中, 许多检验程序都要事先假设随机变量 X 服从正态分布. 这里我们讨论用来检验 X 是否服从正态分布的一个图解过程.

(i) 在 (z,y) 坐标平面上画一条直线, 它包含了表 0.29 中给出的所有点 $(z,\Phi(z))$ (图 0.44). 注意, 在此情况下 y 轴上的不是标准刻度.

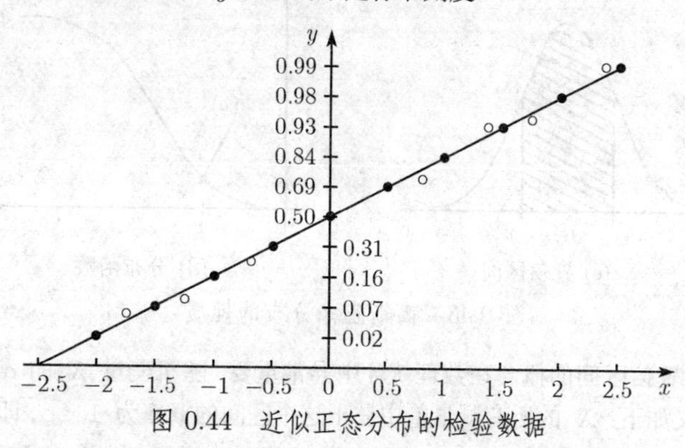

图 0.44　近似正态分布的检验数据

(ii) 由所给的 X 的测量值 $x_1,\cdots,x_n$, 得到量

$$z_j:=\frac{x_j-\bar{x}}{\Delta x},\quad j=1,\cdots,n.$$

(iii) 计算

$$\Phi_*(z_j)=\frac{1}{n}(\text{小于}z_j\text{的测量值}z_k\text{的数目})$$

并在图 0.44 中标出点 $(z_j,\Phi_*(z_j))$.

若这些点的位置非常接近 (i) 中画出的直线, 则称 X 近似正态分布.

例: 图 0.44 中的开圆表示的测量值是近似正态分布的.

表 0.29　正态分布函数的样本值

z	−2.5	−2	−1.5	−1	−0.5	0	0.5	1	1.5	2	2.5
$\Phi(z)$	0.01	0.02	0.07	0.16	0.31	0.5	0.69	0.84	0.93	0.98	0.99

表 0.29 给出了 Φ 值的更精确的列表. 图 0.44 中的图像也可以用所谓的概率纸得到.

正态分布的 χ^2 拟合检验　这种检验方法要比刚才用概率纸给出的直观方法重要得多, 6.3.4.5 对此进行了介绍.

0.4.4 测量序列的统计计算

假设 X 是一个服从正态分布的随机变量, 其正态分布 (0.48) 的均值为 μ, 标准差为 σ.

均值 μ 的置信限

(i) 取 X 的 n 个测量值, 记为 $x_1, \cdots, x_n$.

(ii) 取一个小数 α 作为误差概率, 由 0.4.6.3 的表, 确定 $t_{\alpha,m}$ 的值, 其中 $m = n-1$. 那么正态分布未知的均值 μ 满足不等式:

$$\boxed{\bar{x} - t_{\alpha,m}\frac{\Delta x}{\sqrt{n}} \leqslant \mu \leqslant \bar{x} + t_{\alpha,m}\frac{\Delta x}{\sqrt{n}}.}$$

该命题的误差概率为 α.

例 1: 对于表 0.25 中给出的身高的测量值, 我们有 $n = 8, \bar{x} = 175, \Delta x = 4.8$. 若取 $\alpha = 0.01$, 则当 $m = 7$ 时, 由 0.4.6.3, 有 $t_{\alpha,m} = 3.5$. 若假设身高是一个服从正态分布的随机变量, 则对误差概率 $\alpha = 0.01$, 关于均值有

$$169 \leqslant \mu \leqslant 181.$$

标准差 σ 的置信区间 对误差概率 α, 标准差 σ 满足不等式:

$$\boxed{\frac{(n-1)(\Delta x)^2}{b} \leqslant \sigma^2 \leqslant \frac{(n-1)(\Delta x)^2}{a},}$$

其中 $a := \chi^2_{1-\alpha/2}, b := \chi^2_{\alpha/2}$, 我们能从 0.4.6.4 中自由度为 $m = n-1$ 的表中查出它们的值.

例 2: 再次考虑表 0.25 中的身高测量值. 当 $\alpha = 0.01$, $m = 7$ 时, 由 0.4.6.4 知 $a = 1.24$, $b = 20.3$. 因此对于误差概率 $\alpha = 0.01$, 得到估计

$$2.8 \leqslant \sigma \leqslant 11.4.$$

诚然, 由于测量值的个数很小, 这些估计值相当粗糙.

6.6.3 中更详细地说明了其原因.

0.4.5 两个测量序列的统计比较

假设已知随机变量 X 和 Y 的两个试验序列

$$\boxed{x_1, \cdots, x_{n_1} \text{ 和 } y_1, \cdots, y_{n_2}.} \tag{0.49}$$

存在两个基本问题:

(i) 两个测量序列之间存在相关性吗?

(ii) 两个随机变量之间存在重要差别吗?

为了研究 (i), 我们采用相关系数. 为了回答 (ii), 引入 F 检验、t 检验和威尔科克森检验. 这一点我们后面再考虑.

0.4.5.1 经验相关系数

当 $n_1 = n_2 = n$ 时, (0.49) 这两个测量序列的经验相关系数由下面的数给出:

$$\rho = \frac{(x_1 - \bar{x})(y_1 - \bar{y}) + (x_2 - \bar{x})(y_2 - \bar{y}) + \cdots + (x_n - \bar{x})(y_n - \bar{y})}{(n-1)\Delta x \Delta y}.$$

$-1 \leqslant \rho \leqslant 1$. 当 $\rho = 0$ 时, 这两个序列没有相关性.

两个序列的相关性越强, 量 ρ^2 越大.

回归线 如果在笛卡儿坐标系中描出测量值对 (x_j, y_j), 那么所谓的回归线

$$y = \bar{y} + \rho \frac{\Delta y}{\Delta x}(x - \bar{x})$$

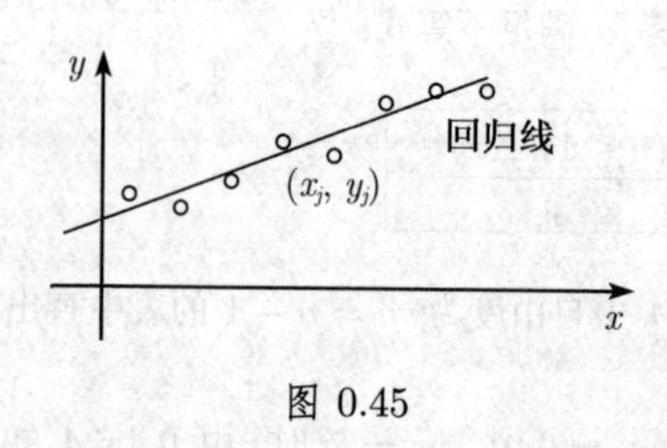

图 0.45

是与所描出的那些点最接近的线 (图 0.45), 即这条线是极小问题

$$\sum_{j=1}^{n} (y_j - a - bx_j)^2 \stackrel{!}{=} \min, \quad a, b \text{ 为实数}$$

的一个解. 极小值等于 $(\Delta y)^2(1-\rho^2)$. 因此当 $\rho^2 = 1$ 时, 回归线关于测量值的拟合是最优拟合.

表 0.30

x_1	x_2	x_3	x_4	x_5	x_6	x_7	x_8	$\bar{x}$	Δx
168	170	172	175	176	177	180	182	175	5
y_1	y_2	y_3	y_4	y_5	y_6	y_7	y_8	$\bar{y}$	Δy
157	160	163	165	167	167	168	173	165	5

例: 对表 0.30 中的两个测量序列, 其相关系数为

$$\rho = 0.96,$$

回归线为

$$y = \bar{y} + 0.96(x - \bar{x}). \tag{0.50}$$

这两个测量序列之间存在强相关性. 回归线 (0.50) 与测量值相当接近.

0.4.5.2 t 检验对两均值的比较

在实际应用中, 常常借助 t 检验判断两个试验序列是否在本质上互不相同.

(i) 考虑随机变量 X 和 Y 的两个序列 $x_1, \cdots, x_{n_1}$ 和 $y_1, \cdots, y_{n_2}$, 假定它们服从正态分布.

此外, 假设 X 和 Y 的标准差相同, 借助 0.4.5.3 的 F 检验可以验证这个假设.

(ii) 计算

$$t = \frac{\bar{x} - \bar{y}}{\sqrt{(n_1 - 1)(\Delta x)^2 + (n_2 - 1)(\Delta y)^2}} \sqrt{\frac{n_1 n_2 (n_1 + n_2 - 2)}{n_1 + n_2}}.$$

(iii) 对已知的 α 和 $m = n_1 + n_2 - 1$, 根据 0.4.6.3 中的表确定 $t_{\alpha,m}$ 的值.

情形 1: 假设

$$\boxed{|t| > t_{\alpha,m}.}$$

此时 X 和 Y 的均值不同, 即测量的经验均值 $\bar{x}$ 和 $\bar{y}$ 的差别并不是任意的, 需要作出说明. 在这种情况下我们也说随机变量 X 和 Y 存在重要差别.

情形 2: 假设

$$\boxed{|t| < t_{\alpha,m}.}$$

此时 X 和 Y 的均值之间并没有很大差别.

这两种说法都有误差概率 α, 意思就是说, 若我们对 100 种不同的情况进行检验, 有 $100 \cdot \alpha$ 种情况会产生错误结论.

例 1: 当 $\alpha = 0.01$ 时, 在 100 次试验中有一次试验会产生错误结论.

例 2: 患同样病的人服用 A 和 B 两种药物, 服用 A(B) 药物的人治愈时间的随机变量是 $X(Y)$ 天. 表 0.31 列出了一些测量值. 例如, 服用 A 药物的平均治愈时间是 20 天.

表 0.31

药物 A: $\bar{x} = 20$	$\Delta x = 5$	$n_1 = 15$ 个病人
药物 B: $\bar{y} = 26$	$\Delta y = 4$	$n_2 = 15$ 个病人

我们得到

$$t = \frac{26 - 20}{\sqrt{14 \cdot 25 + 14 \cdot 16}} \cdot \sqrt{\frac{15 \cdot 15(30 - 2)}{15 + 15}} = 3.6.$$

当 $\alpha = 0.01$, $m = 15 + 15 - 1 = 29$ 时, 由 0.4.6.3 中的表, 有 $t_{\alpha,m} = 2.8$.

因为 $t > t_{\alpha,m}$, 所以这两种药物之间存在重要差别, 也就是药物 A 比药物 B 好.

0.4.5.3 F 检验

这个检验用来验证两个服从正态分布的随机变量的标准差彼此是否相同.

(i) 考虑随机变量 X 和 Y 的两个测量序列 $x_1,\cdots,x_{n_1}$ 和 $y_1,\cdots,y_{n_2}$, 假设它们服从正态分布.

(ii) 有商

$$F:=\begin{cases}\left(\dfrac{\Delta x}{\Delta y}\right)^2, & 若\ \Delta x>\Delta y,\\ \left(\dfrac{\Delta y}{\Delta x}\right)^2, & 若\ \Delta x\leqslant\Delta y.\end{cases}$$

(iii) 当 $m_1:=n_1-1, m_2:=n_2-1$ 时, 在 0.4.6.5 中查找粗体字 $F_{0.01;m_1m_2}$.

情形 1:

$$\boxed{F>F_{0.01;m_1m_2}.}$$

在这种情况下, X 和 Y 的标准差不同, 即测量的经验标准差 Δx 和 Δy 的差别并不是随机变量, 而是有着某种更深层的含义.

情形 2:

$$\boxed{F\leqslant F_{0.01;m_1m_2}.}$$

此时, 假设 X 和 Y 的标准差实质上相同.

这两种说法的误差概率都是 0.02. 意思就是说, 如果我们对 100 种不同的情况进行检验, 有 2 种情况会产生错误结论.

例: 再次考虑表 0.31 中的数据, 有 $F=(\Delta x/\Delta y)^2=1.6$. 由 0.4.6.5 中的表, 当 $m_1=m_2=14$ 时, 有 $F_{0.01;m_1m_2}=3.7$. 因为 $F<F_{0.01;m_1m_2}$, 所以可以断定 X 和 Y 有相同的标准差.

0.4.5.4 威尔科克森 (Wilcoxon) 检验

t 检验只能应用到服从正态分布的量中, 威尔科克森检验更具一般性, 我们能利用它检验两个试验序列是否来自于具有不同分布的随机变量, 即验证这些量是否在本质上互不相同. 6.3.4.5 中讲述了这一检验.

0.4.6 数理统计中的表

0.4.6.1 表的插值

线性插值 每个表都由一些表值构成. 表 0.32 中的表值包括 x 的值和 $f(x)$ 的值两部分.

表 0.32

x	$f(x)$
1	0.52
2	0.60
3	0.64

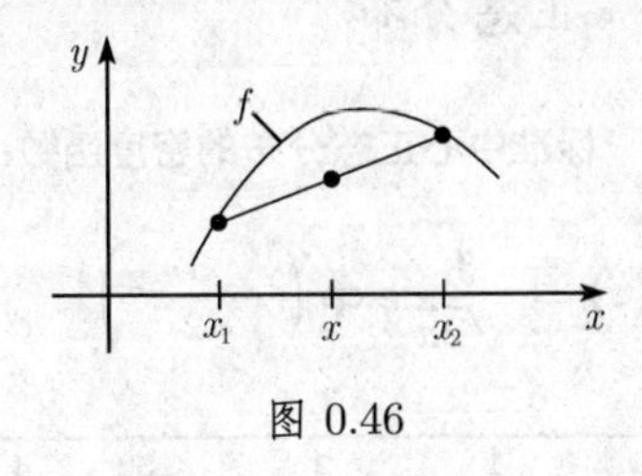

图 0.46

第一个基本问题: 对已知的表值 x, 求 $f(x)$ 的插值 若 x 不在这个表中, 可以使用线性插值, 如图 0.46 所示. 这里点对 $(x_1, f(x_1))$ 和 $(x_2, f(x_2))$ 之间的割线取代了 $y = f(x)$ 的图像. $f(x)$ 的近似值 $f_*(x)$ 由如下线性插值公式得到:

$$\boxed{f_*(x) = f(x_1) + \frac{f(x_2) - f(x_1)}{x_2 - x_1}(x - x_1).} \tag{0.51}$$

例 1: 令 $x = 1.5$, 我们在表 0.32 中找到最邻近的表值

$$x_1 = 1 \text{ 和 } x_2 = 2,$$

它们分别对应 $f(x_1) = 0.52$ 和 $f(x_2) = 0.60$. 由插值公式 (0.51), 有

$$f_*(x) = 0.52 + \frac{0.60 - 0.52}{1}(1.5 - 1) = 0.52 + 0.08 \cdot 0.5 = 0.56.$$

第二个基本问题: 对已知的值 $f(x)$, 求表值 x 的插值 为了由 $f(x)$ 计算 x, 利用公式:

$$\boxed{x = x_1 + \frac{f(x) - f(x_1)}{f(x_2) - f(x_1)}(x_2 - x_1).} \tag{0.52}$$

例 2: 令 $f(x) = 0.62$, 我们在表 0.32 中找到最邻近的表值

$$f(x_1) = 0.60 \text{ 和 } f(x_2) = 0.64,$$

它们分别对应 $x_1 = 2$ 和 $x_2 = 3$. 由 (0.52), 有

$$x = 2 + \frac{0.62 - 0.60}{0.64 - 0.60}(3 - 2) = 2 + \frac{0.02}{0.04} = 2.5.$$

由 Mathematica 获得的更高的精确度 线性插值是用来求近似解的一种方法, 对数理统计而言, 这种方法就足够了. 我们并不认为像统计这种在本质上就不很精确的学科能够靠小数点后面位数的增加来提高其精确性.

然而, 在物理学与工艺学中, 往往需要更高的精确度. 于是, 二次插值的方法应运而生了. 在广泛应用计算机的今天, 可以利用计算机软件程序 (例如 Mathematcia) 获得某些特殊函数的精确值.

0.4.6.2 正态分布

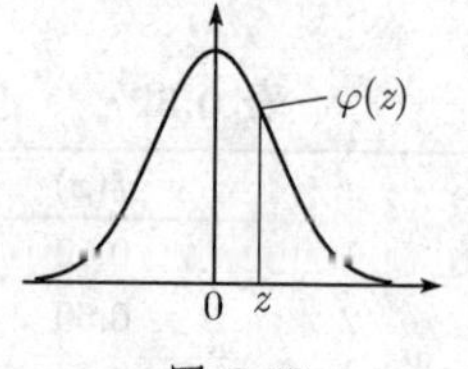

图 0.47

表 0.33 标准中心正态分布的密度函数:

$$\varphi(z)=\frac{1}{\sqrt{2\pi}}\exp\left(-\frac{1}{2}z^2\right)$$

z	0	1	2	3	4	5	6	7	8	9
0.0	3 989^{-4}	3 989	3 989	3 988	3 986	3 984	3 982	3 980	3 977	3 973
0.1	3 970^{-4}	3 965	3 961	3 956	3 951	3 945	3 939	3 932	3 925	3 918
0.2	3 910^{-4}	3 902	3 894	3 885	3 876	3 867	3 857	3 847	3 836	3 825
0.3	3 814^{-4}	3 802	3 790	3 778	3 765	3 752	3 739	3 725	3 712	3 697
0.4	3 683^{-4}	3 668	3 653	3 637	3 621	3 605	3 589	3 572	3 555	3 538
0.5	3 521^{-4}	3 503	3 485	3 467	3 448	3 429	3 410	3 391	3 372	3 352
0.6	3 332^{-4}	3 312	3 292	3 271	3 251	3 230	3 209	3 187	3 166	3 144
0.7	3 123^{-4}	3 101	3 079	3 056	3 034	3 011	2 989	2 966	2 943	2 920
0.8	2 897^{-4}	2 874	2 850	2 827	2 803	2 780	2 756	2 732	2 709	2 685
0.9	2 661^{-4}	2 637	2 613	2 589	2 565	2 541	2 516	2 492	2 468	2 444
1.0	2 420^{-4}	2 396	2 371	2 347	2 323	2 299	2 275	2 251	2 227	2 203
1.1	2 179^{-4}	2 155	2 131	2 107	2 083	2 059	2 036	2 012	1 989	1 965
1.2	1 942^{-4}	1 919	1 895	1 872	1 849	1 826	1 804	1 781	1 758	1 736
1.3	1 714^{-4}	1 691	1 669	1 647	1 626	1 604	1 582	1 561	1 539	1 518
1.4	1 497^{-4}	1 476	1 456	1 435	1 415	1 394	1 374	1 354	1 334	1 315
1.5	1 295^{-4}	1 276	1 257	1 238	1 219	1 200	1 182	1 163	1 145	1 127
1.6	1 109^{-4}	1 092	1 074	1 057	1 040	1 023	1 006	9 893^{-5}	9 728	9 566
1.7	9 405^{-5}	9 246	9 089	8 933	8 780	8 628	8 478	8 329	8 183	8 038
1.8	7 895^{-5}	7 754	7 614	7 477	7 341	7 206	7 074	6 943	6 814	6 687
1.9	6 562^{-5}	6 438	6 316	6 195	6 077	5 960	5 844	5 730	5 618	5 508
2.0	5 399^{-5}	5 292	5 186	5 082	4 980	4 879	4 780	4 682	4 586	4 491
2.1	4 398^{-5}	4 307	4 217	4 128	4 041	3 955	3 871	3 788	3 706	3 626
2.2	3 547^{-5}	3 470	3 394	3 319	3 246	3 174	3 103	3 034	2 965	2 898
2.3	2 833^{-5}	2 768	2 705	2 643	2 582	2 522	2 463	2 406	2 349	2 294
2.4	2 239^{-5}	2 186	2 134	2 083	2 033	1 984	1 936	1 888	1 842	1 797
2.5	1 753^{-5}	1 709	1 667	1 625	1 585	1 545	1 506	1 468	1 431	1 394
2.6	1 358^{-5}	1 323	1 289	1 256	1 223	1 191	1 160	1 130	1 100	1 071
2.7	1 042^{-5}	1 014	9 871^{-6}	9 606	9 347	9 094	8 846	8 605	8 370	8 140
2.8	7 915^{-6}	7 697	7 483	7 274	7 071	6 873	6 679	6 491	6 307	6 127
2.9	5 953^{-6}	5 782	5 616	5 454	5 296	5 143	4 993	4 847	4 705	4 567
3.0	4 432^{-6}	4 301	4 173	4 049	3 928	3 810	3 695	3 584	3 475	3 370
3.1	3 267^{-6}	3 167	3 070	2 975	2 884	2 794	2 707	2 623	2 541	2 461
3.2	2 384^{-6}	2 309	2 236	2 165	2 096	2 029	1 964	1 901	1 840	1 780
3.3	1 723^{-6}	1 667	1 612	1 560	1 508	1 459	1 411	1 364	1 319	1 275
3.4	1 232^{-6}	1 191	1 151	1 112	1 075	1 038	1 003	9 689^{-7}	9 358	9 037
3.5	8 727^{-7}	8 426	8 135	7 853	7 581	7 317	7 061	6 814	6 575	6 343
3.6	6 119^{-7}	5 902	5 693	5 490	5 294	5 105	4 921	4 744	4 573	4 408
3.7	4 248^{-7}	4 093	3 944	3 800	3 661	3 526	3 396	3 271	3 149	3 032
3.8	2 919^{-7}	2 810	2 705	2 604	2 506	2 411	2 320	2 232	2 147	2 065
3.9	1 987^{-7}	1 910	1 837	1 766	1 698	1 633	1 569	1 508	1 449	1 393
4.0	1 338^{-7}	1 286	1 235	1 186	1 140	1 094	1 051	1 009	9 687^{-8}	9 299
4.1	8 926^{-8}	8 567	8 222	7 890	7 570	7 263	6 967	6 683	6 410	6 147
4.2	5 894^{-8}	5 652	5 418	5 194	4 979	4 772	4 573	4 382	4 199	4 023
4.3	3 854^{-8}	3 691	3 535	3 386	3 242	3 104	2 972	2 845	2 723	2 606
4.4	2 494^{-8}	2 387	2 284	2 185	2 090	1 999	1 912	1 829	1 749	1 672
4.5	1 598^{-8}	1 528	1 461	1 396	1 334	1 275	1 218	1 164	1 112	1 062
4.6	1 014^{-8}	9 684^{-9}	9 248	8 830	8 430	8 047	7 681	7 331	6 996	6 676
4.7	6 370^{-9}	6 077	5 797	5 530	5 274	5 030	4 796	4 573	4 360	4 156
4.8	3 961^{-9}	3 775	3 598	3 428	3 267	3 112	2 965	2 824	2 960	2 561
4.9	2 439^{-9}	2 322	2 211	2 105	2 003	1 907	1 814	1 727	1 643	1 563

注：3989^{-4} 表示 $3989\cdot 10^{-4}$.

表 0.34 标准中心正态分布的概率积分

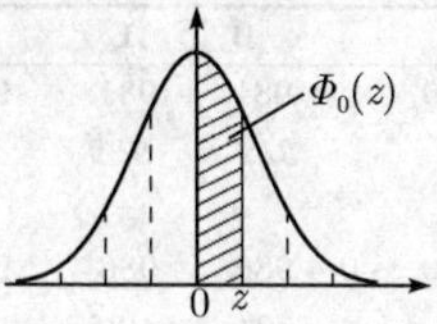

$$\boldsymbol{\Phi_0(z)} = \int_0^z \varphi(x)\mathrm{d}x = \frac{1}{2\pi}\int_0^z \exp\left(-\frac{1}{2}x^2\right)\mathrm{d}x$$

分布函数 $\Phi(z) = \dfrac{1}{\sqrt{2\pi}}\displaystyle\int_{-\infty}^{z}\exp\left(-\frac{1}{2}x^2\right)\mathrm{d}x$ 通过 $\Phi(z) = \dfrac{1}{2} + \Phi_0(z)$ 与 $\Phi_0(z)$ 联系起来, 另外, $\Phi_0(-z) = -\Phi_0(z)$.

$\Phi_0(z)$

图 0.48

z	0	1	2	3	4	5	6	7	8	9
0.0	0.0 000	040	080	120	160	199	239	279	319	359
0.1	398	438	478	517	557	596	636	675	714	753
0.2	793	832	871	910	948	987	·026	·064	·103	·141
0.3	0.1 179	217	255	293	331	368	406	443	480	517
0.4	554	591	628	664	700	736	772	808	844	879
0.5	915	950	985	·019	·054	·088	·123	·157	·190	·224
0.6	0.2 257	291	324	357	389	422	454	486	517	549
0.7	580	611	642	673	703	734	764	794	823	852
0.8	881	910	939	967	995	·023	·051	·078	·106	·133
0.9	0.3 159	186	212	238	264	289	315	340	365	389
1.0	413	438	461	485	508	531	554	577	599	621
1.1	643	665	686	708	729	749	770	790	810	830
1.2	849	869	888	907	925	944	962	980	997	·015
1.3	0.4 032	049	066	082	099	115	131	147	162	177
1.4	192	207	222	236	251	265	279	292	306	319
1.5	332	345	357	370	382	394	406	418	429	441
1.6	452	463	474	484	495	505	515	525	535	545
1.7	554	564	573	582	591	599	608	616	625	633
1.8	641	649	656	664	671	678	686	693	699	706
1.9	713	719	726	732	738	744	750	756	761	767
2.0	772	778	783	788	793	798	803	808	812	817
2.1	821	826	830	834	838	842	846	850	854	857
2.2	860	864	867	871	874	877	880	883	886	889
	966	*474*	*906*	*263*	*545*	*755*	*894*	*962*	*962*	*893*
2.3	892	895	898	900	903	906	908	911	913	915
	759	*559*	*296*	*969*	*581*	*133*	*625*	*060*	*437*	*758*
2.4	918	920	922	924	926	928	930	932	934	936
	025	*237*	*397*	*506*	*564*	*572*	*531*	*443*	*309*	*128*
2.5	937	939	941	942	944	946	947	949	950	952
	903	*634*	*323*	*969*	*574*	*139*	*664*	*151*	*600*	*012*
2.6	953	954	956	957	958	959	960	962	963	964
	388	*729*	*035*	*308*	*547*	*754*	*930*	*074*	*189*	*274*
2.7	965	966	967	968	969	970	971	971	972	973
	330	*358*	*359*	*333*	*280*	*202*	*099*	*972*	*821*	*646*
2.8	974	975	975	976	977	978	978	979	980	980
	449	*229*	*988*	*726*	*443*	*140*	*818*	*476*	*116*	*738*

续表

z	0	1	2	3	4	5	6	7	8	9
2.9	981	981	982	983	983	984	984	985	985	986
	342	*929*	*498*	*052*	*589*	*111*	*618*	*11*	*588*	*051*
3.0	0.4 986	986	987	987	988	988	988	989	[illegible]	989
	501	*938*	*361*	*772*	*171*	*558*	*933*	*297*	*650*	*992*
3.1	990	990	990	991	991	991	992	992	992	992
	324	*646*	*957*	*260*	*553*	*836*	*112*	*378*	*636*	*886*
3.2	993	993	993	993	994	994	994	994	994	994
	129	*363*	*590*	*810*	*024*	*230*	*429*	*623*	*810*	*991*
3.3	995	995	995	995	995	995	996	996	996	996
	166	*335*	*499*	*658*	*811*	*959*	*103*	*242*	*376*	*505*
3.4	996	996	996	996	997	997	997	997	997	997
	631	*752*	*869*	*982*	*091*	*197*	*299*	*398*	*493*	*585*
3.5	997	997	997	997	997	998	998	998	998	998
	674	*759*	*842*	*922*	*999*	*074*	*146*	*215*	*282*	*347*
3.6	998	998	998	998	998	998	998	998	998	998
	409	*469*	*527*	*583*	*637*	*689*	*739*	*787*	*834*	*879*
3.7	998	998	999	999	999	999	999	999	999	999
	922	*964*	*004*	*043*	*080*	*116*	*150*	*184*	*216*	*247*
3.8	999	999	999	999	999	999	999	999	999	999
	276	*305*	*333*	*359*	*385*	*409*	*433*	*456*	*478*	*499*
3.9	999	999	999	999	999	999	999	999	999	999
	519	*539*	*557*	*575*	*593*	*609*	*625*	*641*	*655*	*670*
4.0	999	999	999	999	999	999	999	999	999	999
	683	*696*	*709*	*721*	*733*	*744*	*755*	*765*	*775*	*784*
4.1	999	999	999	999	999	999	999	999	999	999
	793	*802*	*811*	*819*	*826*	*834*	*841*	*848*	*854*	*861*
4.2	999	999	999	999	999	999	999	999	999	999
	867	*872*	*878*	*883*	*888*	*893*	*898*	*902*	*907*	*911*
4.3	999	999	999	999	999	999	999	999	999	999
	915	*918*	*922*	*925*	*929*	*932*	*935*	*938*	*941*	*943*
4.4	999	999	999	999	999	999	999	999	999	999
	946	*948*	*951*	*953*	*955*	*957*	*959*	*961*	*963*	*964*
4.5	999	999	999	999	999	999	999	999	999	999
	966	*968*	*969*	*971*	*972*	*973*	*974*	*976*	*977*	*978*
5.0	999									
	997									

注: 0.4860 *966* 表示 0.486 096 6. 表值前面的小数点表示在十分位上加 1. 例如在 $z=0.5$ 这一行中, .019 表示.2019.

0.4.6.3 学生 t 分布的值 $t_{\alpha,m}$

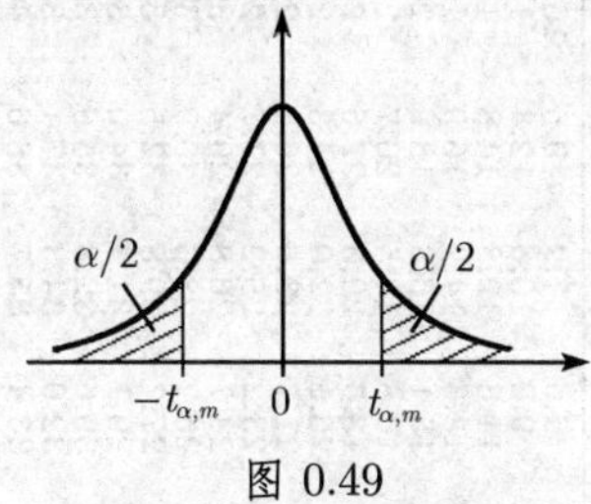

图 0.49

m \ α	0.10	0.05	0.025	0.020	0.010	0.005	0.003	0.002	0.001
1	6.314	12.706	25.452	31.821	63.657	127.3	212.2	318.3	636.6
2	2.920	4.303	6.205	6.965	9.925	14.089	18.216	22.327	31.600
3	2.353	3.182	4.177	4.541	5.841	7.453	8.891	10.214	12.922
4	2.132	2.776	3.495	3.747	4.604	5.597	6.435	7.173	8.610
5	2.015	2.571	3.163	3.365	4.032	4.773	5.376	5.893	6.869
6	1.943	2.447	2.969	3.143	3.707	4.317	4.800	5.208	5.959
7	1.895	2.365	2.841	2.998	3.499	4.029	4.442	4.785	5.408
8	1.860	2.306	2.752	2.896	3.355	3.833	4.199	4.501	5.041
9	1.833	2.262	2.685	2.821	3.250	3.690	4.024	4.297	4.781
10	1.812	2.228	2.634	2.764	3.169	3.581	3.892	4.144	4.587
12	1.782	2.179	2.560	2.681	3.055	3.428	3.706	3.930	4.318
14	1.761	2.145	2.510	2.624	2.977	3.326	3.583	3.787	4.140
16	1.746	2.120	2.473	2.583	2.921	3.252	3.494	3.686	4.015
18	1.734	2.101	2.445	2.552	2.878	3.193	3.428	3.610	3.922
20	1.725	2.086	2.423	2.528	2.845	3.153	3.376	3.552	3.849
22	1.717	2.074	2.405	2.508	2.819	3.119	3.335	3.505	3.792
24	1.711	2.064	2.391	2.492	2.797	3.092	3.302	3.467	3.745
26	1.706	2.056	2.379	2.479	2.779	3.067	3.274	3.435	3.704
28	1.701	2.048	2.369	2.467	2.763	3.047	3.250	3.408	3.674
30	1.697	2.042	2.360	2.457	2.750	3.030	3.230	3.386	3.646
∞	1.645	1.960	2.241	2.326	2.576	2.807	2.968	3.090	3.291

0.4.6.4 χ^2 分布的值 χ_α^2

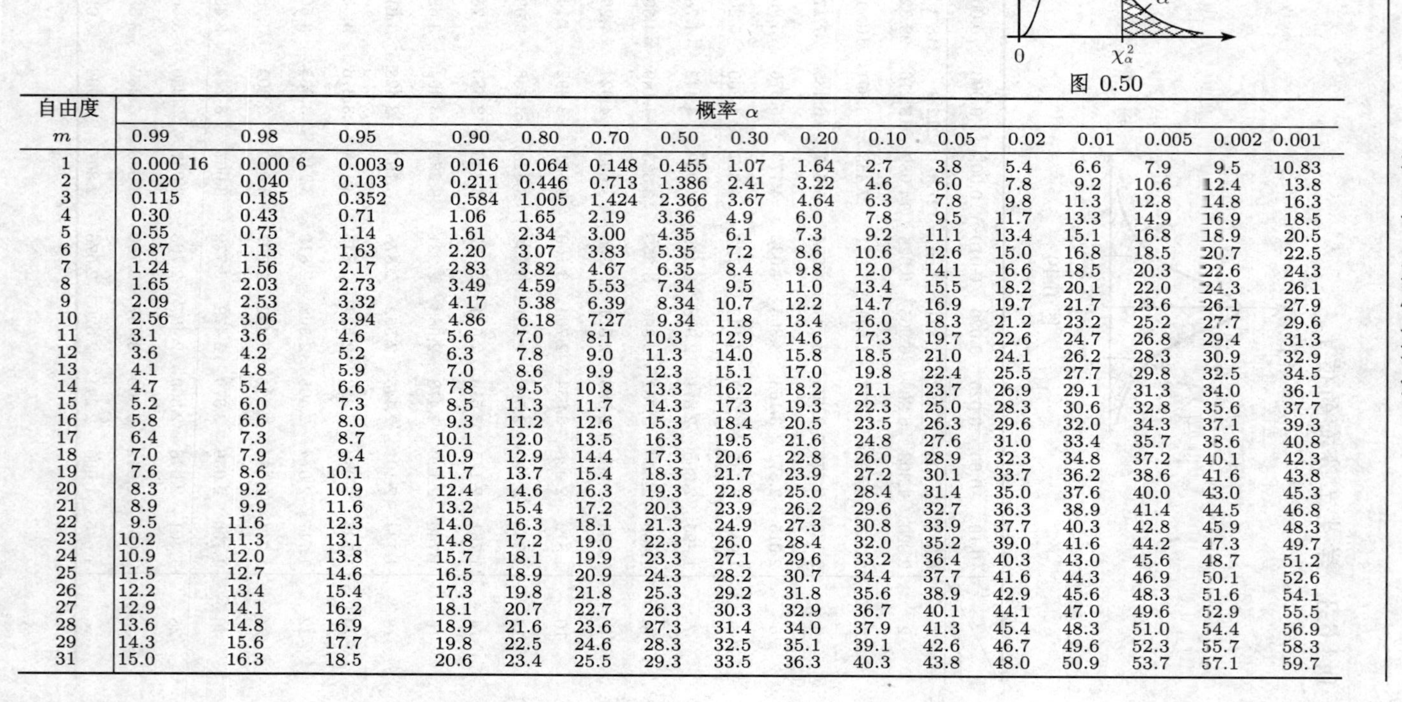

图 0.50

自由度	概率 α															
m	0.99	0.98	0.95	0.90	0.80	0.70	0.50	0.30	0.20	0.10	0.05	0.02	0.01	0.005	0.002	0.001
1	0.000 16	0.000 6	0.003 9	0.016	0.064	0.148	0.455	1.07	1.64	2.7	3.8	5.4	6.6	7.9	9.5	10.83
2	0.020	0.040	0.103	0.211	0.446	0.713	1.386	2.41	3.22	4.6	6.0	7.8	9.2	10.6	12.4	13.8
3	0.115	0.185	0.352	0.584	1.005	1.424	2.366	3.67	4.64	6.3	7.8	9.8	11.3	12.8	14.8	16.3
4	0.30	0.43	0.71	1.06	1.65	2.19	3.36	4.9	6.0	7.8	9.5	11.7	13.3	14.9	16.9	18.5
5	0.55	0.75	1.14	1.61	2.34	3.00	4.35	6.1	7.3	9.2	11.1	13.4	15.1	16.8	18.9	20.5
6	0.87	1.13	1.63	2.20	3.07	3.83	5.35	7.2	8.6	10.6	12.6	15.0	16.8	18.5	20.7	22.5
7	1.24	1.56	2.17	2.83	3.82	4.67	6.35	8.4	9.8	12.0	14.1	16.6	18.5	20.3	22.6	24.3
8	1.65	2.03	2.73	3.49	4.59	5.53	7.34	9.5	11.0	13.4	15.5	18.2	20.1	22.0	24.3	26.1
9	2.09	2.53	3.32	4.17	5.38	6.39	8.34	10.7	12.2	14.7	16.9	19.7	21.7	23.6	26.1	27.9
10	2.56	3.06	3.94	4.86	6.18	7.27	9.34	11.8	13.4	16.0	18.3	21.2	23.2	25.2	27.7	29.6
11	3.1	3.6	4.6	5.6	7.0	8.1	10.3	12.9	14.6	17.3	19.7	22.6	24.7	26.8	29.4	31.3
12	3.6	4.2	5.2	6.3	7.8	9.0	11.3	14.0	15.8	18.5	21.0	24.1	26.2	28.3	30.9	32.9
13	4.1	4.8	5.9	7.0	8.6	9.9	12.3	15.1	17.0	19.8	22.4	25.5	27.7	29.8	32.5	34.5
14	4.7	5.4	6.6	7.8	9.5	10.8	13.3	16.2	18.2	21.1	23.7	26.9	29.1	31.3	34.0	36.1
15	5.2	6.0	7.3	8.5	11.3	11.7	14.3	17.3	19.3	22.3	25.0	28.3	30.6	32.8	35.6	37.7
16	5.8	6.6	8.0	9.3	11.2	12.6	15.3	18.4	20.5	23.5	26.3	29.6	32.0	34.3	37.1	39.3
17	6.4	7.3	8.7	10.1	12.0	13.5	16.3	19.5	21.6	24.8	27.6	31.0	33.4	35.7	38.6	40.8
18	7.0	7.9	9.4	10.9	12.9	14.4	17.3	20.6	22.8	26.0	28.9	32.3	34.8	37.2	40.1	42.3
19	7.6	8.6	10.1	11.7	13.7	15.4	18.3	21.7	23.9	27.2	30.1	33.7	36.2	38.6	41.6	43.8
20	8.3	9.2	10.9	12.4	14.6	16.3	19.3	22.8	25.0	28.4	31.4	35.0	37.6	40.0	43.0	45.3
21	8.9	9.9	11.6	13.2	15.4	17.2	20.3	23.9	26.2	29.6	32.7	36.3	38.9	41.4	44.5	46.8
22	9.5	11.6	12.3	14.0	16.3	18.1	21.3	24.9	27.3	30.8	33.9	37.7	40.3	42.8	45.9	48.3
23	10.2	11.3	13.1	14.8	17.2	19.0	22.3	26.0	28.4	32.0	35.2	39.0	41.6	44.2	47.3	49.7
24	10.9	12.0	13.8	15.7	18.1	19.9	23.3	27.1	29.6	33.2	36.4	40.3	43.0	45.6	48.7	51.2
25	11.5	12.7	14.6	16.5	18.9	20.9	24.3	28.2	30.7	34.4	37.7	41.6	44.3	46.9	50.1	52.6
26	12.2	13.4	15.4	17.3	19.8	21.8	25.3	29.2	31.8	35.6	38.9	42.9	45.6	48.3	51.6	54.1
27	12.9	14.1	16.2	18.1	20.7	22.7	26.3	30.3	32.9	36.7	40.1	44.1	47.0	49.6	52.9	55.5
28	13.6	14.8	16.9	18.9	21.6	23.6	27.3	31.4	34.0	37.9	41.3	45.4	48.3	51.0	54.4	56.9
29	14.3	15.6	17.7	19.8	22.5	24.6	28.3	32.5	35.1	39.1	42.6	46.7	49.6	52.3	55.7	58.3
31	15.0	16.3	18.5	20.6	23.4	25.5	29.3	33.5	36.3	40.3	43.8	48.0	50.9	53.7	57.1	59.7

0.4.6.5 费希尔 (Fisher)Z 分布

关于表的注释 这个表包含 z_0 的值. 满足具有两个自由度 (r_1, r_2) 的费希尔随机变量 Z 不小于 z_0 的概率为 0.01. 换言之,

$$P(Z \geqslant z_0) = \int_{z_0}^{\infty} f(z)\mathrm{d}z = 0.01,$$

其中, $f(z)$ 由下列公式给出:

$$f(z) = \frac{2r_1^{\frac{r_1}{2}} r_2^{\frac{r_2}{2}}}{\mathrm{B}\left(\frac{r_1}{2}, \frac{r_2}{2}\right)} \frac{\mathrm{e}^{r_1 z}}{(r_1\mathrm{e}^{2z} + r_2)^{\frac{r_1+r_2}{2}}}.$$

r_2	r_1									
	1	**2**	**3**	**4**	**5**	**6**	**8**	**12**	**24**	**∞**
1	4.153 5	4.258 5	4.297 4	4.317 5	4.329 7	4.337 9	4.348 2	4.358 5	4.368 9	4.379 4
2	2.295 0	2.297 6	2.298 4	2.298 8	2.299 1	2.299 2	2.299 4	2.299 7	2.299 9	2.300 1
3	1.764 9	1.714 0	1.691 5	1.678 6	1.670 3	1.664 5	1.656 9	1.648 9	1.640 4	1.631 4
4	1.527 0	1.445 2	1.407 5	1.385 6	1.371 1	1.360 9	1.347 3	1.332 7	1.317 0	1.300 0
5	1.394 3	1.292 9	1.244 9	1.216 4	1.197 4	1.183 8	1.165 6	1.145 7	1.123 9	1.099 7
6	1.310 3	1.195 5	1.140 1	1.106 8	1.084 3	1.068 0	1.046 0	1.021 8	0.994 8	0.964 3
7	1.252 6	1.128 1	1.068 2	1.030 0	1.004 8	0.986 4	0.961 4	0.933 5	0.902 0	0.865 8
8	1.210 6	1.078 7	1.013 5	0.973 4	0.945 9	0.925 9	0.898 3	0.867 3	0.831 9	0.790 4
9	1.178 6	1.041 1	0.972 4	0.929 9	0.900 6	0.879 1	0.849 4	0.815 7	0.776 9	0.730 5
10	1.153 5	1.011 4	0.939 9	0.895 4	0.864 6	0.841 9	0.810 4	0.774 4	0.732 4	0.681 6
11	1.133 3	0.987 4	0.913 6	0.867 4	0.835 4	0.811 6	0.778 5	0.740 5	0.695 8	0.640 8
12	1.116 6	0.967 7	0.891 9	0.844 3	0.811 1	0.786 4	0.752 0	0.712 2	0.664 9	0.606 1
13	1.102 7	0.951 1	0.873 7	0.824 8	0.790 7	0.765 2	0.729 5	0.688 2	0.638 6	0.576 1
14	1.090 9	0.937 0	0.858 1	0.808 2	0.773 2	0.747 1	0.710 3	0.667 5	0.615 9	0.550 0
15	1.080 7	0.924 9	0.844 8	0.793 9	0.758 2	0.731 4	0.693 7	0.649 6	0.596 1	0.526 9
16	1.071 9	0.914 4	0.833 1	0.781 4	0.745 0	0.717 7	0.679 1	0.633 9	0.578 6	0.506 4
17	1.064 1	0.905 1	0.822 9	0.770 5	0.733 5	0.705 7	0.666 3	0.619 9	0.563 0	0.487 9
18	1.057 2	0.897 0	0.813 8	0.760 7	0.723 2	0.695 0	0.654 9	0.607 5	0.549 1	0.471 2
19	1.051 1	0.889 7	0.805 7	0.752 1	0.714 0	0.685 4	0.644 7	0.596 4	0.536 6	0.456 0
20	1.045 7	0.883 1	0.798 5	0.744 3	0.705 8	0.676 8	0.635 5	0.586 4	0.525 3	0.442 1
21	1.040 8	0.877 2	0.792 0	0.737 2	0.698 4	0.669 0	0.627 2	0.577 3	0.515 0	0.429 4
22	1.036 3	0.871 9	0.786 0	0.730 9	0.691 6	0.662 0	0.619 6	0.569 1	0.505 6	0.417 6
23	1.032 2	0.867 0	0.780 6	0.725 1	0.685 5	0.655 5	0.612 7	0.561 5	0.496 9	0.406 8
24	1.028 5	0.862 6	0.775 7	0.719 7	0.679 9	0.649 6	0.606 4	0.554 5	0.489 0	0.396 7
25	1.025 1	0.858 5	0.771 2	0.714 8	0.674 7	0.644 2	0.600 6	0.548 1	0.481 6	0.387 2
26	1.022 0	0.854 8	0.767 0	0.710 3	0.669 9	0.639 2	0.595 2	0.542 2	0.474 8	0.378 4
27	1.019 1	0.851 3	0.763 1	0.706 2	0.665 5	0.634 6	0.590 2	0.536 7	0.468 5	0.370 1
28	1.016 4	0.848 1	0.759 5	0.702 3	0.661 4	0.630 3	0.585 6	0.531 6	0.462 6	0.362 4
29	1.013 9	0.845 1	0.756 2	0.698 7	0.657 6	0.626 3	0.581 3	0.526 9	0.457 0	0.355 0
30	1.011 6	0.842 3	0.753 1	0.695 4	0.654 0	0.622 6	0.577 3	0.522 4	0.451 9	0.348 1
40	0.994 9	0.822 3	0.730 7	0.671 2	0.628 3	0.595 6	0.548 1	0.490 1	0.413 8	0.292 2
60	0.978 4	0.802 5	0.708 6	0.647 2	0.602 8	0.568 7	0.518 9	0.457 4	0.374 6	0.235 2
120	0.962 2	0.782 9	0.686 7	0.623 4	0.577 4	0.541 9	0.489 7	0.424 3	0.333 9	0.161 2
∞	0.946 2	0.763 6	0.665 1	0.599 9	0.552 2	0.515 2	0.460 4	0.390 8	0.291 3	0.000 0

0.4.6.6 F 分布的值 $F_{0.05;m_1,m_2}$ 与 $F_{0.01,m_1,m_2}$ (粗体)

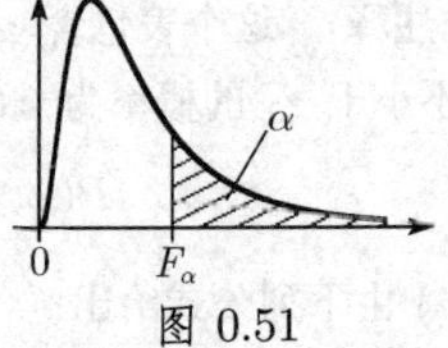

图 0.51

m_2	m_1: 1	2	3	4	5	6	7	8	9	10	11	12
1	161 **4 052**	200 **4 999**	216 **5 403**	225 **5 625**	230 **5 764**	234 **5 859**	237 **5 928**	239 **5 981**	241 **6 022**	242 **6 056**	243 **6 083**	244 **6 106**
2	18.51 **98.50**	19.00 **99.00**	19.16 **99.17**	19.25 **99.25**	19.30 **99.30**	19.33 **99.33**	19.35 **99.36**	19.37 **99.37**	19.38 **99.39**	19.39 **99.40**	19.40 **99.41**	19.41 **99.42**
3	10.13 **34.12**	9.55 **30.82**	9.28 **29.46**	9.12 **28.71**	9.01 **28.24**	8.94 **27.91**	8.89 **27.67**	8.85 **27.49**	8.81 **27.34**	8.79 **27.23**	8.76 **27.13**	8.74 **27.05**
4	7.71 **21.20**	6.94 **18.00**	6.59 **16.69**	6.39 **15.98**	6.26 **15.52**	6.16 **15.21**	6.09 **14.98**	6.04 **14.80**	6.00 **14.66**	5.96 **14.55**	5.94 **14.45**	5.91 **14.37**
5	6.61 **16.26**	5.79 **13.27**	5.41 **12.06**	5.19 **11.39**	5.05 **10.97**	4.95 **10.67**	4.88 **10.46**	4.82 **10.29**	4.77 **10.16**	4.74 **10.05**	4.70 **9.96**	4.68 **9.89**
6	5.99 **13.74**	5.14 **10.92**	4.76 **9.78**	4.53 **9.15**	4.39 **8.75**	4.28 **8.47**	4.21 **8.26**	4.15 **8.10**	4.10 **7.98**	4.06 **7.87**	4.03 **7.79**	4.00 **7.72**
7	5.59 **12.25**	4.74 **9.55**	4.35 **8.45**	4.12 **7.85**	3.97 **7.46**	3.87 **7.19**	3.79 **7.00**	3.73 **6.84**	3.68 **6.72**	3.64 **6.62**	3.60 **6.54**	3.57 **6.47**
8	5.32 **11.26**	4.46 **8.65**	4.07 **7.59**	3.84 **7.01**	3.69 **6.63**	3.58 **6.37**	3.50 **6.18**	3.44 **6.03**	3.39 **5.91**	3.35 **5.81**	3.31 **5.73**	3.28 **5.67**
9	5.12 **10.56**	4.26 **8.02**	3.86 **6.99**	3.63 **6.42**	3.48 **6.06**	3.37 **5.80**	3.29 **5.61**	3.23 **5.47**	3.18 **5.35**	3.14 **5.26**	3.10 **5.18**	3.07 **5.11**
10	4.96 **10.04**	4.10 **7.56**	3.71 **6.55**	3.48 **5.99**	3.33 **5.64**	3.22 **5.39**	3.14 **5.20**	3.07 **5.06**	3.02 **4.94**	2.98 **4.85**	2.94 **4.77**	2.91 **4.71**
11	4.84 **9.65**	3.98 **7.21**	3.59 **6.22**	3.36 **5.67**	3.20 **5.32**	3.09 **5.07**	3.01 **4.89**	2.95 **4.74**	2.90 **4.63**	2.85 **4.54**	2.82 **4.46**	2.79 **4.40**
12	4.75 **9.33**	3.89 **6.93**	3.49 **5.95**	3.26 **5.41**	3.11 **5.06**	3.00 **4.82**	2.91 **4.64**	2.85 **4.50**	2.80 **4.39**	2.75 **4.30**	2.72 **4.22**	2.69 **4.16**
13	4.67 **9.07**	3.81 **6.70**	3.41 **5.74**	3.18 **5.21**	3.03 **4.86**	2.92 **4.62**	2.83 **4.44**	2.77 **4.30**	2.71 **4.19**	2.67 **4.10**	2.63 **4.02**	2.60 **3.96**
14	4.60 **8.86**	3.74 **6.51**	3.34 **5.56**	3.11 **5.04**	2.96 **4.70**	2.85 **4.46**	2.76 **4.28**	2.70 **4.14**	2.65 **4.03**	2.60 **3.94**	2.57 **3.86**	2.53 **3.80**
15	4.54 **8.68**	3.68 **6.36**	3.29 **5.42**	3.06 **4.89**	2.90 **4.56**	2.79 **4.32**	2.71 **4.14**	2.64 **4.00**	2.59 **3.89**	2.54 **3.80**	2.51 **3.73**	2.48 **3.67**
16	4.49 **8.53**	3.63 **6.23**	3.24 **5.29**	3.01 **4.77**	2.85 **4.44**	2.74 **4.20**	2.66 **4.03**	2.59 **3.89**	2.54 **3.78**	2.49 **3.69**	2.46 **3.62**	2.42 **3.55**
17	4.45 **8.40**	3.59 **6.11**	3.20 **5.18**	2.96 **4.67**	2.81 **4.34**	2.70 **4.10**	2.61 **3.93**	2.55 **3.79**	2.49 **3.68**	2.45 **3.59**	2.41 **3.52**	2.38 **3.46**
18	4.41 **8.29**	3.55 **6.01**	3.16 **5.09**	2.93 **4.58**	2.77 **4.25**	2.66 **4.01**	2.58 **3.84**	2.51 **3.71**	2.46 **3.60**	2.41 **3.51**	2.37 **3.43**	2.34 **3.37**
19	4.38 **8.18**	3.52 **5.93**	3.13 **5.01**	2.90 **4.50**	2.74 **4.17**	2.63 **3.94**	2.54 **3.77**	2.48 **3.63**	2.42 **3.52**	2.38 **3.43**	2.34 **3.36**	2.31 **3.30**
20	4.35 **8.10**	3.49 **5.85**	3.10 **4.94**	2.87 **4.43**	2.71 **4.10**	2.60 **3.87**	2.51 **3.70**	2.45 **3.56**	2.39 **3.46**	2.35 **3.37**	2.31 **3.29**	2.28 **3.23**
21	4.32 **8.02**	3.47 **5.78**	3.07 **4.87**	2.84 **4.37**	2.68 **4.04**	2.57 **3.81**	2.49 **3.64**	2.42 **3.51**	2.37 **3.40**	2.32 **3.31**	2.28 **3.24**	2.25 **3.17**
22	4.30 **7.95**	3.44 **5.72**	3.05 **4.82**	2.82 **4.31**	2.66 **3.99**	2.55 **3.76**	2.46 **3.59**	2.40 **3.45**	2.34 **3.35**	2.30 **3.26**	2.26 **3.18**	2.23 **3.12**
23	4.28 **7.88**	3.42 **5.66**	3.03 **4.76**	2.80 **4.26**	2.64 **3.94**	2.53 **3.71**	2.44 **3.54**	2.37 **3.41**	2.32 **3.30**	2.27 **3.21**	2.24 **3.14**	2.20 **3.07**

m_1: 14	16	20	24	30	40	50	75	100	200	500	∞	m_2
245	246	248	249	250	251	252	253	253	254	254	254	
6 143	**6 169**	**6 209**	**6 235**	**6 261**	**6 287**	**6 302**	**6 323**	**6 334**	**6 352**	**6 361**	**6 366**	1
19.42	19.43	19.44	19.45	19.46	19.47	19.48	19.48	19.49	19.49	19.50	19.50	
99.43	**99.44**	**99.45**	**99.46**	**99.47**	**99.47**	**99.48**	**99.49**	**99.49**	**99.49**	**99.50**	**99.50**	2
8.71	8.69	8.66	8.64	8.62	8.59	8.58	8.57	8.55	8.54	8.53	8.53	
26.92	**26.83**	**26.69**	**26.60**	**26.50**	**26.41**	**26.35**	**26.27**	**26.23**	**26.18**	**26.14**	**26.12**	3
5.87	5.84	5.80	5.77	5.75	5.72	5.70	5.68	5.66	5.65	5.64	5.63	
14.25	**14.15**	**14.02**	**13.93**	**13.84**	**13.74**	**13.69**	**13.61**	**13.57**	**13.52**	**13.48**	**13.46**	4
4.64	4.60	4.56	4.53	4.50	4.46	4.44	4.42	4.41	4.39	4.37	4.36	
9.77	**9.68**	**9.55**	**9.47**	**9.38**	**9.29**	**9.24**	**9.17**	**9.13**	**9.08**	**9.04**	**9.02**	5
3.96	3.92	3.87	3.84	3.81	3.77	3.75	3.72	3.71	3.69	3.68	3.67	
7.60	**7.52**	**7.39**	**7.31**	**7.23**	**7.14**	**7.09**	**7.02**	**6.99**	**6.93**	**6.90**	**6.88**	6
3.53	3.49	3.44	3.41	3.38	3.34	3.32	3.29	3.27	3.25	3.24	3.23	
6.36	**6.27**	**6.16**	**6.07**	**5.99**	**5.91**	**5.86**	**5.78**	**5.75**	**5.70**	**5.67**	**5.65**	7
3.24	3.20	3.15	3.12	3.08	3.05	3.02	3.00	2.97	2.95	2.94	2.93	
5.56	**5.48**	**5.36**	**5.28**	**5.20**	**5.12**	**5.07**	**5.00**	**4.96**	**4.91**	**4.88**	**4.86**	8
3.03	2.99	2.93	2.90	2.86	2.83	2.80	2.77	2.76	2.73	2.72	2.71	
5.00	**4.92**	**4.81**	**4.73**	**4.65**	**4.57**	**4.52**	**4.45**	**4.42**	**4.36**	**4.33**	**4.31**	9
2.86	2.83	2.77	2.74	2.70	2.66	2.64	2.61	2.59	2.56	2.55	2.54	
4.60	**4.52**	**4.41**	**4.33**	**4.25**	**4.17**	**4.12**	**4.05**	**4.01**	**3.96**	**3.93**	**3.91**	10
2.74	2.70	2.65	2.61	2.57	2.53	2.51	2.47	2.46	2.43	2.42	2.40	
4.29	**4.21**	**4.10**	**4.02**	**3.94**	**3.86**	**3.81**	**3.74**	**3.71**	**3.66**	**3.62**	**3.60**	11
2.64	2.60	2.54	2.51	2.47	2.43	2.40	2.36	2.35	2.32	2.31	2.30	
4.05	**3.97**	**3.86**	**3.78**	**3.70**	**3.62**	**3.57**	**3.49**	**3.47**	**3.41**	**3.38**	**3.36**	12
2.55	2.51	2.46	2.42	2.38	2.34	2.31	2.28	2.26	2.23	2.22	2.21	
3.86	**3.78**	**3.66**	**3.59**	**3.51**	**3.43**	**3.38**	**3.30**	**3.27**	**3.22**	**3.19**	**3.17**	13
2.48	2.44	2.39	2.35	2.31	2.27	2.24	2.21	2.19	2.16	2.14	2.13	
3.70	**3.62**	**3.51**	**3.43**	**3.35**	**3.27**	**3.22**	**3.14**	**3.11**	**3.06**	**3.03**	**3.00**	14
2.42	2.38	2.33	2.29	2.25	2.20	2.18	2.15	2.12	2.10	2.08	2.07	
3.56	**3.49**	**3.37**	**3.29**	**3.21**	**3.13**	**3.08**	**3.00**	**2.98**	**2.92**	**2.89**	**2.87**	15
2.37	2.33	2.28	2.24	2.19	2.15	2.12	2.09	2.07	2.04	2.02	2.01	
3.45	**3.37**	**3.26**	**3.18**	**3.10**	**3.02**	**2.97**	**2.86**	**2.86**	**2.81**	**2.78**	**2.75**	16
2.33	2.29	2.23	2.19	2.15	2.10	2.08	2.04	2.02	1.99	1.97	1.96	
3.35	**3.27**	**2.16**	**3.08**	**3.00**	**2.92**	**2.87**	**2.79**	**2.76**	**2.71**	**2.68**	**2.65**	17
2.29	2.25	2.19	2.15	2.11	2.06	2.04	2.00	1.98	1.95	1.93	1.92	
3.27	**3.19**	**3.08**	**3.00**	**2.92**	**2.84**	**2.78**	**2.71**	**2.68**	**2.62**	**2.59**	**2.57**	18
2.26	2.21	2.15	2.11	2.07	2.03	2.00	1.96	1.94	1.91	1.90	1.88	
3.19	**3.12**	**3.00**	**2.92**	**2.84**	**2.76**	**2.71**	**2.63**	**2.60**	**2.55**	**2.51**	**2.49**	19
2.22	2.18	2.12	2.08	2.04	1.99	1.97	1.92	1.91	1.88	1.86	1.84	
3.13	**3.05**	**2.94**	**2.86**	**2.78**	**2.69**	**2.64**	**2.56**	**2.54**	**2.48**	**2.44**	**2.42**	20
2.20	2.16	2.10	2.05	2.01	1.96	1.94	1.89	1.88	1.84	1.82	1.81	
3.07	**2.99**	**2.88**	**2.80**	**2.72**	**2.64**	**2.58**	**2.51**	**2.48**	**2.42**	**2.38**	**2.36**	21
2.17	2.13	2.07	2.03	1.98	1.94	1.91	1.87	1.85	1.81	1.80	1.78	
3.02	**2.94**	**2.83**	**2.75**	**2.67**	**2.58**	**2.53**	**2.46**	**2.42**	**2.36**	**2.33**	**2.31**	22
2.15	2.11	2.05	2.00	1.96	1.91	1.88	1.84	1.82	1.79	1.77	1.76	
2.97	**2.89**	**2.78**	**2.70**	**2.62**	**2.54**	**2.48**	**2.41**	**2.37**	**2.32**	**2.28**	**2.26**	23

m_2	m_1											
	1	2	3	4	5	6	7	8	9	10	11	12
24	4.26 **7.82**	3.40 **5.61**	3.01 **4.72**	2.78 **4.22**	2.62 **3.90**	2.51 **3.67**	2.42 **3.50**	2.36 **3.36**	2.30 **3.26**	2.25 **3.17**	2.22 **3.09**	2.18 **3.03**
25	4.24 **7.77**	3.39 **5.57**	2.99 **4.68**	2.76 **4.18**	2.60 **3.86**	2.49 **3.63**	2.40 **3.46**	2.34 **3.32**	2.28 **3.22**	2.24 **3.13**	2.20 **3.06**	2.16 **2.99**
26	4.23 **7.72**	3.37 **5.53**	2.98 **4.64**	2.74 **4.14**	2.59 **3.82**	2.47 **3.59**	2.39 **3.42**	2.32 **3.29**	2.27 **3.18**	2.22 **3.09**	2.18 **3.02**	2.15 **2.96**
27	4.21 **7.68**	3.35 **5.49**	2.96 **4.60**	2.73 **4.11**	2.57 **3.78**	2.46 **3.56**	2.37 **3.39**	2.31 **3.26**	2.25 **3.15**	2.20 **3.06**	2.16 **2.99**	2.13 **2.93**
28	4.20 **7.64**	3.34 **5.45**	2.95 **4.57**	2.71 **4.07**	2.56 **3.76**	2.45 **3.53**	2.36 **3.36**	2.29 **3.23**	2.24 **3.12**	2.19 **3.03**	2.15 **2.96**	2.12 **2.90**
29	4.18 **7.60**	3.33 **5.42**	2.93 **4.54**	2.70 **4.04**	2.55 **3.73**	2.43 **3.50**	2.35 **3.33**	2.28 **3.20**	2.22 **3.09**	2.18 **3.00**	2.14 **2.93**	2.10 **2.87**
30	4.17 **7.56**	3.32 **5.39**	2.92 **4.51**	2.69 **4.02**	2.53 **3.70**	2.42 **3.47**	2.33 **3.30**	2.27 **3.17**	2.21 **3.07**	2.16 **2.98**	2.13 **2.90**	2.09 **2.84**
32	4.15 **7.50**	3.29 **5.34**	2.90 **4.46**	2.67 **3.97**	2.51 **3.65**	2.40 **3.43**	2.31 **3.25**	2.24 **3.13**	2.19 **3.02**	2.14 **2.93**	2.10 **2.86**	2.07 **2.80**
34	4.13 **7.44**	3.28 **5.29**	2.88 **4.42**	2.65 **3.93**	2.49 **3.61**	2.38 **3.39**	2.29 **3.22**	2.23 **3.09**	2.17 **2.98**	2.12 **2.89**	2.08 **2.82**	2.05 **2.76**
36	4.11 **7.40**	3.26 **5.25**	2.87 **4.38**	2.63 **3.89**	2.48 **3.57**	2.36 **3.35**	2.28 **3.18**	2.21 **3.05**	2.15 **2.95**	2.11 **2.86**	2.07 **2.79**	2.03 **2.72**
38	4.10 **7.35**	3.24 **5.21**	2.85 **4.34**	2.62 **3.86**	2.46 **3.54**	2.35 **3.32**	2.26 **3.15**	2.19 **3.02**	2.14 **2.91**	2.09 **2.82**	2.05 **2.75**	2.02 **2.69**
40	4.08 **7.31**	3.23 **5.18**	2.84 **4.31**	2.61 **3.83**	2.45 **3.51**	2.34 **3.29**	2.25 **3.12**	2.18 **2.99**	2.12 **2.89**	2.08 **2.80**	2.04 **2.73**	2.00 **2.66**
42	4.07 **7.28**	3.22 **5.15**	2.83 **4.29**	2.59 **3.80**	2.44 **3.49**	2.32 **3.27**	2.24 **3.10**	2.17 **2.97**	2.11 **2.86**	2.06 **2.78**	2.03 **2.70**	1.99 **2.64**
44	4.06 **7.25**	3.21 **5.12**	2.82 **4.26**	2.58 **3.78**	2.43 **3.47**	2.31 **3.24**	2.23 **3.08**	2.16 **2.95**	2.10 **2.84**	2.05 **2.75**	2.01 **2.68**	1.98 **2.62**
46	4.05 **7.22**	3.20 **5.10**	2.81 **4.24**	2.57 **3.76**	2.42 **3.44**	2.30 **3.22**	2.22 **3.06**	2.15 **2.93**	2.09 **2.82**	2.04 **2.73**	2.00 **2.66**	1.97 **2.60**
48	4.04 **7.20**	3.19 **5.08**	2.80 **4.22**	2.57 **3.74**	2.41 **3.43**	2.30 **3.20**	2.21 **3.04**	2.14 **2.91**	2.08 **2.80**	2.03 **2.72**	1.99 **2.64**	1.96 **2.58**
50	4.03 **7.17**	3.18 **5.06**	2.79 **4.20**	2.56 **3.72**	2.40 **3.41**	2.29 **3.19**	2.20 **3.02**	2.13 **2.89**	2.07 **2.79**	2.03 **2.70**	1.99 **2.63**	1.95 **2.56**
55	4.02 **7.12**	3.16 **5.01**	2.78 **4.16**	2.54 **3.68**	2.38 **3.37**	2.27 **3.15**	2.18 **2.98**	2.11 **2.85**	2.06 **2.75**	2.01 **2.66**	1.97 **2.59**	1.93 **2.53**
60	4.00 **7.08**	3.15 **4.98**	2.76 **4.13**	2.53 **3.65**	2.37 **3.34**	2.25 **3.12**	2.17 **2.95**	2.10 **2.82**	2.04 **2.72**	1.99 **2.63**	1.95 **2.56**	1.92 **2.50**
65	3.99 **7.04**	3.14 **4.95**	2.75 **4.10**	2.51 **3.62**	2.36 **3.31**	2.24 **3.09**	2.15 **2.93**	2.08 **2.80**	2.03 **2.69**	1.98 **2.61**	1.94 **2.53**	1.90 **2.47**
70	3.98 **7.01**	3.13 **4.92**	2.74 **4.08**	2.50 **3.60**	2.35 **3.29**	2.23 **3.07**	2.14 **2.91**	2.07 **2.78**	2.02 **2.67**	1.97 **2.59**	1.93 **2.51**	1.89 **2.45**
80	3.96 **6.96**	3.11 **4.88**	2.72 **4.04**	2.49 **3.56**	2.33 **3.26**	2.21 **3.04**	2.13 **2.87**	2.06 **2.74**	2.00 **2.64**	1.95 **2.55**	1.91 **2.48**	1.88 **2.42**
100	3.94 **6.90**	3.09 **4.82**	2.70 **3.98**	2.46 **3.51**	2.31 **3.21**	2.19 **2.99**	2.10 **2.82**	2.03 **2.69**	1.97 **2.59**	1.93 **2.50**	1.89 **2.43**	1.85 **2.37**
125	3.92 **6.84**	3.07 **4.78**	2.68 **3.94**	2.44 **3.47**	2.29 **3.17**	2.17 **2.95**	2.08 **2.79**	2.01 **2.66**	1.96 **2.55**	1.91 **2.50**	1.87 **2.40**	1.83 **2.33**
150	3.90 **6.81**	3.06 **4.75**	2.66 **3.92**	2.43 **3.45**	2.27 **3.14**	2.16 **2.92**	2.07 **2.76**	2.00 **2.63**	1.94 **2.53**	1.89 **2.44**	1.85 **2.37**	1.82 **2.31**
200	3.89 **6.76**	3.04 **4.71**	2.65 **3.88**	2.42 **3.41**	2.26 **3.11**	2.14 **2.89**	2.06 **2.73**	1.98 **2.60**	1.93 **2.50**	1.88 **2.41**	1.84 **2.34**	1.80 **2.27**
400	3.86 **6.70**	3.02 **4.66**	2.62 **3.83**	2.39 **3.36**	2.23 **3.06**	2.12 **2.85**	2.03 **2.69**	1.96 **2.55**	1.90 **2.46**	1.85 **2.37**	1.81 **2.29**	1.78 **2.23**
1000	3.85 **6.66**	3.00 **4.63**	2.61 **3.80**	2.38 **3.34**	2.22 **3.04**	2.11 **2.82**	2.02 **2.66**	1.95 **2.53**	1.89 **2.43**	1.84 **2.34**	1.80 **2.27**	1.76 **2.20**
∞	3.84 **6.63**	3.00 **4.61**	2.60 **3.78**	2.37 **3.32**	2.21 **3.02**	2.10 **2.80**	2.01 **2.64**	1.94 **2.51**	1.88 **2.41**	1.83 **2.32**	1.79 **2.25**	1.75 **2.18**

续表

m_1												m_2
14	**16**	**20**	**24**	**30**	**40**	**50**	**75**	**100**	**200**	**500**	∞	
2.13 **2.93**	2.09 **2.85**	2.03 **2.74**	1.98 **2.66**	1.94 **2.58**	1.89 **2.49**	1.86 **2.44**	1.82 **2.36**	1.80 **2.33**	1.77 **2.27**	1.75 **2.24**	1.73 **2.21**	24
2.11 **2.89**	2.07 **2.81**	2.01 **2.70**	1.96 **2.62**	1.92 **2.54**	1.87 **2.45**	1.84 **2.40**	1.80 **2.32**	1.78 **2.29**	1.75 **2.23**	1.73 **2.19**	1.71 **2.17**	25
2.10 **2.86**	2.05 **2.78**	1.99 **2.66**	1.95 **2.58**	1.90 **2.50**	1.85 **2.42**	1.82 **2.36**	1.78 **2.28**	1.76 **2.25**	1.73 **2.19**	1.70 **2.16**	1.69 **2.13**	26
2.08 **2.82**	2.04 **2.75**	1.97 **2.63**	1.93 **2.55**	1.88 **2.47**	1.84 **2.38**	1.81 **2.33**	1.76 **2.25**	1.74 **2.22**	1.71 **2.16**	1.68 **2.12**	1.67 **2.10**	27
2.06 **2.80**	2.02 **2.71**	1.96 **2.60**	1.91 **2.52**	1.87 **2.44**	1.82 **2.35**	1.79 **2.30**	1.75 **2.22**	1.73 **2.19**	1.69 **2.13**	1.67 **2.09**	1.65 **2.06**	28
2.05 **2.77**	2.01 **2.69**	1.94 **2.57**	1.90 **2.49**	1.85 **2.41**	1.80 **2.33**	1.77 **2.27**	1.73 **2.19**	1.71 **2.16**	1.67 **2.10**	1.65 **2.06**	1.64 **2.03**	29
2.04 **2.74**	1.99 **2.66**	1.93 **2.55**	1.89 **2.47**	1.84 **2.38**	1.79 **2.30**	1.76 **2.25**	1.72 **2.16**	1.70 **2.13**	1.66 **2.07**	1.64 **2.03**	1.62 **2.01**	30
2.01 **2.70**	1.97 **2.62**	1.91 **2.50**	1.86 **2.42**	1.82 **2.34**	1.77 **2.25**	1.74 **2.20**	1.69 **2.12**	1.67 **2.08**	1.63 **2.02**	1.61 **1.98**	1.59 **1.96**	32
1.99 **2.66**	1.95 **2.58**	1.89 **2.46**	1.84 **2.38**	1.80 **2.30**	1.75 **2.21**	1.71 **2.16**	1.67 **2.08**	1.65 **2.04**	1.61 **1.98**	1.59 **1.94**	1.57 **1.91**	34
1.98 **2.62**	1.93 **2.54**	1.87 **2.43**	1.82 **2.35**	1.78 **2.26**	1.73 **2.17**	1.69 **2.12**	1.65 **2.04**	1.62 **2.00**	1.59 **1.94**	1.56 **1.90**	1.55 **1.87**	36
1.96 **2.59**	1.92 **2.51**	1.85 **2.40**	1.81 **2.32**	1.76 **2.23**	1.71 **2.14**	1.68 **2.09**	1.63 **2.00**	1.61 **1.97**	1.57 **1.90**	1.54 **1.86**	1.53 **1.84**	38
1.95 **2.56**	1.90 **2.48**	1.84 **2.37**	1.79 **2.29**	1.74 **2.20**	1.69 **2.11**	1.66 **2.06**	1.61 **1.97**	1.59 **1.94**	1.55 **1.87**	1.53 **1.83**	1.51 **1.80**	40
1.93 **2.54**	1.89 **2.46**	1.83 **2.34**	1.78 **2.26**	1.73 **2.18**	1.68 **2.09**	1.65 **2.03**	1.60 **1.94**	1.57 **1.91**	1.53 **1.85**	1.51 **1.80**	1.49 **1.78**	42
1.92 **2.52**	1.88 **2.44**	1.81 **2.32**	1.77 **2.24**	1.72 **2.15**	1.67 **2.06**	1.63 **2.01**	1.58 **1.92**	1.56 **1.89**	1.52 **1.82**	1.49 **1.78**	1.48 **1.75**	44
1.91 **2.50**	1.87 **2.42**	1.80 **2.30**	1.76 **2.22**	1.71 **2.13**	1.65 **2.04**	1.62 **1.99**	1.57 **1.90**	1.55 **1.86**	1.51 **1.80**	1.48 **1.75**	1.46 **1.73**	46
1.90 **2.48**	1.86 **2.40**	1.79 **2.28**	1.75 **2.20**	1.70 **2.12**	1.64 **2.03**	1.61 **1.97**	1.56 **1.88**	1.54 **1.84**	1.49 **1.78**	1.47 **1.73**	1.45 **1.70**	48
1.89 **2.46**	1.85 **2.38**	1.78 **2.26**	1.74 **2.18**	1.69 **2.10**	1.63 **2.00**	1.60 **1.95**	1.55 **1.86**	1.52 **1.82**	1.48 **1.76**	1.46 **1.71**	1.44 **1.68**	50
1.88 **2.43**	1.83 **2.34**	1.76 **2.23**	1.72 **2.15**	1.67 **2.06**	1.61 **1.96**	1.58 **1.91**	1.52 **1.82**	1.50 **1.78**	1.46 **1.71**	1.43 **1.67**	1.41 **1.64**	55
1.86 **2.39**	1.82 **2.31**	1.75 **2.20**	1.70 **2.12**	1.65 **2.03**	1.59 **1.94**	1.56 **1.88**	1.50 **1.79**	1.48 **1.75**	1.44 **1.68**	1.41 **1.63**	1.39 **1.60**	60
1.85 **2.37**	1.80 **2.29**	1.73 **2.18**	1.69 **2.09**	1.63 **2.00**	1.58 **1.90**	1.54 **1.85**	1.49 **1.76**	1.46 **1.72**	1.42 **1.65**	1.39 **1.60**	1.37 **1.56**	65
1.84 **2.35**	1.79 **2.27**	1.72 **2.15**	1.67 **2.07**	1.62 **1.98**	1.57 **1.88**	1.53 **1.83**	1.47 **1.74**	1.45 **1.70**	1.40 **1.62**	1.37 **1.57**	1.35 **1.53**	70
1.82 **2.31**	1.77 **2.23**	1.70 **2.12**	1.65 **2.03**	1.60 **1.94**	1.54 **1.85**	1.51 **1.79**	1.45 **1.70**	1.43 **1.66**	1.38 **1.58**	1.35 **1.53**	1.32 **1.49**	80
1.79 **2.26**	1.75 **2.19**	1.68 **2.06**	1.63 **1.98**	1.57 **1.89**	1.52 **1.79**	1.48 **1.73**	1.42 **1.64**	1.39 **1.60**	1.34 **1.52**	1.31 **1.47**	1.28 **1.43**	100
1.77 **2.23**	1.72 **2.15**	1.65 **2.03**	1.60 **1.94**	1.55 **1.85**	1.49 **1.75**	1.45 **1.69**	1.39 **1.59**	1.36 **1.55**	1.31 **1.47**	1.27 **1.41**	1.25 **1.37**	125
1.76 **2.20**	1.71 **2.12**	1.64 **2.00**	1.59 **1.91**	1.53 **1.83**	1.48 **1.72**	1.44 **1.66**	1.37 **1.56**	1.34 **1.52**	1.29 **1.43**	1.25 **1.38**	1.22 **1.33**	150
1.74 **2.17**	1.69 **2.09**	1.62 **1.97**	1.57 **1.88**	1.52 **1.79**	1.46 **1.69**	1.41 **1.63**	1.35 **1.53**	1.32 **1.48**	1.26 **1.39**	1.22 **1.33**	1.19 **1.28**	200
1.72 **2.12**	1.67 **2.04**	1.60 **1.92**	1.54 **1.84**	1.49 **1.74**	1.42 **1.64**	1.38 **1.57**	1.32 **1.47**	1.28 **1.42**	1.22 **1.32**	1.16 **1.24**	1.13 **1.19**	400
1.70 **2.09**	1.65 **2.02**	1.58 **1.89**	1.53 **1.81**	1.47 **1.71**	1.41 **1.61**	1.36 **1.54**	1.30 **1.44**	1.26 **1.38**	1.19 **1.28**	1.13 **1.19**	1.08 **1.11**	1000
1.69 **2.08**	1.64 **2.00**	1.57 **1.88**	1.52 **1.79**	1.46 **1.70**	1.39 **1.59**	1.35 **1.52**	1.28 **1.41**	1.24 **1.36**	1.17 **1.25**	1.11 **1.15**	1.00 **1.00**	∞

0.4.6.7 威尔科克森检验的临界数

$\alpha = 0.05$

n_1	n_2											n_1
	4	**5**	**6**	**7**	**8**	**9**	**10**	**11**	**12**	**13**	**14**	
	–	–	–	–	8.0	9.0	10.0	10.0	11.0	12.0	13.0	2
	–	7.5	8.0	9.5	10.0	11.5	12.0	13.5	14.0	15.5	16.0	3
	8.0	9.0	10.0	11.0	12.0	13.0	15.0	16.0	17.0	18.0	19.0	4
	9.0	10.5	12.0	12.5	14.0	15.5	17.0	18.5	19.0	20.5	22.0	5
			13.0	15.0	16.0	17.0	19.0	20.0	22.0	23.0	25.0	6
15	47.5			16.5	18.0	19.5	21.0	22.5	24.0	25.5	27.0	7
14	46.0	48.0			19.0	21.0	23.0	25.0	26.0	28.0	29.0	8
13	43.5	45.0	47.5			22.5	25.0	26.5	28.0	30.5	32.0	9
12	41.0	43.0	45.0	47.0			27.0	29.0	30.0	32.0	34.0	10
11	38.5	40.0	42.5	44.0	46.5			30.5	33.0	34.5	37.0	11
10	36.0	38.0	40.0	42.0	43.0	45.0			35.0	37.0	39.0	12
9	33.5	35.0	37.5	39.0	40.5	42.0	44.5			38.5	41.0	13
8	31.0	33.0	34.0	36.0	38.0	39.0	41.0	42.0			43.0	14
7	28.5	30.0	31.5	33.0	34.5	36.0	37.5	39.0	40.5			
6	26.0	27.0	29.0	30.0	32.0	33.0	34.0	36.0	37.0	38.0	39.0	
5	23.5	24.0	25.5	27.0	28.5	30.0	30.5	32.0	33.5	35.0	35.5	
4	20.0	21.0	23.0	24.0	25.0	26.0	27.0	28.0	29.0	30.0	32.0	
3	17.5	18.0	19.5	20.0	21.5	22.0	23.5	24.0	25.5	26.0	27.5	
2	14.0	15.0	15.0	16.0	17.0	18.0	18.0	19.0	20.0	21.0	22.0	
n_1	**15**	**16**	**17**	**18**	**19**	**20**	**21**	**22**	**23**	**24**	**25**	
	n_2											

$\alpha = 0.01$

n_1	n_2											n_1
	4	**5**	**6**	**7**	**8**	**9**	**10**	**11**	**12**	**13**	**14**	
	–	–	–	–	–	13.5	15.0	16.5	17.0	18.5	20.0	3
	–	–	12.0	14.0	15.0	17.0	18.0	20.0	21.0	22.0	24.0	4
	–	12.5	14.0	15.5	18.0	19.5	21.0	22.5	24.0	25.5	28.0	5
			16.0	18.0	20.0	22.0	24.0	26.0	27.0	29.0	31.0	6
15	61.5			20.5	22.0	24.5	26.0	28.5	30.0	32.5	34.0	7
14	59.0	62.0			25.0	27.0	29.0	31.0	33.0	35.0	38.0	8
13	55.5	58.0	61.5			29.5	32.0	33.5	36.0	38.5	41.0	9
12	53.0	55.0	58.0	61.0			34.0	36.0	39.0	41.0	44.0	10
11	49.5	52.0	54.5	57.0	59.5			39.5	42.0	44.5	47.0	11
10	46.0	49.0	51.0	53.0	56.0	58.0			44.0	47.0	50.0	12
9	42.5	45.0	47.5	50.0	52.5	54.0	56.5			50.5	53.0	13
8	40.0	42.0	44.0	46.0	48.0	50.0	52.0	54.0			56.0	14
7	36.5	38.0	40.5	42.0	44.5	46.0	48.5	50.0	51.5			
6	33.0	35.0	36.0	38.0	40.0	42.0	44.0	45.0	47.0	49.0	51.0	
5	29.5	31.0	32.5	34.0	35.5	37.0	38.5	41.0	42.5	44.0	45.5	
4	25.0	27.0	28.0	30.0	31.0	32.0	34.0	35.0	37.0	38.0	40.0	
3	20.5	22.0	23.5	25.0	25.5	27.0	28.5	29.0	30.5	32.0	32.5	
2	–	–	–	–	19.0	20.0	21.0	22.0	23.0	24.0	25.0	
n_1	**15**	**16**	**17**	**18**	**19**	**20**	**21**	**22**	**23**	**24**	**25**	
	n_2											

0.4.6.8 科尔莫戈罗夫–斯米尔诺夫 λ 分布

关于表的注释 关于概率论和数理统计的列表部分摘自文献 [17] 和 [27].

λ	$Q(\lambda)$	λ	$Q(\lambda)$	λ	$Q(\lambda)$	λ	$Q(\lambda)$	λ	$Q(\lambda)$	λ	$Q(\lambda)$
0.32	0.000 0	0.66	0.223 6	1.00	0.730 0	1.34	0.944 9	1.68	0.992 9	2.00	0.999 3
0.33	0.000 1	0.67	0.239 6	1.01	0.740 6	1.35	0.947 8	1.69	0.993 4	2.01	0.999 4
0.34	0.000 2	0.68	0.255 8	1.02	0.750 8	1.36	0.950 5	1.70	0.993 8	2.02	0.999 4
0.35	0.000 3	0.69	0.272 2	1.03	0.760 8	1.37	0.953 1	1.71	0.994 2	2.03	0.999 5
0.36	0.000 5	0.70	0.288 8	1.04	0.770 4	1.38	0.955 6	1.72	0.994 6	2.04	0.999 5
0.37	0.000 8	0.71	0.305 5	1.05	0.779 8	1.39	0.958 0	1.73	0.995 0	2.05	0.999 6
0.38	0.001 3	0.72	0.322 3	1.06	0.788 9	1.40	0.960 3	1.74	0.995 3	2.06	0.999 6
0.39	0.001 9	0.73	0.339 1	1.07	0.797 6	1.41	0.962 5	1.75	0.995 6	2.07	0.999 6
0.40	0.002 8	0.74	0.356 0	1.08	0.806 1	1.42	0.964 6	1.76	0.995 9	2.08	0.999 6
0.41	0.004 0	0.75	0.372 8	1.09	0.814 3	1.43	0.966 5	1.77	0.996 2	2.09	0.999 7
0.42	0.005 5	0.76	0.389 6	1.10	0.822 3	1.44	0.968 4	1.78	0.996 5	2.10	0.999 7
0.43	0.007 4	0.77	0.406 4	1.11	0.829 9	1.45	0.970 2	1.79	0.996 7	2.11	0.999 7
0.44	0.009 7	0.78	0.423 0	1.12	0.837 4	1.46	0.971 8	1.80	0.996 9	2.12	0.999 7
0.45	0.012 6	0.79	0.439 5	1.13	0.844 5	1.47	0.973 4	1.81	0.997 1	2.13	0.999 8
0.46	0.016 0	0.80	0.455 9	1.14	0.851 4	1.48	0.975 0	1.82	0.997 3	2.14	0.999 8
0.47	0.020 0	0.81	0.472 0	1.15	0.858 0	1.49	0.976 4	1.83	0.997 5	2.15	0.999 8
0.48	0.024 7	0.82	0.488 0	1.16	0.864 4	1.50	0.977 8	1.84	0.997 7	2.16	0.999 8
0.49	0.030 0	0.83	0.503 8	1.17	0.870 6	1.51	0.979 1	1.85	0.997 9	2.17	0.999 8
0.50	0.036 1	0.84	0.519 4	1.18	0.876 5	1.52	0.980 3	1.86	0.998 0	2.18	0.999 9
0.51	0.042 8	0.85	0.534 7	1.19	0.882 3	1.53	0.981 5	1.87	0.998 1	2.19	0.999 9
0.52	0.050 3	0.86	0.549 7	1.20	0.887 7	1.54	0.982 6	1.88	0.998 3	2.20	0.999 9
0.53	0.058 5	0.87	0.564 5	1.21	0.893 0	1.55	0.983 6	1.89	0.998 4	2.21	0.999 9
0.54	0.067 5	0.88	0.579 1	1.22	0.898 1	1.56	0.984 6	1.90	0.998 5	2.22	0.999 9
0.55	0.077 2	0.89	0.593 3	1.23	0.903 0	1.57	0.985 5	1.91	0.998 6	2.23	0.999 9
0.56	0.087 6	0.90	0.607 3	1.24	0.907 6	1.58	0.986 4	1.92	0.998 7	2.24	0.999 9
0.57	0.098 7	0.91	0.620 9	1.25	0.912 1	1.59	0.987 3	1.93	0.998 8	2.25	0.999 9
0.58	0.110 4	0.92	0.634 3	1.26	0.916 4	1.60	0.988 0	1.94	0.998 9	2.26	0.999 9
0.59	0.122 8	0.93	0.647 3	1.27	0.920 6	1.61	0.988 8	1.95	0.999 0	2.27	0.999 9
0.60	0.135 7	0.94	0.660 1	1.28	0.924 5	1.62	0.989 5	1.96	0.999 1	2.28	0.999 9
0.61	0.149 2	0.95	0.672 5	1.29	0.928 3	1.63	0.990 2	1.97	0.999 1	2.29	0.999 9
0.62	0.163 2	0.96	0.684 6	1.30	0.931 9	1.64	0.990 8	1.98	0.999 2	2.30	0.999 9
0.63	0.177 8	0.97	0.696 4	1.31	0.935 4	1.65	0.991 4	1.99	0.999 3	2.31	1.000 0
0.64	0.192 7	0.98	0.707 9	1.32	0.938 7	1.66	0.991 9				
0.65	0.208 0	0.99	0.719 1	1.33	0.941 8	1.67	0.992 4				

0.4.6.9　泊松分布

$$P(X=r)=\frac{\lambda^r}{r!}\mathrm{e}^{-\lambda}$$

r	λ							
	0.1	**0.2**	**0.3**	**0.4**	**0.5**	**0.6**	**0.7**	**0.8**
0	0.904 837	0.818 731	0.740 818	0.670 320	0.606 531	0.548 812	0.496 585	0.449 329
1	0.090 484	0.163 746	0.222 245	0.268 128	0.303 265	0.329 287	0.347 610	0.359 463
2	0.004 524	0.016 375	0.033 337	0.053 626	0.075 816	0.098 786	0.121 663	0.143 785
3	0.000 151	0.001 092	0.003 334	0.007 150	0.012 636	0.019 757	0.028 388	0.038 343
4	0.000 004	0.000 055	0.000 250	0.000 715	0.001 580	0.002 964	0.004 968	0.007 669
5	—	0.000 002	0.000 015	0.000 057	0.000 158	0.000 356	0.000 696	0.001 227
6	—	—	0.000 001	0.000 004	0.000 013	0.000 036	0.000 081	0.000 164
7	—	—	—	—	0.000 001	0.000 003	0.000 008	0.000 019
8	—	—	—	—	—	—	0.000 001	0.000 002

r	λ							
	0.9	**1.0**	**1.5**	**2.0**	**2.5**	**3.0**	**3.5**	**4.0**
0	0.406 570	0.367 879	0.223 130	0.135 335	0.082 085	0.049 787	0.030 197	0.018 316
1	0.365 913	0.367 879	0.334 695	0.270 671	0.205 212	0.149 361	0.105 691	0.073 263
2	0.164 661	0.183 940	0.251 021	0.270 671	0.256 516	0.224 042	0.184 959	0.146 525
3	0.049 398	0.061 313	0.125 510	0.180 447	0.213 763	0.224 042	0.215 785	0.195 367
4	0.011 115	0.015 328	0.047 067	0.090 224	0.133 602	0.168 031	0.188 812	0.195 367
5	0.002 001	0.003 066	0.014 120	0.036 089	0.066 801	0.100 819	0.132 169	0.156 293
6	0.000 300	0.000 511	0.003 530	0.012 030	0.027 834	0.050 409	0.077 098	0.104 196
7	0.000 039	0.000 073	0.000 756	0.003 437	0.009 941	0.021 604	0.038 549	0.059 540
8	0.000 004	0.000 009	0.000 142	0.000 859	0.003 106	0.008 102	0.016 865	0.029 770
9	—	0.000 001	0.000 024	0.000 191	0.000 863	0.002 701	0.006 559	0.013 231
10	—	—	0.000 004	0.000 038	0.000 216	0.000 810	0.002 296	0.005 292
11	—	—	—	0.000 007	0.000 049	0.000 221	0.000 730	0.001 925
12	—	—	—	0.000 001	0.000 010	0.000 055	0.000 213	0.000 642
13	—	—	—	—	0.000 002	0.000 013	0.000 057	0.000 197
14	—	—	—	—	—	0.000 003	0.000 014	0.000 056
15	—	—	—	—	—	0.000 001	0.000 003	0.000 015
16	—	—	—	—	—	—	0.000 001	0.000 004
17	—	—	—	—	—	—	—	0.000 001

r	λ						
	4.5	**5.0**	**6.0**	**7.0**	**8.0**	**9.0**	**10.0**
0	0.011 109	0.006 738	0.002 479	0.000 912	0.000 335	0.000 123	0.000 045
1	0.049 990	0.033 690	0.014 873	0.006 383	0.002 684	0.001 111	0.000 454
2	0.112 479	0.083 224	0.044 618	0.022 341	0.010 735	0.004 998	0.002 270
3	0.168 718	0.140 374	0.089 235	0.052 129	0.028 626	0.014 994	0.007 567
4	0.189 808	0.175 467	0.133 853	0.091 226	0.057 252	0.033 737	0.018 917
5	0.170 827	0.175 467	0.160 623	0.127 717	0.091 604	0.060 727	0.037 833
6	0.128 120	0.146 223	0.160 623	0.149 003	0.122 138	0.091 090	0.063 055
7	0.082 363	0.104 445	0.137 677	0.149 003	0.139 587	0.117 116	0.090 079
8	0.046 329	0.065 278	0.103 258	0.130 377	0.139 587	0.131 756	0.112 599
9	0.023 165	0.036 266	0.068 838	0.101 405	0.124 077	0.131 756	0.125 110
10	0.010 424	0.018 133	0.041 303	0.070 983	0.099 262	0.118 580	0.125 110
11	0.004 264	0.008 242	0.022 529	0.045 171	0.072 190	0.097 020	0.113 736
12	0.001 599	0.003 434	0.011 264	0.026 350	0.048 127	0.072 765	0.094 780
13	0.000 554	0.001 321	0.005 199	0.014 188	0.029 616	0.050 376	0.072 908
14	0.000 178	0.000 472	0.002 228	0.007 094	0.016 924	0.032 384	0.052 077
15	0.000 053	0.000 157	0.000 891	0.003 311	0.009 026	0.019 431	0.034 718
16	0.000 015	0.000 049	0.000 334	0.001 448	0.004 513	0.010 930	0.021 699
17	0.000 004	0.000 014	0.000 118	0.000 596	0.002 124	0.005 786	0.012 764
18	0.000 001	0.000 004	0.000 039	0.000 232	0.000 944	0.002 893	0.007 091
19	—	0.000 001	0.000 012	0.000 085	0.000 397	0.001 370	0.003 732
20	—	—	0.000 004	0.000 030	0.000 159	0.000 617	0.001 866
21	—	—	0.000 001	0.000 010	0.000 061	0.000 264	0.000 889
22	—	—	—	0.000 003	0.000 022	0.000 108	0.000 404
23	—	—	—	0.000 001	0.000 008	0.000 042	0.000 176
24	—	—	—	—	0.000 003	0.000 016	0.000 073
25	—	—	—	—	0.000 001	0.000 006	0.000 029
26	—	—	—	—	—	0.000 002	0.000 011
27	—	—	—	—	—	0.000 001	0.000 004
28	—	—	—	—	—	—	0.000 001
29	—	—	—	—	—	—	0.000 001

0.5 特殊函数值表

关于下面表的注释 这些表有一些选自文献 [21].

0.5.1 Γ 函数 $\Gamma(x)$ 和 $1/\Gamma(x)$

关于这个表的注释 也可参看 1.14.16.

x	$\Gamma(x)$	$1/\Gamma(x)$	x	$\Gamma(x)$	$1/\Gamma(x)$	x	$\Gamma(x)$	$1/\Gamma(x)$
1.00	1.000 00	1.000 0	1.40	0.887 26	1.127 0	1.70	0.908 64	1.100 5
1.01	0.994 33	005 7	1.41	886 76	127 7	1.71	910 57	098 2
1.02	988 84	011 3	1.42	886 36	128 2	1.72	912 58	095 8
1.03	983 55	016 7	1.43	886 04	128 6	1.73	914 67	093 3
1.04	978 44	022 0	1.44	885 81	128 9	1.74	916 83	090 7
1.05	973 50	027 2	1.45	885 66	129 1	1.75	919 06	088 1
1.06	968 74	032 3	1.46	885 60	129 1	1.76	921 37	085 4
1.07	964 15	037 2	1.47	885 63	129 1	1.77	923 76	082 5
1.08	959 73	042 0	1.48	885 75	129 1	1.78	926 23	079 6
1.09	955 46	046 6	1.49	885 95	128 8	1.79	928 77	076 7
1.10	0.951 35	1.051 1	1.50	0.886 23	1.128 4	1.80	0.931 38	1.073 7
1.11	947 40	055 5	1.51	886 59	127 9	1.81	934 08	070 6
1.12	943 59	059 8	1.52	887 04	127 3	1.82	936 85	067 4
1.13	939 93	063 9	1.53	887 57	126 7	1.83	939 69	064 2
1.14	936 42	067 9	1.54	888 18	125 9	1.84	942 61	060 9
1.15	933 04	071 8	1.55	888 87	125 0	1.85	945 61	057 5
1.16	929 80	075 5	1.56	889 64	124 0	1.86	948 69	054 1
1.17	926 70	079 1	1.57	890 49	123 0	1.87	951 84	050 6
1.18	923 73	082 6	1.58	891 42	121 8	1.88	955 07	047 1
1.19	920 89	085 9	1.59	892 43	120 5	1.89	958 38	043 5
1.20	0.918 17	1.089 1	1.60	0.893 52	1.119 1	1.90	0.961 77	1.039 8
1.21	915 58	092 2	1.61	894 68	117 7	1.91	965 23	036 0
1.22	913 11	095 2	1.62	895 92	116 1	1.92	968 77	032 2
1.23	910 75	098 0	1.63	897 24	114 5	1.93	972 40	028 4
1.24	908 52	100 7	1.64	898 64	112 8	1.94	976 10	024 5
1.25	906 40	103 2	1.65	900 12	110 9	1.95	979 88	020 6
1.26	904 40	105 7	1.66	901 67	109 1	1.96	983 74	016 5
1.27	902 50	108 0	1.67	903 30	107 1	1.97	987 68	012 5
1.28	900 72	110 2	1.68	905 00	104 9	1.98	991 71	008 3
1.29	899 04	112 3	1.69	906 78	102 8	1.99	995 81	004 2
1.30	0.897 47	1.114 2						
1.31	896 00	116 1						
1.32	894 64	117 8						
1.33	893 38	119 4						
1.34	892 22	120 8						
1.35	891 15	122 2						
1.36	890 18	123 4						
1.37	889 31	124 4						
1.38	888 54	125 4						
1.39	887 85	126 3						

若 x 是一个自然数 n, $n \geqslant 1$, 则 $\Gamma(n) = (n-1)!$
因此, 有 $\Gamma(2) = 1$.
若 $x < 1$ 且 x 不是整数, 为计算 $\Gamma(x)$,
可利用公式

$$\Gamma(x) = \frac{\Gamma(x+1)}{x}.$$

若 $x > 2$, 可利用公式

$$\Gamma(x) = (x-1) \cdot \Gamma(x-1)$$

进行计算.

例:

$$(1)\ \Gamma(-0.2) = \frac{\Gamma(0.8)}{-0.2} = -\frac{\Gamma(1.8)}{0.2 \cdot 0.8} = -\frac{0.931\,38}{0.16} = -5.821\,13.$$

(2) $\Gamma(3.2) = 2.2 \cdot \Gamma(2.2) = 2.2 \cdot 1.2 \cdot 2.\Gamma(1.2) = 2.2 \cdot 1.2 \cdot 0.918\,17 = 2.423\,97.$

0.5.2 柱函数(也称贝塞尔函数)

注 也可参看 1.14.22.

x	$J_0(x)$	$J_1(x)$	$Y_0(x)$	$Y_1(x)$	$I_0(x)$	$I_1(x)$	$K_0(x)$	$K_1(x)$
0.0	+1.000 0	+0.000 0	$-\infty$	$-\infty$	1.000	0.000	∞	∞
0.1	+0.997 5	+0.049 9	−1.534 2	−6.459 0	1.003	0.050 1	2.427 1	9.853 8
0.2	+0.990 0	+0.099 5	−1.081 1	−3.323 8	1.010	0.100 5	1.752 7	4.776 0
0.3	+0.977 6	+0.148 3	−0.807 3	−2.293 1	1.023	0.151 7	1.372 5	3.056 0
0.4	+0.960 4	+0.196 0	−0.606 0	−1.780 9	1.040	0.204 0	1.114 5	2.184 4
0.5	+0.938 5	+0.242 3	−0.444 5	−1.471 5	1.063	0.257 9	0.924 4	1.656 4
0.6	+0.912 0	+0.286 7	−0.308 5	−1.260 4	1.092	0.313 7	0.777 5	1.302 8
0.7	+0.881 2	+0.329 0	−0.190 7	−1.103 2	1.126	0.371 9	0.660 5	1.050 3
0.8	+0.846 3	+0.368 8	−0.086 8	−0.978 1	1.167	0.432 9	0.565 3	0.861 8
0.9	+0.807 5	+0.405 9	+0.005 6	−0.873 1	1.213	0.497 1	0.486 7	0.716 5
1.0	+0.765 2	+0.440 1	+0.088 3	−0.781 2	1.266	0.565 2	0.421 0	0.601 9
1.1	+0.719 6	+0.470 9	+0.162 2	−0.698 1	1.326	0.637 5	0.365 6	0.509 8
1.2	+0.671 1	+0.498 3	+0.228 1	−0.621 1	1.394	0.714 7	0.318 5	0.434 6
1.3	+0.620 1	+0.522 0	+0.286 5	−0.548 5	1.469	0.797 3	0.278 2	0.372 5
1.4	+0.566 9	+0.541 9	+0.337 9	−0.479 1	1.553	0.886 1	0.243 7	0.320 8
1.5	+0.511 8	+0.557 9	+0.382 4	−0.412 3	1.647	0.981 7	0.213 8	0.277 4
1.6	+0.455 4	+0.569 9	+0.420 4	−0.347 6	1.750	1.085	0.188 0	0.240 6
1.7	+0.398 0	+0.577 8	+0.452 0	−0.284 7	1.864	1.196	0.165 5	0.209 4
1.8	+0.340 0	+0.581 5	+0.477 4	−0.223 7	1.990	1.317	0.145 9	0.182 6
1.9	+0.281 8	+0.581 2	+0.496 8	−0.164 4	2.128	1.448	0.128 8	0.159 7
2.0	+0.223 9	+0.576 7	+0.510 4	−0.107 0	2.280	1.591	0.113 9	0.139 9
2.1	+0.166 6	+0.568 3	+0.518 3	−0.051 7	2.446	1.745	0.100 8	0.122 7
2.2	+0.110 4	+0.556 0	+0.520 8	+0.001 5	2.629	1.914	0.089 27	0.107 9
2.3	+0.055 5	+0.539 9	+0.518 1	+0.052 3	2.830	2.098	0.079 14	0.094 98
2.4	+0.002 5	+0.520 2	+0.510 4	+0.100 5	3.049	2.298	0.070 22	0.083 72
2.5	−0.048 4	+0.497 1	+0.498 1	+0.145 9	3.290	2.517	0.062 35	0.073 89
2.6	−0.096 8	+0.470 8	+0.481 3	+0.188 4	3.553	2.755	0.055 40	0.065 28
2.7	−0.142 4	+0.441 6	+0.460 5	+0.227 6	3.842	3.016	0.049 26	0.057 74
2.8	−0.185 0	+0.409 7	+0.435 9	+0.263 5	4.157	3.301	0.043 82	0.051 11
2.9	−0.224 3	+0.375 4	+0.407 9	+0.295 9	4.503	3.613	0.039 01	0.045 29
3.0	−0.260 1	+0.339 1	+0.376 9	+0.324 7	4.881	3.953	0.034 74	0.040 16
3.1	−0.292 1	+0.300 9	+0.343 1	+0.349 6	5.294	4.326	0.030 95	0.035 63
3.2	−0.320 2	+0.261 3	+0.307 0	+0.370 7	5.747	4.734	0.027 59	0.031 64
3.3	−0.344 3	+0.220 7	+0.269 1	+0.387 9	6.243	5.181	0.024 61	0.028 12
3.4	−0.364 3	+0.179 2	+0.229 6	+0.401 0	6.785	5.670	0.021 96	0.025 00
3.5	−0.380 1	+0.137 4	+0.189 0	+0.410 2	7.378	6.206	0.019 60	0.022 24
3.6	−0.391 8	+0.095 5	+0.147 7	+0.415 4	8.028	6.793	0.017 50	0.019 79
3.7	−0.399 2	+0.053 8	+0.106 1	+0.416 7	8.739	7.436	0.015 63	0.017 63
3.8	−0.402 6	+0.012 8	+0.064 5	+0.414 1	9.517	8.140	0.013 97	0.015 71
3.9	−0.401 8	−0.027 2	+0.023 4	+0.407 8	10.37	8.913	0.012 48	0.014 00
4.0	−0.397 1	−0.066 0	−0.016 9	+0.397 9	11.30	9.759	0.011 16	0.012 48
4.1	−0.388 7	−0.103 3	−0.056 1	+0.384 6	12.32	10.69	0.009 980	0.011 14
4.2	−0.376 6	−0.138 6	−0.093 8	+0.368 0	13.44	11.71	0.008 927	0.009 938
4.3	−0.361 0	−0.171 9	−0.129 6	+0.348 4	14.67	12.82	0.007 988	0.008 872
4.4	−0.342 3	−0.202 8	−0.163 3	+0.326 0	16.01	14.05	0.007 149	0.007 923
4.5	−0.320 5	−0.231 1	−0.194 7	+0.301 0	17.48	15.39	0.006 400	0.007 078
4.6	−0.296 1	−0.256 6	−0.223 5	+0.273 7	19.09	16.86	0.005 730	0.006 325
4.7	−0.269 3	−0.279 1	−0.249 4	+0.244 5	20.86	18.48	0.005 132	0.005 654
4.8	−0.240 4	−0.298 5	−0.272 3	+0.213 6	22.79	20.25	0.004 597	0.005 055
4.9	−0.209 7	−0.314 7	−0.292 1	+0.181 2	24.91	22.20	0.004 119	0.004 521

续表

x	$J_0(x)$	$J_1(x)$	$Y_0(x)$	$Y_1(x)$	$I_0(x)$	$I_1(x)$	$K_0(x)$	$K_1(x)$
5.0	−0.1776	−0.3276	−0.3085	+0.1479	27.24	24.34	$3691\cdot10^{-6}$	$4045\cdot10^{-6}$
5.1	−0.1443	−0.3371	−0.3216	+0.1137	29.79	26.68	$3308\cdot10^{-6}$	$3619\cdot10^{-6}$
5.2	−0.1103	−0.3432	−0.3313	+0.0792	32.58	29.25	$2966\cdot10^{-6}$	$3239\cdot10^{-6}$
5.3	−0.0758	−0.3460	−0.3374	+0.0445	35.65	32.08	$2659\cdot10^{-6}$	$2900\cdot10^{-6}$
5.4	−0.0412	−0.3453	−0.3402	+0.0101	39.01	35.18	$2385\cdot10^{-6}$	$2597\cdot10^{-6}$
5.5	−0.0068	−0.3414	−0.3395	−0.0238	42.69	38.59	$2139\cdot10^{-6}$	$2326\cdot10^{-6}$
5.6	+0.0270	−0.3343	−0.3354	−0.0568	46.74	42.33	$1918\cdot10^{-6}$	$2083\cdot10^{-6}$
5.7	+0.0599	−0.3241	−0.3282	−0.0887	51.17	46.44	$1721\cdot10^{-6}$	$1866\cdot10^{-6}$
5.8	+0.0917	−0.3110	−0.3177	−0.1192	56.04	50.95	$1544\cdot10^{-6}$	$1673\cdot10^{-6}$
5.9	+0.1220	−0.2951	−0.3044	−0.1481	61.38	55.90	$1386\cdot10^{-6}$	$1499\cdot10^{-6}$
6.0	+0.1506	−0.2767	−0.2882	−0.1750	67.23	61.34	$1244\cdot10^{-6}$	$1344\cdot10^{-6}$
6.1	+0.1773	−0.2559	−0.2694	−0.1998	73.66	67.32	$1117\cdot10^{-6}$	$1205\cdot10^{-6}$
6.2	+0.2017	−0.2329	−0.2483	−0.2223	80.72	73.89	$1003\cdot10^{-6}$	$1081\cdot10^{-6}$
6.3	+0.2238	−0.2081	−0.2251	−0.2422	88.46	81.10	$9001\cdot10^{-7}$	$9691\cdot10^{-7}$
6.4	+0.2433	−0.1816	−0.1999	−0.2596	96.96	89.03	$8083\cdot10^{-7}$	$8693\cdot10^{-7}$
6.5	+0.2601	−0.1538	−0.1732	−0.2741	106.3	97.74	$7259\cdot10^{-7}$	$7799\cdot10^{-7}$
6.6	+0.2740	−0.1250	−0.1452	−0.2857	116.5	107.3	$6520\cdot10^{-7}$	$6998\cdot10^{-7}$
6.7	+0.2851	−0.0953	−0.1162	−0.2945	127.8	117.8	$5857\cdot10^{-7}$	$6280\cdot10^{-7}$
6.8	+0.2931	−0.0652	−0.0864	−0.3002	140.1	129.4	$5262\cdot10^{-7}$	$5636\cdot10^{-7}$
6.9	+0.2981	−0.0349	−0.0563	−0.3029	153.7	142.1	$4728\cdot10^{-7}$	$5059\cdot10^{-7}$
7.0	+0.3001	−0.0047	−0.0259	−0.3027	168.6	156.0	$4248\cdot10^{-7}$	$4542\cdot10^{-7}$
7.1	+0.2991	+0.0252	+0.0042	−0.2995	185.0	171.4	$3817\cdot10^{-7}$	$4078\cdot10^{-7}$
7.2	+0.2951	+0.0543	+0.0339	−0.2934	202.9	188.3	$3431\cdot10^{-7}$	$3662\cdot10^{-7}$
7.3	+0.2882	+0.0826	+0.0628	−0.2846	222.7	206.8	$3084\cdot10^{-7}$	$3288\cdot10^{-7}$
7.4	+0.2786	+0.1096	+0.0907	−0.2731	244.3	227.2	$2772\cdot10^{-7}$	$2953\cdot10^{-7}$
7.5	+0.2663	+0.1352	+0.1173	−0.2591	268.2	249.6	$2492\cdot10^{-7}$	$2653\cdot10^{-7}$
7.6	+0.2516	+0.1592	+0.1424	−0.2428	294.3	274.2	$2240\cdot10^{-7}$	$2383\cdot10^{-7}$
7.7	+0.2346	+0.1813	+0.1658	−0.2243	323.1	301.3	$2014\cdot10^{-7}$	$2141\cdot10^{-7}$
7.8	+0.2154	+0.2014	+0.1872	−0.2039	354.7	331.1	$1811\cdot10^{-7}$	$1924\cdot10^{-7}$
7.9	+0.1944	+0.2192	+0.2065	−0.1817	389.4	363.9	$1629\cdot10^{-7}$	$1729\cdot10^{-7}$
8.0	+0.1717	+0.2346	+0.2235	−0.1581	427.6	399.9	$1465\cdot10^{-7}$	$1554\cdot10^{-7}$
8.1	+0.1475	+0.2476	+0.2381	−0.1331	469.5	439.5	$1317\cdot10^{-7}$	$1396\cdot10^{-7}$
8.2	+0.1222	+0.2580	+0.2501	−0.1072	515.6	483.0	$1185\cdot10^{-7}$	$1255\cdot10^{-7}$
8.3	+0.0960	+0.2657	+0.2595	−0.0806	566.3	531.0	$1066\cdot10^{-7}$	$1128\cdot10^{-7}$
8.4	+0.0692	+0.2708	+0.2662	−0.0535	621.9	583.7	$9588\cdot10^{-8}$	$1014\cdot10^{-7}$
8.5	+0.0419	+0.2731	+0.2702	−0.0262	683.2	641.6	$8626\cdot10^{-8}$	$9120\cdot10^{-8}$
8.6	+0.0146	+0.2728	+0.2715	+0.0011	750.5	705.4	$7761\cdot10^{-8}$	$8200\cdot10^{-8}$
8.7	−0.0125	+0.2697	+0.2700	+0.0280	824.4	775.5	$6983\cdot10^{-8}$	$7374\cdot10^{-8}$
8.8	−0.0392	+0.2641	+0.2659	+0.0544	905.8	852.7	$6283\cdot10^{-8}$	$6631\cdot10^{-8}$
8.9	−0.0653	+0.2559	+0.2592	+0.0799	995.2	937.5	$5654\cdot10^{-8}$	$5964\cdot10^{-8}$
9.0	−0.0903	+0.2453	+0.2499	+0.1043	1094.0	1031.0	$5088\cdot10^{-8}$	$5364\cdot10^{-8}$
9.1	−0.1142	+0.2324	+0.2383	+0.1275	1202.0	1134.0	$4579\cdot10^{-8}$	$4825\cdot10^{-8}$
9.2	−0.1367	+0.2174	+0.2245	+0.1491	1321.0	1247.0	$4121\cdot10^{-8}$	$4340\cdot10^{-8}$
9.3	−0.1577	+0.2004	+0.2086	+0.1691	1451.0	1371.0	$3710\cdot10^{-8}$	$3904\cdot10^{-8}$
9.4	−0.1768	+0.1816	+0.1907	+0.1871	1595.0	1508.0	$3339\cdot10^{-8}$	$3512\cdot10^{-8}$
9.5	−0.1939	+0.1613	+0.1712	+0.2032	1753.0	1685.0	$3006\cdot10^{-8}$	$3160\cdot10^{-8}$
9.6	−0.2090	+0.1395	+0.1502	+0.2171	1927.0	1824.0	$2706\cdot10^{-8}$	$2843\cdot10^{-8}$
9.7	−0.2218	+0.1166	+0.2179	+0.2287	2119.0	2006.0	$2436\cdot10^{-8}$	$2559\cdot10^{-8}$
9.8	−0.2323	+0.0928	+0.1045	+0.2379	2329.0	2207.0	$2193\cdot10^{-8}$	$2302\cdot10^{-8}$
9.9	−0.2403	+0.0684	+0.0804	+0.2447	2561.0	2428.0	$1975\cdot10^{-8}$	$2072\cdot10^{-8}$
10.0	−0.2459	+0.0435	+0.0557	+0.2490	2816.0	2671.0	$1778\cdot10^{-8}$	$1865\cdot10^{-8}$

积分变量的一些高阶 (p 阶) 贝塞尔函数值

当 $p=0.5, 1.5$ 和 2.5 时, 参看下面的球柱面函数表.

p	$J_p(1)$	$J_p(2)$	$J_p(3)$	$J_p(4)$	$J_p(5)$
0	+0.765 2	+0.223 9	−0.260 1	−0.397 1	−0.177 6
1.0	+0.440 1	+0.576 7	+0.339 1	−0.066 04	−0.327 6
2.0	+0.114 9	+0.352 8	+0.486 1	+0.364 1	+0.046 57
3.0	+0.019 56	+0.128 9	+0.309 1	+0.430 2	+0.364 8
3.5	$+0.7186\cdot10^{-2}$	+0.068 52	+0.210 1	+0.365 8	+0.410 0
4.0	$+0.2477\cdot10^{-2}$	+0.034 00	+0.132 0	+0.281 1	+0.391 2
4.5	$+0.807\cdot10^{-3}$	+0.015 89	+0.077 60	+0.199 3	+0.333 7
5.0	$+0.2498\cdot10^{-3}$	$+0.7040\cdot10^{-2}$	+0.043 03	+0.132 1	+0.261 1
5.5	$+0.74\cdot10^{-4}$	$+0.2973\cdot10^{-2}$	+0.022 66	+0.082 61	+0.190 6
6.0	$+0.2094\cdot10^{-4}$	$+0.1202\cdot10^{-2}$	+0.011 39	+0.049 09	+0.131 0
6.5	$+0.6\cdot10^{-5}$	$+0.467\cdot10^{-3}$	$+0.5493\cdot10^{-2}$	+0.027 87	+0.085 58
7.0	$+0.1502\cdot10^{-5}$	$+0.1749\cdot10^{-3}$	$+0.2547\cdot10^{-2}$	+0.015 18	+0.053 38
8.0	$+0.9422\cdot10^{-7}$	$+0.2218\cdot10^{-4}$	$+0.4934\cdot10^{-3}$	$+0.4029\cdot10^{-2}$	+0.018 41
9.0	$+0.5249\cdot10^{-8}$	$+0.2492\cdot10^{-5}$	$+0.8440\cdot10^{-4}$	$+0.9386\cdot10^{-3}$	$+0.5520\cdot10^{-2}$
10.0	$+0.2631\cdot10^{-9}$	$+0.2515\cdot10^{-6}$	$+0.1293\cdot10^{-4}$	$+0.1950\cdot10^{-3}$	$+0.1468\cdot10^{-2}$

p	$J_p(6)$	$J_p(7)$	$J_p(8)$	$J_p(9)$	$J_p(10)$
0	+0.150 6	+0.300 1	+0.171 7	−0.090 33	−0.245 9
1.0	−0.276 7	$-0.4683\cdot10^{-2}$	+0.234 6	+0.245 3	+0.043 47
2.0	−0.242 9	−0.301 4	−0.113 0	+0.144 8	+0.254 6
3.0	+0.114 8	−0.167 6	−0.291 1	−0.180 9	+0.058 38
3.5	+0.267 1	$-0.3403\cdot10^{-2}$	−0.232 6	−0.268 3	−0.099 65
4.0	+0.357 6	+0.157 8	−0.105 4	−0.265 5	−0.219 6
4.5	+0.384 6	+0.280 0	+0.047 12	−0.183 9	−0.266 4
5.0	+0.362 1	+0.347 9	+0.185 8	−0.055 04	−0.234 1
5.5	+0.309 8	+0.363 4	+0.285 6	+0.084 39	−0.140 1
6.0	+0.245 8	+0.339 2	+0.337 6	+0.204 3	−0.014 46
6.5	+0.183 3	+0.291 1	+0.345 6	+0.287 0	+0.112 3
7.0	+0.129 6	+0.233 6	+0.320 6	+0.327 5	+0.216 7
8.0	+0.056 53	+0.128 0	+0.223 5	+0.305 1	+0.317 9
9.0	+0.021 17	+0.058 92	+0.126 3	+0.214 9	+0.291 9
10.0	$+0.6964\cdot10^{-2}$	+0.023 54	+0.060 77	+0.124 7	+0.207 5

p	$J_p(11)$	$J_p(12)$	$J_p(13)$	$J_p(14)$	$J_p(15)$
0	−0.171 2	+0.047 69	+0.206 9	+0.171 1	−0.014 22
1.0	−0.176 8	−0.223 4	−0.070 32	+0.133 4	+0.205 1
2.0	+0.139 0	−0.084 93	−0.217 7	−0.152 0	+0.041 57
3.0	+0.227 3	+0.195 1	$+0.3320\cdot10^{-2}$	−0.176 8	−0.194 0
3.5	+0.129 4	+0.234 8	+0.140 7	−0.062 45	−0.199 1
4.0	−0.015 04	+0.182 5	+0.219 3	+0.076 24	−0.119 2
4.5	−0.151 9	+0.064 57	+0.213 4	+0.183 0	$+0.7984\cdot10^{-2}$
5.0	−0.238 3	−0.073 47	+0.131 6	+0.220 4	+0.130 5
5.5	−0.253 8	−0.186 4	$+0.7055\cdot10^{-2}$	+0.180 1	+0.203 9
6.0	−0.201 6	−0.243 7	−0.118 0	+0.081 17	+0.206 1
6.5	−0.101 8	−0.235 4	−0.207 5	−0.041 51	+0.141 5
7.0	+0.018 38	−0.170 3	−0.240 6	−0.150 8	+0.034 46
8.0	+0.225 0	+0.045 10	−0.141 0	−0.232 0	−0.174 0
9.0	+0.308 9	+0.230 4	+0.066 98	−0.114 3	−0.220 0
10.0	+0.280 4	+0.300 5	+0.233 8	+0.085 01	−0.090 07

续表

p	$J_p(16)$	$J_p(17)$	$J_p(18)$	$J_p(19)$	$J_p(20)$
0	−0.1749	−0.1699	−0.01336	+0.1466	+0.1670
1.0	+0.09040	−0.09767	−0.1880	−0.1057	+0.06683
2.0	+0.1862	+0.1584	$-0.7533\cdot10^{-2}$	−0.1578	−0.1603
3.0	−0.04385	+0.1349	+0.1863	+0.07249	−0.09890
3.5	−0.1585	+0.01461	+0.1651	+0.1649	+0.02152
4.0	−0.2026	−0.1107	+0.06964	+0.1806	+0.1307
4.5	−0.1619	−0.1875	−0.05501	+0.1165	+0.1801
5.0	−0.05747	−0.1870	−0.1554	$+0.3572\cdot10^{-2}$	+0.1512
5.5	+0.06743	−0.1139	−0.1926	−0.1097	+0.05953
6.0	+0.1667	$+0.7153\cdot10^{-3}$	−0.1560	−0.1788	−0.05509
6.5	+0.2083	+0.1138	−0.06273	−0.1800	−0.1474
7.0	+0.1825	+0.1875	+0.05140	−0.1165	−0.1842
8.0	$-0.7021\cdot10^{-2}$	+0.1537	+0.1959	+0.09294	−0.07387
9.0	−0.1895	−0.04286	+0.1228	+0.1947	+0.1251
10.0	−0.2062	−0.1991	−0.07317	+0.09155	+0.1865

球柱面函数 (贝塞尔函数)$J_{\pm(n+1/2)}$

x	$J_{1/2}$	$J_{3/2}$	$J_{5/2}$	$J_{-1/2}$	$J_{-3/2}$	$J_{-5/2}$
0	0.0000	0.0000	0.0000	$+\infty$	$-\infty$	$+\infty$
1	+0.6714	+0.2403	+0.0495	+0.4311	−1.1025	+2.8764
2	+0.5130	+0.4913	+0.2239	−0.2348	−0.3956	+0.8282
3	+0.0650	+0.4777	+0.4127	−0.4560	+0.0870	+0.3690
4	−0.3019	+0.1853	+0.4409	−0.2608	+0.3671	−0.0146
5	−0.3422	−0.1697	+0.2404	+0.1012	+0.3219	−0.2944
6	−0.0910	−0.3279	−0.0730	+0.3128	+0.0389	−0.3322
7	+0.1981	−0.1991	−0.2834	+0.2274	−0.2306	−0.1285
8	+0.2791	+0.0759	−0.2506	−0.0410	−0.2740	+0.1438
9	+0.1096	+0.2545	−0.0248	−0.2423	−0.0827	+0.2699
10	−0.1373	+0.1980	+0.1967	−0.2117	+0.1584	+0.1642
11	−0.2406	−0.0229	+0.2343	+0.0011	+0.2405	−0.0666
12	−0.1236	−0.2047	+0.0724	+0.1944	+0.1074	−0.2212
13	+0.0930	−0.1937	−0.1377	+0.2008	−0.1084	−0.1758
14	+0.2112	−0.0141	−0.2143	+0.0292	−0.2133	+0.0166
15	+0.1340	+0.1654	−0.1009	−0.1565	−0.1235	+0.1812
16	−0.0574	+0.1874	+0.0926	−0.1910	+0.0694	+0.1780
17	−0.1860	+0.0423	+0.1935	−0.0532	+0.1892	+0.0199
18	−0.1412	−0.1320	+0.1192	+0.1242	+0.1343	−0.1466
19	+0.0274	−0.1795	−0.0558	+0.1810	−0.0370	−0.1751
20	+0.1629	−0.0647	−0.1726	+0.0728	−0.1665	−0.0478
21	+0.1457	+0.1023	−0.1311	−0.0954	−0.1411	+0.1155
22	−0.0015	+0.1700	+0.0247	−0.1701	+0.0092	+0.1688
23	−0.1408	+0.0825	+0.1516	−0.0886	+0.1446	+0.0698
24	−0.1475	−0.0752	+0.1381	+0.0691	+0.1446	−0.0872
25	−0.0211	−0.1590	+0.0020	+0.1582	+0.0148	−0.1599
26	+0.1193	−0.0966	−0.1305	+0.1012	−0.1232	−0.0870
27	+0.1469	+0.0503	−0.1413	−0.0449	−0.1452	+0.0610
28	+0.0408	+0.1466	−0.0251	−0.1451	−0.0357	+0.1490
29	−0.0983	+0.1074	+0.1094	−0.1108	+0.1021	+0.1003
30	−0.1439	−0.0273	+0.1412	+0.0225	+0.1432	−0.0368
31	−0.0579	−0.1330	+0.0450	+0.1311	+0.0537	−0.1363
32	+0.0778	−0.1152	−0.0886	+0.1177	−0.0814	−0.1100
33	+0.1389	+0.0061	−0.1383	−0.0018	−0.1388	+0.0145
34	+0.0724	+0.1182	−0.0620	−0.1161	−0.0690	+0.1222
35	−0.0578	+0.1202	+0.0680	−0.1219	+0.0612	+0.1166
36	−0.1319	+0.0134	+0.1330	−0.0170	+0.1324	+0.0060
37	−0.0844	−0.1027	+0.0761	+0.1004	+0.0817	−0.1070
38	+0.0384	−0.1226	−0.0480	+0.1236	−0.0416	−0.1203
39	+0.1231	−0.0309	−0.1255	+0.0341	−0.1240	−0.0245
40	+0.0940	+0.0865	−0.0875	−0.0841	−0.0919	+0.0910

一些贝塞尔函数的第 n 级零点

n	$p=0$	$p=1$	$p=2$	$p=3$	$p=4$	$p=5$
1	2.405	3.832	5.135	6.379	7.588	8.771
2	5.520	7.016	8.417	9.760	11.064	12.339
3	8.654	10.173	11.620	13.015	14.373	15.700
4	11.792	13.323	14.796	16.224	17.616	18.980
5	14.931	16.470	17.960	19.410	20.827	22.218
6	18.071	19.616	21.117	22.583	24.018	25.430
7	21.212	22.760	24.270	25.749	27.200	28.627
8	24.353	25.903	27.421	28.909	30.371	31.812
9	27.494	29.047	30.569	32.065	33.537	34.989

0.5.3 球函数(勒让德多项式)

注 也可参看 1.13.2.13.

$x=P_1(x)$	$P_2(x)$	$P_3(x)$	$P_4(x)$	$P_5(x)$	$P_6(x)$	$P_7(x)$
0.00	−0.500 0	0.000 0	0.375 0	0.000 0	−0.312 5	0.000 0
0.05	−0.496 2	−0.074 7	0.365 7	0.092 7	−0.296 2	−0.106 9
0.10	−0.485 0	−0.147 5	0.337 9	0.178 8	−0.248 8	−0.199 5
0.15	−0.466 2	−0.216 6	0.292 8	0.252 3	−0.174 6	−0.264 9
0.20	−0.440 0	−0.280 0	0.232 0	0.307 5	−0.080 6	−0.293 5
0.25	−0.406 2	−0.335 9	0.157 7	0.339 7	+0.024 3	−0.279 9
0.30	−0.365 0	−0.382 5	+0.072 9	0.345 4	0.129 2	−0.224 1
0.35	−0.316 2	−0.417 8	−0.018 7	0.322 5	0.222 5	−0.131 8
0.40	−0.260 0	−0.440 0	−0.113 0	0.270 6	0.292 6	−0.014 6
0.45	−0.196 2	−0.447 2	−0.205 0	0.191 7	0.329 0	+0.110 6
0.50	−0.125 0	−0.437 5	−0.289 1	+0.089 8	0.323 2	0.223 1
0.55	−0.046 2	−0.409 1	−0.359 0	−0.028 2	0.270 8	0.300 7
0.60	+0.040 0	−0.360 0	−0.408 0	−0.152 6	0.172 1	0.322 6
0.65	0.133 8	−0.288 4	−0.428 4	−0.270 5	+0.034 7	0.273 7
0.70	0.235 0	−0.192 5	−0.412 1	−0.365 2	−0.125 3	+0.150 2
0.75	0.343 8	−0.070 3	−0.350 1	−0.416 4	−0.280 8	−0.034 2
0.80	0.460 0	+0.080 0	−0.233 0	−0.399 5	−0.391 8	−0.239 7
0.85	0.583 8	0.260 3	−0.050 6	−0.285 7	−0.403 0	−0.391 3
0.90	0.715 0	0.472 5	+0.207 9	−0.041 1	−0.241 2	−0.367 8
0.95	0.853 8	0.718 4	0.554 1	+0.372 7	+0.187 5	+0.011 2

对所有 $n=1,2,\cdots$, 有 $P_n(1)=1$.

$$P_0(x)=1,\qquad P_1(x)=x,\qquad P_5(x)=\frac{1}{8}(63x^5-70x^3+15x),$$

$$P_2(x)=\frac{1}{2}(3x^2-1),\qquad P_6(x)=\frac{1}{16}(231x^6-315x^4+105x^2-5),$$

$$P_3(x)=\frac{1}{2}(5x^3-3x),\qquad P_7(x)=\frac{1}{16}(429x^7-693x^5+315x^3-35x),$$

$$P_4(x)=\frac{1}{8}(35x^4-30x^2+3).$$

0.5.4 椭圆积分

注 也可参看 1.14.19

a) 第一类椭圆积分 $F(k, \varphi)$, $k = \sin\alpha$.

	$\alpha = 0°$	10°	20°	30°	40°
φ=0°	0.0000	0.0000	0.0000	0.0000	0.0000
10°	0.1745	0.1746	0.1746	0.1748	0.1749
20°	0.3491	0.3493	0.3499	0.3508	0.3520
30°	0.5236	0.5243	0.5263	0.5294	0.5334
40°	0.6981	0.6997	0.7043	0.7116	0.7213
50°	0.8727	0.8756	0.8842	0.8982	0.9173
60°	1.0472	1.0519	1.0660	1.0896	1.1226
70°	1.2217	1.2286	1.2495	1.2853	1.3372
80°	1.3963	1.4056	1.4344	1.4846	1.5597
90°	1.5708	1.5828	1.6200	1.6858	1.7868
	$\alpha = 50°$	60°	70°	80°	90°
φ=0°	0.0000	0.0000	0.0000	0.0000	0.0000
10°	0.1751	0.1752	0.1753	0.1754	0.1754
20°	0.3533	0.3545	0.3555	0.3561	0.3564
30°	0.5379	0.5422	0.5459	0.5484	0.5493
40°	0.7323	0.7436	0.7535	0.7604	0.7629
50°	0.9401	0.9647	0.9876	1.0044	1.0107
60°	1.1643	1.2126	1.2619	1.3014	1.3170
70°	1.4068	1.4944	1.5959	1.6918	1.7354
80°	1.6660	1.8125	2.0119	2.2653	2.4362
90°	1.9356	2.1565	2.5046	3.1534	∞

b) 第二类椭圆积分 $E(k, \varphi)$, $k = \sin\alpha$.

	$\alpha = 0°$	10°	20°	30°	40°
φ=0°	0.0000	0.0000	0.0000	0.0000	0.0000
10°	0.1745	0.1745	0.1744	0.1743	0.1742
20°	0.3491	0.3489	0.3483	0.3473	0.3462
30°	0.5236	0.5229	0.5209	0.5179	0.5141
40°	0.6981	0.3966	0.6921	0.6851	0.6763
50°	0.8727	0.8698	0.8614	0.8483	0.8317
60°	1.0472	1.0426	1.0290	1.0076	0.9801
70°	1.2217	1.2149	1.1949	1.1632	1.1221
80°	1.3963	1.3870	1.3597	1.3161	1.2590
90°	1.5708	1.5589	1.5238	1.4675	1.3931
	$\alpha = 50°$	60°	70°	80°	90°
φ=0°	0.0000	0.0000	0.0000	0.0000	0.0000
10°	0.1740	0.1739	0.1738	1.1737	0.1736
20°	0.3450	0.3438	0.3429	0.3422	0.3420
30°	0.5100	0.5061	0.5029	0.5007	0.5000
40°	0.6667	0.6575	0.6497	0.6446	0.6428
50°	0.8134	0.7954	0.7801	0.7697	0.7660
60°	0.9493	0.9184	0.8914	0.8728	0.8660
70°	1.0750	1.0266	0.9830	0.9514	0.9397
80°	1.1926	1.1225	1.0565	1.0054	0.9848
90°	1.3055	1.2111	1.1184	1.0401	1.0000

c) 完全椭圆积分 K 和 E, $k=\sin\alpha$; 当 $\alpha=90^\circ$ 时, 令 K= ∞, E= 1.

α°	K	E	α°	K	E	α°	K	E
0	1.5708	1.5708	30	1.6858	1.4675	60	2.1565	1.2111
1	1.5709	1.5707	31	1.6941	1.4608	61	2.1842	1.2015
2	1.5713	1.5703	32	1.7028	1.4539	62	2.2132	1.1920
3	1.5719	1.5697	33	1.7119	1.4469	63	2.2435	1.1826
4	1.5727	1.5689	34	1.7214	1.4397	64	2.2754	1.1732
5	1.5738	1.5678	35	1.7312	1.4323	65	2.3088	1.1638
6	1.5751	1.5665	36	1.7415	1.4248	66	2.3439	1.1545
7	1.5767	1.5649	37	1.7522	1.4171	67	2.3809	1.1453
8	1.5785	1.5632	38	1.7633	1.4092	68	2.4198	1.1362
9	1.5805	1.5611	39	1.7748	1.4013	69	2.4610	1.1272
10	1.5828	1.5589	40	1.7868	1.3931	70	2.5046	1.1184
11	1.5854	1.5564	41	1.7992	1.3849	71	2.5507	1.1096
12	1.5882	1.5537	42	1.8122	1.3765	72	2.5998	1.1011
13	1.5913	1.5507	43	1.8256	1.3680	73	2.6521	1.0927
14	1.5946	1.5476	44	1.8396	1.3594	74	2.7081	1.0844
15	1.5981	1.5442	45	1.8541	1.3506	75	2.7681	1.0764
16	1.6020	1.5405	46	1.8691	1.3418	76	2.8327	1.0686
17	1.6061	1.5367	47	1.8848	1.3329	77	2.9026	1.0611
18	1.6105	1.5326	48	1.9011	1.3238	78	2.9786	1.0538
19	1.6151	1.5283	49	1.9180	1.3147	79	3.0617	1.0468
20	1.6200	1.5238	50	1.9356	1.3055	80	3.1534	1.0401
21	1.6252	1.5191	51	1.9539	1.2963	81	3.2553	1.0338
22	1.6307	1.5141	52	1.9729	1.2870	82	3.3699	1.0278
23	1.6365	1.5090	53	1.9927	1.2776	83	3.5004	1.0223
24	1.6426	1.5037	54	2.0133	1.2681	84	3.6519	1.0172
25	1.6490	1.4981	55	2.0347	1.2587	85	3.8317	1.0127
26	1.6557	1.4924	56	2.0571	1.2492	86	4.0528	1.0086
27	1.6627	1.4864	57	2.0804	1.2397	87	4.3387	1.0053
28	1.6701	1.4803	58	2.1047	1.2301	88	4.7427	1.0026
29	1.6777	1.4740	59	2.1300	1.2206	89	5.4349	1.0008

$$F(k,\varphi)=\int_0^{\varphi}\frac{\mathrm{d}\psi}{\sqrt{1-k^2\sin^2\psi}}=\int_0^{\sin\varphi}\frac{\mathrm{d}x}{\sqrt{1-x^2}\sqrt{1-k^2x^2}},$$

$$E(k,\varphi)=\int_0^{\varphi}\sqrt{1-k^2\sin^2\psi}\,\mathrm{d}\psi=\int_0^{\sin\varphi}\sqrt{\frac{1-k^2x^2}{1-x^2}}\,\mathrm{d}x,$$

$$\mathrm{K}=F\left(k,\frac{\pi}{2}\right)=\int_0^{\pi/2}\frac{\mathrm{d}\psi}{\sqrt{1-k^2\sin^2\psi}}=\int_0^{1}\frac{\mathrm{d}x}{\sqrt{1-x^2}\sqrt{1-k^2x^2}},$$

$$\mathrm{E}=E\left(k,\frac{\pi}{2}\right)=\int_0^{\pi/2}\sqrt{1-k^2\sin^2\psi}\,\mathrm{d}\psi=\int_0^{1}\sqrt{\frac{1-k^2x^2}{1-x^2}}\,\mathrm{d}x,$$

$$4(n+1)^2\int \mathrm{E}x^n\mathrm{d}x-(2n+3)(2n+5)\int \mathrm{E}x^{n+1}\mathrm{d}x$$

$$=(2n+3)^2\int \mathrm{K}x^{n+1}\mathrm{d}x-4(n+1)^2\int \mathrm{K}x^n\mathrm{d}x=2x^{n+1}(\mathrm{E}-(2n+3)(1-x)\mathrm{K}).$$

0.5.5 积分三角函数与积分指数函数

定义 $\mathrm{Si}(x)=\int_0^x \frac{\sin t}{t}\mathrm{d}t,\quad \mathrm{si}(x)=\mathrm{Si}(x)-\frac{\pi}{2}=-\int_x^{\infty}\frac{\sin t}{t}\mathrm{d}t,$

$\mathrm{Ci}(x)=-\int_x^{\infty}\frac{\cos t}{t}\mathrm{d}t,\quad \mathrm{Ei}(x)=\int_{-\infty}^{x}\frac{\mathrm{e}^t}{t}\mathrm{d}t,$

$\mathrm{li}(x)=\int_0^x \frac{\mathrm{d}t}{\ln t},\quad \mathrm{li}(x)=\mathrm{Ei}(\ln x).$

x	Si(x)	Ci(x)	Ei(x)	x	Si(x)	Ci(x)	Ei(x)
0.00	0.000 0	$-\infty$	$-\infty$	0.40	0.396 5	−0.378 8	0.104 8
0.01	0.010 0	−4.028 0	−4.017 9	0.41	0.406 2	−0.356 1	0.141 8
0.02	0.020 0	−3.334 9	−3.314 7	0.42	0.415 9	−0.334 1	0.178 3
0.03	0.030 0	−2.929 6	−2.899 1	0.43	0.425 6	−0.312 6	0.214 3
0.04	0.040 0	−2.642 1	−2.601 3	0.44	0.435 3	−0.291 8	0.249 8
0.05	0.050 0	−2.419 1	−2.367 9	0.45	0.445 0	−0.271 5	0.284 9
0.06	0.060 0	−2.237 1	−2.175 3	0.46	0.454 6	−0.251 7	0.319 5
0.07	0.070 0	−2.083 3	−2.010 8	0.47	0.464 3	−0.232 5	0.353 7
0.08	0.080 0	−1.950 1	−1.866 9	0.48	0.473 9	−0.213 8	0.387 6
0.09	0.090 0	−1.832 8	−1.738 7	0.49	0.483 5	−0.195 6	0.421 1
0.10	0.099 9	−1.727 9	−1.622 8	0.50	0.493 1	−0.177 8	0.454 2
0.11	0.109 9	−1.633 1	−1.517 0	0.51	0.502 7	−0.160 5	0.487 0
0.12	0.119 9	−1.546 6	−1.419 3	0.52	0.512 3	−0.143 6	0.519 5
0.13	0.129 9	−1.467 2	−1.328 7	0.53	0.521 8	−0.127 1	0.551 7
0.14	0.139 9	−1.393 8	−1.243 8	0.54	0.531 3	−0.111 0	0.583 6
0.15	0.149 8	−1.325 5	−1.164 1	0.55	0.540 8	−0.095 3	0.615 3
0.16	0.159 8	−1.261 8	−1.088 7	0.56	0.550 3	−0.080 0	0.646 7
0.17	0.169 7	−1.202 0	−1.017 2	0.57	0.559 8	−0.065 0	0.677 8
0.18	0.179 7	−1.145 7	−0.949 1	0.58	0.569 3	−0.050 4	0.708 7
0.19	0.189 6	−1.092 5	−0.884 1	0.59	0.578 7	−0.036 2	0.739 4
0.20	0.199 6	−1.042 2	−0.821 8	0.60	0.588 1	−0.022 3	0.769 9
0.21	0.209 5	−0.994 4	−0.761 9	0.61	0.597 5	−0.008 7	0.800 2
0.22	0.219 4	−0.949 0	−0.704 2	0.62	0.606 9	+0.004 6	0.830 2
0.23	0.229 3	−0.905 7	−0.648 5	0.63	0.616 3	0.017 6	0.860 1
0.24	0.239 2	−0.864 3	−0.594 7	0.64	0.625 6	0.030 3	0.889 8
0.25	0.249 1	−0.824 7	−0.542 5	0.65	0.634 9	0.042 7	0.919 4
0.26	0.259 0	−0.786 7	−0.491 9	0.66	0.644 2	0.054 8	0.948 8
0.27	0.268 9	−0.750 3	−0.442 7	0.67	0.653 5	0.066 6	0.978 0
0.28	0.278 8	−0.715 3	−0.394 9	0.68	0.662 8	0.078 2	1.007 1
0.29	0.288 6	−0.681 6	−0.348 2	0.69	0.672 0	0.089 5	1.036 1
0.30	0.298 5	−0.649 2	−0.302 7	0.70	0.681 2	0.100 5	1.064 9
0.31	0.308 3	−0.617 9	−0.258 2	0.71	0.690 4	0.111 3	1.093 6
0.32	0.318 2	−0.587 7	−0.214 7	0.72	0.699 6	0.121 9	1.122 2
0.33	0.328 0	−0.558 5	−0.172 1	0.73	0.708 7	0.132 2	1.150 7
0.34	0.337 8	−0.530 4	−0.130 4	0.74	0.717 9	0.142 3	1.179 1
0.35	0.347 6	−0.503 1	−0.089 4	0.75	0.727 0	0.152 2	1.207 3
0.36	0.357 4	−0.476 7	−0.049 3	0.76	0.736 0	0.161 8	1.235 5
0.37	0.367 2	−0.451 1	−0.009 8	0.77	0.745 1	0.171 2	1.263 6
0.38	0.377 0	−0.426 3	+0.029 0	0.78	0.754 1	0.180 5	1.291 6
0.39	0.386 7	−0.402 2	0.067 2	0.79	0.763 1	0.189 5	1.319 5

续表

x	Si(x)	Ci(x)	Ei(x)	x	Si(x)	Ci(x)	Ei(x)
0.80	0.772 1	0.198 3	1.347 4	2.6	1.800 4	0.253 3	7.576 1
0.81	0.781 1	0.206 9	1.375 2	2.7	1.818 2	0.220 1	8.110 3
0.82	0.790 0	0.215 3	1.402 9	2.8	1.832 1	0.186 5	8.679 3
0.83	0.798 9	0.223 5	1.430 6	2.9	2.842 2	0.152 9	9.286 0
0.84	0.807 8	0.231 6	1.458 2	3.0	1.848 7	0.119 6	9.933 8
0.85	0.816 6	0.239 4	1.485 7	3.1	1.851 7	0.086 99	10.626 3
0.86	0.825 4	0.247 1	1.513 2	3.2	1.851 4	0.055 26	11.367 3
0.87	0.834 2	0.254 6	1.540 7	3.3	1.848 1	+0.024 68	12.161 0
0.88	0.843 0	0.261 9	1.568 1	3.4	1.841 9	−0.004 52	13.012 1
0.89	0.851 8	0.269 1	1.595 5	3.5	1.833 1	−0.032 13	13.925 4
0.90	0.860 5	0.276 1	1.622 8	3.6	1.821 9	−0.057 97	14.906 3
0.91	0.869 2	0.282 9	1.650 1	3.7	1.808 6	−0.081 9	15.960 6
0.92	0.877 8	0.289 6	1.677 4	3.8	1.793 4	−0.103 8	17.094 8
0.93	0.886 5	0.296 1	1.704 7	3.9	1.776 5	−0.123 5	18.315 7
0.94	0.895 1	0.302 4	1.731 9	4.0	1.758 2	−0.141 0	19.630 9
0.95	0.903 6	0.308 6	1.759 1	4.1	1.738 7	−0.156 2	21.048 5
0.96	0.912 2	0.314 7	1.786 4	4.2	1.718 4	−0.169 0	22.577 4
0.97	0.920 7	0.320 6	1.813 6	4.3	1.697 3	−0.179 5	24.227 4
0.98	0.929 2	0.326 3	1.840 7	4.4	1.675 8	−0.187 7	26.009 0
0.99	0.937 7	0.331 9	1.867 9	4.5	1.654 1	−0.193 5	27.933 7
1.0	0.946 1	0.337 4	1.895 1	4.6	1.632 5	−0.197 0	30.014 1
1.1	1.028 7	0.384 9	2.167 4	4.7	1.611 0	−0.198 4	32.263 9
1.2	1.108 0	0.420 5	2.442 1	4.8	1.590 0	−0.197 6	34.697 9
1.3	1.184 0	0.445 7	2.721 4	4.9	1.569 6	−0.194 8	37.332 5
1.4	1.256 2	0.462 0	3.007 2	5.0	1.549 9	−0.190 0	40.185 3
1.5	1.324 7	0.470 4	3.301 3	6	1.424 7	−0.068 1	85.989 8
1.6	1.389 2	0.471 7	3.605 3	7	1.454 6	+0.076 7	191.505
1.7	1.449 6	0.467 0	3.921 0	8	1.574 2	+0.122 4	440.380
1.8	1.505 8	0.456 8	4.249 9	9	1.665 0	+0.055 35	1 037.88
1.9	1.557 8	0.441 9	4.593 7	10	1.658 3	−0.045 46	2 492.23
2.0	1.605 4	0.423 0	4.954 2	11	1.578 3	−0.089 56	6 071.41
2.1	1.648 7	0.400 5	5.333 2	12	1.505 0	−0.049 78	14 959.5
2.2	1.687 6	0.375 1	5.732 6	13	1.499 4	+0.026 76	37 197.7
2.3	1.722 2	0.347 2	6.154 4	14	1.556 2	+0.069 40	93 192.5
2.4	1.752 5	0.317 3	6.600 7	15	1.618 2	+0.046 28	234 956.0
2.5	1.778 5	0.285 9	7.073 8				

x	Si(x)	Ci(x)	x	Si(x)	Ci(x)
20	1.548 2	+0.044 42	120	1.564 0	+0.004 78
25	1.531 5	−0.006 85	140	1.572 2	+0.007 01
30	1.566 8	−0.033 03	160	1.576 9	+0.001 41
35	1.596 9	−0.011 48	180	1.574 1	−0.004 43
40	1.587 0	+0.019 02	200	1.568 4	−0.004 38
45	1.558 7	+0.018 63	300	1.570 9	−0.003 33
50	1.551 6	−0.005 63	400	1.572 1	−0.002 12
55	1.570 7	−0.018 17	500	1.572 6	−0.000 93
60	1.586 7	−0.004 81	600	1.572 5	+0.000 08
65	1.579 2	+0.012 85	700	1.572 0	+0.000 78
70	1.561 6	+0.010 92	800	1.571 4	+0.001 12
80	1.572 3	−0.012 40	10^3	1.570 2	+0.000 83
90	1.575 7	+0.009 99	10^4	1.570 9	−0.000 03
100	1.562 2	−0.005 15	10^5	1.570 8	+0.000 00
110	1.579 9	−0.000 32	∞	$\pi/2$	+0.000 00

0.5.6 菲涅耳积分

注 也可参看 0.10.1.

x	$C(x)$	$S(x)$	x	$C(x)$	$S(x)$	x	$C(x)$	$S(x)$
0.0	0	0	8.5	0.6129	0.5755	21.0	0.5738	0.5459
0.1	0.2521	0.0084	9.0	0.5608	0.6172	21.5	0.5423	0.5748
0.2	0.3554	0.0238	9.5	0.4969	0.6286	22.0	0.5012	0.5849
0.3	0.4331	0.0434	10.0	0.4370	0.6084	22.5	0.4607	0.5742
0.4	0.4966	0.0665	10.5	0.3951	0.5632	23.0	0.4307	0.5458
0.5	0.5502	0.0924	11.0	0.3804	0.5048	23.5	0.4181	0.5068
0.6	0.5962	0.1205	11.5	0.3951	0.4478	24.0	0.4256	0.4670
0.7	0.6356	0.1504	12.0	0.4346	0.4058	24.5	0.4511	0.4361
0.8	0.6693	0.1818	12.5	0.4881	0.3882	25.0	0.4879	0.4212
0.9	0.6979	0.2143	13.0	0.5425	0.3983	25.5	0.5269	0.4258
1.0	0.7217	0.2476	13.5	0.5846	0.4325	26.0	0.5586	0.4483
1.5	0.7791	0.4155	14.0	0.6047	0.4818	26.5	0.5755	0.4829
2.0	0.7533	0.5628	14.5	0.5989	0.5337	27.0	0.5738	0.5211
2.5	0.6710	0.6658	15.0	0.5693	0.5758	27.5	0.5541	0.5534
3.0	0.5610	0.7117	15.5	0.5240	0.5982	28.0	0.5217	0.5721
3.5	0.4520	0.7002	16.0	0.4743	0.5961	28.5	0.4846	0.5731
4.0	0.3682	0.6421	16.5	0.4323	0.5709	29.0	0.4518	0.5562
4.5	0.3252	0.5565	17.0	0.4080	0.5293	29.5	0.4314	0.5260
5.0	0.3285	0.4659	17.5	0.4066	0.4818	30.0	0.4279	0.4900
5.5	0.3724	0.3918	18.0	0.4278	0.4400	30.5	0.4420	0.4570
6.0	0.4433	0.3499	18.5	0.4660	0.4139	31.0	0.4700	0.4350
6.5	0.5222	0.3471	19.0	0.5113	0.4093	31.5	0.5048	0.4291
7.0	0.5901	0.3812	19.5	0.5528	0.4269	32.0	0.5379	9.4406
7.5	0.6318	0.4415	20.0	0.5804	0.4616	32.5	0.5613	0.4663
8.0	0.6393	0.5120	20.5	0.5878	0.5049	33.0	0.5694	0.4999

0.5.7 函数 $\int_0^x e^{t^2}\,dt$

x	0	1	2	3	4	5	6	7	8	9
0.0	0.0000	0.0100	0.0200	0.0300	0.0400	0.0500	0.0601	0.0701	0.0802	0.0902
0.1	0.1003	0.1104	0.1206	0.1307	0.1409	0.1511	0.1614	0.1717	0.1820	0.1923
0.2	0.2027	0.2131	0.2236	0.2341	0.2447	0.2553	0.2660	0.2767	0.2875	0.2983
0.3	0.3092	0.3202	0.3313	0.3424	0.3536	0.3648	0.3762	0.3876	0.3991	0.4107
0.4	0.4224	0.4342	0.4461	0.4580	0.4701	0.4823	0.4946	0.5070	0.5196	0.5322
0.5	0.5450	0.5579	0.5709	0.5841	0.5974	0.6109	0.6245	0.6382	0.6522	0.6662
0.6	0.6805	0.6949	0.7095	0.7243	0.7393	0.7544	0.7698	0.7853	0.8011	0.8171
0.7	0.8333	0.8497	0.8664	0.8833	0.9005	0.9179	0.9356	0.9536	0.9718	0.9903
0.8	1.0091	1.0282	1.0477	1.0674	1.0875	1.1079	1.1287	1.1498	1.1713	1.1932
0.9	1.2155	1.2382	1.2613	1.2848	1.3088	1.3332	1.3581	1.3835	1.4093	1.4357
1.0	1.463	1.490	1.518	1.547	1.576	1.606	1.636	1.667	1.699	1.731
1.1	1.765	1.799	1.833	1.869	1.905	1.942	1.980	2.019	2.059	2.099
1.2	2.141	2.184	2.228	2.272	2.318	2.365	2.414	2.463	2.514	2.566
1.3	2.620	2.675	2.731	2.789	2.848	2.909	2.972	3.037	3.103	3.171
1.4	3.241	3.313	3.387	3.463	3.542	3.622	3.705	3.791	3.879	3.970
1.5	4.063	4.159	4.259	4.361	4.467	4.575	4.688	4.803	4.923	5.046
1.6	5.174	5.305	5.441	5.581	5.726	5.876	6.030	6.190	6.356	6.527
1.7	6.704	6.887	7.076	7.272	7.475	7.685	7.903	8.128	8.362	8.604
1.8	8.85	9.11	9.38	9.66	9.95	10.25	10.57	10.89	11.23	11.58
1.9	11.94	12.32	12.70	13.11	13.54	13.98	14.43	14.91	15.40	15.92

0.5.8 角度向弧度的转化

单位圆的弧长

角	弧长	角	弧长	角	弧长
1″	0.000 005	1°	0.017 453	31°	0.541 052
2″	0.000 010	2°	0.034 907	32°	0.558 505
3″	0.000 015	3°	0.052 360	33°	0.575 959
4″	0.000 019	4°	0.069 813	34°	0.593 412
5″	0.000 024	5°	0.087 266	35°	0.610 865
6″	0.000 029	6°	0.104 720	36°	0.628 319
7″	0.000 034	7°	0.122 173	37°	0.645 772
8″	0.000 039	8°	0.139 626	38°	0.663 225
9″	0.000 044	9°	0.157 080	39°	0.680 678
10″	0.000 048	10°	0.174 533	40°	0.698 132
20″	0.000 097	11°	0.191 986	45°	0.785 398
30″	0.000 145	12°	0.209 440	50°	0.872 665
40″	0.000 194	13°	0.226 893	55°	0.959 931
50″	0.000 242	14°	0.244 346	60°	1.047 198
		15°	0.261 799	65°	1.134 464
1′	0.000 291	16°	0.279 253	70°	1.221 730
2′	0.000 582	17°	0.296 706	75°	1.308 997
3′	0.000 873	18°	0.314 159	80°	1.396 263
4′	0.001 164	19°	0.331 613	85°	1.483 530
5′	0.001 454	20°	0.349 066	90°	1.570 796
6′	0.001 745	21°	0.366 519	100°	1.745 329
7′	0.002 036	22°	0.383 972	120°	2.094 395
8′	0.002 327	23°	0.401 426	150°	2.617 994
9′	0.002 618	24°	0.418 879	180°	3.141 593
10′	0.002 909	25°	0.436 332	200°	3.490 659
20′	0.005 818	26°	0.453 786	250°	4.363 323
30′	0.008 727	27°	0.471 239	270°	4.712 389
40′	0.011 636	28°	0.488 692	300°	5.235 988
50′	0.014 544	29°	0.506 145	360°	6.283 185
		30°	0.523 599	400°	6.981 317

例:

1) 52° 37′ 23″

50°			= 0.872 665
2°			= 0.034 907
	30′		= 0.008 727
	7′		= 0.002 036
		20″	= 0.000 097
		3″	= 0.000 015
			0.918 447
52°	37′	23″	= 0.91845 弧度

2) 5.645 弧度 (弧长)

5.235 988	= 300°
0.409 012	
0.401 426	= 23°
0.007 586	
0.005 818	= 20′
0.001 768	
0.001 745	= 6′
0.000 023	= 5″
5.645 rad	= 323° 26′ 5″

弧度是一个平面角, 等于它所对应的圆弧长与其半径之比 (缩写形式为 rad).

0.6 不大于 4000 的素数表

相差为 2 的两个素数称为孪生素数, 如表中粗体字所示. 众所周知, 存在无穷多这样的孪生素数.

2	3	**5**	**7**	**11**	**13**	**17**	**19**	**23**	**29**
31	37	**41**	**43**	47	53	**59**	**61**	67	**71**
73	79	83	89	97	**101**	**103**	**107**	**109**	113
127	131	**137**	**139**	**149**	**151**	157	163	167	173
179	181	**191**	**193**	**197**	**199**	211	223	**227**	**229**
233	239	241	251	257	263	**269**	**271**	277	**281**
283	293	307	**311**	**313**	317	331	337	**347**	**349**
353	359	367	373	379	383	389	397	401	409
419	**421**	**431**	**433**	439	443	449	457	**461**	**463**
467	479	487	491	499	503	509	**521**	**523**	541
547	557	563	569	571	577	587	593	**599**	**601**
607	613	**617**	**619**	631	**641**	**643**	647	653	659
661	673	677	683	691	701	709	719	727	733
739	743	751	757	761	769	773	787	797	**809**
811	**821**	**823**	**827**	**829**	839	853	**857**	**859**	863
877	**881**	**883**	887	907	911	919	929	937	941
947	953	967	971	977	983	991	997	1009	1013
1019	**1021**	**1031**	**1033**	1039	**1049**	**1051**	**1061**	**1063**	1069
1087	**1091**	**1093**	1097	1103	1109	1117	1123	1129	**1151**
1153	1163	1171	1181	1187	1193	1201	1213	1217	1223
1229	**1231**	1237	1249	1259	**1277**	**1279**	1283	**1289**	**1291**
1297	**1301**	**1303**	1307	**1319**	**1321**	1327	1361	1367	1373
1381	1399	1409	1423	**1427**	**1429**	1433	1439	1447	**1451**
1453	1459	1471	**1481**	**1483**	**1487**	**1489**	1493	1499	1511
1523	1531	1543	1549	1553	1559	1567	1571	1579	1583
1597	1601	**1607**	**1609**	1613	**1619**	**1621**	1627	1637	1657
1663	**1667**	**1669**	1693	**1697**	**1699**	1709	**1721**	**1723**	1733
1741	1747	1753	1759	1777	1783	**1787**	**1789**	1801	1811
1823	1831	1847	1861	1867	**1871**	**1873**	**1877**	**1879**	1889
1901	1907	1913	**1931**	**1933**	**1949**	**1951**	1973	1979	1987
1993	**1997**	**1999**	2003	2011	2017	**2027**	**2029**	2039	2053
2063	2069	**2081**	**2083**	**2087**	**2089**	2099	**2111**	**2113**	**2129**
2131	2137	**2141**	**2143**	2153	2161	2179	2203	2207	2213
2221	**2237**	**2239**	2243	2251	**2267**	**2269**	2273	2281	2287
2293	2297	**2309**	**2311**	2333	**2339**	**2341**	2347	2351	2357
2371	2377	**2381**	**2383**	2389	2393	2399	2411	2417	2423
2437	2441	2447	2459	2467	2473	2477	2503	2521	2531
2539	2543	**2549**	**2551**	2557	2579	**2591**	**2593**	2609	2617
2621	2633	2647	**2657**	**2659**	2663	2671	2677	2683	**2687**
2689	2693	2699	2707	**2711**	**2713**	2719	**2729**	**2731**	2741
2749	2753	2767	2777	**2789**	**2791**	2797	**2801**	**2803**	2819
2833	2837	2843	2851	2857	2861	2879	2887	2897	2903
2909	2917	2927	2939	2953	2957	2963	**2969**	**2971**	**2999**
3001	3011	3019	3023	3037	3041	3049	3061	3067	3079
3083	3089	3109	**3119**	**3121**	3137	3163	**3167**	**3169**	3181
3187	3191	3203	3209	3217	3221	3229	**3251**	**3253**	**3257**
3259	3271	**3299**	**3301**	3307	3313	3319	3323	**3329**	**3331**
3343	3347	**3359**	**3361**	**3371**	**3373**	**3389**	**3391**	3407	3413
3433	3449	3457	**3461**	**3463**	**3467**	**3469**	3491	3499	3511
3517	**3527**	**3529**	3533	**3539**	**3541**	3547	**3557**	**3559**	3571
3581	**3583**	3593	3607	3613	3617	3623	3631	3637	3643
3659	**3671**	**3673**	3677	3691	3697	3701	3709	3719	3727
3733	3739	3761	**3767**	**3769**	3779	3793	3797	3803	**3821**
3823	3833	3847	**3851**	**3853**	3863	3877	3881	3889	3907
3911	**3917**	**3919**	3923	**3929**	**3931**	3943	3947	3967	3989

0.7 级数与乘积公式

收敛是无穷級数和无穷乘积的重要概念 (参看 1.10.1 和 1.10.6).

0.7.1 特殊级数

通过向 0.7.2 给出的幂级数式 0.7.4 给出的傅里叶级数赋予特殊值, 我们得到许多重要函数.

0.7.1.1 莱布尼茨级数及其相关级数

$$\boxed{1-\frac{1}{3}+\frac{1}{5}-\cdots=\sum_{n=0}^{\infty}\frac{(-1)^n}{2n+1}=\frac{\pi}{4}\qquad(\text{莱布尼茨, 1676}),}$$

$$1-\frac{1}{2}+\frac{1}{3}-\cdots=\sum_{n=1}^{\infty}\frac{(-1)^{n+1}}{n}=\ln 2,$$

$$\ln\left(1-\frac{1}{2^2}\right)+\ln\left(1-\frac{1}{3^2}\right)+\cdots=\sum_{k=2}^{\infty}\ln\left(1-\frac{1}{k^2}\right)=-\ln 2,$$

$$\boxed{2+\frac{1}{2!}+\frac{1}{3!}+\cdots=\sum_{n=0}^{\infty}\frac{1}{n!}=\mathrm{e}\qquad(\text{欧拉数}),}$$

$$\frac{1}{2!}-\frac{1}{3!}+\frac{1}{4!}-\cdots=\sum_{n=2}^{\infty}\frac{(-1)^n}{n!}=\frac{1}{\mathrm{e}},$$

$$\boxed{1+\frac{1}{2}+\frac{1}{4}+\frac{1}{8}+\cdots=\sum_{n=0}^{\infty}\frac{1}{2^n}=2\qquad(\text{几何级数}),}$$

$$1-\frac{1}{2}+\frac{1}{4}-\frac{1}{8}+\cdots=\sum_{n=0}^{\infty}\frac{(-1)^n}{2^n}=\frac{2}{3}\qquad(\text{交错几何级数}),$$

$$\frac{1}{1\cdot 2}+\frac{1}{2\cdot 3}+\frac{1}{3\cdot 4}+\cdots=\sum_{n=1}^{\infty}\frac{1}{n(n+1)}=1,$$

$$\frac{1}{1\cdot 3}+\frac{1}{3\cdot 5}+\frac{1}{5\cdot 7}+\cdots=\sum_{n=1}^{\infty}\frac{1}{(2n-1)(2n+1)}=\frac{1}{2},$$

$$\frac{1}{1\cdot 3}+\frac{1}{2\cdot 4}+\frac{1}{3\cdot 5}+\cdots=\sum_{n=2}^{\infty}\frac{1}{(n-1)(n+1)}=\frac{3}{4},$$

$$\frac{1}{3\cdot 5}+\frac{1}{7\cdot 9}+\frac{1}{11\cdot 13}+\cdots=\sum_{n=1}^{\infty}\frac{1}{(4n-1)(4n+1)}=\frac{1}{2}-\frac{\pi}{8},$$

$$\frac{1}{1\cdot 2\cdot 3}+\frac{1}{2\cdot 3\cdot 4}+\frac{1}{3\cdot 4\cdot 5}+\cdots=\sum_{n=1}^{\infty}\frac{1}{n(n+1)(n+2)}=\frac{1}{4},$$

$$\frac{1}{1\cdot 2\cdot 3\cdots k}+\frac{1}{2\cdot 3\cdots (k+1)}+\cdots$$
$$=\sum_{n=1}^{\infty}\frac{1}{n(n+1)\cdots(n+k-1)}=\frac{1}{(k-1)(k-1)!},\quad k=2,3,\cdots,$$

$$\sum_{n=p+1}^{\infty}\frac{1}{n^2-p^2}=\frac{1}{2p}\left(1+\frac{1}{2}+\cdots+\frac{1}{2p}\right),\quad p=1,2,\cdots$$ (雅各布 · 伯努利, 1689).

0.7.1.2 黎曼 ζ 函数及其相关级数的特殊值

对所有实数 $s>1$, 更一般地, 对所有 $\mathrm{Re}\, s>1$ 的复数 s, 级数

$$\zeta(s)=1+\frac{1}{2^s}+\frac{1}{3^s}+\cdots=\sum_{n=1}^{\infty}\frac{1}{n^s}$$

收敛. 这个函数在数论, 特别是在素数分布理论中至关重要 (参看 2.7.3), 称为黎曼 ζ 函数. 除欧拉外, 黎曼曾在 1859 年对其进行过研究.

欧拉的公式 (1734)[1)]

$$\zeta(2k)=1+\frac{1}{2^{2k}}+\frac{1}{3^{2k}}+\cdots=\frac{(2\pi)^{2k}}{2(2k)!}B_{2k},\quad k=1,2,\cdots.$$

特例:

$$\zeta(2)=1+\frac{1}{2^2}+\frac{1}{3^2}+\cdots=\frac{\pi^2}{6},$$
$$\zeta(4)=\frac{\pi^4}{90},\quad \zeta(6)=\frac{\pi^6}{945},\quad \zeta(8)=\frac{\pi^8}{9\,450}.$$

$$1-\frac{1}{2^{2k}}+\frac{1}{3^{2k}}-\frac{1}{4^{2k}}+\cdots=\sum_{n=1}^{\infty}\frac{(-1)^{n+1}}{n^{2k}}=\frac{\pi^{2k}\left(2^{2k}-1\right)}{(2k)!}|B_{2k}|,\quad k=1,2,\cdots.$$

特例:

$$1-\frac{1}{2^2}+\frac{1}{3^2}-\frac{1}{4^2}+\cdots=\sum_{n=1}^{\infty}\frac{(-1)^{n+1}}{n^2}=\frac{\pi^2}{12},$$
$$1-\frac{1}{2^4}+\frac{1}{3^4}-\frac{1}{4^4}+\cdots=\sum_{n=1}^{\infty}\frac{(-1)^{n+1}}{n^4}=\frac{7\pi^4}{720}.$$

$$1+\frac{1}{3^{2k}}+\frac{1}{5^{2k}}+\cdots=\sum_{n=0}^{\infty}\frac{1}{(2n+1)^{2k}}=\frac{\pi^{2k}\left(2^{2k-1}\right)}{2(2k)!}|B_{2k}|,\quad k=1,2,\cdots.$$

---

1) 0.1.10.4 和 0.1.10.5 中介绍了伯努利数 B_k 和欧拉数 E_k.

特例：

$$1+\frac{1}{3^2}+\frac{1}{5^2}+\cdots=\frac{\pi^2}{8},$$

$$1+\frac{1}{3^4}+\frac{1}{5^4}+\cdots=\frac{\pi^4}{96}.$$

$$1-\frac{1}{3^{2k+1}}+\frac{1}{5^{2k+1}}-\cdots=\sum_{n=0}^{\infty}\frac{(-1)^n}{(2n+1)^{2k+1}}=\frac{\pi^{2k+1}}{2^{2k+2}(2k)!}|E_{2k}|,\quad k=0,1,2,\cdots.$$

特例：当 $k=0$ 时, 我们得到莱布尼茨级数 $1-\frac{1}{3}+\frac{1}{5}-\cdots$; 当 $k=1$ 时, 得到

$$1-\frac{1}{3^3}+\frac{1}{5^3}-\cdots=\frac{\pi^3}{32}.$$

0.7.1.3 欧拉–麦克劳林 (Euler-Maclaurin) 求和公式

欧拉的渐近公式 (1734)

$$\lim_{n\to\infty}\left(1+\frac{1}{2}+\frac{1}{3}+\cdots+\frac{1}{n}-\ln(n+1)\right)=\mathrm{C}. \tag{0.53}$$

欧拉已经计算出欧拉常数 $\mathrm{C}=0.577\ 215\ 664\ 901\ 532$. 渐近公式 (0.53) 是欧拉–麦克劳林求和公式 (0.54) 的一个特例.

伯努利多项式

$$B_n(x):=\sum_{k=0}^{\infty}\binom{n}{k}B_kx^{n-k}.$$

改进的伯努利多项式[1)]

$$C_n(x):=B_n(x-[x]).$$

欧拉–麦克劳林求和公式 当 $n=1,2,\cdots$, 有

$$f(0)+f(1)+\cdots+f(n)=\int_0^n f(x)\mathrm{d}x+\frac{f(0)+f(n)}{2}+S_n, \tag{0.54}$$

其中[2)]

$$S_n:=\frac{B_2}{2!}f'+\frac{B_4}{4!}f^{(3)}+\cdots+\frac{B_{2p}}{(2p)!}f^{(2p-1)}\Big|_1^n+R_p,\quad p=2,3,\cdots,$$

---

1) 我们用 $[x]$(高斯括号) 表示小于等于 x 的最大整数 n. 当 $x\in[0,1[$ 时, $C_n=B_n$; C_n 以 1 为周期向外延拓.

2) 符号 $g|_1^n$ 表示 $g(n)-g(1)$.

余项为

$$R_p = \frac{1}{(2p+1)!}\int_0^n f^{(2p+1)}(x) C_{2p+1}(x)\,\mathrm{d}x\,.$$

这里假设函数 $f:[0,n]\to\mathbb{R}$ 足够光滑, 即在区间 $[0,n]$ 上有直到 $2p+1$ 阶的连续导数.

0.7.1.4 无穷部分分式分解

对所有使分母不为零的复数 x, 下面级数均收敛[1]:

$$\cot \pi x = \frac{1}{x} + \sum_{k=1}^{\infty}\left(\frac{1}{x-k} + \frac{1}{x+k}\right),$$

$$\tan \pi x = -\sum_{k=1}^{\infty} \frac{1}{x-(k-1/2)} + \frac{1}{x+(k-1/2)},$$

$$\frac{\pi}{\sin \pi x} = \frac{1}{x} + \sum_{k=1}^{\infty}\frac{(-1)^k 2x}{x^2-k^2},$$

$$\left(\frac{\pi}{\sin \pi x}\right)^2 = \sum_{k=-\infty}^{\infty}\frac{1}{(x-k)^2},$$

$$\left(\frac{\pi}{\cos \pi x}\right)^2 = \sum_{k=-\infty}^{\infty}\frac{1}{(x-k+1/2)^2}.$$

0.7.2 幂级数

关于幂级数表的注释 对满足不等式的所有复数 x, 下表中给出的幂级数均收敛. 1.10.3 中将详细讨论幂级数的性质.

当 $|x|$ 足够小时, 级数中的第一项可以作为该级数的一个近似值.

例: 有

$$\sin x = x - \frac{x^3}{6} + \frac{x^5}{120} - \frac{x^7}{5\,040} + \cdots = \sum_{k=0}^{\infty}\frac{(-1)^k x^{2k+1}}{(2k+1)!}.$$

若 $|x|$ 很小, 则近似地有

$$\sin x = x.$$

由等式

$$\sin x = x - \frac{x^3}{6}, \qquad \sin x = x - \frac{x^3}{6} + \frac{x^5}{120} \text{ 等},$$

我们能逐步得到越来越精确的近似值.

我们把经常出现的阶乘总结如下:

---

1) 这些级数是米塔–列夫勒 (Mittag-Leffler) 定理的特例 (参看 1.14.6.4). 和 $\sum\limits_{k=-\infty}^{\infty}\cdots$ 表示两个无穷级数的和: $\sum\limits_{k=0}^{\infty}\cdots + \sum\limits_{k=-\infty}^{-1}\cdots$.

n	0	1	2	3	4	5	6	7	8	9	10
$n!$	1	1	2	6	24	120	720	5040	40 320	362 880	3 628 800

伯努利数 B_k 和欧拉数 E_k 分别出现在

$$\frac{x}{e^x-1},\quad \tan x,\quad \cot x,\quad \frac{1}{\sin x}\equiv \csc x,\quad \tanh x,\quad \coth x,\quad \frac{1}{\sinh x}\equiv \operatorname{csc} x$$

和

$$\frac{1}{\cosh x}\equiv \operatorname{sech} x,\quad \frac{1}{\cos x}\equiv \sec x,\quad \ln\cos x,\quad \ln|x|-\ln|\sin x|$$

的展开式中 (参看 0.1.10.4 和 0.1.10.5).

函数	幂级数展开	收敛域 ($x\in\mathbb{C}$)
	几何级数	
$\frac{1}{1-x}$	$1+x+x^2+x^3+\cdots=\sum_{k=0}^{\infty}x^k$	$\lvert x\rvert<1$
$\frac{1}{1+x}$	$1-x+x^2-x^3+\cdots=\sum_{k=0}^{\infty}(-1)^k x^k$	$\lvert x\rvert<1$
	牛顿二项级数	
$(1+x)^\alpha$	$1+\binom{\alpha}{1}x+\binom{\alpha}{2}x^2+\cdots=\sum_{k=0}^{\infty}\binom{\alpha}{k}x^k$ (α 为一任意实数[1])	$\lvert x\rvert<1$ ($x=\pm1$, $\alpha>0$)
$(a+x)^\alpha$	$a^\alpha\left(1+\frac{x}{a}\right)^\alpha=a^\alpha+\alpha a^{\alpha-1}x+a^{\alpha-2}\binom{\alpha}{2}x^2+\cdots$ $=\sum_{k=0}^{\infty}a^{\alpha-k}\binom{\alpha}{k}x^k$ (a 为一正实数)	$\lvert x\rvert<a$ ($\alpha>0$ 时, $x=\pm a$)
$(a+x)^n$	$a^n+\binom{n}{1}a^{n-1}x+\binom{n}{2}a^{n-2}x^2+\cdots+\binom{n}{1}ax^{n-1}+x^n$ ($n=1,2,\cdots$; a 和 x 为任意复数)	$\lvert x\rvert<\infty$
$(a+x)^{-n}$	$(a+x)^{-n}:=\frac{1}{(a+x)^n}$	
$(a+x)^{1/n}$	$(a+x)^{1/n}:=\sqrt[n]{a+x}$	
$(a+x)^{-1/n}$	$(a+x)^{-1/n}:=\frac{1}{\sqrt[n]{a+x}}$	

1) 一般二项式系数定义如下: $\binom{\alpha}{1}=\alpha$, $\binom{\alpha}{2}=\frac{\alpha(\alpha-1)}{1\cdot 2}$, $\binom{\alpha}{3}=\frac{\alpha(\alpha-1)(\alpha-2)}{1\cdot 2\cdot 3}$, 等等.

续表

整指数二项级数的特例 (a 为复数, 且 $a \neq 0$)		
$\frac{1}{(a\pm x)^n}$	$\frac{1}{a^n} \mp \frac{nx}{a^{n+1}} + \frac{n(n+1)x^2}{2a^{n+2}} \mp \cdots$ $= \frac{1}{a^n} + \sum_{k=1}^{\infty} \frac{n(n+1)\cdots(n-k+1)}{k!a^{n+k}}(\mp x)^k$	$\lvert x\rvert < \lvert a\rvert$
$\frac{1}{a\pm x}$	$\frac{1}{a} \mp \frac{x}{a^2} + \frac{x^2}{a^3} \mp \frac{x^3}{a^4} + \cdots = \sum_{k=0}^{\infty} \frac{(\mp x)^k}{a^{k+1}}$	$\lvert x\rvert < \lvert a\rvert$
$(a\pm x)^2$	$a^2 \pm 2ax + x^2$	$\lvert x\rvert < \infty$
$\frac{1}{(a\pm x)^2}$	$\frac{1}{a^2} \mp \frac{2x}{a^3} + \frac{3x^2}{a^4} \mp \frac{4x^3}{a^5} + \cdots = \sum_{k=0}^{\infty} \frac{(k+1)(\mp x)^k}{a^{2+k}}$	$\lvert x\rvert < \lvert a\rvert$
$(a\pm x)^3$	$a^3 \pm 3a^2x + 3ax^2 \pm x^3$	$\lvert x\rvert < \infty$
$\frac{1}{(a\pm x)^3}$	$\frac{1}{a^3} \mp \frac{3x}{a^4} + \frac{6x^2}{a^5} \mp \frac{10x^3}{a^6} + \cdots$ $= \sum_{k=0}^{\infty} \frac{(k+1)(k+2)(\mp x)^k}{2a^{3+k}}$	$\lvert x\rvert < \lvert a\rvert$
有理指数二项级数的特例 (b 为一正实数)		
$\sqrt{b\pm x}$	$\sqrt{b} \pm \frac{x}{2\sqrt{b}} - \frac{x^2}{8b\sqrt{b}} \pm \frac{x^3}{16b^2\sqrt{b}} - \cdots$ $= \sqrt{b} \pm \frac{x}{2\sqrt{b}} + \sum_{k=2}^{\infty} \frac{1\cdot 3\cdot 5\cdots(2k-3)(-1)^{k+1}(\pm x)^k}{(2\cdot 4\cdot 6\cdots 2k)b^{k-1}\sqrt{b}}$	$\lvert x\rvert < b$
$\frac{1}{\sqrt{b\pm x}}$	$\frac{1}{\sqrt{b}} \mp \frac{x}{2b\sqrt{b}} + \frac{3x^2}{8b^2\sqrt{b}} \mp \frac{15x^3}{48b^3\sqrt{b}} + \cdots$ $= \frac{1}{\sqrt{b}} \mp \frac{x}{2b\sqrt{b}} + \sum_{k=2}^{\infty} \frac{1\cdot 3\cdot 5\cdots(2k-1)(-1)^k(\pm x)^k}{(2\cdot 4\cdot 6\cdots 2k)b^k\sqrt{b}}$	$\lvert x\rvert < b$
$\sqrt[3]{b\pm x}$	$\sqrt[3]{b} \pm \frac{x}{3\sqrt[3]{b^2}} - \frac{x^2}{9b\sqrt[3]{b^2}} \pm \frac{5x^3}{81b^2\sqrt[3]{b^2}} - \cdots$ $= \sqrt[3]{b} \pm \frac{x}{3\sqrt[3]{b^2}} + \sum_{k=2}^{\infty} \frac{2\cdot 5\cdot 8\cdots(3k-4)(-1)^{k+1}(\pm x)^k}{(3\cdot 6\cdot 9\cdots 3k)b^{k-1}\sqrt[3]{b^2}}$	$\lvert x\rvert < b$
$\frac{1}{\sqrt[3]{b\pm x}}$	$\frac{1}{\sqrt[3]{b}} \mp \frac{x}{3b\sqrt[3]{b}} + \frac{2x^2}{9b^2\sqrt[3]{b}} \mp \frac{14x^3}{81b^3\sqrt[3]{b}} + \cdots$ $= \frac{1}{\sqrt[3]{b}} + \sum_{k=1}^{\infty} \frac{4\cdot 7\cdot 10\cdots(3k-2)(-1)^k(\pm x)^k}{(3\cdot 6\cdot 9\cdots 3k)b^k\sqrt[3]{b}}$	$\lvert x\rvert < b$

续表

高斯的超几何级数 (广义二项级数)

$F(\alpha,\beta,\gamma,x)$	$1+\dfrac{\alpha\beta}{\gamma}x+\dfrac{\alpha(\alpha+1)\beta(\beta+1)}{2\gamma(\gamma+1)}x^2+\cdots$ $=1+\sum\limits_{k=1}^{\infty}\dfrac{\alpha(\alpha+1)\cdots(\alpha+k-1)\beta(\beta+1)\cdots(\beta+k-1)}{k!\gamma(\gamma+1)\cdots(\gamma+k-1)}x^k$	$\lvert x\rvert<1$

超几何级数的特例

$(1+x)^\alpha \quad =F(-\alpha,1,1,-x)$

$\arcsin x \quad =xF\left(\dfrac{1}{2},\dfrac{1}{2},\dfrac{3}{2},x^2\right)$

$\ln(1+x) \quad =xF(1,1,2,-x)$

$\mathrm{e}^x \quad =\lim\limits_{\beta\to+\infty}F\left(1,\beta,1,\dfrac{x}{\beta}\right)$

$P_n(x) \quad =F\left(n+1,-n,1,\dfrac{1-x}{2}\right),\quad n=0,1,2,\cdots$

(勒让德多项式, 参看后面 122 页)

$Q_n(x) \quad =\dfrac{\sqrt{\pi}\,\Gamma(n+1)}{2^{n+1}\,\Gamma(n+3/2)}\cdot\dfrac{1}{x^{n+1}}F\left(\dfrac{n+1}{2},\dfrac{n+2}{2},\dfrac{2n+3}{2},\dfrac{1}{x^2}\right) \qquad |x|>1$

(勒让德函数, 参看后面 122 页)

指数函数

e^x	$1+x+\dfrac{x^2}{2!}+\dfrac{x^3}{3!}+\cdots=\sum\limits_{k=0}^{\infty}\dfrac{x^k}{k!}$	$\lvert x\rvert<\infty$
e^{bx}	$1+bx+\dfrac{(bx)^2}{2!}+\dfrac{(bx)^3}{3!}+\cdots=\sum\limits_{k=0}^{\infty}\dfrac{(bx)^k}{k!}$ (b 为复数)	$\lvert x\rvert<\infty$
a^x	$a^x=\mathrm{e}^{bx}$, $b=\ln a$ (a 为正实数)	
$\dfrac{x}{\mathrm{e}^x-1}$	$1-\dfrac{x}{2}+\dfrac{x^2}{12}-\dfrac{x^4}{7200}+\cdots=\sum\limits_{k=0}^{\infty}\dfrac{B_k}{k!}x^k$	$\lvert x\rvert<2\pi$

三角函数与双曲函数

($\sin\mathrm{i}x=\mathrm{i}\sinh x$, $\cos\mathrm{i}x=\cosh x$, $\sinh\mathrm{i}x=\mathrm{i}\sin x$, $\cosh\mathrm{i}x=\cos x$)

(对所有复数 x)

$\sin x$	$x-\dfrac{x^3}{3!}+\dfrac{x^5}{5!}-\cdots=\sum\limits_{k=0}^{\infty}(-1)^k\dfrac{x^{2k+1}}{(2k+1)!}$	$\lvert x\rvert<\infty$
$\sinh x$	$x+\dfrac{x^3}{3!}+\dfrac{x^5}{5!}+\cdots=\sum\limits_{k=0}^{\infty}\dfrac{x^{2k+1}}{(2k+1)!}$	$\lvert x\rvert<\infty$

续表

$\cos x$	$1-\dfrac{x^2}{2!}+\dfrac{x^4}{4!}-\cdots=\sum\limits_{k=0}^{\infty}(-1)^k\dfrac{x^{2k}}{(2k)!}$	$\vert x\vert<\infty$
$\cosh x$	$1+\dfrac{x^2}{2!}+\dfrac{x^4}{4!}+\cdots=\sum\limits_{k=0}^{\infty}\dfrac{x^{2k}}{(2k)!}$	$\vert x\vert<\infty$
$\tan x$	$x+\dfrac{x^3}{3}+\dfrac{2x^5}{15}+\dfrac{17x^7}{315}+\cdots=\sum\limits_{k=1}^{\infty}4^k\left(4^k-1\right)\dfrac{\vert B_{2k}\vert x^{2k-1}}{(2k)!}$	$\vert x\vert<\dfrac{\pi}{2}$
$\tanh x$	$x-\dfrac{x^3}{3}+\dfrac{2x^5}{15}-\dfrac{17x^7}{315}+\cdots=\sum\limits_{k=1}^{\infty}4^k\left(4^k-1\right)\dfrac{B_{2k}x^{2k-1}}{(2k)!}$	$\vert x\vert<\dfrac{\pi}{2}$
$\dfrac{1}{x}-\cot x$	$\dfrac{x}{3}+\dfrac{x^3}{45}+\dfrac{2x^5}{945}+\dfrac{x^7}{4\,725}+\cdots=\sum\limits_{k=1}^{\infty}\dfrac{4^k\vert B_{2k}\vert x^{2k-1}}{(2k)!}$	$0<\vert x\vert<\pi$
$\coth x-\dfrac{1}{x}$	$\dfrac{x}{3}-\dfrac{x^3}{45}+\dfrac{2x^5}{945}-\dfrac{x^7}{4\,725}+\cdots=\sum\limits_{k=1}^{\infty}\dfrac{4^kB_{2k}x^{2k-1}}{(2k)!}$	$0<\vert x\vert<\pi$
$\dfrac{1}{\cos x}$	$1+\dfrac{x^2}{2}+\dfrac{5x^4}{24}+\dfrac{61x^6}{720}+\cdots=\sum\limits_{k=0}^{\infty}\dfrac{\vert E_k\vert x^k}{k!}$	$\vert x\vert<\dfrac{\pi}{2}$
$\dfrac{1}{\cosh x}$	$1-\dfrac{x^2}{2}+\dfrac{5x^4}{24}-\dfrac{61x^6}{720}+\cdots=\sum\limits_{k=0}^{\infty}\dfrac{E_kx^k}{k!}$	$\vert x\vert<\dfrac{\pi}{2}$
$\dfrac{1}{\sin x}-\dfrac{1}{x}$	$\dfrac{x}{6}+\dfrac{7x^3}{360}+\dfrac{31x^5}{15\,120}+\dfrac{127x^7}{604\,800}+\cdots$ $=\sum\limits_{k=1}^{\infty}\dfrac{2\left(2^{2k-1}-1\right)}{(2k)!}\vert B_{2k}\vert x^{2k-1}$	$0<\vert x\vert<\pi$
$\dfrac{1}{x}-\dfrac{1}{\sinh x}$	$\dfrac{x}{6}-\dfrac{7x^3}{360}+\dfrac{31x^5}{15\,120}-\dfrac{127x^7}{604\,800}+\cdots$ $=\sum\limits_{k=1}^{\infty}\dfrac{2\left(2^{2k-1}-1\right)}{(2k)!}B_{2k}x^{2k-1}$	$0<\vert x\vert<\pi$
反三角函数与反双曲函数		
$\arctan x$	$x-\dfrac{x^3}{3}+\dfrac{x^5}{5}-\cdots=\sum\limits_{k=0}^{\infty}(-1)^k\dfrac{x^{2k+1}}{2k+1}$	$\vert x\vert<1$ (或者 $x=\pm1$)
$\dfrac{\pi}{4}=\arctan 1$	$1-\dfrac{1}{3}+\dfrac{1}{5}-\cdots$ (莱布尼茨级数)	

续表

$\operatorname{artanh} x$	$x+\dfrac{x^3}{3}+\dfrac{x^5}{5}+\cdots=\sum\limits_{k=0}^{\infty}\dfrac{x^{2k+1}}{2k+1}$	$\|x\|<1$
$\dfrac{\pi}{2}-\operatorname{arccot} x$	$\dfrac{\pi}{2}-\operatorname{arccot} x=\arctan x$	
$\arctan\dfrac{1}{x}$	$\dfrac{\pi}{2}-x+\dfrac{x^3}{3}-\dfrac{x^5}{5}+\cdots$	$0<x<1$
$\arctan\dfrac{1}{x}$	$-\dfrac{\pi}{2}-x+\dfrac{x^3}{3}-\dfrac{x^5}{5}+\cdots$	$-1<x<0$
$\operatorname{arcoth}\dfrac{1}{x}$	$x+\dfrac{x^3}{3}+\dfrac{x^5}{5}+\cdots$	$0<\|x\|<1$
$\arcsin x$	$x+\dfrac{x^3}{6}+\dfrac{3x^5}{40}+\dfrac{15x^7}{336}+\cdots$ $=x+\sum\limits_{k=1}^{\infty}\dfrac{1\cdot3\cdot5\cdots(2k-1)x^{2k+1}}{2\cdot4\cdot6\cdots2k(2k+1)}$	$\|x\|<1$
$\dfrac{\pi}{2}-\arccos x$	$\dfrac{\pi}{2}-\arccos x=\arcsin x$	
$\operatorname{arsinh} x$	$x-\dfrac{x^3}{6}+\dfrac{3x^5}{40}-\dfrac{15x^7}{336}+\cdots$ $=x+\sum\limits_{k=1}^{\infty}\dfrac{1\cdot3\cdot5\cdots(2k-1)(-1)^k x^{2k+1}}{2\cdot4\cdot6\cdots(2k)(2k+1)}$	$\|x\|<1$
	对数函数	
$\ln(1+x)$	$x-\dfrac{x^2}{2}+\dfrac{x^3}{3}-\dfrac{x^4}{4}+\cdots=\sum\limits_{k=1}^{\infty}(-1)^{k+1}\dfrac{x^k}{k}$	$\|x\|<1$(及 $x=1$)
$\ln 2$	$1-\dfrac{1}{2}+\dfrac{1}{3}-\dfrac{1}{4}+\cdots$	
$-\ln(1-x)$	$x+\dfrac{x^2}{2}+\dfrac{x^3}{3}+\dfrac{x^4}{4}+\cdots=\sum\limits_{k=1}^{\infty}\dfrac{x^k}{k}$	$\|x\|<1$ (及 $x=-1$)
$\ln\dfrac{1+x}{1-x}=2\operatorname{artanh} x$	$2x+\dfrac{2x^3}{3}+\dfrac{2x^5}{5}+\dfrac{2x^7}{7}+\cdots=\sum\limits_{k=1}^{\infty}\dfrac{2x^{2k+1}}{2k+1}$	$\|x\|<1$
$\ln\|x\|-\ln\|\sin x\|$	$\dfrac{x^2}{6}+\dfrac{x^4}{180}+\dfrac{x^6}{2\,835}+\cdots$ $=\sum\limits_{k=1}^{\infty}\dfrac{2^{2k-1}}{k(2k)!}\|B_{2k}\|x^{2k}$	$0<\|x\|<\pi$
$-\ln\cos x$	$\dfrac{x^2}{2}+\dfrac{x^4}{12}+\dfrac{x^6}{45}+\dfrac{17x^8}{2\,520}+\cdots$ $=\sum\limits_{k=1}^{\infty}\dfrac{2^{2k-1}(4^k-1)}{k(2k)!}\|B_{2k}\|x^{2k}$	$\|x\|<\dfrac{\pi}{2}$
$\ln\|\tan x\|-\ln\|x\|$	$\dfrac{x^2}{3}+\dfrac{7x^4}{90}+\dfrac{62x^6}{2\,835}+\cdots$ $=\sum\limits_{k=1}^{\infty}\dfrac{4^k(2^{2k-1}-1)}{k(2k)!}\|B_{2k}\|x^{2k}$	$0<\|x\|<\dfrac{\pi}{2}$

续表

完全椭圆积分		
$K(k)$	$\int_0^{\pi/2}\frac{\mathrm{d}\varphi}{\sqrt{1-k^2\sin^2\varphi}}=\frac{\pi}{2}\left(1+\frac{k^2}{4}+\frac{9k^4}{64}+\cdots\right)$	$\|k\|<1$
	$=\frac{\pi}{2}\left(1+\sum_{n=1}^{\infty}\left(\frac{1\cdot3\cdot5\cdots(2n-1)}{2\cdot4\cdot6\cdots2n}\right)^2k^{2n}\right)$	
$E(k)$	$\int_0^{\pi/2}\sqrt{1-k^2\sin^2\varphi}\,\mathrm{d}\varphi=\frac{\pi}{2}\left(1-\frac{k^2}{4}+\frac{9k^4}{192}-\cdots\right)$	$\|k\|<1$
	$=\frac{\pi}{2}\left(1+\sum_{n=1}^{\infty}\left(\frac{1\cdot3\cdot5\cdots(2n-1)}{2\cdot4\cdot6\cdots2n}\right)^2\frac{(-1)^nk^{2n}}{2n-1}\right)$	

欧拉 Γ 函数(广义阶乘)		$x\in\mathbb{C}$
	$\Gamma(x+1)=x!,\quad \Gamma(x+1)=x\Gamma(x)$	$x\neq0,-1,-2,\cdots$
	$\Gamma(x)=\int_0^{\infty}\mathrm{e}^{-t}t^{x-1}\mathrm{d}t$	$\mathrm{Re}\,x>0$
	$\ln\Gamma(x+1)=-\mathrm{C}x+\frac{\zeta(2)x^2}{2}-\frac{\zeta(3)x^3}{3}+\cdots=-\mathrm{C}x+\sum_{k=2}^{\infty}(-1)^k\frac{\zeta(k)x^k}{k}$	$\|x\|<1$
	$=\frac{1}{2}\ln\frac{\pi x}{\sin\pi x}-\frac{1}{2}\ln\frac{1+x}{1-x}+(1-\mathrm{C})x$	
	$+\sum_{k=1}^{\infty}\frac{(1-\zeta(2k+1))x^{2k+1}}{2k+1}$ (勒让德级数[1])	
$\Gamma(x+1)$	$\sqrt{\frac{\pi x}{\sin\pi x}\cdot\frac{1-x}{1+x}}\exp\left((1-\mathrm{C})x+\sum_{k=1}^{\infty}\frac{(1-\zeta(2k+1))x^{2k+1}}{2k+1}\right)$	$\|x\|<1$

欧拉 β 函数		
$\mathrm{B}(x,y)$	$\mathrm{B}(x,y):=\frac{\Gamma(x)\Gamma(y)}{\Gamma(x+y)}$	$x,y\in\mathbb{C}$, $x,y,x+y\neq0,-1,-2,\cdots$
	$\mathrm{B}(x,y)=\int_0^1t^{x-1}(1-t)^{y-1}\mathrm{d}t$	$x>0,\ y>0$

1) 这里 C 表示欧拉常数, ζ 表示黎曼 ζ 函数.

续表

贝塞尔函数 (柱面函数)		
$J_p(x)$	$\frac{x^p}{2^p\Gamma(p+1)}\left(1-\frac{x^2}{4(p+1)}+\frac{x^4}{32(p+1)(p+2)}-\cdots\right)$ $=\sum_{k=0}^{\infty}\frac{(-1)^k}{k!\Gamma(p+k+1)}\left(\frac{x}{2}\right)^{2k+p}$ 参数 p 为实数, 且 $p\neq -1,-2,\cdots$	$\|x\|<\infty, x\notin]-\infty,0]$
$J_{-n}(x)$	$J_{-n}(x)=(-1)^n J_n(x), \quad n=1,2,\cdots$	$\|x\|<\infty$
诺伊曼函数		
$N_p(x)$	$N_p(x):=\frac{J_p(x)\cos p\pi - J_{-p}(x)}{\sin p\pi}$ 参数 p 为实数, 且 $p\neq 0,\pm1,\pm2,\cdots$	$\|x\|<\infty, x\notin]-\infty,0]$
$N_m(x)$	$N_m(x):=\lim\limits_{p\to m}N_p(x)$ $=\frac{1}{\pi}\left(\frac{\partial J_p(x)}{\partial p}-(-1)^m\frac{\partial J_{-p}(x)}{\partial p}\right)_{p=m}$ $m=0,\pm1,\pm2,\cdots$	$0<\|x\|<\infty$
汉克尔函数		
$H_p^{(s)}(x)$	$H_p^{(1)}(x):=J_p(x)+\mathrm{i}N_p(x)$ $H_p^{(2)}(x):=J_p(x)-\mathrm{i}N_p(x)$ 参数 p 为实数.	$\|x\|<\infty$, $x\notin]-\infty,0]$
虚变量贝塞尔函数		
$I_p(x)$	$I_p(x):=\frac{J_p(\mathrm{i}x)}{\mathrm{i}^n}=\sum_{k=0}^{\infty}\frac{1}{k!\Gamma(p+k+1)}\left(\frac{x}{2}\right)^{2k+p}$ 参数 p 为实数.	$\|x\|<\infty$, $x\notin]-\infty,0]$
麦克唐纳函数		
$K_p(x)$	$K_p(x):=\frac{\pi\,(I_{-p}(x)-I_p(x))}{2\sin p\pi}$ 参数 p 为实数, 且 $p\neq 0,\pm1,\pm2,\cdots$	$\|x\|<\infty$, $x\notin]-\infty,0]$

续表

$K_m(x)$	$K_m(x) := \lim\limits_{p\to m} K_p(x)$ $= \dfrac{(-1)^m}{2}\left(\dfrac{\partial I_{-p}(x)}{\partial p} - \dfrac{\partial I_p(x)}{\partial p}\right)_{p=m}$ $m = 0, \pm 1, \pm 2, \cdots$	$0 < \lvert x\rvert < \infty$
	高斯误差积分 $\operatorname{erf} x := \dfrac{2}{\sqrt{\pi}}\int_0^x \mathrm{e}^{-t^2}\mathrm{d}t$	
$\operatorname{erf} x$	$\dfrac{2}{\sqrt{\pi}}\left(x - \dfrac{x^3}{3} + \dfrac{x^5}{10} - \cdots\right) = \dfrac{2}{\sqrt{\pi}}\sum\limits_{k=0}^{\infty}\dfrac{(-1)^k x^{2k+1}}{k!(2k+1)}$	$\lvert x\rvert < \infty$
	积分正弦 $\operatorname{Si}(x) = \int_0^x \dfrac{\sin t}{t}\mathrm{d}t = \dfrac{\pi}{2} - \int_x^{\infty}\dfrac{\sin t}{t}\mathrm{d}t$	
$\operatorname{Si}(x)$	$x - \dfrac{x^3}{18} + \dfrac{x^5}{600} - \cdots = \sum\limits_{k=0}^{\infty}\dfrac{(-1)^k x^{2k+1}}{(2k+1)!(2k+1)}$	$\lvert x\rvert < \infty$
	积分余弦 $\operatorname{Ci}(x) := -\int_x^{\infty}\dfrac{\cos t}{t}\mathrm{d}t$	$0 < x < \infty$
$\ln x - \operatorname{Ci}(x) + \mathrm{C}$	$\dfrac{x^2}{4} - \dfrac{x^4}{96} + \cdots = \sum\limits_{k=1}^{\infty}\dfrac{(-1)^{k+1}x^{2k}}{(2k)!2k}$ (C **为欧拉常数**[1])	$\lvert x\rvert < \infty$
	积分指数函数[2] $\operatorname{Ei}(x) := \mathrm{PV}\int_{-\infty}^{x}\dfrac{\mathrm{e}^t}{t}\mathrm{d}t$	$-\infty<x<\infty, x\neq 0$
$\operatorname{Ei}(x) - \ln\lvert x\rvert - \mathrm{C}$	$x + \dfrac{x^2}{4} + \dfrac{x^3}{18} + \cdots = \sum\limits_{k=1}^{\infty}\dfrac{x^k}{k!k}$	$\lvert x\rvert < \infty$

1) 函数 $\ln x - \operatorname{Ci}(x) + \mathrm{C}$ 最初只是对正实数 x 定义的. 这个幂级数对所有复数都收敛, 是一个解析延拓函数 $\ln x - \operatorname{Ci}(x) + \mathrm{C}$ (参看 1.14.15).

2) 记号 $\mathrm{PV}\int\cdots$ 表示积分的主值, 即

$$\operatorname{Ei}(x) = \lim_{\varepsilon\to+0}\left(\int_{-\infty}^{-\varepsilon}\frac{\mathrm{e}^t}{t}\mathrm{d}t + \int_{\varepsilon}^{x}\frac{\mathrm{e}^t}{t}\mathrm{d}t\right).$$

当 $x < 0$ 时, 主值与通常的积分相同.

续表

对数积分[1]	$\mathrm{li}(x) := \mathrm{PV}\int_0^x \frac{\mathrm{d}t}{\ln t}$	$0<x<1$, $x>1$
	$\mathrm{li}(x)=\mathrm{Ei}(\ln x)$	
勒让德多项式[2]	$n=0,1,2,\cdots$	
$P_n(x)$	$\frac{1}{2^n n!}\frac{\mathrm{d}^n\left(x^2-1\right)^n}{\mathrm{d}x^n}=\frac{(2n)!}{2^n(n!)^2}\left(x^n-\frac{n(n-1)}{2(2n-1)}x^{n-2}+\frac{n(n-1)(n-2)(n-3)}{2\cdot 4\cdot(2n-1)(2n-3)}x^{n-4}-\cdots\right)$ (若 n 为偶数 (奇数), 则最后一项为 $x^0(x)$). 正交关系: $\int_{-1}^1 P_n(x)P_m(x)\mathrm{d}x=\frac{2\delta_{nm}}{2n+1},\quad n,m=0,1,\cdots$ 特例: $P_0(x)=1,\ P_1(x)=x,\ P_2(x)=\frac{1}{2}\left(3x^2-1\right),$ $P_3(x)=\frac{1}{2}\left(5x^3-3x\right),\ P_4(x)=\frac{1}{8}\left(35x^4-30x^2+3\right)$	$\|x\|<\infty$
$\frac{1}{\sqrt{1-2xz+z^2}}$	$P_0(x)+P_1(x)z+P_2(x)z^2+\cdots=\sum_{k=0}^{\infty}P_k(x)z^n$	$\|z\|<1$
勒让德函数	$n=0,1,2,\cdots$	
$Q_n(x)$	$\frac{1}{2}P_n(x)\ln\frac{1+x}{1-x}-\sum_{k=1}^{N(n)}\frac{2n-4k+3}{(2k-1)(n-k+1)}P_{n-2k+1}(x)$ $N(n):=\begin{cases}\frac{n}{2}, & n\text{ 为偶数,}\\ \frac{n+1}{2}, & n\text{ 为奇数}\end{cases}$	$x\in\mathbb{C}\backslash[-1,1]$

1) 当 $0<x<1$ 时, 有 $\mathrm{li}\,x:=\int_0^x\frac{\mathrm{d}t}{\ln t}$. 当 $x>1$ 时, 有

$$\mathrm{li}\,x=\lim_{\varepsilon\to+0}\left(\int_0^{1-\varepsilon}\frac{\mathrm{d}t}{\ln t}+\int_{1+\varepsilon}^x\frac{\mathrm{d}t}{\ln t}\right).$$

2) 在希尔伯特 (Hilbert) 空间中的完全正交系的背景下, 勒让德多项式、埃尔米特 (Hermite) 多项式和拉盖尔 (Laguerre) 多项式的更深层含义比较明显.

续表

	拉盖尔多项式 $n=0,1,2,\cdots$	
$L_n^\alpha(x)$	$\dfrac{e^x x^{-\alpha}}{n!}\dfrac{d^n\left(e^{-x}x^{n+\alpha}\right)}{dx^n}=\sum\limits_{k=0}^{n}\dbinom{n+\alpha}{n-k}\dfrac{(-1)^k}{k!}x^k$	$\|x\|<\infty$
	正交关系: $\int_0^\infty x^\alpha e^{-x}L_n^\alpha(x)L_m^\alpha(x)dx=\delta_{nm}\Gamma(1+\alpha)\dbinom{n+\alpha}{n}$, $n,m=0,1,\cdots,\ \alpha>-1$ 特例: $L_0^\alpha(x)=1,\quad L_1^\alpha(x)=1-x+\alpha$	
拉盖尔函数1)	$\mathscr{L}_n^\alpha(x)=c_n^\alpha e^{x/2}x^{-\alpha/2}\dfrac{d^n}{dx^n}(e^{-x}x^{n+\alpha}),n=0,1,2,\cdots$	$\|x\|<\infty$
	正交关系: $\int_0^\infty \mathscr{L}_n^\alpha(x)\mathscr{L}_m^\alpha(x)dx=\delta_{nm}\,,\quad n,m=0,1,2,\cdots$	$\alpha>-1$ 为固定的数
	埃尔米特多项式 $n=0,1,2,\cdots$	
$H_n(x)$	$\alpha_n(-1)^n e^{x^2}\dfrac{d^n e^{-x^2}}{dx^n}$, $\alpha_n:=2^{-n/2}(n!)^{-1/2}\pi^{-1/4}$ 特例: $H_0(x)=\alpha_0,\quad H_1(x)=2\alpha_1 x$, $H_2(x)=\alpha_2\left(4x^2-2\right)$	$\|x\|<\infty$
	埃尔米特函数 $\mathscr{H}_n(x):=H_n(x)e^{-x^2/2},\quad n=0,1,2,\cdots$	$\|x\|<\infty$
	正交关系: $\int_{-\infty}^\infty \mathscr{H}_n(x)\mathscr{H}_m(x)dx=\delta_{nm},\quad n,m=0,1,2,\cdots$	

0.7.3 渐近级数

函数的渐近展开是对非常大的变量的函数表示.

---

1) 参看 1.13.2.13; 所选取系数的 c_n^α 使得 $\mathscr{L}_n^\alpha$ 满足 $(\mathscr{L}_n^\alpha,\mathscr{L}_n^\alpha)=1$.

0.7.3.1 收敛的展开式

函数	无穷级数	收敛域
$\ln x$	$\frac{x-1}{x}+\frac{(x-1)^2}{2x^2}+\frac{(x-1)^3}{3x^3}+\cdots=\sum\limits_{k=1}^{\infty}\frac{(x-1)^k}{kx^k}$	$x>\frac{1}{2}$(x 为实数)
$\arctan x$	$\frac{\pi}{2}-\frac{1}{x}+\frac{1}{3x^3}-\frac{1}{5x^5}+\cdots$	$x>1$(x 为实数)
$\arctan x$	$-\frac{\pi}{2}-\frac{1}{x}+\frac{1}{3x^3}-\frac{1}{5x^5}+\cdots$	$x<-1$(x 为实数)
$\ln 2x-\operatorname{arcosh} x$	$\frac{1}{4x^2}+\frac{3}{32x^4}+\frac{15}{288x^6}+\cdots$ $=\sum\limits_{k=1}^{\infty}\frac{1\cdot 3\cdot 5\cdots(2k-1)}{2\cdot 4\cdot 6\cdots 2k(2k)}\cdot\frac{1}{x^{2k}}$	$x>1$(x 为实数)
$\operatorname{arcoth} x$	$\frac{1}{x}+\frac{1}{3x^3}+\frac{1}{5x^5}+\cdots$	$\lvert x\rvert>1$(x 为复数)

0.7.3.2 渐近等式

我们用记号

$$\boxed{f(x)\cong g(x),\qquad x\to a}$$

表示 $\lim\limits_{x\to a}\frac{f(x)}{g(x)}=1$.

$$\left(1+\frac{1}{2}+\frac{1}{3}+\cdots+\frac{1}{n}\right)-\ln(n+1)\cong \mathrm{C},\quad n\to\infty \quad (\mathrm{C}\ \text{为欧拉常数}),$$

$$n!\cong\left(\frac{n}{\mathrm{e}}\right)^n\sqrt{2\pi n},\quad n\to\infty \quad (\text{斯特林 (Stirling), 1730}),$$

$$\ln n!\cong\left(n+\frac{1}{2}\right)\ln n-n+\frac{1}{2}\ln\sqrt{2\pi},\quad n\to\infty.$$

0.7.3.3 庞加莱意义下的渐近展开式

对所有 $n=1,2,\cdots$, 庞加莱 (Poincaré, 1854—1912) 用

$$\boxed{f(x)\sim\sum_{k=1}^{\infty}\frac{a_k}{x^k},\qquad x\to+\infty} \tag{0.55}$$

表示

$$f(x)=\sum_{k=1}^{n}\frac{a_k}{x^k}+o\left(\frac{1}{x^n}\right),\qquad x\to\infty.^{1)}$$

19 世纪末, 庞加莱在深入研究天体力学时遇到了形如 (0.55) 的发散级数. 与此同时, 他还发现这样的级数的出现是相当自然的, 因为其展开式中包含着有关函数 f 的重要信息.

Γ 函数的斯特林级数

$$\ln\Gamma(x+1)-\left(x+\frac{1}{2}\right)\ln x+x-\ln\sqrt{2\pi}\sim\sum_{k=1}^{\infty}\frac{B_{2k}}{(2k-1)2k}\cdot\frac{1}{x^{2k-1}},\quad x\to+\infty,$$

其中, B_{2k} 表示伯努利数.

欧拉积分的渐近展开式

$$\int_x^{\infty}t^{-1}\mathrm{e}^{x-t}\mathrm{d}t\sim\frac{1}{x}-\frac{1}{x^2}+\frac{2!}{x^3}-\frac{3!}{x^4}+\cdots,\quad x\to+\infty.$$

贝塞尔函数与诺伊曼函数的渐近表示

$$J_p(x)=\sqrt{\frac{2}{\pi x}}\left(\cos\left(x-\frac{p\pi}{2}-\frac{\pi}{4}\right)\right)+o\left(\frac{1}{\sqrt{x}}\right),\quad x\to+\infty,$$
$$N_p(x)=\sqrt{\frac{2}{\pi x}}\left(\sin\left(x-\frac{p\pi}{2}-\frac{\pi}{4}\right)\right)+o\left(\frac{1}{\sqrt{x}}\right),\quad x\to+\infty.$$

参数 p 为实数.

定常相方法 我们有

$$\int_{-\infty}^{\infty}A(x)\mathrm{e}^{\mathrm{i}\omega p(x)}\mathrm{d}x\sim\frac{b\mathrm{e}^{\mathrm{i}p(a)}}{\sqrt{\omega}}\sum_{k=0}^{\infty}\frac{A_k}{\omega^k},\qquad\omega\to+\infty,$$

其中 $b:=\sqrt{2\pi\mathrm{i}/p''(a)}$ $(\operatorname{Re}b>0)$,

$$A_k:=\sum_{\substack{n-m=k\\2n\geqslant3m\geqslant0}}\frac{1}{\mathrm{i}^k2^nn!m!p''(a)}\frac{\mathrm{d}^{n+1}}{\mathrm{d}x^{n+1}}(P^mf)(a),$$

且 $P(x):=p(x)-p(a)-\dfrac{1}{2}(x-a)^2p''(a)$. 这里假设它满足如下条件:

(i) 复值相因子 $p\colon\mathbb{R}\to\mathbb{C}$ 无穷可微, 且 $\operatorname{Im}p(a)=0$; 当 $p''(a)\neq0$ 时, $p'(a)=0$.

(ii) 对所有实数 $x\neq a$, 有 $p'(x)\neq0$. 对所有实数 x, 虚部 $\operatorname{Im}p(x)$ 非负.

1) 1.3.1.4 中解释了符号 $o(\cdots)$ 的含义. 显然, 对所有 $n=1,2,\cdots$ 有

$$\lim_{x\to+\infty}x^n\left(f(x)-\sum_{k=1}^{n}\frac{a_k}{x^k}\right)=0.$$

(iii) 描述振幅的实函数 $A:\mathbb{R}\to\mathbb{R}$ 无穷可微, 且在某一有界区间外为 0.

该定理在经典光学 (限制在大的角频率, 因此就是小的波长 λ 的作用上) 和傅里叶积分算子的现代理论中非常重要.

0.7.4 傅里叶级数

注 参看 1.11.2.

1. $y=x,\ -\pi<x<\pi;\quad y=2\left(\dfrac{\sin x}{1}-\dfrac{\sin 2x}{2}+\dfrac{\sin 3x}{3}-\cdots\right)$

当变量取 $\pm k\pi$ 时, 由狄利克雷定理, 级数为零.

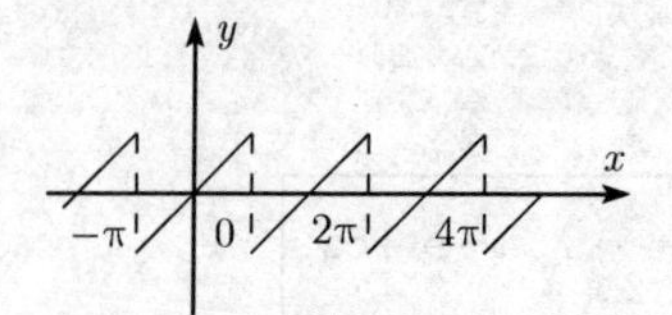

2. $y=|x|,-\pi\leqslant x\leqslant\pi;\quad y=\dfrac{\pi}{2}-\dfrac{4}{\pi}\left(\cos x+\dfrac{\cos 3x}{3^2}+\dfrac{\cos 5x}{5^2}+\dfrac{\cos 7x}{7^2}+\cdots\right)$

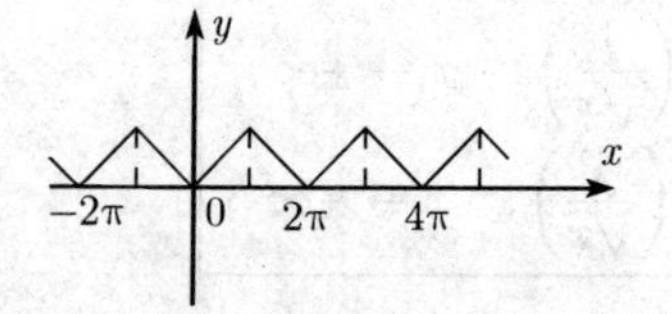

3. $y=x,0<x<2\pi;\quad y=\pi-2\left(\dfrac{\sin x}{1}+\dfrac{\sin 2x}{2}+\dfrac{\sin 3x}{3}+\cdots\right)$

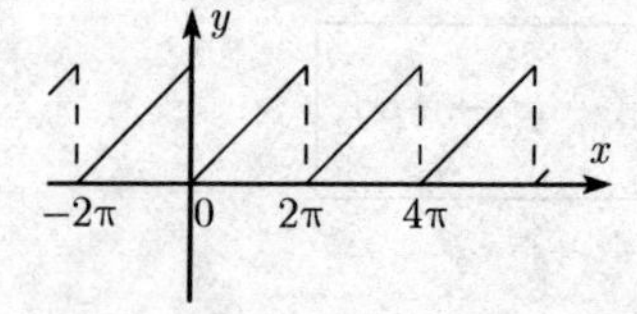

4. $y=\begin{cases} x, & -\dfrac{\pi}{2}\leqslant x\leqslant\dfrac{\pi}{2}, \\ \pi-x, & \dfrac{\pi}{2}\leqslant x\leqslant\pi, \\ -(\pi+x), & -\pi\leqslant x\leqslant-\dfrac{\pi}{2}; \end{cases}\qquad y=\dfrac{4}{\pi}\left(\sin x-\dfrac{\sin 3x}{3^2}+\dfrac{\sin 5x}{5^2}-\cdots\right)$

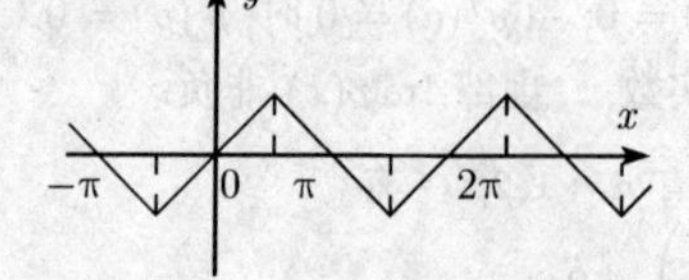

续表

5. $y=\begin{cases}-a, & -\pi<x<0,\\ a, & 0<x<\pi;\end{cases}$ $y=\dfrac{4a}{\pi}\left(\sin x+\dfrac{\sin 3x}{3}+\dfrac{\sin 5x}{5}+\cdots\right)$

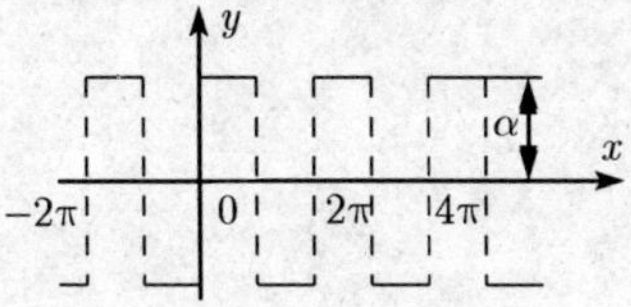

6. $y=\begin{cases}c_1, & -\pi<x<0,\\ c_2, & 0<x<\pi;\end{cases}$

$y=\dfrac{c_1+c_2}{2}-2\dfrac{c_1-c_2}{\pi}\left(\sin x+\dfrac{\sin 3x}{3}+\dfrac{\sin 5x}{5}+\cdots\right)$

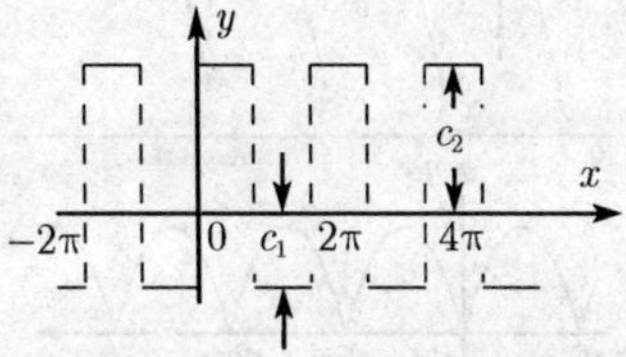

7. $y=\begin{cases}0, & -\pi<x<-\pi+\alpha,\quad -\alpha<x<\alpha,\quad \pi-\alpha<x<\pi,\\ a, & \alpha<x<\pi-\alpha,\\ -a, & -\pi+\alpha<x<-\alpha;\end{cases}$

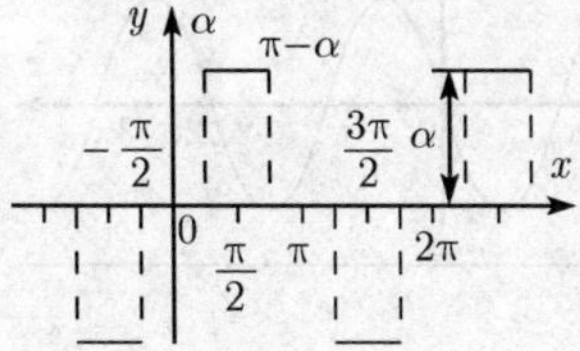

$0<\alpha<\dfrac{\pi}{2}$

$y=\dfrac{4a}{\pi}\left(\cos\alpha\sin x+\dfrac{1}{3}\cos 3\alpha\sin 3x+\dfrac{1}{5}\cos 5\alpha\sin 5x+\cdots\right)$

8. $y=\begin{cases}\dfrac{ax}{\alpha}, & -\alpha\leqslant x\leqslant\alpha,\\ a, & \alpha\leqslant x\leqslant\pi-\alpha,\\ -a, & -\pi+a\leqslant x\leqslant-\alpha,\\ \dfrac{a(\pi-x)}{\alpha}, & \pi-\alpha\leqslant x\leqslant\pi,\\ -\dfrac{a(x+\pi)}{\alpha}, & -\pi\leqslant x\leqslant-\pi+\alpha;\end{cases}$

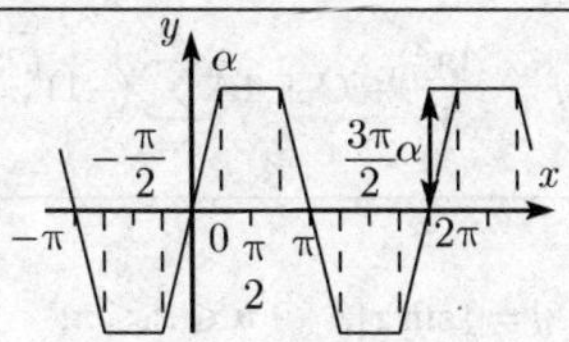

$y=\dfrac{4a}{\pi\alpha}\left(\sin\alpha\sin x+\dfrac{1}{3^2}\sin 3\alpha\sin 3x+\dfrac{1}{5^2}\sin 5\alpha\sin 5x+\cdots\right)$

特别地, 当 $\alpha=\dfrac{\pi}{3}$ 时,

$y=\dfrac{6a\sqrt{3}}{\pi^2}\left(\sin x-\dfrac{1}{5^2}\sin 5x+\dfrac{1}{7^2}\sin 7x-\dfrac{1}{11^2}\sin 11x+\cdots\right)$

续表

9. $y=x^2, -\pi \leqslant x \leqslant \pi$; $\quad y=\dfrac{\pi^2}{3}-4\left(\cos x-\dfrac{\cos 2x}{2^2}+\dfrac{\cos 3x}{3^2}-\cdots\right)$

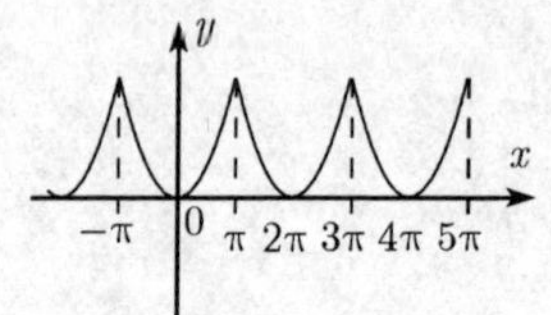

10. $y=\begin{cases}-x^2, & -\pi < x \leqslant 0,\\ x^2, & 0 \leqslant x < \pi;\end{cases}$

$$y=2\pi\left(\sin x-\frac{\sin 2x}{2}+\frac{\sin 3x}{3}-\cdots\right)-\frac{8}{\pi}\left(\frac{\sin x}{1^3}+\frac{\sin 3x}{3^3}+\frac{\sin 5x}{5^3}+\cdots\right)$$

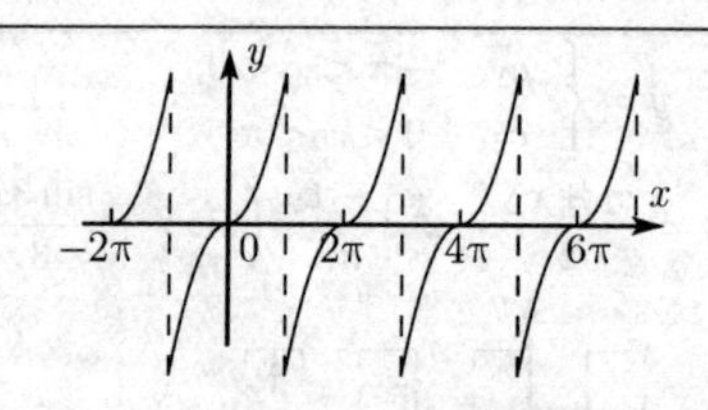

11. $y=x(\pi-x), \quad 0 \leqslant x \leqslant \pi$,

$(-\pi,0)$上的一个偶扩张;

$$y=\frac{\pi^2}{6}-\left(\frac{\cos 2x}{1^2}+\frac{\cos 4x}{2^2}+\frac{\cos 6x}{3^2}+\cdots\right)$$

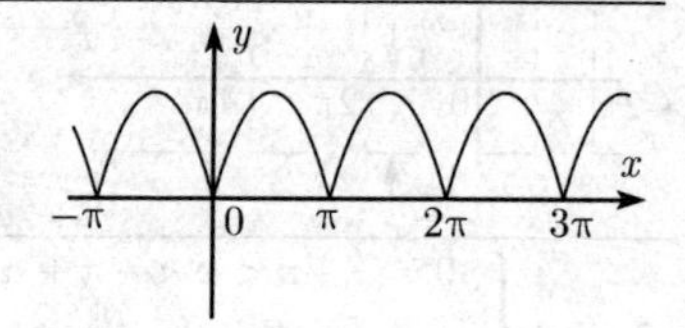

12. $y=x(\pi-x), \quad 0 \leqslant x \leqslant \pi$,

$(-\pi,0)$上的一个奇扩张;

$$y=\frac{8}{\pi}\left(\sin x+\frac{\sin 3x}{3^3}+\frac{\sin 5x}{5^3}+\cdots\right)$$

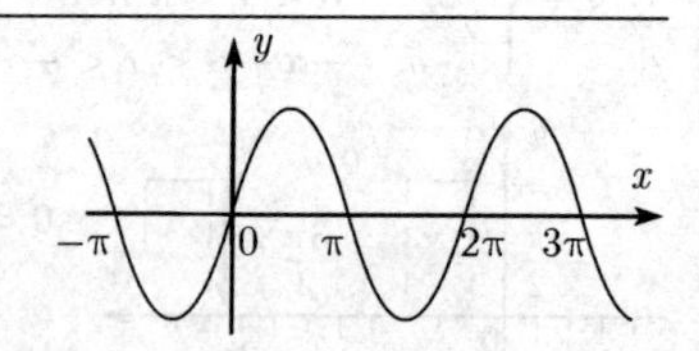

13. $y=Ax^2+Bx+C, \quad -\pi < x < \pi$;

$$y=\frac{A\pi^2}{3}+C+4A\sum_{k=1}^{\infty}(-1)^k\frac{\cos kx}{k^2}-2B\sum_{k=1}^{\infty}(-1)^k\frac{\sin kx}{k}$$

14. $y=|\sin x|, \quad -\pi \leqslant x \leqslant \pi$;

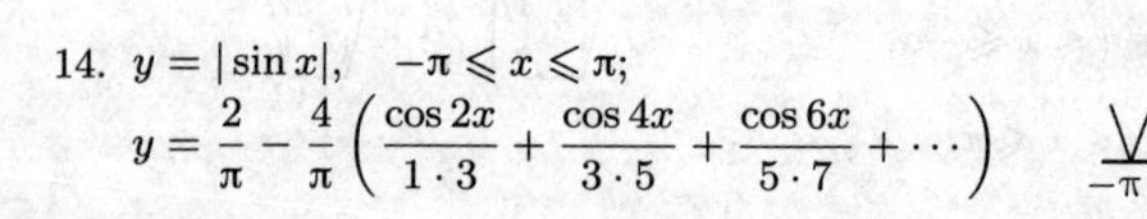

$$y=\frac{2}{\pi}-\frac{4}{\pi}\left(\frac{\cos 2x}{1\cdot 3}+\frac{\cos 4x}{3\cdot 5}+\frac{\cos 6x}{5\cdot 7}+\cdots\right)$$

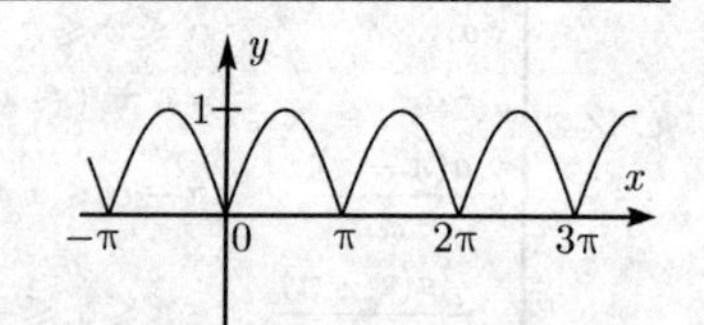

15. $y=\cos x, \quad 0 < x < \pi$,

$(-\pi,0)$ 上的一个奇扩张;

$$y=\frac{4}{\pi}\left(\frac{2\sin 2x}{1\cdot 3}+\frac{4\sin 4x}{3\cdot 5}+\frac{6\sin 6x}{5\cdot 7}+\cdots\right)$$

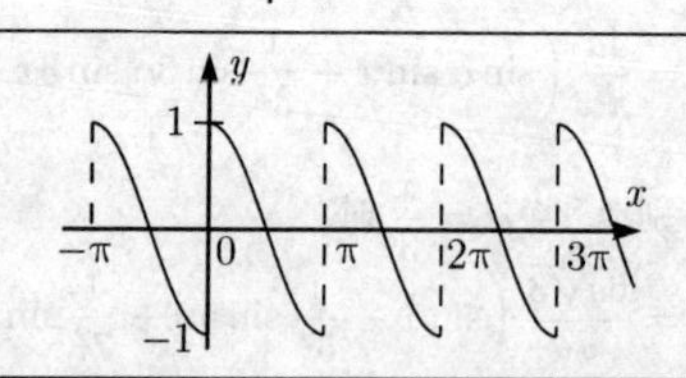

续表

16. $y=\begin{cases}0, & -\pi \leqslant x \leqslant 0,\\ \sin x, & 0 \leqslant x \leqslant \pi;\end{cases}$

$$y=\frac{1}{\pi}+\frac{1}{2}\sin x-\frac{2}{\pi}\left(\frac{\cos 2x}{1\cdot 3}+\frac{\cos 4x}{3\cdot 5}+\frac{\cos 6x}{5\cdot 7}+\cdots\right)$$

y, 1, x, −π, 0, π, 2π, 3π

17. $y=\cos ux, \quad -\pi \leqslant x \leqslant \pi$, u为任意实但非整数;

$$y=\frac{2u\sin u\pi}{\pi}\left(\frac{1}{2u^2}-\frac{\cos x}{u^2-1}+\frac{\cos 2x}{u^2-4}-\frac{\cos 3x}{u^2-9}+\cdots\right)$$

18. $y=\sin ux, \quad -\pi < x < \pi$, u为任意实但非整数;

$$y=\frac{2\sin u\pi}{\pi}\left(-\frac{\sin x}{u^2-1}+\frac{2\sin 2x}{u^2-4}-\frac{3\sin 3x}{u^2-9}+\cdots\right)$$

19. $y=x\cos x, \quad -\pi < x < \pi$;

$$y=-\frac{1}{2}\sin x+\frac{4\sin 2x}{2^2-1}-\frac{6\sin 3x}{3^2-1}+\frac{8\sin 4x}{4^2-1}-\cdots$$

20. $y=x\sin x, \quad -\pi \leqslant x \leqslant \pi$;

$$y=1-\frac{1}{2}\cos x-2\left(\frac{\cos 2x}{2^2-1}-\frac{\cos 3x}{3^2-1}+\frac{\cos 4x}{4^2-1}-\cdots\right)$$

21. $y=\cosh ux, \quad -\pi \leqslant x \leqslant \pi$;

$$y=\frac{2u\sinh u\pi}{\pi}\left(\frac{1}{2u^2}-\frac{\cos x}{u^2+1^2}+\frac{\cos 2x}{u^2+2^2}-\frac{\cos 3x}{u^2+3^2}+\cdots\right)$$

22. $y=\sinh ux, \quad -\pi < x < \pi$;

$$y=\frac{2\sinh u\pi}{\pi}\left(\frac{\sin x}{u^2+1^2}-\frac{2\sin 2x}{u^2+2^2}+\frac{3\sin 3x}{u^2+3^2}-\cdots\right)$$

23. $y=\mathrm{e}^{ax}, \quad -\pi < x < \pi, \quad a\neq 0$;

$$y=\frac{2}{\pi}\sinh a\pi\left(\frac{1}{2a}+\sum_{k=1}^{\infty}\frac{(-1)^k}{a^2+k^2}(a\cos kx-k\sin kx)\right)$$

在下面的例子中, 问题并不是如何把一个已知函数变成傅里叶级数, 而是考虑某些简单的三角级数收敛到哪些函数.

24. $\displaystyle\sum_{k=1}^{\infty}\frac{\cos kx}{k}=-\ln\left(2\sin\frac{x}{2}\right), \quad 0 < x < 2\pi.$

25. $\displaystyle\sum_{k=1}^{\infty}\frac{\sin kx}{k}=\frac{\pi-x}{2}, \quad 0 < x < 2\pi.$

26. $\displaystyle\sum_{k=1}^{\infty}\frac{\cos kx}{k^2}=\frac{3x^2-6\pi x+2\pi^2}{12},\quad 0\leqslant x\leqslant 2\pi.$

27. $\displaystyle\sum_{k=1}^{\infty}\frac{\sin kx}{k^2}=-\int_0^x\ln\left(2\sin\frac{z}{2}\right)\mathrm{d}z,\quad 0\leqslant x\leqslant 2\pi.$

28. $\displaystyle\sum_{k=1}^{\infty}\frac{\cos kx}{k^3}=\int_0^x\mathrm{d}z\int_0^z\ln\left(2\sin\frac{t}{2}\right)\mathrm{d}t+\sum_{k=1}^{\infty}\frac{1}{k^3},\quad 0\leqslant x\leqslant 2\pi$

$$\left(\sum_{k=1}^{\infty}\frac{1}{k^3}=\frac{\pi^3}{25.794\ 36\cdots}=1.202\,06\cdots\right).$$

29. $\displaystyle\sum_{k=1}^{\infty}\frac{\sin kx}{k^3}=\frac{x^3-3\pi x^2+2\pi^2 x}{12},\quad 0\leqslant x\leqslant 2\pi.$

30. $\displaystyle\sum_{k=1}^{\infty}(-1)^{k+1}\frac{\cos kx}{k}=\ln\left(2\cos\frac{x}{2}\right),\quad -\pi<x<\pi.$

31. $\displaystyle\sum_{k=1}^{\infty}(-1)^{k+1}\frac{\sin kx}{k}=\frac{x}{2},\quad -\pi<x<\pi.$

32. $\displaystyle\sum_{k=1}^{\infty}(-1)^{k+1}\frac{\cos kx}{k^2}=\frac{\pi^2-3x^2}{12},\quad -\pi\leqslant x\leqslant\pi.$

33. $\displaystyle\sum_{k=1}^{\infty}(-1)^{k+1}\frac{\sin kx}{k^2}=\int_0^x\ln\left(2\cos\frac{z}{2}\right)\mathrm{d}z,\quad -\pi\leqslant x\leqslant\pi.$

34. $\displaystyle\sum_{k=1}^{\infty}(-1)^{k+1}\frac{\cos kx}{k^3}=\sum_{k=1}^{\infty}(-1)^{k+1}\cdot\frac{1}{k^3}-\int_0^x\mathrm{d}z\int_0^z\ln\left(2\cos\frac{t}{2}\right)\mathrm{d}t,$

$$-\pi\leqslant x\leqslant\pi.$$

35. $\displaystyle\sum_{k=1}^{\infty}(-1)^{k+1}\frac{\sin kx}{k^3}=\frac{\pi^2x-x^3}{12},\quad -\pi\leqslant x\leqslant\pi.$

36. $\displaystyle\sum_{k=0}^{\infty}\frac{\cos(2k+1)\,x}{2k+1}=-\frac{1}{2}\ln\left(\tan\frac{x}{2}\right),\quad 0<x<\pi.$

37. $\displaystyle\sum_{k=0}^{\infty}\frac{\sin(2k+1)\,x}{2k+1}=\frac{\pi}{4},\quad 0<x<\pi.$

38. $\displaystyle\sum_{k=0}^{\infty}\frac{\cos(2k+1)\,x}{(2k+1)^2}=\frac{\pi^2-2\pi x}{8},\quad 0\leqslant x\leqslant\pi.$

39. $\displaystyle\sum_{k=0}^{\infty}\frac{\sin(2k+1)\,x}{(2k+1)^2}=-\frac{1}{2}\int_0^x\ln\left(\tan\frac{z}{2}\right)\mathrm{d}z,\quad 0\leqslant x\leqslant\pi.$

40. $\displaystyle\sum_{k=0}^{\infty}\frac{\cos(2k+1)\,x}{(2k+1)^3}=\frac{1}{2}\int_0^x\mathrm{d}z\int_0^z\ln\left(\tan\frac{t}{2}\right)\mathrm{d}t+\sum_{k=0}^{\infty}\frac{1}{(2k+1)^3},$

$$0\leqslant x\leqslant\pi.$$

41. $\displaystyle\sum_{k=0}^{\infty}\frac{\sin(2k+1)x}{(2k+1)^3}=\frac{\pi^2x-\pi x^2}{8},\quad 0\leqslant x\leqslant\pi.$

42. $\displaystyle\sum_{k=0}^{\infty}(-1)^k\frac{\cos(2k+1)x}{2k+1}=\frac{\pi}{4},\quad -\frac{\pi}{2}<x<\frac{\pi}{2}.$

43. $\displaystyle\sum_{k=0}^{\infty}(-1)^k\frac{\sin(2k+1)x}{2k+1}=-\frac{1}{2}\ln\left[\tan\left(\frac{\pi}{4}-\frac{x}{2}\right)\right],\ -\frac{\pi}{2}<x<\frac{\pi}{2}.$

44. $\displaystyle\sum_{k=0}^{\infty}(-1)^k\frac{\cos(2k+1)x}{(2k+1)^2}=-\frac{1}{2}\int_0^{\frac{\pi}{2}-x}\ln\left(\tan\frac{z}{2}\right)\mathrm{d}z,\quad -\frac{\pi}{2}\leqslant x\leqslant\frac{\pi}{2}.$

45. $\displaystyle\sum_{k=0}^{\infty}(-1)^k\frac{\sin(2k+1)x}{(2k+1)^2}=\frac{\pi x}{4},\quad -\frac{\pi}{2}\leqslant x\leqslant\frac{\pi}{2}.$

46. $\displaystyle\sum_{k=0}^{\infty}(-1)^k\frac{\cos(2k+1)x}{(2k+1)^3}=\frac{\pi^3-4\pi x^2}{32},\quad -\frac{\pi}{2}\leqslant x\leqslant\frac{\pi}{2}.$

47. $\displaystyle\sum_{k=0}^{\infty}(-1)^k\frac{\sin(2k+1)x}{(2k+1)^3}=\frac{1}{2}\int_0^{\frac{\pi}{2}-x}\mathrm{d}z\int_0^z\ln\left(\tan\frac{t}{2}\right)\mathrm{d}t+\sum_{k=0}^{\infty}\frac{1}{(2k+1)^3},$
$\displaystyle -\frac{\pi}{2}\leqslant x\leqslant\frac{\pi}{2}$

0.7.5 无穷乘积

1.10.6 中将讨论无穷乘积的收敛性.

函数	无穷乘积	发现者	收敛域 ($x\in\mathbb{C}$)
$\sin\pi x$	$\pi x\prod_{k=1}^{\infty}\left(1-\frac{x^2}{k^2}\right)$	(欧拉, 1734)	$\lvert x\rvert<\infty$
$\frac{\pi}{2}$	$\prod_{k=1}^{\infty}\frac{(2k)^2}{4k^2-1}$	(沃利斯, 1655)	
$\Gamma(x+1)$	$\prod_{n=1}^{\infty}\frac{(1+1/n)^x}{1+x/n}$	(欧拉)	$\lvert x\rvert<\infty$ ($x\neq-1,-2,\cdots$)
	$\lim_{k\to\infty}\frac{k!k^x}{(x+1)(x+2)\cdots(x+k)}$	(高斯)	
	$\mathrm{e}^{-Cx}\prod_{n=1}^{\infty}\frac{\mathrm{e}^{x/n}}{1+x/n}$	(魏尔斯特拉斯; C 表示欧拉常数)	
$\zeta(x)$	$\prod_{p}\left(1-\frac{1}{p^x}\right)^{-1}$	(欧拉[1])	$\lvert x\rvert>1$

1) 这个乘积取遍所有素数 p, $\zeta(s)$ 表示黎曼 ζ 函数.

进一步的几个例子

$$\prod_{k=2}^{\infty}\left(1-\frac{1}{k^2}\right)=\frac{1}{2},\quad \prod_{k=0}^{\infty}\left(1+x^{2^k}\right)=\frac{1}{1-x}\quad (x\in\mathbb{C},\ |x|<1),$$

$$\sqrt{\frac{1}{2}}\sqrt{\frac{1}{2}+\frac{1}{2}\sqrt{\frac{1}{2}}}\sqrt{\frac{1}{2}+\frac{1}{2}\sqrt{\frac{1}{2}+\frac{1}{2}\sqrt{\frac{1}{2}}}}\cdots=\frac{2}{\pi}\quad (\text{韦达, 1579}),$$

$$\prod_{k=1}^{\infty}\left(1-\frac{1}{(2k)^2}\right)=\frac{2}{\pi},\quad \prod_{k=1}^{\infty}\left(1-\frac{1}{(2k+1)^2}\right)=\frac{\pi}{4},$$

$$\left(\frac{2}{1}\right)\left(\frac{4}{3}\right)^{1/2}\left(\frac{6\cdot 8}{5\cdot 7}\right)^{1/4}\left(\frac{10\cdot 12\cdot 14\cdot 16}{9\cdot 11\cdot 13\cdot 15}\right)^{1/8}\cdots=\mathrm{e},$$

$$\prod_{k=1}^{\infty}\frac{\sqrt[k]{\mathrm{e}}}{1+1/k}=\mathrm{e}^{C}\quad (\text{欧拉常数 } C=0.577\,215\cdots).$$

0.8 函数的微分表

0.8.1 初等函数的微分

表 0.35 一阶导数

函数 $f(x)$	导数 $f'(x)$ [1]	对实数的取值范围[2]	对复数的取值范围[2]
C (常数)	0	$x\in\mathbb{R}$	$x\in\mathbb{C}$
x	1	$x\in\mathbb{R}$	$x\in\mathbb{C}$
x^2	$2x$	$x\in\mathbb{R}$	$x\in\mathbb{C}$
$x^n\ (n=1,2,\cdots)$	nx^{n-1}	$x\in\mathbb{R}$	$x\in\mathbb{C}$
$\frac{1}{x}$	$-\frac{1}{x^2}$	$x\neq 0$	$x\neq 0$
$\frac{1}{x^n}\ (n=1,2,\cdots)$	$-\frac{n}{x^{n+1}}$	$x\neq 0$	$x\neq 0$
$x^\alpha=\mathrm{e}^{\alpha\cdot\ln x}$ (α 为实数)	$\alpha x^{\alpha-1}$	$x>0$	$x\neq 0, -\pi<\arg x<\pi$
$\sqrt{x}=x^{\frac{1}{2}}$	$\frac{1}{2\sqrt{x}}$	$x>0$	$x\neq 0, -\pi<\arg x<\pi$
$\sqrt[n]{x}=x^{\frac{1}{n}}\ (n=2,3,\cdots)$	$\frac{\sqrt[n]{x}}{nx}$	$x>0$	$x\neq 0, -\pi<\arg x<\pi$
$\ln x$	$\frac{1}{x}$	$x>0$	$x\neq 0, -\pi<\arg x<\pi$

1) 也可把 $f'(x)$ 写成 $\frac{\mathrm{d}f(x)}{\mathrm{d}x}$ 或 $\frac{\mathrm{d}y}{\mathrm{d}x}$ 的形式.

2) $x\in\mathbb{R}(x\in\mathbb{C})$ 表示对所有实数 (复数), 导数存在. 记号 $k\in\mathbb{Z}$ 表示 $k=0,\pm 1,\pm 2,\cdots$

续表

函数 $f(x)$	导数 $f'(x)$	对实数的取值范围	对复数的取值范围
$\log_a x = \dfrac{\ln x}{\ln a}$ $(a > 0,\ a \neq 1)$	$\dfrac{1}{x\ln a}$	$x > 0$	$x \neq 0, -\pi < \arg x < \pi$
e^x	e^x	$x \in \mathbb{R}$	$x \in \mathbb{C}$
$a^x = e^{x\cdot\ln a}$ $(a > 0,\ a \neq 1)$	$a^x \ln a$	$x \in \mathbb{R}$	$x \in \mathbb{C}$
$\sin x$	$\cos x$	$x \in \mathbb{R}$	$x \in \mathbb{C}$
$\cos x$	$-\sin x$	$x \in \mathbb{R}$	$x \in \mathbb{C}$
$\sinh x$	$\cosh x$	$x \in \mathbb{R}$	$x \in \mathbb{C}$
$\cosh x$	$\sinh x$	$x \in \mathbb{R}$	$x \in \mathbb{C}$
$\tan x$	$\dfrac{1}{\cos^2 x}$	$x \neq k\pi + \dfrac{\pi}{2}, k \in \mathbb{Z}$	$x \neq k\pi + \dfrac{\pi}{2},\ k \in \mathbb{Z}$
$\cot x$	$-\dfrac{1}{\sin^2 x}$	$x \neq k\pi, k \in \mathbb{Z}$	$x \neq k\pi,\ k \in \mathbb{Z}$
$\tanh x$	$\dfrac{1}{\cosh^2 x}$	$x \in \mathbb{R}$	$x \neq ik\pi + \dfrac{i\pi}{2},\ k \in \mathbb{Z}$
$\coth x$	$-\dfrac{1}{\sinh^2 x}$	$x \in \mathbb{R}$	$x \neq ik\pi,\ k \in \mathbb{Z}$
$\arcsin x$	$\dfrac{1}{\sqrt{1-x^2}}$	$-1 < x < 1$	$\|x\| < 1$
$\arccos x$	$-\dfrac{1}{\sqrt{1-x^2}}$	$-1 < x < 1$	$\|x\| < 1$
$\arctan x$	$\dfrac{1}{1+x^2}$	$x \in \mathbb{R}$	$\|\operatorname{Im} x\| < 1$
$\operatorname{arccot} x$	$-\dfrac{1}{1+x^2}$	$x \in \mathbb{R}$	$\|\operatorname{Im} x\| < 1$
$\operatorname{arsinh} x$	$\dfrac{1}{\sqrt{1+x^2}}$	$-1 < x < 1$	$\|x\| < 1$
$\operatorname{arcosh} x$	$\dfrac{1}{\sqrt{x^2-1}}$	$x > 1$	$-\pi < \arg(x^2-1) < \pi,$ $x \neq \pm 1$
$\operatorname{artanh} x$	$\dfrac{1}{1-x^2}$	$\|x\| < 1$	$\|x\| < 1$
$\operatorname{arcoth} x$	$\dfrac{1}{1-x^2}$	$\|x\| > 1$	$\|x\| \in \mathbb{C}\backslash[-1,1]$

表 0.36 高阶导数

函数 $f(x)$	n 阶导数 $f^{(n)}(x)$	对实数的取值范围	对复数的取值范围
$x^m\ (m=1,2,\cdots)$	$m(m-1)\cdots(m-n+1)x^{m-n}$ $(=0,\quad n>m)$	$x\in\mathbb{R}$	$x\in\mathbb{C}$
x^α (α 为实数)	$\alpha(\alpha-1)\cdots(\alpha-n+1)x^{\alpha-n}$	$x>0$	$x\neq 0$, $-\pi<\arg x<\pi$
$e^{ax}(a\in\mathbb{C})$	$a^n e^{ax}$	$x\in\mathbb{R}$	$x\in\mathbb{C}$
$\sin bx(b\in\mathbb{C})$	$b^n\sin\left(bx+\frac{n\pi}{2}\right)$	$x\in\mathbb{R}$	$x\in\mathbb{C}$
$\cos bx(b\in\mathbb{C})$	$b^n\cos\left(bx+\frac{n\pi}{2}\right)$	$x\in\mathbb{R}$	$x\in\mathbb{C}$
$\sinh bx$	$b^n\sinh bx$, n 为偶数, $b^n\cosh bx$, n 为奇数	$x\in\mathbb{R}$	$x\in\mathbb{C}$
$\cosh bx$	$b^n\cosh bx$, n 为偶数, $b^n\sinh bx$, n 为奇数	$x\in\mathbb{R}$	$x\in\mathbb{C}$
$a^{bx}(a>0,b\in\mathbb{C})$	$(b\cdot\ln a)^n a^{bx}$	$x\in\mathbb{R}$	$x\neq 0$, $-\pi<\arg x<\pi$
$\ln x$	$(-1)^{n-1}\frac{(n-1)!}{x^n}$	$x>0$	$x\neq 0$, $-\pi<\arg x<\pi$
$\log_a x(a>0,\ a\neq 1)$	$(-1)^{n-1}\frac{(n-1)!}{x^n\ln a}$	$x>0$	$x\neq 0$, $-\pi<\arg x<\pi$

0.8.2 单变量函数的微分法则

表 0.37 微分法则[1)]

法则	以莱布尼茨记号表示的公式
加法法则	$\frac{d(f+g)}{dx}=\frac{df}{dx}+\frac{dg}{dx}$
与常数的乘积法则	$\frac{d(Cf)}{dx}=C\frac{df}{dx}$ (C 为常数)
乘积法则	$\frac{d(fg)}{dx}=\frac{df}{dx}g+f\frac{dg}{dx}$
商法则	$\frac{d\left(\frac{f}{g}\right)}{dx}=\frac{\frac{df}{dx}g-f\frac{dg}{dx}}{g^2}$
链式法则	$\frac{dy}{dx}=\frac{dy}{dz}\frac{dz}{dx}$
反函数法则	$\frac{dx}{dy}=\frac{1}{\left(\frac{dy}{dx}\right)}$

1) 1.4 中介绍了这些公式成立所需要的具体假设条件. 这些法则对具有一个实变量成复变量的函数成立. 例 1~ 例 6 对复变量 x 也成立.

加法法则的应用

例 1: 由表 0.35, 有

$$\begin{aligned}&(\mathrm{e}^x+\sin x)'=(\mathrm{e}^x)'+(\sin x)'=\mathrm{e}^x+\cos x\,,\quad x\in\mathbb{R}\,,\\&(x^2+\sinh x)'=(x^2)'+(\sinh x)'=2x+\cosh x\,,\quad x\in\mathbb{R}\,,\\&(\ln x+\cos x)'=(\ln x)'+(\cos x)'=\frac{1}{x}-\sin x\,,\quad x>0\,.\end{aligned}$$

与常数的乘积法则的应用

例 2:

$$\begin{aligned}&(2\mathrm{e}^x)'=2(\mathrm{e}^x)'=2\mathrm{e}^x\,,\quad (3\sin x)'=3(\sin x)'=3\cos x\,,\quad x\in\mathbb{R}\,,\\&(3x^4+5)'=(3x^4)'+(5)'=3\cdot 4x^3=12x^3\,,\quad x\in\mathbb{R}\,.\end{aligned}$$

乘积法则的应用

例 3:

$$\begin{aligned}&(x\mathrm{e}^x)'=(x)'\mathrm{e}^x+x(\mathrm{e}^x)'=1\cdot\mathrm{e}^x+x\mathrm{e}^x=(1+x)\mathrm{e}^x\,,\quad x\in\mathbb{R}\,,\\&(x^2\sin x)'=(x^2)'\sin x+x^2(\sin x)'=2x\sin x+x^2\cos x\,,\quad x\in\mathbb{R}\,,\\&(x\ln x)'=(x)'\ln x+x(\ln x)'=\ln x+1\,,\quad x>0\,.\end{aligned}$$

商法则的应用

例 4:

$$\begin{aligned}(\tan x)'=\left(\frac{\sin x}{\cos x}\right)'&=\frac{(\sin x)'\cos x-\sin x(\cos x)'}{\cos^2 x}\\&=\frac{\cos^2 x+\sin^2 x}{\cos^2 x}=\frac{1}{\cos^2 x}\,.\end{aligned}$$

对所有使分母 $\cos x$ 不为 0 的 x, 该导数均存在, 即只需要满足 $x\neq k\pi+\dfrac{\pi}{2}$, $k=0,\pm1,\pm2,\cdots$.

链式法则的应用

例 5: 求微分

$$y=\sin 2x.$$

令

$$y=\sin z\,,\quad z=2x\,.$$

由链式法则, 有

$$y'=\frac{\mathrm{d}y}{\mathrm{d}x}=\frac{\mathrm{d}y}{\mathrm{d}z}\frac{\mathrm{d}z}{\mathrm{d}x}=(\cos z)\cdot 2=2\cos 2x\,.$$

例 6: 求微分

$$y=\cos(3x^4+5).$$

令

$$y=\cos z,\quad z=3x^4+5.$$

由链式法则, 有

$$y'=\frac{\mathrm{d}y}{\mathrm{d}x}=\frac{\mathrm{d}y}{\mathrm{d}z}\frac{\mathrm{d}z}{\mathrm{d}x}=(-\sin z)\cdot 12x^3=-12x^3\sin(3x^4+5)\,.$$

反函数求导法则的应用

$$y = \mathrm{e}^x, \quad -\infty < x < \infty$$

的反函数为

$$x = \ln y, \quad y > 0.$$

由此, 有

$$\frac{\mathrm{d}\ln y}{\mathrm{d}y} = \frac{\mathrm{d}x}{\mathrm{d}y} = \frac{1}{\left(\frac{\mathrm{d}y}{\mathrm{d}x}\right)} = \frac{1}{\mathrm{e}^x} = \frac{1}{y}, \quad y > 0.$$

0.8.3 多变量函数的微分法则

偏导数 若函数 $f = f(x, w, \cdots)$ 依赖于 x 和其他几个变量 $w, \cdots$, 则偏导数

$$\boxed{\frac{\partial f}{\partial x}}$$

是通过其他变量看成常数, 把 f 只看成关于 x 的函数, 对 x 求导数得到的.

例 1: 令 $f(x) = Cx$, C 为常数, 则

$$\frac{\mathrm{d}f(x)}{\mathrm{d}x} = C.$$

同样, 对于 $f(x, u, v) = (\mathrm{e}^v \sin u)x$, 有

$$\frac{\partial f(x, u, v)}{\partial x} = \mathrm{e}^v \sin u.$$

这是因为我们把 u, v, 因此也就是把 $C = \mathrm{e}^v \sin u$ 看成了常数.

例 2: 令 $f(x) = \cos(3x^4 + C)$, C 为常数, 由 0.8.2 中的例 6, 有

$$\frac{\mathrm{d}f(x)}{\mathrm{d}x} = -12x^3 \sin(3x^4 + C).$$

在函数 $f(x, u) = \cos(3x^4 + \mathrm{e}^u)$ 中, 我们把 u, 因此也就是把 $C = \mathrm{e}^u$ 看成常数, 有

$$\frac{\partial f(x)}{\partial x} = -12x^3 \sin(3x^4 + \mathrm{e}^u).$$

例 3: 令 $f(x, y) := xy$, 有

$$f_x(x, y) = \frac{\partial f(x, y)}{\partial x} = y, \quad f_y(x, y) = \frac{\partial f(x, y)}{\partial y} = x.$$

例 4: 令 $f(x, y) := \frac{x}{y} = xy^{-1}$, 有

$$f_x(x, y) = \frac{\partial f(x, y)}{\partial x} = y^{-1}, \quad f_y(x, y) = \frac{\partial f(x, y)}{\partial y} = -xy^{-2}.$$

表 0.38 链式法则 [1]

$$f = f(x,y)\,,\quad f_x := \frac{\partial f}{\partial x}\,,\quad f_y := \frac{\partial f}{\partial y}$$

名称	公式
全微分	$\mathrm{d}f = f_x\mathrm{d}x + f_y\mathrm{d}y$
链式法则	$\dfrac{\partial f}{\partial w} = f_x\dfrac{\partial x}{\partial w} + f_y\dfrac{\partial y}{\partial w}$

在表 0.38 的链式法则中, 我们把 $x = x(w,\cdots)$, $y = y(w,\cdots)$ 看成是 w 以及(可能还有) 其他变量的函数. 对 $f = f(x_1,\cdots,x_n)$, 存在类似的法则, 我们有全微分

$$\boxed{\mathrm{d}f = f_{x_1}\mathrm{d}x_1 + \cdots + f_{x_n}\mathrm{d}x_n.}$$

当函数 x_1, x_n 依赖于 w 以及其他变量时, 得到链式法则的表达式

$$\boxed{\frac{\partial f}{\partial w} = f_{x_1}\frac{\partial x_1}{\partial w} + \cdots + f_{x_n}\frac{\partial x_n}{\partial w}\,,}$$

如果 x_1, x_n 只是 w 的函数, 我们用记号 $\dfrac{\mathrm{d}}{\mathrm{d}w}$ 代替 $\dfrac{\partial}{\partial w}$, 这就得到了该链式法则的特殊形式

$$\boxed{\frac{\mathrm{d}f}{\mathrm{d}w} = f_{x_1}\frac{\mathrm{d}x_1}{\mathrm{d}w} + \cdots + f_{x_n}\frac{\mathrm{d}x_n}{\mathrm{d}w}.}$$

链式法则的应用

例 5: 令 $f(t) := x(t)y(t)$, 由例 3, 有全微分表达式

$$\boxed{\mathrm{d}f = f_x\,\mathrm{d}x + f_y\,\mathrm{d}y = y\mathrm{d}x + x\mathrm{d}y.}$$

由此, 我们得到

$$f'(t) = \frac{\mathrm{d}f}{\mathrm{d}t} = y\frac{\mathrm{d}x}{\mathrm{d}t} + x\frac{\mathrm{d}y}{\mathrm{d}t} = y(t)x'(t) + x(t)y'(t).$$

这是一个乘积法则, 因此我们可以把乘积法则看成是多变量函数的链式法则的特例.

例 6: 令 $f(t) := \dfrac{x(t)}{y(t)}$, 由例 4, 有全微分表达式

$$\boxed{\mathrm{d}f = f_x\,\mathrm{d}x + f_y\,\mathrm{d}y = y^{-1}\,\mathrm{d}x - xy^{-2}\,\mathrm{d}y}$$

和

$$f'(t) = \frac{\mathrm{d}f}{\mathrm{d}t} = \frac{x'(t)}{y(t)} - \frac{x(t)y'(t)}{y(t)^2} = \frac{x'(t)y(t) - x(t)y'(t)}{y(t)^2}\,.$$

这正是*商法则*.

[1] 1.5 中介绍了这些公式成立所需要的具体假设条件. 它们对实变量或复变量函数成立.

0.9 积 分 表

微分是工艺品, 而积分是艺术品

俗语

计算机上的微分与积分 为此, 我们可以尽力使用软件系统 Mathematica.

0.9.1 初等函数的积分

公式

$$\boxed{\int f(x)\mathrm{d}x = F(x), \quad x \in D}$$

表示

$$\boxed{F'(x) = f(x), \quad x \in D.}$$

因此, 函数 F 满足: 在集合 D 上, F 的导数是 f. 我们也称 F 是 f 的原函数或不定积分. 在这个意义下, 积分是微分的逆过程.

(i) 实数情况: 若 x 是一个实变量, D 是一个区间, 如果我们把 f 的某一固定的不定积分上加上不同的常数, 就能得到 f 在 D 上的所有可能的不定积分, 即

$$\int f(x)\mathrm{d}x = F(x) + C, \quad x \in D.$$

(ii) 复数情况: 令 D 是复平面上的一个区域, 若取 C 为一个复常数, 上面结论仍然成立.

表 0.39 基本积分

函数 $f(x)$	不定积分 [1] $\int f(x)\mathrm{d}x$	对实数的取值范围 [2]	对复数的取值范围 [2]
C(常数)	Cx	$x \in \mathbb{R}$	$x \in \mathbb{C}$
x	$\dfrac{x^2}{2}$	$x \in \mathbb{R}$	$x \in \mathbb{C}$
$x^n (n = 1, 2, \cdots)$	$\dfrac{x^{n+1}}{n+1}$	$x \in \mathbb{R}$	$x \in \mathbb{C}$
$\dfrac{1}{x^n} (n = 2, 3, \cdots)$	$\dfrac{1}{(1-n)x^{n-1}}$	$x \neq 0$	$x \neq 0$
$\dfrac{1}{x}$	$\ln x$	$x > 0$	$x \neq 0, -\pi < \arg x < \pi$
$\dfrac{1}{x}$	$\ln\lvert x\rvert$	$x \neq 0$	

续表

函数 $f(x)$	不定积分 [1] $\int f(x)\mathrm{d}x$	对实数的取值范围 [2]	对复数的取值范围 [2]
$x^{\alpha}(\alpha$为实数$, \alpha \neq -1)$	$\dfrac{x^{\alpha+1}}{\alpha+1}$	$x>0$	$x \neq 0, -\pi < \arg x < \pi$
$\sqrt{x}=x^{\frac{1}{2}}$	$\dfrac{2}{3}x\sqrt{x}$	$x>0$	$x \neq 0, -\pi < \arg x < \pi$
e^x	e^x	$x \in \mathbb{R}$	$x \in \mathbb{C}$
$a^x(a>0, a \neq 1)$	$\dfrac{a^x}{\ln a}$	$x \in \mathbb{R}$	$x \in \mathbb{C}$
$\sin x$	$-\cos x$	$x \in \mathbb{R}$	$x \in \mathbb{C}$
$\cos x$	$\sin x$	$x \in \mathbb{R}$	$x \in \mathbb{C}$
$\tan x$	$-\ln\lvert\cos x\rvert$	$x \neq (2k+1)\dfrac{\pi}{2}(k \in \mathbb{Z})$	
$\cot x$	$\ln\lvert\sin x\rvert$	$x \neq k\pi(k \in \mathbb{Z})$	
$\dfrac{1}{\cos^2 x}$	$\tan x$	$x \neq (2k+1)\dfrac{\pi}{2}$	$x \neq (2k+1)\dfrac{\pi}{2}(k \in \mathbb{Z})$
$\dfrac{1}{\sin^2 x}$	$-\cot x$	$x \neq k\pi$	$x \neq k\pi(k \in \mathbb{Z})$
$\sinh x$	$\cosh x$	$x \in \mathbb{R}$	$x \in \mathbb{C}$
$\cosh x$	$\sinh x$	$x \in \mathbb{R}$	
$\tanh x$	$\ln\cosh x$	$x \in \mathbb{R}$	
$\coth(x)$	$\ln\lvert\sinh x\rvert$	$x \neq 0$	
$\dfrac{1}{\cosh^2 x}$	$\tanh x$	$x \in \mathbb{R}$	$x \neq \mathrm{i}(2k+1)\dfrac{\pi}{2} \quad (k \in \mathbb{Z})$
$\dfrac{1}{\sinh^2 x}$	$-\coth x$	$x \neq 0$	$x \neq \mathrm{i}k\pi \quad (k \in \mathbb{Z})$
$\dfrac{1}{a^2+x^2} \quad (a>0)$	$\dfrac{1}{a}\arctan\dfrac{x}{a}$	$x \in \mathbb{R}$	
$\dfrac{1}{a^2-x^2} \quad (a>0)$	$\dfrac{1}{2a}\ln\left\lvert\dfrac{a+x}{a-x}\right\rvert$	$x \neq a$	
$\dfrac{1}{a^2-x^2} \quad (a>0)$	$\arcsin\dfrac{x}{a}$	$\lvert x\rvert < a$	
$\dfrac{1}{\sqrt{a^2+x^2}} \quad (a>0)$	$\operatorname{arsinh}\dfrac{x}{a}$	$x \in \mathbb{R}$	
$\dfrac{1}{\sqrt{x^2-a^2}} \quad (a>0)$	$\operatorname{arcosh}\dfrac{x}{a}$	$\lvert x\rvert > a$	

1) 只列出了一个不定积分.

2) $x \in \mathbb{R}(x \in \mathbb{C})$ 表示相应的公式对所有实 (复) 数成立, $k \in \mathbb{Z}$ 表示 $k=0, \pm 1, \pm 2, \cdots$. 对函数 $\mathrm{in}x, \sqrt{x}$ 和 $x^{\alpha+1}$, 我们使用复变量函数的主支, 它是由解析延拓得到的 $x>0$ 时的值 (参看 1.14.15).

0.9.2 积分法则

0.9.2.1 不定积分

表 0.40 中介绍了不定积分的计算法则.

表 0.40 不定积分的计算法则[1)]

法则名称	公式
加法法则	$\int (u+v)\mathrm{d}x = \int u\mathrm{d}x + \int v\mathrm{d}x$
与常数的乘积法则	$\int \alpha u\mathrm{d}x = \alpha\int u\mathrm{d}x$($\alpha$ 为常数)
分部积分公式	$\int u'v\mathrm{d}x = uv - \int uv'\mathrm{d}x$
代换公式	$\int f(x)\mathrm{d}x = \int f(x(t))\dfrac{\mathrm{d}x}{\mathrm{d}t}\mathrm{d}t$
对数导数	$\int \dfrac{f'(x)}{f(x)}\mathrm{d}x = \ln\lvert f(x)\rvert$

为了便于记忆, 代换公式也常常写为[2)]

$$\boxed{\int f(t(x))\mathrm{d}t(x) = \int f(t)\mathrm{d}t,} \tag{0.56}$$

其中 $\mathrm{d}t(x) = t'(x)\mathrm{d}x$. 在许多情况下, (0.56) 要比表 0.40 中的公式使用起来更方便, 为此后者为了保证反函数 $t = t(x)$ 存在, 必须事先假定 $x'(t) = 0$.

在应用 (0.56) 的所有情况中, 没必要假设反函数存在.

代换的例子

例 1: 计算积分

$$J = \int \sin(2x+1)\mathrm{d}x.$$

令 $t := 2x+1$, 其反函数为

$$x = \frac{1}{2}(t-1).$$

1) 1.6.4 和 1.6.5 中给出了这些法则成立所需要的具体假设条件.

2) 由表 0.40 中的代换公式, 交换 x 和 t 的作用, 就得到

$$\int f(t(x))t'(x)\mathrm{d}x = \int f(t)\mathrm{d}t,$$

它对应 (0.56).

由此 $\frac{\mathrm{d}x}{\mathrm{d}t}=\frac{1}{2}$, 由表 0.40 中的代换公式, 有

$$J=\int(\sin t)\frac{1}{2}\mathrm{d}t=-\frac{1}{2}\cos t=-\frac{1}{2}\cos(2x+1).$$

现在利用 (0.56) 求 J. 因为 $\frac{\mathrm{d}(2x+1)}{\mathrm{d}x}=2$, 所以 $\mathrm{d}(2x+1)=2\mathrm{d}x$. 这就得到

$$\begin{aligned}J&=\int\sin(2x+1)\mathrm{d}x=\int\frac{1}{2}\sin(2x+1)\mathrm{d}(2x+1)\\&=\int\frac{1}{2}\sin t\mathrm{d}t=-\frac{1}{2}\cos t=-\frac{1}{2}\cos(2x+1).\end{aligned}$$

经过大量练习之后, 我们就会注意到下面的公式:

$$\boxed{J=\int\sin(2x+1)\mathrm{d}x=\int\frac{1}{2}\sin(2x+1)\mathrm{d}(2x+1)=-\frac{1}{2}\cos(2x+1).}$$

一般来说, 我们应该首先检查一下是否能够应用 (0.56), 存在不能直接应用这个公式的几种情况 (参看 1.6.5 中的例 3).

例 2: 由 $\frac{\mathrm{d}x^2}{\mathrm{d}x}=2x$, 有

$$\int\mathrm{e}^{x^2}x\mathrm{d}x=\int\frac{1}{2}\mathrm{e}^{x^2}\mathrm{d}x^2=\int\frac{1}{2}\mathrm{e}^t\mathrm{d}t=\frac{1}{2}\mathrm{e}^t=\frac{1}{2}\mathrm{e}^{x^2}.$$

有更多经验之后我们就会直接写成

$$\boxed{\int\mathrm{e}^{x^2}x\mathrm{d}x=\int\frac{1}{2}\mathrm{e}^{x^2}\mathrm{d}x^2=\frac{1}{2}\mathrm{e}^{x^2}.}$$

例 3:

$$\int\frac{x\mathrm{d}x}{1+x^2}=\int\frac{\mathrm{d}x^2}{2(1+x^2)}=\frac{1}{2}\ln(1+x^2).$$

关于代换的更多的例子参看 0.9.4 和 1.6.5.

分部积分的例子

例 4: 计算 $\int x\sin x\mathrm{d}x$. 令

$$\begin{aligned}u'&=\sin x, & v&=x,\\u&=-\cos x, & v'&=1.\end{aligned}$$

由此,

$$\int x\sin x\mathrm{d}x=\int u'v\mathrm{d}x=uv-\int uv'\mathrm{d}x=-x\cos x+\int\cos x\mathrm{d}x=-x\cos x+\sin x.$$

例 5: 计算 $\int \mathrm{arctan}x\mathrm{d}x$. 令

$$u' = 1, \quad v = \mathrm{arctan}x,$$
$$u = x, \quad v' = \frac{1}{1+x^2}.$$

由例 3, 有

$$\int \mathrm{arctan}x\mathrm{d}x = \int u'v\mathrm{d}x = uv - \int uv'\mathrm{d}x = x\mathrm{arctan}x - \int \frac{x}{1+x^2}\mathrm{d}x$$
$$= x\mathrm{arctan}x - \frac{1}{2}\ln(1+x^2).$$

关于分部积分的更多的例子参看 1.6.4.

0.9.2.2 定积分

表 0.41 中给出了非常重要的法则.

表 0.41 定积分的计算法则 [1]

法则名称	公式
代换公式	$\int_\alpha^\beta f(x(t))x'(t)\mathrm{d}t = \int_a^b f(x)\mathrm{d}x$ $(x(\alpha) = a, \quad x(\beta) = b, x'(t) > 0)$
分部积分公式	$\int_a^b u'v\mathrm{d}x = uv\big\|_a^b - \int_a^b uv'\mathrm{d}x$
牛顿和莱布尼茨的积分基本定理	$\int_a^b u'\mathrm{d}x = u\big\|_a^b$

对于表 0.41 中的分部积分公式, 令 $v = 1$, 就得到积分基本定理.

例: $\int_a^b \sin x\mathrm{d}x = -\cos x\big|_a^b = -\cos b + \cos a.$

这是因为令 $u := -\cos x$, 有 $u' = \sin x$.

更多例子参看 1.6.4.

0.9.2.3 多变量函数的积分

表 0.41 中的一维积分 (单变量函数的积分) 法则与表 0.42 中的多维积分 (多变量函数的积分) 的类似法则相对应.

1) 1.6 中给出了更明确的假设条件. 我们令 $f\big|_a^b := f(b) - f(a)$

表 0.42 多变量函数的积分公式 [1]

法则名称	公式
代换公式	$\int_{x(H)} f(x)\mathrm{d}x = \int_H f(x(t))\lvert\det x'(t)\rvert\mathrm{d}t$
分部积分公式	$\int_G (\partial_j u)v\mathrm{d}x = \int_{\partial G} uvn_j\mathrm{d}F - \int_G u\partial_j v\mathrm{d}x$
高斯定理	$\int_G \partial_j u\mathrm{d}x = \int_{\partial G} un_j\mathrm{d}F$
高斯–斯托克斯定理	$\boxed{\int_M \mathrm{d}w = \int_{\partial M} w}$
富比尼定理(累次积分)	$\int_{\mathbb{R}^2} f(x,y)\mathrm{d}x\mathrm{d}y = \int_{-\infty}^{+\infty}\left(\int_{\infty}^{+\infty} f(x,y)\mathrm{d}x\right)\mathrm{d}y$

注 (i) 对于表 0.42 中的分部积分公式, 令 $v=1$, 就得到高斯定理.

(ii) 高斯–斯托克斯定理把积分基本定理推广到了流形 (如曲线、曲面、区域等) 上.

(iii) 事实上, 分部积分公式和高斯定理都是高斯–斯托克斯定理的特例, 该定理是全部数学的主要定理之一 (参看 1.7.6).

1.7.1 中讲到了这些公式的应用.

0.9.3 有理函数的积分

每个有理函数都可以唯一地表示成部分分式

$$\boxed{\frac{A}{(x-a)^n}} \tag{0.57}$$

之和. 其中 $n=1,2,\cdots$, A 和 a 是实数或复数 (参看 2.1.7). 由表 0.43 中的法则, 可直接积分得出部分分式 (0.57).[2]

表 0.43 部分分式的积分

$\int \frac{\mathrm{d}x}{(x-a)^n} = \frac{1}{(1-n)(x-a)^{n-1}}$	$x\in\mathbb{R},\quad n=2,3,\cdots,a\in\mathbb{C}$
$\int \frac{\mathrm{d}x}{x-a} = \ln\lvert x-a\rvert$	$x\in\mathbb{R},\quad x\neq a, a\in\mathbb{C}$
$\int \frac{\mathrm{d}x}{x-a} = \ln\lvert x-a\rvert + \mathrm{i}\arctan\frac{x-\alpha}{\beta}$	$x\in\mathbb{R},\quad a=\alpha+\mathrm{i}\beta,\quad \beta\neq 0$

1) 1.7 中解释了这些记号, 并给出了更明确的假设条件.

2) 这里所讲的方法非常容易理解, 因为它用到了复数. 如果要避开复数. 就需要一步一步详细研究了.

例 1: 由

$$\frac{1}{x^2-1}=\frac{1}{2}\left(\frac{1}{x-1}-\frac{1}{x+1}\right),$$

有

$$\int\frac{1}{x^2-1}\mathrm{d}x=\frac{1}{2}(\ln|x-1|-\ln|x+1|)=\frac{1}{2}\ln\left|\frac{x-1}{x+1}\right|.$$

例 2: 由

$$\frac{1}{x^2+1}=\frac{1}{2\mathrm{i}}\left(\frac{1}{x-\mathrm{i}}-\frac{1}{x+\mathrm{i}}\right),$$

有

$$\int\frac{1}{x^2+1}\mathrm{d}x=\frac{1}{2\mathrm{i}}(\ln|x-\mathrm{i}|+\mathrm{i}\ \arctan x-\ln|x+\mathrm{i}|-\mathrm{i}\ \arctan(-x))=\arctan x,\quad x\in\mathbb{R}.$$

注意, 当 $x\in\mathbb{R}$ 时, $|x-\mathrm{i}|=|x+\mathrm{i}|, \arctan(-x)=-\arctan(x)$.

例 3: 由 (2.30), 有

$$f(x):=\frac{x}{(x-1)(x-2)^2}=\frac{1}{(x-1)}-\frac{1}{(x-2)}+\frac{2}{(x-2)^2}.$$

由此, 得到

$$\int f(x)\mathrm{d}x=\ln|x-1|-\ln|x-2|-\frac{2}{x-1}.$$

任意有理函数都可以表示成一个多项式与一个分式之和.

例 4: $\dfrac{x^2}{1+x^2}=1-\dfrac{1}{1+x^2}$

$$\int\frac{x^2\mathrm{d}x}{1+x^2}=\int\mathrm{d}x-\int\frac{\mathrm{d}x}{1+x^2}=x-\arctan x.$$

Mathematica 的使用 在如今的计算机时代, 我们手算的只是上述非常简单的表达式, 对于复杂的表达式, 可以应用适当的计算机代数程序, 如 Mathematica.

0.9.4 重要代换

我们列出用通用代换能够解决的几类积分. 然而, 在一些特殊情况下, 用特殊代换也许更能简化必要的计算, 今天的计算机代数系统就能实现这一目标. 几乎没有积分可以仅凭初等函数就能解决.

多变量多项式 变量 $x_1,\cdots,x_n$ 的多项式 $P=P(x_1,\cdots,x_n)$ 能表示成如下式子的有限和:

$$a_{i_1\cdots i_n}x_1^{\alpha_1}x_2^{\alpha_2}\cdots x_n^{\alpha_n},$$

其中 $a_{\cdots}$ 表示复数, 指数 α_j 是正整数.

多变量有理函数 变量 $x_1,\cdots,x_n$ 的有理函数 $R=R(x_1,\cdots,x_n)$ 能表示成如下式子的有限和:

$$R(x_1,\cdots,x_n):=\frac{P(x_1,\cdots,x_n)}{Q(x_1,\cdots,x_n)},$$

其中 P 和 Q 是多项式.

约定 接下来 R 总表示有理函数.

第一类: $$\int R(\sinh x,\cosh x,\tanh x,\coth x,\mathrm{e}^x)\mathrm{d}x.$$

解法: 我们把 $\sinh x$ 等写成 e^x 的表达式, 并作代换

$$t=\mathrm{e}^x,\quad \mathrm{d}t=t\mathrm{d}x.$$

这就得到 t 的一个有理函数, 它能分解成部分分式之和 (参看 0.9.3). 更明确地说, 我们有

$$\sinh x=\frac{1}{2}(\mathrm{e}^x-\mathrm{e}^{-x}),\quad \cosh x=\frac{1}{2}(\mathrm{e}^x+\mathrm{e}^{-x}),$$

$$\tanh x=\frac{\sinh x}{\cosh x},\quad \coth x=\frac{\cosh x}{\sinh x}.$$

例 1: $J:=\int\frac{\mathrm{d}x}{2\cosh x}=\int\frac{\mathrm{d}x}{\mathrm{e}^x+\mathrm{e}^{-x}}.=\int\frac{\mathrm{d}t}{t(t+1/t)}=\frac{\mathrm{d}t}{t^2+1}=\arctan t=\arctan\mathrm{e}^x$.

例 2: $J:=\int 8\sinh^2 x\mathrm{d}x=\int 2(\mathrm{e}^{2x}-2+\mathrm{e}^{-2x})\mathrm{d}x=\mathrm{e}^{2x}-4x-\mathrm{e}^{-2x}$.

在这个例子中没必要使用代换 $t=\mathrm{e}^x$.

例 3: (0.56) 对计算 $J:=\int\sinh^n x\cosh x\mathrm{d}x$ 很有帮助, 我们有

$$J:=\int\sinh^n x\mathrm{d}\sinh x=\frac{\sinh^{n+1}x}{n+1},\quad n=1,2,\cdots.$$

这种方法相当于作了代换 $t=\sinh x$.

第二类: $$\int R(\sin x,\cos x,\tan x,\cot x)\mathrm{d}x.\tag{0.58}$$

解法: 我们把 $\sin x$ 等写成 $\mathrm{e}^{\mathrm{i}x}$ 的表达式, 并作代换

$$t=\mathrm{e}^{\mathrm{i}x},\quad \mathrm{d}t=\mathrm{i}t\mathrm{d}x.$$

这就得到 t 的一个有理函数, 它也能分解成部分分式之和 (参看 0.9.3). 更明确地说, 我们有

$$\sin x = \frac{1}{2\mathrm{i}}(\mathrm{e}^{\mathrm{i}x} - \mathrm{e}^{\mathrm{i}x}), \quad \cos x = \frac{1}{2}(\mathrm{e}^{-\mathrm{i}x} + \mathrm{e}^{-\mathrm{i}x}),$$

$$\tan x = \frac{\sin x}{\cos x}, \quad \coth x = \frac{\cos x}{\sin x}.$$

另外, 利用代换[1)]

$$\boxed{t = \tan\frac{x}{2}, \quad -\pi < x < \pi} \tag{0.59}$$

也能得到一个解, 有

$$\cos x = \frac{1-t^2}{1+t^2}, \quad \sin x = \frac{2t}{1+t^2}, \quad \mathrm{d}x = \frac{2\mathrm{d}t}{1+t^2}.$$

例 4: $J := \int 8\cos^2 x\mathrm{d}x = \int 2(\mathrm{e}^{2\mathrm{i}x} + 2 + \mathrm{e}^{-2\mathrm{i}x})\mathrm{d}x = \frac{1}{\mathrm{i}}(\mathrm{e}^{2\mathrm{i}x} - \mathrm{e}^{-2\mathrm{i}x}) + 4x = 2\sin 2x + 4x$.

因为 $2\cos^2 x = \cos 2x + 1$. 由此能马上得到

$$J = \int(4\cos 2x + 4)\mathrm{d}x = 2\sin 2x + 4x.$$

例 5: 由 (0.56), 有

$$\int\frac{\sin x\mathrm{d}x}{\cos^2 x} = \int\frac{-\mathrm{d}\cos x}{\cos^2 x} = -\frac{1}{\cos x}.$$

第三类: $\boxed{\int R\left(x, \sqrt[n]{\frac{\alpha x+\beta}{\gamma x+\delta}}\right)\mathrm{d}x,}$ $\alpha\delta - \beta\gamma \neq 0, n = 2, 3, \cdots$.

解法: 利用代换[2)]

$$\boxed{t = \sqrt[n]{\frac{\alpha x+\beta}{rx+\delta}}, \quad x = \frac{\delta t^n - \beta}{\alpha - \gamma t^n}, \quad \mathrm{d}x = n(\alpha\delta - \delta\gamma)\frac{t^{n-1}\mathrm{d}t}{(\alpha-\gamma t^n)^2}.}$$

这就把原来的积分化成了 t 的一个有理函数, 由此可以利用部分分式分解法 (参看 0.9.3).

例 6: 令 $t = \sqrt{x}$, 那么有 $x = t^2, \mathrm{d}x = 2t\mathrm{d}t$. 由此,

---

1) 用斯皮瓦克 (M. Spivak) 的话来说就是, 这 "无疑是世界上最诡秘的代换". 利用这个代换, 对于那些只涉及正弦、余弦以及它们的加减乘除的积分都能变成有理函数的积分.

2) 如果一个积分包含着不同次的根式, 我们就可以利用根式次数的最小公倍数将其化为第三类, 例如,

$$\sqrt[3]{x} + \sqrt[4]{x} = (\sqrt[12]{x})^4 + (\sqrt[12]{x})^3.$$

$$\int \frac{x-\sqrt{x}}{x+\sqrt{x}}\mathrm{d}x = \int \frac{t^2-t}{1+t}2\mathrm{d}t = 2\int\left(t-2+\frac{2}{t+1}\right)\mathrm{d}t$$

$$=2\left(\frac{t^2}{2}-2t+2\ln|t+1|\right) = 2\left(\frac{x}{2}-2\sqrt{x}+2\ln|1+\sqrt{x}|\right).$$

第四类: $\boxed{\int R\left(x, \sqrt{\alpha x^2+2\beta x+\gamma}\right)\mathrm{d}x.}$

令 $\alpha \neq 0$, 借助二次配方公式

$$\alpha x^2+2\beta x+\gamma = \alpha\left(x+\frac{\beta^2}{\alpha}\right)-\frac{\beta^2}{\alpha}+\gamma,$$

这种类型的积分可以化成表 0.44 中的一种形式. 另外, 我们也可以利用欧拉代换 (参看表 0.45).

表 0.44 二次代数函数

积分 ($a>0$)	代换	成立范围
$\int R(x, \sqrt{a^2-(x+b)^2}\mathrm{d}x$	$x+b=a\sin t$	$-\frac{\pi}{2}<t<\frac{\pi}{2}, \mathrm{d}x=a\cos t\mathrm{d}t$
$\int R(x, \sqrt{a^2+(x+b)^2}\mathrm{d}x$	$x+b=a\sinh t$	$-\infty<t<\infty, \mathrm{d}x=a\cosh t\mathrm{d}t$
$\int R(x, \sqrt{(x+b)^2-a^2}\mathrm{d}x$	$x+b=a\cosh t$	$t>0, \mathrm{d}x=a\sinh t\mathrm{d}t$
$\cos^2 t+\sin^2 t=1, \quad \cosh^2 t-\sinh^2 t=1.$		

例 7:

$$\int \frac{\mathrm{d}x}{\sqrt{a^2+x^2}} = \int \frac{a\mathrm{cosh}t\mathrm{d}t}{\sqrt{a^2+a^2\sinh^2 t}} = \int \frac{a\cos \mathrm{h}t\mathrm{d}t}{a\cos \mathrm{h}t}$$

$$=\int \mathrm{d}t = t = \mathrm{arsinh}\frac{x}{a}.$$

表 0.45 $\int R(x, \sqrt{\alpha x^2+2\beta x+\nu})\mathrm{d}x$ **的欧拉代换**

情形	代换
$\alpha>0$	$\sqrt{\alpha x^2+2\beta x+\gamma}=t-x\sqrt{\alpha}$
$\gamma>0$	$\sqrt{\alpha x^2+2\beta x+\gamma}=tx+\sqrt{\gamma}$
$\alpha x^2+2\beta x+\gamma=\alpha(x-x_1)(x-x_2)$ x_1, x_2为实数, 且$x_1\neq x_2$	$\sqrt{\alpha x^2+2\beta x+\gamma}=t(x-x_1)$

第五类: $\boxed{\int R\left(x, \sqrt{\alpha x^4+\beta x^3+\gamma x^2+\delta x+\mu}\right)\mathrm{d}x.}$

这里我们假设 $\alpha \neq 0$, 或 $\alpha = 0$ 但 $\beta \neq 0$.

这些是所谓的椭圆积分, 利用椭圆函数的代换, 我们能够按照与表 0.44 类似的方式解决它们 (参看 1.14.9).

$$\text{第六类:}\quad \boxed{\int R(x, w(x))\mathrm{d}x.}$$

这里的 $w = w(x)$ 是一个代数函数, 即它满足形如 $P(x, w) = 0$ 的某一个方程, 其中 P 是关于 x 和 w 的多项式. 这种积分称为阿贝尔积分.

例 8: 若 $w^2 - a^2 + x^2 = 0$, 有 $w = \sqrt{a^2 - x^2}$.

阿贝尔积分理论由阿贝尔、黎曼、魏尔斯特拉斯在 19 世纪发展起来, 最终导致复值函数论、拓扑学 (黎曼曲面) 和代数几何中深刻成果的发现 (参看 3.8.1).

$$\text{第七类:}\quad \boxed{\int x^m(\alpha + \beta x^n)^k \mathrm{d}x.}$$

这些是所谓的二项积分, 当且仅当它们属于表 0.46 中列出的一种情况时, 才能积分, 利用表中的代换, 最终得到有理函数的积分. 我们可以再次利用部分分式分解法求解 (参看 0.9.3).

表 0.46 二项积分 $\int x^m(\alpha + \beta x^n)^k \mathrm{d}x$ (m, n, k 为有理数)

情形	代换
$k \in \mathbb{Z}$[1]	$t = \sqrt[r]{x}$ (r 是 m 和 n 的分母的最小公倍数)
$\dfrac{m+1}{n} \in \mathbb{Z}$	$t = \sqrt[q]{\alpha + \beta x^n}$ (q 是 k 的分母)
$\dfrac{m+1}{n} + k \in \mathbb{Z}$	$t = \sqrt[q]{\dfrac{\alpha + \beta x^n}{x^n}}$

0.9.5 不定积分表

使用这些表时的注意事项:

1. 为了简明起见, 省略掉了积分常数, $\ln f(x)$ 应该理解成 $\ln|f(x)|$.
2. 如果主函数可以用幂级数表示, 那么不存在这个函数的初等表示.
3. 带有 * 号的公式表示对复变量的函数也成立.
4. 记号: $\mathbb{N}$ 表示自然数集, $\mathbb{Z}$ 表示整数集, $\mathbb{R}$ 表示实数集.

0.9.5.1 有理函数的积分

我们首先假设函数 L 为

1) 表示 k 是一个整数.

$$L = ax + b, \quad a \neq 0.$$

1.* $\int L^n \mathrm{d}x = \frac{1}{a(n+1)} L^{n+1}$ $(n \in \mathbb{N}, n \neq 0)$.

2. $\int L^n \mathrm{d}x = \frac{1}{a(n+1)} L^{n+1}$

$(n \in \mathbb{Z}; n \neq 0, n \neq -1;$ 若$n < 0, x \neq -\frac{b}{a};$ 若$n = -1,$ 参看第 6 个积分).

3. $\int L^s \mathrm{d}x = \frac{1}{a(s+1)} L^{s+1}$ $(s \in \mathbb{R}, s \neq 0, s \neq -1, L > 0)$.

4.* $\int x \cdot L^n \mathrm{d}x = \frac{1}{a^2(n+2)} L^{n+2} - \frac{b}{a^2(n+1)} L^{n+1}$ $(n \in \mathbb{N}, n \neq 0)$.

5. $\int x \cdot L^n \mathrm{d}x = \frac{1}{a^2(n+2)} L^{n+2} - \frac{b}{a^2(n+1)} L^{n+1}$ $\left(n \in \mathbb{Z}, n \neq 0, n \neq -1, n \neq -2;\right.$ 若$\left.n < 0, x \neq -\frac{b}{a}\right)$.

6. $\int \frac{\mathrm{d}x}{L} = \frac{1}{a} \ln L$ $\left(x \neq -\frac{b}{a}\right)$.

7. $\int \frac{x\mathrm{d}x}{L} = \frac{x}{a} - \frac{b}{a^2} \ln L$ $\left(x \neq -\frac{b}{a}\right)$.

8. $\int \frac{x\mathrm{d}x}{L^2} = \frac{b}{a^2 L} + \frac{1}{a^2} \ln L$ $\left(x \neq -\frac{b}{a}\right)$.

9. $\int \frac{x\mathrm{d}x}{L^n} = \int x \cdot L^{-n} \mathrm{d}x$ (参看第 5 个积分).

10. $\int \frac{x^2\mathrm{d}x}{L} = \frac{1}{a^3} \left(\frac{1}{2} L^2 - 2bL + b^2 \ln L\right)$ $\left(x \neq -\frac{b}{a}\right)$.

11. $\int \frac{x^2\mathrm{d}x}{L^2} = \frac{1}{a^3} \left(L - 2b \ln L - \frac{b^2}{L}\right)$ $\left(x \neq -\frac{b}{a}\right)$.

12. $\int \frac{x^2\mathrm{d}x}{L^3} = \frac{1}{a^3} \left(\ln L + \frac{2b}{L} - \frac{b^2}{2L^2}\right)$ $\left(x \neq -\frac{b}{a}\right)$.

13. $\int \frac{x^2\mathrm{d}x}{L^n} = \frac{1}{a^3} \left(\frac{-1}{(n-3)L^{n-3}} + \frac{2b}{(n-2)L^{n-2}} - \frac{b^2}{(n-1)L^{n-1}}\right)$ $\left(n \in \mathbb{N}, n > 3, x \neq -\frac{b}{a}\right)$.

14. $\int \frac{x^3\mathrm{d}x}{L} = \frac{1}{a^4} \left(\frac{L^3}{3} - \frac{3bL^2}{2} + 3b^2 L - b^3 \ln L\right)$ $\left(x \neq -\frac{b}{a}\right)$.

15. $\int \frac{x^3\mathrm{d}x}{L^2} = \frac{1}{a^4} \left(\frac{L^2}{2} - 3bL + 3b^2 \ln L + \frac{b^3}{L}\right)$ $\left(x \neq -\frac{b}{a}\right)$.

16. $\int \frac{x^3\mathrm{d}x}{L^3} = \frac{1}{a^4} \left(L - 3b \ln L - \frac{3b^2}{L} + \frac{b^3}{2L^2}\right)$ $\left(x \neq -\frac{b}{a}\right)$.

17. $\int \frac{x^3\mathrm{d}x}{L^4} = \frac{1}{a^4} \left(\ln L + \frac{3b}{L} - \frac{3b^2}{2L^2} + \frac{b^3}{3L^3}\right)$ $\left(x \neq -\frac{b}{a}\right)$.

18. $$\int \frac{x^3 \mathrm{d}x}{L^n} = \frac{1}{a^4}\left[\frac{-1}{(n-4)L^{n-4}} + \frac{3b}{(n-3)L^{n-3}} - \frac{3b^2}{(n-2)L^{n-2}} + \frac{b^3}{(n-1)L^{n-1}}\right] \quad \left(x \neq -\frac{b}{a}, n \in \mathbb{N}, n > 4\right).$$

19. $$\int \frac{\mathrm{d}x}{xL^n} = -\frac{1}{b^n}\left[\ln\frac{L}{x} - \sum_{i=1}^{n-1}\binom{n-1}{i}\frac{(-a)^i x^i}{iL^i}\right] \quad \left(b \neq 0, x \neq -\frac{b}{a}, x \neq 0, n \in \mathbb{N}, n > 0\right).$$

当$n = 1$时, 和是平凡的 (一项也不包含).

20. $$\int \frac{\mathrm{d}x}{x^2 L} = -\frac{1}{bx} + \frac{a}{b^2}\ln\frac{L}{x} \quad \left(x \neq -\frac{b}{a}, x \neq 0\right).$$

21. $$\int \frac{\mathrm{d}x}{x^2 L^n} = -\frac{1}{b^{n+1}}\left[-\sum_{i=2}^{n}\binom{n}{i}\frac{(-a)^i x^{i-1}}{(i-1)L^{i-1}} + \frac{L}{x} - na\ln\frac{L}{x}\right] \quad \left(x \neq -\frac{b}{a}, x \neq 0, n \in \mathbb{N}, n > 1\right).$$

22. $$\int \frac{\mathrm{d}x}{x^3 L} = -\frac{1}{b^3}\left[a^2\ln\frac{L}{z} - \frac{2aL}{x} + \frac{L^2}{2x^2}\right] \quad \left(x \neq -\frac{b}{a}, x \neq 0\right).$$

23. $$\int \frac{\mathrm{d}x}{x^3 L^2} = -\frac{1}{b^4}\left[3a^2\ln\frac{L}{x} + \frac{a^3 x}{L} + \frac{L^2}{2x^2} - \frac{3aL}{x}\right] \quad \left(x \neq -\frac{b}{a}, x \neq 0\right).$$

24. $$\int \frac{\mathrm{d}x}{x^3 L^n} = -\frac{1}{b^{n+2}}\left[-\sum_{i=3}^{n+1}\binom{n+1}{i}\frac{(-a)^i x^{i-2}}{(i-2)L^{i-2}} + \frac{a^2 L^2}{2x^2} - \frac{(n+1)aL}{x} + \frac{n(n+1)a^2}{2}\ln\frac{L}{x}\right] \quad \left(x \neq -\frac{b}{a}, x \neq 0, n \in \mathbb{N}, n > 2\right).$$

注 若已知 $\int x^m L^n \mathrm{d}x = \frac{1}{a^{m+1}}\int (L-b)^m L^n \mathrm{d}x, n \in \mathbb{N}, n \neq 0$, 则等式左边的 L^n 可以作为二项表示来处理 (参看 2.2.2.1); 若 $m \in \mathbb{N}, m \neq 0$, 则等式右边的 $(L-b)^n$ 可以作为二项表示来处理; 当 $n \in \mathbb{N}, m \in \mathbb{N}$ 且 $m < n$ 时, 右边的表示更可取.

含两个线性函数 $ax+b$ 和 $cx+d$ 的积分 作如下假设:

$$L_1 = ax+b, \quad L_2 = cx+d, \quad D = bc-ad, \quad a, c \neq 0, D \neq 0.$$

若 $D = 0$, 则存在一个数 s. 满足 $L_2 = s \cdot L_1$.

25. $\int \frac{L_1}{L_2}\mathrm{d}x = \frac{ax}{c} + \frac{D}{c^2}\ln L_2 \qquad \left(x \neq -\frac{b}{a}, x \neq -\frac{d}{c}\right).$

26. $\int \frac{\mathrm{d}x}{L_1 L_2} = \frac{1}{D} + \ln\frac{L_2}{L_1} \qquad \left(x \neq -\frac{b}{a}, x \neq -\frac{d}{c}\right).$

27. $\int \frac{x\mathrm{d}x}{L_1 L_2} = \frac{1}{D}\left(\frac{b}{a}\ln L_1 - \frac{d}{c}\ln L_2\right) \qquad \left(x \neq -\frac{b}{a}, x \neq -\frac{d}{c}\right).$

28. $\int \frac{\mathrm{d}x}{L_1^2 L_2} = \frac{1}{D}\left(\frac{1}{L_1} + \frac{c}{D}\ln\frac{L_2}{L_1}\right) \qquad \left(x \neq -\frac{b}{a}, x \neq -\frac{d}{c}\right).$

29. $\int \frac{x\mathrm{d}x}{L_1^2 L_2} = \frac{d}{D^2}\ln\frac{cL_1}{aL_2} - \frac{b}{aDL_1} \qquad \left(x \neq -\frac{b}{a}, x \neq -\frac{d}{c}\right).$

30. $\int \frac{x^2\mathrm{d}x}{L_1^2 L_2} = \frac{b^2}{a^2 D L_1} + \frac{b(bc-2ad)}{a^2 D^2}\cdot\ln\left(\frac{1}{a}L_1\right) + \frac{d^2}{cD^2}\ln\left(\frac{1}{c}L_2\right)$

$\left(x \neq -\frac{b}{c}, x \neq -\frac{d}{c}\right).$

31. $\int \frac{\mathrm{d}x}{L_1^2 L_2^2} = \frac{-1}{D^2}\left(\frac{a}{L_1} + \frac{c}{L_2} - \frac{2ac}{D}\ln\frac{cL_1}{aL_2}\right)$

$\left(x \neq -\frac{b}{a}, x \neq -\frac{d}{c}\right).$

32. $\int \frac{x\mathrm{d}x}{L_1^2 L_2^2} = \frac{1}{D^2}\left(\frac{b}{L_1} + \frac{d}{L_2} - \frac{cb+ad}{D}\ln\frac{cL_1}{aL_2}\right) \qquad \left(x \neq -\frac{b}{a}, x \neq -\frac{d}{c}\right).$

33. $\int \frac{x^2\mathrm{d}x}{L_1^2 L_2^2} = \frac{-1}{D^2}\left(\frac{b^2}{aL_1} + \frac{d^2}{cL_2} - \frac{2bd}{D}\ln\frac{cL_1}{aL_2}\right) \qquad \left(x \neq -\frac{b}{a}, x \neq -\frac{d}{c}\right).$

含二次函数 ax^2+bx+c 的积分

$$Q = ax^2 + bx + c, \quad D = 4ac - b^2, \quad a \neq 0, D \neq 0.$$

当 $D=0$ 时, Q 是一线性函数的平方; 若 Q 在分式的分母中, 则在积分区间没有 Q 的零点.

34. $\int \frac{\mathrm{d}x}{Q} = \begin{cases} \frac{2}{\sqrt{D}}\arctan\frac{2ax+b}{\sqrt{D}} & (D>0), \\ -\frac{2}{\sqrt{-D}}\operatorname{artanh}\frac{2ax+b}{\sqrt{-D}} & (D<0 \text{ 且 } |2ax+b|<\sqrt{-D}), \\ \frac{1}{\sqrt{-D}}\ln\frac{2ax+b-\sqrt{-D}}{2ax+b+\sqrt{-D}} & (D<0 \text{ 且 } |2ax+b|>\sqrt{-D}). \end{cases}$

35. $\int \frac{\mathrm{d}x}{Q^n} = \frac{2ax+b}{(n-1)DQ^{n-1}} + \frac{(2n-3)2a}{(n-1)D}\int\frac{\mathrm{d}x}{Q^{n-1}}.$

36. $\int \frac{x\mathrm{d}x}{Q} = \frac{1}{2a}\ln Q - \frac{b}{2a}\int\frac{\mathrm{d}x}{Q}$ (参看第 34 个积分).

37. $\displaystyle\int \frac{x\mathrm{d}x}{Q^n} = -\frac{bx+2c}{(n-1)DQ^{n-1}} - \frac{b(2n-3)}{(n-1)D}\int \frac{\mathrm{d}x}{Q^{n-1}}.$

38. $\displaystyle\int \frac{x^2\mathrm{d}x}{Q} = \frac{x}{a} - \frac{b}{2a^2}\ln Q + \frac{b^2-2ac}{2a^2}\int \frac{\mathrm{d}x}{Q}$ (参看第 34 个积分).

39. $\displaystyle\int \frac{x^2\mathrm{d}x}{Q^n} = \frac{-x}{(2n-3)aQ^{n-1}} + \frac{c}{(2n-3)a}\int \frac{\mathrm{d}x}{Q^n} - \frac{(n-2)b}{(2n-3)a}\int \frac{x\mathrm{d}x}{Q^n}.$

(参看第 35 和第 37 个积分)

40. $$\int \frac{x^m\mathrm{d}x}{Q^n} = -\frac{x^{m-1}}{(2n-m-1)aQ^{n-1}} + \frac{(m-1)c}{(2n-m-1)a}\int \frac{x^{m-2}\mathrm{d}x}{Q^n} - \frac{(n-m)b}{(2n-m-1)a}\int \frac{x^{m-1}\mathrm{d}x}{Q^n}$$

($m \neq 2n-1$; 若 $m = 2n-1$, 参看第 41 个积分).

41. $\displaystyle\int \frac{x^{2n-1}\mathrm{d}x}{Q^n} = \frac{1}{a}\int \frac{x^{2n-3}\mathrm{d}x}{Q^{n-1}} - \frac{c}{a}\int \frac{x^{2n-3}\mathrm{d}x}{Q^n} - \frac{b}{a}\int \frac{x^{2n-2}\mathrm{d}x}{Q^n}.$

42. $\displaystyle\int \frac{\mathrm{d}x}{xQ} = \frac{1}{2c}\ln\frac{x^2}{Q} - \frac{b}{2^m}\int \frac{\mathrm{d}x}{Q}$ (参看第 34 个积分).

43. $\displaystyle\int \frac{\mathrm{d}x}{xQ^n} = \frac{1}{2c(n-1)Q^{n-1}} - \frac{b}{2c}\int \frac{\mathrm{d}x}{Q^n} + \frac{1}{c}\int \frac{\mathrm{d}x}{xQ^{n-1}}.$

44. $\displaystyle\int \frac{\mathrm{d}x}{x^2Q} = \frac{b}{2c^2}\ln\frac{Q}{x^2} - \frac{1}{cx} + \left(\frac{b^2}{2c^2} - \frac{a}{c}\right)\int \frac{\mathrm{d}x}{Q}$ (参看第 34 个积分).

45. $$\int \frac{\mathrm{d}x}{x^mQ^n} = -\frac{1}{(m-1)cx^{m-1}Q^{n-1}} - \frac{(2n+m-3)a}{(m-1)c}\int \frac{\mathrm{d}x}{x^{m-2}Q^n} - \frac{(n+m-2)b}{(m-1)c}\int \frac{\mathrm{d}x}{x^{m-1}Q^n} \quad (m>1).$$

46. $$\int \frac{\mathrm{d}x}{(fx+g)Q} = \frac{1}{2(cf^2-gbf+g^2a)}\left[f\ln\frac{(fx+g)^2}{Q}\right] + \frac{2ga-bf}{2(cf^2-gbf+g^2a)}\int \frac{\mathrm{d}x}{Q}$$ (参看第 34 个积分).

含二次函数 $a^2 \pm x^2$ 的积分

$$Q = a^2 \pm x^2, P = \begin{cases} \arctan\dfrac{x}{a}, & 若取“+”, \\ \operatorname{artanh}\dfrac{x}{a} = \dfrac{1}{2}\ln\dfrac{a+x}{a-x}, & 若取“-”且|x|<a, \\ \operatorname{arcoth}\dfrac{x}{a} = \dfrac{1}{2}\ln\dfrac{x+a}{x-a}, & 若取“-”且|x|>a. \end{cases}$$

在 $a^2 \pm x^2$ 的重号 “±” 中, 上面的符号对应 $Q = a^2 + x^2$, 下面的符号对应 $Q = a^2 - x^2, a > 0$.

47. $\int \frac{dx}{Q} = \frac{1}{a}P.$

48. $\int \frac{dx}{Q^2} = \frac{x}{2a^2Q} + \frac{1}{2a^3}P.$

49. $\int \frac{dx}{Q^3} = \frac{x}{4a^2Q^2} + \frac{3x}{8a^4Q} + \frac{3}{8a^5}P.$

50. $\int \frac{dx}{Q^{n+1}} = \frac{x}{2na^2Q^n} + \frac{2n-1}{2na^2}\int \frac{dx}{Q^n}.$

51. $\int \frac{xdx}{Q} = \pm\frac{1}{2}\ln Q.$

52. $\int \frac{xdx}{Q^2} = \mp\frac{1}{2Q}.$

53. $\int \frac{xdx}{Q^3} = \mp\frac{1}{4Q^2}.$

54. $\int \frac{xdx}{Q^{n+1}} = \mp\frac{1}{2nQ^n}.$

55. $\int \frac{x^2dx}{Q} = \pm x \mp aP.$

56. $\int \frac{x^2dx}{Q^2} = \mp\frac{x}{2Q} \pm \frac{1}{2a}P.$

57. $\int \frac{x^2dx}{Q^3} = \mp\frac{x}{4Q^2} \pm \frac{x}{8a^2Q} \pm \frac{1}{8a^3}P.$

58. $\int \frac{x^2dx}{Q^{n+1}} = \mp\frac{x}{2nQ^n} \pm \frac{1}{2n}\int \frac{dx}{Q^n}.$

59. $\int \frac{x^3dx}{Q} = \pm\frac{x^2}{2} - \frac{a^2}{2}\ln Q.$

60. $\int \frac{x^3dx}{Q^2} = \frac{a^2}{2Q} + \frac{1}{2}\ln Q.$

61. $\int \frac{x^3dx}{Q^3} = -\frac{1}{2Q} + \frac{a^2}{4Q^2}.$

62. $\int \frac{x^3dx}{Q^{n+1}} = -\frac{1}{2(n-1)Q^{n-1}} + \frac{a^2}{2nQ^n}.$

上面的第 50, 54 和 58 个积分要求 $n \neq 0$, 第 62 个要求 $n > 1$.

63. $\int \frac{dx}{xQ} = \frac{1}{2a^2}\ln\frac{x^2}{Q}.$

64. $\int \frac{dx}{xQ^2} = \frac{1}{2a^2Q} + \frac{1}{2a^4}\ln\frac{x^2}{Q}.$

65. $\int \frac{dx}{xQ^3} = \frac{1}{4a^2Q^2} + \frac{1}{2a^4Q} + \frac{1}{2a^6}\ln\frac{x^2}{Q}.$

66. $\int \frac{dx}{x^2Q} = -\frac{1}{a^2x} \mp \frac{1}{a^3}P.$

67. $\int \frac{dx}{x^2Q^2} = -\frac{1}{a^4x} \mp \frac{x}{2a^4Q} \mp \frac{3}{2a^5}P.$

68. $\int \frac{dx}{x^2Q^3} = -\frac{1}{a^6x} \mp \frac{x}{4a^4Q^2} \mp \frac{7x}{8a^6Q} \mp \frac{15}{8a^7}P.$

69. $\int \frac{dx}{x^3Q} = -\frac{1}{2a^2x^2} \mp \frac{1}{2a^4}\ln\frac{x^2}{Q}.$

70. $\int \frac{dx}{x^3Q^2} = -\frac{1}{2a^4x^2} \mp \frac{1}{2a^4Q} \mp \frac{1}{a^6}\ln\frac{x^2}{Q}.$

71. $\int \frac{dx}{x^3Q^3} = -\frac{1}{2a^6x^2} \mp \frac{1}{a^6Q} \mp \frac{1}{4a^4Q^2} \mp \frac{3}{2a^8}\ln\frac{x^2}{Q}.$

72. $\int \frac{dx}{(b+cx)Q} = \frac{1}{a^2c^2 \pm b^2}\left[c\ln(b+cx) - \frac{c}{2}\ln Q \pm \frac{b}{a}P\right].$

含一个三次函数 $a^3 \pm x^3$ 的积分

> $K = a^3 \pm x^3$, 在 “±” 这个重号中, 上面的符号表示 $K = a^3 + x^3$, 下面的符号表示 $K = a^3 - x^3$.

73. $\displaystyle\int\frac{\mathrm{d}x}{K}=\pm\frac{1}{6a^2}\ln\frac{(a\pm x)^2}{a^2\mp ax+x^2}+\frac{1}{a^2\sqrt{3}}\arctan\frac{2x\mp a}{a\sqrt{3}}.$

74. $\displaystyle\int\frac{\mathrm{d}x}{K^2}=\frac{x}{3a^3K}+\frac{2}{3a^3}\int\frac{\mathrm{d}x}{K}$　　(参看第 73 个积分).

75. $\displaystyle\int\frac{x\mathrm{d}x}{K}=\frac{1}{6a}\ln\frac{a^2\mp ax+x^2}{(a\pm x)^2}\pm\frac{1}{a\sqrt{3}}\arctan\frac{2x\mp a}{a\sqrt{3}}.$

76. $\displaystyle\int\frac{x\mathrm{d}x}{K^2}=\frac{x^2}{3a^3K}+\frac{1}{3a^3}\int\frac{x\mathrm{d}x}{K}$　　(参看第 75 个积分).

77. $\displaystyle\int\frac{x^2\mathrm{d}x}{K}=\pm\frac{1}{3}\ln K.$

78. $\displaystyle\int\frac{x^2\mathrm{d}x}{K^2}=\mp\frac{1}{3K}.$

79. $\displaystyle\int\frac{x^3\mathrm{d}x}{K}=\pm x\mp a^3\int\frac{\mathrm{d}x}{K}$　　(参看第 73 个积分).

80. $\displaystyle\int\frac{x^3\mathrm{d}x}{K^2}=\mp\frac{x}{3K}\pm\frac{1}{3}\int\frac{\mathrm{d}x}{K}$　　(参看第 73 个积分).

81. $\displaystyle\int\frac{\mathrm{d}x}{xK}=\frac{1}{3a^3}\ln\frac{x^3}{K}.$

82. $\displaystyle\int\frac{\mathrm{d}x}{xK^2}=\frac{1}{3a^3K}+\frac{1}{3a^6}\ln\frac{x^3}{K}.$

83. $\displaystyle\int\frac{\mathrm{d}x}{x^2K}=-\frac{1}{a^3x}\mp\frac{1}{a^3}\frac{x\mathrm{d}x}{K}$　　(参看第 75 个积分).

84. $\displaystyle\int\frac{\mathrm{d}x}{x^2K^2}=-\frac{1}{a^6x}\mp\frac{x^2}{3a^6K}\mp\frac{4}{3a^6}\int\frac{x\mathrm{d}x}{K}$　　(参看第 75 个积分).

85. $\displaystyle\int\frac{\mathrm{d}x}{x^3K}=-\frac{1}{2a^3x^2}\mp\frac{1}{a^3}\int\frac{\mathrm{d}x}{K}$　　(参看第 73 个积分).

86. $\displaystyle\int\frac{\mathrm{d}x}{x^3K^2}=-\frac{1}{2a^6x^3}\mp\frac{x}{3a^6K}\mp\frac{5}{3a^6}\int\frac{\mathrm{d}x}{K}$　　(参看第 73 个积分).

含四次函数 $a^4\pm x^4$ 的积分

87. $$\int\frac{\mathrm{d}x}{a^4+x^4}=\frac{1}{4a^3\sqrt{2}}\ln\frac{x^2+ax\sqrt{2}+a^2}{x^2-ax\sqrt{2}+a^2}+\frac{1}{2a^3\sqrt{2}}\left(\arctan\left(\frac{x\sqrt{2}}{a}+1\right)+\arctan\left(\frac{x\sqrt{2}}{a}-1\right)\right).$$

88. $\displaystyle\int\frac{x\mathrm{d}x}{a^4+x^4}=\frac{1}{2a^2}\arctan\frac{x^2}{a^2}.$

89. $$\int\frac{x^2\mathrm{d}x}{a^4+x^4}=-\frac{1}{4a\sqrt{2}}\ln\frac{x^2+ax\sqrt{2}+a^2}{x^2-ax\sqrt{2}+a^2}+\frac{1}{2a\sqrt{2}}\left(\arctan\left(\frac{x\sqrt{2}}{a}+1\right)+\arctan\left(\frac{x\sqrt{2}}{a}-1\right)\right).$$

90. $\int \frac{x^3 \mathrm{d}x}{a^4+x^4} = \frac{1}{4}\ln(a^4+x^4)$.

91. $\int \frac{\mathrm{d}x}{a^4-x^4} = \frac{1}{4a^3}\ln\frac{a+x}{a-x} + \frac{1}{2a^3}\arctan\frac{x}{a}$.

92. $\int \frac{x\mathrm{d}x}{a^4-x^4} = \frac{1}{4a^2}\ln\frac{a^2+x^2}{a^2-x^2}$.

93. $\int \frac{x^2\mathrm{d}x}{a^4-x^4} = \frac{1}{4a}\ln\frac{a+x}{a-x} - \frac{1}{2a}\arctan\frac{x}{a}$.

94. $\int \frac{x^3\mathrm{d}x}{a^4-x^4} = -\frac{1}{4}\ln(a^4-x^4)$.

利用部分分式分解法进行积分的特例

95. $\int \frac{\mathrm{d}x}{(x+a)(x+b)(x+c)} = u\int\frac{\mathrm{d}x}{x+a} + v\int\frac{\mathrm{d}x}{x+b} + w\int\frac{\mathrm{d}x}{x+c}$,

$u = \frac{1}{(b-a)(c-a)}, v = \frac{1}{(a-b)(c-b)}, w = \frac{1}{(a-c)(b-c)}, a,b,c$互不相同.

96. $\int \frac{\mathrm{d}x}{(x+a)(x+b)(x+c)(x+d)} = t\int\frac{\mathrm{d}x}{x+a} + u\int\frac{\mathrm{d}x}{x+b} + v\int\frac{\mathrm{d}x}{x+c} + w\int\frac{\mathrm{d}x}{x+d}$,

$t = \frac{1}{(b-a)(c-a)(d-a)}, \quad u = \frac{1}{(a-b)(c-b)(d-b)}$,

$v = \frac{1}{(a-c)(b-c)(d-c)}, \quad w = \frac{1}{(a-d)(b-d)(c-d)}$,

a,b,c互不相同.

97. $\int \frac{\mathrm{d}x}{(a+bx^2)(c+dx^2)} = \frac{1}{bc-ad}\left(\int\frac{b\mathrm{d}x}{a+bx^2} - \int\frac{d\mathrm{d}x}{c+dx^2}\right) \quad (bc-ad\neq 0)$.

98. $\int \frac{\mathrm{d}x}{(x^2+a)(x^2+b)(x^2+c)} = u\int\frac{\mathrm{d}x}{x^2+a} + v\int\frac{\mathrm{d}x}{x^2+b} + w\int\frac{\mathrm{d}x}{x^2+c}$,

u, v, w, a, b, c, 参看第 95 个积分.

0.9.5.2 无理函数的积分

含平方根、$\sqrt{x}$ 和线性 $a^2 \pm b^2 x$ 的积分

$$L = a^2 \pm b^2 x, M = \begin{cases} \arctan\frac{b\sqrt{x}}{a}, & \text{若取“}+\text{”}, \\ \frac{1}{2}\ln\frac{a+b\sqrt{x}}{a-b\sqrt{x}}, & \text{若取“}-\text{”}. \end{cases}$$

在 $L = a^2 \pm b^2 x$ 的重号中, 上面的符号对应 $L = a^2 + b^2 x$, 下面的符号对应 $L = a^2 - b^2 x$.

99. $\int \frac{\sqrt{x}\mathrm{d}x}{L} = \pm 2\frac{\sqrt{x}}{b^2} \mp \frac{2a}{b^3}M.$

100. $\int \frac{\sqrt{x^3}\mathrm{d}x}{L} = \pm \frac{2\sqrt{x^3}}{3b^2} - \frac{2a^2\sqrt{x}}{b^4} + \frac{2a^3}{b^5}M.$

101. $\int \frac{\sqrt{x}\mathrm{d}x}{L^2} = \mp \frac{\sqrt{x}}{b^2L} \pm \frac{1}{ab^3}M.$

102. $\int \frac{\sqrt{x^3}\mathrm{d}x}{L^2} = \pm \frac{2\sqrt{x^3}}{b^2L} + \frac{3a^2\sqrt{x}}{b^4L} - \frac{3a}{b^5}M.$

103. $\int \frac{\mathrm{d}x}{L\sqrt{x}} = \frac{2}{ab}M.$

104. $\int \frac{\mathrm{d}x}{L\sqrt{x^3}} = -\frac{2}{a^2\sqrt{x}} \mp \frac{2b}{a^3}M.$

105. $\int \frac{\mathrm{d}x}{L^2\sqrt{x}} = \frac{\sqrt{x}}{a^2L} + \frac{1}{a^3b}M.$

106. $\int \frac{\mathrm{d}x}{L^2\sqrt{x^3}} = -\frac{2}{a^2L\sqrt{x}} \mp \frac{3b^2\sqrt{x}}{a^4L} \mp \frac{3b}{a^5}M.$

含平方根 $\sqrt{x}$ 的其他积分

107. $\int \frac{\sqrt{x}\mathrm{d}x}{p^4+x^2} = -\frac{1}{2p\sqrt{2}}\ln\frac{x+p\sqrt{2x}+p^2}{x-p\sqrt{2x}+p^2} + \frac{1}{p\sqrt{2}}\arctan\frac{p\sqrt{2x}}{p^2-x}.$

108. $\int \frac{\mathrm{d}x}{(p^4+x^2)\sqrt{x}} = \frac{1}{2p^3\sqrt{2}}\ln\frac{x+p\sqrt{2x}+p^2}{x-p\sqrt{2x}+p^2} + \frac{1}{p^3\sqrt{2}}\arctan\frac{p\sqrt{2x}}{p^2-x}.$

109. $\int \frac{x\mathrm{d}x}{p^4-x^2} = \frac{1}{2p}\ln\frac{p+\sqrt{x}}{p-\sqrt{x}} - \frac{1}{p}\arctan\frac{\sqrt{x}}{p}.$

110. $\int \frac{\mathrm{d}x}{(p^4-x^2)\sqrt{x}} = \frac{1}{2p^3}\ln\frac{p+\sqrt{x}}{p-\sqrt{x}} + \frac{1}{p^3}\arctan\frac{\sqrt{x}}{p}.$

含平方根函数 $\sqrt{ax+b}$ 的积分

$$\boxed{L = ax+b.}$$

111. $\int \sqrt{L}\mathrm{d}x = \frac{2}{3a}\sqrt{L^3}.$

112. $\int x\sqrt{L}\mathrm{d}x = \frac{2(3ax-2b)\sqrt{L^3}}{15a^2}.$

113. $\int x^2\sqrt{L}\mathrm{d}x = \frac{2(15a^2x^2-12abx+8b^2)\sqrt{L^3}}{105a^3}.$

114. $\int \frac{\mathrm{d}x}{\sqrt{L}} = \frac{2\sqrt{L}}{a}.$

115. $\int \frac{x dx}{\sqrt{L}} = \frac{2(ax-2b)}{3a^2}\sqrt{L}.$

116. $\int \frac{x^2\mathrm{d}x}{\sqrt{L}} = \frac{2(3a^2x^2 - 4abx + 8b^2)\sqrt{L}}{15a^3}$.

117. $\int \frac{\mathrm{d}x}{x\sqrt{L}} = \begin{cases} \frac{1}{\sqrt{b}}\ln\frac{\sqrt{L}-\sqrt{b}}{\sqrt{L}+\sqrt{b}}, & b > 0, \\ \frac{2}{\sqrt{-b}}\arctan\sqrt{\frac{L}{-b}}, & b < 0. \end{cases}$

118. $\int \frac{\sqrt{L}}{x}\mathrm{d}x = 2\sqrt{L} + b\int \frac{\mathrm{d}x}{x\sqrt{L}}$ (参看第 117 个积分).

119. $\int \frac{\mathrm{d}x}{x^2\sqrt{L}} = -\frac{\sqrt{L}}{bx} - \frac{a}{2b}\int \frac{\mathrm{d}x}{x\sqrt{L}}$ (参看第 117 个积分).

120. $\int \frac{\sqrt{L}}{x^2}\mathrm{d}x = -\frac{\sqrt{L}}{x} + \frac{a}{2}\int \frac{\mathrm{d}x}{x\sqrt{L}}$ (参看第 117 个积分).

121. $\int \frac{\mathrm{d}x}{x^n\sqrt{L}} = -\frac{\sqrt{L}}{(n-1)bx^{n-1}} - \frac{(2n-3)a}{(2n-2)b}\int \frac{\mathrm{d}x}{x^{n-1}\sqrt{L}}$.

122. $\int \sqrt{L^3}\mathrm{d}x = \frac{2\sqrt{L^5}}{5a}$.

123. $\int x^2\sqrt{L^3}\mathrm{d}x = \frac{2}{35a^2}(5\sqrt{L^7} - 7b\sqrt{L^5})$.

124. $\int x^2\sqrt{L^3}\mathrm{d}x = \frac{2}{a^3}\left(\frac{\sqrt{L^9}}{9} - \frac{2b\sqrt{L^7}}{7} + \frac{b^2\sqrt{L^5}}{5}\right)$.

125. $\int \frac{\sqrt{L^3}}{x}\mathrm{d}x = \frac{2\sqrt{L^3}}{3} + 2b\sqrt{L} + b^2\int \frac{\mathrm{d}x}{x\sqrt{L}}$ (参看第 117 个积分).

126. $\int \frac{x\mathrm{d}x}{\sqrt{L^3}} = \frac{2}{a^2}\left(\sqrt{L} + \frac{b}{\sqrt{L}}\right)$

127. $\int \frac{x^2\mathrm{d}x}{\sqrt{L^3}} = \frac{2}{a^3}\left(\frac{\sqrt{L^3}}{3} - 2b\sqrt{L} - \frac{b^2}{\sqrt{L}}\right)$.

128. $\int \frac{\mathrm{d}x}{x\sqrt{L^3}} = \frac{2}{b\sqrt{L}} + \frac{1}{b}\int \frac{\mathrm{d}x}{x\sqrt{L}}$ (参看第 117 个积分).

129. $\int \frac{\mathrm{d}x}{x^2\sqrt{L^3}} = -\frac{1}{bx\sqrt{L}} - \frac{3a}{b^2\sqrt{L}} - \frac{3a}{2b^2}\int \frac{\mathrm{d}x}{x\sqrt{L}}$ (参看第 117 个积分).

130. $\int L^{\pm n/2}\mathrm{d}x = \frac{2L^{(2\pm n)/2}}{a(2\pm n)}$.

131. $\int xL^{\pm n/2}\mathrm{d}x = \frac{2}{a^2}\left(\frac{L^{(4\pm n)/2}}{4\pm n} - \frac{bL^{(2\pm n)/2}}{2\pm n}\right)$.

132. $\int x^2L^{\pm n/2}\mathrm{d}x = \frac{2}{a^3}\left(\frac{L^{(6\pm n)/2}}{6\pm n} - \frac{2bL^{(4\pm n)}/2}{4\pm n} + \frac{b^2L^{(2\pm n)/2}}{2\pm n}\right)$.

133. $\int \frac{L^{n/2}\mathrm{d}x}{x} = \frac{2L^{n/2}}{n} + b\int \frac{L^{(n-2)/2}}{x}\mathrm{d}x.$

134. $\int \frac{\mathrm{d}x}{xL^{n/2}} = \frac{2}{(n-2)bL^{(n-2)/2}} + \frac{1}{b}\int \frac{\mathrm{d}x}{xL^{(n-2)/2}}.$

135. $\int \frac{\mathrm{d}x}{x^2L^{n/2}} = -\frac{1}{bxL^{(n-2)/2}} - \frac{na}{2b}\int \frac{\mathrm{d}x}{xL^{n/2}}.$

含平方根函数 $\sqrt{ax+b}$ 和 $\sqrt{cx+d}$ 的积分

$$L_1 = ax+b, \quad L_2 = cx+d, \quad D = bc-ad, D \neq 0.$$

136. $\int \frac{\mathrm{d}x}{\sqrt{L_1L_2}} = \begin{cases} \frac{2\mathrm{sgn}(a)\mathrm{sgn}(L_1)}{\sqrt{-ac}}\arctan\sqrt{-\frac{cL_1}{aL_2}}, & 若 ac<0, \mathrm{sgn}(L_1) = \frac{L_1}{|L_1|}, \\ \frac{2\mathrm{sgn}(a)\mathrm{sgn}(L_1)}{\sqrt{ac}}\mathrm{artanh}\sqrt{\frac{cL_1}{aL_2}}, & 若 ac>0, 且 |cL_1|<|aL_2|. \end{cases}$

137. $\int \frac{x\mathrm{d}x}{\sqrt{L_1L_2}} = \frac{\sqrt{L_1L_2}}{ac} - \frac{ad+bc}{2ac}\int \frac{\mathrm{d}x}{\sqrt{L_1L_2}}$　(参看第 136 个积分).

138. $\int \frac{\mathrm{d}x}{\sqrt{L_1}\sqrt{L_2^3}} = -\frac{2\sqrt{L_1}}{D\sqrt{L_2}}.$

139. $\int \frac{\mathrm{d}x}{L_2\sqrt{L_1}} = \begin{cases} \frac{2}{\sqrt{-Dc}}\arctan\frac{c\sqrt{L_1}}{\sqrt{-Dc}}, & Dc<0, \\ \frac{1}{Dc}\ln\frac{c\sqrt{L_1}-\sqrt{Dc}}{c\sqrt{L_1}+\sqrt{Dc}}, & Dc>0. \end{cases}$

140. $\int \sqrt{L_1L_2}\mathrm{d}x = \frac{D+2aL_2}{4ac}\sqrt{L_1L_2} - \frac{D^2}{8ac}\int \frac{\mathrm{d}x}{\sqrt{L_1L_2}}$　(参看第 136 个积分).

141. $\int \sqrt{\frac{L_2}{L_1}}\mathrm{d}x = \mathrm{sgn}(L_1)\left(\frac{1}{a}\sqrt{L_1L_2} - \frac{D}{2a}\int \frac{\mathrm{d}x}{\sqrt{L_1L_2}}\right)$　(参看第 136 个积分).

142. $\int \frac{\sqrt{L_1}\mathrm{d}x}{L_2} = \frac{2\sqrt{L_1}}{c} + \frac{D}{c}\int \frac{\mathrm{d}x}{L_2\sqrt{L_1}}$　(参看第 139 个积分).

143. $\int \frac{L_2^n\mathrm{d}x}{\sqrt{L_1}} = \frac{2}{(2n+1)a}\left(\sqrt{L_1}L_2^n - nD\int \frac{L_2^{n-1}\mathrm{d}x}{\sqrt{L_1}}\right).$

144. $\int \frac{\mathrm{d}x}{\sqrt{L_1}L_2^n} = -\frac{1}{(n-1)D}\left(\frac{L_1}{L_2^{n-1}} + \left(n-\frac{3}{2}\right)a\int \frac{\mathrm{d}x}{\sqrt{L_1}L_2^{n-1}}\right).$

145. $\int \sqrt{L_1}L_2^n\mathrm{d}x = \frac{1}{(2n+3)c}\left(2\sqrt{L_1}L_2^{n+1} + D\int \frac{L_2^n\mathrm{d}x}{\sqrt{L_1}}\right)$　(参看第 143 个积分)

146. $\int \frac{\sqrt{L_1}\mathrm{d}x}{L_2^n} = \frac{1}{(n-1)c}\left(-\frac{\sqrt{L_1}}{L_2^{n-1}} + \frac{a}{2}\int \frac{\mathrm{d}x}{\sqrt{L_1}L_2^{n-1}}\right).$

含平方根函数 $\sqrt{a^2-x^2}$ 的积分

$$Q = a^2 - x^2.$$

147. $\int \sqrt{Q}\mathrm{d}x = \frac{1}{2}\left(x\sqrt{Q} + a^2\arcsin\frac{x}{a}\right).$

148. $\int x\sqrt{Q}\mathrm{d}x = -\frac{1}{3}\sqrt{Q^3}.$

149. $\int x^2\sqrt{Q}\mathrm{d}x = -\frac{x}{4}\sqrt{Q^3} + \frac{a^2}{8}\left(x\sqrt{Q} + a^2\arcsin\frac{x}{a}\right).$

150. $\int x^3\sqrt{Q}\mathrm{d}x = \frac{\sqrt{Q^5}}{5} - a^2\frac{Q^3}{3}.$

151. $\int \frac{Q}{x}\mathrm{d}x = \sqrt{Q} - a\ln\frac{a+\sqrt{Q}}{x}.$

152. $\int \frac{\sqrt{Q}}{x^2}\mathrm{d}x = -\frac{\sqrt{Q}}{x} - \arcsin\frac{x}{a}.$

153. $\int \frac{\sqrt{Q}}{x^3}\mathrm{d}x = -\frac{\sqrt{Q}}{2x^2} + \frac{1}{2a}\ln\frac{a+\sqrt{Q}}{x}.$

154. $\int \frac{\mathrm{d}x}{\sqrt{Q}} = \arcsin\frac{x}{a}.$

155. $\int \frac{x\mathrm{d}x}{\sqrt{Q}} = -\sqrt{Q}.$

156. $\int \frac{x^2\mathrm{d}x}{\sqrt{Q}} = -\frac{x}{2}\sqrt{Q} + \frac{a^2}{2}\arcsin\frac{x}{a}.$

157. $\int \frac{x^3\mathrm{d}x}{\sqrt{Q}} = \frac{\sqrt{Q^3}}{3} - a^2\sqrt{Q}.$

158. $\int \frac{\mathrm{d}x}{x\sqrt{Q}} = -\frac{1}{a}\ln\frac{a+\sqrt{Q}}{x}.$

159. $\int \frac{\mathrm{d}x}{x^2\sqrt{Q}} = -\frac{\sqrt{Q}}{a^2x}.$

160. $\int \frac{\mathrm{d}x}{x^3\sqrt{Q}} = -\frac{\sqrt{Q}}{2a^2x^2} - \frac{1}{2a^3}\ln\frac{a+\sqrt{Q}}{x}.$

161. $\int \sqrt{Q^3}\mathrm{d}x = \frac{1}{4}\left(x\sqrt{Q^3} + \frac{3a^2x}{2}\sqrt{Q} + \frac{3a^4}{2}\arcsin\frac{x}{a}\right).$

162. $\int x\sqrt{Q^3}\mathrm{d}x = -\frac{1}{5}\sqrt{Q^5}.$

163. $\int x^2\sqrt{Q^3}\mathrm{d}x = -\frac{x\sqrt{Q^5}}{6} + \frac{a^2x\sqrt{Q^3}}{24} + \frac{a^4x\sqrt{Q}}{16} + \frac{a^6}{16}\arcsin\frac{x}{a}.$

164. $\int x^3\sqrt{Q^3}\mathrm{d}x = \frac{Q^7}{7} - \frac{a^2\sqrt{Q^5}}{5}.$

165. $\int \frac{\sqrt{Q^3}}{x}\mathrm{d}x = \frac{Q^3}{3} + a^2\sqrt{Q} - a^3\ln\frac{a+\sqrt{Q}}{x}.$

166. $\int \frac{\sqrt{Q^3}}{x^2}\mathrm{d}x = -\frac{\sqrt{Q^3}}{x} - \frac{3}{2}x\sqrt{Q} - \frac{3}{2}a^2\arcsin\frac{x}{a}.$

167. $\int \frac{\sqrt{Q^3}}{x^3}\mathrm{d}x = -\frac{\sqrt{Q^3}}{2x^2} - \frac{\sqrt{3\sqrt{Q}}}{2} + \frac{3a}{2}\ln\frac{a+\sqrt{Q}}{x}.$

168. $\int \frac{\mathrm{d}x}{\sqrt{Q^3}} = \frac{x}{a^2\sqrt{Q}}.$

169. $\int \frac{x\mathrm{d}x}{\sqrt{Q^3}} = \frac{1}{\sqrt{Q}}.$

170. $\int \frac{x^2\mathrm{d}x}{\sqrt{Q^3}} = \frac{x}{\sqrt{Q}} - \arcsin\frac{x}{a}.$

171. $\int \frac{x^3\mathrm{d}x}{\sqrt{Q^3}} = \sqrt{Q} + \frac{a^2}{Q}.$

172. $\int \frac{\mathrm{d}x}{x\sqrt{Q^3}} = \frac{1}{a^2\sqrt{Q}} - \frac{1}{a^3}\ln\frac{a+\sqrt{Q}}{x}.$

173. $\int \frac{\mathrm{d}x}{x^2\sqrt{Q^3}} = \frac{1}{a^4}\left(-\frac{\sqrt{Q}}{x} + \frac{x}{\sqrt{Q}}\right).$

174. $\int \frac{\mathrm{d}x}{x^3Q^3} = -\frac{1}{2a^2x^2\sqrt{Q}} + \frac{3}{2a^4\sqrt{Q}} - \frac{3}{2a^5}\ln\frac{a+\sqrt{Q}}{x}.$

含平方根函数 $\sqrt{x^2+a^2}$ 的积分

$$\boxed{Q = x^2 + a^2.}$$

175. $\int \sqrt{Q}\mathrm{d}x = \frac{1}{2}\left(x\sqrt{Q} + a^2\operatorname{arsinh}\frac{x}{a}\right) = \frac{1}{2}[x\sqrt{Q} + a^2(\ln(x+\sqrt{Q}) - \ln a)].$

176. $\int x\sqrt{Q}\mathrm{d}x = \frac{1}{3}\sqrt{Q^3}.$

177. $\int x^2\sqrt{Q}\mathrm{d}x = \frac{x}{4}\sqrt{Q^3} - \frac{a^2}{8}\left(x\sqrt{Q} + a^2\operatorname{arsinh}\frac{x}{a}\right)$

$= \frac{x}{4}\sqrt{Q^3} - \frac{a^2}{8}[x\sqrt{Q} + a^2(\ln(x+\sqrt{Q}) - \ln a)].$

178. $\int x^3\sqrt{Q}\mathrm{d}x = \frac{\sqrt{Q^5}}{5} - \frac{a^2\sqrt{Q}^3}{3}.$

179. $\int \frac{\sqrt{Q}}{x}\mathrm{d}x = \sqrt{Q} - a\ln\frac{a+\sqrt{Q}}{x}.$

180. $\int \frac{\sqrt{Q}}{x^2}\mathrm{d}x = -\frac{\sqrt{Q}}{x} + \operatorname{arsinh}\frac{x}{a} = -\frac{\sqrt{Q}}{x} + \ln(x+\sqrt{Q}) - \ln a.$

181. $\int \frac{\sqrt{Q}}{x^3}\mathrm{d}x = -\frac{\sqrt{Q}}{2x^2} - \frac{1}{2a}\ln\frac{a+\sqrt{Q}}{x}.$

182. $\int \frac{\mathrm{d}x}{\sqrt{Q}} = \operatorname{arsinh}\frac{x}{a} = \ln(x+\sqrt{Q}) - \ln a.$

183. $\int \frac{x\mathrm{d}x}{\sqrt{Q}} = \sqrt{Q}.$

184. $\int \frac{x^2\mathrm{d}x}{\sqrt{Q}} = \frac{x}{2}\sqrt{Q} - \frac{a^2}{2}\operatorname{arsinh}\frac{x}{a} = \frac{x}{2}\sqrt{Q} - \frac{a^2}{2}(\ln(x+\sqrt{Q}) - \ln a).$

185. $\int \frac{x^3\mathrm{d}x}{\sqrt{Q}} = \frac{\sqrt{Q^3}}{3} - a^2\sqrt{Q}.$

186. $\int \frac{\mathrm{d}x}{x\sqrt{Q}} = -\frac{1}{a}\ln\frac{a+\sqrt{Q}}{x}.$

187. $\int \frac{\mathrm{d}x}{x^2\sqrt{Q}} = -\frac{\sqrt{Q}}{a^2x}.$

188. $\int \frac{\mathrm{d}x}{x^3\sqrt{Q}} = -\frac{\sqrt{Q}}{2a^2x^2} + \frac{1}{2a^3}\ln\frac{a+\sqrt{Q}}{x}.$

189. $$\int \sqrt{Q^3}\mathrm{d}x = \frac{1}{4}\left(x\sqrt{Q^3} + \frac{3a^2x}{2}\sqrt{Q} + \frac{3a^4}{2}\operatorname{arsinh}\frac{x}{a}\right)$$
$$= \frac{1}{4}\left(x\sqrt{Q^3} + \frac{3a^2x}{2}\sqrt{Q} + \frac{3a^4}{2}(\ln(x+\sqrt{Q}) - \ln a)\right).$$

190. $\int x\sqrt{Q^3}\mathrm{d}x = \frac{1}{5}\sqrt{Q^5}.$

191. $$\int x^2\sqrt{Q^3}\mathrm{d}x = \frac{x\sqrt{Q^5}}{6} - \frac{a^2x\sqrt{Q^3}}{24} - \frac{a^4x\sqrt{Q}}{16} - \frac{a^6}{16}\operatorname{arsinh}\frac{x}{a}$$
$$= \frac{x\sqrt{Q^5}}{6} - \frac{a^2x\sqrt{Q^3}}{24} - \frac{a^4x\sqrt{Q}}{16} - \frac{a^6}{16}(\ln(x+\sqrt{Q}) - \ln a).$$

192. $\int x^3\sqrt{Q^3}\mathrm{d}x = \frac{\sqrt{Q^7}}{7} - \frac{a^2\sqrt{Q^5}}{5}.$

193. $\int \frac{\sqrt{Q^3}}{x}\mathrm{d}x = \frac{\sqrt{Q^3}}{3} + a^2\sqrt{Q} - a^3\ln\frac{a+\sqrt{Q}}{x}.$

194. $$\int \frac{\sqrt{Q^3}}{x^2}\mathrm{d}x = -\frac{\sqrt{Q^3}}{x} + \frac{3}{2}x\sqrt{Q} + \frac{3}{2}a^2\operatorname{arsinh}\frac{x}{a}$$
$$= -\frac{\sqrt{Q^3}}{x} + \frac{3}{2}x\sqrt{Q} + \frac{3}{2}a^2(\ln(x+\sqrt{Q}) - \ln a).$$

195. $\int \frac{\sqrt{Q^3}}{x^3}\mathrm{d}x = -\frac{\sqrt{Q^3}}{2x^2} + \frac{3}{2}\sqrt{Q} - \frac{3}{2}a\ln\left(\frac{a+\sqrt{Q}}{x}\right).$

196. $\int \frac{\mathrm{d}x}{\sqrt{Q^3}} = \frac{x}{a^2\sqrt{Q}}.$

197. $\int \frac{x\mathrm{d}x}{\sqrt{Q^3}} = -\frac{1}{\sqrt{Q}}.$

198. $\int \frac{x^2\mathrm{d}x}{\sqrt{Q^3}} = -\frac{x}{\sqrt{Q}} + \operatorname{arsinh}\frac{x}{a} = -\frac{x}{\sqrt{Q}} + \ln(x+\sqrt{Q}) - \ln a.$

199. $\int \frac{x^3\mathrm{d}x}{\sqrt{Q^3}} = \sqrt{Q} + \frac{a^2}{\sqrt{Q}}.$

200. $\int \frac{\mathrm{d}x}{x\sqrt{Q^3}} = \frac{1}{a^2\sqrt{Q}} - \frac{1}{a^3}\ln\frac{a+\sqrt{Q}}{x}.$

201. $\int \frac{\mathrm{d}x}{x^2\sqrt{Q^3}} = -\frac{1}{a^4}\left(\frac{\sqrt{Q}}{x} + \frac{x}{\sqrt{Q}}\right).$

202. $\int \frac{\mathrm{d}x}{x^3\sqrt{Q^3}} = -\frac{1}{2a^2x^2\sqrt{Q}} - \frac{3}{2a^4\sqrt{Q}} + \frac{3}{2a^5}\ln\frac{a+\sqrt{Q}}{x}.$

含平方根函数 $\sqrt{x^2 - a^2}$ 的积分

$$Q = x^2 - a^2, \quad x > a > 0.$$

203. $\int \sqrt{Q}\mathrm{d}x = \frac{1}{2}\left(x\sqrt{Q} - a^2\operatorname{arcosh}\frac{x}{a}\right) = \frac{1}{2}[x\sqrt{Q} - a^2(\ln(x+\sqrt{Q}) - \ln a)].$

204. $\int x\sqrt{Q}\mathrm{d}x = \frac{1}{3}\sqrt{Q^3}.$

205. $\int x^2\sqrt{Q}\mathrm{d}x = \frac{x}{4}\sqrt{Q^3} + \frac{a^2}{8}\left(x\sqrt{Q} - a^2\operatorname{arcosh}\frac{x}{a}\right)$

$$= \frac{x}{4}\sqrt{Q^3} + \frac{a^2}{8}[x\sqrt{Q} - a^2(\ln(x+\sqrt{Q}) - \ln a)].$$

206. $\int x^3\sqrt{Q}\mathrm{d}x = \frac{\sqrt{Q^5}}{5} + \frac{a^2\sqrt{Q^3}}{3}.$

207. $\int \frac{\sqrt{Q}}{x}\mathrm{d}x = \sqrt{Q} - a\arccos\frac{a}{x} = \sqrt{Q} - a[\ln(x+\sqrt{Q}) - \ln a].$

208. $\int \frac{Q}{x^2}\mathrm{d}x = -\frac{\sqrt{Q}}{x} + \operatorname{arcosh}\frac{x}{a} = -\frac{\sqrt{Q}}{x} + \ln(x+\sqrt{Q}) - \ln a.$

209. $\int \frac{\sqrt{Q}}{x^3}\mathrm{d}x = -\frac{\sqrt{Q}}{2x^2} + \frac{1}{2a}\arccos\frac{a}{x} = -\frac{\sqrt{Q}}{2x^2} + \frac{1}{2a}[\ln(x+\sqrt{Q}) - \ln a].$

210. $\int \frac{\mathrm{d}x}{\sqrt{Q}} = \operatorname{arcosh}\frac{x}{a} = \ln(x+\sqrt{Q}) - \ln a.$

211. $\int \frac{x\mathrm{d}x}{\sqrt{Q}} = \sqrt{Q}.$

212. $\int \frac{x^2\mathrm{d}x}{\sqrt{Q}} = \frac{x}{2}\sqrt{Q} + \frac{a^2}{2}\operatorname{arcosh}\frac{x}{a} = \frac{x}{2}\sqrt{Q} + \frac{a^2}{2}[\ln(x+\sqrt{Q}) - \ln a].$

213. $\int \frac{x^3\mathrm{d}x}{\sqrt{Q}} = \frac{\sqrt{Q^3}}{3} + a^2\sqrt{Q}.$

214. $\int \frac{\mathrm{d}x}{x\sqrt{Q}} = \frac{1}{a}\arccos\frac{a}{x}.$

215. $\int \frac{dx}{x^2\sqrt{Q}} = \frac{\sqrt{Q}}{a^2x}.$

216. $\int \frac{dx}{x^3\sqrt{Q}} = \frac{\sqrt{Q}}{a^2x^2} + \frac{1}{2a^3}\arccos\frac{a}{x}.$

217. $\int \sqrt{Q^3}dx = \frac{1}{4}\left(x\sqrt{Q^3} - \frac{3a^2x}{2}\sqrt{Q} + \frac{3a^4}{2}\operatorname{arcosh}\frac{x}{a}\right)$

$= \frac{1}{4}\left(x\sqrt{Q^3} - \frac{3a^2x}{2}\sqrt{Q} + \frac{3a^4}{2}[\ln(x+\sqrt{Q}) - \ln a]\right).$

218. $\int x\sqrt{Q^3}dx = \frac{1}{5}\sqrt{Q^5}.$

219. $\int x^2\sqrt{Q^3}dx = \frac{x\sqrt{Q^5}}{6} + \frac{a^2x\sqrt{Q^3}}{24} - \frac{a^4x\sqrt{Q}}{16} + \frac{a^6}{16}\operatorname{arcosh}\frac{x}{a}$

$= \frac{x\sqrt{Q^5}}{6} + \frac{a^2x\sqrt{Q^3}}{24} - \frac{a^4x\sqrt{Q}}{16} + \frac{a^6}{16}[\ln(x+\sqrt{Q}) - \ln a].$

220. $\int x^3\sqrt{Q^3}dx = \frac{\sqrt{Q^7}}{7} + \frac{a^2\sqrt{Q^5}}{5}.$

221. $\int \frac{\sqrt{Q^3}}{x}dx = \frac{\sqrt{Q^3}}{3} - a^2\sqrt{Q} + a^3\arccos\frac{a}{x}.$

222. $\int \frac{\sqrt{Q^3}}{x^2}dx = -\frac{\sqrt{Q^3}}{2} + \frac{3}{2}x\sqrt{Q} - \frac{3}{2}a^2\operatorname{arcosh}\frac{x}{a}$

$= -\frac{\sqrt{Q^3}}{2} + \frac{3}{2}x\sqrt{Q} - \frac{3}{2}a^2[\ln(x+\sqrt{Q}) - \ln a].$

223. $\int \frac{\sqrt{Q^3}}{x^3}dx = -\frac{\sqrt{Q^3}}{2x^2} + \frac{3\sqrt{Q}}{2} - \frac{3}{2}a\arccos\frac{a}{x}.$

224. $\int \frac{dx}{\sqrt{Q^3}} = -\frac{x}{a^2\sqrt{Q}}.$

225. $\int \frac{xdx}{\sqrt{Q^3}} = -\frac{1}{\sqrt{Q}}.$

226. $\int \frac{x^2dx}{\sqrt{Q^3}} = -\frac{x}{\sqrt{Q}} + \operatorname{arcosh}\frac{x}{a} = -\frac{x}{\sqrt{Q}} + \ln(x+\sqrt{Q}) - \ln a.$

227. $\int \frac{x^3dx}{\sqrt{Q^3}} = \sqrt{Q} - \frac{a^2}{\sqrt{Q}}.$

228. $\int \frac{dx}{x\sqrt{Q^3}} = -\frac{1}{a^2\sqrt{Q}} - \frac{\operatorname{sgn}(x)}{a^3}\arccos\frac{a}{x}, \quad \operatorname{sgn}(x) = 1, x > 0; \operatorname{sgn}(x) = -1, x < 0$[1].

229. $\int \frac{dx}{x^2\sqrt{Q^3}} = -\frac{1}{a^4}\left(\frac{\sqrt{Q}}{x} + \frac{x}{\sqrt{Q}}\right).$

230. $\int \frac{dx}{x^3\sqrt{Q^3}} = \frac{1}{2a^2x^2\sqrt{Q}} - \frac{3}{2a^4\sqrt{Q}} - \frac{3}{2a^5}\arccos\frac{a}{x}.$

1) 若 $|x| > a$, 则当 $x < 0$ 时, 该积分也成立.

含平方根函数 $\sqrt{ax^2+bx+c}$ 的积分

$$\boxed{Q=ax^2+bx+c,\quad D=4ac-b^2,\quad d=\frac{4a}{D}.}$$

231. $$\int\frac{\mathrm{d}x}{\sqrt{Q}}=\begin{cases}\dfrac{1}{\sqrt{a}}\ln(2\sqrt{aQ}+2ax+b)+C, & a>0,\\ \dfrac{1}{\sqrt{a}}\operatorname{arsinh}\dfrac{2ax+b}{\sqrt{D}}+C_1, & a>0\text{且}D>0,\\ \dfrac{1}{\sqrt{a}}\ln(2ax+b), & a>0\text{且}D=0.\\ -\dfrac{1}{\sqrt{-a}}\arcsin\dfrac{2ax+b}{\sqrt{-D}}, & a<0\text{且}D<0.\end{cases}$$

232. $$\int\frac{\mathrm{d}x}{Q\sqrt{Q}}=\frac{2(2ax+b)}{D\sqrt{Q}}.$$

233. $$\int\frac{\mathrm{d}x}{Q^2\sqrt{Q}}=\frac{2(2ax+b)}{3D\sqrt{Q}}\left(\frac{1}{Q}+2d\right).$$

234. $$\int\frac{\mathrm{d}x}{Q^{(2n+1)/2}}=\frac{2(2ax+b)}{(2n-1)DQ^{(2n-1)/2}}+\frac{2d(n-1)}{2n-1}\int\frac{\mathrm{d}x}{Q^{(2n-1)/2}}.$$

235. $$\int\sqrt{Q}\mathrm{d}x=\frac{(2ax+b)\sqrt{Q}}{4a}+\frac{1}{2d}\int\frac{\mathrm{d}x}{\sqrt{Q}}$$ (参看第 231 个积分).

236. $$\int Q\sqrt{Q}\mathrm{d}x=\frac{(2ax+b)\sqrt{Q}}{8a}\left(Q+\frac{3}{2d}\right)+\frac{3}{8d^2}\int\frac{\mathrm{d}x}{\sqrt{Q}}$$ (参看第 231 个积分).

237. $$\int Q^2\sqrt{Q}\mathrm{d}x=\frac{(2ax+b)\sqrt{Q}}{12a}\left(Q^2+\frac{5Q}{4d}+\frac{15}{8d^2}\right)+\frac{5}{16d^3}\int\frac{\mathrm{d}x}{\sqrt{Q}}$$ (参看第 231 个积分).

238. $$\int Q^{(2n+1)/2}\mathrm{d}x=\frac{(2ax+b)Q^{(2n+1)/2}}{4a(n+1)}+\frac{2n+1}{2d(n+1)}\int Q^{(2n-1)/2}\mathrm{d}x.$$

239. $$\int\frac{x\mathrm{d}x}{\sqrt{Q}}=\frac{\sqrt{Q}}{a}-\frac{b}{2a}\int\frac{\mathrm{d}x}{\sqrt{Q}}$$ (参看第 231 个积分).

240. $$\int\frac{x\mathrm{d}x}{Q\sqrt{Q}}=-\frac{2(bx+2c)}{D\sqrt{Q}}.$$

241. $$\int\frac{x\mathrm{d}x}{Q^{(2n+1)/2}}=-\frac{1}{(2n-1)aQ^{(2n-1)/2}}-\frac{b}{2a}\int\frac{\mathrm{d}x}{Q^{(2n+1)/2}}$$ (参看第 234 个积分).

242. $$\int\frac{x^2\mathrm{d}x}{\sqrt{Q}}=\left(\frac{x}{2a}-\frac{3b}{4a^2}\right)\sqrt{Q}+\frac{3b^2-4ac}{8a^2}\int\frac{\mathrm{d}x}{\sqrt{Q}}$$ (参看第 231 个积分).

243. $$\int\frac{x^2\mathrm{d}x}{Q\sqrt{Q}}=\frac{(2b^2-4ac)x+2bc}{aD\sqrt{Q}}+\frac{1}{a}\int\frac{\mathrm{d}x}{\sqrt{Q}}$$ (参看第 231 个积分).

244. $$\int x\sqrt{Q}\mathrm{d}x=\frac{Q\sqrt{Q}}{3a}-\frac{b(2ax+b)}{8a^2}\sqrt{Q}-\frac{b}{4ad}\int\frac{\mathrm{d}x}{\sqrt{Q}}$$ (参看第 231 个积分).

245. $\int xQ\sqrt{Q}\mathrm{d}x = \dfrac{Q^2\sqrt{Q}}{5a} - \dfrac{b}{2a}\int Q\sqrt{Q}\mathrm{d}x$ (参看第 236 个积分).

246. $\int xQ^{(2n+1)/2}\mathrm{d}x = \dfrac{Q^{(2n+3)}/2}{(2n+3)a} - \dfrac{b}{2a}\int Q^{(2n+1)/2}\mathrm{d}x$ (参看第 238 个积分).

247. $\int x^2\sqrt{Q}\mathrm{d}x = \left(x - \dfrac{5b}{6a}\right)\dfrac{Q\sqrt{Q}}{4a} + \dfrac{5b^2-4ac}{16a^2}\int\sqrt{Q}\mathrm{d}x$ (参看第 235 个积分).

248. $$\int\frac{\mathrm{d}x}{x\sqrt{Q}} = \begin{cases} \dfrac{1}{\sqrt{c}}\ln\dfrac{-2\sqrt{cQ}+2c+bx}{2x}, & c>0, \\ -\dfrac{1}{\sqrt{c}}\operatorname{arsinh}\dfrac{bx+2c}{x\sqrt{D}}, & c>0\text{且}D>0, \\ -\dfrac{1}{\sqrt{c}}\ln\dfrac{bx+2c}{x}, & c>0\text{且}D=0, \\ \dfrac{1}{\sqrt{-c}}\arcsin\dfrac{bx+2c}{x\sqrt{-D}}, & c<0\text{且}D<0. \end{cases}$$

249. $\int\dfrac{\mathrm{d}x}{x^2\sqrt{Q}} = -\dfrac{\sqrt{Q}}{cx} - \dfrac{b}{2c}\int\dfrac{\mathrm{d}x}{x\sqrt{Q}}$ (参看第 248 个积分).

250. $\int\dfrac{\sqrt{Q}\mathrm{d}x}{x} = \sqrt{Q} + \dfrac{b}{2}\int\dfrac{\mathrm{d}x}{\sqrt{Q}} + c\int\dfrac{\mathrm{d}x}{x\sqrt{Q}}$ (参看第 231 和 248 个积分).

251. $\int\dfrac{\sqrt{Q}\mathrm{d}x}{x^2} = -\dfrac{\sqrt{Q}}{x} + a\int\dfrac{\mathrm{d}x}{\sqrt{Q}} + \dfrac{b}{2}\int\dfrac{\mathrm{d}x}{x\sqrt{Q}}$ (参看第 231 和 250 个积分).

252. $\int\dfrac{Q^{(2n+1)/2}}{x}\mathrm{d}x = \dfrac{Q^{(2n+1)/2}}{2n+1} + \dfrac{b}{2}\int Q^{(2n-1)/2}\mathrm{d}x + c\int\dfrac{Q^{(2n-1)/2}}{x}\mathrm{d}x$

(参看第 238 和 248 个积分).

253. $\int\dfrac{\mathrm{d}x}{x\sqrt{ax^2+bx}} = -\dfrac{2}{bx}\sqrt{ax^2+bx}.$

254. $\int\dfrac{\mathrm{d}x}{\sqrt{2ax-x^2}} = \arcsin\dfrac{x-a}{a}.$

255. $\int\dfrac{x\mathrm{d}x}{\sqrt{2ax-x^2}} = -\sqrt{2ax-x^2} + a\arcsin\dfrac{x-a}{a}.$

256. $\int\sqrt{2ax-x^2}\mathrm{d}x = \dfrac{x-a}{2}\sqrt{2ax-x^2} + \dfrac{a^2}{2}\arcsin\dfrac{x-a}{a}.$

含其他表达式的平方根的积分

257. $$\int\frac{\mathrm{d}x}{(ax^2+b)\sqrt{cx^2+d}}$$
$$= \begin{cases} \dfrac{1}{\sqrt{b}\sqrt{ad-bc}}\arctan\dfrac{x\sqrt{ad-bc}}{\sqrt{b}\sqrt{cx^2+d}}, & ad-bc>0, \\ \dfrac{1}{2\sqrt{b}\sqrt{bc-ad}}\ln\dfrac{\sqrt{b}\sqrt{cx^2+d}+x\sqrt{bc-ad}}{\sqrt{b}\sqrt{cx^2+d}-x\sqrt{bc-ad}}, & ad-bc<0. \end{cases}$$

258. $\int \sqrt[n]{ax+b}\mathrm{d}x = \frac{n(ax+b)}{(n+1)a}\sqrt[n]{ax+b}.$

259. $\int \frac{\mathrm{d}x}{\sqrt[n]{ax+b}} = \frac{n(ax+b)}{(n-1)a}\frac{1}{\sqrt[n]{ax+b}}.$

260. $\int \frac{\mathrm{d}x}{x\sqrt{x^n+a^2}} = -\frac{2}{na}\ln\frac{a+\sqrt{x^n+a^2}}{\sqrt{x^n}}.$

261. $\int \frac{\mathrm{d}x}{x\sqrt{x^n-a^2}} = \frac{2}{na}\arccos\frac{a}{\sqrt{x^n}}.$

262. $\int \frac{\sqrt{x}\mathrm{d}x}{\sqrt{a^3-x^3}} = \frac{2}{3}\arcsin\sqrt{\left(\frac{x}{a}\right)^3}.$

特殊多项式积分的递归公式

263.* $\int x^m(ax^n+b)^k\mathrm{d}x$

$$= \frac{1}{m+nk+1}\left[x^{m+1}(ax^n+b)^k + nkb\int x^m(ax^n+b)^{k-1}\mathrm{d}x\right]$$

$$= \frac{1}{bn(k+1)}\left[-x^{m+1}(ax^n+b)^{k+1} + (m+n+nk+1)\int x^m(ax^n+b)^{k+1}\mathrm{d}x\right]$$

$$= \frac{1}{(m+1)b}\left[x^{m+1}(ax^n+b)^{k+1} - a(m+n+nk+1)\int x^{m+n}(ax^n+b)^k\mathrm{d}x\right]$$

$$= \frac{1}{a(m+nk+1)}\left[x^{m-n+1}(ax^n+b)^{k+1} - (m-n+1)b\int x^{m-n}(ax^n+b)^k\mathrm{d}x\right].$$

0.9.5.3 三角函数的积分[1)]

含函数 $\sin\alpha x$(α 为实参数) 的积分

264.* $\int \sin\alpha x\mathrm{d}x = -\frac{1}{\alpha}\cos\alpha x.$

265.* $\int \sin^2\alpha x\mathrm{d}x = \frac{1}{2}x - \frac{1}{4\alpha}\sin 2\alpha x.$

266.* $\int \sin^3\alpha x\mathrm{d}x = -\frac{1}{\alpha}\cos\alpha x + \frac{1}{3\alpha}\cos^3\alpha x.$

267.* $\int \sin^4\alpha x\mathrm{d}x = \frac{3}{8}x - \frac{1}{4\alpha}\sin 2\alpha x + \frac{1}{32\alpha}\sin 4\alpha x.$

268.* $\int \sin^n\alpha x\mathrm{d}x = -\frac{\sin^{n-1}\alpha x\cos\alpha x}{n\alpha} + \frac{n-1}{n}\int \sin^{n-2}\alpha x\mathrm{d}x$ (n为正整数).

269.* $\int x\sin\alpha x\mathrm{d}x = \frac{\sin\alpha x}{\alpha^2} - \frac{x\cos\alpha x}{\alpha}.$

1) 对于那些除了包含 $\sin x$, $\cos x$, 还包含双曲函数和 e^{ax} 的函数积分, 请参看第 428 及其以下积分

270.* $\int x^2\sin\alpha x\mathrm{d}x=\frac{2x}{\alpha^2}\sin\alpha x-\left(\frac{x^2}{\alpha}-\frac{2}{\alpha^3}\right)\cos\alpha x.$

271.* $\int x^3\sin\alpha x\mathrm{d}x=\left(\frac{3x^2}{\alpha^2}-\frac{6}{\alpha^4}\right)\sin\alpha x-\left(\frac{x^3}{\alpha}-\frac{6x}{\alpha^3}\right)\cos\alpha x.$

272.* $\int x^n\sin\alpha x\mathrm{d}x=-\frac{x^n}{\alpha}\cos\alpha x+\frac{n}{\alpha}\int x^{n-1}\cos\alpha x\mathrm{d}x\quad(n>0).$

273.* $\int\frac{\sin\alpha x}{x}\mathrm{d}x=\alpha x-\frac{(\alpha x)^3}{3\cdot 3!}+\frac{(\alpha x)^5}{5\cdot 5!}-\frac{(\alpha x^7)}{7\cdot 7!}+\cdots$

积分$\int_0^x\frac{\sin t}{t}\mathrm{d}t$称为**积分正弦**, 记作$\mathrm{Si}(x)$(参看 0.5.5).

$\mathrm{Si}(x)=x-\frac{x^3}{3\cdot 3!}+\frac{x^5}{5\cdot 5!}-\frac{x^7}{7\cdot 7!}+\cdots.$

274. $\int\frac{\sin\alpha x}{x^2}\mathrm{d}x=-\frac{\sin\alpha x}{x}+\alpha\int\frac{\cos\alpha x\mathrm{d}x}{x}$ (参看第 312 个积分).

275. $\int\frac{\sin\alpha x}{x^n}\mathrm{d}x=-\frac{1}{n-1}\frac{\sin\alpha x}{x^{n-1}}+\frac{\alpha}{n-1}\int\frac{\cos\alpha x}{x^{n-1}}\mathrm{d}x$ (参看第 314 个积分).

276. $\int\frac{\mathrm{d}x}{\sin\alpha x}=\int\csc\alpha x\mathrm{d}x=\frac{1}{\alpha}\ln\tan\frac{\alpha x}{2}=\frac{1}{\alpha}\ln(\csc\alpha x-\cot\alpha x).$

277. $\int\frac{\mathrm{d}x}{\sin^2\alpha x}=-\frac{1}{\alpha}\cot\alpha x.$

278. $\int\frac{\mathrm{d}x}{\sin^3\alpha x}=-\frac{\cos\alpha x}{2\alpha\sin^2\alpha x}+\frac{1}{2\alpha}\ln\tan\frac{\alpha x}{2}.$

279. $\int\frac{\mathrm{d}x}{\sin^3\alpha x}=-\frac{1}{\alpha(n-1)}\frac{\cos\alpha x}{\sin^{n-1}\alpha x}+\frac{n-2}{n-1}\int\frac{\mathrm{d}x}{\sin^{n-2}\alpha x}\quad(n>1).$

280. $$\int\frac{x\mathrm{d}x}{\sin\alpha x}=\frac{1}{\alpha^2}\left(\alpha x+\frac{(\alpha x)^3}{3\cdot 3!}+\frac{7(\alpha x)^5}{3\cdot 5\cdot 5!}+\frac{31(\alpha x)^7}{3\cdot 7\cdot 7!}+\frac{127(\alpha x)^9}{3\cdot 5\cdot 9!}+\cdots\right.$$
$$\left.+\frac{2(2^{2n-1}-1)}{(2n+1)!}B_{2n}(\alpha x)^{2n+1}+\cdots\right).$$

B_{2n} 为伯努利数 (参看 0.1.10.4).

281. $\int\frac{x\mathrm{d}x}{\sin^2\alpha x}=-\frac{x}{\alpha}\cot\alpha x+\frac{1}{\alpha^2}\ln\sin\alpha x.$

282. $$\int\frac{x\mathrm{d}x}{\sin^n\alpha x}=-\frac{x\cos\alpha x}{(n-1)\alpha\sin^{n-1}\alpha x}-\frac{1}{(n-1)(n-2)\alpha^2\sin^{n-2}\alpha x}$$
$$+\frac{n-2}{n-1}\int\frac{x\mathrm{d}x}{\sin^{n-2}\alpha x}\quad(n>2).$$

283. $\int\frac{\mathrm{d}x}{1+\sin\alpha x}=-\frac{1}{\alpha}\tan\left(\frac{\pi}{4}-\frac{\alpha x}{2}\right).$

284. $\int\frac{\mathrm{d}x}{1-\sin\alpha x}=\frac{1}{\alpha}\tan\left(\frac{\pi}{4}+\frac{\alpha x}{2}\right).$

285. $\int \frac{x\mathrm{d}x}{1+\sin\alpha x} = -\frac{x}{\alpha}\tan\left(\frac{\pi}{4}-\frac{\alpha x}{x}\right)+\frac{2}{\alpha^2}\ln\cos\left(\frac{\pi}{4}-\frac{\alpha x}{2}\right).$

286. $\int \frac{x\mathrm{d}x}{1-\sin\alpha x} = \frac{x}{\alpha}\cot\left(\frac{\pi}{4}-\frac{\alpha x}{2}\right)+\frac{2}{\alpha^2}\ln\sin\left(\frac{\pi}{4}-\frac{\alpha x}{2}\right).$

287. $\int \frac{\sin\alpha x\mathrm{d}x}{1\pm\sin\alpha x} = \pm x+\frac{1}{\alpha}\tan\left(\frac{\pi}{4}\mp\frac{\alpha x}{2}\right).$

288. $\int \frac{\mathrm{d}x}{\sin\alpha x(1\pm\sin\alpha x)} = \frac{1}{\alpha}\tan\left(\frac{\pi}{4}\mp\frac{\alpha x}{2}\right)+\frac{1}{\alpha}\ln\tan\frac{\alpha x}{2}.$

289. $\int \frac{\mathrm{d}x}{(1+\sin\alpha x)^2} = -\frac{1}{2\alpha}\tan\left(\frac{\pi}{4}-\frac{\alpha x}{2}\right)-\frac{1}{6\alpha}\tan^3\left(\frac{\pi}{4}-\frac{\alpha x}{2}\right).$

290. $\int \frac{\mathrm{d}x}{(1-\sin\alpha x)^2} = \frac{1}{2\alpha}\cot\left(\frac{\pi}{4}-\frac{\alpha x}{2}\right)+\frac{1}{6\alpha}\cot^3\left(\frac{\pi}{4}-\frac{\alpha x}{2}\right).$

291. $\int \frac{\sin\alpha x\mathrm{d}x}{(1+\sin\alpha x)^2} = -\frac{1}{2\alpha}\tan\left(\frac{\pi}{4}-\frac{\alpha x}{2}\right)+\frac{1}{6\alpha}\tan^3\left(\frac{\pi}{4}-\frac{\alpha x}{2}\right).$

292. $\int \frac{\sin\alpha x\mathrm{d}x}{(1-\sin\alpha x)^2} = -\frac{1}{2\alpha}\cot\left(\frac{\pi}{4}-\frac{\alpha x}{2}\right)+\frac{1}{6\alpha}\cot^3\left(\frac{\pi}{4}-\frac{\alpha x}{2}\right).$

293. $\int \frac{\mathrm{d}x}{1+\sin^2\alpha x} = \frac{1}{2\sqrt{2}\alpha}\arcsin\left(\frac{3\sin^2\alpha x-1}{\sin^2\alpha x+1}\right).$

294. $\int \frac{\mathrm{d}x}{1-\sin^2\alpha x} = \int\frac{\mathrm{d}x}{\cos^2\alpha x} = \frac{1}{\alpha}\tan\alpha x.$

295.* $\int \sin\alpha x\sin\beta x\mathrm{d}x = \frac{\sin(\alpha-\beta)x}{2(\alpha-\beta)}-\frac{\sin(\alpha+\beta)x}{2(\alpha+\beta)}$ ($|\alpha|\neq|\beta|$; 当$|\alpha|=|\beta|$时，参看第 265 个积分).

296. $\int \frac{\mathrm{d}x}{\beta+\gamma\sin\alpha x} = \begin{cases} \frac{2}{\alpha\sqrt{\beta^2-\gamma^2}}\arctan\frac{\beta\tan\alpha x/2+\gamma}{\sqrt{\beta^2-\gamma^2}}, & \beta^2>\gamma^2, \\ \frac{1}{\alpha\sqrt{\gamma^2-\beta^2}}\ln\frac{\beta\tan\alpha x/2+\gamma-\sqrt{\gamma^2-\beta^2}}{\beta\tan\alpha x/2+\gamma+\sqrt{\gamma^2-\beta^2}}, & \beta^2<\gamma^2. \end{cases}$

297. $\int \frac{\sin\alpha x\mathrm{d}x}{\beta+\gamma\sin\alpha x} = \frac{x}{\gamma}-\frac{\beta}{\gamma}\int\frac{\mathrm{d}x}{\beta+\gamma\sin\alpha x}$ (参看第 296 个积分).

298. $\int \frac{\mathrm{d}x}{\sin\alpha x(\beta+\gamma\sin\alpha x)} = \frac{1}{\alpha\beta}\ln\tan\frac{\alpha\beta}{2}-\frac{\gamma}{\beta}\int\frac{\mathrm{d}x}{\beta+\gamma\sin\alpha x}$ (参看第 296 个积分).

299. $\int \frac{\mathrm{d}x}{(\beta+\gamma\sin\alpha x)^2} = \frac{\gamma\cos\alpha x}{\alpha(\beta^2-\gamma^2)(\beta+\gamma\sin\alpha x)}+\frac{\beta}{\beta^2-\gamma^2}\int\frac{\mathrm{d}x}{\beta+\gamma\sin\alpha x}$ (参看第 296 个积分).

300. $\int \frac{\sin\alpha x\mathrm{d}x}{(\beta+\gamma\sin\alpha x)^2} = \frac{\beta\cos\alpha x}{\alpha(\gamma^2-\beta^2)(\beta+\gamma\sin\alpha x)}+\frac{\gamma}{\gamma^2-\beta^2}\int\frac{\mathrm{d}x}{\beta+\gamma\sin\alpha x}$ (参看第 296 个积分).

301. $\int \frac{\mathrm{d}x}{\beta^2+\gamma^2\sin^2\alpha x} = \frac{1}{\alpha\beta\sqrt{\beta^2}+\gamma^2}\arctan\frac{\sqrt{\beta^2+\gamma^2}\tan\alpha x}{\beta}$ ($\beta>0$).

302. $\displaystyle\int \frac{\mathrm{d}x}{\beta^2-\gamma^2\sin^2\alpha x}=\begin{cases}\dfrac{1}{\alpha\beta\sqrt{\beta^2-\gamma^2}}\arctan\dfrac{\sqrt{\beta^2-\gamma^2}\tan\alpha x}{\beta}, & \beta^2>\gamma^2,\beta>0,\\ \dfrac{1}{2\alpha\beta\sqrt{\gamma^2-\beta^2}}\ln\dfrac{\sqrt{\gamma^2-\beta^2}\tan\alpha x+\beta}{\sqrt{\gamma^2-\beta^2}\tan\alpha x-\beta}, & \gamma^2>\beta^2,\beta>0.\end{cases}$

含函数 $\cos\alpha x$ 的积分

303.* $\displaystyle\int \cos\alpha x\mathrm{d}x=\frac{1}{\alpha}\sin\alpha x.$

304.* $\displaystyle\int \cos^2\alpha x\mathrm{d}x=\frac{1}{2}x+\frac{1}{4\alpha}\sin 2\alpha x.$

305.* $\displaystyle\int \cos^3\alpha x\mathrm{d}x=\frac{1}{\alpha}\sin\alpha x-\frac{1}{3\alpha}\sin^3\alpha x.$

306.* $\displaystyle\int \cos^4\alpha x\mathrm{d}x=\frac{3}{8}x+\frac{1}{4\alpha}\sin 2\alpha x+\frac{1}{32\alpha}\sin 4\alpha x.$

307.* $\displaystyle\int \cos^n\alpha x\mathrm{d}x=\frac{\cos^{n-1}\alpha x\sin\alpha x}{n\alpha}+\frac{n-1}{n}\int\cos^{n-2}\alpha x\mathrm{d}x\quad(n\in\mathbb{N}).$

308.* $\displaystyle\int x\cos\alpha x\mathrm{d}x=\frac{\cos\alpha x}{\alpha^2}+\frac{x\sin\alpha x}{\alpha}.$

309.* $\displaystyle\int x^2\cos\alpha x\mathrm{d}x=\frac{2x}{\alpha^2}\cos\alpha x+\left(\frac{x^2}{\alpha}-\frac{2}{\alpha^3}\right)\sin\alpha x.$

310.* $\displaystyle\int x^3\cos\alpha x\mathrm{d}x=\left(\frac{3x^2}{\alpha^2}-\frac{6}{\alpha^4}\right)\cos\alpha x+\left(\frac{x^3}{\alpha}-\frac{6x}{\alpha^3}\right)\sin\alpha x.$

311.* $\displaystyle\int x^n\cos\alpha x\mathrm{d}x=\frac{x^n\sin\alpha x}{\alpha}-\frac{n}{\alpha}\int x^{n-1}\sin\alpha x\mathrm{d}x\quad(n\in\mathbb{N}).$

312. $\displaystyle\int \frac{\cos\alpha x}{x}\mathrm{d}x=\ln(\alpha x)-\frac{(\alpha x)^2}{2\cdot 2!}+\frac{(\alpha x)^4}{4\cdot 4!}-\frac{(\alpha x)^6}{6\cdot 6!}+\cdots.$

广义积分 $\displaystyle\int_x^\infty\frac{\cos t}{t}\mathrm{d}t$称为积分余弦, 记作$\mathrm{Ci}(x)$(参看0.5.5).

$\mathrm{Ci}(x)=\mathrm{C}+\ln x-\dfrac{x^2}{2\cdot 2!}+\dfrac{x^4}{4\cdot 4!}-\dfrac{x^6}{6\cdot 6!}+\cdots,$ C 表示欧拉常数 (参看 0.1.1).

313. $\displaystyle\int \frac{\cos\alpha x}{x^2}\mathrm{d}x=-\frac{\cos\alpha x}{x}-\alpha\int\frac{\sin\alpha x\mathrm{d}x}{x}$ (参看第 273 个积分).

314. $\displaystyle\int \frac{\cos\alpha x}{x^n}\mathrm{d}x=-\frac{\cos\alpha x}{(n-1)x^{n-1}}-\frac{\alpha}{n-1}\int\frac{\sin\alpha x\mathrm{d}x}{x^{n-1}}$($n\neq 1$, 参看第 275 个积分).

315. $\displaystyle\int \frac{\mathrm{d}x}{\cos\alpha x}=\int\sec\alpha x\mathrm{d}x=\frac{1}{\alpha}\ln\tan\left(\frac{\alpha x}{2}+\frac{\pi}{4}\right)=\frac{1}{\alpha}\ln(\sec\alpha x+\tan\alpha x).$

316. $\displaystyle\int \frac{\mathrm{d}x}{\cos^2\alpha x}=\frac{1}{\alpha}\tan\alpha x.$

317. $\int \frac{dx}{\cos^3 \alpha x} = \frac{\sin \alpha x}{2\alpha \cos^2 \alpha x} + \frac{1}{2\alpha} \ln \tan \left(\frac{\pi}{4} + \frac{\alpha x}{2} \right).$

318. $\int \frac{dx}{\cos^n \alpha x} = \frac{1}{\alpha(n-1)} \frac{\sin \alpha x}{\cos^{n-1} \alpha x} + \frac{n-2}{n-1} \int \frac{dx}{\cos^{n-2} \alpha x} \quad (n > 1).$

319. $\int \frac{x dx}{\cos \alpha x} = \frac{1}{\alpha^2} \left(\frac{(\alpha x)^2}{2} + \frac{(\alpha x)^4}{4 \cdot 2!} + \frac{5(\alpha x)^6}{6 \cdot 4!} + \frac{61(\alpha x)^8}{8 \cdot 6!} + \frac{1385(\alpha x)^{10}}{10 \cdot 8!} + \cdots + \frac{E_{2n}(\alpha x)^{2n+2}}{(2n+2)(2n)!} + \cdots \right),$ E_{2n}为欧拉数 (参看 0.1.10.5).

320. $\int \frac{x dx}{\cos^2 \alpha x} = \frac{x}{\alpha} \tan \alpha x + \frac{1}{\alpha^2} \ln \cos \alpha x.$

321. $\int \frac{x dx}{\cos^n \alpha x} = \frac{x \sin \alpha x}{(n-1)\alpha \cos^{n-1} \alpha x} - \frac{1}{(n-1)(n-2)\alpha^2 \cos^{n-2} \alpha x} + \frac{n-2}{n-1} \int \frac{x dx}{\cos^{n-2} \alpha x} \quad (n > 2).$

322. $\int \frac{dx}{1 + \cos \alpha x} = \frac{1}{\alpha} \cot \left(\frac{\alpha x}{2} \right).$

323. $\int \frac{dx}{1 - \cos \alpha x} = -\frac{1}{\alpha} \cot \frac{\alpha x}{2}.$

324. $\int \frac{x dx}{1 + \cos \alpha x} = \frac{x}{\alpha} \tan \frac{\alpha x}{2} + \frac{2}{\alpha^2} \ln \cos \frac{\alpha x}{2}.$

325. $\int \frac{x dx}{1 - \cos \alpha x} = -\frac{x}{\alpha} \cot \frac{\alpha x}{2} + \frac{2}{\alpha^2} \ln \sin \frac{\alpha x}{2}.$

326. $\int \frac{\cos \alpha x dx}{1 + \cos \alpha x} = x - \frac{1}{\alpha} \tan \frac{\alpha x}{2}.$

327. $\int \frac{\cos \alpha x dx}{1 - \cos \alpha x} = -x - \frac{1}{\alpha} \cot \frac{\alpha x}{2}.$

328. $\int \frac{dx}{\cos \alpha x(1 + \cos \alpha x)} = \frac{1}{\alpha} \ln \tan \left(\frac{\pi}{4} + \frac{\alpha x}{2} \right) - \frac{1}{\alpha} \tan \frac{\alpha x}{2}.$

329. $\int \frac{dx}{\cos \alpha x(1 - \cos \alpha x)} = \frac{1}{\alpha} \ln \tan \left(\frac{\pi}{4} + \frac{\alpha x}{2} \right) - \frac{1}{\alpha} \cot \frac{\alpha x}{2}.$

330. $\int \frac{dx}{(1 + \cos \alpha x)^2} = \frac{1}{2\alpha} \tan \frac{\alpha x}{2} + \frac{1}{6\alpha} \tan^3 \frac{\alpha x}{2}.$

331. $\int \frac{dx}{(1 - \cos \alpha x)^2} = -\frac{1}{2\alpha} \cot \frac{\alpha x}{2} - \frac{1}{6\alpha} \cot^3 \frac{\alpha x}{2}.$

332. $\int \frac{\cos \alpha x dx}{(1 + \cos \alpha x)^2} = \frac{1}{2\alpha} \tan \frac{\alpha x}{2} - \frac{1}{6\alpha} \tan^3 \frac{\alpha x}{2}.$

333. $\int \frac{\cos \alpha x dx}{(1 - \cos \alpha x)^2} = \frac{1}{2\alpha} \cot \frac{\alpha x}{2} - \frac{1}{6\alpha} \cot^3 \frac{\alpha x}{2}.$

334. $\int \frac{dx}{1 + \cos^2 \alpha x} = \frac{1}{2\sqrt{2}\alpha} \arcsin \left(\frac{1 - 3\cos^2 \alpha x}{1 + \cos^2 \alpha x} \right).$

335. $\displaystyle\int \frac{\mathrm{d}x}{1-\cos^2 \alpha x} = \frac{\mathrm{d}x}{\sin^2 \alpha x} = -\frac{1}{\alpha}\cot \alpha x.$

336.* $\displaystyle\int \cos \alpha x \cos \beta x \mathrm{d}x = \frac{\sin(\alpha-\beta)x}{2(\alpha-\beta)} + \frac{\sin(\alpha+\beta)x}{2(\alpha+\beta)}$ ($|\alpha| \neq |\beta|$; 当$|\alpha| = |\beta|$时, 参看第 304 个积分).

337. $$\int \frac{\mathrm{d}x}{\beta+\gamma\cos\alpha x} = \begin{cases} \dfrac{2}{\alpha\sqrt{\beta^2-\gamma^2}}\arctan\dfrac{(\beta-\gamma)\tan\alpha x/2}{\sqrt{\beta^2-\gamma^2}}, & \beta^2 > \gamma^2, \\ \dfrac{1}{\alpha\sqrt{\gamma^2-\beta^2}}\ln\dfrac{(\gamma-\beta)\tan\alpha x/2+\sqrt{\gamma^2-\beta^2}}{(\gamma-\beta)\tan\alpha x/2-\sqrt{\gamma^2-\beta^2}}, & \beta^2 < \gamma^2. \end{cases}$$

338. $\displaystyle\int \frac{\cos\alpha x\mathrm{d}x}{\beta+\gamma\cos\alpha x} = \frac{x}{\gamma} - \frac{\beta}{\gamma}\int\frac{\mathrm{d}x}{\beta+\gamma\cos\alpha x}$ (参看第 337 个积分).

339. $\displaystyle\int \frac{\mathrm{d}x}{\cos\alpha x(\beta+\gamma\cos\alpha x)} = \frac{1}{\alpha\beta}\ln\tan\left(\frac{\alpha x}{2}+\frac{\pi}{4}\right) - \frac{\gamma}{\beta}\int\frac{\mathrm{d}x}{\beta+\gamma\cos\alpha x}$

(参看第 337 个积分).

340. $\displaystyle\int \frac{\mathrm{d}x}{(\beta+\gamma\cos\alpha x)^2} = \frac{\gamma\sin\alpha x}{\alpha(\gamma^2-\beta^2)(\beta+\gamma\cos\alpha x)} - \frac{\beta}{\gamma^2-\beta^2}\int\frac{\mathrm{d}x}{\beta+\gamma\cos\alpha x}$

(参看第 337 个积分).

341. $\displaystyle\int \frac{\cos\alpha x\mathrm{d}x}{(\beta+\gamma\cos\alpha x)^2} = \frac{\beta\sin\alpha x}{\alpha(\beta^2-\gamma^2)(\beta+\gamma\cos\alpha x)} - \frac{\gamma}{\beta^2-\gamma^2}\int\frac{\mathrm{d}x}{\beta+\gamma\cos\alpha x}$

(参看第 337 个积分).

342. $\displaystyle\int \frac{\mathrm{d}x}{\beta^2+\gamma^2\cos^2\alpha x} = \frac{1}{\alpha\beta\sqrt{\beta^2+\gamma^2}}\arctan\frac{\beta\tan\alpha x}{\sqrt{\beta^2+\gamma^2}}$ ($\beta > 0$).

343. $$\int \frac{\mathrm{d}x}{\beta^2-\gamma^2\cos^2\alpha x} = \begin{cases} \dfrac{1}{\alpha\beta\sqrt{\beta^2-\gamma^2}}\arctan\dfrac{\beta\tan\alpha x}{\sqrt{\beta^2-\gamma^2}}, & \beta^2>\gamma^2, \beta>0, \\ \dfrac{1}{2\alpha\beta\sqrt{\gamma^2-\beta^2}}\ln\dfrac{\beta\tan\alpha x-\sqrt{\gamma^2-\beta^2}}{\beta\tan\alpha x+\sqrt{\gamma^2-\beta^2}}, & \gamma^2>\beta^2, \beta>0. \end{cases}$$

含函数 $\sin\alpha x$ 与 $\cos\alpha x$ 的积分

344.* $\displaystyle\int \sin\alpha x\cos\alpha x\mathrm{d}x = \frac{1}{2\alpha}\sin^2\alpha x.$

345.* $\displaystyle\int \sin^2\alpha x\cos^2\alpha x\mathrm{d}x = \frac{3}{8} - \frac{\sin 4\alpha x}{32\alpha}.$

346.* $\displaystyle\int \sin^n\alpha x\cos\alpha x\mathrm{d}x = \frac{1}{\alpha(n+1)}\sin^{n+1}\alpha x$ ($n\in\mathbb{N}$, 参看第 358 个积分).

347.* $\displaystyle\int \sin\alpha x\cos^n\alpha x\mathrm{d}x = -\frac{1}{\alpha(n+1)}\cos^{n+1}\alpha x$ ($n\in\mathbb{N}$, 参看第 357 个积分).

348.* $$\int \sin^n \alpha x \cos^m \alpha x \mathrm{d}x = -\frac{\sin^{n-1} \alpha x \cos^{m-1} \alpha x}{\alpha(n+m)} + \frac{n-1}{n+m}\int \sin^{n-2} \alpha x \cos^m \alpha x \mathrm{d}x = \frac{\sin^{n+1} \alpha x \cos^{m-1} \alpha x}{\alpha(n+m)} + \frac{m-1}{n+m}\int \sin^n \alpha x \cos^{m-2} \alpha x \mathrm{d}x$$

($m, n \in \mathbb{N}; n > 0$; 参看第 359,370 和 381 个积分).

349. $$\int \frac{\mathrm{d}x}{\sin \alpha x \cos \alpha x} = \frac{1}{\alpha}\ln\tan \alpha x.$$

350. $$\int \frac{\mathrm{d}x}{\sin^2 \alpha x \cos \alpha x} = \frac{1}{\alpha}\left[\ln\tan\left(\frac{\pi}{4} + \frac{\alpha x}{2}\right) - \frac{1}{\sin \alpha x}\right].$$

351. $$\int \frac{\mathrm{d}x}{\sin \alpha x \cos^2 \alpha x} = \frac{1}{\alpha}\left(\ln\tan\frac{\alpha x}{2} + \frac{1}{\cos \alpha x}\right).$$

352. $$\int \frac{\mathrm{d}x}{\sin^3 \alpha x \cos \alpha x} = \frac{1}{\alpha}\left(\ln\tan \alpha x - \frac{1}{2\sin^2 \alpha x}\right).$$

353. $$\int \frac{\mathrm{d}x}{\sin \alpha x \cos^3 \alpha x} = \frac{1}{\alpha}\left(\ln\tan \alpha x + \frac{1}{2\cos^2 \alpha x}\right).$$

354. $$\int \frac{\mathrm{d}x}{\sin^2 \alpha x \cos^2 \alpha x} = -\frac{2}{\alpha}\cot 2\alpha x.$$

355. $$\int \frac{\mathrm{d}x}{\sin^2 \alpha x \cos^3 \alpha x} = \frac{1}{\alpha}\left[\frac{\sin \alpha x}{2\cos^2 \alpha x} - \frac{1}{\sin \alpha x} + \frac{3}{2}\ln\tan\left(\frac{\pi}{4} + \frac{\alpha x}{2}\right)\right].$$

356. $$\int \frac{\mathrm{d}x}{\sin^3 \alpha x \cos^2 \alpha x} = \frac{1}{\alpha}\left(\frac{1}{\cos \alpha x} - \frac{\cos \alpha x}{2\sin^2 \alpha x} + \frac{3}{2}\ln\tan\frac{\alpha x}{2}\right).$$

357. $$\int \frac{\mathrm{d}x}{\sin \alpha x \cos^n \alpha x} = \frac{1}{\alpha(n-1)\cos^{n-1} \alpha x} + \int \frac{\mathrm{d}x}{\sin \alpha x \cos^{n-2} \alpha x}$$

($n \neq 1$, 参看第 347, 351 和 353 个积分).

358. $$\int \frac{\mathrm{d}x}{\sin^n \alpha x \cos \alpha x} = -\frac{1}{\alpha(n-1)\sin^{n-1} \alpha x} + \int \frac{\mathrm{d}x}{\sin^{n-2} \alpha x \cos \alpha x}$$

($n \neq 1$, 参看第 346,350 和 352 个积分).

359. $$\int \frac{\mathrm{d}x}{\sin^n \alpha x \cos^m \alpha x} = -\frac{1}{\alpha(n-1)}\frac{1}{\sin^{n-1} \alpha x \cos^{m-1} \alpha x} + \frac{n+m-2}{n-1}\int \frac{\mathrm{d}x}{\sin^{n-2} \alpha x \cos^m \alpha x} = \frac{1}{\alpha(m-1)}\frac{1}{\sin^{n-1} \alpha x \cos^{m-1} \alpha x} + \frac{n+m-2}{m-1}\int \frac{\mathrm{d}x}{\sin^n \alpha x \cos^{m-2} \alpha x}$$

($m, n \in \mathbb{N}; n > 0$; 参看第 348,370 和 381 个积分).

360. $$\int \frac{\sin \alpha x \mathrm{d}x}{\cos^2 \alpha x} = \frac{1}{\alpha\cos \alpha x} = \frac{1}{\alpha}\sec \alpha x.$$

361. $\int \frac{\sin \alpha x \mathrm{d}x}{\cos^3 \alpha x} = \frac{1}{2\alpha \cos^2 \alpha x} = \frac{1}{2\alpha}\tan^2 \alpha x + \frac{1}{2\alpha}.$

362. $\int \frac{\sin \alpha x \mathrm{d}x}{\cos^n \alpha x} = \frac{1}{\alpha(n-1)\cos^{n-1}\alpha x}.$

363. $\int \frac{\sin^2 \alpha x \mathrm{d}x}{\cos \alpha x} = -\frac{1}{\alpha}\sin \alpha x + \frac{1}{\alpha}\ln\tan\left(\frac{\pi}{4}+\frac{\alpha x}{2}\right).$

364. $\int \frac{\sin^2 \alpha x \mathrm{d}x}{\cos^3 \alpha x} = \frac{1}{\alpha}\left[\frac{\sin \alpha x}{2\cos^2 \alpha x} - \frac{1}{2}\ln\tan\left(\frac{\pi}{4}+\frac{\alpha x}{2}\right)\right].$

365. $\int \frac{\sin^2 \alpha x \mathrm{d}x}{\cos^n \alpha x} = \frac{\sin \alpha x}{\alpha(n-1)\cos^{n-1}\alpha x} - \frac{1}{n-1}\int \frac{\mathrm{d}x}{\cos^{n-2}\alpha x}$

($n \in \mathbb{N}, n > 1$, 参看第 315,316 和 318 个积分).

366. $\int \frac{\sin^3 \alpha x \mathrm{d}x}{\cos \alpha x} = -\frac{1}{\alpha}\left(\frac{\sin^2 \alpha x}{2} + \ln\cos \alpha x\right).$

367. $\int \frac{\sin^3 \alpha x \mathrm{d}x}{\cos^2 \alpha x} = \frac{1}{\alpha}\left(\cos \alpha x + \frac{1}{\cos \alpha x}\right).$

368. $\int \frac{\sin^3 \alpha x \mathrm{d}x}{\cos^n \alpha x} = \frac{1}{\alpha}\left[\frac{1}{(n-1)\cos^{n-1}\alpha x} - \frac{1}{(n-3)\cos^{n-3}\alpha x}\right] \quad (n \in \mathbb{N}, n > 3).$

369. $\int \frac{\sin^n \alpha x}{\cos \alpha x}\mathrm{d}x = -\frac{\sin^{n-1}\alpha x}{\alpha(n-1)} + \int \frac{\sin^{n-2}\alpha x \mathrm{d}x}{\cos \alpha x} \quad (n \in \mathbb{N}, n > 1).$

370. $\int \frac{\sin^n \alpha x}{\cos^m \alpha x}\mathrm{d}x = \frac{\sin^{n+1}\alpha x}{\alpha(m-1)\cos^{m-1}\alpha x} - \frac{n-m+2}{m-1}\int \frac{\sin^n \alpha x}{\cos^{m-2}\alpha x}\mathrm{d}x$

$(m, n \in \mathbb{N}; m > 1)$

$= -\frac{\sin^{n-1}\alpha x}{\alpha(n-m)\cos^{m-1}\alpha x} + \frac{n-1}{n-m}\int \frac{\sin^{n-2}\alpha x \mathrm{d}x}{\cos^m \alpha x}$

($m \neq n$, 参看第 348,359 和 381 个积分)

$= \frac{\sin^{n-1}\alpha x}{\alpha(m-1)\cos^{m-1}\alpha x} + \frac{n-1}{m-1}\int \frac{\sin^{n-2}\alpha x \mathrm{d}x}{\cos^{m-2}\alpha x} \quad (m, n \in \mathbb{N}; m > 1).$

371. $\int \frac{\cos \alpha x \mathrm{d}x}{\sin^2 \alpha x} = -\frac{1}{\alpha \sin \alpha x} = -\frac{1}{\alpha}\csc \alpha x.$

372. $\int \frac{\cos \alpha x \mathrm{d}x}{\sin^3 \alpha x} = -\frac{1}{2\alpha \sin^2 \alpha x} = -\frac{\cot^2 \alpha x}{2\alpha} - \frac{1}{2\alpha}.$

373. $\int \frac{\cos \alpha x \mathrm{d}x}{\sin^n \alpha x} = -\frac{1}{\alpha(n-1)\sin^{n-1}\alpha x}.$

374. $\int \frac{\cos^2 \alpha x^2 \mathrm{d}x}{\sin \alpha x} = \frac{1}{\alpha}\left(\cos \alpha x + \ln\tan\frac{\alpha x}{2}\right).$

375. $\int \frac{\cos^2 \alpha x \mathrm{d}x}{\sin^3 \alpha x} = -\frac{1}{2\alpha}\left(\frac{\cos \alpha x}{\sin^2 \alpha x} + \ln\tan\frac{\alpha x}{2}\right).$

376. $\int \frac{\cos^2 \alpha x \mathrm{d}x}{\sin^n \alpha x} = -\frac{1}{(n-1)}\left(\frac{\cos \alpha x}{\alpha \sin^{n-1}\alpha x} + \int \frac{\mathrm{d}x}{\sin^{n-2}\alpha x}\right)$

($n \in \mathbb{N}, n > 1$, 参看第279个积分).

377. $\int \frac{\cos^3 \alpha x \mathrm{d}x}{\sin \alpha x} = \frac{1}{\alpha}\left(\frac{\cos^2 \alpha x}{2} + \ln \sin \alpha x\right)$.

378. $\int \frac{\cos^3 \alpha x \mathrm{d}x}{\sin^2 \alpha x} = -\frac{1}{\alpha}\left(\sin \alpha x + \frac{1}{\sin \alpha x}\right)$.

379. $\int \frac{\cos^3 \alpha x \mathrm{d}x}{\sin^n \alpha x} = \frac{1}{\alpha}\left[\frac{1}{(n-3)\sin^{n-3} \alpha x} - \frac{1}{(n-1)\sin^{n-1} \alpha x}\right] \quad (n \in \mathbb{N}, n > 3)$.

380. $\int \frac{\cos^n \alpha x}{\sin \alpha x}\mathrm{d}x = \frac{\cos^{n-1} \alpha x}{\alpha(n-1)} + \int \frac{\cos^{n-2} \alpha x \mathrm{d}x}{\sin \alpha x} \quad (n \neq 1)$.

381. $$\int \frac{\cos^n \alpha x \mathrm{d}x}{\sin^m \alpha x} = -\frac{\cos^{n+1} \alpha x}{\alpha(m-1)\sin^{m-1} \alpha x} - \frac{n-m+2}{m-1}\int \frac{\cos^n \alpha x \mathrm{d}x}{\sin^{m-2} \alpha x} \quad (m, n \in \mathbb{N}; m > 1)$$

$$= \frac{\cos^{n-1} \alpha x}{\alpha(n-m)\sin^{m-1} \alpha x} + \frac{n-1}{n-m}\int \frac{\cos^{n-2} \alpha x \mathrm{d}x}{\sin^m \alpha x}$$
($m \neq n$, 参看第 348,359 和 370 个积分)

$$= -\frac{\cos^{n-1} \alpha x}{\alpha(m-1)\sin^{m-1} \alpha x} - \frac{n-1}{m-1}\int \frac{\cos^{n-2} \alpha x \mathrm{d}x}{\sin^{m-2} \alpha x} \quad (m, n \in \mathbb{N}; m > 1).$$

382. $\int \frac{\mathrm{d}x}{\sin \alpha x(1 \pm \cos \alpha x)} = \pm\frac{1}{2\alpha(1 \pm \cos \alpha x)} + \frac{1}{2\alpha}\ln \tan \frac{\alpha x}{2}$.

383. $\int \frac{\mathrm{d}x}{\cos \alpha x(1 \pm \sin \alpha x)} = \mp\frac{1}{2\alpha(1 \pm \sin \alpha x)} + \frac{1}{2\alpha}\ln \tan\left(\frac{\pi}{4} + \frac{\alpha x}{2}\right)$.

384. $\int \frac{\sin \alpha x \mathrm{d}x}{\cos \alpha x(1 \pm \cos \alpha x)} = \frac{1}{\alpha}\ln \frac{1 \pm \cos \alpha x}{\cos \alpha x}$.

385. $\int \frac{\cos \alpha x \mathrm{d}x}{\sin \alpha x(1 \pm \alpha x)} = \frac{1}{\alpha}\ln \frac{1 \pm \sin \alpha x}{\sin \alpha x}$.

386. $\int \frac{\sin \alpha x \mathrm{d}x}{\cos \alpha x(1 \pm \sin \alpha x)} = \frac{1}{2\alpha(1 \pm \sin \alpha x)} \pm \frac{1}{2\alpha}\ln \tan\left(\frac{\pi}{4} + \frac{\alpha x}{2}\right)$.

387. $\int \frac{\cos \alpha x \mathrm{d}x}{\sin \alpha x(1 \pm \cos \alpha x)} = -\frac{1}{2\alpha(1 \pm \cos \alpha x)} \pm \frac{1}{2\alpha}\ln \tan \frac{\alpha x}{2}$.

388. $\int \frac{\sin \alpha x \mathrm{d}x}{\sin \alpha x \pm \cos \alpha x} = \frac{x}{2} \mp \frac{1}{2\alpha}\ln(\sin \alpha x \pm \cos \alpha x)$.

389. $\int \frac{\cos \alpha x \mathrm{d}x}{\sin \alpha x \pm \cos \alpha x} = \pm\frac{x}{2} + \frac{1}{2\alpha}\ln(\sin \alpha x \pm \cos \alpha x)$.

390. $\int \frac{\mathrm{d}x}{\sin \alpha x \pm \cos \alpha x} = \frac{1}{\alpha\sqrt{2}}\ln \tan\left(\frac{\alpha x}{2} \pm \frac{\pi}{8}\right)$.

391. $\int \frac{\mathrm{d}x}{1 + \cos \alpha x \pm \sin \alpha x} = \pm\frac{1}{\alpha}\ln\left(1 \pm \tan\frac{\alpha x}{2}\right)$.

392. $\int \frac{\mathrm{d}x}{\beta \sin \alpha x + \gamma \cos \alpha x} = \frac{1}{\alpha\sqrt{\beta^2 + \gamma^2}}\ln \tan \frac{\alpha x + \phi}{2}$,

其中 $\sin\phi=\dfrac{\gamma}{\sqrt{\beta^2+\gamma^2}}$ 且 $\tan\phi=\dfrac{\gamma}{\beta}$.

393. $\displaystyle\int\frac{\sin\alpha x\mathrm{d}x}{\beta+\gamma\cos\alpha x}=-\frac{1}{\alpha\gamma}\ln(\beta+\gamma\cos\alpha x).$

394. $\displaystyle\int\frac{\cos\alpha x\mathrm{d}x}{\beta+\gamma\sin\alpha x}=\frac{1}{\alpha\gamma}\ln(\beta+\gamma\sin\alpha x).$

395. $\displaystyle\int\frac{\mathrm{d}x}{\beta+\gamma\cos\alpha x+\delta\sin\alpha x}=\int\frac{\mathrm{d}(x+\phi\alpha)}{\beta+\sqrt{\gamma^2+\delta^2}\sin(\alpha x+\phi)},$

其中 $\sin\phi=\dfrac{\gamma}{\sqrt{\gamma^2+\delta^2}}$ 且 $\tan\phi=\dfrac{\gamma}{\delta}$ (参看第 296 个积分).

396. $\displaystyle\int\frac{\mathrm{d}x}{\beta^2\cos^2\alpha x+\gamma^2\sin^2\alpha x}=\frac{1}{\alpha\beta\gamma}\arctan\left(\frac{\gamma}{\beta}\tan\alpha x\right).$

397. $\displaystyle\int\frac{\mathrm{d}x}{\beta^2\cos^2\alpha x-\gamma^2\sin^2\alpha x}=\frac{1}{2\alpha\beta\gamma}\ln\frac{\gamma\tan\alpha x+\beta}{\gamma\tan\alpha x-\beta}.$

398. $\displaystyle\int\sin\alpha x\cos\beta x\mathrm{d}x=-\frac{\cos(\alpha+\beta)x}{2(\alpha+\beta)}-\frac{\cos(\alpha-\beta)x}{2(\alpha-\beta)}$

($\alpha^2\neq\beta^2$, 当 $\alpha\neq\beta$ 时, 参看第 344 个积分).

含函数 $\tan\alpha x$ 的积分

399. $\displaystyle\int\tan\alpha x\mathrm{d}x=-\frac{1}{\alpha}\ln\cos\alpha x.$

400. $\displaystyle\int\tan^2\alpha x\mathrm{d}=\frac{\tan\alpha x}{\alpha}-x.$

401. $\displaystyle\int\tan^3\alpha x\mathrm{d}x=\frac{1}{2\alpha}\tan^2\alpha x+\frac{1}{\alpha}\ln\cos\alpha x.$

402. $\displaystyle\int\tan^n\alpha x\mathrm{d}x=\frac{1}{\alpha(n-1)}\tan^{n-1}\alpha x-\int\tan^{n-2}\alpha x\mathrm{d}x.$

403. $\displaystyle\int x\tan\alpha x\mathrm{d}x=\frac{\alpha x^3}{3}+\frac{\alpha^3x^5}{15}+\frac{2\alpha^5x^7}{105}+\frac{17\alpha^7x^9}{2835}+\cdots$

$$+\frac{2^{2n}(2^{2n}-1)B_{2n}\alpha^{2n-1}x^{2n+1}}{(2n+1)!}+\cdots.$$

404. $\displaystyle\int\frac{\tan\alpha x\mathrm{d}x}{x}=\alpha x+\frac{(\alpha x)^3}{9}+\frac{2(\alpha x)^5}{75}+\frac{17(\alpha x)^7}{2205}+\cdots$

$$+\frac{2^{2n}(2^{2n}-1)B_{2n}(\alpha x)^{2n-1}}{(2n-1)(2n!)}+\cdots,$$

B_{2n} 为伯努利数 (参看 0.1.10.4).

405. $\displaystyle\int\frac{\tan^n\alpha x}{\cos^2\alpha x}\mathrm{d}x=\frac{1}{\alpha(n+1)}\tan^{n+1}\alpha x\quad(n\neq-1).$

406. $\displaystyle\int \frac{dx}{\tan\alpha x \pm 1} = \pm\frac{x}{2} + \frac{1}{2\alpha}\ln(\sin\alpha x \pm \cos\alpha x).$

407. $\displaystyle\int \frac{\tan\alpha x dx}{\tan\alpha x \pm 1} = \frac{x}{2} \mp \frac{1}{2\alpha}\ln(\sin\alpha x \pm \cos\alpha x).$

含函数 $\cot\alpha x$ 的积分

408. $\displaystyle\int \cot\alpha x dx = \frac{1}{\alpha}\ln\sin\alpha x.$

409. $\displaystyle\int \cot^2\alpha x dx = -\frac{\cot\alpha x}{\alpha} - x.$

410. $\displaystyle\int \cot^3\alpha x dx = -\frac{1}{2\alpha}\cot^2\alpha x - \frac{1}{\alpha}\ln\sin\alpha x.$

411. $\displaystyle\int \cot^n\alpha x dx = -\frac{1}{\alpha(n-1)}\cot^{n-1}\alpha x - \int\cot^{n-2}\alpha x dx \quad (n \neq 1).$

412. $\displaystyle\int x\cot\alpha x dx = \frac{x}{\alpha} - \frac{\alpha x^3}{9} - \frac{\alpha^3 x^5}{225} - \cdots - \frac{2^{2n}B_{2n}\alpha^{2n-1}x^{2n+1}}{(2n+1)!} - \cdots$, B_{2n}为伯努利数 (参看 0.1.10.4).

413. $\displaystyle\int \frac{\cot\alpha x dx}{x} = -\frac{1}{\alpha x} - \frac{\alpha x}{3} - \frac{(\alpha x)^3}{135} - \frac{2(\alpha x)^5}{4725} - \cdots - \frac{2^{2n}B_{2n}(\alpha x)^{2n-1}}{(2n-1)(2n)!} - \cdots$, B_{2n}为伯努利数 (参看 0.1.10.4).

414. $\displaystyle\int \frac{\cot^n\alpha x}{\sin^2\alpha x}dx = -\frac{1}{\alpha(n+1)}\cot^{n+1}\alpha x \quad (n \neq -1).$

415. $\displaystyle\int \frac{dx}{1 \pm \cot\alpha x} = \int \frac{\tan\alpha x dx}{\tan\alpha x \pm 1}$ (参看第 407 个积分).

0.9.5.4 含其他超越函数的积分

含 $e^{\alpha x}$ 的积分

416.* $\displaystyle\int e^{\alpha x}dx = \frac{1}{\alpha}e^{\alpha x}.$

417.* $\displaystyle\int xe^{\alpha x}dx = \frac{e^{\alpha x}}{\alpha^2}(\alpha x - 1).$

418.* $\displaystyle\int x^2e^{\alpha x}dx = e^{\alpha x}\left(\frac{x^2}{\alpha} - \frac{2x}{\alpha^2} + \frac{2}{\alpha^3}\right).$

419.* $\displaystyle\int x^ne^{\alpha x}dx = \frac{1}{\alpha}x^ne^{\alpha x} - \frac{n}{\alpha}\int x^{n-1}e^{\alpha x}dx.$

420 $\displaystyle\int \frac{e^{\alpha x}}{x}dx = \ln x + \frac{\alpha x}{1\cdot 1!} + \frac{(\alpha x)^2}{2\cdot 2!} + \frac{(\alpha x)^3}{3\cdot 3!} + \cdots.$

广义积分$\int_{-\infty}^{x}\frac{\mathrm{e}^t}{t}\mathrm{d}t$称为积分指数函数, 记为Ei$(x)$.当$x>0$时, 该积分在$t=0$处发散, 此时Ei$(x)$是这个广义积分的主值 (参看 0.5.5 和 0.7.2).

$$\int_{-\infty}^{x}\frac{\mathrm{e}^t}{t}\mathrm{d}t=\mathrm{C}+\ln x+\frac{x}{1\cdot 1!}+\frac{x^2}{2\cdot 2!}+\frac{x^3}{3\cdot 3!}+\cdots+\frac{x^n}{n\cdot n!}+\cdots$$

(C 为欧拉常数, 参看 0.1.1).

421. $\int\frac{\mathrm{e}^{\alpha x}}{x^n}\mathrm{d}x=\frac{1}{n-1}\left(-\frac{\mathrm{e}^{\alpha x}}{x^{n-1}}+\alpha\int\frac{\mathrm{e}^{\alpha x}}{x^{n-1}}\mathrm{d}x\right)\quad(n\in\mathbb{N},n>1).$

422. $\int\frac{\mathrm{d}x}{1+\mathrm{e}^{\alpha x}}=\frac{1}{\alpha}\ln\frac{\mathrm{e}^{\alpha x}}{1+\mathrm{e}^{\alpha x}}.$

423. $\int\frac{\mathrm{d}x}{\beta+\gamma\mathrm{e}^{\alpha x}}=\frac{x}{\beta}-\frac{1}{\alpha\beta}\ln(\beta+\gamma\mathrm{e}^{\alpha x}).$

424. $\int\frac{\mathrm{e}^{\alpha x}\mathrm{d}x}{\beta+\gamma\mathrm{e}^{\alpha x}}=\frac{1}{\alpha\gamma}\ln(\beta+\gamma\mathrm{e}^{\alpha x}).$

425. $\int\frac{\mathrm{d}x}{\beta\mathrm{e}^{\alpha x}+\gamma\mathrm{e}^{-\alpha x}}=\begin{cases}\frac{1}{\alpha\sqrt{\beta\gamma}}\arctan\left(\mathrm{e}^{\alpha x}\sqrt{\frac{\beta}{\gamma}}\right), & \beta\gamma>0,\\ \frac{1}{2\alpha\sqrt{-\beta\gamma}}\ln\frac{\gamma+\mathrm{e}^{\alpha x}\sqrt{-\beta\gamma}}{\gamma-\mathrm{e}^{\alpha x}\sqrt{-\beta\gamma}}, & \beta\gamma<0.\end{cases}$

426. $\int\frac{x\mathrm{e}^{\alpha x}\mathrm{d}x}{(1+\alpha x)^2}=\frac{\mathrm{e}^{\alpha x}}{\alpha^2(1+\alpha x)}.$

427. $\int\mathrm{e}^{\alpha x}\ln x\mathrm{d}x=\frac{\mathrm{e}^{\alpha x}\ln x}{\alpha}-\frac{1}{\alpha}\int\frac{\mathrm{e}^{\alpha x}}{x}\mathrm{d}x$ (参看第 420 个积分).

428.* $\int\mathrm{e}^{\alpha x}\sin\beta x\mathrm{d}x=\frac{\mathrm{e}^{\alpha x}}{\alpha^2+\beta^2}(\alpha\sin\beta x-\beta\cos\beta x).$

429.* $\int\mathrm{e}^{\alpha x}\cos\beta x\mathrm{d}x=\frac{\mathrm{e}^{\alpha x}}{\alpha^2+\beta^2}(\alpha\cos\beta x+\beta\sin\beta x).$

430.* $\int\mathrm{e}^{\alpha x}\sin^n x\mathrm{d}x=\frac{\mathrm{e}^{\alpha x}\sin^{n-1}x}{\alpha^2+n^2}(\alpha\sin x-n\cos x)+\frac{n(n-1)}{\alpha^2+n^2}\int\mathrm{e}^{\alpha x}\sin^{n-2}x\mathrm{d}x$

(参看第 416 和 428 个积分).

431.* $\int\mathrm{e}^{\alpha x}\cos^n x\mathrm{d}x=\frac{\mathrm{e}^{\alpha x}\cos^{n-1}x}{\alpha^2+n^2}(\alpha\cos x+n\sin x)+\frac{n(n-1)}{\alpha^2+n^2}\int\mathrm{e}^{\alpha x}\cos^{n-2}x\mathrm{d}x$

(参看第 416 和 429 个积分).

432.* $\int x\mathrm{e}^{\alpha x}\sin\beta x\mathrm{d}x=\frac{x\mathrm{e}^{\alpha x}}{\alpha^2+\beta^2}(\alpha\sin\beta x-\beta\cos\beta x)$

$$-\frac{\mathrm{e}^{\alpha x}}{(\alpha^2+\beta^2)^2}[(\alpha^2-\beta^2)\sin\beta x-2\alpha\beta\cos\beta x].$$

433.* $\int x\mathrm{e}^{\alpha x}\cos\beta x\mathrm{d}x=\frac{x\mathrm{e}^{\alpha x}}{\alpha^2+\beta^2}(\alpha\cos\beta x+\beta\sin\beta x)$

$$-\frac{\mathrm{e}^{\alpha x}}{(\alpha^2+\beta^2)^2}[(\alpha^2-\beta^2)\cos\beta x+2\alpha\beta\sin\beta x].$$

含 $\ln x$ 的积分

434. $\int \ln x \mathrm{d}x = x(\ln x - 1)$.

435. $\int (\ln x)^2 \mathrm{d}x = x[(\ln x)^2 - 2\ln x + 2]$.

436. $\int (\ln x)^3 \mathrm{d}x = x[(\ln x)^3 - 3(\ln x)^2 + 6\ln x - 6]$.

437. $\int (\ln x)^n \mathrm{d}x = x(\ln x)^n - n\int (\ln x)^{n-1}\mathrm{d}x \quad (n \neq -1, n \in \mathbb{Z})$.

438. $\int \frac{\mathrm{d}x}{\ln x} = \ln\ln x + \ln x + \frac{(\ln x)^2}{2\cdot 2!} + \frac{(\ln x)^3}{3\cdot 3!} + \cdots$.

积分 $\int_0^\infty \frac{\mathrm{d}t}{\ln t}$ 称为*对数积分*, 记为$\mathrm{li}(x)$.当$x > 1$时, 它在点$t = 1$处发散. 此时, 函数$\mathrm{li}(x)$的值是这个广义积分的主值 (参看 0.5.5 和 0.7.2).

439. $\int \frac{\mathrm{d}x}{(\ln x)^n} = -\frac{x}{(n-1)(\ln x)^{n-1}} + \frac{1}{n-1}\int \frac{\mathrm{d}x}{(\ln x)^{n-1}}$
($n \in \mathbb{N}, n > 1$, 参看第 438 个积分).

440. $\int x^m \ln x \mathrm{d}x = x^{m+1}\left[\frac{\ln x}{m+1} - \frac{1}{(m+1)^2}\right]$ ($m \in \mathbb{N}$, 参看第 443 个积分).

441. $\int x^m (\ln x)^n \mathrm{d}x = \frac{x^{m+1}(\ln x)^n}{m+1} - \frac{n}{m+1}\int x^m (\ln x)^{n-1}\mathrm{d}x$
($m, n \in \mathbb{N}$, 参看第 444,446 和 450 个积分).

442. $\int \frac{(\ln x)^n}{x}\mathrm{d}x = \frac{(\ln x)^{n+1}}{n+1}$.

443. $\int \frac{\ln x}{x^m}\mathrm{d}x = -\frac{\ln x}{(m-1)x^{m-1}} - \frac{1}{(m-1)^2 x^{m-1}}$ ($m \in \mathbb{N}, m > 1$).

444. $\int \frac{(\ln x)^n}{x^m}\mathrm{d}x = -\frac{(\ln x)^n}{(m-1)x^{m-1}} + \frac{n}{m-1}\int \frac{(\ln x)^{n-1}}{x^m}\mathrm{d}x$
($m, n \in \mathbb{N}, m > 1$, 参看第 441 和 446 个积分).

445. $\int \frac{x^m \mathrm{d}x}{\ln x} = \int \frac{\mathrm{e}^{-y}}{y}\mathrm{d}y$ 且$y = -(m+1)\ln x$ (参看第 420 个积分).

446. $\int \frac{x^m \mathrm{d}x}{(\ln x)^n} = -\frac{x^{m+1}}{(n-1)(\ln x)^{n-1}} + \frac{m+1}{n-1}\int \frac{x^m \mathrm{d}x}{(\ln x)^{n-1}}$
($m, n \in \mathbb{N}, n > 1$, 参看第 441 和 444 个积分).

447. $\int \frac{\mathrm{d}x}{x\ln x} = \ln\ln x$.

448. $\displaystyle\int\frac{\mathrm{d}x}{x^n\ln x}=\ln\ln x-(n-1)\ln x+\frac{(n-1)^2(\ln x)^2}{2\cdot 2!}-\frac{(n-1)^3(\ln x)^3}{3\cdot 3!}+\cdots.$

449. $\displaystyle\int\frac{\mathrm{d}x}{x(\ln x)^n}=\frac{-1}{(n-1)(\ln x)^{n-1}}\quad(n\in\mathbb{N},n>1).$

450. $\displaystyle\int\frac{\mathrm{d}x}{x^m(\ln x)^n}=\frac{-1}{x^{m-1}(n-1)(\ln x)^{n-1}}-\frac{m-1}{n-1}\int\frac{\mathrm{d}x}{x^m(\ln x)^{n-1}}$

($m,n\in\mathbb{N},n>1$, 参看第 441,444 和 446 个积分).

451. $\displaystyle\int\ln\sin x\mathrm{d}x=x\ln x-x-\frac{x^3}{18}-\frac{x^5}{900}-\cdots-\frac{2^{2n-1}B_{2n}x^{2n+1}}{n(2n+1)!}-\cdots.$

452. $\displaystyle\int\ln\cos x\mathrm{d}x=-\frac{x^3}{6}-\frac{x^5}{60}-\frac{x^7}{315}-\cdots-\frac{2^{2n-1}(2^{2n-1})B_{2n}}{n(2n+1)!}x^{2n+1}-\cdots.$

453. $\displaystyle\int\ln\tan x\mathrm{d}x=x\ln x-x+\frac{x^3}{9}+\frac{7x^5}{450}+\cdots+\frac{2^{2n}(2^{2n-1}-1)B_{2n}}{n(2n+1)!}x^{2n+1}+\cdots,$

B_{2n}为伯努利数 (参看 1.1.10.4).

454. $\displaystyle\int\sin\ln x\mathrm{d}x=\frac{x}{2}(\sin\ln x-\cos\ln x).$

455. $\displaystyle\int\cos\ln x\mathrm{d}x=\frac{x}{2}(\sin\ln x+\cos\ln x).$

456. $\displaystyle\int\mathrm{e}^{\alpha x}\ln x\mathrm{d}x=\frac{1}{\alpha}\mathrm{e}^{\alpha x}\ln x-\frac{1}{\alpha}\int\frac{\mathrm{e}^{\alpha x}}{x}\mathrm{d}x$ (参看第 420 个积分).

含双曲函数的积分

457.* $\displaystyle\int\sinh\alpha x\mathrm{d}x=\frac{1}{\alpha}\cosh\alpha x.$

458.* $\displaystyle\int\cosh\alpha x\mathrm{d}x=\frac{1}{\alpha}\sinh\alpha x.$

459.* $\displaystyle\int\sinh^2\alpha x\mathrm{d}x=\frac{1}{2\alpha}\sinh\alpha x\cosh\alpha x-\frac{1}{2}x.$

460.* $\displaystyle\int\cosh^2\alpha x\mathrm{d}x=\frac{1}{2\alpha}\sinh\alpha x\cosh\alpha x+\frac{1}{2}x.$

461. $\displaystyle\int\sinh^2\alpha x\mathrm{d}x$

$$=\begin{cases}\dfrac{1}{\alpha n}\sinh^{n-1}\alpha x\cosh\alpha x-\dfrac{n-1}{n}\displaystyle\int\sinh^{n-2}\alpha x\mathrm{d}x, & n\in\mathbb{N},n>0^{1)},\\ \dfrac{1}{\alpha(n+1)}\sinh^{n+1}\alpha x\cos\mathrm{h}\alpha x-\dfrac{n+2}{n+1}\displaystyle\int\sinh^{n+2}\alpha x\mathrm{d}x, & n\in\mathbb{Z},n<-1.\end{cases}$$

1) 在这种情况下, 该公式对复数 x 也成立.

462. $\int \cosh^n \alpha x \mathrm{d}x$

$$= \begin{cases} \dfrac{1}{\alpha n}\sinh\alpha x\cosh^{n-1}\alpha x + \dfrac{n-1}{n}\int \cosh^{n-2}\alpha x \mathrm{d}x, & n \in \mathbb{N}, n > 0, \\ -\dfrac{1}{\alpha(n+1)}\sinh\alpha x\cosh^{n+1}\alpha x + \dfrac{n+2}{n+1}\int \cosh^{n+2}\alpha x \mathrm{d}x, & n \in \mathbb{Z}, n < -1. \end{cases}$$

463.* $\int \sinh\alpha x \sinh\beta x \mathrm{d}x = \dfrac{1}{\alpha^2 - \beta^2}(\alpha\sinh\beta x\cosh\alpha x$

$-\beta\cosh\beta x\sinh\alpha x), \quad \alpha^2 \neq \beta^2.$

464.* $\int \cosh\alpha x \cosh\beta x \mathrm{d}x = \dfrac{1}{\alpha^2 - \beta^2}(\alpha\sinh\alpha x\cosh\beta x$

$-\beta\sinh\beta x\cosh\alpha x), \quad \alpha^2 \neq \beta^2.$

465.* $\int \cosh\alpha x \sinh\beta x \mathrm{d}x = \dfrac{1}{\alpha^2 - \beta^2}(\alpha\sinh\beta x\sinh\alpha x$

$-\beta\cosh\beta x\cosh\alpha x), \quad \alpha^2 \neq \beta^2.$

466.* $\int \sinh\alpha x \sin \alpha x \mathrm{d}x = \dfrac{1}{2\alpha}(\cosh\alpha x \sin \alpha x - \sinh\alpha x \cos \alpha x).$

467.* $\int \cosh\alpha x \cos \alpha x \mathrm{d}x = \dfrac{1}{2\alpha}(\sinh\alpha x \cos \alpha x + \cosh\alpha x \sin \alpha x).$

468.* $\int \sinh\alpha x \cos \alpha x \mathrm{d}x = \dfrac{1}{2\alpha}(\cosh\alpha x \cos \alpha x + \sinh\alpha x \sin \alpha x).$

469.* $\int \cosh\alpha x \sin \alpha x \mathrm{d}x = \dfrac{1}{2\alpha}(\sinh\alpha x \sin \alpha x - \cosh\alpha x \cos \alpha x).$

470.* $\int \dfrac{\mathrm{d}x}{\sinh\alpha x} = \dfrac{1}{\alpha} \ln \tanh \dfrac{\alpha x}{2}.$

471. $\int \dfrac{\mathrm{c}x}{\cosh\alpha x} = \dfrac{2}{\alpha}\operatorname{arctan} e^{\alpha x}.$

472. $\int x\sinh\alpha x \mathrm{d}x = \dfrac{1}{\alpha}x\cosh\alpha x - \dfrac{1}{\alpha^2}\sinh\alpha x.$

473.* $\int x\cosh\alpha x \mathrm{d}x = \dfrac{1}{\alpha}x\sinh\alpha x - \dfrac{1}{\alpha^2}\cosh\alpha x.$

474. $\int \tanh\alpha x \mathrm{d}x = \dfrac{1}{\alpha} \ln \cosh\alpha x.$

475. $\int \coth\alpha x \mathrm{d}x = \dfrac{1}{\alpha} \ln \sinh\alpha x.$

476. $\int \tanh^2\alpha x \mathrm{d}x = x - \dfrac{\tanh\alpha x}{\alpha}.$

477. $\int \coth^2\alpha x \mathrm{d}x = x - \dfrac{\coth\alpha x}{\alpha}.$

含反三角函数的积分

478. $\int \arcsin\frac{x}{\alpha}\mathrm{d}x = x\arcsin\frac{x}{\alpha}+\sqrt{\alpha^2-x^2} \quad (|x|<|\alpha|).$

479. $\int x\arcsin\frac{x}{\alpha}\mathrm{d}x = \left(\frac{x^2}{2}-\frac{\alpha^2}{4}\right)\arcsin\frac{x}{\alpha}+\frac{x}{4}\sqrt{\alpha^2-x^2} \quad (|x|<|\alpha|).$

480. $\int x^2\arcsin\frac{x}{\alpha}\mathrm{d}x = \frac{x^3}{3}\arcsin\frac{x}{\alpha}+\frac{1}{9}(x^2+2\alpha^2)\sqrt{\alpha^2-x^2} \quad (|x|<|\alpha|).$

481. $\int \frac{\arcsin\frac{x}{\alpha}\mathrm{d}x}{x} = \frac{x}{\alpha}+\frac{1}{2\cdot 3\cdot 3}\frac{x^3}{\alpha^3}+\frac{1\cdot 3}{2\cdot 4\cdot 5\cdot 5}\frac{x^5}{\alpha^5}+\frac{1\cdot 3\cdot 5}{2\cdot 4\cdot 6\cdot 7\cdot 7}\frac{x^7}{\alpha^7}+\cdots.$

482. $\int \frac{\arcsin\frac{x}{\alpha}\mathrm{d}x}{x^2} = -\frac{1}{x}\arcsin\frac{x}{\alpha}-\frac{1}{\alpha}\ln\frac{\alpha+\sqrt{\alpha^2-x^2}}{x} \quad (|x|<|\alpha|).$

483. $\int \arccos\frac{x}{\alpha}\mathrm{d}x = x\arccos\frac{x}{\alpha}-\sqrt{\alpha^2-x^2} \quad (|x|<|\alpha|).$

484. $\int x\arccos\frac{x}{\alpha}\mathrm{d}x = \left(\frac{x^2}{2}-\frac{\alpha^2}{4}\right)\arccos\frac{x}{\alpha}-\frac{x}{4}\sqrt{\alpha^2-x^2} \quad (|x|<|\alpha|).$

485. $\int x^2\arccos\frac{x}{\alpha}\mathrm{d}x = \frac{x^3}{3}\arccos\frac{x}{\alpha}-\frac{1}{9}(x^2+2\alpha^2)\sqrt{\alpha^2-x^2} \quad (|x|<|\alpha|).$

486. $$\int \frac{\arccos\frac{x}{\alpha}\mathrm{d}x}{x} = \frac{\pi}{x}\ln x-\frac{x}{\alpha}-\frac{1}{2\cdot 3\cdot 3}\frac{x^3}{\alpha^3}$$
$$-\frac{1\cdot 3}{2\cdot 4\cdot 5\cdot 5}\frac{x^5}{\alpha^5}-\frac{1\cdot 3\cdot 5}{2\cdot 4\cdot 6\cdot 7\cdot 7}\frac{x^7}{\alpha^7}-\cdots.$$

487. $\int \frac{\arccos\frac{x}{\alpha}\mathrm{d}x}{x^2} = -\frac{1}{x}\arccos\frac{x}{\alpha}+\frac{1}{\alpha}\ln\frac{\alpha+\sqrt{\alpha^2-x^2}}{x} \quad (|x|<|\alpha|).$

488. $\int \arctan\frac{x}{\alpha}\mathrm{d}x = x\arctan\frac{x}{\alpha}-\frac{\alpha}{2}\ln(\alpha^2+x^2).$

489. $\int x\arctan\frac{x}{\alpha}\mathrm{d}x = \frac{1}{2}(x^2+\alpha^2)\arctan\frac{x}{\alpha}-\frac{\alpha x}{2}.$

490. $\int x^2\arctan\frac{x}{\alpha}\mathrm{d}x = \frac{x^3}{3}\arctan\frac{x}{\alpha}-\frac{\alpha x^2}{6}+\frac{\alpha^3}{6}\ln(\alpha^2+x^2).$

491. $\int x^n\arctan\frac{x}{\alpha}\mathrm{d}x = \frac{x^{n+1}}{n+1}\arctan\frac{x}{\alpha}-\frac{\alpha}{n+1}\int\frac{x^{n+1}\mathrm{d}x}{\alpha^2+x^2}$

($n\in\mathbb{N}$, 参看第 494 个积分).

492. $\int \frac{\arctan\frac{x}{\alpha}\mathrm{d}x}{x} = \frac{x}{\alpha}-\frac{x^3}{3^2\alpha^3}+\frac{x^5}{5^2\alpha^5}-\frac{x^7}{7^2\alpha^7}+\cdots \quad (|x|<|\alpha|).$

493. $\int \frac{\arctan\frac{x}{\alpha}\mathrm{d}x}{x^2} = -\frac{1}{x}\arctan\frac{x}{\alpha}-\frac{1}{2\alpha}\ln\frac{\alpha^2+x^2}{x^2}.$

494. $\int \frac{\arctan\frac{x}{\alpha}\mathrm{d}x}{x^n} = -\frac{1}{(n-1)x^{n-1}}\arctan\frac{x}{\alpha} + \frac{\alpha}{n-1}\int \frac{\mathrm{d}x}{x^{n-1}(\alpha^2+x^2)}$

($n \in \mathbb{N}$, 参看第 491 个积分).

495. $\int \operatorname{arccot}\frac{x}{\alpha}\mathrm{d}x = x\operatorname{arccot}\frac{x}{\alpha} + \frac{\alpha}{2}\ln(\alpha^2+x^2)$.

496. $\int x\operatorname{arccot}\frac{x}{\alpha}\mathrm{d}x = \frac{1}{2}(x^2+\alpha^2)\operatorname{arccot}\frac{x}{\alpha} + \frac{\alpha x}{2}$.

497. $\int x^2\operatorname{arccot}\frac{x}{\alpha}\mathrm{d}x = \frac{x^3}{\alpha}\operatorname{arccot}\frac{x}{\alpha} + \frac{\alpha x^2}{6} - \frac{\alpha^3}{6}\ln(\alpha^2+x^2)$.

498. $\int x^n\operatorname{arccot}\frac{x}{\alpha}\mathrm{d}x = \frac{x^{n+1}}{n+1}\operatorname{arccot}\frac{x}{\alpha} + \frac{\alpha}{n+1}\int \frac{x^{n+1}\mathrm{d}x}{\alpha^2+x^2}$

($n \in \mathbb{N}$, 参看第 501 个积分).

499. $\int \frac{\operatorname{arccot}\frac{x}{\alpha}\mathrm{d}x}{x} = \frac{\pi}{2}\ln x - \frac{x}{\alpha} + \frac{x^3}{3^2\alpha^3} - \frac{x^5}{5^2\alpha^5} + \frac{x^7}{7^2\alpha^7} - \cdots$.

500. $\int \frac{\operatorname{arccot}\frac{x}{\alpha}\mathrm{d}x}{x^2} = -\frac{1}{x}\operatorname{arccot}\frac{x}{\alpha} + \frac{1}{2\alpha}\ln\frac{\alpha^2+x^2}{x^2}$.

501. $\int \frac{\operatorname{arccot}\frac{x}{\alpha}\mathrm{d}x}{x^n} = -\frac{1}{(n-1)x^{n-1}}\operatorname{arccot}\frac{x}{\alpha} - \frac{\alpha}{n-1}\int \frac{\mathrm{d}x}{x^{n-1}(\alpha^2+x^2)}$

($n \in \mathbb{N}$, 参看第 498 个积分).

0.9.5.5 含反双曲函数的积分

502. $\int \operatorname{arsinh}\frac{x}{\alpha}\mathrm{d}x = x\operatorname{arsinh}\frac{x}{\alpha} - \sqrt{x^2+\alpha^2}$.

503. $\int \operatorname{arcosh}\frac{x}{\alpha}\mathrm{d}x = x\operatorname{arcosh}\frac{x}{\alpha} - \sqrt{x^2-\alpha^2} \quad (|\alpha| < |x|)$.

504. $\int \operatorname{artanh}\frac{x}{\alpha}\mathrm{d}x = x\operatorname{artanh}\frac{x}{\alpha} + \frac{\alpha}{2}\ln(\alpha^2-x^2) \quad (|x| < |\alpha|)$.

505. $\int \operatorname{arcoth}\frac{x}{\alpha}\mathrm{d}x = x\operatorname{arcoth}\frac{x}{\alpha} + \frac{\alpha}{2}\ln(x^2-\alpha^2) \quad (|\alpha| < |x|)$.

0.9.6 定积分表

0.9.6.1 含指数函数的积分

这里考虑含指数函数、代数函数、三角函数和对数函数的积分.

1. $\int_0^\infty x^n \mathrm{e}^{-\alpha x}\mathrm{d}x = \frac{\Gamma(n+1)}{\alpha^{n+1}}(\alpha, n \in \mathbb{R}, \alpha > 0, n > -1)$.

(伽马函数 $\Gamma(n)$, 参看 0.5.1).

当 $n\in\mathbb{N}$ 时, 这个积分等于 $\dfrac{n!}{\alpha^{n+1}}$.

2. $$\int_0^\infty x^n \mathrm{e}^{-\alpha x^2}\mathrm{d}x=\begin{cases}\dfrac{\Gamma\left(\dfrac{n+1}{2}\right)}{2\alpha^{\left(\frac{n+1}{2}\right)}}, & n,\alpha,\in\mathbb{R},\alpha>0,n>-1,\\ \dfrac{1\cdot 3\cdots(2k-1)\sqrt{\pi}}{2^{k+1}\alpha^{k+1/2}}, & n=2k,k\in\mathbb{N},\\ \dfrac{k!}{2\alpha^{k+1}}, & n=2k+1,k\in\mathbb{N}\end{cases}$$

(参看第 1 个积分).

3. $\displaystyle\int_0^\infty \mathrm{e}^{-\alpha^2x^2}\mathrm{d}x=\frac{\sqrt{\pi}}{2\alpha},\quad \alpha>0.$

4. $\displaystyle\int_0^\infty x^2\mathrm{e}^{-\alpha^2x^2}\mathrm{d}x=\frac{\sqrt{\pi}}{4\alpha^3},\quad \alpha>0.$

5. $\displaystyle\int_0^\infty \mathrm{e}^{-\alpha^2x^2}\cos\beta x\mathrm{d}x=\frac{\sqrt{\pi}}{2\alpha}\mathrm{e}^{-\beta^2/4\alpha^2},\quad \alpha>0.$

6. $\displaystyle\int_0^\infty \frac{x\mathrm{d}x}{\mathrm{e}^x-1}=\frac{\pi^2}{6}.$

7. $\displaystyle\int_0^\infty \frac{x\mathrm{d}x}{\mathrm{e}^x+1}=\frac{\pi^2}{12}.$

8. $\displaystyle\int_0^\infty \frac{\mathrm{e}^{-\alpha x}\sin x}{x}\mathrm{d}x=\mathrm{arccot}\alpha=\arctan\frac{1}{\alpha},\quad \alpha>0.$

9. $\displaystyle\int_0^\infty \mathrm{e}^{-x}\ln x\mathrm{d}x=-\mathrm{C}\approx-0.577\,2.$

10. $\displaystyle\int_0^\infty \mathrm{e}^{-x^2}\ln x\mathrm{d}x=\frac{1}{4}\Gamma'\left(\frac{1}{2}\right)=-\frac{\sqrt{\pi}}{4}(\mathrm{C}+2\ln 2).$

11. $\displaystyle\int_0^\infty \mathrm{e}^{-x^2}\ln^2 x\mathrm{d}x=\frac{\sqrt{\pi}}{8}\left[(\mathrm{C}+2\ln 2)^2+\frac{\pi^2}{2}\right].$

在第 9 至 11 个积分中, C 是欧拉常数 (参看 0.1.1)

12. $$\int_0^{\pi/2}\sin^{2a+1}x\cos^{2b+1}x\mathrm{d}x=\begin{cases}\dfrac{\Gamma(a+1)\Gamma(b+1)}{2\Gamma(a+b+2)}=\dfrac{1}{2}\mathrm{B}(a+1,b+1), & a,b\in\mathbb{R},\\ \dfrac{a!b!}{2(a+b+1)!}, & a,b\in\mathbb{N}.\end{cases}$$

$\mathrm{B}(x,y)=\dfrac{\Gamma(x)\cdot\Gamma(y)}{\Gamma(x+y)}$是所谓的 β 函数, 也称为第一类欧拉积分, $\Gamma(x)$ 是 Γ 函数, 也称为第二类欧拉积分 (参看第 1 个积分).

13. $\int_{-\pi}^{\pi} \sin(mx)\sin(nx)\mathrm{d}x = \delta_{m,n}\cdot\pi(m,n\in\mathbb{N})^{1)}$.

14. $\int_{-\pi}^{\pi} \cos(mx)\sin(nx)\mathrm{d}x = 0 \quad (m,n\in\mathbb{N})$.

15. $\int_{-\pi}^{\pi} \cos(mx)\cos(nx)\mathrm{d}x = \delta_{m,n}\cdot\pi \quad (m,n\in\mathbb{N})^{2)}$.

16. $\int_0^{\infty} \frac{\sin\alpha x}{x}\mathrm{d}x = \begin{cases} \frac{\pi}{2}, & \alpha>0, \\ -\frac{\pi}{2}, & \alpha<0. \end{cases}$

17. $\int_0^{\infty} \frac{\sin\beta x}{x^s}\mathrm{d}x = \frac{\pi\beta^{s-1}}{2\Gamma(s)\sin s\pi/2}, \quad 0<s<2$.

18. $\int_0^{a} \frac{\cos\alpha x\mathrm{d}x}{x} = \infty \quad (a\in\mathbb{R})$.

19. $\int_0^{\infty} \frac{\cos\beta x}{x^s}\mathrm{d}x = \frac{\pi\beta^{s-1}}{2\Gamma(s)\cos s\pi/2}, \quad 0<s<1$.

20. $\int_0^{\infty} \frac{\tan\alpha x\mathrm{d}x}{x} = \begin{cases} \frac{\pi}{2}, & \alpha>0, \\ -\frac{\pi}{2}, & \alpha<0. \end{cases}$

21. $\int_0^{\infty} \frac{\cos\alpha x-\cos\beta x}{x}\mathrm{d}x = \ln\frac{\beta}{\alpha}$.

22. $\int_0^{\infty} \frac{\sin x\cos\alpha x}{x}\mathrm{d}x = \begin{cases} \frac{\pi}{2}, & |\alpha|<1, \\ \frac{\pi}{4}, & |\alpha|=1, \\ 0, & |\alpha|>1. \end{cases}$

23. $\int_0^{\infty} \frac{\sin x}{\sqrt{x}}\mathrm{d}x = \int_0^{\infty} \frac{\cos x}{\sqrt{x}}\mathrm{d}x = \sqrt{\frac{\pi}{2}}$.

24. $\int_0^{\infty} \frac{x\sin\beta x}{\alpha^2+x^2}\mathrm{d}x = \mathrm{sgn}(\beta)\frac{\pi}{2}\mathrm{e}^{-|\alpha\beta|}$

(当 $\beta<0$ 时, $\mathrm{sgn}(\beta)=-1$; 当 $\beta>0$ 时, $\mathrm{sgn}(\beta)=1$).

25. $\int_0^{\infty} \frac{\cos\alpha x}{1+x^2}\mathrm{d}x = \frac{\pi}{2}\mathrm{e}^{-|\alpha|}$.

26. $\int_0^{\infty} \frac{\sin^2\alpha x}{x^2}\mathrm{d}x = \frac{\pi}{2}|\alpha|$.

---

1) 2) $\delta_{m,n}$ 为克罗内克符号. 当 $m\neq n$ 时, $\delta_{m,n}=0$, 当 $m=n$ 时, $\delta_{m,n}=1$.

27. $\int_{-\infty}^{+\infty} \sin(x^2)\mathrm{d}x = \int_{-\infty}^{+\infty} \cos(x^2)\mathrm{d}x = \sqrt{\frac{\pi}{2}}$.

28. $\int_0^{\pi/2} \frac{\sin x\mathrm{d}x}{\sqrt{1-a^2\sin^2 x}} = \frac{1}{2a}\ln\frac{1+a}{1-a}, \quad |a|<1$.

29. $\int_0^{\pi/2} \frac{\cos x\mathrm{d}x}{\sqrt{1-a^2\sin^2 x}} = \frac{1}{a}\arcsin a, \quad |a|<1$.

30. $\int_0^{\pi/2} \frac{\sin^2 x\mathrm{d}x}{\sqrt{1-a^2\sin^2 x}} = \frac{1}{a^2}(\mathrm{K}-\mathrm{E}), \quad |a|<1$.

31. $\int_0^{\pi/2} \frac{\cos^2 x\mathrm{d}x}{\sqrt{1-a^2\sin^2 x}} = \frac{1}{a^2}[\mathrm{E}-(1-a^2)\mathrm{K}], \quad |a|<1$.

在第 30 和 31 个积分中, E 和 K 是完全椭圆积分:

$$\mathrm{E} = E\left(a, \frac{\pi}{2}\right), \quad \mathrm{K} = F\left(a, \frac{\pi}{2}\right) \quad (\text{参看 } 0.5.4).$$

32. $\int_0^{\pi} \frac{\cos\alpha x\mathrm{d}x}{1-2\beta\cos x+\beta^2} = \frac{\pi\beta^\alpha}{1-\beta^2}, \quad \alpha\in\mathbb{N}, \quad |\beta|<1$.

0.9.6.2 含对数函数的积分

33. $\int_0^1 \ln\ln x\mathrm{d}x = -\mathrm{C} \approx -0.577\,2$, 其中 C 为欧拉常数 (参看 0.1.1).

34. $\int_0^1 \frac{\ln x}{x-1}\mathrm{d}x = \frac{\pi^2}{6}$.

35. $\int_0^1 \frac{\ln x}{x+1}\mathrm{d}x = -\frac{\pi^2}{12}$.

36. $\int_0^1 \frac{\ln x}{x^2-1}\mathrm{d}x = \frac{\pi^2}{8}$.

37. $\int_0^1 \frac{\ln(1+x)}{x^2+1}\mathrm{d}x = \frac{\pi}{8}\ln 2$.

38. $\int_0^1 \frac{(1-x^\alpha)(1-x^\beta)}{(1-x)\ln x}\mathrm{d}x = \ln\frac{\Gamma(\alpha+1)\Gamma(\beta+1)}{\Gamma(\alpha+\beta+1)} \quad (\alpha>-1, \beta>-1, \alpha+\beta>-1)$.

39. $\int_0^1 \ln\left(\frac{1}{x}\right)^\alpha \mathrm{d}x = \Gamma(\alpha+1) \quad (-1<\alpha<\infty)$, 其中 $\Gamma(x)$ 为 Γ 函数

(参看第 1 个积分).

40. $\int_0^1 \frac{x^{\alpha-1}-x^{-\alpha}}{(1+x)\ln x}\mathrm{d}x = \ln\tan\frac{\alpha\pi}{2} \quad (0<\alpha<1)$.

41. $\int_0^{\pi/2} \ln\sin x\mathrm{d}x = \int_0^{\pi/2} \ln\cos x\mathrm{d}x = -\frac{\pi}{2}\ln 2$.

42. $\int_0^{\pi} x\ln\sin x\mathrm{d}x = -\frac{\pi^2\ln 2}{2}$.

43. $\int_0^{\pi/2} \sin x\ln\sin x\mathrm{d}x = \ln 2 - 1$.

44. $\int_0^{\infty} \frac{\sin x}{x}\ln x\mathrm{d}x = -\frac{\pi}{2}\mathrm{C}$.

45. $\int_0^{\infty} \frac{\sin x}{x}\ln^2 x\mathrm{d}x = \frac{\pi}{2}\mathrm{C}^2 + \frac{\pi^3}{24}$, 其中 C 是欧拉常数 (参看 0.1.1).

46. $\int_0^{\pi} \ln(\alpha \pm \beta\cos x)\mathrm{d}x = \pi\ln\frac{\alpha + \sqrt{\alpha^2 - \beta^2}}{2} \quad (\alpha \geqslant \beta)$.

47. $\int_0^{\pi} \ln(\alpha^2 - 2\alpha\beta\cos x + \beta^2)\mathrm{d}x = \begin{cases} 2\pi\ln\alpha, & \alpha \geqslant \beta > 0, \\ 2\pi\ln\beta, & \beta \geqslant \alpha > 0. \end{cases}$

48. $\int_0^{\pi/2} \ln\tan x\mathrm{d}x = 0$.

49. $\int_0^{\pi/4} \ln(1 + \tan x)\mathrm{d}x = \frac{\pi}{8}\ln 2$.

0.9.6.3 含代数函数的积分

50. $\int_0^1 x^a(1-x)^b\mathrm{d}x = 2\int_0^1 x^{2a+1}(1-x^2)^b\mathrm{d}x = \frac{\Gamma(a+1)\Gamma(b+1)}{\Gamma(a+b+2)} = \mathrm{B}(a+1, b+1)$.

关于 $\mathrm{B}(x, y)$ 和 $\Gamma(x)$, 参看第 12 个积分.

51. $\int_0^{\infty} \frac{\mathrm{d}x}{(1+x)x^{\alpha}} = \frac{\pi}{\sin\alpha\pi}, \quad \alpha < 1$.

52. $\int_0^{\infty} \frac{\mathrm{d}x}{(1-x)x^{\alpha}} = -\pi\cot\alpha\pi, \quad \alpha < 1$.

53. $\int_0^{\infty} \frac{x^{\alpha-1}}{1+x^{\beta}}\mathrm{d}x = \frac{\pi}{\beta\sin\frac{\alpha\pi}{\beta}}, \quad 0 < \alpha < \beta$.

54. $\int_0^1 \frac{\mathrm{d}x}{\sqrt{1-x^{\alpha}}} = \frac{\sqrt{x}\Gamma\left(\frac{1}{\alpha}\right)}{\alpha\Gamma\left(\frac{2+\alpha}{2\alpha}\right)}$, $\Gamma(x)$ 为 Γ 函数 (参看第 1 个积分).

55. $\int_0^1 \frac{\mathrm{d}x}{1 + 2x\cos\alpha + x^2} = \frac{\alpha}{2\sin\alpha} \quad \left(0 < \alpha < \frac{\pi}{2}\right)$.

56. $\int_0^{\infty} \frac{\mathrm{d}x}{1 + 2x\cos\alpha + x^2} = \frac{\alpha}{\sin\alpha} \quad \left(0 < \alpha < \frac{\pi}{2}\right)$.

0.10 积分变换表

0.10.1 傅里叶变换

表中符号的说明:

C: 欧拉常数 ($\mathrm{C} = 0.57721567\cdots$)

$$\Gamma(z) = \int_0^\infty \mathrm{e}^{-t} t^{z-1} \mathrm{d}t, \quad \mathrm{Re}\, z > 0 \qquad (\Gamma\text{函数}),$$

$$J_\nu(z) = \sum_{n=0}^\infty \frac{(-1)^n \left(\frac{1}{2}z\right)^{\nu+2n}}{n!\Gamma(\nu+n+1)} \qquad (\text{贝塞尔函数}),$$

$$K_\nu(z) = \frac{1}{2}\pi(\sin(\pi\nu))^{-1}[I_{-\nu}(z) - I_\nu(z)] \quad \text{且}$$
$$I_\nu(z) = \mathrm{e}^{-\frac{1}{2}\mathrm{i}\pi\nu} J_\nu(z\mathrm{e}^{\frac{1}{2}\mathrm{i}\pi}) \qquad (\text{改进的贝塞尔函数}),$$

$$\begin{cases} C(x) = \dfrac{1}{\sqrt{2\pi}}\displaystyle\int_0^x \frac{\cos t}{\sqrt{t}}\mathrm{d}t, \\ S(x) = \dfrac{1}{\sqrt{2\pi}}\displaystyle\int_0^x \frac{\sin t}{\sqrt{t}}\mathrm{d}t \end{cases} \qquad (\text{菲涅耳积分}),$$

$$\begin{cases} \mathrm{Si}(x) = \displaystyle\int_0^x \frac{\sin t}{t}\mathrm{d}t, \\ \mathrm{si}(x) = -\displaystyle\int_x^\infty \frac{\sin t}{t}\mathrm{d}t = \mathrm{Si}(x) - \frac{\pi}{2} \end{cases} \qquad (\text{椭圆正弦}),$$

$$\mathrm{Ci}(x) = -\int_x^\infty \frac{\cos t}{t}\mathrm{d}t \qquad (\text{椭圆余弦}).$$

我们有时也用记号 $\exp(x)$ 表示 e^x. 另外, $[x]$ 表示高斯括号, 它是小于等于 x 的最大整数 n.

0.10.1.1 傅里叶余弦变换

$f(x)$	$F(y) = \sqrt{\frac{2}{\pi}}\int_0^\infty f(x)\cos(xy)\mathrm{d}x$
$1, \quad 0 < x < a$ $0, \quad x > 0$	$\sqrt{\frac{2}{\pi}}\frac{\sin(ay)}{y}$
$x, \quad 0 < x < 1$ $2-x, \quad 1 < x < 2$ $0, \quad x > 2$	$4\sqrt{\frac{2}{\pi}}\left(\cos y \sin^2\frac{y}{2}\right)y^{-2}$

续表

$f(x)$	$F(y)=\sqrt{\frac{2}{\pi}}\int_0^\infty f(x)\cos(xy)\mathrm{d}x$
$0,\quad 0<x<a$ $\frac{1}{x},\quad x>a$	$-\sqrt{\frac{2}{\pi}}\mathrm{Ci}(ay)$
$\frac{1}{\sqrt{x}}$	$\frac{1}{\sqrt{y}}$
$\frac{1}{\sqrt{x}},\quad 0<x<a$ $0,\quad x>a$	$\frac{2C(ay)}{\sqrt{y}}$
$0,\quad 0<x<a$ $\frac{1}{\sqrt{x}},\quad x>a$	$\frac{1-2C(ay)}{\sqrt{y}}$
$(a+x)^{-1},\quad a>0$	$\sqrt{\frac{2}{\pi}}[-\mathrm{si}(ay)\sin(ay)-\mathrm{Ci}(ay)\cos(ay)]$
$(a-x)^{-1},\quad a>0$	$\sqrt{\frac{2}{\pi}}\left[\cos(ay)\mathrm{Ci}(ay)+\sin(ay)\left(\frac{\pi}{2}+\mathrm{Si}(ay)\right)\right]$
$(a^2+x^2)^{-1}$	$\sqrt{\frac{\pi}{2}}\frac{\mathrm{e}^{-ay}}{a}$
$(a^2-x^2)^{-1}$	$\sqrt{\frac{\pi}{2}}\frac{\sin(ay)}{y}$
$\frac{b}{b^2+(a-x)^2}+\frac{b}{b^2+(a+x)^2}$	$\sqrt{2\pi}\mathrm{e}^{-by}\cos(ay)$
$\frac{a+x}{b^2+(a+x)^2}+\frac{a-x}{b^2+(a-x)^2}$	$\sqrt{2\pi}\mathrm{e}^{-by}\sin(ay)$
$(a^2+x^2)^{-\frac{1}{2}}$	$\sqrt{\frac{2}{\pi}}K_0(ay)$
$(a^2-x^2)^{-\frac{1}{2}},\quad 0<x<a$ $0,\quad x>a$	$\sqrt{\frac{\pi}{2}}J_0(ay)$
$x^{-\nu},\quad 0<\mathrm{Re}\,\nu<1$	$\sqrt{\frac{2}{\pi}}\sin\left(\frac{\pi\nu}{2}\right)\Gamma(1-\nu)y^{\nu-1}$
e^{-ax}	$\sqrt{\frac{2}{\pi}}\frac{a}{a^2+y^2}$
$\frac{\mathrm{e}^{-bx}-\mathrm{e}^{-ax}}{x}$	$\frac{1}{\sqrt{2\pi}}\ln\left(\frac{a^2+y^2}{b^2+y^2}\right)$

续表

$f(x)$	$F(y)=\sqrt{\dfrac{2}{\pi}}\int_0^\infty f(x)\cos(xy)\mathrm{d}x$
$\sqrt{x}\mathrm{e}^{-ax}$	$\dfrac{\sqrt{2}}{2}(a^2+y^2)^{-\frac{3}{4}}\cos\left(\dfrac{3}{2}\arctan\left(\dfrac{y}{a}\right)\right)$
$\dfrac{\mathrm{e}^{-ax}}{\sqrt{x}}$	$\left(\dfrac{a+(a^2+y^2)^{\frac{1}{2}}}{a^2+y^2}\right)^{\frac{1}{2}}$
$x^n\mathrm{e}^{-ax}$	$\sqrt{\dfrac{2}{\pi}}n!a^{n+1}(a^2+y^2)^{-(n+1)}\cdot\sum\limits_{0\leqslant 2m\leqslant n+1}(-1)^m\dbinom{n+1}{2m}\left(\dfrac{y}{a}\right)^{2m}$
$x^{\nu-1}\mathrm{e}^{-ax}$	$\sqrt{\dfrac{2}{\pi}}\Gamma(\nu)(a^2+y^2)^{-\frac{\nu}{2}}\cos\left(\nu\arctan\left(\dfrac{y}{a}\right)\right)$
$\dfrac{1}{x}\left(\dfrac{1}{2}-\dfrac{1}{x}+\dfrac{1}{\mathrm{e}^x-1}\right)$	$-\dfrac{1}{\sqrt{2\pi}}\ln(1-\mathrm{e}^{-2\pi y})$
e^{-ax^2}	$\dfrac{\sqrt{2}}{2}a^{-\frac{1}{2}}\exp\left(-\dfrac{y^2}{4a}\right)$
$x^{-\frac{1}{2}}\exp\left(-\dfrac{a}{x}\right)$	$\dfrac{1}{\sqrt{y}}\mathrm{e}^{-\sqrt{2ay}}(\cos\sqrt{2ay}-\sin\sqrt{2ay})$
$x^{-\frac{3}{2}}\exp\left(-\dfrac{a}{x}\right)$	$\sqrt{\dfrac{2}{a}}\mathrm{e}^{-\sqrt{2ay}}\cos\sqrt{2ay}$
$\begin{array}{ll}\ln x, & 0<x<1\\ 0, & x>1\end{array}$	$-\sqrt{\dfrac{2}{\pi}}\dfrac{\mathrm{Si}(y)}{y}$
$\dfrac{\ln x}{\sqrt{x}}$	$-\dfrac{1}{\sqrt{y}}\left(\mathrm{C}+\dfrac{\pi}{2}+\ln 4y\right)$
$(x^2-a^2)^{-1}\ln\left(\dfrac{x}{a}\right)$	$\sqrt{\dfrac{\pi}{2}}\cdot\dfrac{1}{a}(\sin(ay)\mathrm{Ci}(ay)-\cos(ay)\mathrm{si}(ay))$
$(x^2-a^2)^{-1}\ln(bx)$	$\sqrt{\dfrac{\pi}{2}}\cdot\dfrac{1}{a}(\sin(ay)[\mathrm{Ci}(ay)-\ln(ab)]-\cos(ay)\mathrm{si}(ay))$
$\dfrac{1}{x}\ln(1+x)$	$\dfrac{1}{\sqrt{2\pi}}\left[\left(\mathrm{Ci}\left(\dfrac{y}{2}\right)\right)^2+\left(\mathrm{si}\left(\dfrac{y}{2}\right)\right)^2\right]$
$\ln\left\|\dfrac{a+x}{b-x}\right\|$	$\sqrt{\dfrac{2}{\pi}}\cdot\dfrac{1}{y}\left\{\dfrac{\pi}{2}[\cos(by)-\cos(by)]+\cos(ay)\mathrm{Si}(by)+\cos(ay)\mathrm{Si}(ay)-\sin(ay)\mathrm{Ci}(ay)-\sin(by)\mathrm{Ci}(by)\right\}$
$\mathrm{e}^{-ax}\ln x$	$-\sqrt{\dfrac{2}{\pi}}\dfrac{1}{a^2+y^2}\left[a\mathrm{C}+\dfrac{a}{2}\ln(a^2+y^2)+y\arctan\left(\dfrac{y}{a}\right)\right]$

续表

$f(x)$	$F(y)=\sqrt{\frac{2}{\pi}}\int_0^\infty f(x)\cos(xy)\mathrm{d}x$
$\ln\left(\frac{a^2+x^2}{b^2+x^2}\right)$	$\frac{\sqrt{2\pi}}{y}(\mathrm{e}^{-by}-\mathrm{e}^{-ay})$
$\ln\left\|\frac{a^2+x^2}{b^2-x^2}\right\|$	$\frac{\sqrt{2\pi}}{y}(\cos(by)-\mathrm{e}^{-ay})$
$\frac{1}{x}\ln\left(\frac{a+x}{a-x}\right)^2$	$-2\sqrt{2\pi}\mathrm{si}(ay)$
$\frac{\ln(a^2+x^2)}{\sqrt{a^2+x^2}}$	$-\sqrt{\frac{2}{\pi}}\left[\left(\mathrm{C}+\ln\left(\frac{2y}{a}\right)\right)K_0(ay)\right]$
$\ln\left(1+\frac{a^2}{x^2}\right)$	$\sqrt{2\pi}\frac{1-\mathrm{e}^{-ay}}{y}$
$\ln\left\|1-\frac{a^2}{x^2}\right\|$	$\sqrt{2\pi}\frac{1-\cos(ay)}{y}$
$\frac{\sin(ax)}{x}$	$\begin{cases}\sqrt{\frac{\pi}{2}}, & y<a\\ \frac{1}{2}\sqrt{\frac{\pi}{2}}, & y=a\\ 0, & y>a\end{cases}$
$\frac{x\sin(ax)}{x^2+b^2}$	$\begin{cases}\sqrt{\frac{\pi}{2}}\mathrm{e}^{-ab}\cosh(by), & y<a\\ -\sqrt{\frac{\pi}{2}}\mathrm{e}^{-by}\sinh(ab), & y>a\end{cases}$
$\frac{\sin(ax)}{x(x^2+b^2)}$	$\begin{cases}\sqrt{\frac{\pi}{2}}b^{-2}(1-\mathrm{e}^{-ab}\cosh(by)), & y<a\\ \sqrt{\frac{\pi}{2}}b^{-2}\mathrm{e}^{-by}\sinh(ab), & y>a\end{cases}$
$\mathrm{e}^{-bx}\sin(ax)$	$\frac{1}{\sqrt{2\pi}}\left[\frac{a+y}{b^2+(a+y)^2}+\frac{a-y}{b^2+(a-y)^2}\right]$
$\frac{\mathrm{e}^{-x}\sin x}{x}$	$\frac{1}{\sqrt{2\pi}}\arctan\left(\frac{2}{y^2}\right)$
$\frac{\sin^2(ax)}{x}$	$\frac{1}{2\sqrt{2\pi}}\ln\left\|1-4\frac{a^2}{y^2}\right\|$
$\frac{\sin(ax)\sin(by)}{x}$	$\frac{1}{\sqrt{2\pi}}\ln\left\|\frac{(a+b)^2-y^2}{(a-b)^2-y^2}\right\|$

续表

$f(x)$	$F(y)=\sqrt{\dfrac{2}{\pi}}\int_0^{\infty} f(x)\cos(xy)\mathrm{d}x$
$\dfrac{\sin^2(ax)}{x^2}$	$\sqrt{\dfrac{\pi}{2}}\left(a-\dfrac{1}{2}y\right),\quad y<2a$ $0,\quad y>2a$
$\dfrac{\sin^3(ax)}{x^2}$	$\dfrac{1}{4\sqrt{2\pi}}\Big\{(y+3a)\ln(y+3a)+(y-3a)\ln\|y-3a\|$ $-(y+a)\ln(y+a)-(y-a)\ln\|y-a\|\Big\}$
$\dfrac{\sin^3(ax)}{x^3}$	$\dfrac{1}{4}\sqrt{\dfrac{\pi}{2}}(3a^2-y^2),\quad 0<y<a$ $\dfrac{1}{2}\sqrt{\dfrac{\pi}{2}}y^2,\quad y=a$ $\dfrac{1}{8}\sqrt{\dfrac{\pi}{2}}(3a-y)^2,\quad a<y<3a$ $0,\quad y>3a$
$\dfrac{1-\cos(ax)}{x}$	$\dfrac{1}{\sqrt{2\pi}}\ln\left\|1-\dfrac{a^2}{y^2}\right\|$
$\dfrac{1-\cos(ax)}{x^2}$	$\sqrt{\dfrac{\pi}{2}}(a-y),\quad y<a$ $0,\quad y>a$
$\dfrac{\cos(ax)}{b^2+x^2}$	$\sqrt{\dfrac{\pi}{2}}\dfrac{\mathrm{e}^{-ab}\cosh(by)}{b},\quad y<a$ $\sqrt{\dfrac{\pi}{2}}\dfrac{\mathrm{e}^{-by}\cosh(ab)}{b},\quad y>a$
$\mathrm{e}^{-bx}\cos(ax)$	$\dfrac{b}{\sqrt{2\pi}}\left[\dfrac{1}{b^2+(a-y)^2}+\dfrac{1}{b^2+(a+y)^2}\right]$
$\mathrm{e}^{-bx^2}\cos(ax)$	$\dfrac{1}{\sqrt{2b}}\exp\left(-\dfrac{a^2+y^2}{4b}\right)\cosh\left(\dfrac{ay}{2b}\right)$
$\dfrac{x}{b^2+x^2}\tan(ax)$	$\sqrt{2\pi}\cosh(by)(1+\mathrm{e}^{2ab})^{-1}$
$\dfrac{x}{b^2+x^2}\cot(ax)$	$\sqrt{2\pi}\cosh(by)(\mathrm{e}^{2ab}-1)^{-1}$
$\sin(ax^2)$	$\dfrac{1}{2\sqrt{a}}\left(\cos\left(\dfrac{y^2}{4a}\right)-\sin\left(\dfrac{y^2}{4a}\right)\right)$
$\sin[a(1-x^2)]$	$-\dfrac{1}{\sqrt{2a}}\cos\left(a+\dfrac{\pi}{4}+\dfrac{y^2}{4a}\right)$

续表

$\boldsymbol{f(x)}$	$\boldsymbol{F(y)=\sqrt{\frac{2}{\pi}}\int_0^\infty f(x)\cos(xy)\mathrm{d}x}$
$\dfrac{\sin(ax^2)}{x^2}$	$\sqrt{\frac{\pi}{2}}y\left[S\left(\frac{y^2}{4a}\right)-C\left(\frac{y^2}{4a}\right)\right]+\sqrt{2a}\sin\left(\frac{\pi}{4}+\frac{y^2}{4a}\right)$
$\dfrac{\sin(ax^2)}{x}$	$\sqrt{\frac{\pi}{2}}\left\{\frac{1}{2}-\left[C\left(\frac{y^2}{4a}\right)\right]^2-\left[S\left(\frac{y^2}{4a}\right)\right]^2\right\}$
$\exp(-ax^2)\sin(bx^2)$	$\frac{1}{\sqrt{2}}(a^2+b^2)^{-\frac{1}{4}}\exp\left(-\frac{1}{4}ay^2(a^2+b^2)^{-1}\right)\times\sin\left[\frac{1}{2}\arctan\left(\frac{b}{a}\right)-\frac{by^2}{4(a^2+b^2)}\right]$
$\cos(ax^2)$	$\frac{1}{2\sqrt{a}}\left[\cos\left(\frac{y^2}{4a}\right)+\sin\left(\frac{y^2}{4a}\right)\right]$
$\cos[a(1-x^2)]$	$\frac{1}{\sqrt{2a}}\sin\left(a+\frac{\pi}{4}+\frac{y^2}{4a}\right)$
$\exp(-ax^2)\cos(bx^2)$	$\frac{1}{\sqrt{2}}(a^2+b^2)^{-\frac{1}{4}}\exp\left(-\frac{1}{4}ay^2(a^2+y^2)^{-1}\right)\times\cos\left[\frac{by^2}{4(a^2+b^2)}-\frac{1}{2}\arctan\left(\frac{b}{a}\right)\right]$
$\frac{1}{x}\sin\left(\frac{a}{x}\right)$	$\sqrt{\frac{\pi}{2}}J_0(2\sqrt{ay})$
$\frac{1}{\sqrt{x}}\sin\left(\frac{a}{x}\right)$	$\frac{1}{2\sqrt{y}}[\sin(2\sqrt{ay})+\cos(2\sqrt{ay})-\mathrm{e}^{-2\sqrt{ay}}]$
$\left(\frac{1}{\sqrt{x}}\right)^3\sin\left(\frac{a}{x}\right)$	$\frac{1}{2\sqrt{a}}[\sin(2\sqrt{ay})+\cos(2\sqrt{ay})+\mathrm{e}^{-2\sqrt{ay}}]$
$\frac{1}{\sqrt{x}}\cos\left(\frac{a}{x}\right)$	$\frac{1}{2\sqrt{y}}[\cos(2\sqrt{ay})-\sin(2\sqrt{ay})+\mathrm{e}^{-2\sqrt{ay}}]$
$\left(\frac{1}{\sqrt{x}}\right)^3\cos\left(\frac{a}{x}\right)$	$\frac{1}{2\sqrt{a}}[\cos(2\sqrt{ay})-\sin(2\sqrt{ay})+\mathrm{e}^{-2\sqrt{ay}}]$
$\frac{1}{\sqrt{x}}\sin(a\sqrt{x})$	$\frac{2}{\sqrt{y}}\left[C\left(\frac{a^2}{4y}\right)\sin\left(\frac{a^2}{4y}\right)-S\left(\frac{a^2}{4y}\right)\cos\left(\frac{a^2}{4y}\right)\right]$
$\exp(-bx)\sin(a\sqrt{x})$	$\frac{a}{\sqrt{2}}(b^2+a^2)^{\frac{3}{4}}\exp\left(-\frac{1}{4}a^2b(b^2+y^2)^{-1}\right)\times\cos\left[\frac{a^2y}{4(b^2+y^2)}-\frac{3}{2}\arctan\left(\frac{y}{b}\right)\right]$
$\dfrac{\sin(a\sqrt{x})}{x}$	$\sqrt{2\pi}\left[S\left(\frac{a^2}{4y}\right)+C\left(\frac{a^2}{4y}\right)\right]$

续表

$f(x)$	$F(y)=\sqrt{\frac{2}{\pi}}\int_0^\infty f(x)\cos(xy)\mathrm{d}x$
$\frac{1}{\sqrt{x}}\cos(a\sqrt{x})$	$\sqrt{\frac{2}{y}}\sin\left(\frac{\pi}{4}+\frac{a^2}{4y}\right)$
$\frac{\exp(-ax)}{\sqrt{x}}\cos(b\sqrt{x})$	$\sqrt{2}(a^2+y^2)^{-\frac{1}{4}}\exp\left(-\frac{1}{4}ab^2(a^2+b^2)^{-1}\right)$ $\times\cos\left[\frac{b^2y}{4(a^2+y^2)}-\frac{1}{2}\arctan\left(\frac{y}{a}\right)\right]$
$\exp(-a\sqrt{x})\cos(a\sqrt{x})$	$a\sqrt{2}(2y)^{-\frac{3}{2}}\exp\left(-\frac{a^2}{2y}\right)$
$\frac{\mathrm{e}^{-a\sqrt{x}}}{\sqrt{x}}[\cos(a\sqrt{x})-\sin(a\sqrt{x})]$	$\frac{1}{\sqrt{y}}\exp\left(-\frac{a^2}{2y}\right)$

0.10.1.2 傅里叶正弦变换

$f(x)$	$F(y)=\sqrt{\frac{2}{\pi}}\int_0^\infty f(x)\sin(xy)\mathrm{d}x$
$1,\quad 0<x<a$ $0,\quad x>a$	$\sqrt{\frac{2}{\pi}}\frac{1-\cos(ay)}{y}$
$x,\quad 0<x<1$ $2-x,\quad 1<x<2$ $0,\quad x>2$	$4\sqrt{\frac{2}{\pi}}y^{-2}\sin y\sin^2\left(\frac{y}{2}\right)$
$\frac{1}{x}$	$\sqrt{\frac{\pi}{2}}$
$\frac{1}{x},\quad 0<x<a$ $0,\quad x>a$	$\sqrt{\frac{2}{\pi}}\mathrm{Si}(ay)$
$0,\quad 0<x<a$ $\frac{1}{x},\quad x>a$	$-\sqrt{\frac{2}{\pi}}\mathrm{si}(ay)$
$\frac{1}{\sqrt{x}}$	$\frac{1}{\sqrt{y}}$
$\frac{1}{\sqrt{x}},\quad 0<x<a$ $0,\quad x>a$	$\frac{2S(ay)}{\sqrt{y}}$
$0,\quad 0<x<a$ $\frac{1}{\sqrt{x}},\quad x>a$	$\frac{1-2S(ay)}{\sqrt{y}}$

续表

$f(x)$	$F(y)=\sqrt{\frac{2}{\pi}}\int_0^\infty f(x)\sin(xy)\mathrm{d}x$
$\left(\frac{1}{\sqrt{x}}\right)^3$	$2\sqrt{y}$
$(a+x)^{-1}, \quad a>0$	$\sqrt{\frac{2}{\pi}}[\sin(ay)\mathrm{Ci}(ay)-\cos(ay)\mathrm{si}(ay)]$
$(a-x)^{-1}, \quad a>0$	$\sqrt{\frac{2}{\pi}}\left[\sin(ay)\mathrm{Ci}(ay)-\cos(ay)\left(\frac{\pi}{2}+\mathrm{Si}(ay)\right)\right]$
$\frac{x}{a^2+x^2}$	$\sqrt{\frac{\pi}{2}}\mathrm{e}^{-ay}$
$(a^2-x^2)^{-1}$	$\sqrt{\frac{2}{\pi}}\cdot\frac{1}{a}[\sin(ay)\mathrm{Ci}(ay)-\cos(ay)\mathrm{Si}(ay)]$
$\frac{b}{b^2+(a-x)^2}-\frac{b}{b^2+(a+x)^2}$	$\sqrt{2\pi}\mathrm{e}^{-by}\sin(ay)$
$\frac{a+x}{b^2+(a+x)^2}-\frac{a-x}{b^2+(a-x)^2}$	$\sqrt{2\pi}\mathrm{e}^{-by}\cos(ay)$
$\frac{x}{a^2-x^2}$	$-\sqrt{\frac{\pi}{2}}\cos(ay)$
$\frac{1}{x(a^2-x^2)}$	$\sqrt{\frac{\pi}{2}}\frac{1-\cos(ay)}{a^2}$
$\frac{1}{x(a^2+x^2)}$	$\sqrt{\frac{\pi}{2}}\frac{1-\mathrm{e}^{-ay}}{a^2}$
$x^{-\nu}, \quad 0<\mathrm{Re}\,\nu<2$	$\sqrt{\frac{2}{\pi}}\cos\left(\frac{\pi\nu}{2}\right)\Gamma(1-\nu)y^{\nu-1}$
e^{-ax}	$\sqrt{\frac{2}{\pi}}\frac{y}{a^2+y^2}$
$\frac{\mathrm{e}^{-ax}}{x}$	$\sqrt{\frac{2}{\pi}}\arctan\left(\frac{y}{a}\right)$
$\frac{\mathrm{e}^{-ax}-\mathrm{e}^{-bx}}{x^2}$	$\sqrt{\frac{2}{\pi}}\left[\frac{1}{2}y\ln\left(\frac{b^2+y^2}{a^2+y^2}\right)+b\arctan\left(\frac{y}{b}\right)-a\arctan\left(\frac{y}{a}\right)\right]$
$\sqrt{x}\mathrm{e}^{-ax}$	$\frac{\sqrt{2}}{2}(a^2+y^2)^{-\frac{3}{4}}\sin\left[\frac{3}{2}\arctan\left(\frac{y}{a}\right)\right]$
$\frac{\mathrm{e}^{-ax}}{\sqrt{x}}$	$\left(\frac{(a^2+y^2)^{\frac{1}{2}}-a}{a^2+y^2}\right)^{\frac{1}{2}}$

续表

$f(x)$	$F(y)=\sqrt{\dfrac{2}{\pi}}\int_0^\infty f(x)\sin(xy)\mathrm{d}x$
$x^n\mathrm{e}^{-ax}$	$\sqrt{\dfrac{2}{\pi}}n!a^{n+1}(a^2+y^2)^{-(n+1)} \cdot\sum_{m=0}^{[\frac{1}{2}n]}(-1)^m\binom{n+1}{2m+1}\left(\dfrac{y}{a}\right)^{2m+1}$
$x^{\nu-1}\mathrm{e}^{-ax}$	$\sqrt{\dfrac{2}{\pi}}\Gamma(\nu)(a^2+y^2)^{-\frac{\nu}{2}}\sin\left(\nu\arctan\left(\dfrac{y}{a}\right)\right)$
$\exp\left(-\dfrac{1}{2}x\right)(1-\mathrm{e}^{-x})^{-1}$	$-\dfrac{1}{\sqrt{2\pi}}\tanh(\pi y)$
$x\mathrm{e}^{-ax^2}$	$\sqrt{\dfrac{2}{a}}\dfrac{y}{4a}\exp\left(-\dfrac{y^2}{4a}\right)$
$x^{-\frac{1}{2}}\exp\left(-\dfrac{a}{x}\right)$	$\dfrac{1}{\sqrt{y}}\mathrm{e}^{-\sqrt{2ay}}[\cos\sqrt{2ay}+\sin\sqrt{2ay}]$
$x^{-\frac{3}{2}}\exp\left(-\dfrac{a}{x}\right)$	$\sqrt{\dfrac{2}{a}}\mathrm{e}^{-\sqrt{2ay}}\sin\sqrt{2ay}$
$\ln x,\quad 0<x<1$ $0,\quad x<1$	$\sqrt{\dfrac{2}{\pi}}\dfrac{\mathrm{Ci}(y)-\mathrm{C}-\ln y}{y}$
$\dfrac{\ln x}{x}$	$-\sqrt{\dfrac{\pi}{2}}(\mathrm{C}+\ln y)$
$\dfrac{\ln x}{\sqrt{x}}$	$\dfrac{1}{\sqrt{y}}\left[\dfrac{\pi}{2}-\mathrm{C}-\ln 4y\right]$
$x(x^2-a^2)^{-1}\ln(bx)$	$\sqrt{\dfrac{\pi}{2}}[\cos(ay)[\ln(ab)-\mathrm{Ci}(ay)]-\sin(ay)\mathrm{si}(ay)]$
$x(x^2-a^2)^{-1}\ln\left(\dfrac{x}{a}\right)$	$-\sqrt{\dfrac{\pi}{2}}[\cos(ay)\mathrm{Ci}(ay)+\sin(ay)\mathrm{si}(ay)]$
$\mathrm{e}^{-ax}\ln x$	$\sqrt{\dfrac{2}{\pi}}\dfrac{1}{a^2+y^2}\left[a\arctan\left(\dfrac{y}{a}\right)-\mathrm{C}y-\dfrac{1}{2}y\ln(a^2+y^2)\right]$
$\ln\left\|\dfrac{a+x}{b-x}\right\|$	$\sqrt{\dfrac{2}{\pi}}\dfrac{1}{y}\left\{\ln\left(\dfrac{a}{b}\right)+\cos(by)\mathrm{Ci}(by)-\cos(ay)\mathrm{Ci}(ay) +\sin(by)\mathrm{Si}(by)-\sin(ay)\mathrm{Si}(ay) +\dfrac{\pi}{2}[\sin(by)+\sin(ay)]\right\}$
$\ln\left\|\dfrac{a+x}{a-x}\right\|$	$\dfrac{\sqrt{2\pi}}{y}\sin(ay)$

续表

$f(x)$	$F(y)=\sqrt{\frac{2}{\pi}}\int_0^\infty f(x)\sin(xy)\mathrm{d}x$
$\frac{1}{x^2}\ln\left(\frac{a+x}{a-x}\right)^2$	$\frac{2\sqrt{2\pi}}{a}[1-\cos(ay)-ay\mathrm{si}(ay)]$
$\ln\left(\frac{a^2+x^2+x}{a^2+x^2-x}\right)$	$\frac{2\sqrt{2\pi}}{y}\exp\left(-y\sqrt{a^2-\frac{1}{4}}\right)\sin\left(\frac{y}{2}\right)$
$\ln\left\|1-\frac{a^2}{x^2}\right\|$	$\frac{2}{y}\sqrt{\frac{2}{\pi}}[\mathrm{C}+\ln(ay)-\cos(ay)\mathrm{Ci}(ay)-\sin(ay)\mathrm{Si}(ay)]$
$\ln\left(\frac{a^2+(b+x)^2}{a^2+(b-x)^2}\right)$	$\frac{2\sqrt{2\pi}}{y}\mathrm{e}^{-ay}\sin(by)$
$\frac{1}{x}\ln\|1-a^2x^2\|$	$-\sqrt{2\pi}\mathrm{Ci}\left(\frac{y}{a}\right)$
$\frac{1}{x}\ln\left\|1-\frac{a^2}{x^2}\right\|$	$\sqrt{2\pi}[\mathrm{C}+\ln(ay)-\mathrm{Ci}(ay)]$
$\frac{\sin(ax)}{x}$	$\frac{1}{\sqrt{2\pi}}\ln\left\|\frac{y+a}{y-a}\right\|$
$\frac{\sin(ax)}{x^2}$	$\begin{cases}\sqrt{\frac{\pi}{2}}y, & 0<y<a\\ \sqrt{\frac{\pi}{2}}a, & y>a\end{cases}$
$\frac{\sin(\pi x)}{1-x^2}$	$\begin{cases}\sqrt{\frac{2}{\pi}}\sin y, & 0\leqslant y\leqslant\pi\\ 0, & y\geqslant\pi\end{cases}$
$\frac{\sin(ax)}{b^2+x^2}$	$\begin{cases}\sqrt{\frac{\pi}{2}}\frac{\mathrm{e}^{-ab}}{b}\sinh(by), & 0<y<a\\ \sqrt{\frac{\pi}{2}}\frac{\mathrm{e}^{-by}}{b}\sinh(ab), & y>a\end{cases}$
$\mathrm{e}^{-bx}\sin(ax)$	$\frac{1}{\sqrt{2\pi}}b\left[\frac{1}{b^2+(a-y)^2}-\frac{1}{b^2+(a+y)^2}\right]$
$\frac{\mathrm{e}^{-bx}\sin(ax)}{x}$	$\frac{1}{4}\sqrt{\frac{2}{\pi}}\ln\left(\frac{b^2+(y+a)^2}{b^2+(y-a)^2}\right)$
$\mathrm{e}^{-bx^2}\sin(ax)$	$\frac{1}{\sqrt{2b}}\exp\left(-\frac{1}{4}\frac{a^2+y^2}{b}\right)\sinh\left(\frac{ay}{2b}\right)$
$\frac{\sin^2(ax)}{x}$	$\begin{cases}\frac{1}{4}\sqrt{2\pi}, & 0<y<2a\\ \frac{1}{8}\sqrt{2\pi}, & y=2a\\ 0, & y>2a\end{cases}$

续表

$f(x)$	$F(y)=\sqrt{\frac{2}{\pi}}\int_0^\infty f(x)\sin(xy)\mathrm{d}x$
$\frac{\sin(ax)\sin(bx)}{x}$	$0,\quad 0<y<a-b$ $\frac{1}{4}\sqrt{2\pi},\quad a-b<y<a+b$ $0,\quad y>a+b$
$\frac{\sin^2(ax)}{x^2}$	$\frac{1}{4}\sqrt{\frac{2}{\pi}}\left[(y+2a)\ln(y+2a)+(y-2a)\ln\|y-2a\|-\frac{1}{2}y\ln y\right]$
$\frac{\sin^2(ax)}{x^3}$	$\frac{1}{4}\sqrt{2\pi}y\left(2a-\frac{y}{2}\right),\quad 0<y<2a$ $\sqrt{\frac{\pi}{2}}a^2,\quad y>2a$
$\frac{\cos(ax)}{x}$	$0,\quad 0<y<a$ $\frac{1}{4}\sqrt{2\pi},\quad y=a$ $\sqrt{\frac{\pi}{2}},\quad y>a$
$\frac{x\cos(ax)}{b^2+x^2}$	$-\sqrt{\frac{\pi}{2}}\mathrm{e}^{-ab}\sinh(by),\quad 0<y<a$ $\sqrt{\frac{\pi}{2}}\mathrm{e}^{-by}\cosh(ab),\quad y>a$
$\sin(ax^2)$	$\frac{1}{\sqrt{a}}\left[\cos\left(\frac{y^2}{4a}\right)C\left(\frac{y^2}{4a}\right)+\sin\left(\frac{y^2}{4a}\right)S\left(\frac{y^2}{4a}\right)\right]$
$\frac{\sin(ax^2)}{x}$	$\sqrt{\frac{\pi}{2}}\left[C\left(\frac{y^2}{4a}\right)-S\left(\frac{y^2}{4a}\right)\right]$
$\cos(ax^2)$	$\frac{1}{\sqrt{a}}\left[\sin\left(\frac{y^2}{4a}\right)C\left(\frac{y^2}{4a}\right)-\cos\left(\frac{y^2}{4a}\right)S\left(\frac{y^2}{4a}\right)\right]$
$\frac{\cos(ax^2)}{x}$	$\sqrt{\frac{\pi}{2}}\left[C\left(\frac{y^2}{4a}\right)+S\left(\frac{y^2}{4a}\right)\right]$
$\mathrm{e}^{-a\sqrt{x}}\sin(a\sqrt{x})$	$\frac{a}{2y\sqrt{y}}\exp\left(-\frac{a^2}{2y}\right)$

0.10.1.3 傅里叶变换

$f(x)$	$F(y)=\frac{1}{\sqrt{2\pi}}\int_{-\infty}^{\infty}f(x)\mathrm{e}^{-\mathrm{i}xy}\mathrm{d}y$
$\exp\left(-\frac{x^2}{2}\right)$	$\exp\left(-\frac{y^2}{2}\right)$
$\exp\left(-\frac{x^2}{4a}\right),\quad \mathrm{Re}\,a>0, \mathrm{Re}\,\sqrt{a}>0$	$\sqrt{2a}\mathrm{e}^{-ay^2}$

续表

$f(x)$	$F(y)=\dfrac{1}{\sqrt{2\pi}}\displaystyle\int_{-\infty}^{\infty} f(x)\mathrm{e}^{-\mathrm{i}xy}\mathrm{d}y$
$A,\quad a\leqslant x\leqslant b$ $0,$ 否则	$\dfrac{\mathrm{i}A}{y\sqrt{2\pi}}(\mathrm{e}^{-\mathrm{i}by}-\mathrm{e}^{-\mathrm{i}ay}),\quad y\neq 0$
$\mathrm{e}^{-ax}\cos bx,\quad x\geqslant 0$ $0,\quad x<0$ $(b\geqslant 0,\ a>0)$	$\dfrac{a+\mathrm{i}y}{\sqrt{2\pi}((a+\mathrm{i}y)^2+b^2)}$
$\mathrm{e}^{-ax}\mathrm{e}^{\mathrm{i}bx},\quad x\geqslant 0$ $0,\quad x<0$ $(b\geqslant 0,\ a>0)$	$\dfrac{1}{\sqrt{2\pi}(a+\mathrm{i}(y-b))}$
$\delta_\varepsilon(x):=\dfrac{\varepsilon}{\pi(x^2+\varepsilon^2)}\quad(\varepsilon>0)$	$\dfrac{1}{\sqrt{2\pi}}\mathrm{e}^{-\varepsilon\|x\|}$
δ (狄拉克 δ 分布)	$\dfrac{1}{\sqrt{2\pi}}$ (D)
$\dfrac{1}{\sqrt{\|x\|}}$	$\dfrac{1}{\sqrt{\|y\|}}$ (D)
$\dfrac{\operatorname{sgn} x}{\sqrt{\|x\|}}$	$-\mathrm{i}\dfrac{\operatorname{sgn} y}{\sqrt{\|y\|}}$ (D)

标有 (D) 的公式要从分布 (广义函数; 参看 [212]) 的角度来理解.

利用前面的傅里叶余弦变换与正弦变换表, 可以从下面关系中得到许多其他公式:

$$2F(y)=\sqrt{\frac{2}{\pi}}\int_0^{\infty}(f(x)+f(-x))\cos(xy)\mathrm{d}x-\mathrm{i}\sqrt{\frac{2}{\pi}}\int_0^{\infty}(f(x)-f(-x))\sin(xy)\mathrm{d}x.$$

0.10.2 拉普拉斯变换

0.10.2.1 其拉普拉斯变换为一有理函数的函数的逆变换表

这个表是根据分母的次数排序的. 除了个别函数的分母为高次外, 大部分函数的分母最高可至 3 次.

$\mathscr{L}\{f(t)\}$	$f(t)$
$\dfrac{1}{s}$	1
$\dfrac{1}{s+\alpha}$	$\mathrm{e}^{-\alpha t}$

续表

$\mathscr{L}\{f(t)\}$	$f(t)$
$\dfrac{1}{s^2}$	t
$\dfrac{1}{s(s+\alpha)}$	$\dfrac{1}{\alpha}[1-\mathrm{e}^{-\alpha t}]$
$\dfrac{1}{(s+\alpha)(s+\beta)}$	$\dfrac{1}{\beta-\alpha}[\mathrm{e}^{-\alpha t}-\mathrm{e}^{-\beta t}]$
$\dfrac{s}{(s+\alpha)(s+\beta)}$	$\dfrac{1}{\alpha-\beta}[\alpha\mathrm{e}^{-\alpha t}-\beta\mathrm{e}^{-\beta t}]$
$\dfrac{1}{(s+\alpha)^2}$	$t\mathrm{e}^{-\alpha t}$
$\dfrac{s}{(s+\alpha)^2}$	$\mathrm{e}^{-\alpha t}(1-\alpha t)$
$\dfrac{1}{s^2-\alpha^2}$	$\dfrac{1}{\alpha}\sinh(\alpha t)$
$\dfrac{s}{s^2-\alpha^2}$	$\cosh(\alpha t)$
$\dfrac{1}{s^2+\alpha^2}$	$\dfrac{1}{\alpha}\sin(\alpha t)$
$\dfrac{s}{s^2+\alpha^2}$	$\cos\alpha t$
$\dfrac{1}{(s+\beta)^2+\alpha^2}$	$\dfrac{1}{\alpha}\mathrm{e}^{-\beta t}\sin\alpha t$
$\dfrac{s}{(s+\beta)^2+\alpha^2}$	$\mathrm{e}^{-\beta t}\left[\cos\alpha t-\dfrac{\beta}{\alpha}\sin\alpha t\right]$
$\dfrac{1}{s^3}$	$\dfrac{1}{2}t^2$
$\dfrac{1}{s^2(s+\alpha)}$	$\dfrac{1}{\alpha^2}(\mathrm{e}^{-\alpha t}+\alpha t-1)$
$\dfrac{1}{s(s+\alpha)(s+\beta)}$	$\dfrac{1}{\alpha\beta(\alpha-\beta)}[(\alpha-\beta)+\beta\mathrm{e}^{-\alpha t}-\alpha\mathrm{e}^{-\beta t}]$
$\dfrac{1}{s(s+\alpha)^2}$	$\dfrac{1}{\alpha^2}[1-\mathrm{e}^{-\alpha t}-\alpha t\mathrm{e}^{-\alpha t}]$
$\dfrac{1}{(s+\alpha)(s+\beta)(s+\gamma)}$	$\dfrac{1}{(\alpha-\beta)(\beta-\gamma)(\gamma-\alpha)}\times[(\gamma-\beta)\mathrm{e}^{-\alpha t}+(\alpha-\gamma)\mathrm{e}^{-\beta t}+(\beta-\alpha)\mathrm{e}^{-\gamma t}]$
$\dfrac{s}{(s+\alpha)(s+\beta)(s+\gamma)}$	$\dfrac{1}{(\alpha-\beta)(\beta-\gamma)(\gamma-\alpha)}\times[\alpha(\beta-\gamma)\mathrm{e}^{-\alpha t}+\beta(\gamma-\alpha)\mathrm{e}^{-\beta t}+\gamma(\alpha-\beta)\mathrm{e}^{-\gamma t}]$

续表

$\mathscr{L}\{f(t)\}$	$f(t)$
$\dfrac{s^2}{(s+\alpha)(s+\beta)(s+\gamma)}$	$\dfrac{1}{(\alpha-\beta)(\beta-\gamma)(\gamma-\alpha)} \times[-\alpha^2(\beta-\gamma)\mathrm{e}^{-\alpha t}-\beta^2(\gamma-\alpha)\mathrm{e}^{-\beta t}-\gamma^2(\alpha-\beta)\mathrm{e}^{-\gamma t}]$
$\dfrac{1}{(s+\alpha)(s+\beta)^2}$	$\dfrac{1}{(\beta-\alpha)^2}[\mathrm{e}^{-\alpha t}-\mathrm{e}^{-\beta t}-(\beta-\alpha)t\mathrm{e}^{-\beta t}]$
$\dfrac{s}{(s+\alpha)(s+\beta)^2}$	$\dfrac{1}{(\beta-\alpha)^2}[-\alpha\mathrm{e}^{-\alpha t}+[\alpha+\beta t(\beta-\alpha)]\mathrm{e}^{-\beta t}]$
$\dfrac{s^2}{(s+\alpha)(s+\beta)^2}$	$\dfrac{1}{(\beta-\alpha)^2}[\alpha^2\mathrm{e}^{-\alpha t}+\beta[\beta-2\alpha-\beta^2 t+\alpha\beta t]\mathrm{e}^{-\beta t}]$
$\dfrac{1}{(s+\alpha)^3}$	$\dfrac{t^2}{2}\mathrm{e}^{-\alpha t}$
$\dfrac{s}{(s+\alpha)^3}$	$\mathrm{e}^{-\alpha t}t\left[1-\dfrac{\alpha}{2}t\right]$
$\dfrac{s^2}{(s+\alpha)^3}$	$\mathrm{e}^{-\alpha t}\left[1-2\alpha t+\dfrac{\alpha^2}{2}t^2\right]$
$\dfrac{1}{s[(s+\beta)^2+\alpha^2]}$	$\dfrac{1}{\alpha^2+\beta^2}\left[1-\mathrm{e}^{-\beta t}\left(\cos\alpha t+\dfrac{\beta}{\alpha}\sin\alpha t\right)\right]$
$\dfrac{1}{s(s^2+\alpha^2)}$	$\dfrac{1}{\alpha^2}(1-\cos\alpha t)$
$\dfrac{1}{(s+\alpha)(s^2+\beta^2)}$	$\dfrac{1}{\alpha^2+\beta^2}\left[\mathrm{e}^{-\alpha t}+\dfrac{\alpha}{\beta}\sin\beta t-\cos\beta t\right]$
$\dfrac{s}{(s+\alpha)(s^2+\beta^2)}$	$\dfrac{1}{\alpha^2+\beta^2}[-\alpha\mathrm{e}^{-\alpha t}+\alpha\cos\beta t+\beta\sin\beta t]$
$\dfrac{s^2}{(s+\alpha)(s^2+\beta^2)}$	$\dfrac{1}{\alpha^2+\beta^2}[\alpha^2\mathrm{e}^{-\alpha t}-\alpha\beta\sin\beta t+\beta^2\cos\beta t]$
$\dfrac{1}{(s+\alpha)[(s+\beta)^2+\gamma^2]}$	$\dfrac{1}{(\beta-\alpha)^2+\gamma^2}\left[\mathrm{e}^{-\alpha t}-\mathrm{e}^{-\beta t}\cos\gamma t+\dfrac{\alpha-\beta}{\gamma}\mathrm{e}^{-\beta t}\sin\gamma t\right]$
$\dfrac{s}{(s+\alpha)[(s+\beta)^2+\gamma^2]}$	$\dfrac{1}{(\beta-\alpha)^2+\gamma^2}\left[-\alpha\mathrm{e}^{-\alpha t}+\alpha\mathrm{e}^{-\beta t}\cos\gamma t -\dfrac{\alpha\beta-\beta^2-\gamma^2}{\gamma}\mathrm{e}^{-\beta t}\sin\gamma t\right]$
$\dfrac{s^2}{(s+\alpha)[(s+\beta)^2+\gamma^2]}$	$\dfrac{1}{(\beta-\alpha)^2+\gamma^2}\left[\alpha^2\mathrm{e}^{-\alpha t}+((\alpha-\beta)^2+\gamma^2-\alpha^2)\mathrm{e}^{-\beta t}\cos\gamma t -\left(\alpha\gamma+\beta\left(\gamma-\dfrac{(\alpha-\beta)\beta}{\gamma}\right)\right)\mathrm{e}^{-\beta t}\sin\gamma t\right]$

续表

$\mathscr{L}\{f(t)\}$	$f(t)$
$\dfrac{1}{s^4}$	$\dfrac{1}{6}t^3$
$\dfrac{1}{s^3(s+\alpha)}$	$\dfrac{1}{\alpha^3}-\dfrac{1}{\alpha^2}t+\dfrac{1}{2\alpha}t^2-\dfrac{1}{\alpha^3}\mathrm{e}^{-\alpha t}$
$\dfrac{1}{s^2(s+\alpha)(s+\beta)}$	$-\dfrac{\alpha+\beta}{\alpha^2\beta^2}+\dfrac{1}{\alpha\beta}t+\dfrac{1}{\alpha^2(\beta-\alpha)}\mathrm{e}^{-\alpha t}+\dfrac{1}{\beta^2(\alpha-\beta)}\mathrm{e}^{-\beta t}$
$\dfrac{1}{s^2(s+\alpha)^2}$	$\dfrac{1}{\alpha^2}t(1+\mathrm{e}^{-\alpha t})+\dfrac{2}{\alpha^3}(\mathrm{e}^{-\alpha t}-1)$
$\dfrac{1}{(s+\alpha)^2(s+\beta)^2}$	$\dfrac{1}{(\alpha-\beta)^2\left[\mathrm{e}^{-\alpha t}\left(t+\dfrac{2}{\alpha-\beta}\right)+\mathrm{e}^{-\beta t}\left(t-\dfrac{2}{\alpha-\beta}\right)\right]}$
$\dfrac{1}{(s+\alpha)^4}$	$\dfrac{1}{6}t^3\mathrm{e}^{-\alpha t}$
$\dfrac{s}{(s+\alpha)^4}$	$\dfrac{1}{2}t^2\mathrm{e}^{-\alpha t}-\dfrac{\alpha}{6}t^3\mathrm{e}^{-\alpha t}$
$\dfrac{1}{(s^2+\alpha^2)(s^2+\beta^2)}$	$\dfrac{1}{\beta^2-\alpha^2}\left[\dfrac{1}{\alpha}\sin\alpha t-\dfrac{1}{\beta}\sin\beta t\right]$
$\dfrac{s}{(s^2+\alpha^2)(s^2+\beta^2)}$	$\dfrac{1}{\beta^2-\alpha^2}[\cos\alpha t-\cos\beta t]$
$\dfrac{s^2}{(s^2+\alpha^2)(s^2+\beta^2)}$	$\dfrac{1}{\beta^2-\alpha^2}[-\alpha\sin\alpha t+\beta\sin\beta t]$
$\dfrac{s^3}{(s^2+\alpha^2)(s^2+\beta^2)}$	$\dfrac{1}{\beta^2-\alpha^2}[-\alpha^2\cos\alpha t+\beta^2\cos\beta t]$
$\dfrac{1}{(s^2-\alpha^2)(s^2-\beta^2)}$	$\dfrac{1}{\beta^2-\alpha^2}\left[\dfrac{1}{\beta}\sinh\beta t-\dfrac{1}{\alpha}\sinh\alpha t\right]$
$\dfrac{s}{(s^2-\alpha^2)(s^2-\beta^2)}$	$\dfrac{1}{\beta^2-\alpha^2}[\cosh\beta t-\cosh\alpha t]$
$\dfrac{s^2}{(s^2-\alpha^2)(s^2-\beta^2)}$	$\dfrac{1}{\beta^2-\alpha^2}[\beta\sinh\beta t-\alpha\sinh\alpha t]$
$\dfrac{s^3}{(s^2-\alpha^2)(s^2-\beta^2)}$	$\dfrac{1}{\beta^2-\alpha^2}[\beta^2\cosh\beta t-\alpha^2\sinh\alpha t]$
$\dfrac{1}{(s^2+\alpha^2)^2}$	$\dfrac{1}{2\alpha^2}\left[\dfrac{1}{\alpha}\sin\alpha t-t\cos\alpha t\right]$
$\dfrac{s}{(s^2+\alpha^2)^2}$	$\dfrac{1}{2\alpha}t\sin\alpha t$
$\dfrac{s^2}{(s^2+\alpha^2)^2}$	$\dfrac{1}{2\alpha}[\sin\alpha t+\alpha t\cos\alpha t]$

续表

$\mathscr{L}\{f(t)\}$	$f(t)$
$\dfrac{s^3}{(s^2+\alpha^2)^2}$	$\dfrac{1}{2}[2\cos\alpha t-\alpha t\sin\alpha t]$
$\dfrac{1}{(s^2-\alpha^2)^2}$	$\dfrac{1}{2\alpha^2}\left[t\cosh\alpha t-\dfrac{1}{\alpha}\sinh\alpha t\right]$
$\dfrac{s}{(s^2-\alpha^2)^2}$	$\dfrac{1}{2\alpha}t\sinh\alpha t$
$\dfrac{s^2}{(s^2-\alpha^2)^2}$	$\dfrac{1}{2\alpha}[\sinh\alpha t+\alpha t\cosh\alpha t]$
$\dfrac{s^3}{(s^2-\alpha^2)^2}$	$\dfrac{1}{2}[2\cosh\alpha t+\alpha t\sin\mathrm{h}\alpha t]$
$\dfrac{1}{s^2(s^2+\alpha^2)}$	$\dfrac{1}{\alpha^2}\left[t-\dfrac{1}{\alpha}\sin\alpha t\right]$
$\dfrac{1}{s^2(s^2-\alpha^2)}$	$\dfrac{1}{a^2}\left[\dfrac{1}{\alpha}\sinh\alpha t-t\right]$
$\dfrac{1}{s^4+\alpha^4}$	$\dfrac{1}{\sqrt{2}\alpha^3}\left[\cosh\dfrac{\alpha}{\sqrt{2}}t\sin\dfrac{\alpha}{\sqrt{2}}t-\sinh\dfrac{\alpha}{\sqrt{2}}t\cos\dfrac{\alpha}{\sqrt{2}}t\right]$
$\dfrac{s}{s^4+\alpha^4}$	$\dfrac{1}{\alpha^2}\sin\dfrac{\alpha}{\sqrt{2}}t\sinh\dfrac{\alpha}{\sqrt{2}}t$
$\dfrac{s^2}{s^4+\alpha^4}$	$\dfrac{1}{\sqrt{2}\alpha}\left[\cos\dfrac{\alpha}{\sqrt{2}}t\sinh\dfrac{\alpha}{\sqrt{2}}t+\sin\dfrac{\alpha}{\sqrt{2}}t\cosh\dfrac{\alpha}{\sqrt{2}}t\right]$
$\dfrac{s^3}{s^4+\alpha^4}$	$\cos\dfrac{\alpha}{\sqrt{2}}t\cosh\dfrac{\alpha}{\sqrt{2}}t$
$\dfrac{1}{s^4-\alpha^4}$	$\dfrac{1}{2\alpha^3}[\sinh\alpha t-\sin\alpha t]$
$\dfrac{s}{s^4-\alpha^4}$	$\dfrac{1}{2\alpha^2}[\cosh\alpha t-\cos\alpha t]$
$\dfrac{s^2}{s^4-\alpha^4}$	$\dfrac{1}{2\alpha}[\sinh\alpha t+\sin\alpha t]$
$\dfrac{s^3}{s^4-\alpha^4}$	$\dfrac{1}{2}[\cosh\alpha t+\cos\alpha t]$
$\dfrac{1}{s^2(s^2+\alpha^2)}$	$\dfrac{1}{\alpha^2}\left[t-\dfrac{1}{\alpha}\sin\alpha t\right]$
$\dfrac{1}{s^2(s^2-\alpha^2)}$	$\dfrac{1}{\alpha^2}\left[\dfrac{1}{\alpha}\sinh\alpha t-t\right]$
$\dfrac{1}{s^n}$	$\dfrac{1}{(n-1)!}t^{n-1}$
$\dfrac{1}{(s+\alpha)^n}$	$\dfrac{1}{(n-1)!}t^{n-1}\mathrm{e}^{-\alpha t}$

续表

$\mathscr{L}\{f(t)\}$	$f(t)$
$\dfrac{1}{s(s+\alpha)^n}$	$\dfrac{1}{\alpha^n}\left[1-\sum\limits_{k=0}^{n-1}\dfrac{(\alpha t)^k}{k!}\mathrm{e}^{-\alpha t}\right]$
$\dfrac{1}{s(\alpha s+1)\cdots(\alpha s+n)}$	$\dfrac{1}{n!}\left(1-\exp\left(-\dfrac{t}{\alpha}\right)\right)^n$

0.10.2.2 几个非有理函数的拉普拉斯变换

在接下来的内容中，γ 表示常数 $\gamma=\mathrm{e}^{\mathrm{C}}$, C 是欧拉常数, 其定义如下 (也可参看 0.1.1)：

$$\mathrm{C}=\lim_{n\to\infty}\left(\sum_{\nu=1}^{n}\frac{1}{\nu}-\ln n\right)=0.577\ 215\ 67\cdots.$$

$\mathscr{L}\{f(t)\}$	$f(t)$
$\dfrac{\ln s}{s}$	$-\ln\gamma t$
$-\dfrac{\ln\gamma s}{s}$	$\ln t$
$-\sqrt{\dfrac{\pi}{s}}\ln 4\gamma s$	$\dfrac{\ln t}{\sqrt{t}}$
$\dfrac{\ln s}{s^{n+1}}$	$\dfrac{t^n}{n!}\left[1+\dfrac{1}{2}+\cdots+\dfrac{1}{n}-\ln\gamma t\right]$
$\dfrac{1}{s^{n+1}}\left[\sum\limits_{\nu=1}^{n}\dfrac{1}{\nu}-\ln\gamma s\right]$	$\dfrac{t^n}{n!}\ln t$
$\dfrac{(\ln s)^2}{s}$	$(\ln\gamma t)^2-\dfrac{\pi^2}{6}$
$\dfrac{(\ln\gamma s)^2}{s}$	$(\ln t)^2-\dfrac{\pi^2}{6}$
$\dfrac{1}{s^\alpha\ln s}$	$\displaystyle\int_\alpha^\infty\frac{t^{u-1}}{\Gamma(u)}\mathrm{d}u$ (当 $\alpha=0$ 时也成立)
$\ln\left(\dfrac{s+\alpha}{s-\alpha}\right)$	$\dfrac{2}{t}\sinh\alpha t$
$\ln\left(\dfrac{s-\alpha}{s-\beta}\right)$	$\dfrac{1}{t}(\mathrm{e}^{\beta t}-\mathrm{e}^{\alpha t})$
$\ln\left(\dfrac{s^2+\alpha^2}{s^2+\beta^2}\right)$	$\dfrac{2}{t}(\cos\beta t-\cos\alpha t)$

续表

$\mathscr{L}\{f(t)\}$	$f(t)$
$\dfrac{1}{\sqrt{s}}$	$\dfrac{1}{\sqrt{\pi t}}$
$\dfrac{1}{s\sqrt{s}}$	$2\sqrt{\dfrac{t}{\pi}}$
$\dfrac{s+\alpha}{s\sqrt{s}}$	$\dfrac{1+2\alpha t}{\sqrt{\pi t}}$
$\sqrt{s-\alpha}-\sqrt{s-\beta}$	$\dfrac{1}{2t\sqrt{\pi t}}(\mathrm{e}^{\beta t}-\mathrm{e}^{\alpha t})$
$\sqrt{\sqrt{s^2+\alpha^2}-s}$	$\dfrac{\sin \alpha t}{t\sqrt{2\pi t}}$
$\sqrt{\dfrac{\sqrt{s^2+\alpha^2}-s}{s^2+\alpha^2}}$	$\sqrt{\dfrac{2}{\pi t}}\sin \alpha t$
$\sqrt{\dfrac{\sqrt{s^2+\alpha^2}+s}{s^2+\alpha^2}}$	$\sqrt{\dfrac{2}{\pi t}}\cos \alpha t$
$\sqrt{\dfrac{\sqrt{s^2-\alpha^2}-s}{s^2-\alpha^2}}$	$\sqrt{\dfrac{2}{\pi t}}\sinh \alpha t$
$\sqrt{\dfrac{\sqrt{s^2-\alpha^2}+s}{s^2-\alpha^2}}$	$\sqrt{\dfrac{2}{\pi t}}\cosh \alpha t$
$\dfrac{1}{\sqrt{s}}\sin\dfrac{\alpha}{s}$	$\dfrac{\sinh\sqrt{2\alpha t}\sin\sqrt{2\alpha t}}{\sqrt{\pi t}}$
$\dfrac{1}{s\sqrt{s}}\sin\dfrac{\alpha}{s}$	$\dfrac{\cosh\sqrt{2\alpha t}\sin\sqrt{2\alpha t}}{\sqrt{\alpha\pi}}$
$\dfrac{1}{\sqrt{s}}\cos\dfrac{\alpha}{s}$	$\dfrac{\cosh\sqrt{2\alpha t}\cos\sqrt{2\alpha t}}{\sqrt{\pi t}}$
$\dfrac{1}{s\sqrt{s}}\cos\dfrac{\alpha}{s}$	$\dfrac{\sinh\sqrt{2\alpha t}\cos\sqrt{2\alpha t}}{\sqrt{\alpha\pi}}$
$\dfrac{1}{\sqrt{s}}\sinh\dfrac{\alpha}{s}$	$\dfrac{\cosh 2\sqrt{\alpha t}-\cos 2\sqrt{\alpha t}}{2\sqrt{\pi t}}$
$\dfrac{1}{s\sqrt{s}}\sinh\dfrac{\alpha}{s}$	$\dfrac{\sinh 2\sqrt{\alpha t}-\sin 2\sqrt{\alpha t}}{2\sqrt{\alpha\pi}}$
$\dfrac{1}{\sqrt{s}}\cosh\dfrac{\alpha}{s}$	$\dfrac{\cosh 2\sqrt{\alpha t}+\cos 2\sqrt{\alpha t}}{2\sqrt{\pi t}}$

续表

$\mathscr{L}\{f(t)\}$	$f(t)$
$\dfrac{1}{s\sqrt{s}}\cosh\dfrac{\alpha}{s}$	$\dfrac{\sinh 2\sqrt{\alpha t}+\sin 2\sqrt{\alpha t}}{2\sqrt{\alpha\pi}}$
$\dfrac{1}{s^z}\quad(\mathrm{Re}\ z>0)$	$\dfrac{t^{z-1}}{\Gamma(z)}$
$\dfrac{1}{\sqrt{s}}\exp\left(\dfrac{1}{s}\right)$	$\dfrac{\cosh 2\sqrt{t}}{\sqrt{\pi t}}$
$\dfrac{1}{s\sqrt{s}}\exp\left(\dfrac{1}{s}\right)$	$\dfrac{\sinh 2\sqrt{t}}{\sqrt{\pi}}$
$\arctan\dfrac{\alpha}{s}$	$\dfrac{\sin\alpha t}{t}$
$\dfrac{\sin\left(\beta+\arctan\dfrac{\alpha}{s}\right)}{\sqrt{s^2+\alpha^2}}$	$\sin(\alpha t+\beta)$
$\dfrac{\cos\left(\beta+\arctan\dfrac{\alpha}{s}\right)}{\sqrt{s^2+\alpha^2}}$	$\cos(\alpha t+\beta)$

0.10.2.3 几个分段连续函数的拉普拉斯变换

在下面的内容中, 符号 $[t]$ 表示小于等于 t 的最大整数 n(函数 [ ] 称为**高斯括号**). 因此当 $n\leqslant t<n+1, n=0,1,2,\cdots$ 时, $f([t])=f(n)$.

$\mathscr{L}\{f(t)\}$	$f(t)$
$\dfrac{1}{s(\mathrm{e}^s-1)}$	$[t]$
$\dfrac{1}{s(\mathrm{e}^{\alpha s}-1)}$	$\left[\dfrac{t}{\alpha}\right]$
$\dfrac{1}{(1-\mathrm{e}^{-s})s}$	$[t]+1$
$\dfrac{1}{(1-\mathrm{e}^{-\alpha s})s}$	$\left[\dfrac{t}{\alpha}\right]+1$
$\dfrac{1}{s(\mathrm{e}^s-\alpha)}\quad(\alpha\neq 1)$	$\dfrac{\alpha^{[t]}-1}{\alpha-1}$
$\dfrac{\mathrm{e}^s-1}{s(\mathrm{e}^s-\alpha)}$	$\alpha^{[t]}$

续表

$\mathscr{L}\{f(t)\}$	$f(t)$
$\dfrac{\mathrm{e}^s-1}{s(\mathrm{e}^s-\alpha)^2}$	$[t]\alpha^{[t]-1}$
$\dfrac{\mathrm{e}^s-1}{s(\mathrm{e}^s-\alpha)^3}$	$\dfrac{1}{2}[t]([t]-1)\alpha^{[t]-2}$
$\dfrac{\mathrm{e}^s-1}{s(\mathrm{e}^s-\alpha)(\mathrm{e}^s-\beta)}$	$\dfrac{\alpha^{[t]}-\beta^{[t]}}{\alpha-\beta}$
$\dfrac{\mathrm{e}^s+1}{s(\mathrm{e}^s-1)^2}$	$[t]^2$
$\dfrac{(\mathrm{e}^s-1)(\mathrm{e}^s+\alpha)}{s(\mathrm{e}^s-\alpha)^3}$	$[t]^2\alpha^{[t]-1}$
$\dfrac{(\mathrm{e}^s-1)\sin\beta}{s(\mathrm{e}^{2s}-2\mathrm{e}^s\cos\beta+1)}$	$\sin\beta[t]$
$\dfrac{(\mathrm{e}^s-1)(\mathrm{e}^s-\cos\beta)}{s(\mathrm{e}^{2s}-2\mathrm{e}^s\cos\beta+1)}$	$\cos\beta[t]$
$\dfrac{(\mathrm{e}^s-1)\alpha\sin\beta}{s(\mathrm{e}^{2s}-2\alpha\mathrm{e}^s\cos\beta+\alpha^2)}$	$\alpha^{[t]}\sin\beta[t]$
$\dfrac{(\mathrm{e}^s-1)(\mathrm{e}^s-\alpha\cos\beta)}{s(\mathrm{e}^{2s}-2\alpha\mathrm{e}^s\cos\beta+\alpha^2)}$	$\alpha^{[t]}\cos\beta[t]$
$\dfrac{\mathrm{e}^{-\alpha s}}{s}$	$\begin{cases}0, & 0<t<\alpha\\ 1, & \alpha<t\end{cases}$
$\dfrac{1-\mathrm{e}^{-\alpha s}}{s}$	$\begin{cases}1, & 0<t<\alpha\\ 0, & \alpha<t\end{cases}$
$\dfrac{\mathrm{e}^{-\alpha s}-\mathrm{e}^{-\beta s}}{s}$	$\begin{cases}0, & 0<t<\alpha\\ 1, & \alpha<t<\beta\\ 0, & \beta<t\end{cases}$
$\dfrac{(1-\mathrm{e}^{-\alpha s})^2}{s}$	$\begin{cases}1, & 0<t<\alpha\\ -1, & \alpha<t<2\alpha\\ 0, & 2\alpha<t\end{cases}$

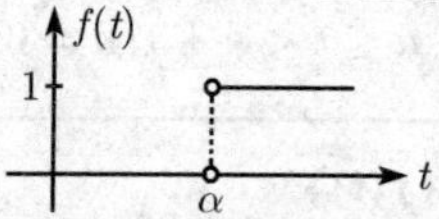

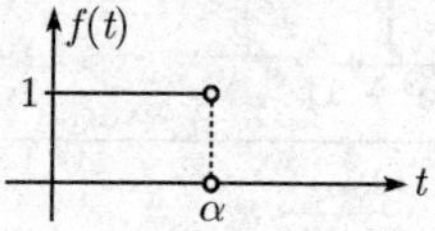

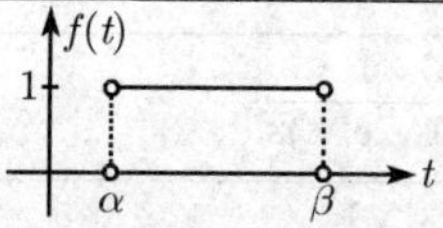

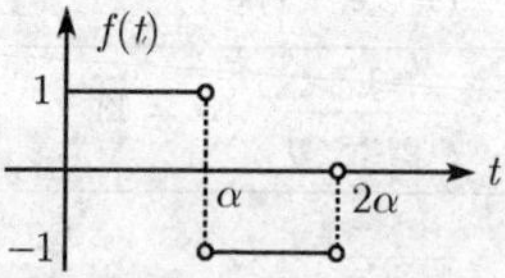

续表

$\mathscr{L}\{f(t)\}$	$f(t)$
$\dfrac{(\mathrm{e}^{-\alpha s}-\mathrm{e}^{-\beta s})^2}{s}$	$\begin{cases} 0, & 0<t<2\alpha \\ 1, & 2\alpha<t<\alpha+\beta \\ -1, & \alpha+\beta<t<2\beta \\ 0, & 2\beta<t \end{cases}$
$\dfrac{(1-\mathrm{e}^{-\alpha s})^2}{s^2}$	$\begin{cases} t, & 0<t<\alpha \\ 2\alpha-t, & \alpha<t<2\alpha \\ 0, & 2\alpha<t \end{cases}$
$\dfrac{(\mathrm{e}^{-\alpha s}-\mathrm{e}^{-\beta s})^2}{s^2}$	$\begin{cases} 0, & 0<t<2\alpha \\ t-2\alpha, & 2\alpha<t<\alpha+\beta \\ 2\beta-t, & \alpha+\beta<t<2\beta \\ 0, & 2\beta<t \end{cases}$
$\dfrac{\beta\mathrm{e}^{-\alpha s}}{s(s+\beta)}$	$\begin{cases} 0, & 0<t<\alpha \\ 1-\mathrm{e}^{-\beta(t-\alpha)}, & \alpha<t \end{cases}$
$\dfrac{\mathrm{e}^{-\alpha s}}{s+\beta}$	$\begin{cases} 0, & 0<t<\alpha \\ \mathrm{e}^{-\beta(t-\alpha)}, & \alpha<t \end{cases}$
$\dfrac{1-\mathrm{e}^{-\alpha s}}{s^2}$	$\begin{cases} t, & 0<t<\alpha \\ \alpha, & \alpha<t \end{cases}$
$\dfrac{\mathrm{e}^{-\alpha s}-\mathrm{e}^{-\beta s}}{s^2}$	$\begin{cases} 0, & 0<t<\alpha \\ t-\alpha, & \alpha<t<\beta \\ \beta-\alpha, & \beta<t \end{cases}$
$\dfrac{s}{s(1+\mathrm{e}^{-\alpha s})}$	$\begin{cases} 1, & 2n\alpha<t<(2n+1)\alpha \\ 0, & (2n+1)\alpha<t<(2n+2)\alpha \end{cases}$ $n=0,1,2,\cdots$

续表

$\mathscr{L}\{f(t)\}$	$f(t)$	
$\dfrac{1}{s(1+\mathrm{e}^{\alpha s})}$	$\begin{cases} 0, & 2n\alpha < t < (2n+1)\alpha \\ 1, & (2n+1)\alpha < t < (2n+2)\alpha \end{cases}$ $n=0,1,2,\cdots$	
$\dfrac{1-\mathrm{e}^{-\alpha s}}{s(1+\mathrm{e}^{-\alpha s})}$	$\begin{cases} 1, & 2n\alpha < t < (2n+1)\alpha \\ -1, & (2n+1)\alpha < t < (2n+2)\alpha \end{cases}$ $n=0,1,2,\cdots$	
$\dfrac{\mathrm{e}^{-\alpha s}-1}{s(1+\mathrm{e}^{-\alpha s})}$	$\begin{cases} -1, & 2n\alpha < t < (2n+1)\alpha \\ 1, & (2n+1)\alpha < t < (2n+2)\alpha \end{cases}$ $n=0,1,2,\cdots$	
$\dfrac{1-\mathrm{e}^{-\alpha s}}{s(1+\mathrm{e}^{\alpha s})}$	$\begin{cases} 0, & 0 < t < \alpha \\ 1, & (2n+1)\alpha < t < (2n+2)\alpha \\ -1, & (2n+2)\alpha < t < (2n+3)\alpha \end{cases}$ $n=0,1,2,\cdots$	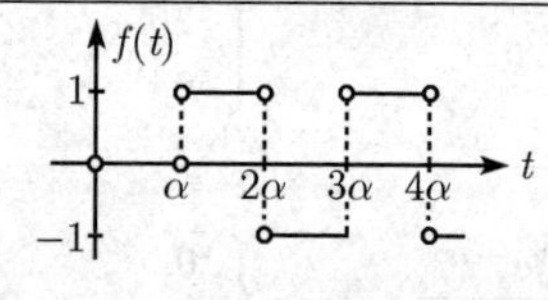
$\dfrac{1-\mathrm{e}^{-\alpha s}}{s(\mathrm{e}^{\alpha s}+\mathrm{e}^{-\alpha s})}$	$\begin{cases} 0, & 2n\alpha < t < (2n+1)\alpha \\ 1, & (4n+1)\alpha < t < (4n+2)\alpha \\ -1, & (4n+3)\alpha < t < (4n+4)\alpha \end{cases}$ $n=0,1,2,\cdots$	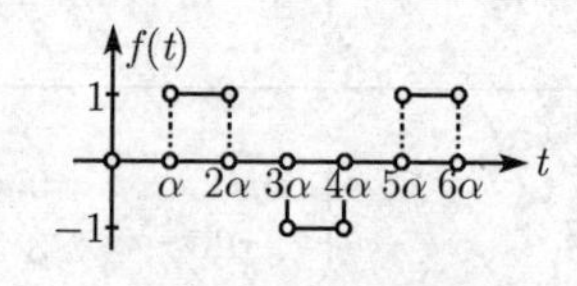
$\dfrac{1-\mathrm{e}^{-\frac{\alpha}{\nu}s}}{s(1-\mathrm{e}^{-\alpha s})}$	$\begin{cases} 1, & n\alpha < t < \left(n+\dfrac{1}{\nu}\right)\alpha \\ 0, & \left(n+\dfrac{1}{\nu}\right)\alpha < t < (n+1)\alpha \end{cases}$ $\nu > 1;\quad n=0,1,2,\cdots$	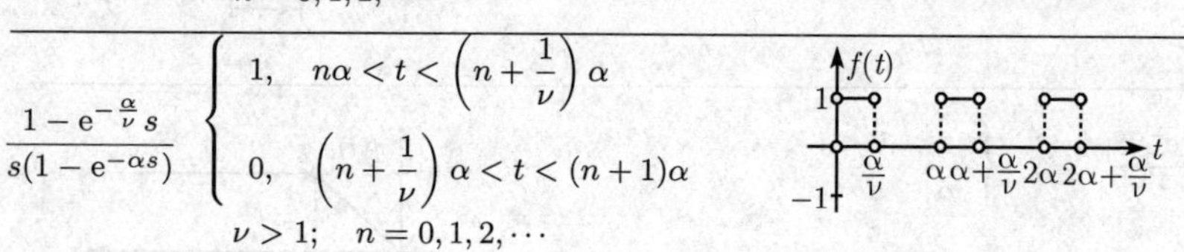
$\dfrac{1-\mathrm{e}^{-\alpha s}}{s^2(1+\mathrm{e}^{-\alpha s})}$	$\begin{cases} \dfrac{t}{\alpha}-2n, & 2n\alpha<t<(2n+1)\alpha \\ -\dfrac{t}{\alpha}+2(n+1), & (2n+1)\alpha<t<(2n+2)\alpha \end{cases}$ $n=0,1,2,\cdots$	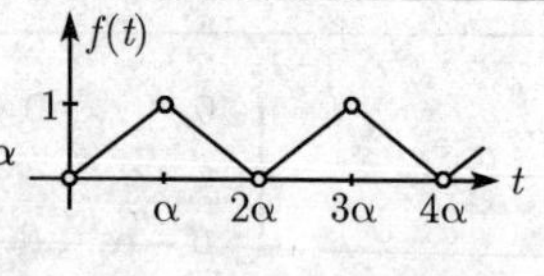
$\dfrac{(1-\mathrm{e}^{-\alpha s})^2}{\alpha s^2(1-\mathrm{e}^{-4\alpha s})}$	$\begin{cases} \dfrac{t}{\alpha}-4n, & 4na < t < (4n+1)\alpha \\ -\dfrac{t}{\alpha}+4n+2, & (4n+1)\alpha<t<(4n+2)\alpha \\ 0, & (4n+2)\alpha<t<(4n+4)\alpha \end{cases}$ $n=0,1,2,\cdots$ 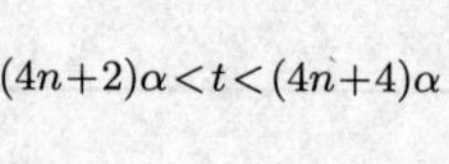	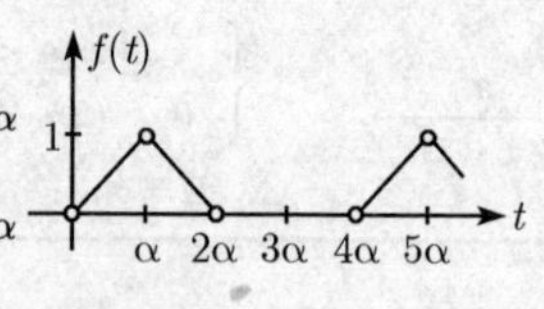

续表

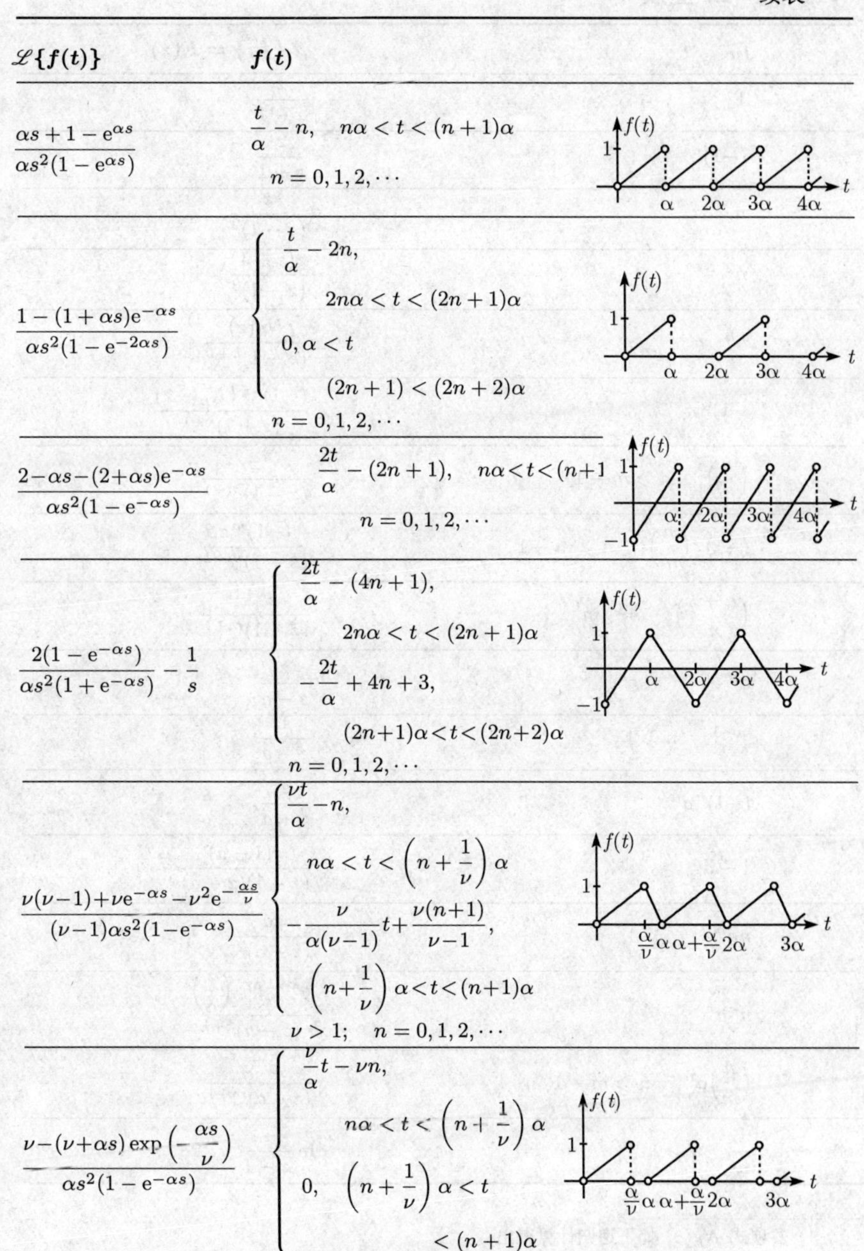

$\mathscr{L}\{f(t)\}$	$f(t)$
$\dfrac{\alpha s+1-\mathrm{e}^{\alpha s}}{\alpha s^2(1-\mathrm{e}^{\alpha s})}$	$\dfrac{t}{\alpha}-n,\quad n\alpha<t<(n+1)\alpha$ $n=0,1,2,\cdots$
$\dfrac{1-(1+\alpha s)\mathrm{e}^{-\alpha s}}{\alpha s^2(1-\mathrm{e}^{-2\alpha s})}$	$\begin{cases}\dfrac{t}{\alpha}-2n, \\ \qquad 2n\alpha<t<(2n+1)\alpha \\ 0,\alpha<t \\ \qquad (2n+1)<(2n+2)\alpha\end{cases}$ $n=0,1,2,\cdots$
$\dfrac{2-\alpha s-(2+\alpha s)\mathrm{e}^{-\alpha s}}{\alpha s^2(1-\mathrm{e}^{-\alpha s})}$	$\dfrac{2t}{\alpha}-(2n+1),\quad n\alpha<t<(n+1$ $n=0,1,2,\cdots$
$\dfrac{2(1-\mathrm{e}^{-\alpha s})}{\alpha s^2(1+\mathrm{e}^{-\alpha s})}-\dfrac{1}{s}$	$\begin{cases}\dfrac{2t}{\alpha}-(4n+1), \\ \qquad 2n\alpha<t<(2n+1)\alpha \\ -\dfrac{2t}{\alpha}+4n+3, \\ \qquad (2n+1)\alpha<t<(2n+2)\alpha\end{cases}$ $n=0,1,2,\cdots$
$\dfrac{\nu(\nu-1)+\nu\mathrm{e}^{-\alpha s}-\nu^2\mathrm{e}^{-\frac{\alpha s}{\nu}}}{(\nu-1)\alpha s^2(1-\mathrm{e}^{-\alpha s})}$	$\begin{cases}\dfrac{\nu t}{\alpha}-n, \\ \qquad n\alpha<t<\left(n+\dfrac{1}{\nu}\right)\alpha \\ -\dfrac{\nu}{\alpha(\nu-1)}t+\dfrac{\nu(n+1)}{\nu-1}, \\ \qquad \left(n+\dfrac{1}{\nu}\right)\alpha<t<(n+1)\alpha\end{cases}$ $\nu>1;\quad n=0,1,2,\cdots$
$\dfrac{\nu-(\nu+\alpha s)\exp\left(-\dfrac{\alpha s}{\nu}\right)}{\alpha s^2(1-\mathrm{e}^{-\alpha s})}$	$\begin{cases}\dfrac{\nu}{\alpha}t-\nu n, \\ \qquad n\alpha<t<\left(n+\dfrac{1}{\nu}\right)\alpha \\ 0,\quad \left(n+\dfrac{1}{\nu}\right)\alpha<t \\ \qquad <(n+1)\alpha\end{cases}$ $\nu>1;\quad n=0,1,2,\cdots$

0.10.3 Z 变换

f_n	$\mathscr{Z}\{f_n\} = F(z)$
1	$\dfrac{z}{z-1}$
$(-1)^n$	$\dfrac{z}{z+1}$
n	$\dfrac{z}{(z-1)^2}$
n^2	$\dfrac{z(z+1)}{(z-1)^3}$
n^k	$\dfrac{N_k(z)}{(z-1)^{k+1}}$ [1)]
$(-1)^n n^k$	$\dfrac{(-1)^{k+1}N_k(-z)}{(z+1)^{k+1}}$
$\dbinom{n}{m}$; $n \geqslant m-1$	$\dfrac{z}{(z-1)^{m+1}}$
$(-1)^n\dbinom{n}{m}$; $n \geqslant m-1$	$\dfrac{(-1)^m z}{(z+1)^{m+1}}$
$\dbinom{n+k}{m}$; $k \leqslant m$	$\dfrac{z^{k+1}}{(z+1)^{m+1}}$
a^n	$\dfrac{z}{z-a}$
a^{n-1}; $n \geqslant 1$	$\dfrac{1}{z-a}$
$(-1)^n a^n$	$\dfrac{z}{z+a}$
$1-a^n$	$\dfrac{z(1-a)}{(z-1)(z-a)}$
na^n	$\dfrac{za}{(z-a)^2}$
$n^k a^n$	$\dfrac{a^{k+1}N_k\left(\dfrac{z}{a}\right)}{(z-a)^{k+1}}$
$\dbinom{n}{m}a^n$; $n \geqslant m-1$	$\dfrac{a^m z}{(z-a)^{m+1}}$
$\dfrac{1}{n}$; $n \geqslant 1$	$\ln\dfrac{z}{z-1}$

1) 多项式 $N_k(z)$ 如下递归计算得出:

$$N_1(z) = z; \quad N_{R+1}(z) = (k+1)zN_k(z) - (z^2 - z)\frac{\mathrm{d}}{\mathrm{d}z}N_k(z).$$

续表

f_n	$\mathscr{Z}\{f_n\} = F(z)$
$\dfrac{(-1)^{n-1}}{n};\quad n \geqslant 1$	$\ln\left(1+\dfrac{1}{z}\right)$
$\dfrac{a^{n-1}}{n};\quad n \geqslant 1$	$\dfrac{1}{a}\ln\dfrac{z}{z-a}$
$\dfrac{a^n}{n!}$	$\exp\left(\dfrac{a}{z}\right)$
$\dfrac{n+1}{n!}a^n$	$\left(1+\dfrac{a}{z}\right)\exp\left(\dfrac{a}{z}\right)$
$\dfrac{(-1)^n}{(2n+1)!}$	$\sqrt{z}\sin\dfrac{1}{\sqrt{z}}$
$\dfrac{(-1)^n}{(2n)!}$	$\cos\dfrac{1}{\sqrt{z}}$
$\dfrac{1}{(2n+1)!}$	$\sqrt{z}\sinh\dfrac{1}{\sqrt{z}}$
$\dfrac{1}{(2n)!}$	$\cosh\dfrac{1}{\sqrt{z}}$
$\dfrac{a^n}{(2n+1)!}$	$\sqrt{\dfrac{z}{a}}\sinh\sqrt{\dfrac{a}{z}}$
$\dfrac{a^n}{(2n)!}$	$\cosh\sqrt{\dfrac{a}{z}}$
$\mathrm{e}^{\alpha n}$	$\dfrac{z}{z-\mathrm{e}^{\alpha}}$
$\sinh\alpha n$	$\dfrac{z\sinh\alpha}{z^2-2z\cosh\alpha+1}$
$\cosh\alpha n$	$\dfrac{z(z-\cosh\alpha)}{z^2-2z\cosh\alpha+1}$
$\sinh(\alpha n+\varphi)$	$\dfrac{z(z\sinh\varphi+\sinh(\alpha-\varphi))}{z^2-2z\cosh\alpha+1}$
$\cosh(\alpha n+\varphi)$	$\dfrac{z(z\cosh\varphi-\cosh(\alpha-\varphi))}{z^2-2z\cosh\alpha+1}$
$a^n\sinh\alpha n$	$\dfrac{za\sinh\alpha}{z^2-2za\cosh\alpha+a^2}$
$a^n\cosh\alpha n$	$\dfrac{z(z-a\cosh\alpha)}{z^2-2za\cosh\alpha+a^2}$
$n\sinh\alpha n$	$\dfrac{z(z^2-1)\sinh\alpha}{(z^2-2z\cosh\alpha+1)^2}$

续表

f_n	$\mathscr{Z}\{f_n\} = F(z)$
$n\cosh\alpha n$	$\dfrac{z((z^2+1)\cosh\alpha - 2z)}{(z^2 - 2z\cosh\alpha + 1)^2}$
$\sin\beta n$	$\dfrac{z\sin\beta}{z^2 - 2z\cos\beta + 1}$
$\cos\beta n$	$\dfrac{z(z-\cos\beta)}{z^2 - 2z\cos\beta + 1}$
$\sin(\beta n + \varphi)$	$\dfrac{z(z\sin\varphi + \sin(\beta - \varphi))}{z^2 - 2z\cos\beta + 1}$
$\cos(\beta n + \varphi)$	$\dfrac{z(z\cos\varphi - \cos(\beta - \varphi))}{z^2 - 2z\cos\beta + 1}$
$\mathrm{e}^{\alpha n}\sin\beta n$	$\dfrac{z\mathrm{e}^{\alpha}\sin\beta}{z^2 - 2z\mathrm{e}^{\alpha}\cos\beta + \mathrm{e}^{2\alpha}}$
$\mathrm{e}^{\alpha n}\cos\beta n$	$\dfrac{z(z - \mathrm{e}^{\alpha}\cos\beta)}{z^2 - 2z\mathrm{e}^{\alpha}\cos\beta + \mathrm{e}^{2\alpha}}$
$(-1)^n\mathrm{e}^{\alpha n}\sin\beta n$	$\dfrac{-z\mathrm{e}^{\alpha}\sin\beta}{z^2 + 2\mathrm{e}^{\alpha}\cos\beta + \mathrm{e}^{2\alpha}}$
$(-1)^n\mathrm{e}^{\alpha n}\cos\beta n$	$\dfrac{z(z + \mathrm{e}^{\alpha}\cos\beta)}{z^2 + 2\mathrm{e}^{\alpha}\cos\beta + \mathrm{e}^{2}\alpha}$
$n\sin\beta n$	$\dfrac{z(z^2-1)\sin\beta}{(z^2 - 2z\cos\beta + 1)^2}$
$n\cos\beta n$	$\dfrac{z((z^2+1)\cos\beta - 2z)}{(z^2 - 2z\cos\beta + 1)^2}$
$\dfrac{\cos\beta n}{n}; n \geqslant 1$	$\ln\left(\dfrac{z}{\sqrt{z^2 - 2z\cos\beta + 1}}\right)$
$\dfrac{\sin\beta n}{n}; n \geqslant 1$	$\arctan\left(\dfrac{\sin\beta}{z - \cos\beta}\right)$
$(-1)^{n-1}\dfrac{\cos\beta n}{n}; n \geqslant 1$	$\ln\left(\dfrac{\sqrt{z^2 + 2z\cos\beta + 1}}{z}\right)$
$(-1)^{n-1}\dfrac{\sin\beta n}{n}; n \geqslant 1$	$\arctan\left(\dfrac{\sin\beta}{z + \cos\beta}\right)$
$\dfrac{\cos\beta n}{n!}$	$\cos\dfrac{\sin\beta}{z}\exp\left(\dfrac{\cos\beta}{z}\right)$

续表

f_n	$\mathscr{Z}\{f_n\} = F(z)$
$\dfrac{\sin\beta n}{n!}$	$\sin\dfrac{\sin\beta}{z}\exp\left(\dfrac{\cos\beta}{z}\right)$

注: 表左边的不等式 $n \geqslant \nu$ 表示在构造的 Z 变换中, 和式是从 ν 开始的, 如 $\mathscr{Z}\{a^{n-1}\} = \sum_{n=1}^{\infty} a^{n-1}z^{-n}$.

第1章　分　析　学

对函数求微分及解微分方程是有用的.[1]

1676 年后牛顿致莱布尼茨的一封信

分析学中最基本的概念是极限. 数学和物理中的许多重要概念可以用极限定义, 如速度、加速度、功、能量、功率、作用、物体的体积和表面积、曲线的长和曲率、曲面的曲率等. 分析的核心是微积分, 它是由 I. 牛顿 (Newton, 1643—1727) 和 G. W. 莱布尼茨 (Leibniz, 1646—1716) 分别独立发现的. 在古代, 除了少数几个人, 没人知道这个概念. 今天, 分析学是用数学描述自然科学的最重要的基础概念之一 (图 1.1).

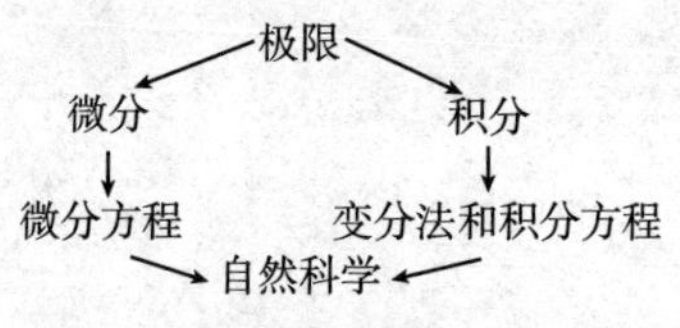

图 1.1　极限概念是数学的核心

然而, 只有当分析与其他数学学科, 如代数学、数论、几何、随机理论与数值理论相互作用时, 它才能发挥其真正的作用.

1.1　初 等 分 析

没有直觉的概念是空洞的, 没有概念的直觉是盲目的.

I. 康德 (1724—1804)

1.1.1　实数

实数的直觉介绍[2]　设一条直线 G 上有两个点, 分别为 0, 1, 如图 1.2(a) 所示. G

1) 实际上, 牛顿把这句拉丁文编码成如下字谜:

6a cc d ae 13e ff 7i 3l 9n 4o 4q rr 4s 9t 12v x,

这表示, 字母“a”出来了 6 次, 等. 牛顿的词“fluentes”和“fluxiones”对应于现代词汇“函数”和“导数”. 看来, 解出这个字谜与发现微积分一样, 都是伟大的智力成果.

2) 实数的严格定义及涉及的实数史上对无理数的争议, 可参看 1.2.2. 正是诸如“无理数”、“虚数”和“超越数”这些术语表明了几个世纪以来必须要克服的认识论上的困难.

上每个点 a 对应一个实数, 这样就得到了实数直线. 为简单起见, 我们可以用同样的符号表示直线 G 的点 a 及和它对应的实数. 从 0 到 1 的线段称为 G 中的单位线段 E.

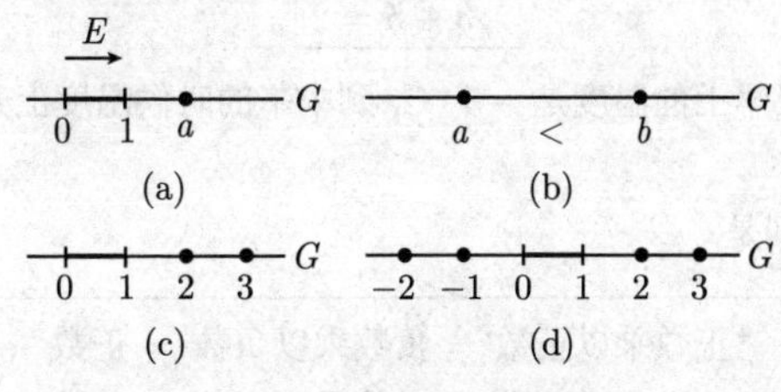

图 1.2 实数直线

序 对任意两个实数 a, b, 当且仅当点 a 严格位于点 b 的左边, 记为

$$\boxed{a < b,}$$

这时称 a 小于 b(图 1.2(b)). 如果 $a < b$ 或 $a = b$, 则记作 $a \leqslant b$, 这时称 a 小于或等于 b.

实数 a 是正的 (负的, 非负), 当且仅当 $0 < a(a < 0, 0 \leqslant a)$.

数的概念的演化 实际上, 数的概念是人类迄今所作的抽象概念中最伟大成就之一. 当有了"两个"的抽象概念时, 人们就不用说"两棵树","两块石头"诸如此类来指代两个. 这大概发生在 10 000 年前的新石器时代, 那时在亚洲和欧洲, 冰河时代刚结束, 猿人开始定居. 大约 15 000 年前在法国和西班牙的壁画证实, 这个时期的猿人已经对形状有了敏锐的感觉.

大约公元前 3000 年在底格里斯河和幼发拉底河附近 (现在的伊拉克), 第一个苏美尔人居住区在美索不达米亚建立. 巴比伦人和亚述人的数学成就的水平可以追溯到这些苏美尔人. 这个数系以 60 为基础 (称为六十进制, 60 对应我们现在的 10). 巴比伦人修改了这个体系, 大约在公元前 600 年的时候加了一个空位, 这相当于我们现在的数 0.

1.1.1.1 自然数和整数

数字

$$0, 1, 2, 3, \cdots$$

对应着相继的单位长度线段, 它们被称为自然数[1](图 1.2(c)). 另外, 我们称诸数

$$\cdots, -3, -2, -1, 0, 1, 2, 3, \cdots$$

1) 通过集合论和计算机科学的影响, 自然数集合中包括数字 0 的做法十分普遍. 此时正的自然数被称为正常的自然数.

为整数(图 1.2(d)). 假设直线 G 是温度计, 这时负数对应于零下温度. 两个整数之和对应于温度之和.

例 1: 等式

$$\boxed{-3+5=2}$$

可以如下解释: 如果早上的温度是 $-3\ ^\circ\mathrm{C}$, 到中午的时候温度上升了 $5\ ^\circ\mathrm{C}$, 那么温度就是 $2\ ^\circ\mathrm{C}$.

整数的乘法规则是

$$\boxed{\begin{aligned}&\text{“正数乘以正数 = 负数乘以负数 = 正数”},\\&\text{“正数乘以负数 = 负数乘以正数 = 负数”}.\end{aligned}} \tag{1.1}$$

整数的除法规则是

$$\boxed{\begin{aligned}&\text{“正数除以正数 = 负数除以负数 = 正数”},\\&\text{“正数除以负数 = 负数除以正数 = 负数”}.\end{aligned}} \tag{1.2}$$

我们用 $+12$ 代替 12, 等等.

例 2:

$$3\cdot 4=(+3)(+4)=+12=12,$$
$$(-3)(+4)=-12,\quad (+3)(-4)=-12,\quad (-3)(-4)=12,$$
$$(-12)\div(+4)=-3,\quad (-12)\div(-4)=3,\quad 12\div(-4)=-3.$$

从 $3\cdot4=12$ 可得 $12\div4=3$. 和预期的一样, 比较上面的第 2 行和第 3 行, 我们发现乘法的逆对整数仍然成立.

1.1.1.2 有理数

基本思想 如果把单位线段分成部分, 就会碰到有理数 (分数).

例 1: 令 n 为一个正常的自然数. 如果我们把单位线段 E 分成 n 等份, 将得到 n 个点, 记作

$$\frac{1}{n},\frac{2}{n},\frac{3}{n},\cdots,\frac{n-1}{n},\frac{n}{n}=1.$$

特别地, 当 $n=2$(或 $n=4$) 时有

$$\frac{1}{2},\frac{2}{2}=1,\quad \text{或}\quad \frac{1}{4},\frac{2}{4},\frac{3}{4},\frac{4}{4}=1.$$

(图 1.3(a)). 在分数 m/n 中, $m(n)$ 称为分子(分母).

约分和扩分 由图 1.3(a) 可得

$$\frac{2}{4}=\frac{1}{2}.$$

这个关系式是如下一般规则的特例:

分子、分母乘以 (除以) 相同的自然数 n, 分数值不变.

这个过程称为"扩分"("约分").

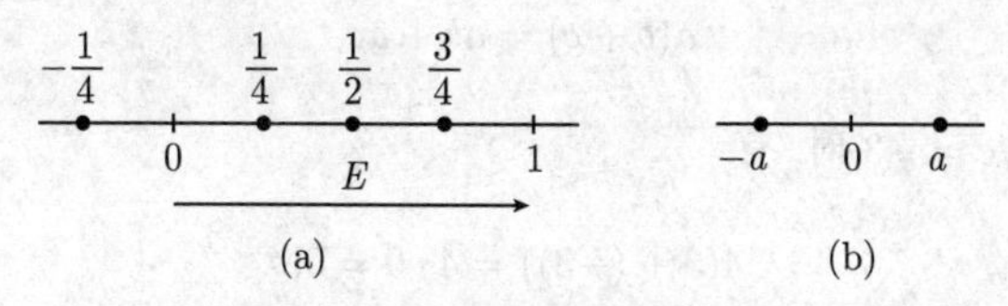

图 1.3 实数直线上的分数

例 2: 分数 $\frac{2}{3}$ 用 4 扩分得

$$\frac{2}{3}=\frac{2\cdot 4}{3\cdot 4}=\frac{8}{12}.$$

通过除以 4 来简化 $\frac{8}{12}$, 得到 $\frac{8}{12}=\frac{8\div 4}{12\div 4}=\frac{2}{3}$.

分数的乘法 分数的乘法法则如下:

"分子乘以分子, 分母乘以分母".

例 3: $\frac{2}{3}\cdot\frac{3}{4}=\frac{2\cdot 3}{3\cdot 4}=\frac{6}{12}$.

分数的除法 把分数的分子和分母互换位置就得到它的*倒数*. 除法法则是:

两个分数相除, 就是第 1 个分数乘以第 2 个分数的倒数.

例 4: $\frac{3}{5}$ 的倒数是 $\frac{5}{3}$. 因此

$$\frac{2}{7}\div\frac{3}{5}=\frac{2}{7}\cdot\frac{5}{3}=\frac{2\cdot 5}{7\cdot 3}=\frac{10}{21}.$$

分数的加法 两个分数相加, 需先通分, 使分母相同, 然后分子相加.

例 5: $\frac{1}{2}+\frac{3}{4}=\frac{2}{4}+\frac{3}{4}=\frac{5}{4}$.

这个程序和一般的"十字相乘法"一样:

$$\boxed{\frac{a}{b}+\frac{c}{d}=\frac{ad+bc}{bd}.}$$

例 6: $\frac{1}{2}+\frac{3}{4}=\frac{1\cdot 4+2\cdot 3}{2\cdot 4}=\frac{4+6}{8}=\frac{10}{8}$. 约分得 $\frac{5}{4}$.

负分数 如果 m,n 是正常的自然数, 那么把点 $\frac{m}{n}$ *过原点(点O)反射*可得点 $-\frac{m}{n}$. 整数构成的分数的符号由法则 (1.2) 决定.

例 7: $\dfrac{(-3)}{(-4)}=+\dfrac{3}{4}=\dfrac{3}{4},\quad \dfrac{(-3)}{4}=-\dfrac{3}{4},\quad \dfrac{3}{(-4)}=-\dfrac{3}{4}.$

法则 (1.1)、(1.2) 中符号似乎是任意选择的, 实际上需要保证满足实数的"简单"计算法则. 例如, 要求结合律成立

$$a(b+c)=ab+ac,$$

当 $a=4,b=3,c=-3$ 时, 有

$$4(3+(-3))=4\cdot 0=0,$$

且

$$4(3+(-3))=4\cdot 3+4\cdot(-3)=12+4\cdot(-3)=0,$$

或者换句话说 $4(-3)=-12$, 与法则 (1.1) 给出的值相符.

定义 所有形式为 $\dfrac{a}{b}$ 的实数 (其中 a,b 是整数; $b\neq 0$) 称为有理数.

不是有理数的实数称为无理数. 例如, $\sqrt{2}$ 是无理数; 古代就有了对这一事实的经典证明, 见 4.2.1.

在现代的著作中, 下列符号都是常用的:

$\mathbb{N}:=$ 自然数集,
$\mathbb{Z}:=$ 整数集,
$\mathbb{Q}:=$ 有理数集,
$\mathbb{R}:=$ 实数集,
$\mathbb{C}:=$ 复数集.

幂 对于实数 $a\neq 0$, 令

$$a^0:=1,\quad a^1:=a,\quad a^2:=a\cdot a,\quad a^3:=a\cdot a\cdot a,\quad \cdots,$$
$$a^{-1}:=\frac{1}{a},\quad a^{-2}:=\frac{1}{a^2},\quad a^{-3}:=\frac{1}{a^3},\quad \cdots.$$

例 8: $2^0=1,\quad 2^2=4,\quad 2^3=8,\quad 2^{-1}=\dfrac{1}{2},\quad 2^{-2}=\dfrac{1}{4}.$

1.1.1.3 十进制小数

基本思想 我们在日常生活中使用十进制系统[1]. 数的符号 123 实际是数

$$1\cdot\mathbf{10}^2+2\cdot\mathbf{10}^1+3\cdot\mathbf{10}^0$$

1) 1585 年 S. 斯蒂文 (Simon Stevin) 出版了*La disme*(《十进制系统》) 一书. 从此, 欧洲大陆使用的全部度量都统一成十进制系统.

的缩写.

同样, 数的符号 2.43 代表和:

$$2 \cdot \mathbf{10}^0 + 4 \cdot \mathbf{10}^{-1} + 3 \cdot \mathbf{10}^{-2}. \tag{1.3}$$

最后, 像 2.43567··· 这样的符号表示 (唯一) 实数 x, 它满足下列无穷不等式组:

$$\begin{gathered} 2.4 \leqslant x < 2.4 + \mathbf{10}^{-1}, \\ 2.43 \leqslant x < 2.43 + \mathbf{10}^{-2}, \\ 2.435 \leqslant x < 2.435 + \mathbf{10}^{-3}, \\ \cdots\cdots \end{gathered} \tag{1.4}$$

展开成十进制小数 下面所有的 a_j 假定为整数, $a_j = 0, 1, \cdots, 9$, 且 $a_n \neq 0$. 而且, 设 $n = 0, 1, 2, \cdots$ 为自然数, m 是某一正常自然数.

(i) 同 (1.3) 一样, 符号

$$\boxed{a_n a_{n-1} \cdots a_0 . a_{-1} a_{-2} \cdots a_{-m}}$$

表示如下和:

$$a_n \cdot \mathbf{10}^n + a_{n-1} \cdot \mathbf{10}^{n-1} + \cdots + a_0 \cdot \mathbf{10}^0 + a_{-1} \cdot \mathbf{10}^{-1} + a_{-2} \cdot \mathbf{10}^{-2} + \cdots + a_{-m} \cdot \mathbf{10}^{-m}.$$

(ii) 符号 $a_n a_{n-1} \cdots a_0 . a_{-1} a_{-2} \cdots$ 表示 (唯一) 实数 x, 和 (1.4) 一样, 它满足下列不等式链:

$$\boxed{a_n \cdots a_0 . a_{-1} a_{-2} \cdots a_{-m} \leqslant x < a_n \cdots a_0 . a_{-1} a_{-2} \cdots a_{-m} + \mathbf{10}^{-m}, \quad m = 1, 2, \cdots.}$$

每个实数都可以唯一展开成这样的十进制小数.

定理 一个实数是有理数, 当且仅当它的十进制小数展开式是有限的或周期的.

例 1: $\dfrac{1}{4} = 0.25$ 和 $\dfrac{1}{3} = 0.333333\cdots$ 是有理数. 另一方面, $\sqrt{2}$ 的十进制展开

$$\sqrt{2} = 1.414213562\cdots \tag{1.5}$$

没有周期.

实数的舍入规则 舍入目标是把无限的十进制展开变成有限的, 且使误差尽可能小.

例 2:

(i) 2.3456··· 入为 2.346.

(ii) 2.3454··· 舍为 2.345.

(iii) 2.3455··· 入为 2.346.

(iv) 2.3465··· 舍为 2.346.

每种情况的误差都小于 0.0005.

这是应用了下面的法则：如果最后一个数字是 0~4(或 6~9), 则舍 (或入). 如果最后一个数字是 5, 那么可以舍或入, 根据舍入后, 最后一位数字是否为偶数来决定.[1)]然而, 一般的程序是把 5 入上去.

实数的整数部分 对于实数 a, 符号 [a](称为高斯括号) 表示 a 的整数部分, 它定义为使得 $g \leqslant a$ 的最大整数 g.

例 3: [2]=2, [1.99]=1, [−2.5]=−3.

1.1.1.4 二进制数

把上述展开式中的**10**替换成**2**, a_j 取 0 或 1, 就得到了二进制数系. 一个任意实数可以唯一展开成二进制数, 展开式中系数只出现 0 或 1. 由于这一性质, 二进制数被用于计算机.

例: 在二进制数系中, 符号 1010.01 表示:

$$1 \cdot \mathbf{2}^3 + 0 \cdot \mathbf{2}^2 + 1 \cdot \mathbf{2}^1 + 0 \cdot \mathbf{2}^0 + 0 \cdot \mathbf{2}^{-1} + 1 \cdot \mathbf{2}^{-2},$$

它是十进制数系中的 $8 + 2 + \dfrac{1}{4} = 10.25$.

其他数系 把 1.1.1.3 中的数 10 换成任一固定的自然数 $\beta \geqslant 2$, 就得到了基数为 β 的数系. 比如, 大约公元 2000 年前, 美索不达米亚的苏美尔人使用了基为 60 的六十进制数系. 我们把 1 小时分成 60 分钟, 把圆分成 360 度, 都可追溯到苏美尔人.

墨西哥的玛雅人和欧洲的凯尔特人使用的是基数 β=20 的数系. 古埃及人使用的是十进制数系, 每个十进制单位都有特殊的符号. 罗马人的数系使用相同的原理. 罗马数字

$$\mathrm{M, D, C, L, X, V, I}$$

分别表示 1000, 500, 100, 50, 10, 5, 1. 例如符号 MDCLXVII 对应着数 1667. 人们没有采用这样的数系进行复杂的计算.

1.1.1.5 区间

设 a, b 是实数, 且 $a < b$. 定义一个紧区间(有端点 a 和 b) 是集合 (图 1.4(a)):

$$[a, b] := \{x \in \mathbb{R} | a \leqslant x \leqslant b\}.$$

总之, 区间 $[a, b]$ 由 $\mathbb{R}$ 中使 $a \leqslant x \leqslant b$ 的所有实数 x 构成. 而且, 我们定义[2)](图

1) 舍入的这个统计策略有一个后果, 即经过长时间的舍入计算, 误差小于只把 5 舍掉或入上的值.

2) 也可以把 $]a, b[, [a, b[,]a, b]$ 记作 $(a, b), [a, b), (a, b]$. 上述符号在现代著作中十分通用, 可避免与有序数对 (a, b) 混淆.

1.4(b)~(d)):

$$]a,b[:=\{x\in\mathbb{R}|a<x<b\};\quad (\text{开区间})$$
$$[a,b[:=\{x\in\mathbb{R}|a\leqslant x<b\};\quad (\text{右半开区间})$$
$$]a,b]:=\{x\in\mathbb{R}|a<x\leqslant b\}.\quad (\text{左半开区间})$$

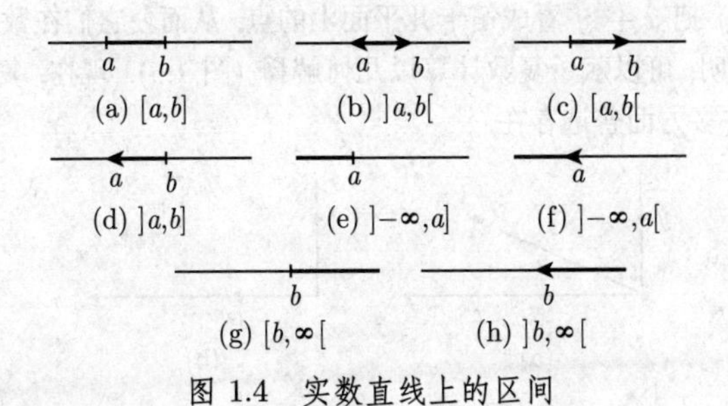

图 1.4 实数直线上的区间

通常使用下面的无限区间 (图 1.4(e)~(h)):

$$]-\infty,a]:=\{x\in\mathbb{R}|x\leqslant a\},\quad]-\infty,a[:=\{x\in\mathbb{R}|x<a\},$$
$$[b,\infty[:=\{x\in\mathbb{R}|b\leqslant x\},\qquad]b,\infty[:=\{x\in\mathbb{R}|b<x\}.$$

实数集合 $\mathbb{R}$ 也可记作 $]-\infty,\infty[$.

1.1.2 复数

复数的形式引入 [1] 没有一个实数 x 满足方程:

$$x^2=-1.$$

这是在 16 世纪中叶意大利数学家 R. 邦贝利(Raphael Bombelli) 引进符号 $\sqrt{-1}$ 的途径. L. 欧拉(Leonhard Euler, 1707—1783) 在这种情况下使用符号 i. 这个所谓的虚数单位满足方程:

$$\boxed{\mathrm{i}^2=-1.}\tag{1.6}$$

欧拉发现, 对所有实数 x,y 都满足下面的基本关系式:

$$\boxed{\mathrm{e}^{x+\mathrm{i}y}=\mathrm{e}^x(\cos y+\mathrm{i}\cdot\sin y).}\tag{1.7}$$

这得到了指数函数与三角函数之间一个意想不到的关系[2]. 这个公式通常应用到振动理论 (比较 1.1.3).

1) 在场论部分 2.5.3 中实现了复数作为有序对 (x,y) 的代数的严格引入.
2) 为了避免与电流强度的概念相混淆, 在电工学文献中用符号 j 替代这里的 i.

笛卡儿 (Descartes) 表示 一个复数是形为

$$\boxed{x+\mathrm{i}y}$$

的符号, 其中 x, y 是实数. 实数对应着特殊情况 $y=0$. 长期以来, 复数显得十分神秘. 高斯(Gauss) 把 $x+\mathrm{i}y$ 看成笛卡儿平面上的点, 从而使它们在数学中获得了恰当的位置; 他证明, 可以赋予复数计算以几何解释 (图 1.5). 现在, 复数在数学、物理学和技术的许多方面普遍存在.

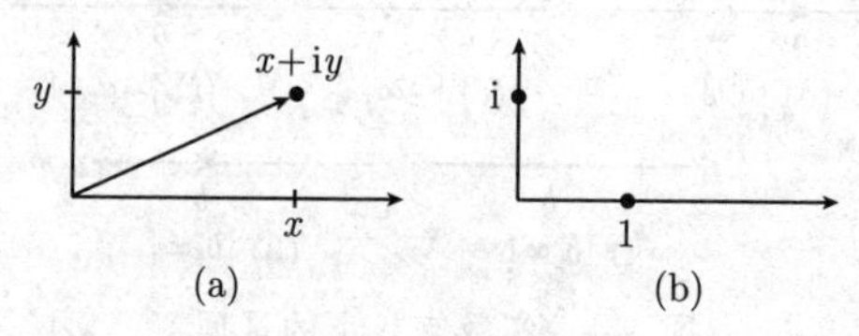

图 1.5 复数的图示

在对复数 $x+\mathrm{i}y$ 进行运算时可应用通常的公式, 但是要考虑到 $\mathrm{i}^2=-1$. 特别地, 人们称数

$$\boxed{\overline{x+\mathrm{i}y}:=x-\mathrm{i}y}$$

为 $x+\mathrm{i}y$ 的共轭复数[1].

例 1 (加法): $(2+3\mathrm{i})+(1+2\mathrm{i})=3+5\mathrm{i}$.

例 2 (乘法): $(2+3\mathrm{i})(1+2\mathrm{i})=2+3\mathrm{i}+4\mathrm{i}+6\mathrm{i}^2=2+7\mathrm{i}-6=-4+7\mathrm{i}$.

对所有实数 x, y, 等式:

$$\boxed{(x+\mathrm{i}y)(x-\mathrm{i}y)=x^2+y^2} \tag{1.8}$$

成立.

例 3 (除法): 由 (1.8) 可得

$$\frac{1+2\mathrm{i}}{3+2\mathrm{i}}=\frac{(1+2\mathrm{i})(3-2\mathrm{i})}{(3+2\mathrm{i})(3-2\mathrm{i})}=\frac{3+6\mathrm{i}-2\mathrm{i}-4\mathrm{i}^2}{9+4}=\frac{1}{13}(7+4\mathrm{i}).$$

用分母的共轭复数通分的方法一般是适用的.

1.1.2.1 绝对值

复数 $z=x+\mathrm{i}y$ 的绝对值定义为

$$\boxed{|z|:=\sqrt{x^2+y^2}.}$$

从几何上看, 它是由 z 定义的向量的长度 (图 1.6(a)).

1) 复共轭与数学中 (许多) 其他的共轭概念避免了混淆.

例 1: 对实数 x, 有

$$|x| := \begin{cases} x, & x \geqslant 0, \\ -x, & x < 0. \end{cases}$$

而且, $|\mathrm{i}| = 1$, $|1+\mathrm{i}| = \sqrt{1^2+1^2} = \sqrt{2}$.

距离 两个复数 z 和 w 之间的距离是

$$|z-w|$$

(图 1.6(b), (c)). 特别地, $|z|$ 是原点到 z 的距离.

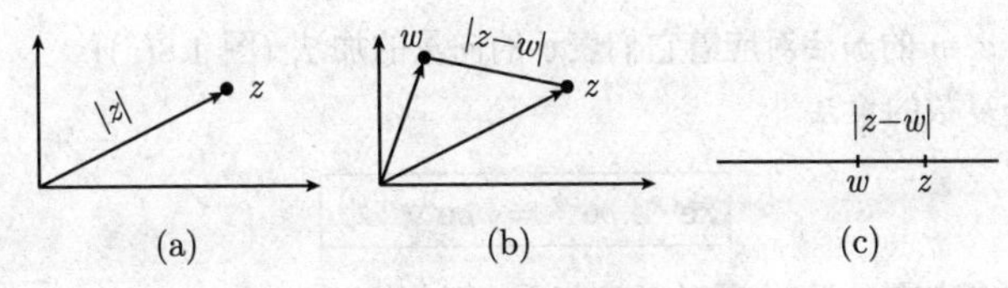

图 1.6 两个复数之间距离的图示

三角不等式 对任意复数 z, w, 我们有重要的三角不等式:

$$\boxed{||z|-|w|| \leqslant |z \pm w| \leqslant |z|+|w|.} \tag{1.9}$$

特别地, 有 $|z+w| \leqslant |z|+|w|$, 这表示向量 $z+w$ 的长度至多是向量 z, w 的长度之和 (图 1.8(b)). 而且

$$|zw| = |z||w|, \quad \left|\frac{z}{w}\right| = \frac{|z|}{|w|}, \quad |z| = |\bar{z}|,$$

其中当 w 为分母时, $w \neq 0$.

极坐标下的复数 如果我们使用极坐标, 那么对复数 $z = x + \mathrm{i}y$ 有如下表达式:

$$\boxed{z = r(\cos\varphi + \mathrm{i}\cdot\sin\varphi), \quad -\pi < \varphi \leqslant \pi, \quad r = |z|.}$$

这里, φ 表示这个向量与 x 轴的夹角 (图 1.7). 从欧拉公式 (1.7) 得到如下漂亮的表达式:

$$\boxed{z = r\mathrm{e}^{\mathrm{i}\varphi}, \quad -\pi < \varphi \leqslant \pi, \quad r = |z|.}$$

称角 $\arg z := \varphi$ 为 z 的辐角的主值. 假定 $-\pi < \varphi \leqslant \pi$, 这样通过 z 就能唯一决定 φ. 满足 $z = r\mathrm{e}^{\mathrm{i}\psi}$ 的所有角 ψ 称为 z 的辐角. 我们有

$$\psi = \varphi + 2\pi k, \quad k = 0, \pm 1, \pm 2, \cdots.$$

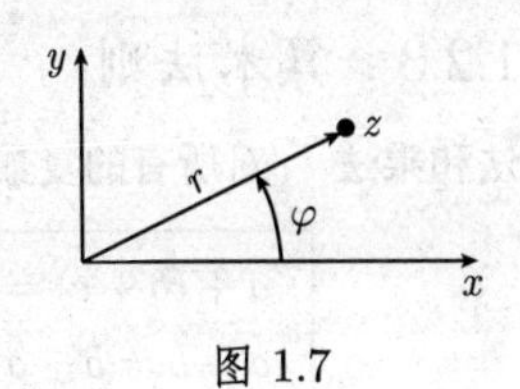

图 1.7

例 2: $\mathrm{i} = \mathrm{e}^{\mathrm{i}\pi/2}$, $-1 = \mathrm{e}^{\mathrm{i}\pi}$, $|\mathrm{i}| = |-1| = 1$, $\arg \mathrm{i} = \dfrac{\pi}{2}$, $\arg(-1) = \pi$.

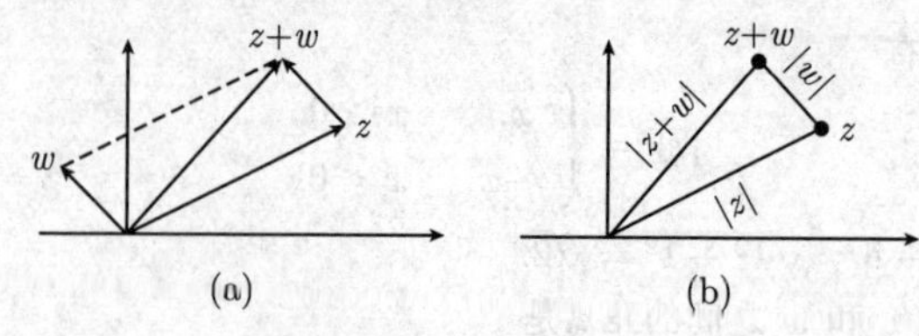

图 1.8 复数的加法

1.1.2.2 复数运算的几何表示

我们有:

(i) 复数 z, w 的加法对应着它们表示的向量的加法 (图 1.8(a)).

(ii) 两个复数的乘法

$$\boxed{r\mathrm{e}^{\mathrm{i}\varphi} \cdot \rho\mathrm{e}^{\mathrm{i}\psi} = r\rho\mathrm{e}^{\mathrm{i}(\varphi+\psi)}}$$

对应着一个伸缩旋转, 即, 向量的长度相乘、辐角相加.

(iii) 两个复数的除法

$$\boxed{\frac{r\mathrm{e}^{\mathrm{i}\varphi}}{\rho\mathrm{e}^{\mathrm{i}\psi}} = \frac{r}{\rho}\mathrm{e}^{\mathrm{i}(\varphi-\psi)}}$$

对应着相应向量的长度相除、辐角相减.

(iv) 反射. 从复数 $z = x + \mathrm{i}y$ 到其共轭复数 $\overline{z} = x - \mathrm{i}y$ 的转变是把 z 关于实轴反射的几何操作 (图 1.9(a)). 从 z 到 $-z$ 的转变是关于原点的反射 (图 1.9(b)). 从 z 到共轭复数的倒数 $(\overline{z})^{-1}$ 的转变对应着关于单位圆的反射, 即, 象点和逆象点位于过原点的同一条直线上, 它们与原点距离的积等于 1(图 1.9(c)).

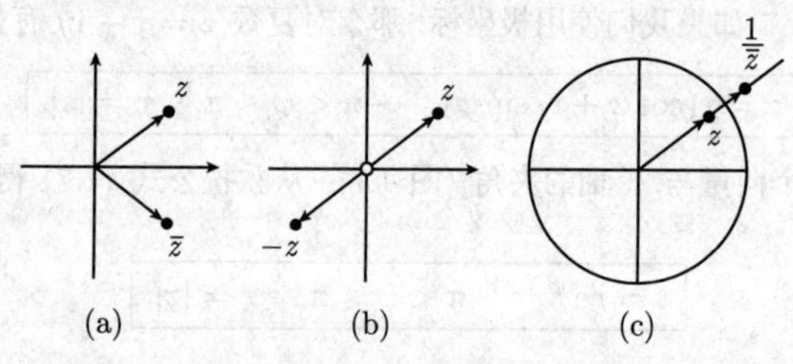

图 1.9 复数的共轭及逆的图示

1.1.2.3 算术法则

加法和乘法 对所有的复数 a, b, c, 有

$a + (b + c) = (a + b) + c, \quad a(bc) = (ab)c$	(结合律),
$a + b = b + a, \quad ab = ba$	(交换律),
$a(b + c) = ab + ac$	(分配律).

例 1: $(a+b)^2=(a+b)(a+b)=a^2+ab+ba+b^2=a^2+2ab+b^2$.

正负号法则 对所有的复数 a,b, 有

$$(-a)(-b)=ab,\quad (-a)b=-ab,\quad a(-b)=-ab,$$
$$-(-a)=a,\quad (-1)a=-a.$$

例 2: $(a-b)^2=(a-b)(a-b)=a^2-ab-ba+b^2=a^2-2ab+b^2$.

例 3: $(a+b)(a-b)=a^2+ab-ba-b^2=a^2-b^2$.

分数的算术 下面我们都将假设分母中出现的复数都不为 0. 对所有复数 a,b,c,d, 有

$$\frac{a}{b}=\frac{c}{d}\Leftrightarrow ad=bc \quad (\text{等式})^{1)},$$
$$\frac{a}{b}\cdot\frac{c}{d}=\frac{ac}{bd} \quad (\text{乘法}),$$
$$\frac{a}{b}\pm\frac{c}{d}=\frac{ad\pm bc}{bd} \quad (\text{加法和减法}),$$
$$\frac{\left(\dfrac{a}{b}\right)}{\left(\dfrac{c}{d}\right)}=\frac{ad}{bc} \quad (\text{除法}).$$

化为共轭复数 如果 a,b,c,d 是任意复数, 其中 $d\neq 0$, 则有

$$\overline{a\pm b}=\bar{a}\pm\bar{b},\quad \overline{ab}=\bar{a}\cdot\bar{b},\quad \overline{\left(\frac{c}{d}\right)}=\frac{\bar{c}}{\bar{d}}.$$

设 $z=x+\mathrm{i}y$. 分量 $x(y)$ 叫做 z 的实部(虚部). 记作 $x=\mathrm{Re}\,z(y=\mathrm{Im}\,z)$, 则有

$$\mathrm{Re}\,z=\frac{1}{2}(z+\bar{z}),\quad \mathrm{Im}\,z=\frac{1}{2\mathrm{i}}(z-\bar{z}).$$

1.1.2.4 复数的根

设复数 $a=|a|\mathrm{e}^{\mathrm{i}\varphi}$, 其中 $-\pi<\varphi\leqslant\pi$, 且 $a\neq 0$.

定理 对于固定的 $n=2,3,\cdots$, 分圆方程

$$\boxed{x^n=a}$$

的解为

$$x=\sqrt[n]{|a|}\left(\cos\left(\frac{2\pi k+\varphi}{n}\right)+\mathrm{i}\cdot\sin\left(\frac{2\pi k+\varphi}{n}\right)\right),\quad k=0,1,\cdots,n-1.$$

1) 简言之: $\dfrac{a}{b}=\dfrac{c}{d}$ 蕴涵 $ad=cb$, 反之亦然.

也可以把这些数记作 $x = \sqrt[n]{|a|}\mathrm{e}^{\mathrm{i}(2\pi k+\varphi)/n}$, $k = 0, \cdots, n-1$, 它们称为复数 a 的 n 个根. 这 n 个根把半径为 $\sqrt[n]{|a|}$ 的圆周分成 n 等份.

例 1: 当 $a = 1, n = 2, 3, 4, a = 1$ 的 n 个根 (被称为单位根) 如图 1.10 所示.

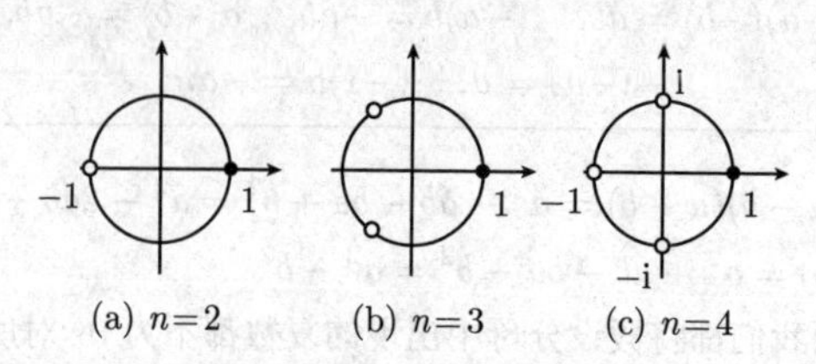

(a) $n=2$　(b) $n=3$　(c) $n=4$

图 1.10　单位根

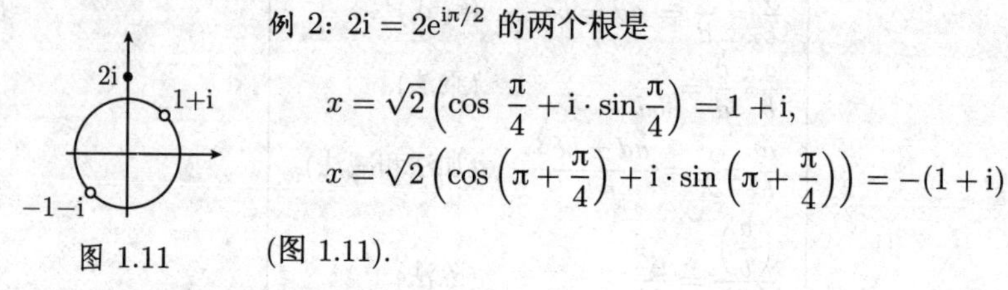

图 1.11

例 2: $2\mathrm{i} = 2\mathrm{e}^{\mathrm{i}\pi/2}$ 的两个根是

$$x = \sqrt{2}\left(\cos\ \frac{\pi}{4} + \mathrm{i}\cdot\sin\frac{\pi}{4}\right) = 1 + \mathrm{i},$$

$$x = \sqrt{2}\left(\cos\left(\pi + \frac{\pi}{4}\right) + \mathrm{i}\cdot\sin\left(\pi + \frac{\pi}{4}\right)\right) = -(1+\mathrm{i})$$

(图 1.11).

1.1.3　在振荡上的应用

给定周期为 $T > 0$ 的函数 f, 即有

$$\boxed{f(t+T) = f(t), \quad \text{对所有} \quad t \in \mathbb{R}.}$$

我们还可以定义

$$\nu := \frac{1}{T} \quad (\text{频率}), \quad \omega := 2\pi\nu \quad (\text{角频率}).$$

例 1 (正弦): 函数

$$\boxed{y := A \cdot \sin(\omega t + \alpha)}$$

描述了角频率为 ω, 振幅为 A 的一个振动 (图 1.12(a)). 数 α 叫做相移.

例 2 (正弦式波): 设 $A > 0, \omega > 0$. 函数

$$\boxed{y(x,t) = A \cdot \sin(\omega t + \alpha - kx)} \tag{1.10}$$

描述了振幅为 A, 波长为 $\lambda := 2\pi/k$ 的一个波, 它以所谓的波相速度

$$\boxed{c := \frac{\omega}{k}}$$

从左向右传播 (图 1.12(b)). 数 k 叫做波数. 根据规则 $kx = \omega t + \alpha - \dfrac{\pi}{2}$ 随时间移动的点 $(x, y(x,t))$, 对应着以速度 c 从左向右移动的高度为 A 的波峰.

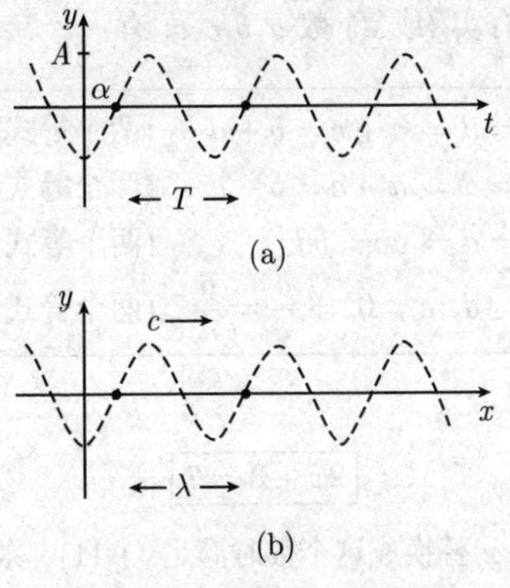

图 1.12 波函数 (振动)

在物理学和应用科学中, 通常用复函数

$$\boxed{Y(x,t) := C \cdot \mathrm{e}^{\mathrm{i}(\omega t - kx)}}$$

表示这样的波, 其中复振幅 $C = A\mathrm{e}^{\mathrm{i}\alpha}$. $Y(x,t)$ 的虚部对应着 (1.10) 中的 $y(x,t)$.

1.1.4 对等式的运算

对等式的运算 设 a, b, c 为任意实 (或复) 数. 对等式的运算符合下列规则:

$$\boxed{\begin{aligned}
&a = b \Rightarrow a + c = b + c && \text{(加法)},\\
&a = b \Rightarrow a - c = b - c && \text{(减法)},\\
&a = b \Rightarrow ac = bc && \text{(乘法)},\\
&a = b,\ c \neq 0 \Rightarrow \frac{a}{c} = \frac{b}{c} && \text{(除法)},\\
&a = b,\ a \neq 0 \Rightarrow \frac{1}{a} = \frac{1}{b} && \text{(倒数)}.
\end{aligned}}$$

用语言叙述就是:

(i) 可以在一个等式两边加相同的数, 其结果仍是一个等式.

(ii) 可以在等式两边乘以同一个数.

(iii) 可以在等式两边除以同一个 (不为零的) 数.

(iv) 可以得到等式的倒数.

在情况 (iii) 和 (iv), 必须注意

$$\boxed{\text{不允许 0 作除数!}}$$

直观上, 一个等式就像衡量平衡的尺度. 对于其两端, 在相同的时间作同样的事就不会打破平衡.

两个等式的运算 对所有实 (或复) 数 a, b, c, d, 有

$$
\boxed{\begin{array}{ll}
a=b,\ c=d \Rightarrow a+c=b+d & \text{(两个等式的加法)},\\
a=b,\ c=d \Rightarrow a-c=b-d & \text{(两个等式的减法)},\\
a=b,\ c=d \Rightarrow ac=bd & \text{(两个等式的乘法)},\\
a=b,\ c=d,\ c\neq 0, \Rightarrow \dfrac{a}{c}=\dfrac{b}{d} & \text{(两个等式的除法)}.
\end{array}}
$$

解方程 方程

$$\boxed{2x+3=7} \tag{1.11}$$

的解是一个数, 当我们把 x 替换成这个数时满足 (1.11). 称 x 为*变量*或*未定元*.

例 1: 方程 (1.11) 有唯一解 $x=2$.

证明: 第一步: 假设数 x 是 (1.11) 的解. 在 (1.11) 的左右两边同时减去 3, 得

$$2x=4.$$

然后两边同时除以 2, 得

$$x=2.$$

这表明, *如果*(1.11) 有解, 那么一定是 2.

第二步: 现在我们证明, 2 确实是 (1.11) 的解. 由初等式 2·2+3=7 可得. □

第二步也称为“检验”. 通常, 数学错误的出现是因为混淆了第一步与一个完整的证明 (参看 4.2.6.2).

例 2 (线性方程组): 设 $a, b, c, d, \alpha, \beta$ 为实 (或复) 数, 且 $ad-bc\neq 0$. 那么方程组

$$\boxed{\begin{cases} ax+by=\alpha, \\ cx+dy=\beta \end{cases}} \tag{1.12}$$

有唯一解

$$x=\frac{\alpha d-\beta b}{ad-bc}, \quad y=\frac{a\beta-c\alpha}{ad-bc}. \tag{1.13}$$

证明: 第一步: 假设数 x, y 满足方程组 (1.12). 用 d(或 $(-b)$) 乘 (1.12) 的第一个 (或第二个) 方程, 得

$$\begin{cases} adx+bdy=\alpha d, \\ -bcx-bdy=-b\beta. \end{cases}$$

把这些方程加起来, 则得到

$$(ad-bc)x=\alpha d-\beta b.$$

两边同除以 $ad-bc$ 后, 就得到了 (1.13) 中 x 的表达式.

现在 (1.12) 的第一个 (第二个) 方程两边同乘以 $(-c)$(或 a), 得

$$\begin{cases} -cax - cby = -c\alpha, \\ acx + ady = a\beta. \end{cases}$$

两个方程相加, 得

$$(ad - bc)y = a\beta - c\alpha.$$

两边同除以 $ad - bc$ 后, 就得到了 (1.13) 中 y 的表达式. 这表明, 如果 (1.12) 的解存在, 那么一定为 (1.13). 特别地, 存在唯一解.

第二步 (检验): 把 (1.13) 的 x, y 值代入方程 (1.12), 简单计算后发现, 事实上它们是方程的解. □

例 3 (二次方程): 设实数 b, c 满足 $b^2 - c > 0$. 那么二次方程

$$x^2 + 2bx + c = 0 \tag{1.14}$$

恰有两个解:

$$x = -b \pm \sqrt{b^2 - c}. \tag{1.15}$$

证明: 第一步: 如果 x 是 (1.14) 的解, 那么 (1.14) 的两边同时加 $b^2 - c$, 得

$$x^2 + 2bx + b^2 = b^2 - c.$$

即 $(x+b)^2 = b^2 - c$, 由此可得: $x + b = \pm\sqrt{b^2 - c}$. 在这个方程两边同时加上 $(-b)$, 则得 (1.15). 这说明如果 (1.14) 的解存在的话, 它的所有解都具有形式 (1.15).

第二步 (检验): 把 x 的表达式 (1.15) 代入方程 (1.14). 简单计算表明, 这些 x 的值确实是解.

1.1.5 对不等式的运算

对不等式的运算 对任意实数 a, b, c, 下列法则成立:

法则	
$a \leqslant b \Rightarrow a + c \leqslant b + c$	(加法),
$a \leqslant b \Rightarrow a - c \leqslant b - c$	(减法),
$a \leqslant b,\ c \geqslant 0 \Rightarrow ac \leqslant bc$ $a \leqslant b,\ c < 0 \Rightarrow ac \geqslant bc$	(乘法),
$a \leqslant b,\ c > 0 \Rightarrow \dfrac{a}{c} \leqslant \dfrac{b}{c}$ $a \leqslant b,\ c < 0 \Rightarrow \dfrac{a}{c} \geqslant \dfrac{b}{c}$	(除法),
$0 < a \leqslant b \Rightarrow \dfrac{1}{b} \leqslant \dfrac{1}{a}$	(倒数).

这表示：一个不等式的两边可以同时加或减同一个数，或同时乘以或除以一个正数，而不改变不等号. 两边都乘以或除以一个负数，不等号改变方向.

两个不等式的运算 对任意实数 a, b, c, d，有

$$a \leqslant b,\ c \leqslant d \Rightarrow a+c \leqslant b+d \quad (\text{加法}),$$
$$a \leqslant b,\ 0 \leqslant c \leqslant d \Rightarrow ac \leqslant bd \quad (\text{乘法}),$$

当不等号 $\leqslant$ 都用严格不等号 $<$ 代替时，上述所有不等式的运算法则仍成立.

例 1：对任意实数 a, b，有不等式：

$$ab \leqslant \frac{1}{2}(a^2+b^2).$$

证明：由 $0 \leqslant (a-b)^2$ 及二项式公式可得

$$0 \leqslant a^2 - 2ab + b^2.$$

在两边加上 $2ab$，得 $2ab \leqslant a^2+b^2$. 两边同除以 2，则得上述结果. □

例 2：对所有实数 a，下列不等式成立：

$$\frac{a^4}{1+a^2} \leqslant a^4.$$

证明：由 $1 \leqslant 1+a^2$ 及倒数法则，可得 $\dfrac{1}{1+a^2} \leqslant 1$. 两边同乘以 a^4，即为所证. □

例 3：设 a, b 为实数，且 $a \neq 0$. 对实数 x，我们希望检验线性不等式：

$$\boxed{ax - b \geqslant 0.} \tag{1.16}$$

(i) $a > 0$ 时，(1.16) 成立，当且仅当 $x \geqslant \dfrac{b}{a}$.

(ii) $a < 0$ 时，(1.16) 成立，当且仅当 $x \leqslant \dfrac{b}{a}$.

例 4：给定实数 a, b, c，且 $a > 0$，考虑下列二次不等式：

$$\boxed{ax^2 + 2bx + c \geqslant 0,} \tag{1.17}$$

其所谓的判别式为 $D := b^2 - ac$.

(i) $D \leqslant 0$ 时，任一实数 x 是 (1.17) 的解.

(ii) $D > 0$ 时，(1.17) 的解集由所有满足

$$x \leqslant \frac{-b-\sqrt{D}}{a} \quad \text{或} \quad x \geqslant \frac{-b+\sqrt{D}}{a}$$

的实数 x 构成.

在 0.1.11 中可见到一些重要的不等式.

1.2 序列的极限

1.2.1 基本思想

序列

例 1：考虑实数序列 (a_n)，其中

$$a_n := \frac{1}{n}, \quad n = 1, 2, \cdots .$$

当 n 增大时，a_n 的值趋向于零 (表 1.1)。为了描述这种行为，记作

$$\boxed{\lim_{n\to\infty} a_n = 0,}$$

并称序列 (a_n) 的极限为 0.

表 1.1

n	1	2	10	100	1000	10000	$\cdots$
a_n	1	0.5	0.1	0.01	0.001	0.0001	$\cdots$

例 2：设 $b_n := \dfrac{n}{n+1}$，当 n 增大时，序列 (b_n) 趋向于 1. 记作 $\lim\limits_{n\to\infty} b_n = 1$.

函数 数学在科学、技术和经济学中的许多应用中，极限概念起了尤为重要的作用. 一个函数的极限的概念可以简化成如上序列的极限的概念.

例 3：考虑函数

$$f(x) := \begin{cases} x^2, & \text{当所有实数 } x \neq 0, \\ 1, & \text{当 } x = 0 \end{cases}$$

(图 1.13).

我们记作

$$\boxed{\lim_{x\to a} f(x) = b}$$

当且仅当，对每个序列 (a_n)，其中对所有 n，$a_n \neq a$，有

$$\boxed{\text{由} \quad \lim_{n\to\infty} a_n = a, \quad \text{可得} \quad \lim_{n\to\infty} f(a_n) = b.}$$

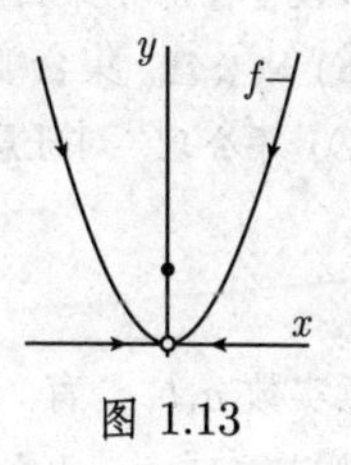

图 1.13

对于这个例子中的函数 $f(x)$，有

$$\lim_{x\to 0} f(x) = 0, \tag{1.18}$$

因为从对所有 $n, a_n \neq 0$ 且 $\lim\limits_{n\to\infty} a_n = 0$，即得 $\lim\limits_{n\to\infty} f(a_n) = \lim\limits_{n\to\infty} a_n^2 = 0$.

(1.18) 与我们的直观印象对应: 如果点 x 从右边 (或左边) 趋向于 0, 那么对应的函数值趋于 0. f 在点 0 的值与这些考虑不相关.

因为有理数的序列的极限可以是无理数, 所以需要发展一套严格的极限理论, 这首先要严格引入实数概念, 我们将在下一节介绍.

1.2.2 实数的希尔伯特(Hilbert) 公理

公元前 500 年左右, 古希腊毕达哥拉斯(Pythagoras) 学派的一名成员发现, 单位正方形的对角线长 d 与其边长是不可通约的, 即, d 与边长的比值不是有理数. 由毕达哥拉斯定理及图 1.14 可得

$$d^2 = 1^2 + 1^2,$$

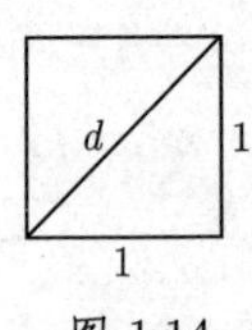

图 1.14

这表明 $d = \sqrt{2}$. 用现代术语来说, 这位古希腊人发现了 $\sqrt{2}$ 的无理性(见 4.2.1). 这一发现破坏了毕达哥拉斯学派宇宙和谐的美妙图景, 引发了一场危机. 据传说, 这一事实的发现者, 在一次航行中被毕达哥拉斯学派的其他成员扔到了海里.

继古代最重要的数学家阿基米德(Archimedes, 公元前 281—前 212) 之后, 尼多斯 (Knidos) 的欧多克索斯(Eudoxus, 公元前 410—前 350) 掌握了无理数. 直到 2000 年后, 为了从数学上严格定义无理数, 戴德金(Dedekind) 才于 1872 年重新采用了欧多克索斯的思想.

自欧几里得(Euclid, 大约公元前 300 年) 的《几何原本》之后, 数学理论通常是公理化构建的, 即, 把理论建立在一些简单的原理之上. (一组公理中的) 原理不需要被证明. 通常, 公理是对这一情况的冗长检验的结果. 从公理开始, 可以根据逻辑的结论推导整个理论.

1.2.2.1 公理

假设存在一个集合 $\mathbb{R}$, 它的元素称为实数, 并满足如下公理 (F), (O), (C).

(F) **域公理**. 集合 $\mathbb{R}$ 是一个域, 其中加法的中性元是 0, 乘法的中性元是 1.

(O) **序公理**. 对任意两个给定的实数 a, b, 下列三个关系式恰有一个成立:

$$a < b, \quad a = b, \quad b < a \quad (\text{三分法}).$$

对任意实数 a, b, c, 有

(i) 关系式 $a < b, b < c$ 蕴涵 $a < c$ (传递性).

(ii) 关系式 $a < b$ 蕴涵 $a + c < b + c$ (加法的单调性).

(iii) 关系式 $a < b, 0 < c$ 蕴涵 $ac < bc$ (乘法的单调性).

一个戴德金分割(A, B) 是非空有序实数集对, 使得任意实数都属于这两个集合之一, 并且若 $a \in A, b \in B$, 则 $a < b$.

(C) 完备性公理. 对任一戴德金分割 (A, B), 恰存在一个实数 α 具有性质:

$$\boxed{a \leqslant \alpha \leqslant b \quad \text{对所有} \quad a \in A, \quad b \in B.}$$

直观上, (C) 表示实数直线没有洞 (图 1.15).

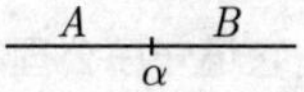

公理 (F) 表示实数集满足下列诸条件.

A B
α

图 1.15

域的定义 集合 K 是一个域, 如果满足:

加法 K 中两个任意元素被赋值为 K 中特定的第三个元素, 记作 $a+b$. 对 K 中所有的 a, b, c, 有关系式:

$$\boxed{\begin{aligned} (a+b)+c &= a+(b+c) \quad (\text{结合性}), \\ a+b &= b+a \quad\quad\quad\ \ (\text{交换性}). \end{aligned}}$$

K 中有一个唯一的元素, 记作 0, 使得对所有 $a \in K$, 有

$$\boxed{a+0=a.}$$

这个元素称为加法的零元(素).

对每个 $a \in K$, 存在唯一元 $b \in K$, 使得

$$\boxed{a+b=0.}$$

这个元称为 a 的加法逆元. 元素 b 也可记作 $-a$.

乘法 K 中两个任意元素被赋值为 K 中特定的第三个元素, 记作 ab(或 $a \cdot b$). 对 K 中所有的 a, b, c, 有

$$\boxed{\begin{aligned} (ab)c &= a(bc) \quad\quad\ (\text{结合性}), \\ ab &= ba \quad\quad\quad\ \ (\text{交换性}), \\ a(b+c) &= ab+ac \quad (\text{分配性}). \end{aligned}}$$

K 中有一个唯一的元素, 记作 1, 且 $1 \neq 0$, 对所有 $a \in K$, 有

$$\boxed{a \cdot 1 = a.}$$

这个元称为乘法的单位元.

对每个 $a \in K$, 且 $a \neq 0$, 存在唯一元 $b \in K$, 使得

$$\boxed{ab=1.}$$

这个元称为 a 的乘法逆元. 这时, 元素 b 也可记作 a^{-1}.

域是所有数学分支中最基本的概念之一. 许多数学对象都是域 (见 2.5.3). 在一般域论里, 符号 e 也用来表示元素 1.

公理的推论 实数的所有算术法则 (符号, 分数, 等式与不等式) 都可以从这些公理推导出来.

公理 (F) 和 (O) 对有理数也是成立的; 不过, 公理 (C) 则不然.

唯一性 如果 $\mathbb{R}$ 和 $\mathbb{R}'$ 是满足所有公理 (F), (O), (C) 的两个集合, 那么域 $\mathbb{R}$ 同构于 $\mathbb{R}'$, 它遵守序公理. 意思是, 存在一一映射 $\varphi : \mathbb{R} \to \mathbb{R}'$, 使得对所有 $a, b \in \mathbb{R}$, 满足下列条件:

(i) $\varphi(a+b) = \varphi(a) + \varphi(b)$.

(ii) $\varphi(ab) = \varphi(a)\varphi(b)$.

(iii) 由 $a \leqslant b$, 可得 $\varphi(a) \leqslant \varphi(b)$.

这说明, 在 $\mathbb{R}'$ 里的运算和在 $\mathbb{R}$ 中的一样.

1.2.2.2 归纳法

直观上, 可以通过连续的加法: 0, 0+1, 1+1, $\cdots$ 得到自然数集 0, 1, 2,$\cdots$. 为了得到数学上严格的定义, 必须走一条 (显然更复杂的) 不同的路线.

归纳集: 一个实数集 M 称为*归纳的*, 如果它包含 0, 并且由 $a \in M$ 可以推出 $a + 1 \in M$.

根据定义, 自然数集合是由所有归纳集合的交集构成. 这表示 $\mathbb{N}$ 是最小归纳集.

归纳法 设 A 是满足下列性质的自然数集合:

(i) $0 \in A$,

(ii) $n \in A$ 蕴涵 $n + 1 \in A$.

那么 $A = \mathbb{N}$.

证明: 集合 A 是归纳集. 因为 $\mathbb{N}$ 是最小的归纳集, 所以 $\mathbb{N} \subset A$. 因为 A 是自然数构成的集合, 所以 $A \subset \mathbb{N}$, 因此 $A = \mathbb{N}$.

数学里的许多证明是以归纳法为基础的. 4.2.2 将详细讨论.

1.2.2.3 上确界和下确界

定理 实数集 $\mathbb{R}$ 有阿基米德序, 即, 对每个实数 x, 都存在一个实数 y 使得 $x < y$.

界 实数构成的集合 M 称为*上有界的*(或*下有界的*), 当且仅当存在一个实数 S 使得

$$\boxed{x \leqslant S, \quad \text{对所有} \quad x \in M \quad (\text{或 } S \leqslant x, \quad \text{对所有} \quad x \in M).}$$

S 称为集合 M 的*上界*(或*下界*).

实数集合是有界的, 当且仅当它是上有界及下有界的.

上确界 上有界的每个非空实数集 M, 有一个最小的上界. 这个界记作

$$\boxed{\sup M.}$$

并称为 M 的*上确界*. M 的上确界不一定包含在 M 里.

对一个无上界的非空实数集 M, 我们令 $\sup M := +\infty$.

例 1: 设 $M := \{0,1\}$, 则 M 的上界构成的集合的元素是, 满足 $S \geqslant 1$ 的全部实数 S. 因此 $\sup M = 1$.

例 2: 对开区间 $M :=]1,2[$, 它的上界的集合由所有 $S \geqslant 2$ 的实数 S 构成. 因此 $\sup M = 2$; 这里, 上确界不属于 M(图 1.16).

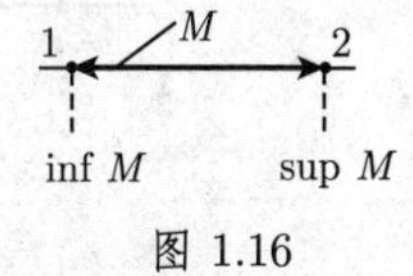

图 1.16

下确界 任一下有界的非空实数集有一个最大的下界. 这个界记作

$$\boxed{\inf M.}$$

并称为 M 的下确界. M 的下确界不一定属于 M.

对一个无下界的非空实数集 M, 令 $\inf M := -\infty$.

例 3: 设集合 $M := \{0,1\}$, 下界集由所有 $S \leqslant 0$ 的实数 S 组成. 因此 $\inf\ M = 0$.

例 4: 开区间 $M :=]1,2[$ 的下界集由所有 $S \leqslant 1$ 的实数 S 组成. 因此 $\inf\ M = 1$(图 1.16). 这里, 下确界也不属于 M.

例 5: $\inf \mathbb{R} = -\infty, \sup \mathbb{R} = +\infty, \inf \mathbb{N} = 0, \sup \mathbb{N} = +\infty$.

1.2.3 实数序列

现代分析在阐述极限概念时, 使用的是邻域的几何语言. 这样做就允许我们用拓扑的语言非常一般地来形成极限的概念.

1.2.3.1 有限极限

邻域 一个实数 a 的 ε邻域$U_\varepsilon(a)$ 是实数 x 的集合, 它使得 x 到 a 的距离小于 ε, 用集合的符号即

$$U_\varepsilon(a) = \{x \in \mathbb{R} : |x - a| < \varepsilon\}$$

(图 1.17(a)). 实数集 $U(a)$ 是 a 的邻域, 如果对某个 $\varepsilon > 0$, 它包含 a 的某一 ε 邻域:

$$\boxed{U_\varepsilon(a) \subseteq U(a).}$$

如果使用区间的符号, 那么 $U_\varepsilon(a) =]a-\varepsilon, a+\varepsilon[$. 不过, 刚定义的邻域 $U(a)$ 不必是个区间, 但是一定包含某一区间.

极限的基本定义 设 (a_n) 是一个实数列[1]. 记

$$\boxed{\lim_{n\to\infty} a_n = a,} \tag{1.19}$$

当且仅当实数 a 的任一 ε 邻域包含除了有限个 a_n 外的所有 a_n. 这时我们称, 序列 (a_n)收敛于极限 a.

1) 这表示, 对任一自然数 n, 存在一个实数 a_n 属于这个序列.

换言之, (1.19) 成立, 当且仅当对每个实数 $\varepsilon > 0$, 存在自然数 $n_0(\varepsilon)$(与 ε 有关)使得

$$\boxed{|a_n - a| < \varepsilon, \quad \text{对所有} \quad n \geqslant n_0(\varepsilon).}$$

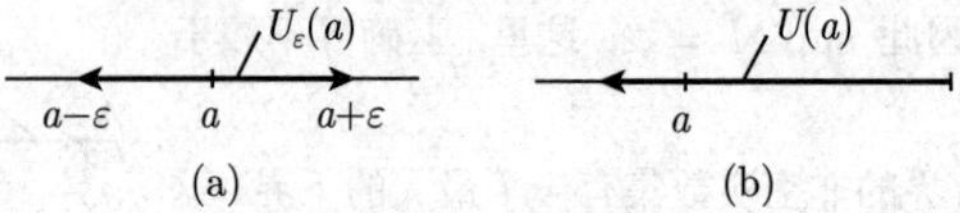

$U_\varepsilon(a)$ $a-\varepsilon$ a $a+\varepsilon$ (a) $U(a)$ a (b)

图 1.17 点 a 的邻域

例 1: 设 $a_n := \dfrac{1}{n}$, $n = 1, 2, \cdots$, 那么有

$$\lim_{n\to\infty} \frac{1}{n} = 0.$$

证明: 对每个实数 $\varepsilon > 0$, 存在一个自然数 $n_0(\varepsilon) > \dfrac{1}{\varepsilon}$. 因此

$$|a_n| = \frac{1}{n} < \varepsilon, \quad \text{对所有} \quad n \geqslant n_0(\varepsilon). \qquad \Box$$

例 2: 对常数列 $a_n = a$, 有 $\lim\limits_{n\to\infty} a_n = a$.

定理 (i) 如果极限存在, 那么它是唯一的.

(ii) 如果序列的有限项改变, 那么极限不变.

极限运算法则 对任意两个都收敛到有限极限的序列 (a_n) 和 (b_n), 下列关系式成立:

$$\lim_{n\to\infty}(a_n + b_n) = \lim_{n\to\infty} a_n + \lim_{n\to\infty} b_n \qquad \text{(加法法则)},$$

$$\lim_{n\to\infty}(a_n\, b_n) = \lim_{n\to\infty} a_n \lim_{n\to\infty} b_n \qquad \text{(乘法法则)},$$

$$\lim_{n\to\infty}\frac{a_n}{b_n} = \frac{\lim\limits_{n\to\infty} a_n}{\lim\limits_{n\to\infty} b_n} \qquad \text{(除法法则)}^{1)},$$

$$\lim_{n\to\infty}|a_n| = \left|\lim_{n\to\infty} a_n\right| \qquad \text{(绝对值法则)},$$

对所有的n, 由$a_n \leqslant b_n$ 得 $\lim\limits_{n\to\infty} a_n \leqslant \lim\limits_{n\to\infty} b_n$ (不等式法则).

例 3 (乘法): $\lim\limits_{n\to\infty}\dfrac{1}{n^2} = \lim\limits_{n\to\infty}\dfrac{1}{n}\lim\limits_{n\to\infty}\dfrac{1}{n} = 0.$

例 4 (求和): $\lim\limits_{n\to\infty}\dfrac{n+1}{n} = \lim\limits_{n\to\infty}\left(1 + \dfrac{1}{n}\right) = \lim\limits_{n\to\infty} 1 + \lim\limits_{n\to\infty}\dfrac{1}{n} = 1.$

---

1) 这里必须还要假设 $\lim\limits_{n\to\infty} b_n \neq 0$.

1.2.3.2 非正常极限

邻域 设

$$U_E(+\infty) :=]E, \infty[, \quad U_E(-\infty) :=]-\infty, E[.$$

实数集合 $U(+\infty)$ 称为无穷大的邻域, 如果存在实数 E 使得

$$\boxed{U_E(+\infty) \subseteq U(+\infty).}$$

同样, $U(-\infty)$ 是对某一固定实数 E, 使得 $U_E(-\infty) \subset U(-\infty)$ 的集合 (图 1.18).

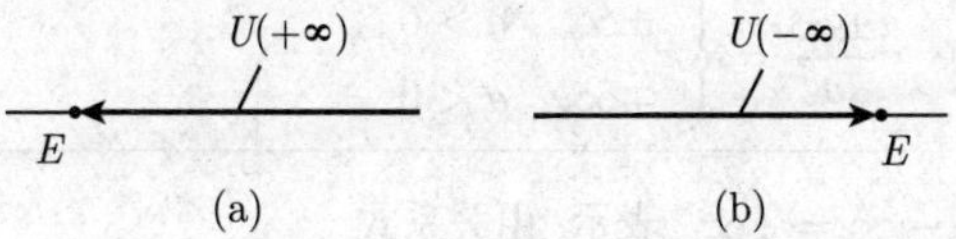

U(+∞)
E
(a)
U(−∞)
E
(b)

图 1.18 $\pm\infty$ 的邻域

定义 设 (a_n) 是一个实数列, 记

$$\boxed{\lim_{n\to\infty} a_n = +\infty,} \tag{1.20}$$

当且仅当, 除了有限个 a_n 外的所有 a_n 都属于每个邻域 $U(+\infty)$.

换言之, (1.20) 成立, 当且仅当, 对每个实数 E, 我们能找到一个自然数 $n_0(E)$, 使得

$$\boxed{a_n > E, \quad \text{对所有} \quad n \geqslant n_0(E).}$$

例 1: $\lim\limits_{n\to\infty} n = +\infty$.

同样, 记

$$\lim_{n\to\infty} a_n = -\infty.$$

当且仅当, 除了有限个 a_n 外的所有 a_n 都属于每个邻域 $U(-\infty)$ [1].

反射原理 我们有 $\lim\limits_{n\to\infty} a_n = -\infty$, 当且仅当 $\lim\limits_{n\to\infty} (-a_n) = +\infty$.

例 2: $\lim\limits_{n\to\infty} (-n) = -\infty$.

---

1) 设 $\lim\limits_{n\to\infty} a_n = a$. 在过去的文献中, 当 $a \in \mathbb{R}$, 则说其收敛; 当 $a = \pm\infty$, 则说其确定发散. 现代数学有了一般的收敛概念. 在这个意义上, (a_n) 对 a 的所有值都收敛 (参看 1.3.2.1 的例 4). 我们这里采用的现代观点, 其显著优点就是避免考虑不同的情况, 见 1.2.4.

关于无穷大的运算法则 设 $-\infty < a < \infty$, 那么有

> **加法:**
>
> $$a + \infty = +\infty, \quad +\infty + \infty = +\infty,$$
> $$a - \infty = -\infty, \quad -\infty - \infty = -\infty.$$
>
> **乘法:**
>
> $$a(\pm\infty) = \begin{cases} \pm\infty, & a > 0, \\ \mp\infty, & a < 0, \end{cases}$$
> $$(+\infty)(+\infty) = +\infty, \quad (-\infty)(-\infty) = +\infty, \quad (+\infty)(-\infty) = -\infty.$$
>
> **除法:**
>
> $$\frac{a}{\pm\infty} = 0, \quad \frac{\pm\infty}{a} = \begin{cases} \pm\infty, & a > 0, \\ \mp\infty, & a < 0. \end{cases}$$

例如, 符号"$a + \infty = +\infty$"表示, 由关系式

$$\lim_{n\to\infty} a_n = a \quad \text{和} \quad \lim_{n\to\infty} b_n = +\infty \tag{1.21}$$

作为一个推论总可得

$$\lim_{n\to\infty}(a_n + b_n) = +\infty.$$

类似地, 符号"$a(+\infty) = +\infty$, 当 $a > 0$"表示, 由 (1.21) 及 $a > 0$ 可得

$$\lim_{n\to\infty} a_n b_n = +\infty.$$

例 3: $\lim\limits_{n\to\infty} n^2 = \lim\limits_{n\to\infty} n \cdot \lim\limits_{n\to\infty} n = +\infty$.

有理式 设

$$a_n := \frac{\alpha_k n^k + \alpha_{k-1} n^{k-1} + \cdots + \alpha_0}{\beta_m n^m + \beta_{m-1} n^{m-1} + \cdots + \beta_0}, \quad n = 1, 2, \cdots,$$

其中 $k, m = 0, 1, 2, \cdots$ 固定, α_r, β_s 是固定实数, 且 $\alpha_k \neq 0$, $\beta_m \neq 0$. 那么有

$$\lim_{n\to\infty} a_n = \begin{cases} \dfrac{\alpha_k}{\beta_m}, & k = m, \\ 0, & k < m, \\ +\infty, & k > m \text{ 且 } \alpha_k/\beta_m > 0, \\ -\infty, & k > m \text{ 且 } \alpha_k/\beta_m < 0. \end{cases}$$

例 4: $\lim\limits_{n\to\infty} \dfrac{n^2 + 1}{n^3 + 1} = 0$.

未定式 当碰到如下情况时, 一定要极其小心!

$$\boxed{+\infty - \infty, \quad 0 \cdot (\pm\infty), \quad \frac{0}{0}, \quad \frac{\infty}{\infty}, \quad 0^0, \quad 0^\infty, \quad \infty^0.} \tag{1.22}$$

没有处理这些表达式的通用法则. 不同的情况得到不同的结果.

例 5 $(+\infty-\infty)$:

$$\lim_{n\to\infty}(2n-n)=+\infty, \quad \lim_{n\to\infty}(n-2n)=-\infty, \quad \lim_{n\to\infty}((n+1)-n)=1.$$

例 6 $(0\cdot\infty)$:

$$\lim_{n\to\infty}\left(\frac{1}{n}\cdot n\right)=1, \quad \lim_{n\to\infty}\left(\frac{1}{n}\cdot n^2\right)=\lim_{n\to\infty} n=+\infty.$$

在某些情况下, 像 (1.22) 中那些表达式有意义并可以用 L'Hospital(洛必达) 法则计算 (参看 1.3.1.3).

1.2.4 序列收敛准则

基本思想

例 1: 考虑迭代过程

$$a_{n+1}=\frac{a_n}{2}+\frac{1}{a_n}, \quad n=0,1,2,\cdots, \tag{1.23}$$

其中初始值 a_0:=2. 为了计算序列 (a_n) 的极限, 假设极限

$$\boxed{\lim_{n\to\infty} a_n=a} \tag{1.24}$$

存在, 其中 $a>0$. 由 (1.23) 可得

$$\lim_{n\to\infty} a_{n+1}=\lim_{n\to\infty}\left(\frac{a_n}{2}+\frac{1}{a_n}\right)$$

或 $a=\frac{a}{2}+\frac{1}{a}$. 这导出 $2a^2=a^2+2$, 或 a^2=2, 最终 $a=\sqrt{2}$. 因此

$$\lim_{n\to\infty} a_n=\sqrt{2}. \tag{1.25}$$

下面的例子包含了一个错误的结论.

例 2: 考虑迭代过程

$$a_{n+1}=-a_n, \quad n=0,1,2,\cdots, \tag{1.26}$$

其中初始值 $a_0:=1$. 同样的方法得到

$$\lim_{n\to\infty} a_{n+1}=-\lim_{n\to\infty} a_n,$$

由此推出 $a=-a$, 或 $a=0$, 即有 $\lim\limits_{n\to\infty} a_n=0$.

另一方面, 由 (1.26) 立即可得, 对所有 n, 有 $a_n = (-1)^n$, 这个序列不收敛. 问题在哪? 答案是:

在计算一个迭代过程的极限时, 如果极限保证存在, 那么便捷的计算方法才是有效的.

因此当一个序列收敛时, 具有某些一般的检验准则是十分重要的. 下面的 1.2.4.1 和 1.2.4.3 将讨论这样的准则.

定理 迭代过程 (1.23) 收敛, 即, $\lim\limits_{n\to\infty} a_n = \sqrt{2}$.

证明思路: 要证明

$$a_0 \geqslant a_1 \geqslant a_2 \geqslant \cdots \geqslant 1. \tag{1.27}$$

这表示, 序列 (a_n) 是非递增的, 而且下有界. 1.2.4.1 的收敛准则保证了极限 (1.24) 的存在性, 它证明了论断 (1.25). [1)]

有界序列 一个实数序列 (a_n) 称为下有界的(或上有界的), 如果存在实数 S 使得对所有 n, 有

$$\boxed{a_n \geqslant S}$$

(或 $S \geqslant a_n$). 序列称为有界的, 如果它上有界且下有界.

有界性准则 收敛到有限极限的每一个实数序列是有界的.

推论: 无界实数序列不能收敛到一个有限极限.

例 3: 自然数列 (n) 是无上界的, 因此它不能收敛到有限极限.

1.2.4.1 递增序列和递减序列

定义 实数序列 (a_n) 称为递增的(或递减的), 如果

$$\boxed{n \leqslant m \quad \text{蕴涵} \quad a_n \leqslant a_m}$$

(或 $n \leqslant m$ 蕴涵 $a_n \geqslant a_m$).

收敛准则 每个递增的实数序列 (a_n) 收敛到有限或无限的极限[2)]

(i) 如果 (a_n) 上有界, 那么对某一有限实数 a, 有 $\lim\limits_{n\to\infty} a_n = a$.

(ii) 如果 (a_n) 无上界, 那么 $\lim\limits_{n\to\infty} a_n = +\infty$.

设 $M := \{a_n | n \in \mathbb{N}\}$, 则 $\lim\limits_{n\to\infty} a_n = \sup M$.

例: 选取序列 $a_n := 1 - \dfrac{1}{n}$, 它是递增的, 且上有界. 而且 $\lim\limits_{n\to\infty} a_n = 1$.

---

1) 对 (1.27) 更详细的证明将在 4.2.4 作为归纳法的应用给出.

2) 同样, 每个递减实数序列收敛到一个有限或无限的极限.

(i) 若 (a_n) 下有界, 则对某一有限实数 a, 有 $\lim\limits_{n\to\infty} a_n = a$.

(ii) 若 (a_n) 无下界, 则 $\lim\limits_{n\to\infty} a_n = -\infty$. 若设 $M := \{a_n : n \in \mathbb{N}\}$, 则 $\lim\limits_{n\to\infty} a_n = \inf M$.

1.2.4.2 柯西(Cauchy) 收敛准则

定义 实数序列 (a_n) 称为柯西序列, 如果对每个 $\varepsilon>0$, 存在 $n_0(\varepsilon)\in\mathbb{N}$ 使得

$$\boxed{|a_n-a_m|<\varepsilon,\quad 对所有n,m\geqslant n_0(\varepsilon).}$$

柯西准则 实数序列收敛, 当且仅当它是柯西序列.

1.2.4.3 子序列

子序列 设 (a_n) 为实数列. 选择指数 $k_0<k_1<\cdots$, 并设

$$\boxed{b_n:=a_{k_n},\quad n=0,1,\cdots,}$$

则序列 (b_n) 称作 (a_n) 的子序列[1].

例 1: 设 $a_n:=(-1)^n$. 如果我们令 $b_n:=a_{2n}$, 则 (b_n) 是 (a_n) 的子序列. 显然, 有

$$a_0=1,\ \ a_1=-1,\ \ a_2=1,\ \ a_3=-1,\ \ \cdots,$$
$$b_0=a_0=1,\ \ b_1=a_2=1,\ \ \cdots,\ \ b_n=a_{2n}=1,\ \ \cdots.$$

聚点 设 $-\infty\leqslant a\leqslant\infty$. 点 a 称作序列 (a_n) 的一个聚点, 如果存在一个子序列 $(a_{n'})$ 使得

$$\boxed{\lim_{n\to\infty}a_{n'}=a.}$$

(a_n) 的所有聚点的集合称为 (a_n) 的极限集.

波尔查诺–魏尔斯特拉斯定理 (i) 每个实数序列有一个聚点.

(ii) 对于每个有界实数序列, 都有一个实数是它的聚点.

上极限 设 (a_n) 是实数序列. 令[2]

$$\boxed{\overline{\lim_{n\to\infty}}\ a_n:=(a_n)的最大聚点,}$$

和

$$\underline{\lim_{n\to\infty}}\ a_n:=(a_n)的最小聚点,$$

收敛的子序列准则 设 $-\infty\leqslant a\leqslant\infty$. 对于实数序列 (a_n), 下列两个结论等价:

(i) $\lim\limits_{n\to\infty}a_n=a$,

(ii)

$$\boxed{\overline{\lim_{n\to\infty}}\ a_n=\underline{\lim_{n\to\infty}}\ a_n=a.}$$

---

1) 通常用 $(a_{n'})$ 表示子序列比较方便, 这表示我们令 $a_{1'}=b_1,\ a_{2'}=b_2$, 等.

2) 这个定义有意义, 因为 (a_n) 确实有一个最大聚点和一个最小聚点 (可能是 $\pm\infty$). 称 $\overline{\lim\limits_{n\to\infty}}\ a_n$(相应地, $\underline{\lim\limits_{n\to\infty}}\ a_n$) 为序列 (a_n) 的上极限(相应地, 下极限).

例 2: 设 $a_n := (-1)^n$. 对两个子序列 (a_{2n}) 和 (a_{2n+1}), 有

$$\lim_{n\to\infty} a_{2n} = 1 \quad 和 \quad \lim_{n\to\infty} a_{2n+1} = -1.$$

$a = 1$ 及 $a = -1$ 都是 (a_n) 的聚点, 因此

$$\overline{\lim_{n\to\infty}}\, a_n = 1, \quad \underline{\lim_{n\to\infty}}\, a_n = -1.$$

因为这些值不一样, 所以序列 (a_n) 不收敛.

例 3: 当 $a_n := (-1)^n n$ 时, 有 $\lim\limits_{n\to\infty} a_{2n} = +\infty$ 且 $\lim\limits_{n\to\infty} a_{2n+1} = -\infty$. 这些是序列的全部聚点. 因此有

$$\overline{\lim_{n\to\infty}}\, a_n = +\infty, \quad \underline{\lim_{n\to\infty}}\, a_n = -\infty.$$

因为这些点也不一样, 所以序列发散 (即不收敛).

特殊情形 设 (a_n) 是一个实数序列, 且 $-\infty \leqslant a \leqslant \infty$.

(i) 如果 $\lim\limits_{n\to\infty} a_n = a$, 那么 a 是 (a_n) 的唯一聚点, 并且 (a_n) 的每个子序列都收敛到 a.

(ii) 如果柯西序列 (a_n) 的一个子序列收敛到 $a \in \mathbb{R}$, 那么 a 是 (a_n) 的唯一聚点, 且 $\lim\limits_{n\to\infty} a_n = a$.

1.3 函数的极限

1.3.1 一个实变量的函数

考虑一个实变量 x 的函数 $y = f(x)$, 其中 $f(x)$ 为实值.

1.3.1.1 极限

定义 设 $-\infty \leqslant a, b \leqslant \infty$. 记

$$\boxed{\lim_{x\to a} f(x) = b,}$$

如果, 对 f 定义域里每个序列 (x_n), 其中每个 $x_n \neq a$, 有[1]

$$\boxed{\lim_{n\to\infty} x_n = a \quad 蕴涵 \quad \lim_{n\to\infty} f(x_n) = b.}$$

特别地, 记

$$\lim_{x\to a+0} f(x) = b, \quad 或 \quad \lim_{x\to a-0} f(x) = b,$$

如果只考虑序列 (x_n), 其中每个 $x_n > a$(或 $x_n < a$)($a \in \mathbb{R}$).

1) 在这些情形函数 f 不必在点 a 有定义. 只要求 f 的定义域至少包含一个具有上述极限性质的序列 (x_n).

运算 因为函数极限的概念是用数列极限形式给出的, 所以函数极限的运算符合数列的运算. 特别地, 当 $-\infty \leqslant a \leqslant \infty$ 时, 有

$$\lim_{x\to a}(f(x)+g(x))=\lim_{x\to a}f(x)+\lim_{x\to a}g(x),$$

$$\lim_{x\to a}f(x)g(x)=\lim_{x\to a}f(x)\lim_{x\to a}g(x),$$

$$\lim_{x\to a}\frac{f(x)}{h(x)}=\frac{\lim\limits_{x\to a}f(x)}{\lim\limits_{x\to a}h(x)}.$$

这里, 需额外假设等式右边的极限都存在, 而且有限, 并且最后一个表达式里 $\lim\limits_{x\to a}h(x)\neq 0$.

当 $x\to a+0$ 或 $x\to a-0$ 时, 这些运算依然正确, 其中 $a\in\mathbb{R}$.

例 1: 设 $f(x):=x$. 那么对所有 $a\in\mathbb{R}$, 有

$$\lim_{x\to a}f(x)=a.$$

实际上, $\lim\limits_{n\to\infty}x_n=a$. 推出 $\lim\limits_{n\to\infty}f(x_n)=a$.

例 2: 设 $f(x):=x^2$, 则

$$\lim_{x\to a}x^2=\lim_{x\to a}x\lim_{x\to a}x=a^2.$$

例 3: 设

$$f(x):=\begin{cases}1, & x>a,\\ 2, & x=a,\\ -1, & x<a\end{cases}$$

(图 1.19), 则

$$\lim_{x\to a+0}f(x)=1,\quad \lim_{x\to a-0}f(x)=-1.$$

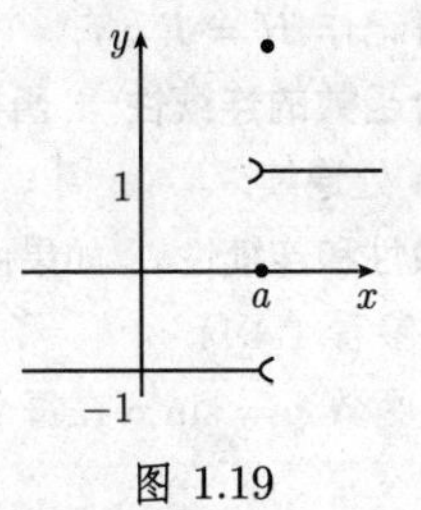

图 1.19

称极限 $\lim\limits_{x\to a+0}f(x)$(或 $\lim\limits_{x\to a-0}f(x)$) 为 f 在点 a 处的右极限 (或左极限).

1.3.1.2 连续函数

直观上说, 连续函数是指没有跳跃点的函数 [图 1.20(a)].

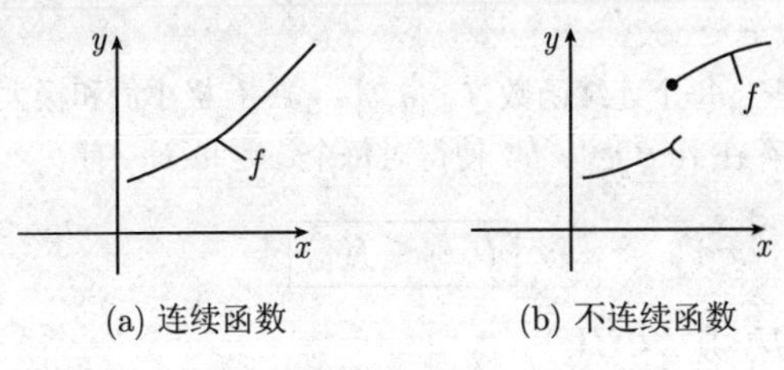

(a) 连续函数 (b) 不连续函数

图 1.20

定义 设 $a \in M$. 函数 $f: M \subseteq \mathbb{R} \to \mathbb{R}$ 称作在点a处连续, 如果对象点 $f(a)$ 的每个邻域 $U(f(a))$, 存在邻域 $U(a)$ 使得[1])

$$\boxed{x \in U(a) \quad 且 \quad x \in M \quad 蕴涵 \quad f(x) \in U(f(a)).}$$

换言之, 如果对每个实数 $\varepsilon > 0$, 存在一个实数 $\delta > 0$ 使得

$$|f(x) - f(a)| < \varepsilon \quad 对所有满足|x-a| < \delta的x \in M,$$

则 f 在点 a 处连续.

极限判别法 f 在点 a 处连续, 当且仅当[2])

$$\boxed{\lim_{x \to a} f(x) = f(a).}$$

运算 如果 $f, g: M \subseteq \mathbb{R} \to \mathbb{R}$ 在点 a 处连续, 那么

(i) 和 $f+g$ 及积 fg 在点 a 处连续.

(ii) 商 $\dfrac{f}{g}$ 在点 a 处连续, 如果 $g(a) \neq 0$.

现在考虑两个函数的复合:

$$\boxed{H(x) := F(f(x)).}$$

也可记作 $H = F \circ f$.

复合函数的连续性 函数 H 在点 a 处连续, 如果 f 在点 a 处连续, 且 F 在点 $f(a)$ 处连续.

可微性和连续性 如果函数 $f: M \subseteq \mathbb{R} \to \mathbb{R}$ 在点 a 处可微, 那么 f 在点 a 处连续 (参看 1.4.1).

例: 函数 $y = \sin x$ 在每个点 $a \in \mathbb{R}$ 处都是可微的. 由此即得

$$\boxed{\lim_{x \to a} \sin x = \sin a.}$$

类似的结论对 $y = \cos x, y = \mathrm{e}^x$, $y = \cosh x$, $y = \sinh x, y = \arctan x$ 及每个有实系数的多项式 $y = a_0 + a_1 x + \cdots + a_n x^n$ 都成立.

下列定理说明, 连续函数有很好的性质.

设 $-\infty < a < b < \infty$.

魏尔斯特拉斯定理 每个连续函数 $f: [a,b] \to \mathbb{R}$ 有极小值和极大值.

更明确地说, 存在 $\alpha, \beta \in [a,b]$, 使得对每个 $x \in [a,b]$, 有

$$\boxed{f(\alpha) \leqslant f(x)}$$

1) 也可记作 $f(U(a)) \subseteq U(f(a))$.

2) 这意味着, 对 M 中满足 $\lim\limits_{n \to \infty} x_n = a$ 的每个序列 (x_n), 有 $\lim\limits_{n \to \infty} f(x_n) = f(a)$.

(称 $f(\alpha)$ 为极小值); 对每个 $x \in [a,b]$, 有 $f(x) \leqslant f(\beta)$(称 $f(\beta)$ 为极大值)(图 1.21).

波尔查诺(Bolzano) 定理 如果函数 $f:[a,b] \to \mathbb{R}$ 连续, 且 $f(a)f(b) \leqslant 0$, 那么方程

$$\boxed{f(x)=0, \quad x \in [a,b]}$$

有一个解 (图 1.22).

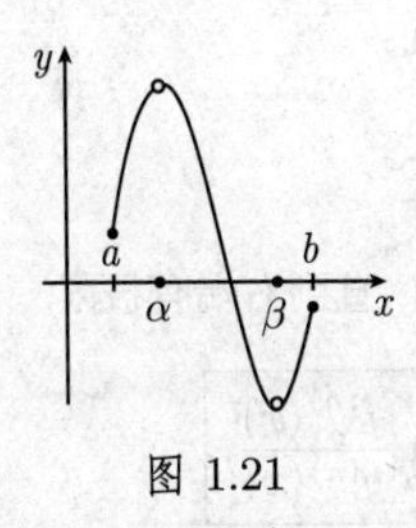

图 1.21

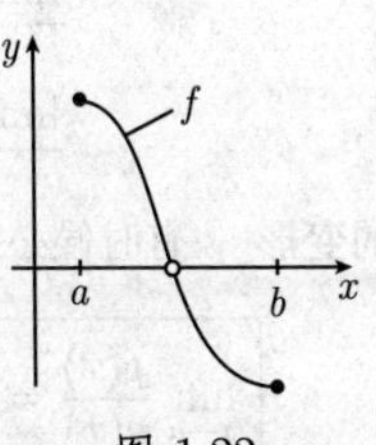

图 1.22

中值定理 如果函数 $f:[a,b] \to \mathbb{R}$ 连续, 那么对所有满足 $\min\limits_{a \leqslant x \leqslant b} f(x) \leqslant \gamma \leqslant \max\limits_{a \leqslant x \leqslant b} f(x)$ 的 γ, 方程

$$\boxed{f(x)=\gamma, \quad x \in [a,b]}$$

有一个解.

1.3.1.3 洛必达法则

这个重要的法则能够计算 $\dfrac{0}{0}, \dfrac{\infty}{\infty}$ 型的不定式. 法则是

$$\boxed{\lim_{x \to a} \frac{f(x)}{g(x)} = \lim_{x \to a} \frac{f'(x)}{g'(x)}.} \tag{1.28}$$

这里需要假设:

(i) 存在极限 $\lim\limits_{x \to a} f(x) = \lim\limits_{x \to a} g(x) = b$, 其中 $b=0$ 或 $b=\pm\infty$, 而$-\infty \leqslant a \leqslant \infty$.

(ii) 存在一个邻域 $U(a)$, 使得对所有的 $x \in U(a)$, 且 $x \neq a$, 导数 $f'(x)$ 和 $g'(x)$ 存在.

(iii) 对所有的 $x \in U(a)$, 且 $x \neq a$, 有 $g'(x) \neq 0$.

(iv) 式 (1.28) 右边的极限存在.[1)]

1) 当 $x \to a+0$(相应地, $x \to a-0$), 类似的论述也成立, 其中 $a \in \mathbb{R}$. 这时要求假设 (ii) 和 (iii) 只对点 $x \in U$ 成立, 其中 $x > a$(相应地, $x < a$).

导数 $f'(x)$ 的概念将在 1.4.4 引入.

例 1 $\left(\dfrac{0}{0}\right)$: $\lim\limits_{x\to 0}\sin x=\lim\limits_{x\to 0}x=0$. 因为 $\cos x$ 的连续性, 由 (1.28) 即得

$$\lim_{x\to 0}\frac{\sin x}{x}=\lim_{x\to 0}\frac{\cos x}{1}=\cos 0=1.$$

例 2 $\left(\dfrac{\infty}{\infty}\right)$:

$$\lim_{x\to+\infty}\frac{\ln x}{x}=\lim_{x\to+\infty}\frac{\dfrac{1}{x}}{1}=0,$$
$$\lim_{x\to+\infty}\frac{\mathrm{e}^x}{x}=\lim_{x\to+\infty}\frac{\mathrm{e}^x}{1}=+\infty.$$

洛必达法则的变形 有时候必须重复应用洛必达法则, 直到右端有极限.

$$\boxed{\lim_{x\to a}\frac{f(x)}{g(x)}=\lim_{x\to a}\frac{f'(x)}{g'(x)}=\cdots=\lim_{x\to a}\frac{f^{(n)}(x)}{g^{(n)}(x)}.}$$

例 3: $\lim\limits_{x\to+\infty}\dfrac{\mathrm{e}^x}{x^2}=\lim\limits_{x\to+\infty}\dfrac{\mathrm{e}^x}{2x}=\lim\limits_{x\to+\infty}\dfrac{\mathrm{e}^x}{2}=+\infty.$

$0\cdot\infty$ 型的表达式可以转化为 $\dfrac{\infty}{\infty}$ 型, 这样就可以应用洛必达法则了.

例 4:

$$\lim_{x\to+0}x\ln x=\lim_{x\to+0}\frac{\ln x}{\dfrac{1}{x}}=\lim_{x\to+0}\frac{\dfrac{1}{x}}{\left(-\dfrac{1}{x^2}\right)}=\lim_{x\to+0}(-x)=0.$$

$\infty-\infty$ 型的表达式可以转化为 $\infty\cdot a$ 型, 其中 a 是某个有限值.

例 5:

$$\begin{aligned}\lim_{x\to+\infty}(\mathrm{e}^x-x)&=\lim_{x\to+\infty}\mathrm{e}^x\left(1-\frac{x}{\mathrm{e}^x}\right)=\lim_{x\to+\infty}\mathrm{e}^x\lim_{x\to+\infty}\left(1-\frac{x}{\mathrm{e}^x}\right)\\&=\lim_{x\to+\infty}\mathrm{e}^x=+\infty\end{aligned}$$

这可由例 2 推出, 在那里有

$$\lim_{x\to+\infty}\left(1-\frac{x}{\mathrm{e}^x}\right)=1.$$

下面的公式也非常好用:

$$a^x=\mathrm{e}^{x\cdot\ln a}.$$

它可以用来处理 $0^0,\infty^0,0^\infty$ 型的表达式.

例 6 (∞^0): 由 $x^{1/x}=\mathrm{e}^{\frac{\ln x}{x}}$ 及例 2, 可得

$$\lim_{x\to+\infty}x^{1/x}=\mathrm{e}^0=1.$$

1.3.1.4 函数的数量级

在许多情况下, 很好地理解函数量的变化就足够了. 为此有两个归功于兰道 (Landau) 的方便的符号 $O(g(x))$ 和 $o(g(x))$. 设 $-\infty \leqslant a \leqslant \infty$.

定义(渐近等式) 当且仅当 $\lim\limits_{x\to a}\dfrac{f(x)}{g(x)}=1$, 记

$$\boxed{f(x)\cong g(x),\quad x\to a.}$$

例 1: $\lim\limits_{x\to 0}\dfrac{\sin x}{x}=1$, 蕴涵 $x\to 0$ 时 $\sin x\cong x$.

定义 记

$$\boxed{f(x)=O(g(x)),\quad x\to a,}\tag{1.29}$$

如果存在 a 的一个邻域 $U(a)$ 及一个实数 K, 使得

$$\left|\frac{f(x)}{g(x)}\right|\leqslant K.\quad \text{对所有}\quad x\in U(a)\quad \text{且}\quad x\neq a.\tag{1.29*}$$

定理 如果有限极限 $\lim\limits_{x\to a}\dfrac{f(x)}{g(x)}$ 存在, 则关系式 (1.29) 成立.

例 2: 等式 $\lim\limits_{x\to+\infty}\dfrac{3x^2+1}{x^2}=3$ 蕴涵当 $x\to+\infty$ 时, $3x^2+1=O(x^2)$.

定义 记[1)]

$$\boxed{f(x)=o(g(x)),\quad x\to a,}$$

如果 $\lim\limits_{x\to a}\dfrac{f(x)}{g(x)}=0$.

例 3: 当 $x\to 0$ 时, $x^n=o(x)$, 其中 $n=2,3,\cdots$.

例 4:

(i) $\dfrac{x^2}{x^2+2}\cong 1,\ x\to\infty.$

(ii) $\dfrac{1}{x^2+2}\cong\dfrac{1}{x^2},\ x\to+\infty.$

(iii) 设 $-\infty\leqslant a\leqslant\infty$, 当 $x\to a$ 时, $\sin x=O(1)$.

(iv) 当 $x\to+0$ 时, $\ln x=o\left(\dfrac{1}{x}\right)$, 当 $x\to+\infty$ 时, $\ln x=o(x)$.

(v) 当 $x\to+\infty$ 时, $x^n=o(\mathrm{e}^x)$, 其中 $n=1,2,\cdots$.

最后的陈述 (v) 表示, 当 $x\to+\infty$ 时, 函数 $y=\mathrm{e}^x$ 比任何幂函数 x^n 增长得快.

---

1) 设 $a\in\mathbb{R}$. 同样, 当 $x\to a+0$(相应地, $x\to a-0$) 时, 可以引进符号 $f(x)\cong g(x), f(x)=O(g(x)), f(x)=o(g(x))$. 一般地, 当 $x\in U(a)$, 且 $x>a$(相应地, $x<a$) 时, 不等式 (1.29*) 才成立.

1.3.2 度量空间和点集

动机 现代数学的特征之一是趋向于把概念和方法推广到越来越抽象的情况. 这使得人们能够解决大量日益复杂的问题, 并发现看起来完全不同的研究领域之间的联系. 这个过程还被证明是高度有效的, 因为它把更多不同的概念替换成几个极其基本概念的推导.

为了把单变量函数极限的概念引入多变量函数, 引进度量空间是有益的. 现代观点的强大威力在泛函分析的研究中变得鲜明. 这一数学分支发展于 20 世纪 (参看 [212]).

1.3.2.1 距离的概念和收敛

度量空间 度量空间中有两点之间距离的概念. 一个非空集合 X 称为*度量空间*, 如果对 X 里的每个有序点对 (x,y), 存在一个实数 $d(x,y) \geqslant 0$, 使得对所有的 $x,y,z \in X$, 下列陈述成立:

(i) $d(x,y)=0$, 当且仅当 $x=y$.

(ii) $d(x,y)=d(y,x)$ (对称性).

(iii) $d(x,z) \leqslant d(x,y)+d(y,z)$ (三角不等式).

数 $d(x,y)$ 称为 x 与 y 之间的*距离*. 由定义, 空集也是度量空间.

定理 度量空间的每个子集仍是具有相同距离函数的一个度量空间.

极限 设 (x_n) 是度量空间 X 中点的序列. 记

$$\boxed{\lim_{n\to\infty} x_n = x,}$$

如果 $\lim\limits_{n\to\infty} d(x_n,x)=0$, 即, 如果当 $n\to\infty$ 时, x_n 与 x 的距离趋向于 0.

唯一性 如果极限存在, 那么它被唯一确定.

例 1: 实数集 $\mathbb{R}$ 是具有距离函数

$$d(x,y) := |x-y|, \quad x,y \in \mathbb{R}$$

的度量空间. 由这个度量所诱导的距离概念是通常 (朴素) 的距离概念 (见 1.2.3.1).

例 2: 由定义, 集合 $\mathbb{R}^N$ 为实数 ξ_j 的全部 N 元数组 $x=(\xi_1,\cdots,\xi_N)$ 的集合. 设 $y=(\eta_1,\cdots,\eta_N)$ 为 $\mathbb{R}^N$ 的另一个元素, 并令

$$\boxed{d(x,y) := \sqrt{\sum_{j=1}^{N}(\xi_j-\eta_j)^2}.}$$

这就把 $\mathbb{R}^N$ 做成一个度量空间. 当 $N=1,2,3$ 时, 在 $\mathbb{R},\mathbb{R}^2,\mathbb{R}^3$ 中导出的距离概念与通常 (朴素) 的距离概念一致 (图 1.23).

进一步, 我们定义

$$\boxed{|x-y| := d(x,y),}$$

并令 $|x| = \sqrt{\sum_{j=1}^{N} \xi_j^2}$ 表示 x 的欧几里得范数. 直观上, $|x|$ 是 x 到原点的距离.

令 (x_n) 是 $\mathbb{R}^N$ 中具有分量 $x_n = (\xi_{1n}, \cdots, \xi_{Nn})$ 的一个序列, 并如上令 $x = (\xi_1, \cdots, \xi_N)$. 那么度量空间 $\mathbb{R}^N$ 中的收敛

$$\boxed{\lim_{n\to\infty} x_n = x}$$

等价于各分量的收敛

$$\boxed{\lim_{n\to\infty} \xi_{jn} = \xi_j, \quad j = 1, \cdots, N.}$$

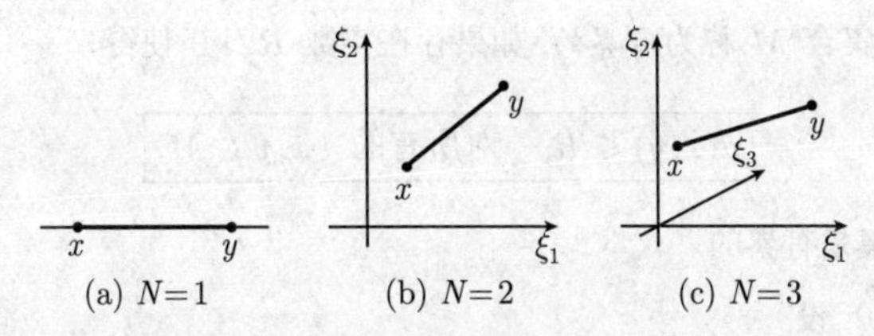

图 1.23 $\mathbb{R}^n$ 中的距离

例 3: 当 $N=2$ 时, 收敛 $\lim_{n\to\infty} x_n = x$ 对应着点 x_n 越来越接近点 x(图 1.24).

例 4(单位圆): 考虑图 1.25 所示的情形. 实数直线 $\mathbb{R}$ 上的每个点 x 对应于单位圆上唯一的点 x_*. 北极点 N 不对应 $\mathbb{R}$ 的任何点. 通常把北极点替换成 $+\infty$ 和 $-\infty$. 定义:

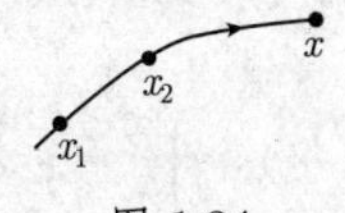

图 1.24

$$\overline{\mathbb{R}} := \mathbb{R} \cup \{+\infty, -\infty\}.$$

令

$$\boxed{d(x,y) := \text{单位圆}Z\text{上}x_*\text{与}y_*\text{之间的弧长},}$$

则集合 $\overline{\mathbb{R}}$ 成为度量空间.

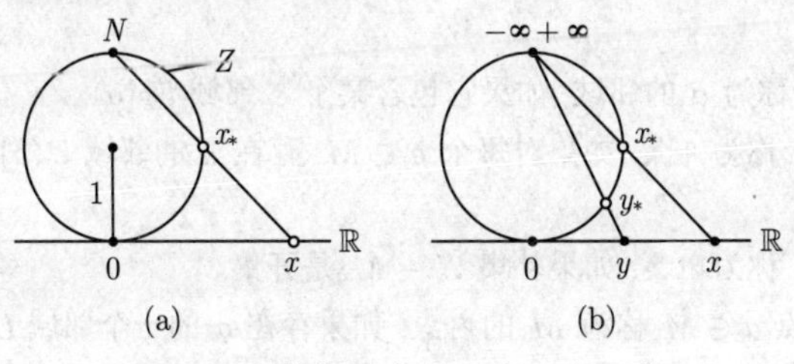

图 1.25 单位圆上的一个距离函数

我们约定

$$d(-\infty, \infty) := 2\pi.$$

例如, 我们有 $d(\pm\infty, 0) = \pi$. 设 (x_n) 是一个实数序列. 在 $\overline{\mathbb{R}}$ 中度量 d 的意义下, 收敛

$$\lim_{n\to\infty} x_n = x, \quad -\infty \leqslant x \leqslant +\infty$$

意味着单位圆上的对应点序列 $(x_n)_*$ 收敛到点 x_*. 这等价于收敛的经典概念 (见 1.2.3).

这样, 从单位圆度量空间 Z 中收敛的度量概念, 就导出了收敛到有限值和无限值经典概念的一个统一的定义.

1.3.2.2　特殊的集合

令 M 是度量空间 X 的一个子集.

有界集　非空集合 M 称为*有界的*, 如果存在实数 $R > 0$ 使得

$$\boxed{d(x, y) \leqslant R, \quad 对所有的 \quad x, y \in M.}$$

根据定义, 空集是有界的.

邻域　令 $\varepsilon > 0$. 设

$$U_\varepsilon(a) := \{x \in Z \mid d(a, x) < \varepsilon\},$$

并称它为 a 的 *ε邻域*. 换句话说, 点 a 的 ε 邻域 $U_\varepsilon(a)$ 是由度量空间 X 中到 a 的距离小于 ε 的所有点 x 组成 (图 1.26).

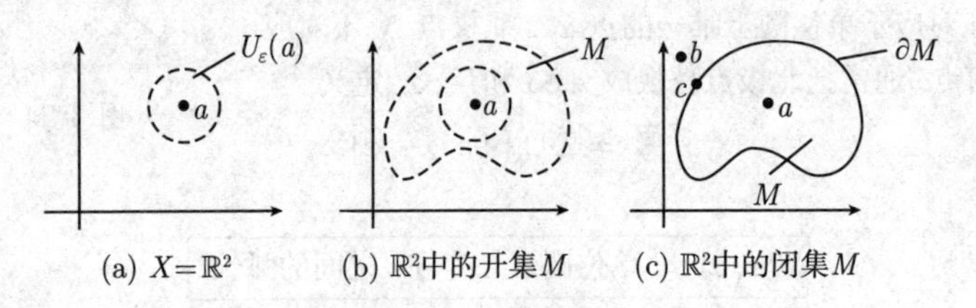

图 1.26　$\mathbb{R}^2$ 中的开集和闭集

集合 $U(a)$ 称为 a 的邻域, 如果它包含某个 ε 邻域 $U_\varepsilon(a)$.

开集　集合 M 称为*开集*, 如果对每个 $a \in M$, 存在 a 的邻域 $U(a)$ 包含在 M 里, 即 $U(a) \subseteq M$.

闭集　集合 M 称为*闭集*, 如果补集 $X - M$ 是开集.

内点和外点　点 $a \in M$ 称为 M 的*内点*, 如果存在 a 的一个邻域 $U(a)$ 包含在 M 里, $U(a) \subseteq M$(图 1.26(c)).

点 b 称为 M 的外点, 如果存在一个不属于 M 的邻域 $U(b)$, $U(b) \subseteq X - M$.

点 c 称为 M 的边界点, 如果 c 既非 M 的内点也非 M 的外点 (图 1.26(c)).

M 的所有内点 (相应地, 外点) 组成的集合记作 $\mathrm{int}M$(相应地, $\mathrm{ext}M$).

边界和闭包 M 的所有边界点的集合 ∂M 称为 M 的边界(图 1.26(c)). 另, 集合

$$\boxed{\overline{M} := M \cup \partial M}$$

称为 M 的闭包.

定理 (i) M 的内点集 $\mathrm{int}M$ 是包含在 M 中的最大开集.

(ii) M 的闭包 $\overline{M}$ 是包含 M 的最小闭集.

(iii) 可以把 X 分解成几个不相交的集合:

$$\boxed{X = \mathrm{int}M \cup \mathrm{ext}M \cup \partial M,}$$

它表示, 每个点 $x \in X$ 恰属于 $\mathrm{int}M$、$\mathrm{ext}M$、∂M 这三个集合中的一个.

聚点 点 $a \in X$ 称为 M 的聚点, 如果 a 的每个邻域至少包含一个不为 a 的 M 里的点.

波尔查诺–魏尔斯特拉斯定理 $\mathbb{R}^N$ 的每个有界无限集有一个聚点.

1.3.2.3 紧性

紧性的概念是分析中最重要的概念之一.

度量空间的子集 M 称作紧集, 如果 M 的每个开覆盖 (一些开集的集合, 它们的并包含 M) 包含一个有限子覆盖, 即, 开集的那个集合有一个有限子集, 它们的并仍包含 M.

一个集合称为相对紧的, 如果它的闭包是紧的.

定理 (i) 每个紧集是有界闭集.

(ii) 每个相对紧集是有界集.

用收敛序列刻画 设 M 是一个度量空间的子集.

(i) M 是闭集, 当且仅当 M 中的每个收敛序列 (x_n) 的极限属于 M.

(ii) M 是相对紧集, 当且仅当 M 中的每个序列有一个收敛子序列.

(iii) M 是紧集, 当且仅当 M 中的每个序列有一个收敛子序列, 且其极限属于 M.

$\mathbb{R}$ 的子集 令 M 是 $\mathbb{R}^N$ 的子集. 下面三个陈述等价:

(i) M 是紧集.

(ii) M 是有界闭集.

(iii) M 中的每个序列有一个收敛子序列, 且其极限属于 M.

而且, 下面三个陈述也等价:

(a) M 是相对紧集.

(b) M 是有界集.

(c) M 中的每个序列包含一个收敛子序列.

1.3.2.4 连通性

度量空间的子集 M 称为弧连通集, 如果对任意两点 $x, y \in M$, 在 M 中有一条连续曲线连接这两点[1)](图 1.27).

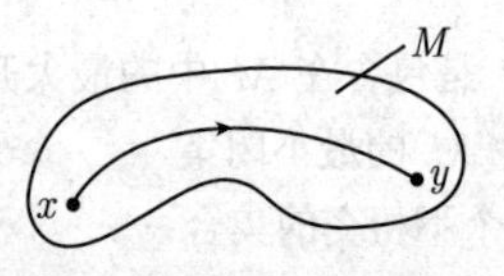

图 1.27 弧连通性

区域 度量空间的一个子集称为区域, 如果它是弧连通的非空开集.

单连通集 度量空间的子集 M 称为单连通集, 如果它是弧连通的, 并且 M 里的每条闭曲线可以连续收缩到一个点[2)] (图 1.28).

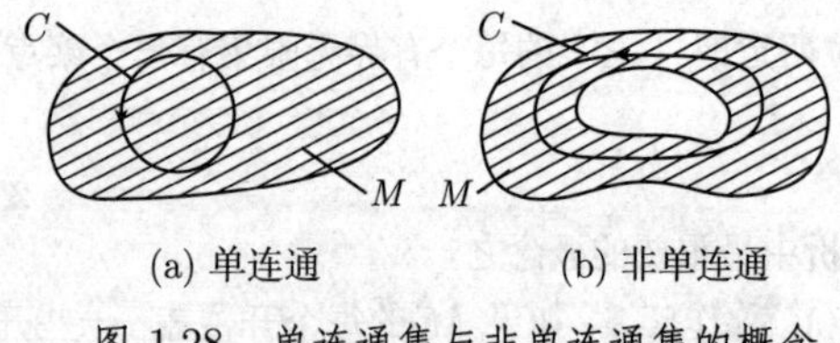

(a) 单连通 (b) 非单连通

图 1.28 单连通集与非单连通集的概念

1.3.2.5 例子

例 1 ($X = \mathbb{R}$): 设 $-\infty < a < b < \infty$.

(i) 区间 $[a, b]$ 是 $\mathbb{R}$ 中的紧集. 它也是有界闭集.

(ii) 区间 $]a, b[$ 是有界开集.

(iii) $\mathbb{R}$ 的子集是弧连通的, 当且仅当它是一个区间.

---

1) 连续曲线的概念定义如下: 存在一个连续映射 $\varphi : [0,1] \to M$, 其中 $\varphi(0) = x$, $\varphi(1) = y$. φ 的连续性意味着, 对 [0,1] 里的每个序列 (t_n), 当 $\lim_{n\to\infty} t_n = t$ 时, 有

$$\lim_{n\to\infty} \varphi(t_n) = \varphi(t).$$

2) 这意味着, 对每个闭曲线, 即连续映射 $\varphi : [0,1] \to M$, 其中 $\varphi(0) = \varphi(1)$, 存在一个从 $[0,1] \times M$ 映到 M 的连续函数 $H = H(t, x)$, 使得对所有 $x \in M$, 有

$$H(0, x) = \varphi(x), \quad H(1, x) = x_0,$$

其中 x_0 是 M 中的某个固定点.

(iv) 每个实数是有理数集的聚点.

(v) 半开区间 $[a,b[$ 既不是开集也不是闭集. 然而它是有界的相对紧集.

例 2 ($X=\mathbb{R}^2$): 设 $r>0$. 令

$$M:=\{(\xi_1,\xi_2)\in\mathbb{R}^2\,|\,\xi_1^2+\xi_2^2<r^2\}.$$

那么 M 是半径为 r, 原点为圆心的圆的内点集 (图 1.29(a)).

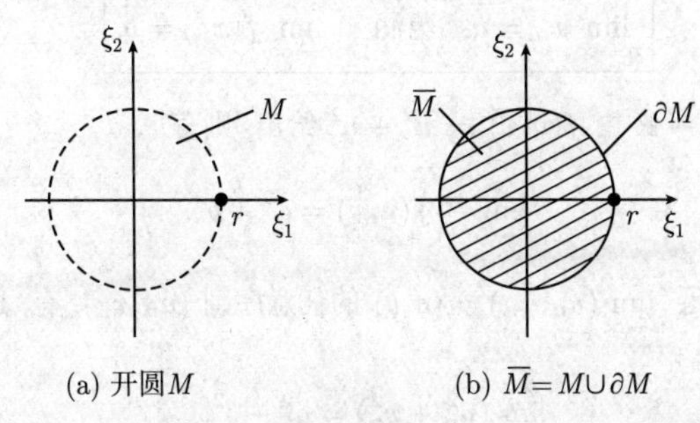

(a) 开圆M　　(b) $\overline{M}=M\cup\partial M$

图 1.29

可以验证, 这个圆的边界和闭包如下:

$$\partial M=\{(\xi_1,\xi_2)\in\mathbb{R}^2\,|\,\xi_1^2+\xi_2^2=r^2\},$$

$$\overline{M}=\{(\xi_1,\xi_2)\in\mathbb{R}^2\,|\,\xi_1^2+\xi_2^2\leqslant r^2\}$$

(图 1.29(b)).

(i) 集合 M 是开的、有界的、弧连通的、单连通的、相对紧的.

(ii) 集合 M 是单连通区域.

(iii) 集合 M 既不是闭集, 也不是紧集.

(iv) 集合 $\overline{M}$ 是闭的、有界的、紧的、弧连通的、单连通的.

(v) 边界 ∂M 是闭的、有界的、紧的、弧连通的、但不是单连通的.

例 3 (单位圆): 集合 $\mathbb{R}$ 相对于经典距离函数是无界集, 因此不是紧的 (参看 1.3.2.1 中的例 1).

另一方面, 1.3.2.1 的例 4 中引入的度量空间 $\mathbb{R}\cup\{\pm\infty\}$ 是有界紧的. 这就是能统一处理有限极限和无限极限的更深层次的原因.

上面引入的概念可以推广到度量空间和拓扑空间 (见 [212]).

1.3.3 多变量函数

应用中出现的多数函数依赖于多于一个的变量, 如空间坐标和时间坐标. 简记作 $y=f(x)$, 其中 $x=(\xi_1,\cdots,\xi_N)$, 而所有的 ξ_j 是实变量.

1.3.3.1 极限

令 $f: M \to Y$ 是从度量空间 M 到度量空间 Y 的一个函数[1]. 记

$$\boxed{\lim_{x \to u} f(x) = b,}$$

当且仅当, 对 f 的定义域中的每个序列 (x_n), 其中对所有的 n, $x_n \neq a$, 有[2]

$$\boxed{\lim_{n \to \infty} x_n = a \quad \text{蕴涵} \quad \lim_{n \to \infty} f(x_n) = b.}$$

例 1: 函数 $f: \mathbb{R}^2 \to \mathbb{R}$ 由 $f(u,v) := u^2 + v^2$ 给出, 则有

$$\lim_{(u,v) \to (a,b)} f(u,v) = a^2 + b^2.$$

实际上, 对满足 $\lim\limits_{n \to \infty} (u_n, v_n) = (a,b)$ 的任意序列 (u_n, v_n), 有 $\lim\limits_{n \to \infty} u_n = a$ 和 $\lim\limits_{n \to \infty} v_n = b$. 因此,

$$\lim_{n \to \infty} (u_n^2 + v_n^2) = a^2 + b^2.$$

例 2: 对于函数

$$f(u,v) := \begin{cases} \dfrac{u}{v}, & u \neq 0, \\ 0, & v = 0, \end{cases}$$

极限 $\lim\limits_{(u,v) \to (0,0)} f(u,v)$ 不存在. 这是因为序列 $(u_n, v_n) = \left(\dfrac{1}{n}, \dfrac{1}{n}\right)$ 满足

$$\lim_{n \to \infty} f(u_n, v_n) = 1,$$

而当 $(u_n, v_n) = \left(\dfrac{1}{n^2}, \dfrac{1}{n}\right)$ 时, 有

$$\lim_{n \to \infty} f(u_n, v_n) = \lim_{n \to \infty} \frac{1}{n} = 0.$$

1.3.3.2 连续性

定义 两个度量空间 M 和 Y 之间的映射 $f: M \to Y$ 称为*在点 a 处是连续的*, 如果对于象 $f(a)$ 的每个邻域 $U(f(a))$, 存在 a 的一个邻域 $U(a)$ 满足:

$$\boxed{f(U(a)) \subseteq U(f(a)).}$$

这意味着, $x \in U(a)$ 蕴涵 $f(x) \in U(f(a))$.

函数 f 称为*连续的*, 如果它在 M 的每个点处都连续.

---

1) 一般函数的定义和性质可见 4.3.3.

2) 函数 f 不必在点 a 有定义. 只要求 f 的定义域包含某个具有上述极限性质的序列 (x_n).

极限判别法 对函数 $f: M \to Y$ 及点 $a \in M$, 下列三个陈述等价: [1]

(i) f 在点 a 处连续.

(ii) $\boxed{\lim_{x \to a} f(x) = f(a).}$

(iii) 对任意 $\varepsilon > 0$, 存在一个 $\delta > 0$, 使得对所有满足 $d(x,a) < \delta$ 的 x 有: $d(f(x), f(a)) < \varepsilon$.

定理 函数 $f: M \to Y$ 是连续的, 当且仅当, 开集的逆象是开的.

复合定律 如果函数 $f: M \to Y$ 和 $F: Y \to Z$ 都是连续的, 那么复合映射

$$\boxed{F \circ f: M \to Z}$$

也是连续的. 我们有 $(F \circ f)(x) := F(f(x))$.

运算 如果函数 $f, g: M \to \mathbb{R}$ 在点 a 处连续, 那么

$f+g$	在点a处连续	(加法法则),
fg	在点a处连续	(乘法法则),
$\dfrac{f}{g}$	在点a处连续, 如果$g(a) \neq 0$	(除法法则).

分量法则 设 $f(x) = (f_1(x), \cdots, f_k(x))$. 那么下面两个陈述等价:

(i) 对每个 j, $f_j: M \to \mathbb{R}$, 在点 a 处都是连续的.

(ii) $f: M \to \mathbb{R}^k$ 在点 a 处连续.

例: 设 $x = (\xi_1, \xi_2)$. 具有实系数 a_{jk} 的每个多项式

$$p(x) = \sum_{j,k=0}^{m} a_{jk} \xi_1^j \xi_2^k$$

在每个点 $x \in \mathbb{R}^2$ 处都是连续的.

类似的结论对 N 元多项式也成立.

不变性原理 设 $f: M \to Y$ 是两个度量空间之间的连续映射, 那么

(i) f 把紧集映射成紧集.

(ii) f 把弧连通集映射成弧连通集.

魏尔斯特拉斯定理 设 M 是度量空间的一个非空紧子集, 则连续函数 $f: M \to \mathbb{R}$ 有一个最大值和最小值. 对于 $\mathbb{R}^N$ 的一个非空有界闭子集, 这个定理也成立.

波尔查诺零点定理 设 $f: M \to \mathbb{R}$ 是一个连续函数, 定义域 M 是一个度量空间的弧连通子集. 如果存在 M 的两个点 a, b 满足 $f(a)f(b) \leqslant 0$, 那么方程

$$\boxed{f(x) = 0, \quad x \in M}$$

1) 条件 (ii) 意味着, 对 M 中满足 $\lim_{n \to \infty} x_n = a$ 的每个序列 (x_n), 有 $\lim_{n \to \infty} f(x_n) = f(a)$.

有一个解.

中值定理　如果 $f: M \to \mathbb{R}$ 是连续的, 且 M 是弧连通集, 那么象 $f(M)$ 是一个区间.

在 M 中有两个点 a 和 b, 使得 $f(a) < f(b)$ 的特殊情形, 方程

$$\boxed{f(x) = \gamma, \quad x \in M}$$

对每个实数 γ 都有一个解, 其中 $f(a) \leqslant \gamma \leqslant f(b)$.

1.4　一个实变量函数的微分法

1.4.1　导数

定义　考虑一个实变量 x 的实值函数 $y = f(x)$, 它定义在点 p 的一个邻域内. f 在点 p 处的导数 $f'(p)$ 定义为有限极限:

$$\boxed{f'(p) = \lim_{h \to 0} \frac{f(p+h) - f(p)}{h}.}$$

几何解释　数 $\dfrac{f(p+h) - f(p)}{h}$ 是图 1.30(a) 中割线的斜率. 当 $h \to 0$ 时, 割线直观上趋向于切线. 因此定义:

$$\boxed{f'(p)\text{是}f\text{的图形在点}(p, f(p))\text{处的切线的斜率.}}$$

此时对应的切线方程是

$$\boxed{y = f'(p)(x - p) + f(p).}$$

例 1: 对函数 $f(x) := x^2$, 有

$$f'(p) = \lim_{h \to 0} \frac{(p+h)^2 - p^2}{h} = \lim_{h \to 0} \frac{2ph + h^2}{h} = \lim_{h \to 0} (2p + h) = 2p.$$

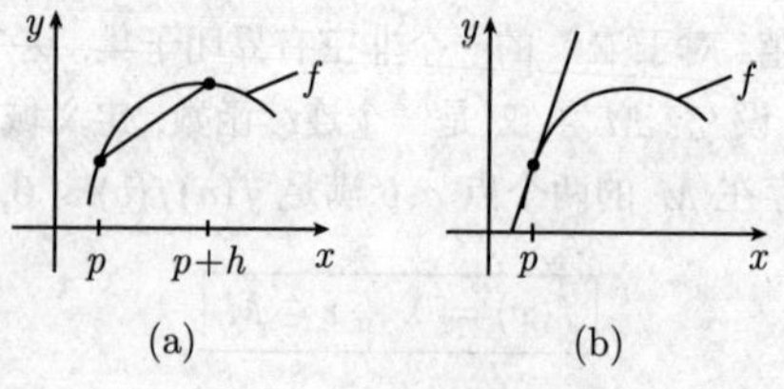

图 1.30　导数

重要导数表 见 0.8.1.

莱布尼茨符号 令 $y=f(x)$. $f'(p)$ 也可以记作

$$f'(p)=\frac{\mathrm{d}f}{\mathrm{d}x}(p) \quad 或 \quad f'(p)=\frac{\mathrm{d}y}{\mathrm{d}x}(p).$$

如果令 $\Delta f:=f(x)-f(p), \Delta x:=x-p, \Delta y=\Delta f$, 那么有

$$\boxed{\frac{\mathrm{d}f}{\mathrm{d}x}(p)=\lim_{\Delta x\to 0}\frac{\Delta f}{\Delta x}=\lim_{\Delta x\to 0}\frac{\Delta y}{\Delta x}.}$$

这套符号是 G. W. 莱布尼茨(Gottfried Wilhelm Leibniz, 1646—1716) 引进的, 事实证明极其方便, 许多重要的求导运算法则就是通过这些符号推导来的. 这是精心挑选的数学符号的性质.

连续性和可微性的关系 如果 f 在点 p 处可导 (即, f 在点 p 处的导数存在), 那么 f 在点 p 处也是连续的 (可以说"f 在点 p 处更是连续的").

相反的结论不成立. 例如, 函数 $f(x):=|x|$ 在点 $x=0$ 处连续, 但是不可导 (虽然它在所有其他点处是可微的), 理由是这个函数的图像在 $x=0$ 处没有切线 (图 1.31).

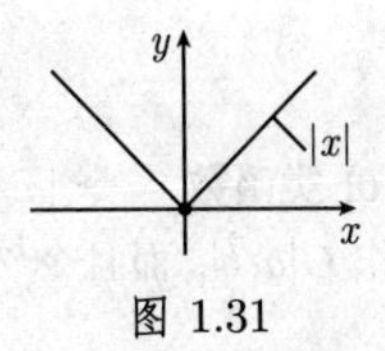

图 1.31

高阶导数 如果令 $g(x):=f'(x)$, 那么由定义,

$$\boxed{f''(p):=g'(p).}$$

也可记作 $f^{(2)}(p)$, 或用莱布尼茨的符号:

$$f''(p)=\frac{\mathrm{d}^2f}{\mathrm{d}x^2}(p).$$

类似地, 我们定义 $f^{(n)}(p), n=2,3,\cdots$.

例 2: 当 $f(x):=x^2$ 时, 我们有

$$f'(x)=2x, \quad f''(x)=2, \quad f'''(x)=0, \quad f^{(n)}(x)=0, \quad n=4,5,\cdots$$

(见 0.8.1).

基本法则 假设 f,g 在点 x 处可导, α, β 为实数. 那么

$$\boxed{\begin{aligned}&(\alpha f+\beta g)'(x)=\alpha f'(x)+\beta g'(x) && (加法法则),\\ &(fg)'(x)=f'(x)g(x)+f(x)g(x) && (乘法法则),\\ &\left(\frac{f}{g}\right)'(x)=\frac{f'(x)g(x)-f(x)g'(x)}{g(x)^2} && (除法法则).\end{aligned}}$$

在除法法则里, 当然一定假设 $g(x) \neq 0$.

例子可见 0.8.2.

莱布尼茨积法则 如果 f, g 在点 x 处是 n 阶可导的, 那以对于 $n = 1, 2, \cdots$, 有

$$\boxed{(fg)^{(n)}(x) = \sum_{k=0}^{n} \binom{n}{k} f^{(n-k)}(x) g^{(k)}(x).}$$

这个求导法则类似于二项式公式 (见 0.1.10.3). 特别是, 当 $n = 2$ 时, 有

$$(fg)''(x) = f''(x)g(x) + 2f'(x)g'(x) + f(x)g''(x).$$

例 3: 考虑函数 $h(x) := x \cdot \sin x$. 如果我们令 $f(x) := x, g(x) := \sin x$, 那么 $f'(x) = 1, f''(x) = 0$, 且 $g'(x) = \cos x, g''(x) = -\sin x$. 因此

$$h''(x) = 2\cos x - x \sin x.$$

***C*[*a*, *b*] 类函数** 令 $[a, b]$ 是一个紧区间. 我们把所有连续函数 $f : [a, b] \to \mathbb{R}$ 的空间记作 $C[a, b]$. 而且令[1]

$$||f|| := \max_{a \leqslant x \leqslant b} |f(x)|.$$

$C^k[a, b]$ 类函数 这类函数由在开区间 $]a, b[$ 上有连续导数 $f', f'', \cdots, f^{(k)}$ 的所有函数 $f \in C[a, b]$ 组成, 而每个导数都可以延拓为 $[a, b]$ 上的连续函数.

定义[2]

$$||f||_k := \sum_{j=0}^{k} \max_{a \leqslant x \leqslant b} |f^{(j)}(x)|.$$

C^k 型 我们称定义在点 p 的一个邻域内的函数是C^k型的, 如果在点 p 的一个开邻域内, f 有 k 阶连续导数.

1.4.2 链式法则

用莱布尼茨符号很容易记住基本的链式法则:

$$\boxed{\frac{\mathrm{d}y}{\mathrm{d}x} = \frac{\mathrm{d}y}{\mathrm{d}u}\frac{\mathrm{d}u}{\mathrm{d}x}.} \tag{1.30}$$

例 1: 为了对函数 $y = f(x) = \sin x^2$ 求导, 记

$$y = \sin u, \quad u = x^2,$$

1) 对于这个范数 $||f||$, $C[a, b]$ 是巴拿赫(Banach) 空间, 参看 [212].

2) 令 $f^{(0)}(x) := f(x)$. 和上面一样, 对于范数 $||f||_k$, $C^k[a, b]$ 是一个巴拿赫空间.

然后应用链式法则. 根据 0.8.1, 有

$$\frac{\mathrm{d}y}{\mathrm{d}u} = \cos u, \quad \frac{\mathrm{d}u}{\mathrm{d}x} = 2x.$$

因此, 由 (1.30) 可得

$$f'(x) = \frac{\mathrm{d}y}{\mathrm{d}x} = \frac{\mathrm{d}y}{\mathrm{d}u}\frac{\mathrm{d}u}{\mathrm{d}x} = 2x\cos u = 2x\cos x^2.$$

例 2: 令 $b > 0$. 对函数 $f(x) := b^x$, 我们有

$$f'(x) = b^x \ln b, \quad x \in \mathbb{R}.$$

证明: 有 $f(x) = \mathrm{e}^{x\ln b}$, 令 $y = \mathrm{e}^u, u = x\ln b$. 由 0.8.1, 有

$$\frac{\mathrm{d}y}{\mathrm{d}u} = \mathrm{e}^u, \quad \frac{\mathrm{d}u}{\mathrm{d}x} = \ln b.$$

因此, 由 (1.30) 可得

$$f'(x) = \frac{\mathrm{d}y}{\mathrm{d}x} = \frac{\mathrm{d}y}{\mathrm{d}u}\frac{\mathrm{d}u}{\mathrm{d}x} = \mathrm{e}^u \ln b = b^x \ln b. \qquad \square$$

(1.30) 的明确阐述如下.

定理 (链式法则) 对于一个复合函数 $F(x) := g(f(x))$, 它在点 p 处的导数存在并由下式给出:

$$\boxed{F'(p) = g'(f(p))f'(p),}$$

如果满足下列假设:

(i) 函数 $f: M \to \mathbb{R}$ 的定义域是 p 的邻域 $U(p)$, 并且导数 $f'(p)$ 存在.

(ii) 函数 $g: N \to \mathbb{R}$ 的定义域是 $f(p)$ 的邻域 $U(f(p))$, 并且导数 $g'(f(p))$ 存在.

思想上的障碍 链式法则表明, 明确的数学阐述可能比启发性的法则更难使用. 遗憾的是, 它常常造成数学家、物理学家和工程师之间的障碍, 因此必须以某种方式解决. 事实上, 最好能同时知道启发性的法则和形式上的法则, 以及明确的数学阐述, 这样就可以以最小的工作量去作计算, 另一方面又知道形式法则可能出现的不正确的应用.

1.4.3 递增函数和递减函数

递增 (或递减) 判别法 设 $-\infty \leqslant a < b \leqslant \infty$, 并令 $f:]a,b[\to \mathbb{R}$ 是可导的.

(i) f 是非递减的 (相应地, 非递增的), 如果

$$\boxed{f'(x) \geqslant 0, \quad \text{对所有的} \quad x \in]a,b[}$$

(相应地 $f'(x) \leqslant 0$, 对所有的 $x \in]a,b[$).

(ii) 如果对所有的 $x \in]a,b[$ 有 $f'(x) > 0$, 则 f 在 $]a,b[$ 上是递增的 [1].

(iii) 如果对所有的 $x \in]a,b[$ 有 $f'(x) < 0$, 则 f 在 $]a,b[$ 上是递减的.

例 1: 令 $f(x) := \mathrm{e}^x$. 由 $f'(x) = \mathrm{e}^x > 0$(其中 $x \in \mathbb{R}$) 即得, 函数 f 在 $\mathbb{R}$ 上是递增的 (图 1.32(a)).

例 2: 令 $f(x) := \cos x$. 因为 $f'(x) = -\sin x < 0$(其中 $x \in]0,\pi[$), 由此即得 f 在这个区间 $]0,\pi[$ 上是递减的 (图 1.32(b)).

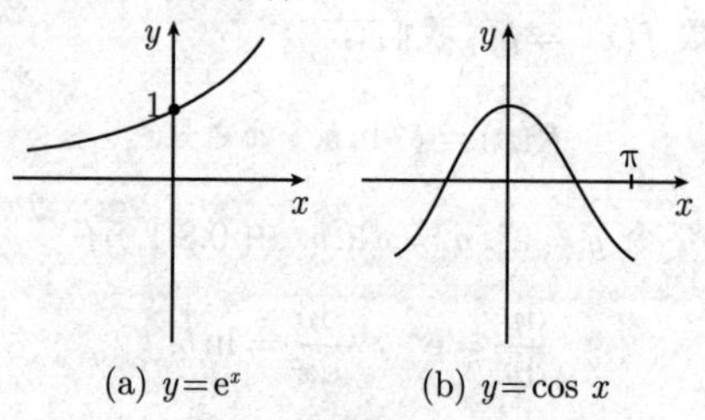

图 1.32 递增函数与递减函数

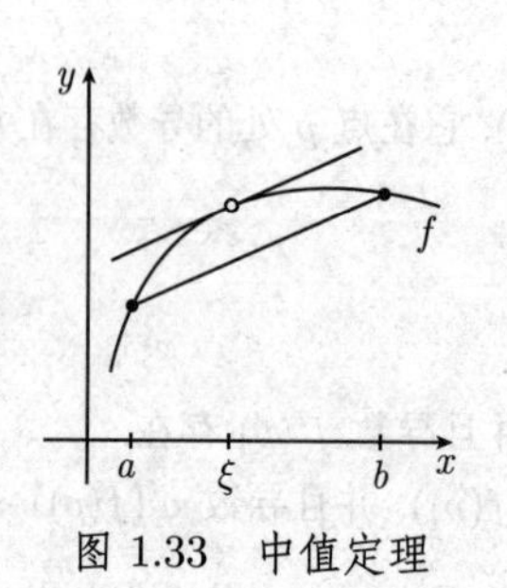

图 1.33 中值定理

中值定理 令 $-\infty < a < b < \infty$. 如果 $f: [a,b] \to \mathbb{R}$ 在开区间 $]a,b[$ 上是可导的, 则存在一个数 $\xi \in]a,b[$, 使得

$$\boxed{\frac{f(b)-f(a)}{b-a} = f'(\xi).}$$

直观上这意味着, 图 1.33 中割线的斜率与曲线在某一点 ξ 处切线的斜率一样.

勒贝格(Lebesgue) 定理 令 $-\infty \leqslant a < b \leqslant \infty$. 对一个严格递增函数 $f:]a,b[\to \mathbb{R}$, 有:

(i) 除有限个点外, f 都是连续的, 其中 f 在有限个不连续点处的左极限和右极限存在.

(ii) f 几乎处处可导 [2](图 1.34).

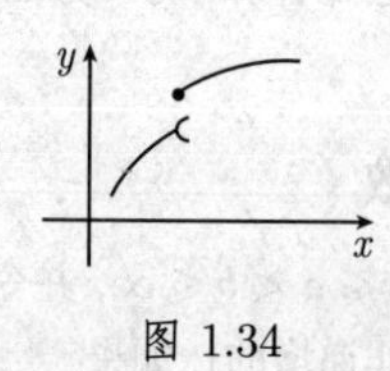

图 1.34

1) 递增函数和递减函数的定义在 0.2, 图在表 0.14 中.

2) 这意味着, 存在一个勒贝格测度为 0 的集合 M, 使得 f 在所有不在 M 中的点处都是可导的 (见 1.7.2).

1.4.4 反函数

许多重要的函数是已知函数的反函数 (参看 (0.28)).

1.4.4.1 局部反函数

应用莱布尼茨的富有启发性的符号:

$$\boxed{\frac{\mathrm{d}x}{\mathrm{d}y}=\frac{1}{\dfrac{\mathrm{d}y}{\mathrm{d}x}}} \tag{1.31}$$

就很容易记住反函数的求导法则.

例 1: $y=x^2$ 的反函数是

$$x=\sqrt{y},\quad y>0.$$

因为 $\dfrac{\mathrm{d}y}{\mathrm{d}x}=2x$, 所以由 (1.31) 得

$$\frac{\mathrm{d}\sqrt{y}}{\mathrm{d}y}=\frac{\mathrm{d}x}{\mathrm{d}y}=\frac{1}{\dfrac{\mathrm{d}y}{\mathrm{d}x}}=\frac{1}{2x}=\frac{1}{2\sqrt{y}}.$$

例 2: 对于函数 $f(x):=\sqrt{x}$, 有

$$f'(x)=\frac{1}{2\sqrt{x}},\quad x>0.$$

这是通过交换 x,y, 由例 1 可得.

例 3: $y=\mathrm{e}^x$ 的反函数是

$$x=\ln y,\quad y>0$$

(参看 0.2.6). 我们有 $\dfrac{\mathrm{d}y}{\mathrm{d}x}=\mathrm{e}^x$. 由 (1.31) 得

$$\frac{\mathrm{d}\ln y}{\mathrm{d}y}=\frac{\mathrm{d}x}{\mathrm{d}y}=\frac{1}{\dfrac{\mathrm{d}y}{\mathrm{d}x}}=\frac{1}{\mathrm{e}^x}=\frac{1}{y}.$$

例 4: 由函数 $f(x):=\ln x$ 得

$$f'(x)=\frac{1}{x},\quad x>0.$$

交换例 3 中的 x,y 可得.

(1.31) 的明确数学阐述如下.

局部反函数定理 假设函数 $f:M\subseteq\mathbb{R}\to\mathbb{R}$ 定义在点 p 的一个邻域 $U(p)$ 内, 并且在点 p 是可导的, 且 $f'(p)\neq 0$. 那么

(i) 在点 $f(p)$ 的一个邻域内, 存在 f 的反函数 g.[1)]

(ii) 反函数 g 在点 $f(p)$ 可导, 导数为

$$\boxed{g'(f(p)) = \frac{1}{f'(p)}.}$$

1.4.4.2 整体反函数定理

在数学里, 人们需要仔细区分

(a) 局部行为 (即, 在一个点的邻域内的行为或小范围的行为) 和

(b) 整体行为 (即, 大范围的行为). 通常, 整体结果比局部结果难证得多. 推导整体结果的一个有力工具是拓扑 (参看 [212]).

定理 令 $-\infty < a < b < \infty$, 并设函数 $f : [a, b] \to \mathbb{R}$ 严格递增. 那么反函数 f^{-1} 存在,

$$f^{-1} : [f(a), f(b)] \to [a, b].$$

换言之, 对每个 $y \in [f(a), f(b)]$, 方程

$$\boxed{f(x) = y, \quad x \in [a, b]}$$

有唯一解 x, 记作 $x = f^{-1}(y)$(图 1.35(b)).

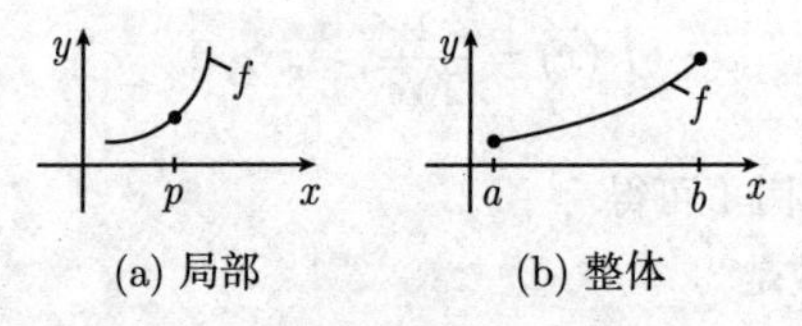

(a) 局部 (b) 整体

图 1.35 局部性质和整体性质

如果 f 是连续的, 那么 f^{-1} 也是连续的.

整体反函数定理 令 $-\infty < a < b < \infty$, 并设连续函数 $f : [a, b] \to \mathbb{R}$ 在开区间 $]a, b[$ 上可导, 并且

$$\boxed{f'(x) > 0, \quad \text{对所有} \quad x \in]a, b[.}$$

那么存在连续反函数 $f^{-1} : [f(a), f(b)] \to [a, b]$, 其导数为

$$\boxed{(f^{-1})'(y) = \frac{1}{f'(x)}, \quad y = f(x),}$$

其中 $y \in]f(a), f(b)[$.

1) 这意味着, 方程 $y = f(x)$, 其中 $x \in U(p)$, 可以对 $y \in U(f(p))$ 反转后, 唯一得到 $x = g(y)$(图 1.35(a)). 我们用 f^{-1} 表示 g.

1.4.5 泰勒定理和函数的局部行为

利用函数的泰勒 (Taylor) 级数可以得到关于函数 $y = f(x)$ 在点 p 的邻域内的局部行为的许多结论.

1.4.5.1 基本思想

为了研究函数在点 $x = 0$ 的邻域内的行为, 用

$$f(x) = a_0 + a_1x + a_2x^2 + \cdots$$

尝试一下[1].

为了确定系数 $a_0, a_1, \cdots$, 我们形式地求导

$$\begin{aligned} f'(x) &= a_1 + 2a_2x + 3a_3x^2 + \cdots, \\ f''(x) &= 2a_2 + 2 \cdot 3a_3x + \cdots, \\ f'''(x) &= 2 \cdot 3a_3 + \cdots. \end{aligned}$$

在 $x = 0$ 处, 我们得到形式表达式:

$$a_0 = f(0), \quad a_1 = f'(0), \quad a_2 = \frac{f''(0)}{2}, \quad a_3 = \frac{f'''(0)}{2 \cdot 3}, \cdots,$$

这样就得到了下面的基本公式, 称为泰勒级数:

$$\boxed{f(x) = f(0) + f'(0)x + \frac{f''(0)}{2!}x^2 + \frac{f'''(0)}{3!}x^3 + \cdots.} \tag{1.32}$$

在点 $x = 0$ 处的局部行为 由 (1.32) 我们可以看出函数 f 在点 $x = 0$ 处的局部行为, 现在我们来解释一下. 为此我们使用幂函数 $y = x^n$ 的已知行为 (见表 0.15).

例 1 (切线): 第一个近似是 $f(x) = f(0) + f'(0)x$, 它告诉我们函数局部地由直线 (图 1.36)

$$y = f(0) + f'(0)x$$

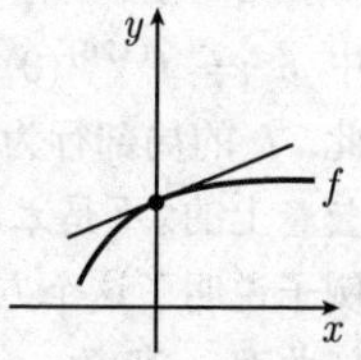

近似. 这条直线是 f 在点 $x = 0$ 处的切线.

图 1.36

例 2 (局部最小值或最大值): 假设 $f'(0) = 0, f''(0) \neq 0$. 那么函数 f 在 $x = 0$ 附近的行为像 (这是第一个近似)

$$f(0) + \frac{f''(0)}{2}x^2.$$

1) "ansatz" 这个德语单词很难准确译出, 因此它经常出现在数学和物理文献中. 它表示, 我们只需要试验一下, 然后看看能得到什么, 这里是把函数局部表示出来.

当 $f''(0) > 0$(或 $f''(0) < 0$) 时, 函数在 $x = 0$ 处有局部最小值(或局部最大值)(图 1.37).

例 3 (水平拐点): 如果 $f'(0) = f''(0) = 0$, 而 $f'''(0) \neq 0$, 那么函数 f 在 $x = 0$ 附近的行为像

$$f(0) + \frac{f'''(0)}{3!}x^3.$$

这对应着 $x = 0$ 处的水平拐点(图 1.38).

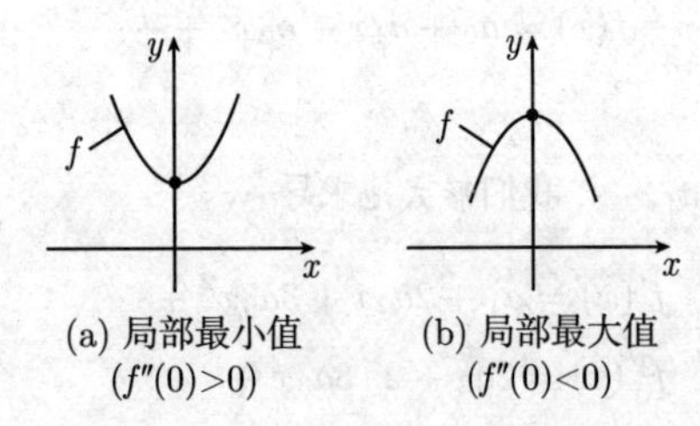

(a) 局部最小值 ($f''(0)>0$) (b) 局部最大值 ($f''(0)<0$)

图 1.37 局部极值: 最小值与最大值

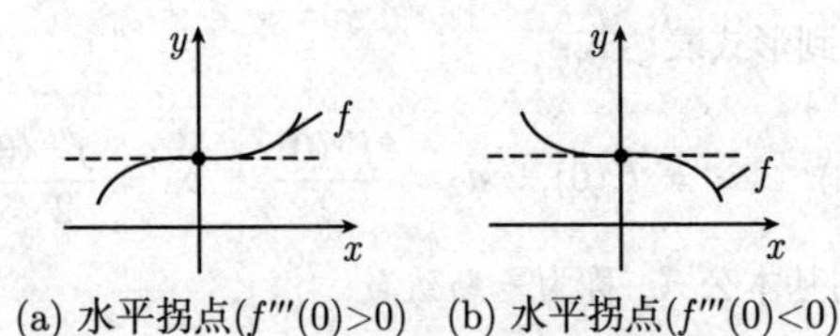

(a) 水平拐点($f'''(0)>0$) (b) 水平拐点($f'''(0)<0$)

图 1.38 局部极值: 拐点

例 4 (局部最小值): 假设 $f^{(n)}(0) = 0, n = 1, \cdots, 125$, 而 $f^{(126)}(0) > 0$. 那么函数在 $x = 0$ 附近的行为像

$$f(0) + ax^{126},$$

其中 $a := f^{(126)}(0)/126!$. 唯一重要的事实是, x^{126} 是 x 的偶数次幂, a 是正的. 因此, f 的局部行为像图 1.37(a) 所示, 即 f 在点 $x = 0$ 处有局部最小值. 区别是数量上的, 不是本质上的; 在放大镜下看, 函数 f 比图 1.37(a) 所示要平得多. 这个例子说明了这个方法的普适性, 即使在函数的许多导数为零的情况下也成立.

局部曲率 函数

$$\boxed{g(x) := f(x) - (f(0) + f'(0)x)}$$

描述了 f 及其在点 $x = 0$ 处的切线之间的差. 由 (1.32) 得

$$g(x) = \frac{f''(0)}{2!}x^2 + \frac{f'''(0)}{3!}x^3 + \cdots.$$

因此, 函数 f 的导数 $f''(0), f'''(0), \cdots$ 刻画了 f 在 $x = 0$ 处的切线附近的样子. 这为我们提供了 f 的 (图像的) 曲率的信息.

例 5 (局部凸与局部凹): 假设 $f''(0) \neq 0$. 那么在 $x=0$ 附近, g 的行为像

$$\frac{f''(0)}{2!}x^2.$$

由此可得

(i) 当 $f''(0) > 0$ 时, 在 $x=0$ 附近 f 的图像局部地位于切线上面 (局部凸, 见图 1.39(a)).

(ii) 当 $f''(0) < 0$ 时, 在 $x=0$ 附近 f 的图像局部地位于切线下面 (局部凹, 见图 1.39(b)).

例 6 (拐点): 假设 $f''(0) = 0, f'''(0) \neq 0$. 那么 g 在 $x=0$ 附近的形为像

$$\frac{f'''(0)}{3!}x^3.$$

因此在 $x=0$ 附近, f 的图像局部地位于切线的两边 (图 1.39(c), (d)).

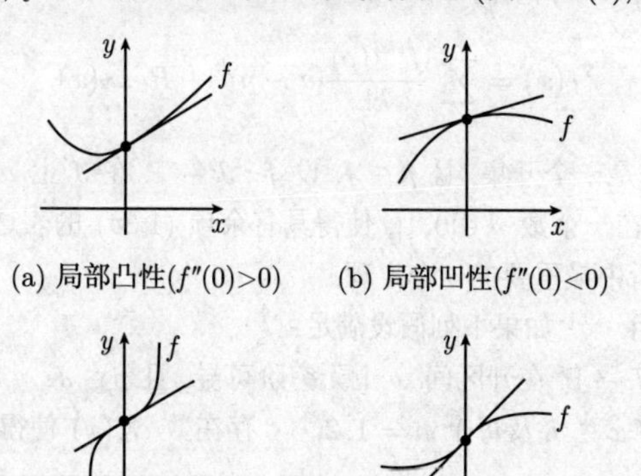

(a) 局部凸性($f''(0)>0$)　(b) 局部凹性($f''(0)<0$)

(c) 拐点($f''(0)=0$, $f'''(0)>0$)　(d) 拐点($f''(0)=0$, $f'''(0)<0$)

图 1.39　函数的局部曲率

洛必达法则　由 (1.32) 可以立即从形式上推出 1.3.3 中描述的洛必达法则. 为此我们记

$$f(x) = f(0) + f'(0)x + \frac{f''(0)}{2!}x^2 + \frac{f'''(0)}{3!}x^3 + \cdots,$$

$$g(x) = g(0) + g'(0)x + \frac{g''(0)}{2!}x^2 + \frac{g'''(0)}{3!}x^3 + \cdots.$$

例 7 $\left(\frac{0}{0}\right)$: 假设 $f(0) = g(0) = 0,\ g'(0) \neq 0$, 则

$$\lim_{x\to 0}\frac{f(x)}{g(x)} = \lim_{x\to 0}\frac{x\left(f'(0) + \dfrac{f''(0)}{2}x + \cdots\right)}{x\left(g'(0) + \dfrac{g''(0)}{2}x + \cdots\right)} = \frac{f'(0)}{g'(0)}.$$

1.4.5.2 余项

通过估计 (1.32) 中的误差, 能够把 1.4.5.1 中的形式考虑严格化. 这是借助下面的公式实现的:

$$\begin{aligned} f(x) = f(p) + f'(p)(x-p) + \frac{f''(p)}{2!}(x-p)^2 \\ + \cdots + \frac{f^{(n)}(p)}{n!}(x-p)^n + R_{n+1}(x) \end{aligned} \tag{1.33}$$

这里, 余项 $R_{n+1}(x)$ 有形式

$$R_{n+1}(x) = \frac{f^{(n+1)}(p+\vartheta(x-p))}{(n+1)!}(x-p)^{n+1}, \quad 0<\vartheta<1. \tag{1.34}$$

借助求和符号, (1.33) 可记作

$$f(x) = \sum_{k=0}^{n} \frac{f^{(k)}(p)}{k!}(x-p)^k + R_{n+1}(x).$$

泰勒定理 令 J 是一个开集, 且 $p \in J$, 设 $f: J \to \mathbb{R}$ 在 J 上 $n+1$ 阶可导. 那么对每个 $x \in J$, 存在一个数 $\vartheta \in]0,1[$, 使得具有余项 (1.34) 的表达式 (1.33) 成立.

这是局部分析中最重要的一个定理.

对无穷级数的应用 [1] 如果下列假设满足:

(i) 函数 $f: J \to \mathbb{R}$ 在开区间 J 上无穷阶可导, 且 $p \in J$.

(ii) 对固定的 $x \in J$ 及每个 $n = 1, 2, \cdots$ 存在数 $\alpha_n(x)$ 使得有如下估计:

$$\left|\frac{f^{(n+1)}(p+\vartheta(x-p))}{(n+1)!}(x-p)^{n+1}\right| \leqslant \alpha_n(x), \quad \text{对所有的}\vartheta \in]0,1[,$$

其中 $\lim\limits_{n\to\infty} \alpha_n(x) = 0$. 那么有

$$f(x) = \sum_{k=0}^{\infty} \frac{f^{(k)}(p)}{k!}(x-p)^k. \tag{1.35}$$

例 (正弦函数的展开): 令 $f(x) := \sin x$, 那么

$$f'(x) = \cos x, \quad f''(x) = -\sin x, \quad f'''(x) = -\cos x, \quad f^{(4)}(x) = \sin x,$$

因此 $f'(0) = 1, f''(0) = 0, f'''(0) = -1, f^{(4)}(0)=0$, 等等. 对所有 $x \in \mathbb{R}$ 及 $n = 1, 2, \cdots$, 由 (1.33) 及 $p = 0$ 可得

$$\sin x = x - \frac{x^3}{3!} + \frac{x^5}{5!} - \cdots + \frac{(-1)^{n-1}x^{2n-1}}{(2n-1)!} + R_{2n}(x),$$

1) 1.10 详细考虑了无穷级数.

误差估计是[1)]

$$|R_{2n}(x)| = \left|\frac{f^{(2n)}(\vartheta x)}{(2n)!}x^{2n}\right| \leqslant \frac{|x|^{2n}}{(2n)!}.$$

由 $\lim\limits_{n\to\infty}\dfrac{|x|^{2n}}{(2n)!}=0$ 得

$$\sin x = x - \frac{x^3}{3!} + \cdots = \sum_{n=1}^{\infty}\frac{(-1)^{n-1}x^{2n-1}}{(2n-1)!}, \quad 对所有的 x \in \mathbb{R}.$$

积分型余项 如果函数 $f: J \to \mathbb{R}$ 是开区间 J 上的 C^{n+1} 型函数 (见 1.4.1 末), 且 $p \in J$, 那么 (1.33) 对所有 $x \in J$ 都成立, 其中余项有形式:

$$R_{n+1}(x) = \left(\int_0^1 (1-t)^n f^{(n+1)}(p+(x-p)t)\mathrm{d}t\right)\frac{(x-p)^{n+1}}{n!}.$$

1.4.5.3 局部极值和临界点

定义 度量空间 M 上的函数 $f: M \to \mathbb{R}$ 称为在点 $a \in M$ 处有局部极小值(相应地, 局部极大值), 如果存在一个邻域 $U(a)$, 满足

$$f(a) \leqslant f(x) \quad 对所有的 \quad x \in U(a) \tag{1.36}$$

(相应地, $f(x) \leqslant f(a)$ 对所有的 $x \in U(a)$).

函数 f 有局部严格极小值, 如果有

$$f(a) < f(x), \quad 对所有的 x \in U(a) 且 x \neq a,$$

局部严格极大值有类似的定义.

由定义, 局部极值(局部极值点)要么是局部极小值, 要么是局部极大值(图1.40(a),(b)).

起始数据 考虑函数

$$f:]a, b[\to \mathbb{R}$$

且 $p \in]a, b[$.

临界点 点 p 称为 f 的临界点, 如果导数 $f'(p)$ 存在, 且满足

$$f'(p) = 0.$$

直观上这意味着, 点 p 处的切线是水平的.

水平拐点 f 的临界点, 它既不是局部最小值也不是局部最大值 (图 1.40).

1) 注意 $f^{(k)}(\vartheta x) = \pm\sin\vartheta x$, $\pm\cos\vartheta x$, $|\sin\vartheta x| \leqslant 1$ 及 $|\cos\vartheta x| \leqslant 1$, 对所有实数 x 和 ϑ 都成立.

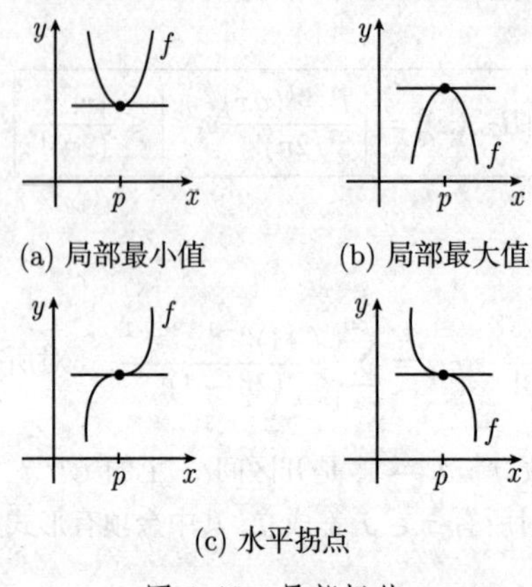

(a) 局部最小值 (b) 局部最大值

(c) 水平拐点

图 1.40 局部极值

局部极值的必要条件 如果函数 f 在点 p 处有局部极值, 且导数 $f'(p)$ 存在, 那么 p 是 f 的临界点, 即 $f'(p)=0$.

局部极值的充分条件 如果在点 p 的一个邻域中 f 是 C^{2n} 型函数, $n\geqslant 1$, 且 $f'(p)=f''(p)=\cdots=f^{(2n-1)}(p)=0$, 此外

$$\boxed{f^{(2n)}(p)>0,}$$

(相应地, $f^{(2n)}(p)<0$), 那么 f 有局部极小值 (相应地, 局部极大值).

水平拐点的充分条件 如果在点 p 的一个开邻域中 f 是 C^{2n+1} 型函数, $n\geqslant 1$, 并且有

$$f'(p)=f''(p)=\cdots=f^{(2n)}(p)=0,$$

也有

$$\boxed{f^{(2n+1)}(p)\neq 0,}$$

那么 f 在点 p 处有水平拐点.

例 1: 对于 $f(x):=\cos x$, 有 $f'(x)=-\sin x, f''(x)=-\cos x$. 这就给出了

$$f'(0)=0,\quad f''(0)<0.$$

而且 f 在点 $x=0$ 处有局部最大值. 由

$$\cos x\leqslant 1,\quad \text{对所有的}\quad x\in\mathbb{R}$$

可得, 函数 $y=\cos x$ 甚至在点 $x=0$ 处有全局最大值 (图 1.41(a)).

例 2: 对于 $f(x):=x^3$ 有 $f'(x)=3x^2, f''(x)=6x, f'''(x)=6$, 因此

$$f'(0)=f''(0)=0,\quad f'''(0)\neq 0$$

所以, f 在点 $x=0$ 处有水平拐点 (图 1.41(b)).

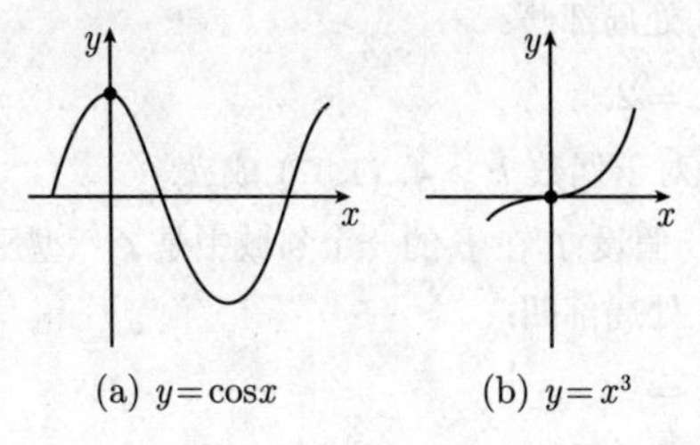

(a) $y=\cos x$ (b) $y=x^3$

图 1.41

1.4.5.4 曲率

函数图像与切线的相对位置 函数

$$g(x) := f(x) - f(p) - f'(p)(x-p)$$

描述了函数 f 与其在点 p 处的切线之差. 我们定义:

(i) 函数 f 在点 p 处局部凸, 如果函数 g 在点 p 处有局部极小值.

(ii) f 在点 p 处局部凹, 如果 g 在点 p 处有局部极大值.

(iii) f 在点 p 处有拐点, 如果 g 在点 p 处有水平拐点.

在 (i)(相应地, (ii)) 里, g 的图像位于点 p 处的切线上面 (相应地, 下面).

在 (iii) 里, f 的图像在点 p 附近为切线的两边 (图 1.42).

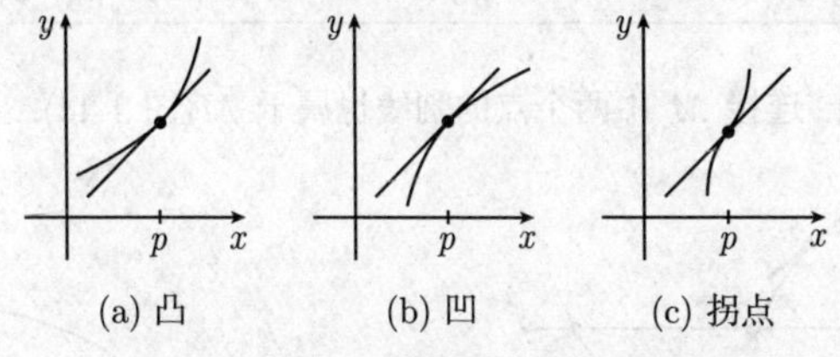

(a) 凸 (b) 凹 (c) 拐点

图 1.42 局部凸函数和局部凹函数

拐点存在的必要条件 如果 f 在 p 的一个邻域中是 C^2 型函数, 并且如果 f 在 p 处有拐点, 那么

$$f''(p) = 0.$$

拐点存在的充分条件 假设 f 在 p 的一个邻域中是 C^k 型函数, 而且满足

$$f''(p) = f'''(p) = \cdots = f^{(k-1)}(p) = 0, \tag{1.37}$$

其中奇数 $k \geqslant 3$, 而且 $f^{(k)}(p) \neq 0$. 那么 f 在点 p 处有拐点.

局部凸性的充分条件 假设 f 在 p 的一个邻域中是 C^k 型函数. 如果满足下列条件之一, 那么 f 在点 p 处局部凸:

(i) $f''(p)>0$ 且 $k=2$.

(ii) $f^{(k)}(p)>0$ 且对于偶数 $k\geqslant 4$, (1.37) 成立.

局部凹性的充分条件 假设 f 在 p 的一个邻域中是 C^k 型函数. 如果满足下列条件之一, 那么 f 在点 p 处局部凹:

(i) $f''(p)<0$ 且 $k=2$.

(ii) $f^{(k)}(p)<0$ 且对于偶数 $k\geqslant 4$, (1.37) 成立.

例: 令 $f(x):=\sin x$, 那么 $f'(x)=\cos x, f''(x)=-\sin x, f'''(x)=-\cos x$.

(i) 因为 $f''(0)=0, f'''(0)\neq 0$, 所以点 $x=0$ 是拐点.

(ii) 对于 $x\in]0,\pi[$, 有 $f''(x)<0$, 因而 f 在 x 处是局部凹的.

(iii) 对于 $x\in]\pi,2\pi[$, 有 $f''(x)>0$, 因而 f 在 x 处是局部凸的.

(iv) 因为 $f''(\pi)=0, f'''(\pi)\neq 0$, 所以 $x=\pi$ 是一个拐点 (图 1.43).

1.4.5.5 凸函数

凸性是一类最简单的非线性. 能量函数和负的熵函数常常都是凸的. 而且, 凸函数在变分法和优化理论 (见第 5 章) 中起着重要作用.

定义 线性空间元素的一个集合 M 称为凸的, 如果有蕴涵关系

$$\boxed{x,y\in M\Rightarrow tx+(1-t)y\in M,\quad \text{对所有的}t\in[0,1].}$$

在几何上这意味着, 连接 M 中两个点的割线也属于 M(图 1.44).

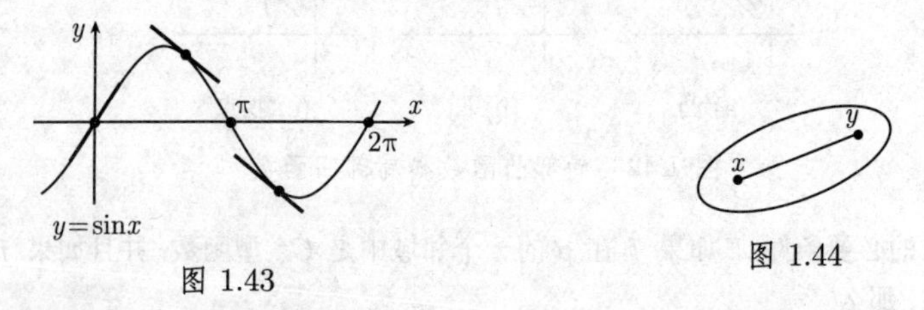

图 1.43

图 1.44

函数 $f:M\to\mathbb{R}$ 称为凸的, 如果集合 M 是凸的, 而且对所有的 $x,y\in M$ 和所有的实数 $t\in]0,1[$ 有

$$\boxed{f(tx+(1-t)y)\leqslant tf(x)+(1-t)f(y).}\tag{1.38}$$

如果把 (1.38) 中的 $\leqslant$ 换成 $<$, 则称 f 是严格凸的(图 1.45).

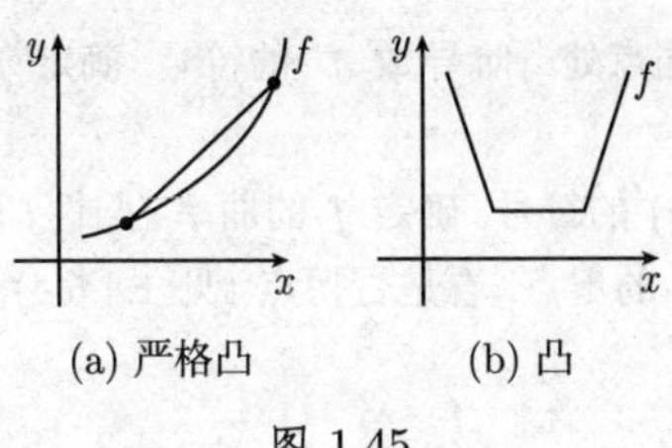

(a) 严格凸 (b) 凸

图 1.45

函数 $f: M \to \mathbb{R}$ 称为凹的(相应地, 严格凹的), 如果 $-f$ 是凸的 (相应地, 严格凸的).

例: 开区间 M 上的实函数 $f: M \to \mathbb{R}$ 是凸的 (相应地, 严格凸的), 当且仅当, 连接 f 图像上的两个点的割线位于 (相应地, 严格位于)f 图像的上方 (图 1.45).

凸性判定准则 开区间 J 上的函数 $f: J \to \mathbb{R}$ 具有下列性质.

(i) 如果 f 是凸的, 那么 f 在 J 上连续.

(ii) 如果 f 是凸的, 那么对每个点 $x \in J$, 右导数[1] $f_+(x)$ 与左导数 $f_-(x)$ 都存在, 并满足

$$f_-(x) \leqslant f_+(x).$$

(iii) 如果 f 在 J 上的一阶导数 f' 存在, 那么[2]

$$\boxed{f\text{在}J\text{上是 (严格) 凸的} \Leftrightarrow f'\text{在}J\text{上 (严格) 递增.}}$$

(iv) 如果 f 在 J 上的二阶导数 f'' 存在, 那么

$$\begin{array}{|lcl|}\hline \text{在}J\text{上}f''(x) \geqslant 0 & \Leftrightarrow & f\text{在}J\text{上是凸的,} \\ \text{在}J\text{上}f''(x) > 0 & \Leftrightarrow & f\text{在}J\text{上是严格凸的.} \\ \hline \end{array}$$

1.4.5.6 对图像分析的应用

为了定性分析函数 $f: M \subseteq \mathbb{R} \to \mathbb{R}$ 的图像, 我们如下进行:

(i) 首先确定使 f 不连续的点的集合.

(ii) 如果可能的话, 通过计算单边导数, 确定 f 在这些点附近的形态.

(iii) 通过计算极限 $\lim\limits_{x \to \pm\infty} f(x)$, 如果存在, 来确定 f 在“无穷远点”的形态.

(iv) 通过解方程 $f(x) = 0$ 确定 f 的零点.

(v) 通过解方程 $f'(x) = 0$ 确定 f 的临界点.

(vi) 对 f 的临界点进行分类 (极小值、极大值、拐点, 见 1.4.5.3).

---

1) $f'_{\pm}(x) := \lim\limits_{h \to \pm 0} \dfrac{f(x+h) - f(x)}{h}$.

2) 符号 $A \Rightarrow B$ 意为 A 蕴涵 B, 而 $A \Leftrightarrow B$ 意为 $A \Rightarrow B$ 且 $B \Rightarrow A$.

(vii) 通过研究在不同点处一阶导数 f' 的符号, 确定 f 递增或递减的区域 (见 1.4.3).

(viii) 通过研究 $f''(x)$ 的符号, 确定 f 的曲率 (凸性、凹性, 见 1.4.5.4).

(ix) 最后确定 $f''(x)$ 的零点, 看是否拐点 (见 1.4.5.4).

例: 画出函数

$$f(x) := \begin{cases} \dfrac{x^2+1}{x^2-1}, & x \leqslant 2, \\ \dfrac{5}{3}, & x > 2 \end{cases}$$

的图像.

(i) 由

$$\lim_{x \to 2 \pm 0} f(x) = \frac{5}{3}$$

看出 f 在点 $x = 2$ 处连续. 因此, 对所有 $x \neq \pm 1$, f 是连续的; 对所有 $x \in \mathbb{R}$, 且 $x \neq \pm 1$, $x \neq 2$, f 是可导的.

(ii) 由

$$f(x) = \frac{2}{(x-1)(x+1)} + 1, \quad x \leqslant 2$$

得到

$$\lim_{x \to 1 \pm 0} f(x) = \pm\infty, \quad \lim_{x \to -1 \pm 0} f(x) = \mp\infty.$$

(iii) 我们有 $\lim\limits_{x \to -\infty} f(x) = 1$ 和 $\lim\limits_{x \to +\infty} f(x) = \dfrac{5}{3}$.

(iv) 方程 $f(x) = 0$ 没有解, 所以 f 的图像与 x 轴没有交点.

(v) 设 $x \neq \pm 1$. 求导得

$$f'(x) = -\frac{4x}{(x^2-1)^2}, \quad x < 2,$$

$$f''(x) = \frac{4(3x^2+1)}{(x^2-1)^3}, \quad x < 2,$$

且当 $x > 2$ 时, $f'(x) = f''(x) = 0$. 由

$$\lim_{x \to 2-0} f'(x) = -\frac{8}{9}, \quad \lim_{x \to 2+0} f'(x) = 0$$

得到, 在点 $x = 2$ 处图像没有切线. 方程

$$f'(x) = 0, \quad x < 2$$

恰有一个解: $x = 0$.

(vi) 由 $f'(0) = 0, f''(0) < 0$ 可以看出, f 在 $x = 0$ 处有局部极小值.

(vii) 由

$$f'(x) \begin{cases} > 0, & \text{在 }]-\infty, -1[\text{上和 }]-1, 0[\text{上}, \\ < 0, & \text{在 }]0, 1[\text{上和 }]1, 2[\text{上} \end{cases}$$

即得, f 在区间 $]-\infty,-1[$和$]-1,0[$中是严格递增的, 在$]0,1[$和$]1,2[$中是严格递减的.

(viii) 由

$$f''(x)\begin{cases} >0, & \text{在 }]-\infty,-1[\text{上和 }]1,2[\text{上}, \\ <0, & \text{在 }]-1,1[\text{上} \end{cases}$$

即得, f 在区间 $]-\infty,-1[$ 上和$]1,2[$上是严格凸的, 在 $]-1,1[$ 上是严格凹的.

(ix) 当 $x<2$ 时方程 $f''(x)=0$ 没有解, 因此, 当 $x<2$ 时没有拐点.

总之, f 的图像形状见图 1.46.

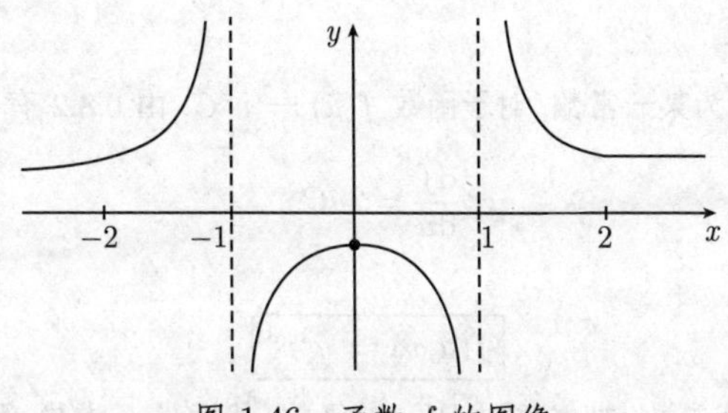

图 1.46 函数 f 的图像

1.4.6 复值函数

考虑定义在开区间 M 上的复值函数 $f: M\subseteq\mathbb{R}\to\mathbb{C}$. 把 f 分解成实部和虚部

$$\boxed{f(x)=\alpha(x)+\beta(x)\mathrm{i},} \tag{1.39}$$

其中 $\alpha(x),\beta(x)\in\mathbb{R}$. 导数用极限

$$f'(x)=\lim_{h\to 0}\frac{f(x+h)-f(x)}{h}$$

定义, 如果极限存在.[1]

定理 导数 $f'(x)$ 存在, 当且仅当, 导数 $\alpha'(x)$ 和 $\beta'(x)$ 存在. 这时有

$$\boxed{f'(x)=\alpha'(x)+\beta'(x)\mathrm{i}.} \tag{1.40}$$

例: 对于 $f(x):=\mathrm{e}^{\mathrm{i}x}$, 有

$$f'(x)=\mathrm{i}\mathrm{e}^{\mathrm{i}x},\quad x\in\mathbb{R}.$$

1) 这里极限的含义与一个实变量的实值函数一样, 是用定义域中序列的收敛性与值域中复数序列的收敛性 (参看 1.14.2). 显然, 这意味着对 M 中满足 "$\lim\limits_{n\to\infty}h_n=0$ 和对所有 n, $h_n\neq 0$" 的所有序列 (h_n) 有

$$f'(x)=\lim_{n\to\infty}\frac{f(x+h_n)-f(x)}{h_n}.$$

证明: 由欧拉公式 $f(x) = \cos x + \mathrm{i}\sin x$ 及 (1.40) 即得: $f'(x) = -\sin x + \mathrm{i}\cos x = \mathrm{i}(\cos x + \mathrm{i}\sin x)$. □

1.5 多元实变函数的导数

本节用 $\boldsymbol{x} = (x_1, \cdots, x_N)$ 表示 $\mathbb{R}^N$ 的点, 其中所有的 x_j 是实数. 用 $y = f(\boldsymbol{x})$ 代替 $y = f(x_1, \cdots, x_N)$.

1.5.1 偏导数

基本思想 令 C 为某一常数, 对于函数 $f(u) := u^2C$, 由 0.8.2 有导数

$$\frac{\mathrm{d}f}{\mathrm{d}u} = 2uC. \tag{1.41}$$

令

$$\boxed{f(u,v) := u^2v^3}$$

如果我们把 v 看成常数, 把 f 看成是 u 的函数, 然后对 u 求导, 那么和 (1.41) 一样我们得到关于变量 u 的所谓的偏导数:

$$\boxed{\frac{\partial f}{\partial u} = 2uv^3.} \tag{1.42}$$

当然, 我们也一样可以把 u 看成常数, 把 f 看成是 v 的函数, 然后对 v 求导, 则得

$$\frac{\partial f}{\partial v} = 3u^2v^2. \tag{1.43}$$

总结

> 把多元函数看成其中一个变量的函数, 并把其他变量看成常数, 就得到偏导数.

用同样的方式可得高阶偏导数. 例如, 把 (1.42) 中的 u 看成常数, 有

$$\frac{\partial^2 f}{\partial v \partial u} = \frac{\partial}{\partial v}\left(\frac{\partial f}{\partial u}\right) = 6uv^2.$$

如果把 (1.43) 中的 v 看作常数, 则得

$$\frac{\partial^2 f}{\partial u \partial v} = \frac{\partial}{\partial u}\left(\frac{\partial f}{\partial v}\right) = 6uv^2.$$

使用下列符号:

$$\boxed{f_u := \frac{\partial f}{\partial u}, \quad f_v := \frac{\partial f}{\partial v}, \quad f_{uv} := (f_u)_v = \frac{\partial^2 f}{\partial v \partial u}, \quad f_{vu} := (f_v)_u = \frac{\partial^2 f}{\partial u \partial v}.}$$

对于足够光滑的函数, 我们有如下方便的对称性:

$$\boxed{f_{uv} = f_{vu}}$$

(比较施瓦茨 (Schwarz) 定理 (1.44)).

定义 令 $f: M \subseteq \mathbb{R}^N \to \mathbb{R}$ 为一个函数, p 是 M 的一个内点. 如果极限

$$\boxed{\frac{\partial f}{\partial x_1}(p) := \lim_{h\to 0} \frac{f(p_1+h, p_2, \cdots, p_N) - f(p_1, \cdots, p_N)}{h}}$$

存在, 那么我们称 f 有关于 x_1 的偏导数. 其他偏导数的定义类似.

下列术语经常在分析中使用.

$C^k(G)$ 类光滑函数 令 G 是 $\mathbb{R}^N$ 的一个开集. $C^k(G)$ 是有直到 k 阶的连续偏导数的所有函数 $f: G \to \mathbb{R}$ 的集合. 如果 $f \in C^k(G)$, 则也称 f 是 $C^k(G)$ 类的.

$C^k(\bar{G})$ 类 令 $\bar{G} = G \cup \partial G$ 表示 G 的闭包 (见 1.3.2.2). 集合 $C^k(\bar{G})$ 是由所有属于 $C^k(G)$ 类的函数 $f: \bar{G} \to \mathbb{R}$ 组成, 其中 f 的所有直到 k 阶的偏导数可以连续延拓到闭包 $\bar{G}$.[1)]

施瓦茨定理 如果 $f: M \subseteq \mathbb{R}^N \to \mathbb{R}$ 是 p 的一个开邻域中的 C^2 类函数, 那么

$$\boxed{\frac{\partial^2 f(p)}{\partial x_j \partial x_m} = \frac{\partial^2 f(p)}{\partial x_m \partial x_j}, \quad j, m = 1, \cdots, N.} \tag{1.44}$$

更一般地, 如果 f 是 p 的某个开邻域中的 C^k 类函数, $k \geqslant 2$, 那么求直到 k 阶的偏导数与其先后次序无关.

例 1: 对于 $f(u,v) = u^4 v^2$, 有 $f_u = 4u^3 v^2$, $f_v = 2u^4 v$ 和

$$f_{uv} = f_{vu} = 8u^3 v.$$

此外, $f_{uu} = 12u^2 v^2$ 及

$$f_{uuv} = f_{uvu} = 24u^2 v.$$

符号 为了简化符号, 记

$$\boxed{\partial_j f := \frac{\partial f}{\partial x_j}.}$$

例 2: 方程 (1.44) 意为 $\partial_j \partial_m f(p) = \partial_m \partial_j f(p)$.

---

1) 省略上标 k 或令 $k = 0$, 则 $C(G)$ 或 $C^0(G)$(相应地, $C(\bar{G}$ 或 $C^0(\bar{G}))$ 表示所有连续函数 $f: G \to \mathbb{R}$ (相应地, $f: \bar{G} \to \mathbb{R}$) 的空间. 另外, $C^\infty(G)$(相应地, $C^\infty(\bar{G})$) 由对所有 k, 属于 $C^k(G)$(相应地, $C^k(\bar{G})$) 的那些函数组成.

1.5.2 弗雷歇导数

基本思想 我们想把导数的符号推广到多元函数 $f: M \subseteq \mathbb{R}^N \to \mathbb{R}^k$. 出发点是对原点的一个邻域 $U(0)$ 中所有的 h 成立的关系式:

$$\boxed{f(p+h) - f(p) = f'(p)h + r(h),} \tag{1.45}$$

其中 $r(h)$ 满足

$$\boxed{\lim_{h\to 0} \frac{r(h)}{|h|} = 0.} \tag{1.46}$$

隐藏在这个定义背后的现代数学一般原理是

$$\boxed{\text{可导意味着线性化.}} \tag{1.47}$$

一维经典特例 设 J 为一个区间, $p \in J$. 函数 $f: J \to \mathbb{R}$ 有导数 $f'(p)$, 当且仅当, 满足 (1.46) 的分解式 (1.45) 成立.

证明: 如果经典导数

$$f'(p) = \lim_{h\to 0} \frac{f(p+h) - f(p)}{h} \tag{1.48}$$

存在, 定义

$$\varepsilon(h) := \frac{f(p+h) - f(p)}{h} - f'(p), \quad \text{对于} \quad h \neq 0,$$

且 $\varepsilon(0) := 0, r(h) := h\varepsilon(h)$. 那么 (1.48) 蕴涵 (1.45) 和 (1.46).

反之, 如果对某一固定的 $f'(p)$, 有一个像 (1.45) 一样的分解式, 它满足 (1.46), 那么即得 (1.48).

现代观点 经典定义 (1.48) 绝对不方便推广导数概念到多元函数, 因为这时 h 是一个属于 $\mathbb{R}^N$ 的向量; 除以这样的向量没有意义. 但是分解公式(1.45) 总是有意义的. 这就是为什么现代微分理论基于 (1.45) 及一般策略 (1.47) 的原因.[1]

对从 $\mathbb{R}^N$ 到 $\mathbb{R}^K$ 的函数的求导 假设 M 是 $\mathbb{R}^N$ 的子集, 包含点 $\boldsymbol{p}$ 的一个邻域. 映射

$$\boxed{\boldsymbol{f}: M \subseteq \mathbb{R}^N \to \mathbb{R}^K} \tag{1.49}$$

1) 这个观点可以立即推广到无穷维希尔伯特空间和巴拿赫空间的算子上, 它还是泛函分析中解决非线性微分和积分方程的重要工具 (参看 [212]). 简要概括为

> 现代微分学用线性算子近似非线性算子,
> 并可以应用简单的线性代数理论来研究困难的非线性问题.

形为 $\boldsymbol{y}=\boldsymbol{f}(\boldsymbol{x})$, 且列向量为[1]

$$\boldsymbol{x}=\begin{pmatrix}x_1\\ \vdots\\ x_N\end{pmatrix},\quad \boldsymbol{f}(\boldsymbol{x})=\begin{pmatrix}f_1(\boldsymbol{x})\\ \vdots\\ f_K(\boldsymbol{x})\end{pmatrix},\quad \boldsymbol{y}=\begin{pmatrix}y_1\\ \vdots\\ y_K\end{pmatrix},\quad \boldsymbol{h}=\begin{pmatrix}h_1\\ \vdots\\ h_N\end{pmatrix}.$$

$\boldsymbol{h}$ 的欧几里得范数定义为

$$|\boldsymbol{h}|:=\left(\sum_{j=1}^{N}h_j^2\right)^{1/2}.$$

定义 (1.49) 中的映射 $\boldsymbol{f}$ 在点 $\boldsymbol{p}$ 处是弗雷歇可微的, 如果存在一个

$$\boxed{K\times N\text{阶矩阵}\boldsymbol{f}'(p),}$$

使得满足 (1.46) 的分解式 (1.45) 成立.

这时, 矩阵 $f'(\boldsymbol{p})$ 称为 $\boldsymbol{f}$ 在点 $\boldsymbol{p}$ 处的弗雷歇导数.

约定 以后我们将把弗雷歇导数称为 F 导数.[2]

主要定理 如果 (1.49) 中的函数 $\boldsymbol{f}$ 在点 $\boldsymbol{p}$ 的一个邻域中是 C^1 类的, 那么 F 导数 $\boldsymbol{f}'(\boldsymbol{p})$ 存在, 并满足 $\boldsymbol{f}'(\boldsymbol{p})=(\partial_j f_k(\boldsymbol{p}))$. 显然它是 $\boldsymbol{f}$ 的分量 f_k 的一阶偏导数组成的矩阵

$$\boxed{\boldsymbol{f}'(p)=\begin{pmatrix}\partial_1 f_1(\boldsymbol{p}) & \partial_2 f_1(\boldsymbol{p}) & \cdots & \partial_N f_1(\boldsymbol{p})\\ \partial_1 f_2(\boldsymbol{p}) & \partial_2 f_2(\boldsymbol{p}) & \cdots & \partial_N f_2(\boldsymbol{p})\\ \vdots & \vdots & & \vdots\\ \partial_1 f_K(\boldsymbol{p}) & \partial_2 f_K(\boldsymbol{p}) & \cdots & \partial_N f_K(\boldsymbol{p})\end{pmatrix}}.$$

矩阵 $\boldsymbol{f}'(\boldsymbol{p})$ 也称作 $\boldsymbol{f}$ 在点 $\boldsymbol{p}$ 处的雅可比(Jacobi)矩阵.

雅可比行列式 假设 $N=K$, 那么矩阵 $\boldsymbol{f}'(\boldsymbol{p})$ 的行列式 $\det\boldsymbol{f}'(\boldsymbol{p})$ 称为 $\boldsymbol{f}$ 的雅可比 (函数) 行列式, 记作

$$\boxed{\frac{\partial(f_1,\cdots,f_N)}{\partial(x_1,\cdots,x_N)}=\det\boldsymbol{f}'(\boldsymbol{p}).}$$

例 1 ($K=1$): 对于 N 个实变量的实值函数 $\boldsymbol{f}:M\subseteq\mathbb{R}^N\to\mathbb{R}$ 有

$$\boldsymbol{f}'(\boldsymbol{p})=(\partial_1\boldsymbol{f}(\boldsymbol{p}),\cdots,\partial_N\boldsymbol{f}(\boldsymbol{p})).$$

---

1) 为了能够把 (1.45) 写成一个矩阵方程的形式, 我们使用了列向量; 2.1 介绍了矩阵和行列式. 利用转置矩阵, 我们也可以记作 $\boldsymbol{x}=(x_1,\cdots,x_N)^{\mathrm{T}}$ 及 $\boldsymbol{f}(\boldsymbol{x})=(f_1(\boldsymbol{x}),\cdots,f_K(\boldsymbol{x}))^{\mathrm{T}}$.

2) 这个导数的符号是由法国数学家 R. M. 弗雷歇(René Maurice Fréchet, 1878—1956) 于 20 世纪初引入的. 弗雷歇与希尔伯特是现代解析思想之父 (见 [212]), 弗雷歇还对度量空间理论作出了贡献.

如果设 $f(\boldsymbol{x}) := x_1 \cos x_2$, 那么有 $\partial_1 f(\boldsymbol{x}) = \cos x_2, \partial_2 f(\boldsymbol{x}) = -x_1 \sin x_2$, 因此

$$f'(0,0) = (\partial_1 f(0,0), \partial_2 f(0,0)) = (1,0).$$

为了与线性化的思想联系起来, 用泰勒展开式

$$\cos h_2 = 1 - \frac{(h_2)^2}{2} + \cdots.$$

对于 $\boldsymbol{p} = (0,0)^{\mathsf{T}}, \boldsymbol{h} = (h_1, h_2)^{\mathsf{T}}$, 以及 h_1, h_2 为很小的值, 那么有

$$\boxed{f(\boldsymbol{p}+\boldsymbol{h}) - f(\boldsymbol{h}) = h_1 + r(\boldsymbol{h}),}$$

其中 r 表示高阶的项. 由 $f'(p) = (1,0)$ 也可得

$$\boxed{f(\boldsymbol{p}+\boldsymbol{h}) - f(\boldsymbol{p}) = f'(\boldsymbol{p})\boldsymbol{h} + r(\boldsymbol{h}) = (1,0)\begin{pmatrix} h_1 \\ h_2 \end{pmatrix} + r(\boldsymbol{h}).}$$

可以把 $\boldsymbol{f}'(\boldsymbol{p})\boldsymbol{h} = h_1$ 看成 $f(\boldsymbol{h}) = h_1 \cos h_2$ 的线性近似, 如果 h_1, h_2 足够小.

例 2: 令

$$\boldsymbol{x} = \begin{pmatrix} x_1 \\ x_2 \end{pmatrix}, \quad \boldsymbol{f}(\boldsymbol{x}) = \begin{pmatrix} f_1(\boldsymbol{x}) \\ f_2(\boldsymbol{x}) \end{pmatrix},$$

则有

$$\boldsymbol{f}'(\boldsymbol{p}) = \begin{pmatrix} \partial_1 f_1(\boldsymbol{p}) & \partial_2 f_1(\boldsymbol{p}) \\ \partial_1 f_2(\boldsymbol{p}) & \partial_2 f_2(\boldsymbol{p}) \end{pmatrix}$$

以及

$$\frac{\partial(f_1, f_2)}{\partial(x_1, x_2)} = \det\ \boldsymbol{f}'(\boldsymbol{p}) = \begin{vmatrix} \partial_1 f_1(\boldsymbol{p}) & \partial_2 f_1(\boldsymbol{p}) \\ \partial_1 f_2(\boldsymbol{p}) & \partial_2 f_2(\boldsymbol{p}) \end{vmatrix},$$

因此

$$\det \boldsymbol{f}'(\boldsymbol{p}) = \partial_1 f_1(\boldsymbol{p}) \partial_2 f_2(\boldsymbol{p}) - \partial_2 f_1(\boldsymbol{p}) \cdot \partial_1 f_2(\boldsymbol{p}).$$

在 $f_1(\boldsymbol{x}) = ax_1 + bx_2, f_2(\boldsymbol{x}) = cx_1 + \mathrm{d}x_2$ 的特殊情形, 我们有

$$\boldsymbol{f}(\boldsymbol{x}) = \begin{pmatrix} a & b \\ c & d \end{pmatrix} \cdot \begin{pmatrix} x_1 \\ x_2 \end{pmatrix}.$$

以及

$$\boldsymbol{f}(\boldsymbol{p}) = \begin{pmatrix} a & b \\ c & d \end{pmatrix}, \quad \det \boldsymbol{f}'(\boldsymbol{p}) = \begin{vmatrix} a & b \\ c & d \end{vmatrix} = ad - bc.$$

和预期的一样, 线性映射的线性化就是映射本身, 因此 $\boldsymbol{f}'(\boldsymbol{p})\boldsymbol{x} = \boldsymbol{f}(\boldsymbol{x})$.

1.5.3 链式法则

重要的链式法则使得能够对复合函数进行微分. 在 (1.47) 一般线性化策略的实质中, 链式法则说的是

$$\boxed{\text{复合映射的线性化是每个映射的线性化的复合.}} \tag{1.50}$$

1.5.3.1 基本思想

令

$$z = F(u, v), \quad u = u(x), \quad v = v(x).$$

我们的目标是求复合函数 $z = F(u(x), v(x))$ 对 x 的微分. 根据莱布尼茨的符号, 链式法则形式上由下式

$$\boxed{\mathrm{d}F = F_u \mathrm{d}u + F_v \mathrm{d}v} \tag{1.51}$$

通过 (形式) 除法

$$\boxed{\frac{\mathrm{d}F}{\mathrm{d}x} = F_u \frac{\mathrm{d}u}{\mathrm{d}x} + F_v \frac{\mathrm{d}v}{\mathrm{d}x}} \tag{1.52}$$

而得. 如果 u, v 的变量不止 x, 即

$$u = u(x, y, \cdots), \quad v = v(x, y, \cdots),$$

那么 (1.52) 中通常的导数就要替换成偏导数. 这就给出

$$\boxed{\frac{\partial F}{\partial x} = F_u \frac{\partial u}{\partial x} + F_v \frac{\partial v}{\partial x}.} \tag{1.53}$$

把 x 换成 y, 则有

$$\frac{\partial F}{\partial y} = F_u \frac{\partial u}{\partial y} + F_v \frac{\partial v}{\partial y}.$$

如果 F 还依赖更多的变量, 即, $y = F(u, v, w, \cdots)$, 那么利用关系式

$$\mathrm{d}F = F_u \mathrm{d}u + F_v \mathrm{d}v + F_w \mathrm{d}w + \cdots$$

并用同样方式进行.

例: 令 $F(u, v) := uv^2$, 而 $u = x^2, v = x$. 令

$$F(x) := F(u(x), v(x)) = x^4. \tag{1.54}$$

利用 (1.52), 得

$$\frac{\partial F}{\partial x} = F_u \frac{\partial u}{\partial x} + F_v \frac{\partial v}{\partial x} = v^2(2x) + 2uv = 4x^3.$$

也可从 $F'(x) = 4x^3$ 直接得到相同的结果.

明确的记号 公式 (1.52) 很有启发性, 但是并不完全明确; 事实上, 左边的 F 是 x 的函数, 而在右边它却是 u 与 v 的函数. 如果想让它更明确, 那么我们就应该改变记号, 例如设

$$H(x) := F(u(x), v(x)).$$

那么完全表述了所有变量的链式法则的明确叙述是

$$\boxed{H'(x) = F_u(u(x), v(x))u'(x) + F_v(u(x), v(x))v'(x).} \tag{1.55}$$

对于

$$H(x, y) := F(u(x, y), v(x, y)),$$

我们得到

$$H_x(x, y) = F_u(u(x, y), v(x, y))u_x(x, y) + F_v(u(x, y), v(x, y))v_x(x, y). \tag{1.56}$$

因为公式 (1.55) 和 (1.56) 比 (1.52) 和 (1.53) 难以操作, 所以它们在计算中并不常用. 然而, 对于像证明定理这种更理论化的目的, 具有如上更明确的记号是必不可少的.

物理学家的热力学符号 令 E 表示一个系统的能量. 那么符号

$$\boxed{\left(\frac{\partial E}{\partial V}\right)_T}$$

意味着把 $E = E(V, T)$ 看成体积 V 与温度 T 的函数, 并构成了关于 V 的偏导数. 另一方面,

$$\left(\frac{\partial E}{\partial p}\right)_V$$

意味着把 $E = E(p, V)$ 看成压力 p 与体积 V 的函数, 并构成了关于 p 的偏导数. 这样, 能量用一个统一的符号表示出来, 记法使得函数依赖哪些变量更为清楚, 并可以借助莱布尼茨符号 (1.51) 和 (1.53) 的优点.

1.5.3.2 复合函数的导数

基本公式 考虑复合函数

$$\boxed{H(\boldsymbol{x}) := F(\boldsymbol{f}(\boldsymbol{x})).}$$

显然它表示

$$H_m(\boldsymbol{x}) := F_m(f_1(\boldsymbol{x}), \cdots, f_K(\boldsymbol{x})), \quad m = 1, \cdots, M,$$

其中 $\boldsymbol{x} = (x_1, \cdots, x_N)$. 我们的目的是推导出链式法则

$$\boxed{\frac{\partial H_m}{\partial x_n}(\boldsymbol{p}) = \sum_{k=1}^{K} \frac{\partial F_m}{\partial f_k}(\boldsymbol{f}(\boldsymbol{p}))\frac{\partial f_k}{\partial x_n}(\boldsymbol{p}),} \tag{1.57}$$

其中 $m=1,\cdots,M, n=1,\cdots,N$. 写成矩阵方程的形式, (1.57) 是

$$\boxed{H'(\boldsymbol{p})=F'(\boldsymbol{f}(\boldsymbol{p}))\boldsymbol{f}'(\boldsymbol{p}).} \tag{1.58}$$

因为 $H=F\circ\boldsymbol{f}$, 所以也可记作

$$\boxed{(F\circ\boldsymbol{f})'(\boldsymbol{p})=F'(\boldsymbol{f}(\boldsymbol{p}))\boldsymbol{f}'(\boldsymbol{p}),} \tag{1.59}$$

这类似线性化 (1.50).

一个函数称为在点 $\boldsymbol{p}$ 处是局部 C^k 类的, 如果这个函数在点 $\boldsymbol{p}$ 的一个邻域中是 C^k 类的.

链式法则　假如下列假设成立:

(i) 函数 $\boldsymbol{f}:D(\boldsymbol{f})\subseteq\mathbb{R}^N\to\mathbb{R}^K$ 在点 $\boldsymbol{p}$ 处是局部 C^1 类的.

(ii) 函数 $F:D(F)\subseteq\mathbb{R}^K\to\mathbb{R}^M$ 在点 $\boldsymbol{f}(\boldsymbol{p})$ 处是局部 C^1 类的.

那么公式 (1.57)~(1.59) 成立, 且复合函数 $H=F\circ\boldsymbol{f}$ 在点 $\boldsymbol{p}$ 处是局部 C^1 类的.

函数行列式的乘积公式　当 $M=K=N$ 时, (1.58) 可推出行列式公式:

$$\boxed{\det H'(\boldsymbol{p})=\det F'(\boldsymbol{f}(\boldsymbol{p}))\det\boldsymbol{f}'(\boldsymbol{p}),}$$

它等价于雅可比乘积公式:

$$\frac{\partial(H_1,\cdots,H_N)}{\partial(x_1,\cdots,x_N)}(\boldsymbol{p})=\frac{\partial(F_1,\cdots,F_N)}{\partial(f_1,\cdots,f_N)}(\boldsymbol{f}(\boldsymbol{p}))\frac{\partial(f_1,\cdots,f_N)}{\partial(x_1,\cdots,x_N)}(\boldsymbol{p}).$$

1.5.4　对微分算子的变换的应用

通过转变坐标, 可以简化微分方程. 我们将用极坐标的例子来阐述这一点. 同样的想法可以用到任意坐标变换.

极坐标　不用笛卡儿坐标的 x,y, 引进

$$\boxed{x=r\cos\varphi,\ y=r\sin\varphi,\quad -\pi<\varphi\leqslant\pi,} \tag{1.60}$$

它称为极坐标r,φ, (图 1.47). 令

$$\alpha:=\arctan\frac{y}{x},\quad x\neq 0;$$

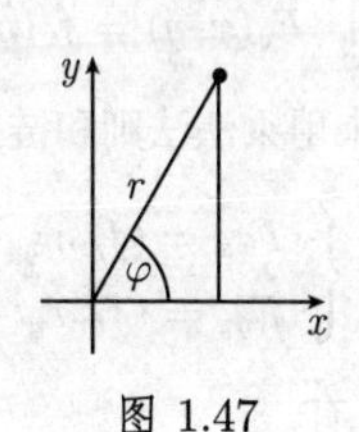

图 1.47

那么, 这个坐标变换的逆变换是

$$r=\sqrt{x^2+y^2}, \tag{1.61}$$

$$\varphi=\begin{cases}\alpha, & \text{对于 } x>0,\ y\in\mathbb{R},\\ \pm\pi+\alpha, & \text{对于 } x<0,\ y\gtrless 0,\\ \pm\dfrac{\pi}{2}, & \text{对于 } x=0,\ y\gtrless 0,\\ \pi, & \text{对于 } x<0,\ y=0.\end{cases}$$

把函数变换到极坐标 设

$$\boxed{f(r,\varphi):=F(x(r,\varphi),\ y(r,\varphi)),} \tag{1.62}$$

它把函数 $F=F(x,y)$ 从笛卡儿坐标变换到极坐标.

拉普拉斯(Laplace) 算子的变换 假设函数 $F:\mathbb{R}^2\to\mathbb{R}$ 是 C^2 类型的, 那么通常的拉普拉斯算子

$$\boxed{\Delta F:=F_{xx}+F_{yy},\quad (x,y)\in\mathbb{R}^2} \tag{1.63}$$

被变换为表达式

$$\boxed{\Delta f:=f_{rr}+\frac{1}{r^2}f_{\varphi\varphi}+\frac{1}{r}f_r,\quad r>0.} \tag{1.64}$$

推论 关系式 (1.64) 直接蕴涵着函数

$$f(r):=\ln r,\quad r>0$$

是偏微分方程 $\Delta f=0$ 的一个解. 再变换回去, 看出

$$F(x,y)=\ln\sqrt{x^2+y^2},\quad x^2+y^2\neq 0$$

是拉普拉斯方程 $\Delta F=0$ 的一个解, 但是在 x,y 坐标下很难看出这个结论.

符号 符号 F 常常用来替换 (1.64) 中的 f. 虽然符号不一样, 但是在物理学和技术的应用中十分方便.

第一个方法 从下面的恒等式开始:

$$\boxed{F(x,y)=f(r(x,y),\varphi(x,y)).}$$

借助于链式法则, 求关于 x,y 的导数, 得

$$\begin{cases}F_x(x,y)=f_r(r(x,y),\varphi(x,y))r_x(x,y)+f_\varphi(r(x,y),\varphi(x,y))\varphi_x(x,y),\\ F_y(x,y)=f_r(r(x,y),\varphi(x,y))r_y(x,y)+f_\varphi(r(x,y),\varphi(x,y))\varphi_y(x,y).\end{cases}$$

接下来用乘法法则和链式法则第二次求导, 得

$$\begin{cases}F_{xx}=(f_{rr}r_x+f_{r\varphi}\varphi_x)r_x+f_rr_{xx}+(f_{\varphi r}r_x+f_{\varphi\varphi}\varphi_x)\varphi_x+f_\varphi\varphi_{xx},\\ F_{yy}=(f_{rr}r_y+f_{r\varphi}\varphi_y)r_y+f_rr_{yy}+(f_{\varphi r}r_y+f_{\varphi\varphi}\varphi_y)\varphi_y+f_\varphi\varphi_{yy}.\end{cases}$$

因此, 有

$$F_{xx}+F_{yy}=f_{rr}(r_x^2+r_y^2)+f_{\varphi\varphi}(\varphi_x^2+\varphi_y^2)+2f_{r\varphi}(\varphi_xr_x+\varphi_yr_y)$$

$$+ f_r(r_{xx} + r_{yy}) + f_\varphi(\varphi_{xx} + \varphi_{yy}). \tag{1.65}$$

首先假设 $x \neq 0$. 那么, (1.61) 推出

$$r_x = \frac{x}{\sqrt{x^2+y^2}} = \cos\varphi, \quad r_y = \frac{y}{\sqrt{x^2+y^2}} = \sin\varphi,$$

$$\varphi_x = -\frac{y}{x^2+y^2} = -\frac{\sin\varphi}{r}, \quad \varphi_y = \frac{x}{x^2+y^2} = \frac{\cos\varphi}{r}.$$

用链式法则再次对 x, y 求导, 得

$$r_{xx} = (-\sin\varphi)\varphi_x = \frac{\sin^2\varphi}{r}, \quad r_{yy} = (\cos\varphi)\varphi_y = \frac{\cos^2\varphi}{r},$$

$$\varphi_{xx} = \frac{2\cos\varphi\sin\varphi}{r^2} = -\varphi_{yy}.$$

这些关系式, 与 (1.65) 一起推出 $x \neq 0$ 时的公式 (1.64). 通过取极限 $x \to 0$, 从 (1.64) 即得 $x = 0, y \neq 0$ 时的情形.

第二个方法 现在利用恒等式

$$\boxed{f(r,\varphi) = F(x(r,\varphi), y(r,\varphi)).}$$

为了简化符号, 用 f 代替 F. 使用链式法则, 对 r, φ 求导, 得

$$\begin{cases} f_r = f_x x_r + f_y y_r = f_x\cos\varphi + f_y\sin\varphi, \\ f_\varphi = f_x x_\varphi + f_y y_\varphi = -f_x r\sin\varphi + f_y \cdot r\cos\varphi. \end{cases}$$

在这个方程组中求解 f_x, f_y, 得

$$f_x = Af_r + Bf_\varphi, \quad f_y = Cf_r + Df_\varphi, \tag{1.66}$$

其中

$$A = \cos\varphi, \quad B = -\frac{\sin\varphi}{r}, \quad C = \sin\varphi, \quad D = \frac{\cos\varphi}{r}.$$

记 $\partial x = \dfrac{\partial}{\partial x}$, 等等. 那么 (1.66) 等价于下面的重要公式:

$$\boxed{\partial_x = A\partial_r + B\partial_\varphi, \quad \partial_y = C\partial_r + D\partial_\varphi.}$$

由此得到

$$\begin{aligned} \partial_x^2 =& (A\partial_r + B\partial_\varphi)(A\partial_r + B\partial_\varphi) \\ =& A\partial_r(A\partial_r) + B\partial_\varphi(A\partial_r) + A\partial_r(B\partial_\varphi) + B\partial_\varphi(B\partial_\varphi). \end{aligned}$$

由乘法法则得 $\partial_r(A\partial_r) = (\partial_r A)\partial_r + A\partial_r^2$, 等. 所以

$$\partial_x^2 = AA_r\partial_r + A^2\partial_r^2 + BA_\varphi\partial_r + 2AB\partial_\varphi\partial_r + AB_r\partial_\varphi + BB_\varphi\partial_\varphi + B^2\partial_\varphi^2.$$

交换 A 和 C 以及 B 和 D, 类似可得

$$\partial_y^2 = CC_r\partial_r + C^2\partial_r^2 + DC_\varphi\partial_r + 2CD\partial_\varphi\partial_r + CD_r\partial_\varphi + DD_\varphi\partial_\varphi + D^2\partial_\varphi^2.$$

因为

$$A_r = C_r = 0, \quad A_\varphi = -\sin\varphi, \quad C_\varphi = \cos\varphi,$$
$$B_r = \frac{\sin\varphi}{r^2}, \quad B_\varphi = -\frac{\cos\varphi}{r}, \quad D_r = -\frac{\cos\varphi}{r^2}, \quad D_\varphi = -\frac{\sin\varphi}{r},$$

所以最后得到

$$\Delta = \partial_x^2 + \partial_y^2 = \partial_r^2 + \frac{1}{r^2}\partial_\varphi^2 + \frac{1}{r}\partial r,$$

这就是变换后的公式 (1.64).

第二个方法不用逆公式 (1.61), 这极大地简化了计算的复杂性.

1.5.5 对函数相关性的应用

定义 令 $f_k : G \to \mathbb{R}$ 是 C^1 类函数, $k = 1, \cdots, K+1$, 其中 G 是 $\mathbb{R}^N$ 的非空开集. 称 f_{K+1}依赖于 $f_1, \cdots, f_K$, 当且仅当, 存在 C^1 类函数 $F : \mathbb{R}^k \to \mathbb{R}$ 满足

$$\boxed{f_{K+1}(\boldsymbol{x}) = F(f_1(\boldsymbol{x}), \cdots, f_K(\boldsymbol{x}))\text{对所有的}\boldsymbol{x} \in G.}$$

定理 假设两个矩阵[1)]

$$(f_1'(\boldsymbol{x}), \cdots, f_{K+1}'(\boldsymbol{x}))\text{与}(f_1'(\boldsymbol{x}), \cdots, f_K'(\boldsymbol{x}))$$

的秩是常数, 等于某个 $r, 1 \leqslant r \leqslant K$, 则满足上述相关性关系式.

例: 设 $f_1(\boldsymbol{x}) := \mathrm{e}^{x_1}$, $f_2(\boldsymbol{x}) := \mathrm{e}^{x_2}$, 且 $f_3(\boldsymbol{x}) := \mathrm{e}^{x_1+x_2}$, 则有

$$f_1'(\boldsymbol{x}) = \begin{pmatrix} \partial_1 f_1(\boldsymbol{x}) \\ \partial_2 f_1(\boldsymbol{x}) \end{pmatrix} = \begin{pmatrix} \mathrm{e}^{x_1} \\ 0 \end{pmatrix}, \quad f_2'(\boldsymbol{x}) = \begin{pmatrix} 0 \\ \mathrm{e}^{x_2} \end{pmatrix}.$$

因为 $\det(f_1'(\boldsymbol{x}), f_2'(\boldsymbol{x})) := \mathrm{e}^{x_1}\mathrm{e}^{x_2} \neq 0$, 所以对所有的 $\boldsymbol{x} = (x_1, x_2) \in \mathbb{R}^2$ 有

$$\operatorname{rank}(f_1'(\boldsymbol{x}), f_2'(\boldsymbol{x})) = \operatorname{rank}(f_1'(\boldsymbol{x}), f_2'(\boldsymbol{x}), f_3'(\boldsymbol{x})) = 2.$$

因此, f_3 在 $\mathbb{R}^2$ 中依赖于 f_1, f_2. 事实上, 可以得到明确的关系式

$$f_3(\boldsymbol{x}) = f_1(\boldsymbol{x})f_2(\boldsymbol{x}).$$

1) 我们把 $f_j'(\boldsymbol{x})$ 写为一个列矩阵.

1.5.6 隐函数定理

1.5.6.1 二元实变量方程

对于 $x, y \in \mathbb{R}$, 且 $F(x,y) \in \mathbb{R}$. 我们要对 y 解方程

$$\boxed{F(x,y) = 0.} \tag{1.67}$$

即, 我们要找一个函数 $y = y(x)$ 满足

$$\boxed{F(x,y(x)) = 0.}$$

假设我们知道方程的某个固定解, 即

$$F(q,p) = 0. \tag{1.68}$$

此外, 我们要求

$$\boxed{F_y(q,p) \neq 0.} \tag{1.69}$$

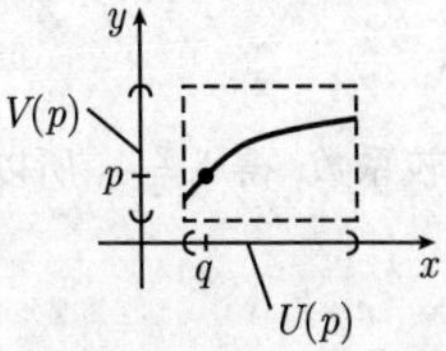

隐函数定理 如果函数 $F : D(F) \subseteq \mathbb{R}^2 \to \mathbb{R}$ 在点 (q,p) 的某个邻域中是 C^k 类的, $k \geqslant 1$, 并满足条件 (1.68) 和 (1.69), 那么方程 (1.67) 在点 (q,p) 处可以唯一解出 y[1](图 1.48).

图 1.48

解 $y = y(x)$ 在 q 处是局部 C^k 类的.

隐函数求导法 为了计算解 $y = y(x)$ 的导数, 利用链式法则对方程

$$F(x,y(x)) = 0$$

求关于 x 的导数, 得到

$$F_x(x,y(x)) + F_y(x,y(x))y'(x) = 0. \tag{1.70}$$

这就蕴涵着

$$\boxed{y'(x) = -F_y(x,y(x))^{-1}F_x(x,y(x)).} \tag{1.71}$$

对 (1.71) 求导可得 y 的高阶导数. 然而, 对 (1.70) 求关于 x 的导数更方便. 得到

$$F_{xx}(x,y(x)) + 2F_{xy}(x,y(x))y'(x) + F_{yy}(x,y(x))y'(x)^2 + F_y(x,y(x))y''(x) = 0.$$

由此可解出 $y''(x)$. 类似可求得更高阶的导数.

1) 这意味着存在开邻域 $U(q)$ 和 $V(p)$, 使得对每个 $x \in U(q)$, 方程 (1.67) 有唯一解 $y(x) \in V(p)$.

近似公式 $F(x,y)=0$ 的解 y 的泰勒展开式给出一个近似

$$\boxed{y=p+y'(q)(x-q)+\frac{y''(q)}{2!}(x-q)^2+\cdots.}$$

例: 令 $F(x,y):=\mathrm{e}^y\sin x-y$, 则 $F(0,0)=0, F_y(x,y)=\mathrm{e}^y\sin x-1$, 因此 $F_y(0,0)\neq 0$. 所以,

$$\mathrm{e}^y\sin x-y=0 \tag{1.72}$$

在 (0, 0) 附近可唯一解出 y. 为了得到解 $y=y(x)$ 的近似, 我们尝试设

$$y(x)=a+bx+cx^2+\cdots.$$

因为 $y(0)=0$, 所以 $a=0$. 利用指数函数的幂级数展开式:

$$\mathrm{e}^y=1+y+\cdots,\quad \sin x=x-\frac{x^3}{3!}+\cdots, \tag{1.73}$$

从 (1.72) 和 (1.73) 得到方程

$$x-bx+x^2(\cdots)+x^3(\cdots)+\cdots=0.$$

比较系数, 得 $b=1$, 所以

$$y=x+\cdots.$$

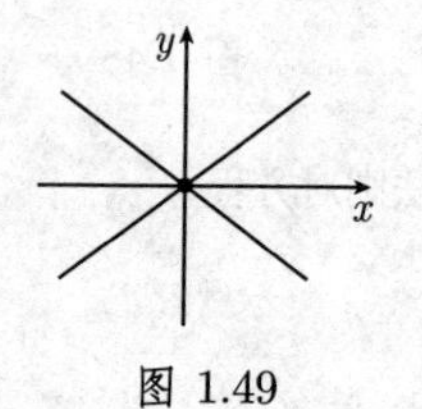

图 1.49

歧点 设 $F(x,y):=x^2-y^2$, 则有 $F(0,0)=0, F_y(0,0)=0$. 因为函数 F 不满足 (1.69), 所以方程 $F(x,y)=0$ 在 (0, 0) 处不能局部地唯一解出 y. 事实上, 方程

$$\boxed{x^2-y^2=0}$$

有两个解 $y=\pm x$. 所以点 (0, 0) 是两个解分岔的地方 (称为歧点)[1](图 1.49).

1.5.6.2 方程组

F 导数的运算十分灵活, 它们可以立即被推广而应用到非线性方程组中:

$$\boxed{F(\boldsymbol{x},\boldsymbol{y})=\boldsymbol{0},} \tag{1.74}$$

其中 $\boldsymbol{x}\in\mathbb{R}^N, \boldsymbol{y}\in\mathbb{R}^M$, 以及 $F(\boldsymbol{x},\boldsymbol{y})\in\mathbb{R}^M$. 需要注意的是, $F_y(\boldsymbol{q},\boldsymbol{p})$ 是个矩阵, 关键条件 $F_y(\boldsymbol{q},\boldsymbol{p})\neq\boldsymbol{0}$ 必须被替换成

$$\boxed{\det F_y(\boldsymbol{q},\boldsymbol{p})\neq 0.} \tag{1.75}$$

1) 一般歧点理论在物理上有许多有趣的应用 (参看 [212]).

令 $(\boldsymbol{q},\boldsymbol{p})$ 是

$$\boxed{F(\boldsymbol{q},\boldsymbol{p})=\mathbf{0},\quad \boldsymbol{q}\in\mathbb{R}^N,\boldsymbol{p}\in\mathbb{R}^M} \tag{1.76}$$

的一个解.

隐函数定理 如果函数 $F:D(F)\subseteq\mathbb{R}^{N+M}\to\mathbb{R}^M$ 在点 $(\boldsymbol{q},\boldsymbol{p})$ 的一个邻域中是 C^k 类的, $k\geqslant 1$, 并且满足条件 (1.75) 和 (1.76), 那么方程 (1.74) 在点 $(\boldsymbol{q},\boldsymbol{p})$ 处有唯一解 $\boldsymbol{y}$.

解 $\boldsymbol{y}=\boldsymbol{y}(\boldsymbol{x})$ 在点 $\boldsymbol{q}$ 处局部为 C^k 类的. 公式 (1.71) 对 F 导数 $\boldsymbol{y}'(\boldsymbol{x})$ 作为一个矩阵方程仍然有效.

显式方程 显然, 方程组 (1.74) 为

$$F_k(x_1,\cdots,x_N,y_1,\cdots,y_M)=0,\quad k=1,\cdots,M, \tag{1.77}$$

并且 $F_{\boldsymbol{y}}(\boldsymbol{x},\boldsymbol{y})$ 是 F_k 关于 y_m 的一阶偏导数的矩阵. 把 (1.77) 中的 y_m 换成 $y_m(x_1,\cdots,x_N)$, 求关于 x_n 的导数, 则有

$$\frac{\partial F_k}{\partial x_n}(\boldsymbol{x},\boldsymbol{y}(\boldsymbol{x}))+\sum_{m=1}^{M}\frac{\partial F_k}{\partial y_m}(\boldsymbol{x},\boldsymbol{y}(\boldsymbol{x}))\frac{\partial y_m}{\partial x_n}(\boldsymbol{x})=0,\quad n=1,\cdots,N.$$

关于 $\partial y_m/\partial x_n$ 解这个方程, 得到矩阵方程 (1.71).

1.5.7 逆映射

1.5.7.1 同胚

定义 令 X 和 Y 是度量空间 (比如, $\mathbb{R}^N$ 的子集). 映射 $\boldsymbol{f}:X\to Y$ 称为同胚, 如果 $\boldsymbol{f}$ 是双射的, 且 $\boldsymbol{f}$ 与 $\boldsymbol{f}^{-1}$ 连续 (见 4.3.3).

同胚定理 紧集上的连续双射 $\boldsymbol{f}:X\to Y$ 是一个同胚.

这个定理推广了紧区间上的实值整体逆函数定理 (见 1.4.4.2).

1.5.7.2 局部微分同胚

定义 令 X 和 Y 是 $\mathbb{R}^N$ 的非空开集, $N\geqslant 1$. 映射 $\boldsymbol{f}:X\to Y$ 称为 C^k 类微分同胚, 如果 $\boldsymbol{f}$ 是双射的, 且 $\boldsymbol{f}$ 和 $\boldsymbol{f}^{-1}$ 都是 C^k 类的.

关于局部微分同胚的主要定理 令 $1\leqslant k\leqslant\infty$. 假设映射 $\boldsymbol{f}:M\subseteq\mathbb{R}^N\to\mathbb{R}^N$ 在 $\boldsymbol{p}$ 的一个开邻域 $V(\boldsymbol{p})$ 内上是 C^k 类的, 且

$$\boxed{\det\boldsymbol{f}'(\boldsymbol{p})\neq 0,}$$

那么 $\boldsymbol{f}$ 在点 $\boldsymbol{p}$ 处是局部 C^k 类微分同胚. [1)]

1) 这意味着, $\boldsymbol{f}$ 是从某一恰当选取的开邻域 $U(p)$ 到开邻域 $U(\boldsymbol{f}(\boldsymbol{p}))$ 的 C^k 类微分同胚.

例: 考虑映射

$$u = g(x,y), \quad v = h(x,y), \tag{1.78}$$

并且假设 $u_0 := g(x_0, y_0), v_0 := h(x_0, y_0)$. 函数 g 和 h 都假定是在点 (x_0, y_0) 的一个邻域内的 C^k 类函数, $1 \leqslant k \leqslant \infty$, 并假设

$$\begin{vmatrix} g_u(x_0,y_0) & g_v(x_0,y_0) \\ h_u(x_0,y_0) & h_v(x_0,y_0) \end{vmatrix} \neq 0.$$

那么映射 (1.78) 在点 (x_0, y_0) 处是局部 C^k 类微分同胚.

这意味着, 如图 1.50 描绘的 (1.78) 中的映射可以在点 (u_0, v_0) 的一个邻域中被逆转, 且逆映射

$$x = x(u,v), \qquad y = y(u,v)$$

在 (u_0, v_0) 的一个邻域内是光滑的, 即, x, y 是 C^k 类的.

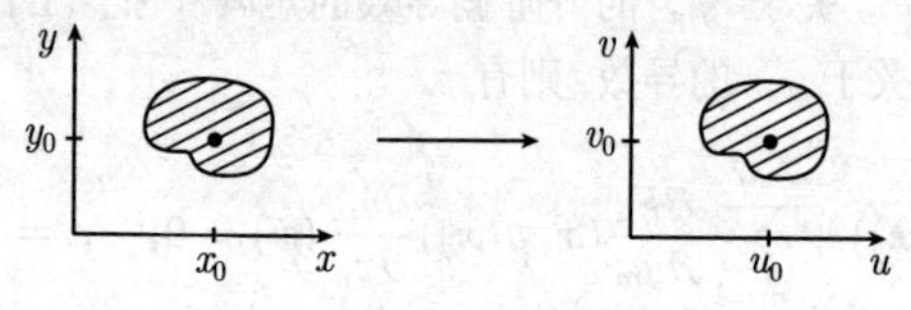

图 1.50 局部微分同胚

1.5.7.3 整体微分同胚

整体微分同胚的阿达马(Hadamard) 定理 令 $1 \leqslant k \leqslant \infty$. 假设 C^k 类映射 $\boldsymbol{f}: \mathbb{R}^N \to \mathbb{R}^N$ 满足两个条件:

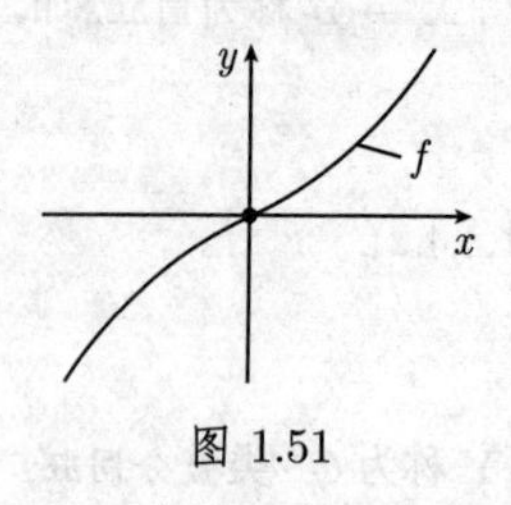

图 1.51

$$\left.\begin{array}{l} \lim\limits_{|\boldsymbol{x}| \to \infty} |\boldsymbol{f}(\boldsymbol{x})| = +\infty \\ \det \boldsymbol{f}'(\boldsymbol{x}) \neq 0 \end{array}\right\} \text{对所有的 } \boldsymbol{x} \in \mathbb{R}^N, \tag{1.79}$$

则 $\boldsymbol{f}$ 是 C^k 类的微分同胚.1)

例: 令 $N = 1$. 对函数 $f(x) := \sinh x$, $f'(x) = \cosh x > 0$ 蕴涵 (1.79) 成立. 因此 $f: \mathbb{R} \to \mathbb{R}$ 是 C^∞ 类微分同胚 (图 1.51).

1.5.7.4 解的一般形态

定理 令 $\boldsymbol{f}: \mathbb{R}^N \to \mathbb{R}^N$ 是 C^1 类函数, 使得 $\lim\limits_{|\boldsymbol{x}| \to \infty} |\boldsymbol{f}(\boldsymbol{x})| = \infty$, 那么存在一个稠密 2)开集 $D \subseteq \mathbb{R}^N$, 使得方程

$$\boldsymbol{f}(\boldsymbol{x}) = \boldsymbol{y}, \quad \boldsymbol{x} \in \mathbb{R}^N \tag{1.80}$$

1) 在 $N = 1$ 的特殊情形, 有 $\det f'(x) = f'(x)$.

2) 集合 D 在 $\mathbb{R}^N$ 里是稠密的, 如果它在 $\mathbb{R}^N$ 里的闭包是 $\mathbb{R}^N$, 即 $\bar{D} = \mathbb{R}^N$.

对于每个 $\boldsymbol{y} \in D$. 有至多有限个解.

可以简化结论为: 通常存在有限个解. 更精确地说, 有如下显然的情况.

(i) 扰动. 如果给定一个值 $\boldsymbol{y}_0 \in \mathbb{R}^N$, 那么在 $\boldsymbol{y}_0$ 的每个邻域内存在一个点 $\boldsymbol{y} \in \mathbb{R}^N$, 对于这个 $\boldsymbol{y}$, 方程 (1.80) 至多有有限个解; 换句话说, 通过轻轻扰动 $\boldsymbol{y}_0$, 可以得到具有好性质的解.

(ii) 稳定性. 如果对某一点 $\boldsymbol{y}_1 \in D$, 方程 (1.80) 有至多有限个解, 那么存在一个邻域 $U(\boldsymbol{y}_1)$, 对于所有的 $\boldsymbol{y} \in U(\boldsymbol{y}_1)$, (1.80) 只有有限个解.

1.5.8 n 阶变分与泰勒定理

n 阶变分 令 $\boldsymbol{f}: U(\boldsymbol{p}) \subseteq \mathbb{R}^N \to \mathbb{R}$ 是定义在点 $\boldsymbol{p}$ 的一个邻域中的一个函数. 当 $\boldsymbol{h} \in \mathbb{R}^N$, 我们令

$$\varphi(t) := \boldsymbol{f}(\boldsymbol{p} + t\boldsymbol{h}),$$

其中实参数 t 在 $t = 0$ 的一个小邻域内取值. 如果 n 阶导数 $\varphi^{(n)}(0)$ 存在, 那么数

$$\boxed{\delta^n \boldsymbol{f}(\boldsymbol{p}; \boldsymbol{h}) := \varphi^{(n)}(0)}$$

称为函数 $\boldsymbol{f}$ 在点 $\boldsymbol{p}$ 处 $\boldsymbol{h}$ 方向的 n 阶变分.

方向导数 当 $n = 1$ 时, 我们令 $\delta \boldsymbol{f}(\boldsymbol{p}; \boldsymbol{h}) := \delta^1 \boldsymbol{f}(\boldsymbol{p}; \boldsymbol{h})$, 并称它为 $\boldsymbol{f}$ 在点 $\boldsymbol{p}$ 处 h 方向的方向导数. 显然:

$$\delta f(\boldsymbol{p}; \boldsymbol{h}) = \lim_{t \to 0} \frac{\boldsymbol{f}(\boldsymbol{p} + t\boldsymbol{h}) - \boldsymbol{f}(\boldsymbol{p})}{t}.$$

定理 令 $n \geqslant 1$. 如果函数 $\boldsymbol{f}: U(\boldsymbol{p}) \subseteq \mathbb{R}^N \to \mathbb{R}$ 是在点 $\boldsymbol{p}$ 的一个开邻域的 C^n 类函数, 那么,

$$\boxed{\delta \boldsymbol{f}(\boldsymbol{p}; \boldsymbol{h}) = \sum_{k=1}^{N} h_k \frac{\partial \boldsymbol{f}(\boldsymbol{p})}{\partial x_k},}$$

并且

$$\boxed{\delta^r \boldsymbol{f}(\boldsymbol{p}; \boldsymbol{h}) = \left(\sum_{k=1}^{N} h_k \frac{\partial}{\partial x_k} \right)^r \boldsymbol{f}(\boldsymbol{p}), \quad r = 1, \cdots, n.}$$

例: 当 $N = n = 2$ 时, 有

$$\left(h_1 \frac{\partial}{\partial x_1} + h_2 \frac{\partial}{\partial x_2} \right)^2 = h_1^2 \frac{\partial^2}{\partial x_1^2} + 2h_1 h_2 \frac{\partial^2}{\partial x_1 \partial x_2} + h_2^2 \frac{\partial^2}{\partial x_2^2}.$$

如果使用更方便的符号 $\partial_j := \partial / \partial x_j$, 则有

$$\delta \boldsymbol{f}(\boldsymbol{p}; \boldsymbol{h}) = h_1 \partial_1 \boldsymbol{f}(\boldsymbol{p}) + h_2 \partial_2 \boldsymbol{f}(\boldsymbol{p}),$$
$$\delta^2 \boldsymbol{f}(\boldsymbol{p}; \boldsymbol{h}) = h_1^2 \partial_1^2 \boldsymbol{f}(\boldsymbol{p}) + 2h_1 h_2 \partial_1 \partial_2 \boldsymbol{f}(\boldsymbol{p}) + h_2^2 \partial_2^2 \boldsymbol{f}(\boldsymbol{p}).$$

泰勒定理的一般形式 令 $f: U \subseteq \mathbb{R}^N \to \mathbb{R}$ 是在开凸集 U 上的一个 C^{n+1} 类函数, 对于所有的点 $\boldsymbol{x}, \boldsymbol{x}+\boldsymbol{h} \in U$, 我们有

$$\boxed{f(\boldsymbol{x}+\boldsymbol{h})=f(\boldsymbol{x})+\sum_{k=1}^{n}\frac{\delta^k f(\boldsymbol{x};\boldsymbol{h})}{k!}+R_{n+1},}$$

其余项为

$$\boxed{R_{n+1}=\frac{\delta^{n+1}f(\boldsymbol{x}+\vartheta\boldsymbol{h};\boldsymbol{h})}{(n+1)!},}$$

其中数 ϑ 依赖于 $\boldsymbol{x}$, 并满足 $0<\vartheta<1$. 另外, 有

$$R_{n+1}=\int_0^1\frac{(1-\tau)^n}{n!}\delta^{n+1}f(\boldsymbol{x}+\tau\boldsymbol{h};\boldsymbol{h})\mathrm{d}\tau.$$

函数的局部性态 和 1.4.5 中一样, 可以完全类似的方式用泰勒展开式研究函数的局部性态. 这方面的重要结果可见 5.4.1.

1.5.9 在误差估计上的应用

通常, 物理学中的测量包含测量误差. 理论误差估计总是把函数自变量的误差与函数值的误差联系起来.

一元实变量函数 考虑函数

$$\boxed{y=f(x),}$$

并令 $\Delta x=$ 自变量 x 的误差; $\Delta f=f(x+\Delta x)-f(x)=f(x)$ 的函数值的误差, $\dfrac{\Delta f}{f(x)}=$ 函数值 $f(x)$ 的相对误差.

由泰勒定理即得

$$\Delta f=f'(x)\Delta x+\frac{f''(x+\vartheta\Delta x)}{2}(\Delta x)^2,$$

其中 $0<\vartheta<1$. 由此可得*误差估计*:

$$\boxed{|\Delta f-f'(x)\Delta x|\leqslant\frac{(\Delta x)^2}{2}\sup_{0<\eta<1}|f''(x+\eta\Delta x)|.}$$

例 1: 对于 $f(x):=\sin x$, 我们有 $f''(x)=-\sin x$, 因此

$$|\Delta f-\Delta x\cdot\cos x|\leqslant\frac{(\Delta x)^2}{2}.$$

例如, 当 $\Delta x=10^{-3}$ 时, 我们有 $(\Delta x)^2=10^{-6}$.

对于足够小的误差 Δx, 一般使用近似公式

$$\boxed{\Delta f=f'(x)\Delta x.}$$

多变量函数 对于函数 $y = f(x_1, \cdots, x_N)$, 我们令

$$\Delta f := f(x_1 + \Delta x_1, \cdots, x_N + \Delta x_N) - f(x_1, \cdots, x_N).$$

此时的近似公式是 *

$$\boxed{\Delta f = \sum_{j=1}^{N} \frac{\partial f(x)}{\partial x_j} \Delta x_j.}$$

链式法则 对于复合函数 $H(\boldsymbol{x}) = F(f_1(\boldsymbol{x}), \cdots, f_m(\boldsymbol{x}))$, 其中 $\boldsymbol{x} = (x_1, \cdots, x_N)$, 有

$$\boxed{\Delta H = \sum_{k=1}^{m} \frac{\partial F}{\partial f_k}(f_1(\boldsymbol{x}), \cdots, f_m(\boldsymbol{x})) \Delta f_k.}$$

例 2(加法法则): 对于 $H(\boldsymbol{x}) = \sum\limits_{k=1}^{m} f_k(\boldsymbol{x})$, 有

$$\boxed{\Delta H = \sum_{k=1}^{m} \Delta f_k,}$$

即绝对误差相加.

例 3(乘法法则): 对于 $H(x) = \prod\limits_{k=1}^{m} f_k(x)$, 有

$$\boxed{\frac{\Delta H}{H(\boldsymbol{x})} = \sum_{k=1}^{m} \frac{\Delta f_k}{f_k(\boldsymbol{x})},}$$

即相对误差相加.

例 4(除法法则): 对于 $H(\boldsymbol{x}) = \dfrac{f(\boldsymbol{x})}{g(\boldsymbol{x})}$, 有

$$\boxed{\frac{\Delta H}{H(\boldsymbol{x})} = \frac{\Delta f}{f(\boldsymbol{x})} - \frac{\Delta g}{g(\boldsymbol{x})},}$$

即相对误差相减.

误差传播的高斯定律 考虑函数

$$\boxed{z = f(x, y).}$$

假设给定 x 和 y 的测量数据

$$x_1, \cdots, x_n \quad 和 \quad y_1, \cdots, y_m.$$

---

* 原文把 $\sum\limits_{j=1}^{N}$ 误为 $\sum\limits_{k=1}^{N}$. —— 校者

由此就能得到 z 的值, 其中 $z_{jk}=f(x_j,y_k)$. 由定义可得平均值 $\bar{x},\bar{y}$, 与方差 σ_x^2,σ_y^2:

$$\bar{x}=\frac{1}{n}\sum_{j=1}^{n}x_j,\quad \bar{y}=\frac{1}{m}\sum_{k=1}^{m}y_k,$$
$$\sigma_x^2=\frac{1}{n-1}\sum_{j=1}^{n}(x_j-\bar{x})^2,\quad \sigma_y^2=\frac{1}{m-1}\sum_{k=1}^{m}(y_k-\bar{y})^2.$$

依照高斯的工作, 对于足够大的 n 和 m, 有如下近似关系式:

$$\boxed{\bar{z}=f(\bar{x},\bar{y}),\sigma_z^2=f_x(\bar{x},\bar{y})^2\sigma_x^2+f_y(\bar{x},\bar{y})^2\sigma_y^2.}$$

这个关系式称为高斯误差传播定律.

1.5.10 弗雷歇微分

注意到记号帮助我们进行发现的方式是重要的. 这样, 可以极大地简化思考工作.

G. W. 莱布尼茨 (1646—1716)

莱布尼茨微分学 微分符号在现代分析, 几何学和数学物理中具有基本的重要性. 对莱布尼茨而言, 它们是无穷小的微分 $\mathrm{d}f$, 这反映了他关于世界的最小精神组成的哲学思想. 无穷小的这个极为方便的符号甚至出现在现在的物理学和技术的著作中. 为了给莱布尼茨符号一个坚实的基础, 我们引进弗雷歇微分 $\mathrm{d}f(x)$. 这是在 20 世纪初由法国数学家弗雷歇 (M. Fréchet 1878—1956) 创立的. 对于一个函数

$$f:\mathbb{R}^N\to\mathbb{R},$$

其弗雷歇微分被称为一个线性映射

$$\mathrm{d}f(\boldsymbol{x}):\mathbb{R}^N\to\mathbb{R},$$

它对每个 $\boldsymbol{h}\in\mathbb{R}^N$ 分配了一个实数 $\mathrm{d}f(\boldsymbol{x})\boldsymbol{h}$, 并对所有 $\alpha,\beta\in\mathbb{R}$ 和所有 $\boldsymbol{h}$, $\boldsymbol{k}\in\mathbb{R}^N$ 满足线性条件 (参看 1.5.10.2)

$$df(\boldsymbol{x})(\alpha\boldsymbol{h}+\beta\boldsymbol{k})=\alpha\mathrm{d}f(\boldsymbol{x})\boldsymbol{h}+\beta df(\boldsymbol{x})\boldsymbol{k}.$$

微分是线性映射.

嘉当微分学 同样的微分符号也是优美的嘉当 (Cartan)微分学的基础, 伟大的法国数学家É. 嘉当(Élie Cartan, 1869—1961) 于 19 世纪末引进的这套微积分系统,

并给出了莱布尼茨微分学的有用推广. 嘉当微积分是现代数学和物理学的最有威力、最常使用的工具之一.[1)]

实际运算时的优点 莱布尼茨微分学和嘉当微分学都有一个显著的实际运算上的优点：只需记住几个简单的法则. 剩下的通过微分学本身就能完成. 我们首先提出形式法则来强调这一点，然后只需要考虑严格的证明. 对大多数实际运算来说，只需要知道形式上的法则.

1.5.10.1 莱布尼茨形式微分学

给定函数 $y=f(\boldsymbol{x})$, 其中 $\boldsymbol{x}=(x_1,\cdots,x_N)$. 莱布尼茨认为，微分计算服从如下法则：

$$\boxed{\begin{aligned}&\text{(i) } \mathrm{d}f=\sum_{j=1}^{N}\frac{\partial f}{\partial x_j}\mathrm{d}x_j \quad (\text{全微分}),\\&\text{(ii) } \mathrm{d}(f+g)=\mathrm{d}f+\mathrm{d}g \quad (\text{加法法则}),\\&\text{(iii) } \mathrm{d}(fg)=(\mathrm{d}f)g+f\mathrm{d}g \quad (\text{乘法法则}),\\&\text{(iv) } \mathrm{d}^2x_j=0 \quad (\text{无穷小}).\end{aligned}}$$

必须记住，最后一个法则 (iv) 只对自变量成立.

已经显示出这个微分学是极其方便的.

微分的变换法则 通常用这种微分学把函数转换成新的一组自变量. 如果有

$$x_j=x_j(u_1,\cdots,u_M),\quad j=1,\cdots,N,$$

那么根据全微分法则，可得基本微分变换法则：

$$\boxed{\mathrm{d}x_j=\sum_{m=1}^{M}\frac{\partial x_j}{\partial u_m}\mathrm{d}u_m.} \tag{1.81}$$

这导致

$$\boxed{\mathrm{d}f=\sum_{j=1}^{N}\frac{\partial f}{\partial x_j}\mathrm{d}x_j=\sum_{j=1}^{N}\sum_{m=1}^{M}\frac{\partial f}{\partial x_j}\frac{\partial x_j}{\partial u_m}\mathrm{d}u_m.} \tag{1.82}$$

将此与

$$\mathrm{d}f=\sum_{m=1}^{M}\frac{\partial f}{\partial u_m}\mathrm{d}u_m$$

---

1) 非标准分析 已经为莱布尼茨的无穷小记号赋予了严格的基础，它把所谓的无穷小及无穷大这两个新的量加入实数，并且可以 (在推广的逻辑下) 对这些数进行严格的运算 (参看 [53].)

进行比较, 得

$$\frac{\partial f}{\partial u_m}=\sum_{j=1}^{N}\frac{\partial f}{\partial x_j}\frac{\partial x_j}{\partial u_m}.$$

用这种方式莱布尼茨微分学就自然给出了链式法则.

例 5(高阶导数的链式法则): 令 $h(x):=f(z), z=g(x)$. 我们选 x 作为自变量, 法则 (iv) 蕴涵着

$$\mathrm{d}^2x=0.$$

根据乘法法则, 得 *

$$\begin{aligned}&\mathrm{d}z=g'\mathrm{d}x,\\&\mathrm{d}^2z=\mathrm{d}(\mathrm{d}z)=\mathrm{d}(g'\mathrm{d}x)=\mathrm{d}g'\mathrm{d}x+g'\mathrm{d}^2x=\mathrm{d}g'\mathrm{d}x=g''\mathrm{d}x^2,\end{aligned}$$

以及

$$\begin{aligned}\mathrm{d}f&=f'\mathrm{d}z,\\\mathrm{d}^2f&=\mathrm{d}(\mathrm{d}f)=(\mathrm{d}f')\mathrm{d}z+f'\mathrm{d}^2z\\&=f''\mathrm{d}z^2+f'g''\mathrm{d}x^2=(f''g'^2+f'g'')\mathrm{d}x^2.\end{aligned}$$

由此即得

$$\boxed{\frac{\mathrm{d}^2f(x)}{\mathrm{d}x^2}=f''(z)g'(x)^2+f'(z)g''(x),\quad z=g(x).}\tag{1.83}$$

(1.83) 的严格证明: 利用链式法则对 $h(x)=f(g(x))$ 求导, 得

$$h'(x)=f'(g(x))g'(x).$$

利用链式法则及乘法法则, 并再次求导, 得

$$h''(x)=f''(g(x))g'(x)^2+f'(g(x))g''(x),$$

此即为 (1.83).

对于多变量函数, 使用微分比用偏导数更方便. 鉴于此, 莱布尼茨形式微积分在物理学和技术著作中十分常用.

1.5.10.2 弗雷歇微分及高阶弗雷歇导数

利用具有恰当余项的函数的分解, 可以严格定义弗雷歇微分 (简记为 F 微分). 由于历史原因, 人们既使用 F 微分也使用 F 导数. 事实上, 这两个记号是一致的. 考虑定义在某个点 $\boldsymbol{x}$ 的一个邻域 $U(\boldsymbol{x})$ 中的函数

$$\boxed{f:U(\boldsymbol{x})\subseteq\mathbb{R}^N\to\mathbb{R},}$$

* 原文把下面第二式中的项 $g'\mathrm{d}^2x$ 误为 g'^2x. —— 校者

并令

$$\partial_j f := \frac{\partial f}{\partial x_j}, \quad \partial_j \partial_k f := \frac{\partial^2 f}{\partial x_j \partial x_k}, \quad 等等.$$

F 微分 $\mathbf{d}\boldsymbol{f}(\boldsymbol{x})$ 由定义, f 在点 $\boldsymbol{x}$ 处有 F 微分, 当且仅当对原点某一邻域中所有 $\boldsymbol{h} \in \mathbb{R}^N$ 如下分解式成立:

$$\boxed{f(\boldsymbol{x}+\boldsymbol{h}) - f(\boldsymbol{x}) = \mathrm{d}f(\boldsymbol{x})\boldsymbol{h} + r(\boldsymbol{h}),}$$

并且满足另外两个条件:

(i) $\mathrm{d}f(\boldsymbol{x}) : \mathbb{R}^N \to \mathbb{R}$ 是线性映射.

(ii) 余项是高阶无穷小 [1], 即当 $\boldsymbol{h} \to 0$ 时 $r(\boldsymbol{h}) = o(|\boldsymbol{h}|)$.

与 F 导数的关系 也可以称 $\mathrm{d}f(\boldsymbol{x})$ 为 F 导数, 记作 $f'(\boldsymbol{x})$. 此外, 我们称

$$\boxed{\mathrm{d}f(\boldsymbol{x})\boldsymbol{h} = f'(\boldsymbol{x})\boldsymbol{h}, \quad \boldsymbol{h} \in \mathbb{R}^N}$$

为函数 f 在点 $\boldsymbol{x}$ 处 $\boldsymbol{h}$ 方向的 F 微分的值.

与一阶变分的关系 如果 F 微分 $\mathrm{d}f(x)$ 存在, 那么 f 在点 $\boldsymbol{x}$ 处 $\boldsymbol{h}$ 方向的一阶变分也存在, 并且

$$\delta f(\boldsymbol{x};\boldsymbol{h}) = \mathrm{d}f(\boldsymbol{x})\boldsymbol{h}, \quad \boldsymbol{h} \in \mathbb{R}^N.$$

存在性定理[2] 如果函数 f 在点 $\boldsymbol{x}$ 的一个开邻域中是 C^1 类的, 那么

$$\boxed{\mathrm{d}f(\boldsymbol{x})\boldsymbol{h} = \sum_{j=1}^{N} \partial_j f(\boldsymbol{x}) h_j.} \tag{1.84}$$

二阶 F 微分 $\mathbf{d}^2\boldsymbol{f}(\boldsymbol{x})$ 由定义, 函数 f 在点 $\boldsymbol{x}$ 处有二阶 F 微分, 如果对原点的一个邻域中所有 $\boldsymbol{h} \in \mathbb{R}^N$, 并对所有 $\boldsymbol{k} \in \mathbb{R}^N$, 存在微分分解式

$$\mathrm{d}f(\boldsymbol{x}+\boldsymbol{h})\boldsymbol{k} - \mathrm{d}f(\boldsymbol{x})\boldsymbol{k} = \mathrm{d}^2 f(\boldsymbol{x})(\boldsymbol{k},\boldsymbol{h}) + r(\boldsymbol{h},\boldsymbol{k}),$$

并且满足另外两个条件:

(i) $\mathrm{d}^2 f(\boldsymbol{x}) : \mathbb{R}^N \times \mathbb{R}^N \to \mathbb{R}$ 是双线性映射.

(ii) 余项是 $\boldsymbol{h}$ 的高阶无穷小, 即当 $\boldsymbol{h} \to \mathbf{0}$ 时 $\sup\limits_{|\boldsymbol{k}| \leqslant 1} |r(\boldsymbol{h},\boldsymbol{k})| = o(|\boldsymbol{h}|)$. 为了简化记号, 也可记作 $\mathrm{d}^2 f(\boldsymbol{x})\boldsymbol{hk} := \mathrm{d}^2 f(\boldsymbol{x})(\boldsymbol{h},\boldsymbol{k})$ 及 $\mathrm{d}^2 f(\boldsymbol{x})\boldsymbol{h}^2 := \mathrm{d}^2 f(\boldsymbol{x})(\boldsymbol{h},\boldsymbol{h})$.

---

1) 这表示 $\lim\limits_{\boldsymbol{h}\to\mathbf{0}} \frac{r(\boldsymbol{h})}{|\boldsymbol{h}|} = 0$, 其中 $|\boldsymbol{h}| = \left(\sum_{j=1}^{N} h_j^2\right)^{1/2}$. 读作 "$o$ 无穷小", 同样还有符号 "O 无穷小".

2) 对于大多数实际计算, 知道公式 (1.84), (1.85) 和 (1.86) 就足够了. 这里给出了更一般的定义, 因为它更容易推广到抽象的运算, 这对非线性微分方程和积分方程的现代理论研究及数值研究都具有重要的意义 (参看 [212]).

二阶 F 导数 $f''(\boldsymbol{x})$ 也可以把微分 $\mathrm{d}^2 f(\boldsymbol{x})$ 看作函数 f 在点 $\boldsymbol{x}$ 处的二阶 F 导数 $f''(\boldsymbol{x})$. 而且, 函数 f 在点 $\boldsymbol{x}$ 处 $\boldsymbol{h}, \boldsymbol{k}$ 方向的微分值是

$$\boxed{\mathrm{d}^2 f(\boldsymbol{x})\boldsymbol{hk} = f''(\boldsymbol{x})\boldsymbol{hk}, \quad \boldsymbol{h}, \boldsymbol{k} \in \mathbb{R}^N.}$$

与二阶变分的关系 如果二阶 F 微分 $\mathrm{d}^2 f(\boldsymbol{x})$ 存在, 那么 f 在点 $\boldsymbol{x}$ 处每个方向 $\boldsymbol{h}$ 的二阶变分存在, 它满足

$$\delta^2 f(\boldsymbol{x}; \boldsymbol{h}) = \mathrm{d}^2 f(\boldsymbol{x})\boldsymbol{h}^2, \quad \boldsymbol{h} \in \mathbb{R}^N.$$

类似可定义 n 阶 F 微分 $\mathrm{d}^n f(\boldsymbol{x})$.

存在性定理 令 $n \geqslant 2$. 如果 f 在点 $\boldsymbol{x}$ 的某个邻域内是 C^n 类的, 那么

$$\boxed{\mathrm{d}^2 f(\boldsymbol{x})\boldsymbol{hk} = \sum_{r,s=1}^{N} \partial_r \partial_s f(\boldsymbol{x}) h_r h_s.} \tag{1.85}$$

更一般地, 有

$$\boxed{\mathrm{d}^n f(\boldsymbol{x}) h^{(1)} \cdots h^{(n)} = \sum_{r_1, \cdots, r_n = 1}^{N} \partial_{r_1} \partial_{r_2} \cdots \partial_{r_n} f(\boldsymbol{x}) h_{r_1}^{(1)} h_{r2}^{(2)} \cdots h_{r_n}^{(n)}.} \tag{1.86}$$

特别地, 二阶导数有对称性

$$\mathrm{d}^2 f(\boldsymbol{x})\boldsymbol{hk} = \mathrm{d}^2 f(\boldsymbol{x})\boldsymbol{kh}, \quad \text{对所有}\boldsymbol{h}, \boldsymbol{k} \in \mathbb{R}^N.$$

类似地, $\mathrm{d}^n f(\boldsymbol{x})\boldsymbol{h}^{(1)} \cdots \boldsymbol{h}^{(n)}$ 在 $\boldsymbol{h}^{(1)}, \cdots, \boldsymbol{h}^{(n)}$ 的任意排列下保持不变, 其中 $\boldsymbol{h}^{(i)} \in \mathbb{R}^n$.

1.5.10.3 莱布尼茨微分学的严格证明

如果把莱布尼茨微分看成 F 微分, 那么很容易严格证明莱布尼茨微分学.

莱布尼茨全微分公式 如果函数 f 在点 x 的某个邻域内是 C^1 类的, 那么 [1)]

$$\boxed{\mathrm{d}f(\boldsymbol{x}) = \sum_{j=1}^{N} \partial_j f(\boldsymbol{x}) \mathrm{d}x_j,} \tag{1.87}$$

其中

$$\boxed{\mathrm{d}x_j \boldsymbol{h} = h_j, \quad \text{对所有}\boldsymbol{h} \in \mathbb{R}^N.}$$

证明: 令 $f(\boldsymbol{x}) := x_j$. 由 (1.84) 得:

$$\mathrm{d}x_j(\boldsymbol{x})h = \sum_{k=1}^{N} \partial_k f(\boldsymbol{x}) h_k = h_j,$$

1) 简记符号 $\mathrm{d}x_j(\boldsymbol{x})$ 为 $\mathrm{d}x_j$.

其中应用了 $\partial_k f(\boldsymbol{x}) = \dfrac{\partial x_j}{\partial x_k} = \delta_{kj}$. 此时 (1.87) 为

$$\mathrm{d}f(\boldsymbol{x})\boldsymbol{h} = \sum_{j=1}^{N} \partial_j f(\boldsymbol{x}) \mathrm{d}x_j \boldsymbol{h} = \sum_{j=1}^{N} \partial_j f(\boldsymbol{x}) h_j. \qquad \square$$

但是它等价于 (1.84).

微分算子 d 定义微分算子 d 为

$$\boxed{\mathrm{d} := \sum_{j=1}^{N} \mathrm{d}x_j \partial_j.}$$

那么如果我们约定 $\partial_j \otimes f(\boldsymbol{x}) := \partial_j f(\boldsymbol{x})$, 则可把关系式 (1.87) 写为

$$\boxed{\mathrm{d}f(\boldsymbol{x}) = \mathrm{d} \otimes f(\boldsymbol{x}).}$$

莱布尼茨乘法公式 令函数 $f, g : U(\boldsymbol{x}) \subseteq \mathbb{R}^N \to \mathbb{R}$ 在点 $\boldsymbol{x}$ 的某个邻域内是 C^1 类的, 那么

$$\boxed{\mathrm{d}(fg)(\boldsymbol{x}) = g(\boldsymbol{x})\mathrm{d}f(\boldsymbol{x}) + f(\boldsymbol{x})\mathrm{d}g(\boldsymbol{x}).}$$

证明: 从 (1.87) 及导数的乘法法则: $\partial_j(fg) = g\partial_j f + f\partial_j g$ 即得.

莱布尼茨变换公式 假设

$$x_j = x_j(u_1, \cdots, u_M), \quad j = 1, \cdots, N,$$

即, 诸量 x_j 依赖于诸变量 u_m. 另外, 我们令 $F(u) := f(\boldsymbol{x}(\boldsymbol{u}))$. 那么

$$\boxed{\mathrm{d}x_j(\boldsymbol{u}) := \sum_{m=1}^{M} \frac{\partial x_j(\boldsymbol{u})}{\partial u_m} \mathrm{d}u_m,} \tag{1.88}$$

且

$$\boxed{\mathrm{d}F(\boldsymbol{u}) = \sum_{j=1}^{N} \frac{\partial f}{\partial x_j}(x(\boldsymbol{u}))\mathrm{d}x_j(\boldsymbol{u}).} \tag{1.89}$$

这相应于 (1.81) 和 (1.82).

证明: 由 (1.87) 即得公式 (1.88).

对函数 F 应用 (1.87), 由链式法则即得

$$\mathrm{d}F(\boldsymbol{u}) = \sum_{m=1}^{M} \frac{\partial F(\boldsymbol{u})}{\partial u_m} \mathrm{d}u_m = \sum_{m=1}^{M} \sum_{j=1}^{N} \frac{\partial f}{\partial x_j}(\boldsymbol{x}(\boldsymbol{u})) \frac{\partial x_j(\boldsymbol{u})}{\partial u_m} \mathrm{d}u_m.$$

这就是 (1.89). $\square$

莱布尼茨二阶微分公式 令函数 f 在点 $\boldsymbol{x}$ 的某个邻域内是 C^2 类的, 那么

$$\boxed{\mathrm{d}^2 f(\boldsymbol{x}) = \mathrm{d} \otimes \mathrm{d}f(\boldsymbol{x}).} \tag{1.90}$$

更明确地说, 即

$$\boxed{\mathrm{d}^2 f(\boldsymbol{x}) = \sum_{j,m=1}^{N} \partial_j \partial_m f(\boldsymbol{x}) \mathrm{d}x_j \otimes \mathrm{d}x_m,} \tag{1.91}$$

且

$$\boxed{\mathrm{d}^2 x_j(\boldsymbol{x}) = 0.} \tag{1.92}$$

这里, 我们使用了张量积, 即下述关系式:

$$(\mathrm{d}x_r \otimes \mathrm{d}x_s)(h, k) := (\mathrm{d}x_r h)(\mathrm{d}x_s k) = h_r k_s. \tag{1.93}$$

证明: 由 (1.85) 和 (1.93) 即得公式 (1.91). 如果令 $f(\boldsymbol{x}) := x_j$, 那么 f 关于 $x_1, x_2, \cdots$ 的二阶偏导数都恒等于 0. 因此 (1.85) 蕴涵 (1.92).

莱布尼茨微分学和嘉当微分学的比较 张量积 $\otimes$ 与外积 $\wedge$ 在多重线性代数中极其重要 (参看 2.4.2).

(i) 莱布尼茨微分学的基础是算子 d 与张量积 $\otimes$. 例如, 对于积 d^2, 有

$$\boxed{\mathrm{d}^2 = \mathrm{d} \otimes \mathrm{d}.}$$

(ii) 嘉当微分学的基础是算子 d 与外积. 这时算子 d^2 由

$$\boxed{\mathrm{d}^2 = \mathrm{d} \wedge \mathrm{d}}$$

给出. 因此在嘉当微分学里, 不用 (1.93), 而对所有 $\boldsymbol{h}, \boldsymbol{k} \in \mathbb{R}^M$ 有

$$(\mathrm{d}x_r \wedge \mathrm{d}x_s)(\boldsymbol{h}, \boldsymbol{k}) = (\mathrm{d}x_r \boldsymbol{h})(\mathrm{d}x_s \boldsymbol{k}) - (\mathrm{d}x_r \boldsymbol{k})(\mathrm{d}x_s \boldsymbol{h}) = h_r k_s - k_r h_s. \tag{1.94}$$

1.5.10.4 嘉当形式微分学

为了简化记号, 我们约定: 如果两个一样的指标出现在一个公式里, 那么表示对所有这种指标求和 (爱因斯坦(Einstein) 求和约定). 在这一节, 指标将从 1 到 N. 例如, 我们有

$$a_j \mathrm{d}x_j = \sum_{j=1}^{N} a_j \mathrm{d}x_j.$$

积符号 $\wedge$ 嘉当微分学是在莱布尼茨微分学中加入 $\wedge$ 得来的; 这个符号让人担忧, 因为它是反交换的:

$$\boxed{\mathrm{d}x_j \wedge \mathrm{d}x_m = -\mathrm{d}x_m \wedge \mathrm{d}x_j.} \tag{1.95}$$

由 (1.95) 也得到 $\mathrm{d}x_m \wedge \mathrm{d}x_m = -\mathrm{d}x_m \wedge \mathrm{d}x_m$, 换言之,

$$\boxed{\mathrm{d}x_m \wedge \mathrm{d}x_m = 0.}$$

例 1: $\mathrm{d}x_1 \wedge \mathrm{d}x_2 \wedge \mathrm{d}_3x_3 = -\mathrm{d}x_2 \wedge \mathrm{d}x_1 \wedge \mathrm{d}x_3 = \mathrm{d}x_2 \wedge \mathrm{d}x_3 \wedge \mathrm{d}x_1$.

例 2: $\mathrm{d}x_1 \wedge \mathrm{d}x_1 \wedge \mathrm{d}x_2 = 0$.

置换法则　乘积

$$\mathrm{d}x_{j1} \wedge \mathrm{d}x_{j2} \wedge \cdots \wedge \mathrm{d}x_{jr} \tag{1.96}$$

在因子的偶置换后不改变符号, 在奇置换后改变符号, [1] 如果两个因子相等, 乘积为零.

微分式　r 次微分式是 (1.96) 的乘积的线性组合.

由定义, 函数是 0 次微分式.

例 3:

$$\omega = a_j \mathrm{d}x_j (1\ 次),$$
$$\omega = a_{jk} \mathrm{d}x_j \wedge \mathrm{d}x_k (2\ 次),$$
$$\omega = a_{jkm} \mathrm{d}x_j \wedge \mathrm{d}x_k \wedge \mathrm{d}x_m (3\ 次).$$

系数 a_j, a_{jk} 和 a_{jkm} 是 $\boldsymbol{x} = (x_1, \cdots, x_N)$ 的函数.

三个基本法则

(i) 加法　微分式以通常的方式相加, 微分式以通常的方式与函数相乘.

(ii) 乘法　微分式以通常的方式用算子作乘法, 但要注意 (1.95).

(iii) 微分　对于函数 f, 有莱布尼茨法则

$$\boxed{\mathrm{d}f = (\partial_j f)\mathrm{d}x_j.} \tag{1.97}$$

对微分式 $\omega = a_{j_1} \cdots ,_{j_r} \mathrm{d}x_{j_1} \wedge \cdots \wedge \mathrm{d}x_{j_r}$, 有嘉当法则:

$$\boxed{\mathrm{d}\omega = \mathrm{d}a_{j_1} \cdots _{j_r} \wedge \mathrm{d}x_{j_1} \wedge \cdots \wedge \mathrm{d}x_{j_r}} \tag{1.98}$$

这三个法则完全确定了微分式的运算.

例 4: 对于 $a = a(x,y), b = b(x,y)$, 有

$$\mathrm{d}a = a_x \mathrm{d}x + a_y \mathrm{d}y, \mathrm{d}b = b_x \mathrm{d}x + b_y \mathrm{d}y.$$

例 5: 对于 $\omega = a\mathrm{d}x + b\mathrm{d}y$, 有 ω 的外导数:

$$\begin{aligned}\mathrm{d}\omega =& \mathrm{d}a \wedge \mathrm{d}x + \mathrm{d}b \wedge dy = (a_x \mathrm{d}x + a_y \mathrm{d}y) \wedge \mathrm{d}x + (b_x \mathrm{d}x + b_y \mathrm{d}y) \wedge \mathrm{d}y \\ =& (b_x - a_y)\mathrm{d}x \wedge \mathrm{d}y.\end{aligned}$$

1) 置换的定义见 2.1.1.

其中应用了:

$$\mathrm{d}x \wedge \mathrm{d}x = \mathrm{d}y \wedge \mathrm{d}y = 0 \quad 和 \quad \mathrm{d}x \wedge \mathrm{d}y = -\mathrm{d}y \wedge \mathrm{d}x.$$

例 6: 给定 $c = c(x, y)$. 对 $\omega = c\mathrm{d}x \wedge \mathrm{d}y$, 有

$$\mathrm{d}\omega = \mathrm{d}c \wedge \mathrm{d}x \wedge \mathrm{d}y = (c_x \mathrm{d}x + c_y \mathrm{d}y) \wedge \mathrm{d}x \wedge \mathrm{d}y = 0.$$

这里再次应用了“两个相等因子的积恒等于零”这一事实.

例 7: 令

$$\omega = a\mathrm{d}x + b\mathrm{d}y + c\mathrm{d}z,$$

其中 a, b, c 依赖于 x, y, z. 那么我们有 [1]

$$\boxed{\mathrm{d}\omega = (b_x - a_y)\mathrm{d}x \wedge \mathrm{d}y + (c_y - b_z)\mathrm{d}y \wedge \mathrm{d}z + (a_z - c_x)\mathrm{d}z \wedge \mathrm{d}x.}$$

此式由

$$\begin{aligned}\mathrm{d}\omega =& \mathrm{d}a \wedge \mathrm{d}x + \mathrm{d}b \wedge \mathrm{d}y + \mathrm{d}c \wedge \mathrm{d}z \\ =& (a_x \mathrm{d}x + a_y \mathrm{d}y + a_z \mathrm{d}z) \wedge \mathrm{d}x + (b_x \mathrm{d}x + b_y \mathrm{d}y + b_z \mathrm{d}z) \wedge \mathrm{d}y \\ & + (c_x \mathrm{d}x + c_y \mathrm{d}y + c_z \mathrm{d}z) \wedge \mathrm{d}z\end{aligned}$$

即得.

例 8: 对于

$$\omega = a\mathrm{d}y \wedge \mathrm{d}z + b\mathrm{d}z \wedge \mathrm{d}x + c\mathrm{d}x \wedge \mathrm{d}y,$$

我们得到

$$\boxed{\mathrm{d}\omega = (a_x + b_y + c_z)\mathrm{d}x \wedge \mathrm{d}y \wedge \mathrm{d}z.}$$

此式通过下述计算即得

$$\begin{aligned}\mathrm{d}\omega =& (a_x \mathrm{d}x + a_y \mathrm{d}y + a_z \mathrm{d}z) \wedge \mathrm{d}y \wedge \mathrm{d}z + (b_x \mathrm{d}x + b_y \mathrm{d}y + b_z \mathrm{d}z) \wedge \mathrm{d}z \wedge \mathrm{d}x \\ & + (c_x \mathrm{d}x + c_y \mathrm{d}y + c_z \mathrm{d}z) \wedge \mathrm{d}x \wedge \mathrm{d}y.\end{aligned}$$

微分式变换为一个新的变量集 这时可以用莱布尼茨法则. 新旧变量的个数并不重要.

例 9: 如果把变量变换

$$x = x(t), \quad y = y(t), \quad z = z(t)$$

应用到

$$\omega = a\mathrm{d}x + b\mathrm{d}y + c\mathrm{d}z,$$

1) 观察这些公式的对称性. 由 a, b, c 以及 x, y, z 的轮换得到各加项.

则有 $\mathrm{d}x = x'\mathrm{d}t$, 等等. 这就得出

$$\boxed{\omega = (ax' + by' + cz')\mathrm{d}t.}$$

例 10: 把变量变换

$$x = x(u, v), \quad y = y(u, v)$$

应用到

$$\omega = a\mathrm{d}x \wedge \mathrm{d}y,$$

其中 $a = a(x, y)$, 得到

$$\omega = a(x_u y_v - x_v y_u)\mathrm{d}u \wedge \mathrm{d}v.$$

这个公式也可以由

$$\mathrm{d}x = x_u du + x_v \mathrm{d}v, \quad \mathrm{d}y = y_u \mathrm{d}u + y_v \mathrm{d}v$$

及 $\omega = a(x_u \mathrm{d}u + x_v \mathrm{d}v) \wedge (y_u \mathrm{d}u + y_v \mathrm{d}v)$ 得到. 借助于雅可比行列式

$$\frac{\partial(x, y)}{\partial(u, v)} = \begin{vmatrix} x_u & x_v \\ y_u & y_v \end{vmatrix} = x_u y_v - x_v y_u,$$

也可以把这个公式写成如下形式:

$$\boxed{\omega = a\frac{\partial(x, y)}{\partial(u, v)}\mathrm{d}u \wedge \mathrm{d}v.} \tag{1.99}$$

例 11: 考虑变量变换

$$x = x(u, v, \omega), \quad y = y(u, v, \omega), \quad z = z(u, v, \omega),$$

并应用到

$$\omega = a\mathrm{d}x \wedge \mathrm{d}y \wedge \mathrm{d}z,$$

得到表达式

$$\boxed{\omega = a\frac{\partial(x, y, z)}{\partial(u, v, \omega)}\mathrm{d}u \wedge \mathrm{d}v \wedge \mathrm{d}\omega,} \tag{1.100}$$

其中

$$\frac{\partial(x, y, z)}{\partial(u, v, w)} = \begin{vmatrix} x_u & x_v & x_\omega \\ y_u & y_v & y_\omega \\ z_u & z_v & z_\omega \end{vmatrix}$$

是函数行列式. 这由 $\omega = a\mathrm{d}x \wedge \mathrm{d}y \wedge \mathrm{d}z$ 及

$$\begin{aligned}
\mathrm{d}x &= x_u \mathrm{d}u + x_v \mathrm{d}v + x_\omega \mathrm{d}\omega, \\
\mathrm{d}y &= y_u \mathrm{d}u + y_v \mathrm{d}v + y_\omega \mathrm{d}\omega, \\
\mathrm{d}z &= z_u \mathrm{d}u + z_v \mathrm{d}v + z_\omega \mathrm{d}\omega
\end{aligned}$$

即得.

例 12: 通过变量变换

$$x = x(u, v), \quad y = y(u, v), z = z(u, v),$$

由

$$\omega = a\mathrm{d}y \wedge \mathrm{d}z + b\mathrm{d}z \wedge \mathrm{d}x + c\mathrm{d}x \wedge \mathrm{d}y$$

得到表达式

$$\boxed{\omega = \left(a\frac{\partial(y, z)}{\partial(u, v)} + b\frac{\partial(z, x)}{\partial(u, v)} + c\frac{\partial(x, y)}{\partial(u, v)} \right) \mathrm{d}u \wedge \mathrm{d}v.}$$

操作 设 ω, μ, ν 表示任意次数 $\geqslant 0$ 的微分式. 如果 a 是一个函数, 令

$$a \wedge \omega := a\omega, \quad \omega \wedge a := a\omega.$$

(i) 结合律

$$\omega \wedge (\mu \wedge \nu) = (\omega \wedge \mu) \wedge \nu.$$

(ii) 分配律

$$\omega \wedge (\mu + \nu) = \omega \wedge \mu + \omega \wedge \nu.$$

(iii) 超交换性

$$\boxed{\omega \wedge \mu = (-1)^{rs} \mu \wedge \omega \quad (\omega\text{是}r\text{次}, \mu\text{是}s\text{次}).}$$

(iv) 微分式的乘法法则

$$\boxed{\mathrm{d}(\omega \wedge \mu) = \mathrm{d}\omega \wedge \mu + (-1)^r \omega \wedge \mathrm{d}\mu.}$$

(v) 庞加莱(Poincaré)引理 总有 $\mathrm{d}^2=0$, 即

$$\boxed{\mathrm{d}(\mathrm{d}\omega) = 0.}$$

(vi) 交换规则 微分运算与变量变换运算可以交换 (这些运算可以互相交换).[1)]

记忆方法 把 $\mathrm{d}\omega$ 写成 $\mathrm{d}\wedge\omega$, 就很容易记住微分基本公式(1.98). 那么形式上就有

$$\begin{aligned}\mathrm{d} \wedge \omega =& \mathrm{d}x_j \partial_j \wedge a_{j_1} \cdots {}_{j_r} \mathrm{d}x_{j_1} \wedge \cdots \wedge \mathrm{d}x_{j_r} = \partial_j a_{j_1} \cdots {}_{j_r} \mathrm{d}x_j \wedge \mathrm{d}x_{j_1} \wedge \cdots \wedge \mathrm{d}x_{j_r} \\ =& \mathrm{d}a_{j_1} \cdots {}_{j_r} \wedge \mathrm{d}x_{j_1} \wedge \cdots \wedge \mathrm{d}x_{j_r}.\end{aligned}$$

因为 $\partial_j \partial_k - \partial_k \partial_j = 0$. 那么从形式上

$$\begin{aligned}\mathrm{d} \wedge (\mathrm{d} \wedge \omega) &= (\mathrm{d} \wedge \mathrm{d}) \wedge \omega = (\partial_j \mathrm{d}x_j) \wedge (\partial_k \mathrm{d}x_k) \wedge \omega \\ &= \frac{1}{2}(\partial_j \partial_k - \partial_k \partial_j) \mathrm{d}x_j \wedge \mathrm{d}x_k \wedge \omega = 0,\end{aligned}$$

即得庞加莱法则 $\mathrm{d}(\mathrm{d}\omega) = 0$.

1) 这意味着, 不论是先微分 $\mathrm{d}\omega$ 后应用坐标变换, 还是先变量变换后对新变量微分 $\mathrm{d}\omega$, 都是无关紧要的. 这一事实使得嘉当微分学十分灵活.

1.5.10.5 嘉当微分学的严格证明及其应用

为了从数学上严格证明到目前为止我们讨论的内容, 只需在多线性代数意义下理解由 (1.94) 给出的 $\wedge$ 积. 那么微分公式 (1.98) 是 $\mathrm{d}\omega$ 的定义, 剩下的论述可以通过直接计算验证.

嘉当微分学有如下应用(见 [212]):

(i) 累次积分和沿 m 维曲面上曲线的积分 (见 1.7.6).

(ii) 斯托克斯 (Stokes) 定理 $\int_{\partial M} \omega = \int_M \mathrm{d}\omega$, 它把微积分基本定理推广到了高维, 并包含高斯、格林 (Green)、斯托克斯经典积分定理作为其特例 (参看 1.7.6.ff).

(iii) 关于 $\mathrm{d}\omega = \mu$ 的解的庞加莱定理, 以及它在向量分析中的应用 (参看 1.9.11).

(iv) 关于微分式组

$$\omega_1 = 0, \quad \omega_2 = 0, \quad \cdots, \quad \omega_k = 0$$

解的嘉当–凯勒 (Kähler) 定理, 一般偏微分方程组是微分式组的特殊情形 (参看 1.13.5.4).

(v) 张量分析.

(vi) 狭义相对论和电动力学.

(vii) 流形上的微积分.

(viii) 热力学.

(ix) 辛几何、经典力学和经典统计物理学.

(x) 黎曼几何、爱因斯坦广义相对论、宇宙论、粒子物理学的标准模型.

(xi) 李群和对称.

(xii) 微分拓扑与德拉姆上同调.

(xiii) 现代微分几何、主丛的曲率、高能物理中的规范理论、弦理论.

这些应用表明, 嘉当微分学在现代数学和物理学的许多领域中都起着重要作用.

1.6 单实变函数的积分

在 0.9 中可以找到许多具体计算积分的方法和已知积分的详细列表.

1.6.1 基本思想

在 1.6.2 中可以找到对下面一些问题精确的数学阐述.

和的极限 积分

$$\boxed{\int_a^b f(x)\mathrm{d}x}$$

等于图 1.52(a) 中曲线 f 下阴影部分区域的面积. 如图 1.52(b), 利用很多矩形来近似计算出这个面积, 然后当矩形越来越细时取极限, 即 [1)]

$$\boxed{\int_a^b f(x)\mathrm{d}x = \lim_{n\to\infty}\sum_{k=1}^{n} f(x_k)\Delta x.} \tag{1.101}$$

这里, 我们把紧区间 $[a,b]$ 分割成 n 个相等的部分, 分割点是

$$x_k = a + k\Delta x, \quad k = 0,1,2,\cdots,n,$$

其中

$$\boxed{\Delta x := \frac{b-a}{n}.}$$

特别地, $x_0 = a, x_n = b$.

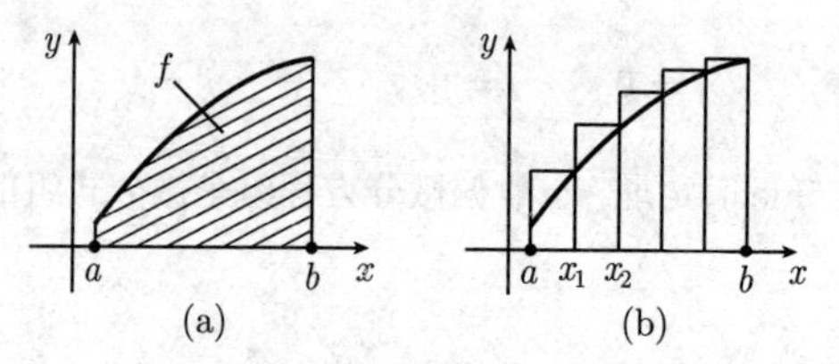

图 1.52 曲面面积的近似

积分的具体计算 牛顿和莱布尼茨发现了基本公式:

$$\boxed{\int_a^b F'(x)\mathrm{d}x = F(b) - F(a),} \tag{1.102}$$

它被称为微积分基本定理. [2)] 这个公式表明, 积分可以看成是微分的逆运算. 从此

1) 宽为 Δx, 高为 $f(x_k)$ 的矩形的面积是 $f(x_k)\Delta x$. 因此, 表达式

$$\sum_{k=1}^{n} f(x_k)\Delta x$$

是图 1.52(b) 中各个矩形面积的和.

2) 公式 (1.102) 形式上的动机由下式过渡到无限极限给出:

$$\sum \frac{\Delta F}{\Delta x}\Delta x = \sum \Delta F = F(b) - F(a).$$

用莱布尼茨符号可得到对应的公式:

$$\int_a^b \frac{\mathrm{d}F}{\mathrm{d}x}\mathrm{d}x = \int_a^b \mathrm{d}F$$

和

$$\int_a^b \mathrm{d}F = F(b) - F(a). \tag{1.103}$$

在一般测度论中给出了 (1.103) 的严格证明, 它对某一类不连续函数 F 也成立 (参看 [212]).

记作

$$F(x)|_a^b := F(b) - F(a).$$

例 1: 令 $F(x) := x^2$. 由 $F'(x) = 2x$ 可得

$$\int_a^b 2x\mathrm{d}x = x^2|_a^b = b^2 - a^2.$$

例 2: 令 $F(x) := \sin x$. 由 $F'(x) = \cos x$ 得

$$\int_a^b \cos x\mathrm{d}x = \sin x|_a^b = \sin b - \sin a.$$

原函数 令 J 是开区间. 函数 $F: J \to \mathbb{R}$ 称为 f 在 J 上的一个原函数, 如果

$$\boxed{F'(x) = f(x), \quad \text{对所有}x \in J.}$$

定理 如果 F 是 f 在 J 上的一个原函数, 那么 f 在 J 上的所有原函数有如下形式:

$$F + C,$$

其中 C 是任意实常数.

也可以写成

$$\boxed{\int f(x)\mathrm{d}x = F(x) + C, \quad \text{在}J\text{上},} \tag{1.104}$$

并且称 (1.104) 右边的所有原函数构成的集合为 f 在 J 上的不定积分. 从 (1.102) 得

$$\boxed{\int_a^b f(x)\mathrm{d}x = F|_a^b.} \tag{1.105}$$

因此求积分被归结为求原函数.

重要原函数表 见 0.9.1.

例 3: 由于 $(-\cos x)'=\sin x$, 所以有

$$\int \sin x\mathrm{d}x = -\cos x + C,$$

以及

$$\int_a^b \sin x\mathrm{d}x = -\cos x|_a^b = \cos a - \cos b.$$

例 4: 设 α 为非零实数. 由 $(x^\alpha)' = \alpha x^{\alpha-1}$ 即得

$$\int \alpha x^{\alpha-1}\mathrm{d}x = x^\alpha + C,$$

以及

$$\int_a^b \alpha x^{\alpha-1}\mathrm{d}x = x^\alpha|_a^b = b^\alpha - a^\alpha.$$

不连续函数的积分 可微函数总是连续的, 因此只有充分光滑的函数才可微.

然而, 可以对一大类不连续函数进行积分.

例 5: 令

$$f(x):=\begin{cases}1, & x<2,\\ 3, & x>2,\\ c, & x=2.\end{cases}$$

由于面积的可加性, 因此由图 1.53, 我们要求有下述关系式:

$$\int_0^4 \mathrm{d}x=\int_0^2 f\mathrm{d}x+\int_2^4 f\mathrm{d}x=2\cdot 1+2\cdot 3=8.$$

这里, f 在点 $x=2$ 处的不连续性是无关紧要的. 从直观上看, 当图 1.52(a) 中函数 f 在有限多个点的值改变时, 曲线 f 下区域的面积不变.

无界区间上的积分 从直观上看, 积分 $\int_0^\infty \frac{\mathrm{d}x}{1+x^2}$ 相应于图 1.54(a) 中的阴影部分区域的面积. 显然这个面积可以用极限计算:

$$\boxed{\int_0^\infty \frac{\mathrm{d}x}{1+x^2}=\lim_{b\to+\infty}\int_0^b \frac{\mathrm{d}x}{1+x^2}=\frac{\pi}{2}}$$

(图 1.54(b)). 这里, 我们利用了公式:

$$\int_0^b \frac{\mathrm{d}x}{1+x^2}=\arctan x|_0^b=\arctan b-\arctan 0=\arctan b.$$

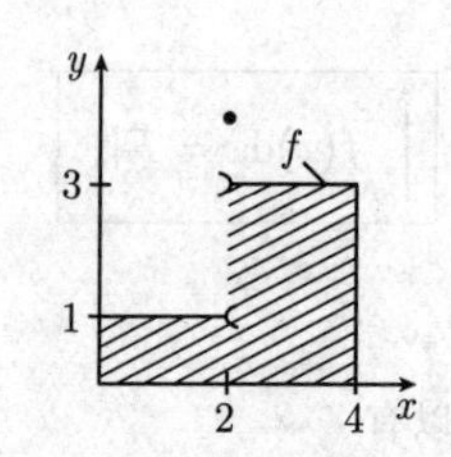

图 1.53 不连续函数的积分

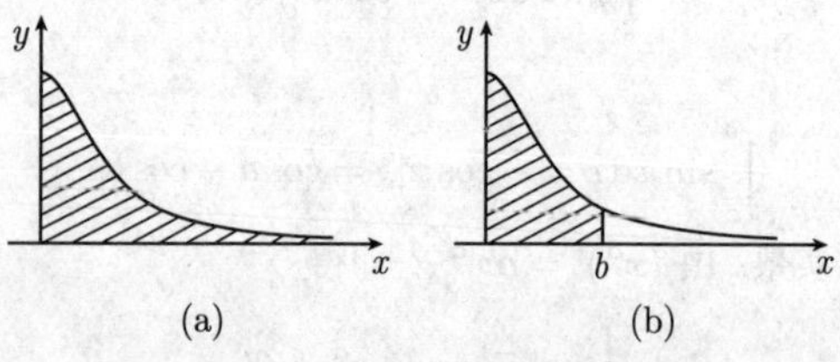

图 1.54 无界区间上积分的近似

无界函数的积分 积分 $\int_0^1 \frac{\mathrm{d}x}{\sqrt{x}}$ 相应于图 1.55(a) 中阴影部分区域的面积.

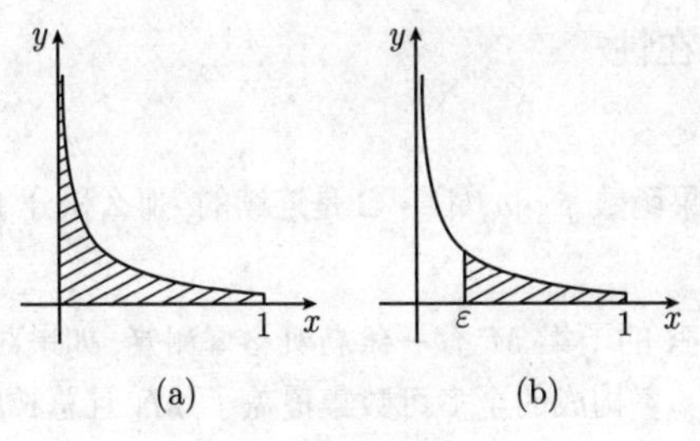

图 1.55 无界函数的积分

这个面积可以用极限计算:

$$\int_0^1 \frac{\mathrm{d}x}{\sqrt{x}} = \lim_{\varepsilon \to +0} \int_\varepsilon^1 \frac{\mathrm{d}}{\sqrt{x}} = 2$$

(图 1.55(b)). 这里, 我们利用了公式:

$$\int_\varepsilon^1 \frac{\mathrm{d}x}{\sqrt{x}} = 2\sqrt{x}|_\varepsilon^1 = 2 - 2\sqrt{\varepsilon}.$$

测度与积分 古希腊伟大的数学家阿基米德(Archimedes, 公元前 287—前 212) 用正 96 边形近似一个圆, 从而近似计算出了单位圆的周长. 这样, 他得到了 2π 的近似值 6.28. 自他之后, 许多数学家和物理学家从事计算集合的 "测度"(曲线的长度、曲面的面积、体积、质量、电量等). 在 20 世纪初, 法国数学家 H. 勒贝格(Henri Lebesgue, 1875—1941) 发展了一般测度论, 它允许把测度分配到给定集合的子集, 而且可以以令人满意的方式进行计算; 特别是, 可以在这个理论中形成极限. 这样, 勒贝格完全解决了定义和计算测度的古老问题. 勒贝格测度的概念包含所谓的勒贝格积分, 经典黎曼积分 (1.101) 是勒贝格积分的特殊情形.

由于教学的原因, 经典积分仍然是高中和大学里教学大纲的一部分. 但是在现代数学和物理学中, 人们确实需要勒贝格积分一般概念带来的广泛应用 (例如, 在概率论、变分法、偏微分方程理论、量子理论等中). 现代勒贝格积分之所以优越的理由是基本极限公式:

$$\boxed{\lim_{n\to\infty} \int_a^b f_n(x)\mathrm{d}x = \int_a^b \lim_{n\to\infty} f_n(x)\mathrm{d}x,} \tag{1.106}$$

对于勒贝格积分, 它在很弱的假设下成立, 但对于经典积分它并不成立. 可出现这样的情况: (1.106) 左端的积分看作经典积分也存在, 而极限函数 $\lim\limits_{n\to\infty} f(x)$ 高度不连续, 以致 (1.106) 的右端在经典积分意义下不存在, 只在勒贝格积分意义下存在.

在本卷中, 我们只考虑经典的积分概念. [212] 解释了现代测度论的概念. 关于一元积分 $\int_a^b f(x)\mathrm{d}x$ 的下列论述可以立即推广到多变量积分 (参看 1.7).

1.6.2 积分的存在性

令 $-\infty < a < b < \infty$.

第一存在性定理 如果函数 $f:[a,b]\to\mathbb{C}$ 是连续的, 那么积分 $\int_a^b f(x)\mathrm{d}x$ 在 (1.101) 意义下存在.

一维零测度集合 称 $\mathbb{R}$ 的子集 M 有一维勒贝格零测度, 如果对每个实数 $\varepsilon>0$, 存在一个由区间 $J_1, J_2,\cdots$ 构成的至多可数集覆盖了 M, 且总长度小于 ε.

例 1: 由有限个或可数个实数构成的每个集合 M, 有一维勒贝格零测度.

因为有理数集 $\mathbb{Q}$ 是可数的, 所以可推出 $\mathbb{Q}$ 有勒贝格零测度.

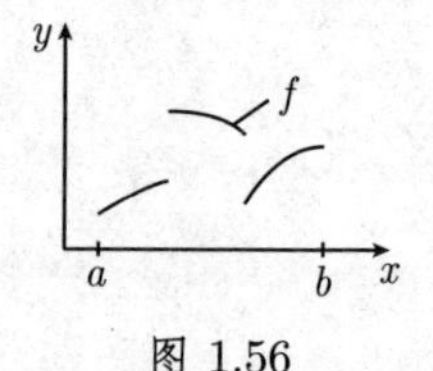

图 1.56

几乎处处连续的函数 函数 $f:[a,b]\to\mathbb{R}$ 是几乎处处连续的, 如果存在一个勒贝格零测度集合 M, 使得 f 在所有 $x\in[a,b]-M$ 处都是连续的.

例 2: 图 1.56 中表示的函数包含有限个不连续点, 因此是几乎处处连续的.

第二存在性定理 如果函数 $f:[a,b]\to\mathbb{R}$ 是有界的 [1]、几乎处处连续的, 那么在 (1.101) 意义下的积分 $\int_a^b f(x)\mathrm{d}x$ 存在.

复值函数 复值函数 $f:[a,b]\to\mathbb{C}$ 可以写成如下形式:

$$\boxed{f(x)=\varphi(x)+\mathrm{i}\psi(x),}$$

其中 $\varphi(x)$ 和 $\psi(x)$ 分别表示复数 $f(x)$ 的实部和虚部. 显然, 当 ϕ 和 ψ 都在 x 点处连续时, 函数 f 在点 x 处是连续的.

上述两个存在性定理在同样条件下对复值函数 $f:[a,b]\to\mathbb{C}$ 仍然成立. 在这个情形, f 是有界且几乎处处连续的, 如果 ϕ 和 ψ 都满足这些性质. 对于积分, 有如下公式:

$$\boxed{\int_a^b f(x)\mathrm{d}x=\int_a^b \varphi(x)\mathrm{d}x+\mathrm{i}\int_a^b \psi(x)\mathrm{d}x.}$$

积分的性质 令 $-\infty<a<c<b<\infty$, 假设函数 $f,g:[a,b]\to\mathbb{C}$ 有界且几乎处处连续, 并令 $\alpha,\ \beta\in\mathbb{C}$.

(i) 线性性

$$\int_a^b(\alpha f(x)+\beta g(x))\mathrm{d}x=\alpha\int_a^b f(x)\mathrm{d}x+\beta\int_a^b g(x)\mathrm{d}x.$$

(ii) 三角不等式

$$\boxed{\left|\int_a^b f(x)\mathrm{d}x\right|\leqslant\int_a^b|f(x)|\mathrm{d}x\leqslant(b-a)\sup_{a\leqslant x\leqslant b}|f(x)|.}$$

1) f 有界的意思是, 对所有 $x\in[a,b], |f(x)|\leqslant$ 某一常数.

(iii) 加法法则

$$\int_a^c f(x)\mathrm{d}x + \int_c^b f(x)\mathrm{d}x = \int_a^b f(x)\mathrm{d}x.$$

(iv) 不变性原理　如果在勒贝格测度为零的集合 M 上, 改变函数 f 的值, 积分 $\int_a^b f(x)\mathrm{d}x$ 不变.

(v) 单调性　如果 f, g 是实值函数, 那么对所有 $x \in [a,b], f(x) \leqslant g(x)$ 蕴涵着不等式

$$\int_a^b f(x)\mathrm{d}x \leqslant \int_a^b g(x)\mathrm{d}x.$$

积分中值定理　如果函数 $f:[a,b] \to \mathbb{R}$ 是连续的, 函数 $g:[a,b] \to \mathbb{R}$ 是非负有界, 且处处连续的, 那么对某个适当的 $\xi \in [a,b]$, 有

$$\boxed{\int_a^b f(x)g(x)\mathrm{d}x = f(\xi)\int_a^b g(x)\mathrm{d}x.}$$

例 3: 对于特殊情形 $g(x) \equiv 1$, 我们得到

$$\int_a^b f(x)\mathrm{d}x = f(\xi)(b-a).$$

例 4: 如果 $f:[a,b] \to \mathbb{R}$ 几乎处处连续, 且对所有 $x \in [a,b]$ 有 $m \leqslant f(x) \leqslant M$, 那么有

$$\int_a^b m\mathrm{d}x \leqslant \int_a^b f(x)\mathrm{d}x \leqslant \int_a^b M\mathrm{d}x,$$

即 $(b-a)m \leqslant \int_a^b f(x)\mathrm{d}x \leqslant (b-a)M$.

1.6.3 微积分基本定理

基本定理　令 $-\infty < a < b < \infty$. 对于 C^1 类函数 $F:[a,b] \to \mathbb{C}$,[1] 下列等式成立:

$$\boxed{\int_a^b F'(x)\mathrm{d}x = F(b) - F(a).}$$

例: 由于对所有 $x \in \mathbb{R}$, 因为 $(\mathrm{e}^{\alpha x})' = \alpha \mathrm{e}^{\alpha x}$ (α 是复数), 即有

$$\alpha \int_a^b \mathrm{e}^{\alpha x}\mathrm{d}x = \mathrm{e}^{\alpha x}\big|_a^b = \mathrm{e}^{\alpha b} - \mathrm{e}^{\alpha a}.$$

在下文中, $f:[a,b] \to \mathbb{C}$ 表示连续函数.

关于积分上限的微分　令

$$\boxed{F_0(x) := \int_a^x f(t)\mathrm{d}t, \quad a \leqslant x \leqslant b,}$$

1) 这意味着 F 的实部和虚部都属于 $C^1[a,b]$.

则有

$$F'(x) = f(x), \quad 对所有x \in [a,b], \tag{1.107}$$

其中 $F = F_0$.

原函数的存在性 (i) $F_0 : [a,b] \to \mathbb{C}$ 是微分方程 (1.107) 在 C^1 函数类中满足 $F_0(a) = 0$ 的唯一解. 特别地, F_0 是 f 在区间$]a,b[$上的一个原函数.

(ii) (1.107) 的所有 C^1 类解 $F[a,b] \to \mathbb{C}$ 都由

$$F_0(x) + C$$

所得到, 其中 C 是任意复常数.

(iii) 如果函数 $F : [a,b] \to \mathbb{R}$ 是 (1.107) 的一个 C^1 类解, 那么

$$\int_a^b f(x)\mathrm{d}x = F(b) - F(a).$$

1.6.4 分部积分法

定理 令 $-\infty < a < b < \infty$. 对 C^1 类函数 $u, v : [a,b] \to \mathbb{C}$, 有

$$\boxed{\int_a^b u'v\mathrm{d}x = uv|_a^b - \int_a^b uv'\mathrm{d}x.} \tag{1.108}$$

证明: 由微积分基本定理及微分乘法法则, 有

$$\int_a^b (u'v + uv')\mathrm{d}x = \int_a^b (uv)'\mathrm{d}x = uv|_a^b. \qquad \square$$

例 1: 为了计算积分

$$A := \int_1^2 2x \ln x \mathrm{d}x,$$

令

$$u' = 2x, \qquad v = \ln x,$$
$$u = x^2, \qquad v' = \frac{1}{x}.$$

由 (1.108) 可得

$$A = x^2 \ln x|_1^2 - \int_1^2 x\mathrm{d}x = x^2 \ln x - \left.\frac{x^2}{2}\right|_1^2 = 4\ln 2 - \frac{3}{2}.$$

例 2: 为了求积分

$$A = \int_a^b x \sin x \mathrm{d}x$$

我们令

$$u' = \sin x, \quad v = x,$$
$$u = -\cos x, \quad v' = 1.$$

根据 (1.108) 可得

$$A = -x\cos x|_a^b + \int_a^b \cos x\mathrm{d}x = -x\cos x + \sin x|_a^b.$$

例 3(叠分部积分): 为求积分

$$B = \int_a^b \frac{1}{2}x^2\cos x\mathrm{d}x,$$

令

$$u' = \cos x, \quad v = \frac{1}{2}x^2,$$
$$u = \sin x, \quad v' = x.$$

由 (1.108) 得

$$B = \frac{1}{2}x^2\sin x|_a^b - \int_a^b x\sin x\mathrm{d}x.$$

最后一个积分可以再次利用分部积分, 计算过程和例 2 一样.

不定积分 在与 (1.108) 一样的假设下, 有

$$\boxed{\int u'v\mathrm{d}x = uv - \int uv'\mathrm{d}x, \quad 在]a,b[上.}$$

1.6.5 代换

基本思想 我们希望通过代换

$$\boxed{x = x(t)}$$

变换积分 $\int_a^b f(x)\mathrm{d}x$.

利用莱布尼茨微积分, 形式规则

$$\mathrm{d}x = \frac{\mathrm{d}x}{\mathrm{d}t}\mathrm{d}t$$

导致公式

$$\boxed{\int_a^b f(x)\mathrm{d}x = \int_\alpha^\beta f(x(t))\frac{\mathrm{d}x}{\mathrm{d}t}(t)\mathrm{d}t.} \qquad (1.109)$$

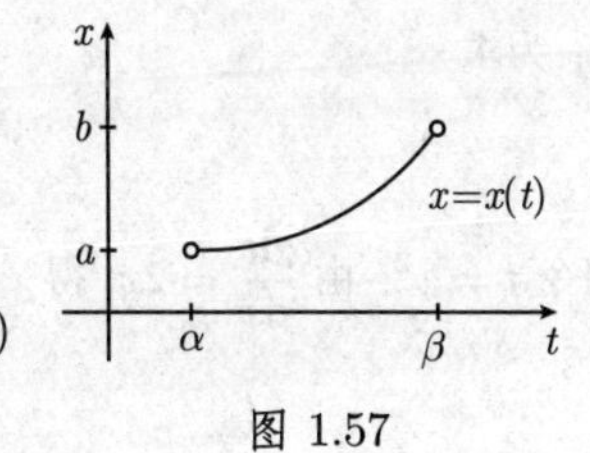

图 1.57

这可以被严格证明 (图 1.57).

定理 在下列假设下, 公式 (1.109) 成立:

(a) 函数 $f:[a,b]\to\mathbb{C}$ 有界且几乎处处连续.

(b) C^1 类函数 $x:[\alpha,\beta]\to\mathbb{R}$ 满足条件 1)

$$\boxed{x'(t)>0,\quad 对所有t\in]\alpha,\beta[,} \tag{1.110}$$

并且 $x(\alpha)=a, x(\beta)=b$.

重要条件 (1.110) 保证了函数 $x=x(t)$ 在 $[\alpha,\beta]$ 上严格递增, 因此对变量变换, 保证了它的反函数 $t=t(x)$ 唯一. 没有假设条件 (1.110), 公式 (1.109) 将导致完全错误的结果.

例 1: 为求积分

$$A=\int_a^b \mathrm{e}^{2x}\mathrm{d}x,$$

令 $t=2x$, 则

$$x=\frac{t}{2},\qquad \frac{\mathrm{d}x}{\mathrm{d}t}=\frac{1}{2}.$$

当 $x=a,b$ 时 $t=2a,2b$, 因此 $\alpha=2a,\beta=2b$. 此时从 (1.109) 即得

$$A=\int_\alpha^\beta \frac{1}{2}\mathrm{e}^t\mathrm{d}t=\frac{1}{2}\mathrm{e}^t\bigg|_\alpha^\beta=\frac{1}{2}\mathrm{e}^{2x}\bigg|_a^b=\frac{\mathrm{e}^{2b}-\mathrm{e}^{2a}}{2}.$$

不定积分中的代换 根据莱布尼茨的记号, 不定积分的形式代换规则为

$$\boxed{\int f(x)\mathrm{d}x=\int f(x(t))\frac{\mathrm{d}x}{\mathrm{d}t}\mathrm{d}t.} \tag{1.111}$$

我们必须考虑两种情形:

(i) 在计算中不需要反函数.

(ii) 在计算中需要反函数.

在非临界情况 (i), 我们总是可以用 (1.111). 然而在情况 (ii), 只能使用 $x=x(t)$ 的反函数存在的那个区间. 在不确定的情形, 应该在计算 $\displaystyle\int f(x)\mathrm{d}x=F(x)$ 后检验一下是否有 $F'(x)=f(x)$.

例 2: 为求

$$A=\int \mathrm{e}^{x^2}2x\mathrm{d}x,$$

我们令 $t=x^2$. 由 $\dfrac{\mathrm{d}t}{\mathrm{d}x}=2x$, 得

$$\boxed{2x\mathrm{d}x=\mathrm{d}t.}$$

1) 如果对所有 $t\in]\alpha,\beta[$, 有 $x'(t)<0$, 那么必须把 $x(t)$ 换成 $-x(t)$.

这导出 [1)]

$$A=\int \mathrm{e}^t\mathrm{d}t=\mathrm{e}^t+C=\mathrm{e}^{x^2}+C,\quad 在\mathbb{R}上.$$

此时的检验是 $(\mathrm{e}^{x^2})'=\mathrm{e}^{x^2}\cdot 2x$.

例 3: 为了求积分

$$B=\int\frac{\mathrm{d}x}{\sqrt{1-x^2}},$$

选取代换 $x=\sin t$. 则 $\dfrac{\mathrm{d}x}{\mathrm{d}t}=\cos t$, 并且有

$$B=\int\frac{\cos t}{\sqrt{1-\sin^2 t}}\mathrm{d}t=\int\frac{\cos t}{\cos t}\mathrm{d}t=\int\mathrm{d}t=t+C=\arcsin x+C.$$

在这些形式变化中, 我们使用了反函数 $t=\arcsin x$, 在推断 B 所导出的表达式在哪个区间上成立时我们必须十分谨慎. 首先进行代换

$$\boxed{x=\sin t,\quad -\frac{\pi}{2}<t<\frac{\pi}{2}}$$

(图 1.58). 对应的反函数是

$$t=\arcsin x,\quad -1<x<1.$$

对所有 $t\in\left]-\dfrac{\pi}{2},\dfrac{\pi}{2}\right[$, 有 $\cos t>0$, 所以

$$\sqrt{1-\sin^2 t}=\sqrt{\cos^2 t}=\cos t.$$

这样, 一言以蔽之, 我们得到

$$B=\int\frac{\mathrm{d}x}{\sqrt{1-x^2}}=\arcsin x+C,\quad -1<x<1.$$

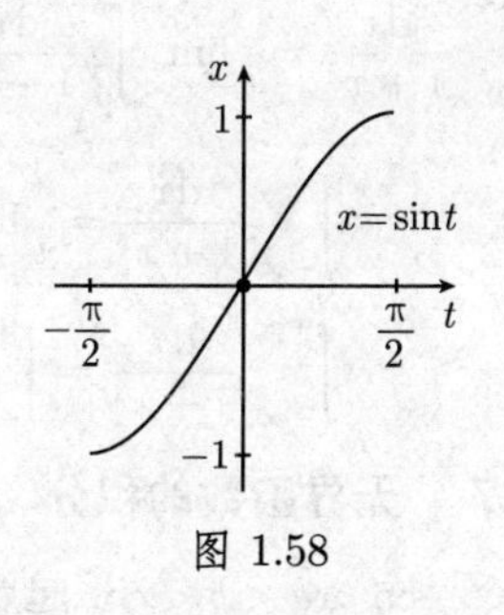

图 1.58

重要代换列表 见 0.9.4.

1.6.6 无界区间上的积分

通过先计算有界区间上积分, 然后当区间的长度趋于无限时求极限, 来计算无

1) 下面的符号特别有助于记忆:

$$\int \mathrm{e}^{x^2}2x\mathrm{d}x=\int \mathrm{e}^{x^2}\mathrm{d}x^2=\int\mathrm{e}^t\mathrm{d}t=\mathrm{e}^t+C=\mathrm{e}^{x^2}+C.$$

一旦你习惯了它, 你就可以用更加简短的形式:

$$\int \mathrm{e}^{x^2}2x\mathrm{d}x=\int \mathrm{e}^{x^2}\mathrm{d}x^2=\mathrm{e}^{x^2}+C.$$

界区间上的积分.[1] 令 $a \in \mathbb{R}$, 则有

$$\int_a^{\infty} f(x)\mathrm{d}x = \lim_{b\to+\infty}\int_a^b f(x)\mathrm{d}x, \tag{1.112}$$

$$\int_{-\infty}^{a} f(x)\mathrm{d}x = \lim_{b\to-\infty}\int_b^a f(x)\mathrm{d}x, \tag{1.113}$$

以及

$$\int_{-\infty}^{+\infty} f(x)\mathrm{d}x = \int_{-\infty}^{a} f(x)\mathrm{d}x + \int_a^{\infty} f(x)\mathrm{d}x. \tag{1.114}$$

存在性判别准则 假设函数 $f: J \to \mathbb{C}$ 几乎处处连续, 并满足如下估计:

$$|f(x)| \leqslant \frac{常数}{(1+|x|)^{\alpha}}, \quad 对所有x \in J,$$

其中常数 $\alpha > 1$. 那么下列结论成立:

(i) 如果 $J = [a, \infty[$(或 $J =]-\infty, a]$), 那么 (1.112)(或 (1.113)) 中有限极限存在.

(ii) 如果 $J =]-\infty, +\infty[$, 那么对所有 $a \in \mathbb{R}$, (1.112) 和 (1.113) 中的有限极限都存在, 并且 (1.114) 右端的和与 a 的选取无关.

例: $\displaystyle\int_0^{\infty} \frac{\mathrm{d}x}{1+x^2} = \lim_{b\to+\infty}\int_0^b \frac{\mathrm{d}x}{1+x^2} = \lim_{b\to+\infty} \arctan b = \frac{\pi}{2};$

$$\int_{-\infty}^{0} \frac{\mathrm{d}x}{1+x^2} = \lim_{b\to-\infty}(-\arctan b) = \frac{\pi}{2},$$

$$\int_{-\infty}^{+\infty} \frac{\mathrm{d}x}{1+x^2} = \int_{-\infty}^{0} \frac{\mathrm{d}x}{1+x^2} + \int_0^{\infty} \frac{\mathrm{d}x}{1+x^2} = \frac{\pi}{2} + \frac{\pi}{2} = \pi.$$

1.6.7 无界函数的积分

令 $-\infty < a < b < \infty$. 起点是关于两个极限的关系式:

$$\int_a^b f(x)\mathrm{d}x = \lim_{\varepsilon\to+0}\int_{a-\varepsilon}^{b} f(x)\mathrm{d}x. \tag{1.115}$$

存在性判别准则 假设函数 $f:]a, b] \to \mathbb{C}$ 几乎处处连续, 并满足估计

$$|f(x)| \leqslant \frac{常数}{|x-a|^{\alpha}}, \quad 对所有x \in [a, b],$$

1) 在较早的文献中, 术语 "反常积分" 表示这种情况. 这个词容易产生误导, 因为这种积分也是勒贝格积分一般概念的一种特殊情形, 因此也服从这个理论中的一般规则. 而对于勒贝格积分, 被积函数与区间是否有界是无关紧要的.

其中常数 $\alpha<1$. 那么 (1.115) 中的极限存在且有限.

例: 令 $0<\alpha<1$. 由

$$\int_{\varepsilon}^{1}\frac{\mathrm{d}x}{x^{\alpha}}=\left.\frac{x^{1-\alpha}}{1-\alpha}\right|_{\varepsilon}^{1}=\frac{1}{1-\alpha}(1-\varepsilon^{1-\alpha})$$

即得

$$\int_{0}^{1}\frac{\mathrm{d}x}{x^{\alpha}}=\lim_{\varepsilon\to+0}\int_{\varepsilon}^{1}\frac{\mathrm{d}x}{x^{\alpha}}=\frac{1}{1-\alpha}.$$

类似可处理

$$\boxed{\int_{a}^{b}f(x)\mathrm{d}x=\lim_{\varepsilon\to+0}\int_{a}^{b-\varepsilon}f(x)\mathrm{d}x.}\tag{1.116}$$

存在性判别准则 假设函数 $f:[a,b[\to\mathbb{C}$ 几乎处处连续, 并满足估计

$$\boxed{|f(x)|\leqslant\frac{\text{常数}}{|x-b|^{\alpha}},\quad \text{对所有}x\in[a,b[,}$$

其中常数 $\alpha<1$. 那么极限 (1.116) 存在且有限.

1.6.8 柯西主值

令 $-\infty<a<c<b<\infty$. 公式

$$\mathrm{PV}\int_{a}^{b}\frac{\mathrm{d}x}{x-c}=\lim_{\varepsilon\to+0}\left(\int_{a}^{c-\varepsilon}\frac{\mathrm{d}x}{x-c}+\int_{c+\varepsilon}^{b}\frac{\mathrm{d}x}{x-c}\right).\tag{1.117}$$

定义了柯西主值.

令 $\varepsilon>0$ 足够小. 由于下列关系式:

$$\int_{a}^{c-\varepsilon}\frac{\mathrm{d}x}{x-c}=\ln|x-c||_{a}^{c-\varepsilon}=\ln\varepsilon-\ln(c-a),$$

$$\int_{c+\varepsilon}^{b}\frac{\mathrm{d}x}{x-c}=\ln|x-c||_{c+\varepsilon}^{b}=\ln(b-c)-\ln\varepsilon,$$

我们得到

$$\mathrm{PV}\int_{a}^{b}\frac{\mathrm{d}x}{x-c}=\ln(b-c)-\ln(c-a)=\ln\frac{b-c}{c-a}.$$

当 $\varepsilon\to+0$ 时, 有 $\ln\varepsilon\to-\infty$; 由于 (1.117) 的积分中上、下限的特定选择, $\ln\varepsilon$ 中的危险项互相抵消了.

不论是在经典积分, 还是勒贝格积分中, 积分 $\displaystyle\int_{a}^{b}\frac{\mathrm{d}x}{x-c}$ 都不存在. 因此, 柯西主值是勒贝格积分概念的真正推广.

1.6.9 对弧长的应用

平面曲线的弧长 曲线

$$x = x(t), y = y(t), \quad a \leqslant t \leqslant b \tag{1.118}$$

的弧长定义为积分

$$\boxed{s := \int_a^b \sqrt{x'(t)^2 + y'^2(t)^2}\mathrm{d}t} \tag{1.119}$$

的值.

通常的动机 根据阿基米德 (公元前 287—前 212) 的例子, 我们用开多边形逼近曲线 (图 1.59(a)).

由毕达哥拉斯定理可知, 这个多边形的一个割线长为

$$(\Delta s)^2 = (\Delta x)^2 + (\Delta y)^2$$

(图 1.59(b)). 由此即得

$$\frac{\Delta s}{\Delta t} = \sqrt{\left(\frac{\Delta x}{\Delta t}\right)^2 + \left(\frac{\Delta y}{\Delta t}\right)^2}. \tag{1.120}$$

曲线的弧长近似等于 *

$$s = \sum \Delta s = \sum \frac{\Delta s}{\Delta t}\Delta t. \tag{1.121}$$

我们令每个割线的长度趋向于零, 对 (1.121) 求极限, 则积分表达式 (1.119) 就是 (1.121) 的连续形式.

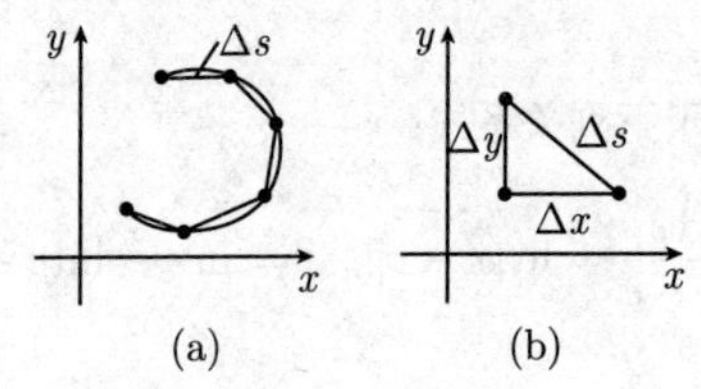

图 1.59 弧长

提炼后的动机 假设曲线有弧长, 并用 $s(\tau)$ 表示曲线上用 $t = a, t = \tau$ 定义的点之间曲线的长度 (图 1.60(b), 其中 $s(\tau) = m(\tau)^\dagger$). 当 $\Delta t \to 0$ 时, 由 (1.120) 可得下述微分方程:

$$\begin{aligned} s'(\tau) &= \sqrt{x'(\tau)^2 + y'(\tau)^2}, \quad a \leqslant \tau \leqslant b, \\ s(a) &= 0. \end{aligned} \tag{1.122}$$

---

* 原文把 “曲线 (curve)” 误为 “割线 (secant)”.—— 校者

† 此式疑有误.—— 校者

由 (1.107) 知, 它有唯一解

$$s(\tau)=\int_a^\tau\sqrt{x'(t)^2+y'(t^2)}\mathrm{d}t.$$

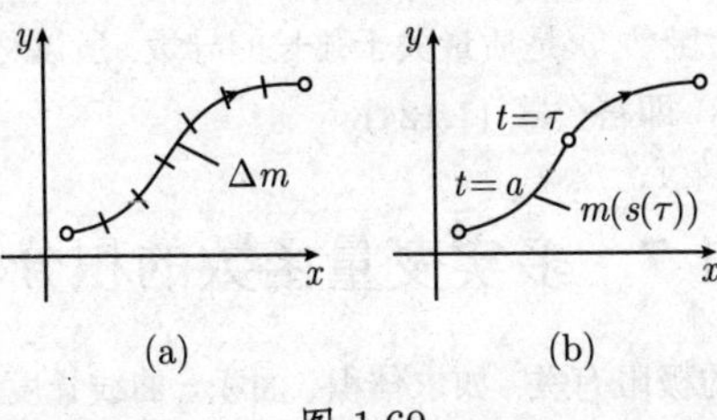

图 1.60

例: 对于由曲线

$$x=\cos t,\quad y=\sin t,\quad 0\leqslant t\leqslant 2\pi$$

给出的单位圆的弧长, 有

$$s=\int_0^{2\pi}\sqrt{x'(t)^2+y'(t)^2}\mathrm{d}t=\int_0^{2\pi}\sqrt{\sin^2 t+\cos^2 t}\mathrm{d}t=\int_0^{2\pi}\mathrm{d}t=2\pi.$$

1.6.10 物理角度的标准推理

曲线的质量 令 $\rho=\rho(s)$ 为曲线 (1.118) 的密度, 即其每单位长的质量. 根据定义, 这条曲线上长度为 σ 部分的质量 $m(\sigma)$ 由

$$\boxed{m(\sigma)=\int_0^\sigma\varrho(s)\mathrm{d}s.}\tag{1.123}$$

给出. 如果我们把这个表达式与曲线的参数 t 联系起来, 对于曲线上参数 $t=a$ 和 $t=\tau$ 所对应的点之间那一段的质量, 我们就得到了公式

$$m(s(\tau))=\int_0^\tau\varrho(s(t))\frac{\mathrm{d}s}{\mathrm{d}t}\mathrm{d}t.$$

这导致

$$\boxed{m(s(\tau))=\int_0^\tau\varrho(s(t))\sqrt{x'(t)^2+y'(t)^2}\mathrm{d}t.}\tag{1.124}$$

通常的动机 我们把曲线分割成小段, 其中每段的质量为 Δm, 弧长为 Δs(图1.60(a)). 那么近似地有

$$m=\sum\Delta m=\sum\frac{\Delta m}{\Delta s}\Delta s=\sum\varrho\Delta s=\sum\varrho\frac{\Delta s}{\Delta t}\Delta t.\tag{1.125}$$

如果让曲线段越来越小, 那么当 $\Delta t\to 0$ 时, 公式 (1.124) 就是 (1.125) 的连续形式.

从牛顿的时代开始, 人们在物理学中就进行了这类考虑, 用它来推导以积分形式定义的物理量的公式.

提炼后的动机 我们从质量函数 $m = m(s)$ 出发, 并假设积分表达式 (1.123) 成立, 其中 ϱ 是连续函数. (1.123) 在点 $\sigma = s$ 处的微分为

$$m'(s) = \varrho(s)$$

(参看 (1.107)). 这样, 函数 ϱ 是质量关于弧长的导数, 所以称为**线密度**. 借助积分的代换法则, 由 (1.123) 即得公式 (1.124).

1.7 多实变量函数的积分

积分学与有限和的极限有关, 如求体积、面积、曲线长度、质量、电量、质心、转动惯量或概率. 一般地, 有

微分 = 函数 (或映射) 的线性化,
积分 = 函数值的和的极限.

下面的关键词概述了积分理论中最重要的结果:

(i) 卡瓦列里(Cavalieri) 原理(富比尼(Fubini) 定理),

(ii) 代换法则,

(iii) 微积分基本定理(高斯–斯托克斯定理),

(iv) 分部积分 ((iii) 的特殊情形).

原理 (i) 允许累次积分 (多变量函数的积分) 的计算归结为一维积分的计算.

在较早的著作中, 除了用积分求体积外, 人们还用了一系列更多的积分概念: 第一类曲线积分, 第二类曲线积分, 第一类曲面积分, 第二类曲面积分, 等等. 在推广到高维 n=4, 5, $\cdots$ 时 —— 这对于像广义相对论或统计力学这样更复杂的情况是十分必要的 —— 情形更加难以理解. 这类符号和概念不适当地被使用, 以致完全掩盖了下面一条非常简单的原理:

任意维的积分区域M(区域, 曲线, 曲面等)
上的积分对应着微分式ω的积分 $\int_M \omega$.

如果采用这种观点, 那么为了得到便于记忆的嘉当微分学的所有重要法则, 只需要记住少数几个法则就可以了.

1.7.1 基本思想

下面启发式的思考将在后面的 1.7.2 中被严格证明.

矩形的质量 令 $-\infty < a < b < \infty, -\infty < c < d < \infty$. 考虑矩形 $R := \{(x, y) : a \leqslant x \leqslant b, c \leqslant y \leqslant d\}$, 假设它的面密度为 ϱ(图 1.61(a)). 为了计算 R 的质量, 我们

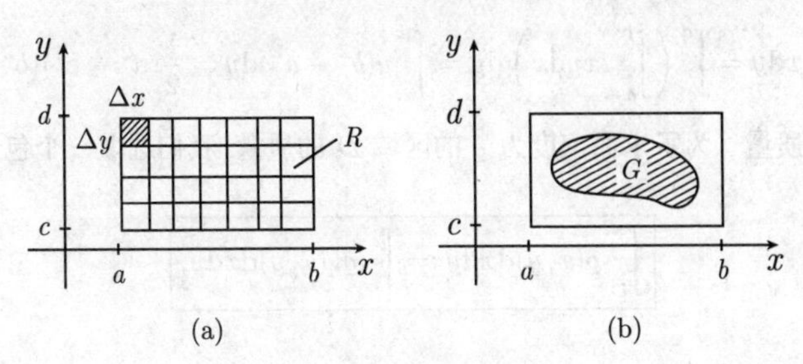

图 1.61 量的计算

$$\Delta x := \frac{b-a}{n}, \quad \Delta y := \frac{d-c}{n}, n = 1, 2, \cdots$$

以及 $x_j := a + j\Delta x$, $y_k := c + k\Delta y$, 其中 $j, k = 0, \cdots, n$. 我们把矩形 R 分割成右上角为 (x_j, y_k), 边长分别为 $\Delta x, \Delta y$ 的众多小矩形. 这种小矩形的质量近似等于:

$$\Delta m = \varrho(x_j, y_k)\Delta x \Delta y.$$

因此, 用极限关系式

$$\boxed{\int_R \varrho(x,y)\mathrm{d}x\mathrm{d}y := \lim_{n\to\infty} \sum_{j,k=1}^{\infty} \varrho(x_j, y_k)\Delta x \Delta y} \tag{1.126}$$

来确定 R 的质量是有意义的.

累次积分(富比尼定理) 可以用公式:

$$\boxed{\int_R \varrho(x,y)\mathrm{d}x\mathrm{d}y = \int_c^d \left(\int_a^b \varrho(x,y)\mathrm{d}x\right)\mathrm{d}y = \int_a^b \left(\int_c^d \varrho(x,y)\mathrm{d}y\right)\mathrm{d}x} \tag{1.127}$$

把 R 上的积分计算归结为两个一维积分的计算, 这有重大的实际意义. [1)]

例 1: $\displaystyle\int_R \mathrm{d}x\mathrm{d}y = \int_c^d \left(\int_a^b \mathrm{d}x\right)\mathrm{d}y = \int_c^d (b-a)\mathrm{d}y = (b-a)(d-c)$. 这是矩形 R 的面积.

例 2: 从关系式

$$\int_a^b 2xy\mathrm{d}x = 2y\int_a^b x\mathrm{d}x = yx^2|_a^b = y(b^2 - a^2)$$

1) 当 $n \to \infty$ 时, 对有限和交换累加次序:

$$\sum_{j,k=1}^{n} \varrho\Delta x\Delta y = \sum_{k=1}^{n}\left(\sum_{j=1}^{n}\varrho\Delta x\right)\Delta y = \sum_{j-1}^{n}\left(\sum_{k=1}^{n}\varrho\Delta y\right)\Delta x,$$

即得公式 (1.127), 其中 (更确切一点)ϱ 被写为 $\varrho(x_j, y_k)$.

即得

$$\int_R 2xy\mathrm{d}x\mathrm{d}y = \int_c^d \left(\int_a^b 2xy\mathrm{d}x\right)\mathrm{d}y = \int_c^d y(b^2-a^2)\mathrm{d}y = \frac{1}{2}(d^2-c^2)(b^2-a^2).$$

有界区域的质量 为了求面密度为 ϱ 的区域 D 的质量, 我们选取一个包含 D 的矩形 R, 并令

$$\boxed{\int_D \varrho(x,y)\mathrm{d}x\mathrm{d}y := \int_R \varrho_*(x,y)\mathrm{d}x\mathrm{d}y,} \tag{1.128}$$

其中

$$\varrho_*(x,y) := \begin{cases} \varrho(x,y), & (x,y)\in D \\ 0, & D\text{外}^{1)} \end{cases}$$

这些讨论可以完全类似地推广到高维的情形. 在高维情形, 用 n 维立方体代替矩形, 其中 n 是区域的维数 (参看图 1.61(b)).

卡瓦列里原理 考虑图 1.62 所示的情形. 有

$$\int_a^b \varrho_*(x,y)\mathrm{d}x = \int_{\alpha(y)}^{\beta(y)} \varrho_*(x,y)\mathrm{d}x = \int_{\alpha(y)}^{\beta(y)} \varrho(x,y)\mathrm{d}x.$$

注意, 对于固定的 $y, \varrho_*(x,y)$ 在区间 $[\alpha(y),\beta(y)]$ 上等于 $\varrho(x,y)$, 在区间外等于 0. 因而从 (1.127) 和 (1.128) 即得

$$\boxed{\int_D \varrho(x,y)\mathrm{d}x\mathrm{d}y = \int_c^d \left(\int_{\alpha(y)}^{\beta(y)} \varrho(x,y)\mathrm{d}x\right)\mathrm{d}y.}$$

这个公式也可以简写成

$$\boxed{\int_D \varrho(x,y)\mathrm{d}x\mathrm{d}y = \int_c^d \left(\int_{D_y} \varrho(x,y)\mathrm{d}x\right)\mathrm{d}y.} \tag{1.129}$$

其中 D_y 是所谓的 D 的 y 截面:

$$D_y = \{x\in\mathbb{R} | (x,y)\in D\}.$$

公式 (1.129) 不依赖于区域 [2] D 的特殊形式, 见图 1.62(也可见图 1.63(a)).

---

1) 如果 ϱ 也取负值, 那么可以把 ϱ 看作表面电荷密度, 把 $\int_D \varrho(x,y)\mathrm{d}x\mathrm{d}y$ 解释成区域 D 中的总电荷. 当 $\varrho\equiv 1$ 时, 积分 $\int_D \mathrm{d}x\mathrm{d}y$ 就是区域 D 的面积.

2) 如果我们引进 D 的 x 截面 $D_x := \{y\in\mathbb{R} | (x,y)\in D\}$, 那么类似于 (1.129), 我们有公式:

$$\int_D \rho(x,y)\mathrm{d}x\mathrm{d}y = \int_a^b \left(\int_{D_x} \rho(x,y)\mathrm{d}y\right)\mathrm{d}x$$

(参看图 1.63(b)).

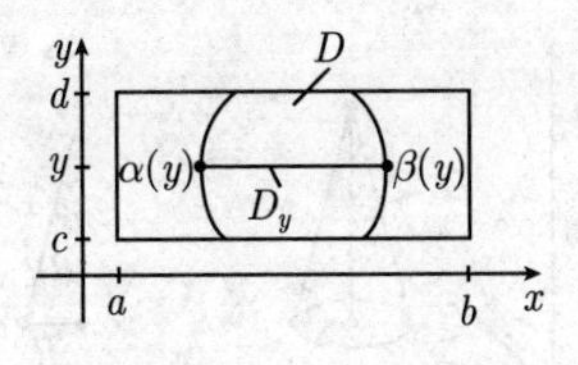

图 1.62 一个 y 截面

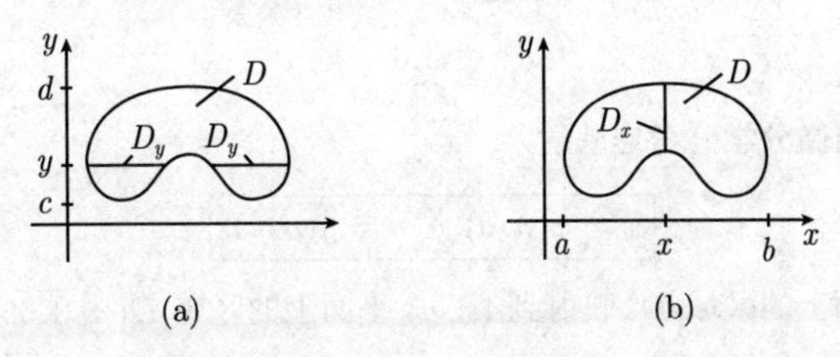

图 1.63 区域 D 的 y 截面和 x 截面

也可以把方程 (1.129) 推广到高维, 它对应着积分理论的一般原理, 它在牛顿和莱布尼茨之前的最简单形式是由伽利略的学生 B. 卡瓦列里(Bonaventura Cavalieri, 1598—1647) 发现的, 于 1653 年发表在他的主要著作《连续不可分量的几何学》(*Geometria indivisibilius continuorum*) 中.

例 3(圆锥的体积): 令 D 是底面圆半径为 R, 高为 h 的一个圆锥. 关于 D 的体积, 有公式

$$\boxed{V=\frac{1}{3}\pi R^2 h.}$$

为了推导出这个公式, 应用卡瓦列里原理:

$$V=\int_D \mathrm{d}x\mathrm{d}y\mathrm{d}z=\int_0^h\left(\int_{D_z}\mathrm{d}x\mathrm{d}y\right)\mathrm{d}z.$$

z 截面是半径为 R_z 的圆盘 (图 1.64(a)). 因此有$\int_{D_z}\mathrm{d}x\mathrm{d}y=$ 半径为 R_z 的圆盘的面积, $A=\pi R_z^2$(参看例 4). 由图 1.64(b), 可以看出

$$\frac{R_z}{R}=\frac{h-z}{h},$$

因而得到

$$V=\int_0^h\frac{\pi R^2}{h^2}(h-z)^2dz=-\frac{\pi R^2}{3h^2}(h-z)^3|_0^h=\frac{1}{3}\pi R^2 h.$$

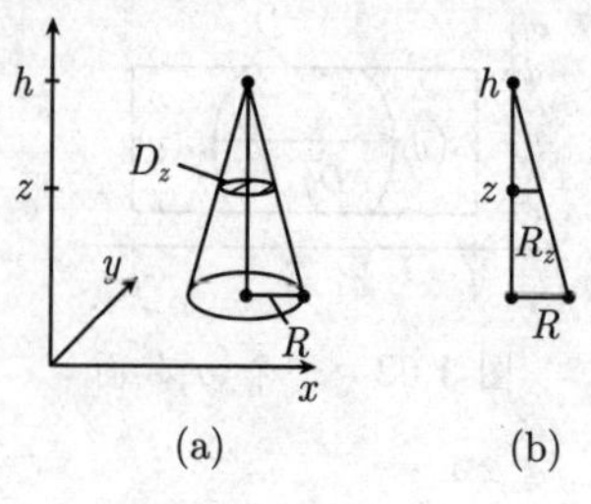

(a) (b)

图 1.64

代换规则和嘉当微分学 考虑映射

$$\boxed{x = x(u,v), \quad y = y(u,v),} \tag{1.130}$$

它把 (u,v) 平面上的区域 D' 映射到 (x,y) 平面上的区域 D(图 1.65).

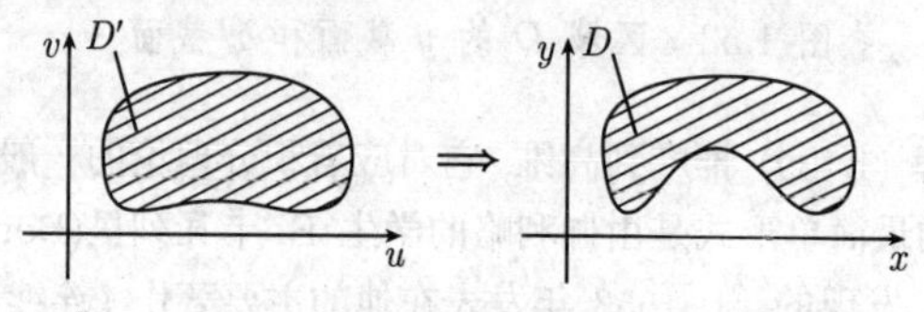

图 1.65 代换规则

根据嘉当微分学的如下形式的方法, 可以推导出积分 $\int_D \varrho(x,y)\mathrm{d}x\mathrm{d}y$ 的恰当的变换法则. 为此, 我们记作

$$\int_D \varrho(x,y)\mathrm{d}x\mathrm{d}y = \int_D \omega,$$

其中

$$\omega = \varrho \mathrm{d}x \wedge \mathrm{d}y.$$

利用变换 (1.130), 我们得到

$$\omega = \varrho \frac{\partial(x,y)}{\partial(u,v)} \mathrm{d}u \wedge \mathrm{d}v$$

(参看 1.5.10.4 中的例 10). 用这种方式, 我们已经推导出代换基本公式:

$$\boxed{\int_D \varrho(x,y)\mathrm{d}x\mathrm{d}y = \int_{D'} \varrho(x(u,v),y(u,v)) \frac{\partial(x,y)}{\partial(u,v)} \mathrm{d}u\mathrm{d}v,} \tag{1.131}$$

这可以严格证明. 这里, 必须假定 [1)]

$$\frac{\partial(x,y)}{\partial(u,v)}(u,v) > 0, \quad 对所有(u,v) \in D'.$$

---

1) 允许 $\dfrac{\partial(x,y)}{\partial(u,v)}$ 在有限多个点处为零.

应用到极坐标 变量变换

$$x = r\cos\varphi, \quad y = r\sin\varphi, \quad -\pi < \varphi \leqslant \pi,$$

把笛卡儿坐标 (x, y) 变成极坐标 (r, φ)(图 1.66(a)).

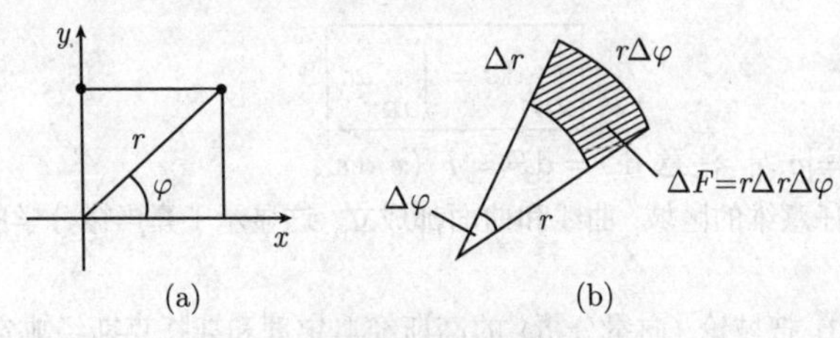

图 1.66 极坐标

那么我们有

$$\boxed{\int_D \varrho(x,y)\mathrm{d}x\mathrm{d}y = \int_{D'} \varrho r \mathrm{d}r\mathrm{d}\varphi.} \tag{1.132}$$

这由 (1.131) 及 [1]

$$\frac{\partial(x,y)}{\partial(r,\varphi)} = \begin{vmatrix} x_r & x_\varphi \\ y_r & y_\varphi \end{vmatrix} = \begin{vmatrix} \cos\varphi & -r\sin\varphi \\ \sin\varphi & r\cos\varphi \end{vmatrix} = r(\cos^2\varphi + \sin^2\varphi) = r$$

即得.

例 4(圆周内部的面积): 令 D 是由半径为 R 的圆围成的区域. 对于 D 的面积 A(图 1.67), 有

$$A = \int_D \mathrm{d}x\mathrm{d}y = \int_{D'} r\mathrm{d}r\mathrm{d}\varphi = \int_0^R \left(\int_{-\pi}^{\pi} r\mathrm{d}\varphi\right)\mathrm{d}r = 2\pi\int_0^R r\mathrm{d}r = \pi R^2.$$

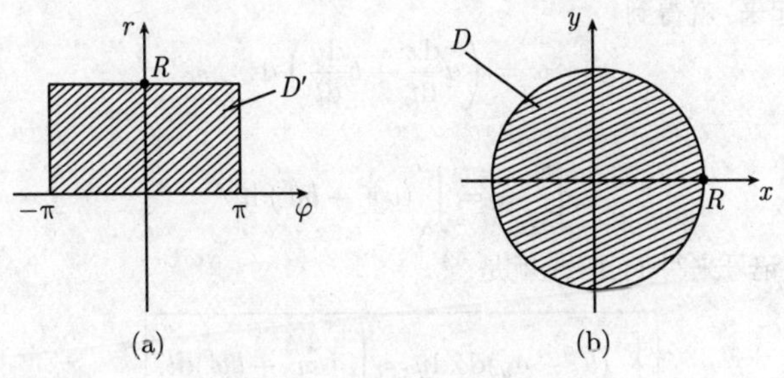

图 1.67 图形所描绘的面积

1) 把 (1.132) 的区域 D 分割成很多小片 $\Delta F = r\Delta r\Delta\varphi$, 然后对和

$$\sum \varrho\Delta F = \sum \varrho r\Delta r\Delta\varphi$$

取极限 $\Delta F \to 0$(参看图 1.66(b)), 这给出了 (1.132) 的直观动机.

微积分基本定理和嘉当微分学 在一维的情形, 牛顿和莱布尼茨基本定理是

$$\int_a^b F'(x)\mathrm{d}x = F|_a^b.$$

把它记作

$$\boxed{\int_D \mathrm{d}\omega = \int_{\partial D} \omega,} \tag{1.133}$$

其中 $\omega = F, D =]a,b[$. 注意 $\mathrm{d}\omega = \mathrm{d}F = F'(x)\mathrm{d}x$.

(1.133) 对任意维的区域, 曲线和曲面都成立, 这显示了嘉当微分学的优美 (参看 1.7.6).

因为 (1.133) 把域论 (向量分析) 的高斯经典定理和斯托克斯经典定理作为特例包含了进来, 所以把 (1.133) 称为高斯–斯托克斯定理 (或更简单地称为斯托克斯定理).

例 5(平面上的高斯定理): 令 D 是平面区域, 边界为 ∂D, 它的参数表示为

$$x = x(t), \quad y = y(t), \quad \alpha \leqslant t \leqslant \beta,$$

并且如图 1.68 所示在数学意义下它是正定向的. 我们选 1 次微分式

$$\omega = a\ \mathrm{d}x + b\ \mathrm{d}y,$$

则有

$$\mathrm{d}\omega = (b_x - a_y)\mathrm{d}x \wedge \mathrm{d}y$$

(参看 1.5.10.4 的例 5). 那么公式 (1.133) 即为

$$\int_D (b_x - a_y)\mathrm{d}x \wedge \mathrm{d}y = \int_{\partial D} a\mathrm{d}x + b\mathrm{d}y. \tag{1.134}$$

同时嘉当微分学展示了如何计算这些积分. 在 (1.134) 左端的积分里, 把 $\mathrm{d}x \wedge \mathrm{d}y$ 换成 $\mathrm{d}x\mathrm{d}y$(这个规则对任意维区域有效). 在 (1.134) 右端的积分里, 把 ω 与 ∂D 的参数表示联系起来, 就得到

$$\omega = \left(a\frac{\mathrm{d}x}{\mathrm{d}t} + b\frac{\mathrm{d}y}{\mathrm{d}t}\right)\mathrm{d}t$$

和

$$\int_{\partial D} \omega = \int_\alpha^\beta (ax' + by')\mathrm{d}t.$$

这样, 用经典记号来写 (1.134) 就是 [1)]

$$\boxed{\int_D (b_x - a_y)\mathrm{d}x\mathrm{d}y = \int_\alpha^\beta (ax' + by')\mathrm{d}t.} \tag{1.135}$$

1) 也包括记号中的自变量, 更精确地说是如下公式:

$$\int_D (b_x(x,y) - a_y(x,y))\mathrm{d}x\mathrm{d}y = \int_\alpha^\beta (a(x(t),y(t))x'(t) + b(x(t),y(t))y'(t))\mathrm{d}t.$$

这就是平面上的高斯定理.

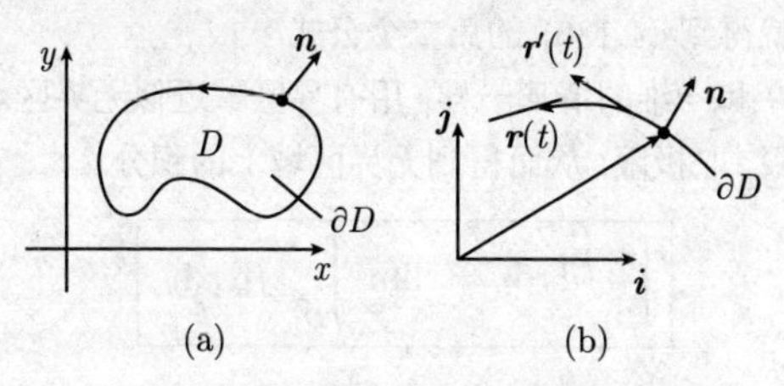

图 1.68 ∂D 边界上某点处的 n 标架

应用到分部积分 下面两个关系式成立:

$$\boxed{\begin{aligned}\int_D u_x v\mathrm{d}x\mathrm{d}y &= \int_{\partial D} uvn_x\mathrm{d}s - \int_D uv_x\mathrm{d}x\mathrm{d}y,\\ \int_D u_y v\mathrm{d}x\mathrm{d}y &= \int_{\partial D} uvn_y\mathrm{d}s - \int_D uv_y\mathrm{d}x\mathrm{d}y.\end{aligned}} \tag{1.136}$$

这里 $\boldsymbol{n} = n_x\boldsymbol{i} + n_y\boldsymbol{j}$ 为在边界点处的单位外法向量, s 表示 (假定足够光滑的) 边界曲线的弧长. 公式 (1.136) 推广了一维的公式

$$\int_\alpha^\beta u'v\mathrm{d}x = uv|_\alpha^\beta - \int_\alpha^\beta uv'\mathrm{d}x.$$

现在我们希望证明, 由 (1.135) 可推得 (1.136). 为此, 我们把沿边界曲线 ∂D 的参数 t 看成是时间. 如果一个点沿 ∂D 移动, 那么它的运动方程是

$$\boldsymbol{r}(t) = x(t)\boldsymbol{i} + y(t)\boldsymbol{j},$$

而速度向量则为

$$\boldsymbol{r}'(t) = x'(t)\boldsymbol{i} + y'(t)\boldsymbol{j}.$$

对于向量 $\boldsymbol{N} = y'(t)\boldsymbol{i} - x'(t)\boldsymbol{j}$ 来说, 由于关系式 $\boldsymbol{r}'(t)\boldsymbol{N} = x'(t)y'(t) - y'(t)x'(t) = 0$, 因此 $\boldsymbol{N}$ 垂直于切向量 $\boldsymbol{r}'(t)$, 并且指向 D 的外部. 对于相应的单位向量 $\boldsymbol{n}$, 我们得到表达式

$$\boldsymbol{n} = \frac{\boldsymbol{N}}{|\boldsymbol{N}|} = \frac{y'(t)\boldsymbol{i} - x'(t)\boldsymbol{j}}{\sqrt{x'(t)^2 + y'(t)^2}} = n_x\boldsymbol{i} + n_y\boldsymbol{j}$$

(参看图 1.68(a)). 而且有 $\dfrac{\mathrm{d}s}{\mathrm{d}t} = \sqrt{x'(t)^2 + y'(t)^2}$(参看 1.6.9). 因此

$$n_x\frac{\mathrm{d}s}{\mathrm{d}t} = y'(t).$$

如果我们令 $b := uv$, 以及在 (1.135) 中的 $a \equiv 0$, 那么有

$$\int_D (uv)_x\mathrm{d}x\mathrm{d}y = \int_\alpha^\beta uvy'\mathrm{d}t = \int_\alpha^\beta uvn_x\frac{\mathrm{d}s}{\mathrm{d}t}\mathrm{d}t = \int_{\partial D} uvn_x\mathrm{d}s.$$

由于乘积法则 $(uv)_x = u_x v + uv_x$, 这就是 (1.136) 的第一个公式. 如果令 $a := uv$, 用完全相同的方法就得到 (1.136) 的第二个公式.

无界区域上的积分 和一维的情形一样, 用有界区域近似无界区域 D, 然后让近似区域的大小没有界限, 取极限, 从而得到无界区域上的积分:

$$\boxed{\int_D f\mathrm{d}x\mathrm{d}y = \lim_{n\to\infty}\int_{D_n} f\mathrm{d}x\mathrm{d}y,}$$

其中的记号的选取满足 $D_1 \subseteq D_2 \subseteq \cdots$, 且 $D = \bigcup\limits_{n=1}^{\infty} D_n$.

例 6: 令 $r := \sqrt{x^2+y^2}$, 区域 D 为单位圆的外部:

$$D := \{(x,y)\in\mathbb{R}^2 | 1 < r < \infty\}.$$

我们用一系列圆环

$$D_n = \{(x,y) | 1 < r < n\}$$

来逼近 D(图 1.69(a)). 当 $\alpha >2$ 时, 有

$$\boxed{\int_D \frac{\mathrm{d}x\mathrm{d}y}{r^\alpha} = \lim_{n\to\infty}\int_{D_n}\frac{\mathrm{d}x\mathrm{d}y}{r^\alpha} = \frac{2\pi}{\alpha-2}.}$$

利用极坐标, 从等式

$$\begin{aligned}\int_{D_n}\frac{\mathrm{d}x\mathrm{d}y}{r^\alpha} &= \int_{r=1}^{n}\left(\int_{\varphi=0}^{2\pi}\frac{r\mathrm{d}r\mathrm{d}\varphi}{r^\alpha}\right) = 2\pi\int_1^n r^{1-\alpha}\mathrm{d}r \\ &= 2\pi\frac{r^{2-\alpha}}{2-\alpha}\bigg|_1^n = \frac{2\pi}{\alpha-2}\left(1-\frac{1}{n^{\alpha-2}}\right)\end{aligned}$$

即得上面的结果.

无界函数的积分 和一维情况一样, 我们用那些函数在其中有界的区域来逼近区域 D.

例 7: 令 $D := \{(x,y)\in\mathbb{R}^2 | r \leqslant R\}$ 是半径为 R 的圆的内部. 我们用圆环 (图 1.69(b))

$$D_\varepsilon := D \setminus U_\varepsilon(0)$$

来逼近这个圆盘, 其中 $U_\varepsilon(0) := \{(x,y)\in\mathbb{R}^2 | r < \varepsilon\}$ 是半径为 ε 的圆的内部. 当 $0<\alpha<2$ 时, 有

$$\int_D \frac{\mathrm{d}x\mathrm{d}y}{r^\alpha} = \lim_{\varepsilon\to 0}\int_{D_\varepsilon}\frac{\mathrm{d}x\mathrm{d}y}{r^\alpha} = \frac{2\pi R^{2-\alpha}}{2-\alpha}.$$

再次利用极坐标, 从关系式

$$\int_{D_\varepsilon}\frac{\mathrm{d}x\mathrm{d}y}{r^\alpha} = \int_{r=\varepsilon}^{R}\left(\int_{\psi=0}^{2\pi}\frac{r\mathrm{d}r\mathrm{d}\varphi}{r^\alpha}\right) = 2\pi\int_\varepsilon^R r^{1-\alpha}\mathrm{d}r = \frac{2\pi}{2-\alpha}(R^{2-\alpha}-\varepsilon^{2-\varepsilon})$$

即得上面的结果.

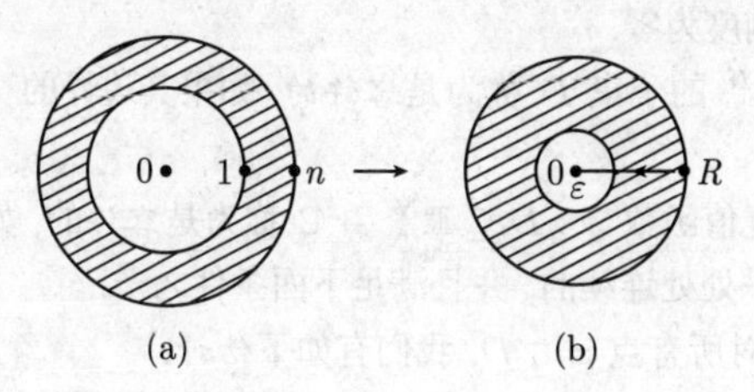

图 1.69 求无界函数的积分 (b) 及无界区域上的积分 (a)

1.7.2 积分的存在性

令 N 为 $\geqslant 1$ 的自然数. $\mathbb{R}^N$ 的点表示为 $\boldsymbol{x}=(x_1,\cdots,x_N)$. 此外, 令 $|x|:=\sqrt{\left(\sum_{j=1}^{N}x_j^2\right)}$.

归约原理 我们用公式:

$$\boxed{\int_D f(\boldsymbol{x})\mathrm{d}\boldsymbol{x}:=\int_{\mathbb{R}^N} f_*(\boldsymbol{x})\mathrm{d}\boldsymbol{x}}$$

把 $\mathbb{R}^N$ 的子集 D 上的积分归约为 $\mathbb{R}^N$ 上的积分. 这里, 我们已经令

$$f_*(\boldsymbol{x}):=\begin{cases} f(\boldsymbol{x}), & \boldsymbol{x}\in D,\\ 0, & \boldsymbol{x}\notin D. \end{cases}$$

函数 f_* 在 D 的边界点处一般不连续(值跳跃成 0). 因此, 我们自然就考虑 (足够好的) 不连续函数的积分.

N维测度为零的集合 $\mathbb{R}^N$ 的子集 D 的 N 维勒贝格测度为零, 如果对每个实数 $\varepsilon>0$, 有至多可数个 "平行六面体" $R_1, R_2,\cdots$ 构成的集合, 它们覆盖 D, 并且它们的总测度小于 ε. [1)]

例 1: $\mathbb{R}^N$ 的有限个或可数个点构成的集合的 N 维勒贝格测度为零.

例 2: (i) $\mathbb{R}^2$ 中任一 (有界或无界的) 曲线的 2 维勒贝格测度为零.

(ii) $\mathbb{R}^3$ 中任一 (有界或无界的) 曲面的 3 维勒贝格测度为零.

(iii) $\mathbb{R}^N$ 中任一 (有界或无界的) 维数 $<N$ 的子集的 N 维勒贝格测度为零.

几乎处处成立的性质 称某一性质在 $\mathbb{R}^N$ 的子集 D 上几乎处处成立, 如果除了 D 中 N 维勒贝格测度为零的集合是可能的例外之外, 这一性质对 D 的所有点都成立.

---

1) N 维 "平行六面体" 是如下形式的集合:

$$R:=\{\boldsymbol{x}\in\mathbb{R}^N|-\infty<a_j\leqslant x_j\leqslant b_j<\infty, j=1,\cdots,N\}.$$

公式 $\mathrm{meas}(R):=(b_1-a_1)(b_2-a_2)\cdots(b_N-a_N)$ 定义了 R 的经典体积 (测度).

例 3: 几乎所有实数都是无理数, 因为例外的数是有理数, 而有理数是可数的, 所以有理数集的勒贝格测度为零.

积分的容许区域 $\mathbb{R}^N$ 的子集 D 称为是容许的, 如果其边界的 N 维勒贝格测度为零.

容许函数 实值或复值函数 $f: D \subseteq \mathbb{R}^N \to \mathbb{C}$ 称为是容许的, 如果集合 D 是容许的, f 在 D 上是几乎处处连续的, 并且满足下面条件之一:

(i) 令 $\alpha > N$. 对所有点 $\boldsymbol{x} \in D$, 我们有如下估计:

$$\boxed{|f(\boldsymbol{x})| \leqslant \frac{常数}{(1+|\boldsymbol{x}|)^\alpha}.} \tag{1.137}$$

(ii) 令 $0 < \beta < N$. $\mathbb{R}^N$ 中存在至多有限个点 $\boldsymbol{p}_1, \cdots, \boldsymbol{p}_J$ 及有界邻域 $U(\boldsymbol{p}_1), \cdots, U(\boldsymbol{p}_J)$, 使得对所有 $\boldsymbol{x} \in U(\boldsymbol{p}_j) \cap D$ 且 $\boldsymbol{x} \neq \boldsymbol{p}_j$, 有如下估计:

$$\boxed{|f(\boldsymbol{x})| \leqslant \frac{常数}{|\boldsymbol{x}-\boldsymbol{p}_j|^\beta}, \quad j=1,\cdots,J.} \tag{1.138}$$

而且, 对所有邻域 $U(\boldsymbol{p}_j)$ 外的任意点 $\boldsymbol{x} \in D$, 估计式 (1.137) 都成立.

注 (a) 如果函数 f 在有界集合 D 上是有界的, 即 $\sup\limits_{\boldsymbol{x} \in D} |f(\boldsymbol{x})| < \infty$, 那么条件 (i) 自动满足.

(b) 如果集合 D 是无界的, 那么 (i) 意味着, 当 $|\boldsymbol{x}| \to \infty$ 时, $|f(\boldsymbol{x})| \to 0$, 足够快.

(c) 在条件 (ii) 的情形, 函数 f 可能在点 $\boldsymbol{p}_1, \cdots, \boldsymbol{p}_J$ 处有奇性, 即当 $\boldsymbol{x} \to \boldsymbol{p}_j$ 时, $|f(\boldsymbol{x})|$ 可能趋向于无穷, 但是不太快. [1)]

存在性定理 对每个容许函数 $f: D \subseteq \mathbb{R}^N \to \mathbb{C}$, 积分 $\int_D f(\boldsymbol{x})\mathrm{d}\boldsymbol{x}$ 存在.

积分的理解 首先令 $N=2$.

(a) 对于矩形 R, 极限 [2)]

$$\int_R f_*(\boldsymbol{x})\mathrm{d}\boldsymbol{x} := \lim_{n\to\infty} \sum_{j,k=1}^{n} f_*(x_{1j}, x_{2k})\Delta x_1 \Delta x_2$$

存在.

(b) 选取矩形序列 $R_1 \subseteq R_2 \subseteq \cdots$, 满足 $\mathbb{R}^2 = \bigcup\limits_{m=1}^{\infty} R_m$, 则极限

$$\int_{\mathbb{R}^2} f_*(\boldsymbol{x})\mathrm{d}\boldsymbol{x} := \lim_{m\to\infty} \int_{R_m} f_*(\boldsymbol{x})\mathrm{d}\boldsymbol{x}$$

存在, 并且与矩形的选取无关.

1) 函数 f 不必在点 $\boldsymbol{p}_j$ 处有定义. 对这些点, 我们令 $f_*(\boldsymbol{p}_j) = 0, j=1,\cdots,J$.

2) 我们正在用 (1.126) 中引进的记号.

(c) 令 $\int_D f(\boldsymbol{x})\mathrm{d}\boldsymbol{x} := \int_{\mathbb{R}^2} f_*(x)\mathrm{d}\boldsymbol{x}$.

对一般情形 $N \geqslant 3$, 按同样的方式处理, 只不过是把矩形 R_i 替换成平行六面体.

对于空集 $D = \varnothing$, 我们定义 $\int_D f(\boldsymbol{x})\mathrm{d}\boldsymbol{x} = 0$.

与勒贝格积分的联系 对容许函数, 我们构造的积分的值等于由 $\mathbb{R}^N$ 上的勒贝格测度定义的通常勒贝格积分的值.

通常的例子

(i) 积分

$$\int_{\mathbb{R}^N} \mathrm{e}^{-|\boldsymbol{x}|^2}\mathrm{d}\boldsymbol{x}$$

存在. 由 1.7.4 的例 3, 这个积分值等于 $(\sqrt{\pi})^N$.

(ii) 令 D 是 $\mathbb{R}^3$ 中的有界容许区域. 如果函数 $\varrho : D \to \mathbb{R}$ 几乎处处连续且有界, 那么对所有点 $\boldsymbol{p} \in \mathbb{R}^3$, 积分

$$U(\boldsymbol{p}) = -G\int_D \frac{\varrho(\boldsymbol{x})}{|\boldsymbol{x}-\boldsymbol{p}|}\mathrm{d}\boldsymbol{x}$$

存在, 并且我们令

$$F_j(\boldsymbol{p}) := G\int_D \frac{\varrho(\boldsymbol{x})(x_j - p_j)}{|\boldsymbol{x}-\boldsymbol{p}|^3}\mathrm{d}\boldsymbol{x}, \quad j = 1, 2, 3.$$

如果我们把 $\varrho(\boldsymbol{x})$ 解释成在点 $\boldsymbol{x}$ 处的质量密度, 那么函数 U 就是重力势, 并且向量

$$\boldsymbol{F}(\boldsymbol{p}) = F_1(\boldsymbol{p})\boldsymbol{i} + F_2(\boldsymbol{p})\boldsymbol{j} + F_3(\boldsymbol{p})\boldsymbol{k}$$

描述了作用在点 $\boldsymbol{p}$ 处的引力, 它由 ϱ 诱导的质量分布所生成. 此外,

$$\boldsymbol{F}(\boldsymbol{p}) = -\mathbf{grad}U(\boldsymbol{p}), \quad 对所有\boldsymbol{p} \in \mathbb{R}^3.$$

引力常数记作 G.

集合的测度 如果 D 是 $\mathbb{R}^N$ 的一个有界子集, 其边界 ∂D 的 N 维勒贝格测度为零, 那么积分

$$\boxed{\mathrm{meas}(D) := \int_D \mathrm{d}\boldsymbol{x}} \tag{1.139}$$

存在, 而且由定义它是集合 D 的测度.

1.7.3 积分计算

令 D 和 D_n 是 $\mathbb{R}^N$ 中的可容许集, 并假设函数 $f, g : D \subseteq \mathbb{R}^N \to \mathbb{C}$ 是容许函数; 令 $\alpha, \beta \in \mathbb{C}$. 那么积分运算有如下性质.

(i) 线性性

$$\int_D (\alpha f(x)+\beta g(x))\mathrm{d}x = \alpha\int_D f(x)\mathrm{d}x + \beta\int_D g(x)\mathrm{d}x.$$

(ii) 三角不等式[1)]

$$\boxed{\left|\int_D f(x)\mathrm{d}x\right| \leqslant \int_D |f(x)|\mathrm{d}x.}$$

(iii) 不变性原理 当在 N 维勒贝格测度为零的集合上改变函数 f 时, 积分 $\int_D f(x)\mathrm{d}x$ 不变.

(iv) 关于积分区域的可加性 如果 D 是区域 D_1 和 D_2 的不相交并集, 那么有

$$\int_D f(x)\mathrm{d}x = \int_{D_1} f(x)\mathrm{d}x + \int_{D_2} f(x)\mathrm{d}x.$$

(v) 单调性 如果 f, g 是两个实函数, 那么对所有的 $x \in D$, 由不等式 $f(x) \leqslant g(x)$ 可得不等式

$$\boxed{\int_D f(x)\mathrm{d}x \leqslant \int_D g(x)\mathrm{d}x.}$$

积分的中值定理 假设 $\bar{D}$ 是弧连通紧集, 函数 $f: \bar{D} \to \mathbb{R}$ 是连续的, 并且非负函数 $g: D \to \mathbb{R}$ 是容许函数, 那么对某一 $\xi \in \bar{D}$, 有

$$\boxed{\int_D f(x)g(x)\mathrm{d}x = f(\xi)\int_D g(x)\mathrm{d}x.}$$

关于积分区域的收敛性 假设 $D = \bigcup\limits_{n=1}^{\infty} D_n$, 其中 $D_1 \subseteq D_2 \subseteq \cdots$, 且 $f: D \to \mathbb{C}$ 是容许函数, 那么有

$$\boxed{\int_D f(x)\mathrm{d}x = \lim_{n\to\infty}\int_{D_n} f(x)\mathrm{d}x.}$$

关于被积函数的收敛性 假设满足如下条件:

(i) 所有函数 $f_n: D \to \mathbb{C}$ 几乎处处连续.

(ii) 对几乎所有 $x \in D$, 及全部 n, 存在一个容许函数 $h: D \to \mathbb{R}$, 使得

$$|f_n(x)| \leqslant h(x).$$

---

1) 如果 D 和 f 是有界的, 那么还有

$$\int_D |f(x)|\mathrm{d}x \leqslant \mathrm{meas}(D) \sup_{x\in D} |f(x)|.$$

(iii) 对几乎所有 $x \in D$, 极限 $f(x) := \lim\limits_{n\to\infty} f_n(x)$ 存在, 且极限函数 f 在 D 中几乎处处连续.[1]

那么

$$\boxed{\lim_{n\to\infty}\int_0 f_n(x)\mathrm{d}x = \int_D \lim_{n\to\infty} f_n(x)\mathrm{d}x.}$$

1.7.4 卡瓦列里原理(累次积分)

令 $\mathbb{R}^N = \mathbb{R}^k \times \mathbb{R}^M$, 即, $\mathbb{R}^N = \{(\boldsymbol{y},\boldsymbol{z})|\boldsymbol{y}\in\mathbb{R}^K, \boldsymbol{z}\in\mathbb{R}^M\}$.

富比尼定理 如果函数 $f:\mathbb{R}^N\to\mathbb{C}$ 是容许函数, 那么有下述关系式:

$$\boxed{\int_{\mathbb{R}^N} f(\boldsymbol{y},\boldsymbol{z})\mathrm{d}\boldsymbol{y}\mathrm{d}\boldsymbol{z} = \int_{\mathbb{R}^M}\left(\int_{\mathbb{R}^K} f(\boldsymbol{y},\boldsymbol{z})\mathrm{d}\boldsymbol{y}\right)\mathrm{d}\boldsymbol{z} = \int_{\mathbb{R}^K}\left(\int_{\mathbb{R}^M} f(\boldsymbol{y},\boldsymbol{z})\mathrm{d}\boldsymbol{z}\right)\mathrm{d}\boldsymbol{y}.} \tag{1.140}$$

例 1: 当 $N=2, K=M=1$ 时, 有

$$\int_{\mathbb{R}^2} f(y,z)\mathrm{d}y\mathrm{d}z = \int_{-\infty}^{\infty}\left(\int_{-\infty}^{\infty} f(y,z)\mathrm{d}y\right)\mathrm{d}z.$$

当 $N=3$ 时, 公式 (1.140) 蕴涵着, 对于变量 $x,y,z\in\mathbb{R}$, 有公式

$$\begin{aligned}\int_{\mathbb{R}^3} f(x,y,z)\mathrm{d}x\mathrm{d}y\mathrm{d}z &= \int_{\mathbb{R}^2}\left(\int_{\mathbb{R}} f(x,y,z)\mathrm{d}x\right)\mathrm{d}y\mathrm{d}z\\ &= \int_{-\infty}^{\infty}\left(\int_{-\infty}^{\infty}\left(\int_{-\infty}^{\infty} f(x,y,z)\mathrm{d}x\right)\mathrm{d}y\right)\mathrm{d}z.\end{aligned}$$

类似地, $\mathbb{R}^N$ 上的积分计算可以归结为一元积分的逐次运算.

如果 f 可以写成乘积: $f(y,z)=a(y)b(z)$, 那么有

$$\int_{\mathbb{R}^2} a(y)b(z)\mathrm{d}y\mathrm{d}z = \int_{-\infty}^{\infty} a(y)\mathrm{d}y\int_{-\infty}^{\infty} b(z)\mathrm{d}z.$$

$\mathbb{R}^N$ 中类似的公式也成立.

例 2(高斯分布): 我们有

$$A := \int_{-\infty}^{\infty} \mathrm{e}^{-x^2}\mathrm{d}x = \sqrt{\pi}.$$

证明: 可以利用一个优美、经典的技巧. 累次积分导致

$$B := \int_{\mathbb{R}^2} \mathrm{e}^{-x^2-y^2}\mathrm{d}x\mathrm{d}y = \int_{\mathbb{R}^2} \mathrm{e}^{-x^2-y^2}\mathrm{d}x\mathrm{d}y = \int_{-\infty}^{\infty}\mathrm{e}^{-x^2}\mathrm{d}x\int_{-\infty}^{\infty}\mathrm{e}^{-y^2}\mathrm{d}y = A^2.$$

另一方面, 利用极坐标可得

$$B = \int_{r=0}^{\infty}\left(\int_0^{2\pi}\mathrm{e}^{-r^2}r\mathrm{d}\varphi\right)\mathrm{d}r = 2\pi\int_0^{\infty}\mathrm{e}^{-r^2}r\mathrm{d}r = \lim_{r\to R} 2\pi\int_0^R \mathrm{e}^{-r^2}r\mathrm{d}r$$

1) 在极限不存在的点处, f 的值可以任意确定.

$$= \lim_{R\to\infty} -\pi e^{-r^2}|_0^R = \lim_{R\to\infty} \pi(1-e^{-R^2}) = \pi. \qquad \square$$

例 3: 我们有

$$\int_{\mathbb{R}^N} e^{-|x|^2} dx = (\sqrt{\pi})^N.$$

证明: 当 $N=3$ 时, 我们有 $e^{-|x|^2} = e^{-u^2-v^2-w^2}$, 因此

$$\begin{aligned}&\int_{\mathbb{R}^3} e^{-u^2} e^{-v^2} e^{-w^2} du dv dw \\ &= \left(\int_{-\infty}^{\infty} e^{-u^2} du\right)\left(\int_{-\infty}^{\infty} e^{-v^2} dv\right)\left(\int_{-\infty}^{\infty} e^{-w^2} dw\right) = (\sqrt{\pi})^3.\end{aligned}$$

对任意 N, 有完全类似的结论.

卡瓦列里原理 如果函数 $f: D \subseteq \mathbb{R}^N \to \mathbb{C}$ 是容许函数, 那么

$$\boxed{\int_D f(\boldsymbol{y},\boldsymbol{z}) d\boldsymbol{y} d\boldsymbol{z} = \int_{\mathbb{R}^M} \left(\int_D f_*(\boldsymbol{y},\boldsymbol{z}) d\boldsymbol{y}\right) d\boldsymbol{z}.} \tag{1.141}$$

在这个公式中, D 的 z 截面 D_z 如上定义,

$$D_z := \{\boldsymbol{y} \in \mathbb{R}^K : (\boldsymbol{y},\boldsymbol{z}) \in D\}$$

把 (1.140) 中的函数 f 替换成它的平凡扩张

$$f_*(\boldsymbol{y},\boldsymbol{z}) := \begin{cases} f(\boldsymbol{y},\boldsymbol{z}), & 在D上, \\ 0, & 其他, \end{cases}$$

即从 (1.140) 推出卡瓦列里原理. 它的应用可见 1.7.1.

1.7.5 代换

定理 令 D' 和 D 是 $\mathbb{R}^N$ 的开子集. 假设函数 $f: D \to \mathbb{C}$ 是容许函数, 并且映射 $x = x(u)$ 是从 D' 到 D 的 C^1 微分同胚, 那么有

$$\boxed{\int_D f(\boldsymbol{x}) d\boldsymbol{x} = \int_{D'} f(\boldsymbol{x}(\boldsymbol{u}))|\det \boldsymbol{x}'(\boldsymbol{u})| d\boldsymbol{u}.} \tag{1.142}$$

如果我们令 $\boldsymbol{x} = (x_1, \cdots, x_N), \boldsymbol{u} = (u_1, \cdots, u_N)$, 那么行列式 $\det \boldsymbol{x}'(\boldsymbol{u})$ 是雅可比函数行列式, 即

$$\det \boldsymbol{x}'(\boldsymbol{u}) = \frac{\partial(x_1, \cdots, x_N)}{\partial(u_1, \cdots, u_N)}$$

(参看 1.5.2).

应用到极坐标、柱面坐标、球面坐标 见 1.7.9.

应用到微分式 对 $\omega = f(\boldsymbol{x})\mathrm{d}x_1 \wedge \cdots \wedge \mathrm{d}x_N$, 我们定义

$$\boxed{\int_D w := \int_D f(\boldsymbol{x})\mathrm{d}\boldsymbol{x}.}$$

这里, 符号 $\int_D f(\boldsymbol{x})\mathrm{d}\boldsymbol{x}$ 表示 $\int_D f(x_1, \cdots, x_N)\mathrm{d}x_1 \cdots \mathrm{d}x_N$.

变换原理 令函数 $\boldsymbol{x} = \boldsymbol{x}(\boldsymbol{u})$ 为 (1.142) 中的函数. 假设变为新坐标 $\boldsymbol{u}$ 时这个变换保持定向, 即, 在 D' 上 $\det \boldsymbol{x}'(\boldsymbol{u}) > 0$, 那么积分 $\int_D w$ 不变.

证明: 我们有公式:

$$\omega = f(\boldsymbol{x}(\boldsymbol{u}))\det\boldsymbol{x}'(\boldsymbol{u})\mathrm{d}u_1 \wedge \mathrm{d}u_2 \wedge \cdots \wedge \mathrm{d}u_N$$

(参看 1.5.10.4 中的例 11). 这样, 由代换法则 (1.142) 得

$$\int_D f(\boldsymbol{x})\mathrm{d}x_1 \wedge \cdots \wedge \mathrm{d}x_N = \int_{D'} f(\boldsymbol{x}(\boldsymbol{u}))\det\boldsymbol{x}'(\boldsymbol{u})\mathrm{d}u_1 \wedge \cdots \wedge \mathrm{d}u_N. \qquad \square$$

1.7.6 微积分基本定理 (高斯–斯托克斯定理)

> 人们也许会问, 最深刻的数学定理 —— 毫无疑问, 它有明确的物理解释 —— 是什么? 对我而言, 这个定理自然是斯托克斯定理.
>
> R. 托姆 (René Thom, 1923—2002)

斯托克斯一般定理 [1)]

$$\boxed{\int_M \mathrm{d}\omega = \int_{\partial M} w}. \tag{1.143}$$

这个异常优美的公式是牛顿–莱布尼茨微积分基本定理, 即

$$\int_a^b F'(\boldsymbol{x})\mathrm{d}\boldsymbol{x} = F|_a^b$$

对高维的推广.

斯托克斯定理 令 M 为 n 维定向紧的实流形 ($n \geqslant 1$), 其中边界 ∂M 为协同定向的, 并令 ω 为 M 上 C' 类的 $n-1$ 次微分式. 那么公式 (1.143) 成立.

注 斯托克斯定理中出现的数学对象在 [212] 中被详细介绍. 在当前, 我们建议读者从直觉上考虑基本公式 (1.143), 而不用担心精确的阐述.

(i) 把 M 看作一条有界曲线, 或有界的 m 维曲面 ($m = 2, 3, \cdots$), 或 $\mathbb{R}^N$ 中有界开集的闭包是有益的.

1) 人们通常把高斯–斯托克斯定理只称作斯托克斯定理.

(ii) 参数: 如果我们用局部坐标记积分, 那么对 M 及 ∂M, 后者都是任意的.

(iii) 分解原理: 如果不能把 M(相应地 ∂M) 描述成局部坐标 (参数) 的单个集, 那么可以把 M(相应地, ∂M) 分解成有限个部分的不相交并集, 每个部分确有这样一个整体参数. 那么每部分积分的和就是 M 上所求积分.

这样我们有如下实用的事实:

嘉当微分学完善.

只需要注意的是, M 上靠近边界点 P 的局部坐标与在边界 ∂M 上靠近 P 的局部坐标是相容的(这是协同定向边界的概念). 在下面一些例子中, 我们将从直观上解释这一点. [1)]

1.7.6.1 经典高斯积分定理的应用

考虑 2 次微分式

$$\omega = a\mathrm{d}y \wedge \mathrm{d}z + b\mathrm{d}z \wedge \mathrm{d}x + c\mathrm{d}x \wedge \mathrm{d}y.$$

根据 1.5.10.4 的例 8, 有

$$\mathrm{d}\omega = (a_x + b_y + c_z)\mathrm{d}x \wedge \mathrm{d}y \wedge \mathrm{d}z.$$

为了合理地定义 $\int_{\partial M} \omega$, ∂M 必须是 2 维的. 因此我们假设 M 是 $\mathbb{R}^3$ 中具有充分光滑边界 ∂M 的一个有界 (非空) 开集的闭包, 它有参数表示

$$x = x(u,v), \quad y = y(u,v), \quad z = z(u,v).$$

如果把 ω 与参数 u, v 联系起来, 那么有

$$\omega = \left(a\frac{\partial(y,z)}{\partial(u,v)} + b\frac{\partial(z,x)}{\partial(u,v)} + c\frac{\partial(x,y)}{\partial(u,v)} \right) \mathrm{d}u \wedge \mathrm{d}v$$

(参看 1.5.10.4 中的例 12). 那么公式 $\int_M \mathrm{d}\omega = \int_{\partial M} \omega$ 导出了 3 维区域 M 的经典高斯定理:

$$\boxed{\int_M (a_x+b_y+c_z)\mathrm{d}x\mathrm{d}y\mathrm{d}z = \int_{\partial M} \left(a\frac{\partial(y,z)}{\partial(u,v)} + b\frac{\partial(z,x)}{\partial(u,v)} + c\frac{\partial(x,y)}{\partial(u,v)} \right) \mathrm{d}u\mathrm{d}v} \quad (1.144)$$

用向量记号表示 我们引进坐标向量 $\boldsymbol{r} := x\boldsymbol{i} + y\boldsymbol{j} + z\boldsymbol{k}$, 那么表达式

$$\boldsymbol{r}_u(u,v) = x_u(u,v)\boldsymbol{i} + y_u(u,v)\boldsymbol{j} + z_u(u,v)\boldsymbol{k}$$

1) 在 [212] 中可找到任意维数下的一般的相容原理.

是过 ∂M 上点 $P(u,v)$ 的坐标线 $v=$ 常数的切向量 (图 1.70(b)). 类似地, $\boldsymbol{r}_v(u,v)$ 是过点 $P(u,v)$ 的坐标线 $u=$ 常数的切向量. 那么在点 $P(u,v)$ 处的切平面方程为

$$\boxed{\boldsymbol{r}=\boldsymbol{r}(u,v)+p\boldsymbol{r}_u(u,v)+q\boldsymbol{r}_v(u,v),}$$

其中 p,q 是实参数, $\boldsymbol{r}(u,v)$ 是点 $P(u,v)$ 的坐标向量. 为了使切向量 $\boldsymbol{r}_u(u,v)$ 和 $\boldsymbol{r}_v(u,v)$ 张成一个平面, 必须假定 $\boldsymbol{r}_u(u,v)\times\boldsymbol{r}_v(u,v)\neq 0$, 即, 这两个向量不平行或不反平行. 单位向量

$$\boxed{\boldsymbol{n}:=\frac{\boldsymbol{r}_u(u,v)\times\boldsymbol{r}_v(u,v)}{|\boldsymbol{r}_u(u,v)\times\boldsymbol{r}_v(u,v)|}} \tag{1.145}$$

垂直于点 $P(u,v)$ 处的切平面, 因此是法向量. M 和 ∂M 的协同定向说明, 这个法向量指向外部(图 1.70(a)).

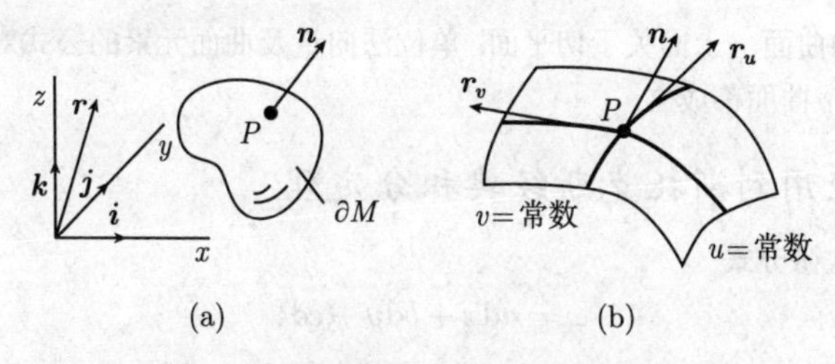

图 1.70　高斯积分定理的坐标表示

如果我们引进向量场 $\boldsymbol{J}:=a\boldsymbol{i}+b\boldsymbol{j}+c\boldsymbol{k}$, 那么三维区域的高斯定理可以写成经典形式:

$$\boxed{\int_M \operatorname{div}\boldsymbol{J}\,\mathrm{d}x=\int_{\partial M}\boldsymbol{J}\boldsymbol{n}\,\mathrm{d}F,} \tag{1.146}$$

这里我们令

$$\mathrm{d}F=|\boldsymbol{r}_u\times\boldsymbol{r}_v|\mathrm{d}u\mathrm{d}v=\sqrt{\left(\frac{\partial(x,y)}{\partial(u,v)}\right)^2+\left(\frac{\partial(y,z)}{\partial(u,v)}\right)^2+\left(\frac{\partial(z,x)}{\partial(u,v)}\right)^2}\,\mathrm{d}u\mathrm{d}v.$$

直观上, ∂M 的曲面元素 ΔF 近似为

$$\boxed{\Delta F=|\boldsymbol{r}_u(u,v)\times\boldsymbol{r}_v(u,v)|\Delta u\Delta v} \tag{1.147}$$

(图 1.71(a)).[1)]

在 1.9.7 中可以找到 (1.146) 的物理解释. 从直观上看, 把曲面 ∂M 分解成很多小部分 ΔF, 并细化此分解, 就得到积分 $\displaystyle\int_{\partial M} g\mathrm{d}F$. 我们也可以用简略了的公式

1) 在平面的特殊情形: $x=u, y=v, z=0$, 有 $\Delta F=\Delta u\Delta v$(参看图 1.71(b)).

$$\int_{\partial M} g\mathrm{d}F = \lim_{\Delta F\to 0}\sum g\Delta F \tag{1.148}$$

来描述.

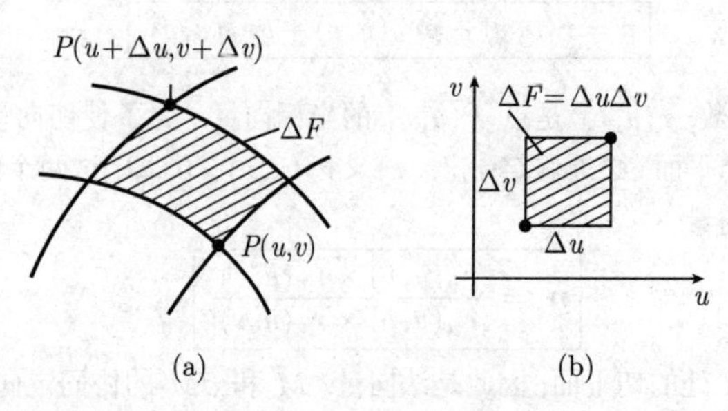

图 1.71 曲面面积元

三维空间中的曲面 上面关于切平面, 单位法向量及曲面元素的公式对 $\mathbb{R}^3$ 中的任意 (足够光滑) 曲面都成立.

1.7.6.2 应用到斯托克斯经典积分定理

考虑 1 次微分式

$$\omega = a\mathrm{d}x + b\mathrm{d}y + c\mathrm{d}z.$$

根据 1.5.10.4 的例 7, 有

$$\mathrm{d}\omega = (c_y - b_z)\mathrm{d}y\wedge\mathrm{d}z + (a_z - c_x)\mathrm{d}z\wedge\mathrm{d}x + (b_x - a_y)\mathrm{d}x\wedge\mathrm{d}y.$$

为了使 $\int_{\partial M}\omega$ 有意义, 边界 ∂M 必须是 1 维的, 即, 它一定是围成曲面 M 的曲线 (图 1.72). 曲面 M 有参数表示

$$x = x(u,v),\quad y = y(u,v),\quad z = z(u,v),$$

并且边界曲线的参数表示为

$$x = x(t),\quad y = y(t),\quad z = z(t),\quad \alpha\leqslant t\leqslant\beta.$$

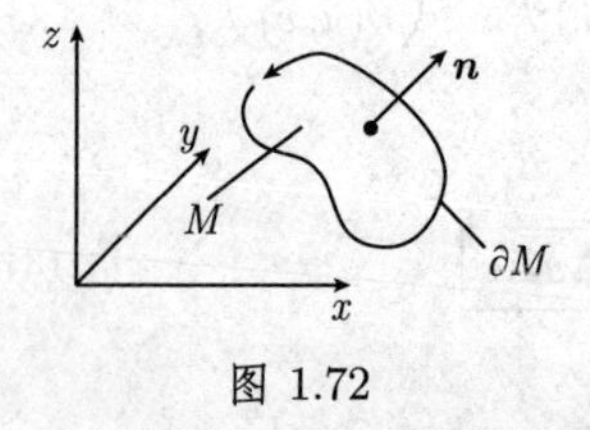

图 1.72

如图 1.72, 法向量 (1.145) 与定向曲线 ∂M 在一起被定向, 就如右手的拇指与食指、中指的位置关系 (右手法则), 这个法则就确定了 M 和 ∂M 的协同定向.

如果我们把 ω(相应地, $\mathrm{d}\omega$) 与对应的参数 t(相应地, (u,v)) 联系起来, 那么有:

$$\omega = \left(a\frac{\mathrm{d}x}{\mathrm{d}t} + b\frac{\mathrm{d}y}{\mathrm{d}t} + c\frac{\mathrm{d}z}{\mathrm{d}t}\right)\mathrm{d}t,$$

$$\mathrm{d}\omega = \left((c_y - b_z)\frac{\partial(y,z)}{\partial(u,v)} + (a_z - c_x)\frac{\partial(z,x)}{\partial(u,v)} + (b_x - a_y)\frac{\partial(x,y)}{\partial(u,v)}\right)\mathrm{d}u \wedge \mathrm{d}v$$

(参看 1.5.10.4 中的例 12). 公式 $\int_M \mathrm{d}\omega = \int_{\partial M} \omega$ 则给出了 $\mathbb{R}^3$ 中曲面的斯托克斯定理的经典形式:

$$\begin{aligned}&\int_M \left((c_y - b_z)\frac{\partial(y,z)}{\partial(u,v)} + (a_z - c_x)\frac{\partial(z,x)}{\partial(u,v)} + (b_x - a_y)\frac{\partial(x,y)}{\partial(u,v)}\right)\mathrm{d}u\mathrm{d}v\\ &= \int_{\partial M}(ax' + by' + cz')\mathrm{d}t.\end{aligned}$$

如果记 $\boldsymbol{B} = a\boldsymbol{i} + b\boldsymbol{j} + c\boldsymbol{k}$, 那么有

$$\boxed{\int_M (\mathbf{curl}\boldsymbol{B})\boldsymbol{n}\mathrm{d}F = \int_\alpha^\beta \boldsymbol{B}(\boldsymbol{r}(t))\boldsymbol{r}'(t)\mathrm{d}t.} \tag{1.149}$$

我们将在 1.9.8 中给出这个公式的物理解释.

1.7.6.3 应用到曲线积分

位势公式 考虑 $\mathbb{R}^3$ 中的 0 次微分式 $\omega = U$, 这里函数 $U = U(x,y,z)$. 那么有

$$\mathrm{d}U = U_x\mathrm{d}x + U_y\mathrm{d}y + U_z\mathrm{d}z.$$

选取参数表示为

$$x = x(t), y = y(t), z = z(t), \qquad \alpha \leqslant t \leqslant \beta \tag{1.150}$$

的曲线 M. 把 U 用参数 t 表示, 就得到

$$\mathrm{d}U = \left(U_x(P(t))\frac{\mathrm{d}x}{\mathrm{d}t} + U_y(P(t))\frac{\mathrm{d}y}{\mathrm{d}t} + U_z(P(t))\frac{\mathrm{d}z}{\mathrm{d}t}\right)\mathrm{d}t.$$

这样, 在这里斯托克斯定理就给出了所谓的位势公式:

$$\boxed{\int_M \mathrm{d}U = U(P) - U(Q),} \tag{1.151}$$

其中, Q, P 分别是曲线 M 的起点和终点. 显然, 位势公式是

$$\boxed{\int_\alpha^\beta (U_x x' + U_y y' + U_z z')\mathrm{d}t = U(P) - U(Q).}$$

用向量分析的语言, 我们有 $\mathrm{d}U = \mathbf{grad}U\mathrm{d}\boldsymbol{r}$, 并且令

$$\int_M \mathbf{grad}U\mathrm{d}\boldsymbol{r} = U(P) - U(Q)$$

及

$$\int_\alpha^\beta (\mathbf{grad}U)(\boldsymbol{r}(t))\boldsymbol{r}'(t)\mathrm{d}t = U(\boldsymbol{r}(\beta)) - U(\boldsymbol{r}(\alpha)),$$

其中 $\boldsymbol{r}(t) = x(t)\boldsymbol{i} + y(t)\boldsymbol{j} + z(t)\boldsymbol{k}$. 这个公式的物理解释可见 1.9.5.

1 次微分式上的积分 (曲线积分) 令给定 1 次微分式

$$\omega = a\mathrm{d}x + b\mathrm{d}y + c\mathrm{d}z,$$

以及具有参数表示为 (1.150) 的曲线 M. 积分

$$\int_M \omega = \int_\alpha^\beta (ax' + by' + cz')\mathrm{d}t$$

称为曲线积分.[1)]

与所选路径的无关性 令 D 是 $\mathbb{R}^3$ 中的可缩 [2)]区域, M 为 D 中具有 C^1 类参数表示 (1.150) 的曲线. 并且, 令

$$\omega = a\mathrm{d}x + b\mathrm{d}y + c\mathrm{d}z$$

为 C^2 类 1 次微分式, 即 a, b, c 是 D 上的 C^2 类实函数. 那么我们有

(i) 假设存在 C^1 类函数 $U: D \to \mathbb{R}$, 使得

$$\boxed{\omega = \mathrm{d}U, \quad 在D上,} \tag{1.152}$$

即, 在 D 上有

$$a = U_x, \quad b = U_y, \quad c = U_z.$$

那么积分 $\int_M \omega$ 与路径无关, 即, 因为位势公式 $\int_M \mathrm{d}M = U(P) - U(Q)$, 所以积分只依赖于曲线 M 的起点和终点 (图 1.73).

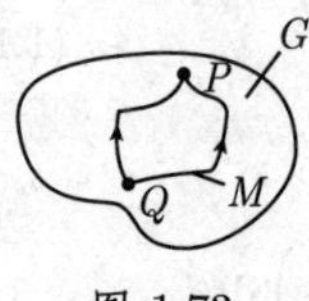

图 1.73

(ii) 方程 (1.152) 有唯一 C^1 类解 U, 如果满足可积性条件:

$$\boxed{\mathrm{d}\omega = 0, \quad 在D上.}$$

根据 1.7.6.2, 这等价于条件

$$c_y = b_z, \quad a_z = c_x, \quad b_x = c_y, \quad 在D上.$$

1) 更准确地说, 这个公式是

$$\int_M \omega = \int_\alpha^\beta (a(P(t))x'(t) + b(P(t))y'(t) + c(P(t))z'(t))\mathrm{d}t,$$

其中 $P(t) := (x(t), y(t), z(t))$.

2) 它的直观意义是, 区域 D 可以连续收缩到一个点. 1.9.11 给出了精确定义.

(iii) 方程 (1.152) 有一个 C^1 类解 U, 当且仅当, 对 D 中每个 C^1 类曲线, 积分 $\int_M \omega$ 与积分路径 M 无关.

陈述 (ii) 是庞加莱引理(参看 1.9.11) 的特殊情形. 而 (iii) 是德拉姆定理的特殊情形. 对这些结果的更深刻的理解可能在微分拓扑的内容中 (德拉姆上同调), 参看 [212].

这个结果的物理解释在 1.9.5 中.

例: 我们想求 1 次微分式

$$\omega = x\mathrm{d}x + y\mathrm{d}y + z\mathrm{d}z$$

沿直线 $M: x = t, y = t, z = t$ 的积分, 其中 $0 \leqslant t \leqslant 1$. 那么有 $\omega = tx'\mathrm{d}t + ty'\mathrm{d}t + tz'\mathrm{d}t = 3t\mathrm{d}t$, 因此

$$\boxed{\int_M \omega = \int_0^1 3t\mathrm{d}t = \frac{3}{2}t^2\Big|_0^1 = \frac{3}{2}.}$$

因为 $\mathrm{d}\omega = \mathrm{d}x \wedge \mathrm{d}x + \mathrm{d}y \wedge \mathrm{d}y + \mathrm{d}z \wedge \mathrm{d}z = 0$, 所以 $\mathbb{R}^3$ 中的这个积分与积分路径无关. 事实上, $\omega = \mathrm{d}U$, 其中 $U = \frac{1}{2}(x^2 + y^2 + z^2)$. 这推出

$$\int_M \omega = \int_M \mathrm{d}U = U(1,1,1) - U(0,0,0) = \frac{3}{2}.$$

曲线积分的性质 (i) 曲线的加法

$$\boxed{\int_A \omega + \int_B \omega = \int_{A+B} \omega.}$$

这里 $A + B$ 表示这样一条曲线, 它先通过 A, 后通过 B(图 1.74(a)).

(ii) 曲线的反向

$$\boxed{\int_{-M} \omega = -\int_M \omega.}$$

这里 $-M$ 表示与 M 方向相反的曲线 (图 1.74(b)).

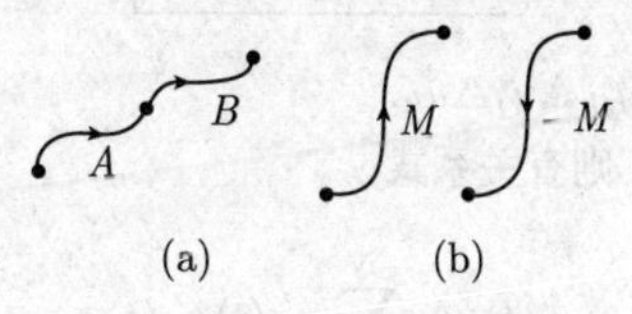

图 1.74 定向的反向

类似地, 本节描述的围道积分的所有性质对 $\mathbb{R}^N$ 中的曲线 $\boldsymbol{x}_j = \boldsymbol{x}_j(t)$ 成立, 其中 $\alpha \leqslant t \leqslant \beta, j = 1, \cdots, N$.

1.7.7 黎曼曲面测度

黎曼(Riemann, 1826—1866) 认为, 在曲线坐标下由弧长可以直接得到曲面的面积和区域的体积.

令 $\mathscr{D}$ 为 $\mathbb{R}^m$ 中的区域. 参数表示

$$\boxed{\boldsymbol{x}=\boldsymbol{x}(\boldsymbol{u}),\quad \boldsymbol{u}\in\mathscr{D}}$$

确定了 $\mathbb{R}^N$ 中的一个 m 维曲面, 其中 $\boldsymbol{u}=(u_1,\cdots,u_m)$, $\boldsymbol{x}=(x_1,\cdots,x_N)$(参看图 1.75, 那里 $u_1=u, u_2=v, x_1=x, x_2=y, x_3=z$).

定义 对 $\mathbb{R}^N$ 中的曲线 $\boldsymbol{x}=\boldsymbol{x}(t)$, 其中 $\alpha\leqslant t\leqslant\beta$, 曲线上参数值分别为 $t=\alpha, t=\tau$ 的两点之间的弧长为

$$\boxed{S(\tau)=\int_\alpha^\tau\left(\sum_{j=1}^N x_j'(t)^2\right)^{1/2}\mathrm{d}t.}$$

1.6.9 中给出了这个定义的动机.

定理 参数域 $\mathscr{D}$ 中的每条曲线 $\boldsymbol{u}=\boldsymbol{u}(t)$ 对应着曲面元素 $\mathscr{S}$ 上的曲线

$$\boldsymbol{x}=\boldsymbol{x}(\boldsymbol{u}(t)),$$

它的弧长满足微分方程:

$$\boxed{\left(\frac{\mathrm{d}s(t)}{\mathrm{d}t}\right)^2=\sum_{j,k=1}^m g_{jk}(\boldsymbol{u}(t))\frac{\mathrm{d}u_j(t)}{\mathrm{d}t}\frac{\mathrm{d}u_k(t)}{\mathrm{d}t}.}\tag{1.153}$$

称

$$g_{jk}(u):=\sum_{n=1}^N\frac{\partial x_n(u)}{\partial u_j}\frac{\partial x_n(u)}{\partial u_k}$$

为度量张量的分量. 可以把 (1.153) 符号式地记作

$$\boxed{\mathrm{d}s^2=g_{jk}\mathrm{d}u_j\mathrm{d}u_k.}$$

这对应着近似式 $(\Delta s)^2=g_{jk}\Delta u_j\Delta u_k$.

证明: 令 $x_j(t)=x_j(u(t))$, 则有关系式

$$s'(t)^2=\sum_{n=1}^N x_n'(t)x_n'(t),$$

由链式法则得 $x_n'(t)=\sum\limits_{j=1}^m\frac{\partial x_n}{\partial u_j}\frac{\mathrm{d}u_j}{\mathrm{d}t}$. □

体积形式 令 $g := \det(g_{jk})$, 并定义曲面 $\mathscr{F}$ 的体积形式为

$$\boxed{\mu := \sqrt{g}\mathrm{d}u_1 \wedge \cdots \wedge \mathrm{d}u_m.}$$

曲面积分 定义

$$\boxed{\int_{\mathscr{F}} \varrho \mathrm{d}F := \int_{\mathscr{F}} \varrho\mu.}$$

在经典符号里, 这对应着公式:

$$\boxed{\int_{\mathscr{F}} \varrho \mathrm{d}F = \int_{\mathscr{D}} \varrho\sqrt{g}\mathrm{d}u_1\mathrm{d}u_2\cdots\mathrm{d}u_m.}$$

物理解释 如果把 ϱ 看成质量密度 (或电量密度), 那么 $\displaystyle\int_{\mathscr{F}} \varrho \mathrm{d}F$ 等于 $\mathscr{F}$ 上的质量 (或电量) 总和. 当 $\varrho = 1$ 时, $\displaystyle\int_{\mathscr{F}} \varrho \mathrm{d}F$ 等于 $\mathscr{F}$ 的曲面测度.

应用到 $\mathbb{R}^3$ 中的曲面 给定 $\mathbb{R}^3$ 中的曲面 $\mathscr{F}$, 它在笛卡儿坐标 x, y, z 中的参数表示为

$$x = x(u,v), \quad y = y(u,v), \quad z = z(u,v), \quad (u,v) \in \mathscr{D}$$

(图 1.75). 那么有

$$\boxed{\mathrm{d}s^2 = E\mathrm{d}u^2 + 2F\mathrm{d}u\mathrm{d}v + G\mathrm{d}v^2,}$$

其中

$$E := \boldsymbol{r}_u^2 = x_u^2 + y_u^2 + z_u^2, \quad G := \boldsymbol{r}_v^2 = x_v^2 + y_v^2 + z_v^2,$$
$$F := \boldsymbol{r}_u\boldsymbol{r}_v = x_u x_v + y_u y_v + z_u z_v,$$

因此 $g = EG - F^2$. 体积形式为 $\mu = \sqrt{EG - F^2}\mathrm{d}u \wedge \mathrm{d}v$. 曲面积分有形式

$$\boxed{\int_{\mathscr{F}} \varrho \mathrm{d}F = \int_{\mathscr{F}} \varrho\mu = \int_{\mathscr{D}} \varrho\sqrt{EG - F^2}\mathrm{d}u\mathrm{d}v.}$$

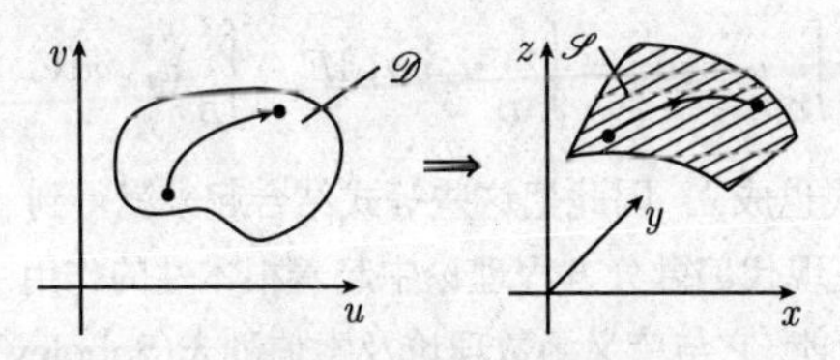

图 1.75 某域中的弧长

推广到黎曼流形 见 [212].

1.7.8 分部积分

曲面积分在把经典的分部积分公式

$$\int_a^b uv'\mathrm{d}x = uv|_a^b - \int_a^b u'v\mathrm{d}x$$

推广到高维时起了重要作用. 把通常的导数换作偏导数, 边界项 $uv|_a^b$ 换成边界积分. 这导出:

$$\boxed{\int_D u\partial_j v\mathrm{d}x = \int_{\partial D} uvn_j\mathrm{d}F - \int_D v\partial_j u\mathrm{d}x} \tag{1.154}$$

定理 令 D 是 $\mathbb{R}^N$ 中一个非空有界开集, 它有分段光滑边界 [1] ∂D, 及外法向量 $\boldsymbol{n} = (n_1, \cdots, n_N)$. 那么对所有 C^1 类函数 $u, v : \bar{D} \to \mathbb{C}$, 分部积分公式 (1.154) 成立.

注 当 ω 是 $N-1$ 次微分式时, 由斯托克斯一般定理 $\int_D \mathrm{d}\omega = \int_{\partial D} \omega$ 即得公式

$$\int_D \partial_j \omega\mathrm{d}x = \int_{\partial D} \omega n_j\mathrm{d}F. \tag{1.155}$$

以同样的方式, 从在 1.7.6.1 中由斯托克斯定理得到的高斯定理可导致 (1.155). 通过令 $w = uv$, 及应用乘法法则 $\partial_j(uv) = v\partial_j u + u\partial_j v$, 由 (1.155) 即得公式 (1.154).

应用到格林公式 令 $\Delta u := u_{xx} + u_{yy} + u_{zz}$, 即, Δ 是 $\mathbb{R}^3$ 中的拉普拉斯算子. 那么下面的格林公式成立:

$$\boxed{\int_D (v\Delta u - u\Delta v)\mathrm{d}x = \int_{\partial D} \left(v\frac{\partial u}{\partial \boldsymbol{n}} - u\frac{\partial v}{\partial \boldsymbol{n}}\right)\mathrm{d}F.}$$

这里, $\dfrac{\partial u}{\partial \boldsymbol{n}} = n_1 u_x + n_2 u_y + n_3 u_z$ 表示关于外法向量 $\boldsymbol{n} = n_1\boldsymbol{i} + n_2\boldsymbol{j} + n_3\boldsymbol{k}$ 的外法向导数 (图 1.70(a)).

证明: 用 $\mathrm{d}V$ 表示 $\mathrm{d}x\mathrm{d}y\mathrm{d}z$. 由分部积分得

$$\int_D uv_{xx}\mathrm{d}V = \int_{\partial D} uv_x n_1\mathrm{d}F - \int_D u_x v_x\mathrm{d}V,$$

$$\int_D u_x v_x\mathrm{d}v = \int_{\partial D} u_x v n_1\mathrm{d}F - \int_D u_{xx} v\mathrm{d}V.$$

关于 y, z 的类似公式也成立, 因此把这些等式结合起来就得到 (1.154). □

分部积分公式在现代偏微分方程理论中起着根本性的作用, 因为它使得引进广义导数的概念成为可能. 它与广义函数理论及索伯列夫(Sobolev) 空间有关. 广义函数推广了经典函数概念, 并具有无穷次可微的特殊性质 (见 [212]).

1) 允许这个边界有适当的角和棱. 精确的假设是 $\partial D \in C^{0,1}$(参看 [212]).

1.7.9 曲线坐标

用 $\boldsymbol{i},\boldsymbol{j},\boldsymbol{k}$ 表示笛卡儿坐标系 (x,y,z) 中沿坐标轴方向的单位向量. 令 $\boldsymbol{r}=x\boldsymbol{i}+y\boldsymbol{j}+z\boldsymbol{k}$(图 1.70(a)).

1.7.9.1 极坐标

坐标变换(图 1.76)

$$\boxed{x=r\cos\varphi,\quad y=r\sin\varphi,\quad -\pi<\varphi\leqslant\pi,\quad r\geqslant 0.}$$

点 $\boldsymbol{P}$ 处的自然基向量$\boldsymbol{e}_r,\boldsymbol{e}_\varphi$

$$\begin{aligned}\boldsymbol{e}_r&=\boldsymbol{r}_r=x_r\boldsymbol{i}+y_r\boldsymbol{j}=\cos\varphi\boldsymbol{i}+\sin\varphi\boldsymbol{j},\\ \boldsymbol{e}_\varphi&=\boldsymbol{r}_\varphi=x_\varphi\boldsymbol{i}+y_\varphi\boldsymbol{j}=-r\sin\varphi\boldsymbol{i}+r\cos\varphi\boldsymbol{j}.\end{aligned}$$

1.7.9.2 柱面坐标

坐标变换

$$\boxed{x=r\cos\varphi,\quad y=r\sin\varphi,\quad z=z,\quad -\pi<\varphi\leqslant\pi,\quad r\geqslant 0.}$$

点 $\boldsymbol{P}$ 处的自然基向量$\boldsymbol{e}_r,\boldsymbol{e}_\varphi,\boldsymbol{e}_z$

$$\begin{aligned}\boldsymbol{e}_r&=\boldsymbol{r}_r=x_r\boldsymbol{i}+y_r\boldsymbol{j}=\cos\varphi\boldsymbol{i}+\sin\varphi\boldsymbol{j},\\ \boldsymbol{e}_\varphi&=\boldsymbol{r}_\varphi=x_\varphi\boldsymbol{i}+y_\varphi\boldsymbol{j}=-r\sin\varphi\boldsymbol{i}+r\cos\varphi\boldsymbol{j},\\ \boldsymbol{e}_z&=\boldsymbol{r}_z=\boldsymbol{k}.\end{aligned}$$

坐标线

(i) $r=$ 变量, $\varphi=$ 常数, $z=$ 常数: 垂直于 z 轴的射线.

(ii) $\varphi=$ 变量, $r=$ 常数, $z=$ 常数: 由 $r=$ 常数确定的柱面上的大圆.

(iii) $z=$ 变量, $r=$ 常数, $\phi=$ 常数: 平行于 z 轴的直线.

过每个不是原点的点 P, 恰有三条坐标线, 它们的切向量为 $\boldsymbol{e}_r$, $\boldsymbol{e}_\varphi$, $\boldsymbol{e}_z$, 且两两垂直 (图 1.77).

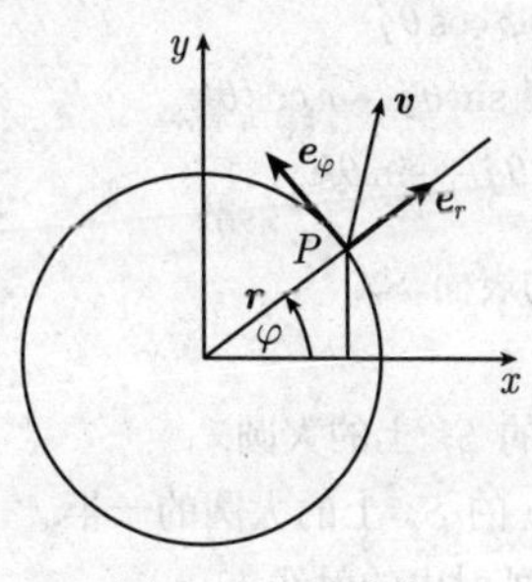

图 1.76 极坐标

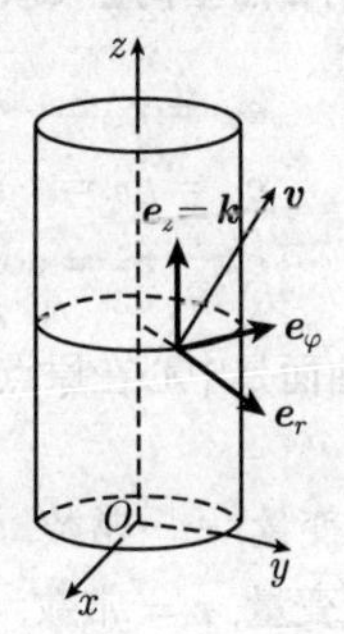

图 1.77 柱面坐标

向量 $\boldsymbol{v}$ 在点 P 处的分解

$$\boldsymbol{v}=v_1\boldsymbol{e}_r+v_2\boldsymbol{e}_\varphi+v_3\boldsymbol{e}_z.$$

我们称 v_1, v_2, v_3 为柱面坐标下向量 $\boldsymbol{v}$ 在点 P 处的自然分量.

弧长元素 $\mathrm{d}s^2=\mathrm{d}r^2+r^2\mathrm{d}\varphi^2+\mathrm{d}z^2$.

体积形式 $\mu:=r\mathrm{d}r\wedge\mathrm{d}\varphi\wedge\mathrm{d}z=\mathrm{d}x\wedge\mathrm{d}y\wedge\mathrm{d}z$.

体积积分

$$\boxed{\int\varrho\mu=\int\varrho r\mathrm{d}r\mathrm{d}\varphi\mathrm{d}z=\int\varrho\mathrm{d}x\mathrm{d}y\mathrm{d}z.}$$

这个公式对应着代换法则.

半径固定的圆柱面 对于给定半径 $r=$ 常数的圆柱面, 它的弧长公式为

$$\mathrm{d}s^2=r^2\mathrm{d}\varphi^2+\mathrm{d}z^2,$$

体积形式为 $\mu=r\mathrm{d}\varphi\wedge\mathrm{d}z$, 面积积分为

$$\boxed{\int\varrho\mathrm{d}F=\int\varrho\mu=\int\varrho r\mathrm{d}\varphi\mathrm{d}z.}$$

例: 半径为 r, 高为 h 的圆柱面的曲面面积 (不含上、下底 —— 校者) 是下面的积分值:

$$\int_{z=0}^{h}\left(\int_{\varphi=-\pi}^{\pi}r\mathrm{d}\varphi\right)\mathrm{d}z=2\pi rh.$$

1.7.9.3 球面坐标

坐标变换

$$\boxed{x=r\cos\varphi\cos\theta,\quad y=r\sin\varphi\cos\theta,\quad z=r\sin\theta,}$$

其中 $-\pi<\varphi\leqslant\pi,-\dfrac{\pi}{2}\leqslant\theta\leqslant\dfrac{\pi}{2}$, 以及 $r\geqslant0$.

在点 P 处的自然基向量 $\boldsymbol{e}_\varphi,\boldsymbol{e}_\theta,\boldsymbol{e}_r$

$$\begin{aligned}
\boldsymbol{e}_\varphi&=\boldsymbol{r}_\varphi=-r\sin\varphi\cos\theta\boldsymbol{i}+r\cos\varphi\cos\theta\boldsymbol{j}.\\
\boldsymbol{e}_\theta&=\boldsymbol{r}_\theta=-r\cos\varphi\sin\theta\boldsymbol{i}-r\sin\varphi\sin\theta\boldsymbol{j}+r\cos\theta\boldsymbol{k},\\
\boldsymbol{e}_r&=\boldsymbol{r}_r=\cos\varphi\cos\theta\boldsymbol{i}+\sin\varphi\cos\theta\boldsymbol{j}+\sin\theta\boldsymbol{k},
\end{aligned}$$

$r=$ 常数的曲面是中心在原点, 半径为 r 的球面的表面 S_r.

坐标线

(i) $\varphi=$ 变量, $r=$ 常数, $\theta=$ 常数: 纬度为 θ 的 S_r 上的大圆.

(ii) $\theta=$ 变量, $r=$ 常数, $\varphi=$ 常数: 经度为 φ 的 S_r 上的大圆的一半.

(iii) $r-$ 变量, $\varphi=$ 常数, $\theta=$ 常数: 从原点向外射出的射线.

过每个不是原点的点 P, 恰有三条坐标线; 它们有两两垂直的切向量 $\boldsymbol{e}_\varphi, \boldsymbol{e}_\theta, \boldsymbol{e}_r$(图 1.78).

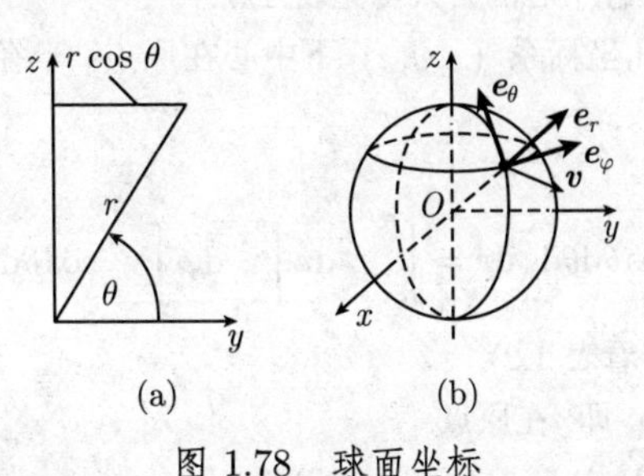

图 1.78 球面坐标

向量 v 在点 P 处的分解

$$\boldsymbol{V} = v_1\boldsymbol{e}_\varphi + v_2\boldsymbol{e}_\theta + v_3\boldsymbol{e}_r.$$

称 v_1, v_2, v_3 为向量$\boldsymbol{v}$在球面坐标下点 P 处的自然分量.

弧长元素 $\mathrm{d}s^2 = r^2\cos^2\theta\mathrm{d}\varphi^2 + r^2\mathrm{d}\theta^2 + \mathrm{d}r^2.$

体积形式 $\mu := r^2\cos\theta\mathrm{d}\varphi\wedge\mathrm{d}\theta\wedge\mathrm{d}r = \mathrm{d}x\wedge\mathrm{d}y\wedge\mathrm{d}z.$

体积积分

$$\boxed{\int\rho\mu = \int\rho r^2\cos\theta\mathrm{d}\varphi\mathrm{d}\theta\mathrm{d}r = \int\rho\mathrm{d}x\mathrm{d}y\mathrm{d}z.}$$

这个公式再次对应着代换法则.

球面 在 S_r 上弧长公式为

$$\mathrm{d}S^2 = r^2\cos^2\theta\mathrm{d}\varphi^2 + r^2\mathrm{d}\theta^2,$$

其中体积形式为 $\mu = r^2\cos\theta\mathrm{d}\varphi\wedge\mathrm{d}\theta$, 曲面积分是

$$\boxed{\int\rho\mathrm{d}F = \int\rho u = \int\rho r^2\cos\theta\mathrm{d}\varphi\mathrm{d}\theta.}$$

例: 半径为 r 的球面面积 F 是下面的积分值:

$$F = \int_{\theta=-\frac{\pi}{2}}^{\frac{\pi}{2}}\int_{\varphi=-\pi}^{\pi} r^2\cos\theta\mathrm{d}\varphi\mathrm{d}\theta = 2\pi r^2\int_{-\frac{\pi}{2}}^{\frac{\pi}{2}}\cos\theta\mathrm{d}\theta = 4\pi r^2.$$

表 1.2 曲线坐标

	极坐标	柱面坐标	球面坐标
弧长元素 $\mathrm{d}s^2$	$\mathrm{d}r^2 + r^2\mathrm{d}\varphi^2$	$\mathrm{d}r^2 + r^2\mathrm{d}\varphi^2 + \mathrm{d}z^2$	$\mathrm{d}r^2 + r^2\mathrm{d}\theta^2 + r^2\cos^2\theta\mathrm{d}\varphi^2$
特殊体积元素 v		$r\mathrm{d}\varphi\mathrm{d}z\mathrm{d}r$	$r^2\cos\theta\mathrm{d}\varphi\mathrm{d}\theta\mathrm{d}r$
曲面元素	$r\mathrm{d}r\mathrm{d}\varphi$(平面)	$r\mathrm{d}\varphi\mathrm{d}z$(半径为 r 的圆柱面)	$r^2\cos\theta\mathrm{d}\varphi\mathrm{d}\theta$(半径为 r 的球面)

1.7.10 应用到质心和惯性中点

求质量、质心和惯性中心的公式可见表 1.3.

例 1(球): 考虑笛卡儿坐标系 (x,y,z) 下中心在原点, 半径为 R 的实心球 (图 1.79(a)).

体积

$$M=\int r^2\cos\theta\mathrm{d}\theta\mathrm{d}\varphi\mathrm{d}r=\int_0^R r^2\mathrm{d}r\int_{-\pi}^{\pi}\mathrm{d}\varphi\int_{-\frac{\pi}{2}}^{\frac{\pi}{2}}\cos\theta\mathrm{d}\theta=\frac{4\pi R^3}{3},$$

其中用了球面坐标 (参看表 1.2).

质心: 它位于球的中心, 即, 在原点.

惯性中心(关于 z 轴的)

$$\Theta_z=\int(r\cos\theta)^2r^2\cos\theta\mathrm{d}\theta\mathrm{d}\varphi\mathrm{d}r=\int_0^R r^4\mathrm{d}r\int_{-\pi}^{\pi}\mathrm{d}\varphi\int_{-\frac{\pi}{2}}^{\frac{\pi}{2}}\cos^3\theta\mathrm{d}\theta=\frac{2}{5}R^2M.$$

表 1.3 曲线坐标下的积分量

	质量 M(ρ 为密度)	质心向量 ($\boldsymbol{r}=x\boldsymbol{i}+y\boldsymbol{j}+z\boldsymbol{k}$)	关于 z 轴的惯性中心
曲线 $\mathscr{C}$	$M=\int_{\mathscr{C}}\rho\mathrm{d}s$($\rho=1$时为$\mathscr{C}$的弧长)	$\boldsymbol{r}_{\mathrm{cm}}=\frac{1}{M}\int_{\mathscr{C}}\boldsymbol{r}\rho\mathrm{d}s$	$\Theta_z=\int_{\mathscr{C}}(x^2+y^2)\rho\mathrm{d}s$
曲面 $\mathscr{F}$	$M=\int_{\mathscr{F}}\rho\mathrm{d}F$($\rho=1$ 时为曲面$\mathscr{F}$的面积)	$\boldsymbol{r}_{\mathrm{cm}}=\frac{1}{M}\int_{\mathscr{F}}\boldsymbol{r}\rho\mathrm{d}F$	$\Theta_z=\int_{\mathscr{F}}(x^2+y^2)\rho\mathrm{d}F$
立体$\mathscr{F}$($\mathrm{d}V=\mathrm{d}x\mathrm{d}y\mathrm{d}z$)	$M=\int_{\mathscr{F}}\rho\mathrm{d}V$($\rho=1$ 时为$\mathscr{F}$的体积)	$\boldsymbol{r}_{\mathrm{cm}}=\frac{1}{M}\int_{\mathscr{F}}\boldsymbol{r}\rho\mathrm{d}V$	$\Theta_z=\int_{\mathscr{G}}(x^2+y^2)\rho\mathrm{d}V$

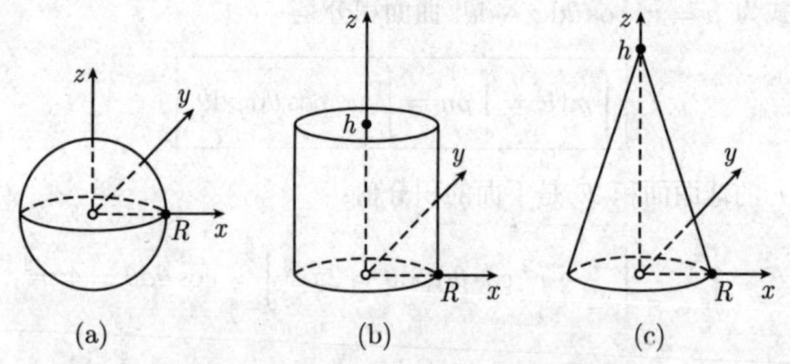

图 1.79 实心球、圆柱体、圆锥体

例 2(圆柱体): 考虑半径为 R, 高为 h 的圆柱体 (图 1.79(b)).

体积

$$M=\int r\mathrm{d}r\mathrm{d}\varphi\mathrm{d}z=\int_0^R r\mathrm{d}r\int_{-\pi}^{\pi}\mathrm{d}\varphi\int_0^h\mathrm{d}z=\pi R^2h,$$

其中用了柱面坐标 (参看表 1.2).

质心:

$$z_{\mathrm{cm}}=\frac{h}{2},\quad x_{\mathrm{cm}}=y_{\mathrm{cm}}=0.$$

关于 z 轴的惯性中心:

$$\Theta_z=\int r^2 r\mathrm{d}\varphi\mathrm{d}r\mathrm{d}z=\int_0^R r^3\mathrm{d}r\int_{-\pi}^{\pi}\mathrm{d}\varphi\int_0^h\mathrm{d}z=\frac{1}{2}R^2M.$$

例 3(圆锥体): 考虑半径为 R 的圆做底, 高为 h 的圆锥体 (图 1.79(c)).

体积:

$$M=\int_{z=0}^{h}\left(\int_{D_z}\mathrm{d}x\mathrm{d}y\mathrm{d}z\right)=\int_0^h\pi R_z^2\mathrm{d}z=\frac{1}{3}\pi R^2h,$$

这里, 我们应用了卡瓦列里原理. 根据 1.7.1 中的例 3, 有 $R_z=(h-z)R/h$.

质点:

$$z_{\mathrm{cm}}=\frac{1}{M}\int_{z=0}^{h}\left(\int_{Dz}z\mathrm{d}x\mathrm{d}y\right)\mathrm{d}z=\frac{1}{M}\int_0^h z\pi R_z^2\mathrm{d}z=\frac{h}{4},\quad x_{\mathrm{cm}}=y_{\mathrm{cm}}=0.$$

关于 z 轴的惯性中心:

$$\begin{aligned}\Theta_z&=\int(x^2+y^2)\mathrm{d}x\mathrm{d}y\mathrm{d}z=\int_0^h\left(\int_{Dz}r^3\mathrm{d}r\mathrm{d}\varphi\right)\mathrm{d}z=\int_0^h\left(\int_0^{Rz}r^3\mathrm{d}r\right)\left(\int_{-\pi}^{\pi}\mathrm{d}\varphi\right)\mathrm{d}z\\&=\int_0^h\frac{\pi}{2}R_z^4\mathrm{d}z=\frac{3}{10}MR^2.\end{aligned}$$

第一古尔丁(Guldinian) 法则* 旋转体的体积等于, 过旋转轴平面与它的截面 S 的面积 F 与在一次旋转中 S 的质心的轨道长度的乘积.

第二古尔丁法则 旋转体的表面积等于, 截面 S 的边界 ∂S 的长度与在一次旋转中边界 ∂S 的质心的轨道长度的乘积.

例 4(环面): 环面的子午截面 S 是半径为 r 的圆周, 它的面积是 $F=\pi r^2$, 周长是 $U=2\pi r$(图 1.80). S 和 ∂S 的质心都是圆的中心, 它与 z 轴的距离是 R. 根据古尔丁法则, 有

$$\text{环面的体积}=2\pi RF=2\pi^2Rr^2,$$

$$\text{环面的表面积}=2\pi RU=4\pi^2Rr.$$

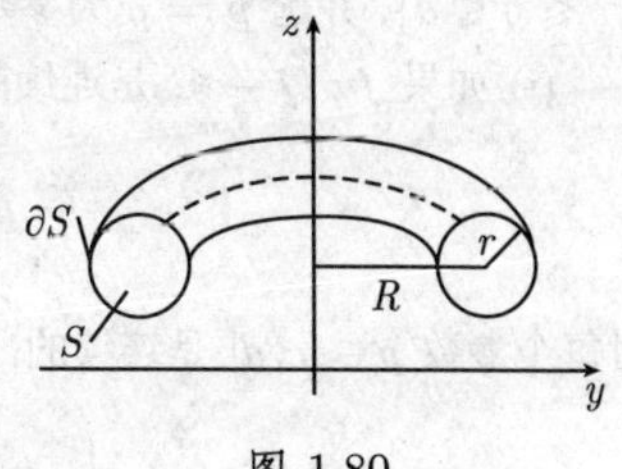

图 1.80

* 对于第一和第二古尔丁法则, 都应有 “旋转轴与旋转体不相交” 这一前提.—— 校者

1.7.11 依赖于参数的积分

考虑函数

$$F(p)=\int_D f(x,p)\mathrm{d}x, \quad p\in P,$$

其中 D 是 $\mathbb{R}^N$ 的容许子集, P 是 $\mathbb{R}^M$ 的开集. 称 p 为参数. 此外, 令 $\partial_j:=\partial/\partial p_j$.

连续性 函数 $F:P\to\mathbb{C}$ 是连续的, 如果:

(i) 对每个参数 $p\in P$, 函数 $f(.,p):D\to\mathbb{C}$ 是容许的, 连续的.

(ii) 存在容许函数 $h:D\to\mathbb{R}$, 使得:

$$|f(x,p)|\leqslant h(x), \quad 对所有x\in D,p\in P.$$

可微性 对所有 $p\in P$, 函数 $F:p\to\mathbb{C}$ 是 C 类的, 且有,

$$\partial_j F(p)=\int_D \partial_j f(x,p)\mathrm{d}x, \quad j=1,\cdots,N,$$

如果它除了满足 (i) 和 (ii) 之外, 还满足如下条件:

(a) 对每个参数 $p\in P$, 函数 $f(\cdot,P):D\to\mathbb{C}$ 是 C^1 类的.

(b) 存在一个容许函数 $h_j:D\to\mathbb{R}$, 使得

$$|\partial_j f(x,p)|\leqslant h_j(x), \quad 对所有x\in D,p\in P,以及j=1,\cdots,N.$$

在这些定义里, $f(\cdot,p)$ 表示这样的函数: 对固定的 p, 它分配给每个点 x 一个值 $f(x,p)$.

积分 设 P 是 $\mathbb{R}^M$ 的一个容许集. 那么积分

$$\int_P F(p)\mathrm{d}p=\int_{D\times P} f(x,p)\mathrm{d}x\mathrm{d}p$$

存在, 如果 $f:P\times D\to\mathbb{R}$ 是容许的.

例: 令 $-\infty<a<b<\infty,-\infty<c<d<\infty$. 令 $Q:=\{(x,y)\in\mathbb{R}^2:a\leqslant x\leqslant b,c\leqslant y\leqslant d\}$, 并选 $p:=y$ 为参数.

(i) 如果 $f:Q\to\mathbb{C}$ 是连续的, 那么函数

$$F(p):=\int_a^b f(x,p)\mathrm{d}x$$

对每个参数 $p\in[c,d]$ 是连续的. 而且

$$\int_c^d F(p)\mathrm{d}p=\int_Q f(x,p)\mathrm{d}x\mathrm{d}p.$$

(ii) 如果 $f: Q \to \mathbb{C}$ 是 C^1 类的, 那么上述结论在 $[c,d]$ 上对 F 也同样成立, 并且, 通过积分号下求导, 得到导数 $F'(p)$:

$$F'(p) = \int_a^b f_p(x,p)\mathrm{d}x, \quad 对所有 p \in]c,d[.$$

对积分变换的应用 见 1.11.

1.8 向量代数

标量、向量和仿射向量 值为实数的量称为标量(如质量、电荷、温度、功、能量、势). 另一方面, 给一个标量加上方向就是移动向量(如速度、加速度、力、电场或磁场力). 在物理学中, 向量的基 (起点) 十分重要, 它导出 (基) 向量的概念. 如果与起点无关, 那么就是仿射向量.

向量的定义 给定点 O; 从 O 开始的向量 $\boldsymbol{F}$ 是起点在点 O 的箭头 (图 1.81). 箭头的长度记作 $|\boldsymbol{F}|$. 如果 P 是箭头的终点, 也可记作 $\boldsymbol{F} = \overrightarrow{OP}$. 向量 $\mathbf{0} := \overrightarrow{OO}$ 称为在点 O 处的零向量. 单位长度的向量称为单位向量.

物理解释 可以把 $\boldsymbol{F}$ 看成作用在点 O 上的一个力.

1.8.1 向量的线性组合

向量乘以标量的定义(图 1.81) 令 $\boldsymbol{F}$ 是起点为点 O 的一个向量, α 是一个实数.

(i) $-\boldsymbol{F}$ 是基为点 O 的向量, 它与 $\boldsymbol{F}$ 有相同的长度, 但是方向与 $\boldsymbol{F}$ 相反.

(ii) 当 $\alpha > 0$ 时, $\alpha\boldsymbol{F}$ 仍然是以点 O 为基的向量, 与 $\boldsymbol{F}$ 同方向, 长度等于 $\alpha|\boldsymbol{F}|$.

(iii) 当 $\alpha < 0$ 时, 令 $\alpha\boldsymbol{F} := |\alpha|(-\boldsymbol{F})$; 当 $\alpha = 0$ 时, 令 $\alpha\boldsymbol{F} := \mathbf{0}$.

向量加法的定义 令 $\boldsymbol{F}_1$ 和 $\boldsymbol{F}_2$ 为两个向量, 基都在点 O; 定义和

$$\boxed{\boldsymbol{F}_1 + \boldsymbol{F}_2}$$

为以点 O 为基的向量, 它为如图 1.82 所示由 $\boldsymbol{F}_1$ 和 $\boldsymbol{F}_2$ 构成的平行四边形的对角线.

物理解释 如果 $\boldsymbol{F}_1$ 和 $\boldsymbol{F}_2$ 是作用在点 O 的两个力, 那么 $\boldsymbol{F}_1+\boldsymbol{F}_2$ 为作用在点 O 的合力 (力的平行四边形法则).

两个向量 $\boldsymbol{a}, \boldsymbol{b}$ 的减法 $\boldsymbol{b} - \boldsymbol{a}$ 定义为 $\boldsymbol{b}+(-\boldsymbol{a})$. 我们有 $\boldsymbol{a}+(\boldsymbol{b} - \boldsymbol{a})=\boldsymbol{b}$(图 1.83).

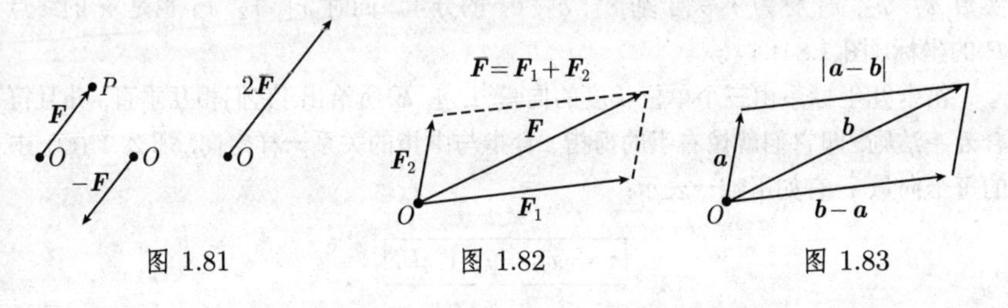

图 1.81 图 1.82 图 1.83

基本定律 令 $\boldsymbol{a}, \boldsymbol{b}, \boldsymbol{c}$ 是以点 O 为基的向量, α, β 为实数, 那么

$$\boxed{\begin{aligned}&\boldsymbol{a}+\boldsymbol{b}=\boldsymbol{b}+\boldsymbol{a}, (\boldsymbol{a}+\boldsymbol{b})+\boldsymbol{c}=\boldsymbol{a}+(\boldsymbol{b}+\boldsymbol{c}),\\&\alpha(\beta\boldsymbol{a})=(\alpha\beta)\boldsymbol{a}, (\alpha+\beta)\boldsymbol{a}=\alpha\boldsymbol{a}+\beta\boldsymbol{a}, \alpha(\boldsymbol{a}+\boldsymbol{b})=\alpha\boldsymbol{a}+\alpha\boldsymbol{b}.\end{aligned}} \tag{1.156}$$

称 $\alpha\boldsymbol{a}+\beta\boldsymbol{b}$ 为向量 $\boldsymbol{a}, \boldsymbol{b}$ 的线性组合. 而且有

$$\begin{aligned}&|\boldsymbol{a}|=0 \quad \text{当且仅当} \quad \boldsymbol{a}=\boldsymbol{0};\\&|\alpha\boldsymbol{a}|=|\alpha||\boldsymbol{a}|;\\&||\boldsymbol{a}|-|\boldsymbol{b}||\leqslant|\boldsymbol{a}\pm\boldsymbol{b}|\leqslant|\boldsymbol{a}|+|\boldsymbol{b}|.\end{aligned} \tag{1.157}$$

我们用记号 $V(O)$ 表示基在点 O 的所有向量的集合. 用现代数学语言来说, (1.156) 的意思是, $V(O)$ 是一个实向量空间 (参看 2.3.2). 那么, 方程 (1.157) 蕴涵着 $V(O)$ 是赋范向量空间 (参看 [212]). 距离函数

$$d(\boldsymbol{a},\boldsymbol{b}):=|\boldsymbol{b}-\boldsymbol{a}| \tag{1.158}$$

赋予 $V(O)$ 度量空间的结构. 这里 $|\boldsymbol{b}-\boldsymbol{a}|$ 是向量 $\boldsymbol{b}, \boldsymbol{a}$ 的终点之间的距离 (图 1.83).

线性无关 $V(O)$ 中的向量 $\boldsymbol{F}_1, \cdots, \boldsymbol{F}_r$ 称为线性无关的, 如果由方程

$$\alpha_1\boldsymbol{F}_1+\cdots+\alpha_r\boldsymbol{F}_r=\boldsymbol{0}$$

可推出 $\alpha_1=\cdots=\alpha_r=0$, 其中 $\alpha_1,\cdots,\alpha_r$ 为实数.

例: (i) $V(O)$ 中两个非零向量线性无关, 当且仅当, 它们不位于同一条直线上, 即它们不共线.

(ii) $V(O)$ 中三个非零向量线性无关, 当且仅当, 它们不在同一平面上, 即不共面.

1.8.2 坐标系

$V(O)$ 中线性无关向量的最大个数是 3. 因此可以说线性空间 $V(O)$ 的维数是 3.

基 如果 $\boldsymbol{e}_1, \boldsymbol{e}_2, \boldsymbol{e}_3$ 是 $V(O)$ 中三个线性无关的向量, 那么 $V(O)$ 中的任意向量 $\boldsymbol{r}$ 可以唯一表示成

$$\boxed{\boldsymbol{r}=x_1\boldsymbol{e}_1+x_2\boldsymbol{e}_2+x_3\boldsymbol{e}_3.}$$

实数 x_1, x_2, x_3 称为 $\boldsymbol{r}$ 关于基 $\boldsymbol{e}_1, \boldsymbol{e}_2, \boldsymbol{e}_3$ 的分量. 同时 x_1, x_2, x_3 也是 $\boldsymbol{r}$ 的终点 P 的坐标 (图 1.84).

笛卡儿坐标系由三个单位长度的向量 $\boldsymbol{i}, \boldsymbol{j}, \boldsymbol{k}$ 所给出, 它们相互垂直, 并且符合右手法则, 即它们就像右手的拇指、食指与中指的关系一样定向. 那么 $V(O)$ 中的每个向量 $\boldsymbol{r}$ 有如下唯一表示:

$$\boxed{\boldsymbol{r}=x\boldsymbol{i}+y\boldsymbol{j}+z\boldsymbol{k},}$$

其中 x, y, z 称为 $\boldsymbol{r}$ 的终点 P 的笛卡儿坐标(图 1.85). 另外, 有

$$\boxed{|\boldsymbol{r}| := \sqrt{x^2+y^2+z^2}.}$$

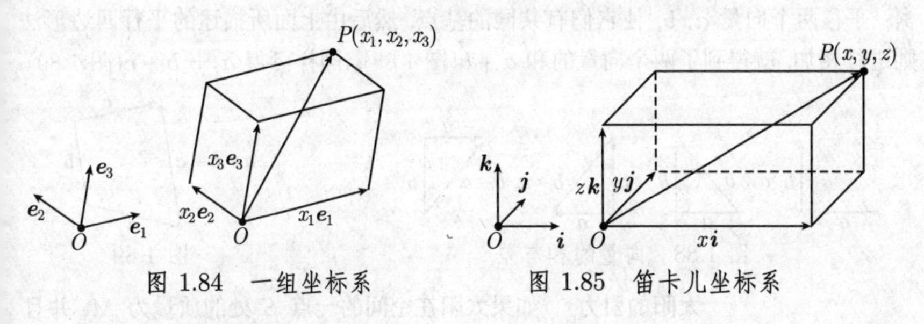

图 1.84 一组坐标系　　　　图 1.85 笛卡儿坐标系

平面中相应的情况见图 1.86.

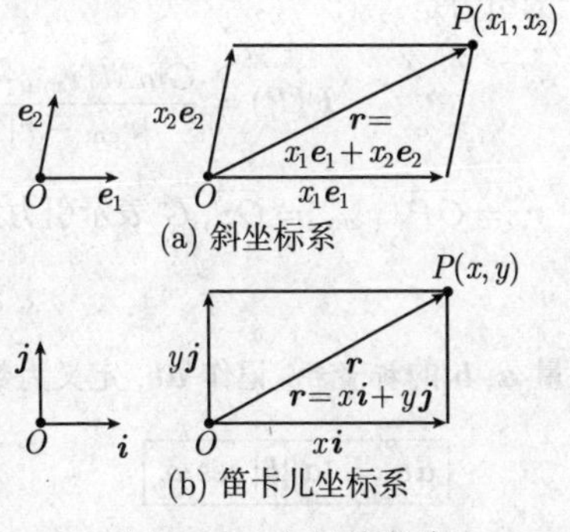

图 1.86 向量的长度

自由向量 起点在同一个点或不同点的两个向量 $\boldsymbol{a}$ 和 $\boldsymbol{c}$ 称为等价的, 如果它们有相同的方向和长度. 记作

$$\boldsymbol{a} \sim \boldsymbol{c}$$

(图 1.87). 另外, 用 $[\boldsymbol{a}]$ 表示向量 $\boldsymbol{a}$ 的等价类, 即, 所有等价于 $\boldsymbol{a}$ 的向量 $\boldsymbol{c}$ 的集合. 等价类 $[\boldsymbol{a}]$ 的所有元素称为 $\boldsymbol{a}$ 的代表. 每个这样的等价类 $[\boldsymbol{a}]$ 称为一个自由向量.

几何解释 自由向量 $[\boldsymbol{a}]$ 表示空间中的平移. 每个代表 $\boldsymbol{c} = \overrightarrow{QP}$ 表明, 在平移作用下点 Q 映为 P(图 1.87).

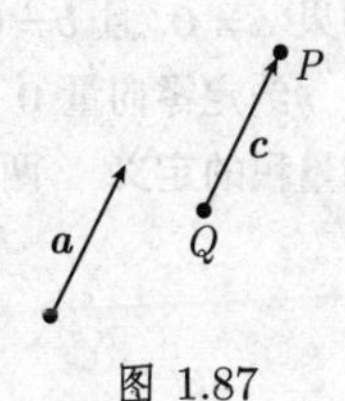

图 1.87

自由向量的和 定义

$$[\boldsymbol{a}] + [\boldsymbol{b}] := [\boldsymbol{a} + \boldsymbol{b}].$$

它表示自由向量以分量方式相加, 并且这个运算与代表的选取无关. 类似地, 定义

$$\alpha[\boldsymbol{a}] := [\alpha \boldsymbol{a}].$$

约定 为了简化记号, 把 $\boldsymbol{a}\sim\boldsymbol{c}$ 记作 $\boldsymbol{a}=\boldsymbol{c}$, 把 $[\boldsymbol{a}]+[\boldsymbol{b}]$(相应地, $\alpha[\boldsymbol{a}]$) 记作 $\boldsymbol{a}+\boldsymbol{b}$(相应地, $\alpha\boldsymbol{a}$). 这相应于向量的运算, 如果它们有相同的方向和长度, 就把它们看成是相等的. 下文中, 我们将不再说到自由向量, 而总是论及向量.

例: 平移两个向量 $\boldsymbol{a}$, $\boldsymbol{b}$, 使它们有共同的基点, 然后由上面所描述的平行四边形法则进行相加, 就得到了两个向量的和 $\boldsymbol{a}+\boldsymbol{b}$(图 1.88). 同样可得 $\boldsymbol{a}+\boldsymbol{b}+\boldsymbol{c}$(图 1.89).

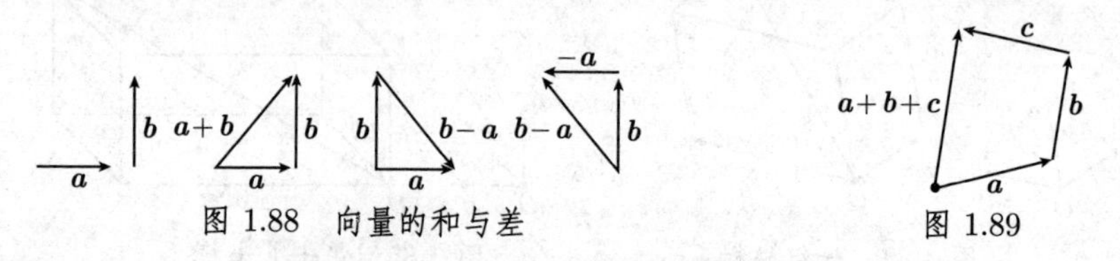

图 1.88 向量的和与差

图 1.89

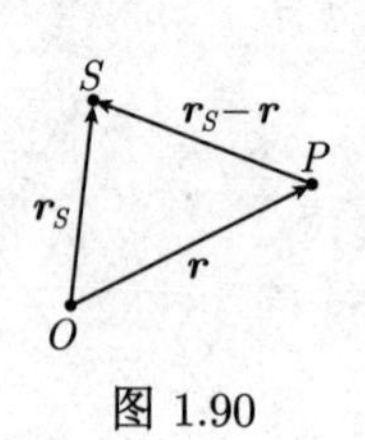

图 1.90

太阳的引力 如果太阳在空间的一点 S 处的质量为 M, 并且在点 P 处存在质量为 m 的一个行星, 那么太阳作用在这个行星上的引力是

$$\boldsymbol{F}(P)=\frac{GmM(\boldsymbol{r}_{\mathrm{cm}}-\boldsymbol{r})}{|\boldsymbol{r}_{\mathrm{cm}}-\boldsymbol{r}|^3} \tag{1.159}$$

其中 $\boldsymbol{r}:=\overrightarrow{OP}$, $\boldsymbol{r}_{\mathrm{cm}}:=\overrightarrow{OS}$, G 表示引力常量 (图 1.90).

1.8.3 向量的乘法

标量积的定义 两个向量 $\boldsymbol{a}$, $\boldsymbol{b}$ 的*标量积*, 记作 $\boldsymbol{ab}$, 定义为数

$$\boxed{\boldsymbol{ab}:=|\boldsymbol{a}||\boldsymbol{b}|\cos\varphi,}$$

其中 φ 是两个向量 $\boldsymbol{a}$, $\boldsymbol{b}$ 之间的夹角, 它如此选取, 以使 $0\leqslant\varphi\leqslant\pi$(图 1.91).

正交性 两个向量 $\boldsymbol{a}$, $\boldsymbol{b}$ 称为*正交的*,[1] 如果

$$\boxed{\boldsymbol{ab}=0.}$$

如果 $\boldsymbol{a}\neq\boldsymbol{0}$, 且 $\boldsymbol{b}\neq\boldsymbol{0}$, 那么当且仅当 $\varphi=\dfrac{\pi}{2}$ 时, 这个条件成立.

约定零向量 $\boldsymbol{0}$ 垂直于所有向量.

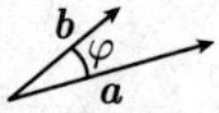

图 1.91

向量积的定义 两个向量 $\boldsymbol{a}$, $\boldsymbol{b}$ 的*向量积*, 记作 $\boldsymbol{a}\times\boldsymbol{b}$, 定义为长为

$$\boxed{|\boldsymbol{a}||\boldsymbol{b}|\sin\varphi}$$

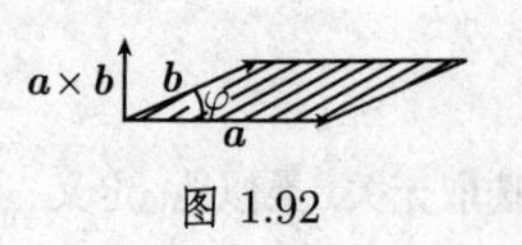

图 1.92

的一个向量 (这个量即为由向量 $\boldsymbol{a}$, $\boldsymbol{b}$ 生成的平行四边形的面积, 参看图 1.92), 它垂直于 $\boldsymbol{a}$, 也垂直于 $\boldsymbol{b}$, 并且三个向量 $\boldsymbol{a}$, $\boldsymbol{b}$, $\boldsymbol{a}\times\boldsymbol{b}$ 以这个次序形成一个右手系, 如果 $\boldsymbol{a}\neq\boldsymbol{0}$, $\boldsymbol{b}\neq\boldsymbol{0}$.

1) 也可以说 $\boldsymbol{a}$, $\boldsymbol{b}$ 互相*垂直*.

法则 对任意向量 $\boldsymbol{a}$, $\boldsymbol{b}$, $\boldsymbol{c}$, 及任意实数 α, 我们有如下法则:

$$\begin{array}{ll} \boldsymbol{ab}=\boldsymbol{ba}, & \boldsymbol{a}\times\boldsymbol{b}=-(\boldsymbol{b}\times\boldsymbol{a}), \\ \alpha(\boldsymbol{ab})=(\alpha\boldsymbol{a})\boldsymbol{b}, & \alpha(\boldsymbol{a}\times\boldsymbol{b})=(\alpha\boldsymbol{a})\times\boldsymbol{b}, \\ \boldsymbol{a}(\boldsymbol{b}+\boldsymbol{c})=\boldsymbol{ab}+\boldsymbol{ac}, & \boldsymbol{a}\times(\boldsymbol{b}+\boldsymbol{c})=(\boldsymbol{a}\times\boldsymbol{b})+(\boldsymbol{a}\times\boldsymbol{c}), \\ \boldsymbol{a}^2:=\boldsymbol{aa}=|\boldsymbol{a}|^2, & \boldsymbol{a}\times\boldsymbol{a}=\boldsymbol{0}. \end{array}$$

而且, 向量积有如下性质:

(i) $\boldsymbol{a}\times\boldsymbol{b}=\boldsymbol{0}$, 当且仅当, $\boldsymbol{a}$, $\boldsymbol{b}$ 有一个为零向量, 或 $\boldsymbol{a}$, $\boldsymbol{b}$ 平行或反平行.

(ii) $\boldsymbol{a}\times\boldsymbol{b}=\boldsymbol{0}$, 当且仅当, $\boldsymbol{a}$, $\boldsymbol{b}$ 线性相关.

(iii) 向量积不满足交换律, 即, 当 $\boldsymbol{a}\times\boldsymbol{b}\neq\boldsymbol{0}$ 时, $\boldsymbol{a}\times\boldsymbol{b}\neq\boldsymbol{b}\times\boldsymbol{a}$.

几个向量的乘积

展开法则:

$$\boldsymbol{a}\times(\boldsymbol{b}\times\boldsymbol{c})=\boldsymbol{b}(\boldsymbol{ac})-\boldsymbol{c}(\boldsymbol{ab}).$$

拉格朗日(Lagrange)等式:

$$(\boldsymbol{a}\times\boldsymbol{b})(\boldsymbol{c}\times\boldsymbol{d})=(\boldsymbol{ac})(\boldsymbol{bd})-(\boldsymbol{bc})(\boldsymbol{ad}).$$

三重积 定义为

$$(\boldsymbol{abc}):=(\boldsymbol{a}\times\boldsymbol{b})\boldsymbol{c}.$$

$\boldsymbol{a}$, $\boldsymbol{b}$, $\boldsymbol{c}$ 置换后, 三重积 $(\boldsymbol{abc})$ 要乘以置换的符号, 即

$$(\boldsymbol{abc})=(\boldsymbol{bca})=(\boldsymbol{cab})=-(\boldsymbol{acb})=-(\boldsymbol{bac})=-(\boldsymbol{acb}).$$

从几何上来说, 三重积 $\boldsymbol{abc}$ 是由 $\boldsymbol{a}$, $\boldsymbol{b}$, $\boldsymbol{c}$ 张成的平行六面体的体积 (图 1.93). 而且, 有

$$(\boldsymbol{abc})(\boldsymbol{efg})=\begin{vmatrix} \boldsymbol{ae} & \boldsymbol{af} & \boldsymbol{ag} \\ \boldsymbol{be} & \boldsymbol{bf} & \boldsymbol{bg} \\ \boldsymbol{ce} & \boldsymbol{cf} & \boldsymbol{cg} \end{vmatrix}.$$

三个向量 $\boldsymbol{a}$, $\boldsymbol{b}$, $\boldsymbol{c}$ 是线性无关的, 当且仅当, 满足下面两个条件之一:

(a) $(\boldsymbol{abc})\neq 0$.

(b) $\begin{vmatrix} \boldsymbol{aa} & \boldsymbol{ab} & \boldsymbol{ac} \\ \boldsymbol{ba} & \boldsymbol{bb} & \boldsymbol{bc} \\ \boldsymbol{ca} & \boldsymbol{cb} & \boldsymbol{cc} \end{vmatrix}\neq 0$ (格拉姆行列式).

笛卡儿坐标系下的表示 用笛卡儿坐标表示向量为

$$\boldsymbol{a}=a_1\boldsymbol{i}+a_2\boldsymbol{j}+a_3\boldsymbol{k},\ \boldsymbol{b}=b_1\boldsymbol{i}+b_2\boldsymbol{j}+b_3\boldsymbol{k},\ \boldsymbol{c}=c_1\boldsymbol{i}+c_2\boldsymbol{j}+c_3\boldsymbol{k},$$

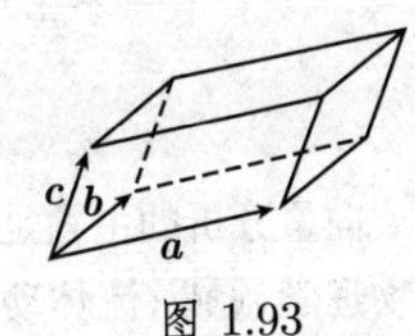

图 1.93

则上述乘积可表示为

$$\boldsymbol{ab} = a_1b_1 + a_2b_2 + a_3b_3,$$

$$\boldsymbol{a}\times\boldsymbol{b} = \begin{vmatrix} \boldsymbol{i} & \boldsymbol{j} & \boldsymbol{k} \\ a_1 & a_2 & a_3 \\ b_1 & b_2 & b_3 \end{vmatrix} = (a_2b_3 - a_3b_2)\boldsymbol{i} + (a_3b_1 - a_1b_3)\boldsymbol{j} + (a_1b_2 - a_2b_1)\boldsymbol{k},$$

$$(\boldsymbol{abc}) = \begin{vmatrix} a_1 & a_2 & a_3 \\ b_1 & b_2 & b_3 \\ c_1 & c_2 & c_3 \end{vmatrix}.$$

一般坐标系下的表示 设 $\boldsymbol{e}_1, \boldsymbol{e}_2, \boldsymbol{e}_3$ 是任意线性无关向量, 那么称下面三个向量构成的集合为基 $\boldsymbol{e}_1, \boldsymbol{e}_2, \boldsymbol{e}_3$ 的对偶基:

$$\boldsymbol{e}^1 := \frac{\boldsymbol{e}_2\times\boldsymbol{e}_3}{(\boldsymbol{e}_1\boldsymbol{e}_2\boldsymbol{e}_3)}, \quad \boldsymbol{e}^2 := \frac{\boldsymbol{e}_3\times\boldsymbol{e}_1}{(\boldsymbol{e}_1\boldsymbol{e}_2\boldsymbol{e}_3)}, \quad \boldsymbol{e}^3 := \frac{\boldsymbol{e}_1\times\boldsymbol{e}_2}{(\boldsymbol{e}_1\boldsymbol{e}_2\boldsymbol{e}_3)}.$$

每个向量 $\boldsymbol{a}$ 有唯一分解式:

$$\boldsymbol{a} = a^1\boldsymbol{e}_1 + a^2\boldsymbol{e}_2 + a^3\boldsymbol{e}_3 \quad 及 \quad \boldsymbol{a} = a_1\boldsymbol{e}^1 + a_2\boldsymbol{e}^2 + a_3\boldsymbol{e}^3.$$

称 a^1, a^2, a^3 为 $\boldsymbol{a}$ 的反变坐标, a_1, a_2, a_3 为 $\boldsymbol{a}$ 的共变坐标, 则有

$$\boldsymbol{ab} = a_1b^1 + a_2b^2 + a_3b^3,$$

$$\boldsymbol{a}\times\boldsymbol{b} = (\boldsymbol{e}_1\boldsymbol{e}_2\boldsymbol{e}_3)\begin{vmatrix} \boldsymbol{e}^1 & \boldsymbol{e}^2 & \boldsymbol{e}^3 \\ a^1 & a^2 & a^3 \\ b^1 & b^2 & b^3 \end{vmatrix},$$

$$(\boldsymbol{abc}) = (\boldsymbol{e}_1\boldsymbol{e}_2\boldsymbol{e}_3)\begin{vmatrix} a^1 & a^2 & a^3 \\ b^1 & b^2 & b^3 \\ c^1 & c^2 & c^3 \end{vmatrix}.$$

在笛卡儿坐标系中, 有

$$\boldsymbol{i} = \boldsymbol{e}_1 = \boldsymbol{e}^1, \quad \boldsymbol{j} = \boldsymbol{e}_2 = \boldsymbol{e}^2, \quad \boldsymbol{k} = \boldsymbol{e}_3 = \boldsymbol{e}^3, \quad a_j = a^j, \quad j = 1, 2, 3.$$

特别地, 在这个情形反变坐标与共变坐标相等.

向量代数在几何学中的应用 见 3.3.

1.9 向量分析与物理学领域

> 我们需要这样一种分析学, 它具有几何特征, 并且像代数学表示量那样直接地描述物理现象.
>
> G. W. 莱布尼茨 (Gottfried Wilhelm Leibniz, 1646—1716)

向量分析的主题是借助于微积分来研究向量的函数 (向量值函数). 它是描述经典物理学领域 (流体动力学、弹性学、热传导与电动力学) 的最基本的数学工具之

一. 如今现代物理学中所用的场论 (狭义和广义相对论, 基本粒子的规范场理论) 是以笛卡儿微分学与张量分析为基础的, 而经典向量分析就是这两个理论的特殊情形 (参看 [212]).

特征不变性 下文中将要提到的所有关于向量的运算都与所选的坐标系无关. 这就是为什么向量分析是描述几何性质和物理现象的一个重要工具的原因.

1.9.1 速度和加速度

极限 如果 $(\boldsymbol{a}_n)$ 是向量序列, $\boldsymbol{a}$ 是某一固定的向量, 假设所有的 $\boldsymbol{a}_n$ 和 $\boldsymbol{a}$ 基点都是点 O, 记

$$\boxed{\boldsymbol{a} = \lim_{n\to\infty} \boldsymbol{a}_n,}$$

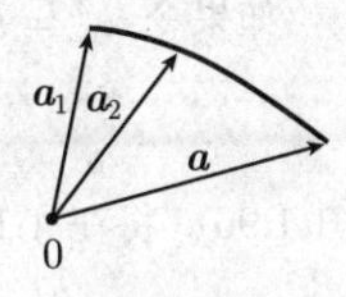

图 1.94

当且仅当 $\lim\limits_{n\to\infty} |\boldsymbol{a}_n - \boldsymbol{a}| = 0$, 即, 当 $n\to\infty$ 时, $\boldsymbol{a}_n$ 与 $\boldsymbol{a}$ 的终点间的距离趋向于 0(图 1.94).

借助于这个极限概念, 可以把以前介绍的实值函数的性质推广到向量函数的情况.

轨道 选取一个固定点 O. 令 $\boldsymbol{r}(t) := \overrightarrow{OP(t)}$, 则方程

$$\boxed{\boldsymbol{r} = \boldsymbol{r}(t), \quad \alpha \leqslant t \leqslant \beta}$$

描述了在时刻 t 时坐标为 $P(t)$ 的粒子的运动.

连续性 向量函数 $\boldsymbol{r} = \boldsymbol{r}(t)$ 称为连续的, 如果 $\lim\limits_{s\to t} \boldsymbol{r}(s) = \boldsymbol{r}(t)$.

速度向量 定义向量值函数 $\boldsymbol{r}(t)$ 的导数为

$$\boxed{\boldsymbol{r}'(t) := \lim_{\Delta t\to 0} \frac{\Delta \boldsymbol{r}}{\Delta t},}$$

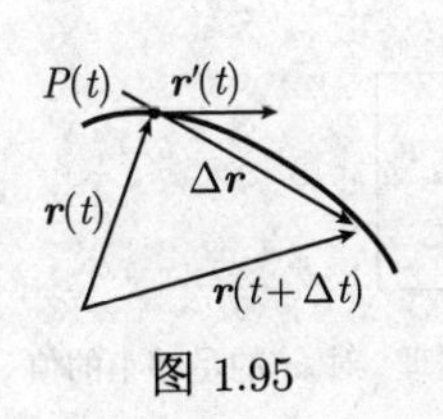

图 1.95

其中 $\Delta \boldsymbol{r} := \boldsymbol{r}(t+\Delta t) - \boldsymbol{r}(t)$(图 1.95). 向量 $\boldsymbol{r}'(t)$ 的方向为轨道在点 $P(t)$ 的切线的方向 (t 递增的方向). 在物理学中, $\boldsymbol{r}'(t)$ 是点 $P(t)$ 处的速度向量, 按定义, 它的长度 $|\boldsymbol{r}'(t)|$ 是在时刻 t 粒子的速度.

加速度向量 由定义, 二阶导数

$$\boxed{\boldsymbol{r}''(t) := \lim_{\Delta t\to 0} \frac{\boldsymbol{r}'(t+\Delta t) - \boldsymbol{r}'(t)}{\Delta t}}$$

为在时刻 t 粒子的加速度向量, 并且 $|\boldsymbol{r}''(t)|$ 是在时刻 t 的加速度.

经典力学中的牛顿基本运动定律

$$\boxed{m\boldsymbol{r}''(t) = \boldsymbol{F}(\boldsymbol{r}(t), t).} \qquad (1.160)$$

这里, m 表示粒子的质量, $\boldsymbol{F}(\boldsymbol{r}, t)$ 表示在时刻 t 作用在向量 $\boldsymbol{r}$ 的终点上的力. 方程 (1.160) 说的是

$$\boxed{\text{力等于质量乘以加速度.}}$$

这个定律甚至对依赖于速度的力, 即 $\boldsymbol{F}=\boldsymbol{F}(\boldsymbol{r}, \boldsymbol{r}', t)$, 也成立.

例(谐振子): 质量为 m 的弹簧沿一条直线放置, 其终点的运动由 $\boldsymbol{r}(t) = x(t)\boldsymbol{i}$ 给出, 作用在它上的力是 $\boldsymbol{F} := -kx\boldsymbol{i}$; 这里, $k > 0$ 是描述弹簧物理性质的一个常量. [1]这可导出牛顿运动定律

$$mx''(t)\boldsymbol{i} = -kx\boldsymbol{i}.$$

如果令 $\omega^2 = k/m$, 那么我们得到谐振子的微分方程:

$$x'' + \omega^2 x = 0$$

(图 1.96). 将在 1.11.1.2 解这个微分方程.

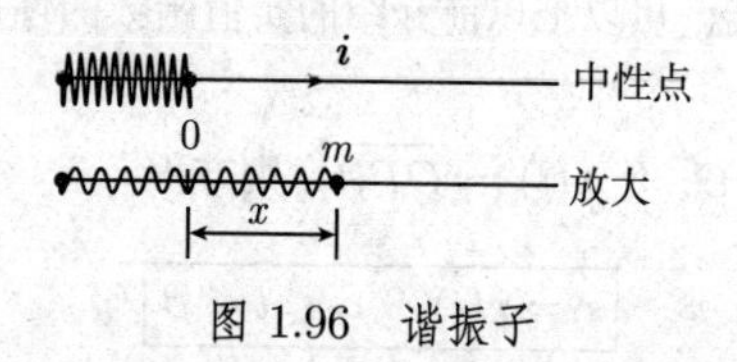

图 1.96　谐振子

坐标表示　如果选取笛卡儿坐标系 (x, y, z), 点 O 是其原点, 那么对任意向量, 有

$$\boxed{\boldsymbol{r}(t) = x(t)\boldsymbol{i} + y(t)\boldsymbol{j} + z(t)\boldsymbol{k},}$$

以及

$$\boxed{\begin{aligned}&\boldsymbol{r}^{(n)}(t) = x^{(n)}(t)\boldsymbol{i} + y^{(n)}(t)\boldsymbol{j} + z^{(n)}(t)\boldsymbol{k},\\ &|\boldsymbol{r}^{(n)}(t)| = \sqrt{x^{(n)}(t)^2 + y^{(n)}(t)^2 + z^{(n)}(t)^2}.\end{aligned}}$$

1) 这个运动定律可以从下面的一般考虑中推导出来: 根据泰勒定理, 对 x 的足够小的值 (小振幅), 有近似展开

$$\boldsymbol{F}(x) = \boldsymbol{F}(0) + x\boldsymbol{a} + x^2\boldsymbol{b} + x^3\boldsymbol{c} + \cdots,$$

如果没有运动, 那么也就没有力; 即 $\boldsymbol{F}(0) = \boldsymbol{0}$. 而且, 我们期望有对称性 $\boldsymbol{F}(-x)=-\boldsymbol{F}(x)$. 由此即得 $\boldsymbol{b} = \boldsymbol{0}$. 因为力的方向与运动方向相反, 所以它的作用方向一定是 $-\boldsymbol{i}$. 因此对正的常数 k, l 有, $\boldsymbol{a}=-k\boldsymbol{i}$, $\boldsymbol{c} = -l\boldsymbol{i}$. 所以有运动定律

$$\boxed{\boldsymbol{F}(x) = -kx\boldsymbol{i} - lx^3\boldsymbol{i}.}$$

这称作非谐振子. 谐振子是 $l = 0$ 时的特例.

特别地有, $\boldsymbol{r}'(t)=\boldsymbol{r}^{(1)}(t)$, $\boldsymbol{r}''(t)=\boldsymbol{r}^{(2)}(t)$ 等. 这表示当 n 阶导数 $x^{(n)}(t)$, $y^{(n)}(t)$, $z^{(n)}(t)$ 存在时, n 阶导数 $\boldsymbol{r}^{(n)}(t)$ 确实存在. 令 $\boldsymbol{a}_n=\alpha_n\boldsymbol{i}+\beta_n\boldsymbol{j}+\gamma_n\boldsymbol{k}$, $\boldsymbol{a}=\alpha\boldsymbol{i}+\beta\boldsymbol{j}+\gamma\boldsymbol{k}$, 则有

$$\lim_{n\to\infty}\boldsymbol{a}_n=\boldsymbol{a},$$

当且仅当, $n\to\infty$ 时, $\alpha_n\to\alpha$, $\beta_n\to\beta$, $\gamma_n\to\gamma$ (坐标的收敛性, 或者说, 按坐标收敛).

光滑性 $\boldsymbol{r}=\boldsymbol{r}(\mathrm{t})$ 的 C^k 类性质的定义与实函数的一样 (参看 1.4.1).

区间 $[a, b]$ 上的函数 $\boldsymbol{r}=\boldsymbol{r}(t)$ 是 C^k 类的, 当且仅当, 在某一笛卡儿坐标系中, 所有分量函数 $x=x(t)$, $y=y(t)$, $z=z(t)$ 在 $[a,b]$ 上都属于 C^k 类.

泰勒级数 如果区间 $[a, b]$ 上的 $\boldsymbol{r}=\boldsymbol{r}(t)$ 是 C^{n+1} 类的, 那么对所有的 $t, t+h\in[a, b]$, 有

$$\boxed{\boldsymbol{r}(t+h)=\boldsymbol{r}(t)+h\boldsymbol{r}'(t)+\frac{h^2}{2}\boldsymbol{r}''(t)+\cdots+\frac{h^n}{n!}\boldsymbol{r}^{(n)}(t)+\boldsymbol{R}_{n+1},}$$

其中误差估计为

$$|\boldsymbol{R}_{n+1}|\leqslant\frac{h^{n+1}}{(n+1)!}\sup_{s\in[a,b]}|\boldsymbol{r}^{(n+1)}(s)|.$$

1.9.2 梯度、散度和旋度

和往常一样, $U_x, U_{xx}, \cdots$ 表示偏导数.

梯度 在笛卡儿坐标系中, 原点在 O 点, 考虑函数

$$T=T(P),$$

其中 $P=(x,y,z)$, 定义 T 在点 P 处的梯度为

$$\boxed{\mathbf{grad}\ T(P)=T_x(P)\boldsymbol{i}+T_y(P)\boldsymbol{j}+T_z(P)\boldsymbol{k}.}$$

通常把 $T(P)$ 记作 $T(\boldsymbol{r})$, 其中 $\boldsymbol{r}$ 是向量 $\boldsymbol{r}=\overrightarrow{OP}$.

方向导数 如果 $\boldsymbol{n}$ 是单位向量 (即, 长度为 1 的向量), 则 T 在点 P 处 (沿方向 $\boldsymbol{n}$) 的导数定义为

$$\frac{\partial T(P)}{\partial\boldsymbol{n}}:=\lim_{h\to0}\frac{T(\boldsymbol{r}+h\boldsymbol{n})-T(\boldsymbol{r})}{h}.$$

如果 T 是在点 P 的某个邻域内的 C^1 类函数, 则

$$\boxed{\frac{\partial T(P)}{\partial\boldsymbol{n}}=\boldsymbol{n}(\mathbf{grad}\ T(P)).}$$

如果 $\boldsymbol{n}$ 表示一个曲面的法向量, 则 $\dfrac{\partial T}{\partial\boldsymbol{n}}$ 称为法向导数.

物理解释 如果 $T(P)$ 是点 P 处的温度, 则

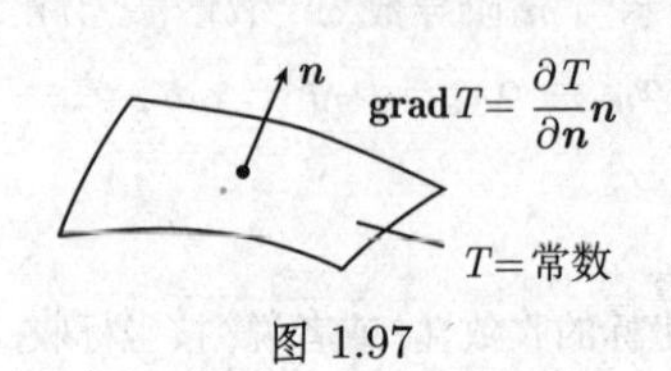

图 1.97

(i) 向量 **grad** $T(P)$ 垂直于温度 $T=$ 常量的曲面, 并指向温度递增的方向. [1]

(ii) 梯度的长度 $|\mathbf{grad}\ T(P)|$ 等于法向导数 $\dfrac{\partial T(P)}{\partial \boldsymbol{n}}$(图 1.97).

函数 $f(h):=T(\boldsymbol{r}+h\boldsymbol{n})$ 表示在过点 P 沿 $\boldsymbol{n}$ 方向的直线上的温度. 我们有

$$\frac{\partial T(P)}{\partial \boldsymbol{n}}=f'(0).$$

标量场 在物理学中, 实值函数也称为标量函数(如温度标量场).

散度和旋度 假设给定向量场

$$\boldsymbol{F}=\boldsymbol{F}(P),$$

即每个点 P 对应一个向量 $\boldsymbol{F}(P)$. 例如 $\boldsymbol{F}(P)$ 可以是一个作用在点 P 处的力. 通常把 $\boldsymbol{F}(P)$ 记作 $\boldsymbol{F}(\boldsymbol{r})$, 这里 $\boldsymbol{r}=\overrightarrow{OP}$. 在笛卡儿坐标系中有表达式

$$\boldsymbol{F}(P)=a(P)\boldsymbol{i}+b(P)\boldsymbol{j}+c(P)\boldsymbol{k}.$$

定义向量场 $\boldsymbol{F}$ 在点 P 处的散度为

$$\boxed{\operatorname{div}\boldsymbol{F}(P):=a_x(P)+b_y(P)+c_z(P),}$$

向量场 $\boldsymbol{F}$ 的旋度为

$$\boxed{\mathbf{curl}\ \boldsymbol{F}(P):=(c_y-b_z)\boldsymbol{i}+(a_z-c_x)\boldsymbol{j}+(b_x-a_y)\boldsymbol{k},}$$

其中, c_y 表示 $c_y(P)$, 诸如此类.

向量梯度 对固定的向量 $\boldsymbol{v}$, 我们定义

$$\boxed{(\boldsymbol{v}\ \mathbf{grad})\boldsymbol{F}(P):=\lim_{h\to 0}\frac{\boldsymbol{F}(\boldsymbol{r}+h\boldsymbol{v})-\boldsymbol{F}(\boldsymbol{r})}{h},}$$

其中 $\boldsymbol{r}=\overrightarrow{OP}$. 特别地, 如果 $\boldsymbol{n}$ 是单位向量, 则称

$$\boxed{\frac{\partial \boldsymbol{F}(P)}{\partial \boldsymbol{n}}:=(\boldsymbol{n}\ \mathbf{grad})\boldsymbol{F}(P)}$$

为向量场F 在点 P 处沿方向 $\boldsymbol{n}$ 的导数. 在笛卡儿坐标系里, 有

$$(\boldsymbol{v}\ \mathbf{grad})\boldsymbol{F}(P)=(\boldsymbol{v}\ \mathbf{grad}\ a(P))\mathrm{i}+(\boldsymbol{v}\ \mathbf{grad}\ b(P))\boldsymbol{j}+(\boldsymbol{v}\ \mathbf{grad}\ c(P))\boldsymbol{k}.$$

拉普拉斯算子 定义

$$\boxed{\Delta T(P):=\operatorname{div}\ \mathbf{grad}\ T(P)}$$

1) 曲面 $T=$ 常量, 称为函数 T 的等温面.

以及

$$\boxed{\Delta \boldsymbol{F}(P) := \mathbf{grad}\ \mathrm{div}\ \boldsymbol{F}(P) - \mathbf{curl}\ \mathbf{curl}\ \boldsymbol{F}(P).}$$

在笛卡儿坐标系里, 有

$$\Delta T(P) = T_{xx}(P) + T_{yy}(P) + T_{zz}(P),$$

$$\Delta \boldsymbol{F}(P) = \boldsymbol{F}_{xx}(P) + \boldsymbol{F}_{yy}(P) + \boldsymbol{F}_{zz}(P).$$

由 $\boldsymbol{F}=a\boldsymbol{i}+b\boldsymbol{j}+c\boldsymbol{k}$ 可得 $\Delta\boldsymbol{F}=(\Delta a)\boldsymbol{i}+(\Delta b)\boldsymbol{j}+(\Delta c)\boldsymbol{k}$.

不变性 表达式 $\mathbf{grad}\ T$, $\mathrm{div}\ \boldsymbol{F}$, $\mathbf{curl}\ \boldsymbol{F}$, $(\boldsymbol{v}\ \mathbf{grad})\ \boldsymbol{F}$, ΔT, $\Delta \boldsymbol{F}$ 与所选的笛卡儿坐标系无关. 在所有的笛卡儿坐标系下, 这些表达式有相同的公式. 下面的定义也有这种不变性.

在 $\mathbb{R}^3$ 的开集 D 上的向量场 $\boldsymbol{F}=\boldsymbol{F}(P)$ 称为 C^k 类的, 当且仅当在任一笛卡儿坐标系下所有分量 a, b, c 是 C^k 类的.

曲线坐标 在柱面坐标系和球面坐标系下, $\mathbf{grad}\ T$, $\mathrm{div}\ \boldsymbol{F}$, $\mathbf{curl}\ \boldsymbol{F}$ 的公式可见表 1.5. 利用张量分析可以给出任意曲线坐标下的相应公式 (参看 [212]).

物理解释 参看 1.9.3~1.9.10.

1.9.3 在形变上的应用

在向量场 $\boldsymbol{u}$ 上的运算 $\mathrm{div}\ \boldsymbol{u}$ 和 $\mathbf{curl}\ \boldsymbol{u}$ 在描述形变时起了重要的作用. 弹性物体在力的作用下的形变为

$$\boxed{\boldsymbol{y}(\boldsymbol{r}) = \boldsymbol{r} + \boldsymbol{u}(\boldsymbol{r}).}$$

这里, $\boldsymbol{r}:=\overrightarrow{OP}$, 并且 $\boldsymbol{y}(\boldsymbol{r})$ 是起点在 O 处的向量 (图 1.98). 为简化关系, 我们用向量 $\boldsymbol{r}$ 的终点 P 表示 $\boldsymbol{r}$.

在形变下, 向量 $\boldsymbol{r}$ 的终点被变换为 $\boldsymbol{y}(\boldsymbol{r}) = \boldsymbol{r} + \boldsymbol{u}(\boldsymbol{r})$ 的终点. 令

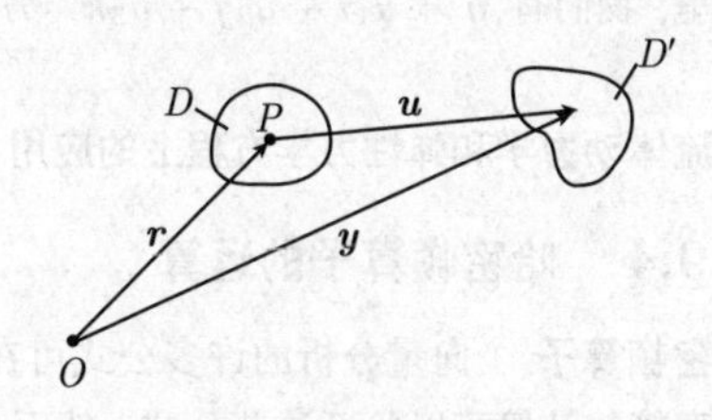

图 1.98

$$\boxed{\boldsymbol{\omega} := \frac{1}{2}\mathbf{curl}\ \boldsymbol{u}(P).}$$

我们用 A 表示过点 O, 以 $\boldsymbol{\omega}$ 为方向的直线.

定理 令 $\boldsymbol{u} = \boldsymbol{u}(P)$ 为区域 $D \subset \mathbb{R}^3$ 中的 C^1 向量场. 则有:

(i) 在点 P 处体积的小增量关于轴 A 以一级近似旋转 $|\boldsymbol{\omega}|$ 度. 此外, 它的旋转方向是主轴, 且存在一个平移.

(ii) 如果 $\boldsymbol{u}$ 的坐标的一阶偏导数足够小, 则 $\mathrm{div}\ \boldsymbol{u}(P)$ 的一级近似等于在点 P 处的体积小增量的相对改变.

这就解释了向量场的 "旋度" 与 "散度": 旋度描述了向量场的旋转 [1], 而散度则可以描述化学反应过程中化学物质质量的改变 (参看 1.9.7).

我们希望更详细地讨论这个定理. 考虑的出发点是分解式

$$\boxed{\boldsymbol{y}(\boldsymbol{r}+\boldsymbol{h}) = \boldsymbol{r} + \boldsymbol{u}(\boldsymbol{r}) + (\boldsymbol{h} + \boldsymbol{\omega} \times \boldsymbol{h}) + D(\boldsymbol{r})\boldsymbol{h} + \boldsymbol{R},}$$

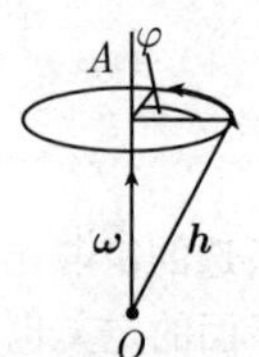

其中当 $|\boldsymbol{h}| \to 0$ 时, 余项 $|\boldsymbol{R}| = o(|\boldsymbol{h}|)$.

无穷小旋转　令 $T(\boldsymbol{\omega})\boldsymbol{h}$ 表示起点在 O 的向量, 它是 $\boldsymbol{h}$ 关于轴 A 的旋转, 转了 $\varphi := |\boldsymbol{\omega}|$ 角 (图 1.99). 则有

$$T(\boldsymbol{\omega})\boldsymbol{h} = \boldsymbol{h} + \boldsymbol{\omega} \times \boldsymbol{h} + o(\varphi), \quad \text{当 } \varphi \to 0 \text{ 时}.$$

图 1.99

鉴于此, 用乘积 $\boldsymbol{\omega} \times \boldsymbol{h}$ 表示 $\boldsymbol{h}$ 的*无穷小旋转*.

伸缩　有起点在 P 处的三个两两垂直的单位向量 $\boldsymbol{b}_1, \boldsymbol{b}_2, \boldsymbol{b}_3$, 并且存在三个正实数 $\lambda_1, \lambda_2, \lambda_3$, 使得

$$D(\boldsymbol{r})\boldsymbol{h} = \sum_{j=1}^{3} \lambda_j (\boldsymbol{h}\boldsymbol{b}_j)\boldsymbol{b}_j.$$

因此有 $D(\boldsymbol{r})\boldsymbol{b}_j = \lambda_j \boldsymbol{b}_j,\ j = 1, 2, 3$. 称 $\boldsymbol{b}_j$ 为伸缩于点 P 处的*主轴*, 其中 $j = 1, 2, 3$. 如果我们考虑笛卡儿坐标系, 则 $\lambda_1, \lambda_2, \lambda_3$ 是矩阵 (d_{jk}) 的三个特征值, 其中

$$d_{jk} := \frac{1}{2}\left(\frac{\partial u_k}{\partial x_j} + \frac{\partial u_j}{\partial x_k}\right).$$

这里, 我们有 $\boldsymbol{u} = u_1\boldsymbol{i} + u_2\boldsymbol{j} + u_3\boldsymbol{k}$. 另外, 矩阵 (d_{jk}) 的列是主轴 $\boldsymbol{b}_1, \boldsymbol{b}_2, \boldsymbol{b}_3$ 的坐标.

在流体动力学和弹性力学方程上的应用　见 [212].

1.9.4　哈密顿算子的运算 *

哈密顿算子　向量分析的许多公式可在表 1.4 中找到. 通过笛卡儿坐标系下一系列直接的计算可以验证这些公式. 然而, 应用哈密顿算子的运算就能更容易地得到相同的结果. [2]为此, 引入哈密顿算子如下:

$$\nabla := \boldsymbol{i}\frac{\partial}{\partial x} + \boldsymbol{j}\frac{\partial}{\partial y} + \boldsymbol{k}\frac{\partial}{\partial z},$$

则有

$$\boxed{\mathbf{grad}\ T = \nabla T, \quad \operatorname{div}\boldsymbol{F} = \nabla \boldsymbol{F}, \quad \mathbf{curl}\ \boldsymbol{F} = \nabla \times \boldsymbol{F}.}$$

∇ 的另一个常用符号是 $\dfrac{\partial}{\partial \boldsymbol{r}}$.

---

1) 在德语中, $\boldsymbol{u}$ 的旋度记为 rot $\boldsymbol{u}$, 其中rot是德文词 rotation(旋转) 的缩写.

* "nabla operator", 称为哈密顿算子, 或音译为纳布拉算子. —— 校者

2) "nabla" 的名称, 与符号 ∇ 来自腓尼基人的弦乐器.

∇ 的运算法则 (i) 借助于 ∇, 把你想要计算的表达式写作形式乘积.

(ii) 线性组合满足分配律:

$$\nabla(\alpha X+\beta Y)=\alpha\nabla X+\beta\nabla Y,$$

这里, X, Y 是函数或向量, α, β 是实数.

(iii) 形为 $\nabla(XY)$ 的乘积记作:

$$\nabla(XY)=\nabla(\bar{X}Y)+\nabla(X\bar{Y}). \tag{1.161}$$

这与 X, Y 是向量或函数无关. 横杠表示对相应的因子求导.

表 1.4 向量运算法则

梯度	
$\mathbf{grad}\ c=\mathbf{0}$, $\mathbf{grad}(cU)=c\,\mathbf{grad}\ U$	($c=$ 常数),
$\mathbf{grad}(U+V)=\mathbf{grad}\ U+\mathbf{grad}\ V$, $\mathbf{grad}(UV)=U\mathbf{grad}\ V+V\mathbf{grad}\ U$,	
$\mathbf{grad}(\boldsymbol{v}\boldsymbol{w})=(\boldsymbol{v}\ \mathbf{grad})\mathbf{w}+(\boldsymbol{w}\ \mathbf{grad})\boldsymbol{v}+\boldsymbol{v}\times\mathbf{curl}\ \boldsymbol{w}+\boldsymbol{w}\times\mathbf{curl}\ \boldsymbol{v}$,	
$\mathbf{grad}(\boldsymbol{c}\boldsymbol{r})=\boldsymbol{c}$	($\boldsymbol{c}=$ 常数),
$\mathbf{grad}\ U(r)=U'(r)\dfrac{\boldsymbol{r}}{r}$	(中心场; $r=\vert\boldsymbol{r}\vert$),
$\mathbf{grad}\ F(U)=F'(U)=F'(U)\mathbf{grad}\ U$,	
$\dfrac{\partial U}{\partial\boldsymbol{n}}=\boldsymbol{n}(\mathbf{grad}\ U)$ (在单位向量 $\boldsymbol{n}$ 的方向导数),	
$U(\boldsymbol{r}+\boldsymbol{a})=U(\boldsymbol{r})+\boldsymbol{a}(\mathbf{grad}\ U(\boldsymbol{r}))+\cdots$	(泰勒展开).
散度	
$\mathrm{div}\ \boldsymbol{c}=0$, $\mathrm{div}(c\boldsymbol{v})=c\ \mathrm{div}\ \boldsymbol{v}$	($c,\boldsymbol{c}=$ 常数),
$\mathrm{div}(\boldsymbol{v}+\boldsymbol{w})=\mathrm{div}\ \boldsymbol{v}+\mathrm{div}\ \boldsymbol{w}$, $\mathrm{div}(U\boldsymbol{v})=U\mathrm{div}\ \boldsymbol{v}+\boldsymbol{v}(\mathbf{grad}\ U)$,	
$\mathrm{div}(\boldsymbol{v}\times\boldsymbol{w})=\boldsymbol{w}(\mathbf{curl}\ \boldsymbol{v})-\boldsymbol{v}(\mathbf{curl}\ \boldsymbol{w})$,	
$\mathrm{div}(U(r)\boldsymbol{r})=3U(r)+rU'(r)$	(中心场; $r=\vert\boldsymbol{r}\vert$),
$\mathrm{div}\ \mathbf{curl}\ \boldsymbol{v}=0$.	
旋度	
$\mathbf{curl}\ \boldsymbol{c}=\mathbf{0},\mathbf{curl}(c\ \boldsymbol{v})=c\ \mathbf{curl}\ \boldsymbol{v}$	($c,\boldsymbol{c}=$ 常数),
$\mathbf{curl}(\boldsymbol{v}+\boldsymbol{w})=\mathbf{curl}\ \boldsymbol{v}+\mathbf{curl}\ \boldsymbol{w},\mathbf{curl}(U\boldsymbol{v})=U\mathbf{curl}\ \boldsymbol{v}+(\mathbf{grad}\ U)\times\boldsymbol{v}$,	
$\mathbf{curl}(\boldsymbol{v}\times\boldsymbol{w})=(\boldsymbol{w}\ \mathbf{grad})\boldsymbol{v}-(\boldsymbol{v}\ \mathbf{grad})\boldsymbol{w}+\boldsymbol{v}\ \mathrm{div}\ \boldsymbol{w}-\boldsymbol{w}\ \mathrm{div}\ \boldsymbol{v}$,	
$\mathbf{curl}(\boldsymbol{c}\times\boldsymbol{r})=2\boldsymbol{c}$,	
$\mathbf{curl}\ \mathbf{grad}\ \boldsymbol{v}=\mathbf{0}$,	
$\mathbf{curl}\ \mathbf{curl}\ \boldsymbol{v}=\mathbf{grad}\ \mathrm{div}\ \boldsymbol{v}-\Delta\boldsymbol{v}$.	
拉普拉斯算子	
$\Delta U=\mathrm{div}\ \mathbf{grad}\ U$,	
$\Delta\boldsymbol{v}=\mathbf{grad}\ \mathrm{div}\ \boldsymbol{v}-\mathbf{curl}\ \mathbf{curl}\ \boldsymbol{v}$.	
向量梯度	
$2(\boldsymbol{v}\ \mathbf{grad})\boldsymbol{w}=\mathbf{curl}(\boldsymbol{w}\times\boldsymbol{v})+\mathbf{grad}(\boldsymbol{v}\boldsymbol{w})+\boldsymbol{v}\ \mathrm{div}\ \boldsymbol{w}-\boldsymbol{w}\ \mathrm{div}\ \boldsymbol{v}$ $-\boldsymbol{v}\times\mathbf{curl}\ \boldsymbol{w}-\boldsymbol{w}\times\mathbf{curl}\ \boldsymbol{v}$,	
$\boldsymbol{w}(\boldsymbol{r}+\boldsymbol{a})=\boldsymbol{w}(\boldsymbol{r})+(\boldsymbol{a}\ \mathbf{grad})\boldsymbol{w}(\boldsymbol{r})+\cdots$	(泰勒展开).

表 1.5 不同的坐标系

笛卡儿坐标系 x, y, z(图 1.86)

$\boxed{\boldsymbol{v} = a\boldsymbol{i} + b\boldsymbol{j} + c\boldsymbol{k}}$ (自然分解)

$\nabla = \boldsymbol{i}\partial_x + \boldsymbol{j}\partial_y + \boldsymbol{k}\partial_z$ (哈密顿算子)$\left(\partial_x = \dfrac{\partial}{\partial x}, \cdots\right)$,

$\mathbf{grad}\ U = U_x\boldsymbol{i} + U_y\boldsymbol{j} + U_z\boldsymbol{k} = \nabla U$,

$\operatorname{div}\ \boldsymbol{v} = a_x + b_y + c_z = \nabla \boldsymbol{v}$,

$$\mathbf{curl}\ \boldsymbol{v} = \nabla \times \boldsymbol{v} = \begin{vmatrix} \boldsymbol{i} & \boldsymbol{j} & \boldsymbol{k} \\ \partial_x & \partial_y & \partial_z \\ a & b & c \end{vmatrix}$$

$$= (c_y - b_z)\boldsymbol{i} + (a_z - c_x)\boldsymbol{j} + (b_x - a_y)\boldsymbol{k},$$

$\Delta U = U_{xx} + U_{yy} + U_{zz} = (\nabla\nabla)U$,

$\Delta \boldsymbol{v} = \boldsymbol{v}_{xx} + \boldsymbol{v}_{yy} + \boldsymbol{v}_{zz} = (\nabla\nabla)\boldsymbol{v}$,

$$(\boldsymbol{v}\ \mathbf{grad})\boldsymbol{w} = (\boldsymbol{v}\ \mathbf{grad}\ w_1)\boldsymbol{i} + (\boldsymbol{v}\ \mathbf{grad}\ w_2)\boldsymbol{j} + (\boldsymbol{v}\ \mathbf{grad}\ w_3)\boldsymbol{k}, \quad (\boldsymbol{w} = w_1\boldsymbol{i} + w_2\boldsymbol{j} + w_3\boldsymbol{k}).$$

柱面坐标系(见 1.7.9.2)

$x = r\cos\varphi,\ y = r\sin\varphi,\ z = z$,

$\boldsymbol{e}_r = \cos\varphi\mathbf{i} + \sin\varphi\mathbf{j} = \boldsymbol{b}_r,\ \boldsymbol{e}_\varphi = -r\sin\varphi\boldsymbol{i} + r\cos\varphi\mathbf{j} = r\boldsymbol{b}_\varphi$,

$\boldsymbol{e}_z = \boldsymbol{k} = \boldsymbol{b}_z$,

$\boxed{\boldsymbol{v} = A\boldsymbol{b}_r + B\boldsymbol{b}_\varphi + C\boldsymbol{b}_z}$ (自然分解),

$A = \boldsymbol{v}\boldsymbol{b}_r,\ B = \boldsymbol{v}\boldsymbol{b}_\varphi,\ C = \boldsymbol{v}\boldsymbol{b}_z$,

$\mathbf{grad}\ U = U_r\boldsymbol{b}_r + U_\varphi\boldsymbol{b}_\varphi + U_z\boldsymbol{b}_z \quad \left[U_r = \dfrac{\partial U}{\partial r}, \cdots\right]$,

$\operatorname{div}\ \boldsymbol{v} = \dfrac{1}{r}(rA)_r + \dfrac{1}{r}B_\varphi + C_z$,

$$\mathbf{curl}\ \boldsymbol{v} = \left[\frac{1}{r}C_\varphi - B_z\right]\boldsymbol{b}_r + (A_z - C_r)\boldsymbol{b}_\varphi + \left[\frac{1}{r}(rB)_r - \frac{1}{r}A_\varphi\right]\boldsymbol{b}_z,$$

$\Delta U = \dfrac{1}{r}(rU_r)_r + \dfrac{1}{r^2}U_{\varphi\varphi} + U_{zz}$,

按圆柱面的对称场: $B = C = 0$.

球面坐标系(见 1.7.9.3)[1)]

$x = r\cos\varphi\cos\theta,\ y = r\sin\varphi\cos\theta,\ z = r\sin\theta,\ -\dfrac{\pi}{2} \leqslant \theta \leqslant \dfrac{\pi}{2}$,

$\boldsymbol{e}_\varphi = -r\sin\varphi\cos\theta\mathbf{i} + r\cos\varphi\cos\theta\boldsymbol{j} = r\cos\theta\boldsymbol{b}_\varphi$,

$\mathrm{e}_\theta = -r\cos\varphi\sin\theta\boldsymbol{i} - r\sin\varphi\sin\theta\boldsymbol{j} + r\cos\theta\boldsymbol{k} = r\boldsymbol{b}_\theta$,

$\boldsymbol{e}_r = \cos\varphi\cos\theta\boldsymbol{i} + \sin\varphi\cos\theta\boldsymbol{j} + \sin\theta\boldsymbol{k} = \boldsymbol{b}_r$,

$\boxed{\boldsymbol{v} = A\boldsymbol{b}_\varphi + B\boldsymbol{b}_\theta + C\boldsymbol{b}_r}$ (自然分解),

$A = \boldsymbol{v}\boldsymbol{b}_\varphi,\ B = \boldsymbol{v}\boldsymbol{b}_\theta,\ C = \boldsymbol{v}\boldsymbol{b}_r$,

$\mathbf{grad}\ U = \dfrac{1}{r}U_\theta\boldsymbol{b}_\theta + \dfrac{1}{r\cos\theta}U_\varphi\boldsymbol{b}_\varphi + U_r\boldsymbol{b}_r$,

$\operatorname{div}\ \boldsymbol{v} = \dfrac{1}{r^2}(r^2C)_r + \dfrac{1}{r\cos\theta}A_\varphi + \dfrac{1}{r\cos\theta}(B\cos\theta)_\theta$,

续表

球面坐标系(见 1.7.9.3)[1]
$\mathbf{curl}\ \boldsymbol{v} = \left[-\frac{1}{r\cos\theta}C_\varphi + \frac{1}{r}(rA)_r\right]\boldsymbol{b}_\theta + \left[-\frac{1}{r}(rB)_r + \frac{1}{r}C_\theta\right]\boldsymbol{b}_\varphi + \frac{1}{r\cos\theta}(-(A\cos\theta)_\theta + B_\varphi)\boldsymbol{b}_r,$ $\Delta U = U_{rr} + \frac{2}{r}U_r + \frac{1}{r^2\cos^2\theta}U_{\varphi\varphi} + \frac{1}{r^2}U_{\theta\theta} + \frac{\tan\theta}{r^2}U_\theta,$ 按球面的对称场 (中心场): $A = B = 0$.

(iv) 根据向量代数的法则, 按下列方式直接变换表达式 $\nabla(\bar{X}Y), \nabla(X\bar{Y})$: 没有杠的表达式在 ∇ 的左边 (有杠的式子在 ∇ 的右边). 在进行这些运算时, 把 ∇ 当作一个向量.

(v) 最后, 把包含 ∇ 的形式乘积写为向量分析的表达式, 如

$$U(\nabla\bar{V}) = U(\mathbf{grad}\ V), \quad \boldsymbol{v} \times (\nabla \times \bar{\boldsymbol{w}}) = \boldsymbol{v} \times \mathbf{curl}\ \boldsymbol{w} \quad 等,$$

其中, 横杠被去掉了.

这个形式运算一方面把 ∇ 看成向量, 另一方面是微分算子. 公式 (1.161) 就是微分的乘积公式. 对三个因子, 应用法则

$$\nabla(XYZ) = \nabla(\bar{X}YZ) + \nabla(X\bar{Y}Z) + \nabla(XY\bar{Z}).$$

例 1: $\mathbf{grad}(U+V) = \nabla(U+V) = \nabla U + \nabla V = \mathbf{grad}\ U + \mathbf{grad}\ V$.

例 2: $\mathbf{grad}(UV) = \nabla(\bar{U}V) + \nabla(U\bar{V}) = V(\nabla\bar{U}) + U(\nabla\bar{V}) = V\mathbf{grad}\ U + U\mathbf{grad}\ V$.

例 3: $\mathrm{div}\ \mathbf{grad}\ U = \nabla(\nabla U) = (\nabla\nabla)U = \left(\frac{\partial^2}{\partial x^2} + \frac{\partial^2}{\partial y^2} + \frac{\partial^2}{\partial z^2}\right)U = \Delta U$.

例 4:
$$\begin{aligned}\mathrm{div}(\boldsymbol{v}\times\boldsymbol{w}) &= \nabla(\bar{\boldsymbol{v}}\times\boldsymbol{w}) + \nabla(\boldsymbol{v}\times\bar{\boldsymbol{w}})\\ &= \boldsymbol{w}(\nabla\times\bar{\boldsymbol{v}}) - \boldsymbol{v}(\nabla\times\bar{\boldsymbol{w}}) = \boldsymbol{w}\ \mathbf{curl}\ \boldsymbol{v} - \boldsymbol{v}\ \mathbf{curl}\ \boldsymbol{w}.\end{aligned}$$

例 5: 在下面, 请注意展开法则

$$\boldsymbol{b}(\boldsymbol{a}\boldsymbol{c}) = (\boldsymbol{a}\boldsymbol{b})\boldsymbol{c} + \boldsymbol{a}\times(\boldsymbol{b}\times\boldsymbol{c}). \tag{1.162}$$

我们有

$$\begin{aligned}\mathbf{grad}(\boldsymbol{v}\boldsymbol{w}) &= \nabla(\boldsymbol{v}\boldsymbol{w}) = \nabla(\bar{\boldsymbol{v}}\boldsymbol{w}) + \nabla(\boldsymbol{v}\bar{\boldsymbol{w}})\\ &= (\boldsymbol{w}\nabla)\bar{\boldsymbol{v}} + \boldsymbol{w}\times(\nabla\times\bar{\boldsymbol{v}}) + (\boldsymbol{v}\nabla)\bar{\boldsymbol{w}} + \boldsymbol{v}\times(\nabla\times\bar{\boldsymbol{w}})\\ &= (\boldsymbol{w}\ \mathbf{grad})\boldsymbol{v} + \boldsymbol{w}\times\mathbf{curl}\ \boldsymbol{v} + (\boldsymbol{v}\ \mathbf{grad})\boldsymbol{w} + \boldsymbol{v}\times\mathbf{curl}\ \boldsymbol{w}.\end{aligned}$$

例 6: 由展开法则 (1.162), 还可得

$$\mathbf{curl}\ \mathbf{curl}\ \boldsymbol{v} = \nabla\times(\nabla\times\boldsymbol{v}) = \nabla(\nabla\boldsymbol{v}) - (\nabla\nabla)\boldsymbol{v} = \mathbf{grad}\ \mathrm{div}\ \boldsymbol{v} - \Delta\boldsymbol{v}.$$

1) 注意, 量 r 在柱面坐标和球面坐标中的含义不同.

例 7: 由 $\boldsymbol{a}(\boldsymbol{a}\times\boldsymbol{b})=\mathbf{0}$, $\boldsymbol{a}\times\boldsymbol{a}=\mathbf{0}$, 可得

$$\begin{aligned}&\operatorname{div}\,\mathbf{curl}\,\boldsymbol{v}=\nabla(\nabla\times\boldsymbol{v})=0,\\&\mathbf{curl}\,\mathbf{grad}\,U=\nabla\times(\nabla U)=\mathbf{0}.\end{aligned}$$

积分曲线 令 $\boldsymbol{F}=\boldsymbol{F}(P)$ 为向量场; 曲线 $\boldsymbol{r}=\boldsymbol{r}(t)$ 称为积分曲线, 如果它是下述微分方程的解:

$$\boldsymbol{r}'(t)=\boldsymbol{F}(\boldsymbol{r}(t)).$$

在每个点 P 处, $\boldsymbol{F}(P)$ 是积分曲线的切向量.

与使用场合有关, 这样的曲线也被称为流线. 如果向量场 $\boldsymbol{F}$ 表示力场, 则积分曲线也称为力线(图 1.100(a)), 而在电磁场的情形, 积分曲线被称为流线. 此外, 如果 $\boldsymbol{v}=\boldsymbol{v}(P,t)$ 是向量场, 它在点 P 处的值是液体流的速度, 则流体中的粒子沿 $\boldsymbol{v}$ 的积分曲线运动; 这时, 称积分曲线为流体的流线. 这里, $\boldsymbol{v}(P,t)$ 是在时刻 t 时在点 P 处的粒子的速度向量 (图 1.100(b)).

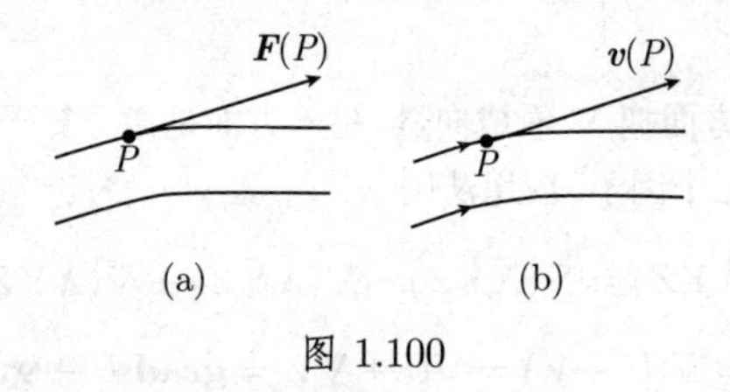

图 1.100

1.9.5 功、势能和积分曲线

功 如果质量为 m 的一个点沿 C^1 类路径 M: $\boldsymbol{r}=\boldsymbol{r}(t)(\alpha\leqslant t\leqslant\beta)$ 运动, 则由定义, 力场 $\boldsymbol{F}=\boldsymbol{F}(\boldsymbol{r})$ 的功为曲线积分: [1]

$$W:=\int_M \boldsymbol{F}\mathrm{d}\boldsymbol{r},$$

它可以用以下公式 [2] 计算:

$$W=\int_\alpha^\beta \boldsymbol{F}(\boldsymbol{r}(t))\boldsymbol{r}'(t)\mathrm{d}t.$$

势 它的极其重要的一个特殊情形是, 存在一个函数 U, 使得在 D 上有

1) 在一级近似里, 我们有 $W=\sum\limits_{j=1}^{n}\boldsymbol{F}(\boldsymbol{r}_j)\Delta\boldsymbol{r}_j$(图 1.101), 即, 功 = 力 × 距离.

2) 如果令 $\boldsymbol{F}=a\boldsymbol{i}+b\boldsymbol{j}+c\boldsymbol{k}$ 和 $\mathrm{d}\boldsymbol{r}=\mathrm{d}x\boldsymbol{i}+\mathrm{d}y\boldsymbol{j}+\mathrm{d}z\boldsymbol{k}$, 则 $\omega:=\boldsymbol{F}\mathrm{d}\boldsymbol{r}$ 是一次微分式. 用微分式的语言来说, 我们得到

$$W=\int_M\omega$$

(见 1.7.6.3).

$$\boxed{\boldsymbol{F}=-\mathbf{grad}\ U.}$$

此时 U 称为向量场 $\boldsymbol{F}=\boldsymbol{F}(\boldsymbol{r})$ 在 D 上的势, 功为

$$\boxed{W=U(Q)-U(P),}$$

其中 Q 为路径的起点, P 为终点 (图 1.102(a)). 也可称 U 为势能.

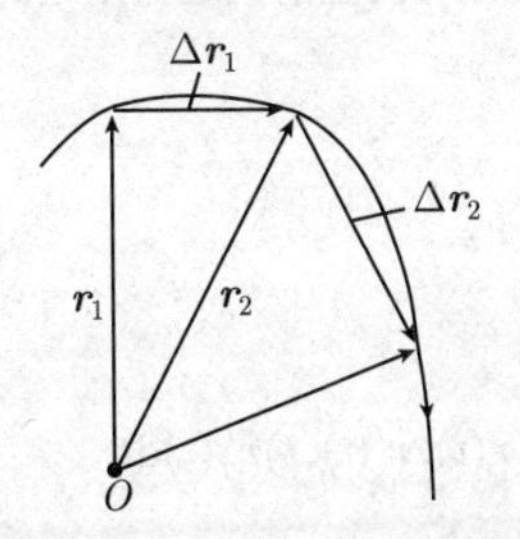

图 1.101 功 = 力 × 距离

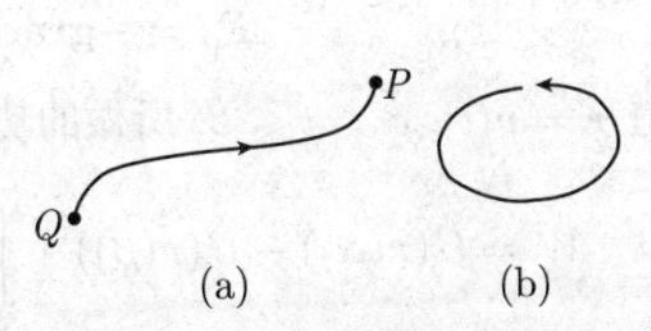

图 1.102 功等于势能之差

例: 令 $\boldsymbol{F}=-\mathrm{mg}\boldsymbol{k}$ 为笛卡儿坐标系下作用在质量为 m 的石块上的重力 (g 是重力加速度), 则势能为

$$\boxed{U=mgz.}$$

实际上, 有 $\mathbf{grad}\ U=U_z\boldsymbol{k}=-\boldsymbol{F}$. 如果一个石块从高为 $z>0$ 的地方落到 $z=0$ 的地方, 则 $W=U=mgz$ 是地球的引力场所做的功; 在落地的时候, 它转换成了热能 (和动能 ——— 校者).

主定理 设 $\boldsymbol{F}$ 为 $\mathbb{R}^3$ 的区域 D 中的一个 C^2 类力场. 则下列诸条件相互等价:

(i) $\boldsymbol{F}$ 在 D 中有 C^1 类势能.

(ii) 在 D 上, $\mathbf{curl}\ \boldsymbol{F}=\mathbf{0}$.

(iii) 功 $W=\int_M \boldsymbol{F}\mathrm{d}\boldsymbol{r}$ 与路径 M 无关, 即, 它只依赖于 M 的起点和终点.

(iv) 对每个 C^1 类闭路径 M, 有 $\int_M \boldsymbol{F}\mathrm{d}\boldsymbol{r}=0$(图 1.102(b)).

如果 $\boldsymbol{F}$ 的势 U 在 D 上存在, 则在相差一个常数因子的意义上它是唯一确定的.

1.9.6 对力学的守恒律的应用

经典力学中 N 体 (质点) 运动的牛顿定律

$$\boxed{m_j\boldsymbol{r}_j''(t)=\boldsymbol{F}_j(\boldsymbol{r}_1,\cdots,\boldsymbol{r}_N,\boldsymbol{r}_1',\cdots,\boldsymbol{r}_N',t),\quad j=1,\cdots,N,}\tag{1.163}$$

这里, m_j 是第 j 个质点的质量, $\boldsymbol{F}_j$ 表示作用在第 j 个质点上的力. 方程的解是轨道 $\boldsymbol{r}_j=\boldsymbol{r}_j(t), j=1,\cdots,N$. 在初始时刻 $t=0$, 初始位置和速度为

$$\boldsymbol{r}_j(0)=\boldsymbol{r}_{j0},\quad \boldsymbol{r}_j'(0)=\boldsymbol{r}_{j1},\quad j=1,\cdots,N.\tag{1.164}$$

为了简化记号, 令 $\boldsymbol{r} := (\boldsymbol{r}_1, \cdots, \boldsymbol{r}_N)$.

存在性和唯一性定理 假设 $\boldsymbol{F}_j$ 是力场, 它在初始状态 $(\boldsymbol{r}(0), \boldsymbol{r}'(0), 0)$ 的一个邻域中是 C^1 类场, 则在以 $t=0$ 为起点的某个时间区间中, (1.163) 和 (1.164) 存在唯一解.

当粒子间发生碰撞, 或者力太大, 它使粒子在有限时间里能到达无限远时, 情况就变得复杂了.

对力而言, 假设存在如下形式的分解:

$$\boldsymbol{F}_j = -\mathbf{grad}_{\boldsymbol{r}_j} U(\boldsymbol{r}) + \boldsymbol{F}_{j*}.$$

沿着轨道 $\boldsymbol{r} = \boldsymbol{r}(t)$, $\alpha \leqslant t \leqslant \beta$, 所做的功是

$$W = U(\boldsymbol{r}(\alpha)) - U(\boldsymbol{r}(\beta)) + \int_\alpha^\beta \sum_{j=1}^N \boldsymbol{F}_{j*}(\boldsymbol{r}(t), \boldsymbol{r}'(t), t)\boldsymbol{r}_j'(t)\mathrm{d}t.$$

力是守恒的, 如果所选的 U 使所有 $\boldsymbol{F}_{j*}$ 都为零.

定义

总质量 $M := \sum_{j=1}^N m_j$.

重心 $\boldsymbol{r}_{\mathrm{cm}} := \frac{1}{M}\sum_{j=1}^N m_j \boldsymbol{r}_j$.

总动量 $\boldsymbol{P} := \sum_{j=1}^N m_j \boldsymbol{r}_j'$.

总角动量 $\boldsymbol{A} := \sum_{j=1}^N \boldsymbol{r}_j \times m_j \boldsymbol{r}_j'$.

合力 $\boldsymbol{F} := \sum_{j=1}^N \boldsymbol{F}_j$.

总转矩 $\boldsymbol{T} := \sum_{j=1}^N \boldsymbol{r}_j \times \boldsymbol{F}_j$.

总动能 $T := \sum_{j=1}^N \frac{1}{2} m_j \boldsymbol{r}_j'^2$.

总势能 U.

容许轨道是 (1.163) 的一个解 $\boldsymbol{r}=\boldsymbol{r}(t)$.

平衡方程 沿着每个容许轨道, 有

$$\frac{\mathrm{d}}{\mathrm{d}t}(T+U) = \sum_{j=1}^N \boldsymbol{F}_{j*}\boldsymbol{r}_j' \quad (能量平衡),$$

$$\frac{\mathrm{d}}{\mathrm{d}t}\boldsymbol{P} = \boldsymbol{F} \quad (动量平衡),$$

$$\frac{\mathrm{d}}{\mathrm{d}t}\boldsymbol{A} = \boldsymbol{T} \quad (角动量平衡),$$

$Mr''_{\rm cm} = \boldsymbol{F}$ (质心的运动).

动量平衡及质心运动方程是一样的.

守恒律 对容许轨道, 下列结论成立:

(i) 能量守恒: 如果所有的力不变, 那么有

$$\boxed{T+U=\text{常量}.}$$

称 $E := T+U$ 为系统的总能量.

(ii) 动量守恒: 如果合力 $\boldsymbol{F}$ 为零, 则

$$\boxed{\boldsymbol{P}=\text{常量}.}$$

(iii) 角动量守恒: 如果总转矩为零, 则

$$\boxed{\boldsymbol{A}=\text{常量}.}$$

行星运动 如果 N 体表示太阳和 $N-1$ 个行星, 则第 j 个天体受到其他 $N-1$ 个天体的引力为

$$\boldsymbol{F}_j := \sum_{k=1,k\neq j}^{N} \frac{Gm_j m_k(\boldsymbol{r}_k-\boldsymbol{r}_j)}{|\boldsymbol{r}_k-\boldsymbol{r}_j|^3},$$

其中 G 表示引力常数. 这时, 能量守恒定律成立. 而且, 整个太阳系的质心沿直线常速运动.

势能公式为

$$U = -\sum_{i,j=1,i\neq j}^{N} \frac{\mathrm{G}m_j m_j}{|\boldsymbol{r}_j-\boldsymbol{r}_j|}.$$

1.9.7 流、守恒律与高斯积分定理

高斯定理

$$\boxed{\int_D \operatorname{div}\boldsymbol{J}\mathrm{d}x = \int_{\partial D} \boldsymbol{J_n}\mathrm{d}F.}$$

这里, D 是 $\mathbb{R}^3$ 中的有界区域, 且有逐段光滑的边界 [1] 及外法线单位向量 $\boldsymbol{n}$(图 1.103).

同样, 令 $\boldsymbol{J}$ 为 $\bar{D}$ 上的 C^1 类向量场.

体积的导数 假设 g 是在点 P 的一个邻域内连续的一实值函数, 则有

$$g(P) = \lim_{n\to\infty} \frac{\displaystyle\int_{D_n} g(x)\mathrm{d}x}{\text{meas } D_n}. \tag{1.165}$$

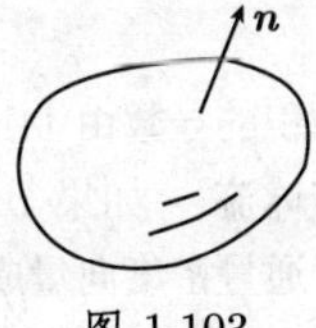

图 1.103

1) 精确假设是 $\partial D \in C^{0,1}$(参看 [212]).

这里, (D_n) 是容许区域 (例如, 球) 序列, 它们都包含点 P, 且当 $n \to \infty$ 时, 直径趋于零, meas D_n 表示勒贝格测度. (1.165) 右边的表达式称为体积的导数.

质量平衡的基本方程

$$\boxed{\rho_t + \text{div}\boldsymbol{J} = F, \quad \text{在}\Omega\text{上.}} \tag{1.166}$$

动机 方程 (1.166) 描述了如下情况. 令 D 为参考区域 Ω 的子区域, 在 Ω 中有几个能相互起化学反应的物质 $S, \cdots$. 定义:

$A(t)$ 为在时刻 t, D 中化学物质 S 的质量,

$B(t)$ 为在时间段 $[0, t]$ 内流出 D外的物质 S 的质量,

$C(t)$ 为在时间段 $[0, t]$ 内在 D中由化学反应生成的物质 S 的质量.

质量守恒律推出如下方程:

$$A(t+\Delta t) - A(t) = -(B(t+\Delta t) - B(t)) + (C(t+\Delta t) - C(t)).$$

除以 Δt, 并取极限 $\Delta t \to 0$, 得

$$A'(t) = -B'(t) + C'(t). \tag{1.167}$$

现在假设这些量可以用密度描述如下:

$$A(t) = \int_D \rho(\boldsymbol{x}, t)\mathrm{d}x, \quad B'(t) = \int_{\partial D} \boldsymbol{J}\boldsymbol{n}\mathrm{d}F, \quad C'(t) = \int_D F(\boldsymbol{x}, t)\mathrm{d}x,$$

其中 $\boldsymbol{x}$ 为笛卡儿坐标 $\boldsymbol{x} = (x_1, x_2, x_3)$. 在物理学中使用下列符号:

$\rho(\boldsymbol{x}, t)$ 在时刻 t 时在点 $\boldsymbol{x}$ 处的质量密度 (单位体积的质量),

$\boldsymbol{J}(\boldsymbol{x}, t)$ 在时刻 t 时在点 $\boldsymbol{x}$ 处的质量流的通量密度向量 (单位面积与时间的质量),

$F(\boldsymbol{x}, t)$ 在时刻 t 时在点 $\boldsymbol{x}$ 处产生物质的力密度 (单位体积单位时间生成的质量).

高斯定理的基本性质在于

$$B'(t) = \int_{\partial D} \boldsymbol{J}\boldsymbol{n}\mathrm{d}F = \int_D \text{div}\boldsymbol{J}\mathrm{d}x,$$

即, 边界积分可以写成体积积分. 因此, 由 (1.167) 可得

$$\int_D \rho_t \mathrm{d}x = -\int_D \text{div}\boldsymbol{J}\mathrm{d}x + \int_D F(x, t)\mathrm{d}x.$$

体积的导数由 (1.166) 即得.

液体流 如果 $\boldsymbol{v}=\boldsymbol{v}(\boldsymbol{x}, t)$ 是化学物质 S 在液体中流动形成的速度场, 则 (1.166) 对通量密度向量成立

$$\boxed{\boldsymbol{J} = \rho\boldsymbol{v}.} \tag{1.168}$$

如果没有物质产生, 则得到所谓的连续性方程:

$$\boxed{\rho_t + \operatorname{div}\rho\boldsymbol{v} = 0.} \tag{1.169}$$

不可压缩液体的一个特例由“$\rho=$ 常量”给出. 由此可得 div $\boldsymbol{v}\equiv 0$, 这说明不可压缩液体的体积不变.

电流 如果把质量换成电荷, 且没有电荷生成, 则得到关于电荷密度 ρ 的 (1.169).

热流 热流的基本方程是

$$\boxed{s\mu T_t - \kappa\Delta T = F.} \tag{1.170}$$

这里, $T(\boldsymbol{x}, t)$ 表示在时刻 t 时在点 $\boldsymbol{x}$ 处的温度, $F(\boldsymbol{x}, t)$ 表示时刻 t 在点 $\boldsymbol{x}$ 放热的功率密度 (单位时间内单位体积产生的热量). 常量 μ, s, κ 分别表示质量密度、比热容与热传导系数.

动机 考虑区域 Ω 中体积为 ΔV 的一小片区域. 在时刻 t, Ω 中的热量用 $Q(t)$ 表示. 这表示, 在一级近似中, 有

$$Q(t) = \rho(\boldsymbol{x}, t)\Delta V,$$

其中, $\rho(\boldsymbol{x}, t)$ 是在时刻 t 时在点 $\boldsymbol{x}$ 处的热密度. 对于热量的改变 ΔQ 与温度的改变 ΔT, 有

$$\boxed{\Delta Q = s\mu\Delta V\Delta T,}$$

这是比热容 s 的*定义方程*. 如果令 $\Delta Q = Q(t+\Delta t) - Q(t)$ 以及 $\Delta T = T(\boldsymbol{x}, t+\Delta t) - T(\boldsymbol{x}, t)$, 则有

$$\frac{\rho(\boldsymbol{x}, t+\Delta t) - \beta(\boldsymbol{x}, t)}{\Delta t} = s\mu\frac{T(\boldsymbol{x}, t+\Delta t) - T(\boldsymbol{x}, t)}{\Delta t}.$$

取极限 $\Delta t \to 0$, 得

$$\boxed{\rho_t = s\mu T_t.}$$

根据傅里叶 (Fourier, 1768—1830) 的结论, 可得热通量密度向量的一级近似

$$\boxed{\boldsymbol{J} = -\kappa\,\mathbf{grad}\,T.}$$

这说明, $\boldsymbol{J}$ 正交于等温面, 与温度的差成正比, 指向温度下降的方向. 把 ρ_t 与 $\boldsymbol{J}$ 的上述表示代入平衡方程 (1.166), 就得到 (1.170).

1.9.8 环量、闭积分曲线与斯托克斯积分定理

量 **curl** $\boldsymbol{v}$ 的不为零与闭积分曲线的存在性密切相关.

斯托克斯积分定理

$$\boxed{\int_M (\text{curl } \boldsymbol{v})\boldsymbol{n}\mathrm{d}F = \int_{\partial M} \boldsymbol{v}\mathrm{d}\boldsymbol{r}.} \tag{1.171}$$

这个公式在下列假设下成立: $\boldsymbol{v}$ 是 $\mathbb{R}^3$ 中足够光滑的有界曲面 [1)] M 上的 C^1 类向量场, M 的单位法向量为 $\boldsymbol{n}$, ∂M 的协同定向如图 1.104 中描述.

1) 更准确地, 可以假设 M 是二维实定向紧流形, 且有协同定向的边界 (参看 [212]).

环量 我们称表达式 $\int_{\partial M} \boldsymbol{v}\mathrm{d}\boldsymbol{r}$ 为向量场 $\boldsymbol{v}$ 沿闭曲线 ∂M 的环量. 例如可以把 $\boldsymbol{v}$ 看作液体流的速度场.

定理 (i) 如果 ∂M 是闭积分曲线, 则沿 ∂M 的环量为零, 且 $\mathbf{curl}\ \boldsymbol{v}$ 在 D 上恒不为零.

(ii) 如果在三维区域 D 中 $\mathbf{curl}\ \boldsymbol{v} \equiv 0$, 则 D 中不存在向量场 $\boldsymbol{v}$ 的闭积分曲线.

例: 给定向量 $\boldsymbol{\omega}$. 速度场

$$\boxed{\boldsymbol{v}(\boldsymbol{r}) := \boldsymbol{\omega} \times \boldsymbol{r}}$$

对应于液体粒子沿轴 $\boldsymbol{\omega}$(正向) 旋转, 其角速度为 $|\boldsymbol{\omega}|$. 积分曲线是绕轴 $\boldsymbol{\omega}$ 的同心圆 (图 1.105). 另外, 有

$$\boxed{\mathbf{curl}\ \boldsymbol{v} = 2\boldsymbol{\omega}.}$$

这里, $\mathbf{curl}\ \boldsymbol{v}$ 具有和旋转轴相同的方向, $\mathbf{curl}\ \boldsymbol{v}$ 的长度等于粒子的角速度的两倍.

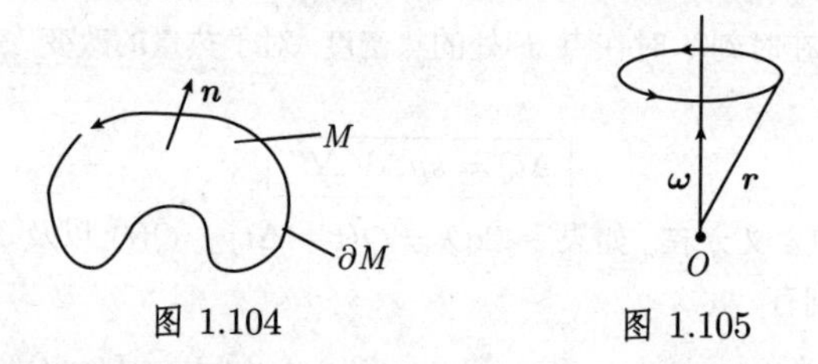

图 1.104 图 1.105

1.9.9 根据源与涡确定向量场 (向量分析的主要定理)

源的规定 假设在 $\mathbb{R}^3$ 中可缩 [1]区域 D 上给定 C^1 类函数 $\rho : D \to \mathbb{R}$, 则在 D 上总存在 C^2 类向量场 $\boldsymbol{D}$, 满足方程

$$\boxed{\operatorname{div} \boldsymbol{D} = \rho, \quad 在D上.}$$

这个方程的通解形为

$$\boldsymbol{D} = \boldsymbol{D}_{\text{par}} + \mathbf{curl}\ \boldsymbol{A},$$

其中 $\boldsymbol{D}_{\text{par}}$ 是特解, $\boldsymbol{A}$ 是 D 上任意 C^3 类向量场.

涡流的规定 假设给定 $\mathbb{R}^3$ 中可缩区域 D 上的 C^1 类向量场 $\boldsymbol{J}$, 则在 D 上存在唯一一个 C^2 类向量场 $\boldsymbol{H}$, 使得如果在 D 上 $\operatorname{div} \boldsymbol{J} = 0$ 时 $\boldsymbol{H}$ 满足

$$\boxed{\mathbf{curl}\ \boldsymbol{H} = \boldsymbol{J}, \quad 在D上.}$$

通解的形式为

$$\boldsymbol{H} = \boldsymbol{H}_{\text{par}} + \mathbf{grad}\ \boldsymbol{U},$$

1) 这个术语定义在 1.9.11 中.

其中 $\boldsymbol{H}_{\mathrm{par}}$ 是特解, $U : D \to \mathbb{R}$ 是任意 C^3 类函数.

解的显式公式 令 $D = \mathbb{R}^3$, 并且假设 ρ 和 $\boldsymbol{J}$ 在 $\mathbb{R}^3$ 上为 C^3 类的, 并在某一球外为零. 再设在 $\mathbb{R}^3$ 上 $\mathrm{div}\ \boldsymbol{J} \equiv 0$. 引进所谓的体积位势:

$$V(x) := \int_{\mathbb{R}^3} \frac{\rho(y)\mathrm{d}y}{4\pi|x-y|}$$

及向量位势

$$\boldsymbol{C}(x) = \int_{\mathbb{R}^3} \frac{\boldsymbol{J}(y)\mathrm{d}y}{4\pi|x-y|}.$$

最后我们令

$$\boldsymbol{D}_{\mathrm{par}} := -\mathbf{grad}\ \boldsymbol{V}, \quad \boldsymbol{H}_{\mathrm{par}} := \mathbf{curl}\ \boldsymbol{C},$$

则有

$$\boxed{\mathrm{div}\boldsymbol{D}_{\mathrm{par}} = \rho,\ \mathbf{curl}\ \boldsymbol{D}_{\mathrm{par}} = \mathbf{0}, \quad \text{在}\mathbb{R}^3\text{上}}$$

和

$$\boxed{\mathrm{div}\boldsymbol{H}_{\mathrm{par}} = 0, \quad \mathbf{curl}\ \boldsymbol{H}_{\mathrm{par}} = \boldsymbol{J}, \quad \text{在}\mathbb{R}^3\text{上.}}$$

因此场 $\boldsymbol{v} := \boldsymbol{D}_{\mathrm{par}} + \boldsymbol{H}_{\mathrm{par}}$ 解决了两个方程

$$\boxed{\mathrm{div}\ \boldsymbol{v} = \rho \quad \text{和} \quad \mathbf{curl}\ \boldsymbol{v} = \boldsymbol{J}, \quad \text{在}\mathbb{R}^3\text{上.}} \tag{1.172}$$

向量分析的主要定理 问题

$$\boxed{\begin{aligned} \mathrm{div}\ \boldsymbol{v} = \rho \quad \text{与} \quad \mathbf{curl}\ \boldsymbol{v} = \boldsymbol{J}, \quad \text{在}D\text{上}, \\ \boldsymbol{vn} = g, \quad \text{在}\partial D\ \text{上} \end{aligned}} \tag{1.173}$$

在 $\bar{D}$ 上有唯一 C^2 类解 $\boldsymbol{v}$, 如果满足下列假设:

(i) D 是 $\mathbb{R}^3$ 中有光滑边界的有界区域; $\boldsymbol{n}$ 是边界上的外法线单位向量.

(ii) $\bar{D}$ 上给定的函数 ρ 与 $\boldsymbol{J}$ 足够光滑, 并且 g 在 ∂D 上足够光滑.

(iii) 在 D 上有

$$\mathrm{div}\ \boldsymbol{J} = 0$$

和

$$\int_D \rho \mathrm{d}x = \int_{\partial D} g \mathrm{d}F.$$

物理解释 向量场 $\boldsymbol{v}$(比如速度场) 由它的源及涡及它在边界上的法向分量确定.

1.9.10 对电磁学中麦克斯韦方程的应用

真空中电荷与电流的相互影响的麦克斯韦 (Maxwell) 方程可见表 1.6, 其中 ε_0 表示介电常量, μ_0 表示真空的透过性常量.

表 1.6 国际度量单位下的麦克斯韦方程 ($D=\varepsilon_0 E$, $B=\mu_0 H$)

方程	物理解释
$\operatorname{div} \boldsymbol{D}=\rho$	电荷是电磁场 $\boldsymbol{E}$ 的源
$\mathbf{curl}\ \boldsymbol{E}=-\boldsymbol{B}_t$	随时间而变的磁场产生电场的偶 (感应律)
$\operatorname{div} \boldsymbol{B}=0$	不存在磁感极小
$\mathbf{curl}\ \boldsymbol{H}=\boldsymbol{j}+\boldsymbol{D}_t$	由电流或随时间而变的电场可产生磁场的偶
$\rho_t+\operatorname{div}\boldsymbol{j}=0$	电荷守恒 (从其他方程即得)

这两个常量由公式

$$c^2=\frac{1}{\varepsilon_0\mu_0}$$

联系起来, 其中 c 表示真空中的光速. 此外, ρ 表示电荷密度, $\boldsymbol{j}$ 表示电流密度向量.

麦克斯韦方程的积分形式 对足够规则的区域 D 及曲面 M(图 1.106), 利用高斯积分定理与斯托克斯积分定理可得如下方程:

$$\int_{\partial D}\boldsymbol{D}\boldsymbol{n}\mathrm{d}F=\int_D\rho\mathrm{d}\boldsymbol{x},\quad \int_{\partial D}\boldsymbol{B}\boldsymbol{n}\mathrm{d}F=0,$$

$$\int_{\partial M}\boldsymbol{E}\mathrm{d}\boldsymbol{r}=-\frac{\mathrm{d}}{\mathrm{d}t}\int_M\boldsymbol{B}\boldsymbol{n}\mathrm{d}F,\quad \int_{\partial M}\boldsymbol{H}\mathrm{d}\boldsymbol{r}=\int_M\boldsymbol{j}\boldsymbol{n}\mathrm{d}F+\frac{\mathrm{d}}{\mathrm{d}t}\int_M\boldsymbol{D}\boldsymbol{n}\mathrm{d}F,$$

$$\frac{\mathrm{d}}{\mathrm{d}t}\int_D\rho\mathrm{d}\boldsymbol{x}=-\int_{\partial D}\boldsymbol{j}\boldsymbol{n}\mathrm{d}F.$$

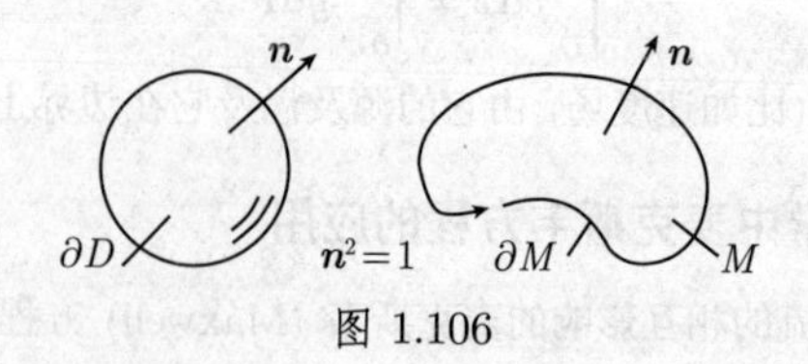

图 1.106

最后一个方程是其他方程推出来的.

历史评注 麦克斯韦方程是由 J.C. 麦克斯韦 (James Clerk Maxwell, 1831—1879) 推导出的, 并于 1865 年发表. 令人惊异的是, 这几个异常优美的方程全面地描述了电磁现象. 麦克斯韦理论的基础是法拉第 (Michael Faraday, 1791—1867) 的一个实验. 牛顿力学处理长距离下的力和运动, 而法拉第天才的物理直觉看出, 电场和磁场作用在近距离. 法拉第的这个思想现在是物理学的基础. 所有现代物理场的理论都是近距离作用力的理论, 这意味着这些理论所确定的相互作用的速度是有限的.

麦克斯韦方程组利用微分形式语言的现代方法 尽管麦克斯韦方程组简洁而优美, 但是它还不是定论. 基本问题是: 麦克斯韦方程组在哪个参照系中成立, 转换到另一参照系后, 电场 $\boldsymbol{E}$ 与磁场 $\boldsymbol{H}$ 如何转化? 这个问题由爱因斯坦发表于 1905 年的狭义相对论所解决. 麦克斯韦方程组的现代阐述应用了嘉当微分学和主纤维丛理论. 在这种阐述方式下, 麦克斯韦方程组是规范场理论的起点, 现代粒子物理的基础. [212] 对此进行了更详细的讨论.

1.9.11 经典向量分析与嘉当微分学的关系

嘉当微分学包含了 $\mathbb{R}^n$ 中微分式的如下基本结果:

(i) 斯托克斯定理: $\int_M \mathrm{d}\omega = \int_{\partial M} \omega.$

(ii) 庞加莱法则: $\mathrm{dd}\omega = 0.$

(iii) 庞加莱引理: 可缩区域 D 上的方程 $\mathrm{d}\omega = b$ 有解 ω, 当且仅当 $\mathrm{d}b = 0.$

区域 D 称为可缩的, 如果它能连续变形为一个点 $\boldsymbol{x}_0 \in D$, 即, 存在一个从 $D\times[0,1]$ 到 D 的连续映射 $H = H(\boldsymbol{x}, t)$, 使得对所有 $\boldsymbol{x} \in D$ 有

$$H(\boldsymbol{x}, 0) = \boldsymbol{x}, \quad H(\boldsymbol{x}, 1) = \boldsymbol{x}_0$$

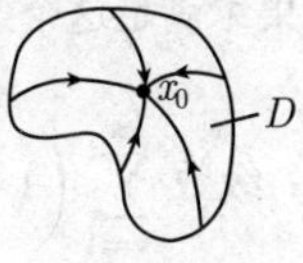

(图 1.107).

图 1.107

特例 经典高斯积分定理与斯托克斯积分定理是 (i) 的特例, 而 (ii) 包括特例

$$\mathrm{div}\,\mathbf{curl}\,\boldsymbol{H} \equiv 0, \quad \mathbf{curl}\,\mathbf{grad}\,V \equiv \mathbf{0}.$$

最后, $\mathbb{R}^3$ 中的 (iii) 包括的特例是

$$\begin{aligned} \mathbf{grad}\,V &= \boldsymbol{F}, && \text{在 } D \text{ 上}, \\ \mathbf{curl}\,\boldsymbol{H} &= \boldsymbol{J}, && \text{在 } D \text{ 上}, \\ \mathrm{div}\,\boldsymbol{D} &= \rho, && \text{在 } D \text{ 上}. \end{aligned}$$

[212] 对此进行了更详细的讨论.

1.10 无穷级数

详细的无穷级数表可见 0.7.

特别重要的无穷级数是幂级数与傅里叶级数.

定义 设 $a_0, a_1, \cdots$ 是复数列. 符号 $\sum_{n=0}^{\infty} a_n$ 称为无穷级数, 表示当 $k \to \infty$ 时, 部分和

$$s_k := \sum_{n=0}^{k} a_n$$

序列(s_k) 的极限. 数 a_n 称为级数的项. 记

$$\boxed{\sum_{n=0}^{\infty} a_n = a}$$

当且仅当, 存在一个复数 a, 使得 $\lim_{k\to\infty} s_k = a$. 我们称无穷级数收敛到 a. 否则, 称级数发散. [1)]

收敛的必要条件 对于收敛级数, 有

$$\boxed{\lim_{n\to\infty} a_n = 0.}$$

如果不满足这个条件, 则级数 $\sum_{n=0}^{\infty} a_n$ 发散.

例: 级数 $\sum_{n=1}^{\infty}\left(1-\frac{1}{n}\right)$ 发散, 因为 $\lim_{n\to\infty}\left(1-\frac{1}{n}\right)=1$.

几何级数 对每个复数 z, 若 $|z|<1$, 则有下列公式:

$$\boxed{\sum_{n=0}^{\infty} z^n = 1+z+z^2+\cdots=\frac{1}{1-z}.}$$

如果 $|z|>1$, 则级数发散.

证明: 当 $|z|<1$ 时, 有 $\lim_{k\to\infty}|z|^{k+1}=0$. 可推出

$$\lim_{k\to\infty}\sum_{n=0}^{k} z^n = \lim_{k\to\infty}\frac{1-z^{k+1}}{1-z}=\frac{1}{1-z}.$$

当 $|z|>1$ 时, 有 $\lim_{n\to\infty}|z|^n=\infty$. 即不满足收敛的必要条件,[*)] 因此 $\sum_{n=0}^{\infty} z^n$ 发散.

---

1) 1.14.2 将考虑复数列的收敛性. 使用复数对更深刻地理解幂级数的收敛性绝对必要的.

*) 原文误为 “部分和序列 (s_n) 不收敛到零”.—— 校者注

收敛性的柯西准则 级数 $\sum_{n=0}^{\infty} a_n$ 收敛, 当且仅当, 对每个实数 $\varepsilon > 0$, 存在一个自然数 $n_0(\varepsilon)$(这里, 括号里的 ε 表示数 n_0 与 ε 有关), 使得对所有的 $n \geqslant n_0(\varepsilon)$ 和 $m = 1, 2, \cdots$ 有

$$|a_n + a_{n+1} + \cdots + a_{n+m}| < \varepsilon.$$

有限的改变 当无穷级数的有限项改变时 (不论以何种 (有限) 方式), 级数的收敛性不变.

绝对收敛 级数 $\sum_{n=0}^{\infty} a_n$ 称为绝对收敛的, 如果无穷级数 $\sum_{n=0}^{\infty} |a_n|$ 收敛.

定理 级数绝对收敛性蕴涵它的收敛性.

1.10.1 收敛准则

有界性准则 级数 $\sum_{n=0}^{\infty} a_n$ 绝对收敛, 当且仅当

$$\boxed{\sup_k \sum_{n=0}^{k} |a_n| < \infty.}$$

特别地, 每一项为非负数的级数 $\sum_{n=0}^{\infty} a_n$ 收敛, 当且仅当, 其部分和序列有界.

比较检验法 假设对所有 n, 有

$$\boxed{|a_n| \leqslant b_n.}$$

那么级数 $\sum_{n=0}^{\infty} b_n$ 的收敛性蕴涵级数 $\sum_{n=0}^{\infty} a_n$ 的绝对收敛性.

比值检验法 如果极限

$$\boxed{q := \lim_{n \to \infty} \left| \frac{a_{n+1}}{a_n} \right|}$$

存在, 那么有

(i) 如果 $q < 1$, 则级数 $\sum_{n=0}^{\infty} a_n$ 绝对收敛.

(ii) 如果 $q > 1$, 则级数 $\sum_{n=0}^{\infty} a_n$ 发散.

$q = 1$ 时, 级数既可能收敛, 也可能发散, 这与序列有关 (本检验法无法判断).

例 1(指数函数): 对于 $a_n := \dfrac{z^n}{n!}$, 有

$$\lim_{n\to\infty}\left|\frac{a_{n+1}}{a_n}\right| = \lim_{n\to\infty}\frac{|z|}{n+1} = 0.$$

因此, 对所有复数 z, 级数

$$\mathrm{e}^z = \sum_{n=0}^{\infty}\frac{z^n}{n!} = 1 + z + \frac{z^2}{2!} + \frac{z^3}{3!} + \cdots$$

绝对收敛.

根检验法 令

$$\boxed{q := \varlimsup_{n\to\infty}\sqrt[n]{|a_n|}.}$$

(i) 如果 $q < 1$, 则级数 $\sum\limits_{n=0}^{\infty} a_n$ 绝对收敛.

(ii) 如果 $q > 1$, 则级数 $\sum\limits_{n=0}^{\infty} a_n$ 发散.

当 $q = 1$ 时, 级数既可能收敛, 也可能发散, 这与序列有关 (本检验法无法判断).

例 2: 令 $a_n := nz^n$. 由 $\lim\limits_{n\to\infty}\sqrt[n]{|a_n|} = |z|\lim\limits_{n\to\infty}\sqrt[n]{n} = |z|$, 可得, 对所有满足 $|z| < 1$ 的 $z \in \mathbb{C}$, 级数

$$\sum_{n=1}^{\infty} nz^n = z + 2z^2 + 3z^3 + \cdots$$

收敛, 当 $|z| > 1$ 时这个级数发散.

积分检验法 令 f: $[1, \infty[\to \mathbb{R}$ 是递减的正连续函数. 级数

$$\boxed{\sum_{n=1}^{\infty} f(n)}$$

收敛, 当且仅当积分 $\displaystyle\int_1^{\infty} f(x)\mathrm{d}x$ 收敛.

例 3: 当 $\alpha > 1$ 时, 级数

$$\boxed{\sum_{n=1}^{\infty}\frac{1}{n^{\alpha}}}$$

收敛, 当 $\alpha \leqslant 1$ 时, 级数发散.

证明: 我们有

$$\int_1^{\infty}\frac{\mathrm{d}x}{x^{\alpha}} = \lim_{b\to\infty}\int_1^b\frac{\mathrm{d}x}{x^{\alpha}} = \lim_{b\to\infty}\left.\frac{1}{(1-\alpha)x^{\alpha-1}}\right|_1^b = \begin{cases}\dfrac{1}{\alpha-1}, & \alpha > 1,\\ +\infty, & \alpha < 1,\end{cases}$$

并且

$$\int_1^{\infty}\frac{\mathrm{d}x}{x}=\lim_{b\to\infty}\ln x|_1^b=\lim_{b\to\infty}\ln b=\infty.$$

交错级数的莱布尼茨判别法 无穷级数

$$\boxed{a_0-a_1+a_2-a_3+\cdots=\sum_{n=0}^{\infty}(-1)^n a_n}$$

收敛, 如果 $a_0\geqslant a_1\geqslant a_2\geqslant\cdots\geqslant 0$, 且 $\lim\limits_{n\to\infty}a_n=0$.

对于误差 $d_k:=\sum\limits_{n=0}^{\infty}(-1)^n a_n-\sum\limits_{n=0}^{k}(-1)^n a_n$, 有

$$\boxed{0\leqslant(-1)^{k+1}d_k\leqslant a_{k+1},\quad k=1,2,\cdots.}$$

例 4: 著名的莱布尼茨级数

$$1-\frac{1}{3}+\frac{1}{5}-\frac{1}{7}+\frac{1}{9}-\frac{1}{11}+\cdots$$

收敛. 根据 1.10.3 的例 2, 它的极限等于 π/4. 比如, 误差估计为

$$0<\frac{\pi}{4}-\left(1-\frac{1}{3}+\frac{1}{5}-\frac{1}{7}\right)<\frac{1}{9}$$

且

$$0<\left(1-\frac{1}{3}+\frac{1}{5}-\frac{1}{7}+\frac{1}{9}\right)-\frac{\pi}{4}<\frac{1}{11}.$$

1.10.2 无穷级数的运算

绝对收敛的重要性 对绝对收敛的级数的运算与处理有限和一样.

1.10.2.1 代数运算

加法 两个收敛级数可以相加, 收敛级数可以乘以复数 α:

$$\boxed{\begin{gathered}\sum_{n=0}^{\infty}a_n+\sum_{n=0}^{\infty}b_n=\sum_{n=0}^{\infty}(a_n+b_n),\\ \alpha\sum_{n=0}^{\infty}a_n=\sum_{n=0}^{\infty}\alpha a_n.\end{gathered}}$$

括号 在一个收敛级数里, 可以给任意项加括号而不改变级数的收敛性与级数的和.

置换 在一个绝对收敛的级数里, 改变项的位置并不改变级数的收敛性与和.

乘法 两个绝对收敛的级数可以相乘.

乘积得到的级数仍然是绝对收敛的, 并且它的项可以置换. 特别地, 有柯西乘法法则:

$$\sum_{n=0}^{\infty} a_n \sum_{n=0}^{\infty} b_n = \sum_{n=0}^{\infty}\sum_{r=0}^{n} a_r b_{n-r}.$$

二重求和 如果下列条件之一被满足:

(i) $\sup_{r} \sum_{n+m\leqslant r} |a_{nm}| < \infty$,

(ii) $\sum_{n=0}^{\infty}\left(\sum_{m=0}^{\infty} |a_{nm}|\right)$ 收敛,

则有

$$\sum_{n,m=0}^{\infty} a_{nm} = \sum_{n=0}^{\infty}\left(\sum_{m=0}^{\infty} a_{nm}\right).$$

可以对 a_{nm} 任意求和来计算 $\sum_{n,m=0}^{\infty} a_{nm}$, 并且其和与求和顺序无关.

1.10.2.2 函数列

一致收敛对交换极限的重要性 * 当下述极限是一致收敛时, 可以对极限关系式

$$f(x) := \lim_{n\to\infty} f_n(x), \quad a \leqslant x \leqslant b \tag{1.174}$$

逐项积分与求导, 即有

$$\int_a^b f(x)\mathrm{d}x = \lim_{n\to\infty}\int_a^b f_n(x)\mathrm{d}x \tag{1.175}$$

及

$$f'(x) = \lim_{n\to\infty} f_n'(x), \quad a \leqslant x \leqslant b. \tag{1.176}$$

定义 令 $-\infty < a < b < \infty$. 极限 (1.174) 是一致的, 如果

$$\lim_{n\to\infty}\sup_{a\leqslant x\leqslant b} |f(x) - f_n(x)| = 0.$$

极限函数的连续性 如果所有的函数 $f_n : [a,b] \to \mathbb{C}$ 在点 $x \in [a,b]$ 处是连续的, 且极限 (1.174) 是一致的, 那么极限函数 f 在点 x 处连续.

极限函数的可积性 如果所有的函数 $f_n : [a,b] \to \mathbb{C}$ 几乎处处连续且有界, 且极限 (1.174) 是一致的, 那么 (1.175) 成立 [1].

---

* 由极限关系式 (1.174) 的一致性, 还需对函数 f_n 和 f 加上某些条件, 才能得到关系式 (1.175) 和 (1.176). 如下面几小段所述. —— 校者

1) 特别地, 这表示所有的积分及 (1.175) 中的极限存在.

极限函数的可微性 如果所有的函数 $f_n:[a,b]\to\mathbb{C}$ 在区间 $[a, b]$ 上是连续的, 且序列 (f_n) 与 (f'_n) 在区间 $[a, b]$ 上一致收敛到函数 f 与 g, 那么极限函数 f 在区间 $[a, b]$ 上是可微的, 且 (1.176) 成立.[1)]

下面的例子表明了一致收敛的重要性.

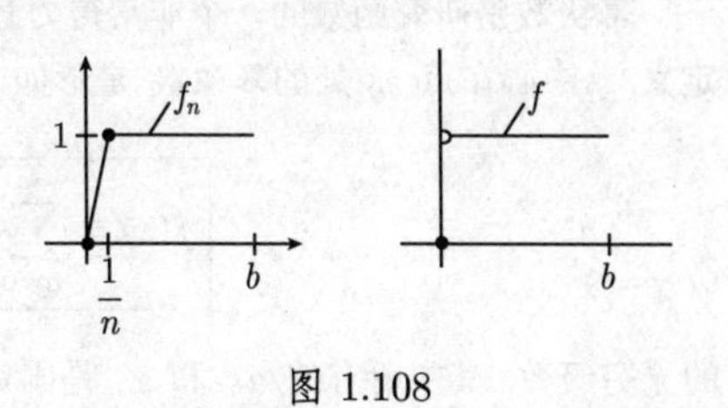

图 1.108

例: 图 1.108 中的函数 f_n 都是连续的. 而极限函数 $f(x)=\lim\limits_{n\to\infty}f_n(x)$ 在点 $x=0$ 处不连续.

这个收敛性在区间 $[0, b]$ 上不一致, 其中 $b>0$.

1.10.2.3 微分与积分

比较准则的作用 无穷级数是特殊的函数列 (函数的部分和序列). 通常, 很容易根据比较准则推导出一致收敛性.

令 $-\infty<a<b<\infty$. 考虑级数

$$\boxed{f(x):=\sum_{n=0}^{\infty}f_n(x),\quad a\leqslant x\leqslant b,}\tag{1.177}$$

其中对所有 $x\in[a, b]$, 有 $f_n(x)\in\mathbb{C}$, 阐述两条比较准则:

(M1) 假设对所有 n, 在 $[a, b]$ 上有 $|f_n(x)|\leqslant a_n$, 且级数 $\sum\limits_{n=0}^{\infty}a_n$ 收敛.

(M2) 假设对所有 n, 在 $[a, b]$ 上有 $|f'_n(x)|\leqslant b_n$, 且级数 $\sum\limits_{n=0}^{\infty}b_n$ 收敛.

由 (M1) 即得极限 (1.177) 在 $[a, b]$ 上是一致的.

极限函数的连续性 如果所有的函数 $f_n:[a,b]\to\mathbb{C}$ 在点 x 处连续, 且 (M1) 成立, 那么极限函数在点 x 处连续.

极限函数的可积性 如果所有的函数 $f_n:[a,b]\to\mathbb{C}$ 几乎处处连续, 且 (M1) 成立, 那么极限函数是可积的, 且

$$\boxed{\int_a^b f(x)\mathrm{d}x=\sum_{n=0}^{\infty}\int_a^b f_n(x)\mathrm{d}x.}$$

极限函数的可微性 如果所有的函数 $f_n:[a,b]\to\mathbb{C}$ 在 $[a, b]$ 上是可微的, 且满足两个条件 (M1) 和 (M2), 那么极限函数 f 在 $[a, b]$ 上是可微的, 且

$$\boxed{f'(x)=\sum_{n=0}^{\infty}f'_n(x),\quad a\leqslant x\leqslant b.}$$

1) 注意, 要求两个序列一致收敛很重要, 这一点容易被忽略.

1.10.3 幂级数

详细的幂级数表可见 0.7.2.

幂级数是研究函数的一个非常得力且优美的工具.

定义 中心在点 z_0 处的幂级数 是形如

$$f(z)=\sum_{n=0}^{\infty}a_n(z-z_0)^n \tag{1.178}$$

的无穷级数, 其中所有的 a_n 和 z_0 是固定的复数, z 是复变量. 幂级数的运算是显而易见的. [1]

幂级数恒等定理 如果中心在 z_0 处的两个幂级数在复平面的一个无穷点集上相等, 其中这些点收敛到点 z_0, 那么这两个级数系数相同, 因此级数相等.

收敛半径 令 $\varrho:=\overline{\lim\limits_{n\to\infty}}\sqrt[n]{|a_n|}$, 且 [2]

$$r:=\frac{1}{\varrho}.$$

另外, 我们考虑圆盘 $K_r:=\{z\in\mathbb{C}:|z-z_0|<r\}$, 其中 $0<r\leqslant\infty$.

当 $r=0$ 时, K_0 只有一个点 z_0*. 那么我们有

(i) 对所谓的收敛域(圆盘)K_r 中的所有点 z, 幂级数 (1.178) 绝对收敛, 对收敛域的闭包 $\overline{K}_r$ 外的所有点 z, 幂级数发散 (图 1.109(a)).

(ii) 在圆盘的边界点处, 幂级数可能收敛, 亦可能发散.

阿贝尔定理 如果幂级数 (1.178) 在收敛域的边界点 z_* 处收敛, 则

$$\lim_{k\to\infty}\sum_{n=0}^{\infty}a_n(z_k-z_0)^n=\sum_{n=0}^{\infty}a_n(z_*-z_0)^n,$$

其中复数列 (z_k) 从 K_r 中趋向于点 z_*(图 1.109(b)).

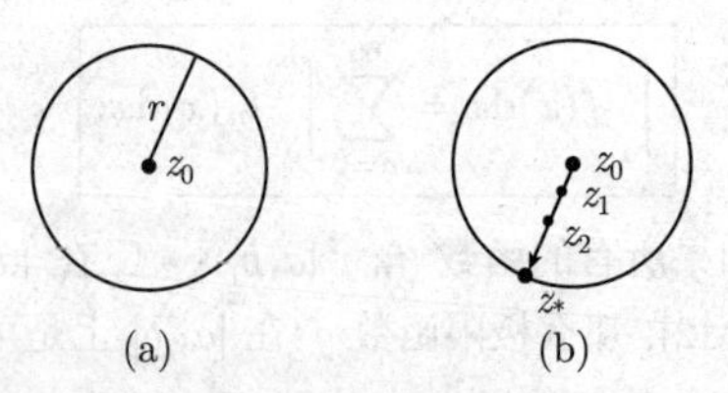

图 1.109

1) 这一节与 1.14(复变函数论) 密切相关.
2) 当 $\varrho=0$(相应地 $\varrho=\infty$) 时, 令 $r=\infty$(相应地 $r=0$).
* 按 K_r 的定义, $K_0=\varnothing$. —— 校者

幂级数的性质

幂级数在收敛域内可以相加、相乘、换项, 也可以逐项求导、积分. 求导、积分后, 收敛域不变.

全纯性原理 如果函数 $f: U(z_0) \subseteq \mathbb{C} \to \mathbb{C}$ 在点 z_0 的一个开邻域中是全纯的 (参看 1.14.3), 那么它可以展开成中心在点 z_0 的幂级数. 收敛域是包含在 $U(z_0)$ 中的最大圆盘.

这时的幂级数就是函数的泰勒级数

$$\boxed{f(z) = f(z_0) + f'(z_0)(z - z_0) + \frac{f''(z_0)}{2!}(z - z_0)^2 + \cdots.}$$

每个幂级数表示一个函数, 这个函数在收敛域中是全纯的.

例 1: 令

$$\boxed{f(z) := \frac{1}{1 - z}.}$$

这个函数在点 $z = 1$ 处有一个奇点, 但是在圆盘 K_1 中全纯. 因此可以以点 $z = 0$ 为中心, $r = 1$ 为收敛半径, 把函数展开成幂级数 (图 1.110(a)). 因为

$$f'(z) = \frac{1}{(1 - z)^2}, \quad f''(z) = \frac{2}{(1 - z)^3}, \quad \cdots,$$

有 $f'(0) = 1$, $f''(0) = 2!$, $f'''(0) = 3!, \cdots$. 因此对满足 $|z| < 1$ 的所有 $z \in \mathbb{C}$, 有

$$f(z) = 1 + z + z^2 + z^3 + \cdots = \frac{1}{1 - z}. \tag{1.179}$$

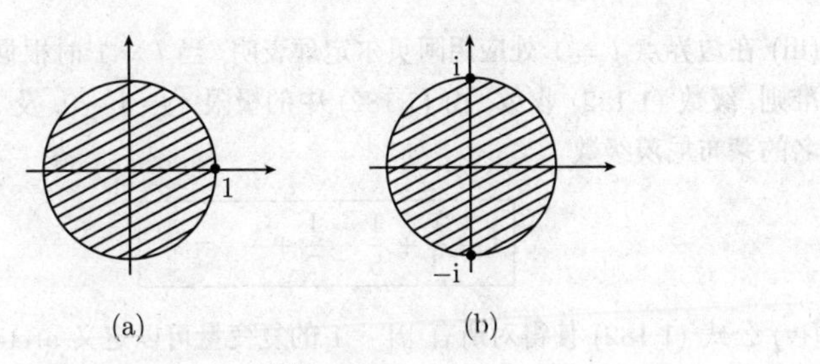

图 1.110

(i) 对 (1.179) 逐项求导, 得到对满足 $|z| < 1$ 的所有 $z \in \mathbb{C}$, 有

$$f'(z) = 1 + 2z + 3z^2 + \cdots = \frac{1}{(1 - z)^2}.$$

(ii) 令 $t \in \mathbb{R}$ 且 $|t| < 1$. 对 (1.179) 逐项积分, 得

$$\int_0^t f(z)\mathrm{d}z = t + \frac{t^2}{2} + \frac{t^3}{3} + \cdots = -\ln(1-t). \tag{1.180}$$

(iii) 在边界点 $t=-1$ 处应用阿贝尔定理告诉我们, 根据交错级数的莱布尼茨准则, (1.180) 在 $t=-1$ 收敛. 则由 (1.180) 中的极限过程 $t \to -1+0$, 有

$$\boxed{1 - \frac{1}{2} + \frac{1}{3} - \frac{1}{4} + \cdots = \ln 2.}$$

(iv) 由于 (ii), 我们对所有满足 $|t|<1$ 的复变量 t, 由关系式 (1.180) 定义 $\ln(1-t)$. 这相应于解析延拓原理 (参看 1.14.15).

例 2: 方程 $1+z^2=0$ 在点 $z=\pm\mathrm{i}$ 处有两个零点. 令

$$\boxed{f(z) := \frac{1}{1+z^2}.}$$

这个函数 (只) 在点 $z=\pm\mathrm{i}$ 处有奇点. 因此可以以 $z=0$ 为中心, $r=1$ 为收敛半径, 把它展开成幂级数 (图 1.110(b)). 由几何级数, 对于满足 $|z|<1$ 的所有 $z\in\mathbb{C}$ 有

$$f(z) = \frac{1}{1-(-z^2)} = 1 - z^2 + z^4 - z^6 + \cdots. \tag{1.181}$$

(i) 对 (1.181) 逐项求导, 得到对于满足 $|z|<1$ 的所有 $z\in\mathbb{C}$, 有

$$f'(z) = -\frac{2z}{(1+z^2)^2} = -2z + 4z^3 - 6z^5 + \cdots.$$

(ii) 令 $t\in\mathbb{R}$ 且 $|t|<1$. 对 (1.181) 逐项积分, 得

$$\int_0^t \frac{\mathrm{d}z}{1+z^2} = \arctan t = t - \frac{t^3}{3} + \frac{t^5}{5} - \cdots. \tag{1.182}$$

(iii) 在边界点 $t=1$ 处应用阿贝尔定理表明, 当 $t=1$ 时根据交错级数的莱布尼茨准则, 级数 (1.182) 收敛. 由 (1.182) 中的极限 $t\to 1-0$, 及 $\arctan 1 = \frac{\pi}{4}$, 可得著名的莱布尼茨级数

$$\boxed{1 - \frac{1}{3} + \frac{1}{5} - \frac{1}{7} + \cdots = \frac{\pi}{4}.}$$

(iv) 公式 (1.182) 使得对所有 $|t|<1$ 的复变量可以定义 $\arctan t$. 这相应于解析延拓原理 (参看 1.14.15).

1.10.4 傅里叶级数

重要傅里叶级数一份完全的列表可见 0.7.4.

基本思想 从著名的经典公式

$$\boxed{f(t)=\frac{a_0}{2}+\sum_{k=1}^{\infty}(a_k\cos k\omega t+b_k\sin k\omega t)} \tag{1.183}$$

开始, 其中角频率 $\omega=2\pi/T$, 周期 $T>0$, 所谓的傅里叶系数[1)]为

$$\boxed{\begin{aligned}a_k&:=\frac{2}{T}\int_0^T f(t)\cos k\omega t\mathrm{d}t,\\ b_k&:=\frac{2}{T}\int_0^T f(t)\sin k\omega t\mathrm{d}t,\end{aligned}}$$

这里, 我们假设函数 $f:\mathbb{R}\to\mathbb{C}$ 有一个周期 $T>0$, 即, 对所有的时间 t, 有

$$\boxed{f(t+T)=f(t).}$$

对称性 如果 f 是偶函数 (或奇函数), 则对所有的 k, 有 $b_k=0$(或 $a_k=0$).

叠加原理 可以把 f 看成是周期为 T 的一个振动. 则公式 (1.183) 把这个函数 f 描述成周期为

$$T,\frac{T}{2},\frac{T}{3},\cdots$$

的正弦、余弦函数的叠加, 即周期越来越小的振动(图 1.111).

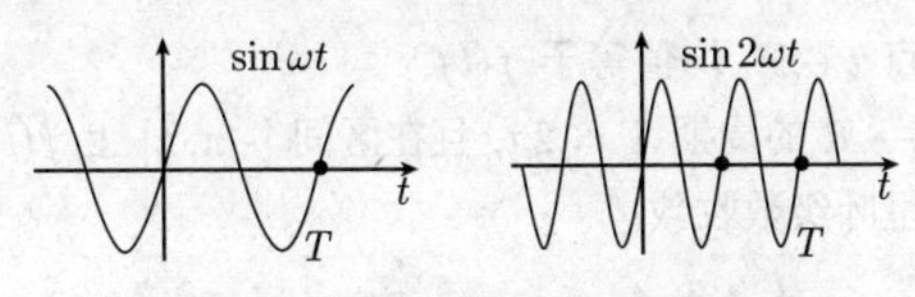

图 1.111 傅里叶级数的系数函数

傅里叶系数大的正弦、余弦函数控制着这个级数. 欧拉(Euler, 1707—1783) 并不认为, 周期为 T 的一般函数可以写成形如 (1.183) 的叠加. 实际上 (1.183) 是通用的, 这一思想是由法国数学家傅里叶(Fourier, 1768—1830) 在他的宏篇论文 "热的解析理论" 中提出的. 类似地, (1.183) 的连续情形为

$$f(t)=\int_{-\infty}^{\infty}(a(\nu)\cos\nu t+b(\nu)\sin\nu t)\mathrm{d}\nu.$$

---

1) 用 $\cos k\omega t$ 或 $\sin k\omega t$ 乘以 (1.183), 然后在区间 $[0,T]$ 上积分, 就能从形式上得到 a_k 与 b_k 的公式. 这里, 对两个不同的正弦、余弦函数, 以一种重要的方式利用了它们的正交关系式

$$\int_0^T fg\mathrm{d}t=0.$$

这一方法与希尔伯特空间的正交系密切相关 (参看 [212]).

这个公式等价于傅里叶积分, 它把一个任意的 (即, 非周期) 函数分解成正弦、余弦函数的叠加形式 (参看 1.11.2).

> 傅里叶级数、傅里叶积分以及它们的推广 [1] 是数学物理和概率论 (谱分析) 中的基本技术工具.

收敛性问题 从数学观点看, 公式 (1.183) 的收敛性应该能在尽可能不太严格的假设下被证明. 这在 19 世纪是个难题, 直到 20 世纪借助勒贝格积分与泛函分析才得以完全解决它. [212] 中有所描述. 这里, 我们只给出经典准则, 它在实际应用中有帮助.

狄利克雷 (Dirichlet, 1805—1859) 准则 假设 (图 1.112):

(i) 函数 $f:\mathbb{R}\to\mathbb{C}$ 的周期为 $T>0$.

(ii) 存在点 $t_0:=0<t_1<\cdots<t_m:=T$, 使得在每个开区间 $]t_j, t_{j+1}[$上 f 的实部与虚部都是连续的, 并且递增或递减.

(iii) 在点 t_j 处, 存在单边极限:

$$f(t_j\pm 0):=\lim_{\varepsilon\to+0} f(t_j\pm\varepsilon),$$

则在每个点 $t\in\mathbb{R}$, f 的傅里叶级数收敛到均值

$$\boxed{\frac{f(t+0)+f(t-0)}{2}}.$$

对于 f 的所有连续点 $t\in\mathbb{R}$, 均值等于 $f(t)$.

例: 假设函数 $f:\mathbb{R}\to\mathbb{R}$ 的周期 $T=2\pi$, 且在区间 $[-\pi,\pi]$ 上 $f(t):=|t|$(图 1.113). 则对所有 $t\in\mathbb{R}$, 傅里叶级数收敛:

$$f(t)=\frac{\pi}{2}-\frac{4}{\pi}\left(\cos t+\frac{\cos 3t}{3^2}+\frac{\cos 5t}{5^2}+\cdots\right).$$

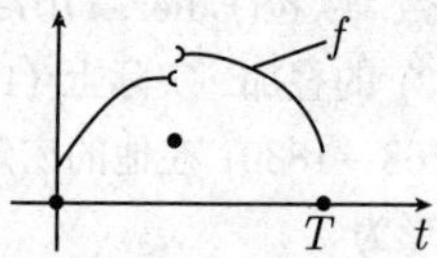

f T t

图 1.112

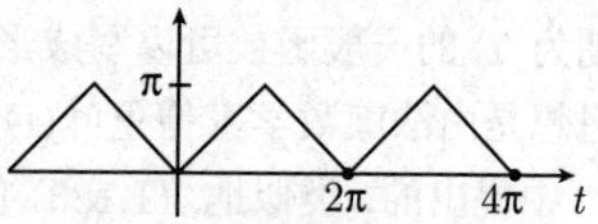

π 2π 4π t

图 1.113

光滑性准则 如果周期为 T 的函数 $f:\mathbb{R}\to\mathbb{C}$ 是 C^m 类的, 其中 $m\geqslant 2$, 那么有

$$\boxed{|a_k|+|b_k|\leqslant\frac{\text{常量}}{k^m},\quad k=1,2,\cdots,}$$

此时, 对每个 $t\in\mathbb{R}$, 展开式 (1.183) 绝对且一致收敛, 因而可逐项求积.

1) 只有在泛函分析 (谱论) 的环境中才能深刻理解这些 (参看 [212]).

令 $r := m-2 > 0$, 则在每个点 $t \in \mathbb{R}$ 处, 可以对 (1.183) 逐项求导 r 次.

傅里叶方法 在解偏微分方程的傅里叶方法中使用过前面的结果 —— 例如在振动弦的研究中 (参看 [212]).

高斯最小二乘法 令 $f: \mathbb{R} \to \mathbb{C}$ 为有界函数, 几乎处处连续, 且有周期 $T > 0$. 那么极小化问题

$$\int_0^T \left| f(t) - \frac{\alpha_0}{2} - \sum_{k=1}^{m} (\alpha_k \cos k\omega t + \beta_k \sin k\omega t) \right|^2 \mathrm{d}t \stackrel{!}{=} \min .$$
$$\alpha_0, \cdots, \alpha_m, \beta_1, \cdots, \beta_m \in \mathbb{C}$$

的唯一解是傅里叶系数. 而且有均方收敛:

$$\boxed{\lim_{m\to\infty} \int_0^T \left| f(t) - \frac{a_0}{2} - \sum_{k=1}^{m} (a_k \cos k\omega t + b_k \sin k\omega t) \right|^2 \mathrm{d}t = 0.}$$

这是用现代泛函分析处理傅里叶级数的关键.

傅里叶级数的复数形式 可以把傅里叶级数理论做得更优美, 如果使用

$$\boxed{f(t) = \sum_{k=-\infty}^{\infty} c_k \mathrm{e}^{\mathrm{i}k\omega t},} \tag{1.184}$$

其中 $\omega := 2\pi/T$.[1)] 此时傅里叶系数为

$$\boxed{c_k := \frac{1}{T} \int_0^T f(t) \mathrm{e}^{-\mathrm{i}k\omega t} \mathrm{d}t.} \tag{1.185}$$

动机 令

$$\int_0^T \mathrm{e}^{\mathrm{i}r\omega t} \mathrm{d}t = \begin{cases} T, & r = 0, \\ 0, & r = \pm 1, \pm 2, \cdots . \end{cases}$$

用 $\mathrm{e}^{-\mathrm{i}s\omega t}$ 形式地乘以 (1.184), 并在 $[0, T]$ 上积分, 则得 (1.185).

实值函数 如果对所有 $t, f(t)$ 都是实的, 则对所有的 k, 有 $c_{-k} = \bar{c}_k$.

收敛性 狄利克雷准则及光滑性准则对 (1.184) 也成立.

如果 $f: \mathbb{R} \to \mathbb{C}$ 几乎处处连续且有界, 那么有均方收敛:

$$\boxed{\lim_{m\to\infty} \int_0^T \left| f(t) - \sum_{k=-m}^{m} c_k \mathrm{e}^{\mathrm{i}k\omega t} \right|^2 \mathrm{d}t = 0.}$$

---

1) 令 $\sum\limits_{k\to\infty}^{\infty} \alpha_k := \alpha_0 + \sum\limits_{k=1}^{\infty} (\alpha_k + \alpha_{-k})$.

1.10.5 发散级数求和

求和的思想是, 即使发散级数 (如发散的傅里叶级数) 也包含一些由某种推广的收敛性 (求和) 所提供的信息.

不变性原理 对无穷级数求和的过程称为*容许的*(或不变的), 如果求和过程应用到所有收敛级数都能得到经典极限.

下面, 令 $a_0, a_1, \cdots$ 为复数, $s_k := \sum\limits_{n=0}^{k} a_n$ 为前 $k+1$ 项的部分和.

算术平均法 令

$$\boxed{\sum_{n=0}^{\infty}{}^{\mathscr{M}} a_n := \lim_{k\to\infty} \frac{s_0 + s_1 + \cdots + s_{k-1}}{k},}$$

如果这个极限存在. 此求和过程是容许的.

例 1(费耶定理 (1904)): 1871 年杜布瓦雷蒙(Du Bois-Reymond) 构造了一个周期为 2π 的连续函数, 它的傅里叶级数在一个点处发散. 然而, 如果应用算术平均求和过程, 就可以从傅里叶级数完全构造出连续的周期函数.

如果 $f: \mathbb{R} \to \mathbb{C}$ 连续, 周期为 $T > 0$, 那么对所有的 $t \in \mathbb{R}$ 有

$$f(t) = \frac{a_0}{2} + \sum_{n=0}^{\infty}{}^{\mathscr{M}} (a_n \cos n\omega t + b_n \sin n\omega t).$$

这个收敛性在 $[0, T]$ 上是一致的.

阿贝尔求和过程 我们定义

$$\boxed{\sum_{n=0}^{\infty}{}^{\mathscr{A}} a_n = \lim_{x\to 1-0} \sum_{n=0}^{\infty} a_n x^n.}$$

这个求和过程是容许的.

例 2: 沃利斯 (Wallis) 公式

$$\sum_{n=0}^{\infty}{}^{\mathscr{A}} (-1)^n = (1 - 1 + 1 - \cdots)^{\mathscr{A}} = \frac{1}{2}.$$

证明: $\lim\limits_{x\to 1-0} (1 - x + x^2 - \cdots) = \lim\limits_{x\to 1-0} \dfrac{1}{1+x} = \dfrac{1}{2}.$

在数学史上, 级数 $1 - 1 + 1 - \cdots$ 曾多次导致争论及哲学上的反思. 在 17 世纪, 这个级数被赋予了值 1/2, 因为它是这个级数的部分和序列 $1, 0, 1, 0, 1, \cdots$ 的算术平均值 (的极限).

渐近级数 见 0.7.3.

1.10.6 无穷乘积

无穷乘积表可见 0.7.5.

定义 令 $b_0, b_1, \cdots$ 为复数. 符号 $\prod_{n=0}^{\infty} b_n$ 表示部分积

$$p_k := \prod_{n=0}^{k} b_n$$

序列 (p_k) 的极限.

这称为*无穷乘积*. 记

$$\boxed{\prod_{n=0}^{\infty} b_n = b,} \tag{1.186}$$

当且仅当, 存在一个复数 b 满足 $\lim_{k\to\infty} p_k = b$. 这时称它为*收敛*的无穷乘积.

收敛性 一个无穷乘积称为是*收敛的*, 如果 (1.186) 成立, 其中 $b \neq 0$, 或者如果去掉有限个为 0 的因子 b_n 后满足这个条件. 在其他的所有情况下, 称乘积是*发散的*.

收敛的无穷乘积为零, 当且仅当, 它的一个因子 b_k 为零.

例 1: $\prod_{n=2}^{\infty}\left(1-\frac{1}{n^2}\right) = \frac{1}{2}$.

证明: 由 $n^2 - 1 = (n+1)(n-1)$, 有

$$p_k = \left(1-\frac{1}{2^2}\right)\left(1-\frac{1}{3^2}\right)\cdots\left(1-\frac{1}{k^2}\right) = \frac{k+1}{2k} \to \frac{1}{2}, \quad k\to\infty.$$

例 2(沃尔积):

$$\boxed{\frac{\pi}{2} = \prod_{n=1}^{\infty} \frac{(2n)^2}{4n^2-1}.}$$

改变原理 改变无穷乘积的有限个因子, 不改变其收敛性.

收敛的必要性准则 如果 $\prod_{n=0}^{\infty} b_n$ 收敛, 则

$$\boxed{\lim_{n\to\infty} b_n = 1.}$$

绝对收敛 按定义, 如果乘积 $\prod_{n=0}^{\infty}(1+|a_n|)$ 收敛, 则称 $\prod_{n=0}^{\infty}(1+a_n)$ *绝对*收敛.

定理 绝对收敛的无穷乘积是收敛的.

主定理 乘积 $\prod_{n=0}^{\infty}(1+a_n)$ 绝对收敛, 当且仅当, 级数 $\sum_{n=0}^{\infty} a_n$ 绝对收敛.

例 3: 对所有复数 z, 下面著名的欧拉公式成立:

$$\boxed{\sin z = z\prod_{n=1}^{\infty}\left(1-\frac{z^2}{n^2\pi^2}\right).}$$

对于所有 $z \in \mathbb{C}$ 由级数

$$\sum_{n=1}^{\infty} \frac{|z|^2}{n^2\pi^2}$$

的收敛性即得上面乘积的绝对收敛性.

定理 (i) 乘积 $\prod_{n=0}^{\infty}(1+a_n)$ 收敛, 如果两个级数 $\sum_{n=0}^{\infty} a_n$ 与 $\sum_{n=0}^{\infty} a_n^2$ 都收敛.

(ii) 如果对所有的 n, $a_n \geqslant 0$, 那么乘积 $\prod_{n=0}^{\infty}(1-a_n)$ 收敛, 当且仅当级数 $\sum_{n=0}^{\infty} a_n$ 收敛.

1.11 积 分 变 换

数学运算的简化 如果根据运算的难度来对它们排序的话, 有如下排列:

(i) 加法和减法;

(ii) 乘法和除法;

(iii) 微分和积分.

数学中一个重要的策略是, 用简单的运算替换较复杂的运算. 例如, 通过关系式

$$\ln(ab) = \ln a + \ln b,$$

就可以把乘法归结为加法. 17 世纪初的这个简化是开普勒(Kepler, 1571—1630) 在制作行星轨道表时克服极其烦琐而困难的计算时发现的.

积分变换把微分归结为乘法.

最重要的积分变换是傅里叶变换, 这可追溯到傅里叶(Fourier, 1768—1830). 控制工程师经常使用的拉普拉斯变换, 是傅里叶变换的特例.

解微分方程的策略

(S1) 对微分方程 (D) 应用积分变换, 得到一个线性方程 (A), 它可以用线性代数的方法解出 (参看 2.3).

(S2) 对线性方程 (A) 的解应用上面的逆变换, 得原始微分方程 (D) 的一个解.

为了用 (S1), (S2) 的方法解差分方程, 可以使用 Z 变换.

傅里叶变换是现代线性偏微分方程理论中最重要的解析工具. 这里的一些关键词是: 分布 (广义函数)、伪微分算子、傅里叶积分算子. 更多内容可见 [212].

谱分析 傅里叶变换的基本物理思想是, 把电磁波 (比如从外空来的光或无线电波) 分解成单独的频率, 并研究它们的强度. 这样, 天文学家和天体物理学家就获得了对恒星、银河及宇宙其他部分结构的新见解.

地震探测中心利用傅里叶变换把极不规则的地震波分解成不同频率的周期振荡. 借助于优势振荡的频率和振幅, 可以确定地震的位置和强度.

赫维赛德 (Heaviside) 运算 为了解微分方程, 如

$$y-\frac{\mathrm{d}y}{\mathrm{d}t}=f(t),$$

19 世纪末, 英国电机工程师赫维赛德使用了如下巧妙的方法:

(i) 由

$$\left(1-\frac{\mathrm{d}}{\mathrm{d}t}\right)y=f$$

及除法, 可得

$$y=\frac{f}{1-\frac{\mathrm{d}}{\mathrm{d}t}}.$$

(ii) 由几何级数 $\frac{1}{1-q}=1+q+q^2+\cdots$ 及 $q=\frac{\mathrm{d}}{\mathrm{d}t}$ 可得

$$y=\left(1+\frac{\mathrm{d}}{\mathrm{d}t}+\frac{\mathrm{d}^2}{\mathrm{d}t^2}+\cdots\right)f.$$

这就给出了解的公式:

$$\boxed{y=f(t)+f'(t)+f''(t)+\cdots.} \tag{1.187}$$

对每个多项式 f, 刚得到的公式 (1.187) 确实是原方程的一个解.

例: 当 $f(t):=t$, 有 $y=t+1$. 检验:

$$y-y'=t+1-1=t.$$

赫维赛德的思想是, 人们可以像使用代数量一样来使用微分算子. 在伪微分算子理论中, 以数学上严格的方式实现了这一思想. 现代泛函分析中包含了任意算子的这类运算的甚至更为一般的框架, 现代泛函分析是量子力学理论等的数学基础 (参看 [212]).

1.11.1 拉普拉斯变换

各种函数的拉普拉斯变换的一份完全的列表可见 0.10.2.

在赫维赛德之后几十年中, 数学家德奇 (Doetsch) 注意到, 借助于可追溯到拉普拉斯 (Laplace) 的一个变换可以证实赫维赛德运算的合理性. 基本公式是

$$\boxed{F(s):=\int_0^\infty \mathrm{e}^{-st}f(t)\mathrm{d}t, \quad s\in H_\gamma.}$$

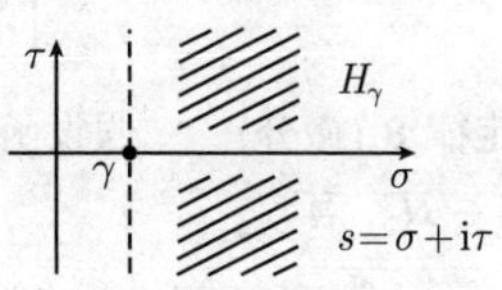

τ
H_γ
γ
σ
$s=\sigma+\mathrm{i}\tau$

图 1.114

这里, $H_\gamma:=\{s\in\mathbb{C}|\mathrm{Re}s>\gamma\}$ 表示复平面中的半平面 (图 1.114). 称 F 为 f 的拉普拉斯变换, 并且也记作 $F=\mathscr{L}\{f\}$.

容许函数类 K_γ 令 γ 为一实数. 由定义, K_γ 由满足弱增长性条件

$$\boxed{|f(t)| \leqslant \text{常数}\mathrm{e}^{\gamma t}, \quad \text{对所有 } t \geqslant 0}$$

的所有函数 $f:[0,\infty[\to \mathbb{C}$ 组成.

存在性定理 对于 $f \in K_\gamma$, f 的拉普拉斯变换 F 存在且是全纯的, 即, 在半平面 H_γ 上无穷多次可微. 在积分号下求导得到导数. 例如,

$$F'(s) = \int_0^\infty \mathrm{e}^{-st}(-tf(t))\mathrm{d}t, \quad \text{对所有 } s \in H_\gamma.$$

唯一性定理 如果两个函数 $f, g \in K_\gamma$ 在 H_γ 上有相同的拉普拉斯变换, 那么 $f = g$.

卷积 用 R 表示所有连续函数 $f:[0,\infty[\to \mathbb{C}$ 的全体. 对于 $f, g \in R$, 用下述公式定义它们的卷积 $f * g \in R$ 为

$$(f * g)(t) := \int_0^t f(\tau)g(t-\tau)\mathrm{d}\tau, \quad \text{对所有 } t \geqslant 0.$$

对所有的 $f, g, h \in R$, 有 [1]

(i) $f * g = g * f$ (交换律),

(ii) $f * (g * h) = (f * g) * h$ (结合律),

(iii) $f * (g + h) = f * g + g * h$ (分配律),

(iv) 由 $f * g = 0$ 即得 $f = 0$ 或 $g = 0$.

1.11.1.1 基本定律

定律 1 (指数函数)

$$\boxed{\mathscr{L}\left\{\frac{t^n}{n!}\mathrm{e}^{\alpha t}\right\} = \frac{1}{(s-\alpha)^{n+1}}, \quad n = 0, 1, \cdots; s \in H_\sigma.}$$

这里, α 表示一个任意复数, 它的实部为 σ.

例 1: $\mathscr{L}\{\mathrm{e}^{\alpha t}\} = \dfrac{1}{s-\alpha}$, $\mathscr{L}\{t\mathrm{e}^{\alpha t}\} = \dfrac{1}{(s-\alpha)^2}$.

定律 2 (线性性) 当 $f, g \in K_\gamma, a, b \in \mathbb{C}$ 时, 有

$$\boxed{\mathscr{L}\{af + bg\} = a\mathscr{L}\{f\} + b\mathscr{L}\{g\}.}$$

定律 3 (微分) 假设函数 $f \in K_\gamma$ 是 C^n 类的, $n \geqslant 1$. 令 $F := \mathscr{L}\{f\}$, 则对所有 $s \in H_\gamma$, 有

1) 性质 (i) 到 (iv) 表明, 对于 "乘法"$*$ 及普通函数加法, R 构成了一个没有零除子的交换环 (整环), 参看 2.5.2.

$$\boxed{\mathscr{L}\{f^{(n)}\}(s) := s^n F(s) - s^{n-1} f(0) - s^{n-2} f'(0) - \cdots - f^{(n-1)}(0).}$$

例 2: $\mathscr{L}\{f'\} = sF(s) - f(0)$, $\mathscr{L}\{f''\} = s^2F(s) - sf(0) - f'(0)$.

定律 4(卷积) 对于 $f, g \in K_\gamma$, 有

$$\boxed{\mathscr{L}\{f * g\} = \mathscr{L}\{f\}\mathscr{L}\{g\}.}$$

1.11.1.2 对微分方程的应用

通用方法 现在知道, 拉普拉斯变换是以优美的方式解

常系数的任意阶常微分方程及方程组

的一种通用方法, 这类方程经常出现在控制工程中.

解法步骤如下:

(i) 利用拉普拉斯变换的线性性及微分律 (定律 2 和定律 3), 把给定的微分方程 (D) 变换成代数方程 (A).

(ii) 方程 (A) 是一个线性方程或线性方程组, 可以用线性代数的方法解出. 这个解是有理函数, 因而可以得到它的部分分式分解 (参看 2.1.7).

(iii) 利用定律 1(指数函数), 可以把这些部分分式各自变换回去.

(iv) 微分方程的非齐次项在象空间生成乘积项, 利用卷积 (定律 4) 可以把它们变换回去.

为了得到部分分式分解, 需要确定分母的零点, 这在逆变换下对应着系统的特征振荡的频率.

例 1(谐振子): 弹簧在外力 $\boldsymbol{f} = \boldsymbol{f}(t)$ 的作用下, 在时刻 t 的振荡 $x = f(t)$ 由下面的微分方程所描述:

$$\boxed{\begin{aligned} &f'' + \omega^2 f = \boldsymbol{f}, \\ &f(0) = a, \quad f'(0) = b, \end{aligned}} \tag{1.188}$$

其中 $\omega > 0$(参看 1.9.1).

令 $F := \mathscr{L}\{f\}$, $\boldsymbol{F} := \mathscr{L}\{\boldsymbol{f}\}$. 由于拉普拉斯变换的线性性 (定律 2), 由 (1.188) 的第一行即得

$$\mathscr{L}\{f''\} + \omega^2 \mathscr{L}\{f\} = \mathscr{L}\{\boldsymbol{f}\}.$$

再由微分定律 (定律 3) 得到

$$s^2F - as - b + \omega^2 F = \boldsymbol{F},$$

它的解是

$$F = \frac{as + b}{s^2 + \omega^2} + \frac{\boldsymbol{F}}{s^2 + \omega^2}.$$

该解的部分分式分解是

$$F=\frac{a}{2}\left(\frac{1}{s-\mathrm{i}\omega}+\frac{1}{s+\mathrm{i}\omega}\right)+\frac{b}{2\mathrm{i}\omega}\left(\frac{1}{s-\mathrm{i}\omega}-\frac{1}{s+\mathrm{i}\omega}\right)+\frac{\boldsymbol{F}}{2\mathrm{i}\omega}\left(\frac{1}{s-\mathrm{i}\omega}-\frac{1}{s+\mathrm{i}\omega}\right).$$

现在应用指数律 (定律 1) 和卷积 (定律 4), 得到

$$f(t)=a\left(\frac{\mathrm{e}^{\mathrm{i}\omega t}+\mathrm{e}^{-\mathrm{i}\omega t}}{2}\right)+b\left(\frac{\mathrm{e}^{\mathrm{i}\omega t}-\mathrm{e}^{-\mathrm{i}\omega t}}{2\mathrm{i}\omega}\right)+\boldsymbol{F}*\left(\frac{\mathrm{e}^{\mathrm{i}\omega t}-\mathrm{e}^{-\mathrm{i}\omega t}}{2\mathrm{i}\omega}\right).$$

由欧拉公式 $\mathrm{e}^{\pm\mathrm{i}\omega t}=\cos\omega t\pm\mathrm{i}\sin\omega t$ 得解:

$$\boxed{f(t)=f(0)\cos\omega t+\frac{f'(0)}{\omega}\sin\omega t+\frac{1}{\omega}\int_0^t(\sin\omega(t-\tau))\boldsymbol{f}(\tau)\mathrm{d}\tau.}$$

对工程师或物理学家而言, 这个解呈现了每个量是如何影响系统的. 例如, 当 $f'(0)=0$, $\boldsymbol{f}\equiv\boldsymbol{0}$ 时, 即, 在 $t=0$ 时系统静止且没有外力, 就得到角频率为 ω 的余弦波.

当 $f(0)=f'(0)=0$(这表示除了在 $t=0$ 时系统是静止的, 并且弹簧的起点在原点) 时, 系统只受外力影响, 我们有

$$\boxed{f(t)=\int_0^t G(t,\tau)\boldsymbol{f}(\tau)\mathrm{d}\tau.}$$

函数 $G(t,\tau):=\dfrac{1}{\omega}\sin\omega(t-\tau)$ 称为谐振子的格林函数.

例 2 (有阻力的谐振子):

$$\boxed{\begin{aligned}&f''+2f'+f=0,\\&f(0)=0,\quad f'(0)=b.\end{aligned}}$$

对它应用拉普拉斯变换, 得

$$s^2F-b+2sF+F=0,$$

这表示

$$F=\frac{b}{s^2+2s+1}=\frac{b}{(s+1)^2}.$$

由逆变换 (定律 1) 得到解:

$$\boxed{f(t)=f'(0)t\mathrm{e}^{-t}.}$$

我们有 $\lim\limits_{t\to+\infty}f(t)=0$. 这表示经过足够长的时间后, 系统在某个位置停止.

例 3(电路): 考虑一个有电阻 R 的电路, 线圈的电感为 L, 电位差为 $V=V(t)$(图 1.115). 时刻 t 时的电流 $I(t)$ 的微分方程为

$$\boxed{\begin{aligned}LI'+RI&=V,\\I(0)&=a.\end{aligned}}$$

令 $F:\mathscr{L}\{I\}$, $K:=\mathscr{L}\{V\}$. 为了简单起见, 令 $L=1$. 和例 1 一样, 有

$$sF-I(0)+RF=K,$$

其解为

$$F=\frac{I(0)}{s+R}+K\left(\frac{1}{s+R}\right).$$

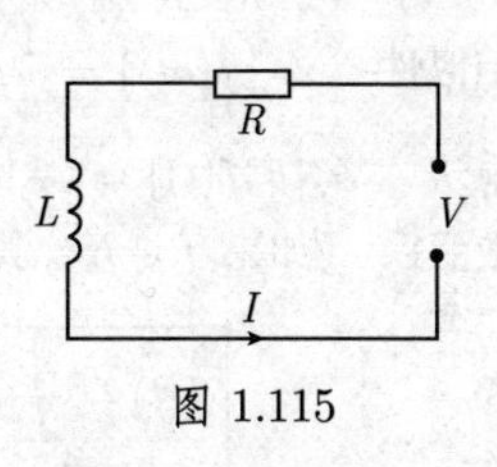

图 1.115

由定律 3 和定律 4, 得到解

$$\boxed{I(t)=I(0)\mathrm{e}^{-Rt}+\int_0^t \mathrm{e}^{-R(t-\tau)}V(\tau)\mathrm{d}\tau.}$$

由此看出, 电阻 $R>0$ 有阻尼效应.

例 4: 考虑微分方程

$$\boxed{\begin{aligned}&f^{(n)}=g,\\&f(0)=f'(0)=\cdots=f^{(n-1)}(0)=0,\quad n=1,2,\cdots.\end{aligned}}$$

应用拉普拉斯变换得

$$s^nF=G,$$

这表示 $F=G\left(\dfrac{1}{s^n}\right)$. 指数化 (定律 1) 后有 $\mathscr{L}\left\{\dfrac{t^{n-1}}{(n-1)!}\right\}=\dfrac{1}{s^n}$. 然后由卷积得到解

$$\boxed{f(t)=\int_0^t \frac{(t-\tau)^{n-1}}{(n-1)!}g(\tau)\mathrm{d}\tau.}$$

当 $n=1$ 时即为 $f(t)=\displaystyle\int_0^t g(\tau)\mathrm{d}\tau$.

例 5 (微分方程组):

$$\boxed{\begin{aligned}&f'+g'=2k,\quad f'-g'=2h,\\&f(0)=g(0)=0.\end{aligned}}$$

这里通过拉普拉斯变换得到线性方程组(参看 2.1.4)

$$sF+sG=2K,\quad sF-sG=2H,$$

其解为

$$F=(K+H)\frac{1}{s},\quad G=(K-H)\frac{1}{s}.$$

根据定律 1, 我们有 $\mathscr{L}\{1\}=\dfrac{1}{s}$. 利用卷积的逆变换得到 $f=(k+h)*1$ 和 $g=(k-h)*1$. 这表示

$$\boxed{f(t)=\int_0^t (k(\tau)+h(\tau))\mathrm{d}\tau,\quad g(t)=\int_0^t (k(\tau)-h(\tau))\mathrm{d}\tau.}$$

1.11.1.3 更多的法则

平移 $\mathscr{L}\{f(t-b)\}=\mathrm{e}^{-bs}\mathscr{L}\{f(t)\}, b\in\mathbb{R}.$

阻尼 $\mathscr{L}\{\mathrm{e}^{-\alpha t}f(t)\}=F(s+\alpha), \alpha\in\mathbb{C}.$

相似性 $\mathscr{L}\{f(at)\}=\dfrac{1}{a}F\left(\dfrac{s}{a}\right), a>0.$

乘法 $\mathscr{L}\{t^n f(t)\}=(-1)^n F^{(n)}(s), n=1,2,\cdots.$

逆变换 如果 $f\in K_\gamma$, 则有

$$\boxed{f(t)=\frac{1}{2\pi}\int_{-\infty}^{\infty}\mathrm{e}^{(\sigma+\mathrm{i}\tau)t}F(\sigma+\mathrm{i}\tau)\mathrm{d}\tau,\quad \text{对所有 } t\geqslant 0,}$$

其中 σ 表示某一固定常数, 且 $\sigma>\gamma$, F 表示 f 的拉普拉斯变换.

1.11.2 傅里叶变换

函数的傅里叶变换的一份完全的列表可见 0.10.1.

基本思想 基本公式是

$$\boxed{f(t)=\frac{1}{\sqrt{2\pi}}\int_{-\infty}^{\infty}F(\omega)\mathrm{e}^{\mathrm{i}\omega t}\mathrm{d}\omega,}\tag{1.189}$$

其中

$$F(\omega)=\frac{1}{\sqrt{2\pi}}\int_{-\infty}^{\infty}f(t)\mathrm{e}^{-\mathrm{i}\omega t}\mathrm{d}t\tag{1.190}$$

是振幅. 我们令 $\mathscr{F}\{f\}:=F$, 并称 F 为 f 的傅里叶变换. 而且, 所有傅里叶变换组成的集合构成一个空间, 称为*傅里叶空间*. (1.189) 对 t 求导就得到傅里叶变换的基本性质:

$$\boxed{f'(t)=\frac{1}{\sqrt{2\pi}}\int_{-\infty}^{\infty}\mathrm{i}\omega F(\omega)\mathrm{e}^{\mathrm{i}\omega t}\mathrm{d}\omega.}\tag{1.191}$$

因而, 导数 f' 即相应于傅里叶空间中关于 $\mathrm{i}\omega F$ 的乘法.

物理解释 令 t 为时间. 公式 (1.189) 表明, 时间相关过程 $f=f(t)$ 是振荡

$$\boxed{F(\omega)\mathrm{e}^{\mathrm{i}\omega t}}$$

的连续叠加, 其中 ω 是振荡的角频率, $F(\omega)$ 是振幅.

角频率对函数 f 的影响随绝对值 $|F(\omega)|$ 而增加.

例 1 (矩形动量): 函数

$$f(t):=\begin{cases}1, & -a\leqslant t\leqslant a,\\ 0, & t<-a \text{ 或 } t>a\end{cases}$$

的傅里叶变换是

$$F(\omega)=\frac{1}{\sqrt{2\pi}}\int_{-a}^{a}\mathrm{e}^{-\mathrm{i}\omega t}\mathrm{d}t=\begin{cases}\dfrac{2\sin a\omega}{\omega\sqrt{2\pi}}, & \omega\neq 0,\\ \dfrac{2a}{\sqrt{2\pi}}, & \omega=0.\end{cases}$$

例 2(阻尼振荡): 令 α,β 为正数. 函数

$$f(t):=\begin{cases}\mathrm{e}^{-\alpha t}\mathrm{e}^{\mathrm{i}\beta t}, & t\geqslant 0,\\ 0, & t<0\end{cases}$$

的傅里叶变换是

$$F(\omega)=\frac{1}{\sqrt{2\pi}}\frac{1}{\alpha+\mathrm{i}(\omega-\beta)},$$

因而

$$|F(\omega)|=\frac{1}{\sqrt{2\pi}(\alpha^2+(\omega-\beta)^2)^{1/2}}.$$

根据图 1.116, 振幅的绝对值 $|F|$ 在主频率 $\omega=\beta$ 处有最大值. 当阻力变小, 即当 α 变小时, 最大值陡增.

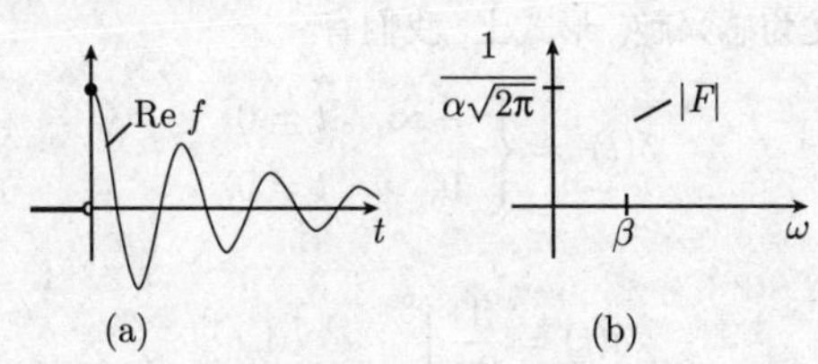

图 1.116 阻尼振荡

例 3(高斯正态分布): 正态高斯分布 $f(t):=\mathrm{e}^{-\frac{t^2}{2}}$ 具有和它的傅里叶变换一样的好性质.

狄拉克 “δ 函数”、白噪声及广义函数 令 $\varepsilon>0$. 函数

$$\delta_\varepsilon(t):=\frac{\varepsilon}{\pi(\varepsilon^2+t^2)}$$

的傅里叶变换是

$$F_\varepsilon(\omega)=\frac{1}{\sqrt{2\pi}}\mathrm{e}^{-\varepsilon|\omega|}$$

(图 1.117). 下面的考虑对于现代物理著作的理解是基本的.

(i) 傅里叶空间中的极限过程$\varepsilon\to 0$. 我们有

$$\boxed{\lim_{\varepsilon\to+0}F_\varepsilon(\omega)=\frac{1}{\sqrt{2\pi}},\quad \text{对所有 }\omega\in\mathbb{R}.}$$

因而对所有频率 ω, 振幅是常量. 称为 “白噪声”.

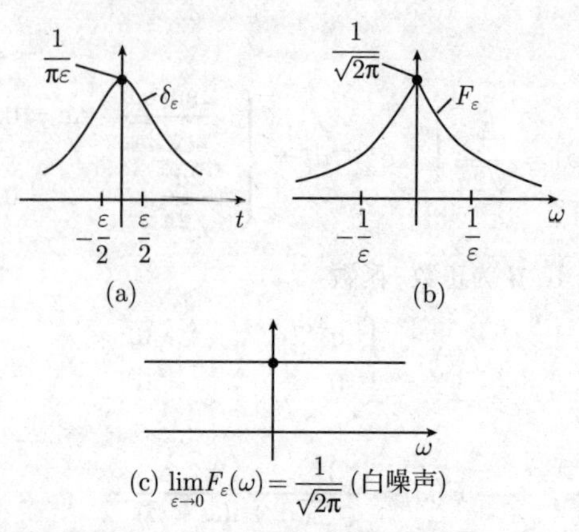

(c) $\lim\limits_{\varepsilon\to 0}F_\varepsilon(\omega)=\dfrac{1}{\sqrt{2\pi}}$ (白噪声)

图 1.117　狄拉克 δ 函数及白噪声

(ii) 区域中的形式极限过程 $\varepsilon\to 0$. 物理学家对实过程

$$\delta(t):=\lim_{\varepsilon\to 0}\delta_\varepsilon(t)$$

是否对应着白噪声尤为感兴趣. 形式上, 我们有

$$\delta(t):=\begin{cases}+\infty, & t=0,\\ 0, & t\neq 0,\end{cases}\tag{1.192}$$

以及

$$\delta(t)=\frac{1}{2\pi}\int_{-\infty}^{\infty}\mathrm{e}^{\mathrm{i}\omega t}\mathrm{d}\omega.\tag{1.193}$$

而且, 由 $\displaystyle\int_{-\infty}^{\infty}\delta_\varepsilon(t)\mathrm{d}t=1$ 形式上得到关系式

$$\int_{-\infty}^{\infty}\delta(t)\mathrm{d}t=1.\tag{1.194}$$

(iii) 严格证明. 不存在具有性质 (1.192) 和 (1.194) 的经典函数 $y=\delta(t)$. 积分 (1.193) 也发散. 尽管如此, 物理学家曾使用狄拉克 δ 函数, 这是由著名的物理学家 P. 狄拉克 (Paul Dirac) 大约在 1930 年引进的, 并获得巨大成功.

数学史表明, 成功的形式计算总是可以用恰当的阐述严格证明. 现在的例子, 约 1950 年由 L. 施瓦兹在他的分布理论 (广义函数) 框架中证明为正当的. 这些数学对象无限可微, 且比函数更方便处理. 施瓦兹 δ 分布代替了狄拉克 δ 函数.

傅里叶余弦变换与傅里叶正弦变换　对于 $\omega\in\mathbb{R}$, 定义傅里叶余弦变换为

$$\boxed{F_c(\omega):=\sqrt{\frac{2}{\pi}}\int_0^{\infty}f(t)\cos\omega t\mathrm{d}t.}$$

类似地, 傅里叶正弦变换为

$$\boxed{F_s(\omega) := \sqrt{\frac{2}{\pi}}\int_0^{\infty} f(t)\sin\omega t\mathrm{d}t.}$$

也可把 F_c, F_s 分别记为 $\mathscr{F}_c\{f\}$, $\mathscr{F}_s\{f\}$.

存在性定理 令 $f:\mathbb{R}\to\mathbb{C}$ 几乎处处连续, 并假定对某个固定的 $n=0,1,\cdots$, 有

$$\int_{-\infty}^{\infty}|f(t)t^n|\mathrm{d}t<\infty.$$

那么, 我们有

(i) 当 $n=0$ 时, $\mathscr{F}\{f\}$, $\mathscr{F}_c\{f\}$, $\mathscr{F}_s\{f\}$ 在 $\mathbb{R}$ 上连续, 且

$$\boxed{2\mathscr{F}\{f\}=\mathscr{F}_c\{f(t)+f(-t)\}-\mathrm{i}\mathscr{F}_s\{f(t)-f(-t)\}.}$$

(ii) 如果 $n\geqslant 1$, 则 $\mathscr{F}\{f\}$, $\mathscr{F}_c\{f\}$, $\mathscr{F}_s\{f\}$ 在 $\mathbb{R}$ 上是 C^n 类的. 在积分号下求导可得导数. 例如, 对所有 $\omega\in\mathbb{R}$, 有

$$F(\omega)=\frac{1}{\sqrt{2\pi}}\int_{-\infty}^{\infty}f(t)\mathrm{e}^{-\mathrm{i}\omega t}\mathrm{d}t,$$

$$F'(\omega)=\frac{1}{\sqrt{2\pi}}\int_{-\infty}^{\infty}f(t)(-\mathrm{i}t)\mathrm{e}^{-\mathrm{i}\omega t}\mathrm{d}t.$$

1.11.2.1 主定理

$\mathscr{L}_p$ 空间 函数 $f:\mathbb{R}\to\mathbb{C}$ 几乎处处连续, 其绝对值的 p 次幂可积, 即

$$\int_{-\infty}^{\infty}|f(t)|^p\mathrm{d}t<\infty,$$

由定义, 所有这样的函数构成 $\mathscr{L}_p$ 空间.

施瓦兹空间 $\mathscr{S}$ 按定义, 函数 $f:\mathbb{R}\to\mathbb{C}$ 属于空间 $\mathscr{S}$, 当且仅当 f 无限次可微, 且对所有的 $k,n=0,1,\cdots$, 有

$$\sup_{t\in\mathbb{R}}|t^k f^{(n)}(t)|<\infty,$$

即当 $t\to\pm\infty$ 时, 函数 f 及其所有导数快速趋于 0.

狄利克雷 – 若尔当经典定理 假设函数 $f\in\mathscr{L}_1$ 还有如下性质:

(i) 存在有限个点 $t_0<t_1<\cdots<t_m$, 使得在每个区间 $]t_j,t_{j+1}[$ 中 f 的实部和虚部递增或递减, 并且连续.

(ii) 在每个点 t_j 处, f 的左极限与右极限存在, $f(t_j\pm 0):=\lim\limits_{\varepsilon\to+0}f(t_j\pm\varepsilon)$,

那么 f 的傅里叶变换存在, 记作 F, 并且对所有 $t\in\mathbb{R}$, 有

$$\boxed{\frac{f(t+0)+f(t-0)}{2}=\frac{1}{\sqrt{2\pi}}\int_{-\infty}^{\infty}F(\omega)\mathrm{e}^{\mathrm{i}\omega t}\mathrm{d}\omega.}$$

在 f 连续的地方, 上述式子的左边等于 $f(t)$.

推论 (i) 傅里叶变换 (1.190) 确定了一个一一映射 $\mathscr{F}:\mathscr{S}\to\mathscr{S}$, 对于函数 f, 它映为其傅里叶变换. 经典公式 (1.189) 给出了逆变换.

(ii) 这个变换把微分变为乘法, 反之亦真. 更准确地说, 对所有 $f\in\mathscr{S}$ 及所有 $n=1,2,\cdots$, 有关系式

$$\boxed{\mathscr{F}\{f^{(n)}\}(\omega)=(\mathrm{i}\omega)^n F(\omega),\quad \text{对所有 } \omega\in\mathbb{R}} \tag{1.195}$$

以及

$$\boxed{\mathscr{F}\{(-\mathrm{i}t)^n f\}(\omega)=F^{(n)}(\omega),\quad \text{对所有 } \omega\in\mathbb{R}.} \tag{1.196}$$

更一般地, 对每个满足 $f,f',\cdots,f^{(n)}\in\mathscr{L}_1$ 的 C^n 类函数 $f:\mathbb{R}\to\mathbb{C}$, 公式 (1.195) 成立. 而且, 在函数 f 与 $t^n f(t)$ 属于 $\mathscr{L}_1$ 这样较弱的假设下, (1.196) 成立.

1.11.2.2 运算法则

微分和乘法法则 见 (1.195) 及 (1.196).

线性性 对所有 $f,g\in\mathscr{L}_1, a,b\in\mathbb{C}$, 有

$$\boxed{\mathscr{F}\{af+bg\}=a\mathscr{F}\{f\}+b\mathscr{F}\{g\}.}$$

平移 设 a,b,c 为实数, 且 $a\neq 0$. 对每个函数 $f\in\mathscr{L}_1$, 有

$$\boxed{\mathscr{F}\{\mathrm{e}^{\mathrm{i}ct}f(at+b)\}(\omega)=\frac{1}{a}\mathrm{e}^{\mathrm{i}b(\omega-c)/a}F\left(\frac{\omega-c}{a}\right),\quad \text{对所有 } \omega\in\mathbb{R}.}$$

卷积 如果 f 和 g 都属于 $\mathscr{L}_1$及$\mathscr{L}_2$, 那么有

$$\boxed{\mathscr{F}\{f*g\}=\mathscr{F}\{f\}\mathscr{F}\{g\}.}$$

其中卷积为

$$(f*g)(t):=\int_{-\infty}^{\infty}f(\tau)g(t-\tau)\mathrm{d}\tau.$$

帕塞瓦尔 (Parseval) 等式 对所有函数 $f\in\mathscr{S}$, 有

$$\boxed{\int_{-\infty}^{\infty}|f(t)|^2\mathrm{d}t=\int_{-\infty}^{\infty}|F(\omega)|^2\mathrm{d}\omega.}$$

这里, F 表示 f 的傅里叶变换.

傅里叶变换与拉普拉斯变换之间的联系 令 σ 为一个实数. 令

$$f(t):=\begin{cases}\mathrm{e}^{-\sigma t}\sqrt{2\pi}g(t), & t\geqslant 0,\\ 0, & t<0,\end{cases}$$

并令 $s := \sigma + \mathrm{i}\omega$. 这个特殊形式的函数的傅里叶变换为

$$F(s) = \int_0^\infty \mathrm{e}^{-\mathrm{i}\omega t}\mathrm{e}^{-\sigma t}g(t)\mathrm{d}t = \int_0^\infty \mathrm{e}^{-st}g(t)\mathrm{d}t.$$

这是 g 的拉普拉斯变换.

1.11.3 *Z* 变换

各种函数的 Z 变换一份完全的列表见 0.10.3.

Z 变换可以看成拉普拉斯变换的离散形式. 它用来解常系数差分方程.

考虑复数列

$$f = (f_0, f_1, \cdots),$$

则基本公式是

$$\boxed{F(z) := \sum_{n=0}^{\infty} \frac{f_n}{z^n}.}$$

称 F 为 f 的 Z 变换, 记作 $F = \mathscr{Z}\{f\}$.

例: 令 $f = (1, 1, \cdots)$. 对满足 $|z| > 1$ 的所有的 $z \in \mathbb{C}$, 由几何级数得

$$F(z) = 1 + \frac{1}{z} + \frac{1}{z^2} + \cdots = \frac{z}{z-1}.$$

容许序列的类 $\mathscr{K}_\gamma$ 令 $\gamma \geqslant 0$. 由定义, 类 $\mathscr{K}_\gamma$ 由所有满足性质

$$\boxed{|f_n| \leqslant \text{常数 } \mathrm{e}^{\gamma n}, \quad n = 0, 1, 2, \cdots}$$

的序列 f 的集合构成. 我们用 $R_\gamma := \{z \in \mathbb{C} : |z| > \gamma\}$ 表示以原点为中心, γ 为半径的圆盘的外部.

存在性定理 对于 $f \in \mathscr{K}_\gamma$, f 的 Z 变换存在, 且在 R_γ 上是全纯的.

唯一性定理 如果两个序列 $f, g \in \mathscr{K}_\gamma$ 的 Z 变换在 R_γ 上一致, 则 $f = g$.

逆变换 如果 $f \in \mathscr{K}_r$ 则由 Z 变换 F 从下述公式得到 f:

$$f_n = \frac{1}{2\pi\mathrm{i}} \int_C F(z) z^{n-1} \mathrm{d}z, \quad n = 0, 1, 2, \cdots,$$

这里, 在半径为 $r > \gamma$ 的圆周 $C : \{z \in \mathbb{C} : |z| = r\}$ 上求积分.

卷积 对两个序列, 定义卷积 $f * g$ 为

$$(f * g)_n := \sum_{k=0}^{n} f_k g_{n-k}, \quad n = 0, 1, 2, \cdots,$$

我们有 $f * g = g * f$.

平移算子 定义 Tf 为

$$(Tf)_n := f_{n+1}, \quad n = 0, 1, 2, \cdots,$$

则有 $(T^k f)_n = f_{n+k}$, 其中 $n = 0, 1, 2, \cdots, k = 0, \pm 1, \pm 2, \cdots$.

1.11.3.1 基本定律

令 F 为 f 的 Z 变换.

第一定律(线性性) 对于 $f, g \in \mathscr{K}_\gamma$ 和 $a, b \in \mathbb{C}$, 有

$$\boxed{\mathscr{Z}\{af + bg\} = a\mathscr{Z}\{f\} + b\mathscr{Z}\{g\}.}$$

第二定律(平移) 对于 $k = 1, 2, \cdots$, 有

$$\boxed{\mathscr{Z}\{T^k f\} = z^k F(z) - \sum_{j=0}^{k-1} f_j z^{k-j}}$$

以及

$$\mathscr{Z}\{T^{-k} f\} = z^{-k} F(z).$$

例:

$$\mathscr{Z}\{Tf\} = zF(z) - f_0 z,$$
$$\mathscr{Z}\{T^2 f\} = z^2 F(z) - f_0 z^2 - f_1 z.$$

第三定律(卷积) 对于 $f, g \in \mathscr{K}_\gamma$, 有

$$\boxed{\mathscr{Z}\{f * g\} = \mathscr{Z}\{f\}\mathscr{Z}\{g\}.}$$

第四定律(泰勒展开) 如果令 $G(\zeta) := F(1/\zeta)$, 则有

$$\boxed{f_n = \frac{G^{(n)}(0)}{n!}, \quad n = 0, 1, 2, \cdots.}$$

第五定律(部分分式分解) 对于 $a \in \mathbb{C}$, 有

$$\begin{aligned}
&F(z) = \frac{1}{z-a}, \qquad f = (0, 1, a, a^2, a^3, \cdots),\\
&F(z) = \frac{1}{(z-a)^2}, \quad f = (0, 0, 1, 2a, 3a^2, 4a^3, \cdots),\\
&F(z) = \frac{1}{(z-a)^3}, \quad f = \left(0, 0, 0, 1, \binom{3}{2} a, \binom{4}{2} a^2, \cdots\right),\\
&F(z) = \frac{1}{(z-a)^4}, \quad f = \left(0, 0, 0, 0, 1, \binom{4}{3} a, \binom{5}{3} a^2, \cdots\right).
\end{aligned} \tag{1.197}$$

应用同样的定律, 可得 $\dfrac{1}{(z-a)^5}, \dfrac{1}{(z-a)^6}, \cdots$ 的逆变换. 由部分分式分解:

$$F(z)=\frac{z}{(z-a)^n}=\frac{a}{(z-a)^n}+\frac{1}{(z-a)^{n-1}}, \quad n=2,3,\cdots$$

可得 $\dfrac{z}{(z-a)^n}$ 的逆变换.

第五定律的证明: 由几何级数得

$$\frac{1}{z-a}=\frac{1}{z}\left(\frac{1}{1-\dfrac{a}{z}}\right)=\frac{1}{z}+\frac{a}{z^2}+\frac{a^2}{z^3}+\cdots, \tag{1.198}$$

由此即得 $f=(0,1,a,a^2,\cdots)$ 的 Z 变换的表达式 (1.197). (1.198) 对 z 求导, 得

$$\frac{1}{(z-a)^2}=\frac{1}{z^2}+\frac{2a}{z^3}+\frac{3a^2}{z^4}+\cdots,$$

等等.

1.11.3.2 在差分方程上的应用

通用的方法 在解形为

$$\boxed{\begin{aligned}&f_{n+k}+a_{k-1}f_{n+k-1}+\cdots+a_0f_n=h_n, \quad n=0,1,\cdots,\\ &f_r=\beta_r, \quad r=0,1,\cdots,k-1\ (\text{初始值})\end{aligned}} \tag{1.199}$$

的方程时, Z 变换是通用工具. 这里, 复数 $\beta_0,\cdots,\beta_{k-1}$ 及 $h_0, h_1,\cdots$ 是给定的. 要对复数 $f_k, f_{k+1},\cdots$ 求解. 如果令

$$\boxed{\Delta f_n := f_{n+1}-f_n,}$$

则有

$$\Delta^2 f_n=\Delta(\Delta f_n)=\Delta(f_{n+1}-f_n)=f_{n+2}-f_{n+1}-(f_{n+1}-f_n)=f_{n+2}-2f_{n+1}+f_n,$$

等等. 因此 (1.199) 可表示为 $f_n, \Delta f_n,\cdots,\Delta^k f_n$ 的线性组合. 这就是为什么称 (1.199) 为有复系数 $a_0,\cdots,a_{k-1}$ 的 k 阶差分方程的原因.

我们应用下列解的步骤:

(i) 应用线性性和平移 (定律 1 和定律 2), 得到 Z 变换 F 的一个方程, 可以直接解出它, 并得到有理函数 F.

(ii) 应用部分分式分解及定律 5, 得到原始问题 (1.199) 的解 f.

例: 二阶差分方程

$$\boxed{\begin{aligned}&f_{n+2}-2f_{n+1}+f_n=h_n, \quad n=0,1,\cdots,\\ &f_0=0, \quad f_1=\beta\end{aligned}} \tag{1.200}$$

的解是

$$\boxed{f_n = n\beta + \sum_{k=2}^{n}(k-1)h_{n-k}, \quad n = 2, 3, \cdots.} \tag{1.201}$$

为了得到这个表达式, 先把 (1.200) 记作如下形式:

$$T^2 f - 2Tf + f = h,$$

则平移定律 (定律 2) 给出

$$\mathscr{Z}\{Tf\} = zF(z), \quad \mathscr{Z}\{T^2 f\} = z^2 F(z) - \beta z.$$

由此可得

$$(z^2 - 2z + 1)F = \beta z + H,$$

它蕴涵着

$$F(z) = \frac{\beta z}{(z-1)^2} + \frac{H}{(z-1)^2}.$$

由它得出的部分分式分解为

$$F(z) = \frac{\beta}{(z-1)^2} + \frac{\beta}{z-1} + \frac{H}{(z-1)^2}.$$

然后由定律 5 得到逆变换

$$\frac{1}{z-1} \Rightarrow \varphi := (0, 1, 1, 1, \cdots), \quad \frac{1}{(z-1)^2} \Rightarrow \psi := (0, 0, 1, 2, \cdots).$$

最后应用定律 3, 得到

$$f = \beta\psi + \beta\varphi + \psi * h.$$

这就是 (1.201) 中给出的解.

1.11.3.3 更多的运算法则

乘法 $\mathscr{Z}\{nf_n\} = -zF'(z)$.

相似性 对每个复数 $\alpha \neq 0$, 有

$$\boxed{\mathscr{Z}\{\alpha^n f_n\} = F\left(\frac{z}{\alpha}\right).}$$

差分法则 对 $k = 1, 2, \cdots$ 及 $F := \mathscr{Z}\{f\}$, 有

$$\boxed{\mathscr{Z}\{\Delta^k f\} = (z-1)^k F(z) - z\sum_{r=0}^{k-1}(z-1)^{k-r-1}\Delta^r f_0,}$$

其中, 当 $r = 0$ 时 $\Delta^r f_0 := f_0$.

求和法则 $\mathscr{Z}\left\{\sum_{k=0}^{n-1} f_k\right\} = \frac{F(z)}{z-1}$.

留数计算法则 如果 F 是具有极点 $a_1, \cdots, a_J$ 的有理函数 f 的 Z 变换, 那么有

$$\boxed{f_n = \sum_{j=1}^{J} \operatorname*{Res}_{a_j}(F(z)z^{n-1}), \quad n = 0, 1, \cdots}$$

在点 a 处有 m 阶极点的函数 g 在点 a 处的留数由下面的公式计算:

$$\operatorname*{Res}_{a} g(z) = \frac{1}{(m-1)!} \lim_{z \to a} \frac{\mathrm{d}^{m-1}}{\mathrm{d}z^{m-1}}(g(z)(z-a)^m).$$

1.12 常微分方程

微分方程是科学世界观的基础.

V. I. 阿诺尔德

用 Mathematica 软件包解微分方程 这个软件包能够数值地解微分方程, 并且当可能时, 也能给出解的闭形式.

已知其解可用闭形式表示的常微分方程和偏微分方程的一个相对完全的列表可在关于此主题的经典著作中找到[113].

光滑性 我们说一个函数是光滑的, 如果它在 C^∞ 函数类中, 即, 它是无穷多次可微的.

一个域 $\Omega \subset \mathbb{R}^N$ 称为一个具有光滑边界的域, 如果其边界 $\partial\Omega$ 是光滑的, 即, 域 Ω 局部地位于其边界 $\partial\Omega$ 的一侧, 并且边界 $\partial\Omega$ 局部地可以用一个光滑函数来描述 (图 1.118(a)). 具有光滑边界的域没有角点.

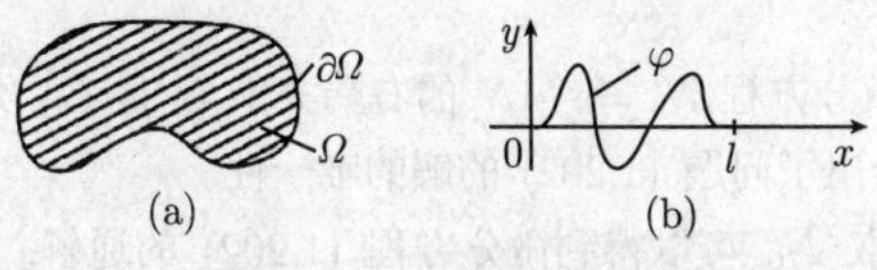

图 1.118 $C_0^\infty(\Omega)$ 类的函数

用 $C_0^\infty(\Omega)$ 表示在 Ω 中光滑的、并且其支集包含在 Ω 的一紧子集中 (即在一紧子集之外为零) 的函数的类.

例: 在图 1.118(b) 中表示的函数属于类 $C_0^\infty(0, l)$. 这个函数是光滑的, 在区间 $]0, l[$ 外为零, 在 $x = 0$ 和 $x = l$ 的邻域中也为零.

1.12.1 引导性的例子

1.12.1.1 放射性衰减

考虑一放射性物质 (如镭, 1898 年由居里夫妇发现). 这样的物质有下述性质: 它的原子在连续地衰减.

令 $N(t)$ 表示在时刻 t 时尚未衰减的原子数. 那么下述定律成立:

$$\boxed{\begin{aligned} &N'(t) = -\alpha N(t), \\ &N(0) = N_0 \quad (\text{初值}). \end{aligned}} \tag{1.202}$$

这个方程包含未知函数的一个导数, 因而称其为微分方程. 初值描述了这样的事实: 在开始的时刻 $t=0$, 尚未衰减的原子数等于 N_0. 正常数 α 是衰减常数.

存在性和唯一性结果 问题 (1.202) 有一个唯一解 (图 1.119(a)):

$$\boxed{N(t) = N_0 \mathrm{e}^{-\alpha t}, \quad t \in \mathbb{R}.} \tag{1.203}$$

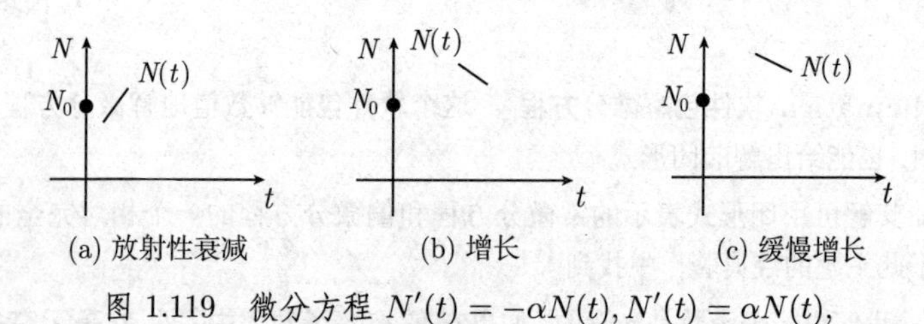

图 1.119 微分方程 $N'(t) = -\alpha N(t), N'(t) = \alpha N(t)$, $N'(t) = \alpha N(t) - \beta N(t)^2$ 的解

证明: (i) (存在性). 对 (1.203) 求导数, 得到

$$N'(t) = -\alpha N_0 \mathrm{e}^{-\alpha t} = -\alpha N(t).$$

此外, $N(0) = N_0$.

(ii) (唯一性). 微分方程 $N' = -\alpha N$ 的右端关于 N 是 C^1 类的, 则 1.12.4.2 中的整体唯一性定理给出了问题 (1.202) 的解的唯一性.

通解 通过任意选取 N_0 可以得到微分方程 (1.202) 的通解. 用常数 N_0 确保了 (1.203) 是通解.

可以用类似的方法来处理下面一些例子.

微分方程的目的 不需知道有关放射性衰减的确切过程的任何事情, 而能够推导出微分方程 (1.202), 这是很有意义的. 为此, 考虑泰勒 (Taylor) 级数

$$N(t + \Delta t) - N(t) = A\Delta t + B(\Delta t)^2 + \cdots. \tag{1.204}$$

我们的假设是 A 正比于量 $N(t)$. 由于衰减, 对 $\Delta t > 0$, 我们有 $N(t+\Delta t)-N(t) < 0$. 所以 A 必定是负的, 因而可令

$$A = -\alpha N(t). \tag{1.205}$$

从 (1.204) 可以得到

$$N'(t) = \lim_{\Delta t \to 0} \frac{N(t+\Delta t) - N(t)}{\Delta t} = A = -\alpha N(t).$$

问题的适定性 初始量 N_0 的小变动导致解的小变动.

为了更细致地描述这个现象, 引进范数

$$\|N\| := \max_{0 \leqslant t \leqslant \mathcal{T}} |N(t)|.$$

因而, 对于微分方程 (1.202) 的两个解 N 和 N_*, 有

$$\boxed{\|N - N_*\| \leqslant |N(0) - N_*(0)|.}$$

稳定性 解是渐近稳定的, 意味着对大的时刻它趋于平衡解. 更明确一些, 有

$$\boxed{\lim_{t \to +\infty} N(t) = 0.}$$

这意味着在足够长时间后所有原子都衰减了.

1.12.1.2 增长方程

现在令 $N(t)$ 表示一种特别类型的病原体在时刻 t 时的数目. 假设这种病原体的再生服从 (1.204), 其中 $A = \alpha N(t)$. 由此得到*增长方程*

$$\boxed{\begin{aligned} &N'(t) = \alpha N(t), \\ &N(0) = N_0 \quad (\text{初值}). \end{aligned}} \tag{1.206}$$

存在性和唯一性 问题 (1.206) 有一个唯一解 (图 1.119(b)):

$$\boxed{N(t) = N_0 \mathrm{e}^{\alpha t}, \quad t \in \mathbb{R}.} \tag{1.207}$$

问题是不适定的 初始条件 N_0 的微小变化随时间而引起解的差大的增长:

$$\boxed{\|N - N_*\| = \mathrm{e}^{\alpha \mathcal{T}} |N(0) - N_*(0)|.}$$

不稳定性

$$\lim_{t \to +\infty} N(t) = +\infty.$$

> 具有常数增长速度的过程随时间而增长至任何界之外, 并在一个相对短时间后导致突变.

1.12.1.3 阻抗增长 (逻辑斯谛方程)

具有正常数 α 和 β 的方程

$$\boxed{\begin{aligned} &N'(t)=\alpha N(t)-\beta N(t)^2,\\ &N(0)=N_0 \quad (\text{初值}) \end{aligned}} \tag{1.208}$$

是从增长方程 (1.206) 添加阻抗项而得, 阻抗项描述了种群寻找食物的困难性. 方程 (1.208) 是所谓的里卡蒂 (Riccati) 微分方程的特殊情形 (见 1.12.4.7).[1)]

重标度 改变度量粒子数的单位和时间的单位, 即引进新的变量 $\mathcal{N}$ 和 τ 如下:

$$\boxed{N(t)=\gamma\mathcal{N},\quad t=\delta\tau.}$$

这样, 从 (1.208) 得到方程

$$\begin{aligned} \frac{\mathrm{d}N}{\mathrm{d}t}&=\frac{\mathrm{d}(\gamma\mathcal{N})}{\mathrm{d}\tau}\frac{\mathrm{d}\tau}{\mathrm{d}t}=\gamma\mathcal{N}'(\tau)\frac{1}{\delta}\\ &=\alpha\gamma\mathcal{N}(\tau)-\beta\gamma^2\mathcal{N}(\tau)^2. \end{aligned}$$

如果选取 $\delta:=1/\alpha$ 和 $\gamma:=\alpha/\beta$, 那么可以得到新方程

$$\boxed{\begin{aligned} &\mathcal{N}'(\tau)=\mathcal{N}(\tau)-\mathcal{N}(\tau)^2,\\ &\mathcal{N}(0)\ =\mathcal{N}_0 \quad (\text{初始条件}). \end{aligned}} \tag{1.209}$$

平衡态的确定 (1.209) 的时间无关解 (平衡态) 由

$$\mathcal{N}\equiv 0 \quad \text{和} \quad \mathcal{N}\equiv 1$$

给出.

证明: 从 $\mathcal{N}=$ 常数和 (1.209) 即得 $\mathcal{N}^2-\mathcal{N}=0$, 这蕴涵着 $\mathcal{N}=0$ 或 $\mathcal{N}=1$. □

存在性和唯一性 令 $0<\mathcal{N}_0\leqslant 1$. 那么问题 (1.209) 对所有的时刻 τ 有解 (图 1.119(c))

$$\boxed{\mathcal{N}(\tau)=\frac{1}{1+C\mathrm{e}^{-\tau}},}$$

其中 $C:=(1-\mathcal{N}_0)/\mathcal{N}_0$.

对于 $\mathcal{N}_0=0$, 问题 (1.209) 对于所有时刻 τ 有唯一解 $\mathcal{N}(\tau)\equiv 0$.

稳定性 如果 $0<\mathcal{N}_0\leqslant 1$,那么对于大的时间, 该系统发展为平衡态 $\mathcal{N}\equiv 1$, 即

$$\boxed{\lim_{\tau\to+\infty}\mathcal{N}(\tau)=1.} \tag{1.210}$$

---

1) 逻辑斯谛方程 (1.208) 是比利时数学家韦吕勒 (Verhulst) 于 1838 年建议作为地球上人口的增长方程的.

平衡态 $\mathcal{N} \equiv 1$ 是稳定的, 即由 (1.210), 粒子数在时刻 $\tau = 0$ 时的小改变在足够大的时间后趋向这个平衡解.

另一方面, 平衡态 $\mathcal{N} \equiv 0$ 是不稳定的. 由 (1.210), 粒子数在时刻 $\tau = 0$ 时的小改变在一个相对小的时间后导致一个强烈的改变.

1.12.1.4 在有限时间的爆炸 (破裂)

在区间 $]-\pi/2, \pi/2[$ 中, 微分方程

$$\boxed{N'(t) = 1 + N(t)^2, \quad N(0) = 0} \tag{1.211}$$

有一个唯一解 (图 1.120)

$$N(t) = \tan t.$$

有

$$\boxed{\lim_{t \to \frac{\pi}{2} - 0} N(t) = +\infty.}$$

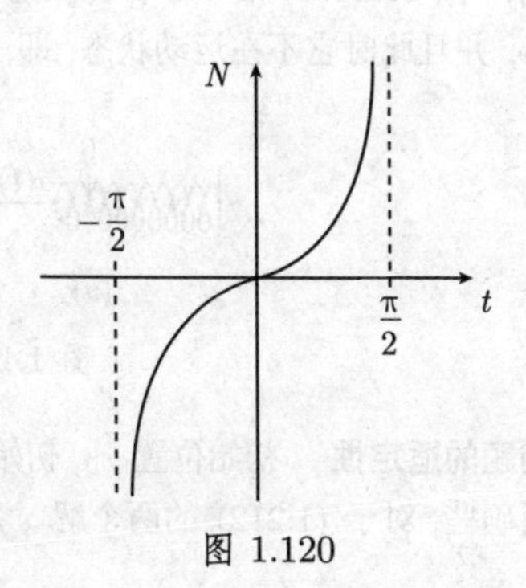

图 1.120

这里, 一件不寻常的事是, 解在有限时间变为无限. 这是某个自感应过程的一个模型, 它为化工厂的工程师所担忧.

1.12.1.5 谐振子和特征振荡

单簧 我们考虑一个质量为 m 的质点,它在一个弹簧的影响 (它形成一个正比于离 $x = 0$ 处距离的力 $\boldsymbol{F}_0 := -kx\boldsymbol{i}$) 下, 以及一个附加外力 $\boldsymbol{F}_1 := \mathcal{F}(t)\boldsymbol{i}$ 作用下沿着 x 轴运动. 牛顿 (Newton, 1643—1727) 关于力的定律说明力等于质量乘以加速度, $m\boldsymbol{x}'' = \boldsymbol{F}_0 + \boldsymbol{F}_1$, 其中 $\boldsymbol{x} = x\boldsymbol{i}$. 这就导致了微分方程

$$\boxed{\begin{aligned} x''(t) + \omega^2 x(t) = F(t), & \\ x(0) = x_0 & \quad (\text{初始位置}), \\ x'(0) = v & \quad (\text{初始速度}), \end{aligned}} \tag{1.212}$$

这里 $\omega := \sqrt{k/m}$, $F := \mathcal{F}/m$. 力函数 $F : [0, +\infty[\to \mathbb{R}$ 被假定为连续的.

存在性和唯一性 此问题对于所有时刻有一个唯一解 [1)]

$$\boxed{x(t) = x_0 \cos \omega t + \frac{v}{\omega} \sin \omega t + \int_0^t G(t, \tau) F(\tau) \mathrm{d}\tau,} \tag{1.213}$$

其中格林 (Green) 函数 $G(t, \tau) := \dfrac{1}{\omega} \sin \omega (t - \tau)$.

1) 借助于拉普拉斯 (Laplace) 变换 (见 (1.188)) 可以算得此解.

特征振荡　如果外力等于零, 即 $F \equiv 0$, 则称 (1.213) 的一个解为谐振子的一个特征振荡. 这是一个正弦波和一个频率为 ω、周期为

$$\boxed{T = \frac{2\pi}{\omega}}$$

的余弦波的叠加.

例: 图 1.121(b) 展示了特征振动 $x = x(t)$, 当在 x 轴上的质点在 $t = 0$ 时不在中心, 并且此时它不在运动状态, 即, $x_0 \neq 0$, $v = 0$ 时, 这样的特征振动就发生了.

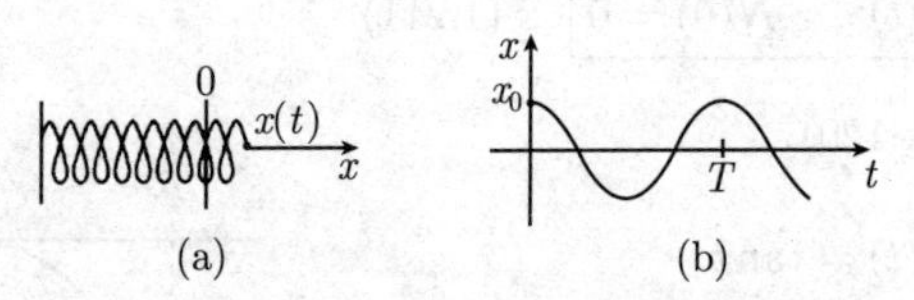

图 1.121　振动的初值问题

问题的适定性　初始位置 x_0, 初始速度 v 和外力 F 的小变动导致运动的小变动. 更明确些, 对于 (1.212) 的两个解 x 和 x_*, 有不等式

$$\|x - x_*\| \leqslant |x(0) - x_*(0)| + \frac{1}{\omega}|x'(0) - x'_*(0)| + \frac{\mathcal{F}}{\omega} \max_{0 \leqslant t \leqslant T} |F(t) - F_*(t)|,$$

其中

$$\|x - x_*\| := \max_{0 \leqslant t \leqslant T} |x(t) - x_*(t)|,$$

这里 $[0, T]$ 是一个任意的时间区间.

本征值问题　问题

$$\boxed{\begin{aligned} &-x''(t) = \lambda x(t), \\ &x(0) = x(l) = 0 \quad (\text{边界条件}) \end{aligned}}$$

称为本征值问题. 数 $l > 0$ 是给定的. 一个非平凡解 $x \not\equiv 0$ 将被称为本征解 (x, λ). 此时相应的数 λ 被称为本征值.

定理　所有本征解由

$$\boxed{x(t) = C\sin(n\omega_0 t), \quad \lambda = n^2\omega_0^2, \quad \omega_0 = \frac{\pi}{l}, \quad n = 1, 2, \cdots}$$

给出. 这里 C 是一个任意非零常数.

证明: 利用 (1.213) 当 $x_0 = 0$, $F \equiv 0$ 时的解 $x(t) = \dfrac{v}{\omega}\sin\omega t$, 并确定频率 ω, 使得质点在时刻 $t = l$ 位于 $x = 0$ (图 1.122). 从 $\sin(\omega l) = 0$, 我们得到 $\omega l = n\pi$, $n = 1, 2, \cdots$. 这导致 $\omega = n\dfrac{\pi}{l} = n\omega_0$. 因而对 $x(t) = C\sin(n\omega_0 t)$ 求导数给出

$$x''(t) = -\lambda x(t),$$

其中 $\lambda = n^2\omega_0^2$.

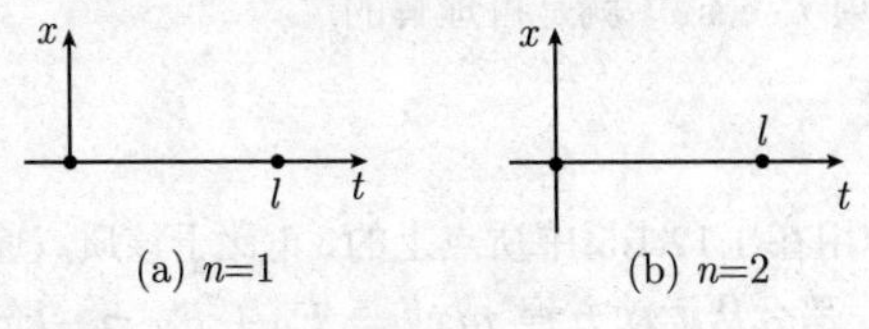

(a) n=1 (b) n=2

图 1.122

1.12.1.6 危险的共振效应

在周期外力

$$\boxed{F(t) := \sin \alpha t}$$

的情形考虑谐振子 (1.212).

定义 当 $\alpha = \omega$, 即外力的频率与特征振动的频率一样时, 此外力处于与谐振子的振动共振状态.

在此情形, 外力实际上增强了特征振动. 例如, 在过桥时, 人们必须注意由交通所产生的振动不要与桥的特征振动产生共振. 抗地震高楼的建造基于下述事实: 避免与地震振动的共振效应.

下述考虑展示了在数学上共振效应是如何产生的.

非共振情形 令 $\alpha \neq \omega$. 那么当周期外力为 $F(t) := \sin \alpha t$ 时对于所有时刻 t (1.212) 的唯一解是

$$x(t) = x_0 \cos \omega t + \frac{v}{\omega} \sin \omega t + \frac{\sin \alpha t + \sin \omega t}{2(\alpha + \omega)\omega} - \frac{\sin \alpha t - \sin \omega t}{2(\alpha - \omega)\omega}. \tag{1.214}$$

对于所有的时刻, 这个解是有界的.

共振情形 令 $\alpha = \omega$.那么当周期外力为 $F(t) := \sin \omega t$ 时对于所有时刻 t (1.212) 的唯一解是

$$\boxed{x(t) = x_0 \cos \omega t + \frac{v}{\omega} \sin \omega t + \frac{\sin \omega t}{2\omega^2} - \frac{t}{2\omega} \cos \omega t.} \tag{1.215}$$

描述频率为 ω 的外力的振动的最后一项 $t \cdot \cos \omega t$ 是危险的, 因为当 t 增大时它是无界的, 在日常生活中它可以导致一个结构的毁坏 (图 1.123(a)).

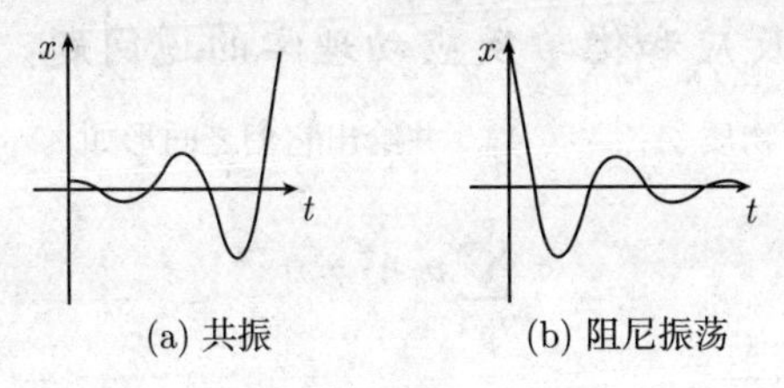

(a) 共振 (b) 阻尼振荡

图 1.123

当人们认识到通过取极限 $\alpha \to \omega$ 从非共振解 (1.214) 可以得到共振解 (1.215) 时, 出现危险的共振项 $t \cdot \cos\omega t$ 就是可理解的.

1.12.1.7 阻尼

如果存在一个作用在 1.12.1.5 中质点上的、正比于该质点速度的附加的阻抗力 $\boldsymbol{F}_2 = -\gamma \boldsymbol{x}'$ $(\gamma > 0)$, 那么从运动方程 $m\boldsymbol{x}'' = \boldsymbol{F}_0 + \boldsymbol{F}_2 = -k\boldsymbol{x} - \gamma\boldsymbol{x}'$ 得到微分方程

$$\boxed{\begin{aligned} &x''(t) + \omega^2 x(t) + 2\beta x'(t) = 0, \\ &x(0) = x_0, \quad x'(0) = v, \end{aligned}} \tag{1.216}$$

其中正常数 $\beta := \gamma/2m$.

一个假设 作假设

$$\boxed{x = \mathrm{e}^{\lambda t}.}$$

从 (1.216) 得到 $(\lambda^2 + \omega^2 + 2\beta\lambda)\mathrm{e}^{\lambda t} = 0$, 换言之,

$$\boxed{\lambda^2 + \omega^2 + 2\beta\lambda = 0,}$$

它有解 $\lambda_\pm = -\beta \pm \mathrm{i}\sqrt{\omega^2 - \beta^2}$. 若 C 和 D 是任意常数, 则函数

$$x = C\mathrm{e}^{\lambda_+ t} + D\mathrm{e}^{\lambda_- t}$$

是 (1.216) 的解. 从初始条件可以确定常数 C 和 D. 还可以用欧拉公式 $\mathrm{e}^{(a+\mathrm{i}b)t} = \mathrm{e}^{at}(\cos bt + \mathrm{i}\sin bt)$.

存在性和唯一性 令 $0 < \beta < \omega$. 则对于所有时刻 t 问题 (1.216) 有唯一解 [1)]

$$\boxed{x = x_0\mathrm{e}^{-\beta t}\cos\omega_* t + \frac{v + \beta x_0}{\omega_*}\mathrm{e}^{-\beta t}\sin\omega_* t,} \tag{1.217}$$

其中 $\omega_* := \sqrt{\omega^2 - \beta^2}$. 这些是阻尼振动.

例: 如果质点在 $t = 0$ 时有 $x_0 \neq 0$, 但 $v = 0$, 则可以在图 1.123(b) 中发现阻尼振动 (1.217).

1.12.1.8 化学反应和化学反应动理学的逆问题

给定 m 种化学物质 $A_1, \cdots, A_m$, 并给出它们之间形如

$$\sum_{j=1}^{m} \nu_j A_j = 0$$

1) 借助于拉普拉斯变换 (见 1.11.1.2) 可以推得这个解.

的化学反应, 其中的诸 ν_j 称为计量系数. 再者, 令 N_j 是物质 A_j 的分子数 1). 用

$$\boxed{c_j := \frac{N_j}{V}}$$

表示物质 A_j 的密度. 这里 V 是反应的累积体积.

例: 反应

$$2A_1 + A_2 \to 2A_3$$

意味着物质 A_1 的两个分子与物质 A_2 的单个分子的结合形成第 3 种物质 A_3 的两个分子. 可以将此写为如下式子:

$$\nu_1 A_1 + \nu_2 A_2 + \nu_3 A_3 = 0,$$

其中 $\nu_1 = -2, \nu_2 = -1, \nu_3 = 2$. 这个的一个例子是反应

$$2\mathrm{H_2} + \mathrm{O_2} \to 2\mathrm{H_2O}.$$

这描述了从两个氢分子和一个氧分子结合成两个水分子的事实.

化学反应动理学的基本方程

$$\boxed{\begin{aligned}&\frac{1}{\nu_j}\frac{\mathrm{d}c_j}{\mathrm{d}t} = kc_1^{n_1}c_2^{n_2}\cdots c_m^{n_m}, \quad j = 1, \cdots, m,\\ &c_j(0) = c_{j0} \quad (\text{初始条件}),\end{aligned}} \tag{1.218}$$

这里 k 是正的反应速度常量, 它依赖于压力 p 和温度 T. 诸数 $n_1, n_2, \cdots$ 被称为反应的阶. 未知者是粒子 $c_j(t)$ 的密度对于时间 t 的依赖性.

注 化学反应通常包含子反应, 在完成反应的过程中这些子反应有自己的产出物. 用这种方式, 大量像 (1.218) 的系统需要描述所发生的实际的化学变化. 在许多情形, 人们并不完全知道这些子反应是什么, 也不知道反应速度常量 k 或反应阶 n_j. 这就导致利用 (1.218) 从诸 $c_j(t)$ 的计量来推导常量和诸 c_j 这个问题的困难性. 这是所谓的反问题.2)

在生物学中的应用 (1.218) 型的方程及其变形经常出现在生物学中. 在此情形, N_j 是某种生物的数目 (也比较增长方程 (1.206) 和增长的阻尼方程 (1.208)).3)

下一节考虑其中出现常微分方程和偏微分方程的一系列基本现象. 在理解微分方程理论时, 有关这些现象的知识是相当有用的.

---

1) 在化学中, 这种分子数是用摩尔来度量的, 一摩尔包含 $6.023 \cdot 10^{23}$ 个分子, 这个数称为阿伏伽德罗 (Avegadro) 常量.

2) 在柏林的 Konrad-Zuse-Zentrum (一个有关信息技术的研究所 —— 译者), 对于这类反问题有非常有效的计算机程序, 它们是由 Peter Deuflhard 教授及其合作者所开发的.

3) 在复杂的情形, (1.218) 中出现更多的项.

1.12.2 基本概念

在自然界中和技术中, 许多过程是由微分方程描述的.

(i) 具有有限多个自由度的系统相应于常微分方程 (例如, 牛顿力学中有限多个质点的运动).

(ii) 具有无限多个自由度的系统相应于偏微分方程 (例如, 弹性体、液体、气体、电磁场和量子系统的运动、生物学和化学中反应过程和扩散过程的描述, 或者宇宙随时间变化的描述).

物理学中不同学科的基本方程都是微分方程. 它们中有许多方程的出发点是对于一个质量为 m 的粒子的 (如行星和恒星)牛顿运动定律:

$$\boxed{m\boldsymbol{x}''(t) = \boldsymbol{F}(\boldsymbol{x}(t), t).} \tag{1.219}$$

用语言表达, 这个定律是说, 质点的质量乘以它的加速度等于作用在其上的力. 我们要寻找粒子的轨道

$$\boxed{\boldsymbol{x} = \boldsymbol{x}(t),}$$

它满足方程 (1.219)(图 1.124). 通常, 一个微分方程除了包含所寻求的函数外, 还包含它的导数 (因而, 自然地称为“微分方程”).

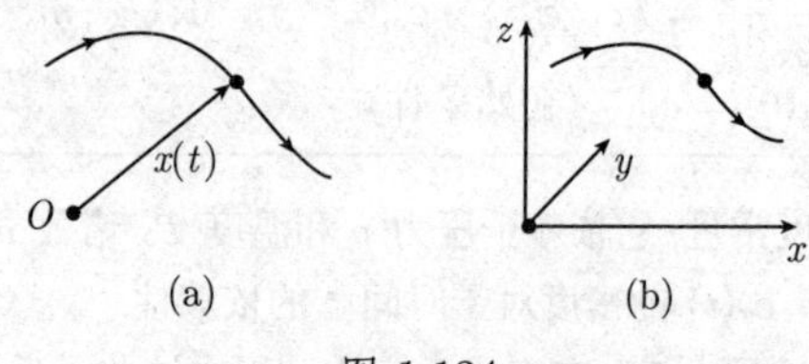

图 1.124

常微分方程 如果所求函数仅依赖于一个实变量 (如依赖于时间 t),那么该微分方程称为常微分方程.

例 1: (1.219) 中有一个常微分方程.

偏微分方程 在物理学的各种场论中,所涉及的量 (如电磁场的温度或强度) 依赖于几个变量 (如依赖于时间和位置). 此时对于这些量的微分方程包含了所求函数的偏导数.这样, 它就被称为一个偏微分方程.

例 2: 在许多情形, 一个物体的温度场 $T = T(x, y, z, t)$ 满足热导方程

$$\boxed{T_t - \kappa\Delta T = 0,} \tag{1.220}$$

其中 $\Delta T := T_{xx} + T_{yy} + T_{zz}$. 这里 $T(x, y, z, t)$ 表示在位置 (x, y, z) 处及在时刻 t 时的温度. 物质常量 κ 刻画了物体的热传导能力.

1.12.2.1 自然科学中基本的"无穷小"认识论策略

微分方程 (1.219) 描述了在"无穷小水平"上轨道的性状, 粗略地说, 对非常小的时刻t, 它是成立的.[1] 这是惊人的认识论现象的一部分, 粗略地说是这样的:

> 在"无穷小水平"(即, 对于非常小的时间和非常小的空间距离), 自然界中的所有过程都变得非常简单, 并且可以用少数几个方程来表示.

这样, 这些方程包含着多得不可置信的信息量. 解密这些信息是数学的事, 即, 对于合理的时间和空间距离解这些微分方程.

随着无穷小演算 —— 微积分学的创立,对于自然科学中出现的现象, 牛顿和莱布尼茨已经给了我们深刻理解的钥匙. 对人类智力的这项成就的赞美不会过高的.

1.12.2.2 初始条件的作用

牛顿的微分方程 (1.219) 描述了质量为 m 的所有可能的运动. 例如, 天文学家真正感兴趣于计算天体的轨道. 为了计算这些轨道, 除了牛顿的方程外, 人们还必须引入所论天体在一个给定时刻 t_0 的状态. 更明确地, 人们必须考虑下述问题:

$$\boxed{\begin{aligned} m\boldsymbol{x}''(t) &= \boldsymbol{F}(\boldsymbol{x}(t), t) \qquad &(\text{运动方程}),\\ \boldsymbol{x}(t_0) &= \boldsymbol{x}_0 \qquad &(\text{初始位置}),\\ \boldsymbol{x}'(t_0) &= \boldsymbol{v}_0 \qquad &(\text{初始速度}). \end{aligned}} \tag{1.221}$$

存在性和唯一性结果 假设下述:

(i) 在初始时刻 t_0, 给定了位置 $\boldsymbol{x}_0$ 和该点处的速度向量 $\boldsymbol{v}_0$.

(ii) 对所有位置 $\boldsymbol{x}$ 和对在初始时刻 t_0 的一个小邻域中的所有时刻 t, 力场 $\boldsymbol{F} = \boldsymbol{F}(\boldsymbol{x}, t)$ 是充分光滑的 (如 C^1 类).

那么,[2] 存在一个空间邻域 $U(\boldsymbol{x}_0)$ 和一个时间区间 $J(t_0)$, 问题 (1.221) 恰有一个解, 它是对于所有时刻 $t \in J(t_0)$ 都在 $U(\boldsymbol{x}_0)$ 中的一个轨道

$$\boldsymbol{x} = \boldsymbol{x}(t).$$

这个结果使人惊奇地保证了只对于充分小的时刻轨道的存在性. 但是在一般情形, 我们不能期望获得更多. 下述关系是可能的:

$$\boxed{\lim_{t \to t_1} |\boldsymbol{x}(t)| = \infty,}$$

1) 从牛顿和莱布尼茨 (Leibniz)(1646—1716) 以来, 人们就说到 "无穷小" 时间和空间距离. 可以用现代的非标准分析 (参阅 [53]) 来得到 "无穷小" 概念的明确的数学表达. 传统上, 在严格的数学中是不用 "无穷小" 的概念的, 而代之以考虑极限.

2) 这是皮卡–林德勒夫一般的存在性和唯一性定理的一个特殊情形 (参看 1.12.4.1).

即, 力 $\boldsymbol{F}$ 是如此之强, 以致在一有限时刻 t_1 质点延伸到"无限".

例(模型问题): 对于力 $F(x) := 2mx(1+x^2)$, 微分方程

$$mx'' = F(x),$$
$$x(0) = 0, \quad x'(0) = 1$$

有唯一解

$$x(t) = \tan t, \quad -\frac{\pi}{2} < t < \frac{\pi}{2}.$$

这里我们有

$$\lim_{t \to \frac{\pi}{2} - 0} |x(t)| = +\infty.$$

为了保证一个解对所有时刻都存在, 人们利用下述的一般原则:

先验估计确保整体解.

这可在 1.12.9.8 中找到.

1.12.2.3 稳定性的作用

太阳的引力场有形式

$$\boldsymbol{F} = -\frac{GMm}{|\boldsymbol{x}|^3}\boldsymbol{x}, \tag{1.222}$$

其中 M 是太阳的质量,m 是太阳的引力场中大粒子或物体的质量, G 是引力常量. 在太阳的中心 $\boldsymbol{x} = \omega$,* 这迫使场有奇性.

太阳系统稳定性的著名问题 这个问题总结在下述两个问题中.

(a) 行星的轨道是否稳定? 即, 它们是否在长时间后非常小地改变它们的形式?

(b) 行星是否会撞向太阳? 或是否可能完全从太阳系逃逸?

自从拉格朗日 (Lagrange, 1736—1813) 起, 许多伟大的数学家都曾研究过这个问题. 首先, 他们试图通过 "初等函数" 用闭形式来表示行星的轨道. 然而, 直到 19 世纪末庞加莱 (Poincaré, 1854—1912) 认识到这是不可能的, 即使在原则上也行不通. 这就导致数学上两个完全新的发展方向:

(I) 存在性的抽象证明和拓扑学 既然似乎不可能明确地写下解, 那么至少试图通过非直接的、抽象的方法来证明解的存在性. 这就导致不动点定理的发展, 将在 [212] 中描述其细节. 关于常微分方程和偏微分方程解的存在性的一个基本的拓扑原理是 1934 年创始的著名的勒雷 (Leray)-绍德尔 (Schauder)原理, 它被叙述为

先验估计确保解的存在性.

(II) 动力系统和拓扑学 科学家和工程师通常并不对解的确切形式感兴趣, 而只对解的基本性质感兴趣 (例如, 稳定周期振动的稳定平衡位置的存在性, 或者, 过

* 此处疑有误, 应为 $\boldsymbol{x} = \boldsymbol{0}$. —— 译者

渡到混沌的可能性). 这类问题是动力系统科学的研究对象, 其细节将在 [212] 中被描述.

对对象的*定性性质*更感兴趣的数学的分支是*拓扑学*. 拓扑学和动力系统理论是由伟大的法国数学家庞加莱在他关于天体力学中稳定性研究中所创立的.[1] 这方面的一份可读的材料可在文献 [217] 中找到.

19 世纪中叶工程师发展了稳定性理论的某些方面. 他们感兴趣以这样的方式来制造机器, 建造大楼和桥梁: 它们是稳定的, 不容易被自然力量 (风和风暴) 所破坏.

稳定性理论基本的一般性的数学结果由俄国数学家李雅普诺夫 (Lyapunov) 于 1892 年所得到. 自此, 稳定性理论变为一门独立的数学学科, 至今仍是大量研究的主题. 对于许多复杂的问题来说, 解的稳定性的性质至今仍不甚了了. 注意:

> 数学上完全正确的解, 如果它们是不稳定的, 可以与现实世界完全无关, 因而在自然界中不能实现.

一个类似的陈述对于计算机上所用的数值程序是不容置疑的. 只有*稳定的数值程序*, 即关于舍入误差是鲁棒的那些程序, 才是有用的.

今天, 太阳系的稳定性问题仍未解决. 在 1955 年科尔莫戈罗夫 (Kolmogorov), 以及后来还有阿诺尔德 (Arnol'd) 和莫泽 (Moser), 他们证明了拟周期运动 (如太阳系的运动) 的扰动对于扰动的类型是非常敏感的, 并且可以结束于混沌 (KAM 理论). 一个极小的粒子可能导致系统整体运动的改变. 由于这个原因, 从理论上考虑总不能解决太阳系的稳定性问题. 经过一周在数台超级计算机上的计算 (例如, 在著名的位于波士顿的麻省理工学院 (MIT)), 结果表明太阳系至少在下一个 100 万年中仍将保持稳定.

1.12.2.4 边界条件的作用和格林函数的基本想法

除了初始条件外, 我们还必须考虑*边界条件*.

例 3 (弹性杆): 一个弹性杆在一个外力的影响下的运动 (位移) $y = y(x)$ 由下述数学问题描述:

$$\boxed{\begin{aligned} -\kappa y''(x) &= f(x) \qquad (\text{力的平衡}), \\ y(0) = y(l) &= 0 \quad (\text{边界条件}). \end{aligned}} \tag{1.223}$$

这里, $\left(\int_a^b f(x)\mathrm{d}x\right) \boldsymbol{j}$ 表示作用在区间 $[a, b]$ 中弹性杆上、沿着 y 轴方向的力, 即

1) 1892 年, 3 卷系列*Les méthodes nouvelles de la mécanique céleste* 的第 1 卷面世. 在该卷中, 庞加莱继续了由拉格朗日 (1788) 的著作*La mécanique analytique* 和拉普拉斯在 1799 年的题为 *La mécanique céleste* 的 5 卷本所开始的传统.

$f(x)$ 是外力在点 x 处的密度. 正物质常量 κ 描述杆的弹性性质. 边界条件描述了杆被固定于两个点 $x=0$ 和 $x=l$ 处的事实 (图 1.125(a)).

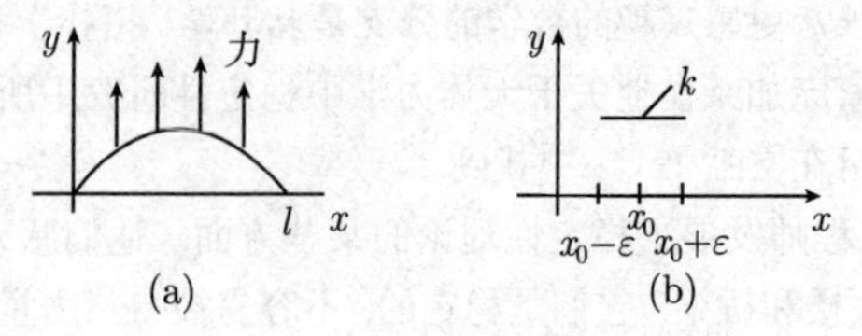

图 1.125 弹性杆的微分方程

与变分学的联系

> 对于与变分学有关的问题,
> 边界条件的出现是典型的.

例如, (1.223) 是从最小作用原理

$$\int_0^l L(y(x),y'(x))\mathrm{d}x \stackrel{!}{=} \text{平稳的}, \quad y(0)=y(l)=0$$

作为其欧拉–拉格朗日方程而得到的, 这里的拉格朗日函数 $L:=\dfrac{\kappa}{2}y'^2-fy$ (参阅 5.1.2). 这里, 有

$$\int_0^l L\mathrm{d}x = \text{杆的弹性能} - \text{力所做的功}.$$

解用格林函数的表示 (1.123) 的唯一解由公式

$$y(x)=\int_0^l G(x,\xi)f(\xi)\mathrm{d}\xi \tag{1.224}$$

给出. 这里, 问题 (1.223) 的**格林函数**是

$$G(x,\xi):=\begin{cases}\dfrac{(l-\xi)x}{l\kappa}, & 0\leqslant x\leqslant\xi\leqslant l,\\ \dfrac{(l-\xi)\xi}{l\kappa}, & 0\leqslant\xi\leqslant x\leqslant l.\end{cases}$$

格林函数的物理解释 选取力密度

$$f_\varepsilon(x)=\begin{cases}\dfrac{1}{2\varepsilon}, & x_0-\varepsilon\leqslant x\leqslant x_0+\varepsilon,\\ 0, & \text{其他},\end{cases}$$

对于越来越小的 ε, 它越来越集中在点 x_0 处, 并且, 它所对应的总力为 1 (图 1.125(b)):

$$\int_0^l f_\varepsilon(x)\mathrm{d}x=1.$$

由 $f_\varepsilon(x)$ 确定的运动由 y_ε 表示. 那么有

$$\boxed{\lim_{\varepsilon\to 0} y_\varepsilon(x) = G(x,x_0).}$$

狄拉克 (Dirac) δ 函数的形式应用 物理学家经常写形式的表达式

$$\delta(x-x_0) = \lim_{\varepsilon\to 0} f_\varepsilon(x) = \begin{cases} +\infty, & x = x_0, \\ 0, & \text{其他}, \end{cases}$$

并且说 $y(x) := G(x,x_0)$ 是对于点密度力 $f(x) := \delta(x-x_0)$ 的边值问题 (1.223) 的一个解. 函数 $\delta(x-x_0)$ 称为狄拉克δ函数. 在这个形式的意义下, 有

$$\boxed{\begin{aligned} -\kappa G_{xx}(x,x_0) &= \delta(x-x_0), && \text{在}]0,l[\text{上}, \\ G(0,x_0) &= G(l,x_0) = 0 && (\text{边界条件}). \end{aligned}} \tag{1.225}$$

在广义函数理论框架中明确的数学表述 格林函数是边值问题

$$\boxed{\begin{aligned} -\kappa G_{xx}(x,x_0) - &= \delta_{x_0}, && \text{在}]0,l[\text{上}, \\ G(0,x_0) &= G(l,x_0) = 0 && (\text{边界条件}) \end{aligned}} \tag{1.226}$$

的一个解. 这里, δ_{x_0} 代表 δ 广义函数, 并且 (1.226) 的解是在广义函数的意义下理解的.1)

格林函数在 1830 年前后由英国数学家和物理学家 G. 格林 (Green, 1793—1841) 所引进. 其一般策略为

> 格林函数描述由高度集中的外部影响 $\mathcal{E}$ 所产生的物理效应.
> 一般外部影响的效应作为具有与 $\mathcal{E}$ 类似的 (严格) 形式的外部影响的假设而导得.

格林函数方法被广泛地用于物理学的所有领域, 因为它允许物理效应的局部化, 并展示了如何建构一般的物理效应. 例如, 在量子场论中,借助于费恩曼 (Feynman) 积分 (路径积分)可以算得格林函数.

---

1) 广义函数理论于 1950 年前后由法国数学家施瓦兹 (Laurent Schwarts) 所创立, [212] 中描述了这一理论. 这样, 方程 (1.226) 意味着对所有检验函数 $\varphi \in C_0^\infty(0,l)$ 有

$$-\kappa\int_0^l G(x,x_0)\varphi''(x)\mathrm{d}x = \delta_{x_0}(\varphi) = \varphi(x_0). \tag{1.227}$$

用 φ 乘以 (1.225), 再在 $[0,l]$ 上部分积分两次, 并利用

$$\int_0^l \delta(x-x_0)\varphi(x)\mathrm{d}x = \varphi(x_0),$$

即可形式地得到方程 (1.227).

解的公式 (1.224) 表示了作为局限于点 ξ 处的单独的力

$$G(x,\xi)f(\xi)$$

的叠加的一个任意力的作用.

1.12.2.5 边界–初始条件的作用

在一些物理场论中, 必须描述在初始时刻 t_0 和在一个域的边界处场的结构. 通常置 $t_0 := 0$.

例 (热传导): 为了唯一确定在一个物体中的温度分布, 必须知道在初始时刻 $t=0$ 的温度分布和在任何时刻 $t \geqslant 0$ 沿该物体边界的温度分布. 因而, 必须对热导方程 (1.220) 附加下述条件:

$$\boxed{\begin{array}{lll} T_t - \kappa \Delta T = 0, & P \in D, t > 0, & \\ T(P,0) = T_0(P), & P \in D & (\text{初始温度}), \\ T(P,t) = T_1(P,t), & P \in \partial D,\ t > 0 & (\text{边界温度}). \end{array}} \tag{1.228}$$

这里令 $P := (x,y,z)$.

存在性和唯一性定理 如果 $D \in \mathbb{R}$ 是一个具有光滑边界的有界域, 并且如果指定的初始温度 T_0 和给定的边界温度 T_1 是光滑的, 那么热导方程 (1.228) 在 D 中对所有时刻 $t \geqslant 0$ 有一个唯一确定的光滑解 T.

1.12.2.6 适定问题

为了微分方程形式的数学模型能用于科学现象的研究, 微分方程必须具有下述性质:

(i) 有一个唯一解.

(ii) 初始条件的小改变导致解的小改变.

具有这些性质的问题被称为*适定的*. 在每一情形, 人们必须弄得更清楚些, 所谓 "小" 改变是什么意思.

在与时间相关的问题中, 人们还对整体稳定性感兴趣:

(iii) 解对于所有时刻 $t \geqslant t_0$ 存在, 并且当 $t \to +\infty$ 时解趋于一个平衡态.

例 1: 初值问题

$$y' = -y, \quad y(0) = \varepsilon \tag{1.229}$$

对于 $\varepsilon = 0$ 是适定的, 因为对于任意 ε (1.229) 有唯一解

$$y(t) = \varepsilon \mathrm{e}^{-t}, \quad t \in \mathbb{R}. \tag{1.230}$$

若 $\varepsilon=0$, 得到平衡解 $y(t)=0$. 对于小扰动 ε, 解 (1.230) 有改变, 然而很微小, 并且因为

$$\lim_{t\to+\infty}\varepsilon\mathrm{e}^{-t}=0,$$

对于大时刻 t, 在此情形它趋于平衡解 $y=0$ (图 1.126(a)).

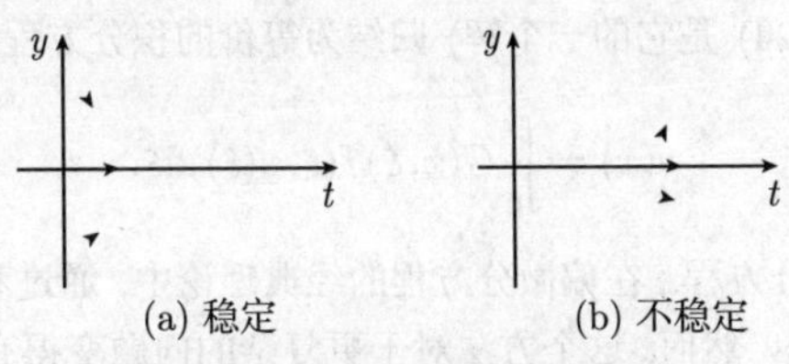

(a) 稳定　　(b) 不稳定

图 1.126　微分方程解的扰动

例 2: 初值问题

$$y'=y,\quad y(0)=\varepsilon$$

对于 $\varepsilon=0$ 是不适定的. 事实上, 唯一确定的解

$$y(t)=\varepsilon\mathrm{e}^{t}$$

对每个任意小的初值 $\varepsilon\neq0$ (当 t 大时) 破裂 (图 1.126(b)).

例 3 (不适定逆问题): 卫星测量地球的引力场. 由此, 人们要确定地球的密度 ρ; 人们特别对确定油田位置感兴趣.

这个问题是不适定的, 即从测量所得不能唯一确定密度 ρ.

1.12.2.7 约化为积分方程

例 1: 问题

$$y'(t)=g(t),\quad y(0)=a$$

有唯一解

$$y(t)=a+\int_0^t g(\tau)\mathrm{d}\tau.$$

因而, 人们把更一般的问题

$$\boxed{y'(t)=f(t,y(t)),\quad y(0)=a}$$

归结为等价的问题

$$\boxed{y(t)=a+\int_0^t f(\tau,y(\tau))\mathrm{d}\tau.}$$

这个方程在积分号下包含未知函数 y, 因而被称为是一个积分方程. 利用迭代过程

$$\boxed{y_{n+1}(t)=a+\int_0^t f(\tau,y_n(\tau))\mathrm{d}\tau,\quad y_0(t)\equiv a,\quad n=1,2,\cdots}$$

可以解这个积分方程.

例 2: 边值问题

$$\boxed{\begin{aligned}-\kappa y''(x)&=f(x,y(x)),\\ y(0)&=y(l)=0\end{aligned}}$$

可以 (因为公式 (1.224) 是它的一个解) 归结为等价的积分方程

$$y(x)=\int_0^l G(x,\xi)f(\xi,y(\xi))\mathrm{d}\xi.$$

[212] 系统地处理积分方程. 在偏微分方程的经典理论中, 通过利用格林函数, 人们通常过渡到积分方程. 然而, 这个方法对于更复杂的问题变得有点烦琐, 在有些情形完全得不到任何结果. 在 1935 年前后出现的较现代的偏微分方程的泛函分析理论中, 从一开始偏微分方程就被看成微分算子的方程, 而并不过渡到积分方程.

1.12.2.8 可积性条件的重要性

对于 C^2 类的函数 $u=u(x,y)$, 有偏微商的交换性:

$$\boxed{u_{xy}=u_{yx}.}$$

在偏微分方程理论的许多问题中这个关系起着重要的作用.

例 1: 方程

$$u_x=x,\quad u_y=x$$

没有任何解. 事实上, 对于一个解 u, 我们会有 $u_{xy}=u_{yx}$. 由于 $u_{xy}=0$ 和 $u_{yx}=1$, 这不可能成立.

例 2: 令在域 $D\in\mathbb{R}^2$ 中给定 C^1 函数 $f=f(x,y),g=g(x,y)$. 考虑方程

$$\boxed{u_x(x,y)=f(x,y),\quad u_y(x,y)=g(x,y),\quad \text{在 } D \text{ 上},}$$

如果存在一个 C^2 解 u, 那么由于 $u_{xy}=u_{yx}$, 所谓的可积性条件

$$\boxed{f_y(x,y)=g_x(x,y),\quad \text{在 } D \text{ 上}}$$

必须成立. 如果 D 是单连通的, 这个条件对于解的存在也是充分的. 此时, 解可以被确定为曲线积分

$$u(x,y)=\text{常量}+\int_{(x_0,y_0)}^{(x,y)} f\mathrm{d}x+g\mathrm{d}y,$$

它不依赖于积分的路径.

如果我们选择 D 为围绕某点的一个小圆盘, 那么 D 是单连通的. 这样, 可积性条件的成立对于局部地解初值问题 $u_x=f,u_y=g$ 是充分的.

这是一个一次又一次得到的一个基本的经验, 即必要的可积性条件对于局部可解性而言也是充分的. 反之,整体可解性以一种决定性的方式取决于区域的结构 (拓扑).[1] 可积性条件在许多应用中起着重要的作用:

(i) 高斯 (Gauss) 的绝妙定理描述了曲面的导数方程的可积性条件 (参阅 3.6.3.3).

(ii) 两个事实: 每个无旋力场 (如引力场) 都有位势, 以及: 电磁场是一个 4- 位势的导数. 这两个事实都是可积性条件的推论.

(iii) 热力学的一些重要的关系由与热力学第一定律和第二定律密切相关的吉布斯 (Gibbs) 方程的可积性条件而得 (参阅 1.13.1.10).

微分形式的嘉当 (Cartan)–凯勒 (Kähler) 定理给出了可积性条件简洁处理的恰当结构.

1.12.3 微分方程的分类

微分方程的阶 在一个微分方程中出现的导数的最高次数称为它的阶.

例 1: 牛顿运动定律

$$m\boldsymbol{x}'' = \boldsymbol{F}$$

包含二次导数, 因而其阶为 2.

热导方程

$$T_t - \kappa(T_{xx} + T_{yy} + T_{zz}) = 0 \tag{1.231}$$

包含对时间的一次导数和对每个空间变量的二次导数. 因而这个微分方程有阶为 2.

微分方程组 热导方程(1.231) 是作为时间的函数的温度的一个微分方程. 在微分方程中当方程或函数个数多于一个时, 我们就说这是微分方程组.

例 2: 利用笛卡儿坐标可以把位置向量写为 $\boldsymbol{x} := x\boldsymbol{i} + y\boldsymbol{j} + z\boldsymbol{k}$. 用同样的方式分解力向量后, 例 1 的牛顿运动定律可以写为

$$mx''(t) = X(P(t), t), \quad my''(t) = Y(P(t), t), \quad mz''(t) = Z(P(t), t),$$

其中 $P := (x, y, z)$. 这是一个 2 阶微分方程组.

1.12.3.1 约化原理

> 通过引进适当的变量, 任何微分方程和微分方程组可以被约化为一个等价的一阶微分方程组.

例 1: 2 阶微分方程

$$y'' + y' + y = 0$$

---

1) 在这个方向上的一个非常深刻的结果是德拉姆 (de Rham) 定理 (见 [212]).

通过引进新的变量 $p := y'$ 被变为等价的一阶微分方程组

$$\begin{aligned} y' &= p, \\ p' + p + y &= 0. \end{aligned}$$

微分方程

$$y''' + y'' + y' + y = 0$$

可以用类似的方法, 通过引进 $p := y'$ 和 $q := y''$ 被变为

$$\begin{aligned} p = y', \ q &= p', \\ p' + q + p + y &= 0. \end{aligned}$$

例 2: 拉普拉斯方程

$$u_{xx} + u_{yy} = 0$$

通过变量代换为 $p := u_x$ 和 $q := u_y$ 被变为等价的一阶组

$$\begin{aligned} p = u_x, \ q &= u_y, \\ p_x + q_y &= 0. \end{aligned}$$

1.12.3.2 线性微分方程和叠加原理

按定义, 未知函数 u 的一个线性微分方程具有形式

$$\boxed{Lu = f,} \tag{1.232}$$

其中右端还依赖于变量 u, 并且对于所有充分光滑的函数 u, v 和所有实数 α, β, 微分算子 L 有特征性质

$$\boxed{L(\alpha u + \beta v) = \alpha L(u) + \beta L(v).} \tag{1.233}$$

例 1: 常微分方程

$$u''(t) = f(t)$$

是线性的. 为了看到这一点, 令

$$Lu := \frac{\mathrm{d}^2 u}{\mathrm{d}t^2}.$$

人们经常就写为 $L := \dfrac{\mathrm{d}^2}{\mathrm{d}t^2}$. 从微商的可加性得到

$$L(\alpha u + \beta v) = (\alpha u + \beta v)'' = \alpha u'' + \beta v'' = \alpha Lu + \beta Lv.$$

因而, 线性条件 (1.233) 即被满足.

例 2: 函数 $u = u(t)$ 的最一般的 n 阶 (线性) 常微分方程具有形式

$$\boxed{a_0u + a_1u' + a_2u'' + \cdots + a_nu^{(n)} = f,}$$

其中所有系数 a_i 和 f 都是时刻 t 的函数, 并且 $a_n \neq 0$. 最一般的线性 (偏) 微分方程是未知函数的诸偏导数与系数的线性组合, 这些系数都是与作为方程解的函数有相同变量的函数.

例 3: 令 $u = u(x, y)$. 微分方程

$$au_{xx} + bu_{yy} = f \tag{1.234}$$

在 $a = a(x,y)$, $b = b(x,y)$ 和 $f = f(x,y)$ 都只是自变量 x 和 y 的函数的情形是线性的. 在右端 $f = f(x,y,u)$ 还依赖于未知函数的情形, 方程 (1.234) 是一个非线性微分方程.

齐次方程 对于线性微分方程 (1.232), 如果 $f \equiv 0$ 则它称为*齐次的*; 否则称为*非齐次的*.

叠加原理 (i) 对于一个*齐次*微分方程, 解 u 和 v 的线性组合 $\alpha u + \beta v$ 也是该方程的解.

(ii) 对于*非齐次*方程, 有下述重要规则:

$$\boxed{\begin{aligned}\text{非齐次方程的通解} = {}&\text{非齐次方程的一个特解}\\ &+ \text{对应的齐次方程的通解}.\end{aligned}} \tag{1.235}$$

例 4: 考虑微分方程

$$\boxed{u' = 1, \quad \text{在 } \mathbb{R} \text{ 上}.}$$

它的一个特解是 $u = t$. 齐次方程 $u' = 0$ 的通解是 $u =$ 常数. 因而非齐次方程的通解是

$$u = t + \text{常数}.$$

1.12.3.3 非线性微分方程

> 非线性微分方程描述交互作用过程.

自然界中大多数过程是交互作用类型的. 这就解释了非线性微分方程在自然科学中的重要性. 电磁场的麦克斯韦 (Maxwell) 方程组形成了这个规则的一个明显的例外. 然而, 这些方程只描述了一部分电磁场的现象. *量子电动力学*的完全方程描述了电磁波 (光子)、电子和正电子之间的交互作用. 这些方程的确是非线性的.

> 对于非线性方程, 叠加原理不成立.

例 1: 在太阳系引力场中的行星的牛顿运动方程是

$$m\boldsymbol{x}''(t) = -\frac{GmM}{|\boldsymbol{x}(t)|^3}\boldsymbol{x}(t).$$

这些方程 (对于向量 $\boldsymbol{x}$ 的每个坐标) 是非线性的, 并且描述了太阳与诸行星之间的引力交互作用.

半线性方程 若 L 是一个如同 (1.232) 中那样的 n 阶线性微分算子, 称形如

$$Lu = f(u)$$

的一个方程为半线性的; 其右端依赖于所求函数 u 及其直到 $n-1$ 阶的导数.

例 2: 方程 $u_{xx} + u_{yy} = f(u, u_x, u_y, x, y)$ 是半线性的.

拟线性方程 一个对其最高阶导数是线性的方程被称为拟线性的.

例 3: 方程 $au_{xx} + bu_{yy} = f$ 是拟线性的, 如果 a, b 和 f (仅) 依赖于 x, y, u, u_x 和 u_y.

1.12.3.4 平稳过程和非平稳过程

依赖于时间 t 的过程被称为非平稳的. 与时间无关的过程称为平稳过程.

> 平稳过程相应于自然界, 技术和经济中的平衡架构.

1.12.3.5 平衡架构

稳定平衡架构 一个平衡架构被称为稳定的, 如果该系统不被小扰动所影响, 即, 在偏离平衡位置的一个小扰动后, 该架构在有限时间后仍归于平衡位置.

> 在我们的物理世界中, 只出现稳定的平衡架构.

不稳定的平衡架构是那些在小扰动后无限偏离平衡位置的平衡架构.

平衡原理 为了对于一个非平稳过程的微分方程寻找平衡解, 人们把微分方程中所有关于时间的导数置于零, 然后再解所得到的微分方程.

例 1: 考虑非平稳的热导方程

$$\boxed{T_t - \kappa\Delta T = 0.} \tag{1.236}$$

通过寻找与时间无关的解 $T = T(x, y, z)$, 可以得到平衡解. 这样, 有 $T_t \equiv 0$. 即要找平稳热导方程

$$\boxed{-\kappa\Delta T = 0} \tag{1.237}$$

的解. 我们希望, 一个非平稳 (与时间无关的) 热分布在适度的假设下当 $t \to \infty$ 时趋于一个平衡分布, 即,(1.236) 的某种解当 $t \to \infty$ 时趋于 (1.237) 的一个解.

在适当的假设下, 对于一般的情形, 可以严格地证明这个期望是正确的.

在下述简单的模型问题中我们来解释这个事情.

例 2: 令 $a \neq 0$. 为了找到微分方程

$$\boxed{y' = ay(t)}$$

的平衡解, 假设解与时间无关. 这样,$y'(t) = 0$, 因而

$$\boxed{y(t) = 0, \quad \text{对所有的 } t.}$$

根据 1.12.2.6 的例 1 和例 2, 这个平衡解当 $a = -1$ 时是稳定的, 当 $a = 1$ 时是不稳定的 (图 1.126).

1.12.3.6 比较系数法 —— 一个一般解法

例 1: 为了解方程

$$\boxed{u'' = u + 1,}$$

用泰勒展开式

$$u(t) = u(0) + u'(0)t + u''(0)\frac{t^2}{2} + u'''(0)\frac{t^3}{3!} + \cdots.$$

如果知道 $u(0)$ 和 $u'(0)$, 那么所有高阶导数 $u''(0), u'''(0), \cdots$ 可以从微分方程计算而得. 同时, 为了得到一个唯一解, 必须考虑下述初值问题:

$$\boxed{u'' = u + 1, \quad u(0) = a, \quad u'(0) = b.}$$

此时得到

$$u''(0) = u(0) + 1 = a + 1, \;\; u'''(0) = u'(0) = b,$$
$$u^{(2n)}(0) = a + 1, \;\; u^{(2n+1)}(0) = b, \;\; n = 1, 2, \cdots.$$

> 用相同方法可以解任何最高阶导数可被解出的常微分方程.

相同的方法也适用于偏微分方程. 然而在此情形, 一个新的因素介入了, 这就是必须考虑 (偏) 微分方程的特征.

例 2: 令函数 $\varphi = \varphi(x)$ 被给定. 要找一个函数 $u := u(x, y)$, 它满足下述初值问题:

$$\boxed{\begin{aligned} & u_y = u, \\ & u(x, 0) = \varphi(x) \quad \text{(初始值)}, \end{aligned}}$$

即规定了 u 沿着 x 轴的值. 为了进行下去, 取函数在原点处的泰勒展开式

$$u(x, y) = u(0, 0) + u_x(0, 0)x + u_y(0, 0)y + \cdots.$$

为了这个方法能产生唯一定义的表达式, 必须能从初始值和微分方程确定 u 的所有偏微商. 事实上, 对于现在的这个问题, 这是可能的. 首先, 初始条件 $u(x,0)=\varphi(x)$ 产生了所有关于 x 的微商:

$$u(0,0)=\varphi(0),\quad u_x(0,0)=\varphi'(0),\quad u_{xx}(0,0)=\varphi''(0),\cdots.$$

从微分方程 $u_y=u$ 可以得到

$$u_y(0,0)=u(0,0)=\varphi(0,0).$$

通过对微分方程求导数可以确定所有剩余的导数:

$$u_{yx}(0,0)=u_x(0,0),\quad \cdots.$$

例 3: 对于初值问题

$$\boxed{\begin{array}{l} u_y=u, \\ u(0,y)=\psi(y)\quad (\text{初始值}), \end{array}}$$

情形完全不同, 这里规定了 u 沿着 y 轴的值.

在此情形, 没有关于 x 导数的任何信息. 事实上, 微分方程与初值问题可以相互矛盾, 以致全然没有解存在. 例如, 解必须满足 $u_y(0,0)=\psi'(0)$, 并且同时满足 $y_y(0,0)=u(0,0)=\psi(0)$, 因而

$$\boxed{\psi(0)=\psi'(0).}$$

对于解的存在的这个必要条件被称为相容性条件; 如果这个条件不被满足, 那么没有解存在.

例 4: 设给定直线 $l: y=\alpha x$, 这里 $\alpha\neq 0$. 为了解初值问题

$$\boxed{\begin{array}{l} u_y=u, \\ u \text{ 沿着直线 } l \text{ 已知}\quad (\text{初始值}), \end{array}}$$

把 l 作为 ξ 坐标轴, 并引进新的坐标系 ξ, y (图 1.127 (b)).

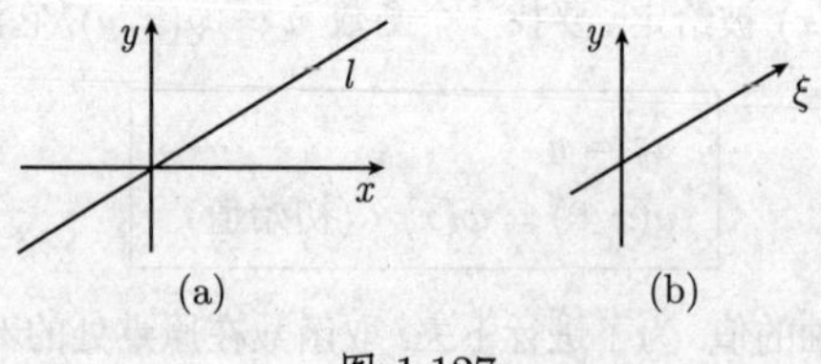

图 1.127

如果把函数 u 在新坐标系中写下, 那么得到问题

$$\boxed{\begin{aligned} &u_y = u,\\ &u(\xi,0) = \varphi(\xi), \end{aligned}}$$

可以用上述例 2 中相同的方法解此问题.[1)]

特征 由于上述例 2~ 例 4 的提示,可以说, 在这些情形, y 轴是微分方程

$$u_y = u$$

的特征, 而过原点的其他任何直线都不是特征.

特征的一般理论及其他们的物理解释将在 1.13.3 中阐述. 同时,微分方程特征的性状可以被用于微分方程的分类(椭圆的、抛物的和双曲的,参阅 1.13.3.2).

粗略地讲, 有

与系统的初始条件相配的特征, 不唯一地确定解, 或根本不允许有解.

从物理的观点看, 特征是重要的, 因为它们描述了波前.波的传播对于自然界中能量的输运是最重要的机理.

例 5: 方程

$$u(x,t) = \varphi(x-ct) \tag{1.238}$$

描述了一个具有速度 c, 从左向右的波的传播(图 1.128).

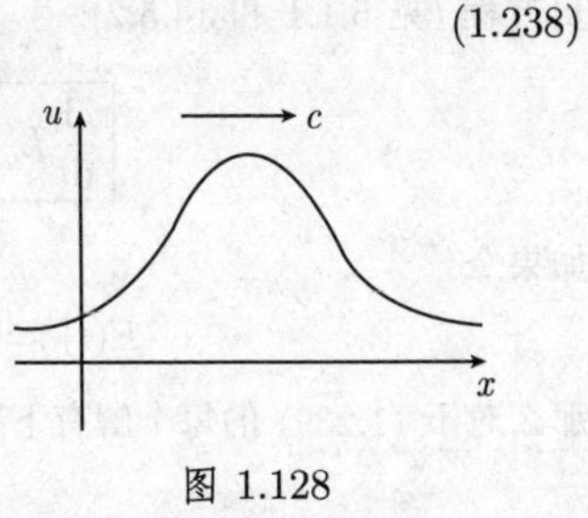

图 1.128

(i) 如果在初始时刻 $t=0$ 指定 u 的值, 那么可以从方程 $u(x,0)=\varphi(x)$ 唯一地确定函数 φ.

(ii) 另一方面, 如果沿着直线 $x-ct=$ 常数 $=a$ 指定 u 的值, 那么只有 $\varphi(a)$ 被确定, 而函数 φ 除了这个值外是任意的.

1.12.3.7 不需实际上解出而可以从微分方程得到的重要信息

在许多情形, 不可能显式地解出微分方程. 因此, 尽可能多地直接从一个给定的微分方程推导得物理上相关的信息是具有很大价值的. 除了其他一些以外, 下述类型的信息可以用这种方式得到:

1) 对于常微分方程和偏微分方程, 这里所描述的幂级数方法的严格证明可以利用柯西 (A. Cauchy, 1789—1855) 定理和柯西–柯瓦列夫斯卡娅 (S. Kowalewskaja, 1850—1891) 定理而被实现, 见 1.12.9.3 和 1.13.5.1.

(i) 守恒律(如能量的守恒);

(ii) 波前方程 (特征), 见 1.13.3.1;

(iii) 最大值原理 (参阅 1.13.4.2);

(iv) 稳定性判别准则 (参阅 1.12.7).

例 (能量守恒): 令 $x = x(t)$ 是微分方程

$$mx''(t) = -U'(x(t))$$

的一个解. 如果令

$$E(t) := \frac{mx'(t)^2}{2} + U(x(t)),$$

则有

$$\frac{\mathrm{d}E(t)}{\mathrm{d}t} = mx''(t)x'(t) + U'(x(t))x'(t) = 0,$$

换言之,

$$\boxed{E(t) = \text{常数}.}$$

这是能量守恒律.

推导这个关系只用到了微分方程, 而未用到解的形式.

1.12.3.8 对称性和守恒律

例 1 (能量守恒): 考虑拉格朗日函数 L 和函数 $P(t) := (q(t), q'(t))$ 的欧拉–拉格朗日方程 (见 5.1.1 和 14.5.2):

$$\boxed{\frac{\mathrm{d}}{\mathrm{d}t}L_{q'}(P(t)) - L_q(P(t)) = 0.} \tag{1.239}$$

如果令

$$E(t) := q'(t)L_{q'}(P(t)) - L(P(t)),$$

那么对于 (1.239) 的每个解有下述能量守恒律:

$$\boxed{E(t) = \text{常数}.} \tag{1.240}$$

守恒律在自然界中具有基本重要性, 并且对于我们周围世界各种形式的稳定性是可靠的保证. 没有守恒律的世界会是完全混沌的.

什么是出现这样的守恒律的深刻原因呢? 对这个困难问题的一个答案如下:

我们的世界的对称性是我们所观察到的守恒律的根源.

这个基本的认识论原理的严格数学表述是诺特 (E. Noether) 于 1918 年证明的著名定理的内容. 这个对理论物理具有极端重要性的定理的更多细节将在 [212] 中被讨论.

例 2: *能量守恒* (1.240) 是诺特定理的一个特殊情形. 从拉格朗日函数 L 不依赖于时间 t 这一事实推得相应的对称性质. 由此, 方程 (1.239) 在时间的平移下是不变的. 这意味着: 若

$$q = q(t)$$

是 (1.239) 的一个解, 那么函数

$$q = q(t + t_0)$$

也是一个解, 其中 t_0 表示一个任意的时间常数.

定义 我们说一个物理系统*在时间平移下是不变的*, 如果下述陈述成立: 如果一个物理过程 $\mathcal{P}$ 是可能的, 那么从 $\mathcal{P}$ 加以一个任意时间常数而得到的过程也是可能的.

> 在时间平移下不变的系统具有一个守恒量, 称为*能量*.

例 3: 我们的太阳的引力场是与时间无关的. 因而, 围绕太阳的所有行星的运动在时间平移下是不变的, 这样, 从一个真实的运动通过一个时间的平移所产生的任何运动都是可能的.

如果太阳的引力场是与时间相关的, 那么初始值 (时间) 的选取对于确定行星的运动是极端重要的. 在此情形, 行星运动的能量守恒不成立 (参阅 1.9.6).

> 在旋转下不变的系统具有一个守恒量,称为*角动量*.
> 角动量守恒意味着 : 如果一个过程 $\mathcal{P}$ 是可能的,
> 那么从 $\mathcal{P}$ 经过一个旋转而得到的过程也是可能的.

例 4: 太阳的引力场是旋转对称的. 这样, 对于太阳系, 角动量是一个守恒量.

> 在平移下不变的系统具有一个守恒量, 称为*动量*.

例 5: 如果让太阳系中的太阳的位置是可变的, 而不是位于原点, 那么太阳系在平移下不变. 这样, 对于太阳系, 动量是一个守恒量. 这等价于下述陈述: 太阳系的质量中心沿一条直线以常速度运动 (参阅 1.9.6).

1.12.3.9 获得唯一性结果的策略

对于常微分方程, 有一个非常简单的一般性的唯一性结果 (参阅 1.12.4.2). 对于偏微分方程, 情况远为复杂. 为了检查解的唯一性, 有以下一些方法:

(i) 能量方法, 它基于能量守恒律 (参阅 1.13.4.1), 以及

(ii) 最大值原理 (参阅 1.13.4.2).

用两个简单的例子来解释基本的想法.

能量方法

例 1: 初值问题

$$mx'' = -x, \quad x(0) = a, \ x'(0) = b \tag{1.241}$$

至多有一个解.

证明: 假设存在两个不同的解 x_1 和 x_2. 那么如同在所有唯一性论证中那样, 考虑它们的差

$$y(t) := x_1(t) - x_2(t).$$

如果能证明 $y(t) \equiv 0$, 那么就完成了证明.

为此, 首先注意, y 的方程是从对于 $x = x_1$ 和 $x = x_2$ 的 (1.241) 相减而得:

$$my'' = -y, \quad y(0) = 0, \ y'(0) = 0.$$

从如同 1.12.3.7 中的能量守恒, 令其中的 $U = y^2/2$, 有

$$\frac{my'(t)^2}{2} + \frac{y(t)^2}{2} = 常数 = E.$$

如果考虑初始时刻 $t = 0$, 那么从关系式 $y(0) = y'(0) = 0$ 得到 $E = 0$. 因而

$$y(t) = 0.$$

在这个证明背后的简单的物理思想是在直观上很清楚的事实:

> 如果一个其中能量守恒成立的系统在某个初始时刻是静止的, 那么该系统无能量, 并且对所有时刻仍是静止的.

最大值原理

例 2: 令 Ω 是 $\mathbb{R}^3$ 中的有界域. 平稳热导方程

$$T_{xx} + T_{yy} + T_{zz} = 0, \quad 在\ \Omega\ 上 \tag{1.242}$$

的每个在闭包 $\overline{\Omega} = \Omega \cup \partial\Omega$ 上的 C^2 解在边界上达到它的最大值和最小值.

特别地, 如果在 $\partial\Omega$ 上对于 (1.242) 的解 T 有 $T \equiv 0$, 那么在 $\overline{\Omega}$ 上 $T \equiv 0$.

物理解释: 如果温度在边界上为零, 那么不存在这样的内点 P, 使得 $T(P) \neq 0$. 否则, 温度变化流将导致一个时间相关热流, 这与系统的时间无关 (平稳) 性相矛盾.

例 3 (唯一性): 令函数 T_0 被给定.边值问题

$$\begin{aligned} &T_{xx} + T_{yy} + T_{zz} = 0, \qquad 在\ \Omega\ 上, \\ &T = T_0, \qquad 在\ \partial\Omega\ 上 \end{aligned} \tag{1.243}$$

至多有一个解.

证明: 如果 T_1 和 T_2 是不同的解, 那么差 $T := T_1 - T_2$ 满足 $T_0 = 0$ 时的方程 (1.243). 因而, 由例子 2 知 $T \equiv 0$.

1.12.4 初等解法

拉普拉斯变换 每个任意阶的常系数线性微分方程, 以及每个这样的微分方程组, 都可以借助于拉普拉斯变换得到其解 (参阅 1.11.1.2).

求积分 按定义, 一个微分方程可以由求积分被解, 如果可以通过计算积分而得到解. 下述所谓的初等解法即为这种类型.[1)]

1.12.4.1 局部存在性和唯一性定理

$$\boxed{\begin{aligned} &x'(t)=f(t,x(t)),\\ &x(t_0)=x_0 \quad (\text{初始值}).\end{aligned}} \tag{1.244}$$

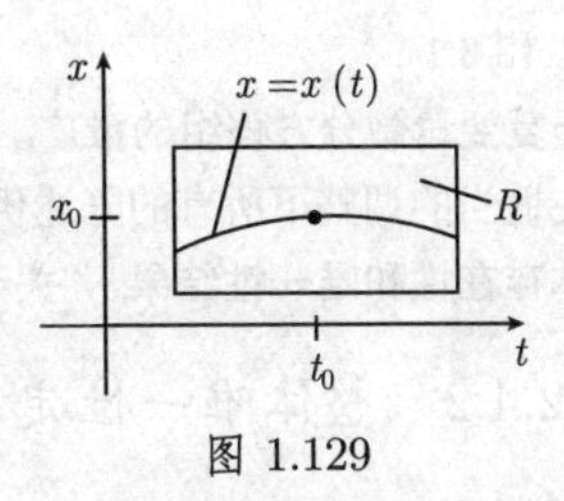

图 1.129

定义 令点 $(t_0,x_0)\in\mathbb{R}^2$ 被给定. 初值问题 (1.244) 是局部唯一可解的, 当且仅当存在一个矩形 $R:=\{(t,x)\in\mathbb{R}^2:|t-t_0|\leqslant\alpha,|x-x_0|\leqslant\beta\}$, 使得在 R 中存在 (1.244) 的一个唯一解 $x=x(t)$ (图 1.129).[2)]

皮卡 (1890) 和林德勒夫 (1894) 定理 如果在点 (t_0,x_0) 的一个邻域中 f 是 C^1 类的, 那么初值问题是局部唯一可解的. 这个解可以利用迭代格式

$$\boxed{x_{n+1}(t)=x_0+\int_{t_0}^{t}f(\tau,x_n(\tau))\mathrm{d}\tau,\quad n=0,1,\cdots}$$

而得到.[3)] 零阶逼近是常数函数 $x_0(t)\equiv x_0$.

放松假设 只需下述假设之一被满足就是充分的了:

(i) 在点 (t_0,x_0) 的一个邻域中 f 和偏导数 f_x 是连续的.

(ii) f 在点 (t_0,x_0) 的一个邻域 U 中是连续的, 并且关于 x 是利普希茨(R. O. S. Lipschitz, 1832—1903) 连续的, 即, 对于在 U 中的所有点 (t,x) 和 (t,y) 有

$$|f(t,x)-f(t,y)|\leqslant \text{常数}\,|x-y|.$$

事实上, (i) 是 (ii) 的一个特殊情形.

佩亚诺 (Peano) 定理 (1890) 如果 f 在点 (t_0,x_0) 的一个邻域 U 中是连续的, 那么初值问题 (1.244) 是局部可解的.

---

1) 最一般的微分方程不能用求积分来解.

有一个一般的对称原理, 许多微分方程通过它由求积分可以得到解, 这是由挪威数学家李 (Sophus Lie, 1842—1899) 发现的. 利用变换群理论的这个原理可以在 [212] 中被找到.

2) 这意味着, 存在 (1.244) 的一个唯一的解 $x=x(t)$, 它对满足 $|t-t_0|\leqslant\alpha$ 的所有时刻 t 有 $|x(t)-x_0|\leqslant\beta$.

3) 这个定理的证明依赖于巴拿赫 (Banach) 不动点定理,可以在 [212] 中找到.

然而, 这样解的唯一性不能被保证.[1]

对于微分方程组的推广 当 (1.244) 表示一个微分方程组的时候, 上面所有的陈述仍然成立. 在这个情形, $x=(x_1,\cdots,x_n)$ 和 $f=(f_1,\cdots,f_n)$. 此时方程 (1.244) 可显式地表为 [2]

$$\boxed{\begin{aligned}&x_j'(t)=f_j(t,x(t)),\quad j=1,\cdots,n,\\&x_j(t_0)=x_{j0}.\end{aligned}} \tag{1.245}$$

根据约化原理, 一个任意阶的任意的微分方程组可以被归化为形式 (1.245) (参阅 1.12.3.1).

对于复变量微分方程组的推广 如果诸 x_j 是复变量, 并且 $f_j(t,x)$ 的值是复的, 那么在适当的调整下所有的陈述仍然成立.

整体存在性和唯一性结果 关于这方面内容, 见 1.12.9.1.

1.12.4.2 整体唯一性定理

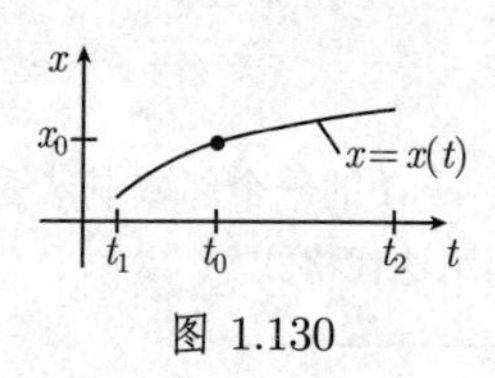

图 1.130

定理 假设 $x=x(t)$, $t_1<t<t_2$ 是 (1.244) 的一个解, 使得每个点 $(t,x(t))$ 有一个邻域 U, 在 U 中 f 是 C^1 的. 那么,[3] 初值问题 (1.244) 在区间 $]t_1,t_2[$ 上没有别的解 (图 1.130).

证明思想: 一个另外的解必定在某个点与所给定的解不同, 而由皮卡 – 林德勒夫定理, 这是不可能的.

推广 对于实值和复值组, 一个类似的结果也成立.

1.12.4.3 求解的一个一般策略

物理学家和工程师 (同样地, 17 世纪和 18 世纪的数学家) 发展了一些容易记忆的和非常简单、形式的方法来解微分方程 (例如, 参阅 1.12.4.4). 如果人们借助于这些方法之一已经找到了一个 "解", 那么有两个重要的问题:

(a) 实际上它是一个解吗?

(b) 这是一个唯一的解吗? 还是有形式的方法没有发现的更多的解?

---

1) 佩亚诺定理不能用绍德尔的不动点定理来证明,它是基于紧性概念的 (参阅 [212]).

2) 在这个情形, 我们用 f_x 表示关于 $x_1,\cdots,x_n$ 的一阶偏导数的矩阵 $(\partial f_j/\partial x_k)$, 并且我们令

$$|x|:=\left(\sum_{j=1}^{n}|x_j|^2\right)^{\frac{1}{2}}.$$

3) 只需下述条件之一被满足就是充分的了:

(i) f 和 f_x 在 U 上是连续的.

(ii) f 在 U 上是连续的, 并且关于 x 满足利普希茨条件.

答案是:

(a) 一个解可以通过在微分方程中显式地实现微商而被确认.

(b) 利用 1.12.4.2 中的整体唯一性结果.

在下一节中我们将考虑这个一般策略的应用.

1.12.4.4 分离变量法

$$\boxed{\begin{aligned}&\frac{\mathrm{d}x}{\mathrm{d}t}=f(t)g(x),\\&x(t_0)=x_0\quad(\text{初始值}).\end{aligned}}\tag{1.246}$$

形式方法 莱布尼茨的微分学优美地导致了

$$\frac{\mathrm{d}x}{g(x)}=f(t)\mathrm{d}t$$

以及

$$\int\frac{\mathrm{d}x}{g(x)}=\int f(t)\mathrm{d}t.$$

如果想提供初始条件, 那么可以写为

$$\boxed{\int_{x_0}^{x}\frac{\mathrm{d}x}{g(x)}=\int_{t_0}^{t}f(t)\mathrm{d}t.}\tag{1.247}$$

定理 如果 f 在 t_0 的一个邻域里是连续的, g 在 x_0 的一个邻域里是 C^1 的, 并且 $g(x_0)\neq 0$, 那么初值问题 (1.246) 是局部唯一可解的. 其解可以通过对 x 解出方程 (1.247) 而得.

注 这个定理保证了对于位于初始时刻的一个小邻域中时刻的解. 一般地, 不可能得到比此更多 (参阅下述例 2). 然而在具体的情形中, 人们可以利用这个方法去得到一个候选解 $x=x(t)$, 它也许在更长的时间区间中存在. 在这点上, 利用在 1.12.4.3 中说明的策略是有利的.

例 1: 考虑初值问题

$$\boxed{\begin{aligned}&\frac{\mathrm{d}x}{\mathrm{d}t}=ax(t),\\&x(0)=x_0\quad(\text{初始值}).\end{aligned}}\tag{1.248}$$

这里 a 是一个实常数. (1.248) 的唯一解是

$$\boxed{x(t)=x_0\mathrm{e}^{at},\quad t\in\mathbb{R}.}\tag{1.249}$$

形式方法 首先假设 $x_0>0$. 那么, 应用分离变量法即产生

$$\int_{x_0}^{x}\frac{\mathrm{d}x}{x}=\int_{t_0}^{t}a\mathrm{d}t.$$

由此即得 $\ln x - \ln x_0 = at$, 因而 $\ln \dfrac{x}{x_0} = at$, 即 $\dfrac{x}{x_0} = \mathrm{e}^{at}$.

精确解 对 (1.249) 求导数给出

$$x' = ax_0\mathrm{e}^{at} = ax,$$

即 (1.249) 中的函数事实上是 (1.248) 的一个解. 由于其右端 $f := ax$ 是 C^1 的, 整体唯一性定理 1.12.4.2 说明了不存在另外的解.

这些考虑对于所有 $x_0 \in \mathbb{R}$ 都是成立的, 然而形式方法对于 $x_0 = 0$ 是失效的, 因为 "$\ln 0 = -\infty$".

例 2:

$$\boxed{\begin{aligned} &\frac{\mathrm{d}x}{\mathrm{d}t} = \frac{(1+x^2)}{\varepsilon}, \\ &x(0) = 0 \quad (\text{初始值}). \end{aligned}} \tag{1.250}$$

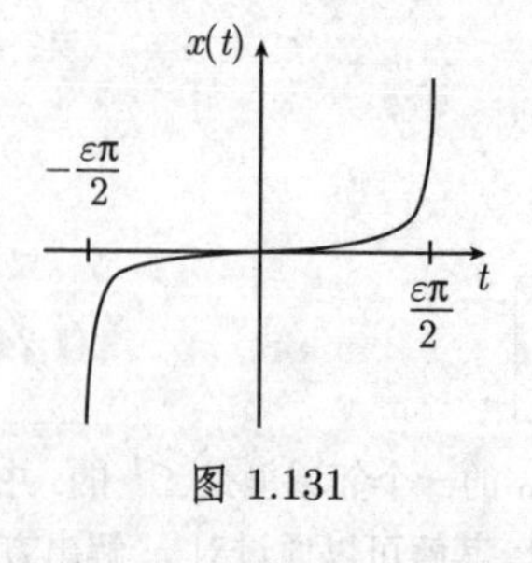

图 1.131

这里 $\varepsilon > 0$ 是一个常数. (1.250) 的唯一确定的解是

$$\boxed{x(t) = \tan\frac{t}{\varepsilon}, \quad -\frac{\varepsilon\pi}{2} < t < \frac{\varepsilon\pi}{2}.}$$

并且当$t \to \dfrac{\varepsilon\pi}{2} - 0$ 时有 $x(t) \to \infty$. ε 越小, 解破裂得越快 (图 1.131).

形式方法 分离变量法产生了

$$\int_0^x \frac{\mathrm{d}x}{1+x^2} = \int_0^t \frac{\mathrm{d}t}{t},$$

以致 $\arctan x = t/\varepsilon$, 即 $x = \tan(t/\varepsilon)$.

精确解 结果如同在例 1 中所有.

1.12.4.5 线性微分方程和传播子

$$\boxed{\begin{aligned} x' &= A(t)x + B(t), \\ x(0) &= x_0 \quad (\text{初始值}). \end{aligned}} \tag{1.251}$$

定理 如果在一个开区间 J 上 $A, B: J \to \mathbb{R}$ 是连续的, 那么初值问题 (1.251) 在 J 上有唯一解

$$\boxed{x(t) = P(t,t_0)x_0 + \int_{t_0}^t P(t,\tau)B(\tau)\mathrm{d}\tau,} \tag{1.252}$$

其中的 $P(t,\tau)$ 是所谓的传播子:

$$P(t,\tau) := \exp\left(\int_\tau^t A(s)\mathrm{d}s\right).$$

对于传播子, 有

$$P_t(t,\tau) = A(t)P(t,\tau), \quad P(\tau,\tau) = 1, \tag{1.253}$$

并且对于 $t_1 < t_2 < t_3$ 我们有 $P(t_3,t_1) = P(t_3,t_2)P(t_2,t_1)$.

证明: 对 (1.252) 求微商, 产生

$$x'(t) = P_t(t,t_0)x_0 + \int_{t_0}^t P_t(t,\tau)B(\tau)\mathrm{d}\tau + P(t,t)B(t).$$

考虑到 (1.253), 得到

$$x'(t) = A(t)x(t) + B(t).$$

唯一性从 1.12.4.2 中的整体唯一性结果即得. □

传播子的基本重要性将在 1.12.6.1 中讨论.

利用一种所谓常数变易法的方法求得了解 (1.252), 常数变易法是拉格朗日在处理行星运动时所发明的.

常数变易法 第 1 步: 齐次问题的解. 如果令 $B \equiv 0$, 那么从 (1.251) 由分离变量法我们得到表达式

$$\int_{x_0}^x \frac{\mathrm{d}x}{x} = \int_{t_0}^t A(s)\mathrm{d}s.$$

对于 $x_0 > 0$, 这给出了 $\ln\dfrac{x}{x_0} = \displaystyle\int_{t_0}^t A(s)\mathrm{d}s$, 因而

$$x = C\exp\left(\int_{t_0}^t A(s)\mathrm{d}s\right), \tag{1.254}$$

其中常数 $C = x_0$.

第 2 步: 非齐次问题的解. 拉格朗日的想法是, 通过引进扰动 B, 常数 $C = C(t)$ 就变为依赖于时间的了. 对 (1.254) 求微商产生

$$x' = C'\exp\left(\int_{t_0}^t A(s)\mathrm{d}s\right) + Ax.$$

将其与给定的微分方程 $x' = Ax + B$ 相比较, 可以得到微分方程

$$C'(t) = \exp\left(-\int_{t_0}^t A(s)\mathrm{d}s\right)B(t),$$

它的解为

$$C(t) = x_0 + \int_{t_0}^t \exp\left(-\int_{t_0}^\tau A(s)\mathrm{d}s\right)B(\tau)\mathrm{d}\tau.$$

这就是 (1.252).

叠加原理的应用

例 3: 一个直觉的猜测导致微分方程

$$x' = x - 1 \tag{1.255}$$

的一个特解 $x = 1$. 由 (1.248), 齐次方程 $x' = x$ 有通解 $x =$ 常数 $\cdot \mathrm{e}^t$. 因而, 由 1.12.3.2 中的叠加原理, 微分方程 (1.255) 有通解

$$x = \text{常数} \cdot \mathrm{e}^t + 1.$$

1.12.4.6 伯努利微分方程

$$\boxed{x' = A(t)x + B(t)x^\alpha, \quad \alpha \neq 1.}$$

由代换 $y = x^{1-\alpha}$, 可以由此得到线性微分方程

$$y' = (1-\alpha)Ay + (1-\alpha)B.$$

这个微分方程由雅各布 · 伯努利 (J. Bernoulli, 1654—1705) 首先研究.

1.12.4.7 里卡蒂微分方程和控制问题

$$\boxed{x' = A(t)x + B(t)x^2 + C(t).} \tag{1.256}$$

如果知道它的一个特解 x_*, 那么通过代换 $x = x_* + \dfrac{1}{y}$ 就得到线性微分方程

$$-y' = (A + 2x_* B)y + B. \tag{1.257}$$

例: 非齐次逻辑斯谛方程

$$x' = x - x^2 + 2$$

有特解 $x = 2$. 其相应的微分方程 (1.257) 是 $y' = 3y + 1$, 因而有通解 $y = \dfrac{1}{3}(C\mathrm{e}^{3t} - 1)$. 由此及 (1.256) 即得带常数 C 的通解

$$x = 2 + \frac{3}{C\mathrm{e}^{3t} - 1}, \qquad t \in \mathbb{R}.$$

交比 如果知道 (1.256) 的 3 个解 x_1, x_2 和 x_3, 那么通过下述条件可以得到 (1.256) 的通解 $x = x(t)$: 这 4 个函数的交比

$$\boxed{\frac{x(t) - x_2(t)}{x(t) - x_1(t)} : \frac{x_3(t) - x_2(t)}{x_3(t) - x_1(t)}}$$

是常数. 由里卡蒂 (J. C. Riccati, 1676—1754) 所研究的这个微分方程今天在具有二次费用函数的 (线性) 控制理论中起着中心的作用 (参阅 5.3.2).

1.12.4.8 齐次微分方程

$$\boxed{x' = F(x,t).}$$

如果对于所有 $\lambda \in \mathbb{R}$ 有 $F(\lambda x, \lambda t) = F(x,t)$, 则 $F(x,t) = f\left(\frac{x}{t}\right)$, 这意味着 F 实际上只是比 x/t 的函数. 代换

$$y = \frac{x}{t}$$

即导致微分方程

$$\frac{\mathrm{d}y}{\mathrm{d}t} = \frac{f(y) - y}{t},$$

而它则可通过分离变量法得到解.

例: 微分方程

$$x' = \frac{x}{t} \tag{1.258}$$

可通过代换 $y = x/t$ 变为方程 $y' = 0$; 它有 (通) 解 $y =$ 常数. 因而,

$$x = 常数 \cdot t$$

是 (1.258) 的通解.

1.12.4.9 正合微分方程

$$\boxed{\begin{aligned} &\frac{\mathrm{d}x}{\mathrm{d}t} = \frac{f(x,t)}{g(x,t)}, \\ &x(t_0) = x_0 \quad (初始值). \end{aligned}} \tag{1.259}$$

令 $g(x_0, t_0) \neq 0$.

定义 微分方程 (1.259) 被称为正合的, 当且仅当在 (x_0, t_0) 的一个邻域 U 中 f 和 g 是 C^1 的, 并且在 U 中满足相容性条件

$$\boxed{f_x(x,t) = -g_t(x,t).} \tag{1.260}$$

定理 在具有正合性的情形, 方程 (1.259) 是局部可解的. 从方程

$$\boxed{\int_{x_0}^{x} g(\xi, \xi_0)\mathrm{d}\xi = \int_{t_0}^{t} f(x_0, \tau)\mathrm{d}\tau} \tag{1.261}$$

中解出 x 即得其解.

这是分离变量法的一个推广 (参阅 1.12.4.4).

全微分 解的公式 (1.261) 等价于下述过程:

(i) 把微分方程写成形式

$$g\mathrm{d}x - f\mathrm{d}t = 0.$$

(ii) 作为方程

$$\mathrm{d}F = g\mathrm{d}x - f\mathrm{d}t$$

的解确定函数 F. 由于 $\mathrm{d}(\mathrm{d}F) = (g_t + f_x)\mathrm{d}t \wedge \mathrm{d}x$ 和 (1.260), 满足可积性条件 $\mathrm{d}(\mathrm{d}F) = 0$.

(iii) 对 x 解方程

$$F(x,t) = F(x_0,t_0),$$

并且得到 (1.259) 的一个解 $x = x(t)$. 显式地, 这意味着

$$F(x,t) = \int_{x_0}^{x} f(\xi,t_0)\mathrm{d}\xi - \int_{t_0}^{t} f(x_0,\tau)\mathrm{d}\tau + \text{常数}.$$

由此即得 (1.261).

在一些简单情形不必利用 (1.261), 因为函数容易被猜出来. 下述例子就说明了此点.

例: 方程

$$\boxed{\frac{\mathrm{d}x}{\mathrm{d}t} = -\frac{3x^2t^2 + x}{2xt^3 + t}} \tag{1.262}$$

可以写为下述形式:

$$(2xt^3 + t)\mathrm{d}x + (3x^2t^2 + x)\mathrm{d}t = 0.$$

人们容易猜测, 方程

$$\mathrm{d}F = F_x\mathrm{d}x + F_t\mathrm{d}t = (2xt^3 + t)\mathrm{d}x + (3x^2t^2 + x)\mathrm{d}t$$

有解 $F(x,t) = x^3t^3 + xt$. 方程 $F(x,t) =$ 常数, 即

$$\boxed{x^3t^3 + xt = \text{常数}}$$

描述了表示 (1.262) 的通解的一族曲线.

1.12.4.10 欧拉乘子

如果微分方程 (1.261) 不是正合的, 那么可以尝试用 $M(x,t)$ 同时乘以分母和分子, 得到一个新的微分方程

$$\boxed{\frac{\mathrm{d}x}{\mathrm{d}t} = \frac{M(x,t)f(x,t)}{M(x,t)g(x,t)},}$$

而它是正合的. 如果因子 M 做到了这点, 那么它就称为一个**欧拉乘子**.

例: 如果把这个方法应用于

$$\boxed{\frac{\mathrm{d}x}{\mathrm{d}t}=-\frac{3x^4t^3+x^3t}{2x^3t^4+x^2t^2},}$$

取 $M:=1/x^2t$, 那么就得到正合微分方程 (1.262).

1.12.4.11 高阶微分方程

类型 1 (能量方法)

$$\boxed{x''=f(x).} \tag{1.263}$$

令 $F(x)=\int f\mathrm{d}x$, 即, F 是 f 的原函数. 对于非常数解, 方程 (1.263) 等价于所谓的能量守恒方程

$$\boxed{\frac{x'^2}{2}-F(x)=\text{常数}.} \tag{1.264}$$

事实上, 求导数给出了

$$\boxed{\frac{\mathrm{d}}{\mathrm{d}t}\left(\frac{x'^2}{2}-F(x)\right)=(x''-f(x))x'.}$$

因而, (1.263) 的每个解也是 (1.264) 的解. 对于非常数解, 其逆也成立.

这个方法对于确定地球的宇宙极限速度的一个应用将在 1.12.5.1 中考虑.

类型 2 (约化为低阶方程)

$$\boxed{x''=f(x',t),\quad x(t_0)=x_0,\quad x'(t_0)=v.} \tag{1.265}$$

由代换 $y=x'$ 得到一阶方程

$$y'=f(y,t),\quad y(t_0)=v,$$

其解 $y=y(t)$ 产生 (1.265) 的解

$$x(t)=x_0+\int_{t_0}^{t}y(\tau)\mathrm{d}\tau.$$

类型 3 (逆函数方法)

$$\boxed{x''=f(x,x'),\quad x(t_0)=x_0,\quad x'(t_0)=v.} \tag{1.266}$$

利用形式的莱布尼茨微积分演算, 并且令

$$p:=\frac{\mathrm{d}x}{\mathrm{d}t}.$$

那么, 从 (1.266) 即得

$$\frac{\mathrm{d}p}{\mathrm{d}t} = f(x,p).$$

链式法则 $\frac{\mathrm{d}p}{\mathrm{d}x} = \frac{\mathrm{d}p}{\mathrm{d}t}\frac{\mathrm{d}t}{\mathrm{d}x} = \frac{\mathrm{d}p}{\mathrm{d}t}\frac{1}{p}$ 蕴涵着

$$\frac{\mathrm{d}p}{\mathrm{d}x} = \frac{f(x,p)}{p}, \quad p(x_0) = v.$$

从这个方程的解 $p = p(x)$ 及 $\frac{\mathrm{d}t}{\mathrm{d}x} = \frac{1}{p}$, 可以得到函数

$$t(x) = t_0 + \int_{x_0}^{x} \frac{\mathrm{d}\xi}{p(\xi)}.$$

此时 $t = t(x)$ 之逆就是 (1.266) 的解.

这些形式考虑可以被严格地验证.

类型 4 (常数变易法)

$$\boxed{a(t)x'' + b(t)x' + c(t)x = d(t).}$$

如果知道 $d \equiv 0$ 时的齐次方程的一个特解 x_*, 那么令

$$x(t) = C(t)x_*(t)$$

就导致一阶线性方程

$$ax_*y' + (2ax_*' + bx_*)y = d,$$

其中 $C' = y$, 即 $C = \int y\mathrm{d}t$.

类型 5 (欧拉 – 拉格朗日方程)

$$\boxed{\frac{\mathrm{d}}{\mathrm{d}t}L_{x'} - L_x = 0.}$$

这里 $L = L(x, x', t)$. 所有可以从变分问题得到的微分方程都有这种形式. 解这类方程的特殊方法可以在 5.1.1 中找到.

1.12.4.12 一阶微分方程的几何解释

给定微分方程

$$\boxed{x' = f(t,x).} \tag{1.267}$$

这个方程在每个点 (t,x) 处与一数 $m := f(t,x)$ 相联系. 通过每个点 (t,x) 画具有斜率 m 的一条短线段. 用这种方式形成了一个方向场 (图 1.132(a)). (1.267) 的解刚好是这样的曲线 $x = x(t)$, 它适合这个方向场, 即, 该曲线在点 $(x(t),t)$ 处的斜率等于 $m = f(t,x(t))$ (图 1.132(b)).

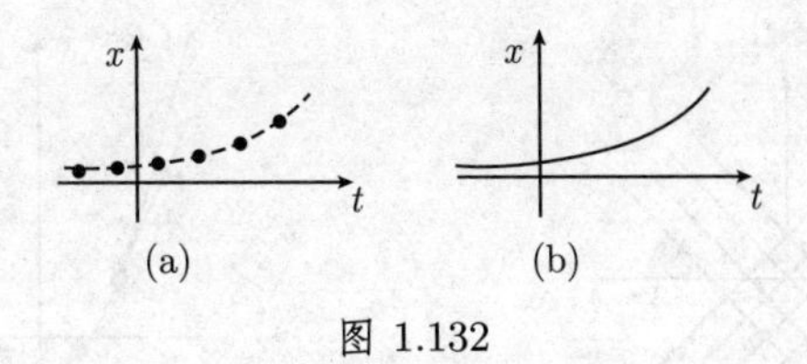

图 1.132

解的分支 (分歧) 在隐式微分方程

$$\boxed{F(t,x,x')=0} \tag{1.268}$$

的情形, 对每个点 (t,x), 有可能存在几个方向元素 m 满足方程 $F(t,x,m)=0$. 几个不同的解可以通过这样的点.

例: 微分方程

$$x'^2=1$$

有两族曲线 $x=\pm t+$ 常数作为解曲线 (图 1.133).

1.12.4.13 包络和奇异解

定理 如果微分方程 (1.268) 有一族具有包络[1] 的解, 那么此包络也是该微分方程的解, 并且被称为一个奇异解.

构造 在 (1.268) 的奇异解存在的情形, 它可以通过解微分方程组

$$F(t,x,C)=0, \quad F_{x'}(t,x,C)=0, \tag{1.269}$$

并且消去常数 C[2] 而得到.

例: 克莱罗微分方程[3]

$$\boxed{x=tx'-\frac{1}{2}x'^2} \tag{1.270}$$

有一族由直线族

$$\boxed{x=tC-\frac{1}{2}C^2} \tag{1.271}$$

组成的解, 其中 C 为常数. 根据 3.7.1, 对 (1.271) 关于 C 求微商, 即用

$$0=t-C.$$

1) 这个概念在 3.7.1 中被定义.

2) 我们在这里假设, 通过隐函数定理, 这样一个 (局部) 解是可能的.

3) 法国数学家、物理学家和天文学家克莱罗 (A. C. Clairaut, 1713—1765) 在巴黎研究此方程.

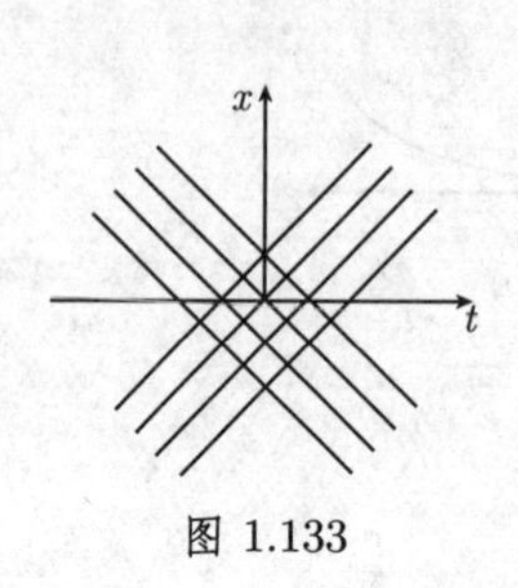

图 1.133

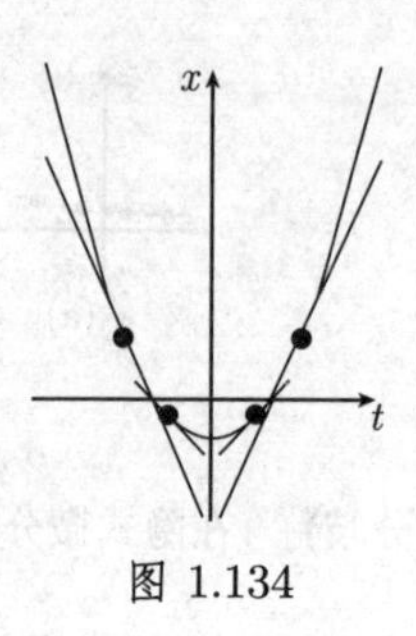

图 1.134

从 (1.271) 中消去 C, 就得到它的包络. 这导致了

$$\boxed{x = \frac{1}{2}t^2} \tag{1.272}$$

是 (1.270) 的奇异解. 可以从抛物线及其切线族 (1.271)(图 1.134) 得到 (1.270) 的所有解. 可以通过利用 (1.269) 的方法得到相同的结果.

1.12.4.14 勒让德切触变换方法

基本思想 当给定的微分方程

$$\boxed{f(t,x,x') = 0} \tag{1.273}$$

用所求函数 $x = x(t)$ 的导数 x' 表示时为复杂的, 而作为 x 的函数时是简单的时候, 我们用勒让德 (Legendre, 1752—1833) 的切触变换. 在这个情形, 对于所求函数 $\xi = \xi(\tau)$ 的变换后的微分方程

$$\boxed{F(\tau,\xi,\xi') = 0} \tag{1.274}$$

关于微商 ξ' 有一个简单的结构. 在勒让德变换下, 微商 x' 变为自变量 τ.

定义 勒让德变换 $(t,x,x') \mapsto (\tau,\xi,\xi')$ 由关系式

$$\boxed{\tau = x', \quad \xi = tx' - x, \quad \xi' = t} \tag{1.275}$$

所定义. 这里所有的变量都考虑为实值的. 对称地, 其逆变换由

$$\boxed{t = \xi', \quad x = \tau\xi' - \xi, \quad x' = \tau} \tag{1.276}$$

给出. 自然地, 与关系式 (1.276) 相联, 存在 $f = f(t,x,x')$ 的一个变换 F:

$$\boxed{F(\tau,\xi,\xi') := f(\xi',\tau\xi' - \xi,\tau).}$$

1.12.4.14.1 勒让德变换的基本不变性质

在勒让德变换下, 微分方程的解是不变的.

定理 (i) 如果 $x = x(t)$ 是微分方程 (1.273) 的一个解, 那么由参数化

$$\tau = x'(t), \quad \xi = tx'(t) - x(t)$$

给出的函数 $\xi = \xi(\tau)$ 是变换后的方程 (1.274) 的一个解.

(ii) 反之, 如果 $\xi = \xi(\tau)$ 是微分方程 (1.274) 的一个解, 那么由参数化

$$t = \xi'(\tau), \quad x = \tau\xi'(\tau) - \xi(\tau) \tag{1.277}$$

给出的函数 $x = x(t)$ 是原来的方程 (1.273) 的一个解.

1.12.4.14.2 对于克莱罗微分方程的应用

在勒让德变换 (1.275) 下, 微分方程

$$x - tx' = g(x') \tag{1.278}$$

变为方程

$$-\xi = g(\tau).$$

这个方程不再包含导数, 容易解出. 从逆变换 (1.277) 我们得到参数化

$$t = -g'(\tau), \quad x = -\tau g'(\tau) + g(\tau),$$

它是 (1.278) 的一个解. 由此得到 (1.278) 的一族具有参数 τ 的解:

$$x = \tau t + g(\tau).$$

这是一族直线.

1.12.4.14.3 对于拉格朗日微分方程的应用

$$a(x')t + b(x')x + c(x') = 0. \tag{1.279}$$

勒让德变换 (1.276) 在这里产生了线性微分方程

$$a(\tau)\xi' + b(\tau)(\tau\xi' - \xi) + c(\tau) = 0,$$

容易解此方程 (参阅 1.12.4.5). 逆变换 (1.277) 产生了 (1.279) 的解.

1.12.4.14.4 勒让德变换的几何解释

勒让德变换的基本几何想法是: 不把曲线看成一个点集, 而是看成它所有切线的包络.

这些切线的方程, 是一条曲线在切坐标中的方程 (图 1.135). 对这个想法, 我们要给出一个解析描述. 令在点坐标 (t,x) 中给出一条曲线 C 的方程

$$\boxed{x=x(t).}$$

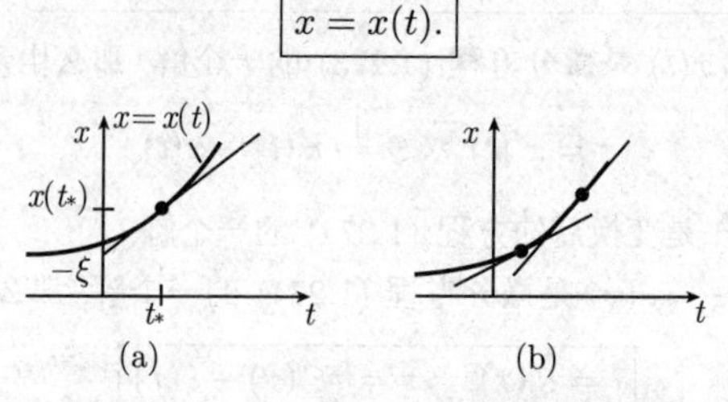

图 1.135　在一条曲线上切线的包络

在曲线 C 的一个固定点 $(t_*,x(t_*))$ 处这条曲线的切线方程是

$$\boxed{x=\tau t-\xi,} \tag{1.280}$$

其中 τ 为斜率, $-\xi$ 为与 x 轴的交 (图 (1.135(a)). 因而有

$$\begin{aligned}\tau&=x'(t_*),\\ \xi&=t_*x'(t_*)-x(t_*).\end{aligned} \tag{1.281}$$

每条切线由其切坐标 (τ,ξ) 所唯一确定. C 的所有这些切线的全体由方程

$$\boxed{\xi=\xi(\tau)} \tag{1.282}$$

给出.

(i) 曲线 C 在切坐标中的方程 (1.282) 是从 (1.281) 通过消去参数 t_* 而得到的.

(ii) 反之, 如果 C 在切坐标中方程 (1.282) 被给定, 那么根据 (1.280) 我们以下述形式得到 C 的切线族的方程:

$$x=\tau t-\xi(\tau).$$

这族切线的包络通过从方程组

$$x=\tau t-\xi(\tau),\quad \xi'(\tau)-t=0$$

中消去参数 τ 而得到 (参阅 3.7.1). 这产生了 C 的方程 $x=x(t)$.

从点坐标到切坐标的变换恰好相应于勒让德变换.

例: 曲线 $x=\mathrm{e}^t$, $t\in\mathbb{R}$ 在切坐标中的方程由 (图 1.136)

$$\xi=\tau\ln\tau-\tau,\quad \tau>0$$

给出. 下述事实是有决定作用的:

勒让德变换把曲线的方向元素(t, x, x')变为另一曲线的方向元素(τ, ξ, ξ')(图1.136).

由此, 把勒让德变换称为切触变换 (参阅 1.13.1.11).

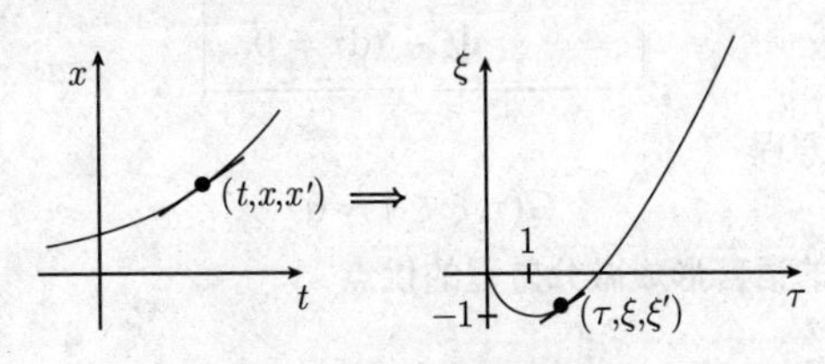

图 1.136 勒让德变换

下述考虑是勒让德变换的解析核心, 并可以一种普遍的方式被应用于任意的常微分方程组和偏微分方程组. 这就用实例说明了嘉当的 (外) 微分运算的优美和广泛适应性.

1.12.4.14.5 微分形式和勒让德的积方法

如果令 $\tau = x'$, 那么可以把原来的微分方程

$$F(t, x, x') = 0 \tag{1.283}$$

表为其等价的形式

$$\begin{aligned} &F(t, x, \tau) = 0, \\ &\mathrm{d}x - \tau \mathrm{d}t = 0. \end{aligned} \tag{1.284}$$

我们将在 (1.287) 中解释, 对于纯粹几何诠释而言, (1.284) 多于 (1.283). 勒让德的方法是对微分形式应用积规则 [1)]

$$\mathrm{d}(\tau t) = \tau \mathrm{d}t + t \mathrm{d}\tau. \tag{1.285}$$

用此方法, 新的方程

$$\begin{aligned} &F(t, x, \tau) = 0, \\ &\mathrm{d}(\tau t - x) - t \mathrm{d}\tau = 0 \end{aligned} \tag{1.286}$$

即从方程 (1.284) 得到. 如果引进新的变量

$$\xi := \tau t - x,$$

1) 这个有效的一般方法也是理论力学中和热力学中勒让德变换的基础.

这个方程特别简单. 从 (1.286) 即得 $\mathrm{d}\xi - t\mathrm{d}\tau = 0$, 即 $\xi' = t$. 因而得到

$$\tau = x', \quad \xi = x't - x, \quad \xi' = t.$$

这样, 方程 (1.286) 就变为形式

$$\boxed{\begin{aligned} F(\xi', \tau t - \xi, \tau t) = 0, \\ \mathrm{d}\xi - t\mathrm{d}\tau = 0, \end{aligned}}$$

它等价于变换后的方程

$$G(\tau, \xi, \xi') = 0.$$

用嘉当的微分运算的语言形成微分方程的优点

例: 微分方程

$$\frac{\mathrm{d}x}{\mathrm{d}t} = \frac{x}{t} \tag{1.287}$$

是不适定的, 因为它在 $t = 0$ 处包含一个奇点. 此外, (1.287) 并不确切地反映如在图 1.137 中由一族方向元素所给出的几何状况.

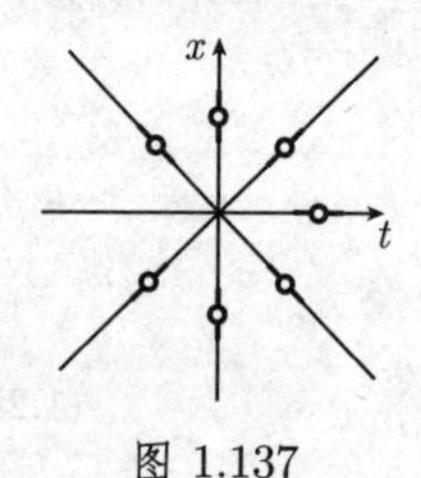

图 1.137

曲线族 $x =$ 常数 $\cdot\, t$ 和 $t = 0$ 适合这族方向元素. 然而, 解 $t = 0$ 不出现在 (1.287) 中. 正确的几何表述基于通过参数化

$$x = x(p), \quad t = t(p)$$

及代替 (1.287) 考虑方程

$$\frac{\mathrm{d}x(p)}{\mathrm{d}p} t(p) - x(p) \frac{\mathrm{d}x(p)}{\mathrm{d}p} = 0$$

而得到. 上述方程可写为简洁形式:

$$t\mathrm{d}x - x\mathrm{d}t = 0.$$

这相应于 (1.284) 中的过程, 在其中, 为了简单起见消去了变量 τ.

当用微分形式的语言在嘉当 – 凯勒的基本形式中考虑任意的偏微分方程组的时候, 这种形式表示的功效是显然的 (参阅 1.13.5.4).

1.12.4.14.6 应用于二阶微分方程

在这个情形利用勒让德变换

$$\boxed{\tau = x', \quad \xi = tx' - x, \quad \xi' = t, \quad \xi'' = \frac{1}{x''}}$$

及其逆变换

$$\boxed{t = \xi', \quad x = \tau\xi' - \xi, \quad x' = \tau, \quad x'' = \frac{1}{\xi''}.}$$

例: 应用勒让德变换于

$$x''x' = 1 \tag{1.288}$$

产生了

$$\xi'' = \tau,$$

它的通解为

$$\xi = \frac{\tau^3}{6} + C\tau + D.$$

由于 $x = \tau\xi' - \xi$ 和 $t = \xi'$, 由此就得到 (1.288) 的参数形式的解

$$x = \frac{\tau^3}{3} - D, \quad t = \frac{\tau^2}{2} + C,$$

其中 τ 是参数, 而 C 和 D 是常数.

1.12.5 应用

1.12.5.1 对地球的逃逸速度

一枚火箭在地球引力场中的径向运动 $r = r(t)$ 由牛顿运动定律给出

$$\boxed{mr'' = -\frac{GMm}{r^2}, \quad r(0) = R, \quad r'(0) = v} \tag{1.289}$$

(R 是地球半径, m 是火箭的质量, M 是地球的质量, G 是引力常数). 能量守恒定律 (1.264) 产生了

$$r'^2 = \frac{2GM}{r} + \text{常数}.$$

计入初始条件, 这意味着

$$r'^2 = \frac{2GM}{r} + \left(v^2 - \frac{2GM}{R}\right).$$

要确定火箭的初始速度 v, 这个速度对于火箭逃逸出地球引力场是必要的, 即, 使得对所有时刻 t 都有 $r'(t) > 0$ (图 1.138). v 的最小可能的值从方程 $v^2 - 2GM/R = 0$ 得到, 即

$$\boxed{v = \sqrt{\frac{2GM}{R}} = 11.2\ \mathrm{km \cdot s^{-1}}.}$$

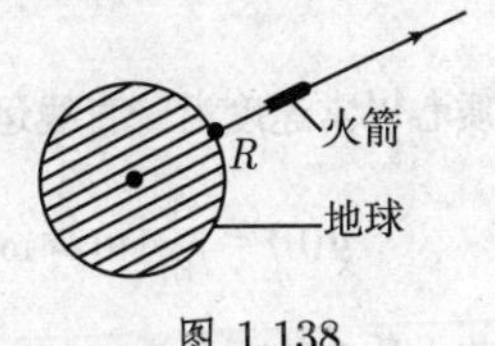

图 1.138

这就是所求的对地球的逃逸速度. 这个起始速度 v 相应于火箭的运动由

$$r(t) = \left(R^{3/2} + \frac{3}{2}\sqrt{2GM}t\right)^{2/3}$$

给出.

1.12.5.2 二体问题

天体力学中的二体问题可以被归结为两个物体关于其中另一个物体的相对运动的一个一体问题, 这导致了开普勒 (Kepler, 1571—1630) 的运动定律.

牛顿运动定律 对于分别具有质量 m_1 和 m_2 的、总质量为 $m = m_1 + m_2$ 的两个天体, 我们研究它们的运动

$$\boldsymbol{x}_1 = \boldsymbol{x}_1(t) \quad 和 \quad \boldsymbol{x}_2 = \boldsymbol{x}_2(t).$$

例如, m_1 可以是太阳的质量, m_2 可以是其行星之一的质量 (图 1.139). 运动定律为

$$\boxed{\begin{aligned}&m_1\boldsymbol{x}_1'' = \boldsymbol{F}, \quad m_2\boldsymbol{x}_2'' = -\boldsymbol{F},\\&\boldsymbol{x}_j(0) = \boldsymbol{x}_{j0}, \quad \boldsymbol{x}_j'(0) = \boldsymbol{v}_j, \quad j = 1, 2 \quad (初始值),\end{aligned}} \tag{1.290}$$

其中牛顿引力 $\boldsymbol{F}$ 为

$$\boldsymbol{F} = G\frac{m_1 m_2(\boldsymbol{x}_2 - \boldsymbol{x}_1)}{|\boldsymbol{x}_2 - \boldsymbol{x}_1|^3}$$

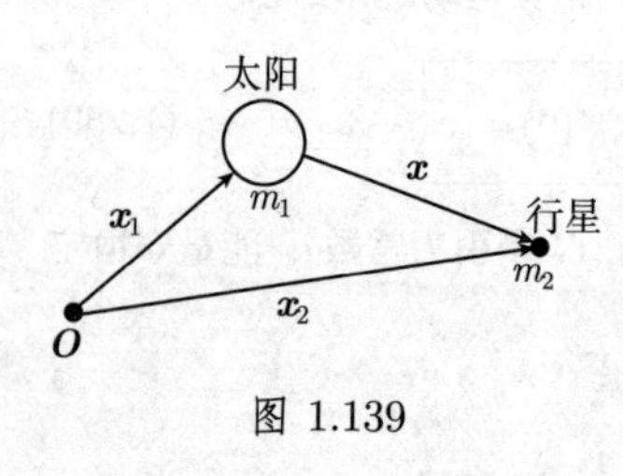

图 1.139

(G 是引力常数). (1.290) 中力 $\boldsymbol{F}$ 和 $-\boldsymbol{F}$ 的出现相应于牛顿定律 “作用力 = 反作用力”.

质心运动的分离 对于这个系统的质心

$$\boldsymbol{y} := \frac{1}{m}(m_1\boldsymbol{x}_1 + m_2\boldsymbol{x}_2)$$

以及总动量 $\boldsymbol{P} = m\boldsymbol{y}'$, 从 (1.290) 我们得到总动量守恒

$$\boldsymbol{P}' = \boldsymbol{0},$$

这意味着 $m\boldsymbol{y}'' = \boldsymbol{0}$, 它有解

$$\boldsymbol{y}(t) = \boldsymbol{y}(0) + t\boldsymbol{y}'(0).$$

因而质心以常速度沿一直线运动. 显式地, 有

$$\boldsymbol{y}(0) = \frac{1}{m}(m_1\boldsymbol{x}_{10} + m_2\boldsymbol{x}_{20}), \quad \boldsymbol{y}'(0) = \frac{1}{m}(m_1\boldsymbol{v}_1 + m_2\boldsymbol{v}_2).$$

对于关于质心的相对运动

$$\boldsymbol{y}_j := \boldsymbol{x}_j - \boldsymbol{y},$$

可以得到运动方程

$$m_1\boldsymbol{y}_1'' = \boldsymbol{F}, \quad m_2\boldsymbol{y}_2'' = -\boldsymbol{F}, \quad m_1\boldsymbol{y}_1 + m_2\boldsymbol{y}_2 = \boldsymbol{0}.$$

在系统由太阳及一个行星组成时, 其质心 $\boldsymbol{y}$ 位于太阳的内部.

两个天体关于其中另一个的相对运动 对于

$$\boldsymbol{x} := \boldsymbol{x}_2 - \boldsymbol{x}_1,$$

从 $\boldsymbol{x} = \boldsymbol{y}_2 - \boldsymbol{y}_1$ 可以得到运动定律

$$\boxed{\begin{aligned} & m_2\boldsymbol{x}'' = -\frac{Gmm_2\boldsymbol{x}}{|\boldsymbol{x}|^3}, \\ & \boldsymbol{x}(0) = \boldsymbol{x}_{20} - \boldsymbol{x}_{10}, \quad \boldsymbol{x}'(0) = \boldsymbol{v}_2 - \boldsymbol{v}_1. \end{aligned}} \tag{1.291}$$

这是质量为 m_2 的一物体在质量为 m 的物体的引力场中的一体问题.

如果知道 (1.291) 的解, 那么通过

$$\boldsymbol{x}_1(t) = \boldsymbol{y}(t) - \frac{m_2}{m}\boldsymbol{x}(t), \quad \boldsymbol{x}_2(t) = \boldsymbol{y}(t) - \frac{m_1}{m}\boldsymbol{x}(t)$$

可以得到原来的运动方程 (1.290) 的一个解.

守恒律 从 (1.291) 即得能量和角动量守恒律

$$\frac{m_2}{2}\boldsymbol{x}'(t)^2 + U(\boldsymbol{x}(t)) = 常数 = E, \tag{1.292}$$

$$m_2\boldsymbol{x}(t) \times \boldsymbol{x}'(t) = 常数 = \boldsymbol{N}, \tag{1.293}$$

其中 (参阅 1.9.6):

$$U(\boldsymbol{x}) = -\frac{Gmm_2}{|\boldsymbol{x}|}, \quad E = \frac{m_2}{2}\boldsymbol{x}'(0)^2 + U(\boldsymbol{x}(0)), \quad \boldsymbol{N} = m_2\boldsymbol{x}(0) \times \boldsymbol{x}'(0).$$

选取初始条件, 使得 $\boldsymbol{N} \neq \boldsymbol{0}$.

平面运动 从角动量守恒 (1.293) 即得, 对所有时刻 t 有 $\boldsymbol{x}(t)\boldsymbol{N} = 0$. 因此, 该运动被限制于一个垂直于向量 $\boldsymbol{N}$ 的平面中. 选取 z 轴在向量 $\boldsymbol{N}$ 的方向的笛卡儿坐标系 (x, y, z). 那么 $\boldsymbol{x}(t)$ 就位于 (x, y) 平面中, 即有

$$\boldsymbol{x}(t) = x(t)\boldsymbol{i} + y(t)\boldsymbol{j}.$$

极坐标(图 1.140) 选取极坐标

$$x = r\cos\varphi, \quad y = r\sin\varphi,$$

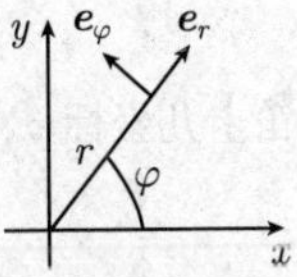

并且引进单位向量

图 1.140

$$\boldsymbol{e}_r := \cos\varphi\boldsymbol{i} + \sin\varphi\boldsymbol{j}, \quad \boldsymbol{e}_\varphi := -\sin\varphi\boldsymbol{i} + \cos\varphi\boldsymbol{j}.$$

那么运动由 $\varphi = \varphi(t)$, $r = r(t)$ 给出. 除此之外, 这样来选取 x 轴, 以使 $\varphi(0) = 0$.

对时间 t 求导数产生了

$$\boldsymbol{e}_r' = (-\sin\varphi\boldsymbol{i} + \cos\varphi\boldsymbol{j})\varphi' = \varphi'\boldsymbol{e}_\varphi.$$

从轨道方程

$$\boxed{\boldsymbol{x}(t)=r(t)\boldsymbol{e}_r(t)}$$

得到 $\boldsymbol{x}'=r'\boldsymbol{e}_r+r\varphi'\boldsymbol{e}_\varphi$. 由于 $\boldsymbol{e}_r\boldsymbol{e}_\varphi=0$, 就有 $\boldsymbol{x}'^2=(r')^2+r^2(\varphi')^2$. 这样就从 (1.292) 得到方程组

$$\boxed{\begin{aligned} m_2\left(r'^2+r^2\varphi'^2-\frac{2Gm}{r}\right)&=2E,\\ m_2r^2\varphi'&=|\boldsymbol{N}|. \end{aligned}} \tag{1.294}$$

定理 (1.294) 的解是

$$\boxed{r=\frac{p}{1+\varepsilon\cos\varphi}.} \tag{1.295}$$

此时时间 t 的运动由

$$t=\frac{m_2}{|\boldsymbol{N}|}\int_0^\varphi r(\varphi)^2\mathrm{d}\varphi \tag{1.296}$$

给出, 其中的诸常数为

$$p:=\boldsymbol{N}^2/\alpha m_2,\quad \varepsilon:=\sqrt{1+2E\boldsymbol{N}^2/m_2\alpha^2},\quad \alpha:=Gmm_2. \tag{1.297}$$

证明: 这由直接求微商容易得到验证.[1) □

讨论 $0\leqslant\varepsilon<1$ 的情形.

开普勒第一定律 行星沿着椭圆轨道运行, 太阳位于椭圆的焦点之一的位置 (图 1.141).

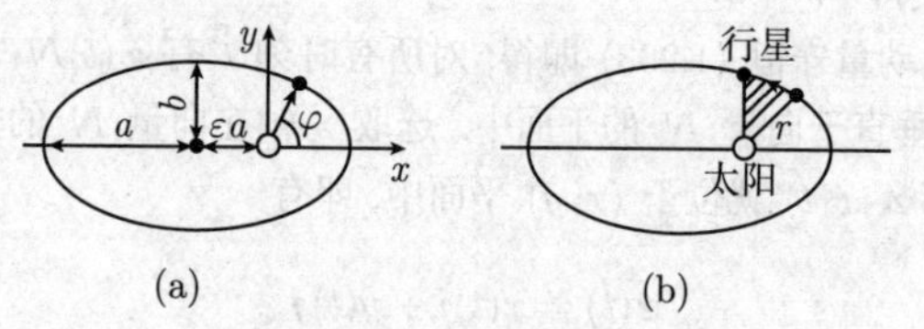

图 1.141 行星运动的开普勒定律

证明: 在笛卡儿坐标 x, y 中, 轨道方程 (1.295) 归为方程

$$\frac{(x+\varepsilon a)^2}{a^2}+\frac{y^2}{b^2}=1.$$

---

1) 利用

$$\frac{\mathrm{d}\varphi}{\mathrm{d}r}=\frac{\varphi'(t)}{r'(t)}=F(t),$$

并通过分离变量法积分此方程, 就导致公式 (1.295). 函数 $F(t)$ 从 (1.294) 中第一个方程推导而得. 此外, 从 (1.294) 中第二个方程即得 (1.296). 在 1.13.1.5 中我们将利用雅可比 (C.G.J.Jacobi, 1804—1850) 漂亮的方法来计算这个解.

这里有 $a := p/(1-\varepsilon^2)$ 和 $b := p/\sqrt{1-\varepsilon^2}$. 太阳位于椭圆的焦点 $(0,0)$. □

开普勒第二定律 在相等的时间中, 行星的轨道扫过相等的面积.

证明: 在时间区间 $[s,t]$ 中, 面积

$$\frac{1}{2}\int_s^t r^2\varphi'\mathrm{d}t = \frac{(t-s)|\boldsymbol{N}|}{2m_2} \tag{1.298}$$

被扫过. □

开普勒第三定律 对于所有行星而言, 周期 T 的平方与长半轴 a 的 3 次方之比是一个常数.

证明: 椭圆轨道所围成的面积为 πab. 在 (1.298) 中令 $t=T$ 和 $s=0$, 可以得到

$$\frac{1}{2}\pi ab = \frac{T|\boldsymbol{N}|}{2m_2}.$$

从 $a = p/(1-\varepsilon^2)$ 和 (1.297) 得到

$$\frac{T^2}{a^3} = \frac{4\pi^2}{G(m_1+m_2)}. \tag{1.299}$$

因为太阳的质量 m_1 比行星的质量 m_2 大得多, 在初级近似时在 (1.299) 中不妨忽略 m_2. □

我们所考虑的说明了开普勒第三定律只是一个近似. 开普勒从对行星的大量观察数据的研究中得出了这个定律. 他凭经验得到的定律, 和以后由牛顿所发现的数学推导, 是当时数学和物理学的伟大成就.

1.12.6 线性微分方程组和传播子

对于具有可变的连续系数的线性微分方程组, 关于其解有着一个完备的理论. 在常系数的情形, 拉普拉斯变换 (参阅 1.11.1.2) 是通用的解法.

1.12.6.1 一阶线性组

$$\boxed{\begin{aligned}&\boldsymbol{x}' = \boldsymbol{A}(t)\boldsymbol{x} + \boldsymbol{B}(t), \quad t\in J,\\ &\boldsymbol{x}(t_0) = \boldsymbol{a} \quad (\text{初始值}).\end{aligned}} \tag{1.300}$$

这里 * $\boldsymbol{x} = (x_1,\cdots,x_n)^{\mathrm{T}}$ 是诸复数 x_j 的一个列矩阵. 此外, $\boldsymbol{A}(t)$ 是一个复 $n\times n$ 矩阵, $\boldsymbol{B}(t)$ 是一个复的列矩阵. 我们令 J 表示 $\mathbb{R}$ 中的一个开区间, 使得 $t_0\in J$ (如 $J=\mathbb{R}$). 写成分量形式, (1.300) 变为

$$x_j' = \sum_{k=1}^{n} a_{jk}(t)x_k + b_j(t), \quad j=1,\cdots,n.$$

* (1.300) 中初始值处原文为 "$\boldsymbol{x}(t_0)=\boldsymbol{a}$", 与后面文中 (如 1.12.7) 的记号不完全相同. 为了全书的统一, 后面文中相应处都改为 "$\boldsymbol{x}(t_0)=\boldsymbol{a}$". 不再说明. —— 译者

存在性和唯一性定理 如果 $\boldsymbol{A}$ 和 $\boldsymbol{B}$ 的分量是 J 上的连续函数, 那么对每个 $\boldsymbol{a} \in \mathbb{C}^n$, 初值问题 (1.300) 在 J 上恰好有一个解 $\boldsymbol{x} = \boldsymbol{x}(t)$.

如果 $\boldsymbol{A}$, $\boldsymbol{B}$ 和 $\boldsymbol{a}$ 是实的, 那么解也是实的.

传播子 解有方便的表达式

$$\boxed{\boldsymbol{x}(t) = \boldsymbol{P}(t, t_0)\boldsymbol{a} + \int_{t_0}^{t} \boldsymbol{P}(t,\tau)\boldsymbol{B}(\tau)\mathrm{d}t,} \tag{1.301}$$

其中 $\boldsymbol{P}$ 是所谓的传播子.

常系数 如果 $\boldsymbol{A}(t) =$ 常数, 那么有 1)

$$\boxed{\boldsymbol{P}(t,\tau) = \mathrm{e}^{(t-\tau)\boldsymbol{A}}.}$$

戴森 (F.J.Dyson, 1923—) 的基本公式 在一般情形,传播子具有收敛的级数表示

$$\boldsymbol{P}(t,\tau) := \boldsymbol{I} + \sum_{k=1}^{\infty} \int_{\tau}^{t}\int_{\tau}^{t_1} \cdots \int_{\tau}^{t_{k-1}} \boldsymbol{A}(t_1)\boldsymbol{A}(t_2)\cdots\boldsymbol{A}(t_k)\mathrm{d}t_k\cdots\mathrm{d}t_2\mathrm{d}t_1.$$

如果利用公式

$$\mathcal{T}(\boldsymbol{A}(t)\boldsymbol{A}(s)) := \begin{cases} \boldsymbol{A}(t)\boldsymbol{A}(s), & t \geqslant s, \\ \boldsymbol{A}(s)\boldsymbol{A}(t), & s \geqslant t \end{cases}$$

引进时间序算子 $\mathcal{T}$, 那么有

$$\boldsymbol{P}(t,\tau) := \boldsymbol{I} + \sum_{k=1}^{\infty} \frac{1}{k!} \int_{\tau}^{t}\int_{\tau}^{t} \cdots \int_{\tau}^{t} \mathcal{T}(\boldsymbol{A}(t_1)\boldsymbol{A}(t_2)\cdots\boldsymbol{A}(t_k))\mathrm{d}t_k\cdots\mathrm{d}t_2\mathrm{d}t_1.$$

写这个表达式的一个简短而漂亮的方式如下:

$$\boxed{\boldsymbol{P}(t,\tau) = \mathcal{T}\left(\exp\int_{\tau}^{t} \boldsymbol{A}(s)\mathrm{d}s\right).}$$

戴森的这个公式可被推广到巴拿赫 (S. Banach, 1892—1945) 空间中的算子方程. 在量子场论的 S 矩阵 (散射矩阵) 的构造中这个公式起着关键作用. S 矩阵包含着在现代加速器中产生的基本粒子散射过程的所有信息.

注 如果 $\boldsymbol{B}(0) \equiv \boldsymbol{0}$, 那么传播子描述齐次方程的解 $\boldsymbol{x}(t) = \boldsymbol{P}(t, t_0)\boldsymbol{a}$. 公式 (1.201) 说明了有下述情况:

齐次问题的传播子允许非齐次问题的通解利用叠加而得的结构.

1) 级数

$$\mathrm{e}^{(t-\tau)\boldsymbol{A}} = \boldsymbol{I} + (t-\tau)\boldsymbol{A} + \frac{(t-\tau)^2}{2}\boldsymbol{A}^2 + \frac{(t-\tau)^3}{3!}\boldsymbol{A}^3 + \cdots$$

的每个分量对于所有的 $t, \tau \in \mathbb{R}$ 收敛.

这是物理学中的一个基本原理, 它对于比 (1.300) 一般得多的情形也是成立的, 并且正因为这个理由它可被应用于偏微分方程和无限维空间中的算子方程.

传播子方程 对于任意时刻 t 和 $t_1 \leqslant t_2 \leqslant t_3$, 有

$$\boxed{\boldsymbol{P}(t_1,t_3)=\boldsymbol{P}(t_1,t_2)\boldsymbol{P}(t_2,t_3),}$$

并且 $\boldsymbol{P}(t,t)=\boldsymbol{I}$.

下述经典的考虑对于 (1.300) 的特殊结构是合适的, 并且, 与前述相反, 它不能被推广.

基本解 考虑具有诸列向量 $\boldsymbol{X}_j$ 的 $n\times n$ 矩阵

$$\boldsymbol{X}(t):=(\boldsymbol{X}_1(t),\cdots,\boldsymbol{X}_n(t)),$$

它们满足下述条件:

(i) 每个列向量 $\boldsymbol{X}_j$ 是齐次方程 $\boldsymbol{X}_j'=\boldsymbol{A}\boldsymbol{X}_j$ 的解.

(ii) $\det\boldsymbol{X}(t_0)\neq 0$.[1)]

那么 $\boldsymbol{X}=\boldsymbol{X}(t)$ 称为 $\boldsymbol{x}'=\boldsymbol{A}(t)\boldsymbol{x}$ 的一个基本解.

定理 基本解 $\boldsymbol{X}=\boldsymbol{X}(t)$ 有下述性质:

(i) $\boldsymbol{x}'=\boldsymbol{A}(t)\boldsymbol{x}$ 的通解有形式

$$\boldsymbol{x}(t)=\sum_{j=1}^{n}C_j\boldsymbol{X}_j(t), \tag{1.302}$$

其中 $C_1,\cdots,C_n$ 为任意常数.

(ii) 传播子有形式 [2)]

$$\boxed{\boldsymbol{P}(t,\tau)=\boldsymbol{X}(t)\boldsymbol{X}(\tau)^{-1}.}$$

例: 把方程组

$$\boxed{\begin{aligned}&x_1'=x_2+b_1(t),\quad x_2'=-x_1+b_2(t),\\&x_1(t_0)=a_1,\quad x_2(t_0)=a_2\end{aligned}} \tag{1.303}$$

用矩阵的记号写下, 就是矩阵方程

$$\begin{pmatrix}x_1'\\x_2'\end{pmatrix}=\begin{pmatrix}0&1\\-1&0\end{pmatrix}\begin{pmatrix}x_1\\x_2\end{pmatrix}+\begin{pmatrix}b_1\\b_2\end{pmatrix},$$

---

1) 称 $\det\boldsymbol{X}(t)$ 为朗斯基(H. J. M. Wronski, 1776—1853) 行列式. 从 (ii) 我们对所有 t 也有 $\det\boldsymbol{X}(t)\neq 0$.

2) 解的公式 (1.301) 可以通过令

$$\boldsymbol{x}(t)=\sum_{j=1}^{n}C_j\boldsymbol{X}_j(t)$$

而得到. 这就是拉格朗日常数变易法 (参阅 1.12.4.5).

或者, 更简单地, $\boldsymbol{x}' = \boldsymbol{A}\boldsymbol{x} + \boldsymbol{b}$. 立即可知, 当 $b_1 \equiv 0$ 和 $b_2 \equiv 0$ 时 $x_1 = \cos(t - t_0)$, $x_2 = -\sin(t - t_0)$ 和 $x_1 = \sin(t - t_0)$, $x_2 = \cos(t - t_0)$ 是 (1.303) 的解. 这些解形成了基本解的列

$$\boldsymbol{X}(t) = \begin{pmatrix} \cos(t - t_0) & \sin(t - t_0) \\ -\sin(t - t_0) & \cos(t - t_0) \end{pmatrix}.$$

由于 $\boldsymbol{X}(t_0) = \boldsymbol{I}$ (单位矩阵), 由此即得传播子

$$\boldsymbol{P}(t, t_0) = \boldsymbol{X}(t).$$

非齐次问题 (1.303) 有一个解

$$\boxed{\boldsymbol{x}(t) = \boldsymbol{P}(t, t_0)\boldsymbol{a} + \int_{t_0}^{t} \boldsymbol{P}(t, \tau)\boldsymbol{b}(\tau)\mathrm{d}\tau.}$$

对于 $t_0 = 0$, 这相应于解的显式公式:

$$x_1(t) = a_1 \cos t + a_2 \sin t + \int_0^t (b_1(\tau)\cos(t - \tau) + b_2(\tau)\sin(t - \tau))\mathrm{d}\tau,$$

$$x_2(t) = -a_1 \sin t + a_2 \cos t + \int_0^t (-b_1(\tau)\sin(t - \tau) + b_2(\tau)\cos(t - \tau))\mathrm{d}\tau.$$

借助于拉普拉斯变换也能得到相同的结果.

对于传播子的公式

$$\boldsymbol{P}(t, \tau) = \boldsymbol{P}(t, s)\boldsymbol{P}(s, \tau)$$

等价于正弦函数和余弦函数的加法定理. 因为 (1.303) 相应于谐振子的运动(参阅 1.12.6.2), 这就对加法定理给出了一个直接的物理解释.

1.12.6.2 任意阶的线性微分方程

$$\boxed{\begin{aligned} & y^{(n)} + a_{n-1}(t)y^{(n-1)}(t) + \cdots + a_0(t)y = f(t), \\ & y(t_0) = \alpha_0, \quad y'(t_0) = \alpha_1, \quad \cdots, \quad y^{(n-1)}(t_0) = \alpha_{n-1}. \end{aligned}}$$

通过引进新变量 $x_1 = y, x_2 = y', \cdots, x_n = y^{(n-1)}$, 这个问题可以被归化为 (1.300) 形式的一阶线性微分方程组. 类似地, 任意阶的线性方程组也可以如此处理.

例: 作变换 $x_1 = y, x_2 = y'$, 谐振子方程

$$\begin{aligned} & y'' + y = f(t), \\ & y(t_0) = a_1, \quad y'(t_0) = a_2 \end{aligned}$$

变为 (1.303) 的形式, 其中 $b_1 = 0, b_2 = f$.

1.12.7 稳定性

考虑线性微分方程

$$\boxed{\begin{aligned}\boldsymbol{x}' &= \boldsymbol{A}\boldsymbol{x} + \boldsymbol{b}(\boldsymbol{x},t),\\ \boldsymbol{x}(0) &= \boldsymbol{0} \quad (\text{初始值}),\end{aligned}} \tag{1.304}$$

其中 $\boldsymbol{x} = (x_1, \cdots, x_n)^{\mathrm{T}}$, $\boldsymbol{A}$ 是一个不依赖于时间的实 $n \times n$ 矩阵, $\boldsymbol{b} = (b_1, \cdots, b_n)^{\mathrm{T}}$ 的分量对原点的一个邻域中的所有 $\boldsymbol{x}$ 并对所有的时刻 $t \geqslant 0$ 是实 C^1 函数. 此外, 令

$$\boxed{\boldsymbol{b}(\boldsymbol{0}, t) \equiv \boldsymbol{0}.}$$

因而 $\boldsymbol{x}(t) \equiv \boldsymbol{0}$ 是 (1.304) 的一个解, 它相应于系统的一个平衡点. 我们也把这个性质简称为 "在 $\boldsymbol{x} = \boldsymbol{0}$ 处有一个平衡点".

定义 (i) 稳定性 (图 1.142 (a)): 平衡点 $\boldsymbol{x} = \boldsymbol{0}$ 是稳定的, 当且仅当对每个 $\varepsilon > 0$, 存在一个数 $\delta > 0$, 使得从

$$|t| < \delta$$

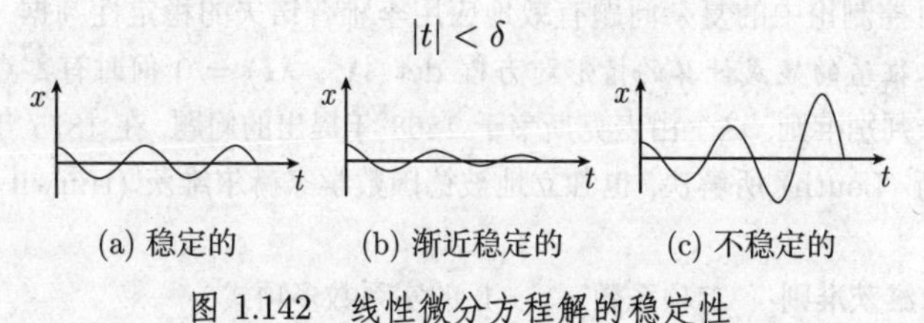

(a) 稳定的 (b) 渐近稳定的 (c) 不稳定的

图 1.142 线性微分方程解的稳定性

即得 (1.304) 存在一个唯一的解 $\boldsymbol{x} = \boldsymbol{x}(t)$, 满足

$$|\boldsymbol{x}(t)| < \varepsilon, \quad \text{对所有时刻}\, t \geqslant 0.$$

这意味着在 $\boldsymbol{x} = \boldsymbol{0}$ 处的平衡架构的充分小的扰动对所有时刻 $t \geqslant 0$ 仍然是小的.

(ii) 渐近稳定性 (图 1.142(b)): 平衡点 $\boldsymbol{x} = \boldsymbol{0}$ 是渐近稳定的, 当且仅当它是稳定的, 此外, 存在一个数 $\delta_* > 0$, 使得对满足 $|\boldsymbol{x}(0)| < \delta_*$ 的每个解, 有极限关系式

$$\lim_{t \to \infty} \boldsymbol{x}(t) = \boldsymbol{0}.$$

这意味着, 在时刻 $t = 0$ 时平衡架构的小扰动在充分长的时间以后, 回到其开始时的架构.

(iii) 不稳定性 (图 1.142(c)): 平衡点 $\boldsymbol{x} = \boldsymbol{0}$ 是不稳定的, 当且仅当它不是稳定的.

李雅普诺夫 (A. M. Lyapunov, 1857—1918) 关于稳定性的定理 (1892) 假设具有常系数的线性方程组 $\boldsymbol{x}' = \boldsymbol{A}\boldsymbol{x}$ 的扰动 $\boldsymbol{b}$ 充分地小, 即有

$$\lim_{|\boldsymbol{x}| \to 0} \left(\sup_{t \geqslant 0} \frac{|\boldsymbol{b}(\boldsymbol{x}, t)|}{|\boldsymbol{x}|} \right) = 0. \tag{1.305}$$

那么有

(i) 平衡点 $\boldsymbol{x}=\mathbf{0}$ 是渐近稳定的, 如果矩阵 $\boldsymbol{A}$ 的所有本征值 [1] $\lambda_1,\cdots,\lambda_m$ 位于左半平面中, 即, 对所有 j, λ_j 有负实部 (图 1.143(a)).

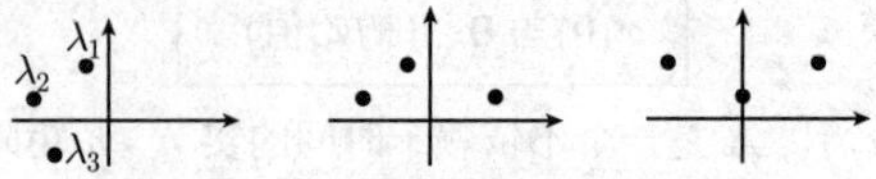

λ_1 λ_2 λ_3

(a) 渐近稳定的　(b) 不稳定的　(c) 临界的

图 1.143　线性微分算子的本征值

(ii) 平衡点 $\boldsymbol{x}=\mathbf{0}$ 是不稳定的, 如果 $\boldsymbol{A}$ 的一个本征值位于右半平面中, 即, 对某个 j 有 $\operatorname{Re}\lambda_j>0$ (图 1.143(b)).

如果矩阵 $\boldsymbol{A}$ 的一个本征值在虚轴上 (图 1.143(c)), 那么中心流形方法必定适用.

为了对控制论中的复杂问题有效地应用李雅普诺夫的稳定性判据, 人们需要在不进行本征值的显式计算的情形对方程 $\det(\boldsymbol{A}-\lambda\boldsymbol{I})=0$ 何时有零点在左半平面中有一个判别准则. 这个由麦克斯韦于 1868 年提出的问题, 在 1875 年被英国物理学家劳斯 (Louth) 所解决, 也独立地被德国数学家赫尔维茨 (Hurwitz) 于 1895 年所解决.

劳斯–赫尔维茨准则　首项系数 $a_n>0$ 的实系数多项式

$$\boxed{a_n\lambda^n+a_{n-1}\lambda^{n-1}+\cdots+a_1\lambda+a_0=0}$$

的所有零点位于左半平面中, 当且仅当所有行列式 (当 $m>n$ 时令 $a_m=0$)

$$a_1,\begin{vmatrix} a_1 & a_0\\ a_3 & a_2\end{vmatrix},\begin{vmatrix} a_1 & a_0 & 0\\ a_3 & a_2 & a_1\\ a_5 & a_4 & a_3\end{vmatrix},\cdots,\begin{vmatrix} a_1 & a_0 & 0 & 0 & \cdots & 0\\ a_3 & a_2 & a_1 & 0 & \cdots & 0\\ \vdots & \vdots & \vdots & \vdots & & \vdots\\ a_{2n-1} & a_{2n-2} & a_{2n-3} & a_{2n-4} & \cdots & a_n\end{vmatrix}$$

是正的.

应用　微分方程

$$a_nx^{(n)}+a_{n-1}x^{(n-1)}+\cdots+a_1x'+a_0x=b\,(x,t)$$

当 $b(0,t)\equiv 0$ 时的平衡点 $x=0$ 是渐近稳定的, 如果细小性准则 (1.305) 和劳斯–赫尔维茨准则被满足.

1) 矩阵的本征值和本征向量的概念在 2.2.1 中被引进.

例 1: 微分方程

$$x'' + 2x' + x = x^n, \quad n = 1, 2, \cdots$$

的平衡点是渐近稳定的.

证明: 有

$$a_1 = 2 > 0, \quad \begin{vmatrix} a_1 & a_0 \\ a_3 & a_2 \end{vmatrix} = \begin{vmatrix} 2 & 1 \\ 0 & 1 \end{vmatrix} = 2 > 0. \qquad \square$$

推广 为了考察微分方程

$$y' = f(y, t)$$

任一解 y_* 的稳定性, 令 $y = y_* + x$. 这导致一个具有平衡点 $x = 0$ 的微分方程

$$x' = g(x, t).$$

由定义, 这个点的稳定性等价于 y_* 的稳定性.

例 2: 微分方程

$$y'' + 2y' + y - 1 - (y - 1)^n = 0, \quad n = 2, 3, \cdots$$

的解 $y(t) \equiv 1$ 是渐近稳定的.

证明: 如果令 $y = x + 1$, 那么 x 就满足例 1 中的微分方程, 因而 $x = 0$ 是渐近稳定的.

1.12.8 边值问题和格林函数

本节要描述一个基于施图姆 (J. Ch. Sturm, 1803—1855) 和刘维尔 (J. Liouville, 1809—1882) 工作基础上的经典理论, 它对于偏微分方程的推广在 20 世纪分析学的发展中起着重要的作用.[1)]

1.12.8.1 非齐次问题

考虑边值问题

$$\boxed{\begin{gathered} -(p(x)y')' + q(x)y = f(x), \quad a \leqslant x \leqslant b, \\ y(a) = y(b) = 0 \end{gathered}} \tag{1.306}$$

所给定的实函数 p 和 q 被假定为在紧区间 $[a, b]$ 上是光滑的, 并且在 $[a, b]$ 上 $p(x) > 0$. 所给定的实值函数 f 被假定为在 $[a, b]$ 上是连续的. 要找实值函数 $y = y(x)$.

1) 与积分方程理论的联系以及与泛函分析 (希尔伯特 – 施密特(E. Schmidt, 1876—1959) 理论) 的联系可在 [212] 中找到. 外尔 (C. H. H. Weyl, 1885—1955) 奇异边值问题理论及其象征着数学精华的近代推广也在 [212] 被描述.

问题 (1.306) 被称为齐次的, 当且仅当 $f(x) \equiv 0$.

弗雷德霍姆择一性 (i) 如果齐次问题 (1.306) 只有平凡解 $y \equiv 0$, 那么对于每个 f, 非齐次问题 (1.306) 恰有一个解. 这个解可以用积分

$$y(x) = \int_a^b G(x,\xi) f(\xi) \mathrm{d}\xi$$

来表示, 其中 G 是连续的、对称的格林函数, 即有

$$G(x,\xi) = G(\xi,x), \quad \text{对所有的 } x,\xi \in [a,b].$$

(ii) 如果齐次问题 (1.306) 有一个非平凡解 y_*, 那么非齐次问题 (1.306) 有解, 当且仅当对出现在 (1.306) 右端的函数 f 可解性准则

$$\boxed{\int_a^b y_*(x) f(x) \mathrm{d}x = 0}$$

被满足.

唯一性条件 (a) 如果 y 和 z 是方程 $-(py')' + qy = 0$ 的非平凡解, 并且不是另一个的常数倍, 那么情形 (i) 出现, 当且仅当 $y(a)z(b) - y(b)z(a) \neq 0$.

(b) 条件 $\max\limits_{a \leqslant x \leqslant b} q(x) \geqslant 0$ 对于情形 (i) 的出现是充分的.

格林函数的构造 假设情形 (i) 出现. 选取函数 y_1 和 y_2, 满足

$$-(py_j')' + qy_j = 0, \quad \text{在 } [a,b] \text{ 上}, \quad j = 1,2,$$

以及初始条件

$$y_1(a) = 0, \quad y_1'(a) = 1, \quad y_2(b) = 0, \quad y_2'(b) = 1/p(b)y_1(b).$$

那么我们有

$$G(x,\xi) := \begin{cases} y_1(x)y_2(\xi), & a \leqslant x \leqslant \xi \leqslant b\,, \\ y_2(x)y_1(\xi), & a \leqslant \xi \leqslant x \leqslant b\,. \end{cases}$$

例 1: 对于每个连续函数 $f : [0,1] \to \mathbb{R}$, 边值问题

$$-y'' = f(x), \quad \text{在 } [0,1] \text{ 上}, \quad y(0) = y(1) = 0$$

有唯一解

$$y(x) = \int_0^1 G(x,\xi) f(\xi) \mathrm{d}\xi,$$

其中格林函数

$$G(x,\xi) := \begin{cases} x(1-\xi), & 0 \leqslant x \leqslant \xi \leqslant 1\,, \\ \xi(1-x), & 0 \leqslant \xi \leqslant x \leqslant 1\,. \end{cases}$$

解的唯一性从上述 (b) 即得.

施图姆的零点定理 令 J 是一个有限或无限区间. 那么微分方程

$$-(p(x)y')' + q(x)y = 0, \quad \text{在 } J \text{ 上} \tag{1.307}$$

的每个非平凡解 y 只有单零点, 零点至多只有可数多个, 并且这些零点在无穷远处没有聚点.

关于分离零点的施图姆定理 如果 y 是 (1.307) 的一个解, 并且 z 是

$$-(p(x)z')' + q^*(x)z = 0, \quad \text{在 } J \text{ 上} \tag{1.308}$$

的一个解, 并且在 J 上 $q^*(x) \leqslant q(x)$, 那么在 z 的任意两个零点之间有 y 的一个零点.

例 2: 令 $\gamma \in \mathbb{R}$. 那么贝塞尔 (F. W. Bessel, 1784—1846)微分方程

$$\xi^2 v'' + \xi v' + (\xi^2 - \gamma^2)v = 0$$

的每个解 $v = v(\xi)$ 在区间 $]0, \infty[$ 上有可数多个零点.

证明: 作代换 $x := \ln \xi$ 和 $y(x) := v(\mathrm{e}^x)$, 就得到微分方程 (1.307), 其中 $q(x) := \mathrm{e}^{2x} - \gamma^2$. 我们令 $q^*(x) := 1$, 并选取一个数 x_0, 使得

$$q^*(x) \leqslant q(x), \quad \text{对所有 } x_0 \leqslant x.$$

函数 $z := \sin x$ 满足微分方程 (1.308), 并且在区间 $J := [x_0, \infty[$ 中有可数多个零点. 因而从上述施图姆定理即得论断. □

振荡 微分方程

$$y'' + q(x)y = 0$$

的每个非平凡解至多有可数多个零点, 如果函数 q 在区间 $J := [a, \infty[$ 中连续, 并且下述两个条件之一被满足:

(a) 在 J 中 $q(x) \geqslant 0$, 并且 $\displaystyle\int_J q\mathrm{d}x = \infty$.

(b) 对某个固定的数 $\alpha > 0$ 有 $\displaystyle\int_J |q(x) - \alpha|\mathrm{d}x < \infty$.

在情形 (b), 还可以得到 y 在区间 J 上的有界性.

1.12.8.2 相应的变分问题

令

$$F(y) := \int_a^b (py'^2 + qy^2 - 2fy)\mathrm{d}x.$$

还令 Y 表示满足边界条件 $y(a) = y(b) = 0$ 的所有 C^2 函数 $y : [a, b] \to \mathbb{R}$ 的集合.

定理 变分问题

$$\boxed{F(y) : \stackrel{!}{=} \min, \quad y \in Y} \tag{1.309}$$

等价于原来的问题 (1.306).

里茨 (W. Ritz, 1878—1909) 逼近法 选取函数 $y_1, \cdots, y_n \in Y$, 并且, 替代 (1.309) 而考虑逼近问题

$$\boxed{F(c_1y_1 + \cdots + c_ny_n) : \stackrel{!}{=} \min, \qquad c_1, \cdots, c_n \in \mathbb{R}.} \tag{1.310}$$

这是一个形如 "在 $\boldsymbol{c} \in \mathbb{R}^n$ 中极小化 $G(\boldsymbol{c})$" 的问题. 对于 (1.310) 的解的必要条件是

$$\frac{\partial G(\boldsymbol{c})}{\partial c_j} = 0, \quad j = 1, \cdots, n.$$

对于 $\boldsymbol{c}$ 这导致了下述线性方程组:

$$\boxed{\boldsymbol{Ac} = \boldsymbol{b},} \tag{1.311}$$

其中 $\boldsymbol{c} = (c_1, \cdots, c_n)^{\mathrm{T}}$, $\boldsymbol{A} = (a_{jk})$, $\boldsymbol{b} = (b_1, \cdots, b_n)^{\mathrm{T}}$,

$$a_{jk} := \int_a^b (py_j'y_k' + qy_jy_k)\mathrm{d}x, \ \ b_k := \int_a^b fy_k\mathrm{d}x.$$

那么 (1.306) 和 (1.309) 的逼近解为

$$\boxed{y = c_1y_1 + \cdots + c_ny_n.} \tag{1.312}$$

本征值问题的里茨方法 从矩阵本征值问题

$$\boxed{\boldsymbol{Ac} = \lambda\boldsymbol{c}}$$

的解, 根据 (1.312) 分别得到下述问题 (1.313) 的本征值和本征函数的逼近 λ 和 y.

1.12.8.3 本征值问题

代之以 (1.306), 现在考虑类似的边值问题

$$\boxed{\begin{aligned} -(p(x)y')' + q(x)y = \lambda y, \quad a \leqslant x \leqslant b, \\ y(a) = y(b) = 0. \end{aligned}} \tag{1.313}$$

实数 λ 被称为 (1.313) 的一个本征值, 如果 (1.313) 存在一个非平凡解 y. 本征值 λ 称为单的, 如果所有相应的本征函数是相等的, 至多相差一个常数因子.

例: 问题

$$-y'' = \lambda y, \quad 0 \leqslant x \leqslant \pi, \quad y(0) = y(\pi) = 0$$

有本征函数 $y_n = \sin nx$ 和本征值 $\lambda_n = n^2$, $n = 1, 2, \cdots$.

存在性定理 (i) (1.313) 的所有本征值形成一个序列

$$\lambda_1 < \lambda_2 < \cdots, \quad \text{并且} \quad \lim_{n\to\infty} \lambda_n = +\infty.$$

(ii) 这些本征值都是单的. 相应的本征函数 $y_1, y_2, \cdots$ 可以下述方式规范化:

$$\int_a^b y_j(x) y_k(x) \mathrm{d}x = \delta_{jk}, \quad j, k = 1, 2, \cdots.$$

(iii) 第 n 个本征函数 y_n 在区间 $[a, b]$ 的内部恰有 $n-1$ 个零点, 并且所有这些零点都是单的.

(iv) 对于最小的本征值我们有估计 $\lambda_1 > \min\limits_{a\leqslant x\leqslant b} q(x)$.

关于解展开的基本定理 (i) 每个满足边界条件 $f(a) = f(b) = 0$ 的 C^1 函数可以由一个绝对收敛并且一致收敛的幂级数

$$\boxed{f(x) = \sum_{n=1}^{\infty} c_n y_n(x), \quad a \leqslant x \leqslant b} \tag{1.314}$$

所描述, 其中诸 c_n 为广义傅里叶系数:

$$c_n := \int_a^b y_n(x) f(x) \mathrm{d}x.$$

(ii) 如果函数 $f : [a, b] \to \mathbb{R}$ 仅假设为几乎处处连续的, 并满足 $\int_a^b f(x)^2 \mathrm{d}x < \infty$, 那么广义傅里叶级数 (1.314) 在均方收敛的意义下收敛, 即有

$$\lim_{n\to\infty} \int_a^b \left(f(x) - \sum_{k=1}^{n} c_k y_k \right)^2 \mathrm{d}x = 0.$$

本征解的渐近性状 当 $n \to \infty$ 时, 有

$$\lambda_n = \frac{n^2 \pi^2}{\varphi(b)^2} + O(1)$$

以及

$$y_n(x) = \frac{\sqrt{2}}{\sqrt{\varphi(b)}\sqrt[4]{p(x)}} \sin \frac{n\pi\varphi(x)}{\varphi(b)} + O\left(\frac{1}{n}\right).$$

这里令

$$\varphi(x) := \int_a^x \sqrt{\frac{1}{p(\xi)}} \mathrm{d}\xi.$$

最小值原理 令

$$F(y) := \frac{1}{2} \int_a^b (py'^2 + qy^2) \mathrm{d}x, \quad (y|z) := \int_a^b yz \mathrm{d}x.$$

此外, 令 Y 是满足 $y(a)=y(b)=0$ 的所有 C^2 函数 $y:[a,b]\to\mathbb{R}$ 的集合.

(i) 对于第一个本征函数 (相应于第一个本征值的本征函数) y_1, 我们有极值 (极小化) 问题:

$$F(y)\overset{!}{=}\min,\quad (y|y)=1,\quad y\in Y.$$

(ii) 第二个本征函数 y_2 从极小化问题

$$F(y)\overset{!}{=}\min,\quad (y|y)=1,\quad (y|y_1)=0,\quad y\in Y$$

而得到.

(iii) 第 n 个本征函数 y_n 是极小化问题

$$F(y)\overset{!}{=}\min,\quad (y|y)=1,\quad (y|y_k)=0,\quad k=1,\cdots,n-1,\quad y\in Y$$

的解.

(iv) 对于第 n 个本征值有 $\lambda_n:=F(y_n)$.

柯朗 (R. Courant, 1888—1972) 的极小极大原理 从方程

$$\boxed{\lambda_n=\max_{Y_n}\min_{y\in Y_n}F(y),\quad n=2,3,\cdots.}\tag{1.315}$$

直接得到第 n 个本征值 λ_n. 这可以如下理解. 我们在 Y 中选取固定的函数 $z_1,\cdots,z_{n-1}$. 那么 Y_n 由满足

$$(y|y)=1,\quad \text{以及 } (y|z_k)=0,\quad k=1,2,\cdots,n-1$$

的函数 $y\in Y$ 组成. 对于 Y_n 的每个选择, 我们计算在 Y_n 上的最小值. 那么 λ_n 就是所有这些最小值中的最大值.

比较定理 从在 $[a,b]$ 上 $p(x)\leqslant p^*(x)$ 和 $q(x)\leqslant q^*(x)$, 对原来问题 (1.313) 的相应的本征值, 即得

$$\boxed{\lambda_n\leqslant\lambda_n^*,\quad n=1,2,\cdots.}$$

这是 (1.315) 的一个直接推论.

1.12.9 一般理论

1.12.9.1 整体存在性和唯一性定理

考虑问题

$$\boxed{\begin{aligned}&\boldsymbol{x}'(t)=\boldsymbol{f}(t,\boldsymbol{x}(t)),\\&\boldsymbol{x}(t_0)=\boldsymbol{x}_0\quad(\text{初始值}).\end{aligned}}\tag{1.316}$$

令 $\boldsymbol{x}=(x_1,\cdots,x_n)$ 和 $\boldsymbol{f}=(f_1,\cdots,f_n)$. 对于这个一阶组, 仍用 (1.245) 中的相同记号.

定理 假设函数 $f: U \subset \mathbb{R}^{n+1} \to \mathbb{R}$ 在开集 U 上是 C^1 的, 并且假设点 $(\boldsymbol{x}_0, t_0)$ 属于 U. 那么初始值问题 (1.316) 有一个唯一确定的最大解

$$\boxed{\boldsymbol{x} = \boldsymbol{x}(t),} \tag{1.317}$$

即, 这个解是从 U 的边界到边界被定义, 因而无法在 U 中再进一步地被延拓 (图 1.144).

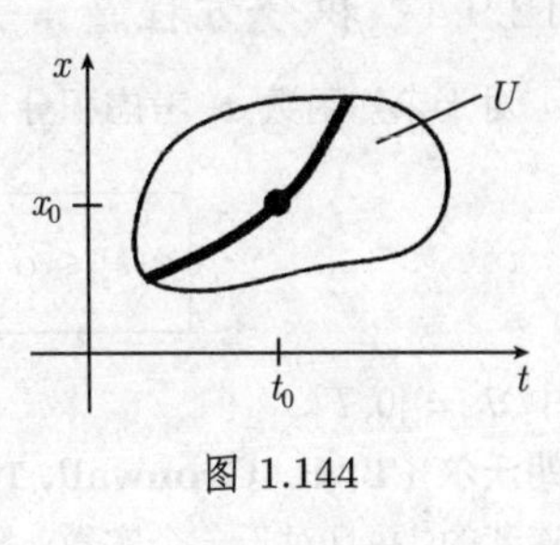

图 1.144

推论 下述条件之一成立即是充分的了:

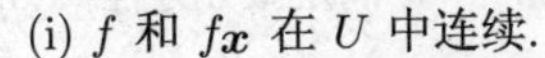
(i) f 和 $f_{\boldsymbol{x}}$ 在 U 中连续.

(ii) f 在 U 中连续, 并且 f 在 U 中关于 $\boldsymbol{x}$ 是局部利普希茨连续的.[1)]

1.12.9.2 对于初值和参数的光滑 (可微) 依赖

用

$$\boldsymbol{x} = X(t; \boldsymbol{x}_0, t_0; \boldsymbol{p}) \tag{1.318}$$

表示最大解, 这里我们允许 (1.316) 的右端 f 还依赖于参数 $\boldsymbol{p} = (p_1, \cdots, p_m)$: $f = f(\boldsymbol{x}, t, \boldsymbol{p})$, $\boldsymbol{p}$ 在 $\mathbb{R}^m$ 的一个开集 P 中变动.

定理 如果 f 在 $U \times P$ 中是 C^k 的, $k \geqslant 1$, 那么 (1.318) 中的 X 关于在最大解的存在域中的所有变元 $(t, \boldsymbol{x}_0, t_0, \boldsymbol{p})$ 也是 C^k 的.

1.12.9.3 幂级数和柯西定理

柯西定理 如果 f 是解析的,[2)] 那么 (1.316) 的最大解 $\boldsymbol{x} = \boldsymbol{x}(t)$ 也是解析的.

$\boldsymbol{x} = \boldsymbol{x}(t)$ 的局部幂级数展开由比较系数法得到.

例: 对于初值问题

$$x' = x, \quad x(0) = 1,$$

可以得到 $x'(0) = 1$, 类似地, 对所有 n, $x^{(n)}(0) = 1$. 由此得到解

$$\begin{aligned} x(t) &= x(0) + x'(0)t + x''(0)\frac{t^2}{2!} + \cdots \\ &= 1 + t + \frac{t^2}{2!} + \cdots = \mathrm{e}^t. \end{aligned}$$

注 对于复变量 $t, x_1, \cdots, x_n$ 和复值函数 $f_1, \cdots, f_n$, 柯西定理仍然成立.

---

1) 对 U 中每个点, 存在一个邻域 V, 使得对所有 $(t, y) \in V$, 有 $|f(x,t) - f(y,t)| \leqslant$ 常数$|x - y|$.

2) 这意味着对 U 中的每个点, 存在一个邻域, 在此邻域中 f 可以表示为一个 (所有变量的) 绝对收敛幂级数.

1.12.9.4 积分方程

对于未知函数 x, 考虑积分方程

$$\boxed{x(t) \leqslant \alpha + \int_0^t f(s)x(s)\mathrm{d}s, \quad 在\ J\ 上,} \tag{1.319}$$

其中 $J := [0, T]$.

格朗沃尔 (T. H. Gronwall, 1877—1932) 引理 (1918) 假设函数 $x : J \to \mathbb{R}$ 是连续的, 并且对于一个实数 α 和一个非负函数 $f : J \to \mathbb{R}$ 满足微分方程 (1.319). 那么有

$$\boxed{x(t) \leqslant \alpha \mathrm{e}^{F(t)}, \quad 在\ J\ 上,}$$

其中 $F(t) := \displaystyle\int_0^t f(s)\mathrm{d}s$.

1.12.9.5 微分不等式

考虑下述方程和不等式组:

$$\boxed{\begin{aligned} &x'(t) \leqslant f(x(t)), \quad 在\ J\ 上, \\ &y'(t) = f(y(t)), \quad 在\ J\ 上, \\ &x(0) \leqslant y(0), \end{aligned}} \tag{1.320}$$

其中 $J := [0, T]$, 并且 $f : [0, \infty[$ 是 C^1 型的严格单调增函数.

定理 如果 x 和 y 是满足关系式 (1.320) 的 C^1 函数, 在 J 上 $x(t) \geqslant 0$, 那么有

$$\boxed{x(t) \leqslant y(t), \quad 在\ J\ 上.}$$

推论 如果 x 和 y 满足关系式

$$\begin{aligned} &x'(t) \geqslant f(x(t)), \quad 在\ J\ 上, \\ &y'(t) = f(y(t)), \quad 在\ J\ 上, \\ &0 \leqslant y(0) \leqslant x(0), \end{aligned}$$

并且在 J 上 $x(t) \geqslant 0$, 那么

$$0 \leqslant y(t) \leqslant x(t), \quad 在\ J\ 上.$$

例: 令 $x = x(t)$ 是微分方程

$$x'(t) = F(x(t)), \quad x(0) = 0$$

的一个解, 其中, 对所有 $x \in \mathbb{R}$ 有 $F(x) \geqslant 1+x^2$. 那么有

$$x(t) \geqslant \tan t, \quad 0 \leqslant t \leqslant \frac{\pi}{2},$$

并且因而有 $\lim\limits_{t \to \frac{\pi}{2}-0} x(t) = +\infty$.

证明: 令 $f(y) := 1+y^2$. 对于 $y(t) := \tan t$, 可以得到

$$y'(t) = 1+y^2.$$

现在从推论即得结论.

1.12.9.6 解在有限时间的破裂

考虑实的一阶组

$$\boxed{\begin{aligned} &\boldsymbol{x}'(t) = \boldsymbol{f}(\boldsymbol{x}(t), t), \\ &\boldsymbol{x}(0) = \boldsymbol{x}_0, \end{aligned}} \tag{1.321}$$

其中令 $\boldsymbol{x} = (x_1, \cdots, x_n)$, $\boldsymbol{f} = (f_1, \cdots, f_n)$, 除此以外还令 $\langle \boldsymbol{x} | \boldsymbol{y} \rangle = \sum\limits_{j=1}^{n} x_j y_j$.

作下列假设:

(A1) 函数 $\boldsymbol{f} : \mathbb{R}^{n+1} \to \mathbb{R}$ 是 C^1 型的.

(A2) 对所有 $(\boldsymbol{x}, t) \in \mathbb{R}^{n+1}$ 我们有 $\langle \boldsymbol{f}(\boldsymbol{x}, t) | \boldsymbol{x} \rangle \geqslant 0$.

(A3) 存在常数 $b > 0$ 和 $\beta > 2$, 使得对所有满足 $|\boldsymbol{x}| \geqslant |\boldsymbol{x}_0| > 0$ 的 $(\boldsymbol{x}, t) \in \mathbb{R}^{n+1}$ 有 $\langle \boldsymbol{f}(\boldsymbol{x}, t) | \boldsymbol{x} \rangle \geqslant b |\boldsymbol{x}|^{\beta}$.

定理 存在一个数 $T > 0$, 使得

$$\lim_{t \to T-0} |\boldsymbol{x}(t)| = \infty,$$

即, 解在有限时间破裂.

1.12.9.7 整体解的存在性

解的破裂归因于 (A3) 中 $\boldsymbol{f}$ 快于线性增长. 如果增长至多是线性的, 那么情形就完全不同了.

(A4) 存在正常数 c 和 d, 使得

$$|\boldsymbol{f}(\boldsymbol{x}, t)| \leqslant c|\boldsymbol{x}| + d, \quad 对所有 (\boldsymbol{x}, t) \in \mathbb{R}^{n+1}.$$

定理 如果假设 (A1) 和 (A4) 被满足, 那么初值问题 (1.321) 有唯一一个对所有时刻 t 都存在的解.

1.12.9.8 先验估计原理

假设:

(A5) 如果初值问题 (1.321) 在一个开区间 $]t_0-T,t_0+T[$ 上有解存在, 那么有

$$\boxed{|\boldsymbol{x}(t)| \leqslant C,} \tag{1.322}$$

其中常数 C 可能依赖于 T.

定理 在假设 (A1) 和 (A5) 之下, 初值问题 (1.321) 有唯一一个对所有时刻 t 都存在的解.

注 称像 (1.322) 那样的估计为先验估计. 上述定理是下述数学中一般原理 [1] 的一个特殊情形:

先验估计保证了解的存在性.

例: 初值问题

$$x' = \sin x, \quad x(0) = x_0$$

对每个 $x_0 \in \mathbb{R}$ 有唯一一个对所有时刻存在的解.

证明: 如果 $x = x(t)$ 是 $[-T,T]$ 上的一个解, 那么有

$$x(t) = x_0 + \int_{-T}^{T} \sin x(t)\mathrm{d}t.$$

因为对所有 x, $|\sin x| \leqslant 1$, 就得到下述先验估计:

$$|x(t)| \leqslant |x_0| + \int_{-T}^{T} \mathrm{d}t = |x_0| + 2T. \qquad \square$$

为了得到这样的先验估计, 可以利用微分不等式.

1.13 偏微分方程

在数学的所有学科中, 微分方程理论是最重要的. 物理学的所有分支提出问题, 它们可以被归结为微分方程的积分. 更一般地, 对于所有依赖于时间的自然现象由微分方程理论所给出.

S. 李 (1894)

在本节中我们考虑偏微分方程理论的方方面面. 现代的偏微分方程理论基于广义导数的概念, 以及泛函分析框架中索伯列夫 (S. L. Sobolev, 1908—1989) 空间理

1) 在这个方向上的一个一般的陈述是勒雷–绍德尔原理 (参阅 [212]).

论的应用. [212] 中将更详细地考虑后一主题. 既然偏微分方程描述自然界中非常广泛的各类现象, 那么这个理论还很不完善就不足为奇了. 有一系列基本和深刻的问题至今还没有令人满意的答案.

偏微分方程理论的基本思想, 其中也出现在常微分方程中的那部分, 可以在 1.12.1 中找到.

偏微分方程解的一些重要类型 偏微分方程通常以函数作为其解.

例 1: 令 Ω 为 $\mathbb{R}^N$ 中的一个非空开集, 微分方程

$$u_{x_1}(\boldsymbol{x}) = 0, \quad 在\ \Omega\ 上$$

明显地以不依赖于 x_1 的函数为其解.

例 2: 微分方程

$$u_{xy} = 0, \quad 在\ \mathbb{R}^2\ 上$$

明显地以形如

$$u(x, y) := f(x) + g(y)$$

的函数的集合作为其光滑解的集合, 其中 f 和 g 是光滑的.

对于物理问题, 不是去发现有意义的最一般的解, 而是去描述具体的过程. 为此, 我们对于微分方程附加某些限制, 它们在初始时刻 (初值) 或沿着边界 (边值) 描述了物理系统.

1.13.1 数学物理中的一阶方程

1.13.1.1 守恒律和特征线法

考虑方程

$$\boxed{\boldsymbol{E}_t + \boldsymbol{f}(\boldsymbol{x}, t)\boldsymbol{E}_{\boldsymbol{x}} = \boldsymbol{0},} \tag{1.323}$$

其中 $\boldsymbol{x} = (x_1, \cdots, x_n)$, $\boldsymbol{f} = (f_1, \cdots, f_n)$. 在考虑所求函数为 $\boldsymbol{E} = \boldsymbol{E}(\boldsymbol{x}, t)$ 的这个线性齐次一阶偏微分方程的同时, 考虑一阶常微分方程组[1)]

$$\boldsymbol{x}' = \boldsymbol{f}(\boldsymbol{x}, t). \tag{1.324}$$

(1.324) 的解 $\boldsymbol{x} = \boldsymbol{x}(t)$ 称为 (1.323) 的特征线.

1) 更明确些, 有

$$\boldsymbol{E}_t + \sum_{j=1}^{n} f_j(\boldsymbol{x}, t)\boldsymbol{E}_{x_j} = 0$$

和

$$x_j'(t) = f_j(\boldsymbol{x}(t), t), \quad j = 1, \cdots, n.$$

假设函数 $\boldsymbol{f}\colon \Omega \subset \mathbb{R}^{n+1} \to \mathbb{R}$ 在一个域 Ω 中是光滑的. 一个守恒量 (也指 (1.324) 的一个积分) 是一个函数 $\boldsymbol{E}$, 它沿着 (1.324) 的每个解是常数, 即, 沿所有特征线 $\boldsymbol{E}$ 是常数.

守恒量 一个光滑函数 $\boldsymbol{E}$ 是 (1.323) 的解, 当且仅当对于特征线而言它是个守恒量.

例 1: 令 $\boldsymbol{x} = (y, z)$. 方程

$$E_t + zE_y - yE_z = 0 \tag{1.325}$$

有光滑解

$$E = g(y^2 + z^2), \tag{1.326}$$

其中 g 是任意光滑函数. 这是 (1.325) 最一般的光滑解.

证明: 特征线 $y = y(t), z = z(t)$ 的方程为

$$\begin{aligned} &y' = z, \quad z' = -y, \\ &y(0) = y_0, \quad z(0) = z_0, \end{aligned} \tag{1.327}$$

它有解

$$y = y_0 \cos t + z_0 \sin t, \quad z = -y_0 \sin t + z_0 \cos t. \tag{1.328}$$

它们是一个半径为 $\sqrt{y_0^2 + z_0^2}$ 的圆 $y^2 + z^2 = y_0^2 + z_0^2$. 因而 (1.326) 是最一般的守恒量. □

初值问题 除了 (1.323) 之外, 考虑另一个初值问题:

$$\boxed{\begin{aligned} &\boldsymbol{E}_t + \boldsymbol{f}(\boldsymbol{x}, t)\boldsymbol{E}_{\boldsymbol{x}} = 0, \\ &\boldsymbol{E}(\boldsymbol{x}, 0) = \boldsymbol{E}_0(\boldsymbol{x}) \quad (\text{初始条件}). \end{aligned}} \tag{1.329}$$

定理 如果所给定的函数 $\boldsymbol{E}_0$ 在点 $\boldsymbol{x} = \boldsymbol{p}$ 的一个邻域中是光滑的, 那么在 $(\boldsymbol{p}, 0)$ 的一个充分小的邻域中问题 (1.239) 有一个唯一解, 并且这个解是光滑的.

如果变动 $\boldsymbol{E}_0$, 那么在点 $(\boldsymbol{p}, 0)$ 的一个小邻域里我们得到了通解.

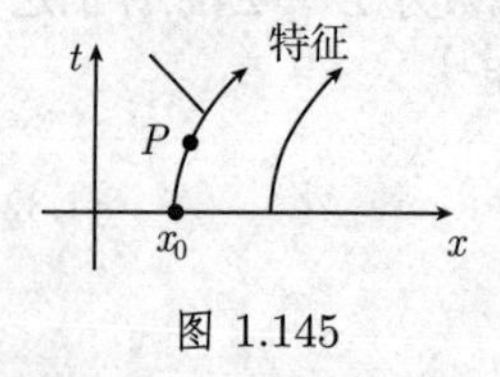

图 1.145

借助于特征线法, 解的结构 通过每个点 $x = x_0, t = 0$, 都有一条特征线通过, 把它记为 (图 1.145)

$$x = x(t, x_0). \tag{1.330}$$

沿着这些特征, (1.329) 的解 E 必定是常数, 这意味着有

$$E(x(t, x_0), t) = E_0(x_0).$$

如果对 x_0 解方程 (1.330), 那么我们得到 $x_0 = x_0(x, t)$ 和 $E(x, t) = E_0(x_0(x, t))$, 这就是所求的解.

例 2: 初值问题

$$\begin{aligned} &E_t + zE_y - yE_z = 0, \\ &E(y, z, 0) = E_0(y, z) \quad (\text{初始条件}) \end{aligned} \tag{1.331}$$

对每个光滑函数 $E_0\colon \mathbb{R}^2 \to \mathbb{R}$ 有唯一解

$$E(y,z,t) = E_0(y\cos t - z\sin t, z\cos t + y\sin t), \quad 对所有\ x,y,t \in \mathbb{R}.$$

证明： 根据例 1, 特征线是圆. 如果对 y_0, z_0 解特征线 (1.328) 的方程, 那么可以得到

$$y_0 = y\cos t - z\sin t, \quad z_0 = z\cos t + y\sin t.$$

从 $E(x,y,t) = E_0(y_0, z_0)$ 即得 (1.331) 的解. □

历史性的注 如果知道方程 $x' = f(x,t)$ 对于特征线的 n 个线性无关的守恒量 $E_1, \cdots, E_n$,[1] 并且如果 $C_1, \cdots, C_n$ 是常数, 那么在解方程

$$E_j(x,t) = C_j, \quad j = 1, \cdots, n$$

时, 可以局部地得到 $x' = f(x,t)$ 的通解.

在 19 世纪, 人们曾试图用这个方法来解天体力学中的三体问题. 这个问题由轨道的 9 个分量的一个二阶微分方程组所给出. 这等价于 18 个变量的一个一阶组. 这样, 我们就需要 18 个守恒量. 动量 (质心的运动)、角动量和能量的守恒只产生 10 个守恒量. 分别在 1887 年和 1889 年, 布伦斯 (H. E. Bruns, 1848—1919) 和庞加莱证明了对于一大类函数不存在积分. 这样就认识到对于三体问题利用运动的积分来得到其闭形式的解是*不可能的*. 以闭形式得到解的失败的更深刻的原因在于实际上三体问题可以是*混沌的*这一事实.

处理 $n\,(n \geqslant 3)$ 体问题时, 在如今的卫星年代我们利用抽象的存在性和唯一性结果以及从这些结果中生成的有效的数值规程来计算轨道.

1.13.1.2 守恒量、激波和拉克斯的熵条件

> 虽然写下了确定流体运动的微分方程, 但是只是在其中压力之差是无穷小的情形中这些方程的积分才是成功的.
>
> B. 黎曼 (1860)[2]

在流体动力学中, 人们经常遇到激波, 如超音速飞机的音爆. 这类激波相应于质量密度的非连续点, 使得流体动力学的处理异常困难. 方程

$$\boxed{\begin{aligned} &\rho_t + f(\rho)_x = 0, \\ &\rho(x,0) = \rho_0(x) \quad (初始值) \end{aligned}} \tag{1.332}$$

1) 这意味着在 $\varOmega$ 上 $\boldsymbol{E}'(\boldsymbol{x}) \neq 0$, 这里 $\boldsymbol{E}'(x) = (\partial_k \boldsymbol{E}/\partial x_j)$.

2) 在黎曼的名篇《具有有限振幅的空气波的传播》(*On the propagation of air waves of finite amplitude*) 中, 他奠定了流体理论和描述非线性波过程的非线性双曲型微分方程理论的数学基础. 这篇论文, 加以 P. 拉克斯的评注, 可以在《黎曼全集》[182] 中找到.

是可能用来描述激波现象最简单的数学模型. 假设函数 $f\colon \mathbb{R}\to\mathbb{R}$ 是光滑的.

例 1: 在特殊情形 $f(\rho)=\rho^2/2$, 可以得到所谓的伯格 (Burger) 方程

$$\rho_t+\rho\rho_x=0,\quad \rho(x,0)=\rho_0. \tag{1.333}$$

物理解释 考虑沿 x 轴的质量分布; 令 $\rho(x,t)$ 表示在点 x 和时刻 t 的密度. 引进质量密度流向量

$$\boldsymbol{J}(x,t):=f(\rho(x,t))\boldsymbol{i},$$

那么不妨把方程 (1.332) 写为形式 $\rho_t+\mathrm{div}\boldsymbol{J}=0$, 即, 方程 (1.332) 描述质量守恒 (参阅 1.9.7).

特征线 线

$$\boxed{x=v_0t+x_0,\quad 其中\ v_0:=f'(\rho_0(x_0))} \tag{1.334}$$

称为特征线. 有

$$\boxed{\text{守恒方程 (1.332) 的每个光滑解沿着特征线是常数.}}$$

这可以给出下述物理解释：一个质点在初始时刻 $t=0$ 时位于点 x_0, 根据 (1.334) 以常速度 v_0 运动. 这样的质点的碰撞导致 ρ 的间断性, 称之为激波.

激波 令对所有的 $\rho\in\mathbb{R}$ 有 $f''(\rho)>0$, 即, 函数 f' 被假定为是单调增的. 如果 $x_0<x_1$, 并且

$$\boxed{\rho_0(x_0)>\rho_0(x_1),}$$

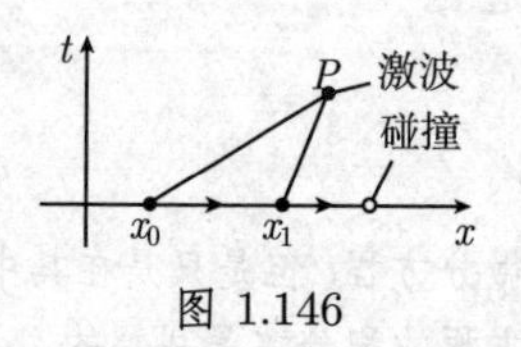

图 1.146

那么在 (1.334) 中 $v_0>v_1$, 并且开始于 x_0 的质点赶上了开始于 x_1 的质点. 在 (x,t) 坐标系中, 相应的特征线相交于某个点 P 处 (图 1.146).

既然密度 ρ 沿着特征线必定是常数, 那么 ρ 必然在 P 处间断. 按定义, 这意味着在 P 处有一个激波.

初值问题的解 如果初始密度 ρ_0 是光滑的, 那么通过令

$$\rho(x,t):=\rho_0(x_0)$$

得到初值问题 (1.332) 的一个解 ρ, 其中 (x,t) 和 x_0 是由方程 (1.334) 所联系的.

这个解是唯一的, 也是光滑的, 只要特征线在 (x,t) 平面中不相交.

如果在 $\mathbb{R}$ 上 $f''(\rho)>0$, 那么无论初始函数 ρ_0 的光滑性如何, 守恒量的方程 (1.332) 没有对于所有的 ρ, 所有的时刻 $t\geqslant 0$ 的光滑解.

间断点通过激波而发展.

广义解 为了明确地研究间断的行为, 把函数 ρ 称为方程 (1.332) 的广义解, 如果对所有检验函数$\varphi \in C_0^\infty(\mathbb{R}_+^2)$[1] 有

$$\int_{\mathbb{R}_+^2} (\rho\varphi_t + f(\rho)\varphi_x)\mathrm{d}x\mathrm{d}t = 0. \tag{1.335}$$

沿着激波的跳跃 给定特征线

$$\mathcal{S}: x = v_0 t + x_0,$$

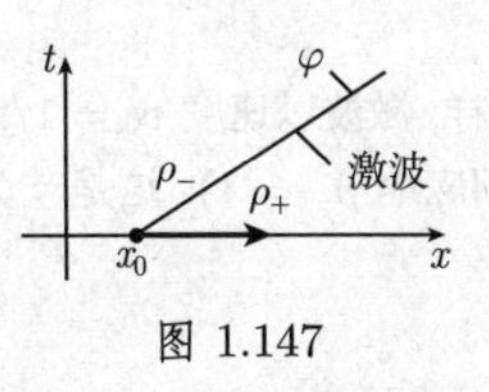

图 1.147

以及 (1.332) 的一个广义解 ρ, 它是光滑的, 除了沿特征线有一个跳跃. ρ 的从特征线的右边和左边的单边极限将分别用 ρ_+ 和 ρ_- 表示 (图 1.147). 那么, 下述关于跳跃的基本条件被满足:

$$v_0 = \frac{f(\rho_+) - f(\rho_-)}{\rho_+ - \rho_-}. \tag{1.336}$$

关于跳跃位置的条件由黎曼于 1860 年首先引入流体的研究; 数年后, 兰金 (W. J. M. Rankine, 1820—1872) 和于戈尼奥 (P. H. Hugoniot, 1851—1887) 研究了更一般的形式. 关系式 (1.336) 把激波的速度与密度的跳跃联系起来了.

P. 拉克斯熵条件 (1957) 跳跃条件 (1.336) 对于稀疏波也成立. 然而, 当考虑所谓的熵条件

$$f'(\rho_-) > v_0 > f'(\rho_+) \tag{1.337}$$

时, 这些条件就自然消失了.

物理意义的探讨 考虑一个带有活动活塞的金属柱体, 在活塞的两边有两种不同的流体 (或气体), 它们有不同的密度 ρ_- 和 ρ_+. 如果 $\rho_- > \rho_+$, 那么活塞只能从左向右移动, 这是一个压缩过程 (图 1.148). 具有 $\rho_- < \rho_+$ 的疏散过程, 即在活动活塞前方的密度大于其后的密度, 这种情形在自然界中未被观察到.

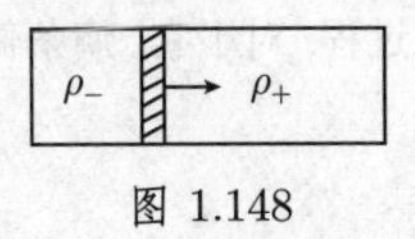

图 1.148

热力学第二定律决定了一个过程在自然界中是否可能实现.

只有那些在封闭系统中有非减熵的过程才是可能的. 熵条件 (1.337) 代替了在模型 (1.332) 中的热力学第二定律.

对伯格方程的应用 考虑初值问题 (1.333).

1) 函数 φ 是一个检验函数, 如果它是光滑的, 并且在 $\mathbb{R}_+^2 := \{(x,t) \in \mathbb{R}^2 : t > 0\}$ 的一个紧集的外部为零. 关系式 (1.335) 由对方程 (1.332) 乘以 φ 并应用分部积分而得.

例 2: 假设初始密度由函数

$$\rho_0(x) := \begin{cases} 1, & x \leqslant x_0, \\ 0, & x > x_0 \end{cases}$$

给出. 令 $f(\rho) := \rho^2/2$ 以及 $\rho_- = 1$, $\rho_+ = 0$. 跳跃条件 (1.336) 导致关系式

$$v_0 = \frac{f(\rho_+) - f(\rho_-)}{\rho_+ - \rho_-} = \frac{1}{2}.$$

这样, 激波以速度 $v_0 = 1/2$ 自左向右传播. 在激波前 (相应地, 在其后) 密度 $\rho_+ = 0$ (相应地 $\rho_- = 1$). 这是一个压缩过程, 由 $f'(\rho) = \rho$ 知道熵条件

$$\rho_- > v_0 > \rho_+$$

满足 (图 1.149).

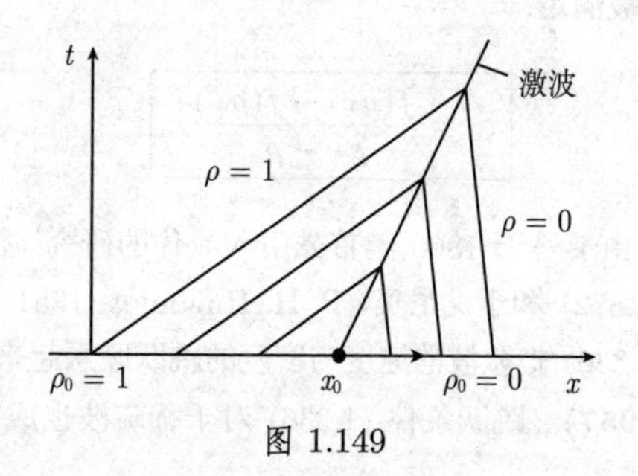

图 1.149

例 3: 如果初始密度是

$$\rho_0(x) := \begin{cases} 0, & x \leqslant x_0, \\ 1, & x > x_0, \end{cases} \tag{1.338}$$

那么观察到如同例 2 中的相同激波. 然而在此情形中, 在波前 (相应地, 在其后) 密度 $\rho_+ = 1$ (相应地 $\rho_- = 0$). 这在物理上是不可能的疏散过程, 对于它, 熵条件被破坏了 (图 1.150(b)).

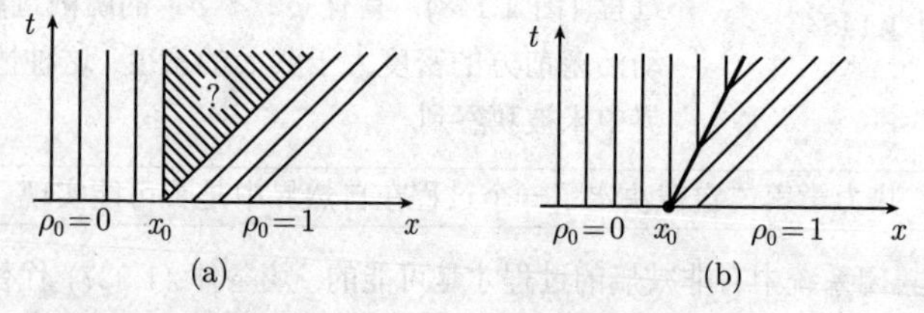

图 1.150 对于伯格方程的疏散过程

对于初始条件 (1.338) 的特征线被表示在图 1.150(a) 中. 这里有一个阴影区域, 其中没有特征线, 并且解在其中也不确定. 有很多种可能性来填补这个洞, 以致出现了广义解. 然而, 这些解中没有一个在物理上有意义.

1.13.1.3 哈密顿–雅可比微分方程

假设给定哈密顿 (W. R. Hamilton, 1805—1865) 函数 $H = H(\boldsymbol{q}, \tau, \boldsymbol{p})$. 除了要求轨道 $\boldsymbol{q} = \boldsymbol{q}(\tau)$, $\boldsymbol{p} = \boldsymbol{p}(\tau)$ 的典范方程

$$\boxed{\boldsymbol{q}' = H_{\boldsymbol{p}}, \quad \boldsymbol{p}' = -H_{\boldsymbol{q}}} \tag{1.339}$$

之外, 还考虑满足下述要求的函数 $S = S(\boldsymbol{q}, \tau)$ 的雅可比偏微分方程, 它也称为哈密顿–雅可比偏微分方程:

$$\boxed{S_\tau + H(\boldsymbol{q}, \tau, S_{\boldsymbol{q}}) = 0.} \tag{1.340}$$

这里 $\boldsymbol{q} = (q_1, \cdots, q_n)$, $\boldsymbol{p} = (p_1, \cdots, p_n)$. 如果 H 不依赖于 τ, 那么对于 (1.339) 而言 H 是守恒量. 在经典力学中, H 是系统的能量.

如果用辛几何的语言来描述的话, 这个理论是特别简洁、优美的. 为此, 需要典范微分形式

$$\boxed{\sigma := \boldsymbol{p}\mathrm{d}\boldsymbol{q}} \tag{1.341}$$

和相应的辛形式[1)] .

$$\boxed{w = -\mathrm{d}\sigma.}$$

在光线和波前之间的基本对偶性 在几何光学中, 曲线

$$\boxed{q = q(\tau)} \tag{1.342}$$

称为光线, 其中 q 和 τ 表示空间变量. 方程 (1.340) 称为程函方程. 曲面

$$\boxed{S = \text{ 常数}} \tag{1.343}$$

相应于波前, 它垂直于光线. 如果沿着连接两个点 (q_0, τ_0), (q, τ) 的光线 $q = q(\sigma), p = p(\sigma)$ 之一计算积分

$$S(q, \tau) = \int_{(q_0, \tau_0)}^{(q, \tau)} (p(\sigma) q'(\sigma) - H(q(\sigma), \sigma, p(\sigma)))\mathrm{d}\sigma, \tag{1.344}$$

1) 用分量形式, 有

$$q_j' = H_{p_j}, \quad p_j' = -H_{q_j}.$$

并且有 $\boldsymbol{S_q} = (S_{q_1}, \cdots, S_{q_n})$ 以及

$$\sigma = \sum_{j=1}^n p_j \mathrm{d}q_j, \quad \omega = \sum_{j=1}^n \mathrm{d}q_j \wedge \mathrm{d}p_j.$$

那么 $S(\boldsymbol{q},\tau)$ 就是光线经过这两点之间的距离所需要的时间.

既然在光线和波前的物理之间有着紧密的联系, 那么人们期望在方程 (1.339) 和 (1.340) 之间也有紧密的联系. 下述两个分别属于雅可比和拉格朗日的定理验证了情况确实如此.[1)]

力学与几何光学之间类似的哈密顿系统 把几何光学的方法应用到经典力学的研究中, 这是爱尔兰数学家和物理学家哈密顿的想法. 在力学中, $\boldsymbol{q}=\boldsymbol{q}(\tau)$ 相应于一个质点系统在时刻 τ 的运动. 积分 (1.344) 描述沿着轨道被输运的作用. 作用是一个基本的物理量, 它具有能量乘以时间的量纲 (参阅 5.1.3).

用 $\boldsymbol{Q}=(Q_1,\cdots,Q_m)$, $\boldsymbol{P}=(P_1,\cdots,P_m)$ 表示实参数. 下面的结果包含在天体力学中比较复杂的情形中求解运动方程的一种重要的方法. 从几何光学的观点看, 这个定理说明了光线系统可以从波前系统而得到.

雅可比定理 如果有哈密顿–雅可比偏微分方程 (1.340) 的一个光滑解 $S=S(\boldsymbol{q},\tau,\boldsymbol{Q})$, 那么利用

$$\boxed{-S_{\boldsymbol{Q}}(\boldsymbol{q},\tau,\boldsymbol{Q})=\boldsymbol{P},\quad S_{\boldsymbol{q}}(\boldsymbol{q},\tau,\boldsymbol{Q})=\boldsymbol{p}} \tag{1.345}$$

可以得到典范方程 (1.339) 的一组解[2)]

$$\boldsymbol{q}=\boldsymbol{q}(\tau;\boldsymbol{Q},\boldsymbol{P}),\quad \boldsymbol{p}=\boldsymbol{p}(\tau;\boldsymbol{Q},\boldsymbol{P}),$$

它们依赖于 $\boldsymbol{Q}$ 和 $\boldsymbol{P}$, 即, 依赖于 $2m$ 个实参数.

我们将在下面的 1.13.1.4 和 1.13.1.5 中考虑这个结果的应用.

下述定理的基本思想是, 可以在没有光线系统的情况下构造出波前的程函函数. 对于任意的光线系统, 这个目标不能被达到; 这要求光线形成拉格朗日流形才能做到.

假设哈密顿函数 H 是光滑的.

拉格朗日定理和辛几何 给定典范微分方程 (1.339) 的一组解

$$\boldsymbol{q}=\boldsymbol{q}(\tau,\boldsymbol{Q}),\quad \boldsymbol{p}=\boldsymbol{p}(\tau,\boldsymbol{Q}), \tag{1.346}$$

其中 $\boldsymbol{q}_{\boldsymbol{Q}}(\tau_0,\boldsymbol{Q}_0)\neq 0$. 那么方程 $\boldsymbol{q}=\boldsymbol{q}(\tau,\boldsymbol{Q})$ 在 $(\tau_0,\boldsymbol{Q}_0)$ 的一个邻域中对变量 $\boldsymbol{Q}$ 可解, 这就导致一个关系 $\boldsymbol{Q}=\boldsymbol{Q}(\tau,\boldsymbol{q})$.

现在假设系统 (1.346) 于时刻 τ_0 在 $\boldsymbol{Q}_0$ 的一个邻域中形成一个拉格朗日流形,

1) 在任意的一阶偏微分方程与一阶常微分方程组之间的最一般的关系将在 1.3.5.2 的柯西定理中描述.

2) 这里的记号是 $S_{\boldsymbol{Q}}=\partial S/\partial \boldsymbol{Q}$, 诸如此类. 假设方程 $-S_{\boldsymbol{Q}}(\boldsymbol{q},\tau,\boldsymbol{Q})=\boldsymbol{P}$ 可以对 $\boldsymbol{q}$ 解出. 如果 $\det(S_{\boldsymbol{Q}})_{\boldsymbol{q}}(\boldsymbol{q}_0,\tau_0,\boldsymbol{Q})\neq 0$, 局部地就有此结果.

即, 沿着系统的解, 辛形式 ω 对于 τ_0 恒为零. [1)]

曲线积分

$$\boxed{\mathcal{S}(\boldsymbol{Q},\tau)=\int_{(\boldsymbol{Q}_0,\tau_0)}^{(\boldsymbol{Q},\tau)}(\boldsymbol{p}\boldsymbol{q}_\tau-H)\mathrm{d}t+\boldsymbol{p}\boldsymbol{q}_{\boldsymbol{Q}}\mathrm{d}\boldsymbol{Q},}$$

其中 $\boldsymbol{p}$ 和 $\boldsymbol{q}$ 由 (1.346) 给出. 这个曲线积分与积分路径无关, 并且利用

$$\boxed{S(\boldsymbol{q},\tau):=\mathcal{S}(\boldsymbol{Q}(\boldsymbol{q},\tau),\tau)}$$

得到哈密顿–雅可比微分方程 (1.340) 的一个解.

推论 解组 (1.346) 对于所有时刻 τ 形成一个拉格朗日流形.

初值问题的解

$$\boxed{\begin{aligned} S_\tau+H(\boldsymbol{q},S_{\boldsymbol{q}},\tau)&=0,\\ S(\boldsymbol{q},0)&=0\quad(\text{初始值}).^{2)}\end{aligned}}\tag{1.347}$$

定理 我们假设哈密顿函数 $H=H(\boldsymbol{q},\tau,\boldsymbol{p})$ 在点 $(\boldsymbol{q}_0,0,\boldsymbol{0})$ 的一个邻域中是光滑的. 那么初值问题 (1.347) 在点 $(\boldsymbol{q}_0,0,\boldsymbol{0})$ 的一个充分小的邻域中有一个唯一解, 并且这个解是光滑的.

解的构造 对于典范方程解初值问题

$$\boldsymbol{q}'=H_{\boldsymbol{p}},\quad \boldsymbol{p}'=-H_{\boldsymbol{q}},\quad \boldsymbol{q}(\tau_0)=\boldsymbol{Q},\quad \boldsymbol{p}(\tau_0)=\boldsymbol{0}.$$

由拉格朗日定理, 相应的解组 $\boldsymbol{q}=\boldsymbol{q}(\tau,\boldsymbol{Q}),\ \boldsymbol{p}=\boldsymbol{p}(\tau,\boldsymbol{Q})$ 产生 (1.347) 的解 S.

---

1) 由于 $\omega=\sum_{i=1}^{n}\mathrm{d}q_i\wedge\mathrm{d}p_i$, 因此这个条件蕴涵着

$$\sum_{j,k=1}^{n}[Q_j,Q_k]\mathrm{d}Q_j\wedge\mathrm{d}Q_k=0,$$

因而对所有的参数 Q_i 有

$$\boxed{[Q_j,Q_k](t_0,\boldsymbol{Q})=0,\quad k,j=1,\cdots,n.}$$

这里我们用了由拉格朗日引进的括号

$$[Q_j,Q_k]:=\sum_{i=1}^{n}\frac{\partial q_i}{\partial Q_j}\frac{\partial p_i}{\partial Q_k}-\frac{\partial q_i}{\partial Q_k}\frac{\partial p_i}{\partial Q_j}.$$

无疑, 拉格朗日已经很清楚: 辛几何的记号对于经典力学的数学描述是极其重要的. 然而, 直到大约 1960 年, 为了理解许多经典考虑的深刻性质, 也为了得到新的理解才开始明显地应用这些几何的记号. 这在 1.13.1.7 中将更细致地, 在 [212] 中将更一般地得到描述. 辛几何及其众多应用的现代标准参考书是教科书 [156].

2) 通过用差 $S-S_0$ 代替 S, 具有初值条件 $S(\boldsymbol{q},0)=S_0(\boldsymbol{q})$ 的一般的初值问题可以立即被归化为 (1.347) 中所考虑的情形.

1.13.1.4 对几何光学的应用

(τ, q) 平面中光线 $q = q(\tau)$ 的运动可以由费马 (P. de Fermat, 1601—1665) 原理得到:

$$\boxed{\begin{aligned} &\int_{\tau_0}^{\tau_1} \frac{n(q(\tau))}{c}\sqrt{1+q'(\tau)^2}\mathrm{d}\tau \overset{!}{=} \min., \\ &q(\tau_0) = q_0, \quad q(\tau_1) = q_1. \end{aligned}} \tag{1.348}$$

这里 $n(q)$ 是指标函数, 即, 在点 $q(\tau)$ 处的折射指标 ($c/n(q)$ 是光在介质中的速度), c 是光在真空中的速度. 因而光以这样的方式运动: 用最少的时间通过两点间的距离.

欧拉–拉格朗日方程 如果引进拉格朗日函数 $L(q, q', \tau) := \dfrac{n(q)}{c}\sqrt{1+(q')^2}$, 那么 (1.348) 的每个解 $q = q(\tau)$ 满足二阶常微分方程

$$\frac{\mathrm{d}}{\mathrm{d}\tau} L_{q'} - L_q = 0,$$

即

$$\boxed{\frac{\mathrm{d}}{\mathrm{d}\tau} \frac{nq'}{\sqrt{1+(q')^2}} = n_q \sqrt{1+(q')^2}.} \tag{1.349}$$

为了简化记号, 选取度量单位, 使得 $c = 1$.

典范哈密顿方程 勒让德变换

$$p = L_{q'}(q, q', \tau), \quad H = pq' - L$$

产生哈密顿函数

$$H(q, p, \tau) = -\sqrt{n(q)^2 - p^2}.$$

此时典范哈密顿方程$q' = H_p$, $p' = -H_q$ 为

$$\boxed{q' = \frac{p}{\sqrt{n^2 - p^2}}, \quad p' = \frac{n_q n}{\sqrt{n^2 - p^2}}.} \tag{1.350}$$

这是一个一阶常微分方程组.

哈密顿–雅可比微分方程 方程 $S_\tau + H(q, S_q, \tau) = 0$ 即是

$$S_\tau - \sqrt{n^2 - S_q^2} = 0.$$

这相应于程函方程

$$\boxed{S_\tau^2 + S_q^2 = n^2.} \tag{1.351}$$

雅可比的解法 考虑特殊情形 $n \equiv 1$, 这相应于光在真空中传播. 显然,

$$S = Q\tau + \sqrt{1 - Q^2} q$$

是 (1.351) 的一个解, 它依赖于参数 Q. 根据 (1.345), 令 $-S_Q = P, p = S_q$, 可以得到典范方程

$$\frac{Q_q}{\sqrt{1-Q^2}} - \tau = P, \quad p = \sqrt{1-Q^2}$$

的一组解, 它依赖于常数 Q 和 P, 因而是通解. 这个组是一组光线 $q = q(\tau)$, 它垂直于直的波前 $S =$ 常数 (图 1.151).

1.13.1.5 对于二体问题的应用

牛顿运动方程 根据 1.12.5.2, 二体问题 (如太阳与一个行星) 导致平面运动 $\boldsymbol{q} = \boldsymbol{q}(t)$ 的方程

$$\boxed{m_2 \boldsymbol{q}'' = \boldsymbol{F},} \tag{1.352}$$

其中取太阳的位置为原点 (图 1.152). 这里 m_1 表示太阳的质量, m_2 表示行星的质量, $m = m_1 + m_2$ 是总质量, G 是引力常数. 力由关系式

$$\boldsymbol{F} = -\mathbf{grad}\, U = -\frac{\alpha \boldsymbol{q}}{|\boldsymbol{q}|^2}, \quad \text{其中 } U := -\frac{\alpha}{|\boldsymbol{q}|},\ \alpha := Gm_2 m$$

给出.

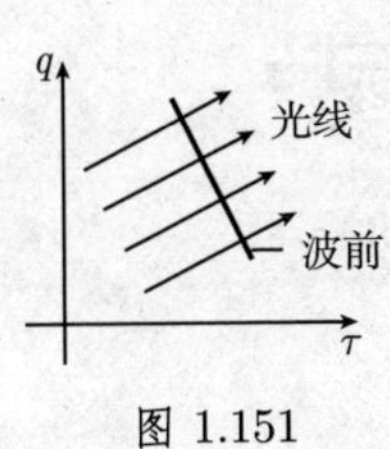

图 1.151

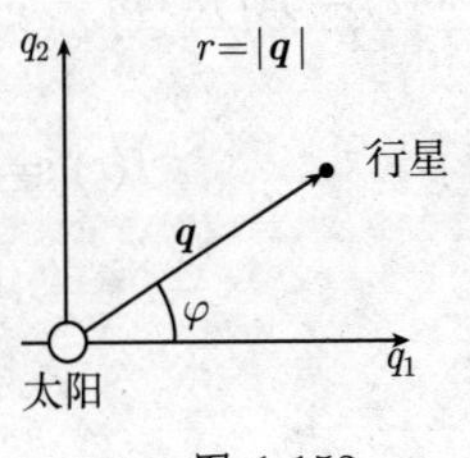

图 1.152

总能量 E 动能与势能之和给出了总能量, 即

$$E = \frac{1}{2} m_2 (\boldsymbol{q}')^2 + U(\boldsymbol{q}).$$

典范哈密顿方程 我们引进动量 $\boldsymbol{p} = m_2 \boldsymbol{q}'$ (质量乘以速度). 从上面关于能量E 的表达式可以得到哈密顿函数

$$H = \frac{\boldsymbol{p}^2}{2m_2} + U(\boldsymbol{q}).$$

如果令 $\boldsymbol{q} = q_1 \boldsymbol{i} + q_2 \boldsymbol{j}$ 和 $\boldsymbol{p} = p_1 \boldsymbol{i} + p_2 \boldsymbol{j}$, 那么典范方程 $q_j' = H_{p_j}, p_j = -H_{q_j}$ 可以用向量形式写为

$$\boxed{\boldsymbol{q}' = \frac{\boldsymbol{p}}{m_2}, \quad \boldsymbol{p}' = -\mathbf{grad}\, U.}$$

这个方程等价于牛顿运动方程 (1.352).

哈密顿–雅可比方程 球函数 $S=S(q,t)$ 的方程 $S_t+H(q,S_q)=0$ 显式地变为

$$S_t+\frac{S_q^2}{2m_2}+U(\boldsymbol{q})=0,$$

其中 $S_t=\mathbf{grad}\,S$. 为了方便地解这个方程, 重要的是过渡到极坐标. 这就给出了

$$\boxed{S_t+\frac{1}{2m_2}\left(S_r^2+\frac{S_\varphi^2}{r^2}\right)-\frac{\alpha}{r}=0.} \tag{1.353}$$

雅可比的解法 我们寻求 (1.353) 的双参数解族 $S=S(r,\varphi,t,Q_1,Q_2)$, Q_1, Q_2 为参数. 令

$$S=-Q_1t+Q_2\varphi+s(r),$$

这就产生了常微分方程

$$-Q_1+\frac{1}{2m_2}\left(s'(r)^2+\frac{Q_2^2}{r^2}\right)-\frac{\alpha}{r}=0.$$

这意味着 $s'(r)=f(r)$, 其中

$$f(r):=\sqrt{2m_2\left(Q_1+\frac{\alpha}{r}\right)-\frac{Q_2^2}{r^2}}.$$

因而得到

$$s(r)=\int f(r)\mathrm{d}r.$$

根据 (1.345), 从方程 $-S_{Q_j}=P_j$ (P_j 是常数) 得到轨道的方程. 这给出了

$$P_1=t-\int\frac{m_2\mathrm{d}r}{f(r)},\quad P_2=-\varphi+\int\frac{Q_2\mathrm{d}r}{r^2f(r)}.$$

为简单起见, 令 $Q_1=E$ 和 $Q_2=N$. 积分第二个方程, 可以得到

$$\varphi=\arccos\frac{\dfrac{N}{r}-\dfrac{m_2\alpha}{N}}{\sqrt{2m_2E+\dfrac{m_2^2\alpha^2}{N}}}+\text{ 常数}.$$

不妨设常数 =0. 这样就推导出轨道的方程为

$$\boxed{r=\frac{p}{1+\varepsilon\cos\varphi},} \tag{1.354}$$

其中 $p := N^2/m_2\alpha$, $\varepsilon := \sqrt{1+2EN^2/m_2\alpha}$. 这个运动的能量和角动量的计算蕴涵着常数 E 是能量, 常数 N 是角动量向量 $\boldsymbol{N}$ 的绝对值 $|\boldsymbol{N}|$.

轨道 (1.354) 是圆锥截线, 当 $0 < \varepsilon < 1$ 时它是椭圆. 从这些解可以推得关于行星轨道的开普勒定律.

1.13.1.6 典范雅可比变换

典范变换 一个微分同胚

$$Q = Q(q,p,t), \quad P = P(q,p,t), \quad T = t$$

称为典范方程

$$\boxed{q' = H_p, \quad p' = -H_q} \tag{1.355}$$

的一个典范变换, 如果这个变换把这个典范方程变为一个新的典范方程

$$\boxed{Q' = \mathcal{H}_P, \quad P' = -\mathcal{H}_Q.} \tag{1.356}$$

这里的思想是, 通过适当地选取典范变换, (1.355) 的解可以归为较简单的问题 (1.356) 的解. 这是解天体力学中复杂问题的最重要的方法.

雅可比生成函数 给定一个函数 $S = S(q,Q,t)$. 利用关系式

$$\boxed{\mathrm{d}S = p\mathrm{d}q - P\mathrm{d}Q + (\mathcal{H} - H)\mathrm{d}t,} \tag{1.357}$$

再令

$$P = -S_Q(q,Q,t), \quad p = S_q(q,Q,t) \tag{1.358}$$

和

$$\mathcal{H} = S_t + H,$$

就生成了一个典范变换. 这里假设, 利用隐函数定理, 方程 $p = S_q(q,Q,t)$ 可以对 Q 解出.

雅可比的方法 如果选取 S 为哈密顿–雅可比微分方程 $S_t + H = 0$ 的一个解, 那么 $\mathcal{H} \equiv 0$. 变换后的典范方程 (1.356) 是平凡的, 因而有解 $Q =$ 常数 和 $P =$ 常数. 因而, (1.358) 就是在 (1.345) 中所给出的雅可比方法.

辛变换 现在假设变换 $Q = Q(q,p)$, $P = P(q,p)$ 是辛变换, 即, 它满足条件

$$\mathrm{d}(P\mathrm{d}Q) = \mathrm{d}(p\mathrm{d}q).$$

那么这个变换就是典范的, 满足 $\mathcal{H} = H$.

证明: 从关系式 $\mathrm{d}(p\mathrm{d}q - P\mathrm{d}Q) = 0$, 并由 1.9.11 知道方程

$$\mathrm{d}S = p\mathrm{d}q - P\mathrm{d}Q$$

局部地有解 S, 根据 (1.357), 它生成一个典范变换. □

1.13.1.7 哈密顿力学和辛几何的流体动力学解释

在数学和物理学之间的交互作用总是起着一个明显的作用. 对数学只有初步了解的物理学家处于一种极其不利的位置. 而对物理应用不感兴趣的数学家, 也失去了获得动机和深刻洞察力的机会.

加利福尼亚大学 舍希特尔 (Martin Schechter)

通过利用 (q,p) 相空间中流体动力学图像, 并应用微分形式的语言, 可以对哈密顿力学得到的一种特别直观和简洁的解释. 在这个架构中, 哈密顿函数和 3 个微分形式

$$\boxed{\sigma := p\mathrm{d}q, \quad \omega := \mathrm{d}\sigma, \quad \sigma - H\mathrm{d}t}$$

起着关键的作用. 由于辛几何的功能, 辛形式ω 担负着给出一个紧密的数学描述的责任.

下面假设所出现的所有函数和曲线都是光滑的. 并且只考虑具有光滑边界的有界域. 病态曲线和区域将不予考虑.

$\mathbb{R}^3$ 中的经典流

积分曲线 设给出速度场 $\boldsymbol{v} = \boldsymbol{v}(\boldsymbol{x}, t)$. 满足微分方程

$$\boxed{\boldsymbol{x}' = \boldsymbol{v}(\boldsymbol{x}(t), t), \quad \boldsymbol{x}(0) = \boldsymbol{x}_0}$$

的曲线被称为该速度向量场的积分曲线, 或流线. 这些曲线描述了流体粒子流 (图 1.153(a)). 令

$$F_t(\boldsymbol{x}_0) := \boldsymbol{x}(t),$$

即, 对于流体的每个点 P, F_t 与在时刻 $t = 0$ 时出发的粒子在时刻 t 时所在位置处的点 P_t 相联系. 称 F_t 为在时刻 t 的流算子. [1)]

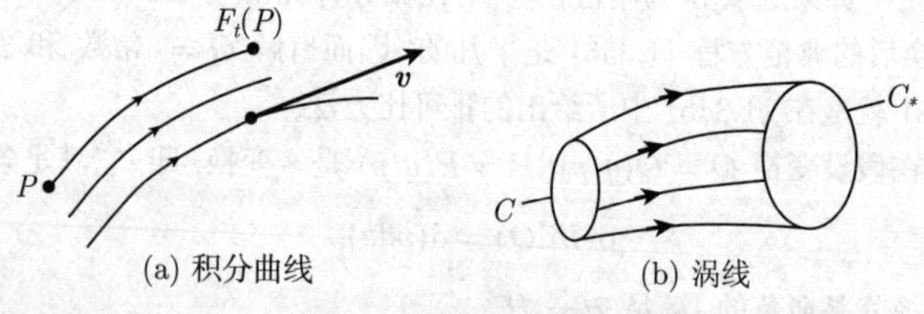

(a) 积分曲线 (b) 涡线

图 1.153 $\mathbb{R}^3$ 中的流

1) 在 [212] 中讨论流形上流的一般理论. 在 S. 李的李群和代数学理论中, 他以一种本质的方式使用了流的记号 (单参数子群). 为了记号的方便, 把向量 $\boldsymbol{x}$ 等同于其在 P 处的端点.

流定理

$$\frac{\mathrm{d}}{\mathrm{d}t}\int_{F_t(\Omega)} h(x,t)\mathrm{d}x = \int_{F_t(\Omega)} (h_t + (\mathrm{div}h)\boldsymbol{v})(x,t)\mathrm{d}x. \tag{1.359}$$

例：如果 $h=\rho$ 是物质密度，那么质量守恒意味着在 (1.359) 的左端的积分为零. 如果把区域 Ω 收缩为一个点，那么从右端的积分为零产生了所谓的连续性方程

$$\rho_t + \mathrm{div}(\rho\boldsymbol{v}) = 0.$$

涡线 满足

$$\boldsymbol{x}'(t) = \frac{1}{2}(\mathbf{curl}\,\boldsymbol{v})(\boldsymbol{x}(t),t)$$

的曲线 $\boldsymbol{x}=\boldsymbol{x}(t)$ 称为涡线. 沿着一条闭曲线 C 的周线积分

$$\int_C \boldsymbol{v}\mathrm{d}\boldsymbol{x}$$

称为速度场沿着 C 的环流量. 如果场 $\boldsymbol{v}$ 是无涡的，即，$\mathbf{curl}\,\boldsymbol{v}\equiv\mathbf{0}$，那么沿着每条闭曲线环流量为零. 因而从斯托克斯 (G. G. Stokes, 1819—1903) 定理即得

$$\int_{\partial F} \boldsymbol{v}\mathrm{d}\boldsymbol{x} = \int_F (\mathbf{curl}\,\boldsymbol{v})\boldsymbol{n}\mathrm{d}F = 0,$$

若 C 是一个曲面 F 的边界 ∂F. 一般地，环流量是不为零的，并且产生流体中涡旋强度的一个度量. 对于沿着曲线的环流量，有两个重要的守恒律.

亥姆霍兹 (H. L. F. Helmholtz, 1821—1894) 涡旋定理 如果曲线 C_* 是 C 沿着涡线平移而得到的 (图 1.153(b))，那么有关系式

$$\int_C \boldsymbol{v}\mathrm{d}\boldsymbol{x} = \int_{C_*} \boldsymbol{v}\mathrm{d}\boldsymbol{x}.$$

开尔文 (L. Kelvin, 1824—1907) 涡旋定理 在理想流体中有关系式

$$\int_C \boldsymbol{v}\mathrm{d}\boldsymbol{x} = \int_{F_t(C)} \boldsymbol{v}\mathrm{d}\boldsymbol{x}.$$

这里 $F_t(C)$ 由时刻 t 时的那些粒子组成，它们在时刻 $t=0$ 时属于闭曲线 C. 因而，沿着由理想流体粒子组成的闭曲线的环流量对于时间而言保持为常数.

理想流体 与亥姆霍兹涡旋定理不同，开尔文定理中的速度场 $\boldsymbol{v}$ 必定是某个理想流体 的欧拉运动方程的解. 这些方程是

$$\begin{aligned}
&\rho\boldsymbol{v}_t + \rho(\boldsymbol{v}\,\mathbf{grad})\boldsymbol{v} = -\rho\mathbf{grad}\,U - \mathbf{grad}\,p \quad (\text{运动方程}),\\
&\rho_t + \mathrm{div}(\rho\boldsymbol{v}) = 0 \quad (\text{质量守恒}),\\
&\rho(\boldsymbol{x},t) = \boldsymbol{f}(p(\boldsymbol{x},t)) \quad (\text{压力–密度定律 } \rho = \boldsymbol{f}(p)).
\end{aligned} \tag{1.360}$$

这里 ρ 表示密度, p 表示压力, $\boldsymbol{f} = -\mathbf{grad}\,U$ 表示力密度.

不可压缩流体 当密度ρ 为常数时, 称该流体是不可压缩流体. 此时从 (1.360) 中的连续性方程 (质量守恒) 即得所谓的不可压缩性条件:

$$\operatorname{div}\boldsymbol{v} = 0.$$

体积守恒 在不可压缩流体的情形, 流是保体积的, 即, 在时刻 $t=0$ 时位于区域 Ω 中的流体粒子在时刻 t 时在区域 $F_t(\Omega)$ 中, 这两个区域有相同的体积 (图 1.154). 解析地, 这意味着

$$\boxed{\int_{\Omega} \mathrm{d}\boldsymbol{x} = \int_{F_t(\Omega)} \mathrm{d}\boldsymbol{x}.}$$

证明: 这从其中 $h \equiv 1$ 和 $\operatorname{div}\boldsymbol{v} = 0$ 的流方程 (1.359) 即得. □

哈密顿流

相空间 令 $\boldsymbol{q} = (q_1, \cdots, q_n)$, $\boldsymbol{p} = (p_1, \cdots, p_n)$, 所以 $(\boldsymbol{q}, \boldsymbol{p}) \in \mathbb{R}^{2n}$. 这个 $(\boldsymbol{q}, \boldsymbol{p})$ 空间表示为相空间. 此外, 令 $\boldsymbol{q} = \boldsymbol{q}(t)$ 和 $\boldsymbol{p} = \boldsymbol{p}(t)$ 是典范方程

$$\boxed{\begin{aligned} &\boldsymbol{q}'(t) = H_{\boldsymbol{p}}(\boldsymbol{q}(t), \boldsymbol{p}(t)), \qquad && \boldsymbol{p}'(t) = -H_{\boldsymbol{q}}(\boldsymbol{q}(t), \boldsymbol{p}(t)), \\ &\boldsymbol{q}(0) = \boldsymbol{q}_0, && \boldsymbol{p}(0) = \boldsymbol{p}_0 \end{aligned}}$$

的解.

令

$$F_t(\boldsymbol{q}_0, \boldsymbol{p}_0) := (\boldsymbol{q}(t), \boldsymbol{p}(t)).$$

以这种方式可以得到按定义被称为哈密顿流的东西 (图 1.155).

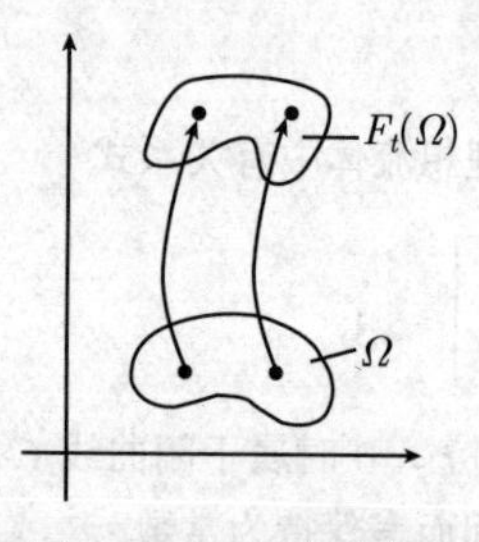

图 1.154 体积守恒

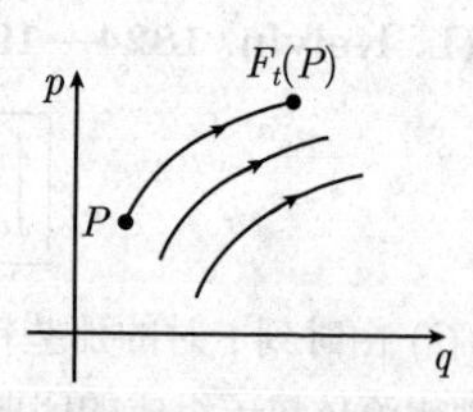

图 1.155 哈密顿流

能量守恒 沿着哈密顿流的积分曲线哈密顿函数是常数.

刘维尔 (J. Liouville, 1809—1882) 定理 哈密顿流是保积的.

注 这个定理陈述了

$$\int_{\Omega} \mathrm{d}\boldsymbol{q}\mathrm{d}\boldsymbol{p} = \int_{F_t(\Omega)} \mathrm{d}\boldsymbol{q}\mathrm{d}\boldsymbol{p}. \tag{1.361}$$

微分形式 $\theta := \mathrm{d}q_1 \wedge \mathrm{d}q_2 \wedge \cdots \wedge \mathrm{d}q_n \wedge \mathrm{d}p_1 \wedge \cdots \wedge \mathrm{d}p_n$ 是相空间的体积形式. 对辛形式 ω 而言重要的关系式在公式

$$\boxed{\theta = \alpha_n \omega \wedge \omega \wedge \cdots \wedge \omega}$$

中得到, 其中有 n 个因子和一个常数 α_n. 此时关系式 (1.361) 相应于公式

$$\boxed{\int_\Omega \theta = \int_{F_t(\Omega)} \theta.}$$

广义亥姆霍兹涡旋定理和希尔伯特 (D. Hilbert, 1862—1943) 不变积分 令 C 和 C_* 是两条闭曲线, 它们的点由哈密顿流的积分曲线所连接. 那么有

$$\boxed{\int_C \boldsymbol{p}\mathrm{d}\boldsymbol{q} - H\mathrm{d}t = \int_{C_*} \boldsymbol{p}\mathrm{d}\boldsymbol{q} - H\mathrm{d}t.}$$

这个积分被称为希尔伯特的不变积分 (或者庞加莱–嘉当的绝对积分不变量).

广义开尔文涡旋定理 如果 C 是相空间中的一条闭曲线, 那么有关系式

$$\boxed{\int_C \boldsymbol{p}\mathrm{d}\boldsymbol{q} = \int_{F_t(C)} \boldsymbol{p}\mathrm{d}\boldsymbol{q}.}$$

这个积分被称为庞加莱的相对积分不变量.

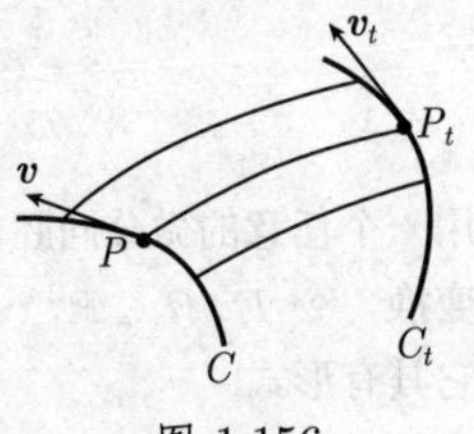

图 1.156

曲线的平行移动和由哈密顿流导出的切向量 (图 1.156)

在相空间中给定曲线

$$C:\ \boldsymbol{q} = \boldsymbol{q}(\alpha), \quad \boldsymbol{p} = \boldsymbol{p}(\alpha),$$

它通过参数值 $\alpha = 0$ 时的点 P. 哈密顿流把点 P 带到点

$$\boxed{P_t := F_t(P),}$$

并且把曲线 C 移动为 C_t. 此外, 曲线 C 上 P 点处的切向量 $\boldsymbol{v}$ 被传送为曲线 C_t 上点 P_t 处的切向量 $\boldsymbol{v}_t$. 如果两条曲线 C 和 C' 在点 P 处有相同的切向量 $\boldsymbol{v}$, 那么像曲线 C_t 和 C'_t 在点 P_t 处有相同的切向量 $\boldsymbol{v}_t$. 用这种方式可以得到一个变换 $\boldsymbol{v} \mapsto \boldsymbol{v}_t$. 写为

$$\boxed{\boldsymbol{v}_t = F'_t(P)\boldsymbol{v}, \quad \text{对所有的 } \boldsymbol{v} \in \mathbb{R}^{2n}}$$

来表示这个变换.[1] 称 $F'_t(P)$ 为流算子在点P处的线性化. 事实上, $F'_t(P)$ 就是 F_t 在点 P 处的弗雷歇 (M. R. Fréchet, 1878—1973) 导数.

1) 这是一类微商, 因为有

$$\boldsymbol{v} = \left(\frac{\mathrm{d}\boldsymbol{q}(0)}{\mathrm{d}\alpha}, \frac{\mathrm{d}\boldsymbol{p}(0)}{\mathrm{d}\alpha}\right) \quad \text{和} \quad \boldsymbol{v}_t = \frac{\mathrm{d}}{\mathrm{d}\alpha} F_t(\boldsymbol{q}(\alpha), \boldsymbol{p}(\alpha))\Big|_{\alpha=0}.$$

由哈密顿流诱导的微分形式的自然变换 令 μ 是一个 1 形式. 利用自然的关系

$$\boxed{(F_t^*\mu)_P(\boldsymbol{v}) := \mu_{P_t}(\boldsymbol{v}_t), \quad \text{对所有的 } \boldsymbol{v} \in \mathbb{R}^{2n}}$$

来定义 1 形式 $F_t^*\mu$. 称 $F_t^*\mu$ 为微分形式 μ (关于给定的流) 的拉回. 事实上, $F_t^*\mu$ 在点 P 处的值只依赖于在点 P_t 处的形式 μ (图 1.156).

用同样的方法可以对任意的微分形式定义拉回. 例如, 下述对于一个 2 形式 ω 定义了拉回:

$$(F_t^*\omega)_P(\boldsymbol{v}, \boldsymbol{w}) := \omega_{P_t}(\boldsymbol{v}_t, \boldsymbol{w}_t), \quad \text{对所有的 } \boldsymbol{v}, \boldsymbol{w} \in \mathbb{R}^{2n}.$$

类似地, 当用微分同胚代替 F_t 时, 也可以引进拉回.

用一种非常简洁的方式, 拉回被用于验证微分形式关于流的不变性质.

拉回关于外积的相容性 对于任意的微分形式 μ, ν, 有[1)]

$$\boxed{F_t^*(\mu \wedge \nu) = F_t^*\mu \wedge F_t^*\nu} \tag{1.362}$$

和

$$\int_\Omega F_t^*\mu = \int_{F_t(\Omega)} \mu. \tag{1.363}$$

当用一个任意的微分同胚代替 F_t 时, 这个陈述仍然正确.

辛变换 令 $F\colon \Omega \subset \mathbb{R}^{2n} \to F(\Omega)$ 是相空间 $\mathbb{R}^{2n}$ 的一个域 Ω 的一个微分同胚, 假设它具有形式

$$F\colon P = P(\boldsymbol{q}, \boldsymbol{p}), \quad Q = Q(\boldsymbol{q}, \boldsymbol{p}).$$

我们称 F 是一个辛变换, 如果辛形式 ω 在 F 下保持不变, 即, 如果

$$\boxed{F^*\omega = \omega.}$$

用分量形式表示, 这个方程变为

$$\boxed{\sum_{i=1}^n \mathrm{d}Q_i \wedge \mathrm{d}P_i = \sum_{i=1}^n \mathrm{d}q_i \wedge \mathrm{d}p_i.}$$

定理 如果 F 是一个辛变换, 那么有

(i) $F^*\theta = \theta$.

(ii) $\int_\Omega \theta = \int_{F(\Omega)} \theta$ (F 是保积的).

(iii) 对于典范形式 σ, 局部地存在一个函数 S, 满足

$$F^*\sigma - \sigma = \mathrm{d}S. \tag{1.364}$$

1) 关于拉回与外微分形式的一般规则可在 [212] 中找到.

(iv) 对于闭曲线 C, 有

$$\int_C \sigma = \int_{F(C)} \sigma.$$

可以容易地和简洁地从嘉当 (外) 微分学得到这些陈述.

证明: (i) 从 (1.362) 有

$$F^*\theta = F^*(\omega \wedge \cdots \wedge \omega) = F^*\omega \wedge \cdots \wedge F^*\omega = \omega \wedge \cdots \wedge \omega = \theta.$$

(ii) 关系式 (1.363) 导致

$$\int_\Omega \theta = \int_\Omega F^*\theta = \int_{F(\Omega)} \theta.$$

(iii) 有 $\mathrm{d}(F^*\sigma - \sigma) = F^*\mathrm{d}\sigma - \mathrm{d}\sigma = -F^*\omega + \omega = 0$. 因而, 根据庞加莱引理, 方程 (1.364) 局部地有一个唯一解 S (参阅 1.9.11).

(iv) 有 $\int_C \mathrm{d}S = 0$. 这样, 关系式 (1.363) 就导致

$$\int_C F^*\sigma = \int_{F(C)} \sigma.$$

因而, 从 (iii) 即得 (iv). □

哈密顿力学的主要定理

> 对于每个时刻 t, 由哈密顿流生成的映射 F_t 是辛映射.

因而, 在上述定理中, 各处的 F 都可由 F_t 代替.

典范方程 哈密顿流的速度场 $\boldsymbol{v}$ 满足方程: [1]

$$\boxed{\boldsymbol{v} \lrcorner \omega = \mathrm{d}H.} \tag{1.365}$$

这是哈密顿典范方程的最简洁的叙述. 在这些方程中辛形式 ω 的出现对于在经典力学中辛几何的应用是关键的.

典范方程的辛不变量 典范方程 (1.365) 在辛变换下是不变的, 即, 在一个辛变换下, 典范方程

$$\boldsymbol{q}' = H_{\boldsymbol{p}}, \quad \boldsymbol{p}' = -H_{\boldsymbol{q}}$$

变为新的典范方程

$$Q' = H_P, \quad P' = -H_Q.$$

(1.365) 的证明 令 $\boldsymbol{q} = \boldsymbol{q}(t), \boldsymbol{p} = \boldsymbol{p}(t)$ 是哈密顿流的积分曲线. 那么对于在时刻 t 的速度向量 $\boldsymbol{v}$, 我们有关系式

---

1) 符号 $\boldsymbol{v} \lrcorner \omega$ 表示 $\boldsymbol{v}$ 与 ω 的所谓内积. 这是一个由关系式

$$(\boldsymbol{v} \lrcorner \omega)(\boldsymbol{w}) = \omega(\boldsymbol{v}, \boldsymbol{w}), \quad \text{对所有的 } \boldsymbol{w} \in \mathbb{R}^{2n}$$

定义的线性泛函. 我们有时也把 $\boldsymbol{v} \lrcorner \omega$ 写成 $i_{\boldsymbol{v}}(\omega)$.

$$\boldsymbol{v} = (\boldsymbol{q}'(t), \boldsymbol{p}'(t)).$$

此外, 如果我们令 $\boldsymbol{w} = (\boldsymbol{a}, \boldsymbol{b})$, 其中 $\boldsymbol{a}, \boldsymbol{b} \in \mathbb{R}^n$, 那么方程 (1.365) 说明

$$\omega(\boldsymbol{v}, \boldsymbol{w}) = \mathrm{d}H(\boldsymbol{w}), \quad \text{对所有的 } \boldsymbol{w} \in \mathbb{R}^{2n}.$$

从 $\omega = \sum\limits_i \mathrm{d}q_i \wedge \mathrm{d}p_i$ 和

$$(\mathrm{d}q_i \wedge \mathrm{d}p_i)(\boldsymbol{v}, \boldsymbol{w}) = \mathrm{d}q_i(\boldsymbol{v})\mathrm{d}p_i(\boldsymbol{w}) - \mathrm{d}q_i(\boldsymbol{w})\mathrm{d}p_i(\boldsymbol{v}) = q_i'(t)a_i - p_i'(t)b_i,$$

可以得到, 对所有 $a_i, b_i \in \mathbb{R}$ 有 *

$$\sum_{i=1}^n q_i'(t)a_i - p_i'(t)b_i = \sum_{i=1}^n H_{p_i}a_i + H_{q_i}b_i.$$

通过比较系数就产生了

$$q_i' = H_{p_i}, \quad p_i' = -H_{q_i}.$$

这些就是典范方程. □

拉格朗日流形　令 D 是 $\mathbb{R}^n$ 中的一个开集. 一个在其每点处都有切平面[1] 的 n 维曲面

$$\mathcal{F}\colon \boldsymbol{q} = \boldsymbol{q}(C), \ \ \boldsymbol{p} = \boldsymbol{p}(C), \ \ C \in D$$

被称为是一个*拉格朗日流形*, 如果 ω 在 $\mathcal{F}$ 上为零, 即, 我们对 $\mathcal{F}$ 在点 P 处的所有切向量 $\boldsymbol{v}$ 和 $\boldsymbol{w}$ 有[2]

$$\boxed{\omega_P(\boldsymbol{v}, \boldsymbol{w}) = 0, \quad P \in \mathcal{F}.} \tag{1.366}$$

在几何上, 这意味着 $\mathcal{F}$ 的每个切空间关于由其上的 ω 所诱导的辛形式是迷向的 (参阅 3.9.8).

不变性　在辛变换下拉格朗日流形被变为拉格朗日流形.

1.13.1.8　泊松括号和可积系统

对于 $\boldsymbol{q}, \boldsymbol{p} \in \mathbb{R}^n$, 考虑运动 $\boldsymbol{q} = \boldsymbol{q}(t), \boldsymbol{p} = \boldsymbol{p}(t)$ 的典范方程

$$\boxed{\boldsymbol{p}' = -H_{\boldsymbol{q}}(\boldsymbol{q}, \boldsymbol{p}), \quad \boldsymbol{q}' = H_{\boldsymbol{p}}(\boldsymbol{q}, \boldsymbol{p}).} \tag{1.367}$$

---

* 原文把下式中的 H_{p_i} 与 H_{q_i} 互换位置. —— 译者

1) 这意味着在 D 上 $(\boldsymbol{q}'(C), \boldsymbol{p}'(C)) = n$.

2) 如果我们用在 1.13.1.3 中引进的拉格朗日括号, 那么 (1.366) 等价于方程

$$[C_j, C_k](P) = 0 \quad \text{对所有的 } P \in \mathcal{F} \ \text{ 和所有的 } j, k.$$

我们的目的是找到系统 (1.367) 有解的条件, 在经过一个适当的坐标变换后它们具有形式

$$\boxed{\varphi_j(t)=\omega_j t+\text{常数},\quad j=1,\cdots,n.} \tag{1.368}$$

这里诸 φ_j 是以 2π 为周期的角坐标, 即, $(\varphi_1,\cdots,\varphi_n)$ 与 $(\varphi_1+2\pi,\cdots,\varphi_n+2\pi)$ 描述了系统的相同状态.

拟周期运动 在 (1.368) 中, 每个坐标相应于具有角频率 ω_j 的一个周期运动. 因为这些频率很可能是不同的, 因此该运动作为整体而言被称为*拟周期的*. 集合

$$T:=\{\boldsymbol{\varphi}\in\mathbb{R}^n\,|\,0\leqslant\varphi_j\leqslant 2\pi,\quad j=1,\cdots,n\}$$

称为一个 n 维环面.

例 1: 对于 $n=2$, 图 1.157 画出了系统的状况. 这里以一种自然的方式把位于矩形对边上的点等同起来. 如果把 T 的这些点粘起来, 则得到在图 1.157(b) 中画出的几何环面 $\mathcal{T}$.

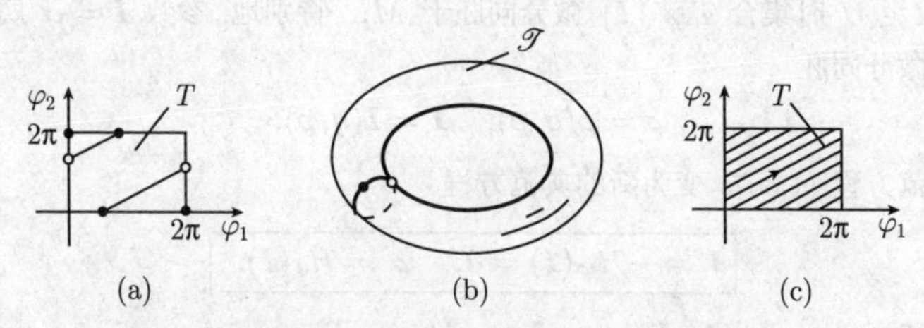

图 1.157 在如 (1.368) 的坐标系中的拟周期运动

(i) 如果比 ω_1/ω_2 是*有理数*, 那么轨道 $\varphi_1=\omega_1+$ 常数, $\varphi_2=\omega_2+$ 常数 由有限段组成, 然后回到初始位置. 在 $\mathcal{T}$ 上的相应曲线是一条闭曲线, 在封闭之前它围绕 $\mathcal{T}$ 有限多圈.

(ii) 如果 ω_1/ω_2 是*无理数*, 那么轨道稠密地覆盖 T 和 $\mathcal{T}$, 但不回到它的出发点 (图 1.157(c)).

泊松括号[1] 两个光滑函数 $f=f(\boldsymbol{q},\boldsymbol{p})$ 和 $g=g(\boldsymbol{q},\boldsymbol{p})$ 的*泊松括号*由公式

$$\{f,g\}:=\sum_{j=1}^{n}\frac{\partial f}{\partial p_j}\frac{\partial g}{\partial q_j}-\frac{\partial f}{\partial q_j}\frac{\partial g}{\partial p_j}$$

所定义.

1) 平行于哈密顿力学, 我们可以用泊松括号 (参阅 5.1.3) 构造一个泊松力学. 泊松力学基于这样的事实: 流形上的向量场形成一个李代数, 而哈密顿力学则利用下述事实: 流形的余切丛有一个自然的辛结构 (参阅 [212]). 在由海森伯 (W. K. Heisenberg, 1901—1976) 所实现的经典力学的量子化 (即量子力学的诞生) 中, 泊松括号起着关键的作用.

刘维尔定理 给出典范方程 (1.367) 的 n 个光滑守恒量 $F_1, \cdots, F_n: \mathbb{R}^{2n} \to \mathbb{R}$, 其中 $F_1 = H$, 这些守恒量是对合的, 即, 它们满足

$$\{F_j, F_k\} \equiv 0, \quad j, k = 1, \cdots, n.$$

此外假设, 对于固定的 $\boldsymbol{\alpha} \in \mathbb{R}^n$, 满足

$$F_j(\boldsymbol{q}, \boldsymbol{p}) = \alpha_j, \quad j = 1, \cdots, n$$

的所有点 $(\boldsymbol{q}, \boldsymbol{p}) \in \mathbb{R}^{2n}$ 的集合 $M_{\boldsymbol{\alpha}}$ 形成一个 n 维连通紧流形, 即, 一阶偏导数矩阵 $(\partial_k F_j)$ 在 $M_{\boldsymbol{\alpha}}$ 的每一点处的秩为 n.

这样, $M_{\boldsymbol{\alpha}}$ 微分同胚于一个 n 维环面 T, 其中作为典范方程 (1.367) 解的轨道 $\boldsymbol{q} = \boldsymbol{q}(t), \boldsymbol{p} = \boldsymbol{p}(t)$ 表示 $M_{\boldsymbol{\alpha}}$ 上的拟周期运动 (1.368).

不变环面叶状结构 假设存在 $\boldsymbol{\alpha}$ 的一个开邻域 U, 使得 $M_{\boldsymbol{\alpha}}$ 在 $\mathbb{R}^{2n}$ 中的一个邻域微分同胚于积

$$\boxed{T \times U.}$$

这里, 当 $\boldsymbol{I} \in U$ 时集合 $T \times \{\boldsymbol{I}\}$ 微分同胚于 $M_{\boldsymbol{I}}$. 特别地, 参数 $\boldsymbol{I} = \boldsymbol{\alpha}$ 属于 $M_{\boldsymbol{\alpha}}$. 通过这个微分同胚

$$\boldsymbol{\varphi} = \boldsymbol{\varphi}(\boldsymbol{q}, \boldsymbol{p}), \quad \boldsymbol{I} = \boldsymbol{I}(\boldsymbol{q}, \boldsymbol{p}), \tag{1.369}$$

原来的典范方程 (1.367) 变为新的典范方程

$$\boxed{\boldsymbol{I}' = -\mathcal{H}_{\boldsymbol{\varphi}}(\boldsymbol{I}) = \boldsymbol{0}, \quad \boldsymbol{\varphi}' = \mathcal{H}_{\boldsymbol{I}}(\boldsymbol{I}).} \tag{1.370}$$

它产生的解为

$$I_j = \text{常数}, \quad \varphi_j = \omega_j t + \text{常数}, \quad j = 1, \cdots, n. \tag{1.371}$$

这里 $\omega_j := \partial H(\boldsymbol{I})/\partial I_j$. 诸变量 I_j 被称为作用变量; 与诸角变量 φ_j 一起, 它们形成可积哈密顿系统的作用-角变量集合.

曲线 (1.371) 相应于 $M_{\boldsymbol{I}}$ 上的一个运动. 这里 $M_{\boldsymbol{I}}$ 是相空间中满足

$$F_j(\boldsymbol{q}, \boldsymbol{p}) = I_j, \quad j = 1, \cdots, n$$

的点 $(\boldsymbol{q}, \boldsymbol{p}) \in \mathbb{R}^{2n}$ 的集合.

$M_{\boldsymbol{I}}$ 称为不变环面. 如果 $\boldsymbol{I}$ 在 $\boldsymbol{\alpha}$ 的一个充分小的邻域中, 那么从 $M_{\boldsymbol{\alpha}}$ 通过一个小形变就得到 $M_{\boldsymbol{I}}$.

例 2: 在 $n = 1$ 时, 情形正如图 1.158 所示. 这里我们有 $T := \{\varphi \in \mathbb{R} : 0 \leqslant \varphi \leqslant 2\pi\}$, 其中点 $\varphi = 0$ 和 $\varphi = 2\pi$ 是等同的. $(\boldsymbol{q}, \boldsymbol{p})$ 相空间中的闭曲线族映为半径为 $I \in U$ 的圆族

$$x = I \cos \varphi, \quad y = I \sin \varphi.$$

这样, M_I 相应于半径为 I (作用变量) 的圆 T_I.

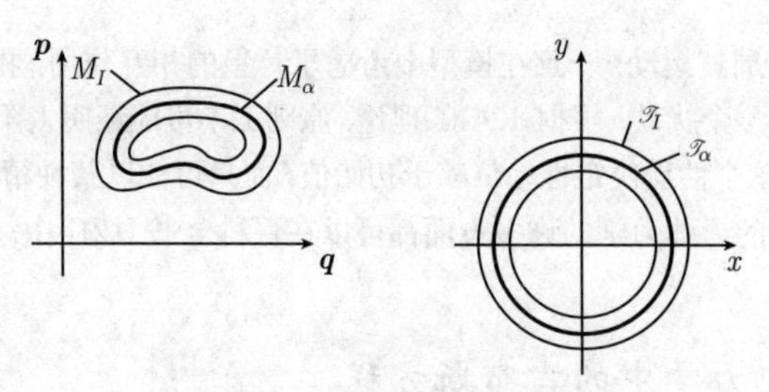

图 1.158 不变环面和作用–角变量

1.13.1.9 可积系统的扰动 (KAM 理论)

这里决定性的问题是：在小扰动下一个可积系统会如何动作？自然的回答是，系统只有小的形变；然而不幸的是，这是错的．其理由是，在角频率 $\omega_1, \cdots, \omega_n$ 之间共振可能发生．代之以可积系统 (1.370)，考虑扰动系统

$$\boxed{\boldsymbol{I}' = -H_\varphi(\boldsymbol{I}, \varphi, \varepsilon), \quad \varphi' = H_{\boldsymbol{I}}(\boldsymbol{I}, \varphi, \varepsilon),} \tag{1.372}$$

其中 $H := \mathcal{H}(\boldsymbol{I}) + \varepsilon\mathcal{H}_*(\boldsymbol{I}, \varphi)$ 为扰动哈密顿函数，ε 为小参数．科尔莫戈罗夫–阿诺尔德–莫泽理论 (KAM 理论, A. N. Kolmogorov, 1903—1987; V. I. Arnol'd, 1937—2010; J. K. Moser, 1928—) 涉及扰动系统 (1.372) 的性态；KAM 理论最初是由科尔莫戈罗夫于 1953 年创立，在其后的一些年里由阿诺尔德和莫泽极大地发展的．

定义 在其上有一组解 (1.371) 的一个不变环面 $T \times \{\boldsymbol{I}\}$ 被称为共振环面，当且仅当存在不全为零的有理数 $r_1, \cdots, r_n$，使得

$$r_1\omega_1 + \cdots + r_n\omega_n = 0.$$

下述结果对于非退化系统成立，即，$\det(\partial^2\mathcal{H}(\boldsymbol{I}_0)/\partial I_j \partial I_k) \neq 0$，这里出现的是未扰动的哈密顿函数的二阶偏导数的行列式．

定理 *如果扰动参数 ε 充分地小，那么非扰动系统的大多数非共振环面只有微小变形，并且在这些环面上的轨道的定性性质不受扰动的影响．*

情况的错综复杂在于下述事实：在扰动下某些非共振环面可以被破坏．并且，在非扰动系统的情况下，非共振环面和共振环面并非泾渭分明，即，在非共振环面的一个任意小的邻域里可能有共振环面．

> 在可能的最小扰动下，在不变环面上轨道的定性性质可能发生引人注目的改变．继而甚至可能在可积运动相反的意义下发生混沌运动．

对太阳系统稳定性的应用 如果在一级近似中忽略行星之间的引力，也忽略各行星对于太阳的引力，那么每个行星以不同的周期 (频率) 围绕太阳在一个周期轨道上运动 (一个椭圆，太阳在其一个焦点上，参阅 1.12.5.2 的开普勒第一定律)．这种情

形相应于一个拟周期运动. 一旦在模型中考虑了行星的相互作用, 我们就得到了这个拟周期运动的一个扰动. 根据 KAM 理论, 原则上不可能证明太阳系在所有时刻的稳定性, 因为这个性质决定性地依赖于初始值, 而只可能以某种精确度知道它.

经典和现代的天体力学的许多方面都可以在百科全书 [121] 中, 也可以在 [122] 中找到.

1.13.1.10 热力学中的吉布斯方程

热力学第一定律

$$\boxed{E'(t) = Q'(t) + A'(t).} \tag{1.373}$$

热力学第二定律

$$\boxed{Q'(t) \leqslant T(t)S'(t).} \tag{1.374}$$

这些方程描述了一般的热力学系统的温度变化规律. 这些是由巨大数目粒子 (如分子或光子) 组成的系统. 出现在这些方程中的诸量是:

$Q(t)$	热能, 在时间区间 $[0,t]$ 中施加于系统上;
$A(t)$	在时间区间 $[0,t]$ 中系统所做的功;
$E(t), S(t), T(t)$	分别为系统在时刻 t 时的内能量, 熵和绝对温度.

如果对所有时刻 t, $Q'(t) = T(t)S'(t)$, 那么过程称为*可逆的*. 否则, 过程称为*不可逆的*.

如果系统是封闭的, 那么这特别意味着从外界没有热能被加于该系统, 即, $Q(t) \equiv 0$. 在此情形, 由第二定律 (1.374) 即得

$$S'(t) \geqslant 0.$$

因而有

$$\boxed{\text{在一个封闭热力学系统中, 熵是非减的.}}$$

在一个封闭系统中, 一个过程是可逆的, 当且仅当 $S'(t) = 0$, 即, 其熵是*常数*.

下述方程刻画了一类重要的热力学系统.

吉布斯定律

$$\boxed{\mathrm{d}E = T\mathrm{d}S - p\mathrm{d}V + \sum_{j=1}^{r} \mu_j \mathrm{d}N_j.} \tag{1.375}$$

这个方程对于其状态可由下述参数所刻画的热力学系统成立:

T: 绝对温度, V: 体积, N_j: 第 j 种物质的粒子数.

其他一些量是这些参数的函数:

$$E = E(T, V, \boldsymbol{N}) \quad (\text{内能量}),$$
$$S = S(T, V, \boldsymbol{N}) \quad (\text{熵}),$$
$$p = p(T, V, \boldsymbol{N}) \quad (\text{压力}),$$
$$\mu_j = \mu_j(T, V, \boldsymbol{N}) \quad (\text{第 } j \text{ 种物质的化学位势}).$$

其中 $\boldsymbol{N} = (N_1, \cdots, N_r)$. 方程 (1.375) 等价于一阶偏微分方程组:

$$\boxed{E_T = TS_T,\ E_V = TS_V - p,\ E_{N_j} = TS_{N_j} + \mu_j, \quad j = 1, \cdots, r.}$$

在这个情形中的热力学过程由方程

$$T = T(t), V = V(t), \boldsymbol{N} = \boldsymbol{N}(t), \quad t_0 \leqslant t \leqslant t_1 \tag{1.376}$$

所描述. 这包括了函数

$$E(t) := E(\mathcal{P}(t)), \quad S(t) := S(\mathcal{P}(t)), \tag{1.377}$$

其中 $\mathcal{P} := (T(t), V(t), \boldsymbol{N}(t))$. 此外, 通过当 $Q(t_0) = A(t_0) = 0$ 时积分方程组

$$\begin{aligned} Q'(t) &= T(t)S'(t), \\ A'(t) &= -p(\mathcal{P}(t))V'(t) + \sum_{j=1}^{r} \mu_j(\mathcal{P}(t))N_j'(t), \end{aligned} \tag{1.378}$$

得到 $Q = Q(t)$ 和 $A = A(t)$.

定理 1 如果知道基本的吉布斯方程 (1.375) 的一个解, 那么热力学过程 (1.376)–(1.378) 满足热力学第一和第二定律. 这个过程是可逆的.

气体和液体的特殊情形 考虑由某种粒子 N 个分子组成的系统, 分子的质量为 m. 这样系统的总质量为 $M = Nm$. 在此情形吉布斯方程为

$$\boxed{\mathrm{d}E = T\mathrm{d}S - p\mathrm{d}V + \mu\mathrm{d}N.} \tag{1.379}$$

引进下面一些量:

$$\rho := \frac{M}{V} \quad (\text{质量密度}),$$
$$e := \frac{E}{M} \quad (\text{比固有能}),$$
$$s := \frac{S}{M} \quad (\text{比熵}).$$

e, s, p 和 μ 是 T 和 ρ 的函数. 此外, 由关系式 $c(T, \rho) := e_T(T, \rho)$ 定义比热.

定理 2 对于 $T > 0$ 和 $\rho > 0$, 假设给出两个光滑函数

$$\boxed{p = p(T, \rho) \quad \text{和} \quad c = c(T, \rho),}$$

其中满足限制条件 $c_\rho = -p_{TT}T/\rho^2$. 还假设给出了两个值 $e(T_0,\rho_0)$ 和 $s(T_0,\rho_0)$. 那么吉布斯方程 (1.379) 的唯一确定的解为

$$e(T,\rho) = e(T_0,\rho_0) + \int_{(T_0,\rho_0)}^{(T,\rho)} c\mathrm{d}T + \rho^{-2}(p - p_T T)\mathrm{d}\rho,$$

$$s(T,\rho) = s(T_0,\rho_0) + \int_{(T_0,\rho_0)}^{(T,\rho)} T^{-1}c\mathrm{d}T + \rho^{-2}p_T\mathrm{d}\rho,$$

$$\mu(T,\rho) = e(T,\rho) - Ts(T,\rho) + \frac{p(T,\rho)}{\rho}.$$

所有这些曲线积分都与积分路径无关.

注 状态条件$p = p(T,\rho)$ 和比热容 $c(T,\rho)$ 不得不由实验来确定. 然后, 所有其他的热力学量 e, s 和 μ 由此随之而确定.

例 1: 对于在房间温度为 T 的一理想气体, 有

$$p = r\rho T \text{ (状态方程)}, \quad c = \frac{\alpha r}{2} \text{ (比热容)}.$$

这里 r 称为气体常数, 而 α 相应于激发自由度 (通常有 $\alpha = 3, 5, 6$, 分别相应于由 1 个, 2 个, n 个 ($n \geqslant 3$) 原子组成的气体). 由此得到关系式

$$e = cT + \text{常数}, \quad s = c\ln(T\rho^{1-\gamma}) + \text{常数},$$
$$\mu = e - Ts + \frac{p}{\rho} \quad \text{(化学位势)},$$

其中 $\gamma := 1 + r/c$.

勒让德变换和热力学位势 在热力学中经常需要变量变换. 这可以借助于吉布斯定律简洁地完成.

例 2: 吉布斯方程

$$\mathrm{d}E = T\mathrm{d}S - p\mathrm{d}V + \mu\mathrm{d}N$$

说明了 S, V 和 N 是内能量的自然变量. 由 $E = E(S,V,N)$ 即得

$$T = E_S, \quad p = -E_V, \quad \mu = E_N.$$

由于 $E_{SV} = E_{VS}$ 及一些类似的等式, 由此得到可积性条件

$$T_V(\mathcal{P}) = -p_S(\mathcal{P}), \quad p_N(\mathcal{P}) = -\mu_V(\mathcal{P}), \quad T_N(\mathcal{P}) = \mu_S(\mathcal{P}),$$

其中已经令 $\mathcal{P} := (S,V,N)$.

例 3: 函数 $F := E - TS$ 称为自由能. 由于关系式 $\mathrm{d}F = \mathrm{d}E - T\mathrm{d}S - S\mathrm{d}T$, 有

$$\mathrm{d}F = -S\mathrm{d}T - p\mathrm{d}V + \mu\mathrm{d}N.$$

因而 T, V 和 N 是 F 的最自然的变量. 这样, 从 $F = F(T,V,N)$ 可以得到

$$S=-F_T,\ \ p=-F_V,\ \ \mu=F_N.$$

称 E 和 F 为热力学位势, 因为可以通过求微商从它们得到所有其他的热力学量. 另外的热力学位势被列出在表 1.7 中.

表 1.7 重要的热力学位势

位势	全微分	自然变量	导数的解释
内能 E	$\mathrm{d}E=T\mathrm{d}S-p\mathrm{d}V+\mu\mathrm{d}N$	$E(S,V,N)$	$E_S=T, E_V=-p, E_N=\mu$
自由能 $F=E-TS$	$\mathrm{d}F=-S\mathrm{d}T-p\mathrm{d}V+\mu\mathrm{d}N$	$F(T,V,N)$	$F_T=-S, F_V=-p, F_N=\mu$
熵 S	$T\mathrm{d}S=\mathrm{d}E+p\mathrm{d}V-\mu\mathrm{d}N$	$S(E,V,N)$	$TS_E=1, TS_V=p, TS_N=-\mu$
焓 $H=E+pV$	$\mathrm{d}H=T\mathrm{d}S-V\mathrm{d}p+\mu\mathrm{d}N$	$H(S,p,N)$	$H_S=T, H_p=-V, H_N=\mu$
自由焓 $G=F+pV$	$\mathrm{d}G=-S\mathrm{d}T-V\mathrm{d}p+\mu\mathrm{d}N$	$G(T,p,N)$	$G_T=-S, G_p=-V, G_N=\mu$
统计势 $\Omega=F-\mu N$	$\mathrm{d}\Omega=-S\mathrm{d}T-p\mathrm{d}V-N\mathrm{d}\mu$	$\Omega(T,V,\mu)$	$\Omega_T=-S, \Omega_V=-p, \Omega_\mu=-N$

1.13.1.11 李的切触变换

取法普吕克 (J. Plücker, 1801—1868) 关于改变空间元素的思想, 我在 1868 年得到了切触变换的一般概念.

S. 李

在数学中经常可以通过实现一个适当的变换来简化问题. 对于微分方程而言, 切触变换就是实现这一点的恰当的一类变换. 它们是勒让德变换的推广, 其几何解释在 1.12.1.14 中讨论. 下述是重要的:

> 在切触变换下, 微分方程的解被保留为变换后的微分方程的解.

除了传统的应变量和自变量的变换外, 在切触变换中变量的导数可以被用作自变量.

定义 令 $\boldsymbol{x}=(x_1,\cdots,x_n)$ 和 $\boldsymbol{p}=(p_1,\cdots,p_n)$. 并且令 $\boldsymbol{X}=(X_1,\cdots,X_n)$ 和 $\boldsymbol{P}=(P_1,\cdots,P_n)$. 一个切触变换

$$\boxed{\boldsymbol{X}=\boldsymbol{X}(\boldsymbol{x},u,\boldsymbol{p}),\quad \boldsymbol{P}=\boldsymbol{P}(\boldsymbol{x},u,\boldsymbol{p}),\quad U=U(\boldsymbol{x},u,\boldsymbol{p})} \tag{1.380}$$

是从 $\mathbb{R}^{2n+1}$ 的一个开集 G 到 $\mathbb{R}^{2n+1}$ 的一个开集 Ω 的一个微分同胚, 使得在 G 中关系式

$$\boxed{\mathrm{d}U-\sum_{j=1}^{n}P_j\mathrm{d}X_j=\rho(x,u,p)\left(\mathrm{d}u-\sum_{j=1}^{n}p_j\mathrm{d}x_j\right)} \tag{1.381}$$

被满足, 其中光滑函数 ρ 在 G 中不为零.

定理 如果 $u = u(x)$ 是微分方程

$$f(\boldsymbol{x}, \boldsymbol{u}, \boldsymbol{u}') = 0 \tag{1.382}$$

的一个解, 其中 $\boldsymbol{u}' = (u_{x_1}, \cdots, u_{x_n})$, 那么 $U = U(X)$ 是微分方程

$$F(\boldsymbol{X}, U, U') = 0$$

的一个解, 这个方程是借助于切触变换 (1.380) 从 (1.382) 得到的, 在 (1.380) 中令

$$p_j = \frac{\partial u}{\partial x_j}, \quad j = 1, \cdots, n.$$

此时还得到 $P_j = \partial U/\partial x_j$, $j = 1, \cdots, n$.

一般勒让德变换

$$\boxed{\begin{aligned} &U = \sum_{j=1}^{k} p_j x_j - u, \quad X_j = p_j, \quad P_j = x_j, \quad j = 1, \cdots, k, \\ &X_r = x_r, \quad P_r = p_r, \quad r = k+1, \cdots, n, \end{aligned}} \tag{1.383}$$

其中 k 可以取 $1 \leqslant k \leqslant n$ 中的任意值. 当 $k = n$ 时, (1.383) 中的最后一行是空的. 从积规则 $\mathrm{d}(p_j x_j) = p_j \mathrm{d}x_j + x_j \mathrm{d}p_j$, 即得 $\rho = -1$ 的 (1.381). 这样, (1.383) 就是一个切触变换.

例 1: 从 $k = 1$ 时的 (1.383) 得到热力学的勒让德变换. 例如, 在这个情形有 $E = u$ (内能) 和 $F = -U$ (自由能)(参阅 1.13.1.10).

例 2: 力学的勒让德变换是拉格朗日函数 $L = u$ 和哈密顿函数 $H = U$ (参阅 5.1.3) 的 (1.383). 在这个情形有 $x_j = q_j'$ (速度坐标).

1.13.2 二阶数学物理方程

> 热流方程, 发声体的振动方程, 以及流体的方程, 属于分析的范畴, 近来已被打开了, 值得去研究其最详.
>
> J·B·J· 傅里叶
>
> 《热的解析理论》, 1822

1.13.2.1 傅里叶通用方法

傅里叶方法的基本思想是把二阶偏微分方程的解表示成形式

$$u(x, t) = \sum_{k=0}^{\infty} a_k(x) b_k(t). \tag{1.384}$$

在一些重要的情形中 $a_k(x)b_k(t)$ 相应于物理系统的一个特征振荡. 隐藏在 (1.384) 后的是下述一般原理:

许多物理系统按时间的发展作为特征状态 (如特征振荡) 的叠加而给出.

这个原理于 1730 年由 D. 伯努利 (Bernoulli, 1700—1782) 首先用来处理杆和弦的振动. 每种乐器的声音, 以及每种歌声, 都由 (1.384) 形的表达式所描述, 其中 $a_k(x)b_k(t)$ 表示基音和较高的音, 它们的强度决定了音质. 有趣的是, 欧拉并不相信 D· 伯努利所作出的论断, 即, 借助于 (1.384) 人们可以得到随时间的发展. 我们必须记住, 在那个时代, 还没有大家认可的函数的一般概念, 和无穷级数收敛的概念.

在傅里叶于 1822 年出版的著作《热的解析理论》中, 他的方法 (1.384) 被发展为数学物理中的一个重要的工具. 然而, 直到 20 世纪初通过泛函分析方法的应用人们才对这个方法有了比较深刻的理解. 在 [212] 中将更详细地讨论这些.

1.13.2.2 应用于弦振动

$$\begin{array}{lll} \dfrac{1}{c^2}u_{tt}-u_{xx}=0, & 0<x<L,\ t>0 & \text{(微分方程)}, \\ u(0,t)=u(L,t)=0, & t\geqslant 0 & \text{(边界值)}, \\ u(x,0)=u_0(x), & 0\leqslant x\leqslant L & \text{(初始位置)}, \\ u_t(x,0)=u_1(x), & 0\leqslant x\leqslant L & \text{(初始速度)}. \end{array} \tag{1.385}$$

这个问题描述了两端固定、长为 L 的弦的运动. 函数 u 有下述解释: $u(x,t)$ = 弦在时刻 t 在点 x 处的位移 (图 1.159). 数 c 相应于弦波的传播速度.

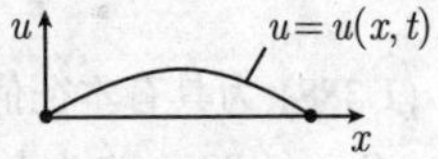

图 1.159

为了简化记号, 令 $L=\pi$ 和 $c=1$.

存在性和唯一性结果 令 u_0 和 u_1 是给定的周期为 2π 的光滑奇函数. 那么问题 (1.385) 有唯一解

$$u(x,t)=\sum_{k=1}^{\infty}(a_k\sin kt+b_k\cos kt)\sin kx, \tag{1.386}$$

其中的记号使得

$$u_0(x)=\sum_{k=1}^{\infty}b_k\sin kx,\quad u_1(x)=\sum_{k=1}^{\infty}ka_k\sin kx, \tag{1.387}$$

即, 诸系数 b_k (相应地, ka_k) 是 u_0 (相应地, u_1) 的傅里叶系数. 确切地, 这意味着

$$b_k=\frac{2}{\pi}\int_0^{\pi}u_0(x)\sin kx\mathrm{d}x,\quad a_k=\frac{2}{k\pi}\int_0^{\pi}u_1(x)\sin kx\mathrm{d}x.$$

物理解释 解 (1.386) 相应于具有角频率 $\omega = k$ 的弦的特征振动

$$u(x,t) = \sin kt \sin kx \quad 和 \quad u(x,t) = \cos kt \sin kx$$

的叠加.

下述一些考虑是傅里叶方法具有代表性的应用.

导出给定解的想法 (i) 首先寻找原始问题 (1.385) 的乘积形式

$$\boxed{u(x,t) = \varphi(x)\psi(t)}$$

的特解.

(ii) 令

$$\varphi(0) = \varphi(\pi) = 0,$$

初始条件$u(0,t) = u(\pi,t) = 0$ 即被满足.

(iii) λ技巧: 从微分方程 $u_{tt} - u_{xx} = 0$ 可以得到

$$\varphi(x)\psi''(t) = \varphi''(x)\psi(t).$$

通过令

$$\frac{\psi''(t)}{\psi(t)} = \frac{\varphi''(x)}{\varphi(x)} = \lambda,$$

这个方程可以满足, 其中 λ 为未知实数. 用这种方法可以得到两个方程:

$$\boxed{\varphi''(x) = \lambda\varphi(x), \quad \varphi(0) = \varphi(\pi) = 0} \tag{1.388}$$

和

$$\psi''(t) = \lambda\psi(t). \tag{1.389}$$

称 (1.388) 为具有本征值参数 λ 的边值–本征值问题.

(iv) (1.388) 的非平凡解是

$$\boxed{\varphi(x) = \sin kx, \quad \lambda = -k^2, \quad k = 1, 2, \cdots.}$$

如果在 (1.389) 中令 $\lambda = -k^2$, 则得到解

$$\psi(t) = \sin kt, \quad \cos kt.$$

(v) 这些特解的叠加产生了

$$u(x,t) = \sum_{k=1}^{\infty}(a_k \sin kt + b_k \cos kt)\sin kx,$$

其中诸 a_k, b_k 是未知系数. 关于 t 求导数产生了

$$u_t(x,t) = \sum_{k=1}^{\infty}(ka_k \cos kt - kb_k \sin kt)\sin kx.$$

(vi) 这样, 从初始条件$u(x,0) = u_0(x)$ 和 $u_t(x,0) = u_1(x)$ 即得确定诸 a_k 和 b_k 的方程 (1.387).

1.13.2.3 应用于杆传热

$$
\begin{array}{lll}
T_t-\alpha T_{xx}=0, & 0<x<L,\ t>0 & (\text{微分方程}),\\
T(0,t)=T(L,t)=0, & t\geqslant 0 & (\text{边界温度}),\\
T(x,0)=T_0(x), & 0\leqslant x\leqslant L & (\text{初始温度}).
\end{array}
\tag{1.390}
$$

这个问题描述了一个长为 L 的杆中的温度分布. 函数 T 有下述解释: $T(x,t)=$ 杆在时刻 t、在点 x 处的温度. 正数 α 是一个物质常数.

为了演算的简单起见, 令 $L=\pi$ 和 $\alpha=1$.

存在性和唯一性结果 令 T_0 是给定的周期为 2π 的光滑奇函数. 那么问题 (1.390) 有唯一解

$$
T(x,t)=\sum_{k=1}^{\infty}b_k\mathrm{e}^{-k^2t}\sin kx.
$$

这里有

$$
T_0(x)=\sum_{k=1}^{\infty}b_k\sin kx,
$$

即, 诸系数 b_k 是 T_0 的傅里叶系数. 确切地, 这意味着

$$
b_k=\frac{2}{\pi}\int_0^{\pi}T_0(x)\sin kx\mathrm{d}x.
$$

这个结果与 1.13.2.2 的结果类似.

1.13.2.4 瞬时热方程

$$
\begin{array}{lll}
s\mu T_t-\kappa\Delta T=0, & x\in\Omega,\ t>0 & (\text{微分方程}),\\
T(x,t)=T_0(x), & x\in\partial\Omega,\ t\geqslant 0 & (\text{边界温度}),\\
T(x,0)=T_1(x), & x\in\Omega & (\text{初始温度}).
\end{array}
\tag{1.391}
$$

这个问题描述了在 $\mathbb{R}^3$ 中一个具有光滑边界 $\partial\Omega$ 的有界域 Ω 中的温度分布. 函数 T 有下述含义: $T(\boldsymbol{x},t)=$ 在时刻 t、在点 $\boldsymbol{x}=(x_1,x_2,x_3)$ 处的温度. 常数 s,μ 和 κ 的物理意义可以在 (1.170) 中找到. 算子

$$
\Delta T:=\sum_{j=1}^{3}\frac{\partial^2T}{\partial x_j^2}
\tag{1.392}
$$

称为拉普拉斯算子.

存在性和唯一性定理 给定两个光滑函数 T_0 和 T_1. 那么问题 (1.391) 有一个唯一解. 这个解是光滑的.

热源 一个类似的结果成立, 如果用

$$
s\mu T_t-\kappa T_{\boldsymbol{xx}}=f,\quad \boldsymbol{x}\in\Omega,\ t>0
\tag{1.393}
$$

代替 (1.391) 中的微分方程, 这里的 $f = f(\boldsymbol{x}, t)$ 是一个光滑函数. 函数 f 描述热源 (参阅 1.170).

全空间的初值问题

$$\begin{array}{lll} T_t - \alpha \Delta T = 0, & \boldsymbol{x} \in \mathbb{R}^3,\ t > 0 & (\text{微分方程}), \\ T(\boldsymbol{x}, 0) = T_0(\boldsymbol{x}), & \boldsymbol{x} \in \mathbb{R}^3 & (\text{初始温度}). \end{array} \tag{1.394}$$

存在性和唯一性结果 给定一个连续有界函数 T_0. 那么对于所有 $\boldsymbol{x} \in \mathbb{R}^3$ 和所有 $t > 0$ 问题 (1.394) 有唯一解[1)]

$$T(\boldsymbol{x}, t) = \frac{1}{(4\pi\alpha t)^{3/2}} \int_{\mathbb{R}^3} \exp\left(\frac{-|\boldsymbol{x} - \boldsymbol{y}|^2}{4\alpha t}\right) T_0(\boldsymbol{y}) \mathrm{d}\boldsymbol{y}. \tag{1.395}$$

此外, 还有

$$\lim_{\boldsymbol{x} \to +\boldsymbol{0}} T(\boldsymbol{x}, t) = T_0(\boldsymbol{x}), \quad \text{对所有 } \boldsymbol{x} \in \mathbb{R}^3.$$

注 (1.395) 中的解 T 对所有时刻 $t > 0$ 是光滑的, 即使在时刻 $t = 0$ 时初始温度 T_0 只是连续的. 对于所有流过程 (如热传导和热扩散), 这种磨光的效果是有代表性的.

1.13.2.5 瞬时扩散方程

方程 (1.391) 也描述扩散过程. 在那个情形中, T 是粒子数的密度 (单位体积中的粒子数). 类似地, (1.394) 和 (1.395) 描述 $\mathbb{R}^3$ 中的扩散过程.

例: (1.394) 中粒子的初始密度集中于原点周围, 即有

$$T_0(\boldsymbol{x}) = \begin{cases} \dfrac{3N}{4\pi\varepsilon^3}, & |\boldsymbol{x}| \leqslant \varepsilon, \\ 0, & \text{否则}. \end{cases}$$

这个密度相应于在原点的附近恰有 N 个粒子. 此时从 (1.395) 过渡到极限 $\varepsilon \to 0$ 即得解为

$$T(\boldsymbol{x}, t) = \frac{N}{(4\pi\alpha t)^{3/2}} \exp\left(\frac{-|\boldsymbol{x}|^2}{4}\right) \alpha t, \quad t > 0,\ \boldsymbol{x} \in \mathbb{R}^3, \tag{1.396}$$

其中 T 表示粒子数的密度. 最初集中于原点附近的粒子, 扩散到整个空间. 从微观的观点来看, 这是粒子的布朗运动的一个随机过程 (参阅 6.4.4).

---

1) 为了保证解的唯一性, 还必须要求对所有 $\tau > 0$ 有

$$\sup_{\boldsymbol{x} \in \mathbb{R}^3,\ 0 \leqslant t \leqslant \tau} |T(\boldsymbol{x}, t)| < \infty,$$

即, 在时间区间 $[0, \tau]$ 中温度必须保持有界.

1.13.2.6 平稳热方程

如果温度 T 不依赖于时间 t, 那么从瞬时热方程 (1.393) 就得到平稳热方程

$$\boxed{-\kappa\Delta T = f, \quad \boldsymbol{x} \in \Omega,} \tag{1.397}$$

它也称为泊松方程. 热流密度向量由

$$\boldsymbol{J} = -\kappa\,\mathbf{grad}\,T$$

给出. 这里 Ω 是 $\mathbb{R}^3$ 中具有光滑边界 $\partial\Omega$ 的一个有界域. 除了微分方程 (1.397) 外, 还可以考虑 3 个不同类型的边界条件.

(i) 第一边界条件:

$$\boxed{T = T_0, \quad 在\ \partial\Omega\ 上.}$$

(ii) 第二边界条件:

$$\boxed{\boldsymbol{Jn} = g, \quad 在\ \partial\Omega\ 上.}$$

这里 $\boldsymbol{n}$ 表示沿着边界 $\partial\Omega$ 的单位外法向量.

(iii) 第三边界条件:

$$\boxed{\boldsymbol{Jn} = hT + g, \quad 在\ \partial\Omega\ 上.}$$

这里假设在边界 $\partial\Omega$ 上 $h > 0$. 此外有

$$\boldsymbol{Jn} \equiv -\kappa\frac{\partial T}{\partial n}, \quad 在\ \partial\Omega\ 上.$$

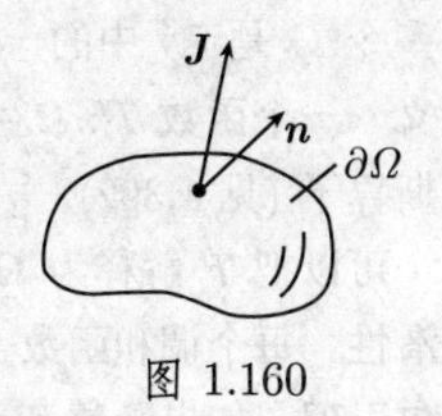

图 1.160

物理解释 在第一边界条件中, 边界温度是已知的, 而在后两个边界条件中, 热导密度向量在边界上的外法分量是已知的 (图 1.160).

存在性和唯一性结果 令 f, g 和 h 是给定的光滑函数.

(i) 泊松方程 (1.397) 的第一和第三边值问题是唯一可解的.

(ii) 泊松方程 (1.397) 的第二边值问题是唯一可解的, 当且仅当

$$\int_\Omega f\mathrm{d}V = \int_{\partial\Omega} g\mathrm{d}F.$$

此时解是唯一的, 可以相差一个加法常数.

变分原理 (i) 极小问题

$$\int_\Omega \left(\frac{\kappa}{2}(\mathbf{grad}\ T)^2 - fT\right)\mathrm{d}x \stackrel{!}{=} \min., \quad T = T_0, \ 在\ \partial\Omega\ 上 \tag{1.398}$$

的每个光滑解是泊松方程 (1.397) 的第一边值问题的一个解.

(ii) 极小问题

$$\int_{\Omega}\left(\frac{\kappa}{2}(\mathbf{grad}\ T)^2 - fT\right)\mathrm{d}x + \int_{\partial\Omega}\left(\frac{1}{2}hT^2 + gT\right)\mathrm{d}F \stackrel{!}{=} \min.$$

的每个光滑解是泊松方程 (1.397) 的第三边值问题的一个解. 在 $h \equiv 0$ 的情形, 第二边值问题也有解.

对于半径为 R 的一个球 B_R 的第一边值问题

$$\boxed{\Delta T = 0,\ 在\ B_R\ 上,\quad T = T_0,\ 在\ \partial B_R\ 上.} \tag{1.399}$$

令 B_R 是 $\mathbb{R}^3$ 中半径为 R, 中心在原点的一个开球. 如果 T_0 在边界 ∂B_R 上是连续的, 那么问题 (1.399) 有一个唯一解

$$\boxed{T(\boldsymbol{x}) = \frac{1}{4\pi R}\int_{\partial B_R}\frac{R^2 - |\boldsymbol{x}|^2}{|\boldsymbol{x}-\boldsymbol{y}|^3}T_0(\boldsymbol{y})\mathrm{d}F_{\boldsymbol{y}},\quad 对所有的\ \boldsymbol{x} \in B_R.}$$

函数 T 在闭球 $\overline{B_R}$ 上是连续的.

注 即使边界的温度只是连续的, 在球内部的温度却有任意阶导数. 这种强磨光效果对于平稳过程是有代表性的.

1.13.2.7 调和函数的性质

令 Ω 是 $\mathbb{R}^3$ 中的一个域.

定义 一个函数 $T: \Omega \to \mathbb{R}$ 称为是*调和的*, 如果在 Ω 上 $\Delta T = 0$. 这里 Δ 是拉普拉斯算子 (见 1.392).

可以把 T 解释为 Ω 中的温度分布 (无热源).

光滑性 每个调和函数 $T: \Omega \to \mathbb{R}$ 是光滑的.

外尔引理 如果函数 $T_n: \Omega \to \mathbb{R}$ 是调和的, 并且如果

$$\lim_{n\to\infty}\int_{\Omega} T_n\varphi\mathrm{d}x = \int_{\Omega} T\varphi\mathrm{d}x,\quad 对所有的\ \varphi \in C_0^{\infty}(\Omega), \tag{1.400}$$

其中函数 $T: \Omega \to \mathbb{R}$ 是连续的, 那么 T 调和的.

特别地, 如果序列 (T_n) 在 Ω 的每个紧子集上一致收敛于 T, 那么条件 (1.400) 成立.

中值性质 一个连续函数 $T: \Omega \to \mathbb{R}$ 是调和的, 如果对位于 Ω 中的半径为 R 的所有的球, 对于所有的 R, 有

$$T(\boldsymbol{x}) = \frac{1}{4\pi R^2}\int_{|\boldsymbol{x}-\boldsymbol{y}|=R} T(\boldsymbol{y})\mathrm{d}F.$$

最大值原理 一个非常数的调和函数 $T: \Omega \to \mathbb{R}$ 在 Ω 中既不取其最大值, 也不取其最小值.

推论 1 令 $T\colon \overline{\Omega} \to \mathbb{R}$ 是一个非常数的连续函数. 如果 T 在 Ω 中是调和的, 那么 T 在边界 $\partial\Omega$ 上达到其最大值和最小值.

物理的动机 如果在 Ω 中有一个最大温度, 那么这将导致一个瞬时热流, 这与此状态的平稳性矛盾.

推论 2 令 Ω 是一个有界域, 其外部域为 $\Omega_* := \mathbb{R}^3 - \overline{\Omega}$. 若 $T\colon \overline{\Omega_*} \to \mathbb{R}$ 在 Ω_* 上是连续且调和的, 并且 $\lim\limits_{|\boldsymbol{x}|\to\infty} T(\boldsymbol{x}) = 0$, 那么有

$$|T(\boldsymbol{x})| \leqslant \max_{\boldsymbol{y}\in\partial\Omega} |T(\boldsymbol{y})|, \quad \text{对所有的 } \boldsymbol{x} \in \overline{\Omega_*}.$$

哈纳克 (C. G. A. Harnack, 1851—1888) 不等式 如果在一个球 $B_R := \{\boldsymbol{x} \in \mathbb{R}^3 \colon |\boldsymbol{x}| < R\}$ 上 T 是调和且非负的, 那么我们有不等式

$$\frac{R(R-|\boldsymbol{x}|)}{(R+|\boldsymbol{x}|)^2} T(\boldsymbol{0}) \leqslant T(\boldsymbol{x}) \leqslant \frac{R(R+|\boldsymbol{x}|)}{(R-|\boldsymbol{x}|)^2} T(\boldsymbol{0}), \quad \text{对所有的 } \boldsymbol{x} \in B_R.$$

1.13.2.8 波方程

一维波方程

$$\boxed{\frac{1}{c^2} u_{tt} - u_{xx} = 0, \quad x, t \in \mathbb{R}.} \tag{1.401}$$

我们把 $u = u(x,t)$ 解释为无限长的振动着的弦在时刻 t 时、在点 x 处的位移. 这个方程称为一维波方程.

定理 (1.401) 的光滑通解有形式

$$u(x,t) = f(x-ct) + g(x+ct),$$

其中 $f, g\colon \mathbb{R} \to \mathbb{R}$ 是任意光滑函数.

物理解释: 解 $u(x,t) = f(x-ct)$ 相应于一个从左向右以速度 c 传播的波, 并且在时刻 $t=0$ 时 $f(x)$ 即为解 u 在 x 处的初值: $u(x,0) = f(x)$ (图 1.161(a)). 类似地, $u(x,t) = g(x+ct)$ 相应于一个从右向左以速度 c 传播的波.

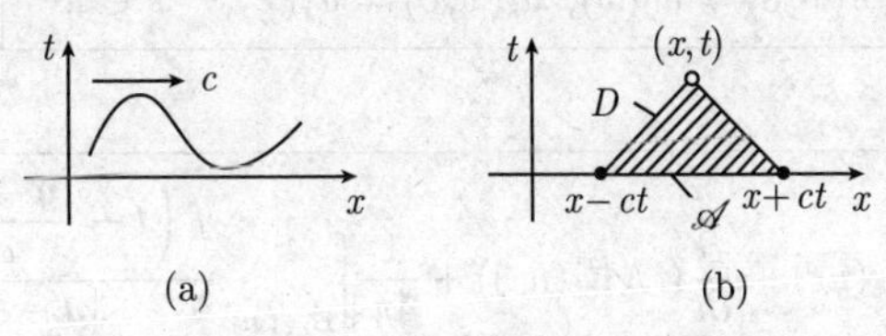

图 1.161 波方程的初值问题

初值问题的存在性和唯一性结果 令 $u_0, u_1\colon \mathbb{R} \to \mathbb{R}$ 和 $f\colon \mathbb{R}^2 \to \mathbb{R}$ 是光滑函数. 那么问题

$$\boxed{\begin{aligned}&\frac{1}{c^2}u_{tt}-u_{xx}=f(x,t), \quad x,t\in\mathbb{R},\\&u(x,0)=u_0(x),\ u_t(x,0)=u_1(x), \quad x\in\mathbb{R}\end{aligned}}$$

有唯一解

$$\boxed{u(x,t)=\frac{1}{2}(u_0(x-ct)+u_0(x+ct))+\frac{1}{2c}\int_{\mathcal{A}}u_1(\xi)\mathrm{d}\xi+\frac{c}{2}\int_D f\,\mathrm{d}x\mathrm{d}t.}$$

这里 $\mathcal{A}:=[x-ct,x+ct]$, 而 D 是图 1.161(b) 中画出的三角形. 线 $x=\pm ct+$ 常数称为特征. D 的以 (x,t) 为端点的边在这些特征之中.

依赖域 令 $f\equiv 0$. 那么在时刻 t 时解 u 在点 x 处的值只依赖于初值 u_0 和 u_1 在 $\mathcal{A}$ 上的值. 因而把 $\mathcal{A}$ 称为点 (x,t) 的依赖域 (图 1.161(b)).

注 与扩散过程和平稳过程不同, 对于波过程, 其初值对其解不发生磨光现象是有代表性的.

二维波方程

存在性和唯一性结果 令 $u_0,u_1\colon\mathbb{R}^2\to\mathbb{R}$ 是光滑函数. 那么初值问题

$$\boxed{\begin{aligned}&\frac{1}{c^2}u_{tt}-\Delta u=0, \quad \boldsymbol{x}\in\mathbb{R}^2,\ t>0,\\&u(\boldsymbol{x},0)=u_0(\boldsymbol{x}),\ u_t(\boldsymbol{x},0)=u_1(\boldsymbol{x}), \quad \boldsymbol{x}\in\mathbb{R}^2\end{aligned}} \tag{1.402}$$

有唯一解

$$u(\boldsymbol{x},t)=\frac{1}{2\pi c}\int_{B_{ct}(\boldsymbol{x})}\frac{u_1(\boldsymbol{y})}{(c^2t^2-|\boldsymbol{y}-\boldsymbol{x}|^2)^{1/2}}\mathrm{d}\boldsymbol{y}+\frac{\partial}{\partial t}\left(\frac{1}{2\pi c}\int_{B_{ct}(\boldsymbol{x})}\frac{u_0(\boldsymbol{y})}{(c^2t^2-|\boldsymbol{y}-\boldsymbol{x}|^2)^{1/2}}\mathrm{d}\boldsymbol{y}\right),$$

这里 $B_{ct}(\boldsymbol{x})$ 表示中心在 $\boldsymbol{x}$ 处、半径为 ct 的一个球.

三维波方程

存在性和唯一性结果 令 $u_0,u_1\colon\mathbb{R}^3\to\mathbb{R}$ 和 $f\colon\mathbb{R}^4\to\mathbb{R}$ 是光滑函数. 那么初值问题

$$\boxed{\begin{aligned}&\frac{1}{c^2}u_{tt}-\Delta u=f(\boldsymbol{x},t), \quad \boldsymbol{x}\in\mathbb{R}^3,\ t>0,\\&u(\boldsymbol{x},0)=u_0(\boldsymbol{x}),\ u_t(\boldsymbol{x},0)=u_1(\boldsymbol{x}), \quad \boldsymbol{x}\in\mathbb{R}^3\end{aligned}} \tag{1.403}$$

有唯一解

$$\boxed{u(\boldsymbol{x},t)=t\mathcal{M}_{ct}^x(u_1)+\frac{\partial}{\partial t}(t\mathcal{M}_{ct}^x(u_0))+\frac{1}{4\pi}\int_{B_{ct}(\boldsymbol{x})}\frac{f\left(t-\dfrac{|\boldsymbol{y}-\boldsymbol{x}|}{c},\boldsymbol{y}\right)}{|\boldsymbol{y}-\boldsymbol{x}|}\mathrm{d}\boldsymbol{y}.}$$

这里 $\mathcal{M}_r^x(u)$ 表示中值

$$\mathcal{M}_r^x(u):=\frac{1}{4\pi r^2}\int_{\partial B_r(\boldsymbol{x})}u\,\mathrm{d}F.$$

在上述公式中, $\partial B_r(\boldsymbol{x})$ 表示中心在 $\boldsymbol{x}$ 处、半径为 r 的球 $B_r(\boldsymbol{x})$ 的边界 (这是半径为 r 的一个球面).

依赖域 令 $f \equiv 0$. 那么在时刻 t 时解 u 在点 x 处的值仅依赖于 u_0 和 u_1 以及 u_0 的一阶导数在集合 $\mathcal{A} := \partial B_{ct}(\boldsymbol{x})$ 上的值, 因而 $\mathcal{A}$ 被称为 $(\boldsymbol{x}, t)$ 的依赖域.

信号的清晰传输和 $\mathbb{R}^3$ 中惠更斯 (C. Huygens, 1629—1695) 原理 明确地, $\mathcal{A}$ 由所有满足

$$|\boldsymbol{y} - \boldsymbol{x}| = ct$$

的点 $\boldsymbol{y}$ 组成. 这相应于信号以速度 c 的清晰传输. 代之以信号的清晰传输, 也可以说 $\mathbb{R}^3$ 中惠更斯原理的有效性. 如果 u_0 和 u_1 在时刻 $t = 0$ 时集中于原点 $\boldsymbol{x} = \boldsymbol{0}$ 的一个小邻域中, 那么这些函数所表达的扰动以速度 c 传播, 因而在时刻 t 也集中在球的表面 $\partial B_{ct}(\boldsymbol{0})$ 的一个小邻域里 (图 1.162(a)).

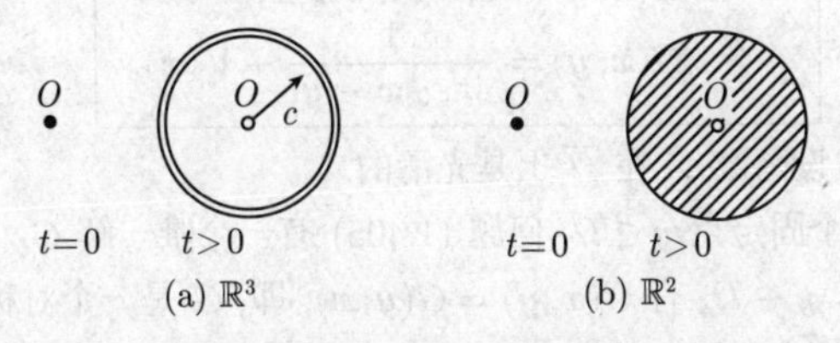

图 1.162 $\mathbb{R}^2$ 和 $\mathbb{R}^3$ 中的惠更斯原理

$\mathbb{R}^2$ 中惠更斯原理的非有效性 在二维的情形, 解在时刻 t 时在点 $\boldsymbol{x}$ 处的依赖域由 $\mathcal{A} = B_{ct}(\boldsymbol{x})$ 给出. 因而不存在信号的清晰传输. 集中在时刻 $t = 0$, 点 $\boldsymbol{x} = \boldsymbol{0}$ 周围的小扰动传播到整个圆盘 $B_{ct}(\boldsymbol{0})$ (图 1.162(b)). 为了对这个情形获得一个直觉的感受, 想象生活在平面上. 在这个二维世界中的惠更斯原理的非有效性使得听收音机、看电视成为不可能的: 在不同时刻发出的信号通过叠加 (外差), 所有的信号都被完全歪曲地到达你的天线.

1.13.2.9 电动力学的麦克斯韦方程

麦克斯韦方程的初值问题在于在时刻 $t = 0$ 时描述电场和磁场. 此外, 还有对所有时刻以及全空间定义的电荷密度ρ 和电流密度向量$\boldsymbol{j}$, 它们必定满足连续性方程

$$\rho_t + \operatorname{div} \boldsymbol{j} = 0.$$

如果这些量是光滑的, 那么它们对所有时刻以及全空间确定了唯一的电场和磁场. 麦克斯韦方程的显式解以及更详细的研究在 [212] 中被给出.

1.13.2.10 静电学和格林函数

静电学的基本方程

$$\boxed{\begin{aligned} -\varepsilon_0\Delta U &= \rho, && \text{在 } \Omega \text{上},\\ U &= U_0, && \text{在 } \partial\Omega \text{上}. \end{aligned}} \tag{1.404}$$

令 Ω 是 $\mathbb{R}^3$ 中具有光滑边界的一个有界域. 在给定了边界值 U_0 和外部 (疑有误, 应为 “内部”.—— 译者) 电荷密度 ρ 之后, 要确定电磁位势 U. 在 $U_0 = 0$ 的特殊情形, 边界 $\partial\Omega$ 由导电物质组成 (ε_0 为真空的绝缘常数).

定理 1 如果函数 $\rho\colon \overline{\Omega} \to \mathbb{R}$ 和 $U_0\colon \partial\Omega \to \mathbb{R}$ 是光滑的, 那么问题 (1.404) 有一个唯一解. 相应的电场是 $\boldsymbol{E} = -\mathbf{grad}\,U$.

格林函数

$$\boxed{\begin{aligned} -\varepsilon_0\Delta G(\boldsymbol{x},\boldsymbol{y}) &= 0, && \text{在 } \Omega \text{上}, \boldsymbol{x} \neq \boldsymbol{y},\\ G(\boldsymbol{x},\boldsymbol{y}) &= 0, && \text{在 } \partial\Omega \text{上},\\ G(\boldsymbol{x},\boldsymbol{y}) &= \frac{1}{4\pi\varepsilon_0|\boldsymbol{x}-\boldsymbol{y}|} + V(\boldsymbol{x}). \end{aligned}} \tag{1.405}$$

固定点 $\boldsymbol{y} \in \Omega$. 假设函数 V 在 $\overline{\Omega}$ 上是光滑的.

定理 2 (i) 对每个固定点 $y \in \Omega$, 问题 (1.405) 有一个唯一解 G.

(ii) 对所有 $\boldsymbol{x}, \boldsymbol{y} \in \Omega$, 有 $G(\boldsymbol{x},\boldsymbol{y}) = G(\boldsymbol{y},\boldsymbol{x})$, 即, G 是一个对称函数.

(iii) (1.404) 的唯一解由公式

$$\boxed{U(x) = \int_\Omega G(\boldsymbol{x},\boldsymbol{y})\rho(\boldsymbol{y})\mathrm{d}\boldsymbol{y} - \int_{\partial\Omega} \frac{\partial G(\boldsymbol{x},\boldsymbol{y})}{\partial n_{\boldsymbol{y}}} U_0(\boldsymbol{y})\mathrm{d}F_{\boldsymbol{y}}}$$

给出. 这里 $\partial/\partial n_{\boldsymbol{y}}$ 表示关于 $\boldsymbol{y}$ 的外法导数.

物理解释 格林函数 $\boldsymbol{x} \mapsto G(\boldsymbol{x},\boldsymbol{y})$ 相应于在点 $\boldsymbol{y}$ 处具有强度 $Q = 1$ 的点电荷的静电位势, 这里 $\boldsymbol{y}$ 在由一个电导体所围的区域 Ω 中. 用广义函数的语言, 有

$$\begin{aligned} -\varepsilon_0\Delta G(\boldsymbol{x},\boldsymbol{y}) &= \delta_{\boldsymbol{y}}, && \text{在 } \Omega \text{上},\\ G(\boldsymbol{x},\boldsymbol{y}) &= 0, && \text{在 } \partial\Omega \text{上}, \end{aligned} \tag{1.406}$$

这里 $\delta_{\boldsymbol{y}}$ 表示狄拉克广义函数 (参阅 [212]). (1.406) 的第一行等价于关系式

$$-\varepsilon_0 \int_\Omega G(\boldsymbol{x},\boldsymbol{y})\Delta\varphi(\boldsymbol{x})\mathrm{d}\boldsymbol{x} = \varphi(\boldsymbol{y}), \quad \text{对所有 } \varphi \in C_0^\infty(\Omega).$$

例 1: 对于球 $B_R := \{\boldsymbol{x} \in \mathbb{R}^3 : |\boldsymbol{x}| < R\}$ 的格林函数是

$$G(\boldsymbol{x},\boldsymbol{y}) = \frac{1}{4\pi\varepsilon_0|\boldsymbol{x}-\boldsymbol{y}|} - \frac{R}{4\pi\varepsilon_0|\boldsymbol{y}||\boldsymbol{x}-\boldsymbol{y}_*|}, \quad \text{对所有 } \boldsymbol{x},\boldsymbol{y} \in B_R.$$

点 $\boldsymbol{y}_* := \dfrac{R^2}{|\boldsymbol{y}|^2}\boldsymbol{y}$ 从点 $\boldsymbol{y}$ 通过对球面 ∂B_R 的反演而得到.

例 2: 对于半平面 $H_+ := \{\boldsymbol{x} \in \mathbb{R}^3 : x_3 > 0\}$ 的格林函数有形式

$$G(\boldsymbol{x},\boldsymbol{y}) = \frac{1}{4\pi\varepsilon_0|\boldsymbol{x}-\boldsymbol{y}|} - \frac{1}{4\pi\varepsilon_0|\boldsymbol{x}-\boldsymbol{y}_*|}, \quad \text{对所有 } \boldsymbol{x},\boldsymbol{y} \in H_+.$$

点 $\boldsymbol{y}_*$ 从点 $\boldsymbol{y}$ 通过对平面 $x_3 = 0$ 的反射而得到.

1.13.2.11 量子力学的薛定谔方程和氢原子

经典运动 对于位于具有位势 U 的一个力场 $\boldsymbol{F} = -\mathbf{grad}\, U$ 中的一个质量为 m 的粒子, 其牛顿运动方程为

$$m\boldsymbol{x}'' = \boldsymbol{F}.$$

系统的能量由

$$\boxed{E = \frac{\boldsymbol{p}^2}{2m} + U(\boldsymbol{x})} \tag{1.407}$$

给出, 其中 $\boldsymbol{p} = m\boldsymbol{x}'$ 表示动能.

量子化运动 在量子力学中, 粒子的运动由薛定谔 (E. Schrödinger, 1887—1961) 方程

$$\boxed{\mathrm{i}\hbar\psi_t = -\frac{\hbar}{2m}\Delta\psi + U\psi} \tag{1.408}$$

给出 (h 是普朗克 (M. K. E. Planck, 1858—1947) 常量, 而 $\hbar = h/2\pi$). 粒子的复值波函数 $\psi = \psi(\boldsymbol{x},t)$ 满足规范化条件:

$$\int_{\mathbb{R}^3} |\psi(\boldsymbol{x},t)|^2 \mathrm{d}\boldsymbol{x} = 1.$$

数

$$\int_{\Omega} |\psi(\boldsymbol{x},t)|^2 \mathrm{d}\boldsymbol{x}$$

等于在时刻 t 粒子被包含在区域 Ω 中的概率.

量子化规则 薛定谔于 1926 年推导出的薛定谔方程 (1.408) 从关于能量的经典公式 (1.407) 作变换

$$E \Leftrightarrow \mathrm{i}\hbar\frac{\partial}{\partial t}, \quad \boldsymbol{p} \Leftrightarrow \frac{\hbar}{\mathrm{i}}\mathbf{grad}$$

也可得到. 这样, $\boldsymbol{p}^2$ 就变为 $-\hbar\, \mathbf{grad}^2 = \hbar\Delta$.

严格能级态 称微分算子

$$H := -\frac{\hbar}{2m}\Delta + U$$

为量子力学系统的哈密顿算子. 如果函数 $\varphi = \varphi(x)$ 是具有本征值 E 的 H 的本征函数, 即, 如果

$$H\varphi = E\varphi,$$

那么函数

$$\psi(x,t) = \mathrm{e}^{-\mathrm{i}tE/\hbar}\varphi(x)$$

就是薛定谔方程 (1.408) 的一个解. 由定义, ψ 相应于具有能量 E 的粒子态.

氢原子 质量为 m、所带电荷 $e<0$ 的一个电子围绕所带电荷为 $|e|$ 的氢原子核的运动相应于位势

$$U(x) = -\frac{e^2}{4\pi\varepsilon_0}$$

(其中 ε_0 是真空的绝缘常数). 相应的薛定谔方程在球面坐标中有解

$$\boxed{\psi = \mathrm{e}^{-\mathrm{i}E_n t/\hbar}\frac{1}{r}\sqrt{\frac{2}{nr_0}}L_{n-l-1}^{2l+1}\left(\frac{2r}{nr_0}\right)Y_l^m(\varphi,\theta),} \tag{1.409}$$

其中 $n=1,2,\cdots$ 和 $l=0,1,2,\cdots,n-1$ 以及 $m=l,l-1,\cdots,-l$ 称为量子数. (1.409) 中的函数 ψ 相应于能级为

$$\boxed{E_n = -\frac{\gamma}{n^2}}$$

的电子态. 这里, 量 γ 由 $\gamma := e^4m/8\varepsilon_0^2h^2$ 给出. 此外, $r_0 := 4\pi\varepsilon_0h^2/me^2 = 5\cdot 10^{-11}$米 是原子的玻尔 (N. H. D. Bohr, 1885—1962) 半径.(1.409) 中出现的特殊函数的定义将在 1.13.2.13 中予以说明.

正交性 (1.409) 形式的属于不同的量子数的两个函数 ψ 和 ψ_* 是正交的, 即有

$$\int_{\mathbb{R}^3}\overline{\psi(\boldsymbol{x},t)}\psi_*(\boldsymbol{x},t)\mathrm{d}\boldsymbol{x} = 0, \quad 对所有的\ t\in\mathbb{R}.$$

在 $\psi=\psi_*$ 的情形, 积分等于单位 (= 1).

氢原子的谱 如果位于具有能量E_n 的能壳中的一个电子跳跃到具有较低能量 E_k 的能壳, 那么能量为 $\Delta E = E_n - E_k$ 的一个光子以频率 ν 被放射出来, 它们满足下述公式:

$$\boxed{\Delta E = h\nu.}$$

只有在泛函分析的框架中才有可能更深刻地理解量子力学. 这些在 [212] 中被讨论.

1.13.2.12 量子力学中的谐振子和普朗克辐射定律

经典运动 方程

$$mx'' = -m\omega^2 x$$

相应于 x 轴上质量为 m 具有能量

$$\boxed{E = \frac{p^2}{2m} + \frac{m\omega^2}{2}}$$

以及动量 $p = mx'$ 的一个点的振动.

量子化运动 在量子力学中, 一个粒子的运动由薛定谔方程

$$\boxed{\mathrm{i}\hbar\psi_t = -\frac{\hbar}{2m}\psi_{xx} + \frac{m\omega^2}{2}\psi} \tag{1.410}$$

以及规范化条件

$$\int_{\mathbb{R}} |\psi(x,t)|^2 \mathrm{d}x = 1$$

所确定. 数

$$\int_a^b |\psi(x,t)|^2 \mathrm{d}x$$

等于粒子可以在区间 $[a,b]$ 中被发现的概率. 薛定谔方程 (1.410) 有解

$$\psi = \mathrm{e}^{-\mathrm{i}E_n t/\hbar}\frac{1}{x_0}H_n\left(\frac{x}{x_0}\right), \quad n = 0, 1, \cdots,$$

其中 $x_0 := \sqrt{\hbar/m\omega}$ (参阅 1.13.2.13). 它们具有能态

$$\boxed{E_n = \hbar\omega\left(n + \frac{1}{2}\right).} \tag{1.411}$$

对于 $\Delta E := E_{n+1} - E_n$, 可以得到

$$\boxed{\Delta E = \hbar\omega.} \tag{1.412}$$

普朗克辐射定律 (1900) 方程 (1.412) 包含了著名的普朗克量子公式, 它是量子力学的出发点, 与利用经典力学不成功的尝试不同, 它给出了正确的辐射定律. 根据普朗克定律, 一个温度为 T 的、具有表面积 F 的星体在时间区间 Δt 中发出的能量等于

$$E = 2\pi hc^2 F\Delta t\int_0^\infty \frac{\mathrm{d}\lambda}{\lambda^5(\mathrm{e}^{hc/kT\lambda} - 1)},$$

其中 λ 是光的波长, h 是普朗克常量, c 是光速, k 是玻尔兹曼 (L. Boltzmann, 1844—1906) 常量.

海森伯 (W. K. Heisenberg, 1901—1976) 的零点能 公式 (1.411) 是于 1924 年由海森伯在他的矩阵力学框架中得到的. 以这种方式海森伯创立了量子力学. (1.411) 的最有意义之处在于其最低态 $n = 0$ 仍有非零的能量 $E_0 = \hbar\omega/2$ 这一事实. 这导致下述事实: 具有无穷多自由度的量子场的最低态有 "无穷大的" 能量. 这就是从数学上建立严格的量子场论有不可克服的困难的原因之一.

1.13.2.13 量子力学的特殊函数

规范正交系 令 X 是具有标量积 (u, v) 的一个希尔伯特空间. 那么元素 $u_0, u_1, \cdots$ 的集合在 X 中形成一个完备的规范正交系, 如果

$$(u_k, u_m) = \delta_{km}, \quad 对所有的\ k, m = 0, 1, 2, \cdots$$

并且每个元素 $u \in X$ 可以写成形式

$$u = \sum_{k=0}^{\infty} (u_k, u) u_k.$$

这意味着

$$\lim_{n \to \infty} \left\| u - \sum_{k=0}^{n} (u_k, u) u_k \right\| = 0,$$

其中 $\|v\| := (v, v)^{1/2}$. 在下文中, 令 $x \in \mathbb{R}$. 下面要讨论的大多数函数已经在 0.7.2 中介绍过了.

埃尔米特 (C. Hermite, 1822—1901) 函数 (见 123 页)

$$\mathcal{H}_n(x) := \frac{(-1)^n}{\sqrt{2^n n! \sqrt{\pi}}} \mathrm{e}^{x^2/2} \frac{\mathrm{d}^n}{\mathrm{d}x^n} \mathrm{e}^{-x^2}.$$

对于 $n = 0, 1, 2, \cdots$, 这些函数满足微分方程

$$-y'' + x^2 y = (2n+1) y,$$

并且在具有标量积

$$(u, v) := \int_{-\infty}^{\infty} u(x) v(x) \mathrm{d}x$$

的希尔伯特空间 $L_2(-\infty, \infty)$ 中形成一个完备规范正交系.[1)]

规范化的勒让德多项式

$$\mathcal{P}_n(x) := \sqrt{\frac{2n+1}{2^{2n+1} (n!)^2}} \frac{\mathrm{d}^n (1 - x^2)^n}{\mathrm{d}x^n}.$$

对于 $n = 0, 1, 2, \cdots$, 这些函数满足微分方程

$$-((1 - x^2) y')' = n(n+1) y,$$

并且在具有标量积

$$(u, v) := \int_{-1}^{1} u(x) v(x) \, \mathrm{d}x$$

的希尔伯特空间 $L_2(-1, 1)$ 中形成一个完备规范正交系.

广义勒让德多项式

$$\mathcal{P}_l^k(x) := \sqrt{\frac{(l-k)!}{(l+k)!}} (1 - x^2)^{l/2} \frac{\mathrm{d}^k \mathcal{P}_l(x)}{\mathrm{d}x^k}.$$

---

1) 一个函数 $u \colon \mathbb{R} \to \mathbb{R}$ 属于 $L_2(-\infty, \infty)$, 当且仅当 $(u, u) < \infty$, 其中的积分是在勒贝格意义下被理解的 (参阅 [212]). 特别地, 连续或几乎处处连续的函数 $u \colon \mathbb{R} \to \mathbb{R}$ 属于 $L_2(-\infty, \infty)$, 当且仅当 $(u, u) < \infty$. 类似地, 诸如 $L_2(-1, 1)$ 之类的空间也可被定义.

对于 $k=0,1,2,\cdots$ 和 $l=k,k+1,k+2,\cdots$, 这些函数满足微分方程

$$-((l-x^2)y')'+k^2(1-x^2)^{-1}y=l(l+1)y,$$

并且在希尔伯特空间 $L_2(-1,1)$ 中形成一个完备规范正交系.

规范化的拉盖尔 (E. N. Laguerre, 1834—1886) 多项式

$$\mathcal{L}_n^\alpha(x):=c_n^\alpha \mathrm{e}^{x/2}x^{-\alpha/2}\frac{\mathrm{d}^n}{\mathrm{d}x^n}(\mathrm{e}^{-x}x^{n+\alpha}).$$

对于一个固定的 $\alpha>-1$ 和 $n=0,1,\cdots$, 这些函数满足微分方程

$$-4(xy')'+\left(x+\frac{\alpha^2}{x}\right)y=2(2n+1+\alpha)y,$$

并且在具有标量积

$$(u,v):=\int_0^\infty u(x)v(x)\,\mathrm{d}x$$

的希尔伯特空间 $L_2(0,\infty)$ 中形成一个完备规范正交系. 正数 c_n^α 可以被选择得使 $(\mathcal{L}_n^\alpha,\mathcal{L}_n^\alpha)=1$.

球面函数

$$\mathcal{Y}_l^m(\varphi,\theta):=\frac{1}{\sqrt{2\pi}}\mathcal{P}_l^{|m|}(\sin\theta)\,\mathrm{e}^{\mathrm{i}m\varphi}.$$

这里 r,φ 和 θ 是球面坐标 (见 1.7.9.3). 对于 $l=0,1,\cdots$ 和 $m=l,l-1,\cdots,-l$, 这些函数在由单位球面 $S^2:=\{\boldsymbol{x}\in\mathbb{R}^3:|\boldsymbol{x}|=1\}$ 上复值函数组成的、具有标量积

$$(u,v):=\int_{S^2}\overline{u(\boldsymbol{x})}v(\boldsymbol{x})\,\mathrm{d}F$$

的希尔伯特空间 $L_2(S^2)_\mathbb{C}$ 中形成一个完备规范正交系.

1.13.2.14 自然科学中的非线性偏微分方程

限制是知识所在.

P. 田立克*

自然界中最重要的过程由复杂的非线性偏微分方程所描述. 其中有流体动力学、气体动力学、弹性理论、化学过程、广义相对论 (宇宙学)、量子电动力学、规范场论 (在基本粒子理论中的标准模型) 等方面的方程. 非线性项的出现相应于相互作用.

* 保罗 · 田立克 (Paul Tillich, 1886—1965), 德裔美国神学家和基督教存在主义哲学家. —— 译者

在这些问题中, 经典力学的方法失效了. 在处理它们时我们需要现代的泛函分析. 其中最主要的工具是索伯列夫空间理论. 索伯列夫空间是一些函数组成的空间, 这些函数 (可以 —— 译者) 不是光滑的, (可以 —— 译者) 只具有广义导数 (在广义函数的意义下). 这些索伯列夫空间也是研究现代数值过程收敛性的适当工具.

这些问题的细节在文献 [212] 中被处理.

1.13.3 特征的作用

涉及波的物理过程的重要信息从相应的微分方程 (不需要实际地解它们) 可以收集到. 在弱间断性 (高阶导数的跳跃) 与强间断性 (函数本身的跳跃) 之间有一个差别. 弱间断性与特征有关, 并导致 (例如) 下述重要的物理命题:

(i) 电磁波是横波;

(ii) 声波是纵波;

(iii) 弹性波可以是横波, 也可以是纵波.

强间断性相应于气体动力学中的激波和相应的兰金 (W. J. M. Rankine, 1820—1872)- 于戈尼奥 (P. H. Hugoniot, 1851—1887) 条件.

跳跃的性态 在 $\mathbb{R}^{N+1}$ 中给定曲面

$$\mathcal{F}\colon \psi(\boldsymbol{x}) = 0,$$

其中 $\boldsymbol{x} = (x_1, \cdots, x_N)$. 在点 $\boldsymbol{x}$ 处的单位法向量 $\boldsymbol{n}$ 由

$$\boldsymbol{n} := \frac{\psi'(\boldsymbol{x})}{|\psi'(\boldsymbol{x})|}$$

给出.[1)]

用关系式

$$\boxed{[u](\boldsymbol{x}) := u_+(\boldsymbol{x}) - u_-(\boldsymbol{x})}$$

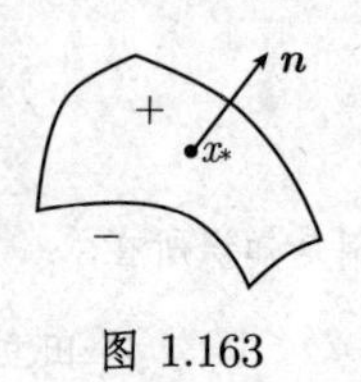

图 1.163

来定义跳跃的大小, 其中 $u_\pm(\boldsymbol{x}) = \lim\limits_{h\to+0} u(\boldsymbol{x} \pm h\boldsymbol{n})$ (图 1.163).

记号 令

$$\boldsymbol{x} = (x_1, \cdots, x_N), \quad \boldsymbol{u} = (u_1, \cdots, u_M)^{\mathsf{T}},$$

$$\partial_j v := \frac{\partial v}{\partial x_j}, \quad \boldsymbol{b} = (b_1, \cdots, b_M)^{\mathsf{T}}.$$

---

1) 确切地, 有 $\boldsymbol{\psi}' = (\partial_1\psi, \cdots, \partial_N\psi)$ 和 $\boldsymbol{n} = (n_1, \cdots, n_N)$, 其中 $n_k = \dfrac{\partial_k\psi(\boldsymbol{x})}{\left(\sum\limits_{j=1}^{N} |\partial_j\psi(\boldsymbol{x})|^2\right)^{1/2}}$.

为了对高阶偏导数有一个方便的记号, 引进多指标 $\boldsymbol{\alpha}=(\alpha_1,\cdots,\alpha_N)$ 作为诸自然数 $\alpha_1,\cdots,\alpha_N$ 的一个元素组, 并且记为

$$\partial^{\alpha}\boldsymbol{v}:=\partial_1^{\alpha_1}\partial_2^{\alpha_2}\cdots\partial_N^{\alpha_N}\boldsymbol{v}=\frac{\partial^{|\alpha|}\boldsymbol{v}}{\partial x_1^{\alpha_1}\cdots\partial x_N^{\alpha_N}},$$

其中 $|\boldsymbol{\alpha}|:=\alpha_1+\cdots+\alpha_N$. 类似地, 令

$$\boldsymbol{\lambda}^{\alpha}:=\lambda_1^{\alpha_1}\lambda_2^{\alpha_2}\cdots\lambda_N^{\alpha_N},\quad \text{对所有的 } \boldsymbol{\lambda}\in\mathbb{R}^N.$$

特别地, 若 $\boldsymbol{\alpha}=(0,\cdots,0)$, 可以得到 $\partial^{\boldsymbol{\alpha}}\boldsymbol{v}:=\boldsymbol{v}$ 和 $\boldsymbol{\lambda}^{\alpha}:=1$.

1.13.3.1 特征和间断性的传播

拟线性组 考虑初值问题

$$\boxed{\begin{aligned}&\sum_{|\alpha|\leqslant m}\boldsymbol{a}_{\alpha}(\boldsymbol{x},\partial\boldsymbol{u})\partial^{\alpha}\boldsymbol{u}=\boldsymbol{b}(\boldsymbol{x},\partial\boldsymbol{u}),\\&\partial^{\beta}\boldsymbol{u}=c_{\beta},\quad \text{在曲面 } \mathcal{F} \text{上, 对所有满足 } |\beta|\leqslant m-1 \text{的 } \beta,\end{aligned}}\tag{1.413}$$

其中诸系数函数 $\boldsymbol{a}_{\alpha},\boldsymbol{b}$ 和 c_{β} 是光滑的. 每个符号 $\boldsymbol{a}_{\alpha}$ 表示一个二次的 $N\times N$ 矩阵. 在 (1.413) 中求和号是对于 u 的所有直到 m 阶的导数而取的, 其中零阶导数被理解为函数 u 本身. 诸系数 $\boldsymbol{a}_{\alpha}$ 和 $\boldsymbol{b}$ 被假设为只包含 $\boldsymbol{u}$ 的直到 $m-1$ 阶的导数. 一个这种类型的方程组被称为 m 阶拟线性方程组. 如果所有的系数函数 $\boldsymbol{a}_{\alpha}$ 和 $\boldsymbol{b}$ 与 $\boldsymbol{u}$ 无关, 那么事实上这是一个线性组.

令曲面 $\mathcal{F}$ 由方程

$$\psi(\boldsymbol{x})=0\tag{1.414}$$

所定义, 其中, 对于 $\mathcal{F}$ 的所有点 $\boldsymbol{x}$, 有 $\psi'(\boldsymbol{x})\neq 0$.

象征 对于微分方程 (1.413), 将它与它的象征

$$\boxed{\mathcal{S}(\boldsymbol{x},\boldsymbol{u}(\boldsymbol{x}),\boldsymbol{\lambda}):=\det\left(\sum_{|\alpha|=m}\boldsymbol{a}_{\alpha}(\boldsymbol{x},\partial\boldsymbol{u}(\boldsymbol{x}))\boldsymbol{\lambda}^{\alpha}\right),\quad \boldsymbol{\lambda}\in\mathbb{R}^N}$$

联系在一起. 如果组 (1.413) 是线性的, 那么象征 $\mathcal{S}(\boldsymbol{x},\boldsymbol{\lambda})$ 不依赖于 $\boldsymbol{u}$.

象征 $\mathcal{S}$ 包含了有关 (1.413) 的解组的基本信息.

特征 曲面 $\mathcal{F}$: $\psi(\boldsymbol{x})=0$ 称为一个特征, 当且仅当函数 ψ 满足微分方程

$$\boxed{\mathcal{S}(\boldsymbol{x},\boldsymbol{u}(\boldsymbol{x}),\psi'(\boldsymbol{x}))=0.}$$

一条曲线 $\boldsymbol{x}=\boldsymbol{x}(\sigma)$ 称为特征 ψ 的次特征, 如果[1)]

$$\boxed{\boldsymbol{x}'(\sigma)=\mathcal{S}_{\lambda}(\boldsymbol{x}(\sigma),\boldsymbol{u}(\boldsymbol{x}(\sigma)),\psi'(\boldsymbol{x}(\sigma))).}$$

1) 明确地, 有 $x_k'(\sigma)=\dfrac{\partial\mathcal{S}}{\partial\lambda_k}(\boldsymbol{x}(\sigma),\boldsymbol{u}(\boldsymbol{x}(\sigma)),\psi'(\boldsymbol{x}(\sigma))),\ k=1,\cdots,N.$

物理解释 对于麦克斯韦方程, 次特征相应于光波, 并且特征是这些光波的波前 (参阅 1.13.3.3).

微分方程 $\mathcal{S}(\boldsymbol{x}, \boldsymbol{u}(\boldsymbol{x}), \psi'(\boldsymbol{x})) = 0$ 对 ψ 是一阶的. 根据柯西的一个一般结果, 可以在函数 ψ 相应于次特征的情形用曲线构成一阶偏微分方程的解曲面 (参阅 1.13.5.2).

间断性定理 令 $\boldsymbol{u} = \boldsymbol{u}(\boldsymbol{x})$ 是拟线性组 (1.413) 的一个解, $\boldsymbol{u}$ 及其直到 $(m-1)$ 阶导数在 $\mathcal{F}$ 的一个邻域中是连续的. $\boldsymbol{u}$ 在 $\boldsymbol{x}$ 处可能的跳跃服从下述条件.

(i) 运动学相容性条件:

$$\sum_{|\alpha|=m} \boldsymbol{a}_\alpha(\boldsymbol{x}, \partial \boldsymbol{u}(\boldsymbol{x}))[\partial^\alpha \boldsymbol{u}](\boldsymbol{x}) = 0.$$

(ii) 动力学相容性条件:

$$[\partial^\alpha \boldsymbol{u}](\boldsymbol{x}) = \psi'(\boldsymbol{x})^\alpha \boldsymbol{\rho}, \quad \text{对所有满足 } |\alpha| = m \text{ 的 } \alpha.$$

这里 $\boldsymbol{\rho}$ 是 $\mathbb{R}^M$ 中的一个固定的向量. $\boldsymbol{\rho} \neq \boldsymbol{0}$, 如果 $(\psi, \boldsymbol{u})$ 是在 $\boldsymbol{x}$ 处的特征, 即 $\mathcal{S}(\boldsymbol{x}, \boldsymbol{u}(\boldsymbol{x}), \psi'(\boldsymbol{x})) = 0$.[1)]

初值问题的弱适定性 对于光滑函数 u, ψ, 下述命题是等价的:

(i) $\boldsymbol{u}$ 在 $\boldsymbol{x}$ 处的直到 m 阶的导数由微分方程和 (1.413) 的初值唯一地确定.

(ii) $(\psi, \boldsymbol{u})$ 不是在 $\boldsymbol{x}$ 处的特征, 即 $\mathcal{S}(\boldsymbol{x}, \boldsymbol{u}(\boldsymbol{x}), \psi'(\boldsymbol{x})) \neq 0$.

1.13.3.2 应用于微分方程的分类

令 $\boldsymbol{u}$ 是拟线性组 (1.413) 的一个光滑解. 下述分类一般地依赖于 $\boldsymbol{u}$. 然而, 对于线性组而言, 所描述的分类与 $\boldsymbol{u}$ 无关.

固定点 $\boldsymbol{x}$, 并考虑 $\boldsymbol{\lambda}$ 多项式

$$\boxed{\mathcal{P}(\boldsymbol{\lambda}) := \mathcal{S}(\boldsymbol{x}, u(\boldsymbol{x}), \boldsymbol{A\lambda}), \quad \boldsymbol{\lambda} \in \mathbb{R}^N,}$$

其中 $\boldsymbol{A}$ 是一个固定的可逆实 $N \times N$ 矩阵, $\boldsymbol{\lambda}$ 是一个列向量. 对于 $\boldsymbol{A}$ 的一个固定的选择 (如 $\boldsymbol{A\lambda} \equiv \boldsymbol{\lambda}$), 必须满足下述条件.

定义 (i) 拟线性组 (1.413) 称为在点 $\boldsymbol{x}$ 处是*椭圆的*, 如果 $\boldsymbol{\lambda} = \boldsymbol{0}$ 是 $\mathcal{P}$ 的唯一零点.

(ii) (1.413) 称为在点 $\boldsymbol{x}$ 处是*抛物的*, 如果多项式 $\mathcal{P}$ 是退化的, 即, 它依赖的变量数少于 N.

(iii) (1.413) 称为在点 x 处是*严格双曲的*, 如果方程

$$\mathcal{P}(\boldsymbol{\lambda}) = 0, \quad \boldsymbol{\lambda} \in \mathbb{R}^N$$

对于每个非零数组 $(\lambda_1, \cdots, \lambda_{N-1}) \in \mathbb{R}^{N-1}$ 恰有 MN 个不同的实解 λ_N.

定性性态 粗略地说, 有下述事实:

1) 令 $\boldsymbol{\psi}' = (\partial_1 \psi, \cdots, \partial_N \psi)$ 和 $\psi'(\boldsymbol{x})^\alpha = \partial_1^{\alpha_1} \psi(\boldsymbol{x}) \partial_2^{\alpha_2} \psi(\boldsymbol{x}) \cdots \partial_N^{\alpha_N} \psi(\boldsymbol{x})$.

(i) 椭圆问题相应于自然界中的平稳过程. 这种情形不存在特征. 解没有间断.

(ii) 抛物问题相应于流过程 (如热导和热扩散). 这些过程对于时间而言具有磨光效果.

(iii) 双曲问题属于波过程. 这里间断沿着波前的传播对于自然界中输运物理效果是一种重要的机理.

二阶方程的分类 考虑方程

$$\sum_{j,k=1}^{n} a_{jk}\partial_j\partial_k u + \sum_{j=1}^{n} a_j\partial_j u + au = f, \tag{1.415}$$

其中 $\partial_j := \partial/\partial x_j$, 而 $\boldsymbol{A} = (a_{jk})$ 是一个实对称矩阵. 我们的目的是找一个是该方程的解的实函数 $u = u(x)$. 诸系数 a_{jk}, a_j 和 a 被假设为是实数. 相应的象征由

$$\mathcal{S}(\boldsymbol{\lambda}) := \sum_{j,k=1}^{n} a_{jk}\lambda_j\lambda_k$$

给出, 即 $\mathcal{S}(\boldsymbol{\lambda}) = \boldsymbol{\lambda}^{\mathsf{T}}\boldsymbol{A}\boldsymbol{\lambda}$. 特征的方程是 $\psi(x) = 0$. 函数 ψ 满足方程 $\mathcal{S}(\psi'(x)) = 0$, 即

$$\sum_{j,k=1}^{n} a_{jk}\partial_j\psi\partial_k\psi = 0.$$

次特征 $\boldsymbol{x} = \boldsymbol{x}(\sigma)$ 的方程是

$$\boldsymbol{x}'(\sigma) = 2\boldsymbol{A}\psi'(\boldsymbol{x}(\sigma)).$$

定理 (i) 方程 (1.415) 是椭圆的, 当且仅当 $\boldsymbol{A}$ 的本征值都是正的 (或都是负的).

(ii) 方程 (1.415) 是抛物的, 当且仅当至少 $\boldsymbol{A}$ 有一个本征值为零.

(iii) 方程 (1.415) 是严格双曲的, 当且仅当 $\boldsymbol{A}$ 的一个本征值是正的, 而所有其他本征值是负的 (或者一个为负的, 其他为正的).

例 1: 拉普拉斯方程

$$\boxed{u_{xx} + u_{yy} = 0}$$

可以写为形式 $\partial_1^2 u + \partial_2^2 u = 0$. 因而其象征为

$$\mathcal{S}(\boldsymbol{\lambda}) := \lambda_1^2 + \lambda_2^2, \quad (\lambda_1, \lambda_2) \in \mathbb{R}^2.$$

从 $\mathcal{S}(\boldsymbol{\lambda}) = 0$ 即得 $\boldsymbol{\lambda} = \boldsymbol{0}$. 因而拉普拉斯方程是椭圆的.

例 2: 热导方程

$$\boxed{u_t + u_{xx} = 0}$$

有象征 $\mathcal{S}(\boldsymbol{\lambda}) = -\lambda_1^2$, 因而是退化的, 因为它不依赖于 λ_2. 因而热导方程是抛物的.

特征的方程 $\psi(x,t) = 0$ 由 $\psi_x^2 = 0$ 的解所确定. 其解族 $\psi = t +$ 常数 相应于直线族

$$\boxed{t = \text{常数}}$$

作为特征 (图 1.164(a)).

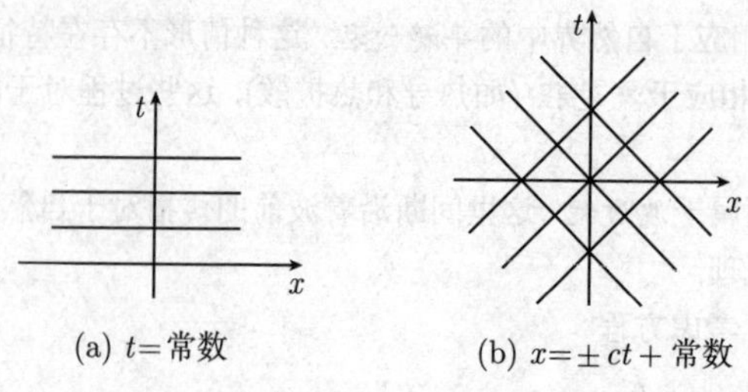

(a) $t=$ 常数　　(b) $x=\pm ct+$ 常数

图 1.164　热导方程和弦振动方程的特征

例 3: 弦振动方程

$$\boxed{\frac{1}{c^2}u_{tt}-u_{xx}=0}$$

有象征 $\mathcal{S}(\lambda):=\dfrac{1}{c^2}\lambda_1^2-\lambda_2^2$. 对于每个实数 $\lambda_1\neq 0$, 方程 $\mathcal{S}(\lambda)=0$ 有两个实解 λ_2. 因而弦振动方程是严格双曲的.

特征的方程是 $\psi(x,t)=0$. 函数 ψ 作为方程

$$\frac{1}{c^2}\psi_t^2-\psi_x^2=0$$

的解而得到. 解族 $\psi=\pm ct-x+$ 常数 相应于特征 (图 1.164(b)):

$$\boxed{x=\pm ct+\text{常数}.}$$

注　当传播速度 c 增加时, 这些特征接近热方程的特征 $t=$ 常数. 事实上, 热导方程的初始扰动以任意快的速度被传播. 这个事实与爱因斯坦 (A. Einstein, 1879—1955) 原理相矛盾, 根据这个原理, 物理效应至多以光速传播. 因而必须以狭义相对论来修正热方程.

例 4: 令 $\Delta u:=u_{xx}+u_{yy}+u_{zz}$.

(i) 泊松方程

$$\Delta u=f$$

是椭圆的.

(ii) 热导方程

$$u_t-\alpha\Delta u=f$$

是抛物的.

(iii) 波动方程

$$\frac{1}{c^2}u_{tt}-\Delta u=f$$

是严格双曲的. 波动方程的相应于活动波前的特征 $\psi(x,y,z,t)=0$ 是程函方程

$$\frac{1}{c^2}\psi_t^2-(\mathbf{grad}\,\psi)^2=0$$

的解. 特别地, 对于形如 $\psi = ct - \varphi(x,y,z)$ 的特征, 可以从微分方程

$$\boldsymbol{x}'(t) = \mathbf{grad}\,\varphi(\boldsymbol{x}(t))$$

得到次特征 $\boldsymbol{x} = \boldsymbol{x}(t)$. 这些是垂直于波曲面 $\varphi(x,y,z) =$ 常数 的曲线. 在 $\varphi(x,y,z) = \alpha x + \beta y + \gamma z + \delta$ 的特殊情形, 特征

$$\alpha x + \beta y + \gamma z + \delta = ct$$

相应于在法线方向以速度 c 传播的平面. 次特征是直线, 它们垂直于这些平面.

1.13.3.3 应用于电磁波

考虑麦克斯韦方程的初值问题

$$\begin{aligned} &\mathbf{curl}\,\boldsymbol{E} = -\boldsymbol{B}_t, \quad \mathbf{curl}\,\boldsymbol{B} = \frac{1}{c^2}\boldsymbol{E}_t, \\ &\boldsymbol{E} = \boldsymbol{E}_0, \quad \boldsymbol{B} = \boldsymbol{B}_0, \quad \text{在时刻 } t = 0, \end{aligned} \tag{1.416}$$

其中 $\boldsymbol{E}$ 和 $\boldsymbol{B}$ 分别为没有电荷和电流时真空中的电场向量和磁场向量, c 表示光在真空中的速度. 假设 $\mathrm{div}\boldsymbol{E}_0 = 0$ 和 $\mathrm{div}\boldsymbol{B}_0 = 0$. 对于 (1.416) 的解, 这意味着对所有时刻 t 自动地有 $\mathrm{div}\boldsymbol{E} = \mathrm{div}\boldsymbol{B} = 0$.

特征 (1.416) 的特征的方程是 $\psi = 0$. 函数 ψ 是方程

$$\left(\frac{1}{c^2}\psi_t^2 - (\mathbf{grad}\,\psi)^2\right)\psi_t^4 = 0$$

的解. 考虑其中 φ 满足 $(\mathbf{grad}\,\varphi)^2 \equiv 1$ 的形如 $\psi(\boldsymbol{x}) = \varphi(\boldsymbol{x}) - ct$ 的解. 那么

$$\mathcal{F}\colon \varphi(\boldsymbol{x}) - ct = 0$$

相应于波前沿着单位法向量

$$\boldsymbol{n} = \mathbf{grad}\,\varphi(\boldsymbol{x})$$

方向以速度 c 的传播 (图 1.165). 我们有 $\boldsymbol{x} = x_1\boldsymbol{i} + x_2\boldsymbol{j} + x_3\boldsymbol{k}$ 和 $\boldsymbol{n} = n_1\boldsymbol{i} + n_2\boldsymbol{j} + n_3\boldsymbol{k}$.

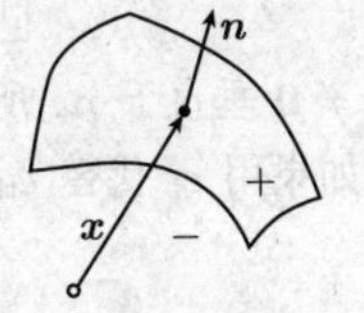

图 1.165

跳跃条件 如果电磁场$\boldsymbol{E}, \boldsymbol{B}$ 沿着波前 $\mathcal{F}$ 是连续的, 那么 $\boldsymbol{E}$ 和 $\boldsymbol{B}$ 在 $\boldsymbol{x}$ 处的一阶导数的可能的跳跃满足关系式[1)]

$$\boxed{[\partial_k \boldsymbol{E}] = \boldsymbol{a} n_k, \quad [\partial_k \boldsymbol{B}] = c^{-1}\boldsymbol{b} n_k, \quad k = 1,2,3.}$$

这里 $\boldsymbol{a}$ 和 $\boldsymbol{b}$ 是满足 $\boldsymbol{a}^2 + \boldsymbol{b}^2 \neq 0$,

$$\boldsymbol{a} = \boldsymbol{b} \times \boldsymbol{n} \quad \text{和} \quad \boldsymbol{b} = \boldsymbol{n} \times \boldsymbol{a}$$

的向量. 由于 $\boldsymbol{a}$ 和 $\boldsymbol{b}$ 垂直于波前传播方向 $\boldsymbol{n}$, 所以说它们是横波.

例: 如果一个无线电台于时刻 $t = 0$ 时开始一天的节目, 那么就以下述方式产生了电磁波前: $\boldsymbol{E}$ 和 $\boldsymbol{B}$ 在波前为零, 而在其后不为零.

1) $[f] := f_+ - f_-$, 其中 $f_\pm(\boldsymbol{x},t) := \lim\limits_{h\to+0} f(\boldsymbol{x} \pm h\boldsymbol{n}, t)$.

1.13.3.4 应用于弹性波

考虑弹性体的小形变, 即, 具有位置向量 $\boldsymbol{x}$ 的一个点在这个形变中在时刻 t 变为具有位置向量

$$\boldsymbol{y} = \boldsymbol{x} + \boldsymbol{u}(\boldsymbol{x}, t)$$

的点. 主导线性弹性理论的方程是[1)]

$$\boxed{\rho \boldsymbol{u}_{tt} = \kappa \Delta \boldsymbol{u} + (\lambda + \kappa)\,\mathbf{grad}\,\mathrm{div}\,\boldsymbol{u}.}$$

这里 ρ 是弹性体的常数密度, κ 和 λ 表示拉梅 (G. Lamé, 1795—1870) 物质常量.

特征 方程

$$\left(\frac{1}{c_{\mathrm{tr}}^2}\psi_t^2 - (\mathbf{grad}\,\psi)^2\right)^2 \left(\frac{1}{c_{\mathrm{l}}^2}\psi_t^2 - (\mathbf{grad}\,\psi)^2\right) = 0 \tag{1.417}$$

的解 ψ 导致了特征 $\mathcal{F}\colon \psi(\boldsymbol{x}, t) = 0$, 其中

$$c_{\mathrm{tr}} := \sqrt{\frac{\kappa}{\rho}}, \quad c_{\mathrm{l}} := \sqrt{\frac{\lambda + 2\kappa}{\rho}}.$$

横波 令 φ 是一个满足 $(\mathbf{grad}\,\varphi)^2 \equiv 1$ 的函数. 那么函数

$$\psi := c_{\mathrm{tr}} t - \varphi(\boldsymbol{x})$$

是 (1.417) 的一个解, 这里 $\mathcal{F}$ 相应于一个曲面, 它沿着自身的法向量 $\boldsymbol{n} := \mathbf{grad}\varphi(\boldsymbol{x})$ 方向以速度c_{tr} 移动 (图 1.165). 在波前的点 $\boldsymbol{x}$ 处、在时刻 t 时 $\boldsymbol{u}$ 的二阶导数的间断性条件为

$$\boxed{[\partial_j \partial_k \boldsymbol{u}] = \boldsymbol{a} n_j n_k, \quad j, k = 1, 2, 3.}$$

向量 $\boldsymbol{a} \neq \mathbf{0}$ 垂直于 $\boldsymbol{n}$. 所以说这是一个横波.

纵波 如果用 c_{l} 代替 c_{tr}, 那么得到相同的结果, 但现在向量 $\boldsymbol{a}$ 平行于 $\boldsymbol{n}$, 即有一个纵波.

1.13.3.5 应用于声波

可压缩流体的运动 (无内摩擦) 方程是

$$\boxed{\begin{aligned} \rho \boldsymbol{v}_t + \rho(\boldsymbol{v}\,\mathbf{grad})\boldsymbol{v} &= \boldsymbol{f} - \mathbf{grad}\,p \quad &(\text{运动方程}),\\ \rho_t + \mathrm{div}\,(\rho \boldsymbol{v}) &= 0 \quad &(\text{质量守恒}),\\ p &= p(\rho) \quad &(\text{状态绝热方程}).^{2)} \end{aligned}}$$

这里的记号如下: $\boldsymbol{v}(\boldsymbol{x}, t)$ 是流体粒子在时刻 t、在点 $\boldsymbol{x}$ 处的速度, $\rho(\boldsymbol{x}, t)$ 是流体在时刻 t、在点 $\boldsymbol{x}$ 处的密度, $\boldsymbol{f}$ 是外力的密度, p 是压力.

令 $\psi_t(\boldsymbol{x}, t) < 0$. 方程

$$\mathcal{F}\colon \psi_t(\boldsymbol{x}, t) = 0$$

1) 非线性弹性理论的一般方程可在 [212] 中找到.

2) 如果我们引进密度 ρ 和比熵密度 s, 那么从满足 $s =$ 常数 (绝热过程) 的 $p = p(\rho, s)$ 得到狄拉克密度关系式 $p = p(\rho)$. 这些考虑对于气体仍然成立 (参阅 1.13.3.6).

描述了 $\mathbb{R}^3$ 中一曲面在时刻 t、在点 $\boldsymbol{x}$ 处沿自身的单位法向量 $\boldsymbol{n}$ 的方向速度为 c 的运动. 我们有

$$c = -\frac{\psi_t(\boldsymbol{x},t)}{|\mathbf{grad}\,\psi|}, \quad \boldsymbol{n} = \frac{\mathbf{grad}\,\psi}{|\mathbf{grad}\,\psi|}.$$

在曲面的点 $\boldsymbol{x}$ 处的流体粒子在时刻 t 有速度向量 $\boldsymbol{v}$, 它的法分量为 $\boldsymbol{vn}$. 对于在波前与粒子间的相对速度 $c-\boldsymbol{vn}$, 我们得到

$$c - \boldsymbol{vn} = -\frac{1}{|\mathbf{grad}\,\psi|}D_t\psi,$$

其中 $D_t\psi := \psi_t + \boldsymbol{v}\,\mathbf{grad}\,\psi$.

特征方程

$$(D_t\psi)^2\left(\frac{1}{c_{\mathrm{S}}^2}(D_t\psi)^2 - (\mathbf{grad}\,\psi)^2\right) = 0, \tag{1.418}$$

其中已经令

$$c_{\mathrm{S}} := \sqrt{p'(\rho)}.$$

声波 如果 ψ 是方程

$$\frac{1}{c_{\mathrm{S}}^2}(D_t\psi)^2 - (\mathbf{grad}\,\psi)^2 = 0$$

的解, 那么 (1.418) 被满足. 对于相对速度, 可以得到

$$c - \boldsymbol{vn} = c_{\mathrm{S}}.$$

量 c_{S} 被称为*声速*. $\boldsymbol{v}$ 和 ρ 在时刻 t、在点 $\boldsymbol{x}$ 处一阶导数的间断性条件为

$$\boxed{[\partial_j\boldsymbol{v}] = \boldsymbol{a}n_j, \quad [\partial_j\rho] = bn_j,}$$

其中 $\boldsymbol{a} = bc_{\mathrm{S}}\rho^{-1}\boldsymbol{n}$, 且 $\boldsymbol{a}^2 + b^2 \neq 0$. 由于跳跃向量 $\boldsymbol{a}$ 平行于曲面法向量 $\boldsymbol{n}$, 所以有一个*纵波*.

1.13.3.6 气体动力学中的激波

气体 (无摩擦、无热导) 的运动方程是

$$\boxed{\begin{array}{ll} (\rho\boldsymbol{v})_t + \mathrm{div}(\rho\boldsymbol{v}\otimes\boldsymbol{v} + pI) = \boldsymbol{f} & (\text{动量守恒}),^{1)} \\ \rho_t + \mathrm{div}\,(\rho\boldsymbol{v}) = 0 & (\text{质量守恒}), \\ \epsilon_t + \mathrm{div}\,(\epsilon\boldsymbol{v} + p\boldsymbol{v}) = \boldsymbol{fv} & (\text{能量守恒}), \\ (\rho s)_t + \mathrm{div}\,(\rho s\boldsymbol{v}) \geqslant 0 & (\text{熵方程}). \end{array}} \tag{1.419}$$

1) 这里的张量积被认同于一个线性算子, 它由关系式

$$(\boldsymbol{a}\otimes\boldsymbol{b})\boldsymbol{c} := \boldsymbol{a}(\boldsymbol{bc}), \quad \text{对所有的向量 } \boldsymbol{c}$$

所定义. 在老文献中人们用记号 $(\boldsymbol{a}\circ\boldsymbol{b})\boldsymbol{c} = \boldsymbol{a}(\boldsymbol{bc})$, 并称其为*二元积*. $\mathrm{div}(\boldsymbol{a}\otimes\boldsymbol{b})$ 的含义由高斯积分公式

$$\int_G \mathrm{div}(\boldsymbol{a}\otimes\boldsymbol{b})\mathrm{d}\boldsymbol{x} = \int_{\partial G}(\boldsymbol{a}\otimes\boldsymbol{b})\boldsymbol{n}\mathrm{d}S$$

给出, 其中 $\boldsymbol{n}$ 是外法向量. 在具有基向量 $\boldsymbol{e}_1, \boldsymbol{e}_2, \boldsymbol{e}_3$ 的笛卡儿坐标系中, 有下述用分量的表示:

$$\mathrm{div}(\boldsymbol{a}\otimes\boldsymbol{b}) = \sum_{j=1}^{3}\mathrm{div}(a_j\boldsymbol{b})\boldsymbol{e}_j = \sum_{j,k=1}^{3}\partial_k(a_jb_k)\boldsymbol{e}_j.$$

由于质量守恒 $\rho_t + \mathrm{div}(\rho\boldsymbol{v}) = 0$, 动量守恒 (1.419) 即等价于运动方程

$$\boxed{\rho\boldsymbol{v}_t + \rho(\boldsymbol{v}\ \mathbf{grad})\boldsymbol{v} = \boldsymbol{f} - \mathbf{grad}\,p.}$$

除此以外还有热力学关系式

$$p = p(\rho, T), \quad e = e(\rho, T), \quad s = s(\rho, T),$$
$$\mathrm{d}e = T\mathrm{d}s + p\frac{\mathrm{d}\rho}{\rho^2} \quad (\text{吉布斯方程}).$$

与液体的情形不一样, 在处理气体时必须考虑热力学的影响.

记号如下: $\boldsymbol{v}$ 是速度向量, p 是压力, T 是绝对温度, ρ 是密度, $\boldsymbol{f}$ 是外力密度, e 是比内能密度 (单位质量的内能), s 是比熵密度. 此外,

$$\epsilon := \frac{1}{2}\rho\boldsymbol{v}^2 + \rho e$$

是总能量密度.

例: 在理想气体的特殊情形, 在温度不是太低的条件下, 有

$$p = r\rho T, \quad e = cT, \quad s = c\ln(T\rho^{1-\gamma}), \quad \gamma = 1 + r/c, \tag{1.420}$$

其中 r 是气体常数, c 是比热容.

兰金–于戈尼奥间断性条件 给定一个活动曲面

$$\mathcal{F}\colon \varphi(\boldsymbol{x}) - t = 0, \tag{1.421}$$

它不必是一特征. 对于物理量在曲面上的点 $\boldsymbol{x}$ 处在时刻 t 的可能的跳跃, 有[1)]

$$\boxed{\begin{aligned} &-[\rho\boldsymbol{v}] + [\rho\boldsymbol{v}\otimes\boldsymbol{v} + pI]\varphi'(\boldsymbol{x}) = \boldsymbol{0}, \\ &-[\rho] + [\rho\boldsymbol{v}]\varphi'(\boldsymbol{x}) = 0, \\ &-[\epsilon] + [\epsilon\boldsymbol{v} + p\boldsymbol{v}]\varphi'(\boldsymbol{x}) = 0, \\ &-[\rho s] + [\rho s\boldsymbol{v}]\varphi'(\boldsymbol{x}) \geqslant 0. \end{aligned}} \tag{1.422}$$

如果这种类型的间断性出现, 那么用 $\mathcal{F}$ 表示一个激波. 例如, 超音速飞机产生激波. 气体动力学中方程的理论的和数值的处理经常由于激波的出现而变得复杂. 这些数学问题在设计具有最小燃料消耗的现代飞机结构中极为重要.

对于守恒律的激波 考虑方程

$$\boxed{\mu_t + \operatorname{div}\boldsymbol{j} = g.} \tag{1.423}$$

如果这个方程的解 μ 和 $\boldsymbol{j}$ 在 (1.421) 中曲面 $\mathcal{F}$ 上的一点 $\boldsymbol{x}$ 处有跳跃, 则有

1) 令 $\varphi' = \mathbf{grad}\,\varphi$ 和

$$[f] = f_+ - f_-, \quad \text{其中 } f_\pm := \lim_{h\to+0} f(\boldsymbol{x} \pm h\boldsymbol{n}).$$

这里 $\boldsymbol{n} := \varphi'(\boldsymbol{x})/|\varphi'(\boldsymbol{x})|$ 是曲面 $\mathcal{F}$ 在点 $\boldsymbol{x}$ 处的单位法向量 (参阅图 1.165). 此外, 有

$$[\rho\boldsymbol{v}\otimes\boldsymbol{v} + pI]\varphi'(\boldsymbol{x}) = [\rho\boldsymbol{v}(\boldsymbol{v}\varphi'(\boldsymbol{x}))] + [p]\varphi'(\boldsymbol{x}).$$

$$\boxed{-[\mu]+[\boldsymbol{j}]\varphi'(\boldsymbol{x})=0.} \tag{1.424}$$

在 (1.424) 的推导中假设了方程 (1.423) 在广义函数的意义下被满足 (参阅 [212]).

因为气体动力学的基本方程 (1.419) 具有守恒律的形式, 所以关于跳跃的诸关系式 (1.422) 从 (1.424) 即得.

气体中的声波 声音的传播是一个进行得如此快的过程, 以致其中的体积单元不能与另一个交换任何热量. 因而比熵密度 s 保持为常数. 从 s 为常数的 (1.420) 可以得到关系式

$$T=\text{常数}\cdot\rho^{\gamma-1},\quad e=cT$$

以及状态绝热方程

$$\boxed{p=\text{常数}\cdot\rho^{\gamma}.}$$

类似于 1.13.3.5 中那样, 从关系式 $c_{\mathrm{S}}=\sqrt{p'(\rho)}$ 得到声速 c_{S}, 因而

$$\boxed{c_{\mathrm{S}}=\sqrt{\gamma p/\rho}.}$$

对于构成我们的大气的混合气体, 实验产生了值 $\gamma\sim 1.4$.

1.13.4 关于唯一性的一般原理

1.13.4.1 能量方法

这个方法适用于能量守恒的问题. 为了解释这个方法的一般思想, 考虑弦振动方程

$$\boxed{\begin{aligned}&\frac{1}{c^2}u_{tt}-u_{xx}=f(x,t),\quad 0<x<L,\ t>0,\\&u(0,t)=a(t),\ u(L,t)=b(t),\quad t\geqslant 0\qquad\text{(边界条件)},\\&u(x,0)=u_0(x),\ u_t(x,0)=u_1(x),\quad 0\leqslant x\leqslant L\quad\text{(初始条件)},\end{aligned}} \tag{1.425}$$

这里 $u(x,t)$ 表示弦在时刻 t、在点 x 处的位移.

唯一性结果 问题 (1.425) 至多有一个光滑解.

证明: 为简单起见, 令 $c=1$. 如果 v 和 w 是 (1.425) 的两个解, 则令

$$u:=v-w.$$

必须证明 $u\equiv 0$. 函数 u 满足适合

$$f\equiv 0,\quad a\equiv 0,\quad b\equiv 0,\quad u_0\equiv 0,\quad u_1\equiv 0 \tag{1.426}$$

的方程 (1.425). 考虑函数

$$E:=\int_0^L\frac{1}{2}\big(u_t(x,t)^2+u_x(x,t)^2\big)\mathrm{d}x.$$

这相应于弦在时刻 t 的能量.

(i) 对所有时刻 t, 有 $E'(t)=0$. 事实上, 由于 (1.425) 和 (1.426), 分部积分导致

$$E'(t)=\int_0^L (u_t u_{tt}+u_x u_{xx})\mathrm{d}x=\int_0^L u_t(u_{tt}-u_{xx})\mathrm{d}x+u_x(x,t)u_t(x,t)\Big|_0^L=0.$$

(ii) $E(0)=0$. 这从 (1.425) 和 (1.426) 即得.

(iii) 从 (i) 和 (ii) 即得对所有 $t\geqslant 0$ 有 $E(t)=0$. 这又蕴涵着

$$u_t(x,t)=u_x(x,t)=0,\quad 对所有的\ x\in[0,L]\ 和\ t\geqslant 0,$$

因而 $u=$ 常数. 由初始条件 $u(x,0)\equiv 0$, 即得所希望的结果 $u\equiv 0$.

基本物理思想 上述证明方法利用了能量守恒以及初始能量为零的事实. 由此即得对所有时刻能量为零, 因而系统即是静止的.

相同的论证可能被应用于耗散过程, 这种过程中能量是时间的非增函数.

1.13.4.2 最大值原理

最大值原理的基本物理思想是一物体中的温度差产生一个向低温处方向的热流.

非平稳热方程

$$\begin{array}{lll} T_t-\alpha\Delta T=f(x,t), & x\in\varOmega,\ t>0, & \\ T(x,t)=r(x), & x\in\partial\varOmega,\ t\geqslant 0 & (边界值), \\ T(x,0)=T_0(x), & x\in\overline{\varOmega} & (初始值). \end{array}\qquad(1.427)$$

用 $\varOmega$ 表示 $\mathbb{R}^N$ 中具有光滑边界的一个有界域, 这里 $N\geqslant 2$. 假设物质常数 α 是正的. 对于一个固定的时刻 $t_0>0$, 令 $D:=\overline{\varOmega}\times[0,t_0]$.

最大值原理 如果 T 是具有在 D 上满足 $f\leqslant 0$ 的 (1.427) 的一个光滑解, 并且如果温度 T 在 D 的一个内点处达到它的最大值, 那么 T 在 D 上是常数.

不等式关系 对于 (1.427) 的一个光滑解 T, 有

(i) 从在 D 上 $f\geqslant 0$, 在 $\partial\varOmega$ 上 $r\geqslant 0$ 和在 $\overline{\varOmega}$ 上 $T_0\geqslant 0$ 即得在 D 上 $T\geqslant 0$.

(ii) 从 $f\equiv 0$, $r\equiv 0$ 和 $T_0\equiv 0$ 即得 $T\equiv 0$.

唯一性结果 问题 (1.427) 至多有一个光滑解 T.

证明: 如果 v 和 w 是两个解, 那么差 $T:=v-w$ 满足具有 $r\equiv 0$ 和 $T_0\equiv 0$ 的方程 (1.427). 那么从 (ii) 即得 $T\equiv 0$, 因而 $v\equiv w$. □

平稳热方程

$$\begin{array}{lll} -\alpha\Delta T=f(x), & x\in\varOmega, & \\ T(x)=r(x), & x\in\partial\varOmega & (边界值). \end{array}\qquad(1.428)$$

最大值原理 如果 T 是具有在 $\varOmega$ 上满足 $f\leqslant 0$ 的 (1.428) 的一个光滑解, 并且如果温度 T 在 $\varOmega$ 的一个点处达到它在 $\overline{\varOmega}$ 上的最大值, 那么 T 在 $\overline{\varOmega}$ 上是常数.

不等式关系 对于 (1.428) 的一个光滑解 T, 我们有

(i) 从在 Ω 上 $f \geqslant 0$ 和在 $\partial\Omega$ 上 $r \geqslant 0$ 即得在 $\overline{\Omega}$ 上 $T \geqslant 0$.

(ii) 从 $f \equiv 0$ 和 $r \equiv 0$ 即得 $T \equiv 0$.

唯一性结果 问题 (1.428) 至多有一个光滑解 T.

1.13.5 一般的存在性结果

本节考虑偏微分方程解的存在性的重要的经典结果. 现代的存在性结果可以在 [212] 中被找到.

1.13.5.1 柯西–柯瓦列夫斯卡娅定理

$$\boxed{\begin{aligned} &\boldsymbol{u}_t(\boldsymbol{x},t) = \boldsymbol{f}(x,t,u), \\ &\boldsymbol{u}(\boldsymbol{x},t_0) = \varphi(\boldsymbol{x}) \quad (\text{初始值}). \end{aligned}} \tag{1.429}$$

这里用了记号 $\boldsymbol{x} = (x_1, \cdots, x_n)$, $\boldsymbol{u} = (u_1, \cdots, u_m)$ 和 $\boldsymbol{f} = (f_1, \cdots, f_m)$. 所有的量 t, x_j 和 f_k 都被假定为是复的. 解是复值函数 u_k. 称一个函数为*解析函数*, 如果它可以被展开为其所有变量的一个*绝对*收敛的幂级数.

假设 $\boldsymbol{f}$ 在 $(\boldsymbol{x}_0, t_0, \boldsymbol{u}_0)$ 的一个邻域中是解析的. 此外假设 φ 在满足 $\varphi(\boldsymbol{x}_0) = \boldsymbol{u}_0$ 的点 $\boldsymbol{x}_0$ 的一个邻域中是解析的.

柯西–柯瓦列夫斯卡娅定理 初值问题 (1.429) 在点 $(\boldsymbol{x}_0, t_0)$ 的一个邻域中有一个唯一的解, 并且这个解是解析的. 可以利用比较系数来求得解的幂级数展开.

例:

$$\boxed{u_t = u, \quad u(x,0) = x.}$$

我们令 $\boldsymbol{P} := (0,0)$. 从初始条件即得 $u(\boldsymbol{P}) = 0$, $u_x(\boldsymbol{P}) = 1$, $u_{xx}(\boldsymbol{P}) = 0$ 等. 微分方程产生了 $u_t(\boldsymbol{P}) = u(\boldsymbol{P}) = 0$, $u_{tt}(\boldsymbol{P}) = u_t(\boldsymbol{P}) = 0$, $u_{tx}(\boldsymbol{P}) = u_x(\boldsymbol{P}) = 1$. 以这种方式在点 $\boldsymbol{P}$ 的邻域中得到下述解:

$$\begin{aligned} u(x,t) &= u(\boldsymbol{P}) + u_x(\boldsymbol{P})x + u_t(\boldsymbol{P})t + \frac{1}{2}(u_{xx}(\boldsymbol{P})x^2 + 2u_{tx}(\boldsymbol{P})xt + u_{tt}(\boldsymbol{P})t^2) + \cdots \\ &= x + xt + \cdots. \end{aligned}$$

1.13.5.2 关于一阶偏微分方程的柯西定理

$$\boxed{\begin{aligned} &F(\boldsymbol{x}, S, S_x) = 0, \\ &S(\boldsymbol{x}_0(\sigma)) = S_0(\sigma), \quad \text{在 } U \text{ 上 (对 } S \text{ 的初始条件)}, \\ &S_{\boldsymbol{x}}(\boldsymbol{x}_0(\sigma)) = p_0(\sigma), \quad \text{在 } U \text{ 上 (对 } S_{\boldsymbol{x}} \text{ 的初始条件)}. \end{aligned}} \tag{1.430}$$

此方程要求的解是实变量 $\boldsymbol{x} = (x_1, \cdots, x_n)$ 的实函数 $S = S(\boldsymbol{x})$. 此外, $\boldsymbol{p} = (p_1, \cdots, p_n)$. 把 $F = F(\boldsymbol{x}, S, \boldsymbol{p})$ 看作变量 $\boldsymbol{x}, S, \boldsymbol{p}$ 的函数. 令 $\boldsymbol{\sigma} = (\sigma_1, \cdots, \sigma_{n-1})$ 是 $n-1$ 个实参数的数组, 它在 $\mathbb{R}^{n-1}$ 原点的一个邻域中变动.

例 1: 哈密顿–雅可比微分方程

$$S_t + H(q, S_q) = 0$$

是 (1.430) 的一个特殊情形, 其中 $x_1 = q, x_2 = t$.

假设　给定光滑函数

$$\boldsymbol{x} = \boldsymbol{x}_0(\sigma),\ p = p_0(\sigma),\ S = S_0(\sigma), \quad 在\ U\ 上,$$

其中假设下述相容性条件成立[1]:

$$\boxed{S_0'(\sigma) = \boldsymbol{p}_0(\sigma)\boldsymbol{x}_0'(\sigma), \quad 在\ U\ 上,} \tag{1.431}$$

并且正则性条件

$$\det(\boldsymbol{x}_0'(0), \boldsymbol{F}_p(\boldsymbol{P})) \neq 0$$

也成立, 其中 $\boldsymbol{P} := (\boldsymbol{x}_0(0), S_0(0), \boldsymbol{p}_0(0))$.

几何解释　在 $n = 2$ 的情形, 要找通过曲线

$$C\colon \boldsymbol{x} = \boldsymbol{x}(\sigma), \quad S = S_0(\sigma)$$

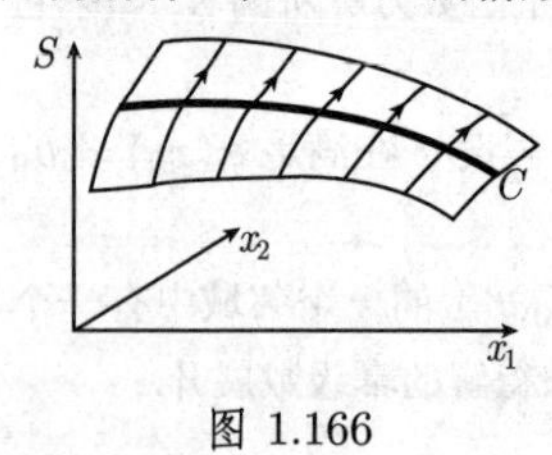

图 1.166

的曲面 $S = S(\boldsymbol{x})$ (图 1.166). 然而, 对于解的构造而言, 引进一个附加的量 $p = S_{\boldsymbol{x}}$ 是方便的. 此时链规则导致

$$S_0'(\sigma) = S_{\boldsymbol{x}}(\boldsymbol{x}_0(\sigma))\boldsymbol{x}_0'(\sigma) = \boldsymbol{p}_0(\sigma)\boldsymbol{x}_0'(\sigma).$$

这就是相容性条件 (1.431).

柯西定理　在点 $\boldsymbol{x}_0(0)$ 的一个充分小的邻域里初值问题 (1.430) 有一个唯一解 $S = S(\boldsymbol{x})$. 这个解是光滑的.

解的构造　解曲面 $S = S(\boldsymbol{x})$ 作为具有参数 t 和附加参数 σ 的曲线的并

$$\boldsymbol{x} = \boldsymbol{x}(t;\sigma), \quad \boldsymbol{p} = \boldsymbol{p}(t;\sigma), \quad S = \mathcal{S}(t;\sigma)$$

---

1) 由于有太多的指标, 这个主题的经典文献充满了又长又复杂的公式. 现代分析较喜欢采用弗雷歇导数的记号, 因而叙述得既简单又漂亮. 到分量的过渡由

$$\boldsymbol{x}'(\sigma) = \left(\frac{\partial \boldsymbol{x}}{\partial \sigma_j}\right),\ S_{\boldsymbol{x}} = \left(\frac{\partial S}{\partial x_k}\right),\ \boldsymbol{F}_{\boldsymbol{p}} = \left(\frac{\partial \boldsymbol{F}}{\partial p_k}\right)$$

给出. 此时相容性条件显式地为

$$\frac{\partial S_0}{\partial \sigma_j} = \sum_{k=1}^{n} p_{0k}\frac{\partial x_{0k}}{\partial \sigma_j}.$$

正则性条件中的行列式在第 j 列中包含 $\dfrac{\partial \boldsymbol{x}_0}{\partial \sigma_j}$, 并且 $\boldsymbol{F}_{\boldsymbol{p}}$ 作为其最后一列.

而被构造 (图 1.166). 这些曲线满足下述常微分方程组[1])

$$\boxed{\begin{aligned}&\boldsymbol{x}'=F_{\boldsymbol{p}},\quad \boldsymbol{S}'=\boldsymbol{p}F_{\boldsymbol{p}},\quad \boldsymbol{p}'=-\boldsymbol{F}_{\boldsymbol{x}}-p\boldsymbol{F}_S,\\&\boldsymbol{x}(0)=\boldsymbol{x}_0(\sigma),\quad \boldsymbol{S}(0)=\boldsymbol{S}_0(\sigma),\quad \boldsymbol{p}(0)=\boldsymbol{p}_0(\sigma),\end{aligned}} \tag{1.432}$$

我们把它称为属于偏微分方程 (1.430) 的特征组. 正则性条件等价于我们可以在点 $t=0$, $\sigma=0$ 的一个 (t,σ) 邻域中解方程

$$\boxed{\boldsymbol{x}=\boldsymbol{x}(t;\sigma),}$$

这就产生了关系式

$$t=t(\boldsymbol{x}),\quad \sigma=\sigma(\boldsymbol{x}).$$

由此得到所求的解:

$$\boxed{S(\boldsymbol{x}):=\mathcal{S}(t(\boldsymbol{x}),\sigma(\boldsymbol{x})).}$$

例 2: 对于哈密顿–雅可比微分方程

$$S_t+H(\boldsymbol{q},t,S_{\boldsymbol{q}})=0,$$

因为 $\boldsymbol{q}=\boldsymbol{q}(t)$, $\boldsymbol{p}=\boldsymbol{p}(t)$, 其特征组即为

$$\boldsymbol{q}'=H_{\boldsymbol{p}}(\boldsymbol{q},\boldsymbol{p},t),\quad \boldsymbol{p}'=-H_{\boldsymbol{q}}(\boldsymbol{q},\boldsymbol{p},t)$$

这些是典范哈密顿方程. 此外, 方程

$$S'=\boldsymbol{p}\boldsymbol{q}'+P,\quad P'=-H_t(\boldsymbol{q},\boldsymbol{p},t)$$

对于 $S=S(t)$, $P=P(t)$, $\boldsymbol{q}=\boldsymbol{q}(t)$ 和 $\boldsymbol{p}=\boldsymbol{p}(t)$ 属于特征组.

1.13.5.3 弗罗贝尼乌斯定理和可积性条件

$$\boxed{\begin{aligned}&\frac{\partial u}{\partial x_j}(\boldsymbol{x})=K_j(x,u(\boldsymbol{x})),\quad j=1,\cdots,N,\\&u(\boldsymbol{a})=b\qquad\qquad\qquad\qquad (\text{初始值}).\end{aligned}} \tag{1.433}$$

其中给定点 $\boldsymbol{a}\in\mathbb{R}^N$, 实数 b 以及在点 $(\boldsymbol{a},b)$ 在 $\mathbb{R}^{N+1}$ 中的一个邻域中的光滑函数 K_j, $j=1,\cdots,N$. 所求的解是实值函数 $u=u(\boldsymbol{x})$. 问题 (1.433) 等价于方程

$$\mathrm{d}u=K,$$

其中 $K=\sum\limits_{j=1}^{N}K_j(\boldsymbol{x},u)\mathrm{d}x_j$.*

1) 为了简化记号, 在这里写成 $\boldsymbol{x}=\boldsymbol{x}(t)$, $\boldsymbol{p}=\boldsymbol{p}(t)$ 和 $S=S(t)$ 以代替 $\boldsymbol{x}=\boldsymbol{x}(t;\sigma)$, $\boldsymbol{p}=\boldsymbol{p}(t;\sigma)$ 和 $\boldsymbol{S}=\mathcal{S}(\boldsymbol{x},t)$.

* 原文将求和号误为 $\sum\limits_{j=1}^{n}$. —— 译者

弗罗贝尼乌斯 (F. G. Frobenius, 1849—1917) 定理 初值问题 (1.433) 在点 $\boldsymbol{a}$ 的一个充分小的邻域中有一个唯一解, 当且仅当对于所有的 $j, m = 1, \cdots, N$ 在 $(\boldsymbol{a}, b)$ 的一个邻域中可积性条件

$$\boxed{\frac{\partial K_j(P)}{\partial x_m} + \frac{\partial K_j(P)}{\partial u}\frac{\partial u(\boldsymbol{x})}{\partial x_m} = \frac{\partial K_m(P)}{\partial x_j} + \frac{\partial K_m(P)}{\partial u}\frac{\partial u(\boldsymbol{x})}{\partial x_j}} \tag{1.434}$$

满足, 其中 $P := (\boldsymbol{x}, u)$.

注 从关系式

$$\frac{\partial^2 u}{\partial x_j \partial x_m} = \frac{\partial^2 u}{\partial x_m \partial x_j}$$

和 (1.433) 即得可积性条件 (1.434). 对于 $\boldsymbol{u} = (u_1, \cdots, u_M)$ 时的 (1.433), 一个类似的结果成立.

应用 弗罗贝尼乌斯定理在构造曲面 (或, 更一般地, 流形) 时是一个重要的工具.

(i) 在 3.6.3.3 中曲面论主要定理的证明中以一种本质的方式利用了弗罗贝尼乌斯定理. 例如, 可积性条件蕴涵了著名的高斯绝妙定理.

(ii) 从其李代数构造李群基于弗罗贝尼乌斯定理.

(iii) 如果 $N = 3$, 并且诸函数 K_j 与 u 无关, 则 (1.433) 相应于向量方程

$$\mathbf{grad}\, u = \boldsymbol{F}, \quad u(\boldsymbol{a}) = b.$$

这里我们要确定给定力场 $\boldsymbol{F}$ 的位势 $-u$. 在此情形可积性条件是

$$\mathbf{curl}\, \boldsymbol{F} = \mathbf{0}.$$

(iv) 弗罗贝尼乌斯定理用流形上微分形式语言的一般性叙述可在 [212] 中找到.

1.13.5.4 嘉当–凯勒定理

基本思想 一个任意的偏微分方程组可以被描述为一个微分形式的方程组. 嘉当–凯勒的基本定理保证了对这种类型组的正则初值问题的唯一解. 为此需要假设出现在表述中的诸函数是解析的. 这是柯西–柯瓦列夫斯卡娅定理的一个推广. 事实上, 嘉当–凯勒定理是柯西–柯瓦列夫斯卡娅定理的一个推论. 证明后者的思想是, 引进适当的局部坐标, 并解出一阶偏导数, 这导致一个一阶组, 而对此一阶组, 可以应用柯西–柯瓦列夫斯卡娅定理.

例 1: 考虑一阶偏微分方程

$$F(x, y, u, u_x, u_y) = 0. \tag{1.435}$$

如果令 $p := u_x$ 和 $q := u_y$, 那么我们得到等价的方程组

$$\begin{aligned} &F(x, y, u, p, q) = 0, \\ &\mathrm{d}u - p\mathrm{d}x - q\mathrm{d}y = 0. \end{aligned} \tag{1.436}$$

这是一个微分形式的方程组, 其中把函数看作零阶的微分形式.

例 2: 通过代换 $p := u_x$, $q := u_y$, $a := u_{xx}$, $b := u_{xy}$ 和 $c := u_{yy}$, 二阶偏微分方程

$$F(x, y, u, u_x, u_y, u_{xx}, u_{xy}, u_{yy}) = 0$$

变为等价组

$$\begin{aligned} F(x, y, u, p, q, a, b, c) = 0, \\ \mathrm{d}u - p\mathrm{d}x - q\mathrm{d}y = 0, \\ \mathrm{d}p - a\mathrm{d}x - b\mathrm{d}y = 0, \\ \mathrm{d}q - b\mathrm{d}x - c\mathrm{d}y = 0. \end{aligned}$$

用类似的方法可以处理任意的偏微分方程组.

> 转换到微分形式极大地简化了处理, 因为此时人们可以应用嘉当简洁的微分运算.

其原始的理论源自 19 世纪末里基耶 (Charles Riquier, 1853—1929; 法国数学家) 的工作, 此原始理论用到了微分方程, 非常复杂, 难以理解. 在 1904 年和 1908 年之间, É. 嘉当 发现微分形式运算对应用于这类问题非常有用. 最后, 在 1934 年由 E. 凯勒提供了非常简洁的叙述形式.

闭包的形成过程 给定一个微分形式组

$$\omega_j = 0, \quad j = 1, \cdots, J,$$

那么通过附加上嘉当导数

$$\mathrm{d}\omega_j = 0, \quad j = 1, \cdots, J$$

就形成了*闭包*. 用这种方式, 就处理了在系数函数的偏导数之间的所有相关性 (可积性条件). 由于 $\mathrm{dd}\omega = 0$ (庞加莱引理), 因而再一次施以嘉当导数不能得到任何新信息. 这样, 形成完备化的过程在一步之后即完成了.

例 3: 方程

$$a(x, y)\mathrm{d}x + b(x, y)\mathrm{d}y$$

的闭包导致关系式 $\mathrm{d}a \wedge \mathrm{d}x + \mathrm{d}b \wedge \mathrm{d}y = 0$, 因而

$$\begin{aligned} a\mathrm{d}x + b\mathrm{d}y = 0, \\ (a_y - b_x)\mathrm{d}y \wedge \mathrm{d}x = 0. \end{aligned}$$

积分流形 微分形式组的解被称为*积分流形*. 可以通过尝试法, 应用适当的代换来得到解.

例 4: 考虑闭形式组

$$\boxed{\begin{aligned} & y + f(x) = 0, \\ & \mathrm{d}y + f'(x)\mathrm{d}x = 0, \\ & \mathrm{d}x \wedge \mathrm{d}y = 0. \end{aligned}} \tag{1.437}$$

零维积分流形 一个点 (x_0, y_0) 是 (1.437) 的解, 当且仅当 $y_0 + f(x_0) = 0$.

一维积分流形 曲线 $x = x(t)$, $y = y(t)$ 是 (1.437) 的解, 如果

$$\begin{aligned} &y(t) + f(x(t)) = 0, \\ &\{y'(t) + f'(x(t))x'(t)\}\mathrm{d}t = 0, \\ &x'(t)y'(t)\mathrm{d}t \wedge \mathrm{d}t = 0. \end{aligned} \tag{1.438}$$

在 (1.437) 中作代换 $\mathrm{d}x = x'(t)\mathrm{d}t$, $\mathrm{d}y = y'(t)\mathrm{d}t$ 就得到了 (1.438). 组 (1.438) 等价于组

$$\begin{aligned} y(t) + f(x(t)) &= 0, \\ y'(t) + f'(x(t))x'(t) &= 0. \end{aligned}$$

(1.438) 中第 3 个方程自动地被满足, 因为 $\mathrm{d}t \wedge \mathrm{d}t = 0$. 一般地, 有

为了寻找 r 维积分流形, 考虑所有直到 r 阶的微分形式就足够了.

二维积分流形 曲面

$$x = x(t, s), \quad y = y(t, s)$$

是 (1.437) 的一个解, 如果

$$\begin{aligned} &y(P) + f(x(P)) = 0, \\ &y_t(P)\mathrm{d}t + y_s(P)\mathrm{d}s + f'(x(P))\{x_t(P)\mathrm{d}t + x_s(P)\mathrm{d}s\} = 0, \\ &\{x_t(P)y_s(P) - x_s(P)y_t(P)\}\mathrm{d}t \wedge \mathrm{d}s = 0. \end{aligned} \tag{1.439}$$

这里已经令 $P := (t, s)$. 在作了代换 $\mathrm{d}x = x_t\mathrm{d}t + x_s\mathrm{d}s$, $\mathrm{d}y = y_t\mathrm{d}t + y_s\mathrm{d}s$ 后从 (1.437) 即得 (1.439). 组 (1.439) 等价于下述组:

二维积分流形 曲面

$$x = x(t, s), \quad y = y(t, s)$$

是 (1.437) 的一个解, 如果

$$\begin{aligned} y(P) + f(x(P)) &= 0, \\ y_t(P) + f'(x(P))x_t(P) &= 0, \\ y_s(P) + f'(x(P))x_s(P) &= 0, \\ x_t(P)y_s(P) - x_s(P)y_t(P) &= 0. \end{aligned}$$

这里 (1.439) 中 $\mathrm{d}t, \mathrm{d}s$ 和 $\mathrm{d}t \wedge \mathrm{d}s$ 的系数被置为零.

微分形式 ω 的拉回 $g^*\omega$ 为了方便地叙述上面积分流形的概念, 引进符号 $g^*\omega$. 令 $\boldsymbol{y} = (y_1, \cdots, y_n)$, $\boldsymbol{t} = (t_1, \cdots, t_m)$, 并且令开集 $U \subset \mathbb{R}^m$. 方程

$$\boldsymbol{y} = g(\boldsymbol{t}), \quad \boldsymbol{t} \in U$$

描述了一个由

$$\boxed{\omega = 0}$$

给出的积分流形, 当且仅当

$$\boxed{g^*\omega(\boldsymbol{t}) = 0, \quad \boldsymbol{t} \in U.} \tag{1.440}$$

这里, 利用代换 $\boldsymbol{y}=g(\boldsymbol{t})$ 把 $\boldsymbol{y}$ 坐标变成 $\boldsymbol{t}$ 之后, 从 ω 就得到了其拉回 $g^*\omega$. 如果用

$$\boldsymbol{e}_1:=(1,0,\cdots,0),\quad \boldsymbol{e}_2:=(0,1,0,\cdots,0),\quad \cdots,\quad \boldsymbol{e}_m:=(0,0,\cdots,1)$$

来表示 $\mathbb{R}^m$ 的典范基, 那么我们有 $\mathrm{d}t_j(\boldsymbol{e}_k)=\delta_{jk}$, 并且方程 (1.440) 等价于关系式

$$g^*\omega(t)(\boldsymbol{e}_1,\cdots,\boldsymbol{e}_m)=0,\quad \boldsymbol{t}\in U. \tag{1.441}$$

例 5: 令方程 $\omega=0$ 由形式

$$\mathrm{d}y_1\wedge\mathrm{d}y_2=0 \tag{1.442}$$

给出. 此外, 令

$$y_j=g_j(t_1,t_2),\quad j=1,2. \tag{1.443}$$

令 $\partial_j:=\partial/\partial t_j$. 由于 $\mathrm{d}y_j=\partial_1g_j\mathrm{d}t_1+\partial_2g_j\mathrm{d}t_2$, 这里 (1.440) 即相应于关系式

$$(\partial_1g_1\partial_2g_2-\partial_2g_1\partial_1g_2)\mathrm{d}t_1\wedge\mathrm{d}t_2=0.$$

如果考虑到 $(\mathrm{d}t_1\wedge\mathrm{d}t_2)(\boldsymbol{e}_1,\boldsymbol{e}_2)=\mathrm{d}t_1(\boldsymbol{e}_1)\mathrm{d}t_2(\boldsymbol{e}_2)-\mathrm{d}t_1(\boldsymbol{e}_2)\mathrm{d}t_2(\boldsymbol{e}_1)=1$, 那么 (1.441) 就等价于

$$\partial_1g_1\partial_2g_2-\partial_2g_1\partial_1g_2=0. \tag{1.444}$$

因而, 函数 (1.443) 是 (1.442) 的解, 当且仅当方程 (1.444) 成立. 这相应于在例 4 中所应用的相同方法.

我们的目的是形成整体的存在性和唯一性结果. 首先考虑一个局部的结果.

嘉当–凯勒的局部存在性和唯一性定理 研究初值问题

$$\boxed{\begin{aligned}&\omega_k=0,\quad k=1,\cdots,K,\\&g(t_1,\cdots,t_p,0)=a(t_1,\cdots,t_p),\qquad \text{在 } W_0 \text{ 上}\quad(\text{初始值}).\end{aligned}} \tag{1.445}$$

函数 a 被给定. 要确定的对象是一个积分流形

$$\boxed{y=g(t_1,\cdots,t_{p+1}),\quad \text{在 } W \text{ 上},}$$

其中坐标 $t_1,\cdots,t_{p+1}$ 在 $\mathbb{R}^{p+1}$ 的一个开邻域 W 中变动. 用 W_0 表示 W 的满足 $t_{p+1}=0$ 的所有点的集合. 固定的整数 p 被假设满足不等式 $1\leqslant p<n$.

注 考虑关于一个固定的 $\boldsymbol{y}$ 坐标系的微分形式 ω, 其中 $\boldsymbol{y}=(y_1,\cdots,y_n)$, $\boldsymbol{y}\in\mathbb{R}^n$. 变换

$$\boxed{\boldsymbol{y}=\varphi(\boldsymbol{t}),\quad \boldsymbol{t}\in U}$$

引进了新的 $\boldsymbol{t}$ 坐标, 其中 $\boldsymbol{t}=(t_1,\cdots,t_n)$, $\boldsymbol{t}\in\mathbb{R}^n$, 其中 U 是原点的一个开邻域, 以及 $\varphi\colon U\to V$ 是从 U 到点 $\boldsymbol{y}_0$ 在 $\mathbb{R}^n$ 中一个开邻域 V 上的一个微分同胚. 假设 φ 是解析的, 即, φ 的分量可以被展开为 (绝对收敛) 的幂级数. 用 $\boldsymbol{e}_1,\cdots,\boldsymbol{e}_n$ 表示 $\boldsymbol{t}$ 坐标中的典范基, 即, $\boldsymbol{e}_1=(1,0,\cdots,0)$ 等. 假设在 W_0 上,

$$a(t_1,\cdots,t_p)=\varphi(t_1,\cdots,t_p,0,\cdots,0).$$

对偶极空间 选取一个固定点 $\boldsymbol{t}\in U$, 并以 $P(\boldsymbol{t})$ 表示极空间, 它是满足

$$\boxed{\omega_k^*(\boldsymbol{t})(\boldsymbol{e}_1,\cdots,\boldsymbol{e}_p,\boldsymbol{v})=0,\quad k=1,\cdots,K}$$

的所有向量 $\boldsymbol{v}\in\mathbb{R}^n$ 的集合. 这里 $\omega_k^*(\boldsymbol{t})$ 表示变换到 $\boldsymbol{t}$ 坐标后的微分形式 ω_k, 即, $\omega_k^*:=\varphi^*\omega_k$.

初值问题的正则性 说到一个正则的初值问题, 如果有下述条件:

(a) 存在一个固定的数 r, 使得所有 r 个向量 $\boldsymbol{e}_{n-r+1},\cdots,\boldsymbol{e}_n$ 与 $\boldsymbol{e}_1,\cdots,\boldsymbol{e}_p$ 一起, 对每个在 $\boldsymbol{t}=0$ 的一个充分小的邻域里的点 $\boldsymbol{t}\in\mathbb{R}^n$, 形成极空间 $P(\boldsymbol{t})$ 的一个基. 这里需要 $1\leqslant r<n-p$.

(b) 其元为一阶偏导数

$$\boxed{\frac{\partial}{\partial t_j}a^*\omega_k(t)(\boldsymbol{e}_1,\cdots,\boldsymbol{e}_p),\quad k=1,\cdots,K,\ j=1,\cdots,p}$$

的矩阵在点 $(t_1,\cdots,t_p)=\boldsymbol{0}$ 在 $\mathbb{R}^p$ 的一个邻域中有常数秩 $n-p$.

这里 $a^*\omega_k(\boldsymbol{t})$ 是 ω_k 在应用从 $\boldsymbol{y}=a(t_1,\cdots,t_p)$ 到坐标 $t_1,\cdots,t_p$ 的变换后的拉回.

注 条件 (b) 保证了组 (1.445) 沿着 p 维初始曲面

$$I_p\colon \boldsymbol{y}=a(t_1,\cdots,t_p)$$

是正则的.

如果条件 (b) 不被满足, 那么存在某种奇异性状, 通常, 这种奇异性是与 I_p 表示一个特征这一事实相关.[1)] 在这种情形, 通过 I_p 可以存在无穷多个解曲面. 原始组 (1.445) 的所求的 $p+1$ 维解曲面由

$$I_{p+1}\colon \boldsymbol{y}=a(t_1,\cdots,t_{p+1})$$

表示. 对于唯一性的陈述, 需要 $n-r$ 维曲面

$$F\colon \boldsymbol{y}=\varphi(t_1,\cdots,t_p,t_{p+1},\cdots,t_{n-r},0,\cdots,0),$$

其中 $t_1,\cdots,t_{n-r}$ 在原点在 $\mathbb{R}^{n-r}$ 中的一个邻域里变动. 为了从这些考虑过渡到下一节中整体的陈述, 还引进原点的 n 维开邻域

$$M\colon \boldsymbol{y}=\varphi(t_1,\cdots,t_n),$$

其中 $\boldsymbol{t}$ 在原点在 $\mathbb{R}^n$ 中的一个邻域里变动. 现在的情形被包含在下述包含关系中:

$$\boxed{I_p\subset I_{p+1}\subseteq F\subseteq M.}\tag{1.446}$$

1) 可以通过分析非正则初值问题来研究偏微分方程特征的结构. 特别地, 用这种方式, 可以得到一阶偏微分方程的柯西特征组 (参阅 1.13.5.2), 以及它对于高阶偏微分方程, 甚而任意的高阶偏微分方程组的推广. 有关此的细节, 如可在文献 [141] 中找到.

局部存在性和唯一性结果 作下述假设.

(i) 闭性 初始组 (1.445) 是闭的, 即, 对于 (1.445) 中的每个微分形式 ω_k, 其嘉当导数 $d\omega_k$ 也属于 (1.445).

(ii) 解析性 组 (1.445) 是解析的, 即, 微分形式的诸系数和初值函数 $a(.)$ 都可以被展开为具有实系数的幂级数. [1)]

(iii) 正则性 初值问题是正则的.

那么, 初值问题 (1.445) 在原点在 $\mathbb{R}^n$ 中的一个充分小的邻域里有一个解析解.

嘉当–凯勒的整体存在性和唯一性定理 考虑一个在 n ($\geqslant 1$) 维流形 $\mathcal{M}$ 上任意阶 ($\geqslant 0$) 的解析微分形式组

$$\boxed{\omega_k, \quad k = 1, \cdots, K.} \tag{1.447}$$

现在的情形被包含在下述包含关系中:

$$\boxed{\mathcal{I}_p \subset \mathcal{I}_{p+1} \subseteq \mathcal{F} \subseteq \mathcal{M}.} \tag{1.448}$$

整体存在性和唯一性结果 作下述假设:

(i) 给定一个 p 维子流形 $\mathcal{I}_p \subset \mathcal{M}$, 其中 $1 \leqslant p < n$.

(ii) $\mathcal{I}_p$ 是初始组 (1.447) 的一个正则积分流形.

(iii) $\mathcal{I}_p$ 的极空间在 $\mathcal{I}_p$ 的每个点处有维数 $r + p$, 这里 $1 \leqslant r < n - p$.

(iv) 在 $\mathcal{M}$ 中存在一个 $n - r$ 维的子空间 $\mathcal{F}$, 满足 $\mathcal{I}_p \subset \mathcal{F}$, 并且 $\mathcal{F}$ 的切空间在 $\mathcal{I}_p$ 的每个点处横截于极空间.

此时, 组 (1.447) 恰有 $\mathcal{M}$ 的一个 $p+1$ 维子空间 $\mathcal{I}_{p+1}$ 是积分流形, 且满足性质 (1.448).

对读者有用的注 整体的结构经常在现代数学中以简洁的流形语言叙述, 其细节在 [212] 中被提出. 然而, 上述定理的内容可以被每一位读者所理解, 即使他不懂流形的语言. 只需想象, 在 $\mathcal{M}$ 的每个点处, 可以引进局部 t 坐标, 这样, 对问题 (1.445) 有局部存在性和唯一性定理. 由于命题 (1.446), (1.448) 就被局部地实现了.

证明概略 为了得到整体定理, 首先借助于柯西–柯瓦列夫斯卡娅定理证明局部命题, 然后借助于解析延拓把这个局部解延拓为一个整体解. 这就是解析性假设的由来.

应用 柯西–柯瓦列夫斯卡娅定理在微分几何中 (具有给定性质流形的构造) 和数学物理中有众多的应用. 有关于此的细节, 我们推荐专著 [129]. 关于流形的弗罗贝尼乌斯定理是嘉当–凯勒定理的一个特殊情形. 弗罗贝尼乌斯定理在热力学中的应用在文献 [212] 中被讨论.

微分理想 到目前为止, 我们考虑了微分形式的有限组

$$\omega_k, \quad k = 1, \cdots, K. \tag{1.449}$$

1) 解析性假设可以减弱为 C^∞ 光滑性.

诸形式 ω_k 的不同选取可以导致等价组. 为了消除不确定性, 考虑形式组

$$\boxed{\omega = 0, \quad \omega \in J.} \tag{1.450}$$

这里 J 是所谓的微分理想, 即有

(i) J 是微分形式的一个实线性空间.

(ii) 从 $\omega \in J$ 即得对每个微分形式 μ 有 $\omega \wedge \mu = 0$.

(iii) 从 $\omega \in J$ 即得 $\mathrm{d}\omega = 0$.

每个这种类型的理想都具有一个有限基 $\omega_1, \cdots, \omega_K$.

因而 (1.450) 等价于 (1.449), 这里与基的具体选取无关.

此过程相应于现代代数几何的一般方法, 即用对象组代替方程组, 这些对象可由一个理想零化.

1.14 复变函数

复量进入数学起源于变量理论, 并且首先应用在变量理论, 度量之间通过简单的运算而相互依赖. 事实上, 如果允许变量为复数, 在这种推广的意义下应用这些相关性, 那么隐藏的和谐与结构就变得显而易见了.

B. 黎曼 (Bernhard Riemann, 1851)

黎曼(Riemann, 1826—1866) 具有强烈的直觉. 由于他的统观全局的天赋, 使他远远超出了同代人. 凡是激起他兴趣的领域, 他都从零开始发展理论, 而从不担心传统或现存体系的限制. 魏尔斯特拉斯(Weierstrass, 1815—1897) 主要是一个逻辑学家; 他缓慢地、系统地、一步步地工作. 他从事哪个领域, 就朝着理论的完成形式而前进.

F. 克莱因 (Felix Klein, 1849—1925)

相比起单复变函数论现代理论的优美, 其发展道路相当曲折. 单复变函数论属于数学所能提供的最优美、最赏心悦目的理论. 这个理论进入到了数学和物理的所有分支. 比如量子场论的现代阐述本质上就是以复数概念为基础的.

复数是在 16 世纪中叶由意大利数学家邦贝利 (Bombelli) 在解三次方程时引入的. 欧拉 (Euler, 1707—1783) 引入符号 i 来代替数 $\sqrt{-1}$, 并发现了著名的公式

$$\mathrm{e}^{x+\mathrm{i}y} = \mathrm{e}^x(\cos y + \mathrm{i}\sin y), \quad x, y \in \mathbb{R}.$$

它在三角函数与指数函数之间建立了令人惊奇的、最重要的联系.

1799 年高斯在他的博士论文中给出了代数基本定理的第一个 (几乎) 完整的证明. 在证明中, 他把复数作为一个工具. 高斯消除了那时人们对形如 $x+\mathrm{i}y$ 的复数的神秘色彩, 并指出, 复数可以解释成复 (高斯) 平面上 (参看 1.1.2) 的点 (x,y). 有大量证据表明, 高斯在 18 世纪初期就已经知道复值函数的许多性质, 特别是与椭圆积分的关系. 但是, 他从未发表这些内容.

1821 年柯西在其著名的《分析教程》中处理了幂级数, 并指出复数框架中的这种级数有一个收敛圆. 在 1825 年的一个奠基性工作中, 柯西考虑了周线积分, 发现它与积分路径无关. 这样, 在相当复杂的积分计算中他开发了留数计算.

1851 年, 黎曼在哥廷根作博士论文, 题为 "单复变函数论基础", 他在构造复值函数理论时迈出了决定性的一步, 他应用了以其直观魅力及与物理的密切关系而著称的共形映射, 为所谓的几何函数论奠定了基础.

与黎曼的工作同时, 魏尔斯特拉斯为以幂级数为基础的函数论建立了严格的解析基础. 黎曼和魏尔斯特拉斯的工作都致力于寻求对代数函数的椭圆积分及更一般的阿贝尔积分的更深刻理解. 在这一点上, 全新的思想归功于黎曼, 由此, 现代拓扑 —— 研究定性行为和形式的数学 —— 萌芽了.

在 19 世纪最后 25 年里, F. 克莱因和 H. 庞加莱创造了自守函数论的强有力的结构. 这类函数是周期函数及双周期 (椭圆) 函数的广泛推广, 并与阿贝尔积分有密切联系.

1907 年克贝(Koebe) 和庞加莱分别独立证明了著名的单值化定理, 这代表经典函数论最重要的内容之一, 并且完全澄清了黎曼面的结构. 多年来被庞加莱寻求证明的单值化定理可见 [212].

经典函数论的第一个现代而完整的表述是由 H. 外尔 (Hermann Weyl) 在《黎曼曲面的概念》一书中给出的, 该书是数学文库中的一颗明珠. [1)]

20 世纪 50 年代, 法国数学家 J. 勒雷(Jean Leray) 和 H. 嘉当 (Henri Cartan) 给出了函数论中新的重要思想, 他们开发了层的概念及层理论, 可见 [212].

1.14.1 基本思想

分析中的局部–整体原理[2)] 复变函数论的优美是以下面 3 个基本事实为基础的:

(i) 开集上的每个可微复值函数都能局部地展开成幂级数, 即, 它是解析的.

(ii) 单连通区域中的解析函数的周线积分与积分路径无关.

(iii) 在一个点的某个邻域内解析的局部给定的每个函数, 可以唯一扩充成整体

1) 这本经典著作带评论的新版本已经由 Teubner 出版社于 1996 年出版 (参看 [236]).

2) 数论中的局部–整体原理可见 2.7.10.2 (p 进数).

解析的函数, 如果把黎曼面的概念用作扩张的定义域. 因此有

$$\boxed{\text{一个解析函数的局部行为唯一决定了它的整体行为.}} \tag{1.451}$$

一般地, 实值函数不具备这种严格行为.

例 1: 可以用无数种方式把 $x \in [0, \varepsilon]$ 时的实值函数 $f(x) := x$ 延拓成可微函数 (图 1.167). 看作复值函数时这个函数的唯一扩张是解析函数

$$f(z) = z, \qquad z \in \mathbb{C}. \tag{1.452}$$

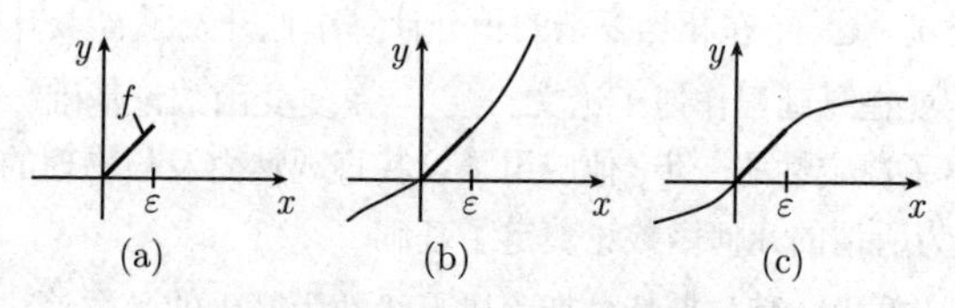

图 1.167　平面上的非解析函数

例 2: 图 1.167(b), (c) 中描述的可微函数不能延拓成复数域上的解析函数. 这是因为它们局部地与函数 (1.452) 一样, 但是整体上不一样.

原理 (1.451) 在物理中十分重要. 如果知道一个物理量是解析的, 那么只需要知道它在一个小的开集中的表现, 就能理解 (或至少确定) 它的整体行为. 例如, S 矩阵的元素就是这种情形, S 矩阵描述了现代粒子加速器中基本粒子的散射. 由此事实就得到了所谓的色散关系.

1.14.2　复数列

每个复数 z 可以写成

$$\boxed{z = x + \mathrm{i}y,}$$

其中 x, y 为实数. 另外, 我们知道

$$\boxed{\mathrm{i}^2 = -1.}$$

记 $\operatorname{Re} z := x$ (z 的实部), $\operatorname{Im} z := y$ (z 的虚部). 复数集用 $\mathbb{C}$ 表示, 复数的运算规则见 1.1.2.

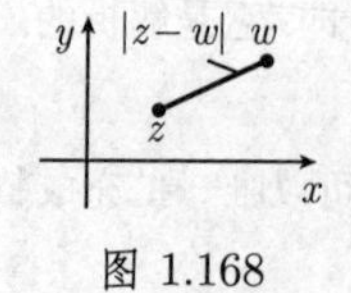

图 1.168

复平面 $\mathbb{C}$ 的度量　如果 z 和 w 是两个复数, 则用公式

$$\boxed{d(z, w) := |z - w|}$$

定义它们的距离. 这是平面中两点间距离的经典定义 (图 1.168). 它赋予 $\mathbb{C}$ 以度量空间的结构, 并且度量空间的所有一般结果 (参看 1.3.2) 都适用于 $\mathbb{C}$.

复数列的收敛性 当且仅当复数列 (z_n) 满足关系式:

$$\boxed{\lim_{n\to\infty} |z_n - z| = 0,}$$

我们说 (z_n) 收敛, 表示为

$$\boxed{\lim_{n\to\infty} z_n = z.}$$

这等价于

$$\lim_{n\to\infty} \operatorname{Re} z_n = \operatorname{Re} z \text{ 和 } \lim_{n\to\infty} \operatorname{Im} z_n = \operatorname{Im} z.$$

例 3: 由于当 $n \to \infty$ 时, $1/n \to 0$, $n/(n+1) \to 1$, 因而有

$$\lim_{n\to\infty} \left(\frac{1}{n} + \frac{n}{n+1}\mathrm{i}\right) = \mathrm{i}.$$

复数项级数的收敛性 这种收敛性用关系式:

$$\sum_{k=0}^{\infty} a_k = \lim_{n\to\infty} \sum_{k=0}^{n} a_k$$

来定义. 1.10 中已经讨论过这种类型的级数.

复函数的收敛性 极限

$$\lim_{z\to a} f(z) = b$$

表示, 对所有 n 满足 $z_n \neq a$, 并且满足 $\lim\limits_{n\to\infty} z_n = a$ 的复数列 (z_n) 有 $\lim\limits_{n\to\infty} f(z_n) = b$.

1.14.3 微分

基本的柯西–黎曼微分方程给出了复微分与偏微分方程理论之间的联系.

定义 给定函数 $f: U \subseteq \mathbb{C} \to \mathbb{C}$, 它定义在点 z_0 的一个邻域 U 中. 如果极限

$$\boxed{f'(z_0) := \lim_{h\to 0} \frac{f(z_0 + h) - f(z_0)}{h}}$$

存在, 则称 f 在 z_0 点处是复可微的. 复数 $f'(z_0)$ 称为 f 在点 z_0 处的 (复) 导数. 令

$$\frac{\mathrm{d}f(z_0)}{\mathrm{d}z} := f'(z_0).$$

例 1: 对 $f(z) := z$, 有 $f'(z) = 1$.

令 $z = x + \mathrm{i}y$, 其中 $x, y \in \mathbb{R}$, 并令

$$f(z) = u(x, y) + \mathrm{i}v(x, y),$$

即 $u(x, y)$ (相应地, $v(x, y)$) 是 $f(z)$ 的实部 (相应地, 虚部).

柯西(1814) 和黎曼(1851) 的主定理 复值函数 $f: U \subseteq \mathbb{C} \to \mathbb{C}$ 在 $z_0 \in \mathbb{C}$ 处复可微, 当且仅当 u 与 v 在点 (x_0, y_0) 处弗雷歇可微, 并且柯西–黎曼微分方程:

$$\boxed{u_x = v_y, \quad u_y = -v_x} \tag{1.453}$$

在点 (x_0, y_0) 处成立. 这时有

$$f'(z_0) = u_x(x_0, y_0) + \mathrm{i}v_x(x_0, y_0).$$

全纯函数 设开集 $U \subseteq \mathbb{C}$. 函数 $f: U \subseteq \mathbb{C} \to \mathbb{C}$ 被称为在 U 上是全纯的, 如果 f 在 U 的每个点 z 处都是复可微的.

微分法则 与实值可微函数的法则一样, 求和、求积、求商的法则及链式法则对复导数都成立 (参看 0.8.2). 反函数的求导数法则在后面的 1.14.10 中讨论.

幂级数 函数

$$f(z) = a_0 + a_1(z-a) + a_2(z-a)^2 + a_3(z-a)^3 + \cdots$$

在收敛域内部的每个点处都可微 (参看 1.10.3). 可以通过对幂级数逐项求导得到函数的导数, 即

$$f'(z) = a_1 + 2a_2(z-a) + 3a_3(z-a)^2 + \cdots.$$

例 2: 令 $f(z) := \mathrm{e}^z$. 由关系式

$$f(z) = 1 + z + \frac{z^2}{2!} + \frac{z^3}{3!} + \cdots$$

即得

$$f'(z) = 1 + z + \frac{z^2}{2!} + \cdots = \mathrm{e}^z, \quad \text{对所有} z \in \mathbb{C}.$$

导数表 对所有可以展成幂级数的函数, 实导数与复导数一致. 重要的初等函数的导数表可见 0.8.1.

庞加莱微分算子 ∂z 和 $\partial \overline{z}$ 如果令

$$\partial z := \frac{1}{2}\left(\frac{\partial}{\partial x} - \mathrm{i}\frac{\partial}{\partial y}\right) \text{和} \quad \partial \overline{z} := \frac{1}{2}\left(\frac{\partial}{\partial x} + \mathrm{i}\frac{\partial}{\partial y}\right),$$

那么柯西 – 黎曼微分方程(1.453) 可以写成如下优美的形式:

$$\boxed{\partial \overline{z} f(z_0) = 0.}$$

令 $f: U \subseteq \mathbb{C} \to \mathbb{C}$ 是任一复值函数, 令 $z = x + \mathrm{i}y$, $\overline{z} = x - \mathrm{i}y$ 及

$$\mathrm{d}z := \mathrm{d}x + \mathrm{i}\mathrm{d}y, \quad \mathrm{d}\overline{z} := \mathrm{d}x - \mathrm{i}\mathrm{d}y.$$

如果把 $f(z)$ 记为 $f(x,y)$, 那么有

$$\mathrm{d}f = u_x\mathrm{d}x + u_y\mathrm{d}y + \mathrm{i}(v_x\mathrm{d}x + v_y\mathrm{d}y).$$

由此即得

$$\boxed{\mathrm{d}f = \partial z f\mathrm{d}z + \partial \overline{z} f\mathrm{d}\overline{z}.}$$

如果 f 在点 z_0 处复可微, 那么有

$$\mathrm{d}f = \partial z f\mathrm{d}z.$$

1.14.4 积分

全纯函数最重要的积分性质是, 在单连通区域上的周线积分 $\int_C f(z)\mathrm{d}z$ 与积分路径无关 (柯西积分定理).

复平面 $\mathbb{C}$ 中的曲线 $\mathbb{C}$ 中的曲线 C 由函数

$$\boxed{z = z(t), \quad a \leqslant t \leqslant b} \tag{1.454}$$

给出 (图 1.169(a)). 这里 $-\infty < a < b < +\infty$. 令 $z := x + \mathrm{i}y$, 因此这对应着平面 $\mathbb{R}^2$ 中的一条实曲线:

$$x = x(t), y = y(t), \quad a \leqslant t \leqslant b.$$

如果函数 $x = x(t)$, $y = y(t)$ 在 $[a,b]$ 上都是 C^1 型的, 那么就说曲线 C 是 C^1 型的.

若尔当曲线 如果在 $[a,b]$ 上映射 $A : t \mapsto z(t)$ 是一个同胚, 那么称曲线 C 是若尔当曲线.[1)]

(1.454) 中的曲线 C 是闭曲线, 如果 $z(a) = z(b)$. 若尔当闭曲线是复平面 $\mathbb{C}$ 中圆周 $\{z \in \mathbb{C} : |z| = 1\}$ 的同胚象.

若尔当曲线形态规则, 即, 没有像图 1.169(c) 中那样的自相交.*

曲线积分的定义 如果函数 $f : U \subseteq \mathbb{C} \to \mathbb{C}$ 在开集 U 上连续, 且 $C : z = z(t), a \leqslant t \leqslant b$ 是 C^1 类曲线, 则我们用公式

$$\boxed{\int_C f(z)\mathrm{d}z := \int_a^b f(z(t))z'(t)\mathrm{d}t}$$

定义曲线积分. 这个定义与定向曲线 C 的参数化无关.[2)] 如果曲线 C 是闭的, 则称为周线积分.

---

1) 这意味着 A 是一一的, 而且 A 与 A^{-1} 都是连续的. 由于 $[a,b]$ 的紧性, 只需 A 是一一的而且连续的即可.

* 图 1.169(c) 所示曲线应该是一条若尔当闭曲线. —— 校者

2) 这里允许参数的 C^1 变换 $t = t(\tau)$, 其中 $\alpha \leqslant \tau \leqslant \beta$, 对所有的 τ 有 $t'(\tau) > 0$, 即, $t = t(\tau)$ 严格递增.

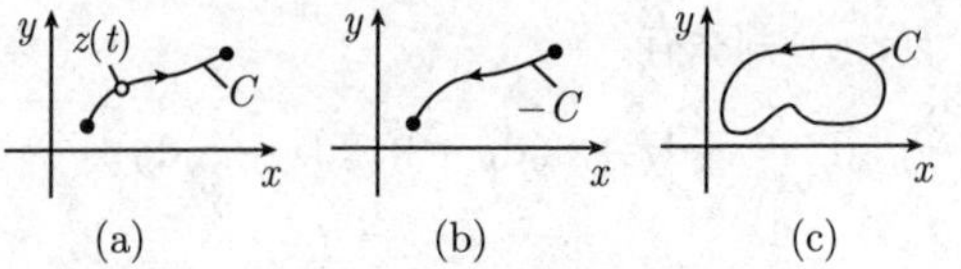

图 1.169 复平面中的曲线

三角不等式

$$\boxed{\left|\int_C f\mathrm{d}z\right| \leqslant (C\text{ 的长度})\sup_{z\in C}|f(z)|.}$$

方向的变化 如果用 $-C$ 表示由 C 所得到的与 C 方向相反的曲线, 则有 (图 1.169(b))

$$\boxed{\int_{-C} f\mathrm{d}z = -\int_C f\mathrm{d}z.}$$

柯西 (1825) 和莫雷拉 (1886) 的主定理 单连通域 U 上的连续函数$f: U\subseteq \mathbb{C}\to\mathbb{C}$ 是全纯的, 当且仅当积分 $\int_C f\mathrm{d}z$ 与 U 中的积分路径无关. [1)]

例 1: 在图 1.170(a) 中, 我们有: $\int_C f\mathrm{d}z = \int_{C'} f\mathrm{d}z$. 单连通域的基本概念在 1.3.2.4 引入. 从直观上说, 单连通域没有洞.

推论 在单连通区域 U 上, 连续函数 $f: U\subseteq\mathbb{C}\to\mathbb{C}$ 是全纯的, 如果对 U 中的所有 C^1 型若尔当闭曲线 C 有

$$\int_C f\mathrm{d}z = 0. \tag{1.455}$$

例 2: 如果 C 是包围原点的 C^1 型若尔当闭曲线 (如圆周), 而且在数学意义上有正定向 (即, 逆时针), 那么

$$\int_C z^k\mathrm{d}z = \begin{cases} 0, & k=0,1,2\cdots, \\ 2\pi\mathrm{i}, & k=-1, \\ 0, & k=-2,-3,\cdots. \end{cases} \tag{1.456}$$

如果 $k=0,1,2,\cdots$, 那么函数 $f(z):=z^k$ 在 $\mathbb{C}$ 中是全纯的. 这时, 由 (1.455) 即得 (1.456). 对于 $k=-1$, 函数 $f(z):=z^{-1}$ 在非单连通区域 $\mathbb{C}-\{0\}$ 中是全纯的, 但是在 $\mathbb{C}$ 中却不是全纯的. 因而来自于 (1.456) 的关系式

$$\boxed{\int_C \frac{\mathrm{d}z}{z} = 2\pi\mathrm{i}}$$

1) 路径是 C^1 曲线, 或者是由有限条这样的曲线连接而成的曲线 (图 1.170(b)). 例如, 这还包括像多边形的边界.

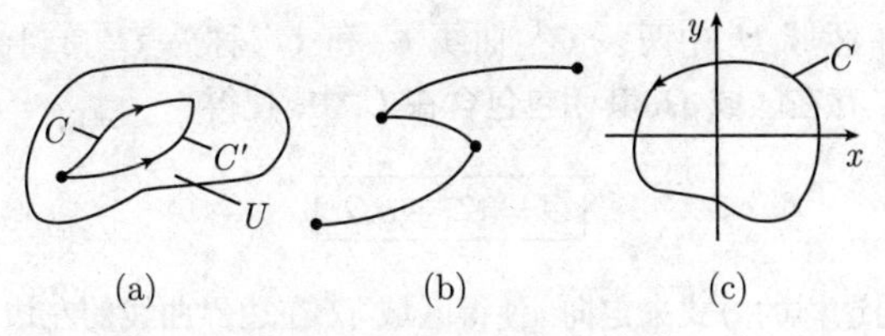

图 1.170 周线积分的性质

表明, 不能减弱 (1.455) 式中 U 为单连通域这一假设 (图 1.170(c)).

下面, 令 C 表示 U 中起点为 z_0, 终点为 z 的 C^1 型曲线.

微积分基本定理 给定区域 U 上的一个连续函数 $f: U\subseteq\mathbb{C}\to\mathbb{C}$, 并令 F 是 f 在 U 上的一个原函数, 即, 在 U 上 $F'=f$, 则

$$\boxed{\int_C f\mathrm{d}z = F(z)-F(z_0).}$$

f 在 U 上的两个原函数相差一个常数.

例 3: $\displaystyle\int_C \mathrm{e}^z\mathrm{d}z = \mathrm{e}^z-\mathrm{e}^{z_0}$.

推论 如果函数 $f: U\subseteq\mathbb{C}\to\mathbb{C}$ 是在单连通域 U 中全纯的, 则函数

$$F(z) := \int_{z_0}^{z} f(\zeta)\mathrm{d}\zeta$$

是 f 在 U 上的一个原函数. 1)

全纯函数的积分的基本 (拓扑) 性质是, 变成 C^1 同伦路径或 C^1 同调路径后积分不变.

C^1 同伦路径 给定复平面 $\mathbb{C}$ 中的区域 U. 两条 C^1 曲线 C 和 C' 称为是 C^1 同伦曲线, 如果满足下面两个条件:

(i) C 和 C' 有相同的起点和终点.

(ii) C 可以可微地形变为 C'(图 1.170(a)). 2)

定理 1 如果 $f: U\subseteq\mathbb{C}\to\mathbb{C}$ 在区域 U 上是全纯的, 并且如果曲线 C 和 C' 是 C^1 同伦的, 则有

$$\boxed{\int_C f\mathrm{d}z = \int_{C'} f\mathrm{d}z.} \qquad (1.457)$$

---

1) $\displaystyle\int_{z_0}^{z} f\mathrm{d}\zeta$ 表示 $\displaystyle\int_C f\mathrm{d}\zeta$. 因为积分与积分路径无关, 所以可以选择 U 中连接 z_0 和 z 的任意曲线为 C.

2) 这表示, 存在从 $[a,b]\times[0,1]$ 到 U 中的 C^1 函数 $z=z(t,\tau)$, 使得 $\tau=0$ 时的象是 C, $\tau=1$ 时的象是 C'.

C^1 **同调路径**　区域 U 中两条 C^1 曲线 C 和 C' 称为 C^1 同调曲线, 如果它们的边界不同, 即, 存在区域 Ω, 其闭包包含在 U 中, 使得

$$\boxed{C = C' + \partial\Omega.}$$

边界曲线 $\partial\Omega$ 用这样的方式来定向, 使得区域 Ω 在边界曲线的左边 (图 1.171(a)). 在这个情形我们记作 $C \sim C'$.

例 4: 图 1.171 中区域 Ω 的边界曲线 $\partial\Omega$ 由两条曲线 C 和 $-C'$ 组成, 换言之, $\partial\Omega = C - C'$, 因而 $C = C' + \partial\Omega$.

用类似的方法即得图 1.172 中 $C \sim C'$.

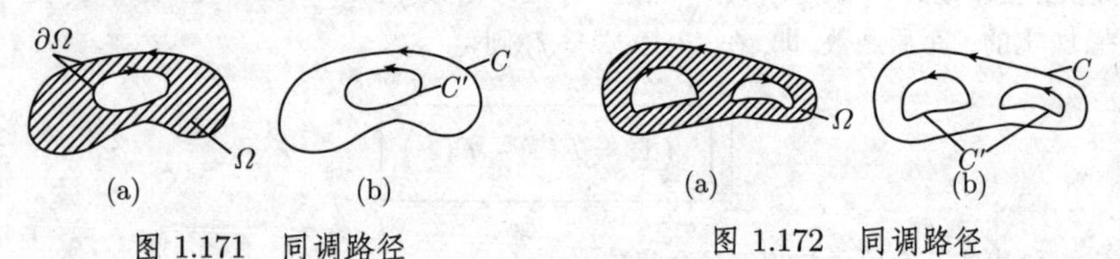

图 1.171　同调路径　　　　图 1.172　同调路径

定理 2　方程 (1.457) 对 C^1 同调路径 C 和 C' 也成立.

柯西积分公式(1831)　令 U 是复平面中的区域, 它包含圆盘 $\Omega := \{z \in \mathbb{C} : |z-a| < r\}$ 及其 (数学上正定向) 边界曲线 C. 如果函数 $F: U \to \mathbb{C}$ 是全纯的, 则对所有 $z \in \Omega$, 有

$$\boxed{f(z) = \frac{1}{2\pi\mathrm{i}} \int_C \frac{f(\zeta)}{\zeta - z} \mathrm{d}\zeta}$$

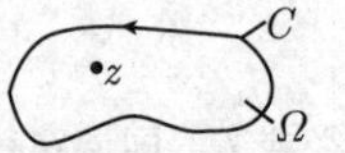

以及

$$f^{(n)}(z) = \frac{n!}{2\pi\mathrm{i}} \int_C \frac{f(\zeta)}{(\zeta - z)^{n+1}} \mathrm{d}\zeta, \quad n = 1, 2, \cdots.$$

图 1.173

如果 Ω 的边界曲线 C 是 (数学上正定向)C^1 若尔当闭曲线, 那么上述结果仍然成立. 此外, 要求 Ω 和 C 都在 U 中 (参看图 1.173).

> 单变量复值函数论包含了代数拓扑的同伦理论及同调理论的萌芽, (关于这一点) 它是由庞加莱于 19 世纪末创建的.

有关代数拓扑更详细的内容在 [212].

1.14.5　微分式的语言

因而, 那就是秘密!

浮士德 (Faust)

如果使用微分式的语言, 那么就可能对前一节的柯西–黎曼定理和柯西–莫雷拉 (Morera) 定理有更深刻的理解. 我们考虑的出发点是一次微分式

$$\boxed{\omega = f(z)\mathrm{d}z.}$$

我们使用复数 z 的分解式 $z = x + \mathrm{i}y$, 和函数 f 的分解式 $f(z) = u(x,y) + \mathrm{i}v(x,y)$, 分别把 z 和函数 f 分解为它们的实部和虚部. 1)

像黎曼–罗赫定理这样比较深刻的函数论结果需要黎曼面的概念. 关于这一点, 微分式是基本对象, 它既自然又不可或缺 (参看 [212]).

定理 1 $\displaystyle\int_C f(z)\mathrm{d}z = \int_C \omega.$

这个结果表明, 1.14.4 中积分 $\displaystyle\int_C f\mathrm{d}z$ 的定义与从微分式框架中得到的积分有完全相同的意义.

证明:

$$\int_C \omega = \int_C (u + \mathrm{i}v)(\mathrm{d}x + \mathrm{i}\mathrm{d}y) = \int_a^b (u + \mathrm{i}v)(x'(t) + \mathrm{i}y'(t))\mathrm{d}t = \int_a^b f(z(t))z'(t)\mathrm{d}t. \ \Box$$

定理 2 给定开集 U 上的两个 C^1 型函数 $u, v: U \to \mathbb{R}$(复值函数 f 的实部和虚部). 那么下列陈述是等价的:

(i) 在 U 上 $\mathrm{d}\omega = 0$.

(ii) f 在 U 上是全纯的.

这实际上是用微分式的语言叙述的 1.14.3 中的柯西 – 黎曼定理.

证明: 由关系式 $\mathrm{d}u = u_x\mathrm{d}x + u_y\mathrm{d}y$, $\mathrm{d}v = v_x\mathrm{d}x + v_y\mathrm{d}y$ 就得到

$$\mathrm{d}\omega = (\mathrm{d}u + \mathrm{i}\mathrm{d}v)(\mathrm{d}x + \mathrm{i}\mathrm{d}y) = \{(u_y + v_x) + \mathrm{i}(v_y - u_x)\}\mathrm{d}y \wedge \mathrm{d}x.$$

因而 $\mathrm{d}\omega = 0$ 等价于柯西–黎曼微分方程

$$u_y + v_x = 0, \quad v_y - u_x = 0.$$

定理 3 设在单连通域 U 上有两个 C^1 型函数 u, v. 那么下列陈述等价:

(i) 在 U 上 $\mathrm{d}\omega = 0$.

(ii) $\displaystyle\int_C \omega$ 与 U 中的积分路径 C 无关.

这就是 1.14.4 的柯西–莫雷拉定理 (至多相差一个附加的, 正则性假设).

证明概述 (i)⇒(ii). 我们考虑图 1.174 中描绘的情况. 我们有 $\partial\Omega = C - C'$. 如果在 U 上 $\mathrm{d}\omega = 0$, 那么由斯托克斯定理得到

$$0 = \int_\Omega \mathrm{d}\omega = \int_{\partial\Omega} \omega = \int_C \omega - \int_{C'} \omega.$$

1) 如果用 $f(x,y)$ 代替 $f(z)$, 那么上述关系式可写成

$$\omega = f(x,y)(\mathrm{d}x + \mathrm{i}\mathrm{d}y).$$

这蕴涵着 $\int_C \omega = \int_{C'} \omega$, 即, U 中 ω 的积分与积分路径无关.

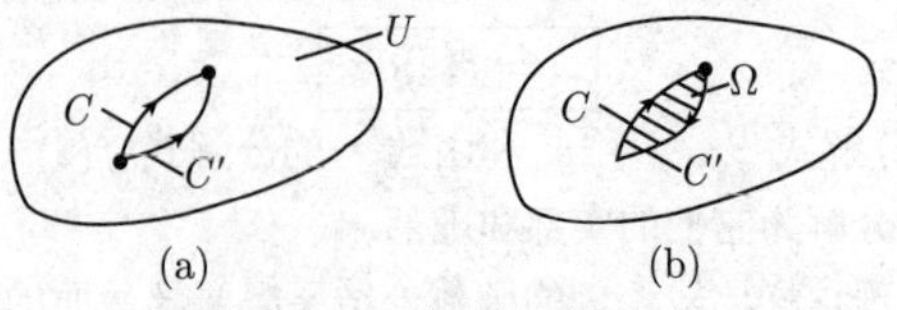

图 1.174 定理 3 的证明

(ii)⇒(i). 反之, 如果 U 中 ω 的积分与积分路径无关, 那么对 U 中其边界 $\partial\Omega$ 为封闭的 C^1 类若尔当曲线的所有区域 Ω 有

$$\int_{\partial\Omega} \omega = 0.$$

由此以及德拉姆定理(参看 [212]) 即得, 在 U 上有 $\mathrm{d}\omega = 0$.

定理 4 如果 $f: U \subseteq \mathbb{C} \to \mathbb{C}$ 在区域 U 上是全纯的, 则对 U 中的 C^1 同调路径 C 和 C' 有

$$\int_C \omega = \int_{C'} \omega.$$

证明: 因为在 U 上 $\mathrm{d}\omega = 0$, 且 $C = C' + \partial\Omega$, 所以有

$$\int_C \omega = \int_{C'} \omega + \int_{\partial\Omega} \omega = \int_{C'} \omega.$$

因为从斯托克斯定理即得 $\int_{\partial\Omega} \omega = \int_{\Omega} \mathrm{d}\omega = 0$. □

前面的考虑构成了德拉姆上同调论的基础, 它位于现代微分几何的中心地位, 并且在现代物理的基本粒子理论中有重要应用.

复平面 $\mathbb{C}$ 的辛几何 空间 $\mathbb{R}^2$ 具有自然的辛结构, 它由体积形式

$$\mu = \mathrm{d}x \wedge \mathrm{d}y$$

所给出. 通过映射 $(x, y) \mapsto x + \mathrm{i}y$, 可以把 $\mathbb{R}^2$ 等同于 $\mathbb{C}$. 这样, $\mathbb{C}$ 也是辛空间. 因为 $\mathrm{d}z \wedge \mathrm{d}\overline{z} = (\mathrm{d}x + \mathrm{i}\mathrm{d}y) \wedge (\mathrm{d}x - \mathrm{i}\mathrm{d}y) = -2\mathrm{i}\mathrm{d}x \wedge \mathrm{d}y$, 所以

$$\boxed{\mu = \frac{\mathrm{i}}{2}\mathrm{d}z \wedge \mathrm{d}\overline{z}.}$$

复平面 $\mathbb{C}$ 上的黎曼度量 $\mathbb{R}^2$ 上的经典欧几里得度量由

$$\boldsymbol{g} := \mathrm{d}x \otimes \mathrm{d}x + \mathrm{d}y \otimes \mathrm{d}y$$

给出. 如果 $u = (u_1, u_2)$ 是 $\mathbb{R}^2$ 中的点, 那么有 $\mathrm{d}x(u) = u_1$, $\mathrm{d}y(u) = u_2$. 由此得到表达式

$$\boldsymbol{g}(u, v) = u_1 v_1 + u_2 v_2 \quad \text{对所有} u, v \in \mathbb{R}^2.$$

这就是 $\mathbb{R}^2$ 里的标准标量积.

如果把复平面 $\mathbb{C}$ 看成 $\mathbb{R}^2$, 那么 $\mathbb{C}$ 也变成了黎曼流形. 由 $z=x+\mathrm{i}y$ 和 $\overline{z}=x-\mathrm{i}y$ 即得

$$\boldsymbol{g}=\frac{1}{2}(\mathrm{d}z\otimes\mathrm{d}\overline{z}+\mathrm{d}\overline{z}\otimes\mathrm{d}z).$$

作为凯勒流形的复平面 $\mathbb{C}$ 空间 $\mathbb{R}^2$ 具有殆复结构, 这由下述线性算子 $J:\mathbb{R}^2\to\mathbb{R}^2$ 给出:

$$J(x,y):=(-y,x),\quad 对所有(x,y)\in\mathbb{R}^2.$$

如果把 (x,y) 等同于 $z=x+\mathrm{i}y$, 那么 J 对应于映射 $z\mapsto\mathrm{i}z$ (乘以复数 i). 度量 $\boldsymbol{g}$ 与殆复结构 J 是相容的, 即

$$\boldsymbol{g}(Ju,Jv)=\boldsymbol{g}(u,v)\quad 对所有u,v\in\mathbb{R}^2.$$

此外, 我们用

$$\varPhi(u,v):=\boldsymbol{g}(u,Jv)\quad 对所有\ u,v\in\mathbb{R}^2.$$

表示 2 微分式, 它称为 $\boldsymbol{g}$ 的基本形. 对任意的 $u,v\in\mathbb{R}^2$, 有 $\varPhi(u,v)=u_2v_1-u_1v_2$, 即

$$\varPhi=\mathrm{d}y\wedge\mathrm{d}x.$$

由此即得 $\mathrm{d}\varPhi=0$. 这样 $\mathbb{R}^2$ 变成了凯勒流形. 1)

如果把 $\mathbb{C}$ 看作 $\mathbb{R}^2$, 那么同样复平面 $\mathbb{C}$ 也变成了凯勒流形. 这种流形像弦的构形空间一样, 在现代弦理论 (又称弦论) 中起着决定性的作用. 这个理论所宣称的目标是用统一的理论 (万物之理论) 来解释所有的四种基本力.

关于凯勒流形的一个重要定理是著名的丘成桐定理, 他因此 (及其他一些重要结果) 于 1982 年获得了菲尔兹奖 (参看 [212]).

1.14.6 函数的表示

1.14.6.1 幂级数

0.7.2 的诸表中包含了重要幂级数的详尽的列表. 1.10.3 给出了幂级数的性质.

定义 开集 U 上的函数 $f:U\subseteq\mathbb{C}\to\mathbb{C}$ 称为解析函数, 当且仅当, 对 U 的每个点存在一个邻域, 使得在其中 f 能展开成一个幂级数.

柯西主定理 (1831) 函数 $f:U\subseteq\mathbb{C}\to\mathbb{C}$ 是解析的, 当且仅当 f 是全纯的.

推论 U 上的全纯函数有任意阶导数.

全纯函数的柯西展开式 如果 f 在点 $a\in\mathbb{C}$ 的邻域中是全纯的, 那么它可以展开成如下幂级数:

$$f(z)=f(a)+f'(a)(z-a)+\frac{f''(a)}{2!}(z-a)^2+\cdots.$$

1) [212]给出了凯勒流形的一般定义. 1932 年凯勒 (Erich Kähler, 1906—2000) 引进了这些流形.

幂级数的收敛域是使 f 在其中为全纯函数的以 a 为圆心的最大开圆盘.

例 1: 考虑 $f(z) := \frac{1}{1-z}$. 使 f 在其中为全纯函数的以原点为圆心的最大开圆盘是半径为 1 的圆. 因此几何级数:

$$\frac{1}{1-z} = 1 + z + z^2 + \cdots$$

的收敛半径 $r = 1$.

解析面　每个复值函数 $w = f(z)$ 都与复平面之上的一个解析面相关联: 选取笛卡儿坐标系(x, y, ζ), 并取值 $\zeta := |f(z)|$ 作为解析面在点 z 处的高.

例 2: 函数 $f(z) := z^2$ 的解析面是抛物面 $\zeta = x^2 + y^2$(图 1.175).

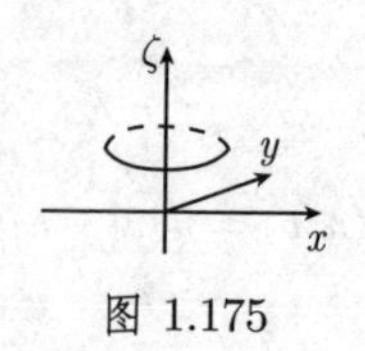

图 1.175

最大值原理　如果一个非常数函数 $f : U \subseteq \mathbb{C} \to \mathbb{C}$ 在开集 U 上是全纯的, 那么函数 $\zeta := |f(z)|$ 在 U 上没有最大值.

如果在 U 上函数 $\zeta = |f(z)|$ 在点 $a \in U$ 处有绝对极小值, 那么 $f(a) = 0$.

从直观上说, 这表示在 U 之上 f 的解析面没有最高点. 如果存在一个最低点, 那么在该处高度是 0.

全纯函数列　假设我们有函数列 $f_n : U \subseteq \mathbb{C} \to \mathbb{C}$, 它们在开集 U 上是全纯的. 如果函数列在 U 上一致 1) 收敛:

$$\lim_{n\to\infty} f_n(z) = f(z) \quad 对所有z \in U,$$

那么极限函数 f 在 U 上也是全纯的. 此外, 对任意 $k = 1, 2, \cdots$, 有

$$\lim_{n\to\infty} f_n^{(k)}(z) = f^{(k)}(z) \quad 对所有z \in U.$$

1.14.6.2　洛朗级数与奇点

给定 r, ρ 和 R, 满足 $0 \leqslant r < \rho < R \leqslant \infty$. 令圆环 $\Omega := \{z \in \mathbb{C} | r < |z - a| < R\}$.

洛朗展开定理 (1843)　令 $f : \Omega \to \mathbb{C}$ 为全纯函数. 那么对所有 $z \in \Omega$, 有绝对收敛级数展开式:

$$\boxed{\begin{aligned} f(z) &= a_0 + a_1(z-a) + a_2(z-a)^2 + \cdots \\ &\quad + \frac{a_{-1}}{(z-a)} + \frac{a_{-2}}{(z-a)^2} + \frac{a_{-3}}{(z-a)^3} + \cdots, \end{aligned}} \tag{1.458}$$

1) 这表示 $\lim_{n\to\infty} \sup_{z\in U} |f_n(z) - f(z)| = 0$.

其中系数由公式

$$a_k = \frac{1}{2\pi i}\int_C f(\zeta)(\zeta - a)^{-k-1}d\zeta, \quad k = 0, \pm 1, \pm 2, \cdots$$

给出. 令 C 表示圆心为 a, 半径为 ρ 的圆周. 所谓的洛朗级数(1.458) 在 Ω 中可以逐项求积、求导.

孤立奇点 点 a 称为函数 f 的孤立奇点, 如果存在 a 的开邻域 U, 使得 f 在 $U - \{a\}$ 上是全纯的. 在这个情形, (1.458) 对于 $r = 0$ 和足够小的数 R 成立.

(i) 如果 (1.458) 成立, 其中 $a_{-m} \neq 0$, 且对所有 $k > m$, $a_{-k} = 0$, 那么 a 称为 f 的 m阶极点.

(ii) 如果 (1.458) 成立, 其中对所有 $k \geqslant 1$, $a_{-k} = 0$, 那么 a 称为 f 的可去奇点. 在这个情形, 令 $f(a) := a_0$, f 就变成了 U 上的全纯函数.

(iii) 如果情况 (i) 和 (ii) 都不成立, 即洛朗级数包含无穷多个负指数项, 那么 a 称为本质奇点.

(1.458) 中的系数 a_{-1} 称为 f 在点 a 处的留数, 记作

$$\boxed{\text{Res}_a f := a_{-1}.}$$

例 1: 函数

$$f(z) := z + \frac{a}{z-1} + \frac{b}{(z-1)^2}$$

在点 $z = 1$ 处有一个 2 阶极点, 函数在这一点的留数是 $a_{-1} = a$.

例 2: 函数

$$\sin\frac{1}{z} = \frac{1}{z} - \frac{1}{3!z^3} + \frac{1}{5!z^5} - \cdots$$

在点 $z = 0$ 处有一个本质奇点, 它在该处的留数是 $a_{-1} = 1$.

有界函数 函数 $f : U \subseteq \mathbb{C} \to \mathbb{C}$ 称为有界的, 如果存在一个数 S 使得对所有的 $z \in U$ 有 $|f(z)| \leqslant S$.

定理 假设函数 f 在点 a 处有一个奇点.

(i) 如果函数 f 在 a 的一个邻域内有界, 那么 f 在点 a 处的奇点是可去奇点.

(ii) 如果 $z \to a$ 时, $|f(z)| \to \infty$, 那么函数 f 在点 a 处有一个极点.

皮卡定理(1879) 如果函数 f 在点 a 处有一个本质奇点, 那么除了至多有限个例外, f 在 a 的每个邻域内可以取所有复数为其值.

这表示, 在任一本性奇点附近, 函数是相当病态的.

例 3: 函数 $w = e^{1/z}$ 在点 $z = 0$ 处有一个本质奇点, 并且除了 $w = 0$ 外, 此函数在原点的邻域内可以取每个复数为其值.

1.14.6.3 整函数及其乘积展开式

整函数是多项式的推广.

定义 在整个复平面上都是全纯的函数, 并且仅仅是这些函数, 称为整函数.

例 1: 函数 $w = \mathrm{e}^z$, $\sin z$, $\cos z$, $\sinh z$, $\cosh z$ 及每个多项式都是整函数.

刘维尔定理(1847) 有界整函数是常数.

从直观上说, 这表示非常数的整函数解析面的高度无界地增长.

皮卡定理 除有限个复数外, 非常数的整函数取每个复数为其值.

例 2: 除 $w = 0$ 外, 函数 $w = \mathrm{e}^z$ 取每个复数为其值.

整函数的零点 对于整函数 $f : \mathbb{C} \to \mathbb{C}$, 下列陈述成立.

(i) 或者 $f \equiv 0$, 或者在复平面的每个圆盘里, f 至多有有限个零点.

(ii) 函数 f 是多项式, 当且仅当它在整个复平面上有有限个零点.

零点的重数 如果函数 f 在点 a 的一个邻域内是全纯的, 且 $f(a) = 0$, 按定义我们说 f 的零点 a 是 m 重的, 如果 f 在点 a 的邻域内的幂级数展开有形式

$$f(z) = a_m(z-a)^m + a_{m+1}(z-a)^{m+1} + \cdots,$$

其中 $a_m \neq 0$. 这等价于条件

$$f^{(m)}(a) \neq 0 \quad \text{和} \quad f'(a) = f''(a) = \cdots = f^{(m-1)}(a) = 0.$$

由代数基本定理, 对一个非常数的多项式 f, 有

$$f(z) = a\prod_{k=1}^{n}(z-z_k)^{m_k} \quad \text{对所有} z \in \mathbb{C}.$$

这里点 $z_1, \cdots, z_n$ 是 f 的不同的零点, $m_1, \cdots, m_n$ 是它们的重数; a 表示某个非零复数.

下面的定理是对更一般函数的推广:

魏尔斯特拉斯乘积公式(1876) 令 $f : \mathbb{C} \to \mathbb{C}$ 表示非常数整函数, 它有无穷多个零点 $z_1, z_2, \cdots$, 它们的相应重数是 $m_1, m_2, \cdots$. 那么, 对于 f, 有公式

$$\boxed{f(z) = \mathrm{e}^{g(z)}\prod_{k=1}^{\infty}(z-z_k)^{m_k}\mathrm{e}^{p_k(z)}, \quad \text{对所有} z \in \mathbb{C},} \tag{1.459}$$

其中, $p_1, p_2, \cdots$ 是多项式, g 表示一个整函数. [1)]

例 3: 对所有 $z \in \mathbb{C}$, 有 $\sin \pi z = \pi z \prod_{k=1}^{\infty}\left(1 - \frac{z^2}{k^2}\right)$. 这个公式最初是被当时还十分年轻的欧拉发现的.

推论 如果指定至多可数个零点及其重数, 那么存在一个整函数, 它有这些零点及重数.

1) 因为对所有的 $w \in \mathbb{C}, e^w \neq 0$, 所以 (1.459) 中的指数因子并不为 f 增加零点, 但是保证乘积的收敛性.

1.14.6.4 亚纯函数与部分分式展开

亚纯函数是有理函数 (多项式的商) 的推广.

定义 函数 f 称为是*亚纯的*, 如果它在 $\mathbb{C}$ 上是全纯的, 且除了一些孤立奇点外, 其他奇点都是极点.

我们把值 ∞ 与 f 的极点联系起来, 并把点 ∞ 添加到 $\mathbb{C}$ 上, 考虑 $\mathbb{C}$ 的紧化 $\overline{\mathbb{C}} := \mathbb{C} \cup \{\infty\}$(这个空间可看成二维球面, 参看下面的 1.14.11.4, 它具备自然的复结构, 但是这里只涉及 $\mathbb{C}$ 与表示 ∞ 的点的并集组成的空间.)

例 1: 函数 $w = \tan z, \cot z, \tanh z, \coth z$ 及任意有理函数, 所有整函数都是亚纯函数.

亚纯函数的极点 对每个亚纯函数 $f : \mathbb{C} \to \overline{\mathbb{C}}$, 下列陈述成立:

(i) 函数 f 在每个圆盘有至多有限个极点.

(ii) f 是有理函数, 当且仅当, 在整个复平面上它只有有限个极点和有限个零点.

(iii) f 是两个整函数的商 (这是对下面事实的推广: 有理函数是多项式的商).

(iv) 所有亚纯函数构成的集合形成一个域 (2.5.3 意义下的), 它是整函数环 (2.5.2 意义下的) 的商域.

有理函数的部分分式分解定理称, 每个有理函数 f 可以写成多项式及形式为

$$\frac{b}{(z-a)^k}$$

的表达式的线性组合, 其中点 a 是 f 的极点, b 是某一复数.

米塔–列夫勒定理 (1877) 令 $f : \mathbb{C} \to \overline{\mathbb{C}}$ 是亚纯函数, 有 (无穷多个) 极点 $z_1, z_2, \cdots$, 使得 $|z_1| \leqslant |z_2| \leqslant \cdots$. 则除了 f 的极点外, 对其他所有的 $z \in \mathbb{C}$, 表达式

$$\boxed{f(z) = \sum_{k=1}^{\infty} g_k\left(\frac{1}{z-z_k}\right) - p_k(z)} \tag{1.460}$$

成立. 这里, $g_1, g_2, \cdots$ 与 $p_1, p_2, \cdots$ 是多项式.

例 2: 对不等于函数 $w = \sin \pi z$ 的极点 $k \in \mathbb{Z}$ 的所有复数 z, 有

$$\frac{1}{\sin \pi z} = \frac{1}{z} + \sum_{k=1}^{\infty} (-1)^k \left(\frac{1}{z-k} + \frac{1}{z+k}\right).$$

推论 如果规定了极点及它们在洛朗展开式中的主要部分 (即负幂次项), 则存在一个亚纯函数具有给定的这些极点与主要部分.

1.14.6.5 狄利克雷级数

狄利克雷级数在解析数论中很重要.

定义 无穷级数

$$\boxed{f(s) := \sum_{n=1}^{\infty} a_n \mathrm{e}^{-\lambda_n s}} \tag{1.461}$$

称为狄利克雷级数, 如果所有的 a_n 是复数, 实指数 λ_n 构成严格递增的序列, 且 $\lim\limits_{n\to\infty} \lambda_n = +\infty$.

令

$$\sigma_0 := \overline{\lim_{N\to\infty}} \frac{\ln|A(N)|}{\lambda_N}.$$

这里, 量 $A(N)$ 由下述关系式定义:

$$A(N) := \begin{cases} \sum\limits_{n=1}^{N} a_n, & \text{当} \sum\limits_{n=1}^{\infty} a_n \text{发散时}, \\ \sum\limits_{n=N}^{\infty} a_n, & \text{当} \sum\limits_{n=1}^{\infty} a_n \text{收敛时}. \end{cases}$$

此外, 我们用 $\mathscr{H} = \mathscr{H}_{\sigma_0} := \{s \in \mathbb{C} | \mathrm{Re}\, s > \sigma_0\}$ 表示 $\mathbb{C}$ 中位于 σ_0"右边" 的部分.

例 1: 如果 $\lambda_n := \ln n$, $a_n := 1$, 我们得到黎曼 ζ 函数

$$\zeta(s) = \sum_{n=1}^{\infty} \frac{1}{n^s},$$

其中 $\sigma_0 = \lim\limits_{N\to\infty} \dfrac{\ln N}{\ln N} = 1$. 下面三个陈述对狄利克雷级数, 比如黎曼 ζ 函数成立.

定理 (i) 狄利克雷级数 (1.461) 在开的半空间 $\mathscr{H}$ 中收敛, 在开的半空间 $\mathbb{C} - \overline{\mathscr{H}}$ 中发散, 在 $\mathscr{H}$ 的紧子集上一致收敛.

(ii) 函数 f 在 $\mathscr{H}$ 上是全纯的. 级数 (1.461) 可以逐项求导任意次.

(iii) 如果对所有的 n, 有 $a_n \geqslant 0$, $\lambda_n = \ln n$, 那么 f 在点 $s = \sigma_0$ 处有一个奇点.

与素数理论的联系 令 $g : \mathbb{N}_+ \to \mathbb{C}$ 为定义在正自然数集合上的函数. g 称为乘性函数, 当且仅当, 对所有互素自然数 m, n 有 $g(mn) = g(m)g(n)$. 如果级数

$$f(s) = \sum_{n=1}^{\infty} \frac{g(n)}{n^s}$$

绝对收敛, 那么有欧拉积

$$f(s) = \prod_p \left(1 + \frac{g(1)}{p^s} + \frac{g(2)}{p^{2s}} + \cdots\right),$$

其中, 这个积中的 p 取遍所有素数. 这个积总是绝对收敛的.

例 2: 在 $g \equiv 1$ 的特殊情形, 有

$$\zeta(s) = \prod_p \left(1 - \frac{1}{p^s}\right)^{-1}, \quad \text{对所有满足} \mathrm{Re}\, s > 1 \text{的} s \in \mathbb{C}.$$

对黎曼 ζ 函数及著名的黎曼假设 (一个猜想) 的更详细的讨论见 2.7.3.

1.14.7 留数计算与积分计算

数学是避免计算的艺术.

民间传说

下面的定理意义重大. 它表明, 为了计算复积分, 对于计算整个积分而言, 只需知道被积函数在积分路径内奇点处的行为便足够了. 积分的计算会十分乏味. 一定是上帝把留数计算这一漂亮技巧送给柯西去发现的, 在很多情况下它把计算量降到最低.

柯西留数定理 (1826) 令函数 $f: U \subseteq \mathbb{C} \to \mathbb{C}$ 除有限个极点 $z_1, \cdots, z_n$ 外在开集 U 上全纯. 那么有

$$\boxed{\int_C f\mathrm{d}z = 2\pi\mathrm{i}\sum_{k=1}^{n}\mathrm{Res}_{z_k} f.} \tag{1.462}$$

这里, C 是 U 中 C^1 型闭若尔当曲线, 所有点 $z_1, \cdots, z_n$ 在其内部, 而且它是正定向的 (数学意义上的, 参看图 1.176).

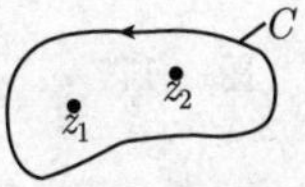

C z_1 z_2

图 1.176

例 1: 令

$$f(z) = \frac{1}{z-1} - \frac{2}{z+1},$$

因而 $\mathrm{Res}_{z=1}f = 1$, $\mathrm{Res}_{z=-1}f = -2$. 对围绕两个点 $z = \pm 1$ 的圆周 C, 有

$$\int_C f\mathrm{d}z = 2\pi\mathrm{i}\ (\mathrm{Res}_{z=1}f + \mathrm{Res}_{z=-1}f) = -2\pi\mathrm{i}.$$

计算法则 如果函数 f 在点 a 处有 m 阶极点, 那么

$$\mathrm{Res}_a f = \lim_{z\to a}(z-a)f(z), \quad 对于m = 1 \tag{1.463}$$

以及

$$\mathrm{Res}_a f = \lim_{z\to a} F^{(m-1)}(z), \quad 对于m \geqslant 2,$$

其中 $F(z) := (z-a)^m f(z)/(m-1)!$.

例 2: 有理函数 $\dfrac{g(z)}{h(z)}$ (其中 $g(a) \neq 0$) 在点 a 处有一个 m 阶极点, 当且仅当分母 h 在点 a 处有一个 m 阶零点.

典型例子 我们有

$$\boxed{\int_{-\infty}^{\infty}\frac{g(x)}{h(x)}\mathrm{d}x = 2\pi\mathrm{i}\sum_{k=1}^{n}\mathrm{Res}_{z_k}\frac{g}{h}.} \tag{1.464}$$

在计算实积分的时候, 假设 g, h 是多项式, 且 $\deg h \geqslant \deg g+2$. 分母 h 应该在实轴上没有零点. 我们用 $z_1, \cdots, z_n$ 表示在上半平面中 (即, 复平面中具有正虚部的复数的集合) h 的零点.

例 3: $\displaystyle\int_{-\infty}^{\infty} \frac{\mathrm{d}x}{1+x^2}=\pi.$

证明: 由于多项式 $h(z):=1+z^2$ 可以分解成 $h(z)=(z-\mathrm{i})(z+\mathrm{i})$, 所以 $h(z)$ 在上半平面中点 $z=\mathrm{i}$ 处有一个一阶零点. 从 (1.463) 即得

$$\operatorname{Res}_{\mathrm{i}} \frac{1}{1+z^2}=\lim_{z \rightarrow \mathrm{i}} \frac{(z-\mathrm{i})}{(z+\mathrm{i})(z-\mathrm{i})}=\frac{1}{2 \mathrm{i}}.$$

因而由 (1.464) 得

$$\int_{-\infty}^{\infty} \frac{\mathrm{d}x}{1+x^2}=2 \pi \mathrm{i} \operatorname{Res}_{\mathrm{i}} \frac{1}{1+z^2}=\pi. \qquad \square$$

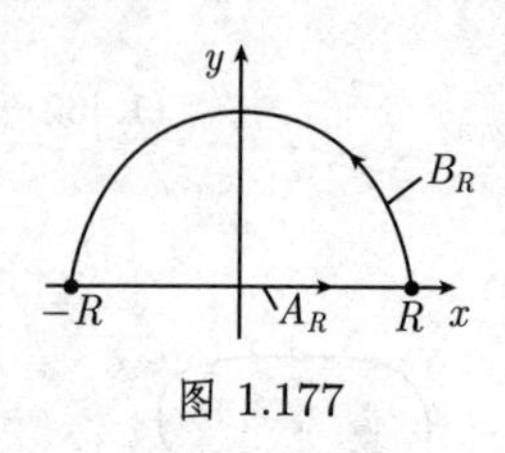

图 1.177

(1.464)的证明概述 令 $f:=\dfrac{g}{h}$. 图 1.177 中半圆的边界 A_R+B_R 选得足够大, 使得上半平面中 h 的所有零点都包含在半圆内部. 由 (1.462) 得

$$\int_{A_R} f \mathrm{d}z+\int_{B_R} f \mathrm{d}z=\int_{A_R+B_R} f \mathrm{d}z=2 \pi \mathrm{i} \sum_{k=1}^n \operatorname{Res}_{z_k} f. \tag{1.465}$$

此外, 有

$$\lim_{R \rightarrow \infty} \int_{A_R} f \mathrm{d}z=\int_{-\infty}^{\infty} f(x) \mathrm{d}x$$

以及

$$\lim_{R \rightarrow \infty} \int_{B_R} f \mathrm{d}z=0 \tag{1.466}$$

当 $R \rightarrow \infty$ 时, 由 (1.465) 即得断言 (1.464).

极限关系式 (1.466) 可以从估计 [1)]

$$|f(z)| \leqslant \frac{\text{常数}}{|z^2|}=\frac{\text{常数}}{R^2}, \quad \text{对所有满足 } |z|=R \text{ 的 } z$$

得到, 而此估计从次数关系式 $\deg h \geqslant \deg g+2$ 即得, 从周线积分的三角不等式得到

$$\begin{aligned}\left|\int_{B_R} f \mathrm{d}z\right| & \leqslant(\text{半圆周} B_R \text{的长度}) \sup_{z \in B_R}|f(z)| \\ & \leqslant \frac{\pi R \cdot \text{常数}}{R^2} \rightarrow 0, \quad \text{当} R \rightarrow \infty \text{时}.\end{aligned} \qquad \square$$

1) 这里的常数与 R 无关.

1.14.8 映射度

假设给定复平面中一个有界区域 Ω, 它的边界 $\partial\Omega$ 由有限个闭 C^1 型若尔当曲线组成, 曲线的方向这样确定: Ω 总位于曲线的左边 (图 1.178). 记作 $f \in \mathscr{C}(\Omega)$, 如果:

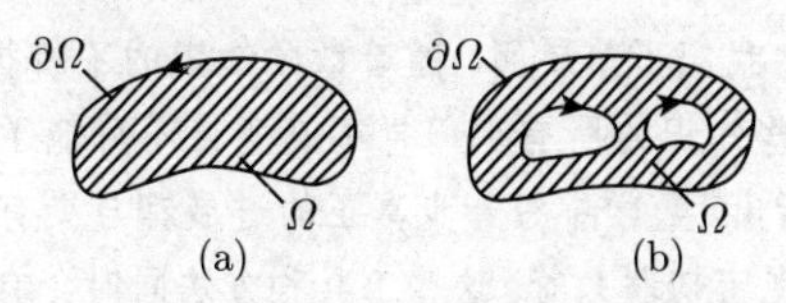

图 1.178 定义映射度时 f 的定义域

(i) 除有限个极点外, 函数 f 在 $\overline{\Omega}$ 的一个开邻域中是全纯的, 其中极点都在 Ω 内.

(ii) 在边界 $\partial\Omega$ 上没有 f 的零点.

定义 Ω 上 f 的映射度定义为

$$\boxed{\deg(f, \Omega) := N - P.}$$

这里 N (相应地, P) 是 f 在 Ω 中所有零点 (相应地, 极点) 重数之和.

例: 对于 $f(z) := z^k$ 和圆盘 $\Omega := \{z \in \mathbb{C} : |z| < R\}$, 有

$$\deg(f, \Omega) = k, \quad k = 0, \pm 1, \pm 2, \cdots$$

定理 令 $f, g \in \mathscr{C}(\Omega)$, 那么有

(i) 表示公式

$$\deg(f, \Omega) = \frac{1}{2\pi \mathrm{i}} \int_{\partial\Omega} \frac{f'(z)}{f(z)} \mathrm{d}z.$$

(ii) 存在性原理 如果 $\deg(f, \Omega) \neq 0$, 那么函数在 Ω 上有零点或极点.

(iii) 映射度的稳定性 从关系式

$$|g(z)| < \max_{z \in \partial\Omega} |f(z)| \tag{1.467}$$

即得 $\deg(f, \Omega) = \deg(f + g, \Omega)$.

儒歇零点原理 (1862) 假设函数 f, g 在 $\overline{\Omega}$ 的一个开邻域上是全纯的, 并且 (1.467) 成立. 那么, 如果 f 在 Ω 上有一个零点, 即得 $f + g$ 在 Ω 上也有一个零点.

证明: 因为 f 有一个零点, 没有极点 (f 是全纯的), 所以有 $\deg(f, \Omega) \neq 0$. 由上面的 (iii) 即得 $\deg(f + g, \Omega) \neq 0$, 由 (ii) 得出本结论. □

映射度的一般理论可见 [212], 它使得能够证明数学中一大类问题 (方程组、常微分和偏微分方程组、积分方程组) 解的存在性, 而不用具体构造出这些解.

1.14.9 在代数基本定理上的应用

以现代观点来看, 我们可以说, 1799 年高斯给出的代数基本定理的证明原则上是正确的, 但是不完善.

F. 克莱因(Felix Klein, 1849—1925)

然而, 我们不禁要问: 随着数学知识的不断扩展, 单个的研究者想要了解这些知识的所有部门岂不是变得不可能了吗? 为了回答这个问题, 我想指出, 数学中每一步真正的进展都与更有力的工具和更简单的方法的发现密切联系着, 这些工具和方法同时会有助于理解已有的理论并把陈旧的、复杂的东西抛到一边. 数学科学发展的这种特点是根深蒂固的. 因此, 对于个别的数学工作者来说, 只要掌握了这些有力的工具和简单的方法, 他就有可能在数学的各个分支中比其他学科更容易地找到前进的道路. *

D. 希尔伯特(David Hilbert)
巴黎讲座, 1900

代数基本定理 每个次数 $\geqslant n$ 的具有复系数 a_j 的多项式

$$p(z) := z^n + a_{n-1}z^{n-1} + \cdots + a_1 z + a_0$$

有一个 (复) 零点.

高斯把 p 分解成实部和虚部 $p(z) = u(x,y) + \mathrm{i}v(x,y)$, 并研究平面代数曲线 $u(x,y) = 0, v(x,y) = 0$ 的性质. 这种类型的证明冗长乏味, 并且需要代数曲线的工具才能简化, 这一先进的工具在今天我们已经有了, 而在高斯的时代还没有出现.

高斯直观上清晰的思想是: 考虑半径为 R 的圆盘

$$D_R := \{z \in \mathbb{C} : |z| < R\}.$$

多项式 p 产生一个映射 (也用 p 表示)

$$p : \overline{D}_R \to \mathbb{C},$$

其中, 数学意义上的正定向边界曲线 ∂D_R 被映射到数学意义上正定向绕原点 n 次的圆周 $p(\partial D_R)(n = 2$ 时的情形参看图 1.179). 因而一定存在一个点 $z_1 \in D_R$ 被映射到原点, 即, $p(z_1) = 0$. 为了证明象曲线 $p(\partial D_R)$ 绕原点 n 次, 我们考虑由 $f(z) := z^n$ 定义的多项式 $w = f(z)$. 从关系式 $z = R\mathrm{e}^{\mathrm{i}\varphi}$ 即可得

$$w = R^n \mathrm{e}^{\mathrm{i}n\varphi}, \quad 0 \leqslant \varphi \leqslant 2\pi.$$

* 此处译文取自李文林、袁向东译 “数学问题——在 1900 年巴黎国际数学家代表会上的讲演”, 数学史译文集, 上海科学技术出版社, 1981, 82.

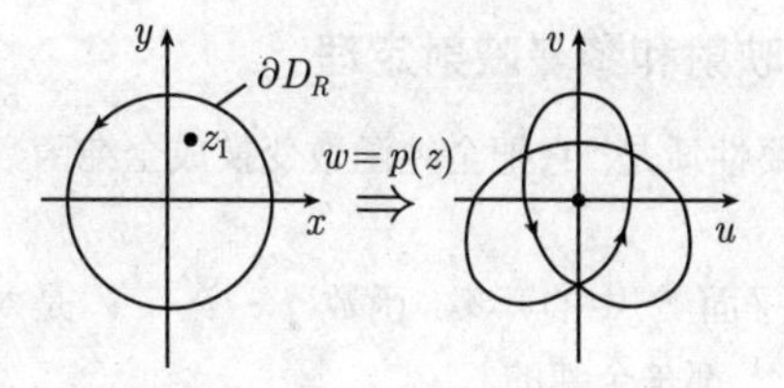

图 1.179

因而, 半径为 R 的圆周 ∂D_R 被映射到半径为 R^n 的圆周 $f(\partial D_R)$, 它绕原点 n 次. 如果 R 足够大, 那么绕原点这一特性对 p 也成立, 因为 p 与 f 只有低阶项不一样.

下面的证明是上述思想的严格阐述.

代数基本定理的第一个证明 (映射度) 记

$$p(z) := f(z) + g(z),$$

其中 $f(z) := z^n$. 对所有满足 $|z| = R$ 的 z, 有

$$|f(z)| = R^n \quad \text{和} \quad |g(z)| \leqslant \text{常数} \cdot R^{n-1}.$$

如果 R 足够大, 则有

$$|g(z)| < |f(z)|, \quad \text{对所有满足}|z| = R\text{的}z.$$

函数 f 显然有一个零点. 根据 1.14.8 中的儒歇定理即得函数 $f + g = p$ 也有一个零点. □

下面的证明更短一些.

代数基本定理的第二个证明 (刘维尔定理) 假设多项式 p 没有零点. 则其倒数 $1/p$ 是整函数, 因为

$$\lim_{|z|\to\infty} \left| \frac{1}{p(z)} \right| = 0,$$

所以它也是有界函数. 根据刘维尔定理, $1/p$ 一定是常数. 这 (与 p 不是常数) 是一个矛盾, 因此证明 p 有一个零点. □

推论 由于 $p(z_1) = 0$, 所以 p 在点 z_1 处的幂级数展开式为

$$p(z_1) = a_1(z - z_1) + a_2(z - z_1)^2 + \cdots,$$

因而 $p(z) = (z - z_1)q(z)$. 多项式 q 有零点 z_2, 因而 $q(z) = (z - z_2)r(z)$, 诸如此类. 把这些事实放在一起就得到一个因式分解

$$\boxed{p(z) = (z - z_1)(z - z_2) \cdots (z - z_n).}$$

1.14.10 双全纯映射和黎曼映射定理

双全纯映射的重要性质是, 它把全纯函数变换成全纯函数. 而且, 双全纯映射是保角的 (共形的).

定义 令 U, V 是复平面 $\mathbb{C}$ 中的开集. 函数 $f: U \to V$ 是双全纯的, 如果它是一一映射, 并且 f 和 f^{-1} 都是全纯的.

局部反函数定理 令在点 a 的某个邻域内给定一个全纯函数 $f: U \subseteq \mathbb{C} \to \mathbb{C}$, 它满足

$$\boxed{f'(a) \neq 0.}$$

则 f 是从点 a 的一个邻域到点 $f(a)$ 的一个邻域的双全纯映射.

对于反函数 $w = f(z)$, 和实函数情形一样, 有莱布尼茨法则

$$\boxed{\frac{\mathrm{d}z(w)}{\mathrm{d}w} = \frac{1}{\dfrac{\mathrm{d}w(z)}{\mathrm{d}z}}.} \tag{1.468}$$

整体反函数定理 假设函数 $f: U \subseteq \mathbb{C} \to \mathbb{C}$ 在区域 U 上是全纯的和单射的. 那么其象 $f(U)$ 也是一个区域, 且 f 是从 U 到 $f(U)$ 的双全纯映射.

此外, 在 U 上 $f'(z) \neq 0$, 并且 $f(U)$ 上 f 的反函数的导数公式为 (1.468).

全纯变换原理 令在开集 U 上给定一个全纯函数

$$f: U \subseteq \mathbb{C} \to \mathbb{C}.$$

此外, 令 $b: U \to V$ 为双全纯映射. 则可以自然地把 f 变换到集合 V.[1)]对这个变换后得到的函数 f_*, 有

(i) $f_*: V \subseteq \mathbb{C} \to \mathbb{C}$ 是全纯的.

(ii) 积分不变, 即, 对 U 中所有 C^1 曲线 C 和 $C_* := b(C)$, 都有

$$\boxed{\int_C f(z)\mathrm{d}z = \int_{C^*} f_*(w)\mathrm{d}w,}$$

注 这个重要结果使得引进复流形成为可能. 大致地说, 有如下陈述:

(i) 一维复流形 M 这样构造: 在每个点 $P \in M$ 周围, 用属于复平面 $\mathbb{C}$ 的一个开集 U 的坐标 z 局部描述 M.

(ii) 从开集 U 到开集 V 的双全纯函数 $w = b(z)$ 描述了从局部坐标 z 到局部坐标 w 的变换.

(iii) 仅仅在这种局部坐标的变换下保持不变的 M 的那些性质才被认为是重要的.

---

1) 显然有 $f_* := f \circ b^{-1}$, 即 $f_*(w) = f(b^{-1}(w))$.

(iv) 全纯变换原理表明, 全纯函数与积分的概念在复流形上是以不变的方式定义的.

(v) 一维连通复流形称为黎曼面.

这些对象的精确定义见 [212].

黎曼主定理 (1851)(黎曼映射定理) 复平面 $\mathbb{C}$ 中每个不等于 $\mathbb{C}$ 的单连通区域可以被双全纯地映射到单位圆的内部. [1)]

1.14.11 共形映射的例子

为了从几何上解释全纯函数 $f : U \subseteq \mathbb{C} \to \mathbb{C}$ 的性质, 我们把

$$\boxed{w = f(z)}$$

看成是一个映射, 它把 z 平面的每个点 z 与 w 平面的点 w 联系起来.

共形映射 由 f 定义的映射称为在点 $z = a$ 处是保角的或共形的, 如果在这个映射下, 过点 a 的两条 C^1 曲线的夹角 (包括方向) 保持不变 (图 1.180).

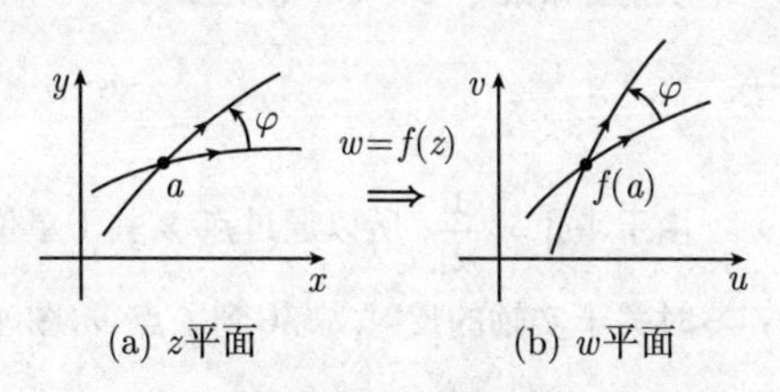

图 1.180 共形映射

一个映射称为是保角的或共形的, 如果在定义域的每个点处它都是如此的.

定理 定义在点 a 的某个邻域 U 上的全纯函数 $f : U \subseteq \mathbb{C} \to \mathbb{C}$ 确定了一个在点 a 处的共形映射, 当且仅当 $f'(a) \neq 0$.

每个双全纯映射 $f : U \to V$ 是共形的.

1.14.11.1 相似变换群

令 a, b 为固定复数, 且 $a \neq 0$. 那么

$$\boxed{w = az + b \quad \text{对所有} z \in \mathbb{C}} \tag{1.469}$$

确定了一个从复平面 $\mathbb{C}$ 映到自身的双全纯 (因而是共形的) 映射 $w : \mathbb{C} \to \mathbb{C}$.

例 1: 对于 $a = 1$, 映射 (1.469) 是平移变换.

---

1) 每个双全纯映射是保角 (共形) 的.

从 1907 年开始, 深刻的庞加莱和克贝单值化定理以如下方式推广了黎曼映射定理: 每个单连通黎曼面恰可以被双全纯地映射到下列情形之一: 单位圆的内部, 复平面本身, 或者是闭的复平面 $\overline{\mathbb{C}}$(黎曼球面), 可见 1.14.11.3. 这个推广的详细情况可见 [212].

例 2: 令 $z = re^{i\varphi}$. 如果 $b = 0, a = |a|e^{i\alpha}$, 则有

$$w = |a|re^{i(\varphi+\alpha)}.$$

因而, 映射 $w = az$ 是角度旋转了 α, 同时长度乘以 $|a|$ 的一个旋转.

当 $b = 0, a > 0$ 时, 得到正常相似变换(长度乘以 a).

所有变换 (1.469) 构成的集合形成从复平面 $\mathbb{C}$ 映射到自身的保定向的相似变换群.

1.14.11.2 单位圆上的反演

映射

$$\boxed{w = \frac{1}{z} \quad 对所有满足z \neq 0的z \in \mathbb{C}}$$

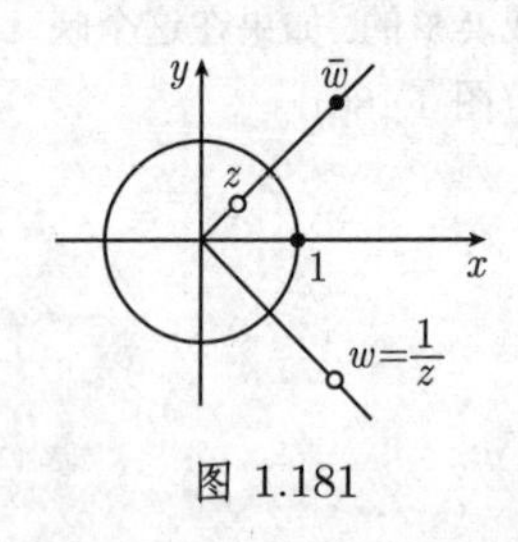

图 1.181

是双全纯的, 因而是从有孔复平面 $\mathbb{C} - \{0\}$ 到自身的共形映射. 如果令 $z = re^{i\varphi}$, 则有

$$w = \frac{1}{r}e^{-i\varphi}.$$

由于 $|w| = \dfrac{1}{|z|}$, 所以通过点 z 关于单位圆周的反射点, 同时关于实轴的反射, 就得到了点 w(图 1.181).

1.14.11.3 复平面的闭包

令

$$\boxed{\overline{\mathbb{C}} := \mathbb{C} \cup \{\infty\}}$$

即, 我们把点 ∞ 加到复平面 $\mathbb{C}$ 上, 称 $\overline{\mathbb{C}}$ 为完备的复平面. 对于复流形的构造, 下述构造是有代表性的. 我们的目的是给出 $\overline{\mathbb{C}}$ 上的局部坐标.

局部坐标的定义 (i) 对每个点 $a \in \mathbb{C}$, 我们把邻域 $U := \mathbb{C}$ 作为邻域, 对于 $z \in \mathbb{C}$, 其坐标为 $\zeta := z$.

(ii) 我们把 $V := \overline{\mathbb{C}} - \{0\}$, 取作点 ∞ 的邻域, 其局部坐标是

$$\zeta' := \begin{cases} \dfrac{1}{z}, & 对满足z \neq 0的z \in \mathbb{C}, \\ 0, & 对z = \infty. \end{cases}$$

这样, 对每个点 $z \in \overline{\mathbb{C}} - \{0\}$, 我们有两个不同的局部坐标 $\zeta = z$ 和 $\zeta' = 1/z$, 这两个局部坐标满足关系式 $\zeta = 1/\zeta'$. 点 0 只有局部坐标 $\zeta = 0$, 而点 ∞ 的局部坐标 $\zeta' = 0$. 这样, 我们得到了记号 $0 = 1/\infty$ 的一个严格表达式.

完备复平面的映射 通过过渡到局部坐标定义了映射

$$\boxed{f: U \subseteq \overline{\mathbb{C}} \to \overline{\mathbb{C}}}$$

的性质. 例如, f 是全纯的, 当且仅当, 过渡到局部坐标它也是全纯的.

例 1: 令 $n = 1, 2, \cdots$. 映射

$$f(z) = \begin{cases} z^n, & \text{对} z \in \mathbb{C}, \\ \infty, & \text{对} z = \infty \end{cases}$$

是一个全纯映射 $f: \overline{\mathbb{C}} \to \overline{\mathbb{C}}$.

证明: 首先, f 显然在开集 $U := \mathbb{C}$ 上全纯. 把方程

$$w = f(z), \qquad z \in \overline{\mathbb{C}} - \{0\}$$

变换到局部坐标 $\zeta = \dfrac{1}{z}, \mu = \dfrac{1}{w}$, 得到 $\dfrac{1}{\mu} = \dfrac{1}{\zeta^n}$, 因而, 在另一个开集 V 上, 有

$$\boxed{\mu = \zeta^n.} \tag{1.470}$$

这是 $\mathbb{C}$ 上的一个全纯函数. 因而, 由定义, f 在 $V = \overline{\mathbb{C}} - \{0\}$ 上是全纯的. □

根据方程 (1.470), 在局部坐标里有一个 n 阶零点. 因为 $\zeta = 0$ 对应着点 $z = \infty$, 并且 $f(\infty) = \infty$, 所以我们说 f 在 ∞ 处有一个 n 阶无穷 (极点).

例 2: 映射

$$f(z) = \begin{cases} z, & \text{对} z \in \mathbb{C}, \\ \infty, & \text{对} z = \infty \end{cases}$$

是一个双全纯映射 $f: \overline{\mathbb{C}} \to \overline{\mathbb{C}}$.

证明: 由例 1 知, f 是全纯的. 此外, $f: \overline{\mathbb{C}} \to \overline{\mathbb{C}}$ 是一一映射, 且 $f^{-1} = f$. 因而得到, 正如我们所要证明的, $f^{-1}: \overline{\mathbb{C}} \to \overline{\mathbb{C}}$ 是全纯的.

例 3: 如果 $w = p(z)$ 是 n 次多项式, 且如果令 $p(\infty) := \infty$, 则 $p: \overline{\mathbb{C}} \to \overline{\mathbb{C}}$ 是一个全纯函数, 且在点 $z = \infty$ 处有一个 n 阶极点.

例 4: 令 $n = 1, 2, \cdots$. 令

$$f(z) = \begin{cases} \dfrac{1}{z^n}, & \text{对所有满足} z \neq 0 \text{的} z \in \mathbb{C}, \\ \infty, & \text{对} z = 0, \\ 0, & \text{对} z = \infty, \end{cases}$$

则 $f: \overline{\mathbb{C}} \to \overline{\mathbb{C}}$ 是全纯映射, 且在点 $z = 0$ 处有一个 n 阶极点, 在点 $z = \infty$ 处有一个 n 阶零点.

对于 $n = 1$, $f: \overline{\mathbb{C}} \to \overline{\mathbb{C}}$ 是双全纯的.

证明: 为了在 $z=0$ 的某个邻域内研究 $w=f(z)$, 利用局部坐标 $w=1/\mu$ 和 $\zeta=z$. 由此形成的函数

$$\mu=\zeta^n$$

在 $\zeta=0$ 的某个邻域内是全纯的, 且有一个 n 阶零点. 因而, f 在 $z=0$ 处有一个 n 阶极点.

邻域 令给定 $\varepsilon>0$. 对每个点 $p\in\overline{\mathbb{C}}$, 我们定义它的 ε 邻域为

$$U_\varepsilon(p):=\{z\in\mathbb{C}:|z-p|<\varepsilon\},\quad \text{当}p\in\mathbb{C}\text{时},$$

并令 $U_\varepsilon(\infty)$ 为所有满足 $|z|>\varepsilon^{-1}$ 的复数 z 及点 ∞ 构成的集合.

开集 完备复数球面 $\overline{\mathbb{C}}$ 的子集合 U 称为开集, 如果对此集合中的每个点, U 至少包含那个点的一个 ε 邻域.

注 (i) 借助于这些开集, 我们可以给完备复数球面 $\overline{\mathbb{C}}$ 一个拓扑空间结构, 这样对它就可以应用拓扑空间的所有概念 (参看 [212]). 特别地, $\overline{\mathbb{C}}$ 为紧集, 连通集.

(ii) 对于我们已经引入的局部坐标, 空间 $\overline{\mathbb{C}}$ 变成了一维复流形, 因此对它可以应用复流形的所有概念 (参看 [212]).

(iii) 由定义, 一维复流形是黎曼面. 因而 $\overline{\mathbb{C}}$ 也是一个紧黎曼面.

19 世纪中期, 黎曼研究黎曼面的直观概念 (参看 1.14.11.6). 在历史上, 对"黎曼面"的概念从数学上进行严格化的努力, 为拓扑学和流形理论的发展作出了巨大贡献. 在这个方向上作出的决定性一步是 H. 外尔(Hermann Weyl) 出版于 1913 年的著作《黎曼面的思想》.

1.14.11.4 黎曼球面

令 (x,y,ζ) 是给定的笛卡儿坐标系. 球面

$$S^2:=\{(x,y,\zeta)\in\mathbb{R}^3|x^2+y^2+\zeta^2=1\}$$

称为黎曼球面. 令 N 表示北极, 即, 坐标为 $(0,0,1)$ 的点. 球极平面投影

$$\boxed{\varphi:S^2-\{N\}\to\mathbb{C}}$$

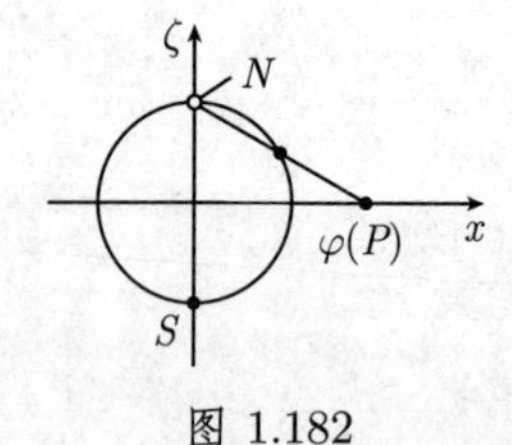

图 1.182

的定义是, 把 $S^2-\{N\}$ 的给定点 P 映射为连接 N 和 P 的直线 NP 与 (x,y) 平面的交点 $z=\varphi(P)$(图 1.182 展示了 S^2 与 (x,ζ) 平面的交点). 把 N 映射到点 ∞, 就可以把这一映射扩充为 $\varphi:S^2\to\overline{\mathbb{C}}$.

例: S^2 的南极 S(坐标是 $(0,0,-1)$) 被 φ 映射到复平面 $\mathbb{C}$ 的原点, 而 (S^2 的) 赤道被映射到单位圆周.

定理 映射 $\varphi: S^2 \to \overline{\mathbb{C}}$ 是同胚映射, 即, 它把 $S^2-\{N\}$ 共形地映射到 $\mathbb{C}$.

推论 如果我们把局部坐标从 $\overline{\mathbb{C}}$ 变换到 S^2, 那么黎曼球面 S^2 成为一维复流形, 且映射 $\varphi: S^2 \to \overline{\mathbb{C}}$ 是双全纯的. 更确切地说, S^2 是紧的黎曼面.

1.14.11.5 默比乌斯变换群

定义 所有双全纯映射 $f: \overline{\mathbb{C}} \to \overline{\mathbb{C}}$ 的集合形成一个群, 称为 $\overline{\mathbb{C}}$ 的自同构群 Aut $(\overline{\mathbb{C}})$.[1]

$\overline{\mathbb{C}}$ 上的共形几何学 群 Aut $(\overline{\mathbb{C}})$ 确定了完备平面 $\overline{\mathbb{C}}$ 上的共形对称的概念. 如果某个性质在群 Aut $(\overline{\mathbb{C}})$ 的所有变换下保持不变, 那么由定义, 这个性质属于 $\overline{\mathbb{C}}$ 的共形几何学.

例 1: $\overline{\mathbb{C}}$ 上的一个广义圆是, $\mathbb{C}$ 中的一个圆 (在 $\overline{\mathbb{C}}$ 中的象) 或 $\mathbb{C}$ 中一条具有点 ∞ 的直线.

Aut $(\overline{\mathbb{C}})$ 的元素把广义圆映射到广义圆.

默比乌斯变换 如果 a, b, c, d 是复数, 且 $ad-bc \neq 0$, 那么变换

$$\boxed{f(z) := \frac{az+b}{cz+d}} \tag{1.471}$$

称为默比乌斯变换, 其中我们约定:

(i) 对于 $c=0$, 令 $f(\infty) := \infty$.

(ii) 对于 $c \neq 0$, 令 $f(\infty) := a/c$, 且 $f(-d/c) := \infty$.

默比乌斯(August Ferdinand Möbius, 1790—1868) 首先研究了这些变换.

定理 1 $\overline{\mathbb{C}}$ 的自同构群 Aut $(\overline{\mathbb{C}})$ 恰由默比乌斯变换构成.

例 2: 把上半平面 $\mathscr{H}_+ := \{z \in \mathbb{C} | \mathrm{Im}\, z > 0\}$ 共形 (保角) 映射到自身的默比乌斯变换, 是形如 (1.471) 那些的变换, 其中 a, b, c, d 是实数, 且 $ad-bc>0$.

例 3: 把上半平面共形映射到单位圆盘 (单位圆周的内部) 的默比乌斯变换, 是形如

$$a\frac{z-p}{z-\overline{p}}$$

那些的变换, 其中 a, p 为复数, 且 $|a|=1$, $\mathrm{Im}\, p>0$.

例 4: 把单位圆盘的内部共形映射到自身的所有默比乌斯变换, 是由

$$a\frac{z-p}{\overline{p}z-1}$$

给出的所有映射, 其中 a, p 为复数, 且 $|a|=1$, $|p|<1$.

默比乌斯变换的性质 对于一个默比乌斯变换 f, 有

1) 自同构群的概念与保持不变的结构有关. 这里, 我们要求保持作为复流形的结构, 因而是双全纯映射. 也存在微分同胚群、同胚群等, 每个都不一样.

(i) f 可以是由平移, 旋转, 正常的相似变换及关于单位圆周的反演复合而成. 反之, 每个这样的映射的复合是默比乌斯变换.

(ii) f 是共形的, 把广义圆映到广义圆.

(iii) f 保持 $\overline{\mathbb{C}}$ 中四个点的交比

$$\frac{z_4 - z_3}{z_4 - z_2} : \frac{z_1 - z_3}{z_1 - z_2}$$

不变. [1]

(iv) 每个不是恒等变换的默比乌斯变换至少有一个、至多有两个不动点(满足 $f(P) = P$ 的点 P).

令 $GL(2, \mathbb{C})$ 表示所有 2×2 阶复的可逆矩阵的群. 此外, 令 D 表示 $GL(2, \mathbb{C})$ 中所有形如 $\lambda \boldsymbol{I}(\lambda \neq 0)$ 的矩阵构成的子群 [2] $\left(\text{这里, } \boldsymbol{I} \text{ 表示单位矩阵} \boldsymbol{I} = \begin{pmatrix} 1 & 0 \\ 0 & 1 \end{pmatrix}\right)$.

定理 2　形如

$$\begin{pmatrix} a & b \\ c & d \end{pmatrix} \mapsto \frac{az+b}{cz+d}$$

的映射是从 $GL(2, \mathbb{C})$ 到 $\mathrm{Aut}\,(\overline{\mathbb{C}})$ 的群同态 [3], 其核为 D. 因而有一个群同构 (一一群同态)

$$GL(2, \mathbb{C})/D \cong \mathrm{Aut}\,(\overline{\mathbb{C}}),$$

即, $\mathrm{Aut}\,(\overline{\mathbb{C}})$ 同构于复射影群 $PGL(2, \mathbb{C})$.

1.14.11.6　平方根的黎曼面

黎曼的天才思想是考虑定义在复平面 $\mathbb{C}$ 上的多值复函数 (比如 $z = \sqrt{w}$), 通过把定义域变成比 $\mathbb{C}$ 更复杂的对象 D, 从而使函数成为单值的. 在一些简单的情况中, 沿某些线段切割几个复平面, 然后沿这些割线把它们粘起来就得到 D. 这导致黎曼面概念的产生.

映射 $w = z^2$　令 $z = r\mathrm{e}^{\mathrm{i}\varphi}$, $-\pi < \varphi \leqslant \pi$, 则有

$$\boxed{w = r^2 \mathrm{e}^{2\mathrm{i}\varphi}.}$$

映射 $w = z^2$ 把点 z 到原点的距离 r 自乘, 并把 z 的辐角 φ 加倍.

为了更准确地研究 $w = z^2$, 我们考虑 z 平面上以原点为圆心、半径为 r 的圆周 C, 其中 C 的方向是数学上的正定向. 如果在 z 平面中绕 C 一圈, 那么在 w 平面中的象是绕原点两次的 r^2 为半径的圆周.

---

1) 对点 ∞, 使用通常的计算方法, 即, $1/\infty = 0$, $1/0 = \infty$, $\infty \pm z = \infty$, 其中 $z \in \mathbb{C}$.

2) 群和子群的定义在下面的 2.5.1.

3) 群同态的定义在下面的 2.5.1.2.

为了便于研究逆映射 $z=\sqrt{w}$, 我们沿负实轴切割两个 w 平面是有好处的 (图 1.183).

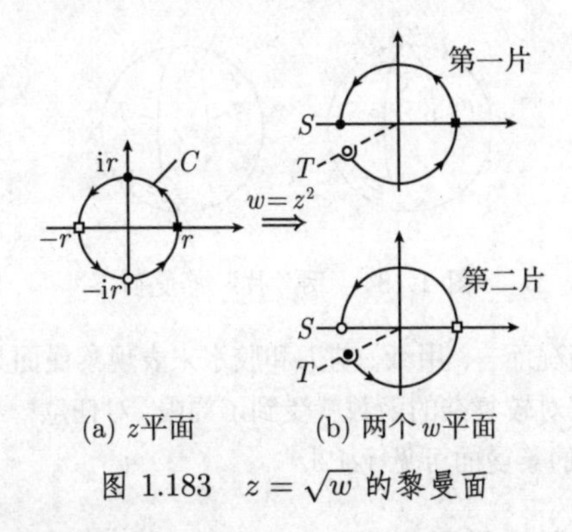

(a) z平面 (b) 两个w平面

图 1.183 $z=\sqrt{w}$ 的黎曼面

(i) 在 z 平面中如果我们沿着 C 从点 $z=r$ 到点 $z=\mathrm{i}r$, 那么象点在第一个w平面上, 或者说沿着黎曼面的第一片, 从点 r^2 跑到了点 $-r^2$.

(ii) 我们继续沿着 C 从点 $\mathrm{i}r$ 到点 $-\mathrm{i}r$. 则象点在黎曼面的第二片从点 $-r^2$ 经过点 r^2 到点 $-r^2$.

(iii) 最后如果我们沿 C 从点 $-\mathrm{i}r$ 到点 r, 那么象点沿着黎曼面的第一片从点 $-r^2$ 到点 r^2.

逆映射 $z=\sqrt{w}$ 重要的观察结果是

对两片w平面任一片上的每个点$w\neq 0$, 恰有z平面上的一个点z使得$w=z^2$.

这个结果使得两片 w 平面的并集上的函数 $z=\sqrt{w}$ 是唯一定义的 (单值的). 对于满足$-\pi<\psi\leqslant\pi$ 的点 $w=R\mathrm{e}^{\mathrm{i}\psi}$, 显然有

$$\sqrt{w}:=\begin{cases}\sqrt{R}\mathrm{e}^{\mathrm{i}\psi/2}, & \text{当}\, w\, \text{在第一片上时},\\ -\sqrt{R}\mathrm{e}^{\mathrm{i}\psi/2}, & \text{当}\, w\, \text{在第二片上时}.\end{cases}$$

这里 $\sqrt{R}\geqslant 0$. 第一片上的 $\sqrt{w}$ 值称为 $\sqrt{w}$ 的主值, 记作 $_+\sqrt{w}$.

$z=\sqrt{w}$ 的直观黎曼面 $\mathscr{F}$ 如果我们把两片如图 1.183(b) 中所示粘起来 (即, T 与 T, S 与 S), 那么就得到了 $z=\sqrt{w}$ 的直观黎曼面 $\mathscr{F}$.

黎曼面 $\mathscr{F}$ 的拓扑型 如果用两个黎曼球面代替两个 w 平面, 那么情况就变得容易理解: 沿着从南极到北极的一条曲线切割两个黎曼球面, 然后如图 1.184 所示把它们粘起来. 这样得到的物体可以像吹气球一样把它鼓成一个球面. 这样, $\mathscr{F}$ 即同胚于一个球面, 因而也同胚于黎曼球面.

二值函数$z=\sqrt{w}$的直观黎曼面$\mathscr{F}$同胚于黎曼球面.

可以类似地处理映射 $w = z^n$, $n = 3, 4, \cdots$. 这时要求用 n 个 w 平面来得到函数 $z = \sqrt[n]{w}$ 的直观黎曼面.

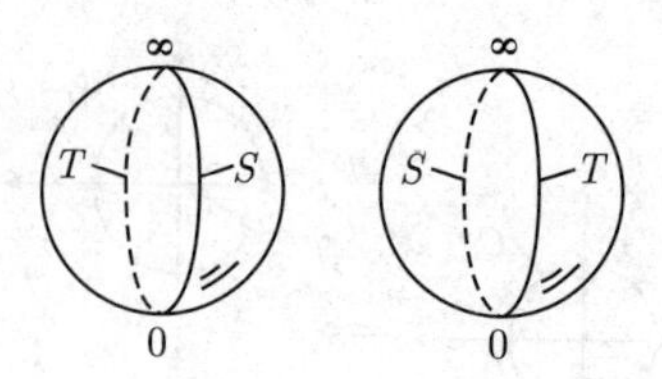

图 1.184 两"片"黎曼面

注 对某些简单的情况而言, 用纸、剪刀和胶水来表现黎曼面具有启发意义, 而且直观. 然而, 这个方法对较复杂的函数就受到了局限. 对任意一个解析函数, 从数学上构造一个令人满意的黎曼面可见 [212].

1.14.11.7 对数的黎曼面

方程

$$\boxed{w = \mathrm{e}^z}$$

有一个多值的反函数, 记作 $z = \mathrm{Ln}\, w$. 为了描述这个函数, 对每个整数 k, 我们选取一个 w 平面 B_k, 然后沿着负实轴切割平面. 当 $w = R\mathrm{e}^{\mathrm{i}\psi}$, $-\pi < \psi \leqslant \pi$, 且 $w \neq 0$ 时, 令

$$\boxed{\mathrm{Ln}\, w := \ln R + \mathrm{i}\psi + 2k\pi\mathrm{i}, \quad 在B_k上, k = 0 \pm 1, \pm 2, \cdots.}$$

如果我们沿着如图 1.185 中用 S 表示的切口把 B_k 与 B_{k+1} 粘起来, 并令 k 取遍所有整数, 则得到"无穷圈楼梯"$\mathscr{F}$, 函数 $z = \mathrm{Ln}\, w$ 在 $\mathscr{F}$ 上是唯一定义的. 我们称 $\mathscr{F}$ 为对数的直观黎曼面.

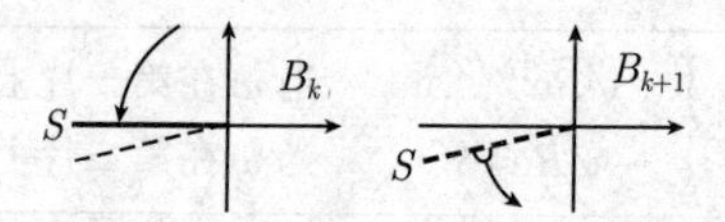

图 1.185 对数 Ln 的黎曼面

分支点 称 $w = 0$ 为黎曼面 $\mathscr{F}$ 的无穷阶分支点. 对于函数 $z = \sqrt{w}$, 点 $w = 0$ 称为二阶分支点.

对数的主值 令 $w = R\mathrm{e}^{\mathrm{i}\psi}$, 其中 $-\pi < \psi \leqslant \pi$, 且 $w \neq 0$. 令

$$\boxed{\ln w := \ln R + \mathrm{i}\psi,}$$

并称 $\ln w$ 为 w 的对数的主值. 这个值对应于 B_0 上的 $\mathrm{Ln}\, w$ (这里的要点是假设 $-\pi < \psi \leqslant \pi$).

例 1: 对所有满足 $|z|<1$ 的 $z\in\mathbb{C}$, 有

$$\ln(1+z)=z-\frac{z^3}{3}+\frac{z^5}{5}-\cdots$$

对于 $w=R\mathrm{e}^{\mathrm{i}\psi}$, 其中 $-\pi<\psi\leqslant\pi$, 当 $n=2,3,\cdots$ 时, $\sqrt[n]{w}$ 的主值定义为 $\sqrt[n]{R}\mathrm{e}^{\mathrm{i}\psi/n}$.

例 2: 对所有满足 $|z|<1$ 的 $z\in\mathbb{C}$, 有

$$\sqrt[n]{1+z}=1+\alpha z+(\alpha/2)\,z^2+(\alpha/3)\,z^3+\cdots,$$

在 n 次根主值的意义下 $\alpha=1/n$.

1.14.11.8 施瓦茨–克里斯托费尔映射公式

$$\boxed{w=\int_{\mathrm{i}}^{z}(\zeta-z_1)^{\gamma_1-1}(\zeta-z_2)^{\gamma_2-1}\cdots(\zeta-z_n)^{\gamma_n-1}\mathrm{d}\zeta.}$$

这个函数把上半平面 $\{z\in\mathbb{C}\mid \operatorname{Im}z>0\}$ 双全纯 (因而是共形) 地映射到内角为 $\gamma_j\pi$ $(j=1,\cdots,n)$ 的 n 边形内部 (图 1.186 所示为 $n=3$ 的情况). 假设所有的 z_j 为实数, 满足 $z_1<z_2<\cdots<z_n$, 并对所有的 j 有 $0<\gamma_j\pi<2\pi$, 且 $\gamma_1\pi+\cdots+\gamma_n\pi=(n-2)\pi$ (n 边形所有角的和). 点 $z_1,\cdots,z_n$ 被映射为 n 边形的角点 (顶点).

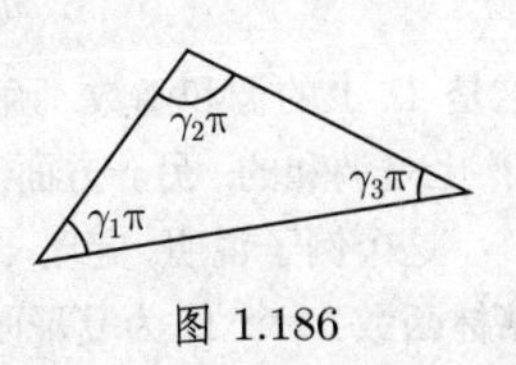

图 1.186

1.14.12 对调和函数的应用

令 Ω 为 $\mathbb{R}^2$ 中的一个区域. 我们把 $z=x+\mathrm{i}y\in\mathbb{C}$ 等同于点 $(x,y)\in\mathbb{R}^2$, 从而 $\mathbb{R}^2$ 等同于复平面 $\mathbb{C}$.

定义 函数 $u:\Omega\to\mathbb{R}$ 称为是调和的, 如果在 Ω 上, 有

$$\boxed{\Delta u=0.}$$

这里, 我们令 $\Delta u:=u_{xx}+u_{yy}$. 另外, 我们使用复值函数 f 分解成它的实部与虚部的分解式

$$f(z)=u(x,y)+\mathrm{i}v(x,y).$$

定理 1 (i) 如果函数 $f:\Omega\subseteq\mathbb{C}\to\mathbb{C}$ 在区域 Ω 上全纯, 则 u 和 v 在 Ω 上是调和的.[1)]

---

1) 这是因为柯西–黎曼微分方程

$$u_x=v_y,\quad u_y=-v_x$$

成立; 即得 $u_{xx}=v_{yx}$ 和 $u_{yy}=-v_{xy}$, 所以 $u_{xx}+u_{yy}=0$.

如果 $f, g: \Omega \to \mathbb{C}$ 是全纯函数, 且在 Ω 上有相同的实部 u, 则 f, g 的虚部至多相差一个常数.

(ii) 反之, 如果函数 $u: \Omega \to \mathbb{R}$ 在单连通区域 Ω 上是调和的, 则曲线积分

$$\boxed{v(x,y) = \int_{z_0}^{z} -u_y \mathrm{d}x + u_x \mathrm{d}y + \text{常数}}$$

与有固定起点和终点 $z_0 \in \Omega$ 的积分路径无关, 且函数 $f = u + \mathrm{i}v$ 在 Ω 上全纯.

函数 v 称为 u 的共轭调和函数.

例 1: 令 $\Omega = \mathbb{C}$. 对于 $f(z) = z$, 我们从在 Ω 上 $z = x + \mathrm{i}y$, 得到调和函数 $u(x,y) = x$ 和 $v(x,y) = y$.

例 2: 令 $\Omega = \mathbb{C} - \{0\}$, 且 $z = r\mathrm{e}^{\mathrm{i}\varphi}$, 其中 $-\pi < \varphi \leqslant \pi$. 对于对数的主值, 有

$$\ln z = \ln r + \mathrm{i}\varphi.$$

因而

$$u(x,y) := \ln r, \quad r = \sqrt{x^2 + y^2},$$

这是 Ω 上的调和函数. 函数 $v(x,y) := \varphi$ 在 Ω 的每个不包含负实轴 A 的子区域 Ω' 上是调和的. 另一方面, v 在 Ω 上不连续, 在 A 上有跳跃.

这个例子说明, 定理 1 中对区域 Ω 的单连通性的假设不能减弱.

格林函数 令 Ω 为复平面 $\mathbb{C}$ 中的有界区域, 且边界光滑. 由定义, Ω 的格林函数 $w = G(z, z_0)$ 是满足如下性质的一个函数:

(i) 对每个固定点 $z_0 \in \Omega$, 有

$$G(z, z_0) = -\frac{1}{2\pi} \ln|z - z_0| + h(z),$$

其中, 连续函数 $h: \Omega \to \mathbb{R}$ 在 Ω 上是调和的.

(ii) 对所有 $z \in \partial\Omega$, $G(z, z_0) = 0$.

用分布的语言表示为, 对每个固定点 $z_0 \in \Omega$, 有

$$-\Delta G(z, z_0) = \delta_{z_0}, \quad \text{在 } \Omega \text{ 上},$$
$$G = 0, \quad \text{在 } \partial\Omega \text{ 上}.$$

第一个方程意味着

$$-\int_{\Omega} G(z, z_0) \Delta\varphi(x,y) \mathrm{d}x\mathrm{d}y = \varphi(z_0), \quad \text{对所有 } \varphi \in C_0^{\infty}(\Omega).$$

定理 2 (i) 存在唯一一个 Ω 的格林函数 G.

(ii) 对于满足 $z \neq z_0$ 的所有 $z, z_0 \in \Omega$, 格林函数有对称性

$$G(z, z_0) = G(z_0, z)$$

和正性 $G(z,z_0)>0$.

(iii) 如果 $g:\partial\Omega\to\mathbb{R}$ 是给定的连续函数, 则第一边值问题

$$\boxed{\Delta u=0\text{ 在 }\Omega\text{ 上, 和 }u=g\text{ 在 }\partial\Omega\text{ 上}} \tag{1.472}$$

有唯一解 u, 它在 $\overline{\Omega}$ 上连续, 在 Ω 上光滑. 对所有 $z\in\Omega$, 有公式

$$\boxed{u(z)=-\int_{\partial\Omega}g(\zeta)\frac{\partial G(z,\zeta)}{\partial n_\zeta}\mathrm{d}s,} \tag{1.473}$$

这里, $\partial/\partial n_\zeta$ 表示关于 ζ 的外法线导数, s 是边界曲线 $\partial\Omega$ 的弧长, 沿 $\partial\Omega$ 的正向走的话, Ω 总位于它的左侧.

主定理 设 Ω 为复平面中一个有界的单连通区域, 且边界光滑. 假设给定一个从 Ω 映到单位圆盘内部的双全纯映射 (因而是共形的), 且 $f(z_0)=0$. 则公式

$$\boxed{G(z,z_0)=-\frac{1}{2\pi}\ln|f(z)|}$$

确定了 Ω 的格林函数.

例 3: 令 $\Omega:=\{z\in\mathbb{C}:|z|<1\}$. 默比乌斯变换

$$f(z)=\frac{z-z_0}{\overline{z}_0z-1}$$

把单位圆盘映射到自身, 且 $f(z_0)=0$. 对于单位圆盘 Ω, 解的公式 (1.473) 显然是

$$\boxed{u(z)=\frac{1}{2\pi}\int_{-\pi}^{\pi}\frac{g(\varphi)(1-r^2)}{1+r^2-2r\cos\varphi}\mathrm{d}\varphi.}$$

它就是所谓的泊松公式. 其中我们令 $z=r\mathrm{e}^{\mathrm{i}\varphi}$, 其中 $0\leqslant r<1$.

狄利克雷原理 变分问题

$$\int_\Omega(u_x^2+u_y^2)\mathrm{d}x\mathrm{d}y\overset{!}{=}\text{极小}, \tag{1.474}$$

$$u=g,\quad\text{在 }\partial\Omega\text{ 上}$$

的光滑解 u 是第一边值问题 (1.472) 的唯一解.

这个结果最初是由高斯和狄利克雷得到的.

历史评注 前面的考虑表明, 在调和函数与共形映射之间存在着十分密切的联系. 这个联系在 1851 年当黎曼构造几何复分析时起了重要作用. 在 1.14.10 可以找到著名的黎曼映射定理. 黎曼能够把这个定理的证明归结到拉普拉斯方程的第一边值问题 (1.472). 为了解这个方程, 他使用了变分问题 (1.474). 他似乎认为 (1.474) 解的存在性从物理学的考虑来看是显然的.

魏尔斯特拉斯指出了黎曼证明中的这个漏洞. 但是直到半个世纪后, 在 1900 年才由希尔伯特在他的一篇著名论文中给出了 (1.474) 解的存在性的严格证明, 从而完成了黎曼对映射定理的证明. 希尔伯特的这篇论文是变分法的直接法在泛函分析中取得重要进展的时期的起点. 更详细的讨论可见 [212].

1.14.13 在流体动力学上的应用

平面流基本方程

$$\boxed{\begin{aligned}&\rho(\boldsymbol{v}\,\mathbf{grad})\boldsymbol{v}=\boldsymbol{f}-\mathbf{grad}\,p,\\&\operatorname{div}\boldsymbol{v}=0,\quad \mathbf{curl}\,\boldsymbol{v}=\mathbf{0},\quad \text{在 }\Omega\text{ 上}.\end{aligned}}\tag{1.475}$$

这些方程描述了与常数密度 ρ 的无源理想[1]流体的平面平稳 (与时间无关) 流. 我们把点 (x,y) 等同于 $z=x+\mathrm{i}y$. (1.475) 中的符号含义如下. $\boldsymbol{v}(z)$ 是流体质点在点 z 处的速度向量, $p(z)$ 是在点 z 处的压力, $\boldsymbol{f}=-\mathbf{grad}\,W$ 是具有位势 W 的外力的密度.

环流与源强度 令 C 是一条正定向闭曲线. 数

$$\boxed{Z(C):=\int_C \boldsymbol{v}\mathrm{d}\boldsymbol{x}}$$

称为 C 的环流. 另外, 称

$$Q(C):=\int_C \boldsymbol{v}\boldsymbol{n}\mathrm{d}s$$

为包围 C 的区域的源强度(其中 $\boldsymbol{n}$ 是外法向量, s 表示弧长).

积分曲线 流体质点沿积分曲线 (或流线) 运动, 即, 速度向量 $\boldsymbol{v}$ 与积分曲线相切. 下面, 我们把速度向量 $\boldsymbol{v}=a\boldsymbol{i}+b\boldsymbol{j}$ 等同于复数 $a+\mathrm{i}b$.

与全纯函数的联系 在复平面 $\mathbb{C}$ 的区域 Ω 上, 每个全纯函数

$$f(z)=U(z)+\mathrm{i}V(z)$$

对应着一个平面流, 即, 以如下方式, 它是基本方程 (1.475) 的一个解.

(i) 由 $\boldsymbol{v}=-\mathbf{grad}\,U$ 得到速度场$\boldsymbol{v}$, 因而

$$\boxed{\boldsymbol{v}(z)=-\overline{f'(z)}.}$$

函数 U 称为速度势; f 称为复速度势. 此外, $|\boldsymbol{v}(z)|=|f'(z)|$.

(ii) 可以由伯努利方程

$$\frac{\boldsymbol{v}^2}{2}+\frac{p}{\rho}+\frac{W}{\rho}=\text{常数},\quad \text{在 }\Omega\text{ 上}$$

1) 对于理想液体, 忽略其内部摩擦.

计算出压力p. 方程中的常数由描述某一固定点处的压力确定.

(iii) 曲线 $V(x,y) =$ 常数是积分曲线.

(iv) 曲线 $U(x,y) =$ 常数称为等势曲线. 在使 $f'(z) \neq 0$ 的点 z 处, 积分曲线正交于等势曲线.

(v) 环流与源强度满足公式:

$$z(C) + \mathrm{i}Q(C) = -\int_C f'(z)\mathrm{d}z.$$

借助于留数定理可以方便地计算出上述积分.

纯平行流(图 1.187(a)) 令 $c > 0$. 函数

$$\boxed{f(z) := -cz}$$

(因而 $U = -cx$ 和 $V = -cy$) 对应着平行流

$$\boldsymbol{v} = \boldsymbol{c},$$

即, $\boldsymbol{v} = c\boldsymbol{i}$. 直线 $y =$ 常数是积分曲线, 直线 $x =$ 常数是等势曲线, 正交于积分曲线.

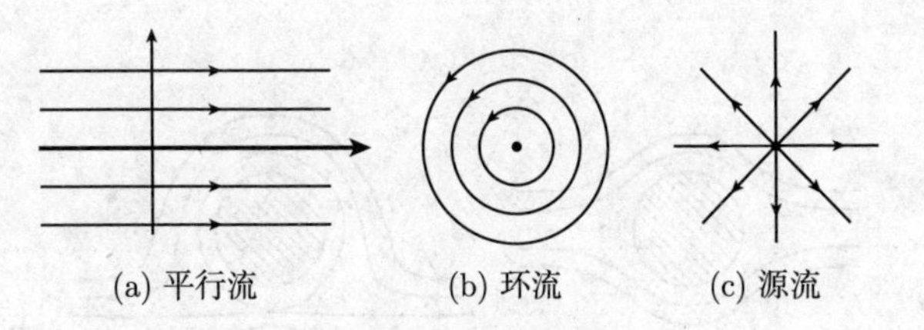

(a) 平行流 (b) 环流 (c) 源流

图 1.187 流体动力流

纯环流(图 1.187(b)) 令 Γ 为一实数. 令 $z = r\mathrm{e}^{\mathrm{i}\varphi}$. 对函数

$$\boxed{f(z) := -\frac{\Gamma}{2\pi\mathrm{i}} \ln z}$$

有 $U = -\dfrac{\Gamma}{2\pi}\varphi, V = \dfrac{\Gamma}{2\pi} \ln r$, 及 $\boldsymbol{v} = -\overline{f'(z)}$. 这可导出速度场为

$$\boldsymbol{v}(z) = \frac{\mathrm{i}\Gamma z}{2\pi r^2}.$$

令 C 是围绕原点的圆周. 对环流, 由留数定理得到

$$z(C) = \frac{\Gamma}{2\pi\mathrm{i}}\int_C \frac{\mathrm{d}z}{z} = \Gamma.$$

积分曲线 $V =$ 常数是围绕原点的同心圆, 等势曲线 $U =$ 常数是以原点为起点的射线.

纯源流(图 1.187(c)) 令 $q > 0$. 函数

$$f(z) = -\frac{q}{2\pi} \ln z$$

对应着速度场为

$$\boldsymbol{v}(z) = \frac{qz}{2\pi r^2}$$

的源流, 它的位势是 $U = -\dfrac{q}{2\pi} \ln r$, 它的源强度等于

$$Q(C) = \frac{q}{2\pi \mathrm{i}} \int_C \frac{\mathrm{d}z}{z} = q.$$

积分曲线是以原点为起点的射线, 等势曲线是围绕原点的同心圆.

经圆盘形障碍物的流(图 1.188) 令 $c > 0$ 和 $\Gamma \geqslant 0$. 函数

$$\boxed{f(z) = -c\left(z + \frac{R^2}{z}\right) - \frac{\Gamma}{2\pi \mathrm{i}} \ln z} \tag{1.476}$$

描述了经过半径为 R 的圆盘的流; 这个流由速度为 c 的平行流及由 Γ 确定的环流组成.

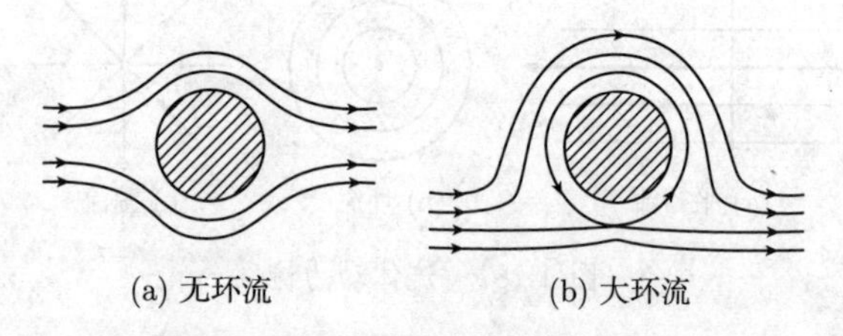

图 1.188 绕过障碍物 (圆盘) 的流

共形映射技巧 由于双全纯映射把全纯函数变换成全纯函数, 所以同时可得到流的映射, 它把积分曲线变换为积分曲线. 我们知道, 双全纯映射总是共形的.

这说明了共形映射对于物理学和技术的重要性. 同样的原理也适用于静电学及静磁学 (参看 1.14.14).

经过障碍物区域 G 的流(图 1.189) 假设给定一个有光滑边界的单连通区域 G. 令 g 为从 G 到一个圆盘的双全纯映射. 由黎曼映射定理可知, 这种映射总是存在的. 我们选取函数 f 为 (1.476) 中 $R = 1$ 的情况, 则复合函数

$$w = f(g(z))$$

是一个围绕区域 G 的流.

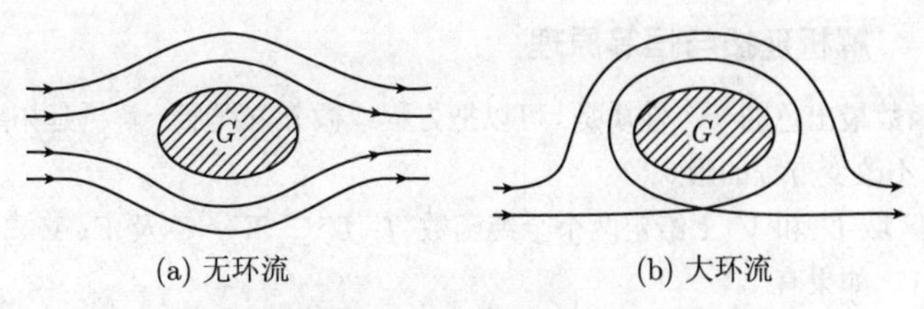

(a) 无环流　　(b) 大环流

图 1.189　经过任意单连通区域障碍物 G 的流

1.14.14　在静电学和静磁学上的应用

平面静电学基本方程

$$\boxed{\mathrm{div}\boldsymbol{E} = 0, \quad \mathbf{curl}\boldsymbol{E} = \mathbf{0}, \quad \text{在 } \Omega \text{ 上.}} \tag{1.477}$$

这些方程是在没有电荷、电流以及磁场的情况下, 静电场 $\boldsymbol{E}$ 的麦克斯韦方程组.

类比原理　1.14.13 中的每个流体对应一个静电场, 如果使用如下词典来翻译两种概念:

速度场 $\boldsymbol{v} \Rightarrow$ 电场 $\boldsymbol{E}$,

速度势 $U \Rightarrow$ 电势 (电压) U,

积分曲线 $\Rightarrow$ $\boldsymbol{E}$ 的电场线

源强度 $Q(C) \Rightarrow C$ 的内部的面电荷 q,

环流 $Z(C) \Rightarrow$ 环流 $Z(C)$.

在电荷为 Q 的点上, 电场力 $Q\boldsymbol{E}$ 沿电力线方向: 电场向量垂直于等势线. 电场中的导体 (比如金属) 对应于常值电势 U.

数学的一个优点在于同一个数学理论可以应用于自然界中完全不同的情形.

点电荷　1.14.13 中的纯源流 $f(z) := -\dfrac{q}{2\pi}\ln z$ 相应于具有电势 $U(z) = -\dfrac{q}{2\pi}\ln r$的一个电场 $\boldsymbol{E}$. 场 $\boldsymbol{E}(z) = \dfrac{qz}{2\pi r^2}$ 由位于原点处的平面电荷 q 所生成 (图 1.187(c)).

半径为 $\boldsymbol{R}$ 的金属圆柱体　一个圆柱体的电场, 相应于在垂直于圆柱体轴的每个平面中具有静电势 $U = -\dfrac{q}{2\pi}\ln r\ (r \geqslant R)$ 的源流

$$f(z) = -\frac{q}{2\pi}\ln z.$$

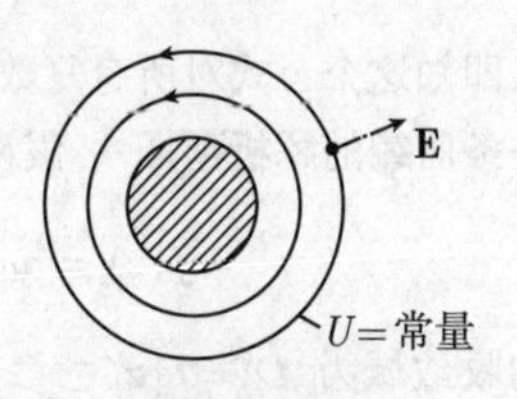

图 1.190

其等势曲线是同心圆. 在圆柱体内部有 $U=$ 常数 $=U(R)$(图 1.190).

静磁学　如果把 (1.477) 中的电场 $\boldsymbol{E}$ 替换为磁场 $\boldsymbol{B}$, 就得到静磁学基本方程.

1.14.15 解析延拓与恒等原理

全纯函数最出色的一个性质是, 可以把方程或微分方程唯一解析延拓到更大的定义域, 而不改变方程的形式.

定义 在区域 U 和 V 上给定两个全纯函数 $f\colon U\subseteq\mathbb{C}\to\mathbb{C}$ 及 $\mathrm{F}\colon V\subseteq\mathbb{C}\to\mathbb{C}$, 其中 $U\subset V$. 如果有

$$f=F,\quad 在U上,$$

则 F 完全由 f 确定, 它称为 f 的解析延拓.

例 1: 对满足 $|z|<1$ 的所有 $z\in\mathbb{C}$, 令

$$f(z):=1+z+z^2+\cdots,$$

且对满足 $z\neq 1$ 的所有 $z\in\mathbb{C}$, 令

$$F(z):=\frac{1}{1-z},$$

则 F 是 $\mathbb{C}-\{1\}$ 上 f 的解析延拓.

恒等原理 在区域 Ω 上给定两个全纯函数 $f,g\colon\Omega\to\mathbb{C}$, 并假设

$$\boxed{f(z_n)=g(z_n),\quad 对所有n=1,2,\cdots,}$$

其中, (z_n) 是一个序列, 当 $n\to\infty$ 时, $z_n\to a$, 而 $a\in\Omega$. 另外还假设对所有的 $n, z_n\neq a$. 那么在 Ω 上 $f=g$.

例 2: 假设对所有 $x,y\in]-\alpha,\alpha[$, 有加法定理

$$\sin(x+y)=\sin x\cos y+\cos x\sin y, \tag{1.478}$$

其中 $\alpha>0$ 为小角度. 既然 $w=\sin z$ 和 $w=\cos z$ 是 $\mathbb{C}$ 上的全纯函数, 所以 (不需计算) 我们知道加法定理对所有复数 x 与 y 都成立.

例 3: 假设我们已经对所有 $x\in]-\alpha,\alpha[$ 证明了导数公式

$$\frac{\mathrm{d}\sin x}{\mathrm{d}x}=\cos x.$$

那么即知这个公式对所有复数 z 都成立.

沿一条曲线的解析延拓 假设给定幂级数

$$f(z)=a_0+a_1(z-a)+a_2(z-a)^2+\cdots, \tag{1.479}$$

它的收敛域为 $D=\{z\in\mathbb{C}:|z-a|<r\}$. 选一个点 $b\in D$, 并令 $z-a=(z-b)+b-a$. 对级数 (1.479) 重新排序, 得到新的幂级数

$$g(z)=b_0+b_1(z-b)+b_2(z-b)^2+\cdots,$$

其收敛域为 $D' = \{z \in \mathbb{C} : |z - b| < R\}$ (图 1.191(a)). 这里, 在交集 $D \cap D'$ 上有 $f = g$. 如果 D' 包含不在 D 里的点, 令

$$\text{在 } D \text{ 上 } F := f, \quad \text{在 } D' \text{ 上 } F := g,$$

那么我们就得到了并集 $D \cup D'$ 上 f 的一个解析延拓 F. 可以尝试继续这个过程 (图 1.191(b)).

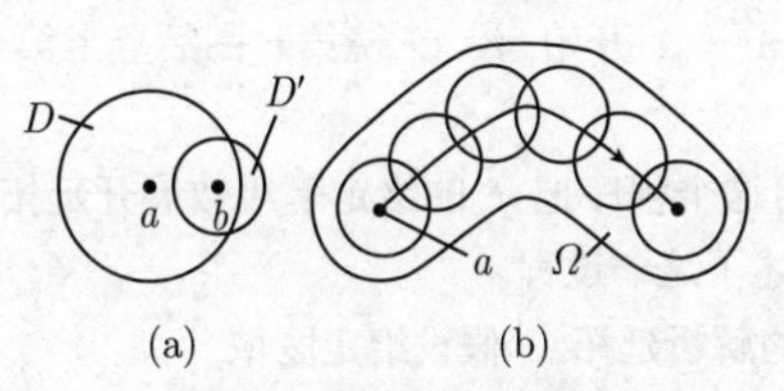

图 1.191 解析延拓

例 4: 函数

$$f(z) := \sum_{n=1}^{\infty} z^{2^n}$$

在单位圆盘上是全纯的. 然而它不能被解析延拓到一个更大的区域. [1)]

单值性定理 令 Ω 是单连通区域, 函数 f 在点 $a \in \Omega$ 的一个圆形邻域内是全纯的, 因而 f 可以局部地在点 a 处展开成幂级数.

如果函数 f 可以沿 Ω 中一条 C^1 曲线解析延拓, 则可得区域 Ω 上一个唯一确定的全纯函数 F(图 1.191(b)).

解析延拓与黎曼面 如果区域 Ω 不是单连通的, 则解析延拓可能导致一个多值函数.

例 5: 令 C 是 w 平面上的一个正定向圆. 我们在点 $w = 1$ 的某个邻域内沿一条曲线对函数

$$z =_+ \sqrt{w}$$

的主值进行解析延拓. 在绕 C 一周后, 沿曲线 C 的解析延拓在 $w = 1$ 处产生 $_+\sqrt{w}$(主值的负值) 的幂级数展开. 再一次绕 C 一周, 我们就又回到了 $_+\sqrt{w}$ 的幂级数展开.

如果使用函数 $z = \sqrt{w}$ 的直观黎曼面 (参看 1.14.11.6), 上述情况就变得可以理解了. 我们从第一片上的点 $w = 1$ 开始, 绕 C 一周后到第二片上. 第二次绕 C 一周后, 我们再次登上第一片.

例 6: 如果在点 $w = 1$ 的某邻域内, 对主值

$$z = \ln w$$

---

1) 符号 z^{2^n} 表示 $z^{(2^n)}$, 不应该与 $(z^2)^n = z^{2\cdot n}$ 混淆. 一般, a^{b^c} 表示 $a^{(b^c)}$.

的幂级数展开进行解析延拓, 那么沿 C 绕 $w=1$ 点 m 周后就得到了

$$z=\ln w+2\pi mi,\quad m=0,\pm1,\pm2,\cdots$$

的幂级数展开. 这里数 $m=-1$ 对应着负向, 即逆向, 绕 C 一周, 如此等等. 这个程序导出上面讨论的多值函数 $z=\mathrm{Ln}w$.

借助 1.14.11.7 中 $z=\mathrm{Ln}w$ 的直观黎曼面, 我们可以把上述解析延拓解释如下. 我们从第零片上的点 $w=1$ 开始, 沿 C 绕第一圈后登上第一片, 绕完第二圈后登上第二片, 如此类推.

一般地, 可以利用这个程序把 f 的给定幂级数展开延拓到 f 的最大解析延拓的黎曼面上. [212] 描述了这一过程.

应用施瓦茨反射原理的解析延拓 假设给定区域

$$\Omega=\Omega_+\cup\Omega_-\cup S,$$

它由两个区域 Ω_+, Ω_- 及线段 S 组成. 这里, Ω_- 是 Ω_+ 关于线段 S 反射后的象 (图 1.192). 我们作如下假设:

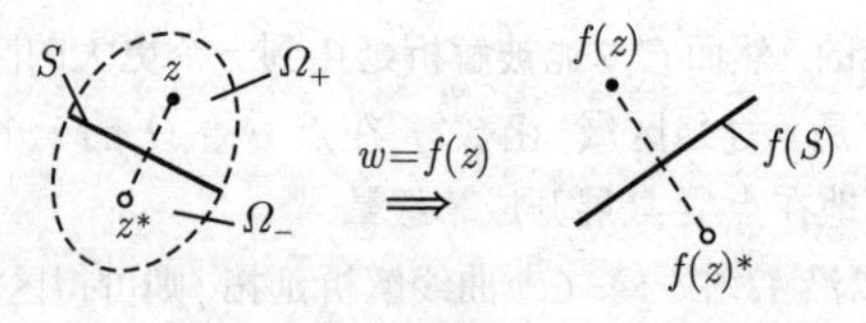

图 1.192

(i) 函数 f 在 Ω_+ 上是全纯的, 并在并集 $\Omega_+\cup S$ 上连续.

(ii) 线段 S 在映射 $w=f(z)$ 下的象 $f(S)$ 是 w 平面上的线段.

(iii) 令对所有的 $z\in\Omega_+$,

$$\boxed{f(z^*):=f(z)^*.}$$

这里符号中的星号表示关于 z 平面中线段 S 的反射 (或 w 平面上对线段 $f(S)$ 的反射).

这一构造导出 f 在整个区域 Ω 上的解析延拓.

一般幂函数 令 $\alpha\in\mathbb{C}$, 则对满足 $z>0$ 所有的 $z\in\mathbb{R}$, 有

$$\boxed{z^\alpha=\mathrm{e}^{\alpha\ln z}.}$$

等号右边的函数可以解析延拓. 此解析延拓为函数 $w=z^\alpha$.

(i) 如果 $\mathrm{Re}\,\alpha$ 与 $\mathrm{Im}\,\alpha$ 是整数, 则 $w=z^\alpha$ 在 $\mathbb{C}$ 上是唯一定义的.

(ii) 如果 $\mathrm{Re}\,\alpha$ 与 $\mathrm{Im}\,\alpha$ 是有理数而不是整数, 则 $w=z^\alpha$ 有有限个值 (有如对辐角有限多个值的那么多个值).

(iii) 如果 Re α 与 Im α 是无理数, 则 $w = z^\alpha$ 有无穷多个值.

在情形 (ii), $w = z^\alpha$ 的直观黎曼面与函数 $w = \sqrt[n]{z}$ 的一样, 其中 $n \geqslant 2$ 为某一自然数.

在情形 (iii), $w = z^\alpha$ 的直观黎曼面与函数 $w = \operatorname{Ln} z$ 的一样.

1.14.16 在欧拉伽马函数上的应用

定义

$$\Gamma(n+1) := n!, \quad n = 0, 1, 2, \cdots.$$

这显然蕴涵关系式

$$\boxed{\Gamma(z+1) = z\Gamma(z),} \tag{1.480}$$

其中 $z = 1, 2, \cdots$ 欧拉(1707—1783) 想知道对 z 的其他值, 能否合理定义 $n!$. 为了解决这个问题, 他求出了函数方程 (1.480) 的一个解 Γ, 即为收敛积分

$$\Gamma(x) := \int_0^\infty \mathrm{e}^{-t} t^{x-1} \mathrm{d}t, \quad 对满足\ x > 0\ 的所有 x \in \mathbb{R}. \tag{1.481}$$

解析延拓 由 (1.481) 定义的实值函数 Γ 可以唯一扩展成复平面 $\mathbb{C}$ 上的一个亚纯函数. 这个函数的极点恰是点 $z = 0, -1, -2, \cdots$; 所有这些极点都是一阶的.

对于 $n = 0, 1, 2, \cdots$, 该函数在极点 $z = -n$ 的邻域内的洛朗级数如下:

$$\Gamma(z) = \frac{(-1)^n}{n!(z+n)} + (z+n)的幂级数.$$

由恒等定理, 对不是 Γ 的极点的所有复自变量 z, 函数方程 (1.480) 都成立.

实值 x 的 Γ 函数图像见图 1.193.

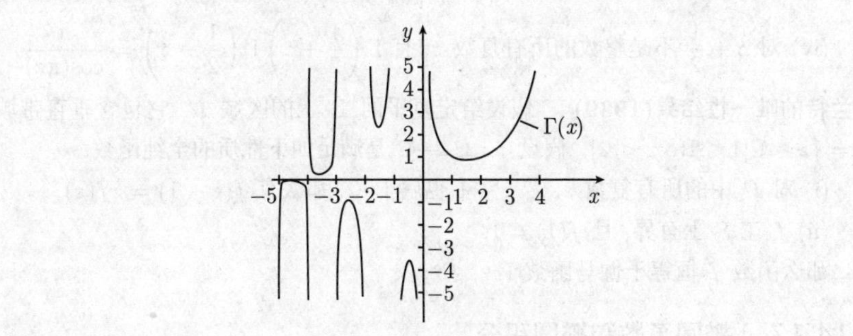

图 1.193 欧拉 Γ 函数

高斯乘积公式 函数 Γ 没有零点. 因而反函数 $1/\Gamma$ 是整函数. 对所有 $z \in \mathbb{C}$, 有乘积公式

$$\boxed{\frac{1}{\Gamma(z)} = \lim_{n\to\infty} \frac{1}{n^z n!} z(z+1)\cdots(z+n).}$$

高斯乘法公式 对于 $k=1,2,\cdots$ 和不是 Γ 的极点的所有 z, 有

$$\Gamma\left(\frac{z}{k}\right)\Gamma\left(\frac{z+1}{k}\right)\cdots\Gamma\left(\frac{z+k-1}{k}\right)=\frac{(2\pi)^{(k-1)/2}}{k^{z-1/2}}\Gamma(z).$$

特别地, 当 $k=2$ 时, 得到拉格朗日加倍公式:

$$\Gamma\left(\frac{z}{2}\right)\Gamma\left(\frac{z}{2}+\frac{1}{2}\right)=\frac{\sqrt{\pi}}{2^{z-1}}\Gamma(z).$$

欧拉互补定理 对所有不是整数的复数 z, 有

$$\Gamma(z)\Gamma(1-z)=\frac{\pi}{\sin \pi z}.$$

斯特林公式 对每个正实数 x, 存在一个满足 $0<\theta(x)<1$ 的数 $\theta(x)$, 使得满足如下关系式:

$$\Gamma(x+1)=\sqrt{2\pi}x^{x+1/2}\mathrm{e}^{-x}\mathrm{e}^{\theta(x)/12x}.$$

对满足 $\mathrm{Re}\ z>0$ 的每个复数 z, 有 $|\Gamma\ (z)|\leqslant|\Gamma(\mathrm{Re}\ z)|$. 特别地, 有

$$\boxed{n!=\sqrt{2\pi n}\left(\frac{n}{\mathrm{e}}\right)^n\mathrm{e}^{\theta(n)/12n},\quad n=1,2,\cdots.}$$

伽马函数更多的性质 (i) 欧拉积分表示 (1.481) 对满足 $\mathrm{Re}\ z>0$ 的所有复数 z 都成立.

(ii) $\Gamma(1)=1,\Gamma\left(\frac{1}{2}\right)=\sqrt{\pi},\Gamma(-1/2)=-2\sqrt{\pi}.$

(iii) 对不是整数的所有复数 z, 有 $\Gamma(z)\Gamma(-z)=-\dfrac{\pi}{z\sin(\pi z)}.$

(iv) 对 $z+\dfrac{1}{2}$ 不是整数的所有复数 z, 有 $\Gamma\left(\dfrac{1}{2}+z\right)\Gamma\left(\dfrac{1}{2}-z\right)=\dfrac{\pi}{\cos(\pi z)}.$

维兰特的唯一性结果(1939) 假设给定复平面 $\mathbb{C}$ 上的区域 Ω, 它包含垂直带域 $S:=\{z\in\mathbb{C}|1\leqslant\mathrm{Re}\ z<2\}$. 假设 $f:\Omega\to\mathbb{C}$ 是满足如下性质的全纯函数:

(i) 对 Ω 中的所有复数 z, 若 $z+1$ 也属于 Ω, 那么有 $f(z+1)=zf(z)$.

(ii) f 在 S 上有界, 且 $f(1)=1$.

那么函数 f 恒等于伽马函数 Γ.

1.14.17 椭圆函数和椭圆积分

1.14.17.1 基本思想

法尼亚诺加法定理(1781) 方程

$$\boxed{r^2=\cos 2\varphi}$$

描述了极坐标下的 J. 伯努利 (Jakob Bernoulli, 1654—1705) 双纽线, 其上到原点 O 的距离为 r 的点与 O 之间的弧长为

$$s(r)=\int_0^r \frac{\mathrm{d}\rho}{\sqrt{1-\rho^4}} \tag{1.482}$$

(图 1.194). 意大利数学家法尼亚诺 (Fagnano, 1682—1766) 于 1718 年发现了加倍公式

$$2s(r)=s(R), \quad 对于 R=\frac{2r\sqrt{1-r^4}}{1+r^4}. \tag{1.483}$$

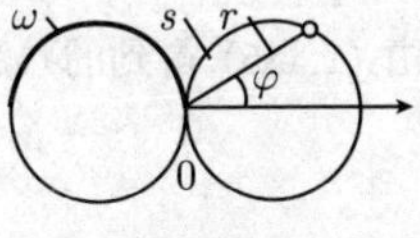

图 1.194

这个公式给出了如何用圆规和直尺使双纽线加倍的方法.

1753 年, 欧拉发现了椭圆积分的许多加法公式, 称为加法定理.

高斯的发现 1796 年, 只有 19 岁的高斯就研究了双纽线. [1]他要研究的是, 如何根据弧长 s 来计算双纽线上的点到原点的距离 r. 换言之, 他感兴趣的是椭圆积分 (1.482) 的反函数 $r=r(s)$. 对 (1.482) 求导后, 得

$$s'(r)=\frac{1}{\sqrt{1-r^4}}, \quad -1<r<1.$$

因而在 $]-1,1[$ 上有 $s'(r)>0$, 因此函数 $s:]-1,1[\to\mathbb{R}$ 严格递增且有反函数, 高斯把此反函数记为

$$r=\mathrm{sl}\ s, \quad -\omega<s<\omega,$$

并称作双纽线正弦函数. 其中, 数

$$\omega:=\int_0^1 \frac{\mathrm{d}\rho}{\sqrt{1-\rho^4}}$$

是双纽线的半弧的长度 (图 1.194). 此外, 高斯通过关系式

$$\mathrm{cl}\ s:=\mathrm{sl}\ (\omega-s) \tag{1.484}$$

引进了双纽线余弦函数. 我们有

$$\mathrm{sl}^2 s+\mathrm{cl}^2 s+\mathrm{sl}^2 s\ \mathrm{cl}^2 s=1, \tag{1.485}$$

这个关系式表明, 高斯十分熟悉它们与三角函数的类似性. 如果考虑积分

$$s(r):=\int_0^r \frac{\mathrm{d}\rho}{\sqrt{1-\rho^2}}.$$

那么这种类似性变得更明显. 由 $s=s(r)$ 的反函数得到三角正弦函数

$$r=\sin s.$$

1) 这项研究直到他去世后才发表.

如果选取数

$$\omega := \int_0^1 \frac{\mathrm{d}\rho}{\sqrt{1-\rho^2}} = \frac{\pi}{2},$$

那么就得到平行于 (1.484) 的三角余弦函数

$$\cos s = \sin(\omega - s)$$

及由 (1.485) 得到的熟悉的关系式

$$\sin^2 s + \cos^2 s = 1.$$

就像对三角函数有加法定理

$$\sin(x+y) = \sin x \cos y + \cos x \sin y$$

一样, 对双纽线正弦及余弦函数也有代数加法定理. 借助这些公式, 高斯对所有实自变量 s 引进了函数 $r=\mathrm{sl}\ s$ 及 $r=\mathrm{cl}\ s$. 高斯的闪光思想是把这些函数推广到了复自变量. 为此, 他首先利用了代换 $t = \mathrm{i}\rho$, 并且形式地推导:

$$\int_0^{\mathrm{i}r} \frac{\mathrm{d}t}{\sqrt{1-t^4}} = \mathrm{i}\int_0^r \frac{\mathrm{d}\rho}{\sqrt{1-\rho^4}},$$

因而 $s\ (\mathrm{i}r) = \mathrm{i}s\ (r)$. 这使他得到定义

$$\mathrm{sl}\ (\mathrm{i}s) := \mathrm{i}\ (\mathrm{sl}\ s), \quad 对所有 s \in \mathbb{R}.$$

通过这个关系式及加法定理, 他对所有复数 s 很容易地定义了 $\mathrm{sl}\ s$, 并作为推论得到了两个基本周期性关系式:

$$\boxed{\mathrm{sl}\ (s+4\omega) = \mathrm{sl}\ s \ 和\ \mathrm{sl}\ (s+4\omega\mathrm{i}) = \mathrm{sl}\ s \quad 对所有\ s \in \mathbb{C}.}$$

与三角正弦函数不同的是, 双纽线正弦函数不仅有实周期 4ω, 而且还有第二个纯虚周期$4\omega\mathrm{i}$. 这说明 $\mathrm{sl}\ s$ 是一个有双周期的亚纯函数. 这类函数称为椭圆函数.

在 1796 年高斯就已经发现了椭圆函数的存在性.

一般椭圆积分　形如

$$\boxed{\int R(z, \sqrt{p(z)})\mathrm{d}z} \tag{1.486}$$

的积分称为有理的, 如果 p 是有两个不同零点的二次多项式. 这类积分总可以用包含三角函数 (实变量或复变量) 的代换解出. 三角函数是周期函数.

如果 p 是三次或四次多项式, 且有两个不同的零点, 那么称 (1.486) 为椭圆积分. 通过含有椭圆函数——它是双周期函数——的代换, 可以求得这类积分.

椭圆积分与椭圆函数推广了有理积分与三角函数.

积分 (1.486) 称为是超椭圆的, 如果 p 是有两个不同零点的五次或六次多项式. 形如

$$\int R(z,w)\mathrm{d}z$$

的积分称为阿贝尔积分, 其中 w 是代数函数.[1] N. H. 阿贝尔(Niels H. Abel, 1802—1829) 研究过这样的积分.

椭圆积分的一般理论 勒让德(Legendre, 1752—1833) 和雅可比(Jacobi, 1804—1851) 系统研究过椭圆积分, 雅可比使用了快速的收敛 θ 函数, 并推导出雅可比正弦函数 $w=\mathrm{sn}\ z$ 和余弦函数 $w=\mathrm{cn}\ z$, 从而推广了三角函数.

然而, 只有把椭圆函数看作椭圆积分理论的起点, 才能更深刻地理解这个理论. 这正是魏尔斯特拉斯于 1862 年在柏林大学的著名系列讲座中系统阐述的方式. 他的起点是他引进的 $\mathcal{P}$ 函数. 由此可得所有椭圆函数, 并且用有理运算能得到它的导数.

一般理论的基本思想如下:

(i) 借助通用代换可以求出椭圆积分, 在此代换中应用了魏尔斯特拉斯 $\mathcal{P}$ 函数.

(ii) 椭圆积分有局部反函数. 对这些局部反函数作解析延拓得到复平面 $\mathbb{C}$ 上的椭圆函数.

(iii) 椭圆积分的整体行为受积分号下函数 $\sqrt{p(z)}$ 的多值性影响. 为了使积分 (1.486) 成为唯一定义的曲线积分, 必须利用位于函数 $\sqrt{p(z)}$ 的黎曼面上的积分路径. 在这个黎曼面上, 函数 $w=\sqrt{p(z)}$ 是单值的. 这样, 积分号下的函数也变成单值的.

(iv) 魏尔斯特拉斯 $\mathcal{P}$ 函数满足代数加法定理.

法尼亚诺发现的加倍公式 (1.483), 欧拉的一般加法定理, 及像高斯双纽线正弦、余弦函数这样的一般椭圆函数的加法定理, 它们的基础是代数加法定理.

$\mathcal{P}$ 函数的加法定理存在的深刻理由是椭圆曲线上的群结构 (参看 3.8.1.3).

(v) 为了用 $\mathcal{P}$ 函数计算任意椭圆积分, 必须解决 $\mathcal{P}$ 函数的反演问题, 换言之, 根据 $\mathcal{P}$ 函数的某些给定不变量求出周期格. 这就导致模形式理论的诞生, 我们将在 1.14.18 中讨论. 模形式在数论及现代粒子物理学中的弦理论等多个领域中起着重要作用 (参看 [212]).

超椭圆积分著名的雅可比反演问题 1832 年雅可比阐述了如下猜想. 令 $w=p(z)$ 是六次多项式, 且只有一阶零点. 我们考虑两个函数 $u=u(a,b)$ 和 $v=v(a,b)$, 它们是如下方程组的解:

$$\int_{u_0}^{u}\frac{\mathrm{d}z}{\sqrt{p(z)}}+\int_{v_0}^{v}\frac{\mathrm{d}z}{\sqrt{p(z)}}=a,$$

1) 这表示 (多值) 函数 $w=w(z)$ 满足方程 $p(w,z)=0$, 其中 p 是任意次的多项式.

$$\int_{u_1}^{u}\frac{z\mathrm{d}z}{\sqrt{p(z)}}+\int_{v_1}^{v}\frac{z\mathrm{d}z}{\sqrt{p(z)}}=b,$$

其中 u_j, v_j 是给定的复数, $j=0,1$. 那么, 函数 $u+v$ 与 uv 是唯一的, 且有四个不同的周期.

黎曼和魏尔斯特拉斯对求解这个问题进行了深入的研究, 在这过程中发展了复变函数论的核心部分. 他们两个人用不同的方法都发现了这个问题的一个解, 并且证明, 这只是阿贝尔积分的更一般性质的特殊情形.

自守函数 代替椭圆积分中的椭圆函数, 在超椭圆积分中出现了自守函数. 自守函数是在某个区域 (例如上半平面或圆盘上) 上的亚纯函数, 它在那个区域的自同构的一个离散群作用下不变. 自守函数在计算阿贝尔积分中的重要性基于如下事实: 对每个亏格 $g\geqslant 2$ 的紧黎曼面 $\mathscr{R}$, 存在从开圆盘 $\mathscr{B}$ 到 $\mathscr{R}$ 的自同构映射 $p:\mathscr{B}\to\mathscr{R}$, p 在 $\mathscr{B}$覆叠变换群下不变 (参看 [212]).

在椭圆积分的情形中使用椭圆函数 $p:\mathbb{C}\to\mathscr{R}$, 其中 $\mathscr{R}$ 是亏格 $g=1$ 的黎曼面, 因此 $\mathscr{R}$ 同胚于环面. 使周期格不变的复平面 $\mathbb{C}$ 的所有平移组成的集合构成覆叠变换群. 分析学、代数学与几何学的异乎寻常的和谐的相互作用确定了阿贝尔积分的一般理论. 这个理论包含的丰富思想在许多其他领域也有丰硕成果, 并且从本质上影响了 20 世纪数学的发展.

1.14.17.2 椭圆函数的性质

定义 椭圆函数是双周期的亚纯函数 $f:\mathbb{C}\to\overline{\mathbb{C}}$, 即, 存在两个非零复数 ω_1, ω_2, 使得

$$\boxed{f(z+\omega_j)=f(z),\quad \text{对所有}z\in\mathbb{C}\text{ 且 }j=1,2.}\tag{1.487}$$

令 $\tau:=\omega_2/\omega_1$, 并从此以后假设两个周期按照 $\mathrm{Im}\,\tau>0$ 排序. 由 (1.487) 得到

$$f(z+n\omega_1+m\omega_2)=f(z),\quad \text{对所有}z\in\mathbb{C},$$

其中 n, m 是任意整数.

周期格 集合

$$\varGamma:=\{n\omega_1+m\omega_2|n,m\text{是整数}\}$$

称为由 ω_1 和 ω_2 生成的周期格; $\varGamma$ 是加法群 $\mathbb{C}$ 的子群. 集合

$$\mathscr{F}:=\{\lambda\omega_1+\mu\omega_2|0\leqslant\lambda,\mu<1\}$$

称为基本域. 这是由 ω_1 和 ω_1 张成的平行四边形 (图 1.195). 记

$$z_1\equiv z_2 \mod \varGamma,$$

当且仅当 $z_1-z_2\in\varGamma$, 这时我们说 z_1 与 z_2 是等价的. 双周期函数在等价点处的值相同.

例: 在图 1.195 中, 4 个开圆就是 4 个等价点.

定理 对复平面 $\mathbb{C}$ 中的每个点 z_1, 在基本域 $\mathscr{F}$ 中存在唯一一个与 z_1 等价的点 z_2. 因此, 只需知道椭圆函数在它的基本域中的值, 就知道了它的所有值.

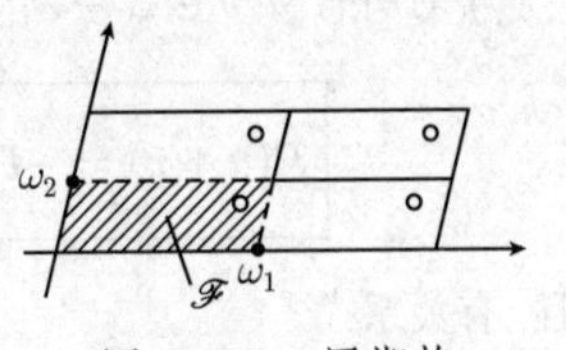

图 1.195 周期格

刘维尔定理(1847) 对一个不是常数的椭圆函数 $f:\mathbb{C}\to\bar{\mathbb{C}}$, 有

(i) f 在基本域 $\mathscr{F}$ 中至少有一个、至多有有限个极点.

(ii) f 在 $\mathscr{F}$ 中所有极点处留数的和是零.

(iii) f 在 $\mathscr{F}$ 的所有点上以相同的重数取每个值 $w\in\mathbb{C}$ 和 $w=\infty$. [1)]

1.14.17.3 魏尔斯特拉斯 $\mathcal{P}$ 函数

定义 令给定 ω_1 和 ω_2, 它们张成一个周期格. 对所有 $z\in\mathbb{C}-\Gamma$, 令

$$\boxed{\mathcal{P}(z):=\frac{1}{z^2}\sum_{g\in\Gamma}{}'\left(\frac{1}{(z-g)^2}-\frac{1}{g^2}\right).}$$

带撇号的求和符号表明格点 $g=0$ 不在求和号中.

此外, 令

$$e_1:=\mathcal{P}\left(\frac{\omega_1}{2}\right),\quad e_2:=\mathcal{P}\left(\frac{\omega_1+\omega_2}{2}\right),\quad e_3=\mathcal{P}\left(\frac{\omega_2}{2}\right),\tag{1.488}$$

$$g_2:=-4(e_1e_2+e_1e_3+e_2e_3),\quad g_3:=4e_1e_2e_3.$$

我们有

$$4(z-e_1)(z-e_2)(z-e_3)=4z^3-g_2z-g_3.$$

这个多项式的 (非正规化) 判别式是

$$\Delta:=(g_2)^3-27(g_3)^2.$$

如果数 e_1, e_2, e_3 两两不同, 则 $\Delta\neq 0$.

定理 1 (i) $\mathcal{P}$ 函数是椭圆函数, 周期为 ω_1 与 ω_2.

(ii) $\mathcal{P}$ 在基本域 $\mathscr{F}$ 中恰有一个极点. 它是点 $z=0$, 且其重数为 2.

(iii) 在 $\mathscr{F}$ 中 $\mathcal{P}$ 函数两次取每个值 $w\in\mathbb{C}$, 并且它是个偶函数, 即, 对所有的 $z\in\mathbb{C}$, 有 $\mathcal{P}(-z)=\mathcal{P}(z)$.

(iv) 对所有 $z\in\mathbb{C}-\Gamma$, 函数 $w=\mathcal{P}(z)$ 满足微分方程

$$\boxed{w'^2=4(w-e_1)(w-e_2)(w-e_3).}\tag{1.489}$$

1) $f-w$ 在 $\mathscr{F}$ 中所有零点的重数和等于 f 在 $\mathscr{F}$ 中所有极点的重数和.

(v) 对所有 $u, v \in \mathbb{C} - \Gamma$, $u \neq v$, 有加法定理:

$$\boxed{\mathcal{P}(u+v) = -\mathcal{P}(u) - \mathcal{P}(v) + \frac{1}{4}\left(\frac{\mathcal{P}'(u) - \mathcal{P}'(v)}{\mathcal{P}(u) - \mathcal{P}(v)}\right)^2.}$$

并且, 有关系式

$$\mathcal{P}(2u) = -2\mathcal{P}(u) + \frac{1}{4}\left(\frac{\mathcal{P}''(u)}{\mathcal{P}'(u)}\right)^2.$$

椭圆函数域 周期为 ω_1, ω_2 的所有椭圆函数的集合是一个域[1] $\mathscr{K}$. 这个域是由 $\mathcal{P}$ 函数及其导数生成的. 显然, 形如

$$\boxed{R(\mathcal{P}, \mathcal{P}')}$$

的所有函数构成 $\mathscr{K}$, 其中 R 是任意二元有理函数(两个二元多项式的商).

艾森斯坦 (Eisenstein, 1832—1852) 级数 对于 $n = 3, 4, \cdots$, 级数

$$G_n := \sum_{\omega \in \Gamma}{}' \frac{1}{\omega^n}$$

收敛. 这里, 带撇号的求和表明不包括格点 $\omega=0$.

定理 2 我们有 $g_2 = 60G_4$, $g_3 = 140G_6$. 在 $z = 0$ 的某个邻域内, 有洛朗展开式

$$\mathcal{P}(z) = \frac{1}{z^2} + \sum_{n=1}^{\infty}(2n+1)G_{2n+2}z^{2n}.$$

1.14.17.4 雅可比 ϑ 函数

定义

$$\boxed{\vartheta_0(z;\tau) = 1 + 2\sum_{n=1}^{\infty}(-1)^n q^{n^2} \cos 2\pi n z, \quad z \in \mathbb{C}.}$$

这里, q 定义为 $q := \mathrm{e}^{\mathrm{i}\pi\tau}$, 其中 $\tau \in \mathbb{C}$, 并且 $\mathrm{Im}\tau > 0$. [2]

定理 对固定参数 τ, 函数 ϑ_0 是整函数. 它的周期是 1, 并且恰在点

$$\frac{\tau}{2} + n + m\tau, \quad n, m \in \mathbb{Z}$$

处有零点.

作为 z 与 τ 的函数, ϑ_0 满足复的热方程

$$\frac{\partial^2 \vartheta_0}{\partial z^2} = 4\pi\mathrm{i}\frac{\partial \vartheta_0}{\partial \tau}.$$

1) 域的定义见 2.5.3.

2) $q^{n^2} = q^{(n^2)}$.

定义 由 ϑ_0 可得其他的雅可比 ϑ 函数:

$$\vartheta_1(z;\tau) := -\mathrm{i}q^{1/4}\mathrm{e}^{\mathrm{i}\pi z}\vartheta_0\left(z+\frac{\tau}{2};\tau\right) = 2\sum_{n=0}^{\infty}(-1)^n q^{(n+\frac{1}{2})^2}\sin(2n+1)z,$$

$$\vartheta_2(z;\tau) := \vartheta_1\left(z+\frac{1}{2};\tau\right) = 2\sum_{n=0}^{\infty} q^{(n+\frac{1}{2})^2}\cos(2n+1)\pi z,$$

$$\vartheta_3(z;\tau) := \vartheta_0\left(z-\frac{1}{2};\tau\right) = 1+2\sum_{n=1}^{\infty} q^{n^2}\cos 2\pi n z.$$

1.14.17.5 雅可比椭圆函数

定义 令 $0<k, k'<1$, 且 $k^2+k'^2=1$. 令

$$\mathrm{sn}(z;k) := \frac{1}{\sqrt{k}}\frac{\vartheta_1\left(\dfrac{z}{2K};\tau\right)}{\vartheta_0\left(\dfrac{z}{2K};\tau\right)} \quad (\text{正弦振幅}),$$

$$\mathrm{cn}(z;k) = \sqrt{\frac{k'}{k}}\frac{\vartheta_2\left(\dfrac{z}{2K};\tau\right)}{\vartheta_0\left(\dfrac{z}{2K};\tau\right)} \quad (\text{余弦振幅}),$$

$$\mathrm{dn}(z;k) = \sqrt{k'}\frac{\vartheta_3\left(\dfrac{z}{2K};\tau\right)}{\vartheta_0\left(\dfrac{z}{2K};\tau\right)} \quad (\text{delta 振幅}),$$

这里用到的量是

$$K(k) = \int_0^{\pi/2}\frac{\mathrm{d}\varphi}{\sqrt{1-k^2\sin\varphi}}$$

和 $\tau:=\mathrm{i}K'(k)/K(k)$, 其中 $K'(k) := K(k')$.[1] 下面把 k 固定, 并把 $\mathrm{sn}(z;k)$, $\mathrm{cn}(z;k)$, 以及 $K(k), K'(k)$ 简记为 $\mathrm{sn}\ z$, $\mathrm{cn}\ z$, K, K'.

定理 三个函数 $w=\mathrm{sn}\ z$, $\mathrm{cn}\ z$, $\mathrm{dn}\ z$ 是具有表 1.8 中所列性质的椭圆函数. 并且, 对所有不是极点的 $z\in\mathbb{C}$, 有

$$\mathrm{sn}^2 z+\mathrm{cn}^2 z = 1 \text{ 和 } (\mathrm{sn}\ z)' = \mathrm{cn}\ z\ \mathrm{dn}\ z.$$

函数 $\mathrm{sn}\ z$ 是奇函数, 而 $\mathrm{cn}\ z$, $\mathrm{dn}\ z$ 是偶函数.

微分方程 微分方程

$$u'^2 = (1-u^2)(1-k^2u^2),$$

$$v'^2 = (1-v^2)(k'^2+k^2v^2),$$

$$w'^2 = -(1-w^2)(k'^2-w^2)$$

1) 标准符号 K' 在这里表示一个实数, 而不是函数的导数.

表 1.8 雅可比椭圆函数

	周期	零点	极点	留数
sn z	$4K, 2K'\mathrm{i}$	$2mK+2nK'\mathrm{i}$	$2mK+(2n+1)K'\mathrm{i}$	$\frac{1}{k}, -\frac{1}{k}$
cn z	$4K, 2(K+K'\mathrm{i})$	$(2m+1)K+2nK'\mathrm{i}$	$2mK+(2n+1)K'\mathrm{i}$	$\frac{\mathrm{i}}{k}, -\frac{\mathrm{i}}{k}$
dn z	$2K, 4K'\mathrm{i}$	$(2m+1)K+(2n+1)K'\mathrm{i}$	$2mK+(2n+1)K'\mathrm{i}$	$-\mathrm{i}, \mathrm{i}$

注: n 和 m 是整数

非常数的一般解是

$$u = \pm \mathrm{sn}\ (z + \text{常数}),$$
$$v = \pm \mathrm{cn}\ (z + \text{常数}),$$
$$w = \pm \mathrm{dn}\ (z + \text{常数}).$$

加法定理

$$\mathrm{sn}\ (u+v) = \frac{\mathrm{sn}\ u\ \mathrm{cn}\ v\ \mathrm{dn}\ v + \mathrm{sn}\ v\ \mathrm{cn}\ u\ \mathrm{dn}\ u}{1 - k^2 \mathrm{sn}^2 u\ \mathrm{sn}^2 v},$$

$$\mathrm{cn}\ (u+v) = \frac{\mathrm{cn}\ u\ \mathrm{cn}\ v - \mathrm{sn}\ u\ \mathrm{sn}\ v\ \mathrm{dn}\ u\ \mathrm{dn}\ v}{1 - k^2 \mathrm{sn}^2 u\ \mathrm{sn}^2 v},$$

$$\mathrm{dn}\ (u+v) = \frac{\mathrm{dn}\ u\ \mathrm{dn}\ v - k^2 \mathrm{sn}\ u\ \mathrm{sn}\ v\ \mathrm{cn}\ u\ \mathrm{cn}\ v}{1 - k^2 \mathrm{sn}^2 u\ \mathrm{sn}^2 v}.$$

1.14.18 模形式与 $\mathcal{P}$ 函数的反演问题

不同的周期 ω_1, ω_2 可以导致相同的格.

例: 两对周期 (1, i) 与 (1, 1+i) 在 $\mathbb{C}$ 中生成相同的格 (图 1.196), 即两个格点的集合一样.

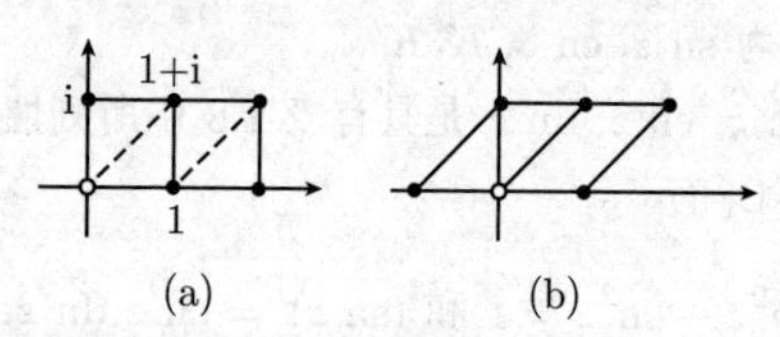

图 1.196 定义相同格的不同周期

主定理 (i) 魏尔斯特拉斯 $\mathcal{P}$ 函数只与周期格有关, 与生成格的周期无关.

(ii) 如果给定三个不同的复数 e_1, e_2, e_3, 则存在一个格, 及属于这些值的一个 $\mathcal{P}$ 函数 (在 (1.488) 意义下).

注 解椭圆积分的通用方法基于这个结果, 即, 作代换 $w = \mathcal{P}'(t), z = \mathcal{P}(t)$ (参看 1.14.19).

上面的定理是从下面要介绍的模形式理论推出的. 特别是应用了这一事实: 克莱因模 J 函数取每个复数作为它的值. 模形式理论在数论, 代数几何 (参看 3.8.6.2 中深刻的志村-谷山-韦伊猜想), π 值的计算, 以及高能物理的弦论中都有重要应用.

模群 设 $\mathscr{H}_+ := \{z \in \mathbb{C} \mid \operatorname{Im} z > 0\}$ 表示上半平面. 由定义, 一个模变换由形如

$$\tau' = \frac{a\tau + b}{c\tau + d}$$

的默比乌斯变换所定义, 其中 a, b, c, d 是整数, 并且 $ad - bc = 1$. 这些变换把 $\mathscr{H}_+$ 双全纯 (因而是共形) 映射到自身.

所有模变换的集合形成 (默比乌斯变换的) 自同构群 (见 1.14.11.5) 的子群, 我们称它为模群$\mathcal{M}$.

令 $\tau, \tau' \in \mathscr{H}_+$. 我们记

$$\tau \equiv \tau' \bmod \mathcal{M},$$

当且仅当, 存在一个从 τ 到 τ' 的模变换. $\mathcal{M} \setminus \mathscr{H}_+$ 表示一个等价关系 (运算从左开始).

模群由变换 $\tau' = \tau + 1$ 与 $\tau' = -1/\tau$ 生成.

模群的基本域 令

$$\mathscr{F}(\mathcal{M}) := \left\{ z \in \mathscr{H}_+ \,\middle|\, -\frac{1}{2} \leqslant \operatorname{Re} z \leqslant \frac{1}{2}, |z| \geqslant 1 \right\}$$

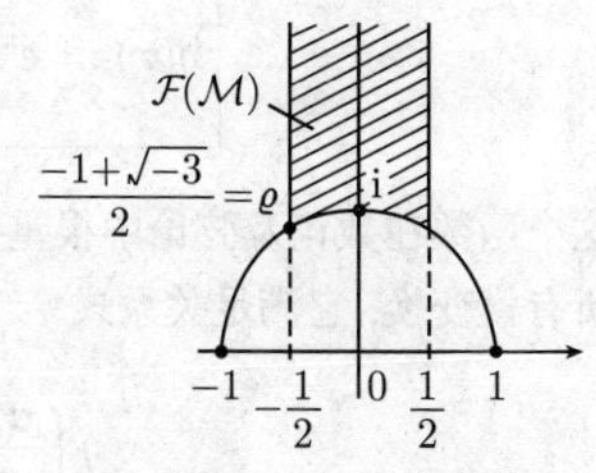

图 1.197 模群的基本域

(图 1.197), 则有

(i) 上半平面的每个点模 $\mathcal{M}$ 等价于 $\mathscr{F}(\mathcal{M})$ 的点 (这表示存在 $\mathcal{M}$ 的一个元素, 把给定点变换到基本域中的一个点).

(ii) $\mathscr{F}(\mathcal{M})$ 的任意两个点模 $\mathcal{M}$ 不等价, 当且仅当它们在边界上.

等价格 两个格 Γ 与 Γ' 称为是等价的, 如果存在一个复数 $a \neq 0$, 使得 $\Gamma' = a\Gamma$.

定理 1 两对周期 $(\omega_1, \omega_2)(\omega_1', \omega_2')$ 生成等价格, 当且仅当商 ω_2/ω_1 与 ω_2'/ω_1' 模 $\mathcal{M}$ 等价. 注意, 我们约定当 $\tau := \dfrac{\omega_2}{\omega_1}$ 时 $\operatorname{Im} \tau > 0$.

$(\omega_1, \omega_2) \mapsto \omega_2/\omega_1$ 产生一个从格的等价类的集合到模群的基本域 $\mathscr{F}(\mathcal{M})$ 的一一映射.

模形式 权重为 k 的模形式是一个亚纯函数 $f : \mathscr{H}_+ \to \bar{\mathbb{C}}$, 并且具有性质: 对所有的 $\tau \in \mathscr{H}_+$ 和所有模变换有

$$f\left(\frac{a\tau + b}{c\tau + d}\right) = (c\tau + d)^k f(\tau).$$

当 $k = 0$ 时, 我们称之为模函数. 在后面我们将使用 (1.488) 定义的量

$$g_2(\omega_1, \omega_2), g_3(\omega_1, \omega_2) \text{ 及 } \Delta(\omega_1, \omega_2).$$

这里我们标出了这些量与周期 ω_1, ω_2 有关.

定义 令 $g_j(\tau) := g_j(1,\tau), j=1,2$, 并令 $\Delta(\tau) := \Delta(1,\tau)$. 模(克莱因)$J$函数由关系式

$$\boxed{J(\tau) := \frac{g_2(\omega_1,\omega_2)^3}{\Delta(\omega_1,\omega_2)}}$$

所定义. 函数 J 只依赖周期比 $\tau = \omega_2/\omega_1$.

定理 2 (i) 函数 $w = J(\tau), \Delta(\tau), g_2(\tau), g_3(\tau)$ 在上半平面上是全纯的.

(ii) J 是一个模函数, 它把模群的基本域 $\mathscr{F}(\mathcal{M})$ 一一映射到复平面 $\mathbb{C}$ 上.

(iii) 函数 $w = \Delta(\tau)$ 是权重为 12 的模形式.

戴德金 (Dedekind, 1831—1916)η 函数

$$\boxed{\eta(\tau) := \mathrm{e}^{\pi\mathrm{i}\tau/12}\prod_{n=1}^{\infty}(1-\mathrm{e}^{2\pi\mathrm{i}n\tau}), \quad \tau \in \mathscr{H}_+.}$$

这个函数在数论及弦论中很重要, 它在上半平面上是全纯的, 且对所有 $\tau \in \mathscr{H}_+$ 和所有模变换, 它满足关系式

$$\eta\left(\frac{a\tau+b}{c\tau+d}\right) = \varepsilon(c\tau+d)^{1/2}\eta(\tau),$$

这里, ε 是 24 次单位根, 即 $\varepsilon^{24}=1$. 此外, 有

$$\Delta(\tau) = (2\pi)^{12}\eta(\tau)^{24}.$$

1.14.19 椭圆积分

为了更好地掌握一般理论, 我们从一个重要的例子开始. 通过这个例子, 我们想阐明下面这个基本原理:

> 黎曼面在计算多值代数函数的积分 (例如椭圆积分) 时有巨大的实际价值.

1.14.19.1 第一类积分的勒让德标准形及雅可比正弦函数

基本积分 考虑实积分

$$\boxed{f(z) := \int_0^z \frac{\mathrm{d}x}{\sqrt{(1-x^2)(1-k^2x^2)}}, \quad -1 < z < 1.}$$

这里, k, k' 是给定的数, 并满足 $0 < k, k' < 1, k^2 + k'^2=1$. 再令

$$K(k) := \int_0^1 \frac{\mathrm{d}x}{\sqrt{(1-x^2)(1-k^2x^2)}}$$

以及 $K' := K(k')$. 如果利用积分

$$F(k,\varphi) := \int_0^{\varphi} \frac{\mathrm{d}\psi}{\sqrt{1-k^2\sin^2\psi}},$$

那么有

$$f(\sin\varphi) = F(k,\varphi) \quad \text{对} \ -\frac{\pi}{2} < \varphi < \frac{\pi}{2},$$

以及 $K(k) = F\left(k, \dfrac{\pi}{2}\right)$. 椭圆积分 $F(k,\varphi)$ 表列在 0.5.4 中. 对所有的 $z \in]-1,1[$, 有

$$f'(z) = \frac{1}{\sqrt{(1-z^2)(1-k^2z^2)}}.$$

因此函数 $f:]-1,1[\to]-K,K[$ 严格递增, 因而有唯一反函数, 雅可比把它记作

$$\boxed{z = \mathrm{sn}(t;k) \quad -K < t < K.} \tag{1.490}$$

代替 $\mathrm{sn}(t;k)$ 和 $K(k)$, 下面我们把它们简记作 $\mathrm{sn}\ t$ 和 K. 因此有

$$\boxed{t = \int_0^{\mathrm{sn}\ t} \frac{\mathrm{d}x}{\sqrt{(1-x^2)(1-k^2x^2)}}, \quad -K < t < K.}$$

振幅函数 对每个固定的 $k \in]-1,1[$, 函数

$$t = F(k,\varphi), \quad -\frac{\pi}{2} < \varphi < \frac{\pi}{2}$$

严格递增, 因而有光滑的反函数

$$\varphi = \mathrm{am}(k,t), \quad -K < t < K,$$

它称为*振幅函数*.

定理 1 对所有 $t \in]-K,K[$, 有

$$\boxed{\mathrm{sn}\ t = \sin \mathrm{am}\ t, \mathrm{cn}\ t = \cos \mathrm{am}\ t \ \text{和}\ \mathrm{dn}\ t = \sqrt{1-k^2\mathrm{sn}^2 t}.}$$

这就用雅可比函数 $\mathrm{sn}\ t$ 与 $\mathrm{cn}\ t$ 解释了术语正弦振幅与余弦振幅.

极限情形 $k=0$ 如果 $k=0$, 则有 $K = \pi/2$, 以及

$$\mathrm{am}\ t = t, \mathrm{sn}\ t = \sin\ t, \mathrm{cn}\ t = \cos t, \mathrm{dn}\ t = 1 \quad \text{对所有}\ t \in \left]-\frac{\pi}{2}, \frac{\pi}{2}\right[.$$

解析延拓

定理 (雅可比) 定义在区间 $]-K,K[$ 上的函数 $z = \mathrm{sn}\ t$, $\mathrm{cn}\ t$, $\mathrm{dn}\ t$ 可以用唯一的方式拓展到复平面 $\mathbb{C}$ 上. 它们拓展的结果都是椭圆函数.

在 1.14.17.5 中可以找到把这些函数用 ϑ 函数表示的相应公式. 特别地, 有

$$\boxed{\mathrm{sn}(t+4K) = \mathrm{sn}\ t \ \text{以及}\ \mathrm{sn}(t+2K'\mathrm{i}) = \mathrm{sn}\ t, \quad \text{对所有}\ t \in \mathbb{C},}$$

即, 函数 $z = \operatorname{sn} t$ 的实周期是 $4K$, 纯虚周期是 $2K'\mathrm{i}$.

一般周线积分 只有在明确了如何理解沿曲线 C 的多值平方根 (即, 函数沿哪一片取值?), 周线积分

$$I(C) = \int_C \frac{\mathrm{d}z}{\sqrt{(1-z^2)(1-k^2z^2)}}$$

才有意义. 既然函数

$$w = \sqrt{(1-z^2)(1-k^2z^2)}$$

在它的黎曼面 $\mathscr{R}$ 上是单值的, 那么自然认为积分 $I(C)$ 的被积函数定义在 $\mathscr{R}$ 上. 为了简化, 我们记作

$$\boxed{I(C) = \int_C \frac{\mathrm{d}z}{w},}$$

其中 w 满足代数方程

$$w^2 = (1-z^2)(1-k^2z^2).$$

黎曼面$\mathscr{R}$ 选两片复 z 平面, 把它们沿区间

$$\left[-\frac{1}{k}, -1\right] \text{ 且与 } \left[1, \frac{1}{k}\right],$$

切割, 并把相应的刀口交叉粘起来 (图 1.198). 我们把这样构造的曲面记为 $\mathscr{R}$. 定义 [1)]

$$w := \begin{cases} {}_+\sqrt{(1-z^2)(1-k^2z^2)}, & \text{当}z\text{在第一切片上时}, \\ -{}_+\sqrt{(1-z^2)(1-k^2z^2)}, & \text{当}z\text{在第二切片上时}, \\ \mathrm{i}_+\sqrt{(1-z^2)(k^2z^2-1)}, & \text{当}z \in \left[-\frac{1}{k}, -1\right] \text{或} z \in \left[1, \frac{1}{k}\right] \text{时}. \end{cases}$$

根据这个定义, 函数 $w = \sqrt{(1-z^2)(1-k^2z^2)}$ 在 $\mathscr{R}$ 上是单值的, 即, $\mathscr{R}$ 是这个函数的直观黎曼面.

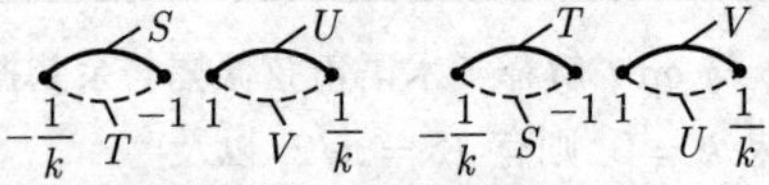

(a) 第一片　　(b) 第二片

图 1.198　一个黎曼面的片

黎曼面上路径的参数化 (整体单值化)

定理 2 黎曼面 $\mathscr{R}$ 上每个连续紧路径以一对一的方式对应着复 t- 平面上的一个路径

$$C_* : t = t(\tau), \quad \tau_0 \leqslant \tau \leqslant \tau_1,$$

1) 我们用 ${}_+\sqrt{u}$ 表示平方根的主值 (参看 1.14.11.6).

因此 C 有一个参数化

$$z = \text{sn}\ t(\tau), \quad \tau_0 \leqslant \tau \leqslant \tau_1, \tag{1.491}$$

其中 w 的相应值由 $w(\tau) = (\text{sn})'(t(\tau))$ 给出. 这就澄清了 $\text{sn}\ t(\tau)$ 在黎曼面的哪一片上取值的问题. [1)]

积分计算 由定理 2 可得

$$\boxed{I(C) = t(\tau_0) - t(\tau_1)}$$

实际上, 代换 (1.491) 导致

$$I(C) = \int_C \frac{\mathrm{d}z}{w} = \int_{\tau_0}^{\tau_1} \frac{z'(t(\tau))t'(\tau)}{w(t(\tau))}\mathrm{d}\tau = \int_{\tau_0}^{\tau_1} t'(\tau)\mathrm{d}\tau = t(\tau_1) - t(\tau_0).$$

可更简单地记为 $z = \text{sn}\ t$, $w = z'(t)$, 因而

$$I(C) = \int_C \frac{\mathrm{d}z}{w} = \int_{C_*} \frac{z'(t)}{w(t)}\mathrm{d}t = \int_{C_*} \mathrm{d}t = t(\tau_1) - t(\tau_0).$$

共形映射 为了解释黎曼面上的路径 C 与复 t 平面上对应的路径 C_* 之间的联系, 我们来研究从复 t 平面到复 z 平面的函数

$$\boxed{z = \text{sn}\ t.}$$

再次用 $\mathscr{H}_+ = \{z \in \mathbb{C} \mid \text{Im}z > 0\}$ 表示 (z 平面的) 上半平面.

定理 3 (i) 函数

$$\boxed{t = \int_0^z \frac{\mathrm{d}\zeta}{+\sqrt{(1-\zeta^2)(1-k^2\zeta^2)}}, \quad z \in \mathscr{H}_+} \tag{1.492}$$

把上半平面 $\mathscr{H}_+$ 双全纯 (因而是共形) 地映射到复 t 平面上的开矩形 Q, 它有四个角点 $\pm K$ 和 $\pm K + K'\text{i}$.

(ii) 此外, 闭的下半平面 (包括 ∞ 点) 被同胚地映射到闭矩形 $\bar{Q}$, 该映射把点 $-\frac{1}{k}, -1, 1, \frac{1}{k}$ 映为顶点 $-K + K'\text{i}, -K, K, K + K'\text{i}$, 并且把这些点之间的边映射

---

1) 映射

$$z = \text{sn}\ t, \quad w = (\text{sn})'(t) \tag{1.493}$$

与方程

$$w^2 = (1 - z^2)(1 - k^2 z^2)$$

以及微分方程

$$\left(\frac{\mathrm{d}\ \text{sn}\ t}{\mathrm{d}t}\right)^2 = (1 - \text{sn}^2 t)(1 - k^2 \text{sn}^2 t).$$

密切相关. 由一般拓扑的观点, 复 t 平面是黎曼面 $\mathscr{R}$ 的万有覆盖面. 相应的覆叠映射 $p : \mathbb{C} \to \mathscr{R}$ 由 (1.493) 给出. [212] 讨论了流形的覆叠空间.

到 Q 的相应边界.

(iii)(1.492) 的从 $\bar{Q}$ 到 $\bar{\mathscr{H}}_+$ 的逆映射为 $z=\text{sn }t$ (图 1.199).

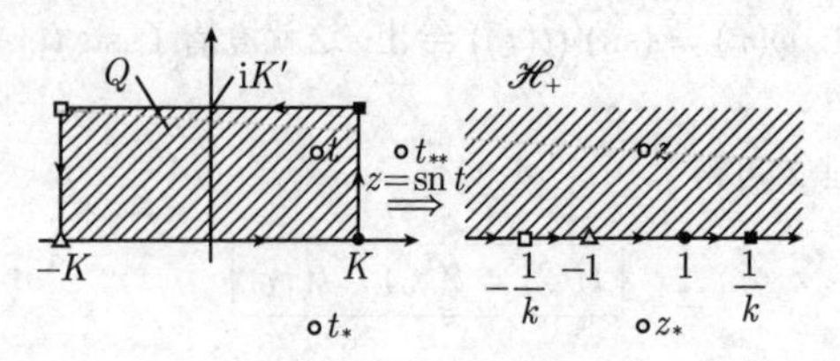

图 1.199 正弦振幅函数

考虑周期矩形

$$\mathscr{P} := \{t \in \mathbb{C} : -K \leqslant \text{Re } t < 3K, -K' \leqslant \text{Im } t < K'\}.$$

定理 4 函数 $z=\text{sn }t$ 把 $\mathscr{P}$ 一一映射到黎曼面 $\mathscr{R}$ 上.

例 1: t 平面上的路径 C 被变换为 $\mathscr{R}$ 上的路径 $\mathscr{C}$, 在变换过程中, 有一个从 $\mathscr{R}$ 的第一片到第二片的转移 (图 1.200).

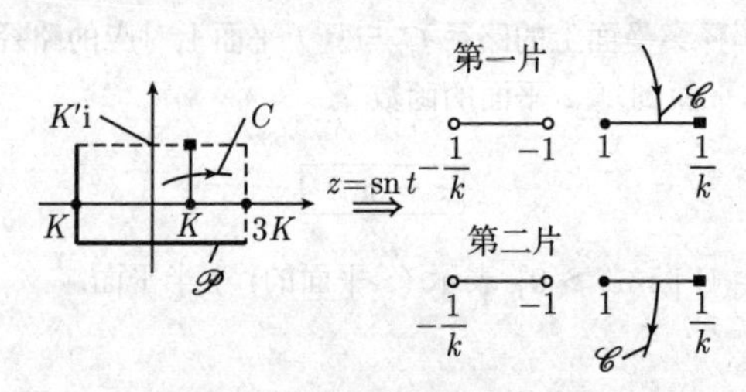

图 1.200 函数 sn 是一个单值化

证明: 考虑图 1.199 中的点 t. t 关于实数轴的反射点是点 t_*. 根据施瓦茨反射原理, $z=\text{sn }t$ 的像点, 即通过实数轴反射得到的点 $z_*=\text{sn }t_*$(参看 1.14.15).

此外, t 关于通过两个点 $K \pm K'\text{i}$ 的线段的反射点是点 t_{**}. 像点 $z_{**}=\text{sn }t_{**}$ 由 $z=\text{sn }t$ 关于实数轴的反射得到, 其中我们把 z_{**} 看作第二片 z 平面上的点.

简化积分的形变技巧 我们有如下两条由我们支配的重要法则:

(i) 如果 C 是黎曼面 $\mathscr{R}$ 上的一条闭路径, 它可以被连续形变为 $\mathscr{R}$ 上的一个点, 则有 $I(C)=0$.

(ii) 如果 C_1, C_2 是 $\mathscr{R}$ 上有相同起点和终点的两条路径, 则有

$$\boxed{I(C_1) = I(C_2),}$$

如果闭曲线 $C = C_1 - C_2$ 有性质 (i)(图 1.201).

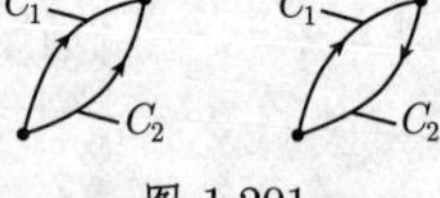

图 1.201

例 2: 对于图 1.202(a) 中的路径 $C = A_1 + A_2$, 有

$$\boxed{I(C) = 4K.}$$

这是函数 $z=\text{sn }t$ 的一个周期.

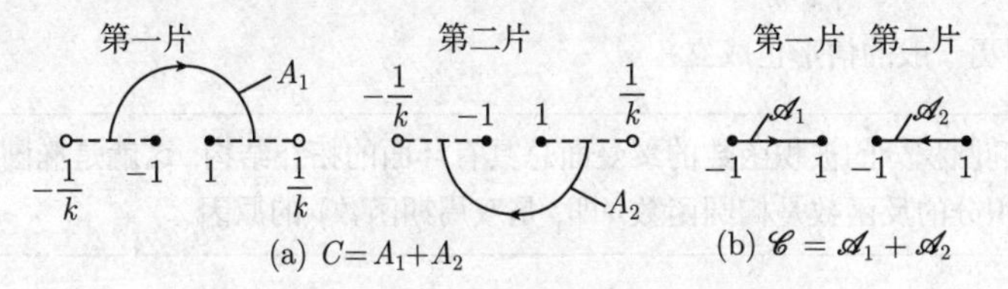

(a) $C=A_1+A_2$ (b) $\mathscr{C}=\mathscr{A}_1+\mathscr{A}_2$

图 1.202 为计算曲线积分而形变路径

证明: 上面第二个法则 (ii) 给出 $I(A_j)=I(\mathscr{A}_j)(j=1,2)$ (图 1.202(b)). 我们令 $g(z):=(1-z^2)(1-k^2z^2)$, 则有

$$I(C)=I(\mathscr{A}_1)+I(\mathscr{A}_2)=\int_{-1}^{1}\frac{\mathrm{d}z}{+\sqrt{g(z)}}+\int_{1}^{-1}-\frac{\mathrm{d}z}{+\sqrt{g(z)}}=2\int_{-1}^{1}\frac{\mathrm{d}z}{+\sqrt{g(z)}}=4K.$$

□

黎曼面的拓扑结构

取法黎曼, 人们应该通过思想而非野蛮计算来征服证明.

D. 希尔伯特(David Hilbert, 1862—1943)

令 $e_1:=-1/k,e_2:=-1,e_3:=1,e_4:=1/k$. 我们考虑两个黎曼球面, 而不考虑两个 z 平面, 从 e_1 到 e_2(相应地, 从 e_3 到 e_4) 切割它们, 并对角地把它们粘起来. 如果我们把生成的曲面像吹气球一样吹起来, 就得到一个环面 (图 1.203). 环面 $\mathscr{T}$ 的基本拓扑性质是, 在这样一个曲面上, 存在两类闭曲线不能被连续形变到一个点. 例如, 这类闭曲线是经线 L, 与任意纬线 M^*(图 1.203). 由例 2, 我们推断

$$I(M)=4K.$$

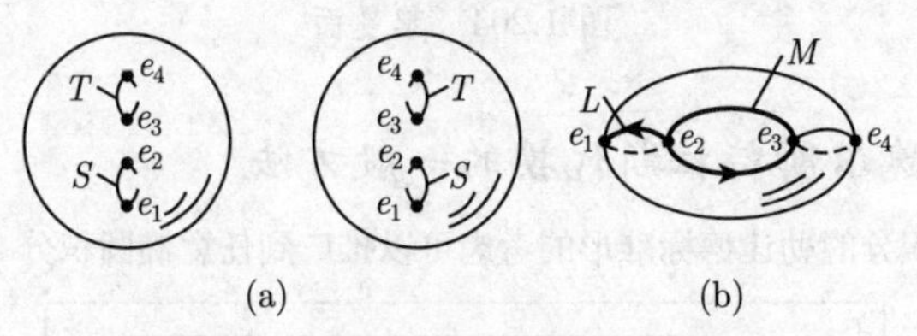

(a) (b)

图 1.203 粘合两个球面以得到一个环面

此外, 我们有

$$I(L)=2K'\text{i}.$$

$4K$ 和 $2K'\text{i}$ 恰是函数 $z=\text{sn }t$ 的两个周期. 如果我们用 mM 表示绕 Mm 次的一条曲线, 则有

$$\boxed{I(mM)=mI(M)=4mK,\quad I(mL)=mI(L)=2mK'\text{i},\quad m=\pm1,\pm2,\cdots.}$$

* 原文误为 “meridian M(子午线 M)” 应为 “latitude M(纬线 M)”.—— 校者

因此椭圆积分 $I=\int_C \frac{\mathrm{d}z}{w}$ 有两个可加周期, 它们是反函数 $z=\mathrm{sn}\ t$ 的两个周期. 这些考虑对更一般的情形也成立:

> 椭圆积分的被积函数的黎曼面总具有环面的拓扑结构, 这就是椭圆积分的反函数是椭圆函数 (即, 是双周期函数) 的原因.

这个优美的拓扑讨论使黎曼不用任何计算就理解了任意阿贝尔积分的行为. 相应的黎曼面同胚于一个有 g 个把手的球面, 其中 g 称为黎曼面的亏格. 例如, 如图 1.204 中有一个把手的球可以变成按照上述切割、粘连手续得到的一个环面. 注意, 环面对应着 $g=1$ 时的这种构造. 类似地, 可以证明下述一般结果:

> 如果被积函数的黎曼面的亏格为 g, 则阿贝尔积分 $\int_C R(z,w)$ 有 $2g$ 个可加周期.

借助这些拓扑思想, 黎曼打开了数学中的全新景观. 在 20 世纪, 拓扑学成功地迈进了数学的核心, 甚至在理论物理学中也起了重要作用.

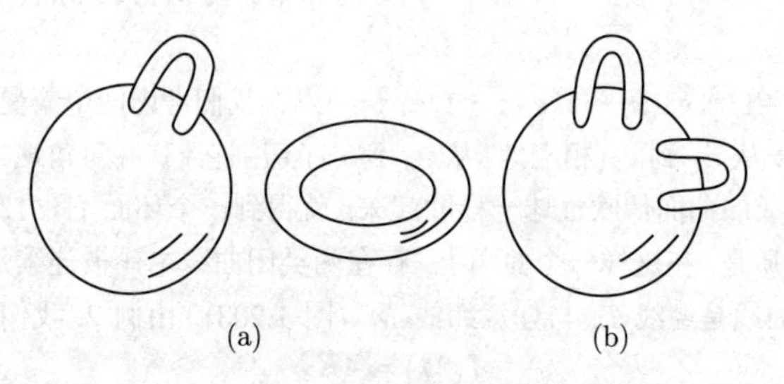

图 1.204 黎曼面

1.14.19.2 魏尔斯特拉斯代换的一般方法

对第一类积分的勒让德标准形的考虑可以推广到任意椭圆积分

$$\boxed{\int_C R(\zeta,\sqrt{(\zeta-a_1)(\zeta-a_2)(\zeta-a_3)(\zeta-a_4)})\mathrm{d}\zeta.}$$

这里, a_1,a_2,a_3,a_4 是四个不同的复数, $u=R(z,w)$ 表示复变量 z 与 w 的有理函数. 代换

$$z=\frac{1}{\zeta-a_4}$$

把点 a_4 映射到点 $z=\infty$, 因而我们得到椭圆积分

$$I(C)=\int_C R(z,\sqrt{4(z-e_1)(z-e_2)(z-e_3)})\mathrm{d}z,$$

其中 R 为一个新的有理函数, e_1, e_2, e_3 是三个不同的复数. 这个积分可以记为

$$\boxed{I(C) = \int_C R(z, w)\mathrm{d}z,}$$

其中 w 满足代数方程

$$w^2 = 4(z - e_1)(z - e_2)(z - e_3).$$

具有周期 ω_1 与 ω_2 的魏尔斯特拉斯 $\mathcal{P}$ 函数属于这个方程, 这一事实是重要的. $\mathcal{P}$ 函数在 $\mathbb{C}$ 上满足微分方程

$$\mathcal{P}'(t)^2 = 4(\mathcal{P}(t) - e_1)(\mathcal{P}(t) - e_2)(\mathcal{P}(t) - e_3).$$

考虑复 t 平面上的路径

$$C_* : t = t(\tau), \quad \tau_0 \leqslant \tau \leqslant \tau_1,$$

并利用代换

$$\boxed{z = \mathcal{P}(t), \quad w = \mathcal{P}'(t).}$$

它把曲线 C_* 映射为 C, 因而我们就得到了决定性的公式

$$\boxed{I(C) = \int_{C_*} R(\mathcal{P}(t), \mathcal{P}'(t))\mathcal{P}'(t)\mathrm{d}t.}$$

这是 t 平面上周期为 ω_1 与 ω_2 的唯一定义的椭圆函数的积分 (图 1.205).

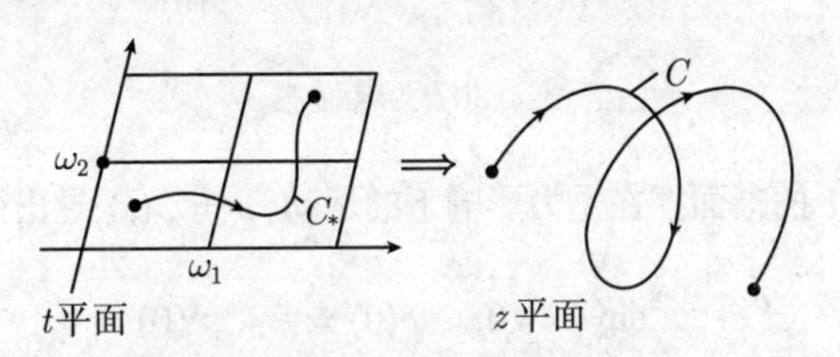

图 1.205 一个椭圆积分的变换

黎曼面 和 1.14.19.1 一样, 曲线 C 实际上是被积函数的黎曼面 $\mathscr{R}$ 上的曲线, 反之, $\mathscr{R}$ 上的每条曲线 C, 对应着 t 平面中的一条曲线 C_*. 当 $e_4 = \infty$ 时, 如图 1.206 所示得到黎曼面 $\mathscr{R}$.

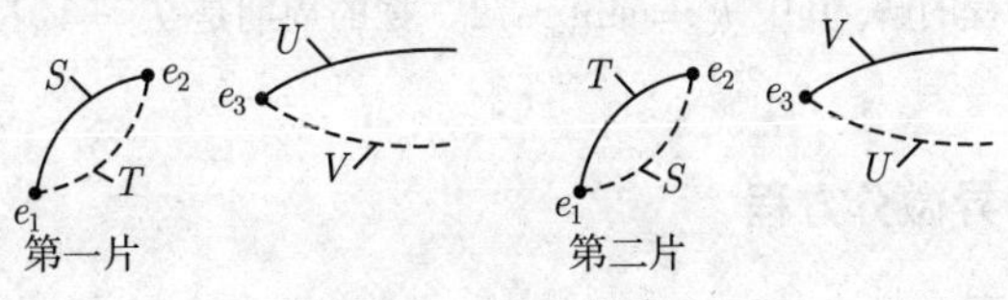

图 1.206 构作黎曼面 $\mathscr{R}$

对黎曼球面的这个构造对应着两个 z 平面的选择, 它们沿从 e_1 到 e_2 的线段及从 e_3 到 ∞ 的射线切割. 然后把两个刀口分别交叉粘合起来 (图 1.206). 可以在经典专著 [226] 中找到计算椭圆积分的具体方法.

1.14.19.3 应用

椭圆弧长 假设给定一个椭圆

$$x = a\cos\varphi, \quad y = b\sin\varphi, \quad 0 \leqslant \varphi < 2\pi,$$

其中长轴为 a, 短轴为 b, 数值离心率为 $\varepsilon = \sqrt{1-(b/a)^2}$. 则点 $(a,0)$ 与 (x,y) 之间的椭圆弧长 L 由椭圆积分

$$\boxed{L = a\int_0^{\varphi} \sqrt{1-\varepsilon^2 \sin^2 \psi}\,\mathrm{d}\psi}$$

给出 (图 1.207(a)). 这种积分值在 0.5.4 的表中. 几何关系导出了更广一类积分的"椭圆积分" 的概念.

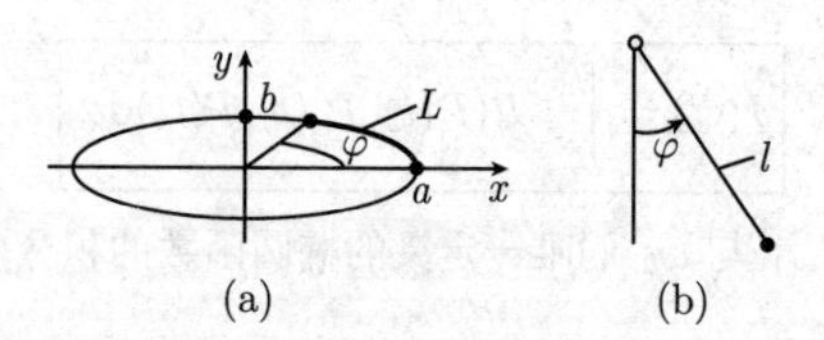

图 1.207 球面摆

球面摆 长度为 l 的球面摆在重力影响下的运动 $\varphi = \varphi(t)$ 导出微分方程

$$\varphi'' + \omega^2 \sin\varphi = 0, \quad \varphi(0) = \varphi_0, \varphi'(0) = 0,$$

其中 $\omega^2 = g/l, g$ 为重力加速度 (图 1.207(b)). 对 φ 解方程

$$\boxed{\sin\frac{\varphi}{2} = k\mathrm{sn}(\omega t, k)}$$

得到上述微分方程的解, 其中 $k := \sin(\varphi_0/2)$. 摆的周期是 $T = 4\omega K(k)$. 更多细节可见 5.1.2.

1.14.20 奇异微分方程

考虑微分方程

$$\boxed{w'' + p(z)w' + q(z)w = 0.} \tag{1.494}$$

假设存在点 a 的某个邻域 U, 使得 p 与 q 在点 $z=a$ 处有一个孤立奇点. 点 $z=a$ 的邻域内的通解可以写为形式

$$\boxed{w(z)=C_1w_1(z)+C_2w_2(z),\quad 0<|z-a|<r,}$$

其中 C_1, C_2 为复常数, r 为正实数.

情形 1: 函数 w_1 与 w_2 的形式为

$$\boxed{w_j(z)=(z-a)^{\rho_j}\mathscr{L}_j(z-a),\quad j=1,2,}\tag{1.495}$$

其中 ρ_1, ρ_2 为实系数. 这里, $\mathscr{L}_j$ 表示 w_j 在点 $z=a$ 处的洛朗级数.

情形 2: 函数 w_1 由 (1.495) 给出, 对 w_2 我们有:

$$\boxed{w_2(z)=(z-a)^{\rho_1}\mathscr{L}_2(z-a)+w_1(z)\ln(z-a).}$$

定理 下面两个结论等价:

(i) 奇点 $z=a$ 是*正则奇点*, 即, $\mathscr{L}_1$ 与 $\mathscr{L}_2$ 是幂级数.

(ii) q 在点 a 处有一个至多 2 阶的极点, p 在点 a 处有一个至多 1 阶的极点.

正则奇点情况下解的构造 假设

$$w(z)=(z-a)^{\rho}(a_0+a_1(z-a)+a_2(z-a)^2+\cdots),\tag{1.496}$$

由 (1.494), 它导致二次方程

$$\boxed{\rho^2+\rho(A-1)+B=0,}\tag{1.497}$$

此方程有两个解 ρ_1, ρ_2. 量 A, B 满足

$$A=\lim_{z\to a}p(z)(z-a)^2,\quad B=\lim_{z\to a}q(z)(z-a).$$

方程 (1.497) 称为微分方程 (1.494) 的*指数方程*.

情形 1: 差 $\rho_1-\rho_2$ 是个小的数. 利用 $\rho=\rho_1, \rho_2$ 时的 (1.496), 并比较系数, 得到解 w_1 与 w_2.

情形 2: 差 $\rho_1-\rho_2$ 是整数. 则与情形 1 一样, 我们得到 w_1, 另一方面, 应用公式

$$\frac{\mathrm{d}}{\mathrm{d}z}\left(\frac{w_2}{w_1}\right)(z)=\frac{1}{w_1^2(z)}\exp\left(-\int_a^z p(t)\mathrm{d}t\right),$$

并通过积分得到第二个解 w_2.

在 ∞ 处的情况 由代换 $z=\dfrac{1}{\zeta}$, 点 $z=\infty$ 的某个邻域内的原始微分方程 (1.494) 变成点 $\zeta=0$ 的某个邻域内的微分方程, 可以用以前的方法研究它.

下面, 我们将要考虑一些重要的例子. 可以在 [212] 中找到更多基于奇异微分方程的特殊函数的详细研究.

1.14.21 在高斯超几何微分方程上的应用

令 α, β, γ 为复数. 高斯超几何微分方程

$$\boxed{z(z-1)w''+((\alpha+\beta+1)z-\gamma)w'+\alpha\beta w=0} \tag{1.498}$$

恰有三个正则奇点, 位于点 $z=0,1,\infty$ 处.

考虑点 $z=0$, 并假设 γ 不是整数. 那么指数方程是

$$\rho(\rho+\gamma-1)=0,$$

因而它有两个解 $\rho_1=0$ 与 $\rho_2=1-\gamma$. 对于 $\rho_1=0$, 由方程 (1.496) 及比较系数得到高斯超几何函数

$$\boxed{F(z;\alpha,\beta,\gamma)=1+\sum_{k=1}^{\infty}\frac{(\alpha)_k(\beta)_k}{(\gamma)_k k!}z^k.}$$

对所有满足 $|z|<1$ 的复数 $z\in\mathbb{C}$, 这个级数收敛. 这里, 我们令 $(\alpha)_k:=\alpha(\alpha+1)\cdots(\alpha+k-1)$. 对于 $\rho_2=1-\gamma$, 在点 $z=0$ 的某个邻域内, 除了有 $w_1(z)=F(z;\alpha,\beta,\gamma)$, 我们还得到 (1.498) 的第二个线性无关解

$$\boxed{w_2(z)=z^{1-\gamma}F(z;\alpha-\gamma+1,\beta-\gamma+1,2-\gamma).}$$

0.7.2 给出了函数 $w(z)=F(z;\alpha,\beta,\gamma)$ 的重要的特殊情形.

1.14.22 在贝塞尔微分方程上的应用

令 α 为复数, 满足 $\mathrm{Re}\,\alpha\geqslant 0$. 贝塞尔微分方程

$$\boxed{z^2w''+zw'+(z^2-\alpha^2)w=0} \tag{1.499}$$

在点 $z=0$ 处有一个正则奇点, 在点 $z=\infty$ 处有一个非正则奇点. 考虑点 $z=0$. 指数方程

$$\rho^2-\alpha^2=0$$

有两个解 $\rho_1=\alpha$ 和 $\rho_2=-\alpha$. (1.499) 的通解是

$$w=C_1w_1+C_2w_2.$$

情形 1: 如果 α 不是整数, 则得到两个线性无关解 $w_1=J_\alpha$ 和 $w_2=J_{-\alpha}$, 其中贝塞尔函数 J_α 由公式

$$\boxed{J_\alpha(z):=\left(\frac{z}{2}\right)^{\alpha}\sum_{k=0}^{\infty}\frac{(-1)^k}{k!\Gamma(k+\alpha+1)}\left(\frac{z}{2}\right)^{2k}}$$

定义. 对所有复数 $z\in\mathbb{C}$, 这个幂级数收敛 (图 1.208(a)).

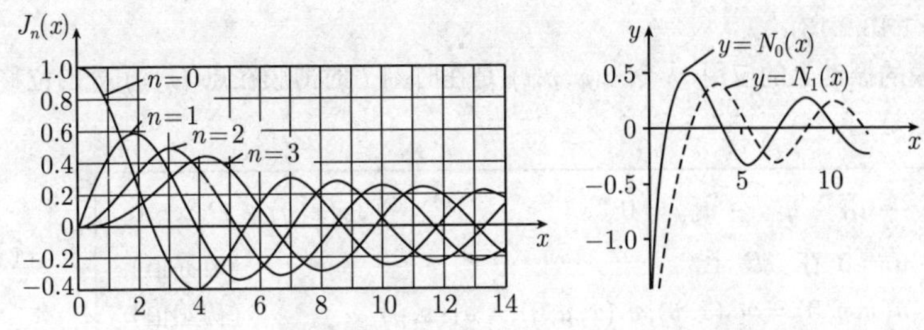

(a) n=0,1,2,3 时的贝塞尔函数 J_n　　　(b) 诺伊曼函数 N_0 和 N_1

图 1.208　贝塞尔微分方程的解

情形 2:　如果 $\alpha = n$, 其中 $n = 0, 1, 2, \cdots$, 则有 $J_{-n}(z) = (-1)^n J_n(z)$. 因此函数 J_{-n} 与 J_n 线性相关. 这时取 $w_1 = J_n, w_2 = N_n$, 其中 N_n 是诺伊曼函数, 定义为

$$N_n(z) := \frac{1}{\pi}\left(\frac{\partial J_\alpha(z)}{\partial\alpha} - (-1)^n\frac{\partial J_{-\alpha}(z)}{\partial\alpha}\right)\bigg|_{\alpha=n}.$$

更确切地说, 由它可推出公式:

$$\begin{aligned}N_n(z) =& \frac{2}{\pi}(C + \ln z - \ln 2)J_n(z) - \frac{1}{\pi}\sum_{k=0}^{n-1}\frac{(n-k-1)!}{k!}\left(\frac{2}{z}\right)^{n-2k}\\ &- \frac{1}{\pi}\sum_{k=0}^{\infty}\frac{(-1)^k}{k!(n+k)!}\left(\frac{z}{2}\right)^{n+2k}\quad(H_{n+k} + H_k),\end{aligned}$$

其中欧拉常数$C = 0.5772\cdots, H_k := \sum\limits_{r=1}^{k}\dfrac{1}{r}$, 且 H_0:=0 (图 1.208(b)). 对所有复数 $z \in \mathbb{C}$, 幂级数收敛.

对于汉克尔函数, 虚变量的贝塞尔函数及麦克唐纳(MacDonald) 函数的更多公式可见 0.7.2.

应用到一个本征值问题　令 $D := \{(x, y) \in \mathbb{R}^2 | x^2 + y^2 < 1\}$ 是开单位圆盘. 本征值问题

$$\boxed{\begin{aligned}-v_{xx} - v_{yy} = \lambda v, &\quad 在\ D\ 上,\\ v = 0, &\quad 在\ \partial D\ 上\end{aligned}}\tag{1.500}$$

有本征解

$$v_{k_m}(x, y) := \frac{1}{\sqrt{\pi}|J_k'(\lambda_{k_m})|}J_k(\lambda_{k_m}r)\mathrm{e}^{\mathrm{i}k\varphi},\quad \lambda = \lambda_{k_m}$$

其中 $k = 0, 1, \cdots, m = 1, 2, \cdots$, 且 $x = r\cos\varphi, y = r\sin\varphi$. 我们把贝塞尔函数 J_k 的零点记作 $0 < \lambda_{k_1} < \lambda_{k_2} < \cdots$. 函数 $\{v_{k_m}\}$ 在希尔伯特空间 $L_2(D)$ 形成一个完备规范正交系, 标量积为

$$(u, v) := \int_D u(x, y)v(x, y)\mathrm{d}x\mathrm{d}y$$

(参看 1.13.2.13).

在薄膜的振动上的应用 令 $u(x,y,t)$ 是在时刻 t 时薄膜在点 (x,y) 处的位移. 振动问题是

$$\boxed{\begin{array}{ll} \frac{1}{c^2}u_{tt}-u_{xx}-u_{yy}=0, & (x,y)\in D, t>0, \\ u=0, \text{在 } \partial D \text{ 上}, & (\text{边界值}), \\ u(x,y,0)=u_0(x,y), u_t(x,y,0)=u_1(x,y), & (\text{初始值}). \end{array}} \tag{1.501}$$

我们令 $c=1$.

定理 如果指定的连续函数 u_0, u_1: $\bar{D}\to\mathbb{R}$ 是光滑的, 则边界-初值问题 (1.501) 有唯一解

$$\boxed{u(x,y)=\sum_{k,m=0}^{\infty}(a_{km}\cos(\lambda_{km}t)+b_{km}\sin(\lambda_{km}t))v_{km}(x,y),}$$

其中

$$a_{km}=(u_0,v_{km}),\quad \lambda_{km}b_{km}=(u_1,v_{km}).$$

这个解是通过考虑 (1.500), 利用傅里叶方法得到的.

1.14.23 多复变函数

多复变函数论在基本方面类似于一元函数的相应理论. 然而更复杂的问题则完全不同, 比如依赖于全纯域的存在性的那些问题. 在现代理论中处于支配地位的是抽象层论. [212] 中讨论了这一类问题.

作为度量空间的空间 $\mathbb{C}^n$ 设 $\mathbb{C}^n$ 表示所有 n 元数组 $z=(z_1,\cdots,z_n)$ 构成的集合, 其中 $z_1,\cdots,z_n$ 为复数. 令

$$|z|:=\sqrt{|z_1|^2+\cdots+|z_n|^2}.$$

复数组 z,w 间的距离定义为

$$d(z,w):=|z-w|,\quad \text{对所有 } z,w\in\mathbb{C}^n,$$

则集合 $\mathbb{C}^n$ 得到了度量空间的结构. 因此, 关于度量空间的所有一般概念 (参看 1.3.2) 都可以应用到 $\mathbb{C}^n$.

关于多变元函数的全纯性概念, 可以通过下面的定义归结为单复变量函数的全纯性概念.

全纯函数 令 U 为 $\mathbb{C}^n$ 的开子集. 称函数

$$\boxed{w=f(z_1,\cdots,z_n)}$$

在 U 上是全纯的, 如果它对所有的变量 z_i 都是全纯的. [1)]

例 1: 函数 $w = \mathrm{e}^{z_1+z_2}$ 在 $\mathbb{C}^2$ 上是全纯的. 实际上, 如果我们令 z_1 (相应地, z_2) 不变, 则在 $\mathbb{C}$ 上得到关于 z_2 (相应地, z_1) 的一个全纯函数.

幂级数 令 a, b, a_{km} 表示复数. 由定义, 级数

$$\sum_{k,m=0}^{\infty} a_{km}(z_1 - a)^k (z_2 - b)^m \tag{1.502}$$

在点 $z = (z_1,\ z_2)$ 处收敛, 如果绝对值级数

$$\sum_{k,m=0}^{\infty} |a_{km}(z_1 - a)^k (z_2 - b)^m|$$

(在点 (z_1, z_2) 处) 收敛. (1.502) 中各项的顺序是无关紧要的.

类似地, 可以定义 n 元 $z_1, \cdots, z_n$ 的幂级数.

解析性 根据定义, 函数 $f : U \subseteq \mathbb{C}^n \to \mathbb{C}$ 在开集 U 上是解析的, 当且仅当, 对 U 中的每个点, 存在一个邻域, 使得函数 f 在此邻域中可以用一个收敛的幂级数表示.

定理 函数 $f : U \subseteq \mathbb{C}^n \to \mathbb{C}$ 在开集 U 上是全纯函数, 当且仅当它在 U 上解析.

魏尔斯特拉斯预备定理 这个基本结果使得理想论的代数方法可以应用到多复变理论. 理想论可见 3.8.7.

全纯域 $\mathbb{C}^n$ 中的区域 D 称为全纯域, 如果存在一个 (!) 全纯函数 $f : D \to \mathbb{C}$, 它不能被拓广为在任一较大区域中的全纯函数.

例 2: $\mathbb{C}^n$ 显然是全纯域, 因为在 $\mathbb{C}^n$ 上存在全纯函数 (例如 $f(z) := z_1 + \cdots + z_n$). 对这个函数不存在开拓问题.

例 3: 函数

$$f(z) := \sum_{n=1}^{\infty} z^{n!}$$

以复平面上的单位圆盘内部作为全纯域.

定理 (i) 对于 $n = 1$, 复平面 $\mathbb{C}$ 中的每个区域都是全纯域.

(ii) 对于 $n \geqslant 2$, $\mathbb{C}^n$ 中不是每个区域都是全纯域.

(iii) $\mathbb{C}^n$ 上的凸域是全纯域.

例 4: 考虑圆环

$$A := \left\{ z \in \mathbb{C}^2 \,\middle|\, \frac{1}{2} < |z| < 1 \right\}.$$

---

1) 令 p 是 U 的任意一点. 考虑函数

$$g(z) := f(z, p_2, \cdots, p_n),$$

并要求 g 在 $z = p_1$ 的一个邻域内是全纯的. 类似地, 可定义关于其他变量 z_j 的全纯性.

则每个全纯函数 $f: A \to \mathbb{C}$ 可以扩张为 $\{z \in \mathbb{C}^2 : |z| < 1\}$ 上的全纯函数. 这说明 A 不是全纯域.

伪凸域 令 D 是 $\mathbb{C}^n$ 中的一个区域, 它至少有一个边界点. 令

$$d(z, \partial D) := \text{点 } z \text{ 到边界 } \partial D \text{ 的距离}.$$

根据定义, 区域 D 是伪凸的, 如果函数

$$g(z) := -\ln d\,(z, \partial D)$$

在 D 上是下调和函数, 即, 对每个点 $z \in D$, 存在一个数 $r_0 > 0$, 使得中值不等式

$$g(z) \leqslant \frac{1}{2\pi}\int_0^{2\pi} g(z + r\mathrm{e}^{\mathrm{i}\varphi})\mathrm{d}\varphi$$

对所有半径 r 都成立, 其中 $0 < r \leqslant r_0$. [1)]

由定义, 我们也认为 $\mathbb{C}^n$ 是伪凸域.

冈洁 (Oka) 主定理 (1942) 令 $n \geqslant 2$. $\mathbb{C}^n$ 中的区域是全纯域, 当且仅当, 它是伪凸域.

例 5: 例 4 中的圆环不是全纯域, 因此也不是伪凸域.

1) $(z_1 + r\mathrm{e}^{\mathrm{i}\varphi}, \cdots, z_n + r\mathrm{e}^{\mathrm{i}\varphi})$ 记作 $z + r\mathrm{e}^{\mathrm{i}\varphi}$.

第2章 代 数 学

> 代数学研究加、减、乘、除四种基本算术运算,并解由这种研究产生的方程. 这种理论是合理的,因为这些运算实施的对象在很大程度上都是不定的.
>
> 在早期的代数学中,用来代替具体的数的符号仅被看成不确定的数. 即,每个符号所表示的数量是不定的,而在代数演算中它所表示的对象的属性是固定的.
>
> 在 20 世纪发展起来的近世代数中,特别是在现今所称的"抽象代数"中,甚至所使用的符号所表示的属性往往也是不确定的,由此产生了名副其实的运算理论.
>
> E. 凯勒 (1906—2000)

代数学思想发展的一个重要前提条件是由对于数的运算过渡到使用表示不定量的字母. 数学中的这个革命是法国数学家 F. 韦达(Viète) 于 16 世纪后半叶完成的.

代数学的现代结构理论起源于20 世纪 20 年代 E. 诺特 (Noether, 1882—1953) 在哥廷根以及 E. 阿廷(Artin, 1898—1962)在汉堡讲授的课程. 1930 年出版了 B. L. 范德瓦尔登(van der Waerden)的书*Modern Algebra* (《近世代数》)* ,这个理论第一次以专著的形式呈现于世人. 事实上,该书出版了多种版本,并且至今仍然是近世代数的标准参考读物.

然而,这个工作的基础是在 19 世纪奠定的. 高斯(分圆域)、阿贝尔(代数函数)、伽罗瓦(群论和代数方程)、黎曼(代数函数的亏格和除子)、库默尔和戴德金(理想论)、克罗内克(数域)、若尔当(群论)及希尔伯特(数域和不变量理论) 对此起了重要的推动作用.

2.1 初等代数

2.1.1 组合学

组合学研究有多少种方法可将若干个元素配合起来. 在此使用符号

$$n! := 1 \cdot 2 \cdot 3 \cdot \cdots \cdot n, \quad 0! := 1, \quad n = 1, 2, \cdots ,$$

* 中译本: ① 范德瓦尔登 B L. 代数学.I. 丁石孙等译. 北京: 科学出版社, 2009; ②范德瓦尔登 B L. 代数学.II. 曹锡华等译. 北京: 科学出版社, 2009.—— 译者

并读作 "n 的阶乘", 这如同二项式系数[1]那样:

$$\binom{n}{k} := \frac{n(n-1)\cdots(n-k+1)}{1\cdot 2\cdot\cdots\cdot k}, \quad \binom{n}{0} := 1.$$

例 1: $3! = 1\cdot 2\cdot 3 = 6, \quad 4! = 1\cdot 2\cdot 3\cdot 4 = 24,$

$$\binom{4}{2} = \frac{4\cdot 3}{1\cdot 2} = 6, \quad \binom{4}{3} = \frac{4\cdot 3\cdot 2}{1\cdot 2\cdot 3} = 4.$$

二项式系数与二项式公式　参看 0.1.10.3.

阶乘与 Γ 函数　参看 1.14.6.

组合学的基本问题[2]

(i) 排列.

(ii) 有重排列 (也称书籍问题).

(iii) 无重组合

(a) 不考虑顺序 (彩票问题),

(b) 考虑顺序 (变形彩票问题).

(iv) 有重组合

(a) 不考虑顺序 (变形字问题),

(b) 考虑顺序 (字问题).

排列　恰好有

$$\boxed{n!} \tag{2.1}$$

种不同的可能性将 n 个不同元素配合起来. 元素的每一个这种配合称为一个排列.

例 2: 对于数 1 和 2 有 $2! = 2\cdot 1$ 种可能的配合, 即

$$12, 21.$$

对于三个数 1,2,3, 有 $3! = 1\cdot 2\cdot 3$ 种可能的配合, 即

$$\begin{gathered} 123, 213, 312, \\ 132, 231, 321. \end{gathered} \tag{2.2}$$

书籍问题　设给定 n 本书, 它们不必互不相同, 且其中分别有 $m_1, \cdots, m_s$ 本重复 (即有 s 种不同的书). 那么有

$$\boxed{\frac{n!}{m_1!m_2!\cdots m_s!}}$$

1) 这个定义对实数或复数 n 以及 $k = 0, 1, \cdots$ 有效.

2) 考虑元素顺序的配合也称为变分.

种不同的可能性将这些书排成一列, 其中重复的书互相不加区分.

例 3: 对于 3 本书其中有 2 本相同, 共有

$$\frac{3!}{2!1!}=\frac{1\cdot 2\cdot 3}{1\cdot 2}=3$$

种可能的方法将它们排成一列. 在 (2.2) 中用 1 代替数 2 并删去相同的配合只保留其中一个, 就可得到这些不同的顺序. 这给出三种可能情形

$$113, 311, 131.$$

字问题 从 k 个字母着手, 恰好可以形成

$$\boxed{k^n}$$

个不同的长为 n 的字.

如果当两个字的差别仅在于字母的排列就称它们是等价的, 那么等价字的频数等于

$$\boxed{\binom{n+k-1}{n}}$$

(变形字问题).

例 4: 由两个符号 0 和 1 可以形成 $2^2=4$ 个长度为 2 的字, 亦即

$$00, 01, 10, 11.$$

等价字的频数 A 是 $\binom{n+k-1}{n}$, 其中 $n=k=2$, 亦即 $A=\binom{3}{2}=\frac{3\cdot 2}{1\cdot 2}=3$. 这些数的代表是

$$00, 01, 11.$$

此外, 有 $2^3=8$ 个长度为 3 的字:

$$000, 001, 010, 011,$$
$$100, 101, 110, 111.$$

等价字的频数是 $A=\binom{n+k-1}{n}$, 其中 $n=3, k=2$, 亦即 $A=\binom{4}{3}=\frac{4\cdot 3\cdot 2}{1\cdot 2\cdot 3}=4$. 作为这些数的代数, 可取

$$000, 001, 011, 111.$$

彩票问题 不考虑所选数的顺序, 有

$$\boxed{\binom{n}{k}}$$

种可能的方法从 n 个数中选取 k 个数.

如果考虑顺序, 那么有

$$\boxed{\binom{n}{k}k! = n(n-1)\cdots(n-k+1)}$$

种可能.

例 5: 在德国人的游戏 "49 中取 6"(即从 49 个数中选取 6 个数) 中, 我们恰好要抽满

$$\binom{49}{6} = \frac{49\cdot 48\cdot 47\cdot 46\cdot 45\cdot 44}{1\cdot 2\cdot 3\cdot 4\cdot 5\cdot 6} = 13983816$$

张彩票, 以保证胜算.

例 6: 从集合 $\{1,2,3\}$ 中选取 2 个数, 若不考虑两个被选取的数的顺序就有 $\binom{3}{2} = 3$ 种可能, 它们是

$$12, 13, 23.$$

若考虑顺序, 则有 $\binom{3}{2}\cdot 2! = 6$ 种可能:

$$12, 21, 13, 31, 23, 32.$$

排列的符号 设给定 n 个数 $1, 2, \cdots, n$. 自然顺序 $12\cdots n$ 按定义, 是一个偶排列. n 个数的排列称为偶排列(或奇排列), 如果它是由自然顺序通过偶数次 (或奇数次) 将两个元素置换[1] 而得到. 按定义, 排列 σ 的符号(记作 $\mathrm{sgn}\sigma$) 是 $+1$, 若排列是偶的; 或 -1, 若排列是奇的.

例 7: 数 1,2 的排列 12 是偶的, 而 21 是奇的.

对于三个数 1,2,3 的排列:

(i) 偶排列是排列 123,312,231;

(ii) 奇排列是排列 213,132,321.

狄利克雷抽屉原理 将多于 n 个的物体放入 n 个抽屉, 至少有一个抽屉中所装物体的个数大于 1.

P. G. L. 狄利克雷(1805—1859) 发现的这个简单的原理被成功地应用于数论.

2.1.2 行列式

基本思想 二阶行列式用公式

$$\begin{vmatrix} a & b \\ c & d \end{vmatrix} := ad - bc. \tag{2.3}$$

---

1) 置换是一个排列, 其中恰好两个元素交换位置而其余元素不变. 奇偶性定义与为从自然顺序获得所给定的排列所选取的置换无关.

三阶行列式的计算按照概念清晰的展开法则进行. 按第一行展开行列式得到

$$\begin{vmatrix} a & b & c \\ d & e & f \\ g & h & k \end{vmatrix} := a\begin{vmatrix} e & f \\ h & k \end{vmatrix} - b\begin{vmatrix} d & f \\ g & k \end{vmatrix} + c\begin{vmatrix} d & e \\ g & h \end{vmatrix}, \qquad (2.4)$$

这归结为二阶行列式的计算. 这个法则是由删除三阶行列式的某个行和某个列而得到: 例如, 公式中紧跟着 a 的行列式是由删去 a 所在的行和列而得到. 类似地, 按照行列式展开的一般法则, 较高阶的行列式的计算归结为阶数小 1 的行列式的计算. 一般法则通过行列式展开的拉普拉斯法则给出, 参看 (2.6).

例 1:

$$\begin{vmatrix} 2 & 3 \\ 1 & 4 \end{vmatrix} = 2 \cdot 4 - 3 \cdot 1 = 8 - 3 = 5,$$

$$\begin{vmatrix} 1 & 2 & 3 \\ 2 & 2 & 3 \\ 4 & 1 & 4 \end{vmatrix} = 1 \cdot \begin{vmatrix} 2 & 3 \\ 1 & 4 \end{vmatrix} - 2 \cdot \begin{vmatrix} 2 & 3 \\ 4 & 4 \end{vmatrix} + 3 \cdot \begin{vmatrix} 2 & 2 \\ 4 & 1 \end{vmatrix}$$

$$= 1 \cdot 5 - 2 \cdot (-4) + 3 \cdot (-6) = 5 + 8 - 18 = -5.$$

定义 行列式

$$\begin{vmatrix} a_{11} & a_{12} & a_{13} & \cdots & a_{1n} \\ a_{21} & a_{22} & a_{23} & \cdots & a_{2n} \\ \vdots & \vdots & \vdots & & \vdots \\ a_{n1} & a_{n2} & a_{n3} & \ldots & a_{nn} \end{vmatrix} \qquad (2.5)$$

是数

$$\boxed{D := \sum_{\pi} \operatorname{sgn} \pi \ a_{1m_1} a_{2m_2} \cdots a_{nm_n}.}$$

其中对数 $1, 2, \cdots, n$ 的所有排列 $m_1, m_2, \cdots, m_n$ 求和, $\operatorname{sgn}\pi$ 表示对应的排列的符号. 所有的 a_{jk} 是实数或复数.

例 2: 当 $n = 2$ 时, 我们有偶排列 12 和奇排列 21, 因而有

$$D = a_{11}a_{22} - a_{12}a_{21}.$$

这与公式 (2.3) 相符.

行列式的性质

(i) 一行与一列互换, 行列式不变.

(ii) 两行 (或两列) 互换, 行列式变号.

(iii) 若有两行 (或两列) 相等, 则行列式为零.

(iv) 将一行的倍数加到另一行, 行列式不变.

(v) 将一列的倍数加到另一列, 行列式不变.

(vi) 将行列式的一个固定的行 (或列) 乘以一个数, 则行列式也乘以这个数.

例 3:

(a) $\begin{vmatrix} a & b \\ c & d \end{vmatrix} = \begin{vmatrix} a & c \\ b & d \end{vmatrix}$ (由 (i));

(b) $\begin{vmatrix} a & b \\ c & d \end{vmatrix} = -\begin{vmatrix} c & d \\ a & b \end{vmatrix}$ (由 (ii)); $\begin{vmatrix} a & b \\ a & b \end{vmatrix} = 0$ (由 (iii));

(c) $\begin{vmatrix} a & b \\ c & d \end{vmatrix} = \begin{vmatrix} a & b \\ c+\lambda a & d+\lambda b \end{vmatrix}$ (由 (iv));

(d) $\begin{vmatrix} \alpha a & \alpha b \\ c & d \end{vmatrix} = \alpha \begin{vmatrix} a & b \\ c & d \end{vmatrix}$ (由 (vi)).

三角形形式 如果在 (2.5) 中主对角线 (从左上方到右下方) 之下 (或之上) 的元素全为零, 那么

$$D = a_{11}a_{22}\cdots a_{nn}.$$

例 4:

$$\begin{vmatrix} a & \alpha & \beta \\ 0 & b & \gamma \\ 0 & 0 & c \end{vmatrix} = abc, \qquad \begin{vmatrix} a & 0 & 0 \\ \alpha & b & 0 \\ \beta & \gamma & c \end{vmatrix} = abc.$$

计算大行列式的一个重要技巧是应用运算 (ii) 和 (iii) 使行列式变成三角形形式, 然后应用上述公式. 这总是可以做到的.

例 5: 对于 $\lambda = -2$, 有

$$\begin{vmatrix} 2 & 3 \\ 4 & 1 \end{vmatrix} = \begin{vmatrix} 2 & 3 \\ 4+2\lambda & 1+3\lambda \end{vmatrix} = \begin{vmatrix} 2 & 3 \\ 0 & -5 \end{vmatrix} = -10.$$

行列式展开的拉普拉斯法则 对于 (2.5) 中的行列式, 有

$$\boxed{D = a_{k1}A_{k1} + a_{k2}A_{k2} + \cdots + a_{kn}A_{kn},} \tag{2.6}$$

其中记号意义如下: k 是某个固定的行数[1], A_{jk} 表示所谓元素 a_{jk} 的伴随行列式, 亦即在 (2.5) 中去掉第 k 行和第 j 列所得到的行列式并乘以 $(-1)^{j+k}$.

例 6: 公式 (2.4) 是这个公式的特殊情形.

两个行列式的乘法 如果 $\boldsymbol{A} = (a_{jk})$ 和 $\boldsymbol{B} = (b_{jk})$ 是两个有 n 行和 n 列的方阵 (见 2.1.3), 那么我们有

$$\boxed{\det \boldsymbol{A} \det \boldsymbol{B} = \det(\boldsymbol{AB}).}$$

1) 用列代替行, 类似的陈述也成立

其中 $\det\boldsymbol{A}$ 表示 $\boldsymbol{A}$ 的行列式 (亦即 $\det\boldsymbol{A}=$ (2.5) 中的 D), 而 $\boldsymbol{AB}$ 表示两个矩阵的积 (见 2.1.3). 另外, 还有

$$\boxed{\det\boldsymbol{A}=\det\boldsymbol{A}^{\mathrm{T}},}$$

其中 $\boldsymbol{A}^{\mathrm{T}}$ 表示 $\boldsymbol{A}$ 的转置(其定义仍见 2.1.3).

行列式的微分法 如果行列式的元素依赖于变量 t, 那么对每行关于 t 微分得到 t 个新行列式并将它们相加, 就得到行列式 $D(t)$ 的导数 $D'(t)$.

例 7: 对于

$$D(t):=\begin{vmatrix} a(t) & b(t)\\ c(t) & d(t)\end{vmatrix}$$

的导数, 我们得到

$$D'(t):=\begin{vmatrix} a'(t) & b'(t)\\ c(t) & d(t)\end{vmatrix}+\begin{vmatrix} a(t) & b(t)\\ c'(t) & d'(t)\end{vmatrix}.$$

函数行列式的乘法法则 我们有

$$\boxed{\frac{\partial(f_1,\cdots,f_n)}{\partial(u_1,\cdots,u_n)}=\frac{\partial(f_1,\cdots,f_n)}{\partial(v_1,\cdots,v_n)}\cdot\frac{\partial(v_1,\cdots,v_n)}{\partial(u_1,\cdots,u_n)}.}$$

此处 $\dfrac{\partial(f_1,\cdots,f_n)}{\partial(u_1,\cdots,u_n)}$ 表示一阶偏导数 $\partial f_j/\partial u_k$ 的行列式 (参看 1.5.3).

范德蒙德行列式

$$\begin{vmatrix} 1 & a & a^2\\ 1 & b & b^2\\ 1 & c & c^2\end{vmatrix}=(b-a)(c-a)(c-b).$$

更一般地, 行列式

$$\begin{vmatrix} 1 & a_1 & a_1^2 & a_1^3 & \cdots & a_1^{n-1}\\ 1 & a_2 & a_2^2 & a_2^3 & \cdots & a_2^{n-1}\\ \vdots & \vdots & \vdots & \vdots & & \vdots\\ 1 & a_n & a_n^2 & a_n^3 & \cdots & a_n^{n-1}\end{vmatrix}$$

等于差积

$$\begin{aligned}(a_2-a_1)\quad(a_3-a_1)\quad&(a_4-a_1)\cdots(a_n-a_1)\times\\ (a_3-a_2)\quad&(a_4-a_2)\cdots(a_n-a_2)\times\\ &\cdots\quad\cdots\quad\cdots\quad\cdots\\ &\qquad\qquad(a_n-a_{n-1}).\end{aligned}$$

2.1.3 矩阵

定义 (m,n) 型的矩阵$\boldsymbol{A}$ 是一个有 m 行和 n 列的长方形的数表

$$\boldsymbol{A}=\begin{pmatrix} a_{11} & a_{12} & a_{13} & \cdots & a_{1n} \\ a_{21} & a_{22} & a_{23} & \cdots & a_{2n} \\ \vdots & \vdots & \vdots & & \vdots \\ a_{m1} & a_{m2} & a_{m3} & \cdots & a_{mn} \end{pmatrix},$$

其中元素a_{jk} 可以是实数或复数[1]. $m=n$ 的矩阵 $\boldsymbol{A}$ 称为方阵. 所有 (m,n) 型的矩阵的集合记作 $\mathrm{Mat}(m,n)$.

目标 我们将要对矩阵定义代数运算如加法和乘法. 这些运算将不再具有我们在实数或复数情形所熟悉的那些所有的性质. 例如, 对于矩阵乘法, 法则 $\boldsymbol{AB}=\boldsymbol{BA}$ 一般是不成立的, 这与实数或复数的乘法交换律不一样. 从代数角度看, 我们在此所看到的事实是矩阵的集合形成一个 (非交换) 环, 而不是域. 这些代数概念将在后文 2.5 定义.

两个矩阵的加法 如果 $\boldsymbol{A}$ 和 $\boldsymbol{B}$ 均属于 $\mathrm{Mat}(m,n)$, 那么我们把 $\boldsymbol{A}$ 的元素与 $\boldsymbol{B}$ 的元素的和作为元素所形成的矩阵定义为和矩阵$\boldsymbol{A}+\boldsymbol{B}$. 这个矩阵仍然属于 $\mathrm{Mat}(m,n)$.

例 1:

$$\begin{pmatrix} a & b & c \\ d & e & z \end{pmatrix}+\begin{pmatrix} \alpha & \beta & \gamma \\ \delta & \varepsilon & \zeta \end{pmatrix}=\begin{pmatrix} a+\alpha & b+\beta & c+\gamma \\ d+\delta & e+\varepsilon & z+\zeta \end{pmatrix},$$

$$(a,b)+(\alpha,\beta)=(a+\alpha,b+\beta), \qquad (1,2)+(3,1)=(4,3).$$

数与矩阵的乘法 (标量乘法) 设 $\boldsymbol{A}\in\mathrm{Mat}(m,n)$, α 是一个 (实或复) 数. 我们把用数 α 乘矩阵 $\boldsymbol{A}$ 的每个元素所得到的矩阵定义为标量 α 与矩阵 $\boldsymbol{A}$ 的积$\alpha\boldsymbol{A}$. 这个矩阵仍属于 $\mathrm{Mat}(m,n)$.

例 2:

$$\alpha\begin{pmatrix} a & b & c \\ d & e & z \end{pmatrix}=\begin{pmatrix} \alpha a & \alpha b & \alpha c \\ \alpha d & \alpha e & \alpha z \end{pmatrix}, \qquad 4\begin{pmatrix} 1 & 3 & 2 \\ 1 & 2 & 1 \end{pmatrix}=\begin{pmatrix} 4 & 12 & 8 \\ 4 & 8 & 4 \end{pmatrix}.$$

零矩阵 所有元素均为 0 的 $m\times n$ 矩阵

$$\boldsymbol{O}:=\begin{pmatrix} 0 & 0 & \cdots & 0 \\ \vdots & \vdots & & \vdots \\ 0 & 0 & \cdots & 0 \end{pmatrix},$$

---

1) 若所有的 a_{jk} 是实数, 则称矩阵 $\boldsymbol{A}$ 是实的. (m,n) 型的矩阵 $\boldsymbol{A}$ 的另一个记号是 $m\times n$ 矩阵.

称为零矩阵.

运算法则 对于 $\boldsymbol{A}, \boldsymbol{B}, \boldsymbol{C} \in \mathrm{Mat}(m,n)$ 及 $\alpha \in \mathbb{C}$, 有

$$\boldsymbol{A}+\boldsymbol{B}=\boldsymbol{B}+\boldsymbol{A}, \qquad (\boldsymbol{A}+\boldsymbol{B})+\boldsymbol{C}=\boldsymbol{A}+(\boldsymbol{B}+\boldsymbol{C}), \qquad \boldsymbol{A}+\boldsymbol{O}=\boldsymbol{A},$$
$$\alpha(\boldsymbol{A}+\boldsymbol{B})=\alpha\boldsymbol{A}+\alpha\boldsymbol{B}.$$

更精确地说, 集合 $\mathrm{Mat}(m,n)$ 形成一个复数域上的线性空间 (参看 2.3.2).

两个矩阵的乘法 矩阵乘法的基本思想包含在下列公式中:

$$(a,b)\begin{pmatrix}\alpha\\ \beta\end{pmatrix}:=a\alpha+b\beta. \tag{2.7}$$

例 3: 我们有 $(1,3)\begin{pmatrix}2\\ 4\end{pmatrix}=1\cdot 2+3\cdot 4=2+12=14.$

公式 (2.7) 的自然推广是

$$(a_1,a_2,\cdots,a_n)\begin{pmatrix}\alpha_1\\ \alpha_2\\ \vdots\\ \alpha_n\end{pmatrix}=a_1\alpha_1+a_2\alpha_2+\cdots+a_n\alpha_n.$$

矩阵 $\boldsymbol{A} \in \mathrm{Mat}(m,n)$ 与矩阵 $\boldsymbol{B} \in \mathrm{Mat}(n,l)$ 的乘积是一个矩阵 $\boldsymbol{C}=\boldsymbol{AB} \in \mathrm{Mat}(m,l)$, 它的元素 c_{jk} 由下列法则定义:

$$c_{jk}=\boldsymbol{A}\text{ 的第 } j \text{ 行乘以 } \boldsymbol{B} \text{ 的第 } k \text{ 列}. \tag{2.8}$$

如果将 $\boldsymbol{A}$(及 $\boldsymbol{B}$) 的元素记作 $a_{..}$(及 $b_{..}$), 那么这个公式就是

$$c_{jk}=\sum_{s=1}^{n}a_{js}b_{sk}.$$

例 4: 设

$$\boldsymbol{A}:=\begin{pmatrix}1 & 2\\ 3 & 4\end{pmatrix}, \qquad \boldsymbol{B}:=\begin{pmatrix}2 & 1\\ 4 & 1\end{pmatrix}.$$

积矩阵 $\boldsymbol{C}:=\boldsymbol{AB}$ 写作

$$\boldsymbol{C}:=\begin{pmatrix}c_{11} & c_{12}\\ c_{21} & c_{22}\end{pmatrix}.$$

那么我们有

$$c_{11} = \boldsymbol{A} \text{ 的第 1 行乘以 } \boldsymbol{B} \text{ 的第 1 列} = (1,2)\begin{pmatrix}2\\4\end{pmatrix} = 1\cdot 2 + 2\cdot 4 = 10,$$

$$c_{12} = \boldsymbol{A} \text{ 的第 1 行乘以 } \boldsymbol{B} \text{ 的第 2 列} = (1,2)\begin{pmatrix}1\\1\end{pmatrix} = 1\cdot 1 + 2\cdot 1 = 3,$$

$$c_{21} = \boldsymbol{A} \text{ 的第 2 行乘以 } \boldsymbol{B} \text{ 第 1 列} = (3,4)\begin{pmatrix}2\\4\end{pmatrix} = 3\cdot 2 + 4\cdot 4 = 22,$$

$$c_{22} = \boldsymbol{A} \text{ 的第 2 行乘以 } \boldsymbol{B} \text{ 的第 2 列} = (3,4)\begin{pmatrix}1\\1\end{pmatrix} = 3\cdot 1 + 4\cdot 1 = 7.$$

于是合起来有

$$\boldsymbol{AB} = \boldsymbol{C} = \begin{pmatrix}10 & 3\\ 22 & 7\end{pmatrix}.$$

我们还得到

$$\begin{pmatrix}1 & 2\\ 0 & 1\end{pmatrix}\begin{pmatrix}1 & 0 & 2\\ 0 & 1 & 1\end{pmatrix} = \begin{pmatrix}1 & 2 & 4\\ 0 & 1 & 1\end{pmatrix},$$

这是因为

$$(1,2)\begin{pmatrix}1\\0\end{pmatrix} = 1\cdot 1 + 2\cdot 0 = 1, \qquad (0,1)\begin{pmatrix}1\\0\end{pmatrix} = 0\cdot 1 + 1\cdot 0 = 0, \text{ 等等.}$$

矩阵乘积$\boldsymbol{AB}$存在, 当且仅当$\boldsymbol{A}$与$\boldsymbol{B}$相配, 亦即$\boldsymbol{A}$的列数等于$\boldsymbol{B}$的行数.

单位矩阵 3×3 方阵

$$\boldsymbol{E} := \begin{pmatrix}1 & 0 & 0\\ 0 & 1 & 0\\ 0 & 0 & 1\end{pmatrix}$$

称为 3×3 单位矩阵[1], 类似地, $n\times n$ 单位矩阵定义为主对角线元素为 1 其余元素为 0 的 $n\times n$ 方阵.

方阵的运算 设 $\boldsymbol{A},\boldsymbol{B},\boldsymbol{C}\in \mathrm{Mat}(n,n)$, 用 $\boldsymbol{E}$ 表示 $n\times n$ 单位矩阵, 用 $\boldsymbol{O}$ 表示 $n\times n$ 零矩阵, 那么有

$$\boldsymbol{A}(\boldsymbol{BC}) = (\boldsymbol{AB})\boldsymbol{C}, \qquad \boldsymbol{A}(\boldsymbol{B}+\boldsymbol{C}) = \boldsymbol{AB}+\boldsymbol{AC},$$
$$\boldsymbol{AE} = \boldsymbol{EA} = \boldsymbol{A}, \qquad \boldsymbol{AO} = \boldsymbol{OA} = \boldsymbol{O}, \qquad \boldsymbol{A}+\boldsymbol{O} = \boldsymbol{A}.$$

更精确地说, 集合 $\mathrm{Mat}(n,n)$ 形成复数域上的 (非交换) 环并且是复数域上的代数 (参看 2.4.1 和 2.5.2).

1) 这个名称来自该矩阵是矩阵环中的单位元的事实.

矩阵之积的非交换性 对于 $\boldsymbol{A},\boldsymbol{B}\in \mathrm{Mat}(n,n)$ 且 $n\geqslant 2$, 一般地 $\boldsymbol{AB}=\boldsymbol{BA}$ 不成立 (这就是所说的非交换性).

例 5: 我们有

$$\begin{pmatrix} 0 & 1 \\ 0 & 0 \end{pmatrix}\begin{pmatrix} 1 & 0 \\ 0 & 0 \end{pmatrix}=\begin{pmatrix} 0 & 0 \\ 0 & 0 \end{pmatrix},\quad \text{但}\ \begin{pmatrix} 1 & 0 \\ 0 & 0 \end{pmatrix}\begin{pmatrix} 0 & 1 \\ 0 & 0 \end{pmatrix}=\begin{pmatrix} 0 & 1 \\ 0 & 0 \end{pmatrix}.$$

矩阵之积的零因子 如果对于两个矩阵 $\boldsymbol{A}$ 和 $\boldsymbol{B}$ 有 $\boldsymbol{AB}=\boldsymbol{O}$, 那么不一定蕴涵 $\boldsymbol{A}=\boldsymbol{O}$ 或 $\boldsymbol{B}=\boldsymbol{O}$. 设 $\boldsymbol{A},\boldsymbol{B}\in \mathrm{Mat}(n,n)$. 如果对于 $\boldsymbol{A}\neq\boldsymbol{O}$ 和 $\boldsymbol{B}\neq\boldsymbol{O}$ 有 $\boldsymbol{AB}=\boldsymbol{O}$, 那么我们称 $\boldsymbol{A}$ 和 $\boldsymbol{B}$ 为环 $\mathrm{Mat}(n,n)$ 中的零因子.

例 6: 对于

$$\boldsymbol{A}:=\begin{pmatrix} 0 & 1 \\ 0 & 0 \end{pmatrix},$$

有 $\boldsymbol{A}\neq\boldsymbol{O}$ 但 $\boldsymbol{AA}=\boldsymbol{O}$. 实际上, 我们有

$$\begin{pmatrix} 0 & 1 \\ 0 & 0 \end{pmatrix}\begin{pmatrix} 0 & 1 \\ 0 & 0 \end{pmatrix}=\begin{pmatrix} 0 & 0 \\ 0 & 0 \end{pmatrix}.$$

逆矩阵 设 $\boldsymbol{A}\in \mathrm{Mat}(n,n)$. 给定矩阵 $\boldsymbol{A}$ 的逆矩阵定义为矩阵 $\boldsymbol{B}\in \mathrm{Mat}(n,n)$, 它满足

$$\boldsymbol{AB}=\boldsymbol{BA}=\boldsymbol{E},$$

其中 $\boldsymbol{E}$ 是 $n\times n$ 单位矩阵. 这种矩阵 $\boldsymbol{B}$ 存在, 当且仅当 $\det\boldsymbol{A}\neq 0$, 亦即 $\boldsymbol{A}$ 的行列式非零. 此时 $\boldsymbol{B}$ 唯一确定并记作 $\boldsymbol{A}^{-1}$. 因此, 当 $\det\boldsymbol{A}\neq 0$ 时, 有

$$\boxed{\boldsymbol{AA}^{-1}=\boldsymbol{A}^{-1}\boldsymbol{A}=\boldsymbol{E}.}$$

例 7: 矩阵

$$\boldsymbol{A}:=\begin{pmatrix} a & b \\ c & d \end{pmatrix}$$

的逆矩阵 $\boldsymbol{A}^{-1}$ 存在, 当且仅当 $\det\boldsymbol{A}\neq 0$, 亦即 $ad-bc\neq 0$. 此时逆矩阵由

$$\boldsymbol{A}^{-1}=\frac{1}{ad-bc}\begin{pmatrix} d & -b \\ -c & a \end{pmatrix}$$

给出. 实际上, 计算表明

$$\boldsymbol{AA}^{-1}=\boldsymbol{A}^{-1}\boldsymbol{A}=\begin{pmatrix} 1 & 0 \\ 0 & 1 \end{pmatrix}.$$

定理 对于任意 $\det\boldsymbol{A}\neq 0$ 的 $n\times n$ 矩阵 $\boldsymbol{A}$, 有

$$\boxed{(\boldsymbol{A}^{-1})_{jk}=(\det\boldsymbol{A})^{-1}A_{kj},}$$

其中 $(A^{-1})_{jk}$ 表示 $\boldsymbol{A}^{-1}$ 的第 j 行及第 k 列上的元素. 此外, A_{kj} 是 $\boldsymbol{A}$ 的行列式中 a_{kj} 的伴随行列式 (参看 2.1.2).

群 $GL(n,\mathbb{C})$　矩阵 $\boldsymbol{A} \in \mathrm{Mat}(n,n)$ 称作正则矩阵(或可逆矩阵), 如果 $\det\boldsymbol{A} \neq 0$, 因而逆矩阵 $\boldsymbol{A}^{-1}$ 存在. 所有正则 $n \times n$ 矩阵的集合记作 $GL(n,\mathbb{C})$.

更精确地说, 集合 $GL(n,\mathbb{C})$ 形成一个群 (参看 2.5.1), 我们将它称作 (复) 一般线性群(因而采用上述记号)[1].

对方程组的应用　参看 2.1.4.

转置矩阵与伴随矩阵　设给定实或复 $m \times n$ 矩阵 $\boldsymbol{A} = (a_{jk})$. $\boldsymbol{A}$ 的转置矩阵 $\boldsymbol{A}^{\mathrm{T}}$ 是将 $\boldsymbol{A}$ 的各行和各列互换所得的矩阵. 如果还取各元素的复数共轭, 那么就得到 $\boldsymbol{A}$ 的伴随矩阵 $\boldsymbol{A}^*$.

如果用 a_{jk}^{T}(或用 a_{jk}^*) 表示 $\boldsymbol{A}^{\mathrm{T}}$(或 $\boldsymbol{A}^*$) 的元素, 那么有

$$a_{kj}^{\mathrm{T}} := a_{jk}, \qquad a_{kj}^* := \overline{a_{jk}}, \qquad k = 1, \cdots, n, \quad j = 1, \cdots, m.$$

因此 $\boldsymbol{A}^{\mathrm{T}}$ 和 $\boldsymbol{A}^*$ 是 $n \times m$ 矩阵.

例 8:

$$\boldsymbol{A} := \begin{pmatrix} 1 & 2 & 3\mathrm{i} \\ 4 & 5 & 6 \end{pmatrix}, \qquad \boldsymbol{A}^{\mathrm{T}} = \begin{pmatrix} 1 & 4 \\ 2 & 5 \\ 3\mathrm{i} & 6 \end{pmatrix}, \qquad \boldsymbol{A}^* = \begin{pmatrix} 1 & 4 \\ 2 & 5 \\ -3\mathrm{i} & 6 \end{pmatrix}.$$

对于所有的实数或复数 α 和 β, 有

$$\boxed{\begin{array}{cc} (\boldsymbol{A}^{\mathrm{T}})^{\mathrm{T}} = \boldsymbol{A}, & (\boldsymbol{A}^*)^* = \boldsymbol{A}, \\ (\alpha\boldsymbol{A} + \beta\boldsymbol{B})^{\mathrm{T}} = \alpha\boldsymbol{A}^{\mathrm{T}} + \beta\boldsymbol{B}^{\mathrm{T}}, & (\alpha\boldsymbol{A} + \beta\boldsymbol{B})^* = \bar{\alpha}\boldsymbol{A}^* + \bar{\beta}\boldsymbol{B}^*, \\ (\boldsymbol{C}\boldsymbol{D})^{\mathrm{T}} = \boldsymbol{D}^{\mathrm{T}}\boldsymbol{C}^{\mathrm{T}}, & (\boldsymbol{C}\boldsymbol{D})^* = \boldsymbol{D}^*\boldsymbol{C}^*, \\ (\boldsymbol{Q}^{-1})^{\mathrm{T}} = (\boldsymbol{Q}^{\mathrm{T}})^{-1}, & (\boldsymbol{Q}^{-1})^* = (\boldsymbol{Q}^*)^{-1}. \end{array}}$$

此处我们假设矩阵 $\boldsymbol{A}$ 和 $\boldsymbol{B}$ 有相同的行数和列数, 并设矩阵乘积 $\boldsymbol{C}\boldsymbol{D}$ 存在 (记住这要求$\boldsymbol{C}$和$\boldsymbol{D}$相配). 此外, 我们还假设 $\boldsymbol{Q}$ 的逆矩阵 $\boldsymbol{Q}^{-1}$ 存在 (记住这要求 $\det\boldsymbol{Q} \neq 0$); 此时 $\boldsymbol{Q}^*$ 和 $\boldsymbol{Q}^{\mathrm{T}}$ 的逆矩阵也存在.

矩阵 $(\boldsymbol{Q}^{-1})^{\mathrm{T}}$ 称为 Q 的逆步矩阵.

矩阵的迹　$n \times n$ 矩阵 $\boldsymbol{A} = (a_{jk})$ 的迹, 记作 $\mathrm{tr}\boldsymbol{A}$, 是 $\boldsymbol{A}$ 的对角元素之和, 亦即

$$\boxed{\mathrm{tr}\boldsymbol{A} := a_{11} + a_{22} + \cdots + a_{nn}.}$$

例 9:

$$\mathrm{tr}\begin{pmatrix} a & 2 \\ 3 & b \end{pmatrix} = a + b.$$

---

1) 类似地, 全体实正则 $n \times n$ 矩阵的集合 $GL(n,\mathbb{R})$ 形成所谓实一般线性群. $GL(n,\mathbb{C})$ 和 $GL(n,\mathbb{R})$ 是李群的非常重要的例子, 我们将在 [212] 中结合它对基本粒子物理的应用更加详细地研究.

对于所有的复数 α, β 及所有的 $n \times n$ 矩阵 $\boldsymbol{A}, \boldsymbol{B}$, 有

$$\boxed{\begin{gathered}\operatorname{tr}(\alpha \boldsymbol{A}+\beta \boldsymbol{B})=\alpha \operatorname{tr} \boldsymbol{A}+\beta \operatorname{tr} \boldsymbol{B}, \qquad \operatorname{tr}(\boldsymbol{A B})=\operatorname{tr}(\boldsymbol{B A}), \\ \operatorname{tr} \boldsymbol{A}^{\mathrm{T}}=\operatorname{tr} \boldsymbol{A}, \qquad \operatorname{tr} \boldsymbol{A}^{*}=\overline{\operatorname{tr} \boldsymbol{A}}.\end{gathered}}$$

例 10: 如果 $n \times n$ 矩阵 $\boldsymbol{C}$ 可逆, 那么有关系式 $\operatorname{tr}(\boldsymbol{C}^{-1} \boldsymbol{A} \boldsymbol{C})=\operatorname{tr}(\boldsymbol{A} \boldsymbol{C} \boldsymbol{C}^{-1})=\operatorname{tr} \boldsymbol{A}$.

2.1.4 线性方程组

基本思想 线性方程组可能是可解的或不可解的. 在它们是可解的情形, 解是唯一的, 或者存在一个依赖于无穷多个参数的全部解的族.

例 1 (依赖于参数的解): 为了在实数范围内解线性方程组

$$\left\{\begin{array}{l}3 x_1+3 x_2+3 x_3=6, \\ 2 x_1+4 x_2+4 x_3=8,\end{array}\right. \tag{2.9}$$

我们用 $-2/3$ 去乘第一行. 这将第一行变形为

$$-2 x_1-2 x_2-2 x_3=-4.$$

将此式与 (2.9) 中的第二行相加, 于是从 (2.9) 得到新的方程组

$$\left\{\begin{aligned}3 x_1+3 x_2+3 x_3&=6, \\ 2 x_2+2 x_3&=4.\end{aligned}\right. \tag{2.10}$$

由 (2.10) 中第二个方程得到 $x_2=2-x_3$. 如果我们将这个式子代入 (2.10) 中第一个方程, 那么我们可得 $x_1=2-x_2-x_3=0$. 于是在实数范围内 (2.9) 的一般解有形式[1)]

$$x_1=0, \quad x_2=2-p, \quad x_3=p. \tag{2.11}$$

此处 p 是一个实数.

如果取 p 为任意复数, 那么 (2.11) 是 (2.9) 在复数范围内的一般解.

例 2 (唯一解): 如果将例 1 中使用的方法应用于方程组

$$\left\{\begin{array}{l}3 x_1+3 x_2=6, \\ 2 x_1+4 x_2=8,\end{array}\right.$$

那么我们得到

$$\left\{\begin{aligned}3 x_1+3 x_2&=6, \\ 2 x_2&=4.\end{aligned}\right.$$

故得唯一解 $x_2=2$, $x_1=0$.

1) 这些考查确立了 (2.9) 的任何解必然有 (2.11) 的形式. 反之, 可以看到 (2.11) 确实是 (2.9) 的解.

例 3 (无解): 设方程组

$$\begin{cases} 3x_1 + 3x_2 + 3x_3 = 6, \\ 2x_1 + 2x_2 + 2x_3 = 8 \end{cases} \tag{2.12}$$

有解 x_1, x_2, x_3, 应用例 1 中的方法将导致矛盾

$$\begin{cases} 3x_1 + 3x_2 + 3x_3 = 6, \\ 0 = 4. \end{cases}$$

因此, (2.12) 确实没有解.

用 Mathematica求线性方程组的解 这个软件包能够求出任何线性方程组的一般解[1)].

2.1.4.1 线性方程组的一般解

实线性方程组有形式

$$\begin{cases} a_{11}x_1 + a_{12}x_2 + \cdots + a_{1n}x_n = b_1, \\ a_{21}x_1 + a_{22}x_2 + \cdots + a_{2n}x_n = b_2, \\ \cdots\cdots \\ a_{m1}x_1 + a_{m2}x_2 + \cdots + a_{mn}x_n = b_m. \end{cases} \tag{2.13}$$

设实数 a_{jk}, b_j 给定. 我们要求出实数 $x_1, \cdots, x_n$ 满足 (2.13). 这对应于矩阵方程

$$\boxed{\boldsymbol{Ax}=\boldsymbol{b}} \tag{2.14}$$

的解. 更详细地说, 这个方程是

$$\begin{pmatrix} a_{11} & a_{12} & \cdots & a_{1n} \\ a_{21} & a_{22} & \cdots & a_{2n} \\ \vdots & \vdots & & \vdots \\ a_{m1} & a_{m2} & \cdots & a_{mn} \end{pmatrix} \begin{pmatrix} x_1 \\ x_2 \\ \vdots \\ x_n \end{pmatrix} = \begin{pmatrix} b_1 \\ b_2 \\ \vdots \\ b_m \end{pmatrix}.$$

定义 方程组 (2.13) 称为齐次方程组, 如果右边的所有系数 b_j 为零; 否则 (2.13) 称为非齐次方程组. 齐次方程组总是至少有平凡解 $x_1 = x_2 = \cdots = x_n = 0$.

叠加原理 如果已知非齐次组 (2.14) 的一个特解 $\boldsymbol{x}_{特}$, 那么令

$$\boxed{\boldsymbol{x} = \boldsymbol{x}_{特} + \boldsymbol{y}}$$

即得 (2.14) 的全部解集, 其中 $\boldsymbol{y}$ 是齐次组 $\boldsymbol{Ay} = \boldsymbol{0}$ 的任意解. 总结上述:

$$\boxed{\text{非齐次组的一般解} = \text{非齐次组的特解} + \text{齐次组的一般解}.}$$

这个原理对数学中的所有线性问题都有效 (例如, 对于线性微分或积分方程).

1) 线性方程组的一般解将在下一节中论述.

2.1.4.2 高斯算法

高斯算法是求 (2.13) 的一般解或确定 (2.13) 的不可解性的通用方法. 它恰好是 (2.9)~(2.12) 中所用方法的自然推广.

三角形形式 高斯算法的思想是将初始方程组 (2.13) 化作下列等价形式:

$$\begin{cases} \alpha_{11}y_1+\alpha_{12}y_2+\ldots+\alpha_{1n}y_n=\beta_1, \\ \qquad\quad \alpha_{22}y_2+\cdots+\alpha_{2n}y_n=\beta_2, \\ \qquad\qquad \cdots\cdots \\ \qquad\quad \alpha_{rr}y_r+\cdots+\alpha_{rn}y_n=\beta_r, \\ \qquad\qquad\qquad\qquad 0=\beta_{r+1}, \\ \qquad\qquad\qquad\qquad \cdots\cdots \\ \qquad\qquad\qquad\qquad 0=\beta_m, \end{cases} \tag{2.15}$$

其中 $y_k=x_k$(对所有 k), 或 $y_1,\cdots,y_n$ 可以通过重新编号 (下标置换) 由 $x_1,\cdots,x_n$ 得到, 此外还有

$$\alpha_{11}\neq 0,\quad \alpha_{22}\neq 0,\quad \cdots,\quad \alpha_{rr}\neq 0.$$

方程组 (2.15) 可用下列方法得到:

(i) 设 a_{jk} 中至少有一个不为零. 置换行或列后可设 $a_{11}\neq 0$.

(ii) 用 $-a_{k1}/a_{11}$ 乘 (2.13) 的第一行并将它与第 k 行 $(k=2,\cdots,m)$ 相加. 我们得到一个方程组, 其第一行和第二行如 (2.15) 中所示且 $\alpha_{11}\neq 0$.

(iii) 将相同的操作应用于新方程组的第 2~ 第 m 行 (迭代前两步骤), 等等.

解的计算 容易写出 (2.15) 的解. 这也产生初始方程组 (2.13) 的一组解.

情形 1: 我们有 $r<m$, 并且 $\beta_{r+1},\beta_{r+2},\cdots,\beta_m$ 不全为零. 那么方程组 (2.15) 因而方程组 (2.13) 无解.

情形 2: 我们有 $r=m$. 由 $\alpha_{rr}\neq 0$ 我们可解 (2.15) 中的第 r 个方程得出 y_r, 其中将 $y_{r+1},\cdots,y_n$ 看作参数. 然后应用第 $r-1$ 个方程解出 y_{r-1}. 类似地解出 $y_{r-2},\cdots,y_1$.

这表明 (2.15) 及 (2.13) 的一般解依赖于 $n-r$ 个实参数.

情形 3: 我们有 $r<m$, 并且 $\beta_{r+1}=\cdots=\beta_m=0$, 此时我们如情形 2 那样操作并得到 (2.15) 和 (2.13) 的一般解, 它依赖于 $n-r$ 个实参数.

数 r 等于矩阵 $\boldsymbol{A}$ 的秩 (参看 2.1.4.5).

2.1.4.3 克拉默法则

定理 设 $n=m$ 且 $\det\boldsymbol{A}\neq 0$. 那么线性方程组 (2.13) 有唯一解

$$\boxed{\boldsymbol{x}=\boldsymbol{A}^{-1}\boldsymbol{b}.}$$

这可明显地表示为

$$\boxed{x_j=\frac{(\det\boldsymbol{A})_j}{\det\boldsymbol{A}},\qquad j=1,\cdots,n.} \tag{2.16}$$

其中 $(\det \boldsymbol{A})_j$ 是用 $\boldsymbol{b}$ 代替 $\boldsymbol{A}$ 的第 j 列所得到的矩阵的行列式. 称这个公式为克拉默法则.

例: 线性方程组

$$\begin{cases} a_{11}x_1 + a_{12}x_2 = b_1, \\ a_{21}x_1 + a_{22}x_2 = b_2 \end{cases}$$

当 $a_{11}a_{22} - a_{12}a_{21} \neq 0$ 时有下列唯一解:

$$x_1 = \frac{\begin{vmatrix} b_1 & a_{12} \\ b_2 & a_{22} \end{vmatrix}}{\begin{vmatrix} a_{11} & a_{12} \\ a_{21} & a_{22} \end{vmatrix}} = \frac{b_1 a_{22} - a_{12} b_2}{a_{11}a_{22} - a_{12}a_{21}},$$

$$x_2 = \frac{\begin{vmatrix} a_{11} & b_1 \\ a_{21} & b_2 \end{vmatrix}}{\begin{vmatrix} a_{11} & a_{12} \\ a_{21} & a_{22} \end{vmatrix}} = \frac{a_{11} b_2 - b_1 a_{21}}{a_{11}a_{22} - a_{12}a_{21}}.$$

2.1.4.4 弗雷德霍姆择一定理

定理 线性方程组 $\boldsymbol{Ax} = \boldsymbol{b}$ 有解 $\boldsymbol{x}$, 当且仅当对于齐次对偶方程 $\boldsymbol{A}^{\mathrm{T}}\boldsymbol{y} = \boldsymbol{0}$ 的所有解 $\boldsymbol{y}$ 有

$$\boxed{\boldsymbol{b}^{\mathrm{T}}\boldsymbol{y} = 0.}$$

2.1.4.5 秩判别法

线性无关的行矩阵 设给定 m 个行矩阵[1] $\boldsymbol{A}_1, \cdots, \boldsymbol{A}_m$, 它们的长度为 n, 并有实元素. 如果方程

$$\alpha_1 \boldsymbol{A}_1 + \cdots + \alpha_m \boldsymbol{A}_m = \boldsymbol{0} \quad (\alpha_i \text{ 为实数})$$

仅当 $\alpha_1 = \alpha_2 = \cdots = \alpha_m = 0$ 时才成立, 则称 $\boldsymbol{A}_1, \cdots, \boldsymbol{A}_m$ 线性无关. 否则称它们线性相关.

类似的定义对列矩阵 (即 $(n \times 1)$ 矩阵) 也成立.

例 1: (i) 线性无关性. 对于 $\boldsymbol{A}_1 := (1, 0)$ 和 $\boldsymbol{A}_2 := (0, 1)$,
由

$$\alpha_1 \boldsymbol{A}_1 + \alpha_2 \boldsymbol{A}_2 = \boldsymbol{0}$$

推出 $(\alpha_1, \alpha_2) = (0, 0)$, 因此 $\alpha_1 = \alpha_2 = 0$. 这意味着 $\boldsymbol{A}_1$ 和 $\boldsymbol{A}_2$ 线性无关.

(ii) 线性相关性. 对于 $\boldsymbol{A}_1 := (1, 1)$ 和 $\boldsymbol{A}_2 := (2, 2)$, 有

$$2\boldsymbol{A}_1 - \boldsymbol{A}_2 = (2, 2) - (2, 2) = \boldsymbol{0},$$

1) 即 $1 \times n$ 矩阵.

亦即 $\boldsymbol{A}_1$ 和 $\boldsymbol{A}_2$ 线性相关.

定义 矩阵 $\boldsymbol{A}$ 的秩等于其线性无关的列 (亦即 $\boldsymbol{A}$ 的列构成的列矩阵) 的最大个数.

删去 $\boldsymbol{A}$ 的若干个行和列所得到的行列式称为 $\boldsymbol{A}$ 的 (或 $\boldsymbol{A}$ 的行列式的) 子行列式.

定理 (i) 矩阵的秩等于其线性无关的行的最大个数, 换言之, 我们有 $\text{rank}(\boldsymbol{A}) = \text{rank}(\boldsymbol{A}^{\mathrm{T}})$.

(ii) 矩阵的秩等于其不为零的子行列式的最大阶.

秩定理 线性方程组 $\boldsymbol{Ax} = \boldsymbol{b}$ 有解, 当且仅当系数矩阵 $\boldsymbol{A}$ 的秩等于增广矩阵 $(\boldsymbol{A}, \boldsymbol{b})$ (这是一个 $m \times (n+1)$ 矩阵) 的秩. 此时, 一般解依赖于 $n - r$ 个实参数, 其中 n 是不定元的个数, r 表示矩阵 $\boldsymbol{A}$ 的秩.

例 2: 考虑方程组

$$\begin{cases} x_1 + x_2 = 2, \\ 2x_1 + 2x_2 = 4. \end{cases} \tag{2.17}$$

那么有

$$\boldsymbol{A} := \begin{pmatrix} 1 & 1 \\ 2 & 2 \end{pmatrix}, \quad (\boldsymbol{A}, \boldsymbol{b}) := \begin{pmatrix} 1 & 1 & 2 \\ 2 & 2 & 4 \end{pmatrix}.$$

(i) 行的线性相关性. $\boldsymbol{A}$ 的第二行等于第一行的两倍, 即

$$2(1,1) - (2,2) = \mathbf{0}.$$

因此 $\boldsymbol{A}$ 的第一行和第二行线性相关, 从而 $r = \text{rank}(\boldsymbol{A}) = 1$. 类似地我们求得 $\text{rank}(\boldsymbol{A}, \boldsymbol{b}) = 1$, 另一方面 $n - r = 2 - 1 = 1$.

因此方程组 (2.17) 有解, 它依赖于一个实参数.

这个结果也容易直接验证. 因为 (2.17) 中第二个方程恰好是第一个方程的两倍, 因此可以省略第二个方程. (2.17) 中第一个方程有一般解

$$x_1 = 2 - p, \qquad x_2 = p,$$

其中 p 为实参数.

(ii) 行列式判别法. 因为

$$\begin{vmatrix} 1 & 1 \\ 2 & 2 \end{vmatrix} = 0, \quad \begin{vmatrix} 1 & 2 \\ 2 & 4 \end{vmatrix} = 0,$$

所以 $\boldsymbol{A}$ 及 $(\boldsymbol{A}, \boldsymbol{b})$ 的二阶子行列式为零. 但存在不为零的 1 阶子行列式, 因此 $\text{rank}(\boldsymbol{A}) = \text{rank}(\boldsymbol{A}, \boldsymbol{b}) = 1$.

确定秩的算法 考虑矩阵

$$\begin{pmatrix} a_{11} & a_{12} & \cdots & a_{1n} \\ \vdots & \vdots & & \vdots \\ a_{m1} & a_{m2} & \cdots & a_{mn} \end{pmatrix}.$$

如果 a_{jk} 全为零, 那么我们有 $\mathrm{rank}(\boldsymbol{A})=0$.

在其他情形, 我们可以通过行和 (或) 列的置换, 以及将某些行的倍数与其他行相加得到三角形形式

$$\begin{pmatrix} a_{11} & a_{12} & & \cdots & \cdots & a_{1n} \\ 0 & a_{22} & & \cdots & \cdots & a_{2n} \\ \vdots & & \ddots & & & \vdots \\ 0 & \cdots & 0 & a_{rr} & \cdots & a_{rn} \\ 0 & \cdots & 0 & 0 & \cdots & 0 \\ \vdots & & \vdots & \vdots & & \vdots \\ 0 & \cdots & 0 & 0 & \cdots & 0 \end{pmatrix},$$

其中 a_{jj} 全不为零. 于是有 $\mathrm{rank}(\boldsymbol{A})=r$.

例 3: 设给定矩阵

$$\boldsymbol{A}:=\begin{pmatrix} 1 & 1 & 1 \\ 2 & 4 & 2 \end{pmatrix}.$$

由第二行减去第一行的 2 倍, 我们得到

$$\begin{pmatrix} 1 & 1 & 1 \\ 0 & 2 & 0 \end{pmatrix},$$

亦即 $\mathrm{rank}(\boldsymbol{A})=2$.

复方程组 如果线性方程组 (2.13) 的系数 a_{jk} 及 b_j 是复数, 那么求复数 $x_1,\cdots,x_n$ 为其解. 上面对线性方程组所作的所有论述此时仍然成立. 但在线性无关性的定义中 $\alpha_1,\cdots,\alpha_k$ 也必须是复数.

2.1.5 多项式的计算

n 次实系数 (或复系数) 多项式是一个表达式

$$\boxed{a_0+a_1x+a_2x^2+\cdots+a_nx^n,} \tag{2.18}$$

其中 $a_0,\cdots,a_n$ 是实 (或复) 数, 且 $a_n\neq 0$[1].

相等 按定义

$$a_0+a_1x+\cdots+a_nx^n=b_0+b_1x+\cdots+b_mx^m,$$

当且仅当 $n=m$, 并且 $a_j=b_j$(对所有 j)(亦即两个多项式有相同的次数和相同的系数).

---

1) 用严格形式化的数学表达, (2.18) 是一个抽象表达式, 如果我们用固定的复数代入 $a_0,\cdots,a_n,x$, 那么它将与复数相联系. 此时我们也说 $a_0,\cdots,a_n,x$ 取复数值.

加法和乘法 通过合并次数相同的项, 应用自然法则 (1.1.4) 进行这些运算.

例 1:
$$(x^2+1)+(2x^3+4x^2+3x+2)=2x^3+5x^2+3x+3,$$
$$(x+1)(x^2-2x+2)=x^3-2x^2+2x+x^2-2x+2=x^3-x^2+2.$$

除法 代替 $7\div 2=3$ 余 1, 我们也可以写作 $7=2\cdot 3+1$ 或 $\dfrac{7}{2}=3+\dfrac{1}{2}$. 在多项式情形也可以这样做.

设 $N(x)$ 和 $D(x)$ 是两个多项式, 并设 $D(x)$ 的次数至少是 1. 那么存在唯一确定的多项式 $Q(x)$ 和 $R(x)$ 使得

$$\boxed{N(x)=D(x)Q(x)+R(x),} \tag{2.19}$$

其中余项多项式 $R(x)$ 的次数严格小于分母 $D(x)$ 的次数, 代替 (2.19) 我们也可写成

$$\frac{N(x)}{D(x)}=Q(x)+\frac{R(x)}{D(x)}. \tag{2.20}$$

我们称 $N(x)$ 是分子, $Q(x)$ 是两个多项式的商.

例 2(无余项除法): 对于 $N(x):=x^2-1$ 及 $D(x):=x-1$, 取 $Q(x)=x+1$ 及 $R(x)=0$, (2.19) 即被满足. 实际上, $x^2-1=(x-1)(x+1)$. 这意味着

$$\frac{x^2-1}{x-1}=x+1.$$

例 3(带余项除法): 我们有

$$\frac{3x^4-10x^3+22x^2-24x+10}{x^2-2x+3}=3x^2-4x+5+\frac{-2x-5}{x^2-2x+3}.$$

为了得到相应的分解式

$$3x^4-10x^3+22x^2-24x+10=(x^2-2x+3)(3x^2-4x+5)+(-2x-5)$$

以及余项多项式 $R(x)=-2x-5$, 应用下列算式:

$$\begin{array}{rl}
3x^4-10x^3+22x^2-24x+10 & (\text{除法: } 3x^4\div x^2=\boxed{3x^2})\\
\underline{3x^4-6x^3+9x^2\qquad\qquad\qquad} & (\text{乘法: } (x^2-2x+3)\boxed{3x^2})\\
-4x^3+13x^2-24x+10 & (\text{减法 + 除法: } -4x^3\div x^2=\boxed{-4x})\\
\underline{-4x^3+8x^2-12x\qquad} & (\text{乘法: } (x^2-2x+3)\boxed{(-4x)})\\
5x^2-12x+10 & (\text{减法 + 除法: } 5x^2\div x^2=\boxed{5})\\
\underline{5x^2-10x+15} & (\text{乘法: } (x^2-2x+3)\boxed{5})\\
-2x-5 & (\text{减法}).
\end{array}$$

这个方法概括地表述如下: 除以最高项, 与除式相乘, 作减法, 除以所得到的最高项, 等等. 当所得最高项不能再相除时, 计算结束.

例 4: 分解式

$$x^3 - 1 = (x-1)(x^2+x+1),$$

可由下列算式得到:

$$\begin{array}{r} x^3 - 1 \\ \underline{x^3 - x^2} \\ x^2 - 1 \\ \underline{x^2 - x} \\ x - 1 \end{array}$$

两个多项式的最大公因子(gcd) (欧几里得算法) 设 $N(x)$ 和 $D(x)$ 是两个次数至少为 1 的多项式. 类似于 (2.19) 我们得到带余项的除法链.

$$\begin{aligned} N(x) &= D(x)Q(x) + R_1(x), \\ D(x) &= R_1(x)Q_1(x) + R_2(x), \\ R_1(x) &= R_2(x)Q_2(x) + R_3(x), \quad \text{等等}. \end{aligned}$$

由关系式 $\deg(R_{j+1}) < \deg(R_j)$, 我们得知经有限步后, 将在某一步余项多项式为零, 亦即

$$R_m(x) = R_{m+1}(x)Q_{m+1}(x).$$

于是 $R_{m+1}(x)$ 是 $N(x)$ 和 $D(x)$ 的最大公因子.

例 5: 对于 $N(x) := x^3 - 1$ 和 $D(x) := x^2 - 1$ 我们得到

$$\begin{aligned} x^3 - 1 &= (x^2-1)x + x - 1, \\ x^2 - 1 &= (x-1)(x+1). \end{aligned}$$

因此 $x-1$ 是 x^3-1 和 x^2-1 的最大公因子.

2.1.6 代数学基本定理(根据高斯的观点)

基本定理 每个复系数 n 次多项式 $p(x) := a_0 + a_1x + \cdots + a_nx^n (a_n \neq 0)$ 有乘积表达式

$$\boxed{p(x) = a_n(x-x_1)(x-x_2)\cdots(x-x_n),} \tag{2.21}$$

其中复数 $x_1, \cdots, x_n$ 除顺序外是唯一确定的.

高斯的这个著名的定理是在他 1799 年的学位论文中证明的. 但这个证明仍有一些缺陷. 一个非常机巧的函数论证明已在 1.14.9 中给出.

零点 方程

$$\boxed{p(x) = 0}$$

恰好有解 $x = x_1, \cdots, x_n$. 数 x_j 称作 $p(x)$ 的零点. 如果数 x_j 在分解式 (2.21) 中恰好出现 m 次, 那么将 m 称为零点x_j 的重数.

定理 如果 $p(x)$ 的系数是实的, 那么对每个复零点 x_j, 其共轭复数 $\bar{x}_j$ 也是一个零点, 并且两个零点的重数相同.

例 1: (i) 对于 $p(x) = x^2 - 1$ 我们有分解式 $p(x) = (x-1)(x+1)$. 因此 $p(x)$ 有单零点 $x = 1$ 及 $x = -1$.

(ii) 对于 $p(x) := x^2 + 1$ 我们有分解式 $p(x) = (x - \mathrm{i})(x + \mathrm{i})$. 因此 $p(x)$ 有单零点 $x = \mathrm{i}$ 及 $x = -\mathrm{i}$. 注意它们是共轭的.

(iii) 多项式 $p(x) := (x-1)^3(x+1)^4(x-2)$ 有一个三重零点 (即重数为 3 的零点)$x = 1$, 一个四重零点 $x = -1$ 及一个单零点 $x = 2$.

用除法算法计算零点 如果已知多项式 $p(x)$ 的一个零点 x_1, 那么可以用因子 $(x - x_1)$ 除 $p(x)$ 而余项为零, 亦即我们有

$$p(x) = (x - x_1)q(x).$$

于是 $p(x)$ 的其他零点等于 $q(x)$ 的零点. 这样, 我们可将确定一个多项式的零点的问题归结为较低次数多项式的问题.

例 2: 设 $p(x) := x^3 - 4x^2 + 5x - 2$, 显然 $x_1 := 1$ 是 $p(x)$ 的一个零点. 按照 (2.19) 实施除法可得

$$p(x) = (x-1)q(x) \qquad 且 \quad q(x) := x^2 - 3x + 2.$$

二次方程 $q(x) = 0$ 的零点可以借助 2.1.6.1 求得. 但在此我们容易看出 $x_2 = 1$ 仍是 $q(x)$ 的一个零点, 因此再次实施除法, 我们得到

$$q(x) = (x-1)(x-2).$$

于是有 $p(x) = (x-1)^2(x-2)$, 亦即 $p(x)$ 有二重零点 $x = 1$ 及单零点 $x = 2$.

应用 Mathematica的零点数值计算 这个软件包可以用来计算给定的 n 次多项式的零点到任意精确度.

解的显式公式 对于 n 次方程, 当 $n = 2, 3, 4$ 时, 我们知道从 16 世纪起就有计算零点的公式即求根公式 (见 2.1.6.1 起). 当 $n \geqslant 5$ 时, 这种公式不再存在 (阿贝尔定理, 1825). 研究代数方程的可解性的一般性工具是伽罗瓦理论 (参看 2.6).

2.1.6.1 二次方程

具有复系数 p 和 q 的方程

$$\boxed{x^2 + 2px + q = 0} \tag{2.22}$$

有两个解

$$\boxed{x_{1,2} = -p \pm \sqrt{D},}$$

其中 $D := p^2 - q$ 是所谓判别式. 另外, 我们用 $\sqrt{D}$ 表示一个固定的方根, 亦即方程 $y^2 = D$ 的一个固定的解. 我们总有关系式

$$-2p = x_1 + x_2, \quad q = x_1 x_2, \quad 4D = (x_1 - x_2)^2 \qquad (韦达定理).$$

这些关系式可以由 $(x-x_1)(x-x_2)=x^2+2px+q$ 推出. 韦达定理可以用来检验预定的零点.

实系数方程 (2.22) 的根的性质列在表 2.1 中.

表 2.1 实系数二次方程

$D>0$	两个实零点
$D=0$	一个二重实零点
$D<0$	两个共轭复零点

例：方程 $x^2-2x-3=0$ 有判别式 $D=4$ 及两个解 $x_{1,2}=1\pm 2$, 亦即 $x_1=3$ 及 $x_2=-1$.

2.1.6.2 三次方程

正规形式 具有复系数 a,b,c 的一般三次方程

$$x^3+ax^2+bx+c=0 \tag{2.23}$$

可以借助代换 $y=x+\dfrac{a}{3}$ 变换为正规形式

$$\boxed{y^3+3py+2q=0,} \tag{2.24}$$

其中

$$2q=\frac{2a^3}{27}-\frac{ab}{3}+c, \qquad 3p=b-\frac{a^2}{3}.$$

量 $D:=p^3+q^2$ 称作 (2.24) 的判别式. 表 2.2 刻画了 (2.24) 的解 (因而也是 (2.23) 的解) 的性质, 其中系数是实的.

表 2.2 实系数三次方程

$D>0$	一个实的和两个共轭复零点
$D<0$	三个不同的实零点
$D=0, q\neq 0$	两个实零点, 其中一个是二重的
$D=0, q=0$	一个三重实零点

卡尔达诺求解公式 (2.24) 的解是

$$\boxed{y_1=u_++u_-, \quad y_2=\rho_+u_++\rho_-u_-, \quad y_3=\rho_-u_++\rho_+u_-.} \tag{2.25}$$

其中

$$u_\pm:=\sqrt[3]{-q\pm\sqrt{D}}, \qquad \rho_\pm:=\frac{1}{2}(-1\pm \mathrm{i}\sqrt{3}).$$

对于实判别式 $D\geqslant 0$, 两个根 $u_\pm$ 是唯一确定的. 在一般情形要确定两个复三次根 u_+ 使 $u_+u_-=-p$.

例 1: 对于三次方程

$$y^3 + 9y - 26 = 0,$$

我们有 $p = 3, q = -13, D = p^3 + q^2 = 196$. 依照 (2.25) 有

$$u_{\pm} = \sqrt[3]{13 \pm 14}, \quad u_+ = 3, \quad u_- = -1.$$

由此可确定零点是 $y_1 = u_+ + u_- = 2,\ y_{2,3} = -1 \pm 2\mathrm{i}\sqrt{3}$.

例 2: 方程 $x^3 - 6x^2 + 21x - 52 = 0$ 通过代换 $x = y + 2$ 可变形为例 1 中的方程. 因而此方程的零点是 $x_j = y_j + 2$, 亦即 $x_1 = 4,\ x_{2,3} = 1 \pm 2\mathrm{i}\sqrt{3}$.

不可约情形在数学史中的重要性 y_1 的公式 (2.25) 是意大利数学家 G. 卡尔达诺 (Cardano) 在他 1545 年出版的书 *Ars Magna* (《大法》) 中证明的[1]. 在专著 *Geometry* (《几何》) 中 R. 邦别里(Bombelli) 引进了符号 $\sqrt{-1}$, 以便处理所谓 "不可约情形". 这对应于实系数 p, q 且 $D < 0$ 的情形. 虽然此时所有的根 y_1, y_2, y_3 都是实的, 但它们是由复数 u_+ 和 u_- 组成的. 这个令人吃惊的结果的转化是 16 世纪引进复数的一个重要事实.

这种通过复数的迂回现象可以借助于应用表 2.3 的三角公式来避免.

韦达定理: 对于 (2.24) 中的解 y_1, y_2 和 y_3, 有:

$$y_1 + y_2 + y_3 = 0, \quad y_1y_2 + y_1y_3 + y_2y_3 = 3p,$$

$$y_1y_2y_3 = -2q, \quad (y_1 - y_2)^2(y_1 - y_3)^2(y_2 - y_3)^2 = -108D.$$

三角公式求解: 在实系数的情形下, 可借由表 2.3 所列的关系得到 (2.24) 的解.

表 2.3 三次方程 (p, q 为实数, $q \neq 0, P := (\mathrm{sgn}\ q)\sqrt{|p|}$)

	$p < 0, D \leqslant 0$	$p < 0, D > 0$	$p > 0$
	$\beta := \frac{1}{3}\mathrm{arccos}\,\frac{q}{P^3}$	$\beta := \frac{1}{3}\mathrm{arcosh}\,\frac{q}{P^3}$	$\beta := \frac{1}{3}\mathrm{arsinh}\,\frac{q}{P^3}$
y_1	$-2P\cos\beta$	$-2P\cosh\beta$	$-2P\sinh\beta$
$y_{2,3}$	$2P\cos\left(\beta \pm \frac{\pi}{3}\right)$	$P(\cosh\beta \pm \mathrm{i}\sqrt{3}\sinh\beta)$	$P(\sinh\beta \pm \mathrm{i}\sqrt{3}\cosh\beta)$

2.1.6.3 四次方程

四次方程的解可归结为三次方程的解, 这可在卡尔达诺的书《大法》中找到.

正规形式 有复系数 a, b, c, d 的一般四次方程

$$x^4 + ax^3 + bx^2 + cx + d = 0$$

1) 这个公式不是他而是布雷西亚的 N. 塔尔塔利亚(Nicol Tartaglia) 发现的. 此人因舌头受伤被人称为 Tartaglia(即 "结巴"). 卡尔达诺曾发誓为他保守公式的秘密, 但后来还是将它发表了.

可以通过代换 $y = x + \frac{a}{4}$ 化作正规形式

$$\boxed{y^4 + py^2 + qy + r = 0.} \tag{2.26}$$

(2.26) 的解的性质依赖于所谓三次预解方程

$$z^3 + 2pz^2 + (p^2 - 4r)z - q^2 = 0.$$

的解的性质. 如果 α, β 和 γ 表示这个三次方程的解, 那么可由下列公式得到 (2.26) 的零点 $y_1, \cdots, y_4$:

$$\boxed{2y_1 = u + v + w, \quad 2y_2 = u - v + w, \quad 2y_3 = -u + v + w, \quad 2y_4 = -u - v - w,}$$

其中 u, v, w 是方程 $u^2 = \alpha$, $v^2 = \beta$, $w^2 = \gamma$ 的解, 并且要求 $uvw = q$.

表 2.4 示出了实系数方程 (2.26) 的解的情形.

表 2.4 实系数四次方程的解

三次预解方程	四次方程
$\alpha, \beta, \gamma > 0$	四个实零点
$\alpha > 0, \beta, \gamma < 0$	两对共轭复零点
α 实, β 和 γ 为共轭复数	两个实零点, 两个共轭复零点

例: 设给定四次方程

$$y^4 - 25y^2 + 60y - 36 = 0.$$

对应的三次预解式是 $z^3 - 50z^2 + 769z - 3600$, 它有零点 $\alpha = 9, \beta = 16, \gamma = 25$. 由此推出 $u = 3, v = 4$ 及 $w = 5$. 因此我们求得零点

$$y_1 = \frac{1}{2}(u + v - w) = 1, \qquad y_2 = 2, \quad y_3 = 3, \quad y_4 = -6.$$

2.1.6.4 代数方程的一般性质

考虑方程

$$p(x) := a_0 + a_1 x + \cdots + a_{n-1}x^{n-1} + x^n = 0, \quad n = 1, 2, \cdots. \tag{2.27}$$

任意 n 次代数方程的解的重要性质可以由上述系数 $a_0, \cdots, a_{n-1}$ 观察出来. 首先设系数全是实数, 那么我们有

(i) 如果 x_j 是 (2.27) 的一个零点, 那么它的共轭复数 $\bar{x}_j$ 也是一个零点.

(ii) 如果次数 n 是奇数, 那么 (2.27) 至少有一个实零点.

(iii) 如果 n 是偶数且 $a_0 < 0$, 那么 (2.27) 至少有两个符号不同的实零点.

(iv) 如果 n 是偶数且 (2.27) 没有实零点, 那么对于所有实数 x 有 $p(x) > 0$.

笛卡儿符号法则 (i) (2.27) 的正零点的个数考虑重数等于序列 $1, a_{n-1}, \cdots, a_0$ 中的变号数 A, 或比这个数小某个偶数; (ii) 如果方程 (2.27) 仅有实零点, 那么 A 等于正零点的个数.

例 1: 对于

$$p(x) := x^4 + 2x^3 - x^2 + 5x - 1,$$

系数序列 $1, 2, -1, 5, -1$ 三次变号, 因此 $p(x)$ 有 1 个或 3 个正零点.

如果用 $-x$ 代 x, 那么我们得到 $q(x) := p(-x) = x^4 - 2x^3 - x^2 - 5x - 1$. 此情形中系数序列 $1, -2, -1, -5, -1$ 中只有 1 次变号. 因此 $q(x)$ 仅有一个正实零点, 亦即 $p(x)$ 至少有一个负零点.

如果用 $x+1$ 代 x, 亦即我们考虑 $r(x) := p(x+1) = x^4 + 6x^3 + 11x^2 + 13x + 6$, 那么依据符号法则, $r(x)$ 没有正零点, 亦即 $p(x)$ 没有零点 > 1.

牛顿法则 实数 S 是 (2.27) 的实零点的一个上界, 如果下列关系式成立:

$$p(S) > 0, \quad p'(S) > 0, \quad p''(S) > 0, \quad \cdots, \quad p^{(n-1)}(S) > 0. \tag{2.28}$$

例 2: 设 $p(x) := x^4 - 5x^2 + 8x - 8$. 那么我们有

$$p'(x) = 4x^3 - 10x + 8, \quad p''(x) = 12x^2 - 10, \quad p'''(x) = 24x.$$

由 $p(2) > 0$, $p'(2) > 0$, $p''(2) > 0$, $p'''(2) > 0$ 可知 $S = 2$ 可作为 $p(x)$ 的实零点集合的一个上界.

将此论证应用于 $q(x) := p(-x)$, 则可知 $q(x)$ 的所有实零点小于或等于 3.

因此 $p(x)$ 的所有实零点在区间 $[-3, 2]$ 中.

施图姆定理 设 $p(a) \neq 0$, $p(b) \neq 0$ 且 $a < b$. 我们将欧几里得算法(参看 2.1.5) 略加变形应用于多项式 $p(x)$ 和它的导数 $p'(x)$:

$$\begin{aligned}
p &= p'q - R_1, \\
p' &= R_1 q_1 - R_2, \\
R_1 &= R_2 q_2 - R_3, \\
&\cdots\cdots \\
R_m &= R_{m+1} q_{m+1}.
\end{aligned}$$

用 $W(a)$ 表示序列 $p(a), p'(a), R_1(a), \cdots, R_{m+1}(a)$ 中的变号数. 那么 $W(a) - W(b)$ 等于多项式 $p(x)$ 在区间 $[a, b]$, 中的不同零点的个数, 但为此每个重零点只能按 1 个计数. 如果 R_{m+1} 是实数, 那么 p 没有重零点.

例 3: 对于多项式 $p(x) := x^4 - 5x^2 + 8x - 8$ 我们可取 $a = -3$, $b = 2$(参看例 2). 我们得到

$$\begin{aligned}
&p'(x) = 4x^3 - 10x + 8, \\
&R_1(x) = 5x^2 - 12x + 16, \quad R_2(x) = -3x + 284, \quad R_3(x) = -1.
\end{aligned}$$

因为 R_3 是一个实数, 所以 $p(x)$ 没有重零点. 当 $x = -3$ 时施图姆序列 $p(x), p'(x), R_1(x), \cdots, R_3(x)$ 是 $4, -70, 97, 293, -1$, 它 3 次变号, 因此 $W(-3) = 3$. 类似地当 $x = 2$ 我们得序列 $4, 20, 12, 278, -1$, 因而 $W(2) = 1$.

因为 $W(-3)-W(2)=2$, 所以多项式 $p(x)$ 在区间 $[-3,2]$ 中有两个实零点. 根据例 2, 所有的实零点都在这个区间中.

类似地考虑产生 $W(0)=2$. 由 $W(-3)-W(0)=1$ 及 $W(0)-W(2)=1$ 我们得知多项式 $p(x)$ 确实有一个零点落在每个区间 $[-3,0]$ 和 $[0,2]$ 中. $p(x)$ 的其他零点都不是实的, 而是共轭复数.

初等对称函数 函数

$$\begin{aligned}
&e_1 := x_1+\cdots+x_n,\\
&e_2 := \sum_{j<k} x_j x_k = x_1x_2+x_2x_3+\cdots+x_{n-1}x_n,\\
&e_3 := \sum_{j<k<m} x_j x_k x_m = x_1x_2x_3+\cdots+x_{n-2}x_{n-1}x_n,\\
&\cdots\cdots\\
&e_n := x_1x_2\cdots x_n
\end{aligned}$$

称为变量 $x_1,\cdots,x_n$ 的初等对称函数.

韦达定理 如果 $x_1,\cdots,x_n$ 是复系数多项式 $p(x):=a_0+a_1x+\cdots+a_{n-1}x^{n-1}+x^n$ 的复根, 那么

$$\boxed{a_{n-1}=-e_1,\quad a_{n-2}=e_2,\quad \cdots,\quad a_0=(-1)^n e_n.}$$

这可以由 $p(x)=(x-x_1)\cdots(x-x_n)$ 推出. 因此多项式的系数可以通过它的零点表示出来.

一个多项式称为对称的, 如果它在其变量的任何置换下不变. 例如, 多项式 $e_1,\cdots,e_n$ 是对称的.

对称多项式的主定理 每个变量 $x_1,\cdots,x_n$ 的复系数对称多项式可以表示为初等对称多项式 $e_1,\cdots,e_n$ 的复系数多项式.

判别式的应用 对称多项式

$$\Delta := \prod_{j<k}(x_j-x_k)^2$$

称为 (规范化) 判别式.

如果用 $x_1,\cdots,x_n$ 表示多项式 p 的零点, 那么 Δ 称为 p 的 (规范化) 判别式. 这个量总可以通过 p 的系数表出.

例 4: 当 $n=2$ 时, 有 $\Delta=(x_1-x_2)^2$, 因此

$$\Delta=(x_1+x_2)^2-4x_1x_2=e_1^2-4e_2.$$

对于 $p(x):=a_0+a_1x+x^2$, 有 $p(x)=(x-x_1)(x-x_2)=x^2-(x_1+x_2)x+x_1x_2$. 因此得 $a_1=-(x_1+x_2)=-e_1$ 及 $a_0=x_1x_2=e_2$, 亦即

$$\boxed{\Delta=a_1^2-4a_0.}$$

对于 2.1.6.1 中所用的 (非规范化) 判别式 D, 有 $D = \Delta/4$.

两个多项式的结式 设给定两个复系数多项式

$$p(x) := a_0 + a_1 x + \cdots + a_n x^n, \qquad q(x) := b_0 + b_1 x + \cdots + b_m x^m,$$

其中 $n, m \geqslant 1$ 且 $a_n \neq 0$, $b_m \neq 0$. p 和 q 的结式 $R(p,q)$ 定义为下列行列式:

$$R(p,q) := \begin{vmatrix} a_n & a_{n-1} & \cdots & a_0 & & & & \\ & a_n & a_{n-1} & \cdots & a_0 & & & \\ & & \cdots & \cdots & \cdots & & & \\ & & & & a_n & a_{n-1} & \cdots & a_0 \\ b_m & b_{m-1} & \cdots & b_0 & & & & \\ & b_m & b_{m-1} & \cdots & b_0 & & & \\ & & \cdots & \cdots & \cdots & & & \\ & & & & b_m & b_{m-1} & \cdots & b_0 \end{vmatrix}. \tag{2.29}$$

行列式中空白处全为零.

公共零点的主定理 两个给定多项式 p 和 q 有公共复零点, 当且仅当下列两个条件之一被满足:

(i) p 和 q 的最大公因子的次数 $n \geqslant 1$.

(ii) $R(p,q) = 0$.

两个多项式的最大公因子容易借助欧几里得算法(参看 2.1.5) 确定.

多重零点的主定理 多项式 p 有多重零点, 当且仅当下列三个条件之一被满足:

(i) p 及其导数 p' 的最大公因子次数 $n \geqslant 1$.

(ii) p 的判别式 Δ 为零.

(iii) $R(p,p') = 0$.

除去一个非零常数因子, Δ 与 $R(p,p')$ 相同.

2.1.7 部分分式分解

部分分式方法可以通过多项式及形如

$$\boxed{\frac{A}{(x-a)^k}}$$

的表达式给出有理函数的加法分解式.

基本思想 为了分解函数 $f(x) := \dfrac{x}{(x-1)(x-2)^2}$, 我们从假设

$$\boxed{f(x) = \frac{A}{x-1} + \frac{B}{x-2} + \frac{C}{(x-2)^2}.}$$

出发, 乘以分母多项式 $(x-1)(x-2)^2$ 可得

$$\boxed{x = A(x-2)^2 + B(x-1)(x-2) + C(x-1).} \tag{2.30}$$

方法一 (比较系数): 由 (2.30) 得到

$$x = A(x^2-4x+4) + B(x^2-3x+2) + C(x-1).$$

比较 x^2, x 及 1 的系数得

$$0 = A + B, \quad 1 = -4A - 3B + C, \quad 0 = 4A + 2B - C.$$

这个线性方程组有解 $A = 1, B = -1, C = 2$.

方法二 (代入特殊值): 我们在 (2.30) 中取 $x = 2, 1, 0$, 产生线性方程组

$$2 = C, \quad 1 = A, \quad 0 = 4A + 2B - C,$$

它有解 $A = 1, C = 2, B = -1$. 通常, 方法二要快一些.

定义 最低项有理函数是指表达式

$$f(x) := \frac{N(x)}{D(x)},$$

其中 N 和 D(分别是分子和分母) 是复系数多项式, 满足条件 $0 \leqslant \deg(N) < \deg(D)$.

设分母 D 的两两互异的零点是 $x_1, \cdots, x_r$, 其重数分别为 $\alpha_1, \cdots, \alpha_r$, 则 D 有表达式

$$D(x) = (x-x_1)^{\alpha_1} \cdots (x-x_r)^{\alpha_r}.$$

定理 设 f 是一个最低项有理函数. 对于所有复数 $x \neq x_1, \cdots, x_r$ 有分解式

$$\boxed{f(x) = \sum_{j=1}^{r} \left(\sum_{\beta=1}^{\alpha_j} \frac{A_{j\beta}}{(x-x_j)^\beta} \right),}$$

其中复数 $A_{j\beta}$ 唯一确定.

如果 N 和 D 有实系数, 那么 D 的零点以复数共轭的形式成对出现且重数相同. 此时对应的系数 $A_{j\beta}$ 也是复数共轭的.

系数 $A_{j\beta}$ 总是可以应用上述两种方法之一计算.

一般有理函数 如果 $\deg(N) \geqslant \deg(D)$, 那么欧几里得算法 (参看 2.1.5) 产生分解式

$$\frac{N(x)}{D(x)} = Q(x) + \frac{R(x)}{D(x)},$$

其中 $Q(x)$ 为多项式, $R(x)/D(x)$ 为最低项有理函数.

例：

$$\frac{x^2}{x^2+1}=1-\frac{1}{x^2+1}=1-\frac{1}{2\mathrm{i}}\left(\frac{1}{x-\mathrm{i}}-\frac{1}{x+\mathrm{i}}\right).$$

用 Mathematica求部分分式分解　这个软件包能够确定任何有理函数的部分分式分解.

2.2 矩　阵

矩阵的基本运算已在 2.1.3 中论述. 所有关于矩阵的较深刻的命题都基于矩阵的谱. 矩阵的谱理论在泛函分析理论中可进一步推广到算子方程 (如微分方程和积分方程). 详见 [212].

2.2.1 矩阵的谱

记号　我们用 $\mathbb{C}_S^n$ 表示所有具有复元素 $\alpha_1,\cdots,\alpha_n$ 的列矩阵

$$\begin{pmatrix}\alpha_1\\ \vdots\\ \alpha_n\end{pmatrix}$$

的集合. 另一方面, 符号 $\mathbb{C}^n$ 总是表示具有复元素的行矩阵 $(\alpha_1,\cdots,\alpha_n)$ 的集合. 如果 $\alpha_1,\cdots,\alpha_n$ 是实的, 那么我们用类似的方式定义空间 $\mathbb{R}_S^n$ 和 $\mathbb{R}^n$.

特征值和特征向量　设 $\boldsymbol{A}$ 是一个 $n\times n$ 复矩阵. $\boldsymbol{A}$ 的特征值是一个复数 λ, 使方程

$$\boxed{\boldsymbol{A}\boldsymbol{x}=\lambda\boldsymbol{x}}$$

有解 $\boldsymbol{x}\in\mathbb{C}_s^n$ 且 $\boldsymbol{x}\neq\mathbf{0}$. 称 $\boldsymbol{x}$ 是特征值为 λ 的特征向量.

谱　$\boldsymbol{A}$ 的所有特征值的集合称为 $\boldsymbol{A}$ 的谱 $\sigma(\boldsymbol{A})$. 按定义, 不属于 $\sigma(\boldsymbol{A})$ 的复数的集合称为 $\boldsymbol{A}$ 的预解集 $\rho(\boldsymbol{A})$.

$\boldsymbol{A}$ 的特征值的绝对值 $|\lambda|$ 的最大值称为 $\boldsymbol{A}$ 的谱半径, 记作 $r(\boldsymbol{A})$.

例 1：由

$$\begin{pmatrix}a&0\\0&b\end{pmatrix}\begin{pmatrix}1\\0\end{pmatrix}=a\begin{pmatrix}1\\0\end{pmatrix},\quad\begin{pmatrix}a&0\\0&b\end{pmatrix}\begin{pmatrix}0\\1\end{pmatrix}=b\begin{pmatrix}0\\1\end{pmatrix}$$

可知矩阵$\boldsymbol{A}:=\begin{pmatrix}a&0\\0&b\end{pmatrix}$ 有特征值 $\lambda=a,b$, 且对应的特征向量是 $\boldsymbol{x}=(1,0)^{\mathrm{T}}$, $(0,1)^{\mathrm{T}}$. $n\times n$ 单位矩阵 $\boldsymbol{E}$ 以 $\lambda=1$ 为其唯一的特征值. 每个长为 n 的列向量 $\boldsymbol{x}\neq\mathbf{0}$ 是 $\boldsymbol{E}$ 的特征向量.

特征方程　$\boldsymbol{A}$ 的特征值 λ 恰好是所谓特征方程

$$\boxed{\det(\boldsymbol{A}-\lambda\boldsymbol{E})=0}$$

的解 (或多项式 $\det(\boldsymbol{A}-\lambda\boldsymbol{E})$ 的零点). 零点 λ 的重数称为特征值的代数重数.

逆矩阵 $(\boldsymbol{A}-\lambda\boldsymbol{E})^{-1}$ 存在, 当且仅当 λ 属于 $\boldsymbol{A}$ 的预解集$\rho(\boldsymbol{A})$. 我们称矩阵 $(\boldsymbol{A}-\lambda\boldsymbol{E})^{-1}$ 为矩阵 $\boldsymbol{A}$ 的预解矩阵. 对于给定的 $\boldsymbol{y}\in\mathbb{C}_S^n$, 方程

$$\boxed{\boldsymbol{A}\boldsymbol{x}-\lambda\boldsymbol{x}=\boldsymbol{y}} \tag{2.31}$$

有下列性质:

(i) 正则 (非奇异)情形: 如果复数 λ 不是 $\boldsymbol{A}$ 的特征值, 亦即 $\lambda\in\rho(\boldsymbol{A})$, 那么 (2.31) 有唯一解 $\boldsymbol{x}=(\boldsymbol{A}-\lambda\boldsymbol{E})^{-1}\boldsymbol{y}$.

(ii) 奇异情形: 如果 λ 是 $\boldsymbol{y}$ 的一个特征值, 亦即 $\lambda\in\sigma(\boldsymbol{A})$, 那么 (2.31) 或者完全无解, 或者有解, 而解不唯一.

例 2: 设 $\boldsymbol{A}:=\begin{pmatrix}0&1\\1&0\end{pmatrix}$. 因为 $\det(\boldsymbol{A}-\lambda\boldsymbol{E})=\begin{vmatrix}-\lambda&1\\1&-\lambda\end{vmatrix}=\lambda^2-1$, 所以特征方程是

$$\lambda^2-1=0.$$

零点 $\lambda=\pm1$ 是 $\boldsymbol{A}$ 的代数重数为 1 的特征值, 对应的特征向量是 $\boldsymbol{x}_+=(1,1)^{\mathrm{T}}$, $\boldsymbol{x}_-=(1,-1)^{\mathrm{T}}$.

特殊矩阵 设 $\boldsymbol{A}$ 是一个 $n\times n$ 复矩阵. 用 $\boldsymbol{A}^*$ 表示其伴随矩阵 (见 2.1.3).

(i) $\boldsymbol{A}$ 称为自伴矩阵, 如果 $\boldsymbol{A}=\boldsymbol{A}^*$.

(ii) $\boldsymbol{A}$ 称为斜伴矩阵, 如果 $\boldsymbol{A}=-\boldsymbol{A}^*$.

(iii) $\boldsymbol{A}$ 称为酉矩阵, 如果 $\boldsymbol{A}\boldsymbol{A}^*=\boldsymbol{A}^*\boldsymbol{A}=\boldsymbol{E}$.

(iv) $\boldsymbol{A}$ 称为正规矩阵, 如果 $\boldsymbol{A}\boldsymbol{A}^*=\boldsymbol{A}^*\boldsymbol{A}$.

(i)~(iii) 中的矩阵都是正规矩阵.

矩阵 $\boldsymbol{A}\boldsymbol{A}^*$ 总是自伴的. 矩阵 $\boldsymbol{A}$ 是斜伴的, 当且仅当 $\mathrm{i}\boldsymbol{A}$ 是自伴的.

如果 $\boldsymbol{A}$ 是实的, 那么 $\boldsymbol{A}^*=\boldsymbol{A}^{\mathrm{T}}$. 此时, 在情形 (i), (ii) 及 (iii) 中, 我们分别称作对称矩阵、反称矩阵以及正交矩阵.

例 3: 我们考虑矩阵

$$\boldsymbol{A}:=\begin{pmatrix}a_{11}&a_{12}\\a_{21}&a_{22}\end{pmatrix},\qquad \boldsymbol{U}:=\begin{pmatrix}\cos\varphi&\sin\varphi\\-\sin\varphi&\cos\varphi\end{pmatrix}.$$

如果所有 a_{jk} 是实的, 那么 $\boldsymbol{A}$ 对称, 当且仅当 $a_{12}=a_{21}$. 如果元素 a_{jk} 是复数, 那么 $\boldsymbol{A}$ 是自伴的, 当且仅当 $a_{jk}=\bar{a}_{kj}$(对所有 j,k). 特别, 这蕴涵 a_{11} 和 a_{22} 必须是实数.

对于每个实数 φ, 矩阵 $\boldsymbol{U}$ 是正交的 (或酉的). $\boldsymbol{U}$ 的谱由数 $\mathrm{e}^{\pm\mathrm{i}\varphi}$ 组成.

变换$\boldsymbol{x}'=\boldsymbol{U}\boldsymbol{x}$ 亦即

$$x_1'=x_1\cos\varphi+x_2\sin\varphi,$$
$$x_2'=-x_1\sin\varphi+x_2\cos\varphi,$$

对应于笛卡儿坐标系中按数学中的正向旋转角度 φ (参看 3.4.1).

谱定理

(i) 自伴矩阵的谱在实直线上.

(ii) 斜伴矩阵的谱在虚轴上.

(iii) 酉矩阵的谱在单位圆上.

佩龙定理　如果实二阶矩阵 $\boldsymbol{A}$ 的所有元素都是正的, 那么谱半径 $r(\boldsymbol{A})$ 是 $\boldsymbol{A}$ 的代数重数为 1 的特征值, 而且 $\boldsymbol{A}$ 的所有其他特征值在半径为 $r(\boldsymbol{A})$, 圆心在原点的圆内.

对应于特征值 $r(\boldsymbol{A})$ 的特征向量的所有元素都是正的.

用 Mathematica计算特征值和特征向量　这个软件包也可以计算任意阶的矩阵的特征值和特征向量.

2.2.2　矩阵的正规形式

基本思想　设 $\boldsymbol{A}$ 和 $\boldsymbol{B}$ 是 $n\times n$ 复矩阵, 称它们相似, 如果存在一个 $n\times n$ 复可逆矩阵 $\boldsymbol{C}$ 使得

$$\boldsymbol{C}^{-1}\boldsymbol{A}\boldsymbol{C}=\boldsymbol{B}.$$

矩阵 $\boldsymbol{A}$ 称为可对角化的, 如果存在对角矩阵$\boldsymbol{B}$ 与 $\boldsymbol{A}$ 相似. 此时 $\boldsymbol{B}$ 的对角元恰好是 $\boldsymbol{A}$ 的特征值 (其出现的次数等于相应的重数).

定理　$n\times n$ 矩阵可对角化, 当且仅当它有 n 个线性无关的特征值, 如果此条件成立, 那么

$$\boxed{\boldsymbol{C}^{-1}\boldsymbol{A}\boldsymbol{C}=\begin{pmatrix}\lambda_1 & \cdots & 0\\ \vdots & \ddots & \vdots\\ 0 & \cdots & \lambda_n\end{pmatrix}},\tag{2.32}$$

且 $\lambda_1,\cdots,\lambda_n$ 是 $\boldsymbol{A}$ 的特征值.

应用　通过引进新坐标 $\boldsymbol{y}=\boldsymbol{C}^{-1}\boldsymbol{x}$, 线性变换

$$\boxed{\boldsymbol{x}^{+}=\boldsymbol{A}\boldsymbol{x}}$$

被映射为

$$\boldsymbol{y}^{+}=(\boldsymbol{C}^{-1}\boldsymbol{A}\boldsymbol{C})\boldsymbol{y}.\tag{2.33}$$

设 $\boldsymbol{x}=(\xi_1,\cdots,\xi_n)^{\mathrm{T}}$ 及 $\boldsymbol{z}=(\eta_1,\cdots,\eta_n)^{\mathrm{T}}$. 由于 (2.32), 在新坐标下变换取特别简单的形式

$$\boxed{\eta_j^{+}=\lambda_j\eta_j,\qquad j=1,\cdots,n.}$$

这种考虑常被用于几何学, 如简化旋转或投影映射.

每个正规矩阵都是可对角化的. 方阵正规形理论的目的是通过应用相似变换得到特别简单的形式 (若尔当正规形式). 这样人们能够得到几何陈述.

2.2.2.1 自伴矩阵的对角化

自伴矩阵的正规形理论中正交化概念起着决定性作用. 下述考虑可使我们能通过选取新坐标用特别简单的正规形给出二次曲线和二次曲面. 这就是以互相垂直的主轴概念 (参看 3.4.2 和 3.4.3) 为基础.

希尔伯特和冯 · 诺依曼成功地将这些主轴变换推广到泛函分析, 成为量子理论的数学方法的基础 (参看 [212]).

正交性 对于 $\boldsymbol{x}, \boldsymbol{y} \in \mathbb{C}_S^n$, 定义[1)]

$$\boxed{(\boldsymbol{x}|\boldsymbol{y}) := \boldsymbol{x}^* \boldsymbol{y}} \tag{2.34}$$

及 $||\boldsymbol{x}|| := \sqrt{(\boldsymbol{x}|\boldsymbol{x})}$.

称 $\boldsymbol{x}$ 和 $\boldsymbol{y}$ 正交, 如果 $(\boldsymbol{x}|\boldsymbol{y}) = 0$. 另外, 按定义, 向量 $\boldsymbol{x}_1, \cdots, \boldsymbol{x}_n$ 形成一个正交系, 如果

$$\boxed{(\boldsymbol{x}_j|\boldsymbol{x}_k) = \delta_{jk},}$$

当 $j, k = 1, \cdots, r$.[2)] 当 $r = n$ 时则称为一个正交基.

施密特正交化过程 如果 $\boldsymbol{x}_1, \cdots, \boldsymbol{x}_r \in \mathbb{C}_S^n$ 线性无关, 那么我们可以借助一个适当的线性组合得到正交系 $\boldsymbol{y}_1, \cdots, \boldsymbol{y}_r$. 明显地说, 选取 $\boldsymbol{z}_1 := \boldsymbol{x}_1$ 并归纳地定义

$$\boldsymbol{z}_k := \boldsymbol{x}_k - \sum_{j=1}^{k-1} \frac{(\boldsymbol{x}_k|\boldsymbol{z}_j)}{(\boldsymbol{z}_j|\boldsymbol{z}_j)} \boldsymbol{z}_j, \quad k = 2, \cdots, r.$$

最后, 令 $\boldsymbol{y}_j := \boldsymbol{z}_j / ||\boldsymbol{z}_j||, j = 1, \cdots, r$.

主定理 对每个 $n \times n$ 自伴矩阵 $\boldsymbol{A}$, 有

(i) 所有特征值是实的.

(ii) 不同特征值对应的特征向量正交.

(iii) 对于每个代数重数为 s 的特征值恰好存在 s 个线性无关的特征向量.

(iv) 如果将施密特正交化过程应用于 (iii), 那么可得由对应于特征值 $\lambda_1, \cdots, \lambda_n$ 的特征向量 $\boldsymbol{x}_1, \cdots, \boldsymbol{x}_n$ 组成的正交基.

(v) 如果令 $\boldsymbol{U} := (\boldsymbol{x}_1, \cdots, \boldsymbol{x}_n)$, 那么有

$$\boxed{\boldsymbol{U}^{-1}\boldsymbol{A}\boldsymbol{U} = \begin{pmatrix} \lambda_1 & \cdots & 0 \\ \vdots & \ddots & \vdots \\ 0 & \cdots & \lambda_n \end{pmatrix}}. \tag{2.35}$$

---

1) 如果 $\boldsymbol{x} = (\xi_1, \cdots, \xi_n)^{\mathrm{T}}, \boldsymbol{y} = (\eta_1, \cdots, \eta_n)^{\mathrm{T}}$, 那么 $(\boldsymbol{x}|\boldsymbol{y}) = \bar{\xi}_1\eta_1 + \cdots + \bar{\xi}_n\eta_n$.

2) δ_{jk} 称为克罗内克符号, 定义为 $\delta_{jk} = \begin{cases} 1, & j = k, \\ 0, & j \neq k. \end{cases}$

此处 $\boldsymbol{U}$ 是酉矩阵, 亦即 $\boldsymbol{U}^{-1}=\boldsymbol{U}^*$.

(vi) 我们有公式 $\det\boldsymbol{A}=\lambda_1\lambda_2\cdots\lambda_n$, $\mathrm{tr}\boldsymbol{A}=\lambda_1+\cdots+\lambda_n$.

(vii) 如果 $\boldsymbol{A}$ 是实的, 那么特征向量 $\boldsymbol{x}_1,\cdots,\boldsymbol{x}_n$ 也是实的, 并且矩阵 $\boldsymbol{U}$ 是正交的, 亦即 $\boldsymbol{U}$ 是实的且 $\boldsymbol{U}^{-1}=\boldsymbol{U}^{\mathrm{T}}$.

例 1: 对称矩阵 $\boldsymbol{A}:=\begin{pmatrix}0&1\\1&0\end{pmatrix}$ 有特征值 $\lambda_\pm=\pm1$ 及特征向量 $\boldsymbol{x}_+=(1,1)^{\mathrm{T}}$, $\boldsymbol{x}_-=(1,-1)^{\mathrm{T}}$. 因为 $||\boldsymbol{x}_\pm||=\sqrt{2}$, 所以对应的正交基由 $\boldsymbol{x}_1=\boldsymbol{x}_+/\sqrt{2}$, $\boldsymbol{x}_2=\boldsymbol{x}_-/\sqrt{2}$ 给出. 矩阵

$$\boldsymbol{U}:=(\boldsymbol{x}_1,\boldsymbol{x}_2)=\frac{1}{\sqrt{2}}\begin{pmatrix}1&1\\1&-1\end{pmatrix}$$

是正交的, 并且有关系式

$$\boldsymbol{U}^{-1}\boldsymbol{A}\boldsymbol{U}=\begin{pmatrix}1&0\\0&-1\end{pmatrix}.$$

莫尔斯指数与符号差　$\boldsymbol{A}$ 的负特征值的个数 m 称为 $\boldsymbol{A}$ 的莫尔斯指数, 记为 $\mathrm{Morse}(\boldsymbol{A})$[1)].

$\boldsymbol{A}$ 的非零特征值的个数等于矩阵 $\boldsymbol{A}$ 的秩 r, 因此 $\boldsymbol{A}$ 恰好有 m 个负的及 $r-m$ 个正的特征值. 数对 $(r-m,m)$ 称为 $\boldsymbol{A}$ 的*符号差*, 记为 $\mathrm{sig}(\boldsymbol{A})$.

设给定 $n\times n$ 实对称矩阵 $\boldsymbol{A}:=(a_{jk})$. $\boldsymbol{A}$的符号差可以直接由矩阵 $\boldsymbol{A}$ 的元素算出. 我们考虑 $\boldsymbol{A}$ 的所谓 s 行主子行列式

$$D_s:=\det(a_{jk}),\quad j,k=1,\cdots,s.$$

必要时重新给 $\boldsymbol{A}$ 的行和列编号, 可设

$$D_1\neq0,\quad D_2\neq0,\quad\cdots,\quad D_\rho\neq0,\quad D_{\rho+1}=\cdots=D_n=0.$$

雅可比符号差判别法　$\boldsymbol{A}$ 的秩等于 ρ, 而 $\boldsymbol{A}$ 的莫尔斯指数m等于序列$1,D_1,\cdots,D_\rho$ 中的变号数. 此外, 对于 $\boldsymbol{A}$ 的符号差有 $\mathrm{sig}(\boldsymbol{A})=(\rho-m,m)$.

例 2: 对于 $\boldsymbol{A}:=\begin{pmatrix}1&2\\2&1\end{pmatrix}$, 有 $D_1=1$ 及 $D_2=\begin{vmatrix}1&2\\2&1\end{vmatrix}=-3$. 序列 $1,D_1,D_2$ 只有一次变号. 于是莫尔斯指数是 $\mathrm{Morse}\ (\boldsymbol{A})=1$, $\mathrm{sig}\ (\boldsymbol{A})=(1,1)$. 实际上 $\boldsymbol{A}$ 有特征值 $\lambda=3,-1$.

对二次型的应用　考虑实方程

$$\boldsymbol{x}^{\mathrm{T}}\boldsymbol{A}\boldsymbol{x}=b,\tag{2.36}$$

1) 莫尔斯指数对于突变理论及流形上的函数的极值问题的拓扑理论的重要性可在 [212] 中找到.

其中 $\boldsymbol{A} = (a_{jk})$ 是 $n \times n$ 实对称矩阵, $\boldsymbol{x} = (x_1, \cdots, x_n)^{\mathrm{T}}$ 是实列矩阵, 而 b 是实数. (2.36) 可明显地写作

$$\sum_{j,k=1}^{n} a_{jk} x_j x_k = b. \tag{2.37}$$

实系数 a_{jk} 满足对称性条件 $a_{jk} = a_{kj}$(当所有 j, k). 对于 $n = 2$(或 $n = 3$) 这是一个二次曲线方程 (或二次曲面方程)(见 3.4.2 和 3.4.3).

通过变换 $\boldsymbol{x} = \boldsymbol{U}\boldsymbol{y}$ 并注意 $\boldsymbol{U}^{-1} = \boldsymbol{U}^{\mathrm{T}}$, 从 (2.36) 得到方程 $(\boldsymbol{y}^{\mathrm{T}}\boldsymbol{U}^{\mathrm{T}})\boldsymbol{A}\boldsymbol{U}\boldsymbol{y} = \boldsymbol{y}^{\mathrm{T}}\boldsymbol{U}^{-1}\boldsymbol{A}\boldsymbol{U}\boldsymbol{y} = b$. 由 (2.35) 推出下列公式:

$$\lambda_1 y_1^2 + \cdots + \lambda_n y_n^2 = b.$$

为进一步化简这个方程, 令 $z_j := \sqrt{\lambda_j} y_j$ 对于 $\lambda_j \geqslant 0$ 及 $z_j := -\sqrt{-\lambda_j} y_j$ 对于 $\lambda_j < 0$. 如有必要, 适当对变量重新编号, 由 (2.37) 最终得到正规形式

$$-z_1^2 - \cdots - z_m^2 + z_{m+1}^2 + \cdots + z_r^2 = b. \tag{2.38}$$

在此有 $\mathrm{Morse}(\boldsymbol{A}) = m$, $\mathrm{rank}(\boldsymbol{A}) = r, \mathrm{sig}(\boldsymbol{A}) = (r - m, m)$.

正规形式的唯一性 (西尔维斯特惯性律) 如果通过变换 $\boldsymbol{x} = \boldsymbol{B}\boldsymbol{z}$ 及 $n \times n$ 实可逆矩阵 $\boldsymbol{B}$ 得到 (2.37) 的正规形式

$$\alpha_1 z_1^2 + \cdots + \alpha_n z_n^2 = b, \tag{2.39}$$

其中 $\alpha_j = \pm 1$ 或 $\alpha_j = 0$, 那么 (2.39) 与 (2.38) 相符合 (可能要适当重新对变量编号).

附注 通常这个定理可以更简单地叙述如下: 二次型 $\boldsymbol{x}^{\mathrm{T}}\boldsymbol{A}\boldsymbol{x}$ 的符号差, 亦即 $\boldsymbol{A}$ 的正、负特征值的个数, 与形成矩阵 $\boldsymbol{A}$ 的基的选取无关 (上面的矩阵 $\boldsymbol{U}$ 表示基的改变).

定义 (2.36) 中的二次型 $\boldsymbol{x}^{\mathrm{T}}\boldsymbol{A}\boldsymbol{x}$ 称为正定二次型, 如果

$$\boldsymbol{x}^{\mathrm{T}}\boldsymbol{A}\boldsymbol{x} > 0, \qquad \text{对于所有} \boldsymbol{x} \neq \boldsymbol{0}.$$

这等价于满足下列两个条件之一:

(i) $\boldsymbol{A}$ 的所有特征值是正的.

(ii) $\boldsymbol{A}$ 的所有主子行列式是正的.

2.2.2.2 正规矩阵

主定理 每个 $n \times n$ 正规矩阵 $\boldsymbol{A}$ 有一个由对应于特征值 $\lambda_1, \cdots, \lambda_n$ 的特征向量组成的完全正交基 $\boldsymbol{x}_1, \cdots, \boldsymbol{x}_n$. 如果设 $\boldsymbol{U} := (\boldsymbol{x}_1, \cdots, \boldsymbol{x}_n)$, 那么 $\boldsymbol{U}$ 是酉矩阵, 并且有

$$\boxed{\boldsymbol{U}^{-1}\boldsymbol{A}\boldsymbol{U} = \begin{pmatrix} \lambda_1 & \cdots & 0 \\ \vdots & \ddots & \vdots \\ 0 & \cdots & \lambda_n \end{pmatrix}}. \tag{2.40}$$

每个自伴、斜伴、酉或实对称、反称或正交矩阵都是正规的.

对正交矩阵的应用 (旋转) 如果一个 $n\times n$ 实矩阵 $\boldsymbol{A}$ 是正交的, 那么有 (2.40), 其中特征值 λ_j 等于 ± 1, 或以 $\mathrm{e}^{\pm\mathrm{i}\varphi}$($\varphi$ 为实数) 形式成对出现. 矩阵 $\boldsymbol{U}$ 一般不是实的. 但总存在实正交矩阵 $\boldsymbol{B}$ 使得

$$\boxed{\boldsymbol{B}^{-1}\boldsymbol{A}\boldsymbol{B}=\begin{pmatrix}\boldsymbol{A}_1 & \cdots & \boldsymbol{O}\\ \vdots & \ddots & \vdots\\ \boldsymbol{O} & \cdots & \boldsymbol{A}_s\end{pmatrix}.} \tag{2.41}$$

矩阵 $\boldsymbol{A}_j$ 或者是由 ± 1 组成的 1×1 矩阵, 或者有

$$\boldsymbol{A}_j=\begin{pmatrix}\cos\varphi & \sin\varphi\\ -\sin\varphi & \cos\varphi\end{pmatrix} \tag{2.42}$$

形式, 其中 φ 是实的, 出现的数 ± 1 是 $\boldsymbol{A}$ 的特征值. 当 (2.42) 的情形出现时, $\mathrm{e}^{\pm\mathrm{i}\varphi}$ 是 $\boldsymbol{A}$ 的一对共轭的复特征值. 分块矩阵 $\boldsymbol{A}_j$ 重复出现的次数与对应的特征值的代数重数相同.

对于任意正交矩阵 $\boldsymbol{A}$ 有 $\det\boldsymbol{A}=\pm 1$.

最一般的行列式为 1 的 (2×2) 正交矩阵 $\boldsymbol{A}$ 有 (2.42) 形式, 其中 φ 是任意实数.

例: 对于 $n=3$ 及 $\det\boldsymbol{A}=1$, 有正规形式

$$\boldsymbol{B}^{-1}\boldsymbol{A}\boldsymbol{B}=\begin{pmatrix}1 & 0 & 0\\ 0 & \cos\varphi & \sin\varphi\\ 0 & -\sin\varphi & \cos\varphi\end{pmatrix}. \tag{2.43}$$

从几何上看这对应于下列事实: 三维空间中在任何一个点的旋转是绕固定轴的角度为 φ 的旋转. 这个旋转轴是 $\boldsymbol{A}$ 对应于特征值 $\lambda=1$ 的特征向量 (欧拉–达朗贝尔定律).

在 $\det\boldsymbol{A}=-1$ 的情形, 可在 (2.43) 中用 -1 代替数 1. 这对应于旋转平面 (即经过旋转中心且与旋转轴垂直的平面) 上一个附加的反射.

对反称矩阵的应用 设 $\boldsymbol{A}=(a_{jk})$ 是一个 $n\times n$ 实反称矩阵[1], 这意味着 $a_{jj}=0$(对所有 j) 及 $a_{jk}=-a_{kj}$(对所有 j,k 且 $j\neq k$). 那么 (2.40) 成立, 其中特征值 λ_j 为零, 或成双出现为 $\pm\alpha\mathrm{i}$. 矩阵 $\boldsymbol{U}$ 一般不是实的.

---

1) 最一般的 2×2 反称矩阵有形式 $\begin{pmatrix}0 & a\\ -a & 0\end{pmatrix}$, 其中 a 是任意实数.

但总存在实可逆矩阵 $\boldsymbol{B}$ 使得

$$\boxed{\boldsymbol{B}^{-1}\boldsymbol{A}\boldsymbol{B}=\begin{pmatrix}\boldsymbol{A}_1 & \cdots & \boldsymbol{O}\\ \vdots & \ddots & \vdots\\ \boldsymbol{O} & \cdots & \boldsymbol{A}_s\end{pmatrix}}.$$

矩阵 $\boldsymbol{A}_j$ 或者是元素为 0 的 1×1 矩阵, 或者有形式

$$\boldsymbol{A}_j=\begin{pmatrix}0 & 1\\ -1 & 0\end{pmatrix}.$$

这些 2×2 分块矩阵的总长度等于 $\boldsymbol{A}$ 的秩.

对辛形式的应用 考虑实方程

$$\boxed{\boldsymbol{x}^{\mathrm{T}}\boldsymbol{A}\boldsymbol{y}=b,} \tag{2.44}$$

其中 $\boldsymbol{A}$ 是 $n\times n$ 实反称矩阵, $\boldsymbol{x},\boldsymbol{y}$ 为实列向量, b 为一个实数. 方程 (2.44) 可显式写作

$$\boxed{\sum_{j,k=1}^{m}a_{jk}x_jy_k=b.}$$

实系数 a_{jk} 满足条件 $a_{jj}=0$(对所有 j) 及 $a_{jk}=-a_{kj}$(对所有 $j\neq k$). 于是存在实可逆矩阵 $\boldsymbol{B}$, 使得方程通过坐标变换 $\boldsymbol{u}=\boldsymbol{B}\boldsymbol{x},\boldsymbol{v}=\boldsymbol{B}\boldsymbol{y}$ 化成下列正规形式:

$$\boxed{(v_2u_1-u_2v_1)+(v_4u_3-u_4v_3)+\cdots+(v_{2s}u_{2s-1}-u_{2s}v_{2s-1})=b,} \tag{2.45}$$

其中 $2s$ 是 $\boldsymbol{A}$ 的秩.

称 $\boldsymbol{x}^{\mathrm{T}}\boldsymbol{A}\boldsymbol{y}$ 是辛形式, 如果 $\boldsymbol{A}$ 也是可逆的. 于是 n 是偶的, 并且有正规形 (2.45), 其中 $2s=n$.

辛形式是辛几何(见 3.9.8) 的基础. 辛几何是经典力学、几何光学及傅里叶积分算子理论的基本概念 (参看 [212]). 许多物理学理论可以平行于经典哈密顿力学通过哈密顿方程来叙述 (参看 1.3.1). 所有这些理论都基于辛形式概念.

联立对角化 设 $\boldsymbol{A}_1,\cdots,\boldsymbol{A}_r$ 是 $n\times n$ 复矩阵, 互相两两交换, 即 $\boldsymbol{A}_j\boldsymbol{A}_k=\boldsymbol{A}_k\boldsymbol{A}_j$(对所有 j,k). 那么所有这些矩阵有公共特征向量.

如果这些矩阵还是正规的, 那么它们实际上具有由特征向量组成的公共正交基. 如果我们作矩阵 $\boldsymbol{U}:=(\boldsymbol{x}_1,\cdots,\boldsymbol{x}_n)$, 那么 $\boldsymbol{U}$ 是酉阵, 而且对每个 j 矩阵 $\boldsymbol{U}^{-1}\boldsymbol{A}_j\boldsymbol{U}$ 有对角形式, 其中 $\boldsymbol{A}_j$ 的特征值就是对角元.

2.2.2.3 若尔当正规形式

若尔当正规形式是复矩阵的最一般的正规形式. 它起源于法国数学家 C. 若尔当(Jordan, 1838—1922) 的工作. 初等因子理论则可追溯到 1868 年 K. 魏尔斯特拉斯(Weierstrass, 1815—1897) 的工作.

若尔当块 矩阵

$$\begin{pmatrix} \lambda & 1 \\ 0 & \lambda \end{pmatrix} \quad 和 \quad \begin{pmatrix} \lambda & 1 & 0 \\ 0 & \lambda & 1 \\ 0 & 0 & \lambda \end{pmatrix}$$

分别称为 2 阶和 3 阶若尔当块. 数 λ 是这些矩阵唯一的特征值. 一般地, 称形如

$$\boldsymbol{J}(\lambda) := \begin{pmatrix} \lambda & 1 & & & 0 \\ & \lambda & 1 & & \\ & & \ddots & \ddots & 1 \\ & 0 & & \ddots & \\ & & & & \lambda \end{pmatrix}$$

的矩阵为若尔当块.

主定理 对于任意的 $n \times n$ 复矩阵 $\boldsymbol{A}$, 存在 $n \times n$ 复可逆矩阵 $\boldsymbol{C}$ 使得

$$\boxed{\boldsymbol{C}^{-1}\boldsymbol{A}\boldsymbol{C} = \begin{pmatrix} \boldsymbol{J}_1(\lambda_1) & \cdots & \boldsymbol{O} \\ \vdots & \ddots & \vdots \\ \boldsymbol{O} & \cdots & \boldsymbol{J}_s(\lambda_s) \end{pmatrix}}. \tag{2.46}$$

对于 $\boldsymbol{A}$ 的每个特征值 λ_j 至少存在一个若尔当块.

(2.46) 的右边的矩阵称为 $\boldsymbol{A}$ 的若尔当正规形式. 除去若尔当块的位置间的置换, 这些矩阵是唯一确定的.

特征值的几何重数及代数重数 定义特征值 λ 的几何重数为对应于特征值 λ 的线性无关的特征向量的个数. λ 的几何重数等于 (2.46) 中若尔当块的个数. 另一方面, λ 的代数重数等于对应于这个特征值的所有若尔当块的总长度.

例: 矩阵

$$\boldsymbol{A} := \begin{pmatrix} \lambda_1 & 1 & 0 & 0 \\ 0 & \lambda_1 & 0 & 0 \\ 0 & 0 & \lambda_1 & 0 \\ 0 & 0 & 0 & \lambda_2 \end{pmatrix}$$

已经是若尔当正规形式. 数 λ_1, λ_2 是 $\boldsymbol{A}$ 的特征值, 这里有可能 $\lambda_1 = \lambda_2$.

设 $\lambda_1 \neq \lambda_2$. 那么 λ_1 的代数重数为 3, 几何重数为 2. 对于 λ_2, 其代数重数和几何重数都为 1.

对于许多研究代数重数比几何重数更重要.

下面马上可以看到, 若尔当块的长度可以由 $\boldsymbol{A}$ 的元素确定.

初等因子 $\boldsymbol{A}$ 的特征矩阵 $\boldsymbol{A}-\lambda\boldsymbol{E}$ 的所有 s 行子行列式的最大公因子 $\mathscr{D}_s(\lambda)$ 称为 $\boldsymbol{A}$ 的第 s 个行列式因子[1]. 我们令 $\mathscr{D}_0:=1$. 商 $\mathscr{J}_s(\lambda):=\mathscr{D}_s(\lambda)/\mathscr{D}_{s-1}(\lambda)(s=1,\cdots,n)$ 是多项式, 并称为 $\boldsymbol{A}$ 的组合初等因子. 在因子分解式

$$\boxed{\mathscr{J}_s(\lambda)=(\lambda-\lambda_1)^{r_1}\cdots(\lambda-\lambda_k)^{r_k}}$$

中每个因子称为 $\boldsymbol{A}$ 的初等因子. 数 $\lambda_1,\cdots,\lambda_n$ 总是 $\boldsymbol{A}$ 的特征值.

主定理的推论 在若尔当正规形式 (2.46) 中, 对于 $\boldsymbol{A}$ 的每个初等因子 $(\lambda-\lambda_m)^r$ 存在一个 r 阶的若尔当块. 这样我们得到全部若尔当块.

可对角化性的判定 方阵 $\boldsymbol{A}$ 的若尔当正规形式是对角形的, 当且仅当满足下列三个条件之一:

(i) $\boldsymbol{A}$ 的所有初等因子为 1.

(ii) 对于 $\boldsymbol{A}$ 的所有特征值, 其代数重数与几何重数相同.

(iii) $\boldsymbol{A}$ 的线性无关的特征值的个数等于 $\boldsymbol{A}$ 的行数.

迹定理 方阵 $\boldsymbol{A}$ 的迹 $\mathrm{tr}\boldsymbol{A}$ 等于 $\boldsymbol{A}$ 的所有特征值之积, 并且要计及其相应的代数重数.

这可由 (2.46) 及关系式 $\mathrm{tr}\boldsymbol{A}=\mathrm{tr}(\boldsymbol{C}^{-1}\boldsymbol{A}\boldsymbol{C})$ 推出.

行列式定理 方阵 $\boldsymbol{A}$ 的行列式 $\det\boldsymbol{A}$ 等于所有特征值之和, 并且要计及相应的代数重数.

相似性定理 两个复方阵 $\boldsymbol{A}$ 和 $\boldsymbol{B}$ 相似, 当且仅当它们有相同的初等因子.

若尔当正规形式的计算方法 这种方法可在 [256] 中找到.

2.2.3 矩阵函数

本节中我们用 $\boldsymbol{A},\boldsymbol{B},\boldsymbol{C}$ 表示 $(n\times n)$ 复矩阵, $r(\boldsymbol{A})$ 及 $\sigma(\boldsymbol{A})$ 分别表示 $\boldsymbol{A}$ 的谱半径和谱(参看 2.2.1).

2.2.3.1 幂级数

定义 设给定幂级数

$$\boxed{f(z):=a_0+a_1z+a_2z^2+\cdots,}$$

其收敛半径是 ρ. 如果 $r(\boldsymbol{A})<\rho$, 那么定义

$$\boxed{f(\boldsymbol{A}):=a_0\boldsymbol{E}+a_1\boldsymbol{A}+a_2\boldsymbol{A}^2+\cdots,} \tag{2.47}$$

这个级数对于 $f(\boldsymbol{A})$ 的每个矩阵元素绝对收敛. 特别, 如果 $\rho=\infty$(例如, $f(z)=\mathrm{e}^z$, $\sin z$, $\cos z$ 或 $f(z)=z$ 的多项式, 均满足此条件), 那么 (4.27) 对所有方阵 $\boldsymbol{A}$ 成立.

1) $\mathscr{D}_s$ 是 λ 的多项式, 依定义, 其最高项系数为 1.

定理 (i) 当 C^{-1} 存在时, $C^{-1}f(A)C=f(C^{-1}AC)$.

(ii) $f(A)^{\mathrm{T}}=f(A^{\mathrm{T}})$, $Af(A)=f(A)A$.

(iii) $f(A)^*=f^*(A^*)$, 此处 $f^*(z):=\overline{f(\bar{z})}$.

(iv) 如果 $\lambda_1,\cdots,\lambda_n$ 是 A 的特征值, 那么 $f(\lambda_1),\cdots,f(\lambda_n)$ 是 $f(A)$ 的特征值, 且计及相应的代数重数.

可对角化矩阵 由关系式

$$C^{-1}AC=\begin{pmatrix}\lambda_1 & \cdots & 0\\ \vdots & \ddots & \vdots\\ 0 & \cdots & \lambda_n\end{pmatrix} \tag{2.48}$$

可推出

$$\boxed{f(A)=C\begin{pmatrix}f(\lambda_1) & \cdots & 0\\ \vdots & \ddots & \vdots\\ 0 & \cdots & f(\lambda_n)\end{pmatrix}C^{-1}.} \tag{2.49}$$

若尔当正规形式 由关系式

$$C^{-1}AC=\begin{pmatrix}J_1(\lambda_1) & \cdots & O\\ \vdots & \ddots & \vdots\\ O & \cdots & J_s(\lambda_s)\end{pmatrix}$$

可推出

$$f(A)=C\begin{pmatrix}J_1(\mu_1) & \cdots & O\\ \vdots & \ddots & \vdots\\ O & \cdots & J_s(\mu_s)\end{pmatrix}C^{-1},$$

其中 $\mu_j:=f(\lambda_j)$.

指数函数 对每个方阵 A 及每个复数 t 有[1)]

$$\boxed{\mathrm{e}^{tA}=E+tA+\frac{t^2}{2!}A^2+\frac{t^3}{3!}A^3+\cdots,}$$

指数函数有下列性质:

(i) 当 A 和 B 交换, 亦即 $AB=BA$ 时, $\mathrm{e}^{A}\mathrm{e}^{B}=\mathrm{e}^{A+B}$(加法定理).

(ii) $\det \mathrm{e}^{A}=\mathrm{e}^{\mathrm{tr}A}$(行列式公式).

(iii) $(\mathrm{e}^{A})^{-1}=\mathrm{e}^{-A}$, $(\mathrm{e}^{A})^{\mathrm{T}}=\mathrm{e}^{A^{\mathrm{T}}}$, $(\mathrm{e}^{A})^*=\mathrm{e}^{A^*}$.

例: 对于 $A=\begin{pmatrix}0 & 1\\ 0 & 0\end{pmatrix}$, 有 $A^2=A^3=\cdots=O$, 因此 $\mathrm{e}^{tA}=E+tA$.

1) 像 e^{tA} 这类展开式对常微分方程(及李群和李代数) 的重要应用可在 [212] 中找到.

对数 如果 $r(\boldsymbol{B}) < 1$, 那么级数

$$\ln(\boldsymbol{E}+\boldsymbol{B}) = \boldsymbol{B} - \frac{1}{2}\boldsymbol{B}^2 + \frac{1}{3}\boldsymbol{B}^3 - \cdots = \sum_{k=1}^{\infty} \frac{(-1)^{k+1}}{k}\boldsymbol{B}^k$$

存在.

此时方程

$$\boxed{\mathrm{e}^{\boldsymbol{C}} = \boldsymbol{E}+\boldsymbol{B}}$$

有唯一解 $\boldsymbol{C} = \ln(\boldsymbol{E}+\boldsymbol{B})$.

2.2.3.2 正规矩阵的函数

如果 $\boldsymbol{A}$ 是正规矩阵, 那么存在由对应于特征值 $\lambda_1, \cdots, \lambda_n$ 的特征向量组成的完全正交基 $\boldsymbol{x}_1, \cdots, \boldsymbol{x}_n$. 我们令 $\boldsymbol{C} := (\boldsymbol{x}_1, \cdots, \boldsymbol{x}_n)$, 则 $\boldsymbol{C}$ 是酉矩阵且 (2.48) 成立.

定义 对于任意函数 $f : \sigma(\boldsymbol{A}) \to \mathbb{C}$ 我们用关系式 (2.49) 定义[1] $f(\boldsymbol{A})$.

这个定义与 $\boldsymbol{A}$ 的特征矢量组成的完全正交基的选取无关.

定理 (i) 2.2.3.1 中叙述的定理在此继续成立.

(ii) 如果 $\boldsymbol{A}$ 是自伴的, f 对于实自变量取实值, 那么 $f(\boldsymbol{A})$ 也是自伴的.

平方根 如果自伴矩阵 $\boldsymbol{A}$ 仅有非负特征值, 那么平方根 $\sqrt{\boldsymbol{A}}$ 存在. 这个矩阵仍然是自伴的.

极分解式 每个 $n \times n$ 复方阵 $\boldsymbol{A}$ 可以写成乘积形式

$$\boxed{\boldsymbol{A} = \boldsymbol{U}\boldsymbol{S},}$$

其中 $\boldsymbol{U}$ 是酉矩阵, S 是自伴矩阵, 且其所有特征值非负.

如果 $\boldsymbol{A}$ 还是实的, 那么 $\boldsymbol{U}$ 和 $\boldsymbol{S}$ 也是实的.

如果 $\boldsymbol{A}$ 可逆, 那么可以选取 $\boldsymbol{U}$ 和 $\boldsymbol{S}$ 为 $\boldsymbol{S} = \sqrt{\boldsymbol{A}\boldsymbol{A}^*}$ 及 $\boldsymbol{U} = \boldsymbol{A}\boldsymbol{S}^{-1}$.

2.3 线 性 代 数

2.3.1 基本思想

线性性思想 函数的微分和积分是线性运算, 这意味着有关系式

$$(\alpha f + \beta g)'(x) = \alpha f'(x) + \beta g'(x),$$

$$\int_G (\alpha f + \beta g)\mathrm{d}x = \alpha \int_G f\mathrm{d}x + \beta \int_G g\mathrm{d}x,$$

式中, α 和 β 是数. 一般地, 线性算子 L 满足条件

$$L(\alpha f + \beta g) = \alpha Lf + \beta Lg,$$

1) 另外, 如果是 2.2.3.1 中的情形, 那么 $f(\boldsymbol{A})$ 的两个定义是一致的.

其中, f, g 可以是函数、向量、矩阵, 等等.

线性性的思想在许多数学和物理问题中是重要的. 线性代数用综合和统一的方式总结了数学家和物理学家应用线性结构所积累的经验.

叠加原理 依定义, 在一个物理系统中叠加原理成立, 如果对于系统中的两种状态其线性组合仍然是该系统中的一种状态. 例如, 两个函数 $x = f(t), g(t)$ 都是调和振子的微分方程

$$x'' + \omega^2 x = 0$$

的解, 并且线性组合 $\alpha f + \beta g$ 仍然是一个解.

线性化原理 数学中一个重要的并且经常出现的原理, 它存在于将问题线性化的方法中. 它的一个典型例子是函数导数的概念. 与此概念紧密相关的是曲线的切线, 曲面的切平面, 或更一般地, 流形的切空间. 线性化原理的基本思想包含在泰勒展开

$$f(x) = f(x_0) + f'(x_0)(x - x_0) + \cdots$$

中, 其中右边是函数 f 在点 x_0 的一个邻域中的线性近似. 加上附加项后,

$$f(x) = f(x_0) + f'(x_0)(x - x_0) + \frac{f''(x_0)}{2}(x - x_0)^2 + \cdots$$

意味着增加了二次或更高的项. 这种多线性结构在多线性代数理论 (见 2.4) 中考虑.

拓扑学这个数学分支与系统的定性性质相关. 在其中使用的一个重要方法是与拓扑空间相关联的某个线性空间 (例如, 德拉姆上同调群) 或向量丛, 并应用线性代数的工具研究这些线性空间的性质 (见 [212]).

无穷维函数空间和泛函分析 在经典几何学中一般涉及有限维空间 (见第 3 章). 借助泛函分析的微分方程和积分方程的更现代化的研究方法是以无穷维空间为基础的, 空间的元素是函数 (例如, 度量空间、巴拿赫空间、希尔伯特空间、局部凸空间; 参看 [212]).

量子系统和希尔伯特空间 如果给定一个具有标量积的加法结构的线性空间, 那么就得到一类空间, 它们称为希尔伯特空间. 这种空间是量子系统的数学刻画的基础. 量子系统的状态对应于希尔伯特空间 $\mathscr{H}$ 的元素, 而物理性质由适当定义的 $\mathscr{H}$ 上的线性算子给出, 这个算子称为可观测物 (参看 [212]).

线性代数的起源可以追溯到 1827 年出版的 A. F. 默比乌斯(Möbius, 1790—1868) 的书 *Der bargzen trische Kalkül* (《重心计算》) 以及 1844 年问世的 H. 格拉斯曼(Grassmann, 1809—1877) 的书 *Die lineare Ausde hnungslehre* (《线性扩张论》).

2.3.2 线性空间

下文中, 符号 $\mathbb{K}$ 表示 $\mathbb{R}$(实数集) 或 $\mathbb{C}$(复数集). 在 $\mathbb{K}$ 上的线性空间 X 中, 线

性组合是指式子

$$\boxed{\alpha u + \beta v,}$$

其中 $u, v \in X$, $\alpha, \beta \in \mathbb{K}$.

定义 集合 X 称为 $\mathbb{K}$ 上的线性空间 (或向量空间), 如果对每个有序对 $(u, v)(u \in X, v \in X)$, 在 X 中存在一个唯一确定的元素并记作 $u + v$, 而且对于每个数对 $(\alpha, u)(\alpha \in \mathbb{K}, u \in X)$, 在 X 中存在一个唯一确定的元素, 记作 αu, 使得对于所有 $u, v, w \in X$ 及所有 $\alpha, \beta \in \mathbb{K}$ 有下列性质[1]：

(i) $u + v = v + u$(交换性).

(ii) $(u + v) + w = u + (v + w)$(结合性).

(iii) X 中存在一个唯一确定的元素, 将它记作 0, 使得

$$z + 0 = z \quad \text{对所有 } z \in X \text{ (中性元)}.$$

(iv) 对每个 $z \in X$, 在 X 中存在一个唯一确定的元素, 将它记作 $(-z)$, 使得

$$z + (-z) = 0 \quad \text{对所有 } z \in X \text{ (逆元)}.$$

(v) $\alpha(u + v) = \alpha u + \alpha v$, $(\alpha + \beta)u = \alpha u + \beta u$ (分配性).

(vi) $(\alpha\beta)u = \alpha(\beta u)$ (结合性) 及 $1u = u$.

$\mathbb{R}$ (或 $\mathbb{C}$) 上的线性空间称为实的 (或复的)(矢量) 空间.

线性无关性 $\mathbb{K}$ 上的线性空间中的元素 $u_1, \cdots, u_n$ 称为线性无关的, 当且仅当关系式

$$\alpha_1 u_1 + \cdots + \alpha_n u_n = 0, \qquad \alpha_1, \cdots, \alpha_n \in \mathbb{K}$$

总蕴涵关系式 $\alpha_1 = \cdots = \alpha_n = 0$. 不然, $u_1, \cdots, u_n$ 称为线性相关.

维数 线性空间 X 的线性无关元素的最大个数称为它的维数, 并记作 $\dim X$, 符号 $\dim X = \infty$ 表示 X 中存在任意多个线性无关的元素. 如果 X 仅由中性元素组成 (检验这与定义相一致!), 那么 $\dim X = 0$.

基 设 $\dim X < \infty$. $\mathbb{K}$ 上的线性空间 X 中的一组元素 $b_1, \cdots, b_n$ 称为 X 的基, 如果每个元素 $u \in X$ 可以唯一地写成

$$u = \alpha_1 b_1 + \cdots + \alpha_n b_n, \qquad \alpha_1, \cdots, \alpha_n \in \mathbb{K}.$$

此时称 $\alpha_1, \cdots, \alpha_n$ 为 u 关于这个基的坐标.

基定理 设 n 是一个正整数. 如果每 n 个线性无关的元素都形成 X 的基, 那么有 $\dim X = n$.

---

1) 代替 $u + (-v)$, 我们今后更简捷地写作 $u - v$. 此外, 我们可以证明正文中的性质蕴涵 “$0u = o$ (当一切 $u \in X$)” 及 “$\alpha o = o$(当一切 $\alpha \in \mathbb{K}$)”. 因此, 今后 $\mathbb{K}$ 中的元素 “0” 和 X 中的元素 “o” 总是用符号 “0” 表示. 由正文中的法则, 这不会产生矛盾. 任意域 $\mathbb{K}$ 上的线性空间 (参看 2.5.3) 可类似地定义.

施泰尼茨基交换定理 如果 $b_1, \cdots, b_n$ 形成线性空间 X 的基, 并且 $u_1, \cdots, u_r$ 是 X 中的线性无关的元素, 那么

$$u_1, \cdots, u_r, b_{r+1}, \cdots, b_n$$

形成 X 的新基 (必要时重新编号).

例 1(线性空间 $\mathbb{R}^n$): 用 $\mathbb{R}^n$ 表示所有实数 ξ_j 的 n 数组 $(\xi_1, \cdots, \xi_n)$ 的集合. 令

$$\boxed{\alpha(\xi_1, \cdots, \xi_n) + \beta(\eta_1, \cdots, \eta_n) = (\alpha\xi_1 + \beta\eta_1, \cdots, \alpha\xi_n + \beta\eta_n)}$$

对所有 $\alpha, \beta \in \mathbb{R}$, 则 $\mathbb{R}^n$ 成为一个 n 维实线性空间. 作为它的基可以取

$$\boldsymbol{b}_1 := (1, 0, \cdots, 0), \quad \boldsymbol{b}_2 := (0, 1, 0, \cdots, 0), \quad \cdots, \quad \boldsymbol{b}_n := (0, 0, \cdots, 0, 1),$$

于是 $(\xi_1, \cdots, \xi_n) = \xi_1 b_1 + \cdots + \xi_n b_n$.

如果 ξ_j, η_j, α 和 β 取复数, 那么我们得到 n 维复线性空间 $\mathbb{C}^n$.

例 2: 设 n 是正整数. 全体实 (或复) 系数 $a_0, \cdots, a_{n-1}$ 的多项式

$$a_0 + a_1 x + \cdots + a_{n-1} x^{n-1}$$

的集合形成一个 n 维实 (或复) 线性空间. 它的基可以由 (例如) 元素 $1, x, x^2, \cdots, x^{n-1}$ 给出.

例 3: 所有函数 $f : \mathbb{R} \to \mathbb{R}$ 的集合关于通常的线性组合 $\alpha f + \beta g$ 形成一个实线性空间. 这个空间是无穷维的, 因为幂函数 $b_j(x) := x^j, j = 0, 1, \cdots, n$ 对于每个 n 都是线性无关的, 亦即由关系式

$$\alpha_0 b_0(x) + \cdots + \alpha_n b_n(x) = 0, \qquad \alpha_0, \cdots, \alpha_n \in \mathbb{R}$$

可推出 $\alpha_0 = \cdots = \alpha_n = 0$.

例 4: 所有闭区间 $[a, b]$ 上的连续函数 $f : [a, b] \to \mathbb{R}$ 形成一个 (无穷维) 实线性空间 $C[a, b]$.

这个结论是基于下列事实: 对于任何两个连续函数 f 和 g, 线性组合 $\alpha f + \beta g$ 仍是连续的.

集合的线性组合 设 $\alpha, \beta \in \mathbb{K}$. 如果 U 和 V 是 $\mathbb{K}$ 上的线性空间 X 中的非空集合, 那么令

$$\alpha U + \beta V := \{\alpha u + \beta v : u \in U, v \in V\}.$$

子空间 $\mathbb{K}$ 上的线性空间 X 的一个子集 Y 称为子空间, 如果对于所有 $u, v \in Y$ 及所有 $\alpha, \beta \in \mathbb{K}$ 有

$$\boxed{\alpha u + \beta v \in Y\ .}$$

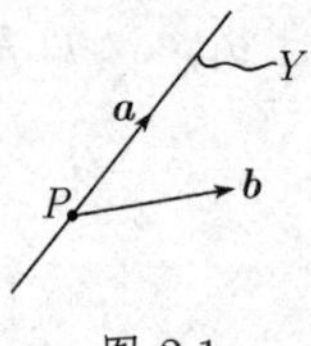

图 2.1

例 5: 我们在点 P 画两个向量 $\boldsymbol{a}$ 和 $\boldsymbol{b}$(图 2.1). 所有线性组合的集合 $\{\alpha\boldsymbol{a}+\beta\boldsymbol{b}|\alpha\beta\in\mathbb{R}\}$ 形成一个线性空间 X, 它对应于通过点 P 由元素 $\boldsymbol{a}$ 和 $\boldsymbol{b}$ 张成的平面. 子空间 $Y:=\{\alpha\boldsymbol{a}|\alpha\in\mathbb{R}\}$ 是通过 P 点沿着向量 $\boldsymbol{a}$ 的方向的直线.

我们有 $\dim X=2,\ \dim Y=1$.

维数定理 如果 Y 和 Z 是线性空间 X 的子空间, 则有

$$\boxed{\dim(Y+Z)+\dim(Y\cap Z)=\dim Y+\dim Z,}$$

其中和 $Y+Z$ 及交 $Y\cap Z$ 仍然是 X 的子空间.

余维数 设 Y 是 X 的子空间. 除了维数 $\dim Y$ 外, Y 的余维数 $\operatorname{codim} Y$ 经常是重要的. 按定义[1] 有 $\operatorname{codim} Y:=\dim X/Y$. 当 $\dim X<\infty$ 时, 有

$$\boxed{\operatorname{codim} Y=\dim X-\dim Y.}$$

2.3.3 线性算子

定义 如果 X 和 Y 是 $\mathbb{K}$ 上的线性空间, 那么线性算子 $A:X\to Y$ 是一个具有下列性质的映射:

$$\boxed{A(\alpha u+\beta v)=\alpha Au+\beta Av}$$

对所有 $u,v\in X$ 及所有 $\alpha,\beta\in\mathbb{K}$.

同构 两个线性空间 X 和 Y 被称为同构的, 如果存在一个线性一一映射 $A:X\to Y$. 这种映射称为同构[2].

在同构的线性空间中可以用相同的方式完成计算. 因此, 从抽象观点来看, 同构的线性空间之间没有差别.

定理 两个 $\mathbb{K}$ 上的有限维线性空间同构, 当且仅当它们有相同的维数.

因此, 线性空间的维数是有限维线性空间仅有的特征.

设 $b_1,\cdots,b_n$ 是 $\mathbb{K}$ 上有限维线性空间 X 的基, 那么用

$$A(\alpha_1b_1+\cdots+\alpha_nb_n):=(\alpha_1,\cdots,\alpha_n)$$

定义的映射是 X 到 $\mathbb{K}^n$ 的线性同构.

例 1: 设 $[a,b]$ 是闭区间, 如果令

$$Au:=\int_a^b u(x)\mathrm{d}x,$$

那么 $A:C[a,b]\to\mathbb{R}$ 是一个线性算子.

例 2: 定义导数算子为

1) 商空间 X/Y 在 2.3.4.2 中引入.
2) 希腊词汇 "同构" 意即 "有同样形状".

$$(Au)(x) := u'(x), \qquad \text{对所有 } x \in \mathbb{R}.$$

那么 $A: X \to Y$ 是线性算子, 其中 X 是所有可微函数 $u: \mathbb{R} \to \mathbb{R}$ 的空间, Y 是所有函数 $v: \mathbb{R} \to \mathbb{R}$ 的空间.

例 3: (矩阵)设 $\mathbb{R}^n_S$ 表示所有实列矩阵

$$\boldsymbol{u} = \begin{pmatrix} u_1 \\ \vdots \\ u_n \end{pmatrix}$$

组成的 n 维实线性空间. 线性组合 $\alpha\boldsymbol{u} + \beta\boldsymbol{v}$ 对应于通常的矩阵计算. 所有的线性算子 $\boldsymbol{A}: \mathbb{R}^n_S \to \mathbb{R}^m_S$ 的集合恰好与 $m \times n$ 实矩阵 $\boldsymbol{A} = (a_{jk})$ 的集合相同. 方程 $\boldsymbol{Au} = \boldsymbol{v}$ 对应于矩阵方程

$$\begin{pmatrix} a_{11} & a_{12} & \cdots & a_{1n} \\ a_{21} & a_{22} & \cdots & a_{2n} \\ \vdots & \vdots & & \vdots \\ a_{m1} & a_{m2} & \cdots & a_{mn} \end{pmatrix} \begin{pmatrix} u_1 \\ u_2 \\ \vdots \\ u_n \end{pmatrix} = \begin{pmatrix} v_1 \\ v_2 \\ \vdots \\ v_m \end{pmatrix}.$$

2.3.3.1 线性算子的运算

考虑线性算子 $A, B: X \to Y$ 及 $C: Y \to Z$, 其中 X, Y, Z 是 $\mathbb{K}$ 上的线性空间.

线性组合 设给定 $\alpha, \beta \in \mathbb{K}$. 用公式

$$\boxed{(\alpha A + \beta B)u := \alpha Au + \beta Bu, \quad \text{对所有 } u \in X}$$

定义线性算子 $\alpha A + \beta B: X \to Y$.

乘积 乘积 $AC: X \to Z$ 是一个线性算子, 它由合成定义, 亦即

$$\boxed{(AC)u = A(Cu), \quad \text{对所有 } u \in X.}$$

单位算子 由 $Iu := u$ 定义的算子是一个线性算子 $I: X \to X$, 称为单位算子, 并且也记作 id_X 或 I_X. 对于所有线性算子 $A: X \to X$ 我们有关系式

$$\boxed{AI = IA = A.}$$

2.3.3.2 线性算子方程

设给定线性算子 $A: X \to Y$. 我们考虑方程

$$\boxed{Au = v.} \tag{2.50}$$

核和象 我们用下列方程定义核 $\mathrm{Ker}(A)$ 和象 $\mathrm{Im}(A)$.

$$\mathrm{Ker}(A) := \{u \in X | Au = 0\}, \quad \mathrm{Im}(A) := \{Au | u \in X\}.$$

定义 (i) A 称为满射, 如果 $\operatorname{Im}(A)=Y$, 亦即对于每个 $v\in Y$, 方程 (2.50) 都有解 $u\in X$.

(ii) A 称为单射, 如果对每个 $v\in Y$, 方程 (2.50) 至多有一个解 $u\in X$.

(iii) A 称为双射(一一对应), 如果 A 既是满射, 又是单射, 亦即对于每个 $v\in Y$, 方程 (2.50) 有唯一的解 $u\in X$.

此时, 关系式 $A^{-1}v:=u$ 定义逆线性算子$A^{-1}:Y\to X$.

叠加原理 如果 u_0 是 (2.50) 的一个特解, 那么集合 $u_0+\operatorname{Ker}(A)$ 是 (2.50) 的全部解的集合.

特别, 对于 $v=0$, 子空间 $\operatorname{Ker}(A)$ 是 (2.50) 的解空间. 因此我们有: 如果 u 和 w 是齐次方程 (2.50)(其中 $v=0$) 的解, 那么每个线性组合 $\alpha u+\beta v(\alpha,\beta\in\mathbb{K})$ 也是其解.

满射判别法 线性算子 A 是满射, 当且仅当存在线性算子 $B:Y\to X$ 具有下列性质:

$$\boxed{AB=I_Y.}$$

单射判别法 线性算子 $A:X\to Y$ 是单射, 当且仅当满足下列两个条件之一.

(a) 由 $Au=0$ 可推出 $u=0$, 亦即 $\dim\operatorname{Ker}(A)=0$.

(b) 存在线性算子 $B:Y\to X$ 使

$$\boxed{BA=I_X.}$$

秩和指标 我们有

$$\boxed{\operatorname{rank}(A):=\dim\ \operatorname{Im}(A),\quad \operatorname{ind}(A):=\dim\ \operatorname{Ker}(A)-\operatorname{codim}\operatorname{Im}(A).}$$

仅当 $\dim\ \operatorname{Ker}(A)$ 和 $\operatorname{codim}\operatorname{Im}(A)$ 中有一个有限时才能定义指标 $\operatorname{ind}(A)$.

例: 对于两个有限维线性空间 X 和 Y 间的线性算子 $A:X\to Y$, 有

$$\boxed{\operatorname{ind}(A)=\dim X-\dim Y,\ \ \dim\operatorname{Ker}(A)=\dim X-\operatorname{rank}(A).}$$

(a) 第二个公式蕴涵下列事实: (2.50) 的解的线性空间[1)] $u_0+\ker(A)$ 的维数等于 $\dim X-\operatorname{rank}(A)$.

(b) 如果 $\operatorname{ind}(A)=0$, 那么由 $\dim\ \operatorname{Ker}(A)=0$ 立即推出 $\operatorname{Im}(A)=Y$. 因此 A 是双射, 亦即对每个 $v\in Y$ 方程 $Au=v$ 有唯一解 $u=A^{-1}v$.

指标的重要性 指标起着基本作用. 当我们在有限维线性空间中研究微分方程和积分方程的解的性质时, 这是显然的. 20 世纪最深刻的数学结果之一是阿蒂亚–辛格指标定理. 这个定理说, 我们仅需通过紧流形上的拓扑 (定性) 数据及所谓算子的符号就可计算该流形上的一类重要的微分和积分算子的指标. 它有一个推论: 在算子和流形的相对强的扰动下算子的指标是相同的 (参看 [212]).

1) 这是线性空间 X 的仿射子空间的一个例子, 参看 2.3.4.2.

2.3.3.3 正合序列

现代线性代数和代数拓扑常常通过正合序列的语言来表述. 线性算子 A 和 B 的序列

$$X \xrightarrow{A} Y \xrightarrow{B} Z$$

称为是正合的, 如果 $\mathrm{Im}(A) = \mathrm{Ker}(B)$.

更一般地, 序列

$$\cdots \to X_k \xrightarrow{A_k} X_{k+1} \xrightarrow{A_{k+1}} X_{k+2} \to \cdots$$

称为是正合的, 如果对所有 k 有 $\mathrm{Im}(A_k) = \mathrm{Ker}(A_{k+1})$.

定理 对于线性算子 A, 我们有[1)]

(i) A 是满射, 当且仅当序列 $X \xrightarrow{A} Y \to 0$ 是正合的.

(ii) A 是单射, 当且仅当 $0 \to X \xrightarrow{A} Y$ 是正合的.

(iii) A 是双射, 当且仅当 $0 \to X \xrightarrow{A} Y \to 0$ 是正合的.

2.3.3.4 与矩阵计算的关系

与线性算子 A 相伴的矩阵 $\mathscr{A}$ 设 $A : X \to Y$ 是一个线性算子, 其中设 X 和 Y 是 $\mathbb{K}$ 上的有限维线性空间.

分别在 X 中和 Y 中选取固定的基 $b_1, \cdots, b_n$ 和 $c_1, \cdots, c_m$. 对于 $u \in X$ 和 $v \in Y$ 我们有唯一确定的分解式

$$u = u_1 b_1 + \cdots + u_n b_n, \qquad v = v_1 c_1 + \cdots + v_m c_m.$$

并且

$$\boxed{Ab_k = \sum_{j=1}^{m} a_{jk} c_j, \qquad k = 1, \cdots, n.}$$

此处 b_j, c_k 和 a_{jk} 是 $\mathbb{K}$ 中的元素, 称 $m \times n$ 矩阵

$$\mathscr{A} := (a_{jk}), \qquad j = 1, \cdots, m; \quad k = 1, \cdots, n$$

为与线性算子 A(关于所选的基) 相伴的矩阵. 另外, 我们还引进与 u 和 v 相伴的坐标列矩阵

$$\mathscr{U} := (u_1, \cdots, u_n)^{\mathrm{T}} \quad 及 \quad \mathscr{V} := (v_1, \cdots, v_m)^{\mathrm{T}}.$$

于是算子方程

$$\boxed{Au = v}$$

对应于矩阵方程

$$\boxed{\mathscr{A}\mathscr{U} = \mathscr{V}.}$$

定理 线性算子的和 (或积) 对应于相应的矩阵的和 (或积).

---

1) 我们用 0 表示仅由中性元组成的平凡的线性空间 $\{0\}$. 另外, $0 \to X$ 及 $Y \to 0$ 表示零算子.

线性算子的秩与相应的矩阵的秩相同 (矩阵秩与基的选取无关).

基的变换 借助变换公式

$$b_k=\sum_{r=1}^{n}t_{rk}b'_k,\qquad c_j=\sum_{i=1}^{m}s_{ij}c'_i,\qquad k=1,\cdots,n;\quad j=1,\cdots,m$$

我们过渡到 X 的新基 $b'_1,\cdots,b'_n$(或 Y 的新基 $c'_1,\cdots,c'_m$). 其中要求 $(n\times n)$ 矩阵 $\mathscr{T}=(t_{rk})$ 及 $m\times m$ 矩阵 $\mathscr{S}=(s_{ij})$ 是可逆的. u 的新坐标 u'_k(及 v 的新坐标 v'_j) 由分解式

$$u=u'_1b'_1+\cdots+u'_nb'_n,\qquad v=v'_1c'_1+\cdots+v'_mc'_m$$

确定. 由此分别得到 u 和 v 的坐标变换公式

$$\boxed{\mathscr{U}=\mathscr{T}\mathscr{U}',\quad \mathscr{V}=\mathscr{S}\mathscr{V}'.}$$

算子方程 $Au=v$ 对应于矩阵方程 $\mathscr{A}'\mathscr{U}'=\mathscr{V}'$, 其中

$$\boxed{\mathscr{A}'=\mathscr{S}^{-1}\mathscr{A}\mathscr{T}.}$$

在特殊情形: $X=Y$ 及 $b_j=c_j$(对于所有 j), 我们有 $\mathscr{S}=\mathscr{T}$. 因此我们得到矩阵 $\mathscr{A}$ 的相似变换 $\mathscr{A}'=\mathscr{T}^{-1}\mathscr{A}\mathscr{T}$.

迹和行列式 设 $\dim X<\infty$. 用下列关系式定义线性算子 $A:X\to X$ 的迹和行列式:

$$\boxed{\mathrm{tr}A:=\mathrm{tr}(a_{jk}),\qquad \det A:=\det(a_{jk}).}$$

这些定义都与为形成矩阵所使用的基的选取无关.

定理 对于两个线性算子 $A,B:X\to X$, 有

(i) $\det(AB)=(\det A)(\det B)$.

(ii) A 是双射, 当且仅当 $\det A\neq 0$.

(iii) $\mathrm{tr}(\alpha A+\beta B)=\alpha\mathrm{tr}A+\beta\mathrm{tr}B$(对所有 $\alpha,\beta\in\mathbb{K}$).

(iv) $\mathrm{tr}(AB)=\mathrm{tr}(BA)$.

(v) $\mathrm{tr}I_X=\dim X$.

2.3.4 线性空间的计算

由给定的线性空间我们可以构造新的线性空间. 下列结构给出所有代数结构 (如群、环和域) 的模型. 线性空间的张量积将在 2.4.3.1 中研究.

2.3.4.1 笛卡儿积

如果 X 和 Y 是 $\mathbb{K}$ 上的线性空间, 那么通过令

$$\alpha(u,v)+\beta(w,z):=(\alpha u+\beta w,\alpha v+\beta z),\qquad \alpha,\beta\in\mathbb{K},$$

可使积集 $X\times Y:=\{(u,v)|u\in X,v\in Y\}$ 成为一个 $\mathbb{K}$ 上的线性空间, 它称为 X 和 Y 的笛卡儿积.

如果 X 和 Y 是有限维的, 那么对于笛卡儿积有维数公式

$$\boxed{\dim(X \times Y) = \dim X + \dim Y.}$$

如果 $b_1, \cdots, b_n$(及 $c_1, \cdots, c_m$) 是 X(及 Y) 的基, 那么所有可能的元素对 (b_j, c_k) 的集合形成 $X \times Y$ 的基.

例: 对于 $X = Y = \mathbb{R}$, 有 $X \times Y = \mathbb{R}^2$.

2.3.4.2 商空间

线性流形 (仿射线性空间) 设 Y 是 $\mathbb{K}$ 上的线性空间 X 的子空间. 每个集合

$$u + Y := \{u + v | v \in Y\}, \quad u \in X \text{ 固定}$$

称为 (平行于 Y 的) 线性流形(仿射子空间). 此外, 有

$$u + Y = w + Y$$

当且仅当 $u - w \in Y$. 我们令 $\dim(u + Y) := \dim Y$.

商空间 我们用 X/Y 表示 X 中所有平行于 Y 的线性流形的集合. 通过定义线性组合

$$\alpha U + \beta V, \quad \text{对 } U, V \in X/Y \text{ 及 } \alpha, \beta \in \mathbb{K},$$

我们可使 X/Y 成为一个线性空间, 并称它为 X 模 Y 的商空间. 显然, 我们有

$$\alpha(u + Y) + \beta(v + Y) = (\alpha u + \beta v) + Y.$$

对于 $\dim X < \infty$ 我们有

$$\boxed{\dim X/Y = \dim X - \dim Y.}$$

例: 设 $X := \mathbb{R}^2$. 如果 Y 是通过原点的直线, 那么 X/Y 由所有平行于 Y 的直线组成 (图 2.2).

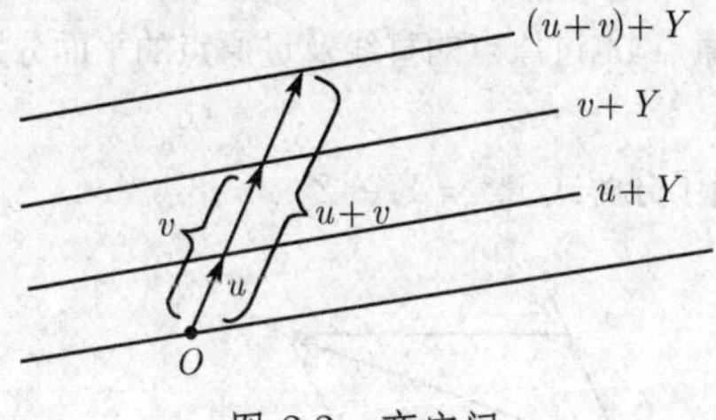

图 2.2 商空间

替代定义 设 $u, w \in X$. 记

$$u \sim w, \quad \text{当且仅当} u - w \in Y.$$

这是 X 上的一个等价关系 (参看 4.3.5.1). 对应的等价类 $[u] := u + Y$ 形成集合 X/Y. 令

$$\alpha[u] + \beta[z] := [\alpha u + \beta z],$$

那么集合 X/Y 具备线性空间的结构, 这个定义与 u 和 z 的代表式的选取无关.

映射 $u \to [u]$ 称为 X 到 X/Y 上的典范映射.

结构定理 如果 Y 和 Z 是 X 的两个子空间, 那么有同构

$$\boxed{(Y+Z)/Z \cong Y/(Y \cap Z).}$$

在 $Y \subseteq Z \subseteq X$ 的情形, 还有

$$\boxed{X/Y \cong (X/Z)/(Z/Y).}$$

2.3.4.3 直和

定义 设 Y 和 Z 是线性空间 X 的两个子空间. 记

$$\boxed{X = Y \oplus Z,}$$

当且仅当每个 $u \in X$ 可以唯一地写成

$$u = y + z, \qquad y \in Y,\ z \in Z.$$

空间 X 称为 Y 和 Z 的直和, 并说 Z 是 Y 在 X 中的代数补集. 有

$$\boxed{\dim(Y \oplus Z) = \dim Y + \dim Z.}$$

定理 (i) 由 $X = Y \oplus Z$ 可推出 $Z \cong X/Y$.

(ii) $\dim Z = \operatorname{codim} Y$.

直观地说, Y 的余维数 $\operatorname{codim} Y$ 等于与整个空间 X 相比, 在 Y 中缺少的维数.

例 1: 对于 $X = \mathbb{R}^3$, 原点 0, 过原点的直线及过原点的平面分别有维数 0,1 和 2 及余维数 3,2,1.

例 2: 在图 2.3 中画出了分解式 $\mathbb{R}^2 = Y \oplus Z$.

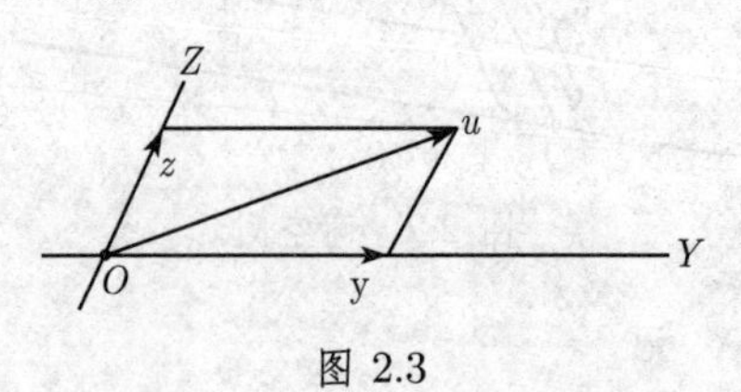

图 2.3

存在定理 对于线性空间 X 的每个子空间 Y 存在一个代数补集 Z, 亦即对它有 $X = Y \oplus Z$.

线性包 如果 M 是 $\mathbb{K}$ 上的线性空间 X 中的一个集合, 那么我们称集合

$$\text{span}M := \{\alpha_1 u_1 + \cdots + \alpha_n u_n | u_j \in M, \alpha_j \in \mathbb{K},\ j = 1, \cdots, n \text{ 且 } n \geqslant 1\}$$

为 M 的线性包(或线性生成).

线性包 M 是 X 的含有 M 的子空间中的最小者.

补空间的构造 设 Y 是 n 维线性空间 X 的 m 维子空间, $0 < m < n < \infty$. 取 X 的基 $u_1, \cdots, u_n$. 那么我们有

$$X = Y \oplus \text{span}\{u_{m+1}, \cdots, u_n\}.$$

任意多个子空间的直和 设 $\{X_\alpha\}_{\alpha \in A}$ 是线性空间 X 的一族子空间. 我们记

$$\boxed{X = \bigoplus_{\alpha \in A} X_\alpha,}$$

当且仅当每个 $x \in X$ 可唯一地写成

$$x = \sum_{\alpha \in A} x_\alpha, \qquad x_\alpha \in X_\alpha,$$

其中只允许出现有限多个加项. 如果下标集 A 是有限的, 那么有维数公式

$$\boxed{\dim X = \sum_{\alpha \in A} \dim X_\alpha.}$$

线性空间的外直和 设 $\{X_\alpha\}_{\alpha \in A}$ 是一族 $\mathbb{K}$ 上的线性空间. 那么笛卡儿积 $\prod\limits_{\alpha \in A} X_\alpha$ 由所有元素组 (x_α) 的集合组成, 其中加法按相应分量相加, 与 $\mathbb{K}$ 中数的乘法定义为与各分量相乘. 线性空间 X_α 的外直和

$$\boxed{\bigoplus_{\alpha \in A} X_\alpha}$$

定义为 $\prod\limits_{\alpha \in A} X_\alpha$ 的子集, 它由所有仅对有限多个 α 值不为零的那些元素组组成.

我们将 X_β 与所有这种元素组 (x_α) 等同, 其中 $x_\alpha = 0$ 当 $\alpha \neq \beta$, 于是 $\bigoplus\limits_{\alpha \in A} X_\alpha$ 对应于子空间 $X\alpha$ 的直和.

分次 我们说空间 $\bigoplus\limits_{\alpha \in A} X_\alpha$ 被子空间 X_α 分次.

2.3.4.4 对线性算子的应用

秩定理 设给定线性算子 $A: X \to Y$. 取某个分解式 $X = \text{Ker}(A) \oplus Z$; 那么 A 的限制

$$A: Z \to \text{Im}(A)$$

是双射. 由此推出

$$\boxed{\operatorname{codim}\operatorname{Ker}(A)=\dim\operatorname{Im}(A)=\operatorname{rank}(A).}$$

不变子空间 设给定线性算子 $A: X\to X$ 其中 X 是 $\mathbb{K}$ 上的线性空间. X 的子空间 Y 称为对于 A 不变, 如果 $u\in Y$ 蕴涵 $Au\in Y$.

另外, Y 称为 (对于 A) 不可约, 如果除了平凡子空间 O 外 Y 没有真正的不变子空间.

基本分解定理 如果 $\dim X<\infty$, 那么对于每个 A 存在 X 的一个分解

$$\boxed{X=X_1\oplus X_2\oplus\cdots\oplus X_k,}$$

其中 $X_1,\cdots,X_k$ 是 (非平凡) 不可约的不变子空间, 亦即存在算子 $A_j: X_j\to X_j$ 对每个 j.

如果 X 是复线性空间, 那么可在每个子空间中选取基, 使 A 限制在 X_j 时由若尔当块矩阵给出. 于是 A 在 X 上相对于这种基的矩阵是若尔当正规形式.

这些若尔当块的阶等于相应子空间 X_j 的维数. 这些维数可以通过将 2.2.2.3 中所描述的初等因子方法应用于矩阵 A(相对于某个基) 而算出.

2.3.5 对偶性

对偶性的概念在许多数学领域中是重要的 (如射影几何和泛函分析)[1].

线性泛函 我们称线性映射 $u^*: X\to\mathbb{K}$ 为 $\mathbb{K}$ 上的线性空间 X 上的线性泛函 (线性形式).

例 1: 令

$$u^*(u):=\int_a^b u(x)\mathrm{d}x,$$

它定义了连续函数 $u:[a,b]\to\mathbb{R}$ 形成的空间 $C[a,b]$ 上的一个线性泛函.

对偶空间 用 X^* 表示所有 X 上的线性泛函的集合. 定义线性组合 $\alpha u^*+\beta v^*$ 为

$$(\alpha u^*+\beta v^*)(u):=\alpha u^*(u)+\beta v^*(u)$$

对所有 $u\in X$, 于是空间 X^* 具备 $\mathbb{K}$ 上的线性空间的结构, 将它称为 X 的对偶空间.

令 $X^{**}:=(X^*)^*$.

例 2: 设 X 为 $\mathbb{K}$ 上的 n 维线性空间. 那么有同构

$$\boxed{X^*\cong X,}$$

但它不是典范的, 甚至与 X 的基 $b_1,\cdots,b_n$ 的选取有关. 为证明这个结论, 设

$$b_j^*(u_1b_1+\cdots+u_nb_n):=u_j,\quad j=1,\cdots,n.$$

1) 线性空间的对偶性理论及其应用的更详细研究可参看 [212].

那么线性泛函 $b_1^*, \cdots, b_n^*$ 形成对偶空间 X^* 的基, 它称为对偶基.

每个 X 上的线性型 u^* 可写成

$$u^* = \alpha_1 b_1^* + \cdots + \alpha_n b_n^*, \quad \alpha_1, \cdots, \alpha_n \in \mathbb{K}.$$

如果令 $A(u^*) := \alpha_1 b_1 + \cdots + \alpha_n b_n$, 那么 $A : X^* \to X$ 是一个线性双射, 这产生同构 $X^* \cong X$.

另一方面, 令 $u^{**}(u^*) := u^*(u)$ 对所有 $u^* \in X^*$, 那么同构

$$\boxed{X^{**} \cong X}$$

是典范的, 亦即与基的选取无关. 因此对每个 $u \in X$ 都伴随一个 u^{**}, 并且这个 X 到 X^{**} 的映射是线性的并且是双射.

对于无穷维线性空间, X 与 X^* 以及 X^{**} 间的关系不再像有穷维情形那样清晰 (例如巴拿赫空间情形, 参看 [212]).

对偶算子 设 $A : X \to Y$ 是一个线性算子, 其中 X, Y 是 $\mathbb{K}$ 上的线性空间. 用公式

$$(A^* v^*)(u) := v^*(Au), \quad 对所有\ u \in X$$

定义对偶算子 A^*. 这是一个线性算子 $A^* : Y^* \to X^*$.

乘积法则 如果 $A : X \to Y$ 及 $B : Y \to Z$ 是线性算子, 那么

$$\boxed{(AB)^* = B^* A^*.}$$

2.4 多线性代数

设 X, Y 和 Z 是 $\mathbb{K}$ 上的线性空间. 多线性代数研究值在 Z 中的乘积

$$\boxed{uv,}$$

亦即其中 $u \in X, v \in Y$ 而 $uv \in Z$. 这种乘积的一个典型性质是关系式

$$\boxed{(\alpha u + \beta w)v = \alpha(uv) + \beta(wv), \quad u(\alpha v + \beta z) = \alpha(uv) + \beta(uz),}$$

对所有 $u, w \in X,\ v, z \in Y$ 及 $\alpha, \beta \in \mathbb{K}$. 这类乘积的重要例子有张量积$u \otimes v$, 外积$u \wedge v$ 以及内积$u \vee v$(克利福德乘法).

所有这类乘积都可通过张量积表示, 亦即总存在唯一确定的线性算子 $L : X \otimes Y \to Z$, 具有性质

$$\boxed{uv = L(u \otimes v)}$$

(参看 2.4.6, 这是张量积的通用性质). 例如, 外积可以表示为 $u \wedge v := u \otimes v - v \otimes u$. 这产生反称关系式

$$\boxed{u \wedge v = -(v \wedge u).}$$

外积与行列式理论紧密相关. 在量子理论中, 张量积 $a\otimes b$ 刻画了复合状态 (例如, $a\otimes b\otimes c$ 对应于质子是 3 个夸克的复合, 参看 [212]). 内积用来刻画半整自旋的粒子 (费米).

2.4.1 代数

定义 $\mathbb{K}$ 上的代数 $\mathscr{A}$ 是一个线性空间, 其中定义了乘法分配律和结合律.

更明显地说, 这表明对于每个 $\mathscr{A}$ 中元素 a 和 b 的有序对 (a,b), $\mathscr{A}$ 中存在唯一确定的与它们相关的第三个元素, 将它记作 ab, 使得对于所有 $a,b,c\in\mathscr{A}$ 及 $\alpha,\beta\in\mathbb{K}$, 有

(i) $(\alpha a+\beta b)c=\alpha(ac)+\beta(bc),\quad c(\alpha a+\beta b)=\alpha(ca)+\beta(cb)$.

(ii) $a(bc)=(ab)c$.

同态 由代数 $\mathscr{A}$ 到代数 $\mathscr{B}$ 的同态 $\varphi:\mathscr{A}\to\mathscr{B}$ 是一个关于乘积的线性映射, 亦即有

$$\boxed{\varphi(ab)=\varphi(a)\varphi(b),\quad \text{对所有}\, a,b\in\mathscr{A}.}$$

同构 代数 $\mathscr{A}$ 称为与另一个代数 $\mathscr{B}$ 同构, 如果存在双射同态 $\varphi:\mathscr{A}\to\mathscr{B}$. 双射同态称为同构.

对于所有具体目的, 同构的代数可以看成是同一个对象.

2.4.2 多线性型的计算

设 X,Y,Z 及 $X_1,\cdots,X_n,Y_1,\cdots,Y_m$ 表示 $\mathbb{K}$ 上的线性空间.

双线性型 双线性型是一个映射 $B:X\times Y\to Z$, 它关于每个自变量分别是线性的, 亦即

$$\boxed{\begin{aligned}B(\alpha u+\beta w,v)&=\alpha B(u,v)+\beta B(w,v),\\ B(u,\alpha v+\beta z)&=\alpha B(u,v)+\beta B(u,z),\end{aligned}}$$

对所有 $u,w\in X,\ v,z\in Y$ 及 $\alpha,\beta\in\mathbb{K}$.

乘积 如果令 $uv:=B(u,v)$, 那么我们得到线性空间 X 和 Y 的元素间的且其值在线性空间 Z 中的乘积.

特殊性质 设 $B:X\times X\to Z$ 是特殊情形 $X=Y$ 时的双线性型.

(i) B 称为对称的, 如果 $B(u,v)=B(v,u)$ 对所有 $u,v\in X$.

(ii) B 称为反称的, 如果 $B(u,v)=-B(v,u)$ 对所有 $u,v\in X$.

(iii) B 称为非退化的, 如果 $B(u,v)=0$(或 $B(v,u)=0$) 对所有 $v\in X$, 蕴涵 $u=0$.

多线性型 n 线性型是一个映射

$$M:X_1\times\cdots\times X_n\to\mathbb{K},$$

它对于每个自变量是线性的. 数 n 称为 M 的次数.

如果令 $u_1u_2\cdots u_n := M(u_1,\cdots,u_n)$, 那么我们得到一个 n 重笛卡儿积上的乘积.

对称性质 一个给定的 n 线性型 $M: X\times\cdots\times X$ 称为对称多性线型, 如果 $M(u_1,\cdots,u_n)$ 在它的 n 个自变量的任意置换下不变.

M 称为反称多性线型, 如果 $M(u_1,\cdots,u_n)$ 在其 n 个自变量的偶置换下不变, 在奇置换下被乘以 -1.

行列式 设 $A: X\to X$ 是 $\mathbb{K}$ 上 n 维线性空间上的线性算子. 那么有

$$\boxed{M(Au_1,\cdots,Au_n)=(\det A)M(u_1,\cdots,u_n)}$$

对于所有反称 n 线性型 $M: X\times\cdots\times X\to\mathbb{K}$ 及所有 $u_1,\cdots,u_n\in X$.

多线性型的张量积 设 $M: X_1\times\cdots\times X_m\to\mathbb{K}$ 是一个 m 线性型, $N: Y_1\times\cdots\times Y_n\to\mathbb{K}$ 是一个 n 线性型. 借助公式

$$\boxed{(M\otimes N)(u_1,\cdots,u_m,v_1,\cdots,v_n):=M(u_1,\cdots,u_m)N(v_1,\cdots,v_n)}$$

对所有 $u_j\in X_j$ 及 $v_k\in Y_k$, 我们得到一个 $(m+n)$ 线性型

$$M\otimes N: X_1\times\cdots\times X_m\times Y_1\times\cdots\times Y_n\to\mathbb{K},$$

它称为 M 和 N 的张量积.

性质 对于任意多线性型 M,N,K 及任意数 $\alpha,\beta\in\mathbb{K}$, 有

(i) $(\alpha M+\beta N)\otimes K=\alpha(M\otimes K)+\beta(N\otimes K)$, $\quad K\otimes(\alpha M+\beta N)=\alpha(K\otimes M)+\beta(K\otimes N)$.

(ii) $(M\otimes N)\otimes K=M\otimes(N\otimes K)$.

自然, 在 (i) 中 M 和 N 必须有相同的次数以使公式有意义.

2.4.2.1 反称多线性型

外积 设 X 是 $\mathbb{K}$ 上的线性空间. 用 $\mathscr{A}^q(X)$ 表示所有反称 q 线性型

$$M: X\times\cdots\times X\to\mathbb{K}$$

的集合. 另外还令 $\mathscr{A}^0(X):=\mathbb{K}$. 空间 $\mathscr{A}^q(X)$ 自然是 $\mathbb{K}$ 上的线性空间. 对于 $M\in\mathscr{A}^q(X)$ 和 $N\in\mathscr{A}^p(X)$ 及 $q,p\geqslant 1$, 定义

$$\boxed{(M\wedge N)(u_1,\cdots,u_{q+p}):=\sum_{\pi}(\operatorname{sgn}\pi)M(u_{\pi(1)},\cdots,u_{\pi(q)})N(u_{\pi(q+1)},\cdots,u_{\pi(q+p)})}$$

对所有 $u_1,\cdots,u_n\in X$, 其中求和展布在所有可能的适合 $\pi(1)<\pi(2)<\cdots<\pi(q)$ 和 $\pi(q+1)<\cdots<\pi(p+q)$ 的下标的置换 π 上. 我们用 $\operatorname{sgn}\pi$ 表示置换 π 的符号.

用这种方式得到的反称 $(p+q)$ 线性型 $M\wedge N$, 称为 M 和 N 的外积. 我们有 $M\wedge N\in\mathscr{A}^{p+q}(X)$.

对于 $\alpha,\beta\in\mathbb{K}$ 和 $M\in\mathscr{A}^q(X)$ 及 $q\geqslant 1$, 定义

$$\boxed{\alpha\wedge M=M\wedge\alpha=\alpha M,\quad \alpha\wedge\beta=\alpha\beta.}$$

例 1: 当 $q=p=1$ 时, 有

$$(M\wedge N)(u,v)=M(u)N(v)-M(v)N(u),\quad \text{对所有}u,v\in X.$$

如果 $q=1$ 及 $p=2$, 那么我们得到

$$(M\wedge N)(u,v,w)=M(u)N(v,w)-M(v)N(u,w)+M(w)N(u,v).$$

例 2: 设 $a,b,c\in X^*$. 那么我们得到

$$(a\wedge(b\wedge c))(u,v,w)=a(u)\begin{vmatrix} b(v) & b(w)\\ c(v) & c(w)\end{vmatrix}-a(v)\begin{vmatrix} b(u) & b(w)\\ c(u) & c(w)\end{vmatrix}+a(w)\begin{vmatrix} b(u) & b(v)\\ c(u) & c(v)\end{vmatrix}.$$

于是行列式展开定理产生

$$(a\wedge(b\wedge c))(u,v,w)=\begin{vmatrix} a(u) & a(v) & a(w)\\ b(u) & b(v) & b(w)\\ c(u) & c(v) & c(w)\end{vmatrix},\quad \text{对所有 } u,v,w\in X.$$

类似地, 我们得到 $((a\wedge b)\wedge c)(u,v,w)$ 的同样的展开式. 这给出结合律

$$a\wedge(b\wedge c)=(a\wedge b)\wedge c.$$

我们还将此简写为 $a\wedge b\wedge c$.

如果我们应用张量积, 那么我们有关系式

$$\boxed{a\wedge b=a\otimes b-b\otimes a}$$

及

$$\boxed{a\wedge b\wedge c=a\otimes b\otimes c-a\otimes c\otimes b+b\otimes c\otimes a-b\otimes a\otimes c+c\otimes a\otimes b-c\otimes b\otimes a.}$$

这对应于在 $a\otimes b\otimes c$ 的所有置换上求和, 并且每个置换带有其符号.

性质 对于所有次数 $\geqslant 0$ 的反称多线性型 M,N 和 K 及所有数 $\alpha,\beta\in\mathbb{K}$, 我们有

(i) $(\alpha M+\beta N)\wedge K=\alpha(M\wedge K)+\beta(N\wedge K)$,

$K\wedge(\alpha M+\beta N)=\alpha(K\wedge M)+\beta(K\wedge N)$;

(ii) $(M\wedge N)\wedge K=M(N\wedge K)$;

(iii) $\boxed{M \wedge N = (-1)^{qp} N \wedge M.}$

在 (i) 中要假设 M 和 N 有相同次数. 在 (iii) 中记 $q = \deg M$ 和 $p = \deg N$. 分次乘法法则是说乘积 $M \wedge N$ 的交换性或反交换性取决于因子的次数.

代数 $\mathscr{A}(X)$ 外直和

$$\mathscr{A}(X) := \bigoplus_{p=0}^{\infty} \mathscr{A}^p(X)$$

关于 $\wedge$ 乘法是一个 $\mathbb{K}$ 上的代数, 称为 X 上反称多线性型代数. 这个代数由线性空间 $\mathscr{A}^p(X)$ 分次. $\mathscr{A}(X)$ 的元素是和.

$$M_0 + M_1 + M_2 + \cdots,$$

其中 $M_q \in \mathscr{A}^q(X)$, 并且至多有限个 M_q 非零. 这个和及 $\wedge$ 乘积可用通常的方式形成, 并且要注意因子的顺序.

例 3: $(M_0 + M_1) \wedge (N_0 + N_1) = M_0 \wedge N_0 + (M_0 \wedge N_1 + M_1 \wedge N_0) + M_1 \wedge N_1$, 因为 $M_0, N_0 \in \mathbb{K}$, 所以这个表达式等于 $M_0N_0 + M_0N_1 + N_0M_1 + M_1 \wedge N_1$.

有限维空间 设 $b_1, \cdots, b_n$ 是 X 的基. X^* 中与它对偶的基记作 $b^1, \cdots, b^n$, 亦即有

$$b^j(\alpha_1 b_1 + \cdots + \alpha_n b_n) = \alpha_j, \quad j = 1, \cdots, n,$$

对所有 $\alpha_1, \cdots, \alpha_n \in \mathbb{K}$. 于是有

$$\boxed{b^j \wedge b^k = -b^k \wedge b^j}$$

对所有 $j, k = 1, \cdots, n$. 特别地, $b^k \wedge b^k = 0$.

例 4: 对于 $n = 2$ 及 $q = 2$, $\mathscr{A}^2(X)$ 中所有元素具有形式

$$M = \alpha(b^1 \wedge b^2) + \beta(b^2 \wedge b^1) = (\alpha - \beta) b^1 \wedge b^2,$$

其中 $\alpha, \beta \in \mathbb{K}$ 是任意数. 这表明 $\dim \mathscr{A}^2(X) = 1$. 我们还可将 M 唯一地写成

$$M = \frac{1}{2!}(\alpha_{12} b^1 \wedge b^2 + \alpha_{21} b^2 \wedge b^1) = \frac{1}{2!} \sum_{j,k=1}^{2} \alpha_{jk} b^j \wedge b^k,$$

其中 α_{jk} 关于下标反称, 亦即有 $\alpha_{jk} \in \mathbb{K}$ 且

$$\alpha_{jk} = -\alpha_{kj}, \quad \text{对所有 } j, k.$$

例 5: 当 $\dim X = n$ 时, 形式

$$b^{j_1} \wedge \cdots \wedge b^{j_q} \tag{2.51}$$

关于所有指标反称. 所有适合 $j_1 < j_2 < \cdots < j_q$ 且 $j_k = 1, \cdots, n$ (对所有 k) 的乘积 (2.51) 形成 $\mathscr{A}^q(X)$ 的基, 因而有

$$\boxed{\dim \mathscr{A}^q(X) = \binom{n}{q}, \quad \dim \mathscr{A}(X) = 2^n.}$$

每个 $M \in \mathscr{A}^q(X)$ 可唯一地写成

$$\boxed{M = \frac{1}{q!}\alpha_{j_1\cdots j_q} b^{j_1} \wedge \cdots \wedge b^{j_q},} \tag{2.52}$$

其中 $\alpha_{\cdots}$ 是 $\mathbb{K}$ 中的元素并且关于所有下标反称. 在此应用了爱因斯坦求和约定, 根据这个约定, 对于同时作为上标和下标出现的指标求和.

在基的变换下 M 的系数 $\alpha_{\cdots}$ 如同 q 共变反称张量那样变换 (参看 [212]).

对$\mathbb{R}^n$中的微分形式的应用 设 $X = \mathbb{R}^n$. 选取 $\mathbb{R}^n$ 的自然 (典范) 基

$$\boldsymbol{b}_1 := (1, 0, \cdots, 0), \quad \cdots, \quad \boldsymbol{b}_n := (0, 0, \cdots, 1).$$

对偶基记作

$$\boxed{\mathrm{d}x^1, \cdots, \mathrm{d}x^n,}$$

亦即对于所有 $\alpha_1, \cdots, \alpha_n \in \mathbb{R}$ 有

$$\boxed{\mathrm{d}x^j(\alpha_1 b_1 + \cdots + \alpha_n b_n) = \alpha_j, \quad j = 1, \cdots, n.}$$

在例 5 的所有公式中我们用 $\mathrm{d}x^j$ 代替 b^j. 那么我们把 (2.52) 中的 M 称作 (常系数)q 次微分形式.

这种微分形式在现代分析和几何中起着基本作用 (参看 [212]).

例 6: 在 $\mathbb{R}^2$ 中典范基由 $\boldsymbol{b}_1 := (1, 0)$ 和 $\boldsymbol{b}_2 := (0, 1)$ 组成. 对偶基 $\mathrm{d}x^1, \mathrm{d}x^2$ 按下列法则确定:

$$\mathrm{d}x^1(\alpha b_1 + \beta b_2) := \alpha, \quad \mathrm{d}x^2(\alpha b_1 + \beta b_2) := \beta, \qquad \alpha, \beta \in \mathbb{R}.$$

对于所有 $\boldsymbol{u}, \boldsymbol{v} \in \mathbb{R}^2$, 有

$$(\mathrm{d}x^j \wedge \mathrm{d}x^k)(\boldsymbol{u}, \boldsymbol{v}) = \mathrm{d}x^j(\boldsymbol{u})\mathrm{d}x^k(\boldsymbol{v}) - \mathrm{d}x^j(\boldsymbol{v})\mathrm{d}x^k(\boldsymbol{u})$$

及 $(\mathrm{d}x^j \otimes \mathrm{d}x^k)(\boldsymbol{u}, \boldsymbol{v}) = \mathrm{d}x^j(\boldsymbol{u})\mathrm{d}x^k(\boldsymbol{v})$. 这产生

$$\mathrm{d}x^j \wedge \mathrm{d}x^k = \mathrm{d}x^j \otimes \mathrm{d}x^k - \mathrm{d}x^k \otimes \mathrm{d}x^j.$$

由此推出

$$\mathrm{d}x^1 \wedge \mathrm{d}x^2 = -\mathrm{d}x^2 \wedge \mathrm{d}x^1, \quad \mathrm{d}x^1 \wedge \mathrm{d}x^1 = \mathrm{d}x^2 \wedge \mathrm{d}x^2 = 0.$$

所有具有两个以上因子的 $\wedge$ 乘积均为零.

二维空间 $\mathscr{A}^1(\mathbb{R}^2)$ 由所有线性组合

$$\beta \mathrm{d}x^1 + \gamma \mathrm{d}x^2, \quad \beta, \gamma \in \mathbb{R}$$

组成, 而一维空间 $\mathscr{A}^2(\mathbb{R}^2)$ 由表达式 $\delta(\mathrm{d}x^1 \wedge \mathrm{d}x^2)(\delta \in \mathbb{R})$ 组成. 代数 $\mathscr{A}(\mathbb{R}^2)$ 由所有形如

$$\alpha + \beta \mathrm{d}x^1 + \gamma \mathrm{d}x^2 + \delta(\mathrm{d}x^1 \wedge \mathrm{d}x^2), \quad \alpha, \beta, \gamma, \delta \in \mathbb{R}$$

的式子组成.

2.4.2.2 共变张量和反变张量

张量在微分几何和数学物理中起看基本作用 (参看 [212]).

张量 设 X 是 $\mathbb{K}$ 上的有限维线性空间. 按定义, 集合 $\mathscr{T}_q^p(X)$ 由所有多线性型

$$M: X \times \cdots \times X \times X^* \times \cdots \times X^* \to \mathbb{K}$$

组成, 其中在笛卡儿积中空间 X 出现 q 次, 对偶空间 X^* 出现 p 次. $\mathscr{T}_q^p(X)$ 中的元素称为 X 上的 q 共变、p 反变张量. 还令 $\mathscr{T}_0^0 := \mathbb{K}$.

张量积 对于所有 $M \in \mathscr{T}_q^p(X)$ 及 $N \in \mathscr{T}_s^r(X)$, 并且 $p+q \geqslant 1$, $r+s \geqslant 1$, 定义自然乘积 ("自然" 表明与任何选取无关)

$$\begin{aligned}&(M \otimes N)(u_1, \cdots, u_{q+s}, v_1, \cdots, v_{p+r})\\ :=\ & M(u_1, \cdots, u_q, v_1, \cdots, v_p) N(u_{q+1}, \cdots, u_{q+s}, v_{p+1}, \cdots, v_{p+r})\end{aligned}$$

对所有 $u_j \in X$ 及 $v_k \in X^*$. 这是通常的张量积, 但其中自变量的排列方式是在乘积中首先出现 X 的元素, 然后出现 X^* 的元素. 此外, 还令

$$\alpha \otimes M = M \otimes \alpha = \alpha M, \quad \text{对所有 } \alpha \in \mathbb{K}, M \in \mathscr{T}_q^p(X),$$

其中 $p, q \geqslant 0$. 一般地有

$$\boxed{\text{由 } M \in \mathscr{T}_q^p(X) \text{ 及 } N \in \mathscr{T}_s^r(X), \quad \text{可推出 } M \otimes N \in \mathscr{T}_{q+s}^{p+r}(X).}$$

爱因斯坦求和约定 下文中我们总是假定对相同的上标和下标求和, 且求和将由 1 到 n.

基本表示 设 $b_1, \cdots, b_n$ 是线性空间 X 在 $\mathbb{K}$ 上的基. 每个张量 $M \in \mathscr{T}_q^p(X)(p+q \geqslant 1)$ 可唯一地写成

$$\boxed{M = t_{i_1 \cdots i_q}^{j_1 \cdots j_p} b^{i_1} \otimes \cdots \otimes b^{i_q} \otimes b_{j_1} \otimes \cdots \otimes b_{j_p},} \tag{2.53}$$

其中系数 $t_{\cdots}^{\cdots} \in \mathbb{K}$, 此处 $b^1, \cdots, b^n$ 表示与 $b_1, \cdots, b_n$ 对偶的基. 在 (2.53) 中我们把 b_j 与线性型 $b_j(u^*) := u^*(b_j)$(对所有 $u^* \in X^*$) 等同.

基的变换 对于基变换

$$\boxed{b_{j'} = A_{j'}^j b_j,}$$

有对偶基的变换公式

$$\boxed{b^{k'} = A_k^{k'} b^k,}$$

其中 $A_k^{k'}$ 作为方程组

$$A_k^{k'} A_{k'}^j = \delta_k^j, \quad j, k = 1, \cdots, n$$

的解唯一地确定.

定理 在基变换下张量坐标 $t_{i_1 \cdots i_q}^{j_1 \cdots j_p}$ 与

$$b^{j_1} \otimes \cdots \otimes b^{j_p} \otimes b_{i_1} \otimes \cdots \otimes b_{i_q}$$

以相同的方式变换.

例 1: 设 $M = t_r^s b^r \otimes b_s$. 那么 $M = t_{r'}^{s'} b_{s'} \otimes b^{r'}$, 其中

$$t_{r'}^{s'} = A_{r'}^r a_s^{s'} t_r^s.$$

缩并 在 (2.53) 的 M 中, 令坐标 $t_{\cdots}^{\cdots}$ 中一个上标与一个下标相等 (例如 j), 然后将基向量 b_j 和 b^j 从线性组合中删去, 这样就得到一个新张量, 这个运算与基的选取无关, 并被称为 M 关于指标 j 的缩并.

例 2: 由 $M = t_{jk}^i b^j \otimes b^k \otimes b_i$ 得到 $N = t_{ik}^i b^k$.

共变张量和反变张量的代数 (外) 直和

$$\mathscr{T}(X) := \bigoplus_{p,q=0}^{\infty} \mathscr{T}_q^p(X)$$

关于运算 + 和 $\otimes$ 成为一个代数.

例 3: 由 $M = t_k^j b^k \otimes b_j$ 和 $N = s_k^j b^k \otimes b_j$ 得到

$$M + N = (t_k^j + s_k^j)(b^k \otimes b_j)$$

及

$$M \otimes N = t_k^j s_q^p (b^k \otimes b^q \otimes b_j \otimes b_p).$$

2.4.3 泛积

2.4.3.1 线性空间的张量积

设 X 和 Y 是 $\mathbb{K}$ 上的线性空间. 对每个 $u \in X$, 通过

$$\boxed{u(u^*) := u^*(u), \quad 对所有\ u^* \in X^*} \tag{2.54}$$

使它与 X^* 上的线性型 u^* 相伴. 类似地定义 Y^* 上的线性型 v^*. 用

$$\boxed{u \otimes v}$$

表示这些线性型的 $\otimes$ 积, 亦即有关系式

$$(u \otimes v)(u^*, v^*) = u(u^*)v(v^*), \quad 对所有\ u^* \in X^*,\ v^* \in Y^*.$$

张量积 $\boldsymbol{X \otimes Y}$ 所有有限和

$$u_1 \otimes v_1 + \cdots + u_k \otimes v_k, \tag{2.55}$$

其中 $u_j \in X, v_j \in Y(j, h = 1, \cdots)$ 形成一个 $\mathbb{K}$ 上的线性空间, 称为 X 和 Y 的张量积.

按定义, 两个 (2.55) 形式的和称为恒等, 如果它们作为双线性型有相同的值. 这可以对完全不同的线性组合发生.

基本定理 如果 $u_1, \cdots, u_k$ 在 X 中线性无关, $v_1, \cdots, v_m$ 在 Y 中线性无关, 那么所有乘积

$$u_\alpha \otimes v_\beta, \quad \alpha = 1, \cdots, k, \quad \beta = 1, \cdots, m$$

在 $X \otimes Y$ 中线性无关. 此外, 如果 $u_1, \cdots, u_k$ 是 X 的基, 而 $v_1, \cdots, v_m$ 是 Y 的基, 那么这些乘积形成 $X \otimes Y$ 的基,

张量积 $\boldsymbol{X_1 \otimes X_2 \otimes \cdots \otimes X_r}$ 如果 $X_1, \cdots, X_r$ 是 $\mathbb{K}$ 上的线性空间, 那么 $X_1 \otimes \cdots \otimes X_r$ 表示所有下列形式的项的有限和的集合:

$$u_1 \otimes u_2 \otimes \cdots \otimes u_r,$$

其中 $u_j \in X_j$ 对所有 j. 这个空间称为 $X_j\,(j = 1, \cdots, r)$ 的张量积.

上述对于两个空间的基本定理对于 r 个空间也类似地成立, 并且有

$$\dim(X_1 \otimes X_2 \otimes \ldots \otimes X_r) = \dim X_1 \cdot \dim X_2 \cdot \cdots \cdot \dim X_r.$$

如果右边有一个因子 (亦即某个维数 $\dim\ X_j$) 为零, 则定义右边的积为零.

张量积的泛性质 设 $X_1, \cdots, X_n$ 及 Z 是 $\mathbb{K}$ 上的线性空间. 如果 $M : X_1 \times \cdots \times X_n \to Z$ 是一个 n 线性映射, 那么存在一个线性映射 $L : X_1 \otimes \cdots \otimes X_n \to Z$ 使得

$$\boxed{M(u_1, \cdots, u_n) = L(u_1 \otimes \cdots \otimes u_n)}$$

对所有 $u_j \in X_j, j = 1, \cdots, n$. 这样, 所有的乘积 $u_1 u_2 \cdots u_n := M(u_1, \cdots, u_n)$ 可以归结为张量积[1)].

线性空间的复化 如果 X 是实线性空间, 那么我们称张量积 $X \otimes \mathbb{C}$ (这是一个复线性空间) 为实线性空间的复化. 因为 $u \otimes (\alpha + \beta \mathrm{i}) = (\alpha u) \otimes 1 + (\beta u) \otimes \mathrm{i}$, 所以 $X \otimes \mathbb{C}$ 由所有形如

$$u \otimes 1 + v \otimes i, \quad u, v \in X$$

的表达式组成. 我们有 $u \otimes 1 + v \otimes \mathrm{i} = u' \otimes 1 + v' \otimes \mathrm{i}$ 当且仅当 $u = u'$ 及 $v = v'$. 公式 $\varphi(u) := u \otimes 1$ 给出一个线性单射 $\varphi : X \to X \otimes \mathbb{C}$. 因此 u 可以与 $u \otimes 1$ 等同. 此外, 我们还有 $\dim(X \otimes \mathbb{C}) = \dim X$(注意左边是复向量空间的维数, 而右边是实向量空间的维数).

2.4.3.2 线性空间的张量代数

设 X 是 $\mathbb{K}$ 上的线性空间. 用 $\otimes^p X$ 表示 X 与其自身的 p 重张量积, 即 $X \otimes \cdots \otimes X$. 另外, 还令 $\otimes^0 X := \mathbb{K}$. 外直和

$$\boxed{\otimes(X) := \bigoplus_{p=0}^{\infty} (\otimes^p X)}$$

1) 线性空间的张量积可以等价地通过商空间来刻画 (参看 [212]).

由所有 p 线性型 $M: X \times \cdots \times X \to \mathbb{K}$ 的有限和 $M_0 + M_1 + \cdots$ 组成, 其中 $\otimes$ 乘积在 2.4.2 中已定义. 这样, $\otimes(X)$ 成为一个 $\mathbb{K}$ 上的代数, 称为线性空间 X 的 ($\mathbb{K}$ 上的) 张量代数.

例: 对于 $u, v, w \in X$, 有

$$(2+u)\otimes(3+v\otimes w) = 6 + 3u + 2v\otimes w + u\otimes v\otimes w.$$

2.4.3.3 线性空间的外积(格拉斯曼代数)

外积 设 X 是 $\mathbb{K}$ 上的线性空间. 对于 $u, v \in X$, 用

$$\boxed{u \wedge v}$$

表示在 (2.54) 中的线性型的意义下的 $\wedge$ 乘积, 即

$$(u\wedge v)(u^*, v^*) = u(u^*)v(v^*) - u(v^*)v(u^*)$$

对所有 $u^*, v^* \in X^*$. 这意味着 $u \wedge v = u\otimes v - v \otimes u$.

外积 $X \wedge X$ 所有有限和

$$u_1 \wedge v_1 + \cdots + u_k \wedge v_k, \quad u_j, v_j \in X \text{ (对所有 } j, k = 1, \cdots)$$

的集合形成一个 $\mathbb{K}$ 上的线性空间, 称为 X 与其自身的外积.

$X \wedge X$ 是 $X \otimes X$ 的子空间, 它恰好由 $X \otimes X$ 中的反称双线性型 $M: X \times X \to \mathbb{K}$ 组成.

基本定理 如果 $u_1, \cdots, u_k$ 在 X 中线性无关, 那么所有乘积

$$u_i \wedge u_j, \tag{2.56}$$

其中 $i < j$ 且 $i, j = 1, \cdots, k$ 是线性无关的. 如果 $u_1, \cdots, u_k$ 还形成 X 的基, 那么 (2.56) 中的乘积也形成 $X \wedge X$ 的基.

外积$\wedge^p X$ 设 $p = 2, 3, \cdots$, 所有形如

$$u_{j_1} \wedge u_{j_2} \wedge \cdots \wedge u_{j_p} \tag{2.57}$$

的乘积的有限和的集合形成一个 $\mathbb{K}$ 上的线性空间, 称为外积 $\wedge^p X$.

我们还令 $\wedge^0 X := \mathbb{K}$ 及 $\wedge^1 X := X$.

基本定理 如果 $u_1, \cdots, u_k$ 在 X 中线性无关, 那么所有形如 (2.57) 并且满足条件 $j_1 < j_2 < \cdots < j_p$ 及 $j_1, \cdots, j_p = 1, \cdots, k$ 的乘积是线性无关的. 如果 $u_1, \cdots, u_k$ 形成 X 的基, 那么上述乘积也形成 $\wedge^p X$ 的基.

相关性判别法 如果 $u_1 \wedge \cdots \wedge u_n = 0$, 那么 X 中的元素 $u_1, \cdots, u_n$ 线性无关.

外积的泛性 如果 X 和 Z 是 $\mathbb{K}$ 上的线性空间, 而 $M: X \times \cdots \times X \to Z$ 是反称 p 线性型, 那么存在线性映射 $L: \wedge^p X \to Z$ 适合

$$\boxed{M(u_1, \cdots, u_p) = L(u_1 \wedge \cdots \wedge u_p), \quad \text{对所有 } u_j \in X.}$$

外代数 外直和

$$\boxed{\wedge(X) := \bigoplus_{p=0}^{\infty}(\wedge^p X)}$$

由所有反称 p 线性型 $M_p: X\times\cdots\times X\to\mathbb{K}$ 的有限和 $M_0+M_1+\cdots$ 组成 (其中 $\wedge$ 乘积在 2.4.2 定义). 这样, $\wedge(X)$ 成为一个 $\mathbb{K}$ 上的代数, 称为空间 X 的外代数.

如果 X 是有限维的, 并且 $\dim X = n$, 那么

$$\dim\wedge^p X = \binom{n}{p},\quad \dim\wedge(X) = 2^n.$$

例: 对于 $u, v, w\in X$, 有

$$(2+u)\wedge(3+v\wedge w) = 6+3u+2v\wedge w+u\wedge v\wedge w.$$

2.4.3.4 线性空间的内代数 (克利福德代数)

设 X 是 $\mathbb{K}$ 上的 n 维线性空间, $B: X\times X\to\mathbb{K}$ 是 X 上的双线性型. 我们的目的是引进所谓 X 上的内乘法$u\vee w$, 它具有性质

$$\boxed{u\vee w+w\vee u = 2B(u,w),}\tag{2.58}$$

对所有 $u, w\in X$. 此外还有

$$\alpha\vee u = u\vee\alpha = \alpha u,\tag{2.59}$$

对所有 $\alpha\in\mathbb{K}$ 及 $u\in X$.

为了描述基本粒子的自旋, 克利福德代数在现代物理中起着中心的作用 (参看 3.9.6).

存在定理 存在一个 $\mathbb{K}$ 上的代数 $\mathscr{C}(X)$, 其乘法用 $\vee$ 表示, 满足下列条件:

(i) $\mathscr{C}(X)$ 含有 $\mathbb{K}$ 和 X, 并且 (2.58) 和 (2.59) 成立.

(ii) 如果 $b_1,\cdots,b_n$ 是基, 那么有序乘积

$$1, b_1,\cdots,b_n,\quad b_{i_1}\vee b_{i_2}\vee\cdots\vee b_{i_r},\quad r=2,\cdots,n,\tag{2.60}$$

其中 $i_1<i_2<\cdots<i_r$ 且 $i_k=1,\cdots,n$(对所有 k), 形成 $\mathscr{C}(X)$ 的基.

由 (ii) 可见 $\mathscr{C}(X)$ 中的每个元素可写成 (2.60) 中的元素的线性组合, 且其系数在 $\mathbb{K}$ 中唯一确定. 这些元素的个数是 2^n. 因此我们有

$$\boxed{\dim\mathscr{C}(X) = 2^n.}$$

唯一性定理 除同构外, 代数 $\mathscr{C}(X)$ 由条件 (i) 和 (ii) 唯一确定. 称 $\mathscr{C}(X)$ 为 X 的关于双线性型 $B(.,.)$ 的克利福德代数.

克利福德代数的泛性质 设 $\mathscr{A}$ 和 $\mathbb{K}$ 上的代数, 其乘法用 $\vee$ 表示, 并且 $\mathbb{K}$ 和 X 含在 $\mathscr{A}$ 中, 乘法法则 (2.58) 和 (2.59) 成立, 那么存在一个由 $\mathscr{C}(X)$ 到 $\mathscr{A}$ 的代数同态.

例 1 (四元数): 设 $\boldsymbol{b}_1, \boldsymbol{b}_2$ 是 $\mathbb{R}^2$ 的基. 那么克利福德代数 $\mathscr{C}(\mathbb{R}^2)$ 由所有形如

$$\alpha + \beta \boldsymbol{b}_1 + \gamma \boldsymbol{b}_2 + \delta \boldsymbol{b}_1 \vee \boldsymbol{b}_2, \quad \alpha, \beta, \gamma, \delta \in \mathbb{R}$$

的表达式组成. 乘法表由法则

$$\boldsymbol{b}_j \vee \boldsymbol{b}_k + \boldsymbol{b}_k \vee \boldsymbol{b}_j = 2B(\boldsymbol{b}_j, \boldsymbol{b}_k), \quad j, k = 1, 2$$

给出. 和由自然方式形成.

在特殊情形 $B(\boldsymbol{b}_j, \boldsymbol{b}_k) = -\delta_{jk}$, 我们有

$$\boldsymbol{b}_j \vee \boldsymbol{b}_k + \boldsymbol{b}_k \vee \boldsymbol{b}_j = -2\delta_{jk}, \quad j, k = 1, 2.$$

此时, 代数 $\mathscr{C}(\mathbb{R}^2)$ 同构于四元数空间 $\mathbb{H}$. 按经典方式, 四元数 (R. 哈密顿声称是他的发现) 由元素

$$\alpha + \beta \boldsymbol{i} + \gamma \boldsymbol{j} + \delta \boldsymbol{k}, \quad \alpha, \beta, \gamma, \delta \in \mathbb{R}$$

给出, 而且有乘法表

$$\boldsymbol{i}^2 = \boldsymbol{j}^2 = \boldsymbol{k}^2 = -1,$$
$$\boldsymbol{ij} = -\boldsymbol{ji} = \boldsymbol{k}, \quad \boldsymbol{jk} = -\boldsymbol{kj} = \boldsymbol{i}, \quad \boldsymbol{ki} = -\boldsymbol{ik} = \boldsymbol{j}.$$

由映射 $\boldsymbol{b}_1 \mapsto \boldsymbol{i}, \boldsymbol{b}_2 \mapsto \boldsymbol{j}, \boldsymbol{b}_1 \vee \boldsymbol{b}_2 \mapsto \boldsymbol{k}$ 可得到 $\mathscr{C}(\mathbb{R}^2)$ 到 $\mathbb{H}$ 的同构.

例 2(格拉斯曼代数): 设 $b_1, \cdots, b_n$ 是 $\mathbb{K}$ 上的线性空间 X 的基. 如果我们取 $B \equiv 0$(亦即 $B(b_j, b_k) = 0$ 对所有 j, k), 那么在克利福德代数 $\mathscr{C}(X)$ 中我们有乘法法则

$$b_j \vee b_k + b_k \vee b_j = 0, \quad \text{对所有 } j, k = 1, \cdots, n.$$

$\mathscr{C}(X)$ 同构于格拉斯曼代数 $\wedge(X)$, 因此干脆用 $\wedge$ 代替 $\vee$ 乘积符号.

例 3(狄拉克旋量代数): 设 $b_1, \cdots, b_4$ 是复线性空间 X 的基. 取闵可夫斯基度量

$$g_{jk} = \begin{cases} 1, & \text{当 } j = k = 1, 2, 3, \\ -1, & \text{当 } j = k = 4, \\ 0, & \text{当 } j \neq k, \end{cases}$$

并令 $B(b_j, b_k) := g_{jk}$. 那么在对应的克利福德代数 $\mathscr{C}(X)$ 中有乘法法则

$$b_j \vee b_k + b_k \vee b_j = 2g_{jk}, \quad j, k = 1, 2, 3, 4.$$

$\mathscr{C}(X)$ 同构于 4×4 复矩阵的代数 $M(4, 4)$. 这个同构由映射 $b_j \mapsto \gamma_j$ 给出, 其中 $\vee$ 乘积用矩阵乘积代替. 特别地, 有

$$\gamma_j \gamma_k + \gamma_k \gamma_j = 2g_{jk}, \quad j, k = 1, 2, 3, 4.$$

以及泡利矩阵

$$\boldsymbol{\sigma}_1 = \begin{pmatrix} 0 & 1 \\ 1 & 0 \end{pmatrix}, \quad \boldsymbol{\sigma}_2 = \begin{pmatrix} 0 & -\mathrm{i} \\ \mathrm{i} & 0 \end{pmatrix}, \quad \boldsymbol{\sigma}_3 = \begin{pmatrix} 1 & 0 \\ 0 & -1 \end{pmatrix}, \quad \boldsymbol{\sigma}_4 = \boldsymbol{I} = \begin{pmatrix} 1 & 0 \\ 0 & 1 \end{pmatrix}$$

和狄拉克矩阵

$$\gamma_j = \mathrm{i}\begin{pmatrix} 0 & -\sigma_j \\ \sigma_j & 0 \end{pmatrix}, \quad j = 1,2,3, \qquad \gamma_4 = \mathrm{i}\begin{pmatrix} 0 & \sigma_4 \\ \sigma_4 & 0 \end{pmatrix}.$$

这些矩阵在相对论电子学的狄拉克方程的论述中起看基本作用. 从狄拉克方程, 作为解的性质得到电子的自旋 (参看 3.9.6).

2.4.4 李代数

定义 $\mathbb{K}$ 上的李代数是一个 $\mathbb{K}$ 上的线性空间, 对于每个 $\mathscr{L}$ 中的元素的有序对 (A,B) 存在 $\mathscr{L}$ 中的一个元素, 将它记作 $[A,B]$, 并称为 A 和 B 的方括号, 具有下列性质: 对所有 $A,B,C\in\mathscr{L}$ 及 $\alpha,\beta\in\mathbb{K}$ 有

(i) $[\alpha A+\beta B,C]=\alpha[A,C]+\beta[B,C]$(线性性),

(ii) $[A,B]=-[B,A]$(反称性),

(iii) $[A,[B,C]]+[B,[C,A]]+[C,[A,B]]=0$(雅可比恒等式).

雅可比恒等式 (iii) 是对于李积 $[A,B]$ 所缺少的结合律的一个替代物.

例 1: 如果 $\mathrm{gl}(x)$ 表示 $\mathbb{K}$ 上的线性空间 X 上的所有线性算子 $A:X\to X$ 的集合, 那么通过定义乘积为

$$[A,B]:=AB-BA. \tag{L}$$

可使 $\mathrm{gl}(X)$ 成为一个 $\mathbb{K}$ 上的李代数.

例 2: 所有 $(n\times n)$ 实矩阵的集合 $\mathrm{gl}(n,\mathbb{R})$ 对于 (L) 是 $\mathbb{K}$ 上的实李代数.

维拉索罗代数 设 $C^\infty(S^1)$ 表示单位圆 $S^1:=\{z\in\mathbb{C}:|z|=1\}$ 上的所有在原点附近正则的函数 $f:S^1\to\mathbb{C}$ 的线性空间[1], 令

$$L_n(f):=-z^{n+1}\frac{\mathrm{d}f}{\mathrm{d}z}, \quad n=0,\pm1,\pm2,\cdots.$$

如果 W 表示所有 L_n 的复线性包, 那么关于方括号

$$[L_n,L_m]=(n-m)L_{n+m}, \quad n,m=0,\pm1,\pm2,\cdots,$$

W 是一个无穷维复李代数. 我们有 $[L_n,L_m]=L_nL_m-L_mL_n$, 我们取一个 1 维复线性空间 $Y:=\mathrm{span}\{Q\}$. 那么关于乘积

$$\boxed{\begin{aligned}&[L_n,L_m]=(n-m)L_{n+m}+\delta_{n,-m}\frac{n^3-n}{12}Q, \quad n,m=0,\pm1,\cdots,\\&[L_n,Q]=0,\end{aligned}} \tag{Vir}$$

1) 线性结构是自然结构: 两个这种函数的和是以两者之和为其值的函数, 亦即 $(f+g)(z)=f(z)+g(z)$, 类似地定义标量乘法. 易验证为使 $C^\infty(S^1)$ 成为线性空间所必需的所有性质.

外直和 Vir:= $W \oplus Y$ 成为一个无穷维复李代数, 它称为维拉索罗代数; 这是 W 的一个中心扩张[1].

维拉索罗代数在现代弦理论和保形理论中起着极其重要的作用.

海森伯代数　设 X 是一个复线性空间, 并且是线性无关元素 $b, a_0, a_{\pm1}, a_{\pm2}, \cdots$ 的线性包. 那么借助于方括号.

$$[a_n, a_m] = mS_{n,-m}a_0, \quad [b, a_n] = 0, \quad n, m = 0, \pm1, \pm2, \cdots,$$

X 成为一个无穷维复李代数.

一些重要的李代数及其对几何和现代高能物理的应用包含在 [212] 中.

2.4.5　超代数

超代数是一个代数 $\mathscr{A}$, 它有分解式 $\mathscr{A} = \mathscr{A}_0 \oplus \mathscr{A}_1$, 使得 $\mathscr{A}$ 中的乘积被分次处理, 亦即

(a) 由 $u, v \in \mathscr{A}_0$ 可推出 $uv \in \mathscr{A}_0$.

(b) 由 $u, v \in \mathscr{A}_1$ 可推出 $uv \in \mathscr{A}_1$.

(c) 由 $u \in \mathscr{A}_0, v \in \mathscr{A}_1$ 或 $u \in \mathscr{A}_1, v \in \mathscr{A}_0$ 可推出 $uv \in \mathscr{A}_1$.

超代数称为超交换的, 如果

$$\boxed{uv = (-1)^{jk}vu, \quad \text{对所有 } u \in \mathscr{A}_j, v \in \mathscr{A}_k, j, k = 0, 1.}$$

超交换代数在基本粒子的现代超对称理论中起着重要作用. $\mathscr{A}_0$ 中的交换元素对应于玻色子(具有整自旋的粒子, 例如光子), 而 $\mathscr{A}_1$ 中的反交换元素对应于费米子 (具有半整自旋的粒子, 如电子).

例:　由分次

$$\wedge(X) = \bigoplus_{p=0}^{\infty} \wedge^{2p}(X) \bigoplus \left(\bigoplus_{p=0}^{\infty} \wedge^{2p+1}(X) \right)$$

可使格拉斯曼代数成为超交换的超代数.

2.5　代 数 结 构

实数可以相加和相乘. 但这些运算对于许多其他数学对象也是可以进行的. 这导致群、环及域的概念, 它们产生于 19 世纪解代数方程及解决数论和几何学问题的过程中.

---

1) 这个抽象概念是代数理论的一个标准概念; 在本例情形, 它恰好是由 (Vir) 中包含 Q 的表达式定义的.

2.5.1 群

群是一个集合, 在其中可以求出 (集合中两个元素 g, h 的) 乘积 gh. 人们应用群以数学方式刻画对称性几何现象.

定义 群 G 是一个集合, 对于 G 中元素的任何有序对 (g, h), 在其中均存在一个乘积 gh(也称为群运算) 使得下列性质成立:

(i) $g(hk) = (gh)k$, 对所有 $g, \hbar, k \in G$(结合律).

(ii) 恰好存在一个元素 e, 使对所有 $g \in G$ 满足关系式 $eg = ge = g$(中性元素).

(iii) 对于每个 $g \in G$ 恰好存在一个元素 $\hbar \in G$ 适合 $gh = hg = e$. 代替 $\hbar$ 我们将它写成 g^{-1}(逆元素).

群 G 称为交换群(或阿贝尔群), 如果对所有 $g, \hbar \in G$ 满足交换律$gh = hg$.

例 1 (数群): 所有非零实数的集合关于乘法形成一个交换群, 称为实数乘法群.

例 2 (矩阵群): 所有行列式不为零的 $(n \times n)$ 实矩律 $\boldsymbol{A}$ 的集合 $GL(n, \mathbb{R})$以通常的矩阵乘法 $\boldsymbol{AB}$ 作为群运算, 形成一个群; 当 $n \geqslant 2$ 时这个群是非交换的. 这个群的中性元素是单位矩阵 $\boldsymbol{E}$. 这个群称为 ($\mathbb{R}$ 上的) 一般线性群, 并因此采用上述记号.

对称性 (旋转群) 三维空间中所有绕固定点 O 的旋转组成的集合 $\mathscr{D}$ 形成一个非交换群, 它称为三维旋转群. 群运算通过两个旋转的合成给出 (见下文). 中性元素是一个变换, 它以显然的方式作用于所有的点. 一个旋转的逆元素是反向旋转.

中心在 O 的球 B 的直观对称群可以以群论的方式刻画为 $\mathscr{D}$ 的将 B 映射为自身的元素的集合.

变换群 如果 X 是一个非空集合, 那么所有双射 $g: X \to X$ 的集合形成一个群 $G(X)$. 群运算对应于映射的合成, 亦即对于 $g, h \in G(X)$ 及所有 $x \in X$,

$$\boxed{(gh)(x) := g(h(x)).}$$

中性元素对应于恒等映射 $\mathrm{id}: X \to X$, 其中 $\mathrm{id}(x) = x$, 对所有 $x \in X$. 另外, g 的逆元素 g^{-1} 是逆映射 (见 4.3.3), 因为 g 是双射, 所以它存在.

置换群 设 $X = \{1, \cdots, n\}$. 所有双射 $\pi: X \to X$ 的集合称为对称群并记为 $\mathscr{S}_n$. 我们还将 $\mathscr{S}_n$ 称为 n 个字母的置换群. 每个元素 $\pi \in \mathscr{S}_n$ 可用符号

$$\pi = \begin{pmatrix} 1 & 2 & \cdots & n \\ i_1 & i_2 & \cdots & i_n \end{pmatrix}$$

表示, 它告诉我们在 π 作用下元素 k 被映射为 i_k, 亦即 $\pi(k) = i_k$ 对所有 k. 两个置换的乘积 $\pi_2\pi_1$ 对应于两个置换的合成, 亦即首先是 π_1 然后是 π_2 应用于 X. 中性元素 e 及 π 的逆元素 π^{-1} 由下式给出:

$$e = \begin{pmatrix} 1 & 2 & \cdots & n \\ 1 & 2 & \cdots & n \end{pmatrix} \text{及}\ \pi^{-1} = \begin{pmatrix} i_1 & i_2 & \cdots & i_n \\ 1 & 2 & \cdots & n \end{pmatrix}.$$

$\mathscr{S}_n$ 中的元素个数[1] 是 $n!$. 在 $n=3$ 的特殊情形, 作为例子, 对于两个元素

$$\pi_2=\begin{pmatrix}1&2&3\\1&3&2\end{pmatrix},\quad \pi_1=\begin{pmatrix}1&2&3\\3&2&1\end{pmatrix},$$

我们得到其乘积

$$\pi_2\pi_1=\begin{pmatrix}1&2&3\\2&3&1\end{pmatrix},$$

这是因为 π_1 将 1 映为 3, 而 π_2 将 3 映为 2, 亦即 $(\pi_2\pi_1)(1)=\pi_2(\pi_1(1))=\pi_2(3)=2$. 当 $n\geqslant 2$ 时 $\mathscr{S}_n$ 不是交换群.

对换 对换 (km)(此处 $k\neq m$) 是一个置换, 它将 k 映射为 m, 并将 m 映射为 k, 而 X 中其他元素不变. 每个置换 π 可以 (用多于一种方法!) 写成 r 个置换的乘积, 其中 r 不是偶数就是奇数 (亦即与乘积合成的特殊选取无关). 因此我们可以用法则

$$\mathrm{sgn}:=(-1)^r$$

定义 π 的符号. 对于 $\pi_1,\pi_2\in\mathscr{S}_n$ 我们有

$$\boxed{\mathrm{sgn}(\pi_1\pi_2)=\mathrm{sgn}\pi_1\ \mathrm{sgn}\pi_2.}\tag{2.61}$$

在 2.5.1.2 的意义下, 这表明映射 $\pi\mapsto\mathrm{sgn}\pi$ 是置换群 $\mathscr{S}_n$ 到实数的乘法群的一个同态.

若 $\mathrm{sgn}\pi=1$(或 $\mathrm{sgn}\pi=-1$), 那么置换 π 是偶置换(或奇置换). 每个对换都是奇的.

循环 设 (abc) 表示一个置换, 它将 a 映射为 b,b 映射为 c,c 映射为 a, 而 X 中的其余元素不变. 我们说这个元素循环置换集合 $\{a,b,c\}$. 可类似地定义循环 $(z_1z_2\cdots z_n)$. 每个置换可以唯一地 (除了顺序外) 写成循环的乘积. 例如, 对于 $\mathscr{S}_3$ 的 $3!=6$ 个元素, 可以作为下列循环而得到:

$$(1),(12),(13),(23),(123),(132).$$

2.5.1.1 子群

定义 群 G 的子集 $H\subset G$ 称为子群, 如果 H 对于由 G 中的乘法在 H 上诱导而得的乘法成为一个群. 这等价于条件: 对于所有 $g,h\in H$ 有 $gh^{-1}\in H$(运算的闭合性).

正规子群 群 G 的正规子群 H 是 G 的具有下列附加性质的子群.

$$\boxed{ghg^{-1}\in H\ \text{对所有}\ g\in G, h\in H.}$$

群 G 自身以及平凡子群$\{e\}$ 总是正规子群, 它们称为平凡正规子群.

1) 对于有限群 G, 群中元素个数称为群的阶且记为 ord G.

交换群的每个群都是正规的 (因为 $ghg^{-1} = gg^{-1}h = h \in H$).

单群 群 G 称为单群, 如果它仅有平凡正规子群.

例 1: 所有正实数形成所有非零实数的乘法群的子群 (实际是正规子群).

拉格朗日阶定理 有限群的每个子群的阶 (阶的定义见上页的页底注) 是群的阶的因子.

例 2 (置换): $\mathscr{S}_n$ 的偶置换的集合形成一个正规子群, $\mathscr{A}_n$; 称为 n 个字母的交错群. 对于 $n \geqslant 2$ 有

$$\text{ord}\mathscr{A}_n = \frac{1}{2}\text{ord}\mathscr{S}_n = \frac{n!}{2}.$$

(i) 群 $\mathscr{S}_2$ 由元素 (1), (12) 组成, 并且仅有平凡正规子群 $\mathscr{A}_2 = (1)$ 及其自身.

(ii) $\mathscr{S}_3$ 的六个子群是

$$\mathscr{S}_3 : (1), (12), (13), (23), (123), (132); \mathscr{E} : (1);$$

$$\mathscr{A}_3 : (1), (123), (132); \mathscr{S}_2 : (1), (12);$$

$$\mathscr{S}_2' : (1), (13); \mathscr{S}_2'' : (1), (23).$$

其中 $\mathscr{A}_3$ 是 $\mathscr{S}_3$ 仅有的非平凡正规子群.

(iii) $\mathscr{S}_4$ 有 $\mathscr{A}_4$ 及克莱因交换四元群

$$\mathscr{K}_4 : (1), (12)(34), (13)(24), (14)(23)$$

作为其正规子群.

(iv) 对于 $n \geqslant 5$, $\mathscr{A}_n$ 是 $\mathscr{S}_n$ 的仅有的非平凡正规子群, 而群 $\mathscr{A}_n$ 是单群.

加法群 加法群是一个集合 G, 具有一个运算使对每个 G 的元素的有序对 (g, h) 存在一个和 $g + h \in G$, 满足下列条件:

(i) $g + (h + k) = (g + h) + h$ 对所有 $g, h, k \in G$(结合律).

(ii) 恰好存在一个元素, 记作 0 使对所有 $g \in G$ 有 $0 + g = g + 0 = g$(中性元素).

(iii) 对每个 $g \in G$ 恰好存在一个元素 $h \in G$ 适合 $h + g = g + h = 0$. 代替 h 将这个元素写为 $-g$(递元素).

(iv) $g + h = h + g$ 对所有 $g, h \in G$(交换律).

因此加法群与群运算写作 $+$, 而中性元素写成 0 的交换群没有任何差别.

例 3: 所有实数的集合 $\mathbb{R}$ 关于通常的加法是一个加法群. 整数集合 $\mathbb{Z}$ 是 $\mathbb{R}$ 的加法子群.

例 4: 每个线性空间是一个加法群.

2.5.1.2 群同态

定义 两个群 G 和 H 间的同态[1] 是一个映射 $\varphi : G \to H$, 它们考虑到两个群中的群运算, 亦即

1) 用范畴论 (参看 [212]) 的语言, 这是群范畴中的态射.

$$\boxed{\varphi(gh) = \varphi(g)\varphi(h) \quad \text{对所有 } g,h \in G.}$$

双射同态称为群同构.

两个群是同构的, 如果存在同构 $\varphi: G \to H$. 同构的群具有相同的结构, 因而可将它们等同[1].

满射(或单射) 同态也称为满同态 (或单同态).

群 G 的自同构是 G 到自身的同构.

例 1: 群 $G := \{1, -1\}$ 同构于群 $H := \{E, -E\}$, 其中

$$E := \begin{pmatrix} 1 & 0 \\ 0 & 1 \end{pmatrix}.$$

同构 $\varphi: G \to H$ 由 $\varphi(\pm 1) := \pm E$ 给出.

群对称性 群 G 的所有自同构关于映射的合成形成一个新群, 称为 G 的自同构群, 记作 $\mathrm{Aut}(G)$. 这个群刻画了群 G 的对称性.

内自同构 设 g 是群 G 的一个固定元素, 我们令

$$\varphi_g(h) := ghg^{-1} \quad \text{对所有 } h \in G.$$

那么 $\varphi_g: G \to G$ 是 G 的自同构. 所有这种自同构的集合称为 G 的内自同构集.

G 的内自同构形成 $\mathrm{Aut}(G)$ 的一个子群. G 的子群 H 是正规的, 当且仅当它是一个把所有内自同构映为自身的映射. 这正是定义的一个重新叙述.

商群 设 N 是群 G 的一个正规子群. 对于 $g, h \in G$, 我们记

$$g \sim h,$$

当且仅当 $gh^{-1} \in N$. 这是群 G 上的一个等价关系 (见 4.3.5.1). 等价类记作 $[g]$, 并定义运算

$$\boxed{[g][f] := [gf],}$$

这个等价类集合具备群的结构[2], 称为 G 的模 N 的商群, 并记为 G/N. 在加法群的情形, 我们记 $g \sim h$, 当且仅当 $g - h \in N$. 此时在 G/N 上的群运算由 $[g] + [h] := [g+h]$ 给出.

例 2: 设 G 是实数的乘法群, 并令 $N = \{x \in \mathbb{R} | x > 0\}$. 那么我们有 $g \sim h$, 当且仅当 g 与 h 有相同的符号. 因此 G/N 对于每个符号有一个元素, 即 $[1]$ 和 $[-1]$; 乘法表是 $[1][-1] = [-1]$, 等等. 这表明 G/N 与群 $\{1, -1\}$ 同构.

如果 N 是群 G 的正规子群, 那么有

$$\boxed{\mathrm{ord}(G/N) = \frac{\mathrm{ord}\, G}{\mathrm{ord}\, N}.}$$

1) 用范畴论的语言, 同构的群是群范畴中的等价对象.

2) 易见 $[g][f]$ 的定义与等价类 $[g]$ 和 $[f]$ 的代表元的选取无关.

商群的重要性实际上在于它刻画了所有满态射象[1] (在同构意义下), 这正如下面结果中所见到的.

群同态的结构定理 (i) 如果 $\varphi : G \to H$ 是群的满态射, 那么它的核(定义为 $\ker\varphi := \varphi^{-1}(e)$) 是 G 的正规子群, 并且有同构

$$\boxed{H \cong G/\ker \varphi.}$$

ii) 反之, 如果 N 是 G 的一个正规子群, 那么由

$$\varphi(g) := [g]$$

定义的映射是一个满态射 $\varphi : G \to G/N$, 且 $\ker\varphi = N$.

特别, G 是单群, 当且仅当 G 的每个满态射象同构于 G 或 $\{e\}$, 换言之, 亦即 G 仅有平凡的满态射象.

例 3: 设 $\mathbb{Z}$ 是整数加法群. 群 H 是 $\mathbb{Z}$ 的一个满态射象, 当且仅当这个群是循环群 (参看 2.5.1.3).

群的第一同构律 设 N 是群 G 的正规子群, 而 H 是 G 的子群, 那么 $N \cap H$ 是 G 的正规子群, 并且有同构

$$\boxed{HN/N \cong H/(H \cap N),}$$

其中我们令 $HN := \{hg | h \in H, g \in N\}$.

群的第二同构律 设 N 和 H 是 G 的正规子群, 且 $N \subseteq H \subseteq G$. 那么 H/N 是 G/N 的正规子群, 并且有同构

$$\boxed{G/H \cong (G/N)/(H/N).}$$

2.5.1.3 循环群

群 G 称为循环群, 如果每个元素 $g \in G$ 可以写成[2]

$$\boxed{g = a^n, \quad n = 0, \pm 1, \cdots .}$$

元素 a 称为 G 的生成元或生成子.

(i) 如果 $a^n \neq e$(对所有自然数 $n \geqslant 1$). 那么 G 含有无穷多个元素.

(ii) 如果 $a^n = e$(对某个自然数 $n \geqslant 1$), 那么 G 含有有限个元素.

对每个自然数 $m \geqslant 1$, 存在 m 阶的循环群.

两个循环群同构, 当日仅当它们有相同个数 (有限或无限) 的元素. 同构由 $a^n \mapsto b^n$ 给出, 其中 a 和 b 表示相应的生成元.

定理 (a) 每个循环群都是交换群.

(b) 每个素数阶有限群[3] 是循环群.

---

1) 满态射象是 G 在某个满态射下的象.

2) 令 $a^0 := e, a^{-2} = (a^{-1})^2$, 等等.

3) 这意味群的阶数是素数.

(c) 两个相同素数阶的有限群是循环群, 并且互相同构.

例 1: 2 阶循环群由元素 e 和 a 组成, 其中

$$\boxed{a^2 = e,}$$

于是有 $a^{-1} = a$. 3 阶循环群由元素 e, a, a^2 组成, 其中 $a^3 = e$. 由此推出 $a^{-1} = a^2$ 及 $a^{-2} = a$.

例 2: 整数加法群 $\mathbb{Z}$ 是一个无限加法循环群, 它由元素 1 生成. 任何无限循环群同构于 $\mathbb{Z}$.

例 3: 阶 $m \geqslant 2$ 的加法循环群可用符号 $0, a, 2a, \cdots, (m-1)a$ 表出; 在此群中我们一般地用自然方式计算, 并要注意1)

$$\boxed{ma = 0.}$$

加法群的主定理 设 G 是具有有限多个生成元 $a_1, \cdots, a_s \in G$ 的加法群, 亦即每个元素 $g \in G$ 可以写成有整系数 m_j 的线性组合 $m_1a_1 + \cdots + m_sa_s$. 那么 G 是 (有限个) 加法循环群 G_j 的直和2)

$$\boxed{G = G_1 \oplus G_2 \oplus \cdots \oplus G_r \oplus G_r \oplus G_{r+1} \oplus \cdots \oplus G_{r+s}.}$$

并且我们还有

(i) $G_1, \cdots, G_r$ 同构于 $\mathbb{Z}$.

(ii) $G_{r+1}, \cdots, G_{r+s}$ 是有限阶 $\tau_{r+1}, \cdots, \tau_{r+s}$ 的循环群, 其中 τ_j 整除 τ_{j+1}(对所有 j). 我们称 r 为循环群 G 的秩, 而 $\tau_{r+1}, \cdots, \tau_{r+s}$ 为 G 的挠系数.

两个加法群同构, 当且仅当它们有相同的秩和相同的挠系数.

在经典组合拓扑学中, 这种群 G 作为贝蒂群 (同调群) 出现. 此时秩 r 也称 G 的贝蒂数.

2.5.1.4 可解群

可解群 群 G 称为可解群, 当且仅当存在 G 的子群 G_j(其中 $G_0 = \{e\}$) 的序列

$$G_0 \subseteq G_1 \subseteq \cdots \subseteq G_{n-1} \subseteq G_n := G,$$

并且其中对每个 j,

$$\boxed{G_j \text{ 是 } G_{j+1} \text{ 的正规子群, 且 } G_{j+1}/G_j \text{ 是交换的.}}$$

例 1: 每个交换群是可解群.

例 2 (置换群):

(i) 由例 1, 交换群 $\mathscr{S}_2$ 是可解群.

1) 这个群同构于高斯剩余类群 $\mathbb{Z}/m\mathbb{Z}$ (参看 2.5.2).

2) 这表示每个元素 $g \in G$ 有唯一的分解式 $g = g, + \cdots + g_{r+s, g_j \in G_j}$ (对所有 j).

(ii) 群 $\mathscr{S}_3$ 是可解群. 取 $\{e\} \subseteq \mathscr{A}_3 \subseteq \mathscr{S}_3$ 作为子群序列.

(iii) 群 $\mathscr{S}_4$ 是可解群, 取 $\{e\} \subseteq \mathscr{K}_4 \subseteq \mathscr{A}_4 \subseteq \mathscr{S}_4$ 作为子群序列.

注意: $\operatorname{ord}(\mathscr{A}_3) = 3, \operatorname{ord}(\mathscr{S}_j/\mathscr{A}_j) = 2$ 及 $\operatorname{ord}(\mathscr{A}/\mathscr{K}_4) = 3$. 这些数是素数. 因此由前节定理可知这些群都是循环群因而是交换群.

(iv) 当 $n \geqslant 5$ 时, 群 $\mathscr{S}_n$ 不是可解群. 这是因 $\mathscr{A}_5$ 是单群而引起.

由伽罗瓦理论, 这些结论是次数 $\geqslant 5$ 的代数方程不可用根式解出这个事实的依据 (见 2.6.5).

2.5.2 环

在环中定义了两个元素的和 $a+b$ 与积 ab. 环中有整除性理论 (见 2.7.11)

定义 集合 R 称为环, 如果 R 是加法群, 并且对于每个有序对 (a,b)(其中 $a, b \in R$) 存在一个元素 $ab \in R$ 使对于所有 $a, b, c \in R$ 有

(i) $a(bc) = (ab)c$[1] (结合律).

(ii) $a(b+c) = ab + ac,\ (b+c)a = ba + ca$(分配律). 另外, 如果对所有 $a, b \in R$ 有 $ab = ba$, 那么环 R 是交换的.

如果环 R 中有一个元素 e 使得 $ae = ea = a$ 对所有 $a \in R$, 那么由这个性质, 元素 e 是唯一确定的, 并被称为单位元, 而 R 称为有单位元的环.

环 R 的零因子是一个元素 $a \neq 0$, 使对某个元素 $b \neq 0$ 有 $ab = 0$.

整环 有单位元且没有零因子的交换环称为整环.

例 1: 所有整数的集合 $\mathbb{Z}$ 是一个整环 (因而得此命名).

例 2: 所有 $n \times n$ 实矩阵形成一个环, 单位矩阵 $\boldsymbol{E}$ 为其单位元. 对于 $n \geqslant 2$ 这个环不是交换的, 并且有零因子. 例如, 对于 $n = 2$, 乘积

$$\begin{pmatrix} 0 & 1 \\ 0 & 0 \end{pmatrix}\begin{pmatrix} 1 & 0 \\ 0 & 0 \end{pmatrix} = \begin{pmatrix} 0 & 0 \\ 0 & 0 \end{pmatrix}$$

产生零元, 虽然两个因子都不为零.

子环 环 R 的子集 U 称为 R 的子环, 如果 U 本身 (关于由 R 的运算在其上诱导而得的运算) 是一个环, 这就是说要求 $a - b \in U$ 及 $ab \in U$ 对所有 $a, b \in U$.

理想 环 R 的子集 J 称为理想, 如果 J 是子环, 并且具有下列附加性质:

$$\boxed{\text{由 } r \in R \text{ 及 } a \in J, \text{ 推出 } ra \in J \text{ 及 } ar \in J.}$$

例 3: $\mathbb{Z}$ 的所有理想由集合 $m\mathbb{Z} := \{mz | z \in \mathbb{Z}\}$($m$ 为任意自然数) 给出.

多项式环$P[x]$ 设 P 是一个环. 用 $P[x]$ 表示所有形如

$$a_0 + a_1 x + a_2 x^2 + \cdots + a_k x^k$$

1) 在表达式 $a(bc)$ 中, 括号表示先实施乘法 bc, 然后将所得结果左乘以 a.

的表达式的集合, 其中 $k=0,1,\cdots$, 而 $a_k \in P$. 关于多项式的加法和乘法, $P[x]$ 是一个环, 称为 (单变量 X 的) 多项式环.

如果 P 是整环, 那么多项式环 $P[x]$ 也是整环.

环同态 两个环 R 和 S 间的同态 $\varphi: R \to S$ 是一个映射, 它考虑了环的两种运算, 亦即

$$\boxed{\varphi(ab)=\varphi(a)\varphi(b),\ \varphi(a+b)=\varphi(a)+\varphi(b) \text{ 对所有 } a,b \in R.}$$

如在群的情形那样, 双射同态称为同构.

满射 (或单射) 同态称为满同态 (或单同态). 环自同构是环到自身的同构.

商环 设 J 是环 R 的理想. 对于 $a,b \in R$ 记

$$a \sim c,$$

如果 $a-c \in J$. 这是环 R 上的一个等价关系 (参看 4.3.5.1). 对应的等价类记为 $[a]$, 所有这些等价类的集合关于下列运算形成一个环:

$$\boxed{[a][b]:=[ab], \quad [a]+[b]:=[a+b];}$$

它称为商环并记为 R/J.[1] 商环中的元素 $[a]$ 也称为剩余类, 在某些情形中商环本身也称为剩余类环.

高斯剩余类环 $\mathbb{Z}/m\mathbb{Z}$ 设 $\mathbb{Z}$ 是整数加法环, 并取某个 $m \in \mathbb{Z}, m>0$. 考虑理想 $m\mathbb{Z}$. 那么我们有

$$z \sim w$$

当且仅当 $y-w \in m\mathbb{Z}$, 亦即 $y-w$ 可被 m 整除. 按照高斯的记号, 将此记为[2]

$$\boxed{y \equiv w \ \mathrm{mod} m.}$$

对于剩余类我们有 $[z]=[w]$ 当且仅当差 $z-w$ 被 m 整除. 剩余类环 $\mathbb{Z}/m\mathbb{Z}$ 恰好由 m 个类

$$[0],[1],\cdots,[m-1]$$

组成, 其中运算法则定义为

$$[a]+[b]=[a+b],[a][b]=[ab].$$

例 4: 对于 $m=2$. 环 $\mathbb{Z}/2\mathbb{Z}$ 由两个剩余类 $[0]$ 和 $[1]$ 组成. 我们有 $[z]=[w]$ 当且仅当 $y-w$ 被 2 整除. 因此剩余类 $[0]$(或 $[1]$) 对应于偶 (或奇) 整数集合. 所有运算的集合 (完全的加法和乘法表) 是

$$[1]+[1]=[2]=[0],\ [0]+[0]=[0],\ [0]+[1]=[1]+[0]=[1],$$

1) 通常, 我们必须验证 $[a][b]$ 和 $[a]+[b]$ 的定义与代表元 (在此是 a 和 b) 的选取无关.

2) 这读作"z 模 m 同余于 w".

$$[1][1]=[1],\ [0][1]=[1][0]=[0][0]=[0].$$

对于 $m=3$, 环 $\mathbb{Z}/3\mathbb{Z}$ 由 3 个剩余数 $[0],[1],[2]$ 组成. 我们有 $[z]=[w]$ 当且仅当差 $y-w$ 被 3 整除. 例如我们有

$$[2][2]=[4]=[1].$$

对于 $m=4$, 环 $\mathbb{Z}/4\mathbb{Z}$ 由 4 个剩余类 $[0],[1],[2],[3]$ 组成. 由分解式 $4=2.2$ 可推出 $[2][2]=[4]$, 因而

$$[2][2]=[0].$$

因此, $\mathbb{Z}/4\mathbb{Z}$ 有零因子.

剩余类环 $\mathbb{Z}/m\mathbb{Z}(m\geqslant 2)$ 无零因子, 当且仅当 m 是素数. 此时 $\mathbb{Z}/m\mathbb{Z}$ 实际上是一个域 (见下文).

下面的定理表明一个环的所有满同态射可以借助求出环的所有理想来构造.

环同态的结构定理 (i) 如果 $\varphi:R\to S$ 是环 R 到环 S 上的满同态射, 那么核 $\ker(\varphi:)\varphi^{-1}(0)$ 是 R 的一个理想. 并且 S 同构于商环 $R/\ker\varphi$.

(ii) 反之, 如果 J 是 R 的一个理想, 那么

$$\varphi(a):=[a]$$

定义一个满同态射 $\varphi:R\to R/J$, 其核 $\ker\varphi=J$.

2.5.3 域

域是存在乘法逆元的环, 并且我们对于实数所熟悉的通常的运算法则在其中也成立. 在某种意义上它是最完备的代数结构. 域论的中心主题是域扩张的研究. 伽罗瓦理论将这个研究归结为这些扩张的对称群理论.

定义 集合 K 称为体, 如果它满足

(i) K 是有零元素 0 的加法群.

(ii) $K-\{0\}$ 是有单位元 e 的乘法群.

(iii) K 是一个环.

一个域是一个体, 其中乘法是交换的.

方程 设 K 是一个体. 设给定元素 $a,b,c,d\in K$ 且 $a\neq 0$. 那么方程

$$\boxed{ax=b,\ ya=b,\ c+z=d,\ z+c=d}$$

在 K 中都有唯一解, 且分别由 $x=a^{-1}b, y=ba^{-1}$ 及 $z=d-c$ 给出.

子体 体 K 的一个子集 U 称为 K 的子体, 如果 U 自身关于诱导运算 (即它对于 K 中的加法和乘法运算封闭) 是一个体.

K 的子体称为非平凡的, 如果它不等于 $\{e\}$ 或 K 自身.

特征 按定义, 体 K 有特征零, 如果

$$ne \neq 0, \text{ 对所有 } n = 1, 2, \cdots.$$

体 K 有特征 $m > 0$, 如果

$$me = 0 \text{ 且 } ne \neq 0, \quad \text{对 } n = 1, \cdots, m-1.$$

此时 m 一定是素数.

例 1: 实数集 $\mathbb{R}$ 及有理数集 $\mathbb{Q}$ 是特征零的域. $\mathbb{Q}$ 是 $\mathbb{R}$ 的子域.

例 2: 设 $p \geqslant 2$ 是素数. 那么高斯剩余类环 $\mathbb{Z}/p\mathbb{Z}$ 是特征 p 的域 (参看 2.5.2).

同态 体的同态 $\varphi: K \to M$ 是相应的环的同态. 于是对于所有 $a, b, c \in K$, 有

$$\boxed{\varphi(a+b) = \varphi(a) + \varphi(b), \quad \varphi(ab) = \varphi(a)\varphi(b), \quad \varphi(c^{-1}) = \varphi(c)^{-1},}$$

其中 $c \neq 0$. 此外还有 $\varphi(e) = e$ 及 $\varphi(0) = 0$.

与群的情形一样, 双射同态称为同构.

满射 (或单射) 同态称为满同态射 (或单同态射). 域自同构是一个域到自身的同构.

素域 一个体如果不含非平凡子体, 那么称它为素域.

(i) 每个体中恰好存在一个子体是素域.

(ii) 这个素域或同构于 $\mathbb{Q}$, 或同构于 $\mathbb{Z}/p\mathbb{Z}$(p 为某个素数).

(iii) 如果上述素域等于 $\mathbb{Q}$(或 $\mathbb{Z}/p\mathbb{Z}$), 那么体的特征为零 (或 p).

伽罗瓦域 有限体称为伽罗瓦域. 每个伽罗瓦域实际上是一个域.

对于每个素数 p 及 $n = 1, 2, \cdots$ 存在具有 p^n 个元素的域. 这样我们得到所有的伽罗瓦域.

两个伽罗瓦域同构, 当且仅当它们的元素个数相同.

复数 我们依照哈密顿(1805—1865) 的方法, 表明可以构造一个代数对象, 它给出复数理论的严格基础. 我们用 $\mathbb{C}$ 表示所有有序对 (a, b)(其中 $a, b \in \mathbb{R}$) 的集合. 定义运算

$$(a, b) + (c, d) = (a + c, b + d)$$

以及

$$(a, b)(c, d) = (ac - bd, ad + bc),$$

则得到 $\mathbb{C}$ 上的一个域结构. 如果令

$$\boxed{\mathrm{i} := (0, 1),}$$

那么我们有 $\mathrm{i}^2 = (-1, 0)$. 对于每个元素 $(a, b) \in \mathbb{C}$ 我们有唯一的分解式[1)]

$$(a, b) = (a, 0) + (b, 0)\mathrm{i}.$$

映射 $\varphi(a) := (a, 0)$ 是 $\mathbb{R}$ 到 $\mathbb{C}$ 中的一个同态. 因此可将任何元素 $a \in \mathbb{R}$ 看成元素 $(a, 0) \in \mathbb{C}$. 在这种意义上可将任何元素 (a, b) 唯一地写成

1) 这意味着 $(0, b) = (b, 0)\mathrm{i}$.

$$\boxed{a+b\mathrm{i},}$$

其中 $a, b \in \mathbb{R}$. 特别, 我们有

$$\boxed{\mathrm{i}^2=-1.}$$

于是我们回到了通常的记号, 并证明了 $\mathbb{C}$ 含有 $\mathbb{R}$ 作为子域[1].

四元数 四元数 $\alpha+\beta \boldsymbol{i}+\gamma \boldsymbol{j}+\delta \boldsymbol{k}(\alpha, \beta, \gamma, \delta \in \mathbb{R})$ 的集合 $\mathbb{H}$ 是一个体, 它含有复数域 $\mathbb{C}$ 作为其子域. 当 $\alpha^2+\beta^2+\gamma^2+\delta^2 \neq 0$ 时可由下式得到逆元素:

$$(\alpha+\beta \boldsymbol{i}+\gamma \boldsymbol{j}+\delta \boldsymbol{k})^{-1}=\frac{\alpha-\beta \boldsymbol{i}-\gamma \boldsymbol{j}-\delta \boldsymbol{k}}{\alpha^2+\beta^2+\gamma^2+\delta^2}$$

(参看 2.4.3.4 的例 1).

商域 设 P 是一个整环, 不是仅由零元素组成 (参看 2.5.2). 那么存在一个域 $Q(P)$ 具有下列性质:

(i) P 含在 $Q(P)$ 中.

(ii) 如果 P 含在域 K 中, 那么 K 的包含 P 的最小子域是域 $Q(P)$. 域 $Q(P)$ 称为 P 的商域或分式域.

我们可以通过下列构造明显地得到 $Q(P)$. 考虑所有有序对 (a, b)(其中 $a, b \in P$, 且 $b \neq 0$) 的集合. 记

$$(a, b) \sim(c, d), \quad \text{当且仅当 } ad=bc.$$

这是一个等价关系 (参看 4.3.5.1). 对应的等价类 $[(a, b)]$ 的集合关于下面定义的运算[2]是一个域:

$$[(a, b)][(c, d)]:=[(ac, bd)],$$

$$[(a, b)]+[(c, d)]:=[(ad+bc, bd)].$$

代替 $[(a, b)]$ 我们还写作 $\frac{a}{b}$. 那么 $Q(P)$ 由全体符号

$$\boxed{\frac{a}{b}}$$

的集合组成, 其中 $a, b \in P, b \neq 0$, 并且对于这些符号的计算按照通常分式计算的方式进行, 亦即

$$\frac{a}{b}=\frac{c}{d} \quad \text{当且仅当 } ad=bc,$$

以及

$$\frac{a}{b} \frac{c}{d}=\frac{ac}{bd}, \frac{a}{b}+\frac{c}{\alpha}=\frac{ad+bc}{bd}.$$

如果我们在 P 中取 r(且 $r \neq 0$) 并令 $\varphi(a):=\frac{ar}{r}$, 那么得到同态 $\varphi: P \rightarrow Q(P)$; 这与 r 的选取无关. 在这个意义上我们可将 P 的元素 a 与 $Q(P)$ 的元素 $\frac{ar}{r}$ 等同. 于是 $\frac{r}{r}$ 是 $Q(P)$ 的单位元, 并且有

1) 还要注意这表明 $\mathbb{C}$ 是 1 维 $\mathbb{R}$ 向量空间 $\mathbb{R}$ 的复化, 亦即 $\mathbb{C}=\mathbb{R} \otimes \mathbb{C}$ (参看 2.4.3.1).

2) 这个运算仍然与定义中所选取的代表元无关.

$$\boxed{\frac{a}{b} = ab^{-1}.}$$

如同上面复数情形那样, 貌似复杂的应用剩余类 $[(a,b)]$ 的方法仅仅是保证对于分数 $\dfrac{a}{b}$ 的形式运算并不导致任何矛盾.

例 3: 整环 $\mathbb{Z}$ 的商域是有理数域 $\mathbb{Q}$.

例 4: 设 $P[x]$ 是整环 $P \neq \{0\}$ 上的多项式环. 那么对应的商域 $Q(P[x])$, 我们通常记作 $P(x)$, 是系数在 P 中的有理函数域, 亦即 $P(x)$ 中的元素是系数在 P 中的多项式 $p(x)$ 和 $q(x)$ (参看 2.5.2) 之商

$$\frac{p(x)}{q(x)},$$

此处要求 $q \neq 0$, 亦即 $q(x)$ 不是零多项式.

2.6 伽罗瓦理论和代数方程

巴黎数学界以深刻的数学进取精神在 1830 年前后孕育了 E. 伽罗瓦, 一个才智超群的天才, 他像一颗彗星, 刚一出现就很快消失[1].

D. J. 斯特罗伊克

2.6.1 三个著名古代问题

在经典的希腊数学文化中, 有三个著名问题, 直到 19 世纪其不可解性都未被证明:

(i) 化圆为方;

(ii) 倍立方体 (第罗斯问题);

(iii) 三等分任意角.

在所有这些问题中只允许用圆规和直尺作图. 在问题 (i) 中, 要求作一个正方形其面积与某个给定的圆的面积相等. 在问题 (ii) 中, 要由给定的立方体作出一个新立方体的边, 使它的体积是给定立方体体积的 2 倍[2].

除了这些问题, 用圆规和直尺作正多边形的一般问题在古代也是一个重要问题.

---

1) 伽罗瓦在 21 岁时死于一场决斗, 在决斗前夕给他朋友的一封信中他写出了他的理论中最重要的结果. 爱因斯坦的学生 L. Infeld 写的书 *Wen die Götter Lieben* (《上帝爱谁》)(1954, Schönbrunn-Verlag, Vienna) 描述了伽罗瓦悲剧的一生.

2) 在爱琴海中的希腊的第罗斯岛上有一座非常著名的纪念阿尔忒弥斯(月亮和狩猎女神)及阿波罗(太阳神) 的古代神庙. 第罗斯问题据传起源于要修建体积为其二倍的神庙. 乔瓦尼 • 卡萨诺瓦 (Giovanni Casanova, 1725—1798) (莫扎特的歌剧《唐璜》 *Don Giovanni* 的主人公) 曾研究过这个问题.

所有这些问题都可归结为关于代数方程可解性的问题 (参看 2.6.6). 代数方程的解的研究是借助于法国数学家 E. 伽罗瓦(1811—1832) 所创立的一般性理论完成的. 伽罗瓦理论开辟了现代代数思想的通途.

伽罗瓦理论包含下列一些结果作为其特殊情形: C. F. 高斯(1777—1855) 青年时期发现的关于分圆域的结果及正多边形的作图, 以及挪威数学家 N. H. 阿贝尔(1802—1829) 关于一般 5 次及高次方程的根式不可解性定理 (参看 2.6.5 和 2.6.6).

2.6.2 伽罗瓦理论的主要定理

域扩张 域扩张$K \subseteq E$(也记作 $(E|K)$) 是一个域 E, 它包含给定的域 K 作为其子域. E 的每个适合

$$\boxed{K \subseteq Z \subseteq E}$$

的子域 Z 称为扩张 $K \subseteq E$ 的中间域. 域扩张链

$$K_0 \subseteq K_1 \subseteq \cdots \subseteq E$$

是域 E 的一组子域 K_j, 它们具有所指出的包含关系.

伽罗瓦理论的某本思想 伽罗瓦理论考虑一类重要的域扩张 (伽罗瓦扩张), 并借助于这个域扩张的对称群 (伽罗瓦群) 的所有子群确定出全部中间域.

这样, 一个域论问题 (一般说, 它相当难) 就被归结为容易得多的群论问题.

将一个复杂结构的研究归结为较简单结构的研究, 是现代数学的一般策略. 例如我们可将拓扑问题归结为代数问题(它们要容易些), 而连续李群的研究归结为李代数的研究, 后者是线性代数的课题 (参看 [212]).

域扩张的次数 如果 $K \subseteq E$ 是一个域扩张, 那么我们可以将 E 看作 K 上的线性空间. 这个空间的维数[1], 称为域扩张的次数并记作 $[E : K]$. 如果这个次数有限, 那么称为有限域扩张.

例 1: 有理数域到实数域的扩张 $\mathbb{Q} \subseteq \mathbb{R}$ 是无限扩张.

例 2: 实数域 $\mathbb{R}$ 到复数域 $\mathbb{C}$ 的扩张 $\mathbb{R} \subseteq \mathbb{C}$ 是有限扩张, 且次数为 2, 因为在 2.5.3 中已经证明 $\mathbb{C}$ 可以看作 $\mathbb{R}$ 上的 2 维向量空间, 其基由 1 和 i 组成.

另外, 扩张 $\mathbb{Q} \subseteq \mathbb{R}$ 在 2.6.3 的意义下是一个超越扩张, 而扩张 $\mathbb{R} \subseteq \mathbb{C}$ 是单代数扩张.

次数定理 如果 Z 是有限域扩张 $K \subseteq E$ 的中间域, 那么 $K \subseteq Z$ 也是有限域扩张, 并且有关系式

$$[E : K] = [Z : K][E : Z].$$

如果将方括号符号想象为分数, 那么这个公式容易记住.

1) 这是应用线性代数的一般概念定义的 (在 2.3.2 中用域 K 代替域 $\mathbb{K}$).

域扩张的伽罗瓦群 设 $K \subseteq E$ 是域扩张. 那么这个扩张的伽罗瓦群, 它被记作 G_K^E 或 $\mathrm{Cal}(E|K)$, 定义为域 E 的全部自同构的群, 这些自同构平凡地作用于 K 的所有元素.

有限域扩张 $K \subseteq E$ 称为伽罗瓦扩张, 如果

$$\boxed{\mathrm{ord}\ G_K^E = [E : K],}$$

亦即存在个数与域扩张次数相同的 E 在 K 上的对称性.

伽罗瓦理论的主要定理 设 $K \subseteq E$ 是有限伽罗瓦域扩张. 在这个扩张的中间域 Z 及子群 $H \subset G_K^E$ 间存在一一对应; 它使对应于中间域 Z 的子群 H 由所有使 Z 的全部元素不变的自同构组成.

这样, 我们得到由所有中间域的集合到伽罗瓦群的所有子群的集合间的一个一一映射. 注意, 中间域是 K 上的伽罗瓦域, 当且仅当对应于它的子群 H(它同构于 G_K^Z) 是 G_K^E 的正规子群.

推论 一个有限伽罗瓦域扩张 $K \subseteq E$ 没有中间伽罗瓦域扩张, 当且仅当扩张的伽罗瓦群是单群 (关于这个概念可见 2.5.1.1).

例 3: 我们考虑实数域 $\mathbb{R}$ 到复数域 $\mathbb{C}$ 的经典域扩张

$$\boxed{\mathbb{R} \subseteq \mathbb{C}.}$$

我们首先确定这个扩张的伽罗瓦群 $\mathrm{Gal}(\mathbb{C}|\mathbb{R})$. 令 $\varphi : \mathbb{C} \to \mathbb{C}$ 是一个自同构, 它保持所有实数不变. 由 $\mathrm{i}^2 = -1$ 得到 $\varphi(\mathrm{i})^2 = -1$. 因此或 $\varphi(\mathrm{i}) = \mathrm{i}$, 或 $\varphi(\mathrm{i}) = -\mathrm{i}$. 这两种可能性分别对应于是 $\mathbb{C}$ 上的单位自同构 $\mathrm{id}(a + b\mathrm{i}) := a + b\mathrm{i}$ 以及 $\mathbb{C}$ 上的自同构

$$\boxed{\varphi(a + b\mathrm{i}) := a - b\mathrm{i}}$$

(变换为复数共轭). 因此 $G_{\mathbb{R}}^{\mathbb{C}} = \{\mathrm{id}, \varphi\}$, 且 $\varphi^2 = \mathrm{id}$. 根据例 2,

$$[\mathbb{C} : \mathbb{R}] = \mathrm{ord} G_{\mathbb{R}}^{\mathbb{C}} = 2.$$

因此域扩张 $\mathbb{C}|\mathbb{R}$ 是伽罗瓦扩张.

伽罗瓦群是 2 阶循环群. 由伽罗瓦群的单性可推出域扩张 $\mathbb{C}|\mathbb{R}$ 的单性. 注意在这种情形, 由于 2 阶循环群没有任何子群, 因此 $\mathbb{R}$ 和 $\mathbb{C}$ 之间也不存在中间域扩张.

例 4: 方程

$$\boxed{x^2 - 2 = 0}$$

在 $\mathbb{Q}$ 中无解. 为构造一个使这个方程在其中有解的域, 我们令 $\vartheta := \sqrt{2}$. 用 $\mathbb{Q}(\vartheta)$ 表示 $\mathbb{C}$ 的含有 $\mathbb{Q}$ 和 ϑ 的最小子域. 于是我们有 $\vartheta, -\vartheta \in \mathbb{Q}(\vartheta)$, 并且

$$x^2 - 2 = (x - \vartheta)(x + \vartheta),$$

亦即 $\mathbb{Q}(\vartheta)$ 是 x^2-2 的分裂域 (并于这个概念, 参看 2.6.3). 这个域由所有表达式

$$\frac{p(\vartheta)}{q(\vartheta)}$$

组成, 其中 p 和 q 是 $\mathbb{Q}$ 上的多项式且 $q \neq 0$. 由 $\vartheta^2=2$ 及 $(c+d\vartheta)(c-d\vartheta)=c^2-2d^2$. 可推出所有这些表达式都有下列形式[1)]

$$\boxed{a+b\vartheta, \quad a,b \in \mathbb{Q}.}$$

如同例 3 所证, 我们得知域扩张 $\mathbb{Q} \subseteq \mathbb{Q}(\vartheta)$ 是 2 次伽罗瓦扩张, 因而是单扩张. 对应的伽罗瓦群

$$G_{\mathbb{Q}}^{\mathbb{Q}(\vartheta)}=\{\vartheta\mathrm{d}, \varphi\}, \quad 其中\ \varphi^2=\mathrm{id}$$

由 x^2-2 的零点 $\vartheta, -\vartheta$ 的置换生成. 恒等置换对应于 $\mathbb{Q}(\vartheta)$ 的单位自同构 $\mathrm{id}(a+b\vartheta):=a+b\vartheta$. 而 ϑ 与 $-\vartheta$ 的对换对应于 $\mathbb{Q}(\vartheta)$ 的自同构 $\varphi(a+b\vartheta):=a-b\vartheta$.

例 5 (分圆方程): 如果 p 是素数, 那么方程

$$x^p-1=0, \quad x \in \mathbb{Q}$$

有解 $x=1$. 为构造含有这个方程的全部解的最小的域 E, 我们令 $\vartheta:=\mathrm{e}^{2k\pi\mathrm{i}/p}$, 且用 $\mathbb{Q}(\vartheta)$ 表示 $\mathbb{C}$ 的含有 $\mathbb{Q}$ 和 ϑ 的最小子域. 由关系式

$$x^p-1=(x-1)(x-\vartheta)\cdots(x-\vartheta^{p-1})$$

可知域 $E:=\mathbb{Q}(\vartheta)$ 是多项式x^p-1 的分裂域 (参看 2.6.3). 域 $\mathbb{Q}(\vartheta)$ 由所有形式为

$$\boxed{a_0+a_1\vartheta+a_2\vartheta^2+\cdots+a_{p-1}\vartheta^{p-1}, \quad a_j \in \mathbb{Q}}$$

的表达式组成, 其中加法和乘法由通常方式定义, 并注意 $\vartheta^p=1$. 因为元素 $1, \vartheta, \cdots, \vartheta^{p-1}$ 在 $\mathbb{Q}$ 上线性无关, 因此 $[\mathbb{Q}(\vartheta):\mathbb{Q}]=p$. 此外, 扩张 $\mathbb{Q} \subseteq \mathbb{Q}(\vartheta)$ 是伽罗瓦扩张. 对应的伽罗瓦群 $G_{\mathbb{Q}}^{\mathbb{Q}(\vartheta)}=\{\varphi_0, \cdots, \varphi_{p-1}\}$ 由所有由

$$\boxed{\varphi_k(\vartheta):=\vartheta^k}$$

生成的自同构 $\varphi_k: \mathbb{Q}(\vartheta) \to \mathbb{Q}(\vartheta)$ 组成. 我们有 $\mathrm{id}=\varphi_0$ 及 $\varphi_1^k=\varphi^k, k=1, \cdots, p-1$ 以及 $\varphi_1^p=\mathrm{id}$.

因此伽罗瓦群 $G_{\mathbb{Q}}^{\mathbb{Q}(\vartheta)}$ 是素数阶 p 的循环群, 并且是单群, 这蕴涵扩张 $\mathbb{Q} \subseteq \mathbb{Q}(\vartheta)$ 的单性.

---

1) 例如, 我们有 $\dfrac{1}{1+2\vartheta}=\dfrac{1-2\vartheta}{(1+2\vartheta)(1-2\vartheta)}=-\dfrac{1}{7}+\dfrac{2}{7}\vartheta.$

2.6.3 广义代数学基本定理

代数元与超越元 设 $E|K$ 是域扩张. 我们用 $K[x]$ 表示所有多项式

$$\boxed{p(x) := a_0 + a_1 x + \cdots + a_n x^n}$$

组成的环, 其中 $a_k \in K$ 对所有 k. 这些表达式称为 K 上的多项式 (或在 K 上定义的多项式). 此外还用 $K(x)$ 记所有有理函数

$$\boxed{\frac{p(x)}{q(x)}}$$

组成的域, 其中 p 和 q 是 K 上的多项式且 $q \neq 0$.

E 的一个元素 ϑ 称为在 K 上是代数的, 如果 ϑ 是某个 K 上多项式的零点. 否则 ϑ 是超越的.

域扩张 $E|K$ 称为在 K 上是代数的, 如果 E 的每个元素在 K 上是代数的. 不然 E 称为在 K 上是超越的.

K 上多项式称为不可约多项式, 如果它不能表示为两个 K 上次数 $\geqslant 1$ 的多项式之积. 代数学的一个重要的一般性问题是求出域 K 的一个扩张 E, 使给定的 K 上多项式 $p(x)$ 可分解为线性因子的积

$$p(x) = a_n(x - x_1)(x - x_2)\cdots(x - x_n),$$

其中 $x_j \in E$ 对所有 j.

代数闭包 K 的扩域 E 称为代数闭的, 如果每个 K 上多项式可分解为 E 上的线性因子之积 (亦即它的所有零点都在 E 中).

K 的代数闭包是 K 的代数闭扩张 E, 它没有非平凡 (即不等于 E 本身) 的子域具有这个性质.

施泰尼茨广义代数学基本定理 每个域 K 都有唯一的 (在保持 K 的所有元素不变的同构意义下) 代数闭包; 它记作 $\bar{K}$.

多项式的分裂域 使给定的多项式 $p(x)$ 可在其中分解为线性因子之积的 $\bar{K}$ 的最小子域称为多项式 $p(x)$ 的分裂域.

例: 复数域 $\mathbb{C}$ 是实数域 $\mathbb{R}$ 的代数闭包. 由于关系式

$$\boxed{x^2 + 1 = (x - \mathrm{i})(x + \mathrm{i}),}$$

$\mathbb{C}$ 同时是在 $\mathbb{R}$ 上定义且在 $\mathbb{R}$ 上不可约的多项式 $x^2 + 1$ 的分裂域.

2.6.4 域扩张的分类

在 2.6.3 和 2.6.2 中我们已经给出有限的、单的、代数或超越域扩张的概念.

定义 设 $E|K$ 是域扩张.

(a) K 上不可约多项式称为可分多项式, 如果它没有重零点 (注意这些零点是 K 的代数闭包 $\bar{K}$ 的元素).

(b) $E|K$ 称为可分扩张, 如果它是代数扩张, 并且 E 的每个元素都是某个 K 上不可约可分多项式的零点.

(c) 扩张 $E|K$ 称为正规扩张, 如果它是代数扩张, 并且每个 K 上不可约多项式或在 E 中没有零点, 或可在 E 中完全分解为线性因子之积.

定理 (i) 每个有限域扩张都是代数扩张.

(ii) 每个有限可分扩张是单扩张.

(iii) 特征 0 的域或有限域的每个代数扩张是可分的.

伽罗瓦域扩张的特征 对于域扩张 $E|K$, 有

(i) $E|K$ 是伽罗瓦扩张, 如果这个扩张是有限、可分和正规的.

(ii) $E|K$ 是伽罗瓦扩张, 当且仅当 E 是一个定义在 K 上的不可约多项式的分裂域.

(iii) 如果域 K 有特征 0 或是有限的, 那么 $E|K$ 是伽罗瓦扩张, 当且仅当 E 是某个 K 上定义的多项式的分裂域.

下列结果给出所有单域扩张的完全刻画.

单超越域扩张 域 K 的每个单超越域扩张同构于 K 上有理函数域 $K(x)$.

单代数域扩张 设 $p(x)$ 是定义在域 K 上的不可约多项式. 我们考虑符号 ϑ 及所有形式为

$$\boxed{a_0 + a_1\vartheta + \cdots + a_m\vartheta^m, \quad a_j \in K} \tag{2.62}$$

的表达式, 并用通常方式定义加法和乘法, 并注意 $p(\vartheta) = 0$(即取 ϑ 为 $p(x)$ 的一个零点). 所有这些表达式的集合连同刚才引进的运算产生一个域 $K(\vartheta)$, 它是 K 的单代数域扩张, 并且有一个重要性质: ϑ 是 $p(x)$ 的一个零点. 我们还有

$$\boxed{[E : K] = \deg p(x).}$$

如果 $(p(x))$ 表示所有这种 K 上多项式的集合, 它们可以写成 $q(x)p(x)$($q(x)$ 是一个多项式)(注意这个集合是环 $K[x]$ 中由元素 $p(x)$ 生成的理想), 那么商环 $K[x]/(p(x))$ 是一个与 $K(\vartheta)$ 同构的域.

如果取所有定义在 K 上的不可约多项式, 那么就得到 K 的所有单代数扩张 (在同构意义下).

例: 设 $K = \mathbb{R}$ 是实数域. 我们取 $p(x) := x^2 + 1$. 如果应用所有 (2.62) 形式的表达式, 其中 $p(\vartheta) = 0$, 那么我们有 $\vartheta^2 = -1$. 这意味着 ϑ 对应于虚数单位 i.

扩域 $K(\vartheta)$ 是复数域 $\mathbb{C}$, 因此 $\mathbb{C} = R[x]/(x^2 + 1)$.

2.6.5 根式可解方程的主定理

设 K 是一个给定的域. 考虑方程

$$\boxed{p(x) := a_0 + a_1x + \cdots + a_{n-1}x^{n-1} + x^n = 0,} \tag{2.63}$$

其中 $a_j \in K$ 对所有 j. 我们假定多项式 $p(x)$ 在 K 上不可约. 并且可分[1]. 用 E 记 $p(x)$ 的分裂域, 亦即有

$$p(x) = (x - x_1)(x - x_2)\cdots(x - x_n),$$

其中 $x_j \in E$ 对所有 j.

目标 我们希望用尽可能简单的方式通过 K 的元素及某些附加的量 $\vartheta_1, \cdots, \vartheta_k$ 表示出方程 (2.63) 的零点 $x_1, \cdots, x_n$. 二次、三次及四次方程的经典求解公式实现了这个目标, 其中表达式 ϑ_j 是系数 $a_0, \cdots, a_n$ 的方根. 在 16 世纪找到这些公式后, 人们自然试图对更高次数的方程求出类似的公式. 在拉格朗日(1736—1813) 和柯西(1789—1857) 的工作的基础上, 22 岁的挪威数学家阿贝尔在 1824 年首先证明了对于一般五次方程[2]根本不存在这样的公式. 1830 年伽罗瓦独立地得到同样的结果.

定义 方程 (2.63) 称为根式可解的, 如果分裂域 E 可以通过将数 $\vartheta_1, \cdots, \vartheta_K$ 逐次添加到 K 而得到, 而这些数满足形如

$$\boxed{\vartheta_j^{n_j} = c_j} \tag{2.64}$$

的方程, 其中 $n_j \geqslant 2, c_j$ 在前面构造的扩域中, 如果域 K 的特征 p 不为零, 我们还要假设 p 不是 n_j 的因子.

附注 代替 (2.64), 我们也可以写

$$\vartheta_j = \sqrt[n_j]{c_j}.$$

这里根式的使用是合理的. 于是上面的定义对应于域扩张链

$$\boxed{K =: K_1 \subseteq K_2 \subseteq \cdots \subseteq K_{k+1} =: E,}$$

其中 $K_{j+1} = K_j(\vartheta_j), c_j \in K_j$ 对 $j = 1, \cdots, k$. 因为 (2.63) 的所有零点 $x_1, \cdots, x_n$ 都在 E 中, 所以得到

$$\boxed{x_j = P_j(\vartheta_1, \cdots, \vartheta_k), \quad j = 1, \cdots, n,}$$

其中 P_j 是 $\vartheta_1, \cdots, \vartheta_k$ 的系数在 K 中的多项式.

---

1) 如果域 K 有特征 0 (例如 $K = \mathbb{R}$ 或 $K = \mathbb{Q}$), 或是有限域, 那么 K 上每个不可约多项式自然是可分的.

2) 这意味着方程的系数是一般的, 亦即不是特殊的, 对于特殊系数, 可以用简单公式非常好地给出解.

主定理 代数方程 (2.63) 根式可解, 当且仅当扩张 $E|K$ 的伽罗瓦群 G_K^E 是可解群.

定义 n 次一般方程是域 $K := \mathbb{Z}(a_0, \cdots, a_{n-1})$ 上的方程 (2.63), 其中 K 由所有有理函数

$$\frac{p(a_0, \cdots, a_{n-1})}{q(a_0, \cdots, a_{n-1})}$$

组成, p 和 q 是变量 $a_0, \cdots, a_{n-1}$ 的整系数多项式, 且 q 不是零多项式.

阿贝尔–伽罗瓦定理 当 $n \geqslant 5$ 时 n 次一般方程不是根式可解的.

证明概要 将 $x_1, \cdots, x_n$ 看作变量, 并考虑所有整系数有理函数

$$\frac{P(x_1, \cdots, x_n)}{Q(x_1, \cdots, x_n)} \tag{2.65}$$

的域 $E := \mathbb{Z}(x_1, \cdots, x_n)$. 通过乘法及比较

$$\begin{aligned} p(x) &= (x - x_1)(x - x_2) \cdots (x - x_n) \\ &= a_0 + a_1 x + \cdots + a_{n-1} x^{n-1} + x^n \end{aligned}$$

中两边的系数, 可以作为 $x_1, \cdots, x_n$ 的初等对称函数(参看 2.1.6.4) 得到数 $a_0, \cdots, a_{n-1}$(除去符号). 例如, 我们得到

$$-a_{n-1} = x_1 + \cdots + x_n.$$

所有具有 P 和 Q 关于 $x_1, \cdots, x_n$ 对称这种性质的 (2.65) 形式的表达式形成 E 的一个子域, 它同构于 K, 因而可与 K 等同.

多项式 $p(x)$ 不可约且在 K 中可分, 并且 E 是它的分裂域, 域扩张 $E|K$ 是伽罗瓦扩张. 借助 $x_1, \cdots, x_n$ 的置换可得 E 的一个自同构, 它保持 K 的所有元素不变. 两个不同的这种置换对应于 E 的不同的自同构. 因此域扩张 $E|K$ 的伽罗瓦群同构于 n 个字母的对称群, 亦即

$$\boxed{\mathrm{Gal}(E|K) \cong \mathscr{S}_n.}$$

对于 $n = 2, 3, 4$, 群 $\mathscr{S}_n$ 是可解群, 而当 $n \geqslant 5$ 时它不是可解群 (参看 2.5.1.4). 于是阿贝尔–伽罗瓦定理是上述主要定理的一个推论.

2.6.6 尺规作图

每个初学几何的人都知道不同的正多边形, 亦即 (正) 三角形、五边形、十五边形, 以及将它们边数加倍得到的多边形, 都是可以几何地作出的. 这是欧几里得就已经知道的事, 并且看来我们确信从那时起这些情形表达了可能性的极限: 至少我不知道任何扩充这些结果的成功的尝试. 我更加相信, 值得提及下述发现: 除了上面提到的正多边形, 在许多其他的多边形中 (正) 十七边形可以几何作图. 但这个发现实际上是一个尚未完成的范围广泛的理论的推论, 它一旦完成就将公布于众.

C. F. 高斯, 于不伦瑞克

当时他是一名在哥廷根攻读数学的学生 (见 *Intelligenzblatt der allgemeinen Literatarzeitang*, June 1, 1796)

考虑平面上的笛卡儿坐标系及有限多个点

$$P_1=(x_1,y_1),\quad \cdots,\quad P_n=(x_n,y_n).$$

我们总可以选取坐标系使 $x_1=1$ 及 $y_1=0$. 我们用 K 表示实数域的含有所有数 x_j 和 y_j 的最小子域. 还用 $\mathbb{Q}(y)$ 表示 $\mathbb{R}$ 的含有所有有理数及数 y 的最小子域.

主定理　点 (x,y) 可以借助直尺和圆规由点 $P_1,\cdots,P_n$ 作出, 当且仅当 x 和 y 属于 K 的次数为

$$[E:K]=2^m \tag{2.66}$$

的伽罗瓦域扩张 E, 此处 m 是某个自然数.

一条线段 ϑ 可以应用直尺和圆规从长为 y 的线段及单位线段作出, 当且仅当 ϑ 属于 $K:=\mathbb{Q}(y)$ 的伽罗瓦域扩张 E, 并且对于它 (2.66) 成立.

化圆为方问题的不可解性　我们要用直尺和圆规作一个正方形, 要求它与单位圆有相同的面积. 用 ϑ 表示正方形的边长, 我们有

$$\boxed{\vartheta^2=\pi}$$

(见图 2.4(a)). 1882 年 30 岁的 F. 林德曼(希尔伯特的老师) 证明了数 π 在有理数域 $\mathbb{Q}$ 上的超越性. 因此, π(因而 ϑ) 不可能是 $\mathbb{Q}$ 的任何代数域扩张中的元素.

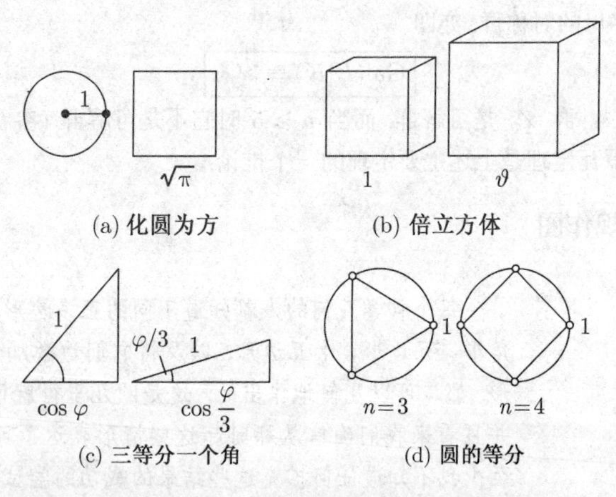

图 2.4

倍立方体问题的不可解性　体积为 2 的立方体的边长 ϑ 是方程

$$\boxed{x^3-2=0}$$

的解. 第罗斯问题要求只使用直尺和圆规由单位线段的长作出这个数 ϑ(图 2.4(b)). 依照主定理, 当 ϑ 属于 $\mathbb{Q}$ 的次数 $[E:\mathbb{Q}]=2^m$ 的伽罗瓦扩域 E, 第罗斯问题可解. 但因为多项式 x^3-2 在 $\mathbb{Q}$ 上不可约, 我们有域扩张链

$$\mathbb{Q}\subset\mathbb{Q}(\vartheta)\subseteq E,$$

其中 $[\mathbb{Q}(\vartheta):\mathbb{Q}]=3$. 由域扩张次数定理, 我们由此得到

$$[E:\mathbb{Q}]=[\mathbb{Q}(\vartheta):\mathbb{Q}][E:\mathbb{Q}(\vartheta)]=3[E:\mathbb{Q}(\vartheta)]$$

(参看 2.6.2). 因此 $[E:\mathbb{Q}]$ 不可能是 2^m 形式的.

用直尺和圆规三等分任意角问题的不可解性 根据据图 2.4(c), 这个问题可归结为由长度为 $\cos\varphi$ 的线段及单位线段作出长度为 $\vartheta=\cos\dfrac{\varphi}{3}$ 的线段. 这意味着 ϑ 是方程

$$\boxed{4x^3-3x-\cos\varphi=0} \tag{2.67}$$

的解. 对于 $\varphi=60^\circ$ 我们有 $\cos\varphi=\dfrac{1}{2}$, 因而 (2.67) 左边的多项式在 $\mathbb{Q}$ 上不可约, 与上面给出的关于域扩张次数同样的推理可以证明 ϑ 不可能属于 $\mathbb{Q}$ 的次数为 2^m 的域扩张 E. 因此三等分 60° 的角不可能用直尺和圆规完成.

用直尺和圆规作正多边形 所谓分图方程

$$\boxed{x^n-1=0}$$

的复数解的集合含有数 1, 并且将单位圆 n 等分, 上述主定理及分圆方程的性质产生下列结果:

高斯定理 正 n 边形可用直尺和圆规作出, 当且仅当

$$\boxed{n=2^m p_1 p_2\cdots p_r,} \tag{2.68}$$

其中 m 是自然数, 而诸 p_j 是两两互异的形状为

$$2^{2^k}+1,\quad k=0,1,\cdots \tag{2.69}$$

的素数[1]. 现在已知当 $k=0,1,2,3,4$ 时上面的数是素数[2]. 因此对于下面列出的素数:

$$\boxed{2,\quad 3,\quad 5,\quad 17,\quad 257,\quad 65537,}$$

我们可以作出正 n 边形. 这样, 当 $n\leqslant 20$ 时, 下列所有正 n 边形, 其中

$$n=3,4,5,6,8,10,12,15,16,17,20,$$

可以仅用直尺和圆规作出.

---

1) 数 2^{2^k} 理解为 $2^{(2^k)}$.

2) 费马(1601—1665) 曾猜测 (2.69) 中的数都是素数. 但欧拉发现当 $k=5$ 时 (2.69) 中的数是一个合数, 可以分解为 2 个素数之积: $641\cdot 6700417$.

2.7 数论

你的 *Disquisitiones arithmeticae* (《算术研究》) 使你置身于顶尖数学家的行列, 并且我看到书的最后一节[1] 包含了最漂亮的解析发现, 这已被人们研究了很长时间.

1804 年, 年近 70 的拉格朗日写给青年高斯的信

众所周知, 费马断言丢番图方程

$$x^n + y^n = z^n$$

除了显然的例外, 没有整数解 x, y, z. 证明这个不可解性结果的问题给出这样一个极好的例子: 一个特殊的表面看来意义不大的问题可以如何对科学研究产生意想不到的推动作用. 事实上, 费马的这个猜想的挑战促使库默尔引进他的理想数, 并且发现分圆域中的数唯一地分解为理想素因子之积的定理. 这个定理的推广形式是戴德金和克罗内克的对于一般代数系的一个结果, 在现代数论中处于核心地位, 并且它远远超出数论的范围, 在代数学和函数论领域也有其重要性.[2]

D. 希尔伯特 (巴黎, 1900)

数论常常称为数学女王, 数论问题常可非常容易地叙述, 但仅当深思熟虑后才能解决. 为了证明上面所说的费马猜想, 数学家奋斗了 350 年. 直到 20 世纪数学的全面革新及不可思议的抽象工具的发展, A. 怀尔斯(Wiles) 才最终于 1994 年给出这个猜想的完全的证明.

最著名的数学公开问题 —— 黎曼猜想, 与素数分布 (参看 2.7.3) 紧密相关. 各个时期最伟大的数学家都前赴后继地以毕生精力去解决数论问题, 并且在这个进程中发展了重要的数学工具, 由此导致数学的其他领域的进步.

基本的数论经典著作有丢番图的 *Arithmetica* (《算术》); 高斯的 *Disquistiones arithmeticae* (《算术研究》). 它出版于 1801 年, 并且奠定了现代数论的基础; 以及

1) 这一节是关于分圆域及正多边形的尺规作图 (参看 2.6.6).

2) 费马 (Fermat, 1601—1665), 高斯 (Gauss, 1777—1855), 库默尔 (Kummer, 1810—1893), 克罗内克 (Kronecker, 1823—1891), 戴德金 (Dedekind, 1831—1916), 以及希尔伯特 (Hilbert, 1862—1943).

希尔伯特的 1897 年出版的 *Zahlbericht* (《数论》), 它论述了代数数域. 希尔伯特在 1900 年向世界数学大会提出的问题对 20 世纪的数论产生了决定性的影响.

2.7.1 基本思想

2.7.1.1 数学思想的不同形式

在数学中我们要在

(i) 连续思想 (如实数和极限),

(ii) 离散思想 (如自然数和数论)

之间加以区分. 经验表明连续性问题常常要比离散性问题容易处理. 连续性思考方式的巨大成功是基于极限的概念及与此概念相关的理论 (微积分、微分方程、积分方程及变分法), 以及在物理学和其他自然科学中的各种应用.

与此相比, 数论则是创造处理离散性问题的有效数学方法的典范, 这些问题出现在当今世界的计算机科学, 离散系统最优化以及理论物理中研究基本粒子和弦的格模型中.

M. 普朗克 1900 年关于调和振动不是连续的甚至是离散的 (量子的) 这个划时代的发现, 导致了一个重要数学问题: 通过适当的非平凡的量子化过程由连续性结构生成离散性结构.

2.7.1.2 数论的现代策略

19 世纪末, 希尔伯特提出了一个将当时已经高度发展了的复分析方法 (代数函数, 黎曼面) 扩展到数论问题的方案. 这要求我们表述连续性数学中的概念使之也能应用于离散系统. 20 世纪数论已经被这个方案模型化; 这导致了非常抽象但同时非常有力的方法. 在这个方向上的重要推进归功于 A. 韦伊(Weil,1902—1998) 及 A. 格罗滕迪克(Grothendieck,1928—), 他用他的概型理论革新了代数几何和数论.

20 世纪数论的顶峰是:

(a) 1928 年 E. 阿廷证明了代数数域的一般互反律;

(b) 1973 年 P. 德利涅证明了对于有限域上代数簇的黎曼猜想的 A. 韦伊类似 (1978 年菲尔兹奖)[1];

(c) 1986 年 G. 法尔廷斯证明了丢番图方程的莫德尔猜想(1986 年菲尔兹奖);

(d) 1994 年 A. 怀尔斯证明了费马大定理(费马猜想) 以及志村–谷山猜想的更一般的部分.

---

1) 菲尔兹奖每 4 年在国际数学家大会上为新的创造性数学成果颁发. 这个奖项可与诺贝尔奖相比. 但后来规定授予菲尔兹奖的数学家年龄不得超过 40 岁. 对于杰出的终身成就数学家可以授予沃尔夫奖.

2.7.1.3 数论的应用

现代超级计算机被用来检验数论猜想. 从 1978 年以来数论方法应用于数据和数字信息的精细的编码 (参看 2.7.8.1). 有理数列逼近无理数的经典结果在动力系统理论中混沌和非混沌状态的研究中起着重要作用 (例如在天体力学中). 过去几年中超弦理论在数论与理论物理间架设了一座桥梁, 使纯粹数学与物理学两个学科的思想富有成效地互相交流. [1)]

2.7.1.4 数学和物理中的信息压缩

为了从哲学观点理解数论和物理学之间的相互影响, 我们要提到, 经过好几个世纪在漫长的试验和修正的过程中, 数学家学会了应用离散系统的结构以非常压缩的形式编制信息, 使它能够作出关于系统的重要而深刻的表述. 一个典型的这种例子是黎曼 ζ 函数, 它刻画了素数集合的结构以及素数分布的规律. 其他这类重要的例子还有狄利克雷 L 级数, 以及源自椭圆函数的模形式 (参看 1.14.18). 关于实数的精细结构的最重要的信息是由它的连分数表示给出的 (参看 2.7.5).

另一方面, 物理学家从完全不同的观点看待分拆数概念, 认为它刻画了大数量粒子系统 (统计系统) 的性状. 如果我们知道了配分函数, 那么就可以由它推导出这个系统所有有关的物理量. [2)] 黎曼 ζ 函数可以看成一种特殊的配分函数.

数学与物理学间有成效的思想交流是基于, 例如, 数学问题被翻译为物理语言时, 就能够借助于物理直觉来看待. 应用这个思想的先驱是 E. 威顿(Witten)(普林斯顿高等研究院), 虽然他是一个物理学家而不是数学家, 但 1990 年获得菲尔兹奖. 一个有意义的事实是: 许多数论大师如费米、欧拉、拉格朗日、高斯以及闵可夫斯基, 也对物理学作出了重要贡献. 当 1801 年高斯的 *Disquisitiones arithmeticae* (《算术研究》) 出版时, 就显示了数学从普通科学 (高斯曾这样认为) 向特殊科学的深刻的转变. 特别地, 数论有它自身漫长的进程. 现在我们又看到数学和物理学的方法在幸运地汇合.

2.7.2 欧几里得算法

因子 如果 a, b 及 c 是整数, 且有性质

$$\boxed{c = ab,}$$

那么称 a 和 b 是 c 的因子. 例如由 $12 = 3 \cdot 4$ 可知数 3 和 4 是 12 的因子.

一个整数称为偶数, 如果它能被 2 整除, 不然称为奇数.

例 1: 偶数是 $2, 4, 6, 8, \cdots$. 奇数是 $1, 3, 5, 7, \cdots$.

---

1) 数论在自然科学及计算机科学中的一些应用可在 [286] 中找到. [276] 和 [288] 描述了数论与现代物理学间的关系.

2) 在量子场论中, 配分函数由费因曼路径积分给出.

整除性的初等判别法 下列命题对于十进表示的自然数 n 成立.

(i) n 被 3 整除, 当且仅当它的数字之和被 3 整除.

(ii) n 被 4 整除, 当且仅当它的最后两位数字形成的数被 4 整除.

(iii) n 被 5 整除, 当且仅当它的最后一位数字是 5 或 0.

(iv) n 被 6 整除, 当且仅当 n 是偶数并且数字之和被 3 整除.

(v) n 被 9 整除, 当且仅当它的数字之和被 9 整除.

(vi) n 被 10 整除, 当且仅当其末位数字是 0.

例 2: 4656 的数字和是 4+6+5+6=21, 21 的数字和是 3; 因此, 21 因而 4656 也被 3 整除, 但不能被 9 整除.

$n = 123456$ 的数字和是 1+2+3+4+6+5+6=27. 而 27 的数字和是 9, 因此 27 和 n 均被 9 整除.

数 $m = 1234567897216$ 的最后两位数字形成的数是 16, 它能被 4 整除, 因此 m 被 4 整除. 数 1456789325 能被 5 整除, 但不能被 10 整除.

素数 当自然数 $p \geqslant 2$ 并且它仅有因子 1 和 p, 则称 p 为素数. 前几个素数是 2,3,5,7,11.

埃拉托色尼筛法 设给定自然数 $n > 11$, 可以按如下方法确定所有的素数.

$$\boxed{p \leqslant n;}$$

(i) 写出所有 $\leqslant n$ 的自然数 (为方便计, 可以一开始就省略被 2,3 和 5 整除的数).

(ii) 考虑所有 $\leqslant \sqrt{n}$ 的素数, 并在列出的数中删去所有这些素数的倍数.

剩下来的数就全是素数.

例 3: 设 $n = 100$, 所有 $\leqslant \sqrt{100} = 10$ 的素数是 2,3,5 及 7. 我们仅需删去被 7 整除的数 (在下面列出的数中, 将这些数下方画线) 并得到

$$\begin{aligned}&2\ 3\ 5\ 7\ 11\ 13\ 17\ 19\ 23\ 29\ 31\ 37\ 41\\&43\ 47\ \underline{49}\ 53\ 59\ 61\ 67\ 71\ 73\ \underline{77}\ 79\\&83\ 89\ \underline{91}\ 97.\end{aligned}$$

下方未画线的数就是全部 $\leqslant 100$ 的素数.

在 0.6 中给出了所有 $\leqslant 4000$ 的素数表.

欧几里得定理 有无限多个素数.

这个定理是在欧几里得的 *Elements* (《几何原本》) 中证明的. 下述定理也可在其中找到, 但仅是隐含着.

算术基本定理 每个自然数 $n \geqslant 2$ 都是素数之乘积. 如果素数按其大小排序, 那么这个分解是唯一的.

例 4: 有

$$24 = 2 \cdot 2 \cdot 2 \cdot 3 \quad 及 \quad 28 = 2 \cdot 2 \cdot 7.$$

最小公倍数 如果 m 和 n 是两个正自然数, 那么将 m 和 n 的素数分解式中所有的素因子 (其中在两个分解式中共同出现的每个素因子只取一次) 相乘就得到 m 和 n 的最小公倍数, 并记作

$$\boxed{\operatorname{lcm}(m, n).}$$

例 5: 由例 4, 有

$$\operatorname{lcm}(24, 28) = 2 \cdot 2 \cdot 2 \cdot 3 \cdot 7 = 168.$$

最大公约数 如果 m 和 n 是两个正自然数, 那么用

$$\boxed{\gcd(m, n)}$$

表示 m 和 n 的最大公约数. 将同时出现在 m 和 n 的素数分解式中的素数相乘就可得到它们的最大公约数.

例 6: 由例 4, 我们有 $\gcd(24, 28) = 2 \cdot 2 = 4$.

求最大公约数的欧几里得算法 如果 m 和 n 是给定的非零整数, 那么我们令 $\alpha_0 := |m|$, 并应用下列的带余数除法格式:

$$\boxed{\begin{aligned} n &= \alpha_0 r_0 + r_1, \quad 0 \leqslant r_1 < r_0, \\ r_0 &= \alpha_1 r_1 + r_2, \quad 0 \leqslant r_2 < r_1, \\ r_1 &= \alpha_2 r_2 + r_3, \quad 0 \leqslant r_3 < r_2, \text{等等}. \end{aligned}}$$

其中 $\alpha_0, \alpha_1, \cdots$ 以及余数 $r_1, r_2, \cdots$ 是唯一确定的整数. 经过有限步后在某一步可得 $r_k = 0$. 于是

$$\boxed{\gcd\ (m, n) = r_{k-1}.}$$

这个过程称为应用于 m 和 n 的欧几里得算法, 简要地说:

最大公约数是欧几里得算法中最后一个不为零的余数.

例 7: 对于 $m = 14$ 和 $n = 24$, 我们有

$$\boxed{\begin{aligned} 24 &= 1 \cdot \mathbf{14} + \mathbf{10} & &(\text{余数 } 10), \\ \mathbf{14} &= 1 \cdot \mathbf{10} + \mathbf{4} & &(\text{余数 } 4), \\ \mathbf{10} &= 2 \cdot \mathbf{4} + \boxed{2} & &(\text{余数 } 2), \\ \mathbf{4} &= 2 \cdot \mathbf{2} & &(\text{余数 } 0). \end{aligned}}$$

因此 $\gcd(14, 24) = 2$.

互素数 两个正自然数 m 和 n 称为互素, 如果

$$\boxed{\gcd(m, n) = 1.}$$

例 8: 数 5 分别与 6,7,8,9 互素, 但与 10 不互素.

欧拉 φ 函数 设 n 是正自然数. 用 $\varphi(n)$ 表示所有与 n 互素的正自然数 $m \leqslant n$ 的个数. 对 $n = 1, 2, \cdots$, 有

$$\boxed{\varphi(n) = n \prod_{p|n} \left(1 - \frac{1}{p}\right).}$$

这个式子中乘法对所有整除 n 的素数 p 进行.

例 9: 我们有 $\varphi(1) = 1$. 对 $n \geqslant 2$ 我们有 $\varphi(n) = n - 1$ 当且仅当 n 是一个素数.

由 $\gcd(1,4) = \gcd(3,4) = 1$ 及 $\gcd(2,4) = 2, \gcd(4,4) = 4$ 可推出

$$\varphi(4) = 2.$$

默比乌斯函数 设 n 是正自然数. 我们令

$$\mu(n) := \begin{cases} 1, & \text{当} n = 1, \\ (-1)^r, & \text{当} n \text{的素数分解式中恰好有} n \text{个不同的素数}, \\ 0, & \text{其他情形}. \end{cases}$$

例 10: 由 $10 = 2 \cdot 5$ 可推出 $\mu(10) = 1$. 因为 $8 = 2 \cdot 2 \cdot 2$, 所以 $\mu(8) = 0$.

通过函数值的和计算数论函数 设给定函数 f, 对每个自然数 n 它取整数值 $f(n)$. 那么有

$$f(n) = \sum_{d|n} \mu\left(\frac{n}{d}\right) s(d), \quad n = 1, 2, \cdots,$$

其中

$$s(d) := \sum_{c|d} f(c).$$

这里求和分别展布在 n 的所有因子 $d \geqslant 1$ 及 d 的所有因子 $c \geqslant 1$ 上 (又称为默比乌斯反演公式).

这个公式告诉我们值 $f(n)$ 可以通过和 $s(d)$ 构造出来.

2.7.3 素数分布

> 我想我要对柏林科学院给予我的荣誉表示感谢, 他们委任我为科学院通讯员, 使我立即可以借助这种身份提交我关于素数频率的研究结果; 这是长期以来高斯和狄利克雷感兴趣的问题, 看来值得重新将它提起. [1)]
>
> B. 黎曼 (1859)

1) 这是整个数学中最著名的论文之一的开头部分. 在这篇论文的第 8 页黎曼阐述了他的新见解, 并给出著名的 "黎曼猜想".

黎曼的论文汇编, 包括内容广泛的现代评论, 包含在 [182] 中, 恰好整整一卷, 但每篇论文都是一颗数学宝石, 黎曼以其思想宝库深刻地影响着 20 世纪的数学.

数论的主要问题之一是揭示素数分布的规律.

间隙定理 数 $n!+2, n!+3, \cdots, n!+n(n=2,3,4,\cdots)$ 不是素数, 并且当 n 增长时非素数集合 (素数集合中的间隙) 将越来越长.

狄利克雷算术级数定理(1837) 如果 a 和 d 是两个互素的自然数, 那么数列[1)]

$$\boxed{a, a+d, a+2d, a+3d, \cdots} \tag{2.70}$$

含有无穷多个素数.

例 1: 取 $a=3$ 及 $d=5$. 我们得到序列

$$3, 8, 13, 18, 23, \cdots,$$

其中含有无穷多个素数.

推论 对于任意实数 $x \geqslant 2$, 定义 $P_{a,d}(x) :=$ (2.70) 中所有满足 $p \leqslant x$ 的素数 p 的集合. 那么有

$$\boxed{\sum_{p \in P_{a,d}(x)} \frac{\ln p}{p} = \frac{1}{\varphi(d)} \ln x + O(1), \quad x \to +\infty,} \tag{P}$$

其中 φ 表示欧拉函数 (参看 2.7.2), 余项 $O(1)$ 与 a 无关. 在例 1 中有 $\varphi(d)=4$.

公式 (P) 恰好是说所有具有常数公差 d 的数列 (2.70) 含有个数 "渐近" 相等的素数, 且与 a 值无关.

特别地, 当 $a=2$ 及 $d=1$ 时 (2.70) 含有所有素数. 此时有 $\varphi(d)=1$.

解析数论 在上述定理的证明中, 狄利克雷将某些全新的方法引进数论 (即傅里叶级数、狄利克雷级数及 L 级数), 它们在代数数论中也是基本的. 这样, 他开创了一个新的数学分支 —— 解析数论.[2)]

2.7.3.1 素数定理

素数分布函数 对于任意实数 $x \geqslant 2$, 定义

$$\boxed{\pi(x) := \text{不超过 } x \text{ 的素数的个数.}}$$

勒让德定理(1798) $\lim\limits_{x \to \infty} \dfrac{\pi(x)}{x} = 0.$

因此, 比起自然数, 素数相当少.

---

1) (2.70) 中的数列是一个算术级数, 即相邻两项之差是常数:

如果 a, d 不互素, 那么 (2.70) 中始终不出现素数, 除非 a 本身是素数.

2) 当高斯于 1855 年去世后, 狄利克雷 (1805–1859) 成为他在哥廷根的继任人. 1859 年黎曼受命担当这个哥廷根的著名职位. F. 克莱因从 1886 年起直到 1925 年去世, 也在哥廷根, 希尔伯特1895 年被克莱因引荐到哥廷根, 他在此一直工作到 1930 年退休.

在 20 世纪 20 年代, 哥廷根是引领世界的数学和物理中心. 1933 年许多顶尖科学家移居国外, 因而哥廷根丧失了它在世界科学中心中的超级地位.

素数基本定理 对于大数 x, 我们有下列渐近等式[1]:

$$\boxed{\pi(x) \sim \frac{x}{\ln x} \sim \mathrm{li}x, x \to +\infty.}$$

这是数学中最著名的渐近公式. 表 2.5 将 $\pi(x)$ 与 $\mathrm{li}x$ 作了比较.

表 2.5

x	$\pi(x)$	$\mathrm{li}x$
10^3	168	178
10^6	78498	78628
10^9	50847534	50849235

欧拉(1707—1783) 还相信素数是完全不规则地分布的. $\pi(x)$ 的渐近分布是 33 岁的勒让德于 1785 年以及 14 岁的高斯于 1792 年通过对对数表的深入研究独立地发现的.

素数定理的严格证明是 30 岁的 J. 阿达马(1865—1893) 及 30 岁的 C.J. 德拉瓦莱普桑(de la Valleé-Poussin) 于 1896 年独立地给出的. 如果 p_n 表示第 n 个素数, 那么我们有

$$\boxed{p_n \sim n\ln n, \quad n \to +\infty.}$$

误差估计 存在正常数 A 和 B 使对所有 $x \geqslant 2$ 有

$$\pi(x) = \frac{x}{\ln x}(1 + r(x)),$$

以及

$$\frac{A}{\ln x} \leqslant r(x) \leqslant \frac{B}{\ln x}.$$

黎曼陈述 我们有更为精密的估计: 如果黎曼猜想 (2.72) 成立,[2] 那么

$$\boxed{|\pi(x) - \mathrm{li}\, x| \leqslant \text{常数} \cdot \sqrt{x}\ln x, \quad \text{当所有 } x \geqslant 2.}$$

---

1) 这对应于明显的极限关系式

$$\lim_{x \to +\infty} \frac{\pi(x)}{\left(\dfrac{x}{\ln x}\right)} = \lim_{x \to +\infty} \frac{\pi(x)}{\mathrm{li}\, x} = 1.$$

对数积分的定义是

$$\mathrm{li}\, x := PV \int_0^x \frac{\mathrm{d}t}{\ln t} = \lim_{\varepsilon \to +\infty} \left(\int_0^{1-\varepsilon} \frac{\mathrm{d}t}{\ln t} + \int_{1+\varepsilon}^x \frac{\mathrm{d}t}{\ln t} \right).$$

2) 1914 年李特尔伍德证明了当 x 增长时差 $\pi(x) - \mathrm{li}x$ 无穷多次变号. 但若 x_0 表示第一次变号时的 x 值, 那么根据 S. 斯凯韦斯 (Skewes, 1955) 的结果, 有 $10^{700} < x_0 < 10^{10^{10^{34}}}$.

黎曼 ζ 函数 黎曼考虑了函数

$$\zeta(s) := \sum_{n=1}^{\infty} \frac{1}{n^s}, \quad s \in \mathbb{C}, \mathrm{Re}\, s > 1.$$

下列结果产生这个函数与素数理论的惊人的关系:

欧拉定理(1737) 对于所有实数 $s > 1$, 有

$$\prod_p \left(1 - \frac{1}{p^s}\right)^{-1} = \zeta(s), \tag{2.71}$$

其中乘积展布在所有素数 p 上. 这表明:

黎曼ζ函数解密了所有素数的集合的结构.

黎曼定理(1859)

(i) ζ 函数可以扩充为 $\mathbb{C} - \{1\}$ 上的解析函数, 并且在 $s = 1$ 有一阶极点, 而在此处的留数等于 1, 亦即对所有复数 $s \neq 1$ 有

$$\zeta(x) = \frac{1}{s-1} + \text{ 在点 } s \text{ 附近的幂级数}.$$

例如, $\zeta(0) = -\dfrac{1}{2}$.

(ii) 对所有复数 $s \neq 1$ 有函数方程

$$\pi^{-\frac{s}{2}} \Gamma\left(\frac{s}{2}\right) \zeta(s) = \pi^{(s-1)/2} \Gamma\left(\frac{1}{2} - \frac{s}{2}\right) \zeta(1-s).$$

(iii) ζ 函数在 $s = -2k (k = 1, 2, \cdots)$ 有所谓平凡零点 (图 2.5).

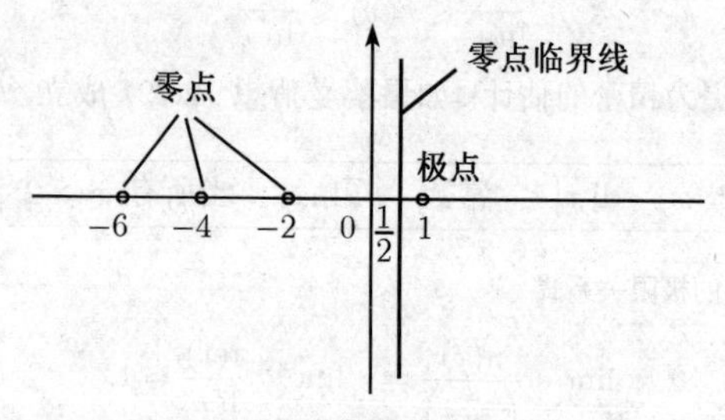

图 2.5 黎曼 ζ 函数

2.7.3.2 著名的黎曼猜想

1859 年黎曼提出了下列猜想:

$$\zeta \text{ 函数的所有非平凡零点都在复平面中临界线 } \mathrm{Re}\, s = \frac{1}{2} \text{ 上.} \tag{2.72}$$

哈代定理(1914) 临界线 $\mathrm{Re}\, s = \frac{1}{2}$ 上有黎曼 ζ 函数的无穷多个零点.[1)]

现在已知有一系列不同类型但都与黎曼猜想等价的命题, 大量的借助于超级计算机完成的富有想象力的方案和试验从未给出黎曼猜想不成立的迹象, 已计算出临界线上数十亿个零点. 精密的渐近估计表明 ζ 函数的全部零点中至少有 $\frac{1}{3}$ 在临界线上.

2.7.3.3 黎曼 ζ 函数与统计物理学

统计物理学的基本认知功能是可以借助配分函数

$$\mathscr{Z} = \sum_{n=1}^{\infty} E^{-E_n/kT} \tag{2.73}$$

从固定个数的粒子的能量状态 $E_1, E_2, \cdots$ 得出统计系统的所有物理性质. 此处 T 是系统的绝对温度, k 是玻尔兹曼常量. 如果我们令

$$E_n := kts \cdot \ln n, \quad n = 1, 2, \cdots,$$

那么我们有

$$\boxed{\mathscr{Z} = \zeta(s).}$$

这表明黎曼 ζ 函数是一个特殊配分函数, 这说明了这样的事实: 与 ζ 函数类似类型的函数对处理统计物理学的模型确实是重要的 (并且在超级计算机上不仅仅是近似的).

2.7.3.4 黎曼 ζ 函数与物理学中的重正规化

不幸的是, 发散的表达式常常在统计物理学及量子场论中出现. 物理学家发展了不少巧妙的方法去克服这些困难并使这些最初无意义 (发散) 的表达式具有某种意义. 这就是物理学中范围广阔的重正规化; 在量子电动力学和标准模型中, 尽管在数学推理上有含糊性, 但它们在现象上与实验证据能很好地符合.[2)]

例: $n \times n$ 单位方阵 $\boldsymbol{I}_n$ 的迹的值是

$$\mathrm{tr}\, \boldsymbol{I}_n = 1 + 1 + \cdots + 1 = n.$$

对于无穷单位方阵 $\boldsymbol{I}$ 我们得到迹

$$\mathrm{tr}\, \boldsymbol{I} = \lim_{n\to\infty} n = \infty.$$

---

1) 在保存在哥廷根大学图书馆的黎曼遗作中, 人们发现黎曼实际上已经证明了这个定理, 虽然他从未将它发表.

2) 欧拉常常研究发散级数. 他的机敏的数学直觉使他在研究中得到正确的结果. 在某种意义上重正规化是欧拉方法的扩充. 数学物理中一个著名的公开问题是给出量子场论严格的基础, 在其中重正规化被更好地理解并被证明是合理的.

为了赋予 $\mathrm{tr}\,\boldsymbol{I}$ 一个有意义的有限值, 考虑方程

$$\zeta(s)=\sum_{n=1}^{\infty}\frac{1}{n^s}. \tag{2.74}$$

当 $\mathrm{Re}\,s>1$ 时在收敛级数的意义下这是一个正确的公式. 按照黎曼定理, 它的左边可以扩充为一个解析函数, 它对于每个复数 $s\neq 1$ 赋予一个确定的值. 利用这个事实, 我们可以将 (2.74) 的右边定义为这个确定的值. 在特殊情形 $s=0$, 右边形式上是 $1+1+1+\cdots$. 因此可以通过

$$\boxed{\mathrm{tr}\boldsymbol{I}_{\mathrm{ren}}:=\zeta(0)=-\frac{1}{2}}$$

定义 $\mathrm{tr}\,\boldsymbol{I}$ 的重正规化值. 在此, 正数的 "无穷和"$1+1+1+\cdots$ 奇妙地给出一个负数作为结果!

2.7.3.5 素数 mod m 的狄利克雷局部化原理

设 m 是正自然数. 狄利克雷为了证明他的素数分布基本定理, 将欧拉定理 (2.71) 写成下列形式:

$$\boxed{\prod_p\left(1-\frac{\chi_m(p)}{p^s}\right)^{-1}=L(s,\chi_m),\quad \text{当所有 } s>1,}$$

其中乘积展布在所有素数 p 上. 在此已令

$$L(s,\chi_m):=\sum_{n=1}^{\infty}\frac{\chi_m(n)}{n^s},$$

这个级数称为狄利克雷 L 级数, 符号 χ_m 表示狄利克雷特征, 这是一个模 m 的特征, 定义是:

(i) 映射 $\chi':\mathbb{Z}/m\mathbb{Z}\to\mathbb{C}-\{0\}$ 是一个群同态[1)].

(ii) 对所有 $g\in\mathbb{Z}$ 我们令

$$\chi_m(g):=\begin{cases}\chi'([g]), & \text{当 } \gcd(g,m)=1,\\ 0, & \text{其他情形}.\end{cases}$$

例: 如果 $m=1$, 我们得 $\chi_1(g)=1$ 对所有 $g\in\mathbb{Z}$, 那么

$$L(s,\chi_1)=\zeta(s)\quad \text{当所有} s>1.$$

于是狄利克雷 L 级数推广了黎曼 ζ 函数. 粗略地讲, 我们有

$$\boxed{\text{狄利克雷函数 } L(\cdot,\chi_m) \text{ 解密了素数 (mod} m\text{) 集合的结构.}}$$

L 函数理论可以推广到其他代数对象, 特别是代数数域.

---

1) 如果 $[g]=g+m\mathbb{Z}$ 表示 g 模 m 的剩余类 (参看 2.5.2), 那么我们有 $\chi'([g])\neq 0$, 并且 $\chi'([g][t])=\chi'([g])\chi'([t])$ 对所有 $g,t\in\mathbb{Z}$.

2.7.3.6 孪生素数猜想

恰好相差 2 的两个不同素数称为孪生素数. 例如素数对 3 与 5, 5 与 7, 以及 11 与 13. 一般地, 我们猜想存在无穷多对孪生素数.

2.7.4 加性分解

堆叠数论起源于将数分解为和的形式.

2.7.4.1 哥德巴赫猜想

1742 年, 哥德巴赫在给欧拉的信中叙述了下列两个猜想;

(G1) 每个偶数 $n > 2$ 是两个素数之和.

(G2) 每个奇数 $n > 5$ 是三个素数之和.

例: 我们有下列分解式:

$$4 = 2 + 2, \quad 6 = 3 + 3, \quad 8 = 5 + 3, \quad 10 = 7 + 3, \quad \cdots$$

以及

$$7 = 3 + 2 + 2, \quad 9 = 5 + 2 + 2, \quad 11 = 7 + 2 + 2, \quad 13 = 7 + 3 + 3, \quad \cdots$$

如果应用分解式 $m = 3 + m$, 那么 (G2) 可由 (G1) 立即推出.

行算机检验表明对于所有 $n \leqslant 10^8$ 命题 (G1) 和 (G2) 是正确的.

(G1) 的证明至今仍未给出. 另一方面, 1937 年维诺格拉多夫证明了对所有满足

$$\boxed{n \geqslant 3^{3^{15}}}$$

的 n(G2) 成立. 这个下界有超过六百万个十进数位.

2.7.4.2 华林问题

1770 年拉格朗日证明了每个自然数是四个平方之和.

例 1: 我们有

$$2 = 1^2 + 1^2 + 0^2 + 0^2 \quad 及 \quad 7 = 2^2 + 1^2 + 1^2 + 1^2$$

也是在 1770 年, 华林提出了猜想: 对于每个自然数 $k \geqslant 2$ 存在自然数 $g(k) \geqslant 1$ 使每个自然数 n 可写成

$$\boxed{n = m_1^k + \cdots + m_{g(k)}^k,}$$

其中 $m_1, m_2, \cdots$ 是整数.

这个猜想被希尔伯特于 1909 年证明. 最小的个数是 $g(2) = 4$(四个平方), $g(3) = 9$(九个立方), $g(4) = 19$ (19 个四次方幂). 一般情形有估计

$$g(k) \geqslant 2^k + \left[\left(\frac{3}{2}\right)^k\right] - 2, \quad 当所有\ k \geqslant 2,$$

其中 $[m]$ 表示不超过 m 的最大整数 (高斯方括号).

两平方和的特殊情形 自然数 $n \geqslant 2$ 可写成两个整数的平方之和, 当且仅当在 n 的素因子分解式中所有出现的形如

$$4m+3, \quad m=0,1,2,\cdots$$

的素因子只有奇次幂.

费马定理 (1659) 一个素数是两个自然数的平方和, 当且仅当它是

$$\boxed{4m+1, \quad m=1,2,\cdots}$$

形式的. 除去平方的顺序外, 这个分解式是唯一的.

例 2: 素数 $13=4\cdot 3+1$ 有唯一的分解式

$$13=2^2+3^2.$$

用 $N(n)$ 表示将正自然数 n 表为四个平方之和的不同可能数.

雅可比定理(1829)

$$\boxed{N(n)=8\cdot\{n \text{ 的所有不被 4 整除的正因数之和}\},}$$

例 3: 我们有 $N(1)=8\cdot 1$. 事实上, 有

$$1=(\pm 1)^2+0^2+0^2+0^2, \quad 1=0^2+(\pm 1)^2+0^2+0^2,$$
$$1=0^2+0^2+(\pm 1)^2+0^2, \quad 1=0^2+0^2+0^2+(\pm 1)^2.$$

2.7.4.3 分拆

设 n 是正自然数, 我们定义

$$\boxed{p(n):=\{n\text{分解为正自然数之和的方法数}\}.}$$

例 1: $p(3)=3$, 因为

$$3=1+1+1, \quad 3=2+1, \quad 3=1+2.$$

编制信息 定义分拆函数

$$P(q):=\sum_{n=0}^{\infty}p(n)q^n,$$

其中 $p(0):=1$. 这个级数对所有满足 $|q|<1$ 的复数 q 收敛. 于是关于分拆的所有信息都由函数 P 刻画, 现在问题是要机巧地处理 P 以得出分拆信息, 这个问题是欧拉解决的.

欧拉定理 对于所有 $q\in\mathbb{C}, |q|<1$, 有收敛的乘积表达式

$$\boxed{P(q)=\frac{1}{\prod\limits_{n=1}^{\infty}(1-q^n)}}$$

以及

$$\prod_{n=1}^{\infty}(1-q^n)=\sum_{n=-\infty}^{\infty}(-1)^n q^{\frac{3n^2+n}{2}}=1-q-q^2+q^5+q^7+\cdots.$$

这些令人吃惊的简单公式是欧拉用数值手段找到的, 求出这些公式后花了很长时间才找到证明.

欧拉递推公式 令 $p(n):=0$ 当 $n<0$. 对 $n=1,2,\cdots$, 有

$$p(n)=\sum_{k=1}^{n}(-1)^{k+1}\{p(n-\omega(k))+p(n-\omega(-k))\},$$

其中 $\omega(k):=\dfrac{1}{2}(3k^2-k)$. 这个级数的最初几项明显写出是

$$p(n)=p(n-1)+p(n-2)-p(n-5)-p(n-7)+\cdots,$$

例 2:

$$p(2)=p(1)+p(0)=2,$$
$$p(3)=p(2)+p(0)=3,$$
$$p(4)=p(3)+p(2)=5,$$
$$\cdots\cdots$$
$$p(200)=2\ 972\ 999\ 029\ 388.$$

哈代和拉马努金渐近公式(1918)[1] 设 $K:=\pi\sqrt{\dfrac{2}{3}}$. 当 $n\to\infty$ 时我们有渐近等式

$$p(n)\approx\frac{\mathrm{e}^{K\sqrt{n}}}{4n\sqrt{3}},$$
$$\mathrm{l_n}p(n)\approx\pi\sqrt{\frac{2n}{3}}.$$

雅可比乘积公式(1829) 对于所有复数 q 及 $z=0$ 且 $|q|<1$, 我们有等式

$$\prod_{n=1}^{\infty}(1-q^{2n})(1+q^{2n-1}z)(1-q^{2n-1}z^{-1})=\sum_{n=-\infty}^{\infty}q^{n^2}z^n.$$

1) 1937 年拉马努金发现 $p(n)$ 可以表示为 n 的收敛级数, 他的证明应用了戴德金 η 函数

$$\eta(\tau):=\mathrm{e}^{\pi\tau\mathrm{i}/12}\prod_{n=1}^{\infty}(1-q^n),\quad q=\mathrm{e}^{2\pi\tau\mathrm{i}},$$

它在上半开平面上解析 (参看 [216]). 这是表明深刻的模形式理论的富有成效的一个典型例子(参看 1.14.18).

2.7.5 用有理数及连分数逼近无理数

我们考虑可以怎样用有理数逼近无理数的问题. 在这个考虑中, 连分数起着中心作用. 连分数最初出现于 17 世纪. 例如 C. 惠更斯(Huygens,1629—1695) 在其太阳系齿轮模型的结构中偶尔使用过连分数, 最后试图用来逼近具有尽可能少的齿的行星周期间的关系. 连分数理论可回溯到欧拉(1707—1783). 与十进表达式不同, 连分数给出实数的好结构的信息. 例如, 无理数通过有理数的最佳逼近是借助连分数解决的 (参看 2.7.5.3). 通常连分数比幂级数要更为有效, 它们还用多种方式应用于计算机算法中.

基本思想 由恒等式

$$\sqrt{2}=1+\frac{1}{1+\sqrt{2}}$$

通过反复代入可得

$$\sqrt{2}=1+\frac{1}{1+\left(1+\dfrac{1}{1+\sqrt{2}}\right)}$$

及

$$\sqrt{2}=1+\cfrac{1}{2+\cfrac{1}{2+\cfrac{1}{1+\sqrt{2}}}}, \text{等等.} \tag{2.75}$$

2.7.5.1 有限连分数

定义 有限连分数是下列形式的表达式:

$$a_0+\cfrac{1}{a_1+\cfrac{1}{a_2+\cfrac{1}{a_3+\cdots\ddots\cfrac{1}{a_{n-1}+\cfrac{1}{a_n}}}}}.$$

对此还使用符号

$$[a_0,a_1,\cdots,a_n],$$

其中 $a_0,a_1,\cdots,a_n$ 是实数或复数, 除 a_0 外总假定它们非零.

例 1:

$$1+\cfrac{1}{1+\cfrac{1}{1+\cfrac{1}{2}}}=1+\cfrac{1}{1+\cfrac{2}{3}}=1+\frac{3}{5}=\frac{8}{5}.$$

例 2:

$$[a_0, a_1] = a_0 + \frac{1}{a_1},$$
$$[a_0, a_1, a_2] = a_0 + \cfrac{1}{a_1 + \cfrac{1}{a_2}} = a_0 + \frac{a_2}{a_1 a_2 + 1}.$$

递推公式　有

$$\boxed{[a_0, a_1, \cdots, a_n] = a_0 + \frac{1}{[a_1, \cdots, a_n]}}.$$

有效算法　如果应用迭代程序

$$\begin{aligned} p_k &= a_k p_{k-1} + p_{k-2}, \\ q_k &= a_k q_{k-1} + q_{k-2}, \end{aligned} \quad k = 0, 1, \cdots, n \tag{2.76}$$

并取初值 $p_{-2} := 0, p_{-1} := 1$ 及 $q_{-2} := 1, q_{-1} := 0$, 那么有

$$\boxed{[a_0, a_1, \cdots, a_n] = \frac{p_n}{q_n}, \quad n = 0, 1, \cdots.}$$

例 3: 为应用 (2.76) 方便地算出

$$[2, 1, 2, 1] = \frac{11}{4},$$

我们应用表 2.6 所示的方法, 在第 3 行出现的每个数都是它正上方的数 a_n 与每 3 行中它前面那个数之积加上同行中前一数之前的数而得到. 第 4 行中的数也是类似地算出的.

表 2.6　连分数计算

n	-2	-1	0	1	2	3	连分数的长度
a_n			2	1	2	1	连分数的分量
p_n	0	1	2	3	8	11	迭代值
q_n	1	0	1	1	3	4	迭代值
$\frac{p_n}{q_n}$			$\frac{2}{1}$	$\frac{3}{1}$	$\frac{8}{3}$	$\frac{11}{4}$	典范近似分数

2.7.5.2　无限连分数

定义　无限连分数是一个有限连分数

$$\frac{p_n}{q_n} = [a_0, a_1, \cdots, a_n]$$

的序列 $\left(\frac{p_n}{q_n}\right)$, 我们将它记作

$$\boxed{[a_0, a_1, \cdots]}. \tag{2.77}$$

无限连分数 (2.77) 称作收敛的, 如果存在有限极限

$$\boxed{\lim_{n\to\infty}\frac{p_n}{q_n}=\alpha,}$$

于是我们将数 α 与无限连分数 (2.77) 相伴.

收敛性判别法 无穷连分数 (2.77) 收敛, 当且仅当无穷级数

$$\sum_{n=1}^{\infty} a_n$$

发散. 我们还有区间套

$$\boxed{\frac{p_{2m}}{q_{2m}}<\alpha<\frac{p_{2m+1}}{q_{2m+1}},\quad m=0,1,2,\cdots,} \tag{2.78}$$

以及 (一般地说) 更为精密的误差估计 (2.83).

例 1: 连分数 $[a_0,a_1,\cdots]$ 称为正则的, 如果所有 a_j 是整数且 $a_j>0$ 当所有 $j\geqslant 1$. 每个这种连分数都是收敛的.

例 2: 连分数 $[1,\overline{2}]=[1,2,2,\cdots]$ 收敛.[1] 依据 (2.75), 我们有

$$\boxed{\sqrt{2}=[1,\overline{2}].}$$

实数通过连分数唯一表示 每个实数 α 可以唯一地写成连分数. 对这种表达式, 我们有

(i) 如果对应的连分数是有限的, 那么 α 是有理数[2].

(ii) 如果对应的连分数是无限的, 那么 α 是无理数.

这个定理为我们给出确定实数无理性的一般性工具. 我们可以计算它们的连分数, 然后检验连分数是否无限.

例 3: 数 $\sqrt{2}$ 是无理数, 因为由例 2 知它的连分数是无限的.

构造迭代 令 $\rho_0:=\alpha$, 可以借助下列 (修饰的) 欧几里得算法确定 α 的连分数.[3]

$$\boxed{\begin{aligned}\rho_0&=[\rho_0]+\frac{1}{\rho_1},\\ \rho_1&=[\rho_1]+\frac{1}{\rho_2},\\ \rho_2&=[\rho_2]+\frac{1}{\rho_3},\text{等等}\end{aligned}} \tag{2.79}$$

1)为简单记, 用上方横线表示周期. 例如

$$[a,b,\overline{c,d}]=[a,b,c,d,c,d,c,d,\cdots].$$

2) 为了避免在有理数 α 的表示 $\alpha=[a_0,a_1,\cdots,a_n]$ 中出现明显的歧义, 还假定 $a_n\neq 1$ 对所有 $n\geqslant 1$, 这里给出的算法自动地采取这个约定.

3) 此处符号 $[x]$ 表示不超过 x 的最大整数 (高斯方括号).

当在某一步余数为零时则迭代结束, 如果令 $a_0 := [\rho_0], a_1 := [\rho_1], \cdots$, 那么有

$$\boxed{\alpha = [a_0, a_1, \cdots].}$$

例 4: 对于 $\alpha = \dfrac{10}{7}$, 得

$$\frac{10}{7} = \boxed{1} + \frac{\mathbf{3}}{\mathbf{7}},$$
$$\frac{\mathbf{3}}{\mathbf{7}} = \boxed{2} + \frac{\mathbf{1}}{\mathbf{3}},$$
$$\frac{\mathbf{3}}{\mathbf{1}} = \boxed{3}.$$

这产生 $\dfrac{10}{7} = [1, 2, 3]$.

例 5: 欧拉确定了数 e 的简洁的连分数表达式

$$\boxed{\mathrm{e} = [2, \overline{1, 2n, 1}]_{n=1}^{\infty}.} \tag{2.80}$$

这表明 $\mathrm{e} = [2, 1, 2, 1, 1, 4, 1, 1, 6, 1, \cdots]$. 因为这个连分数是无限的, 欧拉在 1737 年就能证明 e 的无理性. 直到 150 年后埃尔米特才能够证明 e 的超越性.

实际上, 欧拉首先推导出公式

$$\frac{\mathrm{e}^{k/2} + 1}{\mathrm{e}^{k/2} - 1} = [k, 3k, 5k, \cdots], \quad k = 1, 2, \cdots.$$

然后在能给出严格证明前先猜出公式 (2.80). 更多的连分数可在表 2.7 中找到.

表 2.7 一些特殊实数的连分数

实数	连分数
$\frac{1}{2}(\sqrt{5} - 1)$(黄金比)	$[0, \overline{1}]$
$\frac{1}{2}(\sqrt{5} - 1)$	$[\overline{1}]$
$\sqrt{2}$	$[1, \overline{2}]$
$\sqrt{3}$	$[1, \overline{1, 2}]$
$\sqrt{4}$	$[2]$
$\sqrt{5}$	$[2, \overline{4}]$
$\sqrt{6}$	$[2, \overline{2, 4}]$
$\sqrt{7}$	$[2, \overline{1, 1, 1, 4}]$
e	$[2, \overline{1, 2n, 1}]_{n=1}^{\infty}$
π	$[3, 7, 15, 1, 292, 1, 1, 1, 2, 1, 3, 1, 14, \cdots]$ (没有显然表达式)

黄金比 如果在点 x 处分割单位线段 [0,1], 其中

$$\boxed{\frac{1}{x} = \frac{x}{1 - x},} \tag{2.81}$$

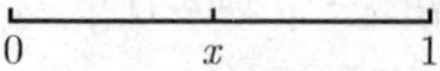

图 2.6 黄金比

于是得到自古称为黄金比的分割, 它被认为在雕塑、绘画及建筑中具有特殊的审美价值 (图 2.6). 由 (2.81) 推出 $x^2+x-1=0$, 亦即

$$x=\frac{1}{2}(\sqrt{5}-1)=0.618\cdots,$$

且有连分数展开式

$$x=[0,\overline{1}]=[0,1,1,1,\cdots].$$

值得注意这个数具有最简单的连分数.

2.7.5.3 最佳有理逼近

主定理 设 α 是实无理数, $n\geqslant 2$ 那么当 p 和 q 是满足关系式

$$o<q\leqslant q_n,\quad \frac{p}{q}\neq\frac{p_n}{q_n}$$

的整数时, 有[1)]

$$\boxed{\left|\alpha-\frac{p_n}{q_n}\right|<\left|\alpha-\frac{p}{q}\right|.} \tag{2.82}$$

推论 设 $n=0,1,2,\cdots$. 对于实数用有理数逼近的误差, 有估值

$$\boxed{\frac{1}{q_n(q_n+q_{n+1})}<\left|\alpha-\frac{p_n}{q_n}\right|\leqslant\frac{1}{q_nq_{n+1}}.} \tag{2.83}$$

例 1 (黄金比): 黄金比数 $\alpha_g=\dfrac{1}{2}(\sqrt{5}-1)$ 有连分数表达式 $\alpha_g=[0,\overline{1}]$. 对 $n=0,1,\cdots$ 典范近似分数是

$$\frac{p_n}{q_n}=\frac{0}{1},\ \frac{1}{1},\ \frac{1}{2},\ \frac{2}{3},\ \frac{3}{5},\ \frac{5}{8},\ \frac{8}{13},\ \frac{13}{21},\cdots.$$

因此 $\dfrac{8}{13}$ 是 α_g 的分母 $\leqslant 13$ 的最佳有理逼近. 由 (2.8.3) 得误差估计

$$\left|\alpha_g-\frac{8}{13}\right|\leqslant\frac{1}{q_6q_7}=\frac{1}{13\cdot 21}<\frac{4}{1000}$$

例 2: 对于 $\sqrt{2}=[1,2,2,2,\cdots]$ 我们得到典范近似分数

$$1,\quad \frac{3}{2},\quad \frac{7}{5},\quad \frac{17}{12},\quad \frac{41}{29},\quad \cdots,$$

因此 $\dfrac{17}{12}$ 是 $\sqrt{2}$ 的分母 $\leqslant 12$ 的最佳有理逼近, 由 (2.83) 得误差估计

$$\left|\sqrt{2}-\frac{17}{12}\right|\leqslant\frac{1}{12\cdot 29}<\frac{3}{1000}.$$

1) 另有更强的结果: $|\alpha q_n-p_n|<|\alpha q-p|$.

例 3: 对于 $\mathrm{e}=[2,1,2,1,1,4,1,\cdots]$, 典范近似分数是

$$\frac{2}{1},\quad \frac{3}{1},\quad \frac{8}{3},\quad \frac{11}{4},\quad \frac{19}{7},\quad \frac{87}{32},\quad \frac{106}{39},\quad \cdots.$$

因此 $\frac{87}{32}$ 是 e 的分母 $\leqslant 32$ 的最佳有理逼近. 另外, 还有误差估计

$$\left|\mathrm{e}-\frac{87}{32}\right| \leqslant \frac{1}{32\cdot 39}<\frac{1}{1000}.$$

确定最优有理逼近在与圆周长的逼近有关的数学史中起着特殊的作用 (即 π 的逼近, 参看 2.7.7).

狄利克雷丢番图逼近定理(1842) 实数 α 是无理数, 当且仅当不等式

$$|q\alpha-p|<\frac{1}{q}$$

有无穷多对互素整数解 p 及 $q>0$.

赫尔维茨最优逼近定理(1891) 对每个无理数 α 不等式

$$\left|\alpha-\frac{p}{q}\right|<\frac{1}{\sqrt{5}q^2} \tag{2.84}$$

有无穷多个有理解 $\frac{p}{q}$.

常数 $\sqrt{5}$ 是最优的. [1] 黄金比数 $\alpha_g=\frac{1}{2}(\sqrt{5}-1)$ 是可最差地逼近的数. [2] 就此意义而言, α_g 就所有实数中 "最无理的".

黄金比在混沌理论 中的作用 如果我们有两个耦合振荡系统, 其角频率为 ω_1 和 ω_2, 那么共振情形

$$\boxed{\frac{\omega_1}{\omega_2}=\text{有理数}}$$

是特别危险的, 就实际情况而言, 在计算机上只存在有理数. 但经验表明商 ω_1/ω_2 的无理性可以应用例 1 中黄金比的典范近似分数在计算机上对 ω_1/ω_2 进行模拟 (参看 [212], KAM 理论).

2.7.6 超越数

实数的分类(参看图 2.7) 一个实数称为有理数, 如果它是某个形如

$$c_1x+c_0=0$$

1) 如果 (2.84) 中 $\sqrt{5}$ 用大一点的数代替, 那么总可找到一个无理数 α 使这个新的不等式 (2.84) 仅有有限个有理解 p/q.

2) 我们有 $\lim\limits_{n\to\infty}\left|\alpha_g-\frac{p_n}{q_n}\right|q_n^2=\frac{1}{\sqrt{5}}$.

的方程的解, 其中 c_0 和 $c_1 \neq 0$ 是整系数, 毕达哥拉斯 (约公元前 500 年) 就已经知道数 $\sqrt{2}$ 不是有理数. 一个实数或复数称为代数数, 如果它是形如

$$c_n x^n + c_{n-1} x^{n-1} + \cdots + c_1 x + c_0 = 0, \quad n \geqslant 1 \tag{2.85}$$

的方程的解, 其中 c_j 是整系数 (对所有 j) 且 $c_n \neq 0$. 代数数α 的满足的多项式的最低次数称为这个数的次数. 2 次代数数也称为二次数.

代数数的较深刻的研究是代数数论的论题. 这个理论的基本组成是理想论, 伽罗瓦理论及 p 进数理论.

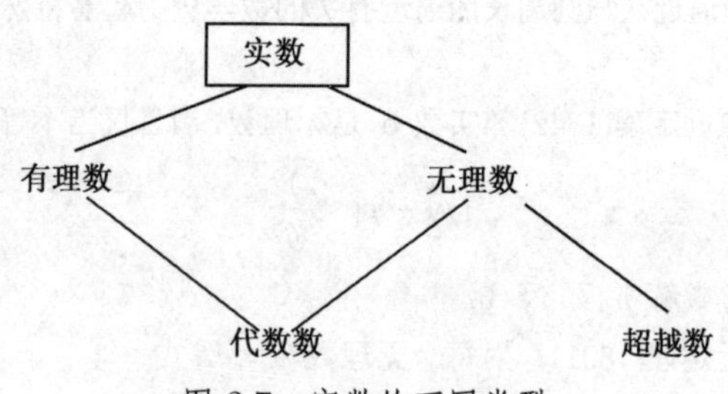

图 2.7 实数的不同类型

无理性判别法则 实数 α 是无理数, 当且仅当满足下列条件之一:

(i) α 的连分数是无限的.

(ii) α 的十进表示是非周期的.

(iii) (高斯定理) 数 α 是没有整数解的整系数代数方程

$$x^n + c_{n-1} x^{n-1} + \cdots + c_1 x + c_0 = 0, \quad n \geqslant 2$$

的解.

其他的判别法是 2.7.5.3 给出的狄利克雷丢番图逼近定理.

例 1: 数 $\sqrt{2}$ 是代数方程

$$x^2 - 2 = 0$$

的解因而是 (二次) 代数数. 因为这个方程显然没有整数解, 所以按高斯定理 $\sqrt{2}$ 是无理数.

不是代数数的实数或复数称为超越数. 超越数的存在性是刘维尔于 1844 年借助于他的逼近定理首先证明的 (见下面例 3).

欧拉–拉格朗日定理 一个实数是二次代数数, 当且仅当它有周期连分数.

例 2: $\sqrt{2}, \sqrt{3}$ 及 $\sqrt{5}$ 的连分数是周期的 (见表 2.7).

康托尔的超越数存在性定理(1872) 康托尔创立的集合论的一个惊人的成功是, 与刘维尔不同, 他能给出超越数存在性的完全初等的证明. 他证明了:

(i) 代数数的集合是可数的.

(ii) 实数的集合是不可数的.

因此存在很多超越数. 如果我们取任意一个实数的紧区间, 那么超越数含在这个区间中的概率是 1. 在这种意义下, 几乎所有实数是超越数.

逼近阶 按定义, 一个无理数 α 以实数 $k>0$ 为其逼近阶, 如果不等式

$$\left|\alpha-\frac{p}{q}\right|<\frac{1}{q^k}$$

被无穷多个有理数 $p/q(q>0)$ 满足. 特别, 由此可推知存在有理数的无穷序列 (P_n/Q_n) 使

$$\left|\alpha-\frac{P_n}{Q_n}\right|<\frac{1}{Q_n^\kappa} \quad 及 \quad Q_n\geqslant n, \quad 对所有n=1,2,\cdots,$$

定理 每个无理数的逼近阶至少为 2.

刘维尔逼近定理(1844) $n\geqslant 1$ 次代数数的逼近阶至多为 n.

例 3: 数

$$\frac{1}{10^{1!}}+\frac{1}{10^{2!}}+\frac{1}{10^{3!}}+\cdots$$

有任意高的逼近阶, 因此这个数必定是超越数. 这样, 刘维尔能够证明超越数的存在性. 一个更强的结果如下:

罗特逼近定理(1955)[1)] 无理数的最大逼近阶是 2.

粗略地说, 这意味着:

> 代数数只能很差地被有理数逼近,
> 而超越数可以用有理数有效地逼近.

埃尔米特定理(1873) 数 e 是超越数.

林德曼定理(1882) 数 π 是超越数.

这两个著名定理都是下列结果的特殊情形 (参看例 4).

林德曼–魏尔斯特拉斯定理(1882) 若 $\alpha_1,\cdots,\alpha_n$ 是两两互异的复代数数, 则由

$$\beta_1\mathrm{e}^{\alpha_1}+\cdots+\beta_n\mathrm{e}^{\alpha_n}=0$$

可推出至少有一个复系数 β_j 是超越数, 或者是平凡情形, 亦即 $\beta_k=0$ 对所有 k.

推论 如果复数 $z\neq 0$ 是代数数, 那么复数

> e^z 是超越数.

证 令 $\alpha_1:=0$ 及 $\alpha_2:=z$. 依照林德曼–魏尔斯特拉斯定理, 由此非平凡关系

$$(\mathrm{e}^z)\mathrm{e}^0+(-1)\mathrm{e}^z=0$$

1) K. 罗特 (Roth) 由于证明了这个基本结果而获得 1958 年菲尔兹奖.

可推出系数 e^z 是超越数.

例 4: (i) 我们取代数数 $z=1$, 可得命题: e 是超越数.

(ii) 对于 $z=2\pi i$ 数 $e^z=1$ 不是超越数, 因此 $2\pi i$ 不可能是代数数, 于是 π 不可能是代数数, 从而是超越数.

盖尔范德–施奈德定理(1934) 复数

$$\boxed{\alpha, \beta, \alpha^\beta}$$

中至少有一个超越数, 如果我们排除平凡情形 (亦即 $\alpha=0$ 或 $\ln\alpha=0$ 或 $\beta=$ 有理数).

这个著名定理给出希尔伯特第 7 问题 (于 1900 年提出) 的解.

例 5: 数

$$2^{\sqrt{5}}$$

是超越数, 因为序列 $2, \sqrt{5}, 2^{\sqrt{5}}$ 中只有最后一个数才可能是超越数. 这类命题早就被欧拉猜测是成立的.

例 6: e^π 是超越数.

证: 我们有 $e^\pi = i^{-2i}$ 三个数 $i, -2i$ 及 i^{-2i} 中只有最后一个数才可能是超越数.

2.7.7 对数 π 的应用

圆周长的计算, 亦即数 π 的计算起始于远古时代, 并且总是在耗费数学家的才智.

在《旧约全书》中可以发现数 3 被作为 π 的一个近似值. 在其中《列王纪 (上)》的第 7 章第 23 节中我们可以读到: “他又铸了一个铜海, 样式是圆的, 高 5 肘, 径 10 肘, 周 30 肘.”

在古埃及 (大约公元前 1650 年始) 的纸草书中我们可看到: “从直径中去掉 $\frac{1}{9}$, 以剩余部分为边作正方形, 它将与圆有相同面积”. 这给出一个更精密的近似值:

$$\pi = \left(\frac{16}{9}\right)^2 = 3.16, \cdots .$$

阿基米德(公元前 287~ 前 212)**的进展** 他用正多边形逼近圆, 并借助正 96 边形得到著名的估计[1)].

$$\boxed{\frac{223}{71} < \pi < \frac{22}{7}.}$$

因此我们有 $\frac{22}{7} = 3.14, \cdots$.

π 的最佳有理逼近 我们下面将证明 π 有连分数

$$\pi = [3, 7, 15, 1, 292, 1, 1, 1, \cdots], \tag{2.86}$$

1) 符号 π 是欧拉于 1737 年引进的. 可能欧拉取自希腊词汇 $\pi\varepsilon\rho\iota\varphi\acute{\varepsilon}\rho\varepsilon\iota\alpha$(意即 “圆周”).

它没有确定的规则可循. 这个连分数的典范近似分数是

$$3,\ \frac{22}{7},\ \frac{333}{106},\ \frac{355}{113},\ \frac{103993}{33102},\ \cdots.$$

其中第二个分数就是阿基米德的近似值 $\frac{22}{7}$. 由 2.7.5.3 的主要定理可知若限制分数的分母 $\leqslant 7$, 则 $\frac{22}{7}$ 是 π 的最佳有理逼近. 类似地,

$$\boxed{\frac{355}{113}} \tag{2.87}$$

是最佳有理逼近 (若限定分母 $\leqslant 113$). 由这个分数从 (2.83) 得到一个好得令人吃惊的估计

$$\left|\pi-\frac{355}{113}\right| \leqslant \frac{1}{q_3q_4}=\frac{1}{113\cdot 33102}<10^{-6}.$$

同样令人惊讶的是我们发现在中国数学家祖冲之(430—501) 的工作中分数 (2.87) 已经作为 π 的一个近似值.

1766 年在日本, 人们找到了下列估计:

$$\frac{5419351}{1725033}<\pi<\frac{428224593349304}{136308121570117}.$$

我们现在要说明如何导出 π 的连分数 (2.86). 为此需要十进估计

$$3.1415926535\mathbf{8}<\pi<3.1415926535\mathbf{9}, \tag{2.88}$$

这可以应用后文给出的数值程序得到, 在此情形下连分数算法 (2.79) 产生

$$3.14159265358=[3,7,15,1,292,1,1,1,1,\cdots],$$
$$3.14159265359=[3,7,15,1,292,1,1,1,2,\cdots].$$

这就得到 (2.86).

韦达乘积公式 1579 年 F. 韦达首次给出 π 的解析公式. 这个公式是

$$\boxed{\frac{2}{\pi}=\prod_{n=1}^{\infty}a_n,}$$

其中

$$a_{n+1}=\sqrt{\frac{1}{2}(1+\sqrt{a_n})} \quad 及 \quad a_0:=0.$$

如果我们令 $b_n:=\prod_{k=1}^{n}a_k$. 那么我们有估值

$$0<b_n-\frac{2}{\pi}<\frac{1}{4^n}, \quad n=1,2,\cdots,$$

由 b_{22} 可得 π 的估值 (2.88).

沃利斯乘积公式 1655 年 J. 沃利斯在他的专著 *Arithmetica Infinitorum* (《无限算术》) 中公布了下列乘积公式:

$$\boxed{\frac{\pi}{2}=\prod_{n=1}^{\infty}\frac{(2n)^2}{(2n-1)(2n+1)}.} \tag{2.89}$$

牛顿无穷求和公式 1665 年 22 岁的 I. 牛顿应用级数

$$\arcsin x=\sum_{n=1}^{\infty}\frac{1\cdot 3\cdot\cdots\cdot(2n-1)}{2\cdot 4\cdot\cdots\cdot(2n)}\cdot\frac{z^{2n+1}}{2n+1},$$

并在 $x=1/2$ 的特殊情形得到公式

$$\boxed{\frac{\pi}{6}=\frac{1}{2}+\frac{1}{2\cdot 3\cdot 8}+\frac{1\cdot 3}{2\cdot 4\cdot 5\cdot 32}+\frac{1\cdot 3\cdot 5}{2\cdot 4\cdot 6\cdot 7\cdot 128}+\cdots,}$$

由此他能推导出 π 的前 14 位十进数字.

莱布尼茨无穷求和公式 1674 年 28 岁的莱布尼茨借助几何的考虑发现了下列求和公式:

$$\boxed{\frac{\pi}{4}=1-\frac{1}{3}+\frac{1}{5}-\frac{1}{7}+\cdots,} \tag{2.90}$$

其优点是极其简单. 误差由第一个被省略的项决定. 因此这个级数收敛得相当慢, 并且不便于用来计算 π.[1)]

欧拉乘积公式 大约在沃利斯之后 80 年, 欧拉发现了他的著名的乘积公式:

$$\boxed{\sin\pi z=\pi z\prod_{k=1}^{\infty}\left(1-\frac{z^2}{k^2}\right),\quad \text{对所有} z\in\mathbb{C}.} \tag{2.91}$$

沃利斯的乘积公式 (2.89) 是这个公式当 $z=1/2$ 时的特殊情形.

π 的精确计算 鲁道夫 · 范柯伦(Ludolf van Ceulen, 1540—1610) 首先计算 π 到 35 位 (十进) 小数. 因此, 有时 π 也称为鲁道夫数.

从 18 世纪起, J. 梅钦(Machin) 公式

$$\boxed{\frac{\pi}{4}=4\arctan\left(\frac{1}{5}\right)-\operatorname{arc\,tan}\left(\frac{1}{239}\right)}$$

就与 $\arctan x$(参看 (2.93)) 的幂级数一起用来计算 π.

1) 事实上, 这个级数比莱布尼茨早 3 年已由英国数学家 J. 格雷戈里(Gregory) 发现.

拉马努金公式 印度数学家 S. 拉马努金(Ramanujan,1887—1920)[1)] 于 1914 年发现公式

$$\boxed{\frac{1}{\pi}=\frac{\sqrt{8}}{9801}\sum_{n=0}^{\infty}\frac{(4n)![1103+26390n]}{(n!)^4 396^{4n}}.}$$

这个公式与深刻的模形式理论紧密相关 (参看 1.14.18).

哥伦比亚大学 (美国纽约) 的 D. 丘德诺夫斯基 (Chudnovsky) 和 G. 丘德诺夫斯基兄弟应用类似于上述拉马努金公式的被修饰过且非常复杂的公式, 将数 π 计算到 20 多亿位 (准确地说是 2 260 321 336 位).

博温兄弟的迭代方法 下述引人注意的迭代方法是 P. 博温和 J. 博温 (Bouwein, 加拿大滑铁卢大学) 兄弟提出的:

$$\boxed{\begin{aligned}&y_{n+1}=\frac{1-(1-y_n^4)^{1/4}}{1+(1-y_n^4)^{1/4}},\quad n=0,1,\cdots,\\&\alpha_{n+1}=(1+y_{n+1})^4\alpha_n-2^{2n+3}y_{n+1}(1+y_{n+1}+y_{n+1}^2),\end{aligned}}$$

其初值 $y_0:=\sqrt{2}-1,\alpha_0:=6-4\sqrt{2}$, 有

$$\boxed{\lim_{n\to\infty}\frac{1}{\alpha_n}=\pi.}$$

这个序列的收敛速度是如此惊人, 只需 15 次迭代就足以将 π 的值算到 20 亿位.

这个方法是现代数学的革命性的标志, 高效能计算机提出全新的方法和算法的要求, 我们将其称为“科学计算”.

一般连分式 一般连分式是下面形式的表达式:

$$a_0+\cfrac{b_1}{a_1+\cfrac{b_2}{a_2+\cfrac{b_3}{a_3+\cdots\ddots\cfrac{b_{n-1}}{a_{n-1}+\cfrac{b_n}{a_n}}}}}.$$

这个表达式也记作

1) 拉马努金 (1887—1920), 由于其天赋过人, 是数学史上最令人惊异的人物之一. 他发现了许多难以置信的复杂的数学公式. 通过他给英国大数学家 G. H. 哈代(Hardy, 1877—1947) 的一封信, 哈代看出了拉马努金的数学才能并于 1914 年邀请他到英格兰. 拉马努金的笔记, 是看似来自另一个世界的数学公式的宝库, 成为数学文献中独特无双的论著. 对于对其深刻的数学魅力感兴趣的人, 我们强烈地推荐这个笔记的包含证明和评论的现代版本 [263].

$$a_0+\frac{b_1|}{|a_1}+\frac{b_2|}{|a_2}+\cdots+\frac{b_n|}{|a_n}.$$

在 $b_j=1$(当所有 j) 的特殊情形, 我们得到 2.7.5.1 中的表达式 $[a_0,\cdots,a_n]$.

π 的无理性的勒让德证明(1806) 1766 年 J. 兰伯特(Lambert,1728—1777) 发现 (一般) 连分式[1)]

$$\tan z=\frac{z^2|}{|1}-\frac{z^2|}{|3}-\frac{z^2|}{|5}-\cdots.$$

由这个表达式可知当 $z\neq 0$ 是有理数时 $\tan z$ 的无理性. 特别地, 由表达式

$$\tan\frac{\pi}{4}=1$$

的有理性推出 π 是无理数. 兰伯特给出的证明包含一个疏漏, 直到 1806 年才被勒让德弥补.

早在 2000 多年前, 亚里士多德 (Aristotle) 就猜测 π 的无理性, 其原始形式是一个圆的半径和周长不可公度.

林德曼关于化圆为方不可能性定理 (1882) F. 林德曼于 1882 年证明了 π 是超越数, 作为其推论是古代化圆为方问题的否定性解答 (参看 2.6.6).

π 的一般连分式 对于所有实数, 我们有收敛连分式

$$\arctan x=\frac{x|}{|1}+\frac{1^2\cdot x^2|}{|3}+\frac{2^2\cdot x^2|}{|5}+\frac{3^2\cdot x^2|}{|7}+\cdots, \tag{2.92}$$

与此不同, 幂级数

$$\arctan x=x-\frac{x^3}{3}+\frac{x^5}{5}-\cdots \tag{2.93}$$

仅当 $1-\leqslant x\leqslant 1$ 收敛, 如果我们应用

$$\frac{\pi}{4}=\arctan 1,$$

那么在 (2.93) 中取 $x=1$ 可得莱布尼茨级数(2.90), 它收敛得很慢. 为将 π 计算到第 7 位, 我们大约要取莱布尼茨级数的 10^6 项. 在 (2.92) 中取 $x=1$ 且计算 9 项, 就可得到 π 的具有相同精密度的近似值. 一般地, 我们有非常正则的表达式

$$\frac{\pi}{4}=\frac{1|}{|1}+\frac{1^2|}{|3}+\frac{2^2|}{|5}+\frac{3^2|}{|7}+\cdots. \tag{2.94}$$

2.7.8 高斯同余式

定义 设 a,b 及 m 是整数, 按照高斯, 记

$$\boxed{a\equiv b \operatorname{mod} m,}$$

当且仅当差 $a-b$ 被 m 整除. 此时, a 和 b 称为对于模 m 同余.

1) 这个连分式对所有不是 $\tan z$ 的极点的复数 z 收敛.

例 1: $5 \equiv 2 \bmod 3$, 因为 3 整除 $5-2$.

运算法则 (i)$a \equiv a \bmod m$.

(ii) 由 $a \equiv b \bmod m$ 可推出 $b \equiv a \bmod m$.

(iii) 由 $a \equiv b \bmod m$ 及 $b \equiv c \bmod m$ 可推出 $a \equiv c \bmod m$.

(iv) 由 $a \equiv b \bmod m$ 及 $c \equiv d \bmod m$ 可得

$$a+c \equiv b+d \bmod m \text{ 及 } ac \equiv bd \bmod m.$$

定理 如果 s 和 m 是互素的正自然数, 那么方程

$$ts \equiv 1 \bmod m$$

有正整数解 t.

费马 (1640) **和欧拉** (1760) **定理** 对于正自然数 a 和 m, 如果它们互素, 那么

$$\boxed{a^{\varphi(m)} \equiv 1 \bmod m,}$$

其中 $\varphi(m)$ 表示整数 $1, \cdots, m$ 中与 m 互素的数的个数 (即欧拉 φ 函数, 参看 2.7.2).

例 2: 对于不整除 a 的素数 p 有

$$\boxed{a^{p-1} \equiv 1 \bmod p.}$$

定理的这种形式最初是费马提出的.

2.7.8.1 费马–欧拉定理在编码理论中的应用

200 多年前费马–欧拉定理仅被看成纯粹数学中的一个结果. 然而, 在 1977 年里夫斯特 (Rivest), 沙米尔 (Shamir) 及阿德莱曼 (Adlemann) 公布了下列简单得令人难以置信但却非常安全的码, 它的基础就是我们上面所说的定理, 并且现在它已被广泛地应用.

操作器的准备 (i) 取两个素数 p 和 q, 它们的大小大约为 10^{100}, 并且要予以保密.

(ii) 作乘积

$$\boxed{m = pq}$$

并计算 $\varphi(m) = (p-1)(q-1)$.

(iii) 取另一个自然数 s, 使适合 $1 < s < \varphi(m)$.

(iv) 发送信息的人 (公开地) 给出两个数

$$\boxed{m \text{ 和 } s.}$$

信息编码 将信息简单地编码为单个自然数

$$\boxed{n,}$$

方法如下：将每个字母对应于 (例如) 一个两位数 10, 11, 12, $\cdots$, 并将信息中的每个字母换为所对应的两位数. 于是将它们连接起来就得到一个大数 n, 然后用 m 去除数 n^s, 将余数 r 输送到操作器中, 亦即只将满足

$$\boxed{n^s \equiv r \bmod m}$$

的数 r 作为发出的信息.

用操作器将信息译码 在此要从余数 r 构造出原来的数 n.

因为 $\varphi(m)$ 与 s 互素, 所以存在自然数 $t \geqslant 1$ 使

$$ts \equiv 1 \bmod \varphi(m). \tag{2.95}$$

定理 $r^t \equiv n \bmod m$.

现在操作器恰是用 m 去除 r^t. 这里的余数就是要找的数 n. 注意从 m 的大小可知总有 $n < m$.

定理的证明： 由费马–欧拉定理有

$$n^{\varphi(m)} \equiv 1 \bmod m.$$

由 (2.95) 知存在一个整数 k 适合 $ts = 1 + k\varphi(m)$. 由此推出

$$r^t \equiv n^{st} \equiv n^{1+k\varphi(m)} \equiv n \bmod m.$$

方法的安全性 如果某个 "入侵者" 要破译信息, 那么他必须知道数 t, 亦即 $\varphi(m) = (p-1)(q-1)$. 为得到这个数, 他必须确定数 m 的素数分解式, 而数 m 对他是已知的. 这个方法的诀窍就在于所选取的数 p 和 q 的大小, 使得还没有任何计算机能在合理的时间内确定出 p 和 q 的因数.

因为计算机始终在发展, 功能越来越强大, 因此只有当我们不断地选取新的更大的数 p 和 q 才能保证方法的安全性.

如果我们找到某个将大整数快速分解为素数之积的算法, 那么上面的方法将变得不安全. 由于这个原因, 所有在这个领域从事研究的数学家都被国家安全委员会严密地监控.

2.7.8.2 二次互反律

我们研究下列两个方程的可解性：

$$\boxed{x^2 \equiv q \bmod p} \tag{2.96}$$

及

$$\boxed{x^2 \equiv p \bmod q.} \tag{2.97}$$

勒让德符号 我们令

$$\left(\frac{q}{p}\right) := \begin{cases} 1, & \text{如(2.96)有解}, \\ -1, & \text{如(2.96)无解}. \end{cases}$$

高斯二次互反律(1796) 如果 p 和 q 是大于 2 的素数, 那么有

$$\boxed{\left(\frac{q}{p}\right)=(-1)^{(p-1)(q-1)/4}\left(\frac{p}{q}\right).}$$

另外, 对于勒让德符号, 我们有

$$\left(\frac{-1}{p}\right)=(-1)^{(p-1)/2},\quad \left(\frac{2}{p}\right)=(-1)^{(p^2-1)/8},$$

历史评注 这个定理是欧拉 (1722)、勒让德 (1785) 及高斯独立地凭借经验发现的. 高斯给出第一个完全的证明. 这个定律及其许多推广表述了我们熟知的数论中最深刻的基本性质.

例: 设 $p=4n+1$ 是素数, 其中 n 是某个正自然数, 那么方程

$$x^2 \equiv -1 \bmod p$$

有一个解, 这是因为 $\left(\dfrac{-1}{p}\right)=1$.

高斯定理(1808) 设 $\varepsilon:=\mathrm{e}^{2\pi\mathrm{i}/p}$, 其中 p 是素数. 那么有

$$\sum_{k=1}^{p-1}\left(\frac{k}{p}\right)\varepsilon^k=\begin{cases}\sqrt{p}, & \text{当}p\equiv 1 \bmod 4,\\ \mathrm{i}\sqrt{p}, & \text{当}p\equiv 3 \bmod 4.\end{cases}$$

这种类型的和称为高斯和. 高斯甚至花费很长时间去证明这个结果.

2.7.9 闵可夫斯基数的几何

格 设 $\boldsymbol{b}_1,\cdots,\boldsymbol{b}_n$ 是空间 $\mathbb{R}^n$ 的线性无关的列向量, $n\geqslant 2$. 集合

$$L:=\left\{\sum_{k=1}^{n}\alpha_k\boldsymbol{b}_k\;\middle|\;\alpha_1,\cdots,\alpha_n\in\mathbb{Z}\right\}$$

称为 $\mathbb{R}^n$ 中的格. 数 $\mathrm{Vol}(L):=|\det(\boldsymbol{b}_1,\cdots,\boldsymbol{b}_n)|$ 等于 $\boldsymbol{b}_1,\cdots,\boldsymbol{b}_n$ 所张成的 n 维方体的体积, 并称为格体积.

闵可夫斯基格点定理(1891) 设 L 是一个格, C 是关于原点中心对称的凸集, 亦即由 $\boldsymbol{x}\in C$ 可推出 $-\boldsymbol{x}\in C$. 如果对于 C 的体积 $\mathrm{Vol}(C)$ 不等式

$$\mathrm{Vol}(C)\geqslant 2^n\mathrm{Vol}(L)$$

被满足, 那么 C 含有一个格点 $\boldsymbol{x}\neq 0$.

例: 如果 C 是 $\mathbb{R}^3$ 中中心在原点的球, 且 $\mathrm{Vol}(C)\geqslant 8$, 那么 C 含有某个格点 $\boldsymbol{x}\neq\mathbf{0}$.

2.7.10 数论中局部–整体基本原理

2.7.10.1 赋值

定义 设 K 是一个给定的域. 域 K 上的 (实) 赋值对于每个元素 $x \in K$ 相伴一个实数 $\nu(x) \geqslant 0$, 且具有下列性质:

(i)$\nu(x) = 0$ 当且仅当 $x = 0$.

(ii)$\nu(xg) = \nu(x)\nu(y)$ 及 $\nu(x+y) \leqslant \nu(x) + \nu(y)$ 对所有 $x, y \in K$.

例 1: $\nu(0) = 0$ 及 $\nu(x) = 1$(对所有 $x \neq 0$), 这是一个平凡的赋值.

例 2: 设 $\mathbb{Q}$ 是有理数域. 令

$$\boxed{\nu_\infty(x) := |x|,}$$

它产生 $\mathbb{Q}$ 上的一个赋值.

如果 p 是素数, 那么 $\mathbb{Q}$ 中的每个数可以写成

$$x = \frac{a}{b}p^m,$$

其中 m 是整数, 且数 a 和 b 不能被 p 整除. 如果我们令

$$\boxed{\nu_p(x) := p^{-m},}$$

那么我们得到所谓 $\mathbb{Q}$ 上的 p 进赋值.

2.7.10.2 p 进数

每个度量空间都可以扩张为完全度量空间. 这个扩张在等距同构的意义下是唯一的 (参看 [212]).

有理数域 $\mathbb{Q}$ 借助定义

$$\boxed{d(x,y) := \nu_\infty(x-y)}$$

成为一个度量空间, 这个度量空间的完备化产生实数域 $\mathbb{R}$.

如果在上述过程中应用 p 进赋值, 那么 $\mathbb{Q}$ 关于度量

$$d(x,y) := \nu_p(x-y)$$

的完备化产生 p 进数域 $\mathbb{Q}_p$.

例: 无穷级数 $\sum\limits_{n=0}^{\infty} a_n$ 在 $\mathbb{Q}_p$ 中收敛, 当且仅当 (a_n) 收敛于 0.

具有如此简单性的结果在 $\mathbb{R}$ 中不成立.

奥斯特罗夫斯基定理(1918) 如果有一个有理数域上的非平凡赋值 ν, 那么 $\mathbb{R}$ 关于度量 $d(x,y) := \nu(x-y)$ 的完备化或者是域 $\mathbb{R}$, 或者是某个 p 进数域 $\mathbb{Q}_p$.

附注 如果我们采纳有理数由自然数唯一确定的观点, 那么奥斯特罗夫斯基定理表明经典的由 $\mathbb{Q}$ 到 $\mathbb{R}$ 的抽象化就是不必要的, 更确切地说, 所有的 p 进域 $\mathbb{Q}_p$ 作为同一个域 (度量空间) 的可能的完备化.

p 进数是 K. 享泽尔(Hensel) 于 1904 年引进数论中的, 并从此证明它们是基本的. 有许多数学家和物理学家认为理论物理至今如此不完全, 是因为由于历史的原因直到现在它仍然限于实数而不考虑其他的域 $\mathbb{Q}_p$.

2.7.10.3 闵可夫斯基–哈塞定理

我们考虑方程

$$\boxed{a_1x_1^2+\cdots+a_nx_n^2=0,} \tag{2.98}$$

其中 $a_1,\cdots,a_n$ 是有理数, 全不为零.

定理 如果对于 $K=\mathbb{R}$ 及 $K=\mathbb{Q}_p$(p 是任意素数) 方程 (2.98) 有非平凡解

$$x_1,\cdots,x_n\in K, \tag{2.99}$$

那么它也有非平凡解

$$x_1,\cdots,x_n\in\mathbb{Q}. \tag{2.100}$$

附注 称 (2.99) 中的解是局部的, 而 (2.100) 中的解是整体的. 于是这个定理告诉我们, 由方程 (2.98) 的局部可解性可推出它的整体可解性. 这是数论中一般的局部–整体原理的一个特殊情形, 并表明了 p 进数域的基本性质.

2.7.11 理想和因子理论

每个整数可以写成素数乘积. 这个事实对于任意环不正确. 对于其更抽象的提法, 我们必须应用因子理论 (参照图 2.8).

理想论的出发点是库默尔 1843 年以来的工作, 其中包括费马大定理的不正确的 "证明". 狄利克雷看出了这个错误, 具体地说, 就是数的素数分解在任意环中不成立. 据此, 库默尔研究了分解问题. 他引进了理想数, 使他能证明一般化的分解定理, 从而能够在某些特殊情形给出费马大定理的正确证明. 戴德金于 1871 年引进了理想的一般概念从而创立了理想论, 它现在应用于算子代数, 在现代数学物理中起着重要作用 (参看 [212]).

2.7.11.1 基本概念

设 R 是具有单位的整环, 亦即 R 是无零因子的交换环.

单位 R 的元素 ε 称为单位, 如果 ε^{-1} 也属于 R.

例 1: 在整数环 $\mathbb{Z}$ 中仅有的单位是 ±1.

素元 环的元素p 称为素的或不可约的, 如果 $p \neq 0$, p 不是单位且由分解式

$$p = ab$$

可推出 a 或 b 是单位.

唯一分解为素元 (之积) 环 R 称为因子分解环(或唯一因子分解环), 当且仅当环中每个非零元素可唯一地 (除因子顺序外) 表示为素元之积.

例 2: 整数环 $\mathbb{Z}$ 具有这种性质.

2.7.11.2 主理想整环和欧几里得环

设 R 是有单位的交换环.

理想 R 的非空集合 $\mathscr{A}$ 称为一个理想, 如果它具有下列两个性质:

(i) 从 $a, b \in \mathscr{A}$ 可推出 $a - b \in \mathscr{A}$.

(ii) 由 $a \in \mathscr{A}$ 及 $r \in R$ 可得 $ra \in \mathscr{A}$.

注意这些性质恰好是说 $\mathscr{A}$ 关于加法及与 R 中的元素的标量乘法是封闭的. 因此, 理想是群论中的正规子群在环中的类似物. 实际上, 群论中将正规子群刻画为群同态的核的同态定理, 其类似物对于理想也成立: R 的子集 $\mathscr{A}$ 是一个理想, 当且仅当它是环同态的核.

我们用 (a) 表示最小的包含元素 a 的理想. 可明显地表示 $(a) = \{ra | r \in R\}$. 这种理想称为主理想.

主理想环 一个有单位的整环称为主理想环, 当且仅当环中每个理想都是主理想.

定理 1 每个主理想环都有唯一分解为素元之积的性质.

欧几里得环 一个有单位的整环 R 称为欧几里得环, 如果对于环中每个元素 $r \neq 0$ 存在整数 $h(r) \geqslant 0$ 使得

(i) $h(rs) \geqslant h(r)$ 对所有 $r \neq 0$ 及 $s \neq 0$.

(ii) 对于环中任意两个元素 a 和 b, 且 $b \neq 0$, 存在表达式

$$a = qb + r,$$

其中或者 $r = 0$, 或者 $h(r) < h(b)$. 函数 $h : \mathbb{R} \to \mathbb{Z}$ 称为高.

定理 2 每个欧几里得环是主理想环.

例 1: 整数环 $\mathbb{Z}$ 是欧几里得环, 且 $h(r) := |r|$.

例 2: 如果 K 是一个域, 那么所有未定元 x 的系数在 K 中的多项式组成的环 $K[x]$ 是殴几里得环. 多项式的高是它的次数.

$K[x]$ 中的单位是 K 中的非零元素. $K[x]$ 中的不可约元素称为不可约多项式.

多项式环 $K[x]$ 不是主理想环.

素理想和准素理想 设 $\mathscr{A}$ 是环 R 中的一个理想.

(i) $\mathscr{A}$ 称为素理想, 如果商环 $R/\mathscr{A}$ 没有零因子.

(ii) $\mathscr{A}$ 称为准素理想, 如果 $R/\mathscr{A}$ 中的零因子是幂等元(亦即它的某个幂为零).

定理 3 对于每个准素理想 $\mathscr{A}$ 存在素理想 $\mathscr{A}'$, 它由 R 中所有为 $\mathscr{A}$ 的元素的某个幂的那些元素组成.

例 3: 在整数环 $\mathbb{Z}$ 中, 理想 (p) 是素理想, 当且仅当 p 是素数 (这个事实解释了素理想这个术语).

另外, (a) 是准素理想, 如果 a 是某个素数的幂.

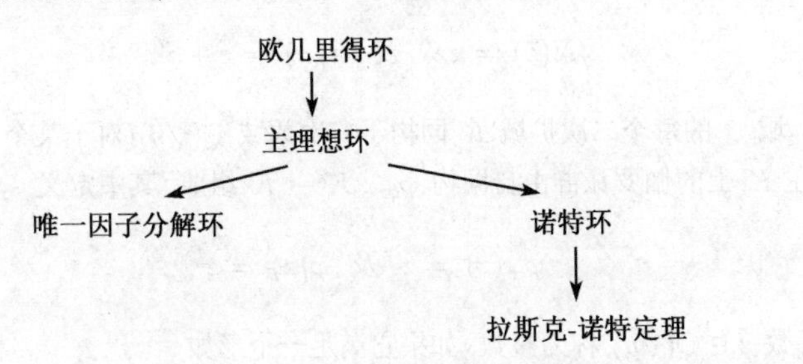

图 2.8　不同类型的环间的关系

2.7.11.3　拉斯克-诺特定理

我们用 $(a_1,\cdots,a_n)$ 表示最小的含有元素 $a_1,\cdots,a_s$ 的理想 (我们还称它为由元素 $a_1,\cdots,a_s$ 生成的环).

诺特环　一个环称为诺特环, 如果它是交换的, 并且它的每个理想都是由有限多个元素生成.

希尔伯特基定理(1983)　如果 R 是具有单位的诺特环, 那么每个 n 个未知元系数在 R 中的多项式环 $R[x_1,\cdots,x_n]$ 也是这样的环.

下列定理是因子理论中的主要结果.

E. 拉斯克 (Lasker)(1905)**和 E. 诺特 (Noether)**(1926)**定理**　设 R 是诺特环. 那么 R 中的每个理想可以不可缩减地表示为一些准素理想的交, 且与这些准素理想相伴的素理想数互不相同.

任何两个这样的表示中准素理想 (除顺序外) 个数相同, 且具有相同的相伴素理想.

理想的乘积　设 $\mathscr{A}$ 和 $\mathscr{B}$ 是环 R 中两个理想, 我们用

$$\mathscr{A}\mathscr{B}$$

表示最小的包含所有乘积 ab(其中 $a\in\mathscr{A}, b\in\mathscr{B}$) 的理想. 另外, 交 $\mathscr{A}\cap\mathscr{B}$ 和理想论中的和$\mathscr{A}+\mathscr{B}:=\{a+b|a\in\mathscr{A}, b\in\mathscr{B}\}$ 也是理想.

2.7.12　对二次数域的应用

域$\mathbb{Q}(\sqrt{d})$　设 d 是一个整数且 $d\neq 0, d\neq 1$. 还设 d 是无平方因子的, 亦即不被任何完全平方数整除. 按定义, 二次数域 $\mathbb{Q}(\sqrt{d})$ 由所有形如

$$\boxed{a+b\sqrt{d},\quad a,b\in\mathbb{Q}}$$

的数组成, 其中 $\mathbb{Q}$ 是有理数域. $z:=a+b\sqrt{(d)}$ 的共轭数是数

$$z':=a-b\sqrt{d}.$$

此外, 我们用下列公式定义数 z 的范数$N(z)$ 和迹$\operatorname{tr}(z)$.

$$N(z):=zz' \text{ 及 } \operatorname{tr}(z):=z+z'.$$

定理 1 域 $\mathbb{Q}$ 的每个二次扩域 K 同构于二次数域 $\mathbb{Q}(\sqrt{d})$(对于某个 d).

$\mathbb{Q}$ 在 K 上的伽罗瓦群由自同构 $\varphi_{\pm}:K\to K$ 组成, 其中定义

$$\varphi_{+}(z):=z \text{ 及 } \varphi_{(}z):=z'.$$

整数[1] 数 $z\in\mathbb{Q}(\sqrt{d})$ 称为整数, 如果它满足一个形如

$$z^n+a_{n-1}z^{n-1}+\cdots+a_1z+a_0=0$$

的方程, 其中 $a_0,\cdots,a_{n-1}$ 是 (有理) 整系数, n 是正自然数. $\mathbb{Q}(\sqrt{d})$ 中整数的集合记为 $\mathscr{O}$(或为了明显表示与 d 有关, 记为 $\mathscr{O}_d$). 它是一个环, 并称为 K 的整数环.

定理 2 对于 $d\equiv 2 \bmod 4$ 及 $d\equiv 3 \bmod 4$ 有

$$\mathscr{O}_d:=\{a+b\sqrt{d}|a,b\in\mathbb{Z}\},\quad D:=4d,$$

以及对于 $d\equiv 1 \bmod 4$ 有

$$\mathscr{O}_d:=\left\{a+b\frac{1+\sqrt{d}}{2}\middle|a,b\in\mathbb{Z}\right\},\quad D:=d.$$

在这里出现的数 D 称为域 $\mathbb{Q}(\sqrt{d})$ 的判别式.[2]

推论 环 $\mathscr{O}$ 中的单位是

$$\begin{array}{ll}
\pm1,\pm\mathrm{i} & \text{当 } d=-1,\\
1,\eta,\cdots,\eta^5 & \text{当 } d=-3 \text{ 且 } \eta:=\mathrm{e}^{\mathrm{i}\pi/3},\\
1,-1 & \text{当 } d<0,d\neq-1,-3,\\
\pm\varepsilon^k,k\in\mathbb{Z} & \text{当 } d>0.
\end{array}$$

此处我们有 $\varepsilon:=x+y\sqrt{d}$, 而 (x,y) 是费马方程 $x^2-dy^2=1,x,y\in\mathbb{N}$ 的最小解 (参看 3.8.6.1). 这个单位称为 $\mathbb{Q}(\sqrt{d})$ 的基本单位.

1) 为区分通常的整数和数域中的整数, 我们称前者为有理整数.

2) 范数、迹、判别式以及数域的整数等概念, 都是很一般的, 并且可以对任何数域定义.

戴德金基本分解定理(1871) $\mathscr{O}_d$ 是一个环, 在其中每个理想 $\mathscr{A} \neq 0$ 可以唯一地(除顺序外) 表示成素理想之积.

例 1: 设 $d=-5$. 在域 $\mathbb{Q}(-\sqrt{-5})$ 中数 9 有两个素元素分解式

$$9=3\cdot 3$$

及

$$9=(2+\sqrt{-5})(2-\sqrt{-5}),$$

亦即在环 $\mathscr{O}_{-5}$ 中分解为素元不是唯一的. 但如用主理想 (9) 代替数 9, 那么可得唯一的分解式

$$\boxed{(9)=\mathscr{P}\mathscr{Q},}$$

其中 $\mathscr{P}:=(3,2+\sqrt{-5})$ 及 $\mathscr{Q}:=(3,2-\sqrt{-5})$ 都是素理想.

例 2: (i) 设 $d<0$. 那么 $\mathscr{O}_d$ 仅当

$$d=-1,-2,-3,-7,-11,-19,-43,-67,-163.$$

为唯一因子分解环. 恰当 $d=-1,-2,-3,-7$ 及 -11 时 $\mathscr{O}_d$ 是欧几里得环.

(ii) 设 $d>0$. 那么 $\mathscr{O}_d$ 是欧几里得环当且仅当

$$d=2,3,5,6,7,11,13,17,19,21,29,33,37,41,57,73.$$

这些环 $\mathscr{O}_d$ 也是唯一因子分解环. 完全确定哪些 $\mathscr{O}_d$ 是因子分解环至今仍是一个未解决的问题.

分式理想 $\mathbb{Q}(\sqrt{d})$ 的子集 $\mathscr{A}$ 称为分式理想, 如果

(i) $\mathscr{A}$ 的元素恰为 $\mathbb{Q}(\sqrt{d})$ 中具有下列形式的元素:

$$a_1z_1+\cdots+a_nz_n,$$

其中 $z_1,\cdots,z_n$ 是 $\mathbb{Q}(\sqrt{d})$ 中的固定的数, 系数 $a_1,\cdots,a_n$ 是 $\mathbb{Z}$ 中的任意数.

(ii) 由 $y\in\mathscr{A}$ 及 $r\in\mathscr{O}_d$ 可得 $rz\in\mathscr{A}$.

例 3: $\mathscr{O}_d$ 是分式理想.

两个分式理想 $\mathscr{A}$ 和 $\mathscr{B}$ 称为等价, 如果 $\mathscr{A}=k\mathscr{B}$, 其中 $k\neq 0$ 是 $\mathbb{Q}(\sqrt{d})$ 中的一个固定的数. 如果 $\mathscr{A}$ 和 $\mathscr{B}$ 是公式理想, 那以用

$$\mathscr{A}\mathscr{B}$$

表示最小的含有所有乘积 ab(基中 $a\in\mathscr{A},b\in\mathscr{B}$) 的分式理想.

$\mathbb{Q}(\sqrt{d})$的基本类数 $\mathbb{Q}(\sqrt{d})$ 的分式理想的等价类的集合关于乘法 $\mathscr{A}\mathscr{B}$ 形成一个群, 称为 $\mathbb{Q}(\sqrt{d})$ 的类群; 这个群的阶称为 $\mathbb{Q}(\sqrt{d})$ 的类数, 它通常记作 h, 或者为表明它与域 $\mathbb{Q}(\sqrt{d})$ 的关系, 记作 $h(d)$.

这些概念都可在 1801 年发表的高斯的 *Disquisitiones arithmeticae* (《算术研究》) 中找到. 类数越大, 则域 $\mathbb{Q}(\sqrt{d})$ 及环 $\mathscr{O}_d$ 的结构就越复杂.

定理 3 $\mathscr{O}_d$ 是主理想环, 当且仅当 $\mathbb{Q}(\sqrt{d})$ 的类数等于 1, 亦即在等价意义下在 $\mathbb{Q}(\sqrt{d})$ 中只有一个分式理想.

例 4: 例 2 中的所有欧几里得环都是主理想环, 其类数为 1.

2.7.13 解析类数公式

1855 年高斯去世后格丁根大学任命狄利克雷为高斯的继任者, 试图以此保持半个世以来该校由于拥有在所有在世数学家中名列第一的学者而赢得的声望.

E. 库默尔(1810—1893)

狄利克雷 (1805—1859) 是第一个在数论中系统应用解析方法的人, 并由此开创了现在称为解析数论的分支. 在其他方面, 他还应用他的 L 函数得到类数公式.

类数公式 对于 $\mathbb{Q}(\sqrt{d})$ 的类数 $h(d)$, 我们有

$$h(d)=\begin{cases}1, & \text{当 } d=-1,-3,\\ \dfrac{1}{\pi}\sqrt{|D|}L(1,\chi), & \text{当 } d<0, d\neq -1,-3,\\ \dfrac{\sqrt{D}}{2\ln\varepsilon}L(1,\chi), & \text{当 } d>0,\end{cases}$$

其中 D 是域 $\mathbb{Q}(\sqrt{d})$ 的判别式, ε 是基本单位, 另外,

$$L(s,\chi):=\sum_{n=1}^{\infty}\frac{\chi(n)}{n^s},$$

以及

$$\chi(n):=\begin{cases}\displaystyle\prod_{p|d}\left(\frac{n}{p}\right), & \text{当 } d\equiv 1 \bmod 4,\\ \displaystyle(-1)^{(n-1)/2}\prod_{p|d}\left(\frac{n}{p}\right), & \text{当 } d\equiv 3 \bmod 4,\\ \displaystyle(-1)^{\rho}\prod_{p|\delta}\left(\frac{n}{p}\right), & \text{当 } d=2\delta \text{ 而 } \delta \text{ 为奇数},\end{cases}$$

并且 $\rho:=\dfrac{n^2-1}{8}+\dfrac{(n-1)(\delta-1)}{4}$. 乘积展布在 d 的所有素因子上 (第 3 个式子中是展布在 δ 的素因子上). 还有, $\left(\dfrac{n}{p}\right)$ 是勒让德符号(参看 2.7.8.2). χ 称为 $\mathbb{Q}(\sqrt{d})$ 的特征.

2.7.14 一般数域的希尔伯特类域论

数域理论就像是极其壮观而又和谐的建筑学杰作.

D. 希尔伯特 (Hilbert)

Zahlbericht (《数论》)(1895)

类域论的最终目的是给出所有域的一个完全的分类. 在看似简单的代数数域的情形, 这已经具有相当的挑战性.

数域的阿贝尔域扩张 K 到 L 的域扩张称为阿贝尔域扩张, 如果这个扩张的伽罗瓦群 (参看 2.6.2) 是阿贝尔群, 即交换群.

一个代数数域是有理数域的有限域扩张. 如果 K 是代数数域, 那么我们要确定 K 的所有阿贝尔域扩张 L.

为此我们考虑 K 的一个特殊的有限域扩张 $H(K)$, 它称为 K 的希尔伯特类域. 域 $H(K)$ 包含 K 的阿贝尔扩张的重要信息.

例: $K = \mathbb{Q}(\sqrt{-5})$ 的希尔伯特类域是 $H(K) = \mathbb{Q}(\mathrm{i}, \sqrt{(5)})$, 亦即 $H(K)$ 是 K 的最小的含有 i 的 $\sqrt{5}$ 的域扩张.

以同调代数(群的上同调) 为基础且包含深刻的互反律的现代类域论的代表作可见 [287] 和 [282]. 在这个理论中, 应用了局部–整体原理的范围广泛的推广, 这种推广将理想论与赋值论相结合, 并推广了 p 进数的理论 (参看 2.7.10.3).

希尔伯特理论的出发点是下列克罗内克和韦伯(1887) 的经典结果.

定理 有理数域 $\mathbb{Q}$ 的每个有限阿贝尔扩张 L 含在分圆域 $\mathbb{Q}(\zeta_n)$ 中.

附注 1. 记号 $\zeta_n := \mathrm{e}^{2\pi\mathrm{i}/n}$ 是 n 次单位根, $\mathbb{Q}(\zeta_n)$ 表示 $\mathbb{Q}$ 的最小的含有 ζ_n 的子域, 扩张 $\mathbb{Q}(\zeta_n)|\mathbb{Q}$ 的伽罗瓦群等于 $(\mathbb{Z}/n\mathbb{Z})^\times$($\mathbb{Z}$ 的模 n 的剩余类环 $\mathbb{Z}/n\mathbb{Z}$ 中的单位群). 由伽罗瓦理论推出存在 $(\mathbb{Z}/n\mathbb{Z})^\times$ 的所有子群的集合 U 与 $\mathbb{Q}$ 的阿贝尔域扩张 (它们含在 $\mathbb{Q}(\zeta_n)$ 中) 的集合 L 之间的一一映射

$$\boxed{U \mapsto L.}$$

2. 基于所谓 "朗兰兹纲领", 这个经典理论到非阿贝尔扩张情形的扩充, 使我们进入现代数学的最前沿, 由此将数论、交换代数、代数几何、李群的表示理论以及许多其他领域联结起来. 特别, 产生了志村簇, 它与志村–谷山–韦伊猜想紧密相关; A. 怀尔斯 (Wiles) 对半稳定曲线证明了这个猜想, 作为其推论给出了费马大定理的证明.

第3章　几　何　学

了解了几何学的人就了解了宇宙中的一切.

G. 伽利略 (1564—1642)

几何学是变换群的不变量的理论.

F. 克莱因《埃尔兰根纲领》(1872)

3.1　由克莱因的埃尔兰根纲领所概括的几何学的基本思想

古代所知道的几何学是欧几里得几何, 它在 2000 多年来一直处于数学中的支配地位. 关于非欧几何的存在问题在 19 世纪导致了一系列不同几何的描述. 当这种情形被认定时, 自然要考虑的便是所有可能的几何的分类问题. F. 克莱因 (Felix Klein) 在他 23 岁时解决了这个问题, 并在 1872 年以其埃尔兰根纲领 (Erlanger Program) 表明几何可以借助于群论方便地分类. 一种几何要求有一个变换群 G. 每个在此群 G 作用下保持不变的性质或量是这个相关几何的性质, 因而这个几何也被称为一个 G 几何. 本章将不断地使用这个分类原理. 我们将用欧氏几何和所谓的相似几何作为例子对此基本思想进行解释.

欧氏几何 (运动的几何)　考虑一个平面 E. 以 $\mathrm{Aut}(E)$ 表示 E 到自身的所有这样一些映射的集合, 它们是下面一些类型变换的复合 (是自同构的一个特殊情形, 因此用此记号):

(i) 平移;

(ii) 绕一点的旋转;

(iii) 对一固定直线的反射. (图 3.1)

称这些变换的复合即 $\mathrm{Aut}(E)$ 中的元素为 E 的一个运动[1]. 以

$$\boxed{hg}$$

表示 g 和 h 复合的变换, 即首先应用 g, 然后用 h. 用此乘法, 集合

$$\boxed{\mathrm{Aut}(E)}$$

1) 限定在那些只是平移和旋转的复合时, 我们得到了正常运动的集合.

得到了一个群的结构 (自同构群的一个特殊情形). 这个群的单位元是恒同运动 (根本不动).

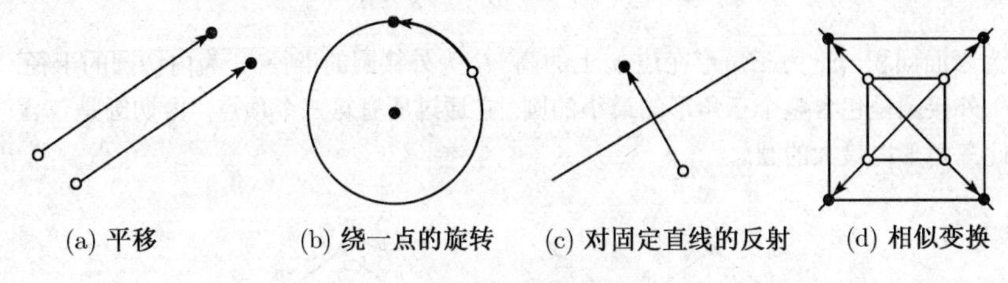

(a) 平移　(b) 绕一点的旋转　(c) 对固定直线的反射　(d) 相似变换

图 3.1　平面的运动

按照定义, 在此群下不变的性质和量的集合属于此平面的欧几里得几何. 它的例子是 "线段的长" 或者 "一个圆的半径".

全等　该平面的两个子集 (例如, 两个三角形) 被称作全等, 如果可由 $\mathrm{Aut}(E)$ 中的一个变换把它们相互映射成对方. 平面三角形的熟知的全等定理便是欧氏几何的结果 (见 3.2.1.5).

相似几何　一个特殊相似变换是平面 E 的一个变换, 它把通过一个选定点 P 的所有直线映到自己, 同时把从 P 到其他某个点的距离乘以一个固定的 (正) 常数. 我们以 $\mathrm{Sim}(E)$ 代表 E 的所有上述运动和相似变换复合的集合. 于是

$$\boxed{\mathrm{Sim}(E)}$$

以上面同样的乘法形成了一个群, 称其为相似变换群.

"线段的长" 的概念不是这个几何的一个概念. 但是 "两条线段的比值" 的概念则是.

相似性　称 E 的两个子集 (例如, 两个三角形)相似, 如果它们由一个相似变换相关联, 即如果存在一个相似变换, 它把其中一个变到另一个. 平面中所熟知的三角形相似定理是这种几何的定理.

每个技术性绘图都是对所透视对象的相似.

3.2　初等几何学

除非有相反的声明, 所有的角均以弧度度量 (参看 0.1.2).

3.2.1　平面三角学

记号　一个平面三角形的组成是: 称为顶点的三个不共线的点, 以及连接这三个点中每两个的三条线段, 称它们为边. 我们以 a, b, c 记这些边[1], 记它们的对角分别为

1) 在不会产生混淆时, 我们也以相同的记号表示相应边的长.

α, β, γ (图 3.2(a)). 进一步, 令

$$s = \frac{1}{2}(a+b+c) \text{ (半周长)},$$

F 为表面面积, h_a 为三角形在边 a 上的高, R 为外接圆的半径, r 为内切圆的半径.

外接圆是包含整个三角形的最小的圆, 它通过所有这三个顶点. 内切圆是包含在此三角形内最大的圆.

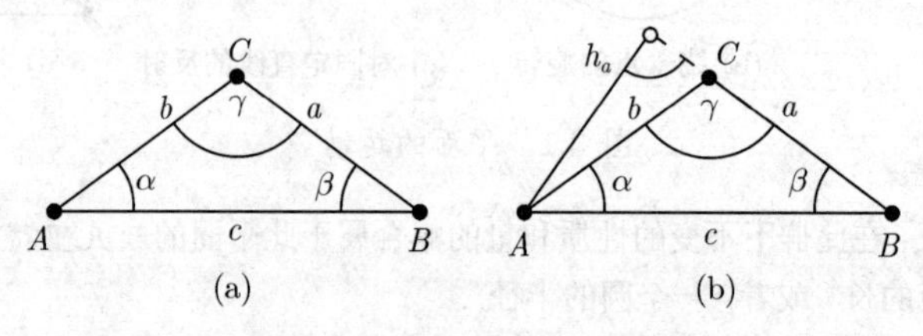

图 3.2 平面三角形的各种量

3.2.1.1 三角形的四个基本定律

和角定律

$$\boxed{\alpha + \beta + \gamma = \pi.} \tag{3.1}$$

余弦定律

$$\boxed{c^2 = a^2 + b^2 - 2ab\cos\gamma.} \tag{3.2}$$

正弦定律

$$\boxed{\frac{a}{b} = \frac{\sin\alpha}{\sin\beta}.} \tag{3.3}$$

正切定律

$$\boxed{\frac{a-b}{a+b} = \frac{\tan\dfrac{\alpha-\beta}{2}}{\tan\dfrac{\alpha+\beta}{2}} = \frac{\tan\dfrac{\alpha-\beta}{2}}{\cot\dfrac{\gamma}{2}}.} \tag{3.4}$$

三角不等式 $c < a + b.$

周长 $C = a + b + c = 2s.$

高 对于在边 a 上的三角形的高有 (图 3.2(b))

$$\boxed{h_a = b\sin\gamma = c\sin\beta.}$$

面积 由高的公式得到

$$\boxed{A = \frac{1}{2}h_a a = \frac{1}{2}ab\cdot\sin\gamma.}$$

用语言表达: 一个三角形的面积等于一条边的长和这条边上的高的乘积的一半.

又, 也可以使用海伦公式[1]:

$$\boxed{A=\sqrt{s(s-a)(s-b)(s-c)}=rs.}$$

用语言表达: 一个三角形的面积等于内切圆半径和三角形周长乘积的一半.

关于三角形的更多的公式

半角公式:

$$\sin\frac{\gamma}{2}=\sqrt{\frac{(s-a)(s-b)}{ab}},$$

$$\cos\frac{\gamma}{2}=\sqrt{\frac{s(s-c)}{ab}},\quad \tan\frac{\gamma}{2}=\frac{\sin\frac{\gamma}{2}}{\cos\frac{\gamma}{2}}.$$

莫尔韦德公式:

$$\frac{a+b}{c}=\frac{\cos\frac{\alpha-\beta}{2}}{\cos\frac{\alpha+\beta}{2}}=\frac{\cos\frac{\alpha-\beta}{2}}{\sin\frac{\gamma}{2}},$$

$$\frac{a-b}{c}=\frac{\sin\frac{\alpha-\beta}{2}}{\sin\frac{\alpha+\beta}{2}}=\frac{\sin\frac{\alpha-\beta}{2}}{\cos\frac{\gamma}{2}}.$$

正切公式:

$$\tan\gamma=\frac{c\sin\alpha}{b-c\cos\alpha}=\frac{c\sin\beta}{a-c\cos\beta}.$$

投影定理:

$$c=a\cos\beta+b\cos\alpha. \tag{3.5}$$

循环置换 更多的公式可由 (3.1) 到 (3.5) 经对边和角的循环置换得到: $a\to b\to c\to a$ 和 $\alpha\to\beta\to\gamma\to\alpha$.

特殊三角形 称一个三角形为直角三角形, 如果其中的一个角为 $\pi/2$ (即 $90°$) (图 3.3).

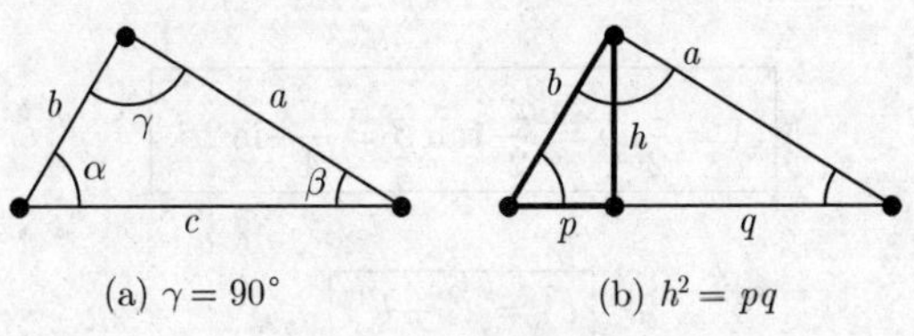

(a) $\gamma=90°$ (b) $h^2=pq$

图 3.3 直角三角形

称一个三角形为对称的或等腰的 (分别地, 等边的) 是说, 如果两条 (分别地, 三条) 边相等 (分别以图 3.5 和图 3.4 表示).

1) 这个公式以阿历克山大的海伦命名, 他是古代最重要的数学家之一, 写了大量关于应用数学和工程学的书.

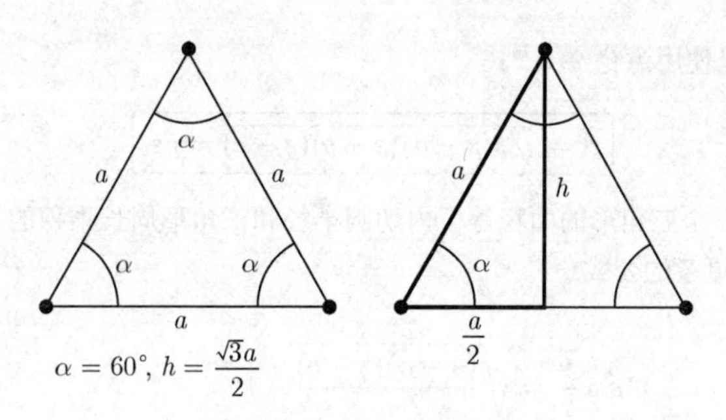

图 3.4 等边三角形

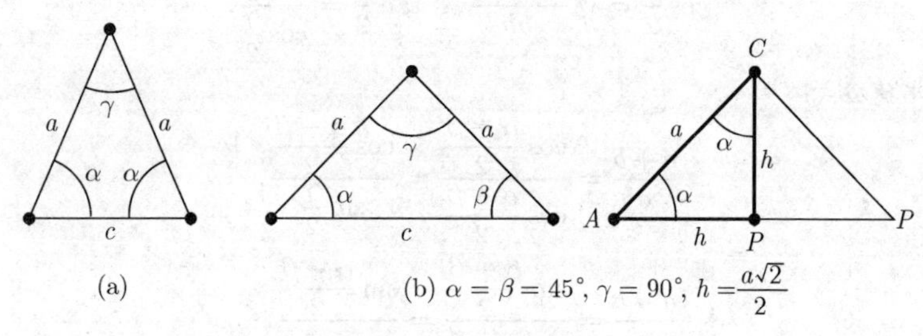

图 3.5 等腰三角形

锐角和钝角 称角 γ 为锐角 (分别地, 钝角) 如果 γ 在 0 与 90° (分别地, 在 90° 与 180°) 之间.

在计算器上计算三角形 为了计算在下面出现的公式, 需要知道 $\sin\alpha$, $\cos\alpha$ 等的值. 大部分计算器提供了这些三角函数的计算功能.

3.2.1.2 直角三角形

在一个直角三角形中称直角所对的边为*斜边*. 另外两条边被叫做*直角边*(中文称勾股). 这些词来自希腊. 下文中将使用在图 3.3 中的记号.

面积

$$\boxed{A = \frac{1}{2}ab = \frac{a^2}{2}\tan\beta = \frac{c^2}{4}\sin 2\beta.}$$

毕达哥拉斯定理

$$\boxed{c^2 = a^2 + b^2.} \tag{3.6}$$

以文字表达: 斜边长的平方等于两条直角边长的平方和.

因为 $\gamma = \pi/2$ 以及 $\cos\gamma = 0$, (3.6) 实际上是余弦定律 (3.2) 的特殊情形.

高的欧几里得定律

$$\boxed{h^2 = pq.}$$

以文字表达: 高的平方等于直角边在斜边上投影线段长度的乘积.

直角边的欧几里得定律

$$a^2 = qc, \quad b^2 = pc.$$

以文字表达: 直角边中一条的长的平方等于该边在斜边上的投影长与斜边长的乘积.

角关系

$$\boxed{\begin{aligned} &\sin\alpha = \frac{a}{c}, \quad \cos\alpha = \frac{b}{c}, \quad \tan\alpha = \frac{a}{b}, \quad \cot\alpha = \frac{b}{a}, \\ &\sin\beta = \cos\alpha, \quad \cos\beta = \sin\alpha, \quad \alpha + \beta = \frac{\pi}{2}. \end{aligned}} \tag{3.7}$$

由于有关系 $\sin\beta = \cos\alpha$, 故正弦定律 (3.3) 变为 $\tan\alpha = \dfrac{a}{b}$. 我们将 a (分别地, b) 作为角 α 相对的 (分别地, 相邻的) 直角边.

直角三角形上的计算 所有有关直角三角形提出的问题故可借助于 (3.7) 解决 (参看表 3.1).

表 3.1 直角三角形的公式

已知量	对于直角三角形其他量的公式		
a, b	$\alpha = \arctan\dfrac{a}{b}$,	$c = \dfrac{a}{\sin\alpha}$,	$\beta = \dfrac{\pi}{2} - \alpha$
a, c	$\alpha = \arcsin\dfrac{a}{c}$,	$b = c\cos\alpha$,	$\beta = \dfrac{\pi}{2} - \alpha$
b, c	$\alpha = \arccos\dfrac{b}{c}$,	$a = b\tan\alpha$,	$\beta = \dfrac{\pi}{2} - \alpha$
a, α	$b = a\cot\alpha$,	$c = \dfrac{a}{\sin\alpha}$	$\beta = \dfrac{\pi}{2} - \alpha$
a, β	$\alpha = \dfrac{\pi}{2} - \beta$,	$b = a\cot\alpha$,	$c = \dfrac{a}{\sin\alpha}$
b, α	$a = b\tan\alpha$,	$c = \dfrac{a}{\sin\alpha}$	$\beta = \dfrac{\pi}{2} - \alpha$
b, β	$\alpha = \dfrac{\pi}{2} - \beta$,	$a = b\tan\alpha$,	$c = \dfrac{a}{\sin\alpha}$

例 1 (图 3.5(b)): 有相等边的直角三角形中, 对在边 c 上的高有关系式:

$$\boxed{h_c = \frac{a\sqrt{2}}{2}.}$$

证明: 在图 3.5(b) 中的三角形 APC 是个直角三角形. 由于三角形的角之和总是 180°, 故有 $\alpha = \beta = 45^\circ$. 因为 $\dfrac{\gamma}{2} = 45^\circ$, 三角形 APC 有相等边. 于是由毕达哥拉斯定理知 $a^2 = h^2 + h^2$. 这表明 $h^2 = a^2/2$, 从而 $h = a/\sqrt{2} = a\sqrt{2}/2$. 证毕.

另外, 有

$$\sin 45^\circ = \frac{h}{a} = \frac{\sqrt{2}}{2}, \quad \cos 45^\circ = \sin 45^\circ.$$

例 2 (图 3.4(b)): 在一个等边三角形中对于边 c 上的高有

$$\boxed{h_c = \frac{a\sqrt{3}}{2}.}$$

证明: 毕达哥拉斯定理给出了 $a^2 = h^2 + \left(\frac{a}{2}\right)^2$. 由此得到 $4a^2 = 4h^2 + a^2$, 从而 $4h^2 = 3a^2$, 这意味着 $2h = \sqrt{3}a$. 证毕.

又, 我们还有

$$\sin 60^\circ = \frac{h}{a} = \frac{\sqrt{3}}{2}, \quad \cos 30^\circ = \sin 60^\circ.$$

3.2.1.3 有关三角形的四个基本问题

由方程 $\sin\alpha = d$, 人们不能唯一地确定出角 α, 这是因为 α 可以是锐角也可以是钝角, 而 $\sin(\pi - \alpha) = \sin\alpha$. 下面的方法对于现在将提出的问题中的第一个和第三个都给出了唯一的角.

第一个问题 设已知边 c 和它的两个相邻角 α 和 β. 问题是求出三角形的另外两边和角 (图 3.2).

(i) 角 $\gamma = \pi - \alpha - \beta$ 由应用和角定律决定.

(ii) 边 a 和 b 都可以由正弦定律决定:

$$a = c\frac{\sin\alpha}{\sin\gamma}, \quad b = c\frac{\sin\beta}{\sin\gamma}.$$

(iii) 对其面积有 $A = \frac{1}{2}ab\sin\gamma$.

第二个问题 现假设边 a 和 b, 以及它们的夹角 γ 已知.

(i) 由正切定律可唯一地算出 $\frac{\alpha - \beta}{2}$:

$$\tan\frac{\alpha - \beta}{2} = \frac{a - b}{a + b}\cot\frac{\gamma}{2}, \quad -\frac{\pi}{4} < \frac{\alpha - \beta}{2} < \frac{\pi}{4}.$$

(ii) 由和角公式得:

$$a = \frac{\alpha - \beta}{2} + \frac{\pi - \gamma}{2}, \quad \beta = \frac{\pi - \gamma}{2} - \frac{\alpha - \beta}{2}.$$

(iii) 由正弦定律则可得到边 c:

$$c = \frac{\sin\gamma}{\sin\alpha}a.$$

(iv) 对面积有 $A = \frac{1}{2}ab\sin\gamma$.

第三个问题 已知全部三条边 a, b 和 c.

(i) 可算出此三角形的半周长 $s = \frac{1}{2}(a + b + c)$ 以及内切圆的半径:

$$r=\sqrt{\frac{(s-a)(s-b)(s-c)}{s}}.$$

(ii) 角 α 和 β 由下面的方程唯一确定:

$$\tan\frac{\alpha}{2}=\frac{r}{s-a},\quad \tan\frac{\beta}{2}=\frac{r}{s-b},\quad 0<\frac{\alpha}{2},\frac{\beta}{2}<\frac{\pi}{2}.$$

(iii) 角 $\gamma=\pi-\alpha-\beta$ 又由和角定律确定.

(iv) 我们得到一个容易的面积公式 $A=rs$.

第四个问题 最后假设已知两边 a 和 b 及一个对角 α.

(i) 先决定角 β.

情形 1: $a>b$. 于是 $\beta<90^\circ$, β 由正弦定律唯一地由方程

$$\sin\beta=\frac{b}{a}\sin\alpha \tag{3.8}$$

决定.

情形 2: $a=b$. 这时正好有 $\alpha=\beta$.

情形 3: $a<b$. 若 $b\sin\alpha<a$, 则方程 (3.8) 给出两个角 β 的解. 一个为锐角一个为钝角. 当 $b\sin\alpha=b$ 时我们有 $\beta=90^\circ$. 当 $b\sin\alpha>a$ 时没有三角形满足此条件.

(ii) 又由和角定律决定出角 $\gamma=\pi-\alpha-\beta$.

(iii) 由正弦定律确定边 c:

$$c=\frac{\sin\gamma}{\sin\alpha}a.$$

(iv) 对于面积, 我们有 $A=\frac{1}{2}ab\sin\gamma$.

3.2.1.4 三角形中的特殊直线

中线和中心 中线被定义为通过一边的中点和此边的相对顶点的直线.

一个三角形的所有三条中线交于中心. 另外我们还知道中心把中线分成 2:1 的两部分 (从顶点开始度量, 见图 3.6(a)).

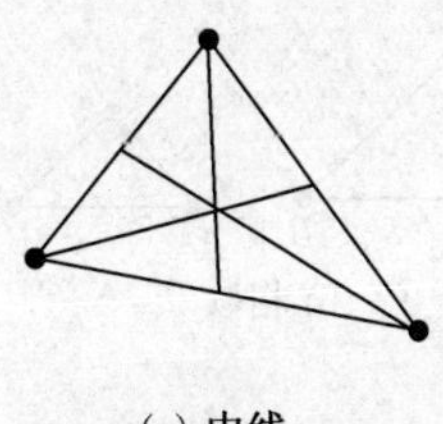

(a) 中线

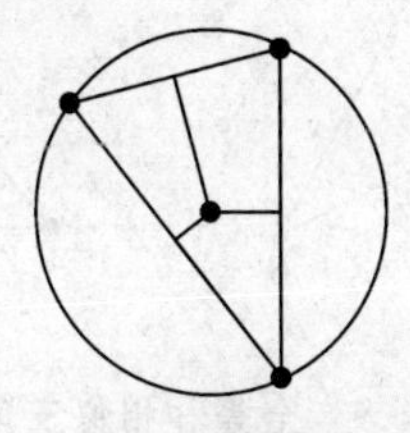

(b) 等距垂线

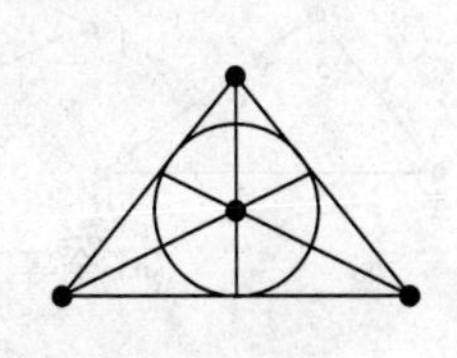

(c) 角平分线

图 3.6 圆和三角形的几何性质

c 边上中线的长为

$$s_c = \frac{1}{2}\sqrt{a^2+b^2+2ab\cos\gamma} = \frac{1}{2}\sqrt{2(a^2+b^2)-c^2}.$$

中垂线和外接圆 按定义, 一条中垂线是一条垂直于一条边并通过该边中点的线段. 三条等距垂线交于外接圆的圆心.

外接圆的半径为 $R = \dfrac{a}{2\sin\alpha}$.

角平分线和内切圆: 一条角平分线通过一个顶点和它的对边, 并将此角分成两个相等的角 (平分该角). 所有三条角平分线交于内切圆的中心.

内切圆的半径为

$$r = (s-a)\tan\frac{\alpha}{2} = \frac{A}{s} = \sqrt{\frac{(s-a)(s-b)(s-c)}{s}},$$

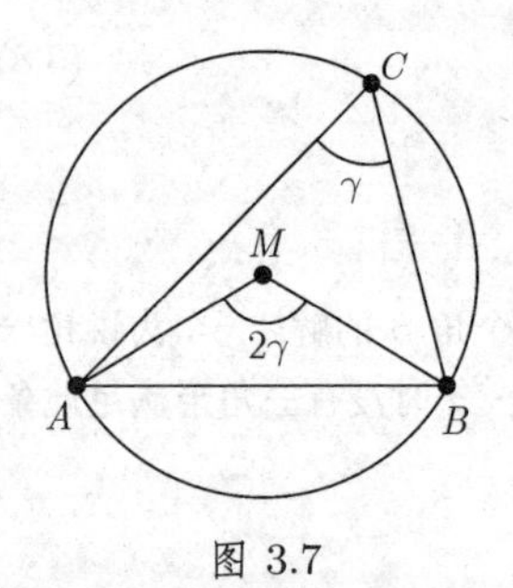

图 3.7

$$r = s\tan\frac{\alpha}{2}\tan\frac{\beta}{2}\tan\frac{\gamma}{2} = 4R\sin\frac{\alpha}{2}\sin\frac{\beta}{2}\sin\frac{\gamma}{2}.$$

角γ的平分线的长为

$$w_\gamma = \frac{2ab}{a+b}\cos\frac{\gamma}{2} = \frac{\sqrt{ab((a+b)^2-c^2)}}{a+b}.$$

泰勒斯定理[1] 若三个点位于一个圆周上 (其圆心为 M), 则圆心角 2γ 等于圆周角 γ 的两倍, 其中的圆心角和圆周角显示在图 3.7 中.

3.2.1.5 关于全等三角形的定理

两个三角形全等 (即它们由 3.1 中所描述的一个变换相关联), 当且仅当满足下列四种情形之一 (图 3.8(a)):

(i) 两条边和它们的夹角都相等.

(ii) 一条边和它的两个相邻角都相等.

(iii) 三条边都相等.

(iv) 两条边和它们的对角中最大的一个都相等.

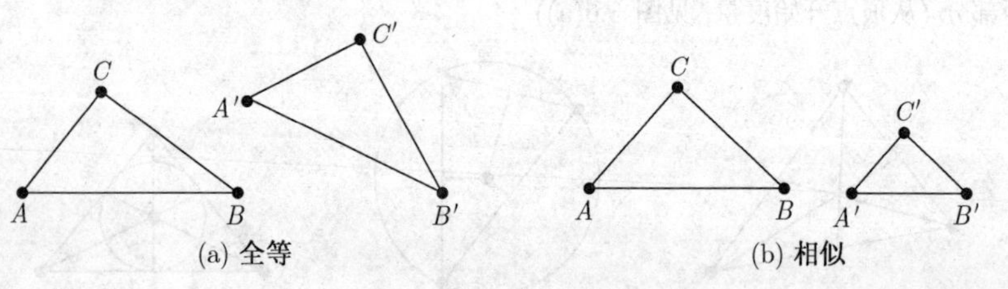

图 3.8 全等和相似三角形

1) 米利都的泰勒斯 (Thales of Miletus) (公元前 624—前 548) 被看成希腊数学的奠基人.

3.2.1.6 关于相似三角形的定理

两个三角形相似 (即它们可由 3.1 的相似变换相互进行变换), 当且仅当下面四个情形之一成立 (图 3.8(b)):

(i) 两个角相等.

(ii) 边长的两对比率相等.

(iii) 边长的一对比率相等并且它们所夹的角也相等.

(iv) 边长的一对比率相等并且两条边中较长的一条的对角也相等.

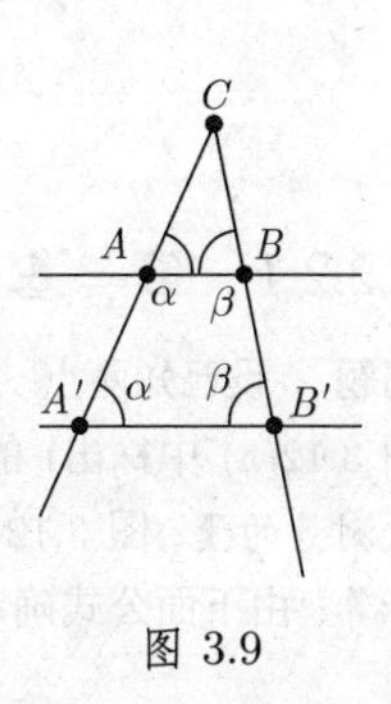

图 3.9

泰勒斯定理 (射线定理) 设已知两条交于点 C 的直线. 如果有两条平行的直线交此两条直线, 则对应的三角形 ABC 和三角形 $A'B'C$ 相似 (图 3.9) 其理由是两个三角形的角和对应边的比率都相等. 例如, 有

$$\frac{CA}{CA'} = \frac{CB}{CB'}.$$

3.2.2 对大地测量学的应用

大地测量学是一门度量地球表面的科学. 人们对其利用了三角形 (三角剖分). 严格地说, 这些三角形在这里是一个球面上的三角形 (球面三角形). 但是, 如果这些三角形足够小 (相对于该球面), 则可把它们当作平面三角形从而可应用平面三角学的公式. 对于大地测量学而言. 大多数的应用都是这种情形. 但是, 在大海和空中旅行, 所使用的三角形是如此之大, 以致人们必须使用球面三角学 (参看 3.2.4) 的公式.

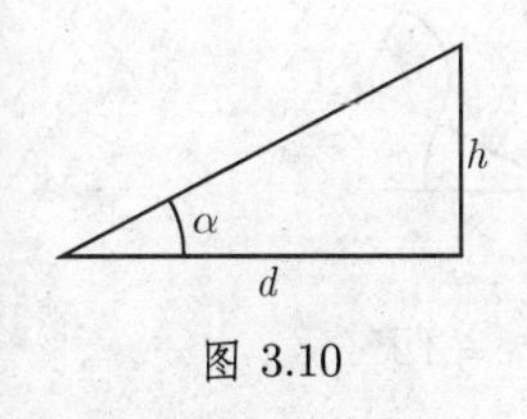

图 3.10

塔的高度 一个人试图确定一个塔的高 h (图 3.10).

被测量的量: 测量从该塔到测量点的距离 d 和倾角 α

计算: $h = d\tan\alpha$.

到一个塔的距离 这时已知塔的高度, 要确定到该塔的距离 d.

被测量的量: 测量倾角 α 并已知塔高 h.

计算: $d = h\cot\alpha$

大地测量学的基本公式 设已知由笛卡儿坐标 (x_A, y_A) 和 (x_B, y_B) 给出的两个点 A 和 B, 其中我们假定 $x_A < x_B$ (图 3.11). 于是我们得到了对于距离 $d = AB$ 和角 α 的公式:

$$\boxed{d = \sqrt{(x_A - x_B)^2 + (y_A - y_B)^2}, \quad \alpha = \arctan\frac{y_B - y_A}{x_B - x_A}.}$$

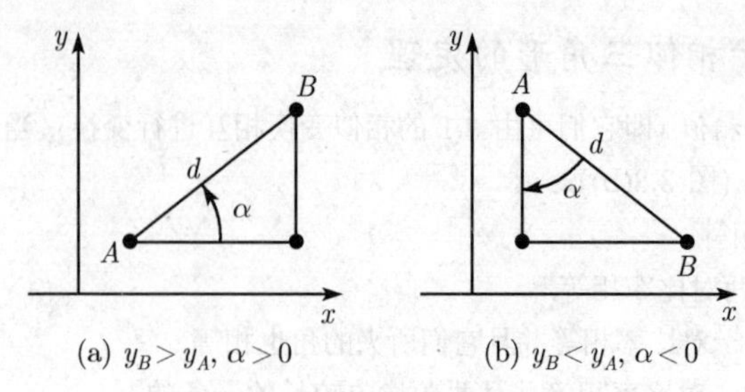

(a) $y_B > y_A, \alpha > 0$ (b) $y_B < y_A, \alpha < 0$

图 3.11 大地测量的基本思想

3.2.2.1 第一基本问题 (前向切割)

问题 设已知两点 A, B; 其坐标分别为 (x_A, y_A) 和 (x_B, y_B). 要求第三个点 P (在图 3.12(a) 中标出) 的笛卡儿坐标 (x, y).

被测量的量: 图 3.12 中的角 α 和 β.

计算: 由下面公式确定 b 和 δ:

$$c = \sqrt{(x_B - x_A)^2 + (y_B - y_A)^2},$$

$$b = c\frac{\sin\beta}{\sin(\alpha+\beta)}, \quad \delta = \arctan\frac{y_B - y_A}{x_B - x_A}$$

并得到

$$\boxed{x = x_A + b\cos(\alpha+\delta), \quad y = y_A + b\sin(\alpha+\delta).}$$

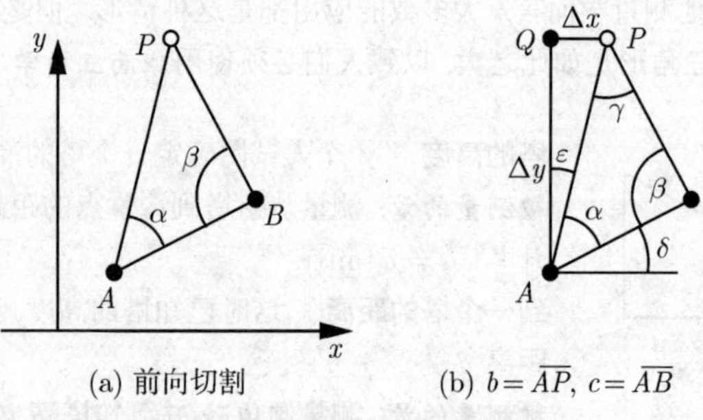

(a) 前向切割 (b) $b = \overline{AP}$, $c = \overline{AB}$

图 3.12 大地测量中问题的制定

证明: 利用图 3.12 中的直角三角形 APQ. 于是, 有

$$x = x_A + \Delta x = x_A + b\sin\varepsilon, \quad y = y_A + \Delta y = y_A + b\cos\varepsilon.$$

由 $\varepsilon = \frac{\pi}{2} - \alpha - \delta$ 得到 $\sin\varepsilon = \cos(\alpha+\delta)$ 和 $\cos\varepsilon = \sin(\alpha+\delta)$. 由正弦定律得到

$$b = c\frac{\sin\beta}{\sin\gamma}.$$

最后对 $\gamma = \pi - \alpha - \beta$ (三角形的和角) 得到关系式 $\sin\gamma = \sin(\alpha+\beta)$.

3.2.2.2 第二基本问题 (后向切割)

问题 现在已知具笛卡儿坐标 (x_A, y_A), (x_B, y_B) 和 (x_C, y_C) 的三个点 A, B 和 C. 要找出图 3.13 中标出的点 P 的笛卡儿坐标 (x, y).

被测量的量: 测量了角 α 和 β.

这个问题只能在这四点不共圆时才有解.

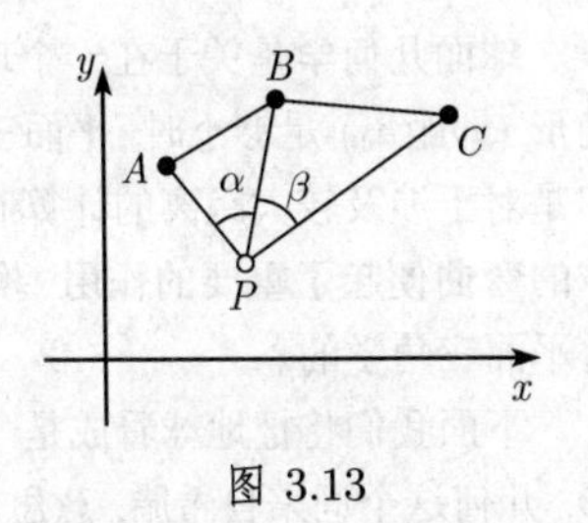

图 3.13

计算: 由辅助量

$$x_1 = x_A + (y_C - y_A)\cot\alpha,$$

$$y_1 = y_A + (x_C - x_A)\cot\alpha,$$

$$x_2 = x_B + (y_B - y_C)\cot\beta,$$

$$y_2 = y_B + (x_B - x_C)\cot\beta$$

我们计算出 μ 和 η 为

$$\mu = \frac{y_2 - y_1}{x_2 - x_1}, \quad \eta = \frac{1}{\mu},$$

得到了

$$\boxed{\begin{aligned} y &= y_1 + \frac{x_C - x_1 + (y_C - y_1)\mu}{\mu + \eta}, \\ x &= \begin{cases} x_C - (y - y_C)\mu, & \mu < \eta, \\ x_1 + (y - y_1)\eta, & \eta < \mu. \end{cases} \end{aligned}}$$

3.2.2.3 第三基本问题 (对不能直接测量的距离的计算)

问题 我们要求出图 3.14 中标出的两个点 P 和 Q 之间的距离 $\overline{PQ}$, 譬如, 它们被一个湖分隔. 因而该距离不能直接去测量.

被测量的量: 测量了距离 $c = \overline{AB}$, 这是另外两个点 A 和 B 之间的距离, 还测量了四个角 α, β, γ 和 δ (图 3.14).

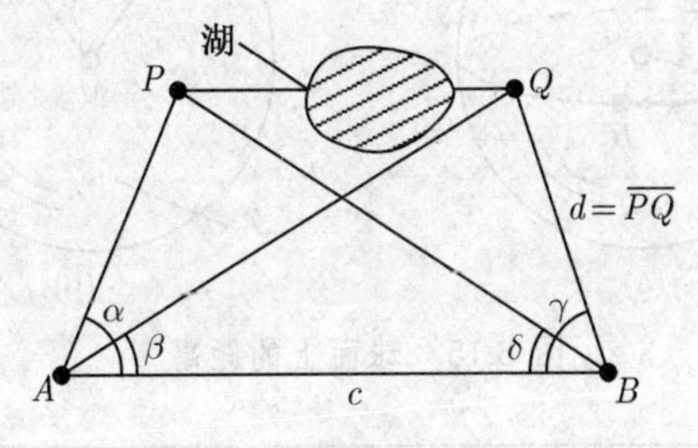

图 3.14

计算: 由辅助量

$$\rho = \frac{1}{\cot\alpha + \cot\delta}, \quad \sigma = \frac{1}{\cot\beta + \cot\gamma}$$

以及 $x = \sigma\cot\beta - \rho\cot\alpha, y = \sigma - \rho$, 我们得到

$$\boxed{d = \sqrt{x^2 + y^2}.}$$

3.2.3 球面几何学

球面几何学是关于在一个球面 (球的表面) 上的几何. 在地球表面的情形, 当三角形 (即距离) 足够小时, 平面三角学的公式和方法可以用于它, 这是一个好的近似. 但是对于涉及较大距离的计算时 (例如穿越大西洋的飞行或者长途的海上旅行), 地球的弯曲便起了重要的作用; 换句话说, 这时人们必须使用球面三角学的公式来代替平面三角学的.

下面我们将把地球看成是一个圆的球, 就是说我们忽略掉在两极附近的平坦情形. 几何这个词来自希腊, 意思就是测量地球.

3.2.3.1 测量大圆的距离

考虑半径为 R 的一个球, 并以 $\mathscr{S}_R$ 表示它的表面 (半径为 R 的球面). 约定称圆心为该球中心的 $\mathscr{S}_R$ 上的圆为大圆.

代替平面几何中直线的, 在球面几何中是大圆

定义 如果 A 和 B 是 $\mathscr{S}_R$ 上的两个点, 我们可以用由 A, B 和球的中心 M 构成的平面与 $\mathscr{S}_R$ 的交得到通过 A 和 B 的大圆.

例 1: 地球的赤道和经线都是大圆. 纬线不是大圆.

在球面上测量距离 在球面上连接 $\mathscr{S}_R$ 上的两点 A 和 B 的最短线由考虑 A 和 B 之间的大圆 (如上所述) 并取两段中较小的一段得到, 其中的这两段是由 A 和 B 分割该大圆得到的 (图 3.15).

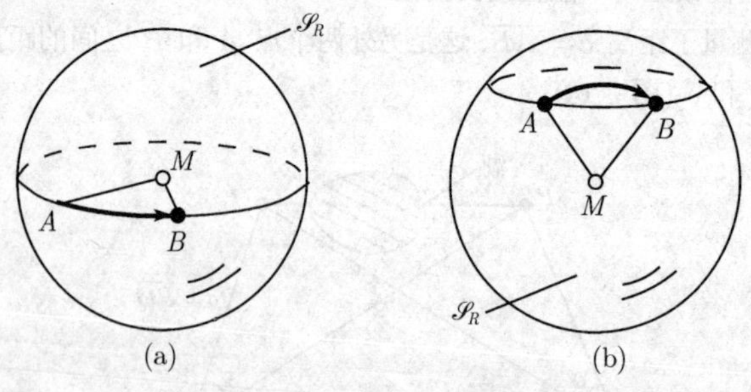

图 3.15 球面上的距离

按定义, 在一个球面上两点 A 和 B 之间的距离是这两个点在球面上的最短距离.

例 2: 若一条船 (或一架飞机) 想要在两点 A 和 B 间采取最短的路线, 则它必须在连接这两点的大圆上旅行.

(i) 若 A 和 B 都位于赤道上，则此船只需沿赤道行驶 (假定是可能的), 见图 3.15(a).

(ii) 若 A 和 B 在同一条纬线 (不是大圆) 上, 则最短的航线是沿着连接这两点大圆而不是这条纬线, 见图 3.15(b).

最短路径的唯一性 若 A 和 B 不是正好为球面的对径点 (它们之间的连线通过了球的中心), 则有一条唯一确定的最短路径.

但是, 若 A 和 B 为对径点, 则存在无穷多条最短路径, 它们的长都相等.

例 3: 从北极到南极的最短路径由所有径线大圆组成.

测地线 大圆的所有线段被称为测地线.

3.2.3.2 测量角

定义 若两个大圆交于一点 A, 则它们之间的角定义为在点 A 的两条大圆的切线的夹角 (图 3.16).

球面对角形 *. 如果用两个大圆连接球面 $\mathscr{S}_R$ 上两个点 A 和 B, 便得到了所谓的球面对角形, 其面积为

$$\boxed{S = 2R^2\alpha,}$$

其中 α 为两个大圆间的夹角 (图 3.17).

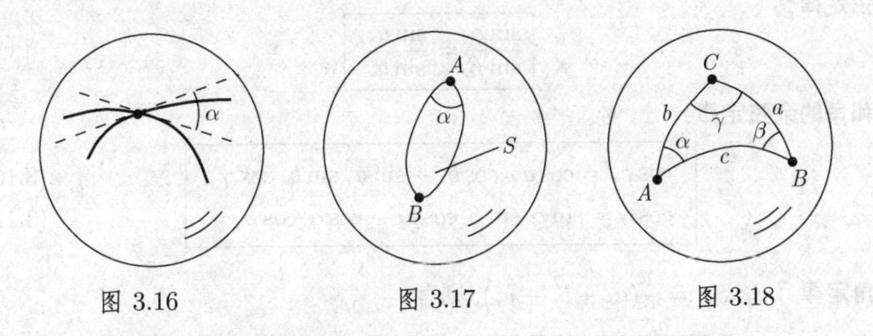

图 3.16 图 3.17 图 3.18

3.2.3.3 球面三角形

定义 一个球面三角形由球面 $\mathscr{S}_R$ 上三个点 A, B 和 C 和连接这些点的最短路径组成[1]. 它们的角以 α, β 和 γ 表示, 而这些边长记为 a, b 和 c (图 3.18).

循环置换 所有下面的公式在进行后面的循环置换时仍然正确:

$$a \to b \to c \to a \quad 和 \quad \alpha \to \beta \to \gamma \to \alpha.$$

球面三角形的面积 S

$$\boxed{S = (\alpha + \beta + \gamma - \pi)R^2.}$$

* 显然, A, B 应为对径点; 图 3.17 容易引起误读. —— 译者

1) 我们另外还假设这些点中没有两个是对径的并且这三个点不在同一个大圆上.

因为球面面积本身等于 $4\pi R^2$, 由 $0 < S < 4\pi R^2$ 对角的和得到不等式

$$\boxed{\pi < \alpha + \beta + \gamma < 3\pi.}$$

如果有人不能确认他是否生活在一个球面中还是在一个平面上, 他可用测量三角形中角的和来得到答案. 对平面三角形总有 $\alpha + \beta + \gamma = \pi$. 称差 $\alpha + \beta + \gamma - \pi$ 为球面角盈.

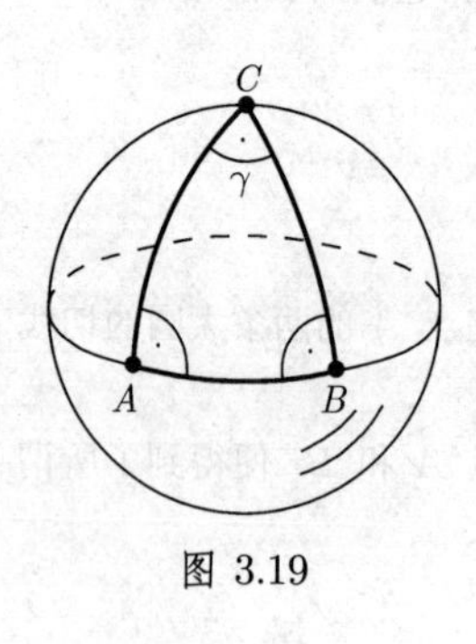

图 3.19

例 1: 图 3.19 中的三角形由北极 C 和赤道上两个点 A 和 B 组成. 这里有 $\alpha = \beta = \dfrac{\pi}{2}$. 对于角的和我们得到了 $\alpha + \beta + \gamma = \pi + \gamma$. 其面积由 $S = R^2\gamma$ 给出.

三角不等式

$$\boxed{|a - b| < c < a + b.}$$

边的比率 最长的边总对着最大的角. 显式地有

$$\alpha < \beta \Leftrightarrow a < b, \quad \alpha > \beta \Leftrightarrow a > b, \quad \alpha = \beta \Leftrightarrow a = b.$$

约定 [1] 令

$$a_* := \frac{a}{R}, \quad b_* := \frac{b}{R}, \quad c_* := \frac{c}{R}.$$

正弦定律 [2]

$$\boxed{\frac{\sin\alpha}{\sin\beta} = \frac{\sin a_*}{\sin b_*}.} \tag{3.9}$$

边和角的余弦定律

$$\cos c_* = \cos a_* \cos b_* + \sin a_* \sin b_* \cos\gamma, \tag{3.10}$$

$$\cos\gamma = \sin\alpha \sin\beta \cos c_* - \cos\alpha \cos\beta. \tag{3.11}$$

半角定律 令 $S_* := \dfrac{1}{2}(a_* + b_* + c_*)$, 则有

$$\boxed{\tan\frac{\gamma}{2} = \sqrt{\frac{\sin(s_* - a_*)\,\sin(s_* - b_*)}{\sin s_*\,\sin(s_* - c_*)}}, \quad 0 < \gamma < \pi.} \tag{3.12}$$

$$\sin\frac{\gamma}{2} = \sqrt{\frac{\sin(s_* - a_*)\,\sin(s_* - b_*)}{\sin a_*\,\sin b_*}}, \quad \cos\frac{\gamma}{2} = \sqrt{\frac{\sin s_*\,\sin(s_* - c_*)}{\sin a_*\,\sin b_*}}.$$

球面三角形面积 A 的公式

$$\tan\frac{A}{4} = \sqrt{\tan\frac{s_*}{2}\tan\frac{s_* - a_*}{2}\tan\frac{s_* - b_*}{2}\tan\frac{s_* - c_*}{2}}$$

---

1) 常取 $R = 1$. 于是 $a_* = a$ 等. 我们在公式中保留半径 R 是为了能过渡到 $R \to \infty$ (欧氏几何), 以及替换 $R \mapsto \mathrm{i}R$ (过渡到非欧双曲几何) (见 3.2.8).

2) 如果 α 是直角, 则为 $\sin\alpha = 1, \cos\alpha = 0$.

(广义海伦公式)

半边定律 设 $\sigma := \frac{1}{2}(\alpha+\beta+\gamma)$, 则有

$$\boxed{\tan\frac{c_*}{2} = \sqrt{\frac{-\cos\sigma\ \cos(\sigma-\gamma)}{\cos(\sigma-\alpha)\cos(\sigma-\beta)}},\quad 0 < c_* < \pi,} \tag{3.13}$$

$$\sin\frac{c_*}{2} = \sqrt{-\frac{\cos\sigma\ \cos(\sigma-\gamma)}{\sin\alpha\ \sin\beta}},\quad \cos\frac{c_*}{2} = \sqrt{\frac{\cos(\sigma-\alpha)\ \cos(\sigma-\beta)}{\sin\alpha\ \sin\beta}}.$$

纳皮尔公式

$$\tan\frac{c_*}{2}\ \cos\frac{\alpha-\beta}{2} = \tan\frac{a_*+b_*}{2}\ \cos\frac{\alpha+\beta}{2},$$
$$\tan\frac{c_*}{2}\ \sin\frac{\alpha-\beta}{2} = \tan\frac{a_*-b_*}{2}\ \sin\frac{\alpha+\beta}{2},$$
$$\cot\frac{\gamma}{2}\ \cos\frac{a_*-b_*}{2} = \tan\frac{\alpha+\beta}{2}\ \cos\frac{a_*+b_*}{2},$$
$$\cot\frac{\gamma}{2}\ \sin\frac{a_*-b_*}{2} = \tan\frac{\alpha-\beta}{2}\ \sin\frac{a_*+b_*}{2}.$$

莫尔韦德公式

$$\sin\frac{\gamma}{2}\ \sin\frac{a_*+b_*}{2} = \sin\frac{c_*}{2}\ \cos\frac{\alpha-\beta}{2},$$
$$\sin\frac{\gamma}{2}\ \cos\frac{a_*+b_*}{2} = \cos\frac{c_*}{2}\ \cos\frac{\alpha+\beta}{2},$$
$$\cos\frac{\gamma}{2}\ \sin\frac{a_*-b_*}{2} = \sin\frac{c_*}{2}\ \sin\frac{\alpha-\beta}{2}$$
$$\cos\frac{\gamma}{2}\ \cos\frac{a_*-b_*}{2} = \cos\frac{c_*}{2}\ \sin\frac{\alpha+\beta}{2}.$$

球面三角形的内切圆和外接圆的半径 r 和 ρ

$$\tan r = \sqrt{\frac{\sin(s_*-a_*)\ \sin(s_*-b_*)\ \sin(s_*-c_*)}{\sin s_*}} = \tan\frac{\alpha}{2}\ \sin(s_*-a_*),$$
$$\cot\rho = \sqrt{-\frac{\cos(\sigma-\alpha)\ \cos(\sigma-\beta)\ \cos(\sigma-\gamma)}{\cos\sigma}} = \cot\frac{a_*}{2}\ \cos(\sigma-\alpha).$$

到平面三角学的极限过程 如果在上述公式中取极限 $R\to\infty$ (表明球面半径无限增大), 则球面的弯曲变得越来越小. 在其极限中便得到了平面三角学的熟悉公式.

例 2: 应用余弦定律 (3.10), 从 $\cos x = 1-\frac{x^2}{2}+o(x^2), x\to 0$, 和 $\sin x = x+o(x), x\to 0$ 推导出

$$1-\frac{c^2}{2R^2}+\cdots = \left(1-\frac{a^2}{2R^2}+\cdots\right)\left(1-\frac{b^2}{2R^2}+\cdots\right) + \left(\frac{a}{R}+\cdots\right)\left(\frac{b}{R}+\cdots\right)\cos\gamma.$$

对其乘以 R^2 并对 $R \to \infty$ 便得到表达式.

$$c^2 = a^2 + b^2 - 2ab\cos\gamma.$$

这是平面三角学中的余弦定律.

3.2.3.4 球面三角形的计算

在下面记住 $a_* := a/R$ 等. 这里只考虑所有的角和边介于 0 和 π 之间的三角形.

第一基本问题 已知两边 a 和 b 连同它们的夹角 γ. 要利用对边的余弦定律计算另一条边 c 和另外的角 α 和 β:

$$\cos c_* = \cos a_* \ \cos b_* + \sin a_* \sin b_* \ \cos\gamma,$$
$$\cos\alpha = \frac{\cos a_* - \cos b_* \ \cos c_*}{\sin b_* \ \sin c_*},$$
$$\cos\beta = \frac{\cos b_* - \cos c_* \ \cos a_*}{\sin c_* \ \sin a_*}.$$

第二基本问题 这里我们给出所有三条边 a, b 和 c, 它们全都在 0 和 π 之间. 角 α, β 和 γ 由半边定律进行了计算:

$$\tan\frac{\alpha}{2} = \sqrt{\frac{\sin(s_* - b_*) \ \sin(s_* - c_*)}{\sin s_* \ \sin(s_* - a_*)}} \qquad \text{等等.}$$

对于 $\tan\dfrac{\beta}{2}$ 和 $\tan\dfrac{\gamma}{2}$ 的公式可由 $\tan\dfrac{\alpha}{2}$ 的由循环置换得到.

第三基本问题 这里给出了三个角 α, β 和 γ. 边 a, b 和 c 可由半边定律得到:

$$\tan\frac{a_*}{2} = \sqrt{\frac{-\cos\sigma \ \cos(\sigma - \alpha)}{\cos(\sigma - \beta) \ \cos(\sigma - \gamma)}} \qquad \text{等等.} \tag{3.14}$$

对于 $\tan\dfrac{b_*}{2}$ 和 $\tan\dfrac{c_*}{2}$ 可利用循环置换从 $\tan\dfrac{a_*}{2}$ 得到.

第四基本问题 已知边 c 和与它相邻的两个角 α 和 β. 未知的角 γ 可由余弦定律得到:

$$\cos\gamma = \sin\alpha \ \sin\beta \ \cos c_* - \cos\alpha \ \cos\beta.$$

其余的边可应用 (3.14) 进行计算.

3.2.4 对于海上和空中旅行的应用

为了对此原则给出示例, 进行舍入式的计算.

从圣地亚哥到檀香山的海上旅行 这两个城市之间的最短路线有多长? 在圣地亚哥必须以哪个角度 β 出发?

回答: 考虑图 3.20:

$$\boxed{c = 距离 = 4100\text{km}, \quad \beta = 97^\circ.}$$

解: 这两个城市具有下面的地理坐标:

A (檀香山): 北纬 22°, 西经 157°,
B (圣地亚哥): 北纬 33°, 西经 117°.

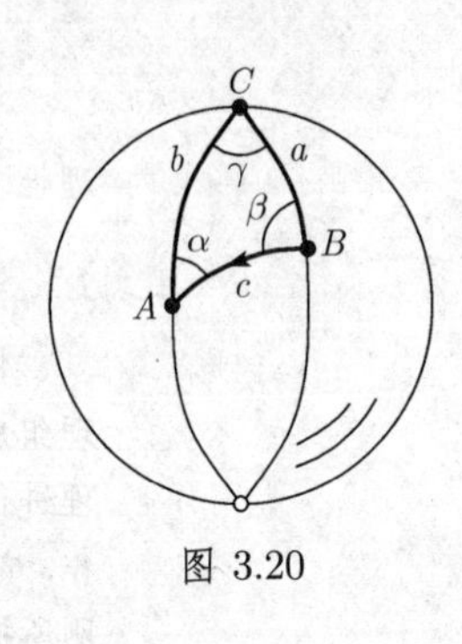

图 3.20

我们使用了角度量度. 使用图 3.20 的记号, 有

$$\gamma = 157^\circ - 117^\circ = 40^\circ, \quad a_* = 90^\circ - 33^\circ = 57^\circ,$$
$$b_* = 90^\circ - 22^\circ = 68^\circ.$$

3.2.3.4 中的第一基本问题给出了

$$\cos c_* = \cos a_* \cos b_* + \sin a_* \sin b_* \cos\gamma, \tag{3.15}$$

$$\cos\beta = \frac{\cos b_* - \cos a_* \cos c_*}{\sin a_* \sin c_*}. \tag{3.16}$$

由它得到 $c_* = 37^\circ, \beta = 97^\circ$. 地球的半径是 $R = 6370\text{km}$. 因此三角形的边 c 为

$$c = R\frac{2\pi c_*^\circ}{360^\circ} = 4100(\text{km}).$$

从哥本哈根到芝加哥的穿越大西洋的飞行 这两个城市间的最短 (飞行) 路径有多远? 从哥本哈根必须从哪个角 β 出发?

回答: 仍旧考虑图 3.20.

$$\boxed{c = 距离 = 6000\text{km}, \quad \beta = 82^\circ.}$$

解: 这两个城市的地理坐标为

A (芝加哥): 北纬 42°, 西经 88°,
B (哥本哈根): 北纬 56°, 东经 12°.

我们仍以角度量度. 用图 3.20 的记号有

$$\gamma = 12^\circ + 88^\circ = 100^\circ, \quad a_* = 90^\circ - 56^\circ = 34^\circ, \quad b_* = 90^\circ - 42^\circ = 38^\circ.$$

由 (3.15) 得到 $c_* = 54^\circ$, 从而 $c = R\dfrac{2\pi c_*^\circ}{360^\circ} = 6000$. 由 (3.16) 得到了角; 它是 β.

3.2.5 几何的希尔伯特公理

人类的所有知识始于感性, 而后过渡到知性, 最后终结于理性.

I. 康德 (1724—1804)

Kritik der reinen Vernunft, Elementarlehre[1)]

恰如数对于算术那样, 几何需要被置于只由几个简单原理组成的严格基础之上. 称这些原理为几何公理. 从这些公理进行的推演以及对其中的内在联系的研究是一项艰巨的工作, 它从欧几里得以来一直催生了许多杰出的数学专著. 刚刚所提及的这项工作其意义等于是对我们的空间感觉的逻辑分析.

D. 希尔伯特 (1862—1943)

《几何原理》

对几何的第一个系统表述是由著名的欧几里得的《几何原本》中给出的 (公元前 365—前 300), 它被一成不变地教授了两千多年. 第一个完全严格的以现代观点的公理化表述是由希尔伯特在他的《几何基础》中给出的, 它发表于 1899 年. 这本书从那时以来没有失去它的智慧上的新鲜感, 在 1987 年又由 Teubner-Verlag 出版社推出了它的第十三版. 后面的这些相当形式, 又似乎枯燥的公理却是一个冗长又单调的认识论道路的成果, 而这条道路上充斥着错误, 沿着这条道路处处是误解. 它们与欧几里得的平行公理紧密相关, 我们将在 3.2.6 中讨论这个公理. 为使叙述清晰, 我们将只限于论及平面几何的公理. 为使叙述更加容易理解, 我们给出了一些解释公理的图. 我们试图清楚地把读者的注意力带到直观可看得见的方法上, 这就像 2000 年来数学家们一直在做的那样, 但这却容易隐藏了几何的真正特性 (参看 3.2.6 到 3.2.8).

平面几何的基本概念 为强调起见, 我们一开始就叙述平面几何中最重要的概念.

点, 线, 关联[2)], 之间, 全等.

在构建几何的基础中, 这些概念是不能被描述的. 这是一个根本的观点, 正如希尔伯特第一个所指出的, 它是数学中每个现代公理化处理的基础. 几何的这种没有上下文字解释的现代数学形式是一个显见的哲学上的弱点; 事实上, 它却是这种方式的强大活力之一, 并且是数学思考的典型方式. 抑制住想要给出这些概念以一个具

1) 德文, 即《纯理性批判, 初等理论》.

2) 替代论述 "点 P 与直线 l 关联" 人们也说 "P 在 l 上" 或 "l 通过 P". 如果 P 在两条直线 l 和 m 上, 则说直线 l 和 m 交于 P.

体意义的念头时, 人们突然便被处于要处理一大堆具有同一种逻辑构造的不同情形的位置上 (参看 3.2.6 到 3.2.8).

关联公理 (图 3.21(a)) (i) 对于两个不同的点 A 和 B, 恰好有一条直线既通过 A 也通过 B.

(ii) 在一条直线上至少有两个点.

(iii) 存在三个点, 它们不全在同一条直线上.

次序公理 (图 3.21(b)) (i) 若一点 B 位于点 A 和点 C 之间, 则 A, B 和 C 是在同一条直线上的三个不同的点, 并且点 B 也在 C 和 A 之间.

(ii) 对每两个不同的点 A 和 C, 存在一点 B 位于 C 和 A 之间.

(iii) 若三个不同的点在一条直线上, 则正好只有它们中的一个点位于其他两点之间.

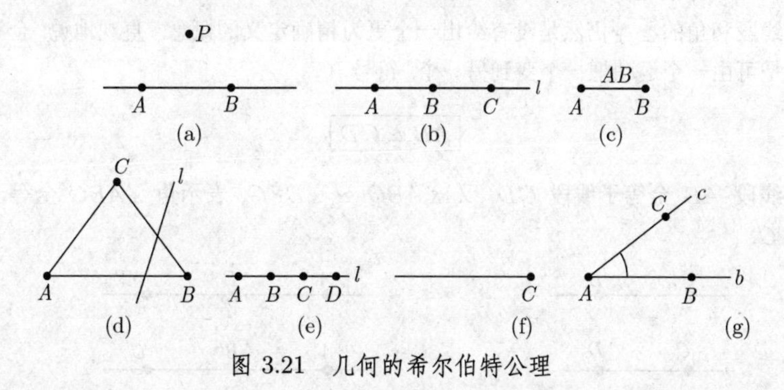

图 3.21 几何的希尔伯特公理

线段的定义 (图 3.21(c)) 设 A 和 B 为直线 l 上的两个不同点. 线段 AB 是 l 上所有位于 A 和 B 之间的点的集合. 点 A 和 B 在此情形也被计算在内.

帕施公理 (图 3.21(d)) 设 A, B 和 C 为三个不在一条直线上的不同点. 另外, 设 l 为一条直线, 在它之上没有这三个点中任何一个点. 若直线 l 与线段 AB 相交, 则 l 也与线段 BC 或线段 AC 相交.

射线的定义 (图 3.21(e), (f)) 设 A, B, C 和 D 为在一条直线 l 上的四个不同点, 其中 C 在 A 和 D 之间但不在 A 与 B 之间, 我们则说点 A 和 B 位于 C 的同一边, 而 A 和 D 在 C 的不同边.

在 C 的一边的所有点的集合被称为一条射线.

角的定义 (图 3.21 (g)) 角 $\measuredangle(b, c)$ 是两条射线 b 和 c 的集合 $\{b, c\}$, 它们属于不同的直线并由一个公共点 A 出发. 也可用记号 $\measuredangle(c, b)$ 代替 $\measuredangle(b, c)$[1]. 若 B (分别

1) 根据这个约定, 射线 b 和 c 被平等地对待. 直观地说, 人们可选取由 b 和 c 形成角使其小于 $180°$.

地, C) 是射线 b (分别地, c) 上的一个点, 这里的 B 和 C 都不同于点 A, 则我们记 $\measuredangle BAC$ 或 $\measuredangle CAB$ 以代替 $\measuredangle(b,c)$.

借助于迄此所提出的公理, 可以证明下面结果.

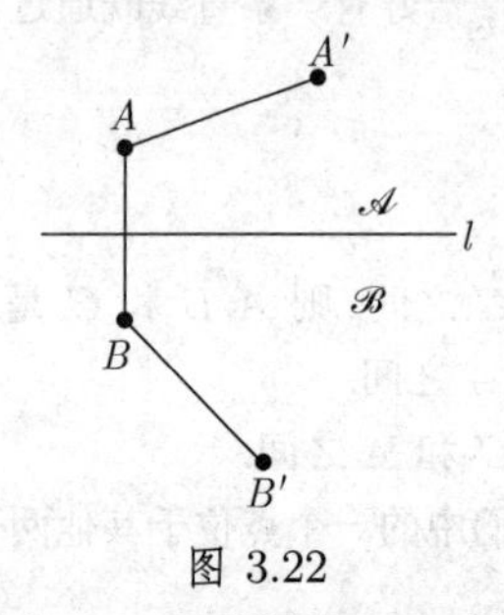

图 3.22

关于由一条直线对平面的分解定理 (图 3.22)　若 l 是一条直线, 则所有点或是在直线 l 上或是在两个集合 $\mathscr{A}$ 和 $\mathscr{B}$ 之一, 这两个集合具下面的性质:

(i) 如果点 A 在 $\mathscr{A}$ 中, 而点 B 在 $\mathscr{B}$ 中, 则线段 AB 与直线 l 相交.

(ii) 若两个点 A 和 A' (分别地, B 和 B') 位于 $\mathscr{A}$ (分别地, $\mathscr{B}$), 则线段 AA' (分别地, BB') 与直线 l 不相交.

定义　$\mathscr{A}$ (分别地, $\mathscr{B}$) 中的点位于直线 l 的一侧 (分别地, 另一侧).

线段和角的全等仍然是没有给出一个更为精确定义的概念. 直观地说, 全等的对象是可由一个运动把一个变到另一个. 符号

$$\boxed{AB \simeq CD}$$

表示线段 AB 全等于线段 CD, 又 $\measuredangle ABC \simeq \measuredangle EFG$, 表示角 $\measuredangle ABC$ 全等于角 $\measuredangle EFG$.

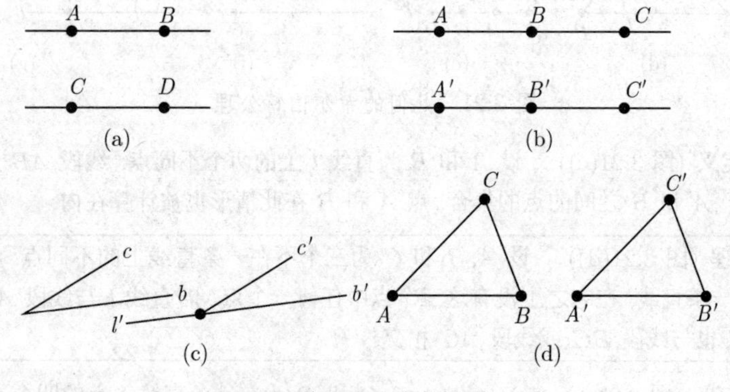

图 3.23　对线段和角的全等公理

线段的全等公理 (图 3.23 (a), (b))　(i) 假设点 A 和 B 在一条直线 l 上, 点 C 在直线 m 上. 则存在 m 上的一个点 D 使得

$$AB \simeq CD.$$

(ii) 若两条线段与第三条线段全等, 则它们也相互全等.

(iii) 设 AB 和 BC 为直线 l 上的两条线段, 它们除 B 外没有其他的公共点.

另外设 $A'B'$ 和 $B'C'$ 为线段 l' 上的两条线段, 它们除去 B' 外没有公共点, 则关系

$$AB \simeq A'B' \text{ 和 } BC \simeq B'C'$$

总有

$$AC \simeq A'C'.$$

三角形的定义 三角形 ABC 由三个不在一条的直线的三个点 A, B 和 C 组成.

角的全等公理 (图 3.23(c), (d)) (i) 每个角与自身全等, 即 $\measuredangle(b,c) \simeq \measuredangle(b,c)$.

(ii) 设 $\measuredangle(b,c)$ 为一个角, 且设 b' 为直线 l' 上的一条射线. 于是存在射线 c' 使

$$\measuredangle(b,c) \simeq (b',c')$$

并且 $\measuredangle(b',c')$ 的所有内点在直线 l' 的一边.

(iii) 设给定两个三角形 ABC 和 $A'B'C'$. 于是由

$$AB \simeq A'B', \quad AC \simeq A'C' \text{ 和 } \measuredangle BAC \simeq \measuredangle B'A'C'$$

得出

$$\measuredangle ABC \simeq \measuredangle A'B'C'.$$

阿基米德公理 (图 3.24) 若 AB 和 CD 为两条线段, 则在通过 A 和 B 的直线上存在点

$$A_1, A_2, \cdots, A_n$$

使得线段 $AA_1, A_1A_2, \cdots, A_{n-1}A_n$ 全都全等于线段 CD 而 B 位于 A 和 A_n 之间[1)].

完全性公理 不可能以加进点或直线来扩张这个系统使得这些公理继续成立.

希尔伯特定理 (1899) 若实数理论中没有矛盾, 则由这些公理定义的几何也不会出现矛盾.

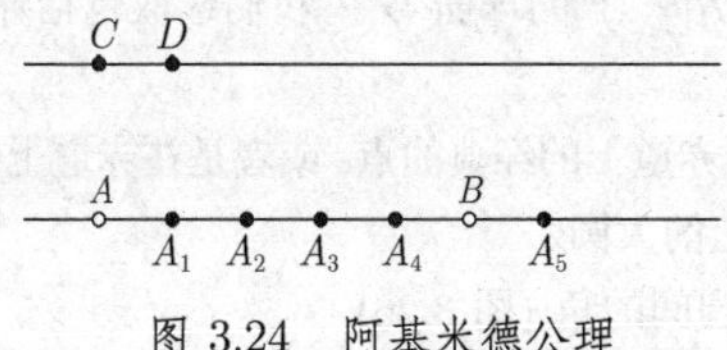

图 3.24 阿基米德公理

1) 直观地说, 这表明以作线段 CD 几次便得到了一条包含 AB 的线段.

有一些几何, 其中除去阿基本米德公理外其他公理全都成立. 这种类型的几何被称为非阿基米德几何.

3.2.6 欧几里得平行公理

平行直线的定义 称两条直线 l 和 m 平行, 如果它们不相交于一点.

> **欧几里得平行公理** (图 3.25) 如果一点 P 不在一条直线 l 上, 则恰好存在一条包含点 P 的直线 p, 它平行于 l.

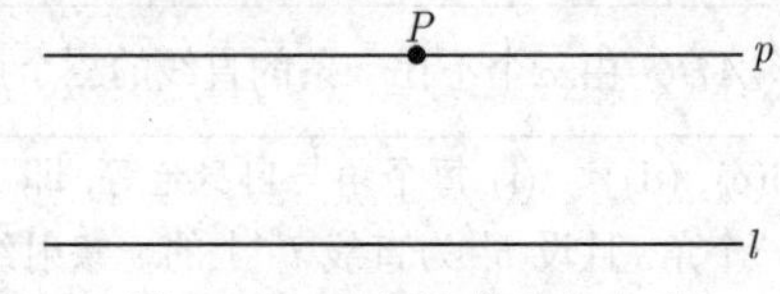

图 3.25 欧几里得平行公理

历史评注 平行问题是

> 平行公理能从欧几里得的其他公理证明吗?

这是一个 2000 多年中著名的未解决的数学问题. K. F. 高斯 (1777—1855) 是第一个意识到"平行公理"不能由其他公理证明的人. 但是为了回避可能的非理性的麻烦他一直都没有发表这个结果. 俄罗斯数学家 N.I. 罗巴切夫斯基 (1793—1856) 在 1830 年出版了一本关于新型几何的书, 在这种几何中平行公理就不成立. 这便是罗巴切夫几何 (或者称为非欧双曲几何). 匈牙利数学家 J. 波尔约 (1802—1860) 独立地得到了相似的结果.

平面的欧氏几何 3.2.5 中包含了平行公理的希尔伯特公理对于平面的通常几何成立, 这正像在图 3.21~ 图 3.25 中所描述的那样.

形象化和直观性可以产生误导 图 3.25 表明了平行公理显然是正确的. 但是这个观点是错误的! 这个错误所基于的事实是, 我们直观地以为一条直线必定是某种"直"的东西. 但是几何公理中没有任何一个说它应该如此. 下面在 3.2.7 和 3.2.8 的两种几何解释了这点.

3.2.7 非欧椭圆几何学

我们考虑一个半径 $R = 1$ 的球面 $\mathscr{S}$. 我们选取包括赤道的北半球作为一个"参照平面" E_{ellip}.

(i) "点"或者是不在赤道上的经典的点, 或者是在赤道上的一对对径点 $\{A, B\}$.

(ii) "直线"是球面上的大圆.

(iii) "角"是通常大圆间的角 (图 3.26).

定理 在这个几何中平行公理不成立.

例: 设已知一条直线 l, 还有一个不在此直线上的点 P (在图里是北极). 每条通过 P 的都是经圆. 所有这些直线均交 l 为一点. 例如, 在图 3.26 中直线 l 交直线 m 于点 $\{A, B\}$.

全等 在这个几何中的“运动”是绕通过北极和南极的轴的旋转. 全等的线段和角定义为可由这样一个运动变换到另一个.

这个几何满足除去欧几里得平行公理外的所有希尔伯特的几何公理. 令人惊奇的是, 两千多年来居然没有数学家遇到过利用这个简单的模型来证明平行公理不能由其他公理得到的想法. 显然在那个时期存在着思想上的障碍. 人们过于顽固地想象点就是通常点, 而直线就是通常“笔直”的线, 等等. 事实上, 这种直观的可视性在利用公理和通常逻辑规则的几何定理的证明中没有作用.

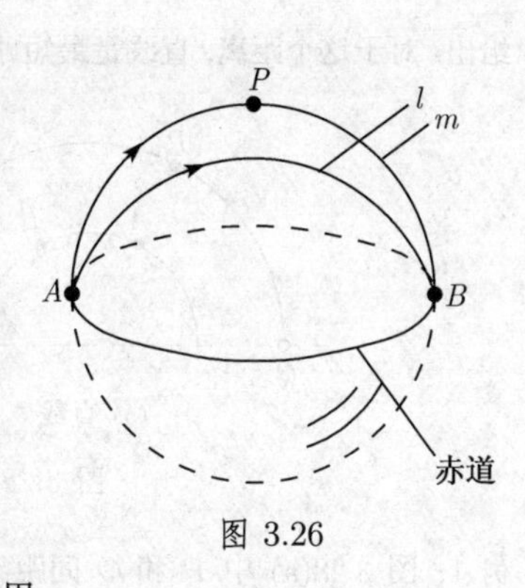

图 3.26

3.2.8 非欧双曲几何学

庞加莱模型 选取一个笛卡儿坐标系并考虑开的*上半平面*

$$\mathscr{H} = \mathscr{H}_{\text{hyp}} := \{(x,y) \in \mathbb{R}^2 | y > 0\},$$

我们称它为*双曲平面*. 采取下面的约定:

(i) “点”为上半平面中经典的点.

(ii) “线”为上半平面中那样的半圆, 其中心在 x 轴上 (图 3.27).

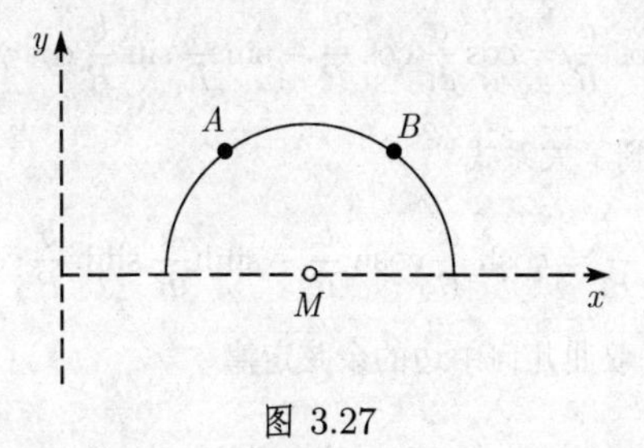

图 3.27

定理 (图 3.28)

(i) 恰好存在通过 $\mathcal{H}$ 中两个点 A 和 B 的一条直线.

(ii) 若 l 是一条直线, 则通过 l 外面的每个其他点 P 的有无穷多条与 l 不相交的直线 p, 即存在无穷多条通过点 P 的平行于 l 的直线.

在双曲几何中欧几里得平行公理不成立.

角 两条直线的夹“角”等于对相应圆弧间的角 (图 3.28(b)).

距离 在双曲平面 $\mathcal{H}$ 中一条曲线 $y = y(x), a \leqslant x \leqslant b$ 的长由积分

$$L = \int_a^b \frac{\sqrt{1 + y'(x)^2}}{y(x)} \mathrm{d}x$$

给出. 对于这个距离, 直线是最短路径 (测地线).

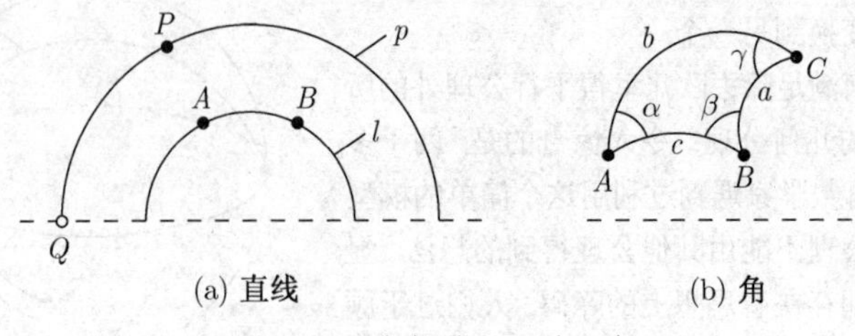

(a) 直线 (b) 角

图 3.28 庞加莱平面的几何

例 1: 图 3.28(a) 中 P 和 Q 间距离为无穷大. 因此称图 3.28 (a) 中的 x 轴为在双曲平面的无穷远处的直线.

双曲三角学 这是一门在双曲平面中的三角形计算的学科. 双曲几何的所有公式都可以从球面三角学中公式经应用下述平移原理简练地导出:

在球面三角学的所有公式中将半径换成 $\mathrm{i}R$ (其中的 i 是 $\mathrm{i}^2=-1$ 的虚单位) 并令 $R=1$.

例 2: 由球面三角的对边的余弦定律

$$\cos\frac{c}{R}=\cos\frac{a}{R}\cos\frac{b}{R}+\sin\frac{a}{R}\sin\frac{b}{R}\cos\gamma,$$

将其中 R 换作 $\mathrm{i}R$ 得到了关系式[1)]

$$\cosh\frac{c}{R}=\cosh\frac{a}{R}\cosh\frac{b}{R}-\sinh\frac{a}{R}\sinh\frac{b}{R}\cos\gamma.$$

对于 $R=1$, 便得到了双曲几何中边的余弦定律

$$\cosh c=\cosh a\cosh b-\sinh a\sinh b\cos\gamma.$$

若 γ 为直角, 则 $\cos\gamma=0$, 我们便得到了双曲几何的毕达哥拉斯定理

$$\boxed{\cosh c=\cosh a\cosh b.}$$

更重要的一些公式可在表 3.2 中找到. 对椭圆几何中的公式对应了球面三角学中在半径 $R=1$ 的球面上的公式.

更多的公式可经由循环置换得到:

$$a\to b\to c\to a \text{ 和 } \alpha\to\beta\to\gamma\to\alpha.$$

1) 注意有 $\cos \mathrm{i}x=\cosh x$ 和 $\sin \mathrm{i}x=\mathrm{i}\sinh x$.

表 3.2 各种几何学中的公式

	欧氏几何	椭圆几何	双曲几何
三角形的和角公式 (A 为面积)	$\alpha+\beta+\gamma=\pi$	$\alpha+\beta+\gamma=\pi+A$	$\alpha+\beta+\gamma=\pi-A$
半径 r 的圆面积	πr^2	$2\pi(1-\cos r)$	$2\pi(\cosh r-1)$
半径 r 的圆的周长	$2\pi r$	$2\pi\ \sin r$	$2\pi\ \sinh r$
毕达哥拉斯定理	$c^2=a^2+b^2$	$\cos c=\cos a\cos b$	$\cosh c=\cosh a\ \cosh b$
余弦定律	$c^2=a^2+b^2$ $-2ab\ \cos\gamma$	$\cos c=\cos a\cos b$ $+\sin a\ \sin b\ \cos\gamma$	$\cosh c=\cosh a\ \cosh b$ $-\sinh a\ \sinh b\ \cos\gamma$
正弦定律	$\dfrac{\sin\alpha}{\sin\beta}=\dfrac{a}{b}$	$\dfrac{\sin\alpha}{\sin\beta}=\dfrac{\sin a}{\sin b}$	$\dfrac{\sin\alpha}{\sin\beta}=\dfrac{\sinh a}{\sinh b}$
高斯曲率	$K=0$	$K=1$	$K=-1$

运动 令 $z=x+\mathrm{i}y$ 和 $z'=x'+\mathrm{i}y'$. 双曲几何的 "运动" 是特殊的默比乌斯变换

$$\boxed{z'=\frac{\alpha z+\beta}{\gamma z+\delta},}$$

其中 α,β,γ 和 δ 为实数并满足 $\alpha\delta-\beta\gamma>0$. 所有这样的变换的集合构成一个群, 称为双曲平面的运动群.

(i) $\mathcal{H}$ 的直线在双曲运动下映成了另一条直线.

(ii) 双曲运动是保角和保距的变换.

根据克莱因的埃尔兰根纲领, 双曲几何的性质就是那些在双曲运动群下保持不变的性质.

定理 上面所定义的双曲几何满足除了欧几里得平行公理外的所有希尔伯特公理.

黎曼几何 双曲几何是具度量

$$\boxed{\mathrm{d}s^2=\frac{\mathrm{d}x^2+\mathrm{d}y^2}{y^2},\quad y>0}$$

的黎曼几何, 且具有 (负) 常值高斯曲率 $K=-1$ (参看 [212]).

物理解释 在几何光学背景中的对庞加莱模型的简单解释可在 5.1.2 中找到.

3.3 向量代数在解析几何学中的应用

笛卡儿 (1596—1650) 和费马 (1601—1665) 所发现的笛卡儿坐标方法在 18 世纪末被称作 "解析几何学", 它增加了在几何思考中代数的重要性.

J. 迪厄多内 (Dieudonné)

向量代数使得利用方程来描述几何对象成为可能, 并且它们与所选取的坐标系无关. 设 O 为一定点. 以 $\boldsymbol{r}=\overrightarrow{OP}$ 记点 P 的径向量. 若三个两两正交的单位向量 $\boldsymbol{i},\boldsymbol{j}$ 和 $\boldsymbol{k}$ 使它们构成右手系, 则有

$$\boxed{\boldsymbol{r}=x\boldsymbol{i}+y\boldsymbol{j}+z\boldsymbol{k}}.$$

称实数 x,y,z 为点 P 的笛卡儿坐标 (图 3.29 和图 1.85). 另外, 令 $\boldsymbol{a}=a_1\boldsymbol{i}+a_2\boldsymbol{j}+a_3\boldsymbol{k}$ 等.

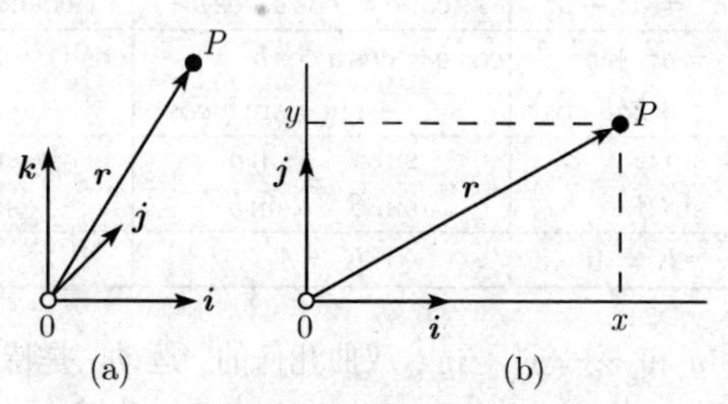

图 3.29 笛卡儿坐标

下面的所有公式都包含了向量的表述和以笛卡儿坐标的表示.

3.3.1 平面中的直线

通过一点 $P_0(x_0,y_0)$ 并以向量 $\boldsymbol{v}$ 为方向的直线方程 (图 3.30 (a))

$$\boxed{\boldsymbol{r}=\boldsymbol{r}_0+t\boldsymbol{v},\quad -\infty<t<\infty,}$$
$$x=x_0+tv_1,\quad y=y_0+tv_2.$$

若把实参数 t 看作时间, 则这是一个点以速度 $\boldsymbol{v}=v_1\boldsymbol{i}+v_2\boldsymbol{j}$ 的运动方程, 而 $\boldsymbol{r}_j=x_j\boldsymbol{i}+y_j\boldsymbol{j}$.

通过两个点 $P_j(x_j,y_j), j=0,1$ 的直线方程 (图 3.30(b))

$$\boxed{\boldsymbol{r}=\boldsymbol{r}_0+t(\boldsymbol{r}_1-\boldsymbol{r}_0),\quad -\infty<t<\infty,}$$
$$x=x_0+t(x_1-x_0),\quad y=y_0+t(y_1-y_0).$$

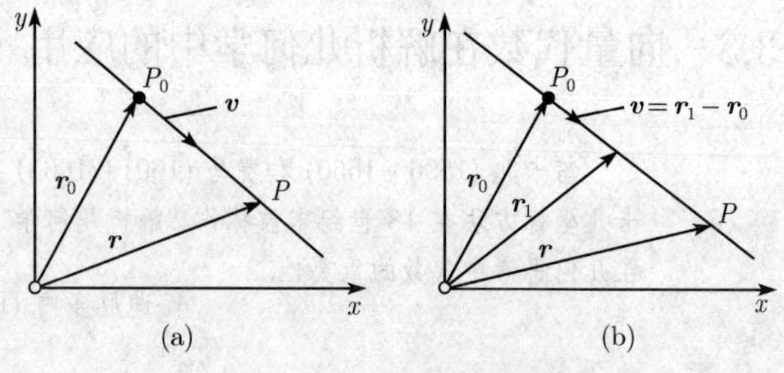

图 3.30 过两点的直线

通过点 $P_0(x_0, y_0)$ 正交于单位向量 n 的直线 l 的方程 (图 3.31(a))

$$\boxed{\boldsymbol{n}(\boldsymbol{r}-\boldsymbol{r}_0)=0,}$$

$$n_1(x-x_0)+n_2(y-y_0)=0.$$

在这里有 $\sqrt{n_1^2+n_2^2}=1$.

点 P_* 到直线 l 的距离

$$\boxed{d=\boldsymbol{n}(\boldsymbol{r}_*-\boldsymbol{r}_0),}$$

$$d=n_1(x_*-x_0)+n_2(y_*-y_0).$$

在此我们已令 $\boldsymbol{r}_*=\overrightarrow{OP_*}$. 若 P_* 在 l 相对于 $\boldsymbol{n}$ 的正的一侧则有 $d>0$, 若在负的一侧, 则有 $d<0$ (图 3.31 (b)). 又有 $\boldsymbol{n}=n_1\boldsymbol{i}+n_2\boldsymbol{j}$.

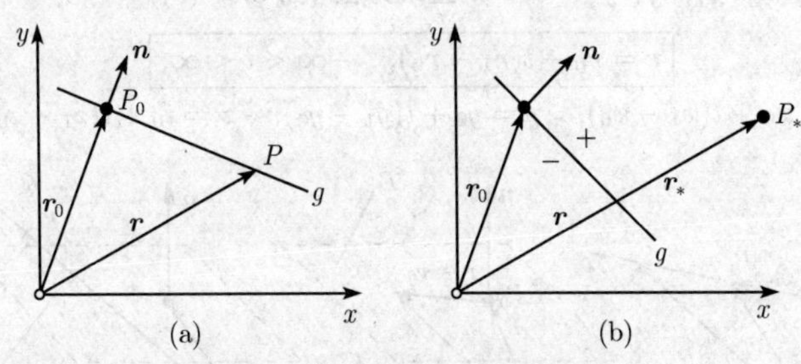

图 3.31 正交于一个向量的直线

两点 P_1 和 P_0 间的距离 d (图 3.32 (a))

$$\boxed{d=|\boldsymbol{r}_1-\boldsymbol{r}_0|,}$$

$$d=\sqrt{(x_1-x_0)^2+(y_1-y_0)^2}.$$

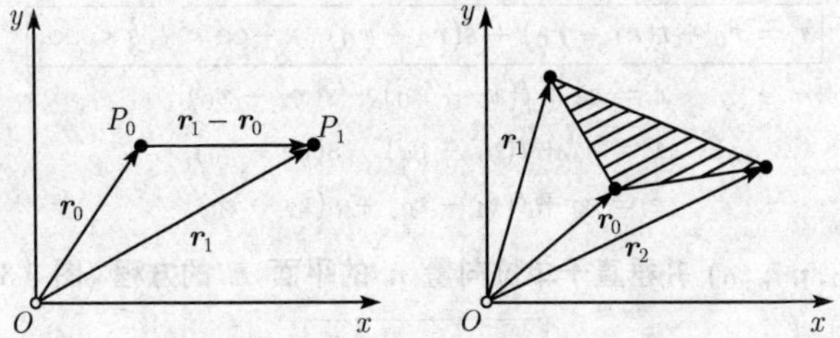

图 3.32 距离和面积

以 $P_j(x_j, y_j), j=0,1,2$ 为顶点的三角形的面积 (图 3.32 (b))

$$\boxed{A=\frac{1}{2}\boldsymbol{k}((\boldsymbol{r}_1-\boldsymbol{r}_0)\times(\boldsymbol{r}_2-\boldsymbol{r}_0)).}$$

显式表达为

$$A = \frac{1}{2}\begin{vmatrix} x_1 - x_0 & y_1 - y_0 \\ x_2 - x_0 & y_2 - y_0 \end{vmatrix}.$$

3.3.2 空间中的直线和平面

通过点 $\boldsymbol{P_0(x_0, y_0, z_0)}$ 并以向量 $\boldsymbol{v}$ 为方向的直线方程 (图 3.33 (a))

$$\boxed{\boldsymbol{r} = \boldsymbol{r}_0 + t\boldsymbol{v}, \quad -\infty < t < \infty,}$$

$$x = x_0 + tv_1, \quad y = y_0 + tv_2, \quad z = z_0 + tv_3.$$

若把实参数 t 看作时间, 则这是一个点以速度向量为 $\boldsymbol{v} = v_1\boldsymbol{i} + v_2\boldsymbol{j} + v_3\boldsymbol{k}$, $\boldsymbol{r} = x\boldsymbol{i} + y\boldsymbol{j} + z\boldsymbol{k}$ 的运动方程.

通过两点 $\boldsymbol{P_j(x_j, y_j, z_j), j = 0, 1}$ 的直线方程 (图 3.33 (a))

$$\boxed{\boldsymbol{r} = \boldsymbol{r}_0 + t(\boldsymbol{r}_1 - \boldsymbol{r}_0), \quad -\infty < t < \infty,}$$

$$x = x_0 + t(x_1 - x_0), \quad y = y_0 + t(y_1 - y_0), \quad z = z_0 + t(z_1 - z_0).$$

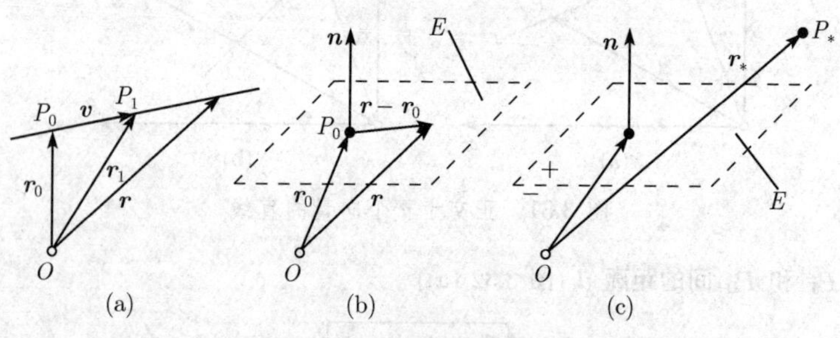

图 3.33 空间对象的方程

通过三个已知点 $\boldsymbol{P(x_j, y_j, z_j), j = 0, 1, 2}$ 的平面方程

$$\boxed{\boldsymbol{r} = \boldsymbol{r}_0 + t(\boldsymbol{r}_1 - \boldsymbol{r}_0) + s(\boldsymbol{r}_2 - \boldsymbol{r}_0), \quad -\infty < t, s < \infty,}$$

$$x = x_0 + t(x_1 - x_0) + s(x_2 - x_0),$$

$$y = y_0 + t(y_1 - y_0) + s(y_2 - y_0),$$

$$z = z_0 + t(z_1 - z_0) + s(z_2 - z_0).$$

通过点 $\boldsymbol{P(x_0, y_0, z_0)}$ 并垂直于单位向量 $\boldsymbol{n}$ 的平面 $\boldsymbol{E}$ 的方程 (图 3.33(b))

$$\boxed{\boldsymbol{n}(\boldsymbol{r} - \boldsymbol{r}_0) = 0,}$$

$$n_1(x - x_0) + n_2(y - y_0) + n_3(z - z_0) = 0.$$

在此我们有 $\sqrt{n_1^2 + n_2^2 + n_3^2} = 1$. 称 $\boldsymbol{n}$ 为平面 E 的单位法向量. 若三个点 P_1, P_2 和 P_3 已在 E 上给出, 则 $\boldsymbol{n}$ 可由下面公式得到:

$$\boldsymbol{n} = \frac{(\boldsymbol{r}_1 - \boldsymbol{r}_0) \times (\boldsymbol{r}_2 - \boldsymbol{r}_0)}{|(\boldsymbol{r}_1 - \boldsymbol{r}_0) \times (\boldsymbol{r}_2 - \boldsymbol{r}_0)|}.$$

平面 F 到点 P_* 的距离

$$\boxed{d = \boldsymbol{n}(\boldsymbol{r}_* - \boldsymbol{r}_0),}$$

$$d = n_1(x_* - x_0) + n_2(y_* - y_0) + n_3(z_* - z_0).$$

在这里, 若点 P_* 在相对于单位法向量 $\boldsymbol{n}$ 而言在平面 E 的正 (分别地, 负) 侧, 则有 $d > 0$ (分别地 $d < 0$) (图 3.33 (c)).

两个点 P_0 和 P_1 之间的距离

$$\boxed{d = |\boldsymbol{r}_1 - \boldsymbol{r}_0|,}$$

$$d = \sqrt{(x_1 - x_0)^2 + (y_1 - y_0)^2 + (z_1 - z_0)^2}.$$

两个向量 $\boldsymbol{a}$ 和 $\boldsymbol{b}$ 间的角 φ

$$\boxed{\cos\varphi = \frac{\boldsymbol{ab}}{|\boldsymbol{a}|\,|\boldsymbol{b}|},}$$

$$\cos\varphi = \frac{a_1b_1 + a_2b_2 + a_3b_3}{\sqrt{a_1^2 + a_2^2 + a_3^2} \cdot \sqrt{b_1^2 + b_2^2 + b_3^2}}.$$

3.3.3 体积

由向量 $\boldsymbol{a}, \boldsymbol{b}$ 和 $\boldsymbol{c}$ 张成的平行四面体的体积 (图 3.34 (a))

$$\boxed{V = (\boldsymbol{a} \times \boldsymbol{b})\boldsymbol{c},}$$

$$V = \begin{vmatrix} a_1 & a_2 & a_3 \\ b_1 & b_2 & b_3 \\ c_1 & c_2 & c_3 \end{vmatrix}.$$

在这里, 若 a, b, c 形成右手系 (分别地, 左手系) 则 $V > 0$ (分别地, $V < 0$).

由点 $P_j(x_j, y_j, z_j), j = 0, 1, 2, 3$ 张成的平行四面体的体积 令 $\boldsymbol{a} := \boldsymbol{r}_1 - \boldsymbol{r}_0, \boldsymbol{b} := \boldsymbol{r}_2 - \boldsymbol{r}_0, \boldsymbol{c} := \boldsymbol{r}_3 - \boldsymbol{r}_0$.

由向量 $\boldsymbol{a}$ 和 $\boldsymbol{b}$ 张成的三角形的面积 (图 3.34 (b))

$$\boxed{A = \frac{1}{2}\,|\boldsymbol{a} \times \boldsymbol{b}|,}$$

$$A = \sqrt{\begin{vmatrix} a_2 & a_3 \\ b_2 & b_3 \end{vmatrix}^2 + \begin{vmatrix} a_3 & a_1 \\ b_3 & b_1 \end{vmatrix}^2 + \begin{vmatrix} a_1 & a_2 \\ b_1 & b_2 \end{vmatrix}^2}.$$

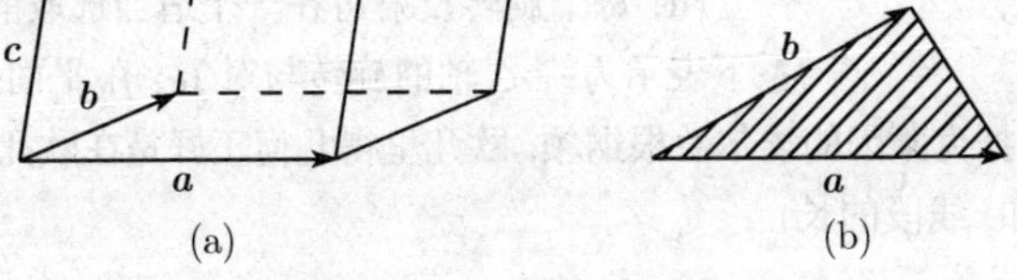

图 3.34 二维和三维体积

3.4 欧氏几何学 (运动的几何学)

3.4.1 欧几里得运动群

以 x_1, x_2, x_3 和 x'_1, x'_2, x'_3 为两个笛卡儿坐标系. 一个欧几里得运动是一个变换

$$\boxed{\boldsymbol{x}' = \boldsymbol{D}\boldsymbol{x} + \boldsymbol{a},}$$

其中 $\boldsymbol{a} = (a_1, a_2, a_3)^{\mathrm{T}}$ 为常值列向量, $\boldsymbol{D}$ 为正交 (3×3) 矩阵, 即 $\boldsymbol{D}\boldsymbol{D}^{\mathrm{T}} = \boldsymbol{D}^{\mathrm{T}}\boldsymbol{D} = \boldsymbol{E}$ (其中 $\boldsymbol{E}$ 为单位矩阵). 显式地这些变换由下面方程给出:

$$x'_j = d_{j1}x_1 + d_{j2}x_2 + d_{j3}x_3 + a_j, \quad j = 1, 2, 3.$$

分类 (i) 平移: $\boldsymbol{D} = \boldsymbol{E}$.

(ii) 旋转: $\det \boldsymbol{D} = 1, \boldsymbol{a} = \boldsymbol{0}$.

(iii) 旋转反射: $\det \boldsymbol{D} = -1, \boldsymbol{a} = \boldsymbol{0}$.

(iv) 正常运动: $\det \boldsymbol{D} = 1$.

定义 所有运动的集合在复合下构成一个群, 称其为欧几里得运动群.

所有的旋转构成一个子群, 称其为旋转群[1]. 所有的平移 (分别地, 所有的正常运动) 构成了欧几里得运动群的一个子群, 称其为平移群 (分别地, 正常欧氏运动群).

例 1: 绕 ζ 轴以旋转角 φ 的旋转 (取正的数学定向) 在笛卡儿 (ξ, η, ζ) 系下为

$$\boxed{\begin{aligned} &\xi' = \xi\cos\varphi + \eta\sin\varphi, \qquad \zeta' = \zeta, \\ &\eta' = -\xi\sin\varphi + \xi\cos\varphi. \end{aligned}}$$

图 3.35 表示了在 (ξ, η) 平面中的旋转.

例 2: 对于 (ξ, η) 平面的一个反射由下面的关系给出:

$$\xi' = \xi, \quad \eta' = \eta, \quad \zeta' = -\zeta.$$

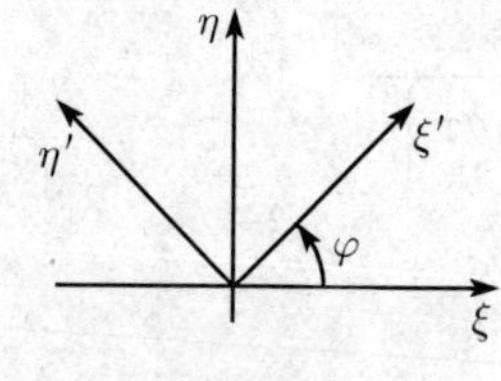

图 3.35

结构定理 (i) 每个旋转可以在一个适当的笛卡儿坐标系下化为绕 ζ 轴的旋转.

(ii) 每个旋转反射可在一个适当选取的 (ξ, η, ζ) 坐标系下表示为绕 ζ 轴的旋转与对 (ξ, η) 平面的反射的复合.

欧氏几何 根据克莱因的埃尔兰根纲领, 欧几里得几何正好是在欧几里得运动下不变的性质 (例如, 线段的长).

1) 这是一个三维李群 (对其定义见 [212]).

3.4.2 圆锥截线

圆锥截线的初等理论已在 0.1.7 中表述过了.

二次型 考虑方程

$$\boxed{\boldsymbol{x}^{\mathrm{T}}\boldsymbol{A}\boldsymbol{x}=b.}$$

显式地, 此方程为

$$a_{11}x_1^2+2a_{12}x_1x_2+a_{22}x_2^2=b, \tag{3.17}$$

它具有实对称矩阵 $\boldsymbol{A}=\begin{pmatrix}a_{11} & a_{12}\\ a_{21} & a_{22}\end{pmatrix}$. 设 $\boldsymbol{A}\neq\boldsymbol{O}$. 于是, 有 $\det\boldsymbol{A}=a_{11}a_{22}-a_{12}a_{21}$, 且 $\mathrm{tr}\boldsymbol{A}=a_{11}+a_{22}$.

定理 应用在笛卡儿坐标系 (x_1,x_2,x_3) 下的一个旋转总可以把方程 (3.17) 化为法式

$$\boxed{\lambda x^2+\mu y^2=b.} \tag{3.18}$$

这里的 λ 和 μ 是 $\boldsymbol{A}$ 的特征值, 即有

$$\begin{vmatrix}a_{11}-\zeta & a_{12}\\ a_{21} & a_{22}-\zeta\end{vmatrix}=0,$$

其中 $\zeta=\lambda,\mu$. 有 $\det\boldsymbol{A}=\lambda\mu,\mathrm{tr}\boldsymbol{A}=\lambda+\mu$.

证明: 我们来确定矩阵 $\boldsymbol{A}$ 的两个特征向量 $\boldsymbol{u}$ 和 $\boldsymbol{v}$, 即使得

$$\boldsymbol{A}\boldsymbol{u}=\lambda\boldsymbol{u}\quad 和 \quad \boldsymbol{A}\boldsymbol{u}=\mu\boldsymbol{v}.$$

在这里可以选取 $\boldsymbol{u}$ 和 $\boldsymbol{v}$ 使得 $\boldsymbol{u}^{\mathrm{T}}\boldsymbol{v}=0$ 而 $\boldsymbol{u}^{\mathrm{T}}\boldsymbol{u}=\boldsymbol{v}^{\mathrm{T}}\boldsymbol{v}=1$. 令 $\boldsymbol{D}:=(\boldsymbol{u},\boldsymbol{v})$. 于是

$$\boldsymbol{x}=\boldsymbol{D}\boldsymbol{x}'$$

是一个旋转. 由 (3.17) 得到

$$\begin{aligned}b&=\boldsymbol{x}^{\mathrm{T}}\boldsymbol{A}\boldsymbol{x}=\boldsymbol{x}'^{\mathrm{T}}(\boldsymbol{D}^{\mathrm{T}}\boldsymbol{A}\boldsymbol{D})\boldsymbol{x}'=\boldsymbol{x}'^{\mathrm{T}}\begin{pmatrix}\lambda & 0\\ 0 & \mu\end{pmatrix}\boldsymbol{x}'\\ &=\lambda x_1'^2+\mu x_2'^2.\end{aligned}$$

一般圆锥截线 我们现在来研究方程

$$\boxed{\boldsymbol{x}^{\mathrm{T}}\boldsymbol{A}\boldsymbol{x}+\boldsymbol{x}^{\mathrm{T}}\boldsymbol{a}+a_{33}=0,}$$

其中 $\boldsymbol{a}=(a_{13},a_{23})^{\mathrm{T}}$, 即

$$a_{11}x_1^2+2a_{12}x_1x_2+a_{22}x_2^2+a_{13}x_1+a_{23}x_2+a_{33}=0. \tag{3.19}$$

它具有实对称矩阵

$$\boldsymbol{A}=\begin{pmatrix}a_{11} & a_{12}\\ a_{21} & a_{22}\end{pmatrix},\quad \mathscr{A}=\begin{pmatrix}a_{11} & a_{12} & a_{13}\\ a_{21} & a_{22} & a_{23}\\ a_{31} & a_{32} & a_{33}\end{pmatrix}.$$

第一种主要情形　有中心方程. 如果 $\det \boldsymbol{A} \neq 0$, 则线性方程组

$$a_{11}\alpha_1 + a_{12}\alpha_2 + a_{13} = 0,$$
$$a_{21}\alpha_1 + a_{22}\alpha_2 + a_{23} = 0$$

有唯一的解 (α_1, α_2). 利用平移 $X_j := x_j - \alpha_j, j = 1, 2$, 方程 (3.19) 被变换为

$$a_{11}X_1^2 + 2a_{12}X_1X_2 + a_{22}X_2^2 = -\frac{\det \mathscr{A}}{\det \boldsymbol{A}}.$$

与 (3.17) 中的情形相似, 由此通过旋转得到

$$\boxed{\lambda x^2 + \mu y^2 = -\frac{\det \mathscr{A}}{\det \boldsymbol{A}}.}$$

因为 $\det \boldsymbol{A} = \lambda\mu$, $\mathrm{tr}\boldsymbol{A} = \lambda + \mu$, 于是可得表 3.3 中的法式.

表 3.3　中心圆锥截线

$\det \boldsymbol{A}$	$\det \mathscr{A}$	法式 ($a > 0,\ b > 0,\ c > 0$)	名　称	图　示
	< 0	$\dfrac{x^2}{a^2} + \dfrac{y^2}{b^2} = 1$	椭圆	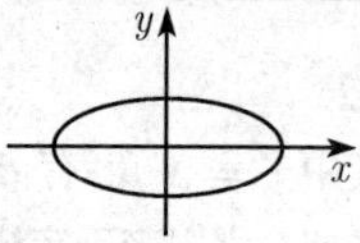
> 0	> 0	$\dfrac{x^2}{a^2} + \dfrac{y^2}{b^2} = -1$	虚椭圆	
	$= 0$	$\dfrac{x^2}{a^2} + \dfrac{y^2}{b^2} = 0$	二重点	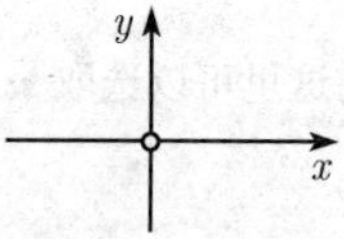
	< 0	$\dfrac{x^2}{a^2} - \dfrac{y^2}{b^2} = 1$	双曲线	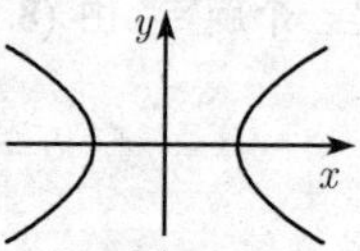
< 0	> 0	$\dfrac{y^2}{b^2} - \dfrac{x^2}{a^2} = 1$	双曲线	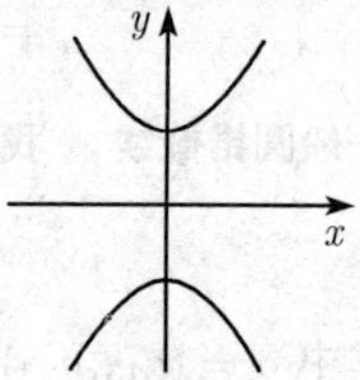
	$= 0$	$\dfrac{x^2}{a^2} - \dfrac{y^2}{b^2} = 0$	二重直线	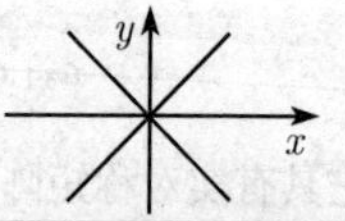

第二种主要情形　无中心方程 (表 3.4). 这时有 $\det \boldsymbol{A} = 0$, 从而 $\lambda \neq 0$ 且 $\mu = 0$. 对 (3.19) 应用一个旋转得到

$$\boxed{\lambda x^2 + 2qx + py + c = 0.}$$

对它配完全平方得到

$$\lambda\left(x + \frac{q}{\lambda}\right)^2 + py + c - \frac{q^2}{\lambda} = 0.$$

表 3.4 非中心曲线 ($\det \boldsymbol{A} = 0$)

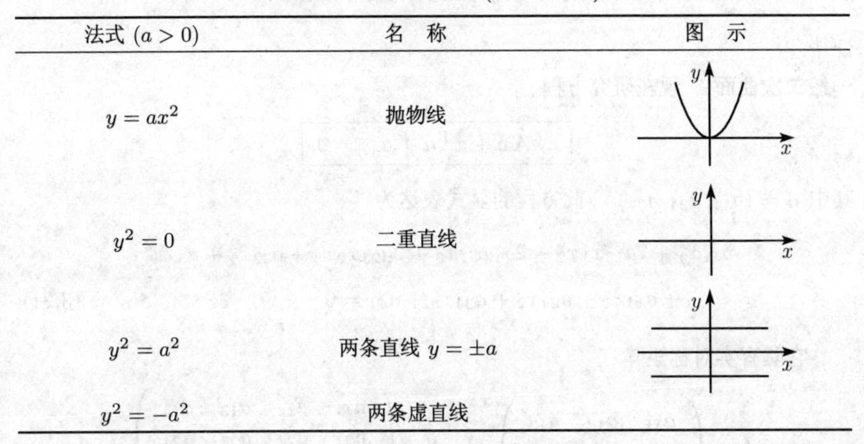

法式 ($a > 0$)	名 称	图 示
$y = ax^2$	抛物线	
$y^2 = 0$	二重直线	
$y^2 = a^2$	两条直线 $y = \pm a$	
$y^2 = -a^2$	两条虚直线	

3.4.3 二次曲面

二次型 考虑方程

$$\boxed{\boldsymbol{x}^{\mathrm{T}} \boldsymbol{A} \boldsymbol{x} = b.}$$

显式表达, 此方程为

$$a_{11}x_1^2 + 2a_{12}x_1x_2 + 2a_{13}x_1x_3 + 2a_{23}x_2x_3 + a_{22}x_2^2 + a_{33}x_3^2 = b \tag{3.20}$$

具有一个实矩阵 $\boldsymbol{A} = (a_{jk})$. 假设 $\det \boldsymbol{A} \neq 0$. 于是其迹为 $\mathrm{tr}\boldsymbol{A} = a_{11} + a_{22} + a_{33}$.

定理 对笛卡儿坐标系 (x_1, x_2, x_3) 应用一个旋转可将上面的方程化为下面的法式:

$$\boxed{\lambda x^2 + \mu y^2 + \zeta z^2 = b.}$$

这里的 λ, μ 和 ζ 是 $\boldsymbol{A}$ 的特征值, 即有 $\det(\boldsymbol{A} - \gamma \boldsymbol{E}) = 0$, 其中 $\nu = \lambda, \mu$ 或 ζ. 又有 $\det \boldsymbol{A} = \lambda\mu\zeta$, $\mathrm{tr}\boldsymbol{A} = \lambda + \mu + \zeta$.

证明: 我们来确定矩阵 $\boldsymbol{A}$ 的三个特征向量 $\boldsymbol{u}, \boldsymbol{v}$ 和 $\boldsymbol{w}$, 即向量使得

$$\boldsymbol{A}\boldsymbol{u} = \lambda \boldsymbol{u}, \quad \boldsymbol{A}\boldsymbol{v} = \mu \boldsymbol{v}, \quad \boldsymbol{A}\boldsymbol{w} = \zeta \boldsymbol{w}.$$

在这里可选取 $\boldsymbol{u}, \boldsymbol{v}$ 和 $\boldsymbol{w}$ 使得 $\boldsymbol{u}^{\mathrm{T}}\boldsymbol{v} = \boldsymbol{u}^{\mathrm{T}}\boldsymbol{w} = \boldsymbol{v}^{\mathrm{T}}\boldsymbol{w} = 0$ 以及 $\boldsymbol{u}^{\mathrm{T}}\boldsymbol{u} = \boldsymbol{v}^{\mathrm{T}}\boldsymbol{v} = \boldsymbol{w}^{\mathrm{T}}\boldsymbol{w} = 1$. 令 $\boldsymbol{D} := (\boldsymbol{u}, \boldsymbol{v}, \boldsymbol{w})$, 变换

$$\boldsymbol{x} = \boldsymbol{D}\boldsymbol{x}'$$

是一个旋转. 由 (3.20) 得到了

$$b = \boldsymbol{x}^{\mathrm{T}}\boldsymbol{A}\boldsymbol{x} = \boldsymbol{x}'^{\mathrm{T}}(\boldsymbol{D}^{\mathrm{T}}\boldsymbol{A}\boldsymbol{D})\boldsymbol{x}' = \boldsymbol{x}'^{\mathrm{T}}\begin{pmatrix}\lambda & 0 & 0\\ 0 & \mu & 0\\ 0 & 0 & \zeta\end{pmatrix}\boldsymbol{x}'$$

$$= \lambda x_1'^2 + \mu x_2'^2 + \zeta x_3'^2.$$

证毕.

一般二次曲面 现在研究方程

$$\boxed{\boldsymbol{x}^{\mathrm{T}}\boldsymbol{A}\boldsymbol{x} + \boldsymbol{x}^{\mathrm{T}}\boldsymbol{a} + a_{44} = 0,}$$

其中 $\boldsymbol{a} = (a_{14}, a_{24}, a_{34})^{\mathrm{T}}$. 此方程的显式表达为

$$\begin{aligned} &a_{11}x_1^2 + 2a_{12}x_1x_2 + 2a_{13}x_1x_3 + 2a_{23}x_2x_3 + a_{22}x_2^2 + a_{33}x_3^2\\ &\quad + a_{14}x_1 + a_{24}x_2 + a_{34}x_3 + a_{44} = 0 \end{aligned} \tag{3.21}$$

它具有实对称矩阵

$$\boldsymbol{A} = \begin{pmatrix} a_{11} & a_{12} & a_{13}\\ a_{21} & a_{22} & a_{23}\\ a_{31} & a_{32} & a_{33}\end{pmatrix}, \quad \mathscr{A} = \begin{pmatrix} a_{11} & a_{12} & a_{13} & a_{14}\\ a_{21} & a_{22} & a_{23} & a_{24}\\ a_{31} & a_{32} & a_{33} & a_{34}\\ a_{41} & a_{42} & a_{43} & a_{44}\end{pmatrix}.$$

第一种主要情形 有中心的方程 (表 3.5). 如果 $\det \boldsymbol{A} \neq 0$, 则线性方程组

$$\begin{aligned} a_{11}\alpha_1 + a_{12}\alpha_2 + a_{13}\alpha_3 + a_{14} = 0,\\ a_{21}\alpha_1 + a_{22}\alpha_2 + a_{23}\alpha_3 + a_{24} = 0,\\ a_{31}\alpha_1 + a_{32}\alpha_2 + a_{33}\alpha_3 + a_{34} = 0 \end{aligned}$$

有一个唯一的解 $(\alpha_1, \alpha_2, \alpha_3)$. 通过平移 $X_j := x_j - \alpha_j, j = 1, 2, 3$, (3.21) 变成了方程

$$a_{11}X_1^2 + 2a_{12}X_1X_2 + 2a_{13}X_1X_3 + 2a_{23}X_2X_3 + a_{22}X_2^2 + a_{33}X_3^2 = -\frac{\det \mathscr{A}}{\det \boldsymbol{A}}.$$

类似于在 (3.20) 中那样, 以旋转由此得到

$$\boxed{\lambda x^2 + \mu y^2 + \zeta z^2 = -\frac{\det \mathscr{A}}{\det \boldsymbol{A}}.}$$

第二种主要情形 无中心的方程. 这发生在 $\det \boldsymbol{A} = 0$ 时的情形. 将旋转用于 (3.21) 得到了这种情形下的

$$\boxed{\lambda x^2 + \mu y^2 + px + ry + sz + c = 0.}$$

经完全配平方和平移于是给出了在表 3.6 中列出的不同法式.

表 3.5　中心曲面

法式 $(a>0,\ b>0,\ c>0)$	名　称	图　示
$\dfrac{x^2}{a^2}+\dfrac{y^2}{b^2}+\dfrac{z^2}{c^2}=1$	椭球面	
$\dfrac{x^2}{a^2}+\dfrac{y^2}{b^2}+\dfrac{z^2}{c^2}=-1$	虚椭球面	
$\dfrac{x^2}{a^2}+\dfrac{y^2}{b^2}+\dfrac{z^2}{c^2}=0$	原点	
$\dfrac{x^2}{a^2}+\dfrac{y^2}{b^2}-\dfrac{z^2}{c^2}=1$	单叶双曲面	
$\dfrac{x^2}{a^2}+\dfrac{y^2}{b^2}-\dfrac{z^2}{c^2}=0$	双锥面	
$\dfrac{z^2}{c^2}-\dfrac{x^2}{a^2}-\dfrac{y^2}{b^2}=1$	双叶双曲面	

表 3.6　非中心曲面 $(\det \boldsymbol{A}=0)$

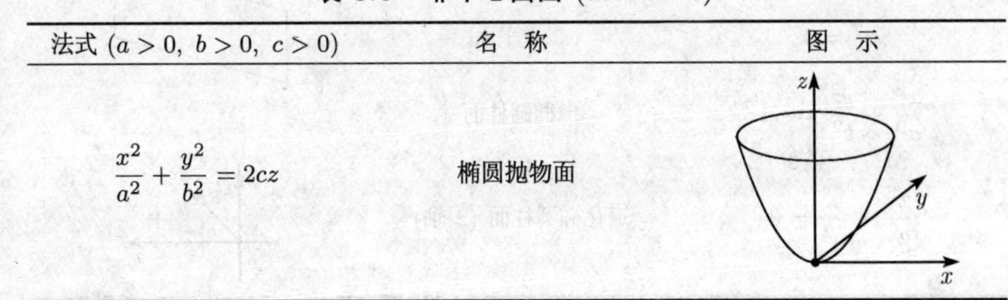

法式 $(a>0,\ b>0,\ c>0)$	名　称	图　示
$\dfrac{x^2}{a^2}+\dfrac{y^2}{b^2}=2cz$	椭圆抛物面	

续表

法式 $(a>0,\ b>0,\ c>0)$	名 称	图 示
$\dfrac{x^2}{a^2}-\dfrac{y^2}{b^2}=2cz$	双曲抛物面 (鞍面)	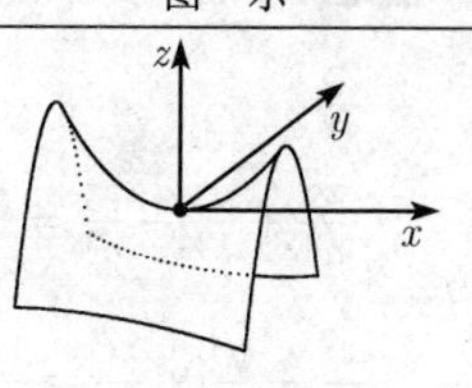
$\dfrac{x^2}{a^2}+\dfrac{y^2}{b^2}=1$	椭圆柱面	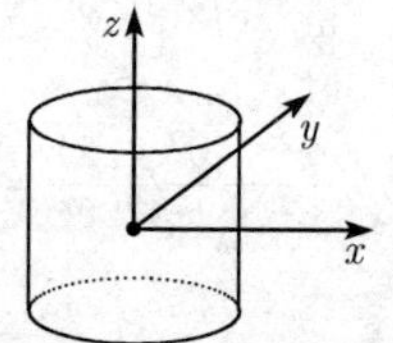
$\dfrac{x^2}{a^2}-\dfrac{y^2}{b^2}=1$	双曲柱面	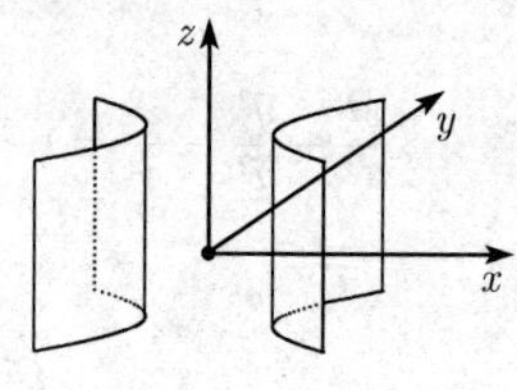
$\dfrac{x^2}{a^2}-\dfrac{y^2}{b^2}=0$	两个相交平面	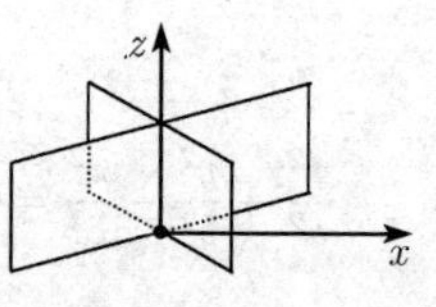
$x=2cy^2$	抛物柱面	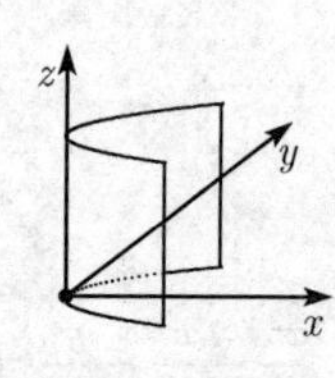
$x^2=a^2$	两个平行平面 $(x=\pm a)$	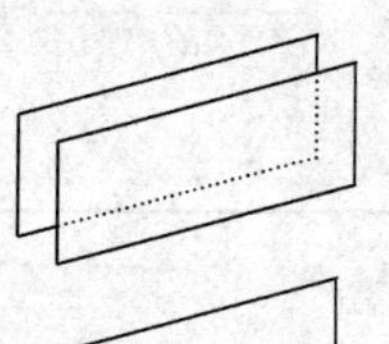
$x^2=0$	二重平面	
$\dfrac{x^2}{a^2}+\dfrac{y^2}{b^2}=-1$	虚椭圆柱面	
$\dfrac{x^2}{a^2}+\dfrac{y^2}{b^2}=0$	退化椭圆柱面 (z 轴)	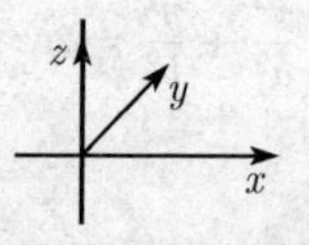

3.5 射影几何学

3.5.1 基本思想

在欧几里得平面几何中没有所谓的在点和直线间的对偶. 相反, 有

(i) 通过两个不同点总是恰好有一条直线.

(ii) 但是, 两条不同的直线并不总交于一个点.

为了消除这种不对称性, 定义

$$\boxed{\text{一个无穷远点} = \text{一个无指向的方向.}}$$

两条平行线总具有相同的方向, 即在无穷远处有同一点. 利用这个约定, 有: 两条不同的直线交于一个点 (它可以是在 “无穷远直线” 即所有方向的集合上的点).

齐次坐标 要使这个想法能经得住计算的考验, 例如, 在一条直线的方程

$$y = 2x + 1$$

中把量 x (分别地, y) 换为 x/u (分别地, y/u) 并乘以 u. 这给出了

$$y = 2x + u.$$

我们把每个点 (x, y) 相伴于所有齐次坐标 (xu, yu) 的集合, 其中 u 是任何一个非零实数. 两条平行线

$$y = 2x + 1, \quad y = 2x + 3$$

对应于方程

$$y = 2x + u, \quad y = 2x + 3u,$$

它们的解为 $x = 1, y = 2, u = 0$, 它对应于一个无穷远点 (图 3.36). 方程

$$\boxed{u = 0}$$

是无穷远直线的方程.

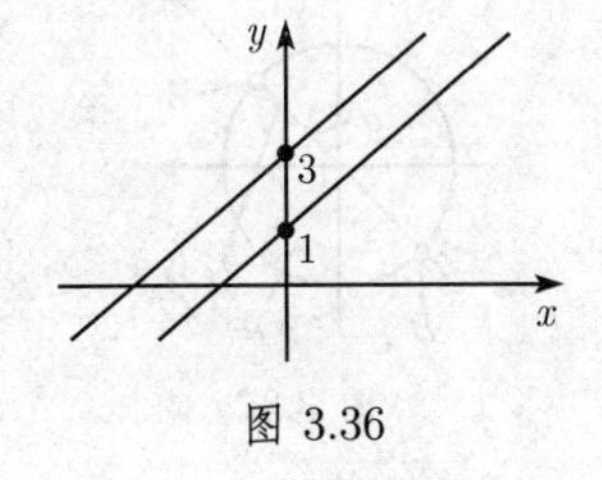

图 3.36

平面的射影点 一个射影点是一个集合

$$[(x, y, u)] := \{(\lambda x, \lambda y, \lambda u) | \lambda \in \mathbb{R}, \lambda \neq 0\}$$

满足 $x^2 + y^2 + u^2 \neq 0$ (注意, 这就是要求 x, y, u 中至少有一个不为零). 所有这些射影点的集合被记为 $\mathbb{R}P^2$, 并称其为实射影平面.

每个数组 $(\lambda x, \lambda y, \lambda u), \lambda \neq 0$ 被称为对点 $[(x, y, u)]$ 的一个齐次坐标集. 满足 $u = 0$ 的点 $[(x, y, u)]$ 是无穷远点.

射影直线 称所有满足方程

$$ax + by + cu = 0$$

的射影点 $[(x, y, u)]$ 的集合为一条射影直线. 这里的 a, b 和 c 是满足 $a^2+b^2+c^2 \neq 0$ 的实系数. 两条射影直线

$$a_1x + b_1y + c_1u = 0,$$

$$a_2x + b_2y + c_2u = 0$$

当 $\mathrm{rank}\begin{pmatrix} a_1 & b_1 & c_1 \\ a_2 & b_2 & c_2 \end{pmatrix} = 2$ 时互不相同.

对偶原理 (i) 两个不同的射影点决定了一条唯一包含它们的直线.

(ii) 两条不同的射影直线决定了一个唯一的点, 即其交点.

以单位圆实现射影平面 我们以 $\mathbb{R}P_*^2$ 表示所有开圆盘中的点和在边界 (即单位圆周) 上把对径点 A, B 等化为同一点的这种点的集合 (图 3.37).

定理 存在从 $\mathbb{R}P^2$ 到 $\mathbb{R}P_*^2$ 的双射.

证明: 我们把每个射影点 $[(x, y, 1)]$ 相关联到一个点 (ξ, η), 在这里射影点对应了笛卡儿坐标 (x, y), 而 (ξ, η) 是过 (x, y) 与 $(0, 0)$ 的直线上与原点 $(0, 0)$ 的距离等于

$$\rho = \frac{2}{\pi} \arctan r$$

的点, 其中 $r := \sqrt{x^2 + y^2}$. 另一方面, 无穷远点 $[(1, m, 0)]$ 对应于对径点偶 $\{A, B\}$, 它们是由直线 $y = mx$ 与单位圆相交得到的 (图 3.37).

德萨格定理 如果连接两个三角形对应顶点的直线通过了一个点, 则它们的对应边的交点都位于一条直线上 (图 3.38).

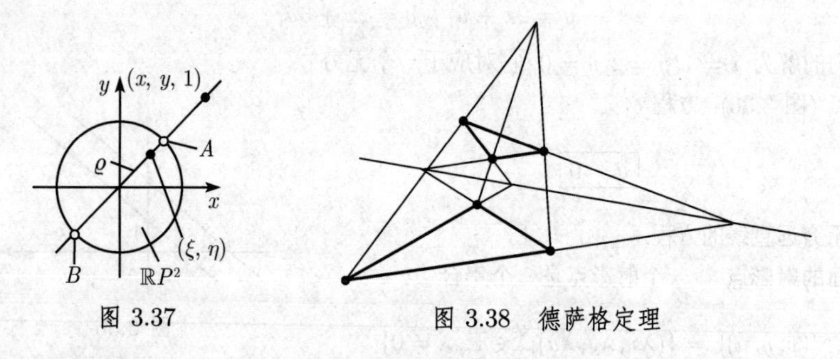

图 3.37　　图 3.38 德萨格定理

交比 如果 A, B, C 和 D 四个点位于一条直线上, 称实数

$$\boxed{\frac{AC}{AD} : \frac{BC}{BD}}$$

为这四个点 (图 3.39) 的交比. 这里的 AC 代表从 A 到 C 的线段的长, 等等.

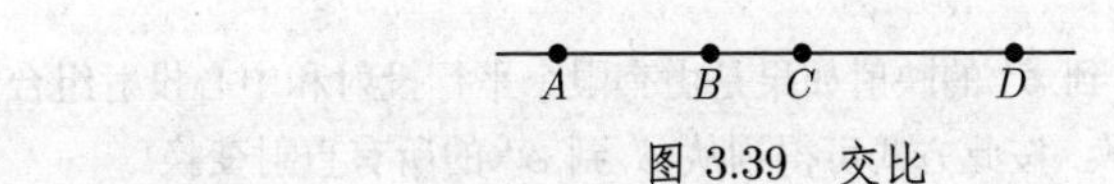

图 3.39 交比

交比是射影几何中最重要的不变量.

3.5.2 射影映射

两条直线相互间的投射 图 3.40 显示了一个平行投射和一个中心投射. 在这些投射下, 线段的长可以改变. 但是我们有下面的基本结果:

四个点的交比保持不变.

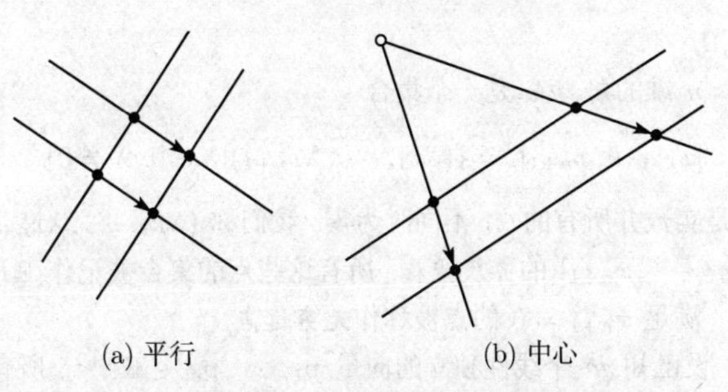

图 3.40 两条直线的投射

两个平面相互间的投射 图 3.41 显示了平面 $\mathscr{E}$ 到平面 $\mathscr{E}'$ 上的中心投射. 这时在一条直线上四个点的交比仍然保持不变.

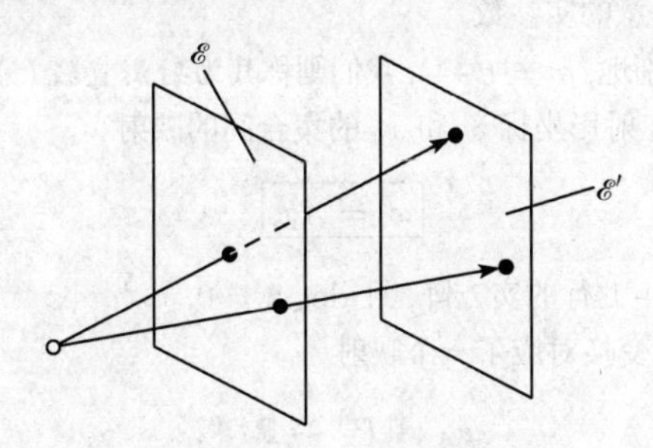

图 3.41 中心投射

直射变换 若分别在 $\mathscr{E}$ 和 $\mathscr{E}'$ 中引进了齐次坐标 (x,y,u) 和 (x',y',u'), 则一个直射变换定义为形如下面的这个映射:

$$\begin{pmatrix} x' \\ y' \\ u' \end{pmatrix} = \begin{pmatrix} a_{11} & a_{12} & a_{13} \\ a_{21} & a_{22} & a_{23} \\ a_{31} & a_{32} & a_{33} \end{pmatrix} \begin{pmatrix} x \\ y \\ u \end{pmatrix},$$

其中的 3×3 实矩阵 (a_{ij}) 的行列式不为零.

结构定理 (i) 每个从 $\mathscr{E}$ 到 $\mathscr{E}'$ 的映射如果是由有限个平行投射和中心投射组合而成的, 则它是一个直射变换. 按此方式可得到从 $\mathscr{E}$ 到 $\mathscr{E}'$ 的所有直射变换.

(ii) 在直射变换下, 一条直线上四个点的交比保持不变.

例: 在对风景进行摄影时, 在同一直线上四个点的交比等于在照片上这些点的交比. 因此, 如果人们知道了在实景上三个点的坐标, 则第四个点的可用测量在照片上这四个点的交比计算出来.

射影性质 根据克莱因的埃尔兰根纲领, 射影性质正是那些在直射变换群下不变的性质.

3.5.3 n 维实射影空间

设 $n = 1, 2, \cdots$.

射影点 一个 n 维的*射影点*是一个集合

$$[x_1, \cdots, x_{n+1}] := \{(\lambda x_1, \cdots, \lambda x_{n+1}) | \lambda \in \mathbb{R}, \lambda \neq 0\}.$$

在这里的 x_j 是实数并所有的 x_i 不同时为零. 我们称 $(\lambda x_1, \cdots, \lambda x_{n+1})(\lambda \neq 0)$ 为这个射影点 $[x_1, \cdots, x_{n+1}]$ 的*齐次坐标*. 所有这些点的集合被记作 $\mathbb{R}P^n$, 并称为 *n 维实射影空间*. 满足 $x_{n+1} = 0$ 的点被称作*无穷远点*.

射影子空间 设已知 m 个线性独立的向量 $p_1, \cdots, p_m \in \mathbb{R}^{n+1}$. 所有齐次坐标 $\boldsymbol{x}$ 可以写为形式

$$\boxed{\boldsymbol{x} = t_1 \boldsymbol{p}_1 + \cdots + t_m \boldsymbol{p}_m}$$

的射影点 $[x]$ 的集合定义为由点 $[p_1], \cdots, [p_m]$ 生成的 $\mathbb{R}P^n$ 的 m 维*射影子空间*, 其中的 $t_1, \cdots, t_m$ 为任意的实参数.

如果 $m = 1$ (分别地, $m = n-1$), 我们则称其为*射影直线* (分别地, *射影超平面*).

直射变换 这些是在射影坐标 x 和 x' 的集合间的映射

$$\boxed{\boldsymbol{x}' = \boldsymbol{A}\boldsymbol{x}}.$$

这里的 $\boldsymbol{A}$ 是一个 $n+1$ 行的实方阵, 且 $\det \boldsymbol{A} \neq 0$.

每个这样的直射变换对应了一个映射

$$\varphi_A : \mathbb{R}P^n \to \mathbb{R}P^n.$$

我们有: $\varphi_A = \varphi_B$ 当且仅当矩阵 $\boldsymbol{A}$ 和 $\boldsymbol{B}$ 一个是另一个的非零实标量的倍数.

射影群 所有这些映射 φ 在映射的复合下构成了射影群 $PGL(n+1, \mathbb{R})$. 这个群自身又是一个商群, 即

$$\boxed{PGL(n+1, \mathbb{R}) = GL(n+1, \mathbb{R})/D.}$$

这里的 $GL(n+1, \mathbb{R})$ 表示所有实的 $(n+1)$ 可逆矩阵的群, 而 D 代表所有形如 λI 的对角矩阵的子群, 其中 $\lambda \neq 0$.

定理 直射变换把 m 维射影于空间映射到 m 维射影子空间并保持关联关系不变.

$\mathbb{R}P^n$ 的拓扑结构 空间 $\mathbb{R}P^n$ 是一个 n 维的、连通的、紧的、光滑的实流形.[1] 若记

$$S^n := \{\boldsymbol{x} \in \mathbb{R}^{n+1} \big| |\boldsymbol{x}| = 1\}$$

为 n 维单位球面, 记 $\mathbb{Z}_2$ 为二阶群, 则 $S^n/\mathbb{Z}_2$ 微分同胚于 $\mathbb{R}P^n$. 我们将其表示为

$$\boxed{\mathbb{R}P^n \simeq S^n/\mathbb{Z}_2.}$$

在这里商 $S^n/\mathbb{Z}_2$ 由 S^n 等化它的对径点得到. $\mathbb{R}P^n$ 的另一个表示是商空间, 它由令

$$S^n_+ := \{x + S^n \big| x_{n+1} > 0\}$$

为闭的北半球, 然后也得到

$$\boxed{\mathbb{R}P^n \simeq S^n_+/\mathbb{Z}_2.}$$

这种情形的商空间是由等化 S^n_+ 的赤道的对径点 (并且再无其他的等化作用了) 得到.

例 1: 对 $n = 1$, S^1_+ 是单位圆的一半 $\{x^2 + y^2 = 1 \big| y > 0\}$, 而商 $S^1_+/\mathbb{Z}_2$ 是把两个边界点 $(-1, 0)$ 和 $(0, 1)$ 等同得到的. 这样我们得到了一个变形的圆, 它可以拉伸为通常的单位圆. 它使我们想到了同胚

$$\boxed{\mathbb{R}P^1 \simeq S^1,}$$

它实际上是个微分同胚.

例 2: 在 $n = 2$ 的情形, 有同胚

$$\boxed{\mathbb{R}P^2 \simeq S^2_+/\mathbb{Z}_2 \simeq \mathbb{R}P^2_*,}$$

其中的 $\mathbb{R}P^2_*$ 是由 (闭) 单位圆盘 $\{(x, y) \in \mathbb{R}^2 \big| x^2 + y^2 \leqslant 1\}$ 经等化边界 (即单位圆) 上的对径点得到的 (图 3.37).

定理 $\mathbb{R}P^2$ 是非定向曲面.

对一个通常的曲面, 它有两个不同的 "侧面", 一个 "内侧" 一个 "外侧". 例如每个球面有此性质. 在非定向曲面的情形, 没有像不同侧面的这一类东西.

3.5.4 n 维复射影空间

若在上面的定义中我们允许变量 $x_1, \cdots, x_{n+1}$ 以及 λ 为复的, 则我们得到了所谓的复射影空间 $\mathbb{C}P^n$, 其方式与在 3.5.3 得出 $\mathbb{R}P^n$ 的方式相同.

---

1) 这个基本概念将在 [212] 中引进并在那里有详细研究.

另外, $\mathbb{C}P^n$ 的直射变换的定义完全像对 $\mathbb{R}P^n$ 的那样, 但允许矩阵 A 为复. 复射影群 $PGL(n+1,\mathbb{C})$ 的定义为商群

$$\boxed{PGL(n+1,\mathbb{C}) = GL(n+1,\mathbb{C})/D.}$$

其中的 $GL(n+1,\mathbb{C})$ 为复的 $(n+1)$ 可逆矩阵的群, 而 D 代表所有形如 λI 的对角线矩阵的子群, 其中 $\lambda \neq 0$.

射影性质　属于复 n 维射影几何的一个性质是说, 如果它在 $\mathbb{C}P^n$ 的所有直射变换下不变的性质, 即该性质是在 $PGL(n+1,\mathbb{C})$ 作用下不变的.

$\mathbb{C}P^n$ 的拓扑结构　空间 $\mathbb{C}P^n$ 是一个 n 维连通的、紧的、光滑的复流形. 若以

$$S_{\mathbb{C}}^n := \left\{ x \in \mathbb{C}^{n+1} \middle| \sum_{j=1}^{n} |x_j|^2 = 1 \right\}$$

记 n 维复单位球, 则有微分同胚

$$\boxed{\mathbb{C}P^n \simeq S_{\mathbb{C}}^n / S_{\mathbb{C}}^1.}$$

在 3.8.4 中, 我们将看到对于平面代数曲线的研究来说, 复射影几何的方法会产生出丰富的成果. 没有这样的方法, 代数曲线的理论就是一只装着一些孤立结果的篮子, 而这些结果的完全阐述会不断地充斥着例外的情形.

$\boxed{\mathbb{C}P^n \text{ 的拓扑性质和理想论是代数几何中射影方法成功的基础.}}$

3.5.5　平面几何学的分类

考虑一个平面 P. 平面的各种几何在利用克莱因的埃尔兰根纲领进行的分类受到了考虑在平面 P 中所有可能的变换群和它们的性质的影响.

3.5.5.1　欧氏几何学

欧几里得运动群　这个几何的群是 P 的欧几里得运动群, 它由平移、旋转和反射的复合组成. 从解析表达上说, 这个群由平面变换 $x \mapsto x'$ 组成, 它具有形式

$$\boxed{\boldsymbol{x}' = \boldsymbol{A}\boldsymbol{x} + \boldsymbol{a},} \tag{T}$$

其中 $\boldsymbol{x} = (x_1, x_2)^{\mathrm{T}}, \boldsymbol{a} = (a_1, a_2)^{\mathrm{T}}$. 这里的 $\boldsymbol{A}$ 是一个正交矩阵, 就是说, $\boldsymbol{A}^{\mathrm{T}}\boldsymbol{A} = \boldsymbol{A}\boldsymbol{A}^{\mathrm{T}} = \boldsymbol{E}$ (其中 $\boldsymbol{E}$ 为单位矩阵). 对于 $\boldsymbol{A} = \boldsymbol{E}$, 公式 (T) 给出了一个平移[1].

全等　称在平面 P 中两个圆形为全等, 当且仅当它们可以通过一个欧氏运动把一个映射到另一个.

---

1) 显式地有

$$x_1' = a_{11}x_1 + a_{12}x_2 + a_1,$$
$$x_2' = a_{21}x_1 + a_{22}x_2 + a_2,$$

具实系数 a_{jk}, a_j 和实变量 x_j 和 x_j'.

3.5.5.2 相似几何学

相似变换群 这个几何的群是所有相似变换的群, 这些变换是 (T) 中的那些 $\boldsymbol{A}$ 为正交矩阵与具正元的对角矩阵的乘积.

几何特征 一个正常的相似变换是在两个平行平面 P 和 Q 间进行一个中心投射, 然后将 P 和 Q 中的对应点等化. 这对应于 (T) 中的对角矩阵

$$\boldsymbol{A}=\begin{pmatrix}\lambda & 0\\ 0 & \lambda\end{pmatrix}.$$

正数 λ 是作为此相似变换的一个乘法因子. 任意一个相似变换由正常相似变换和欧几里得运动的复合组成.

相似图形 称在平面 P 中两个图形为相似的, 是说它们可用一个相似变换把一个图变到另一个.

3.5.5.3 仿射几何学

仿射群 这是由那些使 $\boldsymbol{A}$ 为可逆矩阵的映射 (T) 组成的平面 P 的变换群. 这样的变换被称作仿射变换.

几何特征 从几何上说, 可以在空间中取有限多个平面 $P, P_1, \cdots, P_n, Q$, 并在每个上进行平行投射, 然后将 P 和 Q 上被映射成的点等化便得到了一个仿射变换.

仿射等价 平面 P 中两个图形被称作仿射等价, 如果它们可由一个仿射变换相互转换.

例: 在仿射变换下, 圆映射成了椭圆, 而椭圆映射到椭圆, 因此椭圆的概念是仿射几何的一个概念.

3.5.5.4 射影几何学

直射变换 (射影变换) 群 射影平面的群由直射变换[1)]

$$\boxed{\boldsymbol{y}'=\boldsymbol{B}\boldsymbol{y}}$$

组成, 其中齐次坐标 $\boldsymbol{y}=(y_1,y_2,y_3)^{\mathrm{T}}$, $\boldsymbol{y}'=(y_1',y_2',y_3')^{\mathrm{T}}$. 在这里 $\boldsymbol{y}\neq\boldsymbol{0}, \boldsymbol{y}'\neq\boldsymbol{0}$. 另外, B 是一个实的 (3×3) 矩阵. 直射变换也被称为射影变换.

---

1) 显式地有

$$\begin{aligned}y_1'&=b_{11}y_1+b_{12}y_2+b_{13}y_3,\\ y_2'&=b_{21}y_1+b_{22}y_2+b_{23}y_3,\\ y_3'&=b_{31}y_1+b_{32}y_2+b_{33}y_3.\end{aligned}$$

所有系数 b_{jk} 和变量 y_j 和 y_j' 都是实的.

当令 $y_3=1, b_{31}=b_{32}=0, b_{33}=1$ 时便回转到了仿射坐标和仿射变换.

无穷远点 加进 P 上无穷远点 $y_3=0$ 的 y, 则平面 P 扩张为射影平面 P_∞, 它对应于二维射影空间 $\mathbb{R}P^2$. 两个数组 y 和 y' 是射影平面 P_∞ 中同一个点的齐次坐标表明 $y=\alpha y'$, 其中 $\alpha\neq 0$ 为某个实数.

几何特征 从几何上, 当我们在有限个平面 $P,P_1,\cdots,P_n,Q$ 上进行中心投射, 然后等化在此复合映射下 P 和 Q 的对应映成点而得到.

射影等价 称平面中两个图形的射影等价的, 如果它们可由一个射影变换把一个变到另一个.

例: 在一个射影变换下, 圆、椭圆、抛物线和双曲线全都可以相互映射. 按此推理, (非退化) 圆锥截线的概念是个射影几何的概念. 另外, 下面的一些概念也属于射影几何: "直线"、"点"、"在一条直线上的点"、"两条直线交于一点" 以及 "一条直线上四个点的交比".

3.5.5.5 历史评注

欧氏几何由亚历山大的欧几里得 (大约公元前 365—前 300) 在其著名的专著《几何原本》中作了极其详尽的阐述. 这些书在所有学校教材中居主导地位长达 2000 多年.

仿射几何归功于欧拉 (1707—1783).

画法几何和正交投射 使用到 (一个或两个) 平面上正交投影的画法几何是由蒙日 (Monge, 1746—1818) 在 1766 到 1770 年间创立的, 它与构建城堡的工作有关, 1978 年他的基本著作《画法几何学》(*Géométrie descriptive*) 出版.

射影几何与中心投射 文艺复兴时期引进了透视画法, 这在欧洲的绘画中带来了一场革命, 而这种画法所根据的便是中心投射. 数位大艺术家都参与其中: 阿尔贝蒂 (Leon Batista Alberti, 1404—1472, 罗马圣彼得教堂的建筑师)、达·芬奇 (Leonardo da Vinci, 1452—1519) 和丢勒 (Albrecht Dürer, 1471—1528). 丢勒出版了 *Unterweisung der Messung mit Zirkel und Richtscheit* (《用圆规和直尺进行测量的操作指南》) 一书. 大约直到 1900 年透视法的使用才流行起来.

现代摄影也基于中心投射. 第一架照相机是由达·芬奇在 1500 年描绘的. 尼普斯 (Niecéphore Niepce) 在 1822 年生产了第一架具有 "暗箱" 的实用的摄影器.

综合射影几何: 作为一门学科的射影几何, 其发展始于 1822 年, 这一年法国数学家蓬斯莱 (Poncelet, 1788—1867) 出版了 *Traité des proprietés projectives des figures* (《关于图形的射影性质的教科书》) 一书. 蓬斯莱在此书中只使用了常常被称为综合几何的画法, 这种几何是相对于属于笛卡儿 (Descartes, 1596—1650) 的解析几何而言的. 由于此蓬斯莱立足于传统的法国数学家之列, 这些数学家是德萨格 (1591—1661), 帕斯卡 (1623—1662) 和蒙日 (1746—1818).

默比乌斯的重心坐标: 我们对射影变换的计算能力要归功于默比乌斯的工作, 这是在他的书 *Der bargcentric Calcul, ein neues Hilfsmittel zur analytischen Be-*

handlung der Geometrie (《重心算法, 对几何的分析处理的一个新工具》) 中提出来的, 该书面世于 1827 年[1]. 默比乌斯在其著作中引进了重心坐标 (m_1, m_2, m_3). 如果 p_1, p_2, p_3 是平面 P 中三个不共线的点, 则 P 中任意一个点 P 可由满足 $m_1 + m_2 + m_3 = 1$ 的实坐标 m_1, m_2, m_3 来唯一地描述. 如果 $\boldsymbol{x}_1, \boldsymbol{x}_2, \boldsymbol{x}_3$ 和 $\boldsymbol{x}$ 是对应于点 p_1, p_2, p_3 和 p 的向量, 则有

$$\boxed{\boldsymbol{x} = m_1\boldsymbol{x}_1 + m_2\boldsymbol{x}_2 + m_3\boldsymbol{x}_3.}$$

例: 可取点 $p_1 = (1, 0, 0), p_2 = (0, 1, 0), p_3 = (0, 0, 1)$.

可以赋予重心坐标以一个简单的物理解释. 如果将质量 m_1, m_2, m_3 置于这三个点 p_1, p_2, p_3 上, 则 p 是这些质点的质心并位于由这三点张成的三角形的内部. 如果允许有负或零质量, 则可得到该平面的其他点.

若去掉对 m_i 的限制条件 $m_1 + m_2 + m_3 = 1$, 则可得到无穷远点.

在 19 世纪对于射影几何作出重要贡献的还有施泰纳 (Steiner, 1796—1863), 施陶特 (Von Staudt, 1798—1867), 普吕克 (Plücker, 1801—1868), 凯莱 (Cayley, 1821—1895) 及克莱因 (1849—1925). 在 1870 年左右, 射影空间的概念已经作为基本几何概念被广泛接受. 在欧几里得的《几何原本》的出现到那个时刻之间相隔亘看两千多年的时光[2].

3.6 微分几何学

没有一门科学不是从现象的认知中发展起来的, 但是要从这种认知中得到有益的东西则必须是一个数学家.

丹尼尔 · 伯努利 (Daniel Bernoulli, 1700—1782)

微分几何学以微积分的方法研究了曲线和曲面的性质. 最重要的微分几何的性质是曲率. 在 19 和 20 世纪中, 数学家们努力地把这个直观的概念推广到了高维并且推广到越来越抽象的情形 (主丛理论).

另一方面, 物理学家们自从牛顿以来力图了解作用于我们的世界和宇宙中的力. 令人惊讶地在宇宙学和基本粒子物理学中的四个基本力 (重力以及弱、强和电磁力) 全都建立在基本关系

$$\boxed{\text{力} = \text{曲率}}$$

之上, 它是在数学和物理学中最深刻的已知联系. 这在 [212] 中有详细的讨论.

1) 默比乌斯 (Augustus Ferdinand Möbius, 1790—1868) 从 1816 年直到逝世一直在莱比锡大学工作, 是莱比锡观测站的主持人.

2) 19 世纪中爆炸式发展的几何的历史在克莱因的书 *Vorlesungen über die Entwicklung der Mathematik in 19. Jahrhundert* (《19 世纪数学发展讲义》) 中有精彩描述 (见 [492]).

在本节中我们将考虑在三维空间中的曲线和曲面的微分几何的经典理论. 曲线理论是在 18 世纪由克莱罗 (Clairaut), 蒙日和欧拉创立的并在 19 世纪由柯西、费雷内 (Frenet) 和塞雷 (Serret) 得到进一步发展. 从 1821 到 1825 年高斯在汉诺威王国进行了极其艰辛的大地测量. 这对于他, 这个总把理论和应用以一种范例的方式联系起来的人, 是一个去研究弯曲曲面的契机. 在 1827 年他的跨时代的著作 *Disquisitiones Generales Circa Superficies Curvas* (《曲面的一般研究》) 出版, 在该书中他创建了曲面的微分几何理论, 并在中心部分有他的 "theorema egregium (绝妙定理)". 这个深刻的数学定理说一个曲面的曲率可以只由在该曲面上的采用的度量决定而不用所承载的空间. 高斯以这个定理奠定了微分几何一般理论的基础, 它的进一步的发展则由黎曼和 E. 嘉当带到了登峰造极的成就: 爱因斯坦的广义相对论和引力论 (天体论), 同样还有基本粒子论的标准模型[1]. 这个标准模型是建立在规范场理论的基础上的; 从一种数学观点看, 这个理论对应于一个适当定义的主丛的曲率.

局部性态 我们运用泰勒展开[2]来研究曲线和曲面在一点的邻域中的性态. 这引出了曲线的 "切线、曲率和挠率" 的概念, 同样还有曲面的 "切平面和曲率".

整体性态 除去刚刚提到 "在小地方" 的局部行为外, 人们还对在大范围的性态感兴趣. 这种类型的一个典型结果是曲面论中的高斯–博内公式, 这是现代微分几何在示性类理论的背景下的起点 (参看 [212]).

3.6.1 平面曲线

参数表示 一条平面曲线是以笛卡儿坐标 (x, y) 的形如

$$\boxed{x = x(t), \quad y = y(t), \quad a \leqslant t \leqslant b} \tag{3.22}$$

的方程给出的 (图 3.42). 若把实参数 t 解释为时间, 则 (3.22) 描述了一个点的运动, 其中这个点在时刻 t 时的坐标为 $(x(t), y(t))$.

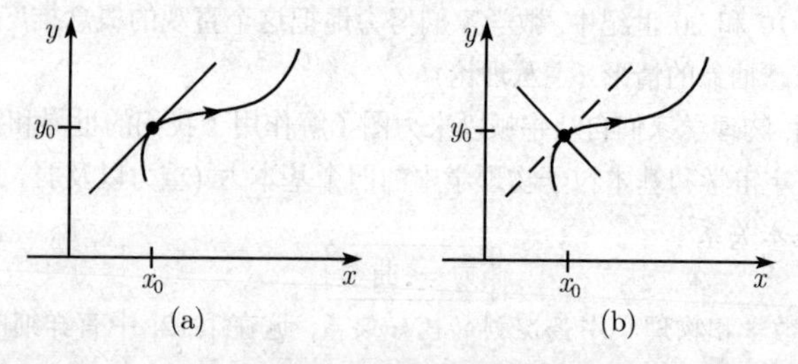

图 3.42 平面曲线

1) 关于相对论, 应该提及庞加莱的名字, 他在此邻域中的工作被诺贝尔物理学奖提名了若干次.

2) 我们默认所有函数均充分光滑的假定.

例 1: 在 $t=x$ 的特殊情形我们得到了曲线方程 $y=y(x)$ (一个函数在 $\mathbb{R}^2$ 中图像的方程).

曲线的弧长

$$\boxed{s=\int_a^b \sqrt{x'(t)^2+y'(t)^2}\mathrm{d}t.}$$

在点 (x_0,y_0) 的切线方程 (图 3.42 (a))

$$\boxed{x=x_0+(t-t_0)x_0',\quad y=y_0+(t-t_0)y_0',\quad -\infty<t<\infty.}$$

这里已令 $x_0':=x(t_0), x_0'=x'(t_0), y_0:=y(t_0), y_0'=y'(t_0)$.

曲线在点 (x_0,y_0) 的法线的方程 (图 3.42 (b))

$$\boxed{x=x_0-(t-t_0)y_0',\quad y=y_0+(t-t_0)x_0',\quad -\infty<t<\infty.} \tag{3.23}$$

曲率半径 R 若曲线在一点 $P(x_0,y_0)$ 的邻域中曲线 (3.22) 为 C^2 类, 则存在一个中心在 $M(\xi,\eta)$ 的半径为 R 的唯一确定的圆, 使得它与该曲线在点 P 以二阶精度相重合 (人们也称此圆与曲线有二阶切触, 或者说, 此圆与曲线有一个二阶切触点), 称 R 为该曲线在点 P 的曲率半径(图 3.43).

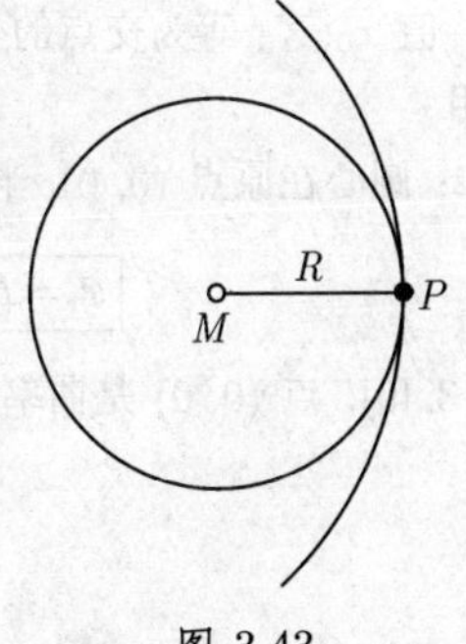

图 3.43

曲率 K 它是数 K, 其绝对值等于曲率半径 R 的倒数:

$$\boxed{|K|:=\frac{1}{R}.}$$

而 K 在点 P 的符号的定义为正 (分别地, 负) 是指该曲线位于点 P 的切线之上 (分别地, 之下) (图 3.44). 对于曲线 (3.22) 有

$$\boxed{K=\frac{x_0'y_0''-y_0'x_0''}{(x_0'^2+y_0'^2)^{3/2}},}$$

其曲率中心 $M(\xi,\eta)$ 有

$$\boxed{\xi=x_0-\frac{y_0'(x_0'^2+y_0'^2)}{x_0'y_0''-y_0'x_0''},\quad \eta=y_0+\frac{x_0'(x_0'^2+y_0'^2)}{x_0'y_0''-y_0'x_0''}.}$$

拐点 按定义, 称一条曲线在点 P 有一个拐点, 如果 $K(P)=0$ 且 K 在点 P 改变符号 (图 3.44 (c)).

极值点 曲线上的一些点, 在这些点上曲率 K 取得其极大值或极小值, 称它们为该曲线的极值点.

两条曲线 $x=x(t), y=y(t)$ 和 $X=X(t), Y=Y(t)$ 在它们交点的夹角 φ, 此交角 φ 由下式确定:

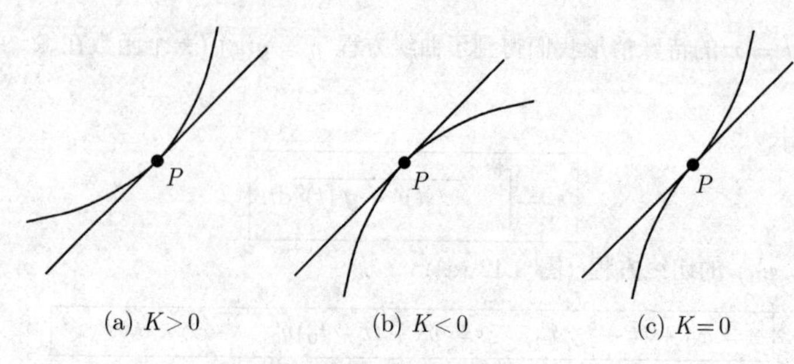

(a) $K>0$ (b) $K<0$ (c) $K=0$

图 3.44 曲线的曲率 K

$$\boxed{\cos\varphi=\frac{x_0'X_0'+y_0'Y_0'}{\sqrt{x_0'^2+y_0'^2}\sqrt{X_0'^2+Y_0'^2}},\quad 0\leqslant\varphi<\pi,}$$

这里的 φ 是在该交点处切线间的夹角, 并以数学的正定向下进行度量, 见图 3.45. 值 x_0, X_0 等为交点的坐标.

应用

例 2: 圆心在原点 (0, 0), 半径为 R 的圆的方程为

$$\boxed{x=R\cos t,\quad y=R\sin t,\quad 0\leqslant t<2\pi}$$

(图 3.46). 点 (0, 0) 是曲率中心, 而 R 为曲率半径. 它给出了曲率

$$K=\frac{1}{R}.$$

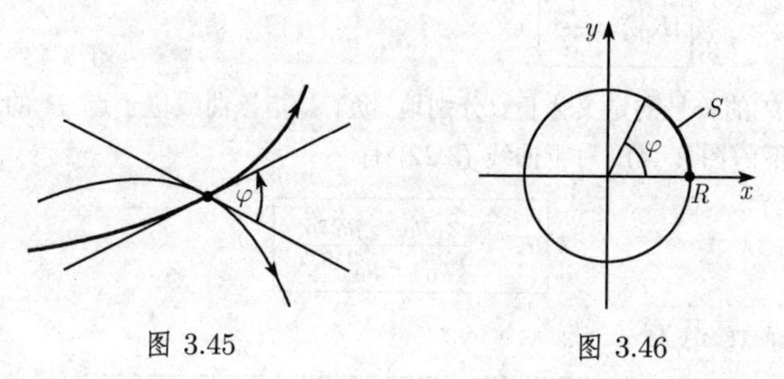

图 3.45 图 3.46

由导数 $x'(t)=-R\sin t$ 和 $y'(t)=R\cos t$, 我们得到了切线的参数方程

$$x=x_0-(t-t_0)y_0,\quad y=y_0+(t-t_0)x_0,\quad -\infty<t<\infty.$$

对于弧长 s, 由 $\cos^2 t+\sin^2 t=1$ 得到关系式

$$s=\int_0^{\varphi}\sqrt{x'(t)^2+y'(t)^2}\mathrm{d}t=R\varphi.$$

如果将圆方程写为隐形式

$$\boxed{x^2+y^2=R^2,}$$

于是从表 3.8 中的 $F(x,y)=x^2+y^2-R^2$ 得到了在点 (x_0,y_0) 的切线方程

$$\boxed{x_0(x-x_0)+y_0(y-y_0)=0,}$$

即 $x_0x+y_0y=R^2$. 在极坐标下该圆的方程为

$$r=R.$$

表 3.7 对显式表达曲线的公式

曲线方程	$y=y(x)$ 显形式	$r=r(\varphi)$ 极坐标
弧长	$s=\int_a^b\sqrt{1+y'(x)^2}\mathrm{d}x$	$\int_\alpha^\beta\sqrt{r^2+r'^2}\mathrm{d}\varphi$
在点 $P(x_0,y_0)$ 的切线	$y=x_0+y_0'(x-x_0)$	
在点 $P(x_0,y_0)$ 的法向量	$-y_0'(y-y_0)=x-x_0$	
在点 $P(x_0,y_0)$ 的曲率 K	$\dfrac{y_0''}{(1+y_0'^2)^{3/2}}$	$\dfrac{r^2+2r'^2-rr''}{(r^2+r'^2)^{3/2}}$
曲率中心	$\xi=x_0-\dfrac{y_0'(1+y_0'^2)}{y_0''}$ $\eta=y_0+\dfrac{1+y_0'^2}{y_0''}$	$\xi=x_0-\dfrac{(r^2+r'^2)(x_0+r'\sin\varphi)}{r^2+2r'^2-rr''}$ $\eta=y_0-\dfrac{(r^2+r'^2)(y_0-r'\cos\varphi)}{r^2+2r'^2-rr''}$

表 3.8 对隐式表达曲线的公式

隐式方程	$F(x,y)=0$
在点 $P(x_0,y_0)$ 的切线	$F_x(P)(x-x_0)-F_y(P)(y-y_0)=0$
在点 $P(x_0,y_0)$ 的法向量	$F_x(P)(y-y_0)-F_y(P)(x-x_0)=0$
在点 $P(x_0,y_0)$ 的曲率 $K(F_x:=F_x(p)$, 等)	$\dfrac{-F_y^2F_{xx}+2F_xF_yF_{xy}-F_x^2F_{yy}}{(F_x^2+F_y^2)^{3/2}}$
曲率中心	$\xi=x_0-\dfrac{F_x(F_x^2+F_y^2)}{F_y^2F_{xx}-2F_xF_yF_{xy}+F_x^2F_{yy}}$ $\eta=y_0-\dfrac{F_y(F_x^2+F_y^2)}{F_y^2F_{xx}-2F_xF_yF_{xy}+F_x^2F_{yy}}$

例 3: 抛物线

$$\boxed{y=\frac{1}{2}ax^2,}$$

$a>0$, 根据表 3.7 在点 $x=0$ 具有曲率 $K=a$.

例 4: 设 $y=x^3$. 由表 3.7 有

$$K=\frac{y''(x)}{(1+y(x)^2)^{3/2}}=\frac{6x}{(1+9x^4)^{3/2}}.$$

在点 $x=0$, K 的符号改变. 从而这是个拐点.

奇点 我们考虑曲线 $x = x(t), y = y(t)$. 按定义, 称点 $(x(t_0), y(t_0))$ 为该曲线的一个*奇点*, 如果

$$\boxed{x'(t_0) = y'(t_0) = 0.}$$

在这样的一个点上切线不能确切定义. 在一个奇点邻域中曲线的性态可利用泰勒级数

$$x(t) = x(t_0) + \frac{(t-t_0)^2}{2}x''(t_0) + \frac{(t-t_0)^3}{6}x'''(t_0) + \cdots,$$
$$y(t) = y(t_0) + \frac{(t-t_0)^2}{2}y''(t_0) + \frac{(t-t_0)^3}{6}y'''(t_0) + \cdots$$

来研究.

例 5: 对于

$$x = x_0 + (t-t_0)^2 + \cdots, \quad y = y_0 + (t-t_0)^3 + \cdots,$$

有一个返回点 (图 3.47 (a)). 若

$$x = x_0 + (t-t_0)^2 + \cdots, \quad y = y_0 + (t-t_0)^2 + \cdots,$$

则在点 (x_0, y_0) 该曲线终结 (图 3.47 (b)).

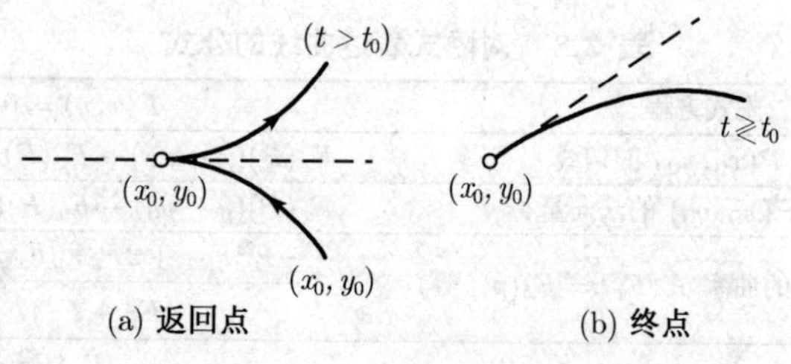

图 3.47 奇点

由隐式方程给出的曲线的奇点 若曲线由方程 $F(x,y) = 0$ 给出, 满足 $F(x_0, y_0) = 0$, 则按定义 (x_0, y_0) 为一个奇点, 当且仅当

$$\boxed{F_x(x_0, y_0) = F_y(x_0, y_0) = 0.}$$

这条曲线在 (x_0, y_0) 的邻域中的性态仍利用泰勒展开

$$F(x,y) = a(x-x_0)^2 + 2b(x-x_0)(y-y_0) + c(y-y_0)^2 + \cdots \tag{3.24}$$

进行研究. 在其中, 已令 $a := \frac{1}{2}F_{xx}(x_0, y_0)$, $b := F_{xy}(x_0, y_0)$ 和 $c := \frac{1}{2}F_{yy}(x_0, y_0)$. 另外, 令 $D := ac - b^2$.

情形 1: $D > 0$. 于是 (x_0, y_0) 是个孤立点 (图 3.48 (a)).

情形 2: $D<0$. 这时曲线在点 (x_0,y_0) 有两个分支 (图 3.48 (b)).

若 $D=0$, 则我们必须要考虑展开式 (3.24) 中的高阶项. 例如可能出现下面的情形: 切触点、返回点、终点、三重点或更一般的 n 重点 (参看图 3.47 和图 3.48).

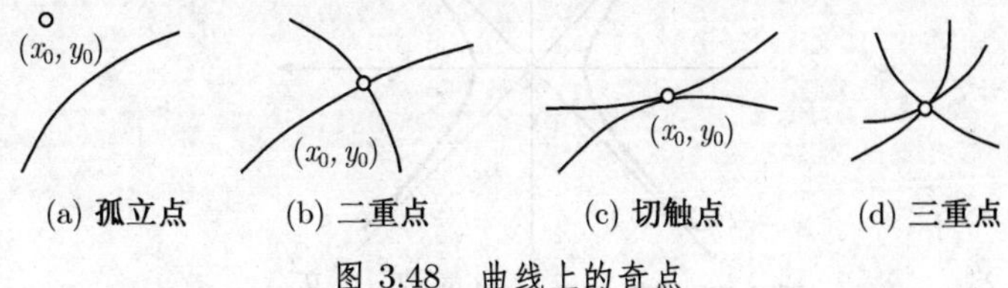

图 3.48 曲线上的奇点

突变理论 在突变理论中奇点的讨论可在 [212] 中找到.

渐近线 若当与原点的距离无限增大时一条曲线趋向于一条直线, 则称此直线为该曲线的一条渐近线.

例 6: x 轴和 y 轴是由方程 $xy=1$ 给出的双曲线的渐近线 (图 3.49).

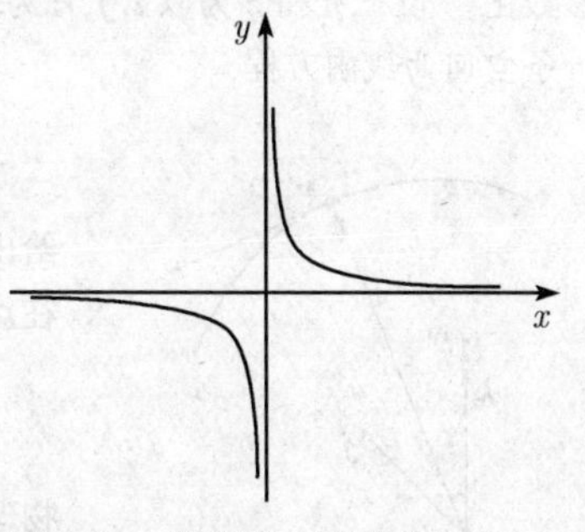

图 3.49 渐近线: 双曲线 $xy=1$

设 $a\in\mathbb{R}$. 考虑曲线 $x=x(t), y=y(t)$ 及当 t 趋向 t_0+0 时的极限.

(i) 对于 $y(t)\to\pm\infty, x(t)\to a$, 则直线 $x=a$ 是一条竖直渐近线.

(ii) 对于 $x(t)\to\pm\infty, y(t)\to a$, 则直线 $y=a$ 是一条水平渐近线.

(iii) 假如 $x(t)\to\infty, y(t)\to\infty$, 若两个极限

$$m=\lim_{t\to t_0+0}\frac{y(t)}{x(t)} \text{ 和 } c=\lim_{t\to t_0+0}(y(t)-mx(t))$$

存在, 则直线 $y=mx+c$ 是一条渐近线.

我们可以类似地处理 $t\to t_0-0$ 和 $t\to\infty$ 的情形.

例 7: 双曲线

$$\frac{x^2}{a^2}-\frac{y^2}{b^2}=1$$

具有参数化 $x=a\cosh t, y=b\sinh t$. 两条直线

$$y=\pm\frac{b}{a}x$$

为渐近线 (图 3.50).

证明: 例如, 有

$$\lim_{t\to+\infty}\frac{b\sinh t}{a\cosh t}=\frac{b}{a},\quad \lim_{t\to+\infty}(b\sinh t-b\cosh t=0).$$

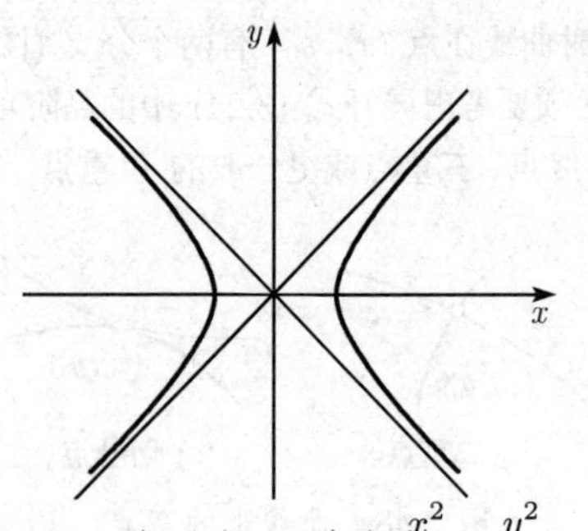

图 3.50 渐近线: 双曲线 $\dfrac{x^2}{a^2}-\dfrac{y^2}{b^2}=1$

3.6.2 空间曲线

参数化 设 x,y 和 z 为以 $\boldsymbol{i},\boldsymbol{j},\boldsymbol{k}$ 为基向量的笛卡儿坐标, 点 P 的径向量为 $\boldsymbol{r}=\overrightarrow{OP}$. 一条空间曲线由方程

$$\boxed{\boldsymbol{r}=\boldsymbol{r}(t),\quad a\leqslant t\leqslant b}$$

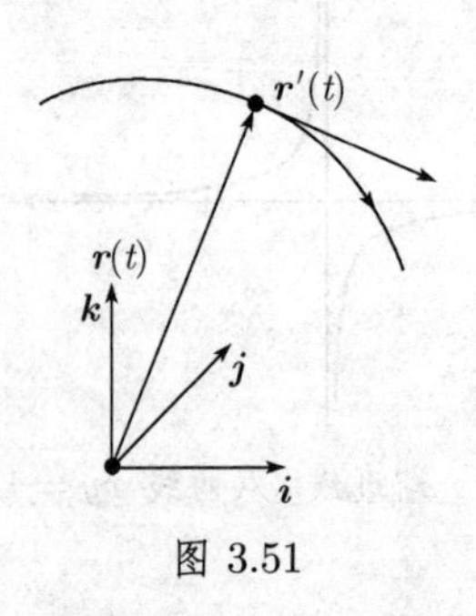

图 3.51

给出, 即 $x=x(t),y=y(t),z=z(t)$ 及 $a\leqslant t\leqslant b$.

在点 $\boldsymbol{r_0}:=\boldsymbol{r}(t_0)$ 的切线方程

$$\boxed{\boldsymbol{r}=\boldsymbol{r}_0+(t-t_0)\boldsymbol{r}'(t_0),\quad t\in\mathbb{R}.}$$

物理解释 若 t 代表时间, 则空间曲线 $\boldsymbol{r}=\boldsymbol{r}(t)$ 描述了一个质点以在 t 时的速度向量 $\boldsymbol{r}'(t)$ 及加速度 $\boldsymbol{r}''(t)$ 的运动 (图 3.51).

3.6.2.1 曲率和挠率

曲线的弧长 s

$$\boxed{s:=\int_a^b|\boldsymbol{r}'(t)|\mathrm{d}t=\int_a^b\sqrt{x'(t)^2+y'(t)^2+z'(t)^2}\mathrm{d}t.}$$

若以 t_0 代替 b, 则得到了起点和曲线在时 t_0 的点间的弧长.

在后文中我们将把空间曲线 $\boldsymbol{r}(s)$ 看成是弧长 s 的函数, 并以 $\boldsymbol{r}'(s)$ 表示对于 s 的导数.

泰勒展开

$$\boldsymbol{r}(s)=\boldsymbol{r}(s_0)+(s-s_0)\boldsymbol{r}'(s_0)+\frac{(s-s_0)^2}{2}\boldsymbol{r}''(s_0)+\frac{(s-s_0)^3}{6}\boldsymbol{r}'''(s_0)+\cdots. \tag{3.25}$$

下面的定义基于这个公式.

单位切向量

$$\boxed{\boldsymbol{t}:=\boldsymbol{r}'(s_0).}$$

曲率

$$\boxed{k := |\boldsymbol{r}''(s_0)|.}$$

称数 $R := 1/k$ 为曲率半径.

单位法向量

$$\boxed{\boldsymbol{n} := \frac{1}{k}\boldsymbol{r}''(s_0).}$$

副法向量

$$\boxed{\boldsymbol{b} := \boldsymbol{t} \times \boldsymbol{n}.}$$

挠率

$$\boxed{w := R\boldsymbol{b}\boldsymbol{r}'''(s_0).}$$

几何解释 这三个向量 $\boldsymbol{t}, \boldsymbol{n}, \boldsymbol{b}$ 构成了在曲线上点 P 的. 所谓的伴随 3 标架[1]. 这是个两两正交的右手系的单位向量 (图 3.53).

(i) 曲线在点 P_0 的切触平面由 $\boldsymbol{t}$ 和 $\boldsymbol{n}$ 张成.

(ii) 曲线在点 P_0 的法平面由 $\boldsymbol{n}$ 和 $\boldsymbol{b}$ 张成.

(iii) 曲线在点 P_0 的从切平面由 $\boldsymbol{t}$ 和 $\boldsymbol{b}$ 张成.

根据 (3.25) 知, 曲线在点 P_0 的切触平面中处于二阶 (即具有二阶切触) (图 3.52).

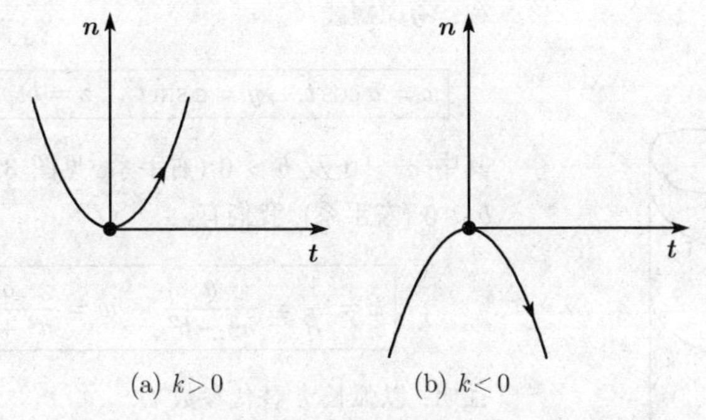

(a) $k>0$ (b) $k<0$

图 3.52 极小和极大

若对点 P_0 有 $w = 0$, 则根据 (3.25) 该曲线在三阶上是条平面曲线.

若在点 P_0 有 $w > 0$ (分别地, $w < 0$, 则曲线在 P_0 点的邻域以 $\boldsymbol{b}$ (分别地, $-\boldsymbol{b}$) 方向移动 (图 3.53).

一般的参数化 若曲线由 $\boldsymbol{r} = \boldsymbol{r}(t)$ 的形式给出, t 为实参数, 则有

$$\begin{aligned} k^2 = \frac{1}{R^2} &= \frac{\boldsymbol{r}'^2\boldsymbol{r}''^2 - (\boldsymbol{r}'\boldsymbol{r}'')^2}{\left(\boldsymbol{r}'^2\right)^3} \\ &= \frac{(x'^2 + y'^2 + z'^2)(x''^2 + y''^2 + z''^2) - (x'x'' + y'y'' + z'z'')^2}{\left(x'^2 + y'^2 + z'^2\right)^3}, \end{aligned}$$

1) 在德文中, bein 的意思为腿, 法文中 repère 意思为标志, 英文中 frame 为框架. 人们常称其为 n-bein 或 n-repère, n-frame.

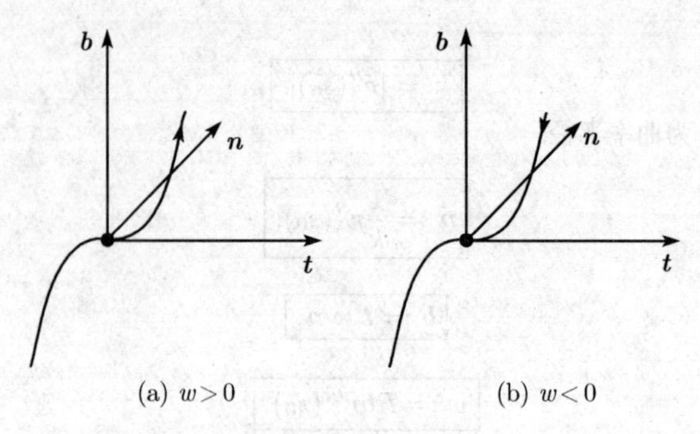

(a) $w>0$ (b) $w<0$

图 3.53 拐点

$$w = R^2 \frac{(\boldsymbol{r}' \times \boldsymbol{r}'')\boldsymbol{r}'''}{(\boldsymbol{r}'^2)^3} = R^2 \frac{\begin{vmatrix} x' & y' & z' \\ x'' & y'' & z'' \\ x''' & y''' & z''' \end{vmatrix}}{(x'^2+y'^2+z'^2)^3}. \tag{3.26}$$

例: 考虑螺线

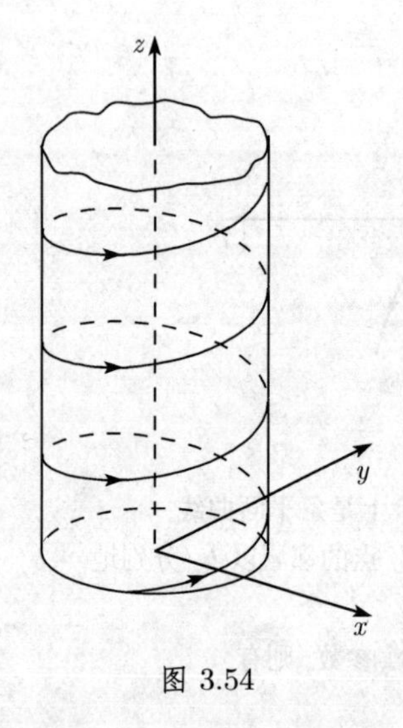

图 3.54

$$\boxed{x = a\cos t, \quad y = a\sin t, \quad z = bt, \quad t \in \mathbb{R},}$$

其中 $a>0$ 及 $b>0$ (右手系, 见图 3.54) 分别地; $b<0$ (左手系). 我们有

$$\boxed{k = \frac{1}{R} = \frac{a}{a^2+b^2}, \quad w = \frac{b}{a^2+b^2}.}$$

证明: 以弧长 s 替代参数 t,

$$s = \int_0^t \sqrt{\dot{x}^2+\dot{y}^2+\dot{z}^2}\mathrm{d}t = t\sqrt{a^2+b^2}.$$

于是有

$$x = a\cos\frac{s}{\sqrt{a^2+b^2}}, \quad y = a\sin\frac{s}{a^2+b^2},$$

$$z = \frac{bs}{\sqrt{a^2+b^2}},$$

从而

$$w = \left(\frac{a^2+b^2}{a}\right)^2 \frac{\begin{vmatrix} -a\sin t & a\cos t & b \\ -a\cos t & -a\sin t & 0 \\ a\sin t & -a\cos t & 0 \end{vmatrix}}{[(-a\sin t)^2+(a\cos t)^2+b^2]^3} = \frac{b}{a^2+b^2}.$$

这表明挠率也为常数.

3.6.2.2 曲线论中的主定理

费雷内公式 对于向量 $\boldsymbol{t},\boldsymbol{n},\boldsymbol{b}$ 关于弧长的导数我们有

$$\boxed{\boldsymbol{t}'=k\boldsymbol{n},\quad \boldsymbol{n}'=-k\boldsymbol{t}+w\boldsymbol{b},\quad \boldsymbol{b}'=-w\boldsymbol{n}.} \tag{3.27}$$

主定理 若在区间 $a\leqslant s\leqslant b$ 中给出了两个连续函数

$$k=k(s) \text{ 和 } w=w(s)$$

并且对所有 s 有 $k(s)>0$, 则在差一个全空间的变换下, 恰好存在一个曲线段 $\boldsymbol{r}=\boldsymbol{r}(s),a\leqslant s\leqslant b$, 它的弧长等于 s, 并有曲率 k 和模率 w.

曲线的构建 (i) 方程 (3.27) 由 $\boldsymbol{t},\boldsymbol{n}$ 和 $\boldsymbol{b}$ 中每个的 3 个分量的 9 个微分方程的方程组组成. 在规定了值 $\boldsymbol{t}(0)$. $\boldsymbol{n}(0)$ 和 $\boldsymbol{b}(0)$ (这相当于描述了在点 $S=0$ 的伴随 3 标架) 时, 这些微分方程 (3.27) 的解是唯一确定的.

(ii) 若另外还规定了向量 $\boldsymbol{r}(0)$, 则得到了

$$\boldsymbol{r}(s)=\boldsymbol{r}(0)+\int_0^s \boldsymbol{t}(s)\mathrm{d}s.$$

3.6.3 高斯的曲面局部理论

> 在往昔, 间或地某些光辉的、非凡的天才人物会从他们的环境中脱颖而出, 他们以其思想的创造威力和行动的能量给予了人类的智力发展以如此全面的积极影响. 以致与此同时, 他们作为里程碑式的人物也昂首挺立在世纪之间 ······ 在数学和自然科学的历史中这样的划时间的精神巨人在古代是叙拉古的阿基米德, 牛顿则在中世纪黑暗年代的末期, 而高斯是在我们当今的时代, 他的闪烁的辉煌生涯在死神冰冷的手触及他的具有深邃思想的头颅的那一刻已走到了尽头; 这是今年的二月二十三日.
>
> 冯 · 瓦尔特斯豪森 (S. von Waltershausen), 1855,
> 《纪念高斯》

曲面的参数化 设 x,y 和 z 是以 $\boldsymbol{i},\boldsymbol{j},\boldsymbol{k}$ 为基向量的笛卡儿坐标以及点 P 的径向量 $\boldsymbol{r}=\overrightarrow{OP}$. 一个曲面由方程

$$\boxed{\boldsymbol{r}=\boldsymbol{r}(u,v)}$$

给出, 其中 u,v 为实参数, 即

$$x = x(u,v), \quad y = y(u,v), \quad z = z(u,v).$$

伴随 3 标架 令

$$\boxed{e_1 := r_u(u_0,v_0), \quad e_2 := r_v(u_0,v_0), \quad N := \frac{e_1 \times e_2}{|e_1 \times e_2|}.}$$

于是 e_1 (分别地, e_2) 是通过曲面上点 $P_0(u_0,v_0)$ 坐标线 $v = \text{const}$ (分别地, $u = \text{const}$) 的切向量. 另外, N 是曲面在 P_0 的单位法向量 (图 3.55). 显式表达地有

$$e_1 = x_u(u_0,v_0)i + y_u(u_0,v_0)j + z_u(u_0,v_0)k,$$
$$e_2 = x_v(u_0,v_0)i + y_v(u_0,v_0)j + z_v(u_0,v_0)k.$$

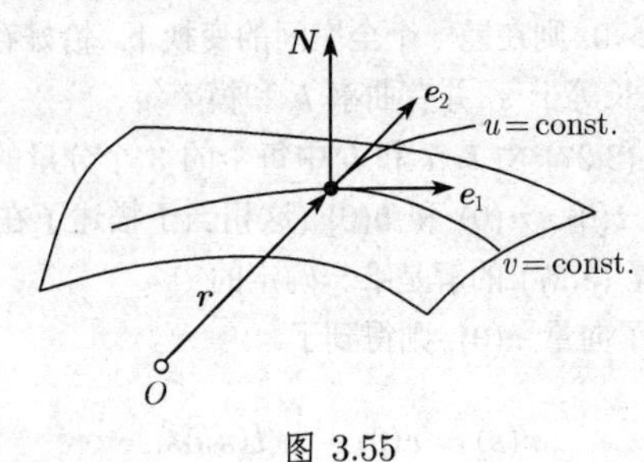

图 3.55

在点 P_0 的切平面方程

$$\boxed{r = r_0 + t_1 e_1 + t_2 e_2, \quad t_1, t_2 \in \mathbb{R}.}$$

曲面的隐式方程 若曲面由方程 $F(x,y,z) = 0$ 给出, 则在点 $P_0(x_0,y_0,z)$ 的单位法向量的公式是

$$N = \frac{\mathbf{grad}F(P_0)}{|\mathbf{grad}F(P_0)|}.$$

在点 P_0 的切平面方程为

$$\boxed{\mathbf{grad}F(P_0)(r - r_0) = 0.}$$

这显式地表明

$$F_x(P_0)(x - x_0) + F_y(P_0)(y - y_0) + F_z(P_0)(z - z_0) = 0.$$

曲面的显式方程 方程 $z = z(x,y)$ 可以按下面方式完成 $F(x,y,z) = 0$ 的形式: $F(x,y,z) := z - z(x,y)$.

例 1: 半径为 R 的球面方程是

$$x^2 + y^2 + z^2 = R^2.$$

若令 $F(x,y,z) = x^2 + y^2 + z^2 - R^2$, 则得到在点 P_0 的切平面方程为

$$x_0(x - x_0) + y_0(y - y_0) + z_0(z - z_0) = 0,$$

其单位法向量 $\boldsymbol{N}=\boldsymbol{r}_0/|\boldsymbol{r}_0|$.

曲面上的奇点 对曲面 $\boldsymbol{r}=\boldsymbol{r}(u,v)$, 点 $P_0(u_0,v_0)$ 是个奇点当且仅当 $\boldsymbol{e}_1$ 和 $\boldsymbol{e}_2$ 不张成一个平面.

在隐方程 $F(x,y,z)=0$ 的情形, 按定义, P_0 为奇点是说没有单位法向量, 即 $\mathbf{grad}F(P_0)=0$. 它显式地表明

$$F_x(P_0)=F_y(P_0)=F_z(P_0)=0.$$

例 2: 圆锥 $x^2+y^2-z^2=0$ 有奇点 $x=y=z=0$, 它正好是圆锥的顶点.

参数变换和张量计算 令 $u^1=u, u^2=v$. 如果在曲面上我们给出了两个函数 $a_\alpha(u^1,u^2), \alpha=1,2$, 在由曲面上 u^α 坐标系到 u'^α 坐标系给出的坐标变换下，它们按下面那样变换:

$$a'_\alpha(u'^1,u'^2)=\frac{\partial u^\gamma}{\partial u'^\alpha}a_\gamma(u^1,u^2), \tag{3.28}$$

于是我们称 $a_\alpha(u^1,u^2)$ 是在此曲面上的一个简单共变张量场. 在 (3.28) 中我们使用了爱因斯坦求和约定(也将在 3.6.3 中其余地方使用它), 它说的是, 该和式是由对同时存在于上指标和下指标的同一指标数取和形成的 (当然, 在这里的求和是从 1 到 2; 这个约定在更一般的情形也有意义).

$2k+2l$ 个函数 $a^{\beta_1\cdots\beta_l}_{\alpha_1\cdots\alpha_k}(u^1,u^2)$ 按定义形成一个曲面的 k 共变和 l 反变的张量场是说, 如果它们在坐变换从 u^α 到 u'^α 时有如下这样的变化:

$$a'^{\beta_1\cdots\beta_l}_{\alpha_1\cdots\alpha_k}(u'^1,u'^2)=\frac{\partial u^{\gamma_1}}{\partial u'^{\alpha_1}}\frac{\partial u^{\gamma_2}}{\partial u'^{\alpha_2}}\cdots\frac{\partial u^{\gamma_k}}{\partial u'^{\alpha_k}}\frac{\partial u'^{\beta_1}}{\partial u^{\delta_1}}\cdots\frac{\partial u'^{\beta_l}}{\partial u^{\delta_l}}a^{\delta_1\cdots\delta_l}_{\gamma_1\cdots\gamma_k}(u^1,u^2).$$

张量计算的优点 如果人们在曲面论中使用张量计算, 则可立即认识到某些已知 (分析–代数的) 表达式在什么时候具有几何的意义, 即与选取的参数化无关. 这个目标可由利用张量和构建标量达到 (参看 [212]).

3.6.3.1 高斯的第一基本型和曲面的度量性质

第一基本型 按照高斯, 这个形式在由方程 $r=r(u,v)$ 给出的曲面上可写成

$$\boxed{\mathrm{d}s^2=E\mathrm{d}u^2+F\mathrm{d}u\mathrm{d}v+G\mathrm{d}v^2,}$$

其中

$$E=\boldsymbol{r}_u^2=x_u^2+y_u^2+z_u^2,\quad G=\boldsymbol{r}_v^2=x_v^2+y_v^2+z_v^2,$$
$$F=\boldsymbol{r}_u\boldsymbol{r}_v=x_ux_v+y_uy_v+z_uz_v.$$

若曲面是由形如 $Z=Z(x,y)$ 的方程给出, 则有 $E=1+z_x^2, G=1+z_y^2, F=z_xz_y$.

第一基本型包含了曲面的所有度量性质的信息.

弧长 曲面上一条曲线 $\boldsymbol{r}=\boldsymbol{r}(u(t),v(t))$ 具参数值 t_0 和 t 的点之间的弧长等于

$$s=\int_{t_0}^t\mathrm{d}s=\int_{t_0}^t\sqrt{E\left(\frac{\mathrm{d}u}{\mathrm{d}t}\right)^2+2F\frac{\mathrm{d}u}{\mathrm{d}t}\frac{\mathrm{d}v}{\mathrm{d}t}+G\left(\frac{\mathrm{d}v}{\mathrm{d}t}\right)^2}\,\mathrm{d}t.$$

曲面面积 让参数 u, v 在 u, v 平面上区域 D 中变化所描述的曲面的一片具有的面积为

$$\iint_D \sqrt{EG - F^2}\mathrm{d}u\mathrm{d}v.$$

曲面上两条曲线间的夹角 若 $\boldsymbol{r} = \boldsymbol{r}(u_1(t), v_1(t))$ 和 $\boldsymbol{r} = \boldsymbol{r}(u_2(t), v_2(t))$ 是在曲面 $\boldsymbol{r} = \boldsymbol{r}(u, v)$ 上的两条曲线, 它们交于一点 P, 则相交角 α (在点 P 按正向切线取的角) 由下面公式决定:

$$\cos\alpha = \frac{E\dot{u}_1\dot{u}_2 + F(\dot{u}_1\dot{v}_2 + \dot{v}_1\dot{u}_2) + G\dot{v}_1\dot{v}_2}{\sqrt{E\dot{u}_1^2 + 2F\dot{u}_1\dot{v}_1 + G\dot{v}_1^2}\ \sqrt{E\dot{u}_2^2 + 2F\dot{u}_2\dot{v}_2 + G\dot{v}_2^2}}.$$

这里的 $\dot{u}_1$ 和 $\dot{u}_2$ 分别是 $u_1(t)$ 和 $u_2(t)$ 分别在 P 点对应的参数值的一阶导数, 等等.

两个曲面间的映射 假设有两个曲面

$$\mathscr{F}_1 : \boldsymbol{r} = \boldsymbol{r}_1(u, v) \quad 和 \quad \mathscr{F}_2 : \boldsymbol{r} = \boldsymbol{r}_2(u, v),$$

两个都是关于同一参数 u 和 v 给出的 (或者经过重新参数化). 若对 $\mathscr{F}_1$ 中具径向量 $\boldsymbol{r}_1(u, v)$ 的点 P_1 指派一个 $\mathscr{F}_2$ 中具径向量 $\boldsymbol{r}_2(u, v)$ 的量 P_2, 则得到了这两个曲面间的一个双射映射 $\varphi : \mathscr{F}_1 \to \mathscr{F}_2$.

(i) 称 φ 为*保距的*, 若任意曲线段的长在 φ 下保持不变.

(ii) 称 φ 为*保角*(*共形*)*的*, 如果两条任意曲线的相交角在 φ 下保持不变.

(iii) 称 φ 为*保面积的*, 如果曲面的任意一块的面积在 φ 下保持不变.

在表 3.9 中量 F_j, F_j, G_j 为 $\mathscr{F}_j$ 的第一基本型的系数, 它们是对于参数 u, v 得到的. 在表 3.9 中所列的条件必须在曲面的每点都满足.

定理 (i) 每个保距映射是共形和保面积的.

(ii) 每个保面积映射和每个共形映射都是保距的.

(iii) 一个保距映射保持在每点的高斯曲率不变.

表 3.9 曲面的几何性质的代数条件

性质	对 E_j, F_j, G_j 的充要条件
保距	$E_1 = E_2, \quad F_1 = F_2, \quad G_1 = G_2$
保角 (共形)	$E_1 = \lambda E_2, \quad F_1 = \lambda F_2, \quad G_1 = \lambda G_2, \quad \lambda(u, v) > 0$
保面积	$E_1G_1 - F_1^2 = E_2G_2 - F_2^2$

度量张量 $g_{\alpha\beta}$ 若令 $u^1 = u, u^2 = u, g_{11} = E, g_{12} = g_{21} = F$ 及 $g_{22} = G$, 则利用爱因斯坦求和约定, 可以把度量记为

$$\boxed{\mathrm{d}s^2 = g_{\alpha\beta}\mathrm{d}u^\alpha\mathrm{d}u^\beta.}$$

过渡到曲面上另一个坐标系 u'^{α}, 我们有 $\mathrm{d}s^2 = g'_{\alpha\beta}\mathrm{d}u'^{\alpha}\mathrm{d}u'^{\beta}$ 满足

$$g'_{\alpha\beta} = \frac{\partial u^{\gamma}}{\partial u'^{\alpha}}\frac{\partial u^{\delta}}{\partial u'^{\beta}}g_{\gamma}\delta.$$

因而 $g_{\alpha\beta}$ 显然是一个 2 共变张量场的坐标 (度量张量).

另外, 令

$$g = \det g_{\alpha\beta} = EG - F^2$$

以及

$$g^{11} = \frac{G}{g}, \quad g^{12} = g^{21} = \frac{-F}{g}, \quad g^{22} = \frac{E}{g}.$$

我们有 $g^{\alpha\beta}g_{\beta\gamma} = \delta^{\alpha}_{\gamma}$. 由从 u^{α} 坐标系到 u'^{α} 坐标的转换, $g^{\alpha\beta}$ 和 g 变换为

$$g'^{\alpha\beta} = \frac{\partial u'^{\alpha}}{\partial u^{\gamma}}\frac{\partial u'^{\beta}}{\partial u^{\delta}}g^{\gamma\delta}$$

(2 反变张量场) 和

$$g' = \left(\frac{\partial(u^1, u^2)}{\partial(u'^1, u'^2)^2}\right)g$$

具函数行列式

$$\frac{\partial(u^1, u^2)}{\partial(u'^1, u'^2)} = \frac{\partial u^1}{\partial u'^1}\frac{\partial u^2}{\partial u'^2} - \frac{\partial u^2}{\partial u'^1}\frac{\partial u^1}{\partial u'^2}.$$

为了给予一个曲线坐标系一个定向 $\eta = \pm 1$, 我们固定一个坐标系 u_0^{α} 并声称它是正的 $(\eta = \pm 1)$, 并称以函数行列式的符号给出 η, 即 $\eta = \sin\dfrac{\partial(u^1, u^2)}{\partial(u_0^1, u_0^2)}$. 如果我们令 $\varepsilon^{11} = \varepsilon^{22} = 0$ 和 $\varepsilon^{12} = -\varepsilon^{21} = 1$, 则下面的列维–齐维塔张量:

$$E^{\alpha\beta} := \frac{\eta}{\sqrt{g}}\varepsilon^{\alpha\beta} \quad \text{分别地}, E_{\alpha\beta} := \eta\sqrt{g}\varepsilon^{\alpha\beta}$$

是分别与 $g^{\alpha\beta}$ 和 $g_{\alpha\beta}$ 完全一样的.

3.6.3.2 高斯的第二基本型和曲面的曲率性质

第二基本型 依照高斯所做, 对于一个曲面 $\boldsymbol{r} = \boldsymbol{r}(u, v)$, 这个形式由关系

$$\boxed{-\mathrm{d}\boldsymbol{N}\mathrm{d}\boldsymbol{r} = L\mathrm{d}u^2 + 2M\mathrm{d}u\mathrm{d}v + N\mathrm{d}v^2}$$

给出, 其中

$$L = \boldsymbol{r}_{uu}\boldsymbol{N} = \frac{l}{\sqrt{EG - F^2}}, \quad N = \boldsymbol{r}_{vv}\boldsymbol{N} = \frac{n}{\sqrt{EG - F^2}}, \quad M = \frac{m}{\sqrt{EG - F^2}}$$

以及

$$l := \begin{vmatrix} x_{uu} & y_{uu} & z_{uu} \\ x_u & y_u & z_u \\ x_v & y_v & z_v \end{vmatrix}, \quad n := \begin{vmatrix} x_{vv} & y_{vv} & z_{vv} \\ x_u & y_u & z_u \\ x_v & y_v & z_v \end{vmatrix}, \quad m := \begin{vmatrix} x_{uv} & y_{uv} & z_{uv} \\ x_u & y_u & z_u \\ x_v & y_v & z_v \end{vmatrix}.$$

若令 $u^1 = u, u^2 = v$ 和 $b_{11} = L, b_{12} = b_{21} = M, b_{22} = N$, 则我们可以写成

$$-\mathrm{d}\boldsymbol{N}\mathrm{d}\boldsymbol{r} = b_{\alpha\beta}\mathrm{d}u^\alpha \mathrm{d}u^\beta.$$

在从 u^α 坐标到新坐标 u'^α 的坐标变换下我们有 $-\mathrm{d}\boldsymbol{N}\mathrm{d}r = b'_{\alpha\beta}\mathrm{d}u'^\alpha \mathrm{d}u'^\beta$, 其中

$$b'_{\alpha\beta} = \varepsilon \frac{\partial u^\gamma}{\partial u'^\alpha} \frac{\partial u^\delta}{\partial u'^\beta} b_{\gamma\delta},$$

而 ε 是函数行列式的符号: $\varepsilon = \operatorname{sgn} \dfrac{\partial(u'^1, u'^2)}{\partial(u^1, u^2)}$. 从而 $b_{\alpha\beta}$ 是一个 2 共变伪张量的坐标. 进一步令 $b := \det b_{\alpha\beta} + LN - M^2$. 量 b 则按照 g 的同一方式变换.

第二基本型包含了曲面张量性质的信息.

曲面上一点的典型的笛卡儿坐标系 在给定点 P_0, 我们总能选取一个笛卡儿坐标系 x, y, z 使其原点为 P_0, 而它的 x, y 平面为该曲面在 P_0 的切平面 (图 3.56). 在这个 x, y, z 坐标系中, 在靠近 P_0 处曲面可以被描述为 $z = z(x, y)$, 满足 $z(0,0) = z_x(0,0) = z_y(0,0) = 0$. 在 P_0 这个相应的 3 标架由三个单位向量 $\boldsymbol{i}, \boldsymbol{j}$ 和 $\boldsymbol{N} = \boldsymbol{i} \times \boldsymbol{j}$ 组成. 在 P_0 的一个邻域中的泰勒展开式

$$z = \frac{1}{2} z_{xx}(0,0)x^2 + z_{xy}(0,0)xy + \frac{1}{2} z_{yy}(0,0)y^2 + \cdots$$

作另外一个绕 z 轴的笛卡儿坐标系的旋转, 则可进一步地得到一个位置使得在其中有

$$\boxed{z = \frac{1}{2}(k_1 x^2 + k_2 y^2) + \cdots.}$$

称这个 x, y 坐标系为曲面在点 P_0 的*标准笛卡儿坐标系*. 称 x 轴和 y 轴为主曲率方向, 而 k_1, k_2 为该曲面在点 P_0 的*主曲率*.

另外称 $R_1 = 1/k_1$ 和 $R_2 = 1/k_2$ 为*主曲率半径*.

在点 P_0 的高斯曲率 K 定义

$$\boxed{K := k_1 k_2}$$

这是一个曲面的基本曲率.

例: 对于半径为 R 的球面, 有 $R_1 = R_2 = R$ 及 $K = 1/R^2$.

称 $K =$ 常数的曲面为*具常值高斯曲率*的曲面. 它们的例子有

(a) 球面, 对其而言 $K > 0$.

(b) 伪球面, 对其而言 $K < 0$; 这样一个曲面可像图 3.57 中那些由一条曳物线绕 z 轴旋转得到.

在一点 P_0 的平均曲率 H 令

$$\boxed{H := \frac{1}{2}(k_1 + k_2)}$$

并称 H 为该曲面的*平均曲率*. 具有 $H \equiv 0$ 的曲面被称为*极小曲面* (参看 [212]).

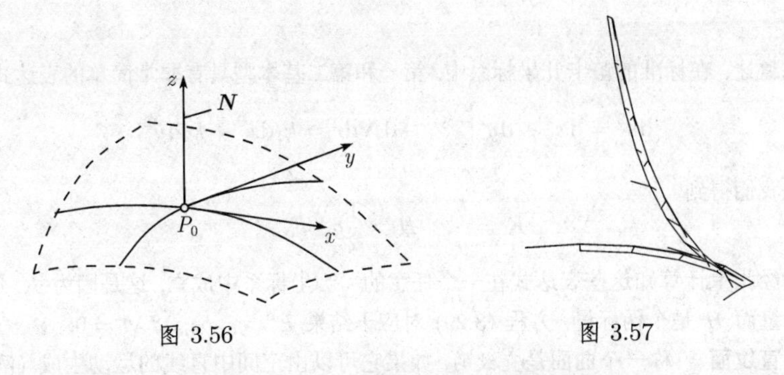

图 3.56　　　　　　图 3.57

若用变换 $x \mapsto y, y \mapsto x, z \mapsto -z$ 变换坐标, 则主曲率的变化为 $k_1 \mapsto -k_2, k_2 \to -k_1$. 由此有 $K \mapsto K, H \mapsto -H$. 这表明 K 是一个真正的几何量, 而 H 则不是而只有 $|H|$ 是的.

表 3.10 给出了对 K 的不同符号的几何解释.

表 3.10　曲面曲率的可能值

点 P_0 的类型	分析的定义	靠近 P_0 在二阶范围内的性态
椭圆点	$K = k_1k_2 > 0$ (i.e. $LN - M^2 > 0$)	椭球面
脐点	$K = k_1k_2 > 0, \quad k_1 = k_2$	球
双曲点	$K = k_1k_2 < 0$ (i.e. $LN - M^2 < 0$)	单叶双曲面
抛物点	$K = k_1k_2 = 0$ (i.e. $LN - M^2 = 0$)	
	(a) $k_1^2 + k_2^2 \neq 0$	圆柱面
	(b) $k_1 = k_2 = 0$	平面

定理　假设曲面由参数化 $\boldsymbol{r} = \boldsymbol{r}(u, v)$ 给出.

(i) 有

$$\boxed{K = \frac{LN - M^2}{EG - F^2}, \quad H = \frac{LG - 2FM + EN}{2(EG - F^2)}.}$$

(ii) 主曲率 k_1 和 k_2 是二次方程

$$k^2 - 2Hk + K = 0$$

的解.

(iii) 若 e_1, e_2 和 N 代表曲面上的 3 标架, 则主曲率方向具有形式 $\lambda_1 e_1 + \lambda_2 e_2$, 其中 λ, μ 为方程

$$\lambda^2(FN - GM) + \lambda\mu(EN - GL) + \mu^2(EM - FL) = 0 \tag{3.29}$$

的解.

证明概述: 在标准的笛卡儿坐标系中, 第一和第二基本型具有非常简单的表达式

$$\mathrm{d}s^2 = \mathrm{d}x^2 + \mathrm{d}y^2, \qquad -\mathrm{d}\boldsymbol{N}\mathrm{d}\boldsymbol{r} = k_1\mathrm{d}x^2 + k_2\mathrm{d}y^2.$$

由此我们得到

$$K = \frac{b}{g}, \quad H = \frac{1}{2}g^{\alpha\beta}b_{\alpha\beta}.$$

于是经张量计算知这些表达式在一个任意的 u^α 坐标系中成立, 这是因为 K 是一个标量而 H 是个伪标量. 方程 (3.29) 对应于结果 $E^{\alpha\beta}g_{\alpha\sigma}b_{\beta\mu}\lambda^\alpha\lambda^\mu = 0$.

可展直纹面 称一个曲面是直纹的, 如果它可以由空间中直线的运动生成 (例如, 锥面、柱面、双曲面、双曲抛物面). 如果直纹面可实际上"剥开"成一个平面, 我们则称这个曲面为可展的 (例如一个柱面). 如果在一个可展曲面上有 $K = 0$, 则 $LN - M^2 = 0$.

曲面截线 设 $\boldsymbol{e}_1, \boldsymbol{e}_2, \boldsymbol{N}$ 为曲面 $\boldsymbol{r} = \boldsymbol{r}(u, v)$ 在点 P_0 相伴随的 3 标架. 以通过 P_0 和由 $\lambda\boldsymbol{e}_1 + \mu\boldsymbol{e}_2$ 生成的直线的平面切割该曲面. 另外, 记 E 与法向量 $\boldsymbol{N}$ 的夹角为 γ, 则交线在点 P_0 的曲率由

$$\boxed{k = \frac{k_N}{\cos\gamma}}$$

给出, 其中

$$k_N = \frac{L\lambda^2 + 2M\lambda\mu + N\mu^2}{E\lambda^2 + 2F\lambda\mu + G\mu^2}.$$

曲面上曲线的曲率 曲面上一条通过曲面上点 P_0 的曲线与这条曲线在 P_0 的切触平面与曲面的交线具有相同的曲率 k. 如果这个切触平面与 N 构成了角 γ, 并与对应于 k_1 的主曲率方向构成角 α, 则有

$$\boxed{k = \frac{k_1\cos^2\alpha + k_2\sin^2\alpha}{\cos\gamma}}$$

(欧拉–梅尼埃定理).

3.6.3.3 曲面论的主定理和高斯绝妙定理 (theorema egregium)

对导数的高斯和魏因加滕方程 在伴随 3 标架中的变化由所谓的导数方程描绘:

$$\boxed{\begin{array}{lll} \dfrac{\partial \boldsymbol{e}_\alpha}{\partial u^\beta} & \Gamma^\sigma_{\alpha\beta}\boldsymbol{e}_\sigma + b_{\alpha\beta}\boldsymbol{N} & (\text{高斯}), \\ \dfrac{\partial \boldsymbol{N}}{\partial u^\alpha} & -g^{\sigma\gamma}b_{\gamma\alpha}\boldsymbol{e}_\sigma & (\text{魏因加滕}). \end{array}}$$

所有的指标都是从 1 到 2. 那些既出现在下指标又出现在上指标则被求和. 克里斯托费尔符号由公式

$$\Gamma^{\sigma}_{\alpha\beta} := \frac{1}{2} g^{\sigma\delta} \left(\frac{\partial g_{\alpha\delta}}{\partial u^{\beta}} + \frac{\partial g_{\beta\delta}}{\partial u^{\alpha}} - \frac{\partial g_{\alpha\beta}}{\partial u^{\delta}} \right).$$

给出. 这些符号不代表张量. (在坐标变换下它们的变化不正确.) 导数方程组成了一个 18 个偏微分方程的方程组, 它们涉及 $\boldsymbol{e}_1, \boldsymbol{e}_2$ 和 $\boldsymbol{N}$ 中每个的三个分量的一阶导数; 这些方程可借助于费罗贝尼乌斯定理 (参看 1.13.5.3) 得出.

可积性条件 由 $\dfrac{\partial^2 \boldsymbol{e}_\alpha}{\partial u^\beta \partial u^\gamma} = \dfrac{\partial^2 \boldsymbol{e}_\alpha}{\partial u^\gamma \partial u^\beta} = \dfrac{\partial^2 \boldsymbol{N}}{\partial u^\alpha \partial u^\beta} = \dfrac{\partial^2 \boldsymbol{N}}{\partial u^\beta \partial u^\alpha}$ 我们得到了所谓的可积性条件

$$\begin{aligned} &\frac{\partial b_{11}}{\partial u^2} - \frac{\partial b_{12}}{\partial u^1} - \Gamma^1_{12} b_{11} + (\Gamma^1_{11} - \Gamma^2_{12}) b_{12} + \Gamma^2_{11} b_{22} = 0, \\ &\frac{\partial b_{12}}{\partial u^2} - \frac{\partial b_{22}}{\partial u^1} - \Gamma^1_{22} b_{11} + (\Gamma^1_{12} - \Gamma^2_{22}) b_{12} + \Gamma^2_{12} b_{22} = 0 \end{aligned} \tag{3.30}$$

(马伊纳尔迪–科达齐方程) 且

$$\boxed{K = \frac{R_{1212}}{g}} \tag{3.31}$$

(高斯的绝妙定理).

这里的 $R_{\alpha\beta\gamma\delta} = R^{\cdot\cdot\cdot\nu}_{\alpha\beta\gamma} g_{\nu\delta}$ 是**黎曼曲率张量**, 其中

$$R^{\cdot\cdot\cdot\nu}_{\alpha\beta,\gamma\cdot} = \frac{\partial \Gamma^{\nu}_{\alpha\gamma}}{\partial x^{\beta}} + \Gamma^{\nu}_{\beta\sigma} \Gamma^{\sigma}_{\alpha\gamma} - \frac{\partial \Gamma^{\nu}_{\beta\gamma}}{\partial x^{\alpha}} - \Gamma^{\nu}_{\alpha\sigma} \Gamma^{\sigma}_{\beta\gamma}.$$

主定理 若已知有函数

$$g_{11}(u^1, u^2) \equiv E(u,v), \quad g_{12}(u^1, u^2) = g_{21}(u^1, u^2) \equiv F(u,v),$$

$$g_{22}(u^1, u^2) \equiv G(u,v)$$

(假定它们均为二次连续可微), 以及函数

$$b_{11}(u^1, u^2) \equiv L(u,v), \quad b_{12}(u^1, u^2) = b_{21}(u^1, u^2) \equiv M(u,v),$$

$$b_{22}(u^1, u^2) \equiv N(u,v)$$

(假设它们为连续可微), 它们还满足可积性条件 (3.30) 和 (3.31), 并且对任意实数 $\lambda, \mu, \lambda^2 + \mu^2 \neq 0$, 它们满足 $E\lambda^2 + 2F\lambda\mu + G\mu^2 > 0$, 则存在一个曲面 $\boldsymbol{r} = \boldsymbol{r}(u,v)$, 它为三次连续可微, 使得它的第一和第二基本型的系数为这些已知的函数. 这个曲面在平移和旋转下唯一决定.

这个曲面的构建如下. (1) 由高斯–魏因加滕导数公式可唯一地得到伴随的 3 标架, 这只要给出了在固定点 $P_0(u_0, v_0)$ 这些函数的值就可做到.

(2) 由 $\partial \boldsymbol{r} / \partial u^\alpha = \boldsymbol{e}^\alpha$ 可计算出 $\boldsymbol{r}(u,v)$; 如果要求曲面通过点 P_0, 则 $\boldsymbol{r}(u,v)$ 被唯一确定.

基本的绝妙定理 一个曲面的高斯曲率曾在 3.6.3.2 中借助于所嵌入的空间定义. 但根据 (3.29), K 只依赖于度量张量 $g_{\alpha\beta}$ 和它的导数, 从而只依赖于第一基本型.

高斯曲率 K 可以只被曲面上的度量所决定.

从而曲率 K 是曲面的内蕴性质, 即它不依赖于所嵌入的空间. 这是流形的曲率论的起点. 例如在广义相对论中四维时空空间的曲率应对了引力.

高斯长时间努力来完成这个绝妙定理. 这是他的曲面论的顶点.

例: 对于一个保距映射, 第一基本型从而高斯曲率被保持不变. 对于球面 (分别地, 平面), 有 $K=1/R^2$ (分别地, $K=0$). 从而球面不可能保距地映射成平面. 因此没有地球表面的保距映射.

但是, 我们可构造保角映射. 这对于航海极其重要.

3.6.3.4 测地线

测地线 称一个曲面上的一条曲线为测地线, 如果在该曲线的每点上, 曲线的主法线与曲面的主法线或者平行或者反平行. 曲面上两个点之间的最短线段总是一条测地线的一部分. 在平面上这些测地线恰好就是通常意义下的直线. 在球面上, 测地线是大圆 (例如经线和赤道. 一条测地线 $\boldsymbol{r}=\boldsymbol{r}(u'(s),u^2(s))$ (其中 s 代表弧长) 满足微分方程

$$\boxed{\frac{\mathrm{d}^2u^\alpha}{\mathrm{d}s^2}+\Gamma^\alpha_{\beta\gamma}\frac{\mathrm{d}u^\beta}{\mathrm{d}s}\frac{\mathrm{d}u^\gamma}{\mathrm{d}s}=0,\quad \alpha=1,2}$$

并且反过来, 这些方程之解总是测地线.

若曲面以 $z=z(x,y)$ 的形式给出, 则测地线 $z=z(x,y(x))$ 的微分方程为

$$(1+z_x^2+z_y^2)y''=z_xz_{yy}(y')^3+(2z_xz_{xy}-z_yz_{yy})(y')^2+(z_xz_{xx}-2z_yz_{xy})y'-z_yz_{xx}.$$

测地曲率 对在曲面上由 $\boldsymbol{r}=\boldsymbol{r}(u(s),v(s))$ 给出的曲线 (s 为弧长) 总存在下面的一个分解

$$\boxed{\frac{\mathrm{d}^2\boldsymbol{r}}{\mathrm{d}s^2}=k_N\boldsymbol{N}+k_g\left(\boldsymbol{N}\times\frac{\mathrm{d}\boldsymbol{r}}{\mathrm{d}s}\right),}$$

其中

$$k_N=\boldsymbol{N}\frac{\mathrm{d}^2\boldsymbol{r}}{\mathrm{d}s^2},\qquad k_g=\left(\boldsymbol{N}\times\frac{\mathrm{d}\boldsymbol{r}}{\mathrm{d}s}\right)\frac{\mathrm{d}^2\boldsymbol{r}}{\mathrm{d}s^2}.$$

称数 k_g 为测地曲率. 曲面上的一条曲线是测地线当且仅当 $k_g=0$.

3.6.4 高斯的曲面整体理论

关于一个三角形的和角的高斯定理 设 D 是曲面上的一个测地三角形, 其角为 α,β 和 γ, 即该三角形的边都为测地线, 则有

$$\boxed{\int_D K\mathrm{d}F=\alpha+\beta+\gamma-\pi,}\tag{3.32}$$

其中 $\mathrm{d}F$ 代表曲面的测度 (图 3.58).

例: 对单位球面我们有 $K=1$, 即 $\int_D K\mathrm{d}F$ 等于此三角形的面积.

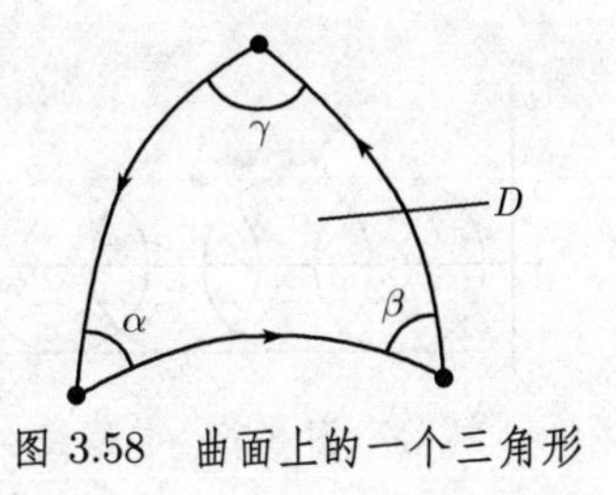

图 3.58 曲面上的一个三角形

全曲率 对任意球面有

$$\boxed{\int_F K\mathrm{d}F = 4\pi.} \tag{3.33}$$

这个关系式对所有微分同胚于一个球面的闭光滑曲面 F 仍然有效. 在此基本结果中, 微分几何和拓扑学相遇了. 欧拉示性数和示性类理论之间的联系将在 [212] 中得到解释.

若曲面 F 是个环面或微分同胚于一个环面, 则我们必须把 (3.33) 的右端换为 "=0".

博内定理 (1848) 若在图 3.58 中三角形的边为具弧长 s 的任意曲线, 则必须将 (3.32) 换成

$$\boxed{\int_D K\,\mathrm{d}F + \int_{\partial D} k_g\,\mathrm{d}s = \alpha+\beta+\gamma-\pi,}$$

其中边界曲线 ∂D 在一种数学的正指向下为横线.

3.7 平面曲线的例子

3.7.1 包络线和焦散线

我们考虑依赖于一个实参数 c 的曲线族:

$$\boxed{F(x,y,c)=0.}$$

这个族的包络线是从方程

$$F_x(x,y,c)=0, \quad F(x,y,c)=0$$

中消去 c 得到的.

例: 对曲线族 $(x-c)^2+y^2-1=0$ 我们得到 $x-c=0$ 从而有

$$y^2=1.$$

这个解的集合由两条直线 $y=\pm 1$ 组成 (图 3.59).

散焦线 图 3.60 显示了一个圆面镜, 它将射向它的平行光线反射回去. 这些反射光线的包络被称为一条散焦线. 散焦线的外形通常造成了几何光学的极大困难, 更一般地说, 是变分法中的困难.

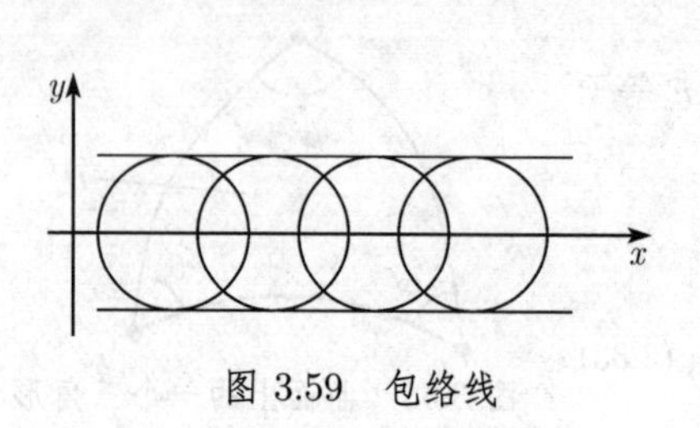

图 3.59 包络线

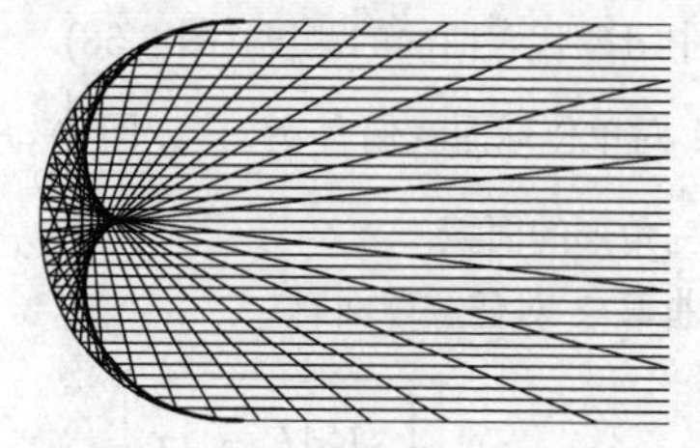
图 3.60 反射平行光线的圆的散焦线

在古希腊就已知道了散焦线.

3.7.2 渐屈线

定义 称一条给定曲线 C 的所有曲率中心的几何轨迹为 C 的渐屈线 E.

如果曲线 C 由 $y = f(x)$ 的形式给出, 则可得出参数形式的渐屈线如下:

$$\boxed{x = t - \frac{f'(t)\left(1 + f'(t)^2\right)}{f''(t)}, \quad y = f(t) + \frac{1 + f'(t)^2}{f''(t)}}$$

(表 3.7).

定理 曲线 C 在其一点的法线等于其渐屈线在相应的曲率中心的切线 (参看图 3.64 中 PQ 的一段).

例 1: 对于抛物线 $C: y = \frac{1}{2}x^2$ 我们得到了

$$x = -t^3, \quad y = 1 + \frac{3}{2}t^2.$$

在消去 t 后, 得到了半立方抛物线

$$y = 1 + \frac{3}{2}x^{2/3},$$

它是这条抛物线的渐屈线 (图 3.61).

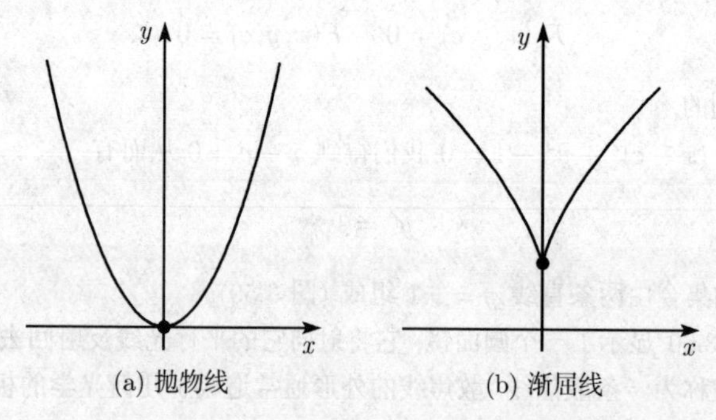

(a) 抛物线 (b) 渐屈线

图 3.61

例 2：椭圆

$$\frac{x^2}{a^2}+\frac{y^2}{b^2}=1$$

的渐屈线是星形线

$$\left(\frac{ax}{c^2}\right)^2+\left(\frac{by}{c^2}\right)^2=1,$$

其中 $c^2=a^2-b^2$ (图 3.62).

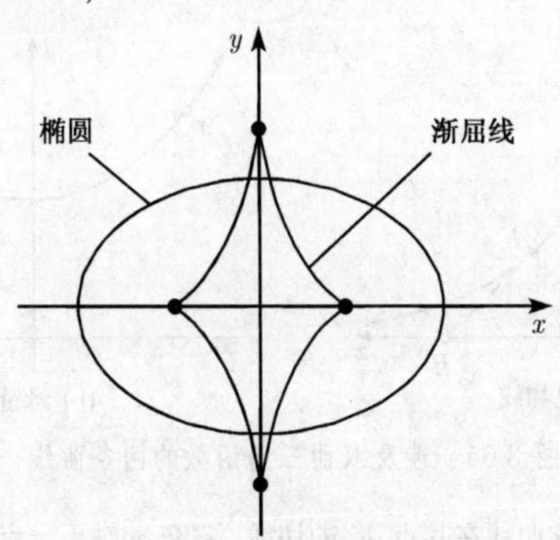

图 3.62 椭圆的渐屈线

3.7.3 渐伸线

定义 已知曲线 E, 则由包围 (或展开) 具定长的 (切) 弦得到的曲线 C 被称为渐伸线 (图 3.63).

定理 如果 E 是 C 的渐屈线, 则 C 为 E 的渐伸线.

例：圆

$$E:x^2+y^2=R^2 \tag{3.34}$$

的渐伸线是

$$C:x=R(\cos\varphi+\varphi\sin\varphi),\quad y=R(\sin\varphi-\varphi\cos\varphi) \tag{3.35}$$

(图 3.64). 更准确地我们有下面的情形：圆 (3.34) 是曲线 (3.35) 的渐屈线. 如果考虑图 3.64 中对 E 的切线 PQ, 则由展开此线段得到了曲线 C 的一段弧.

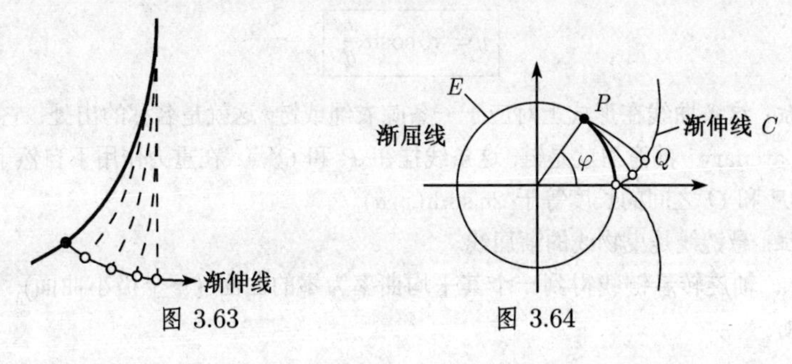

图 3.63 图 3.64

3.7.4 惠更斯的曳物线和悬链线

曳物线 (图 3.65(a)) 这条曲线由方程

$$\boxed{x = \pm\left(a \operatorname{arcosh}\frac{a}{y} - \sqrt{a^2 - y^2}\right)}$$

给出.

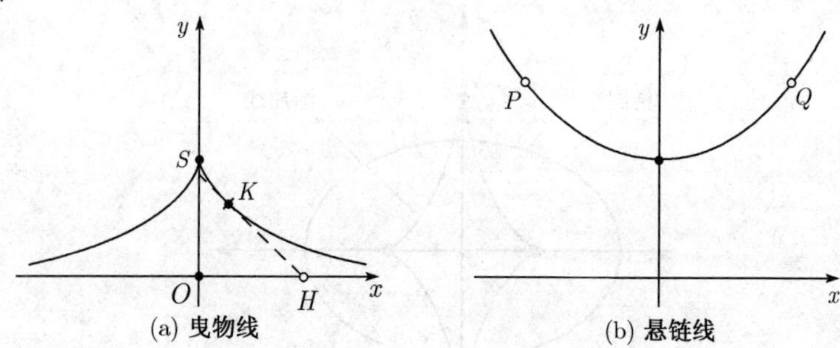

(a) **曳物线** (b) **悬链线**

图 3.65 涉及双曲三角函数的两条曲线

几何特征: 如果考虑该曲线在其点 K 的切线, 它交 x 轴于一点 H, 则线段 KH 的长是一个常数.

曳物线这个名称来自的事实是: 这是当一个头在点 H 拉一辆在 K 的大车所产生的曲线. 这种情形在早期的采矿中常常实际发生.

x 轴是此曳物线的渐近线. 如果 $s(y) = SK$ 代表从曲线的类点到在 K 的半车的长, 而 $x(y) = OH$ 表示该半到原点的距离, 于是有

$$\lim_{y\to 0}|s(y) - x(y)| = a(1 - \ln 2).$$

这个数近似地等于 $0.3069 \cdot a$.

绕 x 轴旋转这条曳物线便得到一个曲常负曲率的曲面, 这就是我们已知的伪球面 (图 3.57).

悬链线 (图 3.65 (b)) 这个曲线的方程是

$$\boxed{y = a\cosh\frac{x}{a}.}$$

物理特征: 这条曲线在形式上对应于一条晾衣绳或链, 这就是名称的出处: 它的拉丁文 “Catenary” 的意思就是链; 这条线挂在 P 和 Q 点. 在重力作用下自然下垂.

在 P 和 Q 之间的长度等于 $2a\sinh(x/a)$.

几何特征: 悬链线是曳物线的渐屈线.

绕 x 轴旋转悬链线得到一个其平均曲率为零的曲面 (一个极小曲面), 称其为悬链面.

3.7.5 伯努利双纽线和卡西尼卵形线

在笛卡儿坐标下的双纽线方程 (图 3.66 (a))

$$\boxed{\left(x^2+y^2\right)^2-2a^2\left(x^2-y^2\right)=0.}$$

在此方程中出现的常数 a 被假定为正. 这条曲线首先由 J. 伯努利在 *Acta cruditorm* (《教师学报》) 中首先给出, 发表于 1694 年.

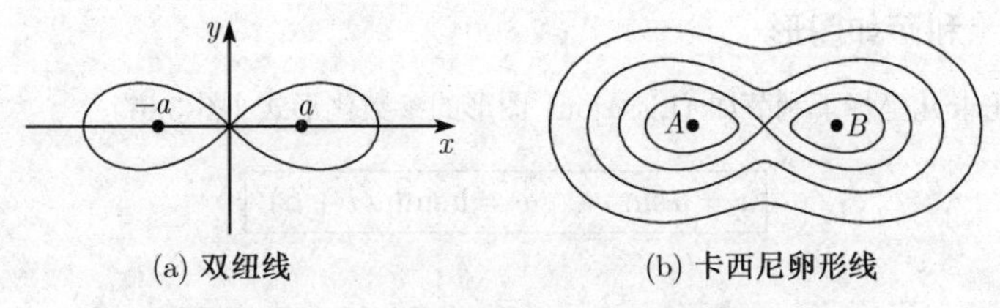

(a) 双纽线　　(b) 卡西尼卵形线

图 3.66　作为卡西尼卵形线特殊情形的双纽线

几何特征: 双纽线是所有那种点的轨迹, 这些点到两点 $A=(a,0)$ 和 $B=(-a,0)$ 的距离的乘积等于 a^2. 两条线 $y=\pm x$ 在原点切于双纽线.

总面积: $2a^2$.

该曲线长: 对 $a=1$, 双纽线的总长为

$$L=2\int_0^1\frac{\mathrm{d}x}{\sqrt{1-x^4}}.$$

这是一个椭圆积分. 22 岁的高斯在 1799 年发现了公式

$$\boxed{\frac{\pi}{L}=M(1,\sqrt{2}),} \tag{3.36}$$

其中 $M(a_0,b_0)$ 代表两个正数 a_0 和 b_0 的算术–几何平均, 就是说

$$M(a_0,b_0)=\lim_{n\to\infty}a_n=\lim_{n\to\infty}b_n,$$

其中

$$a_{n+1}:=\frac{a_n+b_n}{2},\quad b_{n+1}:=\sqrt{a_nb_n}.$$

高斯的公式 (3.36) 是更一般公式的一个特殊情形, 这个一般公式是

$$\boxed{K(k):=\int_0^{\pi/2}\frac{\mathrm{d}\varphi}{\sqrt{1-k^2\sin^2\varphi}}=\frac{\pi}{2M(1,\sqrt{1-k^2})}.} \tag{3.37}$$

它是第一类型的完全椭圆积分 $K(x)$, 其中 $1<k<1$.

在笛卡儿坐标中卡西尼卵形线的方程 (图 3.66 (b))

$$\boxed{\left(x^2+y^2\right)^2-2a^2\left(x^2-y^2\right)+a^4-c^4=0.}$$

此处的常数 a 和 c 是正的. 这条曲线是天文学家卡西尼 (J. D. Cassini, 1625—1712) 在其 *Eléments d'astronomie* (《天文学原理》) 中描述的, 出现在 1749 年.

几何特征: 卡西尼卵形线是那种点的轨迹, 它到两个固定点 $A=(a,0)$ 和 $B=(-a,0)$ 的距离的乘积等于 c^2.

双纽线是卡西尼卵形线在 $a=c$ 的特殊情形, 它是后来由 P. 费罗尼 (Ferroni) 在 1782 年认识到的.

3.7.6　利萨如图形

在笛卡儿坐标下利萨如 (Lissajou) 图形的参数化形式 (图 3.67):

$$\boxed{x = a\sin\omega t, \quad y = b\sin(\omega' t + \alpha).}$$

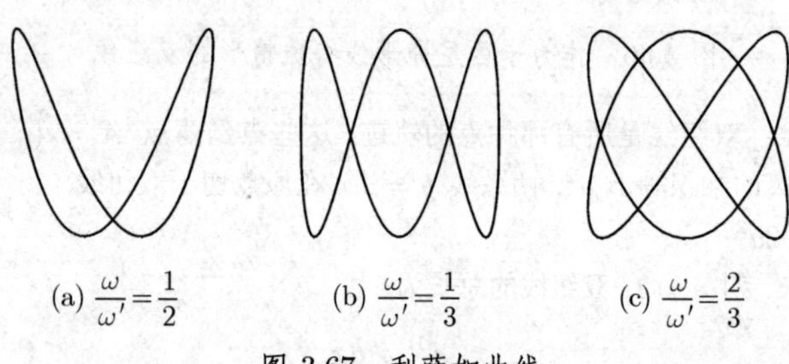

(a) $\frac{\omega}{\omega'}=\frac{1}{2}$　　(b) $\frac{\omega}{\omega'}=\frac{1}{3}$　　(c) $\frac{\omega}{\omega'}=\frac{2}{3}$

图 3.67　利萨如曲线

如果把 t 解释为时间, 则这些是振动, 它由美国天文学家 N. 鲍狄奇[1] (Nathaniel Bowditch, 1773—1836) 和在 1850 年由利萨如研究. 改变角频率 ω, ω', 同时还有相的变化 α, 我们可以用一个激光器生成了许多种的曲线, 某些曲线有时可在激光表演的场合显示出来.

3.7.7　螺线

阿基米德螺线 (图 3.68 (a))　这些曲线在极坐标下的方程是

$$\boxed{r = a\varphi, \quad \varphi > 0.}$$

假定在这里的常数 a 为正.

对数螺线 (图 3.68 (b))　这些曲线由方程

$$\boxed{r = a\mathrm{e}^{b\varphi}, \quad -\infty < \varphi < \infty.}$$

给出. 这里出现的常数 a 和 b 也假定为正.

几何性质: 从原点出发的每条射线交一条对数螺线为常数角 α, 其中 $\cot\alpha = k$.

1) 他也将拉普拉斯的《天体力学》译成英文版.

由条件 $\beta \leqslant \varphi \leqslant r$ 决定的弧的长: $L = (\gamma - \beta)\dfrac{\sqrt{1+b^2}}{b}$.

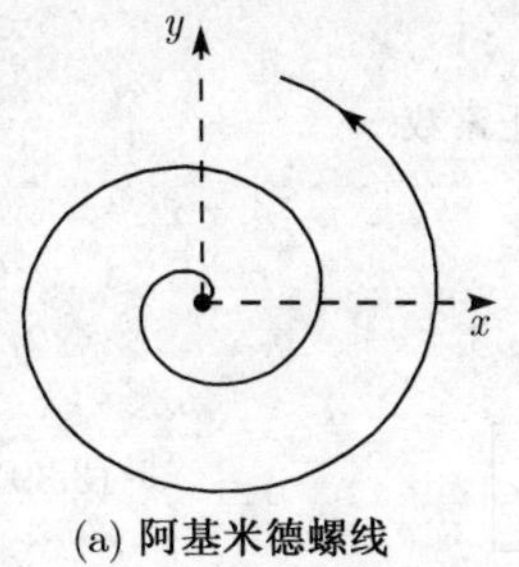

(a) 阿基米德螺线

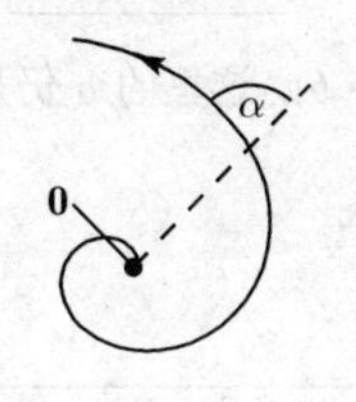

(b) 对数螺线

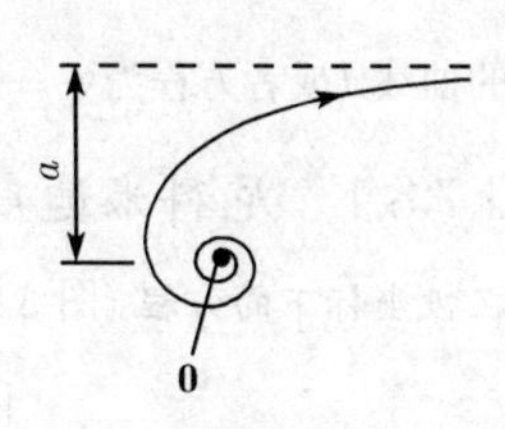

(c) 双曲螺线

图 3.68 各种螺线

曲率半径: $r\sqrt{1+b^2}$.

对 $b = 0$, 此曲线是半径为 a 的圆.

双曲螺线 (图 3.68 (c)) 这些曲线有方程

$$\boxed{r = \frac{a}{\varphi}, \quad \varphi > 0.}$$

常数 a 仍为正.

蜘蛛曲线 (四旋曲线) (图 3.69)

$$\boxed{R = \frac{a^2}{s}.} \tag{3.38}$$

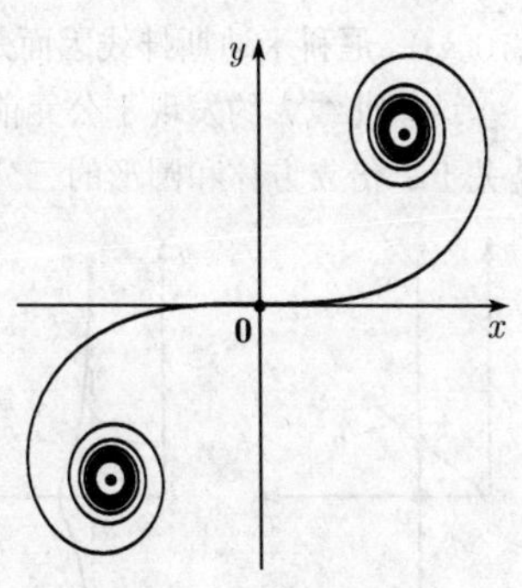

图 3.69 蜘蛛曲线

在这个方程中, R 是曲率半径, s 表示曲线上点到原点 0 的弧长. 常数 a 为正. 如果一条曲线像在 (3.38) 那样, 由纯粹的几何量描述, 则可称其为自然的曲线方程.

在笛卡儿坐标中的参数化表示:

$$x = a\sqrt{\pi}\int_0^t \cos\frac{\pi u^2}{2}\,\mathrm{d}u, \quad y = a\sqrt{\pi}\int_0^t \sin\frac{\pi u^2}{2}\,\mathrm{d}u, \quad -\infty < t < \infty.$$

这条曲线处于相对于原点 $\mathbf{0} = (0,0)$ 的对称的状态.

弧长: $s = at\sqrt{\pi}$.

渐近点:

$$A = \left(\frac{a\sqrt{\pi}}{2}, \frac{a\sqrt{\pi}}{2}\right), \quad B = \left(\frac{a\sqrt{\pi}}{2}, \frac{a\sqrt{\pi}}{2}\right).$$

3.7.8 射线曲线 (蚌线)

定义 如果一条曲线 C

$$\boxed{r = f(\varphi)}$$

由极坐标给出, 则 C 的蚌线是具有方程

$$\boxed{r = f(\varphi) + b}$$

的曲线 (或者方程为 $r = f(\varphi) - b$). 这里的 b 仍是一个正常数.

3.7.8.1 尼科米迪斯蚌线

在极坐标下的方程 (图 3.70):

$$\boxed{r = \frac{a}{\cos\varphi} \pm b, \quad -\frac{\pi}{2} < \varphi < \frac{\pi}{2}.} \tag{3.39}$$

这里的两个常数 a 和 b 都为正. 对于 "+" (分别地, "−") 我们得到了这条曲线的正 (分别地, 负) 分支. 如果在 (3.39) 中令 $b = 0$, 则我们得到了直线 $x = a$ (图 3.70(a)). 尼科米迪斯蚌线因而是一条直线的蚌线.

这条曲线大约发现于公元前 180 年, 这是在试图解决黛尔芬问题中得到的, 这是关于二倍立方体和圆形的三分问题.

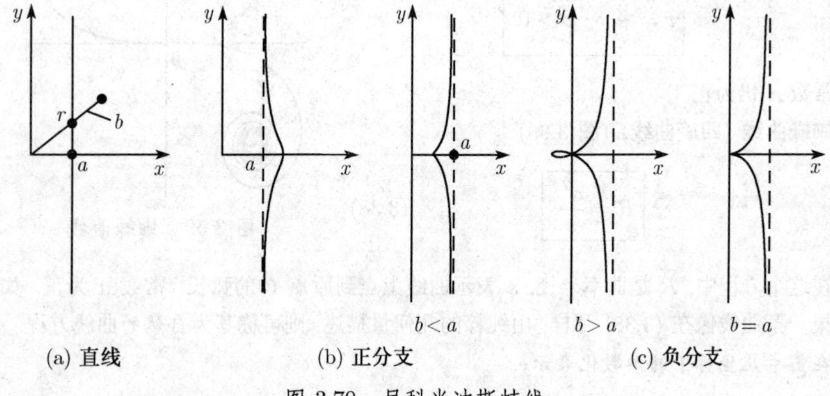

(a) 直线 (b) 正分支 (c) 负分支

图 3.70 尼科米迪斯蚌线

3.7.8.2 帕斯卡蜗线和心脏线

极坐标中的方程 (图 3.71):

$$\boxed{r = a\cos\varphi + b, \quad -\pi < \varphi \leqslant \pi,} \tag{3.40}$$

这里的常数 a 和 b 为正. 圆的方程 $(x-a)^2 + y^2 = a^2$ 在极坐标下为 $r = a\cos\varphi$, 其中 $-\dfrac{\pi}{2} < \varphi \leqslant \dfrac{\pi}{2}$. 这就是为什么人们称 (3.40) 为圆的蚌线.

所围成的面积[1]: $A = \dfrac{\pi a^2}{2} + \pi b^2$.

1) 在 $b < a$ 时, 内圈所围的面积正如图 3.71(c) 所示算了两次.

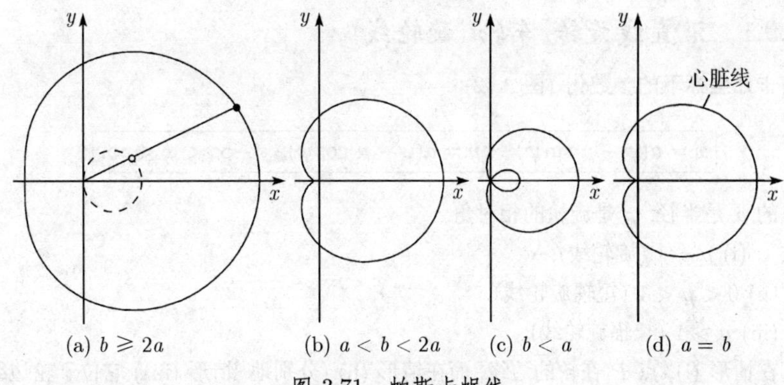

图 3.71 帕斯卡蜗线

在笛卡儿坐标下的方程: $(x^2+y^2-ax)^2=b^2(x^2+y^2)$.

心脏线的特殊情形 出现于 $a=b$. 这时有

所包围的面积: $A=\dfrac{3\pi a^2}{2}$.

拐点: $x=2a, y=0$.

3.7.9 旋轮线

可以由沿一给定曲线以常用速度旋转一个轮子来产生许多曲线, 这时取轮的铁钉上–固定点 (譬如在边缘上) 的轨线即可. 这在图 3.72 和图 3.74 中已有图解. 自从文艺复兴期以来许多数学家处理过的这类曲线已常常用于所有技术领域.

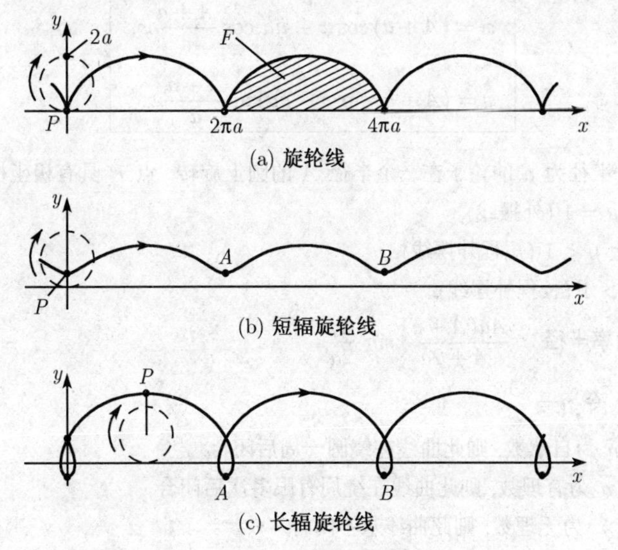

图 3.72 对不同参数的车轮线或旋轮线

3.7.9.1 沿直线旋转–车轮 (旋轮线)

在笛卡儿坐标下的参数化 (图 3.72)

$$\boxed{x=a(\varphi-\mu\sin\varphi),\quad y=a(\varphi-\mu\cos\varphi),\quad -\infty<\varphi<\infty.}$$

这里的 a 是半径, φ 是旋轮的相对角.

分类 (i) $\mu=1$ (旋轮线),

(ii) $0<\mu<1$ (短辐旋轮线),

(iii) $\mu>1$ (长辐旋轮线).

在情形 (i), 点 P 在轮的边缘, 而在情形 (ii) (分别地, 情形 (iii)) 它位于轮边缘内部 (分别地, 外部)). 后两种情形也被称为摆线.

一个旋轮线弧与 x 轴之间的面积: $A=3\pi a^2$.

在点 $x=0$ 和 $x=a$ 之间的旋轮线的长: $L=8a$.

旋轮线的曲率半径: $4a\sin\dfrac{\varphi}{2}$.

摆线的曲率半径: $\dfrac{a(1+\mu^2-2\mu\cos\varphi)^{3/2}}{\mu(\cos\varphi-\mu)}$.

从 A 到 B 的摆线弧长: $L=a\displaystyle\int_0^{2\pi}\sqrt{1+\mu^2-2\mu\cos\varphi}\mathrm{d}\varphi$.

旋轮线是著名的摆线问题的解, 它归功于约翰・伯努利 (参看 5.1.2).

在笛卡儿坐标下的参数化 (图 3.73)

$$\boxed{\begin{aligned}x&=(A+a)\cos\varphi-\mu a\cos\frac{A+a}{a}\varphi,\\ y&=(A+a)\sin\varphi-\mu a\sin\frac{A+a}{a}\varphi.\end{aligned}}$$

在这里一个半径为 a 的轮子在一个半径 A 的圆上旋转. 点 P 具有极坐标 φ 和 r.

分类 (i) $\mu=1$ (外摆线),

(ii) $0<\mu<1$ (短程外摆线),

(iii) $\mu>1$ (长程外摆线).

外摆线的曲率半径 $\dfrac{Aa(A+a)}{A+2a}\sin\dfrac{A\varphi}{2a}$.

相交现象 令 $n=\dfrac{A}{a}$.

(i) 若 n 为自然数, 则此曲线在绕圆一周后闭合.

(ii) 若 n 为有理数, 则此曲线在绕周有限多次后闭合.

(iii) 若 n 为无理数, 则此曲线永不闭合.

从一个夹点到另一个之间的外摆线弧长 $8(A+a)/n$.

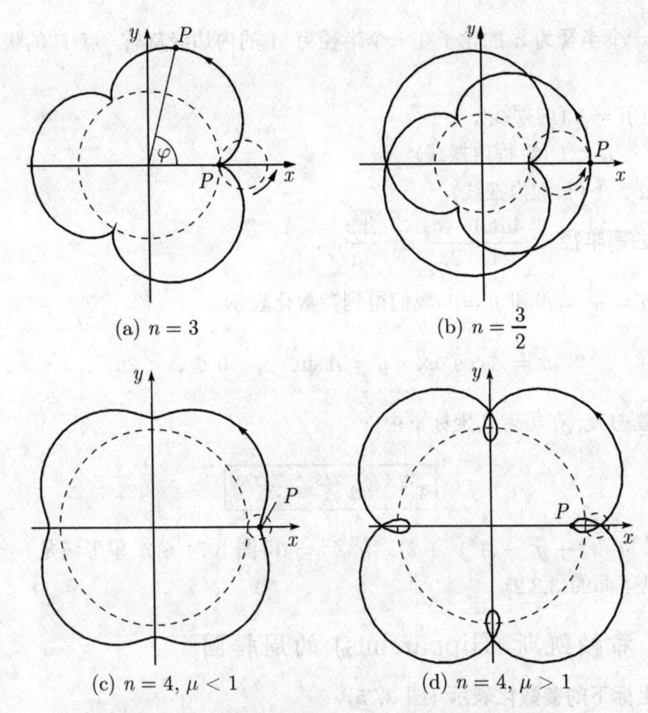

(a) $n=3$　(b) $n=\dfrac{3}{2}$

(c) $n=4,\ \mu<1$　(d) $n=4,\ \mu>1$

图 3.73　外摆线 (在圆上的旋轮生成的曲线).

3.7.9.2　沿一个圆的内侧旋转车轮 (内摆线)

在笛卡儿坐标下的参数化 (图 3.74)

$$x=(A-a)\cos\varphi-\mu a\cos\frac{A-a}{a}\varphi,$$

$$y=(A-a)\sin\varphi-\mu a\sin\frac{A-a}{a}\varphi.$$

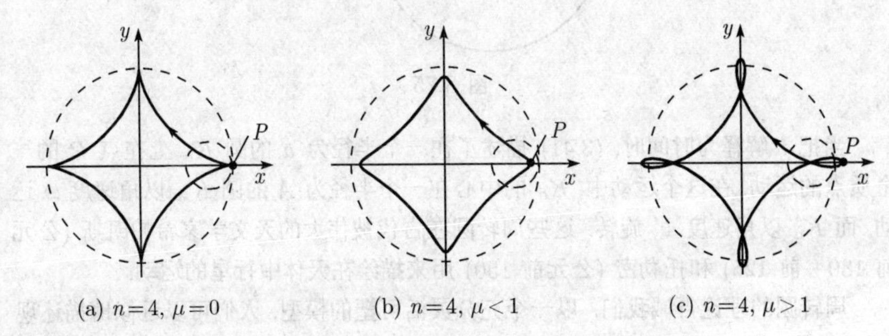

(a) $n=4,\ \mu=0$　(b) $n=4,\ \mu<1$　(c) $n=4,\ \mu>1$

图 3.74　内摆线 (在圆内侧旋转轮子产生的曲线)

在这里的一个半径为 a 的轮子在一个半径为 A 的内边缘旋转. 点 P 的极坐标为 φ 和 r.

分类 (i) $\mu = 1$ (内摆线),

(ii) $0 < \mu < 1$ (短程内摆线),

(iii) $\mu > 1$ (长程内摆线).

内摆线的曲率半径 $\dfrac{4a(A-a)}{A-2a}\sin\dfrac{A\varphi}{2a}$.

例 1: 在 $n = \dfrac{A}{a} = 4$ 和 $\mu = 1$ 我们得到参数化表示

$$x = A\cos^3\varphi, \quad y = A\sin^3\varphi, \quad 0 \leqslant \varphi < 2\pi.$$

这是一条星形线, 在笛卡儿坐标下由

$$\boxed{x^{2/3} + y^{2/3} = A^{2/3}}$$

给出, 或者为 $(x^2+y^2-A^2)^3 + 27x^2y^2A^2 = 0$ (图 3.74(a)). 星形线是一条 6 次代数曲线 (见下面的 3.8.2).

3.7.9.3 希帕凯斯 (Hipparchus) 的周转圆

在笛卡儿坐标下的参数化表示 (图 3.75)

$$\boxed{x = A\cos\omega t + a\cos\omega' t, \quad y = A\sin\omega t + a\sin\omega' t.} \tag{3.41}$$

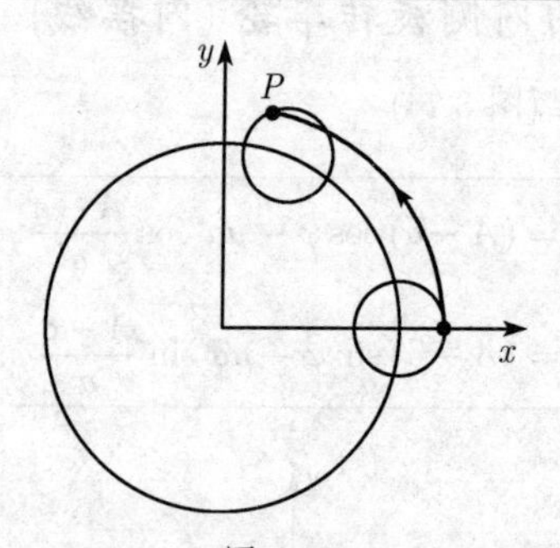

图 3.75

当把 t 解释为时间时, (3.41) 描述了在一个半径为 a 的圆 K_a 上在点 P 的一个质点的运动. 在这个运动中, K_a 的中心在一个半径为 A 的圆 K_A 以角速度 ω 运动, 而 K_a 以角速度 ω' 旋转. 这些周转圆在古代被伟大的天文学家希帕凯斯 (公元前 180—前 125) 和托勒密 (公元前 150) 用来描绘在天体中行星的运动.

周转圆的理论告诫我们: 以一个充分灵活可塑的模型, 人们可以近似地描述现实, 甚至在此模型肯定是错误的情形也是如此.

3.8 代数几何学

几何学家对他的学科所喜爱的是他看得见他所想到的东西.

F. 克莱因 (1849—1925)

3.8.1 基本思想

3.8.1.1 基本问题

设已知 m 个具复系数的 n 个 (复) 变量 $z_1,\cdots,z_n$ 的多项式 $p_j=p_j(z)$. 令 $\boldsymbol{z}=(z_1,\cdots,z_n)$. 代数几何所关心的是形如

$$\boxed{p_j(\boldsymbol{z})=0,\quad \boldsymbol{z}\in\mathbb{C}^n,\quad j=1,\cdots,m} \tag{3.42}$$

的方程组的解. 这是所有数学的中心问题, 它们的解对许多问题具有重要性[1].

3.8.1.2 奇点和它们在物理中的关联

代数几何中的典型难点在于奇点的出现.

定义 设 $m<n$. (3.42) 的一个解 z 被称为一个*正则点*是说, 如果有

$$\boxed{\mathrm{Rank}\left(\frac{\partial p_j(z)}{\partial z_k}\right)=m}$$

(即 f 的雅可比矩阵具有极大秩). 其他情形则称 z 是方程组 (3.42) 的一个*奇点*.

若方程组 (3.42) 的所有解都是正则的, 则该解的集合形成一个光滑*流形*. 在微分拓扑和微分几何中研究了流形 (参看 [212]).

例 1(流形): 一条直线的方程

$$\boxed{y=mx+b}$$

和对圆的方程

$$\boxed{x^2+y^2=r^2,}$$

其中 $r>0$ 描述了没有奇点的曲线, 即这些曲线构成了一维流形. 这种流形的特征性质是在曲线的每个点有唯一的切线 (参看图 3.76(a)).

---

1) 此问题的另外一个重要的推广是把系数和解的范围复数域 $\mathbb{C}$ 换作任意域 K. 例如在 $K=\mathbb{Q}$ 为有理数域时便给出了丢番图几何, 它被数学中最聪明的头脑研究了近 2000 年. 见 3.8.6 的更多信息.

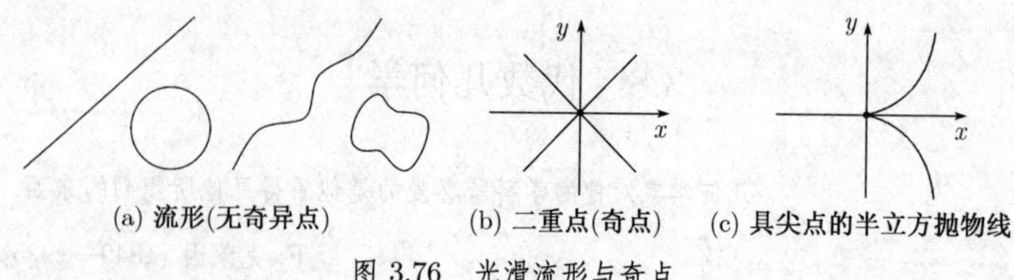

(a) 流形(无奇异点) (b) 二重点(奇点) (c) 具尖点的半立方抛物线

图 3.76 光滑流形与奇点

例 2(作为奇点的二重点): 方程

$$\boxed{x^2 - y^2 = 0}$$

分解为 $x^2 - y^2 = (x - y)(x + y) = 0$. 这表明由此方程描述的曲线分裂为两条不同的直线, 各具方程 $x - y = 0$ 和 $x + y = 0$. 这两条直线交于点 $(0,0)$ 称此点为一个普通二重点. 可清楚看出, 在此点曲线有两条切线 (即这两条直线), 故这不是一个流形 (图 3.76(b)).

二重点也可出现在一条曲线的自交情形, 这就像在笛卡儿叶状线的情形 (参看 3.8.2.3 的图 3.82).

例 3(作为奇点的尖点): 半立方抛物线

$$\boxed{y^2 - x^3 = 0,} \tag{3.43}$$

在点 $(0,0)$ 有一个称为尖点的点. 在此尖点不存在切线, 故又不是一个流形.

二重点和尖点是可能出现的最简单的奇点.

在物理中与奇点的关联 在自然界中的一个基本现象是一个系统可以在临界的外在影响下剧烈地改变其性态. 在这种情形中人们将谈及所谓分歧 (分岔). 这些可以归属于, 例如, 生态突变或者经济危机.

例 4 (平衡态的分歧): 如果一个系统处于平衡态, 它可以在外力的影响下转移到一个新的平衡态. 例如外力作用在一个棒的长方向, 则在某个临界水平上会发生在棒上的一个膨胀.

例 5 (霍普夫分歧): 一个处于平衡态的动力系统可以在外力影响下开始振动.

在自然界存在的分歧可以借助于奇点进行数学建模.

这就是分歧理论的背景, 我们将在 [212] 中谈到它. 另外所谓突多变理论也属于这个领域, 后面这个理论应归功于法国数学家 R. 托姆 (Thom).

现在考虑 (3.42) 的最简单的特殊情形.

线性方程 若所有多项式 p_j 为线性 (次数为 1), 则 (3.42) 是个线性方程组, 对它则有一个完整的解的理论 (参看 2.3).

从几何的观点看, 线性方程的研究对应于直线的, 平面的和超平面的相交性态的研讨.

泛函分析 甚至在线性方程的最简单情形也导致了线性代数的发展. 尽管从现代的观点看线性方程是平凡的, 但这也构成了所称为的泛函分析的基础. 偏微方程的现代理论和量子理论都以泛函分析的语言来阐述.

拓扑 在现代数学中的一个基本策略是用与其相伴的属于线性代数的简单结构来研究复杂结构. 例如, 这便是用于代数拓扑中的方法. 在其中 (拓扑) 空间由它们的德拉姆 (de Rham) 上同调群表示, 这构成了现代微分拓扑的基础. 一个不算精巧的例子是用切空间来研究流形 (见 [212])

二次方程 若多项式 p_j 是二次的即具有次数 2, 则基本方程 (3.42) 描述了圆锥截线和它们的相交性态. 如果我们考虑一个单个的二次方程

$$\boxed{p(x,y)=0,}$$

假定多项式 p 为不可约, 我们便得到了一个光滑的圆锥截线. 奇点只可能出现在多项式 p 可分裂的情形 (即分解为乘积), 这时我们有例 2 中的情形.

数论 二次方程对应于在数论中重点研究的二次型. 它的基础归功于高斯的二次型理论, 这在他的 1801 年的专著 *Disquisitiones arithmeticae* (《算术研究》) 中所阐述的. 这次它又变成了二次数域理论以及现代代数和解析数论的基础.

谱论 n 个变量的二次方程

$$\sum_{j,k=1}^{n} a_{jk}x_jx_k = 常数$$

可以被简洁地写成矩阵形式

$$\boxed{\boldsymbol{x}^{\mathrm{T}}\boldsymbol{A}\boldsymbol{x}= 常数}$$

这种类型方程的研究涉及求矩阵 $\boldsymbol{A}$ 的法式. 这个理论在 19 世纪后半时得到发展. 这个理论的基础由欧拉 (1765) 和拉格朗日 (1773) 对于旋转刚体的惯性轴的研究形成的, 它导致了对主轴的特殊变换. 这个变换的一般形式由柯西在 1829 年给出. 在 1904 年希尔伯特将其联系于他的积分方程理论推广到了无穷维的矩阵. 冯·诺依曼在 1928 年认识到希尔伯特所用过的想法实际上可用于在希尔伯特空间中的无界自伴算子的谱理论, 这次它又成了量子论的基础. 哈密顿算子的谱推广了对称矩阵的特征值并准确地描述了量子系统可能的能量水平.

二次型和现代物理的几何 保持二次型, 特别是保持化成了法式的二次型的变换群是许多重要的几何学的基础, 我们将在 3.9 中仔细考虑.

特殊函数 如果我们找寻圆

$$\boxed{x^2+y^2=1}$$

的参数表示, 则我们将得到三角函数. 该圆的整体参数表示 (单值化) 由

$$\boxed{x=\cos t, y=\sin t, \quad t\in\mathbb{R}}$$

给出. 我们需要用周期函数来作此描述的事实有一个较深刻的拓扑上的理由, 它是说这个圆是一条二次的亏格 0 的不可约代数曲线.

由这个圆的参数化可以立即得到双曲线

$$\boxed{x^2 - y^2 = 1}$$

的整体参数比 (单值化), 这时的 y 换作 $\mathrm{i}y, t$ 换作 $\mathrm{i}s$, 便有

$$\boxed{x = \cos \mathrm{i}s, \quad y = -\mathrm{i}\sin \mathrm{i}s, \quad s \in \mathbb{R}.}$$

这等同于双曲线的参数化

$$\boxed{x = \cosh s, \quad y = \sinh s, \quad s \in \mathbb{R},}$$

在这里利用了双曲函数.

如果只观察实的值, 函数的周期性是不明显的. 欧拉曾发现某些椭圆积分的反函数是周期的. 当高斯在研究双纽线时, 作为 20 岁的他, 发现某些椭圆积分的反函数除了欧拉所导出的实周期外还有两个纯虚的周期; 这个发现产生了极大的后果. 这个事实后来证实在魏尔斯特拉斯发展起来的双周期 (椭圆) 函数论中是彻底了解椭圆积分的关键. 椭圆积分的反函数的双周期性在拓扑的理由已在 1.14.19 中解释过.

单值化和奇点分解 寻找一般曲线和曲面的整体参数化是个有趣的问题. 这里的单值化概念也被叫做奇点分解. 这一类的问题, 至少对人们试图单值化相当一般的对象而言, 属于在整个数学中最为困难的部分.

(i) 所有三次代数曲线的单值化导向了椭圆函数和椭圆积分的理论.

(ii) 任意代数曲线的单值化属于由克贝 (Koebe) 和庞加莱在 1907 年所证明的著名的单值化定理的内容之中. 单值化让我们可借助于自守函数来计算阿贝尔积分.

(iii) 在 1964 年, 广中平佑 (HiroNaka) 成功地证明了对任意维的射影代数集的一般奇点分解定理.

三次方程 三次代数曲线 (甚至在其方程是不可约时) 可以具有奇点. 它们是那种在其上不能唯一定义切线的点. 半三次抛物线 (3.43) 是这种情形的最简单的例子.

3.8.1.3 椭圆曲线和椭圆积分

椭圆曲线 根据魏尔斯特拉斯 (1815—1897), 方程

$$\boxed{w^2 = 4z^3 - g_2 z - g_3} \tag{3.44}$$

的复解 (z, w) 的集合由参数表示

$$\boxed{z = \wp(t), w = \wp'(t), \quad t \in \mathbb{C},} \tag{3.45}$$

其中 $\wp$ 代表由魏尔斯特拉斯定义的椭圆函数, 它有两个复周期 $2\omega_1$ 和 $2\omega_2$, 并且具常数

$$e_1 := \wp(\omega_1), \quad e_2 := \wp(\omega_1+\omega_2), \quad e_3 := \wp(\omega_2),$$

$$g_2 := -4(e_1e_2+e_1e_3+e_2e_3), \quad g_3 := 4e_1e_2e_3.$$

椭圆积分 积分

$$J = \int R(z, \sqrt{4z^3-g_2z-g_3})\mathrm{d}z$$

被理解为

$$J = \int R(z,w)\mathrm{d}z \tag{3.46}$$

的意思, 其中 (z,w) 为方程 (3.44) 的解. 通过变量代换 $z=\wp(t), w=\wp'(t)$ 得到

$$J = \int R(\beta(t), \wp'(t))\wp'(t)\mathrm{d}t.$$

由于与椭圆积分理论的关联, 人们称 (3.44) 为一条椭圆曲线. 另一方面, 在单复变函数的理论 (函数论) 中, 人们称这种情形为由 (3.44) 给出的 "多值函数" $w=w(z)$ 的黎曼面[1]. 因此有

椭圆曲线的研究导致了椭圆函数和椭圆积分理论.

椭圆曲线的拓扑结构 所有满足 (3.44) 的复数偶 (z,w) 的集合按定义构成了一条椭圆曲线 C. 由于 $\wp$ 函数具有复周期 ω_1 和 ω_2, 在寻找 (3.45) 中的参数表示时, 可局限于一个平行四边形 T 中的 t 值, 其中 T 的边界的相对点被等化 (图 3.77(a)). 借助于分式

$$z=\wp(t), w=\wp'(t), \quad t\in T.$$

我们得到了椭圆曲线 C 和 T 之间的双射.

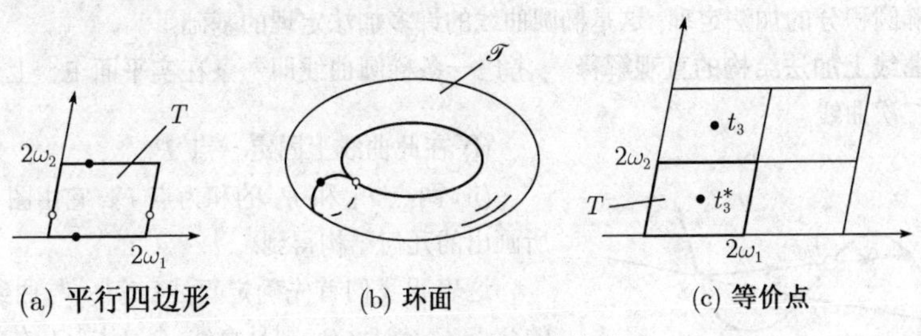

(a) 平行四边形 (b) 环面 (c) 等价点

图 3.77 椭圆曲线的定义

1) 按定义, 黎曼面是一个连通、光滑的一维复流形. 最简单的黎曼面就是复平面 $\mathbb{C}$, 它对复数是一维的, 但看作实空间时自然地同构于 $\mathbb{R}^2$, 是二维的. 这解释了 "曲线" 和 "曲面" 的概念都同时用于一个对象的事实.

如果我们把 T 的对应点粘合在一起, 便得到了一个环面 $\mathscr{T}$ (图 3.77(b)). 由此得出椭圆曲线双射地与环面 $\mathscr{T}$ 相关联. 若赋与 C 以由 $\mathscr{T}$ 得到的拓扑, 则 C 同胚于一个环面, 从而具有参格

$$\boxed{p=1}$$

(参看 [212]).

椭圆曲线上的群结构 存在群 $\mathscr{G}$ 的一个自然的群作用, 这里的 $\mathscr{G}$ 是由在 T 上的加法规则

$$\boxed{t_1+t_2=t_3\mathrm{mod}T}$$

生成的. 其定义是首先按两个复数 t_1 和 t_2 加通常和定义 t_1+t_2. 若此和仍在 T 中则令 $t_1+t_2:=t_3$. 如果这个和位于 T 之外, 这表明存在两个 (唯一确定的) 复数 m_1 和 m_2 使得点 $t_3^*=t_1+t_2-2m_1\omega_1-2m_2\omega_2$ 位于 T 内, 从而我们令 $t_1+t_2=t_3^*$(图 3.77(c)). 群 $\mathscr{G}$ 很容易对椭圆曲线 C 做成一个群, 这只要由公式

$$\boxed{(z_1,w_1)+(z_2,w_2)=(z_3,w_3)} \tag{3.47}$$

定义和即可. 在这里, 已令

$$z_j=\wp(t_j),w_j=\wp'(t_j),\text{而 } t_3=t_1+t_2.$$

然后由加法定理

$$\wp(u+v)=-\wp-\wp(v)+\frac{1}{4}\left(\frac{\wp'(u)-\wp'(v)}{\wp(u)-\wp(v)}\right)^2$$

得到

$$\boxed{z_3=-z_1-z_2+\frac{1}{4}\left(\frac{w_1-w_2}{z_1-z_2}\right)^2.} \tag{3.48}$$

群运算 (3.47) 由雅可比在 1834 年发现. 为证明它, 他利用了欧拉在 1753 年发现的对椭圆积分的加法定理, 这是椭圆曲线的许多加法定理的基础.

椭圆曲线上加法结构的直观解释 考虑一条椭圆曲线即一条在实平面 $\mathbb{R}^2$ 上无奇点的三次曲线.

(i) 在此曲线上固定一点 P.

(ii) 两点 P_1 和 P_2 的和为点 P_3, 它由图 3.78 所画出的几何结构得到.

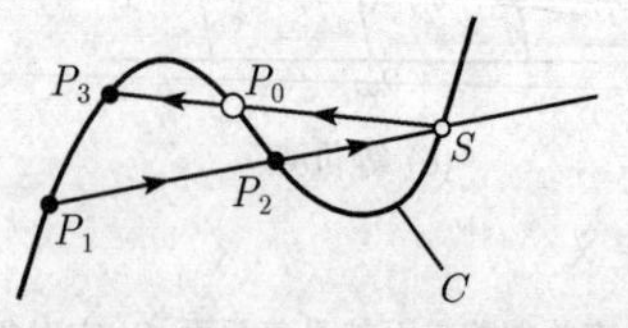

图 3.78 椭圆曲线上的群结构

这表明我们首先确定直线 P_1P_2 与曲线 C 的交点 S. 然后 P_3 则是直线 P_0S 与 C 的交点. P_1 和 P_2 的 “和” 于是定义为

$$\boxed{P_1+P_2=P_3.} \tag{3.49}$$

定理 (a) 曲线 C 在上面刚定义的加法下是一个群, 其加法单位元为 $P_0 = 0$.

(b) 若选取 P_0 为 C 的一个拐点, 则曲线上三个点位于一条直线上当且仅当

$$\boxed{P + Q + R = 0.} \tag{3.50}$$

陈述 (b) 由庞加莱在 1901 年发现并在研究丢番图几何中发挥了重要作用 (参看 3.8.6).

作为数学发展根据的类比原理 一条椭圆曲线具有每条通过其上两个不同点的直线必恰好交此曲线另一个点[1). 这是在 (3.47) 中构造两点的和 $P_1 + P_2$ 的构造的几何基础. "加" 的记号乍看起来似乎是不自然的, 这是因为通常人们只对线性的对象联系到这个记号, 譬如直线和平面. 但是在这里我们考虑的是一个弯曲的空间. 数学的威力之一在于有可能以对已知对象的复合通过类比引进对新的对象的复合. 在目前情形中已知的加法是关于数的, 但它让我们按类比引进了在一条曲线上的加法.

按这种方式, 数学的已知结果可以转移到越来越复杂的对象以及情况上, 从而导致了新的成果与发现. 原来, 基本结构的个数相对较少. 因此, 只要有几个基本结构便够用了 (如群、环、域、拓扑空间、流形). 在抽象过程中的下一步是

$$\boxed{\text{基本结构的结合.}}$$

例如把*群*和*流形*的基本概念结合一起我们便得到了*李群*, 它在物理学中具有基本的重要性 (参看 [212]).

但是数学的历史并不总是如此清晰和顺利, 而更多是采取了它的蜿蜒的小道来达到它的目的. 数学中新的发展的主要推动力是解决复杂问题. 数学家们被迫去寻找新的和强有力的思想. 对深刻结果的第一个证明往往是非常复杂并难以弄懂的, 从而导致了要简化这个证明的愿望. 这样做的结果常常发展出了新的理论, 而且对它的运用使这个复杂的问题能够产生更高水平的抽象, 在这个高水平的抽象中原来的证明变得要容易处理得多, 简单得多. 现在轮到从这个新水平出发, 便越来越复杂的问题能够被处理了.

将数学的这种发展与登山作个比较 (这在数学家中是一种有意思的流行运动); 一群登山者从一个高地前进到下一个. 在某些特别勇敢的个人, 不带绳索保护他们自己冲在前面的同时, 这个团队中的大部分人则在研究考察每一块高地, 清除巨大的砾石, 从而让后来者更容易攀登.

3.8.1.4 高次代数曲线和阿贝尔积分

直到现在我们考虑过的只是椭圆曲线, 它与椭圆积分和椭圆函数紧密相关. 对于那些更加复杂的积分, 那些第一眼看来似乎不易处理的这些积分的考察可以很干

1) 这个论述只在我们承认有无穷远点时正确. 即是在射影几何的方法下进行, 见 3.8.4.

净利落地利用对复杂曲线的研究得到处理, 它首先是由黎曼研究的 (1857). 这些是形如

$$\boxed{\int R(z,w)\mathrm{d}z}$$

的积分, 其中点 (z,w) 是曲线

$$\boxed{p(z,w)=0} \tag{3.51}$$

上的点. 这里的 p 是关于 z 和 w 的多项式. 满足 (3.51) 的 "多值函数" $w=w(z)$ 被称为一个*代数函数*. 这种类型的积分第一个由年轻的挪威数学家阿贝尔 (Niels Henrik Abel, 1802—1829) 作了一般性的研究.

历史评注 阿贝尔积分的研究在 19 世纪的数学中扮演了一个基本的角色, 它导致了黎曼和魏尔斯特拉斯对于函数论的发展. 黎曼生活在 1826 年到 1866 年, 他以一种巧妙的方式认识到阿贝尔积分的处理以研究其定性行为的办法可以变得十分清楚和简单, 这里所说的定性行为即指的是属于方程 (3.51) 的黎曼面的拓扑. 这里的决定性的角色是黎曼面的*亏格*, 这是因为亏格是一个紧黎曼面的唯一的拓扑不变量.

方程 (3.45) 诱导了椭圆曲线 (3.44) 的参数表示. 克莱因 (1849—1925) 和庞加莱 (1854—1912) 两人在年轻时都力图解决对一个任意代数函数 (3.51) 求出一个合适的参数化的困难问题. 这导致了*自守函数*论的发展, 它是椭圆函数的推广.

参数化 (3.51) 的问题的最终解决是由 P. 克贝 (1882—1945) 和庞加莱在 1907 年独立解决的, 他们以给出了著名的*单值化定理*(参看 [212]) 的证明来解决的.

概形的语言 在现代代数几何中人们在任意域 (以代替复数域) 上考虑方程组 (3.42). 在这个研究中的现代工具之一是称为*概形* (scheme) 的东西. 这个是在所有数学中最重要的概念之一 (例如, 以其最一般的形式, 它包含了流形的概念) 与拓扑学、微分拓扑、代数几何和数论相联系. 所有这些中心的数学学科的基本对象都是概形 (参看 3.8.9.4).

费马猜想 (费马大定理) 和志村–谷山–韦伊猜想 1994 年安德鲁·怀尔斯在普林斯顿成功地证明了费马大定理, 这是一个 300 多年来一直没有解决的中心问题之一. 这个证明中的一部分是把问题化到部分验证一个关于椭圆曲线的非常深刻的几何猜想 (志村–谷山–韦伊猜想).

弦论 当代统一自然界的所有基本力 (引力、弱力和强力, 以及电磁力) 的努力在*弦论*的背景下导致了在物理和数学之间思想的极其富于成果的相互作用. 在这些现代的发展中代数几何方法起了占支配地位的作用.

代数几何是一门数学学科, 它对数学的许多领域有很强的影响, 也对自然学科如此, 无疑它属于基础的和基本的数学支柱. 在后面, 我们将努力建立一座从直观和几何的理论源头跨越到这个理论的抽象方面的桥梁, 这种抽象理论并非为了自身而发展起来的; 而是为了证明困难的结果.

3.8.2 平面曲线的例子

平面代数曲线最重要的性质是它的亏格 p(参看 3.8.5). 在下文中 a, b, c 是正(实) 常数.

3.8.2.1 一次和二次曲线

次数为 1 的代数曲线 (线性曲线) 是直线, 它们的亏格 $p=0$. 二次不可约代数曲线 (二次曲线) 是非退化圆锥截线 (圆, 椭圆, 抛物线及双曲线); 它们也具有亏格 $p=0$.

可约二次曲线必是一对直线.

所有在这一节和下一节中的曲线都是不可约的. 一条三次不可约曲线的亏格 $p=1$, 这时我们假定它上面没有奇点[1), 否则 $p=0$.

一条四次不可约曲线具有亏格 $p=3,2,1$ 或 $p=0$. 第一种情形对应的曲线是*光滑的*, 即没有奇点, 而其他情形的出现依赖于奇点的个数和种类. 例如, 著名的被称作*克莱因四次线*便有三个普通二重点且亏格 $p=0$.

3.8.2.2 三次曲线

阿涅西箕舌线(图 3.79)

$$\boxed{(x^2+a^2)y-a^3=0.} \tag{3.52}$$

渐近线: $y=0$.

曲线到其渐近线之间的面积: πa^2.

在顶点$(0,a)$*的曲率半径*: $R=a/2$.

拐点: $(\pm a/\sqrt{3}, 3a/4)$.

亏格: $p=0$

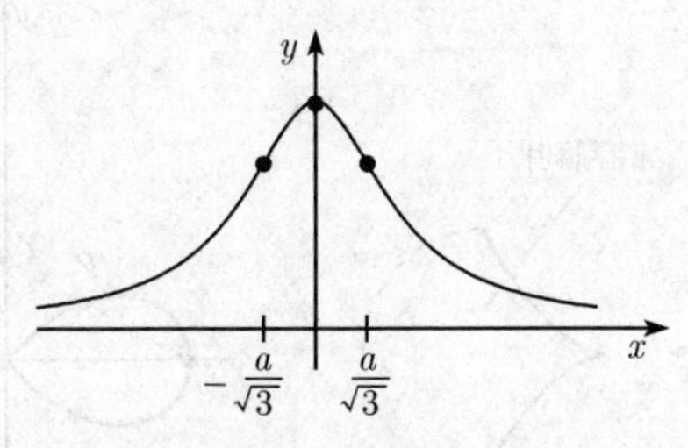

图 3.79 玛丽亚 · 艾格尼丝的箕舌线

在复射影平面 $\mathbb{C}P^2$ 上的箕舌线的方程: 曲线 (3.52) 的方程被写在射影平面上的射影坐标中时为

1) 这个陈述是相对于在复域中这种曲线的射影表示作出的 (参看 3.8.4). 在实平面上这条曲线的图形表示因此给出的是一幅不完全的带有奇点的复曲线的图画.

$$\boxed{x^2y + a^2yu^2 - a^3u^3 = 0.} \tag{3.53}$$

这个方程由将 (3.52) 中的变量 x 和 y 换作 x/u 和 y/u, 然后再乘以 u^3 得到 (这个过程被称为对多项式或对方程的齐次化).

这里的 x, y 和 u 为复变量, 这时应排除 $x = y = u = 0$ 的情形 (所有同时为零). (3.53) 的两个解 (x_j, y_j, u_j) 当存在一个复数 $\lambda \neq 0$ 使得

$$(x_1, y_1, u_1) = \lambda(x_2, y_2, u_2) := (\lambda x_2, \lambda y_2, \lambda u_2)$$

时对应了曲线上同一个点.

如果令 $u = 1$, 我们便得到了所谓的 (3.53) 的仿射形式 (3.52). 这是齐次化的递过程, 也称为非齐次化.

无穷远点: 曲线 (3.53) 与无穷远直线的交点由方程 $u = 0$ 定义, 在点

$$(1, 0, 0) \quad 和 \quad (0, 1, 0),$$

它们对应了图 3.79 中 x 轴和 y 轴的方向.

奇点: 这条曲线上唯一的奇点是无穷远二重点 (这恰是 "在无穷远直线上的二重点" 的另一种说法)$(1, 0, 0)$. 这对应于该曲线的渐近线 $y = 0$, 见图 3.79.

亏格: $p = 0$.

狄奥克莱斯蔓叶线(图 3.80)

$$\boxed{x^3 + (x - a)y^2 = 0.}$$

有理参数化表示: $x = \dfrac{at^2}{1 + t^2}, y = \dfrac{at^3}{1 + t^2}, -\infty < t < \infty.$

在极坐标下 我们有: $t = \tan\varphi$.

极坐标中的表示: $r = \dfrac{a\sin^2\varphi}{\cos\varphi}$.

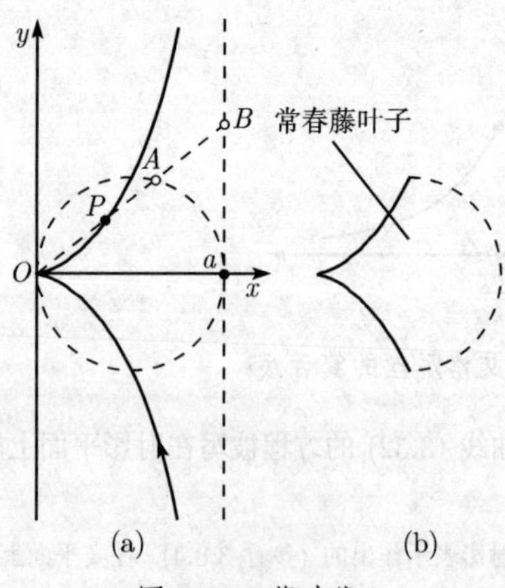

图 3.80 蔓叶线

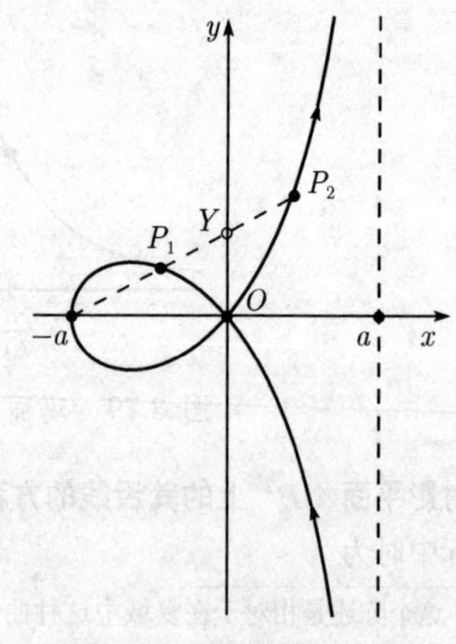

图 3.81 环索线

渐近线: $x=a$

曲线与其渐近线之间的面积: $3\pi a^2/4$.

几何特征: 设 K 为半径是 $a/2$ 的圆, 圆心在 $(a/2,0)$, 并设 g 为直线 $x=a$. 一条以原点 O 出发的射线交 K 于点 A, 交 g 于点 B. 蔓叶线上点 P 具有如下性质:

$$\boxed{OP=AB.}$$

名称蔓叶 (cissoid) 源自希腊文, 意思是常春藤 ($\kappa\iota\sigma\sigma o\kappa$) 叶子的轮廓线 (cissoz 表示常春藤). 蔓叶线在原点 $(0,0)$ 有一个实点, 这是其唯一的奇点.

环索线 (图 3.81)

$$\boxed{(x+a)x^2+(x-a)y^2=0.}$$

有理参数化: $x=\dfrac{a(t^2-1)}{1+t^2},\ y=\dfrac{at(t^2-1)}{1+t^2},\ -\infty<t<\infty.$

在极坐标下, 有 $t=\tan\varphi$.

在极坐标下的表示: $r=-\dfrac{a\cos 2\varphi}{\cos\varphi}$.

渐近线: $x=a$.

在原点O的切线: $y=\pm x$.

其闭道的面积: $\left(2-\dfrac{\pi}{2}\right)a^2$.

曲线和其渐近线之间的面积: $\left(2+\dfrac{\pi}{2}\right)a^2$.

几何特征: 固定一条从点 $(-a,0)$ 出发的射线, 其交 y 轴于点 Y. 在环索线上交出的两点 P_1 和 P_2 满足条件

$$\boxed{P_jY=OY,\quad j=1,2.}$$

就是这个性质给出了它的希腊名称 strophoid. 环索线在原点 $(0,0)$ 有一个二重点, 它是其唯一的奇点.

笛卡儿叶状线(图 3.82)

$$\boxed{x^3+y^3-3a_2y=0.}$$

有理参数化: $x=\dfrac{3at}{1+t^3},y=\dfrac{3at^2}{1+t^3},-\infty<t<-1$ 和 $-1<t<\infty$. 在极坐标下有 $t=\tan\varphi$.

渐近线: $x+y+a=0$.

在原点O的切线: $y=0$ 和 $x=0$.

其闭道的面积: $3a^2/2$.

曲线和其渐近线之间的面积: $3a^2/2$.

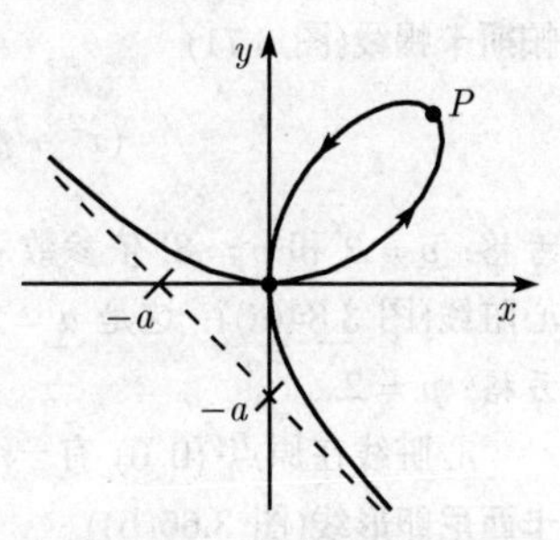

图 3.82 笛卡儿叶状线

顶点 $P:(3a/2,3a/2)$.

对两个分支在原点的曲率半径: $R=3a/2$.

亏格: $p=0$. 笛卡儿叶状线具有唯一的奇点, 即在原点的二重点.

3.8.2.3 四次曲线

下面的这些曲线已在 3.7 详细讨论过.

尼科米迪斯蚌线(图 3.83)

$$\boxed{(x-a)^2(x^2+y^2)-b^2x^2=0.}$$

亏格: $p=2$.

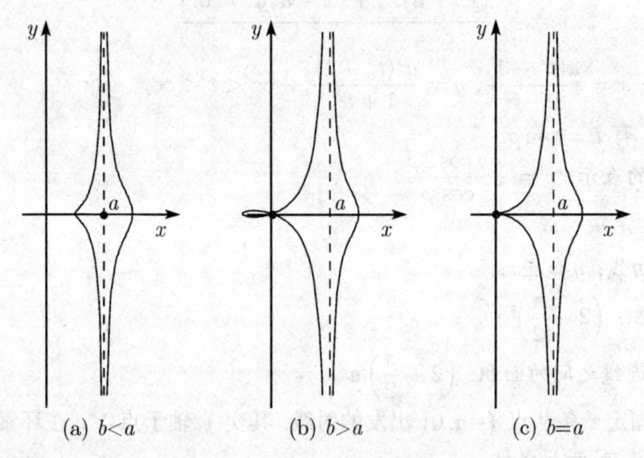

图 3.83 尼科米迪斯蚌线

蚌线这个名字仍来自希腊, conchoid 的意思是英文的 “shell”($\kappa\acute{o}\nu x\eta$ = shell). 蚌线具有一个尖点或二重点, 依参数值 a 和 b 而定, 它们是唯一的奇点.

帕斯卡蜗线(图 3.71)

$$(x^2+y^2-ax)^2-b^2(x^2+y^2)=0.$$

亏格: $p=2$ 和 $p=3$, 依参数 a 和 b 的值而定.

心脏线(图 3.84(a)): 这是 $a=b$ 时的帕斯卡蜗线.

亏格: $p=2$.

心脏线在原点 (0,0) 有一个尖点为其唯一的奇点.

卡西尼卵形线(图 3.66(b))

$$\boxed{(x^2+y^2)^2-2c^2(x^2-y^2)+c^4-a^4=0.}$$

亏格: $p=3$ 或 $p=2$, 由参数 a 和 c 的值决定.

伯努利双纽线(图 3.84(b)) 这是 $a = c$ 时的一条卡西尼卵形线.

亏格: $p = 2$.

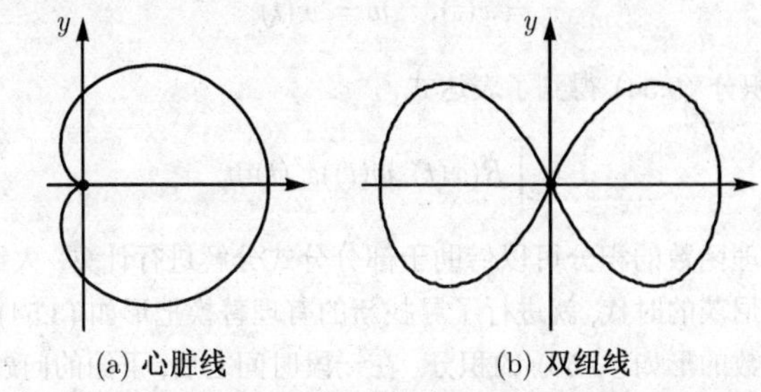

(a) 心脏线 (b) 双纽线

图 3.84 两条著名的曲线

双纽线在原点 $(0, 0)$ 有一个二重点.

历史评注 狄奥克莱斯蔓叶线和尼科米迪斯蚌线是最古老的已知的具奇点的代数曲线, 大约是在公元前 180 年左右发现的. 它们的发明 (发现) 是为了解决两个著名的第罗斯问题: 倍立方体和以绘图法三等分角 (参看 2.6.1). 在古代, 尼科米迪斯蚌线也被用于柱的截面的构造 (图 3.83(c)).

帕斯卡蜗线的性质由著名数学家 B. 帕斯卡 (1623—1662) 的父亲研究过.

笛卡儿叶状线 (folium Cartesii) 是笛卡儿 (1596—1650) 引进的, 他由于把几何图形以 "笛卡儿坐标" 表示对代数几何作出了重要的贡献. 卡西尼曲线则源于意大利天文学家卡西尼 (Cassini, 1650—1700) 的工作.

牛顿 (1643—1727) 对代数曲线的性态进行了多项研究. 雅各布 · 伯努利 (1655—1705) 的双纽线在椭圆积分的发展中起了重要作用 (参看 3.75). 在 1748 年意大利数学家阿涅西 (M. G. Agnesi, 1718—1799) 写了一本《无穷小分析》, 该书收集了那个时期在代数和分析方面的知识, 并且由于其叙述的清晰被翻译成了多种语言. 正是在该书中论述了现今称为阿涅西箕舌线的曲线. 在意大利文中它被称为 "versiera of Agnesi", 其中的 versiera 在意大利文中的意思是 "睡魔女妖".

3.8.3 对积分计算的应用

考虑积分

$$\boxed{J = \int R(x, w)\mathrm{d}x,} \tag{3.54}$$

其中 R 代表变量 x 和 w 的一个有理函数. 另外 w 是 x 的代数函数, 即点偶 (x, w) 是在平面代数曲线

$$\boxed{C : p(x, w) = 0}$$

上的点.

若给出了曲线 C 的参数表示

$$x = x(t), \quad w = w(t), \tag{3.55}$$

则通过替换, 对积分 (3.54) 得到了表达式

$$J = \int R(x(t), w(t))x'(t)\mathrm{d}t. \tag{3.56}$$

像这样包含了有理函数的积分可以借助于部分分式分解进行计算. 大约在 1700 年早在牛顿和莱布尼茨的时代, 就进行了寻找新的有理替换把形如 (3.54) 的积分变换为具有理被积函数的形如 (3.56) 的积分. 在一段时间之后, 下面的问题形成了关键的论点: 对哪些积分确实存在有理替换?

经验法则是[1]:

> 曲线 C 有如在 (3.55) 中那样的有理表示当且仅当这条曲线的亏格为零.

例 1: 积分

$$J = \int R(x, \sqrt{1-x^2})\mathrm{d}x \tag{3.57}$$

可以写为形式 $\int R(x, w)\mathrm{d}x$, 其中

$$C : x^2 + w^2 = 1.$$

这是一个圆, 其亏格为零. 圆的一个有理参数化为

$$x = \frac{t^2-1}{t^2+1}, \quad w = \frac{2t}{t^2+1}.$$

如果令

$$\boxed{t = \tan\frac{\varphi}{2}} \tag{3.58}$$

则有

$$x = \cos\varphi, \quad y = \sin\varphi. \tag{3.59}$$

这便解释了替换 (3.58) 对于形如

$$\int R(\cos\varphi, \sin\varphi)\mathrm{d}\varphi$$

的积分是万能的原因.

例 2: 设 $-\infty < e_1 < e_2, e_3 < \infty$. 积分

$$\int R(x, \sqrt{(x-e_1)(x-e_2)(x-e_3)})\mathrm{d}x \tag{3.60}$$

---

1) 准确的答案是由在 3.8.5 中描述的庞加莱定理给出的. 为此需要曲线 C 的射影形式, 这将在后面介绍.

可以写为形式 $\int R(x,w)\mathrm{d}x$, 其中

$$w^2=(x-e_1)(x-e_2)(x-e_3).$$

这是个没有奇点的三次曲线; 因此它的亏格为 1. 这就是为什么椭圆积分不能由有理替换解决的深层次原因. 这个事实在 18 世纪的过程中被逐步意识到了, 从而导致了在 19 世纪中椭圆函数理论的发展.

积分 (3.57) 可用 (3.58) 替换以 (单) 周期三角函数来解决. 计算积分 (3.60) 则需要替换

$$x=\mathscr{G}(t),\quad w=\mathscr{G}'(t),$$

以双周期 (椭圆) 魏尔斯特拉斯 $\mathscr{G}$ 函数解决 (参看 1.14.17.3).

3.8.4 平面代数曲线的射影复形式

基本思想 要使平面代数曲线的理论组织得清晰有序的唯一方法是转移到齐次复坐标上, 就是说把其考虑为复平面 $\mathbb{C}P^2$ 中的曲线 (参看 3.5.4).

例 1: 在圆的方程

$$\boxed{x^2+y^2=1}$$

中我们把 x 和 y 换作 x/u 和 y/u. 在乘以 u^2 后得到了圆的复射影形式

$$\boxed{x^2+y^2=u^2}.$$

这里的 x,y,u 为复数, 但排除掉三元组 $(0,0,0)$, 即所有的变量不能同时为零. 两个这样的数组 (x,y,u) 和 (x_*,y_*,u_*) 定义了 (射影平面中) 同一个点是说它们之间差一个非零常数因子 λ, 即我们有 $(x,y,u)=\lambda(x_*,y_*,u_*)$.

定义 每个 n 次平面代数曲线可以写成形式

$$\boxed{p(x,y,u)=0,} \tag{3.61}$$

其中 p 是个 n 次齐次多项式, 变量为 x,y 和 u, 系数为复数. 称这样的曲线为 $\mathbb{C}P^2$ 中的代数曲线. 称数 n 为此曲线的次数.

不可约曲线 由方程 (3.61) 定义的曲线被称为不可约的, 如果多项式 p 在 $\mathbb{C}$ 上不可约. 这直观地表明此曲线由 "单独一支" 组成, 即它不能分裂成多于一个的分支.

例 2: 方程 $x=0$ 不可约并描述了一条直线. 方程

$$\boxed{xy=0}$$

为二次并是可约的(即不是不可约的). 这条曲线是一个退化的圆锥截线, 分裂成两条直线 $x=0$ 和 $y=0$(或说由这两条直线的并组成). 不可约二次曲线恰好是椭圆, 抛物线和双曲线 (但是从复射影平面的观点看, 它们之间并没有差别). 这些是非退化的圆锥截线.

3.8.4.1 关于曲线相交的贝祖 (Bézout) 定理

下面的定理是代数曲线理论中最重要的定理中的一个.

一般性相交(gereric intersection) 若两个不可约曲线交于一点 p, 则称此点为*正常的*, 是说这两条曲线在此点都有唯一的切线并且这两条切线不重合 (图 3.85). 这种情形 "几乎总" 存在. 这个副词便是数学词库 "一般性地, 泛地 (generic)" 的内容, 它表明 "例外情形是非常罕见的", 更为数学化的语言是说 "例外情形出现在一个低维集合上".

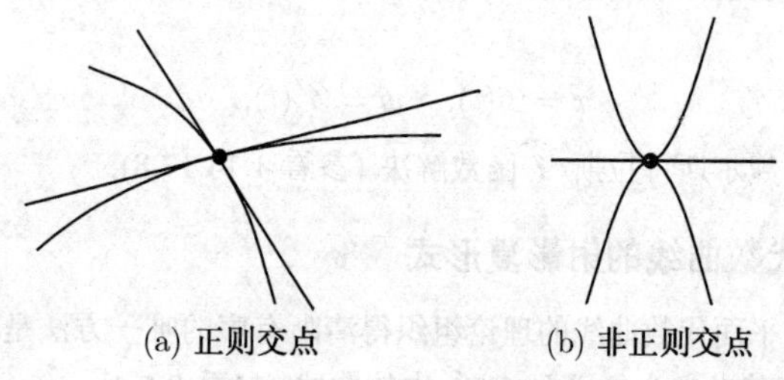

图 3.85 平面曲线的交点

贝祖定理 (1779) 设在 $\mathbb{C}P^2$ 上已知两条不同的代数曲线 C 与 D, 各自的次数为 m 和 n[1]. 于是最多存在这两条曲线的 mn 个交点. 另外, 若所有的交点都是正常的, 则正好有 mn 个交点[2].

例 1: 两条 (没有公共分支的) 圆锥截线最多交 $mn = 2 \cdot 2 = 4$ 个点.

例 2: 单位圆 $x^2 + y^2 = 1$ 和直线 $x = 2$ 在实平面内不相交. 转移到齐次坐标得到

$$x^2 + y^2 = u^2, \quad x = 2u,$$

它有两个交点 $(2, \pm\mathrm{i}\sqrt{3}, 1)$. 我们注意到这些交点为有限但是是虚的.

推论 对每个交点可以赋予一个*重数*, 使得[3]

$$\boxed{\text{两条曲线的所有交点的重数和正好是 } mn.}$$

正则交点的重数为 1.

1) 若 C 和 D 是可约的, 则同样的陈述依然成立, 但需假定它们没有公共分支.

2) 更一般地, 我们可以引入交点的重数概念 (见后面). 于是这个陈述为: 算上重数, 正好总存在 mn 个交点.

3) 假设这两条曲线由方程

$$p(x, y, u) = 0 \quad 和 \quad q(x, y, u) = 0$$

给出. 用坐标变换 (直射映射) 我们可假设 $(0, 0, 1)$ 不在连接两个交点的直线上.

令 $\mathscr{R} := \mathbb{C}[x, u]$ (即变量 x 和 u 在 $\mathbb{C}$ 上的多项式环). 于是有

$$p, q \in \mathscr{R}[y].$$

p 和 q 的结式 $R(p, q)$ 在这两条曲线的交点 P 上为零. 此结式在 $\mathscr{R}[y]$ 上对应的 y 的零点的重数被称为此交点的重数.

3.8.4.2 曲线的有理变换

在数学中对每个对象的类有一个相对应的变换类. 在射影平面 $\mathbb{C}P^2$ 中的代数曲线理论中人们首先想到的是 $\mathbb{C}P^2$ 到自己的射影映射. 相对于这个关系的曲线的分类却被发现对于应用而言过于困难和复杂了, 取而代之的, 被证明有用的是相对于双有理变换的分类.

曲线的有理映射 设在 $\mathbb{C}P^2$ 中给出了两条代数曲线 C 和 C'. 称由

$$\boxed{x' = X(x,y,u), \quad y' = Y(x,y,u), \quad u' = U(x,y,u)} \tag{3.62}$$

定义的从 C 到 C' 的映射为*有理的*, 如果 X, Y 和 U 为对变量 x,y,u 的同次齐次多项式. 称映射 (3.62) 为*双有理映射*, 如果这个映射是有理的并为双射, 而其逆也为有理.

有理曲线 称一条曲线是*有理的*, 如果它是一条直线的有理象. 显式表达地这对应于此曲线的一个表示:

$$x = X(\lambda,\mu), \quad y = Y(\lambda,\mu), \quad u = U(\lambda,\mu), \tag{3.63}$$

其中 X,Y,U 为复变量 λ,μ 的同次齐次多项式.

例 1: 直线和圆锥截线是有理曲线.

曲线的双有理等价 称两条平面代数曲线为*双有理等价*或*互为双有理*, 如果它们可用有理映射相互变换.

代数曲线的代数几何是这些曲线在双有理变换下不变的理论.

例 2: 曲线的次数不是一个双有理不变量, 但曲线的亏格则是的 (参看 3.8.5).

克雷莫纳群 $\mathbb{C}P^2$ 到自己的双有理映射的集合构成一个群, 它首先为意大利几何学家克雷莫纳 (Luigi Cremona) 在 1863~1865 年进行了研究. 这就是为什么至今这个群冠以此名的缘故.

3.8.4.3 奇点

切线 曲线 $p(x,y,u)=0$ 在点 $P:=(x_0,y_0,z_0)$ 的切线由方程

$$\boxed{p_x(P)(x-x_0)+p_y(P)(y-y_0)+p_u(P)(u-u_0)=0} \tag{3.64}$$

给出.

例 1: 单位圆 $x^2+y^2-u^2=0$ 的切线方程是

$$2x_0(x-x_0)+2y_0(y-y_0)-2u_0(u-u_0)=0.$$

这等价于所谓的*极方程*

$$xx_0 + yy_0 - uu_0 = 0.$$

正则点 曲线上一点 P 为正则点, 当且仅当在点 P 有唯一确定的切线, 即有

$$(p_x(P), p_y(P), p_u(P)) \neq (0,0,0).$$

奇点 一个点如果不是正则点, 则称其是奇点. 一个奇点 P 有重数s 定义为: 如果多项式 p 到 $s-1$ 阶的所有偏导数均在 p 为零而在 s 阶至少有一个偏导数在 P 非零.

二重点和尖点 称重数 $s=2$(分别地, $s=3$) 的奇点为二重点(分别地, 尖点).

例 2(二重点): 对 $p(x,y) = x^2 - y^2$, $P = (0,0,1)$, 有

$$p_x(P) = p_y(P) = p_u(P) = 0 \quad \text{和} \quad P_{xx}(p) = 2.$$

因此 $x^2 - y^2 = 0$ 在二条直线 $y = \pm x$ 的交点 P 处分裂为它们, 故 P 点是个二重点 (参看在 3.8.1.2 的图 3.76).

例 3(尖点): 对于 $p(x,y,u) := x^3 - y^2 u$ 和 $P := (0,0,1)$, 有

$$p_{xxx}(P) = 6,$$

而到二阶前的所有偏导数在 P 均为零. 因此 P 是个尖点. 这个点对应于半立方抛物线 $x^3 - y^2 = 0$ 的原点 $(0,0)$(参看 3.8.1.2 的图 3.76).

定理 包含了重数的奇点及正则点对于曲线的双有理等价不变.

对阿涅西箕舌线的应用 这条曲线的方程是

$$C : x^2 y + yu^2 - u^3 = 0$$

(参看 3.8.2.2 的图 3.79). 令 $p = x^2 y + yu^2 - u^3$.

(i) 此曲线与无穷远直线 $u = 0$ 的交点为 $(1,0,0)$ 和 $(0,1,0)$.

(ii) 该曲线上的奇点由方程组

$$p_x = 2xy = 0, \quad p_y = x^2 + u^2, \quad p_u = 2uy - 3u^2 = 0, \quad p = 0$$

的公共解决定. 它给出了解 $(0,1,0)$ 和不适当的点 $(0,0,0)$(回忆一下, 射影空间不包含点 $(0,0,0)$). 因为 $p_{xx}(0,1,0) = 2$, 故在无穷远点 $(0,1,0)$ 是一个二重点, 它对应于在图 3.79 中 C 的渐近线.

3.8.4.4 对偶性

对偶曲线 设已知代数曲线 $C : p(x,y,u) = 0$. 映射

$$C_* : x_* = p_x(x,y,u), \quad y_* = p_y(x,y,u), \quad u_* = p_u(x,y,u)$$

是对 C 的所有正则点 (x,y,z) 考虑的, 它描述了 $\mathbb{C}P^2$ 中的一条曲线, 称其为曲线 C 的**对偶曲线**[1]. 对偶曲线的次数被称为曲线 C 的**类**.

从几何的观点看, 对偶曲线的点坐标是原曲线的切线的坐标.

定理 对一条曲线经两次对偶又回到了原曲线, 即 $(C_*)_* = C$.

例: 设 $p(x,y,u) := x^2+y^2-u^2$. 其对应的代数曲线 $C: p(x,y,u)=0$ 是个单位圆. 对此曲线我们得到参数化的对偶曲线 C_*:

$$x_* = 2x, \quad y_* = 2y, \quad u_* = -2u.$$

由 $x_*^2+y_*^2-u_*^2=0$ 知 $C=C_*$, 即单位圆与自己对偶.

上面的例子不应该给出一个错误的印象, 认为确定一已知曲线的对偶是件容易的事; 相反地, 这是个困难的代数问题.

3.8.5 曲线的亏格

本小节考虑 $\mathbb{C}P^2$ 中的不可约的代数曲线, 即过渡到射影坐标. 一条平面代数的最重要和基本的特征是它的亏格. 亏格的定义建立在曲线的一个适当的参数化的基础上, 这个参数化由单值化定理给出.

平面代数曲线的单值化定理 每条曲线

$$C: p(x,y,u)=0$$

有一个整体的参数化

$$x=x(t), \quad y=y(t), \quad u=u(t), \quad t\in\mathscr{T}, \tag{3.65}$$

具有下列性质:

(i) 参数空间 $\mathscr{T}$ 是个紧的, 连通的一维复的流形, 换句话说, 是一个黎曼面.

(ii) 由 (3.65) 定义的映射 $\pi:\mathscr{T}\to C$ 是全纯和满的.

以 S 代表一条曲线 C 的奇点集, 它必须是有限的. 称逆象 $\mathscr{S}=\pi^{-1}(s)$ 为参数值**临界集**.

(iii) 映射

$$\pi:\mathscr{T}/\mathscr{S}\to C\ S$$

为双全纯, 且参数值的临界集为紧并无内点, 即 $\mathscr{S}$ 是个 "薄" 集.

注 我们将曲线的参数 t 解释为时间. 于是 (3.65) 把曲线 C 描述为一个点的 (广义) 轨线. 重要的在于参数空间 $\mathscr{S}$ 没有奇点. 由于这个原因, 也把 (3.65) 称为曲线 C 的一个**奇点分解**.

例 1: 首先考虑**环索线**$(x+u)x^2+(x-u)y^2=0$ 在 $\mathbb{R}^2$ 中的情形. 这时有参数化

1) 对偶曲线的较通常的记号是 C^* 或 $C^\vee$.

$$x=\frac{t^2-1}{t^2+1},\quad y=\frac{t(t^2-1)}{t^2+1},\quad u=1,\quad -\infty<t<\infty. \tag{3.66}$$

在这里的参数空间是实轴 $\mathbb{R}$, 没有奇点. 如果时间才通过所有实数, 则图 3.86 中的曲线恰巧被写过一次. 但是参数化 (3.66) 并不符合我们的需要. 这是因为我们需要了解复曲线上包括无穷远点在内的所有点 (x,y,u). 进一步还要求参数空间为紧, 而 $\mathbb{R}$ 不是的.

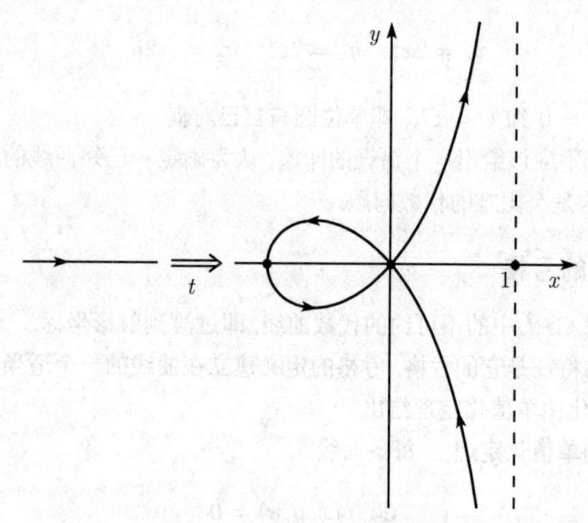

图 3.86 尖点三次线的单值化

这个简单例子已经表明了单值化定理远不是平凡的. 相反地, 它是个极其深刻的数学结果.

亏格的定义 曲线 C 的亏格是单值化定理的参数空间 $\mathscr{S}$ 的亏格 p[1].

(i) 如果 $\mathscr{T}$ 同胚于黎曼球, 则 $p=0$(图 3.87(a)).

(ii) 如果 $\mathscr{T}$ 同胚于一个球面, 则 $p=1$(图 3.87(b)).

(iii) 如果以上两种情形都不成立, 则 $\mathscr{T}$ 同胚于由黎曼球面安装了 p 个环柄而得到的曲面. 称 p 为此曲线的亏格 (图 3.87(c)).

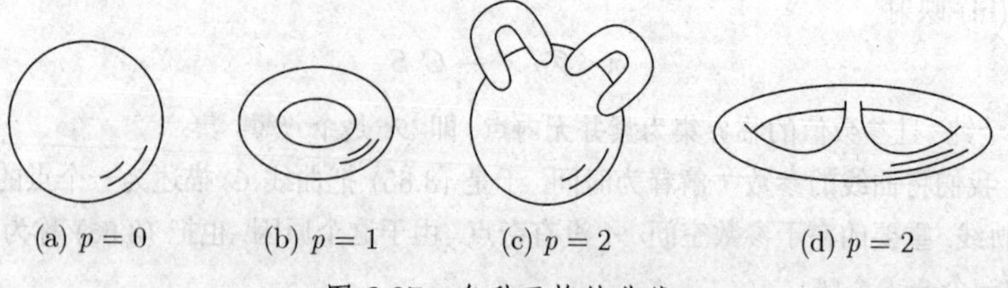

图 3.87 各种亏格的曲线

1) 一个一般的拓扑结果如次: 每个定向、连通、紧、二维实流形同胚于一个具 p 个环柄的球面; p 便被定义为此流形的亏格. 两个这样的流形为同胚当且仅当它们具有同样的亏格 p.

注 由于在单值化定理中出现的不同类型的参数化给出了同胚的具同一亏格的参数空间, 故亏格是有确切定义的.

例 2: 在图 3.87(c) 和 (d) 中的两个曲面同胚, 即它们可由一个弹性运动变形到另一个, 因此它们有同一个亏格.

黎曼面的亏格是由黎曼在 1857 年当他进行阿贝尔积分的研究时引进的, 至少本质上如此. genus (亏格) 这个名词则是在 7 年之后由克莱布施 (Clebsch) 引入的.

亏格的基本不变性 曲线的亏格在双有理变换下不变.

这里有一个经验法则:

一个曲面的亏格越大, 它的结构就越复杂.

确定亏格的例子

(i) *庞加莱定理*: 一条曲线为有理的, 当且仅当其亏格 $p = 0$.

这些曲线包括直线, 圆锥截线 (二次曲线) 和有奇点的三次曲线.

(ii) 光滑的三次曲线有亏格 $p = 1$. 按定义, 这些是*椭圆曲线*.

(iii) n 次的非并曲线 C 具有亏格

$$p = \frac{(n-1)(n-2)}{2}, \quad n = 1, 2, \cdots.$$

C 的欧拉示性数 χ 由公式

$$\chi = 2 - 2p = 2 - (n-1)(n-2)$$

给出.

(iv) *克莱布施公式*: 如果一条不可约的 n 次曲线只有二重点和尖点作为奇点, 则对亏格有公式

$$p = \frac{(n-1)(n-2)}{2} - c - d, \tag{3.67}$$

其中 d 是二重点的个数, c 是尖点的个数.

(v) *哈纳克定理*: 一条亏格为 p 的具实系数的 (不可约) 代数曲线在实区域中最多只有 $p+1$ 个分支.

例 3: 设 e_1, e_2 和 e_3 为满足 $e_1 < e_2 < e_3$ 的实数, 则方程

$$y^2 = (x-e_1)(x-e_2)(x-e_3)$$

定义了一条亏格 $p = 1$ 的曲线, 它由 $p + 1 = 2$ 个分支组成 (图 3.88).

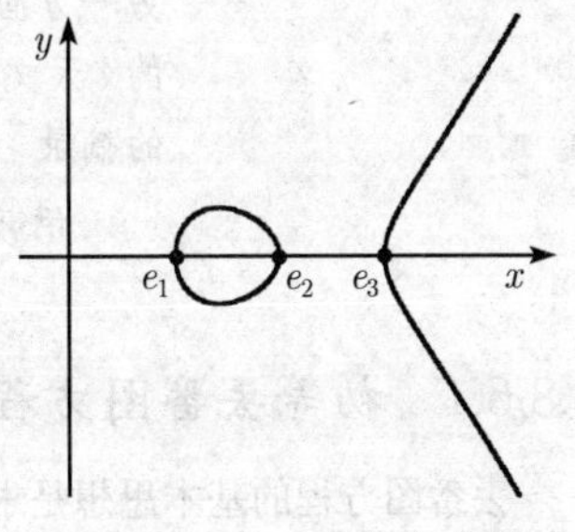

图 3.88 一条三次曲线的实点

例 4: 若不可约三次曲线 C 有唯一的二重点或尖点, 则由 (3.67) 知有不等式

$$p = 1 - c - d \geqslant 0,$$

即对于 C 只有下面的三种情形是可能的:

(i) C 正则 (即无奇点) 见 $p = 1$.

(ii) C 恰好有一个二重点 ($d = 1$且$c = 0$), 而此曲线为有理 ($p = 0$).

(iii) C 恰好有一个尖点而无二重点 ($d = 0$且$c = 1$), 而 C 为有理 ($p = 0$).

注 利用奇点重数的概念, 可以得到一个比 (3.67) 更一般的公式, 由它可推出一条三次曲线除二重点或尖点外没有其他的奇点, 就是说, 上面关于 C 只有二重点或尖点的假定总是满足的. 因此上面所列出的三种情形是三次曲线唯一的可能性.

例 5: 阿涅西箕舌线是有一个二重点的三次曲线, 它位于无穷远处, 对应于在图 3.79 中画出的那条实渐近线. 因此 $d = 1, c = 0$ 和 $p = 0$.

3.8.6 丢番图几何

在数学和自然科学中没有未完成交响乐. 数百年来一些问题可以一代又一代的研究下去而未失其动力. 回顾一下这类问题: 为研究这些问题而长期持续不断发展的所有思想形成了人类思想连续性的引人入胜范例.

汉斯 · 乌森 (Hans Wussing, 1974)

丢番图 (Diophantine) 是科学上最大的谜团之一. 我们不能确切知道他生活的年代, 也不知道谁是他的同辈和前辈. 谁与他从事像他所进行的同样的工作.

他居住在亚历山大城的时间不能准确地确定, 只能说它是在半个世纪中的任何可能的时间. 在他的关于多边形数的书中, 丢番图多次提到阿历山大城的数学家许普西克勒斯 (Hypsicles). 从他那里我们知道丢番图生活在公元前 2 世纪. 另一方面, 亚历山大城的塞翁 (Theon) 关于天文学家托勒密的《天文学大成 (Almagest)》的评论中包含了丢番图的工作的摘录. 塞翁生活在公元 4 世纪中.

伊莎贝拉 · 巴施马柯娃 (Isabella Baschmakowa, 1974)

3.8.6.1 初等丢番图方程

丢番图方程的基本思想是求具整 (分别地, 有理) 系数多项式给出的方程的整数 (分别地, 有理数) 解. 在本节中我们首先考虑整数解的情形.

线性丢番图方程和欧几里得算法 设 a, b, c 为已知的不全为零的整数. 我们将寻找整数 x 和 y 使得

$$\boxed{ax + by = c.}$$

这是个线性丢番图方程.

(i) 此方程有解, 当且仅当 a 和 b 的最大公因子 d 也除尽 c.

(ii) 此方程的通解可令

$$x = \frac{cx_0 - bg}{d}, \quad y = \frac{cy_0 + ag}{d}$$

得到, 其中 g 为任意整数, $x_0 := \alpha_n \text{sgn} a$ 和 $y := \beta_n \text{sgn} b$. 对 α_n 和 β_n 的计算应用欧几里得算法:

$$r_0 = q_0 r_1 + r_2, \quad \cdots, \quad r_{n-1} = q_{n-1} r_n + r_{n+1}, \quad r_n = q_n r_{n+1},$$

其中 $r_0 := |a|, r_1 := |b|$; 然后令

$$\alpha_0 := 0, \beta_0 := 1, \alpha_k := \beta_{k-1}, \beta_k := \alpha_{k-1} - q_{n-b}\beta_{k-1}, \quad k < 1, \cdots, n.$$

例 1: 丢番图方程

$$\boxed{9973x - 2137y = 1}$$

具有通解 $x = 3 + 2137g, y = 14 + 9973g$, 其中 g 为任意整数.

证明: 欧几里得在这时给出了关系

$$\begin{aligned} 9973 &= 4 \cdot 2137 + 1425, \\ 2137 &= 1 \cdot 1425 + 712, \\ 1425 &= 2 \cdot 712 + 1, \\ 712 &= 712 \cdot 1. \end{aligned}$$

因此 $n = 3, q_0 = 4, q_1 = 1$ 和 $q_2 = 2$. 由此得到

$$\begin{aligned} \alpha_1 &= 1, & \beta_1 &= -q_2 = -2, \\ \alpha_2 &= \beta_1 = -2, & \beta_2 &= \alpha_1 - q_1\beta_1 = 3, \\ \alpha_3 &= \beta_2 = 3, & \beta_3 &= \alpha_2 - q_0\beta_2 = -14, \end{aligned}$$

因而 $x_0 = \alpha_3 = 3$, $y_0 = -\beta_3 = 14$.

这种求解的方法已为公元 16 世纪的印度天文学所使用.

毕达哥拉斯数 因为

$$3^2 + 4^2 = 5^2,$$

每个边长 $x = 3, y = 4$ 和 $z = 5$ 的三角形是直角三角形. 这个事实可被用来构造直角, 它是古埃及人使用的方法.

有意思的是, 三条长成比例 3:4:5 的弦所对应的和弦被称为四六和弦, 它由基本音素, 和在此基础上的四和六音素给出.

定理 二次丢番图方程

$$\boxed{x^2+y^2=z^2}$$

具有通解

$$x=2ab,\quad y=a^2-b^2,\quad z=a^2+b^2,$$

其中 a 和 b 为满足 $0<b\leqslant a$ 的任意自然数, 并在此假定了该方程的解被限定在两两互素的自然数 x,y,z.

这个结果早为 3500 年前的巴比伦数学家所知.

例 2: 对 $a=11, b=10$, 我们得到毕达哥拉斯数 $x=220, y=21$ 和 $z=221$.

费马或佩尔方程以及连分式 设 $d>0$ 为自然数, 其不被任意素数的平方除尽. 我们要寻找出自然数 x 和 y 使得满足

$$\boxed{x^2-dy^2=1.}$$

(i) 所有的解 (x_n,y_n) 由公式

$$x_n+y_n\sqrt{d}=(x_1+y_1\sqrt{d})^n,\quad n=2,3,\cdots$$

得到.

(ii) 最小的这个解 (x_1,y_1) 可按下面方式得到. 数 $\sqrt{d}$ 有一个周期为 k 的连分式表示.

如果 $p_j/q_j, j=0,1,\cdots$ 为相应的连分式的有限部分, 则 $x_1=p_{k-1}, y_1=q_{k-1}$ 当 k 为偶数以及

$$x_1=p_{2k-1},\quad y_1=q_{2k-1},\quad \text{当}k\text{为奇数}.$$

这个结果是由拉格朗日 (1736—1813) 得到的, 他是柏林科学院中欧拉的继任者, 但在 1787 年又返回了巴黎. 他的遗体与那些法国的其他伟大人物一起安眠于巴黎的先贤祠中.

例 3: 对 $d=8$, 有 $x_1=3, y_1=1$, 对 $d=13$ 则有

$$x_1=649,\quad y_1=180.$$

一般地, 解 x_1,y_1 非常不规则, 它能给出小的和非常大的值. 譬如, 对 $d=60$, 得到 $x_1=31$, $y_1=4$, 而对 $d=61$, 则有

$$x_1=1\ 766\ 319\ 049,\quad y_1=226\ 153\ 980.$$

3.8.6.2 曲线上的有理点及亏格的作用

基本问题 考虑方程

$$p(x,y)=0, \tag{3.68}$$

其中 p 是 x 和 y 的多项式. 这里的关键性假定是此多项式的系数是*有理数*.

目标是求出所有满足方程 (3.68) 的有理数 x 和 y.

几何解释 若把 (3.68) 看成是 $\mathbb{R}^2$ 中的一条曲线的 (丢番图) 方程, 则是要找出曲线上的所有有理点. 称 $\mathbb{R}^2$ 中一个点为*有理的*, 如果两个坐标 x 和 y 都是有理数.

有理点的集合在平面中稠密, 但是却有着更加多的无理点. 更确切地说, 根据康托尔 (Cantor, 1845—1918) 知, 有理点集与平面中的整点集具有相同的基数 (这表示存在这两个集合间的双射), 而无理点集与整个平面有相同的基数 (参看 4.3.4). 因此没有直观的方法看出在一条复杂的曲线上有多少个有理点. 我们期待曲线的亏格是给出答案的一个重要方面, 这是因为亏格越高曲线越加复杂.

例 1: 在直线

$$y=x$$

上有无穷多个有理点和无穷多个无穷点, 这只取决于 x 是有理还是无理的.

例 2: 在圆

$$x^2+y^2=1$$

上有无穷多个有理点.

证明(按照丢番图的证法): 直线 $y=m(x+1)$ 交此圆的点, 当 m 为有理 (斜率) 时它为有理点 (图 3.89).

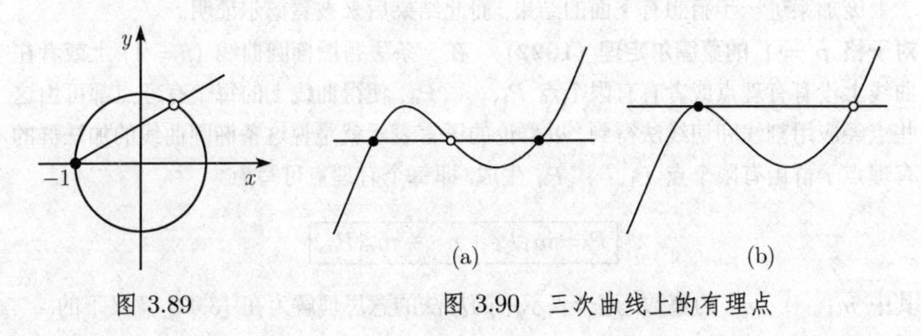

图 3.89　　图 3.90 三次曲线上的有理点

丢番图定理 (i) 在每条丢番图直线上存在无穷多个有理点.

(ii) 在每个丢番图圆锥截线上要么没有要么就有无穷多个有理点.

我们现在考虑一条光滑的三次丢番图曲线 C. 这表明此曲线的亏格 $p=1$.

(iii) *丢番图割线法*: 若在 C 上有两个有理点, 则连接这两个点的直线交 C 于此曲线上的第三个有理点.

(iv) 丢番图切线法: 若在 C 上有有理点 P, 则 C 在 P 点的切线交 C 于另一个有理点 (图 3.90(b))[1].

注 这些结果都可以在丢番图的书《算术》中给出的各种例题中找到. 《算术》是在数学史中关于数论的第一部伟大的专著. 在该书中丢番图使用了正和负的有理数, 同时还有符号

$$\zeta, \Delta^{\tilde{v}}, K^{\tilde{v}}, \Delta^{\tilde{v}}\Delta, \Delta K^{\tilde{v}}, K^{\tilde{v}}K,$$

它对应于今天所使用的符号[2] x, x^2, x^3, x^4, x^5 和 x^6. 一直到庞加莱在 1901 年发表了他在这一专题上的基础文章前丢番图几何一直都没有取得决定性的进展. 庞加莱的论文完全解决了我们前面所讨论的亏格 $p=0$ 的情形. 他也第一个意识到对于椭圆曲线 $p=1$ 的情形中丢番图的割线法和切线法的重要性. 他发现所有这两个结果都是在椭圆曲线上群结构的一种表达 (参看 (3.47)). 丢番图的方法事实上非常精巧, 这可在下面庞加莱和莫德尔定理中看出; 这些定理表明了丢番图方法是对亏格 $p=0$ 或 $p=1$ 的情形是普遍有效的.

庞加莱的丢番图双有理变换 称变换

$$x = f(\xi, \eta), \quad y = g(\xi, \eta)$$

为丢番图有理的(用现代语言表示即在$\mathbb{Q}$上有理或定义于$\mathbb{Q}$上), 如果 f 和 g 是具有理系数的有理函数.

如果一个丢番图变换是可逆的使得逆变换也是丢番图有理的, 则我们称此变换为丢番图双有理变换.

丢番图等价 称两个丢番图曲线为 (丢番图)等价, 如果在它们两个之间存在一个丢番图双有理变换.

庞加莱进一步猜想有下面的结果, 而此结果后来被莫德尔证明.

对于格 $p=1$ 的莫德尔定理 (1922) 在一条丢番图椭圆曲线 ($p=1$) 上或者在曲线上没有有理点或者有有限个点 $P_1, \cdots, P_n$, 使得曲线上的每个有理点都可由这些点经应用割线和切线法得到. 以群论的语言表示就是说这条椭圆曲线的加法群的有理点于群由有限个点 $P_1, \cdots, P_n$ 生成, 即每个有理点可写为

$$\boxed{P = m_1P_1 + \cdots + m_mP_n,}$$

其中 $m_1, \cdots, m_n$ 为整数. 这个表示中的加法的意思理解为在 (3.47) 意义下的.

---

1) 在 (iii) 和 (iv) 中必须也考虑曲线 C 在无穷远的点.

2) 符号 $\Delta^{\tilde{v}}$ (我们今天记其为 x^2) 是由希腊字 $\Delta\acute{\upsilon}\nu\alpha\mu\iota\varsigma(dynamis)$ 导出的, 意思是幂. 记号 $K^{\hat{v}}$ 代表三次幂表示 $\kappa\acute{\upsilon}\beta\sigma\varsigma(Kubos)$, 意思是立方.

对丢番图而言, 数总意味着有理数. 他用 $\grave{\alpha}\rho\iota\theta\mu\acute{o}\varsigma(Arithmos)$ 表示. 算术的记号便由此得到 (即研究对数和字母的计算). 负数被丢番图表示为 $\lambda\varepsilon\tilde{\iota}\psi\iota\varsigma(leipsis)$, 它表示 "不是". 另外丢番图还引进了我们今天的负幂 $x^{-1}, \cdots, x^{-6}$ 的符号.

下面的结果由莫德尔在 1922 年猜测的, 这是保持了一个长时间没有解决的猜想.

由法尔廷斯在 1983 年证明的对亏格 $p \geqslant 2$ 时的丢番图几何的基本定理

在每条亏格 $p \geqslant 2$ 的丢番图曲线上最多只有有限个有理点.

因为这个基本性结果, 法尔廷斯 (Gerd Faltings, 1954) 在 1986 年的伯克利举行的国际数学家大会上获得了菲尔兹奖, 菲尔兹奖被称为数学的诺贝尔奖, 后者是对自然科学的奖项. 法尔廷斯的证明建立在非常抽象的数学模型之上, 这些模型只是在 20 世纪中期才发展起来的.

志村–谷山–韦依猜想 (1955) 设 $y^2 = ax^3 + bx^2 + cx + d$ 为一丢番图椭圆曲线. 对每个素数 p 设 n_p 表示方程

$$y^2 \equiv ax^3 + bx^2 + cx + d \mod p$$

的解 (x, y) 的个数.

猜想: 存在一个模形式[1] f, 其傅里叶展开式为

$$f(z) = \sum_{h=0}^{\infty} b_n \mathrm{e}^{2\pi i n z},$$

其中 z 在上半平面中, 使得对充分大的常数 p, 有惊人的简单关系式

$$b_p = p + 1 - n_p.$$

这个猜想遵从了一个一般性原理, 即模形式是解密可数的无限系的一个基本工具.

3.8.6.3 费马大定理

现代数学的年龄应从四位伟大的法国数学家算起, 他们是德萨格 (1591—1661)、笛卡儿 (1596—1650)、费马 (1601—1665) 和帕斯卡 (1623—1662). 四个很少有共同点的人的这个四重奏是难以想象的; 德萨格是四个人中最具独创性的人, 是一位建筑师; 他被描写为一个乖僻的人, 他把他大部分重要著作以一种秘密的语言书写并以一种要用显微镜才能看到的极小的字母加以印刷. 笛卡儿, 其中最著名的一位, 原是退役士兵, 并且如有必要, 可用匕首进行自卫以对抗莱茵河水手中的窃贼们; 以一名士兵的状态他也准备对于科学的基础 (“方法论 (Discourse surlaméthode)”) 发起总攻. 帕斯

1) 模形式是定义在上半平面中的全纯函数 f, 它满足 $f(z+1) = f(z)$, 以及 $f(z^{-1}) = z^{-k} f(z)$, 其中 z 为上半平面中的任意复数, 而 k 为某个固定的自然数.

卡, 最足智多谋的一位, 背离了数学并在其后来的生活中变成了一个宗教的痴迷者, 他整个一生都受到便秘的折磨. 最后一位, 费马, 这是最重要的一位, 他作为图鲁兹最高法院的顾问而被王室雇用, 这个职位与现今的资深文职官相比是最相当的. 他因而有充裕的闲暇时间用来考虑数学 ……

沙尔劳与欧波卡 (Winfried Scharleau and Hans Opolka)

摘自《从费马到闵可夫斯基》, 1990[1)]

费马是解析几何和概率论的奠基人之一; 他的计算极大和极小值的方法是牛顿和莱布尼茨微积分的前奏. 在费马的那本丢番图的《算术》抄本中下面的结果被写在其边白上:

Cubum autem in duos cubos, aut quadrato-quadratum in duos quadrato-quadratos, et generaliter nullam in infinitum ultra quadratum potestatem in duas ejusdem nominis fas est dividere; cujus rei demonstrationem mirabilem sane detexi. Hanc marginis exiguitas non caperet.

用现代的术语来讲, 费马在这里宣称的是: 方程

$$\boxed{x^n + y^n = z^n,}$$

$n = 3, 4, \cdots$, 对于整数 x, y, z 无解. 进一步他写道, 他已找到了一个对它的漂亮证明, 但是空白边的大小以致不能写在这里. 这个边批似乎写于 1631 年到 1637 年之间的某个时间. 从此之后, 这个结果便以**费马大定理**为知名, 虽说更正确地应该把它叫做费马猜想.

欧拉在 1760 年证明了 $n = 3$ 的情形. 在 1825 到 1830 年间, 狄利克雷和勒让德已能完成对 $n = 4$ 情形的证明. 在 1843 年库默尔寄给狄利克雷的一篇文章, 在该文中宣称已找到了对所有 $n > 3$ 情形的证明. 但是狄利克雷发现在此证明中一个严重的漏洞. 这等于说库默尔承认在任意数域中均成立整数的素分解唯一性, 但这是不正确的. 为了纠正这个错误, 库默尔深入细致地研究了数论中的可除性定律, 这后来成为由狄利克雷发展起来的除子理论的一个基础. 借助于可除性理论, 库默尔便能够证明费马猜想对于所有被称作正则素数是正确的, 例如对所有素数 $n < 100$ 但除了 $n = 37.59$ 和 67 外这个猜想正确. 在 1977 年瓦格斯达夫 (Wagstaff) 利用计算机的计算证明了费马与定理对 $z < p < 125,000$ 的素数正确. 费马大定理等价于下面的丢番图几何中的论述: 在曲线

$$\boxed{x^n + y^n = 1}$$

上, 当 $n \geqslant 3$ 时没有有理点.

---

1) 我们推荐 [285] 作为对有许多历史评注的数论方面的生动介绍.

怀尔斯定理 (1994) 费马大定理是个定理.

怀尔斯以证明志村–谷山–韦伊猜想对所有所谓半稳定曲线成立的方法证明了这个论断. 志村–谷山–韦伊猜想蕴涵了费马大定理本身就是十分深刻的, 它原本是由弗雷格提出来的. 其想法是, 假若费马大定理不真, 那么用一个复杂的构造知可由它的一个解产生一条椭圆曲线, 而此曲线将与志村–谷山–韦伊猜想矛盾.

3.8.7 解析集和魏尔斯特拉斯预备定理

解析集是有限个全纯函数的局部零点集.

定义 称 n 维复空间 $\mathbb{C}^n$ 的一个子集 X 为*解析的*, 如果对每个点 $x_0 \in X$, 存在一个 z_0 的开集 $\cup$ 和有限个全纯函数 $f_1, \cdots, f_k : \cup \leqslant \mathbb{C}^n \to \mathbb{C}$, 使得 $X \cap U$ 是方程组

$$\boxed{f_1(z) = 0, \cdots, f_k(z) = 0, \quad z \in U}$$

的所有解的集合.

解析簇 称不可约解析集为*解析簇*[1].

由于一个光滑流形 $\mathscr{M}$ 局部地同构于 $\mathbb{C}^n$ 中的一个开集, 故而解析集的概念自然地转移到 $\mathscr{M}$ 上.

因式分解问题

例: 方程

$$\sin z = 0, \quad z \in \mathbb{C}, \tag{3.69}$$

因为 $\sin z = z\left(1 - \dfrac{z^2}{31} + \cdots\right)$, 故有因式分解

$$zg(z) = 0, \quad z \in \mathbb{C},$$

其中 $g(0) \neq 0$. 因此原来的问题 (3.69) 在充分小的原点的邻域中等价于更加简单的方程 $z = 0$.

更一般地, 我们要对方程

$$\boxed{f(z,t) = 0}, \quad z \in \mathbb{C}^{n-1}, t \in \mathbb{C}, n \geqslant 1$$

寻找一个形如

$$\boxed{f(z,t) = p(z,t)g(z,t), \quad g(0,0) \neq 0} \tag{3.70}$$

的因式分解, 其中全纯函数 $g : V \leqslant \mathbb{C}^n \to \mathbb{C}$ 在原点的一个邻域 V 上定义, 并见是一个 t 的多项式.

$$p(z,t) := t^k + a_{k-1}(z)t^{k-1} + \cdots + a_1(z)t + a_0(z), \quad k \geqslant 1.$$

系数 $a_1, \cdots, a_{k-1}$ 假设在原点的一个邻域中全纯.

魏尔斯特拉斯预备定理 设 $f : U \leqslant \mathbb{C}^n \to \mathbb{C}$ 在原点的邻域 U 中全纯, 使得函数

---

1) 一个解析集 X 被称为*不可约的*, 如果不存在分解 $X = Y \cup Z$, 其中 Y, Z 为非空解析集.

$w = f(0,t)$ 是一个以项 t^k 开始的幂级数. 则存在一个唯一确定的形如 (3.70) 的分解.

3.8.8 奇点分解

设已知 $\mathbb{C}^n$ 中一个解析集 X, 其在原点 $z=0$ 有一个孤立奇点. 我们想要找到集合 X 的一个局部参数化

$$\boxed{z = \pi(t), \quad t \in \mathscr{T}}$$

使得参数空间 $\mathscr{T}$ 没有奇点. 以 $\mathscr{S} := \pi^{-1}(0)$ 记参量的临界点集.

广中平佑的局部单值化定理 (1964)[1]

存在一个具下列性质的参数化 $\pi : \mathscr{T} \to X$:

(i) 参数空间 $\mathscr{T}$ 是个光滑复流形.

(ii) π 为逆紧[2]的由 $\mathscr{T}$ 到 X 的原点邻域的全纯映射.

(iii) 映射 $\pi : \mathscr{T} \backslash \mathscr{S} \to X \backslash \{0\}$ 为双全纯.

(iv) 参数的临界点集 $\mathscr{S}$ 是 $\mathscr{T}$ 的一个余维为 1 的解析集, 即 $\dim \mathscr{S} = \dim \mathscr{T} - 1$.

我们称 $\pi : \mathscr{T} \to X$ 为 X 在原点 (孤立奇点) 的一个奇点分解.

在奇点的拉开 在它的分解过程中, 奇点经过了有限次的拉开. 现在通过举几个例子来描述这个过程, 这对代数几何是很基本的东西.

例(图 3.91): 考虑曲线

$$\boxed{X : x^2 - y^2 = 0, \quad (x,y) \in \mathbb{C}^2,} \tag{3.71}$$

它在 $P = (0,0)$ 有一个二重点.

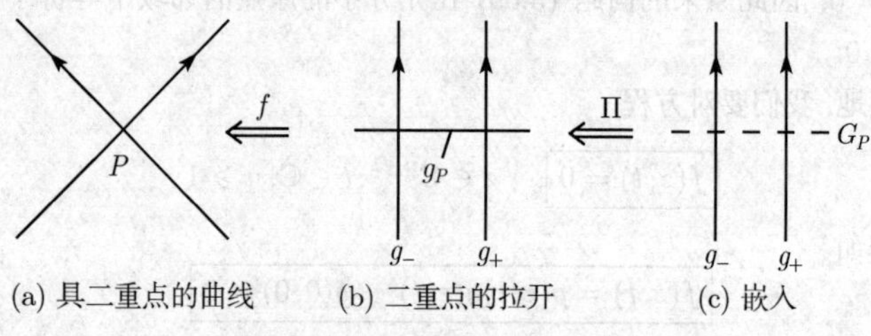

(a) 具二重点的曲线 (b) 二重点的拉开 (c) 嵌入

图 3.91 消解一个二重点

第 1 步: 拉开二重点 P 为直线 g_P (图 3.91(b)), 即将此点换成一条射影直线. 这可利用参数化

$$(x,y) = f(u,v), \quad (u,v) \in \mathbb{C}^2 \tag{3.72}$$

---

1) 日本数学家广中平佑 (1931 年生) 因其在局部和整体单值化的基础性结果获得 1970 年的菲尔兹奖. 整体单值化结果见 3.8.9.2.

2) 一个逆紧映射具有紧集逆象仍为紧的重要性质.

得到, 其中 $f(u,v) := (u, uv)$. 由 (3.71) 得到方程

$$\boxed{v^2(1-u^2)=0, \quad (u,v)\in\mathbb{C}^2.}$$

这引出了三条直线 $g_\pm : u = \pm 1$ 和 $g_P : u = 0$. 直线 g_+ 和 g_- (分别地, 直线 g_P) 由 (3.72) 被变换为 X 的两条分支直线 (分别地, X 的二重点).

第 2 步: 现在把直线 g_P 嵌入到一个三维空间中从而得到在 $\mathbb{C}^3$ 中的一条直线, 记其为 G_P (图 3.91(c)). 例如, 可以由令

$$G_P := \{(u,v,w)\in\mathbb{C}^3 : v=0, w=1\}, \quad g_\pm := \{(u,v,w)\in\mathbb{C}^3 : u=\pm 1, w=0\}$$

来做到这一点.

第 3 步——构造分解: 选取参数空间 $\mathscr{T}$ 为三条不相交的直线 g_+, g_- 和 G_P. 分解映射 $\pi : \mathscr{T} \to X$ 直接由令

$$\pi : \mathscr{T} \xrightarrow{\pi} \mathbb{C}^2 \xrightarrow{f} X$$

给出, 其中的投射 $\pi(u,v,w) := (u,v)$.

在这个例子中我们可以容易地用将局部结构融入三维空间的办法来显式地定义这个消解 (图 3.92). 一般的拉开的构造的优点是它可扩张到一个普遍适用的构造上.

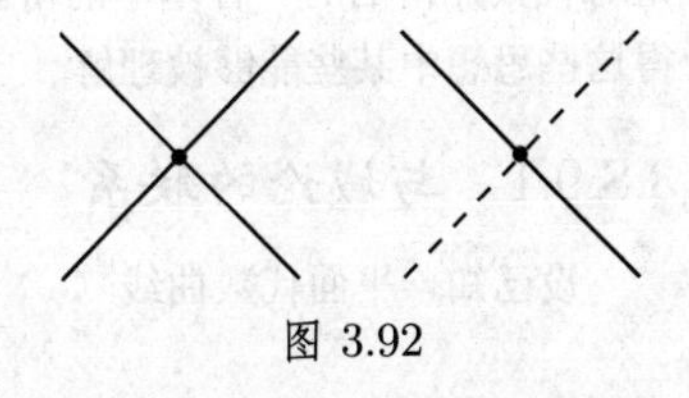

图 3.92

3.8.9 现代代数几何的代数化

代数几何一直是波浪式地向前发展, 每一波都有自己的语言和观点. 19 世纪后期见到了黎曼的函数论式的处理方法, 布里尔 (Brill) 和诺特 (Noether) 更为几何的方式以及克罗内克 (Kronecker)、戴德金 (Dedekind) 和韦伯 (Weber) 的纯代数方式. 随后的意大利学派者卡斯泰尔诺沃 (Castelnuovo)、恩里克斯 (Enriques) 和塞韦里 (Severi), 他们到达了代数曲面分类问题的顶点. 之后迎来了 20 世纪 “美国” 学派的周炜良、韦伊和扎里斯基 (Zariski), 他们给予了意大利学派的直观以坚实的代数基础. 最近代, 塞尔 (Serre)、格罗腾狄克 (Grothendieck) 创建了法兰西学派, 他们利用概形和上同调重新改写了代数几何的基础, 这些在以新技术解决老问题方面创造了令人印象深刻的记录.

R. 哈特肖恩 (Robin Hartshorne)(1977),
于伯克利的加州大学

现代的代数几何有着很强的代数风格. 这一极富成果的倾向出现在 19 世纪后

半叶的此理论的发展之中. 联系到在数域中可除性理论及试图用这些结果去证明费马大定理, 库默尔 (1810—1893) 发展出了被他称为 "理想数" 的理论, 这引起了戴德金对理想理论的发展. 后来戴德金 (1831—1916) 和韦伯 (Weber, 1843—1913) 发现了对深刻的黎曼–罗赫定理的纯域论式阐述, 因而揭示了这个几何定理的代数基础[1]. 希尔伯特 (1862—1943) 在 19 世纪末提出了制定已充分发展了的用于分析中连续数学的方法使它们可应用于离散问题, 特别是数论问题和应用于代数几何中奇点正常存在的情形的广泛纲领. 在 20 世纪为实现这个纲领有着深入细致的工作. 在这方面所发展起来中心概念之一是*概形*, 它是由法国数学家格罗腾迪克在 1960 年所设计的; 这个概念被证明在解决难题时特别有效. 概形又是基于*层*的概念, 这是由法国数学家勒雷 (Jean Leray) 在 1945 年发明的. 关于代数几何的现代的书籍是用概形的语言写的 (有一本重要的书《代数几何原理》除外, 它是由格里菲斯 (Griffiths) 和哈里斯 (Harris) 写的, 使用的是多复变分析和复微分几何的语言, 这是对代数几何的另一种基本的可能方法). 我们在后面将通过一系列具体的例子使得这些思想中某些能够被理解.

3.8.9.1 与域论的联系

设已知一平面代数曲线

$$\boxed{C : p(x,y) = 0,}$$

其中 p 为多项式环 $\mathbb{C}[x,y]$ 中的一个不可约多项式. 我们需要构造 "模 p 的商域". 按定义, "$a \equiv b \mod p$" 确切的意思是说 $a-b$ 被 p 除尽.

定义 考虑商

$$\frac{f}{g},$$

其中 $f, g \in \mathbb{C}[x,y]$, 其中假设 $g \not\equiv 0 \mod p$, 并且写为 $\dfrac{f_1}{g_1} \sim \dfrac{f_2}{g_2}$, 当且仅当 $f_1g_2 \equiv f_2g_1 \mod p$.

定理 关于这个等价关系的等价类的集合构成一个域 $K(C)$, 它被称为*曲线 C 上的有理函数域*.

有理曲线 定义曲线 C 为有理的, 如果它具有一个参数化表示

$$x = X(t), \quad y = Y(t), \quad t \in \mathbb{C},$$

其中 X 和 Y 是复有理函数.

主定理 曲线 C 为有理的, 当且仅当域 $K(C)$ 同构于变量 x 的复系数有理函数域 $\mathbb{C}(x)$ 的一个子域.

例: 对由 $C : y = 0$ 定义的直线, 有 $K(C) = \mathbb{C}(x)$.

1) 黎曼–罗赫定理和它的现代推广归功于希策布鲁赫 (Hirzebruch)(因而被称为黎曼–罗赫–希策布鲁赫定理), 它是阿蒂亚–辛格 (Atiyah-Singer) 指数定理的特殊情形, 这是 20 纪纪中最深刻的数学成果之一. 这个问题的领域将在 [212] 中谈及.

3.8.9.2 与理想理论的关联以及广中定理

设 $\mathscr{R} := \mathbb{C}[x_1, \cdots, x_{n+1}]$ 代表变量为 $x_1, \cdots, x_{n+1}$ 的复系数的多项式环. 称 $\mathscr{R}$ 的一个理想 $\mathscr{I}$ 为齐次, 如果它有一个由齐次元组成的基.

定义 称点 $P \in \mathbb{C}P^n$ 零化一个多项式 $p \in \mathscr{R}$, 如果对每个代表 P 的齐次坐标 $(x_1, \cdots, x_{n+1})$ 有

$$p(x_1, \cdots, x_{n+1}) = 0.$$

代数集 称射影空间 $\mathbb{C}P^n$ 中一个集合为代数的, 当且仅当它是 $\mathscr{R}$ 中的齐次多项式的一个有限集合的零点集[1)].

例: $\mathbb{C}P^2$ 中的每条代数曲线是代数集.

定理 设 $\mathscr{I}_X$ 表示所有在 X 上完全为零的多项式的集合, 或换句话说, 被 X 中所有点零化的多项式的集合, 它事实上构成了这个多项式环中一个理想; 又设 $Z(\mathscr{I})$ 代表 $\mathscr{I}$ 的零点集, 即零化所有 $f \in \mathscr{I}$ 的点 P 的集合. 这时映射

$$\boxed{X \mapsto \mathscr{I}_X, \quad \mathscr{I} \mapsto Z(\mathscr{I})}$$

定义了 $\mathbb{C}P^n$ 中代数子集 X 的集合和 $\mathscr{R}$ 中齐次理想集之间的双射对应 *.

对射影空间中代数集的研究可化为对多项式环中齐次理想的研究.

注 映射为 "反包含" 的意思如下. 代数集的并与交在通常的集合的并与交下有合理定义. 理想的并与交以同样方式定义. 那么在上述的双射下, 两个代数集的交映成两个理想的并:

$$X \cap Y \mapsto \mathscr{I}_X \cup \mathscr{I}_Y,$$

或者换句话说, $\mathscr{I}_{X \cap Y} = \mathscr{I}_X \cup \mathscr{I}_Y$. 这是因为一个点 $P \in X \cap Y$ 表明它一方向属于 X 从而零化所有 $f \in \mathscr{I}_X$, 另一方面它也属于 Y 从而零化所有 $f \in \mathscr{I}_Y$. 相似地, $\mathscr{I}_{X \cup Y} = \mathscr{I}_X \cap \mathscr{I}_Y$, 这是因为一个点在此并中表明或在 X 中从而零化 $\mathscr{I}_X$, 或者它在 Y 中从而零化 $\mathscr{I}_Y$. 因此, 被此并中所有点零化的多项式的集合为那些既在 $\mathscr{I}_X$ 中也在 $\mathscr{I}_Y$ 中的多项式.

类似地, 我们有 $Z(\mathscr{I} \cap \mathscr{J}) = Z(\mathscr{I}) \cap Z(\mathscr{J})$, 这是因为一个点 P 在 $Z(\mathscr{I}) \cup Z(\mathscr{J})$ 中当且仅当或者在 $Z(\mathscr{I})$ 中从而零化 $\mathscr{I}$, 或者在 $Z(\mathscr{J})$ 中从而零化 $\mathscr{J}$. 从而它零化既属 $\mathscr{I}$ 也属于 $\mathscr{J}$ 的多项式, 反之亦然. 以同样方式有 $Z(\mathscr{I} \cup \mathscr{J}) = Z(\mathscr{I}) \cap Z(\mathscr{I})$.

下面两个希尔伯特定理是基础性的并在 19 世纪末对不变量理论起了革命性的作用.

---

1) 换句话说, 存在多限式 $p_1, \cdots, p_k \in \mathscr{R}$, 使 $P \in X$ 当且仅当 P 零化所有的 $p_1, \cdots, p_k$.

* 这里的叙述不妥, 应该是与根式齐次理想集之间的双射对应, 参看 R. Hartshorne 的《代数几何》第 1 章或后面的希尔伯特零点定理. —— 译者

希尔伯特关于理想的有限生成性的定理 (1893) 在多项式环 $\mathscr{R}$ 中每个理想 $\mathscr{I}$ 为有限生成, 即具有一个有限基.

希尔伯特零点定理 (Nullstellensatz)(1893) 设 $\mathscr{I}$ 为 $\mathscr{R}$ 中的一个理想. 如果多项式 $p \in \mathscr{R}$ 在 $\mathscr{I}$ 中所有多项式零点集的每个点为零, 则 p 的某个幂属于 $\mathscr{I}$. 换句话说, 如果 $p \in \mathscr{I}_Z(\mathscr{I})$, 则 $p^k \in \mathscr{I}$, 其中 k 为某个正整数.

贝祖的更一般的定理 设 $p_1, \cdots, p_k$ 为齐次多项式, 则满足

$$\boxed{p_1(x_1, \cdots, x_{n+1}) = 0, \quad \cdots, \quad p_{n+1}(x_1, \cdots, x_{n+1}) = 0}$$

的点 $x = (x_1, \cdots, x_{n+1})$ 的个数或者无穷或者最多等于 p_j 的次数的乘积.

射影空间上的扎里斯基拓扑 称射影空间 $\mathbb{C}P^n$ 的一个子集为闭的, 如果它是个代数集. $\mathbb{C}P^n$ 的子集为开的, 是说其补为闭的.

定理 上面定义的开集给出了一个拓扑, 并称其为 $\mathbb{C}P^n$ 上的扎里斯基拓扑[1].

射影簇 称 $\mathbb{C}P^n$ 中的一个不可约代数集为射影簇[2].

有理映射 X 和 Y 为 $\mathbb{C}P^n$ 中的两个射影集, 则一个有理映射 $\varphi: X \to Y$ 形如

$$x_j' = P_j(x_1, \cdots, x_{n+1}), \quad j = 1, \cdots, n+1,$$

其中所有 P_j 为同次齐次多项式.

若映射 $\varphi: X \to Y$ 为双射且 φ 和 φ^{-1} 为有理映射, 则称 φ 为双有理映射.

射影簇的范畴 这个范畴的对象是射影簇, 而态射是这些簇之间的有理映射. 此范畴中的同构为双有理的.

下面的这个定理是现代数学中一个非常深刻的结果.

广中整体单值化定理 (1964) 设 X 为一个射影簇, 其奇点集 $S \subset X$. 于是存在一个满映射

$$\pi: \mathscr{T} \to X$$

满足下面性质:

(i) $\mathscr{T}$ 为非异射影簇.

(ii) π 为态射.

(iii) 设 $\mathscr{S} := \pi^{-1}(S)$, 则 $\pi: \mathscr{T} \backslash \mathscr{S} \to X \backslash S$ 为同构.

称由此定理存在的空间 $\mathscr{T}$ 为 X 的奇点分解.

---

1) 拓扑的概念在 [212] 中有定义和讨论. 它相当于对 $\mathbb{R}^n$ 中开集情形中的公式化, 但是它可应用于许多数学对象. 一旦在一空间中存在一个拓扑, 则拓扑理论中的全部工具都可用于此空间.

2) 不可约性意味着不存在非空的真代数集 Y 和 W 的分解 $X = Y \cup W$.

3.8.9.3 局部环

局部环是通过代数工具利用可能类似于“在一点附近的”这类概念.

设 $\mathscr{I}$ 是一个环 $\mathscr{R}$ 的一个理想, 则按定义, 称 $\mathscr{I}$ 是平凡的, 如果 $\mathscr{I}=\{0\}$ 或 $\mathscr{I}=\mathscr{R}$.

极大理想 称理想 $\mathscr{I}$ 为极大的, 如果它不能被扩张为更大的理想.

基本想法 设 $C(X)_{\mathbb{C}}$ 代表复连续函数

$$\boxed{f:X\to\mathbb{C}}$$

的环, 其中 X 为一个非空的紧拓扑空间 (例如, X 可以是 $\mathbb{R}^n$ 中的紧子集). 我们对每个点 $P\in X$ 配上一个集合

$$\mathscr{I}_P:=\{f\in C(X):f(P)=0\}.$$

$C(X)_{\mathbb{C}}$ 中的一个 $*$ 理想是指一个包含了每个函数 f 时也包含了它的共轭函数 $\bar{f}$ 的理想.

定理 上面所定义的理想 $\mathscr{I}_P$ 是 $C(X)_{\mathbb{C}}$ 中的一个极大 $*$ 理想. 映射

$$\boxed{P\mapsto\mathscr{I}_P}$$

给出了从拓扑空间 X 到 $C(X)_{\mathbb{C}}$ 中极大 $*$ 理想集合之间的双射映射.

由此结果可以把一个几何对象中的点相伴于一个对应的代数对象即极大 $*$ 理想[1)].

局部环 一个局部环是一个诺特环, 它有一个包含了 $\mathscr{R}$ 的全部非平凡理想的非平凡理想.

在代数曲线上一点 P 的局部环 设已知一条代数曲线

$$\boxed{C:p(x,y)=0,}$$

其中 p 代表 $\mathbb{C}[x,y]$ 中一个不可约多项式.

(i) 函数 $f:C\to\mathbb{C}$ 被称为正则的, 如果它是 $\mathbb{C}[x,y]$ 中一个多项式在曲线 C 上的限制.

(ii) 选取该曲线上一个固定点 P. 若 f 和 g 是 C 上的两个正则函数, 则记

$$f\sim g\mod P,$$

当且仅当 f 和 g 在 P 的某个邻域中相等. 这是个等价关系. 等价类 $[f]$ 的集合带有自然的环结构, 我们记其为 $\mathscr{K}_P$, 并称其为在 P 点的正则函数芽环.

定理 $\mathscr{K}_P$ 是个局部环.

这个环是点 P 的一个代数替代或代表.

---

1) 这是现代非交换几何的一个出发点.

环的局部化 如果 $\mathscr{P}$ 是诺特环 $\mathscr{R}$ 的一个非平凡素理想, 则商环 R_P 是个局部环. 这个环由所有公式

$$\frac{r}{s}$$

组成, 其中 r, s 属于 $\mathscr{R}$; 通常的分式运算可用于此. 在这里我们另外要求分母 s 不在素理想 $\mathscr{P}$ 中.

3.8.9.4 概形

环层空间 一个环层空间由一个拓扑空间 X(例如一个度量空间) 和一个层 $\mathscr{G}$ 组成, 这个层对于 X 的每个开集 $U \leqslant X$ 对应于环 $R(U)$[1].

标准例 1: 每个拓扑空间 X 连同它的连续函数层构成一个环层空间. 对于每个开集 $U \leqslant X$ 这个层对应于环 $R(U)$, 它由所有连续函数

$$\boxed{f: U \to \mathbb{R}}$$

组成. 为了得到点 $x \in X$ 的局部化, 记

$$f \sim g \mod x,$$

当且仅当实连续函数 f 和 g 在点 x 的某个邻域中重合. 对应于等价类 $[f]$ 的集合构成一个环, 即所谓的

$$\boxed{\text{层 } \mathscr{G} \text{ 在点 } x \text{ 的茎 } \mathscr{G}_x.}$$

概形的基本概念 一个环层空间

$$\boxed{(X, \mathscr{G})}$$

被称为一个概形, 如果它局部地像一个已知的环层空间 $(X_0, \mathscr{G}_0)$.

显式表达地, 这表明对每个开集 $U \leqslant X$, 限制 $(U, \mathscr{G})$ 同构于 $X_0, \mathscr{G}_0$.

以 $C^\infty(U)$ 代表 C^∞ 函数 $f: U \to \mathbb{R}$ 的环.

标准例 2: 每个 n 维 C^∞ 流形 X 定义了一个概形[2].

(i) 流形 X 在取 $\mathscr{G}$ 为所有 X 上的光滑函数层时成为一个环层空间. 对 X 的每个开集 U 这个层对应于环 $C^\infty(U)$.

(ii) 作为 "比较环"$(X_0, \mathscr{G}_0)$, 选取 $X_0 := \mathbb{R}^n$, 其层 $\mathscr{G}_0$ 为 $\mathbb{R}^n$ 上的光滑函数. 有

$$\boxed{(U, C^\infty(U)) \text{ 同构于 } (\mathbb{R}^n, C^\infty(\mathbb{R}^n)).}$$

3.8.9.5 仿射概形

定义 称一个概形为*仿射的*, 如果所给 "比较环"$(X_0, \mathscr{G}_0)$ 为素谱 $(\mathrm{Spec}R, \mathscr{G}_0)$, 其中 R 为一环.

1) 拓扑空间和层在 [212] 中有介绍. 这些概念是下面的标准例 1 的一种公理化.

2) *流形*的概念在 [212] 中已引进.

我们现在来解释一个环 R 的素谱概念. 为此, 假定 R 是个具单位元的交换环.

素谱的底空间 Spec$R$ 我们以 Spec$R$ 代表 R 的所有素理想的集合.

例: 整数环 $\mathbb{Z}$ 的空间 Spec$\mathbb{Z}$ 由所有主理想

$$\boxed{(p),\quad p\ \text{为素数}}$$

组成. 另外, 零理想 (0) 也属于 Spec$\mathbb{Z}$.

Spec$R$ 的拓扑 如果 $\mathscr{I}$ 是 R 的一个理想, 则以 $V(\mathscr{I})$ 表示所有包含 $\mathscr{I}$ 的 R 中素理想的集合. 形如 $V(\mathscr{I})$ 的集合被定义成闭集. 它们的补集被定义为开集. 它们定义了 Spec$R$ 上的一个拓扑.

Spec$R$ 上的层 $\mathscr{G}_0$: 如果 $\mathscr{P}\in \mathrm{Spec}R$, 我们以 R_0 记环 R 对于素理想 $\mathscr{P}$ 的局部化 (参看 3.8.9.3).

设已知 Spec$R$ 中一个开集 U. 我们对 U 相伴所有 U 上满足

$$\boxed{f(\mathscr{P})\in R\ \text{对所有}\ \mathscr{P}\in U}$$

的函数 f 的环 $\mathscr{R}(U)$. 这些函数均被假定局部地是原来的环中元素的商, 即对每个 $\mathscr{P}\in U$ 存在一个 $\mathscr{P}$ 的邻域 V 及环元素 $r,s\in R$, 使得对每个 $\mathscr{Q}\in V$ 有

$$\boxed{f(\mathscr{Q})=\frac{r}{s},\quad \text{其中}\ s\notin\mathscr{Q}.}$$

局部化的概形 因为局部环对于代数几何的极端重要性, 我们常常在概形的上面定义中加上条件, 即在戴环层空间 $(X,\mathscr{G})$ 上层 $\mathscr{G}$ 的茎 $\mathscr{G}_x$ 对每个 $x\in X$ 是个局部环.

3.9 现代物理的几何

> 我现在要向各位陈述的关于空间和时间的看法基于经过实验验证过的物理事实. 这就是它的力量所在. 这与我们以往的概念完全脱离彻底有别.
>
> 从这个演讲开始, 作为单个实体的空间和时间将不复存在, 剩下的将只是作为两个现实的单个概念的联合体.
>
> H. 闵可夫斯基 (Minkowski)
>
> 德国科学家和医生协会会议, 1908 年于科隆

现代物理学是以几何的语言阐述的. 物理的现象对应于几何对象. 在不同的参照系中对物理观察的描述则由在不同坐标系中几何对象的坐标给出.

3.9.1　基本思想

伪酉几何和相对论　物理的几何化发轫于闵可夫斯基的工作, 他在 1908 年解释了侠义相对论, 而这个理论已由爱因斯坦在三年前建立. 闵可夫斯基把狭义相对论解释为一个四维时空的一个伪酉几何, 并证明爱因斯坦所使用的用来联系不同的惯性标架间的洛伦兹变换构成了闵可夫斯基空间的*对称群*.

1915 年的爱因斯坦的引力理论 (广义相对论) 使得引力几何化, 它对应了四维伪黎明曼时空流形的曲率. 在曲率为零的情形, 我们又返回到了狭义相对论的闵可夫斯基空间.

酉几何和量子理论　现代量子力量是由海森伯 (Heisenberg, 1901–1976) 在 1925 年作为矩阵力学系统以及在 1926 年由薛定谔 (Schrödinger, 1887—1961) 作为波动力学系统而建立起来的. 在 1928 年狄拉克 (Dirac, 1902—1984) 发明了一套数学形式来证明这两个不同的力学系统只是同一个理论和不同看法而已, 而这个理论就是抽象的希尔伯特空间的理论. 大约在同时冯・诺伊曼 (John Von Neumann, 1903—1957) 认识到量子理论可以规定为在一个希尔伯特定空间中的自然算子的严格的数学理论. 能量算子 (哈密顿) 的谱恒同于量子系统的可能的能量值. 海森伯测不准原理说, 人们不可能在同一时间准确地同时测定一个量子的位置和速度. 量子论的这个基础事实有其几何根源. 它可从对于三维空间中的内积

$$\boldsymbol{ab} = |\boldsymbol{a}||\boldsymbol{b}|\cos\gamma$$

总能推出的 (由 $|\cos\gamma| \leqslant 1$) 无穷维类比的施瓦茨不等式

$$|\boldsymbol{ab}| \leqslant |\boldsymbol{a}||\boldsymbol{b}|$$

(参看 [212]) 的这个事实得到. 在量子理论后面隐藏着希尔伯特空间的酉几何.

自旋几何、克利福德代数和电子的自旋　为了对于在磁场中原子的谱线分裂给出一个解释 (这种现象是在 20 世纪初为实验所观察到的), 乌伦贝克 (Uhlenbeck) 和古茨密特 (Goudsmit) 在 1924 年假定了电子的自旋脉冲的存在, 他们给它取了个 “Spin(自旋)” 的名字. 四年之后, 狄拉克阐述了他的著名的对相对论的电子基本方程, 他是借助于克利福德代数从闵可夫斯基度量中推导出来的 (见 2.4.3.4). 电子的自旋非常自然地由此方程中产生出来. 使得自旋可以被看成是相对论的结果. 与自旋的形式相紧密关联地, 有一个叫做自旋几何的, 它可以在由代数 (克利福德代数) 和向量空间的帮助下被很漂亮地描述出来. 最简单的自旋几何产生于一个希尔伯特空间的克利福德代数. 这个几何则是自旋群 Spin(n) 的不变量理论. 特别地, 有

$$\boxed{\text{Spin }(3) = SU(2),}$$

这就是描述电子自旋的那个群.

克利福德代数在基本粒子的当代标准模型的形成中起着中心的作用, 这些标准模型以规范场论统一了具有弱和强力的电磁理论.

辛力学和经典力学 辛几何建立在反称双线性形式基础之上. 这个几何是经典几何光学、经典力学 (如天体力学) 以及源于吉布斯 (Gibbs) 的经典统计力学的基础.

凯勒几何和弦论

凯勒几何是辛几何与酉几何的综合体.

这个源于凯勒 (Erich Kähler, 生于 1906 年)1932 年工作的几何在弦论的构建中是决定性的, 而弦论的目标是要统一自然界包括广义相对论中所有的力, (后者即包含了引力). 丘成桐的定理以及所称的卡拉比–丘空间, 在此理论中作为弦论的构形空间是基础性的 (参看 [212]).

共形几何 单复变函数论是一个更基本的结构即共形几何的特殊化, 这是因为双全纯映射是共形的 (保角的). 黎曼球面到自己的双全纯映射的群是由所有默比乌斯变换组成的自同构群 (参看 1.14.11.5).

正常洛伦兹群 $SO^+(3,1)$ 可以被描写为 $SL(2,\mathbb{C})$, 即行列式等于 1 的复 2×2 矩阵的群 (这是所谓低维索群间的例外同构之一). 这个群同构是把上半平面共形地映到自己的所有默比乌斯变换的子群. 在这个自同构群的离散子群下不变的亚纯函数被称为自守函数. 这是个特别重要的函数类, 例如, 它包含了椭圆模函数 J (见 1.14.18) 以及在计算阿贝尔积分时也存在.

弦论在数学上的丰富性所依据的事实是, 这个理论在共形变换下不变 (共形量子场论), 并且在二维黎曼流形上共形变换群比起在高维时非常大.

无穷小对称 如果对一个几何的对称群 G 在其单位元的一个邻域中引进线性化, 以物理学家的话说, 我们得到了所谓的无穷小对称. 按照数学语言, 这种对称正是李群 G 的李代数 $\mathscr{L}(G)$ 中的元素.

由李 (Sophus Lie, 1842—1899) 建立的李群理论的最重要的结果是下面的论述:

李群 $\mathscr{L}(G)$ 包含了李群 G 在单位元附近的结构的全部信息.

但是, 许多不同的李群可以属于同一个李代数, 即在单位元附近有相同的结构. 在这些群中有一个特殊的即这个李代数的万有覆叠群, 它具有单连通的特殊性质 (参看 1.3.2.4).

例: (i) 三维空间中所有旋转的群 $SO(3)$ 的万有覆叠群是群 $SU(2)$, 它归结为电子的自旋.

(ii) $SO(n), n\geqslant 3$ 的万有覆叠群是自旋群 $\mathrm{Spin}(n)$; $n=3$ 时我们有 $\mathrm{Spin}(3)=SU(2)$.

(iii) $SO^+(3)$ 这个正常洛伦茨变换的群的万有覆叠群为群 $SL(z,\mathbb{C})$(参看 [212]).

流形 本节考虑的是适宜于以线性空间 (线性流形) 进行阐述的现代物理学的几何. 这些几何全都与双线性形式有关, 这些形式全都可以看成广义的标量积.

但是, 在物理学中起决定性作用的不仅是在线性空间中的这个理论而且也是在流形上的.

一个流形是一个整体的几何对象, 它局部地看起来像是一个线性空间. 利用这个事实, 所有关于线性空间的几何都可以扩张到流形上[1)].

当我们想把流形的概念形象化时, 想想地球的弯曲表面是有好处的, 我们可以通过到地图的映射进行局部地映射.

自然的数学效验 当研究在现代物理中出现的几何时我们总观察到一种现象: 从数学观点看, 存在难以置信的一系列对称群 (李群和李代数), 按照克莱因的埃尔兰根纲领 (参看 3.1) 它们对应于各种几何. 甚至到目前仍没有对所有可能存在的群的完全分类. 然而, 依我们当前的理解状态, 只有其中的几个对描述自然的物理现象是充分的. 这些群在上面的框图中已标出. 诺贝尔奖得主, 物理学家维格纳 (Eugene Wigner, 1902—1995) 长期在普林斯顿工作; 有关于此, 他说到了 "数学的不可理喻的有效性".

约定 在下面我们将考虑在一个域 $\mathbb{K}$ 上的有限维线性空间 X, 满足

$$\boxed{\dim X = n.}$$

称 X 中的元素为向量. 我们将假定 $\mathbb{K} = \mathbb{R}$ (实域) 或 $\mathbb{K} = \mathbb{C}$(复域).

莱布尼茨的看法 按照莱布尼茨 (Leibniz, 1646—1716) 的一个建议, 我们在做几何时直接去做几何对象而尽可能地避免使用坐标. 只有以这种方式才能推广下面几节的结果到无穷维空间中, 这种空间描述了物理中具无穷多个自由度的系统. 这种描述与 [212] 中的泛函分析相关.

3.9.2 酉几何、希尔伯特空间和基本粒子

酉几何建立在一个正定的内积基础上, 这个内积推广了对于向量 $\boldsymbol{u}$ 和 $\boldsymbol{v}$ 的经典的内积 $\boldsymbol{uv}$(参看 1.8.3). 酉几何的所有重要的概念正如我们将看到的那样, 可以直接在基本粒子的夸克模型中得到解释.

定义 一个酉空间是 $\mathbb{K}$ 上的一个线性空间, 在其上有一个给定的内积. 这表明对于每对 $u, v \in X$ 向量我们相伴以一个数 $(u, v) \in \mathbb{K}$ 使得对所有 $u, v, w \in X$ 及所有数 $\alpha, \beta \in \mathbb{K}$, 有

(i) $(u, v) \geqslant 0; (u, u) = 0$ 当且仅当 $u = 0$;

(ii) $(w, \alpha u + \beta v) = \alpha(w, u) + \beta(w, v)$;

(iii) $\overline{(u, v)} = (v, u)$.

由 (ii) 和 (iii) 得到, 对所有 $u, v, w \in X, \alpha, \beta \in \mathbb{K}$ 有

$$(\alpha u + \beta v, w) = \overline{\alpha}(u, w) + \overline{\beta}(v, w).$$

在这里, $\overline{\alpha}$ 代表了一个复数 α 的复共轭, 故如果 $\mathbb{K} = \mathbb{R}$, 这便是个恒等式, 从而 "$^-$" 可以去掉.

1) 特别地, 力=曲率的基本原理在 [212] 中已有详细讨论.

希尔伯特空间 每个有限维酉空间都同时是一个在一般定义下的希尔伯特空间, 一般定义可在 [212] 中找到.

伴随算子 若 $A : X \to X$ 是个线性算子, 则有一个自然的伴随线性算子 $A^* : X \to X$, 它满足关系式

$$\boxed{(u, Av) = (A^*u, v),}$$

其中 $u, v \in X$, 称 A^* 为 A 的伴随算子.

酉群 $U(n, X)$ 称一个算子 $U : X \to X$ 为酉算子, 如果它保持内积不变, 即如果 U 是线性的, 并对所有 $v, w \in X$ 满足关系式

$$\boxed{(Uv, Uw) = (v, w).}$$

X 上的所有酉算子的集合构成一个群, 称其为酉群, 并记以 $U(n, X)$. 这个群中所有满足另外一个关系

$$\det U = 1$$

的所有算子构成了 $U(n, X)$ 的一个子群, 记其为 $SU(n, X)$, 称之为特殊酉群. 所有线性算子 $U : X \to X$ 属于 $U(n, X)$, 当且仅当

$$\boxed{UU^* = U^*U = I.}$$

在实空间情形 (即 $\mathbb{K} = \mathbb{R}$), 我们以 $O(n, X)$(分别地, $SO(n, X)$) 代替 $U(n, X)$(分别地, $SU(n, X)$) 并且称这种情形下的这个群为正交群(分别地, 特殊正交群)[1].

例 1: 相对于某个原点 O 的我们现实三度空间的位置向量 $\boldsymbol{u}, \boldsymbol{v}$ 构成一个实的三维希尔伯特空间 H, 其具有通常的内积

$$\boxed{(\boldsymbol{u}, \boldsymbol{v}) = \boldsymbol{uv}}$$

(图 3.93). 群 $SO(3, H)$ 由绕点 O 的所有旋转组成. 如果再加上对点 O 的反射 $\boldsymbol{u} \mapsto -\boldsymbol{u}$(就是说, 我们考虑所有由 $SO(3, H)$ 中元与这种反射的复合形成的变换的群), 则我们便得到了 $O(3, H)$.

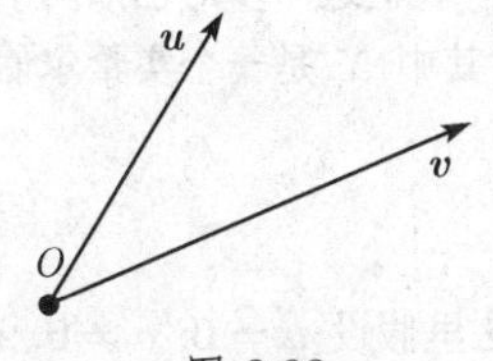

图 3.93

酉几何 由定义, 一个性质属于希尔伯特空间 X 的酉几何, 当且仅当它在群 $U(n, X)$ 的所有算子下不变. 在这个意义下, 下列性质应属于酉几何. 体积是一个例外, 它只在保持定向的变换下不变. 酉几何把直观的例 1 推广到任意维的情形.

---

1) 群 $U(n, X), SU(n, X), O(n, X)$ 和 $SO(n, X)$ 均是维数分别为

$$\dim U(n, X) = n^2, \quad \dim SU(n, X) = n^2 - 1,$$

$$\dim U(n, X) = \dim SO(n; X) = \frac{n(n-1)}{2}$$

的实紧李群. 这些维数表明了这些群依赖了多少参数 (参看 [212]).

正交性 两个向量 $u, v \in X$ 被称为正交的, 如果它们满足

$$\boxed{(u, v) = 0.}$$

如果 L 是 X 的一个线性子空间, 我们以 $L^{\perp}$ 表示 L 的正交补. 按定义, 这表明

$$L^{\perp} := \{\boldsymbol{w} \in X | (\boldsymbol{v}, \boldsymbol{w}) = 0, 对所有\ \boldsymbol{v} \in L\}.$$

对任意一个向量 $\boldsymbol{u} \in X$ 有一个唯一的分解

$$\boxed{\boldsymbol{u} = \boldsymbol{v} + \boldsymbol{w}, \quad \boldsymbol{v} \in L, \boldsymbol{w} \in L^{\perp}.}$$

特别地, $X = L \oplus L^{\perp}$, 并且有关于维数的公式

$$\dim L + \dim L^{\perp} = \dim X.$$

长度和距离 如果对每个向量 $\boldsymbol{u} \in X$ 伴以一个长度$\|\boldsymbol{u}\|$, 其定义为

$$\boxed{\|\boldsymbol{u}\| := \sqrt{(\boldsymbol{u}, \boldsymbol{u})}.}$$

我们有 $\|\boldsymbol{u}\| > 0$ 当且仅当 $\boldsymbol{u} \neq \boldsymbol{0}$. 另外对于 $\boldsymbol{u} = \boldsymbol{0}$ 有 $\|\boldsymbol{u}\| = 0$. 于是数

$$\boxed{d(\boldsymbol{u}, \boldsymbol{v}) := \|\boldsymbol{u} - \boldsymbol{v}\|}$$

称为两个向量 $\boldsymbol{u}$ 和 $\boldsymbol{v}$ 之间的距离. 以此距离的概念, 每个希尔伯特空间都成为一个度量空间.

角 我们进一步对已知两个向量 $\boldsymbol{u}, \boldsymbol{v} \in X$ 伴以一个唯一确定的这两个向量之间的角, 其中 X 是一个实希尔伯特空间; 这个角 α 的定义为

$$\cos \alpha = \frac{(\boldsymbol{u}, \boldsymbol{v})}{\|\boldsymbol{u}\| \|\boldsymbol{v}\|}, \quad 0 \leqslant \alpha \leqslant \pi.$$

在这里假设 $\boldsymbol{u} \neq \boldsymbol{0}$, $\boldsymbol{v} \neq \boldsymbol{0}$. 在任意实和复的希尔伯特空间 X, 我们有施瓦茨不等式

$$\boxed{|(\boldsymbol{u}, \boldsymbol{v})| \leqslant \|\boldsymbol{u}\| \|\boldsymbol{v}\|, 对所有\ \boldsymbol{u}, \boldsymbol{v} \in X.}$$

法正交基 X 中 n 个已知向量 $\boldsymbol{e}_1, \cdots, \boldsymbol{e}_n$ 构成一组法正交基, 如果

$$\boxed{(\boldsymbol{e}_j, \boldsymbol{e}_k) = \delta_{jk}, \quad j, k = 1, \cdots, n.}$$

这时我们对任一向量 $\boldsymbol{u} \in X$ 有傅里叶表示

$$\boldsymbol{u} = \sum_{j=1}^{n} u_j \boldsymbol{e}_j, \tag{3.73}$$

其傅里叶系数

$$u_j := (\boldsymbol{e}_j, \boldsymbol{u}).$$

数组 $(u_1, \cdots, u_n)$ 按定义构成了向量关于基 $\boldsymbol{e}_1, \cdots, \boldsymbol{e}_n$ 的笛卡儿坐标.

基本定理 每个希尔伯特空间都有一组法正交基.

构造酉算子 若 $\boldsymbol{e}_1, \cdots, \boldsymbol{e}_n$ 和 $\boldsymbol{e}'_1, \cdots, \boldsymbol{e}'_n$ 为希尔伯特空间 X 中任意两组基, 则由

$$U\boldsymbol{e}_j := \boldsymbol{e}'_j, \quad j = 1, \cdots, n \tag{3.74}$$

定义的映射是一个酉算子 $U : X \to X$. 按此方法得到 X 上的所有酉算子.

定理 1 一个线性算子 $U : X \to X$ 为酉算子当且仅当每个法正交基还是映成一组法正交基.

定向 一个希尔伯特空间 X 的定向是由选取一个固定的法正交基 $\boldsymbol{e}_1, \cdots, \boldsymbol{e}_n$ 给出的, 并定义体积形式

$$\boxed{\mu = \mathrm{d}x^1 \wedge \mathrm{d}x^2 \wedge \cdots \wedge \mathrm{d}x^n.}$$

在这里的 $\mathrm{d}x^j : X \to \mathbb{R}$ 是一个线性映射, 它满足 $\mathrm{d}x^j(e_k) = \delta_{jk}$, 对所有 $j, k = 1, \cdots, n$. 如果 $b_1, \cdots, b_n$ 是 X 中任意一组基, 则称数

$$\boxed{\alpha := \mathrm{sgn}\mu(b_1, \cdots, b_n)}$$

为这组基的定向. 我们总有 $\alpha = 1$(正定向) 或 $\alpha = -1$(负定向).

定理 2 (i) 对任意法正交基 $e'_1, \cdots, e'_n$ 有

$$\mu = \alpha \mathrm{d}x'^1 \wedge \mathrm{d}x'^2 \wedge \cdots \wedge \mathrm{d}x'^n,$$

即体积形式 μ 的定义只依赖于希尔伯特空间的定向.

(ii) 一个酉变换保持定向不变; 当且仅当 $\det U = 1$, 即当 $U \in SO(n, X)$.

体积 设 $\mathscr{G}$ 代表一个实定向希尔伯特空间 X 中的有界区域. $\mathscr{G}$ 的体积定义为

$$\mathrm{Vol}(\mathscr{G}) := \int_{\mathscr{G}} \mu.$$

为了解释这个公式, 可通过分解 (3.73). 设 G 表示在 $\mathscr{G}$ 中点的全部笛卡儿坐标 $(x_1, \cdots, x_n)$ 的集合. 于是得到经典的公式

$$\int_{\mathscr{G}} \mu = \int_G \mathrm{d}x_1 \mathrm{d}x_2 \cdots \mathrm{d}x_n.$$

这个体积只依赖于希尔伯特空间 X 定向的选取. 相反的定向给出该体积的符号改变.

若 $U: X \to X$ 为 $O(n,X)$ 中的算子, 则有

$$\boxed{\mathrm{Vol}(U\mathscr{G}) = (\mathrm{sgn}U)\mathrm{Vol}(\mathscr{G}),}$$

其中 $\mathrm{sgn}U = \pm 1$ 且 $\mathrm{sgn}U = 1$ 当 $U \in SO(n,X)$.

无穷小酉算子和李代数 $u(n,X)$ 一个算子 $A: X \to X$ 被称为无穷小酉算子, 如果它是线性的, 并满足关系式

$$\boxed{(u, A_v) = -(Au, v), \quad u, v \in X.}$$

这等价于 $A^* = -A$ (A 是反埃尔米特的). 所有这样的算子的集合记之为 $u(n,X)$, 而所有满足附加条件 $\mathrm{tr}A = 0$ 的这些算子 ($\det A = 0$ 的无穷小形式) 的集合按定义组成了集合 $su(n,X)$.

若 X 是实希尔伯特空间, 则以 $o(n,X)$(分别地, $so(n,X)$) 代替 $u(n,X)$(分别地, $su(n,X)$).

定理 3 设 X 为复希尔伯特空间, 满足 $\dim X = n$.

(i) 对于李括号

$$[A,B] := AB - BA \tag{3.75}$$

以及通常线性算子的线性组合 $\alpha A + \beta B, \alpha, \beta \in \mathbb{R}, u(n,X)$ 成为一个实向量空间从而一个 $\dim u(n,X) = n^2$ 的李代数. 另外, $su(n,X)$ 是 $u(n,X)$ 的子李代数, 维数为 $\dim su(n,X) = n^2 - 1$.

(ii) 由 $A \in u(n,X)$ 知 $\exp(A) \in U(n,X)$($\exp(A)$ 是算子的幂级数). 反之, 存在数 $\varepsilon > 0$ 使得对每个 $U \in U(n,X)$, 满足 $\|I - U\| < \varepsilon$, 存在一个唯一的算子 $A \in u(n,A)$ 使得

$$\boxed{U = \mathrm{e}^A,} \tag{3.76}$$

即 $A = \ln U$(这仍然是算子的一个幂级数).

(iii) 由 $A \in su(n,X)$ 得到 $\exp(A) \in SU(n,X)$. 反之, 存在一个数 $\varepsilon > 0$ 使得对每个 $U \in SU(n,X)$ 满足 $\|T - U\| < \varepsilon$ 时存在一个唯一的算子 $A \in su(n,X)$ 满足方程 (3.76).

论述 (ii)(分别地, (iii)) 表明 $u(n,X)$(分别地 $su(n,X)$) 代表了李群 $U(n,X)$(分别地, $SU(u,X)$) 的李代数 (参看 [212]).

定理 4 设 X 为一实希尔伯特空间, $\dim X = n$.

(i) 相对于李括号 (3.75), $o(n,X)$ 是个实向量空间及 $\dim o(n,X) = n(n-1)/2$ 的李代数.

(ii) 由 $A \in o(n,X)$ 得到 $\exp(A) \in O(n,X)$. 反之, 存在数 $\varepsilon > 0$ 使得对每个满足 $\|I - U\| < \varepsilon$ 的 $U \in O(n,X)$ 存在一个唯一的算子 $A \in o(n,X)$ 使得 $U = \exp(A)$, 即 $A = \ln U$.

(iii) 由 $A \in so(n,X)$ 得到 $\exp(A) \in O(n,X)$. 反之, 存在数 $\varepsilon > 0$ 使得满足 $\|I-U\| < \varepsilon$ 的每个 $U \in O(n,X)$ 存在一个唯一的算子 $A \in so(n,X)$ 其满足方程 (3.76).

根据 (ii)(分别地, (iii)), $o(n,X)$(分别地, $so(n,X)$) 是李群 $O(n,X)$(分别地, $SO(n,X)$) 的李代数.

构造一个希尔伯特空间 设 $e_1, \cdots, e_n$ 为一个线性空间 X 的一组基. 我们定义

$$(e_j, e_k) = \delta_{jk}, \quad \text{对所有的} j, k. \tag{3.77}$$

这样, X 便成了具有法正交基 $e_1, \cdots, e_n$ 的一个希尔伯特空间. 更加显式地, 有

$$(u, v) = \overline{x}_1 y_1 + \cdots + \overline{x}_n y_n,$$

其中 (x_j) 和 (y_j) 分别代表 u 和 v 的笛卡儿坐标. 这给出了每个线性空间以一个希尔伯特空间的结构. 但这里的内积依赖于基的选取.

对粒子物理的夸克模型的应用 考虑一个三维复希尔伯特空间 X, 其具法正交基 e_1, e_2, e_3. 我们的解释是[1]:

e_1 是 u 夸克 (上), e_2 是 d 夸克 (下) 而 e_3 是 s 夸克 (奇异). 物理状态对应于 X 中具单位长的向量. 如果 $u \in X$, $\|u\| = 1$, 则傅里叶表示

$$\boxed{u = (e_1, u)e_1 + (e_2, u)e_2 + (e_3, u)e_3}$$

使我们有下面的物理解释:

$$\boxed{|(e_j, u)|^2 \text{ 是夸克 } e_j \text{ 在状态 } u \text{ 中存在的概率.}}$$

这里用到了关系

$$|(e_1, u)|^2 + |(e_2, u)|^2 + |(e_3, u)|^2 = (u, u) = 1.$$

按定义, 两个单位向量 u 和 v 代表同一个物理态是说, 如果有复数 λ, 其绝值满足 $|\lambda| = 1$ 使得 $u = \lambda v$.

(可观测的)物理量是指由自伴算子$A: X \to X$ 所代表的, 即使得 $A = A^*$. 数

$$\boxed{\overline{A} := (u, Au)}$$

1) 在自然界中有六个夸克. 它们中最后一个即顶级夸克, 直到 1994 年才经实验证实. 一个光子由两个 u 夸克和一个 d 夸克组成. 这对应于状态

$$p = \frac{1}{\sqrt{2}}(e_1 \otimes e_1 \otimes e_2 - e_2 \otimes e_1 \otimes e_1). \tag{3.78}$$

夸克的物理和数学的更详细的讨论将在 [212] 中给出.

总为实数, 它是物理可观测量 A 在状态 u 被测量时的期望值. 相应的变差 $\Delta A \geqslant 0$ 来自

$$(\Delta A)^2 := (A - \overline{A})^2 = (u, (A - \overline{A})^2 u).$$

夸克的超荷和同位旋 夸克的数学模型中起决定性作用的是群 $SU(3, X)$ 及其李代数 $su(3, X)$. 按定义, 李代数 $\mathscr{L}$ 的嘉当代数 $\mathscr{C} = \mathscr{C}(\mathscr{L})$ 是 $\mathscr{L}$ 的最大交换子代数.

对于 $su(3, X)$, 我们有 $\dim\mathscr{D} = 2$. 可取 $i\mathscr{T}_3$ 和 $i\mathscr{Y}$ 得到 $\mathscr{C}$ 的一组基, 基中 $\mathscr{T}_3, \mathscr{Y} : X \to X$ 为自伴线性算子. 显式地有

$$\boxed{\begin{aligned} &\mathscr{T}_3 e_1 = \frac{1}{2} e_1, \quad \mathscr{T}_3 e_2 = -\frac{1}{2} e_2, \quad \mathscr{T}_3 e_3 = 0, \\ &\mathscr{Y} e_1 = \frac{1}{3} e_1, \quad \mathscr{Y} e_2 = \frac{1}{3} e_2, \quad \mathscr{Y} e_3 = -\frac{2}{3} e_3. \end{aligned}} \tag{3.79}$$

我们称 $\mathscr{T}_3$(分别地, $\mathscr{Y}$) 为此同位旋 (分别地, 超荷) 的第三个分量的算子. $\mathscr{T}_3$(分别地, $\mathscr{Y}$) 的特征值 T_3(分别地, Y) 被称为对应的夸克粒子的同位旋 (分别地, 超荷) 的第三分量.

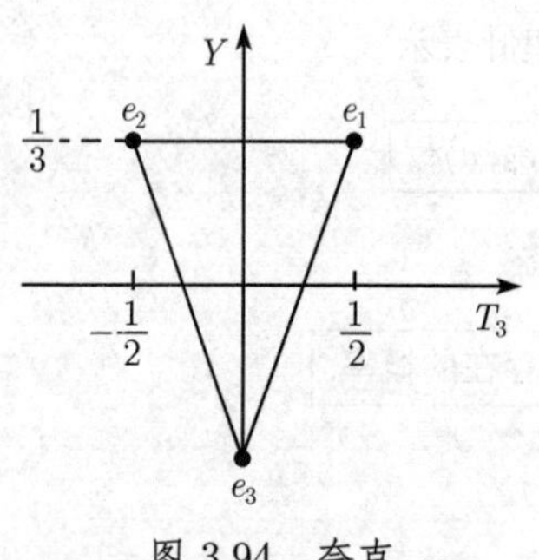

图 3.94 夸克

例 2: 根据 (3.79), 我们对 u 夸克 e_1 有 $T_3 = Y_2$ 和 $Y = 1/3$(图 3.94).

对夸克的负荷算子 根据盖尔曼 (Gell-Mann) 和西岛 (1953), 对基本粒子的负荷算子 $\mathscr{Q}$ 由下面的著名公式给出:

$$\boxed{\mathscr{Q} := \left(\mathscr{T}_3 + \frac{1}{2}(\mathscr{Y} + \mathscr{S})\right)|e|.}$$

这里的 $\mathscr{S}$ 是奇异算子[1], 而 e 代表电子的负荷. 在希尔伯特空间 X, 对于这三个夸克 e_1, e_2 和 e_3 有关系 $\mathscr{S} = 0$. 因此有

$$\boxed{\mathscr{Q} e_1 = \frac{2}{3}|e| e_1, \quad \mathscr{Q} e_2 = \frac{1}{3}|e| e_2, \quad \mathscr{Q} e_3 = -\frac{1}{3}|e| e_3.}$$

例 3(光子的负荷): 27 个张量积 $e_i \otimes e_j \otimes e_k, i, j, k = 1, 2, 3$ 构成了空间 $Z := X \otimes X \otimes X$ 的一组基. 设一个线性算子 $A : X \to X$ 作用于 Z, 其公式为

$$A(e_i \otimes e_j \otimes e_k) = (Ae_i) \otimes e_j \otimes e_k + e_i \otimes (Ae_j) \otimes e_k + e_i \otimes e_j \otimes (Ae_k).$$

因此由 (3.78) 得到对光子态的特征值公式

1) $\mathscr{S}$ 的特征值与一个量子数 s 对应; 如果 $s \neq 0$, 则认定这些粒子为 "奇异". 这三个夸克 e_1, e_2 和 e_3 不是奇异的.

$$\mathscr{Q}_p = \frac{1}{\sqrt{z}}(\mathscr{Q}e_1 \otimes e_1 \otimes e_2 + \cdots) + \cdots$$

它给出了

$$\boxed{\mathscr{Q}_p = |e|p,}$$

换句话说, 光子具有负荷 $|e|$.

与矩阵计算的关系 设 X 的 $\mathbb{K}$ 上的一个 n 维希尔伯特空间. 我们选取一组法正交基 $e_1, \cdots, e_n$ 并对每个线性算子 $A: X \to X$ 伴以一个矩阵 $\mathscr{A} = (a_{ij})$, 这只要令

$$a_{jk} := (e_j, A_{e_k})$$

即可. 于是有

$$A(\alpha_1 e_1 + \cdots + \alpha_n e_n) = \sum_{j=1}^{n} (\mathscr{A}\alpha)_j e_j = \sum_{j,k=1}^{n} a_{jk}\alpha_k e_j.$$

以 $L(X, X)$ 记由所有线性算子 $A: X \to X$ 构成的环. 又, 设 $L(\mathbb{K}^n, \mathbb{K}^n)$ 表示由所有 $n \times n$ 矩阵组成的环, 其中矩阵的每个分量在 $\mathbb{K}$ 中.

定理 5 利用关联关系 $A \mapsto \mathscr{A}$, 定义了一个双射的线性映射

$$\boxed{\varphi: L(X, X) \to L(\mathbb{K}^n, \mathbb{K}^n),} \tag{3.80}$$

它保持了乘法结构以及 $*$ 结构, 这表明对所有 $A, B \in L(X, X), \alpha, \beta \in \mathbb{K}$ 有

(i) $\varphi(\alpha A + \beta B) = \alpha\varphi(A) + \beta\varphi(B)$;

(ii) $\varphi(AB) = \varphi(A)\varphi(B)$;

(iii) $\varphi(A^*) = \varphi(A)^*$.

注意, 对于实矩阵有 $A^* = A^{\mathrm{T}}$.

例 4: 设 X 为复希尔伯特空间. φ 诱导出群同构

$$\boxed{U(n, X) \simeq U(n) \quad 和 \quad SU(n, X) \simeq SU(n).}$$

在这里 $U(n)$ 代表所有 $n \times n$ 复酉矩阵的群, 即其中的矩阵满足关系 $U^*U = UU^* = E$. 记号 $SU(n)$ 表示 $U(n)$ 中满足 $\det U = 1$ 的矩阵 U 组成的子群.

例 5: 设 X 为实希尔伯特空间. 则 φ 诱导了同构

$$\boxed{O(n, X) \simeq O(n) \quad 和 \quad SO(n, X) \simeq SO(n).}$$

在这里 $O(n)$ 代表所有 $n \times n$ 实正交矩阵的群, 即其由关系 $U^{\mathrm{T}}U = UU^{\mathrm{T}} = E$ 成立为特征. 另外, $SO(n)$ 表示由 $U \in O(n)$, $\det U = 1$ 构成的子群.

3.9.3 伪酉几何

伪酉几何不是我们日常生活所经历的真实几何, 但是, 它是爱因斯坦的狭义相对论的几何.

例 1: 空间 $\mathbb{R}^2$ 可以被做成一个伪酉空间, 其莫尔斯指数 $m=1$, 符号差为 $(1,1)$, 其意义是按下面

$$B(u,v):=u_1v_1-u_2v_2,\quad 对所有u,v\in\mathbb{R}^2$$

来定义. 其对应的伪正交群 $O(1,1)$ 由所有变换

$$\begin{pmatrix} u_1' \\ u_2' \end{pmatrix}=(\pm1)\begin{pmatrix} \cosh\alpha & -\sinh\alpha \\ -\sinh\alpha & \cosh\alpha \end{pmatrix}\begin{pmatrix} u_1 \\ u_2 \end{pmatrix},\quad \alpha\in\mathbb{R}$$

组成. 对此几何的一个重要事实是存在向量 $u\neq0$ 使 $B(u,u)=0$; 例如在目前情形 $u=(1,1)^{\mathrm{T}}$. 具有这个性质的向量被称为迷向的.

定义　一个伪酉空间是一个在 $\mathbb{K}$ 上的有限空间 X, 其上具有一个映射 $B:X\times X\to\mathbb{K}$ 使得对所有 $u,v,w\in X$ 和所有 $\alpha,\beta\in\mathbb{K}$ 满足下列性质:

(i) $B(w,\alpha u+\beta v)=\alpha B(w,u)+\beta B(w,v)$.

(ii) $\overline{B(u,v)}=B(v,u)$.

(iii) 如果对所 $v\in X$ 有 $B(u,v)=0$, 则 $u=0$.

条件 (iii) 表明形式 B 为非退化. 由 (i) 和 (ii) 得出

$$B(\alpha u+\beta u,w)=\overline{\alpha}B(u,w)+\overline{\beta}(v,w).$$

这里的 $\overline{\alpha}$ 代表 α 的复共轭. 在一个实空间 X(即 $\mathbb{K}=\mathbb{R}$) 中整个 “$^-$” 都被省略.

莫尔斯指数和符号差　如果 $e_1,\cdots,e_n$ 为 X 的一组基, 于是我们可构造一个矩阵 $\mathscr{B}=(b_{jk})$, 其中

$$b_{jk}:=B(e_j,e_k),\quad j,k=1,\cdots,n.$$

于是 $\mathscr{B}$ 是自伴的, 即 $\mathscr{B}^*=\mathscr{B}$. $\mathscr{B}$ 的所有特征值为实和非零. $\mathscr{B}$ 的负特征值的个数被称作 B 的莫尔斯指数(注意, 根据西尔维斯特惯性定理, 此数与基的选取无关) 而 $(n-m,m)$ 被称为 B 的符号差.

伪法正交基　称空间的一组基 $e_1,\cdots,e_n$ 为伪法正交的, 如果

$$B(e_j,e_k)=\begin{cases} 0, & j\neq k, \\ 1, & j=k,j=1,\cdots,n-m, \\ -1, & j=k,j=n-m+1,\cdots,n. \end{cases}$$

基定理　(i) 总存在 X 的伪法正交基 $e_1,\cdots,e_n$.

(ii) 每个向量 $u\in X$ 可唯一地写为形式

$$u=x_1e_1+\cdots+x_ne_n.$$

称数 $x_1,\cdots,x_n\in\mathbb{K}$ 为 u 的伪笛卡儿坐标. 这些当然依赖于伪法正交基的选取.

(iii) 如果定义一个线性映射 $\mathrm{d}x^j : X \to \mathbb{K}$ 为

$$\mathrm{d}x^j(\alpha_1 e_1 + \cdots + \alpha_n e_n) = \alpha_j,$$

于是有

$$\boxed{B = \overline{\mathrm{d}x^1} \otimes \mathrm{d}x^1 + \overline{\mathrm{d}x^2} \otimes \mathrm{d}x^2 + \cdots + \overline{\mathrm{d}x^n} \otimes \mathrm{d}x^n.}$$

伪酉群 $U(n-m, m; X)$ 称一个算子 $U : X \to X$ 为伪酉算子是说, 如果 U 保持埃尔米特形式 B 不变, 即 U 为线性并且对所有 $v, w \in X$ 有

$$\boxed{B(Uv, Uw) = (v, w).}$$

X 上伪酉算子的集合形成一个群, 称其为*伪酉群* $U(n-m, n; X)$. 在 $U(n-m, m; X)$ 中满足

$$\det U = 1$$

的所有算子构成一个子群, 记其为 $SU(n-m, m; X)$ 并称其为*特殊伪酉群*. 在 X 为实空间的情形, 我们以符号 $O(n-m, m; X)$(分别地, $SO(n-m, m; X)$) 替代 $U(n-m, m; X)$(分别地, $SU(n-m, m; X)$) 并称其为*伪正交群*(分别地, *特殊伪正交群*)[1)]

注 在文献中, 前缀 "伪 (pseudo)" 经常被略去, 并且谈及*相对于B的酉算子* 而不管 B 的符号差. 在文献中也使用一个较准确的记号是 $U(B, X)$, 用文字表达即: X 的保持 B 不变的线性变化的酉群. 如果考虑到基变换和想到作为显式表达的矩阵群的群时, 这种差别是重要的. 记号 $U(n-m, m; X)$ 表明形式 B 在所给基上为对角形式. 相似地, 对于特殊伪正交群的更准确的记号是 $SU(B, X)$, 并且通常称此子群为 B 的特殊酉群.

定理 设 X 为复线性空间. 若线性算子 $U : X \to X$ 把 X 的任意一个伪酉基变到另一个伪酉基, 则 U 属于 $U(n-m, m; X)$. 若 X 为实的, 则以 O 替换 U 后的相应论述成立.

伪酉几何 若一个性质在群 $U(n-m, m; X)$ 中所有运算下不变, 则称它属于伪酉几何.

例 2: *正交向量*, *伪法正交基*和*迷向向量*全都是伪酉几何的概念, 即所定义的性质 (法正交性、迷向等) 在所有 $U \in U(n-m, m; X)$ 下保持不变.

这些概念的定义如下. 称两个向量 u 和 v 为正交的, 如果

$$B(u, v) = 0.$$

---

1) 群 $U(n-m, m; X), SU(n-m, m; X), O(n-m, m; X)$ 和 $SO(n-m, m; X)$ 是维数分别为

$$\dim U(n-m, m; X) = n^2, \quad \dim SU(n-m, m; X) = n^2 - 1,$$
$$\dim O(n-m, m; X) = \dim SO(n-m, m; X) = \frac{n(n-1)}{2}$$

的李群. 这些维数表明了这些群所依赖的实参数的个数 (参看 [212]).

一个向量被称为迷向的, 如果它与自己正交, 即 $B(u,u)=0$.

无穷小伪酉算子和李代数 $u(n-m,m;X)$ 称一个算子 $A:X\to X$ 为无穷小伪酉的, 如果它是线性的, 并且对所有 $u,v\in X$ 满足

$$\boxed{B(u,Av)=-B(Au,v).}$$

按定义, 这些算子的集合构成了空间 $u(n-m,m;X)$. 满足 $\mathrm{tr}A=0$ 的算子 $A\in u(n-m,m;X)$ 的集合按定义构成了集合 $su(n-m,m;X)$.

若 X 是实的, 则记 $u(n-m,m;X)$ (分别地, $su(n-m,m;X)$) 为 $O(n-m,m;X)$ (分别地, $so(n-m,m;X)$). 3.9.2 的定理 3 和定理 4 在把 "希尔伯特空间" 换作 "伪酉空间" 时仍旧成立. 我们只需把 $U(n,X)$ 换成 $U(n-m,m;X)$. 相似地, 对所有其他在此出现的群和代数我们直接把 "n" 换成 "$n-m,n$" 就可以了.

与矩阵计算的关联 选取一个固定的法正交基 $e_1,\cdots,e_n$ 并赋予此线性空间 X 一个内积: $(e_j,e_k):=\delta_{jk}$. 对每个线性算子 $A:X\to X$ 相伴一个矩阵 $\mathscr{A}:=(a_{jk})$, 其中

$$a_{jk}:=(e_j,Ae_k).$$

若 X 是一个复线性空间, 则由 $A\mapsto\mathscr{A}$ 定义的映射诱导了群的同构

$$\boxed{U(n-m,m;X)\simeq U(n-m,m)\quad 和\quad SU(n-m,m;X)\simeq SU(n-m,m).}$$

类似地, 对于实空间 X 我们得到群同构

$$\boxed{O(n-m,m;X)\simeq O(n-m,m)\quad 和\quad SO(n-m,m;X)\simeq SO(n-m,m).}$$

定义 群 $U(n-m,m)$ 正好由满足性质

$$\mathscr{A}^*\mathscr{D}_{n-m,m}\mathscr{A}=\mathscr{D}_{n-m,m}$$

的 $n\times n$ 矩阵 $\mathscr{A}$ 组成. 其中 $\mathscr{D}_{n-m,m}$ 是形如

$$\mathscr{D}_{n-m}:=\begin{pmatrix}\boldsymbol{I}_{n-m} & \boldsymbol{O}\\ \boldsymbol{O} & -\boldsymbol{I}_m\end{pmatrix}$$

的矩阵, 而 $\boldsymbol{I}_r$ 表示大小为 r 的单位矩阵 (即一个 $r\times r$ 的矩阵). 满足 $\det\mathscr{A}=1$ 的矩阵 $\mathscr{A}$ 的子集按定义构成了线性 (矩阵) 群 $SU(n-m,m)$. 类似地, $O(n-m,m)$(分别地, $SO(n-m,m)$) 由 $U(n-m,m)$(分别地, $SU(n-m,m)$) 中的实矩阵集合组成.

3.9.4 闵可夫斯基几何

闵可夫斯基几何是一个四维实向量空间的几何，其具有一个不定内积：

$$\boxed{\boldsymbol{uv} := B(\boldsymbol{u},\boldsymbol{v}) \quad \text{对所有} \quad \boldsymbol{u},\boldsymbol{v} \in M_4.} \tag{3.81}$$

在后面我们将只用与坐标系选取无关的那些概念. 在 3.9.5 中我们要表明这样做如何导致了对于狭义相对论的一个漂亮的阐述，一个适合于阐述最重要的物理原理：*爱因斯坦的相对性原理*.

定义 闵可夫斯基空间 M_4 是个实伪酉 (即伪正交) 空间，其内积形式的符号差为 (3,1).

伪法正交基 称 M_4 的一个已知基 $\boldsymbol{e}_1,\boldsymbol{e}_2,\boldsymbol{e}_3,\boldsymbol{e}_4$ 为*伪法正交的*，如果[1)]

$$\begin{gathered}\boldsymbol{e}_1^2=\boldsymbol{e}_2^2=\boldsymbol{e}_3^2=1, \quad \boldsymbol{e}_4^2=-1,\\ \boldsymbol{e}_j\boldsymbol{e}_k=0, \quad \text{对} \quad j\neq k.\end{gathered} \tag{3.82}$$

由分解

$$\boxed{\boldsymbol{u}=x_1\boldsymbol{e}_1+x_2\boldsymbol{e}_2+x_3\boldsymbol{e}_3+x_4\boldsymbol{e}_4} \tag{3.83}$$

我们得到内积 $\boldsymbol{uu}^*$ 的分量表示，称其为*洛伦兹内积*

$$\boxed{\boldsymbol{uu}^*=x_1x_1^*+x_2x_2^*+x_3x_3^*-x_4x_4^* \quad \text{对所有} \quad u,u^*\in M_4}. \tag{3.84}$$

对称群 属于 M_4 的群 $O(3,1;M_4)$ 被称为*洛伦兹群*. 按定义，一个线性算子 $A: M_4\to M_4$ 属于洛伦兹群，当且仅当它保持洛伦兹内积，即

$$\boxed{(Au)(Au)=uv \quad \text{对所有} \quad u,v\in M_4}$$

按定义，群 $SO(3,1;M_4)$ 由所有满足 $\det A=1$ 的所有变换 $A\in O(3,1;M_4)$ 组成.

定义*正常洛伦兹群* $SO^+(3,1;M_4)$ 为所有满足

$$\operatorname{sgn}(Au)e_4=\operatorname{sgn} ue_4, \quad \text{对所有} \quad u\in M_4$$

的 $A\in SO(3,1;M_4)$ 组成. 这个定义与伪法正交基 e_1,e_2,e_3,e_4 的选取无关.

像我们将会看到的，$SO(3,1;M_4)$ 中的元素保持定向不变，而 $SO^+(3,1,M_4)$ 中元还另外保持了时间的方向.

庞加莱群 $P(M_4)$ 这个在量子场论中最重要的群按定义由所有 M_4 到 M_4 的变换

$$\boxed{u'=Au+a, \quad u\in M_4}$$

1) 在文献中，对应于 $-uv$ 的内积也被使用. 我们在此所采用的约定的好处是将欧几里得标准度量以特殊情形给出.

另一方面，其他约定的好处在于给出一个运动粒子的四维世界时间的伪黎曼弧长的直接物理解释，即与粒子的固有时间成比例.

的集合组成, 其中的 $A \in O(3,1;M_4)$, $a \in M_4$.

向量的分类 设 $u \in M_4$ 为一已知向量.

(i) 如果 $u^2 > 0$, 称 u 为类空的.

(ii) 如果 $u^2 < 0$, 称 u 为类时的.

(iii) 如果 $u^2 = 0$, 称 u 为类光的.

弧长 如果 $u = u(\sigma), \sigma_1 \leqslant \sigma \leqslant \sigma_2$ 为 M_4 上的一条曲线, 我们定义相对于曲线参数 σ 的弧长 s 以公式:

$$\frac{\mathrm{d}s}{\mathrm{d}\sigma} = \begin{cases} \sqrt{u'(\sigma)^2}, & \text{其中 } u'(\sigma)^2 \geqslant 0, \\ \mathrm{i}\sqrt{-u'(\sigma)^2}, & \text{其中 } u'(\sigma)^2 < 0. \end{cases}$$

对此我们可更简短地写成

$$\boxed{\mathrm{d}s^2 = u'(\sigma)^2 \mathrm{d}\sigma^2.} \tag{3.85}$$

情形 1: 如果曲线 $u = u(\sigma)$ 对所有 σ 为类空的, 则我们可以引进弧长

$$s = \int_{\sigma_1}^{\sigma} \sqrt{u'(\sigma)^2} \mathrm{d}\sigma$$

作为此曲线上一个新参数.

情形 2: 如果曲线 $u = u(\sigma)$ 是类时的, 即 $u'(\sigma)$ 对所有 σ 是类时的, 于是我们可以用所谓的固有时

$$\boxed{\tau := \frac{1}{c} \int_{\sigma_1}^{\sigma} \sqrt{-u'(\sigma)^2} \mathrm{d}\sigma} \tag{3.86}$$

作为此曲线的一个新参数. 这里的 c 代表在真空中的光速[1].

定向 我们以挑出一个固定的伪法正交基 e_1, e_2, e_3, e_4 来对闵可夫斯基空间定向并定义体积形式

$$\boxed{\mu := \mathrm{d}x^1 \wedge \mathrm{d}x^2 \wedge \mathrm{d}x^3 \wedge \mathrm{d}x^4.} \tag{3.87}$$

在这里, $\mathrm{d}x^j : X \to \mathbb{R}$ 为线性映射, 满足 $\mathrm{d}x^j(e_k) = \delta_{jk}, j, k = 1, 2, 3, 4$. 如果 b_1, b_2, b_3, b_4 为 M_4 的任意一组基, 我们定义数

$$\boxed{\alpha := \mathrm{sgn}\mu(b_1, b_2, b_3, b_4)}$$

为该基的定向. 这个数或者 $\alpha = 1$, 这时我称其为一个正定向, 或者 $\alpha = -1$, 这时称其为一个负定向.

定理 (i) 对任意一个伪法正交基 $e_1', \cdots, e_4'$ 有

$$\mu = \alpha' \mathrm{d}x'^1 \wedge \mathrm{d}x'^2 \wedge \mathrm{d}x'^3 \wedge \mathrm{d}x'^4.$$

---

1) 在狭义相对论中, 类时曲线代表以高于光速运动的粒子的运动. 于是固有时 τ 则可以充作一个时钟的时间, 该时钟处于与粒子同一个标架中.

常数 α' 被确定为 $\alpha' = 1$(分别地, $\alpha' = 1$), 如果该基为正 (分别地, 负) 定向.

(iii) 一个洛伦兹变换 A 为保定向的, 当且仅当 $\det A = 1$, 换句话说, $A \in SO(3,1;M_4)$.

M_4 上的多重线性代数 闵可夫斯基空间 M_4 是个线性空间. 由于这个理由, 所有多重线性代数的概念可以应用于它. 其中的一些是

(i) 张量代数,

(ii) 外代数 (格拉斯曼代数),

(iii) 内代数 (克利福德代数),

(iv) 嘉当微分学和

(v) 霍奇算子 $*$(对偶算子).

在下面我们将借助于一组伪法正交基定义一系列的算子. 这些公式是一般的张量计算公式的特殊情形, 可以在 [212] 中找到. 特别地, 这个计算表明所有算子 $\mathrm{d}, \delta, \mathrm{Div}$ 都有一种不变性的意义并且不依赖于被用来定义它们的伪法正交基的选取. 另外, $*$ 算子也具有一种不变性, 但要假定我们只在它的定义中使用正定向的伪法正交基. 基的定向变化将使 $*$ 变成 $(-1)*$.

M_4 的张量代数 对任意两个向量 $u, v \in M_4$, 可定义张量积

$$\boxed{u \otimes v}$$

(参看 2.4.3.1).

M_4 的外代数 对两个向量 $\boldsymbol{u}, \boldsymbol{v} \in M_4$, 定义外积 $\boldsymbol{u} \wedge \boldsymbol{v} = \boldsymbol{u} \otimes \boldsymbol{v} - \boldsymbol{v} \otimes \boldsymbol{u}$. 有

$$\boxed{\boldsymbol{u} \wedge \boldsymbol{v} = -\boldsymbol{v} \wedge \boldsymbol{u}.}$$

这个乘积对应于在三维空间中的通常向量积. 但是 $\boldsymbol{u} \wedge \boldsymbol{v}$ 不再属于 M_4, 而是属于在对偶空间 M_4^* 上的一个反称双线性形的向量空间.

对偶 霍奇 $*$ 算子作用于外积空间. 如果 $\boldsymbol{e}_1, \boldsymbol{e}_2, \boldsymbol{e}_3, \boldsymbol{e}_4$ 为 M_4 的伪法正交基, 则有

$$*(\boldsymbol{e}_1 \wedge \boldsymbol{e}_2) = \boldsymbol{e}_4 \wedge \boldsymbol{e}_3, \quad *(\boldsymbol{e}_2 \wedge \boldsymbol{e}_3) = \boldsymbol{e}_4 \wedge \boldsymbol{e}_1, \quad *(\boldsymbol{e}_3 \wedge \boldsymbol{e}_1) = \boldsymbol{e}_4 \wedge \boldsymbol{e}_2,$$

$$*(\boldsymbol{e}_1 \wedge \boldsymbol{e}_4) = \boldsymbol{e}_2 \wedge \boldsymbol{e}_3, \quad *(\boldsymbol{e}_2 \wedge \boldsymbol{e}_4) = \boldsymbol{e}_3 \wedge \boldsymbol{e}_1, \quad *(\boldsymbol{e}_3 \wedge \boldsymbol{e}_4) = \boldsymbol{e}_1 \wedge \boldsymbol{e}_2.$$

$*$ 算子在 $\boldsymbol{u} \wedge \boldsymbol{v}$ 上一般的作用可由线性性从这些公式确定. 有

$$\boxed{**(\boldsymbol{u} \wedge \boldsymbol{v}) = \boldsymbol{v} \wedge \boldsymbol{u} \quad \text{对所有} \quad \boldsymbol{u}, \boldsymbol{v} \in M_4.}$$

例 1: $*(\boldsymbol{e}_1 \wedge (a\boldsymbol{e}_1 + b\boldsymbol{e}_2)) = *(b\boldsymbol{e}_1 \wedge \boldsymbol{e}_2) = b * (\boldsymbol{e}_1 \wedge \boldsymbol{e}_2) = b(\boldsymbol{e}_4 \wedge \boldsymbol{e}_3)$.

M_4 的内代数 (克利福德代数) 对所有 $\boldsymbol{u}, \boldsymbol{v} \in M_4$, 有

$$\boxed{\boldsymbol{u} \vee \boldsymbol{v} + \boldsymbol{v} \vee \boldsymbol{u} = 2\boldsymbol{u}\boldsymbol{v}.}$$

M_4 上的微分形式 设 $\boldsymbol{e}_1, \boldsymbol{e}_2, \boldsymbol{e}_3, \boldsymbol{e}_4$ 为一组伪法正交基，其相应的对偶基为 $\mathrm{d}x^1, \cdots, \mathrm{d}x^4$，它们由关系式

$$\boxed{\mathrm{d}x^j(\mathrm{e}_k) = \delta_{jk}, \quad j, k = 1, 2, 3, 4}$$

给出. 由此我们得出 p 形式, $p = 1, 2, 3, 4$.

例 2: 1 形式具有形式为

$$\omega = a_1 \mathrm{d}x^1 + a_2 \mathrm{d}x^2 + a_3 \mathrm{d}x^3 + a_4 \mathrm{d}x^4,$$

具有实值函数 $a_j : M_4 \to \mathbb{R}$. 乘积 $\mathrm{d}x^j \wedge \mathrm{d}x^k$ 的线性组合产生 2 形式, 等等. 体积形式

$$\mu = \mathrm{d}x^1 \wedge \mathrm{d}x^2 \wedge \mathrm{d}x^3 \wedge \mathrm{d}x^4$$

是 4 形式的一个例子.

外导数 d 对于 p 形式 ω, 其外导数

$$\boxed{\mathrm{d}\omega}$$

以一种不变方式定义 (参看 1.5.10.5).

例 3: 对一个函数 $a : M_4 \to \mathbb{R}$, 有

$$\mathrm{d}a = \partial_1 a \mathrm{d}x^1 + \cdots + \partial_4 a \mathrm{d}x^4,$$

其中 $\partial_j = \partial / \partial x_j$. 由此得到

$$\mathrm{d}(a\mathrm{d}x^1) = \mathrm{d}a \wedge \mathrm{d}x^1 = \partial_2 a \mathrm{d}x^2 \wedge \mathrm{d}x^1 + \partial_3 a \mathrm{d}x^3 \wedge \mathrm{d}x^1 + \partial_4 a \mathrm{d}x^4 \wedge \mathrm{d}x^1.$$

对于体积形式 μ, 我们得到 $\mathrm{d}\mu = 0$.

霍奇 δ 算子 对一任意 p 形式, 令

$$\boxed{\delta\omega := -(-1)^{(4-p)p} * \mathrm{d} * \omega.} \tag{3.88}$$

线性 $*$ 算子由下面的关系式定义:

(i) 0 形式的对偶: $*1 = \mathrm{d}x^1 \wedge \mathrm{d}x^2 \wedge \mathrm{d}x^3 \wedge \mathrm{d}x^4$.

(ii) 1 形式的对偶[1]: $*\mathrm{d}x^1 = \mathrm{d}x^2 \wedge \mathrm{d}x^3 \wedge \mathrm{d}x^4$.

(iii) 2 形式的对偶: $*(\mathrm{d}x^1 \wedge \mathrm{d}x^2) = \mathrm{d}x^3 \wedge \mathrm{d}x^4, *(\mathrm{d}x^2 \wedge \mathrm{d}x^3) = \mathrm{d}x^1 \wedge \mathrm{d}x^4, *(\mathrm{d}x^3 \wedge \mathrm{d}x^1) = \mathrm{d}x^2 \wedge \mathrm{d}x^4$.

要完全确定这个算子缺失的那些表达式可由对偶公式

$$\boxed{* * \omega = -(-1)^{(4-p)p} \omega}$$

1) 我们由循环置换得到 $*\mathrm{d}x^j$.

得到, 而此公式对任意 ω 均成立.

例 4: $*(\mathrm{d}x^3 \wedge \mathrm{d}x^4) = **(\mathrm{d}x^1 \wedge \mathrm{d}x^2) = \mathrm{d}x^2 \wedge \mathrm{d}x^1$,

$$*(\mathrm{d}x^2 \wedge \mathrm{d}x^3 \wedge \mathrm{d}x^4) = **\mathrm{d}x^1 = \mathrm{d}x^1,$$

$$*\mu = *(\mathrm{d}x^1 \wedge \mathrm{d}x^2 \wedge \mathrm{d}x^3 \wedge \mathrm{d}x^4) = **1 = -1.$$

$*$ 算子对任意形式的应用可以由算子的线性性结合上面给出的作用得到.

例 5: $*(a\mathrm{d}x^1 + b\mathrm{d}x^2) = a*\mathrm{d}x^1 + b*\mathrm{d}x^2 = a\mathrm{d}x^2 \wedge \mathrm{d}x^3 \wedge \mathrm{d}x^4 + b\mathrm{d}x^3 \wedge \mathrm{d}x^4 \wedge \mathrm{d}x^1$.

发散量算子 对 $F = T^{jk}e_j \otimes e_k$, 令

$$\boxed{\mathrm{Div}F := \partial_j T^{jk} e_k,}$$

在这里对既出现在上面也出现在下面的指标从 1 到 4 求和 (爱因斯坦约定).

算子 $\mathbf{Alt}(\boldsymbol{B})$ 对于向量 $\boldsymbol{B} = B^1\boldsymbol{e}_1 + B^2\boldsymbol{e}_2 + B^3\boldsymbol{e}_3$, 我们定义

$$\mathrm{Alt}(\boldsymbol{B}) := B^1(\boldsymbol{e}_2 \wedge \boldsymbol{e}_3) + B^2(\boldsymbol{e}_3 \wedge \boldsymbol{e}_1) + B^3(\boldsymbol{e}_1 \wedge \boldsymbol{e}_2).$$

3.9.5 对狭义相对论的应用

爱因斯坦的相对性原理 (1905)

> 在任意两个具有完全相同的初始条件和边界条件的惯性系中, 所有的物理过程被认定具有完全相同的性态. (3.89)

一个**惯性系** Σ 是一个具有一个法正交基 $\boldsymbol{i}, \boldsymbol{j}, \boldsymbol{k}$ 的笛卡儿坐标系 (x, y, z), 使得关于时间 t 一个没有外力的物体处于静止状态或者以均速沿直线运动.

例 1: 在每个惯性系中的真空中, 光速是常值, 记为常数 c.

爱因斯坦的相对性原理取代了伽利略的相对性原理, 根据它, (3.89) 对于力学的物理过程成立.

例 2: 设 Σ 和 Σ' 为两个惯性系, 它们具有相互平行的轴, 在其上一个 Σ 中的观察者观察到 Σ' 的原点的运动, 其方程为

$$x = vt$$

(图 3.95). 根据伽利略的原理, 有变换公式

$$x' = x - vt, \quad y' = y, \quad z = z', \quad t = t', \tag{3.90}$$

它是在 Σ 的坐标 x, y, z, t 和 Σ' 中坐标 x', y', z', t' 之间的变换 (即所谓的**伽利略变换**). 在 Σ 中的光线

$$x = ct$$

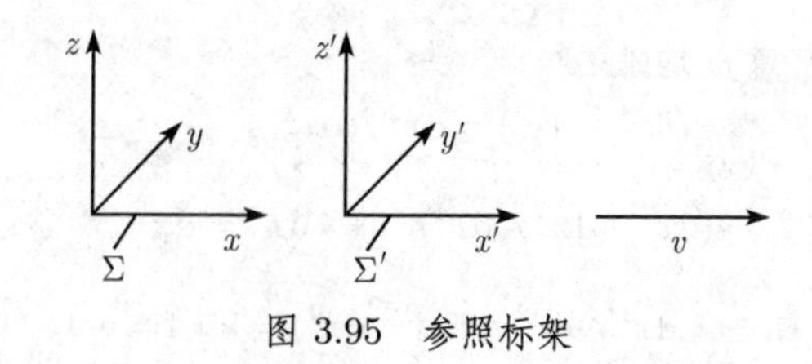

图 3.95 参照标架

在 Σ' 中有方程

$$x' = (c-v)t'.$$

这表明若在 Σ 中光速为 c, 则它在 Σ' 中的速度为 $c-v$, 这表明例 1 中的论述不成立. 这就是为什么爱因斯坦把伽利略变换换作特殊洛伦兹变换

$$\boxed{x' = \frac{x-vt}{\sqrt{1-v^2/c^2}}, \quad y' = y, \quad z' = z, \quad t' = \frac{t-vx/c^2}{\sqrt{1-v^2/c^2}}.} \tag{3.91}$$

由 $x = ct$ 从而得到 $x' = ct'$, 即例 1 中的论述现在实际有效.

若相对于光速 c, v 非常小, 则洛伦兹变换 (3.91) 近似于伽利略变换 (3.90). 更精确地, 当 $c \to \infty$ 时 (3.91) 的极限是 (3.90). 更加一般地, 有

当 $c \to \infty$ 时相对论的极限是经典物理.

例 3: 若惯性系 Σ' 不平行于 Σ, 则应用一个旋转 D 可将 Σ' 带到使其轴平行于 Σ 的轴的位置. 在此之后, 我们可应用洛伦兹变换 (3.91), 然后以逆于原旋转 D 的逆旋转 D^{-1}.

特殊洛伦兹变换 (3.91) 可以用双曲函数特别简洁的描述为形式

$$\boxed{x' = x\cosh\alpha - ct\sinh\alpha, \quad y = y', \quad z = z', \quad ct' = ct\cosh\alpha - x\sinh\alpha.}$$

其中的 α 定义为

$$\tanh\alpha = \frac{v}{c}, \quad \text{即} \quad \alpha := \operatorname{arctanh}\frac{v}{c}, \quad \text{且} \quad |v| < c.$$

用我们今天的观点看, 爱因斯坦的相对性原理 (3.89) 比伽利略的相对性原理更为自然, 后者适用于一个特殊的物理学科 —— 力学. 事实上, 爱因斯坦原理是对经典的时空思想的一个全面修订. 不再存在像是绝对世界时这样的东西, 而正好相反, 每个惯性系都有它们自己的时间概念. 另外, 只有速度 $v, |v| < c$ 是被允许的. 爱因斯坦相关于此假定了要强得多的论述:

在一个给定的惯性系中, 任意一个物理作用最多以速度 c 传递.

洛伦兹变换 考虑变换

$$\begin{pmatrix} x' \\ y' \\ z' \\ ct' \end{pmatrix} = \mathscr{A} \begin{pmatrix} x \\ y \\ z \\ ct \end{pmatrix} + \begin{pmatrix} x_0 \\ y_0 \\ z_0 \\ ct_0 \end{pmatrix} \tag{3.92}$$

并令

$$\mathscr{L}_v := \begin{pmatrix} \beta & 0 & 0 & -\beta v/c \\ 0 & 1 & 0 & 0 \\ 0 & 0 & 1 & 0 \\ -\beta v/c & 0 & 0 & \beta \end{pmatrix}, \quad \mathscr{D} := \begin{pmatrix} d_{11} & d_{12} & d_{13} & 0 \\ d_{21} & d_{22} & d_{23} & 0 \\ d_{31} & d_{32} & d_{33} & 0 \\ 0 & 0 & 0 & 1 \end{pmatrix},$$

$$\mathscr{S} := \begin{pmatrix} s_1 & 0 & 0 & 1 \\ 0 & s_2 & 0 & 0 \\ 0 & 0 & s_3 & 0 \\ 0 & 0 & 0 & s_4 \end{pmatrix},$$

其中 $\beta := 1/\sqrt{1-v^2/c^2}, s_j = \pm 1$ 对所有 j 成立. 另外, $\mathscr{D}$ 是一个旋转, 即我们有 $\mathscr{D}\mathscr{D}^{\mathrm{T}} = \mathscr{D}^{\mathrm{T}}\mathscr{D} = E$ 和 $\det \mathscr{D} = 1$. 矩阵 $\mathscr{S}$ 对 $s_4 = 1$ 描述恒同映射或是空间中的一个反射. 当 $s_4 = -1$ 时, 我们得到对时间的反射.

定义 *洛伦兹群* $O(3,1)$ 由形如

$$\boxed{\mathscr{A} = \mathscr{S}\mathscr{D}_1\mathscr{L}_v\mathscr{D}_2.}$$

的所有矩阵 $\mathscr{A}$ 组成.

由此得到 $\det \mathscr{A} = \det \mathscr{S} = \pm 1$. 又群 $SO(3,1)$(分别地, $SO^+(3,1)$) 由所有满足 $\det \mathscr{S} = 1$ 的矩阵 $\mathscr{A} \in O(3,1)$(分别地 $\mathscr{S} = E$) 组成. 如果 $\mathscr{A}$ 是个洛伦兹变换, 即 $\mathscr{A} \in O(3,1)$, 则 (3.92) 被称作*庞加莱变换*. 所有这些庞加莱映射的集合按定义组成了*庞加莱群*. 另外, 对于 $\mathscr{A} \in SO^+(3,1)$ 的洛伦兹变换被称为*正常的*, 即不允许有空间和时间的反射. 对于基本粒子理论我们需要整个庞加莱群[1].

几何解释 我们考虑闵可夫斯基空间. 一个伪法正交基 $\boldsymbol{e}_1, \boldsymbol{e}_2, \boldsymbol{e}_3, \boldsymbol{e}_4$ 及分解[2]

$$\boldsymbol{u} = x_1\boldsymbol{e}_1 + x_2\boldsymbol{e}_2 + x_3\boldsymbol{e}_3 + x_4\boldsymbol{e}_4. \tag{3.93}$$

对应于笛卡儿坐标

$$x = x_1, \quad y = x_2, \quad z = x_3 \quad 和 \quad x_4 = ct.$$

我们还有 $\boldsymbol{e}_1 = \boldsymbol{i}, \boldsymbol{e}_2 = \boldsymbol{j}, \boldsymbol{e}_3 = \boldsymbol{k}$. 由此得到

1) 庞加莱群 $\mathscr{P}$ 是个 10 维实李群. 在 $\mathscr{P}$ 的李代数中可以找到 10 个基本算子, 它在量子场论中对应于能量守恒, 动量和角动量.

2) 代替 x_j 我们在此也写作 x^j.

$$\boldsymbol{u} = \boldsymbol{x} + ct\boldsymbol{e}_4, \quad \text{其中} \quad \boldsymbol{x} = x\boldsymbol{i} + y\boldsymbol{j} + z\boldsymbol{k}.$$

定理　庞加莱变换 (3.92) 的群 $\mathscr{P}$ 同构于 M_4 上庞加莱变换

$$\boxed{\boldsymbol{u}' = \boldsymbol{A}\boldsymbol{u} + \boldsymbol{a}}$$

的群 $P(M_4)$. 这个同构由

$$\boldsymbol{u}' = x_1'\boldsymbol{e}_1 + x_2'\boldsymbol{e}_2 + x_3'\boldsymbol{e}_3 + x_4'\boldsymbol{e}_4, \quad \boldsymbol{a} = x_0\boldsymbol{e}_1 + y_0\boldsymbol{e}_2 + z_0\boldsymbol{e}_3 + ct_0\boldsymbol{e}_4$$

并利用公式 (3.92) 计算 x_j' 给出.

固有时　考虑在一个惯性系统中以小于 c 的速度的一个质点的运动:

$$\boldsymbol{x} = \boldsymbol{x}(t).$$

于是曲线

$$\boldsymbol{u} = \boldsymbol{u}(t) = \boldsymbol{x}(t) + ct\boldsymbol{e}_4$$

属于 M_4. 我们有 $\boldsymbol{u}'(t) = \boldsymbol{x}'(t) + c\boldsymbol{e}_4$ 和 $\boldsymbol{u}'(t)^2 = \boldsymbol{x}'(t)^2 - c^2$. 由 (3.86), 固有时为

$$\boxed{\tau = \int_{t_0}^{t} \sqrt{1 - \boldsymbol{x}'(\sigma)^2/c^2}\,\mathrm{d}\sigma.} \tag{3.94}$$

这个时间是固定在运动质点上的时钟所显示的.

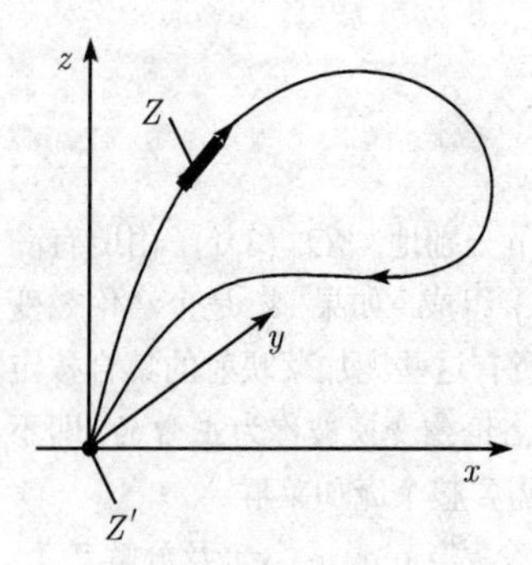

图 3.96　孪生佯谬

爱因斯坦孪生佯谬　我们假设在一个惯性系的原点 $\boldsymbol{x} = 0$ 在时刻 $t_0 = 0$ 诞生了一对孪生的 Z 和 Z'. 当 Z' 留在原点时, Z 以太空船旅行, 并在时刻 t 返回. 于是 Z 已经经历了固有时 τ 而 Z' 则经历了固有时 $\tau' = t$, 这是因为 $\boldsymbol{x} = 0$. 由 (3.94) 我们得到

$$\boxed{\tau < t,}$$

即 Z 在他返回后比 Z' 年轻. 旅行时的速度 $|\boldsymbol{x}'(t)|$ 越大年龄的差异就越大 (图 3.96).

电动力学的麦克斯韦方程　在一个任意的惯性系中, 我们考虑下列的量:

E, 电场强度向量,

B, 磁场强度向量,

C, 电荷密度,

J, 电流密度向量.

这些量相伴于 M_4 上下列的几何对象:

$$F = \boldsymbol{E} \wedge e_4 - \mathrm{Alt}(\boldsymbol{B}), \quad J = \boldsymbol{J} + \varrho e_4. \tag{3.95}$$

由此得到.

$$*F = -\boldsymbol{B} \wedge e_4 - \mathrm{Alt}(\boldsymbol{E}). \tag{3.96}$$

称 F 为电磁场张量. 因此麦克斯韦电动力学方程变成了极简单、漂亮的形式

$$\boxed{\mathrm{Div}F = J, \quad \mathrm{Div} * F = 0.} \tag{3.97}$$

第一个方程 $\mathrm{Div}F = J$ 表达的事实是, 电荷和电流是电磁场张量的源头. 第二个方程 $\mathrm{Div} * F = 0$ 反映了在电场和群场之间的一种对偶性, 并且还同时反映出某种非对称性, 它是由于没有齐次项而产生的. 原因是在经典的电动力学中没有作为孤立磁负荷 (磁单极子) 这样的东西. 这种非对称性使狄拉克感到困惑. 为了能从中解脱出来, 他假定了磁单极子的存在性. 在现代规范场的各种理论中这种磁单极子的存在性纯粹地来自数学. 当代研究者一直在空间中搜索这些东西的存在性.

讨论 公式化的 (3.97) 在闵可夫斯基空间 M_4 是成立的. 如果 F 和 J 相对于 M_4 的一组基 $b_1, \cdots, b_4$ 被表述, 于是我们得到了参照于基 $b_1, \cdots, b_4$ 系统的麦克斯韦方程的形式. 电场有转换为磁场的可能性, 反之亦然[1].

对每个伪法正交基, F 和 J 具有相同的结构. 由此, 麦克斯韦方程在任何一个惯性系中具有相同形式. 显式地, 有[2]

$$\boxed{\begin{aligned} &\mathrm{div}\boldsymbol{E} = \varrho, & &\mathrm{div}\boldsymbol{B} = 0, \\ &\mathbf{rot}\boldsymbol{B} = \boldsymbol{E}_t + \boldsymbol{J}, & &\mathbf{rot}\boldsymbol{E} = -\boldsymbol{B}_t. \end{aligned}} \tag{3.98}$$

这是借助于特殊洛伦兹变换 (3.91) 从一个惯性系 Σ 到另一个惯性系 Σ' 的转移, 在其中电磁场和电荷及电流必须作如下变换:

$$\begin{aligned} &\varrho' = \beta(\varrho - \boldsymbol{v}\boldsymbol{J}), & &\boldsymbol{J}' = \beta(\boldsymbol{J} - \boldsymbol{v}\varrho), & &Q' = Q, \\ &\boldsymbol{E}' = \beta(\boldsymbol{E}_* + \boldsymbol{v} \times \boldsymbol{B}_*), & &\boldsymbol{B}' = \beta(\boldsymbol{B}_* + \boldsymbol{E}_* \times \boldsymbol{v}). \end{aligned}$$

在此, $\boldsymbol{v} := v\boldsymbol{i}, \boldsymbol{E} = E_1\boldsymbol{i} + E_2\boldsymbol{j} + E_3\boldsymbol{k}$, 以及 $\boldsymbol{E}_* = \beta^{-1}(E_1\boldsymbol{i} + E_2\boldsymbol{j} + E_3\boldsymbol{k})$, 其中 $\beta^{-1} := \sqrt{1 - v^2}$. 这些量均被写成无量纲的量.

---

1) 一个静电荷只能生成一个电场. 但是, 一个运动中的观察者看到的是一个运动的电荷, 它对应了一个产生磁场的电场.

在 1900 年左右, 运动的介质电动力学是物理学中一个重要的未解决问题. 不清楚该如何描述在参照坐标变化下电磁场的转变. 爱因斯坦在 1906 年认识到只需将伽利略变换替换为洛伦兹变换而麦克斯韦方程可以不变.

2) 这个分式化描述由于不包含物理常数非常引人注目. 这是由过渡到导致无量纲量的国际 MKSA 一系统并用表 1.5 的替换得到的:

$$\boldsymbol{x} \Rightarrow r_e\boldsymbol{x}, \quad t \Rightarrow r_e t/c, \quad m_0 \Rightarrow m_e m_0, \quad Q \Rightarrow eQ, \quad \boldsymbol{v} \Rightarrow c\boldsymbol{v},$$

$$\boldsymbol{E} \Rightarrow \frac{e}{4\pi\varepsilon_0 r_e^2}\boldsymbol{E}, \quad \boldsymbol{B} \Rightarrow \frac{1}{4\pi\varepsilon_0 r_e^2 c}\boldsymbol{B}, \quad \boldsymbol{J} \Rightarrow \frac{ec}{4\pi r_e^3}\boldsymbol{J}, \quad \varrho \Rightarrow \frac{e}{4\pi\varepsilon_0 r_e^3 c}\varrho,$$

其中 e 是电子的电荷, m_e 为其质量, r_e 是其半径, 而 ε_0 是在真空中的介电常数.

麦克斯韦方程的对偶对称性 由于 $**F=-F$, 麦克斯韦方程 (3.97) 具有一种对偶性, 它是由 (3.95) 和 (3.96) 在 $\rho=0$ 和 $j=0$ 时以及由替换

$$\boldsymbol{E}\Rightarrow-\boldsymbol{B},\quad \boldsymbol{B}\Rightarrow\boldsymbol{E}$$

产生的.

在电磁场中一个负荷粒子的运动方程 一个处静止态粒子具质量 m 和电荷 Q 的运动 $u=u(\tau)$ 由方程[1]

$$\boxed{m_0u''(\tau)=QF(u(\tau))u'(\tau).}\tag{3.99}$$

给出. 这对应于微分方程

$$\boxed{\boldsymbol{p}'(t)=Q\boldsymbol{E}(\boldsymbol{x}(t),t)+Q\boldsymbol{x}'(t)\times\boldsymbol{B}(\boldsymbol{x}(t),t),}$$

其中 $\boldsymbol{x}=\boldsymbol{x}(t)$ 为在任一惯性系中的轨线, $\boldsymbol{p}:=m\boldsymbol{x}'$ 是动量向量, 并且称量

$$m=\frac{m_0}{\sqrt{1-\boldsymbol{x}'(t)^2/c^2}}$$

为此粒子的*相对论质量*. 它当该粒子的速度 $|x'(t)|$ 趋向光速 c 时增大.

运动方程 (3.99) 的第四个分量是在一个惯性系中的:

$$\boxed{E'(t)=Q\boldsymbol{E}(\boldsymbol{x}(t),t)\boldsymbol{x}'(t).}$$

这表明了能量

$$\boxed{E=mc^2}$$

随时间的变化等于电力 $\boldsymbol{F}=Q\boldsymbol{E}$ 施于运动粒子时的功率. 如果该粒子处于静止态, 则 $m=m_0$, 我们得到了爱因斯坦的著名质能方程的特殊情形

$$\boxed{E_0=m_0c^2,}$$

这是处于静止态的相对论粒子的能量. 这个能量是在促使太阳的能量产生的聚变过程中释放出来的.

注 除了使用在 (3.97) 中用到的四维向量分析的语言外, 麦克斯韦方程也能以一般张量分析的语言, 微分形式的语言, 以及主纤维丛的语言进行阐述. 这在 [212] 中有详细的讨论. 在那里也可以找到对于速度的相对论加法定理, 还有长度的相对论收缩和时间的相对论膨胀.

---

1) 如果 b_1,b_2,b_3,b_4 是 M_4 的一组基, 则有

$$F=F^{jk}b_j\wedge b_k,\quad u=x^jb_j,\quad Fu=(F^{jk}x_k)b_j,$$

其中 $x_k=g_{kr}x^r,g_{kr}=b_kb_r$. 在这里我们对出现在上和下的同一指标按 1 到 4 求和 (爱因斯坦约定). Fu 的定义与基选取无关.

电磁场的麦克斯韦方程已经显著推动了物理和数学的发展.

特别地, 我们可以在 $U(1)$ 规范场理论的背景下对麦克斯韦方程阐述. 如果我们把阿贝尔群 $U(1)$ 替换成其他李群 (例如 $U(2)$ 或 $U(3)$), 则我们便得了非阿贝尔的规范场论, 它已被用到了基本粒子理论中的*标准模型*中 (参看 [212]).

3.9.6 旋量几何和费米子

相对论的电子与闵可夫斯基空间 M_4 的克利福德代数紧密相关. 电子的自旋是由三维空间中旋转群 $SO(3)$ 的万有覆叠群 Spin(3) 给出的对称性; 而 Spin(3) 则同构于特殊酉群 $SU(2)$. 当人们试图把复数的 (一个实二维空间) 结构推广到高维时, 自然地导向了克利福德代数. 哈密顿 (William Hamilton, 1805—1865) 在 1843 年第一个发现了四元数的四维空间, 这是他在寻找复数的三维类比的努力失败后得到的[1]. 欧几里得空间的克利福德代数是由克利福德 (William Clifford, 1845—1897) 引进的, 这出现在他逝世的前一年. 这些代数具有维数 $2^n, n = 1, 2, 3, \cdots$.

记号 符号 $SL(z, \mathbb{C})$ 代表所有满足 $\det A = 1$ 的复 (2×2) 矩阵 A 的群. $SU(2, \mathbb{C})$ 中的酉矩阵按定义构成了群 $SU(2)$. 另外, $U(1)$ 代表所有满足 $|z| = 1$ 的复数的 (乘法) 群. 群 $SO(n)$ 定义了所有 $(n \times n)$ 的满足 $\det A = 1$ 的实正交矩阵的群. 特别地, $SO(2)$ 由 $SU(2)$ 中的实矩阵组成.

3.9.6.1 闵可夫斯基空间的克利福德代数

设 $\mathscr{C}(M_4)$ 为闵可夫斯基空间 M_4 的克利福德代数 (见 2.4.3.4). 于是 $M_4 \subset \mathscr{C}(M_4)$. 对所有 $\boldsymbol{u}, \boldsymbol{v} \in M_4$, 我们有

$$\boxed{\boldsymbol{u} \vee \boldsymbol{v} + \boldsymbol{v} \vee \boldsymbol{u} = 2\boldsymbol{uv}.}$$

如果我们选取一组伪法正交基 $e_1, \cdots, e_4$, 则有

$$e_j \vee e_k + e_k \vee e_j = 2e_j e_k, \tag{3.100}$$

即 $e_1 \vee e_1 = e_2 \vee e_2 = e_3 \vee e_3 = 1$, 而 $e_4 \vee e_4 = -1$, 同样有

$$e_j \vee e_k = -e_k \vee e_j, \quad j = 1, 2, 3, 4.$$

我们有 $\dim \mathscr{C}(M_4) = 16$. $\mathscr{C}(M_4)$ 的一组基可取为下面的 16 个元素:

---

1) 按照哈密顿自己的说法, 是由于早餐时他的两个儿子问的问题导致了四元数的发现, 这个问题是: 你能对三元数组 (a, b, c) 作乘积吗? 在长时间思考后他不能做到, 但他却发现一种方法去作四元数组 (a, b, c, d) 的乘积, 即*四元数*的积 (见 3.9.6.3)

三元数组没有乘法的直观理由是由于经典的向量积不是可结合的. 向量的概念也是由哈密顿在 1845 年引进的.

数学史上多次出现简单的提问导致了后来产生了描述自然的非常富于成果的数学结果.

(i) $1, e_1, e_2, e_3, e_4$;

(ii) $e_1 \vee e_2, e_1 \vee e_3, e_1 \vee e_4, e_2 \vee e_3, e_2 \vee e_4, e_3 \vee e_4$;

(iii) $e_1 \vee e_2 \vee e_3, e_1 \vee e_2 \vee e_4, e_1 \vee e_3 \vee e_4, e_2 \vee e_3 \vee e_4$;

(iv) $e_1 \vee e_2 \vee e_3 \vee e_4$.

所有其他的乘积均可借助 (3.100) 用上面这些表述.

泡利矩阵和李代数 $su(2)$ 由定义, 代数 $su(2)$ 由满足 $\boldsymbol{A}^* = -\boldsymbol{A}$ 和 $\mathrm{tr}\boldsymbol{A} = 0$ 的复 2×2 矩阵组成. 称矩阵

$$\boldsymbol{\sigma}_1 := \begin{pmatrix} 0 & 1 \\ 1 & 0 \end{pmatrix}, \quad \boldsymbol{\sigma}_2 := \begin{pmatrix} 0 & -\mathrm{i} \\ \mathrm{i} & 0 \end{pmatrix}, \quad \boldsymbol{\sigma}_3 := \begin{pmatrix} 1 & 0 \\ 0 & -1 \end{pmatrix}, \quad \boldsymbol{\sigma}_4 := \begin{pmatrix} 1 & 0 \\ 0 & 1 \end{pmatrix}$$

为泡利矩阵; $\mathrm{i}\sigma_1, \mathrm{i}\sigma_2, \mathrm{i}\sigma_3$ 构成实线性空间 $su(2)$ 的基, 令

$$[\boldsymbol{A}, \boldsymbol{B}] := \boldsymbol{AB} - \boldsymbol{BA}$$

则将其做成了一个李代数[1].

泡利–狄拉克矩阵 这是些复 4×4 矩阵, 定义为

$$\boldsymbol{\gamma}_\alpha = \mathrm{i}\begin{pmatrix} 0 & -\sigma_\alpha \\ \sigma_\alpha & 0 \end{pmatrix}, \quad \boldsymbol{\gamma}_4 := \mathrm{i}\begin{pmatrix} 0 & \sigma_4 \\ \sigma_4 & 0 \end{pmatrix}, \quad \alpha = 1, 2, 3.$$

另外, 我们令 $\gamma^\alpha := \gamma_\alpha, \alpha = 1, 2, 3$ 以及 $\gamma^4 := -\gamma_4$. 令 $\mathbf{Mat}(4, 4)$ 记所有 4×4 复矩阵的集合我们有

$$\boxed{\gamma_j\gamma_k + \gamma_k\gamma_j = 2\gamma_j\gamma_k,} \quad j = 1, 2, 3, 4, \tag{3.101}$$

我们立刻看出 (3.100) 与 (3.101) 相类似.

定理 相对于矩阵的乘法, $\mathbf{Mat}(4, 4)$ 是一个克利福德代数. 利用相伴关系

$$\boxed{e_j \mapsto \gamma_j}$$

我们得到了闵可夫斯基空间的克利福德代数 $\mathscr{C}(M_4)$ 和克利福德代数 $\mathbf{Mat}(4, 4)$ 间的同构.

例: 在此同构下, $e_j \vee e_k$ 映到 $\gamma_j\gamma_k$, 等等.

3.9.6.2 狄拉克方程及相对论的电子

在本节我们采用爱因斯坦的求和约定, 依此同时出现在上和下的同一指标被求和. 拉丁指标从 1 到 4, 希腊指标从 1 到 3.

---

1) 设 $SU(n)$ 表示 $\det B = 1$ 的复 $n \times m$ 酉矩阵的李群, 则 $su(2)$ 是 $SU(2)$ 的李代数 (参看 [212]).

狄拉克方程 狄拉克在 1928 年对自由电子推导出的方程是

$$\partial \vee \Psi + \frac{m_0 c}{\hbar}\Psi = 0. \tag{3.102}$$

这里的复四元列矩阵 $\Psi = (\varphi_1, \varphi_2, \boldsymbol{i}x_1, \boldsymbol{i}x_2)^{\mathrm{T}}$ 被称作这个电子的*波函数*. 我们简写其为 $\Psi = (\varphi, \boldsymbol{i}x)^{\mathrm{T}}$. 这个狄拉克方程 (3.102) 是关于具坐标 $x = (x^1, x^2, x^3, x^4)$, $x^4 = ct$ 的惯性系写出来的 (参看 3.9.5). 函数 $\Psi = \Psi(x)$ 依赖于时空点 x. 又, 我们令

$$\partial \vee \psi := \gamma^k \partial_k,$$

其中 $\partial_k := \partial/\partial x^k$. 另外, c 为在真空中的光速, m_0 是电子静止质量. $\hbar$ 是普朗克作用量子且 $\hbar = h/2\pi$. 狄拉克方程 (3.102) 对应于方程组[1)]

$$\boxed{\begin{aligned} \sigma_\alpha \partial_\alpha \varphi - \sigma_4 \partial_4 \varphi + \frac{m_0 c}{\hbar}\chi = 0, \\ \sigma_\alpha \partial_\alpha \chi + \sigma_4 \partial_4 \chi + \frac{m_0 c}{\hbar}\varphi = 0. \end{aligned}} \tag{3.103}$$

在变换下的性态 以一个正常洛伦兹变换从一个惯性系过渡到另一个惯性系时, 有

$$\boxed{\begin{gathered} x' = L(\boldsymbol{A})x, \\ \varphi' = \boldsymbol{A}^*\varphi, \quad \chi' = \boldsymbol{A}^{-1}\chi, \quad \boldsymbol{A} \in SL(2,\mathbb{C}) \end{gathered}}.$$

它把狄拉克方程变换为相应的对 Ψ' 的方程. 对每个矩阵 $\boldsymbol{A} \in SL(2,\mathbb{C})$, 存在一个洛伦兹变换 $x' = L(\boldsymbol{A})x$ 对于它, 其中的 x' 由方程

$$\boxed{\sigma_j x^{j'} = \boldsymbol{A}^{-1}(\sigma_j x^j)(\boldsymbol{A}^*)^{-1}.}$$

导出. 我们称 φ 和 χ 分别为*旋量*和*双旋量*.

定理 (i) 相伴关系 $\boldsymbol{A} \mapsto L(\boldsymbol{A})$ 给出了由群 $SL(2,\mathbb{C})$ 到正常洛伦兹群 $SO^+(3,1)$ 的同态, 其核为 $N = \{E, -E\}$.

(ii) 存在同构

$$\boxed{SL(2,\mathbb{C})/N \simeq SO^+(3,1).}$$

(iii) 如果 $SL(2,\mathbb{C})$ 中矩阵 $\boldsymbol{A}$ 还另外是酉矩阵, 则洛伦兹变换 $x' = L(\boldsymbol{A})x$ 对应于一个空间旋转. 按此方式, 相伴关系 $\boldsymbol{A} \mapsto L(\boldsymbol{A})$ 产生一个从群 $SU(2)$ 到三维空间的旋转群 $SO(3)$ 的同态.

1) 在文献中可以发现狄拉克方程的许多不同公式化阐述. 例如对狄拉克矩阵 γ_j 的不同定义, 以及闵可夫斯基空间 M_4 的内积常常是 $-e_j e_k$ 而不是 $e_j e_k$. 但是所有这些阐述可以容易地从一个转换成另一个并产生恒同的物理 (理应如此!).

(iv) 存在同构[1)]

$$\boxed{SU(2)/N \cong SO(3).}$$

空间反射 $\boldsymbol{P}$

$$x^{\alpha'} = -x^{\alpha}, \quad \alpha = 1,2,3, \quad x^{4'} = x^4,$$
$$\varphi' = \chi, \quad \chi' = -\varphi.$$

时间的反射 $\boldsymbol{T}$

$$x^{\alpha'} = x^{\alpha}, \quad \alpha = 1,2,3, \quad x^{4'} = -x^4,$$
$$\varphi' = \chi, \quad \chi' = \varphi.$$

负荷对偶 $\boldsymbol{C}$

$$x^{j'} = x^{j}, \quad j = 1,2,3,4,$$
$$\varphi' = -\sigma_2\overline{\chi}, \quad \chi' = \sigma_2\overline{\varphi}.$$

狄拉克方程在上述三个变换中每一个都不变. 对涉及基本粒子的一般过程, 存在一个在*复合*变换 PCT 下的不变量. 下面的这个直观的原理便隐藏在此不变量之后.

> 如果基本粒子的某个过程 $\mathscr{P}$ 在自然界是可能的, 则也就可能有另外一个过程 $\mathscr{P}'$, 它是由 $\mathscr{P}$ 通过空间反射, 时间反射和从粒子转移到它的反粒子, 而所有这一切都在同一时刻发生.

电子自旋 算子

$$\boxed{D\Psi = (\boldsymbol{x} \times \boldsymbol{p})\Psi + \frac{\mathrm{h}}{2}\boldsymbol{s}\Psi}$$

称为*总角动量算子*. 所涉及的表达式的定义为

$$\boldsymbol{p} := \frac{\hbar}{\mathrm{i}} e_{\alpha}\partial_{\alpha} \quad \text{and} \quad \boldsymbol{s} := \begin{pmatrix} \sigma_{\alpha} & 0 \\ 0 & \sigma_{\alpha} \end{pmatrix} e_{\alpha},$$

其中 α 被从 1 到 3 求和. 如果我们把狄拉克方程 (3.102) 写为形式 $\mathrm{i}\hbar\partial_4\Psi = H\Psi$, 我们便得到了

$$\boxed{HD - DH = 0.} \tag{3.104}$$

这里的 D 代表了一个守恒量, 它是一个对没有自旋算子 $\boldsymbol{s}$ 的表达式 $\boldsymbol{x} \times \boldsymbol{P}$ 不成立的性质. 对于 $\boldsymbol{s}$ 的 e_3 分量, 我们有

$$\boxed{s_3\Psi_{\pm} = \pm\frac{\hbar}{2}\psi_{\pm}}$$

---

1) 群 $SL(2,\mathbb{C})$(分别地, $SU(2)$) 是 $SO^+(3,1)$(分别地, $SO(3)$) 的万有覆叠群更多的细节参看 [212].

其中 $\Psi_+ := 2^{-\frac{1}{2}}(1,0,1,0)^{\mathrm{T}}, \Psi_- = 2^{-\frac{1}{2}}(0,1,0,1)^{\mathrm{T}}$. 函数 $\Psi_\pm$ 代表电子具有 e_3 轴方向大小为 $\pm\hbar/2$ 的一个自旋 (自角动量) 状态.

对总动量守恒的自然要求 (3.104) 因此强使电子自旋存在.

手征性 我们以表达式

$$\boxed{P := \frac{1}{2}(1+\gamma_5)}$$

定义手征算子, 其中 $\gamma_5 := -\mathrm{i}\gamma_1\gamma_2\gamma_3\gamma_4$. 我们有 $\gamma_5^2 = I$ 和

$$P^2 = P.$$

满足 $P\Psi = \Psi$ 的状态 Ψ 被赋予一个等于 1 的手征, 而对满足 $(I-P)\Psi = \Psi$ 的状态, 则赋以手征 -1. 更明确地, 我们有

$$\gamma_5 = \begin{pmatrix} \sigma_4 & 0 \\ 0 & -\sigma_4 \end{pmatrix}.$$

它确切地是 $\boldsymbol{\gamma}_5$ 的具有确定手征的特征向量的集合. 由 $\boldsymbol{\gamma}_5\Psi = \alpha\Psi$, 手征 $(\alpha = \pm 1)$ 被确定.

例: $\Psi := (\varphi, 0)$ 具有手征 $+1$, 而 $\Psi := (0, \mathrm{i}x)$ 具手征 -1. 在空间反射 $\varphi \mapsto \varphi', x \mapsto x'$ 的情形, 我们有

$$\varphi' = x, \quad x' = -\varphi,$$

即手征变号.

1956 年李政道和杨振宁引入假定, 称中微子自然地以手征 -1 出现. 这意味着当一个过程涉及中微子时, 不会出现空间的反射. 其结果被称为弱相互作用 (力) 的宇称不守恒, 这个空间的非对称性在 1957 年由吴健雄以实验证实, 这是她在对钴的 β 衰变的观测中得出的. 同年李和杨因宇称不守恒理论而获诺贝尔物理奖.

费米子、玻色子和基本粒子的标准模型 所有具有一个半整自旋

$$k\hbar/2, \quad k = 1, 3, 5, \cdots$$

的粒子被称为费米子; 而其自旋为整的

$$m\hbar, \quad m = 0, 1, \cdots,$$

被称作玻色子. 目前形式的标准理论用作基本粒子的是

$$\boxed{\text{6 个夸克和 6 个轻子 (诸如电子和中微子)}}$$

以及它们的反粒子[1]. 所有这些粒子都是费米子并由作为狄拉克方程的同一类型的方程描述. 根据局部规范不变性的原理, 这些狄拉克方程必定与对应于规范玻色子

1) 第六个夸克 (顶级夸克) 经长期寻找后, 终于在 1994 年在费米实验室以实验验证其存在.

的另外的场相结合, 其中这些玻色子描述了 (或者传递了) 这 12 个基本费米子之间的作用 (参看 [212]). 例如, 电磁的相互作用由光子所传递 (表 3.11).

表 3.11 四个基本力的胶子

自然界中出现的相互作用	规范玻色子	旋量
电磁力	光子	$\hbar$
强 (核力)	8 个胶子	$\hbar$
弱 (放射衰变)	$W^{\pm}, Z$	$\hbar$
引力	引力子	$2\hbar$

反粒子的存在性只是在量子场论的背景下狄拉克方程的第二量子化后才需要.

超对称性 (SUSY) 一般都同意, 宇宙的实际模型应包含这样的概念 —— 在爆炸后初期的物理是超对称的, 即对每个玻色子有一个相伴的粒子, 而它是一个费米子. 例如, 对应于引力子的费米子是具有旋量 $3\hbar/2$ 的引力微子.

仍然希望下一代的加速器将能够证实超对称粒子的存在性, 它们至今还没有被观察到; 一个加速器的能量越大, 就能更好地模拟大爆炸后的条件.

3.9.6.3 希尔伯特空间的克利福德代数和旋量群

设 X 为一实希尔伯特空间, 具有 $\dim X = n$. 于是 X 的克利福德代数 (参看 2.4.3.4) $\mathscr{C}(X)$ 是 X 的一个子集 $\mathscr{C}(X) \subset X$, 并且

$$\boxed{u \vee v + v \vee u = -2(u,v)_X, \quad \text{对所有 } u, v \in X,}$$

其中 $(u,v)_X$ 代表 X 上的内积.

选取 X 的一组法正交基 $e_1, \cdots, e_n$. 于是有

$$e_j \vee e_k + e_k \vee e_j = -2\delta_{jk}, \quad j,k = 1, \cdots, n,$$

即 $e_j \vee e_k = -e_k \vee e_j$ 当 $j \neq k$, 而

$$\boxed{e_j \vee e_j = -1, \quad j = 1, \cdots, n.}$$

这个关系推广了对虚单位的方程 $\mathrm{i}^2 = -1$. 我们令 $e_0 := 1$ 以及

$$e_\alpha := e_{\alpha_1} \vee e_{\alpha_2} \vee \cdots \vee e_{\alpha_k}$$

对 $1 \ll \alpha_1 < \cdots < \alpha_k \leqslant n, \alpha = (\alpha_1, \cdots, \alpha_n)$ 及 $|\alpha| = \alpha_1 + \cdots + \alpha_n$.

基本定理 我们有 $\dim \mathscr{C}(x) = 2^n$. $\mathscr{C}(x)$ 的一组基可由 e_0 及 e_α 的集合组成.

例 1: 设 $\dim X = 1$ 则 $e_1 \vee e_1 = -1$. 因此这种情形中可以在其克利福德代数 $\mathscr{C}(X)$ 可对元 $a + be_1$ 进行正像对复数那样的计算, 即存在同构

$$\mathscr{C}(X) \cong \mathscr{C}(\mathbb{R}) \cong \mathbb{C},$$

即克利福德代数 $\mathscr{C}(\mathbb{R})$ 与域 $\mathbb{C}$ 之间的同构.

希尔伯特空间 $\mathscr{C}(X)$ 我们赋以 $\mathscr{C}(X)$ 一个唯一确定的内积 $(.,.)_{\mathscr{C}(X)}$, 使得对于它基 $e_0, e_\alpha, \cdots$ 是法正交的, 即有 $(e_\beta, e_\gamma) = 0$ 当 $\beta \neq \gamma$, 而当 $\beta = \gamma$ 时有 $(e_\beta, e_\gamma)_{\mathscr{C}(X)} = 1$.

例 2: 对于 $\mathscr{C}(\mathbb{R})$ 有

$$(a + be_1, c + de_1)_{\mathscr{C}(X)} = ac + bd.$$

克利福德范数 对任意 $u \in \mathscr{C}(X)$, 定义

$$\boxed{|u| := \sup \|u \vee w\|_{\mathscr{C}(X)}.}$$

在这里的上确界取自所有满足 $\|w\|_{\mathscr{C}(X)} \leqslant 1$ 的 $w \in \mathscr{C}(X)$.

例 3: 对于 $\mathscr{C}(\mathbb{R})$, 有

$$|a + be_1| = \sqrt{a^2 + b^2}.$$

这个公式对应于复数 $a + b\mathrm{i}$ 的绝对值 $|a + b\mathrm{i}|$, 而这个复数由上面的例 1 中那样, 对应于 $a + be_1$.

共轭算子 赋值如下:

$$\varphi(e_0) := e_0, \quad \varphi(e_j) := -e_j, \quad j = 1, \cdots, n,$$

我们得到一个克利福德代数的自同构 $\varphi : \mathscr{C}(X) \to \mathscr{C}(X)$, 即映射 φ 保持了线性组合和 $\vee$ 乘积. 我们也将 $\varphi(u)$ 记作 $\bar{u}$.

例 4: 对 $j, k = 1, \cdots, n$, 有

$$\bar{e}_j = -e_j, \quad \overline{e_j \vee e_k} = \bar{e}_j \vee \bar{e}_k = e_j \vee e_k.$$

例 5: 对于 $\mathscr{C}(\mathbb{R})$ 我们特别得到

$$\overline{(a + be_1)} = a - be_1.$$

这时应了到复共轭数 $\overline{a + b\mathrm{i}} = a - b\mathrm{i}$ 的过渡.

$*$ 算子 令

$$e_0^* := e_0, \quad e_j^* := e_j, \quad j = 1, \cdots, n.$$

而在基的其他元素上这个作用由将乘积的次序相反:

$$(e_{\alpha_1} \vee e_{\alpha_2} \vee \cdots \vee e_{\alpha_k})^* := e_{\alpha_k} \vee \cdots \vee e_{\alpha_2} \vee e_{\alpha_1}.$$

最后再进一步要求 $*$ 算子在 $\mathscr{C}(X)$ 上为线性, 于是它被唯一确定.

例 6: $(a + be_1 + ce_1 \vee e_2)^* = a + be_1 + c(e_2 \wedge e_1)$.

哈密顿四元数代数 (1843) 考虑所有形式和

$$\boxed{a + \boldsymbol{v},}$$

它由实数 a 和一个经典的 (三维) 向量 $\boldsymbol{v}$ 组成. 我们以下面规则定义在此集合上的加法

$$(a + \boldsymbol{v}) + (b + \boldsymbol{w}) := (a + b) + (\boldsymbol{v} + \boldsymbol{w})$$

和一个乘法规则

$$\boxed{(a + \boldsymbol{v}) \vee (b + \boldsymbol{w}) := ab + a\boldsymbol{w} + b\boldsymbol{v} + (\boldsymbol{v} \times \boldsymbol{w}) - \boldsymbol{v}\boldsymbol{w}.}$$

这里的 $\boldsymbol{v} \times \boldsymbol{w}$ (分别地, $\boldsymbol{v}\boldsymbol{w}$) 代表经典的向量积 (分别地, 经典的内积).

这些运算满足结合律和分配律. 令

$$\overline{a + \boldsymbol{v}} := a - \boldsymbol{v}.$$

特别地, 得到

$$(a + \boldsymbol{v}) \vee \overline{(a + \boldsymbol{v})} = a^2 + \boldsymbol{v}^2.$$

最后, 令

$$|a + \boldsymbol{v}| = \sqrt{a^2 + \boldsymbol{v}^2}.$$

于是所有这些元素的集合定义了一个非交换域, 其中

$$(a + \boldsymbol{v})^{-1} = \frac{a - \boldsymbol{v}}{|a + \boldsymbol{v}|}.$$

例 7: 设 $\boldsymbol{i}, \boldsymbol{j}, \boldsymbol{k}$ 为一组法正交基, 于是有

$$\boxed{\boldsymbol{i} \vee \boldsymbol{j} = -\boldsymbol{j} \vee \boldsymbol{i} = \boldsymbol{k}, \quad \boldsymbol{i} \vee \boldsymbol{i} = -1.} \tag{3.105}$$

其他的乘积则可以以循环置换 $\boldsymbol{i} \to \boldsymbol{j} \to \boldsymbol{k} \to \boldsymbol{i}$ 得到. 若记

$$a + \boldsymbol{v} = a + \alpha\boldsymbol{i} + \beta\boldsymbol{j} + \gamma\boldsymbol{k},$$

则乘法也可用 (3.105) 容易得到. 例如, 有

$$(1 + \boldsymbol{i}) \vee (\boldsymbol{j} + \boldsymbol{k}) = \boldsymbol{j} + \boldsymbol{k} + \boldsymbol{i} \vee \boldsymbol{j} + \boldsymbol{i} \vee \boldsymbol{k} = \boldsymbol{j} + \boldsymbol{k} + \boldsymbol{k} - \boldsymbol{j} = 2\boldsymbol{k}.$$

定理 若 X 是一个实希尔伯特空间具 $\dim X = 2$ 及法正交基 $\boldsymbol{i}$ 和 $\boldsymbol{j}$, 则克利福德代数 $\mathscr{C}(X)$ 同构于 (哈密顿) 四元数代数. 此同构显式地由映射

$$a + \alpha\boldsymbol{i} + \beta\boldsymbol{i} + \gamma(\boldsymbol{i} \vee \boldsymbol{j}) \mapsto a + \alpha\boldsymbol{i} + \beta\boldsymbol{j} + \gamma\boldsymbol{k}$$

给出. 它保持绝对值 (范数) 不变并将每个元映到它的共轭元.

哈密顿旋转公式 设

$$Q := \cos\frac{\varphi}{2} + e\sin\frac{\varphi}{2},$$

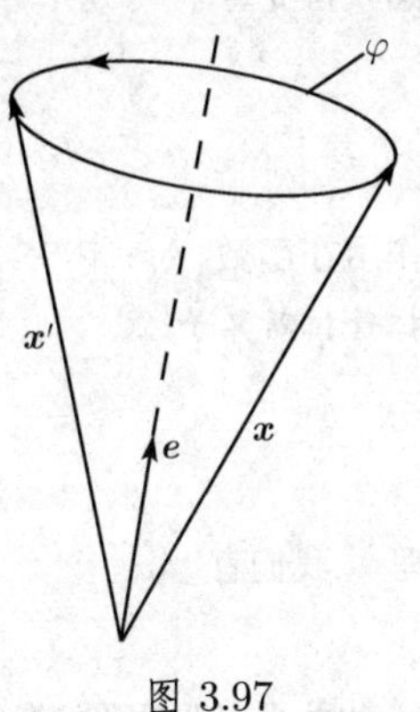

图 3.97

其中 $e^2 = 1$. 那么, 这个简洁的公式

$$\boxed{x' = Q \vee x \vee \bar{Q}} \qquad (3.106)$$

对应了向量 x 以角 φ 绕轴 e 以数学正向的旋转 (图 3.97).

我们的目标是利用克利福德代数将公式 (3.106) 推广到高维情形.

群 $\mathbf{Spin}(n, X), n \geqslant 2$ 所有包含偶数个因子的乘积

$$a = u_1 \vee u_2 \vee \cdots \vee u_{2k}$$

并满足另外两个条件

$$a \vee a^* = 1 \quad 和 \quad |a| = 1$$

的集合对于乘积 "V" 构成一个群, 记其为 $\mathrm{Spin}(n, X)$.

布饶尔和外尔的定理 (1955) 每个元 $a \in \mathrm{Spin}(n, X)$ 通过表现

$$D(a)u := a \vee u \vee a^*, \quad 所有 u \in X$$

生成一个酉变换 (旋转)$D(a) : X \to X$. 映射

$$a \mapsto D(a)$$

给出了群 $\mathrm{Spin}(n, X)$ 到群 $SO(n, X)$ 的同态, 其核 $N = \{I, -I\}$. 从而它给出了一个同构[1)]

$$\boxed{\mathrm{Spin}(n, X)/N \cong SO(n, X).}$$

对于 $X = \mathbb{R}^n$, 我们以 $\mathrm{Spin}(n)$ 代替 $\mathrm{Spin}(n, X)$.

例 8: 我们有下列的同构[2)]:

(i) $SO(2) \cong U(1), \mathbb{R}/\mathbb{Z} \cong SO(2)$; 实数的加法群 $\mathbb{R}$ 是 $SO(2)$ 的万有覆叠群.

(ii) $\mathrm{Spin}(3) \cong SU(2)$.

(iii) $\mathrm{Spin}(4) \cong SU(2) \times SU(2)$.

(iv) $\mathrm{Spin}(n, X) \cong \mathrm{Spin}(n)$ 对于 $\dim X = n$ 的所有实希尔伯特空间 X 成立.

---

1) 对 $n \geqslant 2$, $\mathrm{Spin}(n, X)$ 是个 $n(n-1)/2$ 维的紧实李群. 又, 对 $n \geqslant 3$, $\mathrm{Spin}(n, X)$ 是 $SO(n, X)$ 的万有覆叠群.

2) (i)~(ii) 是所谓例外同构的例子, 它们存在于某些低维李群间.

椭圆狄拉克算子 这个算子定义为

$$D_4 := \sum_{j=1}^{n} e_j \partial_j \psi.$$

它作用在函数 $\psi : \mathbb{R}^n \to \mathscr{C}(X)$ 上, 取值于克利福德代数 $\mathscr{C}(X)$. 又, 我们定义拉普拉斯算子[1)]

$$\boxed{\Delta := \sum_{j=1}^{n} \partial_j^2.}$$

定理 我们有

$$D \vee D = -\Delta.$$

注 此关系表明拉普拉斯算子可通过狄拉克算子构造. 这是为什么狄拉克算子在现代分析中起着极端基础作用的原因之一. 在流形上的狄拉克算子的指标计算问题是导向 1960 年阿蒂亚–辛格指标定理发现的问题之一. 这是 20 世纪中最深刻的结果之一 (参看 [212])[2)].

3.9.7 近复结构

定义 称一个偶维 $2n$ 的实线性空间为殆复数, 如果存在一个双射线性算子 $J : X \to X$ 使得

$$\boxed{J^2 = -I.}$$

定理 所有殆复 (实) 线性空间 $X, \dim X = 2n$, 可以在令

$$(\alpha + \beta \mathrm{i})u := \alpha u + \beta J u$$

后成为一个 n 维复线性空间, 其中 $\alpha, \beta \in \mathbb{R}, u \in X$.

3.9.8 辛几何

定义 一个辛线性空间X 是一个偶维 $2n$ 的实线性空间, 在其上有一个双线性映射 $w : X \times X \to \mathbb{R}$ 满足下面两个条件:

(i) ω 为反称的, 即有 $\omega(u, v) = -\omega(v, u)$ 对所有 u, v 成立.

(ii) ω 为非退化的, 即对所有 u 有 $\omega(u, v) = 0$ 则有 $v = 0$.

基本定理 一个任意的线性辛空间有一组基 $e_1, \cdots, e_n, f_1, \cdots, f_n$, 使得

$$\omega(e_j, e_k) = \omega(f_j, f_k) = 0,$$
$$\omega(e_j, f_k) = \delta_{jk}, \quad j, k = 1, \cdots, n.$$

1) 算子 D 和 Δ 在文献中常常加上相反符号定义.

2) 问题的范围及其重要的应用可在 [296] 中找到.

称具此性质的基为一组辛基.

ω 的法式 若令

$$\begin{aligned}&\mathrm{d}q^i(e_j)=\mathrm{d}p^j(f_j)=\delta_{ij},\quad \mathrm{d}q^i(f_j)=\mathrm{d}p^i(e_j)=0,\\&i,j=1,\cdots,n,\end{aligned}$$

则有 (达布定理)

$$\boxed{\omega=\sum_{j=1}^{n}\mathrm{d}q^j\wedge\mathrm{d}p^j.}$$

特别地, 它表明

$$\boxed{\mathrm{d}\omega=0.}$$

现令 $u=q_1e_1+\cdots+q_ne_n+p_1f_1+\cdots+p_nf_n$, 我们得到, 对所有 $u,u'\in X$ 有

$$\omega(u,u')=\sum_{j=1}^{n}q_jp_j'-p_jq_j'.$$

以矩阵表示, 这表明

$$\omega(u,u')=(q_1,\cdots,q_n,p_1,\cdots,p_n)\begin{pmatrix}0 & I_n\\ -I_n & 0\end{pmatrix}\begin{pmatrix}q_1'\\ \vdots\\ p_n'\end{pmatrix},$$

其中 I_n 代表 n 维单位矩阵.

辛映射 一个辛映射 $A:X\to X$ 是个线性映射, 使得

$$\boxed{\omega(Au,Av)=\omega(u,v),\ \text{对所有}\ u,v\in X.}$$

一个线性映射 $A:X\to X$ 为辛映射, 当且仅当它把一组辛基映射成另一组辛基.

辛群 $Sp(2n,X)$ 所有辛映射 $A:X\to X$ 的集合形成一个群, 称其为 X 的辛群, 记为 $Sp(2n,X)$. 根据埃尔兰根纲领的一般原理 (参看 3.1), 这个群的不变量是 X 的辛几何性质.

体积 定义体积形式为

$$\mu=\omega\wedge\omega\wedge\cdots\wedge\omega\quad(n\ \text{个因子}).$$

X 的一个子集合 $\mathscr{G}$ 的体积类比于 3.9.2, 定义为

$$\mathrm{Vol}(\mathscr{G}):=\int_{\mathscr{G}}\mu.$$

对于 $A\in Sp(2n,X)$ 我们有 $\mathrm{Vol}(A(\mathscr{G}))=\mathrm{Vol}(\mathscr{G})$. 对于如前面的一组辛基, 形式 μ 可以写成

$$\mu = \alpha \mathrm{d}q^1 \wedge \mathrm{d}q^2 \wedge \cdots \wedge \mathrm{d}q^n \wedge \mathrm{d}p^1 \wedge \cdots \wedge \mathrm{d}p^n,$$

其中 α 为一个适当选取的实因子. 因此辛体积与经典的体积只差一个常因子.

正交性 两个向量 $u, v \in X$ 被称作相互正交, 如果 $\omega(u,v) = 0$.

拉格朗日子空间 称 X 的一个线性子空间 L 是迷向的, 如果对所有 $u, v \in L$ 有

$$\omega(u,v) = 0.$$

称具有这种性质的子空间为拉格朗日子空间, 当且仅当它不能扩充为更大的迷向子空间 (即元为迷向且为具此性质的极大). 一个拉格朗日空间的维数总是 n.

一个辛空间的殆复结构 设 $e_1, \cdots, e_n, f_1, \cdots, f_n$ 为 X 的一组辛基. 利用分式

$$(u, u') := \sum_{j=1}^{n} q_j q_j' + p_j p_j'$$

可定义 Y 上的一个内积, 其中 $u = q_1 e_1 + \cdots + q_n e_n + p_1 f_1 + \cdots + p_n f_n$, 等. 于是有一个唯一确定的线性算子 $J : X \to X$, 具有性质

$$\boxed{\omega(u,v) = (Ju, v) \text{ 对所有 } u, v \in X.}$$

由于 $J^2 = -I$, 这给了 X 上一个殆复结构 (参看 3.9.7).

定理 一个线性映射 $A : X \to X$ 为辛映射, 当且仅当它满足关系式

$$\boxed{A^* J A = J.}$$

辛矩阵 若令 $b_j := e_j, b_{n+j} := f_j, j = 1, \cdots, n$, 并且如果对每个线性算子 $A : X \to X$ 伴以矩阵 $\mathscr{A} := (a_{jk})$, 其中

$$a_{jk} := (b_j, Ab_k),$$

则看作线性映射的算子 J 对应于矩阵

$$\mathscr{T} := \begin{pmatrix} 0 & I_n \\ -I_n & 0 \end{pmatrix}.$$

又, A 为辛算子, 当且仅当它对应的矩阵为辛矩阵, 即满足

$$\boxed{\mathscr{A}^{\mathrm{T}} \mathscr{S} \mathscr{A} = \mathscr{S}.}$$

所有这些矩阵的集合构成了辛矩阵群 $Sp(2n)$. 相伴关系 $A \mapsto \mathscr{A}$ 给出了 $Sp(2n, x)$ 与 $Sp(2n)$ 间的同构.

第4章 数学基础

我们必须知道,
我们必将知道.[1]
D. 希尔伯特 (1862—1943)

4.1 数学的语言

与我们日常的交流形式相比, 数学使用的是一种非常精确的语言; 我们先来解释一些有关的基本概念.

4.1.1 真命题和假命题

一个命题是一种要么为真要么为假的有意义的语言结构.

析取 若 $\mathscr{A}$ 和 $\mathscr{B}$ 表示命题, 则存在一个复合命题

$$\boxed{\mathscr{A} \text{ 或 } \mathscr{B},}$$

若两个命题 $\mathscr{A}$ 或 $\mathscr{B}$ 之一为真, 则它是真的; 若两个命题 $\mathscr{A}$ 和 $\mathscr{B}$ 都是假的, 则复合命题 "$\mathscr{A}$ 或 $\mathscr{B}$" 也是假的. 这个命题称为一个析取命题或者一个或命题.

例 1: 命题 "2 整除 4 或 3 整除 5" 是真的, 因为该命题的第一部分是真的.

另一方面, 命题 "2 整除 5 或 3 整除 7" 是假的, 因为该命题的两部分都是假的.

严格析取 命题

$$\boxed{\text{要么 } \mathscr{A} \text{ 要么 } \mathscr{B}}$$

是真的, 如果两个命题之一为真, 并且 (同时) 另一个为假; 在所有其他情形中, 命题 "要么 $\mathscr{A}$ 要么 $\mathscr{B}$" 是假的.

例 2: 设 m 是一个整数. 命题 "要么 m 是偶数要么 m 是奇数" 是真的.

另一方面, 命题 "要么 m 是偶数要么 m 被 3 整除" 是假的.

合取 命题

$$\boxed{\mathscr{A} \text{ 且 } \mathscr{B}}$$

---

1) 希尔伯特的这段话写在他位于哥廷根的墓碑上. 尽管希尔伯特相当清楚人类认识的局限性, 但这段话还是表达了一种乐观主义的认识论观点.

被定义成真的, 如果该命题的两部分都是真的; 否则, 它是假的. 这个命题称为一个合取命题或者一个与命题.

例 3: 命题 "2 整除 4 且 3 整除 5" 是假的.

否定 命题

$$\boxed{非\ \mathscr{A}}$$

是真 (假) 的, 如果 $\mathscr{A}$ 是假 (真) 的.

存在命题 设 D 是一个固定的对象集合. 例如, D 可能代表实数集合.

略显冗长的命题

$$\boxed{D\ 中存在具有性质\ E\ 的一个对象\ x}$$

可以简写成

$$\boxed{\exists_{x\in D}: E(或者\exists_{x\in D}|E).}$$

这个命题是真的, 若 D 中存在一个具有性质 E 的对象 x; 反之, 若 D 中不存在任何这样的具有上述性质的对象 x, 则这个命题是假的. 这样的一个命题称为一个存在命题.

例 4: 命题 "存在具有性质 $x^2+1=0$ 的一个实数 x" 是假的.

概括命题 同上面一样, 我们也把命题

$$\boxed{D\ 中的所有对象\ x\ 都具有性质\ E}$$

简写成

$$\boxed{\forall_{x\in D}: E(或者\ \forall_{x\in D}|E).}$$

这个命题是真的, 如果 D 中的所有对象 x 都具有性质 E; 若 D 中至少有一个对象 x 不具有这一性质, 则该命题为假. 这样的一个命题称为一个概括命题, 或者更经常地, 称为一个全称命题.

例 5: 命题 "所有的整数都是素数" 是假的, 因为 (例如)4 不是素数.

4.1.2 蕴涵

对于命题

$$\boxed{\mathscr{A}\ 蕴涵\mathscr{B}(或者\mathscr{B}由\mathscr{A}推出)}$$

我们使用符号记作

$$\boxed{\mathscr{A}\Rightarrow\mathscr{B}.} \tag{4.1}$$

这样的一个复合命题称为一个推论(或者蕴涵). 关于 (4.1) 下列术语是我们再熟悉不过的了:

(i) $\mathscr{A}$ 对于 $\mathscr{B}$ 是充分的;

(ii) $\mathscr{B}$ 对于 $\mathscr{A}$ 是必要的.

蕴涵 “$\mathscr{A} \Rightarrow \mathscr{B}$” 是假的, 如果假设 $\mathscr{A}$ 是真的而被推出的命题 $\mathscr{B}$ 是假的; 否则, 该蕴涵是真的. 这与数学中乍看起来有些令人惊讶的约定是相符的, 即从一个假的前提 (假设) 出发作出的任何结论都是真的. 换句话说, 利用一个假的假设, 人们可以证明任何事情. 下面的例子表明这个约定是十分自然的并且与数学命题的通常表述相一致.

例 1: 设 m 是一个整数. 命题 $\mathscr{A}$ (相应地有, $\mathscr{B}$) 是 “m 能被 6 整除”(相应地有, “m 能被 2 整除”). 于是蕴涵 “$\mathscr{A} \Rightarrow \mathscr{B}$” 能被表述如下:

由 m 关于 6 的可除性可以推出 m 关于 2 的可除性. (4.2)

这也可以表述为

(a) m 关于 6 的可除性对于 m 关于 2 的可除性来说是充分的;

(b) m 关于 2 的可除性对于 m 关于 6 的可除性来说是必要的.

直观上读者会认为命题 (4.2) 总是真的, 即它表达的是一个数学定理. 但要实际去证明这是对的, 我们必须要考虑两种情形:

情形 1: m 能被 6 整除.

这是指有一个整数 k 使得 $m=6k$. 这也意味着 $m=2(3k)$, 它表达了 m 能被 2 整除这个事实; 因此, 命题 (4.2) 在这种情形中是正确的.

情形 2: m 不能被 6 整除.

这意味着前提是假的 (由此推出的任何结论都是正确的), 因此, 推论 (4.2) 在这种情形中也是正确的.

将两种情形合起来考虑, 我们看到命题 (4.2) 总是真的. 我们在上面展示的论证就是人们所称的 (4.2) 的一个证明.

逻辑等值 从 “$\mathscr{A} \Rightarrow \mathscr{B}$” 到 “$\mathscr{B} \Rightarrow \mathscr{A}$” 的推论是假的. 例如, 命题 (4.2) 反方向的蕴涵是假的. 这也可表达成对于 m 能被 6 整除来说, m 关于 2 的可除性是必要的, 但不是充分的.

一个形式为

$$\boxed{\mathscr{A} \Leftrightarrow \mathscr{B}} \tag{4.3}$$

的命题的意思是指两个蕴涵 “$\mathscr{A} \Rightarrow \mathscr{B}$ ” 和 “$\mathscr{B} \Rightarrow \mathscr{A}$” 都为真. 作为所说的逻辑等值(4.3) 的替代, 下列中的任何一个都可用来描述同样的情况:

(i) $\mathscr{A}$ 成立当且仅当 $\mathscr{B}$ 成立;

(ii) $\mathscr{A}$ 对于 $\mathscr{B}$ 是充分必要的;

(iii) $\mathscr{B}$ 对于 $\mathscr{A}$ 是充分必要的.

例 2: 设 m 是一个整数. 命题 $\mathscr{A}$(相应地有, $\mathscr{B}$) 是 “m 能被 6 整除”(相应地有, “m 能被 2 和 3 整除”), 则逻辑等值 “$\mathscr{A} \Leftrightarrow \mathscr{B}$” 是指

整数 m 能被 6 整除当且仅当 m 能被 2 和 3 整除.

人们也可以说: m 关于 2 和 3 的可除性对于 m 关于 6 的可除性而言是充分必要的.

逻辑等值形式的数学命题总是包含一个推论, 因而对于数学来说尤其重要.

蕴涵的换位 一个给定的蕴涵 "$\mathscr{A} \Rightarrow \mathscr{B}$" 总是隐含着并且隐含于新的 (等价的) 蕴涵

$$\boxed{\text{非}\mathscr{B} \Rightarrow \text{非}\mathscr{A},}$$

其中命题 "非 $\mathscr{A}$" 的意思是假定 $\mathscr{A}$ 不成立, "非 $\mathscr{B}$" 具有同样的意思. 注意到每个命题 ($\mathscr{A}$ 和 $\mathscr{B}$) 是被否定的, 而蕴涵的*方向*是逆过来的. 这称为蕴涵 "$\mathscr{A} \Rightarrow \mathscr{B}$" 的*换位*或*否定*.

例 3: 从命题 (4.2) 我们得到新的命题: 如果 m 不能被 2 整除, 则 m 也不能被 6 整除.

逻辑等值的换位 从逻辑等值 "$\mathscr{A} \Leftrightarrow \mathscr{B}$" 我们得到新的等价的逻辑等值

$$\boxed{\text{非}\mathscr{A} \Leftrightarrow \text{非}\mathscr{B}.}$$

例 4: 设 (a_n) 是一个递增的 (或者递减的) 实数序列. 考虑定理: [1)]

$$(a_n)\text{是收敛的} \Leftrightarrow (a_n)\text{是有界的}.$$

对这个逻辑等值应用换位我们得到新定理:

$$(a_n)\text{是不收敛的} \Leftrightarrow (a_n)\text{不是有界的}.$$

换句话说, (i) 一个递增的 (或者递减的) 序列是收敛的, 当且仅当它是有界的; (ii) 一个递增的 (或者递减的) 序列是不收敛的, 当且仅当它不是有界的.

4.1.3 重言律和逻辑定律

*重言式*是复合命题, 无论组成它的部分命题的真值为何, 它*总是真的*. 我们全部的逻辑思维 (这是数学的根基) 本身是建立在重言式的应用基础之上的. 这些重言式也可看作逻辑定律. 以下就是最重要的重言式.

(i) 析取和合取的分配律:

$$\mathscr{A}\text{且}(\mathscr{B}\text{或}\mathscr{C}) \Leftrightarrow (\mathscr{A}\text{且}\mathscr{B})\text{或}(\mathscr{A}\text{且}\mathscr{C}),$$

$$\mathscr{A}\text{或}(\mathscr{B}\text{且}\mathscr{C}) \Leftrightarrow (\mathscr{A}\text{或}\mathscr{B})\text{且}(\mathscr{A}\text{或}\mathscr{C}).$$

(ii) 否定之否定:

$$\text{非}\ (\text{非}\mathscr{A}) \Leftrightarrow \mathscr{A}.$$

1) 这里所说的收敛序列是指它有一个有限极限.

(iii) 蕴涵的换位:

$$(\mathscr{A} \Rightarrow \mathscr{B}) \Leftrightarrow (\text{非}\mathscr{B} \Rightarrow \text{非}\mathscr{A}).$$

(iv) 逻辑等值的换位:

$$(\mathscr{A} \Leftrightarrow \mathscr{B}) \Leftrightarrow (\text{非}\mathscr{B} \Leftrightarrow \text{非}\mathscr{A}).$$

(v) 析取的否定 (德摩根律)[1]:

$$\boxed{\text{非}(\mathscr{A}\text{或}\ \mathscr{B}) \Leftrightarrow (\text{非}\mathscr{A}\text{且非}\mathscr{B}).}$$

(vi) 合取的否定 (德摩根律)[1]:

$$\boxed{\text{非}(\mathscr{A}\text{且}\mathscr{B}) \Leftrightarrow (\text{非}\mathscr{A}\text{或非}\mathscr{B}).}$$

(vii) 存在命题的否定:

$$\boxed{\text{非}(\exists_x|E) \Leftrightarrow (\forall_x|\text{非}E).}$$

(viii) 概括命题的否定:

$$\boxed{\text{非}(\forall_x|E) \Leftrightarrow (\exists_x|\text{非}E).}$$

(ix) 蕴涵的否定:

$$\boxed{\text{非}(\mathscr{A} \Rightarrow \mathscr{B}) \Leftrightarrow (\mathscr{A}\text{且非}\mathscr{B}).}$$

(x) 逻辑等值的否定:

$$\text{非}(\mathscr{A} \Leftrightarrow \mathscr{B}) \Leftrightarrow \{(\mathscr{A}\text{且非}\mathscr{B})\text{或}(\mathscr{B}\text{且非}\mathscr{A})\}.$$

(xi) 狄奥弗拉斯特 (公元前 372—前 287) 的分离基本规则 (肯定前件式):

$$\boxed{\{(\mathscr{A} \Rightarrow \mathscr{B})\text{且}\mathscr{A}\} \Rightarrow \mathscr{B}.}$$

(i) 中的重言式是集合论 (见 4.3.2) 中 (关于并和交的) 分配律的根据.

否定之否定律意味着一个命题的双重否定逻辑等值于原来的命题.

我们已经在 4.1.2 的例 3 和例 4 中使用了重言式 (iii) 和 (iv).

重言式 (iv) 到 (x) 经常被用于数学中的间接证明 (见 4.2.1).

分离规则 (xi) 蕴涵着下列逻辑定律, 在整个数学中经常被使用, 因此有时被称为逻辑学基本定理:

如果一个命题 $\mathscr{B}$ 由假设 $\mathscr{A}$ 推出, 并且如果假设 $\mathscr{A}$ 被满足, 那么命题 $\mathscr{B}$ 成立.

德摩根律 (v) 蕴涵着下列逻辑定律:

1) 注意两边 "或" 和 "且" 的交换!

一个析取的否定逻辑等值于否定后的支命题的合取.

例: 设 m 是一个整数. 则:

(i) 若数 m 不满足: 它是偶数或它能被 3 整除, 则 m 不是偶数且 m 不能被 3 整除.

(ii) 若数 m 不满足: 它是偶数且它能被 3 整除, 则 m 不是偶数或 m 不能被 3 整除.

重言式 (vii) 用文字来表达就是命题: 若不存在具有性质 E 的对象 x, 则所有对象都不具有性质 E, 并且逆命题也是真的.

重言式 (viii) 用文字来表达是说: 若所有对象 x 具有性质 E 不是真的, 则存在一个对象 x, 它不具有性质 E, 并且逆命题也成立.

4.2 证明的方法

4.2.1 间接证明

数学中的许多证明是按如下过程进行的. 人们假设 (他或她试图要证明的) 命题是假的, 于是该假设导致一个矛盾.

下面的证明出自亚里士多德.

例: $\sqrt{2}$ 不是有理数.

证明(间接的): 假设该命题是假的. 于是 $\sqrt{2}$ 是一个有理数并且能被写成

$$\sqrt{2}=\frac{m}{n} \tag{4.4}$$

的形式, 其中整数 m 和 n 均不为 0. 我们可以进一步假设 m 和 n 是互素的 (否则约分这个分数).

应用对于任意的整数 p 都成立的下列基本事实:

(i) 若 p 是偶数, 则 p^2 能被 4 整除.

(ii) 若 p 是奇数, 则 p^2 也是奇数.[1)]

若对 (4.4) 两边平方, 则得到

$$2n^2=m^2. \tag{4.5}$$

因此平方 m^2 是偶数. 于是, 根据 (ii) 的换位知 m 也一定是偶数. 同时根据 (i) 知 m 一定能被 4 整除, 而据 (4.5) 这意味着 n^2 是偶数. 因此, m 和 n 都是偶数. 但这与 m 和 n 是互素的事实矛盾.

这一矛盾表明所作的假设, 即 $\sqrt{2}$ 是有理数, 是假的. 因此, $\sqrt{2}$ 不是有理数. 证毕.

1) 这从 $(2k)^2=4k^2$ 和 $(2k+1)^2=4k^2+4k+1$ 推出.

4.2.2 归纳法证明

在 1.2.2.2 中介绍的归纳法原理, 常常像下面那样被人们使用. 设给定一个命题 $\mathscr{A}(n)$, 对于某个固定的整数 n_0 它依赖于整数 $n(n \geqslant n_0)$. 而且, 假设下面的条件满足:

(i) 命题 $\mathscr{A}(n)$ 对于 $n = n_0$ 是真的;

(ii) $\mathscr{A}(n)$ 的正确性蕴涵着 $\mathscr{A}$ $(n+1)$ 的正确性,

则命题 $\mathscr{A}(n)$ 对于 $n \geqslant n_0$ 的所有整数 n 都成立.

例: 下面的等式

$$1 + 2 + \cdots + n = \frac{n(n+1)}{2} \tag{4.6}$$

对于所有正自然数 n, 即对于 $n=1, 2, \cdots$ 是正确的.

证明: 命题 $\mathscr{A}(n)$ 是: (4.6) 对于正自然数 n 成立.

步骤 1: $\mathscr{A}(n)$ 显然对于 $n=1$ 是真的.

步骤 2: 设 n 是任何选定的正自然数. 假定 $\mathscr{A}(n)$ 成立; 我们必须要推出这一假定蕴涵着 $\mathscr{A}(n+1)$ 也成立.

若在 (4.6) 两边加上 $n+1$, 则得到

$$1 + 2 + \cdots + n + (n+1) = \frac{n(n+1)}{2} + n + 1.$$

并且,

$$\frac{(n+1)(n+2)}{2} = \frac{n^2 + n + 2n + 2}{2} = \frac{n(n+1)}{2} + n + 1.$$

这意味着

$$1 + 2 + \cdots + n + (n+1) = \frac{(n+1)(n+2)}{2},$$

它正是 $\mathscr{A}(n+1)$.

步骤 3: 我们断定命题 $\mathscr{A}(n)$ 对于 $n \geqslant 1$ 的所有自然数 n 都是真的. 证毕.

4.2.3 唯一性证明

一个唯一性命题表达了仅存在有限多个具有给定性质的对象这一事实.

例: 至多有一个正实数 x 使得

$$x^2 + 1 = 0. \tag{4.7}$$

证明: 假设有两个解 a 和 b. 而 $a^2 + 1 = 0$ 和 $b^2 + 1 = 0$ 意味着 $a^2 - b^2 = 0$. 因此,

$$(a-b)(a+b) = 0.$$

由于 $a > 0$ 并且 $b > 0$, 我们得到 $a + b > 0$. 等式的左边除以 $a + b$, 则由此推出 $a - b = 0$. 因此 $a = b$. 证毕.

4.2.4 存在性证明

在一个解的唯一性和存在性之间作出明确的区分是重要的. 方程 (4.7) 至多有一个正实数解. 这意味着它要么有一个解要么根本就没有解. 事实上, 方程 (4.7) 没有实数解. 的确, 假如 x 是 (4.7) 的一个实数解, 则由 $x \geqslant 0$ 我们立刻得到关系 $x^2+1>0$, 这与 $x^2+1=0$ 矛盾. 一般而言, 存在性的证明要比唯一性的证明困难得多. 存在性的证明有两种类型:

(i) 存在性的抽象证明;

(ii) 存在性的构造证明.

例: 方程

$$x^2=2 \tag{4.8}$$

有一个实数解.

存在性的抽象证明 我们设

$$A:=\{a\in\mathbb{R}: a<0\text{或}\{a\geqslant 0\text{且}a^2\leqslant 2\}\},$$
$$B:=\{a\in\mathbb{R}: a\geqslant 0\text{且}a^2>2\}.$$

换言之, 集合 A 由满足两个条件 “$a<0$” 或 “$a\geqslant 0$ 且 $a^2\leqslant 2$” 之一的那些实数 a 组成.

同样, 集合 B 由 $a\geqslant 0$ 且 $a^2>2$ 的所有实数 a 组成.

显然每个实数属于两个集合 A 或 B 其中的一个. 由于 $0\in A$ 而 $2\in B$, 所以两个集合都非空. 因此, 根据 1.2.2.1 中的完备性公理, 存在一个实数α具有性质:

$$\text{对所有 } a\in A \text{ 及所有 } b\in B \text{ 有 } a\leqslant\alpha\leqslant b. \tag{4.9}$$

我们证明 $\alpha^2=2$. 否则, 由 $(\pm\alpha)^2=\alpha^2$ 我们有下面两种情形.

情形 1: $\alpha^2<2$ 并且$\alpha>0$.

情形 2: $\alpha^2>2$ 并且$\alpha>0$.

在第一种情形, 我们取一个足够小的数$\varepsilon>0$, 使得

$$(\alpha+\varepsilon)^2=\alpha^2+2\varepsilon\alpha+\varepsilon^2<2.$$

例如, 可以取 $\varepsilon=\min\left(\dfrac{2-\alpha^2}{2\alpha+1},1\right)$. 于是, 有$\alpha+\varepsilon\in A$. 由 (4.9) 推出$\alpha+\varepsilon\leqslant\alpha$, 而这是不可能的. 因此情形 1 是不可能的. 类似地我们可以证明情形 2 是不可能的. 因此, 所作假设$\alpha^2\neq 2$ 是假的, 故得证.

唯一性证明 如同在 4.2.3, 我们可以证明方程 (4.8) 至多有一个正解.

关于存在性与唯一性的结论 由上面推出, 方程 $x^2=2$ 有唯一的正解 x, 它通常被记作 $\sqrt{2}$.

存在性的构造证明 我们证明迭代

$$a_{n+1} = \frac{a_n}{2} + \frac{1}{a_n}, \quad n = 1, 2, \cdots \tag{4.10}$$

收敛于一个数 $\sqrt{2}$, 即 $\lim\limits_{n\to\infty} a_n = \sqrt{2}$, 其中 $a_1 := 2$.

步骤 1: 证明对于 $n = 1, 2, \cdots$, 有 $a_n > 0$.

这对于 $n = 1$ 是正确的. 而且, 对某个固定的 n, 从 $a_n > 0$ 以及 (4.10), 我们看出也有 $a_{n+1} > 0$. 根据归纳法原理我们得到, 对于 $n = 1, 2, \cdots$, 有 $a_n > 0$.

步骤 2: 证明对于 $n = 1, 2, \cdots$, 有 $a_n^2 \geqslant 2$.

这个命题对于 $n = 1$ 是正确的. 若对一个固定的 n 有 $a_n^2 \geqslant 2$, 则由伯努利不等式 1) 推出:

$$a_{n+1}^2 = a_n^2 \left(1 + \frac{2 - a_n^2}{2a_n^2}\right)^2 \geqslant a_n^2 \left(1 + \frac{2 - a_n^2}{a_n^2}\right) = 2.$$

因此, $a_{n+1}^2 \geqslant 2$. 于是根据归纳法原理, 对于 $n = 1, 2, \cdots$ 有关系 $a_n^2 \geqslant 2$.

步骤 3: 从 (4.10) 得到

$$a_n - a_{n+1} = a_n - \frac{1}{2}\left(a_n + \frac{2}{a_n}\right) = \frac{1}{2a_n}(a_n^2 - 2) \geqslant 0, \quad n = 1, 2, \cdots.$$

因此序列 (a_n) 是递减的并且有下界. 从而由 1.2.4.1 关于递减序列的收敛性判据知存在极限

$$\lim_{n\to\infty} a_n = x.$$

若在方程 (4.10) 两边取极限, 则得到

$$x = \lim_{n\to\infty} a_{n+1} = \frac{x}{2} + \frac{1}{x}.$$

这意味着 $2x^2 = x^2 + 2$, 从而

$$x^2 = 2.$$

从 $a_n \geqslant 0$ 对于一切 n 成立, 我们断定 $x \geqslant 0$. 因此 $x = \sqrt{2}$. 证毕.

4.2.5 计算机时代证明的必要性

人们可能认为, 由于今天现代计算机所提供的难以置信的计算能力, 数学的理论研究已显多余. 正相反, 给定一个数学问题, 下列步骤可以用来解决这个问题:

(i) 证明这个解的存在性 (存在性的抽象证明);

(ii) 证明这个解的唯一性;

(iii) 对于该问题参数的小的扰动研究 (目前已知是存在的) 这个解的稳定性;

---

1) 对于满足 $r \geqslant -1$ 的一切实数 r 以及一切自然数 n, 有

$$(1 + r)^n \geqslant 1 + nr.$$

(iv) 开发在计算机上计算这个解 (的近似值) 的一种算法;

(v) 证明该算法的收敛性, 即证明在适当 (合理的) 假设下该算法收敛于唯一的解;

(vi) 检验由该算法所给出的近似值的一个估计;

(vii) 研究该算法的收敛速度;

(viii) 证明该算法的数值稳定性.

在 (v) 和 (vi) 中重要的是已经知道了唯一解的存在性, 因为否则的话, 计算机计算得到的可能是一个貌似解, 但在现实中却不存在 (即所谓虚幻解).

如果 (i), (ii), (iii) 得到保证, 那么一个问题就被称为*适定问题*. 对一个给定的近似值的估计分为两种:

(a) *先验估计*, 和

(b) *后验估计*.

这些概念类似于康德 (1724—1804) 的哲学. 一个先验估计是在 (计算机) 作计算*之前*得到的关于近似值误差的信息. 另一方面, 一个后验估计使用的是从 (计算机) 已经作过的计算所获得的信息. 作为一种实际经验, 我们有:

$$\boxed{\text{后验估计比先验估计更精确.}}$$

算法必须是数值稳定的, 即它们关于计算机计算过程中出现的舍入误差必须是稳固的. 正如我们已经清楚的那样, 迭代过程对于数值计算尤其适合.

例: 我们考虑 (4.10) 产生的序列 (a_n) 用于 $\sqrt{2}$ 的迭代计算. 用 Δ_n 表示全误差 $a_n - \sqrt{2}$. 对于 $n= 1, 2, \cdots$, 下列估计成立.

(i) 收敛速度:

$$\boxed{\Delta_{n+1} \leqslant \Delta_n^2.}$$

这就是通常所说的*二次收敛*, 即该过程收敛得非常快.[1)]

(ii) 先验估计:

$$\boxed{\Delta_{n+2} \leqslant 10^{-2^n}.}$$

(iii) 后验估计:

$$\boxed{\frac{2}{a_n} \leqslant \sqrt{2} \leqslant a_n.}$$

从表 4.1 一眼就看出 $\sqrt{2} = 1.414213562 \pm 10^{-9}$.

1) (4.10) 的迭代法对应于用来解方程 $f(x) := x^2 - 2 = 0$ 的牛顿迭代法 (也见 7.4.1).

表 4.1 $\sqrt{2}$ 的逐次近似值

n	a_n	$2/a_n$
1	2	1
2	1.5	1.33
3	1.4118	1.4116
4	1.414215	1.414211
5	1.414213562	1.414213562

4.2.6 不正确的证明

证明中的两个最主要的错误是在证明中做出了“被零除”的一步, 以及“沿错误的方向”证明命题.

4.2.6.1 被零除

在解方程时你必须时刻当心出现这样的情形, 即在对某些变量的值进行处理时, 你有可能实施了被零除.

错误的断言: 方程

$$(x-2)(x+1)+2=0 \tag{4.11}$$

恰有一个实数解 $x=1$.

该断言的“证明”: 容易验证 $x=1$ 是方程 (4.11) 的解. 为了证明这是仅有的解, 我们假定 x_0 是 (4.11) 的另一个解. 则我们有

$$x_0^2-2x_0+x_0-2+2=0.$$

由此我们得到 $x_0^2-x_0=0$, 于是

$$x_0(x_0-1)=0. \tag{4.12}$$

除以 x_0 得 $x_0-1=0$, 这也就是 $x_0=1$.

显然该断言是假的, 因为 $x=1$ 和 $x=0$ 同是 (4.11) 的解. 证明中的错误在于 (4.12), 我们只能在 $x_0\neq 0$ 的假定下除以 x_0.

正确的断言: 方程 (4.11) 恰有两个解 $x=1$ 和 $x=0$.

证明: 如果 x 是 (4.11) 的解, 则可推出 (4.12); 这蕴涵着要么 $x=0$ 要么 $x-1=0$. 经检验表明这两个值确实都满足 (4.11). 证毕.

4.2.6.2 沿错误方向的证明

常犯的错误包括试图通过证明逆蕴涵 $\mathscr{B}\Rightarrow\mathscr{A}$ 来证明命题

$$\boxed{\mathscr{A}\Rightarrow\mathscr{B}.}$$

所谓的 "$0=0$" 证明就属于这类错误. 用下面的例子进行说明.

错误的断言: 每个实数 x 都是方程

$$x^2-4x+3x+1=(x-1)^2+3x \tag{4.13}$$

的一个解.

该断言的"证明": 设 $x\in\mathbb{R}$, 则由 (4.13) 有

$$x^2-x+1=x^2-2x+1+3x=x^2+x+1. \tag{4.14}$$

两边加上 $-x^2-1$ 得

$$-x=x. \tag{4.15}$$

将这一结果平方得

$$x^2=x^2. \tag{4.16}$$

这意味着

$$0=0. \tag{4.17}$$

这一正确的蕴涵链表明:

$$(4.13)\Rightarrow(4.14)\Rightarrow(4.15)\Rightarrow(4.16)\Rightarrow(4.17).$$

然而, 这并非上述断言的一个证明. 相反, 我们必须要证明蕴涵链

$$(4.17)\Rightarrow(4.16)\Rightarrow(4.15)\Rightarrow(4.14)\Rightarrow(4.13).$$

但这是不可能的, 因为蕴涵 (4.15) $\Rightarrow$ (4.16) 不能逆过来. 蕴涵 (4.16) $\Rightarrow$ (4.15) 仅对 $x=0$ 是真的.

正确的断言: 方程 (4.13) 有唯一的解 $x=0$.

证明: **步骤 1**: 假设实数 x 是 (4.13) 的一个解. 由上面的蕴涵链得出

$$(4.13)\Rightarrow(4.14)\Rightarrow(4.15)\Rightarrow x=0.$$

因此 (4.13) 至多能有解 $x=0$.

步骤 2: 我们证明

$$x=0\Rightarrow(4.15)\Rightarrow(4.14)\Rightarrow(4.13).$$

这一蕴涵链是正确的, 因此 $x=0$ 是一个解. 证毕.

在这个简单例子中, 我们可以省略第二步而直接检验 $x=0$ 是 (4.13) 的一个解. 在更复杂的情形中, 人们常常试图只作出逻辑等值的处理, 使得两个方向立刻得到证明. 在上面的例子中, 这就是

$$\boxed{(4.13)\Leftrightarrow(4.14)\Leftrightarrow(4.15)\Leftrightarrow x=0.}$$

4.3 朴素集合论

在本节中将叙述对于集合的朴素处理. 对此给出的一个公理基础可以在 4.4.3 中找到.

4.3.1 基本概念

类和元素 一个类是对象的一个汇集. 符号

$$\boxed{a \in A}$$

的意思是对象 a 属于类 A. 符号

$$\boxed{a \notin A}$$

的意思是对象 a 不是类 A 的元素. 要么 $a \in A$ 是真的要么 $a \notin A$ 是真的.

在数学中, 人们经常考虑类的类, 即类是多重的. 例如, 一个平面是一个类, 其元素是点. 另一方面, 通过三维空间原点的所有平面之集是一个类, 称为格拉斯曼流形. 有两种类型的类 (图 4.1):

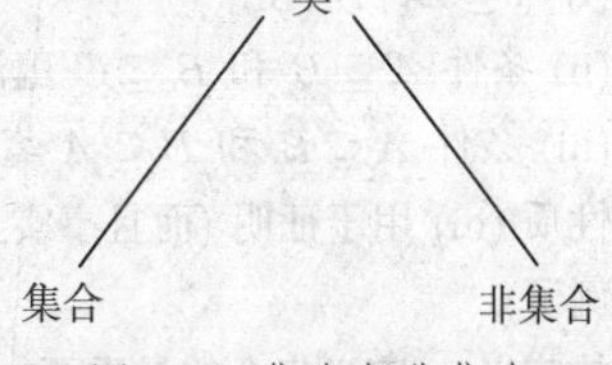

图 4.1 集合与非集合

(i) 若一个类本身是一个新类中的元素, 则这个类称为集合,

(ii) 若一个类不能成为一个新类的元素, 则这个类称为非集合.

直观上, 人们可以认为非集合是如此巨大的类, 以致没有更大的类能够将其纳为一个元素. 例如, 所有集合的类是一个非集合.

集合论是 G. 康托尔(1845—1918) 在 19 世纪最后的四分之一时期创立的. 康托尔的这一惊世思想是要通过引入超穷基数 (见 4.3.4) 以及发展一种超穷序数和超穷基数的算术 (见 4.4.4) 而给出无穷的结构. 康托尔给出了下面的定义:

“一个集合是我们的想象或我们的直觉中适当定义的对象 (因此它们是该集合的元素) 的一个汇总.”

1901 年, 英国哲学家和数学家 B.罗素发现 “所有集合的集” 的概念是矛盾的 (罗素悖论). 这在数学基础中产生了一场危机, 然而, 通过

(i) 在集合与非集合之间作出区分, 及

(ii) 赋予集合论一个公理基础,

这一危机能够被化解.

通过定义所有集合的汇总不是一个集合, 而是一个非集合, 罗素悖论得以解决. 我们将在 4.4.3 对此作更详细的讨论.

子集与集合的相等 如果 A 和 B 是集合, 则符号

$$\boxed{A \subseteq B}$$

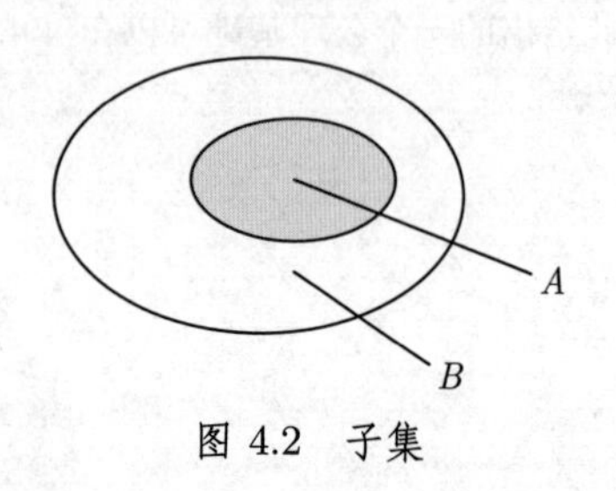

图 4.2 子集

表示 A 的每个元素同时是 B 的一个元素. 人们也说 A 是 B 的一个子集(图 4.2). 若两个条件 $A \subseteq B$ 和 $B \subseteq A$ 都满足, 则两个集合 A 和 B 称为是相等的, 用符号记作

$$\boxed{A = B.}$$

而且, 如果 $A \subseteq B$ 并且 $A \neq B$, 就写成

$$\boxed{A \subset B.}$$

对于集合 A, B 和 C, 下列规则是正确的.

(i) $A \subseteq A$(自反性);

(ii) 条件 $A \subseteq B$ 和 $B \subseteq C$ 蕴涵着关系 $A \subseteq C$(传递性);

(iii) 条件 $A \subseteq B$ 和 $B \subseteq A$ 蕴涵着关系 $A = B$(反对称性).

性质 (iii) 用于证明 (而且事实上经常是唯一的证明方法) 集合的相等 (见 4.3.2 中的例子).

集合的定义 定义集合的最重要方法是借助于公式

$$\boxed{A := \{x \in B | 对于\ x\ 命题 \mathscr{A}(x) 成立\}.}$$

这意味着集合 A 由集合 B 的这样一些元素 x 组成, 对于它们命题 $\mathscr{A}(x)$ 是真的.

例: 设 $\mathbb{Z}$ 表示整数集. 则公式

$$A := \{x \in \mathbb{Z} | x 被\ 2\ 整除\}$$

定义了偶数集. 如果 a 和 b 是对象, 则 $\{a\}$(相应地, $\{a, b\}$) 表示只包含元素 a(相应地, 元素 a 和 b) 的集合.

空集 符号 $\varnothing$ 表示空集, 它是不包含任何元素的集合 (注意这个集合是被唯一定义的).

4.3.2 集合的运算

在本节中设 A, B, C, X 表示集合.

两个集合的交 两个集合 A 和 B 的交记作

$$\boxed{A \cap B,}$$

按定义包含所有既属于 A 又属于 B 的元素 (图 4.3(a)). 应用上面的公式记号, 这就是 $A\cap B:=\{x|x\in A \text{ 且 } x\in B\}$.

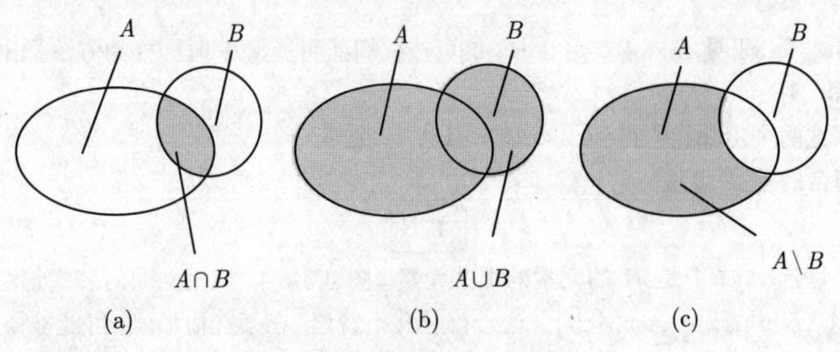

图 4.3 集合的交、并和差

如果 $A\cap B=\varnothing$, 则称集合 A 和 B 是不相交的.

两个集合的并 两个集合 A 和 B 的并记作

$$\boxed{A\cup B,}$$

按定义包含要么属于 A 要么属于 B 的元素 (图 4.3(b)).

我们有交和并之间的包含关系:

$$\boxed{(A\cap B)\subseteq A\subseteq (A\cup B).}$$

而且, $A\subseteq B$ 等价于 $A\cap B=A$ 也等价于 $A\cup B=B$.

交 $A\cap B$(相应地, 并 $A\cup B$) 在表现方式上类似于两个数的积 (相应地, 和); 空集 $\varnothing$ 扮演着数 0 的角色. 显然, 我们有下列规则.

(i) 交换律:

$$A\cap B=B\cap A,\quad A\cup B=B\cup A.$$

(ii) 结合律:

$$A\cap(B\cap C)=(A\cap B)\cap C,\quad A\cup(B\cup C)=(A\cup B)\cup C.$$

(iii) 分配律:

$$\boxed{A\cap(B\cup C)=(A\cap B)\cup(A\cap C),\quad A\cup(B\cap C)=(A\cup B)\cap(A\cup C).}$$

(iv) 零元:

$$A\cap\varnothing=\varnothing,\quad A\cup\varnothing=A.$$

例 1: 要证明 $A\cap B=B\cap A$.

步骤 1: 证明 $A\cap B\subseteq B\cap A$. 事实上, 我们有

$$a\in(A\cap B)\Rightarrow(a\in A\text{且}a\in B)\Rightarrow(a\in B\text{且}a\in A)\Rightarrow a\in(B\cap A).$$

步骤 2: 证明 $B\cap A\subseteq A\cap B$. 这可按我们证明步骤 1 时同样的方法推出 (交换 A 和 B).

从这两个步骤我们得到 $A\cap B=B\cap A$. 证毕.

两个集合的差 差集

$$\boxed{A\backslash B}$$

按定义包含 A 中不是 B 的元素的那些元素 (图 4.3(c)). 应用上面的公式记法, 这就是 $A\backslash B:=\{x\in A|x\notin B\}$. 这一符号并不普遍; 在某些情形, 它可能被误作陪集符号. 为了避免误解, 符号 $A-B$ 也经常被使用.

除了明显的包含关系

$$A\backslash B\subseteq A$$

以及 $A\backslash A=\varnothing$ 外, 下列规则成立.

(i) 分配律:

$$(A\cap B)\backslash C=(A\backslash C)\cap(B\backslash C),\quad (A\cup B)\backslash C=(A\backslash C)\cup(B\backslash C).$$

(ii) 广义分配律:

$$A\backslash(B\cap C)=(A\backslash B)\cup(A\backslash C),\quad A\backslash(B\cup C)=(A\backslash B)\cap(A\backslash C).$$

(iii) 广义结合律:

$$(A\backslash B)\backslash C=A\backslash(B\cup C),\quad A\backslash(B\backslash C)=(A\backslash B)\cup(A\cap C).$$

集合的补 设 A 和 B 是集合 X 的子集.A 在 X 中的补

$$\boxed{C_XA}$$

A 按定义是 X 的不属于 A 的元素的集合, 即, $\mathrm{C}_XA:=X\backslash A$(图 4.4(b)). 我们有不交的分解 $X=A\cup\mathrm{C}_XA, A\cap\mathrm{C}_XA=\varnothing$. 而且, 我们有所谓的德摩根律:

$$\boxed{\mathrm{C}_X(A\cap B)=\mathrm{C}_XA\cup C_XB,\quad \mathrm{C}_X(A\cup B)=\mathrm{C}_XA\cap\mathrm{C}_XB.}$$

此外, $\mathrm{C}_XX=\varnothing$, $\mathrm{C}_X\varnothing=X$ 并且 $\mathrm{C}_X(C_XA)=A$. 包含 $A\subseteq B$ 等价于 $C_XB\subseteq C_XA$.

有序对 直观上, 一个有序对(a, b) 是两个对象 a 和 b 的一个汇总, 附带着一个序 ("a 在先"). 其精确的数学定义如下 [1]:

$$(a,b):=\{\{a\},\{a,b\}\}.$$

1) 这意味着 (a, b) 是一个集合, 它由单元集 (具有一个元素的集)$\{a\}$和集合$\{a, b\}$所组成.

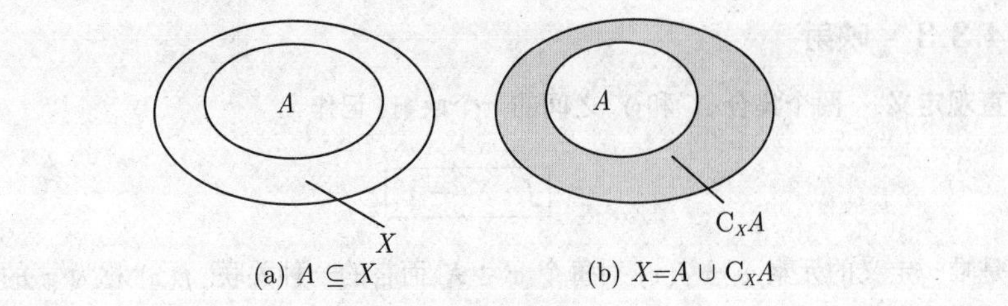

(a) $A \subseteq X$　　(b) $X=A \cup C_XA$

图 4.4　集合的补

由此推出, $(a,b)=(c,d)$ 当且仅当 $a=c$ 且 $b=d$.

对于 $n=1, 2, 3, 4, \cdots$ 应用条件

$$(a_1,\cdots,a_n):=\begin{cases} a_1, & 对于n=1,\\ (a_1,a_2), & 对于n=2,\\ ((a_1,\cdots,a_{n-1}),a_n), & 对于n>2 \end{cases}$$

相继地定义 n 元有序组.

两个集合的笛卡儿积　如果 A 和 B 是集合, 则两个集合的笛卡儿积, 记作

$$\boxed{A\times B}$$

按定义包含所有的有序对 (a, b), 其中 $a\in A$ 且 $b\in B$. 对任意的集合 A, B, C, D, 我们有下面的分配律:

$$A\times(B\cup C)=(A\times B)\cup(A\times C),\quad A\times(B\cap C)=(A\times B)\cap(A\times C),$$

$$(B\cup C)\times A=(B\times A)\cup(C\times A),\quad (B\cap C)\times A=(B\times A)\cap(C\times A),$$

$$A\times(B\backslash C)=(A\times B)\backslash(A\times C),\quad (B\backslash C)\times A=(B\times A)\backslash(C\times A).$$

我们有 $A\times B=\varnothing$ 当且仅当 $A=\varnothing$ 或 $B=\varnothing$.

类似地, 对于 $n=1, 2, \cdots$, 定义笛卡儿积

$$\boxed{A_1\times\cdots\times A_n}$$

为所有 n 元有序对 $(a_1,\cdots,a_n)$ 的集合, 其中对所有的 $j=1, 2, \cdots$, $a_j\in A_j$. 应用积号这也可以记作 $\prod\limits_{j=1}^{n} A_j$.

不交并　一个不交并, 记作

$$\boxed{A\bigcup\nolimits_{\mathrm{d}} B}$$

是并 $(A\times\{1\})\cup(B\times\{2\})$. 记号 $A\dot\cup B$ 也常用于表示不交并.

例 2: 对于 $A:=\{a,b\}$, 我们有 $A\cup A=A$, 但

$$A\cup_d A=\{(a,1),(b,1),(a,2),(b,2)\}.$$

4.3.3 映射

直观定义 两个集合 X 和 Y 之间的一个映射, 记作

$$\boxed{f: X \to Y}$$

是唯一定义的元素 $y = f(x)$ 对每个 $x \in X$ 而言的一种关联; $f(x)$ 称为 x 的象点. 映射也常常被说成是函数, 尽管后面的这个术语一般地更经常用于象为实数集或复数集的映射.

若 $A \subseteq X$, 则我们定义 A(在 f 下) 的像为

$$f(A) := \{f(a)|a \in A\}.$$

集合 X 称为 f 的定义域, 集合 $f(X)$ 称为 f 的值域.

f 的定义域也记作 $D(f)$ 或者 Dom f; 值域也记作 $R(f)$ 或者 Im f, 后者表示 f 的象 (更确切地说是 "f 的定义域的象", 即 f 在其上有定义的整个集合的象集).

集合

$$G(f) := \{(x, f(x))|x \in X\}$$

称为 f 的图像.

例 1: 通过对所有的实数 x 规定 $f(x) := x^2$ 我们得到一个函数 $f: \mathbb{R} \to \mathbb{R}$, 其中 $D(f) = \mathbb{R}$ 而 $R(f) = [0, \infty]$. 图像 $G(f)$ 由图 4.5(a) 中所描绘的抛物线给出.

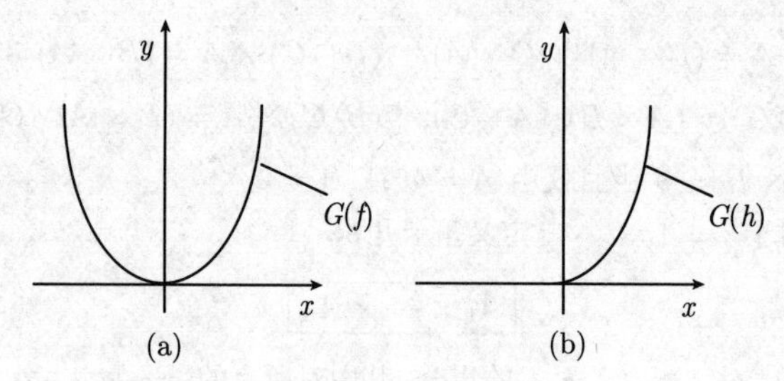

图 4.5 函数的图像

函数的分类 设给定映射 $f: X \to Y$. 我们考虑方程

$$\boxed{f(x) = y.} \tag{4.18}$$

(i) f 称为满射, 当且仅当方程 (4.18) 对每个 $y \in Y$ 有一个解 $x \in X$, 即 $f(X) = Y$.

(ii) f 称为单射, 当且仅当方程 (4.18) 对每个 $y \in Y$ 至多有一个解, 即 $f(x_1) = f(x_2)$ 蕴涵着 $x_1 = x_2$.

(iii) f 称为双射, 当且仅当它既是单射也是满射, 即对每个 $y \in Y$ 恰有一个 (4.18) 的解 $x \in X$.[1)]

逆映射 若映射 $f: X \to Y$ 是单射, 则 (对于一个给定的 $y \in Y$) 用 $f^{-1}(y)$ 代表 (4.18) 的唯一解 $x \in X$ 并称 $f^{-1}: f(X) \to X$ 为 f 的逆映射.

例 2: 令 $X := \{a, b\}$, $Y := \{c, d, e\}$. 设

$$f(a) := c, \quad f(b) := d,$$

则 $f: X \to Y$ 是单射, 但不是满射. 逆映射 $f^{-1}: f(X) \to X$ 由

$$f^{-1}(c) = a, f^{-1}(d) = b$$

给出.

例 3: 若对于所有的实数 x, 设 $f(x) := x^2$, 则映射 $f := \mathbb{R} \to [0, \infty)$ 是满射, 但不是单射, 因为例如方程 $f(x) = 4$ 有两个解 $x = 2$ 和 $x = -2$, 因此 (4.18) 不是唯一可解的 (图 4.5(a)).

另一方面, 若对于所有的非负实数 x, 定义 $h(x) := x^2$, 则映射 $h := [0, \infty) \to [0, \infty)$ 是双射. 相应的逆映射由 $h^{-1}(y) = \sqrt{y}$ 给出 (图 4.5(b)).

例 4: 若设 $\mathrm{pr}_1(a, b) := a$, 则得到所谓的投影映射 $\mathrm{pr}_1 : A \times B \to A$, 它是满射.

恒等映射; 复合 映射 $\mathrm{id}_X : X \to X$ 定义为

$$\text{对所有 } x \in X \quad \mathrm{id}_X(x) := x,$$

称为 X 的恒等映射. 它也记作 I 或 I_X. 如果

$$f: X \to Y \text{ 并且 } g: Y \to Z$$

是两个映射, 则复合映射 $g \circ f : X \to Z$ 由关系

$$\boxed{(g \circ f)(x) := g(f(x))}$$

定义.

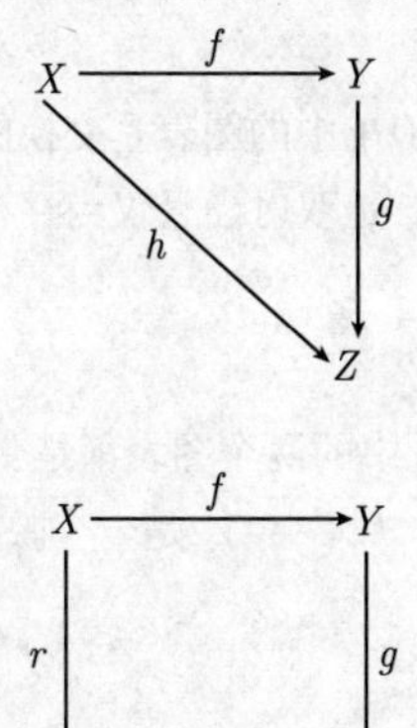

结合律成立:

$$h \circ (g \circ f) = (h \circ g) \circ f.$$

交换图表 借助于交换图表, 映射之间的许多关系可以很容易地变成可视的. 称一个图表是交换的, 如果 $h = g \circ f$, 即它与我们按照图表是从 X 出发经过 Y 到 Z 还是直接到 Z 无关. 同样, 称一个图表是交换的, 如果 $g \circ f = s \circ r$(见上面两个图).

1) 在较早的文献中人们分别使用 “一一映射”、“到上的映射” 和 “一一到上的映射” 表示 “单射”、“满射” 和 “双射”.

例 5: 如果映射 $f:X\to Y$ 是双射, 则

$$f^{-1}\circ f=\mathrm{id}_X \text{ 并且 } f\circ f^{-1}=\mathrm{id}_Y.$$

定理 假定已给一个映射 $f:X\to Y$, 则

(i) f 是满射, 当且仅当存在一个映射 $g: Y\to X$ 使得

$$f\circ g=\mathrm{id}_Y,$$

即, 图 4.6(a) 中的图表是交换的.

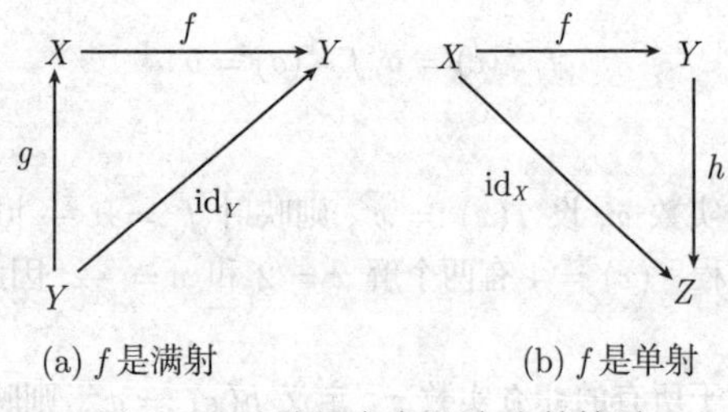

(a) f 是满射　　(b) f 是单射

图 4.6 通过图表定义的映射性质

(ii) f 是单射当且仅当存在一个映射 $h:Y\to X$ 使得

$$h\circ f=\mathrm{id}_X,$$

即, 图 4.6(b) 中的图表是交换的.

(iii) f 是双射当且仅当存在映射 $g:Y\to X$ 和 $h:Y\to X$ 有

$$f\circ g=\mathrm{id}_Y \text{ 和 } h\circ f=\mathrm{id}_X,$$

即, 图 4.6 中的两个图表都是交换的. 在这种情形, 也有 $h=g=f^{-1}$.

逆象 令 $f:X\to Y$ 是一个映射, 并且令 B 是 Y 的子集. 设

$$f^{-1}(B):=\{x|f(x)\in B\},$$

即, $f^{-1}(B)$ 是所有 X 的那些其象位于集合 B 中的点的集合. 称 $f^{-1}(B)$ 是集合 B 的逆象.

对于 Y 的任意子集 B 和 C, 有

$$f^{-1}(B\cup C)=f^{-1}(B)\cup f^{-1}(C),\quad f^{-1}(B\cap C)=f^{-1}(B)\cap f^{-1}(C).$$

从 $B\subseteq C$ 可以推出 $f^{-1}(B)\subseteq f^{-1}(C)$ 和 $f^{-1}(C\backslash B)=f^{-1}(C)\backslash f^{-1}(B)$.

幂集 若 A 是一个集合, 则 2^A 表示 A 的幂集, 即 A 的所有子集的集合.

对应 两个集合 A 和 B 之间的一个对应 c 是从 A 到幂集 2^B 中的一个映射

$$\boxed{c: A \to 2^B,}$$

即, A 的每个点 $a \in A$ 被映射到 B 的一个唯一确定的子集, 我们用 $c(a)$ 表示它.

一个对应 c 的象集是 c 的象中所有子集 $c(a)$ 的并.

映射的精确集合论定义 从 X 到 Y 的一个映射 f 是笛卡儿积 $X \times Y$ 的一个子集, 具有下列两个性质:

(i) 对任何 $x \in X$ 存在一个 $y \in Y$ 有 $(x, y) \in f$.

(ii) 两个关系 $(x, y_1) \in f$ 和 $(x, y_2) \in f$ 蕴涵着 $y_1 = y_2$.

(i) 和 (ii) 一起是说对任何 $x \in X$ 存在 (条件 (i)) 一个唯一确定的由子集定义的 $y \in Y$(条件 (ii)). 唯一的元素 y 也表示成 $f(x)$, 对于映射 f 我们也记作 f:$X \to Y$ 或 $G(f)$.

4.3.4 集合的等势

定义 两个集合 A 和 B 称为是等势的, 记作

$$\boxed{A \cong B}$$

当且仅当存在一个双射 $\varphi: A \to B$.

对任意的集合 A, B, C, 下列定律成立:

(i) $A \cong A$(自反律);

(ii) $A \cong B$ 蕴涵着 $B \cong A$(对称性);

(iii) $A \cong B$ 和 $B \cong C$ 蕴涵着 $A \cong C$(传递律).

有限集 一个集合 A 称为是有限的, 如果它要么是空集, 要么存在一个自然数 n, 使得 A 和 $B := \{k \in \mathbb{N} | 1 \leqslant k \leqslant n\}$ 等势. 在这一情形, n 称为 A 中元素的个数 (在第一种情形, A 具有零个元素).

如果 A 由 n 个元素构成, 则幂集 2^A 恰好有 2^n 个元素 (这解释了记号).

无限集 一个集合称为是无限的, 如果它不是有限的.

例 1: 自然数集 $\mathbb{N}$ 是无限的.

定理 一个集合是无限的当且仅当它和一个真子集等势.

一个集合是无限的当且仅当它包含一个无限子集.

可数集 一个集合 A 称为是可数的, 如果它和自然数集 $\mathbb{N}$ 等势.

一个集合 A 称为是至多可数的, 如果它是有限的或者是可数的.

一个集合 A 称为是不可数的, 如果它不是至多可数的.

显然, 可数集和不可数集都是无限集.

例 2: (a)下列集合是可数的: 整数集、有理数集、代数数集.

(b) 下列集合是不可数的: 实数集、无理数集、超越数集、复数集.

(c) n 个可数集 $M_1, \cdots, M_n$ 的并仍是可数的.

(d) 可数多个可数集 $M_1, M_2, \cdots$ 的并仍是可数的.

例 3: 集合 $\mathbb{N}\times\mathbb{N}$ 是可数的.

证明: 以矩阵形式对 $\mathbb{N}\times\mathbb{N}$ 的元素排序:

$$\begin{array}{ccccc}
(0,0) & \to & (0,1) & & (0,2)\ \cdots \\
 & & \downarrow & & \downarrow \\
(1,0) & \leftarrow & (1,1) & & (1,2)\ \cdots \\
 & & & & \downarrow \\
(2,0) & \leftarrow & (2,1) & \leftarrow & (2,2)\ \cdots \\
\cdots & & \cdots & & \cdots
\end{array}$$

若像箭头所指的那样计数矩阵元素, 则每个矩阵元素都关联着唯一一个自然数, 反之, 每个自然数被刚好一个矩阵元素所代表. 证毕.

注 这个证明尽管看起来平凡, 但却是重要的, 它是证明任意集合可数性的通常方式.

使用记号

$$A \lesssim B$$

表示 B 包含一个和 A 等势的子集. 称 B 比 A 具有较大的势, 如果 $A \lesssim B$, 而 A 不具有和 B 相同的势.

施罗德–伯恩斯坦定理 对任意的集合 A, B, 下列定律成立:*

(i) $A \lesssim A$(自反律);

(ii) 两个关系 $A \lesssim B$ 和 $B \lesssim A$ 蕴涵着 $A \cong B$(反对称性);

(iii) 两个关系 $A \lesssim B$ 和 $B \lesssim C$ 蕴涵着 $A \lesssim C$(传递律).

康托尔定理 一个集合的幂集总是具有比该集合本身更大的势.

4.3.5 关系

直观地讲, 集合 X 上的一个关系是 X 的任何两个元素之间要么成立要么不成立的一种联系. 形式上, 定义 X 上的一个关系是笛卡儿积 $X\times X$ 的一个子集 R.

例: 设 R 由具有性质 $x \leqslant y$ 的实数 x 和 y 的有序对 (x,y) 组成. 于是 $\mathbb{R}\times\mathbb{R}$ 的这个子集 R 相应于有序关系.

4.3.5.1 等价关系

定义 集合 X 上的一个等价关系是 $X\times X$ 的一个子集, 具有下列三个性质:

(i) 对于所有 $x\in X$ 有 $(x,x)\in R$(关系的自反性);

(ii) 从 $(x,y)\in R$ 可以推出 $(y,x)\in R$(关系的对称性);

(iii) 从 $(x,y)\in R$ 和 $(y,z)\in R$ 可以推出 $(x,z)\in R$(关系的传递性).

---

* 该定理也称为“康托尔–伯恩斯坦定理”或“伯恩斯坦定理”, 一般仅指 (ii).—— 译者

换句话说, 一个等价关系是一个具有自反性、对称性和传递性的关系. 我们常常不用 $(x,y) \in R$, 而是写成 $x \sim y$. 使用这一记号, 上面的条件就是

(a) 对于所有 $x \in X$ 有 $x \sim x$(关系的自反性);

(b) 从 $x \sim y$ 可以推出 $y \sim x$(关系的对称性);

(c) 从 $x \sim y$ 和 $y \sim z$ 可以推出 $x \sim z$(关系的传递性).

令 $x \in X$. 我们用 $[x]$ 表示 x 的等价类, 根据定义, 它是与 x 等价的所有元素的集合, 即

$$[x] := \{y \in X | x \sim y\}.$$

$[x]$ 的元素称为等价类的代表.

定理 任何集合 X(在 X 上的任一等价关系之下) 都分解为两两不交的等价类.

商集 用 $X/\sim$ 表示所有等价类的集合. 这个集合也常被称为商集(或商空间).

如果存在定义在集合 X 上的运算, 则只要运算与等价关系相符, 就能将这些运算转入商空间; 这就是说运算保持等价关系 (见下面的例子). 对于构造新的结构 (商结构 [1]) 来说这在数学上是一个普遍的原理.

例: 如果 x 和 y 是两个整数, 则我们记 $x \sim y$ 当且仅当 $x - y$ 能被 2 整除. 关于这一等价关系, 有

$$[0] = \{0, \pm 2, \pm 4, \cdots\}, \quad [1] = \{\pm 1, \pm 3, \cdots\},$$

即等价类 $[0]$(相应地有, $[1]$) 包括所有的偶 (相应地有, 奇) 整数.

而且, 从 $x \sim y$ 和 $u \sim v$ 可以推出 $x + u \sim y + v$. 因此, 定义

$$[x] + [y] := [x + y]$$

独立于代表的选取. 于是

$$[0] + [1] = [1] + [0] = [1], \quad [1] + [1] = [0], \quad [0] + [0] = [0].$$

每个认知过程都基于这样的事实, 即利用彼此的等同区分不同的事物, 并对相应的等同类进行描述 (例如, 用哺乳类、鱼类、鸟类等基本概念对动物进行分类). 等价关系是对这一过程的精确数学表述.

4.3.5.2 序关系

定义 集合 X 上的一个序关系是笛卡儿积 $X \times X$ 的一个子集 R, 具有下列三个性质:

(i) 对于所有 $x \in X$ 有 $(x, x) \in R$(自反律).

(ii) 从关系 $(x, y) \in R$ 和 $(y, x) \in R$ 可以推出 $x = y$(反对称性).

(iii) 从 $(x, y) \in R$ 和 $(y, z) \in R$ 可以推出 $(x, z) \in R$(传递律).

我们也把上述 $(x, y) \in R$ 记作 $x \leqslant y$. 应用这一记号, 有

1) 2.5.1.2 讨论了商群.

(a) 对于所有 $x \in X$, $x \leqslant x$(自反律).

(b) 从 $x \leqslant y$ 和 $y \leqslant x$ 可以推出 $x = y$(反对称性).

(c) 从 $x \leqslant y$ 和 $y \leqslant z$ 可以推出 $x \leqslant z$(传递律).

符号 $x < y$ 确切地表示了 $x \leqslant y$ 且 $x \neq y$.

一个有序集 X 称为是全序的, 如果对于 X 的所有元素 x 和 y, 要么关系 $x \leqslant y$ 成立, 要么 $y \leqslant x$ 成立.

设给定 $x \in X$. 如果 $x \leqslant z$ 总蕴涵着 $x = z$, 则称 x 是 X 的一个极大元. 假设 $M \subseteq X$. 如果对于所有 $y \in M$ 和某个固定的 $s \in X$ 有 $y \leqslant s$, 则 s 称为子集 M 的一个上界.

最后, u 称为 M 的一个极小元, 如果 $u \in M$ 并且对所有 $z \in M$ 有 $u \leqslant z$.

佐恩引理　如果一个有序集 X 的任何全序子集都有一个上界, 则 X 具有一个极大元.

良序　一个有序集称为是良序的, 如果它的任何非空子集包含一个最小元.

例: 自然数集关于通常的序关系是良序的.

另一方面, 实数集 $\mathbb{R}$ 关于通常的序关系不是良序的, 因为开集 $(0, 1]$不包含一个最小元.

策梅洛的良序定理　任何集合都可以被良序化.

超限归纳原理　令 $M \subseteq X$ 是良序集 X 的一个子集. 如果对于所有的 $a \in X$, 有

若集合 $\{x \in X | x < a\}$ 属于 M, 则也有 $a \in M$,

那么就有 $M = X$.

保序映射　两个有序集 X 和 Y 之间的一个映射 $\varphi : X \to Y$ 被说成是保序的, 如果从 $x \leqslant y$ 可以推出 $\varphi(x) \leqslant \varphi(y)$.

称两个有序集具有同样的序, 如果存在一个双射映射 $\varphi : X \to Y$ 使得 φ 和 φ^{-1} 都是保序的.

4.3.5.3　n 重关系

集合 X 上的一个 n重关系R 是 n 重乘积 $X \times \cdots \times X$ 的一个子集.

这种关系常常被用来刻画运算.

例: 令集合 R 是由满足 $ab = c$ 的实数 a, b, c 的所有三元组 (a, b, c) 构成. 则三重关系 $R \subseteq \mathbb{R} \times \mathbb{R} \times \mathbb{R}$ 是实数的乘法.

4.3.6　集系

一个集系$\mathscr{M}$ 是一个集合, 它的元素是各个集合 X. 根据定义, 并

$$\boxed{\cup \mathscr{M}}$$

由属于 $\mathscr{M}$ 的各个集合 X 之一的那些元素组成.

如果 $\mathscr{M}$ 包含至少一个集合, 则根据定义, 交

$$\boxed{\cap \mathscr{M}}$$

由属于 $\mathscr{M}$ 的所有元素 (集合)X 的元素组成.

根据定义, 集族$(X_\alpha)_{\alpha \in A}$ 是定义在指标集 A 上的一个函数并且它对每个 $\alpha \in A$ 关联着一个集合 X_α.

一个 A 元组 (x_α)(也记作 $(x_\alpha)_{\alpha \in A}$) 是 A 上的一个函数, 它对每个 $\alpha \in A$ 关联着一个元素 $x_\alpha \in X_\alpha$. 笛卡儿积

$$\boxed{\prod_{\alpha \in A} X_\alpha}$$

由所有的 A 元组 (x_α) 组成. 也称 (x_α) 为一个选择函数. 并

$$\boxed{\bigcup_{\alpha \in A} X_\alpha}$$

由包含在各个集合 X_α 中至少之一的元素组成.

假设 A 是非空集. 交

$$\boxed{\bigcap_{\alpha \in A} X_\alpha}$$

由一切属于所有集合 X_α 的元素组成.

4.4 数理逻辑

真理出现在思维和现实相符之时.

亚里士多德 (公元前 384—前 322)

理论逻辑也称为数理逻辑或符号逻辑, 是数学的形式方法在逻辑领域的推广. 它把类似于长期用来表达数学关系的某种语言和语法应用于逻辑.[1)]

希尔伯特和阿克曼, 1928

逻辑是关于思维的科学. 数理逻辑是最精确的逻辑形式. 它使用一种严格的并且形式化的演算来表达命题和关系, 同时在计算机时代形成了计算机科学的基础.

1) 摘自《理论逻辑基础》第一版的前言.

4.4.1 命题逻辑

基本符号 我们使用符号 $q_1, q_2, \cdots$ (命题), 符号 (,) 以及符号

$$\neg, \wedge, \vee, \rightarrow, \leftrightarrow . \tag{4.19}$$

我们也使用 $q, p, r, \cdots$ 代替命题变元 q_j.

表达式 (i) 任何包含一个单个命题的符号串是一个表达式.

(ii) 若 A 和 B 是表达式, 则符号串

$$\neg A, \quad (A \vee B), \quad (A \wedge B), \quad (A \rightarrow B), \quad (A \leftrightarrow B).$$

也是表达式. 这些表达式依次称为否定、合取(既 ··· 又 ···)、析取(要么 ··· 要么 ···)、蕴涵和等值.

(iii) 只有上面的 (i) 和 (ii) 中形成的符号串才是表达式.

例 1: 以下是表达式的例子:

$$(p \rightarrow q), \quad ((p \rightarrow q) \leftrightarrow r), \quad ((p \wedge q) \rightarrow r), \quad ((p \wedge q) \vee r). \tag{4.20}$$

去括号 对于实数 a, b, c, 乘积符号优先于加号. 因此将 $((ab) + c)$ 更简单地写成 $ab + c$ 没有任何混淆.

类似地, 约定列在 (4.19) 中的符号具有从左到右的优先级, 允许我们去掉不必要的括号.

例 2: 可以写

$$p \rightarrow q, \quad p \rightarrow q \leftrightarrow r, \quad p \wedge q \rightarrow r, \quad p \wedge q \vee r$$

以代替 (4.20).

真假值函数 设

$$\text{non}(\text{T}) := \text{F}, \quad \text{non}(\text{F}) := \text{T}. \tag{4.21}$$

这里用符号 "T" 和 "F" 代表 "真" 和 "假". (4.21) 的背后含义是一个真 (相应地, 假) 命题的否定是假 (相应地, 真) 的.

并且, 函数 et, vel, seq, eq 由表 4.2 给出的值定义.

表 4.2 真假值函数

X	Y	$\text{et}(X, Y)$	$\text{vel}(X, Y)$	$\text{seq}(X, Y)$	$\text{eq}(X, Y)$
T	T	T	T	T	T
T	F	F	T	F	F
F	T	F	T	T	F
F	F	F	F	T	T

表达式 et(X, Y), vel(X, Y), seq(X, Y), eq(X, Y) 依次具有下列意义: “X 且 Y”, “X 或 Y”, “X 蕴涵 Y” 和 “X 等值于 Y”. 例如, $\text{et}(\text{T}, \text{F}) = \text{F}$, 意思是若 X 真并且 Y 假, 则复合命题 X 且 Y” 也是假的.

表达式的真假值 映射

$$b : \{q_1, q_2, \cdots\} \to \{\text{T}, \text{F}\}$$

称为*覆盖函数*, 它对于每个命题变元 q_j 联系着一个值 T(真) 或者 F(假). 若给定了 b, 则根据下面的规则任何表达式 $A, B, \cdots$ 能被指派一个值 T 或者 F:

(i) $\text{value}(q_j) := b(q_j)$.

(ii) $\text{value}(\neg A) := \text{non}(\text{value}(A))$.

(iii) $\text{value}(A \wedge B) := \text{et}(\text{value}(A), \text{value}(B))$.

(iv) $\text{value}(A \vee B) := \text{vel}(\text{value}(A), \text{value}(B))$.

(v) $\text{value}(A \to B) := \text{seq}(\text{value}(A), \text{value}(B))$.

(vi) $\text{value}(A \leftrightarrow B) := \text{eq}(\text{value}(A), \text{value}(B))$.

例 1: 对于 $b(q) = \text{T}$ 和 $b(p) = \text{F}$, 我们得到 $\text{value}(\neg p) = \text{non}(\text{F}) = \text{T}$ 及

$$\text{value}(q \to \neg p) = \text{seq}(\text{T}, \text{T}) = \text{T}.$$

重言式 一个表达式称为*重言式*, 如果对于任何覆盖函数这个表达式都取值 T.

例 2: 表达式

$$q \vee \neg q$$

是一个重言式.

证明: 对于 $b(q) = \text{T}$ 我们得到

$$\text{value}(q \vee \neg q) = \text{vel}(\text{T}, \text{F}) = \text{T},$$

而对于 $b(q) = \text{F}$ 则得到

$$\text{value}(q \vee \neg q) = \text{vel}(\text{F}, \text{T}) = \text{T}.$$

证毕.

等价表达式 两个表达式 A 和 B 称为是 (逻辑) 等价的, 如果对于任何覆盖函数它们得到相同的值. 用符号表示就是

$$\boxed{A \cong B.}$$

定理 我们有 $A \cong B$ 当且仅当 $A \leftrightarrow B$ 是重言式.

例 3:

$$\boxed{p \to q \cong \neg p \vee q.}$$

因此,

$$p \to q \leftrightarrow \neg p \vee q$$

是一个重言式.

在 4.1.3 可以找到经典逻辑的一些重要重言式.

4.4.1.1 公理

命题逻辑的目标, 是刻画所有的重言式. 这是通过设定公理和从这些公理出发做出推演的规则以一种纯粹形式的方法来进行的. 现在就给出这些公理.

(A1) $p \to \neg\neg p$.

(A2) $\neg\neg p \to p$.

(A3) $p \to (q \to p)$.

(A4) $((p \to q) \to p) \to p$.

(A5) $(p \to q) \to ((q \to r) \to (p \to r))$.

(A6) $p \wedge q \to p$.

(A7) $p \wedge q \to q$.

(A8) $(p \to q) \to ((p \to r) \to (p \to q \wedge r))$.

(A9) $p \to p \vee q$.

(A10) $q \to p \vee q$.

(A11) $(p \to r) \to ((q \to r) \to (p \vee q \to r))$.

(A12) $(p \leftrightarrow q) \to (p \to q)$.

(A13) $(p \leftrightarrow q) \to (q \to p)$.

(A14) $(p \to q) \to ((q \to p) \to (p \leftrightarrow q))$.

(A15) $(p \to q) \to (\neg q \to \neg p)$.

4.4.1.2 推演规则

用 A, B, C 表示任意的表达式. 这些推演规则是

(R1) 任何一个公理能够被推演出.

(R2) (肯定前件式 —— 分离规则)如果 $(A \to B)$ 和 A 是从公理可推演出的, 则 B 也是从公理可推演出的.

(R3) (替换规则) 若 A 可以从公理推演出, 并且若 B 是通过将 A 中的某个命题变元 q_j 全部替换为一个固定的表达式 C 产生的, 则 B 也可以从公理推演出.

(R4) 一个表达式能够从公理推演出, 当且仅当它是根据规则 (R1)、(R2) 和 (R3) 被推演出的.

4.4.1.3 命题逻辑的主要定理

(i) 公理的完全性: 一个表达式是重言式当且仅当它能够从公理推演出.

特别地, 所有的公理是重言式.

(ii) 经典无矛盾性: 不可能从公理既推演出一个表达式同时又推演出它的否定. [1)]

(iii) 公理的独立性: 没有一个公理能够从其余的公理推演出.

(iv) 可判定性: 存在着一个经过有限步后终止的算法以判定一个表达式是否为重言式.

4.4.2 谓词逻辑

直观地讲, 谓词演算研究个体的性质及其间的关系. 为此我们使用这样的表述: "对于所有的个体 $\cdots$ 为真" 和 "存在某个个体, 对于它有 $\cdots$."

个体域 形式地考虑, 我们假设存在一个集合 M, 称为个体域. 这个集合也称作一个字母表或一个基本集.

关系 性质和个体间的关系由集合 M 上的 n 重关系来描述. 这样一个关系是 n 重笛卡儿积 $M \times \cdots \times M$ 的一个子集. 符号

$$\boxed{(a_1, \cdots, a_n) \in R}$$

按定义表示个体 $a_1, \cdots, a_n$ 间存在着关系 R. 如果 $n = 1$, 我们也简单地说 a_1 具有性质 R.

例 1: 假设个体域是实数集 $\mathbb{R}$. 令 R 是自然数集, 则命题

$$a \in R$$

表达的是实数 a 是一个自然数这一事实.

若 x 表示所谓的个体变元, 则表达式

$$\boxed{\forall_x Rx}$$

当 M 中的所有个体都属于 R(即具有性质 R) 时被认为是真的. 然而, 若这个命题是假的, 则在 M 中存在一个不属于 R 的个体. 另一方面, 表达式

$$\boxed{\exists_x Rx}$$

1) 称一个公理系统具有语义无矛盾性, 如果只有重言式能够从它推演出. 进一步, 称一个公理系统具有语法无矛盾性, 如果并非所有的表达式能够从它推演出.

公理系统 (A1) 到 (A15) 既具有语义无矛盾性也具有语法无矛盾性.

当有一个 M 中的个体也属于 R 时是真的, 而当 M 中的任何个体都不属于 R 时是假的. 类似地, 能够定义二重关系, 如

$$\forall_x \forall_y Rxy \text{等}.$$

例 2: 我们选取实数集 $\mathbb{R}$ 作为个体域, 设 $R := \{(a,a)|a \in \mathbb{R}\}$, 则 R 是 $\mathbb{R} \times \mathbb{R}$ 的一个子集, 符号 Rab 的意思是 $(a,b) \in R$, 而形式表达式

$$\forall a \forall b (Rab \to Rba)$$

的意思是: 对于所有的实数 a 和 b, 关系 $a = b$ 意味着 $b = a$.

基本符号 在一阶谓词演算中, 要用到下列符号:

(a) 个体变元 $x_1, x_2, \cdots$;

(b) 关系变元 $R_1^{(k)}, R_2^{(k)}, \cdots$, 其中 $k = 1, 2, \cdots$;

(c) 逻辑函子: $\neg, \wedge, \vee, \to, \leftrightarrow$;

(d) 全称量词符 $\forall$ 和存在量词符 $\exists$;

(e) 括号 (,).

关系变元 $R_n^{(k)}$ 按定义应用于 n 个个体变元, 如 $R_2^{(k)} x_1 x_2$.

表达式 (i) 任何符号串 $R_n^{(k)} x_{i_1} x_{i_2} \cdots x_{i_n} (k, n = 1, 2, \cdots)$ 是一个表达式.

(ii) 如果 A 和 B 是表达式, 则

$$\neg A, (A \wedge B), (A \vee B), (A \to B), (A \leftrightarrow B)$$

也是表达式.

(iii) 如果 $A(x_j)$ 是一个表达式, 其中个体变元 x_j 全部自由地出现, 就是说虽然 x_j 出现但 $\forall_{x_j}$ 和 $\exists_{x_j}$ 都不出现, 则 $\forall_{x_j} A(x_j)$ 和 $\exists_{x_j} A(x_j)$ 也是表达式.

(iv) 一个符号串只有当它是由上面的 (i) 到 (iii) 形成的时才是一个表达式.

哥德尔完全性定理(1930) 在一阶谓词逻辑中存在着明确表达的公理和推演规则, 使得一个表达式是一个重言式当且仅当它能从公理推演出.

对于 4.4.1.3 中的命题逻辑的完全性 [1] 来说情况是类似的.

邱奇定理 (1936) 与命题逻辑相反, 在一阶谓词逻辑中不存在任何经有限步后能判定一个命题是否为重言式的算法.

4.4.3 集合论的公理

按照策梅洛(1908) 和弗兰克尔(1925) 的思想, 为了创建一个严格的公理集合论, 我们使用基本概念 “集合” 和 “集合的元素”, 并要求满足下列公理.

(i) 存在公理: 存在一个集合.

1) 更详细的内容可以在 [349] 中找到.

(ii) 恒等公理: 两个集合相等当且仅当它们有相同的元素.

(iii) 条件公理: 给定任何集合 M 和任何命题 $\mathscr{A}(x)$, 存在一个集合 A, 它的元素恰好是 M 中使 $\mathscr{A}(x)$ 为真的那些元素. [1)]

例 1: 我们选取一个集合 M, 设 $\mathscr{A}(x)$ 是条件 (命题)$x \neq x$. 则存在一个集合 A, 它由 $x \in M$ 且 $x \neq x$ 的那些元素组成. 这个集合记作 $\varnothing$ 并称为空集. 根据恒等公理, 这个集合是唯一的.

例 2: 不存在其元素是所有集合的集合 (没有 "集合的集合").

证明: 假设确实存在一个由所有集合组成的集合 X. 根据条件公理,

$$A := \{x \in X | x \notin x\}$$

也是一个集合.

情形 1: 若 $A \notin A$, 则由集合的构造有 $A \in A$.

情形 2: 我们有 $A \in A$. 但由集合的构造有 $A \notin A$.

在这两种情形, 我们得到了一个矛盾, 因此假设这样的 X 是存在的为假. 证毕.

(iv) 二元集公理: 若 M 和 N 是集合, 则存在一个集合, 它恰好包含 M 和 N 作为其元素.

(v) 并集公理: 对于任何集系 $\mathscr{M}$, 存在一个集合, 它恰好由属于 $\mathscr{M}$ 的某个集合的那些元素组成.

(vi) 幂集公理: 给定一个集合 M, 存在一个集系 $\mathscr{M}$, 它恰好包含 M 的所有子集.

我们用条件 [2)]

$$X^+ := X \cup \{X\}$$

定义集合 X 的后继 X^+.

(vii) 无穷公理: 存在着一个集系 $\mathscr{M}$, 它包含空集并且对于每个属于它的集合来说也包含其后继.

(viii) 选择公理: 一个非空集合的非空族的笛卡儿积是非空的. [3)]

(ix) 替换公理: 令 $\mathscr{A}(a, b)$ 是一个二元命题, 使得对于集合 A 的任何一个元素 a 我们能够形成集合 $M(a) := \{b | \mathscr{A}(a, b)\}$. 则存在唯一一个以 A 为定义域的函数 F 使得对于所有的 $a \in A$ 有 $F(a) = M(a)$.

在 [347] 中讲述了如何从这些公理出发来建立集合论. 为了防止像涉及所有集合的集合的罗素悖论那样的反常情况, 有必要极其仔细地表述这些公理.

---

1) 因此我们假设 x 在 $\mathscr{A}(x)$ 中没有量词 $\forall$ 和 $\exists$ 下的出现至少有一次, 即 x 是自由的.

2) 这里$\{X\}$表示其唯一的元素是集合 X 的集合.

3) 函数、集族和笛卡儿积的定义见 4.3.

4.4.4 康托尔的无穷结构

康托尔在他关于集合论的工作中, 引入了超穷序数和超穷基数. 序数相应于我们 “不停地数数 (shǔshù)” 的直观感受, 而基数刻画的是 “元素的个数”, 也称为集合的势.

4.4.4.1 序数

集合 ω 设

$$0 := \varnothing, \quad 1 := 0^+, \quad 2 := 1^+, \quad 3 := 2^+, \quad \cdots,$$

其中 $x^+ = x \cup \{x\}$ 是 x 的后继. 则有 [1]

$$1 = \{0\}, \quad 2 = \{0, 1\}, \quad 3 = \{0, 1, 2\}, \quad \cdots.$$

一个集合 M 称为后继集, 如果它包含空集并且对于它包含的每个集合来说也包含其后继. 存在唯一的一个后继集 ω, 它是其他任何后继集的子集 (“最小的” 后继集).

定义 ω 的元素称为自然数.

戴德金递归公式 设给定集合 X 上的一个函数 $\varphi: X \to X$, 令 m 是集合 X 的一个固定元素. 则恰好存在一个函数

$$\boxed{R: \omega \to X}$$

其中 $R(0) = m$ 且 $R(n^+) = \varphi(R(n))$. 称 R 为一个递归函数.

例 1(自然数的加法): 取 $X := \omega$ 并令 φ 的定义为对于所有 $x \in \omega$, $\varphi(x) := x^+$, 则对每个自然数 m 存在一个函数 $R: \omega \to \omega$ 其中 $R(0) = m$ 且对于所有 $n \in \omega$, $R(n^+) = R(n)^+$. 我们设 $m + n := R(n)$. 这意味着对于所有的自然数 n 和 m,

$$\boxed{m + 0 = m \text{ 并且 } m + n^+ = (m + n)^+.}$$

特别地, $m + 1 = m^+$, 因为 $m + 1 = m + 0^+ = (m + 0)^+ = m^+$.

借助于集合论的公理, 用这种方法可以将自然数集作为集合 ω 引入并在此集合上引进加法.[2] 类似地, 我们可以在自然数集上定义一个乘法. 通过使用适当的等价关系的构造法, 我们可以从这个集合形成整数集、有理数集, 并且最终形成实数集和复数集.

例 2(整数): 整数集可以用下面的构造法得到. 我们考虑所有的自然数对 (m, n), $m, n \in \omega$ 并且记

$$(m, n) \sim (a, b) \text{ 当且仅当 } m + b = a + n.$$

---

1) 注意 $1 = \varnothing \cup \{\varnothing\} = \{\varnothing\} = \{0\}$, $2 = 1 \cup \{1\} = \{0\} \cup \{1\} = \{0, 1\}$ 等.

2) 为了强调这种构造的序数特征, 我们在此按照集合论的传统, 用符号 ω 代替 $\mathbb{N}$ 表示自然数集.

相应的等价类 $[(m,n)]$ 称为整数.[1] 例如, 我们有 $(1,3)\sim(2,4)$.

定义 一个序数是一个良序集 X, 具有性质: 对于所有的 $a\in X$, 集合

$$\{x\in X : x<a\}$$

与 a 相合.

例 3: 上面定义的集合 0, 1, 2, $\cdots$ 和 ω 是序数. 而且

$$\omega+1:=\omega^+,\quad \omega+2:=(\omega+1)^+,\quad \cdots$$

都是序数. 它们对应于从 ω 开始的计数.

设α和β是序数, 如果α是β的子集, 记

$$\boxed{\alpha<\beta.}$$

定理 (i) 对于任何两个序数 α 和 β, 三个条件 $\alpha<\beta$, $\alpha=\beta$, $\alpha>\beta$ 中刚好有一个为真.

(ii) 每个序数集合是良序的.

(iii) 每个良序集 X 都以恰好和一个序数同样的方式被排序, 将它记作 ord X 并且称为 X 的序数.

序数和 若 A 和 B 是两个不相交的良序集, 则定义序数和

$$\text{“}A\cup B\text{”}$$

为具有下列自然顺序的并集 $A\cup B$:

$$\text{对于}a\in A\text{和}b\in B\text{有}a\leqslant b.$$

特别地, 这意味着若 a 和 b 都属于 A(相应地, B), 则 $a\leqslant b$ 对应于 A(相应地, B) 中的序.

序数积 若 A 和 B 是两个良序集, 则这两个的序数积

$$\text{“}A\times B\text{”}$$

定义为具有字典顺序的积集 $A\times B$, 即 $(a,b)<(c,d)$ 当且仅当要么 $a<c$, 要么 $a=c$ 且 $b<d$.

序数的算术 设α和 β 是两个序数. 则恰好存在一个序数γ, 它像序数和 “$\alpha\cup\beta$” 那样被排序. 用

$$\alpha+\beta:=\gamma$$

定义序数的和.

1) 直观上, 等价类 $[(m,n)]$ 是数 $m-n$.

例 4: 对于所有的序数 α, 有 $\alpha+1=\alpha^+$.

并且, 恰好存在一个序数 δ, 它像序数积 "$\alpha\times\beta$" 那样被排序. 用

$$\alpha\beta := \delta$$

定义序数的积.

例 5: 我们考虑集合 $\omega\times\omega$ 上的字典顺序:

$$\begin{matrix}(0,0) & (0,1) & (0,2) & (0,3) & \cdots \\ (1,0) & (1,1) & (1,2) & (1,3) & \cdots \\ \cdots\end{matrix}$$

(i) 第一行像 ω 那样被排序, 即第一行的序数是 ω.

(ii) 第一行连同 $(1,0)$ 像 $\omega+1$ 那样被排序, 即这一集合的序数是 $\omega+1$.

(iii) 第一行连同第二行的序数是 2ω.

(iv) 若赋予第一和第二列以字典顺序 $(0,0),(0,1),(1,0),(1,1),\cdots$, 则得到一个序数为 $\omega 2$ 的集合 M. 另一方面, M 像自然数集那样被排序. 因此, $\omega 2=\omega$, 即 $2\omega\neq\omega 2$.

(v) 整个矩阵的序数是 $\omega\omega$, 即 $\mathrm{ord}(\omega\times\omega)=\omega\omega$.

布拉里–福蒂悖论 所有序数的全体不是一个集合.*

4.4.4.2 基数

设给定任意集合 A. 能够双射到 A 的所有序数形成一个良序集. 这一集合中的最小序数称为 A 的基数, 记作 $\mathrm{card}\,A$.

关系 $\mathrm{card}\,A\leqslant\mathrm{card}\,B$ 对应于序数间的关系.

定理 (i) 我们有 $\mathrm{card}\,A=\mathrm{card}\,B$ 当且仅当 A 和 B 具有双射关系.

(ii) 我们有 $\mathrm{card}\,A<\mathrm{card}\,B$ 当且仅当 A 双射到 B 的一个子集.

例: 对于有限集 A, 基数 $\mathrm{card}\,A$ 就是该集合的元素个数.

基数的算术 设 A 和 B 是不相交的集合. 用关系

$$\mathrm{card}A+\mathrm{card}B := \mathrm{card}(A\cup B)$$

定义基数的和.

对于两个任意集合 A 和 B, 用

$$(\mathrm{card}A)(\mathrm{card}B) := \mathrm{card}(A\times B)$$

定义基数的积.

这个定义独立于 A 和 B 的代表的选取.

康托尔悖论 基数的全体不是一个集合.

---

* 更确切的说法是, 假如所有序数的全体是一个集合, 则将导致矛盾, 该矛盾称为"布拉里–福蒂悖论". 4.4.4.2 中的"康托尔悖论"也作同样的理解.—— 译者

4.4.4.3 连续统假设

习惯上用 $\aleph_0$ 表示 [1] 自然数集 ω 的基数 cardω. 还存在着确实比 $\aleph_0$ 大的最小基数 $\aleph_1$. 可以想象到有下面两种情况:

(i) $\aleph_0 < \aleph_1 = \text{card}\,\mathbb{R}$.

(ii) $\aleph_0 < \aleph_1 < \text{card}\,\mathbb{R}$.

实数集的基数 card $\mathbb{R}$ 称为连续统的基数. 康托尔曾试图证明连续统假设(i), 但没有成功. 直观上, (i) 说明在自然数集的基数和连续统的基数之间不存在别的基数.

1940 年, 哥德尔证明了连续统假设 (i) 与集合论的其余公理是相容的; 1963 年, 科恩证明了 (ii) 也是如此.

哥德尔–科恩定理 选择公理和连续统假设独立于集合论的其余公理.

更确切地说, 这意味着如果在 4.4.3 给出的集合论公理是无矛盾的, 则 (i) 和 (ii) 都能成立而不产生矛盾. 如果我们将选择公理换成它的否定也有同样的结果!

这一惊人的结果表明, 不止有一种集合论, 而是有好几种可能的集合论, 与读者通常所认为的相反, 4.4.3 的非常自然的公理并没有完全确定无穷的结构.

20 世纪物理学和数学的深刻发现之一, 就是当我们研究那些远离人们日常生活的概念时, 普通的 “常识” 可能会是完全不适合的. 这一点对于量子论 (原子层面)、相对论 (高速和力) 以及集合论 (无穷概念) 而言确实如此.

4.5 公理方法及其与哲学认识论之关系的历史

> 在你开始对事物进行公理化之前, 要确信你首先有一些数学材料.
>
> H. 外尔 [2] (1885—1955)

在数学史上, 可以观察到两种基本趋势:

(i) 与其他自然科学的交互作用,

(ii) 与哲学认识论的交互作用.

在本节中我们想简要地考察一下 (ii). 在 [212] 中有关于 (i) 的详细讨论, 其中包括 (最近) 几何与现代物理 (基本粒子理论和宇宙学) 之间令人炫目的交互作用. 本卷末尾收录了一系列在数学史上产生影响的人名和事件.

---

1) 符号 $\aleph$ 是希伯来字母表中的第一个字母, 读作阿列夫.

2) H. 外尔在 1930 年成为 D. 希尔伯特在哥廷根的继任者.1933 年他移民到美国, 在新泽西州著名的普林斯顿高等研究院与 A. 爱因斯坦共事. R. 库朗也于 1933 年移民到美国, 并在纽约创立了现在称为库朗研究所的著名研究机构.

公理 一个数学学科的公理化表述符合下列模式:

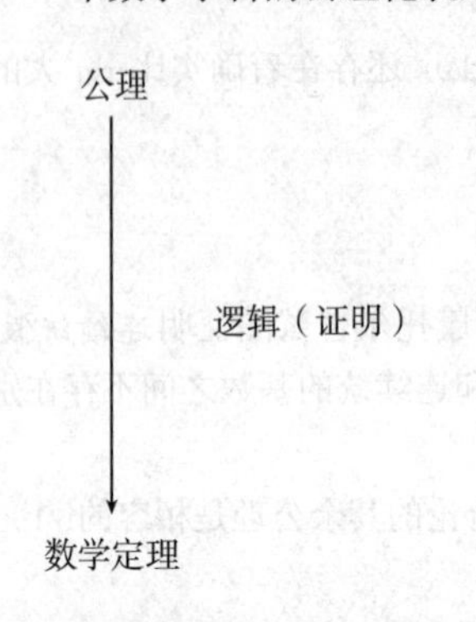

在顶部我们有所谓的公设或公理. 这些是公认的、不加证明的假设, 它们形成了演绎推理过程的基础. 然而, 这些公理并不是任意陈述的, 它们的表述通常是对某个课题的核心获得洞见的艰难而漫长的数学过程的结果. 借助于这些公理, 人们做出被称作证明的逻辑推导, 从而导致某些数学结果 (引理、命题、定理). 尤为重要的, 是给出称为定理的某些结果 [1)].

定义赋予反复使用的概念以名称. 做出可行的证明的关键常常是形成正确的定义.

欧几里得的《几何原本》 欧几里得所写的著名教科书《几何原本》是公理方法的一个闪光例子, 它已经为其后 2000 年的科学活动树立了榜样. 这本书大约写于公元前 325 年的亚历山大里亚. 它以下列定义作为开始: ① 点是没有部分的某种东西. ② 线是广延的长. ③ ⋯.

平行公理尤其著名. 用现代语言将它表述如下:

(P) 如果点 P 不在直线 l 上, 则在由 P 和 l 张成的平面上恰有一条直线通过 P 而不与 l 相交.

直到 19 世纪才由波尔约、高斯和罗巴切夫斯基证明, 平行公理独立于其他的欧几里得公理. 这意味着有 (P) 成立的几何, 也有 (P) 不成立的几何 (见 3.2.7 节).

希尔伯特的《几何基础》 现代公理方法是由希尔伯特在他写于 1899 年的《几何基础》中创立的. 相比于欧几里得, 希尔伯特对公理方法作出了更彻底的发展. 他不去尝试定义点是什么, 而是将理论建立在 "点"、"线" 和 "面" 概念以及 "通过"、"全等" 和 "位于" 关系的基础之上, 但并不赋予它们以固定的含义. 接着他用这些概念表述公理, 由此产生几何概念. 例如, 他的第一条公理很简单: 通过任何两点有一条线. 这使得有可能考虑完全不同的模型. 例如, 在庞加莱的双曲几何模型中, 一条 "线" 就是中心位于 x 轴上的一个圆 (见 3.2.8 节).

希尔伯特关于几何相对无矛盾性的证明 在代数和分析的某些部分是无矛盾的假设下, 希尔伯特能够证明几何的无矛盾性, 方法是利用笛卡儿坐标, 然后将几何命题翻译成代数的和分析的命题. 例如, 欧几里得几何中的定理 "两条不平行的直线恰好相交于一点" 对应于以下事实: 对于给定的实数 A, B, C, D, E, F 且 $AE - BD \neq 0$, 方程组

$$\begin{cases} Ax + By + C = 0, \\ Dx + Ey + F = 0 \end{cases}$$

1) 为了构建证明, 先表述一些称为引理的中间结果常常是有帮助的.

刚好有一组解 (x, y).

关于数学无矛盾性之绝对证明的希尔伯特规划 大约在 1920 年, 希尔伯特提出了一个规划, 其目标是要证明全部数学的无矛盾性. 4.4.1.3 中命题逻辑的主要定理为这种证明充当了样板. 它的基本思想是, 人们能够以一种纯形式的方式, 通过应用固定数目的推演规则, 从固定数目的公理出发获得一个理论的全部 "定理".

哥德尔不完全性定理 1931 年, 哥德尔发表了他的基础性工作 "论《数学原理》及相关系统中的形式不可判定命题". 在这篇论文中, 他证明了以公理为基础建立的足够丰富到包括数论系统在内的任何理论总存在着不能纯粹从这些公理推演出的定理, 尽管它们肯定是真的并且能够被证明.

而且, 哥德尔还证明要证明这样一个公理系统是无矛盾的唯一方法就是把它传递给更大的系统. 由此, 寻求数学无矛盾性证明的希尔伯特规划原来是行不通的. 按照哥德尔的理解, 数学远不止是由公理和做出推演的规则构成的形式系统.

数理逻辑 哥德尔的工作代表了数理逻辑的一个亮点. 形式逻辑 —— 哲学的一个重要部分 —— 产生自亚里士多德.

据亚里士多德, 第一个基本的思维原则是矛盾律. 他写道: "某物能够既存在同时又不存在是不可接受的."

亚里士多德的第二个基本原则是排中律: "一个命题要么为真要么为假." 数学中的所有间接证明都以下列形式应用这一原则: 如果一个命题的否定是假的, 则命题本身一定是真的.[1)]

逻辑这个词是由斯多葛学派的芝诺(公元前 336—前 264) 引进的. 希腊词 *logos* 的含义是词语、演说、思维和理性.

莱布尼茨(1646—1716) 表达过将数学符号引入逻辑的思想. 第一个这样的系统是由英国数学家 G. 布尔 (1815—1864) 创立的. 现代数理逻辑开始于 G. 弗雷格(1848—1925) 在 1879 年出版的《概念文字》. 然而, 正是 B. 罗素 (1872—1970) 和 A. 怀特黑德(1861—1947) 的三大卷《数学原理》的发表才以一套精简的形式符号体系为现在所有的数学提供了必需的数学工具. 这一发展随着希尔伯特和阿克曼的《理论逻辑基础》在 1928 年的出版, 以及希尔伯特和贝尔奈斯的两卷本专著《数学基础》在 1934 年和 1939 年的出版而达至顶点.

[349] 是一本极好的现代数理逻辑导论. 受量子论和计算机科学需求的影响, 人们已经建立了一种多值逻辑, 除 "真" 和 "假" 外, 它还允许更多的可能真值 (例如 "可能"). 与这种逻辑相应的集合论是模糊集合论.

---

1) 并非所有的数学家都接受这一原则. 在 20 世纪 20 年代, 布劳威尔建立了所谓的直觉主义数学, 它拒绝接受间接证明而只接受构造证明.

第 5 章 变分法与最优化

世界上存在的最完美的东西都是上帝安排的*，因此毫无疑问，世界上所有的活动都可以通过计算相应原因下的极大值和极小值来得到.

L. 欧拉(Euler, 1707–1783)

在整个数学史中，除了希腊哲学黄金年代，没有比 L. 欧拉时代更好的时代了. 让数学完全改变面貌，使其成为当今强有力的工具，这是他的特权.

A. 施派泽(Speiser, 1885–1970)

通过推广变分法中欧拉的方法，J. L. 拉格朗日发现了如何能用单独一行写出分析力学中所有问题的基本方程.

C. G. J. 雅可比(Jacobi, 1804–1851)

真正的最优化是近代数学研究对于决策过程有效设计的革命性贡献.

G. B. 丹齐格(Dantzig, 1914–)[1)]

5.1 单变量函数的变分法

5.1.1 欧拉 – 伯努利方程

设给定实数 t_0, t_1, q_0, q_1 满足 $t_0 \leqslant t_1$. 我们考虑极小化问题

$$\boxed{\begin{aligned}&\int_{t_0}^{t_1} L(q(t), q'(t), t)\mathrm{d}t \overset{!}{=} \min,\\ &q(t_0) = a, \quad q(t_1) = b,\end{aligned}} \tag{5.1}$$

* 欧拉无疑是一位伟大的科学家. 在他赞美大自然如此完美地服从力学定律的同时，对为什么如此完美却给予了“上帝安排”的神学解释，如同伟大科学家牛顿在解释行星为何绕太阳旋转时提出上帝是第一推动力. 这是时代的局限，后人无须苛求. 人类对科学真理的探索永无止境，随着科学的发展，宇宙起源之谜终将被逐步揭开.—— 译者

1) 丹齐格 (Dantzig) 于 1950 年前后在美国提出了线性最优化中基本的单形法 (见 5.5). 这是现代最优化理论的基础，随着越来越多地使用功能强大的计算机，单形法取得了 (并且正在取得) 巨大进展.

以及更一般的极小化问题

$$\boxed{\begin{aligned}&\int_{t_0}^{t_1} L(q(t),q'(t),t)\mathrm{d}t \overset{!}{=} \text{稳态},\\ &q(t_0)=a,\ q(t_1)=b.\end{aligned}} \tag{5.2}$$

这里 L 就是所谓的拉格朗日函数, 假定它充分正则[1].

主定理 若 $q=q(t)$, $t_0 \leqslant t \leqslant t_1$ 为 (5.1) 或 (5.2) 的 C^2 解, 则对于所述的拉格朗日函数 L, 有如下的欧拉–拉格朗日方程[2]:

$$\boxed{\frac{\mathrm{d}}{\mathrm{d}t}L_{q'}-L_q=0.} \tag{5.3}$$

这个著名的定理是欧拉于 1744 年在他的著名的论文"寻求具有某种极大或极小性质的曲线的方法""(*Moethodus inveniendi lineas curvas maximi minimive proprietate gaudents, sive solutio problematis isoperimetrici latissimo sensu accepti*)"[3]中证明的. 据此, 他奠定了变分法作为一门数学学科的基础. 1762 年, 拉格朗日简化了欧拉对上述结果的推导, 并且用该方法可以把方程 (5.3) 推广到多变量函数 (见 (5.46)). C. 卡拉泰奥多里(Carathéodory, 1873–1950) 把欧拉的变分法称为"现有的最漂亮的数学成果之一". 我们将在 5.1.2 中给出一些例子.

注 欧拉–拉格朗日方程等价于方程 (5.2). 另一方面, 方程 (5.3) 仅仅表达了极小化问题 (5.1) 的一个必要条件.(5.1) 的解满足 (5.3), 但反之则未必正确. 在 5.1.5 中我们将给出一些充分条件, 使得欧拉–拉格朗日方程 (5.3) 的解确实也是极小化问题 (5.1) 的解.

推广到方程组 若在 (5.1) 或 (5.2) 中 q 是一向量 $\boldsymbol{q}=(q_1,\cdots,q_F)$, 则 (5.3) 必须用如下欧拉–拉格朗日方程组代替:

$$\boxed{\frac{\mathrm{d}}{\mathrm{d}t}L_{q_j'}-L_{q_j}=0,\quad j=1,\cdots,F.} \tag{5.4}$$

力学中的拉格朗日运动方程 在力学中, 当力与时间无关, 并且有势能时, 拉格朗日函数可以选成

$$\boxed{L=\text{动能}-\text{势能}.}$$

1) 例如, 只要 $L:\mathbb{R}\times\mathbb{R}\times[t_0,t_1]\to\mathbb{R}$ 为 C^2 函数即可.

2) 详细写出这些方程为

$$\frac{\mathrm{d}}{\mathrm{d}t}\frac{\partial L(q(t),q'(t),t)}{\partial q'}-\frac{\partial L(q(t),q'(t),t)}{\partial q}=0.$$

3) 该拉丁文标题的英译是"A method of finding curves which have a property of extremes or solution of the isoperimetric problem, if it is understood in the broadest sense of the word".

于是系统 (5.4) 就是著名的拉格朗日运动方程. 参数 t 对应于时间, 而 q 是任意的位置向量.

属于这一类的变分问题(5.2) 称为哈密顿稳态作用原理.

若考虑质点沿曲线或曲面的运动 (例如圆周或球面摆), 则必须把约束力加到牛顿方程中, 以使质点保持在曲线或球面上. 这是一个复杂的过程. 拉格朗日创造性地引入了适当的坐标而完全不用约束力, 从而使得方程优雅得多. 牛顿方程常表达成“力等于质量乘加速度”, 这种形式无法推广到像电动力学、相对论和粒子物理这样一些更一般的物理对象. 相反,

拉格朗日公式可以推广到物理中出现的所有场论.

相应的讨论见 [212].

变分问题解的解释 考虑通过点 (t_0, q_0) 和 (t_1, q_1) 的一族曲线

$$\boxed{q = q(t) + \varepsilon h(t), \quad t_0 \leqslant t \leqslant t_1,} \tag{5.5}$$

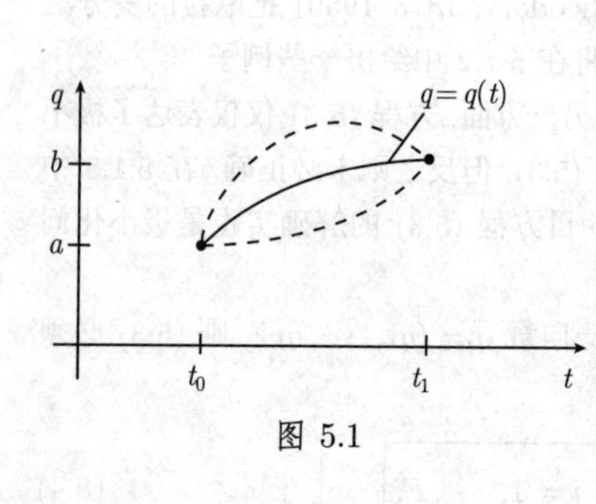

图 5.1

这里所谓通过点 (t_0, q_0) 和 (t_1, q_1) 是指满足 $h(t_0) = h(t_1) = 0$ (图 5.1). 此外, 设 ε 是一小参数. 若将这一族曲线代入积分 (5.1), 则得到表达式

$$\varphi(\varepsilon) := \int_{t_0}^{t_1} L(q(t)+\varepsilon h(t), q'(t)+\varepsilon h'(t), t)\mathrm{d}t.$$

(i) 若 $q = q(t)$ 是极小化问题 (5.1) 的解, 则函数 $\varphi = \varphi(\varepsilon)$ 在点 $\varepsilon = 0$ 处达到极小, 特别地有

$$\boxed{\varphi'(0) = 0.} \tag{5.6}$$

(ii) 依据定义, 问题 (5.2) 是意指函数 $\varphi = \varphi(\varepsilon)$ 在 $\varepsilon = 0$ 达到临界点. 由此可见 (5.6) 成立.

从 (5.6) 我们得到欧拉–拉格朗日方程. 这在 [212] 中有详细的证明. 令

$$J(q) := \int_{t_0}^{t_1} L(q(t), q'(t), t)\mathrm{d}t$$

和

$$\|q\|_k := \sum_{j=0}^{k} \max_{t_0 \leqslant t \leqslant t_1} |q^{(j)}(t)|,$$

其中 $q^0(t) = q(t)$. 于是有 $\varphi(\varepsilon) = J(q + \varepsilon h)$. 根据定义, 积分 J 的一阶变分是 $\delta J(q)h := \varphi'(0)$. 因此方程 (5.6) 隐含

$$\boxed{\delta J(q)h = 0}$$

(一阶变分为零). 这在物理学中通常简记作 $\delta J = 0$. 二阶变分定义成

$$\delta^2 J(q)h^2 := \varphi''(0).$$

下面是一个基本概念.

强和弱局部极小值 设定义在 $[t_0, t_1]$ 上的 C^1 函数 $q = q(t)$ 满足 $q(t_0) = a$, $q(t_1) = b$. 根据定义, 函数 q 是 (5.1) 的强极小值(相应地弱极小值), 如果存在一数 $\eta > 0$, 使得对于定义在 $[t_0, t_1]$ 满足 $q_*(t_0) = a$, $q_*(t_1) = b$ 和

$$\|q_* - q\|_k < \eta$$

的所有 C^1 函数 q_*, 当 $k = 0$(相应地 $k = 1$) 时成立

$$\boxed{J(q_*) \geqslant J(q).}$$

这一定义可以逐字逐句地推广到方程组情形. 每一弱 (相应地强) 局部极小值都是欧拉 – 拉格朗日方程的一个解.

守恒律 对于 $L(q(t), q'(t), t)$ 的拉格朗日方程, 即

$$\frac{\mathrm{d}}{\mathrm{d}t} L_{q'} - L_q = 0$$

可以写作

$$L_{q'q'}q'' + L_{q'q}q' + L_{q't} - L_q = 0. \tag{5.7}$$

量

$$p(t) := L_{q'}(q(t), q'(t), t)$$

称为 (广义)矩量.

(i) 能量守恒: 若拉格朗日函数与时间 t 无关 (系统相对于时间齐性), 则 (5.7) 取形式

$$\frac{\mathrm{d}}{\mathrm{d}t}(q'L_{q'} - L) = 0.$$

于是

$$\boxed{q'(t)p(t) - L(q(t), q'(t), t) = 常数.} \tag{5.8}$$

左端对应于力学中系统的能量.

(ii) 矩量守恒: 若 L 与位置无关, 即不依赖于 q, (系统相对于位置齐性), 则

$$\frac{\mathrm{d}}{\mathrm{d}t} L_{q'} = 0,$$

因此

$$\boxed{p(t) = 常数.} \tag{5.9}$$

(iii) 速度守恒: 若 L 既不依赖于位置 q, 又不依赖于时间 t, 则 $L_{q'}(q'(t)) =$ 常数, 其解为

$$q'(t) = 常数. \tag{5.10}$$

由此可得曲线族 $q(t) = \alpha + \beta t$ 是 (5.7) 的解.

诺特定理和本性守恒律 一般来说, 变分法对于拉格朗日积分, 即变分积分的任何对称性质都会产生守恒律. 这是 E. 诺特 (Noether)1918 年证明的一个著名定理的内容. 这个定理可以在 [212] 中找到.

推广到带高阶导数的变分问题 如果拉格朗日函数依赖于直到 n 阶导数, 那么欧拉–拉格朗日方程 (5.4) 必须用下列方程代替:

$$\boxed{L_{q_j} - \frac{\mathrm{d}}{\mathrm{d}t}L_{q_j'} + \frac{\mathrm{d}^2}{\mathrm{d}t^2}L_{q_j''} - \cdots + (-1)^n \frac{\mathrm{d}^n}{\mathrm{d}t^n}L_{q_j^{(n)}}, \quad j = 1, \cdots, F.}$$

按照稳态作用原理, 还必须给定 $q_j^{(k)}, k = 0, 1, \cdots, n-1$ 在 t_0 和 t_1 时刻的值.

5.1.2 应用

两点之间的最短路径问题 变分问题

$$\boxed{\begin{aligned} &\int_{t_0}^{t_1} \sqrt{1 + q'(t)^2}\mathrm{d}t \overset{!}{=} \min, \\ &q(t_0) = a, \quad q(t_1) = b, \end{aligned}} \tag{5.11}$$

意味着我们要找出两点 (t_0, q_0) 和 (t_1, q_1) 之间的最短路径. 根据 (5.10), 欧拉–拉格朗日方程 $(L_{q'})' - L_q = 0$ 的解是曲线族

$$q(t) = \alpha + \beta t.$$

自由常数 α 和 β 可以通过边界条件 $q(t_0) = a$ 和 $q(t_1) = b$ 唯一确定.

定理 (5.11) 的解必定具有形式

$$q(t) = a + \frac{b - a}{t_1 - t_0}(t - t_0).$$

这些解是直线, 丝毫也不奇怪.

几何光学中的光线 (费马原理) 变分问题

$$\boxed{\begin{aligned} &\int_{t_0}^{t_1} \frac{n(x, y(x))}{c}\sqrt{1 + y'(x)^2}\mathrm{d}x \overset{!}{=} \min, \\ &y(x_0) = y_0, \quad y(x_1) = y_1 \end{aligned}} \tag{5.12}$$

是几何光学中基本问题. 这里 $y=y(x)$ 是光线的轨线 (c 是真空中的光速, $n(x,y)$ 是在点 (x,y) 处的折射指数). (5.12) 左端的积分等于光在折射介质中从 (x_0,y_0) 到达 (x_1,y_1) 所需要的时间 (图 5.2(a)). 因此 (5.12) 表达的是费马(1601—1665)原理:

光线在两点之间以最小时间量的方式通过介质.

对应于 (5.12) 的欧拉–拉格朗日方程是几何光学的基本方程:

$$\boxed{\frac{\mathrm{d}}{\mathrm{d}x}\left(\frac{n(x,y(x))y'(x)}{\sqrt{1+y'(x)^2}}\right)-n_y(x,y)\sqrt{1+y'(x)^2}=0.} \tag{5.13}$$

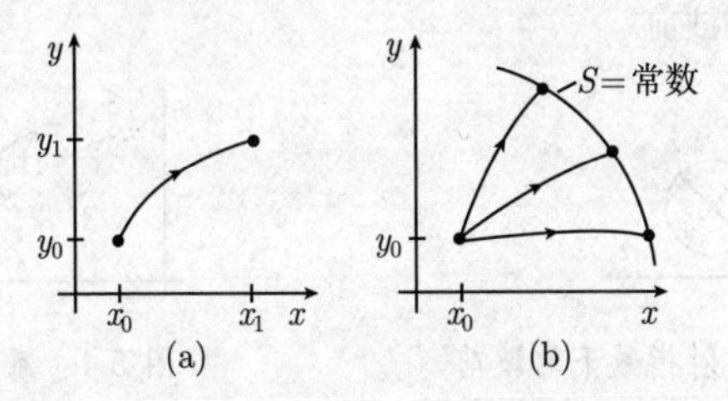

图 5.2 光线: 费马原理

特殊情形: 若折射指数 $n=n(y)$ 与位置变量 x 无关, 则 (5.8) 意味着在这种情形下从 (5.13) 得到

$$\frac{n(y(x))}{\sqrt{1+y'(x)^2}}=\text{常数}. \tag{5.14}$$

短时距 S 和波前 固定点 (x_0,y_0), 并令

$$S(x_1,y_1)=\int_{x_0}^{x_1}\frac{n(x,y)}{c}\sqrt{1+y'(x)^2}\mathrm{d}x.$$

这里 $y=y(x)$ 是变分问题 (5.12) 的解, 即 $S(x_1,y_1)$ 表示光线从 (x_0,y_0) 到 (x_1,y_1) 所要的时间.

函数 S 称为短时距, 如果它满足短时距方程

$$\boxed{S_x(x,y)^2+S_y(x,y)^2=\frac{n(x,y)^2}{c^2},} \tag{5.15}$$

它仅是哈密顿–雅可比微分方程的一种特殊情形 (见 5.1.3).

由方程

$$S(x,y)=\text{常数}$$

确定的曲线称为波前, 这是由某一固定原点出发在相同时刻到达的点组成的集合 (图 5.2(b)).

横截性 所有从某一固定原点出发的光线都与波前横截相交 (即相交角为直角).

例: 若折射指数 $n(x,y)\equiv 1$, 则依据 (5.14) 光线是直线. 在这种情形下波前是圆周 (图 5.3).

惠更斯原理(图 5.4) 若考虑波前

$$S(x,y)=S_1,$$

并且从该波上每一点的光线出发, 则经过时间 t 以后它们都到达第二个波前

$$S(x,y)=S_2,$$

这里 $S_2=S_1+t$. 这第二个波前可以作为"基本波"的包络得到. 这些是由固定点经过时间 t 后产生的波前.

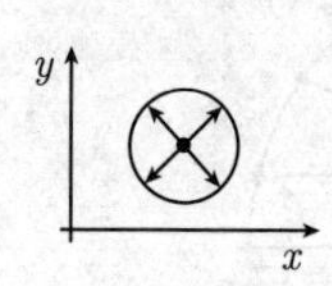

图 5.3 单位折射指数下的波前

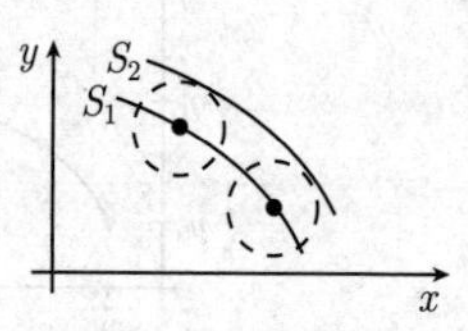

图 5.4 惠更斯原理

非欧几里得几何和光线: 变分原理

$$\boxed{\begin{aligned}&\int_{x_0}^{x_1}\sqrt{1+y'(x)^2}\mathrm{d}x\overset{!}{=}\min,\\&y(x_0)=y_0,\quad y(x_1)=y_1,\end{aligned}}\tag{5.16}$$

可以给出两种解释.

(i) 在几何光学意义下, (5.16) 描述光线在折射指数为 $n=1/y$ 的介质中的运动. 联合 (5.14), 这就意味着光线具有形式

$$(x-a)^2+y^2=r^2.\tag{5.17}$$

这些是中心位于 x 轴的圆周 (图 5.5).

(ii) 我们在上半平面引入度量

$$\mathrm{d}s^2=\frac{\mathrm{d}x^2+\mathrm{d}y^2}{y^2}.$$

由于

$$\int\mathrm{d}s=\int\frac{\sqrt{1+y'(x)^2}}{y}\mathrm{d}x,$$

(5.16) 描述两点 $A(x_0,y_0)$ 和 $B(x_1,y_1)$ 之间的最短路径问题. 圆周 (5.17) 是这种几何下的"直线", 因此它们与庞加莱模型下非欧几里得双曲几何相合 (见 3.2.8).

约翰 · 伯努利于 1696 年提出的著名的最速降线问题 在 Leipziger Acta Eruditorium[1] 1696 年 6 月版中 (该杂志当时在莱比锡刚创刊不久), 约翰 · 伯努利发表了如下的问题: “找出在重力作用下运动质点的轨迹”(图 5.6).

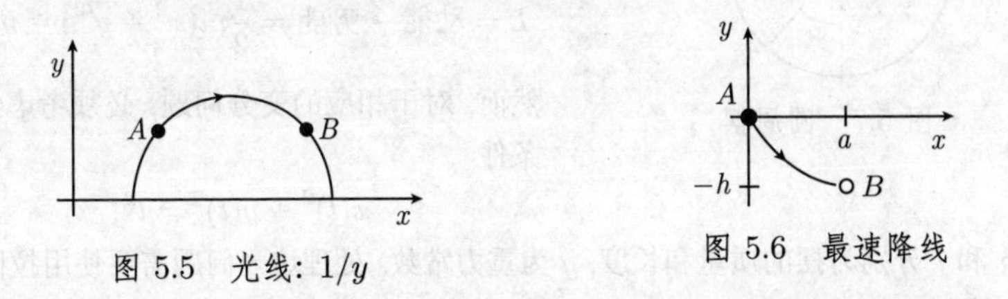

图 5.5 光线: $1/y$

图 5.6 最速降线

这一问题是变分法的开端. 伯努利在其处理中还没有欧拉–拉格朗日方程; 然而我们现在则应用此方程来处理最速降线问题.

解答 变分问题是

$$\boxed{\begin{aligned}&\int_0^a \frac{\sqrt{1+y'(x)^2}}{\sqrt{-y}}\,\mathrm{d}x \overset{!}{=} \min,\\&y(0)=0,\quad y(a)=-h.\end{aligned}} \tag{5.18}$$

相应的欧拉–拉格朗日方程 (5.14) 的解为

$$x = C(u-\sin u), \qquad y = C(\cos u - 1), \qquad 0 \leqslant u \leqslant u_0,$$

其中常数 C 和 u_0 由条件 $y(a)=-h$ 确定. 这是一条摆线.

落石运动律 拉格朗日函数是

$$L = \text{动能} - \text{势能} = \frac{1}{2}my'^2 - mgy$$

(这里 m 是落石的质量, g 是重力常数). 由此得到欧拉–拉格朗日方程

$$\boxed{my'' + mg = 0,}$$

其解 $y(t)$, 即落石在 t 时刻的高度是

$$\boxed{y(t) = h - vt - \frac{gt^2}{2}.}$$

这里 h 是落石在初始时刻 $t=0$ 的高度和速度. 这就是伽利略运动定律.

1) 英文名称为 Magazine of the educated.

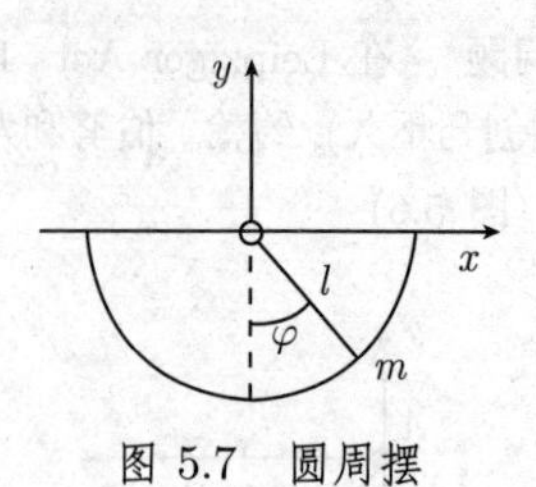

图 5.7　圆周摆

圆周摆和拉格朗日的适应坐标法(图 5.7)　对于地球重力场中圆周摆的运动, 以笛卡儿坐标 $x(t)$ 和 $y(t)$ 表达, 其拉格朗日函数为

$$L = \text{动能} - \text{势能} = \frac{1}{2}m(x^{2} + y'^{2}) - mgy.$$

然而, 对于相应的变分问题, 必须考虑约束条件

$$x(t)^2 + y(t)^2 = l^2,$$

这里 m 和 l 分别为摆的质量和长度, g 为重力常数. 处理这一问题需要使用拉格朗日乘子 (见 5.1.6).

使用极坐标而不是用笛卡儿坐标来处理这一问题则要简单得多. 用极坐标写出方程相当简单:

$$\boxed{\varphi = \varphi(t),}$$

这里不再出现任何约束条件. 我们有

$$x(t) = l\sin\varphi(t), \qquad y(t) = -l\cos\varphi(t).$$

由于 $x'(t) = \varphi'(t)\cos\varphi(t)$, $y'(t) = l\varphi'(t)\sin\varphi(t)$ 和 $\sin^2\varphi + \cos^2\varphi = 1$, 我们得到拉格朗日函数的表达式

$$\boxed{L = \frac{1}{2}ml^2\varphi'^2 + mgl\cos\varphi.}$$

从欧拉–拉格朗日方程

$$\frac{\mathrm{d}}{\mathrm{d}t}L_{\varphi'} - L_{\varphi} = 0$$

得到

$$\boxed{\varphi'' + \omega^2\sin\varphi = 0,}$$

其中 $\omega^2 = g/l$. 若 φ_0 是摆的最大摆角 $(0 < \varphi_0 < \pi)$, 则运动 $\varphi(t)$ 从方程

$$2\omega t = \int_0^{\varphi} \frac{\mathrm{d}\xi}{\sqrt{k^2 - \sin^2\dfrac{\xi}{2}}}$$

推出, 其中 $k = \sin\dfrac{\varphi_0}{2}$. 代入 $\sin\dfrac{\varphi}{2} = k\sin\psi$ 得到椭圆积分

$$\boxed{\omega t = \int_0^{\psi} \frac{\mathrm{d}\eta}{\sqrt{1 - k^2\sin^2\eta}}.}$$

摆的周期从著名的公式

$$\boxed{T = 4\sqrt{\frac{l}{g}}K(k)}$$

得到, 这里 $K(k)$ 是第一类完全椭圆积分

$$K(k)=\int_0^{\frac{\pi}{2}}\frac{\mathrm{d}\psi}{1-k^2\sin^2\psi}=\frac{\pi}{2}\Big(1+\frac{k^2}{4}+O(k^4)\Big),\quad k\to 0.$$

只要最大辐角 φ_0 小于 70°, 近似式

$$T=2\pi\sqrt{\frac{l}{g}}\Big(1+\frac{\varphi_0^2}{16}\Big)$$

精确到约 1%.

小振动圆周摆和谐振子 当摆的振动 φ 很小时, 有 $\cos\varphi=1+\dfrac{\varphi^2}{2}+\cdots$ 略去高阶项, 拉格朗日函数 L 近似地为

$$L=\frac{1}{2}ml^2\varphi^2-\frac{1}{2}mgl\varphi^2.$$

相应的变分问题

$$\int_{t_0}^{t_1}L\mathrm{d}t\overset{!}{=}\text{稳态},$$
$$\varphi(t_0)=a,\quad \varphi(t_1)=b$$

的欧拉–拉格朗日方程为

$$\boxed{\varphi''+\omega^2\varphi=0,}$$

其中 $\omega=g/l$, 其解为

$$\varphi(t)=\varphi_0\sin(\omega t+\alpha),$$

这里最大振幅 φ_0 和相位 α 从初始条件 $\varphi(0)=\alpha$ 和 $\varphi'(0)=\beta$ 推出. 至于周期 T, 则有

$$\boxed{T=2\pi\sqrt{\frac{l}{g}}.}$$

几何和物理中其他重要的变分问题 (见 [212])

(i) 推导极小曲面方程.

(ii) 推导毛细管曲面和太空旅行实验方程.

(iii) 找出弦理论和基本粒子理论的方程.

(iv) 找出黎曼几何中的短程线.

(v) 找出非线性弹性理论的方程.

(vi) 应力和分岔方程.

(vii) 导出高黏性液体和硬材料的流变学中的非线性守恒方程.

(viii) 根据爱因斯坦狭义和广义相对论找出粒子迁移运动方程.

(ix) 找出广义相对论中重力场的基本方程.

(x) 导出电动力学中麦克斯韦方程.

(xi) 导出电子、正电子和光子的基本方程.

(xii) 导出规范理论和基本粒子的基本方程.

5.1.3 哈密顿方程

> 数学的固有特征之一是其任何实在的进展都伴随着新方法的发现和发展, 以及原有程序的简化 …… 数学的统一特征在于其非常自然; 实际上, 数学是一切精确的自然科学的基础.
>
> D. 希尔伯特 (Hilbert)
>
> 1900 年在巴黎 ICM 大会上的演讲

在 18 世纪欧拉和拉格朗日的开创性工作之后, 哈密顿 (1805—1865) 将几何光学的光辉思想应用到曾经用拉格朗日方法研究过的力学问题. 这就导致了如下的"词典":

几何光学		哈密顿力学
光线	$\longleftrightarrow$	粒子轨线, 哈密顿典范方程
短时距 S	$\longleftrightarrow$	作用函数 S
短时距方程和波前	$\longleftrightarrow$	哈密顿–雅可比微分方程
费马原理	$\longleftrightarrow$	哈密顿最小作用原理

欧拉–拉格朗日二阶微分方程用一组新的一阶方程代替:

$$\boxed{\text{哈密顿典范方程.}}$$

这样就有可能把流形 (相空间) 上的动力学系统理论应用到经典力学. 原来隐藏在经典力学背后有一种几何, 即所谓的*辛几何*(见 1.13.1.7). 19 世纪末, 吉布斯 (1839—1903) 认识到哈密顿力学公式可以方便地用来处理统计物理范畴下的许多粒子系统 (例如气体). 其出发点是这样一个事实: 基于辛几何, 哈密顿相位流保持相空间的体积不变 (刘维尔定理).

作为自然界基本量的作用量　作用量是一种物理量, 其量纲为

$$\boxed{\text{作用量} = \text{能量} \times \text{时间.}}$$

1900 年, M. 普朗克 (Planck, 1858—1947) 提出了划时代的量子假设, 即自然界中出现的任何作用量都不可能是任意小的. 最小的作用量单位是普朗克作用量子

$$\boxed{h = 6.626 \cdot 10^{-34}\,\text{J·s.}}$$

这是完成量子理论的关键, 它与爱因斯坦的相对论 (从 1905 年算起) 一起彻底改变了物理学 (见 1.13.2.11).

哈密顿形式体系是物理学定律的一种基本表述, 它特别适合于作用量的传播. 这种形式体系可用于经典场论以及更一般的量子场论范畴中的量子化 (典范量子化, 或使用路径积分的费因曼量子化).

> 当按照哈密顿使用 (广义) 位置和矩量变量并研究作用量的传播时, 力学的更深刻的意义就变得显而易见了.

在量子力学中位置和矩量之间的密切联系特别明显. 根据海森伯测不准原理, 位置 q 和矩量 p 无法同时测量到. 更确切地说, 如果 Δq 和 Δp 表示这些变量的方差, 则

$$\boxed{\Delta q \Delta p \geqslant \frac{\hbar}{2}.}$$

这里令 $\hbar = h/2\pi$.

与现代控制理论之间的联系 此外, 1960 年前后哈密顿力学也成为最优控制理论的模型 (见 5.3.3), 后者是基于 L. S. 庞特里亚金 (Pontryagin) 极大值原理发展起来的.

下面通过方程

$$\boxed{q = q(t)}$$

来描述粒子的运动, 这里 t 表示时间, 而位置坐标 $q = (q_1, \cdots, q_F)$. 数 F 称为系统的*自由度*. 坐标 q_j 一般说来不是笛卡儿坐标, 而是某类合适的坐标 (例如, 圆周摆的摆角, 见图 5.7).

哈密顿稳态作用原理

$$\boxed{\begin{aligned} &\int_{t_0}^{t_1} L(q(t), q'(t), t)\mathrm{d}t \overset{!}{=} \text{稳态}, \\ &q(t_0) = a, \quad q(t_1) = b, \end{aligned}} \tag{5.19}$$

这里 $t_0, t_1 \in \mathbb{R}$, $a, b \in \mathbb{R}^F$ 为给定数. 左端的积分具有作用量的量纲.

欧拉–拉格朗日方程 在充分正则的情形下, 问题 (5.19) 等价于如下方程组:

$$\boxed{\frac{\mathrm{d}}{\mathrm{d}t} L_{q'_j}(q(t), q'(t), t) - L_{q_j}(q(t), q'(t), t) = 0, \quad j = 1, \cdots, F.} \tag{5.20}$$

勒让德变换 引入新的变量

$$\boxed{p_j := \frac{\partial L}{\partial q'_j}(q, q', t), \quad j = 1, \cdots, F,} \tag{5.21}$$

该变量称为广义矩量. 再者, 假定方程 (5.21) 可以解出 q':[1)]

$$q' = q'(q,p,t).$$

使用哈密顿函数 $H = H(q,p,t)$:

$$\boxed{H(q,p,t) = \sum_{j=1}^{F} q_j' p_j - L(q,q',t)}$$

代替拉格朗日函数 L. 在此方程中, q' 必须用 $q'(q,p,t)$ 代替. 变换

$$\begin{gathered}(q,q',t) \longmapsto (q,p,t)\\ \text{勒让德函数 } L \longmapsto \text{哈密顿函数 } H\end{gathered} \tag{5.22}$$

称为勒让德变换. 我们称 q 坐标的 F 维空间 M 为构形空间, 而 (q,p) 坐标的 $2F$ 维空间为相空间. 这里我们把 M 看成 $\mathbb{R}^F$ 中的一开子集, 而把相空间看成 $\mathbb{R}^{2F}$ 中的开子集. 当我们使用流形语言时这一理论的强大的威力就显现出来了.[2)]

哈密顿典范方程 从拉格朗日函数的欧拉–拉格朗日方程, 我们得到拉格朗日函数在勒让德变换下一组新的一阶方程 [3)]

$$\boxed{p_j' = -H_{q_j}, \quad q_j' = H_{p_j}, \quad j = 1, \cdots, F.} \tag{5.23}$$

哈密顿–雅可比方程

$$\boxed{S_t(q,t) + H(q, S_q(q,t), t) = 0.} \tag{5.24}$$

常微分方程组 (5.23) 和一阶偏微分方程 (5.24) 之间有密切联系.

(i) 从 (5.24) 的依赖于参数的解组可以得到 (5.23) 的解.

(ii) 反之, 从 (5.23) 的解族可得到 (5.24) 的解.

---

1) 如果满足严格的勒让德条件

$$\det\Big(\frac{\partial^2 L}{\partial q_j' \partial q_k'}(q_0, q_0', t_0)\Big) > 0,$$

则 (5.21) 可以利用隐函数定理在 (q_0, q_0, t_0) 的邻域中唯一地解出.

2) 于是 M 是实 F 维流形, 而相位空间不是别的, 正是 M 的余切从 T^*M.

3) 方程 (5.23) 详细写出来是

$$p_j'(t) = -\frac{\partial H}{\partial q_j}(q(t), p(t), t), \quad q_j'(t) = -\frac{\partial H}{\partial p_j}(q(t), p(t), t).$$

这些问题在 1.13.1.3 中讨论. 在几何光学中, 从波前构造光线隐藏在 (i) 中, 而在 (ii) 中则是波前作为光线族被构造出来.

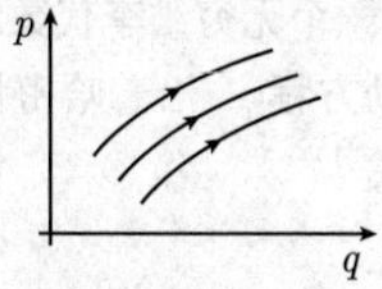

哈密顿流 假定哈密顿函数 H 不依赖于时间 t, 并把典范方程的解

$$q = q(t), \quad p = p(t) \tag{5.25}$$

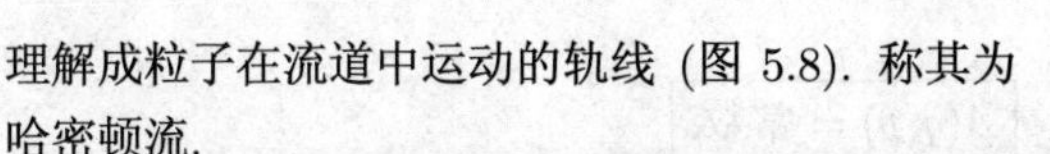

图 5.8 流

理解成粒子在流道中运动的轨线 (图 5.8). 称其为哈密顿流.

(i) 能量守恒: 函数 H 是哈密顿流的守恒量, 即

$$\boxed{H(q(t), p(t)) = \text{常数}.}$$

函数 H 解释为系统的能量.

(ii) 相体积的守恒(刘维尔定理): 哈密顿流的体积保持不变.[1]

作用函数的意义 在时刻 t_0 固定一点 q_*, 并令

$$\boxed{S(q_{**}, t_1) := \int_{t_0}^{t_1} L(q(t), q'(t), t)\mathrm{d}t.}$$

在积分中选择欧拉–拉格朗日方程 (5.20) 在边界条件

$$q(t_0) = q_*, \quad q(t_1) = q_{**}$$

下的解 $q = q(t)$. 假定这个解是唯一确定的.

定理 若解是充分光滑的, 则作用函数 S 是哈密顿–雅可比微分方程 (5.24) 的解.

这里所要求的光滑性得不到满足的情形在几何光学中对应于波前彼此接触或交叉 (焦散线).

泊松括号与守恒量 若 $A = A(q, p, t)$ 和 $B = B(q, p, t)$ 是函数, 则泊松括号定义为

$$\{A, B\} = \sum_{j=1}^{F} (A_{p_j} B_{q_j} - A_{q_j} B_{p_j}).$$

我们有

$$\boxed{\{A, B\} = -\{B, A\},}$$

于是特别有 $\{A, A\} = 0$. 其次, 有雅可比恒等式

$$\boxed{\{A, \{B, C\}\} + \{B, \{C, A\}\} + \{C, \{A, B\}\} = 0.}$$

1) 在 $t = 0$ 时刻区域 G_0 中流粒子在 t 时刻位于区域 G_t 中, 并且 G_t 与 G_0 有相同的体积.

李代数 相空间上实 C^∞ 函数相对于加法, (实) 标量乘法, 和作为乘法的泊松括号, 构成一个无穷维李代数.

泊松运动方程 沿着哈密顿流的轨线 (5.25), 对于所有充分光滑的函数 $A(q,p,t)$, 有关系式 [1)]

$$\boxed{\frac{\mathrm{d}A}{\mathrm{d}t} = \{H, A\} + A_t.} \tag{5.26}$$

定理 若 A 与 t 无关, 并且 $\{H, A\} = 0$, 则 A 是一个守恒量, 即沿着哈密顿流的轨线有

$$\boxed{A(q,p) = \text{常数}.}$$

例 1: 若哈密顿函数也与 t 无关, 则 H 本身是哈密顿流的一个守恒量. 这可从明显的关系 $\{H, H\} = 0$ 得出.

例 2: 广义变量 q_i 和矩量 p_j 之间的泊松括号满足

$$\boxed{\{p_j, q_k\} = \delta_{jk}, \quad \{q_j, q_k\} = 0, \quad \{p_j, p_k\} = 0.} \tag{5.27}$$

从 (5.26) 看出

$$\boxed{q_j' = \{H, q_j\}, \quad p_j' = \{H, p_j\}, \quad j = 1, \cdots, F.} \tag{5.28}$$

这些就是哈密顿典范方程.

玻尔和索末菲的半经典量子化规则 (1913)

$$\boxed{(q,p)\text{相空间由数量为 } h^F \text{ 个晶格组成.}} \tag{5.29}$$

这一规则受如下事实的启发得到: $\Delta q \Delta p$ 具有作用量的量纲, 而普朗克作用量量子 h 是最小可能的作用量单位.

海森伯括号 对于线性算子 A 和 B, 定义

$$\boxed{[A, B]_{\mathscr{H}} = \frac{\hbar}{\mathrm{i}}(AB - BA).}$$

海森伯的基本量子化规则 (1924)

> 通过把广义变量 q_j 和矩量 p_j 提升为算子, 并用海森伯括号代替泊松括号, 可以将经典力学系统量子化.

1) 更清楚地表达这个关系式为

$$\frac{\mathrm{d}}{\mathrm{d}t} A(q,p,t) = \{A, H\}(q,p,t) + A_t(q,p,t).$$

自从普朗克于 1900 年提出量子化假设以来, 物理学家们一直在致力于寻找这一类量子化过程的一般公式. 从 (5.27) 和 (5.28) 导出海森伯量子力学观点下的基本方程:

$$\boxed{\begin{aligned}&p_j' = [H, p_j]_{\mathscr{H}}, \quad q_j' = [H, q_j]_{\mathscr{H}}, \quad j = 1, \cdots, F,\\&[p_j, q_k]_{\mathscr{H}} = \delta_{jk}, \quad [p_j, p_k]_{\mathscr{H}} = [q_j, q_k]_{\mathscr{H}} = 0.\end{aligned}} \tag{5.30}$$

1925 年, 薛定谔发现了一种表面看来完全不同的量子化规则, 从而导出一偏微分方程 —— 薛定谔方程 (见 1.13.2.11). 但事实上可以证明, 量子化过程的这两种提法是等价的. 他们代表了希尔伯特空间中事物同一状态的两种不同的表达方法.

5.1.4 应用

一维运动 我们考虑质量为 m 的粒子沿着 q 轴的一维运动 $q = q(t)$(图 5.9). 若 $U = U(q)$ 为势能, 则拉格朗日函数是

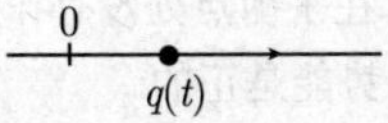

0

$q(t)$

图 5.9 一维中的运动

$$L = 动能 - 势能 = \frac{mq'^2}{2} - U(q).$$

从稳态作用原理

$$\int_{t_0}^{t_1} L(q(t), q'(t), t)\mathrm{d}x \overset{!}{=} 稳态,$$
$$q(t_0) = a, \quad q(t_1) = b$$

导出欧拉 – 拉格朗日微分方程 $(L_{q'})' - L_q = -U'(q)$, 即

$$\boxed{mq'' = -U'(q).} \tag{5.31}$$

这也就是在力 $F(q) = -U'(q)$ 作用下的牛顿运动定律. 令

$$p := L_{q'}(q, q'), \quad E := q'p - L.$$

那么 $p = mq'$ 是经典的矩量 (质量 × 速度).

(i) 能量守恒: 量

$$E = \frac{1}{2}mq'^2 + U(q)$$

与经典的能量相同 (动能加势能). 根据 (5.8), E 是一守恒量 (第一积分), 即沿着每一个运动 ((5.31) 的解) 有

$$\frac{1}{2}mq(t)'^2 + U(q(t)) = 常数.$$

(ii) 勒让德变换: 哈密顿函数 $H = H(q, p)$ 是作为拉格朗日函数的勒让德变换出现的, $H(q, p) := q'p - L$, 因此

$$H(q, p) := \frac{p^2}{2m} + U(q).$$

这一表达式与能量 E 相同.

(iii) 典范方程:

$$\boxed{p' = -H_q, \quad q' = H_p.}$$

这些方程对应于 $q' = p/m$ 和牛顿运动定律 $mq'' = -U(q)$ 两个方程.

应用于谐振子 谐振子是力学系统中最简单的非平凡的数学模型. 然而, 从这个简单的数学模型可以洞察深邃的物理含义. 例如, 谐振子的量子化导致爱因斯坦的光子理论, 从而推出辐射的普朗克定律, 这对于理解宇宙的起源和寿命是基础性的 (见 [213], 第 IV 卷).

我们考虑具有如下性质的一维运动:

(a) 假定系统关于平衡态仅有小偏离.

(b) 在平衡点处没有作用力.

(c) 势能是正的.

把势能展开成泰勒级数得到

$$U(q) = U(0) + U'(0)q + \frac{U''(0)}{2}q^2 + \cdots$$

于是假设 (b) 隐含 $0 = F(0) = -U'(0)$. 由于常数 $U(0)$ 与力不相关 (因为 $F(1) = -U'(q)$), 从而也与运动方程 $mq'' = F$ 不相关, 故不失一般性我们可以设 $U(0) = 0$. 这样就导出谐振子势能的公式

$$U(q) = \frac{kq^2}{2},$$

其中 $k := U''(0) > 0$.

(iv) 牛顿运动定律: 从 (5.31) 得到关系

$$\boxed{\begin{array}{l} q'' + \omega^2 q = 0, \\ q(0) = q_0 \text{ (初始位置)}, \quad q'(0) = q_1 \text{ (初始速度)}, \end{array}}$$

其中 $\omega = \sqrt{k/m}$. 该方程的唯一解是

$$q(t) = q_0 \cos\omega t + \frac{q_1}{\omega}\sin\omega t.$$

(v) 相空间中的哈密顿流: 哈密顿函数 (能量函数) 是

$$H(q,p) = \frac{p^2}{2m} + \frac{kq^2}{2}.$$

由此可知典范方程 $p' = -H_q$, $q' = H_p$ 取形式

$$p' = -kq, \quad q' = \frac{p}{m}.$$

相应的解曲线

$$\begin{aligned} q(t) &= q_0 \cos\omega t + \frac{p_0}{m}\sin\omega t, \\ p(t) &= -q_0 m\omega \sin\omega t + p_0 \cos\omega t \end{aligned}$$

描述 (q,p) 相空间中哈密顿流的轨线 $(p_0 := q_1/m)$. 能量守恒导致

$$\frac{p(t)^2}{2m}+\frac{\omega^2 mq(t)^2}{2}=E,$$

即轨线是椭圆, 其大小随能量增加而增大 (图 5.10(a)).

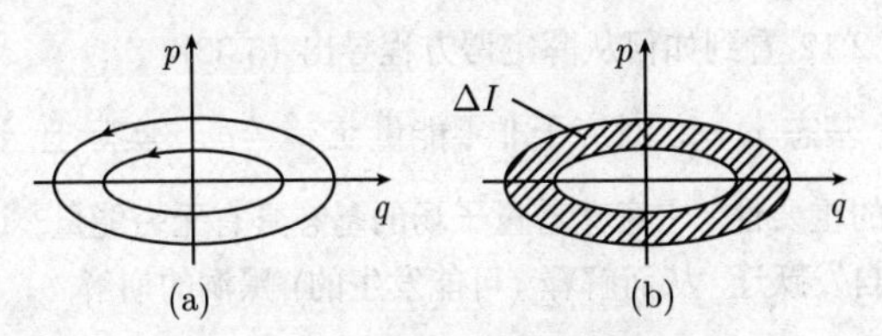

图 5.10 相空间中的哈密顿流

(vi) 作用变量I和作用角变量φ: 定义

$$I:=\frac{1}{2\pi}\quad ((q,p)\text{相空间中能量}E\text{处椭圆的面积}).$$

于是

$$I=\frac{E}{\omega}.$$

因此哈密顿函数由 $H=\dfrac{\omega I}{2\pi}$ 给出. 新的变量 $I=$ 常数和 $\varphi:=\omega t$ 满足新的哈密顿方程组

$$\varphi'=H_I,\quad I'=-H_\varphi.$$

(vii) 玻尔-佐末菲量子化(1913): 根据 (5.29), (q,p) 相空间中面积元由长度为 h 的晶格组成. 如果我们考虑能量 E_1 和 E_2 处 $(E_2>E_1)$ 的两根轨线, 那么对于相应的两椭圆之间曲面区域, 得到

$$2\pi I_2-2\pi I_1=h$$

(图 5.10(b)). 若令 $\Delta E=E_2-E_1$, 则得到方程

$$\boxed{\Delta E=\hbar\omega.}$$

这就是普朗克于 1900 年提出的著名的量子假设.

爱因斯坦在 1905 年提出假设: 光由称作光子的量子组成. 对于频率为 ν 和角频率为 $\omega=2\pi\nu$ 的光, 根据爱因斯坦, 光子的能量是

$$\varepsilon=\hbar\omega.$$

爱因斯坦因光量子理论于 1921 年获得诺贝尔物理奖 (值得注意的是他并没有因相对论而获得诺贝尔奖).

(viii) 海森伯量子化准则(1924): 海森伯根据他的方法计算了量子化的谐振子各个精确的能级, 得到

$$\boxed{E = \hbar\omega\left(n + \frac{1}{2}\right), \qquad n = 0, 1, 2, \cdots.} \tag{5.32}$$

我们已经在 1.13.2.12 看到如何从薛定谔方程导出 (5.32).

有意思的是, 基态 $n = 0$ 对应于非零能量 $E = \frac{1}{2}\hbar\omega$. 实际上, 这一事实在量子理论中具有基本的重要性. 它意味着量子场的基态具有无穷能量. 这又引起粒子从基态到激发态的自发跃迁, 从而解释 (可能发生的) 黑洞的崩解.

5.1.5 局部极小值的充分条件

除了实函数 $q = q(t)$ 的极小化问题

$$\boxed{\begin{aligned} &\int_{t_0}^{t_1} L(q(t)q'(t), t)\mathrm{d}t \overset{!}{=} \min, \\ &q(t_0) = a, \qquad q(t_1) = b, \end{aligned}} \tag{5.33}$$

我们还考虑欧拉–拉格朗日方程

$$\frac{\mathrm{d}}{\mathrm{d}t}L_{q'} - L_q = 0 \tag{5.34}$$

和雅可比本征值问题

$$\boxed{\begin{aligned} &-(Rh')' + Ph = \lambda h, \quad t_0 \leqslant t \leqslant t_1, \\ &h(t_0) = h(t_1) = 0, \end{aligned}} \tag{5.35}$$

这里 $Q := (q(t), q'(t), t)$, 而

$$R(t) := L_{q'q'}(Q), \qquad P(t) := L_{qq} - \frac{\mathrm{d}}{\mathrm{d}t}L_{qq'}(Q).$$

其次, 考虑雅可比初值问题

$$\boxed{\begin{aligned} &-(Rh')' + Ph = 0, \quad t_0 \leqslant t \leqslant t_1, \\ &h(t_0) = 0, \qquad h(t_1) = 1. \end{aligned}} \tag{5.36}$$

设 $h = h(t)$ 是 (5.35) 的解, 我们把 $h(t)$ 的满足 $t_* > t_0$ 的最小的零点 t_* 称为 t_0 的共轭点.

根据定义, 实数 λ 是 (5.35) 的一个本征值, 是指该方程有非平凡 (不恒等于零) 解 h.

光滑性 假设拉格朗日函数 L 充分光滑 (例如属于 C^3 型).

极值 欧拉–拉格朗日方程 (5.34) 的每一个 C^2 解都称为一个极值. 然而, 这样的极值未必对应于 (5.33) 中局部极小, 正如函数情形一样. 为了存在极小, 需要满足附加条件.

魏尔斯特拉斯 E 函数 这个函数定义为

$$\boxed{E(q,q',u,t) := L(q,u,t) - L(q,q',t) - (u-q')L_{q'}(q,q',t).}$$

拉格朗日函数的凸性 L 相对于 q' 的凸性是一个特别重要的事实. 为了得到 L 的这种凸性, 只需假定下列两条件之一满足:

(i) $L_{q'q'}(q,q',t) \geqslant 0,\ \ \forall q,q' \in \mathbb{R}, \quad \forall t \in [t_0,t_1].$

(ii) $E(q,q',u,t) \geqslant 0,\ \ \forall q,q',u \in \mathbb{R}, \quad \forall t \in [t_0,t_1].$

5.1.5.1 雅可比充分条件

勒让德充分条件 (1788) 如果 $q = q(t)$ 是 C^2 函数, 并且是 (5.33) 的一个弱局部极小, 那么它满足所谓的*勒让德条件*

$$\boxed{L_{q'q'}(q(t),q'(t),t) \geqslant 0,\ \ \forall t \in [t_0,t_1].}$$

雅可比条件 (1837) 设 $q = q(t)$ 是 (5.33) 的极小, 满足 $q(t_0) = a$ 和 $q(t_1) = b$, 以及*严格的勒让德条件*

$$\boxed{L_{q'q'}(q(t),q'(t),t) > 0,\ \ \forall t \in [t_0,t_1].}$$

如果满足如下两个附加条件之一的话:

(i) 雅可比本征方程 (5.35) 的所有本征值都正,

(ii) 雅可比初值问题 (5.36) 的解在区间 $]t_0,t_1[$ 中无零点, 即该区间不含 t_0 的共轭点.

那么 q 是 (5.33) 的一个弱局部极小.

例: (a) 函数 $q(t) \equiv 0$ 是两点之间最短路径问题 (图 5.12)

$$\int_{t_0}^{t_1} \sqrt{1+q'(t)^2}\mathrm{d}t \stackrel{!}{=} \min, \qquad q(t_0) = q(t_1) = 0 \tag{5.37}$$

的一个弱局部极小.

(b) 直线 $q(t) \equiv 0$ 是 (5.37) 的一个全局极小.

(a) 的证明: 我们有 $L = \sqrt{1+q'^2}$, 由此得

$$L_{q'q'} = \frac{1}{\sqrt{(1+q'(t)^2)^3}} \geqslant 0, \qquad L_{qq'} = L_{qq} = 0.$$

雅可比初值问题

$$-h''=0\ \text{在}\,[t_0,t_1]\,\text{上},\quad h(t_0)=0,\ \ h'(t_0)=1$$

的解 $h(t)=-t-t_0$ 仅有单个零点在 t_0.

雅可比本征值问题

$$-h''=\lambda h\ \text{在}\,[t_0,t_1]\,\text{上},\quad h(t_0)=h(t_1)=0$$

的本征函数为

$$h(t)=\sin\frac{n\pi(t-t_0)}{t_1-t_0},\quad \lambda=\frac{n^2\pi^2}{(t_1-t_0)^2},\quad n=1,2,\cdots,$$

即所有本征值都是正的.

(b) **的证明:** 我们把极值曲线 $q(t)\equiv 0$ 嵌入到由 $q(t)=$ 常数组成的极值曲线族. 从 $L_{q'q'}\geqslant 0$ 可知拉格朗日函数 L 相对于 q' 是凸的, 从而所需结论从下面的 5.1.5.2 推出.

5.1.5.2 魏尔斯特拉斯充分条件

假定我们给定一族含参数 α 的光滑的极值曲线

$$q=q(t,\alpha),$$

它按正则方式覆盖 (t,q) 空间中一区域 D, 即各极值曲线之间没有交点或接触点. 作如下假设.

(i) 这族曲线中含有一条通过点 (t_0,a) 和 (t_1,b) 的极值曲线 q_*(图 5.11(a)).

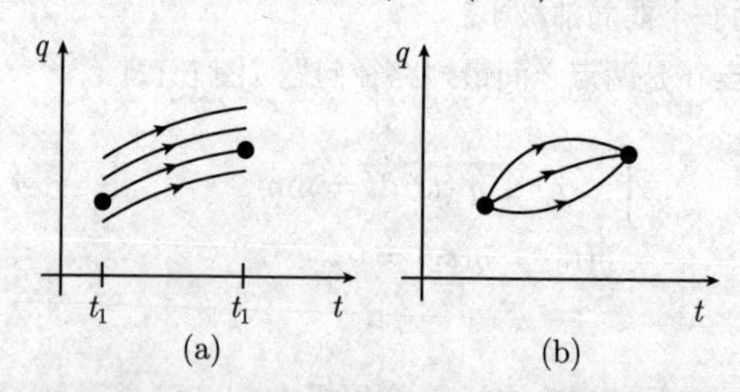

图 5.11 通过 (t_0,a) 和 (t_1,b) 的极值曲线 q_*

(ii) 拉格朗日函数 L 相对于 q' 是凸的.

那么 q_* 是 (5.33) 的强局部极小.

推论 若存在一族覆盖整个 (t,q) 空间 (意指 $D=\mathbb{R}^2$) 的极值曲线 $q=q(t,\alpha)$, 则 q_* 是 (5.33) 的全局极小.

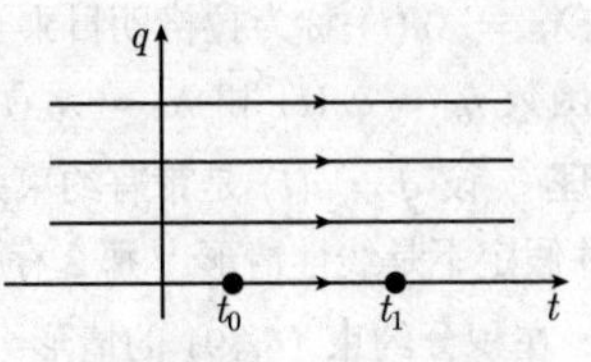

图 5.12 局部弱极小中的极值曲线 q_*

几何光学中的解释 极值曲线族对应于几何光学中的光线族. 交点 (焦点) 和接触点 (焦散线) 表示奇异行为. 在图 5.11 中我们看到两个焦点. 特殊情形是这里不一定每一条光线都是两点之间的最短路径.

若极值曲线通过两个焦点, 则 5.1.5.1 的雅可比条件未必成立; 于是这些焦点也称为共轭点.

5.1.6 带约束问题和拉格朗日乘子

设 $q=(q_1,\cdots,q_F)$. 考虑带约束的极小化问题

$$\boxed{\begin{aligned}&\int_{t_0}^{t_1}L(q(t),q'(t),t)\mathrm{d}t\overset{!}{=}\min,\\&q(t_0)=a,\quad q(t_1)=b\ \ (\text{边界条件}),\end{aligned}}\tag{5.38}$$

约束条件是: (i) 积分约束

$$\int_{t_0}^{t_1}N_k(q(t),q'(t),t)\mathrm{d}t=\text{常数},\quad k=1,\cdots,K.\tag{5.39}$$

(ii) 隐约束

$$N_k(q(t),q'(t),t)\mathrm{d}t=0\ \ \text{在}\,[t_0,t_1]\,\text{上},\quad k=1,\cdots,K.\tag{5.40}$$

我们假定函数 L 和 N_k 充分光滑.

隐藏在拉格朗日乘子背后的思想 我们用修正的拉格朗日函数

$$\boxed{\mathscr{L}:=L+\sum_{k=1}^{K}\lambda_k(t)N_k}$$

代替拉格朗日函数 L, 并在欧拉–拉格朗日方程中用 $\mathscr{L}$ 代替 L: [1)]

$$\boxed{\frac{\mathrm{d}}{\mathrm{d}t}\mathscr{L}_{q_k'}-\mathscr{L}_{q_k}=0,\quad k=1,\cdots,K.}\tag{5.41}$$

1) 更明显地写出来, 这个方程是

$$\frac{\mathrm{d}}{\mathrm{d}t}\mathscr{L}_{q_k'}(q(t),q'(t),t)-\mathscr{L}_{q_k}(q(t),q'(t),t)=0.$$

函数 $\lambda_k = \lambda_k(t)$ 称为拉格朗日乘子. 我们希望从 (5.41), 以及约束条件和边界条件确定函数 $q_k = q_k(t)$ 和 $\lambda_k = \lambda_k(t)$, $k = 1, \cdots, K$.

主定理 设 $q = q(t)$ 是带有约束条件 (5.39) 或 (5.40) 的极小化问题 (5.38) 的 C^2 解, 并假定不是线性情形.[1] 那么存在充分光滑的拉格朗日乘子 λ_k 使得 (5.41) 成立.

附注: 在积分约束 (5.39) 的情形, 拉格朗日乘子是实数, 而非函数.

5.1.7 应用

狄多 (黛朵) 女王的经典等周问题 据传说, 在迦太基 (Carthago) 建造之初, 狄多女王仅被允许获得由一张公牛皮所能界定的那样多的土地. 聪明的女王把牛皮剪成薄条, 然后用它围成一个圆周.

定理 在所有长度为 l 的封闭曲线所围成的二维区域 D 中, 圆周所围的面积最大.

为了启发这种情况, 我们考虑极小化问题

$$-\int_D \mathrm{d}x\mathrm{d}y \overset{!}{=} \min \quad (\text{负面积}),$$

$$\int_{\partial D} \mathrm{d}s = l \quad (\text{界线的长度}).$$

我们寻找形式 $x = x(t)$, $y = y(t)$, $t_0 \leqslant t \leqslant t_1$ 的边界曲线 (图 5.13(a)). 于是其外法向单位向量的分量为

$$n_1 = \frac{y'(t)}{\sqrt{x'(t)^2 + y'(t)^2}}, \quad n_2 = \frac{x'(t)}{\sqrt{x'(t)^2 + y'(t)^2}}.$$

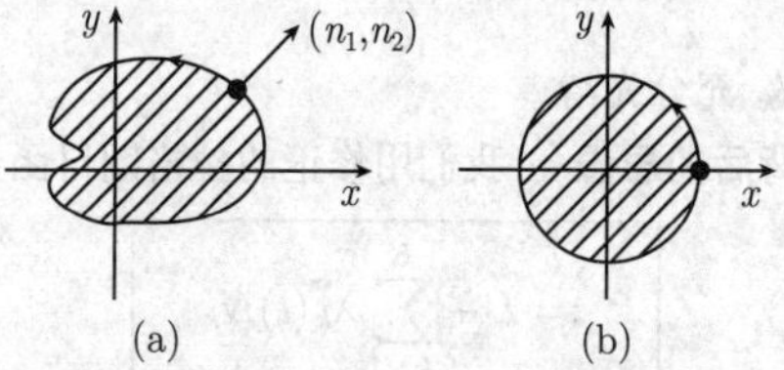

图 5.13

分部积分得到

$$2\int_D \mathrm{d}x\mathrm{d}y = \int_D \left(\frac{\partial x}{\partial x} + \frac{\partial y}{\partial y}\right)\mathrm{d}x\mathrm{d}y = \int_{\partial D} (xn_1 + yn_2)\mathrm{d}s.$$

---

1) 这是为了排除某些病态情形, 但若在问题的提法中适当留意, 则通常不会发生这种情形. 这里叙述的主要定理的确切的表述可以在 [213], 第 III 卷, 37.41 节中找到.

这样, 我们把问题重新表述得到新的问题

$$\int_{t_0}^{t_1}(-y'(t)x(t)+x'(t)y(t))\mathrm{d}t \overset{!}{=} \min,$$

$$x(t_0)=x(t_1)=R,\quad y(t_0)=y(t_1)=0,$$

$$\int_{t_0}^{t_1}\sqrt{x'(t)^2+y'(t)^2}\mathrm{d}t=l.$$

这里 R 是一实参数. 对于修正的拉格朗日函数 $\mathscr{L}:=-y'x+x'y+\lambda\sqrt{x'^2+y'^2}$, 得到欧拉–拉格朗日方程

$$\frac{\mathrm{d}}{\mathrm{d}t}\mathscr{L}_{x'}-\mathscr{L}_x=0,\quad \frac{\mathrm{d}}{\mathrm{d}t}\mathscr{L}_{y'}-\mathscr{L}_y=0,$$

即

$$\boxed{2y'+\lambda\frac{\mathrm{d}}{\mathrm{d}x}\frac{x'}{\sqrt{x'^2+y'^2}=0},\quad -2x'+\lambda\frac{\mathrm{d}}{\mathrm{d}x}\frac{y'}{\sqrt{x'^2+y'^2}}=0.}$$

于是当 $\lambda=-2$ 时, 得到解 $x=R\cos t$, $y=R\sin t$, 其中 $l=2\pi R$.

术语: 按照雅各布 · 伯努利 (Jakob Bernoulli, 1655—1705), 我们称带积分约束的变分问题为等周问题.

悬索问题 我们寻找一根长度为 l 的悬索在重力作用下的形状 $y=y(x)$. 假定悬索在两点 $(-a,0)$ 和 $(a,0)$ 固定起来 (图 5.14).

解答: 最小势能原理使我们得到如下的变分问题:

$$\boxed{\begin{aligned}&\int_{-a}^{a}\rho g y(x)\sqrt{1+y'(x)^2}\mathrm{d}x \overset{!}{=} \min,\\ &y(-a)=y(a)=0,\\ &\int_{-a}^{a}\sqrt{1+y'(x)^2}\mathrm{d}x=l.\end{aligned}}$$

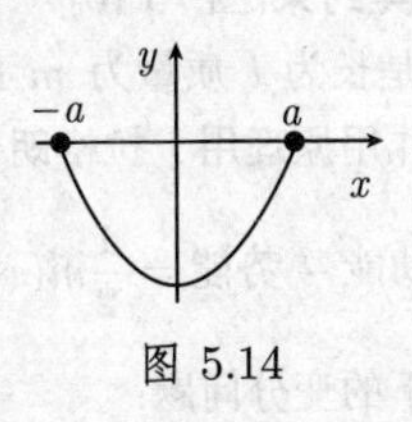

图 5.14

(这里 ρ 是悬索的密度常数, 而 g 是重力加速度常数). 为了简化公式, 令 $\lambda g=1$. 修正的拉格朗日函数为 $\mathscr{L}:=(y+\lambda)\sqrt{1+y'^2}$, 这里实数 λ 为拉格朗日乘子. 由此根据 (5.18) 从相应的欧拉–拉格朗日方程得到关系式

$$y'\mathscr{L}_{y'}-\mathscr{L}=\text{常数}.$$

于是经计算推出 $\dfrac{y+\lambda}{\sqrt{1+y'^2}}=c$, 从而得到解族

$$y=c\cosh\left(\frac{x}{c}+b\right)-\lambda.$$

这些就是悬链线[1]. 常数 b, c 和 λ 从边界条件和约束条件得出.

测地线 在由 $M(x,y,z)=0$ 给出的曲面上, 寻找点 $A(x_0,y_0,z_0)$ 和 $B(x_1,y_1,z_1)$ 之间的最短路径 $x=x(t), y=y(t), z=z(t), t_0\leqslant t\leqslant t_1$. 如图 5.15.

解答: 变分问题是

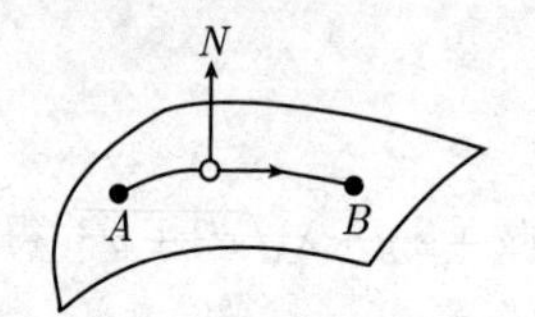

图 5.15 测地线的变分问题

$$\int_{t_0}^{t_1}\sqrt{x'(t)^2+y'(t)^2+z'(t)^2}\mathrm{d}t\overset{!}{=}\min,$$
$$x(t_0)=x_0,\ y(t_0)=y_0,\ z(t_0)=z_0,$$
$$x(t_1)=x_1,\ y(t_1)=y_1,\ z(t_1)=z_1,$$
$$M(x,y,z)=0\quad(\text{约束}).$$

对于修正的拉格朗日函数 $\mathscr{L}:=\sqrt{x^2+y^2+z^2}+\lambda M(x,y,z)$, 其欧拉-拉格朗日方程

$$\frac{\mathrm{d}}{\mathrm{d}t}\mathscr{L}_{x'}-\mathscr{L}_x=0,\quad \frac{\mathrm{d}}{\mathrm{d}t}\mathscr{L}_{y'}-\mathscr{L}_y=0,\quad \frac{\mathrm{d}}{\mathrm{d}t}\mathscr{L}_{z'}-\mathscr{L}_z=0$$

在以弧长 s 作为参数进行变量替换后就变成

$$\boldsymbol{r}''(s)=\mu(s)(\mathbf{grad}\,M)(\boldsymbol{r}(s)).$$

几何上这意味着, 曲线 $\boldsymbol{r}=\boldsymbol{r}(s)$ 的主法向量或者平行于曲面的法向量 $\boldsymbol{N}$, 或者与其反平行.

圆周摆及其约束(图 5.16) 如果 $x=x(t), y=y(t)$ 是长为 l 质量为 m 的圆周摆的轨线, 那么将稳态作用原理用于拉格朗日函数

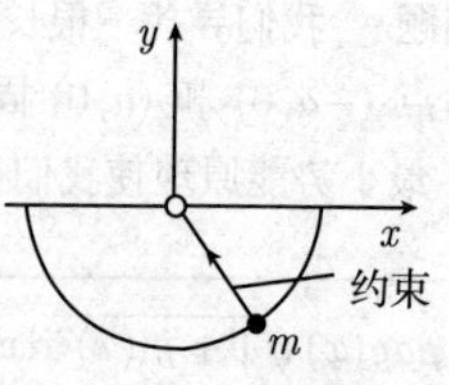

图 5.16 圆周摆

$$L=\text{动能}-\text{势能}=\frac{1}{2}m(x'^2+y'^2)-mgy$$

就得到如下的变分问题:

$$\int_{t_0}^{t_1}L(x(t),x'(t),y(t),y'(t),t)\mathrm{d}t\overset{!}{=}\text{平稳},$$
$$x(t_0)=x_0,\ y(t_0)=y_0,\ x(t_1)=x_1,\ y(t_1)=y_1,$$
$$x(t)^2+y(t)^2-l^2=0\quad(\text{约束}).$$

对于带有实参数 λ 的修正的拉格朗日函数 $\mathscr{L}:=L-\lambda(x^2+y^2-l^2)$, 得到欧拉-拉格朗日方程

$$\frac{\mathrm{d}}{\mathrm{d}t}\mathscr{L}_{x'}-\mathscr{L}_x=0,\quad \frac{\mathrm{d}}{\mathrm{d}t}\mathscr{L}_{y'}-\mathscr{L}_y=0.$$

1) 名称悬链线来自拉丁文, 意指链条. 这是一个悬链的问题.

上式化成

$$mx'' = -2\lambda x, \quad my'' = -mg - 2\lambda y.$$

如果使用方向向量 $\boldsymbol{r} = x\boldsymbol{i} + y\boldsymbol{j}$, 则得到圆周摆运动方程

$$\boxed{m\boldsymbol{r}'' = g\boldsymbol{j} - 2\lambda\boldsymbol{r}.}$$

这里 $-g\boldsymbol{j}$ 对应于重力, $-2\lambda\boldsymbol{r}$ 则是摆沿圆周运动相反方向作用的附加力.

5.1.8 自然边界条件

自由端点问题 变分问题

$$\int_{x_0}^{x_1} L(y(x), y'(x), x)\mathrm{d}x \stackrel{!}{=} \min,$$
$$y(x_0) = a$$

的充分光滑的解满足欧拉–拉格朗日方程

$$\frac{\mathrm{d}}{\mathrm{d}x}L_{y'} - L_y = 0 \tag{5.42}$$

和附加的约束条件

$$\boxed{L_{y'}(y(x), y'(x), x) = 0.}$$

这个条件称为自然边界条件, 因为它并不出现在原来提出的变分问题中.

端点位于一条曲线上的问题 如果端点位于由 C: $x = X(\tau)$, $y = Y(\tau)$ 确定的曲线上, 那么我们得到问题

$$\int_{x_0}^{X(\tau)} L(y(x), y'(x), x)\mathrm{d}x \stackrel{!}{=} \min,$$
$$y(x_0) = a, \quad y(X(\tau)) = Y(\tau),$$

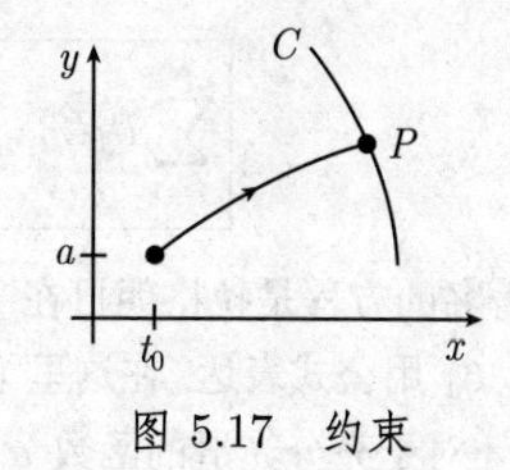

图 5.17 约束

这里解曲线 $y = y(x)$ 与给定曲线交点 P 的参数值 τ 也是待定的 (图 5.17).

这个问题的每一个充分光滑的解都满足欧拉–拉格朗日方程 (5.42), 以及在交点 P 处的广义横截条件:

$$\boxed{L_{y'}(Q)Y'(\tau) + [L_{y'}(Q)y'(x_1)]X'(\tau) = 0.} \tag{5.43}$$

这里已经令 $Q := (y(x_1), y'(x_1), x_1)$, $x_1 = X(\tau)$.

例: 在几何光学中有 $L = n(x, y)\sqrt{1 + y'^2}$. 利用此关系式, (5.43) 取形式

$$y'(x_1)Y'(\tau) + X'(\tau) = 0,$$

即光线以直角射到曲线 C. 特别地, 波前 C 就是这样 (图 5.17).

5.2 多变量函数的变分法

5.2.1 欧拉–拉格朗日方程

假设给定 $\mathbb{R}^N$ 中一有界区域 D 和边界 ∂D 上一函数 $\boldsymbol{\psi}$. 考虑极小化问题

$$\boxed{\begin{aligned}&\int_D L(\boldsymbol{x},\boldsymbol{q},\partial\boldsymbol{q})\mathrm{d}\boldsymbol{x} \stackrel{!}{=} \min,\\ &\boldsymbol{q}=\boldsymbol{\psi},\ \text{在}\,\partial D\,\text{上},\end{aligned}} \tag{5.44}$$

以及更一般的问题

$$\boxed{\begin{aligned}&\int_D L(\boldsymbol{x},\boldsymbol{q},\partial\boldsymbol{q})\mathrm{d}\boldsymbol{x} \stackrel{!}{=} \text{稳态},\\ &\boldsymbol{q}=\boldsymbol{\psi},\ \text{在}\,\partial D\,\text{上}.\end{aligned}} \tag{5.45}$$

在这里, 已经令 $\partial_j = \partial/\partial x_j$, 且

$$\boldsymbol{x}=(x_1,\cdots,x_N),\quad \boldsymbol{q}=(q_1,\cdots,q_K),\quad \partial\boldsymbol{q}=(\partial_j q_k).$$

我们还假定函数 L 和 ψ 在边界 ∂D 上充分光滑.

主定理 如果 $\boldsymbol{q}=\boldsymbol{q}(t)$ 是 (5.44) 或 (5.45) 的解, 那么 q 在 D 上满足如下的欧拉–拉格朗日方程: [1)]

$$\boxed{\sum_{j=1}^{N}\partial_j L_{\partial_j q_k} - Lq_k = 0,\quad k=1,\cdots,K.} \tag{5.46}$$

这些著名的方程是拉格朗日在 1762 年推导出来的. 物理中各领域的理论都可借助于 (5.46) 用公式表达, 在这里 (5.45) 对应于稳态作用原理.

推论 对于充分光滑的函数 q, 问题 (5.45) 等价于 (5.46).

5.2.2 应用

平面 (二维) 问题 极小化问题

$$\boxed{\begin{aligned}&\int_D L(q(x,y),q_x(x,y),q_y(x,y),x,y)\mathrm{d}x\mathrm{d}y \stackrel{!}{=} \min,\\ &q=\psi,\ \text{在}\,\partial D\,\text{上}\end{aligned}} \tag{5.47}$$

1) 以更详细的方式表达, 这些方程是

$$\sum_{j=1}^{N}\frac{\partial}{\partial x_j}\frac{\partial L(Q)}{\partial(\partial_j q_k)} - \frac{\partial L(Q)}{\partial q_k} = 0,\quad k=1,\cdots,K,$$

其中 $Q=(\boldsymbol{x},\boldsymbol{q}(\boldsymbol{x}),\partial\boldsymbol{q}(\boldsymbol{x}))$.

可解的一个必要条件是欧拉–拉格朗日方程

$$\boxed{\frac{\partial}{\partial x}L_{q_x}+\frac{\partial}{\partial y}L_{q_y}-L_q=0} \tag{5.48}$$

可解.

极小曲面(图 5.18) 我们寻找一个曲面 $\mathscr{F}$: $z=q(x,y)$, 它在通过给定边界曲线 C 的曲面中有最小的曲面面积. 相应的变分问题是

$$\boxed{\int_D\sqrt{1+q_x(x,y)^2+q_y(x,y)^2}\mathrm{d}x\mathrm{d}y\overset{!}{=}\min,\qquad q=\psi,\ \text{在}\ \partial D\ \text{上},}$$

其在 D 上的欧拉–拉格朗日方程是

$$\boxed{\frac{\partial}{\partial x}\left(\frac{q_x}{\sqrt{1+q_x^2+q_y^2}}\right)+\frac{\partial}{\partial y}\left(\frac{q_y}{\sqrt{1+q_x^2+q_y^2}}\right)=0.} \tag{5.49}$$

这一方程的所有解都称为*极小曲面*. 方程 (5.49) 在几何上意味着曲面的平均曲率恒等于零, 即在 ∂D 上 $H\equiv 0$.

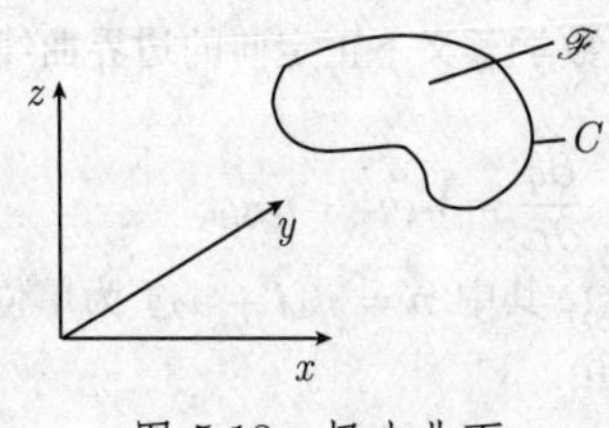

图 5.18 极小曲面

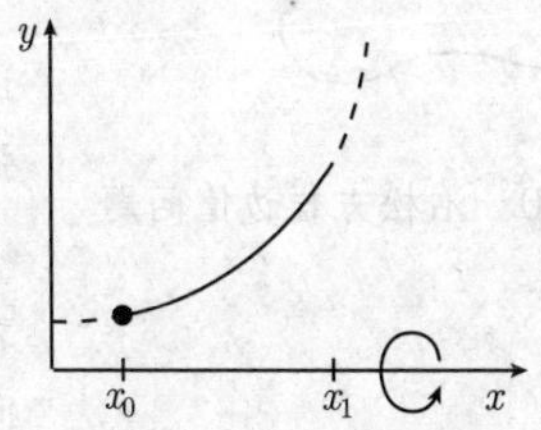

图 5.19 悬链曲面

悬链曲面 (图 5.19) 我们让一条曲线 $y=y(x)$ 围绕 x 轴旋转. 目的是按这一方式产生一个面积最小的曲面. 相应的变分问题是

$$\boxed{\int_{x_0}^{x_1}L(y(x),y'(x),x)\mathrm{d}x\overset{!}{=}\min,\qquad y(x_0)=y_0,\ \ y(x_1)=y_1,}$$

这里 $L=y\sqrt{1+y'^2}$. 根据 (5.8), 从欧拉–拉格朗日方程得到 $y'L_{y'}-L=$ 常数, 即有

$$\frac{y(x)}{\sqrt{1+y'(x)^2}}=\text{常数}.$$

悬链曲面 $y=c\cosh\left(\dfrac{x}{c}+b\right)$ 是一个解.

这个悬链曲面是通过旋转曲线得到的唯一的极小曲面.

泊松方程的第一边界问题 极小化问题

$$\boxed{\int_D\frac{1}{2}(q_x^2+q_y^2-2fq)\mathrm{d}x\mathrm{d}y\overset{!}{=}\min,\qquad q=\psi,\ \text{在}\ \partial D\ \text{上}} \tag{5.50}$$

的每一个充分光滑的解都满足欧拉 – 拉格朗日方程

$$\boxed{-q_{xx} - q_{yy} = f, \text{ 在 } D \text{ 上}, \qquad q = \psi, \text{ 在 } \partial D \text{ 上}.} \tag{5.51}$$

这就是泊松方程的第一边值问题.

弹性膜　物理上, (5.51) 对应于由边界 C 张成的膜 $z = q(x, y)$ 的极小势能原理 (图 5.18). 量 q 在这里对应于外力密度. 至于重力我们选择 $f(x, y) = -\rho g$(ρ 为密度, 而 g 为重力常数).

泊松方程的第二和第三边界值问题　极小化问题

$$\boxed{\int_D (q_x^2 + q_y^2 - 2fq)\mathrm{d}x\mathrm{d}y + \int_{\partial D} (aq^2 - 2bq)\mathrm{d}s \overset{!}{=} \min} \tag{5.52}$$

的每一个充分光滑的解都满足欧拉 – 拉格朗日方程

$$\boxed{-q_{xx} - q_{yy} = f, \text{ 在 } D \text{ 上},} \tag{5.53}$$

$$\boxed{\frac{\partial q}{\partial \boldsymbol{n}} + aq = b, \text{ 在 } \partial D \text{ 上}.} \tag{5.54}$$

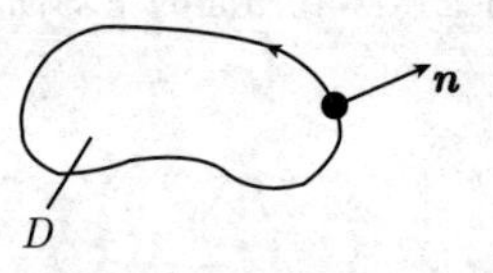

图 5.20　泊松方程边值问题

这里 s 表示在数学意义下正定向的边界曲线上的弧长, 而

$$\frac{\partial q}{\partial \boldsymbol{n}} = n_1 q_x + n_2 q_y$$

表示外法向导数, 其中 $\boldsymbol{n} = n_1 \boldsymbol{i} + n_2 \boldsymbol{j}$ 为单位外法向向量 (图 5.20).

当 $a \equiv 0$, (5.53)∼(5.54) 称为泊松方程第二边值问题; 而当 $a \not\equiv 0$ 时, 则 (5.53)∼(5.54) 称为泊松方程第三边值问题.

边界条件 (5.54) 在变分问题 (5.52) 中并未出现. 因此, 这是一个自然边界条件. 对于 $a \equiv 0$, 函数 f 和 b 不是任意的, 而必须满足可解性条件

$$\int_D f\mathrm{d}x\mathrm{d}y + \int_{\partial D} b\mathrm{d}s = 0. \tag{5.55}$$

证明轮廓　设 q 是 (5.52) 的解.

步骤 1: 我们用 $q + \varepsilon h$ 代替 q, 其中 ε 为实小参数, 得到

$$\begin{aligned}\varphi(\varepsilon) :=& \int_D [(q_x + \varepsilon h_x)^2 + (q_y + \varepsilon h_y)^2 - 2f(q + \varepsilon h)]\mathrm{d}x\mathrm{d}y \\ &+ \int_{\partial D} [a(q + \varepsilon h)^2 - 2(q + \varepsilon h)b]\mathrm{d}s.\end{aligned}$$

由于 (5.52), 函数 φ 在 $\varepsilon = 0$ 处达到极小, 即有 $\varphi'(0) = 0$. 于是

$$\frac{1}{2}\varphi'(0) = \int_D (q_x h_x + q_y h_y - fh)\mathrm{d}x\mathrm{d}y + \int_{\partial D} (aqh - bh)\mathrm{d}s = 0. \tag{5.56}$$

如果 $a \equiv 0$, 则 (5.55) 从 (5.56) 取 $h \equiv 1$ 推出.

步骤 2: 分部积分得到

$$-\int_D (q_{xx} + q_{yy} + f)h\mathrm{d}x\mathrm{d}y + \int_{\partial D} \left(\frac{\partial q}{\partial \boldsymbol{n}} + aq - b\right) h\mathrm{d}s = 0. \tag{5.57}$$

步骤 3: 我们介绍一种启发式的论证, 它的正确性是完全可以证明的. 方程 (5.57) 对于所有光滑函数 h 成立.

(i) 首先考虑沿边界 ∂D 为 0 的所有光滑函数 h 组成的集合. 于是 (5.57) 中的边界积分为 0, 从而由于 h 是任意的, 得到

$$q_{xx} + q_{yy} + f = 0, \quad \text{在 } D \text{ 上}.$$

(ii) 于是 (5.57) 中 D 上的积分为 0. 由于可以选择函数 h 在边界上取任意值, 从而有

$$\frac{\partial q}{\partial \boldsymbol{n}} + aq - b = 0, \quad \text{在 } \partial D \text{ 上}.$$

□

注 对于变分问题 (5.50), 类似的讨论导致类似的结果. 由于在 ∂D 上 $q = \psi$, 因此在这种情形我们将限制函数 h 在 ∂D 上 $h = 0$. 于是从结论 (i) 得到 (5.51).

振动弦的稳态作用原理 设方程 $q = q(x,t)$ 描述一根弦 t 时刻在点 x 处的位移 (图 5.21(a)). 令 $D := \{(x,t) \in \mathbb{R}^2 : 0 \leqslant x \leqslant l,\ t_0 \leqslant t \leqslant t_1\}$.

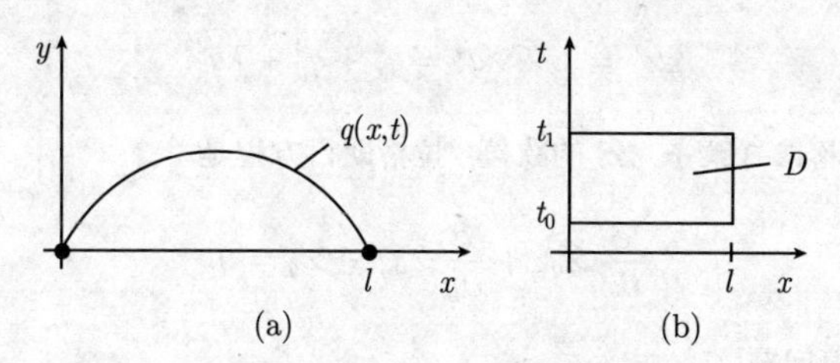

图 5.21 振动弦的平稳作用原理

对于拉格朗日函数

$$L = \text{动能} - \text{势能} = \frac{1}{2}\rho q_t^2 - \frac{1}{2}kq_x^2$$

(这里 ρ 表示密度, 而 k 是材料常数), 稳态作用原理是说

$$\boxed{\begin{aligned} &\int_D L\mathrm{d}x \overset{!}{=} \text{平稳}, \\ &q \text{沿着边界 } \partial D \text{ 给定}. \end{aligned}}$$

相应的欧拉－拉格朗日方程 $(L_{q_t})_t + (L_{q_x})_x = 0$ 导致弦振动方程

$$\boxed{\frac{1}{c^2}q_{tt} - q_{xx} = 0,} \tag{5.58}$$

其中 $c^2 = k/\rho$.

定理 (5.58) 的最一般的 C^2 解是

$$\boxed{q(x,t) = a(x-ct)+b(x+ct),} \tag{5.59}$$

这里 a 和 b 为任意 C^2 函数. 解 (5.59) 对应于以速度 c 在相反方向传播的两个波的叠加 (一个从左到右, 另一个从右到左).

5.2.3 带约束的问题和拉格朗日乘子

用一个例子来讨论这一重要的方法.

拉普拉斯方程的本征值问题 为了求解变分问题

$$\boxed{\begin{aligned}&\int_D (q_x^2+q_y^2)\mathrm{d}x\mathrm{d}y \overset{!}{=} \min, \quad q=0 \text{ 在 } \partial D \text{ 上},\\ &\int_{\partial D} q^2 \mathrm{d}s = 1,\end{aligned}} \tag{5.60}$$

类似于 5.1.6, 选择拉格朗日函数

$$\mathscr{L} := L + \lambda q^2 = q_x^2 + q_y^2 + \lambda q^2.$$

实数 λ 称为拉格朗日乘子. $\mathscr{L}$ 的欧拉－拉格朗日方程是

$$\frac{\partial}{\partial x}\mathscr{L}_{q_x} + \frac{\partial}{\partial y}\mathscr{L}_{q_y} - \mathscr{L}_q = 0.$$

这对应于本征值问题

$$\boxed{q_{xx} + q_{yy} = \lambda q, \text{ 在 } D \text{ 上}, \quad q = 0, \text{ 在 } \partial D \text{ 上}.} \tag{5.61}$$

可以证明 (5.61) 是 (5.60) 存在 C^2 解的一个必要条件. 在这种情形下拉格朗日乘子成为一个本征值.

5.3 控制问题

目的 控制理论研究通过适当选取控制量 (或控制) 开发用于最优化过程的数学工具.

例 1: 当宇宙飞船从月球返回时, 必须对其进入大气层的轨道进行控制, 以尽量减少热护罩上的热量. 对此没有办法进行试验; 更确切地说, NASA 必须使用工程师的模型方程并应用这些方程作数值模拟. 计算机计算对于控制参数的小变化极为敏感. 实际上, 为返回舱可能的进入仅有一个小窗口. 如果错过这个窗口, 返回舱将熔化, 或者被弹回宇宙. 图 5.22 表示轨道. 跟人们的预期有些相反, 返回舱首先下降至相当深的大气层, 然后直到进入稳定的圆轨道才令其调整姿态作最后的降落.[1)]

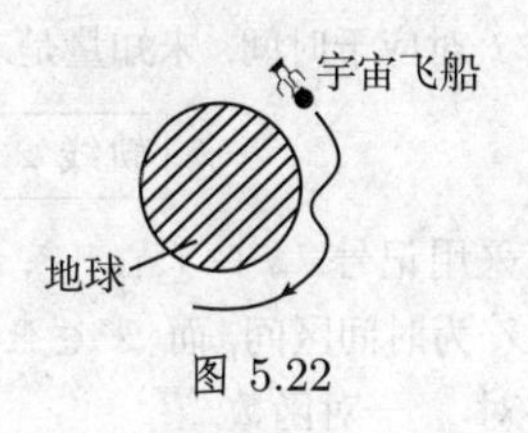

图 5.22

例 2: 火箭的发射应使用最少量的燃料达到预定姿态. 这个问题在 [212] 中有研究.

例 3: 月球登陆车的控制是使得登陆尽可能平稳, 并要使用最少量的燃料.

例 4: 飞向火星的宇宙飞船的飞行要求使用最少量的燃料. 为此, 计算机仿真计算轨道时要考虑其他行星的重力影响.

控制理论中两种不同的对策 现代控制理论诞生于 1950 年至 1960 年期间. 它在两个方向推广了经典的变分法:

哈密顿力学		控制理论
作用泛函 S 的哈密顿–雅可比微分方程	$\longrightarrow$	贝尔曼动态最优化
能量函数 H 的哈密顿典范方程	$\longrightarrow$	庞特里亚金极大值原理

5.3.1 贝尔曼动态最优化

基本问题 考虑极小化问题

$$\boxed{F(\boldsymbol{z}(t_1), t_1) \overset{!}{=} \min.} \tag{5.62}$$

此外, 有如下约束条件.

(i) 状态 $\boldsymbol{z}$ 的控制方程(函数 $\boldsymbol{u}$ 称为控制):

$$\boldsymbol{z}'(t) = \boldsymbol{f}(\boldsymbol{z}(t), \boldsymbol{u}(t), t).$$

(ii) 状态的初始条件:

$$\boldsymbol{z}(t_0) = \boldsymbol{a}.$$

(iii) 状态的末时刻条件:

$$t_1 \in \mathscr{T}, \qquad \boldsymbol{z}(t_1) \in \mathscr{Z}.$$

1) 这个问题在 [213], 第 III 卷, 48.10 节中应用庞特里亚金极大值原理进行了讨论.

(iv) 控制的约束:

$$u(t) \in \mathscr{U}, \quad 在\,[t_0, t_1]\,上.$$

参数 t 对应于时间. 未知量是末时刻 t_1 以及

$$\boxed{轨线\ \boldsymbol{z} = \boldsymbol{z}(t)\ 和最优控制\ \boldsymbol{u} = \boldsymbol{u}(t).}$$

这里采用记号: $\boldsymbol{z} = (z_1, \cdots, z_N)$, $\boldsymbol{u} = (u_1, \cdots, u_M)$. 初始时刻 t_0 随初始状态给定, $\mathscr{T}$ 为时间区间, 而 $\mathscr{Z} \subset \mathbb{R}^N$, $\mathscr{U} \subset \mathbb{R}^M$.

容许对 一对函数

$$\boldsymbol{z} = \boldsymbol{z}(t), \qquad \boldsymbol{u}(t), \qquad t_0 \leqslant t \leqslant t_1$$

称为容许的, 是指这些函数除了有限个跳跃点外, 都是连续的, 并且还满足上述约束 (i) 到 (iv). 所有这样的容许对组成的集合将记作 $Z(t_0, a)$.

贝尔曼作用函数 $\boldsymbol{S}$ 定义

$$\boxed{S(t_0, \boldsymbol{a}) := \inf_{(\boldsymbol{u}, \boldsymbol{z}) \in Z(t_0, a)} F(\boldsymbol{z}(t_1), t_1),}$$

即我们在所有容许对上取下确界. 下面让初始条件 $(t_0, \boldsymbol{a})$ 变化, 研究函数 S.

主定理(必要条件) 设 $(\boldsymbol{z}^*, \boldsymbol{u}^*)$ 是控制问题 (5.62) 的解. 那么下列三个条件满足:

(i) 函数 $S = S(\boldsymbol{z}(t), t)$ 对于所有容许对 $(\boldsymbol{z}, \boldsymbol{u})$ 在时间区间 $[t_0, t_1]$ 上是严格下降的.

(ii) 函数 $S = S(\boldsymbol{z}^*(t), t)$ 在 $[t_0, t_1^*]$ 上取常值.

(iii) 有 $S(\boldsymbol{b}, t_1) = F(\boldsymbol{b}, t_1)\ \forall \boldsymbol{b} \in \mathscr{Z}, t_1 \in \mathscr{T}$.

推论(充分条件) 如果函数 S 与容许对 $(\boldsymbol{z}^*, \boldsymbol{u}^*)$ 一起满足上述 (i) 到 (iii), 那么 $(\boldsymbol{z}^*, \boldsymbol{u}^*)$ 是控制问题 (5.62) 的解.

哈密顿 - 雅可比 - 贝尔曼方程 假定作用函数 S 充分光滑. 对于每一个容许对 $(\boldsymbol{z}, \boldsymbol{u})$, 我们有不等式

$$\boxed{S_t(\boldsymbol{z}(t), t) + S_{\boldsymbol{z}}(\boldsymbol{z}(t), t) f(\boldsymbol{z}(t), \boldsymbol{u}(t), t) \geqslant 0, \quad \forall t \in [t_0, t_1].} \tag{5.63}$$

对于控制问题 (5.62) 的解, (5.63) 中的不等式是一个等式.

5.3.2 应用

带二次成本函数的线性控制问题

$$\boxed{\int_{t_0}^{t_1} (x(t)^2 + u(t)^2) \mathrm{d}t \stackrel{!}{=} \min,} \tag{5.64}$$

$$\boxed{x'(t) = Ax(t) + Bu(t), \qquad x(t_0) = a,} \tag{5.65}$$

式中, A 和 B 是实数.

定理 设 w 是里卡蒂微分方程

$$w'(t) = -2Aw(t) + B^2w(t)^2 - 1, \quad \forall t \in [t_0, t_1]$$

满足 $w(t_1) = 0$ 的解. 那么为了得到控制问题的解 $x = x(t)$, 只需求解微分方程

$$x'(t) = Ax(t) + B(-w(t)Bx(t)), \qquad x(t_0) = a. \tag{5.66}$$

最优控制由下式给出:

$$u(t) = -w(t)Bx(t). \tag{5.67}$$

反馈控制 方程 (5.67) 刻画了状态 $x(t)$ 和最优控制 $u(t)$(反馈控制) 之间的耦合. 这样的最优控制在工程中可用这种方式非常有效地设计出来, 并且在生物系统中也常会遇到. 方程 (5.66) 是通过将 (5.67) 耦合到控制方程 (5.65) 得到的.

证明: **第一步**(问题的转化): 我们引入新的函数 $y(\cdot)$:

$$y'(t) = x(t)^2 + u(t)^2, \quad y(t_0) = 0.$$

将 y 作为变量我们得到等价的问题

$$\begin{aligned} y(t_1) &\overset{!}{=} \min, \\ y'(t) &= x(t)^2 + u(t)^2, \quad y(t_0) = 0, \\ x'(t) &= Ax(t) + Bu(t), \quad x(t_0) = a. \end{aligned}$$

此外, 令 $z := (x, y)$.

第二步: 对于贝尔曼作用函数 S, 使用

$$S(x, y, t) := w(t)x^2 + y.$$

第三步: 我们验证 5.3.1 中推论的假设.

(i) 如果 $w = w(t)$ 是里卡蒂方程的解, 并且 $x = x(t)$, $u = u(t)$ 满足控制方程 (5.65), 那么

$$\begin{aligned} \frac{\mathrm{d}S(x(t), y(t), t)}{\mathrm{d}t} &= w'(t)x(t)^2 + 2w(t)x(t)x'(t) + y'(t) \\ &= (u(t) + w(t)Bx(t))^2 \geqslant 0. \end{aligned}$$

于是函数 $S = S(x(t), y(t), t)$ 相对于时间 t 是下降的.

(ii) 如果耦合条件 (5.67) 满足, 那么在 (i) 中我们有等式, 即 $S(x(t), y(t), t)=$ 常数.

(iii) 从 $w(t_1) = 0$ 我们得到 $S(x(t_1), y(t_1), t_1) = y(t_1)$. □

5.3.3 庞特里亚金极大值原理

控制问题　我们考虑极小化问题

$$\boxed{\int_{t_0}^{t_1} L(\boldsymbol{q}(t),\boldsymbol{u}(t),t)\mathrm{d}t \stackrel{!}{=} \min.} \tag{5.68}$$

另外我们有如下约束条件:

(i) 轨线$\boldsymbol{q}$的控制方程:

$$\boldsymbol{q}'(t)=\boldsymbol{f}(\boldsymbol{q}(t),\boldsymbol{u}(t),t).$$

(ii) 轨线$\boldsymbol{q}$的初始条件:

$$\boldsymbol{q}(t_0)=\boldsymbol{a}.$$

(iii) 轨线在末时刻t_1的条件:

$$\boldsymbol{h}(\boldsymbol{q}(t_1),t_1)=\boldsymbol{0}.$$

(iv) 对于控制的约束:

$$\boldsymbol{u}(t)\in\mathscr{U},\quad \forall\, t\in[t_0,t_1].$$

注　必须要考虑所有可能的有穷区间 $[t_0,t_1]$. 假定控制 $u(t)$ 除了有穷个间断点外是连续的. 此外, 假定轨线是连续的, 并且除了有穷个点外, 相对于 t 一阶可导. 令

$$\boldsymbol{q}=(q_1,\cdots,q_N),\quad \boldsymbol{u}=(u_1,\cdots,u_M),\quad \boldsymbol{f}=(f_1,\cdots,f_N),\quad \boldsymbol{h}=(h_1,\cdots,h_N).$$

给定量是初始时刻 t_0, 初始位置 $\boldsymbol{a}\in\mathbb{R}^N$, 和控制集 $\mathscr{U}\subset\mathbb{R}^M$. 最后我们假定给定函数 L, $\boldsymbol{f}$ 和 $\boldsymbol{h}$ 属于 C^1.

广义哈密顿函数 $\mathscr{H}$　我们定义

$$\mathscr{H}(\boldsymbol{q},\boldsymbol{u},\boldsymbol{p},t,\lambda):=\sum_{j=1}^{N}p_jf_j(\boldsymbol{q},\boldsymbol{u},t)-\lambda L(\boldsymbol{q},\boldsymbol{u},t).$$

主定理　如果 $\boldsymbol{q}$, $\boldsymbol{u}$, t_1 构成控制问题 (5.68) 的一个解, 那么存在数 $\lambda=1$ 或 $\lambda=0$, 向量 $\boldsymbol{\alpha}\in\mathbb{R}^N$ 和 $[t_0,t_1]$ 上的连续函数 $p_j=p_j(t)$, 使得如下条件满足.

(a) 庞特里亚金极大值原理:

$$\boxed{\mathscr{H}(\boldsymbol{q}(t),\boldsymbol{u}(t),\boldsymbol{p}(t),t,\lambda)=\max_{\boldsymbol{w}\in\mathscr{U}}\mathscr{H}(\boldsymbol{q}(t),\boldsymbol{w},\boldsymbol{p}(t),t,\lambda).}$$

(b) 广义典范方程: [1)]

$$p_j'=\mathscr{H}_{q_j},\quad q_j'=\mathscr{H}_{p_j},\quad j=1,\cdots,N.$$

---

1) 这意味着

$$p_j'(t)=-\frac{\partial\mathscr{H}}{\partial q_j}(Q),\quad q_j'(t)=\frac{\partial\mathscr{H}}{\partial p_j}(Q),$$

其中 $Q:=(\boldsymbol{q}(t),\boldsymbol{u}(t),\boldsymbol{p}(t),\lambda)$.

(c) 末时刻t_1的条件: [1]

$$\boldsymbol{p}(t_1) = -h_q(\boldsymbol{q}(t_1), t_1)\boldsymbol{\alpha}.$$

式中, 或者 $\lambda = 1$, 或者 $\lambda = 0$, 并且 $\alpha \neq 0$. 如果 $h \equiv 0$, 那么 $\lambda = 1$.

推论 如果在右端的连续点上令

$$\boldsymbol{p}_0(t) := \mathscr{H}(\boldsymbol{q}(t), \boldsymbol{u}(t), \boldsymbol{p}(t), t, \lambda),$$

那么 $\boldsymbol{p}_0$ 可以扩展成整个 $[t_0, t_1]$ 上的连续函数。此外, [2]

$$\boldsymbol{p}_0' = \mathscr{H}_t, \tag{5.69}$$

和

$$\boldsymbol{p}_0(t_1) = h_t(q(t_1), t_1)\boldsymbol{\alpha}.$$

方程 (a), (b) 和 (5.69) 在最优控制 $u = u(t)$ 连续的所有时刻 $t \in [t_0, t_1]$ 处都连续.

5.3.4 应用

理想化的机动车的最优控制 假定质量为 m 的车辆 W 在初始时刻 $t_0 = 0$ 在点 $x = -b$ 处于静止状态. 现在车辆在沿 x 轴的发动机的力 $u = u(t)$ 的作用下开始运动. 要寻找一运动 $x = x(t)$ 使得车辆 W 在尽可能短的时间 t_1 达到点 $x = b$, 并且处于静止状态 (图 5.23). 这里重要的是发动机的功率满足约束 $|u| \leqslant 1$.

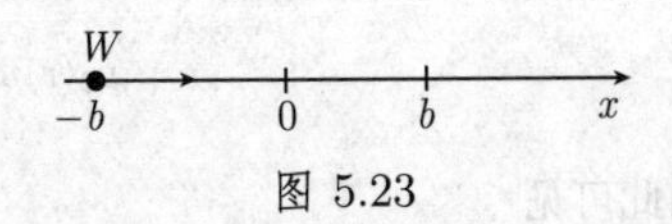

图 5.23

问题的数学提法:

$$\boxed{\begin{aligned}&\int_{t_0}^{t_1} \mathrm{d}t \overset{!}{=} \min, \quad x''(t) = u(t), \quad |u| \leqslant 1,\\ &x(0) = -b, \quad x'(0) = 0, \quad x(t_1) = -b, \quad x'(t_1) = 0.\end{aligned}}$$

砰砰控制: 现在证明, 最优控制使得车辆在运动中最大加速紧跟着最大减速. 这一过程是在前半路程让发动机开足马力 $u = 1$ 直到 $x = 0$, 然后用 $u = -1$ 减速.

应用庞特里亚金极大值原理的证明: 令 $q_1 := x$, $q_2 := x'$. 于是有

$$\begin{aligned}&\int_{t_0}^{t_1} \mathrm{d}t \overset{!}{=} \min, \quad |u(t)| \leqslant 1,\\ &q_1' = q_2, \quad q_2' = u,\\ &q_1(0) = -b, \quad q_2(0) = 0, \quad q_1(t_1) - b = 0, \quad q_2(t_1) = 0.\end{aligned}$$

---

1) 这意味着 $p_k(t_0) = -\sum_{j=1}^{N} \frac{\partial \mathscr{H}}{\partial q_k}(\boldsymbol{q}(t_1), t_1)\alpha_j$.

2) 这意味着 $p_0'(t) = \mathscr{H}_t(\boldsymbol{q}(t), \boldsymbol{u}(t), \boldsymbol{p}(t), \lambda)$.

根据 5.3.3, 广义哈密顿函数是

$$\mathscr{H} := p_1 q_2 + p_2 u - \lambda.$$

设 $q = q(t)$ 和 $u = u(t)$ 是其一个解. 令

$$p_0(t) := p_1(t)q_2(t) + p_2(t)u(t) - \lambda.$$

于是从 5.3.3 可得

(i) $p_0(t) = \max\limits_{|w|\leqslant 1}(p_1(t)q_2(t) + p_2(t)w - \lambda)$.

(ii) $p_1'(t) = -\mathscr{H}_{q_1} = 0$, $p_1(t_1) = -\alpha_1$.

(iii) $p_2'(t) = -\mathscr{H}_{q_2} = -p_1(t)$, $p_2(t_1) = -\alpha_2$.

(iv) $p_0'(t) = \mathscr{H}_t = 0$, $p_0(t_1) = 0$.

从 (ii) 到 (iv) 得到 $p_0(t) = 0$, $p_1(t) = -\alpha_1$, $p_2(t) = \alpha_1(t - t_1) - \alpha_2$.

第一种情形: 设 $\alpha_1 = \alpha_2 = 0$, 那么 $\lambda = 1$. 这与 (i) 矛盾, 因为 $p_0(t) = p_1(t) = p_2(t) = 0$, 从而这种情形被排除.

第二种情形: $\alpha_1^2 + \alpha_2^2 \neq 0$. 于是 $p_2 \neq 0$, 并且从 (i) 可知

$$p_2(t)u(t) = \max_{|w|\leqslant 1} p_2(t)w.$$

由此可见

$$u(t) = 1, \text{ 若 } p_2(t) > 0; \qquad u(t) = -1, \text{ 若 } p_2(t) < 0.$$

由于 p_2 是线性函数, 它至多只能改变一次正负号. 假定符号改变发生在时刻 t_*. 由于在时刻 t_1 必须减速, 故得到

$$u(t) = 1, \text{ 若 } 0 \leqslant t < t_*; \quad u(t) = -1, \text{ 若 } t_* < t \leqslant t_1.$$

从运动方程 $x''(t) = u(t)$, 我们得到

$$x(t) = \begin{cases} \dfrac{1}{2}t^2 - b, & 0 \leqslant t < t_*, \\ -\dfrac{1}{2}(t - t_1)^2 + b, & t_* < t \leqslant t_1. \end{cases}$$

在加速变成减速的时刻 t_*, 位置和速度必须重合. 因此

$$x'(t_*) = t_* = t_1 - t_*,$$

即 $t_* = t_1/2$. 最后从

$$x(t_*) = \frac{t_1^2}{8} - b = -\frac{t_1^2}{8} + b$$

我们看出 $x(t_*) = 0$. 这意味着小车在加速变成减速的时刻 t_* 必须位于 $x = 0$.

5.4 经典非线性最优化

5.4.1 局部极小化问题

设给定定义在点 $\boldsymbol{x}^*$ 的某个邻域 U 上的函数

$$\boxed{f: U \subseteq \mathbb{R}^N \to \mathbb{R}.}$$

只要研究极小化问题就够了, 因为用 $-f$ 代替 f, 极大化问题就转换成极小化问题. 设 $\boldsymbol{x} = (x_1, \cdots, x_N)$.

定义 称函数 f 在点 $\boldsymbol{x}^*$ 处有局部极小, 是指存在 $\boldsymbol{x}^*$ 的一个邻域 V, 使得

$$\boxed{f(\boldsymbol{x}^*) \leqslant f(\boldsymbol{x}), \quad \forall \boldsymbol{x} \in V.} \tag{5.70}$$

如果 $f(\boldsymbol{x}^*) < f(\boldsymbol{x}), \forall \boldsymbol{x} \in V, \boldsymbol{x} \neq \boldsymbol{x}^*$, 则称 $\boldsymbol{x}^*$ 是一严格的局部极小.

必要条件 如果 f 是 C^1 函数, 并且 f 在点 $\boldsymbol{x}^*$ 有局部极小, 那么

$$\boxed{f'(\boldsymbol{x}^*) = 0.}$$

这等价于 [1] $\partial_j f(\boldsymbol{x}^*) = 0,\ j = 1, \cdots, N$.

充分条件 设 f 属于 C^2 型, 并且 $f'(\boldsymbol{x}^*) = 0$, 那么只要 f 满足

$$\boxed{f \text{ 在 } \boldsymbol{x}^* \text{ 处的二阶偏导数矩阵 } f''(\boldsymbol{x}^*) \text{ 仅有正本征值,}} \tag{D}$$

f 在点 $\boldsymbol{x}^*$ 处就有严格局部极小. 条件 (D) 等价于所有主子式

$$\det(\partial_j \partial_k(\boldsymbol{x}^*)), \qquad j, k = 1, \cdots, M$$

都是正的.

例: 函数 $f(x) := \dfrac{1}{2}(x_1^2 + x_2^2) + x_1^3$ 在 $\boldsymbol{x}^* = (0,0)$ 有严格极小.

证明: 经计算得到 $\partial_1 f(\boldsymbol{x}) = x_1 + 3x_1^2$, $\partial_2 f(\boldsymbol{x}) = x_2$, $\partial_1^2 f(0,0) = \partial_2^2 f(0,0) = 1$, 并且 $\partial_1\partial_2 f(0,0) = 0$. 由此可见

$$\partial_1 f(0,0) = \partial_2 f(0,0) = 0,$$

并且

$$\partial_1^2 f(0,0) > 0, \qquad \begin{vmatrix} \partial_1^2 f(0,0) & \partial_1\partial_2 f(0,0) \\ \partial_1\partial_2 f(0,0) & \partial_2^2 f(0,0) \end{vmatrix} = \begin{vmatrix} 1 & 0 \\ 0 & 1 \end{vmatrix} > 0.$$

---

1) $\partial_j := \partial/\partial x_j$.

5.4.2 全局极小化问题和凸性

定理 对于凸集 K 上的凸函数 $f: K \subseteq \mathbb{R}^N \to \mathbb{R}$, 其每一个局部极小都是其全局极小.

如果 f 是严格凸的, 那么 f 至多只有一个全局极小.

凸性判据: 设 $f: U \subseteq \mathbb{R}^N \to \mathbb{R}$ 是开凸集 U 上的一个 C^2 函数, 如果矩阵 $f''(\boldsymbol{x})$ 在所有点 $\boldsymbol{x} \in U$ 处仅有正本征值, 则 f 是严格凸函数.

例: 函数 $f(\boldsymbol{x}) = \sum\limits_{j=1}^{n} x_j \ln x_j$在集合 $U = \{\boldsymbol{x} \in \mathbb{R}^N \mid x_j > 0, j = 1, \cdots, N\}$ 上是严格凸的. 因此 $-f$ 在 U 上上严格凹的. 熵函数 (见 5.4.6) 就属于这一类型函数.

证明: 所有行列式

$$\det(\partial_j \partial_k(\boldsymbol{x})) = \begin{vmatrix} x_1^{-1} & 0 & \cdots & 0 \\ 0 & x_2^{-1} & \cdots & 0 \\ \vdots & \vdots & & \vdots \\ 0 & 0 & \cdots & x_M^{-1} \end{vmatrix}, \quad j, k = 1, \cdots, M$$

都是正的.

连续性判据 开凸集 U 上的每一个凸函数 $f: U \subseteq \mathbb{R}^N \to \mathbb{R}$ 都是连续的.

存在性结果 如果 $f: \mathbb{R}^N \to \mathbb{R}$ 是一凸函数, 并且当 $|\boldsymbol{x}| \to +\infty$ 时 $f(\boldsymbol{x}) \to +\infty$, 那么函数 f 有全局极小.

5.4.3 对于高斯最小二乘法的应用

设给定如下 N 组量测数据:

$$\boxed{x_1, y_1; \quad x_2, y_2; \quad \cdots; \quad x_N, y_N.}$$

我们希望通过一族依赖于 M 个参数 $a_1, \cdots, a_M$ 的曲线

$$\boxed{y = f(x; a_1, \cdots, a_M)}$$

来逼近这些数据. 为此, 我们应用如下的极小化问题:

$$\boxed{\sum_{j=1}^{N} (y_j - f(x_j; a_1, \cdots, a_M))^2 \overset{!}{=} \min.} \tag{5.71}$$

定理 (5.71) 的解 $\boldsymbol{a} = (a_1, \cdots, a_M)$ 满足方程组

$$\boxed{\sum_{j=1}^{N} (y_j - f(x_j; \boldsymbol{a})) \frac{\partial f}{\partial a_m}(x_j; \boldsymbol{a}) = 0, \quad m = 1, \cdots, M.} \tag{5.72}$$

证明: 对 (5.71) 相对于 a_m 求导数, 并令此导数等于零. 证毕.

1795 年, 年仅 18 岁的高斯找到了这种最小二乘法. 后来他在天文计算以及测地问题中曾反复使用了这一方法.

(5.72) 的数值解将在 7.2.4 中讨论.

5.4.4 对于伪逆的应用

设给定一实 $n \times M$ 矩阵 $\boldsymbol{A}$ 和一实 $n \times 1$ 列矩阵 $\boldsymbol{b}$. 目的是找出一实 $m \times 1$ 列矩阵 $\boldsymbol{x}$, 使得

$$\boxed{|\boldsymbol{b} - \boldsymbol{A}\boldsymbol{x}|^2 \overset{!}{=} \min.} \tag{5.73}$$

这意味着我们在高斯最小二乘法意义下求解问题 $\boldsymbol{A}\boldsymbol{x} = \boldsymbol{b}$.1) 然而问题 (5.73) 并不总是唯一可解的.

定理 在 (5.73) 的所有解中间, 存在唯一确定的使得 $|x|$ 最小的元 x. 对于每一个 b, 这一特解可以表示成

$$\boxed{\boldsymbol{x} = \boldsymbol{A}^+\boldsymbol{b},}$$

式中, $\boldsymbol{A}^+$ 是一实 $m \times n$ 矩阵, 称为 $\boldsymbol{A}$ 的伪逆.

如果 $\boldsymbol{b}_j$ 表示第 j 个元为 1 而其余元为 0 的 $n \times 1$ 列矩阵, 并且 $\boldsymbol{x}_j$ 表示 (5.73) 当 $\boldsymbol{b} = \boldsymbol{b}_j$ 时的特解, 那么我们有

$$\boldsymbol{A}^+ = (\boldsymbol{x}_1, \cdots, \boldsymbol{x}_n).$$

例: 如果 $\boldsymbol{A}$ 是一逆为 $\boldsymbol{A}^{-1}$ 的可逆方阵, 那么 (5.73) 有唯一解 $\boldsymbol{x} = \boldsymbol{A}^{-1}\boldsymbol{b}$, 并且 $\boldsymbol{A}^+ = \boldsymbol{A}^{-1}$.

5.4.5 带约束的问题和拉格朗日乘子

考虑极小化问题

$$\boxed{\begin{aligned} &f(\boldsymbol{x}) \overset{!}{=} \min, \\ &g_j(\boldsymbol{x}) = 0, \quad j = 1, \cdots, J. \end{aligned}} \tag{5.74}$$

这里, 令 $\boldsymbol{x} = (x_1, \cdots, x_N)$, $N > J$. 考虑如下假设:

> $f, g_j : U \subseteq \mathbb{R}^N \to \mathbb{R}$ 是点 $\boldsymbol{x}^*$ 的某个邻域 U 中的 C^n 型函数, 并假定满足重要的边界条件 2)
>
> $$\operatorname{rank} g'(\boldsymbol{x}^*) = J.$$
>
> 此外, 假定 $g_j(\boldsymbol{x}^*) = 0$, $j = 1, \cdots, J$. (H)

1) $|\boldsymbol{b} - \boldsymbol{A}\boldsymbol{x}|^2 = \sum\limits_{i=1}^{N}\left(b_i - \sum\limits_{k=1}^{m} a_{ik}x_k\right)^2$, 并且 $|\boldsymbol{x}|^2 = \sum\limits_{k=1}^{m} x_k^2$.

2) 这意味着在 $\boldsymbol{x}^*$ 的一阶偏导数矩阵 $(\partial_k g_j(\boldsymbol{x}^*))$ 有最大秩.

必要条件　假定 (H) 当 $n=1$ 时成立. 如果 $\boldsymbol{x}^*$ 是 (5.74) 的局部极小, 那么存在实数 $\lambda_1,\cdots,\lambda_J$ (拉格朗日乘子), 使得

$$\boxed{\mathscr{F}'(\boldsymbol{x}^*)=0,} \tag{5.75}$$

其中 $\mathscr{F}:=f-\lambda^{\mathrm{T}}g$.[1)]

充分条件　假定 (H) 当 $n=2$ 时成立, 存在实数 $\lambda_1,\cdots,\lambda_J$, 使得 $\mathscr{F}'(x^*)=0$, 并且 $\mathscr{F}''(x^*)=0$ 仅有正本征值. 那么 x^* 是 (5.74) 的一个严格局部极小.

一条曲线上两点之间的最短差

$$\boxed{\begin{aligned} f(x_1,x_2):=x_1^2+x_2^2\overset{!}{=}\min,\\ C:\ g(x_1,x_2)=0.\end{aligned}} \tag{5.76}$$

这里假定 g 是 C^1 类函数. 目的是找出曲线 C 上离原点 $(0,0)$ 最近的点 $\boldsymbol{x}^*$ (图 5.24(a)).

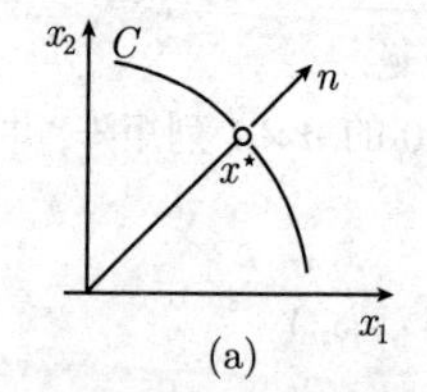

(a)

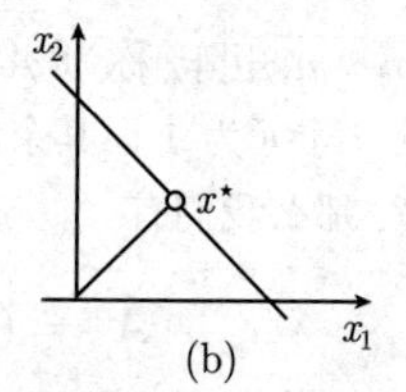

(b)

图 5.24　极小化距离

g' 的秩条件 $\operatorname{rank} g'(\boldsymbol{x})=1$ 意味着 $g_{x_1}(\boldsymbol{x})^2=g_{x_2}(\boldsymbol{x})^2\neq 0$, 即曲线在点 $\boldsymbol{x}$ 的法向量存在.

令

$$\mathscr{F}(\boldsymbol{x}):=f(\boldsymbol{x})-\lambda g(\boldsymbol{x}).$$

(5.76) 存在局部极小的必要条件是 $\mathscr{F}'(\boldsymbol{x}^*)=0$, 即

$$2x_1^*=\lambda g_{x_1}(\boldsymbol{x}^*),\qquad 2x_2^*=\lambda g_{x_2}(\boldsymbol{x}^*). \tag{5.77}$$

这意味着连接原点与点 $\boldsymbol{x}^*$ 的直线与曲线 C 相交成直角.

例: 如果我们选择直线 $g(x_1,x_2):=x_1+x_2-1=0$, 那么 (5.76) 的解是

$$\boxed{x_1^*=x_2^*=\frac{1}{2}.} \tag{5.78}$$

---

1) 更明显写出来是 $\mathscr{F}(\boldsymbol{x}):=f(\boldsymbol{x})-\sum\limits_{j=1}^{J}\lambda_j g_j(\boldsymbol{x})$, 并且 $\partial_j\mathscr{F}(\boldsymbol{x}^*)=0,\ j=1,\cdots,J$.

证明: (i) 必要条件满足: 从 (5.77) 我们看到

$$2x_1^* = \lambda, \qquad 2x_2^* = \lambda,$$

即 $x_1^* = x_2^*$. 从 $x_1^* + x_2^* - 1 = 0$ 可知 (5.78) 成立, 并且 $\lambda = 1$.

(ii) 充分条件满足: 我们选择 $\mathscr{F}(\boldsymbol{x}) = f(\boldsymbol{x}) - \lambda(x_1 + x_2 - 1)$, $\lambda = 1$. 于是

$$\mathscr{F}''(\boldsymbol{x}^*) = \det\left(\partial_j\partial_k\mathscr{F}(\boldsymbol{x}^*)\right) = \begin{vmatrix} 2 & 0 \\ 0 & 2 \end{vmatrix} > 0,$$

由此得证所需结论. □

5.4.6 对熵的应用

我们希望证明气体的绝对温度可以看成一个拉格朗日乘子.

统计物理的基本问题

$$\boxed{\begin{gathered} S \text{ 的熵} \overset{!}{=} \max, \\ \sum_{j=1}^{n} w_j = 1, \quad \sum_{j=1}^{n} w_j E_j = E, \quad \sum_{j=1}^{n} w_j N_j = N, \\ 0 \leqslant w_j \leqslant 1, \quad j = 1, \cdots, n. \end{gathered}} \tag{5.79}$$

解释 考虑一热动力系统 Σ(例如, 处于化学反应中的粒子数可变的气体). 假定 Σ 具有能量 E_j 和粒子数 N_j 的概率为 w_j. 根据定义,

$$S := -k\sum_{j=1}^{n} w_j \ln w_j$$

是系统 Σ 的熵 (或信息), 这里 k 表示玻尔兹曼常数. 假定知道平均总能量 E 和平均粒子数 N. 于是 (5.79) 实质上就是最大熵原理. 我们有

$$\operatorname{rank}\begin{pmatrix} 1 & 1 & \cdots & 1 \\ E_1 & E_2 & \cdots & E_n \\ N_1 & N_2 & \cdots & N_n \end{pmatrix} = 3.$$

定理 如果 $(w_1, \cdots, w_n)$ 是 (5.79) 的一个解, $0 < w_j < 1$, $j = 1, \cdots, n$, 那么存在实数 γ 和 δ, 使得对于 $j = 1, \cdots, n$, 有

$$\boxed{w_j = \frac{\exp\left(\gamma E_j + \delta N_j\right)}{\displaystyle\sum_{k=1}^{n} \exp\left(\gamma E_j + \delta N_j\right)}.} \tag{5.80}$$

注 在统计物理中, 通常设

$$\boxed{\gamma = -\frac{1}{kT}, \quad \delta = \frac{\mu}{kT},}$$

并称 T 为绝对温度, 而 μ 为化学势. 如果把 w_j 放到 (5.79) 的约束中, 则 T 和 μ 成为 E 和 N 的函数. 公式 (5.80) 是整个统计物理的经典和现代理论的出发点 (详细讨论见 [212]).

证明: 令

$$\mathscr{F}(\boldsymbol{w}) := S(\boldsymbol{w}) + \alpha\Big(\sum w_j - 1\Big) + \gamma\Big(\sum w_j E_j - E\Big) + \delta\Big(\sum w_j N_j - N\Big).$$

这里求和是指相对 j 从 1 到 n. 数 α, γ 和 δ 是拉格朗日乘子. 从 $\mathscr{F}'(w) = 0$ 可知 $\mathscr{F}$ 相对于 w_j 的偏导数等于零, 即

$$-k(\ln w_j + 1) + \alpha + \gamma E_j + \delta N_j = 0.$$

由此推出 $w_j =$ 常数 $\cdot \exp(\gamma E_j + \delta N_j)$. 式中的常数从关系式 $\sum w_j = 1$ 得到, 定理证毕.

5.4.7 次微分

次微分是现代最优化理论的重要的工具. 在函数没有足够光滑性的情形下通过定义次微分来代替微分.[1)]

定义 设给定函数 $f: \mathbb{R}^N \to \mathbb{R}$. 次微分 $\partial f(x^*)$ 由满足下式的所有 $\boldsymbol{p} \in \mathbb{R}^N$ 组成:[2)]

$$\boxed{f(\boldsymbol{x}) \geqslant f(\boldsymbol{x}^*) + \langle \boldsymbol{p} | \boldsymbol{x} - \boldsymbol{x}^* \rangle, \ \ \forall \boldsymbol{x} \in \mathbb{R}^N.}$$

$\partial f(\boldsymbol{x}^*)$ 中的元 $\boldsymbol{p}$ 称为 f 在点 $\boldsymbol{x}^*$ 处的*次梯度*.

极小值原理 如果 f 满足广义欧拉方程

$$\boxed{0 \in \partial f(\boldsymbol{x}^*),} \tag{5.81}$$

那么 f 在点 $\boldsymbol{x}^*$ 有极小.

定理 如果 f 是点 $\boldsymbol{x}^*$ 的某个邻域中的 C^1 型函数, 那么 $\partial f(\boldsymbol{x}^*)$ 与导数 $f'(\boldsymbol{x}^*)$ 相等, 而 (5.81) 就是经典的方程 $f'(\boldsymbol{x}^*) = 0$.

例: 设 $y = f(\boldsymbol{x})$ 是一实值函数. 那么 $\boldsymbol{x}^*$ 处的次梯度是通过点 $(\boldsymbol{x}^*, f(\boldsymbol{x}^*))$ 的一条直线, 并且 f 的图像在此线上方 (图 5.25(a)). 于是

$$\boxed{\text{次微分 } \partial f(\boldsymbol{x}^*) \text{ 由 } \boldsymbol{x}^* \text{ 处的所有次梯度的斜率组成.}}$$

---

1) 次微分的详细介绍及其众多应用可在 [213] 中找到.

2) $\langle \boldsymbol{p} | \boldsymbol{x} \rangle := \sum_{j=1}^{N} p_j x_j.$

方程 (5.81) 表达的事实是说在 f 的极小点 $\boldsymbol{x}^*$ 处存在一水平方向的次梯度 (图 5.25(b)).

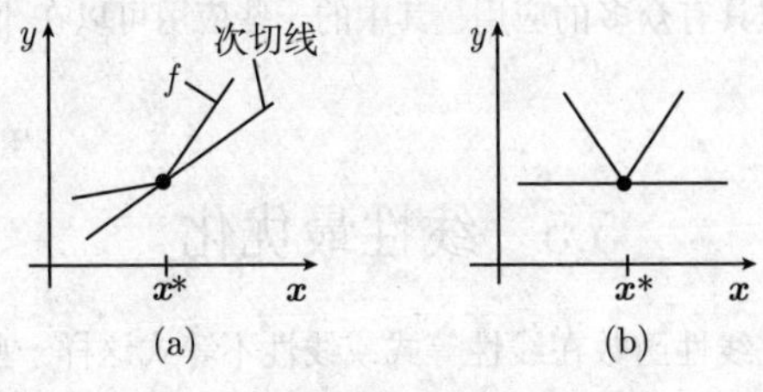

图 5.25 次梯度

5.4.8 对偶理论和鞍点

设给定一个极小化问题

$$\boxed{\inf_{x\in X} F(x)=\alpha.} \tag{5.82}$$

我们希望再构造一个极大化问题

$$\boxed{\sup_{y\in Y} G(y)=\beta,} \tag{5.83}$$

它能为我们给出 (5.82) 可解的充分条件. 为此, 我们选择一函数 $L=L(x,y)$ 并假定 F 可以写成

$$F(x):=\sup_{y\in Y} L(x,y).$$

于是我们可以定义 G:

$$G(y):=\inf_{x\in X} L(x,y).$$

这里 L 是任意两个非空集 X 和 Y 上的函数, $L: X\times Y\to\mathbb{R}$.

鞍点 根据定义, (x^*,y^*) 是 L 的鞍点, 是指它满足

$$\max_{y\in Y} L(x^*,y)=L(x^*,y^*)=\min_{x\in X} L(x,y^*).$$

主定理 如果已知点 $x^*\in X$ 和 $y^*\in Y$ 满足

$$\boxed{F(x^*)\leqslant G(y^*),}$$

那么 x^* 是原问题 (5.82) 的一个解, 而 y^* 是对偶问题 (5.83) 的一个解.

推论 (i) 对于任意两个点 $x\in X$ 和 $y\in Y$, 我们有极小值 α 的逼近:

$$G(y)\leqslant\alpha\leqslant F(x).$$

此外, $G(y)\leqslant\beta\leqslant F(x)$, 并且 $\beta\leqslant\alpha$.

(ii) 点 x^* 是 (5.82) 的解且 y^* 是 (5.83) 的解, 当且仅当 (x^*, y^*) 是 L 的一个鞍点.

这一简单的原理具有众多的应用. 其中的一些应用可以在 [213], 第 III 卷, 第 49~52 章中找到.

5.5　线性最优化

线性最优化研究线性函数在线性等式或线性不等式这样一些约束下的极小问题. 在几何上线性最优化对应于线性函数在有穷多个超平面和半空间的交集上的极小化问题.

使用 Mathematica 的线性最优化　这一软件包运用单形法可以解决任意线性最优化问题 (见下面的 5.5.4). 下面我们仅描述线性最优化的基本理论, 至于实验工作或具体的计算, 我们推荐**Mathematica**.

5.5.1　基本思想

设

$$\boldsymbol{x} = \begin{pmatrix} x_1 \\ \vdots \\ x_n \end{pmatrix}.$$

对于二维或三维空间, 就写 $x = x_1$, $y = x_2$ 和 $z = x_3$.

极端点　一个凸集 K 的点 $\boldsymbol{x}$ 称为极端点, 是指它不是任意端点位于 K 中的区间的内点, 即它不可能是如下形式的点:

$$\boldsymbol{x} = t\boldsymbol{y} + (1-t)\boldsymbol{z}, \quad 0 < t < 1, \;\; \boldsymbol{y}, \boldsymbol{z} \in K, \; \boldsymbol{y} \neq \boldsymbol{z}.$$

例 1: 图 5.26(a) 中三角形 K 的极端点正好是其顶点.

克赖因–米尔曼定理　设 K 是 $\mathbb{R}^n$ 的紧凸子集, 那么包含 K 的所有极端点的最小紧凸集是 K 本身.

线性最优化的主要定理　如果 $F : \mathbb{R}^N \to \mathbb{R}$ 是一线性函数, K 是 $\mathbb{R}^N$ 的一非空紧凸子集, 那么极小化问题

$$\boxed{\begin{gathered} F(\boldsymbol{x}) \overset{!}{=} \min, \\ \boldsymbol{x} \in K \end{gathered}}$$

有解, 并且是 K 的一个极端点.

上述问题所有解的集合本身是一凸集.

集合 K 称为问题的*容许域*. 今后也将把极端点看作*顶点*(至少在线性凸集范围内).

单形法的思想 著名的单形法的最简单的模式是: 取 F 在 K 的所有顶点的值, 并选出 F 取值最小的一个顶点. 然而, 单形法则更巧妙和优雅. 它从一个顶点开始, 并且不用作任何比较就能确定这个顶点是否已经是一个解了. 如果它不是解, 就检查下一个顶点, 等等.

例 2:

$$\boxed{x+y \overset{!}{=} \min,} \tag{5.84}$$

$$\boxed{\begin{aligned}&x+y \leqslant 1,\\ &x \geqslant 0, \quad y \geqslant 0.\end{aligned}} \tag{5.85}$$

约束条件 (5.85) 定义容许域 K, 它是一个三角形 (图 5.26(a)). K 的极端点是顶点

$$(0,0), \quad (0,1), \quad (1,0).$$

对于函数 $F(x) := x+y$, 我们得到

$$F(0,0)=0, \quad F(0,1)=1, \quad F(1,0)=1.$$

因此 $(0,0)$ 是 (5.84) 和 (5.85) 的解.

几何解释 考虑容许域 K 上方的平面 $E: z=x+y$, 并寻找平面上离 K 最近的点的 (x,y)(图 5.26(b)).

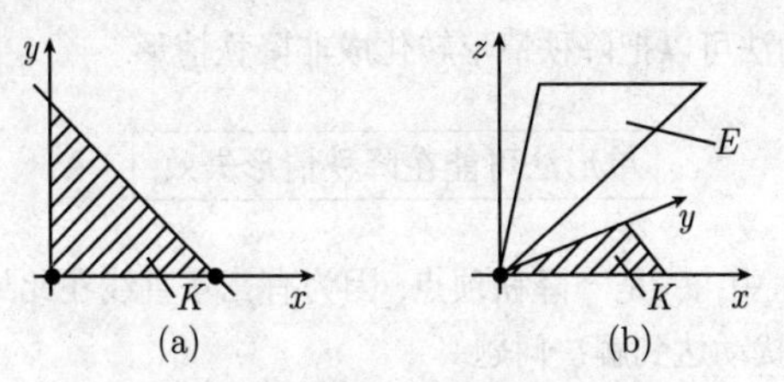

图 5.26 克赖因–米尔曼定理

对于平面容许域的图像解法 画水平线

$$F(x,y)=c,$$

并让 c 越来越小; 然后我们确定使得水平线离开容许域的 c 的值.

例 3: 在 (5.84) 和 (5.85) 中, 我们要考虑水平线 $x+y=c$(图 5.27).

几何复杂性

(i) 如果容许集是空的(这是可能发生的), 则根本就没有解.

例 4: 平面中没有点 (x,y) 满足 $y=-1$, 并且 $x \geqslant 0$, $y \geqslant 0$(图 5.28).

(ii) 如果容许域无界(这也可以发生), 则可能有解, 也可能没有解.

例 5: 问题

$$-x \stackrel{!}{=} \min,$$
$$0 \leqslant y \leqslant 1,\ x \geqslant 0$$

的容许域 K 是图 5.29 中画出的带条纹的区域. 这个问题没有解. 另一方面, 问题

$$y \stackrel{!}{=} \min,$$
$$0 \leqslant y \leqslant 1,\ x \geqslant 0$$

在同样的容许域中则有解 (例如 $(0,0)$).

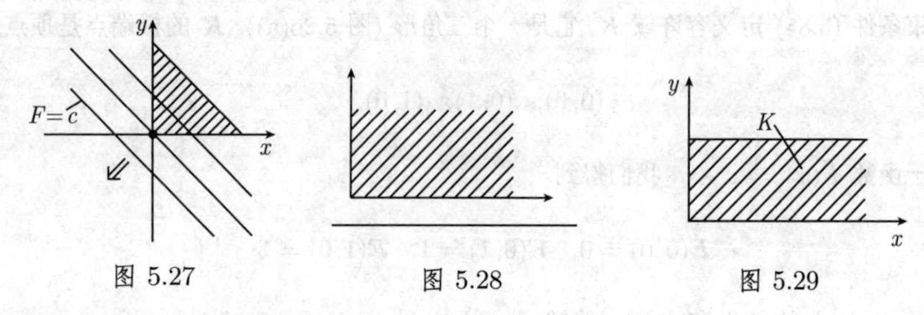

图 5.27　　图 5.28　　图 5.29

(iii) 发生几何上降秩的情形下的容许域.

在非降秩情形, 顶点 P 是 $\mathbb{R}^n$ 中 (恰好)n 个超平面的交点. 降秩情形则是多于 n 个超平面在 P 相交.

扰动　通过小扰动法可以把降秩情形转化成非降秩情形.

单形法可能在降秩情形失效.

例 6: 在图 5.30(a) 中, P 是一降秩顶点, 因为有三条直线在此处相交. 图 5.30(b) 则表明如何通过小扰动达到解决问题.

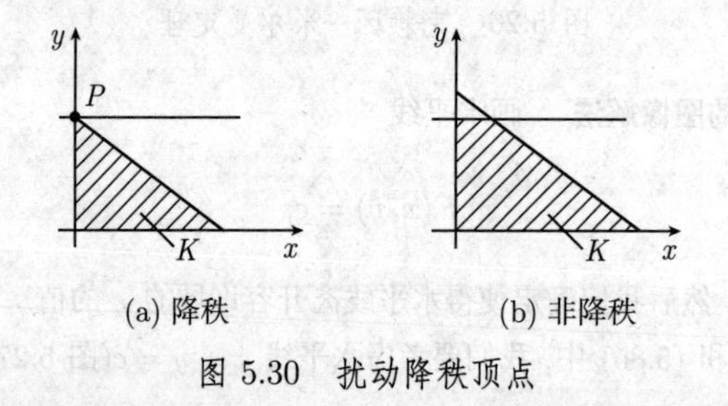

(a) 降秩　　(b) 非降秩

图 5.30　扰动降秩顶点

5.5.2　一般线性最优化问题

利用矩阵记号, 一般线性最优化问题可以表示成如下方程组:

$$\boxed{\begin{aligned}&\boldsymbol{p}^{\mathrm{T}}\boldsymbol{x}+\boldsymbol{q}^{\mathrm{T}}\boldsymbol{y}\overset{!}{=}\min,\\&\boldsymbol{A}\boldsymbol{x}+\boldsymbol{B}\boldsymbol{y}=\boldsymbol{b},\\&\boldsymbol{C}\boldsymbol{x}+\boldsymbol{D}\boldsymbol{y}\geqslant\boldsymbol{c},\\&\boldsymbol{x}\geqslant\boldsymbol{0}.\end{aligned}} \tag{5.86}$$

向量 $\boldsymbol{x}$ 和 $\boldsymbol{y}$ 待定.

利用坐标显式地写出来, 这些方程为

$$\begin{array}{lllllllll}
p_1x_1 & +\cdots+ & p_nx_n & + & q_1y_1 & +\cdots & +q_ry_r & \overset{!}{=}\min, \\
a_{11}x_1 & +\cdots+ & a_{1n}x_n & + & b_{11}y_1 & +\cdots & +b_{1r}y_r & =b_1, \\
\vdots & & \vdots & & \vdots & & \vdots & \vdots \\
a_{m1}x_1 & +\cdots+ & a_{mn}x_n & + & b_{m1}y_1 & +\cdots & +b_{mr}y_r & =b_m, \\
c_{11}x_1 & +\cdots+ & c_{1n}x_n & + & d_{11}y_1 & +\cdots & +d_{1r}y_r & \geqslant c_1, \\
\vdots & & \vdots & & \vdots & & \vdots & \vdots \\
c_{k1}x_1 & +\cdots+ & c_{kn}x_n & + & d_{k1}y_1 & +\cdots & +d_{kr}y_r & \geqslant c_k, \\
x_1\geqslant 0, & \cdots, & x_0\geqslant 0. & & & & &
\end{array}$$

实数 $x_1,\cdots,x_n$ 和 $y_1,\cdots,y_r$ 待定.

为了单形法的公式化, 过渡到标准形较方便.

LOP 型问题 术语 LOP 用来表示如下形式的线性最优化问题:

$$\boxed{\begin{aligned}&\boldsymbol{p}^{\mathrm{T}}\boldsymbol{x}\overset{!}{=}\min,\\&\boldsymbol{A}\boldsymbol{x}=\boldsymbol{b},\\&\boldsymbol{x}\geqslant\boldsymbol{0}.\end{aligned}} \tag{5.87}$$

我们假定 $\boldsymbol{b}\geqslant\boldsymbol{0}$, 并且 $m\times n$ 矩阵 $\boldsymbol{A}$ 的秩等于 m, $m<n$.

容许域 (5.87) 的容许域 K 是集合

$$K=\{\boldsymbol{x}\in\mathbb{R}^n:\boldsymbol{A}\boldsymbol{x}=\boldsymbol{b},\boldsymbol{x}\geqslant\boldsymbol{0}\}. \tag{5.88}$$

于是 K 是第一象限与 m 个线性独立的超平面之交 $(m<n)$.

例 1: 图 5.31 表示在平面情形 $n=2$ 时容许域的一些可能性.

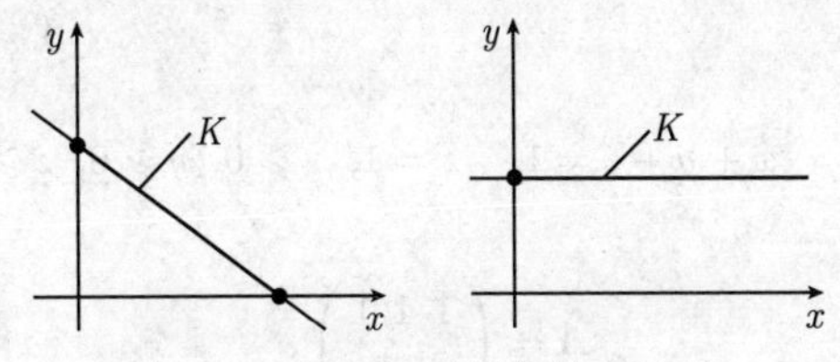

图 5.31 LOP 型问题的容许域

化成形式 (5.87) 必要的话, 通过引入几个新的变量, 每一个线性最优化问题都可以化成 LOP 型问题.

(i) 若 $b_j \leqslant 0$, 则我们用 (-1) 乘以相应的行.

(ii) 通过引入以新的变量 z, 不等式可以变成等式.

例 2: 把不等式 $x+y \leqslant 1$ 变成等式 $x+y+z=1$, 这里假定 $z \geqslant 0$.

(iii) 如果 $x \geqslant 0$, 则令 $x=y-z$, $y \geqslant 0$, $z \geqslant 0$, 这里 y 和 z 是新变量.

把问题表达成 LOP 形式的优点是我们很容易刻画容许域 K 的顶点. 为此我们写 $\boldsymbol{A}=(\boldsymbol{a}_1, \cdots, \boldsymbol{a}_n)$, 这里 $\boldsymbol{a}_j$ 表示 $\boldsymbol{A}$ 的第 j 列.

顶点定理 点 $\boldsymbol{x}=(x_1, \cdots, x_n)^{\mathrm{T}}$ 是 K 的顶点当且仅当如下条件成立:

(i) $\boldsymbol{x}$ 是方程组 $\boldsymbol{A}\boldsymbol{x}=\boldsymbol{b}$ 的解.

(ii) 所有分量 x_j 非负.

(iii) $\boldsymbol{A}$ 的属于正分量 x_j 的列 $\boldsymbol{a}_j$ 都是线性独立的.

如果问题 (5.87) 可解, 那么 K 的顶点是其解.

定义 K 的一顶点称为非降秩顶点, 是指它有最大正分量数, 即其正分量数为 m.

基 顶点 $\boldsymbol{x}$ 的基是指 $\boldsymbol{A}$ 的 m 个线性独立的一组列向量, 它包含所有属于正分量 x_j 的列向量.

任意非降秩的顶点都有唯一确定的基.

例 3: 对于容许域

$$K: \quad x+y+z=1, \quad x \geqslant 0,\ y \geqslant 0,\ z \geqslant 0,$$

我们有 $\boldsymbol{A}=(1,1,1)$, 并且 $m=\operatorname{rank}\boldsymbol{A}=1$. 三个顶点 $(1,0,0)$, $(0,1,0)$ 和 $(0,0,1)$ 是非降秩的 (图 5.32(a)).

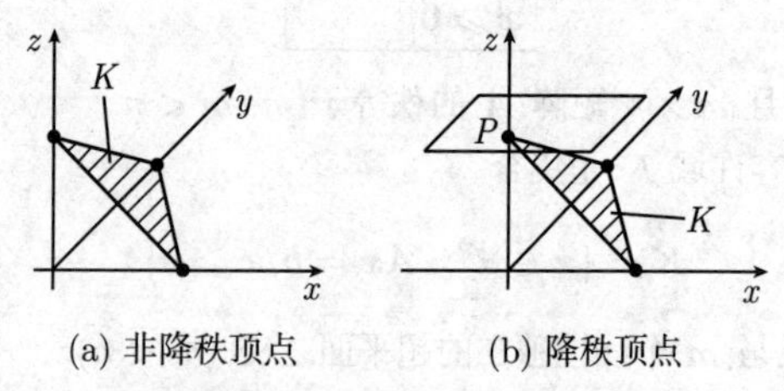

(a) 非降秩顶点 (b) 降秩顶点

图 5.32 容许域的顶点

例 4: 对于容许域

$$K: \quad x+y+z=1, \quad z=1,\ x \geqslant 0,\ y \geqslant 0,\ z \geqslant 0,$$

我们有

$$\boldsymbol{A}=\begin{pmatrix} 1 & 1 & 1 \\ 0 & 0 & 1 \end{pmatrix},$$

于是 $m=\operatorname{rank}\boldsymbol{A}=2$. 顶点 $P=(0,0,1)$ 是非降秩的 (图 5.32(b)).

5.5.3 最优化问题的标准形式和最小试验

定义 线性最优化问题称为标准形的, 是指它具有如下形式:

$$\boxed{\begin{array}{l} p_1x_1+\cdots+p_mx_m+c\overset{!}{=}\min, \\ a_{11}x_1+\cdots+a_{1,n-m}x_{n-m}=b_1-x_{n-m+1}, \\ a_{21}x_1+\cdots+a_{2,n-m}x_{n-m}=b_2-x_{n-m+2}, \\ \cdots\cdots \\ a_{m1}x_1+\cdots+a_{m,n-m}x_{n-m}=b_m-x_n, \\ x_1\geqslant 0,\cdots,x_n\geqslant 0. \end{array}} \tag{5.89}$$

此外, 我们假定对于所有 j, $b_j\geqslant 0$.

例 1: 问题

$$\boxed{\begin{array}{l} x_1+ax_2+c\overset{!}{=}\min, \\ x_1+2x_2=3-x_3, \\ 3x_1+4x_2=5-x_4 \end{array}} \tag{5.90}$$

是一标准形线性最优化问题. 变量 x_1, x_2 是非基变量, 而 x_3, x_4 是基变量. 这种标准形的一大优点是从表达式直接可以看出解的特性.

最小试验 (i) 如果对于所有 j, $p_j\geqslant 0$, 那么

$$\boxed{x_1=x_2=\cdots=x_m=0,\quad x_{n-m+1}=b_1,\cdots,x_n=b_m} \tag{5.91}$$

是 (5.89) 在 c 为最小值下的解. 这个解称为基解, 并表示容许域的一个顶点.

如果对于所有 j, $p_j>0$, 那么 (5.91) 是 (5.89) 的唯一解.

(ii) 如果存在一 (列) 指数 j, 使得 $p_j<0$, 并且对于所有的 (行) 指数 i, 有 $a_{ij}>0$, 则问题 (5.89) 无解.

替换 如果这两种情形都不发生, 那么单形法就过渡至一新的标准形. 为此, 我们选择一适当的基变量 x_j 和一适当的非基变量 x_k, 并作变量替换, 即把 x_j 变成一非基变量, 而把 x_k 变成一基变量. 然后我们可以将最小试验应用于这一新的标准形.

退化情形 有可能这一过程永远不会结束, 因为可能出现一种 (非常的) 退化情形. 在这种情形下, 对原问题作一小扰动就得到非退化情形. 为此, 只要对某个 i, 用 $b_i+\varepsilon$ 代替 b_i, 这里 ε 为一充分小的正数. 一旦得到这个非退化问题的解, 令 $\varepsilon=0$ 就可以得到原问题的解.

5.5.4 单形法

为了有一种方便的方法进行单形法的计算, 可使用所谓的*单形表*. 对于标准形

(5.89), 这一格式如下:

$$
\begin{array}{c|cccc|c}
 & x_1 & x_2 & \cdots & x_{n-m} & \\
\hline
x_{n-m+1} & a_{11} & a_{12} & \cdots & a_{1,n-m} & b_1 \\
x_{n-m+2} & a_{21} & a_{22} & \cdots & a_{2,n-m} & b_2 \\
\vdots & \vdots & \vdots & & \vdots & \vdots \\
x_n & a_{m1} & a_{m2} & \cdots & a_{m,n-m} & b_m \\
\hline
 & p_1 & p_2 & \cdots & p_{n-m} & c
\end{array}
\tag{5.92}
$$

在第一行中排列非基本变量, 而在第一列中排列基本变量.

对于 (5.90), 单形表是

$$
\begin{array}{c|cc|c}
 & x_1 & x_2 & \\
\hline
x_3 & 1 & 2 & 3 \\
x_4 & 3 & 4 & 5 \\
\hline
 & 1 & a & c
\end{array}
\quad \text{或} \quad
\begin{array}{c|cc|c}
 & 1 & 2 & \\
\hline
3 & 1 & 2 & 3 \\
4 & 3 & 4 & 5 \\
\hline
 & 1 & a & c
\end{array}
\tag{5.93}
$$

具体计算时, 右边的形式更方便些, 这里向量 x_j 用标号 j 代替.

5.5.5 最小试验

现在将 5.5.3 的最小试验应用于单形表.

例: 考虑表 (5.93).

情形 1: 如果 $a \geqslant 0$, 则根据最小试验问题 (5.90) 有解

$$x_1 = x_2 = 0, \quad x_3 = 3, \quad x_4 = 5,$$

并且 c 是希望极小化的函数的最小值.

情形 2: 如果 $a < 0$, 则我们需要对单形法作变量替换.

替换: 我们将表 (5.92) 中所有的量用质化后的量代替得到如下新的表:

$$
\begin{array}{c|cccc|c}
 & x_1' & x_2' & \cdots & x_{n-m}' & \\
\hline
x_{n-m+1}' & a_{11}' & a_{12}' & \cdots & a_{1,n-m}' & b_1' \\
x_{n-m+2}' & a_{21}' & a_{22}' & \cdots & a_{2,n-m}' & b_2' \\
\vdots & \vdots & \vdots & & \vdots & \vdots \\
x_n' & a_{m1}' & a_{m2}' & \cdots & a_{m,n-m}' & b_m' \\
\hline
 & p_1' & p_2' & \cdots & p_{n-m}' & c'
\end{array}
\tag{5.94}
$$

主列 我们在 (5.92) 最后一行中选最小的 p_j, 其所在的列数记作 s. 依据定义, 表 (5.92) 中由 a_{is}, $i = 1, 2, \cdots$ 组成的列称为主列.

情形 1: 主列的所有元都非正. 那么给定的最优化问题无解.

情形 2: 情形 1 不出现, 则我们进行如下步骤.

主行 对于主列中的所有正元 a_{is}, 作商

$$\frac{b_i}{a_{is}}.$$

现在将对应于上述商最小的列 z(若这样的列不是唯一的, 则从中任取一列), 称之为*主行*.

主元 称 a_{zs} 为*主元*, 并令

$$\boxed{\alpha := \frac{1}{a_{zs}}.}$$

变量替换 作替换

$$\boxed{x_z' = x_s, \quad x_s' = x_z.}$$

其余所有变量保持不变. 下面假定 $i \neq z, j \neq s$.

新主行

$$\boxed{a_{zs}' = \alpha, \quad a_{zj}' = a_{zj}\alpha, \quad b_z' = b_z\alpha.}$$

新主列

$$\boxed{a_{is}' = -a_{is}\alpha, \quad p_s' = -p_s\alpha.}$$

其余行和列

$$\boxed{\begin{aligned} a_{ij}' = a_{ij} - a_{zj}'a_{is}, \quad p_j' = p_j - a_{zj}'p_s, \\ c' = c + b_z'p_s, \quad b_i' = b_i - b_z'a_{is}. \end{aligned}}$$

5.5.5.1 一个例子

对于典范形式下的问题

$$\begin{aligned} 4x_1 - 6x_2 + 9x_3 + 66 &\overset{!}{=} \min, \\ 2x_1 - x_2 + 3x_3 &= 1 - x_4, \\ 3x_3 &= 2 - x_5, \\ 2x_1 &= 6 - x_6, \\ x_2 &= 6 - x_7, \\ -2x_1 + x_2 - 3x_3 &= 2 - x_8, \\ x_1 \geqslant 0, \cdots, x_8 \geqslant 0, \end{aligned} \tag{5.95}$$

我们得到单形表

	1	2	3	
4	2	−1	3	1
5	0	0	3	2
6	2	0	0	6
7	0	1	0	6
8	−2	[1]	−3	2
	4	−6	9	66

这里主元带方框. (x_2 和 x_8 的) 第一个替换是

	1	⑧	3	
4	2	1	0	3
5	0	0	[3]	2
6	2	0	0	6
7	2	−1	3	4
②	−2	1	−3	2
	−8	6	−9	54

这里替换的元加上了圆圈. 在最后一行中, 所有系数 p_j 并非全正, 从而我们要继续作替换,

	1	8	⑤	
4	0	1	0	3
③	0	0	1/3	2/3
6	2	0	0	6
7	[2]	−1	−1	2
2	−2	1	1	4
	−8	6	3	48

	⑦	8	5	
4	0	1	0	3
3	0	0	[1/3]	2/3
6	−1	1	1	4
①	1/2	−1/2	−1/2	1
2	1	0	0	6
	4	2	−1	40

直至最后我们得到如下的表

	7	8	③	
4	0	1	0	3
⑤	1	0	3	2
6	−1	1	−3	2
1	1/2	−1/2	2/3	2
2	1	0	0	6
	4	2	3	38

(5.96)

这里所有的量 $p_j \geqslant 0$(最后一行).

解: (5.96) 的第一行包含基变量的指数. 根据最小测试结果, 我们从 (5.96) 读出基本解

$$\boxed{x_4 = 3,\ x_5 = 2,\ x_6 = 2,\ x_1 = 2,\ x_2 = 6 \text{ 和 } x_7 = x_8 = x_3 = 0.}$$

在 (5.96) 的右下角则是我们所希望极小化的函数的最小值, 即 38.

5.5.6 标准形式的获得

使用初始顶点 我们首先假定已知容许域 K 的一个顶点. 然后我们总可以按如下方式产生标准形式.

我们选择属于顶点 $\boldsymbol{x}$ 的一组基. 在重新编号后, 我们可以假定这组基由 $\boldsymbol{A}$ 的列 $\boldsymbol{a}_{n-m+1}, \cdots, \boldsymbol{a}_n$ 组成. 方程 $\boldsymbol{Ax} = \boldsymbol{b}$ 对应于方程

$$\boldsymbol{a}_1 x_1 + \cdots + \boldsymbol{a}_{n-m} x_{n-m} + \boldsymbol{a}_{n-m+1} x_{n-m+1} + \cdots + \boldsymbol{a}_n x_n = \boldsymbol{b}. \tag{5.97}$$

我们可以对基变量 $x_{n-m+1}, \cdots, x_n$ 求解这一方程, 由此即得问题的标准形式.

计算初始顶点 假定我们给定 LOP 型问题

$$\begin{aligned} &F(\boldsymbol{x}) \overset{!}{=} \min, \\ &\boldsymbol{Ax} = \boldsymbol{b}, \quad \boldsymbol{x} \geqslant \boldsymbol{0}. \end{aligned} \tag{5.98}$$

引入附加变量 $x_{n+1}, \cdots, x_{n+m}$, 并考虑辅助问题

$$\begin{aligned} &x_{n+1} + \cdots + x_{n+m} \overset{!}{=} \min, \\ &a_{11}x_1 + \cdots + a_{1n}x_n = b_1 - x_{n+1}, \\ &a_{m1}x_1 + \cdots + a_{mn}x_n = b_m - x_{n+m}, \\ &x_1 \geqslant 0, \cdots, x_{n+m} \geqslant 0, \end{aligned} \tag{5.99}$$

显然, 这已经是一标准形式了.

定理 如果 (5.98) 的容许域非空, 那么 (5.99) 的每一个解都具有形式

$$(x_1, \cdots, x_n, 0, \cdots, 0),$$

并且是 (5.98) 的一个顶点.

如果辅助问题 (5.99) 有正极小值的解, 那么原问题 (5.98) 的容许域是空的.

标准形式 给定 LOP 型问题 (5.98).

(i) 对于辅助问题 (5.99) 应用单形法, 并得到 (5.98) 的一个顶点 $\boldsymbol{x}$.

(ii) 选择属于 $\boldsymbol{x}$ 的一组基, 然后从 (5.97) 得到标准形式.

5.5.7 线性最优化中的对偶性

除了对于 $(\boldsymbol{x}, \boldsymbol{y})$ 的原问题

$$\boxed{\begin{aligned} &\boldsymbol{p}^{\mathrm{T}}\boldsymbol{x} + \boldsymbol{q}^{\mathrm{T}}\boldsymbol{y} \overset{!}{=} \min, \\ &\boldsymbol{A}\boldsymbol{x} + \boldsymbol{B}\boldsymbol{y} = \boldsymbol{b}, \\ &\boldsymbol{C}\boldsymbol{x} + \boldsymbol{D}\boldsymbol{y} \geqslant \boldsymbol{c}, \\ &\boldsymbol{x} \geqslant \boldsymbol{0}, \end{aligned}} \tag{5.100}$$

还考虑对于 $(\boldsymbol{u}, \boldsymbol{v})$ 的对偶问题

$$\boxed{\begin{aligned} &\boldsymbol{c}^{\mathrm{T}}\boldsymbol{u} + \boldsymbol{b}^{\mathrm{T}}\boldsymbol{v} \overset{!}{=} \max, \\ &\boldsymbol{D}^{\mathrm{T}}\boldsymbol{u} + \boldsymbol{B}^{\mathrm{T}}\boldsymbol{v} = \boldsymbol{q}, \\ &\boldsymbol{C}^{\mathrm{T}}\boldsymbol{u} + \boldsymbol{A}^{\mathrm{T}}\boldsymbol{v} \leqslant \boldsymbol{p}, \\ &\boldsymbol{u} \geqslant \boldsymbol{0}. \end{aligned}} \tag{5.101}$$

定理 (i) 如果这两个问题中一个可解, 则另一个也可解, 并且函数的极值相同 (?).

(ii) 再作一次对偶又回到原问题.

解的充分必要条件 我们假定 $(\boldsymbol{x}, \boldsymbol{y})$ 和 $(\boldsymbol{u}, \boldsymbol{v})$ 分别满足 (5.100) 和 (5.101) 的约束, 那么下列两个命题等价:

(a) $(\boldsymbol{x}, \boldsymbol{y})$ 是 (5.100) 的解, 而 $(\boldsymbol{u}, \boldsymbol{v})$ 是 (5.101) 的解,

(b) 我们有

$$\boxed{\boldsymbol{u}^{\mathrm{T}}(\boldsymbol{C}\boldsymbol{x} + \boldsymbol{D}\boldsymbol{y} - \boldsymbol{c}) = \boldsymbol{0}, \quad \boldsymbol{x}(\boldsymbol{C}^{\mathrm{T}}\boldsymbol{u} - \boldsymbol{A}^{\mathrm{T}}\boldsymbol{v} - \boldsymbol{p}) = \boldsymbol{0}.} \tag{5.102}$$

例:

$$\boldsymbol{p}^{\mathrm{T}}\boldsymbol{x} \overset{!}{=} \min,$$
$$\boldsymbol{C}\boldsymbol{x} \geqslant \boldsymbol{c}, \quad \boldsymbol{x} \geqslant \boldsymbol{0}$$

的对偶问题是

$$\boldsymbol{c}^{\mathrm{T}}\boldsymbol{u} \overset{!}{=} \max,$$
$$\boldsymbol{C}^{\mathrm{T}}\boldsymbol{u} \leqslant \boldsymbol{p}, \quad \boldsymbol{u} \geqslant \boldsymbol{0}.$$

如果 $\boldsymbol{p} \geqslant \boldsymbol{0}$, 那么通过如 5.5.2 那样引入新变量, 对偶问题可以直接变成标准形式.

5.5.8 单形法的修改

单形法有一些比较经典且方便的节省计算量的修改方案, 这里列出如下两种:

(i) 修正单形法,

(ii) 对偶单形法.

在 (i) 中使用基的倒换. 在大系统 (即很多变量) 情形, 这可以使得在所要求的计算步数内大大减少计算量, 并可以大幅提高精度.

在 (ii) 中使用对偶问题的结构. 我们计算对偶问题的非退化解, 并通过 (5.102) 得到一组线性方程, 其解就是原问题的解.

如果对偶问题包含的约束数比原问题的少, 或者对偶问题可以比较容易地化成标准形, 则我们就使用对偶问题.

5.6 线性最优化的应用

自然发生的大量的问题可以化成线性最优化问题. 下面用几个典型的例子予以说明.[1)]

5.6.1 容量利用问题

例: 假定我们生产 4 种产品 A_i, 其产量在 a_i 和 b_i 之间, 单价为 p_i, $i = 1, 2, 3, 4$. 每一种产品 A_i 需要在三台机器 M_j 上工作 a_{ij} 分钟, $j = 1, 2, 3$, 机器 M_j 的使用时间在 n_j 和 m_j 分钟之间. 目的是要找出代价最小的生产规划.

变量 x_i: 设 x_i 是生产产品 A_i 的件数.

数学模型:

$$
\boxed{\begin{aligned}
&p_1x_1 + p_2x_2 + p_3x_3 + p_4x_4 \overset{!}{=} \min, \\
&a_{1j}x_1 + a_{2j}x_2 + a_{3j}x_3 + a_{4j}x_4 \leqslant m_j, \quad j = 1, 2, 3, \\
&a_{1j}x_1 + a_{2j}x_2 + a_{3j}x_3 + a_{4j}x_4 \geqslant n_j, \quad j = 1, 2, 3, \\
&\qquad x_i \leqslant b_i,\ x_i \geqslant a_i,\ x_i \geqslant 0, \qquad i = 1, 2, 3, 4.
\end{aligned}}
$$

变式: 设 p_j 表示利润而不是成本, 这就变成最大化问题.

其他例子:

A_i	M_i
农业单位	劳动力, 机器
畜禽品种	劳动力, 畜舍, 饲料

1) 本节相当程度上参考了 [354] 的 6.2 和 6.3 节.

5.6.2 混合问题

例: 我们有三种金属原料 M_i, 相应的密度为 a_{i1}, 碳含量为 a_{i2}, 黄磷含量为 a_{i3}. 我们打算把它们混合起来制成一种合金, 要求每种金属原料的用量在 a_i 和 b_i 之间. 每种金属原料的价格是每千克 p_i 元, 并且要求合金的密度在 n_1 和 m_1 之间, 碳含量在 n_2 和 m_2 之间, 磷含量在 n_3 和 m_3 之间. 总的产量应是 c 千克, 成本应最小.

变量 x_j: 第 j 种金属原料的千克数.

数学模型:

$$
\boxed{\begin{array}{l}
p_1x_1 + p_2x_2 + p_3x_3 \overset{!}{=} \min, \\
a_{1j}x_1 + a_{2j}x_2 + a_{3j}x_3 \leqslant m_j, \\
a_{1j}x_1 + a_{2j}x_2 + a_{3j}x_3 \geqslant n_j, \\
cx_j \leqslant b_j,\ cx_j \geqslant a_j,\ x_j \geqslant 0, \qquad j = 1, 2, 3.
\end{array}}
$$

其他例子:

M_i	a_{ij}
饲料	营养值, 有害物质含量,
天然气	热值, 硫和尘埃含量
各种大头菜	叶和根的产量

5.6.3 资源或产品的分配问题

例: 我们打算生产 m 种产品 P_j, 产量为 a_j. 我们有 n 台机器 M_i 进行生产, 每台机器工作时间为 b_i 分钟. P_j 的每一件产品可以在任何一台机器 M_i 上进行生产, 需要花费 c_{ij} 分钟和 p_{ij} 元钱. 目的是确定最优生产规划, 以使代价最小.

变量 x_{ij}: 在机器 M_i 上生产的产品 P_j 的数量.

数学模型:

$$
\boxed{\begin{array}{l}
\displaystyle\sum_{i=1}^{n}\sum_{j=1}^{m} p_{ij}x_{ij} \overset{!}{=} \min, \\
\displaystyle\sum_{i=1}^{n} x_{ij} = a_j,\ j = 1, \cdots, m;\ \ \sum_{j=1}^{m} c_{ij}x_{ij} \leqslant b_i,\ \ i = 1, \cdots, n; \\
x_{ij} \geqslant 0, \quad \forall\,(i, j).
\end{array}} \tag{M}
$$

变式: 使得机器所用时间总量最小.

我们选择模型 (M), 其待极小的函数 F 为 $F := \sum_{i=1}^{n}\sum_{j=1}^{m} p_{ij}x_{ij}$.

例 1:

P_j	M_i	c_{ij}	p_{ij}	目的
农业单位	土地	成本	收入	最大!
工厂	能量供给	成本	利用程度	最大!
产品	工厂	成本	利润	最大!

例 2:

P_j	M_i	p_{ij}	目的
m 个产品	n 个工厂	生产成本	最小!
m 个待建工厂	n 个地点	建造成本	最小!
m 列待编火车	n 条铁路线	调度运转	最小!
m 个任务	n 个工人	花费时间	最小!

5.6.4 设计问题和轮班计划

例 1: 对于以长为 l 的细长棒形式交付的原材料, 有 Z_i 个设计变式 $Z_i, i=1,\cdots,6$, 以生产如下订单: 长 l_j 的部件 T_j 为 a_j 个, $j=1,2,3,4$. 对于设计变式 Z_i, 所生产的部件 T_j 的数目是 k_{ij}. 订单应该用最少数量细长棒进行生产.

变量 x_i: 应用变式 Z_i 所需要的细长棒数量.

数学模型:

$$x_1+x_2+x_3+x_4+x_5+x_6 \stackrel{!}{=} \min,$$

$$k_{1j}x_1+k_{2j}x_2+k_{3j}x_3+k_{4j}x_4+k_{5j}x_5+k_{6j}x_6 \geqslant a_j, \quad j=1,\cdots,4;$$

$$x_i \geqslant 0, \quad i=1,\cdots,6.$$

注 通过引进新的变量并用 -1 乘方程, 我们直接得到对偶 – 容许标准形式, 从而单形法有意义.

更多的例子:

原材料	T_j
胶合板块	切割板块
绕在滚筒上 L米长的材料或宽 l 的金属薄板	较小块材料或宽 l_j 的细长金属薄板

推出图书馆、售票店等的轮班计划都可以用同样的方法进行建模. 设 Z_i 是一天中的各种轮班, T_j 为一天的某些时刻, 而若在 T_j 轮班 Z_i 是主动轮班的, 则 $k_{ij}=1$, 否则 $k_{ij}=0$. 此外, 设 a_j 是在 T_j 时刻主动轮班的工人数, 而 x_i 则表示轮班 Z_i 中的那些工人.

在 $a_j=1$, $k_{ij}=0,1$ 的特殊情形下, 会发生某些超出 (整数) 范围的问题, 这就需要用整线性最优化方法来讨论.

例 2: 设想有 6 个建设水电厂的地点 Z_i, 每一地点都供给 4 个镇区 T_j 中的几个; 如果 Z_i 供给 T_j, 则 $k_{ij}=1$, 否则 $k_{ij}=0$. 通过建造尽可能少的电厂, 使得 4 个镇区 T_j 中的每一个至少有一个电厂供给.

变量: 若电厂建在 Z_i. 则设 $x_i=1$, 否则 $x_i=0$.

数学模型: 我们选择设计模型时, 取 $a_1=a_2=a_3=a_4=1$, 以及附加约束条件 $x_i=0$ 或 $x_i=1$, $i=1,\cdots,6$.

变式: 在 Z_i 建造电厂的成本是 p_i; 目标是使得成本最小, 同时确保所有镇区供电. 于是待极小的函数是

$$p_1x_1+p_2x_2+p_3x_3+p_4x_4+p_5x_5+p_6x_6.$$

我们也可以要求 n 个电厂供电, 这时就要满足条件 $a_i=n$.

更多的例子:

Z_i	T_j
交通信号灯变换周期	待调节的交通流量
探险申请人	需要提供的服务 (医疗、网络、语言 ⋯ ⋯)

5.6.5　线性运输问题

线性运输问题是具有特殊结构的线性最优化问题. 因此利用单形法的特殊变种来处理这些问题特别有效, 并将其恰当地称为运输算法.

问题的提法　我们寻找

从 m 个仓库(编号为 $i=1,\cdots,m$)
到 n 个顾客(编号为 $j=1,\cdots,n$),

运输产品的最经济有效解.

如果顾客 j 从仓库 i 提取一单位产品, 则要花费的

代价为 p_{ij}.

我们假定运输成本与所运输的产品数量成比例, 并引入如下记号:

a_j　顾客 j 的需求,
b_i　在仓库 i 提取的产品的总量.

这里假定

$$\sum_{i=1}^{n} b_i=\sum_{j=1}^{m} a_j. \tag{5.103}$$

注 如果 $\sum_{i=1}^{n} b_i > \sum_{j=1}^{m} a_j$, 那么差 $\sum_{i=1}^{n} b_i - \sum_{j=1}^{m} a_j$ 仍然在仓库里. 为了讨论这种情形, 我们引入一虚拟顾客 $n+1$, 他的需求是 $\sum_{i=1}^{n} b_i - \sum_{j=1}^{m} a_j$, 并且对于这个虚拟顾客, 令运输成本 $p_{i,n+1}$ 等于 0. 量 $x_{i,n+1}$(见下面) 可以视为留在仓库中的总量.

变量 x_{ij}: 表示从仓库 i 运输到顾客 j 的产品数量. 利用 (5.103), 我们要求解如下线性最优化问题:

$$\boxed{\begin{aligned} &\sum_{i=1}^{n}\sum_{j=1}^{m} p_{ij}x_{ij} \stackrel{!}{=} \min, \\ &\sum_{i=1}^{m} x_{ij} = a_j, \quad j=1,\cdots,n, \\ &\sum_{j=1}^{n} x_{ij} = b_i, \quad i=1,\cdots,m, \\ &x_{ij} \geqslant 0, \quad i=1,\cdots,m, \quad j=1,\cdots,n. \end{aligned}} \tag{5.104}$$

这一类运输问题可以用如下的*运输表*和*成本表*来描述:

	a_1	$\cdots$	a_n
b_1			
$\vdots$			
b_m			

p_{11}	$\cdots$	p_{1n}
$\vdots$		$\vdots$
p_{m1}	$\cdots$	p_{mn}

于是用如下运输表来表示一个*容许的运输计划*:

	a_1	$\cdots$	a_n
b_1	x_{11}	$\cdots$	x_{1n}
$\vdots$	$\vdots$		$\vdots$
b_m	x_{m1}	$\cdots$	x_{mn}

这里第 i 行的和是 a_i, 第 j 行的和是 a_j, 并要求所有 x_{ij} 非负.

例:

	20	5	10	10	5
15					
15					
20					

5	6	3	5	9
6	4	7	3	5
2	5	3	1	8

我们得到如下线性最优化问题:

$$
\begin{array}{lllllllllllllllll}
x_{11} & +x_{12} & +x_{13} & +x_{14} & +x_{15} & & & & & & & & & & & & =15,\\
 & & & & & x_{21} & +x_{22} & +x_{23} & +x_{24} & +x_{25} & & & & & & & =15,\\
 & & & & & & & & & & x_{31} & +x_{32} & +x_{33} & +x_{34} & +x_{35} & & =20,\\
x_{11} & & & & & +x_{21} & & & & & +x_{31} & & & & & & =20,\\
 & x_{12} & & & & & +x_{22} & & & & & +x_{32} & & & & & =5,\\
 & & x_{13} & & & & & +x_{23} & & & & & +x_{33} & & & & =10,\\
 & & & x_{14} & & & & & +x_{24} & & & & & +x_{34} & & & =10,\\
 & & & & x_{15} & & & & & +x_{25} & & & & & +x_{35} & & =5,
\end{array}
$$

$$x_{ij} \geqslant 0, \quad i,j = 1,2,3,4,5, \tag{5.105}$$

这里待极小的函数是

$$
\begin{aligned}
5x_{11} + 6x_{12} + 3x_{13} + 5x_{14} + 9x_{15}\\
+6x_{21} + 4x_{22} + 7x_{23} + 3x_{24} + 5x_{25}\\
+2x_{31} + 5x_{32} + 3x_{33} + x_{34} + 8x_{35}.
\end{aligned}
$$

主定理 每一个运输问题都有解.

整数定理 如果运输问题的所有 a_j 和 b_i 都是整数, 则在任何基中 (特别是相对于任何最优解) 写出的变量 x_{ij} 也取整数值.

5.6.5.1 获得初始构形

首先列出表

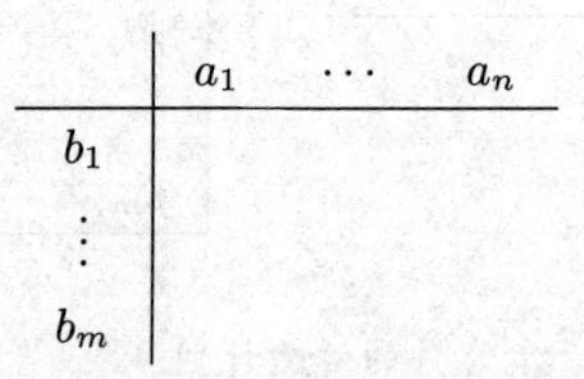

(1) 选择一对标号 (i^*, j^*).

(2) 在表中的位置 (i^*, j^*) 用 $\bar{x}_{i^*j^*} = \min\{b_{i^*}, a_{j^*}\}$ 代替: [1)]

	a_1	$\cdots$	a_{j^*}	$\cdots$	a_n
b_1					
$\vdots$					
b_{i^*}			$\bar{x}_{i^*j^*}$		
$\vdots$					
b_m					

(a) $b_{i^*} < a_{j^*}$: 第 i^* 行的其余元素删掉 (这意味着仓库 i^* 的全部产品被送到 j^*). 然后元 a_{j^*} 用 $a_{j^*} - b_{i^*}$ 代替, 而 b_{i^*} 用 0 代替.

1) 如果 $\min\{b_{i^*}, a_{j^*}\} = 0$, 那么就放上一个 0. 放一个 0 与根本不放元素是有区别的.

(b) $b_{i^*} \geqslant a_{j^*}$：第 j^* 列的其元删除. (这意味着顾客 j^* 已经收到了他或她所需要的全部产品.) 元素 b_{i^*} 用 $b_{i^*} - a_{j^*}$ 代替, 而 a_{j^*} 用 0 代替.

例外情形：如果表仅由一列组成, 则不删除这列, 但要删除第 i^* 行.

(3) 表的其余部分所包含的行 (或列) 小于原有的行 (或列).

这一过程不断重复, 直至表中不含空位为止.

在有限步骤后, 我们可以把原始表中的每一个元与一个被删除的元或某一个数 $\bar{x}_{ij}$ 联系起来. 这样我们就找到了问题的基解：与被删除元关联的变量x_{ij}恰是非基变量. 其余元被变换成基变量. 于是在每一行和每一列中, 至少由一个基变量 (其值可能为 0, 这时就涉及退化情形).

一般说来, 我们选择属于最小运输成本 $(\min\limits_{i,j} p_{ij} = p_{i^*j^*})$ 的元 (i^*, j^*), 以便得到最方便的初始基.

如果我们总是取左上角元, 则这种选择称为西北角规则.

例子中初始位置的选择

(i) 应用西北角规则：在左上角我们放 $\min\{15, 20\} = 15$, 该行的其余元删除, 得到

		5				
		$\boxed{20}$	5	10	10	5
0	$\boxed{15}$	15	–	–	–	–
	15					
	20					

在剩余表的左上角, 有 $\min\{5, 15\} = 5$; 将此数放在中间, 并删除该列的其余元得到

		0				
		5				
		$\boxed{20}$	5	10	10	5
0	$\boxed{15}$	15	–	–	–	–
10	$\boxed{15}$	5	–	–	–	–
	20	|				

最后, 得到表

				0		0		
				$\boxed{5}$	0	$\boxed{5}$	0	0
				$\boxed{20}$	$\boxed{5}$	$\boxed{10}$	$\boxed{10}$	$\boxed{5}$
		0	$\boxed{15}$	15	–	–	–	–
0	$\boxed{5}$	$\boxed{10}$	$\boxed{15}$	5	5	5	–	–
0	$\boxed{5}$	$\boxed{15}$	$\boxed{20}$	|	|	5	10	5

这对应于基解 $x_{11}=15$, $x_{21}=5$, $x_{22}=5$, $x_{23}=5$, $x_{33}=5$, $x_{34}=10$, $x_{35}=5$(这些是基变量), 而其余变量是非基变量, 在基解中, 它们的值为 0.

(ii) $\min\limits_{i,j} p_{ij}=2=p_{34}$: 在 (3, 4) 位置我们放 $\min\{20,10\}=10$, 并删除所在列的其余元.

$\min\limits_{j\neq 4} p_{ij}=2=p_{31}$: 在 (3, 1) 位置我们放 $\min\{10,20\}=10$, 并删除第三行的其余元.

$\min\limits_{i\neq 3, j\neq 4} p_{ij}=3=p_{13}$: 在 (1, 3) 位置我们放 $\min\{15,10\}=10$, 并删除第三列的其余元. 如果继续按这种方法作下去, 则结果得到表

				0				
				$\boxed{5}$				
				$\boxed{10}$	0	0	0	0
				$\boxed{20}$	$\boxed{5}$	$\boxed{10}$	$\boxed{10}$	$\boxed{5}$
	0	$\boxed{5}$	$\boxed{15}$	5	|	10	|	–
0	$\boxed{5}$	$\boxed{10}$	$\boxed{15}$	5	5	|	|	5
	0	$\boxed{10}$	$\boxed{20}$	10	–	–	10	–

5.6.5.2　运输算法

假定给定一运输表, 其初始解为: 基变量 $x_{ij}=\bar{x}_{ij}$, 而非基变量为 x_{ij}(这意味着非基变量所在的位置仍然是空的). 其次, 我们需要由给定值 p_{ij} 组成的成本表. 下面我们将会引用 (5.105) 中描述的例子.

单形乘子的确定　复制成本表, 但让对应于非基变量的位置空着. 在最右列中, 放进不确定的值 $u,\cdots,u_m$, 而在最底行中, 我们放进不确定的值 $v_1,\cdots,v_m$(图 5.33). 这 $m+n$ 个不确定的值要求对于所有的标号对 (i,j), 满足 $u_i+v_j=p_{ij}$.

p_{11}		p_{1j}		p_{1n}	u_1
	$\vdots$		$\vdots$		$\vdots$
p_{i1}		p_{ij}		p_{in}	u_i
	$\vdots$		$\vdots$		$\vdots$
p_{m1}		p_{mj}		p_{mn}	u_m
v_1	$\cdots$	v_j	$\cdots$	v_n	

图 5.33　单形乘子的确定

可以证明对于所有基解, 这一方程组具有三角形式, 其秩为 $n+m-1$, 从而它总是可以如此求解:

(i) 第一步, 我们令 $v_n = 0$.

(ii) 如果某一个变量的值在第 k 步被确定, 那么在系统中总会有还未确定的变量, 它可以在第 $k+1$ 步从方程 $u_i + v_j = p_{ij}$ 唯一地被确定, 因为这个方程中的其余变量都是已知的. (只要有未确定的变量, 这个结论就成立.)

可以在第 $k+1$ 步确定的变量是通过试凑的办法确定的. 元素 u_i 和 v_j 在单形法的一般理论中作为单形乘子是已知的, 因为在这个程序中要用到这些数. 有时也将之称为"位势", 而算法本身称为"位势算法".

例:

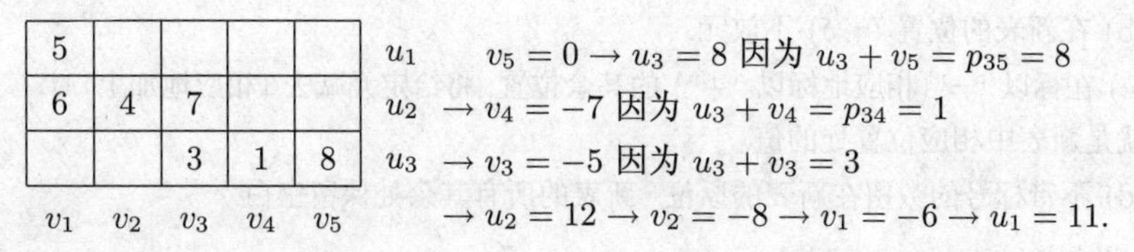

5					u_1
6	4	7			u_2
		3	1	8	u_3
v_1	v_2	v_3	v_4	v_5	

$v_5 = 0 \to u_3 = 8$ 因为 $u_3 + v_5 = p_{35} = 8$

$\to v_4 = -7$ 因为 $u_3 + v_4 = p_{34} = 1$

$\to v_3 = -5$ 因为 $u_3 + v_3 = 3$

$\to u_2 = 12 \to v_2 = -8 \to v_1 = -6 \to u_1 = 11.$

主列的确定 单形乘子也给了我们一个暗示: 在替换的某一步产生一非基元加进到基中 (这对应于在单形法中找出主列). 按照上述办法将值

$$p'_{ij} = p_{ij} - u_i - v_j$$

加到空位上以确定单形乘子 (我们要相对于非基变量极小化的函数的系数). 如果所有 p'_{ij} 都非负, 则基解是最优的 (使用最小试验). 否则的话, 选择一任意元 $p_{\alpha\beta} < 0$; 通常我们选择具有这种性质的最小元. 标号 (α, β) 表示应该输入到基变量的一非基变量. 我们在表中相应处标以 '+' 号.

例:

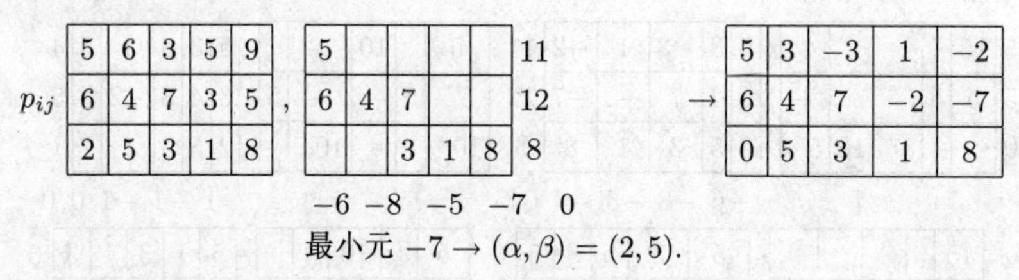

p_{ij}:

5	6	3	5	9
6	4	7	3	5
2	5	3	1	8

,

5					11
6	4	7			12
		3	1	8	8
−6	−8	−5	−7	0	

$\to$

5	3	−3	1	−2
6	4	7	−2	−7
0	5	3	1	8

最小元 $-7 \to (\alpha, \beta) = (2, 5)$.

主行的确定 除了位置 (α, β) 外, 我们在有数的位置加上标记 + 或 −, 直到每一行和每一列中有相同个数标记 + 和 −. 这总能用唯一的方式做到在每一行和每一列至多有一个 + 和一个 −.

例:

15				
5	5	5		+
		5	10	5

$\to$

15				
5	5	5^-		+
		5^+	10	5^-

(解释: 首先在位置 (2, 5) 加上 +. 那么在最后一列要加上 −, 这只可能在位置 (3,

5) 做到. 然后我们要在最后一行加一个 $+$, 这只可能在位置 $(3,3)$ 做到. 一旦这样做后, 必须在位置 $(2,3)$ 加上 $-$, 这样就做成了: 若要在第二行中加上另一个 $+$, 则也必须加一个 $-$, 这是不可能的.)

最后我们确定所有带 $-$ 号位置的最小值 M, 并选择达到该最小值的一个位置 (γ,δ). 在我们的例子中, $M=5$, 并且可以选择 $(\gamma,\delta)=(2,3)$; 然后 (γ,δ) 表示应该加到非基中的基变量, 对应于单形法中的主行.

替换步骤(过渡到一新的运输表)

(a) 在新表的位置 (γ,δ) 放 M.

(b) 在新表的位置 (γ,δ) 不放元.

(c) 在标以 "="(相应地标以 "+") 的其余位置, 将给定元减去 (相应地加上)M, 结果就是新表中相应位置处的值.

(d) 不带标号的数留在新表的原位. 新表的所有其余处保留空白.

例 1:

15				
5	5	5^+		$+$
		5^+	10	5^-

→

15				
5	5			5
		10	10	0

按这种方式得到一新的运输表, 对它我们可以再次利用这一程序. 除了在退化情形理论上有出现封闭循环的可能性, 一般说来, 这一过程总会在有限多步后满足最小试验.

例 2: 图 5.34 表示例 (5.105) 的整个过程. 第一个运输表是利用西北角规则推出的.

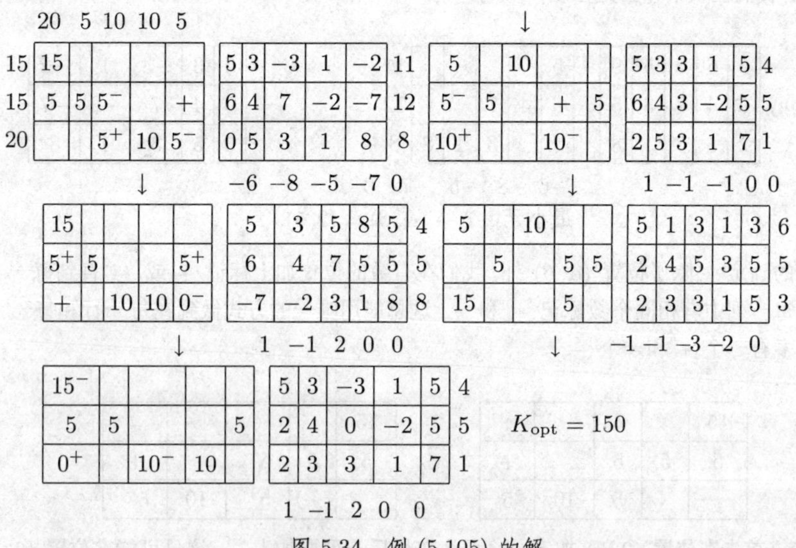

图 5.34　例 (5.105) 的解

第一个辅助表和第二个运输表的生成正如上所述. 之后, 通过一般程序至四步以后达到最优状况 (满足最小试验), 就产生一新的辅助表和一新的运输表.

注意紧随最后一个运输表的正好是在 5.6.5.1 为找到初始解使用改进程序所导出的表. 从这步出发只要再往前作一步 (与此相反, 当使用西北角规则时则需要走四步).

退化的特征 如果原始的运输表是退化的 (这可用一 0 值元来识别), 那么元 a_m 可以改成 $a_m + n\varepsilon$, 并且所有 b_j 改成 $b_j + \varepsilon$, 其中 $\varepsilon >$ 为小数, 而同时修改基变量 $\bar{x}_{ij}$ 以使我们得到新值 a_i 和 b_j 下的新的基解. 这一点是总能做到的 (按照类似于确定单形乘子的方法).

15				
5	5			5
		10	10	0

	20+ε	5+ε	10+ε	10+ε	5+ε
15					
15					
20+5ε					

15+ε				
5−ε	5+ε			5−2ε
		10+ε	10+ε	3ε

若如此得到的 $\bar{x}_{kl}$ 中有一个是负的, 那么必定在同一行中有某个正的 $\bar{x}_{kr}$, 在同一列中有某个正的 $\bar{x}_{sl}$. 于是得到位置 (s, r); 现在这里放置 + 号并作替换步骤. 按此方式, 所有这样的负值都可以去掉. [1] 在这样变更以后, 在所得的运输表基础上作运输算法, 并且这样完全可以避免退化情形. 通过在解中考虑极限 $\varepsilon \to 0$, 即得到原问题的解.

1) 通常只需在每处用 $-\varepsilon$ 代替 ε.

第6章 随机演算——机会的数学

我相信思维敏锐的读者在阅读下面的内容时会认识到，这个话题不仅是一个关于机会游戏的问题，而且形成了一个非常有趣同时也极有意义的理论的基础.

C. 惠更斯 (Huygens, 1654)

De Ralionciniis in Aleae Ludo[1)]

这个世界的真正逻辑可以在概率论中找到.

J. C. 麦克斯韦 (Maxwell, 1831—1897)

随机性理论是研究关于机会，或者如人们更愿意说的，是关于随机性的数学定律的一个数学分支. 概率论关注对随机性进行数学研究的理论基础，而统计理论则关注通过大量原始数据探明决定研究对象行为的定律或法则的方法. 因此，数理统计是所有处理经验数据的科学 (如医药、自然科学、社会科学和经济) 不可缺少的数学工具.

> 在 0.4 中有一个关于最重要的数理统计程序的实用汇编，读者只需掌握最少量的知识便可以应用它们.

创造和研究适用于不同具体问题的模型是概率论和数理统计的典型问题. 因此，与在其他科学中一样，非常仔细地为所研究的问题选择适当的模型是很重要的. 不同的模型应用于同样的场合一般会导致不同的结果，因此会得出不同的结论.

J. C. 麦克斯韦和 L. 玻尔兹曼(Boltzmann, 1844—1906) 在 19 世纪创立了统计物理学. 他们用概率论方法描述由大量粒子构成的系统 (如气体). 19 世纪的物理

---

1)此书名译为《论机会游戏的计算》(英译本书名为 *On the Calculation of Games of Chance*). 这是历史上第一本关于概率论的书. 关于机会游戏 (如投掷骰子游戏) 的数学研究 15 世纪始于意大利.

概率论的数学规则是雅各布 · 伯努利在他的著名论著《猜度术》(*Ars Conjectanti*) 中创建的. 他在书中给出了 "大数定律" 的一个数学证明. 该书出版于 1713 年，当时，雅各布 · 伯努利已经去世 8 年.

概率论的经典标准参考书是法国数学家和物理学家 P. S. 拉普拉斯的《分析概率论》(*Théorie analytique des probabilités*). 该书出版于 1812 年. 现代公理化概率论是前苏联数学家 A. N. 科尔莫戈罗夫在其 1933 年出版的著作《概率论基础》中建立的.

学家们在统计物理学理论中假定粒子服从经典力学定律，因此沿着确定的轨道运动，而这些轨道则是由初始条件 (位置和速度) 完全确定的. 然而，对于包含 10^{23} 个气体分子 (1 摩尔分子) 的集合来说，确定这些初始条件事实上是不可能的. 为了消除这种不可能性，就需要使用统计方法.

1925 年前后，随着 W. K. 海森伯(Heisenberg) 和 E. 薛定谔(Schrödinger) 引入量子力学，这种情况发生了根本性的转变. 量子力学理论从一开始就是一种统计理论. 根据薛定谔的测不准原理，我们不可能同时知道 (测量) 一个粒子的位置和速度. 今天，大多数物理学家确信，基本粒子的基本运动过程本质上是随机的，而不是由于不能确定隐参数而无法识别的. 因此，随机理论对于现代物理学来说具有根本的重要性.

基本概念 在概率论中，有如下基本概念：

(i) 随机事件(例如，一个新生儿 (胎儿) 的性别)；

(ii) 随机变量(例如，人的身高)；

(iii) 随机函数(例如，纽约在某一给定年份中的温度).

概念 (iii) 也称为随机过程. 此外还有 “独立” 的概念，这一概念对于 (i)～(iii) 都适用.

标准符号

$P(A)$表示事件A发生的概率.

人们约定，事件的概率介于 0 和 1 之间，其意义如下：

(a) 若 $P(A)=0$，则说事件 A 是几乎不可能事件.

(b) 若 $P(A)=1$，则说事件 A 是几乎必然事件.

例 1: 一个新生儿是女孩 (或男孩) 的概率是 $p=0.485$(相应地，$p=0.515$). 这意味着，平均来说，每 1000 个新生儿中有 485 名女孩，515 名男孩.

数理统计的任务之一是研究频率与概率之间的关系 (见 6.3).

例 2: 让一根针垂直落在桌面上，那么针尖几乎不可能扎中某个指定点 Q，或者说针尖几乎必定扎不中该指定点.

设 X 是一个随机变量 (定义见后面的 6.2.2)，则

$P(a\leqslant X\leqslant b)$表示对$X$进行一次测量得到的测量值$x$满足$a\leqslant x\leqslant b$的概率.

现象的数学化 概率论(随机性理论)是揭示如何将我们日常 (“偶然”) 经历的现象纳入数学框架之内，以及这种做法如何加深我们对事实真相的认识和理解的典型例子.

6.1 基本的随机性

现在, 我们讨论概率论的几种基本形式, 这几种形式在概率论的发展过程中至关重要.

6.1.1 古典概型

基本模型 考虑一个随机试验, 并用

$$\boxed{e_1, e_2, \cdots, e_n}$$

表示其全部可能结果. 我们称 $e_1, e_2, \cdots, e_n$ 为该试验的基本事件.

进一步地, 我们使用下面一些符号.

(i) 全体事件 E, 它表示由所有 e_j 组成的集合.

(ii) 事件A, 指的是 E 的一个子集.

对于给定的事件 A, 我们通过如下法则赋予它一个概率$P(A)$[1)]

$$\boxed{P(A) := \frac{A\text{ 所包含元素的个数}}{n}.} \tag{6.1}$$

在古典文献中, 人们称 A 中的基本事件为 "有利结果", 而称由所有基本事件组成的集合为由 "可能结果" 组成的集合. 于是, 我们有

$$P(A) := \frac{\text{有利结果数}}{\text{可能结果数}}. \tag{6.2}$$

概率概念的这个定义式是雅各布 · 伯努利在 17 世纪末引入的. 下面我们考虑几个例子.

掷一粒骰子 这个随机试验的全部可能结果由基本事件

$$e_1, e_2, \cdots, e_6$$

组成, 其中 e_j 相应于掷出 j 点.

(i) 事件 $A := \{e_1\}$ 表示掷出 1 点. 由 (6.1), 我们有 $P(A) = \dfrac{1}{6}$.

(ii) 事件 $B := \{e_2, e_4, e_6\}$ 表示掷出偶数点. 由 (6.1), 我们有 $P(B) = \dfrac{3}{6} = \dfrac{1}{2}$. 这证明了我们的直觉, 即掷出偶数点与掷出奇数点的机会各占 50%.

掷两粒骰子 在这种情形, 可能结果由基本事件

$$e_{ij}, \quad i, j = 1, 2, \cdots, 6$$

---

1) 记号 $P(A)$ 来源于概率的法文单词probabilité.

组成. 这里 e_{23} 表示第一粒骰子掷出 2 点, 而第二粒骰子掷出 3 点. 本试验共有 36 个基本事件.

(i) 对于 $A := \{e_{ij}\}$(对于任何固定的 i, j), 由 (6.2), 有 $P(A) = \dfrac{1}{36}$.

(ii) 事件 $B := \{e_{11}, e_{22}, e_{33}, e_{44}, e_{55}, e_{66}\}$ 表示两粒骰子掷出的点数相同. 由 (6.1) 可得 $P(B) = \dfrac{6}{36} = \dfrac{1}{6}$.

抽彩问题 考虑 "45 取 6" 的抽彩游戏. 在这里, 45 个数中有 6 个打了勾, 要从这 45 个数中任取 6 个以决定赢家. 取到 n 个打了勾的正确数字的概率是多少? 有关结果见表 6.1.

表 6.1 "45 取 6" 的抽彩游戏

抽得正确数字的个数	概　率	1000 万个抽奖者中获胜的人数
6	$a := \dfrac{1}{\begin{pmatrix} 45 \\ 6 \end{pmatrix}} = 10^{-7}$	1
5	$\begin{pmatrix} 6 \\ 5 \end{pmatrix} 39a = 2 \cdot 10^{-5}$	200
4	$\begin{pmatrix} 6 \\ 4 \end{pmatrix}\begin{pmatrix} 39 \\ 2 \end{pmatrix} a = 10^{-3}$	10 000
3	$\begin{pmatrix} 6 \\ 3 \end{pmatrix}\begin{pmatrix} 39 \\ 3 \end{pmatrix} a = 2 \cdot 10^{-2}$	200 000

在这个例子中, 基本事件的形式为

$$\boxed{e_{i_1 i_2 \cdots i_6}.}$$

其中, $i_j = 1, \cdots, 45$, 而且 $i_1 < i_2 < \cdots < i_6$. 本试验共有 $\begin{pmatrix} 45 \\ 6 \end{pmatrix}$ 个这种形式的基本事件 (见 2.1.1 例 5). 例如, 如果获胜数字是 1, 2, 3, 4, 5, 6, 则 $A = \{e_{123456}\}$ 表示有 6 个正确数字这一事件. 由 (6.1), 我们有

$$P(A) = \frac{1}{\begin{pmatrix} 45 \\ 6 \end{pmatrix}}.$$

为了确定抽到 5 个正确数字的所有基本事件, 我们从 1, 2, 3, 4, 5, 6 中任取 5 个, 从剩下的 39 个错误数字 7, 8, $\cdots$, 45 中任取 1 个. 因此有利结果共有

$\begin{pmatrix} 6 \\ 5 \end{pmatrix} \times 39$ 个.

用类似方法可以检验表 6.1 中给出的所有数值.

如果用参加抽彩游戏的人数乘以上述各概率, 便可得到表中最后一列给出的每类获胜者的大致人数.

生日问题 n 位客人参加一个聚会. 这 n 位客人中至少有两人生日在同一天的概率 p 是多少? 由表 6.2 可知, 即使客人只有 30 位, 也可以相当有把握地打赌说至少有两个人的生日在同一天. 事实上, 我们有

$$p = \frac{365^n - 365 \times 364 \times \cdots \times (365 - n + 1)}{365^n}. \tag{6.3}$$

这个试验的基本事件为

$$\boxed{e_{i_1 \cdots i_n}, \quad i_j = 1, \cdots, 365.}$$

例如, $e_{12,14,\cdots}$ 表示事件第一位客人的生日是一年中的第 12 天, 第二位客人的生日是一年中的第 14 天 $\cdots\cdots$ 本试验共有 365^n 个基本事件. 而 "这 n 个人生日各不相同" 所包含的基本事件共有 $365 \times 364 \times \cdots \times (365 - n + 1)$ 个. 这样, (6.3) 中的分子就是有利结果数.

表 6.2 生日问题

客人数	20	23	30	40
至少有两位客人生日相同的概率	0.4	0.5	0.7	0.9

6.1.2 伯努利大数定律

人们的一个基本经验是如果将一个随机试验重复许多次, 那么所得到的事件的频率将会越来越接近该事件的概率. 这是概率论的大量应用的基础. "大数定律" 从数学上证明了这个事实. 大数定律是由雅各布 · 伯努利最早提出并证明的. 下面我们以抛硬币为例对该定律进行解释.

抛一枚硬币 抛一枚硬币的试验可能是所有试验中最简单的一个. 这个试验的基本事件为

$$\boxed{e_1, e_2.} \tag{6.4}$$

其中, e_1 表示 "正面向上", e_2 表示 "反面向上". 事件 $A = \{e_1\}$ 相应于抛掷结果为正面向上. 由 (6.1) 可知 A 的概率为

$$\boxed{P(A) = \frac{1}{2}.}$$

频率 经验告诉我们: 将一枚硬币抛 n 次, 并大量重复进行这个试验, 所得到的正面向上和反面向上的频率均接近于 1/2. 现在, 我们将给出这个问题的数学讨论.

将一枚硬币抛 n 次 基本事件为

$$\boxed{e_{i_1 i_2 \cdots i_n}, \quad i_1, \cdots, i_n = 1, 2.}$$

这里 $e_{i_1 i_2 \cdots i_n}$ 表示第一次抛硬币得到由 (6.4) 给出的基本事件 e_{i_1}, 第二次抛硬币得到由 (6.4) 给出的基本事件 $e_{i_2}, \cdots$. 这样, 对于所有的 j, $i_j = 1$ 或 $i_j = 2$. 我们赋予这个基本事件的频率为 (这里是关于 "正面向上" 的)

$$\boxed{H(e_{i_1 i_2 \cdots i_n}) := \frac{\text{正面向上发生的次数}}{\text{试验次数 } n}.}$$

因此, 上式中的分子等于基本事件 $e_{i_1 i_2 \cdots i_n}$ 的下标中 "1" 出现的次数.

伯努利大数定律 [1] 设 $\varepsilon > 0$ 为任意给定的实数. 记 A_n 为满足

$$\left| H(e \cdots) - \frac{1}{2} \right| < \varepsilon$$

的所有基本事件 $e_{i_1 i_2 \cdots}$ 组成的集合. 上式意味着事件 $e_{i_1 i_2 \cdots i_n}$ 的下标中 "1"(以及 "2") 所占的百分比与 1/2(50%) 的差小于上述给定实数 ε. 伯努利利用公式 (6.1) 计算了概率 $P(A_n)$, 并且证明了

$$\lim_{n \to \infty} P(A_n) = 1.$$

这个定理也可以用一个公式表示为

$$\lim_{n \to \infty} P\left(\left| H_n - \frac{1}{2} \right| < \varepsilon \right) = 1.$$

6.1.3 棣莫弗极限定理

概率论中最重要、最深刻的研究之一就是得到对于试验次数 $n \to \infty$ 时的极限情形易于理解的结果. 我们还是利用抛硬币的试验对此进行解释. 设 $A_{n,k}$ 表示由恰好有 k 个下标为 "1" 的所有基本事件 $e_{i_1 i_2 \cdots i_n}$ 组成的集合. 这个集合相应于 n 次试验中正面向上的次数为 k 的所有试验组成的集合. 于是, 在 $A_{n,k}$ 的每个基本事件中, 正面向上的频率

$$H_n = \frac{k}{n},$$

而 $P(A_{n,k}) = \begin{pmatrix} n \\ k \end{pmatrix} \frac{1}{2^n}$. 这个结果也可以用一个式子表示如下:

$$\boxed{P\left(H_n = \frac{k}{n} \right) = \begin{pmatrix} n \\ k \end{pmatrix} \frac{1}{2^n}.}$$

1) 这个著名的定律是在雅各布 · 伯努利去世 (1705 年)8 年以后, 即 1713 年发表的.

这是 n 次试验中正面向上的频率 H_n 等于 $\frac{k}{n}$ 的概率.

棣莫弗定理 (1730) 当试验次数 n 很大时, 有下面的渐近等式 [1]:

$$\boxed{P\left(H_n = \frac{k}{n}\right) \sim \frac{1}{\sigma\sqrt{2\pi}}\mathrm{e}^{-(k-\mu)^2/2\sigma^2}, \quad k = 1, 2, \cdots, n.} \tag{6.5}$$

其中, 参数 $\mu = n/2$, $\sigma = \sqrt{n/4}$. 表达式 (6.5) 中右边的函数就是所谓的高斯正态分布的概率密度(图 6.2). 正如我们预料的一样, 当 $k = n/2$ 时, (6.5) 中的概率 P 取得最大值.

6.1.4 高斯正态分布

测量过程的基本模型 假设给定了一个连续 (或者更一般地, 几乎处处连续) 函数 $\varphi: \mathbb{R} \to \mathbb{R}$, 它满足

$$\boxed{\int_{-\infty}^{\infty} \varphi \mathrm{d}x = 1.}$$

这种情况可以用概率的方式解释如下:

(i) 假设给定了一个随机测量变量 X, 它由取某些实数值的测量结果确定, 如人的身高.

(ii) 规定

$$\boxed{P(a \leqslant X \leqslant b) := \int_a^b \varphi(x)\mathrm{d}x,}$$

这个表达式是被测量的量 X 落入区间 $[a,b]$ 的概率. 直观地说, $P(a \leqslant X \leqslant b)$ 相当于以曲线 φ 为顶, 以区间 $[a, b]$ 为底的图形的面积 (图 6.1(a)). 称 φ 为 X 的概率密度, 并称函数

$$\varPhi(x) := \int_{-\infty}^{x} \varphi(\xi)\mathrm{d}\xi, \quad x \in \mathbb{R}$$

为由 φ 所确定的分布函数(图 6.1(b)).

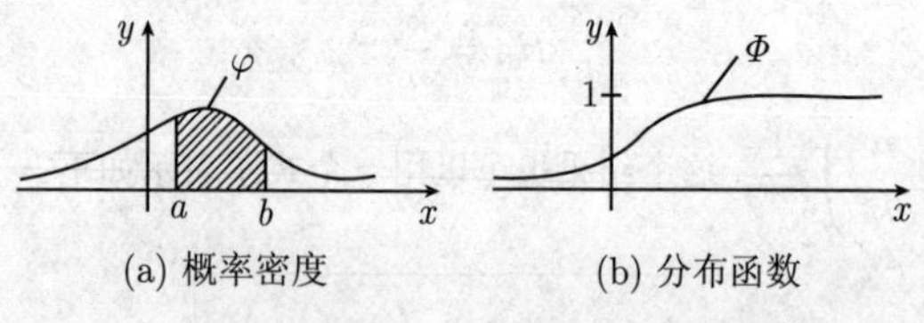

(a) 概率密度　　(b) 分布函数

图 6.1 概率密度及其相应的分布函数

1) 对于固定的 k, 当 $n \to \infty$ 时, (6.5) 中两个表达式的商的极限等于 1.

(iii) 称

$$\boxed{\overline{X} := \int_{-\infty}^{\infty} x\varphi(x)\mathrm{d}x}$$

为 X 的均值(或期望). 进一步地, 称

$$\boxed{(\Delta X)^2 := \int_{-\infty}^{\infty} (x - \overline{X})^2 \varphi(x)\mathrm{d}x}$$

为 X 的方差或平方离差, 并称非负量 ΔX 为 X 的标准差.

如果我们将 φ 理解为质量密度, 那么 $\overline{X}$ 就是质量中心.

切比雪夫不等式 对于任意的 $\beta > 0$, 有

$$\boxed{P(|X - \overline{X}| > \beta \Delta X) \leqslant \frac{1}{\beta^2}.}$$

特别地, 当 $\Delta X = 0$ 时, 我们有 $P\left(X = \overline{X}\right) = 1$.

置信区间 设 $0 < \alpha < 1$. 随机变量 X 的测量值落入区间

$$\boxed{\left[\overline{X} - \frac{\Delta X}{\sqrt{\alpha}}, \overline{X} + \frac{\Delta X}{\sqrt{\alpha}}\right]}$$

的概率大于 $1 - \alpha$.

例 1: 设 $\alpha = \dfrac{1}{16}$, 则 X 的测量值落入区间$[\overline{X} - 4\Delta X, \overline{X} + 4\Delta X]$ 内的概率大于 $\dfrac{15}{16}$.

这一结果使均值和标准差的含义更加精确:

标准差 ΔX 越小, X 的测量值就越密集在均值 $\overline{X}$ 附近.

高斯正态分布 $N(\mu, \sigma)$ 这种分布的概率密度为

$$\boxed{\varphi(x) := \frac{1}{\sigma\sqrt{2\pi}} \mathrm{e}^{-(x-\mu)^2/2\sigma^2}, \quad x \in \mathbb{R}}$$

其中参数 μ, σ 均为实数, 且 $\sigma > 0$(图 6.2). 对于这种分布, 有

$$\boxed{\overline{X} = \mu, \quad \Delta X = \sigma.}$$

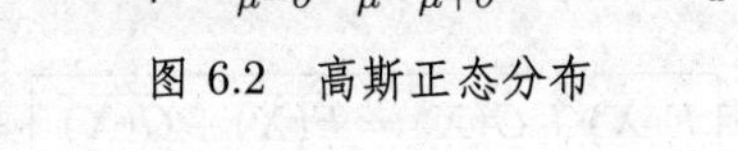

图 6.2 高斯正态分布

正态分布是概率论中最重要的分布. 这是因为根据中心极限定理, 任何随机变量, 只要它是由大量相互独立的随机变量叠加而成的, 那么它就近似服从正态分布 (见 6.2.4).

指数分布　相应的概率密度见表 6.3. 这种分布用于描述产品 (如灯泡) 的使用寿命等. 于是

$$\int_a^b \frac{1}{\mu}\mathrm{e}^{-x/\mu}\mathrm{d}x$$

就是产品的使用寿命值落入区间 $[a,b]$ 的概率. 产品的平均使用寿命为 μ.

表 6.3　几种连续型分布

分布名称	概率密度 φ	均值 $\overline{X}$	标准差 ΔX
正态分布 $N(\mu,\sigma)$	$\frac{1}{\sigma\sqrt{2\pi}}\mathrm{e}^{-(x-\mu)^2/2\sigma^2}$	μ	σ
指数分布 (图 6.3)	$\begin{cases}\frac{1}{\mu}\mathrm{e}^{-x/\mu}, & x\geqslant 0(\mu>0)\\ 0, & x<0\end{cases}$	μ	μ
均匀分布 (图 6.4)	$\begin{cases}\frac{1}{b-a}, & a\leqslant x\leqslant b\\ 0, & \text{其他}\end{cases}$	$\frac{b+a}{2}$	$\frac{b-a}{\sqrt{12}}$

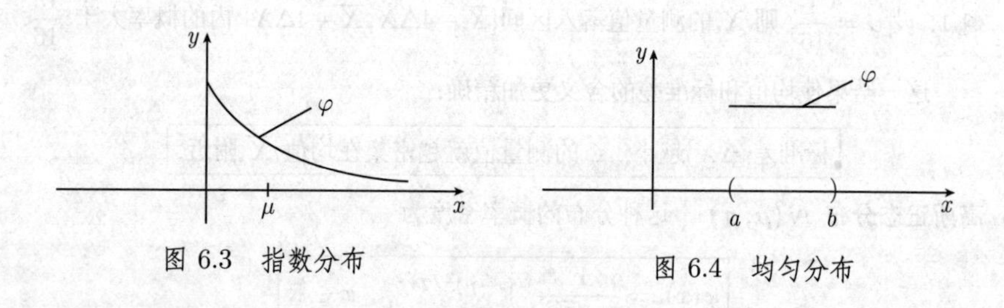

图 6.3　指数分布　　　　图 6.4　均匀分布

随机变量的函数的均值　设 $Z=F(X)$ 是随机变量 X 的函数. 由 X 的每个测量值可以得到 Z 的一个对应值. Z 的均值 $\overline{Z}$ 和方差 $(\Delta Z)^2$ 由下面的公式给出:

$$\boxed{\overline{Z}=\int_{-\infty}^{\infty}F(x)\varphi(x)\mathrm{d}x,\quad (\Delta Z)^2=\int_{-\infty}^{\infty}(F(x)-\overline{Z})^2\varphi(x)\mathrm{d}x.}$$

例 2: $(\Delta X)^2=\overline{\left(X-\overline{X}\right)^2}=\int_{-\infty}^{\infty}\left(x-\overline{X}\right)^2\varphi(x)\mathrm{d}x.$

均值加法公式

$$\boxed{\overline{F(X)+G(X)}=\overline{F(X)}+\overline{G(X)}.}$$

6.1.5 相关系数

对于任意的测量来说, 最重要的量是均值, 标准差和满足 $-1 \leqslant r \leqslant 1$ 的相关系数 r. 对于上述最后一个量, 我们有下述事实:

> 相关系数的绝对值 $|r|$ 越大, 所测量的两个量的相关性 (即其相互依赖性) 越强.

测量两个随机变量的基本模型 假设给定了一个几乎处处连续的非负函数 $\varphi: \mathbb{R}^2 \to \mathbb{R}$, 它满足

$$\int_{\mathbb{R}^2} \varphi(x,y)\mathrm{d}x\mathrm{d}y = 1.$$

对于这种情况可以给出如下的概率解释:

(i) 设有两个随机变量 X 和 Y, 它们的取值是两个由测量给出的实数值. 我们称二元组 (X,Y) 为一个随机向量.

(ii) 概率: 规定

$$P((X,Y) \in G) := \int_G \varphi(x,y)\mathrm{d}x\mathrm{d}y.$$

这是当 (X,Y) 的坐标分别取 X 和 Y 的测量值时, 相应点落在集合 G 中的概率. 称 φ 为随机向量 (X,Y) 的概率密度.

(iii) X 和 Y 的概率密度 φ_X 和 φ_Y 分别为

$$\varphi_X(x) := \int_{-\infty}^{\infty} \varphi(x,y)\mathrm{d}y, \quad \varphi_Y(y) := \int_{-\infty}^{\infty} \varphi(x,y)\mathrm{d}x.$$

(iv) X 的均值 $\overline{X}$ 和方差 $(\Delta X)^2$ 由下式给出:

$$\overline{X} = \int_{-\infty}^{\infty} x\varphi_X(x)\mathrm{d}x, \ (\Delta X)^2 = \int_{-\infty}^{\infty} \left(x - \overline{X}\right)^2 \varphi_X(x)\mathrm{d}x.$$

$\overline{Y}$ 和 $(\Delta Y)^2$ 可类似计算.

(v) 函数 $Z = F(X,Y)$ 的均值由下式给出:

$$\overline{Z} := \int_{\mathbb{R}^2} F(x,y)\varphi(x,y)\mathrm{d}x\mathrm{d}y.$$

(vi) $Z = F(X,Y)$ 的方差$(\Delta Z)^2$ 由下式给出:

$$(\Delta Z)^2 := \overline{(Z - \overline{Z})^2} = \int_{\mathbb{R}^2} (F(x,y) - \overline{Z})^2\varphi(x,y)\mathrm{d}x\mathrm{d}y.$$

(vii) 均值加法公式为

$$\boxed{\overline{F(X,Y)+G(X,Y)}=\overline{F(x,y)}+\overline{G(X,Y)}.}$$

协方差　称数

$$\mathrm{Cov}(X,Y):=\overline{\left(X-\overline{X}\right)\left(Y-\overline{Y}\right)}$$

为 X 和 Y 的协方差. 显然, 有

$$\mathrm{Cov}(X,Y)=\int_{\mathbb{R}^2}\left(x-\overline{X}\right)\left(y-\overline{Y}\right)\varphi(x,y)\mathrm{d}x\mathrm{d}y.$$

相关系数　关于两个随机变量的一个基本问题是: X 和 Y 是强相关还是弱相关? 这个问题的答案由相关系数

$$r=\frac{\mathrm{Cov}(X,Y)}{\Delta X\Delta Y}$$

给出. 相关系数 r 恒满足 $-1\leqslant r\leqslant 1$, 即 $r^2\leqslant 1$.

定义　r^2 越大, X 与 Y 的相关性越强.

解决方案　考虑最小化问题

$$\boxed{\overline{(Y-a-bX^2)}\overset{!}{=}\min,\quad a,b\in\mathbb{R}.}\tag{6.6}$$

也就是说, 我们要寻找一个最密切逼近 Y 的线性函数 $a+bX$. 这个最小化问题相应于高斯的最小二乘法.

(a) (6.6) 的解是所谓的回归直线

$$\overline{Y}+r\frac{\Delta Y}{\Delta X}\left(X-\overline{X}\right).$$

(b) 对于这个解, 有

$$\overline{(Y-a-bX)^2}=(\Delta Y)^2\left(1-r^2\right).$$

对于 $r^2=1$(或 $r=0$), 我们得到的是最好 (或最差) 的逼近.

例: 在实际情形, X 和 Y 的测量值 $x_1,\cdots,x_n$ 和 $y_1,\cdots,y_n$ 是给定的. 将所有这些测量值 (x_j,y_j) 描在 (x,y) 平面上. 回归直线

$$\boxed{y=\overline{Y}+r\frac{\Delta Y}{\Delta X}(x-\overline{X})}$$

是最好地拟合所有这些点的直线 (图 6.5).

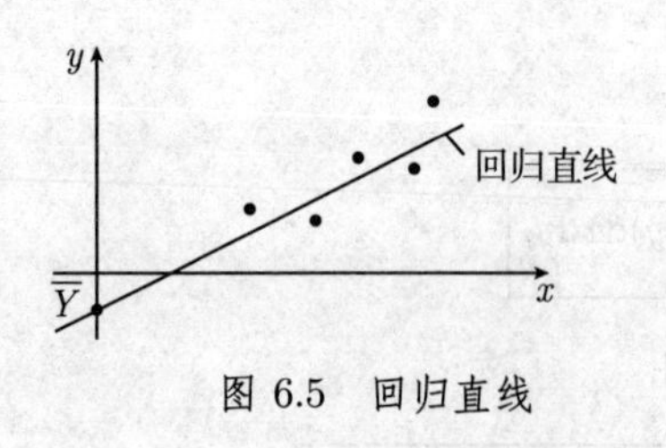

图 6.5　回归直线

$\Delta X, \Delta Y$ 和 r 的真值未知, 但可以利用已经得到的测量值对它们进行估计:

$$\overline{X}=\frac{1}{n}\sum_{j=1}^{n}x_j,\quad (\Delta X)^2=\frac{1}{n-1}\sum_{j=1}^{n}(x_j-\overline{X})^2,$$
$$r=\frac{1}{(n-1)\Delta X\Delta Y}\sum_{j=1}^{n}(x_j-\overline{X})(y_j-\overline{Y}).$$

随机变量的独立性 若随机变量 X 和 Y 的 (联合) 概率密度 φ 具有如下因式分解形式:

$$\varphi(x,y)=a(x)b(y),\quad (x,y)\in\mathbb{R}^2,$$

则称 X 与 Y 是*相互独立的*.

此时, 我们有

(i) $\varphi_X(x)=a(x), \varphi_Y(y)=b(y)$.

(ii) 概率乘法公式:

$$P(a\leqslant X\leqslant b, c\leqslant Y\leqslant d)=P(a\leqslant X\leqslant b)P(c\leqslant Y\leqslant d).$$

(iii) 均值乘法公式:

$$\overline{F(X)G(Y)}=\overline{F(X)}\cdot\overline{G(Y)}.$$

(iv) 相关系数r 为 0.[1]

(v) 方差加法公式:

$$(\Delta(X+Y))^2:=(\Delta X)^2+(\Delta Y)^2.$$

高斯正态分布

$$\varphi(x,y):=\frac{1}{\sigma_x\sqrt{2\pi}}\mathrm{e}^{-(x-\mu_x)^2/2\sigma_x^2}\cdot\frac{1}{\sigma_y\sqrt{2\pi}}\mathrm{e}^{-(y-\mu_y)^2/2\sigma_y^2}.$$

这个概率密度是两个一维正态分布概率密度的乘积, 它相应于两个相互独立随机变量 X 和 Y 的联合分布. 对于这个分布, 有

$$\overline{X}=\mu_x,\quad \Delta X=\sigma_x,\quad \overline{Y}=\mu_y,\quad \Delta Y=\sigma_y,$$

以及

$$(\Delta(X+Y))^2=\sigma_x^2+\sigma_y^2.$$

1) 这可由 $\overline{X-\overline{X}}=0$ 和 $\overline{(X-\overline{X})(Y-\overline{Y})}=\overline{(X-\overline{X})}\cdot\overline{(Y-\overline{Y})}=0$ 得到.

6.1.6 在经典统计物理学中的应用

利用上一段的结果, 全部经典统计物理学可以描述得非常优美和简洁. 考虑由 N 个质量为 m 的粒子组成的系统. 在开始对经典统计物理学进行描述之前, 我们首先给出系统能量 E 的如下表达式:

$$\boxed{E = H(\boldsymbol{q}, \boldsymbol{p}).}$$

这里, 函数 H 是系统的哈密顿函数. 假设每个粒子具有 f 个自由度 (例如三个平移自由度, 以及/或者其他来自于旋转或震动的自由度). 设

$$\boldsymbol{q} = (q_1, \cdots, q_{fN}), \ \boldsymbol{p} = (p_1, \cdots, p_{fN}).$$

这里, q_j 是粒子的坐标, p_j 是与粒子的速度有关的 (广义) 动量变量.

经典力学 粒子在时刻 t 的运动 $\boldsymbol{q} = \boldsymbol{q}(t)$, $\boldsymbol{p} = \boldsymbol{p}(t)$ 的方程由下面的方程组给出:

$$\boxed{q_j'(t) = H_{p_j}(\boldsymbol{q}(t), \boldsymbol{p}(t)), p_j'(t) = -H_{q_j}(\boldsymbol{q}(t), \boldsymbol{p}(t)), \quad j = 1, \cdots, fN.}$$

假设变量 $(\boldsymbol{q}, \boldsymbol{p})$ 在 $\mathbb{R}^{fN}$ 的一个区域 Π 中运动, 称 Π 为系统的相空间 (有关这些哈密顿力学的基本概念, 见 5.1.3).

经典统计力学 我们从概率密度

$$\boxed{\varphi(\boldsymbol{q}, \boldsymbol{p}) := C\mathrm{e}^{-H(\boldsymbol{q}, \boldsymbol{p})/\mathrm{k}T}}$$

出发开始讨论, 其中常数 C 由 $\int_\Pi \varphi \mathrm{d}\boldsymbol{q}\mathrm{d}\boldsymbol{p} = 1$ 确定. 这里, T 表示系统的绝对温度, k 是一个取自然数值的常数, 称为玻尔兹曼常量, 它使 H/kT 成为无维数的量. 现在, 我们可以借助 φ 引入一些重要的量.

(i) 系统落入相空间的子区域 G 中的概率 $P(G)$:

$$\boxed{P(G) = \int_G \varphi(\boldsymbol{q}, \boldsymbol{p}) \mathrm{d}\boldsymbol{q}\mathrm{d}\boldsymbol{p}.} \tag{6.7}$$

(ii) 函数 $F = F(\boldsymbol{q}, \boldsymbol{p})$ 的均值和方差:

$$\overline{F} = \int_\Pi F(\boldsymbol{q}, \boldsymbol{p})\varphi(\boldsymbol{q}, \boldsymbol{p}) \mathrm{d}\boldsymbol{q}\mathrm{d}\boldsymbol{p}, \quad (\Delta F)^2 = \int_\Pi \left(F(\boldsymbol{q}, \boldsymbol{p}) - \overline{F}\right)^2 \varphi(\boldsymbol{q}, \boldsymbol{p}) \mathrm{d}\boldsymbol{q}\mathrm{d}\boldsymbol{p}.$$

(iii) 两个给定函数 $A = A(\boldsymbol{q}, \boldsymbol{p})$ 和 $B = B(\boldsymbol{q}, \boldsymbol{p})$ 的相关系数:

$$\boxed{r = \frac{1}{\Delta A \Delta B} \overline{(A - \overline{A})(B - \overline{B})}.}$$

(iv) 系统在绝对温度 T 时的熵[1]:

$$\boxed{S = -\mathrm{k}\overline{\ln\varphi}.}$$

对麦克斯韦速度分布的应用 考虑由 N 个质量为 m 的粒子组成的, 在 $\mathbb{R}^3$ 的有界区域 Ω 中运动的理想气体. 设 V 表示区域 Ω 的体积. 第 j 个粒子用坐标向量 $\boldsymbol{x}_j = \boldsymbol{x}_j(t)$ 和动量向量

$$\boldsymbol{p}_j(t) = m\boldsymbol{x}_j'(t)$$

描述, 其中 $\boldsymbol{x}_j'(t)$ 是粒子在时刻 t 的速度. 如果我们用 v 表示在笛卡儿坐标系中第 j 个粒子的速度向量的任意一个分量, 则有

$$\boxed{P(a \leqslant mv \leqslant b) = \int_a^b \frac{1}{\sigma\sqrt{2\pi}} \mathrm{e}^{-x^2/2\sigma^2} \mathrm{d}x.} \tag{6.8}$$

这是 mv 落入区间 $[a, b]$ 的概率. 相应的概率分布是均值 $\overline{mv} = 0$, 标准差

$$\Delta\,(mv) = \sigma = \sqrt{m\mathrm{k}T}$$

的高斯正态分布.

这条定律是麦克斯韦在1860 年确立的. 他利用这条定律为玻尔兹曼建立统计力学奠定了基础.

推理: 在笛卡儿坐标系中, 我们令 $\boldsymbol{p}_1 = p_1\boldsymbol{i} + p_2\boldsymbol{j} + p_3\boldsymbol{k}, \boldsymbol{p}_2 = p_4\boldsymbol{i} + p_5\boldsymbol{j} + p_6\boldsymbol{k}, \cdots$, 以及 $\boldsymbol{x}_1 = q_1\boldsymbol{i} + q_2\boldsymbol{j} + q_3\boldsymbol{k}, \cdots$. 因为 (理想气体的) 粒子之间没有相互作用, 所以理想气体的总能量 E 是每个粒子动能的和:

$$E = \frac{p_1^2}{2m} + \cdots + \frac{p_N^2}{2m} = \sum_{j=1}^{3N} \frac{p_j^2}{2m}.$$

例如, 考虑 $p_1 = mv$. 由 (6.7), 有 [2]

$$P(a \leqslant p_1 \leqslant b) = C\int_a^b \exp\left(-\frac{p_1^2}{2m\mathrm{k}T}\right) \mathrm{d}p_1 \cdot J,$$

其中, J 由对 $p_2 \cdots p_{3N}$ 从 $-\infty$ 到 ∞ 的积分, 以及关于坐标 q_j 的积分得到. 然后, CJ 的值就可以从规范化条件 $P(-\infty < p < \infty) = 1$ 求出. 这样就得到了 (6.8).

波动原理 经典统计力学中的一个关键问题是: 为什么要了解气体的统计性质必须具备非常灵敏的测量能力? 这个问题的答案可以在对理想气体成立的基本公式

$$\boxed{\frac{\Delta E}{\overline{E}} = \frac{1}{\sqrt{N}} \frac{\Delta\varepsilon}{\overline{\varepsilon}}} \tag{6.9}$$

1) 注意 φ 依赖于 T.

2) 为清楚起见, 这里使用记号 $\exp(x) := \mathrm{e}^x$.

中找到. 这里, 我们使用的符号的意思分别是: N 为粒子数, E 是总能量, ε 是单个粒子的能量. 由于 $\Delta\varepsilon/\overline{\varepsilon}$ 近似等于 1, 而 N 的量级为 10^{23}, 因此气体能量的相对方差 $\Delta E/\overline{E}$ 相当小, 在日常生活中没有任何明显作用.

推理: 由于理想气体的粒子之间没有相互作用, 所以每个粒子的能量是*相互独立*的随机变量. 因此, 可以应用均值和方差的加法公式. 这样可以得到

$$\overline{E} = N\overline{\varepsilon}, \quad (\Delta E)^2 = N(\Delta\varepsilon)^2.$$

由此可得 (6.9).

具有可变粒子数和化学势的系统 在化学反应期间, 粒子数可以变化. 因此, 相应的统计物理学就需要考虑参数 T(绝对温度)和参数 μ(化学势). 有关讨论见 [212]. 在那里, 我们考虑了一个也可以应用于现代量子统计 (原子, 分子, 光子和基本粒子的统计) 的一般方案.

6.2 科尔莫戈罗夫的概率论公理化基础

科尔莫戈罗夫的一般概率模型 设有非空集合 E, 我们称之为全体事件. E 的元素 e 称为基本事件. 令 P 为 E 上的一个测度, 它满足

$$\boxed{P(E) = 1.}$$

在这种模型中, 一般事件 A 是有确定测度 $P(A)$ 的子集 $A \subseteq E$.

与测度论的联系 利用这些假设, 概率论就只不过是测度论这个现代数学分支的一种特殊情形. 有关测度论的详尽阐述见 [212]. 集合 E 上满足性质 $P(E) = 1$ 的测度称为*概率测度*. 事件相应于可测集. 下面将简洁而系统地介绍概率测度的定义.

科尔莫戈罗夫公理简述 假设在集合 E 上给定了一个由 E 的子集 $A \subseteq E$ 组成的系统 $\mathscr{S}$, 它满足如下条件:

(i) 空集 $\varnothing$ 与集合 E 都是 $\mathscr{S}$ 的元素.

(ii) 若 A 和 B 都属于 $\mathscr{S}$, 则 A 与 B 的并集 $A \cup B$, 交集 $A \cap B$, 差集 $A - B$ 以及 A 的补集 $\mathrm{C}_E A := E - A$ 都属于 $\mathscr{S}$.

(iii) 若 $A_1, A_2, \cdots$ 都属于 $\mathscr{S}$, 则 (无限) 并 $\bigcup\limits_{n=1}^{\infty} A_n$ 与 (无限) 交 $\bigcap\limits_{n=1}^{\infty} A_n$ 也属于 $\mathscr{S}$.

*事件*是 $\mathscr{S}$ 的元素. 对于每个事件 A, 赋予它一个实数 $P(A)$, 满足:

(a) $0 \leqslant P(A) \leqslant 1$.

(b) $P(E) = 1$, $P(\varnothing) = 0$.

(c) 对于任意两个事件 A 和 B, 如果 $A \cap B = \varnothing$, 则

$$\boxed{P(A \cup B) = P(A) + P(B).}$$

(d) 如果 $A_1, A_2, \cdots$ 是可数无穷多个事件, 而且对于所有的下标 $j \neq k$, 都有 $A_j \cap A_k = \varnothing$, 则

$$\boxed{P\left(\bigcup_{n=1}^{\infty} A_n\right) = \sum_{n=1}^{\infty} P(A_n).} \tag{6.10}$$

解释 基本事件相应于随机试验的可能结果; $P(A)$ 就是结果 A 发生的概率; P 就是定义在 $\mathscr{S}$ 上的所谓概率测度.

定义 上述三元总体 $(E, \mathscr{S}, P)$ 称为概率空间.

哲学背景 这种概率论的一般方法是由科尔莫戈罗夫在 1933 年提出的. 这种方法假定随机试验的每个结果都有一个明确的, 而且与从该试验得到的任何测量结果无关的概率.

在历史上, 也曾经有人试图建立基于试验结果以及由试验得到的频率的概率理论, 但没有取得任何成功.

通过假定概率先验存在, 科尔莫戈罗夫的方法也与 I. 康德(Kant, 1724—1804)的哲学一致. 而另一方面, 频率是实验观测的产物, 因此是后验的.

我们体验到的三个事实 在日常生活中, 我们使用下面三个基本事实.

(i) 概率很小的事件极少会发生.

(ii) 概率可以用频率来估计.

(iii) 当完成并记录一定数量的试验之后, 事件的频率是稳定的.

大数定律从数学上说明, 事实上, 上述 (ii) 和 (iii) 可以由 (i) 推出.

例 1: 在 "45 取 6" 的摸彩游戏中, 抽到 6 个正确数字的概率为 10^{-7}. 人人都明白, 在这样的游戏中, 获胜概率可以忽略不计.

例 2: 人寿保险公司需要知道其各年龄段顾客的死亡概率. 当然, 这种概率不能用 6.1.1 中介绍的组合方法进行推算, 而是需要通过对大量数据进行详细分析才能得到. 例如, 为了确定一个人活到 70 岁的概率 p, 我们随机选取 n 个人. 如果其中有 k 个人的年龄是 70 岁或更大, 那么就可以近似地说

$$\boxed{p = \frac{k}{n}.}$$

例 3: 为了确定新生儿为女婴或男婴的概率, 也必须使用数据分析. 拉普拉斯曾经研究了从伦敦、柏林、圣彼得堡等城市获得的数据, 以及更多来自于法国的数据. 他发现, 女孩出生的频率大约为

$$\boxed{p = 0.49.}$$

然而, 在巴黎女婴出生的频率却大约是 $p = 0.5$. 因为拉普拉斯相信或然性法则的普遍性, 所以他试图解释这种差异. 他发现, 在巴黎被人发现的弃婴也被统计在内了; 而当时巴黎人遗弃的多数是女婴. 一旦不统计这些弃婴, 那么在巴黎女婴出生的频率也接近 $p = 0.49$.

有限多种可能结果　如果一个随机试验有 n(有限数) 个可能结果, 那么我们可以假设集合 E 由元素

$$\boxed{e_1, \cdots, e_n}$$

构成, 并给每个基本事件e_j 赋予一个数 $P(e_j)$, 它满足 $0 \leqslant P(e_j) \leqslant 1$, 而且

$$P(e_1) + P(e_2) + \cdots + P(e_n) = 1.$$

E 的所有子集 A 都叫做事件. 对于每个事件 $A = \{e_{i_1}, \cdots, e_{i_k}\}$, 我们赋予它一个概率:

$$\boxed{P(A) := P(e_{i_1}) + P(e_{i_2}) + \cdots + P(e_{i_k}).}$$

例 4(掷一粒骰子):　对于这个试验 n=6. 如果

$$P(e_j) = \frac{1}{6}, \quad j = 1, \cdots, 6,$$

那么这粒骰子是均匀的, 否则它可能就是一粒骗人的骰子.

投针试验、无穷多种可能结果以及蒙特卡罗方法　让一枚针垂直落入单位正方形 E: $\{(x,y) | 0 \leqslant x, y \leqslant 1\}$, 则落下的针尖扎中 E 的子集 A 的概率

$$\boxed{P(A) := A\text{的面积}}$$

(图 6.6(a)). 这里, 集合 E 仍为全体事件. 一个基本事件 e 就是 E 中的任何一个点. 在这种情形, 我们可以观察到如下两个令人惊讶的事实:

(i) 并非 E 的每个子集 A 都是事件.

(ii) $P(\{e\}) = 0$.

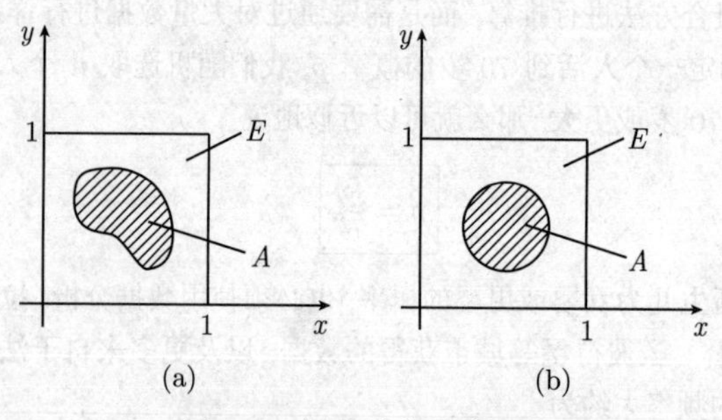

图 6.6　概率对应于表面积

事实上, 我们不可能对 E 的每个子集 A 都赋予一个表面积, 并由此得到 E 上的一个满足 (6.10) 的测度. 我们自然考虑选择 $\mathbb{R}^2$ 上的勒贝格测度作为 E 上的这种测度. 对于足够合理的集合 A, 概率 $P(A)$ 恰好就是 A 的表面积. 然而, 也存在着 E 的 “奇异的” 子集 A, 它们不是勒贝格可测的, 因此不是事件. 对于这些 “奇异

的" 集合, 我们不可能以任何合理的方式赋予它一个数值, 并使这个数值成为针尖扎入该集合的概率.

若我们考虑的集合 A 是由单位正方形 E 除去一个点 e 以后得到的集合, 则

$$P(A) = 1 - P(\{e\}) = 1.$$

对此, 可以用针尖几乎必然落入集合 A 来解释.

由此, 得到下面的定义:

几乎不可能事件 若 $P(A) = 0$, 则称事件 A 为几乎不可能事件.

几乎必然事件 若 $P(A) = 1$, 则称事件 A 为几乎必然事件.

例 5: 取一个落入上述单位正方形 E 的半径为 r 的圆 A, 则针落入 A 的概率 $P(A) = \pi r^2$. 因此, 我们可以利用上述投针试验确定 π 的实验值. 落下的针可以用计算机中的随机数发生器来模拟. 这是蒙特卡罗模拟方法潜在的基本思想. 蒙特卡罗方法可用于计算原子物理, 基本粒子理论以及量子化学中的高维积分.

例 6(蒲丰投针问题): 下面这个问题是法国自然科学家蒲丰在1777 年提出的. 假设在平面上等间距 d 画着一些平行直线 (图 6.7). 现在将一枚长度为 $L(L < d)$ 的针抛向该平面. 问这枚针能与一条直线相交的概率是多少? 这个问题的答案是:

$$\boxed{p = \frac{2L}{d\pi}.}$$

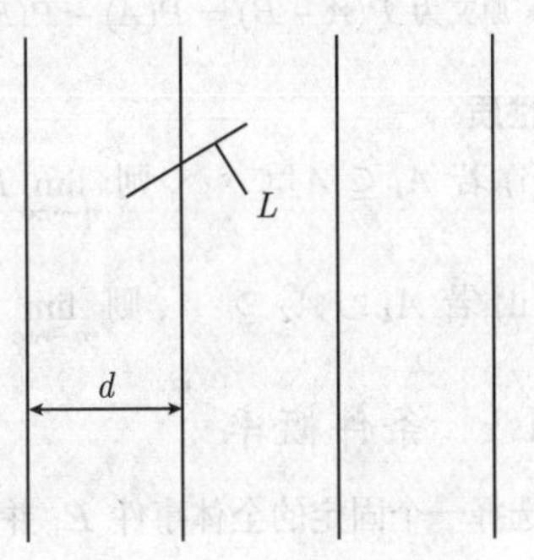

图 6.7 蒲丰投针问题

1850 年, 苏黎世 (瑞士) 天文学家沃尔夫 (Wolf) 投针 5000 次, 得到了概率 p(的一个近似值), 并由此获得了 π 的一个近似值 $\pi \approx 3.16$, 这个值与 π 的真值 (保留两位小数为 3.14) 非常接近.

6.2.1 事件与概率的计算

事件是集合. 集合论的每一种关系和运算都对应着一个概率论的解释和意义, 有关结果见表 6.4. 事件的运算根据集合论的有关规则 (有关说明见 4.3.2) 进行.

概率的单调性 若 $A_1, A_2, \cdots$ 为事件, 则对于 $N = 1, 2, \cdots$ 和 $N = \infty$ 均有不等式

$$P\left(\bigcup_{n=1}^{N} A_n\right) \leqslant \sum_{n=1}^{N} P(A_n).$$

由 (6.10) 可知, 若对于所有的 $k \neq j$, A_j 和 A_k 都没有共同元素, 即这些事件两两互不相容, 则上式中的等号成立.

表 6.4　事件的逻辑演算

事件	解释	概率
E	全体事件	$P(E)=1$
$\varnothing$	不可能事件	$P(\varnothing)=0$
A	任意事件	$0\leqslant P(A)\leqslant 1$
$A\cup B$	事件 A 或 B 发生	$P(A\cup B)=P(A)+P(B)-P(A\cap B)$
$A\cap B$	事件 A 和 B 都发生	$P(A\cap B)=P(A)+P(B)-P(A\cup B)$
$A\cap B=\varnothing$	事件 A 和 B 不能同时发生	$P(A\cup B)=P(A)+P(B)$
$A-B$	事件 A 发生而 B 不发生	$P(A-B)=P(A)-P(A\cap B)^*$
$\mathrm{C}_E A$	事件 A 不发生 ($\mathrm{C}_E A:=E-A$)	$P(\mathrm{C}_E A)=1-P(A)$
$A\subseteq B$	若事件 A 发生, 则 B 发生	$P(A)\leqslant P(B)$
	事件 A 与 B 相互独立	$P(A\cap B)=P(A)P(B)$

* 原文为 $P(A-B)=P(A)-P(B)$, 但这个结果仅当 $B\subseteq A$ 时才成立.—— 译者

极限性质

(i) 若 $A_1\subseteq A_2\subseteq\cdots$, 则 $\lim\limits_{n\to\infty}P(A_n)=P\left(\bigcup\limits_{n=1}^{\infty}A_n\right)$.

(ii) 若 $A_1\supset A_2\supseteq\cdots$, 则 $\lim\limits_{n\to\infty}P(A_n)=P\left(\bigcap\limits_{n=1}^{\infty}A_n\right)$.

6.2.1.1　条件概率

选择一个固定的全体事件 E, 并考虑属于 E 的事件 $A, B, \cdots$.

定义　设 $P(B)\neq 0$, 则数

$$\boxed{P(A|B):=\frac{P(A\cap B)}{P(B)}}\tag{6.11}$$

称为在 B 已经发生的条件下 A 发生的条件概率.

解决方案　选择集合 B 作为一个新的全体事件并考虑 B 的子集 $A\cap B$, 其中 A 是关于 E 的事件 (即 $A\subseteq E$, 图 6.8). 在 B 上建立一个概率测度 P_B, 它满足

$$P_B(B):=1,\quad 以及\quad P_B(A\cap B):=P(A\cap B)/P(B).$$

于是, 我们有 $P(A|B)=P_B(A\cap B)$.

例 1(抛两枚硬币)：　考虑两个事件 A 和 B.

A: 两枚硬币均为正面向上,

B: 第一枚硬币为正面向上,

则有

$$\boxed{P(A)=\frac{1}{4},\quad P(A|B)=\frac{1}{2}.}$$

(i) 概率的直观确定: 试验结果 (基本事件)为

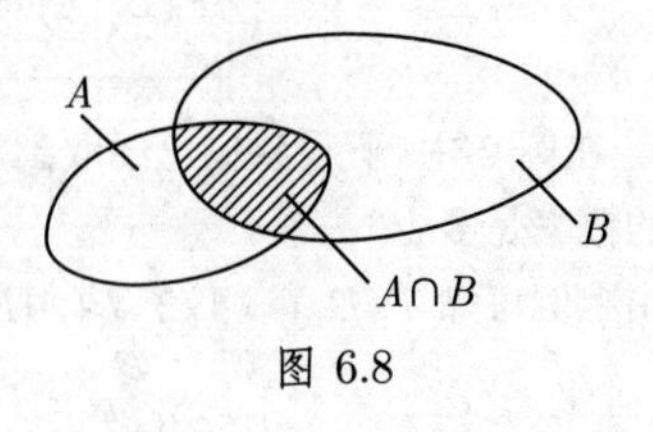

图 6.8

$$HH,\quad HT,\quad TH,\quad TT.$$

这里 HT 表示第一枚硬币正面向上, 而第二枚硬币反面向上; …… . 有

$$A=\{HH\},\quad B=\{HH,HT\}.$$

由此可得 $P(A)=1/4$. 若知道事件B 已经发生, 则就只有 HH 或 HT 发生, 这意味着 $P(A|B)=1/2$.

(ii) 使用定义 (6.11): 由 $A\cap B=\{HH\}$, $P(A\cap B)=1/4$, 以及 $P(B)=1/2$, 可得

$$P(A|B)=\frac{P(A\cap B)}{P(B)}=\frac{1}{2}.$$

区分清楚普通概率与条件概率是重要的.

全概率公式 如果

$$E=\bigcup_{j=1}^{n}B_j,\quad \text{而且对于所有的}j\neq k,\ \text{都有}B_j\cap B_k=\varnothing, \tag{6.12}$$

那么, 对于任何事件 A, 都有

$$\boxed{P(A)=\sum_{j=1}^{n}P(B_j)P(A|B_j).}$$

例 2: 设有两只相同的罐子, 其中

(i) 第一只罐子装有 1 粒白色弹球和 4 粒黑色弹球;

(ii) 第二只罐子装有 1 粒白色弹球和 2 粒黑色弹球.

从这两只罐子中任取一粒弹球. 考虑事件

A: 取到的是一粒黑色的弹球.

B_j: 取到的弹球是从第 j 只罐子中取出的.

于是, 对于取出一粒黑色弹球的概率 $P(A)$, 有

$$P(A)=P(B_1)P(A|B_1)+P(B_2)P(A|B_2)=\frac{1}{2}\cdot\frac{4}{5}+\frac{1}{2}\cdot\frac{2}{3}=\frac{11}{15}.$$

贝叶斯定理 (1763) 设 $P(A) \neq 0$, 则在假设 (6.12) 之下, 有

$$\boxed{P(B_j|A) = \frac{P(B_j)P(A|B_j)}{P(A)}.}$$

例 3: 在例 2 中, 假设我们已经取到了一粒黑色的弹球, 那么这粒弹球取自第一只罐子的概率是多少?

由上例可知 $P(B_1) = 1/2$, $P(A|B_1) = 4/5$, $P(A) = 11/15$, 所以我们有

$$P(B_1|A) = \frac{P(B_1)P(A|B_1)}{P(A)} = \frac{6}{11}.$$

6.2.1.2 独立事件

概率论中最重要的问题之一是给出事件相互独立这一直观概念的精确数学定义.

定义 设 A 和 B 是 E 中的两个事件, 若

$$\boxed{P(B \cap A) = P(A)P(B),}$$

则称事件 A 与事件 B 是相互独立的. 类似地, 设 $A_1, \cdots, A_n$ 是 E 中的 n 个事件, 若对于所有的 $m = 2, \cdots, n$, 以及任意的 $1 \leqslant j_1 < j_2 < \cdots < j_m \leqslant n$, 都成立等式

$$P(A_{j_1} \cap A_{j_2} \cap \cdots \cap A_{j_m}) = P(A_{j_1})P(A_{j_2}) \cdots P(A_{j_m}),$$

则称事件 $A_1, \cdots, A_n$ 是相互独立的.

定理 设 $P(B) \neq 0$, 则事件 A 与事件 B 是相互独立的, 当且仅当其条件概率满足

$$\boxed{P(A|B) = P(A).}$$

解决方案 在日常生活中, 我们经常用频率代替概率. 我们预计事件 A(相应地事件 B) 在 n 次试验中发生的次数为 $nP(A)$(相应地 $nP(B)$).

若 A 与 B 是相互独立的, 则直觉告诉我们, 事件 “A 和 B 都发生” 在 n 次试验中发生的次数为 $(nP(A)) \times P(B)$.

例: 掷一对骰子, 并考虑如下事件:

A: 第一粒骰子为 “1” 点,

B: 第二粒骰子为 “3” 点或 “6” 点.

本试验共有 36 个基本事件:

$$(i, j),\ i, j = 1, \cdots, 6.$$

这里, (i, j) 表示事件 “第一粒骰子为 i 点而第二粒骰子为 j 点”. 事件 A, B 以及 $A \cap B$ 分别相应于如下基本事件:

$$
\begin{aligned}
A: &\quad (1,1),(1,2),(1,3),(1,4),(1,5),(1,6).\\
B: &\quad (1,3),(2,3),(3,3),(4,3),(5,3),(6,3),\\
&\quad (1,6),(2,6),(3,6),(4,6),(5,6),(6,6).\\
A\cap B: &\quad (1,3),(1,6).
\end{aligned}
$$

因此, $P(A)=6/36=1/6$, $P(B)=12/36=1/3$, 而 $P(A\cap B)=2/36=1/18$. 于是, 我们有 $P(A\cap B)=P(A)P(B)$, 也就是说, 事件 A 与 B 是相互独立的.

6.2.2 随机变量

在这一节中, 我们引入随机变量的概念. 这个概念用于刻画具有随机性特征的观测量 (如人的身高等).

6.2.2.1 基本思想

设 $E=\{e_1,\cdots,e_n\}$ 是有限个可能结果, 而且结果 $e_1,\cdots,e_n$ 发生的概率分别为 $p_1,\cdots,p_n$. E 上的一个*随机函数*

$$\boxed{X:E\to\mathbb{R}}$$

是一个将每个基本事件 e_j 映射为一个实数 $X(e_j):=x_j$ 的函数. 这意味着, 如果对 X 进行一次测量, 那么我们将以概率p_j 得到测量值 x_j. 对于这种函数, 重要的量是*均值*$\overline{X}$ 和*标准差的平方*$(\Delta X)^2$. 它们的定义分别为

$$\boxed{\overline{X}:=\sum_{j=1}^{n}x_jp_j,\quad (\Delta X)^2:=\overline{(X-\overline{X})}^2=\sum_{j=1}^{n}(x_j-\overline{X})^2p_j.}$$

人们通常将标准差的平方称为*方差*. 量 $\Delta X=\sqrt{(\Delta X)^2}$ 称为*标准差*, 因为它是观测值与期望值的平均偏差.

下面的结果是切比雪夫不等式的一个特殊情况, 它解释了方差和标准差的重要性: X 的任意一个测量值落入区间

$$[\overline{X}-4\Delta X,\ \overline{X}+4\Delta X] \tag{6.13}$$

的概率大于 0.93(见 6.2.2.4).

例: 一个 (假想的) 卡西诺游戏允许玩家掷一粒骰子并根据掷出的点数按照表 6.5 所列的数额付钱给该玩家. 其中, 负数 (或正数) 是此卡西诺赢 (或输) 的钱数.

表 6.5 一场卡西诺牌戏中的输赢情况

玩家掷出的点数	1	2	3	4	5	6
卡西诺支付的钱数/美元	1	2	3	−4	−5	−6
x_j	x_1	x_2	x_3	x_4	x_5	x_6

假设这种卡西诺游戏每天要玩 10 000 次.

我们的问题是: 开设这种卡西诺游戏每天的平均收入是多少?

解答: 先建立全体事件

$$E = \{e_1, \cdots, e_n\}.$$

这里 e_i 表示事件"掷出 i 点". 进一步地, 令

$$X(e_j) := \text{当玩家掷出 } j \text{ 点时卡西诺支付的钱数}^*,$$

则作为平均结果, 有

$$\overline{X} = \sum_{j=1}^{6} x_j p_j = (x_1 + \cdots + x_6)\frac{1}{6} = -1.5.$$

这样, 开设这种卡西诺游戏平均每天可挣 $1.5 \times 10\,000$ 美元 =15 000 美元. 然而, 由于 X 的标准差 $\Delta X = 3.6$ 非常之大, 所以该卡西诺游戏每天的收益会有巨大的变化. 一般来说, 这会促使该卡西诺的老板开发更加有利可图的游戏.

17 世纪, 人们在进行机会游戏的过程中认识到了均值(期望)$\overline{X}$ 这一基本概念的重要性. 而当时最好的数学家中的两位 —— 帕斯卡(Pascal, 1623—1662) 与费马(Fermat, 1601—1665) 之间一组著名的通信对此起了非常重要的作用.

6.2.2.2 分布函数

定义 设 $(E, \mathscr{S}, P)$ 是以 P 为概率测度的概率空间. E 上的随机变量$X := E \to \mathbb{R}$ 是一个函数, 而且对于每个 $x \in \mathbb{R}$, 集合

$$A_x = \{e \in E : X(e) < x\}$$

都是一个事件 [1]. 这样, X 的分布函数

$$\boxed{\Phi(x) := P(X < x)}$$

就是有明确定义的. 这里 $P(X < x)$ 代表 $P(A_x)$.

策略 我们将对随机变量的全面研究简化为对分布函数的研究.

分布函数的直观解释 假设我们已经在实数轴上赋予了一个质量分布, 并且使得整个数轴的质量为 1. 分布函数 $\Phi(x)$ 的值表示的是区间 $J :=]-\infty, x[$ 所包含的质量. 这个质量值也是 X 的测量值落入区间 J 的概率.

$$\boxed{\Phi(x) \text{ 越大, } X \text{ 的测量值落入区间 }]-\infty, x[\text{ 的概率越大.}}$$

例 1: 若点 x_1 的质量 $p = 1$, 则相应的分布函数如图 6.9 所示.

---

* 原文为: $X(e_j) :=$ 当玩家掷出 j 点时卡西诺挣得的钱数. —— 译者

1) X 是随机变量, 当且仅当对于博雷尔域 $\mathscr{B}(\mathbb{R})$ 中的每个集合 M, 逆映射 $X^{-1}(M)$ 是一个事件.

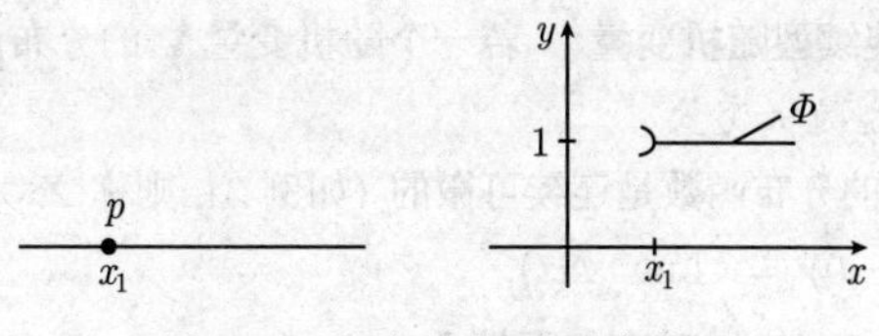

图 6.9 具有单位质量的点 p

例 2: 若两个点 x_1 和 x_2 分别有质量 p_1 和 p_2, 且 $p_1+p_2=1$, 则相应分布函数如图 6.10 所示.

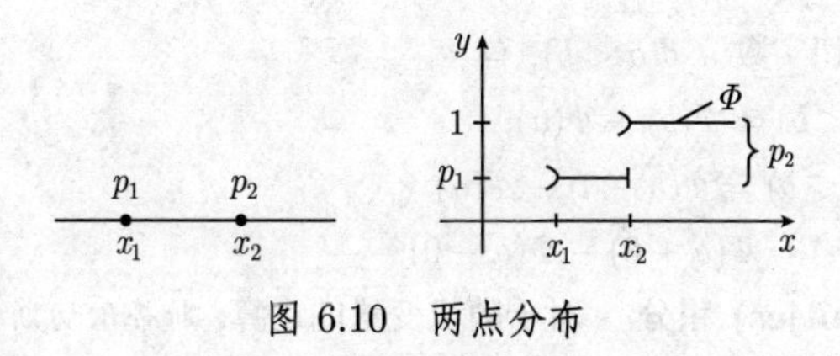

图 6.10 两点分布

更明确地, 有

$$\Phi(x)=\begin{cases}0, & x\leqslant x_1,\\ p_1, & x_1<x\leqslant x_2,\\ p_1+p_2=1, & x_2<x.\end{cases}$$

例 3: 若分布函数 $\Phi:\mathbb{R}\to\mathbb{R}$ 是连续可微的, 则其导函数

$$\boxed{\varphi(x):=\Phi'(x)}$$

是一个连续质量密度 $\varphi:\mathbb{R}\to\mathbb{R}$, 而且有

$$\boxed{\Phi(x)=\int_{-\infty}^{x}\varphi(\xi)\mathrm{d}\xi,\quad x\in\mathbb{R}.}$$

区间 $[a,b]$ 所包含的质量等于图 6.11 中阴影部分的面积.

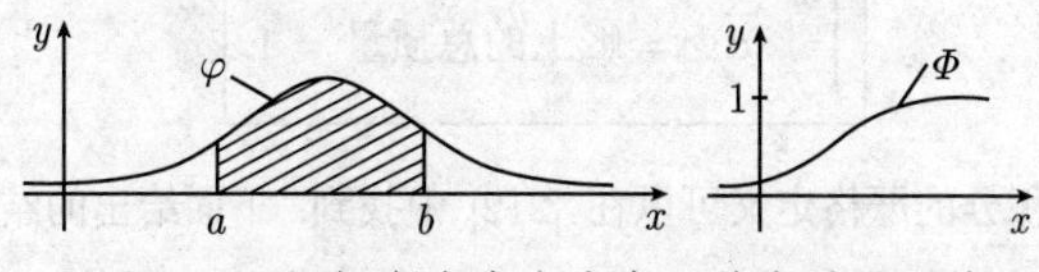

图 6.11 视概率密度和分布函数为质量函数

函数 φ 称为质量密度(或概率密度). 例如, 高斯正态分布的概率密度为 [1]

$$\boxed{\varphi(x):=\frac{1}{\sigma\sqrt{2\pi}}\mathrm{e}^{-(x-\mu)^2/2\sigma^2}.}$$

1) 分布函数与概率密度之间关系的说明见 6.1.4 节.

离散型随机变量与连续型随机变量 若一个随机变量X 的分布函数只取有限多个值, 则称 X 为离散型随机变量.

若随机变量 X 的分布函数是连续可微的 (如例 3), 则称 X 为连续型随机变量.

我们规定 $\Phi(x \pm 0) := \lim\limits_{t \to x \pm 0} \Phi(t)$.

定理 1 分布函数 $\Phi: \mathbb{R} \to \mathbb{R}$ 有如下性质:

(i) Φ 是单调增加函数, 而且是左连续的, 即对于所有的 $x \in \mathbb{R}$, 都有 $\Phi(x-0) = \Phi(x)$.

(ii) $\lim\limits_{x \to -\infty} \Phi(x) = 0, \quad \lim\limits_{x \to +\infty} \Phi(x) = 1.$

定理 2 对于一切实数 $a, b(a < b)$, 有

(i) $P(a \leqslant x < b) = \Phi(b) - \Phi(a)$.

(ii) $P(a \leqslant x \leqslant b) = \Phi(b+0) - \Phi(a)$.

(iii) $P(X = a) = \Phi(a+0) - \Phi(a-0)$.

斯蒂尔切斯 (Stieltjes) 积分 对于随机变量的运算, 斯蒂尔切斯积分

$$S := \int_{-\infty}^{\infty} f(x) \mathrm{d}\Phi(x)$$

是最基本, 也是最重要的工具 (见 6.2.2.3). 上述积分是关于实数轴上相应于 Φ 的质量密度所形成的测度的. 直观地讲, 近似有等式

$$S = \sum_j f(x_j) \Delta m_j.$$

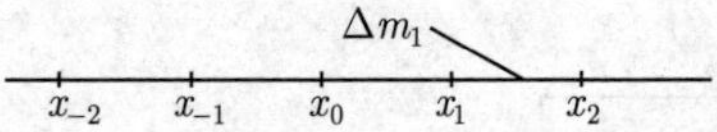

这意味着, 我们先将实直线划分成了质量为 Δm_j 的小区间 $[x_j, x_{j+1}[$, 再构造乘积 $f(x_j)\Delta m_j$, 并在整个实直线上对所有这些乘积求和 (图 6.12). 最后, 通过无限缩小区间长度得到了一个极限. 因此, 我们有

Δm_1

x_{-2} x_{-1} x_0 x_1 x_2

图 6.12

$$\boxed{\int_{-\infty}^{\infty} \mathrm{d}\Phi = \mathbb{R} \text{ 上的总质量} = 1.}$$

斯蒂尔切斯积分的严格定义可以在 [212] 中找到. 下面给出的结果可以充分满足最实用的目的.

斯蒂尔切斯积分的计算 假设 $f: \mathbb{R} \to \mathbb{R}$ 是一个给定的连续函数.

(i) 若分布函数 $\Phi: \mathbb{R} \to \mathbb{R}$ 可微, 则只要经典积分 $\displaystyle\int_{-\infty}^{\infty} f(x)\Phi'(x)\mathrm{d}x$ 收敛, 就有

$$\boxed{\int_{-\infty}^{\infty} f(x) \mathrm{d}\Phi = \int_{-\infty}^{\infty} f(x)\Phi'(x)\mathrm{d}x.}$$

(ii) 若 Φ 只取有限多个值, 则

$$\boxed{\int_{-\infty}^{\infty} f(x)\mathrm{d}\Phi = \sum_{j=1}^{n} f(x_j)(\Phi(x_j+0)-\Phi(x_j-0)).}$$

其中, 求和运算是关于 Φ 的所有不连续点 x_j 进行的.

(iii) 若 Φ 只取可数个值, 而且对于不连续点 x_j, 有关系式 $\lim\limits_{n\to\infty} x_j = +\infty$, 则只要 $\sum\limits_{j=1}^{\infty} f(x_j)\,(\Phi(x_j+0)-\Phi(x_j-0))$ 收敛, 就有

$$\boxed{\int_{-\infty}^{\infty} f(x)\mathrm{d}\Phi = \sum_{j=1}^{\infty} f(x_j)(\Phi(x_j+0)-\Phi(x_j-0)).}$$

(iv) 若分布函数 Φ 除去有限多个不连续点 $x_1,\cdots,x_n$ 外可微, 则只要积分 $\int_{-\infty}^{\infty} f(x)\Phi'(x)\mathrm{d}x$ 收敛, 就有

$$\boxed{\int_{-\infty}^{\infty} f(x)\mathrm{d}\Phi = \int_{-\infty}^{\infty} f(x)\Phi'(x)\mathrm{d}x + \sum_{j=1}^{n} f(x_j)(\Phi(x_j+0)-\Phi(x_j-0)).}$$

6.2.2.3 期望值 (均值)

期望值是随机变量的最重要的数量特征. 随机变量的所有其他重要的数量特征 (例如, 标准差、高阶矩、相关系数、协方差) 都可以通过构造随机变量的适当函数并求其期望获得.

定义 设 $X: E\to\mathbb{R}$ 为一个随机变量, 若积分 $\int_E X(e)\,\mathrm{d}P$ 存在, 则 X 的期望(均值)为

$$\boxed{\overline{X} = \int_E X(e)\mathrm{d}P.} \tag{6.14}$$

上述积分应当作为一个抽象的测度论积分 (见 [212]) 来理解. 不过它可以简化为关于 X 的分布函数的斯蒂尔切斯积分. 对此, 有

$$\boxed{\overline{X} = \int_{-\infty}^{\infty} x\mathrm{d}\Phi.}$$

直观意义 期望 $\overline{X}$ 是对应于 Φ 的质量分布的质量中心.

计算 关于期望运算, 有如下法则:

(i) 可加性: 如果 X 和 Y 都是 E 上的随机变量, 则有

$$\overline{X+Y} = \overline{X} + \overline{Y}.$$

(ii) 随机变量的函数: 假设 $X : E \to \mathbb{R}$ 是以 Φ 为分布函数的随机变量. 若 $F : \mathbb{R} \to \mathbb{R}$ 是一个连续函数, 则复合函数 $Z := F(X)$ 也是 E 上的随机变量, 而且只要积分 $\int_{-\infty}^{\infty} F(x)\mathrm{d}\Phi$ 收敛, 就有 Z 的期望值

$$\overline{Z} = \int_E F(X(e))\mathrm{d}P = \int_{-\infty}^{\infty} F(x)\mathrm{d}\Phi.$$

6.2.2.4 方差与切比雪夫不等式

定义 若 $X : E \to \mathbb{R}$ 是一个随机变量, 则 X 的方差定义为

$$\boxed{(\Delta X)^2 := \overline{(X - \overline{X})^2}.}$$

若 Φ 是 X 的分布函数, 则只要 $\int_{-\infty}^{\infty} \left(x - \overline{X}\right)^2 \mathrm{d}\Phi$ 收敛, 就有

$$(\Delta X)^2 = \int_E \left(X(e) - \overline{X}\right)^2 \mathrm{d}P = \int_{-\infty}^{\infty} \left(x - \overline{X}\right)^2 \mathrm{d}\Phi.$$

X 的标准差ΔX 定义为

$$\Delta X := \sqrt{(\Delta X)^2}.$$

例 1(连续型随机变量): 若 Φ 在 $\mathbb{R}$ 上有连续导数 $\varphi = \Phi'$, 则

$$\boxed{\overline{X} = \int_{-\infty}^{\infty} x\varphi(x)\mathrm{d}x, \quad (\Delta X)^2 = \int_{-\infty}^{\infty} (x - \overline{X})^2\varphi(x)\mathrm{d}x.}$$

例 2(离散型随机变量): 若 X 只取有限个值 $x_1, \cdots, x_n$, 而且规定 $p_j := P(X = x_j)$, 则

$$\boxed{\overline{X} = \sum_{j=1}^{n} x_j p_j, \quad (\Delta X)^2 = \sum_{j=1}^{n} (x_j - \overline{X})^2 p_j.}$$

切比雪夫不等式 若 $X : E \to \mathbb{R}$ 是一个随机变量, 且其标准差$\Delta X < \infty$, 则对于任何实数 $\beta > 0$, 都有如下重要不等式:

$$\boxed{P(|X - \overline{X}| > \beta\Delta X) \leqslant \frac{1}{\beta^2}.}$$

特别地, 若 $\Delta X = 0$, 则有 $P(X = \overline{X}) = 1$, 即 X 几乎必然只取其期望值.

对置信区间的应用 如果我们选择一个满足 $0 < \alpha < 1$ 的实数 α, 则 X 的观测值落入区间

$$\left[\overline{X} - \frac{\Delta X}{\sqrt{\alpha}}, \overline{X} + \frac{\Delta X}{\sqrt{\alpha}}\right]$$

的概率大于 $1-\alpha$.

例 3 ($4\Delta X$ 准则): 假设 $\alpha=1/16$. 则 X 的所有观测值落入区间

$$\boxed{[\overline{X}-4\Delta X, \overline{X}+4\Delta X]}$$

的概率大于 0.93.

随机变量的矩 X 的 k 次幂的期望

$$\mu_k := \overline{X^k} \quad k=0,1,2,\cdots$$

称为 X 的 k 阶矩. 如果 Φ 是 X 的分布函数, 则有

$$\mu_k = \int_E X^k \mathrm{d}P = \int_{-\infty}^{\infty} x^k \mathrm{d}\Phi.$$

著名的 "矩问题": X 的各阶矩的值能唯一确定其分布函数吗? 在适当的假设下, 这个问题的答案是肯定的 (见 [212]).

6.2.3 随机向量

在数理统计中, 为了处理一个随机变量的一系列测量 (观测) 值, 必须考虑所有分量 X_j 均为随机变量的向量 $(X_1,\cdots,X_n)$. 直观地说, X_j 是 X 在第 j 次试验中的测量值.

6.2.3.1 联合分布

定义 假设 $(E, \mathscr{S}, P)$ 为一个概率空间. E 上的一个随机向量(X,Y) 就是一个满足条件: 对于任意一对实数 (x,y), 集合

$$A_{x,y} := \{e\in E: X(e)<x, Y(e)<y\}$$

都是事件的函数对 $X,Y:E\to\mathbb{R}$. 此时, 分布函数

$$\boxed{\Phi(x,y) := P(X<x, Y<y)}$$

是有明确定义的. 这里, $P(X<x,Y<y)$ 代表 $P(A_{x,y})$. 我们称上述分布函数为 X 和 Y 的联合分布函数, 或随机向量 (X,Y) 的分布函数.

策略 与前面类似, 我们将对随机向量的研究简化为对分布函数的研究.

分布函数的直观解释 假设平面上赋予了某种使整个平面质量为 1 的质量密度. 分布函数的值 $\Phi(x_0,y_0)$ 表示的是集合

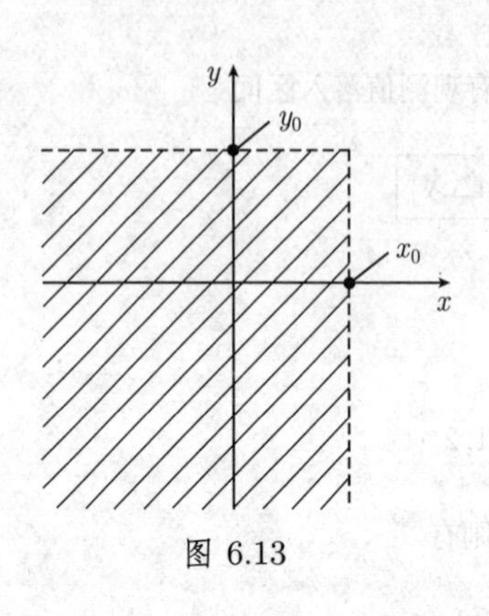

图 6.13

$$\{(x,y)\in\mathbb{R}^2 : x<x_0, y<y_0\}$$

(图 6.13) 所包含的质量. 该质量值等于 X 和 Y 的测量值落入相应开区域 $]-\infty, x_0[$ 且 $]-\infty, y_0[$ 内的概率.

定理 随机向量 (X,Y) 的分量 X 和 Y 是随机变量, 其分布函数分别为

$$\Phi_X(x) = \lim_{y\to+\infty} \Phi(x,y),$$

$$\Phi_Y(y) = \lim_{x\to+\infty} \Phi(x,y).$$

概率密度 若存在一个非负连续函数 $\varphi : \mathbb{R}^2 \to \mathbb{R}$, 使得 $\int_{\mathbb{R}^2} \varphi(x,y)\mathrm{d}x\mathrm{d}y = 1$, 且

$$\Phi(x,y) = \int_{-\infty}^{x}\int_{-\infty}^{y} \varphi(\xi,\eta)\mathrm{d}\xi\mathrm{d}\eta, \quad x,y\in\mathbb{R},$$

则称 φ 为随机向量 (X,Y) 的概率密度, 或随机变量 X 和 Y 的联合概率密度. 此时, 随机变量 X 和 Y 的概率密度分别为

$$\varphi_X(x) := \int_{-\infty}^{\infty} \varphi(x,y)\mathrm{d}y, \quad \varphi_Y(y) := \int_{-\infty}^{\infty} \varphi(x,y)\mathrm{d}x.$$

随机向量 $(X_1,\cdots,X_n)$ 以上所有讨论都可以很容易地推广到 n 维向量的情形.

6.2.3.2 相互独立的随机变量

定义 设有两个随机变量 $X, Y : E\to\mathbb{R}$, 若随机向量 (X,Y) 满足如下乘法性质:

$$\boxed{\text{对于所有的}x,y\in\mathbb{R}, \text{都有 } \Phi(x,y) = \Phi_X(x)\Phi_Y(y),} \tag{6.15}$$

则称随机变量 X 与 Y 是相互独立的. 这里, Φ, Φ_X 和 Φ_Y 分别是 (X,Y), X 和 Y 的分布函数.

运算法则 若 X 与 Y 是相互独立的随机变量, 则有

(i) $\overline{XY} = \overline{X}\,\overline{Y}$.

(ii) $(\Delta(X+Y))^2 = (\Delta X)^2 + (\Delta Y)^2$.

(iii) X 和 Y 的相关系数 r(见下段) 等于零.

(iv) 若 J 和 K 是实区间, 则

$$P(X\in J, Y\in K) = P(X\in J)P(Y\in K).$$

定理 若随机向量(X, Y) 有连续概率密度φ, 则 X 与 Y 相互独立的充要条件是对于所有的 $x,y\in\mathbb{R}$, 都成立乘积关系式

$$\boxed{\varphi(x,y) = \varphi_X(x)\varphi_Y(y).}$$

随机量的相依性 在实际应用中, 人们经常会怀疑两个给定的随机变量 X 与 Y 之间有某种相依性. 关于这一点, 有两种数学方法可以检验实际情况是否果真如此. 这两种方法分别是:

(i) 使用相关系数 (见 6.2.3.3).

(ii) 使用回归直线 (见 6.2.3.4).

6.2.3.3 相依随机变量及相关系数

定义 1 设 (X,Y) 为随机向量, 则称

$$\mathrm{Cov}(X,Y) := \overline{\left(X-\overline{X}\right)\left(Y-\overline{Y}\right)}$$

为 X 与 Y 的协方差, 并称

$$\boxed{r := \frac{\mathrm{Cov}(X,Y)}{\Delta X \Delta Y}}$$

为 X 与 Y 的相关系数. 对于相关系数 r, 总成立关系式 $-1 \leqslant r \leqslant 1$.

定义 2 r^2 越大, X 与 Y 的相关性越强.

解决方案 最小化问题

$$\boxed{\overline{(Y-a-bX)^2} \overset{!}{=} \min., \quad a,b \in \mathbb{R}}$$

的解是所谓的回归直线:

$$\overline{Y} + r\frac{\Delta Y}{\Delta X}(X-\overline{X}),$$

且此时上述问题的最小值为 $(\Delta Y)^2(1-r^2)$(见 6.1.5 的讨论).

对于协方差, 我们有

$$\boxed{\mathrm{Cov}(X,Y) := \int_E (X(e)-\overline{X})(Y(e)-\overline{Y})\mathrm{d}P = \int_{\mathbb{R}^2} (x-\overline{X})(y-\overline{Y})\mathrm{d}\Phi,}$$

其中, Φ 是 X 和 Y 的联合分布函数.

例 1(离散型随机变量): 若 (X,Y) 只取有限多个值 (x_j, y_k), 且相应概率 $p_{jk} := P(X=x_j, Y=y_k)$, $j=1,\cdots,n$, $k=1,\cdots,m$, 则

$$\mathrm{Cov}(X,Y) = \sum_{j=1}^{n}\sum_{k=1}^{m}(x_j-\overline{X})(y_k-\overline{Y})p_{jk},$$

其中,

$$\overline{X} = \sum_{j=1}^{n} x_j p_j, \quad (\Delta X)^2 = \sum_{j=1}^{n}\left(x_j-\overline{X}\right)^2 p_j, \quad p_j := \sum_{k=1}^{m} p_{jk},$$

$$\overline{Y} = \sum_{k=1}^{m} y_k q_k, \quad (\Delta Y)^2 = \sum_{k=1}^{m}\left(y_k-\overline{Y}\right)^2 q_k, \quad q_k := \sum_{j=1}^{n} p_{jk}.$$

例 2: 若 (X,Y) 有连续概率密度φ, 则 $\mathrm{Cov}(X,Y)$ 和 r 可以用 6.1.5 中所述的方法进行计算.

协方差阵 若 $(X_1,\cdots,X_n)$ 是一个给定的随机向量,

$$\boxed{c_{jk}:=\mathrm{Cov}(X_j,X_k),\quad j,k=1,\cdots,n,}$$

则称 $n\times n$ 的矩阵 $\boldsymbol{C}=(c_{jk})$ 为 $(X_1,\cdots,X_n)$ 的协方差阵. 任何一个随机向量的协方差阵都是对称矩阵, 且其所有特征值都非负.

解释 (i) $c_{jj}=(\Delta X_j)^2, j=1,\cdots,n$.

(ii) 当 $j\neq k$ 时, 数

$$r_{jk}^2:=\frac{c_{jk}^2}{c_{jj}c_{kk}}$$

是 X_j 和 X_k 的相关系数的平方.

(iii) 若 $X_1,\cdots,X_n$ 相互独立, 则对于所有的 $j\neq k$, 都有 $c_{jk}=0$, 即 $(X_1,\cdots,X_n)$ 的协方差阵为对角矩阵, 且其主对角线元素依次为各随机变量的方差.

广义高斯分布 假设 $\boldsymbol{A}$ 是 $n\times n$ 的实对称正定矩阵. 若随机向量 $(X_1,\cdots,X_n)$ 的概率密度为

$$\boxed{\varphi(\boldsymbol{x}):=K\mathrm{e}^{-Q(\boldsymbol{x},\boldsymbol{x})},\quad \boldsymbol{x}\in\mathbb{R}^n,}$$

其中, $Q(\boldsymbol{x},\boldsymbol{x}):=\dfrac{1}{2}\boldsymbol{x}^{\mathrm{T}}\boldsymbol{A}\boldsymbol{x}$, $K^2:=\dfrac{\det\boldsymbol{A}}{(2\pi)^n}$, 则称 $(X_1,\cdots,X_n)$ 服从协方差阵为

$$\boxed{(\mathrm{Cov}(X_j,X_k))=\boldsymbol{A}^{-1},}$$

而且对于所有的 j, 期望 $\overline{X_j}=0$ 的广义高斯分布.

若 $A=\mathrm{diag}(\lambda_1,\cdots,\lambda_n)$ 是特征值为 λ_j 的对角矩阵, 则随机变量 $X_1,\cdots,X_n$ 相互独立. 进一步地, 有

$$\mathrm{Cov}(X_j,X_k)=\begin{cases}(\Delta X_j)^2=\lambda_j^{-1}, & \text{当}j=k\text{时},\\ 0, & \text{当}j\neq k\text{时}.\end{cases}$$

6.2.3.4 两个随机变量间的相关曲线

条件分布 假设 (X,Y) 是一个随机向量. 我们固定一个实数值 x, 并规定

$$\boxed{\text{对于所有的}y\in\mathbb{R}, \varPhi_x(y):=\lim_{h\to+0}\frac{P(x\leqslant X<x+h,Y<y)}{P(x\leqslant X<x+h)}.}$$

若上述极限存在, 则称 $\varPhi_x$ 为在 $X=x$ 的条件下, 随机变量 Y 的条件分布.

相关曲线(回归曲线) 曲线

$$\boxed{\overline{y}(x) := \int_{-\infty}^{\infty} y \mathrm{d}\varPhi_x(y)}$$

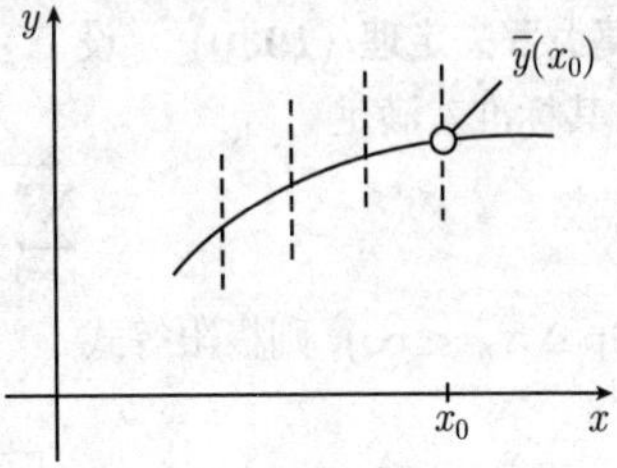

称为随机变量 Y 关于随机变量 X 的相关曲线(或回归曲线).

解释 数 $\overline{y}(x)$ 是在 $X=x$ 的假设下 Y 的期望值 (图 6.14). 如果在 $x=x_0$ 处, Y 有观测值 $y_1, \cdots, y_n$, 则可取

y
$\overline{y}(x_0)$
x_0
x

图 6.14

$$\frac{y_1+\cdots+y_n}{n}$$

作为 $\overline{y}(x_0)$ 的观测值 (图 6.14).

概率密度 若 (X,Y) 具有连续概率密度 φ, 则有

$$\varPhi_x(y) = \frac{\displaystyle\int_{-\infty}^{y} \varphi(x,\eta)\mathrm{d}\eta}{\displaystyle\int_{-\infty}^{\infty} \varphi(x,y)\mathrm{d}y},$$

以及

$$\boxed{\overline{y}(x) = \frac{\displaystyle\int_{-\infty}^{\infty} y\varphi(x,y)\mathrm{d}y}{\displaystyle\int_{-\infty}^{\infty} \varphi(x,y)\mathrm{d}y}.}$$

6.2.4 极限定理

极限定理将雅各布 · 伯努利1713 年发表的古典大数定律进行推广, 是全部概率论中最重要的结果之一.

6.2.4.1 弱大数定律

切比雪夫定理 (1867) 设 $X_1, X_2, \cdots$ 是同一个概率空间上相互独立的随机变量. 规定

$$Z_n := \frac{1}{n}\sum_{j=1}^{n}(X_j - \overline{X_j}).$$

若 $X_1, X_2, \cdots$ 的标准差一致有界 (即 $\sup\limits_n \Delta X_n < \infty$), 则对于任意小数 $\varepsilon > 0$, 我们有关系式

$$\boxed{\lim_{n\to\infty} P(|Z_n| < \varepsilon) = 1.} \tag{6.16}$$

这个定理是刚才提到的伯努利大数定律的推广 (见 6.2.5.7).

6.2.4.2　强大数定律

科尔莫戈罗夫定理 (1930)　设 $X_1, X_2, \cdots$ 是同一个概率空间上相互独立的随机变量, 其标准差满足

$$\sum_{n=1}^{\infty} \frac{(\Delta X_n)^2}{n^2} < \infty$$

(如 $\sup\limits_n \Delta X_n < \infty$), 则极限等式

$$\boxed{\lim_{n\to\infty} Z_n = 0} \tag{6.17}$$

几乎必然成立 [1]. 进一步地, (6.16) 是 (6.17) 的推论.

博雷尔(Borel) 和坎泰利(Cantelli) 分别在 1909* 年和 1917 年证明了一个弱于上述定理的结果.

期望的重要性　如果科尔莫戈罗夫定理的假设成立, 而且对于所有的 j, 都有 $\overline{X}_j = \mu$, 则

$$\boxed{\lim_{n\to\infty} \frac{1}{n}\sum_{j=1}^{n} X_j = \mu}$$

几乎必然成立.

6.2.4.3　中心极限定理

设 $X_1, X_2, \cdots$ 是同一个概率空间上相互独立的随机变量. 我们规定

$$Y_n := \frac{1}{\Delta_n\sqrt{n}}\sum_{j=1}^{n}\left(X_j - \overline{X}_j\right),$$

其中, 平均标准差 $\Delta_n := \left(\dfrac{1}{n}\displaystyle\sum_{j=1}^{n}(\Delta X_j)^2\right)^{1/2}$.

中心极限定理 [2]　下面两个条件等价:

(i) 当 $n \to \infty$ 时, Y_n 的分布函数 $\varPhi_n$ 收敛于 $N(0,1)$ 的分布函数, 即有

$$\boxed{\text{对于所有的} x \in \mathbb{R},\ \lim_{n\to\infty} \varPhi_n(x) = \frac{1}{\sqrt{2\pi}}\int_{-\infty}^{x} \mathrm{e}^{-t^2/2}\mathrm{d}t.}$$

---

* 原文为 1905.—— 译者

1) 如果 A 是满足

$$\lim_{n\to\infty} Z_n(e) = 0$$

的所有基本事件组成的集合, 则 $P(A) = 1$.

2) 这个重要结果的研究有很长的历史. 切比雪夫 (1887)、马尔可夫 (1898)、李雅普诺夫(1900)、林德伯格(1922) 和费勒(1934), 以及其他一些人对这个定理的研究作出了贡献.

(ii) 对于所有的 $\tau > 0$, X_n 的分布函数 Φ_n 满足林德伯格条件:

$$\lim_{n\to\infty} \frac{1}{n\Delta_n^2} \sum_{j=1}^{n} \int_{|x-\overline{X}_j|>\tau n\Delta_n} (x-\overline{X}_j)^2 \, \mathrm{d}\Phi_j(x) = 0. \tag{L}$$

注 若所有 X_j 都有相同的分布函数 Φ, 且均值为μ, 标准差为 σ, 则林德伯格条件 (L) 满足. 此时, (L) 等价于

$$\lim_{n\to\infty} \frac{1}{\sigma^2} \int_{|x-\mu|>n\tau\sigma} (x-\mu)^2 \, \mathrm{d}\Phi(x) = 0.$$

如果所有 X_k 的分布函数 Φ_k 在无穷远点以及关于期望和标准差具有相同的结构, 那么条件 (L) 也满足.

中心极限定理的重要性 中心极限定理是概率论中最重要的结果. 它解释了为什么高斯正态分布会如此经常地出现. 中心极限定理也使下面的直观原理具有了数学上的严格性:

> 如果随机变量X是大量可以在相同基础上进行处理的随机变量的叠加, 则X服从正态分布.

6.2.5 应用于独立重复试验的伯努利模型

雅各布 · 伯努利提出并研究了下面的模型. 该模型可广泛应用于许多情形, 是概率论中最重要的模型之一. 特别地, 利用它可以得到理论概率与频率之间的关系.

6.2.5.1 基本思想

直观情形 (i) 首先做一个试验 (比较试验或基本试验), 它有两个可能结果

$$\boxed{e_1, e_2.}$$

假设结果 e_j 出现的概率是 p_j. 进一步地, 我们规定 $p := p_1$, 于是 $p_2 = 1 - p$. 称 p 为该基本试验的概率.

(ii) 现在将这个试验进行 n 次.

(iii) 所有这些试验相互独立, 也就是说它们的结果彼此互不影响.

例: 将一枚硬币抛一次的试验是一个基本试验, 其中 e_1 表示 “正面向上”, 而 e_2 表示 “反面向上”. 如果 $p = 1/2$, 我们认为这枚硬币是公平的; 如果 $p \neq 1/2$, 则它显然不是一枚公平的硬币. 在 6.2.5.5 中, 我们将说明如何通过分析评价一系列试验揭露一个使用不公平硬币行骗的骗子.

6.2.5.2 概率模型

概率空间 全部事件 E 由基本事件

$$\boxed{e_{i_1 i_2 \cdots i_n}, \quad i_j = 1, 2, j = 1, \cdots, n}$$

组成, 且相应概率为

$$\boxed{P(e_{i_1 i_2 \cdots i_n}) := p_{i_1} p_{i_2} \cdots p_{i_n}.} \tag{6.18}$$

解释　$e_{121\cdots}$ 表示该试验序列的结果依次为 $e_1, e_2, e_1, \cdots$. 例如, $P(e_{121}) = p(1-p)p = p^2(1-p)$.

试验的独立性　我们定义事件

$$A_i^{(k)}\text{: 事件 } e_i \text{ 在第 } k \text{ 次试验中发生,}$$

则对于所有可能的下标 $i_1, \cdots, i_n$, 事件

$$A_{i_1}^{(1)}, A_{i_2}^{(2)}, \cdots, A_{i_n}^{(n)}$$

相互独立.

证明: 考虑 $n=2$ 的特殊情形. 事件 $A_i^{(1)} = \{e_{i1}, e_{i2}\}$ 由基本事件 e_{i1} 和 e_{i2} 组成. 因此,

$$P(A_i^{(1)}) = P(e_{i1}) + P(e_{i2}) = p_i p_1 + p_i p_2 = p_i.$$

因为 $A_j^{(2)} = \{e_{1j}, e_{2j}\}$, 所以我们有 $A_i^{(1)} \cap A_j^{(2)} = \{e_{ij}\}$. 由 (6.18), 有 $P(e_{ij}) = p_i p_j$. 又由于 $P\left(A_i^{(1)}\right) P\left(A_j^{(2)}\right) = p_i p_j$, 所以

$$P\left(A_i^{(1)} \cap A_j^{(2)}\right) = P\left(A_i^{(1)}\right) P\left(A_j^{(2)}\right).$$

这就是我们所需要的独立事件所满足的概率乘法性质. 因此 $A_i^{(1)}$ 与 $A_j^{(2)}$ 相互独立. □

作为 E 上的一个随机变量的频率　由

$$\boxed{H_n(e_{i_1} \cdots e_{i_n}) = \frac{1}{n} \cdot (e\ldots\text{的等于 1 的脚标个数})}$$

定义一个函数 $H_n : E \to \mathbb{R}$. 则 H_n 是事件 e_1 在试验序列中发生的频率 (例如在抛硬币试验中 “正面向上” 发生的频率).

我们的任务是研究随机变量 H_n.

定理 1　(i) 对于 $k = 0, \cdots, n$, 有 $\left(H_n = \dfrac{k}{n}\right) = \begin{pmatrix} n \\ k \end{pmatrix} p^k (1-p)^{n-k}$.

(ii) $\overline{H}_n = p$(期望).

(iii) $\Delta H_n = \dfrac{\sqrt{p(1-p)}}{\sqrt{n}}$(标准差).

(iv) $P(|H_n - p| \leqslant \varepsilon) \geqslant 1 - \dfrac{p(1-p)}{n\varepsilon^2}$(切比雪夫不等式).

在 (iv) 中, 数 $\varepsilon > 0$ 必须充分小. 我们将会看到, 当试验次数 n 增大时, 频率与期望值的差会变得越来越小. 这个期望值就是 e_1 在这个比较试验中发生的概率 p. 如上所述, 在硬币公平的情形, $p = 1/2$.

雅各布 · 伯努利(Jacob Bernoulli, 1654—1705) 最早考虑了这个概率模型. (i) 中给出的概率计算公式使用起来不方便. 为了解决这个问题, 棣莫弗 (de Moivre, 1667—1754)、拉普拉斯 (Laplace, 1749—1827) 和泊松(Poisson, 1781—1840) 都曾经尝试寻找适当的逼近公式 (见 6.2.5.3). 切比雪夫 (Chebychev, 1821—1894) 不等式对于任意的随机变量都成立.

频数 函数 $A_n := nH_n$ 刻画事件 e_1 在试验序列中出现的次数 (例如在一系列抛硬币试验中得到“正面向上” 的总次数).

定理 2 (i) 对于 $k=0,\cdots,n$, $P(A_n=k)=P\left(H_n=\dfrac{k}{n}\right)=\begin{pmatrix} n \\ k \end{pmatrix} p^k(1-p)^{n-k}$.

(ii) $\overline{A}_n = n\overline{H}_n = np$(期望).

(iii) $\Delta A_n = \sqrt{np(1-p)}$(标准差).

示性函数 利用如下规则

$$X_j(e_{i_1\cdots i_n}) = \begin{cases} 1, & \text{若} i_j = 1, \\ 0, & \text{其他} \end{cases}$$

定义一个随机变量$X_j : E \to \mathbb{R}$. 于是, X_j 等于 1 当且仅当 e_1 在第 j 次试验中发生.

定理 3 (i) $P(X_j = 1) = p$.

(ii) $\overline{X}_j = p$, $\Delta X_j = \sqrt{p(1-p)}$.

(iii) $X_1, \cdots, X_n$ 相互独立.

(iv) $H_n = \dfrac{1}{n}(X_1 + \cdots + X_n)$.

(v) $A_n = X_1 + \cdots + X_n$.

于是, 频数 A_n 是一些可以同样处理的独立随机变量的叠加. 因此, 考虑到中心极限定理, 我们预期当 n 很大时, A_n 近似服从正态分布. 这就是棣莫弗–拉普拉斯定理的内容.

6.2.5.3 逼近定理

大数定律 (伯努利) 对于任意的 $\varepsilon > 0$, 我们都有

$$\boxed{\lim_{n\to\infty} P(|H_n - p| < \varepsilon) = 1.} \tag{6.19}$$

雅各布 · 伯努利通过大量计算发现了这条定律. 事实上, (6.19) 可由切比雪夫不等式(6.2.5.2 中的定理 1) 得到.

如果利用 6.2.5.2 中定理 3 的结论 (iv), 则 (6.19) 是切比雪夫弱大数定律(见 6.2.4.1) 的一种特殊情况.

棣莫弗–拉普拉斯局部极限定理　当 $n \to \infty$ 时, 关于频数有如下渐近关系式

$$\boxed{P(A_n = k) \sim \frac{1}{\sigma\sqrt{2\pi}}\mathrm{e}^{-(k-\mu)^2/2\sigma^2}} \tag{6.20}$$

其中, $\mu = \overline{A}_n = np$, $\sigma = \Delta A_n = \sqrt{np(1-p)}$.

这意味着, 对于每个 $k = 0, 1, \cdots$, 当 $n \to \infty$ 时, (6.20) 式两边表达式商的极限是 1[1].

现在我们研究频率

$$\mathscr{H}_n := \frac{H_n - \overline{H}_n}{\Delta H_n}.$$

显然, 我们有 $\overline{\mathscr{H}}_n = 0, \Delta\mathscr{H}_n = 1$. 我们用 Φ_n 表示 $\mathscr{H}_n$ 的分布函数. 假设 Φ 是均值$\mu = 0$, 标准差 $\sigma = 1$ 的标准高斯正态分布$N(0,1)$ 的分布函数. 标准化的频数

$$\mathscr{A}_n := \frac{A_n - \overline{A}_n}{\Delta A_n}$$

等于标准化的频率 $\mathscr{H}_n$. 因此, $\mathscr{A}_n$ 的分布函数也是 Φ_n.

棣莫弗–拉普拉斯全面极限定理[2]　对于所有的 $x \in \mathbb{R}$, 均有

$$\lim_{n\to\infty} \Phi_n(x) = \Phi(x).$$

对于所有的区间 $[a, b]$, 可以由此得到等式

$$\lim_{n\to\infty} P(a \leqslant \mathscr{H}_n \leqslant b) = \frac{1}{\sqrt{2\pi}}\int_a^b \mathrm{e}^{-z^2/2}\mathrm{d}z. \tag{6.22}$$

事实上, 还有一个非常精确的估计式:

$$\sup_{x\in\mathbb{R}} |\Phi_n(x) - \Phi(x)| \leqslant \frac{p^2 + (1-p)^2}{\sqrt{np(1-p)}}, \quad n = 1, 2, \cdots. \tag{6.23}$$

注　当 n 较大时, 频率近似服从期望$\overline{H}_n = p$, 标准差$\Delta H_n = \sqrt{p(1-p)/n}$ 的正态分布. 因此, 当 n 较大时, 对于每个区间 $[a, b]$, 有如下重要关系式:

$$\boxed{P(p + a\Delta H_n \leqslant H_n \leqslant p + b\Delta H_n) = \Phi_0(b) - \Phi_0(a) = \frac{1}{\sqrt{2\pi}}\int_a^b \mathrm{e}^{-z^2/2}\mathrm{d}z.} \tag{6.24}$$

---

1) 为了证明这个结果, 住在伦敦的 A. 棣莫弗(de Moivre, 1667—1754) 在 n 的值很大时, 使用了近似公式

$$n! = C\sqrt{n}\left(\frac{n}{\mathrm{e}}\right)^n, \quad n \to \infty; \tag{6.21}$$

其中 C 的值近似为 $C \approx 2.5047$. 当棣莫弗向斯特林(Stirling, 1692—1770) 寻求帮助时, 斯特林发现 C 的精确值为 $C = \sqrt{2\pi}$. 相应公式 (6.21) 称为斯特林公式.

2) 棣莫弗在 $p = 1/2$ 和对称边界 $b = -a$ 的情形发现了这个公式. 拉普拉斯在其 1812 年出版的重要著作《分析概率论》(*Théorie analytique des probabilitiés*) 中证明了这里给出的一般公式.

上式左边是频率H_n 的观测值落在区间 $[p+a\Delta H_n,\ p+b\Delta H_n]$ 内的概率. 这个式子给出了伯努利大数定律的一个精确表述.

Φ_0的值可以在表 0.34 中查到.

当 z 取负值时, 有 $\Phi_0(z)=-\Phi_0(-z)^*$.

公式 (6.24) 等价于

$$P(x\leqslant H_n\leqslant y)=\Phi_0\left(\frac{y-p}{\Delta H_n}\right)-\Phi_0\left(\frac{x-p}{\Delta H_n}\right).$$

因为 $A_n=nH_n$, 所以频数A_n 满足关系式

$$P(u\leqslant A_n\leqslant v)=\Phi_0\left(\frac{v-np}{\sqrt{np(1-p)}}\right)-\Phi_0\left(\frac{u-np}{\sqrt{np(1-p)}}\right).$$

这里, $-\infty<x<y<\infty,\ -\infty<u<v<\infty$.

比较试验中的小概率 p 若概率 p 非常小, 则公式 (6.23) 告诉我们, 只有当 n 非常大时, 用正态分布逼近 Φ_n 才有效. S. D. 泊松 (Poisson, 1781—1840) 发现, 当 p 的值较小时, 有一个更好的逼近公式.

泊松分布的定义 假设我们在实数轴上的点 $x=0,1,2,\cdots$ 处分别赋予质量 m_0, $m_1,\cdots$, 其中

$$m_r:=\frac{\lambda^r}{r!}\mathrm{e}^{-\lambda},\quad r=0,1,\cdots,$$

这里, $\lambda>0$ 是参数. 则相应质量分布函数

$$\Phi(x):=\text{区间}]-\infty,x[\text{所包含的质量}$$

称为泊松分布函数(图 6.15).

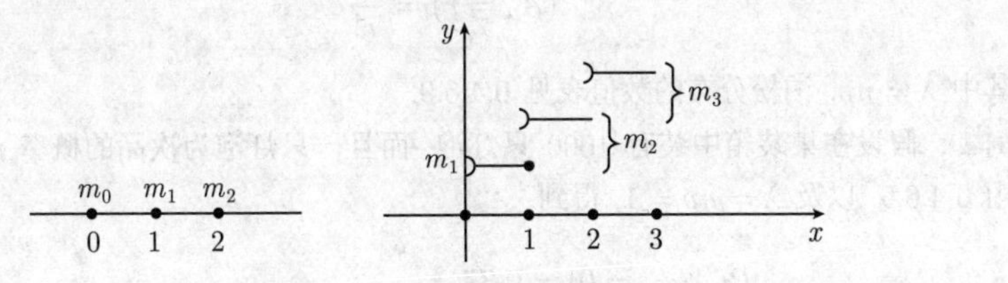

图 6.15 泊松分布函数

* 本章中的 $\Phi_0(z)$ 与我国普遍采用的标准正态分布函数的符号相同但意义不同, 详见表 0.34. —— 译者

定理 如果随机变量X 服从上述泊松分布 (即 X 的分布函数是上述泊松分布函数), 则有

$$\overline{X} = \lambda\ (\text{均值}), \quad \Delta X = \sqrt{\lambda}(\text{标准差}).$$

泊松逼近定理 (1837) 如果比较试验的概率 p 非常小, 则对于频数 A_n, 近似有

(i) $P(A_n = r) = \dfrac{\lambda^r}{r!}\mathrm{e}^{-\lambda}$, 其中 $\lambda = np$, $r = 0, 1, \cdots, n$.

(ii) A_n 的分布函数 Φ_n 近似等于参数 $\lambda = np$ 的泊松分布的分布函数. 更精确地, 有估计式

$$\sup_{x\in\mathbb{R}} |\Phi_n(x) - \Phi(x)| \leqslant 3\sqrt{\frac{\lambda}{n}}\ .$$

$\dfrac{\lambda^r}{r!}\mathrm{e}^{-\lambda}$的值可以在 0.4.6.9 中查到.

6.2.5.4 在质量控制中的应用

假设某工厂生产一种产品 $\mathscr{P}$(如灯泡), 而且 $\mathscr{P}$ 是次品的概率非常小, 设此概率为 p(例如 $p = 0.001$). 我们进一步假设在一个运输集装箱中装有 n 件这种产品.

(i) 根据 6.2.5.2 中给出的模型, 集装箱中恰好装有 r 件次品的概率为

$$P(A_n = r) = \begin{pmatrix} n \\ r \end{pmatrix} p^r (1-p)^{n-r}.$$

(ii) 集装箱中的次品数介于 k 和 m 之间的概率为

$$P(k \leqslant A_n \leqslant m) = \sum_{r=k}^{m} P(A_n = r).$$

近似 现在我们希望给出计算上面这些概率的实用近似公式. 为此, 注意到 p 很小, 因此可以采用泊松逼近, 即有

$$P(A_n = r) = \frac{\lambda^r}{r!}\mathrm{e}^{-\lambda},$$

其中 $\lambda = np$. 泊松分布的数值表见 0.4.6.9.

例 1: 假设在集装箱中装有 1000 只灯泡, 而且一只灯泡为次品的概率 $p = 0.001$. 由 0.4.6.9, 以及 $\lambda = np = 1$, 得到

$$P(A_{1000} = 0) = 0.37,$$
$$P(A_{1000} = 1) = 0.37, \quad P(A_{1000} = 2) = 0.18.$$

由此可得

$$P(A_{1000} \leqslant 2) = 0.37 + 0.37 + 0.18 = 0.92.$$

因此, 集装箱中无残次灯泡的概率为 0.37(37%); 集装箱中至多有两只残次灯泡的概率为 0.92.

若 n 充分大, 则可以假设 A_n 服从正态分布. 由 (6.24) 以及紧接其后的等式, 可以得到

$$\boxed{P(k \leqslant A_n \leqslant m) = \Phi_0\left(\frac{m-np}{\sqrt{np(1-p)}}\right) - \Phi_0\left(\frac{k-np}{\sqrt{np(1-p)}}\right).}$$

Φ_0 的值可以在表 0.34 中查到.

例 2: 现在, 假设一只灯泡为次品的概率是 0.005. 那么在装载的 10 000 只灯泡中至多有 100 只次品的概率为 [1)]

$$P(A_{10\ 000} \leqslant 100) = \Phi_0(7) - \Phi_0(-7) = 2\Phi_0(7) = 1.$$

因此, 几乎可以肯定在这 10 000 只灯泡中至多有 100 只残次灯泡.

6.2.5.5 在假设检验中的应用

我们的目标是只通过对一个实验的试验观测, 揭露使用不均匀硬币行骗的骗子. 为此, 我们使用*数理统计中一个典型的数学论证方法*. 就目前情况而言, 数理统计的主要特性之一是, 它认为 “揭露一个骗子” 只能在一定的残概率 (比方说 α) 下才能进行. 这里所说的残概率是指所作结论不正确的概率*. 对于 $\alpha = 0.05$, 这意味着, 如果我们试图揭露一个骗子 100 次, 那么平均来说我们大约会有 5 次作出错误的结论, 此时我们会把一个无辜的人当成骗子.

揭露一枚不公平硬币 (抛币者) 的试验 将一枚硬币抛 n 次, 观察 “正面向上出现 k 次” 这一事件. 我们称 $h_n = k/n$ 为随机变量 H_n(频率) 的实现. 我们用 p 来表示在一次试验中正面向上出现的概率. 现在我们作如下假设:

(H) *硬币是公平的, 即* $p = 1/2$.

数理统计基本原理 如果

$$\boxed{h_n\text{不在置信区间}\left[\frac{1}{2} - z_\alpha \Delta H_n, \frac{1}{2} + z_\alpha \Delta H_n\right]\text{内,}} \tag{6.25}$$

我们便以残概率 α 放弃假设 (H). 这里 $\Delta H_n := 1/2\sqrt{n}$, 而 z_α 的值则根据等式 $2\Phi_0(z_\alpha) = 1 - \alpha$, 并查表 0.34 确定. 对于 $\alpha = 0.01$(或者 0.05 和 0.1), 我们有 $z_\alpha = 1.6$(相应地 2.0 和 2.6).

---

1) $\Phi_0(7)$ 的值可以在表 0.34 中找到, 其值近似等于 0.5.

* 由下面的数理统计基本原理可知, 这里所说的残概率 α 就是我们通常所说的假设检验的显著性水平. 需要注意的是, 本书作者没有区分假设检验的两类错误, 并认为犯两类错误的概率都是给定的残概率 α. —— 译者

推理 根据 (6.24), 当 n 的值很大时, 理论量 H_n 的实测值 h_n 落入 (6.25) 给出的置信区间的概率是

$$\Phi_0(z_\alpha) - \Phi_0(-z_\alpha) = 1 - \alpha.$$

如果 H_n 的实测值没有落入上述置信区间, 那么就放弃假设 (H). 这时, 作出错误结论的概率是 α.*

例: 当抛硬币的次数 $n = 10\,000$ 时, 我们有 $\Delta H_n = 1/200 = 0.05$. 于是, 相应于残概率 $\alpha = 0.05$ 的置信区间是

$$[0.49,\ 0.51]. \tag{6.26}$$

如果抛了 10 000 次硬币, 其中有 5200 次是 "正面向上", 那么 $h_n = 0.52$. 这个值落在置信区间 (6.26) 之外, 因此我们以 0.05 的出错概率下结论说: 这枚硬币不公平.

另一方面, 如果抛了 10 000 次硬币, 其中 "正面向上" 出现了 5050 次, 那么 $h_n = 0.505$, 因为 h_n 落在置信区间 (6.26) 中, 所以我们相信硬币其实是公平的. 这个结论正确的概率是 95%, 错误的概率 $\alpha = 0.05$.**

6.2.5.6 关于概率 p 的置信区间的应用

考虑一枚硬币. 假设 p 是在一次比较试验中出现 "正面向上" 的概率. 将此硬币抛 n 次, 并观测 "正面向上" 出现的频率 h_n. 现在, 我们认为 p 是未知的, 因此希望以一定的置信度确定它的值.

数理统计基本原理 在错误概率 α 下, 假定未知的 p 值落在区间

$$\boxed{[p_-, p_+]}$$

内. 这里, 有 [1)]

$$\left(1 + \frac{z_\alpha^2}{n}\right) p_\pm = h_n + \frac{z_\alpha^2}{2n} \pm \sqrt{\frac{h_n z_\alpha^2}{n} + \frac{z_\alpha^2}{4n^2}}\,.$$

一般来说, 对于 6.2.5.2 中伯努利模型的概率 p 的估计, 这个结论是正确的.

推理 由 (6.24) 可知, 当 n 的值较大时, 不等式

$$\left|\frac{h_n - p}{\Delta H_n}\right| < z_\alpha \tag{6.27}$$

---

* 这时所犯的是所谓的第一类错误 (弃真), 其概率等于检验的显著性水平 α. 一般来说, 在假设检验中, 犯第一类错误的概率不大于显著性水平 α. 故下面对第一类错误不再一一指明. —— 译者

** 这时所犯的是第二类错误, 其概率一般不等于检验的显著性水平 α. —— 译者

1) 关于 α 与 z_α 意义的解释见 6.2.5.5.

成立的概率为 $\Phi_0(z_\alpha)-\Phi_0(-z_\alpha)=1-\alpha$. 由于 $(\Delta H_n)^2=p(1-p)/n$, 所以 (6.27) 等价于

$$(h_n-p)^2<z_\alpha^2\frac{p(1-p)}{n},$$

也就是

$$p^2\left(1+\frac{z_\alpha^2}{n}\right)-\left(2h_n+\frac{z_\alpha^2}{n}\right)p+h_n^2<0. \tag{6.28}$$

当且仅当 p 的值介于相应二次方程

$$p^2\left(1+\frac{z_\alpha^2}{n}\right)-\left(2h_n+\frac{z_\alpha^2}{n}\right)p+h_n^2=0$$

的两个根 p_- 和 p_+ 之间时, 不等式 (6.28) 成立.

例: 将一枚硬币抛 10 000 次, 假设 "正面向上" 出现了 5010 次, 则 $h_n=0.501$, 正面向上的未知概率 p 落在区间 [0.36, 0.64] 中, 其残概率 $\alpha=0.05$.

然而, 这个估计还是十分粗糙的. 若将一枚硬币抛掷 10 000 次, 得到正面向上的频率为 0.501, 则我们可以在相同的残概率 $\alpha=0.05$ 下断定 p 的值落在区间 [0.500, 0.503] 内.

6.2.5.7 强大数定律

无穷多重试验 前面已经考虑了 n 重伯努利试验. 为了系统阐述强大数定律, 我们需要将试验重数增加到无穷大.

考虑由基本事件

$$\boxed{e_{i_1i_2\cdots}}$$

组成的全体事件 E, 其中每个 i_j 的值都等于 1 或 2. 符号 $e_{12\cdots}$ 表示在第一次试验中 e_1 发生, 在第二次试验中 e_2 发生 …… 我们用 $A_{i_1\cdots i_n}$ 表示由所有形如 $e_{i_1\cdots i_n\cdots}$ 的基本事件组成的集合, 并规定

$$\boxed{P(A_{i_1i_2\cdots i_n})=p_{i_1i_2\cdots i_n},} \tag{6.29}$$

其中 $p_1:=p, p_2:=1-p$(见 (6.18)). 我们用 $\mathscr{S}$ 表示对于所有的 n, 包含一切集合 $A_{i_1\cdots i_n}$ 的 E 的最小 σ 域.

定理 在 $\mathscr{S}$ 的子集上存在满足性质 (6.29) 的唯一确定的概率测度 P. 于是, $(E, \mathscr{S}, P)$ 是一个概率空间.

频率 我们通过

$$H_n(e_{i_1\cdots i_n\cdots})=\frac{1}{n}\times(e\text{的满足}i_j=1\text{且}1\leqslant j\leqslant n\text{的脚标}i_j\text{的个数})$$

定义随机变量 $H_n: E\to\mathbb{R}$.

博雷尔 (1909)–坎泰利 (1917) 强大数定律　在 E 上几乎必然成立 [1]极限关系式

$$\boxed{\lim_{n\to\infty} H_n = p.}$$

6.3 数理统计

不要相信任何你没有亲自捣腾过的统计.

古谚

数理统计以对随机变量的观测数据为基础来研究我们日常生活中遇到的随机现象的性质. 这需要非常负责任地使用统计程序. 不同的方法和模型会导致完全不同的结论. 因此, 我们应当永远遵循下面的数理统计金箴:

> 数理统计的每一个结论都是建立在一定的假设之上的. 如果不全部阐明一个结论所依赖的所有假设, 那么这个报告就是没有价值的.

6.3.1 基本思想

置信区间　假设 $\varPhi$ 是随机变量 X 的分布函数. 如果

$$\boxed{P(x_\alpha^- \leqslant X \leqslant x_\alpha^+) = 1-\alpha,}$$

则称 $[x_\alpha^-, x_\alpha^+]$ 为 X 的一个 α 置信区间.

解释　X 的测量值落在置信区间 $[x_\alpha^-,\ x_\alpha^+]$ 内的概率为 $1-\alpha$.

例 1: 若 X 有连续概率密度 φ, 则图 1.16 中相应于置信区间 $[x_\alpha^-, x_\alpha^+]$ 的阴影部分的面积等于 $1-\alpha$, 即有

$$\int_{x_\alpha^-}^{x_\alpha^+} \varphi(x)\mathrm{d}x = 1-\alpha.$$

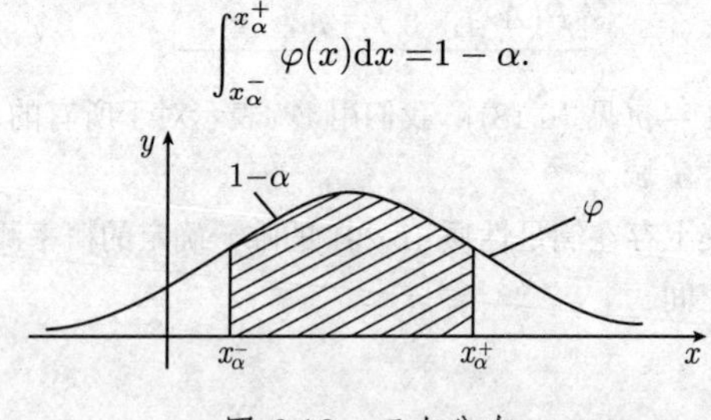

图 6.16　正态分布

1) 如果用 A 表示 E 中所有满足 $\lim\limits_{n\to\infty} H_n(e) = p$ 的元素 e 的集合, 则 $P(A) = 1$.

例 2: 对于均值为 μ, 标准差为 σ 的正态分布$N(\mu,\sigma)$, 置信区间$\left[x_\alpha^-, x_\alpha^+\right]$ 由

$$x_\alpha^{\pm}=\mu\pm\sigma z_\alpha$$

给出. 其中, z_α 的值可由等式 $\Phi_0(z_\alpha)=\dfrac{1-\alpha}{2}$, 并借助表 0.34 得到. 特别地, 对于 $\alpha=0.01,0.05$ 和 0.1, 分别有 $z_\alpha=1.6$, 2.0 和 2.6.

变列 假设 X 是一个给定的随机变量. 在实际情况中, 人们将通过一系列观察或试验对 X 进行 n 次测量, 并由此得到 n 个实数

$$\boxed{x_1,x_2,\cdots,x_n}$$

作为 X 的测量值. 上述序列称为一个*变列*或*顺序统计量序列*. 关于变列, 基本假设是这些观测结果彼此独立, 即每次得到的测量结果都不影响以后的测量.

数学随机样本 每次试验的测量结果不尽相同. 为了从数学上描述这一事实, 考虑随机向量

$$\boxed{(X_1,\cdots,X_n),}$$

它的各个分量是相互独立的随机变量, 而且所有分量 X_j 都与 X 具有相同的分布函数.

数理统计基本策略

(i) 提出假设 (H):

$$\boxed{X\text{的分布函数 }\Phi\text{ 具有性质 }\mathscr{E}}$$

(ii) 构造一个所谓的*样本函数*

$$Z=Z(X_1,\cdots,X_n),$$

并在假设 (H) 成立的条件下确定其分布函数 Φ_Z.

(iii) 经过一系列测量得到测量值 $x_1,\cdots,x_n$ 之后, 计算实数 $z:=Z(x_1,\cdots,x_n)$. 我们称 z 为样本函数 Z 的一个实现.

(iv) 若 z 的值落在 Z 的 α 置信区间之外, 则以出错概率 α 拒绝假设 (H).

(v) 若 z 的值落在 Z 的 α 置信区间里, 则说观测结果与假设 (H) 不矛盾, 因此接受假设 (H), 这时我们犯错误的概率仍为 α.*

例 3: 例如, 假设 (H) 可以是: “Φ 是正态分布函数”.

参数估计 如果分布函数 Φ 依赖于某些参数, 那么我们希望知道这些参数的取值区间. 对此, 一个典型的例子可以在 6.2.5.6 中找到.

---

* 这时所犯的是第二类错误, 其概率一般并不等于检验的显著性水平 α. —— 译者

两个变异序列的比较　若我们的工作同时涉及两个随机变量 X 和 Y, 则假设 (H) 可以是关于 X 和 Y 的分布函数的. 此时, 样本函数的形式为

$$Z = Z(X_1, \cdots, X_n, Y_1, \cdots, Y_n).$$

由 X 和 Y 的一组测量值 $x_1, \cdots, x_n, y_1, \cdots, y_n$ 可以确定该样本函数的一个实现 $z = Z(x_1, \cdots, x_n, y_1, \cdots, y_n)$. 这样, 我们前面所说的基本策略中的步骤 (iv) 和 (v) 就简化为只考查一个样本函数 Z, 并由此推断出结论.

6.3.2　重要的估计量

假设 $(X_1, \cdots, X_n)$ 是随机变量 X 的数学样本.

期望值的估计　称样本函数

$$\boxed{M := \frac{1}{n}\sum_{j=1}^{n} X_j}$$

为 X 的期望$\overline{X}$的估计量. 如果有必要指出 M 对于 n 的依赖性, 可以采用符号 M_n.

(i) 估计量 M 无偏, 即我们有

$$\boxed{\overline{M} = \overline{X}.}$$

(ii) 若 X 服从正态分布 $N(\mu, \sigma)$, 则 M 服从正态分布 $N(\mu, \sigma/\sqrt{n})$.

(iii) 假定 $\Delta X < \infty$. 如果用 $\varPhi_n$ 表示 M_n 的分布函数, 则极限函数

$$\varPhi(x) := \lim_{n\to\infty} \varPhi_n(x)$$

是形如 $N(\overline{X}, \Delta X/\sqrt{n})$ 的正态分布的分布函数.

方差的估计　称样本函数

$$\boxed{S^2 = \frac{1}{n-1}\sum_{j=1}^{n}(X_j - \overline{X})^2}$$

为 X 的方差的估计量.

(i) 该估计量无偏, 即

$$\boxed{\overline{S^2} = (\Delta X)^2.}$$

(ii) 若 X 服从正态分布$N(\mu, \sigma)$, 则

$$T := \frac{M - \mu}{S}\sqrt{n}$$

服从自由度为 $n-1$ 的 t 分布. 进一步地,

$$\chi^2 := \frac{(n-1)\,S^2}{\sigma^2}$$

服从自由度为 $n-1$ 的 χ^2 分布(表 6.6).

表 6.6 t 分布与 χ^2 分布的概率密度

分布名称	概率密度
自由度为 n 的 t 分布	$\dfrac{\Gamma\left(\dfrac{n+1}{2}\right)}{\sqrt{\pi n}\Gamma\left(\dfrac{n}{2}\right)}\left(1+\dfrac{x^2}{n}\right)^{-\frac{n+1}{2}}$
自由度为 n 的 χ^2 分布	$\dfrac{x^{(n/2)-1}\mathrm{e}^{-x/2}}{2^{n/2}\Gamma\left(\dfrac{n}{2}\right)}$

6.3.3 正态分布测量值的研究

人们通常假定一个给定的随机变量服从正态分布. 这个结果理论上的合理性来自于中心极限定理 (见 6.2.4.3). 关于下面各程序的例子可以在 0.4 中找到.

6.3.3.1 期望的置信区间

假设 X 服从正态分布 $N(\mu,\sigma)$.

变列 由 X 的测量值 $x_1, x_2, \cdots, x_n$, 可以算出经验期望

$$\overline{x}=\frac{1}{n}\sum_{j=1}^{n}x_j,$$

以及经验标准差

$$\Delta x=\sqrt{\frac{1}{n-1}\sum_{j=1}^{n}(x_j-\overline{x})^2}.$$

统计说明 关于期望 μ 的不等式

$$\boxed{|\overline{x}-\mu|\leqslant\frac{\Delta x}{\sqrt{n}}t_{\alpha,n-1}} \tag{6.30}$$

成立的概率为 $1-\alpha$. 其中, $t_{\alpha,n-1}$ 的值可以在 0.4.6.3 中查到.

推理 随机变量$\sqrt{n}\,(M-\mu)\,/S$ 服从自由度为 $n-1$ 的 t 分布. 我们有 $P(|T|\leqslant t_{\alpha,n-1})=1-\alpha$, 因此, 不等式

$$\frac{|\overline{x}-\mu|}{\Delta x}\sqrt{n}\leqslant t_{\alpha,n-1}$$

成立的概率为 $1-\alpha$. 由此可得 (6.30).

6.3.3.2 标准差的置信区间

假设 X 服从正态分布 $N(\mu,\sigma)$.

统计说明　关于标准差的不等式

$$\boxed{\frac{(n-1)(\Delta x)^2}{b} \leqslant \sigma^2 \leqslant \frac{(n-1)(\Delta x)^2}{a}} \tag{6.31}$$

成立的概率为 $1-\alpha$, 这里 $a := \chi^2_{1-\alpha/2}$ 与 $b := \chi^2_{\alpha/2}$ 的值可以在 0.4.6.4 中查到, 其中分布的自由度为 $m = n-1$.

推理　$A := (n-1)\,S^2/\sigma^2$ 服从自由度为 $n-1$ 的 χ^2 分布. 由图 0.50, 有 $P(a \leqslant A \leqslant b) = P(A \geqslant a) - P(A \geqslant b) = 1 - \dfrac{\alpha}{2} - \dfrac{\alpha}{2} = 1-\alpha$. 因此, 不等式

$$a \leqslant \frac{(n-1)\,(\Delta x)^2}{\sigma^2} \leqslant b$$

成立的概率为 $1-\alpha$, 而 (6.31) 是由此导出的一个结果.

6.3.3.3　基本显著性检验 (t 检验)

本检验的目的是通过对随机变量X 和 Y 的两个变异序列的研究, 确定 X 和 Y 是否具有相同的期望, 即 X 与 Y 之间是否有显著的差异.

假定　X 和 Y 服从标准差相同的正态分布1).

假设　X 和 Y 具有相同的期望.

变列　先由 X 和 Y 的观测值

$$\boxed{x_1, \cdots, x_{n_1} \text{和} y_1, \cdots, y_{n_2}} \tag{6.32}$$

算出经验期望(均值)$\overline{x}$, $\overline{y}$, 以及经验标准差Δx 和 Δy 的值 (见 6.3.3.1), 再进一步计算

$$t := \frac{\overline{x} - \overline{y}}{\sqrt{(n_1-1)\,(\Delta x)^2 + (n_2-1)\,(\Delta y)^2}} \sqrt{\frac{n_1 n_2\,(n_1+n_2-2)}{n_1+n_2}} \tag{6.33}$$

的值.

统计说明　如果

$$\boxed{|t| > t_{\alpha,m},}$$

那么在错误概率 α 下拒绝上述假设, 即认为 X 与 Y 的期望有显著的差异. $t_{\alpha,m}$ 的值可以在 0.4.6.3 中找到, 其中分布的自由度 $m = n_1 + n_2 - 2$.

推理　如果分别用 $\overline{X}, \overline{Y}, S_X^2, S_Y^2$ 代替 (6.33) 中的 $\overline{x}, \overline{y}, (\Delta x)^2, (\Delta y)^2$, 那么就可以得到一个随机变量 T, 它服从自由度为 m 的 t 分布. 由于 $P(|T| > t_\alpha) = \alpha$, 因此, 如果 $|t| > t_\alpha$, 就拒绝所作假设.

---

1) 该假设可以借助 F 检验来验证, 见 6.3.3.4.

6.3.3.4 F 检验

这种检验用于确定两个正态分布随机变量的标准差是否相同.

假定 随机变量 X 和 Y 均服从正态分布.

假设 X 和 Y 具有相同的标准差.

变列 由观测值 (6.32), 可以计算出经验标准差Δx 和 Δy. 不妨假设 $\Delta x \geqslant \Delta y$.

统计说明 如果

$$\left(\frac{\Delta x}{\Delta y}\right)^2 > F_\alpha, \tag{6.34}$$

那么就拒绝所作假设. 这时犯错误的概率为α. F_α 的值可以在 0.4.6.5 中找到, 其中 $m_1 = n_1 - 1, m_2 = n_2 - 1$.

另一方面, 如果不等式 (6.34) 的右边是 "$\leqslant F_\alpha$", 则观测结果与所作假设不矛盾, 此时犯错误的概率为 α.*

推理 若上述假设成立, 则随机变量 $F := S_X^2/S_Y^2$ 服从自由度为 (m_1, m_2) 的 F 分布. 由于 $P(F \geqslant F_\alpha) = \alpha$, 所以, 如果 (6.34) 成立, 就拒绝所作假设, 这时犯错误的概率为 α.

6.3.3.5 相关检验

相关检验用于检验两个随机变量 X 和 Y 是否相关.

假定 随机变量 X 和 Y 均服从正态分布.

假设 相关系数$r = 0$, 即 X 与 Y 不相关.

变列 可以由 X 和 Y 的测量值

$$x_1, \cdots, x_n \text{和} y_1, \cdots, y_n, \tag{6.35}$$

计算其经验相关系数

$$\rho = \frac{m_{XY}}{\Delta x \Delta y},$$

其中, 经验协方差$m_{XY} := \dfrac{1}{n-1}\displaystyle\sum_{j=1}^{n}(x_j - \overline{x})(y_j - \overline{y})$.

统计说明 当

$$\boxed{\frac{\rho\sqrt{n-2}}{\sqrt{1-\rho^2}} > t_{\alpha,m}} \tag{6.36}$$

成立时, 拒绝 X 与 Y 不相关的假设, 这时犯错误的概率为 α. $t_{\alpha,m}$ 的值可以在 0.4.6.3 中找到, 其中 $m = n - 2$.

---

* 这时所犯的是第二类错误, 其概率一般不等于检验的显著性水平 α. —— 译者

推理 令

$$R := \frac{\sum_{j=1}^{n}\left(X_j-\overline{X}\right)\left(Y_j-\overline{Y}\right)}{\left(\sum_{j=1}^{n}\left(X_j-\overline{X}\right)^2\sum_{j=1}^{n}\left(Y_j-\overline{Y}\right)^2\right)^{1/2}}.$$

则随机变量$\dfrac{R\sqrt{n-2}}{\sqrt{1-R^2}}$服从自由度为 $n-2$ 的 t 分布. 由观测值 (6.35) 可以得到 R 的一个实现 ρ. 由于 $P(|R|\geqslant t_\alpha)=\alpha$, 所以如果 (6.36) 成立, 就拒绝所作假设, 这时犯错误的概率为 α.

正态分布检验 为了确定一个随机变量是否服从正态分布, 我们可以使用 χ^2 拟合检验(见 6.3.4.4).

6.3.4 经验分布函数

随机变量的经验分布函数是其真实分布函数的一个近似. 数理统计主定理精确描述了这一结果.

6.3.4.1 数理统计主定理及分布函数的科尔莫戈罗夫检验

定义 假设给定了随机变量 X 的观测值 $x_1,\ x_2,\ \cdots,x_n$. 规定

$$\boxed{F_n(x) := \frac{1}{n}\cdot(\text{小于 } x \text{ 的观测值的个数}),}$$

并称阶梯函数 F_n 为经验分布函数.

例: 假定我们的观测值为 $x_1=\ x_2=3.1,\ x_3=5.2,\ x_4=6.4$. 则经验分布函数为(见图 6.17)

$$F_n(x)=\begin{cases}0, & x\leqslant 3.1,\\ \dfrac{1}{2}, & 3.1<x\leqslant 5.2,\\ \dfrac{3}{4}, & 5.2<x\leqslant 6.4,\\ 1, & x>6.4.\end{cases}$$

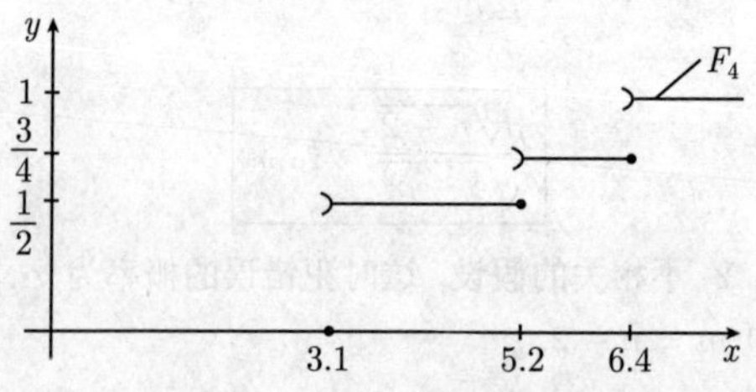

图 6.17 经验分布函数

随机变量X 的经验分布函数F_n 与其真实分布函数Φ 之间的差异由

$$d_n := \sup_{x\in\mathbb{R}} |F_n(x) - \Phi(x)|$$

来度量.

数理统计主定理 (格利文科 (Glivenko), 1933)

$$\boxed{\lim_{n\to\infty} d_n = 0}$$

几乎必然成立.

科尔莫戈罗夫–斯米尔诺夫定理 对于所有实数 λ, 都有

$$\lim_{n\to\infty} P\left(\sqrt{n}d_n < \lambda\right) = Q(\lambda),$$

其中 $Q(\lambda) := \sum_{k=-\infty}^{\infty} (-1)^k \mathrm{e}^{-2k^2\lambda^2}$.

科尔莫戈罗夫–斯米尔诺夫检验 选择一个分布函数 $\Phi : \mathbb{R} \to \mathbb{R}$. 如果

$$\boxed{\sqrt{n}d_n > \lambda_\alpha,}$$

便拒绝认为 Φ 是 X 的分布函数, 这时, 犯错误的概率为 α.

这里, λ_α 是方程 $Q(\lambda_\alpha) = 1 - \alpha$ 的一个解, 其值可由 0.4.6.8 查得.

若 $\sqrt{n}d_n \leqslant \lambda_\alpha$, 则认为观测结果与 Φ 是 X 的分布函数的假设不矛盾, 因此接受这个假设, 这时犯错误的概率为 α.*

只有当观测值的个数 n 充分大时, 才能使用科尔莫戈罗夫–斯米尔诺夫检验. 而且, 当分布函数依赖于某些参数, 而这些参数本身又必须通过这些观测值才能估计时, 也不能采用科尔莫戈罗夫–斯米尔诺夫检验. 这时, 可以使用 χ^2 检验 (见 6.3.4.4).

对于均匀分布情形的应用 假设给定了随机变量 X, 其值为 $a_1 < a_2 < \cdots < a_k$, 而且 X 服从均匀分布, 即 X 取每个值 a_j 的概率均为 $\frac{1}{k}$. 对于这种情形, 科尔莫戈罗夫–斯米尔诺夫检验步骤如下:

(i) 确定观测值 $x_1, x_2, \cdots, x_n$.

(ii) 设落入区间 $[a_r, a_{r+1}[$ 内的观测值的个数为 m_r.

(iii) 给定错误概率 α, 由表 0.4.6.8 确定满足 $Q(\lambda_\alpha) = 1 - \alpha$ 的 λ_α 的值.

(iv) 计算检验量

$$d_n := \max_{r=1,\cdots,k} \left|\frac{m_r}{n} - \frac{1}{k}\right|.$$

* 这时所犯的错误是第二类错误, 其概率一般不等于检验的显著性水平 α. —— 译者

统计说明 若 $\sqrt{n}d_n > \lambda_\alpha$, 则拒绝 X 服从均匀分布的假设, 此时犯错误的概率为 α.

如果 $\sqrt{n}d_n \leqslant \lambda_\alpha$, 则我们接受 X 服从均匀分布的假设, 此时犯错误的概率为 α.*

检验一个抽彩装置 将分别标有数字 $r = 1, \cdots, 6$ 的 6 个球放入一个摸彩装置, 并进行 600 次摸彩试验, 在这 600 次试验中摸到标有数 r 的球的次数 m_r 见表 6.7.

表 6.7 观测到的次数

r	1	2	3	4	5	6
m_r	99	102	101	103	98	97

假设 $\alpha = 0.05$. 由 $Q(\lambda_\alpha) = 0.95$ 并查表 0.4.6.8 可得 $\lambda_\alpha = 1.36$. 由表 6.7, 我们可以得到 $d_n = \dfrac{3}{600} = 0.005$. 由于 $\sqrt{600}d_n = 0.12 < \lambda_\alpha$, 所以我们没有理由怀疑该装置的公平性 (错误概率 $\alpha = 0.05$)**.

6.3.4.2 直方图

直方图相应于经验概率密度.

定义 设有观测值

$$x_1, \quad \cdots, \quad x_n.$$

选择数 $a_1 < a_2 < \cdots < a_k$ 以及相应区间 $\Delta_r := [a_r, a_{r+1}[$, 使得每个观测值至少落入其中一个区间, 称

$$\boxed{m_r := \text{落入区间 } \Delta_r \text{ 中的观测值个数}}$$

为第 r 组的频数. 经验概率密度函数由

$$\varphi_n(x) := \frac{m_r}{n}, \text{对于所有的} x \in \Delta_r$$

给出. 该函数的图像称为直方图.

例: 若观测值 $x_1, \cdots, x_{10}$ 如表 6.8 所示, 则表 6.9 给出了这些观测值的一个可能的分组方式, 相应的直方图如图 6.18 所示.

表 6.8

x_1	x_2	x_3	x_4	x_5	x_6	x_7	x_8	x_9	x_{10}
1	1.2	2.1	2.2	2.3	2.3	2.8	2.9	3.0	4.9

* 这时所犯的错误是第二类错误, 其概率一般不等于检验的显著性水平 α. —— 译者

** 这时所犯的错误是第二类错误, 其概率一般不等于检验的显著性水平 α. —— 译者

表 6.9

r	Δ_r	m_r	$\frac{m_r}{n}(n=10)$
1	$1 \leqslant x < 2$	2	$\frac{2}{10}$
2	$2 \leqslant x < 3$	6	$\frac{6}{10}$
3	$3 \leqslant x < 5$	2	$\frac{2}{10}$

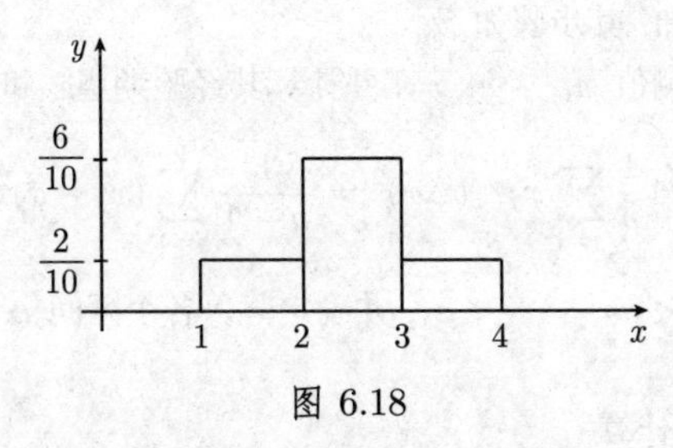

图 6.18

6.3.4.3 分布函数的 χ^2 拟合检验

分布函数的 χ^2 拟合检验用于确定一个函数 Φ 是否为某个给定随机变量 X 的分布函数.

假设 X 的分布函数为 Φ.

变列 (i) 获取 X 的测量值 $x_1, \cdots, x_n$, 分别将这些测量值划入区间 $\Delta_r := [a_r, a_{r+1}[, r = 1, \cdots, k$.

(ii) 确定区间 Δ_r 内所包含的测量值的个数 m_r.

(iii) 令 $p_r := \Phi(a_{r+1}) - \Phi(a_r)$, 并计算检验量

$$c^2 = \sum_{r=1}^{k} \frac{(m_r - np_r)^2}{np_r}.$$

(iv) 选择一个错误概率 α, 并由 0.4.6.4 确定自由度为 $m = k - 1$ 的 χ^2_α 的值.

统计说明 若 $c^2 > \chi^2_\alpha$, 则认为 Φ 不是 X 的分布函数, 此时犯错误的概率为 α.

若 $c^2 \leqslant \chi^2_\alpha$, 则断定我们的假设是正确的, 即 Φ 是 X 的分布函数, 此时犯错误的概率也为 α.*

推理 当 $n \to \infty$ 时, 检验量 c^2 渐近服从自由度为 $m = k - 1$ 的 χ^2 分布.

含有未知参数的分布的 χ^2 检验 若分布函数 Φ 含有未知参数 $\beta_1, \cdots, \beta_s$, 则必须先利用所得到的观测值估计这些参数.

* 这时所犯的错误是第二类错误, 其概率一般不等于检验的显著性水平 α. —— 译者

当观测值分为 k 组时, 需要规定 $m=k-1-s$, 并利用表 0.4.6.4 确定 χ_α^2 的值.

例: 正态分布的均值和标准差可分别由经验均值$\overline{x}$ 和经验标准差Δx 来估计 (见 6.3.4.4).

对于一般的情形, 可以用最大似然估计法来估计这些参数的值 (见 6.3.5).

6.3.4.4 正态分布的 χ^2 拟合检验

本段介绍的检验法用于检验一个从实验观测来看是服从正态分布的随机变量是否真的服从正态分布. 其步骤如下:

(i) 获取 X 的观测值 $x_1, \cdots, x_n$, 并计算其经验期望$\overline{x}$ 和经验标准差Δx:

$$\overline{x}=\frac{1}{n}\sum_{j=1}^{n}x_j,\ \ (\Delta x)^2=\frac{1}{n-1}\sum_{j=1}^{n}(x_j-\overline{x})^2.$$

(ii) 选择数值 $a_1<a_2<\cdots<a_k$, 并确定落入各个区间 $\Delta_r:=[a_r,\ a_{r+1}[$ 内的 X 的观测值个数.

(iii) 借助表 0.34 计算

$$p_r:=\varPhi\left(\frac{a_{r+1}-\overline{x}}{\Delta x}\right)-\varPhi\left(\frac{a_r-\overline{x}}{\Delta x}\right).$$

(iv) 构造检验量

$$c^2=\sum_{r=1}^{n}\frac{(m_r-np_r)^2}{np_r}.$$

(v) 给定错误概率 α, 借助 0.4.6.4 确定自由度为 $m=k-3$ 的 χ_α^2 的值.

统计说明 若

$$\boxed{c^2\leqslant\chi_\alpha^2,}$$

则接受 X 服从正态分布的假设, 这时犯错误的概率为 α.

若 $c^2>\chi_\alpha^2$, 则认为假设 X 服从正态分布不正确因此拒绝接受它, 这时犯错误的概率也是 α.*

这里保证 $np_r\geqslant 5$ 是重要的. 这一点可以通过适当选取 a_r 的值来实现.

测量仪器的误差 考虑一个测量某种尺度 (如长度) 的仪器. 想要证实该仪器的测量误差服从正态分布. 为此, 对某个标准物体 (即知道测量值正确与否的物体) 进行 100 次测量, 并将每次测量的误差记入表 6.10. 例如, 假定 $\overline{x}=1, \Delta x=10$. 对于这种情形, 先利用表 0.34 算出每个 p_r 的值, 如

$$p_8=\varPhi\left(\frac{15-\overline{x}}{\Delta x}\right)-\varPhi\left(\frac{10-\overline{x}}{\Delta x}\right)=\varPhi_0\,(1.4)-\varPhi_0\,(0.9)=0.42-0.32=0.10.$$

---

* 这时所犯错误是第二类错误, 其概率一般不等于检验的显著性水平 α. —— 译者

表 6.10 测量仪器的误差

r	测量区间	测量频率 m_r	p_r	np_r	$\dfrac{(m_r-np_r)^2}{np_r}$
1	$x<-20$	1	0.01	1	0
2	$-20\leqslant x<-15$	4	0.03	3	0.3
3	$-15\leqslant x<-10$	9	0.09	9	0
4	$-10\leqslant x<-5$	10	0.14	14	1.1
5	$-5\leqslant x<0$	24	0.19	19	1.3
6	$0\leqslant x<5$	26	0.20	20	1.8
7	$5\leqslant x<10$	16	0.16	16	0
8	$10\leqslant x<15$	6	0.10	10	1.6
9	$15\leqslant x<20$	2	0.06	6	2.7
10	$20\leqslant x$	2	0.02	2	0
	和	100	1.0	100	$c^2=8.8$

接着计算相应的 np_r, 以及 $\dfrac{(m_r-np_r)^2}{np_r}$ 的值, 然后算出 c^2 的值 (有关结果见表 6.10). 最后, 例如, 如果选择 $\alpha=0.05$, 则由 0.4.6.4 可知, 当自由度为 $m=10-3=7$ 时, $\chi_\alpha^2=14.1$. 由于 $c^2<14.1$, 因此, 可以推断该仪器的测量误差的确服从正态分布, 这时犯错误的概率为 α.*

事实上, 在表 6.10 中, 条件 $np_r\geqslant 5$ 不满足. 为此, 分别将 $r=1,2,3$ 和 $r=9,10$ 的区间合并在一起.

6.3.4.5 用威尔科克森检验比较两个分布函数

可以利用威尔科克森检验法检验两个给定的变异序列是否确实属于不同的统计量. 这种检验法最根本的优点是它对分布函数不作任何假定, 而且使用起来非常方便.

假设 随机变量X 与随机变量 Y 的分布函数相同.

变列 假定 X 和 Y 的观测值分别为

$$x_1,\cdots,x_{n_1}\text{和}y_1,\cdots,y_{n_2}.$$

若 $y_k<x_j$, 则称数对 (x_j,y_k) 为倒置的. 考虑量

$$u:=\text{倒置的个数}.$$

对于给定的 α, 可以由 0.4.6.7 确定 u_α 的值 1).

---

* 这时所犯的错误是第二类错误, 其概率一般不等于检验的显著性水平 α. —— 译者

1) 当 n_1 和 n_2 较大时, 有

$$u_\alpha=z_\alpha\sqrt{\frac{n_1n_2(n_1+n_2+1)}{12}}.$$

这里, z_α 由方程 $\varPhi_0(z_\alpha)=\dfrac{1}{2}(1-\alpha)$ 并查表 0.34 确定.

统计说明　若

$$\boxed{\left|u-\frac{n_1n_2}{2}\right|>u_\alpha,}$$

则拒绝假设, 也就是说断定这两个随机变量有显著差异, 这时犯错误的概率为 α.

检验两种药物　假设 A 与 B 是治疗某种疾病的两种药物. 表 6.11 列出的是病人康复前的用药天数. 这里, 每个 y_j 对于所有的 x_k 倒置. 因此, 倒置个数 $u=4\times5=20$.

表 6.11

药物 A	x_1	x_2	x_3	x_4	x_5
	3	3	3	4	5
药物 B	y_1	y_2	y_3	y_4	—
	2	1	2	1	—

由 0.4.6.7, 对于 $\alpha=0.05$ 和 $n_1=5, n_2=4$, 有 $u_\alpha=9$. 由于

$$\left|u-\frac{n_1n_2}{2}\right|=|20-10|=10>u_\alpha,$$

因此, 可以在错误概率 α 下断定, 这两种药物对于这种疾病的疗效非常不同. 换句话说, 看到的药物 B 的疗效更快并不仅仅是一个偶然结果.

6.3.5　参数估计的最大似然方法

最大似然法是数理统计中的基本方法, 这种方法使获得某种意义下最优的未知参数的估计成为可能.

连续型随机变量　假设 $\varphi=\varphi(x,\boldsymbol{\beta})$ 是随机变量 X 的概率密度, 它依赖于参数 $(\beta_1,\cdots,\beta_k)$, 将此参数简记为 $\boldsymbol{\beta}$. 通过求解关于 $\beta_1,\cdots,\beta_k$ 的方程组

$$\boxed{\sum_{j=1}^{n}\frac{1}{\varphi(x_j,\boldsymbol{\beta})}\frac{\partial\varphi(x_j,\boldsymbol{\beta})}{\partial\beta_r}=0,\quad r-1,\cdots,k,}\tag{6.37}$$

可以得到 $\boldsymbol{\beta}=(\beta_1,\cdots,\beta_k)$ 的**最大似然估计值**[1]. 这里 $x_1,\cdots,x_n$ 是观测值.

例 1(正态分布): 设

$$\varphi(x,\mu,\sigma)=\frac{1}{\sigma\sqrt{2\pi}}\mathrm{e}^{-(x-\mu)^2/2\sigma^2}$$

---

1) 这个名字起源于这样一个事实, 即对于所谓的似然函数$L=\varphi(x_1,\beta)\varphi(x_2,\beta)\cdots\varphi(x_n,\beta)$, 条件

$$L\overset{!}{=}\max$$

导出方程

$$\frac{\partial L}{\partial\beta_r}=0,\quad r=1,\cdots,k,$$

而它们除以 L 后就等价于 (6.37).

是均值为 μ, 标准差为 σ 的正态分布的概率密度. 因为 $\beta_1=\mu,\beta_2=\sigma$,

$$\frac{\partial\varphi}{\partial\mu}=\frac{\mu-x}{\sigma^2}\varphi,\ \frac{\partial\varphi}{\partial\sigma}=\left(-\frac{1}{\sigma}+\frac{(\mu-x)^2}{\sigma^3}\right)\varphi,$$

所以方程组 (6.37) 相当于

$$\sum_{j=1}^{n}(\mu-x_j)=0,\ -\frac{n}{\sigma}+\sum_{j=1}^{n}\frac{(x_j-\sigma)^2}{\sigma^3}=0.$$

由此可得最大似然估计值

$$\boxed{\mu=\frac{1}{n}\sum_{j=1}^{n}x_j,\quad \sigma^2=\frac{1}{n}\sum_{j=1}^{n}(x_j-\mu)^2.}$$

离散型随机变量 设随机变量X 分别以概率$p_1(\boldsymbol{\beta}),\cdots,p_k(\boldsymbol{\beta})$ 取有限多个值 $a_1,\cdots,a_k$. 用 h_j 表示 a_j 在变异序列 $x_1,\cdots,x_n$ 中出现的频率. 则最大似然估计值 $\beta_r=\beta_r(x_1,\cdots,x_k)$, $r=1,\cdots,k$, 可由方程组

$$\boxed{\sum_{j=1}^{k}\frac{h_j}{p_j(\boldsymbol{\beta})}\frac{\partial p_j(\beta)}{\partial\beta_r}=0,\quad r=1,\cdots,k}\tag{6.38}$$

解得, 这里 $h_1+\cdots+h_k=1$.

例 2: 假设事件 A 发生的概率为 p. 令

$$X:=\begin{cases}1, & A\text{发生},\\ 0, & A\text{不发生},\end{cases}$$

则 X 是一个随机变量, 且 $P(X=1)=p$, $P(X=0)=1-p$. 使用一个参数 $\beta=p$. 由 (6.38), 有

$$\frac{h_1}{p}-\frac{h_2}{1-p}=0,\quad h_1+h_2=1.$$

由此可得最大似然估计值

$$\boxed{p=h_1.}$$

这表明概率p 可以由 A 发生的频率 h_1 来估计.

例 3: 设随机变量X 以概率

$$p_j:=\frac{\beta^j}{j!}\mathrm{e}^{-\beta},\quad j=0,1,\cdots$$

取值 $j=0,1,\cdots$, 即 X 服从泊松分布. 若用 h_j 表示 j 在 X 的观测值 $x_1,\cdots,x_n$ 中出现的频率, 则 β 的最大似然估计值为

$$\boxed{\beta=\frac{1}{n}\sum_{j=1}^{n}x_j.}\tag{6.39}$$

推理　在这里, 方程 (6.38) 为

$$\sum_{j=0}^{n}\left(\frac{j}{\beta}-1\right)h_j=0.$$

由此可得 $\beta=\sum\limits_{j=1}^{n}h_j j$. 由于 nh_j 是等于 j 的观测值 x_r 的个数, 因此这个表达式等价于 (6.39).

6.3.6　多元分析

面对大量数据, 我们要解决的一个中心问题就是:

这些测量值是完全随机的呢, 还是依赖于有限个某种类型的随机变量?

为了回答这个问题, 我们可以使用多元分析方法. 多元分析方法起源于美国统计学家 R. 费希尔(Fisher, 1890—1962) 的工作. 在多元分析中, 最重要的影响量也称为*因子*.

下面我们只描述多元分析的一些基本思想. 使用统计软件 SPSS 或者 SAS 公司的各种软件包可以将这些方法用于解决具体问题.

6.3.6.1　*方差分析*

已知因子与聚类　方差分析法用于研究已知因子对于一个数据集的影响. 为此, 对测量结果划分为*聚类*.

方差分析的基本思想是因子的标准差(或方差)比数据的随机扰动的标准差 (或方差) 要大得多. 从理论上看, 这种方法与 F 检验有关 (参见 6.3.3.4).

例: 我们希望研究肥料对某种谷物年产量的影响. 为此, 选择 n 种不同的肥料

$$\boxed{F_1,\cdots,F_n}$$

并在实验田里施用不同量的各种肥料.

我们允许将几种不同的肥料同时施用于同一块试验田.

(i) *因子*是各类肥料 $F_1,\cdots,F_n$.

(ii) *观测量*是所有试验田的年产量.

(iii) 所有以相同浓度施用相同肥料的试验田是分析的*聚类*.

利用方差分析可以确定所观测的量 (年产量) 是否受肥料的影响. 当观测量受肥料影响时, 人们可以用多种方法得到受相应肥料影响最大的*聚类*, 从而得到肥料的最佳配比.

6.3.6.2　因子分析

因子　与方差分析相反, 因子分析使用*事先*不知道的因子. 使用因子分析方法的目的是寻找能够尽可能好地确定数据 (以及它所依赖的大量变量) 的尽可能少的背景

变量 (因子). 为此, n 个强相关的变量要集中或组合成一个因子.

例: 想要知道哪些因素决定森林的损害程度. 为此, 先选出 k 个性质

$$\boxed{M_1, \cdots, M_k}$$

(例如, 这些性质可以是某种类型的树上的树叶数、树皮的厚度等) 并在不同森林中进行观测.

借助于因子分析, 可以从所得到的测量值确定 n 个因子

$$\boxed{F_1, \cdots, F_n}$$

对数据是否有本质影响. 利用计算机程序, 也可以试验 n 的不同的可能值.

注意到这种统计方法本身对于可能很重要的因子类型并不作任何表述是重要的. 更确切地说, 甄别因子的重要性是研究者自己的工作, 需要一定的经验和技巧. 然而, 一旦重要因子被确定下来, 统计方法就的确可以为我们的研究提供一个额外的帮助: 所谓的*因子权*描述了不同因子 $F_1, \cdots, F_n$ 对性质 $M_1, \cdots, M_k$ 的影响的强度.

6.3.6.3 聚类分析

聚类划分 为了将一个给定的数据集合进行聚类划分, 使用聚类分析. 聚类就是聚集具有相似性质的数据. 我们也用它表示具有相似性质的数据的集合.

例: 某银行希望将其客户聚类为

$$\boxed{G_1, G_2, G_3, G_4.}$$

这些聚类相应于下述客户信用等级: *非常值得信任*, *值得信任*, *部分值得信任*和*不可信任*.

为了得到一个合理的划分, 需要许多关于客户的信息, 这些信息也许不得不从其他渠道获得, 如其他银行, 私人信息 (年龄、收入等). 聚类分析是实现这种划分的合适工具.

6.3.6.4 判别分析

应用聚类分析进行聚类划分之后, 我们可以使用判别分析. 判别分析法使我们有可能以某种最优的方式确定刻画聚类的原始特性. 这样, 我们就可以立即将新数据划入现有的聚类中. 判别分析的一个重要假设是我们已经有了一个聚类划分.

例 1: 如果像在 6.3.6.3 中那样, 我们已经根据其信用等级对银行客户进行了聚类划分, 那么判别分析就使我们能够确定那些刻画不同聚类的 (可测量的) 因子. 这样, 对于一个新客户, 就不难将她或他归入这些聚类之一, 也就是说, 确定她或他的信用等级.

例 2: 判别分析经常用于药品研究. 将那些患有某种疾病的病人根据他们对某些药物的反应划分为聚类. 于是, 相应测量数据 (温度、血液成分等) 的性质就是这些聚类的特征. 借助于判别分析, 医生就能够开出有望使初诊病人康复的药方.

6.3.6.5 多元回归

设有随机变量

$$X_1, \cdots, X_n \quad \text{和} \quad Y_1, \cdots, Y_m.$$

寻找形如

$$Y_j = F_j(X_1, \cdots X_n) + \varepsilon_j, \quad j = 1, \cdots, m$$

的函数对应关系. 为了在一个给定的函数类中估计 (未知) 函数 $F_1, \cdots, F_m$, 使用测量值 $X_1, \cdots, X_n$ 和 $Y_1, \cdots, Y_m$. 随机量 ε_j 表示微扰.

线性回归 如果假定所有函数 F_j 都是线性的, 那么就得到了一个 (线性) 方程组

$$\boxed{Y_j = \sum_{k=1}^{m} a_{jk} X_k + b_j + \varepsilon_j, \quad j = 1, \cdots, m.}$$

假定所有的系数 a_{jk} 和 b_j 都取实数值, 需要根据观测数据对它们进行估计. 在这里要做的就是将 6.2.3.3 中讨论过的回归度和相关系数的概念进行推广.

计算机程序具有很大的灵活性, 能够通过删掉某些充分小的系数 a_{jk} 和 b_j 确定出最重要的因子.

实际应用时的注意事项 要在各种不同的统计方法中确定哪一种方法适合给定问题, 需要一定的经验. 必须注意一个事实, 那就是每种统计方法都依赖于一些特定的假设, 而这些假设通常只是近似满足.

如果不能确定应该怎么做, 那么最好的办法就是去找一位专家, 也就是有应用统计方法解决实际问题的经验的人, 进行咨询. 这种专家可以在大学的计算机中心或者其他科学研究机构联系到.

6.4 随 机 过 程

我们将在本论文中说明, 根据分子热力学理论, 作为热运动的结果, 悬浮于液体中的微观粒子必然要做这种只有在显微镜下才能观察到的运动. 可能这里所描述的运动与所谓的 "布朗运动"[1] 恰好一致. 然而, 由于我对后者的有关信息了解得很不精确, 因此我对此不作更加明确的说明.

阿尔伯特 · 爱因斯坦, 1905

1) 这种运动是英国植物学家 R. 布朗(Brown, 1773—1858)1827 年在显微镜下观察花粉粒子在水中的运动时发现的.

随机过程是存在于自然界、工程和经济活动中的, 在某种程度上依赖于随机因素的时间–相关过程. 古埃及人就已经试图确定尼罗河水泛滥的规律, 以便保护其国民免遭洪水的损害. 关于随机过程的更多例子, 如某个确定位置在一定时间内的温度、人口的增长、行驶在岩石路上的汽车受到的作用力、股票或商品价格的发展情况, 以及一个国家国民生产总值随时间的变化等.

在经典热动力学中, 人们将处理一个气体团中数百万气体粒子的不精确性归咎于随机过程. 量子力学的出现彻底改变了这种情况. 这是因为量子过程本质上就是随机的.

历史评注 在物理学中, 关于随机过程的研究可以追溯到前面引用的爱因斯坦 1905 年发表的重要论文. 1922 年, N. 维纳(Wiener, 1894—1964) 开始对布朗运动进行系统的数学研究. 他认识到:

对布朗运动进行精确的数学描述需要用到轨迹空间的概率测度 μ.

在显微镜下观察到的布朗运动所卷入的典型的颤动, 在数学上是由布朗运动的轨迹连续却以概率 1不可微的事实来描述的 1).

为了计算期望, 需要用到由维纳引入、而且现在以他的名字命名的关于测度的积分这一概念.

1933 年, A. 科尔莫戈罗夫(Kolmogorov, 1903—1987) 创立了现代 (集合论基础上的) 公理化概率论; 与此同时, 他还仿效维纳, 为随机过程的一般理论奠定了基础. 在科尔莫戈罗夫的公理化概率论中, 基本事件是可能出现的轨迹 (过程的实现), 由轨迹构成的某个集合发生的概率是由所有这些轨迹构成的空间上的一个测度. 这样, 就把随机过程理论很自然地引向了测度论, 包括函数空间子集上的积分.

在第二次世界大战期间, 当时正在 MIT 工作的 N. 维纳为了以最大的精度击落飞过英格兰的敌机而发展了预测理论.

1941 年, 普林斯顿大学的天才物理学家 R. 费恩曼(Feynman, 1918—1988) 在其著名的学位论文中, 通过引入费恩曼积分提出了一种全新的量子力学方法. 费恩曼积分就是对量子微粒的所有可能轨迹求和并取其平均. 从数学的观点来看, 这是虚时间中的标准的维纳积分. 尽管时至今日对费恩曼积分还没有一个严格的数学证明, 但 (基本粒子理论中使用的) 量子场论里的许多计算却是以非常成功地应用费恩曼积分为基础的.

---

1) 安培(Ampère) 在 1806 年曾经试图证明每个连续函数其实都是可微的. 50 年后, 魏尔斯特拉斯构造出了一个处处连续、但处处不可微的函数. 这个结果的精确公式可以在 [212] 中找到. 维纳的研究证明了这种类型的函数远不是数学的诡辩, 而是实际存在的.

现代混沌理论已经证明, 19 世纪下半叶使用集合论从理论上构造出来的、在当时被认为反常的一系列奇特的数学结果, 在自然界中起着重要的作用. 在具有非整数维度的所谓分形中情况也是这样.

在普林斯顿高级研究所工作的物理学家 E. 威滕(Witten) 巧妙地将应用费恩曼积分, 在深奥的数学课题研究中获得了全新的深刻见解. 这项工作使威滕在 1990 年京都国际数学家大会上被授予菲尔兹奖 (亦见本书末的数学历史概要).

目标 随机过程理论的目标是利用手头的经验数据获得解释以及进一步计算随机过程的理论法则.

6.4.1 时间序列

基本思想 考虑时间点

$$t = 0,\ \Delta t,\ 2\Delta t, \cdots,$$

其中 $\Delta t > 0$. 对于每个时刻 $t = n\Delta t$, 都有一个相应的随机变量 X_n. 我们将随机变量 X_n 的观测值记为 x_n.

例 1: 对 1500 年到 1870 年小麦价格的分析表明, 在这些年中小麦价格有一个为期 13.3 年的价格周期. 图 6.19 节录的是 1820 年至 1860 年的小麦价格.

时间序列分析的一个重要问题是发现所关心的量 在时间上的周期行为或者否定这种周期的存在性.

为此, 人们使用自相关系数的基本方法或者更加现代的谱分析方法 (自协方差函数的傅里叶分析).

在计算机上计算时间序列 我们推荐使用 SPSS 统计软件包.

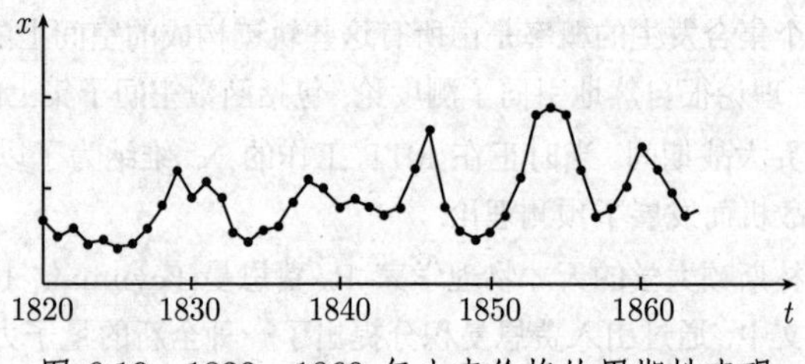

图 6.19 1820—1860 年小麦价格的周期性表现

6.4.1.1 经验自相关系数

假设给定了一个变异序列 $x_0, x_1, \cdots, x_N$. 我们固定一个数 $k = 1, 2, \cdots, N/2$, 并考虑 $x_0, x_1, \cdots, x_N$ 的两个相对移位的子序列

$$\boxed{x_0, x_1, \cdots, x_{N-k}}$$

和

$$\boxed{x_k, x_{k+1}, \cdots, x_N.}$$

回顾这两个变异序列的经验相关系数 r_k 的概念; 这里, 称 r_k 为变异序列 $x_0, x_1, \cdots, x_N$ 的k阶自相关系数. 显然, 有

$$r_k := \frac{\sum_{j=0}^{N-k}(x_j-\overline{x})(y_j-\overline{y})}{\left(\sum_{j=0}^{N-k}(x_j-\overline{x})^2\sum_{j=0}^{N-k}(y_j-\overline{y})^2\right)^{1/2}}.$$

这里已经规定 $y_j := x_{j+k}$, 以及

$$\overline{x} = \frac{1}{N-k+1}\sum_{j=0}^{N-k}x_j,\quad \overline{y} = \frac{1}{N-k+1}\sum_{j=0}^{N-k}y_j.$$

对 r_k 的说明 首先, 有 $-1 \leqslant r_k \leqslant 1$. $|r_k|$ 越大, 通过时间移位 $k\Delta t$ 得到的观测值的相关性越大.

(i) 如果当 $k = m, 2m, 3m, \cdots$ 时, $|r_k|$ 的值与 k 取其他值时 $|r_k|$ 的值相比特别大, 这就强烈地暗示在这个时间序列中存在着一个周期 $T = 2m\Delta t$(见下面的例 2).

(ii) 如果所有 $|r_k|$ 的值都很小, 那么不同时刻的观测值之间实际上没有什么相关性. 这是对该时间序列的非周期行为的一个强烈暗示.

例 2: 对于一个周期为 $T = 2m\Delta t$ 的纯周期序列

$$x_j = a\cos\left(\frac{2\pi j\Delta t}{T}\right),\ j = 0, 1, \cdots, N$$

以及振幅 $a \neq 0$, 当观测值个数 N 很大时, 近似有

$$r_k = \cos\left(\frac{2\pi k\Delta t}{T}\right),\ k = 1, 2, \cdots$$

特别地, 有 (图 6.20 (a))

$$r_0 = 1,\ r_m = -1,\ r_{2m} = 1,\ r_{3m} = -1,\ r_{4m} = 1, \cdots.$$

例 3: 假定对于所有的 j, $x_j =$ 常数. 则对于所有的 k, 都有 $r_k = 0$.

例 4: 在图 6.20 (b) 中, 我们描述了一个只有短时相关性的时间序列. 对于大的时间移位 $k\Delta t$, $|r_k|$ 的值变得越来越小, 因此根本不再有任何相关性.

近似值 当观测值的个数 N 很大时, 有近似公式

$$\boxed{r_k = \frac{c_k}{c_0},} \tag{6.40}$$

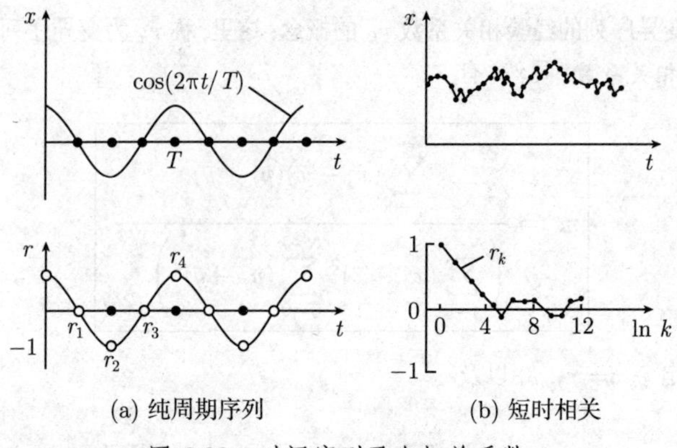

(a) 纯周期序列 (b) 短时相关

图 6.20 时间序列及自相关系数

其中,

$$c_k := \frac{1}{N}\sum_{j=0}^{N-k}(x_j-\overline{x})(x_{j+k}-\overline{x}),\ \overline{x} := \frac{1}{N}\sum_{j=0}^{N}x_j.$$

在实际工作中, 经常使用近似公式 (6.40).

6.4.1.2 离散时间序列的谱分析

谱分析方法是以运用系数为自协方差系数的傅里叶级数为基础的.

平稳时间序列 设 E 是一个概率空间, 而

$$X_n : E \to \mathbb{R},\ n = 0, \pm 1, \pm 2, \cdots$$

是由满足 $0 < \Delta X_n < \infty$ 的随机变量 X_n组成的随机变量序列. 将 X_n 看成时刻 $t = n\Delta t$ 的一个随机变量. 如果对于所有的 $n, k = 0, \pm 1, \pm 2, \cdots$, 有

$$\boxed{\overline{X}_n = \overline{X}_0}$$

以及

$$\boxed{\text{Cov}(X_n, X_{n+k}) = \text{Cov}(X_0, X_k),}$$

就称随机变量序列$\{X_n : E \to \mathbb{R}, n = 0, \pm 1, \pm 2, \cdots\}$ 是 (广义)平稳的, 这里, $\text{Cov}(X, Y) = \overline{(X-\overline{X})(Y-\overline{Y})}$, 因此特别地, 有 $\text{Cov}(X, X) = (\Delta X)^2$.

定义 称

$$r_k := \frac{\text{Cov}(X_n, X_{n+k})}{\Delta X_n \Delta X_{n+k}}, \quad k = 1, 2, \cdots$$

为随机变量序列 $\{X_n : E \to \mathbb{R}, n = 0, \pm 1, \pm 2, \cdots\}$ 的自相关系数.

解释 数 r_k 是时刻 $n\Delta t$ 的随机变量 X_n 与时刻 $(n+k)\Delta t$ 的随机变量 X_{n+k} 的相关系数. 时间序列是平稳的, 实际上就意味着期望$\overline{X}_n$ 和标准差ΔX_n 不依赖于时

间 $t = n\Delta t$. 进一步地, 相关系数 r_k 也不依赖于所选择的时刻 $t = n\Delta t$, 但依赖于所考虑的两个时刻的差值 $k\Delta t$.

定理 若规定 $R(k) := \mathrm{Cov}(X_0, X_k)$, 则有

$$\boxed{r_k = \frac{R(k)}{R(0)}, \quad k = 0, 1, \cdots.}$$

另外, 对于所有的 k, 都有 $R(-k) = R(k)$.

谱定理 设 $\sum\limits_{k=0}^{\infty} |R(k)| < \infty$, 则函数

$$f(\lambda) := \frac{1}{2\pi} \sum_{k=-\infty}^{\infty} R(k)\mathrm{e}^{-\mathrm{i}k\lambda}$$

连续, 且有

$$\boxed{R(k) = \int_{-\pi}^{\pi} f(\lambda)\mathrm{e}^{\mathrm{i}k\lambda}\mathrm{d}\lambda, \quad k = 0, \pm 1, \pm 2, \cdots.} \tag{6.41}$$

特别地, 对于所有的 n, 有关于方差的表达式

$$(\Delta X_n)^2 = R(0) = \int_{-\pi}^{\pi} f(\lambda)\mathrm{d}\lambda. \tag{6.42}$$

上述周期为 2π 的函数 f 称为该平稳时间序列的谱密度. 由 (6.41) 和 (6.42) 可知, 谱密度包含关于标准差 ΔX 和自相关系数 $r_k = R(k)/R(0)$ 的全部信息.

例 1: 对于固定的自然数 $n \geqslant 1$, 假设 $R(\pm n) \neq 0$, 而且对于所有的 $k \neq n, R(k) = 0$, 则有

$$f(\lambda) = \frac{R(n)}{2\pi}\left(\mathrm{e}^{-\mathrm{i}n\lambda} + \mathrm{e}^{\mathrm{i}n\lambda}\right) = \frac{1}{\pi}\cos n\lambda, \quad \lambda \in \mathbb{R}.$$

例 2: 假设 $R(0) \neq 0$, 而且对于所有的 $k \neq 0, R(k) = 0$, 则

$$f(\lambda) = \frac{R(0)}{2\pi}, \quad \lambda \in \mathbb{R}.$$

这种不相关的时间序列称为白噪声.

6.4.1.3 离散时间序列的统计学

假设给定了 (广义) 平稳时间序列 $\{X_n\}$. 现在, 我们希望利用观测值

$$x_0, x_1, \cdots, x_{N-1}$$

估计一些重要的量. 假设 N 充分大.

(i) 对于所有的 n, 期望 $\overline{X}_n$ 的估计:

$$\mu = \frac{1}{N}\sum_{j=0}^{N-1} x_j.$$

(ii) $R(k)$ 的估计:

$$R_N(k) = \frac{1}{N-k}\sum_{j=0}^{N-k-1}(x_j-\mu)(x_{j+k}-\mu).$$

特别地, 对于所有的 n, $R_N(0)$ 是标准差ΔX_n 的估计. 而且

$$\frac{R_N(k)}{R_N(0)}, \quad k=1,2,\cdots$$

是自相关系数r_k 的一个估计.

(iii) 谱密度的估计:

$$f_N(\lambda) = \frac{1}{2\pi N}\left|\sum_{n=0}^{N-1} x_j \mathrm{e}^{-\mathrm{i}n\lambda}\right|^2.$$

6.4.1.4 赫格洛兹谱定理

定理 如果 $\{X_n\}$ 是一个 (广义) 平稳的时间序列, 那么存在一个非降的有界函数 $F:[-\pi,\pi]\to\mathbb{R}$, 使得

$$\boxed{R(k) = \int_{-\pi}^{\pi} \mathrm{e}^{\mathrm{i}\lambda k}\mathrm{d}F(\lambda), \quad k=0,\pm1,\pm2,\cdots.} \tag{6.43}$$

上式给出了 $R(k)$ 作为一个勒贝格–斯蒂尔切斯积分的表达式. 如果 $\sum\limits_{k=0}^{\infty}|R(k)|<\infty$, 则导函数 $F'(\lambda)=: f(\lambda)$ 几乎处处存在, 而且, 可以用 $f(\lambda)\mathrm{d}\lambda$ 代替 (6.43) 中的 $\mathrm{d}F(\lambda)$.

6.4.1.5 连续时间序列的谱分析及白噪声

设 E 为概率空间, 而

$$X_t : E\to\mathbb{R}, \quad t\in\mathbb{R}$$

是由满足 $0<\Delta X_t<\infty$ 的随机变量 X_t 组成的连续时间序列. 我们将 X_t 理解为时刻 t 的一个随机变量. 如果对于所有的时刻 $t,s\in\mathbb{R}$, 都有

$$\boxed{\overline{X}_t = \overline{X}_0}$$

以及

$$\boxed{\mathrm{Cov}(X_t, X_{t+s}) = \mathrm{Cov}(X_0, X_s),}$$

则称连续时间序列 $\{X_t : E \to \mathbb{R}, t \in \mathbb{R}\}$ 为 (广义)平稳的. 由表达式

$$R(s) := \mathrm{Cov}(X_t, X_{t+s})$$

定义的函数 $R : \mathbb{R} \to \mathbb{R}$, 称为该连续时间序列的自协方差函数. 数

$$r(s) = \frac{R(s)}{R(0)}, \quad s \in \mathbb{R}$$

是随机变量 X_t 与 X_{t+s} 的相关系数. 对于所有的 s, 均有 $R(-s) = R(s)$.

谱定理 设 $\int_{-\infty}^{\infty} |R(s)|\,\mathrm{d}s < \infty$, 则函数

$$f(\lambda) := \frac{1}{2\pi}\int_{-\infty}^{\infty} R(s)\mathrm{e}^{-\mathrm{i}s\lambda}\mathrm{d}s$$

连续, 且有

$$\boxed{R(s) = \int_{-\pi}^{\pi} f(\lambda)\mathrm{e}^{\mathrm{i}s\lambda}\mathrm{d}\lambda, \quad s \in \mathbb{R}.}$$

因此, 谱密度函数 f 就是自协方差函数R 的傅里叶变换.

短时相关, 白噪声及分布 对于某个固定的小量 $\varepsilon > 0$, 令

$$R_\varepsilon(s) := \begin{cases} \dfrac{1}{2\varepsilon}, & -\varepsilon \leqslant s \leqslant \varepsilon, \\ 0, & \text{其他}, \end{cases}$$

则相关系数满足: 在小时间区间 $[-\varepsilon, \varepsilon]$ 内, $r_\varepsilon(s) = 1$; 而在此区间之外, $r(s) = 0$. 这是典型的短时相关. 对于谱密度f_ε, 有表达式

$$f_\varepsilon(\lambda) = \frac{1}{4\pi\varepsilon}\int_{-\varepsilon}^{\varepsilon} \mathrm{e}^{-\mathrm{i}\lambda s}\mathrm{d}s, \lambda \in \mathbb{R}.$$

在 $\varepsilon \to +0$ 的极限情形, 得到

$$\boxed{\lim_{\varepsilon \to +0} f_\varepsilon(\lambda) = \frac{1}{2\pi}.}$$

这种极限情形称为白噪声. 用物理学家和工程师的话来说, 对于自协方差函数, 有关系式

$$R(s) = \lim_{\varepsilon \to +0} R_\varepsilon(s) = \delta(s) \tag{6.44}$$

其中 δ 表示狄拉克 δ 分布 (见 [212]). 事实上, δ 不仅是一个经典函数而且是一个分布. 在分布的意义下, 将标准表达式 (6.44) 解释为关系式

$$R = \lim_{\varepsilon \to +0} R_\varepsilon = \delta_0, \tag{6.45}$$

就更加严格了. 这意味着, 对于所有的试验函数 $\varphi \in C_0^\infty(\mathbb{R})$, 都成立

$$\lim_{\varepsilon \to +0} \int_{-\infty}^{\infty} R_\varepsilon(s)\varphi(s)\mathrm{d}s = \delta_0(\varphi) = \varphi(0).$$

白噪声是发生在自然界和工程中的, 只有当时间间隔非常小时才存在相关性的随机过程的模型.

6.4.2 马尔可夫链与随机矩阵

伯努利试验方案是以假定每个试验相互独立为基础的 (见 6.2.5). 本节将要介绍的马尔可夫链是伯努利试验方案对相依随机事件情形最简单可行的推广. 马尔可夫链最早是由 A. 马尔可夫(Markov, 1856—1922) 在 1906 年进行研究的.

基本模型 (i) 考虑一个由离散时间点:

$$t = 0, \Delta t, 2\Delta t, 3\Delta t, \cdots$$

组成的系统.

(ii) 对于上述系统中的每一个时间点, 考虑一个由状态

$$Z_1, Z_2, \cdots, Z_k.$$

组成的系统.

(iii) 我们定义

$p_{ij} :=$ 系统在时刻 $t = n\Delta t$ 由状态 Z_i 出发, 在时刻 $t = (n+1)\Delta t$ 转移到状态 Z_j 的转移概率.

这个转移概率等于系统在时刻 $t = n\Delta t$ 已经处于状态 Z_i 的条件下, 在时刻 $t = (n+1)\Delta t$ 处于状态 Z_j 的条件概率. 这个系统就是所谓的*马尔可夫链*.

马尔可夫链的典型特征是其转移概率不依赖于所考虑的时间点 (即是时齐的).

(iv) 将这些转移概率写成所谓的*转移矩阵*

$$\boldsymbol{P} := \begin{pmatrix} p_{11} & p_{12} & \cdots & p_{1k} \\ \vdots & \vdots & & \vdots \\ p_{k1} & p_{k2} & \cdots & p_{kk} \end{pmatrix}.$$

$\boldsymbol{P}$ 被认为是一个随机矩阵, 也就是说, $\boldsymbol{P}$ 的元素满足不等式

$$0 \leqslant p_{ij} \leqslant 1$$

而且它的所有行和都等于 1, 即对于所有的 $i=1,\cdots,k$, 都有

$$\sum_{j=1}^{k} p_{ij} = 1.$$

定义 设 $p_{ij}^{(k)}$ 表示系统在时刻 $t=n\Delta t$ 处于状态 Z_i, 而在时刻 $t=(n+k)\Delta t$ 转移到状态 Z_j 的转移概率. 将元素 $(p_{ij}^{(k)})$ 写成一个矩阵, 我们将该矩阵记为 $\boldsymbol{P}^{(k)}$, 并且自然地称之为 *k步转移矩阵*.

查普曼–科尔莫戈罗夫方程 对于所有的 $k, m = 1, 2, \cdots$, 都有

$$\boxed{\boldsymbol{P}^{(k+m)} = \boldsymbol{P}^{(k)}\boldsymbol{P}^{(m)}.} \tag{6.46}$$

推论 $\boldsymbol{P}^{(k)} = \boldsymbol{P}^{k}$.

在 $m=1$(或 $k=1$) 的特殊情形, (6.46) 称为*前进方程*(或*后退方程*).

6.4.2.1 遍历性

定义 若极限

$$p_j := \lim_{n\to\infty} p_{ij}^{(n)}, \quad i=1,\cdots,N$$

存在且与 i 无关, 则称此马尔可夫链是遍历的. 进一步地, 假定对于所有的 j, $p_j > 0$, $\sum_{j=0}^{N} p_j = 1$.

说明 一个遍历的马尔可夫链完全忘记了它在初始时刻 $t=0$ 的情况. 数 p_j 是系统经过很长时间以后实现状态 Z_j 的概率.

马尔可夫遍历定理 (1906) 一个马尔可夫链是遍历的, 当且仅当存在一个自然数 $n \geqslant 1$, 使得 $\boldsymbol{P}^{n}$ 的所有元素均为正数.

流言传播模型 我们用

$$Z_1, Z_2$$

表示一个信息的两种可能的变化形式. 例如, Z_1(相应地 Z_2) 可以表示 X 先生将会递交他的辞职报告 (相应地, 不会递交其辞职报告). 假设有下面的转移矩阵:

$$\boldsymbol{P} = \begin{pmatrix} 1-p & p \\ q & 1-q \end{pmatrix}.$$

这意味着:

(i) 当一个人听到信息 Z_1 后, 他将以概率 p 将之错传为 Z_2, 而以概率 $1-p$ 正确传播该信息 (p 是信息被错误地复制, 也就是使信息成为流言的概率).

(ii) 类似地, 信息 Z_2 将以概率 q 被错误地复制.

假设 $0 < p < 1, 0 < q < 1$ 是现实的. 这样, 有

$$\lim_{n\to\infty} \boldsymbol{P}^n = \frac{1}{p+q}\begin{pmatrix} q & p \\ q & p \end{pmatrix}.$$

这意味着 $p_1 = \dfrac{q}{p+q}, p_2 = \dfrac{p}{p+q}$. 特别地, 如果 $p = q$, 可以得到

$$p_1 = p_2 = \frac{1}{2}.$$

这表明当流言传播了一段时间以后, 公众的观点是 X 先生递交辞职报告的概率为 $p_1 = \dfrac{1}{2}$, 这个概率与事实真相及初始信息无关.

6.4.2.2 常返

假设系统在时刻 $t = 0$ 处于状态 Z_i. 用 w_n 表示系统恰好在时刻 $t = n\Delta t$ 首次返回这个状态的概率, 则

$$w = \sum_{n=0}^{\infty} w_n$$

就是系统经过有限时间后返回到初始状态的概率.

定义 若上面引入的概率 w 等于 1, 则称初始时刻 $t = 0$ 时的状态 Z_i 为常返的. 否则, 就称 Z_i 是非常返的.

定理 (i) 初始状态 Z_i 是常返的, 当且仅当

$$\sum_{n=1}^{\infty} p_{ii}^{(n)} = \infty.$$

(ii) 如果系统在初始时刻 $t = 0$ 处于常返状态 Z_i, 那么它将以概率 1无限多次返回这个状态.

(iii) 如果初始状态 Z_i 是非常返的, 则存在一个有限时间, 经过这一时间之后, 系统将永远不会再到达状态 Z_i.

6.4.3 泊松过程

泊松过程用于描述在一个给定的较短的时间间隔中很少发生的事件.

基本模型 我们考虑一个事件 $\mathscr{E}$(例如电话交换台收到电话呼叫), 并定义

$P_n(t,s) :=$ 在时间段$[t,s]$中恰好有n个事件 $\mathscr{E}$(在我们的例子中是电话呼叫)发生.

做如下假定:

(i) 过程是时齐的, 即 $P_n(t,s)$ 只依赖于时间差 $s-t$, 而不依赖于起始时刻 t.

(ii) 当 $s-t\to 0$ 时, $P_1(t,s)=\mu(s-t)+o(s-t)$.

(iii) 当 $s-t\to 0$ 时, 对于所有的 $n=2,3,\cdots$, 都有 $P_n(t,s)=o(s-t)$.

结果 于是, 有

$$\boxed{P_n(t,s)=\mathrm{e}^{-\mu(s-t)}\frac{\mu^n(s-t)^n}{n!}, n=0,1,2,\cdots}$$

对于一个给定的固定区间 $[t, s]$, 这是一个泊松分布.

如果用 X_{s-t} 表示在时间区间 $[t, s]$ 中事件 $\mathscr{E}$ 发生的次数, 则对于期望 (均值) 和标准差, 有

$$\boxed{\overline{X}_{s-t}=\mu(s-t),\quad \Delta X_{s-t}=\sqrt{\mu(s-t)}.}$$

6.4.4 布朗运动与扩散

6.4.4.1 随机运动的经典模型

布朗运动的转移概率 考虑一个沿实数轴运动的粒子. 用 X_t 表示该粒子在时刻 t 的位置, 并定义

$P(y,s;J,t):=$ 粒子在时刻 s 已经处于点 y 的条件下,

在时刻 t 落入区间 J 的条件概率.

也称 $P(y,s;J,t)$ 为转移概率. 对于布朗运动, 有

$$\boxed{P(y,s;J,t)=\int_J p(y,s;x,t)\mathrm{d}x.} \tag{6.47}$$

其中,

$$\boxed{p(y,s;x,t):=\frac{1}{\sqrt{2\pi(t-s)}}\mathrm{e}^{-(x-y)^2/2(t-s)},\quad s<t.}$$

解决方案 用格子点

$$x=0,\pm\Delta x,\pm 2\Delta x,\cdots$$

划分实数轴, 并考虑离散时间点

$$t=0,\Delta t,2\Delta t,\cdots,$$

假定粒子在初始时刻 $t=0$ 处于点 $x=0$. 现在, 假设如果粒子在时刻 $t=n\Delta t$ 位于点

$$x=m\Delta x,$$

那么它在下一时刻 $t=(n+1)\Delta t$ 以概率$p=1/2$ 位于该点的右邻点

$$x=(m+1)\Delta x,$$

并以相同的概率位于该点的左邻点

$$x = (m-1)\,\Delta x$$

(图 6.21). 在 N 重伯努利试验中可以得到这种情况 (参见 6.2.5). 此时, 比较试验的两个结果分别为 e_+(向右运动) 和 e_-(向左运动). 如果事件

$$e_{i_1} e_{i_2} \cdots e_{i_N}$$

(其中 $e_{i_j} = e_\pm$) 中恰好有 k 个符号为 e_+, $N-k$ 个符号为 e_-, 则粒子在时刻 $t = N\Delta t$ 位于点

$$x = k\Delta x - (N-k)\Delta x.$$

这个事件的概率为

$$\binom{N}{k} \frac{1}{2^k} \frac{1}{2^{N-k}}.$$

如果考虑当 $N \to \infty$ 时的极限, 并让 $\Delta x \to 0$, 以及最终让 $\Delta t \to 0$, 则由棣莫弗–拉普拉斯极限定理就可以得到 (6.47). 但我们对此不作更详细的讨论.

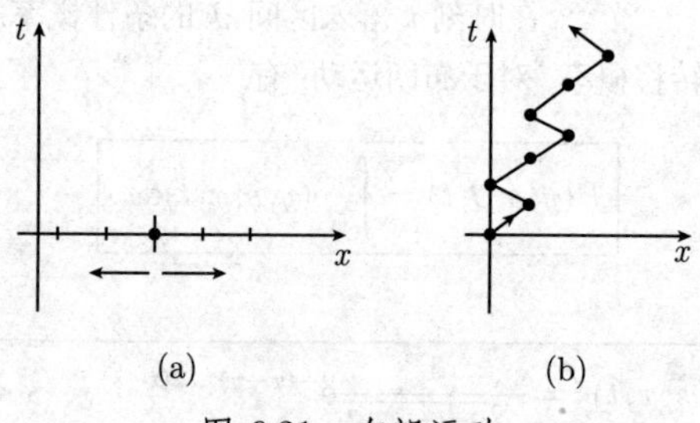

图 6.21 布朗运动

6.4.4.2 扩散方程

现在我们不再考虑单个粒子, 而是考虑 x 轴上的流体, 并假设点 x 处在时刻 t 的流体粒子密度为 $\rho(x,t)$. 由 (6.47), 可以得到关系式

$$\boxed{\rho(x,t) = \int_{-\infty}^{\infty} \rho(y,s)p(y,s;x,t)\mathrm{d}y.}$$

由此可得扩散方程

$$\boxed{\rho_t = \frac{1}{2}\rho_{xx}, \quad x \in \mathbb{R}, t > s.}$$

这样, 扩散过程就可以用随机运动的例子来解释.

6.4.4.3 维纳测度及维纳过程

我们规定 $\mathbb{R}_+ := \{t \in \mathbb{R} | t \geqslant 0\}$, 并用 $C(x_0)$ 表示由所有满足 $w(0) = x_0$ 的连续函数

$$w : \mathbb{R}_+ \to \mathbb{R}$$

组成的空间. 将 $x = w(t)$ 理解为在初始时刻 $t = 0$ 处于点 x_0 的粒子的一条运动轨迹. 我们的目标是构造 $C(x_0)$ 的子集 M 的一个 σ 域 $\mathscr{S}$ 以及 $\mathscr{S}$ 上的测度 μ_{x_0}, 使得

$$\boxed{\mu_{x_0}(M) := \text{布朗运动的一条轨迹} x = w(t) \text{属于} C(x_0) \text{的子集} M \text{ 的概率.}}$$

为此, 首先考虑所谓的**柱面集**[1]

$$\mathscr{Z} := \{w \in C(x_0) | w(t_k) \in J_k,\ k = 1, \cdots, n\}.$$

假定时刻 t_k 满足条件 $0 < t_1 < t_2 < \cdots < t_n$, 而 J_k 是一个任意的实区间. 这样, $\mathscr{Z}$ 由所有在时刻 t_k 落入区间 J_k 内的连续轨迹 $x = w(t)$ 所组成, $k = 1, \cdots, n$. 如果 $0 < t_1 < t_2$, 我们定义

$$\mu_{x_0}(\mathscr{Z}) := \int_{J_1} \int_{J_2} p(x_0, t_0; x_1, t_1) p(x_1, t_1; x_2, t_2) \mathrm{d}x_1 \mathrm{d}x_2,$$

其中, $t_0 := 0$. 在 $0 < t_1 < \cdots < t_n$ 的一般情形, 规定

$$\boxed{\mu_{x_0}(\mathscr{Z}) := \int_{J_1} \cdots \int_{J_2} p(x_0, t_0; x_1, t_1) \cdots p(x_{n-1}, t_{n-1}; x_n, t_n) \mathrm{d}x_1 \cdots \mathrm{d}x_n}\,.$$

最后, 我们用 $\mathscr{S}$ 表示 $C(x_0)$ 的子集的包含所有柱面集的最小 σ 域 (见 [212]).

定理 测度 μ_{x_0} 可以唯一地延拓为定义在整个 $\mathscr{S}$ 上的测度. 这种测度称为**维纳测度**.

例: 用 $\mathscr{D}$ 表示由 $C(x_0)$ 中所有可微的轨迹组成的集合, 则

$$\mu_{x_0}(\mathscr{D}) = 0.$$

这样, 布朗运动的任何一条轨迹几乎必定不可微. 这个结果解释了布朗运动的颤抖现象.

维纳过程 假设 X_t 表示一条轨迹 $w \in C(x_0)$ 在时刻 t 的位置 $w(t)$. 则有:

(i) X_t 服从期望(均值)$\overline{X}_t = x_0$, 标准差 $\Delta X_t = \sqrt{t}$ 的正态分布.

(ii) 在时刻 $t = 0$, $X_t = x_0$ 的概率为 1.

---

1) 注意这个集合 $\mathscr{Z}$ 依赖于 J_k, 所以一个更精确的记号应为 $\mathscr{Z}(J_1, \cdots, J_n)$. 然而, 为简洁起见, 我们不采用这种更加精确的记号.

(iii) 假设 $0 < s < t$, $0 < h \leqslant t - s$,* 则差值

$$X_{t+h} - X_t \text{ 与 } X_{s+h} - X_s$$

相互独立. 进一步地, 它们都服从均值为 0, 标准差为 $\sqrt{h}$ 的正态分布.

(iv) 随机变量 $X_{t_1}, X_{t_2}, \cdots, X_{t_n}$ 的联合分布函数 $\Phi_{t_1 \cdots t_n}$ 的概率密度为

$$\prod_{j=1}^{n} \varphi_{t_j}(x_j).$$

这里, $\varphi_t(x) := \dfrac{1}{\sqrt{2\pi t}} \mathrm{e}^{-(x-x_0)^2/2t}$ 是均值 $\mu = x_0$, 标准差 $\sigma = \sqrt{t}$ 的正态分布的概率密度. 于是, 可以将维纳过程定义为由概率空间 $(C(x_0), \mathscr{S}, \mu_{x_0})$ 上的随机变量 X_t 组成的随机变量族 (一个随机过程)

$$\boxed{X_t : C(x_0) \to \mathbb{R}, \quad t \geqslant 0.} \tag{6.48}$$

N. 维纳在 1922 年研究了这个过程.

6.4.4.4 费恩曼–卡茨公式

扩散是由粒子的布朗运动导致的. 著名的费恩曼–卡茨公式的基本思想是将粒子密度 ρ 作为这些粒子的随机轨迹的一个平均来求得它. 构造这种平均值要用到维纳测度 μ_x 的性质.

对于一个由函数 U 给出的外力作用下的扩散过程, 考虑初值问题:

$$\boxed{\begin{aligned} &\rho_t = a(\rho_{xx} - U(x)), \quad x \in \mathbb{R}, t > 0, \\ &\rho(x, 0) = \rho_0(x), \qquad\quad\;\; x \in \mathbb{R}. \end{aligned}} \tag{6.49}$$

点 x 处在时刻 t 的粒子密度 $\rho = \rho(x, t)$ 是未知的. 初始密度 $\rho_0 \in C_0^\infty(\mathbb{R})$ 及函数 $U \in C_0^\infty(\mathbb{R})$ 是给定的. 我们选择一个时间单位, 使得 $a = 1/2$.

定理 (6.49) 的唯一解由费恩曼–卡茨公式

$$\boxed{\rho(x, t) = \int_{C(x)} \rho_0(w(t)) \mathrm{e}^{-\int_0^t U(w(s)) \mathrm{d}s} \mathrm{d}\mu_x(w), \quad x \in \mathbb{R}, t > 0} \tag{6.50}$$

给出. 这里, 积分是对于所有的轨迹 $w \in C(x)$ 进行的. 就像 [212] 中解释的那样, 这里出现的 $C(x)$ 上关于维纳测度 μ_x 的积分应当理解为一个测度积分.

---

* 原文为 $h > 0$. 但如果 $h > t - s$, 则 $X_{t+h} - X_t$ 与 $X_{s+h} - X_s$ 不一定相互独立. —— 译者

6.4.4.5 费恩曼积分

> D. 费恩曼 (Feynman) 是一位卓越不凡的科学家. 为了系统阐述自己的量子力学观点, 他辛勤工作了五年. 我用传统的薛定谔方程为 H. 贝特 (Bethe) 进行的计算, 花了好几个月的时间和数百页纸才完成. 而费恩曼使用他自己的方法, 只需在黑板上花半个小时就能得到相同的结果.
>
> F. 戴森 (Dyson), 1979

薛定谔方程的初值问题

$$\boxed{\begin{array}{ll} -\mathrm{i}\,\Psi_t = a(-\Psi_{xx} + U(x)), & x \in \mathbb{R}, t > 0, \\ \Psi(x,0) = \Psi_0(x), & x \in \mathbb{R} \end{array}} \tag{6.51}$$

可以通过公式

$$\boxed{\Psi(x,t) = \rho(x,\mathrm{i}t)} \tag{6.52}$$

与扩散方程的初值问题 (6.49) 从形式上联系起来. 这使我们得以提出如下解释:

量子的运动是虚时间中的布朗运动.

这就是费恩曼量子力学方法的数学背景. 这种方法是费恩曼依靠他天才的物理直觉, 采用与经典量子力学完全不同的方式发现的. 费恩曼发现, 粒子的量子运动可以作为其经典轨迹的加权平均得到, 其中的权相当于概率. 这种平均使用所谓的*费恩曼积分*, 它同时也给出了经典力学与量子力学之间最深刻的联系.

从形式上看, 将费恩曼–卡茨公式 (6.50) 中的密度 ρ 用薛定谔 (波) 函数 ψ 代替, 即可得到费恩曼积分.

然而, 费恩曼积分只在极少数几种特殊情形有严格定义并被数学证明. 尽管如此, 费恩曼积分却是量子场论中计算基本粒子过程的极其重要的工具. 费恩曼积分异常成功的奥秘在于它能够描述量子过程中行为传播的微观效果.

对于费恩曼积分及其物理背景的介绍可以在 [215] 中找到.

6.4.5 关于一般随机过程的科尔莫戈罗夫主定理

随机过程的一般定义 假设 E 是一个具有概率测度P 和 σ 域 $\mathscr{S}$ 的概率空间. 一个随机过程就是由随机变量X_t 构成的随机变量族

$$\boxed{X_t : E \to \mathbb{R}, \quad t \in T.} \tag{6.53}$$

其中, t 在一个非空指标集 T 中变化.

若指标集 T 至多是可数集, 则称此过程为离散过程, 否则称之为连续过程.

例 1: 若 T 是实数集, 则我们可以将 X_t 看成时刻 t 的一个随机变量. 例如, X_t 可以是某个确定位置在时刻 t 的温度 [1].

随机过程的实现　设 e 是 E 的一个元素, 即 e 是一个基本事件. 定义

$$\boxed{x_e(t) := X_t(e), \quad t \in T,}$$

则 $x_e : T \to \mathbb{R}$ 是时间 t 的一个实函数, 将之理解为一条观测曲线(图 6.22). 假设 M 是 E 的一个子集, 它是一个事件, 则有

$$\boxed{P(M) = \text{指标} e \in M \text{的一条观测曲线} x = x_e(t) \text{得到实现的概率.}}$$

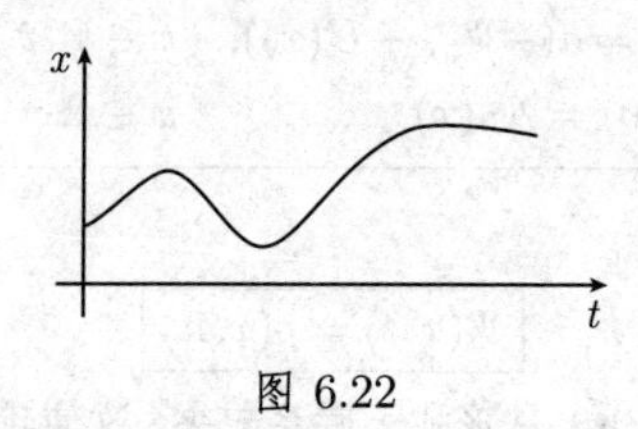

图 6.22

因此, 概率空间E 可以看作所有可能实现的观测曲线的指标集, 而概率测度P 则可以看作是由所有观测曲线组成的空间上的一个测度.

实际应用时几个重要的量　随机过程的几个最重要的量是:

(i) 随机过程在时刻 t 的随机变量X_t 的期望 $\overline{X}_t$ 和标准差ΔX_t.

(ii) 随机过程在时刻 t 的随机变量 X_t 与它在时刻 s 的随机变量 X_s 的相关系数

$$r(t,s) := \frac{\operatorname{Cov}(X_t, X_s)}{\Delta X_t \Delta X_s}.$$

(iii) X_t 的分布函数 Φ_t.

(iv) 对于时刻 t 和时刻 s, $t < s$, X_t 与 X_s 的联合分布函数 $\Phi_{t,s}$.

联合分布函数族　设 $\Phi_{t_1 \cdots t_n}$ 表示随机变量 $X_{t_1}, \cdots, X_{t_n}$ 的联合分布函数, 其中时间点满足

$$t_1 < t_2 < \cdots < t_n. \tag{6.54}$$

更明确地说, 有

$$\boxed{\Phi_{t_1 \cdots t_n}(x_1, \cdots, x_n) := P(X_{t_1} < x_1, \cdots, X_{t_n} < x_n).}$$

---

1) 如果希望描述地球上每一点的温度分布, 那么随机变量就是 $X(Q, \tau)$, 它依赖于位置 Q 和时间 τ, 即指标集 T 由所有数对 (Q, τ) 构成.

然而, 为简洁直观起见, 我们将依旧采用 t 表示时间.

若 $t_1 < \cdots < t_n < t_{n+1} < \cdots < t_m$, 则对于所有的 n 和 m, $1 \leqslant n < m$, 以及所有的自变量 $x_1, \cdots, x_n \in \mathbb{R}$, 有如下合理的条件

$$\Phi_{t_1 \cdots t_n}(x_1, \cdots, x_n) = \Phi_{t_1 \cdots t_m}(x_1, \cdots, x_n, +\infty, \cdots, +\infty). \tag{6.55}$$

高斯过程 若一个随机过程的联合分布函数都是高斯分布, 则称该过程为一个*高斯过程*.

例 2: 维纳过程(6.48) 是一个高斯过程.

科尔莫戈罗夫主定理 (1933) 设指标集 T 是实数集的一个给定的非空子集. 假定对于 $n = 1, 2, \cdots$ 和每个时间集 (6.54), 分布函数 $\Phi_{t_1 \cdots t_n}$ 给定, 并且满足相容性条件 (6.55). 则存在一个形如 (6.53) 且以给定函数 $\Phi_{t_1 \cdots t_n}$ 为其联合分布函数的随机过程.

第7章 计算数学与科学计算

高斯 (Gauss, 1777—1855) 很早就已对数字世界拥有了令人惊叹的驾驭能力. 他在数字世界中游刃有余, 并对自己为进行研究而开发的各种工具运用自如. 据他的朋友沃尔特斯豪森 (Sattorius von Waltershausen) 讲, 高斯对 1000 以内的任意数都能 “立刻或稍作停顿后就说出该数的所有特点”. 他用这一知识进行优美的计算. 通过不断开发的新工具并运用技巧, 他能将有时需要历时一个月之久的计算搞活. 对数字的超常记忆有助于他达成奋斗目标. 他知道所有对数的前几位小数, 据沃尔特斯豪森说, 他 “能在大脑中计算对数的近似值”.

为了根据一些行星引起其他行星轨道的摄动的情况来确定这些行星的质量, 高斯在 1812 年的下半年进行了一项最难以置信的漫长而困难的计算. 根据后来对这些计算所作的估计, 他每天需要完成 2600 至 4400 个数字的计算.

G. 沃布斯 (Erich Worbs)

高斯传记作家

计算数学软件 ——Mathematica 应用该软件包可以在个人计算机上完成许多标准的数值程序.

计算数学的基本经验 许多经过深入研究和完美证明的自然构造的数学方法, 并不能很好地适用于在计算机上进行数值计算. 为了研究可以在计算机上实现的有效方法, 需要大量的实践和专门知识.

经验法则如下:

每个可以想象到的计算方案, 无论它显得多么完美, 都有反例使它根本不能执行.

因此不要盲目相信软件的计算结果, 重要的是要理解计算方法的结构和局限性. 这正是本章的目标.

计算方案最重要的性质是数值稳定性.

早在 1947 年, 冯 · 诺依曼(John von Neumann) 就已指出这一事实. 数值稳定性是指在数值扰动 (计算中的数据误差、舍入误差) 下的稳定性.

复杂性　如果计算时间 $Z(p)$ 与计算方案的一个参数 p 相关, 若

$$Z(p) = O\left(\mathrm{e}^{p}\right), \quad p \to \infty,$$

则称该方案是复杂的.

这相应于计算时间随复杂度参数 p 按指数增长. 这类复杂的算法当 p 值较大时是失效的, 因为计算时间可能要以数百年计. 当代复杂性理论研究关于给定的一类问题的算法复杂度的基本问题. 其目标是构造最优算法使计算时间最少, 或者证明这种最优算法并不存在.

复杂性理论是当代数学和计算机科学的一个新分支, 有许多问题尚待解决. 为此要应用代数拓扑的深刻结果 (见 [212]). 就现代物理学而论, 这意味着复杂性理论在纯粹数学和应用数学之间, 再次构筑了数学统一的基础.

7.1　数值计算和误差分析

7.1.1　算法的概念

计算数学的一个重要目标是发展和应用构造性的算法以最有效地处理和数值求解自然科学和工程问题. 为此, 人们发展了精确制定的运算规则, 以可以在计算机上执行的 *算法* 的形式, 应用于实际问题. 因此, 算法是从已知问题的 *输入* 出发, 直到得到结果 *输出* 的适当定义的一系列基本计算和判断. 数值处理问题的算法必须满足以下要求.

(1) 算法的每一步都是唯一确定的, 所有可能的变量都要考虑在内.

(2) 算法必须通过可在计算机上实现的有限步基本计算, 在达到最大或至少足够的数值精度之后结束.

(3) 算法一般只求解某一类问题, 为处理该类中的不同问题只需要修改输入.

(4) 给定输入, 问题将被处理, 产生最大精度的结果和最小的计算费用.

然而在计算机上实现算法将产生许多基本问题, 这与计算机仅能提供有限的精度, 导致难以验证确定的公设有关. 因此, 研究误差来源、计算过程中误差传播以及误差对计算结果的影响是计算数学的中心问题. 在这一方面, 一个简单的算法, 或少量的计算, 并非是最优解. 此外, 像积分表上的闭型公式等数学上精美的解, 也常常完全无用.

7.1.2　在计算机上表示数

大多数计算机对整数和实数使用不同的表示. 下面只考虑计算机程序使用的最

重要的实数表示法. 为了获得可能的精度, 实数 $x \in \mathbb{R}$ 的所谓浮点表示通常是近似

$$\bar{x} = \mathrm{fl}(x) = \sigma \cdot (.a_1 a_2 \cdots a_t)_\beta \cdot \beta^e = \sigma \cdot \beta^e \sum_{v=1}^{t} a_v \beta^{-v},$$

其中 β 是这个数系的底, $\sigma \in \{+1, -1\}$ 是 $\bar{x}$ 的符号, 系数 $a_j \in \{0, 1, \cdots, \beta - 1\}$ 是尾数的数字, t 是尾数长度, $e \in \mathbb{Z}$ 表示幂指数. 假定 $a_1 \neq 0$, 则称为实数 x 对底 β 的 t 位数字表示. 对 $x = 0$, 其正规表示为: $\sigma = \pm 1, a_i = 0, i = 1, 2, \cdots, t$, 并取 $e = 0$. (比较 1.1.1.3 和 1.1.1.4).

计算机通常用 2 的幂来表示数, 如底 $\beta = 2$(二进制), $\beta = 8$(八进制) 及 $\beta = 16$(十六进制); 但很少用 $\beta = 10$(十进制). 尾数的长度 t 通常是依赖于计算机的固定数, 而指数集 $L \leqslant e \leqslant U$, 介于给定的 L 和 U 之间, 所以根据 $x_{\min} \leqslant |x| \leqslant x_{\max}$, 能这样表示的实数是有界的. 表 7.1 列出了一些典型组合[1].

表 7.1　实数的典型表示

计算机	β	t	L	U	$x_{\min}$	$x_{\max}$	δ
CRAY-1	2	48	−8192	8191	$4.60 \cdot 10^{-2467}$	$5.50 \cdot 10^{2465}$	$7.11 \cdot 10^{-15}$
(DEC	2	24	−127	127	$2.94 \cdot 10^{-39}$	$1.70 \cdot 10^{38}$	$5.96 \cdot 10^{-8}$
VAX)	2	53	−1023	1023	$5.56 \cdot 10^{-309}$	$8.99 \cdot 10^{307}$	$1.11 \cdot 10^{-16}$
IBM 3033	16	6	−64	63	$5.40 \cdot 10^{-79}$	$7.24 \cdot 10^{75}$	$9.54 \cdot 10^{-7}$
	16	14	−64	63	$5.40 \cdot 10^{-79}$	$7.24 \cdot 10^{75}$	$2.22 \cdot 10^{-16}$
HP 28S	10	13	−499	500	$1.00 \cdot 10^{-499}$	$1.00 \cdot 10^{500}$	$5.00 \cdot 10^{-12}$

若实数 $x \neq 0$ 对底 β 有无穷表示

$$x = \sigma \cdot (.a_1 a_2 \cdots a_t a_{t+1} \cdots)_\beta \cdot \beta^e, \quad L \leqslant e \leqslant U, a_1 \neq 0,$$

则某些计算机 (如 CRAY-1 和 IBM3033) 丢掉数字 a_{t+1}. x 的截断表示

$$\bar{x} = \mathrm{fl}(x) = \sigma \cdot (.a_1 a_2 \cdots a_t)_\beta \cdot \beta^e$$

被用作近似值. 在每次算术运算后都丢掉数字 a_{t+1}. 另一道工序是数的舍入, 它被表示为

$$\bar{x} = \mathrm{fl}(x) = \begin{cases} \sigma \cdot (.a_1 a_2 \cdots a_t)_\beta \cdot \beta^e, & a_{t+1} < \beta/2, \\ \sigma \cdot \left[(.a_1 a_2 \cdots a_t)_\beta + (.00 \cdots 01)_\beta \right] \cdot \beta^e, & a_{t+1} \geqslant \beta/2. \end{cases}$$

在这一定义的第二种情况, 舍入通过数字 a_t 增加 1, 即增加 $(.00 \cdots 01)_\beta = \beta^{-t}$ 而完成. 这相当于十进制中的通常的四舍五入.

由于对大多数实数必然有 $x \neq \mathrm{fl}(x)$, 所以对 $x \neq 0$, 相对误差起着重要作用, 其定义为

$$\varepsilon := \frac{\mathrm{fl}(x) - x}{x}.$$

1) 本章中指数记号如 7.11E−15 用以表示 $7.11 \cdot 10^{-15}$.

于是在截断表示的情况下有 $|\varepsilon| \leqslant \beta^{-t+1}$, 而对舍入则有 $|\varepsilon| \leqslant \dfrac{1}{2}\beta^{-t+1}$. 在两种情况下均有

$$\mathrm{fl}(x) = x(1+\varepsilon),$$

故 $\mathrm{fl}(x)$ 可视为 x 的小扰动. 这一定义最早由威尔金森 (Wilkinson) 给出, 它是深入研究算法中误差及其传播的关键. 相对误差的最大绝对值被称为*相对计算精度*, 该值等于最小的正十进制浮点数 δ, 有

$$\mathrm{fl}(1+\delta) > 1.$$

每一台计算机的这一特征值由其所使用的舍入或截断决定 (表 7.1).

7.1.3 误差来源, 发现误差, 条件和稳定性

现在简要介绍求解问题时可能产生的误差源. 下面用 $a, b, \cdots, x, y, z$ 表示准确值, 同时用 $\bar{a}, \bar{b}, \cdots, \bar{x}, \bar{y}, \bar{z}$ 表示计算值. 在十进制中人们常用*有效数字*的概念来代替相对误差: 若对 $x \neq 0$ 有

$$|(x-\bar{x})/x| < 0.5 \cdot 10^{-m},$$

则称 $\bar{x}$ 有 m 位有效数字.

算法误差的第一个来源是*输入误差*. 它产生于对实数 x 的 t 位十进制浮点数表示, 其中量 δ 的相对误差来自舍入或截断; 而另一方面, 通过不正确的测量或原始数据的预计算, 数据本身也可能有误差.

两个浮点数 $\bar{x}$ 和 $\bar{y}$ 的算术运算也可能产生误差. 用 $\circ$ 表示运算 $+, -, \times, \div$ 之一, 那么 $\bar{x} \circ \bar{y}$ 通常不一定有 t 位浮点数表示. 当然, 假设数值 $\bar{x} \circ \bar{y}$ 是在精确计算后才被舍入或截断, 则有

$$\mathrm{fl}(\bar{x} \circ \bar{y}) = (\bar{x} \circ \bar{y})\,(1+\varepsilon), \quad \text{其中} \quad |\varepsilon| \leqslant \delta.$$

通常称为*舍入误差*的这些误差, 在算法执行过程中传播并放大, 从而影响最终计算结果的有效数字. 如果从算法开始到结束分析每一步的误差大小, 称为*向前误差分析*. 向前误差分析的最终误差估计通常是相当悲观的, 但是它可以深入了解算法每一步, 及哪一步对最终的计算结果有最大影响. *区间运算法*正是通过在计算机上自动处理区间 $[x_a, x_b]$ 进行向前误差分析的方法, 它保证实际的准确值 x 落在相应的区间内 (参见 [422] 和 [430]).

另一种研究误差传播的方法基于*向后分析*, 其原理在于考虑计算的最后结果, 在每一步研究可能产生的最精确的数据, 并估计理论计算可能有的误差. 这样可以在不考虑舍入误差的情况下得到关于精确数据集的定性的结果; 研究这些数据及其扰动可以知道哪些误差是总会出现的, 或是问题本身所固有的.

因此基本问题是研究输入数据的误差如何导致输出误差. 这里要区别数学上引起的误差和为求解问题而采用特别的算法所产生的误差. 准确结果的改变与输入数

据的误差之间的关系称为问题的条件数. 这一度量可能是在范数意义下对解的所有分量的通常可比较的单个的数, 或者是一些数的集合, 其中各数都是对算法的特别部分的条件数. 另一个相当不同的概念是算法的稳定性; 如果输入数据的小的误差相应地导致最后结果的小误差, 则称算法是稳定算法. 算法的稳定性最终决定算法是否能被有效使用; 一个给定的数学问题可能是良态的, 但其选来求解的相应算法可能是不稳定的.

除了上面已经讨论过的误差来源, 在实际计算中还有可能因浮点数表示限制了所表示的数的实际大小而产生误差, 结果有可能上溢或下溢, 这在一定环境下使结果不可用. 为了避免这些误差, 算法必须是相适应的.

最后, 当准确值被近似计算时会产生过程误差. 例如, 当迭代在有限的许多步后中断, 或极限过程不能执行, 或微分被相应的差分近似, 都会出现这种情况. 这样的误差分析是算法描述的任务.

例: 下面以十进制 ($\beta=10$), 尾数长度 t=5 以及通常的四舍五入为例说明这些概念及它们表述的困难.

1. 设 $\bar{a}=0.31416\cdot10^1, \bar{b}=-0.31523\cdot10^1, \bar{c}=0.67521\cdot10^{-5}$ 是十进制下浮点数. 则有

$$\begin{aligned}
\mathrm{fl}\left(\bar{a}+\bar{b}\right)&=-0.10700\cdot10^{-1},\\
\mathrm{fl}\left(\mathrm{fl}\left(\bar{a}+\bar{b}\right)+\bar{c}\right)&=\mathrm{fl}\left(-0.10700\cdot10^{-1}+0.67521\cdot10^{-5}\right)=-0.10693\cdot10^{-1},\\
\mathrm{fl}\left(\bar{a}+\mathrm{fl}\left(\bar{c}+\bar{b}\right)\right)&=\mathrm{fl}\left(0.31416\cdot10^1-0.31528\cdot10^1\right)=-0.10700\cdot10^{-1}.
\end{aligned}$$

通常的结合律对于浮点运算不成立. 此外还有

$$\begin{aligned}
\mathrm{fl}\left(\mathrm{fl}\left(\bar{a}^2\right)-\mathrm{fl}\left(\bar{b}^2\right)\right)&=\mathrm{fl}\left(0.98697\cdot10^1-0.99370\cdot10^1\right)=-0.67300\cdot10^{-1},\\
\mathrm{fl}\left(\mathrm{fl}\left(\bar{a}+\bar{b}\right)\cdot\mathrm{fl}\left(\bar{a}-\bar{b}\right)\right)&=\mathrm{fl}\left(\left(-0.10700\cdot10^{-1}\right)\cdot0.62939\cdot10^1\right)=-0.67345\cdot10^{-1}.
\end{aligned}$$

第一个结果仅有三位数准确, 这是由于大致相等的数相减删除了一些数字.

2. 求二次方程

$$x^2+2px-q=0,\quad p,q>0$$

的两个根, 该问题是良态的. 设 $p=157, q=2$, 若计算两个解中的一个, 根据公式

$$y=-p+\sqrt{p^2+4q},$$

得到 $\mathrm{fl}(\sqrt{p^2+q})=\mathrm{fl}(\sqrt{0.24651\cdot10^5})=0.15701\cdot10^3$, 于是有 $\bar{y}=0.1000\cdot10^{-1}$.

而使用等价的公式

$$y=\frac{q}{p+\sqrt{p^2+4q}},$$

则得到 $\bar{y}=\mathrm{fl}(2/(0.31401\cdot10^3))=0.63692\cdot10^{-2}$, 其相对误差约 $1.5\cdot10^{-5}$, 有四位有效数字. 第二次计算是数值稳定的, 而第一次计算则由于前几位数字被消去而不稳定.

3. 计算积分

$$I_n = \int_0^1 \mathrm{e}^{-x} x^n \mathrm{d}x, \quad n = 0, 1, 2, \cdots, 8,$$

可借助通过分部积分得到的递归公式

$$I_n = nI_{n-1} - \frac{1}{\mathrm{e}}, \quad n = 1, 2, \cdots$$

完成, 其中

$$I_0 = \frac{\mathrm{e} - 1}{\mathrm{e}}.$$

在少数几次递归后, 计算导致错误的数值, 而当 $n = 8$ 时其值甚至为负 (表 7.2). 如果考虑输入误差 $\varepsilon_0 := I_0 - \bar{I}_0 \cong 5.59 \cdot 10^{-7}$ 的传播, 则注意到最终结果的累积误差为 $\varepsilon_n := I_n - \bar{I}_n \cong n! \cdot \varepsilon_0$, 即误差快速增长. 此算法是非常不稳定的. 事实上由于 fl(1/e) 的误差叠加, 实际误差甚至更大. 另一方面, 若应用如下形式的递归公式:

$$I_{n-1} = \frac{I_n + 1/\mathrm{e}}{n}, \quad n = N, N-1, \cdots, 1,$$

则误差以 $1/n$ 递减. 这样的算法便适于导出良态问题的稳定计算方法. 若注意到 $I_n \leqslant 1/(n+1)$, 并在 $\bar{I}_{15} = 1/32$ 开始新的迭代, 则初始误差满足 $\varepsilon_{15} \leqslant 1/32$, 使得 $|\varepsilon_8| \leqslant 10^{-9}$, 也即要求的结果与输入误差本身同样精确 (表 7.2).

表 7.2 积分的递归计算

n	$I_n = n \cdot I_{n-1} - \frac{1}{\mathrm{e}}$ $\bar{I}_n$	$I_{n-1} = \frac{I_n + 1/\mathrm{e}}{n}$ $\bar{I}_n$
0	$0.63212 \cdot 10^0$	$0.63212 \cdot 10^0$
1	$0.26424 \cdot 10^0$	$0.26424 \cdot 10^0$
2	$0.16060 \cdot 10^0$	$0.16060 \cdot 10^0$
3	$0.11392 \cdot 10^0$	$0.11393 \cdot 10^0$
4	$0.87800 \cdot 10^{-1}$	$0.87836 \cdot 10^{-1}$
5	$0.71120 \cdot 10^{-1}$	$0.71302 \cdot 10^{-1}$
6	$0.58840 \cdot 10^{-1}$	$0.59934 \cdot 10^{-1}$
7	$0.44000 \cdot 10^{-1}$	$0.51656 \cdot 10^{-1}$
8	$-0.15880 \cdot 10^{-1}$	$0.45368 \cdot 10^{-1}$

7.2 线 性 代 数

7.2.1 线性方程组——直接法

设求解有 n 个方程及 n 个未知量 $x_1, \cdots, x_n$ 的非齐次线性方程组

$$\boxed{\boldsymbol{Ax}+\boldsymbol{b}=\boldsymbol{0},} \quad 即 \quad \sum_{k=1}^{n} a_{ik} x_k + b_k = 0, i = 1, 2, \cdots, n.$$

假设 $n \times n$ 矩阵 $\boldsymbol{A}$ 是正则的, 即 $\det \boldsymbol{A} \neq 0$, 则线性方程组对每个常向量 $\boldsymbol{b}$ 存在唯一解向量 $\boldsymbol{x}$(见 2.1.4.3). 今考虑数值计算 $\boldsymbol{x}$ 的直接消元法.

7.2.1.1 高斯算法

在 2.1.4.2 中已经讨论过的高斯消元法可以写成便于在计算机上实现的形式. 以 $n = 4$ 为例, 把要求解的方程写成如下格式:

x_1	x_2	x_3	x_4	1
a_{11}	a_{12}	a_{13}	a_{14}	b_1
a_{21}	a_{22}	a_{23}	a_{24}	b_2
a_{31}	a_{32}	a_{33}	a_{34}	b_3
a_{41}	a_{42}	a_{43}	a_{44}	b_4

高斯算法的第一部分是逐次对方程组作变换直到它转化成三角形. 这一过程产生的新矩阵的元素仍用相同记号表示.

第一步, 首先验证是否有 $a_{11} \neq 0$, 若 $a_{11} = 0$, 那么存在某个 $a_{p1} \neq 0$, 其中 $p > 1$, 交换第 1 行和第 p 行. 交换后的第一个方程已是最后形式, 而 $a_{11} \neq 0$ 是主元. 借助于商

$$l_{i1} := a_{i1}/a_{11}, \quad i = 2, 3, \cdots, n,$$

从第 i 行减去第 1 行乘以 l_{i1}, 得到新的格式

x_1	x_2	x_3	x_4	1
a_{11}	a_{12}	a_{13}	a_{14}	b_1
0	a_{22}	a_{23}	a_{24}	b_2
0	a_{32}	a_{33}	a_{34}	b_3
0	a_{42}	a_{43}	a_{44}	b_4

其中,

$$a_{ik} := a_{ik} - l_{i1} \cdot a_{1k}, \quad i, k = 2, 3, \cdots, n,$$

$$b_i := b_i - l_{i1} \cdot b_1, \quad i = 2, 3, \cdots, n.$$

对表示 $n-1$ 个未知数 $x_2, \cdots, x_n$ 的线性方程组的后 $n-1$ 行重复这一过程. 由于假设 $\boldsymbol{A}$ 是非奇异的, 在第 k 步 $a_{kk}, a_{k+1,k}, \cdots, a_{nk}$ 中至少有一个元素不为零. 再次交换两行使主元 $a_{kk} \neq 0$.

$n-1$ 步后我们得到 n 方程组的最后格式. 现在改变记号, 记最后形式的矩阵元素为 r_{ik}, 常数列的数值为 c_i. 矩阵左下三角的零元素记为 l_{ik}, 其中 $i > k$, 则得到如下格式:

x_1	x_2	x_3	x_4	1
r_{11}	r_{12}	r_{13}	r_{14}	c_1
l_{21}	r_{22}	r_{23}	r_{24}	c_2
l_{31}	l_{32}	r_{33}	r_{34}	c_3
l_{41}	l_{42}	l_{43}	r_{44}	c_4

按未知数的倒序使用下面的公式, 我们容易从这一方程组计算未知数的值, 这正是高斯算法的第二部分:

$$x_n = -c_n/r_{nn}, \quad x_k = -\left(c_k + \sum_{j=k+1}^{n} r_{kj}x_j\right)/r_{kk}, \quad k = n-1, n-2, \cdots, 1.$$

最终方程组中出现的量以下面的方式与原始方程组 $\boldsymbol{Ax}+\boldsymbol{b}=\boldsymbol{0}$ 相关联 (见 [432]). 定义右三角矩阵 $\boldsymbol{R}$ 和左三角矩阵 $\boldsymbol{L}$:

$$\boldsymbol{R} := \begin{pmatrix} r_{11} & r_{12} & r_{13} & \cdots & r_{1n} \\ 0 & r_{22} & r_{23} & \cdots & r_{2n} \\ 0 & 0 & r_{33} & \cdots & r_{3n} \\ \vdots & \vdots & \vdots & & \vdots \\ 0 & 0 & 0 & \cdots & r_{nn} \end{pmatrix}, \quad \boldsymbol{L} := \begin{pmatrix} 1 & 0 & 0 & \cdots & 0 \\ l_{21} & 1 & 0 & \cdots & 0 \\ l_{31} & l_{32} & 1 & \cdots & 0 \\ \vdots & \vdots & \vdots & & \vdots \\ l_{n1} & l_{n2} & l_{n3} & \cdots & 1 \end{pmatrix}$$

以及在算法中执行行变换的置换矩阵 $\boldsymbol{P}$, 则有

$$\boldsymbol{P}\cdot\boldsymbol{A} = \boldsymbol{L}\cdot\boldsymbol{A} \quad (\text{LR 分解}).$$

对于给定矩阵 $\boldsymbol{A}$, 高斯算法通过适当交换行产生两个矩阵, 一个是对角线为 1 的下三角矩阵 $\boldsymbol{L}$, 另一个是上三角矩阵 $\boldsymbol{R}$. 根据 LR 分解, 高斯算法可以表述为

$$\boldsymbol{P}(\boldsymbol{Ax}+\boldsymbol{b}) = \boldsymbol{PAx}+\boldsymbol{Pb} = \boldsymbol{LRx}+\boldsymbol{Pb} = -\boldsymbol{Lc}+\boldsymbol{Pb} = \boldsymbol{0}, \text{ 其中 } \boldsymbol{Rx} = -\boldsymbol{c},$$

$$\boxed{\begin{array}{lll} 1. & \boldsymbol{PA}=\boldsymbol{LR} & (\text{LR 分解}), \\ 2. & \boldsymbol{Lc}-\boldsymbol{Pb}=\boldsymbol{0} & (\text{向前代换} \to \boldsymbol{c}), \\ 3. & \boldsymbol{Rx}+\boldsymbol{c}=\boldsymbol{0} & (\text{逆代换} \to \boldsymbol{x}). \end{array}}$$

如果需要对同一 $\boldsymbol{A}$ 及不同的 $\boldsymbol{b}$ 求解方程组, 这一格式特别有用, 因为矩阵 $\boldsymbol{A}$ 只需要进行一次分解.

LR 分解的基本算术运算即乘除法的计算量为 $Z_{\mathrm{LR}} = (n^3-n)/3$, 而向前和回代过程的计算量为 $Z_{\mathrm{VR}} = n^2$, 因此高斯算法共需要

$$Z_{\mathrm{Gauss}} = \frac{1}{3}\left(n^3+3n^2-n\right)$$

次基本运算.

为使高斯算法尽可能稳定, 需要在算法的每一步选取主元素. 在不要求行置换的前提下, 对角线策略只有当矩阵为对角占优时才能成功. 矩阵 $\boldsymbol{A}$ 对角占优是指

$$|a_{kk}| > \sum_{\substack{j=1 \\ j\neq k}}^{n} a_{kj}, \quad k=1,2,\cdots,n.$$

一般应用最大排队策略确定在第 k 行绝对值最大的元素为主元. 在第 k 步消元时确定指标 p, 使得

$$\max_{j\geqslant k} |a_{jk}| = |a_{pk}|.$$

在 $p\neq k$ 的情况下, 交换第 k 行和第 p 行. 然而这一策略假定矩阵是行尺度的, 即各行元素绝对值之和是不相等的. 因为行尺度变化也能引入计算误差, 并不适于实现, 所以常使用所谓相对排队策略取代之, 即假设系统就是行尺度的, 选取绝对值最大的元素为 “相对主元”.

7.2.1.2 高斯–若尔当方法

高斯算法的一种变形是在算法的第 k 步, 不是仅在第 k 个方程消去 x_k, 而是在前面所有方程中都消去 x_k. 在选取主元并作必要的行置换后, 形成商

$$l_{ik} := a_{ik}/a_{kk}, \quad i=1,2,\cdots,k-1,k+1,\cdots,n.$$

再从第 i 行减去第 k 行的 l_{ik} 倍, 使得在第 k 行和第 k 列中只保留主元 a_{kk}. 高斯–若尔当方法在第 k 步以后的计算过程是

$$a_{ij} := a_{ij} - l_{ik}\cdot a_{kj}, \quad i=1,\cdots,k-1,k+1,\cdots,n, j=k+1,\cdots,n,$$

$$b_i := b_i - l_{jk}\cdot b_k, \quad i=1,\cdots,k-1,k+1,\cdots,n.$$

因为 n 步后结果为对角元均非零的对角矩阵, 故解本身可由简单的方程得到:

$$x_k = -b_k/a_{kk}, \quad k=1,2,\cdots,n.$$

尽管这一算法较高斯算法的计算量大, 即

$$Z_{\mathrm{GJ}} = \frac{1}{2}\left(n^3+2n^2-n\right),$$

但此算法本身更简单, 尤其适用于向量计算机.

7.2.1.3 行列式的计算

根据高斯算法的 LR 分解, 及 $\det \boldsymbol{L} = 1, \det \boldsymbol{R} = \prod\limits_{k=1}^{n} r_{kk}$ 和 $\det \boldsymbol{P} = (-1)^V$, 其中 r_{kk} 为第 k 个主元素, V 是需要执行的行交换的总次数, 可得 $n \times n$ 阶矩阵 $\boldsymbol{A}$ 的行列式为

$$\det \boldsymbol{A} = (-1)^V \cdot \prod_{k=1}^{n} r_{kk}.$$

通过 LR 分解后主元素的乘积计算行列式 $\det \boldsymbol{A}$ 是有效且稳定的, 而在 2.1.2 中介绍的计算行列式的方法不仅计算代价大, 而且因为数的抵消而不稳定.

7.2.1.4 逆矩阵的计算

如果需要计算正规方阵 $\boldsymbol{A}$ 的逆矩阵 $\boldsymbol{A}^{-1}$(当然不是为了求解线性方程组), 那么通常可以通过求解线性方程组 $\boldsymbol{A}\boldsymbol{x}_k - \boldsymbol{e}_k = \boldsymbol{0}, k = 1, 2, \cdots, n$, 由矩阵方程 $\boldsymbol{A}\boldsymbol{A}^{-1} = \boldsymbol{E}$ 确定, 其中 $\boldsymbol{e}_k$ 是单位向量, $\boldsymbol{x}_k$ 是矩阵 $\boldsymbol{A}^{-1}$ 的第 k 列. 然而这种方法不论是从机器的存储还是计算量上来说都不是最优的.

利用交换过程求 $\boldsymbol{A}$ 的逆矩阵更方便. 为此考虑相应于矩阵 $\boldsymbol{A}$ 的 n 个变量 $\boldsymbol{x}_k$ 的线性方程组

$$y_i = \sum_{k=1}^{n} a_{ik} x_k, \quad i = 1, 2, \cdots, n,$$

假设 $a_{pq} \neq 0$, 解关于 x_q 的第 p 个线性型 y_p, 解出 x_q 后代入其他表达式, 得

$$x_q = \frac{1}{a_{pq}} y_p - \sum_{\substack{k=1 \\ k \neq q}}^{n} \frac{a_{pk}}{a_{pq}} x_k,$$

$$y_i = \frac{a_{iq}}{a_{pq}} y_p + \sum_{\substack{k=1 \\ k \neq q}}^{n} \left(a_{ik} - \frac{a_{iq} a_{pk}}{a_{pq}} \right) x_k, \quad i \neq p.$$

若交换线性型 x_q 和变量 y_p, 可得到类似的格式. 下面以 $n = 4, p = 3, q = 2$ 为例说明.

$$\begin{array}{r|cccc|}
 & x_1 & \underline{x_2} & x_3 & x_4 \\
\hline
y_1 = & a_{11} & \underline{a_{12}} & a_{13} & a_{14} \\
y_2 = & a_{21} & \underline{a_{22}} & a_{23} & a_{24} \\
\underline{y_3} = & \underline{a_{31}} & \underline{a_{32}} & \underline{a_{33}} & \underline{a_{34}} \\
y_4 = & a_{41} & \underline{a_{42}} & a_{43} & a_{44} \\
\hline
\end{array}
\Longrightarrow
\begin{array}{r|cccc|}
 & x_1 & y_3 & x_3 & x_4 \\
\hline
y_1 = & a'_{11} & a'_{12} & a'_{13} & a'_{14} \\
y_2 = & a'_{21} & a'_{22} & a'_{23} & a'_{24} \\
x_2 = & a'_{31} & a'_{32} & a'_{33} & a'_{34} \\
y_4 = & a'_{41} & a'_{42} & a'_{43} & a'_{44} \\
\hline
\end{array}$$

新格式的元素由下面的关系式给出:

$$
\begin{aligned}
a'_{pq} &= \frac{1}{a_{pq}},\\
a'_{pk} &= -\frac{a_{pk}}{a_{pq}}, \quad k \neq q,\\
a'_{iq} &= \frac{a_{iq}}{a_{pq}}, \quad i \neq p,\\
a'_{ik} &= a_{ik} - \frac{a_{iq}a_{pk}}{a_{pq}} = a_{ik} + a_{iq}a'_{pk}, \quad i \neq p, k \neq q.
\end{aligned}
$$

每一步交换中 a_{pq} 称为主元. 每一步交换的代价为 n^2 次基本运算. 如果 n 次交换完成, 交换 x 变量和左边的 y 变量, 则导致逆线性型, 于是在适当置换行列后得到逆矩阵 $\boldsymbol{A}^{-1}$. 这一过程要求主元策略是稳定的, 也就是说该方法具有如下优点: 每个交换步都在矩阵 $\boldsymbol{A}$ 指定的位置完成, 运算容易向量化, 求 $n \times n$ 矩阵 $\boldsymbol{A}$ 的逆矩阵的计算代价是 n^3 基本运算.

例: 求如下矩阵的逆矩阵:

$$
\boldsymbol{A} = \begin{pmatrix} 2 & 12 & -4 \\ 1 & 2 & -3 \\ -2 & -6 & 5 \end{pmatrix}.
$$

其交换过程和最大排队策略如下:

$$
\begin{array}{r|rrr|}
 & \underline{x_1} & x_2 & x_3 \\ \hline
\underline{y_1}= & \underline{2} & \underline{12} & \underline{-4} \\
y_2= & \underline{1} & 2 & -3 \\
y_3= & \underline{-2} & -6 & 5 \\ \hline
\end{array}
\qquad
\begin{array}{r|rrr|}
 & y_1 & x_2 & x_3 \\ \hline
x_1= & 0.5 & -6 & 2 \\
y_2= & 0.5 & -4 & 1 \\
y_3= & -1 & 6 & 1 \\ \hline
\end{array}
\qquad
\begin{array}{r|rrr|}
 & y_1 & \underline{x_2} & x_3 \\ \hline
x_1= & 0.5 & \underline{-6} & 2 \\
\underline{y_3}= & \underline{-1} & \underline{6} & \underline{1} \\
y_2= & 0.5 & \underline{-4} & 1 \\ \hline
\end{array}
$$

$$
\begin{array}{r|rrr|}
 & y_1 & y_3 & \underline{x_3} \\ \hline
x_1= & -\frac{1}{2} & -1 & \underline{3} \\
x_2= & \frac{1}{6} & \frac{1}{6} & \underline{-\frac{1}{6}} \\
\underline{y_2}= & \underline{-\frac{1}{6}} & \underline{-\frac{2}{3}} & \underline{\underline{-\frac{1}{3}}} \\ \hline
\end{array}
\qquad
\begin{array}{r|rrr|}
 & y_1 & y_3 & y_2 \\ \hline
x_1= & -2 & -7 & -9 \\
x_2= & \frac{1}{4} & \frac{1}{2} & \frac{1}{2} \\
x_3= & -\frac{1}{2} & -2 & -3 \\ \hline
\end{array}
\qquad
\boldsymbol{A}^{-1} = \begin{pmatrix} -2 & -9 & -7 \\ \frac{1}{4} & \frac{1}{2} & \frac{1}{2} \\ -\frac{1}{2} & -3 & -2 \end{pmatrix}.
$$

7.2.1.5　楚列斯基算法

为求解对称正定的非齐次线性方程组 $\boldsymbol{A}\boldsymbol{x} + \boldsymbol{b} = \boldsymbol{0}$, 利用系数矩阵 $\boldsymbol{A}$ 的性质的优点可以给出更有效而优美的算法. 由于正定二次型 $Q(\boldsymbol{x}) := \boldsymbol{x}^{\mathrm{T}}\boldsymbol{A}\boldsymbol{x}$ 可以写成线

性无关的线性型平方和, 则存在所谓楚列斯基分解:

$$A = LL^{\mathrm{T}},$$

其中 L 是对角元素 l_{kk} 为正的正则下三角矩阵. 根据矩阵方程

$$\begin{pmatrix} a_{11} & a_{12} & \cdots & a_{1n} \\ a_{21} & a_{22} & \cdots & a_{2n} \\ \vdots & \vdots & & \vdots \\ a_{n1} & a_{n2} & \cdots & a_{nn} \end{pmatrix} = \begin{pmatrix} l_{11}, & 0 & \cdots & 0 \\ l_{21} & l_{22} & \cdots & 0 \\ \vdots & \vdots & & \vdots \\ l_{n1} & l_{n2} & \cdots & l_{nn} \end{pmatrix} \begin{pmatrix} l_{11} & l_{21} & \cdots & l_{n1} \\ 0 & l_{22} & \cdots & l_{n2} \\ \vdots & \vdots & & \vdots \\ 0 & 0 & \cdots & l_{nn} \end{pmatrix},$$

L 的元素可依次从下列关系:

$$\begin{aligned} a_{ii} &= l_{i1}^2 + l_{i2}^2 + \cdots + l_{ii}^2, \\ a_{ik} &= l_{i1}l_{k1} + l_{i2}l_{k2} + \cdots + l_{i,k-1}l_{k,k-1} + l_{ik}l_{kk}, \quad i > k, \end{aligned}$$

根据公式

$$\begin{aligned} l_{11} &= \sqrt{a_{11}}, \\ l_{ik} &= \left(a_{ik} - \sum_{j=1}^{k-1} l_{ij}l_{kj} \right) / l_{kk}, k = 1, 2, \cdots, i-1, \quad i = 2, 3, \cdots, n, \\ l_{ii} &= \left(a_{ii} - \sum_{j=1}^{i-1} l_{ij}^2 \right)^{\frac{1}{2}}, \quad i = 2, 3, \cdots, n, \end{aligned}$$

计算. 为完成对称正定矩阵 A 的楚列斯基分解, 只需依次计算下三角矩阵 L 的元素并存入矩阵 A 的存储区. 这不仅可有效利用存储, 而且数值上也非常有效, 其计算代价为

$$Z_{LL^{\mathrm{T}}} = \frac{1}{6}\left(n^3 + 3n^2 - 4n\right)$$

次基本运算加上计算 n 个平方根, 次数要少得多. 与一般矩阵的 LR 分解相比, 其计算量大约减少一半 (考虑到对称矩阵的不同元素个数仅是普通矩阵不同元素个数的一半, 这或许并不奇怪). 此外, 因为矩阵 L 的元素的绝对值是有界的, 不能任意变大, 楚列斯基分解是稳定的.

借助于 A 的楚列斯基分解, 给出求解线性方程组 $Ax+b=0$ 的楚列斯基方法的三个步骤:

1.	$A = LL^{\mathrm{T}}$	(楚列斯基分解),
2.	$Lc - b = 0$	(向前代换 $\rightarrow c$),
3.	$L^{\mathrm{T}}x + c = 0$	(逆代换 $\rightarrow x$).

代换的计算量总计为 $Z_{\mathrm{subCh}} = n^2 + n$ 基本运算.

7.2.1.6 三对角线方程组

今考虑重要特例: 三对角线方程组. 对这一特例应用对角线策略于高斯算法. 此时 LR 分解的矩阵 $\boldsymbol{L}$ 和 $\boldsymbol{R}$ 都是二对角线矩阵, 从而有

$$\boldsymbol{A}=\begin{pmatrix} a_1 & b_1 & & \\ c_1 & a_2 & b_2 & \\ & c_2 & a_3 & b_3 \\ & & c_3 & a_4 \end{pmatrix}=\begin{pmatrix} 1 & & & \\ l_1 & 1 & & \\ & l_2 & 1 & \\ & & l_3 & 1 \end{pmatrix}\cdot\begin{pmatrix} m_1 & b_1 & & \\ & m_2 & b_2 & \\ & & m_3 & b_3 \\ & & & m_4 \end{pmatrix}=\boldsymbol{LR}.$$

通过系数计算, 我们从三对角线 $n\times n$ 矩阵 $\boldsymbol{A}$ 的 LR 分解算法得到:

$$m_1=a_1,$$

$$l_i=c_i/m_i,\quad m_{i+1}=a_{i+1}-b_il_i,\quad i=1,2,\cdots,n-1.$$

对方程组 $\boldsymbol{Ax}-\boldsymbol{d}=\boldsymbol{0}$, 用向前代换 $\boldsymbol{Ly}-\boldsymbol{d}=\boldsymbol{0}$ 计算辅助向量 $\boldsymbol{y}$:

$$y_1=d_1,\quad y_i=d_i-l_{i-1}y_{i-1},\quad i=2,3,\cdots,n.$$

然后通过反代换 $\boldsymbol{Rx}+\boldsymbol{y}=\boldsymbol{0}$ 得到解向量 $\boldsymbol{x}$:

$$x_n=-\frac{y_n}{m_n},\quad x_i=-\frac{y_i+b_ix_{i+1}}{m_i},\quad i=n-1,n-2,\cdots,1.$$

这一极为简单的算法仅要求 $Z_{\text{trid}}=5n-4$ 次基本运算, 运算次数随 n 线性增长. 带主元选取的算法参见 [432].

7.2.1.7 线性方程组的条件数

由于输入数据总是不准确的, 至今介绍的算法实际上仅能近似求解方程组. 但即使输入数据绝对准确, 由于存在舍入误差, 计算结果也不会是准确的. 若在计算近似解 $\bar{\boldsymbol{x}}$ 的同时, 也计算亏量或剩余 $\boldsymbol{r}:=\boldsymbol{x}-\bar{\boldsymbol{x}}$, 则 $\bar{\boldsymbol{x}}$ 可看作扰动方程组 $\boldsymbol{A}\bar{\boldsymbol{x}}+(\boldsymbol{b}-\boldsymbol{r})=\boldsymbol{0}$ 的准确解. 因为 $\boldsymbol{Ax}+\boldsymbol{b}=\boldsymbol{0}$, 误差向量 $\boldsymbol{z}:=\boldsymbol{x}-\bar{\boldsymbol{x}}$ 满足方程组 $\boldsymbol{Az}+\boldsymbol{r}=\boldsymbol{0}$.

设 $||\boldsymbol{x}||$ 为向量范数, $||\boldsymbol{A}||$ 为与之相容的矩阵范数, 则有不等式

$$||\boldsymbol{b}||\leqslant||\boldsymbol{A}||\cdot||\boldsymbol{x}||,\quad ||\boldsymbol{z}||\leqslant||\boldsymbol{A}^{-1}||\cdot||\boldsymbol{r}||.$$

于是有相对误差

$$\frac{||\boldsymbol{z}||}{||\boldsymbol{x}||}=\frac{||\boldsymbol{x}-\bar{\boldsymbol{x}}||}{||\boldsymbol{x}||}\leqslant||\boldsymbol{A}||\cdot||\boldsymbol{A}^{-1}||\cdot\frac{||\boldsymbol{r}||}{||\boldsymbol{b}||}:=\kappa(\boldsymbol{A})\cdot\frac{||\boldsymbol{r}||}{||\boldsymbol{b}||}.$$

称 $\kappa(\boldsymbol{A}):=||\boldsymbol{A}||\cdot||\boldsymbol{A}^{-1}||$ 为矩阵 $\boldsymbol{A}$ 的条件数. 在这种情况下考虑, 条件数 $\kappa(\boldsymbol{A})$ 刻画了常数向量 $\boldsymbol{b}$ 在范数意义下的小改变如何影响解 $\bar{\boldsymbol{x}}$. 于是剩余大小一般并不表示计算解 $\bar{\boldsymbol{x}}$ 的精度.

方程 $\boldsymbol{Ax}+\boldsymbol{b}=\boldsymbol{0}$ 在输入扰动 $\Delta\boldsymbol{A}$ 和 $\Delta\boldsymbol{x}$ 下的扰动方程为 $(\boldsymbol{A}+\Delta\boldsymbol{A})(\boldsymbol{x}+\Delta\boldsymbol{x})+(\boldsymbol{b}+\Delta\boldsymbol{b})=\boldsymbol{0}$, 只要 $\kappa(\boldsymbol{A})\cdot||\Delta\boldsymbol{A}||/||\boldsymbol{A}||<1$, 解 $\boldsymbol{x}$ 的改变大小可通过下式估计

$$\frac{||\Delta\boldsymbol{x}||}{||\boldsymbol{x}||}\leqslant\frac{\kappa(\boldsymbol{A})}{1-\kappa(\boldsymbol{A})\dfrac{||\Delta\boldsymbol{A}||}{||\boldsymbol{A}||}}\left\{\frac{||\Delta\boldsymbol{A}||}{||\boldsymbol{A}||}+\frac{||\Delta\boldsymbol{b}||}{||\boldsymbol{b}||}\right\},$$

由此可以得到如下法则: 如果方程 $\boldsymbol{Ax}+\boldsymbol{b}=\boldsymbol{0}$ 在 d 位数精度下求解, 条件数为 $\kappa(A)\sim10^{\alpha}$, 那么作为输入误差的结果, $\boldsymbol{x}$ 的绝对值最大的分量仅有 $d-\alpha-1$ 位有效数字, 而其他分量的相对误差可能还要大.

7.2.2 线性方程组的迭代法

迭代法特别适于求解系数矩阵 $\boldsymbol{A}$ 是稀疏的, 即其多数元素为零的大型方程组

$$\boxed{\boldsymbol{Ax}+\boldsymbol{b}=\boldsymbol{0},}$$

迭代过程基于将给定方程 $\boldsymbol{Ax}+\boldsymbol{b}=\boldsymbol{0}$ 化为**不动点形式**

$$\boxed{\boldsymbol{x}=\boldsymbol{Tx}+\boldsymbol{c},}$$

或者通过对逼近泛函求极小. 对给定的初始向量 $\boldsymbol{x}^{(0)}$, 当且仅当迭代矩阵 $\boldsymbol{T}$ 的**谱半径**满足 $\rho(\boldsymbol{T})<1$, 不动点关系 $\boldsymbol{x}^{(k+1)}=\boldsymbol{T}\boldsymbol{x}^{(k)}+\boldsymbol{c}$ 生成的序列收敛到解 $\boldsymbol{x}$.

7.2.2.1 经典迭代法

今将矩阵 $\boldsymbol{A}$ 分解为和 $\boldsymbol{A}=-\boldsymbol{L}+\boldsymbol{D}-\boldsymbol{U}$, 其中 $\boldsymbol{L}$ 为严格下对角矩阵, $\boldsymbol{U}$ 为严格上对角阵, $\boldsymbol{D}$ 为对角矩阵且其对角线元素 a_{kk} 非零:

$$\boldsymbol{L}:=\begin{pmatrix}0&0&0&\cdots&0\\-a_{21}&0&0&\cdots&0\\-a_{31}&-a_{32}&0&\cdots&0\\\vdots&\vdots&\vdots&&\vdots\\-a_{n1}&-a_{n2}&-a_{n3}&\cdots&0\end{pmatrix},\quad\boldsymbol{U}:=\begin{pmatrix}0&-a_{12}&-a_{13}&\cdots&-a_{1n}\\0&0&-a_{23}&\cdots&-a_{2n}\\0&0&0&\cdots&-a_{3n}\\\vdots&\vdots&\vdots&&\vdots\\0&0&0&\cdots&0\end{pmatrix},$$

$$\boldsymbol{D}:=\operatorname{diag}(a_{11},a_{22},\cdots,a_{nn}).$$

组合步方法(也称为**雅可比方法**) 的迭代算法如下:

$$\boldsymbol{D}\boldsymbol{x}^{(k+1)}=(\boldsymbol{L}+\boldsymbol{U})\,\boldsymbol{x}^{(k)}-\boldsymbol{b},\quad k=0,1,2,\cdots,$$

其迭代矩阵由下式给出:

$$\boxed{\boldsymbol{T}_{\mathrm{J}}:=\boldsymbol{D}^{-1}(\boldsymbol{L}+\boldsymbol{U}).}$$

雅可比方法收敛的一个充分条件是矩阵 $\boldsymbol{A}$ 为对角占优矩阵.

单步方法(也称为高斯–赛德尔方法) 定义为

$$(\boldsymbol{D}-\boldsymbol{L})\,\boldsymbol{x}^{(k+1)}=\boldsymbol{U}\boldsymbol{x}^{(k)}-\boldsymbol{b},\quad k=0,1,2,\cdots,$$

其不动点迭代单元由下式给出：

$$\boxed{\boldsymbol{T}_E:=(\boldsymbol{D}-\boldsymbol{L})^{-1}\,\boldsymbol{U},\quad \boldsymbol{c}_E:=(\boldsymbol{D}-\boldsymbol{L})^{-1}\,\boldsymbol{b}.}$$

迭代也可以按分量写为

$$x_i^{(k+1)}=-\left(b_i+\sum_{j=1}^{i-1}a_{ij}x_j^{(k+1)}+\sum_{j=i+1}^{n}a_{ij}x_j^{(k)}\right)/a_{ii},\quad i=1,2,\cdots,n.$$

单步方法收敛的充分条件是矩阵 $\boldsymbol{A}$ 对角占优或对称正定.

若对单个分量乘以一个松弛因子$\omega\neq 1$, 常可使算法性能 (收敛速度) 好得多. 当 $\omega>1$ 时称为超松弛, 当 $\omega\leqslant 1$ 时称为低松弛. 组合步方法产生 JOR算法如下:

$$\begin{aligned}\boldsymbol{x}^{(k+1)}&=\boldsymbol{x}^{(k)}+\omega\left[\boldsymbol{D}^{-1}\,(\boldsymbol{L}+\boldsymbol{U})\,\boldsymbol{x}^{(k)}-\boldsymbol{D}^{-1}\boldsymbol{b}-\boldsymbol{x}^{(k)}\right]\\&=\left[(1-\omega)\,\boldsymbol{E}+\omega\boldsymbol{D}^{-1}\,(\boldsymbol{L}+\boldsymbol{U})\right]\boldsymbol{x}^{(k)}-\omega\boldsymbol{D}^{-1}\boldsymbol{b}.\end{aligned}$$

因此不动点迭代的元素为

$$\boxed{\boldsymbol{T}_{\mathrm{JOR}}(\omega):=(1-\omega)\,\boldsymbol{E}+\omega\boldsymbol{D}^{-1}\,(\boldsymbol{L}+\boldsymbol{U}),\quad \boldsymbol{c}_{\mathrm{JOR}}:=-\omega\boldsymbol{D}^{-1}\boldsymbol{b}.}$$

类似地, 有 SOR逐次超松弛方法:

$$\begin{aligned}\boldsymbol{x}^{(k+1)}&=(\boldsymbol{D}-\omega\boldsymbol{L})^{-1}\left[(1-\omega)\,\boldsymbol{D}+\omega\boldsymbol{U}\right]\boldsymbol{x}^{(k)}-\omega\,(\boldsymbol{D}-\omega\boldsymbol{L})^{-1}\,\boldsymbol{b},\\ \boldsymbol{T}_{\mathrm{SOR}}(\omega)&:=(\boldsymbol{D}-\omega\boldsymbol{L})^{-1}\left[(1-\omega)\,\boldsymbol{D}+\omega\boldsymbol{U}\right],\boldsymbol{c}_{\mathrm{SOR}}:=-\omega\,(\boldsymbol{D}-\omega\boldsymbol{L})^{-1}\,\boldsymbol{b}.\end{aligned}$$

最优松弛因子 ω_{opt} 的选取要使得谱半径 $\rho(\boldsymbol{T}_{\mathrm{JOR}}(\omega))$ 和 $\rho(\boldsymbol{T}_{\mathrm{SOR}}(\omega))$ 分别最小. 由于系数矩阵 $\boldsymbol{A}$ 有不同的性质, 选取 ω_{opt} 的方法理论上也有不同的可能性.

7.2.2.2　共轭梯度法

若用迭代法求解很大的稀疏方程组 $\boldsymbol{A}\boldsymbol{x}+\boldsymbol{b}=\boldsymbol{0}$, 其中 $\boldsymbol{A}$ 对称正定, 这是椭圆边值问题离散化产生的矩阵类型, 共轭梯度法尤为适用. 该方法基于解 $\boldsymbol{x}$ 是下列二次泛函取极小这一事实:

$$\boxed{\boldsymbol{F}(\boldsymbol{v}):=\frac{1}{2}\boldsymbol{v}^{\mathrm{T}}\boldsymbol{A}\boldsymbol{v}+\boldsymbol{b}^{\mathrm{T}}\boldsymbol{v}.}$$

$\boldsymbol{F}(\boldsymbol{v})$ 的极小是这样逐次确定的: 从某个向量 $\boldsymbol{x}^{(0)}$ 出发, 沿着负梯度方向, 找到第 k 步的共轭下降方向 $\boldsymbol{p}^{(k)}$, 使 $\boldsymbol{F}(\boldsymbol{v})$ 在该方向极小化. CG 算法描述为

开始: 选取$\boldsymbol{x}^{(0)}, \boldsymbol{r}^{(0)} = \boldsymbol{A}\boldsymbol{x}^{(0)} + \boldsymbol{b}, \boldsymbol{p}^{(1)} = -\boldsymbol{r}^{(0)}$,

迭代 $(k = 1, 2, \cdots)$:

$$\text{若} \quad k > 1: \begin{cases} e_{k-1} = \boldsymbol{r}^{(k-1)\mathrm{T}}\boldsymbol{r}^{(k-1)}/\boldsymbol{r}^{(k-2)\mathrm{T}}\boldsymbol{r}^{(k-2)}, \\ \boldsymbol{p}^{(k)} \; = -\boldsymbol{r}^{(k-1)} + e_{k-1}\boldsymbol{p}^{(k-1)}, \end{cases}$$

$$\boldsymbol{z} = \boldsymbol{A}\boldsymbol{p}^{(k)}, \qquad q_k = \boldsymbol{r}^{(k-1)\mathrm{T}}\boldsymbol{r}^{(k-1)}/\boldsymbol{p}^{(k)\mathrm{T}}\boldsymbol{z},$$

$$\boldsymbol{x}^{(k)} = \boldsymbol{x}^{(k-1)} + q_k\boldsymbol{p}^{(k)}, \qquad \boldsymbol{r}^{(k)} = \boldsymbol{x}^{(k-1)} + q_k\boldsymbol{z},$$

检验收敛.

在共轭梯度法(CG 方法) 中剩余向量 $\boldsymbol{r}^{(k)}$ 是两两正交的, 下降方向 $\boldsymbol{p}^{(k)}$ 是两两共轭的, 即有 $(\boldsymbol{p}^{(k)})^{\mathrm{T}}\boldsymbol{A}\boldsymbol{p}^{(j)} = 0,\ j = 1, 2, \cdots, k-1$. 因此该方法对 n 个未知量的线性方程组 $\boldsymbol{A}\boldsymbol{x}+\boldsymbol{b} = \boldsymbol{0}$ 最多经过 n 次迭代就可以得到解 $\boldsymbol{x}$. 事实上, 共轭梯度法第 k 次迭代的解 $\boldsymbol{x}^{(k)}$ 是泛函 $\boldsymbol{F}(\boldsymbol{v})$ 关于子空间 $S_k := \mathrm{span}(\{\boldsymbol{p}^{(1)}, \boldsymbol{p}^{(2)}, \cdots, \boldsymbol{p}^{(k)}\}) = \mathrm{span}(\{\boldsymbol{p}^{(0)}, \boldsymbol{p}^{(1)}, \cdots, \boldsymbol{p}^{(k-1)}\})$ 的全局极小, 从而

$$\boxed{\boldsymbol{F}\left(\boldsymbol{x}^{(k)}\right) = \min_{c_i} \boldsymbol{F}\left(\boldsymbol{x}^{(0)} + \sum_{i=1}^{k} c_i\boldsymbol{p}^{(i)}\right).}$$

由此可得误差 $\boldsymbol{e}^{(k)} := \boldsymbol{x}^{(k)} - \boldsymbol{x}$ 类似地是按能量范数 $||\boldsymbol{z}||_A^2 = \boldsymbol{z}^{\mathrm{T}}\boldsymbol{A}z$ 的关于 S_k 的极小, 因此最后得到

$$\frac{||\boldsymbol{e}^{(k)}||_{\boldsymbol{A}}}{||\boldsymbol{e}^{(0)}||_{\boldsymbol{A}}} \leqslant 2\left(\frac{\sqrt{\kappa(\boldsymbol{A})}-1}{\sqrt{\kappa(\boldsymbol{A})}+1}\right)^k.$$

由此可估计保证 $||\boldsymbol{e}^{(k)}||_{\boldsymbol{A}}/||\boldsymbol{e}^{(0)}||_{\boldsymbol{A}} \leqslant \varepsilon$ 的 CG 步数 k 为

$$k \leqslant \frac{1}{2}\sqrt{\kappa(\boldsymbol{A})} \cdot \ln\left(\frac{2}{\varepsilon}\right) + 1.$$

该上界由容许值 ε 和条件数 $\kappa(\boldsymbol{A})$ 的平方根决定. 共轭梯度法的收敛性可以通过**预条件**而显著改进. 这需要提前对要求解的方程组作变换, 以得到具有较好条件数的矩阵 $\tilde{\boldsymbol{A}}$. 这是用一个 $n\times n$ 的正规矩阵 $\boldsymbol{C}$ 变方程组 $\boldsymbol{A}\boldsymbol{x}+\boldsymbol{b} = \boldsymbol{0}$ 为 $\tilde{\boldsymbol{A}}\tilde{\boldsymbol{x}}+\tilde{\boldsymbol{b}} = \boldsymbol{0}$, 其中

$$\tilde{\boldsymbol{A}} := \boldsymbol{C}^{-1}\boldsymbol{A}\boldsymbol{C}^{-\mathrm{T}}, \quad \tilde{\boldsymbol{b}} := \boldsymbol{C}^{-1}\boldsymbol{b}, \quad \tilde{\boldsymbol{x}} := \boldsymbol{C}^{\mathrm{T}}\boldsymbol{x}.$$

这里 $\tilde{\boldsymbol{A}}$ 是对称正定矩阵, 且相似于

$$\boldsymbol{K} := \boldsymbol{C}^{-\mathrm{T}}\tilde{\boldsymbol{A}}\boldsymbol{C}^{\mathrm{T}} = \left(\boldsymbol{C}\boldsymbol{C}^{\mathrm{T}}\right)^{-1}\boldsymbol{A} := \boldsymbol{M}^{-1}\boldsymbol{A}.$$

为了使关于谱范数的条件数满足 $\kappa_2(\tilde{\boldsymbol{A}}) = \kappa_2(\boldsymbol{K}) = \kappa_2(\boldsymbol{M}^{-1}\boldsymbol{A}) \ll \kappa_2(\boldsymbol{A})$, 预条件矩阵 $\boldsymbol{M} = \boldsymbol{C}\boldsymbol{C}^{\mathrm{T}}$ 必须是 $\boldsymbol{A}$ 的逼近. 根据问题的不同特性, 有多种选取预条件矩阵 $\boldsymbol{M}$ 的方法, 参见 [425].

7.2.3 特征值问题

为计算矩阵 $\boldsymbol{A}$ 的特征值 λ_j 及相应的特征向量 $\boldsymbol{x}_j$,

$$\boxed{\boldsymbol{A}\boldsymbol{x}_j = \lambda_j \boldsymbol{x}_j,}$$

利用问题的特性或矩阵 $\boldsymbol{A}$ 的特性, 有许多方法和程序. 下面我们考虑特征值问题. 假定矩阵 $\boldsymbol{A}$ 的元素很少为零, 且问题是求解特征值和相应的特征向量对 $(\lambda_j, \boldsymbol{x}_j)$.

7.2.3.1 特征多项式

理论上计算特征值 λ_j 的方法是计算特征多项式 $P_{\boldsymbol{A}}(\lambda) = \det(\boldsymbol{A} - \lambda \boldsymbol{E})$ 的根, 然后通过求解相应的齐次线性方程组 $(\boldsymbol{A} - \lambda_j \boldsymbol{E})\boldsymbol{x}_j = \boldsymbol{0}$ 来确定特征向量 (参见 2.2.1). 但是这种方法并不能用于实际数值计算. 这里最大的问题是特征多项式系数计算中的舍入误差可能对特征值的计算有强烈的影响 (参见 [432]), 致使这一步计算一般是相当不稳定的. 所以需要用其他方法来处理特征值问题.

7.2.3.2 雅可比方法

$n\times n$ 阶实对称矩阵的特征值 λ_j 是实数, 相应的 n 个特征向量 $\boldsymbol{x}_j$ 构成一个正交向量系 (参见 2.2.2.1). 因此存在一个以特征向量 $\boldsymbol{x}_j$ 为列组成的 $n \times n$ 正交矩阵 $\boldsymbol{X}$, 能将矩阵 $\boldsymbol{A}$ 化为对角型矩阵

$$\boxed{\boldsymbol{X}^{-1}\boldsymbol{A}\boldsymbol{X} = \boldsymbol{X}^{\mathrm{T}}\boldsymbol{A}\boldsymbol{X} = \boldsymbol{D} = \operatorname{diag}(\lambda_1, \lambda_2, \cdots, \lambda_n).}$$

雅可比方法正是以基本雅可比旋转矩阵

$$\boldsymbol{U}(p,q,\varphi) := \begin{pmatrix} 1 & & & & & & & & \\ & \ddots & & & & & & & \\ & & 1 & & & & & & \\ & & & \cos\varphi & & & \sin\varphi & & \\ & & & & 1 & & & & \\ & & & & & \ddots & & & \\ & & & & & & 1 & & \\ & & & -\sin\varphi & & & \cos\varphi & & \\ & & & & & & & 1 & \\ & & & & & & & & \ddots \\ & & & & & & & & & 1 \end{pmatrix} \begin{matrix} \\ \\ \\ \longleftarrow p \\ \\ \\ \\ \longleftarrow q \\ \\ \\ \\ \end{matrix} \quad \begin{aligned} &u_{ii} = 1,\ i \neq p, q, \\ &u_{pp} = u_{qq} = \cos\varphi, \\ &u_{pq} = \sin\varphi, \\ &u_{qp} = -\sin\varphi, \\ &u_{ij} = 0 \qquad \text{其他}. \end{aligned}$$

通过适当的正交相似变换迭代实现这一变换.

满足 $1 \leqslant q < p \leqslant n$ 的指标对 (p,q) 称为旋转指标对, $\boldsymbol{U}(p,q,\varphi)$ 称为 (p,q) 旋转矩阵, 其第 p 和第 q 个对角线元素为 $\cos\varphi$, 其他对角线元素为 1, 在 $(p,\ q)$ 和 $(q,\ p)$ 处的元素为 $u_{pq} = -u_{qp} = \sin\varphi$, 其他非对角元素为 0. 在变换后的矩阵 $\boldsymbol{A}'' := \boldsymbol{U}^{-1}\boldsymbol{A}\boldsymbol{U} = \boldsymbol{U}^{\mathrm{T}}\boldsymbol{A}\boldsymbol{U}$ 中, 只有第 p 和第 q 行及列的元素改变了. 对变换 $\boldsymbol{A}' := \boldsymbol{U}^{\mathrm{T}}\boldsymbol{A}$ 的元素, 有

$$\left\{\begin{array}{ll} a'_{pj} = a_{pj}\cos\varphi - a_{qj}\sin\varphi, & \\ a'_{qj} = a_{pj}\sin\varphi + a_{qj}\cos\varphi, & j = 1,2,\cdots,n. \\ a'_{ij} = a_{ij} i \neq p,q, & \end{array}\right.$$

由此得到矩阵 $\boldsymbol{A}'' = \boldsymbol{A}'\boldsymbol{U}$ 的元素为

$$\left\{\begin{array}{ll} a''_{ip} = a'_{ip}\cos\varphi - a'_{iq}\sin\varphi, & \\ a''_{iq} = a''_{ip}\sin\varphi + a'_{iq}\cos\varphi, & i = 1,2,\cdots,n. \\ a''_{ij} = a'_{ij} j \neq p,q, & \end{array}\right.$$

于是得到变换后在 p 与 q 行列相交处的矩阵元素为

$$\begin{aligned} a''_{pp} &= a_{pp}\cos^2\varphi - 2a_{pq}\cos\varphi\sin\varphi + a_{qq}\sin^2\varphi, \\ a''_{qq} &= a_{pp}\sin^2\varphi + 2a_{pq}\cos\varphi\sin\varphi + a_{qq}\cos^2\varphi, \\ a''_{pq} &= a''_{qp} = (a_{pp} - a_{qq})\cos\varphi\sin\varphi + a_{pq}\left(\cos^2\varphi - \sin^2\varphi\right). \end{aligned}$$

(p,q) 旋转矩阵 $\boldsymbol{U}(p,q,\varphi) = \boldsymbol{U}$ 的旋转角度 φ 可选得使变换后的矩阵 $\boldsymbol{A}''$ 的两个非对角元素 $a''_{pq} = a''_{qp} = 0$, 即使得

$$\cot(2\varphi) = \frac{a_{qq} - a_{pp}}{2a_{pq}}, \quad \text{其中} \quad -\frac{\pi}{4} < \varphi \leqslant \frac{\pi}{4}.$$

在经典的雅可比方法中, 从 $\boldsymbol{A}^{(0)} := \boldsymbol{A}$ 出发, 构造正交相似矩阵序列 $\boldsymbol{A}^{(k)} = \boldsymbol{U}_k^{\mathrm{T}}\boldsymbol{A}^{(k-1)}\boldsymbol{U}_k$, $k = 1,2,\cdots$, 使得在第 k 步时通过 $\boldsymbol{U}_k = \boldsymbol{U}(p,q,\varphi)$ 将 $\boldsymbol{A}^{(k-1)}$ 的非对角元素 $a_{pq}^{(k-1)} = a_{qp}^{(k-1)}$ 为零. 在 $\boldsymbol{A}^{(k)}$ 中产生的零元素一般会被后面的旋转破坏.

特殊的雅可比方法按如下顺序选取旋转对:

$$(1,2),(1,3),\cdots,(1,n),(2,3),(2,4),\cdots,(2,n),(3,4),\cdots,(n-1,n),$$

这使得每一步都将矩阵的上半非对角元素整行变为零.
在上述两种方法中矩阵 $\boldsymbol{A}^{(k)}$ 的非对角元素的平方和

$$S\left(\boldsymbol{A}^{(k)}\right) := \sum_{i=1}^{n}\sum_{\substack{j=1\\ j\neq i}}^{n}\left\{a_{ij}^{(k)}\right\}^2, \quad k = 0,1,2,\cdots$$

构成了一个零序列, 即矩阵序列 $\boldsymbol{A}^{(k)}$ 收敛于对角矩阵 $\boldsymbol{D}$. 若 $S\left(\boldsymbol{A}^{(k)}\right) \leqslant \varepsilon^2$, 那么对角元素 $a_{ii}^{(k)}$ 表示有绝对精度 ε 的特征值 λ_i, 而旋转矩阵乘积 $\boldsymbol{V} := \boldsymbol{U}_1 \cdot \boldsymbol{U}_2 \cdots \boldsymbol{U}_k$ 的列就是对相应的特征向量的规范正交逼近.

7.2.3.3 海森伯格变换

从 $n \times n$ 非对称矩阵 $\boldsymbol{A}$ 出发, 通过一系列相似变换将其变为适于计算的海森伯格(Hessenberg)型矩阵:

$$\boldsymbol{H} = \begin{pmatrix} h_{11} & h_{12} & h_{13} & \cdots & h_{1,n-1} & h_{1n} \\ h_{21} & h_{22} & h_{23} & \cdots & h_{2,n-1} & h_{2n} \\ 0 & h_{32} & h_{33} & \cdots & h_{3,n-1} & h_{3n} \\ 0 & 0 & h_{43} & \cdots & h_{4,n-1} & h_{4n} \\ \vdots & \vdots & \vdots & & \vdots & \vdots \\ 0 & 0 & 0 & \cdots & h_{n,n-1} & h_{nn} \end{pmatrix}.$$

今应用雅可比旋转矩阵于吉文斯(Givens)方法, 使得被消掉的次对角线以下的矩阵元素不在第 p 和第 q 行列的交叉点上. 此外, 化为零的元素在后面各步不再改变, 这使得该变换通过 $N^* = (n-1)(n-2)/2$ 步就可以实现.

按以下顺序通过旋转矩阵 $\boldsymbol{U}(p,q,\varphi)$ 逐次完成消元:

$$a_{31}, a_{41}, \cdots, a_{n1}, a_{42}, a_{52}, \cdots, a_{n2}, a_{53}, \cdots, a_{n,n-2}.$$

其相应的旋转指标对为

$$(2,3), (2,4), \cdots, (2,n), (3,4), (3,5), \cdots, (3,n), (4,n), \cdots, (n-1,n).$$

旋转角度 $\varphi \in [-\pi/2, \pi/2]$ 由通过 $(j+1,i)$ 旋转消去 $a_{ij} \neq 0$, $i \geqslant j+2$ 确定, 即

$$\boxed{a'_{ij} = a_{j+1,j}\sin\varphi + a_{ij}\cos\varphi = 0.}$$

由积矩阵 $\boldsymbol{Q} := \boldsymbol{U}_1 \cdot \boldsymbol{U}_2 \cdot \cdots \cdot \boldsymbol{U}_{N^*}$, 有 $\boldsymbol{H} = \boldsymbol{Q}^{\mathrm{T}}\boldsymbol{A}\boldsymbol{Q}$, 矩阵 $\boldsymbol{A}$ 的特征值可以由海森伯格矩阵 $\boldsymbol{H}$ 的特征向量 $\boldsymbol{y}_j$ 求得, $\boldsymbol{x}_j = \boldsymbol{Q}\boldsymbol{y}_j$.

若该变换应用于 $n \times n$ 对称矩阵$\boldsymbol{A}$, 由于在正交相似变换下保持对称性, 则得到对称三对角矩阵 $\boldsymbol{J} := \boldsymbol{Q}^{\mathrm{T}}\boldsymbol{A}\boldsymbol{Q}$, 其中 $\boldsymbol{J}$ 为

$$\boldsymbol{J} = \begin{pmatrix} \alpha_1 & \beta_1 & & & & \\ \beta_1 & \alpha_2 & \beta_2 & & & \\ & \beta_2 & \alpha_3 & \beta_3 & & \\ & & \ddots & \ddots & \ddots & \\ & & & \beta_{n-2} & \alpha_{n-1} & \beta_{n-1} \\ & & & & \beta_{n-1} & \alpha_n \end{pmatrix}.$$

将矩阵 $\boldsymbol{A}$ 化为海森伯格矩阵或者三对角矩阵的正交相似变换可以借助快速吉文斯变换或利用豪斯霍尔德(Householder)矩阵有效实现 (见 7.2.4.2).

7.2.3.4 QR 算法

对任意的 $n\times n$ 阶实矩阵 $\boldsymbol{A}$, 根据舒尔 (Schur) 定理, 存在一个正交矩阵 $\boldsymbol{U}$, 使得 $\boldsymbol{A}$ 相似于拟三角矩阵$\boldsymbol{R}=\boldsymbol{U}^{\mathrm{T}}\boldsymbol{A}\boldsymbol{U}$,

$$\boldsymbol{R}=\begin{pmatrix}\boldsymbol{R}_{11} & \boldsymbol{R}_{12} & \boldsymbol{R}_{13} & \cdots & \boldsymbol{R}_{1m}\\ \boldsymbol{O} & \boldsymbol{R}_{22} & \boldsymbol{R}_{23} & \cdots & \boldsymbol{R}_{2m}\\ \boldsymbol{O} & \boldsymbol{O} & \boldsymbol{R}_{33} & \cdots & \boldsymbol{R}_{3m}\\ \vdots & \vdots & \vdots & & \vdots\\ \boldsymbol{O} & \boldsymbol{O} & \boldsymbol{O} & \cdots & \boldsymbol{R}_{mm}\end{pmatrix}.$$

矩阵 $\boldsymbol{R}_{ii}, i=1,2,\cdots,m$ 为 1 阶或 2 阶的方阵. 于是 $\boldsymbol{A}$ 的实特征值等于 1 阶矩阵 $\boldsymbol{R}_{ii}$ 的元素, 而复共轭特征值对则等于 2 阶矩阵 $\boldsymbol{R}_{ii}$ 的共轭特征值对. QR算法是构造收敛于给定的拟三角矩阵 $\boldsymbol{R}$ 的正交相似矩阵序列的方法. 它基于如下事实: 每个 $n\times n$ 实矩阵 $\boldsymbol{A}$ 都可以写成正交矩阵 $\boldsymbol{Q}$ 和上三角矩阵 $\boldsymbol{R}$ 的乘积, 形如

$$\boxed{\boldsymbol{A}=\boldsymbol{Q}\cdot\boldsymbol{R}\quad(\text{QR 分解}).}$$

下面用基本雅可比旋转矩阵进行 QR 分解. 若由 $\boldsymbol{A}$ 的 QR 分解的组分构造新矩阵

$$\boldsymbol{A}':=\boldsymbol{R}\cdot\boldsymbol{Q},$$

则 $\boldsymbol{A}'$ 是 $\boldsymbol{A}$ 的正交相似矩阵, 从 $\boldsymbol{A}$ 到 $\boldsymbol{A}'$ 的变换称为 QR 步, 原则上常用来构造相似矩阵序列. 为了减少计算量, 在 QR 变换中, 我们用海森伯格矩阵 $\boldsymbol{H}$ 或三对角矩阵 $\boldsymbol{J}$, 因为海森伯格矩阵 $\boldsymbol{H}$ 经过 QR 变换后得到的矩阵 $\boldsymbol{H}'$ 还是海森伯格矩阵, 那么经过一个 QR 步, 对称三对角矩阵 $\boldsymbol{J}$ 变换得到的矩阵 $\boldsymbol{J}'$ 仍是三对角矩阵. 于是对海森伯格矩阵 $\boldsymbol{H}_1$ 有QR算法如下:

$$\boldsymbol{H}_k=\boldsymbol{Q}_k\boldsymbol{R}_k,\quad \boldsymbol{H}_{k+1}=\boldsymbol{R}_k\boldsymbol{Q}_k,\quad k=1,2,3,\cdots.$$

在一定假设下, 正交相似海森伯格矩阵 $\boldsymbol{H_k}$ 序列收敛于一个拟三角矩阵. 为了提高算法的收敛性能, 可以应用谱偏移. 于是算法修改为带显式谱偏移的QR算法:

$$\boldsymbol{H}_k-\sigma_k\boldsymbol{E}=\boldsymbol{Q}_k\boldsymbol{R}_k,\quad \boldsymbol{H}_{k+1}=\boldsymbol{R}_k\boldsymbol{Q}_k+\sigma_k\boldsymbol{E},\quad k=1,2,3,\cdots$$

在第 k 个 QR 步中适当选取谱偏移 σ_k, 如选取 $\boldsymbol{H}_k$ 的上一个对角元, 以确保上一步或下一步 $\boldsymbol{H}_k$ 的次对角元素很快收敛于零. 这样 $\boldsymbol{H}_k$ 分解和 QR 算法便可应用于较小的子矩阵继续下去, 以逐个算出矩阵的特征值. 如果给定矩阵 $\boldsymbol{H}_1$ 具有共轭

的复数特征值对, 那么为避免复数计算采用两步QR技巧. 这样逐次使用带隐式复共轭谱偏移, 可由 $\boldsymbol{H}_k$ 求得海森伯格矩阵 $\boldsymbol{H}_{k+2}$.

应用于海森伯格矩阵或三对角矩阵的具有隐式谱偏移的 QR 算法, 是计算矩阵特征值的很有效的方法, 因为只需要经过少数的 QR 步就可以得到每一个特征值或特征值对. 这是处理满矩阵特征值问题的标准方法.

7.2.3.5　维兰特 (Wielandt) 中断逆向量迭代

这一方法用以有效计算矩阵特征值的近似值. 设 $\bar{\lambda}_k$ 是海森伯格矩阵 $\boldsymbol{H}$ 的特征值 λ_k 的近似值, 且满足 $0<|\lambda_k-\bar{\lambda}_k|=\varepsilon \ll d:=\min\limits_{i\neq k}|\bar{\lambda}_i-\bar{\lambda}_k|$.

那么对以 $\boldsymbol{H}$ 的相应于特征值 λ_k 的特征向量 $\boldsymbol{y}_k$ 为非零分量的初始向量 $\boldsymbol{z}^{(0)}$, 迭代

$$\boxed{\left(\boldsymbol{H}-\bar{\lambda}_k\boldsymbol{E}\right)\boldsymbol{z}^{(m)}=\boldsymbol{z}^{(m-1)},\quad m=1,2,3,\cdots}$$

生成很快收敛于特征向量 $\boldsymbol{y}_k$ 方向的向量序列 $\boldsymbol{z}^{(m)}$. 对一个好的初始逼近 $\bar{\lambda}_k$ 及适当间隔的特征值, 经过少数几步中断逆向量迭代后就足以得到满意的结果. 考虑矩阵 $\boldsymbol{H}$ 的海森伯格型, 用带列试验策略的高斯算法求解关于 $\boldsymbol{z}^{(m)}$ 的线性方程组 $(\boldsymbol{H}-\bar{\lambda}_k\boldsymbol{E})\boldsymbol{z}^{(m)}=\boldsymbol{z}^{(m-1)}$ 可以得到解 $\boldsymbol{z}^{(m)}$. 用正规化迭代向量还能使得计算更经济. 本方法也可用于计算已知近似特征值的对称三角矩阵 $\boldsymbol{J}$ 的特征值, 其中应该考虑要求解的线性方程组的特殊结构.

7.2.4　拟合和最小二乘法

拟合计算要解决的基本问题是: 估计在由已知定律或模型假设支配的经验公式中的未知参数. 在最简单的情况下, 给定函数 $f(x;\alpha_1,\alpha_2,\cdots,\alpha_n)$ 及其在 N 个不同点 $x_1,x_2,\cdots,x_N$ 的测量值 $y_1,y_2,\cdots,y_N$, 即 $f(x_i;\alpha_1,\alpha_2,\cdots,\alpha_n)$ 的值, 要确定未知参数集 $\alpha_1,\alpha_2,\cdots,\alpha_n$, 使得标准偏差或剩余

$$r_i:=f(x_i;\alpha_1,\alpha_2,\cdots,\alpha_n)-y_i,\quad i=1,2,\cdots,N$$

在如下意义下最小. 测量值的个数 N 要大于参数的个数 n 以便减小输入数据中不变误差的影响. 假设测量值是等值方差的正态分布, 根据概率理论, 高斯拟合原理或最小二乘法是适用的. 求极小值的要求是

$$\boxed{\sum_{i=1}^{N}r_i^2=\sum_{i=1}^{N}\left[f(x_i;\alpha_1,\alpha_2,\cdots,\alpha_n)-y_i\right]^2\overset{!}{=}\min.}$$

如观测值有相对不同的精度, 如正态分布的方差不同, 那么就要考虑用加权剩余法.

下面我们只考虑线性依赖于参数 α_k 的函数 $f(x_i;\alpha_1,\alpha_2,\cdots,\alpha_n)$, 对于不依赖于参数 α_k 的给定函数 $\varphi_k,k=1,2,\cdots,n$, 有

$$f(x;\alpha_1,\alpha_2,\cdots,\alpha_n)=\sum_{k=1}^{n}\alpha_k\varphi_k(x),$$

于是需要求解的方程是线性误差方程

$$\alpha_1\varphi_1(x_i)+\alpha_2\varphi_2(x_i)+\cdots+\alpha_n\varphi_n(x_i)-y_i=r_i,\quad i=1,2,\cdots,N.$$

设矩阵 $\boldsymbol{C}=(c_{ik})\in\mathbb{R}^{N\times n}$ 的元素为 $c_{ik}:=\varphi_k(x_i),i=1,2,\cdots,N;k=1,2,\cdots,n$, 向量 $\boldsymbol{y}\in\mathbb{R}^N$ 为测量值, 参数向量 $\boldsymbol{\alpha}\in\mathbb{R}^N$ 及剩余向量 $\boldsymbol{r}\in\mathbb{R}^N$, 则线性方程组简记为

$$\boldsymbol{C\alpha}-\boldsymbol{y}=\boldsymbol{r}.$$

7.2.4.1 正规方程法

求解之前我们在高斯拟合计算中碰到的类似的误差方程, 假定

$$\boldsymbol{r}^{\mathrm{T}}\boldsymbol{r}=(\boldsymbol{C\alpha}-\boldsymbol{y})^{\mathrm{T}}(\boldsymbol{C\alpha}-\boldsymbol{y})=\boldsymbol{\alpha}^{\mathrm{T}}\boldsymbol{C}^{\mathrm{T}}\boldsymbol{C\alpha}-2\left(\boldsymbol{C}^{\mathrm{T}}\boldsymbol{y}\right)^{\mathrm{T}}\boldsymbol{\alpha}+\boldsymbol{y}^{\mathrm{T}}\boldsymbol{y}\overset{!}{=}\min.$$

其中 $\boldsymbol{A}:=\boldsymbol{C}^{\mathrm{T}}\boldsymbol{C}\in\mathbb{R}^{n\times n}$, $\boldsymbol{b}:=\boldsymbol{C}^{\mathrm{T}}\boldsymbol{y}\in\mathbb{R}^n$, 导致其必要且充分的条件为待定参数的线性正规方程组

$$\boxed{\boldsymbol{A\alpha}+\boldsymbol{b}=\boldsymbol{0}.}$$

如果误差方程的矩阵 $\boldsymbol{C}$ 有最大秩 n, 那么矩阵 $\boldsymbol{A}$ 是对称正定的. 因此 $\boldsymbol{A}$ 是正规的, 参数向量 $\boldsymbol{\alpha}$ 被唯一确定, 线性方程组可借助楚列斯基方法求解 (参见 7.2.1.5). 剩余可以通过将参数向量 $\boldsymbol{\alpha}$ 代入误差方程计算得到.

正规方程的矩阵元素 a_{ik} 和常数 b_i 可以由矩阵 $\boldsymbol{C}$ 的列向量 $\boldsymbol{c}_j$ 的内积计算:

$$a_{jk}=\boldsymbol{c}_j^{\mathrm{T}}\boldsymbol{c}_k=\sum_{i=1}^{N}c_{ij}c_{ik}=\sum_{i=1}^{N}\varphi_j(x_i)\varphi_k(x_i),\quad i,k=1,2,\cdots,n,$$

$$b_j=\boldsymbol{c}_j^{\mathrm{T}}\boldsymbol{y}=\sum_{i=1}^{N}c_{ij}y_i=\sum_{i=1}^{N}\varphi_j(x_i)y_i,\quad j=1,2,\cdots,n.$$

利用高斯求和记号 $[f(x)g(x)]:=\sum_{i=1}^{N}f(x_i)g(x_i)$, 正规方程的元素可由下式给出:

$a_{jk}=[\varphi_j(x)\varphi_k(x)]$, $b_j=[\varphi_j(x)y]$. 于是对经常发生的特别情况可得到解的显式表示.

7.2.4.1.1 直接观测拟合

若观测未知量 y 并有 N 个测量值 y_i, 则 N 个误差方程 $y-y_i=r_i,i=1,2,\cdots,N$ 及得到的待定参数值 y 的单个正规方程由下式给出:

$$[1]\,y-[y]=0,Ny=\sum_{i=1}^{N}y_i,\ \text{即}\ y=\frac{1}{N}\sum_{i=1}^{N}y_i.$$

拟合就是根据最小二乘法, 使得最可能的 y 值等于测量值的算术平均. 对该平均得到的剩余 r_i 是最可能的误差, 量 $m := \sqrt{[rr]/(N-1)}$ 称为观测的平均误差, 而 $m_y := \sqrt{[rr]/(N(N-1))}$ 称为平均误差的均值.

7.2.4.1.2 回归线$y = ax + b$

如果观测值 $M_i(x_i, y_i)$, $i = 1, 2, \cdots, N$ 几乎在一条直线上 (设 x_i 为准确的横坐标,y_i 为测量的纵坐标), 回归线$y = ax + b$ 的参数 a 和 b 由下列误差方程根据最小二乘法确定:

$$\boxed{ax_i + b - y_i = r_i, \quad i = 1, 2, \cdots, N.}$$

相应的正规方程为

$$\begin{aligned} [x^2] \cdot a + [x] \cdot b - [xy] = 0, \\ [x] \cdot a + [1] \cdot b - [y] = 0. \end{aligned}$$

该方程的解通常由克拉默法则 (参见 2.1.4.3) 得到:

$$\boxed{a = \frac{N \cdot [xy] - [x] \cdot [y]}{N \cdot [x^2] - ([x])^2}, \quad b = \frac{[x^2] \cdot [y] - [x] \cdot [xy]}{N \cdot [x^2] - ([x])^2}.}$$

因为在 x_i 和 y_i 均为正数的情况下分子和分母可能被抵消, 这些公式是数值不稳定的. 用于计算的一个稳定的方法是利用均值 $\bar{x} := [x]/N, \bar{y} := [y]/N$, 形如

$$a = \sum_{i=1}^{N} (x_i - \bar{x})(y_i - \bar{y}) \Big/ \sum_{i=1}^{N} (x_i - \bar{x})^2, \quad b = \bar{y} - a \cdot \bar{x}.$$

7.2.4.1.3 拟合抛物线 $y = a + bx + cx^2$

对几乎在一条抛物线上的观测值 $M_i(x_i, y_i)$, $i = 1, 2, \cdots, N$, 从相应的 N 个误差方程

$$a + bx_i + cx_i^2 - y_i = r_i, \quad i = 1, 2, \cdots, N$$

可得如下三个方程为正规方程:

$$\begin{aligned} N \cdot a + [x] \cdot b + [x^2] \cdot c - [y] = 0, \\ [x] \cdot a + [x^2] \cdot b + [x^3] \cdot c - [xy] = 0, \\ [x^2] \cdot a + [x^3] \cdot b + [x^4] \cdot c - [x^2 y] = 0. \end{aligned}$$

其解应可用楚列斯基方法求得.

7.2.4.1.4 拟合多项式

在某些情况下用高阶拟合多项式是适当的. 以拟设函数 $\varphi_k(x) = x^{k-1}, k = 1, 2, \cdots, n$ 为 $n-1$ 阶拟合多项式, 可得参数 $\alpha_1, \alpha_2, \cdots, \alpha_n$ 的正规方程:

$$\sum_{k=1}^{n} \left[x^{i+k-2}\right] \alpha_k - \left[x^{i-1} y\right] = 0, \quad i = 1, 2, \cdots, n.$$

正规方程矩阵 $\boldsymbol{A}$ 的条件数 $\kappa(\boldsymbol{A})$ 通常很大, 以致求解 α 的计算有在 7.2.1.7 中讨论过的常见问题. 若通过简单的变量替换拟合逼近区间, 以勒让德多项式 $P_k(x)$(见 1.13.2.13) 或切比雪夫多项式 $T_k(x)$(见 7.5.1.3) 等更合适的拟设函数 $\varphi_k(x)$ 代替简单的幂函数, 则情况可以得到改善.

7.2.4.2 正交变换法

正规方程的条件数通常较差, 为了用数值上更稳定的方法处理误差方程, 我们首先可应用正交变换将误差方程化为简单的形式. 这里正交变换适用于最小二乘方法, 因为剩余向量的欧几里得长度通过变换保持不变. 设 $\boldsymbol{Q} \in \mathbb{R}^{N\times N}$ 为正交矩阵, 那么 $\boldsymbol{C\alpha} - \boldsymbol{y}$ 变为

$$\boldsymbol{QC\alpha} - \boldsymbol{Qy} = \boldsymbol{Qr} =: \hat{\boldsymbol{r}}$$

对每一个秩最大为 $n < N$ 的矩阵 $\boldsymbol{C} \in \mathbb{R}^{N\times n}$, 存在一个正交矩阵 $\boldsymbol{Q} \in \mathbb{R}^{N\times N}$ 使得

$$\boldsymbol{QC} = \hat{\boldsymbol{R}} := \begin{pmatrix} \boldsymbol{R} \\ \boldsymbol{0} \end{pmatrix},$$

其中 $\boldsymbol{R} \in \mathbb{R}^{(N-n)\times n}$ 为正规上三角矩阵, 而 $\boldsymbol{0} \in \mathbb{R}^{n\times n}$ 为零矩阵. 正交矩阵 $\boldsymbol{Q}$ 可以通过形如

$$\boldsymbol{U} := \boldsymbol{E} - \boldsymbol{2ww}^{\mathrm{T}} \in \mathbb{R}^{N\times N} \text{ 其中 } \boldsymbol{w} \in \mathbb{R}^N, \boldsymbol{ww}^{\mathrm{T}} = 1.$$

的 n 个豪斯霍尔德矩阵的乘积显式构造, 豪斯霍尔德矩阵是对称的, 且 $\boldsymbol{UU}^{\mathrm{T}} = \boldsymbol{E}$, 因此 $\boldsymbol{U}$ 是正交矩阵. 这相应于在 $\mathbb{R}^N$ 的正交于 $\boldsymbol{w}$ 的 $N-1$ 维补子空间的反射. 因为这一反射性质, 通过适当选取向量 $\boldsymbol{w}$, 对每个向量 $\boldsymbol{c} \in \mathbb{R}^N$, $\boldsymbol{c} \neq \boldsymbol{0}$, 设 $\boldsymbol{c}' = \boldsymbol{Uc}$, 豪斯霍尔德矩阵 $\boldsymbol{U}$ 映射 $\boldsymbol{c}$ 为等范数的 $\boldsymbol{c}'$. 向量 $\boldsymbol{w}$ 的方向是 $\boldsymbol{c}$ 和 $-\boldsymbol{c}'$ 的夹角的平分线方向.

在变换的第一步, 变换后矩阵 $\boldsymbol{C}' = \boldsymbol{U}_1\boldsymbol{C}$ 的第一列为第一个单位向量 $\boldsymbol{e}_1 \in \mathbb{R}^N$ 的倍数, 其中 $\boldsymbol{U}_1 = \boldsymbol{E} - \boldsymbol{2w}_1\boldsymbol{w}_1^{\mathrm{T}}$. 这表明 $\boldsymbol{U}_1\boldsymbol{c}_1 = -\gamma\boldsymbol{e}_1$, 其中 $|\gamma| = \pm||\boldsymbol{c}_1||$, $\boldsymbol{c}_1$ 为矩阵 $\boldsymbol{C}$ 的第一列. 因此 $\boldsymbol{w}_1$ 的方向由 $\boldsymbol{h} := \boldsymbol{c}_1 + \gamma\boldsymbol{e}_1$ 唯一确定. 为了避免计算中可能消去 $\boldsymbol{h}$ 的第一分量, 我们选取 γ 的符号与 $\boldsymbol{c}$ 的第一个分量 c_{11} 相同. 向量 $\boldsymbol{w}_1$ 由单位化 $\boldsymbol{h}$ 得到, 变换的第一步 $\boldsymbol{C}' = \boldsymbol{U}_1\boldsymbol{C} = \left(\boldsymbol{E} - \boldsymbol{2w}_1\boldsymbol{w}_1^{\mathrm{T}}\right)\boldsymbol{C} = \boldsymbol{C} - 2\boldsymbol{w}_1(\boldsymbol{w}_1^{\mathrm{T}}\boldsymbol{C})$ 可以利用辅助量

$$p_j = 2\boldsymbol{w}_1^{\mathrm{T}}\boldsymbol{c}_j, \quad j = 2, 3, \cdots, n.$$

根据

$$\boldsymbol{c}_1' = -\gamma\boldsymbol{e}_1, \boldsymbol{c}_j' = \boldsymbol{c}_j - p_j\boldsymbol{w}_1, \quad j = 2, 3, \cdots, n.$$

使计算量最小.

在后面第 k 步变换中, 通过利用豪斯霍尔德矩阵 $\boldsymbol{U}_k = \boldsymbol{E} - 2\boldsymbol{w}_k\boldsymbol{w}_k^{\mathrm{T}}, k = 2, 3, \cdots, n$, 其中向量 $\boldsymbol{w}_k \in \mathbb{R}^N$ 的前 $k-1$ 个分量为零, 变换矩阵 $\boldsymbol{C}^{(k-1)} :=$

$\boldsymbol{U}_{k-1}\cdots\boldsymbol{U}_1\boldsymbol{C}$ 的第 k 列为要求的形式. 也就说仅由后面的 $N-k+1$ 个分量组成的第 k 列的部分向量, 映射为单位向量 $\boldsymbol{e}_1\in\mathbb{R}^{N-k+1}$ 的倍数. 同时矩阵 $\boldsymbol{C}^{(k-1)}$ 的前 $k-1$ 列保持不变. 经过 n 次这样的正交变换, 有

$$\boldsymbol{QC}=\hat{\boldsymbol{R}},\ 其中\ \boldsymbol{Q}:=\boldsymbol{U}_n\cdot\boldsymbol{U}_{n-1}\cdot\cdots\cdot\boldsymbol{U}_2\cdot\boldsymbol{U}_1.$$

若通过连续乘以豪斯霍尔德矩阵 $\boldsymbol{U}_k$ 形成变换后的测量向量

$$\hat{\boldsymbol{y}}:=\boldsymbol{Qy}=\boldsymbol{U}_n\cdot\boldsymbol{U}_{n-1}\cdot\cdots\cdot\boldsymbol{U}_2\cdot\boldsymbol{U}_1\boldsymbol{y},$$

则变换后等价的误差方程组变为

$$\begin{aligned}r_{11}\alpha_1+r_{12}\alpha_2+\cdots+r_{1n}\alpha_n-\hat{y}_1&=\hat{r}_1,\\ r_{22}\alpha_2+\cdots+r_{2n}\alpha_n-\hat{y}_2&=\hat{r}_2,\\ &\cdots\cdots\\ r_{nn}\alpha_n-\hat{y}_n&=\hat{r}_n,\\ -\hat{y}_{n+1}&=\hat{r}_{n+1},\\ &\cdots\cdots\\ -\hat{y}_N&=\hat{r}_N.\end{aligned}$$

由于后面的 $N-n$ 个剩余 $\hat{r}_i$ 被相应的值 $\hat{y}_i$ 决定, 当且仅当 $\hat{r}_1=\hat{r}_2=\cdots=\hat{r}_n=0$ 时剩余的平方和是最小的. 通过对包含 $\hat{\boldsymbol{y}}\in\mathbb{R}^N$ 的前 n 个分量的向量 $\hat{\boldsymbol{y}}_1$ 的逆代换, 我们想确定的参数 $\alpha_1,\cdots,\alpha_n$ 由下式得到:

$$\boldsymbol{R\alpha}=\hat{\boldsymbol{y}}_1,\quad \hat{\boldsymbol{y}}_1\in\mathbb{R}^n,$$

因关系 $\boldsymbol{Qr}=\hat{\boldsymbol{r}}$ 和豪斯霍尔德矩阵 $\boldsymbol{U}_k$ 的对称性, 根据如下公式能最方便地由给定的误差方程计算剩余向量 $\boldsymbol{r}$:

$$\boldsymbol{r}=\boldsymbol{Q}^{\mathrm{T}}\hat{\boldsymbol{r}}=\boldsymbol{U}_1\cdot\boldsymbol{U}_2\cdot\cdots\cdot\boldsymbol{U}_{n-1}\cdot\boldsymbol{U}_n\hat{\boldsymbol{r}}.$$

$\hat{\boldsymbol{r}}$ 的前 n 个分量为零, 后 $N-n$ 个分量由 $\hat{r}_i=-\hat{y}_i$. 得到. 借助于上述有效的计算技巧, 完成 $\hat{\boldsymbol{r}}$ 对矩阵 $\boldsymbol{U}_k$ 的连乘.

正交变换法与利用正规方程的经典方法相比, 得到的参数值的误差较小, 其原因在于从误差方程到正规方程的过渡使 $\boldsymbol{C}$ 的条件数自乘.

除了带基本旋转矩阵的误差方程的豪斯霍尔德变换, 存在带基本旋转矩阵的正交变换, 其每一步消掉一个矩阵元素. 这一变形的计算量较大, 但可以采取特殊的非正则的方法, 其中可能考虑矩阵 $\boldsymbol{C}$. 此外, 从存储利用的观点看它更有好处, 而且每一步可考虑方程组的特别的误差方程.

7.2.4.3 奇异值分解方法

如果误差方程的矩阵 $\boldsymbol{C}$ 的秩不是最大, 而是 $\mathrm{rank}\boldsymbol{C} = \rho < n$, 或者如果直到计算精度 $\boldsymbol{C}$ 的列向量几乎线性相关, 那么至今描述的方法不可用. 在这些情况下 $\boldsymbol{C\alpha - y = r}$ 用最小二乘方法求解的解不唯一, 或者至少是不确定的. 处理这类问题基于我们描述的如下事实.

如果矩阵 $\boldsymbol{C} \in \mathbb{R}^{N\times n}$ 的秩 $\mathrm{rank}\boldsymbol{C} = \rho \leqslant n < N$, 那么存在正交矩阵 $\boldsymbol{U} \in \mathbb{R}^{N\times N}$ 和 $\boldsymbol{V} \in \mathbb{R}^{N\times N}$, 有奇异值分解如下:

$$\boxed{\boldsymbol{C} = \boldsymbol{U}\hat{\boldsymbol{S}}\boldsymbol{V}^{\mathrm{T}}} \text{ 其中 } \hat{\boldsymbol{S}} = \begin{pmatrix} \boldsymbol{S} \\ \hline \boldsymbol{0} \end{pmatrix}, \hat{\boldsymbol{S}} \in \mathbb{R}^{N\times n}, \boldsymbol{S} \in \mathbb{R}^{n\times n},$$

其中 $\boldsymbol{S}$ 记由非负元素 s_i 组成的对角矩阵, 以 $s_1 \geqslant s_2 \geqslant \cdots \geqslant s_\rho \geqslant s_{\rho+1} = \cdots = s_n = 0$ 的顺序排列, $\boldsymbol{0} \in \mathbb{R}^{(N-n)\times n}$ 为零矩阵 (参见 [432]). 这里 s_i 为矩阵 $\boldsymbol{C}$ 的奇异值. 矩阵 $\boldsymbol{U}$ 的列向量 $\boldsymbol{u}_i \in \mathbb{R}^N$ 称为矩阵 $\boldsymbol{C}$ 的左奇异向量, 列向量 $\boldsymbol{v}_i \in \mathbb{R}^n$ 称为矩阵 $\boldsymbol{C}$ 的右奇异向量. 根据奇异值分解可写作 $\boldsymbol{CV} = \boldsymbol{U}\hat{\boldsymbol{S}}$ 或 $\boldsymbol{C}^{\mathrm{T}}\boldsymbol{U} = \boldsymbol{V}\hat{\boldsymbol{S}}$, 可得如下关系:

$$\boldsymbol{C}\boldsymbol{v}_i = s_i\boldsymbol{u}_i, \quad \boldsymbol{C}^{\mathrm{T}}\boldsymbol{u}_i = s_i\boldsymbol{v}_i, i = 1, 2, \cdots, n,$$

$$\boldsymbol{C}^{\mathrm{T}}\boldsymbol{u}_i = \boldsymbol{0}, \quad i = n+1, n+2, \cdots, N.$$

奇异值分解与如下对称正定矩阵的主轴系统有关:

$$\boldsymbol{A} := \boldsymbol{C}^{\mathrm{T}}\boldsymbol{C} = \boldsymbol{V}\hat{\boldsymbol{S}}^{\mathrm{T}}\boldsymbol{U}^{\mathrm{T}}\boldsymbol{U}\hat{\boldsymbol{S}}\boldsymbol{V}^{\mathrm{T}} = \boldsymbol{V}\hat{\boldsymbol{S}}^{\mathrm{T}}\hat{\boldsymbol{S}}\boldsymbol{V}^{\mathrm{T}} = \boldsymbol{V}\boldsymbol{S}^2\boldsymbol{V}^{\mathrm{T}},$$

$$\boldsymbol{B} := \boldsymbol{C}\boldsymbol{C}^{\mathrm{T}} = \boldsymbol{U}\hat{\boldsymbol{S}}\boldsymbol{V}^{\mathrm{T}}\boldsymbol{V}\hat{\boldsymbol{S}}^{\mathrm{T}}\boldsymbol{U}^{\mathrm{T}} = \boldsymbol{U}\hat{\boldsymbol{S}}\hat{\boldsymbol{S}}^{\mathrm{T}}\boldsymbol{U}^{T} = \boldsymbol{U}\begin{pmatrix} \boldsymbol{S}^2 & \boldsymbol{0} \\ \boldsymbol{0} & \boldsymbol{0} \end{pmatrix}\boldsymbol{U}^{\mathrm{T}}.$$

正奇异值的平方等于矩阵 $\boldsymbol{A}$ 和 $\boldsymbol{B}$ 的正特征值, 右奇异向量 $\boldsymbol{v}_i$ 是 $\boldsymbol{A}$ 的特征向量, 而左奇异向量 $\boldsymbol{u}_i$ 是 $\boldsymbol{B}$ 的特征向量.

奇异值分解通过正交变换把 $\boldsymbol{C\alpha - y = r}$ 转化为等价的误差方程组:

$$\boldsymbol{U}^{\mathrm{T}}\boldsymbol{C}\boldsymbol{V}\boldsymbol{V}^{\mathrm{T}}\boldsymbol{\alpha} - \boldsymbol{U}^{\mathrm{T}}\boldsymbol{y} = \boldsymbol{U}^{\mathrm{T}}\boldsymbol{r} =: \hat{\boldsymbol{r}}.$$

设 $\boldsymbol{\beta} := \boldsymbol{V}^{\mathrm{T}}\boldsymbol{\alpha}, \hat{\boldsymbol{y}} := \boldsymbol{U}^{\mathrm{T}}\boldsymbol{y}, \boldsymbol{U}^{\mathrm{T}}\boldsymbol{C}\boldsymbol{V} = \hat{\boldsymbol{S}}$, 变换后的误差方程组为

$$\begin{aligned} s_i\beta_i - \hat{y}_i &= \hat{r}_i, \quad i = 1, 2, \cdots, \rho, \\ -\hat{y}_i &= \hat{r}_i, \quad i = \rho+1, \rho+2, \cdots, N. \end{aligned}$$

因为最后 $N - \rho$ 个剩余 $\hat{r}_i$ 由相应的 y_i 确定, 若 $\hat{r}_1 = \hat{r}_2 = \cdots = \hat{r}_\rho = 0$, 则剩余的平方和最小, 于是前 ρ 个辅助未知量 β_i 由下式确定:

$$\beta_i = \hat{y}_i/s_i, \quad i = 1, 2, \cdots, \rho,$$

而在 C 的秩 $\rho < n$ 的情况下, 剩下的 $\beta_{\rho-1}, \cdots, \beta_n$ 是任意的. 若进一步考虑 $\hat{y}_i = \boldsymbol{u}_i^{\mathrm{T}} \boldsymbol{y}\ i = 1, 2, \cdots, N$, 则解向量 $\boldsymbol{\alpha}$ 由下式给出:

$$\boldsymbol{\alpha} = \sum_{i=1}^{\rho} \frac{\boldsymbol{u}_i^{\mathrm{T}} \boldsymbol{y}}{s_i} \boldsymbol{v}_i + \sum_{i=\rho+1}^{n} \boldsymbol{\beta}_i \boldsymbol{v}_i,$$

其中有 $n-\rho$ 个自由参数 $\beta_i, i = \rho+1, \cdots, n$. 若矩阵 $\boldsymbol{C}$ 的秩 $< n$, 则通解 $\boldsymbol{\alpha}$ 是特解与由 ρ 个相应于正奇异值 s_i 的右奇异向量 $\boldsymbol{v}_i$ 及由 $\boldsymbol{C}$ 定义的线性映射的核中的任意向量产生的线性包的和.

在不唯一可解的误差方程组的解的集合中, 常关注欧几里得范数最小的那个特解. 因为右奇异向量 $\boldsymbol{v}_i$ 的正交性, 导致方程

$$\boldsymbol{\alpha}^* = \sum_{i=1}^{\rho} \frac{\boldsymbol{u}_i^{\mathrm{T}} \boldsymbol{y}}{s_i} \boldsymbol{v}_i, \quad \text{其中} \quad \|\boldsymbol{\alpha}^*\| \leqslant \min_{\boldsymbol{C\alpha}-\boldsymbol{y}=\boldsymbol{r}} \|\boldsymbol{\alpha}\|.$$

对于条件数很差的误差方程, 其特征是最大和最小奇异值之比很大, 应用时丢弃 $\boldsymbol{\alpha}^*$ 的一些分量可能是有意义的, 如果这样做能使剩余的平方值可以被接受.

实际计算矩阵 $\boldsymbol{C}$ 的奇异值分两步执行. 首先利用正交矩阵 $\boldsymbol{Q} \in \mathbb{R}^{\boldsymbol{N}\times\boldsymbol{N}}$ 和 $\boldsymbol{W} \in \mathbb{R}^{n\times n}$ 将矩阵 $\boldsymbol{C}$ 转换为与 $\boldsymbol{C}$ 有相同奇异值的两对角线矩阵 $\boldsymbol{B}$, 通过 $\boldsymbol{B} = \boldsymbol{Q}^{\mathrm{T}} \boldsymbol{C} \boldsymbol{W}$ 计算 $\boldsymbol{B}$. 第二步用 QR 算法的特殊变形计算 $\boldsymbol{B}$ 的奇异值.

7.3 插值, 数值微分和积分

7.3.1 插值多项式

设已知区间 $[a, b] \subset \mathbb{R}$ 中的 $n+1$ 个不同点 (插值点)$x_0, x_1, \cdots, x_n$ 及相应的值 (插值)$y_0, y_1, \cdots, y_n$, 如实值函数 $f(x)$ 在插值点上的值, 则插值问题是求不超过 n 次的多项式 $I_n(x)$, 使得 I_n 满足 $n+1$ 个插值条件

$$I_n(x_i) = y_i, \quad i = 0, 1, 2, \cdots, n.$$

在这些假设下唯一确定一个多项式. 这唯一确定的多项式 I_n 有多种表示形式.

7.3.1.1 拉格朗日插值公式

引入相应于 $n+1$ 个插值点的 $n+1$ 个特殊的拉格朗日多项式

$$\begin{aligned} L_i(x) &:= \prod_{\substack{j=0 \\ j\neq i}}^{n} \frac{x - x_j}{x_i - x_j} \\ &= \frac{(x-x_0)\cdots(x-x_{i-1})(x-x_{i+1})\cdots(x-x_n)}{(x_i-x_0)(x_i-x_{i-1})(x_i-x_{i+1})(x_i-x_n)}, \quad i = 0, 1, 2, \cdots, n. \end{aligned}$$

这些 n 次多项式是 n 个线性因子的积, 且有性质 $L_i(x_i)=1$ 及 $L_i(x_k)=0, k\neq i$. 多项式 I_n 可通过这些多项式写为

$$\boxed{I_n(x)=\sum_{i=0}^{n} y_i L_i(x).}$$

为了计算 $I_n(x)$ 在非插值点处的值, 利用拉格朗日插值公式, 即

$$I_n(x)=\sum_{i=0}^{n} y_i \prod_{\substack{j=0\\ j\neq i}}^{n} \frac{x-x_j}{x_i-x_j}=\sum_{i=0}^{n} y_i \frac{1}{x-x_i}\cdot\left\{\prod_{\substack{j=0\\ j\neq i}}^{n}\frac{1}{x_i-x_j}\right\}\cdot\prod_{k=0}^{n}(x-x_k).$$

利用只依赖于插值点的局部系数

$$\lambda_i:=1/\prod_{\substack{j=0\\ j\neq i}}^{n}(x_i-x_j),\quad i=0,1,2,\cdots,n$$

及依赖于待定值点 x 的插值权重

$$\mu_i:=\lambda_i/(x-x_i),\quad i=0,1,2,\cdots,n$$

得到表达式

$$I_n(x)=\left\{\sum_{i=0}^{n}\mu_i y_i\right\}\cdot\prod_{k=0}^{n}(x-x_k).$$

由于 $n+1$ 个线性因子的这一乘积等于 μ_i 之和的倒数, 因此得到计算 $I_n(x)$ 的如下重心公式:

$$I_n(x)=\left\{\sum_{i=0}^{n} y_i\mu_i\right\}\Big/\left\{\sum_{i=0}^{n}\mu_i\right\}.$$

这一公式对数值计算是有用的. 在以 $h>0$ 为步长的增序等距插值点的情况下,

$$x_0,\quad x_1=x_0+h,\quad \cdots,\quad x_j=x_0+jh,\quad \cdots,\quad x_n=x_0+nh,$$

局部系数由下式给出:

$$\lambda_i=\frac{(-1)^{n-i}}{h^n n!}\binom{n}{i},\quad i=0,1,2,\cdots,n.$$

由于公共因子 $(-1)^n/(h^n n!)$ 在重心公式中可以约掉, 我们能使用等价的局部系数, 即符号交错的二项式系数:

$$\lambda_0^*=1,\quad \lambda_1^*=-\binom{n}{1},\quad \cdots,\quad \lambda_i^*=(-1)^i\binom{n}{i},\quad \cdots,\quad \lambda_n^*=(-1)^n.$$

7.3.1.2　牛顿插值公式

考虑 $n+1$ 阶牛顿多项式

$$N_0(x) := 1, \quad N_i(x) := \prod_{j=0}^{i-1}(x - x_j), \quad i = 1, 2, \cdots, n,$$

其中 $N_i(x)$ 为 i 次多项式, 是 i 个线性因子的乘积. 于是牛顿插值公式为

$$\boxed{I_n(x) = \sum_{i=0}^{n} c_i N_i(x).}$$

系数 c_i 作为第 i 阶均差, 也称第 i 阶斜率, 定义为

$$c_i := [x_0 x_1 \cdots x_i] = [x_i x_{i-1} \cdots x_0], \quad i = 0, 1, 2, \cdots, n,$$

其中 $[x_i] := y_i, i = 0, 1, \cdots, n$ 为递归定义的斜率的初始值.

设 $j_0, j_1, \cdots, j_i$ 为数集 $\{0, 1, \cdots, n\}$ 中的连续指标, 则有

$$[x_{j_0} x_{j_1} \cdots x_{j_i}] := \frac{[x_{j_1} x_{j_2} \cdots x_{j_i}] - [x_{j_0} x_{j_1} \cdots x_{j_{i-1}}]}{x_{j_i} - x_{j_0}}.$$

为确定牛顿公式中需要的斜率, 给出如下均差格式是方便的:

x_0	$[x_0]$				
		$[x_0x_1]$			
x_1	$[x_1]$		$[x_0x_1x_2]$		
		$[x_1x_2]$		$[x_0x_1x_2x_3]$	
x_2	$[x_2]$		$[x_1x_2x_3]$		$[x_0x_1x_2x_3x_4]$
		$[x_2x_3]$		$[x_1x_2x_3x_4]$	
x_3	$[x_3]$		$[x_2x_3x_4]$		
		$[x_3x_4]$			
x_4	$[x_4]$				

实际上, 牛顿公式的系数 c_i 正是下斜对角线上的值. 这些感兴趣的数值能从插值点 x_i 及相应的值 $y_i = [x_i]$ 出发, 利用计算机程序, 逐列计算得到. 从这一表示便推出最有效计算 x 点插值的方法. 例如, 对 n=4,

$$I_4(x) = c_0 + (x - x_0)\left[c_1 + (x - x_1)\left\{c_2 + (x - x_2)(c_3 + (x - x_3)c_4)\right\}\right]$$

通过从最里面向外逐次求括号里表达式的值, 对于一般的多项式 $I_n(x)$, 其计算量仅为 n 次乘法运算.

对于等距插值点$x_j = x_0 + jh, j = 0, 1, \cdots, n$, 依次简化全体插值多项式, 均差简化为

$$[x_i x_{i+1}] = \frac{y_{i+1} - y_i}{x_{i+1} - x_i} = \frac{1}{h}(y_{i+1} - y_i) := \frac{1}{h}\Delta^1 y_i, \qquad (1\text{ 阶差分})$$

$$[x_i x_{i+1} x_{i+2}] = \frac{[x_{i+1} x_{i+2}] - [x_i x_{i+1}]}{x_{i+2} - x_i} = \frac{1}{2h^2}\left(\Delta^1 y_{i+1} - \Delta^1 y_i\right) := \frac{1}{2h^2}\Delta^2 y_i, \qquad (2\text{ 阶差分})$$

及类似的k阶差分

$$[x_i x_{i+1} \cdots x_{i+k}] =: \frac{1}{k!h^k}\Delta^k y_i. \qquad (k\text{ 阶差分})$$

向前差分递归定义为

$$\Delta^k y_i := \Delta^{k-1} y_{i+1} - \Delta^{k-1} y_i, \quad k = 1, 2, \cdots, n, \quad i = 0, 1, \cdots, n-k,$$

其中初始值为 $\Delta^0 y_i, = y_i, i = 0, 1, \cdots, n$. 这些差分能借助规则的格式计算:

x_0	y_0				
		$\Delta^1 y_0$			
x_1	y_1		$\Delta^2 y_0$		
		$\Delta^1 y_1$		$\Delta^3 y_0$	
x_2	y_2		$\Delta^2 y_1$		$\Delta^4 y_0$
		$\Delta^1 y_2$		$\Delta^3 y_1$	
x_3	y_3		$\Delta^2 y_2$		
		$\Delta^1 y_3$			
x_4	y_4				

于是牛顿插值公式如下:

$$I_n(x) = y_0 + \frac{x - x_0}{h}\Delta^1 y_0 + \frac{(x - x_0)(x - x_1)}{2h^2}\Delta^2 y_0 + \frac{(x - x_0)(x - x_1)(x - x_2)}{3!h^3}\Delta^3 y_0 + \cdots + \frac{(x - x_0)(x - x_1)\cdots(x - x_{n-1})}{n!h^n}\Delta^n y_0,$$

其中系数在格式的下斜对角线中. 若进一步定义 $x = x_0 + th$, $t \in \mathbb{R}$, 则由此可得牛顿–格雷戈里 I 型插值公式:

$$I_n(x) = y_0 + \binom{t}{1}\Delta^1 y_0 + \binom{t}{2}\Delta^2 y_0 + \binom{t}{3}\Delta^3 y_0 + \cdots + \binom{t}{n}\Delta^n y_0.$$

插值多项式也能从最远的插值点向右展开. 在这种情况下有 $x_{n-j} = x_n - jh, j = 0, 1, \cdots, n$, 此时利用向后差分:

$$\nabla^k y_{n-j} := \nabla^{k-1} y_{n-j} - \nabla^{k-1} y_{n-j-1}, \quad k = 1, 2, \cdots, n, i = 0, 1, \cdots, n-k,$$

其中初值为 $\nabla^0 y_{n-j}, = y_{n-j}, j = 0, 1, \cdots, n$. 这些又构成如下格式:

x_0	y_0				
		$\nabla^1 y_1$			
x_1	y_1		$\nabla^2 y_2$		
		$\nabla^1 y_2$		$\nabla^3 y_3$	
x_2	y_2		$\nabla^2 y_3$		$\nabla^4 y_4$
		$\nabla^1 y_3$		$\nabla^3 y_4$	
x_3	y_3		$\nabla^2 y_4$		
		$\nabla^1 y_4$			
x_4	y_4				

向后差分是在下面的上斜对角线, 由此可得

$$
\begin{aligned}
I_n(x) =& y_n + \frac{x-x_n}{h}\nabla^1 y_n + \frac{(x-x_n)(x-x_{n-1})}{2h^2}\nabla^2 y_n \\
&+ \cdots + \frac{(x-x_n)(x-x_{n-1})\cdots(x-x_1)}{n!h^n}\nabla^n y_n.
\end{aligned}
$$

因此对 $x := x_n + sh, s \in \mathbb{R}$, 得到**牛顿–格雷戈里 II 型插值公式**:

$$
I_n(x) = y_n + \binom{s}{1}\nabla^1 y_n + \binom{s}{2}\nabla^2 y_n + \binom{s}{3}\nabla^3 y_n + \cdots + \binom{s}{n}\nabla^n y_n.
$$

7.3.1.3　高斯插值公式

在某些情况下, 取初值为区间的中点, 而不是第一个或最后一个插值点, 来展开插值多项式是有意义的. 在这种情况下, 对于等距插值点有 $x_j = x_0 + jh, j = 0, \pm 1, \pm 2, \cdots, \pm m$. 插值点个数 n=$2m$+1 假定为奇数. 这种情况为**中心差分**, 使用初值 $\delta^0 y_j = y_j, j = 0, \pm 1, \cdots, \pm m$, 递归定义为

$$
\begin{aligned}
\delta^k y_{j+\frac{1}{2}} &:= \delta^{k-1} y_{j+1} - \delta^{k-1} y_j, \quad k = 1, 3, \cdots, \\
\delta^k y_j &:= \delta^{k-1} y_{j+\frac{1}{2}} - \delta^{k-1} y_{j-\frac{1}{2}}, \quad k = 2, 4, \cdots.
\end{aligned}
$$

中心差分的格式为

x_{-2}	y_{-2}				
		$\delta^1 y_{-1.5}$			
x_{-1}	y_{-1}		$\delta^2 y_{-1}$		
		$\delta^1 y_{-0.5}$		$\delta^3 y_{-0.5}$	
x_0	y_0		$\delta^2 y_0$		$\delta^4 y_0$
		$\delta^1 y_{0.5}$		$\delta^3 y_{0.5}$	
x_1	y_1		$\delta^2 y_1$		
		$\delta^1 y_{1.5}$			
x_2	y_2				

从 $I_n(x)$ 的直观拟设多项式

$$I_n^{(\mathrm{I})}(x)=c_0+c_1(x-x_0)+c_2(x-x_0)(x-x_1)+c_3(x-x_0)(x-x_1)(x-x_{-1})+\cdots,$$
$$I_n^{(\mathrm{II})}(x)=\gamma_0+\gamma_1(x-x_0)+\gamma_2(x-x_0)(x-x_{-1})+\gamma_3(x-x_0)(x-x_{-1})(x-x_1)+\cdots$$

出发, 设 $x:=x_0+th, t\in\mathbb{R}$, 可以得到两个高斯插值公式:

$$I_n^{(\mathrm{I})}(x)=y_0+\binom{t}{1}\delta^1y_{0.5}+\binom{t}{2}\delta^2y_0+\binom{t+1}{3}\delta^3y_{0.5}+\cdots+\binom{t+m-1}{n}\delta^ny_0,$$
$$I_n^{(\mathrm{II})}(x)=y_0+\binom{t}{1}\delta^1y_{-0.5}+\binom{t}{2}\delta^2y_0+\binom{t+1}{3}\delta^3y_{-0.5}+\cdots+\binom{t+m}{n}\delta^ny_0.$$

若取两个公式的算术平均, 使用平均值

$$\bar{\delta}^ky_0:=\frac{1}{2}\left(\delta^ky_{0.5}+\delta^ky_{-0.5}\right),\quad k=1,3,5,\cdots,$$

则得到斯特林(Stirling)插值公式:

$$I_n(x)=y_0+\binom{t}{1}\bar{\delta}^1y_0+\frac{t^2}{2}\delta^2y_0+\binom{t+1}{3}\bar{\delta}^3y_0+\frac{t^2(t^2-1)}{4!}\delta^4y_0$$
$$+\cdots+\frac{t^2(t^2-1)\cdots(t^2-(m-1)^2)}{n!}\delta^ny_0.$$

7.3.1.4 插值误差

若 $n+1$ 次连续可微函数 $f(x)$ 试图以插值多项式 $I_n(x)$ 逼近, 其中 $I_n(x)$ 在区间 $[a,b]$ 中以 $x_0,x_1,\cdots,x_n$ 为插值点, 且对所有的 $i=0,\cdots,n$, $x_i\in[a,b]$, 则插值误差由下式给出:

$$f(x)-I_n(x)=\frac{f^{(n+1)}(\xi)}{(n+1)!}(x-x_0)(x-x_1)\cdots(x-x_n),$$

其中 $\xi\in(a,b)$ 依赖于 x. 利用插值区间 $[a,b]$ 中的 m 阶导数的最大范数

$$M_m:=\max_{\xi\in[a,b]}\left|f^{(m)}(\xi)\right|,\quad m=2,3,4,\cdots,$$

在步长为 h 的等距插值点的情况下, 对一般线性、二次和三次逼近多项式插值的误差分别得到如下估计:

$$|f(x)-I_1(x)|\leqslant\frac{1}{2}h^2M_2,\quad x\in[x_0,x_1],$$
$$|f(x)-I_2(x)|\leqslant\frac{\sqrt{3}}{27}h^3M_3,\quad x\in[x_0,x_2],$$
$$|f(x)-I_3(x)|\leqslant\begin{cases}\dfrac{3}{128}h^4M_4, & x\in[x_1,x_2],\\ \dfrac{1}{24}h^4M_4, & x\in[x_0,x_1]\cup[x_2,x_3].\end{cases}$$

7.3.1.5 艾特肯–内维尔算法和外推

如果给定插值点和相应的插值, 要计算插值多项式的值, 那么艾特肯–内维尔算法是适用的. 设 $S=\{i_0,\cdots,i_k\}\subseteq\{0,1,\cdots,n\}$ 为 $k+1$ 个不同指标值的集合, $I^*_{i_0i_1\cdots i_k}(x)$ 表示其插值点和插值为 $(x_i,y_i),i\in S$ 的插值多项式. 对零次初始多项式, 即 $I^*_k(x):=y_k,k=0,1,\cdots,n$, 有如下递归公式:

$$I^*_{i_0i_1\cdots i_k}(x)=\frac{(x-x_{i_0})\,I^*_{i_1i_2\cdots i_k}(x)-(x-x_{i_k})\,I^*_{i_0i_1\cdots i_{k-1}}(x)}{x_{i_k}-x_{i_0}},\quad k=1,2,\cdots,n,$$

于是逐次构成高次插值多项式, 这对计算给定的 x 处的插值 $I^*_{01\cdots n}(x)=I_n(x)$ 是有用的. 内维尔算法通过利用以下格式逐次计算这些数值:

x_0	$y_0=I^*_0$				
x_1	$y_1=I^*_1$	I^*_{01}			
x_2	$y_2=I^*_2$	I^*_{12}	I^*_{012}		
x_3	$y_3=I^*_3$	I^*_{23}	I^*_{123}	I^*_{0123}	
x_4	$y_4=I^*_4$	I^*_{34}	I^*_{234}	I^*_{1234}	$I^*_{01234}=I_4(x)$

格式中的每一数值是它左边及左上的数值的线性组合, 如

$$I^*_{12}=\frac{(x-x_1)\,I^*_2-(x-x_2)\,I^*_1}{x_2-x_1}=I^*_2+\frac{x-x_2}{x_2-x_1}\,(I^*_2-I^*_1)\,,$$

$$I^*_{234}=\frac{(x-x_2)\,I^*_{34}-(x-x_4)\,I^*_{23}}{x_4-x_2}=I^*_{34}+\frac{x-x_4}{x_4-x_2}\,(I^*_{34}-I^*_{23}),$$

第二种表示更有效且更便于在计算机上实现.

内维尔算法主要用于外推. 我们常能借助依赖于参数 t 的辅助量 $B(t)$ 逼近一个量 A, 在这一意义下有展开式

$$B(t)=A+c_1t+c_2t^2+c_3t^3+\cdots+c_nt^n+\cdots,$$

其中系数 $c_1,c_2,\cdots,c_n$ 是与 t 无关的常数. 若因某种原因对充分小的 t 值不能计算 $B(t)$, 而这对 $B(t)$ 逼近 A 是必要的, 于是对参数值序列 $t_0>t_1>\cdots>t_n>0$, 依次计算 $B(t_k),k=0,1,\cdots,n$ 的值, 然后求相应的插值多项式 $I_k(t)$ 在并非插值点的 $t=0$ 的值; 这一过程称为外推, 为此逐行建立内维尔格式, 且当外推值的改变足够小 (即接近收敛) 时, 停止减少 t 的绝对值.

例: 从单位圆内接 n 边形的周长 U_n 可近似计算 π 值. 当 $U_n,n\geqslant 2$ 时, 有

$$U_n=n\cdot\sin\left(\frac{\pi}{n}\right)=\pi-\frac{\pi^3}{3!}\left(\frac{1}{n}\right)^2+\frac{\pi^5}{5!}\left(\frac{1}{n}\right)^4-\frac{\pi^7}{7!}\left(\frac{1}{n}\right)^6+\cdots.$$

设 $t:=(1/n)^2$, 则 $U_n=B(t)$ 为 $A=\pi$ 的近似函数, 不求助于三角函数就可以计算周长 U_2,U_4,U_6 和 U_8, 以内维尔格式通过外推可得到 π 的惊人准确的逼近.

1/4	2.000 000 000				
1/9	2.598 076 211	3.076 537 180			
1/16	2.828 427 125	3.124 592 585	3.140 611 053		
1/36	3.000 000 000	3.137 258 300	3.141 480 205	3.141 588 849	
1/64	3.061 467 459	3.140 497 049	3.141 576 632	3.141 592 411	3.141 592 648

参数值 t 常形成一个以 $q=1/4$ 为公比的几何级数, 从而 $t_k=t_0\cdot q^k, k=1,2,\cdots,n$. 在这种特殊情况下, 内维尔格式的计算被简化. 假设 $p_i^{(k)}:=I^*_{i-k,i-k+1,\cdots,i}$ 是内维尔格式的第 k 列的值, 于是当 $t=0$ 时有

$$
\begin{aligned}
p_i^{(k)} &= p_i^{(k-1)}+\frac{t_i}{t_{i-k}-t_i}\left(p_i^{(k-1)}-p_{i-1}^{(k-1)}\right)\\
&= p_i^{(k-1)}+\frac{1}{4^k-1}\left(p_i^{(k-1)}-p_{i-1}^{(k-1)}\right), \quad i=k,k+1,\cdots,n, k=1,2,\cdots,n.
\end{aligned}
$$

对第 k 列差应该乘以因子 $q=1/(4^k-1)$, 当 $k\to\infty$ 时, 很快接近零. 这种特别的内维尔格式称为*龙贝格格式*.

7.3.1.6 样条插值

有大量等距或几乎等距的插值节点的插值多项式, 在接近区间端点时有急剧震荡的强烈趋势. 因此插值函数将和被逼近的函数有很大差别. 换言之, 在给定区间被低次多项式函数有效逼近的插值过程, 在多插值节点的情况不再导致好的逼近, 甚至在区间端点一般不具有连续可微性.

利用总是导致光滑插值函数的*样条插值*可以改善这一状况. 其思想是在插值节点间用低次多项式进行插值, 然后粘接各段构成整体连续函数. 这里考虑*三次样条*的特殊情况. 更确切地说, 对插值点 $x_0<x_1<\cdots<x_{n-1}<x_n$ 的*自然三次样条插值函数*$s(x)$ 被如下条件唯一决定:

(1) $s(x_j)=y_j, j=0,1,2,\cdots,n$;

(2) $s(x)$(其中 $x\in[x_i,x_{i+1}], i=0,1,2,\cdots,n$) 为至多三次的多项式;

(3) $s(x)\in C^2([x_0,x_n])$;

(4) $s''(x_0)=s''(x_n)=0$.

这些条件唯一确定函数 s. 相应的函数在插值点之间是分段三次多项式, 而在插值点 s 处二阶连续可微, 且在区间端点二阶导数为零. 设

$$
h_i:=x_{i+1}-x_i, \quad i=0,1,2,\cdots,n-1
$$

为部分区间 $[x_i,x_{i+1}]$ 的长度, 其中对 $s(x)$ 要求

$$
s_i(x)=a_i(x-x_i)^3+b_i(x-x_i)^2+c_i(x-x_i)+d_i, \quad x\in[x_i,x_{i+1}].
$$

另外, 对于给定的插值节点值 y_i 我们也要求二阶导数值 y_i'', 以确定部分多项式 $s_i(x)$. 对其 4 个系数 a_i, b_i, c_i, d_i, 要求

$$a_i = \frac{1}{6h_i}\left(y_{i+1}'' - y_i''\right), \quad b_i = \frac{1}{2}y_i'',$$

$$c_i = \frac{1}{h_i}\left(y_{i+1} - y_i\right) - \frac{h_i}{6}\left(y_{i+1}'' + 2y_i''\right), \quad d_i = y_i.$$

这些条件考虑到插值条件和在内部插值点二阶导数的连续性. 在 $n-1$ 个内部插值点一阶导数的连续性条件导致 $n-1$ 个线性方程

$$h_{i-1}y_{i-1}''+2\left(h_{i-1}+h_i\right)y_i''+h_i y_{i+1}''-\frac{6}{h_i}\left(y_{i+1}-y_i\right)+\frac{6}{h_{i-1}}\left(y_i-y_{i-1}\right)=0, \quad i=1,2,\cdots,n-1.$$

若还有 $y_0'' = y_n'' = 0$, 则这一线性方程组仅有 $n-1$ 个未知量 $y_1'', \cdots, y_{n-1}''$. 其相应的系数矩阵是三对角对称且严格占优, 那么线性方程组有唯一解并可计算, 且计算量仅为 n 次基本运算 (参看 7.2.1.6). 甚至对较大的 n 值, 三对角方程组的求解依旧具有好的数值性质, 因为只要各分区间在尺寸上没有大的差别, 矩阵的条件数是小的.

然而, 所谓自然端点条件$s''(x_0) = s''(x_n) = 0$ 在大多数情况对遇到的问题并不合适. 它们一般被换为其他两个条件, 使得 $s(x)$ 仍被唯一确定. 替换条件依赖于遇到的问题, 例如:

(1) 规定一阶导数:

$$s_0'(x_0) = y_0', \quad s_{n-1}'(x_n) = y_n'.$$

于是方程组扩展为包括以 y_0'' 和 y_n'' 为未知量的两个方程:

$$2h_0y_0'' + h_0y_1'' - \frac{6}{h_0}\left(y_1 - y_0\right) + 6y_0' = 0,$$

$$h_{n-1}y_{n-1}'' + 2h_{n-1}y_n'' + \frac{6}{h_{n-1}}\left(y_n - y_{n-1}\right) - 6y_n' = 0.$$

得到的方程组仍然是三对角对称且对角线占优的.

(2) 光滑边界:

$$y_0'' = \alpha y'', \quad y_n'' = \beta y_{n-1}'', \quad \alpha, \beta \in \mathbb{R}.$$

改写第一个和最后一个方程以保证 y_1'' 和 y_{n-1}'' 的系数是可加的.

(3) 非结点条件: 要求三次多项式 $s_0(x) = s_1(x)$, $s_{n-2}(x) = s_{n-1}(x)$. 为此要求

$$s_0^{(3)}(x_1) = s_1^{(3)}(x_1), \quad s_{n-2}^{(3)}(x_{n-1}) = s_{n-1}^{(3)}(x_{n-1}).$$

于是导致如下附加方程组:

$$h_1y_0'' - \left(h_0 + h_1\right)y_1'' + h_0y_2'' = 0,$$
$$h_{n-1}y_{n-2}'' - \left(h_{n-2} + h_{n-1}\right)y_{n-1}'' + h_{n-2}y_n'' = 0.$$

得到的 $n+1$ 个未知量 $y_0'', y_1'', \cdots, y_n''$ 的线性方程组不再是三对角对称或对角占优. 通过对角线策略加上对第一个和最后一个方程的特殊处理, 它仍然可以用高斯算法求解.

(4) 周期性条件:

$$s'(x_0) = s'(x_n), \quad s''(x_0) = s''(x_n),$$

其中 $T := x_n - x_0$ 为被逼近函数的周期, 于是 $y_0 = y_n$. 对于 n 个未知量 $y_0'', y_1'', \cdots, y_{n-1}''$, 第一个和最后一个方程为

$$2\left(h_{n-1}+h_0\right) y_0''+h_0 y_1''+h_{n-1} y_{n-1}''-\frac{6}{h_0}\left(y_1-y_0\right)+\frac{6}{h_{n-1}}\left(y_0-y_{n-1}\right)=0,$$

$$h_{n-1} y_0''+h_{n-2} y_{n-2}''+2\left(h_{n-2}+h_{n-1}\right) y_{n-1}''+\frac{6}{h_{n-1}}\left(y_0-y_{n-1}\right)-\frac{6}{h_{n-2}}\left(y_{n-1}-y_{n-2}\right)=0,$$

而其他方程保持不变. 此时方程组的矩阵是对称且对角线占优的, 但一般不再是三对角的. 方程组的这一特殊结构使之可应用适当的算法求解.

7.3.2 数值微分

插值多项式可以用来计算例如通过函数值表给定的函数的导数. 数值微分公式同样可以用来逼近复杂函数的导数, 特别对近似计算偏微分方程的解的导数必不可少.

对等距插值点 $x_i = x_0 - ih$ 和相应的节点值 $y_i = f(x_i), i = 0, 1, \cdots, n$, 由拉格朗日公式(参见 7.3.1.1) 的 n 阶导数可以得到

$$f^{(n)}(x) \approx \frac{1}{h^n}\left[(-1)^n y_0+(-1)^{n-1}\binom{n}{1} y_1+(-1)^{n-2}\binom{n}{2} y_2+\cdots-\binom{n}{n-1} y_{n-1}+y_n\right].$$

对点 $\xi \in (x_0, x_n)$, 上述表达式可得 $f(x)$ 的 n 阶导数的准确值. 当 $n = 1, 2, 3$ 时, 相应的n阶差商为

$$\begin{aligned}
f'(x) &\approx \frac{1}{h}\left(y_1-y_0\right), \\
f''(x) &\approx \frac{1}{h^2}\left(y_2-2 y_1+y_0\right), \\
f^{(3)}(x) &\approx \frac{1}{h^3}\left(y_3-3 y_2+3 y_1-y_0\right).
\end{aligned}$$

更一般地, 我们能利用高次插值多项式 $I_p(t)$ 的 p 阶导数逼近在点 x 处的 p 阶导数. 当 $n = 2$ 时, 这样得到一阶导数的近似为

$$\begin{aligned}
f'(x_0) &\approx \frac{1}{2h}\left(-2 y_0+4 y_1-y_2\right), \\
f'(x_0) &\approx \frac{1}{2h}\left(y_2-y_0\right) \quad \text{(中心差商)}.
\end{aligned}$$

类似地, 当 $n=3$, $x_{\mathrm{M}}:=\dfrac{1}{2}(x_0+x_3)$ 时, 有

$$\begin{aligned}
f'(x_0)&\approx\frac{1}{6h}(-11y_0+18y_1-9y_2+2y_3),\\
f'(x_1)&\approx\frac{1}{6h}(-2y_0-3y_1+6y_2-y_3),\\
f'(x_{\mathrm{M}})&\approx\frac{1}{24h}(y_0-27y_1+27y_2-y_3),\\
f''(x_0)&\approx\frac{1}{h^2}(2y_0-5y_1+4y_2-y_3),\\
f''(x_0)&\approx\frac{1}{2h^2}(y_0-y_1-y_2+y_3).
\end{aligned}$$

五点插值的几个微分公式是

$$\begin{aligned}
f'(x_0)&\approx\frac{1}{12h}(-25y_0+48y_1-36y_2+16y_3-3y_4),\\
f'(x_2)&\approx\frac{1}{12h}(y_0-8y_1+8y_3-y_4),\\
f''(x_0)&\approx\frac{1}{12h^2}(35y_0-104y_1+114y_2-56y_3+11y_4),\\
f''(x_2)&\approx\frac{1}{12h^2}(-y_0+16y_1-30y_2+16y_3-y_4).
\end{aligned}$$

7.3.3 数值积分

从被积函数的已知个别值或近似值计算定积分 $I=\displaystyle\int_a^b f(x)\mathrm{d}x$ 的近似值, 称为数值积分或*求积分*. 得到积分的近似值的最合适的方法依赖于逼近区间中被积函数的性质: 被积函数是否光滑, 函数 $f(x)$ 或其导数之一是否有奇异性? 如果函数的值以表格的形式给出, 能否计算任意变量 x 的函数值 $f(x)$? 什么是期望的精度, 是否还有需要近似计算的其他类似的积分?

7.3.3.1 插值求积公式

对于连续和充分可导的被积函数 $f(x)$, 在区间 $[a,b]$ 上 $n+1$ 个插值节点 $a\leqslant x_0<x_1<\cdots<x_n\leqslant b$, 得到积分 I 的近似值 $I_n(x)$, 根据拉格朗日插值公式 (见 7.3.1.1) 有

$$I=\int_a^b\sum_{k=0}^n f(x_k)L_k(x)\mathrm{d}x+\int_a^b\frac{f^{(n+1)}(\xi)}{(n+1)!}\prod_{i=0}^n(x-x_i)\mathrm{d}x.$$

根据公式的第一部分, 得到**求积公式**:

$$Q_n=\sum_{k=0}^n f(x_k)\int_a^b L_k(x)\mathrm{d}x=:(b-a)\sum_{k=0}^n\omega_k f(x_k),$$

它仅依赖于选定的插值点或节点$x_0, x_1, \cdots, x_n$ 和相应的依赖于区间长度为 $b-a$ 的积分权重w_i, 后者定义为

$$w_k = \frac{1}{b-a}\int_a^b L_k(x)\mathrm{d}x, \quad k = 0, 1, 2, \cdots, n.$$

求积公式 Q_n 的误差为

$$E_n[f] := I - Q_n = \int_a^b \frac{f^{(n+1)}(\xi)}{(n+1)!}\prod_{i=0}^{n}(x-x_i)\mathrm{d}x.$$

对于等距插值这一误差可以显式计算. 所有插值求积公式 Q_n 通过构造有如下性质: 如果被积函数 $f(x)$ 本身至多为 n 次多项式, 那么插值求积得到准确值. 在某些情况甚至当 f 是高次多项式时也是准确的. 这启发了任意插值求积公式 $Q_n := (b-a)\sum\limits_{k=0}^{n}\omega_k f(x_k)$ 的精度 $m \in \mathbb{N}$ 的定义, 即对所有直到 m 次的多项式 Q_n 都能准确求积的最大整数 m. 对于给定 $a \leqslant x_0 < x_1 < \cdots < x_n \leqslant b$ 的 $n+1$ 个插值节点, 插值求积公式 Q_n 被唯一确定, 其代数精度至少为 n.

对于等距节点 $x_0 = a, x_n = b, x_k = x_0 + kh, k = 0, 1, \cdots, n, h := (b-a)/n$ 的情况, 我们得到熟知的牛顿–科茨求积公式. 设 $f_k := f(x_k), k = 0, 1, \cdots, n$ 为节点 x_k 对应的函数值, 则有下面框中所列的一些公式, 以及相应的求积误差和精度 m.

$$Q_1 = \frac{h}{2}[f_0 + f_1] \quad \text{(梯形公式)}, \quad E_1[f] = -\frac{h^3}{12}f''(\xi), \quad m = 1,$$

$$Q_2 = \frac{h}{3}[f_0 + 4f_1 + f_2] \quad \text{(辛普森公式)}, \quad E_2[f] = -\frac{h^5}{90}f^{(4)}(\xi), \quad m = 3,$$

$$Q_3 = \frac{3h}{8}[f_0 + 3f_1 + 3f_2 + f_3] \quad \text{(牛顿 3/8 公式)},$$

$$E_3[f] = -\frac{3h^5}{80}f^{(4)}(\xi), \quad m = 3,$$

$$Q_4 = \frac{2h}{45}[7f_0 + 32f_1 + 12f_2 + 32f_3 + 7f_4], \quad E_4[f] = -\frac{8h^7}{945}f^{(6)}(\xi), \quad m = 5,$$

$$Q_5 = \frac{5h}{288}[19f_0 + 75f_1 + 50f_2 + 50f_3 + 75f_4 + 19f_5],$$

$$E_5[f] = -\frac{275h^7}{12\,096}f^{(6)}(\xi), \quad m = 5.$$

对 $n=2l$ 和 $n=2l+1, l\in\mathbb{N}$, 求积公式具有相同的精度, 即 $m=2l+1$. 因此, 当 n 为偶数时, 牛顿–科茨公式是有利的, 而当 n 为奇数时, 得到的精度勉强合格. 正如我们已经指出的, 当 n 较大时, 插值多项式 $I_n(x)$ 在靠近区间端点时倾向剧烈振荡, 因此, 不推荐使用 $n>6$ 时的牛顿–科茨公式. 尤其是当 n=8 和 $n\geqslant 10$ 时, 积分公式的某些权重变为负数.

对积分 I 的较好的近似是将积分区间 $[a,b]$ 等分为 N 个小区间, 在每个小区间上应用牛顿–科茨公式. 从上述简单梯形公式, 我们得到复合梯形公式:

$$S_1 := T(h) := h\left[\frac{1}{2}f_0 + \sum_{k=1}^{N-1} f_k + \frac{1}{2}f_N\right], \quad h := (b-a)/N.$$

复合辛普森公式为

$$S_2 := \frac{h}{3}\left[f_0 + 4f_1 + f_{2N} + \sum_{k=1}^{N-1}\{f_k + 2f_{k+1}\}\right], \quad h := (b-a)/2N,$$

$$f_j := f(x_0 + jh), \quad j = 0, 1, 2, \cdots, 2N,$$

对于一个至少 4 次连续可微的被积函数 $f(x)$, 其积分误差为

$$E_{S_2}[f] = -\frac{b-a}{180}h^4 f^{(4)}(\xi), \quad a<\xi<b.$$

中点公式或切向梯形公式

$$Q_0^0 := (b-a)f(x_1), \quad x_1 = (b-a)/2,$$

是开的牛顿–科茨公式, 其插值点 x_1 为区间 $[a,b]$ 的中点, 精度 m=1 且积分误差为

$$E_0^0[f] = \frac{1}{24}(b-a)^3 f''(\xi), \quad a<\xi<b.$$

复化中点公式或 平均求和公式为

$$S_0^0 := M(h) := h\sum_{k=0}^{N-1} f(x_{k+0.5}), \quad x_{k+0.5} := a + \left(k+\frac{1}{2}\right)h, \quad h := (b-a)/N,$$

这相应于区间 $[a,b]$ 的特殊分解 Z 的黎曼和 (见 1.6.2).

梯形公式 $T(h)$ 和平均和公式 $M(h)$ 间存在如下关系:

$$T\left(\frac{h}{2}\right) = \frac{1}{2}[T(h) + M(h)],$$

这使得我们可以通过利用平均和公式来改进近似值 $T(h)$ 到半步长的近似值 $T(h/2)$. 每次这样的步长对分需要加倍函数值的个数.

依次减半步长的梯形公式对计算周期区间上解析的周期被积函数尤为适用. 因为梯形和收敛得很快. 梯形公式也便于计算在无穷远处充分快递减的 $\mathbb{R}$ 上的被积函数 $f(x)$ 的积分.

7.3.3.2 龙贝格求积

对充分连续可微的被积函数 $f(x)$, 有带余项的欧拉–麦克劳林积分公式

$$T(h)=\int_a^b f(x)\mathrm{d}x+\sum_{k=1}^{N}\frac{B_{2k}}{(2k)!}\left[f^{(2k-1)}(b)-f^{(2k-1)}(a)\right]h^{2k}+R_{N+1}(h),$$

其中 $B_{2k}, k=0,1,\cdots$ 为伯努利数, 其值为

$$B_2=\frac{1}{6},\quad B_4=-\frac{1}{30},\quad B_6=\frac{1}{42},\quad B_8=-\frac{1}{30},\quad B_{10}=\frac{5}{66},\quad \cdots$$

且余项 $R_{N+1}(h)=O(h^{2N+2})$. 计算得到的梯形和 $T(h)$ 逼近积分 I, 其误差以步长 h 的偶次幂渐近展开. 若我们对步长 h 逐次对分, 则对用龙贝格格式从 $t=h^2$ 到 $t=0$ 外推的假设被满足 (见 7.3.1.5). 利用上面的平均和公式, 对序列 $h_0=b-a, h_i=h_{i-1}/2, i=1,2,3,\cdots$, 要求的梯形和 $T(h_i)$ 能被逐次确定. 因此在龙贝格格式中, 重要的上对角线的值收敛于积分的值. 当上对角线的两个外推值充分接近时, 停止对分步长. 因此只要被积函数充分光滑, 龙贝格方法是有效的数值稳定的积分方法.

例: $I=\int_1^2\frac{\mathrm{e}^x}{x}\mathrm{d}x\approx 3.059\ 116\ 540.$

h	$T(h)$				
1	3.206 404 939				
1/2	3.097 098 826	3.060 663 455			
1/4	3.068 704 101	3.059 239 193	3.059 144 242		
1/8	3.061 519 689	3.059 124 886	3.059 117 265	3.059 116 837	
1/16	3.059 717 728	3.059 117 074	3.059 116 553	3.059 116 542	3.059 116 541

7.3.3.3 高斯求积法

代替上述插值点, 我们也能选择插值点及其积分权重, 使得得到的求积公式具有最高阶的精度. 本节考虑如下积分的一般逼近:

$$I=\int_a^b f(x)\cdot q(x)\mathrm{d}x$$

假定连续权函数 $q(x)$ 在区间 (a,b) 上是正的. 对任意 $n>0$, 存在 n 个插值点 $x_k\in[a,b], k=1,\cdots,n$ 和相应的权函数 $\omega_k, k=1,\cdots,n$, 使得

$$\int_a^b f(x)\cdot q(x)\mathrm{d}x=\sum_{k=1}^{n}\omega_k f(x_k)+\frac{f^{(2n)}(\xi)}{(2n)!}\int_a^b\left\{\prod_{k=1}^{n}(x-x_k)\right\}^2 q(x)\mathrm{d}x,$$

其中 $a<\xi<b$. 只要结点 x_k 选为 n 次多项式 $\varphi_n(x)$ 的零点, 那么由这一和式定义的求积公式有 $m=2n-1$ 阶的最高精度, 式中, $\varphi_0(x),\varphi_1(x),\cdots,\varphi_n(x)$ 为正交多项式, 当 $k\neq l$ 时有性质

$$\deg\varphi_l(x)=l,\quad \int_a^b\varphi_k(x)\varphi_l(x)q(x)\mathrm{d}x=0.$$

多项式 $\varphi_k(x)$ 的零点总是实数, 互不相等, 且 $x_k\in(a,b)$.

积分权函数 ω_k 作为带权拉格朗日多项式借助相应的插值求积公式得到, 也即

$$\omega_k=\int_a^b\left\{\prod_{\substack{j=1\\j\neq k}}^n\left(\frac{x-x_j}{x_k-x_j}\right)\right\}q(x)\mathrm{d}x=\int_a^b\left\{\prod_{\substack{j=1\\j\neq k}}^n\left(\frac{x-x_j}{x_k-x_j}\right)\right\}^2q(x)\mathrm{d}x>0,$$

式中, $k=1,\cdots,n$. 由第二个等价表达式可知, 高斯积分公式的权函数 ω_k 都是正的.

因为上述正交多项式族 $\varphi_k(x),k=0,1,\cdots,n$ 满足三项递归公式, $\varphi_n(x)$ 的零点作为对称三角矩阵的特征值容易计算. 相应的积分权重就是矩阵相应的正规化特征向量的第一分量的平方.

一般的高斯求积公式由于其高精度, 对近似计算可以计算任意点函数值的被积函数的定积分非常重要. 作为应用, 如下特殊情况尤其重要. 这里考虑前两种情况, 不失一般性, 假设积分区间为 $[-1,+1]$. 实际上, 每个有限区间 $[a,b]$ 均可借助映射

$$x=2\frac{t-a}{b-a}-1$$

映射到区间 $[-1,+1]$.

高斯–勒让德求积公式 设在区间 $[-1,\ +1]$ 上权函数 $q(x)=1$, 上节的函数 $\varphi_n(x)=P_n(x)$ 为勒让德多项式 (见 1.13.2.13). 勒让德多项式 $P_n(x),n=1,2,\cdots,$ 的零点是关于原点对称的, 且对于对称位置的插值点积分权函数 w_k 是相等的. 表 7.3 对几个 n 值给出了最重要的信息. 积分误差为

$$E_n[f]=\frac{2^{2n+1}(n!)^4}{[(2n)!]^3(2n+1)}f^{(2n)}(\xi),\quad \xi\in(-1,1).$$

高斯–切比雪夫求积公式 设在区间 $[-1,+1]$ 上权函数 $q(x)=\sqrt{1-x^2}$, 多项式 $\varphi_n(x)$ 为将在 7.5.1.3 讨论的切比雪夫多项式$\varphi_n(x)=T_n(x)$. 插值点 x_k 和相应的权重 w_k 为

$$x_k=\cos((2k-1)\pi/2n),\quad w_k=\pi/n,\quad k=1,2,\cdots,n.$$

其积分误差为

$$E_n[f]=\frac{2\pi}{2^{2n}(2n)!}f^{(2n)}(\xi),\quad \xi\in(-1,1).$$

表 7.3 高斯–勒让德求积公式

n	k	$x_k = -x_{n-k+1}$	w_k	$E_n[f]$
2	1	0.5773502692	1.0000000000	$7.4 \cdot 10^{-3} f^{(4)}(\xi)$
3	1	0.7745966692	0.5555555556	$6.3 \cdot 10^{-5} f^{(6)}(\xi)$
	2	0	0.8888888889	
4	1	0.8611363116	0.3478548451	$2.9 \cdot 10^{-7} f^{(8)}(\xi)$
	2	0.3399810436	0.6521451549	
5	1	0.9061798459	0.2369268851	$8.1 \cdot 10^{-10} f^{(10)}(\xi)$
	2	0.5384693101	0.4786286705	
	3	0	0.5688888889	
6	1	0.9324695142	0.1713244924	$1.5 \cdot 10^{-12} f^{(12)}(\xi)$
	2	0.6612093865	0.3607615730	
	3	0.2386191861	0.4679139346	

在特殊情况, 高斯–切比雪夫多项式与平均和 $M(h)$ 紧密相关. 确实, 设 $x = \cos\theta$, 从

$$\int_{-1}^{1} \frac{f(x)}{\sqrt{1-x^2}} \mathrm{d}x = \frac{\pi}{n} \sum_{k=1}^{n} f(x_k) + E_n[f]$$

即得

$$\int_{0}^{\pi} f(\cos\theta) \mathrm{d}\theta = \frac{\pi}{n} \sum_{k=1}^{n} f(\cos\theta_k) + E_n[f] = M\left(\frac{\pi}{n}\right) + E_n[f],$$

其中 $\theta_k = (2k-1)\pi/(2n), k = 1, \cdots, n$ 为以 2π 周期的偶函数 $f(\cos\theta)$ 的等距插值点. 当 n 的值增大时平均和逼近产生的积分误差很小.

高斯–拉盖尔求积公式 设权函数 $q(x) = \mathrm{e}^{-x}, x \in [0, \infty]$, 上述多项式为拉盖尔多项式 $\phi_n(x) = L_n(x) := \frac{1}{n!}\mathrm{e}^{x} \cdot \frac{\mathrm{d}^n}{\mathrm{d}x^n}\{x^n \mathrm{e}^{-x}\}$, $n = 0, 1, 2, \cdots$, 前几个表达式为

$$L_0(x) = 1, \quad L_1(x) = 1 - x, \quad L_2(x) = 1 - 2x + \frac{1}{2}x^2, \quad L_3(x) = 1 - 3x + \frac{3}{2}x^2 - \frac{1}{6}x^3.$$

它们满足递归关系

$$L_{n+1}(x) = \frac{2n+1-x}{n+1} L_n(x) - \frac{n}{n+1} L_{n-1}(x), \quad n = 1, 2, 3, \cdots.$$

表 7.4 给出了部分插值点和相应的权重. 积分误差为

$$E_n[f] = \frac{(n!)^2}{(2n)!} f^{(2n)}(\xi), \quad 0 < \xi < \infty.$$

积分误差的系数当 n 增大时缓慢减小.

表 7.4 高斯–拉盖尔求积公式

n	k	x_k	w_k	$E_n[f]$
4	1	0.32254769	0.60315410	$1.43 \cdot 10^{-2} f^{(8)}(\xi)$
	2	1.74576110	0.35741869	
	3	4.53662030	0.03888791	
	4	9.35907091	$0.53929471 \cdot 10^{-3}$	
5	1	0.26356032	0.52175561	$3.97 \cdot 10^{-3} f^{(10)}(\xi)$
	2	1.41340306	0.39866681	
	3	3.59642577	0.07594245	
	4	7.08581001	$0.36117587 \cdot 10^{-2}$	
	5	12.64080084	$0.23369972 \cdot 10^{-4}$	
6	1	0.22284660	0.45896467	$1.08 \cdot 10^{-3} f^{(12)}(\xi)$
	2	1.18893210	0.41700083	
	3	2.99273633	0.11337338	
	4	5.77514357	0.01039920	
	5	9.83746742	$0.26101720 \cdot 10^{-3}$	
	6	15.98287398	$0.89854791 \cdot 10^{-6}$	

7.3.3.4 替换和变换

适当的变量替换可以将积分 I 化为能有效应用上面求积公式之一的形式. 这对被积函数有奇异性或定义在无界区间上被积函数缓减的积分尤其有用. 利用变量替换

$$x = \phi(t), \quad \phi'(t) > 0,$$

其中增函数 $\varphi(t)$ 的逆将已知积分区间 $[a, b]$ 双向映射到 $[\alpha, \beta]$, 即 $\varphi(\alpha) = a, \varphi(\beta) = b$, 则有

$$I = \int_a^b f(x)\,\mathrm{d}x = \int_\alpha^\beta F(t)\,\mathrm{d}t, \text{ 其中 } \quad F(t) := f(\varphi(t))\,\varphi'(t).$$

例如, 一个代数边界奇异性的积分

$$I = \int_0^1 x^{pq} f(x)\mathrm{d}x, \quad q = 2, 3, \cdots, p > -q, p \in \mathbb{Z},$$

其中 $f(x)$ 为区间 $[0, 1]$ 上的解析函数, 经过变量替换

$$x = \varphi(t) = t^q, \varphi'(t) = qt^{q-1} > 0, \quad \text{其中} \quad t \in [0, 1];$$

可得到

$$I = q\int_0^1 t^{p+q-1} f(t^q)\mathrm{d}t.$$

由于 $p+q-1\geqslant 0$, 被积函数已不再具有奇异性, 故该积分可以用龙贝格方法或高斯求积公式有效进行近似计算.

一端或两端为无穷的积分区间可作如下变换. 区间 $[0,\infty)$ 上的积分通过替换 $x=\varphi(t):=t/(t-1)$ 映射为区间 $[0,1)$ 上的积分. 替换 $x=\varphi(t):=\left(\mathrm{e}^t-1\right)/\left(\mathrm{e}^t+1\right)$ 将区间 $(-\infty,\infty)$ 变换为 $(-1,1)$. 变换得到的被积函数由于在区间端点具有奇异性一般是不连续的.

为处理区间 $(-1,1)$ 两端性质未知的被积函数的奇异性, 应用 tanh 变换是合适的. 替换

$$x=\varphi(t):=\tanh t,\quad \varphi'(t)=1/\cosh^2 t$$

将区间 $(-1,1)$ 映射到无穷区间 $(-\infty,\infty)$. 该变换的优点是变换后的积分的被积函数通常以指数速度衰减.

$$I=\int_{-1}^{1}f(x)\,\mathrm{d}x=\int_{-\infty}^{\infty}F(t)\,\mathrm{d}t,\quad \text{其中}\quad F(t):=\frac{f(\tanh t)}{\cosh^2 t},$$

对于被积函数缓慢衰减的积分, 通常可用 sinh 变换. 该变换由下式给出:

$$x=\varphi(t):=\sinh t,\quad \varphi'(t)=\cosh t,$$

$$I=\int_{-\infty}^{\infty}f(x)\,\mathrm{d}x=\int_{-\infty}^{\infty}F(t)\,\mathrm{d}t,\quad \text{其中}\quad F(t):=f(\tanh t)\cdot\cosh t.$$

有限次这样的 sinh 变换使得被积函数在积分区间两端以指数衰减, 从而梯形公式对其数值积分有效.

7.4 非线性问题

7.4.1 非线性方程

假定已知连续非线性函数 $f:\mathbb{R}\to\mathbb{R}$, 求解方程确定函数的零点

$$\boxed{f(x)=0.}$$

这些零点可以从某些已知近似值出发通过迭代得到.

假设有 $x_1<x_2$, 且 $f(x_1), f(x_2)$ 符号相反, 则根据 1.3 最后的定理 (连续函数根的存在定理), 在区间 $[x_1,x_2]$ 内至少存在一个零点. 这一零点可以用对分法收缩区间接近, 通过计算函数 $f(x)$ 在中点 $x_3=(x_1+x_2)/2$ 的值 $f(x_3)$ 来确定零点位于哪半个区间. 这样确定的区间长度以公比 q=0.5 的几何序列收缩, 依次重复这个过程, 直到对分区间的长度满足事先给定的仅依赖于原区间长的精度要求.

在所谓的试位法中, 通过线性逼近求 x_3 的值, 即设 $x_3=(x_1y_2-x_2y_1)/(y_2-y_1)$, 其中 $y_i=f(x_i)$ 为函数 $f(x)$ 在 x_i 的值. 函数 $y_3=f(x_3)$ 的符号决定零点所在的

区间为 $[x_1, x_3]$ 或 $[x_3, x_2]$. 若函数 $f(x)$ 在区间上是凹函数或凸函数, 则试验值序列单调收敛于零点 s.

另一方面, 割线法放弃收缩区间的思想, 以从零点 s 的两个已知的近似值 $x^{(0)}$, $x^{(1)}$ 出发, 构造近似解的迭代序列代替之,

$$x^{(k+1)} = x^{(k)} - f\left(x^{(k)}\right) \cdot \frac{x^{(k)} - x^{(k-1)}}{f\left(x^{(k)}\right) - f\left(x^{(k-1)}\right)}, \quad k = 1, 2, \cdots.$$

只要 $f\left(x^{(k)}\right) \neq f\left(x^{(k-1)}\right)$, 它便被明确定义. 那么点 $x^{(k+1)}$ 几何上是逼近 $f(x)$ 的割线与 x 轴的交点.

牛顿法: 假设函数 f 连续可微, 且其导数 $f'(x)$ 容易计算, 则从初始近似值 $x^{(0)}$ 出发, 迭代公式为

$$\boxed{x^{(k+1)} = x^{(k)} - \frac{f\left(x^{(k)}\right)}{f'\left(x^{(k)}\right)}, \quad f'\left(x^{(k)}\right) \neq 0, k = 1, 2, \cdots.}$$

在这种情况, $x^{(k+1)}$ 几何上是 f 的切线与 x 轴的交点.

设 $f(s) = 0$, 且 $f'(s) \neq 0$. 只要 $|f''\left(x^{(0)}\right) f\left(x^{(0)}\right) / f'\left(x^{(0)}\right)^2| < 1$, 则对于所有在 x 的邻域内的初始逼近 $x^{(0)}$, 序列 $x^{(k)}$ 都收敛到 s.

收敛阶是衡量该类方法收敛质量的主要参数. 如果对所有有限多个 $k \in \mathbb{N}$, 有估计

$$|x^{(k+1)} - s| \leqslant C \cdot |x^{(k)} - s|, \quad 其中 \quad 0 < C < 1,$$

则称至少有线性收敛. 如果对所有有限多个 $k \in \mathbb{N}$, 有估计

$$|x^{(k+1)} - s| \leqslant K \cdot |x^{(k)} - s|^p, \quad 其中 \quad 0 < K < \infty,$$

则迭代过程至少有 $p > 1$ 阶收敛.

对分法和试位法的收敛阶是线性的. 割线法有超线性的收敛性, 其收敛阶为 $p = 1.618$. 对牛顿法则有 $p=2$, 故该方法有平方收敛性. 也就是说在每一步, 近似值的准确位数加倍. 由于割线法不需要计算导数值, 通常更有效, 因为该法两步的收敛阶为 $p=2.618$.

7.4.2 非线性方程组

设 $f_i(x_1, x_2, \cdots, x_n), i = 1, 2, \cdots, n$ 为区域 $D \subseteq \mathbb{R}^n$ 上线性无关变量 $\boldsymbol{x} := (x_1, x_2, \cdots, x_n)^{\mathrm{T}}$ 的连续函数. 求非线性方程组 $f_i(\boldsymbol{x}) = 0, i = 1, 2, \cdots, n$ 的解 $\boldsymbol{x} \in D$, 即

$$\boldsymbol{f}(\boldsymbol{x}) = \boldsymbol{0}, \quad 其中 \quad \boldsymbol{f}(\boldsymbol{x}) := \left(f(x_1), f(x_2), \cdots, f(x_n)\right)^{\mathrm{T}}.$$

为说明两个基本方法, 本节考虑 $\boldsymbol{x} \in D$ 的求解问题.

7.4.2.1 不动点迭代

在一些应用中，要求解的方程组以不动点形式给出:

$$\boxed{\boldsymbol{x}=\boldsymbol{F}(\boldsymbol{x}), \text{对}\boldsymbol{F}:\mathbb{R}^n\to\mathbb{R}^n,}$$

或者方程 $f(\boldsymbol{x})=0$ 至少可以化为这种形式. 那么解向量 $\boldsymbol{x}$ 是映射 $\boldsymbol{F}$ 在定义域 $D\subseteq\mathbb{R}^n$ 中的不动点. 其思想是从向量 $\boldsymbol{x}^{(0)}\in D$ 出发, 实施不动点迭代

$$\boxed{\boldsymbol{x}^{(k+1)}=\boldsymbol{F}\left(\boldsymbol{x}^{(k)}\right),\quad k=0,1,2,\cdots.}$$

巴拿赫不动点定理 [1] 在这里应用于 n 维欧几里得空间 $\mathbb{R}^n$, 表述了逼近序列 $\boldsymbol{x}^{(k)}$ 必定收敛到解 (不动点)$\boldsymbol{x}$.

定理 设 $A\subset D\subseteq\mathbb{R}^n$ 是映射 $\boldsymbol{F}$ 的定义域 D 的闭子集. 如果 $\boldsymbol{F}$ 为压缩映射, 即存在常数 $L<1$, 使得不等式

$$\|\boldsymbol{F}(\boldsymbol{x})-\boldsymbol{F}(\boldsymbol{y})\|\leqslant L\|\boldsymbol{x}-\boldsymbol{y}\|,\quad \text{对所有的}\quad \boldsymbol{x},\boldsymbol{y}\in A$$

成立, 则有

(1) 不动点方程 $\boldsymbol{x}=\boldsymbol{F}(\boldsymbol{x})$ 有唯一解$\boldsymbol{x}\in A$.

(2) 对每个初始向量 $\boldsymbol{x}^{(0)}\in A$, 序列 $\boldsymbol{x}^{(k)}$ 都收敛到 $\boldsymbol{x}$.

(3) 对逼近误差, 有

$$\left\|\boldsymbol{x}^{(k)}-\boldsymbol{x}\right\|\leqslant\frac{L^k}{1-L}\left\|\boldsymbol{x}^{(1)}-\boldsymbol{x}^{(0)}\right\|,\quad k=1,2,\cdots,$$
$$\left\|\boldsymbol{x}^{(k)}-\boldsymbol{x}\right\|\leqslant\frac{L}{1-L}\left\|\boldsymbol{x}^{(k)}-\boldsymbol{x}^{(k-1)}\right\|,\quad k=1,2,\cdots.$$

其中范数定义为 $\|\boldsymbol{x}\|=\left(\sum\limits_{k=1}^{n}x_k^2\right)^{1/2}$.

弗雷歇导数 设 $\boldsymbol{F}'(\boldsymbol{x})$ 为函数 $\boldsymbol{F}(\boldsymbol{x})$ 在点 x 处的弗雷歇导数, 即

$$\boldsymbol{F}'(\boldsymbol{x})=\left(\frac{\partial \boldsymbol{F}_j(\boldsymbol{x})}{\partial x_k}\right),\quad j,k=1,\cdots,n.$$

$\boldsymbol{F}$ 在 x 处的分量的一阶偏导数组成的矩阵称为 $\boldsymbol{F}$ 在 $\boldsymbol{x}$ 点的雅可比矩阵.

收敛速度 (i) 只要

$$\boldsymbol{F}'(\boldsymbol{x})\neq\boldsymbol{0}.$$

由不动点迭代 $\boldsymbol{x}^{(k+1)}=\boldsymbol{F}\left(\boldsymbol{x}^{(k)}\right)$ 定义的序列 $\left(\boldsymbol{x}^{(k)}\right)$ 线性收敛到 $\boldsymbol{F}$ 的不动点 $\boldsymbol{x}$.

(ii) 如果函数 f_i 在 A 上至少二阶连续可微, 且若 $\boldsymbol{F}'(\boldsymbol{x})=\boldsymbol{0}$, 那么不动点迭代的收敛阶至少是二次的.

1) 这一重要结果的一般形式见文献 [212].

7.4.2.2 牛顿–坎托罗维奇方法

假设 f_i 在区域 D 中至少连续可微, 线性化需要求解的方程

$$\boxed{\boldsymbol{f}(\boldsymbol{x})=\boldsymbol{0},}$$

对解的一个初始逼近 $x^{(0)}$, 有带余量的泰勒级数, 形如

$$\boldsymbol{f}(\boldsymbol{x})=\boldsymbol{f}\left(\boldsymbol{x}^{(0)}\right)+\boldsymbol{f}'(\boldsymbol{x})\left(\boldsymbol{x}-\boldsymbol{x}^{(0)}\right)+\boldsymbol{R}(\boldsymbol{x}).$$

假如忽略掉余项 $\boldsymbol{R}(\boldsymbol{x})$, 那么可以得到非线性方程组的线性近似

$$\boxed{\boldsymbol{f}\left(\boldsymbol{x}^{(0)}\right)+\boldsymbol{f}'(\boldsymbol{x})\left(\boldsymbol{x}-\boldsymbol{x}^{(0)}\right)=\boldsymbol{0},}$$

其中 $\boldsymbol{z}:=\boldsymbol{x}-\boldsymbol{x}^{(0)}$ 为校正向量. 当且仅当

$$\det \boldsymbol{f}'\left(\boldsymbol{x}^{(k)}\right)\neq 0,$$

线性方程组有唯一解. 从原方程组化简得到的方程组一般得不到解的校正向量. 因此还要通过对 $k=0,1,\cdots$ 应用以下的步骤迭代改进近似值 $x^{(0)}$:

(1) 计算 $\boldsymbol{f}\left(\boldsymbol{x}^{(k)}\right)$, 并检验 $\boldsymbol{f}\left(\boldsymbol{x}^{(k)}\right)$ 是否满足 $\left\|\boldsymbol{f}\left(\boldsymbol{x}^{(k)}\right)\right\|\leqslant\varepsilon_1$.

(2) 计算 $\boldsymbol{f}'\left(\boldsymbol{x}^{(k)}\right)$.

(3) 用高斯算法求解关于 $\boldsymbol{z}^{(k)}$ 的方程组 $\boldsymbol{f}'\left(\boldsymbol{x}^{(k)}\right)\boldsymbol{z}^{(k)}+\boldsymbol{f}\left(\boldsymbol{x}^{(0)}\right)=\boldsymbol{0}$. 用 $\boldsymbol{x}^{(k+1)}=\boldsymbol{x}^{(k)}+\boldsymbol{z}^{(k)}$ 作为新的近似值. 依次迭代直到满足条件 $\|\boldsymbol{z}^{(k)}\|\leqslant\varepsilon_2$.

牛顿–坎托罗维奇算法可以写成

$$\boxed{\boldsymbol{x}^{(k+1)}=\boldsymbol{F}\left(\boldsymbol{x}^{(k)}\right),\quad k=0,1,\cdots,}\tag{N}$$

其中

$$\boldsymbol{F}(\boldsymbol{x}):=\boldsymbol{x}-\boldsymbol{f}'(\boldsymbol{x})^{-1}\boldsymbol{f}(\boldsymbol{x}).$$

作为不动点迭代. 这是经典牛顿法的直接推广. 这里重要的是函数 $\boldsymbol{F}$ 对方程 $\boldsymbol{f}(\boldsymbol{x})=\boldsymbol{0}$ 的解 $\boldsymbol{x}$ 有性质 $\boldsymbol{F}'(\boldsymbol{x})=\boldsymbol{0}$. 这意味着方法的高速收敛性.

本方法有如下典型性态.

当初始值非常接近真实解时牛顿–坎托罗维奇算法收敛速度非常快, 此时收敛阶至少是二次的. 然而当初始值离真实解过远时该方法完全无效.

对于复杂问题一般没有办法使得初始值非常接近真实解. 简单迭代

$$\boxed{\boldsymbol{x}^{(k+1)}=\boldsymbol{x}^{(k)}-\boldsymbol{f}\left(\boldsymbol{x}^{(k)}\right),\quad k=0,1,\cdots.}\tag{I}$$

即使对较差的初值, 至少有收敛的机会, 而牛顿 - 坎托罗维奇方法 (N) 则可能完全无效. 若 (N) 和 (I) 两者均收敛, 则 (I) 的收敛速度一般要比 (N) 慢得多.

离散动力系统: 必须知道迭代过程 (I) 也并非总是可用的.

若将 (I) 视为动力系统, 则 (I) 只能计算系统的稳定平衡状态$\boldsymbol{x}$.

稳定平衡状态是方程

$$\boldsymbol{f}(\boldsymbol{x})=\mathbf{0}$$

的解 $\boldsymbol{x}$, 其中矩阵 $\boldsymbol{E}-\boldsymbol{f}'(\boldsymbol{x})$ 的特征值都在单位圆的内部.

简化牛顿–坎托罗维奇方法 简化的方法不再费时计算雅可比矩阵

$$\boldsymbol{f}'\left(\boldsymbol{x}^{(k)}\right),$$

而是由方程

$$\boldsymbol{f}'\left(\boldsymbol{x}^{(0)}\right)\boldsymbol{z}^{(k)}+\boldsymbol{f}\left(\boldsymbol{x}^{(0)}\right)=\mathbf{0},\quad k=0,1,\cdots$$

计算校正向量 $\boldsymbol{z}^{(k)}$, 其中常数矩阵 $\boldsymbol{f}'\left(\boldsymbol{x}^{(0)}\right)$ 从好的初始逼近 $\boldsymbol{x}^{(0)}$ 得到. 为此, 只要求 $\boldsymbol{f}'\left(\boldsymbol{x}^{(0)}\right)$ 的 LR 分解, 而计算 $\boldsymbol{x}^{(0)}$ 仅需执行向前和反向替换. 迭代序列 $\left(\boldsymbol{x}^{(0)}\right)$ 线性收敛到 $\boldsymbol{x}$.

对大型非线性方程组, 有各种修正的牛顿法可以成功使用. 例如, 若

$$\frac{\partial f_i\left(x_1,x_2,\cdots,x_n\right)}{\partial x_i}\neq 0,\quad i=1,2,\cdots,n,$$

则迭代向量 $\boldsymbol{x}^{(k+1)}$ 可以通过单步法 (见 7.2.2.1) 依次求解单个未知量的线性方程组,

$$f_i\left(x_1^{(k+1)},\cdots,x_{i-1}^{(k+1)},x_i^{(k+1)},x_{i+1}^{(k)},\cdots,x_n^{(k)}\right)=0,\quad i=1,2,\cdots,n$$

从而 $x_i^{(k+1)}$ 可按分量逐个计算. 这就是非线性单步法. 如果未知量 $x_i^{(k+1)}$ 由牛顿法求得, 其中执行单步迭代, 而校正量乘以松弛参数 $\omega\in(0,2)$. 其结果正是SOR–牛顿法:

$$x_i^{(k+1)}=x_i^{(k)}-\omega\cdot\frac{f_i\left(x_1^{(k+1)},\cdots,x_{i-1}^{(k+1)},x_i^{(k)},\cdots,x_n^{(k)}\right)}{\dfrac{\partial f_i\left(x_1^{(k+1)},\cdots,x_{i-1}^{(k+1)},x_i^{(k)},\cdots,x_n^{(k)}\right)}{\partial x_i}},\quad i=1,2,\cdots,n.$$

7.4.3 确定多项式零点

7.4.3.1 牛顿法和霍纳格式

只要零点计数考虑到重数, 以 a_j 为实或复系数的 n 次多项式

$$P_n(x) = a_0x^n + a_1x^{n-1} + a_2x^{n-2} + \cdots + a_{n-2}x^2 + a_{n-1}x + a_n, \quad a_0 \neq 0$$

有 n 个零点 (见 2.1.6). 牛顿法适于求解单根零点. 计算函数值和一阶导数值可以借助于*霍纳格式*. 这是基于对已知 p 值的线性因子 $x-p$ 的多项式带余除法过程. 更确切地说, 设

$$\begin{aligned} P_n(x) &= (x-p)P_{n-1}(x) + R \\ &= (x-p)\left(b_0x^{n-1} + b_1x^{n-2} + \cdots + b_{n-2}x + b_{n-1}\right) + b_n, \end{aligned}$$

从而对商多项式 $P_{n-1}(x)$ 的系数 b_j 及余项 $R = b_n$ 的递归计算有如下算法:

$$\boxed{b_0 = a_0, b_j = a_j + pb_{j-1}, \quad j = 1, 2, \cdots, n.}$$

于是有

$$P_n(p) = R = b_n$$

导数值可从关系 $P_n'(x) = P_{n-1}(x) + (x-p)P_{n-1}'(x)$ 得到, 当 $x = p$ 时, 有 $P_n'(p) = P_{n-1}(p)$. 利用带余除法的算法, 置

$$\begin{aligned} P_{n-1}(x) &= (x-p)P_{n-2}(x) + R_1 \\ &= (x-p)\left(c_0x^{n-2} + c_1x^{n-3} + c_2x^{n-4} + \cdots c_{n-3}x + c_{n-2}\right) + c_{n-1} \end{aligned}$$

$P_{n-1}(x)$ 的值可以同样计算, 其中系数 c_j 由下式递归给出:

$$\boxed{c_0 = b_0, c_j = b_j + pc_{j-1}, \quad j = 1, 2, \cdots, n-1.}$$

于是有 $P_n'(p) = P_{n-1}(p) = R_1 = c_{n-1}$. 这里产生的数值集中在霍纳格式中, 当 n=5 时格式如下:

$$\begin{array}{llllllll} P_5(x): & & a_0 & a_1 & a_2 & a_3 & a_4 & a_5 \\ & p) & & pb_0 & pb_1 & pb_2 & pb_3 & pb_4 \\ \hline P_4(x): & & b_0 & b_1 & b_2 & b_3 & b_4 & \underline{\underline{b_5 = P_5(p)}} \\ & p) & & pc_0 & pc_1 & pc_2 & pc_3 & \\ \hline P_3(x): & & c_0 & c_1 & c_2 & c_3 & \underline{\underline{c_4 = P_5'(p)}}. & \end{array}$$

列出的格式可以推广到完整的霍纳格式. 若对 $P_n(x)$ 执行 n 次带余除法, 则可对 $x=p$ 得到 $P_n(x)$ 的所有导数值.

若已知 $P_n(x)$ 的一个零点 x_1, 则线性因子 $x-x_1$ 可以整除 $P_n(x).P_n(x)$ 剩下的零点是商多项式 $P_{n-1}(x)$ 的零点. 这样需要计算零点的多项式的次数一步步地降低. 另一方面, 如果我们只企图逼近一个零点, 有可能破坏产生的数值方法. 一般仅作如下隐式因子分裂更好些. 若 $x_1,\cdots,x_n$ 是 $P_n(x)$ 的零点, 则有关系式

$$P_n(x)=a_0\prod_{j=1}^{n}(x-x_j),\quad \frac{P_n'(x)}{P_n(x)}=\sum_{j=1}^{n}\frac{1}{x-x_j}.$$

若已知 $x_1,\cdots,x_m$ 为 m 个零点的近似值, 则修改牛顿迭代, 设

$$x^{(k+1)}=x^{(k)}-\frac{1}{\dfrac{P_n'\left(x^{(k)}\right)}{P_n\left(x^{(k)}\right)}-\displaystyle\sum_{i=1}^{m}\frac{1}{x^{(k)}-x_i}},\quad k=0,1,2,\cdots,$$

这样用 $P_n(x)$ 已知不变的系数继续计算.

7.4.3.2 格雷费方法

格雷费方法可以不用任何初始近似同时计算多项式的零点. 根据韦达定理, 多项式的 n 个零点 $x_1,\cdots,x_n$ 之间成立如下关系:

$$\sum_{i=1}^{n}x_i=-\frac{a_1}{a_0},\quad \sum_{\substack{i,j=1\\ i<j}}^{n}x_ix_j=\frac{a_2}{a_0},\quad \sum_{\substack{i,j,k=1\\ i<j<k}}^{n}x_ix_jx_k=-\frac{a_3}{a_0},\quad \cdots,\quad \prod_{j=1}^{n}x_j=(-1)^n\frac{a_n}{a_0}.$$

为了介绍这一方法, 简化假设, 记之为

$$f_0(x):=a_0^{(0)}x^n+a_1^{(0)}x^{n-1}+a_2^{(0)}x^{n-2}+\cdots+a_{n-1}^{(0)}x+a_n^{(0)},\quad a_0^{(0)}a_n^{(0)}\neq 0,$$

其系数 $a_j^{(0)}$ 为实数, 仅有实数单根且具有性质 $|x_1|>|x_2|>\cdots>|x_n|$. 由多项式 $f_0(x)$ 开始, 我们得到多项式序列 $f_k(x),k=1,2,\cdots$, 且 $f_k(x)$ 的根为 $x_j^{2^k}$. 随着 k 越来越大, $f_k(x)$ 的根便得到分离. 对于 $f_k(x)$ 的系数 $a_j^{(k)}$ 根据韦达定理, 有

$$\left|\frac{a_1^{(k)}}{a_0^{(k)}}\right|\approx|x_1|^{2^k},\quad \left|\frac{a_2^{(k)}}{a_0^{(k)}}\right|\approx|x_1x_2|^{2^k},\quad \left|\frac{a_2^{(k)}}{a_0^{(k)}}\right|\approx|x_1x_2x_3|^{2^k},\quad \cdots.$$

于是我们得到零点的绝对值估计式

$$x_j\approx\left|\frac{a_j^{(k)}}{a_{j-1}^{(k)}}\right|^{2^{-k}},\quad j=1,2,\cdots,n.$$

根的符号通过代入霍纳格式来得到.

多项式 $f_{k+1}(x)$ 定义为 $f_{k+1}(x) := f_k(\mathrm{i}x)\cdot f_k(-\mathrm{i}x), \mathrm{i}^2=-1$. 比较多项式系数则有

$$a_0^{(k+1)} = \left(a_0^{(k)}\right)^2,$$

$$a_j^{(k+1)} = \left(a_j^{(k)}\right)^2 + \sum_{l=1}^{j^*}(-1)^l a_{j+l}^{(k)} a_{j-l}^{(k)}, \quad j=1,2,\cdots,n,$$

其中 $j^* = \min\{j, n-j\}$.

成功实施格雷费方法要求修改这个简化模型, 尤其为了避免不必要的步骤. 该方法的推广也可以用于求解多项式的重根或具有恒等绝对值的复根. 本方法得到的粗略近似解可以作为牛顿法的初值.

7.4.3.3　特征值方法

计算正规多项式 $P_n(x) = x^n + a_1x^{n-1} + \cdots + a_{n-1}x + a_n, a_j \in \mathbb{R}$ 的零点可以通过相应的特征值问题求得.

事实上, $P_n(x)$ 是弗罗贝尼乌斯(Frobenius)矩阵的特征多项式, 即

$$\boldsymbol{A} := \begin{pmatrix} 0 & 0 & 0 & \cdots & 0 & -a_n \\ 1 & 0 & 0 & \cdots & 0 & -a_{n-1} \\ 0 & 1 & 0 & \cdots & 0 & -a_{n-2} \\ \vdots & \vdots & \vdots & & \vdots & \vdots \\ 0 & 0 & 0 & \cdots & 0 & -a_2 \\ 0 & 0 & 0 & \cdots & 1 & -a_1 \end{pmatrix} \in \mathbb{R}^{n\times n},$$

于是, 我们得到 $P_n(x) = (-1)^n \cdot \det(\boldsymbol{A} - x\boldsymbol{E})$. 因此 $P_n(x)$ 的零点也可视为海森伯格矩阵 $\boldsymbol{A}$ 的特征值, 可以根据 7.2.3.4 给出的 QR 算法依次求得.

7.4.3.4　伯努利方法

这一方法最早由 D. 伯努利(Daniel Bernoulli) 提出, 用来计算正规多项式 $P_n(x) = x^n + a_1x^{n-1} + \cdots + a_{n-1}x + a_n$ 绝对值最大的零点 x_1. 多项式绝对值最小的零点 x_n 则由代换 $z = 1/x$ 得到, 因为

$$P_n(x) = a_nx^n\left(z^n + \frac{a_{n-1}}{a_n}z^{n-1} + \cdots + \frac{a_1}{a_n}z + \frac{1}{a_n}\right) =: a_nx^n \cdot Q_n(z),$$

而多项式 $Q_n(z)$ 绝对值最大的零点 z_1 就是 $P_n(x)$ 的最小的零点 x_n 的倒数.

本方法最早源于伯努利对 n 阶齐次线性微分方程一般解的研究. 该方法也可基于和矩阵 $\boldsymbol{A}$ 有相同特征值的转置弗罗贝尼乌斯矩阵 $\boldsymbol{A}^{\mathrm{T}}$(见 7.4.3.3) 的向量迭代. 如果 $\boldsymbol{A}$ 有绝对值最大的特征值 x_1, 给定任意的初始值 $\boldsymbol{z}^{(0)} \in \mathbb{R}^n$ 且 $\boldsymbol{z}^{(0)} \neq \boldsymbol{0}$, 那么向量序列

$$\boldsymbol{z}^{(k)} := \boldsymbol{A}^{\mathrm{T}}\boldsymbol{z}^{(k-1)}, \quad k=1,2,\cdots$$

收敛到矩阵 $\boldsymbol{A}^{\mathrm{T}}$ 属于特征值 x_1 的特征向量. 对于足够大的 k, 有 $\boldsymbol{z}^{(k+1)} \approx x_1 \boldsymbol{z}^{(k)}$, 即 $P_n(x)$ 的绝对值最大的零点约等于逐次迭代确定的值的相应分量的商. 对于初始向量

$$\boldsymbol{z}^{(0)} := (\zeta_1, \zeta_2, \cdots, \zeta_{n-1}, \zeta_n)^{\mathrm{T}}, \quad \zeta_n \neq 0,$$

对 $k = 1, 2, \cdots$ 有

$$\boldsymbol{z}^{(k)} := (\zeta_{k+1}, \zeta_{k+2}, \cdots, \zeta_{k+n-1}, \zeta_{k+n})^{\mathrm{T}}, \text{ 其中}, \zeta_{k+n} := -\sum_{l=0}^{n-1} a_{n-l}\zeta_{k+l}.$$

因此, 当 $k \to \infty$ 时, 商 $q_k := \zeta_{k+n}/\zeta_{k+n-1}$ 收敛到多项式 $P_n(x)$ 的最大零点 $x_1 . q_k$ 到 x_1 的线性收敛可用一次或多次艾特肯 Δ^2 方法加速.

此外, 简单的伯努利方法有许多变形可以求解绝对值相等的实根或共轭的虚根. 该方法的数值解可以作为牛顿法或贝尔斯托法的初值.

7.4.3.5 贝尔斯托方法

系数 a_j 为实数的多项式 $P_n(x)$ 的零点可能是实数或是成对的共轭复数. 在牛顿法中为了避免计算复数, 可以用一个实系数的二次多项式进行迭代, 这样可以得到成对的实根或者共轭的复根. 设 $z_1 = u + \mathrm{i}v \in \mathbb{C}$ 是多项式 $P_n(x)$ 的复根, 那么其共轭 $z_2 = u - \mathrm{i}v$ 也是多项式的复根. 因此

$$(x - z_1)(x - z_2) = x^2 - 2ux + (u^2 + v^2)$$

是 $P_n(x)$ 的一个二次因子.

带余除法可以推广到二次因子 $(x^2 - px - q), p, q \in \mathbb{R}$.

根据

$$\begin{aligned} & a_0x^n + a_1x^{n-1} + a_2x^{n-2} + \cdots + a_{n-2}x^2 + a_{n-1}x + a_n \\ = & (x^2 - px - q)(b_0x^{n-2} + b_1x^{n-3} + \cdots + b_{n-3}x + b_{n-2}) + b_{n-1}(x - p) + b_n, \end{aligned}$$

其中, $R_1(x) := b_{n-1}(x - p) + b_n$ 为线性余项, 通过比较系数, 有

$$\boxed{\begin{aligned} & b_0 = a_0, b_1 = a_1 + pb_0, \\ & b_j = a_j + pb_{j-1} + qb_{j-2}, \quad j = 2, 3, \cdots, n. \end{aligned}}$$

一个给定的二次因子 $x^2 - px - q$ 是 $P_n(x)$ 的一个因子, 如果

$$b_{n-1}(p, q) = 0, \quad b_n(p, q) = 0.$$

方程组关于 p,q 的两个非线性条件可以由牛顿法求得. 这就要求 $b_{n-1}(p, q), b_n(p, q)$ 关于 p 和 q 的偏导数可由关于 b_j 的递归关系式得到

$$\boxed{\begin{aligned} & c_0 = b_0, c_1 = b_1 + pc_0, \\ & c_j = b_j + pc_{j-1} + qc_{j-2}, \quad j = 2, 3, \cdots, n-1, \end{aligned}}$$

即

$$\frac{\partial b_{n-1}}{\partial p}=c_{n-2} \quad \frac{\partial b_{n-1}}{\partial q}=c_{n-3}, \quad \frac{\partial b_n}{\partial p}=c_{n-1}, \quad \frac{\partial b_n}{\partial q}=c_{n-2}.$$

如果雅可比矩阵的行列式非零, 即对近似值对 $\left(p^{(k)},q^{(k)}\right)$ 有 $c_{n-2}^2-c_{n-3}c_{n-1}\neq 0$, 则有如下迭代:

$$p^{(k+1)}=p^{(k)}+\frac{b_n c_{n-3}-b_{n-1}c_{n-2}}{c_{n-2}^2-c_{n-3}c_{n-1}}, \quad q^{(k+1)}=q^{(k)}+\frac{b_{n-1}c_{n-1}-b_n c_{n-2}}{c_{n-2}^2-c_{n-3}c_{n-1}}.$$

贝尔斯托方法的收敛阶 $p=2$. 在确定一个二次因子后, 出现的复数是复共轭的根. 它们由 $P_n(x)$ 除以二次因子 x^2-px-q 分裂得到, 而不是直接计算.

该方法中需要计算的数可由二重霍纳格式依次求得. 例如, 当 $n=6$ 时有

$$\begin{array}{llllllll}
P_6(x): & a_0 & a_1 & a_2 & a_3 & a_4 & a_5 & a_6 \\
\quad q) & & & qb_0 & qb_1 & qb_2 & qb_3 & qb_4 \\
\quad p) & & pb_0 & pb_1 & pb_2 & pb_3 & pb_4 & pb_5 \\
\hline
P_4(x): & b_0 & b_1 & b_2 & b_3 & b_4 & \boxed{b_5 \quad b_6} & \\
\quad q) & & & qc_0 & qc_1 & qc_2 & qc_3 & \\
\quad p) & & pc_0 & pc_1 & pc_2 & pc_3 & pc_4 & \\
\hline
 & c_0 & c_1 & c_2 & \boxed{c_3 \quad c_4 \quad c_5} & & &
\end{array}$$

7.5　数值逼近

对定义在有限区间 $[a,b]\subset\mathbb{R}$ 上属于赋范空间 V 的实值函数 f, 考虑在有限维子空间 $U\underset{\neq}{\subset}V$ 中求 h_0, 使之满足性质

$$\boxed{||f-h_0||=\inf_{h\in U}||f-h||.}$$

下面仅考虑 L_2 范数和最大模这两种最重要的情况, 因为在这两种范数意义下可以得到最优逼近 $h_0\in U$ 的存在性和唯一性. 根据 h_0 的性质, 讨论其计算.

7.5.1 二次平均逼近

设 V 是定义了内积 $(f,g), f,g \in V$ 和范数 $\|f\| := (f,f)^{1/2}$ 的实希尔伯特空间, 进一步设 $U := \operatorname{span}\{\varphi_1, \varphi_2, \cdots, \varphi_n\} \subseteq V$ 是由基 $\{\varphi_1, \varphi_2, \cdots, \varphi_n\}$ 生成的 n 维子空间. 本节中逼近问题就是求函数 f 的最佳 h_0, 满足下面关系:

$$(f-h_0, u) = 0, \quad \text{对所有的} u \in U.$$

$f-h_0$ 的正交条件必须对的 U 所有基元 φ_j 都满足.

对于给定的 $h_0 \in U$, 有

$$h_0 = \sum_{k=1}^{n} c_k \varphi_k.$$

对系数 c_k 得到条件

$$\sum_{k=1}^{n} c_k (\varphi_j, \varphi_k) = (f, \varphi_j), \quad j = 1, 2, \cdots, n.$$

线性方程组的矩阵 $\boldsymbol{A} \in \mathbb{R}^{n\times n}$ 的元素由 $a_{jk} := (\varphi_j, \varphi_k)$, $j,k = 1, \cdots, n$ 生成, 称为格拉姆(Gram)矩阵, 它是对称正定的. 对任意的 $f \in V$, 系数 c_k 可以被唯一确定, 而对得到的最佳逼近 h_0, 则有

$$\|f-h_0\|^2 = \|f\|^2 - \sum_{k=1}^{n} c_k (f, \phi_k) = \min_{h\in U} \|f-h_0\|^2.$$

对任意给定基 $\{\varphi_1, \varphi_2, \cdots, \varphi_n\}$ 的格拉姆矩阵的条件数 $\kappa(\mathrm{A})$ 非常大, 所以数值求解线性方程组便有困难. 下面的逼近问题清楚地说明了这种情况: 给定
$f \in V = C_{L_2}([0,1]), V$ 为在 $[0,1]$ 上连续的实向量空间, 有内积

$$(f,g) = \int_0^1 f(x)\, g(x)\, \mathrm{d}x,$$

在 $n+1$ 维子空间 U 中求以 $\{x^1, x^2, \cdots, x^n\}$ 为基的最佳 n 次逼近多项式 h_0. 此时, 格拉姆矩阵的元素为

$$a_{jk} = \left(x^{j-1}, x^{k-1}\right) = \int_0^1 x^{j+k-2} \mathrm{d}x = \frac{1}{j+k-1}, \quad j,k = 1, 2, \cdots, n+1,$$

因此 $\boldsymbol{A}$ 等于希尔伯特矩阵 $\boldsymbol{H}_{n+1}$, 其条件数随着 n 以指数增大.

对于 U 的基, 如果我们取一系列正交元素, 就可以完全避免数值计算方面的问题, 于是对所有的 $j \neq k$, $j,k = 1, 2, \cdots, n$, 有

$$(\varphi_j, \varphi_k) = 0.$$

如果满足 $(\varphi_j,\varphi_j)=||\varphi_j||^2=1, j=1,2,\cdots,n$, 称之为子空间 U 的正交基. 此时在正交 $\{\varphi_1,\varphi_2,\cdots,\varphi_n\}$ 下, 格拉姆矩阵 $\boldsymbol{A}$ 化为对角矩阵, 使得逼近 h_0 的系数 c_k 能由简化的方程组直接得到

$$c_k=(f,\varphi_k)/(\varphi_k,\varphi_k),\quad k=1,2,\cdots,n.$$

在正交基情况下, 当子空间 U 的维数增加时, 正交基下求得的系数并不改变. 也就说当 n 增大时, 均方误差在弱意义下减少, 如下式所示:

$$\boxed{||f-h_0||^2=||f||^2-\sum_{k=1}^{n}\frac{(f,\varphi_k)^2}{(\varphi_k,\varphi_k)}.}$$

随之而来的情况包括在一般理论中.

7.5.1.1 傅里叶多项式

对定义在 $[-\pi,\pi]$ 上的可测函数 f 的希尔伯特空间 $V=L_2([-\pi,\pi])$ 赋予内积

$$(f,g):=\int_{-\pi}^{\pi}f(x)\,g(x)\mathrm{d}x.$$

$\{1,\sin x,\cos x,\sin 2x,\cos 2x,\cdots,\sin nx,\cos nx\}$ 构成 $2n+1$ 维子空间 U 的一组正交基. 根据关系

$$(1,1)=2\pi,\quad (\sin kx,\sin kx)=(\cos kx,\cos kx)=\pi,\quad k=1,2,\cdots,n,$$

最佳逼近

$$h_0(x)=\frac{1}{2}a_0+\sum_{k=1}^{n}\{a_k\cos kx+b_k\sin kx\}$$

的傅里叶系数为

$$a_k=\frac{1}{\pi}\int_{-\pi}^{\pi}f(x)\cos kx\mathrm{d}x,\quad b_k=\frac{1}{\pi}\int_{-\pi}^{\pi}f(x)\sin kx\mathrm{d}x.$$

7.5.1.2 多项式逼近

今考虑定义在 $[-1,1]$ 上的实值连续函数的准希尔伯特空间 $V=C_{L_2}([-1,1])$, 并赋予内积

$$(f,g):=\int_{-1}^{1}f(x)\,g(x)\mathrm{d}x.$$

在 n 次多项式组成的 $n+1$ 维子空间中, 我们希望确定多项式 h_0 是给定的 $f\in V$ 的最佳逼近.U 的一组正交基取为勒让德多项式$P_m(x), m=0,1,\cdots$, 定义为

$$P_m(x):=\frac{1}{2^m m!}\cdot\frac{\mathrm{d}^m}{\mathrm{d}x^m}\left[\left(x^2-1\right)^m\right],\quad m=0,1,2,\cdots,$$

并具有正交性

$$(P_m, P_l) = \int_{-1}^{1} P_m(x) P_l(x) \mathrm{d}x = \begin{cases} 0, & \text{所有的} m \neq l, m, l \in \mathbb{N}, \\ \dfrac{2}{2m+1}, & m = l \in \mathbb{N}. \end{cases}$$

最佳逼近多项式

$$h_0(x) = \sum_{k=0}^{n} c_k P_k(x),$$

可以写成勒让德多项式的线性组合, 其系数为

$$c_k = \frac{2k+1}{2} \int_{-1}^{1} f(x) P_k(x) \mathrm{d}x, \quad k = 0, 1, 2, \cdots, n.$$

这里积分的近似计算可以应用 7.3.3 给出的高斯–勒让德积分公式.

对于给定的点 x 可以计算由勒让德多项式展开的最佳逼近 $h_0(x)$ 的值, 因为递归公式

$$P_k(x) = \frac{2k-1}{k} x P_{k-1}(x) - \frac{k-1}{k} P_{k-2}(x), \quad k = 2, 3, \cdots,$$

可以通过下面的算法, 逐次消掉最高次的勒让德多项式得以实现:

$$\boxed{\begin{aligned} & d_n = c_n, d_{n-1} = c_{n-1} + \frac{2n-1}{n} x d_n, \\ & d_k = c_k + \frac{2k+1}{k+1} x d_{k+1} - \frac{k+1}{k+2} d_{k+2}, \quad k = n-2, n-3, \cdots, 0, \\ & h_0(x) = d_0. \end{aligned}}$$

7.5.1.3 带权多项式逼近

在希尔伯特空间 $V = C_{q, L_2}([-1, 1])$ 中, 定义带非负权函数 $q(x)$ 的内积

$$(f, g) := \int_{-1}^{1} f(x) g(x) q(x) \mathrm{d}x$$

问题为确定次数不超过 n 的逼近多项式 h_0 使之为给定 $f \in V$ 的最佳逼近. 对给定的权函数 q, 我们可以给出相应的显式正交基. 特别重要的情况是, 取

$$q(x) := 1/\sqrt{1-x^2},$$

便得到切比雪夫多项式 $T_n(x)$. 由如下三角等式:

$$\cos(n+1)\varphi + \cos(n-1)\varphi = 2\cos\varphi \cos n\varphi, \quad n \geqslant 1,$$

$\cos n\varphi$ 可以写成 $\cos\varphi$ 的 n 次多项式. 而根据定义, 第 n 个切比雪夫多项式 $T_n(x), n \in \mathbb{N}$ 为

$$\boxed{\cos n\varphi =: T_n(\cos\varphi) = T_n(x) = \cos(n \cdot \arccos x), \quad x = \cos\varphi, x \in [-1, 1].}$$

于是前几个 T 多项式是

$$T_0(x)=1,\quad T_1(x)=x,\quad T_2(x)=2x^2-1,\quad T_3(x)=4x^3-3x,\quad T_4(x)=8x^4-8x^2+1.$$

它们满足三步递归关系

$$\boxed{T_{n+1}(x)=2xT_n(x)-T_{n-1}(x),\quad n\geqslant 1;\quad T_0(x)=1,\quad T_1(x)=x.}$$

第 n 个切比雪夫多项式 $T_n(x)$ 在区间 $[-1,1]$ 有 n 个单根, 称为切比雪夫横坐标.

$$\boxed{x_k=\cos\left(\frac{2k-1}{n}\cdot\frac{\pi}{2}\right),\quad k=1,2,\cdots,n,}$$

它们在区间两端分布密集. 根据定义得到性质

$$\boxed{|T_n(x)|\leqslant 1,\quad \text{当}\quad x\in[-1,1],n\in\mathbb{N}\text{时},}$$

$T_n(x)$ 在 $n+1$ 个极值点 $x_j^{(e)}$ 的极值为 ± 1, 即

$$\boxed{T_n\left(x_j^{(e)}\right)=(-1)^j, x_j^{(e)}=\cos\left(\frac{j\pi}{n}\right),\quad j=0,1,2,\cdots,n.}$$

T 多项式具有如下正交性:

$$\int_{-1}^{1}T_k(x)T_j(x)\frac{\mathrm{d}x}{\sqrt{1-x^2}}=\begin{cases}0, & k\neq j,\\ \dfrac{\pi}{2}, & k=j>0,\\ \pi, & k=j=0,\end{cases}\qquad k,j\in\mathbb{N}.$$

对 $f\in V$, 设其关于 n 次多项式子空间 U 的正交基 $\{T_0,T_1,T_2,\cdots,T_n\}$ 的最佳逼近为

$$h_0(x)=\frac{1}{2}c_0T_0(x)+\sum_{k=1}^{n}c_kT_k(x),$$

则其系数 c_k 为

$$c_k=\frac{2}{\pi}\int_{-1}^{1}f(x)T_k(x)\frac{\mathrm{d}x}{\sqrt{1-x^2}},\quad k=0,1,2,\cdots,n.$$

利用变量代换 $x=\cos\varphi$, 可以得到简化的表达式

$$c_k=\frac{2}{\pi}\int_{0}^{\pi}f(\cos\varphi)\cos(k\varphi)\mathrm{d}\varphi=\frac{1}{\pi}\int_{-\pi}^{\pi}f(\cos\varphi)\cos(k\varphi)\mathrm{d}\varphi,\quad k=0,1,\cdots,n.$$

因此, 带权多项式最佳逼近的系数 c_k 是以 2π 为周期的偶函数 $F(\varphi):=f(\cos\varphi)$ 的傅里叶系数 a_k. 对于数值积分, 最合适最有效的方法为 7.3.3 的梯形公式, 它可以通过增加子区间的个数来加速收敛.

由于以 T 多项式展开, 克伦肖(Clenshaw)算法可以保证数值计算 $h_0(x)$ 在点 x 的值的可靠性和有效性. 根据递归公式, 最高次的 T 多项式可以消掉, 可以得到下面的公式:

$$
\begin{aligned}
&d_n = c_n, \quad y = 2x, \quad d_{n-1} = c_{n-1} + yd_n, \\
&d_k = c_k + yd_{k+1} - d_{k+2}, \quad k = n-2, n-3, \cdots, 0, \\
&h_0(x) = (d_0 - d_2)/2.
\end{aligned}
$$

7.5.2 一致逼近

考虑用子空间 U 的函数 h_0 逼近连续函数 f 的问题, 要求 h_0 与 f 的最大差最小. 对所有在区间 $[a,b]$ 上连续的实值函数构成的空间, 赋予最大模或切比雪夫范数

$$
\|f\|_\infty := \max_{x\in[a,b]} |f(x)|,
$$

构成巴拿赫空间 $V = C([a,b])$. 由于切比雪夫范数给出了两个函数在整个区间上最大差的界, 这种情况通常称为一致逼近.

由基 $\{\varphi_1, \varphi_2, \cdots, \varphi_n\}$ 生成的子空间 $U = \operatorname{span}\{\varphi_1, \varphi_2, \cdots, \varphi_n\}$ 称为哈尔(Haar)空间, 对任意的 $u \in U, u \neq 0$, 在区间 $[a,b]$ 上最多有 $n-1$ 个不同的零点. 对给定的连续函数, 在哈尔空间 U 中存在唯一最佳逼近函数 $h_0 \in U$. 交替定理使得最佳逼近具有以下性质: 对 $f \in C([a,b])$ 和 $h \in U$, 及 $n+1$ 个有序点列 $a \leqslant x_1 < x_2 < \cdots < x_n < x_{n+1} \leqslant b$, 使得差 $d := f - h$ 满足交替符号, 即

$$
\operatorname{sgn} d(x_k) = -\operatorname{sgn} d(x_{k+1}), \quad k = 1, 2, \cdots, n.
$$

函数 $h_0 \in U$ 是 $f \in C([a,b])$ 一个最佳逼近, 如果 h_0 和 f 满足

$$
|f(x_k) - h_0(x_k)| = \|f - h_0\|_\infty, \quad k = 1, 2, \cdots, n+1.
$$

交替定理构成列梅兹交替法的基础, 用来迭代构造哈尔空间 U 中给定函数 $f \in C([a,b])$ 的最佳逼近 $h_0 \in U$. 在应用上重要的 n 次多项式空间 $U := \operatorname{span}(1, x, x^2, \cdots, x^n)$ 的维数为 $\dim U = n+1$, 满足哈尔空间的条件. 此时简化列梅兹算法的基本步骤如下:

(1) 给定 $n+2$ 个点

$$
a \leqslant x_1^{(0)} < x_2^{(0)} < \cdots < x_{n+1}^{(0)} < x_{n+2}^{(0)} \leqslant b
$$

作为需要确定的交替的初值.

(2) 确定多项式 $p^{(0)} \in U$ 满足如下性质, $\left[x_k^{(0)}\right]_{k=1}^{n+2}$ 是 f 和 $p^{(1)}$ 的一个交替且在 $n+2$ 个点的亏量的绝对值相等. 为此设

$$
p^{(0)} := a_0 + a_1 x + a_2 x^2 + \cdots + a_n x^n,
$$

则化为求解含有 $n+2$ 个未知量 $a_0, a_1, \cdots, a_n, r^{(0)}$ 的线性方程组

$$a_0+a_1x_k^{(0)}+a_2\left(x_k^{(0)}\right)^2+\cdots+a_n\left(x_k^{(0)}\right)^2-(-1)^k r^{(0)}=f\left(x_k^{(0)}\right), \quad k=1,2,\cdots,n+2,$$

该方程组有唯一解.

(3) 由得到的多项式 $p^{(0)}$, 求点 $\bar{x} \in [a,b]$ 使得

$$||f-p^{(0)}||_\infty = |f(\bar{x}) - p^{(0)}(\bar{x})|.$$

如果 $\bar{x}$ 等于 $x_k^{(0)}, k=1,2,\cdots,n+2$ 中的某一个, 则根据交替定理求得 $p^{(0)}$ 中的最佳逼近 h_0.

(4) 否则, 用 $\bar{x}$ 代替 $x_k^{(0)}$ 中的任意一点, 得到新的 $n+2$ 个点:

$$a \leqslant x_1^{(1)} < x_2^{(1)} < \cdots < x_{n+1}^{(1)} < x_{n+2}^{(1)} \leqslant b$$

作为 f 和 $p^{(0)}$ 一个新的交替. 交换步使得多项式 $p^{(1)}$ 的亏量的绝对值 $|r^{(1)}|$ 严格递减. 直到最佳逼近 h_0 可以由 $p^{(k)}$ 充分精确地表示, 也即满足 $||f-p^{(k)}||_\infty \approx |r^{(k)}|$ 时, 迭代终止.

7.5.3　近似一致逼近

在很多情况下, 得到最佳逼近子 h_0 的一个良好的近似就够了. 这可以通过不同的途径得到.

如果 f 在区间 $[-1,1]$ 上二次连续可导, 那么 f 关于切比雪夫多项式展开式

$$f(x) = \frac{1}{2}c_0T_0(x) + \sum_{k=1}^{\infty} c_kT_k(x)$$

对任意的 $x \in [-1,1]$ 是一致收敛的. 此时序列 $\sum\limits_{k=1}^{\infty} |c_k|$ 也是收敛的.

对任意的 $x \in [-1,1]$, 由 $|T_k(x)| \leqslant 1$, 部分和

$$\tilde{f}_n(x) := \frac{1}{2}c_0T_0(x) + \sum_{k=1}^{n} c_kT_k(x),$$

即, 每一个在加权二次平均意义下的最佳逼近子 (见 7.5.1.3) 都是最佳逼近子的一个良好近似. 计算这些近似解要求能够较容易地计算系数 c_k.

如果函数 f 在区间 $[-1,1]$ 上 $n+1$ 次连续可导, 通常在最佳一致逼近中存在一个最优逼近子, 称为关于 $T_{n+1}(x)$ 的 $n+1$ 个切比雪夫横坐标 $x_k = \cos((2k-1)\pi/(2n+2)), k=1,2,\cdots,n+1$ 的插值多项式 $I_n(x)$. 事实上, 根据 7.3.1.4 的插值误差理论, 由 $\prod\limits_{k=1}^{n+1}(x-x_k) = T_{n+1}(x)/2^n$, 有

$$f(x) - I_n(x) = \frac{f^{(n+1)}(\xi)}{2^n \cdot (n+1)!} \cdot T_{n+1}(x), \quad x \in [-1,1],$$

其中 $\xi\in(-1,1)$, 与 x 有关.

如果我们将 $I_n(x)$ 写成 T 多项式的线性组合

$$I_n(x)=\frac{1}{2}c_0T_0(x)+\sum_{j=1}^{n}c_jT_j(x),$$

那么系数 c_j, 根据 T 多项式的离散正交性, 有

$$c_j=\frac{2}{n+1}\sum_{k=1}^{n+1}f(x_k)T_j(x_k)=\frac{2}{n+1}\sum_{k=1}^{n+1}f\left(\cos\left(\frac{2k-1}{n+1}\frac{\pi}{2}\right)\right)\cos\left(j\frac{2k-1}{n+1}\frac{\pi}{2}\right),$$

其中 $j=0,1,2,\cdots,n$. 离散切比雪夫逼近是指, 给定 $f\in C([a,b])$ 和 N 个插值点 x_i 满足 $a\leqslant x_1<x_2<\cdots<x_{N-1}<x_N\leqslant b$, 可以找到 $h_0\in U,\dim U=n<N$, 在离散最大范数$||f||_\infty^{\mathrm{d}}:=\max\limits_i|f(x_i)|$下, 有

$$||f-h_0||_\infty^{\mathrm{d}}=\min_{h\in U}||f-h||_\infty^{\mathrm{d}}$$

如果 U 是哈尔空间, 那么数值计算 h_0 可以由离散型列梅兹算法或应用线性优化方法实现.

7.6 常微分方程

由于 r 阶微分方程或微分方程组 (见 1.12) 的通解一般不能显式给出, 那么在应用中必须数值求解微分方程. 为了用适当的方法处理问题, 需要区分初值问题和边值问题, 详见 1.12.9. 下面假设要求的解存在且唯一.

7.6.1 初值问题

每一个 r 阶显式微分方程或微分方程组通过适当的变量代换化为 r 个一阶的微分方程组. 初值问题就是确定 r 个函数 $y_1(x), y_2(x),\cdots, y_r(x)$ 为下面方程的解:

$$y_i'(x)=f_i(x,y_1,y_2,\cdots,y_r),\quad i=1,2,\cdots,r,$$

且对给定点 x_0 和初值 $y_{i0},i=1,2,\cdots,r$, 满足初始条件

$$y_i(x_0)=y_{i0},\quad i=1,2,\cdots,r.$$

利用向量 $\boldsymbol{y}(x):=(y_1(x),\,y_2(x),\,\cdots,\,y_r(x))^{\mathrm{T}}$, $\boldsymbol{y}_0:=(y_{10}(x),y_{20}(x),\,\cdots,\,y_{r0}(x))^{\mathrm{T}}$, 及 $\boldsymbol{f}(x,\boldsymbol{y}):=(f_1(x,\boldsymbol{y}),f_2(x,\boldsymbol{y}),\cdots,f_r(x,\boldsymbol{y}))^{\mathrm{T}}$ 柯西问题可以写为

$$\boxed{\boldsymbol{y}'(x)=\boldsymbol{f}(x,\boldsymbol{y}(x)),\quad \boldsymbol{y}(x_0)=\boldsymbol{y}_0.}$$

为简化记号, 下面考虑一阶标量微分方程的初值问题

$$y'(x)=f(x,y(x)),\quad y(x_0)=y_0.$$

求解这一问题的方法容易推广到方程组的情况.

7.6.1.1　单步法

最简单的欧拉法是用过初始点 (x_0, y_0) 的切线来近似计算曲线 $y(x)$, 斜率 $y'(x_0) = f(x_0, y_0)$ 由微分方程本身确定. 在点 $x_1 := x_0 + h$(其中 h 为步长), 可以得到近似值

$$y_1 = y_0 + hf(x_0, y_0)$$

作为解向量的精确值 $y(x_1)$. 若在点 (x_1, y_1) 处, 按微分方程在该点方向场所定义切线的切线继续这一过程, 对等距节点 $x_k := x_0 + kh, k = 0, 1, 2, \cdots$, 可以依次得到近似值 y_k

$$\boxed{y_{k+1} = y_k + f(x_k, y_k), \quad k = 0, 1, 2, \cdots.}$$

由这些近似可作几何解释的结构, 欧拉法也被称为多边形边方法. 显然它比较粗糙, 只有当步长 h 很小时, 才导致有用的逼近. 但由于它简单, 是最简单的单步法, 只要知道点 x_k 处的近似值 y_k, 就可以计算下一个近似值 y_{k+1}.

一般地, 显式单步算法为

$$y_{k+1} = y_k + h\Phi(x_k, y_k, h), \quad k = 0, 1, 2, \cdots,$$

其中 $\Phi(x_k, y_k, h)$ 规定: 由 (x_k, y_k) 及点 $x_{k+1} = x_0 + kh$, 以步长 h 近似计算 y_{k+1}. 函数 $\Phi(x, y, h)$ 与要解的微分方程相关. 于是有如下术语: 若

$$\lim_{h \to 0} \Phi(x, y, h) = f(x, y),$$

则单步法是相容的. 欧拉法是相容的.

定义单步法在点 x_{k+1} 的局部离散误差为

$$d_{k+1} := y(x_{k+1}) - y(x_k) - h\Phi(x_k, y(x_k), h).$$

它用来描述准确解 $y(x)$ 被插入后算法的误差. 根据带余项的泰勒展开式

$$y(x_{k+1}) := y(x_k) + hy'(x_k) + \frac{1}{2}h^2 y''(\xi), \quad x_k < \xi < x_{k+1},$$

可以得到欧拉法的局部离散误差

$$d_{k+1} = \frac{1}{2}h^2 y''(\xi), \quad x_k < \xi < x_{k+1}.$$

另一方面, 在点 x_k 处的整体误差 g_k 为

$$g_k := y(x_k) - y_k.$$

它描述单步法所有离散误差的总和. 如果函数 $\Phi(x, y, h)$ 在区域 B 内关于变量 y 满足利普希茨 (Lipschitz) 条件, 有

$$|\Phi(x, y, h) - \Phi(x, y^*, h)| \leqslant L|y - y^*|, \quad 对 \quad x, y, y^*, h \in B, 0 < L < \infty,$$

在点 $x_n = x_0 + nh, n \in \mathbb{N}$ 处的整体误差 g_k 可以通过局部离散误差估计. 如果 $\max\limits_{1\leqslant k\leqslant n} |d_k| \leqslant D$, 则有估计

$$|g_n| \leqslant \frac{D}{hL}\left\{\mathrm{e}^{nhL}-1\right\} \leqslant \frac{D}{hL}\mathrm{e}^{nhL} = \frac{D}{hL}\mathrm{e}^{(x_n-x_0)L}.$$

除了利普希茨常数 L, 区间 $[x_0, x_n]$ 上的局部离散误差 d_k 绝对值的最大值 D 在这一公式中起重要作用.

单步法根据定义有p阶误差, 若局部离散误差有如下估计:

$$\max_{1\leqslant k\leqslant n} |d_k| \leqslant D = \text{常数} \cdot h^{p+1} = O\left(h^{p+1}\right),$$

使得整体误差为

$$|g_n| \leqslant \frac{\text{常数}}{L}\mathrm{e}^{nhL}h^p = O\left(h^p\right).$$

欧拉法的误差阶 p=1, 其在固定点 $x := x_0 + nh$ 的整体误差随 h 线性趋于零.

与刚才讨论的方法误差相比, 对高阶单步法而言, 舍入误差及其传播的重要性是第二位的.

显式龙格–库塔法是重要且具有较高误差阶的常用方法. 该方法从等价于微分方程的积分方程开始

$$y\left(x_{k+1}\right) = y\left(x_k\right) + \int_{x_k}^{x_{k+1}} f\left(x, y\left(x\right)\right)\mathrm{d}x,$$

积分可以通过区间 $[x_k, x_{k+1}]$ 上的 s 个插值点 $\xi_1, \xi_2, \cdots, \xi_s$ 的积分公式近似求得

$$\int_{x_k}^{x_{k+1}} f\left(x, y\left(x\right)\right)\mathrm{d}x \approx h\sum_{i=1}^{s} c_i f\left(\xi_i, y_i^*\right) =: h\sum_{i=1}^{s} c_i k_i.$$

插值点 ξ_i 为

$$\xi_1 = x_k, \xi_i = x_k + a_i h, \quad i = 2, 3, \cdots, s,$$

对于未知函数值 y_i^*, 假设满足关系

$$y_1^* := y_k, y_i^* := y_k + h\sum_{j=1}^{i-1} b_{ij} f\left(\xi_i, y_i^*\right), \quad i = 2, 3, \cdots, s.$$

这一公式中的参数 c_i, a_i, b_{ij} 在进一步简化的假设下, 被 s 个插值点的有尽可能高的误差阶 p 的龙格–库塔法得到

$$y_{k+1} = y_k + h\sum_{i=1}^{s} c_i f\left(\xi_i, y_i^*\right) = y_k + h\sum_{i=1}^{s} c_i k_i, \quad k = 0, 1, 2, \cdots$$

在这些条件下参数并不能唯一确定, 因此需要考虑更多的因素. 显式龙格–库塔法的系数可以由如下格式给出:

$$
\begin{array}{c|ccccc}
a_1 & & & & & \\
a_2 & b_{21} & & & & \\
a_3 & b_{31} & b_{32} & & & \\
\vdots & \vdots & \vdots & & & \\
a_s & b_{s1} & b_{s2} & \cdots & b_{s,s-1} & \\
\hline
 & c_1 & c_2 & \cdots & c_{s-1} & c_s
\end{array}
$$

低误差阶的龙格–库塔法的例子如下:

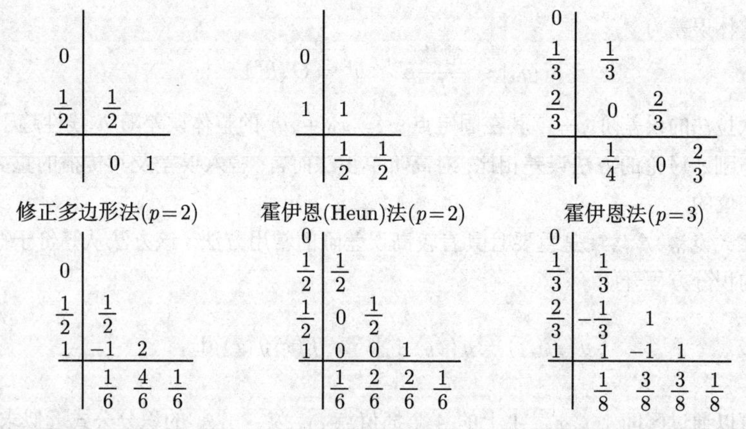

修正多边形法($p=2$)　　霍伊恩(Heun)法($p=2$)　　霍伊恩法($p=3$)

辛普森公式库塔法($p=3$)　　经典龙格-库塔法($p=4$)　　(3/8)公式龙格-库塔法($p=4$)

常用简单龙格原理来估计局部离散误差的大小, 这同样适用于步长的自动直接改变. 设 $Y_k(x_k)=y_k$ 是 $y'=f(x,y)$ 的解. 我们希望确定经过两次 h 步长的积分后 y_{k+2} 与 $Y_k(x_k+2h)$ 的误差. 为此使用 $2h$ 步长的点 $x=x_k+2h$ 处的值 $\tilde{y}_{k+1}$. 如果该方法具有 p 阶误差, 则有

$$
\begin{aligned}
Y_k(x_k+h)-y_{k+1}&=d_{k+1}=C_k h^{p+1}+O\left(h^{p+2}\right),\\
Y_k(x_k+2h)-y_{k+2}&=2C_k h^{p+1}+O\left(h^{p+2}\right),\\
Y_k(x_k+2h)-\tilde{y}_{k+1}&=2^{p+1}C_k h^{p+1}+O\left(h^{p+2}\right).
\end{aligned}
$$

由此可得

$$
\begin{aligned}
y_{k+2}-\tilde{y}_{k+1}&=2C_k\left(2^p-1\right)h^{p+1}+O\left(h^{p+2}\right),\\
Y_k(x_k+2h)-y_{k+2}&\approx 2C_k h^{p+1}\approx\frac{y_{k+2}-\tilde{y}_{k+1}}{2^p-1}.
\end{aligned}
$$

在两个步长后估计误差要求用 s 个插值点的龙格–库塔法求 $s-1$ 个辅助函数值以计算 $\tilde{y}_{k+1}$.

另一个估计离散误差的原理是基于高阶误差的龙格–库塔法. 为了使计算量尽可能小, 应用的方法需要嵌入于高阶误差方法, 且两者需要相同的函数求值. 将修正多边形法嵌入库塔法作为局部离散误差的估计, 则有 $d_{k+1}^{(\mathrm{VP})} \approx \frac{h}{6}\{k_1 - 2k_2 + k_3\}$.

这一原理被费尔贝格(Fehlberg) 作了很大改进, 同时嵌入两个有不同误差阶的方法得到两个 y_{k+1} 值来估计局部离散误差, 这就是龙格–库塔–费尔贝格方法. 因为五阶的龙格–库塔法需要 6 个点的函数值, 文献 [436] 中描述了离散误差非常小的四阶方法.

上述方法的进一步推广即所谓隐式龙格–库塔法, 其插值点更一般, 为

$$\xi_i = x_k + a_i h, \quad i = 1, 2, \cdots, s.$$

未知函数值 y_i^* 定义为

$$y_i^* = y_k + h \sum_{j=1}^{s} b_{ij} f\left(\xi_j, y_j^*\right), \quad i = 1, 2, \cdots, s,$$

故在每一步积分中方程组

$$k_i = f\left(x_k + a_i h, y_k + h \sum_{j=1}^{s} b_{ij} k_j\right), \quad i = 1, 2, \cdots, s$$

一般不是线性的, 需要求解 s 个未知量 k_i, 于是有

$$y_{k+1} = y_k + h \sum_{i=1}^{s} c_i k_i, \quad k = 0, 1, 2, \cdots.$$

在 s 个插值点龙格–库塔法中也有一些有某种稳定性, 这对于求解刚性微分方程组是重要的. 此外, s 个插值点的隐式龙格–库塔法适当选择参数可以使误差阶最大, 即 $p = 2s$.

隐式龙格–库塔法的例子为梯形公式:

$$\boxed{y_{k+1} = y_k + \frac{h}{2}\left[f\left(x_k, y_k\right) + f\left(x_{k+1}, y_{k+1}\right)\right],}$$

其误差阶 p=2. 单步法:

$$\boxed{\begin{aligned} &k_1 = f\left(x_k + \frac{1}{2}h, y_k + \frac{1}{2}hk_1\right), \\ &y_{k+1} = y_k + hk_1, \end{aligned}}$$

误差阶 p=2. 而双步法:

$\frac{3-\sqrt{3}}{6}$	$\frac{1}{4}$	$\frac{3-2\sqrt{3}}{12}$
$\frac{3+\sqrt{3}}{6}$	$\frac{3+2\sqrt{3}}{12}$	$\frac{1}{4}$
	$\frac{1}{2}$	$\frac{1}{2}$

有最大误差阶 p=4.

单步法的稳定性首先通过线性检验初值问题进行分析

$$y'(x)=\lambda y(x),\quad y(0)=1,\quad \lambda\in\mathbb{C},$$

为了数值比较计算解和真解, 特别和指数或振荡衰减的解 $y(x)=\mathrm{e}^{\lambda x}$ 相比较, 其中 $\mathrm{Re}(\lambda)<0$. 如果应用龙格–库塔法于检验初值问题, 结果表述为

$$y_{k+1}=F(h\lambda)\cdot y_k,\quad k=0,1,2,\cdots,$$

其中, 对显式方法, $F(\lambda h)$ 为关于 λh 的多项式; 对隐式方法, $F(\lambda h)$ 为关于 λh 的有理式. 在这两种情况下对小变量, $F(\lambda h)$ 都是 $\mathrm{e}^{\lambda h}$ 的近似. 数值计算近似解 y_k 的定性行为仅当 $|F(\lambda h)|<1$ 且 $\mathrm{Re}(\lambda)<0$ 时, 才与 $y(x_k)$ 相同. 因此定义单步法的绝对稳定区域为集合

$$B:=\{\mu\in\mathbb{C}:|F(\mu)|<1\}.$$

对误差阶 p =4 的 s 个插值点的显式龙格–库塔法, 有

$$F(\mu)=1+\mu+\frac{1}{2}\mu^2+\frac{1}{6}\mu^3+\frac{1}{24}\mu^4,\quad \mu=h\lambda,$$

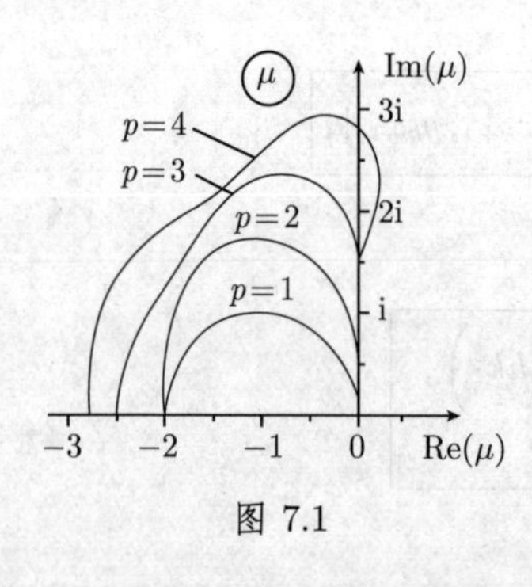

图 7.1

这与 e^{λ} 的泰勒展开式的前几项相同. 显式龙格–库塔方法当 $x=p$=1,2,3,4 时的绝对稳定区域的边界如图 7.1 所示, 仅在上半平面内. 且绝对稳定区域随误差阶的增大而变大.

步长 h 的选取应该满足稳定性条件 $\lambda h=u\in B$, 其中 $\mathrm{Re}(\lambda)<0$. 否则, 显式龙格–库塔法可能得到无用的结果. 稳定性条件必须考虑到 (线性) 微分方程组的数值积分, 其中步长 h 需要保证常数 $\lambda_j, j=1,2,\cdots,r$ 满足 $\lambda_j h\in B$. 如果 λ_j 的负实部的绝对值变化很大, 则称为刚性微分

方程组. 此时, 即使 λ_j 的绝对值非常小, 绝对稳定条件对步长 h 的限制也非常强.

对隐式梯形公式和单步龙格–库塔法, 有

$$F(\lambda h)=\frac{2+\lambda h}{2-\lambda h},$$

其中, 对所有的 μ 和 $\mathrm{Re}(\mu)<0$, 有 $|F(\mu)|=\left|\frac{2+\mu}{2-\mu}\right|<1$. 其绝对稳定区域为整个左半复平面. 由于步长 h 不需要满足稳定性条件, 这两个隐式方法被称为绝对稳定的. 两点插值的龙格–库塔法也是绝对稳定的.

进一步, 更精细的稳定性概念, 尤其是非线性微分方程的稳定性分析, 见文献 [437] 和 [438].

7.6.1.2 多步法

若应用带等距插值点 $x_{k-1},x_{k-2},\cdots,x_{k-m+1}$ 的算法得到的近似信息, 确定 x_{k+1} 处的近似值 y_{k+1}, 则是多步法, 它常可更有效地数值求解微分方程. 对 $s:=k-m+1$, 一般的线性多步法是

$$\boxed{\sum_{j=0}^{m}a_jy_{s+j}=h\sum_{j=0}^{m}b_jf(x_{s+j},y_{s+j}),\quad m\geqslant 2,}$$

其中 $k\geqslant m-1$, 即 $s\geqslant 0$, 系数 a_j,b_j 固定. 在规范化意义下设 $a_m=1$, 若 $a_0^2+b_0^2\neq 0$, 我们论及一个真的 m 步法. 如果 $b_m=0$, 该多步法称为显式多步法, 否则称为隐式多步法. 为了运用 m 步法, 除了初值 y_0, 需要增加 $m-1$ 个初始值 $y_1,\cdots,y_{m-1}$, 例如它们可以借助于单步法确定.

若局部离散误差 d_{k+1} 在任意点 $\bar{x}$ 有如下表达式:

$$\begin{aligned}d_{k+1}:=&\sum_{j=0}^{m}\{a_jy(x_{s+j})-hb_if(x_{s+j},y(x_{s+j}))\}\\=&c_0y(\bar{x})+c_1hy'(\bar{x})+c_2h^2y''(\bar{x})+\cdots+c_ph^py^{(p)}(\bar{x})+c_{p+1}h^{p+1}y^{(p+1)}(\bar{x})+\cdots,\end{aligned}$$

则称线性多步法是p阶的, 其中 $c_0=c_1=\cdots=c_p=0,c_{p+1}\neq 0$. 且 p 和 c_{p+1} 与点 $\bar{x}$ 的选取无关. 若其误差阶 $p\geqslant 1$, 则线性多步法称为相容的. 与 m 步法相关有两个特征多项式:

$$\rho(z):=\sum_{j=0}^{m}a_jz^j\quad 和\quad \sigma(z):=\sum_{j=0}^{m}b_jz^j.$$

因此, 相容性条件可写为

$$c_0=\rho(1)=0,\quad c_1=\rho'(1)-\sigma(1)=0.$$

仅有相容性条件并不能保证当 $h \to 0$ 时多步法的收敛性, 还要增加零稳定条件. 也就是说特征多项式 $\rho(z)$ 要满足根条件, 即特征多项式的零点的绝对值最大为 1 且其重根都在单位圆内 (即不在单位圆周上). 对相容且零相容的误差阶为 p 的多步法, 假设初值

$$\max_{0 \leqslant i \leqslant m-1} |y(x_i) - y_i| \leqslant K \cdot h^p, \quad 0 \leqslant K < \infty,$$

作为整体误差 $g_n := y(x_n) - y_n$ 的估计, 有

$$|g_n| = O(h^p), \quad n \geqslant m.$$

在上述假设下近似解 y_n 以 p 阶收敛于解 $y(x_n)$.

最常见的多步法是亚当斯法, 它是从与给定微分方程等价的积分方程的插值求积公式提出来的. 亚当斯–巴什福思法是这类方法的例子. 设 $f_l := f(x_l, y_l)$, 有

$$\begin{aligned}
y_{k+1} &= y_k + \frac{h}{12}[23f_k - 16f_{k-1} + 5f_{k-2}], \\
y_{k+1} &= y_k + \frac{h}{24}[55f_k - 59f_{k-1} + 37f_{k-2} - 9f_{k-3}], \\
y_{k+1} &= y_k + \frac{h}{720}[1901f_k - 2774f_{k-1} + 2616f_{k-2} - 1274f_{k-3} + 251f_{k-4}].
\end{aligned}$$

这类 m 步法的误差阶为 $p = m$. 每一积分步只需要求一个函数值.

隐式亚当斯–莫尔顿方法的公式为

$$\begin{aligned}
y_{k+1} &= y_k + \frac{h}{24}[9f(x_{k+1}, y_{k+1}) + 19f_k - 5f_{k-1} + f_{k-2}], \\
y_{k+1} &= y_k + \frac{h}{720}[251f(x_{k+1}, y_{k+1}) + 646f_k - 264f_{k-1} + 106f_{k-2} - 19f_{k-3}], \\
y_{k+1} &= y_k + \frac{h}{1440}[475f(x_{k+1}, y_{k+1}) + 1427f_k - 798f_{k-1} + 482f_{k-2} - 173f_{k-3} + 27f_{k-4}].
\end{aligned}$$

亚当斯–莫尔顿 m 步法的误差阶 $p = m+1$, 需要在每一个积分步中求解关于 y_{k+1} 的隐式方程, 例如运用不动点迭代近似 (见 7.4.2.1). 这一迭代初值可以由亚当斯–莫尔顿方法得到.

预估–校正法是显式多步法和隐式多步法的结合, 其过程如下. 用显式法得到预估公式, 将其代入校正公式, 并在一步不动点迭代的意义下改进之. 如果这样结合不同阶的多步法, 则预估–校正法的局部离散误差等于所用隐式方法误差的最小绝对值.

ABM43方法是四步亚当斯–巴什福思法和三步亚当斯–莫尔顿法的结合, 其误

差阶 p=4. 此时算法定义为

$$y_{k+1}^{(\mathrm{P})} = y_k + \frac{h}{24}\left[55f_k - 59f_{k-1} + 37f_{k-2} - 9f_{k-3}\right],$$
$$y_{k+1} = y_k + \frac{h}{24}\left[9f\left(x_{k+1}, y_{k+1}^{(\mathrm{P})}\right) + 19f_k - 5f_{k-1} + f_{k-2}\right].$$

当然这里需要始发值及对每一积分步的两次函数求值. 这一类预估–校正法的优点是可以对误差阶稍有改进, 而需要计算的函数值仍是两个.

另一类重要的隐式多步法为向后差分法, 简记为 BDF, 因为它具有特殊的稳定性. 微分方程在点 x_{k+1} 处的一阶导数利用在该插值点和前面的等距插值点的插值的微分公式来逼近 (见 7.3.2). 这一类方法的最简单的例子是向后欧拉法:

$$y_{k+1} - y_k = hf\left(x_{k+1}, y_{k+1}\right).$$

当 $m = 2, 3, 4$ 时, m 步向后差分法为

$$\frac{3}{2}y_{k+1} - 2y_k + \frac{1}{2}y_{k-1} = hf\left(x_{k+1}, y_{k+1}\right),$$
$$\frac{11}{6}y_{k+1} - 3y_k + \frac{3}{2}y_{k-1} - \frac{1}{3}y_{k-2} = hf\left(x_{k+1}, y_{k+1}\right),$$
$$\frac{25}{12}y_{k+1} - 4y_k + 3y_{k-1} - \frac{4}{3}y_{k-2} + \frac{1}{4}y_{k-3} = hf\left(x_{k+1}, y_{k+1}\right).$$

以线性检验初值问题$y'(x) = \lambda y(x), y(0) = 1$ 来研究多步法的稳定性. 将右端代入一般的 m 步法得到 m 阶差分方程

$$\sum_{j=0}^{m}(a_j - h\lambda b_j)y_{s+j} = 0.$$

设 $y_k = z^k$, $z \neq 0$, 相应的特征方程为

$$\varphi(z) := \sum_{j=0}^{m}(a_j - h\lambda b_j)z^j = \rho(z) - h\lambda\sigma(z) = 0.$$

这里我们只关心当 $\mathrm{Re}(\lambda) < 0$, 当且仅当特征方程的零点 z_i 的绝对值都小于 1 时, m 阶差分方程的通解和准确解 $y(x)$ 才有相同的渐近性态. 多步法的绝对稳定区域是使得 $\varphi(z)$ 的解 $z_i \in \mathbb{C}$ 都在单位圆内部的复数 $\mu = \lambda h$ 的集合.

预估–校正法的特征方程是相应的多步法特征多项式的组合, 例如对 ABM43 法有

$$\varphi_{\mathrm{ABM43}}(z) = z\left[\rho_{\mathrm{AM}}(z) - \mu\sigma_{\mathrm{AM}}(z)\right] + b_3^{(\mathrm{AM})}\mu\left[\rho_{\mathrm{AB}}(z) - \mu\sigma_{\mathrm{AB}}(z)\right] = 0,$$

其中 $b_3^{(\mathrm{AM})}$ 为亚当斯–莫尔顿法的系数.

图 7.2 画出了绝对稳定区域的边界曲线 (根据对称性, 仅显示上半平面中的部分), 曲线的标记说明所代表的方法.

隐式 BDF 方法的绝对稳定区域有些有趣的性质. 例如, 向后欧拉法是绝对稳定的, 其绝对稳定区域是左半复平面. 二步 BDF 方法也是这样, 因为此时左半复平面包含在绝对稳定区域中. 其他的 BDF 方法不再是绝对稳定的, 因为其边值曲线部分在左半平面内. 然而存在顶点是原点的半开角 $\alpha > 0$ 的最大角区域, 而这些区域完全在绝对稳定区域内. 因此称之为 $A(\alpha)$ 稳定方法. 三步 BDF 方法是 $A(88°)$ 稳定的, 而四步 BDF 方法是 $A(72°)$ 稳定的.

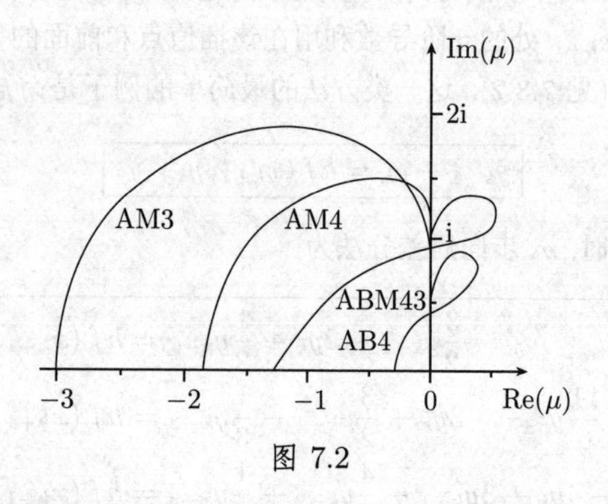

图 7.2

7.6.2 边值问题

7.6.2.1 解析法

为了求解线性边值问题

$$L[y] := \sum_{i=0}^{r} f_i(x) y^{(i)}(x) = g(x),$$

$$U_i[y] := \sum_{j=0}^{r-1} \left\{ a_{ij} y^{(j)}(a) + \beta_{ij} y^{(j)}(b) \right\} = \gamma_i, \quad i = 1, 2, \cdots, r,$$

其中 $f_i(x), g(x)$ 为区间 $[a, b]$ 上连续函数, 且 $f_r(x) \neq 0$. 利用任意微分方程的解可以写为如下线性组合的事实:

$$y(x) = y_0(x) + \sum_{k=1}^{r} c_k y_k(x),$$

其中 $y_0(x)$ 为非齐次微分方程 $L[y] = g$ 的特解, $y_k(x), k = 1, 2, \cdots, r$ 构成对应齐次微分方程 $L[y] = 0$ 的基本系(见 1.12.6). 这 $r+1$ 个函数可由 $r+1$ 个具有初始条件

$$y_0(a) = y_0'(a) = \cdots = y_0^{(r-1)}(a) = 0,$$

$$y_k^{(j)}(a) = \delta_{k,j+1}, \quad k = 1, 2, \cdots, r, j = 0, 1, \cdots, r-1.$$

的初值问题的积分近似得到. 由于朗斯基(Wronski)行列式$W(a)$ 的值等于 1, 构造函数 $y_1(x), y_2(x), \cdots, y_k(x)$ 是线性无关的. 根据 $r+1$ 个函数, 上面线性展开式的系数 c_k 可由非齐次线性方程组确定:

$$\sum_{k=1}^{r} c_k U_i[y_k] = \gamma_i - U_i[y_0], \quad i=1,2,\cdots,r.$$

线性边值问题的逼近通常用拟设法得到, 假设待求函数 $y(x)$ 具有如下形式:

$$Y(x) := \omega_0(x) + \sum_{k=1}^{n} c_k \omega_k(x),$$

其中 $\omega_0(x)$ 满足非齐次边值条件 $U_i[\omega_0] = \gamma_i, i=1,2,\cdots,r$, 而线性无关的函数 $\omega_k(x), k=1,2,\cdots,n$ 满足齐次边值条件 $U_i[\omega_k]=0$. 于是对任意 c_k, $Y(x)$ 满足边值条件. 将展开式代入微分方程, 得到误差函数

$$\varepsilon(x; c_1, c_2, \cdots, c_n) := L[Y] - g(x) = \sum_{k=1}^{n} c_k L[\omega_k] + L[\omega_0] - g(x).$$

近似函数 $Y(x)$ 的未知系数 c_k 可以通过求解从误差函数的下列条件之一得到的线性方程组确定.

(1) 定位法: 适当选取 n 个局部点 $a \leqslant x_1 < x_2 < \cdots < x_n \leqslant b$, 要求

$$\varepsilon(x_i; c_1, c_2, \cdots, c_n) = 0, \quad i=1,2,\cdots,n.$$

(2) 部分区间法: 将区间 $[a,b]$ 分为 n 个子区间 $a = x_0 < x_1 < x_2 < \cdots < x_n = b$ 要求误差函数的均值在每个子区间上为零, 即

$$\int_{x_{i-1}}^{x_i} \varepsilon(x; c_1, c_2, \cdots, c_n) \mathrm{d}x = 0, \quad i=1,2,\cdots,n.$$

(3) 方均误差法: 在连续情况下, 要求

$$\int_a^b \varepsilon^2(x; c_1, c_2, \cdots, c_n) \mathrm{d}x \stackrel{!}{=} \min.,$$

而在 N 个插值点 $x_i \in [a,b], N > n$ 的离散情况下, 极小化

$$\sum_{i=1}^{N} \varepsilon^2(x_i; c_1, c_2, \cdots, c_n)\, \mathrm{d}x \stackrel{!}{=} \min.,$$

得到相应的正规化方程组.

(4) 伽辽金法: 误差函数正交于 n 维子空间 $U := \mathrm{span}(v_1, v_2, \cdots, v_n)$, 即

$$\int_a^b \varepsilon(x; c_1, c_2, \cdots, c_n) v_i(x)\, \mathrm{d}x = 0, \quad i=1,2,\cdots,n.$$

一般说来, 有 $v_i(x) = w_i(x), i=1,2,\cdots,n$. 有限元法选取特殊的具有小支集的函数 $\omega_i(x)$, 是伽辽金法的现代形式.

7.6.2.2 简化为初值问题

求解带分离的边界条件

$$\alpha_0 y(a) + \alpha_1 y'(a) = \gamma_1, \quad \beta_0 y(b) + \beta_1 y'(b) = \gamma_2$$

的非线性二阶边值问题

$$y''(x) = f(x, y(x), y'(x))$$

的常用求解方法是将问题化为初值问题. 为此, 考虑初始条件

$$y(a) = \alpha_1 s + c_1 \gamma_1, \quad y'(a) = -(\alpha_0 s + c_0 \gamma_1),$$

它依赖于参数 s, 其中 c_0, c_1 为常数, 满足条件 $\alpha_0 c_1 - \alpha_1 c_0 = 1$. 数值计算得到的初值问题的解记为 $Y(x;s)$. 对使 $Y(x;s)$ 存在的所有 s, 该函数在点 a 满足初值条件. 为了求边值问题的一个解, 还必须满足第二个边界条件. 于是 $Y(x;s)$ 必须满足方程

$$h(s) := \beta_0 Y(b;s) + \beta_1 Y'(b;s) - \gamma_2 = 0.$$

这个方程关于 s 一般是非线性的, 可以通过试位法、割线法或牛顿法求解. 在最后一种情况, $h'(s)$ 可以用差商或者通过积分确定 $h(s+\Delta s)$ 来逼近.

刚才讨论的简单的归化过程可以推广到初始条件中具有更多参数的高阶微分方程组的情况. 除了选取适当的迭代初值的困难之外, 在某些应用中关于 s 的小变化对 $Y(b;s)$ 的强烈敏感, 也产生问题. 为了改进问题的条件, 在多步归化中将区间 $[a,b]$ 分为多个子区间, 对每一个这样的子区间, 待定初值条件的集合作为参数, 而微分方程则在每个子区间中求解. 该方法中的参数可由非线性方程组确定, 这样子区间中的部分解能被组合到一起得到原问题的解.

7.6.2.3 差分方法

下面以二阶非线性边值问题为例阐述差分方法的基本原理

$$y''(x) = f(x, y(x), y'(x)),$$
$$y(a) = \gamma_1, \quad y(b) = \gamma_2.$$

将给定区间 $[a,b]$ 等分为步长为 $h := (b-a)/(n+1)$ 的 $n+1$ 个子区间, 插值点为 $x_i = a + ih, i = 0, 1, \cdots, n+1$. 方程在 n 个插值点的准确解 $y(x_i)$ 的逼近值为 y_i, 此时在每一个内部插值点, 一阶导数和二阶导数被中心 (或 2 阶) 差商逼近:

$$y'(x_i) \approx \frac{y_{i+1} - y_{i-1}}{2h} \quad \left(y''(x_i) \approx \frac{y_{i+1} - 2y_i + y_{i-1}}{h^2} \right).$$

两者的离散误差都是 $O(h^2)$. 根据这一近似, 我们得到关于 n 个未知量 $y_1, y_2, \cdots, y_n$ 的非线性方程组

$$\frac{y_{i+1} - 2y_i + y_{i-1}}{h^2} = f\left(x_i, y_i, \frac{y_{i+1} - y_{i-1}}{2h}\right), \quad i = 1, 2, \cdots, n,$$

这里需要考虑给定 $y_0=\gamma_1, y_{n+1}=\gamma_2$ 作为边界条件.

在关于解函数 $y(x)$ 和函数 $f(x,y,y')$ 的适当假设下, 得到的近似有如下形式的误差估计:

$$\max_{1\leqslant i\leqslant n}|y(x_i)-y_i|=O\left(h^2\right).$$

非线性方程组一般用牛顿–坎托罗维奇方法或 7.4.2.2 中介绍的简化变式求解. 其特殊结构为

$$\begin{aligned}
&2y_1-y_2 && +h^2 f\left(x_1,y_1,\frac{y_2-y_1}{2h}\right) && -\gamma_1=0,\\
-&y_1+2y_2\ -y_3 && +h^2 f\left(x_2,y_2,\frac{y_3-y_1}{2h}\right) && =0,\\
&\quad -y_2+2y_3-y_4 && +h^2 f\left(x_3,y_3,\frac{y_4-y_2}{2h}\right) && =0,\\
& && \cdots\cdots && \\
&\qquad -y_{n-1}+2y_n && +h^2 f\left(x_n,y_n,\frac{y_{n+1}-y_{n-1}}{2h}\right) && -\gamma_2=0.
\end{aligned}$$

在每一个方程中最多有三个指标连续的未知量, 也就是说方程组的系数矩阵为三对角矩阵. 因此牛顿–坎托罗维奇法中校正向量的计算量仅与 n 成比例. 如果微分方程是线性的, 则差分法直接得到未知函数值的三对角矩阵线性方程组.

7.7 偏微分方程与科学计算

偏微分方程的有效数值处理不是一种工艺, 而是一种艺术.

俗语

7.7.1 基本思想

20 世纪后半叶计算机技术以惊人的速度发展, 这掀开了数学史的新篇章. 以稳定性概念, 离散方法的灵活性, 快速算法和自适应等为中心的全新问题开始进入人们的视野.

早年的计算机只能处理维数 n 较小的问题, 现在则可计算较大的 n, 当 $n\to\infty$ 时推测易控制且令人向往的领域的性态. 例如, 已经证明从牛顿时代就通行的标准的多项式逼近, 当 $n\to\infty$ 时 (n 表示逼近多项式的次数) 是不稳定的, 因此该方法对于较大的 n 并无用处. 稳定性是离散方法中特别基本的概念. 并非所有求解微分或偏微分方程的直观的离散方法都是稳定的 (见 7.7.5.4). 尤其需要确定的是, 较高阶的逼近快速导致不稳定的方法, 如下面 7.7.5.6.2 所讨论的, 对于在 7.7.3.2.3 中讨论的混合有限元法, 一个不幸的情况是, 精度很好的逼近的结果是不稳定的. 在许多情况下不稳定容易导致算法中误差传播的失控, 因此容易被发现. 但是在混合有限元的情况, 一类不同的不稳定性殃及算法, 则并非显而易见. 因此, 对算法进行仔细的数值分析总是重要的.

随着计算机的计算能力越来越强, 越来越多的复杂问题企图借助计算机解决. 例如, 复杂性包括解的某些细节, 如奇异扰动问题的边界层、解或其导数在某点的奇异性态、伴随湍流的解的微观细节、双曲微分方程中的非连续性以及系数的大跳跃; 如半导体的例子. 处理这些现象要用到相应的不同方法. 在现实中没有哪一个方法可以适用于所有的问题.

提高计算能力包括更快的处理器和更大且更便宜的存储器两方面. 正是这一情况增加了对更快的算法的需求. 例如, 对一个 n 维问题的运算量为 n^3 的算法, 增加十倍的存储量导致运算量增加一千倍, 而这不可能通过增加处理器的计算能力获得补偿. 本节将介绍快速求解方程组的多重格点法、快速傅里叶和小波变换等快速算法.

除了加速算法, 在不影响解的质量的前提下也可以尝试减少问题的维数. 对于求解偏微分方程, 这意味着不用一致网格来离散问题, 对于需要的区域进行加密, 其他区域则保持稀疏. 算法运行时非一致网格的数据由上一步生成, 导致数值分析和算法间有趣的迭代. 7.7.6 将简要介绍其思想.

7.7.2　离散方法概述

7.7.2.1　*差分方程*

差分方法基于用差商代替微分方程中的导数. 为此需要**网格**, 一般选为正则网格. 对区间 $[a,b]$, 步长为 $h:=(b-a)/N, N=1,2,\cdots$, 则等距网格为

$$\boxed{G_h:=\{x_k=a+kh:0\leqslant k\leqslant N\}.}$$

对含有 d 个独立变量的偏微分方程, 需要一个 d 维的定义在 $D\subset\mathbb{R}^d$ 上的网格, 此时等距格点为

$$G_h:=\left\{x\in D:x=x_k=kh:k=(k_1,\cdots,k_d),k_i\text{为整数}\right\},$$

见图 7.3.

对于下面提到的差分方法, 我们主要关注**格点**而不是相关的矩形或边 (对 d=2, 见图 7.3). 我们用函数在格点 $x_k\in G_h$ 处的值 $u(x_k)$ 来近似其导数. 由于大多数差分逼近是一维的, 至少作为介绍, 讨论单变量函数已经足够.

(光滑) 函数 u 的一阶导数可以有多种近似方法. **向前差分**

$$\partial_h^+ u(x_k) := \frac{1}{h}\left(u(x_{k+1}) - u(x_k)\right) \tag{7.1a}$$

及**向后差分**

$$\partial_h^- u(x_k) := \frac{1}{h}\left(u(x_k) - u(x_{k-1})\right) \tag{7.1b}$$

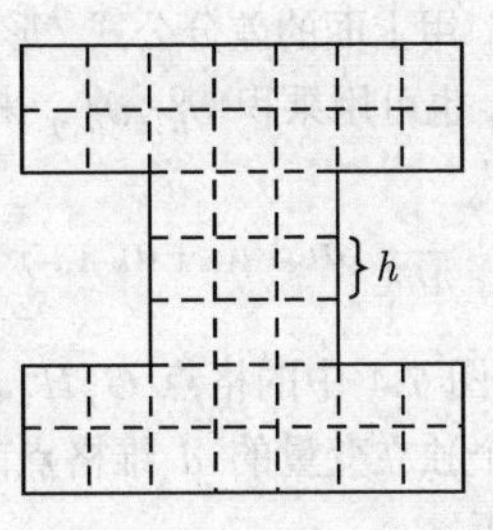

图 7.3 步长为 h 的网格

是单侧差分的例子. 它们仅是一阶的, 满足

$$u'(x_k) - \partial_h^{\pm} u(x_k) = O(h), \quad h \to 0. \tag{7.1c}$$

中心差分或**对称差分**

$$\partial_h^0 u(x_k) := \frac{1}{2h}\left(u(x_{k+1}) - u(x_{k-1})\right) \tag{7.2a}$$

是二阶的, 即

$$u'(x_k) - \partial_h^0 u(x_k) = O\left(h^2\right), \quad h \to 0. \tag{7.2b}$$

二阶导数可由下式近似:

$$\partial_h^2 u(x_k) := \frac{1}{h^2}\left(u(x_{k+1}) - 2u(x_k) + u(x_{k-1})\right). \tag{7.3a}$$

这个二阶差分也是二阶收敛的:

$$u''(x_k) - \partial_h^2 u(x_k) = O\left(h^2\right), \quad h \to 0. \tag{7.3b}$$

需要指出, 因为缺少必要的相邻格点, 并非所有差分在边界点 $x_0 = a$ 或 $x_N = b$ 上都有定义.

对于二维的情况, 我们需要用到无穷格点 $\{(x, y) = (kh, lh) : k, l \in \mathbb{N}\}$ 的子集 G_h. 差分 (7.1a), (7.1b), (7.2a), (7.3a) 可以用来计算 x 方向或 y 方向的值; 与之对应的我们记为 $\partial_{h,x}^+, \partial_{h,y}^+$. 在图 7.4 中, 二次差分用到格点 A, B, C 的值表示 $\partial_{h,x}^2 u$; 用点 D, E, F 的值表示 $\partial_{h,y}^2 u$. 这两个差分的和用来近似计算拉普拉斯算子 $\Delta u = u_{xx} + u_{yy}$:

$$\begin{aligned} \Delta_h u(kh, lh) &= \left(\partial_{h,x}^2 + \partial_{h,y}^2\right) u(kh, lh) \\ &= \frac{1}{h^2}\left(u_{k-1,l} + u_{k+1,l} + u_{k,l-1} + u_{k,l+1} - 4u_{kl}\right), \end{aligned} \tag{7.4}$$

其中 $u_{kl} := u(kh, lh)$. 由于用到五个格点, 见图 7.4 中的 M, N, S, O, W. 式 (7.4) 称为**五点公式**.

用上面的差分公式, 形如 $u_x, u_y, u_{xx}, u_{yy}, \Delta u$ 的导数都可近似计算. 混合导数 u_{xy} 也可用乘积 $\partial^0_{h,x}\partial^0_{h,y}$ 来近似计算:

$$\frac{1}{4h^2}\left(u_{k+1,l+1}+u_{k-1,l-1}-u_{k+1,l-1}-u_{k-1,l+1}\right)=u_{xy}\left(kh,lh\right)+O\left(h^2\right),\quad h\to 0$$

(见图 7.4 中的格点 G, H, J, K). 这一方法简记为星记号, 详细论述见 [442]. 推广 d 个独立变量的 d 维格点的差分近似是显然的. 于是, 高阶导数也可以用差分来逼近.

尽管我们至今保持等距网格, 但不难给出在不同 x_i 方向有不同步长 h_i 的 d 维网格. 如果在某一方向的步长是非等距的, 那么该方向的导数用牛顿均差法来逼近. 然而, 这里不讨论基坐标方向一般非结构的非正规网格, 因为计算二阶导数的差分逼近需要共线格点. 显然, 几何网格结构的刚性使差分法不灵活, 特别很难实现网格的局部细分.

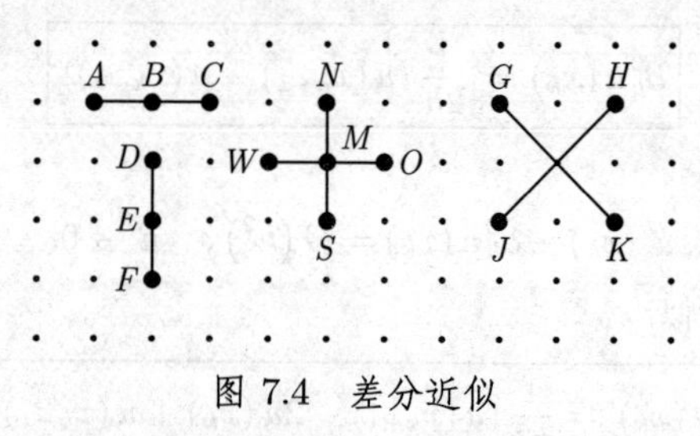

图 7.4　差分近似

7.7.2.2　里茨–伽辽金方法

设 $Lu = f$ 为微分方程, $(u, v) := \int_D uv\mathrm{d}x$ 为在定义域 D 上的内积, u 对所有的检验函数 v 都满足方程

$$\boxed{(Lu, v) = (f, v).} \tag{7.5}$$

(7.5) 的左端一般经过分部积分写为微分方程的所谓弱形式(变分形式):

$$\boxed{a\left(u, v\right) = f\left(v\right),} \tag{7.6}$$

其中 a 和 f 分别表示函数空间 U 和 V 上的双线性型及泛函, 其中 u 和 v 是变化的. 下面仅讨论 $U = V$ 的标准情况.

里茨–伽辽金方法通过用一个有限维函数空间 V_n, $n = \dim V_n$, 逼近全空间 V, 代替微分算子 L, 将问题化为

$$\boxed{\text{求 } u \in V_n, \text{ 使得 } a\left(u, v\right) = f\left(v\right), \quad \text{对所有的 } v \in V_n \text{ 都成立.}} \tag{7.7}$$

狄利克雷边界条件是所谓本质边界条件, 是 V_n 定义的一部分. 另一类边界条件是所谓*自然边界条件*, 由问题的变分形式得到, 在公式中并未显示, 且仅被近似满足 (见 [442]).

在实际计算时, 选取 V_n 的一组基 $\{\varphi_1, \varphi_2, \cdots, \varphi_n\}$. 式 (7.7) 的解 u 被写成 $\sum \xi_k \varphi_k$ 的形式, 则问题 (7.7) 等价于如下线性方程组:

$$\boxed{\boldsymbol{A}\boldsymbol{x} = \boldsymbol{b},} \tag{7.8a}$$

其中 $\boldsymbol{x}$ 包含待定系数 ξ_k, 所谓*刚度矩阵* $\boldsymbol{A}$ 及右端 $\boldsymbol{b}$ 定义为

$$\boldsymbol{A} = (a_{ik}), \quad a_{ik} = a(\varphi_i, \varphi_k), \quad \boldsymbol{b} = (b_i), \quad b_i = f(\varphi_i). \tag{7.8b}$$

因为剩余 $r = Lu - f$ 加权后为零: $(r, \varphi_i) = 0$(见 7.5), 该方法也被称为加权剩余法.

7.7.2.3 有限元法

有限元法, 简记为 FEM, 是相应地称为有限元 (FE) 的特殊的函数空间里的里茨–伽辽金方法. 伽辽金方法的刚度矩阵一般是满的. 为了得到与差分法类似的稀疏矩阵, 人们尝试用支集尽可能小的基函数 φ_k(函数 φ 的*支集*是使得 $\varphi(x) \neq 0$ 的 x 的闭包). 除了少数例外, $a(\varphi_k, \varphi_i)$ 中的函数的支集都是不相交的, 从而 $a_{ik} = 0$. 全局多项式或其他全局定义的函数空间不再满足要求, 代之以分片定义的函数. 其定义包括两个方面: ①几何单元 (定义域的非重叠分解); ②定义在区域的这些部分的解析函数.

几何单元的一个典型例子是将二维定义域分解为三角形 (*三角剖分*). 这些三角形具有某种正规结构, 如将图 7.3 中的每个矩形都分成两个三角形; 但三角形结构也可如图 7.5 所示是非正规的. 若两个不同的三角形的交集或者是空集或者有公共的边或顶点, 则三角剖分称为*容许的*. 若三角形大小的比是有界的, 则三角剖分称为*拟一致的*. 若所有三角形的外接圆半径和内切圆半径之比是一致有界的, 则三角剖分称为*正规的*.

给定三角剖分, 在三角形上可以定义不同的函数. 例如, 分片常数函数 (此时空间 V_n 的维数 n 为三角形的个数)、分片线性函数 (在每一个三角形上线性, 整体连续; 构成的空间维数等于三角剖分顶点的个数), 或分片二次函数 (其维数等于边数与顶点数之和).

还可以用四边形代替三角形. 此外还有三维剖分 (以四面体代替三角形, 立方体代替四边形). 关于有限元法更详细的介绍见文献 [440].

因为三角剖分的三角形 (四边形) 作为积分区域进入有限元方程 (7.8a) 和 (7.8b), 所以对有限元法而言, 网格更重要的方面是面, 而不是顶点或边. 生成三角剖分的适当方法包括由粗剖分出发及随后加密, 如下面 7.7.6.2 和 7.7.7.6 所述.

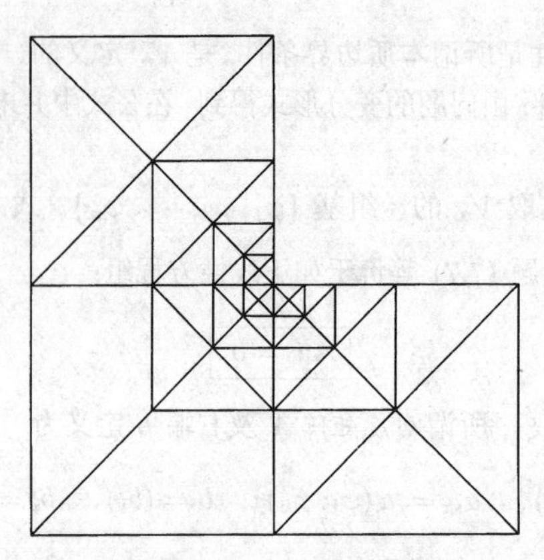

图 7.5 非正规三角剖分

7.7.2.4 彼得罗夫–伽辽金方法

若 (7.6) 中的函数 u 和 v 分别属于不同的函数空间 U(函数空间) 和 V(检验函数空间), 则得到推广的里茨–伽辽金方法, 也称彼得罗夫–伽辽金方法.

7.7.2.5 有限体积法

有限体积法 (有时称为盒方法) 是差分法和有限元法的混合. 就差分法而论, 常用图 7.3 所示的正方形网格, 并且关注沿着网格边的流量.

为了给出该方法的数学公式, 取式 (7.5) 中的 v 为单元 E 的特征函数 (即在正方形 E 上 v=1, 其他 v=0). 式 (7.5) 的左端是 E 上的积分 $\int\limits_E Lu\mathrm{d}x$. 分部积分得到正方形边界 ∂E 上的积分, 后者可以用不同的方法逼近.

若微分算子 L 具有 $Lu = \mathrm{div}Mu$ 的形式 (如 $M=\mathbf{grad}$), 则分部积分导致

$$\int\limits_{\partial E}(Mu)\,\boldsymbol{n}\mathrm{d}F=\int\limits_E f\mathrm{d}x,$$

其中 $(Mu)\,\boldsymbol{n}$ 为与外法线单位向量 $\boldsymbol{n}$ 的内积. 若两个单元的公共边的法向量方向相反, 则所有单元 E 的和表示在定义域 D 上的守恒律

$$\int\limits_{\partial D}(Mu)\,\boldsymbol{n}\mathrm{d}F=\int\limits_D f\mathrm{d}x.$$

这一守恒性正是选用有限体积法的决定性原因. 为说明名称的合理性, 这里考虑以立方体为"有限体积"的三维情况.

7.7.2.6 谱方法和配置法

有限元法用固定分片多项式的次数而减小单元尺寸来逼近. 用这种方法只能达到固定阶的逼近. 实际上, 形如 Ch^p 的典型误差, 其中 h 为单元的大小, p 为最大可能的逼近阶. 在二维的情况, h 和有限元空间 V_n 维数 n 由 $n = C/h^2$ 相联系. 于是误差是维数的函数 $O\left(n^{-p/2}\right)$. 另一方面, 估计 $O(\mathrm{e}^{-\alpha n^b})$, $\alpha > 0$, $b > 0$, 描述以全局多项式或三角函数逼近光滑解时可能达到的指数收敛速度.

谱方法用全局函数结合特殊的几何结构 (如正方形), 由配置法得到离散方程. 该方法对微分方程 $Lu = f$ 只要求在某些特定的点而不是在整个区域上成立. 彼得罗夫–伽辽金方法形式上可以根据检验空间的分布来说明.

谱方法的不足在于刚度矩阵是满的, 而且对计算区域要求具有特殊的结构. 另外, 解的光滑性要求一般不能整体满足.

7.7.2.7 h 方法, p 方法和 hp 方法

步长 h 趋于零的通常有限元法也称为 h 方法. 另一方面, 若对于固定的网格, 如谱方法一样增加分片多项式的次数 p, 则称之为 p 方法.

这两种方法的组合称为 hp 方法. 此时函数空间由大小为 h 的几何单元上的 p 次有限元函数组成. 若对问题应用 hp 方法则可得到很精确的逼近. 如在 7.7.6 中简要介绍的, 局部选取 h 和 p 的途径是自适应离散化的典型课题. 这里选取检验空间等同于函数空间, 因此事实上, 它是里茨–伽辽金方法的特殊情况.

7.7.3 椭圆型微分方程

7.7.3.1 正定边值问题

现在讨论标量微分方程. 而对可视为一类鞍点问题的微分方程组, 因其对有限元离散化提出新的要求, 将在 7.7.3.2 中讨论.

7.7.3.1.1 模型问题 (泊松方程和亥姆霍兹方程)

设 Ω 为 $\mathbb{R}^2$ 上的有界区域, 边界为 $\Gamma := \partial\Omega$. 拉普拉斯算子定义为 $\Delta u := u_{xx} + u_{yy}$. 所有二阶微分方程的范例由泊松方程给出

$$\boxed{-\Delta u = f \quad 在\Omega上.} \tag{7.9a}$$

函数 $f = f(x, y)$ 为源, 是已知的. 问题是确定函数 $u = u(x, y)$. 边值问题由微分方程 (7.9a) 加上边界条件给出, 如狄利克雷边界条件

$$\boxed{u = g \quad 在边界\Gamma上.} \tag{7.9b}$$

这类边值问题的解是唯一确定的. 若 $f=0$, 则是拉普拉斯方程或位势方程, 且如下极值原理成立: 解 u 在边界 Γ 上取极大值或极小值.

下面为了方便, 仅考虑齐次边值条件, 即 $g=0$ 的情况. 对于边界 Γ 上非齐次边值 g, 求其到整个 Ω 的任意光滑延拓 G(即在 Γ 上 $G=g$). 引入辅助函数 $\tilde{u}:=u-G$, 它满足 Γ 上的齐次边界条件 $\tilde{u}=0$ 和新的微分方程 $-\Delta\tilde{u}=\tilde{f}$, 其中 $\tilde{f}:=\Delta G+f$.

作为第二个例子, 引入函数 $u=u(x,y)$ 的亥姆霍兹方程:

$$\boxed{-\Delta u+u=f \quad \text{在 } \Omega \text{上},} \tag{7.10a}$$

其诺伊曼边界条件为

$$\boxed{\frac{\partial u}{\partial \boldsymbol{n}}=g \quad \text{在边界 } \Gamma \text{上}.} \tag{7.10b}$$

其中

$$\frac{\partial u}{\partial \boldsymbol{n}}:=\boldsymbol{n}\,(\mathbf{grad}u)$$

表示边界点上的外法向导数, 即 $\boldsymbol{n}$ 为外法向单位向量.

在关于函数 u 无穷远性态的适当假设下, 诺伊曼边值问题即使对无界区域 Ω 也唯一可解.

d 维泊松方程是 $-\Delta u=f$, 其中

$$-\Delta u:=-u_{x_1x_1}-\cdots-u_{x_dx_d}=-\mathbf{div}\ \mathbf{grad}u.$$

此外, 设 $\boldsymbol{A}=\boldsymbol{A}(x_1,\cdots,x_d)$ 为 $d\times d$ 矩阵, $\boldsymbol{b}=\boldsymbol{b}(x_1,\cdots,x_d)$ 为 d 维向量函数及 $c=c(x_1,\cdots,x_d)$ 为标量函数. 则有

$$-\mathbf{div}\,(\boldsymbol{A}\mathbf{grad}u)+\boldsymbol{b}\mathbf{grad}u+cu=f \tag{7.11}$$

为一般的二阶线性微分方程. 若 $\boldsymbol{A}(x_1,\cdots,x_d)$ 是正定的, 则称之为椭圆型方程, 其中, $-\mathbf{div}\,(\boldsymbol{A}\mathbf{grad}u)$ 为扩散项, $\boldsymbol{b}\mathbf{grad}u$ 为对流项, cu 为反应项. 泊松方程和亥姆霍兹方程都是 (7.11) 中 $\boldsymbol{A}=\boldsymbol{I}$ 和 $\boldsymbol{b}=\mathbf{0}$ 时的特殊情况.

7.7.3.1.2 变分问题

根据相应于分部积分的格林公式

$$-\int\limits_{\Omega}(\Delta u)\,v\mathrm{d}x=\int\limits_{\Omega}\mathbf{grad}u\mathbf{grad}v\mathrm{d}x-\int\limits_{\Gamma}\frac{\partial u}{\partial \boldsymbol{n}}v\mathrm{d}F,$$

由 $-\Delta u=f$ 可得

$$\boxed{\int\limits_{\Omega}\mathbf{grad}u\mathbf{grad}v\mathrm{d}x=\int\limits_{\Omega}fv\mathrm{d}x+\int\limits_{\Gamma}\frac{\partial u}{\partial \boldsymbol{n}}v\mathrm{d}F,}$$

其中

$$\mathbf{grad}u\mathbf{grad}v := \sum_{i=1}^{d} u_{x_i} v_{x_i},$$

u_x 表示 u 关于 x_i 的偏导数. 在 $\mathbb{R}^2$ 中, 有 d=2.

根据 7.7.3.1.1, 可假设有齐次狄利克雷边界条件, 即在 Γ 上 $u = 0$. 因此假设 u 和 v 在边界 Γ 上都为 0.

例 1: 泊松方程的经典齐次狄利克雷问题为

$$-\Delta u = f \quad 在\Omega上, \quad u = 0 \quad 在\Gamma上.$$

在方程两边同时乘以边界上为 0 的任意光滑函数 v, 则由格林公式得到所谓的*弱形式*

$$\boxed{\int_{\Omega} \mathbf{grad}u\mathbf{grad}v\mathrm{d}x = \int_{\Omega} fv\mathrm{d}x, \quad u = 0在\Gamma上.}$$

注意到, 由于在 Γ 上 $v = 0$, 格林公式中的边界积分 $\int (\partial u/\partial \boldsymbol{n}) v\mathrm{d}F$ 为零.

为了保证解的存在性, 必须利用索伯列夫空间. 最终的变分问题是求函数

$$u \in H_0^1(\Omega)$$

使得

$$\boxed{a(u,v) = b(v), \quad 对所有的 \quad v \in H_0^1(\Omega).} \tag{7.12}$$

这里设

$$a(u,v) := \int_{\Omega} \mathbf{grad}u\mathbf{grad}v\mathrm{d}x, \quad b(v) = \int_{\Omega} fv\mathrm{d}x.$$

索伯列夫空间 在方程 (7.12) 中, $H_0^1(\Omega)$ 表示所谓的*索伯列夫空间*. 简单地说, 索伯列夫空间 $H^1(\Omega)$ 由平方可积且其一阶偏导数也平方可积的函数组成. 换言之, 有

$$\int_{\Omega} \left(u^2 + |\mathbf{grad}u|^2\right)\mathrm{d}x < \infty.$$

空间 $H^1(\Omega)$ 可通过引入如下内积赋以希尔伯特空间结构

$$(u,v) := \int_{\Omega} (uv + \mathbf{grad}u\mathbf{grad}v)\mathrm{d}x.$$

索伯列夫空间 $H_0^1(\Omega)$ 由 $H^1(\Omega)$ 空间中所有在 Γ 上满足 $u = 0$(在所谓广义边值的意义下) 的函数组成. 该空间关于内积

$$(u,v) := \int_{\Omega} \mathbf{grad}u\mathbf{grad}v\mathrm{d}x$$

也有希尔伯特空间结构.

这里用到的准确定义见 [212]. 注意 $H^1(\Omega)$(及 $H_0^1(\Omega)$) 相应于 $p=2$ 时的 $W_p^1(\Omega)$(及 $\overset{\circ}{W}{}_p^1(\Omega)$).

例 2: 考虑带诺伊曼边界条件的亥姆霍兹方程

$$-\Delta u + u = f \quad \text{在}\Omega\text{上}, \qquad \frac{\partial u}{\partial \boldsymbol{n}} = g \quad \text{在}\Gamma\text{上}.$$

现在重要的是函数 v 在边界上不再受限制. 类似于例 1 在方程两边同时乘以函数 v, 得到如下变分问题. 问题化为确定函数

$$u \in H^1(\Omega)$$

使得

$$\boxed{a(u,v) = b(v), \quad \text{对所有的}v \in H^1(\Omega).} \tag{7.13}$$

这里用到记号

$$a(u,v) := \int_\Omega (\mathbf{grad}u\mathbf{grad}v + uv)\mathrm{d}x,$$

$$b(v) := \int_\Omega fv\mathrm{d}x + \int_\Gamma gv\mathrm{d}F.$$

例 1 和例 2 生成的双线形型 $a(\cdot,\cdot)$ 是强正定的[1], 即有确定的不等式

$$\boxed{a(u,v) \geqslant c\|u\|_V^2, \quad \text{对所有的 } u \in V \text{ 以及某些 } c > 0.} \tag{7.14}$$

在例 1 中, 必须选取空间 $V = H_0^1(\Omega)$, 且赋予范数

$$\|u\|_V^2 = (u,u)_V = \int_\Omega \mathbf{grad}u\mathbf{grad}u\mathrm{d}x.$$

另一方面, 在例 2 中, 取空间 $V = H^1(\Omega)$ 及

$$\|u\|_V^2 = (u,u)_V = \int_\Omega \left(u^2 + |\mathbf{grad}u|^2\right)\mathrm{d}x.$$

我们将在 [212] 中讨论, 方程

$$a(u,v) = b(v), \quad \text{对所有的}v \in V, \quad \text{及给定的 } u \in V$$

在适当的假设下, 等价于二次变分问题

$$\frac{1}{2}a(u,u) - b(u) \overset{!}{=} \min., \quad u \in V.$$

1) 也用V椭圆这一更准确的术语代替强正定.

这使得用 “变分问题” 这一名字更合理.

不等式 (7.14) 确保变分问题 (7.12) 和 (7.13) 有唯一解.

7.7.3.1.3 对有限元法的应用

对协调有限元法, 函数空间 V_n 必须是 (7.12) 和 (7.13) 中用到的 $H_0^1(\Omega)$ 和 $H^1(\Omega)$ 的子空间. 对于上述定义的分片函数, 这实际上意味着函数必须整体连续. 在 Ω 的容许三角剖分上最简单的选择是分片线性函数. 为简单起见, 假设 Ω 为多边形, 那么准确的三角剖分是可能的.

首先考虑 (7.13) 中给出的例子. 以拉格朗日函数$\{\varphi_P : P \in E\}$ 作为有限元空间的基函数, 其中 E 为三角剖分顶点的集合. 作为满足 $\varphi_P(Q) = \delta_{PQ}(P, Q \in E$, δ_{PQ} 为克罗内克记号) 的分片连续函数, 拉格朗日函数被唯一确定. 其支集由以 P 为公共顶点的所有三角形组成. 有限元空间 $V_n \subset H^1(\Omega)$ 由所有基函数 $\{\varphi_P : P \in E\}$ 张成. 拉格朗日基也被称为标准基. 根据 (7.8b) 需要计算刚度矩阵$\boldsymbol{A}$ 的元素 $a_{ik} = a(\varphi_k, \varphi_i)$, 其中指标 $i, k = \{1, \cdots, n\}$ 与三角剖分的顶点 $\{P_1, \cdots, P_n\} \in E$ 相一致.

对狄利克雷问题 (7.12), 空间 $V_n \subset H_0^1(\Omega)$ 还必须满足零边值条件. 即对所有 $v \in V_n, Q \in E \cap \Gamma$, 有 $v(Q) = 0$. 因此 V_n 由所有的拉格朗日基函数 $\{\varphi_P : P \in E_0\}$ 张成, 其中子集 $E_0 \subset E$, 由 E 的所有内部顶点组成, 即 $E_0 := E \backslash \Gamma$.

7.7.3.1.4 有限元矩阵的表示

如果 φ_i 和 φ_k 的支集有公共内点, 则系数 $a_{ki} = a(\varphi_k, \varphi_i)$ 必定非零. 此时相应的顶点 P_k, P_i 重合或被三角剖分的一条边连接 (图 7.6(a)). 因此矩阵 $\boldsymbol{A}$ 第 k 列的非零元素的个数为 1 加上与 P_k 相邻的顶点的个数. P_i 被定义为 P_k 的邻点的条件是 P_kP_i 是三角剖分的一条边. 为了表示这一矩阵, 使用数据结构来保存关于三角剖分的几何信息总是有利的. 矩阵元素 a_{kk} 和顶点 P_k 相关, 而矩阵元素 a_{ki} 则和点 P_k 到 P_i 的指向相关. 每个矩阵与向量的积 $\boldsymbol{Ax}$ 仅要求对所有与 i 相关的 $a_{ki}x_i$ 求和 (即 i 使得 $a_{ik} \neq 0$). 这些是 $i = k$ 和存在上述指向的所有 i.

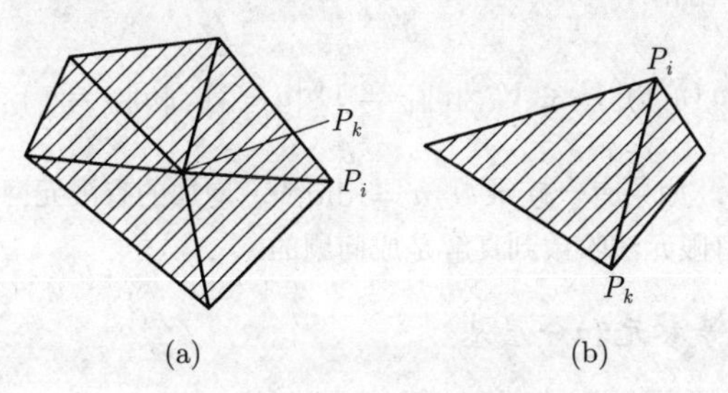

图 7.6 三角剖分和有限元矩阵

7.7.3.1.5　有限元矩阵的计算

(7.12) 中的系数 $a_{ik} = a(\varphi_k, \varphi_i)$ 等于 $\int\limits_\Omega \mathbf{grad}\varphi_k \mathbf{grad}\varphi_i \mathrm{d}x$. 积分区域 Ω 可以减小为 φ_k 和 φ_i 的支集之交. 当 $i = k$ 时, 即以 P_k 为顶点的所有三角形之并 (见 (7.6a)), 而当 $i \neq k$ 时, 则是以 P_kP_i 为公共边的两个三角形之并. 于是积分问题简化为对少数三角形计算积分 $\int\limits_\Omega \mathbf{grad}\varphi_k \mathbf{grad}\varphi_i \mathrm{d}x$.

因为三角剖分的三角形有不同的形状, 计算可通过线性映射将所有三角形映射到单位三角形 $D = \{(\xi, \eta) : \xi \geqslant 0, \eta \geqslant 0, \xi + \eta \leqslant 1\}$ 进行简化 (图 7.7). 详情见 [442] 8.3.2 节. 于是积分化为单位三角形 D 上的数值积分. 因为 $\int\limits_\Delta \mathbf{grad}\varphi_k \mathbf{grad}\varphi_i \mathrm{d}x$ 中的梯度对分片线性函数为常数, 单点求积即可得准确结果. 而在 (7.13) 中, 由于 $a_{ik} = a(\varphi_k, \varphi_i) = \int\limits_\Omega (\mathbf{grad}\varphi_k \mathbf{grad}\varphi_i + \varphi_k\varphi_i)\mathrm{d}x$中有附加的二次项 $\varphi_k\varphi_i$, 则要用较高的求积公式, 见 [432]. 在如 (7.11) 这样更一般的变系数情况, 求积分的误差是不变的, 且必须考虑数值分析.

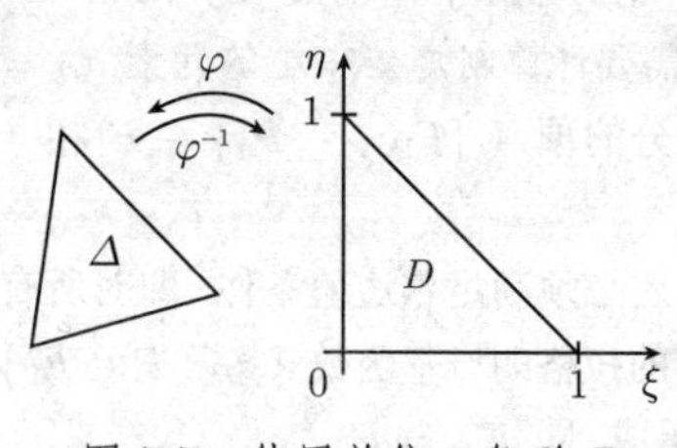

图 7.7　使用单位三角形 D

7.7.3.1.6　稳定条件

稳定性保证刚度矩阵 $\boldsymbol{A}$ 的逆矩阵存在且在适当意义下保持有界. 不等式 (7.14) 是一个非常强的稳定性条件. 在假设 (7.14) 下, 里茨–伽辽金方法 (特别是有限元法) 对任意 $V_n \subset V$ 都有唯一解. 若函数 a 满足对称性 $a(u, v) = a(v, u)$, 则刚度矩阵是正定的.

在一般情况下, 稳定性的充分必要条件由巴布什卡 (Babuska) 条件 (infinimun-supermum 条件) 给出:

$$\inf \left(\sup \left\{ |a(u, v)| : v \in V_n, \|v\|_V = 1 \right\} \middle| u \in V_n, \|u\|_V = 1 \right) := \varepsilon_n > 0$$

(见 [442] 6.5 节). 如果有一族维数 $n = \dim V_n$ 增加的有限元网格, 则必须满足 $\inf\limits_n \varepsilon_n > 0$, 否则有限元法收敛到真解是成问题的.

7.7.3.1.7　等参元和分层基

图 7.7 描绘的逆映射将单位三角形 D 线性映射到任意三角形 Δ. 如果允许 $\Phi : D \to \Delta$ 是非线性 (如二次) 映射, 则提出了一个新的问题. 若 Ω 不是多边形区

域, 三角剖分后边界总存在弯曲部分, 它可以由 $\Phi(D)$ 逼近. 在 $\Phi(D)$ 上使用函数 $v \circ \Phi^{-1}$, 其中 v 是 D 上的线性函数. 矩阵元素的计算可以化为区域 D 上的积分.

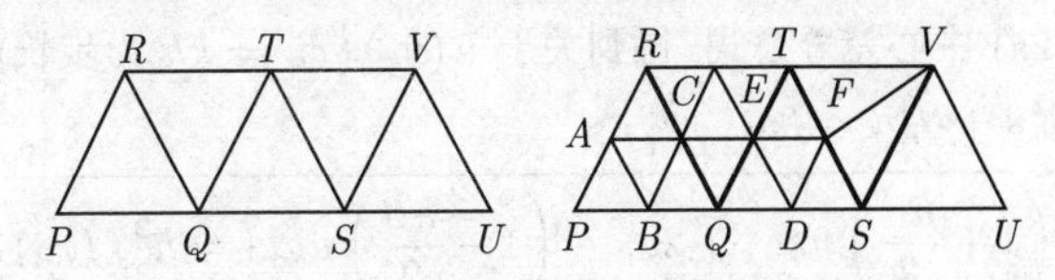

图 7.8 有限元剖分的加密图

有限元空间 V_n 所属的三角剖分可以进一步加密 (图 7.8). 新的有限元空间 V_N 包含原先的空间 V_n. 所以, 可以将 V_n 中新增节点的基函数添加到空间 V_N 中, 以此得到新空间 V_N 的基. 如图 7.8 所示, 空间 V_N 中的顶点包含粗网格的顶点 $P, Q, \cdots, T$, 加密后的顶点为 $A, \cdots, F, V$. 特别若剖分加密重复多次, 称之为分层基(见文献 [442] 8.7.5 和 [444] 11.6.4). 它也用于定义迭代算法 (见 7.7.7.7).

7.7.3.1.8 *差分方法*

为求解泊松方程 (7.9a), 以如图 7.3 的网格来覆盖区域. 对网格的每个内部顶点, 我们用五点公式 (7.4) 对拉普拉斯算子作差分逼近. 如果有一个邻点在边界上, 则用式 (7.9b) 给出的值代替. 这样得到的线性方程组是一个 $n \times n$ 稀疏矩阵 $\boldsymbol{A}$, 其中 n 为网格的内部顶点个数. 矩阵 $\boldsymbol{A}$ 的每一行最多有 5 个非零元素. 因此矩阵乘积 $\boldsymbol{Ax}$ 可以快速计算. 这正是迭代法求解方程组 $\boldsymbol{Ax} = \boldsymbol{b}$ 的优点.

对于一般的区域, 边界并不与网格的边重合, 在非等距点的边界上存在差异 (也见 7.7.2.1). 处理这类问题的肖特利–韦勒(Shortley-Weller)方法的详细介绍见 [442] 的 4.8.1 节.

除了相容性 (差分公式逼近微分算子 L), 方法的稳定性也是必要的; 这可由逆矩阵 $\boldsymbol{A}^{-1}$ 的有界性来表述 (见 [442], 4.8.1 节). 稳定性通常由 $\boldsymbol{A}$ 的 M 矩阵性质得到.

7.7.3.1.9 M 矩阵

若对 $i \neq k$, 有 $a_{ii} \geqslant 0, a_{ik} \leqslant 0$, 且 $\boldsymbol{A}^{-1}$ 所有分量非负, 则矩阵 $\boldsymbol{A}$ 称为 M 矩阵. 例如负的五点差分格式 (7.4) 满足关于符号的第一个条件. 关于 $\boldsymbol{A}^{-1}$ 的要求的充分条件是不可约对角占优, 这在当前情况也满足. 详细介绍见文献 [442] 的 4.5 节.

7.7.3.1.10 *对流扩散方程*

在 (7.11) 中, 尽管主项 (扩散项)$-\mathbf{div}(\boldsymbol{A}\mathbf{grad}u)$ 决定微分方程的椭圆性质, 但一旦 $||\boldsymbol{A}||$ 与 $||\boldsymbol{b}||$ 相比相对小, 那么对流项 $\boldsymbol{b}\mathbf{grad}u$ 在方程中可能起决定性作用. 今以一维问题为例说明之,

$$\boxed{-u'' + \beta u' = f \quad \text{在 } [0,1] \text{ 上}}$$

(即 (7.11) 中的 d=1, A=1, $b=\beta$, c=0). 结合对 $-u''$ 用 (7.3a) 第二个差分公式及对 $\beta u'$ 用 (7.2a) 中心差分公式, 得到关于 $u(x_k)$ ($x_k := kh$ 为步长) 的近似值 u_k 的离散方程 $-\partial_h^2 u + \partial_h^0 u = f$:

$$\boxed{-\left(1+\frac{h\beta}{2}\right)u_{k-1} + 2u_k - \left(1-\frac{h\beta}{2}\right)u_{k+1} = h^2 f(x_k).}$$

当 $|h\beta| \leqslant 2$, 得到 M 矩阵, 此时可保证稳定性. 由于 ∂_h^2 和 ∂_h^0 都是二阶收敛的, 那么 u_k 可精确到 $O(h^2)$. 而当 $|h\beta|$ 大于 2 时, M 矩阵的符号条件不再满足, 差分解开始变得不稳定, 导致振荡 (见文献 [442] 10.2.2 节). 此时求得的解 u_k 一般是无用的. 条件 $|h\beta| \leqslant 2$ 说明, 或者步长 h 充分小, 或者对流项不起决定作用.

在 $|h\beta| > 2$ 的情况, 可以根据 β 的符号在 (7.1a,b) 中以向前或向后差分代替 ∂_h^0. 例如, 对 $\beta < 0$, 有

$$-(1+h\beta)u_{k-1} + (2-h\beta)u_k - u_{k+1} = h^2 f(x_k).$$

这里又有 M 矩阵. 然而根据 (7.1c), 逼近仅为一阶.

因为当 β 变大时, 通常的有限元法变得不稳定, 故有限元也需要某种稳定化.

7.7.3.2 鞍点问题

拉梅 (Lamé) 方程得到的双线性型满足不等式 (7.14), 而现在讨论的斯托克斯 (Stokes) 方程则导致*不定的*双线性型.

7.7.3.2.1 模型: 斯托克斯方程

对不可压缩流体, 流体力学中最基本的*纳维–斯托克斯方程*是

$$-\eta\Delta \boldsymbol{v} + \rho(\boldsymbol{v}\,\mathbf{grad})\,\boldsymbol{v} + \mathbf{grad}p = \boldsymbol{f},$$

$$\mathrm{div}\boldsymbol{v} = 0.$$

这里 $\boldsymbol{v} = (v_1, \cdots, v_d)$ 为速度矢量, p 为压力, $\boldsymbol{f}$ 为外力密度, η 为黏性常数, ρ 为流体密度.

如果与 ρ 相比 η 很大, 那么可以近似地忽略 $\rho(\boldsymbol{v}\,\mathbf{grad})\,\boldsymbol{v}$ 项. 通过规范化 $\eta = 1$, 得到*斯托克斯方程*

$$\boxed{-\Delta \boldsymbol{v} + \mathbf{grad}p = \boldsymbol{f},} \tag{7.15a}$$

$$\boxed{-\mathrm{div}\boldsymbol{v} = 0.} \tag{7.15b}$$

方程 (7.15a) 有形如 $-\Delta v_i + \partial p/\partial x_i = f_i$ 的 d 个分量. 因为压力可以差一个常数, 取 $\int p\mathrm{d}x = 0$ 为规范化条件. 对速度场 $\boldsymbol{v}$ 必须附加边界条件, 为简单起见我们在下

面的讨论中忽略之. 对压力 p 则没有这样的自然边界条件.

在 (7.15a), (7.15b) 中给出方程是分块形式的微分方程组的例子

$$\begin{pmatrix} A & B \\ B^* & 0 \end{pmatrix}\begin{pmatrix} \boldsymbol{v} \\ p \end{pmatrix} = \begin{pmatrix} \boldsymbol{f} \\ 0 \end{pmatrix}, \tag{7.16}$$

其中 $A=-\Delta, B=\mathbf{grad}, B^*=-\mathbf{div}$($B^*$ 为 B 的伴随算子). 如果用实数 ξ_i, $i=1,\cdots,d$, 替换微分算子 $\partial/\partial x$, 则 A,B,B^* 转化为 $-|\xi|^2\boldsymbol{I}$($\boldsymbol{I}$ 为 3×3 单位矩阵), $\boldsymbol{\xi}$ 和 $-\boldsymbol{\xi}^{\mathrm{T}}$. 分块微分算子 $L=\begin{pmatrix} A & B \\ B^* & 0 \end{pmatrix}$ 在替换后转化为矩阵 $\hat{\boldsymbol{L}}(\boldsymbol{\xi})$, 且 $\det|\boldsymbol{L}(\boldsymbol{\xi})|=|\boldsymbol{\xi}|^{2d}$. 当 $\boldsymbol{\xi}\neq\mathbf{0}$ 时为正值, 从而斯托克斯方程为椭圆方程组. 椭圆方程组的阿格蒙–道格拉斯–尼伦伯格定义的详情见 [442]12.1 节.

若将问题的未知量合写成向量形式 $\boldsymbol{\varphi}=\begin{pmatrix} \boldsymbol{v} \\ p \end{pmatrix}$, 则和 (7.15a) 一样, (7.16) 可写为 $L\boldsymbol{\varphi}=\begin{pmatrix} \boldsymbol{f} \\ 0 \end{pmatrix}$. 乘以 $\boldsymbol{\psi}=\begin{pmatrix} \boldsymbol{w} \\ q \end{pmatrix}$, 积分后得到双线性型

$$c(\boldsymbol{\varphi},\boldsymbol{\psi}) := a(\boldsymbol{v},\boldsymbol{w}) + b(p,\boldsymbol{w}) + b(q,\boldsymbol{v}). \tag{7.17a}$$

这里设

$$a(\boldsymbol{v},\boldsymbol{w}) := \sum_{i=1}^{d}\int_{\Omega} \mathbf{grad}v_i\mathbf{grad}w_i\mathrm{d}x,$$

$$b(p,\boldsymbol{w}) := \int_{\Omega} (\mathbf{grad}p)\,\boldsymbol{w}\mathrm{d}x,$$

$$b^*(\boldsymbol{v},q) := b(q,\boldsymbol{v}) = \int_{\Omega} q\mathbf{div}\boldsymbol{v}\mathrm{d}x.$$

原问题的弱形式为: 求 $\boldsymbol{\varphi}=\begin{pmatrix} \boldsymbol{v} \\ p \end{pmatrix}$, 使得

$$\boxed{c(\boldsymbol{\varphi},\boldsymbol{\psi}) = \int_{\Omega} \boldsymbol{f}\boldsymbol{w}\mathrm{d}x, \quad \text{对所有的} \quad \psi = \begin{pmatrix} \boldsymbol{w} \\ q \end{pmatrix}.} \tag{7.17b}$$

类似 (7.15a, b), 等价于 (7.17b) 的变分问题为

$$\boxed{a(\boldsymbol{v},\boldsymbol{w}) + b(p,\boldsymbol{w}) = \int_{\Omega} \boldsymbol{w}\boldsymbol{f}\mathrm{d}x, \quad \text{对所有的} \quad \boldsymbol{w}\in V,} \tag{7.18a}$$

$$\boxed{b^*(\boldsymbol{v},q) = 0, \quad \text{对所有的} \quad q\in \boldsymbol{W}.} \tag{7.18b}$$

在斯托克斯方程的情况, (7.18a,b) 中适当的似函数空间 V 和 W 为 $V=\left[H^1(\Omega)\right]^d$, $W=L^2(\Omega)/\mathbb{R}$, 后者为关于常数函数的商空间.

二次泛函 $F(\boldsymbol{\varphi}):=c(\boldsymbol{\varphi},\boldsymbol{\varphi})-2\int_\Omega \boldsymbol{f}\boldsymbol{v}\mathrm{d}x$ 的显式表达为

$$F(\boldsymbol{v},p)=a(\boldsymbol{v},\boldsymbol{v})+2b(p,\boldsymbol{v})-2\int_\Omega \boldsymbol{f}\boldsymbol{v}\mathrm{d}x. \tag{7.19}$$

若双线性型 $c(\boldsymbol{\varphi},\boldsymbol{\psi})$ 对称正定, 则 (7.17b) 的解可通过极小化 $F(\boldsymbol{v},p)\overset{!}{=}\min$ 得到.

若对 $\boldsymbol{\varphi}=\begin{pmatrix}\boldsymbol{0}\\ p\end{pmatrix}\neq\boldsymbol{0}$ 有 $c(\boldsymbol{\varphi},\boldsymbol{\varphi})=0$, 则双线性型不是对称正定的. 设 $(\boldsymbol{v}^*,p^*)$ 是 (7.17b) 或 (7.18a, b) 的解. 这是 F 的**鞍点**, 即

$$F(\boldsymbol{v}^*,p)\leqslant F(\boldsymbol{v}^*,p^*)\leqslant F(\boldsymbol{v},p^*),\quad \text{对所有的}\boldsymbol{v},p. \tag{7.20}$$

这一不等式描述 F 在点 $(\boldsymbol{v}^*,p^*)$ 关于 $\boldsymbol{v}$ 最小而关于 p 最大. 此外, 有

$$F(\boldsymbol{v}^*,p^*)=\min_{\boldsymbol{v}}F(\boldsymbol{v}^*,p)=\max_{p}\min_{\boldsymbol{v}}F(\boldsymbol{v},p). \tag{7.21}$$

关于 (7.17b),(7.18a,b) 和 (7.21) 的等价性参见 [442]12.2.2 节.

为了对鞍点问题进一步解释, (7.16) 中引入满足限制条件 $B^*\boldsymbol{v}=0$ 的一类函数 $\boldsymbol{v}$, 其中 $\boldsymbol{v}\in V_0\subset V$.对斯托克斯问题它是无散度函数 (div$\boldsymbol{v}$=0) 的集合, (7.18)~(7.20) 的解可由在 V_0 上极小化 $a(\boldsymbol{v},\boldsymbol{v})-2\int_\Omega \boldsymbol{f}\boldsymbol{v}\mathrm{d}x$ 的变分问题得到. 在公式中压力 p 为表示限制 div$\boldsymbol{v}$=0 的拉格朗日变量.

(7.18a,b) 有解的充分必要条件是如下**巴布什卡–布雷齐条件**, 对于对称的情况, $a(\boldsymbol{v},\boldsymbol{w})=a(\boldsymbol{w},\boldsymbol{v})$, 有公式

$$\inf\left(\sup\left\{|a(\boldsymbol{u},\boldsymbol{v})|:\boldsymbol{v}\in V_0,\|\boldsymbol{v}\|_{\boldsymbol{V}}=1\right\}\big|\boldsymbol{u}\in \boldsymbol{V}_0,\|\boldsymbol{u}\|_{\boldsymbol{V}}=1\right)>0, \tag{7.22a}$$

$$\inf\left(\sup\left\{|b(\boldsymbol{p},\boldsymbol{v})|:\boldsymbol{v}\in V,\|\boldsymbol{v}\|_V=1\right\}\big|\boldsymbol{p}\in \boldsymbol{W},\|\boldsymbol{p}\|_W=1\right)>0. \tag{7.22b}$$

对斯托克斯问题, (7.22a) 对用 V 代替 V_0 的更强的形式也是正确的.

7.7.3.2.2　*差分方法*

考虑 d=2 平面的情况. 将二维的速度向量 $\boldsymbol{v}$ 写作 (u,v). 与 7.7.3.1.8 的方法不同, 这里不采用单一正方形网格, 而对 u, v, p 采用三个不同的网格. 如图 7.9 所示, u 网及 v 网格分别在 x 方向及 y 方向对 p 网格移动半个步长. 这保证了 u 格点的顶点不仅对式 (7.4)Δ_h 满足五点差分格式, 也满足对称差分公式

$\partial^0_{h/2,x}p(x,y) := [p(x+h/2) - p(x-h/2)]/h$. 与 (7.2a) 相比, 它移动半个步长定义的. 这样 (7.15a) 的第一个方程 $-\Delta u + \partial p/\partial x = f_1$, 被差分方程二阶精度逼近.

$$\boxed{-\Delta_h u + \partial^0_{h/2,x} p = f_1, \quad u\text{方向网格}}$$

类似地, 有

$$\boxed{-\Delta_h u + \partial^0_{h/2,y} p = f_2, \quad v\text{方向网格.}}$$

不可压缩条件 (7.15) 的显式表达式为 $\partial u/\partial x + \partial v/\partial y = 0$. 在每个 p 网格点 (x,y), 有 $(x \pm h/2, y)$ 处的 u 值和 $(x, y \pm h/2)$ 处的 v 值. 因此, 差分方程

$$\boxed{\partial^0_{h/2,x} u + \partial^0_{h/2,y} v = 0, \quad p\text{方向网格}}$$

可以被引入且达到二阶精度.

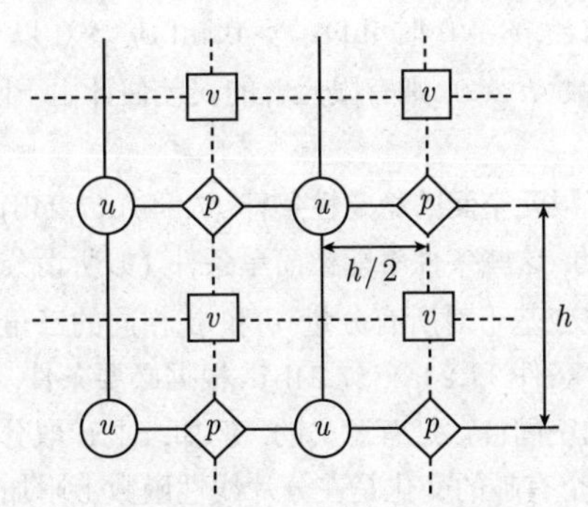

图 7.9 变量 u, v, p 的网格

7.7.3.2.3 混合有限元法

用适当选择的有限元函数构成的有限维空间 V_h 和 W_h 代替无穷维空间 V 和 W, 鞍点问题 (7.18a), (7.18b) 可有限元离散化. 指标 h 表示三角剖分后得到三角形的尺度. 有限元解 $\boldsymbol{v}^h \in V_h, \boldsymbol{p}^h \in W_h$ 必须满足变分问题

$$a\left(\boldsymbol{v}^h, \boldsymbol{w}\right) + b\left(\boldsymbol{p}^h, \boldsymbol{w}\right) = \int_\Omega \boldsymbol{f}\boldsymbol{w}\mathrm{d}x, \quad \text{对所有的} \quad \boldsymbol{w} \in V_h, \tag{7.23a}$$

$$b\left(\boldsymbol{q}, \boldsymbol{v}^h\right) = 0, \quad \text{对所有的} \quad \boldsymbol{q} \in W_h. \tag{7.23b}$$

设 $V_{h,0}$ 是满足约束 (7.23b) 的所有函数 $\boldsymbol{v}^h \in V_h$ 构成的空间. 方程 (7.23b) 正是原散度条件 (7.15b) 的逼近. 因此空间 $V_{h,0}$ 中的函数不再包含在 7.7.3.2.1 介绍的 V_0 中. 这就是称之为 "混合有限元法" 的原因.

在 V_h 和 W_h 中, 选取基 $\left\{\boldsymbol{\varphi}_1^V, \cdots, \boldsymbol{\varphi}_n^V\right\}$ 和 $\left\{\boldsymbol{\varphi}_1^W, \cdots, \boldsymbol{\varphi}_m^W\right\}$, 其中 $n = \dim V_h$,

$m=\dim W_h$. 方程组与 (7.16) 中的算子有相同的块结构. 总矩阵 $\boldsymbol{C}:=\begin{pmatrix}\boldsymbol{A} & \boldsymbol{B}\\ \boldsymbol{B}^{\mathrm{T}} & \boldsymbol{0}\end{pmatrix}$.
分块矩阵的元素为 $a_{ik}=a\left(\boldsymbol{\varphi}_k^V,\boldsymbol{\varphi}_i^V\right)$ 和 $b_{ik}=a\left(\boldsymbol{\varphi}_k^W,\boldsymbol{\varphi}_i^V\right)$.

与 7.7.3.1 不同, 这里必须仔细选取有限元空间 V_h 和 W_h.(7.23a,b) 有解的必要条件是 $n\geqslant m$(即 $\dim V_h\geqslant\dim W_h$). 否则矩阵 $\boldsymbol{C}$ 是奇异的! 这里存在一个悖论, 即通过用高维有限元空间 W_h 来 "改善" 压力逼近将破坏数值解. 存在解的充分必要条件是巴布什卡–布雷齐条件:

$$\inf\left(\sup\left\{|a(\boldsymbol{u},\boldsymbol{v})|:\boldsymbol{v}\in V_{h,0},\|\boldsymbol{v}\|_V=1\right\}\big|\boldsymbol{u}\in V_{h,0},\|\boldsymbol{u}\|_V=1\right)=:\alpha_h>0,\tag{7.24a}$$

$$\inf\left(\sup\left\{|b(\boldsymbol{p},\boldsymbol{v})|:\boldsymbol{v}\in V_h,\|\boldsymbol{v}\|_V=1\right\}\big|p\in W_h,\|\boldsymbol{p}\|_W=1\right)=:\beta_h>0.\tag{7.24b}$$

(7.24a,b) 中 $\alpha_h>0,\beta_h>0$ 的指标表示这些量随三角剖分尺度 h 而变化. 和在 7.7.3.1.6 一样, 要求当 $h\to 0$ 时 $\inf\limits_h\alpha_h>0,\inf\limits_h\beta_h>0$ 以一个正数一致有下界. 例如, 若仅有 $\beta_h=$ 常数 $\cdot h>0$, 则有限元解的误差估计由于因子 h^{-1} 而比有限元空间的最优估计差.

验证具体给定的有限元空间的稳定性条件 (7.24a),(7.24b) 可能相当复杂. 因为 (7.24a,b) 是充分必要的, 这些条件不能被简单条件 (如所谓分片检验) 所替代.

有限元函数的选取应基于对所有分量 v 和 p 相同的三角剖分. 但是对 v 和 p 取线性元不满足稳定性条件 (7.24a), (7.24b). 根据必要条件 $\dim V_h\geqslant\dim W_h$, 用更多的函数推广有限元空间 V_h 是有意义的. 例如, 对 $\boldsymbol{v}$ 取分片二次基函数而对 p 取分片线性基函数. 一个有趣的变化是在分片线性函数上附加 "泡函数". "泡函数" 由 $\xi\eta(1-\xi-\eta)$ 定义在图 7.7 的单位三角形 D 上. 它在三角形的边为零而在区域内部为正. 利用将区域 D 映射到任意三角形的线性映射可用来定义任意三角形上的泡函数. 这样得到的函数空间 V_h 满足巴布什卡–布雷齐条件 (见 [442]12.3.3.2 节).

7.7.4 抛物微分方程

7.7.4.1 模型问题

抛物微分方程的典型例子为热传方程

$$\boxed{u_t-\Delta u=f,\quad 对\quad t>t_0\quad 和\quad x\in\Omega,}\tag{7.25a}$$

其中函数 $u=u(t,x)$ 由位置变量 $x=(x_1,\cdots,x_d)\in\Omega$ 和时间 t 确定. 这里以更一般的椭圆微分算子 L 代替拉普拉斯算子 $-\Delta$. 这一算子仅与变量 x 有关, 但系数可依赖于时间 t. 如同在椭圆微分方程的情况, $u(t,\cdot)$ 的适当的边界条件是问题的

一部分, 如狄利克雷条件

$$\boxed{u(t,x)=\varphi(t,x),\quad \text{对} \quad t>t_0 \quad \text{和} \quad x\in\Gamma.} \tag{7.25b}$$

此外, 在时刻 t_0 给定初值:

$$\boxed{u(t_0,x)=u_0(x),\quad \text{对} \quad x\in\Omega.} \tag{7.25c}$$

问题 (7.25a)~(7.25c) 称为初边值问题.

注意在这些方程中, 时间方向起着特殊的作用. 问题 (7.25a)~(7.25c) 关于时间 t 有某种不对称性: 它只能在一个方向 (未来)($t>t_0$) 求解, 而不能在另一个方向 (过去)($t<t_0$) 求解.

即使初值和边值是不相容的 (即 $u_0(x)=\varphi(t_0,x)$ 不是对所有的 $x\in\Gamma$ 成立), 当 $t>t_0$ 时依然存在光滑解, 但当 $t\to t_0+0$, 其解在边界不连续.

7.7.4.2 时间和空间的离散

分别对时间方向和位置变量进行离散. 在差分方法中, 用 7.7.3.1.8 的网格 Ω_h 覆盖区域 Ω(其中 h 仍为网格尺寸). 相应地, 用差分算子 $-\Delta_h$ 代替微分算子 $-\Delta$. 用适当的差分单独代替时间导数 u_t, 如用时间步长为 δt 的差分 $u_t\approx[u(t+\delta t,\cdot)-u(t,\cdot)]/\delta t$. 一个可能的离散化为显式欧拉法:

$$\frac{1}{\delta t}(u(t+\delta t,x)-u(t,x))-\Delta_h u(t,x)=f(t,x),\quad \text{对} \quad x\in\Omega_h. \tag{7.26a}$$

在边界我们用边值 (7.25b) 代替 $u(t,x)$. 关于时间步 $t+\delta t$ 解 (7.26a) 得到算法

$$\boxed{u(t+\delta t,x)=u(t,x)+\delta t\Delta_h u(t,x)+\delta t f(t,x),\quad \text{对} \quad x\in\Omega_h.} \tag{7.26a$'$}$$

从初值 (7.25c) 出发, 从 (7.26a$'$) 得到时间 $t_k=t_0+k\delta t$ 时的近似值.

另一方面, 对位置的离散用 $t+\delta t$ 代替 t, 我们得到隐式欧拉法:

$$\frac{u(t+\delta t,x)-u(t,x)}{\delta t}-\Delta_h u(t+\delta t,x)=f(t,x),\quad \text{对} \quad x\in\Omega_h. \tag{7.26b}$$

新的值 $u(t+\delta t,.)$ 是下列方程组的解:

$$\boxed{(I-\delta t\Delta_h)\,u(t+\delta t,x)=u(t,x)+\delta t f(t,x),\quad \text{对} \quad x\in\Omega_h.} \tag{7.26b$'$}$$

关于 $t+\delta t/2$ 对称的离散化称为克兰克–尼科尔森方法

$$\boxed{\begin{aligned}&\frac{1}{\delta t}(u(t+\delta t,x)-u(t,x))-\frac{1}{2}\Delta_h(u(t,x)+u(t+\delta t,x))\\&=\frac{1}{2}(f(t,x)+f(t+\delta t,x)),x\in\Omega_h.\end{aligned}} \tag{7.26c}$$

7.7.4.3 差分法的稳定性

显式方法 (7.26′) 初看起来非常简单易用, 但在应用中通常不是一个适用的算法, 因为 δt 必须满足严格限制的稳定性条件. 在方程 (7.4) 介绍的五点格式 Δ_h 中, 其稳定性条件为

$$\boxed{\lambda := \delta t/h^2 \leqslant 1/4.} \tag{7.27}$$

逼近的相容性要求离散解收敛到 (7.25a)~(7.25c) 的准确解, 这等价于稳定性条件, 将在下面 7.7.5.5 的定理中讨论. 若不满足 (7.27), 只能得到无用的解. 在 $\lambda > 1/4$ 的情况, 初值的扰动在算法的 $k = (t - t_0)/\delta t$ 步后被放大 $[1 - 8\lambda]^k$ 倍. 因为出现对 x 的二阶导数而对 t 仅为一阶导数, 条件 (7.27) 将 δt 和位置网格尺寸的平方 h^2 耦合在一起. 条件 $\delta t \leqslant h^2/4$ 在应用中意味着, 高维空间变量不仅要求在每一时间步付出大的计算代价, 而且使必要的逼近步数猛烈增加.

对于代替 Δ 的一般的微分算子 L, 本质上同样必须满足稳定性条件 (7.27), 只是常数 1/4 换为另一个常数.

隐式欧拉法 (7.26b) 和克兰克–尼科尔森格式 (7.26c) 两者都称为绝对稳定的方法, 也就是说对于每一个 $\lambda = \delta t/h^2$ 值都是稳定的.

7.7.4.4 半离散

若仅对 (7.25a) 中的空间变量微分算子而不对时间导数离散化, 则得

$$\boxed{\boldsymbol{u}_t - \boldsymbol{\Delta}_h \boldsymbol{u} = f, \quad \text{对} \quad t > t_0 \quad \text{和} \quad x \in \Omega_h.} \tag{7.28}$$

因为 $\boldsymbol{u}$ 是关于 Ω_h 的 n 个顶点的向量, 我们得到在 $t = t_0$ 给出初值 (7.25c) 的常微分方程组. 由于矩阵 $\boldsymbol{\Delta}_h$ 的特征值的阶从 1 到 h^{-2}, 所以 (7.28) 是刚性微分方程组 (见 7.6.1.1). 这就是为何显式方法求解 (7.28) 仅对小的时间步长才有效的原因. 根据 7.6.1.1, 隐式梯形公式是绝对稳定的. 若将其应用于 (7.28), 最后我们用克兰克–尼科尔森格式 (7.26c) 求解. 事实上, 隐式欧拉法甚至是强绝对稳定的, 也就是说强震荡的扰动实际上可以被这个算法消除, 而这一事实对克兰克–尼科尔森格式却不成立.

7.7.4.5 单步控制

通常对微分方程, 在算法中时间步长 δt 不必保持为常数. 事实上, 它可方便地自适应于所处的状态. 然而这要求算法是隐式的而且是绝对稳定的, 这样 δt 就不再受如 (7.27) 这样的稳定性条件的限制.

当 $u(t + \delta t, x)$ 和 $u(t, x)$ 的差越来越小时, 时间步长可以取得较大. 特别在当 $t \to \infty$ 时 f 和 φ 与时间无关的情况下求解 (7.25a). 在这一情况下 u 趋向于带边界条件 (7.25b) 的稳定方程 $-\Delta u = f$ 的解. 在这一方面, 我们指出若仅对求得稳

定解感兴趣, 该方法并不适合. 事实上, 尽管抛物微分方程问题的迭代方法收敛到一个稳定的解, 但如在 7.7.7 中所述, 这根本不是有效的方法.

相反, 在初始时刻附近 ($t \approx t_0$) 选取小的时间步长 δt 是有理由的. 如上面 7.7.4.1 接近结尾时所述, u 对 $t = t_0$ 及 $x \in \Gamma$ 可能是不连续的. 为了数值模拟的光滑性, 需要足够小的时间步长且避免使用如 (7.26c) 那样的非强稳定的隐式方法. 在这种情况下, 用几个时间步的显式方法 (7.26a′) 及 $\delta t \leqslant h^2/8$ 代替 (7.27) 是有意义的.

7.7.4.6 有限元解

得到抛物微分方程有限元离散化的最简单的方法是先借助有限元法进行半离散. 设 V_n 为有限元空间. 从方程 (7.25a) 我们得到关于函数 $u(t,x)$, $u(t,\cdot) \in V_n$ 的常微分方程组, 其弱形式为

$$\boxed{(u_t, v) + a(u(t), v) = b(v), \quad 对 \quad v \in V_n, t > t_0,} \tag{7.29}$$

其中 a 和 b 如 (7.12) 中所定义; 取 u 有如下形式:

$$u(t) := \sum y_k(t)\varphi_k \quad (\varphi_k为V_n的基函数),$$

系数 $y_k(t)$ 与时间相关. 方程组的矩阵形式为, 当 $t > t_0$ 时,

$$\boldsymbol{M}\boldsymbol{y}_t + \boldsymbol{A}\boldsymbol{y} = \boldsymbol{b},$$

其中 $\boldsymbol{A}$ 和 $\boldsymbol{b}$ 为在 (7.8b) 中给出的量. 质量矩阵 $\boldsymbol{M}$ 有分量 $M_{ij} = \int \varphi_i\varphi_j \mathrm{d}x$. 如果用欧拉法对时间进行离散, 则得 $\boldsymbol{M}[\boldsymbol{y}(t+\delta t) - \boldsymbol{y}(t)]/\delta t + \boldsymbol{A}\boldsymbol{y}(t) = \boldsymbol{b}$, 并由此得到递推公式

$$\boxed{\boldsymbol{y}(t+\delta t) = \boldsymbol{y}(t) + \delta t\boldsymbol{M}^{-1}[\boldsymbol{b} - \boldsymbol{A}\boldsymbol{y}(t)], \quad 对 \quad t > t_0.} \tag{7.30}$$

为了避免求解系数矩阵为 $\boldsymbol{M}$ 的线性方程组, 常以对角矩阵 (如对角元素为 $\boldsymbol{M}$ 的行元素之和) 代替之. 这所谓的集总并不降低逼近的质量 (见 [453]).

初值 (7.25c) 借助 L^2 投影转到有限元解 $u(t,\cdot) \in V_n$:

$$\int_\Omega u(t_0,x)v(x)\,\mathrm{d}x = \int_\Omega u_0(x)v(x)\,\mathrm{d}x.$$

对 $u(t_0,x)$ 的系数 $\boldsymbol{y}(t_0)$ 这意味着方程 $\boldsymbol{M}\boldsymbol{y}(t_0) = \boldsymbol{c}$, 其中 $c_i = \int u_0(x)\varphi_i \mathrm{d}x$.

也可对时间和空间变量同时进行有限元离散. 然而在最简单的情况 (例如, 对 $[t, t+\delta t]$ 上的时间变量是分片连续的, 而对空间变量则相应于 V_n 中的函数), 这一方法导致回到 (7.29) 的欧拉离散, 从而有 (7.30).

7.7.5 双曲微分方程

7.7.5.1 初值和初边值问题

双曲微分方程的最简单的例子是

$$\boxed{u_t(t,x)+a(t,x)\,u_x(t,x)=f(t,x)\quad (a,f\text{已知},\quad u\text{待求}).}\tag{7.31}$$

线性常微分方程

$$x'(t)=a(t,x(t))\tag{7.32}$$

的每一个解称为 (7.31) 的特征. 带初值 $x(0)=x_0\in\mathbb{R}$ 的所有特征 $x(t)=x(t;x_0)$ 的集合称为微分方程的特征族. 函数 $U(t):=u(t,x(t))$ 沿着特征满足常微分方程

$$U_t(t)=f(t,x(t)).\tag{7.33}$$

若我们处理纯初值问题, 则初值沿一条曲线 (如 t=0 线) 由

$$\boxed{u(0,x)=u_0(x),\quad -\infty<x<\infty}\tag{7.34}$$

规定. 这就是说方程 (7.33) 沿着特征 $x(t,x_0)$ 的初值 $U(0)=u_0(x_0)$. (7.31) 和 (7.34) 的组合称为初值问题.

如果初值 (7.34) 仅在有界区间 $[x_\mathrm{l},x_\mathrm{r}]$ 上给出, 则我们也需要 $x=x_\mathrm{l}$ (左边) 或 $x=x_\mathrm{r}$ (右边) 的边值. 选取哪一侧边值依赖于 $a(t,x)$ 的符号: 当特征与曲线 (这里 x= 常数) 相交时, 要求它由区间外部走向区间内部. 在 $a>0$ 的情况, 适当的边界条件为

$$u(t,x_\mathrm{l})=u_\mathrm{l}(t),\quad t\geqslant 0.\tag{7.35}$$

区间 $[x_\mathrm{l},x_\mathrm{r}]$ 上的 (7.31) 和 (7.34) 及 (7.35) 的组合称为初值–边值问题.

双曲微分方程的典型性质是保持不连续性. 若初值在点 $x=x_0$ 跳跃, 则这一不连续性沿着特征 $x(t,x_0)$ 延伸到内部 (在 f=0 的情况, 保留不连续性). 这一性质与在内部会变得光滑的椭圆微分方程和抛物微分方程大不相同.

7.7.5.2 双曲方程组

设 $\boldsymbol{u}=\boldsymbol{u}(t,x)$ 为向量值函数 $\boldsymbol{u}=(u_1,\cdots,u_n)$. 若广义特征值问题

$$\boldsymbol{A}\boldsymbol{u}_x+\boldsymbol{B}\boldsymbol{u}_t=\boldsymbol{f}\tag{7.36}$$

有相应于实特征值 λ_i 的 n 个线性无关的 (左) 特征向量 $\boldsymbol{e}_i\,(1\leqslant i\leqslant n)$, 则微分方程

$$\boldsymbol{e}^{\mathrm{T}}(\boldsymbol{B}-\lambda\boldsymbol{A})=\boldsymbol{0},\quad \boldsymbol{e}\neq\boldsymbol{0}$$

是双曲型的, 其中 $\boldsymbol{A}$ 和 $\boldsymbol{B}$ 为 $n\times n$ 矩阵. 在这种情况下有 n 个由[1)]

$$\frac{\mathrm{d}t}{\mathrm{d}x}=\lambda_i,\quad 1\leqslant i\leqslant n$$

给出的这样的族代替特征族. 若以 $(\boldsymbol{\varphi})_i=\boldsymbol{\varphi}_x+\boldsymbol{\lambda}_i\boldsymbol{\varphi}_t$ 定义第 i 个特征方向的导数, 则代替 (7.33) 得到常微分方程

$$(\boldsymbol{e}_i^{\mathrm{T}}\boldsymbol{A})(\boldsymbol{u})_i=\boldsymbol{e}_i^{\mathrm{T}}\boldsymbol{f},\quad 1\leqslant i\leqslant n.\tag{7.37}$$

$\boldsymbol{A},\boldsymbol{B},\boldsymbol{e}_i,\lambda_i,(t,x)$ 在线性情况下仅依赖于 (t,x), 而在一般情况下还依赖于函数 $\boldsymbol{u}$.

若将 $\boldsymbol{u}$ 和 $\boldsymbol{u}_0$ 视为向量值, 则方程组 (7.36) 的初值条件正如 (7.34). 关于边值规定, 注意在 x_{l} 处有 k_{l} 条件, 其中 k_{l} 为特征值 $\lambda_i(t,x_{\mathrm{l}})>0$ 的个数. 类似地, 在 x_{r} 处也有 k_{r} 边值条件. 若对所有特征值都有 $\lambda_i\neq 0$, 那么 k_{l} 和 k_{r} 为常数且和为 n.

形如 (7.31) 的双曲微分方程组经常在处理高阶标量方程后出现.

7.7.5.3 特征作为工具

如 7.7.5.1 讨论的标量情况, 我们可将求解偏微分方程简化为常微分方程 (7.32) 和 (7.33)(的数值逼近). 如果有两个不同的特征值 λ_1 和 λ_2, 相应的方法也可在 $n=2$ 时实施. 为看出这一点, 假定已知在如图 7.10 所示的 P 和 Q 点的值 $x,t,\boldsymbol{u}$ 通过 P 点的第一个特征族的特征和通过 Q 点的第二个特征族的特征在 R 点相遇. 差 $(\boldsymbol{e}_1^{\mathrm{T}}\boldsymbol{A})(\boldsymbol{u}_R-\boldsymbol{u}_P)$ 和 $(\boldsymbol{e}_2^{\mathrm{T}}\boldsymbol{A})(\boldsymbol{u}_R-\boldsymbol{u}_Q)$ 逼近 (7.37) 的左边, 得到确定 R 点 $\boldsymbol{u}$ 值的方程. 重复应用这一方法可以从两族特征 (这可解释为关于所谓特征坐标的等距网格) 得到网格顶点处的解.

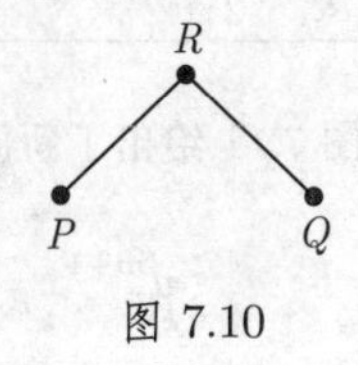

图 7.10

若特征被用于其理论求导, 差分方法有时也被误称为特征方法.

7.7.5.4 差分方法

下面用 x 方向 Δx 和 t 方向 Δt 为步长的等距网格. 设 $\boldsymbol{u}_v^m$ 为解 $\boldsymbol{u}$ 在 $t=t_m=m\Delta t$ 和 $x=x_v=v\Delta x$ 处的近似. 当 $m=0$ 时, 初值 $\boldsymbol{u}_v^m$ 定义为

$$\boldsymbol{u}_v^0=\boldsymbol{u}_0(x_v),\quad -\infty<v<\infty.$$

若在 (7.31) 中用向前差分 $(\boldsymbol{u}_v^{m+1}-\boldsymbol{u}_v^m)/\Delta t$ 代替 $\boldsymbol{u}_t$, 用对称差分 $(\boldsymbol{u}_{v+1}^m-\boldsymbol{u}_{v-1}^m)/(2\Delta x)$ 代替 $\boldsymbol{u}_x$, 则得差分方程

$$\boldsymbol{u}_v^{m+1}:=\boldsymbol{u}_v^m+\frac{a\lambda}{2}(\boldsymbol{u}_{v+1}^m-\boldsymbol{u}_{v-1}^m)+\Delta tf(t_m,x_v).\tag{7.38}$$

1) 当 $1/\lambda_i=0$ 时, 取 $\mathrm{d}x/\mathrm{d}t=0$.

如我们即将看到的, 它完全无效. 参数

$$\lambda := \Delta t/\Delta x \tag{7.39}$$

相应于 (7.27) 中抛物情况下的同名参数 $\lambda := \Delta t/\Delta x^2$.

如果用左端或右端的差分 (7.1a,b) 代替对称差分, 则得到以柯朗–伊萨克森–里斯命名的如下差分方程:

$$\boxed{\boldsymbol{u}_v^{m+1} := (1+a\lambda)\,\boldsymbol{u}_v^m - a\lambda\boldsymbol{u}_{v-1}^m + \Delta t f(t_m, x_v),} \tag{7.40a}$$

$$\boxed{\boldsymbol{u}_v^{m+1} := (1-a\lambda)\,\boldsymbol{u}_v^m + a\lambda\boldsymbol{u}_{v+1}^m + \Delta t f(t_m, x_v).} \tag{7.40b}$$

组合对空间变量的对称差分与对时间变量不常用的差分$\left(\boldsymbol{u}_v^{m+1} - \frac{1}{2}\left[\boldsymbol{u}_{v+1}^m + \boldsymbol{u}_{v-1}^m\right]\right)/\Delta t$ 得到弗里德里希斯(Friedrichs)格式:

$$\boxed{\boldsymbol{u}_v^{m+1} := (1-a\lambda/2)\,\boldsymbol{u}_{v-1}^m + (1+a\lambda/2)\,\boldsymbol{u}_{v+1}^m + \Delta t f(t_m, x_v).} \tag{7.40c}$$

若 a 不依赖于 t, 则如下拉克斯–温德罗夫(Lax-Wendorff)方法为二阶离散方法:

$$\boxed{\boldsymbol{u}_v^{m+1} := \frac{1}{2}\left(a^2\lambda^2 - a\lambda\right)\boldsymbol{u}_{v-1}^m + \left(1-a^2\lambda^2\right)\boldsymbol{u}_v^m + \frac{1}{2}\left(a^2\lambda^2 + a\lambda\right)\boldsymbol{u}_{v+1}^m + \Delta t f(t_m, x_v).} \tag{7.40d}$$

图 7.11 给出了新值 $\boldsymbol{u}_v^{m+1}$ 依赖于第 m 层的值的示意图. 所有的例子均为形如

$$\boldsymbol{u}_v^{m+1} := \sum_{\ell=-\infty}^{\infty} \boldsymbol{c}_\ell u_{v+\ell}^m + \Delta t \boldsymbol{g}_v, \quad -\infty < v < \infty, m \geqslant 0 \tag{7.41}$$

的显式差分法.

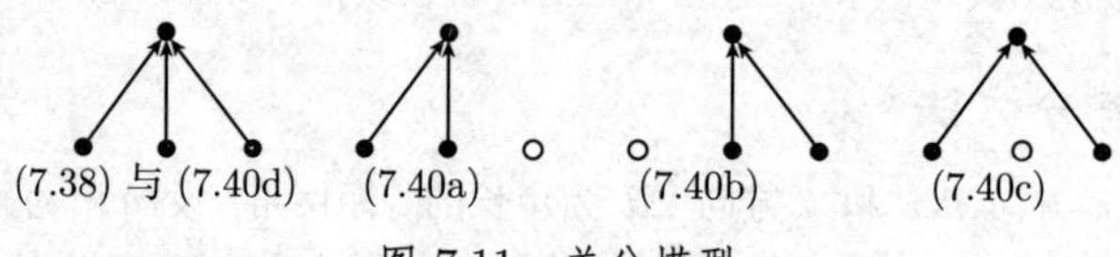

图 7.11　差分模型

系数 $\boldsymbol{c}_\ell$ 依赖于 $t_m, x_n, \Delta x, \Delta t$. 在向量值函数 $\boldsymbol{u} \in \mathbb{R}^n$ 的情况, $\boldsymbol{c}_\ell$ 为实 $n \times n$ 矩阵. 一般 (7.41) 中的和仅包含有限多的非零系数.

7.7.5.5　相容性, 稳定性和收敛性

如果差分方程 (7.41) 不是仅定义在网格顶点, 而是定义在全空间 $\mathbb{R}$:

$$\boldsymbol{u}^{m+1}(x) := \sum_{\ell=-\infty}^{\infty} \boldsymbol{c}_\ell \boldsymbol{u}^m(x+\ell\Delta t) + \Delta t \boldsymbol{g}(x), \quad -\infty < x < \infty, m \geqslant 0. \tag{7.41′}$$

那么理论分析较容易. 算法 (7.41′) 定义了差分算子$C = C(\Delta t)$ 的作用.

$$\boldsymbol{u}^{m+1}(x) := C(\Delta t)\boldsymbol{u}^m + \Delta t\boldsymbol{g}, \quad m \geqslant 0. \tag{7.41''}$$

今设 B 为包含函数 u^m 的某个适当的巴拿赫空间[1]. 标准的选取为 $B = L^2(\mathbb{R})$, 其范数为 $\|\boldsymbol{u}\| = \left(\int\limits_{\mathbb{R}} |\boldsymbol{u}|^2 \mathrm{d}x\right)^{1/2}$, 或 $B = L^\infty(\mathbb{R})$, 其范数为 $\|\boldsymbol{u}\| = \operatorname{ess\,sup}\{|\boldsymbol{u}(x)| : x \in \mathbb{R}\}$. 设 B_0 是 B 的稠子集, $\boldsymbol{u}(t)$ 为对任意初值 $\boldsymbol{u}_0 \in B_0$, f=0 时 (7.31) 时的解. 若

$$\sup_{0\leqslant t\leqslant T} \|C(\Delta t)\boldsymbol{u}(t) - \boldsymbol{u}(t+\Delta t)\| / \Delta t \to 0, \quad \text{当} \quad \Delta t \to 0 \quad \text{时},$$

则差分算子 $C(\Delta t)$ 称为 (在区间 $[0,T]$ 中关于范数 $\|\cdot\|$) *相容的*. 离散化的目标是用 $\boldsymbol{u}^m(m\Delta t \to t)$ 逼近 $\boldsymbol{u}(t)$. 若当 $\Delta t \to 0$ 且 $m\Delta t \to t \in [0,T]$ 时, 有 $\|\boldsymbol{u}^m - \boldsymbol{u}(t)\| \to 0$, 相应地称算法 (在区间 $[0,T]$ 中关于范数 $\|\cdot\|$) 收敛. 这里, 设 $\lambda := \Delta t/\Delta x$ 取为固定值, 使得 $\Delta t \to 0$ 也意味着 $\Delta x \to 0$.

相容性一般容易验证, 然而肯定不足以保证收敛性. 于是有下面的结果:

等价定理 在满足相容性的前提下, 当且仅当差分算子 $C(\Delta t)$ 稳定时算法收敛.

这里, 以如下估计定义算子 $C(\Delta t)$(在区间 $[0,T]$ 中关于范数 $\|\cdot\|$) 的稳定性概念:

$$\|C(\Delta t)^m\| \leqslant K \quad \text{对所有满足} \quad 0 \leqslant m\Delta t \leqslant T \text{ 的} m \text{ 和 } \Delta t, \tag{7.42}$$

其中 K 是固定的.

反过来看, 该定理说明不稳定的差分算子会导致荒谬的结果, 其中不稳定性通常表现为解的快速振荡. 注意 (7.41) 是单步法. 对常微分方程相容的单步法的收敛性一般如 7.6.1.1 中所讨论. 而与之形成对照的是, 我们仅在多步法情况遇到稳定性问题, 对于显式差分法我们至多能希望有对 λ 存在限制的*条件稳定性*.

7.7.5.6 稳定性条件

7.7.5.6.1 稳定性的必要条件——CFL 条件

现在要讨论的稳定性条件源于柯朗、弗里德里希斯和列维的工作, 通常称为 CFL 条件. 这个相对容易检验的标准是稳定性的必要条件.

在和式 (7.41′) 中, 设 $\ell_{\min}$ 为使 $c_\ell \neq 0$ 的最小指标 ($\ell_{\max}$ 为最大指标), 在标量情况 ($u \in \mathbb{R}^1$), CFL 条件为对所有的 x 和 t

$$\ell_{\min} \leqslant \lambda a(t,x) \leqslant \ell_{\max}, \tag{7.43}$$

1) 关于巴拿赫空间的基本概念和记号可见文献 [212].

其中 $a(t,x)$ 为 (7.31) 的系数. 在高维情况 ($\boldsymbol{u}\in\mathbb{R}^n, n\geqslant 2$), (7.43) 中的量 $a(t,x)$ 要换为 $n\times n$ 矩阵 $\boldsymbol{a}(t,x)$ 的所有特征值的集合.

需要注意的是, 在 CFL 条件中, 指标界 $\ell_{\min}$ 和 $\ell_{\max}$ 是 $C(\Delta t)$ 的唯一重要的性质, 甚至连 (7.42) 中的范数如何选择也无关紧要.

除了 $\alpha=0$ 的平凡情况, CFL 条件表明当 λ 值太大时, 总是导致不稳定. 另一方面, 借助隐式差分法可以强制条件稳定. 这可以在形式上写成带无穷和的式 (7.42). 由 $-\ell_{\min}=\ell_{\max}=\infty$, CFL 条件自然满足.

CFL 条件一般不是稳定性的充分条件. 若一个方法通过对 λ 的精确限制 (7.43) 碰巧是稳定的, 则称之为最优稳定的. 对 λ, 从而对 $\Delta t=\lambda\Delta x$ 的限制越强, 对 (7.41″) 就需要更多步才能达到 $t=m\Delta t$.

7.7.5.6.2 充分的稳定性条件

根据 (7.42), 其中 $K:=\exp(KT')$, 稳定性的充分条件为

$$\|C(\Delta t)\|\leqslant 1+\Delta tK'. \tag{7.44}$$

在标量的情况取 $B=L^\infty(\mathbb{R})$, 则有 $\|C(\Delta t)\|=\sum_\ell |c_\ell|$. 这表明, 只要 $|\lambda a|\leqslant 1$, 方法 (7.40a)~(7.40c) 在最大模意义下是稳定的. 此外, 对于柯朗–伊萨克森–里斯格式 (7.40a), (7.40b), 必须要求 $a\leqslant 0$ 或 $a\geqslant 0$. 根据 7.7.5.5 中的等价性定理, 近似解一致收敛到准确解.

拉克斯–温德罗夫方法 (7.40d) 关于 $\|\cdot\|=\|\cdot\|_\infty$ 不满足充分条件 (7.44), 它关于最大模确实不稳定. 其原因在于该算法是二阶相容的, 因此关于 $L^\infty(\mathbb{R})$ 是不稳定的. 由此我们知道, 高阶相容的要求和稳定性的要求有冲突.

今后假设 (7.41) 中的系数 $c_\ell=c_\ell(\Delta t,\lambda)$ 与 x 无关. 于是 $L^2(\mathbb{R})$ 稳定性可以借助下面的放大矩阵来描述

$$\boldsymbol{G}=\boldsymbol{G}(\Delta t,\xi,\lambda):=\sum_{\ell=-\infty}^{\infty}\boldsymbol{c}_\ell(\Delta t,\lambda)\,\mathrm{e}^{\mathrm{i}\ell\xi},\quad \xi\in\mathbb{R}.$$

其中 G 是以 2π 为周期的, 在多变量 ($n>1$) 情况下为矩阵值的函数. 例如, 在拉克斯–温德罗夫方法 (7.40d) 的情况, 放大矩阵为 $\boldsymbol{G}(\Delta t,\xi,\lambda)=1+\mathrm{i}\lambda a\sin(\xi)-\lambda^2a^2(1-\cos(\xi))$.

$L^2(\mathbb{R})$ 稳定性 (7.42) 等价于对所有的 $|\xi|\leqslant\pi$ 和 $0\leqslant m\Delta t\leqslant T$ 有

$$|\boldsymbol{G}(\Delta t,\xi,\lambda)^m|\leqslant K,$$

其中 K 与 (7.42) 中的常数相同. 这里 $|\cdot|$ 为谱范数. 由此我们得到进一步的稳定性判据, 即冯·诺依曼条件: 对所有 $|\xi|\leqslant\pi$, 放大矩阵 $\boldsymbol{G}(\Delta t,\xi,\lambda)$ 的特征值

$\gamma_j = \gamma_j(\Delta t, \xi, \lambda)$ 满足不等式

$$|\gamma_j(\Delta t, \xi, \lambda)| \leqslant 1 + \Delta t K', \quad 1 \leqslant j \leqslant n. \tag{7.45}$$

当 $n=1$ 时, (7.45) 就是 $|\boldsymbol{G}(\Delta t, \xi, \lambda)| \leqslant 1 + \Delta t K'$. 冯 · 诺依曼条件一般仅为稳定性的必要条件. 然而若满足下面的假设之一, 它甚至是充分条件:

(1) $n = 1$;

(2) $\boldsymbol{G}$ 为正规矩阵;

(3) 存在与 Δt 和 ℓ 无关的相似变换, 将所有的系数 $c_\ell(\Delta t, \lambda)$ 化为对角型;

(4) $|\boldsymbol{G}(\Delta t, \xi, \lambda) - \boldsymbol{G}(0, \xi, \lambda)| \leqslant L\Delta t$ 且 $G(0, \xi, \lambda)$ 满足上述条件之一.

当 $|\lambda a| \leqslant 1$ 时, 从冯 · 诺依曼条件可得例子 (7.40a)~(7.40d) 是 $L^2(\mathbb{R})$ 稳定的 (如上述, 对 (7.40a),(7.40b) 我们要求 $a \leqslant 0$ 或 $a \geqslant 0$). 事实上, 拉克斯–温德罗夫方法是 $L^2(\mathbb{R})$ 稳定的, 但不是 $L^\infty(\mathbb{R})$ 稳定的, 从等价定理我们可得结论: 数值解二次平均收敛而不是一致收敛到准确解. 差分方法 (7.38) 导致 $\boldsymbol{G}(\Delta t, \xi, \lambda)\, 1 + \mathrm{i}\lambda a \sin(\xi)$, 因此除了平凡的例外 $a = 0$ 以外, 它都是不稳定的.

当系数 c_ℓ 与 x 有关时, 可以采用冻结系数技巧. 设 $C_{x_0}(\Delta t)$ 为将所有系数 $c_\ell(x, \Delta t, \lambda)$(与 x 有关) 换成系数 $c_\ell(x_0, \Delta t, \lambda)$(与 x 无关) 后得到的差分算子. 对所有的 $x_0 \in \mathbb{R}$,$C(\Delta t)$ 与 $C_{x_0}(\Delta t)$ 的稳定性几乎是等价的. 事实上在适当的技术性假设下, 对所有的 $x_0 \in \mathbb{R}$, $C(\Delta t)$ 的稳定性隐含了 $C_{x_0}(\Delta t)$ 的稳定性. 反过来则要求 $C(\Delta t)$ 是耗散的. 这一概念定义如下: 若对 $|\xi| \leqslant \pi$ 及给定的 $\delta > 0$, 不等式 $|\gamma_j(\Delta t, \xi, \lambda)| \leqslant 1 - \delta|\xi|^{2r}$ 成立, 则称 C 为 $2r$ 阶耗散的. 详细的论述见文献 [452].

7.7.5.7 间断解的数值近似 (激波捕获)

在 7.7.5.1 中已提到, 间断初值条件可能导致解沿着特征保持间断. 在非线性的情况下, 即使初值是任意光滑的, 也可能出现间断性 (激波). 这与椭圆或抛物情况不同, 为此要求双曲离散也产生好的逼近解.

在逼近间断点的 $\boldsymbol{u}_v^m$ 时要避免两种现象:

(1) 当 m 增大时, 间断变得光滑;

(2) 近似解在间断点振荡.

第二种情况出现在高阶方法中. 有在光滑区域高阶逼近, 在非常靠近间断点处也不发生振荡的所谓高分辨率方法, 如用通量极限法可以构造这样的方法.

7.7.5.8 非线性情况的性质, 守恒形式和熵

有间断解的非线性双曲方程产生在线性双曲方程或有光滑解的非线性双曲方程情况下不出现的困难 [1]. 方程的守恒形式为

$$\boxed{u_t(t,x) + f(u(t,x))_x = 0,} \tag{7.46}$$

1) 详细介绍见 1.13.1.2.

其中 f 为通量函数. 若 $f'(u)$ 不可对角化, 则方程是双曲型的. 由于 (7.46) 的解不必是可微的, 求 “广义解” 或弱解, 满足关系式

$$\boxed{\int_0^\infty\int_{\mathbb{R}}[\varphi_t u+\varphi_x f(u)]\mathrm{d}x\mathrm{d}t=-\int_{\mathbb{R}}\varphi(0,x)u_0(x)\mathrm{d}x.}\tag{7.47}$$

对所有具有有界支集的可微函数 $\varphi=\varphi(x,t)$ 都成立. 初值条件 (7.43) 已包含在 (7.47) 内.

方程 (7.46) 和 (7.47) 的名称 “守恒形” 源于积分 $\int_{\mathbb{R}} u(t,x)\mathrm{d}x$ 对所有 t 都是常数这一事实. (例如在欧拉方程情况下的能量、动量和质量守恒).

右极限及左极限为 $\varphi(x,t+0),\varphi(x,t-0)$ 的函数 $\varphi=\varphi(x,t)$ 的间断记为 $[\varphi](t,x)=\varphi(x,t+0)-\varphi(x,t-0)$. 若 (7.47) 的弱解 $u(t,x)$ 沿曲线 $(t,x(t))$ 有跳跃 (激波), 则在曲线的斜率 $\mathrm{d}x/\mathrm{d}t$ 与跳跃之间存在如下关系:

$$\boxed{\frac{\mathrm{d}x}{\mathrm{d}t}[u]=[f(u)]\quad(\text{兰金–于戈尼奥不连续条件}).}\tag{7.48}$$

下面举例说明弱解 (7.47) 的重要性. 只要方程是经典的也即可微的, 则 $u_t-\left(u^2/2\right)_x=0$ 和 $v_t-\left(v^{3/2}/3\right)_x=0$ 在代换 $v=u^2$ 下是等价的. 但因为公式使用所有可能的通量函数,(7.48) 在激波情况下产生不同的斜率 $\mathrm{d}x/\mathrm{d}t$, 从而也有不同的解.

弱解一般不能唯一确定. 有物理意义的解用熵条件描述. 该条件最简单的表述为, 沿着由 $u_{\mathrm{l}}=u(t,x(t)-0)$ 和 $u_{\mathrm{r}}=u(t,x(t)+0)$ 给出的激波, 有 $f'(u_{\mathrm{l}})>\mathrm{d}x/\mathrm{d}t>f'(u_{\mathrm{r}})$. 熵函数的推广和阐述见 [447]. 满足熵条件的 (7.47) 的解称为熵解, 也能作为 $\varepsilon\to 0$ 时 $u_t+f(u)_x=\varepsilon u_{xx}(\varepsilon>0)$ 的极限得到.

若双曲方程的光滑解是可逆的, 则熵解不是不连续的.

7.7.5.9　非线性情况的数值性质

这里提出数值逼近的两个新问题: 假设离散解收敛到函数 u, 则① 函数 u 是否是 (7.47) 意义下的弱解; ② u 是不是熵解?

为了回答第一个问题, 我们得到守恒形式的差分法:

$$\boxed{u_v^{m+1}:=u_v^m+\lambda\left[F\left(u_{v-p}^m,u_{v-p+1}^m,\cdots,u_{v+q}^m\right)-F\left(u_{v-p-1}^m,u_{v-p}^m,\cdots,u_{v+q-1}^m\right)\right],}$$

式中 λ 由 (7.39) 定义. 函数 F 被适当称为数值通量. 这些方程的解有离散守恒性 $\sum_v u_v^m=$ 常数. 弗里德里希斯方法 (7.40c) 能写为数值通量的非线性形式

$$F(U_v,U_{v+1}):=\frac{1}{2\lambda}(U_v-U_{v+1})+\frac{1}{2}(f(U_v)+f(U_{v+1}))\tag{7.49}$$

(线性情况 $f(u)=au, a=$ 常数相应于 (7.40c)). 方法的相容性能通过条件 $F(u,u)=f(u)$ 表达. 若相容的守恒型差分条件收敛, 则数值解是 (7.47) 的弱解, 但不必满足熵条件.

方法 (7.49) 是单调的, 即对初值 u^0, v^0, 可由 $u^0 \leqslant v^0$ 得 $u^m \leqslant v^m$. 高于一阶的方法不可能是单调的. 单调且相容的方法收敛到熵解.

由单调性进一步得 TVD 性质 (全变差下降), 即当 m 增大时, 全变差 $\mathrm{TV}(u^m):=\sum_v |u_v^m - u_{v+1}^m|$ 单调递减. 此性质可防止上面提到的例子在激波附近的振荡.

7.7.6 自适应离散方法

7.7.6.1 可变网格尺寸

常微分和偏微分方程的离散方法一般采用网格、剖分或一些类似的区域分解方法. 在最简单的情况下采用选择等距网格尺寸 h 的结构, 误差分析一般对这种情况进行, 并得到形如 $c(u)h^k$ 的误差估计, 其中 k 是相容阶, $c(u)$ 为与 h 无关但一般依赖于 u 的 (高阶) 导数界的量. 只要前述导数大致有相同的大小, 采用这种形式的网格就没有任何问题.

然而很多情况下, 不同位置的导数大小很不相同, 甚至会有奇异性, 即在这些点导数值无界. 在简单的椭圆型微分方程 $Lu=f$(见 7.7.3.1.1) 的情况, 在区域边界的边或角点, 解的高阶导数常在这些点有奇异性. 方程的特殊右端项 (例如点力 f) 也会使 u 在任意一点的光滑性降低. 奇异摄动可能导致扩展边界层 (意味着在边界的法线方向有大梯度). 若网格仍是尺寸 h 等距的, 则数值逼近的准确性便会由于奇异性的存在而大打折扣. 为了得到与光滑解情况相同的精度, 我们必须采用小得多的网格尺寸 h, 而因为计算资源有限, 这在应用中是行不通的. 代替的想法是仅在有必要的点附近用较密的网格, 而在区域的多数地方保留粗网格. 这意味着我们需要一种在不同的点有不同尺度的网格, 或者如图 7.5 所示的不同尺寸的三角剖分.

下面我们将用数值积分的简单问题来说明上述方法. 对二阶连续可微函数 f, 若积分 $\int_0^1 f(x)\mathrm{d}x$ 用 7.3.3.1 的复化梯形公式逼近,则其误差被 $h^2 f''(\zeta)/12$ 估计, 其中 $h=1/N$ 表示等距步长,$N+1$ 表示网格的节点数,ζ 表示中值. 计算代价基本上是求 $N+1$ 次 f 的函数值, 于是误差可以写成依赖于 N 的 $O\left(N^{-2}\right)$. 对被积函数 $f(x):=x^{0.1}$, 其一阶导数在左端点 $x=0$ 已经无界. 对 $N+1$ 个等距节点的网格 $x_i=ih=i/N$, 可得误差量为 $O\left(N^{-1.1}\right)$. 若以在奇点 x=0 附近分布更密的顶点为 $x_i=(i/N)^{3/1.1}$ 的可变步长网格代替, 则我们又有与光滑情况相同的积分误差量 $O\left(N^{-2}\right)$. 在该例中, 如果想要得到绝对误差 $\leqslant 10^{-6}$ 的求积结果, 在等距情况下需要作 N=128600 次计算, 而在可变步长的情况下只需 N=391.

$x_i=(i/N)^{3/1.1}$ 的选取基于误差平均分布的普遍策略, 即局部误差 (这里由

$[x_i, x_{i+1}]$ 上的梯形公式给出) 应该尽可能互相接近.

在刚刚讨论的例子中, 解的性态 (奇异性的位置和阶) 已知, 从而离散化可以相应地最适合原问题. 以下理由说明网格尺寸的先验的自适应只是一个例外.

(1) 是否存在或何处有奇异性, 一开始一般并不知道 (特别对非专家是这样).

(2) 即使我们预先知道奇异性的特征, 将其考虑到算法中也要求对数值分析更深刻的认识, 并为其实现做更多的工作.

7.7.6.2 自适应和误差指示器

对局部网格尺寸做先验选取的一个自然抉择是利用通过运行数值方法得到的必要信息. 一个简单的情况是在 7.6.1.1 中所讨论的关于改变常微分方程步长的方法. 在那里, 利用直到该点方法所提供的所有信息最优选取下一步的步长. 然而对于边值问题, 若无利用某个选取的网格已构造的初始解, 则得不到任何信息. 因此, 有必要按照如下步骤多次迭代:

(a) 在给定网格上求解问题;

(b) 利用 (a) 得到的解的信息决定改进局部网格尺寸;

(c) 根据 (a) 和 (b) 所提供的信息构造新网格.

至此, 离散方法与解的逼近就以不可分割的方式合而为一了. 由于这种适应已是算法的一部分, 所以称之为 “自适应”.

在 (a)~(c) 三个步骤的连接中提出的问题是:

(1) 在步骤 (b) 中如何得到局部网格尺寸?

(2) 如何改进构造的网格?

(3) 何时可确定自适应网格已足够好从而可停止 (a)~(c) 的迭代.

这里是一些答案, 并非详尽无遗, 只是提示.

Ad1: 例如设网格为有限元三角剖分 τ, 并设 $\tilde{u}$ 为相应的解. 误差指示子是 $\tilde{u}$ 的函数 φ, 它在每个 $\Delta \in \tau$ 上的值为 $\varphi(\Delta)$. 其想法是 $\varphi(\Delta)$ 与 τ 上的误差或由 τ 产生的部分误差紧密关联. 有两种策略来调整步长:

(α) 若有适当的理论可用, 则可给出一个函数 $H(\varphi)$, 建议 Δ 上的网格尺寸为 $h = H(\varphi(\Delta))$.

(β) 该策略从误差等分布的理想出发. 若 φ 在所有的 $\Delta \in \tau$ 上大小相同, 则要求对网格作一致加密. 例如我们使那些 $\varphi(\Delta)$ 大于 $0.5 \cdot \max\{\varphi(\Delta) : \Delta \in \tau\}$ 的点上的网格更细, 直到 $\varphi(\Delta)$ 值可以被接受. 误差指示子可以通过残量定义. 将 $\tilde{u}$ 的一个逼近解代入微分方程 $Lu - f$ 可得到残量$r = f - L\tilde{u}$, 然后再在 Δ 上求值.

Ad2: 在策略 (α) 中我们产生了一个处处被定义的最优步长 $h = h(x)$. 存在一个算法来构造一个这种尺寸的三角剖分. 但对步骤 (β) 而言这种全局的调整是不太合适的, 因为重新计算网格的代价巨大, 而且前面计算得到的数据 (例如有限元矩阵) 不再被使用. 策略 (β) 对网格的局部调整更合适. 只有那些确定需要细分的三角形需要分解成更小的单元. (注意这一过程可能需要对相邻的三角形也进行细分, 以得到一个总体上可被接受的三角剖分, 见图 7.8 和 [445] 的 3.8.2 节中的三角形 STU). 该策略的优点是只有那些新的有限单元的矩阵系数需要重新计算. 并且它还提供了三角剖分的层次结构, 例如这在多步法中非常有用.

Ad3: 一旦对所有 $\Delta \in \tau$ 满足条件 $\varphi(\Delta) \leqslant \varepsilon$, 停止看来相当自然. 如果确实能保证离散误差小于 ε, 这将非常理想. 与真实误差紧密联系的误差指示子 φ 将在下节中讨论.

7.7.6.3 误差估计子

设 $e(\tilde{u})$ 为有限元解 $\tilde{u}$ 关于准确解的误差, 以某种合适的范数度量. 又设 φ 为上述误差指示子, 将其在网格的所有三角形上求和得到量 $\Phi(\tilde{u}) := \left[\sum_{\Delta\in\tau}\varphi(\Delta)^2\right]^{1/2}$.

若有不等式

$$A\Phi(\tilde{u}) \leqslant e(\tilde{u}) \leqslant B\Phi(\tilde{u}), \quad 0 < A \leqslant B, \tag{7.50}$$

或至少有其渐近逼近, 则称误差指示子 φ 为误差估计子. 第二个不等式对保证当 $\Phi(\tilde{u}) \leqslant \eta := \varepsilon/B$ 时, $e(\tilde{u}) \leqslant \varepsilon$, 从而停止该算法是充分的. 满足第二个不等式的 Φ 称为可靠的. 若它还满足第一个不等式, 则称它为有效的, 因为可以避免网格过细 (从而耗费太大). 事实上, 一旦实现误差估计 $e(\tilde{u}) \leqslant \varepsilon A/B$, 方法的终止条件 $\Phi(\tilde{u}) < \eta$ 就生效了. 在最好的可能情况下误差分析是渐近最优的, 即在 (7.50) 中 $A,B \to 1$. 因为由 (7.50) 能通过计算确定误差, 故在此情况下称之为后验估计.

对误差估计有一系列建议. 然而, 注意到所有误差估计子 φ 只要求有限多的计算这一事实, 不能保证误差能如 (7.50) 中从上下界被估计. 形如 (7.50) 的不等式只能由关于解的理论假设推导而得. 注意这些理论假设是定性的, 它与 7.7.6.1 中讨论的情况相反, 不再进入实施.

考虑带齐次狄利克雷边值 (7.9b)(且 $g=0$) 的泊松方程 (7.9a), 通过三角形上分片线性有限元离散化, 三角形 $\Delta \in \tau$ 上的巴布什卡–莱茵博尔特误差估计子为

$$\varphi(\Delta) := \left(h_\Delta^2 \int_\Delta f(x)^2\, \mathrm{d}x + \frac{1}{2}\sum_K h_K \int_K \left[\frac{\partial \tilde{u}}{\partial n}\right] \mathrm{d}s\right)^2. \tag{7.51}$$

这里 h_Δ 表示 Δ 的直径, 在三角形的三边上求和;h_K 是边的长度,$[\partial u/\partial n]$ 表示沿着边 K 的法向导数的跳跃.

7.7.7 方程组的迭代解

7.7.7.1 综述

微分方程通过离散化提出线性方程组, 一方面其维数相当高 (有代表性的大小

为 10 000 至 10 000 000), 另一方面矩阵一般是稀疏的, 即每行只包含很少的非零元素, 且不依赖于维数; 后者在 7.7.3.1.4 中已讨论过. 例如, 在离散泊松方程 (7.4) 的情况, 每行非零元的个数为 5. 若采用直接法 (高斯消元法、楚列斯基分解、豪斯霍尔德方法) 求解, 可能会在算法过程中在矩阵中原先是零的地方生成非零元. 这将如 7.7.3.1.4 中所述, 导致矩阵元素存储的困难. 此外, 正如在前面的讨论中所见, 计算代价的增长将超过维数的增加. 与之相比较, 矩阵向量乘法只需要用到矩阵中的非零元素, 且计算代价正比于矩阵维数. 因此基于该运算 (矩阵向量乘法) 的迭代方法计算代价较小. 此外, 若收敛很快, 则迭代法是求解大型方程组的理想的方法.

7.7.7.1.1 理查森迭代

下面求解线性方程组

$$\boxed{\boldsymbol{Ax}=\boldsymbol{b}.} \tag{7.52}$$

这里仅假设 $\boldsymbol{A}$ 非奇异, 因此保证 (7.52) 有解. 每步迭代的基本模式为理查森迭代, 其算法为

$$\boxed{\boldsymbol{x}^{m+1}:=\boldsymbol{x}^m-(\boldsymbol{Ax}^m-\boldsymbol{b}),} \tag{7.53}$$

其中初始向量 $\boldsymbol{x}^0$ 是任意的.

7.7.7.1.2 一般线性迭代

线性迭代的一般算法为

$$\boxed{\boldsymbol{x}^{m+1}:=\boldsymbol{Mx}^m+\boldsymbol{Nb}\quad(\text{第一形式}),} \tag{7.54a}$$

其中矩阵 $\boldsymbol{M}$ 和 $\boldsymbol{N}$ 满足关系 $\boldsymbol{M}+\boldsymbol{NA}=\boldsymbol{I}$. 若从 (7.54a) 中借助 $\boldsymbol{M}+\boldsymbol{NA}=\boldsymbol{I}$ 消去迭代矩阵$\boldsymbol{M}$, 得到

$$\boxed{\boldsymbol{x}^{m+1}:=\boldsymbol{x}^m-\boldsymbol{N}(\boldsymbol{Ax}^m-\boldsymbol{b})\quad(\text{第二形式}).} \tag{7.54b}$$

因为奇异矩阵 $\boldsymbol{N}$ 产生发散, 这里我们进一步假设 $\boldsymbol{N}$ 是可逆的, 且逆矩阵 $\boldsymbol{N}^{-1}=\boldsymbol{W}$. 则有 (7.54b) 的隐式公式为

$$\boxed{\boldsymbol{W}\left(\boldsymbol{x}^m-\boldsymbol{x}^{m+1}\right)=\boldsymbol{Ax}^m-\boldsymbol{b}\quad(\text{第三形式}).} \tag{7.54c}$$

7.7.7.1.3 迭代法的收敛性

若迭代序列 $\{x^m\}$ 对任意的初值 $\boldsymbol{x}^0$ 都收敛到同一个解 (于是必定是方程 (7.52) 的解), 则 (7.54a~c) 叙述的迭代法称为收敛的. 方法 (7.54a) 收敛的充要条件是谱半径满足条件 $\rho(\boldsymbol{M})<1$, 也即矩阵 $\boldsymbol{M}$ 的所有特征值的绝对值都小于 1.

所谓收敛速度有特别的意义. 若对小的 η, 有

$$\boxed{\rho(\boldsymbol{M}) = 1 - \eta < 1,} \tag{7.55a}$$

则只需大约 $1/\eta$ 步迭代, 误差就可以 1/e 的因子改进 (其中 e=2.71···). 事实上, 若有

$$\rho(\boldsymbol{M}) \leqslant \text{常数} < 1 \tag{7.55b}$$

其中常数不依赖于方程组的维数 (例如, 不依赖于起初生成方程组的离散方法的网格尺寸). 这样只用常数 m 步的迭代, 就可达到固定的精度 (例如误差估计为 $||x - x^m|| < \varepsilon$).

7.7.7.1.4 迭代法的生成

有两种不同的方法可以得到迭代法则. 第一种是分裂法. 矩阵 $\boldsymbol{A}$ 加性分裂为

$$\boldsymbol{A} = \boldsymbol{W} - \boldsymbol{R}, \tag{7.56}$$

其中要求 $\boldsymbol{W}$ 不仅可逆, 而且形如 $\boldsymbol{W}\boldsymbol{v} = \boldsymbol{d}$ 的方程组有相对容易求解的性质. 其主要想法是 $\boldsymbol{W}$ 包含关于 $\boldsymbol{A}$ 的基本信息, 而 "剩余"$\boldsymbol{R}$ 较 "小". 利用 $\boldsymbol{W}\boldsymbol{x} = \boldsymbol{R}\boldsymbol{x} + \boldsymbol{b}$, 我们得到迭代 $\boldsymbol{x}^{m+1} := \boldsymbol{W}^{-1}(\boldsymbol{R}\boldsymbol{x}^m + \boldsymbol{b})$, 这与 (7.54b) 中选取 $\boldsymbol{N} = \boldsymbol{W}^{-1}$ 是一致的.

若选取 $\boldsymbol{W}$ 为 $\boldsymbol{A}$ 的对角线矩阵, 则得到 7.2.2.1 中已讨论过的雅可比方法. 在高斯–赛德尔方法中, (7.56) 中的剩余 $\boldsymbol{R}$ 由矩阵 $\boldsymbol{A}$ 的右上角构成, 即当 $j > i$ 时 $\boldsymbol{R}_{ij} = \boldsymbol{A}_{ij}$, 其余 $\boldsymbol{R}_{ij} = \boldsymbol{0}$.

若在按元素不等式的意义下有 $\boldsymbol{W}^{-1} \geqslant \boldsymbol{0}$ 和 $\boldsymbol{W} \geqslant \boldsymbol{A}$, 则可以实现正则分解(7.56). 这自动暗示了收敛性 (见 [444]6.5 节).

另一个方法是通过非奇异矩阵 $\boldsymbol{N}$ 对方程 (7.52) 进行左变换, 使得 $\boldsymbol{N}\boldsymbol{A}\boldsymbol{x} = \boldsymbol{N}\boldsymbol{b}$. 若记为 $\boldsymbol{A}'\boldsymbol{x} = \boldsymbol{b}'\,(\boldsymbol{A}' = \boldsymbol{N}\boldsymbol{A}, \boldsymbol{b}' = \boldsymbol{N}\boldsymbol{b})$, 并应用理查森迭代 (7.53), 则得到变换后的迭代 $\boldsymbol{x}^{m+1} := \boldsymbol{x}^m - (\boldsymbol{A}'\boldsymbol{x}^m - \boldsymbol{b}')$, 也可写作

$$\boldsymbol{x}^{m+1} := \boldsymbol{x}^m - \boldsymbol{N}(\boldsymbol{A}\boldsymbol{x}^m - \boldsymbol{b})$$

从而与第二范式 (7.54b) 一致.

上述两个方法至少在原则上可以生成各种迭代. 反之, 每种迭代 (7.54b) 可看作应用于 $\boldsymbol{A}'\boldsymbol{x} = \boldsymbol{b}'$ 的理查森迭代 (7.53), 其中 $\boldsymbol{A}' = \boldsymbol{N}\boldsymbol{A}$.

矩阵 $\boldsymbol{N}$ 和 $\boldsymbol{M}$ 并不需要按分量存储. 重要的只是矩阵和向量的乘积 $\boldsymbol{d} \to \boldsymbol{d}\boldsymbol{N}$ 容易实现. 在不完全分块ILU分解的情况下 (详细论述见 [444] 的 8.5.3 节), $\boldsymbol{N}$ 的形式为 $\boldsymbol{N} = (\boldsymbol{U}' + \boldsymbol{D})^{-1}\boldsymbol{D}(\boldsymbol{L}' + \boldsymbol{D})^{-1}$, 其中 $\boldsymbol{L}'$ 及 $\boldsymbol{U}'$ 分别为严格下三角及严格上三角矩阵, $\boldsymbol{D}$ 为块对角矩阵.

7.7.7.1.5　有效迭代格式

迭代法一方面应该快 (见 (7.55a),(7.55b)), 另一方面其计算代价应该尽可能小 (更多关于确定 “有效代价”的信息, 见 [444] 的 3.3.2 节). 我们陷入了固有的两难境地, 事实上这两个要求是互相对立的. 对 $\boldsymbol{W}=\boldsymbol{A}$ 可以达到最快的收敛, 于是 $\boldsymbol{M}=\mathbf{0}$, 这样一步就可得到准确解, 但是需要直接求解矩阵 $\boldsymbol{A}$ 的方程组 (7.54c). 同时, 若简单选择 $\boldsymbol{W}$ 为对角或下三角矩阵, 得到雅可比或高斯–赛德尔方法, 则导致与步长 h 的离散泊松方程 (7.4) 相同的收敛速度, 形如 (7.55a), 其中 $\eta=O\left(h^{2}\right)$. 根据 7.7.7.1.3, 则需要快速增加的 $O\left(h^{-2}\right)$ 次迭代步.

7.7.7.2　正定矩阵

当 $\boldsymbol{A}$ 和 $\boldsymbol{N}$(从而 $\boldsymbol{W}$) 对称正定时, 分析将大为简化. 于是下面将作此假设.

7.7.7.2.1　矩阵条件和收敛速度

假设 $\boldsymbol{A}$ 仅有正特征值. 设 $\lambda=\lambda_{\min}(\boldsymbol{A})$ 为最小特征值而 $\Lambda=\lambda_{\max}(\boldsymbol{A})$ 为最大特征值. 7.2.1.7 中引进的条件数 $\kappa(\boldsymbol{A})$(取欧几里得范数为向量范数) 的值为 $\kappa(\boldsymbol{A})=\Lambda/\lambda$. 当 $\boldsymbol{A}$ 乘以常数因子时, 条件数不变, 即 $\kappa(\boldsymbol{A})=\kappa(\Theta\boldsymbol{A})$. 在适当的标量乘法后可以假定 $\Lambda+\lambda=2$. 在这些假设下, 理查森迭代 (7.53) 的收敛速率为

$$\rho(\boldsymbol{M})=\rho(\boldsymbol{I}-\boldsymbol{A})=(\kappa(\boldsymbol{A})-1)/(\kappa(\boldsymbol{A})+1)=1-2/(\kappa(\boldsymbol{A})+1)<1,$$

换言之,(7.55a) 中 η 的值为 $\eta=2/(\kappa(\boldsymbol{A})+1)$. 因此条件数好 (即 $\kappa(\boldsymbol{A})=O(1)$ 的矩阵有满意的收敛速率, 而边值问题离散得到的矩阵的条件数为 $O\left(h^{-2}\right)$.

与 Θ 的标量乘法一般相应于 (最优)**衰减迭代**:

$$\boldsymbol{x}^{m+1}:=\boldsymbol{x}^{m}-\Theta\boldsymbol{N}\left(\boldsymbol{A}\boldsymbol{x}^{m}-\boldsymbol{b}\right),\ \text{其中}\quad \Theta:=2/\left(\lambda_{\max}(\boldsymbol{N}\boldsymbol{A})+\lambda_{\min}(\boldsymbol{N}\boldsymbol{A})\right). \tag{7.57}$$

因为在相似变换下矩阵的谱保持不变, 故若 $\boldsymbol{A}$ 相似于正定矩阵, 上述考虑依然有效.

7.7.7.2.2　预条件

7.7.7.1.4 所述的变换对新矩阵 $\boldsymbol{A}'=\boldsymbol{N}\boldsymbol{A}$(该矩阵不必正定, 但相似于正定矩阵) 得到理查森迭代. 若 $\boldsymbol{A}'$ 的条件数比 $\boldsymbol{A}$ 的条件数小, 则变换后提出的方法 (7.54b)(关于 $\boldsymbol{A}'$ 的理查森迭代) 的收敛速率要比 (7.53) 快. 在此意义下 $\boldsymbol{N}$ 称为**预条件矩阵**, 而 (7.54b) 称为预条件迭代. 若此迭代如同 (7.57) 是最优衰减迭代, 则其收敛速率为

$$\rho(\boldsymbol{M})=\rho(\boldsymbol{I}-\Theta\boldsymbol{N}\boldsymbol{A})=(\kappa(\boldsymbol{N}\boldsymbol{A})-1)/(\kappa(\boldsymbol{N}\boldsymbol{A})+1)=1-2/(\kappa(\boldsymbol{N}\boldsymbol{A})+1)<1. \tag{7.58}$$

7.7.7.2.3　谱等价

下面设记号 $\boldsymbol{A}\leqslant\boldsymbol{B}$ 表示 $\boldsymbol{A}$ 和 $\boldsymbol{B}$ 对称且 $\boldsymbol{B}-\boldsymbol{A}$ 为半正定 [1]. 若

---

1) 这就是说 $\boldsymbol{B}-\boldsymbol{A}$ 的所有特征值都是非负的.

$$A \leqslant cW \quad 且 \quad W \leqslant cA, \tag{7.59}$$

则称 A 和 W 谱等价(带等价常数 c). 特别有兴趣的情况是, c 不依赖于离散矩阵维数之类的参数. 谱等价 (7.59) 保证关于条件数的估计式 $\kappa(NA) \leqslant c^2$ 成立, 其中 $N = W^{-1}$. 若能找到相应于 A 的矩阵 W, 其逆矩阵容易求得, 则迭代 (7.54c) 的收敛速率 (或许在包括衰减后) 为 $1 - 2/\left(c^2 + 1\right)$.

7.7.7.2.4 分层基变换

假设矩阵 A 由某个标准网格上的有限元离散化生成. 在 7.7.3 中考虑的二阶椭圆问题情况, 其条件数为 $\kappa(A) = O(h^{-2})$. 网格顶点系数 x 和 7.7.3.1.7 介绍的分层基函数系数 x' 之间的变换 $x = Tx'$ 可以通过乘以 T^{T} 和 T 容易实现. 通过由 (7.52) 给出的两种方式变换得到 $T^{\mathrm{T}}ATx' = T^{\mathrm{T}}b$, 即 $A'x' = b'$, 其中关于分层基的刚度矩阵为 $A' = T^{\mathrm{T}}AT$. 通过用理查森迭代 $x'^{m+1} := x'^{m} - (A'x'^{m} - b')$ 表示 x 量, 得到 $x^{m+1} := x^m - TT^{\mathrm{T}}(Ax^m - b)$, 即 (7.54b), 其中 $N = TT^{\mathrm{T}}$. 在两个空间变量的椭圆方程情况, 有 $\kappa(A') = O(|\log h|)$. 因此, 满足 $N = TT^{\mathrm{T}}$ 的变换后的 (分层基) 迭代有几乎最优的收敛速率 (仅与 h 弱相关), 即为 $\rho(M) = 1 - O(|\log h|)$.

7.7.7.3 半迭代法

半迭代法由迭代 (7.57) 组成, 只是在迭代过程中允许衰减参数 Θ 变化:

$$\boxed{x^{m+1} := x^m - \Theta_m N(Ax^m - b).} \tag{7.60}$$

半迭代法的基本性质由如下多项式 p_m 描述

$$p_m(\zeta + 1) := (\Theta_0\zeta + 1)(\Theta_1\zeta + 1) \cdot \cdots \cdot (\Theta_m\zeta + 1).$$

若已知最大和最小特征值 $\Lambda = \lambda_{\max}(NA)$ 和 $\lambda = \lambda_{\min}(NA)$, 则 p_m 可以选取从区间 $[-1, 1]$ 变换到 $[\lambda, \Lambda]$ 且按照 $p_m(1) = 1$ 正规化的切比雪夫多项式 (见 7.5.1.3). 于是对简单迭代 (见 (7.58)), 收敛速率从 $(\kappa(NA) - 1)/(\kappa(NA) + 1)$ 改进为半迭代渐近收敛速度

$$\left(\sqrt{\kappa(NA)} - 1\right) / \left(\sqrt{\kappa(NA)} + 1\right) \tag{7.61}$$

特别对较慢的迭代 (即 $\kappa(NA) \gg 1$, 以 $\sqrt{\kappa(NA)}$ 替换 $\kappa(NA)$ 是基本的. 为有助于实施, 用下面的三项关系代替 (7.60)

$$\boxed{x^m := \sigma_m\left\{x^{m-1} - \Theta N\left(Ax^{m-1} - b\right)\right\} + (1 - \sigma_m)\, x^{m-2} \quad (m \geqslant 2),} \tag{7.62}$$

其中 $\sigma_m := 4/\left\{4 - \left[(\kappa(NA) - 1)/(\kappa(NA) + 1)\right]^2 \sigma_{m-1}\right\}, \sigma_1 = 2$, 且 Θ 由 (7.57) 给出. 对 m=2 时的初始项, 用从 (7.57) 得到的 x^1.

7.7.7.4 梯度法和共轭梯度法

半迭代 (7.60) 是一种加速基本迭代 (基迭代(7.54b)) 的方法. 根据 (7.60) 或 (7.62) 的迭代保持与初值 $\boldsymbol{x}^0$ 线性无关. 下面讲述的非线性方法则相反, x^m 不再线性依赖于初值 $\boldsymbol{x}^0$. 注意梯度法并不代替基本迭代, 而是与基本迭代相结合以改进后者.

7.7.7.4.1 梯度法

应用于正定矩阵 $\boldsymbol{A}$ 和 $\boldsymbol{N}$ 的基本迭代 (7.54b) 的梯度法为

$$\boldsymbol{x}^0 \quad \text{任意}, \qquad \boldsymbol{r}^0 := \boldsymbol{b} - \boldsymbol{A}\boldsymbol{x}^0, \qquad \text{(开始)} \qquad (7.63\text{a})$$

$$\boldsymbol{q} := \boldsymbol{N}\boldsymbol{r}^m, \quad \boldsymbol{a} := \boldsymbol{A}\boldsymbol{q}, \quad \lambda := \langle \boldsymbol{q}, \boldsymbol{r}^m \rangle / \langle \boldsymbol{a}, \boldsymbol{q} \rangle, \qquad \text{(递归)} \qquad (7.63\text{b})$$

$$\boldsymbol{x}^{m+1} := \boldsymbol{x}^m + \lambda \boldsymbol{q}, \quad \boldsymbol{r}^{m+1} := \boldsymbol{r}^m - \lambda \boldsymbol{a}. \qquad (7.63\text{c})$$

这里在每一步迭代中, 不仅计算 $\boldsymbol{x}^m$ 也计算余量 $\boldsymbol{r}^m := \boldsymbol{b} - \boldsymbol{A}\boldsymbol{x}^m$. 向量 $\boldsymbol{q}$ 和 $\boldsymbol{a}$ 只需存储中间结果, 因为对每一梯度步只要作一次矩阵和向量的乘积. 方法的推导见文献 [444] 9.2.4 节.

渐近收敛速度与 (7.58) 中的相同, 为 $(\kappa(\boldsymbol{NA}) - 1)/(\kappa(\boldsymbol{NA}) + 1)$. 于是梯度法和最优衰减迭代 (7.57) 恰好一样快. 与 (7.57) 不同, 梯度法达到这一速度不需要关于最大特征值 $\lambda_{\max}(\boldsymbol{NA})$ 和最小特征值 $\lambda_{\min}(\boldsymbol{NA})$ 的明确信息. 而这些对 (7.57) 是必要的.

7.7.7.4.2 共轭梯度法

现在讨论的共轭梯度法也称为 “CG 方法”, 可以像刚才讨论的梯度法一样用于正定矩阵 $\boldsymbol{A}$ 和 $\boldsymbol{N}$ 的基本迭代 (7.54b). 其步骤为

$$\boldsymbol{x}^0 \quad \text{任意}, \quad \boldsymbol{r}^0 := \boldsymbol{b} - \boldsymbol{A}\boldsymbol{x}^0, \quad \boldsymbol{p}^0 := \boldsymbol{N}\boldsymbol{r}^0, \quad \boldsymbol{\rho}_0 := \langle \boldsymbol{p}^0, \boldsymbol{r}^0 \rangle, \quad \text{(开始)} \qquad (7.64\text{a})$$

$$\boldsymbol{a} := \boldsymbol{A}\boldsymbol{p}^m, \quad \lambda := \rho_m / \langle \boldsymbol{a}, \boldsymbol{p}^m \rangle, \quad \text{(递归)} \qquad (7.64\text{b})$$

$$\boldsymbol{x}^{m+1} := \boldsymbol{x}^m + \lambda \boldsymbol{p}^m, \quad \boldsymbol{r}^{m+1} := \boldsymbol{r}^m - \lambda \boldsymbol{a}, \qquad (7.64\text{c})$$

$$\boldsymbol{q}^{m+1} := \boldsymbol{N}\boldsymbol{r}^{m+1}, \ \rho_{m+1} := \langle \boldsymbol{q}^{m+1}, \boldsymbol{r}^{m+1} \rangle, \ \boldsymbol{p}^{m+1} := \boldsymbol{q}^{m+1} + (\rho_{m+1}/\rho_m)\boldsymbol{p}^m. \qquad (7.64\text{d})$$

这里 “搜索方向”$\boldsymbol{p}^m$ 本身是递归的一部分.

该方法的渐近收敛速度与 (7.61) 相同, 至少为 $\left(\sqrt{\kappa(\boldsymbol{NA})} - 1\right) / \left(\sqrt{\kappa(\boldsymbol{NA})} + 1\right)$. 与半迭代法 (7.62) 相比, 重要的是 CG 法不要求预先知道谱的数据 $\lambda_{\max}(\boldsymbol{NA})$ 和 $\lambda_{\min}(\boldsymbol{NA})$, 还比 (7.61) 更快.

若在 (7.64b) 中发生除以 0 的情况, 因为 $\langle \boldsymbol{a}, \boldsymbol{p}^m \rangle = 0$, 则 $\boldsymbol{x}^m$ 已经是问题的准确解!

CG 法 (7.64) 基本上是直接法, 因为最迟在 n 步后 (n 为方程组的维数) 得到准确解. 然而, 这一性质在应用中并无意义, 因为对大型方程组要求迭代次数远小于实际维数 n.

将 (7.64) 对理查森迭代 (7.53) 的应用作为基本迭代 ($\boldsymbol{N} = \boldsymbol{I}$), 则该算法化为在 7.2.2.2 中介绍的格式.

7.7.7.5 多重网格法

7.7.7.5.1 概述

多重网格法是可用于椭圆微分方程离散化且有最优收敛性的迭代方法. 这就是说收敛速度不依赖于离散步长从而也与方程组维数无关 (见 (7.55b)). 与刚才讨论的 CG 方法不同, 矩阵 $\boldsymbol{A}$ 是对称或正定对多重网格法并不重要.

多重网格法有光滑迭代和粗网格校正两个互补的组成部分. 光滑迭代是经典的迭代方法, 用来光滑误差 (不是解!). 粗网格校正减少光滑迭代产生的 '光滑' 误差. 在作为工具的粗网格上离散化, 正是该方法名称的由来. 然而该名称并不意味着方法限于在正规网格中离散. 它也能用于有限元空间是分层型的一般的有限元法.

7.7.7.5.2 光滑迭代的例子

光滑迭代的简单例子为 7.2.2.1 介绍的高斯–赛德尔迭代和雅可比方法, 其减幅 $\Theta = 1/2$:

$$\boxed{\boldsymbol{x}^{m+1} := \boldsymbol{x}^m - \frac{1}{2}\boldsymbol{D}^{-1}(\boldsymbol{A}\boldsymbol{x}^m - \boldsymbol{b}).} \tag{7.65}$$

在五点公式 (7.4) 的情况, 向量 $\boldsymbol{x}^m$ 由分量 u_{ik}^m 组成. 方程 (7.65) 可写为分量形式

$$u_{ik}^{m+1} := \frac{1}{2}u_{ik}^m + \frac{1}{8}\left(u_{i-1,k}^m + u_{i+1,k}^m + u_{i,k-1}^m + u_{i,k+1}^m\right) + \frac{1}{8}h^2 f_{ik}.$$

设 $\boldsymbol{e}^m := \boldsymbol{x}^m - \boldsymbol{x}$ 为第 m 迭代步的误差. 在 (7.65) 中该误差满足递归公式

$$e_{ik}^{m+1} := \frac{1}{2}e_{ik}^m + \frac{1}{8}\left(e_{i-1,k}^m + e_{i+1,k}^m + e_{i,k-1}^m + e_{i,k+1}^m\right).$$

右端为由相邻节点构造的平均值. 显然振荡将快速衰减而误差确实被光滑化.

7.7.7.5.3 粗网格校正

设 $\tilde{\boldsymbol{x}}$ 为上述多步光滑迭代的结果. 误差 $\tilde{\boldsymbol{e}} := \tilde{\boldsymbol{x}} - \boldsymbol{x}$ 为 $\boldsymbol{A}\tilde{\boldsymbol{e}} = \tilde{\boldsymbol{d}}$ 的解, 其中亏量通过 $\tilde{\boldsymbol{d}} := \boldsymbol{A}\tilde{\boldsymbol{x}} - \boldsymbol{b}$ 计算. 设 X_n 为向量 $\boldsymbol{x}$ 的 n 维空间. 由于 $\tilde{\boldsymbol{e}}$ 是光滑的, 可以被粗网格逼近. 故设 $\boldsymbol{A}'$ 为粗网格 (或粗有限元空间) 的离散矩阵, $\boldsymbol{x}'$ 为相应的低维有限空间 $X_{n'}$ ($n' < n$) 中的系数向量.

在 X_n 和 $X_{n'}$ 之间引入两个线性映射: 限制 r: $X_n \to X_{n'}$ 和延拓 p: $X_{n'} \to X_n$.

在网格 h 和 $h' := 2h$ 上由差分 (7.3a) 离散的一维泊松方程的情况, 对 $r\colon X_n \to X'_n$ 选取带权平均 $d' = rd \in X'_n$, 其中

$$d'\left(vh'\right) = d'\left(2vh\right) := \frac{1}{2} d\left(2vh\right) + \frac{1}{4}\left[d\left(\left(2v+1\right)h\right) + d\left(\left(2v-1\right)h\right)\right].$$

对 $p\colon X'_n \to X_n$, 选取线性插值

$$u = pu' \in X_n, \quad \text{其中} \quad u\left(vh\right) := u'\left(\frac{v}{2}h'\right), \quad \text{偶数}v,$$

$$u\left(vh\right) := \frac{1}{2}\left[u'\left(\frac{v-1}{2}h'\right) + u'\left(\frac{v+1}{2}h'\right)\right], \quad \text{奇数}v$$

(图 7.12). 在更一般的情况, r 和 p 可选得使计算代价最小.

误差 $\tilde{\boldsymbol{e}} := \tilde{\boldsymbol{x}} - \boldsymbol{x}$ 的方程 $\boldsymbol{A}\tilde{\boldsymbol{e}} = \tilde{\boldsymbol{d}}$ 在粗网格上相应于所谓粗网格方程

$$\boldsymbol{A}'\boldsymbol{e}' = \boldsymbol{d}', \text{ 其中 } \boldsymbol{d}' = \boldsymbol{r}\boldsymbol{d}.$$

其解为 $\boldsymbol{e}'$, 延拓值为 $\boldsymbol{e} := \boldsymbol{p}\boldsymbol{e}'$. 由定义 $\boldsymbol{x} = \tilde{\boldsymbol{x}} - \tilde{\boldsymbol{e}}$ 为准确解, 故 $\tilde{\boldsymbol{x}} - \boldsymbol{p}\boldsymbol{e}'$ 应该是好的逼近. 粗网格校正相应为

$$\tilde{\boldsymbol{x}} \mapsto \tilde{\boldsymbol{x}} - \boldsymbol{p}\boldsymbol{A}'^{-1}\boldsymbol{r}\left(\boldsymbol{A}\tilde{\boldsymbol{x}} - \boldsymbol{b}\right). \tag{7.66}$$

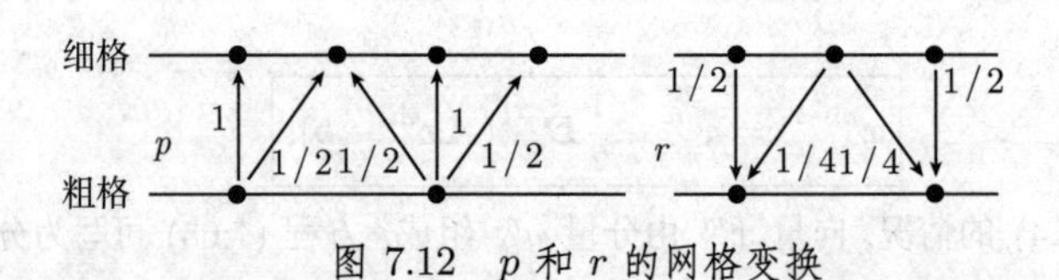

图 7.12 p 和 r 的网格变换

7.7.7.5.4 ***二重网格方法***

二重网格法为光滑迭代 7.7.7.5.2 和粗网格校正 (7.66) 的乘积. 若 $\boldsymbol{x} \mapsto P(\boldsymbol{x}, \boldsymbol{b})$ 表示光滑迭代 (见 (7.65)), 则二重网格算法为

$$\boldsymbol{x} := \boldsymbol{x}^m\,; \tag{7.67a}$$

$$\text{for} \quad i := 1 \quad \text{to} \quad \nu \quad \text{do} \quad \boldsymbol{x} := \mathscr{S}(\boldsymbol{x}, \boldsymbol{b})\,; \tag{7.67b}$$

$$\boldsymbol{d}' := \boldsymbol{r}(\boldsymbol{A}\boldsymbol{x} - \boldsymbol{b})\,; \tag{7.67c}$$

$$\text{solve} \quad \boldsymbol{A}'\boldsymbol{e}' = \boldsymbol{d}'\,; \tag{7.67d}$$

$$\boldsymbol{x}^{m+1} := \boldsymbol{x} - \boldsymbol{p}\boldsymbol{e}'\,; \tag{7.67e}$$

这里 v 表示光滑迭代的次数. 通常 $2 \leqslant v \leqslant 4$. 二重网格法本身的实用价值较小, 因为 (7.67d) 要求 (低维) 方程组的准确解.

7.7.7.5.5 多重网格法

为了近似求解 (7.67d), 该方法被递归使用. 为此要求粗离散, 同时必须有分层离散

$$\boldsymbol{A}_\ell \boldsymbol{x}_\ell = \boldsymbol{b}_\ell, \quad \ell = 0, 1, \cdots, \ell_{\max}, \tag{7.68}$$

其中最大层 $\ell = \ell_{\max}$ 的方程 (7.68) 与原方程 $\boldsymbol{A}\boldsymbol{x} = \boldsymbol{b}$ 重合. 对 $\ell = \ell_{\max} - 1$, 得到 (7.67d) 中的方程组 $\boldsymbol{A}'$. 对 $\ell = 0$, 假定维数 n_0 是如此小 (如 $n_0 = 1$), 使得可以直接计算 $\boldsymbol{A}_0 \boldsymbol{x}_0 = \boldsymbol{b}_0$ 的准确解.

求解 $\boldsymbol{A}_\ell \boldsymbol{x}_\ell = \boldsymbol{b}_\ell$ 的多重网格法的特征由如下算法表示. 对 $\boldsymbol{x} = \boldsymbol{x}_\ell^m$ 和 $\boldsymbol{b} = \boldsymbol{b}_\ell$ 由函数 $\mathrm{MGM}(\ell, \boldsymbol{x}, \boldsymbol{b})$ 得到算法的下一步迭代 $\boldsymbol{x}_\ell^{m+1}$:

$$\text{函数} \quad \mathrm{MGM}(\ell, \boldsymbol{x}, \boldsymbol{b}) \tag{7.69a}$$

$$\text{if} \quad \ell = 0 \quad \text{then} \quad \mathrm{MGM} := \boldsymbol{A}_0^{-1}\boldsymbol{b} \quad \text{else} \tag{7.69b}$$

$$\text{begin} \quad \text{for} \quad i := 1 \quad \text{to} \quad \nu \quad \text{do} \quad \boldsymbol{x} := \mathscr{S}_\ell(\boldsymbol{x}, \boldsymbol{b}) \tag{7.69c}$$

$$\boldsymbol{d} := \boldsymbol{r}(\boldsymbol{A}_\ell \boldsymbol{x} - \boldsymbol{b}); \tag{7.69d}$$

$$\boldsymbol{e} := 0; \quad \text{for} \quad i := 1 \quad \text{to} \quad \gamma \quad \text{do} \quad \boldsymbol{e} := \mathrm{MGM}(\ell - 1, e, d); \tag{7.69e}$$

$$\mathrm{MGM} := \boldsymbol{x} - p\boldsymbol{e} \tag{7.69f}$$

end;

这里 γ 为粗网格校正次数; 仅讨论 $\gamma = 1$(V 循环) 和 $\gamma = 2$(W 循环) 的情况.

关于算法实现的详情和进一步的数值算例见 [445] 和 [444] 第 10 章.

7.7.7.5.6 离散泊松方程的数值例子

方程组选为定义在区域 $\Omega = (0,1) \times (0,1)$ 上以 (7.9b) 为狄利克雷边值的泊松方程 (7.9a) 的离散化 (7.4). 步长取为 h=1/64, 故 63^2=3969 为未知量个数. 第 m 次误差 $\boldsymbol{e}^m := \boldsymbol{u}^m - \boldsymbol{u}$ 按能量范数 $||e|| := \langle \boldsymbol{A}\boldsymbol{e}, \boldsymbol{e} \rangle^{1/2}$ 度量. 初值误差 $\boldsymbol{e}^0$ 的范数为 2.47E−1. 即使在 300 步迭代后, 高斯–赛德尔迭代的初始误差仅减到 1/10. 我们用所谓带最优超松弛参数的 SOR 方法来加速收敛. 则在 161 次迭代后达到 1E−6 的误差界.

多重网格法为此仅需五步.

若继续减小步长 h, 则前两个方法的收敛速度会更差, 而多重网格 (每一步前后作棋盘型高斯–赛德尔光滑化) 的迭代次数并不增加, 在列出的三个例子中, 必要的迭代数 m 分别正比于 h^{-2}, h^{-1} 和常数. 用于理查森迭代的共轭梯度法和表 7.5 所列的 SOR 法有类似的速度. 若想借助于 CG 法加速后者, 则必须以对称的 SSOR 法代替 SOR 法. 这样经过 22 步后可得到 1E−6 以下的误差 (表 7.6).

表 7.5 第 m 次迭代 u^m 在能量范数下的误差[1)]

m	Gauss–Seidel	m	SOR	m	多重网格法
10	9.382E − 2	10	1.02931E − 1	1	1.711472796E − 2
20	7.324E − 2	20	5.43417E − 2	2	9.659697997E − 4
50	5.023E − 2	50	1.29191E − 2	3	5.501125568E − 5
100	3.575E − 2	100	8.51213E − 4	4	3.206732671E − 6
200	2.371E − 2	150	2.50194E − 6	5	1.891178440E − 7
300	1.755E − 2	161	9.94034E − 7	6	1.128940250E − 8

表 7.6 以共轭梯度法加速的迭代法

m	Richardson	m	SSOR	m	多重网格法
10	6.6931E − 2	5	1.17912E − 2	1	1.135035786E − 2
20	4.0034E − 2	10	1.00844E − 3	2	7.254914612E − 4
50	1.2571E − 2	15	6.70161E − 5	3	4.298721850E − 5
100	2.5151E − 4	20	3.70379E − 6	4	2.274098344E − 6
120	1.6995E − 5	21	1.78763E − 6	5	1.313049259E − 7
142	9.0458E − 7	22	8.78341E − 7	6	7.171669050E − 9

多重网格法 (用词典型高斯–赛德尔法对称光滑化) 原则上也能借助 CG 法加速. 然而这种加速对快速方法产生的优势很小, 一般并不值得麻烦. 为达到给定精度, 在所讨论的三种情况分别需要 $O\left(h^{-1}\right), O\left(h^{-2}\right)$ 和 $O(1)$ 的渐近迭代次数.

[444] 中给出了算例及程序. 在那里也能找到关于上述方法的更详细的介绍.

7.7.7.6 嵌套迭代

第 m 次迭代的迭代误差 $\boldsymbol{e}^m = \boldsymbol{x}^m - \boldsymbol{x}$ 可以被 $\|\boldsymbol{e}^m\| \leqslant \rho^m \|\boldsymbol{e}^0\|$ 估计, 其中 ρ 表示收敛速度. 为了减少误差 $\boldsymbol{e}^m$, 不仅要有好的收敛速度, 而且要有小的初始误差 $\|e^0\|$. 正如多重网格采用不同层的离散 $\ell = 0, \cdots$. 该策略可以通过如下算法 (嵌套迭代) 来实现. 对 $\ell = \ell_{\max}$ 求解 $\boldsymbol{A}_\ell \boldsymbol{x}_\ell = \boldsymbol{b}_\ell$, 也对 $\ell < \ell_{\max}$ 求解粗网格上的方程. 因为 $\boldsymbol{x}_{\ell-1}$ 和 $\boldsymbol{p}\boldsymbol{x}_{\ell-1}$ 应该是对 $\boldsymbol{x}_\ell$ 的好的逼近, 但由于低维计算代价较小, 首先逼近 $\boldsymbol{x}_{\ell-1}$(近似值 $\tilde{\boldsymbol{x}}_{\ell-1}$), 然后利用 $\boldsymbol{p}\tilde{\boldsymbol{x}}_{\ell-1}$ 作为 ℓ 层迭代的初值更有效. 在下面介绍的算法中, 设 $\boldsymbol{x}^{m+1} := \Phi_\ell(\boldsymbol{x}^m, \boldsymbol{b}_\ell)$ 表示求解 $\boldsymbol{A}_\ell \boldsymbol{x}_\ell = \boldsymbol{b}_\ell$ 的任意迭代.

```
x̃_0 solution (or approximation) of A_0 x_0 = b_0;
for  ℓ := 1  to  ℓ_max  do
begin  x̃_ℓ := p x̃_{ℓ-1};                       (*initial value; p from (7.69f)*)
       for  i := 1  to  m_ℓ  do  x̃_ℓ := Φ_ℓ(x̃_ℓ, b_ℓ)   (* m_ℓ iterations *)
end;
```

1) 9.382E − 2 表示 $9.382 \cdot 10^{-2}$.

在 Φ_ℓ 表示多重网格法的情况下, 可取 m_ℓ 为常数. 事实上, 取 $m_\ell = 1$ 常足以得到与离散误差大小相同的迭代误差 $||\tilde{\boldsymbol{x}}_\ell - \boldsymbol{x}_\ell||$.

7.7.7.7 逼近空间的部分分解

设 $\boldsymbol{A}\boldsymbol{x} = \boldsymbol{b}$ 为待求解的方程组, 其中 $\boldsymbol{x}$ 是解空间 X 中的元素. 若 $\sum\limits_v X^{(v)} = X$, 则说存在 X 对子空间 $X^{(v)}, v = 0, \cdots, k$ 的分解. 这里容许子空间有重叠, 也即是非分离的. 该方法的目标是找到迭代

$$\boxed{\boldsymbol{x}^{m+1} := \boldsymbol{x}^m - \sum_v \boldsymbol{\delta}^{(v)},}$$

其中校正因子 $\delta^{(v)}$ 为 $X^{(v)}$ 的元素. 为了表示向量 $\boldsymbol{x}^{(v)} \in X^{(v)} \subseteq X$, 我们需要在空间 $X_v = \mathbb{R}^{\dim\left(X^{(v)}\right)}$ 中的系数向量 $\boldsymbol{x}^{(v)}$. 借助于线性延拓可得 X_v 和 $X^{(v)}$ 之间的唯一对应

$$p_v : X_v \to X^{(v)} \subset X, v = 0, \cdots, k.$$

这就是 $p_v X_v = X^{(v)}$. “限制”$r_v := p_v^{\mathrm{T}} : X^{(v)} \to X_v$ 为转置映射. 于是部分分解法 (也称*加性施瓦茨迭代*) 的基本表述为

$$\boldsymbol{d} := \boldsymbol{A}\boldsymbol{x}^m - \boldsymbol{b}; \tag{7.70a}$$

$$\boldsymbol{d}_\nu := \boldsymbol{r}_\nu \boldsymbol{d} \qquad \nu = 0, \cdots, k, \tag{7.70b}$$

$$\text{solve} \quad \boldsymbol{A}_\nu \boldsymbol{\delta}_\nu = \boldsymbol{d}_\nu; \qquad \nu = 0, \cdots, k, \tag{7.70c}$$

$$\boldsymbol{x}^{m+1} := \boldsymbol{x}^m - \omega \sum_\nu p_\nu \boldsymbol{\delta}_\nu. \tag{7.70d}$$

在 (7.70c) 中出现的维数为 $n_v := \dim\left(X^{(v)}\right)$ 的矩阵是乘积

$$\boldsymbol{A}_v := r_v \boldsymbol{A} \boldsymbol{p}_v, \quad v = 0, \cdots, k.$$

在 (7.70d) 中包含衰减系数 ω 以改进收敛性 (见 (7.57)). 若在迭代中加入 (7.7.7.4 中讨论的)CG 法, 则选取 $\omega \neq 0$ 无关紧要.

(7.70c) 中的局部问题可以相互独立求解, 算法对并行计算是有意义的. (7.70c) 的准确解可以 (用第二种迭代) 被逼近.

在 7.7.7.2.4 中讨论的分层迭代和多重网格法的变式, 以及将要讨论的区域分解法, 均可纳入 (7.70) 的抽象表述.

在分层迭代的情况下, X_0 包含所有初始三角剖分 τ_0 的顶点, X_1 包含除 τ_0 的顶点以外的接下来的剖分 τ_1 的所有顶点, 以此类推. 延拓 $p_1 : X_1 \to X$ 为分片线性插值 (计算新顶点上的有限元函数值).

区域分解法的收敛理论或多或少被限于正定矩阵 $\boldsymbol{A}$. 对于乘性施瓦茨方法也是这样, 其中在每一次校正 $\boldsymbol{x} \mapsto \boldsymbol{x} - p_v \boldsymbol{\delta}_v$ 前, 重复 (7.70a)~(7.70c) 步.

7.7.7.8 区域分解

现在讨论的区域分解有两种完全不同的解释. 第一种将区域分解看作数据的分解, 第二种则是以区域分解为工具的一种特殊的迭代法.

在数据分解的情况, 将系数向量 $\boldsymbol{x}$ 分块, 如 $\boldsymbol{x}=\left(x^0,\cdots,x^k\right)$. 每一块 $\boldsymbol{x}^v$ 包含边值问题的基本区域 Ω 的某个子区域 Ω^v 的网格顶点的数据. 若矩阵是稀疏的, 则基本运算 (最重要的是矩阵乘法) 仅需要邻域内的信息, 即大部分来自同一子区域. 若每一块 x^v 被指定到并行计算机的一个处理器, 则该方法只需要沿着子区域边界交换数据. 因为包含在这些边界的网格顶点数必定比总顶点数至少小一个量级, 可以期望计算中必要的数据交换与算法的主要计算相比代价要小得多.

下面考虑作为特殊迭代工具的区域分解. 设 $\bar{\Omega}=\cup\overline{\Omega^v}$ 为偏微分方程的求解区域 $\bar{\Omega}$ 的可重叠的区域分解. 对空间 X^v 子区域 $\overline{\Omega^v}$ 中的网格顶点已在 7.7.7.7 中讨论. 延拓 $p_v: X_v\to X^{(v)}$ 可以定义为零延拓, 即在 $\overline{\Omega^v}$ 外的所有顶点都为零. 于是该方法被 (7.70) 定义.

设 k 为子区域 $\overline{\Omega^v}$ 的个数. 因为 k 可以是并行计算机处理器的个数, 我们想得到不仅依赖于问题的维数, 而且依赖于 k 的收敛速度. 单纯的分解并不能达到这一目的, 所以需要增加一个粗网格空间 X_0. 考虑到这一点, 该方法与前述二重网格法相当类似.

7.7.7.9 非线性方程组

在非线性方程组的情况, 有许多新问题需要解答. 特别地, 其解不再唯一. 因此我们假定方程组 $\boldsymbol{F}(\boldsymbol{x})=\mathbf{0}$ 在 $\boldsymbol{x}^*$ 的邻域内存在唯一解 $\boldsymbol{x}^*$. 求解 $\boldsymbol{F}(\boldsymbol{x})=\mathbf{0}$ 有两种策略. 第一种是应用牛顿迭代的变式, 它要求在每一牛顿步求解一个线性方程组 (再作为第二迭代), 为此可用在 7.7.7.1 到 7.7.7.8 讨论过的那些方法. 这种方法能否实施主要依赖于如何加强计算雅可比矩阵 $\boldsymbol{F}'$. 第二种策略试图直接将上面讨论过的用于线性方程组的方法推广到非线性方程组. 例如, 求解 $\boldsymbol{F}(\boldsymbol{x})=\mathbf{0}$ 的理查森迭代 (7.53) 的非线性模拟为

$$\boxed{\boldsymbol{x}^{m+1}:=\boldsymbol{x}^m-\boldsymbol{F}\left(\boldsymbol{x}^m\right)}$$

多重网格法也可推广到非线性情况. 若实施该方法, 则非线性迭代的渐近收敛速度与应用于线性化方程 (即 $\boldsymbol{A}=\boldsymbol{F}'\left(\boldsymbol{x}^*\right)$) 的线性多重网格法的速度相同. 详情见 [445] 第 9 章.

在多解的情况, 迭代法至多可能有*局部*收敛性. 该方法在计算上最精细的部分在于确定合适的初值 $\boldsymbol{x}^0$. 为此 7.7.7.6 的嵌套迭代可能有一些帮助. 于是初始迭代的选取基本上限于 $\ell=0$ 水平的低维方程组.

7.7.8 边界元方法

用积分方程代替微分方程是积分方程法的要点. 当我们随后离散化该积分方程时提出了边界元方法.

7.7.8.1 积分方程法

常系数齐次微分方程 $Lu = 0$ 有基本解 U_0(见 [212]). 这里我们求解如下问题: 区域 $\Omega \subset \mathbb{R}^d$ 上的边值问题, 其边值定义在 $\Gamma := \partial\Omega$ 上. 假设 u 具有如下的边界或表面积分

$$\boxed{u(x) := \int_\Gamma k(x,y)\,\varphi(y)\,\mathrm{d}F_y, \quad x \in \Omega,} \tag{7.71}$$

其中 φ 为任意权函数. 若核函数 k 恰好等于 $U_0(x-y)$ 或其导数, 则 u 在 Ω 中满足方程 $Lu = 0$. 对 $k(x,y) = U_0(x-y)$, (7.71) 中的 u 为单层位势(见 10.4.3 中例 2). 关于 y 的法向导数 $k(x,y) = \partial U_0(x-y)/\partial n_y$ 则定义所谓的双层位势.

今对出现在 (7.71) 中的函数 φ 推导积分方程, 使得 (7.7.1) 的解 u 满足边界条件. 因为单层位势在 $\boldsymbol{x} \in \mathbb{R}^d$ 中连续, 由 Γ 上的狄利克雷边值 $u = g$ 直接得到

$$\boxed{g(x) = \int_\Gamma k(x,y)\,\varphi(y)\,\mathrm{d}F_y.} \tag{7.72}$$

此即确定 φ 的第一类弗雷德霍姆积分方程. 在诺伊曼边界条件 (7.10b) 或关联于双层位势的狄利克雷边界条件的情况, 还必须考虑边界上的间断性. 那时提出的关于 φ 的积分方程则在 [212] 中讨论. 一般来说, 它具有如下形式:

$$\boxed{\lambda\varphi(x) = \int_\Gamma \kappa(x,y)\,\varphi(y)\,\mathrm{d}F_y + h(x),} \tag{7.73}$$

这里 $\kappa(x,y)$ 为 (7.72) 的核 $k(x,y)$ 或导数 $B_x k(x,y)$, 其中 B 从边界条件 $Bu = g$ 提出 (例如可能有 $B = \partial/\partial n$),

积分方程法有如下优点.

(1) 待定函数的定义域仅为 $d-1$ 维, 这样离散化导致方程组的规模大为减小.

(2) 积分方程法可同样灵活地应用于内外边值问题. 在外边值问题的情况, Ω 是曲面或曲线 Γ 内部的补的无界区域. 因为无界性, 这对有限元法导致困难问题. 外边值问题在 $x = \infty$ 处有附加的边界条件, 它被积分方程法自动满足.

(3) 最后, 在许多情况下不必求出边值问题在整个区域的解, 而只需得到某些边值或数据 (例如边值给定时求法向导数). 在那些情况, 并不需要有限元法计算得到的区域内部的值.

相对于较简单的积分方程, (7.73) 也提出如下困难.

(1) 由理论可知双极积分算子具有紧性, 然而这一性质对非光滑边界不再成立.

(2) 出现的所有积分都是曲面或曲线积分, 故求解它们一般需要具体参数化.

(3) 根据定义, 积分核是奇异的. 基本解的奇异强度依赖于微分方程的阶. 若 κ 是通过进一步求导得到, 则奇异性增强 (变 "坏"). 应用中出现的典型的积分方程 (7.73) 有非正常可积核, 柯西主值型强奇异积分, 或定义为阿达马有限部分积分的超奇异积分. 与人们倾向于相信的相反, 强奇异性被证明有利于数值求解.

7.7.8.2 通过配置离散

在 [212] 中讨论过归功于尼斯特伦的离散方法. 然而该方法很少应用于边界元法. 代之以常用的两种投影方法: 投影在网格顶点上的配置法, 或正交投影到近似函数空间的伽辽金法. 在配置法的情况, 用函数 $\tilde{\varphi} = \sum c_i \varphi_i$ 代替 (7.73) 中的未知函数 φ. 例如, 这里可以用属于网格顶点 $x_i \in \Gamma$ 的有限元函数 φ_i. 在二维情况, Γ 为曲线, 也可采取全局观点用三角函数. 当 (7.73) 对所有的配点 $x = x_i$ 都成立便得到配置方程. 这样产生的矩阵系数由积分 $\int\limits_{\Gamma} \kappa(x_i, y)\,\varphi_j(y)\,\mathrm{d}F_y$ 给出.

7.7.8.3 伽辽金方法

根据 7.7.2.2, 在增加对作为检验函数的 φ_i 的积分之后便得到伽辽金离散. 于是矩阵系数包含曲面 Γ 上的二重积分 $\iint\limits_{\Gamma\Gamma} \varphi_i(x)\kappa(x,y)\varphi_j(y)\mathrm{d}F_y\mathrm{d}F_x$. 虽然这种方法更复杂, 但在适当的范数下有更好的稳定性和更高的精度.

尽管有限元法 (FEM) 这一名称在这里是合理的, 但是如 (7.73) 的积分方程的离散化一般归入边界元法, 即 BEM.

7.7.8.4 边界元法的数值性质

如果将 $\Omega \subseteq \mathbb{R}^d$ 中边值问题的有限元离散化与边界元法相比较, 其性质总结如下:

对网格尺寸 h, 有限元法得到大小为 $O\left(h^{-d}\right)$ 的方程组, 而边界元法则为 $O\left(h^{1-d}\right)$. 与有限元法相比, 边界元法矩阵的条件数更好.

边界元法的一个决定性缺点是其矩阵并不是稀疏的, 而是满的. 这就给计算时间和存储带来问题. 因此有不同的方法以更紧凑的形式来表示矩阵 (如 [443] 中的板块聚类法或使用小波基以压缩矩阵).

为了数值计算奇异积分, 有也可快速且足够精确地计算二重积分 $\iint\limits_{\Gamma\Gamma} \varphi_i(x)\kappa(x,y)\varphi_j(y)\mathrm{d}F_y\mathrm{d}F_x$ 的现代方法, 例如见 [443] 的 9.4 节.

7.7.9 调和分析

7.7.9.1 离散傅里叶变换和三角插值

借助复数值的系数 $c_0, c_1, \cdots, c_{n-1}$ 定义三角多项式

$$y(x) := \frac{1}{\sqrt{n}} \sum_{v=0}^{n-1} c_v \mathrm{e}^{\mathrm{i}vx}, \quad x \in \mathbb{R}. \tag{7.74}$$

利用代换 $z = \mathrm{e}^{\mathrm{i}x}$, 可以被插值为真多项式 $\sum c_v z^v$, 其中自变量 z 限制在单位圆 $|z| = |\mathrm{e}^{\mathrm{i}x}| = 1$ 上. 若由 (7.74) 计算函数 y 在等距插值点 $x_\mu = 2\pi\mu/n$ 的值, 其中 $\mu = 0, 1, \cdots, n-1$, 则得

$$y_u = \frac{1}{\sqrt{n}} \sum_{v=0}^{n-1} c_v \mathrm{e}^{2\pi \mathrm{i} v\mu/n}, \quad \mu = 0, 1, \cdots, n-1. \tag{7.75}$$

于是三角插值问题可用公式表示如下. 对给定值 y_μ, 从方程 (7.75) 确定傅里叶系数c_v. 解可利用下面的向后变换表述:

$$c_v = \frac{1}{\sqrt{n}} \sum_{\mu=0}^{n-1} y_\mu \mathrm{e}^{-2\pi \mathrm{i} v\mu/n}, \quad v = 0, 1, \cdots, n-1. \tag{7.76}$$

为了用矩阵记号来表示, 引进向量 $\boldsymbol{c} = (c_0, \cdots, c_{n-1}) \in \mathbb{C}^n$ 和 $\boldsymbol{y} = (y_0, \cdots, y_{n-1}) \in \mathbb{C}^n$. 根据 (7.75) 映射 $\boldsymbol{c} \mapsto \boldsymbol{y}$ 称为离散傅里叶综合, 而另一个方向的映射 $\boldsymbol{y} \mapsto \boldsymbol{c}$ 称为离散傅里叶分析. 若矩阵 $\boldsymbol{T}$ 的系数为 $T_{\nu\mu} := n^{-1/2}\mathrm{e}^{2\pi \mathrm{i}\nu\mu/n}$, 则 (7.75) 和 (7.76) 可写为:

$$\boldsymbol{y} = \boldsymbol{T}\boldsymbol{c}, \quad \boldsymbol{c} = \boldsymbol{T}^*\boldsymbol{y}. \tag{7.77}$$

这里 $\boldsymbol{T}^*$ 表示 $\boldsymbol{T}: (T*)_{\nu\mu} = \overline{T_{\mu\nu}}$ 的伴随矩阵. 此时 T 是酉算子, 即 $T^* = T^{-1}$. 此性质相应于 (7.74) 是关于正交基$\left\{n^{-1/2}\mathrm{e}^{2\pi \mathrm{i}\nu\mu/n} : \mu = 0, 1, \cdots, n-1\right\}$ 的展开式这一事实.

在和式 (7.74) 中, 可轮换指标集 $\nu = 0, 1, \cdots, n-1$. 这并不影响求 (7.75) 在插值点 $x_\mu = 2\pi\mu/n$ 的值, 因为 $\exp(\mathrm{i}\nu x_\mu) = \exp(\mathrm{i}(\nu \pm n)x_\mu)$, 但对它们之间的点有影响. 例如: 对于偶数 n 我们可选取指标集 $\{1 - n/2, \cdots, n/2 - 1\}$. 因为有关系:

$$c_{-v}\mathrm{e}^{-\mathrm{i}vx} + c_{+v}\mathrm{e}^{+\mathrm{i}vx} = (c_{-v} + c_{+v})\cos \nu x + \mathrm{i}\,(c_{+v} - c_{-v})\sin vx.$$

我们得到实三角函数 $\{\sin \nu x, \cos \nu x : 0 \leqslant \nu \leqslant n/2 - 1\}$的线性组合.

7.7.9.2 快速傅里叶变换 (FFT)

在很多实际应用中, (7.77) 的傅里叶综合 $\boldsymbol{c} \to \boldsymbol{y}$ 和傅里叶分析 $\boldsymbol{y} \to \boldsymbol{c}$ 起重要作用, 使得我们期望以尽可能少的计算代价实现它们. 这里为简单起见忽略标量因子 $n^{-1/2}$, 则方程 (7.76) 可以写为如下形式:

$$\boxed{c_v^{(n)} = \sum_{\mu=0}^{n-1} y_\mu^{(n)} \omega_n^{v\mu}, \quad v = 0, 1, \cdots, n-1,} \tag{7.78}$$

其中单位的第 n 个根 $\omega_n := \mathrm{e}^{-2\pi\mathrm{i}/n}$. 在交换记号 c 和 y 并利用 $\omega_n := \mathrm{e}^{2\pi\mathrm{i}/n}$ 之后, 综合 (7.75) 也可取 (7.78) 的形式. 在 $y_\mu^{(n)}, c_v^{(n)}$ 和 ω_n 中出现的指标 n 表示我们用到的傅里叶变换的维数.

若按照通常的方式近似计算 (7.78), 对每一个系数需要用 n 次 (复数) 乘法和 $n-1$ 次加法. 因此计算所有的分量 $c_v^{(n)}$ 需要 $2n^2 + O(n)$ 次运算. 这里假定 $\varOmega = \{\omega_n^{\nu\mu} : 0 \leqslant \nu, \mu \leqslant n-1\}$ 的值是已知的. 因为 $\omega_n^{\nu\mu}$ 仅依赖于以 n 为模的 $\nu\mu$ 的剩余类, $\varOmega$ 仅包含 n 个不同的值, 其计算量为 $O(n)$.

若 n 刚好是 2 的幂, 即 $n = 2^p, p \geqslant 0$, 则计算 (7.78) 的代价 $O(n^2)$ 可以显著减少. 若 n 为偶数, 待求系数可写成仅包含 $n/2$ 项的和的形式:

$$c_{2v}^{(n)} = \sum_{\mu=0}^{n/2-1} \left[y_\mu^{(n)} + y_{\mu+n/2}^{(n)} \right] \omega_n^{2v\mu}, \quad 0 \leqslant 2v \leqslant n-1, \tag{7.79a}$$

$$c_{2v+1}^{(n)} = \sum_{\mu=0}^{n/2-1} \left[\left(y_\mu^{(n)} - y_{\mu+n/2}^{(n)} \right) \omega^\mu \right] \omega_n^{2v\mu}, \quad 0 \leqslant 2v \leqslant n-1. \tag{7.79b}$$

(7.79a)(7.79b) 中的 $\boldsymbol{c}$ 系数构成 $\mathbb{C}^{n/2}$ 的向量

$$\boldsymbol{c}^{(n/2)} = \left(c_0^{(n)}, c_2^{(n)}, \cdots, c_{n-2}^{(n)} \right), \quad \boldsymbol{d}^{(n/2)} = \left(c_1^{(n)}, c_3^{(n)}, \cdots, c_{n-1}^{(n)} \right).$$

若进一步引入系数

$$y_\mu^{(n/2)} := y_\mu^{(n)} + y_{\mu+n/2}^{(n)}, \quad z_\mu^{(n/2)} := \left(y_\mu^{(n)} - y_{\mu+n/2}^{(n)} \right) \omega^\mu, \quad 0 \leqslant v \leqslant n/2 - 1,$$

并注意到 $(\omega_n)^2 = \omega_{n/2}$, 则得到新方程组

$$c_v^{n/2} = \sum_{\mu=0}^{n/2-1} y_\mu^{(n/2)} \omega_{n/2}^{v\mu}, \quad d_v^{n/2} = \sum_{\mu=0}^{n/2-1} z_\mu^{(n/2)} \omega_{n/2}^{v\mu}, \quad 0 \leqslant v \leqslant n/2 - 1.$$

这里的两个和式都有 (7.78) 的形式, 只是以 $n/2$ 代替了 n. 这就将 n 维的问题 (7.78) 化为两个 $n/2$ 维的问题. 因为 $n = 2^p$, 该过程可重复 p 次最后得到 n 个一维问题! (注意在一维情况有 $y_0 = c_0$). 以这种方式得到的算法可列式如下:

$$\text{procedure FFT}(\omega, p, y, c); \ \{y : \text{input-}, c : \text{output-vector}\} \tag{7.80}$$

if $p=0$ then $c[0]:=y[0]$ else

begin $n2:=2^{p-1}$;

$$\text{for } \mu:=0 \text{ to } n2-1 \text{ do } yy[\mu]:=y[\mu]+y[\mu+n2]; \tag{7.80a}$$

$$\text{FFT}(p-1,\omega^2,yy,cc);\ \text{for } \nu:=0 \text{ to } n2 \text{ do } c[2\nu]:=cc[\nu];$$

$$\text{for } \mu:=0 \text{ to } n2-1 \text{ do } yy[\mu]:=\big(y[\mu]-y[\mu+n2]\big)*\omega^{\mu}; \tag{7.80b}$$

$$\text{FFT}(p-1,\omega^2,yy,cc);\ \text{for } \nu:=0 \text{ to } n2 \text{ do } c[2\nu+1]:=cc[\nu]$$

end;

因为维数被 p 次减半, 其中需要 (7.80a),(7.80b) 的 n 次计算, 从而总的计算代价为 $p\cdot 3n=O(n\log n)$ 次运算.

7.7.9.3 对周期特普利茨矩阵的应用

若系数 a_{ij} 仅依赖于以 n 为模的差 $i-j$, 则矩阵 $\boldsymbol{A}$ 根据定义是**特普利茨矩阵**. 在这种情况, $\boldsymbol{A}$ 形如

$$\boldsymbol{A}=\begin{pmatrix} c_0 & c_1 & c_2 & \cdots & c_{n-1} \\ c_{n-1} & c_0 & c_1 & \cdots & c_{n-2} \\ \vdots & \vdots & \vdots & & \vdots \\ c_2 & c_3 & c_4 & \cdots & c_1 \\ c_1 & c_2 & c_3 & \cdots & c_0 \end{pmatrix}. \tag{7.81}$$

每一个周期特普利茨矩阵都可借助于傅里叶变换, 即用 (7.77) 给出矩阵 $\boldsymbol{T}$ 对角化

$$\boldsymbol{T}^*\boldsymbol{A}\boldsymbol{T}=\boldsymbol{D}:=\operatorname{diag}\{d_1,d_2,\cdots,d_n\},\quad d_\mu:=\sum_{v=0}^{n-1}c_\nu \mathrm{e}^{2\pi \mathrm{i} v\mu/n}. \tag{7.82}$$

特别经常用到的基本运算是周期特普利茨矩阵和向量 $\boldsymbol{x}$ 的矩阵–向量乘法. 若 $\boldsymbol{A}$ 是满矩阵, 标准乘法的运算量为 $O(n^2)$. 相反, (7.82) 的对角矩阵的乘法只需要 $O(n)$ 次运算. 因子分解 $\boldsymbol{Ax}=\boldsymbol{T}(\boldsymbol{T}^*\boldsymbol{AT})\boldsymbol{T}^*\boldsymbol{x}$ 产生如下算法.

$$\boldsymbol{x}\mapsto\boldsymbol{y}:=\boldsymbol{T}^*\boldsymbol{x}\qquad(\text{傅里叶分析}), \tag{7.83a}$$

$$\boldsymbol{y}\mapsto\boldsymbol{y}':=\boldsymbol{D}\boldsymbol{y}\qquad(\text{由 (7.82) 定义}\boldsymbol{D}), \tag{7.83b}$$

$$\boldsymbol{y}'\mapsto\boldsymbol{A}\boldsymbol{x}:=\boldsymbol{T}\boldsymbol{y}'\qquad(\text{傅里叶综合}). \tag{7.83c}$$

假设 $n=2^p$, 可应用快速傅里叶变换 (7.80), 使得矩阵–向量乘法 $\boldsymbol{x}\to\boldsymbol{Ax}$ 的运算量为 $O(n\log n)$.

求解周期特普利茨矩阵 $\boldsymbol{A}$ 的方程组 $\boldsymbol{Ax}=\boldsymbol{b}$ 正和矩阵–向量乘法一样简单, 因为在 (7.83b) 中只需以 $\boldsymbol{D}^{-1}$ 代替 $\boldsymbol{D}$.

由 (7.81) 知 $\boldsymbol{A}$ 的逆矩阵有同样的形式, 只是以 ζ_ν 代替 c_ν, 其中 ζ_ν 由

$$1/d_\mu = n^{-1}\sum_{v=0}^{n-1}\zeta_\nu \mathrm{e}^{2\pi\mathrm{i}v\mu/n} \tag{7.84}$$

产生 (见方程 (7.75)). 插值问题 (7.84) 也能以 $O(n\log n)$ 的计算量求解.

类似地, 周期特普利茨矩阵的乘积, 多项式 $P(\boldsymbol{A})$ 或矩阵 $\boldsymbol{A}$ 的其他函数 (如在 $d_\mu \geqslant 0$ 情况下的平方根) 的计算量也可降低.

7.7.9.4 傅里叶级数

设 ℓ^2 表示由范数 $\sum\limits_{v=-\infty}^{\infty}|c_v|^2$ 有限的所有系数序列 $\{c_v : v\text{整数}\}$组成的空间 (注意前面以 ℓ 表示指标, 这里 ℓ^2 则表示空间, 并非指标的平方). 对任意 $c\in\ell^2$ 有以 2π 为周期的函数

$$\boxed{f(x) = \frac{1}{\sqrt{2\pi}}\sum_{v=-\infty}^{\infty}c_\nu \mathrm{e}^{\mathrm{i}vx}} \tag{7.85}$$

(又是**傅里叶综合**). 该和式在二次平均意义下收敛且 f 满足**帕塞瓦尔**(Parseval)**方程**

$$\int_{-\pi}^{\pi}|f(x)|^2\,\mathrm{d}x = \sum_{v=-\infty}^{\infty}|c_\nu|^2.$$

其逆变换 (又是**傅里叶分析**) 为

$$\boxed{c_v = \frac{1}{\sqrt{2\pi}}\int_{-\pi}^{\pi}f(x)\,\mathrm{e}^{-\mathrm{i}vx}\mathrm{d}x.} \tag{7.86}$$

周期函数 f 常被看成是确定傅里叶系数的这种形式的初始量, 我们可以将这一观点转过来. 假如我们通过 $c_\nu = \varphi(\nu h)$ 给定网格函数 φ 的值, 其中 h 表示网格的尺寸, ν 为整数. 分析以 (7.85) 与之相关的函数结果是相当方便的.

对 $c\in\ell^2$ 的条件 $\sum\limits_{\nu=-\infty}^{\infty}|c_\nu|^2<\infty$ 可以减弱. 设 $s\in\mathbb{R}$, 则若 $s>0$, 条件

$$\sum_{v=-\infty}^{\infty}\left(1+v^2\right)^{\frac{s}{2}}|c_\nu|^2<\infty$$

要求增强系数的递减, 而当 $s<0$ 则相反: 其系数甚至可以增大而不是减小. 对 $s>0$, (7.85) 定义索伯列夫空间 $H^s_{\text{periodic}}(-\pi,\pi)$ 中的函数, 而对 $s<0$, (7.85) 可以作为空间 $H^s_{\text{periodic}}(-\pi,\pi)$ 上的广义函数的形式定义.

7.7.9.5 小波

7.7.9.5.1 傅里叶变换的非局部性

傅里叶变换的特性是根据函数的频率对其分解. 在 (7.85) 和 (7.86) 的情况变换是离散的, 而在积分的情况下傅里叶变换

$$\hat{f}(\xi)=\frac{1}{\sqrt{2\pi}}\int_{-\infty}^{\infty} f(x)\,\mathrm{e}^{-\mathrm{i}\xi x}\mathrm{d}x,\quad f(x)=\frac{1}{\sqrt{2\pi}}\int_{-\infty}^{\infty}\hat{f}(\xi)\,\mathrm{e}^{\mathrm{i}\xi x}\mathrm{d}\xi, \tag{7.87}$$

则是连续的. 另一方面, 傅里叶变换的一个决定性的缺点是不能确定位置的细节. 于是根据应用的需要, 我们用 “时间” 代替 “位置”.

例如考虑在区间 $[-\pi,+\pi]$ 上给定的周期函数 $f(x)=\operatorname{sgn}(x)$ (x 的符号). 它到实线的周期延拓在 π 的所有整数倍间断. f 的傅里叶系数对奇数 ν 为 $c_\nu=C/\nu(C=-2\mathrm{i}/\sqrt{2\pi})$, 其余 $c_v=0$. 系数的小的下降速率 $c_\nu=O(1/\nu)$ 使得函数 f 整体上是不光滑的. 但当级数 (7.85) 对所有x 显示缓慢收敛 (非绝对收敛) 时, 实际上仅对间断附近的 x 是这样.

傅里叶变换的非局部性的原因在于序列中的函数 $\mathrm{e}^{\mathrm{i}\nu x}$ 没有特定的位置, 而是仅通过频率 ν 来表征.

7.7.9.5.2 小波和小波变换

为了缓和上面遇到的问题, 我们用不仅与频率有关, 也与位置坐标有关的函数代替 $\left\{\mathrm{e}^{\mathrm{i}\xi x}:\xi\in\mathbb{R}\right\}$. 正如 $\left\{\mathrm{e}^{\mathrm{i}\xi x}:\xi\in\mathbb{R}\right\}$ 由单个函数 $\mathrm{e}^{\mathrm{i}x}$ 通过伸缩 $x\to\xi x$ 得到, 我们同样能从称之为小波的记为 ψ 的函数生成要求的函数族. 小波并不是唯一确定的对象, 可以利用所有平方可积函数 $f\in L^2(\mathbb{R})$, 根据 (7.87) 其相应的傅里叶变换 ψ 产生正的有限积分 $\int_{\mathbb{R}}|\hat{\psi}(\xi)|^2/|\xi|\mathrm{d}\xi$. 每个小波的均值为零 $\int_{\mathbb{R}}\psi(\xi)\,\mathrm{d}x=0$.

最简单的小波是首先由哈尔给出的函数, 见图 7.13(a), 其中对 $0\leqslant x\leqslant 1$ 为 $1-2x$ 的符号, 其余为零. 因为在 $L^2(\mathbb{R})$ 中所有有紧支性且 $\int_{\mathbb{R}}\psi(\xi)\,\mathrm{d}x=0$ 的函数 $\psi\neq 0$ 已是小波, 则哈尔函数也是小波.

通过伸缩 ψ 得到一族 $\{\psi_a:a\neq 0\}$, 其中 $\psi_a(x):=|a|^{-1/2}\psi_a(x/a)$. 当 $|a|>1$ 时函数是扩张的, 当 $|a|<1$ 时则是压缩的. 当 $a<0$ 时还包含一个反射. $|a|^{-1/2}$ 仅为尺度规范化因子. 参数 a 起着频率倒数 $1/\xi$ 在函数 $\mathrm{e}^{\mathrm{i}\xi x}$ 中所起的作用.

与傅里叶方法不同, 小波变换除了伸缩还有平移. 移位参数 b 表示位置 (或时间) 的特征. 生成的函数族 $\left\{\psi_{a,b}:a\neq 0,b\text{为实数}\right\}$ 有表达式

$$\boxed{\psi_{a,b}(x):=\frac{1}{\sqrt{|a|}}\psi\left(\frac{x-b}{a}\right).} \tag{7.88}$$

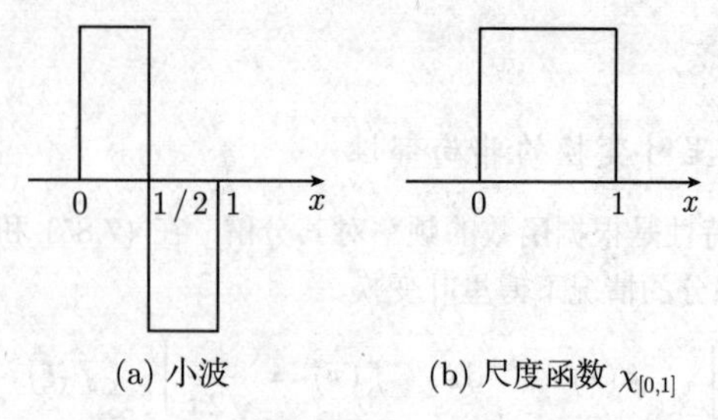

(a) 小波　　(b) 尺度函数 $\chi_{[0,1]}$

图 7.13　最简单的小波和尺度函数

小波变换$L_\psi f$ 是位置和频率两者的函数, 其中 a 为频率而 b 为位置变量. 显然, 有

$$L_\psi f(a,b) := c\int_{\mathbb{R}} f(x)\,\psi_{a,b}(x)\,\mathrm{d}x = \frac{c}{\sqrt{|a|}}\int_{\mathbb{R}} f(x)\,\psi\left(\frac{x-b}{a}\right)\mathrm{d}x, \tag{7.89a}$$

其中 $c = \left(2\pi\int_{\mathbb{R}}\left|\hat{\psi}(\xi)\right|^2/|\xi|\,\mathrm{d}\xi\right)^{-1/2}$. 若其逆变换为

$$f(x) = c\int_{\mathbb{R}} L_\psi f(a,b)\,\psi_{a,b}(x)\,a^{-2}\mathrm{d}a\mathrm{d}b, \tag{7.89b}$$

则对 $f \in L^2(\mathbb{R})$, 小波变换 $f \mapsto L_\psi f$ 为双射.

7.7.9.5.3　小波的性质

哈尔小波 (图 7.13a) 有紧支性 (这里为 [0, 1]) 但不连续. 有相反性质的所谓墨西哥帽函数(事实上, 无穷次可微) 则由 $\psi(x) := (1-x^2)\exp(-x^2/2)$ 给出.

小波 ψ 的第 k 个矩为

$$\mu_k := \int_{\mathbb{R}} x^k\psi(x)\,\mathrm{d}x.$$

小波 ψ 的阶为使其第 N 个矩非零的最小的自然数 N. 因为 ψ 的均值为零, 故对所有 $0 \leqslant k \leqslant N-1$ 有 $\mu_k = 0$. 若对所有的 k 都有 $\mu_k = 0$, 则称小波 ψ 为无穷阶. 然而, 紧支集的小波总是有限阶的 (例如, 哈尔小波 N=1, 墨西哥帽小波 N=2).

N 阶小波正交于所有次数 $\leqslant N-1$ 的多项式. 于是对充分光滑的 f, $L_\psi f(a,b)$ 仅依赖于 f 的泰勒级数的第 N 个余项. 对标量乘法, 当 $a \to 0$ 时,$L_\psi f(a,b)$ 收敛到 N 阶导数 $f^N(b)$.

当 f 光滑时, (7.87) 中的傅里叶变换 $\hat{f}(\xi)$ 随 $|\xi| \to \infty$ 更快趋向于零. 与之对照的是, 仅当 f 的 k 阶导数有界且 $k \leqslant N$, 小波 $L_\psi f(a,b)$ 随 $|a| \to 0$ 关于 b 一致趋向 $O\left(|a|^{k-1/2}\right)$. 在此情况下, 收敛速率以阶为界.

7.7.9.6 多分辨分析

7.7.9.6.1 引言

多尺度分析(也称多分辨分析, 今后将用这一术语) 最初并没有引进小波. 但在此概念下, 小波的实际重要性变得明显. 小波变换 (7.89a),(7.89b) 是傅里叶积分变换 (7.87) 的模拟. 实际上, 有一个相应于傅里叶级数 (7.85) 的离散形式将更好. 但是只有以 2π 为周期的函数才可以用傅里叶级数表示, 多分辨分析则能表示任意 $f \in L^2(\mathbb{R})$.

因此如同在 V_m 中可以刻画所有直到 $O(2^{-m})$ 大小的 "细节", 下面定义的子空间 V_m 的尺度指标 m 相应于直到 $O(2^m)$ 的频率范围.

里斯基的概念与多分辨分析有重要联系. 设 $\varphi_k \in L^2(\mathbb{R})$ 为在 $L^2(\mathbb{R})$ 的子空间 V 中稠密的一族函数. 假定存在常数 $0 < A \leqslant B < \infty$, 对平方和 $\sum\limits_k |c_k|^2$ 有限的所有系数有

$$A\sum_k |c_k|^2 \leqslant \int_{\mathbb{R}} \left|\sum_k c_k\varphi_k(x)\right|^2 \mathrm{d}x \leqslant B\sum_k |c_k|^2, \tag{7.90}$$

那么函数族 $\{\varphi_k\}$ 称为 V 中以 A, B 为里斯界的里斯基.

7.7.9.6.2 尺度函数和多分辨分析

多分辨分析由称为尺度函数的单个函数 $\varphi \in L^2(\mathbb{R})$ 生成. 其名称来源于适当选取的系数 h_k 满足的如下尺度方程:

$$\boxed{\varphi(x) = \sqrt{2}\sum_{k=-\infty}^{\infty} h_k\varphi(2x-k), \quad \text{对所有的}x.} \tag{7.91}$$

方程 (7.91) 也被称为时标方程或加细方程. 实际应用中希望 (7.91) 中的和是有限的且包含的项尽可能少. 最简单的例子为图 7.13(b) 所示的特征函数 $\varphi = \chi_{[0,1]}$, 当 $x \in [0,1]$ 时 $\varphi(x) = 1$, 而当 $x \notin [0,1]$ 时 $\varphi(x) = 0$. 于是 $\varphi(2x) = \chi_{[0,1/2]}$ 为 $[0,1/2]$ 的特征函数, 而 $\varphi(2x-1)$ 为 $[1/2,1]$ 的特征函数, 因此 $\varphi(x) = \varphi(2x) + \varphi(2x-1)$, 即在 (7.91) 中有 $h_0 = h_1 = 1/\sqrt{2}$ 而其他 $h_k = 0$.

φ 的平移 $x \to \varphi(x-k)$ 生成子空间 V_0:

$$V_0 := \left\{f \in L^2(\mathbb{R}),\ \text{其中}\ f(x) = \sum_{k=-\infty}^{\infty} a_k\varphi(x-k)\right\}. \tag{7.92}$$

在例子 $\varphi = \chi_{[0,1]}$ 的情况, V_0 包含每个子区间 $(\ell, \ell+1)$ (ℓ 为整数) 上的分片常数函数.

若增加 $a=2^m$ 的伸缩, 则得函数族

$$\boxed{\varphi_{m,k}(x):=2^{m/2}\varphi(2^m x-k),\ \text{对所有的}\ m,k}$$

(见 (7.88)). 对所有的尺度 m, 可用与 (7.92) 中同样的方式构造子空间 V_m 为 $\operatorname{span}\{\varphi_{m,k}: m,k\text{为整数}\}$ 的闭包. 根据定义, V_m 仅为 V_0 的伸缩复制. 特别地, 有

$$f(x)\in V_m \quad \text{当且仅当} \quad f(2x)\in V_{m+1}. \tag{7.93}$$

由尺度方程 (7.91) 知 $\varphi_{0,k}\in V_1$, 从而有包含 $V_0\subseteq V_1$, 这可推广到对所有的尺度有包含 $V_m\subseteq V_{m+1}$. 反之, $V_0\subseteq V_1$ 暗示了有表示 (7.91). 产生的包含链 ("阶梯")

$$\cdots\subseteq V_{-2}\subseteq V_{-1}\subseteq V_0\subseteq V_1\subseteq V_2\subseteq\cdots\subseteq L^2(\mathbb{R}) \tag{7.94}$$

表明空间 V_m 当 $m\to\infty$ 时变大, 且最后完全充满 $L^2(\mathbb{R})$. 这一想法可由如下条件准确表述:

$$\bigcup_{m=-\infty}^{\infty} V_m \ \text{在}\ L^2(\mathbb{R})\ \text{中是稠的}, \qquad \bigcap_{m=-\infty}^{\infty} V_m=\{0\}. \tag{7.95}$$

若 (7.93) 和 (7.95) 成立, 且存在其平移 $\varphi_{0,k}$ 构成 V_0 的里斯基的尺度函数, 则阶梯 (7.94) 是*多分辨分析*.

里斯基的上述性质可以直接类比尺度函数的傅里叶变换 $\hat{\varphi}$, 事实上, (7.90) 等价于

$$0<A\leqslant 2\pi\sum_{k=-\infty}^{\infty}|\hat{\varphi}(\xi+2k\pi)|^2\leqslant B,\ \text{对}\ |\xi|\leqslant\pi.$$

7.7.9.6.3　规范正交性和滤波器

φ 的平移 $x\to\varphi(x-k)$ 构成 V_0 的一组规范正交基当且仅当 (7.90) 中的里斯界为 $A=B=1$. 此时称 φ 为*正交尺度函数*. 例如, 函数 $\varphi=\chi_{[0,1]}$ 是正交的. 对任意 (不必正交) 的 φ, 可以构造相关的正交尺度函数 $\tilde{\varphi}$; 因此下面假定 φ 是正交的.

尺度方程 (7.91) 的系数 h_k 构成称为*滤波器*的序列 $\{h_k\}$.

对正交的 φ 有方程

$$h_k=\int_{\mathbb{R}}\varphi(x)\varphi(2x-k)\,\mathrm{d}x \ \text{和}\ \sum_{k=-\infty}^{\infty}h_k h_{k+\ell}=\delta_{0,\ell}\quad(\delta\text{为克罗内克符号}).$$

滤波器组成的系数傅里叶级数

$$H(\xi):=\frac{1}{\sqrt{2}}\sum_{k=-\infty}^{\infty}h_k\mathrm{e}^{-\mathrm{i}k\xi} \tag{7.96}$$

称为傅里叶滤波器. 它可以利用公式 $\hat{\varphi}(x) = H(\xi/2)\hat{\varphi}(\xi/2)$ 由傅里叶变换 $\hat{\varphi}$ 直接计算.

7.7.9.6.4 小波和多分辨分析

于包含 $V_0 \subset V_1$, V_1 可以写成 V_0 和其正交补 $W_0 := \left\{ f \in V_1 : \int_{\mathbb{R}} fg\mathrm{d}x = 0, \text{对所有的} g \in V_0 \right\}$ 的直和

$$V_1 = V_0 \oplus W_0.$$

类似地, V_0 可以分解为 $V_{-1} \oplus W_{-1}$. 重复这一过程, 得到

$$V_m = V_\ell \oplus \bigoplus_{j=\ell}^{m-1} W_j, \quad V_m = \bigoplus_{j=-\infty}^{m-1} W_j, \quad L^2(\mathbb{R}) = \bigoplus_{j=-\infty}^{\infty} W_j. \tag{7.97}$$

根据 (7.97), 每个函数 $f \in L^2(\mathbb{R})$ 能写为正交分解 $f = \sum_j f_j, f_j \in W_j$. f_j 包含 j 水平的 '细节', 其中 j 表示频率. 下面接着将 f_j 进一步分解为位置分量.

正如空间 V_m 可由 $\varphi_{m,k}$ 生成, 空间 W_m 可由

$$\boxed{\psi_{m,k}(x) := 2^{m/2}\varphi(2^m x - k), \quad m, k\text{为整数}}$$

生成, 其中 ψ 为小波. 对每个正交尺度函数 φ 我们可构造适当的小波如下. 设

$$g_k = (-1)^{k-1} h_{1-k}, \quad \psi(x) = \sqrt{2} \sum_{k=-\infty}^{\infty} g_k \varphi(2x - k). \tag{7.98}$$

若尺度函数为图 7.13(b) 中的函数 $\varphi = \chi_{[0,1]}$, 则相应的小波为图 7.13(a) 中的哈尔小波.

函数 ψ_m 在 m 尺度的平移 $\{\psi_{m,k} : k\text{整数}\}$ 不仅构成 V_m 的正交基, 且 $\{\psi_{m,k} : m, k\text{整数}\}$ 还是全空间 $L^2(\mathbb{R})$ 的正交基. 在 φ 和 ψ 的傅里叶变换之间存在关系

$$\hat{\psi} = \exp(-\mathrm{i}\xi/2)\, \overline{H(\pi + \xi/2)} \hat{\varphi}(\xi/2),$$

其中 H 为 (7.96) 的傅里叶滤波器.

7.7.9.6.5 快速小波变换

假设已知函数 $f \in V_0$ 的表达式

$$f = \sum_{k=-\infty}^{\infty} c_k^0 \varphi_{0,k} \tag{7.99}$$

中的系数. 根据正交分解 $V_0 = V_{-M} \oplus W_{-M} \oplus \cdots \oplus W_{-2} \oplus W_{-1}$(见 (7.97)), 我们想将函数 f 分解为

$$f = \sum_{j=-M}^{0} f_j + F_{-M}, \quad \text{其中} \quad f_j \in W_j, F_{-M} \in V_{-M} \tag{7.100a}$$

和

$$f_j = \sum_k d_k^j \psi_{j,k}, \quad F_{-M} = \sum_k c_k^{-M} \varphi_{-M,k}. \tag{7.100b}$$

函数 F_{-M} 包含 f 的 "较大" 部分. j 尺度的细节在 (7.100b) 中分解成局部分量 $d_k^j \psi_{j,k}$.

系数 $\left\{c_k^{-M}, d_k^j : k\text{整数}, -M \leqslant j \leqslant -1\right\}$ 原则上可以用内积 $\int_{\mathbb{R}} f\psi_{j,k}\mathrm{d}x$ 计算. 但即使我们已知函数 $\psi_{j,k}$, 实际执行该计算任务也是没有希望的. 于是代之以尺度方程 (7.91), 用以得到**快速小波变换**:

$$\begin{aligned}&\text{对所有的整数}k, \text{从}j = -1\text{到} - M\\&\text{开始}c_k^j := \sum_\ell h_{\ell-2k} c_\ell^{j+1}; d_k^j := \sum_\ell g_{\ell-2k} c_\ell^{j+1}\text{结束}.\end{aligned} \tag{7.101}$$

注意到小波 ψ 并不能显式计算, 仅其系数 g_k 由 (7.98) 给出. 在算法的实施中函数 f 必须假定由有限和 (7.99) 给出. 若 $k_{\min}$ 和 $k_{\max}$ 为满足 $c_k^0 \neq 0$ 的最小和最大的指标 k, 则这相应于 "信号长度" $n = k_{\max} - k_{\min}$. 我们进而假设滤波器 $\{h_k\}$ 是有限的. 于是快速小波变换 (7.101) 要求 $O(n) + O(M)$ 次运算, 其中 M 为**分解深度**. 若假设 $M \ll n$, 则快速小波变换的运算量仅随信号长度线性增加, 因此比傅里叶变换更节省.

反之若希望从系数 $\left\{c_k^{-M}, d_k^j : -M \leqslant j \leqslant -1\right\}$ 推导 (7.99) 的系数 c_k^0, 则应用**快速小波变换的逆变换**如下:

$$\text{对所有的整数}k, \text{从}j = -M\text{到} - 1\text{有}, c_k^{j+1} := \sum_\ell h_{2\ell-k} c_\ell^j + g_{2\ell-k} d_\ell^j;$$

7.7.9.6.6 道比姬丝小波

多分辨分析的困难在于具体的尺度函数 φ, 小波 ψ, 以及甚至更重要的滤波器 $\{h_k\}$. 哈尔小波只是一种表述简单的小波. 我们试图用如 7.3.1.6 中那样的样条函数得到无限的滤波器长度.

道比姬丝(Ingrid Daubechies) 作出了重要的突破, 她构造出正交小波族 $\{\psi_N : N > 0\}$, 其中 ψ_N 的阶为 N, 有紧支集和长度为 $2N-1$ 的滤波器.

例如, 对 $N=2$, 非零的滤波器系数为

$$h_0=\left(1+\sqrt{3}\right)/\left(4\sqrt{2}\right),\quad h_1=\left(3+\sqrt{3}\right)/\left(4\sqrt{2}\right),$$

$$h_3=\left(3-\sqrt{3}\right)/\left(4\sqrt{2}\right),\quad h_4=\left(1-\sqrt{3}\right)/\left(4\sqrt{2}\right).$$

然而, 尺度函数 $\varphi=\varphi_2$ 和小波 $\psi=\psi_2$ 不能显式展示. 图 7.14 给出了函数的图像. 曲线的尖角表明 φ_2 和 ψ_2 都只是指数为 0.55 的霍尔德 (Hölder) 连续的. ψ_N 的光滑性随 N 增大而增加. 从 $N=3$ 开始, 函数甚至是可微的.

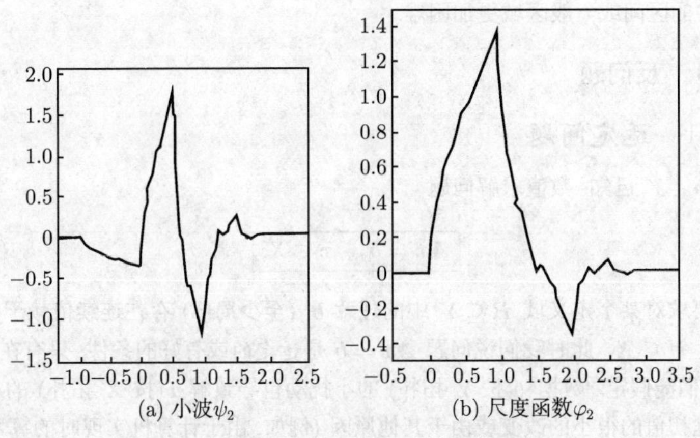

(a) 小波ψ_2 (b) 尺度函数φ_2

图 7.14 道比姬丝小波 ψ_2 和尺度函数 φ_2

7.7.9.6.7 数据压缩和自适应

小波变换有多种应用. 一个例子是数据压缩, 这里我们仅作简要叙述. 小波变换将属于函数 f 的数据包 $c^0=\left\{c_k^0\right\}$ 映射到尺度为 $-M\leqslant j\leqslant -1$ 的光滑部分 $c^{-M}=\left\{c_k^{-M}\right\}$ 和细节 $d^j=\left\{d_k^j\right\}$. 这并不是说相应的数据包有 $M+1$ 倍大. 对有限滤波器和长度为 n 的初始序列 c_0, 其生成的序列 c^j 和 d^j 的渐近长度为 $2^jn(j<0)$. c^{-M} 和当 $-M\leqslant j\leqslant -1$ 时的 d^j 的长度之和如前述正是 $O(n)$. 对光滑的 f, 当 j 增加时系数减小. 若函数 f 只是局部地, 如在区间 I 中光滑, 则对属于支集在 I 中的 $\psi_{j,k}$ 的 d_k^j 同样成立. 这样可以用零代替足够小的系数. 利用这一点, 一般能找到一个由确实少于 n 的数据来描述的近似 $\tilde{f}$. 相应的表达式可看作 f 的**自适应**近似.

7.7.9.6.8 变式

因为并非所有期望的性质 (有限滤波器、正交性、高阶和光滑性、φ 和 ψ 的显式表达) 能同时满足, 有不同的变式适合想要满足最重要性质的应用要求. 这些与上述多分辨的内容不同.

一个例子是预小波的概念, 其中并非所有的 $\psi_{m,k}$ 正交, 而是属于不同尺度 $m \neq j$ 的小波 $\psi_{m,k}$ 和 $\psi_{j,k}$ 正交.

另一个概念是双正交小波, 其中应用两个不同的多分辨分析空间 $\{V_m\}$ 和 $\left\{\tilde{V}_m\right\}$ 及相应的尺度函数 $\varphi, \tilde{\varphi}$ 和小波 $\psi, \tilde{\psi}$, 后者构成一个双正交系, 即

$$\int\limits_{\mathbb{R}} \psi_{m,k}\tilde{\psi}_{j,\ell}\mathrm{d}x = \delta_{mj}\delta_{k\ell}.$$

推广多分辨分析到多维情况 (如 $L^2\left(\mathbb{R}^d\right)$) 是可能的 (见 [449]). 但使多分辨分析适合 $\mathbb{R}^d$ 中的区间或一般区域更加困难.

7.7.10 反问题

7.7.10.1 适定问题

若 $\boldsymbol{b} \in Y$ 已知, 数值求解问题

$$\boxed{\boldsymbol{A}\boldsymbol{x} = \boldsymbol{b}, \quad \boldsymbol{x} \in X,}$$

则一般要求对某个定义域 $B \subseteq Y$ 中的任意 $\boldsymbol{b}$, (至少局部) 存在连续依赖于 b 的唯一解 $\boldsymbol{x} \in U \subseteq X$. 此时我们说问题 $\boldsymbol{A}\boldsymbol{x} = \boldsymbol{b}$ 是适定的或有好的条件. 只有在这一假设下, 我们能假定 "数据"b(按 Y 拓扑) 的小扰动也导致解 $\boldsymbol{x}$(按 X 拓扑) 的小扰动. 否则问题初值的很小的改变或由于其他原因 (例如, 由于计算机实现时的算术误差) 导致结果毫无价值.

7.7.10.2 不适定问题

若不满足上述假设之一, 则问题被称为不适定的. 对于有限维的情况, 问题 $\boldsymbol{A}\boldsymbol{x} = \boldsymbol{b}$ 不适定可能因为矩阵 $\boldsymbol{A}$ 是奇异的. 无穷维情况更为有趣, 产生不适定的原因可能是算子 A 有平凡核和无界逆. 这类问题经常出现, 例如 A 为积分算子. 一个有趣和重要的例子是层面图像重建 (见 [450] 和 [448] 第 6 章).

若 $A: X \to Y$ 为紧算子, 且 $X = Y$, 则 A 有非零的特征值 $\lambda_n \to 0\,(n \geqslant 1)$. 若 A 是自伴算子 (若应用 7.2.4.3 节的奇异值分解一般情况常可化为这种类型), 相应的特征函数 φ_n 构成一个正交系. 于是 $Ax = b$ 的解有如下形式:

$$\boxed{x = \sum_{n=1}^{\infty} \frac{\alpha_n}{\lambda_n}\varphi_n, \text{其中 } \alpha_n := \langle\varphi_n, b\rangle.} \tag{7.102}$$

若 $\sum\limits_n (\alpha_n/\lambda_n)^2 < \infty$, 则上面显示的解属于解空间 X, 必须注意其中 $\lambda_n \to 0$. $\sum\limits_n (\alpha_n/\lambda_n)^2 < \infty$ 一般并不成立, 因为 $b \in X$ 通常只保证 $\sum\limits_n \alpha_n^2 < \infty$.

即使我们限于考虑 b 附属于 (7.102) 中的 $x \in X$ 的情况, 困难依旧没有克服. 对任意的 n, 仅由 ε 引起的扰动为 $b^{(n)} := b + \varepsilon\varphi_n$, 即 $||b^{(n)} - b|| = \varepsilon$. 但是 $Ax^{(n)} = b^{(n)}$(存在) 的唯一解为 $x^{(n)} = x + (\varepsilon/\lambda_n)\varphi_n$, 因此其误差为 $||x^{(n)} - x|| = \varepsilon/\lambda_n$, 当 n 增长时趋向无穷. 这又表明 b 任意的小扰动导致 x 任意大的变化.

特征值倒数 $1/\lambda_n$ 的增长决定问题是如何不适定的. 如果对某个 $\alpha > 0$, $1/\lambda_n$ 类似 $O\left(n^{-\alpha}\right)$ 增长, 则 $\boldsymbol{A}$ 是 α 阶不适定的. 若对 $\gamma, \delta > 0$ 有 $1/\lambda_n > \exp\left(\gamma n^{\delta}\right)$, 则称 $\boldsymbol{A}$ 为**指数不适定的**.

7.7.10.3 不适定问题的问题

除了上面已说过的问题, 即使方程 $\boldsymbol{Ax} = \boldsymbol{b}$ 确实有解, 求解的意义也不大. 而代之以改变问题的提法, 即提出与原问题不同的有可解机会的问题, 倒是有意义的.

函数 x 的系数 $\beta_n := \langle\varphi_n, x\rangle$ 一般按如下意义描述其光滑性. 当 $n \to \infty$ 时系数 β_n 越快逼近零, 函数 x 就越光滑. 为了用数量表示这一模糊陈述, 对实数 σ 定义空间

$$X_\sigma := \left\{ x = \sum_{n=1}^{\infty} \beta_n \varphi_n, \text{ 其中 } ||x||_\sigma^2 = \sum_{n=1}^{\infty} (\beta_n/\lambda_n^\sigma)^2 < \infty \right\}.$$

对 $\sigma = 0$ 有 $X_0 = X$, 而对 $\sigma = 1$ 有 $X_1 = \mathrm{Im}A$. 对 $b \in X$, 由 (7.102) 给出的解 x 属于 X_{-1}.

我们能作的进一步的基本假设是, 对正数 σ, 解 x 属于某个 X_σ, 即它有更高的光滑性. 设相应的范数以 ρ 为界:

$$||x||_\sigma \leqslant \rho. \tag{7.103a}$$

"状态"x 的理想 "数据" 为 $b := Ax$. 我们不能期望 b 被准确给出. 代之以假设已知数据 b 准确到 ε 的因子如下.

$$\boxed{||b - \tilde{b}|| \leqslant \varepsilon.} \tag{7.103b}$$

此时问题可以描述如下. 设 $\tilde{b}$ 已知. 求 $x \in X_\sigma$, 其准确的像 $b = Ax$ 逼近数据 $\tilde{b}$, 例如满足不等式 (7.103b). 该问题肯定没有唯一解. 然而, 若 x' 和 x'' 为满足 (7.103a) 的两个解: $||x'||_\sigma \leqslant \rho$,$||x''||_\sigma \leqslant \rho$ 和 (7.103b):$||b' - \tilde{b}|| \leqslant \varepsilon$, $||b'' - \tilde{b}|| \leqslant \varepsilon$, 其中 $b' := Ax'$, $b'' := Ax''$, 则它们的差为 $\delta x := x' - x''$, $\delta b := b' - b''$, 根据三角不等式, 有

$$A\delta x = \delta b, \quad ||\delta x||_\sigma \leqslant 2\rho, \quad ||\delta b|| \leqslant 2\varepsilon.$$

于是得到估计

$$\boxed{||\delta x|| \leqslant 2\varepsilon^{\sigma/(\sigma+1)}\rho^{1/(\sigma+1)}.} \tag{7.104}$$

为解释不等式 (7.104), 将要求的解 x 和 x' 看作等同, 而将 x'' 看作近似解. 于是由不等式 (7.104) 得到误差的界. (7.103a) 中的界 ρ 的量级为 $O(1)$, 因此 $\rho^{1/(\sigma+1)}$

为常数. 只有 ε 可假设为小量. 由于 $\sigma > 0$, 可确定 $||\delta x||$ 也小. 然而当 σ 的光滑阶较弱时, 指数将较差.(7.104) 表明了不可避免的不精确性, 而与用以确定 x 的数值方法无关. 反之, 若一种逼近方法的结果至多有 (7.104) 给出的误差, 则称之为是最优的.

7.7.10.4 正则化

设给定问题 $Ax = b$, 并设 b^ε 表示满足 $||b^\varepsilon - b|| \leqslant \varepsilon$ 的逼近. 对正数 γ 假定映射 T_γ 产生 x 的逼近 $T_\gamma b^\varepsilon$. 若存在正则化参数$\gamma = \gamma(\varepsilon, b^\varepsilon)$ 满足性质

$$\gamma(\varepsilon, b^\varepsilon) \to 0 \text{ 和 } T_{\gamma(\varepsilon, b^\varepsilon)} b^\varepsilon \to x \text{ 对 } \varepsilon \to 0, \tag{7.105}$$

则称映射族 $\{T_\gamma : \gamma > 0\}$ 为 (线性)正则化.

一个简单的例子为 (7.102) 中的截断展开式

$$T_\gamma b^\varepsilon := \sum_{\lambda_n \geqslant \gamma} (\langle \varphi_n, b^\varepsilon \rangle / \lambda_n) \varphi_n.$$

此时若取 $\gamma = \gamma(\varepsilon) = O(\varepsilon^\kappa)$, 其中 $\kappa < 1$, 则确保 (7.105) 成立. 特别, 如果 $\gamma(\varepsilon) = (\varepsilon/(\sigma\rho))^{1/(\sigma+1)}(\varepsilon, \sigma, \rho$ 如 (7.103a, b) 中), 则正则化得到最优阶 (见 [448] 第 4.1 节).

常用的正则化是吉宏诺夫–菲利普斯(Tychonov-Phillips)正则化. 此时求泛函

$$\boxed{J_\gamma(x) := \|Ax - b\|^2 + \gamma \|x\|_\sigma^2 \quad \sigma \text{与 (7.103a) 中同样定义}}$$

的极小化元. 其中 $\gamma > 0$ 那项被称为惩罚项. 关于 γ 的选取及关于最优性问题的更多内容见 [449].

某些正则化是间接的. 无穷维问题 $Ax = b$ 的通常的离散化也可表示正则化. 此外, $m = m(\gamma)$ 步的迭代, 如兰德韦伯 (Landweber) 迭代 (在 (7.54b) 中 $N = \omega A^*$) 也可用于正则化.

数学历史概要

绝没有什么爱国的艺术或爱国的科学. 像世间一切美好的事物一样, 这二者都属于整个世界, 并且只有通过全人类广泛和自由的合作交流才能得到发展, 历史的事实可以说明这一点.

J. W. 歌德 (1749—1832)

为了举例说明历史的发展, 我们介绍了一些艺术家、科学家和哲学家的生平及一些重大的历史事件, 当然我们并不奢求完备. 关于部分古代人物和事件, 我们的了解只是大致的, 这在下面恕不一一说明.

下列关于我们的宇宙和我们这个星球形成的粗略的故事, 将帮助我们以合适的视角来认识相对而言显得短暂的人类历史. 人类文化与科学的进程在 20 世纪空前加速. 在未来的千年里, 人类必须学会比以往更谨慎负责地应用他们掌握的知识.

140 亿年前　大爆炸, 宇宙伊始.

大爆炸后约 3 分钟, 宇宙冷却至 9 亿度左右, 氦合成开始. 这样形成了这个年青宇宙的最重要的能源.[1)]

130 亿年前　类星体形成.

100 亿年前　星系形成.

46 亿年前　太阳系 (包括地球) 形成.

40 亿年前　地球上形成最原始形式的生命.

20 亿年前　地壳形成.

2.48 亿年前和 2.13 亿年前　发生两次全球性生态灾难, 地球上大部分已有的生命形式被摧毁. 哺乳动物的祖先侥幸逃脱.

6500 万年前　恐龙灭绝.

500 万年前　人类祖先南方古猿生活于东非, 并学会直立行走.

1974 年发现 320 万年前的 "露西" 骸骨; 1995 年在埃塞俄比亚发现一具 440 万年前的、高 1.2 米的 *Ardipithecus ramidus*(拉密达地猿, 一种在地面生活的猿, 类人猿的祖先) 骸骨.

---

1) Steven Weinberg 在其畅销书《最初三分钟》(*The First Three Minutes*, 1977) 中令人激动地向广大读者介绍了大爆炸以后宇宙的初期发展. 关于宇宙发展的一般理论则可参阅 G.Börner 的专著《早期宇宙》(*The Early Universe*, Berlin: Springer-Verlag, 2003).

250 万年前　*Homo habilis* (能人) 生活于非洲, 会使用原始石器时代的工具. 人类大脑开始加速进化.

160 万年前　*Homo erectus*(直立人) 生活于非洲, 并向亚洲和欧洲的大部分地区移居.

100 000 年前　*Homo sapiens*(智人) 生活于非洲.

30 000 年前　在欧洲与亚洲生存约 100 000 万年以后, 尼安德特人灭绝, 被智人所替代.

文明的发源

公元前 13000 年　法国和西班牙的洞穴壁画表明古人类对形状有敏锐的感知能力. 这一时期在洞壁和棍棒上出现刻凿出来用以表示数字的最原始图形 (旧石器时代).

公元前 8000 年　覆盖亚洲和欧洲的冰川消融. 社会由狩猎形式向农业形式过渡; 陶器上出现几何图形 (新石器时代).

公元前 7000 年　在伊拉克耶莫 (Jarmo) 遗址处发现这一时期的 1000 多个实心球. 据推测, 这些球曾在商品交易过程中表示卖出商品的数量.

史 前 数 学

公元前 3200 年　苏美尔人 (他们来自何方无从可知) 定居幼发拉底河流域 (美索不达米亚, 现伊拉克境内), 建立诸如乌尔 (Ur) 这样的城邦. 时至今日, 我们也能在现代文明中发现苏美尔文明的痕迹.

公元前 3000 年　美索不达米亚和埃及出现首批书面字母表.

埃及国王纳尔迈 (Narmer) 的权杖上装饰有书面字母和发展比较完善的数系 [英国牛津的阿什莫尔博物馆 (Ashmolean Museum)].

公元前 2600 年　建造胡夫大金字塔 (the Pyramid of Cheops).

公元前 2000 年　苏美尔人在美索不达米亚使用以 60 为基数的比较完善的数系 (六十进制). 大约同时, 巴比伦文明取代了苏美尔文明.

公元前 1800 年　埃及纸草书出现了完善的分数算术. 几何学与大地测量学在埃及并行发展.

公元前 1800 年　汉谟拉比 (Hammurabi) 国王统治古巴比伦王国. 楔形文字反映出巴比伦数学的繁荣, 人们能够求解一次、二次 (甚至三次和四次) 代数方程. 巴比伦人对毕达哥拉斯 (Pythagoras) 定理非常熟悉, 其数学受到代数学的强烈影响 (这与后来的希腊数学不同, 希腊数学对几何学更情有独钟).

公元前 575 年 巴比伦文明在国王尼布甲尼撒 (Nebukadnezar) 统治下到达巅峰. 这时六十进制中有了 0 的萌芽, 但它用空位来表示.

古代数学

约公元前 800 年 荷马 (Homer) 创作名著《伊利亚特》(*Ilias*) 和《奥德赛》(*Odyssey*).

公元前 735 年 罗穆卢斯 (Romulus) 建立传说中的罗马城.

公元前 624 — 前 547 年 米利都的泰勒斯(Thales of Milet) 生活时期. 他是希腊商人、自然哲学家, 遍游巴比伦王国与埃及, 堪称希腊数学的创立者.

公元前 580 — 前 500 年 希腊萨摩斯 (Samos) 的毕达哥拉斯在腓尼基 (现叙利亚沿岸地区) 学会巴比伦人和埃及人的高度发展的数学, 创立毕达哥拉斯学派.

公元前 551 — 前 478 年 中国哲学家、政治家孔子 (Confucius 或 Master Kung) 生活时期.

公元前 550 — 前 480 年 印度释迦牟尼 (Gautama Buddha) 王子创立佛教.

公元前 500 年 印度宗教著作 "绳法经"(Súlvasũtras) 问世, 其中讲述了正方形与三角形的作图以及毕达哥拉斯定理的基础.

公元前 500 年 毕达哥拉斯学派的一位传人发现存在不可公度量($\sqrt{2}$ 是无理数), 由此引发希腊数学基础方面的危机.

公元前 469 — 前 399 年 苏格拉底 (Socrates) 宣称人类不可能认识世界的本质: 他只能够认识他自己.

公元前 460 — 前 371 年 阿布底拉的德谟克利特(Democritus of Abdera) 创立原子论.

公元前 428 — 前 348 年 柏拉图(Plato) 继承老师苏格拉底的一般概念理论, 把事物的一般概念作为其本质.

然而, 他把事物的一般概念从这些事物分离出来, 认为它们是永恒的、绝对的理念, 存在于自身世界之中. 柏拉图的思想从本质上对海森伯(Werner Heisenberg) 产生影响, 后者发展了这种抽象思想, 最终在 1924 年创立量子力学理论.

柏拉图认为数学是一门独立的科学, 它应该是为自身而不只是为应用才加以研究.

公元前 408 — 前 355 年 克尼多斯的欧多克索斯(Eudoxs of Knidos) 创立比例论, 其中也包含不可公度量 (无理数), 使希腊数学摆脱基础危机.

公元前 300 年到公元 400 年 亚历山大城 (公元前 331 年亚历山大大帝在尼罗河三角洲建

立) 是希腊和罗马帝国的科学文化中心. 其图书馆藏纸草书 700 000 卷, 但不幸在与罗马的一次战争中被焚. 公元 642 年, 阿拉伯人占领亚历山大, 阿拉伯科学开始居于统治地位.

公元前 384 — 前 322 年　古代最伟大的思想家亚里士多德(Aristotle)(柏拉图的学生) 创立形式逻辑与科学分类. 他总结了美学、天文学、生物学、伦理学、历史学、形而上学、物理学、心理学和修辞学在当时的状况, 并进一步发展它们.

在随后 2000 多年的时间里, 亚里士多德的教学方法在科学中一直居于统治地位, 直到伽利略(Galileo Galilei) 在实验基础上创立近代物理学.

公元前 365 — 前 300 年　亚历山大的欧几里得(Euclid of Alexandria) 生活时期; 他的名著《原本》是几何学的标准文献和数学中公理化方法的典范.

公元前 356 — 前 323 年　亚历山大大帝生活时期; 他征服波斯和埃及, 对印度施加压力, 希望使东西方成为一个统一的帝国, 拥有统一的希腊文化, 但终未成功.

公元前 287 — 前 212 年　叙拉古的阿基米德(Archimedes of Syracuse) 生活时期. 他是古代最重要的数学家, 数学物理的奠基人, 确定出简单平面以及立体图形的质心, 得到杠杆作用原理和浮体平衡公式, 还计算了一些面积和体积, 标志着微积分的发端. 作为古代伟大的数学家, 阿基米德后无来者.

公元前 200 年 — 公元 200 年　中国汉朝时期;《九章算术》(*Nine books on the art of mathematics*) 问世, 其中处理了数学的应用问题 (如求平方根和立方根). 由求解线性联立方程组, 负数首次出现.*

公元前 180 — 前 125 年　古代重要的天文学家尼西亚的希帕恰斯(Hipparchus of Nicaea) 生活时期.

公元前 100 — 前 44 年　凯撒 (Gaius Julius Caesar) 生活时期. 他最初为罗马执政官, 后为罗马帝国皇帝 (德语中皇帝 *Kaiser* 这个词, 即源于 Caesar), 著有《高卢之战》(*De bello Gallico*), 讲述了自己在西欧的戎马生涯.

公元 0—30 年　耶稣 (Jesus) 创立基督教.

公元 85—169 年[1]　亚历山大的托勒密生活时期. 他是希腊数学家和天文学家, 对天文学的主要贡献是名著《天文学大成》(*Almagest*), 其中用

---

* 本概要关于古代与中世纪中国、印度等国家的数学介绍很少, 需要了解这方面情况的读者可参阅王元主编《数学大辞典》中的 “数学发展历史纪要”, 科学出版社, 2010. —— 译者

1) 由此以下所有年份均为公元.

到了希帕恰斯的研究工作, 并进一步发展了它们. 这部著作也包含几何图形中平面三角与球面三角的基本知识. 另外, 他认为地球是宇宙的中心.

约 100 年　亚历山大的海伦(Heron) 生活时期. 他是机械师和应用数学家. 其全集总结了当时的实践知识, 是对欧几里得《原本》的补充. 著有 *Mechanica*(杠杆, 斜面, 滑轮组), *Pneumatica*(压力机), *Dioprica*(测量学), *Belopoika*(火炮学) 等著作.

约 250 年 (?)　亚历山大的丢番图(Diophantus) 生活时期. 他是重要的数论学家, 至今仍有影响, 对数学最重要的贡献是《算术》(*Arithmeticae*), 原作由 13 卷组成, 现仅存 7 卷. 其生平事迹留传甚少.

约 320 年　亚历山大的帕波斯(Pappus) 生活时期. 他是古代最后一位重要的数学家, 在射影几何领域迈出第一步.

395 年　罗马帝国分裂成以君士坦丁堡为中心的东罗马帝国和以罗马为中心的西罗马帝国.

476 年　西罗马帝国灭亡, 东罗马帝国一直延续到 1453 年.

529 年　东罗马帝国的查士丁尼 (Justitian) 大帝强行关闭柏拉图在雅典的学园, 标志着古代数学的没落.

570—632 年　穆罕默德 (Mohammed) 创立伊斯兰教.

约 800 年　花拉子模 (中亚咸海附近) 的花拉子米(Al-Khowarizmi of Choresm) 生活时期. 他是求解 (一次和二次) 方程的第一位伊斯兰数学家, 著有《代数学》(*Algebra*), 其拉丁文译本没有以最初的形式保存下来, 把他的名字翻译成 *Algoritmi*, 这就是 "算法"(algorithm) 这个词的起源.

中世纪的数学

1155—1227 年　蒙古帝国的建立者成吉思汗 (Jinghis Khan) 生活时期. 在他儿子的统治下, 该帝国一直扩张到欧洲.

1160—1227 年　著名游吟诗人瓦尔德 (Walther von der Vogelweide) 生活时期.

1180—1250 年　比萨的利奥纳多(Leonardo, 又名斐波那契, Fibonacci) 生活时期. 他以其在代数和数论领域的工作, 使在罗马帝国没落之后, 沉睡停滞千年之久的西方数学得以复苏. 1202 年,《算盘书》(*Abacus*) 问世, 他提出用阿拉伯数字进行计算的方法, 为印度和伊斯兰数学在欧洲的传播作出了贡献.

1199 年 博洛尼亚大学落成 (世界上最古老的大学); 13 世纪初, 巴黎、牛津、剑桥纷纷建立大学; 一个世纪之后, 建立大学的浪潮风靡整个欧洲, 大学出现在了布拉格 (1348)、维也纳 (1365)、海德堡 (1386)、科隆 (1388)、埃尔福特 (1392)、莱比锡 (1409)、罗斯托克 (1419), 以及随后的其他城市.

1225—1274 年 托马斯 · 阿奎那 (Thomas Aquinas) 生活时期. 他是意大利神学家和哲学家, 其理论对当今思想仍有影响.

1248 年 科隆大教堂开建 (1880 年落成).

1254—1324 年 马可波罗 (Marco Polo) 生活时期. 他是威尼斯著名的商人, 游历远至中国.

1260 年 伊斯兰数学家图西(at-Tusi) 在其主要工作中使三角学成为数学中一门独立的学科, 收集整理了伊斯兰数学家从四个世纪之前到当时的全部研究成果.

1265—1321 年 但丁 (Dante Alighieri) 生活时期. 他著有《神曲》(*Divina Comedia*).

1339—1453 年 英国和法国皇室之间进行的百年战争破坏了欧洲大部分地区.

1415 年 扬 · 胡斯 (Jan Hus) 被烧死在火刑柱上. 他是捷克宗教改革的支持者, 布拉格大学校长.

1431 年 圣女贞德 (Jeanne d'Arc) 被处死.

文艺复兴时期的数学 1)

1436—1476 年 雷乔蒙塔努斯(Regiomontanus, 本名米勒, John Müler) 生活时期. 他是 15 世纪最重要的数学家. 其主要著作《论各种三角形》(*De triangulis omnimodis libri quinque*)(关于三角学的 5 卷书) 直到 1533 年才出版; 它是用近代方法研究三角学的开端.

1452—1519 年 达 · 芬奇(Leonardo da Vinci) 生活时期. 他才华横溢, 是画家、雕塑家、建筑师和科学家.

1470 年 科学院在佛罗伦萨建立.

1473—1543 年 哥白尼(Nicolaus Copernicus) 生活时期. 他是日心说的创立者, 认为太阳是宇宙的中心. 1543 年, 他发表重要著作《天体运行论》(*De revolutionibus orbium coelestium*).

1475—1564 年 米开朗基罗 (Michelangelo Buonarroti) 生活时期. 他是画家、雕刻家和建筑师. 他曾在梅迪奇 (Medici) 家族的委任下在佛罗伦萨工作, 随后, 在罗马负责圣彼得大教堂的设计工作.

---

1) 15 世纪, 文艺复兴开始在佛罗伦萨展开.

1483—1520 年　拉斐尔 (Raphael Santi) 生活时期. 他是著名画家, 自 1515 年负责罗马圣彼得大教堂的主要设计工作.

1492 年　哥伦布 (Christopher Columbus) 发现美洲新大陆.

1492—1559 年　亚当 · 里斯(Adam Ries) 生活时期. 他是安娜贝格地区的计算大师; 使算术技巧得到普及. 1524 年, 他的著作 *Coss* 出版

1506 年　在罗马开始建造圣彼得大教堂, 主要建筑师为布拉曼特 (Bramante)、拉斐尔和米开朗基罗.

1517 年　宗教改革的发起者马丁 · 路德 (Martin Luther, 1483—1546) 在维登堡大教堂门前张贴文章, 标志改革的开始.

1519 年　科特 (Hernando Cortez, 1485—1547) 开始血腥攻占墨西哥, 毁灭了那里灿烂的文明.

1525 年　丢勒(Albrecht Dürer, 1471—1528) 的《度量艺术教程》(*Unterweisung der Messung mit Zirkel und Richtscheit*)(圆规直尺测量法指南) 出版, 其中叙述了透视画法, 该技巧可以追溯到画家阿尔贝蒂 (Leon Alberti, 1404—1472) 和达 · 芬奇.

1531—1534 年　皮萨罗 (Francisco Pizarro, 1475—1541) 在另一次残酷战争中攻占繁荣的印加帝国 (现在的智利和秘鲁所在地区).

1540—1603 年　韦达(Francis Vièta, 也以 Vieta 著称) 生活时期. 他有意识地在数学中引入字母, 被誉为现代数学符号之父.

1544 年　施蒂费尔(Michael Stifel, 1487—1567) 发表三卷《整数算术》(*Arithmetica Integra*)—— 是对当时数学在方法上的成熟总结 (加、减、乘、除以及二次和三次方程).[1)]

1545 年　意大利数学家卡尔达诺(Geronimo Cardano, 1501—1576) 出版《大法》(*Ars Magna*), 其中包括求解三次和四次方程的方法. 这是在超越古代数学方面迈出的重要的第一步.

1550 年　邦贝利(Rafael Bombielli) 在其著作《几何学》(*Geometry*, 1550) 和《代数学》(*Algebra*, 1572) 中引入虚数单位 $\sqrt{-1}$, 系统使用复数求解三次代数方程.

理性主义时期的数学

1561—1626 年　哲学家培根 (Francis Bacon) 生活时期. 他是经验主义的创始人, 亚里士多德的反对者, 试图通过经验而不是理性思考获取知识.

1) 值得一提的趣事是, 施蒂费尔利用他的计算方法, 曾预言 1533 年 10 月 18 日上午 8 时为世界末日.

1562—1598 年 法国爆发胡格诺战争.

1564—1642 年 伽利略(Galileo Galilei) 生活时期. 他发现自由落体运动规律, 这是近代实验物理学的开始. 他反对亚里士多德认为所有物体都以等速下降的观点.

1609 年, 他用自制望远镜发现木星的十二大卫星中的四颗.

1632 年,《关于两门新科学的对话》(*Discorsi*) 出版.

1633 年, 他因宇宙日心说被法庭判处有罪, 他虽表示忏悔, 但余生一直被囚禁在佛罗伦萨.

1564—1616 年 莎士比亚 (William Shakespeare) 生活时期. 他可能是迄今最伟大的剧作家.

1567—1643 年 蒙泰韦尔迪 (Claudio Monteverdi) 生活时期. 他是作曲家, 早年欧洲歌剧大师.

1571—1630 年 开普勒(Johannes Kepler) 生活时期. 他是布拉格宫廷数学家、天文学家 (和占星学家), 发现以他名字命名的行星运动三定律.

1609 年,《新天文学》(*Astronomia Nova*) 出版, 开普勒在第谷 (Tycho Brahe, 1546—1601) 大量观测结果的基础上, 阐述了这三大定律.

1627 年,《鲁道夫星表》(*Rudolphian tables*, 对数表) 出版, 几百年内一直是天文和航海所必需的工具.

1587 年 斯图亚特 (Maria Stuart) 女王被处决.

1596—1650 年 笛卡儿(René Descartes) 生活时期. 他是数学家、科学家和哲学家, 自他开始, 进入近代数学时期. 他与费马创立解析几何学, 使得代数学与几何学融为一体.

1637 年,《方法论》(*Discours de la méthode*) 出版, 确立了解析几何学基础.

1598—1647 年 卡瓦列里(Bonaventura Cavalieri) 生活时期. 他的体积计算原则是后来由牛顿 (Newton) 和莱布尼茨 (Leibniz) 发展的微积分的先驱性工作.

1600 年 意大利哲学家布鲁诺 (Giordano Bruno, 1548—1600) 因信仰日心说被烧死在火刑架上.

1601—1665 年 数论学家费马(Pierre de Fermat) 生活时期. 他 (与笛卡儿, Descartes) 创立解析几何学, 首先 (与帕斯卡, Pascal) 研究概率论, 开创与微分学密切相关的求极大极小值的方法. 1629 年,《求极大值与极小值的方法》(*Maxima and Minima*) 出版, 其中阐述了几何光学中基本的费马原理: 光永远沿所需时间最少的路径行进. 这部著作也是微积分的先驱性著作.

1637 年, 他在丢番图一部著作的页边上写下了著名的论断; 数论学家们苦苦证明了几个世纪, 均未成功, 直到 1994 年怀尔斯 (Andrew Wiles) 利用新的非常抽象的思想才完成证明, 这就是现在所谓的费马大定理.

1606—1669 年　伦勃朗 (Rembrandt van Rijn) 生活时期. 他是荷兰著名画家, 擅长肖像画等.

1614 年　苏格兰爵士纳皮尔(John Nepier, 1550—1617) 发表《论述奇妙的对数》(*Mirifici logarithmorum canonis description*), 引入对数的最初形式. 开普勒尤为积极地传播对数的作用.

1618—1648 年　三十年战争狂暴席卷欧洲.

1623 年　数学家、神学家、东方学者席卡特(Wilhelm Schickard, 1552—1635) 在蒂宾根为开普勒制造第一台计算机, 它能利用纳皮尔的对数思想进行加、减、乘、除运算.

1623—1662 年　帕斯卡(Blaise Pascal) 生活时期. 他在几何学、流体静力学和概率论方面都有研究, 1652 年制作了能进行加法运算的机器.

1623—1789 年　著名的伯努利 (Bernoulli) 家族在数学、物理和其他科学学科领域产生了 8 位教授.

1629—1695 年　惠更斯(Christian Huygens) 生活时期. 他开创波动光学, 发明摆钟, 并使用连分数.

1632—1677 年　哲学家斯宾诺莎 (Baruch Spinoza) 生活时期. 他认为神和自然是一个统一体, 不相信自由意志.

1635 年　法兰西学院 (Académie Française) 在巴黎建立.

1636 年　哈佛大学 (Harvard University) 在波士顿建立, 它是美国最古老的大学.

启蒙时期的数学

1643—1727 年　牛顿(Isaac Newton) 生活时期. 他是近代物理 (力学) 和数学 (微积分) 的奠基人, 使人类文明的发展发生锐变.

1676 年, 他 (以字谜形式) 与莱布尼茨交流自己微积分基础的发现.

1687 年,《自然哲学的数学原理》(*Philosophiae Naturalis Principia Mathematica*) 出版.

1645 年　英国大革命

1646—1716 年　哲学家、通才莱布尼茨(Gottfried Wilhelm Leibniz) 生活时

期. 他与牛顿共创微积分, 发明表示这一规律的便利的形式法则.

1674 年, 他在一系列齿轮机构的基础上, 制造机械计算机, 这台计算机能进行加、减、乘、除运算.

1677 年他写信向牛顿解释自己的 “微分学”(*Calculo differentiali*).

1682 年, 他在莱比锡创办《教师学报》(*Acta Eruditorim*), 1684 年在上面发表重要论文《一种求极大极小值和求切线的新方法, 它不仅适用于有理量也适用于无理量, 以及计算它们的特殊方法》(*Nova Mathodus pro Maximis et Minimis, itemque tangentibus, quae necfractas, necirrationales quantitates moratur, et singulare pro illis Calculi genus*).

莱布尼茨首先意识到便捷的符号与记号在数学发展过程中的重要作用 (等号、表乘法的点、表除法的冒号 (现在欧洲还在沿用)、指数的运用、微分与积分号、函数及行列式记号).

1700 年, 他建立柏林科学院, 成为首任院长.

他认为世界由单子构成, 称为单子论, 这种哲学观点影响了他在微积分方面的工作. 另外, 他认为现存的世界在所有可想象的世界中居于最佳位置. 其主要哲学著作为《神正学》(*Theodizee*, 1710) 和《单子论》(*Monadologie*, 1714).

1652 年 德意志雷奥波尔迪纳自然科学院 (Deutsche Akademie der Naturforscher Leopoldina) 在哈勒建成, 随后 1663 年伦敦成立皇家科学院, 1666 年巴黎成立科学院, 1700 年柏林科学院成立, 1725 年圣彼得堡科学院成立.

1654—1705 年 雅各布 · 伯努利(Jakob Bernoulli) 主要从事微积分和概率论研究.

1713 年, 也就是在他逝世 8 年之后, 其著作《猜度术》(*Ars Conjectandi*) 发表, 其中包含最早的概率论极限定理, 即雅各布 · 伯努利大数定律.

1665 年 胡克 (Robert Hooke, 1635—1703) 利用显微镜发现植物细胞.

1667—1748 年 约翰 · 伯努利(Johann Bernoulli) 对微积分作出重大贡献.

1691 年,《积分法的数学讲义》(*Lectiones mathematicae de methodo integralium*) 出版, 这是介绍微积分的第一本教科书.

1697 年, 他在《教师学报》(*Acta Eruditorum*) 就最速降线问题向当时的数学家提出挑战, 刺激了变分法的发展.

1685—1731 年　泰勒级数的发明者泰勒(Brook Taloy) 发展出用来研究函数局部性质的一种基本工具.

1685—1750 年　作曲家、风琴演奏家巴赫 (Johann Sebastian Bach) 在莱比锡托马斯大教堂工作.

1694—1778 年　伏尔泰 (François-Marie Voltaire) 生活时期. 他是哲学家, 启蒙运动的主要人物.

1707—1783 年　欧拉(Leonhard Euler) 生活时期. 他是迄今最多产的数学家, 其全集共计 72 卷 *. 他涉猎所有数学领域及其在流体力学与弹性力学方面的应用.

1744 年, 《寻求具有某种极大或极小性质的曲线的方法》(*Methodus inveniendi lineas curvas maximi minive proprietate gaudentes, sive solution problematis isoperimetrici latissimo sensu accepti*) 出版, 其中他系统发展了变分法.

1724—1804 年　哲学家、自然科学家康德(Immanuel Kant) 生活时期. 1781 年, 他出版《纯粹理性批判》(*Kritik der reinen Vernunft*). 他区分人类与生俱来的先验观念和靠经验获得的后验观念.

1735 年　林奈 (Karl von Linné, 1707—1778) 出版《自然系统》(*Systema naturae*), 为植物和动物王国的近代分类奠定基础.

1736—1813 年　拉格朗日(Joseph Louis Langrange) 生活时期. 他用自己的分析力学建构了牛顿力学的大厦. 在天体力学、代数学和数论方面他也发表了几部重要著作.

1762 年, 他创立含有几个变量的变分法, 时至今日, 它仍是描述物理学基本定律的基础.

1788 年,《分析力学》(*Méchanique analytique*) 出版, 确立变分法的基础.

1738 年　丹尼尔 · 伯努利(Daniel Bernoulli, 1700—1782) 的《流体动力学》(*Hydrodynamica sive de viribus et motibus fluidorom*) 出版.

1738 年　发现并挖掘出公元 79 年由于维苏威火山 (Mount Vesuv) 爆发所摧毁的意大利城市赫库兰尼姆 (Herculeanum).

1749—1832 年　诗人、作家、画家和自然科学家歌德(Johann Wolfgang von Goethe) 生活时期.

1749—1827 年　物理学家、数学家拉普拉斯(Pierre Simon Laplace) 生活时期. 他对天体力学、毛细管理论和概率论都做出重要贡献.

* 截至 2010 年已出 80 卷. 计划出 84 卷. —— 译者

1799—1825 年, 发表 5 卷《天体力学》(*Mécanique céleste*)

1812 年, 发表《分析概率论》(*Théorie analytique des probabilité*), 首次系统表述了概率论.

1756—1791 年 神童莫扎特 (Wolfgang Amadeus Mozart) 生活时期. 他是迄今最著名的作曲家之一.

1759—1805 年 诗人、历史学家席勒 (Friedrich Schiller) 生活时期.

1764 年 温克尔曼 (Johann Winckelmann, 1717—1768) 发表《古代艺术史》(*Geschichte der Kunst des Altertums*), 开创了对古文明的科学研究 (考古学).

1769—1821 年 拿破仑 · 波拿巴 (Napoléon Bonaparte) 生活时期; 他对欧洲的发展产生重大影响.

1798—1799 年, 一群科学家和艺术家应邀随他远征埃及, 其中包括德农 (Vivant Denon), 他描画了埃及的许多艺术珍品, 1809—1813 年发表作品《埃及记述》(*Description de l'Égypte*)24 卷.

1770—1827 年 贝多芬 (Ludwig van Beethoven) 生活时期. 他可能是迄今最著名的作曲家.

1776 年 美国独立宣言.

1777—1855 年 数学王子高斯(Karl Friedrich Gauss) 生活时期. 他在纯粹和应用数学的各个领域都作出了重要贡献, 如进行重要天文观测, 研究大地测量学, 解释电磁现象, 对 20 世纪的数学和物理学产生了影响.

1796 年, 他在自己发展的分圆域理论的背景之下, 发现能借助直尺和圆规 17 等分圆. 同时, 他指出了能用该方法作出的所有正多边形, 由此解决了 2000 年来悬而未决的一个难题.

1799 年, 他在博士论文中给出代数基本定理的首次完整证明.

1801 年,《算术研究》(*Disquisitiones arithmeticae*)(近代数论的基础) 发表. 特别地, 他证明二次互反律, 发展分圆域理论.

1807 年, 他在哥廷根任教授.

1809 年, 他发表《天体运动理论》(*Theoria motus corporum coelestium*), 其方法为天文学领域开辟了新天地.

1827 年, 《曲面的一般研究》(*Disquisitiones generales circa superficies curvas*) 出版, 开微分几何学的先河.

1839 年，他发表关于位势理论方面的著作《与距离平方成反比而发生作用的引力和斥力的普遍原理》(*Allgemeine Lehrsätze für die im verkehrten Verhältnis des Quadrates der Entfernung wirkenden Anziehungs-und Abstossungskräfte*).

1844/1847，《高等测地学研究》(*Untersuchungen über Gegenstände der höheren Geodäsie*) 出版.

1789—1794 年 法国大革命爆发.

1789—1857 年 柯西(Augustin-Louis Cauchy) 对实分析、复分析和弹性理论作出重大贡献. 他是迄今最多产的数学家之一, 发表 7 部著作和 800 篇论文.

1821 年,《巴黎综合工科学校分析教程》(*Cours d'anlyse de l'école polychnique*) 出版. 柯西试图为分析学建立严格基础; 现代极限的概念应归功于他.

1791—1867 年 法拉第(Michael Faraday) 为麦克斯韦 (Maxwell) 的电磁场理论提供了实验依据. 他打破了牛顿的超力矩思想, 引入场的概念, 导致一次物理学革命. 场的概念是现代物理理论的基本概念.

1831 年, 他发现电磁感应, 发展了存在电磁场的思想.

1794 年 法国政府建立巴黎综合工科学校，它迅速发展成为数学与自然科学的中心，那里的教授包括拉格朗日、拉普拉斯、蒙日(Monge)、柯西、蓬斯莱 (Poncelet)、安培(Ampère)、盖吕萨克 (Gay-Lussac)、菲涅尔 (Fresnel)、杜隆 (Dulong) 和珀蒂(Petit).

1798 年 蒙日(Gaspard Monge, 1746—1818) 发表《画法几何学》(*Géométrie descriptive*), 使得他所钟爱的画法几何成为一门成熟完备的数学学科.

19 世纪的数学

1802 年 格罗特芬德 (Georg Friedrich Grotefend, 1775—1853) 为赢得赌金设法破译亚述人和巴比伦人的楔形文字, 打开了理解这些古文化的大门.

1804—1851 年 雅可比(Carl Gustav Jacob Jacobi) 生活时期. 他在椭圆函数论 (Θ 函数)、变分法、数论 (三次剩余的互反律)、二次型理论、行列式、消元法的代数理论和天体力学方面都作出重大贡献.

1805—1865 年 哈密顿力学的创立者哈密顿(William Rowan Hamilton) 生活时期.

1843 年发现四元数并引入向量.

1805—1859 年 解析数论的创立者狄利克雷(Peter Gustav Lejeune Dirichlet)生活时期. 他的学生中成为伟大数学家的有艾森斯坦 (Eisenstein)、克罗内克 (Kronecker)、库默尔 (Kummer) 和黎曼 (Riemann). 1855 年, 他接替了高斯在哥廷根的职位.

1815—1897 年 从事复分析严密性研究的魏尔斯特拉斯(Karl Weierstrass) 生活时期. 受雅可比逆问题的启发, 他对椭圆函数论、阿贝尔积分做出重要贡献. 另外, 他在代数 (矩阵的初等因子理论)、变分法 (极小值存在的充分条件) 以及分析的严格基础方面也取得巨大成就.

1864 年, 他成为柏林大学教授, 培养了一批非常优秀的学生, 他特别强调数学的严格性, 因此也常常说成是魏尔斯特拉斯严格性.

1817 年 捷克牧师波尔查诺(Bernhard Bolzano, 1781—1848) 试图确立分析的严格基础, 他在长长的手稿中对连续函数的中值定理 (波尔查诺中值定理) 给出了当时可看作是比较严密的证明. 这一中值定理后来在 20 世纪被推广成了重要的拓扑存在性原理 [布劳威尔 (Brouwer) 和绍德尔 (Schauder) 的不动点定理; 映射度的概念].

1821—1894 年 切比雪夫(Pafnuti Lvovitsch Chebychev) 生活时期. 他在概率论、数论、逼近论领域作出重要贡献, 对俄罗斯数学学派的发展有巨大影响.

1822 年 商博良 (Jean-François Champoillon, 1790—1832) 在学习数十种语言之后, 破译了埃及象形文字.

1822 年 蓬斯莱(Jean-Victor Poncelet, 1788—1867) 发表《论图形的射影性质》(*Traité des propriétés projectives des figures*), 开创射影几何学.

1822 年 傅里叶(Jean Baptiste Joseph de Fourier, 1768—1830) 发表《热的解析理论》(*Théorie analytique de la chaleur*). 为了求解偏微分方程, 其中系统发展了傅里叶级数与傅里叶积分.

1826 年 阿贝尔(Niels Henrik Abel, 1802—1829) 证明次数 $\geqslant 5$ 的一般方程没有根式解. 他也在代数函数论方面作出了重大贡献, 其中阿贝尔函数和阿贝尔积分 (以及阿贝尔群) 后以他的名字命名.

1826—1866 年 黎曼(Georg Friedrich Bernhard Riemann) 生活时期. 他是 19 世纪最重要的数学家之一. 对复变函数论、微分几何 (黎曼几何)、数论 (著名的黎曼假设)、拓扑学 (黎曼曲面) 以及数学物理 (如气体动力学) 作出重大贡献. 黎曼关于黎曼曲面的思想对 20 世纪的大部分数学产生了深远影响, 他是至今最具独创性的数学家之一.

1851 年, 他在其博士论文中围绕共形映射开创了几何数论.

1854 年, 他作了著名的就职演说 "论几何基础的假设"(*Über die hypothese, welche der Geometrie zu Grunde liegen*), 制定了一项深远的计划, 即刻画高维弯曲空间的几何学. 演讲后他与年迈的高斯一同走在回家的路上, 高斯非常激动. 黎曼的这些思想对爱因斯坦 (Einstein)1907—1915 年间阐述广义相对论至关重要.

1859 年, 黎曼接替了狄利克雷在格丁根的职位.

同年, 他也研究了与素数分布相关的 ς 函数, 对该函数的零点分布给出了黎曼假设.

1829 年 罗巴切夫斯基(Nikolai Ivanovitch Lobatchevski, 1793—1856) 证明存在双曲非欧几何学. 1832 年波尔约(Janos Bólyai, 1802—1860) 独立证明这一事实.

1831 年 伽罗瓦(Évariste Galois, 1811—1832) 在伽罗瓦群论的基础上, 发展解方程的一般理论, 由此成为现代结构理论的创始人.

1831—1879 年 麦克斯韦(James Clerk Maxwell) 生活时期. 他对电动力学和气体运动论作出重大贡献.

1864 年, 他阐述了所有电磁现象的基本方程, 以麦克斯韦方程著称.

1842 年 (德国) 海尔布隆市医生迈尔(Robert Mayer, 1814—1878) 发表自己发现的能量守恒定律.

1842—1899 年 连续群论 (李群和李代数) 的创立者李(Sophus Lie) 生活时期. 借助这种理论, 他能以一种在数学上非常精确的方式描述自然界中的对称, 为物理学提供重要工具.

1844 年 刘维尔(Joseph Liouville, 1809—1882) 对超越数的存在性给出构造性证明.

1844 年 格拉斯曼(Hermann Grassmann, 1809—1877) 的《线性扩张论》(*Lineare Ausdehnungstheorie*) 出版, 其中虽包含大量线性与多重线性代数的现代理论, 但并不为当时的人所理解. 格拉斯曼代数是现代基本粒子物理学中超对称理论的代数核心.

1844—1906 年 统计物理学的创始人玻尔兹曼(Ludwig Boltzmann) 生活时

期. 他认识到熵和热力学第二基本定理都具有统计特征.

1845—1918 年　康托尔(Georg Cantor) 利用集合论创立了数学中一种新的思维方式和新的语言, 20 世纪的数学家们能借此以简洁的方法阐述抽象、深刻的思想.

1874 年, 他发表关于集合论的第一篇文章, 其中他通过可数性论证对超限数的存在给出一种构造性的纯集合论证明.

1846 年　雷亚 (Austen Layard, 1817—1894) 挖掘亚述 - 巴比伦人遗址尼尼微.

1847 年　库默尔(Ernst Eduard Kummer, 1810—1893) 借助理想数发展可除性理论, 并用这些方法证明费马大定理的几种特殊情形.1855 年, 他接替了狄利克雷在柏林的职位.

1847 年　布尔(George Boole, 1815—1869) 发表《逻辑的数学分析》(*The Mathematical Analysis of Logic*), 说明我们不仅可以计算数, 也可以计算集合 (布尔代数), 这为现代逻辑学和计算机科学铺平了道路.

1849—1925 年　克莱因(Felix Klein) 生活时期. 他是 19 世纪下半叶德国一流数学家之一, 对几何学、代数学 (二十面体群和五次方程)、复变函数论的发展都作出了贡献, 实际上, 他还与庞加莱 (Henri Poincaré) 既合作又竞争地创立了自守函数理论. 他改革德国大中学数学教育模式, 写下一部最具影响的 19 世纪数学史著作.

1872 年, 他提出 "埃尔兰根纲领"(*Erlangen Programm*), 认为几何学实质上是关于空间的对称群的不变量理论. 由此, 人们也许能够从一个统一的角度研究不同的现象.

1854—1912 年　庞加莱(Henri Poincaré) 生活时期. 他是全才的、独创性的数学家和数学物理学家, 在复变函数论、天体力学、偏微分方程、数论、拓扑以及哲学问题方面作出重大贡献, 19 世纪任何一位数学家对现代数学的影响都不能与他匹敌. 他创立了动力系统与代数拓扑学理论, 因此他是定性行为数学的奠基人.

1858—1947 年　普朗克(Max Planck) 生活时期. 他创立量子论, 使物理学发生彻底变革. 他也对热力学作出重要贡献.

1859 年　达尔文(Charles Darwin, 1809—1882) 发表重要著作《物种起源 —— 物竞天择》(*On the Origin of Species by Means of Natural Selection*).

1862—1943 年　希尔伯特(David Hilbert) 生活时期. 许多人认为他是通晓所有数学学科的最后一位数学家. 他在许多领域都作出了极具

决定性的贡献, 包括代数学、分析学、几何学、数学基础、数学物理、数论和哲学. 他也是现代数学公理化方法的创立者.

1895 年, 他前往哥廷根, 延续了高斯与黎曼的传统.

1864—1909 年 闵可夫斯基(Hermann Minkowski) 生活时期. 他是数的几何理论与凸体理论的创立者, 也得到了爱因斯坦狭义相对论的几何化. 其凸性概念是 1950—1960 年间兴起的现代优化理论的基础.

1869—1951 年 嘉当(Élie Cartan) 生活时期. 他是现代微分几何学的创立者, 通过李群强调微分形式和对称性. 他用主纤维丛来形成曲率理论的思想在今天已经应用到了基本粒子物理学的现代规范场论中.

1869 年 门捷列夫 (Dmitri Ivanovitch Mendeleyev, 1834—1907) 首次给出化学中的元素周期表.

1870—1955 年 人类最伟大的天才之一爱因斯坦(Albert Einstein) 生活时期. 他的相对论变革了人们对时空的理解. 他揭示了物质与能量的相当性, 这一关系是理解恒星通过核聚变产生能量的基础.

1870 年 施里曼 (Heinrich Schliemann, 1822—1890) 认为荷马 (Home) 的《伊利亚特》和《奥德赛》不仅仅是神话, 于是动身寻找特洛伊, 经大量发掘之后获得成功.

1871 年 戴德金(Richard Dedekin, 1831—1916) 发表理想论.

1872 年,《连续性与无理数》(*Stetigkeit und irrationale Zahlen*) 出版. 这部著作首次完全严密地构造了实数, 为分析学提供了一个合理的基础.

1873 年 埃尔米特(Charles Hermite, 1822—1901) 证明数 e 的超越性.

1878 年 克利福德(William Clifford, 1845—1879) 引入现在所称的克利福德代数, 它们对于给出费米子 (半整数自旋的基本粒子) 的数学描述非常重要.

1882 年 林德曼(Ferdinand Lindemann, 1852—1939) 证明 π 的超越性, 作为一个副产品, 实质上证明了 2000 多年来一个一直悬而未决的问题 —— 化圆为方没有解. 林德曼是希尔伯特的老师.

1882 年 克罗内克(Leopold Kronecker, 1823—1891) 发表有关代数数理论的基础的论文, 为希尔伯特接下来描述类域论的优美理论铺平道路.

1885—1955 年 外尔(Hermann Weyl) 生活时期. 他是向现代数学过渡过程中出现的最重要的数学家之一, 对黎曼曲面理论、李群表示论、不变量理论、谱论、微分几何学、广义相对论和量子理论做出重大贡献. 他是现代调和分析的奠基人, 同时也对哲学问题进行了深入研究.

1890 年 希尔伯特创立德国数学家联合会 (Deutsche Mathematiker Vereinigung).

1896 年 阿达马(Jacques Hadamard, 1865—1963) 和德拉瓦莱普桑(Charles de la Vallée-Poussin, 1866—1962) 独立证明了著名的素数分布定理. 高斯和勒让德早在 100 多年前就用试验方法发现了这一规律, 但一直没有找到证明.

1897 年 第一届国际数学家大会在苏黎世召开, 自 1900 年之后, 除第二次世界大战时期之外, 该会议每四年召开一次.

1898 年 居里(Pierre Curie, 1859—1906) 和居里夫人(Marie Sklodovska-Curie, 1867—1934) 发现第一批放射性元素钋和镭.

1899 年 希尔伯特的著作《几何基础》(*Grundlagen der Geometrie*) 出版, 它介绍了数学的现代公理化方法, 是距欧几里得《原本》(*Elements*) 发表 2000 年之后所取得的重大进步.

1899 年 科尔德威 (Robert Koldewey, 1855—1925) 开始发掘巴比伦遗址.

20 世纪的数学

1900 年 普朗克假设存在最小能量元, 且简谐振子的能量可量子化, 由此得到恒星辐射的正确规律. 这标志着一种全新的物理学 —— 量子物理学的诞生.

1900 年 希尔伯特证明狄利克雷原理, 因此在变分法中建立了直接法的发展路线.

1900 年 希尔伯特在巴黎举办的国际数学家大会上提出著名的 23 个问题, 它们对 20 世纪所有数学学科的发展都有重大影响.

1903—1957 年 冯 · 诺依曼[Janos (John) von Neumann]生活时期. 他是 20 世纪最重要、最具影响的应用数学家, 在博弈论、数理经济学、量子物理的数学基础、谱论、算子代数理论、遍历理论、数值分析以及计算机科学方面都有重要贡献. 另外, 他在纯数学、集合论基础、紧李群的希尔伯特第五问题的解决、群的殆周期函数理论、局部凸空间理论以及泛函分析等领域也有重要发现.

1904 年	在弗雷德霍姆(Fredholm, 1866—1927) 自 1900 年工作的基础上, 希尔伯特开始发表积分方程的一般理论, 奠定泛函分析的基础.
1905 年	爱因斯坦发表三篇重要论文, 它们分别涉及运动物体的电动力学 (狭义相对论)、布朗运动 (随机过程理论的基础) 和光量子理论 (量子电动力学理论的基础).
1907 年	庞加莱 (Henri Poincaré, 1854—1912) 和克贝(Paul Koebe, 1882—1945) 独立证明黎曼曲面的单值化定理, 完全确定了黎曼曲面的结构理论.
1908 年	闵可夫斯基指出时空形成一个几何单元 (这是对爱因斯坦狭义相对论的几何化).
1910—1913 年	罗素(Bertrand Russel, 1872-1970) 和怀特黑德(Alfred Whitehead, 1861—1947) 出版《数学原理》(*Principia Mathematica*), 这部三卷本巨著涉及形式逻辑和当时大部分已知数学的完全严密的发展.
1913 年	玻尔(Niles Bohr, 1885—1962) 建立原子模型, 描述氢光谱.
1913 年	外尔(Hermann Weyl) 发表《黎曼曲面的概念》(*Die Idee der Riemannischen Fläche*), 把黎曼的天才思想与现代理论结合起来.
1914—1918 年	第一次世界大战摧毁欧洲大部分地区.
1915 年	爱因斯坦发表广义相对论基本方程, 为现代宇宙学奠定数学和物理基础. 时空曲率取代了牛顿的万有引力.
1918 年	外尔出版《空间, 时间, 物质》(*Raum, Zeit, Materie*).
1922 年	卡特 (Howard Carter, 1873—1939) 在帝王谷发现保存完好的图坦卡门 (Tut-Ench-Amun) 墓 (约公元前 1340 年)
1923 年	维纳(Norbert Wiener, 1894—1964) 发表关于布朗运动的一篇论文, 为随机过程的数学严密性理论奠定基础.
1924—1925 年	海森伯(Werner Heisenberg, 1901—1976) 利用无限矩阵的交换关系为量子力学奠定数学基础.
1926 年	薛定谔(Erwin Schrödinger, 1887—1961) 在波动力学的背景下发表用来计算量子过程的薛定谔方程, 不久之后, 事实证明它等价于 (经由抽象的希尔伯特空间理论) 海森伯理论.
1926 年	玻恩(Max Born, 1882—1970) 给出了薛定谔波动力学的统计解释.
1926 年	冯 · 诺依曼的博士论文为博弈论奠定基础.
1927 年	海森伯发现量子力学中的测不准原理; 与经典力学不同, 量子

力学中粒子的位置和速度不可能同时准确地测定, 这导致物理学中思维方式的深刻变革.

1928 年 狄拉克(Paul Dirac, 1902—1984) 得到相对论电子的基本方程(狄拉克方程). 他利用克利福德代数对此进行刻画, 预言存在正电子. 1932 年, 安德森 (Anderson) 在宇宙辐射中证实了这一点, 这是首次发现反粒子.

1928 年 哈勃(Edwin Hubble, 1889—1953) 发现由宇宙大爆炸之后的膨胀所引起的哈勃效应, 即遥远星系的光的红移.

1930 年 哥德尔(Kurt Gödel, 1906—1978) 证明一阶谓词逻辑的完全性.

1930 年 外尔接任了希尔伯特在格丁根的职位.

1930 年 普林斯顿高等研究院 (美国新泽西) 作为一所独立的研究机构被建立.

1931 年 哥德尔发现数学理论中存在不可判定问题.

1932 年 冯 · 诺依曼发表《量子力学的数学基础》(*Mathematische Grundlagen der Quantenmechanik*).

1933 年 柯尔莫哥洛夫(Andrei Nikolaievich Kolmogorov, 1903—1987) 发表《概率论基础》(*Foundations of probability theory*), 把公理化方法引入概率论.

1933 年 诺特(Emmy Noether, 1882—1935)、伯奈斯 (Paul Bernays, 1888—1977)、布卢门塔尔 (Otto Blumenthal, 1876—1944)、玻恩 (Max Born, 1882—1970)、柯朗 (Richard Courant, 1888—1972)、爱因斯坦 (Albert Einstein, 1879—1955)、外尔 (Hermann Weyl, 1885—1955) 离开法西斯德国.

著名数论学家朗道(Edmund Landau, 1877—1938) 和诺贝尔物理学奖得主弗兰克 (James Franck, 1882—1964) 都失去了在哥廷根的职务.

爱因斯坦、冯 · 诺依曼和外尔前往新成立的普林斯顿高等研究院, 使该研究院声名大振.

1935 年 柯朗在纽约大学文理研究生院建立数学系 (就是现在著名的柯朗研究所).

1936 年 图灵(Alan Turing, 1912—1954) 通过一台理论上的万能机器, 即今天所谓的图灵机, 建立机器人技术与算法的现代理论.

1936 年 楚泽(Konrad Zuse, 1910—1995) 制造第一台机械计算机 Z1.

1938 年 哈恩(Otto Hahn, 1879—1968) 和斯特拉斯曼(Fritz Strassmann, 1902—l980) 发现铀裂变, 迈特纳(Lise Meitner,1878—

1986) 也对此作出了贡献. 这一物理过程是几年之后制造原子弹的基础.

1939—1945 年 第二次世界大战给世界数百万人造成巨大的伤害.

1942 年 奥本海默(Robert Oppenheimer, 1904—1967) 成为 (美国新墨西哥州) 洛斯阿拉莫斯的曼哈顿计划的负责人. 他组织许多卓越的科学家研制原子弹.

1944 年 奥博沃尔法赫(Oberwolfach, 黑森林) 数学研究所建立.

1944 年 冯 · 诺依曼和莫根施特恩 (Oscar Morgenstern) 出版《博弈论与经济行为》(*Theory of Games and Economical Behaviour*).

1945 年 美军在日本广岛和长崎投下两颗原子弹.

1946 年 第一台具有计算能力的计算机 ENIAC 研制成功. 其前身 MANIAC 被用于研制原子弹.

1946—1949 年 费曼(Richard Feynman, 1918—1988)、施温格(Julian Schwinger, 生于 1918 年)、朝永振一郎(Sin-Itiro Tomonaga, 1906—1979) 独立用不同的方法建立量子电动力学的基础. 1965 年, 他们三人共同荣获诺贝尔物理学奖.

1948 年 维纳发表《控制论》(*Cybernetics*), 标志着计算机科学的诞生.

1948 年 香农(Claude Shannon, 生于 1916 年) 建立信息论.

1948 年 巴丁 (John Bardeen, 生于 1908 年)、布拉顿 (Walter Brattain, 生于 1902 年)、肖克利 (William Shockley, 生于 1910 年) 在固体量子力学基础上在贝尔 (Bell) 实验室研制晶体管. 1956 年, 他们因此项工作获诺贝尔物理学奖. 晶体管的产生导致技术革命.

1950—1960 年 通过引入诸如层理论、纤维丛、同调代数和上同调理论等抽象理论, 纯数学有了新的研究范围.

1950—1960 年 在应用数学领域, 包括最优过程在内的优化理论诞生. 偏微分方程和动力系统理论得到广泛发展 (例如通过科尔莫哥罗夫 (Andrei Kolmogorov, 1903—1987)、阿诺尔德(Vladimir Arnol'd, 生于 1937 年) 和莫泽(Jürgen Moser, 生于 1928 年) 的 KAM 理论).

1956 年 李政道(Tsung Dao Lee, 生于 1926 年) 和杨振宁(Chen Ning Yang, 生于 1922 年) 提出基本粒子世界中存在基本非对称性: 在弱力作用下, 三大基本对称中的一个遭到破坏. 一年之后, 他们二人因此项工作获得诺贝尔物理学奖.

1957 年 首颗不载人卫星 Sputnik 绕地球飞行, 其高超的苏维埃技术令西方世界大为震惊.

1961 年 加加林 (Yury Gagarin) 是在太空绕地球飞行的第一人.

1962 年 克里克 (Francis Crick, 生于 1916 年) 和沃森 (James Watson, 生于 1928 年) 因描述 DNA(脱氧核糖核酸) 的螺旋结构模型获诺贝尔生理学或医学奖. 扭型双螺旋结构对遗传信息的继承非常重要.

1963 年 科恩(Paul Cohen, 生于 1934 年) 证明连续统假设与集合论其他公理的独立性. 这一点有着重要的认识论意义, 即 19 世纪末康托尔明智的无穷构造并不是唯一的, 还存在许多构造方法, 它们都不会产生矛盾.

1963 年 阿蒂亚(Michael Atiyah, 生于 1929 年) 和辛格(Isadore Singer, 生于 1924 年) 发表阿蒂亚 - 辛格指标定理的证明. 该定理用一种独特的、深刻的方法把分析与拓扑联系起来, 是数学中一个历史长久而富有成果的发展方向的巅峰, 当属 20 世纪最重要的研究成果之列. 指标定理是对 1953 年希策布鲁赫(Friedrich Hirzebruch, 1927—2012) 证明的黎曼 - 罗赫 (Roch)- 希策布鲁赫这一深刻定理的进一步推广.

1964 年 盖尔曼(Murray Gell-Mann, 生于 1929 年) 提出质子不是基本粒子, 它们由夸克组成; 1969 年因此项工作获诺贝尔物理学奖. 该理论的数学背景是借助李群 $SU(3)$ 及其李代数对实验数据的解释.

1965 年 潘琪亚斯(Arnold Penzias, 生于 1933 年) 与威尔逊(Robert Wilson, 生于 1936 年) 发现微波背景辐射, 即宇宙大爆炸的残余辐射; 1978 年他们因此项发现成果获诺贝尔物理学奖.

1969 年 阿姆斯特朗 (Neil Armstrong, 生于 1930 年) 在这一年 7 月 10 日成为登上月球的第一人.

1970—1980 年 有限元方法的广泛使用为数值分析带来了变革.

1979 年 萨拉姆(Abdus Salam, 生于 1926 年)、格拉肖(Sheldon Glashow, 生于 1932 年)、温柏格(Steven Weinberg, 生于 1933 年) 在规范场背景之下, 建立了统一电磁力与弱作用力的标准模型, 因此荣获诺贝尔物理学奖. 1983 年, 在日内瓦近旁欧洲原子能研究中心 (CERN) 的加速器上证实了这一理论所预言的传递弱作用力的玻色子 (Z 玻色子和 $W^{\pm}$ 玻色子) 的存在.

这一标准模型现在已经得到普遍认可, 它以具有 6 种夸克和 6 种轻子 (例如电子和中子) 的规范场论为基本组成部分, 其相互作用由 12 种粒子来刻画 (8 种胶子, 光子, Z 玻色子和 $W^{\pm}$ 玻色子).

1980 年 个人计算机开始风靡世界, 数学发生变革. 像物理学一样, 数学日益成为一门实验学科.

1983 年 法尔廷斯(Gerd Faltings, 生于 1954 年) 对数域上的丢番图方程证明了莫德尔 (Modell) 猜想 (关于代数曲线上的有理点).

1994 年 怀尔斯(Andrew Wiles, 生于 1953 年) 利用极其抽象和全新的数学在其力作中证明了费马大定理.

1994 年 在芝加哥附近费米实验室的加速器上通过实验发现了人们已苦苦寻找很长时间的第六种夸克.

1995 年 哈勃 (Hubble) 望远镜在绕地飞行轨道上, 拍摄出恒星诞生和灭亡的清晰照片, 在数学和物理学理论的基础上以此证实了天体物理学家的预言.

2002 年 佩雷尔曼证明庞加莱猜想. *

菲尔兹奖得主

20 世纪得到许多深刻有趣的卓越成果. 为了对此加以概述, 我们列出菲尔兹奖得主的名单. 该奖是授予数学家的最高奖项, 每隔四年在国际数学家大会上举行颁奖仪式, 其得主年龄不得超过 40 岁. 授予数学家的这一奖项堪与授予物理学家和其他科学家的诺贝尔奖齐名.

1936 年 阿尔福斯(Lars Ahlfors, 生于 1907 年)[分析学; 函数论和拟共形映射];

道格拉斯(Jessel Douglas, 1897—1965)[分析学; 极小曲面存在性的证明].

1950 年 施瓦兹(Laurent Schwartz, 生于 1915 年)[分析学; 广义函数论 —— 广义函数的微积分及傅里叶变换];

塞尔贝格(Atle Selberg, 生于 1917 年)[数论; 素数分布定理的初等证明].

1954 年 小平邦彦(Kunihiko Kodaira, 生于 1915 年)[分析学与微分几何学; 代数几何与流形上的调和积分; 对代数函数与代数积分的黎曼思想的推广];

塞尔(Jean-Pierre Serre, 生于 1926 年)[代数学与拓扑学; 纤维丛; 球面同伦群 (直到平凡例外) 的有限性证明].

1958 年 罗特(Klaus Roth, 生于 1925 年)[数论; 解决有理数逼近代数数这一古老问题];

托姆(René Thom, 生于 1923 年)[微分拓扑学; 使配边理论成为深入理解流形的结构性质的工具].

* “数学历史概要”部分中, 楷体文字系中译者增补, 下同.

1962 年 赫尔曼德尔(Lars Hörmander, 生于 1931 年)[分析学; 常系数线性偏微分方程一般理论];

米尔诺(John Milnor, 生于 1931 年)[拓扑学; 怪球面的发现, 说明流形的拓扑结构和微分结构不必一致].

1966 年 阿蒂亚(Michael Atiyah, 生于 1929 年)[拓扑学, 微分几何学与偏微分方程; 发展 K 理论, 通过关于流形的向量丛集合刻画流形深刻的结构性质; 阿蒂亚–辛格指标定理];

科恩(Paul Cohen, 生于 1934 年)[数学基础; 证明选择公理与连续统假设独立于集合论中其他公理];

格罗腾迪克(Alexander Grothendieck, 生于 1928 年)[分析学 —— 核空间理论; 代数几何学 —— 通过概型这种强有力的工具使该数学学科发生变革];

斯梅尔(Stephen Smale, 生于 1930 年)[拓扑学与分析学; 动力系统及其混沌行为方面深刻的建构性工作].

1970 年 贝克(Alan Baker, 生于 1939 年)[数论; 超越数理论];

广中平祐(Heisuke Hironaka, 生于 1931 年)[代数几何学; 奇点消解问题的证明];

诺维科夫(Sergei Novikov, 生于 1938 年)[拓扑学; 同调和同伦论方面的重大贡献];

汤普森(John Thompson, 生于 1932 年)[代数学; 群论方面的重大贡献].

1974 年 邦别里(Enrico Bombieri, 生于 1940 年)[解析数论、数的几何; 代数曲面];

芒福德(David Mumford, 生于 1937 年)[代数几何学; 阿贝尔簇的结构 —— 阿贝尔簇是对椭圆曲线的进一步推广, 已经从阿贝尔积分论的角度发展起来].

1978 年 德利涅(Pierre Deligne, 生于 1944 年)[代数几何学; 证明有限域上代数簇的 (广义) 黎曼假设, 即韦伊 (André Weil) 猜想];

费弗曼(Charles Fefferman, 生于 1949 年)[分析学; 高维傅里叶级数和奇异积分算子的作用; 多元复变函数论];

马尔古利斯(Grigori Margulis, 生于 1946 年)[微分几何学; 李群 G 的离散子群 Γ 的结构, 其中 G/Γ 有限];

奎伦(Daniel Quillen, 生于 1940 年)[代数学与拓扑学; 群的上同调; 塞尔猜想的证明 —— 系数在域中的多项式环上的射影模一定是自由模, 即这些模具有线性空间的结构].

1982 年 孔涅(Alain Connes, 生于 1947 年)[泛函分析; III 型冯 · 诺依曼代数的结构];

丘成桐(Shing Tung Yau, 生于 1949 年)[大范围分析; 关于流形和广义相对论的微分方程; 正引力质量存在性定理 [1] 的证明; 凯勒 (Kähler) 流形的卡拉比 (Calabi) 猜想的证明];

瑟斯顿 (William Thurston, 生于 1946 年)[拓扑学、与双曲几何学相关的三维流形的结构].

1986 年 唐纳森(Simon Donaldson, 生于 1957 年)[大范围分析与拓扑学; 用理论物理学规范理论的杨–米尔斯方程理解四维流形的光滑 (可微) 结构];

法尔廷斯(Gerd Faltings, 生于 1954 年)[代数几何学与数论; 证明丢番图方程的莫德尔猜想];

弗里德曼(Michael Freedman, 生于 1951 年)[拓扑学; 四维情况下庞加莱猜想的证明: 四维球面是其同调与球面的同调相一致的唯一的紧四维 (拓扑) 流形; 这个重要猜想在组合拓扑学中的一个反例可以通过不具有等价三角剖分的同胚四维流形构造出来].

1990 年 德林费尔德(Vladimir Drinfeld, 生于 1954 年)[代数几何学; 对杨–米尔斯方程的解 (瞬子) 的应用; 量子群; 关于伽罗瓦群的朗兰兹 (Langlands) 猜想的证明];

琼斯(Vaughan Jones, 生于 1955 年)[泛函分析与拓扑学; 冯 · 诺依曼代数与纽结理论之间的关系; 对统计物理 (杨–巴克斯特 (Yang-Baxter) 方程) 的应用];

森重文(Shigefumi Mori, 生于 1951 年)[代数几何学; 三维代数簇的分类; 三维情况中极小模型猜想的证明];

威顿(Edward Witten, 生于 1951 年)[量子场论方法 (费曼积分) 与拓扑学、微分几何学和代数几何学方法的绝妙组合; 威顿实际上是一位物理学家, 他对数学的几个分支都有新的深刻见解, 例如超对称与莫尔斯 (Morse) 理论的形式相似性; 量子场论与纽结理论之间的关系; 借助狄拉克方程对正引力质量定理的证明; 1994 年, 威顿和西贝格 (Nathan Seiberg)(他们都是物理学家) 得到的西贝格–威顿理论, 通过用一组物理上对偶的方程 —— 狄拉克方程代替杨–米尔斯方程, 大大化简了四维流形的唐纳森理论. 狄拉克方程的结构要简单得多, 常常能进行更简单更完善的分析].

1994 年 布尔甘(Jean Bourgain, 生于 1954 年)[分析学; 数学物理的非线性微分方程; 巴拿赫 (Banach) 空间的几何学; 遍历理论; 调和分析; 解析数论];

---

1) 这个定理是说相互作用的物质的引力质量在广义相对论中总是正数, 这一点在物理上很明显, 但在数学上却很难证明.

利翁斯(Pierre-Louis Lions, 生于 1956 年)[分析学与应用数学; 解非线性偏微分方程的新方法; 控制论中哈密顿–雅可比方程和贝尔曼 (Bellman) 方程的黏性方法; 能量集中法; 求解用于处理具有多电子原子的哈特里–福克 (Hartree-Fock) 方程; 求解用来处理具有相互作用粒子的气体的玻尔兹曼 (Boltzmann) 方程; 可压缩液体; 利用各向异性扩散方程建构清晰的计算机图像];

约科(Jean-Christophe Yoccoz, 生于 1956 年)[分析学; 动力系统的稳定性; 大量计算机直观显示与深刻理论研究的结合];

泽尔曼诺夫(Efim Selmanov, 生于 1955 年)[代数学; 李代数; 若尔当代数与有限群结构].

1998 年 博彻兹(Richard Borcherds, 生于 1959 年)[代数与几何学; 月光猜想的证明, 月光猜想揭示了魔群 (一种很大的有限群) 与椭圆函数、卡茨–穆迪 (Kac-Moody) 代数以及自守形式之间意想不到的关系];

孔采维奇(Maxim Kontsevich, 生于 1964 年)[弦论与量子场论; 量子引力中两种模型的数学等价性; 泊松 (Possion) 结构与量子畸变; 拓扑学中的纽结不变量];

高尔斯(William Gowers, 生于 1963 年)[泛函分析与组合学之间的精妙关系; 发展用来研究巴拿赫空间精妙几何性质 (比如无条件基问题) 的新技巧); 构造不包含任何对称的巴拿赫空间];

麦克马伦(Curtis McMullen, 生于 1958 年)[几何学与混沌动力系统的结构; 构造解的逼近的有效算法; 广义牛顿法不存在性的证明; 关于双曲动力学、茹利亚 (Julia) 集与芒德尔布罗 (Mandelbrot) 集之间关系的深刻结构性成果].

2002 年 拉福格(Laurent Lafforgue, 生于 1966 年)[数论、分析与群表示论之间的精妙关系; 证明了与函数域情形相应的整体朗兰兹纲领];

弗沃特斯基(Vladimir Voevodsky, 生于 1966 年)[数论与代数几何之间的精妙关系; 发展新的强有力的代数簇上同调理论, 称为主上同调理论; 代数 K 理论中米尔诺猜想的证明].

2006 年 陶哲轩(Terence Tao, 生于 1975 年)[最引人瞩目的贡献是对素数和挂谷问题的研究];

佩雷尔曼(G. Perelman, 生于 1966 年)[庞加莱猜想证明];

维尔纳(W. Werner, 生于 1968 年)[通过数学研究, 对物理学作出了杰出贡献, 可以帮助解释物质的相变];

奥昆科夫(A. Okounkov, 生于 1969 年)[概率论, 代数几何与表示论方面的杰出贡献].

2010 年 林登施特劳斯(E. Lindenstrauss, 生于 1970 年)[遍历理论及数论应用];
吴宝珠(Ngo Bao Chau, 生于 1972 年)[自守型理论基本引理证明];
斯米尔诺夫(S. Smirnov, 生于 1970 年)[统计物理];
维拉尼(C. Villani, 生于 1973 年)[玻尔兹曼方程].

2014 年 阿维拉 (Artur Avila, 生于 1979 年)[动力系统; 分析学];
巴尔加瓦 (Manjul Bhargava, 生于 1974 年)[几何数论];
海尔 (Martin Hairer, 生于 1975 年)[随机偏微分方程理论];
米尔扎哈尼 (Maryam Mirzakhani, 生于 1977 年)[黎曼曲面及其模空间的动力学和几何学].

奈望林纳奖

自 1982 年, 开始颁发奈望林纳奖, 该奖项主要授予在计算机科学的数学方法领域作出杰出贡献的人物.

1982 年 塔尔扬(Robert Tarjan, 生于 1948 年)[设计用于计算机计算的非常有效的算法].

1986 年 瓦利安特(Leslie Valiant, 生于 1949 年)[代数复杂性理论; 有效的随机加权算法; 人工智能].

1990 年 拉兹博罗夫(Alexander Razborov, 生于 1960 年)[网络的复杂性研究].

1994 年 威格德森(Avi Wigderson, 生于1956 年)[证实证明的细节用随机尺度是未知的; 这种方法在计算机网络中的应用].

1998 年 肖尔(Peter Shor, 生于 1959 年)[量子计算理论; 密码理论; 设计在量子计算机上分解大素数的非常快速的算法].

2002 年 苏丹(Madhu Sudan, 生于 1966 年)[概率可校验证明; 最优化问题的不可逼近性; 纠错码].

2006 年 克莱因伯格(Jon Kleinberg, 生于 1971 年)[网络与信息组合结构的数学分析与建模, "小世界理论", 万维网搜索算法和 HITS 算法].

2010 年 斯皮尔曼(Daniel Spielman, 生于 1970 年)[线性规划光滑分析; 图论基础码算法以及图论对数值计算的应用].

2014 年 科特 (Subhash Khot, 生于 1978 年)[数理信息].

阿贝尔奖

此奖项由挪威政府在 2002 年设立; 被称为数学中的诺贝尔奖.

2003 年 塞尔(Jean-Pierre Serre, 生于 1926 年)[代数学与拓扑学].

2004 年 阿蒂亚(M. F. Atiyah, 生于 1929 年)[代数几何, 代数拓扑];

辛格(I. M. Singer, 生于 1924 年)[代数几何, 代数拓扑].

2005 年 拉克斯(P. D. Lax, 生于 1926 年)[偏微分方程论及应用].

2006 年 卡尔松(L. Carleson, 生于 1928 年)[函数论].

2007 年 瓦拉德汉(S. R. S. Varadhan, 生于 1946 年)[概率论].

2008 年 汤普森(J. G. Thompson, 生于 1932 年)[有限群论];

蒂茨(J. Tits, 生于 1930 年)[代数群及其他类群的结构理论].

2009 年 格罗莫夫(M. L. Gromov, 生于 1943 年)[大范围微分几何及辛几何].

2010 年 泰特(J. Tate, 生于 1925 年)[数论].

2011 年 米尔诺(J. Milnor, 生于 1931 年)[拓扑学, 几何学, 代数学].

2012 年 塞迈雷迪 (E. Szemerédi, 生于 1940 年)[组合数学, 理论计算机科学].

2013 年 德利涅 (P. Deligne, 生于 1944 年)[代数几何].

2014 年 西奈 (Y. G. Sinai, 生于 1935 年)[动力系统, 遍历性理论, 数学物理].

参考文献

百科全书

[1] Eisenreich, G., Sube, R.: Mathematics (four-lingual dictionary in English, French, German and Russian), 3rd ed. Berlin: Verlag Technik 1985.

[2] Encyclopaedia Britannica: 32 Vols. New York: Encyclopaedia Britannica Corporation 1974-1987.

[3] Encyclopaedia of Mathematical Sciences, Vol. 1ff. Berlin: Springer-Verlag 1990ff. (transl. from Russian).

[4] Encyclopaedia of Mathematics, Vols. 1-10. Edited by M. Hazewinkel. Dordrecht: Kluwer 1987-1993. Revised Translation from the Russian.

[5] Encyclopedia of Mathematical Physics, Vols. 1-5, edited by J. Françoise, G. Naber, and T. Tsun. Amsterdam: Elsevier 2005 (to appear).

[6] Encyclopaedic Dictionary of Mathematics, Vols. 1,2, 2nd ed. Cambridge, Massachusetts: MIT Press 1993.

[7] Fiedler, B., Hasselblatt, B.: Handbook of Dynamical Systems. Vol. 1. Amsterdam: Elsevier 2002.

[8] Fiedler, B.: Handbook of Dynamical Systems, Vol. 2. Amsterdam: North Holland 2002.

[9] Gribbin, J.: Q is for Quantum.: Particle Physics from A-Z. London: Weidenfeld 1998.

[10] Sube, R., Eisenreich, G.: Physics (four-lingual dictionary in English, French, German and Russian), 3rd ed. Berlin: Verlag Technik 1985.

现实世界中的数学

[11] Engquist, B., Schmid, W. (eds.), Mathematics Unlimited - 2001 and Beyond. With contributions written by 80 leading mathematicians. New York: Springer-Verlag 2001.

[12] Friedman, A., Littman, W.: Industrial Mathematics: A Course in Solving Real-World Problems. Philadelphia: SIAM 1994.

如何获知数学的当前进展

期刊《数学益智》(*Mathematical Intellegence*), 由德国施普林格出版社 (Springer Verlag) 出版. 它里面包含许多面向大众读者的有趣文章, 既涉猎数学的当前进展又涉猎数学史.

期刊《美国数学会通报》(*Bulletion of the American Mathematical Society*), 由美国专门从事数学研究的最大的科学会 —— 美国数学会 (American Mathematical Society) 出版. 它是一流的数学期刊, 其中有描述数学当前进展的综述性文章, 旨在面向全体数学群体, 亦即面向专门的数学研究者和多少涉猎数学研究的普通读者. 另外, 它里面还有许多书评, 较详细地描述了所评论的书的历史及其与现存文化的关系.

期刊《现代物理评论》(*Reviews of Mordern Physics*) 中有许多关于物理学中重要的新进展的综述性文章.

期刊《科学美国人》(*Scientific American*), 由科学美国人有限公司 (Scientific American Inc.) 出版. 它包含自然科学的各个领域, 旨在面向全体科学群体, 亦即面向专门的科学研究者和多少涉猎到科学或技术学科的普通读者, 任何其他此类期刊都不能与之匹敌. 更多关于科学的介绍可参看"科学杂志的始祖"——《科学》(*Science*)(周刊).

国际数学家大会每四年举行一次, 每次都要出版几卷会议录, 其上的所有应邀报告都是介绍新进展的重要资料.

美国数学会出版的《数学评论》(*Mathematical Reviews*) 和施普林格出版社出版的《数学文摘》(*Zentralblatt der Mathematik*) 对所有数学期刊文章和数学著作都做出评论. 此外, 除了这些多卷本评论之外, 每年都有一卷索引, 按作者和题目顺序对所有出版物给出列表.

期刊《近期数学出版物》(*Current Mathematical Publications*), 也由美国数学会出版. 它列有所有新近出版物, 在网上也能得到此方面的大量信息.

第 0 章 公式、图和表

[13] Abramowitz, M., Stegun, I. (ed.): Handbook of Mathematical Functions with Formulas, Graphs, and Mathematical Tables. Reprint of the 1972 edition. New York and Washington D.C.: Wiley and National Bureau of Standards 1984.

[14] Bateman, H. (ed.): Higher Transcendental Functions, Vols. 1-3. New York: McGraw-Hill 1953-1955.

[15] Beckenbach, E. and Bellman, R.: Inequalities. Berlin: Springer-Verlag 1983.

[16] Carlson, B.: Special Functions of Applied Mathematics. New York: Academic Press 1988.

[17] Fisz, M.: Wahrscheinlichkeitssrechnung und mathematische Statistik, translation from Polish, 5th ed. Berlin: Deutscher Verlag der Wissenschaften, 1970.

[18] Gradshteyn, I., Ryzhik, I.: Tables of Integrals, Series, and Products. New York: Academic Press 1980.

[19] Hardy, G., Littlewood, J., Pólya, G.: Inequalities. Cambridge, UK: Cambridge University Press 1978.

[20] Iwasaki, K. et al.: From Gauss to Painlevé. A Modern Theory of Special Functions. Wiesbaden: Vieweg 1991.

[21] Jahnke, E., Emde, F., Lösch, F.: Tafeln höherer Funktionen, 7th ed. Stuttgart: Teubner-Verlag 1966.

[22] Klein, Felix: Vorlesungen über das Ikosaeder and die Auflösung der Gelichungen vom fünften Grade. Edited by P. Slodowy, Basel, Stuttgart, Leipzig: Birkhäuser and Teubner-Verlag 1993.

[23] Luke, Y. Mathematical Functions and their Approximations. New York: Academic Press 1975.

[24] Magnus, W., Oberhettinger, F., Soni, R.: Formulas and Theorems for the Special Functions of Mathematical Physics, 3rd ed., Berlin: Springer-Verlag 1966.

[25] Owen, D.: Handbook of Statistical Tables. Reading, Massachusetts: Addison-Wesley 1965.

[26] Prudnikov, A., Brychkov, Yu., Manichev, O.: Integrals and Series, Vols. 1-5. New York: Gordon and Breach 1986-1990 (transl. from Russian).

[27] Smirnow, W.: Lehrgang der höhreren Mathematik, Volume III/2, 2nd ed. Berlin: Deutscher Verlag der Wissenschaften.

[28] Smoot, G., Davidson, K.: Wrinkels in Time, New York: Morrow 1993 (a history of modern cosmology).

[29] Spanier, J., Oldham, K.: An Atlas of Functions. Berlin: Springer-Verlag 1987.

[30] Szegö G.: Orthonormal Polynomials, 4th ed., New York: Amer. Math. Soc. Coll. 1975.

第 1 章 分 析 学

1.1 初等分析

[31] Aigner, M., Ziegler, G.: Proofs from the Book, 2nd ed. Berlin: Springer-Verlag 2001 (a collection of elegant proofs for gems of mathematics).

[32] Conway, J., Guy, R.: The Book of Numbers. New York: Copernicus 1996.

[33] Courant, R., Robbin, H.: What is Mathematics? Oxford: Oxford University Press 1941 (a classic).

[34] Ebbinghaus, H. et al. (eds.): Numbers, 3rd ed. New York: Springer-Verlag (transl. from German).

[35] Hardy, G., Littlewood, J., Pólya, G.: Inequalities. Cambridge, UK: Cambridge University Press 1978.

[36] Koshy, T.: Fibonacci and Lukas Numbers with Applications. New York: Wiley 2001.

1.2~1.7 极限, 微分与积分

[37] Amann, H., Escher, J.: Analysis, Vols. 1-3. Basel: Birkhäuser 1998-2001 (English translation in preparation).

[38] Birkhoff, G.: A Source Book in Classical Analysis. Cambridge, MA: Harvard University Press 1973.

[39] Chaichian, M., Denichev, A.: Path Integrals in Physics, Vols. 1,2. Bristol, UK: Institute of Physics 2001.

[40] Choquet-Bruhat, Y., DeWitt-Morette, C., and Dillard-Bleick, M.: Analysis, Manifolds, and Physics. Vol. 1: Basics; Vol 2: 92 Applications. Amsterdam: Elsevier 1996 (standard textbook).

[41] Courant, R., John, F.: Introduction to Calculus and Analysis, Vols. 1, 2, 2nd ed. New York: Springer-Verlag 1988 (a classic).

[42] Fikhtengol'ts, G.: The Fundamentals of Mathematical Analysis. Oxford: Pergamon Press 1965 (transl. from Russian), (a classic).

[43] Grosche, C., Steiner, F.: Handbook of Feynman Path Integrals. New York: Springer-Verlag 1998.

[44] Jost, J.: Postmodern Analysis. Berlin: Springer-Verlag 1998.

[45] Hairer, E., Wanner, G.: Analysis by its History. New York: Springer-Verlag 1996.

[46] Hardy, G.: A Course of Pure Mathematics. Cambridge: Cambridge University Press 1992 (a classic).

[47] Harvard Calculus. New York: Wiley 1994.

[48] Lang, S.: Analysis I, II. Reading, MA: Addison Wesley 1969.

[49] Lang, S.: Real and Functional Analysis. New York: Springer-Verlag 1993.

[50] Lang, S.: Undergraduate Analysis, 2nd ed. New York: Springer-Verlag 1997.

[51] Lax, P., Burstein, S., and Lax, A.: Calculus with Applications and Computing. New York: Springer-Verlag 1976.

[52] Lieb, E., Loss, M.: Analysis. Providence, RI: American Mathematical Society 1997.

[53] Loeb, P., Wolff, M.: Nonstandard Analysis for the Working Mathematician. Boston: Kluwer Academic Publishers 2000.

[54] Marsden, J., Tromba, A., and Weinstein, A.: Basic Multivariable Calculus. New York: Springer-Verlag 1993.

[55] Marsden, J., Weinstein, A.: Calculus I, II, 2nd ed. New York: Springer-Verlag 1985.

[56] Maurin, K.: Analysis I, II. Boston, MA: Reidel 1976-80.

[57] Priestley, H.: Introduction to Integration. Oxford: Clarendon Press 1997.

[58] Prudnikov, A., Brychkov, J., and Marichev, O.: Integrals and Series, Vols. 1-5. New York: Gordon and Breach 1986-1992 (transl. from Russian).

[59] Royden, H.: Real Analysis. New York: McMillan 1989.

[60] Rudin, W.: Real and Complex Analysis, 3rd ed. New York: McGraw-Hill 1987.

[61] Steward, J.: Calculus, 3rd ed. Pacific Grove, CA: Brooks 2001.

[62] Whittaker, E., Watson, G.: A Course of Modern Analysis. Cambridge, UK: Cambridge University Press 1965.

1.8~1.9 向量演算, 微分形式与物理领域

[63] Abraham, R., Marsden, J., and Ratiu, T.: Manifolds, Tensor Analysis, and Applications. New York: Springer-Verlag 1989.

[64] Agricola, I., Friedrich, T.: Global Analysis: Differential Forms in Analysis, Geometry, and Physics. Providence, RI: Amer. Math. Soc. 2002 (transl. from German).

[65] Guillemin, V., Pollack, A.: Differential Topology. Englewood Cliffs, NJ: Prentice-Hall 1974.

[66] Marsden, J., Tromba, A.: Vector Calculus. New York: Freeman 1996.

[67] Morse, P., Feshbach, H.: Methods of Theoretical Physics, Vols. 1, 2. New York: McGraw-Hill 1953 (a classic).

[68] Stein, E., Shakarchi, R.: Princeton Lectures in Analysis, Vol. 1: Fourier Analysis. Princeton, NJ: Princeton University Press 2003.

[69] von Westenholz, C.: Differential Forms in Mathematical Physics Amsterdam: North-Holland 1981.

1.10 无穷级数

[70] Edwards, R.: Fourier Series. A Modern Introduction, Vols. 1, 2, 2nd ed. New York: Springer-Verlag 1979-1982.

[71] Erdélyi, A.: Asymptotic Expansions. Dover: New York 1965.

[72] Hardy, G.: Divergent Series. Oxford: Clarendon Press 1949.

[73] Hardy, G., Rogosinsky, W.: Fourier Series. New York: Cambridge University Press 1950.

[74] Jeffrey, A., Ryzhik, I.: Table of Integrals, Series and Products, 6th ed. San Diego, CA: Academic Press 2000.

[75] Knopp, K.: Theory and Applications of Infinite Series: New York, Dover: 1989 (transl. from German).

[76] Prudnikov, A., Brychkov, J., and Marichev, O.: Integrals and Series, Vols. 1-5. New York: Gordon and Breach 1986-1992 (transl. from Russian).

1.11 积分变换

[77] Bracewell, R.: The Fourier Transform and its Applications, 4th ed. Boston, MA: McGraw-Hill 2000.

[78] Davies, B.: Integral Transforms and their Applications, 3rd ed. New York: Springer-Verlag 2002.

[79] Doetsch, G.: Theorie und Anwendungen der Laplace-Transformation, Vols. 1-3. Berlin: Springer-Verlag 1956 (the classic handbook).

[80] Mikusinski, J.: Operational Calculus. Oxford: Pergamon Press 1959 (transl. from Polish).

[81] Sneddon, I.: The Use of Integral Transforms. New York: McGraw-Hill 1972.

[82] Stein, E., Weiss, G.: Fourier Analysis on Euclidean Spaces. Princeton, NJ: Princeton University Press 1971.

[83] Titchmarsh, E.: Introduction to the Theory of Fourier Integrals. New York: Chelsea 1962.

[84] Widder, D.: The Laplace Transform. Princeton, NJ: Princeton University Press 1944.

1.12 常微分方程

[85] Abraham, R., Marsden, J.: Foundations of Mechanics, 2nd ed. Reading, MA: Addison Wesley 1985.

[86] Amann, H.: Ordinary Differential Equations: An Introduction to Nonlinear Analysis. Berlin: De Gruyter 1990 (transl. from German).

[87] Arnol'd, V.: Ordinary Differential Equations, 3rd ed. Berlin, New York: Springer-Verlag 1992.

[88] Arnol'd, V. (ed.): Dynamical Systems, Vols. 1-8. Encyclopaedia of the Mathematical Sciences. New York: Springer-Verlag 1988—1993 (transl. from Russian).

[89] Arnol'd, V.: Geometrical Methods in the Theory of Ordinary Differential Equations. New York: Springer-Verlag 1983 (transl. from Russian).

[90] Arnol'd, V.: Mathematical Methods of Classical Mechanics. Berlin: Springer-Verlag 1978 (transl. from Russian).

[91] Bhatia, N., Szegö, G.: Stability Theory of Dynamical Systems. Berlin: Springer-Verlag 2002.

[92] Boccaletti, D., Pucacco, G.: Theory of Orbits. Vol. 1: Integrable Systems and Non-Perturbative Methods; Vol. 2: Perturbative and Geometrical Methods. Berlin: Springer-Verlag 1996-1998.

[93] Chow, S., Hale, J.: Methods of Bifurcation Theory. New York: Springer-Verlag 1982.

[94] Coddington, E. Levinson, N.: Theory of Ordinary Differential Equations. New York: McGraw Hill 1955 (a classic).

[95] Goldstein, H., Poole, C., Safko, J.: Classical Mechanics, 3rd ed. San Francisco: Addison-Wesley 2001 (a classic).

[96] Gray, J.: Linear Differential Equations and Group Theory: From Riemann to Poincaré. Boston: Birkhäuser 2000.

[97] Hale, J., Koçak, H.: Dynamics and Bifurcations. New York: Springer-Verlag 1991.

[98] Hale, J., Verduyn, L.: Introduction to Functional Differential Equations. New York: Springer-Verlag 1993.

[99] Hartman, P.: Ordinary Differential Equations, 2nd ed. Basel: Birkhäuser 1982 (a classic).

[100] Hirsch, M., Smale, S.: Differential Equations, Dynamical Systems, and Linear Algebra. New York: Academic Press 1974.

[101] Ibragimov, N.: CRC Handbook of Lie Group Analysis of Differential Equations. Roca Baton, FL: CRC Press 1993.

[102] Katok, A., Hasselblatt, B.: Introduction to the Modern Theory of Dynamical Systems. Cambridge, UK: Cambridge University Press 1995.

[103] Lichtenberg, A., Lieberman, M.: Regular and Chaotic Dynamics. New York: Springer-Verlag 1992.

[104] Moser, J.: Lectures on Hamiltonian Systems. Providence, RI: Amer. Math. Soc. 1968.

[105] Moser, J.: Stable and Random Motion in Dynamical Systems. Princeton, NJ: Princeton University Press 1973.

[106] Murray, J.: Mathematical Biology. Berlin: Springer-Verlag 1989.

[107] Nayfeh, A., Balachandran, B.: Applied Nonlinear Dynamics; Analytical, Computational and Experimental Methods. New York: Wiley 1995.

[108] Nayfeh, A.: Perturbation Methods. New York: Wiley 1973.

[109] Nayfeh, A., Mook, D.: Nonlinear Oscillations. New York: Wiley 1979.

[110] Olver, P.: Applications of Lie Groups to Differential Equations. New York: Springer-Verlag 1993.

[111] Papastavridis, J.: Analytical Mechanics: a Comprehensive Treatise on the Dynamics of Constrained Systems for Engineers, Physicists and Mathematicians. Oxford-New York: Oxford University Press 2002.

[112] Peitgen, H., Richter, P.: The Beauty of Fractals. Berlin: Springer-Verlag 1986.

[113] Polianin, A., Zaitsev, V.: Handbook of Exact Solutions for Ordinary Differential Equations. Boca Raton, FL: CRC Press 1995.

[114] Scheck, F.: Mechanics from Newton's Laws to Deterministic Chaos, 4th ed. Berlin: Springer-Verlag 2000.

[115] Siegel, C., Moser, J.: Lectures on Celestial Mechanics. Berlin: Springer-Verlag 1971 (a classic).

[116] Titchmarsh, E.: Eigenfunction Expansions Associated with Second-Order Differential Equations, Vols. 1,2. Oxford: Clarendon Press.

[117] Walter, W.: Ordinary Differential Equations. New York: Springer-Verlag 1998 (transl. from German), (recommended as an introduction).

[118] Wasow, W.: Asymptotic Expansions for Ordinary Differential Equations. New York: Interscience 1965.

[119] Zwillinger, D.: Handbook of Differential Equations. New York: Academic Press 1992.

1.13 偏微分方程

[120] Antman, S.: Nonlinear Problems of Elasticity. New York: Springer-Verlag 1995.

[121] Arnol'd, V. (Editor): Dynamical Systems, Volumes 1-8, in the *Encycolpaedia of the Mathematical Sciences*, translated from the Russian, New York: Springer-Verlag 1998-1993 (applications to celestial mechanics can be found in Volume 3).

[122] Arnol'd, V.: Mathematical Methods of Classical Mechanics. New York, Heidelberg, Berlin: Springer-Verlag 1978.

[123] Arseniev, A.: The Mathematical Theory of Kinetic Equations. Singapore: World Scientific 1999.

[124] Auber, G., Kornprobst, P.: Mathematical Problems in Image Processing. New York: Springer-Verlag 2002.

[125] Barton, G.: Elements of Green's Functions and Propagation: Potentials, Diffusion and Waves. Oxford: Clarendon Press 1989.

[126] Baym, G.: Lectures on Quantum Mechanics. Menlo Park, CA: Benjamin 1969.

[127] Berezin, F., Shubin, M.: The Schrödinger Equation. Dordrecht: Kluwer 1991 (transl. from Russian).

[128] Brokate, M., Sprekels, J.: Hysteresis and Phase Transitions. New York: Springer-Verlag 1996.

[129] Bryant, R., et al.: Exterior Differential Systems, New York: Springer-Verlag 1991.

[130] Cercigniani, C.: Theory and Applications of the Boltzmann Equation. Edinburgh: Scottish Academic Press 1975.

[131] Colton, D., Dress, R.: Inverse Acoustic and Electromagnetic Scattering Theory, 2nd ed. New York: Springer-Verlag 1997.

[132] Courant, R., Hilbert, D.: Methods of Mathematical Physics, Vols. 1, 2. New York: Wiley 1989 (transl. from German), (the classic textbook on partial differential equations).

[133] Courant, R.: Dirichlet's Principle, Conformal Mapping, and Minimal Surfaces. New York: Interscience 1950.

[134] Dautray, R., Lions, J.: Mathematical Analysis and Numerical Methods for Science and Technology, Vols 1-6. New York: Springer-Verlag 1988 (transl. from French), (comprehensive presentation of modern methods).

[135] Dierkes, U., Hildebrandt, S., Küster, A., and Wohlrab, O.: Minimal Surfaces, Vols. 1, 2. Berlin: Springer-Verlag 1992.

[136] Dirac, P.: The Principles of Quantum Mechanics, 4th ed. Oxford: Clarendon Press 1981 (the classical textbook on quantum mechanics).

[137] Dirac, P.: General Theory of Relativity. Princeton, NJ: Princeton University Press 1996.

[138] Dolzmann, G.: Variational Methods for Crystalline Microstructure - Analysis and Computation. New York: Springer-Verlag 2003.

[139] Egorov, Yu., Shubin, M.: Partial Differential Equations, Vols. 1-4, Encyclopaedia of Mathematical Sciences, New York: Springer-Verlag 1991 (transl. from Russian).

[140] Engquist, B., Schmid, W. (eds.): Mathematics Unlimited - 2001 and Beyond. New York: Springer-Verlag 2001 (collection of 80 survey articles).

[141] Evans, C.: Partial Differential Equations, Providence, RI: Amer. Math. Soc. 1998 (standard textbook on the modern theory of partial differential equations).

[142] Feynman, R., Leighton, R., and Sands, M.: The Feynman Lectures in Physics. Reading, MA: Addison-Wesley 1963 (a classic).

[143] Finn, R.: Equilibrium Capillary Surfaces. Berlin: Springer-Verlag 1985.

[144] Friedman, A.: Mathematics in Industrial Problems, Vols. 1-6. New York: Springer-Verlag 1988-1995.

[145] Friedman, A.: Variational Principles and Free-Boundary Value Problems. New York: Wiley 1983.

[146] Galdi, G.: An Introduction to the Mathematical Theory of the Navier-Stokes Equations, Vols. 1, 2. New York: Springer-Verlag 1994.

[147] Gelfand, I., Shilov, E.: Generalized Functions, Vols. 1-5. New York: Academic Press 1964.

[148] Giaquinta, M., Hildebrandt, S.: Calculus of Variations, Vols. 1, 2. Berlin: Springer-Verlag 1995.

[149] Gilbarg, D., Trudinger, N.: Elliptic Partial Differential Equations of Second Order, 2nd ed. New York: Springer-Verlag 1994.

[150] Gilkey, P.: Invariance Theory, the Heat Equation, and the Atiyah-Singer Index Theorem, 2nd ed. Boca Raton, FL: CRC Press 1995.

[151] Greiner, W. et al.: Course of Modern Theoretical Physics, Vols. 1-13. New York: Springer-Verlag 1996 (including many exercises with solutions) (transl. from German).

[152] Guillemin, V., Sternberg, S.: Geometric Asymptotics. Providence, RI: Amer. Math. Soc. 1989.

[153] Guillemin, V., Sternberg, S.: Symplectic Techniques in Physics. Cambridge, UK: Cambridge University Press 1990.

[154] Henry, D.: Geometric Theory of Semilinear Parabolic Equations. New York: Springer-Verlag 1981 (a classic).

[155] Hislop, P., Sigal, I.: Introduction to Spectral Theory With Applications to Schrödinger Operators, New York: Springer-Verlag 1996.

[156] Hofer, H., Zehnder, E.: Symplectic Invariants and Hamitonian Dynamics, Basel: Birkhäuser 1994.

[157] Hörmander, L.: The Analysis of Linear Partial Differential Equations, Vols. 1-4. New York: Springer-Verlag 1983 (standard textbook).

[158] Isakov, V.: Inverse Problems for Partial Differential Equations. New York: Springer-Verlag 1998.

[159] John, F.: Partial Differential Equations, 4th ed. New York: Springer-Verlag 1982.

[160] Jost, J., Li-Jost, X.: Calculus of Variations. Cambridge, UK: Cambridge University Press 1998.

[161] Jost, J.: Riemannian Geometry and Geometric Analysis, 3rd ed. Berlin: Springer-Verlag 2001.

[162] Jost, J.: Partial Defferential Equations. Berlin: Springer-Verlag 2002.

[163] Kichenassamy, S.: Nonlinear Waves. London: Pitman 1993.

[164] Lahiri, A., Pal, B.: A First Book of Quantum Field Theory. Pangbourne, India: Alpha Science International 2001.

[165] Landau, L., Lifshitz, E.: Course of Theoretical Physics, Vols. 1-10 (standard text in theoretical physics), 2nd English ed. Oxford: Butterworth-Heinemann 1987 (transl. from Russian).

[166] Lax, P., Phillips, R.: Scattering Theory. New York: Academic Press 1989.

[167] Leis, R.: Initial Boundary Value Problems in Mathematical Physics. Stuttgart: Teubner-Verlag 1986.

[168] López, G.: Partial Differential Equations of First Order and Applications in Physics. Singapore: World Scientific 1999.

[169] Marchioro, C., Pulvirenti, M.: Mathematical Theory of Incompressible Nonviscous Fluids. New York: Springer-Verlag 1994.

[170] Markowich, P.: Semiconductor Equations. Berlin: Springer-Verlag 1990.

[171] Marsden, J., Hughes, T.: Mathematical Foundations of Mechanics. Englewood Cliffs, NJ: Prentice Hall 1983.

[172] Martin, P., Rothen, F.: Many-Body Problems and Quantum Field Theory. Berlin: Springer-Verlag 2002.

[173] Milton, G.: Composite Materials. New York: Cambridge University Press 2001.

[174] Misner, C., Thorne, K., and Wheeler, A.: Gravitation. San Francisco, CA: Freeman 1973 (a classic).

[175] Müller, S.: Variational Models for Microstructure and Phase Transitions. Leipzig: Max-Planck Institute for Mathematics in the Sciences, www.mis.mpg.de/preprints/ln. Lecture Note Nr. 2 1998.

[176] Natterer, F.: The Mathematics of Computerized Tomography. Philadelphia: SIAM 2001.

[177] Øksendal, B.: Stochastic Differential Equations, 5th ed. New York: Springer-Verlag 1998.

[178] Peskin, M., Schröder, D.: An Introduction to Quantum Field Theory. Reading, MA: Addison-Wesley 1995.

[179] Pike, E., Sarkar, A.: The Quantum Theory of Radiation. Oxford: Clarendon Press 1995.

[180] Reed, M., Simon, B.: Methods of Modern Mathematical Physics, Vols. 1-4. New York: Academic Press 1972 (standard textbook).

[181] Renardy, M., Rogers, R.: Introduction to Partial Differential Equations. New York: Springer-Verlag 1993.

[182] Riemann, B.: Gesammelte mathematische Werke, wissenschaftlicher Nachlass und Nachträge, edited by R. Narisimhan, New York, Leipzig: Springer-Verlag and Teubner-Verlag 1990.

[183] Risken, H.: The Fokker–Planck Equation: Methods of Solutions and Applications, 2nd ed. New York: Springer-Verlag 1996.

[184] Roy, B.: Fundamentals of Classical and Statistical Thermodynamics. New York: Wiley 2002.

[185] Sachdev, P.: A Compendium on Nonlinear Partial Differential Equations. New York: Wiley 1997.

[186] Schiff. L.: Quantum Mechanics. New York: McGraw-Hill 1968 (a classic).

[187] Smoller, J.: Shock Waves and Reaction–Diffusion Equations. New York: Springer-Verlag 1983 (a classics).

[188] Sommerfeld, A.: Lectures on Theoretical Physics, Vols. 1-6, New York: Academic Press 1949 (transl. from German), (the classical textbook on theoretical physics).

[189] Stephani, H. et al.: Exact Solutions of Einstein's Field Equations, 2nd ed. Cambridge, UK: Cambridge University Press 2003 (transl. from German).

[190] Strauss, W.: Partial Differential Equations. New York: Wiley 1992.

[191] Stroke, H. (ed.): The Physical Review: The First Hundred Years - A Selection of Seminal Papers and Commentaries. New York: American Institute of Physics 1995.

[192] Struwe, M.: Variational Methods, 2nd ed. New York: Springer-Verlag 1996.

[193] Sulem, C., Sulem, P.: Nonlinear Schrödinger Equations: Self-Focusing and Wave Collapse. New York: Springer-Verlag 1999.

[194] Temam, R.: Infinite-Dimensional Dynamical Systems in Mechanics and Physics, 2nd ed. New York: Springer-Verlag 1997.

[195] Taylor, M.: Partial Differential Equations, Vols. 1-3. New York: Springer-Verlag 1996.

[196] Thaller, B.: The Dirac Equation. New York: Springer-Verlag 1992.

[197] Thirring, W.: A Course in Mathematical Physics, Vols 1-4. New York: Springer-Verlag 1981 (transl. from German).

[198] Thirring, W.: Classical Mathematical Physics: Dynamical Systems and Fields, New York: Springer-Verlag 1997.

[199] Thirring, W.: Quantum Mathematical Physics: Atoms, Molecules and Large Systems, New York: Springer-Verlag 2002.

[200] Toda, M.: Nonlinear Waves and Solitons. Dordrecht: Kluwer 1989.

[201] Triebel, H.: Higher Analysis. Leipzig: Barth 1992 (transl. from German).

[202] Triebel, H.: Analysis and Mathematical Physics. Dordrecht: Kluwer 1987 (transl. from German).

[203] Vishik, M., Babin, A.: Attractors of Evolution Equations. Amsterdam; New York: North-Holland 1992.

[204] Vishik, M., Fursikov, A.: Mathematical Problems of Statistical Hydromechanics. Boston: Kluwer 1988.

[205] Visintin, A.: Differential Models of Hysteresis. Berlin: New York: Springer-Verlag 1994.

[206] Visintin, A.: Models of Phase Transitions. Boston: Birkhäuser 1996.

[207] Vladimirov, V.: Equations of Mathematical Physics. New York: M. Dekker 1971 (transl. from Russian).

[208] Weinberg, S.: Gravitation and Cosmology: Principles and Applications of the General Theory of Relativity. New York: Wiley 1972.

[209] Weinberg, S.: Quantum Field Theory, Vols. 1-3. Cambridge, UK: Cambridge University Press 1995.

[210] Weyl, H.: Raum, Zeit, Materie. Berlin: Springer-Verlag 1918 (English translation: Space, Time, Matter, 4th ed. New York: Dover 1950).

[211] Yang, Y.: Solitons in Field Theory and Nonlinear Analysis. New York: Springer-Verlag 2001.

[212] Zeidler, E. (ed.): Teubner-Taschenbuch der Mathematik, Vol. 2. Leipzig-Stuttgart: Teubner-Verlag 1995 (English edition in preparation).

[213] Zeidler, E.: Nonlinear Functional Analysis and its Applications. Vol. I: Fixed-Point Theory (3rd ed. 1998), Vol. IIA: Linear Monotone Operators (2nd ed. 1997), Vol. IIB: Nonlinear Monotone Operators, Vol. III: Variational Methods and Optimization, Vol. IV: Applications to Mathematical Physics (2nd ed. 1995), New York: Springer-Verlag 1986 ff.

[214] Zeidler, E.: Applied Functional Analysis: Applications to Mathematical Physics, 2nd ed. New York: Springer-Verlag 1997.

[215] Zeidler, E.: Applied Functional Analysis: Main Principles and their Applications. New York: Springer-Verlag 1995.

1.14 复变函数论

[216] Apostol, T.: Modular Functions and Dirichlet Series in Number Theory, 2nd ed. New York: Springer-Verlag 1990.

[217] Barrow-Green, J.: “Poincaré and the Three Body Problem”, History of Mathematics, Volume 11, AMS and LMS, Providence RI, 1997.

[218] Farkas, M. and Kra, I: Riemann Surfaces, 2nd ed. New York : Springer-Verlag 1992.

[219] Ford, L.: Automorphic Functions. New York: McGraw-Hill 1931 (a classic).

[220] Forster, O.: Lectures on Riemann Surfaces. Berlin: Springer-Verlag 1981 (transl. from German).

[221] Hörmander, L.: An Introduction to Complex Analysis in Several Variables, Van Nostrand 1966.

[222] Hurwitz, A., Courant, R.: Vorlesungen über allgemeine Funktionentheorie und elliptische Funktionen. 4. Aufl. Berlin. Springer-Verlag 1964 (a classic).

[223] Iwasaki, K., et al.: From Gauss to Painlevé. A Modern Theory of Special Functions. Wiesbaden: Vieweg 1991.

[224] Jost, J.: Compact Riemann Surfaces: An Introduction to Contemporary Mathematics. Berlin: Springer-Verlag 1997.

[225] Lang, S.: Complex Analysis, 4th ed. New York: Springer-Verlag 1999.

[226] Lang. S.: Elliptic Functions. New York: Addison-Wesley 1973.

[227] Lang, S.: Introduction to Algebraic and Abelian Functions, 2nd ed. Berlin: Springer-Verlag 1995.

[228] Lang, S.: Introduction to Modular Forms, 2nd ed. Berlin: Springer-Verlag 1995.

[229] Magnus, W.: Formulas and Theorems for the Special Functions of Mathematical Physics. Berlin: Springer-Verlag 1966.

[230] Maurin, K.: Riemann's Legacy: Riemann's Ideas in Mathematics and Physics of the 20th Century. Dordrecht: Kluwer 1997.

[231] Milnor, J.: Dynamics in One Complex Variable: Introductory Lectures, 2nd ed. Wiesbaden: Vieweg 2000.

[232] Patterson, S.: An Introduction to the Theory of the Riemann Zeta Function. Cambridge, UK: Cambridge University Press 1995.

[233] Remmert, R.: Theory of Complex Functions, Vols. 1, 2. New York: Springer-Verlag 1991 (recommended as an introduction).

[234] Vladimirov, V.: Methods of the Theory of Many Complex Variables. Cambridge, MA: MIT Press 1966 (transl. from Russian).

[235] Wells, R.: Differential Analysis on Complex Manifolds. New York: Springer-Verlag 1980.

[236] Weyl, H.: Die Idee der Riemannschen Fläche (The Notion of Riemann Surface), Leipzig: Teubner-Verlag 1913. Reprinted Leipzig: Teubner-Verlag 1999.

第 2 章 代 数 学

[237] Birkhoff, G., Bartee, T.: Modern Applied Algebra. New York: McGraw-Hill 1970.

[238] Cameron, P.: Introduction to Algebra. Oxford: Oxford University Press 1998.

[239] Eisenbud, D.: Commutative Algebra with a View Toward Algebraic Geometry. Berlin: Springer-Verlag 1994.

[240] Isham, C.: Lectures on Groups and Vector Spaces for Physicists. Singapore: World Scientific 1989.

[241] Kostrikin, A., Shafarevich, I. (eds.): Algebra, Vols. 1,2. Encyclopaedia of Mathematical Sciences. New York: Springer-Verlag 1990, 1991 (transl. from Russian).

[242] Lang, S.: Algebra, 3rd ed. Reading, MA: Addison-Wesley 1993.

[243] Spindler, K.: Abstract Algebra with Applications, Vols. 1,2. New York: Marcel Dekker 1994.

[244] Stillwell, J.: Elements of Algebra, Geometry, Numbers, Equations. Berlin: Springer-Verlag 1994.

[245] Springer, T.: Linear Algebraic Groups, Boston: Birkhäuser 1981.

[246] Tits, J.: Tabellen zu den einfachen Liegruppen und ihren Darstellungen. Berlin: Springer-Verlag 1967.

[247] Vinberg, E.: A Course in Algebra. Providence, RI: Amer. Math. Soc. 2003 (transl. from Russian).

[248] Waerden, B., van der: Modern Algebra, Vols. 1,2. New York: Frederyck Ungar 1975 (transl. from German).

[249] Waerden, B., van der: Group Theory and Quantum Mechanics. New York: Springer-Verlag 1974 (transl. from German).

2.2 矩阵

[250] Baker, A.: Matrix Groups: An Introduction to Lie Group Theory. New York: Springer-Verlag 2002.

[251] Bellman, R.: Introduction to Matrix Analysis, 2nd ed. Philadelphia: SIAM 1997.

[252] Curtis, M.: Matrix Groups. New York: Springer-Verlag 1987.

2.3 线性代数

[253] Greub, W.: Linear Algebra, 4th ed. New York: Springer-Verlag 1975.

[254] Halmos, P.: Finite-Dimensional Vector Spaces. New York: Springer-Verlag 1974.

[255] Kostrikin, A., Manin, Y.: Linear Algebra and Geometry. New York: Gordon and Breach 1989 (transl. from Russian).

[256] Spindler, K.: Abstract Algebra with Applications, Volume I. New York, Basel, Hong Kong: Marcel Dekker 1994.

2.4 多线性代数

[257] Frappat, L., Sciarinno, A., Sorba, P.: Dictionary of Lie Algebras and Super Lie Algebras. New York: Academic Press 2000.

[258] Fuchs, J.: Affine Lie Algebras and Quantum Groups: An Introduction with Applications in Conformal Field Theory. Cambridge, UK: Cambridge University Press 1992.

[259] Fuchs, J., Schweigert, C.: Symmetries, Lie Algebras, and Representations: A Graduate Course for Physicists. Cambridge, UK: Cambridge University Press 1997.

[260] Greub, W.: Multilinear Algebra, 2nd ed. New York: Springer-Verlag 1978.

2.7 数论

[261] Apostol, T.: Introduction to Analytic Number Theory, 3rd ed. New York: Springer-Verlag 1986.

[262] Apostol, T.: Modular Functions and Dirichlet Series in Number Theory, 2nd ed. New York: Springer-Verlag 1986.

[263] Berndt, B. (ed.): Ramanunjan's Notebook, Parts I-IV. New York: Springer-Verlag 1985-1994.

[264] Borel, A.: Linear Algebraic Groups, 2nd ed. New York: Springer-Verlag 1991.

[265] Borevich, Z., Shafarevich, I.: Number Theory. New York: Academic Press 1966 (transl. from Russian).

[266] Borwein, J., Borwein, P.: Ramanunjan, Modular Equations, and Approximations to p, or How to Compute One Billion Digits of p. *The American Monthly* **96**, 201-219 (1989).

[267] Cohen, H.: A Course in Computational Algebraic Number Theory. Berlin: Springer-Verlag 1993.

[268] Dunlap, R.: The Golden Ratio and Fibonacci Numbers. Singapore: World Scientific 1997.

[269] Ebbinghaus, H. et al. (eds.): Numbers, 3rd ed. New York: Springer-Verlag (transl. from German).

[270] Hardy, G., Wright, E.: An Introduction to the Theory of Numbers, 5th ed. New York: Oxford University Press 1996.

[271] Hellegouarch, Y.: Invitation to the Mathematics of Fermat-Wiles. New York: Academic Press 2002 (transl. from French).

[272] Hua, L., Wang, Y.: Applications of Number theory to Numerical Analysis. New York: Springer-Verlag 1981.

[273] Hua, L.: Introduction to Number Theory. Berlin: Springer-Verlag 1982 (transl. from the Chinese).

[274] Ireland, K., Rosen, M.: A Classical Introduction to Modern Number Theory, 2nd ed. New York: Springer-Verlag 1990.

[275] John, P.: Algebraic Numbers and Algebraic Functions. London: Chapman & Hall 1991.

[276] Kaku, M.: Strings, Conformal Fields, and Topology. New York: Springer-Verlag 1991.

[277] Koblitz, N.: p-adic Numbers, p-adic Analysis, and Zeta functions, 2nd ed. New York: Springer-Verlag1984.

[278] Koblitz, N.: A Course in Number Theory and Cryptography. New York: Springer-Verlag 1994.

[279] Lang, S.: Algebraic Number Theory. New York: Springer-Verlag 1986.

[280] Lang, S.: An Introduction to Diophantine Approximations. Berlin: Springer-Verlag 1995.

[281] Lang, S.: Introduction to Modular Forms. Berlin: Springer-Verlag 1995.

[282] Neukirch, J.: Class Field Theory, Berlin, Heidelberg, New York: Springer-Verlag 1986.

[283] Parshin, A., Shafarevich, I. (eds.): Number Theory, Vols. 1,2. Berlin: Springer-Verlag 1995 (transl. from Russian).

[284] Ribenboim, P.: The New Book of Prime Number Records, 3rd ed. New York: Springer-Verlag 1995.

[285] Scharlau, W., Opolka, H.: Von Fermat bis Minkowski. Berlin: Springer-Verlag 1980.

[286] Schroeder, M.: Number Theory in Science and Communication. With Applications in Cryptography, Physics, Biology, Digital Information, and Computing. Berlin: Springer-Verlag1986.

[287] Serre, J.-P.: Local Fields. New York, Heidelberg, Berlin: Springer-Verlag 1979.

[288] Waldschmidt, M. et al. (eds.): From Number Theory to Physics. Berlin: Springer-Verlag 1992.

[289] Weil, A.: Basic Number Theory, 3rd ed. New York: Springer-Verlag 1994.

[290] Zagier, D.: Zetafunktionen und quadratische Körper. Eine Einführung in die höhere Zahlentheorie. Berlin: Springer-Verlag 1981.

第3章 几 何 学

[291] Berger, M.: Geometry, Vols. 1,2. Berlin: Springer-Verlag 1987.

[292] Chandrasekhar, S.: The Mathematical Theory of Black Holes. Oxford, UK: Clarendon Press 1983.

[293] Choquet-Bruhat, Y., DeWitt-Morette, C., Dillard-Bleick, M.: Analysis, Manifolds, and Physics, Vol. 1: Basics; Vol. 2: 92 Applications. Amsterdam: Elsevier 1996.

[294] Connes, A.: Noncommutative Geometry. New York: Academic Press (1994).

[295] Dubrovin, B., Fomenko, A., Novikov, S.: Modern Geometry, Vols. 1-3. New York: Springer-Verlag 1985-1995 (transl. from Russian).

[296] Gilbert, J., Murray, M.P: Clifford Algebras and Dirac Operators in Harmonic Analysis. Cambridge, England: Cambridge University Press 1991.

[297] Gilkey, P.: Invariance Theory, the Heat Equation, and the Atiyah-Singer Index Theorem, 2nd ed. Boca Raton, FL: CRC Press 1995.

[298] Gracia–Bondia, J., Vrilly, J., Figueroa, H.: Elements of Noncommutative Geometry. Boston: Birkhäuser 2000.

[299] Green, M., Schwarz, J., Witten, E.: Superstrings, Vols. 1,2. Cambridge, UK: Cambridge University Press 1987.

[300] Guillemin, V., Sternberg, S.: Symplectic Techniques in Physics. Cambridge, UK: Cambridge University Press 1990.

[301] Haag, R.: Local Quantum Physics. Fields, Particles, Algebras. Berlin: Springer-Verlag 1993.

[302] Hilbert, D.: Grundlagen der Geometrie, 13. Aufl., Stuttgart: Teubner-Verlag 1997 (The first edition of this classics was published in 1899).

[303] Hofer, H., Zehnder, E.: Symplectic Invariants and Hamiltonian Dynamics. Basel: Birkhäuser 1994.

[304] Isham, C.: Modern Differential Geometry for Physicists. Singapore: World Scientific 1993.

[305] Jost, J.: Compact Riemann Surfaces: an Introduction to Contemporary Mathematics. Berlin: Springer-Verlag 1997.

[306] Lüst, D., Theissen, S.: Lectures on String Theory. New York: Springer-Verlag 1989.

[307] Kirsten, K.: Spectral Functions in Mathematics and Physics. Boca Raton, FL: Chapman & Hall 2002.

[308] Madore, J.: An Introduction to Noncommutative Differential Geometry and its Applications. Cambridge, UK: Cambridge University Press 1995.

[309] Majid, M.: Foundations of Quantum Group Theory. Cambridge, UK: Cambridge University Press 1995.

[310] Marathe, K., Martucci, G.: The Mathematical Foundations of Gauge Theories, Amsterdam: North-Holland 1992.

[311] Misner, C., Thorne, K., Wheeler, A.: Gravitation. San Francisco, CA: Freeman 1973.

[312] Nakahara, M.: Geometry, Topology, and Physics. Bristol, UK: Adam Hilger 1990.

[313] Nikulin, V., Shafarevich, I.: Geometries and Groups. Berlin: Springer-Verlag 1987 (transl. from Russian).

[314] Sternberg, S.: Group Theory and Physics. Cambridge, UK: Cambridge University Press 1994.

[315] Weinberg, S.: Gravitation and Cosmology. New York: Wiley 1972.

[316] Wess, J., Bagger, J.: Supersymmetry and Supergravity, 2nd ed. Princeton, NJ: Princeton University Press 1991.

[317] Wigner, E.: Group Theory and its Applications to the Quantum Mechanics of Atomic Spectra. New York: Academic Press 1959.

[318] Woodhouse, N.: Geometric Quantization, 3rd ed. New York: Oxford University Press 1997.

3.2 初等几何

[319] Lang, S., Murrow, G.: A High School Course, 2nd ed. New York: Springer-Verlag 1991.

3.5 射影几何

[320] Coxeter, H.: Projective Geometry, 2nd ed. New York: Springer-Verlag 1987.

3.6 微分几何

[321] Berger, M., Gostiaux, B.: Differential Geometry. Berlin: Springer-Verlag 1988.

[322] Dubrovin, B., Fomenko, A., Novikov, S.: Modern Geometry, Vols. 1-3. New York: Springer-Verlag 1985-1995 (transl. from Russian).

[323] Guillemin, V., Pollack, A.: Differential Topology. Englewood Cliffs, New Jersey: Prentice Hall 1974.

[324] Isham, C.: Modern Differential Geometry for Physicists. Singapore: World Scientific 1993.

[325] Jost, J.: Differentialgeometrie und Minimalflächen. Berlin: Springer-Verlag 1994.

[326] Jost, J.: Riemannian Geometry and Geometric Analysis, 3rd ed. Berlin: Springer-Verlag 2002.

[327] Kobayashi, S., Nomizu, K.: Foundations of Differential Geometry, Vols, 1,2. New York: Wiley 1963, 1965.

[328] Stoker, J.: Differential Geometry. New York: Wiley 1989.

[329] Struik, D.: Lectures on Classical Differential Geometry, 2nd ed. New York: Dover 1988.

3.8 代数几何

[330] Brieskorn, E., Knörrer, H.: Ebene algebraische Kurven. Basel: Birkhäuser 1981.

[331] Eisenbud, D.: Commutative Algebra with a View Toward Algebraic Geometry. Berlin: Springer-Verlag 1994.

[332] Griffiths, P., Harris, J.: Principles of Algebraic Geometry. New York: Wiley 1978.

[333] Hartshorne, R.: Algebraic Geometry, 3rd ed. New York: Springer-Verlag 1983.

[334] Hirzebruch, F.: Topological Methods in Algebraic Geometry. New York: Springer-Verlag 1995.

[335] Lang, S.: Introduction to Algebraic Geometry. Reading, MA: Addison Wesley 1972.

[336] Lang, S.: Abelian Varieties. New York: Springer-Verlag 1983.

[337] Shafarevich, I.: Basic Algebraic Geometry, Vol. 1: Varieties in Projective Space. Vol. 2: Schemes and Complex Manifolds, 2nd ed. Berlin: Springer-Verlag 1994 (transl. from Russian).

[338] Waerden, B., van der: Einführung in die algebraische Geometrie, 2. Aufl., Berlin: Springer-Verlag 1973.

3.9 现代物理学中的几何学

[339] Abraham, R., Marsden, J.: Foundations of Mechanics. Reading, MA: Benjamin Company 1978.

[340] Aebischer, B. et al.: Symplectic Geometry. An Introduction. Basel: Birkhäuser 1994.

[341] Benn, I., Tucker, R.: An Introduction to Spinors and Geometry with Applications in Physics. Bristol, UK: Adam Hilger 1987.

[342] Bredon, G.: Topology and Geometry. New York: Springer-Verlag 1993.

[343] Dubrovin, B., Fomenko, A., Novikov, S.: Modern Geometry, Vols. 1-3. New York: Springer-Verlag 1985-1995 (transl. from Russian).

[344] Felsager, B.: Geometry, Particles, and Fields. New York: Springer-Verlag 1997.

[345] Frankel, T.: The Geometry of Physics. Cambridge, UK: Cambridge University Press 1999.

第 4 章 数学基础

[346] Ebbinghaus, H., Flum, J., Thomas, W.: Mathematical Logic, 2nd ed. New York: Springer-Verlag 1989.

[347] Halmos, P.: Naive Set Theory. New York: Springer-Verlag 1974.

[348] Hilbert, D., Bernays, P.: Grundlagen der Mathematik, Bd. 1,2. Berlin: Springer-Verlag 1934, 1939, 2. Aufl. 1968.

[349] Manin, Yu.: A Course in Mathematical Logic. New York: Springer-Verlag 1977 (transl. from Russian).

[350] Russell, B.: Introduction to Mathematical Philosophy. New York: Dover Publications 1993.

[351] Tarski, A.: Introduction to Logic and to the Methodology of the Deductive Sciences. New York: Oxford University Press 1994.

第 5 章 变分法与最优化

[352] Aubin, J.: Optima and Equilibria. New York: Springer-Verlag 1993.

[353] Bellman, A.: Dynamic Programming. Princeton, NJ: Princeton University Press 1957.

[354] Bronstein, I., Semendjajew, K.: Taschenbuch der Mathematik, 25th ed. Leipzig: Teubner Verlag 1991.

[355] Carathéodory, C.: Calculus of Variations and Differential Equations of First Order. New York: Chelsea 1982 (transl. from German).

[356] Dantzig, G.: Linear Programming and Extensions. Princeton, NJ: Princeton University Press 1963.

[357] Davis, D.: Foundations of Deterministic and Stochastic Control. Boston: Birkhäuser 2002.

[358] Dierkes, U., Hildebrandt, S., Küster, A., Wohlrab, O.: Minimal Surfaces, Vols. 1,2,. Berlin: Springer-Verlag 1992.

[359] Ekeland, I., Teman, R.: Convex Analysis and Variational Problems. Amsterdam: North-Holland 1976.

[360] Eschrig, H.: The Fundamentals of Density Functional Theory. Leipzig: Teubner-Verlag 1996.

[361] Finn, R.: Equilibrium Capillary Surfaces. New York: Springer-Verlag 1985.

[362] Friedman, A.: Variational Principles and Free Boundary Value Problems. New York: Wiley 1982.

[363] Funk, P.: Variationsrechnung und ihre Anwendung in Physik und Technik (in German), 2nd ed. Berlin: Springer-Verlag 1970.

[364] Gamkrelidze, R.,: Principles of Optimal Control Theory. New York: Plenum Press 1978 (transl. from Russian).

[365] Giaquinta, M., Hildebrandt, S.: Calculus of Variations, Vols. 1,2. Berlin: Springer-Verlag 1995.

[366] Grötschel, M., Lovsz, L., Schrijver, A.: Geometric Algorithms and Combinatorial Optimization, 2nd ed. New York: Springer-Verlag 1993.

[367] Hildebrandt, S., Tromba, A.: The Parsimonious Universe: Shape and Form in the Natural World. New York: Copernicus 1996.

[368] Hiriart-Urruty, J., Lemaréchal, C.: Convex Analysis and Minimization Algorithms, Vols. 1,2. New York: Springer-Verlag 1993.

[369] Jost, J., Li-Jost, X.: Calculus of Variations. Cambridge, UK: Cambridge University Press 1998.

[370] Lions, J.: Optmial Control of Systems Governed by Partial Differential Equations. Berlin: Springer-Verlag 1971 (transl. from French).

[371] Luenberger, D.: Optimization by Vector Space Methods. New York: Wiley 1969.

[372] Soper, D.: Classical Field Theory. New York: Wiley 1975.

[373] Struwe, M.: Variational Methods, 2nd ed. New York : Springer-Verlag 1996.

[374] Zabcyk, J.: Mathematical Control Theory. Basel: Birkhäuser 1992.

[375] Zeidler, E.: Nonlinear Functional Analysis and its Applications, Vol. 3: Variational Methods and Optimization. New York: Springer-Verlag 1984. See [213] for all volumes.

[376] Zeidler, E.: Nonlinear Functional Analysis and its Applications. Vol. 4: Applications to Mathematical Physics. New York: Springer-Verlag 1990. See [213] for all volumes.

[377] Zeidler, E.: Applied Functional Analysis. Applications to Mathematical Physics. Applied Mathematical Sciences, Vol. 108. New York: Springer-Verlag 1995.

[378] Zeidler, E.: Applied Functional Analysis. Main Principles and Their Applications. Applied Mathematical Sciences, Vol. 109. New York: Springer-Verlag 1995.

第 6 章 随机演算 —— 机会的数学

6.1 基本的随机性

[379] Gnedenko, B., Khinchin, A.: An Elementary Introduction to the Theory of Probability. New York: Dover 1962 (transl. from Russian).

[380] Rozanov, Y.: Introductory Probability Theory. Englewood Cliffs, NJ: Prentice-Hall 1969.

6.2 概率论

[381] Bass, R.: Probabilistic Techniques in Analysis. New York: Springer-Verlag 1995.

[382] Bauer, H.: Probability Theory. Berlin: De Gruyter 1996.

[383] Bouwmeester, D., Ekert, A., Zeilinger, A.: The Physics of Quantum Information: Quantum Cryptography, Quantum Teleportation, Quantum Computation. New York: Springer-Verlag 2000.

[384] Cardy, J.: Scaling and Renormalization in Statistical Physics, Cambridge, UK: Cambridge University Press 1997.

[385] Cercigniani, C.: Theory and Applications of the Boltzmann Equations. Edinburgh: Scottish Academic Press 1975.

[386] Chaichian, M., Demichev, A.: Path Integrals in Physics, Vol. 1: Stochastic Processes and Quantum Mechanics; Vol. 2: Quantum Field Theory, Statistical Physics, and other Modern Applications. Bristol, UK: Institute of Physics Publishing 2001.

[387] Emch, G.: Liu, C.: The Logic of Thermostatistical Physics. New York Springer-Verlag 2002.

[388] Feller, W.: An Introduction to Probability Theory and its Applications, Vols. 1,2. New York: Wiley 1966/71.

[389] Gnedenko, B.: The Theory of Probability. New York: Chelsea 1963.

[390] Gut, A.: An Intermediate Course in Probability. New York: Springer-Verlag 1995.

[391] Jacod, H., Protter, P.: Probability Essentials. Berlin: Springer-Verlag 2000 (transl. from French).

[392] Khinchin, A.: Mathematical Foundations of Statistical Mechanics. New York: Dover 1949 (transl. from Russian).

[393] Khinchin, A.: Mathematical Foundations of Quantum Statistics. Mineola, NY: Dover 1998 (transl. from Russian).

[394] Khinchin, A.: Mathematical Foundations of Information Theory. New York: Dover 1998 (transl. from Russian).

[395] Kolmogorov, A.: Foundation of the Theory of Probability. New York: Chelsea 1956 (transl. from Russian).

[396] Minlos, R.: Introduction to Mathematical Statistical Physics. Providence, RI: Amer. Math. Soc. 2000.

[397] Stoyan, D., Kendall, W. Mecke, J.: Stochastic Geometry and its Applications. New York: Wiley 1987.

6.3 数理统计

[398] Anderson, T.: An Introduction to Multivariate Statistical Analysis, 2nd ed. New York: Wiley 1984.

[399] Berger, J.: Statistical Decision Theory and Bayesian Analysis, 2nd ed. Berlin: Springer-Verlag 1985.

[400] Bickel, P., Doksum, K.: Mathematical Statistics. San Francisco, CA: Holden-Day 1977.

[401] Brockwell, P., Davis, R.: Time Series: Theory and Methods, 2nd ed. Berlin: Springer-Verlag 1991.

[402] Krickeberg, K., Ziesold, H.: Stochastische Methoden, 4th ed. Berlin: Springer-Verlag 1995.

[403] Pratt, J., Gibbons: Concepts of Nonparametric Theory. Berlin: Springer-Verlag 1981.

[404] Särnal, C., Swensson, B., Wretman: Model Assisted Survey Sampling. New York: Springer-Verlag 1992.

[405] Tuckey, J.: Exploratory Data Analysis. Reading, MA: Addison-Wesley 1977.

[406] Überla, K.: Faktoranalyse, 2nd ed. Berlin: Springer-Verlag 1977.

[407] Waerden, B., van der: Mathematical Statistics. Berlin: Springer-Verlag 1969 (transl. from German).

6.4 随机过程

[408] Asmussen, S.: Ruin Probabilities. Singapore: World Scientific.

[409] Chung, K., Zhao, Z.: From Brownian Motion to Schrödinger's Equation. Berlin: Springer-Verlag 1995.

[410] Doob, J.: Stochastic Processes. New York: Wiley 1953.

[411] Gerber, H.: Life Insurance Mathematics. Berlin: Springer-Verlag 1990.

[412] Karlin, S.: A First Course in Stochastic Processes, New York: Academic Press 1968.

[413] Karlin, S., Taylor, M.: A Second Course in Stochastic Processes. New York: Academic Press 1980.

[414] Kloeden, P., Platen, E., Schurz, H.: Numerical Solution of Stochastic Differential Equations through Computer Experiments. Berlin: Springer-Verlag 1994.

[415] Protter, P.: Stochastic Integration and Differential Equations, 2nd ed. New York: Springer-Verlag 1995.

[416] Resnick, S.: Adventures in Stochastic Processes, 2nd ed. Basel: Birkhäuser 1994.

[417] Rolski, T.: Schmidli, H., Schmidt, V., Teugels, J.: Stochastic Processes for Insurance and Finance. Chichester: Wiley 1999.

[418] Schuss, Z.: Theory and Applications of Stochastic Differential Equations. New York: Wiley 1980.

[419] Sharpe, M.: General Theory of Markov Processes. New York: Academic Press 1988.

[420] Todorovic, P.: An Introduction to Stochastic Processes and their Applications. Berlin: Springer-Verlag 1992.

[421] Williams, D.: Probability with Martingales. Cambridge, UK: Cambridge University Press 1991.

第 7 章 计算数学与科学计算

[422] Alefeld, G., Herzberger, J.: Introduction to Interval Computations. New York: Springer-Verlag 1983.

[423] Allgower, E., Georg, K.: Numerical Continuation Methods. New York: Springer-Verlag 1993.

[424] Atkinson, K.: An Introduction to Numerical Analysis, 2nd ed. New York: Wiley 1989.

[425] Axelsson, O., Kolotilina, L. (eds.): Preconditioned Conjugate Gradient Methods. Berlin: Springer-Verlag 1990.

[426] Ciarlet, P.: Handbook of Numerical Analysis, Vols. 1-9. Amsterdam: North Holland 1990 ff.

[427] Crandall, R.: Topics in Advanced Scientific Computation. Berlin: Springer-Verlag 1995.

[428] Deuflhard, P., Hohmann, A.: Numerical Analysis: A First Course in Scientific Computation. Berlin de Gruyter 1995 (transl. from German).

[429] Golub, G. Ortega, J.: Scientific Computing: An Introduction with Parallel Computing. Boston: Academic Press 1993.

[430] Kulisch, U., Miranker, W.: Computer Arithmetic in Theory and Practice. New York: Academic Press 1981.

[431] Press, W. et al.: Numerical Recipies. The Art of Scientific Computing. Cambridge, UK: Cambridge University Press 1989.

[432] Schwarz, H.: Numerische Mathematik, 3. Aufl., Stuttgart: Teubner-Verlag 1993.

[433] Stoer, J., Bulirsch, R.: Introduction to Numerical Analysis. New York: Springer-Verlag 1993 (transl. from German).

[434] Zeidler, E.: Nonlinear Functional Analysis and its Applications, Vol. 2A: Linear Monotone Operators, Vol. 2B: Nonlinear Monotone Operators, Vol. 3: Variational Methods and Optimization. New York: Springer-Verlag 1990 (numerical functional analysis).

7.6 常微分方程

[435] Deuflhard, P., Bornemann, F.: Numerical Mathematics II: Integration of Ordinary Differential Equations. New York: Springer-Verlag 1999 (transl. from German).

[436] Fehlberg, E.: Klassische Runge-Kutta-Formeln vierter und niedrigerer Ordnung mit Schrittweitenkontrolle und ihre Anwendung auf Wärmeleitungsprobleme. *Computing* **6**, 1970.

[437] Hairer, E., Nörsett, S., Wanner, G.: Solving Ordinary Differential Equations 1. Nonstiff Problems. Berlin: Springer-Verlag 1987.

[438] Hairer, E., Wanner, G.: Solving Ordinary Differential Equations 2. Stiff Problems. Berlin: Springer-Verlag 1991.

[439] Lambert, J.: Numerical Methods for Ordinary Differential Systems. The Initial-Value Problem. New York: Wiley 1991.

7.7 偏微分方程与科学计算

[440] Ciarlet, P., Lions, J.: Handbook of Numerical Analysis, Vol. 2. Finite Element Methods. Amsterdam: North-Holland 1991.

[441] Dautray, R., Lions, J.: Mathematical Analysis and Numerical Methods for Science and Technology, Vols. 1-6. New York: Springer-Verlag 1988-1992.

[442] Hackbusch, W.: Elliptic Differential Equations: Theory and Numerical Treatment. Berlin; New York: Springer-Verlag 1992.

[443] Hackbusch, W.: Integral Equations. Theory and Numerical Treatment. Basel: Birkhäuser 1995.

[444] Hackbusch, W.: Iterative Solution of Large Sparse Systems of Equations. New York: Springer-Verlag 1994.

[445] Hackbusch, W.: Multi-Grid Methods and Applications. Berlin: Springer-Verlag 1985.

[446] Knabner, P., Angermann, L.: Numerical Methods for Elliptic and Parabolic Partial Differential Equations. New York: Springer-Verlag 2003 (transl. from German).

[447] LeVeque, R.: Numerical Methods for Conservation Laws. Basel: Birkhäuser 1992.

[448] Louis, A.: Inverse und schlecht gestellte Probleme. Stuttgart: Teubner-Verlag 1989.

[449] Louis, A., Maass, P., Rieder, A.: Wavelets. Stuttgart: Teubner-Verlag 1994.

[450] Natterer, F.: The Mathematics of Computerized Tomography. New York and Stuttgart: Wiley and Teubner-Verlag 1986.

[451] Quarteroni, A., Valli, A.: Numerical Approximation of Partial Differential Equations. Berlin: Springer-Verlag 1994.

[452] Richtmyer, R., Morton, K.: Difference Methods for Initial-Value Problems, 2nd ed. New York: Interscience Publishers 1967.

[453] Thomée, V.: Galerkin Finite Element Methods for Parabolic Problems. Berlin: Springer-Verlag 1984.

数学史

[454] Albers, D., Alexanderson, G., Reid, C.: International Mathematical Congresses. An Illustrated History. New York: Springer-Verlag 1987.

[455] Albers, D., Alexanderson, G. (eds.): Mathematical People. Profiles and Interviews. Basel: Birkhäuser 1985.

[456] Albers, D., Alexanderson, G., Reid, C. (eds.): More Mathematical People. New York: Academic Press 1995.

[457] Alexander, D.: A History of Complex Dynamics. From Schröder to Fatou and Julia. Wiesbaden: Vieweg 1994.

[458] Arnold, V.: Huygens and Borrow, Newton and Hooke. Pioneers in Mathematical Analysis and Catastrophe Theory from Evolvents to Quasicrystals. Basel: Birkhäuser 1990 (transl. from Russian).

[459] Artin, M., Kraft, H., Remmert R.: Duration and Change. Fifty Years at Oberwolfach. Berlin: Springer-Verlag 1994.

[460] Atiyah, M., Iagolnitzer, D. (eds.): Fields Medalists' Lectures. Singapore: World Scientific 2000.

[461] Atiyah, M.: Mathematics in the 20th Century. *Bull. London Math. Soc.* **34** (2002), 1-15.

[462] Auglin, W.: Mathematics. A Concise History and Philosophy. Berlin: Springer-Verlag 1994.

[463] Bell, E.: Men of Mathematics: Biographies of the Greatest Mathematicians of All Times. New York: Simon 1986.

[464] Borel, A.: Twentyfive Years with Nicolas Bourbaki, 1949–1973. *Notices Amer. Math. Soc.* **45**, 3 (1998), 373-380.

[465] Born, M.: Physics in My Generation. New York: Springer-Verlag 1969.

[466] Born, M.: My Life: Recollections of a Nobel Laureat, Charles Sribner's Sons. New York 1977 (transl. from German).

[467] Browder, F.: Reflections on the Future of Mathematics. *Notices Amer. Math. Soc.* **49**, 6 (2002), 658-662.

[468] Bühler, W.: Gauss. A Bibliographical Study. Berlin: Springer-Verlag 1981.

[469] Cassidy, D.: Werner Heisenberg. Heidelberg: Spektrum 1995.

[470] Chandrasekhar, S.: Newton's Principia for the Common Reader. Oxford: Oxford University Press.

[471] Chern, S., Hirzebruch, F.: Wolf Prize in Mathematics. Singapore: World Scientific 2000.

[472] Cropper, W.: Great Physicists: The Lives and Times of Leading Physicists from Galileo to Hawking. Oxford: Oxford University Press 2001.

[473] Dieudonné, J. et al. (eds.): Abrégé d'histoire des mathématiques, 1700-1900, Vols. 1,2. Paris: Hermann: 1978 (in French).

[474] Dieudonné, J.: A History of Functional Analysis. Amsterdam: North-Holland 1981.

[475] Dieudonné, J.: History of Functional Analysis, 1900-1975. Amsterdam: North-Holland 1981.

[476] Dieudonné, J.: History of Algebraic Geometry, 400 BC-1985. New York: Chapman 1985.

[477] Dieudonné, J.: A History of Algebraic and Differential Topology, 1900-1960. Boston: Birkhäuser 1989.

[478] Feynman, R., Leighton, R.: Surely You're Joking Mr. Feynman: Adventures of a Curious Character. New York: Norton 1985.

[479] Feynman, R., Leighton, R.: What Do You Care What Other People Think? Further Adventures of a Curious Character. New York: Norton 1988.

[480] Fritzsch, H.: Quarks. London: Penguin 1983 (transl. from German).

[481] Gamov, G.: The Great Physicists from Galileo to Einstein. New York: Dover 1961.

[482] Gottwald, S. (ed.): Lexikon bedeutender Mathematiker. Leipzig: Bibliographisches Institut 1990.

[483] Gray, J.: The Hilbert Challenge: A Perspective on 20th Century Mathematics. Oxford: Oxford University Press 2000.

[484] Gribbin, J., White, M.: Stephen Hawking: A Life in Science. London: Penguin Books 1992.

[485] Gribbin, J.: In Search of the Double Helix. London: Penguin Books 1995.

[486] Gribbin, J.: Schrödinger's Kitten. London: Weidenfeld 1996.

[487] Gribbin, J.: Richard Feynman: A Life in Science. London: Viking 1997.

[488] Halmos, P.: I Want To Be A Mathematician. New York: Springer-Verlag 1983.

[489] Halmos, P.: I Have a Photographic Memory. Providence, RI: American Mathematical Society 1987.

[490] Hilbert, D.: Mathematical Problems. Lecture delivered before the Second International Congress of Mathematicians at Paris 1900. *Bull. Amer. Math. Soc.* **8** (1902), 473-479 (reprinted in F. Browder (ed.), (1976), Vol. 1, 1-34).

[491] Kanigel. R.: The Man Who Knew Infinity: A Life of the Genius Ramanujan (1887-1920). New York: Scribner's 1991.

[492] Klein, F.: Vorlesungen über die Entwicklung der Mathematik im 19. Jahrhundert, Volumes 1 and 2. Berlin: Springer-Verlag 1926, 1927, reprinting 1979.

[493] Klein. F.: Development of Mathematics in the 19th Century. New York: Math. Sci. Press 1979 (transl. from German).

[494] Kline, M.: Mathematical Thought from Ancient to Modern Times. New York: Oxford University Press 1972.

[495] Kolmogorov, A., Yushkevich, A.: Mathematics of the 19th Century: Mathematical Logic, Algebra, Number Theory, Probability Theory. Basel, Boston: Birkhäuser Verlag 1992 (transl. from Russian).

[496] Kolmogorov, A., Yushkevich, A.: Mathematics of the 19th Century: Function Theory According to Chebyshev, Ordinary Differential Equations, Calculus of Variations, Theory of Finite Differences. Basel: Birkhäuser Verlag 1998 (transl. from Russian).

[497] Kragh, H.: Quantum Generations: A History of Physics in the Twentieth Century. Princeton, NJ: Princeton University Press 2000.

[498] Lorentz, H., Einstein, A., Minkowski, H., Weyl, H.: The Principle of Relativity. New York: Dover 1952 (a collection of classical papers).

[499] Maurin, K.: Riemann's Legacy: Riemann's Ideas in Mathematics and Physics of the 20th Century. Dordrecht: Kluwer 1997.

[500] Mehra, J., Rechenberg, H.: The Historical Development of Quantum Mechanics. Vols. 1-6. New York: Springer-Verlag 2002.

[501] Mehra, J., Milton, K.: Climbing the Mountain: The Scientific Biography of Julian Schwinger. Oxford: Oxford University Press 2000.

[502] Monastirsky, M.: Riemann, Topology, and Physics. Basel: Birkhäuser 1987.

[503] Monastirsky, M.: Modern Mathematics in the Light of Fields Medals. Wellersley, MA: Peters 1997.

[504] Nasar, S.: A Beautiful Mind: A Biography of John Forbes Nash, Jr. New York: Simon & Schuster 1998.

[505] Nobel Prize Lectures Stockholm: Nobel Foundation 1954ff.

[506] Pais, A.: Subtle is the Lord: the Science and the Life of Albert Einstein. Oxford: Oxford University Press 1982.

[507] Pais, A.: Niels Bohr's Times. Oxford: Oxford University Press 1993.

[508] Pais, A.: The Genius of Science: A Portrait Gallery. Oxford: Oxford University Press 2000.

[509] Pier, J. (ed.): Development of Mathematics 1900-1950. Basel: Birkhäuser 1994.

[510] Regis, E.: Who Got Einstein's Office? Eccentricity and Genius at the Institute for Advanced Study in Princeton. Reading, MA: Addison-Wesley 1989.

[511] Reid, C.: Hilbert. New York: Springer-Verlag 1970.

[512] Reid, C.: Courant in Göttingen and New York. New York: Springer-Verlag 1976.

[513] Reid, C.: Courant: the Life of an Improbable Mathematician. New York: Springer-Verlag 1976.

[514] Rife, P.: Lise Meitner and the Dawn of the Nuclear Age. Basel: Birkhäuser 1995.

[515] Schweber, S.: QED (Quantum Electrodynamics) and the Men Who Made It: Dyson, Feynman, Schwinger, and Tomonaga. Princeton, NY: Princeton University Press 1994 (history of quantum electrodynamics).

[516] Singh, S.: Fermat's Last Theorem: The Story of a Riddle that Confounded the World's Greatest Minds for 358 Years. London: Fourth Estate 1997.

[517] Stillwell, J., Clayton, V.: Mathematics and its History, 2nd ed. New York: Springer-Verlag 1991.

[518] Stubhang, A.: The Mathematician Sophus Lie: It was the Audacity of My Thinking. New York: Springer-Verlag 2002 (transl. from Norwegian).

[519] Thorne, K.: Einstein's Outrageous Legacy. New York: Norton 1993.

[520] Tian Yu Cao (ed.): Conceptual Foundations of Quantum Field Theory. Cambridge, UK: Cambridge University Press 1998.

[521] Treiman, S.: The Odd Quantum. Princeton, NJ: Princeton University Press 1999.

[522] Waerden, B., van der: Sources of Quantum Mechanics. New York: Dover 1968.

[523] Waerden, B., van der: Geometry and Algebra in Ancient Civilizations. Berlin: Springer-Verlag 1983.

[524] Waerden, B., van der: A History of Algebra. From al-Khwarizhmi to Emmy Noether. Berlin: Springer-Verlag 1985.

[525] Weil, A.: The Apprenticeship of a Mathematician. Basel: Birkhäuser 1992.

[526] Weyl, H.: David Hilbert and His Mathematical Work. *Bull. Amer. Math. Soc.* **50** (1944), 612-654.

[527] Yandell, B.: The Honors Class: Hilbert's Problems and Their Solvers. Natick, MA: Peters Ltd. 2001.

[528] Yang, C.: Hermann Weyl's Contributions to Physics. In: Hermann Weyl (1885-1985). Berlin: Springer-Verlag 1985.

数学与人类文明

[529] Adams, F., Laughlin, G.: The Five Ages of the Universe: Inside the Physics of Eternity. New York: Simon & Schuster 1999.

[530] Adams, C.: The Knot Book. Cambridge, UK: Cambridge University Press 1994.

[531] Aigner, M., Ziegler, G.: Proofs from the Book, 2nd ed. Berlin: Springer-Verlag 2001.

[532] Bochner, S.: The Role of Mathematics and the Rise of Science, 4th ed. Princeton, NJ: Princeton University Press 1984.

[533] Bodanis, D.: $E = mc^2$: A Biography of the World's Most Famous Equation. New York: Walker 2000. (The appendix of this book includes extensive hints to the literature on the history of modern physics.)

[534] Bovill, C.: Fractal Geometry in Architecture and Design. Basel: Birkhäuser 1995.

[535] Cascuberta, C., Castellet, M.: Mathematical Research Today and Tomorrow: Viewpoint of Seven Fields Medalists. New York: Springer-Verlag 1992.

[536] Casti, J.: Five More Golden Rules: Knots, Codes, Chaos and Other Great Theories of 20th Century Mathematics. New York: Wiley 2000.

[537] Connes, A., Lichnerowicz, A., Schützenberger, M.: Triangle of Thoughts. Providence, RI: Amererican Mathematical Society 2001.

[538] Cottingham, W., Greenwood, D.: An Introduction to the Standard Model of Particle Physics. Cambridge, UK: Cambridge University Press 1998.

[539] Courant, R., Robbin, H.: What is Mathematics? Oxford: Oxford University Press 1941 (a classic).

[540] Davies, P. (ed.): The New Physics. Cambridge, UK: Cambridge University Press 1990.

[541] Davis, D.: The Nature and Power of Mathematics. Princeton, NJ: Princeton University Press 1993.

[542] Dieudonné, J.: Mathematics – the Music of Reason. Berlin: Springer-Verlag 1992.

[543] Dirac, P.: Directions in Physics. New York: Wiley 1978.

[544] Dyson, F.: Disturbing the Universe. New York: Harper and Row 1979.

[545] Dyson, F.: Origins of Life. Cambridge, UK: Cambridge University Press 1999.

[546] Dyson, F.: The Sun, the Genome and the Internet: Tool of Scientific Revolution. New York: Oxford University Press 1999.

[547] Ebbinghaus, H. et al. (eds.): Numbers, 3rd ed. New York: Springer-Verlag 1995.

[548] Einstein, A.: Essays in Science. New York: Philosophical Library 1933.

[549] Einstein, A.: The Meaning of Relativity. Princeton, NJ: Princeton University Press 1955.

[550] Emch, G., Liu, C.: The Logic of Thermostatistical Physics. New York: Springer-Verlag 2002.

[551] Engquist, B., Schmid, W. (eds.): Mathematics Unlimited – 2001 and Beyond. New York: Springer-Verlag 2001 (80 articles on modern mathematics and its applications written by leading experts).

[552] Ferris, T.: The Red Limit: the Discovery of Quasars, Neutron Stars, and Black Holes. New York: Morrow 1977.

[553] Ferris, T.: The World Treasury of Physics, Astronomy, and Mathematics. Boston, MA: Brown 1991.

[554] Feynman, R.: The Character of Physical Law. Cambridge, MA: MIT Press 1966.

[555] Gardner, M.: Riddles of the Sphinx and other Mathematical Puzzle Tales. Washington, DC: Mathematical Association of America 1987.

[556] Gardner, M.: Mathematical Magic Show. Washington, DC: Mathematical Association of America 1990.

[557] Gell-Mann, M.: The Quark and the Jaguar. New York: Freeman 1994.

[558] Goldstine, H.: The Computer from Pascal to von Neumann. Prineton, NJ: Princeton University Press 1993.

[559] Golubitsky, M.: Stewart, I.: The Symmetry Perspective from Equilibrium to Chaos in Phase Space and Physical Space. Basel: Birkhäuser 2002.

[560] Green, B.: The Elegant Universe: Supersymmetric Strings, Hidden Dimensions and the Quest for the Ultimate Theory. New York: Norton 1999.

[561] Halmos, P.: Selecta: Expository Writings. New York: Springer-Verlag 1985.

[562] Hawking, S.: A Brief History of Time. New York: Bantam Books 1988.

[563] Hawking, S., Penrose, R.: The Nature of Space and Time. Princeton, NJ: Princeton University Press 1997.

[564] Hawking, S.: The Universe in a Nut-Shell. New York: Bantam Books 2001.

[565] Heisenberg, W.: Physics and Beyond: Encounters and Conversations. New York: Harper and Row 1970 (transl. from German).

[566] Hildebrandt, S., Tromba, A.: The Parsimonious Universe: Shape and Form in the Natural World. New York: Copernicus 1996.

[567] Hofstadter, D.: Gödel, Escher, Bach: An Eternal Golden Braid. New York: Basic Books 1979.

[568] Jaffe, A.: Ordering the Universe. The Role of Mathematics. *Notices Amer. Math. Soc.* **31** , 236 (1984), 589-608.

[569] Kähler, E.: Über die Beziehungen der Mathematik zu Astronomie und Physik. *Jahresbericht der Deutschen Mathematikervereinigung* **51** (1941), 52-63.

[570] Kline, M.: Mathematical Thought from Ancient to Modern Times. New York: Oxford University Press 1972.

[571] Manin, Yu.: Mathematics and Physics. Boston: Birkhäuser 1981 (transl. from Russian).

[572] Mathematics - the Unifying Thread in Science. *Notices Amer. Math. Soc.* **33** (1986), 716-733.

[573] Mazolla, G.: The Topos of Music. Basel: Birkhäuser 2002.

[574] Monastirsky, M.: Riemann, Topology, and Physics. Basel: Birkhäuser 1987.

[575] Peitgen, H., Richter, P.: The Beauty of Fractals. Berlin: Springer-Verlag 1986.

[576] Peitgen, H, Jürgens, H., Saupe, D.: Chaos and Fractals. New Frontiers of Science. New York: Springer-Verlag 1992.

[577] Penrose, R.: The Emperors New Mind: Concerning Computers, Minds, and the Laws of Physics. New York: Penguin Books 1991.

[578] Penrose, R.: Shadows of the Mind: a Search for the Missing Science of Consciousness. New York: Oxford University Press 1994.

[579] Penrose, R. et al.: The Large, the Small, and the Human Mind, ed. by M. Longair, Cambridge, UK: Cambridge University Press 1997.

[580] Ruelle, D.: Chance and Chaos. Princeton, N.J: Princeton University Press 1991.

[581] Smoot, G., Davidson, K.: Wrinkles in Time. New York: Morrow 1994. (This book reports on the COBE project; in 1990, this famous satellite experiment established the anisotropy of the 3K radiation which comes to us as a relict of the very early universe.)

[582] Stroke, H. (ed.): The Physical Review: The First Hundred Years - A Selection of Seminal Papers and Commentaries. New York: American Institute of Physics 1995 (14 survey articles on general developments, 200 fundamental articles, 800 additional articles on CD).

[583] Taylor, A.: Mathematics and Politics, Strategy, Voting, Power, and Proof. Berlin: Springer-Verlag 1995.

[584] t'Hooft, G.: In Search for the Ultimate Building Blocks. Cambridge, UK: Cambridge University Press 1996.

[585] Veltman, M.: Facts and Mysteries in Elementary Particle Physics. Singapore: World Scientific 2003.

[586] Weinberg, S.: Gravitation and Cosmology. New York: Wiley 1972.

[587] Weinberg, S.: The First Three Minutes: A Modern View of the Origin of the Universe. New York: Basic Books 1977.

[588] Weinberg, S.: Dreams of a Final Theory. New York: Pantheon Books 1992.

[589] Weyl, H.: Philosophy of Mathematics and Natural Sciences. Princeton, NJ: Princeton University Press 1949.

[590] Weyl, H.: Symmetry. Princeton, NJ: Princeton University Press 1952.

[591] Wigner, Philosophical Reflections and Syntheses, annotated by G. Emch. New York: Springer-Verlag 1995.

[592] Zeidler, E.: Mathematics: a Cosmic Eye of Humanity. Internet: http://www.mis.mpg.de.

数 学 符 号

以下列出的仅为常用的数学符号.

数理逻辑

$\mathscr{A} \to \mathscr{B}$	由 $\mathscr{A}$ 推出 $\mathscr{B}$. 另一种表达: $\mathscr{A}$ 是 $\mathscr{B}$ 的充分条件, $\mathscr{B}$ 是 $\mathscr{A}$ 的必要条件
$\mathscr{A} \leftrightarrow \mathscr{B}$	$\mathscr{A}$ 等价于 $\mathscr{B}$. 也可表述为: 当且仅当 $\mathscr{B}$ 成立时, $\mathscr{A}$ 成立. $\mathscr{A}$ 是 $\mathscr{B}$ 的充分必要条件
$\{x:\cdots\}, \{x\vert\cdots\}$	具有 $\cdots$ 性质的所有 x 的集合
$\square$	证明结束; 也可写为: q.e.d.(quod erat demonstrandum, 所证明如上)
$\mathscr{A} \vee \mathscr{B}$	$\mathscr{A}$ 或 $\mathscr{B}$
$\mathscr{A} \wedge \mathscr{B}$	$\mathscr{A}$ 和 $\mathscr{B}$
$\neg\mathscr{A}$	非 $\mathscr{A}$($\mathscr{A}$ 的否定)
$\forall x:\cdots$	对于每一个具有性质 $\cdots$ 的 x
$\exists x:\cdots$	存在一个元素 x 使性质 $\cdots$ 为真
$\exists! x:\cdots$	存在唯一一个 x, 具有性质 $\cdots$
$a \sim b$	a 等价于 b(在某种等价关系下)
$X/\sim$	集合 X 关于 $\sim$ 的等价类
$a = b$	a 等于 b
$a \neq b$	a 不等于 b
$f(x) := x^2$	定义函数 $f(x)$, 令其等于 x^2
$f(x) \equiv 0$	$f(x)$ 恒等于 0, 即, 对于所有的 x, $f(x) = 0$ 都成立
$f = \text{const}$	f 为常值函数, 即, 对于所有的 x,$f(x)$ 取相同的值
$\mathbb{N}$	自然数集 *0,1,2,$\cdots$
$\mathbb{N}_+$	正自然数集 1,2,$\cdots$
$\mathbb{Z}$	整数集 (或环)
$\mathbb{Q}$	有理数集 (或域)
$\mathbb{R}$	实数集 (或域)
$\mathbb{C}$	复数集 (代数闭域)
$\mathbb{K}$	$\mathbb{R}$ 或 $\mathbb{C}$
$\mathbb{R}^n$	n 维实向量空间
$\boldsymbol{xy}$	欧几里得内积 (标量积)$\sum_{j=1}^{n} x_j y_j$, 其中, $\boldsymbol{x} = (x_1, \cdots, x_n)$, $\boldsymbol{y} = (y_1, y_2, y_3, \cdots, y_n)$, $\boldsymbol{x}, \boldsymbol{y} \in \mathbb{R}^n$, 即 $\boldsymbol{x}$ 和 $\boldsymbol{y}$ 为 n 维向量

* 也称为非负整数集. —— 译者

$(\boldsymbol{x},\boldsymbol{y})$	酉欧几里得内积 (酉标量积)$\sum_{j=1}^{n} x_j\bar{y}_j$, 其中 $\boldsymbol{x}=(x_1,\cdots,x_n),\boldsymbol{y}=(y_1,\cdots,y_n),\boldsymbol{x},\boldsymbol{y}\in\mathbb{C}^n$, 即 $\boldsymbol{x},\boldsymbol{y}$ 为 n 维复向量
$\|\boldsymbol{x}\|$	欧几里得范数; $\|\boldsymbol{x}\|:=\sqrt{\boldsymbol{x}\boldsymbol{x}}$
π	鲁道夫数 π(发音: 派); $\pi=3.141\ 59\cdots$
e	欧拉数 e=2.718 281 8
C	欧拉常数 C=0.5772···
i	虚数单位; $\mathrm{i}^2=-1$
$n!$	阶乘; $n!$ 等于 $1,2,\cdots,n$ 的乘积 (定义 $0!=1$)
$\binom{n}{m}$	二项式系数
Re z, Im z	复数的实部, 虚部; 复数 $z=x+\mathrm{i}y$ 的实部为 x, 虚部为 y
$\bar{z}$	复数 $z=x+\mathrm{i}y$ 的共轭复数为 $\bar{z}=x-\mathrm{i}y$
$\|z\|$	复数 $z=x+\mathrm{i}y$ 的模, 即定义 $\|z\|=\sqrt{x^2+y^2}$
$\arg z$	z 的辐角
$a\leqslant b$	a 小于等于 b
$a<b$	a 小于 b
$a\equiv b(\mathrm{mod}\ p)$	a 模 p 同余于 b, 即 $b-a$ 可以被 p 除尽
$[a,b]$	闭区间; 集合 $\{x\in\mathbb{R}:a\leqslant x\leqslant b\}$
$]a,b[$	开区间; 集合 $\{x\in\mathbb{R}:a<x<b\}$
$[a,b[$	右半开区间; 集合 $\{x\in\mathbb{R}:a\leqslant x<b\}$
$]a,b]$	左半开区间; 集合 $\{x\in\mathbb{R}:a<x\leqslant b\}$
sgn a	a 的符号函数
$\sum_{j=1}^{n} a_j$	对 a_j 求和, $a_1+a_2+\cdots+a_n$
$\prod_{j=1}^{n} a_j$	对 a_j 求积, $a_1a_2\cdots a_n$
$\min\{a,b\}$	两个数 a 和 b 中的最小数
$\max\{a,b\}$	两个数 a 和 b 中的最大数

基本函数

$\sqrt{x}$	正实数 x 的正平方根 (例如, $\sqrt{4}=2$)
$\sqrt[n]{x}$	x 的 n 次方根 (例如, $\sqrt[3]{8}=2$, 即, $2^3=8$)
e^x	指数函数 (e 的 x 次幂)
$\ln x$	x 的自然对数
$\log_a x$	x 的以 a 为底的对数
x^α	一般指数函数 ($x^\alpha=\mathrm{e}^{\alpha\ln x}$)
$\sin x,\cos x$	x 的正弦, x 的余弦
$\tan x,\cot x$	x 的正切, x 的余切
$\arcsin x,\arccos x$	x 的反正弦, x 的反余弦
$\arctan x$, arccot x	x 的反正切, x 的反余切
$\sinh x,\cosh x$	x 的双曲正弦, x 的双曲余弦

$\tanh x, \coth x$	x 的双曲正切, x 的双曲余切
$\operatorname{arsinh} x$, $\operatorname{arcosh} x$	x 的反双曲正弦, x 的反双曲余弦
$\operatorname{artanh} x$, $\operatorname{arcoth} x$	x 的反双曲正切, x 的反双曲余切
$\lim\limits_{n\to\infty} x_n$	序列 x_n 的极限值; 另一种写法: 当 $n\to\infty$ 时, $x_n\to\infty$(例如, $\lim\limits_{n\to\infty}\dfrac{1}{n}=0$)
$\lim\limits_{x\to a} f(x)$	x 趋于 a 时, $f(x)$ 的极限值
$f'(x)$	单变量函数 f 在点 x 的导函数或微商
$f''(x), f^{(2)}$	单变量函数 f 的二阶导数
$\dfrac{\partial f}{\partial x}, f_x$	函数 f 对 x 的偏导数
$\dfrac{\partial^2 f}{\partial x\partial y}, f_{xy}$	函数 f 先对 x, 再对 y 求二次偏导数
$\partial_j f$	函数 f 对 x_j 的偏导数 $\partial f/\partial x_j$
$\partial^\alpha f$	偏导数 $\partial_1^{\alpha_1}\partial_2^{\alpha_2}\cdots\partial_n^{\alpha_n} f$ 的缩写, 即 $\partial^\alpha f:=\dfrac{\partial^{\lvert\alpha\rvert} f}{\partial^{\alpha_1}x_1\cdots\partial^{\alpha_n}x_n}$, 其中 $\lvert\alpha\rvert:=\alpha_1+\cdots+\alpha_n$
$\mathrm{d}f$	函数 f 的全微分
$\mathrm{d}\omega$	微分式 ω 的嘉当导数
$\int_a^b f(x)\mathrm{d}x$	函数 f 在区间 $[a,b]$ 上的积分
$\int_G f(x)\mathrm{d}x$	函数 f 在集合 G 上的积分
$\int_G \omega$	微分式 ω 在集合 G 上的积分
$\int_M f\mathrm{d}F$	曲面积分
$\mathbf{grad}\ T$	温度场 T 的梯度
$\operatorname{div}\boldsymbol{E}$	电场 $\boldsymbol{E}$ 的散度
$\operatorname{curl}\boldsymbol{E}$	电场 $\boldsymbol{E}$ 的旋度
ΔT	温度场 T 的拉普拉斯算子, 即, 定义: $\Delta T=\operatorname{div}\mathbf{grad}\ T$
∇	那勃勒算子 $\left(\nabla:=\dfrac{\partial}{\partial x}\boldsymbol{i}+\dfrac{\partial}{\partial y}\boldsymbol{j}+\dfrac{\partial}{\partial z}\boldsymbol{k}\right)$
$f=o(g), x\to a$	当 $x\to a$ 时, 商 $f(x)/g(x)$ 趋于 0
$f=O(g), x\to a$	商 $f(x)/g(x)$ 在 a 的邻域内有界 (不包括 a 点)
$f\cong g, x\to a$	当 $x\to a$ 时, 商 $f(x)/g(x)$ 有界
∂U	集合 U 的边界
$\bar{U}$	集合 U 的闭包, 即 $\bar{U}=U\cup\partial U$
$\operatorname{int} U$	集合 U 的内部
$C^k(G)$	所有在开集合 G 上具有 k 阶连续偏导数的函数 $f:G\to\mathbb{R}$
$C^k(\bar{G})$	所有在 $C^k(G)$ 中的函数的集合, 函数本身与它们所有的 k 阶偏导数在闭集 $\bar{G}$ 连续延拓
$C^\infty(G)$	所有在开集合 G 上具有任意阶连续偏导数的函数 $f:G\to\mathbb{R}$ 的集合
$C_0^\infty(G)$	在 $C^\infty(G)$ 中所有具有紧致子集的函数的集合
$L_2(G)$	所有满足 $\int\limits_G \lvert f(x)\rvert^2\mathrm{d}x<\infty$ 的 (可测) 函数的集合, 其中积分为勒

	贝格积分, 包括经典积分
$\boldsymbol{A}^{\mathrm{T}}$	矩阵 $\boldsymbol{A}$ 的转置矩阵 (行与列互换)
$\boldsymbol{A}^*$	矩阵 $\boldsymbol{A}$ 的共轭矩阵 (行与列互换且转化为共轭复数)
$\operatorname{rank} \boldsymbol{A}$	矩阵 $\boldsymbol{A}$ 的秩
$\det \boldsymbol{A}$	方阵 $\boldsymbol{A}$ 的行列式
$\operatorname{tr} \boldsymbol{A}$	方阵 $\boldsymbol{A}$ 的迹
δ_{jk}	克罗内克符号, 当 $j \neq k$ 时, $\delta_{jk} = 0$; 当 $j = k$ 时, $\delta_{jk} = 1$
$\boldsymbol{E}, \boldsymbol{I}$	单位矩阵
$\boldsymbol{ab}$	向量 $\boldsymbol{a}$ 和 $\boldsymbol{b}$ 的标量积
$\boldsymbol{a} \times \boldsymbol{b}$	向量 $\boldsymbol{a}$ 和 $\boldsymbol{b}$ 的向量积
$(\boldsymbol{abc})$	混合积 $(\boldsymbol{a} \times \boldsymbol{b})\boldsymbol{c}$
$\boldsymbol{i},\boldsymbol{j},\boldsymbol{k}$	笛卡儿正交坐标系的基向量; 这些向量的长度为 1, 三个向量由右手拇指、食指和中指构成右手系法则
$X \oplus Y$	线性空间 X 和 Y 的直和
$X \otimes Y$	线性空间 X 和 Y 的张量积
$X \wedge Y$	线性空间 X 和 Y 的外积 (格拉斯曼乘积)
X/Y	线性空间 X 对应的子空间 Y 的因子空间 (分别可为因子群或因子环)
$a \otimes b$	多线性型 a 和 b 的张量积
$a \wedge b$	交错多线性型 a 和 b 的外积

集合与映射

$x \in M$	x 是集合 M 的一个元素; x 属于 M
$x \notin M$	x 不是集合 M 的一个元素; x 不属于 M
$A \subseteq M, A \subset M$	A 包含于 M; A 是 M 的子集, 即 A 的每个元素也属于 M
$A \subsetneq M$	A 真包含于 M; A 是 M 的真子集, 即 $A \subseteq M$ 但 $A \neq M$
$A \cap B$	集合 A 和 B 的交集, 同时属于 A 和 B 的所有元素的集合
$A \cup B$	集合 A 和 B 的并集, 属于 A 或 B 的所有元素的集合
$A - B$	A 与 B 的差集, 所有属于 A 但不属于 B 的元素的集合
$A \times B$	有序对 (a, b) 的乘积集合, 其中 $a \in A, b \in B$
2^A	A 的幂集, 所有 A 的子集的集合
$\varnothing$	空集
$f : A \subseteq M \to B$	函数 f 把 A 中的每个元素 x 对应 B 中的一个元素 $f(x)$, 其中 A 是 M 的子集
$D(f)$, $\operatorname{Dom} f$	函数 f 的定义域, 即 $f(x)$ 对所有的 $x \in D(f)$ 成立
$R(f)$, $\operatorname{Im} f$	函数 f 的值域, 或映射 $f(x)$ 的集合; 所有映射点 $f(x)$ 的集合
$f(A)$	集合 A 的象, 所有点 $f(x)$ 的集合, 满足 $x \in A$
$f^{-1}(B)$	集合 B 的原象, 所有满足 $f(x) \in B$ 的点 x 的集合
I, id	恒同算子或者单位算子 (对所有的 x 满足 $Ix := x$)
$\operatorname{span} L$	集合 L 的线性包络扩张
$\operatorname{meas} M$	集合 M 的度量

基本物理量纲

基本量			
长度	m	米	
时间	s	秒	
质量	kg	千克①	
热力学温度	K	开 [尔文]	
电流强度	A	安 [培]	
物质的量	mol	1 摩 [尔]=L 个	
		(阿伏伽德罗常数 $L=6.022\cdot 10^{23}$)	
光强	cd	坎 [德拉]	
导出单位			
速度	m/s	米/秒	
		(单位时间经过的位移)	
加速度	m/s^2	米/秒 ^{2}	
		(单位时间速度的改变量)	
(质量) 密度	kg/m^3	千克/米 ^{3}	
		(单位体积的质量)	
力	N	牛 [顿]	$N=kg\cdot m/s^2$
		(质量乘以加速度)	
压力	Pa	帕 [斯卡]	$Pa=N/m^2$
		(单位面积上所受的力)	
		(地球表面的平均大气压力约等于 10^5 帕斯卡)	
功	J	焦 [耳]	J=Nm
		(力乘以位移)	
功率	W	瓦 [特]	W=J/s=VA
		(单位时间做的功, 单位时间的能量)	
能量	J	焦耳	$J=Nm=kg\cdot m^2/s^2=Ws$
		(所做的功, 质量乘以速度的平方)	
	eV	电子伏特	$1\ eV=1.6\cdot 10^{-19}J$
作用量	Js	焦耳 · 秒	
		(能量乘以时间)	

① 在现代物理学中, 需要使用原子质量单位 u. 它是碳原子 ^{12}C 的质量的十二分之一. $1\ u=1.661\cdot 10^{-27}kg$.

续表

热量	J	焦耳	J=Nm
	cal	卡 (路里)	1 cal=4.1868 J
		(能量守恒)	
热容	J/K	焦耳/开尔文	
		(温度升高 1 度所需要的热量)	
比热容	J/(K·kg)	焦耳/(开尔文·千克)	
		(单位质量的物质的热容)	
熵	J/K	焦耳/开尔文	
		(单位温度变化所贡献的热量)	
电荷	C	库 [仑]	C=As
		(电流强度乘以时间)	
电压	V	伏 [特]	V=W/A
		(单位电流强度的电功率)	
电场强度	V/m	伏特/米	
		(单位电荷的力，单位长度的电压差)	
磁通量	Wb	韦 [伯]	Wb=Vs
		(线圈中的感应电压乘以时间)	
磁场强度	T	特 [斯拉]	$T=Wb/m^2$
	G	高斯	$(1\ G=10^{-4}T)$
		(单位面积的磁通量)	
		(地球磁场的平均磁场强度约为 0.5 高斯)	
电阻	Ω	欧 [姆]	Ω= V/A
		(电压与电流强度之比)	
电容	F	法 [拉]	F=C/V
		(电荷与电压之比)	
电感	H	亨 [利]	H=Wb/A
		(磁通量与电流强度之比)	
频率	Hz	赫 [兹]	$Hz=s^{-1}$
		(每秒振动数)	

基本物理常数

下列表中常数的值与误差估计选自国际科学联合会理事会 (International Council of Scientific Unions, ICSU) 的国际科技数据委员会 (CODATA) 基本常数工作组所发布的资料，推荐通用于科技领域①.

数值后面括号中的数字表示该数值末位的误差。

例如：$h = 6.626\ 075\ 5(40)$ 表示 $h = 6.626\ 075\ 5 \pm 0.000\ 004\ 0$.

误差是数值的标准差 [参见 CODATA Bulletin No.63. 1986, 11 以及 Cohen E, Taylor B. Review of Modern Physics. 59, 4(1987)].

名称	符号和公式	数值 (不带幂)*	幂及单位	相对误差
真空中的光速	c_0, c	2.997 924 58	$10^{8}\mathrm{m\cdot s^{-1}}$	0
磁场常量	$\mu_0 = 1/\varepsilon_0 c_0^2$	4π	$10^{-7}\mathrm{N\cdot A^{-2}}$	0
		$= 1.256\ 637\ 061\ 4\cdots$	$10^{-6}\mathrm{N\cdot A^{-2}}$	
电场常量	$\varepsilon_0 = 1/\mu_0 c_0^2$	$8.854\ 187\ 817\cdots$	$10^{-12}\mathrm{F\cdot m^{-1}}$	0
万有引力常量	G	6.672 59(85)	$10^{-11}\mathrm{m^3\cdot kg^{-1}\cdot s^{-2}}$	$128\cdot10^{-6}$
地球重力加速度	g	9.806 05	$\mathrm{m\cdot s^{-2}}$	0
普朗克常量,	h	6.626 075 5(40)	$10^{-34}\mathrm{J\cdot s}$	$6.0\cdot10^{-7}$
普朗克作用量子		4.135 669 2(12)	$10^{-15}\mathrm{eV\cdot s}$	$3.0\cdot10^{-7}$
		1.054 572 66(63)	$10^{-34}\mathrm{J\cdot s}$	$6.0\cdot10^{-7}$
约化普朗克常量	$\hbar = h/2\pi$	6.582 122 0(20)	$10^{-16}\mathrm{eV\cdot s}$	$3.0\cdot10^{-7}$
单位电荷	e	1.602 177 33(49)	$10^{-19}\mathrm{C}$	$3.0\cdot10^{-7}$
	e/h	2.417 988 36(72)	$10^{14}\mathrm{A\cdot J^{-1}}$	$3.0\cdot10^{-7}$
磁通量子	$\varPhi_0 = h/2e$	2.067 834 61(61)	$10^{-15}\mathrm{Wb}$	$3.0\cdot10^{-7}$
约瑟夫森常量	$2e/h$	4.835 976 7(14)	$10^{14}\mathrm{Hz\cdot V^{-1}}$	$3.0\cdot10^{-7}$
冯 · 克利青常量	h/e^2	2.581 280 56(12)	$10^{4}\Omega$	$4.5\cdot10^{-8}$
	e^2/h	3.874 046 14(17)	$10^{-5}\Omega^{-1}$	$4.5\cdot10^{-8}$
玻尔磁子	$\mu_\mathrm{B} = e\hbar/2m_\mathrm{e}$	9.274 015 4(31)	$10^{-24}\mathrm{J\cdot T^{-1}}$	$3.4\cdot10^{-7}$
		5.788 382 63(52)	$10^{-5}\ \mathrm{eV\cdot T^{-1}}$	$8.9\cdot10^{-8}$
核磁子	$\mu_\mathrm{N} = e\hbar/2m_\mathrm{p}$	5.050 786 6(17)	$10^{-27}\ \mathrm{J\cdot T^{-1}}$	$3.4\cdot10^{-7}$
		3.152 451 66(28)	$10^{-8}\ \mathrm{eV\cdot T^{-1}}$	$8.9\cdot10^{-8}$
索末菲精细结构常数	$\alpha = \mu_0 c_0 e^2/2h$	7.297 353 08(33)	10^{-3}	$4.5\cdot10^{-8}$
	α^{-1}	1.370 359 895(61)	10^{2}	$4.5\cdot10^{-8}$
	α^2	5.325 136 20(48)	10^{-5}	$9.0\cdot10^{-8}$

① 数学常数见本书 0.1.1.

续表

名称	符号和公式	数值 (不带幂)*	幂及单位	相对误差
里德伯常量	$R_\infty = m_e c_0 \alpha^2/2h$	1.097 373 153 4(13)	$10^7 m^{-1}$	$1.2 \cdot 10^{-9}$
	$R_\infty h c_0$	2.179 874 1(13)	$10^{-18} J$	$6.0 \cdot 10^{-7}$
		1.360 569 81(40)	$10^1 eV$	$3.0 \cdot 10^{-7}$
玻尔半径	$a_0 = \alpha/4\pi R_\infty$	0.529 177 249(24)	$10^{-10} m$	$4.5 \cdot 10^{-8}$
环流量子	$h/2m_e$	3.636 948 07(33)	$10^{-4} m^{-2} \cdot s^{-1}$	$8.9 \cdot 10^{-8}$
电子静质量	m_e	9.109 389 7(54)	$10^{-31} kg$	$5.9 \cdot 10^{-7}$
		5.485 799 03(13)	$10^{-4} u$	$2.3 \cdot 10^{-8}$
以电子伏为单位的电子质量		0.510 999 06(15)	$10^6 eV$	$3.0 \cdot 10^{-7}$
电子荷质比	$-e/m_e$	−1.758 819 62(53)	$10^{11} C \cdot kg^{-1}$	$3.0 \cdot 10^{-7}$
电子康普顿波长	$\lambda_C = h/m_e c_0$	2.426 310 58(22)	$10^{-12} m$	$8.9 \cdot 10^{-8}$
(经典) 电子半径	$r_e = \alpha^2 a_0$	2.817 940 92(38)	$10^{-15} m$	$1.3 \cdot 10^{-7}$
电子磁矩	μ_e	9.284 770 1(31)	$10^{-24} J \cdot T^{-1}$	$3.4 \cdot 10^{-7}$
	μ_e/μ_B	1.001 159 652 193(10)		10^{-11}
	μ_e/μ_N	1.838 282 000(37)	10^3	$2.0 \cdot 10^{-8}$
电子的 g 因子	$g_e = 2\mu_e/\mu_B$	2.002 319 304 386(20)		10^{-11}
μ子静质量	m_μ	1.883 532 7(11)	$10^{-28} kg$	$6.1 \cdot 10^{-7}$
		0.113 428 913(17)	u	$1.5 \cdot 10^{-7}$
以电子伏特为单位的μ子质量		1.056 583 89(34)	$10^8 eV$	$3.2 \cdot 10^{-7}$
μ 子–电子质量比	m_μ/m_e	2.067 682 62(30)	10^2	$1.5 \cdot 10^{-7}$
μ 子磁矩	μ_μ	4.490 451 4(15)	$10^{-26} J \cdot T^{-1}$	$3.3 \cdot 10^{-7}$
	μ_μ/μ_B	4.841 970 97(71)	10^{-3}	$1.5 \cdot 10^{-7}$
	μ_μ/μ_N	8.890 598 1(13)		$1.5 \cdot 10^{-7}$
质子静质量	m_p	1.672 623 1(10)	$10^{-27} kg$	$5.9 \cdot 10^{-7}$
		1.007 276 470(12)	u	$1.2 \cdot 10^{-8}$
以电子伏为单位的质子静质量		9.382 723 1(28)	$10^8 eV$	$3.0 \cdot 10^{-7}$
质子–电子静质量比	m_p/m_e	1.836 152 701(37)	10^3	$2.0 \cdot 10^{-8}$
质子–μ 子静质量比	m_p/m_μ	8.880 244 4(13)		$1.5 \cdot 10^{-7}$
质子荷质比	e/m_p	9.578 830 9(29)	$10^7 C \cdot kg^{-1}$	$3.0 \cdot 10^{-7}$
质子康普顿波长	$\lambda_{C,p} = h/m_p c_0$	1.321 410 02(12)	$10^{-15} m$	$8.9 \cdot 10^{-8}$
质子磁矩	μ_p	1.410 607 61(47)	$10^{-26} J \cdot T^{-1}$	$3.4 \cdot 10^{-7}$
	μ_p/μ_B	1.521 032 202(15)	10^{-3}	$1.0 \cdot 10^{-8}$
	μ_p/μ_N	2.792 847 386(63)		$2.3 \cdot 10^{-8}$
质子旋磁比	γ_p	2.675 221 28(81)	$10^8 s^{-1} \cdot T^{-1}$	$3.0 \cdot 10^{-7}$

续表

名称	符号和公式	数值 (不带幂)*	幂及单位	相对误差
中子静质量	m_n	1.674 928 6(10)	10^{-27}kg	$5.9 \cdot 10^{-7}$
		1.008 664 904(14)	u	$1.4 \cdot 10^{-8}$
以电子伏为单位的中子静质量		9.395 656 3(28)	10^{8}eV	$3.0 \cdot 10^{-7}$
中子–电子静质量比	m_n/m_e	1.838 683 662(40)	10^{3}	$2.2 \cdot 10^{-8}$
中子–质子静质量比	m_n/m_p	1.001 378 404(9)		$0.9 \cdot 10^{-8}$
中子康普顿波长	$\lambda_{C,n} = h/m_n c_0$	1.319 591 10(12)	10^{-15}m	$8.9 \cdot 10^{-8}$
中子磁矩	μ_n	0.966 237 07(40)	$10^{-26}\mathrm{J \cdot T^{-1}}$	$4.1 \cdot 10^{-7}$
	μ_n/μ_B	1.041 875 63(25)	10^{-3}	$2.4 \cdot 10^{-7}$
	μ_n/μ_N	1.913 042 75(45)		$2.4 \cdot 10^{-7}$
氘核静质量	m_d	3.343 586 0(20)	10^{-27}kg	$5.9 \cdot 10^{-7}$
		2.013 553 214(24)	u	$1.2 \cdot 10^{-7}$
以电子伏为单位的氘核静质量		1.875 613 39(57)	10^{9}eV	$3.0 \cdot 10^{-7}$
氘核–电子静质量比	m_d/m_e	3.670 483 014(75)	10^{3}	$2.0 \cdot 10^{-8}$
氘核–质子静质量比	m_d/m_p	1.999 007 496(6)		$0.3 \cdot 10^{-8}$
氘核的磁矩	μ_d	0.433 073 75(15)	$10^{-26}\mathrm{J \cdot T^{-1}}$	$3.4 \cdot 10^{-7}$
	μ_d/μ_B	0.466 975 447 9(91)	10^{-3}	$1.9 \cdot 10^{-8}$
	μ_d/μ_N	0.857 438 230(24)		$2.8 \cdot 10^{-8}$
阿伏伽德罗常量	N_A	6.022 136 7(36)	$10^{23}\ \mathrm{mol^{-1}}$	$5.9 \cdot 10^{-7}$
原子质量常数	$m_a = m(^{12}\mathrm{C})/12$	1.660 540 2(10)	10^{-27}kg	$5.9 \cdot 10^{-7}$
		1	u	
以电子伏为单位的原子质量常数		9.314 943 2(28)	10^{8}eV	$3.0 \cdot 10^{-7}$
法拉第常量	$F = N_A \cdot e$	9.648 530 9(29)	$10^{4}\mathrm{C \cdot mol^{-1}}$	$3.0 \cdot 10^{-7}$
摩尔普朗克常量	$N_A \cdot h$	3.990 313 23(36)	$10^{-10}\mathrm{J \cdot s \cdot mol^{-1}}$	$8.9 \cdot 10^{-8}$
	$N_A \cdot hc_0$	0.119 626 58(11)	$\mathrm{J \cdot m \cdot mol^{-1}}$	$8.9 \cdot 10^{-8}$
通用 (摩尔) 气体常数	R	8.314 510(70)	$\mathrm{J \cdot mol^{-1} \cdot K^{-1}}$	$8.4 \cdot 10^{-6}$
玻尔兹曼常量	$k = R/N_A$	1.380 658(12)	$10^{-23}\mathrm{J \cdot K^{-1}}$	$8.5 \cdot 10^{-6}$
		8.617 385(73)	$10^{-5}\mathrm{eV \cdot K^{-1}}$	$8.4 \cdot 10^{-6}$
理想气体的摩尔体积 (标准体积)	RT/p			
$T = 273,15$K, $p = 101\ 325$Pa	V_m, V_0	2.241 410(19)	$10^{-2}\mathrm{m^3 \cdot mol^{-1}}$	$8.4 \cdot 10^{-6}$
$T = 273,15$K, $p = 100$kPa	V'_m	2.271 108(19)	$10^{-2}\mathrm{m^3 \cdot mol^{-1}}$	$8.4 \cdot 10^{-6}$

续表

名称	符号和公式	数值 (不带幂)*	幂及单位	相对误差
洛施密特常量	$n_0 = N_\mathrm{A}/V_\mathrm{m}$	2.686 763(23)	$10^{25}\mathrm{m}^{-3}$	$8.5\cdot10^{-6}$
斯特藩–玻尔兹曼常量	$\sigma = (\pi^2/60)k^4/\hbar^3 c_0^2$	5.670 51(19)	$10^{-8}\mathrm{W}\cdot\mathrm{m}^{-2}\cdot\mathrm{K}^{-4}$	$3.4\cdot10^{-5}$
第一普朗克辐射常量	$c_1 = 2\pi h c_0^2$	3.741 774 9(22)	$10^{-16}\mathrm{W}\cdot\mathrm{m}^2$	$6.0\cdot10^{-7}$
第二普朗克辐射常量	$c_2 = hc_0/k$	1.438 769(12)	$10^{-2}\mathrm{m}\cdot\mathrm{K}$	$8.4\cdot10^{-6}$
维恩位移定律常量	$b = \lambda_{\max}T = c_2/$ 4.965 114 23$\cdots$	2.897 756(24)	$10^{-3}\mathrm{m}\cdot\mathrm{K}$	$8.4\cdot10^{-6}$

* 本表中, 数据采用了科学记数法. 数字被表示成 $a\times10^n$ 的形式, 其中 $1\leqslant|a|<10$, 幂 n 为整数.

SI 词头构成表

所代表的因数	词头名称		词头符号
	中文名称	外文名称	
10^{24}	尧 [它]	yotta	Y
10^{21}	泽 [它]	zetta	Z
10^{18}	艾 [可萨]	exa	E
10^{15}	拍 [它]	peta	P
10^{12}	太 [拉]	tera	T
10^{9}	吉 [咖]	giga	G
10^{6}	兆	mega	M
10^{3}	千	kilo	k
10^{2}	百	hecto	h
10^{1}	十	deca	da
10^{-1}	分	deci	d
10^{-2}	厘	centi	c
10^{-3}	毫	mili	m
10^{-6}	微	micro	μ
10^{-9}	纳 [诺]	nano	n
10^{-12}	皮 [可]	pico	p
10^{-15}	飞 [母托]	femto	f
10^{-18}	阿 [托]	atto	a
10^{-21}	仄 [普托]	zepto	z
10^{-24}	幺 [科托]	yocto	y

希腊字母表

大写	小写	英文读音
Α	α	alpha
Β	β	beta
Γ	γ	gamma
Δ	δ	delta
Ε	ε	epsilon
Ζ	ζ	zeta
Η	η	eta
Θ	θ	theta
Ι	ι	iota
Κ	κ	kappa
Λ	λ	lambda
Μ	μ	mu
Ν	ν	nu
Ξ	ξ	xi
Ο	ο	omicron
Π	π	pi
Ρ	ρ	rho
Σ	σ	sigma
Τ	τ	tau
Υ	υ	upsilon
Φ	φ	phi
Χ	χ	chi
Ψ	ψ	psi
Ω	ω	omega

人名译名对照表*

1. 中文 — 外文译名

(按姓氏汉语拼音排序)

A

阿贝尔　N. H. Abel, 1802~1829
阿波罗尼奥斯　Apollonius of Perga, 约公元前 262~ 前 190
阿布・卡米勒　Abū Kāmil, 约 850~930
阿布・瓦法　Abu'l-Wafa, 940~997?
阿达马　J. Hadamard, 1865~1963
阿德拉德　Adelard of Bath, 约 1120
阿蒂亚　M. F. Atiyah, 1929~
阿尔巴内塞　G. Albanese, 1890~1947
阿尔贝蒂　L. B. Alberti, 1404~1472
阿尔伯特　A. A. Albert, 1905~1972
阿尔福斯　L. V. Ahlfors, 1907~1996
阿尔冈　R. Argand, 1768~1822
阿尔泽拉　C. Arzelà, 1847~1912
阿基米德　Archimedes, 公元前 287~ 前 212
阿克曼　F. W. Ackermann, 1896~1962
阿罗　K. J. Arrow, 1921~
阿涅西　M. Agnesi, 1718~1799
阿诺尔德　V. I. Arnol'd, 1937~
阿诺索夫　D. V. Anosov, 1936~
阿佩尔　K. Appel, 1932~
阿佩尔　P.-E. Appell, 1855~1930
阿契塔斯　Archytas, 约公元前 375
阿廷　E. Artin, 1898~1962
阿耶波多第一　Aryabhata I, 476~ 约 550
埃尔德什　P. Erdös, 1913~1996
埃尔米特　C. Hermite, 1822~1901
埃拉托色尼　Eratosthenes, 约公元前 276~ 前 195
埃雷斯曼　C. Ehresmann, 1905~1979
艾里　G. B. Airy, 1801~1892
艾伦伯格　S. Eilenberg, 1913~1998
艾伦多弗　C. B. Allendoerfer, 1911~1974
艾森哈特　L. P. Eisenhart, 1876~1965
艾森斯坦　F. G. M. Eisenstein, 1823~1852
艾特肯　A. C. Aitken, 1895~1967
爱因斯坦　A. Einstein, 1879~1955
安岛直圆　Ajima Naonobu, 约 1732~1798
安德森　T. W. Anderson, 1918~
安蒂丰　Antiphon, 约公元前 480~ 前 411
安纳萨哥拉斯　Anaxagoras, 约公元前 500~ 前 428
安培　A.-M. Ampére, 1775~1836
安托尼兹　A. Anthonisz, 约 1543~1560
奥布霍夫　A. M. Obuhov
奥恩斯坦　D. S. Ornstein, 1943~
奥尔　O. Ore, 1899~1968
奥尔利奇　W. Orlicz, 1903~1990
奥昆科夫　A. Y. Okounkov, 1969~
奥雷姆　N. Oresme, 1323?~1382
奥马・海亚姆　O. Khayyam(或 Al-Khayyāmī), 约 1048~1131
奥斯古德　W. Osgood, 1864~1943
奥斯特罗格拉茨基　M. V. Ostrogradsky, 1801~1862
奥特雷德　W. Oughtred, 1575~1660
奥托　V. Otto, 约 1550~1605

B

巴贝奇　C. Babbage, 1792~1871
巴布斯卡　I. Babuška, 1926~
巴恩斯　E. W. Barnes, 1874~1953
巴格曼　V. Bargmann, 1908~1989
巴哈杜尔　R. R. Bahadur, 1924~1997
巴克斯　J. Backus, 1924~2007
巴克斯特　R. J. Baxter, 1940~
巴罗　I. Barrow, 1630~1677
巴门尼德斯　Parmenides, 约公元前 515~ 前 450
巴拿赫　S. Banach, 1892~1945
巴塔尼　al-Battānī, 约 858~929
巴塔恰里亚　A. Bhattacharyya, 1915~1996

* 为方便读者使用, 中文版增设了"人名译名对照表", 本表摘自《数学大辞典》(王元主编. 北京: 科学出版社, 2010: 1121~1138).

巴歇 C.-G. Bachet, 1581~1638
白尔 R. Baer, 1902~1979
拜伦 A. A. Byron, 1815~1852
邦 T. Bang, 1917~
邦贝利 R. Bombelli, 约 1526~1573
邦别里 E. Bombieri, 1940~
鲍尔 F. L. Bauer, 1924~
鲍尔 G. C. Bauer, 1820~1906
鲍尔 H. Bauer, 1928~
鲍尔 M. Bauer, 1874~1945
鲍里布鲁克 A. A. Bolibruch
鲍威尔 M. J. D. Powell, 1936~
贝蒂 E. Betti, 1823~1892
贝尔 E. T. Bell, 1883~1960
贝尔 R. L. Baire, 1874~1932
贝尔曼 R. Bellman, 1920~1984
贝尔奈斯 P. Bernays, 1888~1977
贝尔斯 L. Bers, 1914~1993
贝尔特拉米 E. Beltrami, 1835~1899
贝克 A. Baker, 1939~
贝克 A. L. Baker, 1853~1934
贝克 H. F. Baker, 1866~1956
贝克 T. Baker, 17 世纪
贝克隆 A. V. Bäcklund, 1845~1922
贝塞尔 F. W. Bessel, 1784~1846
贝沙加 C. Bessaga, 1932~
贝特朗 J. Bertrand, 1822~1900
贝叶斯 T. Bayes, 1702~1761
贝祖 É. Bézout, 1730~1783
本迪克松 I. O. Bendixson, 1861~1935
比安基 L. Bianchi, 1856~1928
比伯巴赫 L. Bieberbach, 1886~1982
比察捷 A. V. Bitsadze, 1916~1994
比德 V. Beda, 674~735
比尔吉 J. Bürgi, 1552~1632
比鲁尼 al-Bīrūnī, 973~1050
比内 J. P. M. Binet, 1786~1856
比耶克内斯 V. Bjerknes, 1862~1951
彼得罗夫 G. I. Petrov, 1912~
彼得罗夫斯基 I. G. Petrovsky, 1901~1973
彼得松 H. Petersson, 1902~1984
彼得松 K. M. Peterson, 1828~1881
毕奥 J.-B. Biot, 1774~1862
毕达哥拉斯 Pythagoras of Samos, 约公元前 580~ 前 500
宾 R. H. Bing, 1914~1986
波尔查诺 B. Bolzano, 1781~1848
波尔约 J. Bolyai, 1802~1860
波戈列洛夫 A. V. Bogorelov, 1913~
波利亚 G. Polya, 1887~1985
波斯特 E. L. Post, 1897~1954
波伊尔巴赫 G. Peurbach, 1423~1461
玻尔 H. Bohr, 1887~1951
玻尔兹曼 L. E. Boltzmann, 1844~1906
伯恩赛德 W. Burnside, 1852~1927
伯恩斯坦 F. Bernstein, 1878~1956
伯恩斯坦 S. N. Bernstein, 1880~1968
伯格曼 S. Bergman, 1898~1977
伯克霍夫 G. Birkhoff, 1911~1996
伯克霍夫 G. D. Birkhoff, 1884~1944
伯克莱 G. Berkeley, 1685~1753
伯努利, 丹尼尔 Daniel Bernoulli, 1700~1782
伯努利, 尼古拉第一 Nicolaus Bernoulli I, 1687~1759
伯努利, 尼古拉第二 Nicolaus Bernoulli II, 1695~1726
伯努利, 雅各布第一 Jacob Bernoulli I, 1654~1705
伯努利, 雅各布第二 Jacob Bernoulli II, 1759~1789
伯努利, 约翰第一 John Bernoulli I, 1667~1748
伯努利, 约翰第二 John Bernoulli II, 1710~1790
伯努利, 约翰第三 John Bernoulli III, 1744~1807
伯奇 B. J. Birch, 1931~
博恩 M. Born, 1882~1970
博尔扎 O. Bolza, 1857~1942
博戈柳博夫 N. N. Bogolyubov, 1909~1992

博赫纳 S. Bochner, 1889~1982
博克斯 G. E. P. Box, 1919~
博雷尔 A. Borel, 1923~2003
博雷尔 E. Borel, 1871~1956
博内 P.-O. Bonnet, 1819~1892
博切尔兹 R. E. Borcherds, 1959~
博斯 A. Bosse, 1602~1676
博特 R. Bott, 1923~2005
博耶 C. B. Boyer, 1906~1976
博伊西斯 A. M. S. Boethius, 约 480~524
柏拉图 Plato, 公元前 427~ 前 347
布尔 G. Boole, 1815~1864
布尔巴基 N. Bourbaki
布尔盖恩 J. Bourgain, 1954~
布拉德沃丁 T. Bradwardine, 约 1290~1349
布拉里–福蒂 C. Burali-Forti, 1861~1931
布拉施克 W. Blaschke, 1885~1962
布拉维 A. Bravais, 1811~1863
布莱克韦尔 D. Blackwell, 1919~
布劳德 F. E. Browder, 1927~
布劳德 W. Browder, 1934~
布劳威尔 L. E. J. Brouwer, 1881~1966
布里昂雄 C.-J. Brianchon, 1783~1864
布里格斯 H. Briggs, 1561~1631
布里松 Bryson of Heraclea, 公元前 450 年左右
布里渊 M. L. Brillouin, 1854~1948
布龙克尔 W. Brouncker, 1620~1684
布卢门塔尔 L. O. Blumenthal, 1876~1944
布伦 V. Brun, 1885~1978
布洛赫 A. Bloch, 1893~1948
布吕阿 F. Bruhat, 1929~2007
布尼亚科夫斯基 V. Ya. Bunyakovskiĭ, 1804~1889
布饶尔 R. D. Brauer, 1901~1977
布斯曼 H. Busemann, 1905~1994
布西 R. S. Bucy, 1935~
布西内斯克 J. V. Boussinesq, 1842~1929

C

策梅洛 E. F. F. Zermelo, 1871~1953
查普曼 S. Chapman, 1888~1970
陈建功 Chen Kien-Kwong, 1893~1971
陈景润 Chen Ching-Jun, 1933~1996
陈省身 Chern Shiing-Shen, 1911~2004
措伊滕 H. G. Zeuthen, 1839~1920

D

达布 G. Darboux, 1842~1917
达尔文 C. G. Darwin, 1887~1962
达尔文 G. H. Darwin, 1845~1912
达・芬奇 L. da Vinci, 1452~1519
达朗贝尔 J. L. R. d'Alembert, 1717~1783
达文波特 H. Davenport, 1907~1969
戴德金 J. W. R. Dedekind, 1831~1916
戴尔 S. E. Dyer, Jr. 1929~
戴维斯 M. D. Davis, 1928~
丹齐格 G. B. Dantzig, 1914~2005
当茹瓦 A. Denjoy, 1884~1974
道格拉斯 J. Douglas, 1897~1965
道格拉斯 R. G. Douglas, 1938~
德拜 P. J. W. Debye, 1884~1966
德布朗斯 L. de Branges, 1932~
德布鲁 G. Debreu, 1921~2004
德恩 M. Dehn, 1878~1952
德弗里斯 G. de Vries
德拉姆 G. de Rham, 1903~1990
德拉瓦莱普桑 C.-J.-G. N. de la Vallée-Poussin, 1866~1962
德利涅 P. R. Deligne, 1944~
德林费尔德 V. G. Drinfel'd, 1954~
德摩根 A. De Morgan, 1806~1871
德谟克利特 Democritus, 约公元前 460~前 370
德乔治 E. de Giorgi, 1928~1996
德萨格 G. Desargues, 1591~1661
邓福德 N. Dunford, 1906~1986
邓肯 E. B. Dynkin, 1924~
狄克森 L. E. Dickson, 1874~1954

狄拉克 P. A. M. Dirac, 1902~1984
狄利克雷 P. G. Dirichlet, 1805~1859
狄诺斯特拉托斯 Dinostratus, 公元前 4 世纪
迪厄多内 J. A. Dieudonné, 1906~1992
迪尼 U. Dini, 1845~1918
迪潘 P. C. F. Dupin, 1784~1873
笛卡儿 R. du P. Deacartes, 1596~1650
蒂茨 J. L. Tits, 1930~
蒂奇马什 E. C. Titchmarsh, 1899~1963
蒂索 N. A. Tissot, 1824~1904
棣莫弗 A. de Moivre, 1667~1754
丁伯根 J. Tinbergen, 1903~1994
丢番图 Diophantus, 公元 250 左右
丢勒 A. Dürer, 1471~1528
杜阿梅尔 J. M. C. Duhamel, 1797~1872
杜布 J. L. Doob, 1910~2004
杜布瓦雷蒙 P. D. G. du Bois-Reymond, 1831~1889
段学复 Tuan Hsio-Fu, 1914~2005
多伊林 M. F. Deuring, 1907~1984

E

恩奎斯特 B. Engquist, 1920~
恩斯库格 D. Enskog, 1884~1947

F

法尔廷斯 G. Faltings, 1954~
法捷耶夫 L. D. Faddeev, 1934~
法卡斯 J. Farkas, 1847~1930
法里 J. Farey, 1766~1826
法尼亚诺 G. C. Fagnano, 1682~1766
法诺 G. Fano, 1871~1952
法图 P. J. L. Fatou, 1878~1929
樊𰀀 Fan Ky, 1914~2010
范德波尔 B. van der Pol, 1889~1959
范德科普 J. G. van der Corput, 1890~1975
范德蒙德 A. T. Vandermonde, 1735~1796
范德瓦尔登 B. L. van der Waerden, 1903~1996
范坎彭 E. R. van Kampen, 1908~1942
范斯霍滕 F. van Schooten, 1615~1660
范因 H. B. Fine, 1858~1928
菲尔兹 J. C. Fields, 1863~1932
菲赫金戈尔兹 G. M. Fikhtengol'tz, 1888~1959
菲隆 L. N. G. Filon, 1875~1937
菲涅尔 A. J. Fresnel, 1788~1827
菲廷 H. Fitting, 1906~1938
菲托里斯 L. Vietoris, 1891~2002
斐波那契 L. Fibonacci, 约 1170~1250
费奥尔 A. M. Fior, 1535 左右
费德雷尔 H. Federer, 1920~
费弗曼 C. L. Fefferman, 1949~
费拉里 L. Ferrari, 1522~1565
费勒 W. Feller, 1906~1970
费罗 S. Ferro, 1465~1526
费洛劳斯 Philolaus, 约卒于公元前 390
费马 P. de Fermat, 1601~1665
费舍尔 E. Fischer, 1875~1959
费特 W. Feit, 1930~2004
费希尔 R. A. Fisher, 1890~1962
费耶 L. Fejér, 1880~1959
芬克 T. Fink, 1561~1656
芬斯勒 P. Finsler, 1894~1970
冯·米泽斯 R. von Mises, 1883~1953
冯·诺依曼 J. von Neumann, 1903~1957
弗兰克 P. Frank, 1884~1973
弗勒利希 A. Frohlich, 1916~2001
弗雷德霍姆 E. I. Fredholm, 1866~1927
弗雷格 F. L. G. Frege, 1848~1925
弗雷歇 M.-R. Frechet, 1878~1973
弗里德里希斯 K. O. Friedrichs, 1901~1983
弗里德曼 M. Freedman, 1951~
弗里施 R. Frisch, 1895~1973
弗伦克尔 A. A. Fraenkel, 1891~1965
弗罗贝尼乌斯 F. G. Frobenius, 1849~1917
弗罗伊登塔尔 H. Freudenthal, 1905~1991

弗斯腾伯格 H. Furstenberg, 1935~
福原满洲雄 Hukuhara Masuo, 1905~2007
富比尼 G. Fubini, 1879~1943
富克斯 I. L. Fuchs, 1833~1902
傅里叶 J. B. J. Fourier, 1768~1830

G

盖尔范德 I. M. Gelfand, 1913~2009
盖尔丰德 A. O. Gelfond, 1906~1968
盖根鲍尔 L. Gegenbauer, 1849~1903
高尔顿 F. Galton, 1822~1911
高尔斯 W. T. Gowers, 1963~
高木贞治 Takagi Teiji, 1875~1960
高斯 C. F. Gauss, 1777~1855
戈丹 P. A. Gordan, 1837~1912
戈登 T. W. Gordon, 1904~1969
戈杜诺夫 S. K. Godunov, 1929~
戈尔德施泰因 H. H. Goldstein, 1913~
戈尔丁 L. Gårding, 1919~
戈卢别夫 V. V. Golubev, 1884~1954
戈伦斯坦 D. Gorénstein, 1923~1999
戈莫里 R. E. Gomory, 1929~
戈塞特 W. S. Gosset, 1876~1937
哥德巴赫 C. Goldbach, 1690~1764
哥德尔 K. Gödel, 1906~1978
格拉姆 J. P. Gram, 1850~1916
格拉斯曼 H. G. Grassmann, 1809~1877
格兰迪 G. Grandi, 1671~1742
格朗沃尔 T. H. Gronwall, 1877~1932
格雷戈里 J. Gregory, 1638~1675
格里菲斯 P. A. Griffiths, 1938~
格里斯 R. L. Griess, 1945~
格利姆 J. Glimm, 1934~
格利森 A. M. Gleason, 1921~2008
格林 G. Green, 1793~1841
格罗莫夫 M. Gromov, 1943~
格罗斯曼 M. Grossmann, 1878~1936
格罗滕迪克 A. Grothendieck, 1928~
格涅坚科 B. V. Gnedenko, 1912~1995
根岑 G. Gentzen, 1909~1945
古德曼 C. Gudermann, 1798~1852
古尔萨 É. J. B. Goursat, 1858~1936
谷山丰 Taniyama Yutaka, 1927~1958
关孝和 Seki Takakazu, 约 1642~1768
广中平佑 Hironaka Heisuke, 1931~

H

哈代 G. H. Hardy, 1877~1947
哈尔 A. Haar, 1885~1933
哈尔莫斯 P. R. Halmos, 1916~2006
哈雷 E. Halley, 1656~1743
哈里希-钱德拉 Harish-Chandra, 1923~1983
哈梅尔 G. K. W. Hamel, 1877~1954
哈密顿 R. Hamilton, 1943~
哈密顿 W. R. Hamilton, 1805~1865
哈默斯坦 A. Hammerstein, 1888~1945
哈纳克 C. G. A. Harnack, 1851~1888
哈塞 H. Hasse, 1898~1979
海拜什・哈西卜 H. al Hāsib, 约卒于 864~874
海尔布伦 H. Heilbronn, 1908~1975
海伦 Heron of Alexander, 约公元 1 世纪
海曼 W. K. Hayman, 1926~
海涅 H. E. Heine, 1821~1881
海森伯 W. K. Heisenberg, 1901~1976
海廷 A. Heyting, 1888~1980
亥姆霍兹 H. L. F. Helmholtz, 1821~1894
汉克尔 H. Hankel, 1839~1873
汉明 R. W. Hamming, 1915~1998
豪斯多夫 F. Hausdorff, 1868~1942
豪斯霍尔德 A. S. Householder, 1904~1993
河田敬义 Kawada Yukiyoshi, 1916~1993
赫尔德 O. L. Hölder, 1859~1937
赫尔默特 F. R. Helmert, 1843~1917
赫尔维茨 A. Hurwitz, 1859~1919
赫戈 P. Heegaard, 1871~1948
赫克 E. Hecke, 1887~1947
赫维赛德 O. Heaviside, 1850~1925
黑夫利格尔 A. Haefliger, 1929~

黑林格 E. Hellinger, 1883~1950
亨特 G. A. Hunt, 1916~2008
亨廷顿 E. V. Huntington, 1874~1952
亨泽尔 K. Hensel, 1861~1941
胡尔维奇 W. Hurewicz, 1904~1957
胡明复 Minfu Tan Hu, 1891~1927
花拉子米 al-Khowārizmi, 约 783~850
华林 E. Waring, 1734~1798
华罗庚 Hua Loo-keng, 1910~1985
怀伯恩 G. T. Whyburn, 1904~1969
怀尔德 R. L. Wilder, 1896~1982
怀尔斯 A. Wiles, 1953~
怀特黑德 A. N. Whitehead, 1861~1947
怀特黑德 G. W. Whitehead, 1918~2004
怀特黑德 J. H. G. Whitehead, 1904~1960
惠更斯 C. Huygens, 1629~1695
惠特克 E. T. Whittaker, 1873~1956
惠特尼 H. Whitney, 1907~1989
会田安明 Aida Yasuaki, 1747~1817
霍布斯 T. Hobbes, 1588~1679
霍尔 M. Hall, Jr. 1910~1990
霍尔 P. Hall, 1904~1982
霍尔曼德 L. V. Hörmander, 1931~
霍赫希尔德 G. P. Hochschild, 1915~
霍金 S. W. Hawking, 1942~
霍姆格伦 E. Holmgren, 1873~1943
霍纳 W. G. Horner, 1786~1837
霍普夫 E. Hopf, 1902~1983
霍普夫 H. Hopf, 1894~1971
霍普金斯 W. Hopkins, 1793~1866
霍奇 W. V. D. Hodge, 1903~1975
霍特林 H. Hotelling, 1895~1973

J

基尔霍夫 G. R. Kirchhoff, 1824~1887
基弗 J. C. Kiefer, 1924~1981
基灵 W. K. J. Killing, 1847~1923
吉布斯 J. W. Gibbs, 1839~1903
吉洪诺夫 A. N. Tikhonov, 1906~1993
吉拉尔 A. Girard, 1593~1632
吉田耕作 Yosida Kosaku, 1909~1999
吉文斯 J. W. Givens, Jr. 1910~1993
加勒 J. G. Galle, 1812~1910
加藤敏夫 Kato Tosio, 1917~1999
伽利略 Galilei(Galileo), 1564~1642
伽辽金 B. G. Galërkin, 1871~1945
伽罗瓦 E. Galois, 1811~1832
嘉当 E. J. Cartan, 1869~1951
嘉当 H. P. Cartan, 1904~2008
建部贤弘 Takebe Katahiro, 1664~1739
姜立夫 Chan-chan Tsoo(L. F. Chiang), 1890~1978
江泽涵 Kiang Tsai-han, 1902~1994
焦赫里 al-Jawhari, 活跃于 830 前后
角谷静夫 Kakutani Shizuo, 1911~2004
杰拉德 Gerard of Cremona, 约 1114~1187
杰洛涅 B. N. Delone, 1890~1980
杰文斯 W. S. Jevons, 1835~1882

K

卡茨 M. Kac, 1914~1984
卡德里 C. G. Khatri, 1931~
卡尔达诺 G. Cardano, 1501~1576
卡尔德龙 A. P. Caldrön, 1920~1998
卡尔曼 R. E. Kalman, 1930~
卡尔平斯基 L. C. Karpinsky, 1878~1956
卡尔松 B. C. Carlson, 1924~
卡尔松 F. Carlson, 1898~1952
卡吉耶 P. E. Cartier, 1932~
卡拉比 E. Calabi, 1923~
卡拉泰奥多里 C. Caratheòdory, 1873~1950
卡莱曼 T. Carleman, 1892~1949
卡勒松 L. A. E. Carleson, 1928~
卡林 S. Karlin, 1924~2007
卡姆克 E. Kamke, 1890~1961
卡诺 L.-N.-M. Carnot, 1753~1823
卡普兰斯基 I. Kaplansky, 1917~2006
卡塞尔斯 J. W. S. Cassels, 1922~
卡塔兰 E. C. Catalan, 1814~1894

卡瓦列里 B. Cavalieri, 1598~1647
卡西 al-Kāshī, ?~1429
卡约里 F. Cajory, 1859~1930
开尔文勋爵 (即汤姆森) Lord Kelvin
开普勒 J. Kepler, 1571~1630
凯尔迪什 M. V. Keldysh, 1911~1978
凯拉吉 al-Karajī, 10 世纪末 11 世纪初
凯莱 A. Cayley, 1821~1895
凯勒 J. Keller, 1923~
凯洛格 O. D. Kellogg, 1878~1932
坎贝尔 J. E. Campbell, 1862~?
坎帕努斯 Campanus of Novara, ?~1296
康德 I. Kant, 1724~1804
康福森 S. Cohn-Vossen, 1902~1936
康托尔 G. Cantor, 1845~1918
康托尔 M. B. Cantor, 1829~1920
康托洛维奇 L. V. Kantorovich, 1912~1986
康韦 J. H. Conway, 1937~
考克斯特 H. S. M. Coxeter, 1907~2003
考纽 M. A. Cornu, 1841~1902
科茨 R. Cotes, 1682~1716
科恩 P. J. Cohen, 1934~2007
科尔 F. N. Cole, 1861~1926
科尔莫戈罗夫 A. N. Kolmogorov, 1903~1987
科尔泰沃赫 D. J. Korteweg, 1848~1941
科马克 A. M. Cormack, 1924~1998
科斯居尔 J.-L. Koszul, 1921~
科斯坦特 B. Kostant, 1928~
柯蒂斯 C. W. Curtis, 1926~
柯赫 H. von Koch, 1870~1924
柯瓦列夫斯卡娅 S. V. Kovalevskaya, 1850~1891
柯西 A.-L. Cauchy , 1789~1851
克贝 P. Koebe, 1882~1945
克拉夫丘克 M. F. Kravchuk, 1892~1942
克拉默 H. Cramèr, 1893~1985
克拉维乌斯 C. Clavius, 1537~1612
克莱罗 A.-C. Clairaut, 1713~1765
克莱姆 G. Cramer, 1704~1752
克莱因 F. Klein, 1849~1925
克莱因 L. R. Klein, 1920~
克莱因 M. Kline, 1908~1992
克莱因伯格 J. Kleinberg
克赖因 M. G. Krein, 1907~1989
克雷尔 A. L. Crelle, 1780~1855
克雷莫纳 A. L. G. G. Cremona, 1830~1903
克里斯托费尔 E. B. Christoffel, 1829~1900
克利福德 A. H. Clliford, 1908~1992
克利福德 W.-K. Clliford, 1845~1879
克林 S. C. Kleene, 1909~1994
克卢斯特曼 H. D. Kloosterman, 1900~1968
克鲁尔 W. Krull, 1899~1971
克鲁斯卡尔 M. D. Kruskal, 1925~2006
克罗内克 L. Kronecker, 1823~1891
克吕格尔 G. S. Klügel, 1739~1812
克努特 D. E. Knuth, 1938~
克诺普 K. Knopp, 1882~1957
肯德尔 D. G. Kendall, 1918~2007
肯普 A. B. Kempe, 1849~1922
孔采维奇 M. Kontsevich, 1964~
孔多塞 M.-J.-A.-N. C. M de Condorcet, 1743~1794
孔涅 A. Connes, 1947~
库拉 T. ibn Qurra, 约 826~901
库拉托夫斯基 K. Kuratowski, 1896~1980
库朗 R. Courant, 1888~1972
库洛什 A. G. Kurosh, 1908~1971
库默尔 E. E. Kummer, 1810~1893
库珀 W. S. Cooper, 1935~
库普曼斯 T. C. Koopmans, 1910~1985
库塔 W. M. Kutta, 1867~1944
库赞 J. A. Cousin, 1739~1800
奎伦 D. G. Quillen, 1940~

L

拉奥 C. R. Rao, 1920~

拉道 J. C. R. Radau, 1835~1911
拉德马赫 H. Rademacher, 1892~1969
拉德任斯卡娅 O. A. Ladyzhenskaya, 1922~2004
拉东 J. Radon, 1887~1956
拉夫连季耶夫 M. A. Lavrent'ev, 1900~1980
拉弗森 J. Raphson, 1648~1715
拉福格 L. Lafforgue, 1966~
拉盖尔 E. N. Laguerre, 1834~1886
拉格朗日 J. L. Lagrange, 1736~1813
拉克鲁瓦 S. F. Lacroix, 1765~1843
拉克斯 P. D. Lax, 1926~
拉朗德 J. de Lalande, 1732~1807
拉马努金 S. A. Ramanujan, 1887~1920
拉梅 G. Lamé, 1795~1870
拉姆齐 F. P. Ramsey, 1903~1950
拉普拉斯 P.-S. M. de Laplace, 1749~1827
拉特纳 M. Ratner, 1938~
拉伊尔 P. de La Hire, 1640~1718
拉兹波洛夫 A. A. Razbborov, 1963~
莱布勒 R. A. Leibler, 1914~2003
莱布尼茨 G. W. Leibniz, 1646~1716
莱夫谢茨 S. Lefschetz, 1884~1972
莱默 D. H. Lehmer, 1905~1991
莱维 B. Levi, 1875~1961
莱维 P. P. Levy, 1886~1971
莱文森 N. Levinson, 1912~1975
赖德迈斯特 K. W. F. Reidemeister, 1893~1971
兰 S. Lang, 1927~2005
兰伯特 J. H. Lambert, 1728~1777
兰彻斯特 W. L. Lanchester, 1865~1946
兰道 E. G. H. Landau, 1877~1938
兰登 J. Landen, 1719~1790
兰金 R. A. Rankin, 1915~2001
兰乔斯 C. Lanczos, 1893~1974
朗兰兹 R. P. Langlands, 1936~
朗斯基 H. J. M. Wronski, 1776~1853
勒贝格 H. L. Lebesgue, 1875~1941
勒尔 H. Röhrl, 1927~
勒雷 J. Leray, 1906~1998
勒让德 A.-M. Legendre, 1752~1833
勒维耶 U. J. J. Le Verrier, 1811~1877
雷蒂库斯 G. J. Rheticus, 1514~1576
雷恩 C. Wren, 1632~1723
雷尼 A. Rényi, 1921~1970
雷诺 O. Reynolds, 1842~1912
雷乔蒙塔努斯 J. Regiomontanus, 1436~1476
黎曼 G. F. B. Riemann, 1826~1866
里茨 W. Ritz, 1878~1909
里卡蒂 J. F. Ricatti, 1676~1754
里奇 C. G. Ricci, 1853~1925
里斯 F. Riesz, 1880~1956
里特 J. F. Ritt, 1893~1951
李 S. Lie, 1842~1899
李特尔伍德 J. E. Littlewood, 1885~1977
李雅普诺夫 A. M. Lyapunov, 1857~1918
李郁荣 Yuk Wing Lee, 1904~1988
理查森 A. R. Richardson, 1881~1954
利布 E. H. Lieb, 1932~
利玛窦 M. Ricci, 1552~1610
利普希茨 R. Lipschitz, 1832~1903
利斯廷 J. B. Listing, 1808~1882
利翁斯 J.-L. Lions, 1928~2001
利翁斯 P.-L. Lions, 1956~
列昂惕夫 W. Leontief, 1906~1999
列梅兹 E. Ya. Remes, 1896~1975
列维-齐维塔 T. Levi-Civita, 1873~1941
列维坦 B. M. Levitan, 1914~2004
林德勒夫 E. L. Lindeloef, 1870~1946
林德曼 C. L. F. Lindemann, 1852~1939
林鹤一 Hayashi Tsuruichi, 1873~1935
林加翘 Lin Chia-Chiao, 1916~
林尼克 Yu V. Linnik, 1915~1972
刘维尔 J. Liouville, 1809~1882
龙格 C. D. T. Runge, 1856~1927
卢津 N. N. Luzin, 1883~1950
卢米斯 E. Loomis, 1811~1889
卢伊 H. Lewy, 1904~1988
鲁宾逊 A. Robinson, 1918~1974

鲁宾逊 G. de B. Robinson, 1918~1992
鲁宾逊 J. B. Robinson, 1906~1985
鲁菲尼 P. Ruffini, 1765~1822
罗巴切夫斯基 N. I. Lobachevsky, 1792~1856
罗宾 G. Robin, 1855~1897
罗伯特 Robert of Chester, 12 世纪
罗伯瓦尔 G. P. Roberval, 1602~1675
罗德里格斯 O. Rodrigues, 1794~1851
罗尔 M. Rolle, 1652~1719
罗赫 G. Roch, 1839~1866
罗赫林 V. A. Rokhlin, 1919~1984
罗杰斯 C. A. Rogers, 1920~2005
罗森 J. B. Rosen, 1922~
罗森菲尔德 B. A. Rozenfel'd, 1917~2008
罗素 B. A. W. Russell, 1872~1970
罗特 K. F. Roth, 1925~
罗瓦兹 L. Lovász, 1948~
洛必达 G.-F.-A. de L'Hospital, 1661~1704
洛朗 P. A. Laurent, 1813~1854
洛伦兹 H. A. Lorentz, 1853~1928
洛雅希维奇 S. Lojasiewicz, 1926~2002

M

马蒂雅舍维奇 Y. V. Matiyasevich, 1947~
马尔德西奇 S. Mardešić, 1927~
马尔古利斯 G. A. Margulis, 1946~
马尔可夫 A. A. Markov, 1856~1922
马尔库舍维奇 A. I. Markushevich, 1908~1979
马格内斯 E. Magenes, 1923~
马哈维拉 Māhāvira, 9 世纪
马勒 K. Mahler, 1903~1988
马利亚万 P. Malliavin, 1925~
马宁 Y. I. Manin, 1937~
麦克莱恩 S. MacLane, 1909~2005
麦克劳林 C. Maclaurin, 1698~1746
麦克马伦 C. T. McMullen, 1958~
麦克沙恩 E. J. MacShane, 1904~1989
麦克斯韦 J. C. Maxwell, 1831~1879
芒德布罗 B. B. Mandelbrot, 1924~
芒福德 D. B. Mumford, 1937~
梅卡托 N. Mercator, 约 1620~1687
梅雷 H. C. R. Méray, 1835~1911
梅内克缪斯 Menaechmus, 公元前 4 世纪中
梅森 M. Mersenne, 1588~1648
门纳劳斯 Menelaus
蒙蒂克拉 J.-É. Montucla , 1725~1799
蒙哥马利 D. Montgomery, 1909~1992
蒙日 G. Monge, 1746~1818
蒙泰尔 P. A. Montel, 1876~1975
弥永昌吉 Iyanaga Shokichi, 1906~2006
米尔诺 J. W. Milnor, 1931~
米尔斯 R. L. Mills, 1927~1999
米勒 (即雷乔蒙塔努斯) J. Müller
米塔–列夫勒 M. G. Mittag-Leffler, 1846~1927
闵可夫斯基 H. Minkowski, 1864~1909
末纲恕一 Suetuna Zyoiti , 1898~1970
莫德尔 L. J. Mordell, 1888~1972
莫尔顿 F. R. Moulton, 1872~1952
莫尔斯 H. M. Morse, 1892~1977
莫根施特恩 O. Morgenstern, 1902~1977
莫拉维兹 C. S. Morawetz, 1923~
莫利 F. Morley, 1860~1937
莫佩蒂 P. L. M. de Maupertuis, 1698~1759
莫斯特勒 F. Mosteller, 1916~2006
莫斯托 G. D. Mostow, 1923~
莫斯托夫斯基 A. Mostowski, 1913~1975
莫泽 J. K. Moser, 1928~1999
默比乌斯 A. F. Möbius, 1790~1868
默里 J. D. Murray, 1931~
穆尼阁 J. N. Smogolenski, 1611~1656

N

纳皮尔 J. Napier, 1550~1617
纳什 J. F. Nash, 1928~
纳维 C.-L.-M.-H. Navier, 1785~1836
纳西尔・丁 N. al-Dīn al-Tūsī, 1201~1274

奈马克 M. A. Naimark, 1909~1978
奈曼 J. Neyman, 1894~1981
奈旺林纳 R. H. Nevanlinna, 1895~1980
内龙 A. Néron, 1922~1985
尼科马可斯 Nichomachus, 约公元 100
尼科米德 Nichomedes, 约公元前 250
尼伦伯格 J. Nirenberg, 1925~
牛顿 I. Newton, 1642~1727
纽曼 M. H. A. Newman, 1897~1984
纽文泰特 B. Nieuwentijt, 1654~1718
诺特 E. Noether, 1882~1935
诺特 M. Noether, 1844~1921
诺维科夫 S. P. Novikov, 1938~
诺伊格鲍尔 O. Neugebauer, 1899~1990
诺伊曼 C. G. Neumann, 1832~1925

O

欧德莫斯 Eudemus of Rhodes, 约公元前 320 年
欧多克索斯 Eudoxus of Cnidus, 约公元前 408~ 前 347
欧几里得 Euclid of Alexandria, 约公元前 300
欧拉 L. Euler, 1707~1783
欧姆 M. Ohm, 1792~1872

P

帕波斯 Puppus, 约 300~350
帕德 H. E. Padé, 1863~1953
帕朗 A. Parent, 1666~1716
帕帕基利亚科普洛斯 C. D. Papakyriakopoulos, 1914~1976
帕乔利 L. Pacioli, 约 1445~1517
帕塞瓦尔 M. A. Parseval des Chênes, 1755~1836
帕施 M. Pasch, 1843~1930
帕斯卡 B. Pascal, 1623~1662
潘勒韦 P. Painlevé, 1863~1933
庞加莱 J. H. Poincaré, 1854~1912
庞特里亚金 L. S. Pontryagin, 1908~1988
佩尔 J. Pell, 1611~1685
佩雷尔曼 G. Perelman, 1966~
佩龙 O. Perron, 1880~1975
佩亚诺 G. Peano, 1858~1932
彭罗斯 R. Penrose, 1931~
蓬斯莱 J.-V. Poncelet, 1788~1867
皮尔斯 C. S. Peirce, 1839~1914
皮尔逊 E. S. Pearson, 1895~1980
皮尔逊 K. Pearson, 1857~1936
皮卡 C. È. Picard, 1856~1941
皮科克 G. Peacock, 1791~1858
皮亚捷茨基-沙皮罗 I. Piatetski-Shapiro, 1929~2009
平斯克 A. G. Pinsker, 1905~1985
平斯克 M. S. Pinsker, 1925~2003
泊松 S.-D. Poisson, 1781~1840
婆罗摩笈多 Brahmagupta, 598~665 以后
婆什迦罗第二 Bhāskara II, 1114~ 约 1185
珀西瓦尔 I. C. Percival, 1931~
普法夫 J. F. Pfaff, 1765~1825
普拉托 J. A. F. Plateau, 1801~1883
普拉托 Plato of Tivoli, 12 世纪上半叶
普莱菲尔 J. Playfair, 1748~1819
普朗克 M. K. E. D. Planck, 1858~1947
普朗特 R. L. Prandtl, 1875~1953
普勒梅利 J. Plemelj, 1873~1967
普里瓦洛夫 I. I. Privalov, 1891~1941
普鲁塔克 Plutarch, 约 46~120
普罗克鲁斯 Proclus, 410~485
普吕弗 H. Prüfer, 1896~1934
普吕克 J. Plücker, 1801~1868
普特南 H. Putnam, 1924~
蒲丰 G. L. L. Buffon, 1707~1788

Q

齐平 L. Zippin, 1905~1995
奇恩豪斯 E. W. Tschirnhaus, 1651~1708
恰普雷金 S. A. Chaplygin, 1869~1942
切比雪夫 P. L. Chebyshev, 1821~1894
切赫 E. Čech, 1893~1960
切萨罗 E. Cesaro, 1859~1906

琼斯 D. S. Jones, 1922～
琼斯 V. F. R. Jones, 1952～
丘成桐 Yau Shing-Tung, 1949～
丘奇 A. Church, 1903～1995

R

热尔贝 Gerbert, 约 950～1003
热尔岗 J.-D. Gergonne, 1771～1859
热尔曼 S. Germain, 1776～1831
热夫雷 M. J. Gevrey, 1884～1957
茹科夫斯基 N. E. Zhukovsky, 1847～1921
茹利亚 G. M. Julia, 1893～1978
瑞利勋爵 (即斯特拉特) Lord Rayleigh
若尔当 M. E. C. Jordan, 1838～1921

S

萨凯里 G. Saccheri, 1667～1733
萨缪尔森 P. A. Samuelson, 1915～2009
塞尔 J.-P. Serre, 1926～
塞尔贝格 A. Selberg, 1917～2007
塞弗特 H. K. I. Seifert, 1907～1996
塞格雷 C. Segre, 1863～1924
塞曼 E. C. Zeeman, 1925～
塞毛艾勒 al-Samaw'al, 约 1130～1180?
塞翁 Theon of Alexandria, 4 世纪晚期
赛德尔 P. L. von Seidel, 1821～1896
三上义夫 Mikami Yoshio, 1875～1950
瑟凯法尔维–纳吉 B. Szökefalvi-Nagy, 1913～1998
瑟斯顿 W. P. Thurston, 1946～
森重文 Mori Shigefumi, 1951～
沙比 P. Charpit, ?～1784
沙法列维奇 I. R. Shafarevich, 1923～
沙勒 M. Chasles, 1793～1880
沙利文 D. P. Sullivan, 1941～
绍德尔 J. P. Schauder, 1899～1943
舍恩菲尔德 A. H. Schoenfeld, 1899～1943
施蒂费尔 M. Stifel, 约 1487～1567
施蒂克贝格 L. Stickelberger, 1850～1936
施罗德 F. W. K. E. Schröder, 1841～1902
施密德 H.-L. Schmid, 1908～1956
施密德 W. Schmid, 1943～
施密特 E. Schimidt, 1876～1959
施奈德 T. Schneider, 1911～1988
施尼雷尔曼 L. G. Shnirel'man, 1905～1938
施佩纳 E. Sperner, 1905～1980
施泰纳 J. Steiner, 1796～1863
施泰尼兹 E. Steinitz, 1871～1928
施坦豪斯 H. Steinhaus, 1887～1972
施陶特 K. G. C. von Staudt, 1798～1867
施图姆 F. O. R. Sturm, 1841～1919
施瓦茨 H. A. Schwarz, 1843～1921
施瓦兹 L. Schwartz, 1915～2002
史密斯 D. E. Smith, 1860～1944
舒伯特 H. C. H. Schubert, 1848～1911
舒尔 I. Schur, 1875～1941
斯蒂尔切斯 T. Jan Stieltjes, 1856～1894
斯蒂弗尔 E. L. Stiefel, 1909～1978
斯蒂文 S. Stevin, 约 1548～1620
斯杰克洛夫 V. A. Steklov, 1864～1926
斯杰潘诺夫 V. V. Stepanov, 1889～1950
斯科伦 A. T. Skolem, 1887～1963
斯里达拉 Sridhara, 9 世纪
斯吕塞 R.-F. de Sluse, 1622～1685
斯梅尔 S. Smale, 1930～
斯米尔诺夫 V. I. Smirnov, 1887～1974
斯涅尔 W. Snell, 1580～1626
斯潘塞 D. C. Spencer, 1912～2001
斯坦 E. M. Stein, 1931～
斯坦贝格 R. Steinberg, 1922～
斯特拉特 J. W. Strutt, 1842～1919
斯特林 J. Stirling, 1692～1770
斯特罗伊克 D. J. Struik, 1894～2000
斯廷罗德 N. E. Steenrod, 1910～1971
斯通 M. H. Stone, 1903～1989
斯图姆 C.-F. Sturm, 1803～1855
斯托克斯 G. G. Stokes, 1819～1903
斯温纳顿–戴尔 H. P. F. Swinnerton-Dyer, 1927～
松永良别 Matsunaga Yoshisuke, 1693～1744
苏步青 Su Bu-Chin, 1902～2003

苏丹　M. Sudan, 1966~
苏斯林　M. Y. Suslin, 1894~1919
索伯列夫　S. L. Sobolev, 1908~1989

T

塔尔塔利亚　Tartaglia(本名　Niccolo Fontana), 1499~1557
塔尔杨　R. E. Taryan, 1948~
塔克　A. W. Tucker, 1905~1995
塔马金　J. D. Tamarkin, 1888~1945
塔内里　J. Tannery, 1848~1910
塔内里　P. Tannery, 1843~1904
塔斯基　A. Tarski, 1901~1983
泰勒　B. Taylor, 1685~1731
泰勒　R. L. Taylor, 1962~
泰勒斯　Thales of Miletus, 约公元前 625~前 547
泰特　J. T. Tate, 1925~
泰特　T. T. Tate, 1807~1888
泰特托斯　Theaetetus, 约公元前 417~ 前 369
泰希米勒　O. Teichmueller, 1913?~1943?
汤川秀树　Yukawa Hideki, 1907~1981
汤姆森　W. Thomson, 1824~1907
汤普森　J. G. Thompson, 1932~
唐纳森　S. K. Donaldson, 1957~
陶伯　A. Tauber, 1866~1942?
陶哲轩　T. Tao, 1975~
特里科米　F. G. Tricomi, 1897~1978
特利夫斯　J. F. Treves, 1930~
特鲁斯德尔　C. A. Truesdell, 1919~2000
特普利茨　O. Toeplitz, 1881~1940
图基　J. W. Tukey, 1915~2000
图灵　A. M. Turing, 1912~1954
图灵　P. Turing, 1910~1976
托勒密　Ptolemy, 约 100~170
托里拆利　E. Torricelli, 1608~1647
托姆　R. Thom, 1923~2002
托内利　L. Tonelli, 1885~1946

W

洼田忠彦　Kubota Tadahiko, 1885~1952
瓦尔德　A. Wald, 1902~1950
瓦尔拉　L. Walras, 1834~1910
瓦格纳　D. H. Wagner, 1925~1997
瓦拉德汉　S. R. S. Varadhan, 1946~
瓦拉哈米希拉　Varāhamihira, 约 505~587
瓦利龙　G. Valiron, 1884~1955
瓦林特　L. Valiant, 1949~
外尔　H. Weyl, 1885~1955
王浩　Wang Hao, 1921~1995
王宪钟　Wang Hsien-Chung, 1918~1978
王湘浩　Wang Shianghaw, 1915~1993
旺策尔　P.-L. Wantzel, 1814~1848
威顿　E. Witten, 1951~
威尔克斯　S. S. Wilkes, 1906~1964
威尔莫　T. J. Willmore, 1919~2005
威格森　A. Wigderson, 1956~
威曼　A. Wiman, 1865~1959
威沙特　J. Wishart, 1898~1956
韦伯　W. Weber, 1842~1913
韦达　F. Vieta, 1540~1603
韦德伯恩　J. H. M. Wedderburn, 1882~1948
韦塞尔　C. Wessel, 1745~1818
韦伊　A. Weil, 1906~1998
维布伦　O. Veblen, 1880~1960
维恩　J. Venn, 1834~1923
维尔　J. Ville, 1910~1989
维尔纳　J. Werner, 1468~1528
维尔纳　W. Werner, 1968~
维纳　N. Wiener, 1894~1964
维诺格拉多夫　I. M. Vinogradov, 1891~1983
维特　E. Witt, 1911~1991
维特比　A. Viterbi, 1935~
维特根斯坦　L. Wittgenstein, 1889~1951
维维亚尼　V. Viviani, 1622~1703
伟烈亚力　A. Wylie, 1815~1887
魏尔斯特拉斯　K. Weierstrass, 1815~1897
温特纳　A. Wintner, 1903~1958
沃尔　C. T. C. Wall, 1936~

沃尔夫 R. Wolf, 1887~1981
沃尔什 J. E. Walsh, 1919~1972
沃尔什 J. L. Walsh, 1895~1973
沃尔泰拉 V. Volterra, 1860~1940
沃利斯 J. Wallis, 1616~1703
沃森 J. D. Watson, 1928~
沃耶沃茨基 V. Voevodsky, 1966~
乌尔班尼克 K. Urbanik, 1930~
乌格里狄西 Al-Uqlīdisī, 公元 10 世纪
乌拉姆 S. M. Ulam, 1909~1984
乌雷松 P. S. Uryson, 1898~1924
乌鲁伯格 Ulūgh Beg, 1394~1449
乌伦贝克 K. Uhlenbeck, 1942~
吴文俊 Wu Wen-Tsün, 1919~
伍鸿熙 Wu Hung-Hsi

X

西奥多罗斯 Theodorus of Cyrene, 约公元前 465~ 前 399
西奥多修斯 Theodosius of Bithynia, 公元前 2 世纪后半叶
西尔维斯特 J. J. Sylvester, 1814~1897
西格尔 C. L. Siegel, 1896~1981
西罗 P. L. M. Sylow, 1832~1918
西蒙 H. A. Simon, 1916~2001
西奈 Y. G. Sinaĭ, 1935~
希比阿斯 Hippias of Ellis, 约公元前 400
希波克拉底 Hippocrates of Chios, 公元前 460~ 约前 370
希策布鲁赫 F. E. P. Hirzebruch, 1927~
希尔 C. E. Hill, 1894~1980
希尔 G. W. Hill, 1838~1914
希尔 L. S. Hill, 1890~1961
希尔 R. Hill, 1921~
希尔伯特 D. Hilbert, 1862~1943
希格曼 G. Higman, 1917~2008
希拉 S. Shelah, 1945~
希帕蒂娅 Hypatia, 约 370~415
希帕科斯 Hipparchus, 约公元前 180~ 前 125
希帕索斯 Hippasus, 公元前 470 年左右
希思 T. L. Heath, 1861~1940
希伍德 P. Heawood, 1861~1955
香农 C. E. Shannon, 1916~2001
项武义 Hsiang Wu Yi, 1937~
肖尔 P. W. Shor, 1959~
萧荫堂 Siu Yum-Tong, 1943~
小平邦彦 Kodaira Kunihiko, 1915~1997
谢尔品斯基 W. Sierpiński, 1882~1969
谢拉赫 S. Shelah, 1945~
谢瓦莱 C. Chevalley, 1909~1984
辛格 I. M. Singer, 1924~
辛普森 T. Simpson, 1710~1761
辛钦 A. Y. Khinchin, 1894~1959
熊庆来 King Lai Hiong, 1893~1969
休厄尔 W. Whewell, 1794~1866
许宝騄 Hsu Pao-lu, 1910~1970
许德 J. Hudde, 1628~1704
许凯 N. Chuquet, 15 世纪下半叶
薛定谔 E. Schrödinger, 1887~1961

Y

雅各布森 N. Jacobson, 1910~1999
雅可比 C. G. J. Jacobi, 1804~1851
亚当斯 J. C. Adams, 1819~1892
亚当斯 J. F. Adams, 1930~1989
亚里士多德 Aristotle, 公元前 384~ 前 322
亚历山大 J. W. Alexander, 1888~1971
亚历山德罗夫 A. D. Aleksandrov, 1912~1999
亚历山德罗夫 P. S. Aleksandrov, 1896~1982
岩泽健吉 Iwasawa Kenkichi, 1917~1998
扬科 Z. Janko, 1932~1979
杨 J. R. Young, 1799~1885
杨 J. W. Young, 1879~1932
杨武之 Yang Ko-Chuen, 1898~1975
杨振宁 Yang Chen-Ning, 1922~
耶茨 F. Yates, 1902~1994
叶菲莫夫 N. V. Efimov, 1910~1982
叶戈罗夫 D. F. Egorov, 1869~1931

伊本·海塞姆 Ibn al-Haytham, 965~1040?
伊藤清 Itō Kiyosi, 1915~2008
因费尔德 L. Infeld, 1898~1968
英斯 E. L. Ince, 1891~1941
永田雅宜 Nagata Masayosi, 1927~2008
尤登 W. J. Youden, 1900~1971
尤什凯维奇 A. P. Yushkevich, 1906~1993
约翰 F. John, 1910~1994
约柯兹 J.-C. Yoccoz, 1957~

Z

泽尔曼诺夫 E. I. Zelmanov, 1955~
曾炯之 Tsen Chiung-tze, 1898~1940
扎布斯基 N. J. Zabusky, 1929~
扎德 L. A. Zadeh, 1921~
扎里斯基 O. Zariski, 1899~1986
张圣蓉 Chang Sun-Yung Allice, 1948~
正田建次郎 Shoda Kenjiro, 1902~1977
郑之藩 Tsen Tze-fan, 1887~1963
芝诺 Zeno of Elea, 约公元前 490~ 前 430
志村五郎 Shimura Goro, 1930~
中山正 Nakayama Tadasi, 1912~1964
钟开莱 Chun Kai-Lai, 1917~2009
周炜良 Chou Wei-Liang, 1911~1995
佐恩 M. Zorn, 1906~1993
佐藤干夫 Sato Mikio, 1928~
佐佐木重夫 Sasaki Shigeo, 1912~1987

2. 外文 — 中文译名

(按姓氏字母排序)

A

Abel, N. H. 阿贝尔
Abū Kāmil 阿布·卡米勒
Abu'l-Wafa 阿布·瓦法
Ackermann, F. W. 阿克曼
Adams, J. C. 亚当斯
Adams, J. F. 亚当斯
Adelard of Bath 阿德拉德
Agnesi, M. 阿涅西
Ahlfors, L. V. 阿尔福斯
Aida Yasuaki 会田安明
Airy, G. B. 艾里
Aitken, A. C. 艾特肯
Ajima Naonobu 安岛直圆
Albanese, G. 阿尔巴内塞
al-Battānī 巴塔尼
Albert, A. A. 阿尔伯特
Alberti, L. B. 阿尔贝蒂
al-Bīrūnī 比鲁尼
al-Dīn al-Tūsī, N. 纳西尔·丁
al Hāsib, H. 海拜什·哈西卜
Aleksandrov, A. D. 亚历山德罗夫
Aleksandrov, P. S. 亚历山德罗夫
Alexander, J. W. 亚历山大
al-Jawhari 焦赫里
al-Karajī 凯拉吉
al-Kāshī 卡西
al-Khowarizmi 花拉子米
Allendoerfer, C. B. 艾伦多弗
al-Samaw'al 塞毛艾勒
al-Uqlīdīsī 乌格里狄西
Ampére, A.-M. 安培
Anaxagoras 安纳萨哥拉斯
Anderson, T. W. 安德森
Anosov, D. V. 阿诺索夫
Anthonisz, A. 安托尼兹
Antiphon 安蒂丰
Apollonius of Perga 阿波罗尼奥斯
Appel, K. 阿佩尔
Appell, P.-E. 阿佩尔
Archimedes 阿基米德
Archytas 阿契塔斯
Argand, R. 阿尔冈
Aristotle 亚里士多德
Arnol'd, V. I. 阿诺尔德
Arrow, K. J. 阿罗
Artin, E. 阿廷
Aryabhata I 阿耶波多第一
Arzelà, C. 阿尔泽拉
Atiyah, M. F. 阿蒂亚

B

Babbage, C. 巴贝奇
Babuška, I. 巴布斯卡
Bachet, C.-G. 巴歇
Bäcklund, A. V. 贝克隆
Backus, J. 巴克斯
Baer, R. 白尔
Bahadur, R. R. 巴哈杜尔
Baire, R. L. 贝尔
Baker, A. 贝克
Baker, A. L. 贝克
Baker, H. F. 贝克
Baker, T. 贝克
Banach, S. 巴拿赫
Bang, T. 邦
Bargmann, V. 巴格曼
Barnes, E. W. 巴恩斯
Barrow, I. 巴罗
Bauer, F. L. 鲍尔
Bauer, G. C. 鲍尔
Bauer, H. 鲍尔
Bauer, M. 鲍尔
Baxter, R. J. 巴克斯特
Bayes, T. 贝叶斯
Beda, V. 比德
Bell, E. T. 贝尔
Bellman, R. 贝尔曼
Beltrami, E. 贝尔特拉米
Bendixson, I. O. 本迪克松
Bergman, S. 伯格曼
Berkeley, G. 伯克莱
Bernays, P. 贝尔奈斯
Bernoulli, Daniel 丹尼尔·伯努利
Bernoulli, Jacob I 雅各布·伯努利第一
Bernoulli, Jacob II 雅各布·伯努利第二
Bernoulli, John I 约翰·伯努利第一
Bernoulli, John II 约翰·伯努利第二
Bernoulli, John III 约翰·伯努利第三
Bernoulli, Nicolaus I 尼古拉·伯努利第一
Bernoulli, Nicolaus II 尼古拉·伯努利第二
Bernstein, F. 伯恩斯坦
Bernstein, S. N. 伯恩斯坦
Bers, L. 贝尔斯
Bertrand, J. 贝特朗
Bessaga, C. 贝沙加
Bessel, F. W. 贝塞尔
Betti, E. 贝蒂
Bézout, É. 贝祖
Bhāskara II 婆什迦罗第二
Bhattacharyya, A. 巴塔恰里亚
Bianchi, L. 比安基
Bieberbach, L. 比伯巴赫
Binet, J. P. M. 比内
Bing, R. H. 宾
Biot, J.-B. 毕奥
Birch, B. J. 伯奇
Birkhoff, G. 伯克霍夫
Birkhoff, G. D. 伯克霍夫
Bitsadze, A. V. 比察捷
Bjerknes, V. 比耶克内斯
Blackwell, D. 布莱克韦尔
Blaschke, W. 布拉施克
Bloch, A. 布洛赫
Blumenthal, L. O. 布卢门塔尔
Bochner, S. 博赫纳
Boethius, A. M. S. 博伊西斯
Bogolyubov, N. N. 博戈柳博夫
Bogorelov, A. V. 波戈列洛夫
Bohr, H. 玻尔
Bolibruch, A. A. 鲍里布鲁克
Boltzmann, L. E. 玻尔兹曼
Bolyai, J. 波尔约
Bolza, O. 博尔扎
Bolzano, B. 波尔查诺
Bombelli, R. 邦贝利
Bombieri, E. 邦别里
Bonnet, P.-O. 博内
Boole, G. 布尔
Borcherds, R. E. 博切尔兹
Borel, A. 博雷尔
Borel, E. 博雷尔

Born, M. 博恩
Bosse, A. 博斯
Bott, R. 博特
Bourbaki, N. 布尔巴基
Bourgain, J. 布尔盖恩
Boussinesq, J. V. 布西内斯克
Box, G. E. P. 博克斯
Boyer, C. B. 博耶
Bradwardine, T. 布拉德沃丁
Brahmagupta 婆罗摩笈多
Brauer, R. D. 布饶尔
Bravais, A. 布拉维
Brianchon, C.-J. 布里昂雄
Briggs, H. 布里格斯
Brillouin, M. L. 布里渊
Brouncker, W. 布龙克尔
Brouwer, L. E. J. 布劳威尔
Browder, F. E. 布劳德
Browder, W. 布劳德
Bruhat, F. 布吕阿
Brun, V. 布伦
Bryson of Heraclea 布里松
Bucy, R. S. 布西
Bürgi, J. 比尔吉
Buffon, G. L. L. 蒲丰
Bunyakovskiĭ, V. Ya. 布尼亚科夫斯基
Burali-Forti, C. 布拉里–福蒂
Burnside, W. 伯恩赛德
Busemann, H. 布斯曼
Byron, A. A. 拜伦

C

Cajory, F. 卡约里
Calabi, E. 卡拉比
Caldrön, A. P. 卡尔德龙
Campanus of Novara 坎帕努斯
Campbell, J. E. 坎贝尔
Cantor, G. 康托尔
Cantor, M. B. 康托尔
Caratheòdory, C. 卡拉泰奥多里
Cardano, G. 卡尔达诺
Carleman, T. 卡莱曼
Carleson, L. A. E. 卡勒松
Carlson, B. C. 卡尔松
Carlson, F. 卡尔松
Carnot, L.-N.-M. 卡诺
Cartan, E. J. 嘉当
Cartan, H. P. 嘉当
Cartier, P. E. 卡吉耶
Cassels, J. W. S. 卡塞尔斯
Catalan, E. C. 卡塔兰
Cauchy , A.-L. 柯西
Cavalieri, B. 卡瓦列里
Cayley, A. 凯莱
Čech, E. 切赫
Cesaro, E. 切萨罗
Chan-chan Tsoo 姜立夫
Chang Sun-Yung Allice 张圣蓉
Chaplygin, S. A. 恰普雷金
Chapman, S. 查普曼
Charpit, P. 沙比
Chasles, M. 沙勒
Chebyshev, P. L. 切比雪夫
Chen Ching-Jun 陈景润
Chen Kien-Kwong 陈建功
Chern Shiing-Shen 陈省身
Chevalley, C. 谢瓦莱
Chiang L. F. 姜立夫
Chou Wei-Liang 周炜良
Christoffel, E. B. 克里斯托费尔
Chun Kai-Lai 钟开莱
Chuquet, N. 许凯
Church, A. 丘奇
Clairaut, A.-C. 克莱罗
Clavius, C. 克拉维乌斯
Clliford, A. H. 克利福德
Clliford, W.-K. 克利福德
Cohen, P. J. 科恩
Cohn-Vossen, S. 康福森
Cole, F. N. 科尔
Condorcet, M.-J.-A.-N. C. M de 孔多塞
Connes, A. 孔涅
Conway, J. H. 康韦

Cooper, W. S. 库珀
Cormack, A. M. 科马克
Cornu, M. A. 考纽
Cotes, R. 科茨
Courant, R. 库朗
Cousin, J. A. 库赞
Coxeter, H. S. M. 考克斯特
Cramer, G. 克莱姆
Cramèr, H. 克拉默
Crelle, A. L. 克雷尔
Cremona, A. L. G. G. 克雷莫纳
Curtis, C. W. 柯蒂斯

D

d'Alembert, J. L. R. 达朗贝尔
da Vinci, L. 达·芬奇
Dantzig, G. B. 丹齐格
Darboux, G. 达布
Darwin, C. G. 达尔文
Darwin, G. H. 达尔文
Davenport, H. 达文波特
Davis, M. D. 戴维斯
de Branges, L. 德布朗斯
de Giorgi, E. 德乔治
de la Vallée-Poussin, C.-J.-G. N. 德拉瓦莱普桑
de Maupertuis, P. L. M. 莫佩蒂
de Moivre, A. 棣莫弗
De Morgan, A. 德摩根
de Rham, G. 德拉姆
de Sluse, R.-F. 斯吕塞
de Vries, G. 德弗里斯
Deacartes, R. du P. 笛卡儿
Debreu, G. 德布鲁
Debye, P. J. W. 德拜
Dedekind, J. W. R. 戴德金
Dehn, M. 德恩
Deligne, P. R. 德利涅
Delone, B. N. 杰洛涅
Democritus 德谟克利特
Denjoy, A. 当茹瓦
Desargues, G. 德萨格
Deuring, M. F. 多伊林
Dickson, L. E. 狄克森
Dieudonné, J. A. 迪厄多内
Dini, U. 迪尼
Dinostratus 狄诺斯特拉托斯
Diophantus 丢番图
Dirac, P. A. M. 狄拉克
Dirichlet, P. G. 狄利克雷
Donaldson, S. K. 唐纳森
Doob, J. L. 杜布
Douglas, J. 道格拉斯
Douglas, R. G. 道格拉斯
Drinfel'd, V. G. 德林费尔德
du Bois-Reymond, P. D. G. 杜布瓦雷蒙
Dürer, A. 丢勒
Duhamel, J. M. C. 杜阿梅尔
Dunford, N. 邓福德
Dupin, P. C. F. 迪潘
Dyer, S. E. Jr. 戴尔
Dynkin, E. B. 邓肯

E

Efimov, N. V. 叶菲莫夫
Egorov, D. F. 叶戈罗夫
Ehresmann, C. 埃雷斯曼
Eilenberg, S. 艾伦伯格
Einstein, A. 爱因斯坦
Eisenhart, L. P. 艾森哈特
Eisenstein, F. G. M. 艾森斯坦
Engquist, B. 恩奎斯特
Enskog, D. 恩斯库格
Eratosthenes 埃拉托色尼
Erdös, P. 埃尔德什
Euclid of Alexandria 欧几里得
Eudemus of Rhodes 欧德莫斯
Eudoxus of Cnidus 欧多克索斯
Euler, L. 欧拉

F

Faddeev, L. D. 法捷耶夫

Fagnano, G. C. 法尼亚诺
Faltings, G. 法尔廷斯
Fan Ky 樊壦
Fano, G. 法诺
Farey, J. 法里
Farkas, J. 法卡斯
Fatou, P. J. L. 法图
Federer, H. 费德雷尔
Fefferman, C. L. 费弗曼
Feit, W. 费特
Fejér, L. 费耶
Feller, W. 费勒
Fermat, P. de 费马
Ferrari, L. 费拉里
Ferro, S. 费罗
Fibonacci, L. 斐波那契
Fields, J. C. 菲尔兹
Fikhtengol'tz, G. M. 菲赫金戈尔兹
Filon, L. N. G. 菲隆
Fine, H. B. 范因
Fink, T. 芬克
Finsler, P. 芬斯勒
Fior, A. M. 费奥尔
Fischer, E. 费舍尔
Fisher, R. A. 费希尔
Fitting, H. 菲廷
Fourier, J. B. J. 傅里叶
Fraenkel, A. A. 弗伦克尔
Frank, P. 弗兰克
Frechet, M.-R. 弗雷歇
Fredholm, E. I. 弗雷德霍姆
Freedman, M. 弗里德曼
Frege, F. L. G. 弗雷格
Fresnel, A. J. 菲涅尔
Freudenthal, H. 弗罗伊登塔尔
Friedrichs, K. O. 弗里德里希斯
Frisch, R. 弗里施
Frobenius, F. G. 弗罗贝尼乌斯
Frohlich, A. 弗勒利希
Fubini, G. 富比尼
Fuchs, I. L. 富克斯
Furstenberg, H. 弗斯腾伯格

G

Galërkin, B. G. 伽辽金
Galileo(Galilei) 伽利略
Galle, J. G. 加勒
Galois, E. 伽罗瓦
Galton, F. 高尔顿
Gårding, L. 戈尔丁
Gauss, C. F. 高斯
Gegenbauer, L. 盖根鲍尔
Gelfand, I. M. 盖尔范德
Gelfond, A. O. 盖尔丰德
Gentzen, G. 根岑
Gerard of Cremona 杰拉德
Gerbert 热尔贝
Gergonne, J.-D. 热尔岗
Germain, S. 热尔曼
Gevrey, M. J. 热夫雷
Gibbs, J. W. 吉布斯
Girard, A. 吉拉尔
Givens, J. W. Jr. 吉文斯
Gleason, A. M. 格利森
Glimm, J. 格利姆
Gnedenko, B. V. 格涅坚科
Gödel, K. 哥德尔
Godunov, S. K. 戈杜诺夫
Goldbach, C. 哥德巴赫
Goldstein, H. H. 戈尔德施泰因
Golubev, V. V. 戈卢别夫
Gomory, R. E. 戈莫里
Gordan, P. A. 戈丹
Gordon, T. W. 戈登
Gorénstein, D. 戈伦斯坦
Gosset, W. S. 戈塞特
Goursat, É. J. B. 古尔萨
Gowers, W. T. 高尔斯
Gram, J. P. 格拉姆
Grandi, G. 格兰迪
Grassmann, H. G. 格拉斯曼
Green, G. 格林

Gregory, J. 格雷戈里
Griess, R. L. 格里斯
Griffiths, P. A. 格里菲斯
Gromov, M. 格罗莫夫
Gronwall, T. H. 格朗沃尔
Grossmann, M. 格罗斯曼
Grothendieck, A. 格罗滕迪克
Gudermann, C. 古德曼

H

Haar, A. 哈尔
Hadamard, J. 阿达马
Haefliger, A. 黑夫利格尔
Hall, M. Jr. 霍尔
Hall, P. 霍尔
Halley, E. 哈雷
Halmos, P. R. 哈尔莫斯
Hamel, G. K. W. 哈梅尔
Hamilton, R. 哈密顿
Hamilton, W. R. 哈密顿
Hammerstein, A. 哈默斯坦
Hamming, R. W. 汉明
Hankel, H. 汉克尔
Hardy, G. H. 哈代
Harish-Chandra 哈里希–钱德拉
Harnack, C. G. A. 哈纳克
Hasse, H. 哈塞
Hausdorff, F. 豪斯多夫
Hawking, S. W. 霍金
Hayashi Tsuruichi 林鹤一
Hayman, W. K. 海曼
Heath, T. L. 希思
Heaviside, O. 赫维赛德
Heawood, P. 希伍德
Hecke, E. 赫克
Heegaard, P. 赫戈
Heilbronn, H. 海尔布伦
Heine, H. E. 海涅
Heisenberg, W. K. 海森伯
Hellinger, E. 黑林格
Helmert, F. R. 赫尔默特
Helmholtz, H. L. F. 亥姆霍兹
Hensel, K. 亨泽尔
Hermite, C. 埃尔米特
Heron of Alexander 海伦
Heyting, A. 海廷
Higman, G. 希格曼
Hilbert, D. 希尔伯特
Hill, C. E. 希尔
Hill, G. W. 希尔
Hill, L. S. 希尔
Hill, R. 希尔
Hipparchus 希帕科斯
Hippasus 希帕索斯
Hippias of Ellis 希比阿斯
Hippocrates of Chios 希波克拉底
Hironaka Heisuke 广中平佑
Hirzebruch, F. E. P. 希策布鲁赫
Hobbes, T. 霍布斯
Hochschild, G. P. 霍赫希尔德
Hodge, W. V. D. 霍奇
Hölder, O. L. 赫尔德
Holmgren, E. A. 霍姆格伦
Hopf, E. 霍普夫
Hopf, H. 霍普夫
Hopkins, W. 霍普金斯
Hörmander, L. V. 霍尔曼德
Horner, W. G. 霍纳
Hotelling, H. 霍特林
Householder, A. S. 豪斯霍尔德
Hsiang Wu Yi 项武义
Hsu Pao-lu 许宝騄
Hua Loo-keng 华罗庚
Hudde, J. 许德
Hukuhara Masuo 福原满洲雄
Hunt, G. A. 亨特
Huntington, E. V. 亨廷顿
Hurewicz, W. 胡尔维奇
Hurwitz, A. 赫尔维茨
Huygens, C. 惠更斯
Hypatia 希帕蒂娅

I

Ibn al-Haytham 伊本·海塞姆
Ince, E. L. 英斯
Infeld, L. 因费尔德
Itō Kiyosi 伊藤清
Iwasawa Kenkichi 岩泽健吉
Iyanaga Shokichi 弥永昌吉

J

Jacobi, C. G. J. 雅可比
Jacobson, N. 雅各布森
Jan Stieltjes, T. 斯蒂尔切斯
Janko, Z. 扬科
Jevons, W. S. 杰文斯
John, F. 约翰
Jones, D. S. 琼斯
Jones, V. F. R. 琼斯
Jordan, M. E. C. 若尔当
Julia, G. M. 茹利亚

K

Kac, M. 卡茨
Kakutani Shizuo 角谷静夫
Kalman, R. E. 卡尔曼
Kamke, E. 卡姆克
Kant, I. 康德
Kantorovich, L. V. 康托洛维奇
Kaplansky, I. 卡普兰斯基
Karlin, S. 卡林
Karpinsky, L. C. 卡尔平斯基
Kato Tosio 加藤敏夫
Kawada Yukiyoshi 河田敬义
Keldysh, M. V. 凯尔迪什
Keller, J. B. 凯勒
Kellogg, O. D. 凯洛格
Kelvin, Lord 开尔文勋爵 (即汤姆森)
Kempe, A. B. 肯普
Kendall, D. G. 肯德尔
Kepler, J. 开普勒
Khatri, C. G. 卡德里
Khayyam, O. 奥马·海亚姆
Khinchin, A. Y. 辛钦
Kiang Tsai-han 江泽涵
Kiefer, J. C. 基弗
Killing, W. K. J. 基灵
King Lai Hiong 熊庆来
Kirchhoff, G. R. 基尔霍夫
Kleene, S. C. 克林
Klein, F. 克莱因
Klein, L. R. 克莱因
Kleinberg, J. 克莱因伯格
Kline, M. 克莱因
Kloosterman, H. D. 克卢斯特曼
Klügel, G. S. 克吕格尔
Knopp, K. 克诺普
Knuth, D. E. 克努特
Koch, H. von 柯赫
Kodaira Kunihiko 小平邦彦
Koebe, P. 克贝
Kolmogorov, A. N. 科尔莫戈罗夫
Kontsevich, M. 孔采维奇
Koopmans, T. C. 库普曼斯
Korteweg, D. J. 科尔泰沃赫
Kostant, B. 科斯坦特
Koszul, J.-L. 科斯居尔
Kovalevskaya, S. V. 柯瓦列夫斯卡娅
Kravchuk, M. F. 克拉夫丘克
Krein, M. G. 克赖因
Kronecker, L. 克罗内克
Krull, W. 克鲁尔
Kruskal, M. D. 克鲁斯卡尔
Kubota Tadahiko 洼田忠彦
Kummer, E. E. 库默尔
Kuratowski, K. 库拉托夫斯基
Kurosh, A. G. 库洛什
Kutta, W. M. 库塔

L

L'Hospital, G.-F.-A. de 洛必达
La Hire, P. de 拉伊尔
Lacroix, S. F. 拉克鲁瓦
Ladyzhenskaya, O. A. 拉德任斯卡娅

Lafforgue, L. 拉福格
Lagrange, J. L. 拉格朗日
Laguerre, E. N. 拉盖尔
Lalande, J. de 拉朗德
Lambert, J. H. 兰伯特
Lamé, G. 拉梅
Lanchester, W. L. 兰彻斯特
Lanczos, C. 兰乔斯
Landau, E. G. H. 兰道
Landen, J. 兰登
Lang, S. 兰
Langlands, R. P. 朗兰兹
Laplace, P.-S. M. de 拉普拉斯
Laurent, P. A. 洛朗
Lavrent'ev, M. A. 拉夫连季耶夫
Lax, P. D. 拉克斯
Le Verrier, U. J. J. 勒维耶
Lebesgue, H. L. 勒贝格
Lefschetz, S. 莱夫谢茨
Legendre, A.-M. 勒让德
Lehmer, D. H. 莱默
Leibler, R. A. 莱布勒
Leibniz, G. W. 莱布尼茨
Leontief, W. 列昂惕夫
Leray, J. 勒雷
Levi, B. 莱维
Levi-Civita, T. 列维–齐维塔
Levinson, N. 莱文森
Levitan, B. M. 列维坦
Levy, P. P. 莱维
Lewy, H. 卢伊
Lie, S. 李
Lieb, E. H. 利布
Lin Chia-chiao 林加翘
Lindeloef, E. L. 林德勒夫
Lindemann, C. L. F. 林德曼
Lions, J.-L. 利翁斯
Lions, P.-L. 利翁斯
Liouville, J. 刘维尔
Lipschitz, R. 利普希茨
Listing, J. B. 利斯廷
Littlewood, J. E. 李特尔伍德
Lobachevsky, N. I. 罗巴切夫斯基
Lojasiewicz, S. 洛雅希维奇
Loomis, E. 卢米斯
Lorentz, H. A. 洛伦兹
Lovász, L. 罗瓦兹
Luzin, N. N. 卢津
Lyapunov, A. M. 李雅普诺夫

M

MacLane, S. 麦克莱恩
Maclaurin, C. 麦克劳林
MacShane, E. J. 麦克沙恩
Magenes, E. 马格内斯
Māhāvira 马哈维拉
Mahler, K. 马勒
Malliavin, P. 马利亚万
Mandelbrot, B. B. 芒德布罗
Manin, Y. I. 马宁
Mardešić, S. 马尔德西奇
Margulis, G. A. 马尔古利斯
Markov, A. A. 马尔可夫
Markushevich, A. I. 马尔库舍维奇
Matiyasevich, Y. V. 马蒂雅舍维奇
Matsunaga Yoshisuke 松永良别
Maxwell, J. C. 麦克斯韦
McMullen, C. T. 麦克马伦
Menaechmus 梅内克缪斯
Menelaus 门纳劳斯
Méray, H. C. R. 梅雷
Mercator, N. 梅卡托
Mersenne, M. 梅森
Mikami Yoshio 三上义夫
Mills, R. L. 米尔斯
Milnor, J. W. 米尔诺
Minfu Tan Hu 胡明复
Minkowski, H. 闵可夫斯基
Mittag-Leffler, M. G. 米塔–列夫勒
Möbius, A. F. 默比乌斯
Monge, G. 蒙日
Montel, P. A. 蒙泰尔

Montgomery, D. 蒙哥马利
Montucla , J.-É. 蒙蒂克拉
Morawetz, C. S. 莫拉维兹
Mordell, L. J. 莫德尔
Morgenstern, O. 莫根施特恩
Mori Shigefumi 森重文
Morley, F. 莫利
Morse, H. M. 莫尔斯
Moser, J. K. 莫泽
Mosteller, F. 莫斯特勒
Mostow, G. D. 莫斯托
Mostowski, A. 莫斯托夫斯基
Moulton, F. R. 莫尔顿
Müller, J. 米勒 (即雷乔蒙塔努斯)
Mumford, D. B. 芒福德
Murray, J. D. 默里

N

Nagata Masayosi 永田雅宜
Naimark, M. A. 奈马克
Nakayama Tadasi 中山正
Napier, J. 纳皮尔
Nash, J. F. 纳什
Navier, C.-L.-M.-H. 纳维
Néron, A. 内龙
Neugebauer, O. 诺伊格鲍尔
Neumann, C. G. 诺伊曼
Nevanlinna, R. H. 奈旺林纳
Newman, M. H. A. 纽曼
Newton, I. 牛顿
Neyman, J. 奈曼
Nichomachus 尼科马可斯
Nichomedes 尼科米德
Nieuwentijt, B. 纽文泰特
Nirenberg, J. 尼伦伯格
Noether, E. 爱米・诺特
Noether, M. 马克斯・诺特
Novikov, S. P. 诺维科夫

O

Obuhov, A. M. 奥布霍夫
Ohm, M. 欧姆
Okounkov, A. Y. 奥昆科夫
Ore, O. 奥尔
Oresme, N. 奥雷姆
Orlicz, W. 奥尔利奇
Ornstein, D. S. 奥恩斯坦
Osgood, W. 奥斯古德
Ostrogradsky, M. V. 奥斯特罗格拉茨基
Otto, V. 奥托
Oughtred, W. 奥特雷德

P

Pacioli, L. 帕乔利
Padé, H. E. 帕德
Painlevé, P. 潘勒韦
Papakyriakopoulos, C. D. 帕帕基利亚科普洛斯
Parent, A. 帕朗
Parmenides 巴门尼德斯
Parseval des Chênes, M. A. 帕塞瓦尔
Pascal, B. 帕斯卡
Pasch, M. 帕施
Peacock, G. 皮科克
Peano, G. 佩亚诺
Pearson, E. S. 皮尔逊
Pearson, K. 皮尔逊
Peirce, C. S. 皮尔斯
Pell, J. 佩尔
Penrose, R. 彭罗斯
Percival, I. C. 珀西瓦尔
Perelman, G. 佩雷尔曼
Perron, O. 佩龙
Peterson, K. M. 彼得松
Petersson, H. 彼得松
Petrov, G. I. 彼得罗夫
Petrovsky, I. G. 彼得罗夫斯基
Peurbach, G. 波伊尔巴赫
Pfaff, J. F. 普法夫
Philolaus 费洛劳斯
Piatetski-Shapiro, I. 皮亚捷茨基–沙皮罗
Picard, C. È. 皮卡

Pinsker, A. G. 平斯克
Pinsker, M. S. 平斯克
Planck, M. K. E. D. 普朗克
Plateau, J. A. F. 普拉托
Plato of Tivoli 普拉托
Plato 柏拉图
Playfair, J. 普莱菲尔
Plemelj, J. 普勒梅利
Plücker, J. 普吕克
Plutarch 普鲁塔克
Poincaré, J. H. 庞加莱
Poisson, S.-D. 泊松
Polya, G. 波利亚
Poncelet, J.-V. 蓬斯莱
Pontryagin, L. S. 庞特里亚金
Post, E. L. 波斯特
Powell, M. J. D. 鲍威尔
Prandtl, R. L. 普朗特
Privalov, I. I. 普里瓦洛夫
Proclus 普罗克鲁斯
Prüfer, H. 普吕弗
Ptolemy 托勒密
Puppus 帕波斯
Putnam, H. 普特南
Pythagoras of Samos 毕达哥拉斯

Q

Quillen, D. G. 奎伦
Qurra, T. ibn 库拉

R

Radau, J. C. R. 拉道
Rademacher, H. 拉德马赫
Radon, J. 拉东
Ramanujan, S. A. 拉马努金
Ramsey, F. P. 拉姆齐
Rankin, R. A. 兰金
Rao, C. R. 拉奥
Raphson, J. 拉弗森
Ratner, M. 拉特纳
Rayleigh, Lord 瑞利勋爵 (即斯特拉特)
Razbborov, A. A. 拉兹波洛夫
Regiomontanus, J. 雷乔蒙塔努斯
Reidemeister, K. W. F. 赖德迈斯特
Remes, E. Ya. 列梅兹
Rényi, A. 雷尼
Reynolds, O. 雷诺
Rheticus, G. J. 雷蒂库斯
Ricatti, J. F. 里卡蒂
Ricci, C. G. 里奇
Ricci, M. 利玛窦
Richardson, A. R. 理查森
Riemann, G. F. B. 黎曼
Riesz, F. 里斯
Ritt, J. F. 里特
Ritz, W. 里茨
Robert of Chester 罗伯特
Roberval, G. P. 罗伯瓦尔
Robin, G. 罗宾
Robinson, A. 鲁宾逊
Robinson, G. de B. 鲁宾逊
Robinson, J. B. 鲁宾逊
Roch, G. 罗赫
Rodrigues, O. 罗德里格斯
Rogers, C. A. 罗杰斯
Rohrl, H. 勒尔
Rokhlin, V. A. 罗赫林
Rolle, M. 罗尔
Rosen, J. B. 罗森
Roth, K. F. 罗特
Rozenfel'd, B. A. 罗森菲尔德
Ruffini, P. 鲁菲尼
Runge, C. D. T. 龙格
Russell, B. A. W. 罗素

S

Saccheri, G. 萨凯里
Samuelson, P. A. 萨缪尔森
Sasaki Shigeo 佐佐木重夫
Sato Mikio 佐藤干夫
Schauder, J. P. 绍德尔
Schimidt, E. 施密特
Schmid, H.-L. 施密德

Schmid, W. 施密德
Schneider, T. 施奈德
Schoenfeld, A. H. 舍恩菲尔德
Schröder, F. W. K. E. 施罗德
Schrödinger, E. 薛定谔
Schubert, H. C. H. 舒伯特
Schur, I. 舒尔
Schwartz, L. 施瓦兹
Schwarz, H. A. 施瓦茨
Segre, C. 塞格雷
Seidel, P. L. von 赛德尔
Seifert, H. K. I. 塞弗特
Seki Takakazu 关孝和
Selberg, A. 塞尔贝格
Serre, J.-P. 塞尔
Shafarevich, I. R. 沙法列维奇
Shannon, C. E. 香农
Shelah, S. 希拉
Shelah, S. 谢拉赫
Shimura Goro 志村五郎
Shnirel'man, L. G. 施尼雷尔曼
Shoda Kenjiro 正田建次郎
Shor, P. W. 肖尔
Siegel, C. L. 西格尔
Sierpiński, W. 谢尔品斯基
Simon, H. A. 西蒙
Simpson, T. 辛普森
Sinaĭ, Y. G. 西奈
Singer, I. M. 辛格
Siu Yum-Tong 萧荫堂
Skolem, A. T. 斯科伦
Smale, S. 斯梅尔
Smirnov, V. I. 斯米尔诺夫
Smith, D. E. 史密斯
Smogolenski, J. N. 穆尼阁
Snell, W. 斯涅尔
Sobolev, S. L. 索伯列夫
Spencer, D. C. 斯潘塞
Sperner, E. 施佩纳
Sridhara 斯里达拉
Steenrod, N. E. 斯廷罗德
Stein, E. M. 斯坦
Steinberg, R. 斯坦贝格
Steiner, J. 施泰纳
Steinhaus, H. 施坦豪斯
Steinitz, E. 施泰尼兹
Steklov, V. A. 斯杰克洛夫
Stepanov, V. V. 斯杰潘诺夫
Stevin, S. 斯蒂文
Stickelberger, L. 施蒂克贝格
Stiefel, E. L. 斯蒂弗尔
Stifel, M. 施蒂费尔
Stirling, J. 斯特林
Stokes, G. G. 斯托克斯
Stone, M. H. 斯通
Struik, D. J. 斯特罗伊克
Strutt, J. W. 斯特拉特
Sturm, C.-F. 斯图姆
Sturm, F. O. R. 施图姆
Su Bu-Chin 苏步青
Sudan, M. 苏丹
Suetuna Zyoiti 末纲恕一
Sullivan, D. P. 沙利文
Suslin, M. Y. 苏斯林
Swinnerton-Dyer, H. P. F. 斯温纳顿-戴尔
Sylow, P. L. M. 西罗
Sylvester, J. J. 西尔维斯特
Szökefalvi-Nagy, B. 瑟凯法尔维-纳吉

T

Takagi Teiji 高木贞治
Takebe Katahiro 建部贤弘
Tamarkin, J. D. 塔马金
Taniyama Yutaka 谷山丰
Tannery, J. 塔内里
Tannery, P. 塔内里
Tao, T. 陶哲轩
Tarski, A. 塔斯基
Tartaglia(本名 Niccolo Fontana) 塔尔塔利亚
Taryan, R. E. 塔尔杨

Tate, J. T. 泰特
Tate, T. T. 泰特
Tauber, A. 陶伯
Taylor, B. 泰勒
Taylor, R. L. 泰勒
Teichmueller, O. 泰希米勒
Thales of Miletus 泰勒斯
Theaetetus 泰特托斯
Theodorus of Cyrene 西奥多罗斯
Theodosius of Bithynia 西奥多修斯
Theon of Alexandria 塞翁
Thom, R. 托姆
Thompson, J. G. 汤普森
Thomson, W. 汤姆森
Thurston, W. P. 瑟斯顿
Tikhonov, A. N. 吉洪诺夫
Tinbergen, J. 丁伯根
Tissot, N. A. 蒂索
Titchmarsh, E. C. 蒂奇马什
Tits, J. L. 蒂茨
Toeplitz, O. 特普利茨
Tonelli, L. 托内利
Torricelli, E. 托里拆利
Treves, J. F. 特利夫斯
Tricomi, F. G. 特里科米
Truesdell, C. A. 特鲁斯德尔
Tschirnhaus, E. W. 奇恩豪斯
Tsen Chiung-tze 曾炯之
Tsen Tze-fan 郑之藩
Tuan Hsio-Fu 段学复
Tucker, A. W. 塔克
Tukey, J. W. 图基
Turing, A. M. 图灵
Turing, P. 图灵

U

Uhlenbeck, K. 乌伦贝克
Ulam, S. M. 乌拉姆
Ulūgh Beg 乌鲁伯格
Urbanik, K. 乌尔班尼克
Uryson, P. S. 乌雷松

V

Valiant, L. 瓦林特
Valiron, G. 瓦利龙
van der Corput, J. G. 范德科普
van der Pol, B. 范德波尔
van der Waerden, B. L. 范德瓦尔登
van Kampen, E. R. 范坎彭
van Schooten, F. 范斯霍滕
Vandermonde, A. T. 范德蒙德
Varadhan, S. R. S. 瓦拉德汉
Varāhamihira 瓦拉哈米希拉
Veblen, O. 维布伦
Venn, J. 维恩
Vieta, F. 韦达
Vietoris, L. 菲托里斯
Ville, J. 维尔
Vinogradov, I. M. 维诺格拉多夫
Viterbi, A. 维特比
Viviani, V. 维维亚尼
Voevodsky, V. 沃耶沃茨基
Volterra, V. 沃尔泰拉
von Mises, R. 冯·米泽斯
von Neumann, J. 冯·诺依曼
von Staudt, K. G. C. 施陶特

W

Wagner, D. H. 瓦格纳
Wald, A. 瓦尔德
Wall, C. T. C. 沃尔
Wallis, J. 沃利斯
Walras, L. 瓦尔拉
Walsh, J. E. 沃尔什
Walsh, J. L. 沃尔什
Wang Hao 王浩
Wang Hsien-Chung 王宪钟
Wang Shianghaw 王湘浩
Wantzel, P.-L. 旺策尔
Waring, E. 华林
Watson, J. D. 沃森
Weber, W. 韦伯
Wedderburn, J. H. M. 韦德伯恩

Weierstrass, K. 魏尔斯特拉斯
Weil, A. 韦伊
Werner, J. 维尔纳
Werner, W. 维尔纳
Wessel, C. 韦塞尔
Weyl, H. 外尔
Whewell, W. 休厄尔
Whitehead, A. N. 怀特黑德
Whitehead, G. W. 怀特黑德
Whitehead, J. H. G. 怀特黑德
Whitney, H. 惠特尼
Whittaker, E. T. 惠特克
Whyburn, G. T. 怀伯恩
Wiener, N. 维纳
Wigderson, A. 威格森
Wilder, R. L. 怀尔德
Wiles, A. 怀尔斯
Wilkes, S. S. 威尔克斯
Willmore, T. J. 威尔莫
Wiman, A. 威曼
Wintner, A. 温特纳
Wishart, J. 威沙特
Witt, E. 维特
Witten, E. 威顿
Wittgenstein, L. 维特根斯坦
Wolf, R. 沃尔夫
Wren, C. 雷恩
Wronski, H. J. M. 朗斯基
Wu Hung-Hsi 伍鸿熙
Wu Wen-Tsün 吴文俊
Wylie, A. 伟烈亚力

Y

Yang Chen-Ning 杨振宁
Yang Ko-Chuen 杨武之
Yates, F. 耶茨
Yau Shing-Tung 丘成桐
Yoccoz, J.-C. 约柯兹
Yosida Kosaku 吉田耕作
Youden, W. J. 尤登
Young, J. R. 杨
Young, J. W. 杨
Linnik, Yu V. 林尼克
Yuk Wing Lee 李郁荣
Yukawa Hideki 汤川秀树
Yushkevich, A. P. 尤什凯维奇

Z

Zabusky, N. J. 扎布斯基
Zadeh, L. A. 扎德
Zariski, O. 扎里斯基
Zeeman, E. C. 塞曼
Zelmanov, E. I. 泽尔曼诺夫
Zeno of Elea 芝诺
Zermelo, E. F. F. 策梅洛
Zeuthen, H. G. 措伊滕
Zhukovsky, N. E. 茹科夫斯基
Zippin, L. 齐平
Zorn, M. 佐恩

索引

C

E

F

G

H

K

L

M

N

O

P

Q

T

Y

Z

其他